现行建筑设计规范条文说明大全

（缩印本）

（下　册）

本社　编

中国建筑工业出版社

出 版 说 明

《现行建筑设计规范大全》、《现行建筑结构规范大全》、《现行建筑施工规范大全》缩印本（以下简称《大全》），自1994年3月出版以来，深受广大建筑设计、结构设计、工程施工人员的欢迎。但是，随着科研、设计、施工、管理实践中客观情况的变化，国家工程建设标准主管部门不断地进行标准规范制订、修订和废止的工作。为了适应这种变化，我社将根据工程建设标准的变更情况，适时地对《大全》缩印本进行调整、补充，以飨读者。

鉴于上述宗旨，我社近期组织编辑力量，全面梳理现行工程建设国家标准和行业标准，参照工程建设标准体系，结合专业特点，并在认真调查研究和广泛征求读者意见的基础上，对设计、结构、施工三本《大全》的2005年修订缩印版进行了调整、补充。新版《大全》重新划分了章节并进行科学排序，更加方便读者检索使用。

《现行建筑设计规范大全》共收录标准规范142本。

《现行建筑结构规范大全》共收录标准规范99本。

《现行建筑施工规范大全》共收录标准规范163本。

为使广大读者更好地理解规范条文，我社同时推出与三本《大全》配套的《条文说明大全》。因早期曾有少量的标准未编写过条文说明，为便于读者对照查阅，《条文说明大全》中仍保留了《大全》的目录，对于没有条文说明的标准，目录中标为"无"。

需要特别说明的是，由于标准规范处在一个动态变化的过程中，而且出版社受出版发行规律的限制，不可能在每次重印时对《大全》进行修订，所以在全面修订前，《大全》中有可能出现某些标准规范没有替换和修订的情况。为使广大读者放心地使用《大全》，我社在网上提供查询服务，读者可登录我社网站查询相关标准规范的制订、全面修订、局部修订等信息。

为不断提高《大全》质量、更加方便查阅，我们期待广大读者在使用新版《大全》后，给予批评、指正，以便我们改进工作。请随时登录我社网站，留下宝贵的意见和建议。

中国建筑工业出版社

2009年8月

欲查询《大全》中规范变更情况，或有意见和建议：请登录中国建筑工业出版社网站（www.cabp.com.cn）"规范大全园地"。登录方法见封底。

目 录

（上 册）

1 通用标准

2 民用建筑

3 工 业 建 筑

（下　册）

4 建 筑 防 火

5 建筑设备
（给水排水·电气·防雷·暖通·智能）

6 建筑环境
（热工·声学·采光与照明）

7 建 筑 节 能

4

建筑防火

中华人民共和国国家标准

建 筑 设 计 防 火 规 范

GB 50016—2006

条 文 说 明

目　　次

1 总 则

1.0.1 本条规定了制定本规范的目的。

防止和减少建筑火灾危害，保护人身和财产安全，是建筑防火设计的首要目标。在建筑设计中，设计单位、建设单位和公安消防监督机构的人员应密切配合，认真贯彻"预防为主，防消结合"的消防工作方针，做好建筑防火设计，做到"防患于未然"。为此，设计师既要在设计中采取有效措施降低火灾荷载密度和建筑及装修材料的燃烧性能，认真研究工艺防火措施、控制火源，防止火灾发生，又要进行必要的分隔、合理设定建筑物的耐火等级和构件的耐火极限等，并根据建筑物的使用功能、空间平面特征和人员特点，设计合理、正确的安全疏散设施与有效的灭火设施，预防和控制火灾的发生及其蔓延。

1.0.2 本条规定和明确了适用于本规范的建筑类型和范围。

1 住宅以层划分，主要考虑到我国各地区住宅建设的层高，一般在2.7～3m之间，9层住宅的建筑高度一般在24.3～26m。如果住宅不按层数而一律以24m作为划分界线，则住宅需要设置消防设施的量将会增大，势必增加大量建设投资。为此，在规范中着重加强了住宅内户与户以及单元与单元之间的防火分隔，故将高度虽超过24m的9层住宅仍包括在本规范的适用范围内。

为与现行国家标准《高层民用建筑设计防火规范》GB 50045协调，将9层及9层以下的公寓、宿舍等非住宅的居住建筑也包括在本规范的适用范围内，其适用范围也以建筑的层数划分。

此外，考虑到顶部设有跃层或底部设有层高不超过2.2m的储藏室、自行车库等，对于外部扑救会增加一些困难，但对于人员的竖向疏散影响不大，经与现行国家标准《住宅设计规范》GB 50096管理组协商，关于建筑层数计算的有关规定，两项标准是协调一致的，即住宅顶部设有2层一套的跃层时，其跃层部分不计入层数内。如顶部为超过2层一套的跃层时，其层数应按照(跃层的自然层数－1)计入建筑的总层数中。其他情况，仍应分别按实际层数计算。而底部层高不超过2.2m的储藏室、自行车库等小隔间，也不计入层数中。

对于住宅建筑中层高超过3m的楼层，其防火设计的层数确定可按现行国家标准《住宅建筑规范》GB 50368的规定计算确定。

2 多层公共建筑以建筑高度小于等于24m为限与高层民用建筑区分。对于建筑高度超过24m的单层公共建筑，如体育馆、影剧院、会展中心等，建筑空间高大，使用过程中人员集中且密度较大，但疏散和扑救条件较高层建筑有利。对于这样的建筑，其消防设施的配备应与高层民用建筑的消防设置要求有所区别，类似公共建筑均适用本规范。

3 近一二十年来，地下、半地下建筑，特别是地下商店、地下公共娱乐场所发展较快，火灾形势严峻。为充分利用地下空间，改善城市交通状况，地下空间利用和城市交通隧道工程也得到了发展，未来还将有较大的发展。但地下民用建筑和城市交通隧道工程国家一直没有相关的防火设计要求，导致这些建筑工程的防火设计无法可依。为规范这类场所的防火设计，在设计中采取防火技术措施，防止和减少此类场所火灾的发生，规定了相关防火设计内容。

4 无窗厂房、其他地上无窗建筑或无法开启的固定窗扇的密闭场所的防火设计除要考虑一般建筑的防火要求外，还应重点考虑人员安全疏散和建筑内的防烟、排烟，防止建筑内部发生轰燃现象等。本规范补充了这类建筑场所的防烟、排烟设计要求。

5 建筑高度。

1)对于阶梯式地坪，同一建筑的不同部位可能不处于同一高程的地坪上。此时，建筑高度的确定原则是：当位于不同高程地坪上的同一建筑之间设置有防火墙分隔，各自有符合要求的安全出口，且可沿建筑的两个长边设置消防车道或设有尽头式消防车道时，可分别计算建筑高度。否则，仍应按其中建筑高度最大者确定。

对于坡屋顶建筑，其建筑高度一般按设计地面至檐口的高度计算。存在多个檐口高度时，则要按其中的最大值计算。但如屋顶坡度较大时，则应按设计地面至檐口与屋脊的平均高度计算。

2)本条中的局部突出屋面的楼梯间、电梯机房、水箱间等不计入建筑高度，是根据现行国家标准《民用建筑设计通则》GB 50352以及国外相关建筑规范的规定制定的。应注意的是，根据《民用建筑设计通则》GB 50352的规定，这些突出部分的高度和面积比例还应符合当地城市规划实施条例的规定，国外规范也有类似规定。目前，在本规范中尚未作出明确规定，一般为1/4至1/3，但还应考虑该部分的实际面积和可能存在的人数和火灾荷载。

当建筑物处在有关历史文化、文物保护和风景名胜区等建筑保护区、建筑控制地带和有净空要求的控制区时，这些突出部分的高度按有关要求需要计入建筑高度。但由于其火灾危险性小，对火灾扑救和人员疏散均无影响，在建筑防火设计时可不计入建筑高度。

1.0.3 本条规定了本规范不适用的建筑类型和范围。

对于炸药厂房(仓库)、花炮厂房(仓库)、人民防空工程、地下铁道、炼油厂、石油化工厂等露天生产装置区，它们专业性强，防火要求特殊，与一般建筑设计有所不同，且有的已有专门规范，这些规范中的规定基本上是以本规范的原则规定制定的。如《人民防空工程设计防火规范》GB 50098、《石油化工企业设计防火规范》GB 50160、《石油和天然气工程设计防火规范》GB 50183、《火力发电厂和变电所设计防火规范》GB 50229、《飞机库设计防火规范》GB 50284、《汽车库、修车库、停车场设计防火规范》GB 50067等，故本规范的规定未考虑这些建筑的具体防火设计要求，有关防火设计可按照上述专项防火规范执行。

1.0.4 本条规定了建筑防火设计的原则，明确规定：在建筑防火设计中，必须遵循国家的有关方针政策，从全局出发，针对不同建筑的火灾特点，结合具体工程、当地的地理环境条件、人文背景、经济技术发展水平和消防施救能力等实际情况进行建筑防火设计。在工程设计中鼓励积极采用先进的防火技术和措施，正确处理好生产与安全的关系、合理设计与消防投入的关系，努力追求和实现建筑消防安全水平与经济高效的统一。在设计时，除应考虑防火要求外，还应在选择具体设计方案与措施时综合考虑环境、节能、节约用地等国家政策。

国家工程建设标准的制定原则是成熟一条，制定一条，因而往往滞后于工程技术的发展。消防工作是为经济建设服务的，建筑防火规范规定了建筑防火设计的一些原则性的基本要求。这些规定并不限制新技术等的应用与发展，对于工程建设过程中出现的一些新技术、新材料、新工艺、新设备等，允许其在一定范围内积极慎重地进行试用，以积累经验，为规范的修订提供依据。但在应用时，必须按国家规定程序经过必要的试验与论证。

1.0.5 《建筑设计防火规范》虽涉及面广，但也很难把各类建筑、设备的防火内容和性能要求、试验方法等全部包括其中，只能对其一般防火问题和建筑消防安全所需的基本防火性能作出规定。因此，防火设计中所采用的产品还应符合相关产品、试验方法等国家标准的有关规定。对于建筑防火设计中涉及专业性强的行业的防火设计，除执行本规范的规定外，尚应符合相关行业的现行国家标准，如《城镇燃气设计规范》GB 50028、《供配电系统设计规范》GB 50052、《氧气站设计规范》GB 50030、《乙炔站设计规范》GB 50031、《汽车库、修车库、停车场设计防火规范》GB 50067、《爆炸和火灾危险环境电力装置设计规范》GB 50058、《石油化工企业设计防火规范》GB 50160和《汽车加油加气站设计与施工规范》GB 50156、《石油库设计规范》GB 50074等。

2 术　语

2.0.1 本条主要与《消防基本术语　第一部分》GB 5907—86 中的有关定义相协调。但应注意的是，对于建筑构件，该耐火极限应按照《建筑构件耐火试验方法》GB/T 9978 规定的判定条件进行判定，并应与《门和卷帘的耐火试验方法》GB 7633 中规定的耐火极限判定条件相区别。在《门和卷帘的耐火试验方法》GB 7633 中规定了对于门和防火卷帘可以按照试件背火面温度或试件背火面辐射热为条件进行判定，对于无隔热层的门、卷帘或门上镶嵌的玻璃可不测背火面温度。

时间-温度标准曲线是在标准耐火试验过程中，耐火试验炉内的温度随时间变化的函数曲线。不同的标准有不同的升温曲线。目前，我国对于以纤维类火灾为主的建筑构件耐火试验主要参照 ISO 834 标准规定的时间-温度标准曲线进行试验。但对于石油化工建筑、通行大型车辆的隧道等以烃类火灾为主的场所，其结构的耐火试验时间-温度曲线则应考虑采用其他相适应的时间-温度标准曲线，如碳氢时间-温度标准曲线等。

2.0.5 本条中所谓"规定的试验条件"为按照现行国家有关闪点测试方法标准中所规定的试验条件，如现行国家标准《石油产品闪点测定(闭口杯法)》GB 261。

2.0.7 对于沸液性油品，不仅应具有一定含水率(含水率不一定在 0.3%～4%范围内)，且必须具有热波作用，才能使液体在液面燃烧时，使其热量从液上逐渐向液下传递。当液下温度超过 100℃并遇水时，便可引起水的汽化，使水的体积膨胀，从而引起油品沸溢。

2.0.15 本条规定民用建筑内的灶具、电磁炉等可与其他室内外外露火焰或赤热表面区别对待。其理由是：可燃气体进入室内后，扩散条件较差，易于积聚形成爆炸性混合气体，其危险性比在室外条件下更大。但对于有些建筑，如住宅内使用燃气或燃油的厨房，其用火时间相对较短且较集中，在考虑时应有所区别，设计时应依据实际情况进行确定。

2.0.17 本条中所指室内安全区域为符合规范规定的避难层、避难走道等，地下、半地下建筑或地下室、半地下室中用实体防火墙分隔的相邻防火分区可视为安全区域。但这些场所均应考虑作为临时安全避难用。

3　厂房(仓库)

3.1　火灾危险性分类

本规范对生产和储存物品的火灾危险性作了定性或定量的分类原则规定，有关行业，如石油化工、石油及天然气工程、医药等还可根据实际情况进一步细化。

本规范中的"厂房(仓库)"均表示"厂房或仓库"。

3.1.1 本条规定了生产的火灾危险性分类原则。

1 表中"使用的物质"主要指所用物质为生产的主要组成部分或原料，用量相对较多或对其需要进行加工等。

2 划分甲、乙、丙类液体闪点的基准。

为了比较切合实际地确定划分闪点的基准，原规范编制组曾对 596 种易燃、可燃液体的闪点进行了统计和分析，情况如下：

1)常见易燃液体的闪点多数小于 28℃；

2)国产煤油的闪点在 28～40℃之间；

3)国产 16 种规格的柴油闪点大多数为 60～90℃(其中仅"－35#"柴油为 50℃)；

4)闪点在 60～120℃的 73 个品种的可燃液体，绝大多数危险性不大；

5)常见的煤焦油闪点为 65～100℃。

因此，可以认为：凡是在常温环境下遇火源能引起闪燃的液体属于易燃液体，可列入甲类火灾危险性范围。我国南方城市的最热月平均气温在 28℃左右，而厂房的设计温度在冬季一般采用 12～25℃。

根据上述情况，将甲类火灾危险性的液体闪点基准定为小于 28℃，乙类定为大于等于 28℃至小于 60℃，丙类定为大于等于 60℃。这样划分甲、乙、丙类液体是以汽油、煤油和柴油的闪点为基准的。

3 火灾危险性分类中可燃气体爆炸下限的确定基准。

由于绝大多数可燃气体的爆炸下限均小于 10%，一旦设备泄漏，在空气中很容易达到爆炸浓度而造成危险，所以将爆炸下限小于 10%的气体划为甲类；少数气体的爆炸下限大于 10%，在空气中较难达到爆炸浓度，所以将爆炸下限大于等于 10%的气体划为乙类。多年来的实践证明，这种划分可行。因此，本规范仍采用此数值。但任何一种可燃气体的火灾危险性不仅与其爆炸下限有关，而且还与其爆炸极限范围值、点火能量、混合气体的相对湿度等有关，使用时应加注意。

4 火灾危险性分类中应注意的几个问题。

1)生产的火灾危险性分类一般要分析整个生产过程中的每个环节是否有引起火灾的可能性(生产的火灾危险性分类按其中最危险的物质确定)，通常可根据以下因素分析确定：

①生产中使用的全部原材料的性质；

②生产中操作条件的变化是否会改变物质的性质；

③生产中产生的全部中间产物的性质；

④生产的最终产品及其副产品的性质；

⑤生产过程中的环境条件。

许多产品可能有若干种不同工艺的生产方法，其中使用的原材料也各不相同，因而其所具有的火灾危险性也可能各异，分类时应注意区别对待。

2)各项火灾危险性的生产特性如下：

甲类：

①"甲类"第 1 项和第 2 项参见前述说明。

②"甲类"第 3 项：生产中的物质在常温下可以逐渐分解，释放出大量的可燃气体并且迅速放热引起燃烧，或者物质与空气接触后能发生猛烈的氧化作用，同时放出大量的热。温度越高，其氧化反应速度越快，产生的热越多，使温度升高越快，如此互为因果而引起燃烧或爆炸，如硝化棉、赛璐珞、黄磷等的生产。

③"甲类"第 4 项：生产中的物质遇水或空气中的水蒸气会发生剧烈的反应，产生氢气或其他可燃气体，同时产生热量引起燃烧或爆炸。该类物质遇酸或氧化剂也能发生剧烈反应，发生燃烧爆炸的危险性比遇水或水蒸气时更大。如金属钾、钠、氧化钠、氢化钙、碳化钙、磷化钙等的生产。

④"甲类"第 5 项：生产中的物质有较强的夺取电子的能力，即强氧化性。有些过氧化物中含有过氧基(—O—O—)，性质极不稳定，易放出氧原子，具有强烈的氧化性，促使其他物质迅速氧化，放出大量的热量而发生燃烧爆炸。该类物质对于酸、碱、热，撞击、摩擦、催化或与易燃品、还原剂等接触后能发生迅速分解，极易发生燃烧或爆炸，如氯酸钠、氯酸钾、过氧化氢、过氧化钠等的生产。

⑤"甲类"第 6 项：生产中的物质燃点较低、易燃烧，受热、撞击、摩擦或与氧化剂接触能引起剧烈燃烧或爆炸，燃烧速度快，燃烧产物毒性大，如赤磷、三硫化磷等的生产。

⑥"甲类"第 7 项：生产中操作温度较高，物质被加热到自燃温度以上。此类生产必须是在密闭设备内进行，因设备内没有助燃气体，所以设备内的物质不能燃烧。但是，一旦设备或管道泄漏，

即使没有其他火源，该类物质也会在空气中立即起火燃烧。这类生产在化工、炼油、生物制药等企业中常见，火灾的事故也不少，应引起重视。

乙类：

①“乙类”第 1 项和第 2 项参见前述说明。

②“乙类”第 3 项中所指的不属于甲类的氧化剂是二级氧化剂，即非强氧化剂。其特性是：比甲类第 5 项的性质稳定些，生产过程中的物质遇热、还原剂、酸、碱等也能分解产生高热，遇其他氧化剂也能分解发生燃烧甚至爆炸，如过二硫酸钠、高碘酸、重铬酸钠、过醋酸等的生产。

③“乙类”第 4 项：生产中的物质燃点较低、较易燃烧或爆炸，燃烧性能比甲类易燃固体差，燃烧速度较慢，但可能放出有毒气体，如硫磺、樟脑或松香等的生产。

④“乙类”第 5 项：生产中的助燃气体本身不能燃烧（如氧气），但在有火源的情况下，如遇可燃物会加速燃烧，甚至有些含碳的难燃或不燃固体也会迅速燃烧。

⑤“乙类”第 6 项：生产中可燃物质的粉尘、纤维、雾滴悬浮在空气中与空气混合，当达到一定浓度时，遇火源立即引起爆炸。这些细小的可燃物质表面吸附包围了氧气，当温度升高时，便加速了它的氧化反应，反应中放出的热促使其燃烧。这些细小的可燃物质比原来块状固体或较大量的液体具有较低的自燃点，在适当的条件下，着火后以爆炸的速度燃烧。另外，铝、锌等有些金属在块状时并不燃烧，但在粉尘状态时则能够爆炸燃烧。如某厂磨光车间通风吸尘设备的风机制造不良，叶轮不平衡，使叶轮上的螺母与进风管摩擦发生火花，引起吸尘管道内的铝粉发生猛烈爆炸。

研究表明，可燃液体的雾滴也可以引起爆炸。因而，将“丙类液体的雾滴”的火灾危险性列入乙类。有关情况可参见《石油化工生产防火手册》、《可燃性气体和蒸汽的安全技术参数手册》和《爆炸事故分析》等资料。

丙类：

①“丙类”第 1 项参见前述说明。可熔化的可燃固体应视为丙类液体，如石蜡、沥青等。

②“丙类”第 2 项：生产中的物质燃点较高，在空气中受到火焰或高温作用时能够起火或微燃，当火源移走后仍能持续燃烧或微燃，如对木料、橡胶、棉花加工等类的生产。

丁类：

①“丁类”第 1 项：生产中被加工的物质不燃烧，且建筑物内可燃物很少，或生产中虽有赤热表面、火花、火焰也不易引起火灾，如炼钢、炼铁、热轧或制造玻璃制品等的生产。

②“丁类”第 2 项：虽然利用气体、液体或固体为原料进行燃烧，是明火生产，但均在固定设备内燃烧，不易造成火灾。虽然也有一些爆炸事故，但一般多属于物理性爆炸，如锅炉、石灰焙烧、高炉车间等的生产。

③“丁类”第 3 项：生产中使用或加工的物质（原料、成品）在空气中受到火焰或高温作用时难起火、难微燃、难碳化，当火源移走后燃烧或微燃立即停止。厂房内为常温环境，设备通常处于敞开状态。这类生产一般为热压成型的生产，如铝塑材料、酚醛泡沫塑料加工等的生产。

戊类：

生产中使用或加工的液体或固体物质在空气中受到火烧时，不起火、不微燃、不碳化，不会因使用的原料或成品引起火灾，且厂房内为常温环境，如制砖、石棉加工、机械装配等的生产。

5 由于生产的火灾危险性分类受众多因素的影响，实际设计还需要根据生产工艺、生产过程中使用的原材料以及产品及其副产品的火灾危险性等实际情况确定。为便于使用，表 1 列举了部分常见生产的火灾危险性分类。

表 1 生产的火灾危险性分类举例

生产类别	举例
甲	1. 闪点小于 28℃ 的油品和有机溶剂的提炼、回收或洗涤部位及其泵房，橡胶制品的涂胶和胶浆部位，二硫化碳的粗馏、精馏工段及其应用部位，青霉素提炼部位，原料药厂的非纳西汀车间的烃化、回收及电感精馏部位，皂素车间的抽提、结晶及过滤部位，冰片精制部位，农药厂乐果厂房，敌敌畏的合成厂房、磺化法糖精厂房，氯乙醇厂房，环氧乙烷、环氧丙烷工段，苯酚厂房的磺化、蒸馏部位，焦化厂吡啶工段，胶片厂片基厂房，汽油加铅室，甲醇、乙醇、丙酮、丁酮异丙醇、醋酸乙酯、苯等的合成或精制厂房，集成电路工厂的化学清洗间（使用闪点小于 28℃ 的液体），植物油加工厂的浸出厂房；
甲	2. 乙炔站，氢气站，石油气体分馏（或分离）厂房，氯乙烯厂房，乙烯聚合厂房，天然气、石油伴生气、矿井气、水煤气或焦炉煤气的净化（如脱硫）厂房压缩机室及鼓风机室，液化石油气灌瓶间，丁二烯及其聚合厂房，醋酸乙烯厂房，电解水或电解食盐厂房，环己酮厂房，乙基苯和苯乙烯厂房，化肥厂的氢氮气压缩厂房，半导体材料厂使用氢气的拉晶间，硅烷热分解室； 3. 硝化棉厂房及其应用部位，赛璐珞厂房，黄磷制备厂房及其应用部位，三乙基铝厂房，染化厂某些能自行分解的重氮化合物生产，甲胺厂房，丙烯腈厂房； 4. 金属钠、钾加工厂房及其应用部位，聚乙烯厂房的一氧二乙基铝部位，三氯化磷厂房，多晶硅车间三氯氢硅部位，五氧化磷厂房； 5. 氯酸钠、氯酸钾厂房及其应用部位，过氧化氢厂房，过氧化钠、过氧化钾厂房，次氯酸钙厂房； 6. 赤磷制备厂房及其应用部位，五硫化二磷厂房及其应用部位； 7. 洗涤剂厂房石蜡裂解部位，冰醋酸裂解厂房
乙	1. 闪点大于等于 28℃ 至小于 60℃ 的油品和有机溶剂的提炼、回收、洗涤部位及其泵房，松节油或松香蒸馏厂房及其应用部位，醋酸酐精馏厂房，己内酰胺厂房，甲酚厂房，氯丙醇厂房，樟脑油提取部位，环氧氯丙烷厂房，松针油精制部位，煤油灌桶间； 2. 一氧化碳压缩机室及净化部位，发生炉煤气或鼓风炉煤气净化部位，氨压缩机房； 3. 发烟硫酸或发烟硝酸浓缩部位，高锰酸钾厂房，重铬酸钠（红钒钠）厂房； 4. 樟脑或松香提炼厂房，硫磺回收厂房，焦化厂精萘厂房； 5. 氧气站，空分厂房； 6. 铝粉或镁粉厂房，金属制品抛光部位，煤粉厂房、面粉厂的碾磨部位、活性炭制造及再生厂房，谷物筒仓的工作塔，亚麻厂的除尘器和过滤器室
丙	1. 闪点大于等于 60℃ 的油品和有机液体的提炼、回收工段及其抽送泵房，香料厂的松油醇部位和乙酸松油脂部位，苯甲酸厂房，苯乙酮厂房，焦化厂焦油厂房，甘油、桐油的制备厂房，油浸变压器室，机器油或变压油灌桶间，润滑油再生部位，配电室（每台装油量大于 60kg 的设备），沥青加工厂房，植物油加工厂的精炼部位； 2. 煤、焦炭、油母页岩的筛分、转运工段和栈桥或储仓，木工厂房，竹、藤加工厂房，橡胶制品的压延、成型和硫化厂房，针织品厂房，纺织、印染、化纤生产的干燥部位，服装加工厂房，棉花加工和打包厂房，造纸厂备料、干燥厂房，印染厂成品厂房，麻纺厂粗加工厂房，谷物加工房，卷烟厂的切丝、卷制、包装厂房，印刷厂的印刷厂房，毛涤厂选毛厂房，电视机、收音机装配厂房，显像管厂装配工段烧枪间，磁带装配厂房，集成电路工厂的氧化扩散间、光刻间，泡沫塑料厂的发泡、成型、印片压花部位，饲料加工厂房
丁	1. 金属冶炼、锻造、铆焊、热轧、铸造、热处理厂房； 2. 锅炉房，玻璃原料熔化厂房，灯丝烧拉部位，保温瓶胆厂房，陶瓷制品的烘干、烧成厂房，蒸汽机车库，石灰焙烧厂房，电石炉部位，耐火材料烧成部位，转炉厂房，硫酸车间焙烧部位，电极煅烧工段配电室（每台装油量小于等于 60kg 的设备）； 3. 铝塑料材料的加工厂房，酚醛泡沫塑料的加工厂房，印染厂的漂炼部位，化纤厂后加工润湿部位
戊	制砖车间，石棉加工车间，卷扬机室，不燃液体的泵房和阀门室，不燃液体的净化处理工段，除镁合金外的金属冷加工车间，电动车库，钙镁磷肥车间（焙烧炉除外），造纸厂或化学纤维厂的浆粕蒸煮工段，仪表、器械或车辆装配车间，氟利昂厂房，水泥厂的轮窑厂房，加气混凝土厂的材料准备、构件制作厂房

3.1.2 本条规定了同一座厂房或厂房中同一个防火分区内存在不同火灾危险性的生产时，确定该建筑或区域火灾危险性的原则。

1 本条规定了在一座厂房中或一个防火分区内存在甲、乙类等多种火灾危险性生产时，如果甲类生产在发生事故时，可燃物质足以构成爆炸或燃烧危险，则该建筑物中的生产类别应按甲类划分；如果该厂房面积很大，其中甲类生产所占用的面积比例小，并采取了相应的工艺保护和防火防爆分隔措施，即使发生火灾也不可能蔓延到其他地方时，该厂房可按火灾危险性较小者确定。

如在一座戊类汽车总装厂房中，喷漆工段占总装厂房的面积比例不足 10％时，其生产类别仍可按戊类划分。近年来，喷漆工艺有了很大的改进和提高，并采取了一些行之有效的防护措施，生产过程中的火灾危害减少。本条同时考虑了国内现有工业建筑中同类厂房喷漆工段所占面积的比例，规定了在同时满足条文规定的三个条件时，其面积比例最大可为20%。

另外，生产过程中虽然使用或产生易燃、可燃物质，但是数量少，当气体全部放出或可燃液体全部气化也不会在同一时间内使整个厂房内任何部位的混合气体处于爆炸极限范围内，或即使局部存在爆炸危险、可燃物全部燃烧也不可能使建筑物起火，造成灾害。如机械修配厂或修理车间，虽然使用少量的汽油等甲类溶剂清洗零件，但不会因此而产生爆炸。所以，该厂房可以不按甲类厂房确定其防火要求，仍可以按戊类考虑。

2 一般情况下可不按物质火灾危险特性确定生产火灾危险性类别的最大允许量，参见表2。

表2 可不按物质火灾危险特性确定生产火灾危险性类别的最大允许量

火灾危险性类别	火灾危险性的特性		物质名称举例	最大允许量	
				与房间容积的比值	总量
甲类	1	闪点小于28℃的液体	汽油、丙酮、乙醚	0.004L/m³	100L
	2	爆炸下限小于10%的气体	乙炔、氢、甲烷、乙烯、硫化氢	1L/m³（标准状态）	25m³（标准状态）
	3	常温下能自行分解导致迅速自燃爆炸的物质	硝化棉、硝化纤维胶片、喷漆棉、火胶棉、赛璐珞棉	0.003kg/m³	10kg
		在空气中氧化即导致迅速自燃的物质	黄磷	0.006kg/m³	20kg
	4	常温下受到水和空气中水蒸气的作用能产生可燃气体并能燃烧或爆炸的物质	金属钾、钠、锂	0.002kg/m³	5kg
	5	遇酸、受热、撞击、摩擦、催化以及遇有机物或硫磺等易燃的无机物能引起爆炸的强氧化剂	硝酸胍、高氯酸铵	0.006kg/m³	20kg
		遇酸、受热、撞击、摩擦、催化以及遇有机物或硫磺等极易分解引起燃烧的强氧化剂	氯酸钾、氯酸钠、过氧化钠	0.015kg/m³	50kg
	6	与氧化剂、有机物接触时能引起燃烧或爆炸的物质	赤磷、五硫化磷	0.015kg/m³	50kg
	7	受到水或空气中水蒸气的作用能产生爆炸下限小于10%的固体物质	电石	0.075kg/m³	100kg
乙类	1	闪点大于等于28℃至60℃的液体	煤油、松节油	0.02L/m³	200L
	2	爆炸下限大于等于10%的气体	氨	5L/m³（标准状态）	50m³（标准状态）
	3	助燃气体	氧、氟	5L/m³（标准状态）	50m³（标准状态）
		不属于甲类的氧化剂	硝酸、硝酸铜、铬酸、发烟硫酸、铬酸钾	0.025kg/m³	80kg
	4	不属于甲类的化学易燃危险固体	赛璐珞板、硝化纤维色片、镁粉、铝粉	0.015kg/m³	50kg
			硫磺、生松香	0.075kg/m³	100kg

表2列出了部分生产中常见的甲、乙类火灾危险性物品的最大允许量。本表仅供使用本条文时参考。现将其计算方法和数值确定的原则及应用本表应注意的事项说明如下：

1）厂房或实验室内单位容积的最大允许量。

单位容积的最大允许量是非甲、乙类厂房或实验室内使用甲、乙类火灾危险性物品的两个控制指标之一。厂房或实验室内使用甲、乙类火灾危险性物品的总量同其室内容积之比应小于此值。即：

$$\frac{\text{甲、乙类物品的总量(kg)}}{\text{厂房或实验室的容积(m}^3\text{)}}<\text{单位容积的最大允许值}$$

下面按甲、乙类危险物品的气、液、固态三种情况分别说明其数值的确定。

①气态甲、乙类火灾危险性物品。

一般可燃气体检测报警装置的报警控制值是该可燃气体爆炸下限的25%，当空间内的空气与可燃气体的混合气体浓度达到这个值时就发出报警。因此，当厂房及实验室内使用的可燃气体同空气所形成的混合性气体不超过爆炸下限的5%时，可不按甲、乙类火灾危险性划分。本条采用5%这个数值还考虑到，在一个较大的厂房及实验室内，可能存在可燃气体扩散不均匀的现象，会形成局部高浓度而引发爆炸的危险。假设该局部空间占整个空间的20%，则有：25%×20% ＝5%。

另外，5%这个数值的确定还参考了前苏联有关建筑设计消防法规的规定。

由于生产中使用或产生的甲、乙类可燃气体的种类较多，在本表中不可能全部列出。对于爆炸下限小于10%的甲类可燃气体取1L/m³ 为单位容积的最大允许量，是采取了几种甲类可燃气体计算结果的平均值（如乙炔的计算结果是0.75L/m³，甲烷的计算结果为2.5L/m³）。同理，对于爆炸下限大于等于10%的乙类可燃气体，取5L/m³ 为单位容积的最大允许量。对于助燃气体（如氧气、氯气、氟气等）单位容积的最大允许限量的数值确定，参考了前苏联、日本等国家的有关消防法规。

②液态甲、乙类火灾危险性物品。

在厂房或实验室内少量使用易燃易爆甲、乙类火灾危险性物品，要考虑其全部挥发后弥漫在整个厂房或实验室内，同空气的混合比是否低于爆炸下限的5%。低者则可不按甲、乙类火灾危险性进行确定。对于任何一种甲、乙类火灾危险性液体，其单位体积（L）全部挥发后的气体体积可按下式进行计算：

$$V=829.52\frac{B}{M} \quad (1)$$

式中 V——气体体积(L)；

B——液体比重；

M——挥发气气体密度(kg/L)。

此公式引自美国消防协会《美国防火手册》（Fire Protection Handbook，NFPA），原公式为每加仑液体产生的挥发气气体体积：

$$V=\frac{8.33\times(\text{液体比重})}{0.075\times(\text{挥发气气体密度})} \quad (2)$$

公式(2)中液体的比重，以水的比重为1；挥发性气体的密度，以空气的密度为1；V 表示挥发气的气体体积，单位为 ft^3。公式(1)为公式(2)换算为公制单位后的表达式。

对于液态的强氯化剂等甲、乙类物品的数值的确定，参照了前苏联、日本等国家的有关法规。

③固态（包括粉状）甲、乙类火灾危险性物品。

对于金属钾、金属钠，黄磷、赤磷、赛璐珞板等固态甲、乙类火灾危险性物品和镁粉、铝粉等乙类火灾危险性物品的单位容积的最大允许量，参照了国外有关消防法规的规定。

2）厂房或实验室等室内空间最多允许存放的总量。

对于容积较大的厂房或实验室等，单凭房间内"单位容积的最大允许量"一个指标来控制是不够的。有时，尽管这些厂房或实验室等室内空间单位容积的最大允许量不超过规定，也可能会相对集中放置较大量的甲、乙类火灾危险性物品，而这些物品发生火灾后常难以控制。在本表中规定了最大允许存放甲、乙类火灾危险性物品总量的指标，这些数值的确定参照了美国、日本及前苏联等国家的有关消防法规的规定，并考虑我国的实际情况。例如，表中关于汽油、丙酮、乙醚等闪点低于28℃的甲类液体，最大允许总量确定为100L，参照了现行国家标准《手提式灭火器通用技术条件》中1支灭火器（18B）灭火试验所能控制的汽油量（108L）。这个数据同国外有关消防规范规定的数据基本吻合。在美国消防协会的《防火手册》中，还规定在9m范围以内，灭火器扑救这类火灾时的能力不应小于40B（40为灭火器扑救B类火灾的性能级别）。这些与我国规定灭火时要求2支水枪控制火灾的基本原则一致。

3）注意事项。

在应用本条进行计算时，如厂房或实验室等室内空间的危险物品种类在两种或两种以上，原则上要以火灾危险较大、两项控制指标要求较严格的物品为基础计算确定。

3.1.3 本条规定了储存物品的火灾危险性分类原则。

1 本规范将生产和储存物品的火灾危险性分类分别列出，是因为生产和储存物品的火灾危险性既有相同之处，又有所区别。如甲、乙、丙类液体在高温、高压生产过程中，其温度往往超过液体本身的自燃点，当其设备或管道损坏时，液体喷出就会起火。有些生产的原料、成品的火灾危险性较低，但当生产条件发生变化或经化学反应后产生了中间产物则可能增加其火灾危险性。例如，可燃粉尘静止时的火灾危险性较小，但在生产过程中，粉尘悬浮在空气中并与空气形成爆炸性混合物，遇火源则可能爆炸起火，而这类物品在储存时就不存在这种情况。与此相反，桐油织物及其制品，如堆放在通风不良地点，受到一定温度作用时，则会缓慢氧化、积热不散而自燃起火，因而在储存时其火灾危险性较大，而在生产过程中则不存在此种情形。

储存物品的分类方法主要依据物品本身的火灾危险性，参照本规范生产的火灾危险性分类，并吸收仓库储存管理经验和参考《危险货物运输规则》划分的。

1)甲类储存物品的划分，主要依据《危险货物运输规则》中Ⅰ级易燃固体、Ⅰ级易燃液体、Ⅰ级氧化剂、Ⅰ级自燃物品、Ⅰ级遇水燃烧物品和可燃气体的特性确定。这类物品易燃、易爆，燃烧时还放出大量有害气体。有的遇水发生剧烈反应，产生氢气或其他可燃气体，遇火燃烧爆炸；有的具有强烈的氧化性能，遇有机物或无机物极易燃烧爆炸；有的因受热、撞击、催化或气体膨胀而可能发生爆炸，或与空气混合容易达到爆炸浓度，遇火而发生爆炸。

2)乙类储存物品的划分，主要依据《危险货物运输规则》中Ⅱ级易燃固体、Ⅱ级易燃烧体、Ⅱ级氧化剂、助燃气体、Ⅱ级自燃物品的特性确定。这类物品的火灾危险性仅次于甲类。

3)丙、丁、戊类储存物品的划分，主要依据实际仓库调查和储存管理情况确定。

丙类储存物品包括可燃固体物质和闪点大于等于60℃的可燃液体，其特性是液体闪点较高、不易挥发，火灾危险性比甲、乙类液体要小些。可燃固体在空气中受到火焰和高温作用时能发生燃烧，即使火源拿走，仍能继续燃烧。

丁类储存物品指难燃烧物品，其特性是在空气中受到火焰或高温作用时，难起火、难燃或微燃，将火源拿走，燃烧即可停止。

戊类储存物品指不燃烧物品，其特性是在空气中受到火焰或高温作用时，不起火、不微燃、不碳化。

2 表3列举了一些常见储存物品的火灾危险性分类，供设计时参考。

表3 储存物品的火灾危险性分类举例

火灾危险性类别	举　例
甲	1.已烷，戊烷，环戊烷，石脑油，二硫化碳，苯，甲苯，甲醇，乙醇，乙醚，蚁酸甲酯，醋酸甲酯，硝酸乙酯，汽油，丙酮，丙烯，60度及以上的白酒； 2.乙炔，氢，甲烷，环氧乙烷，水煤气，液化石油气，乙烯，丙烯，丁二烯，硫化氢，氯乙烯，电石，碳化铝； 3.硝化棉，硝化纤维胶片，喷漆棉，火胶棉，赛璐珞棉，黄磷； 4.金属钾，钠，锂，钙，锶，氢化锂，氢化钠，四氢化锂铝； 5.氯酸钾，氯酸钠，过氧化钾，过氧化钠，硝酸铵； 6.赤磷，五硫化磷，三硫化磷
乙	1.煤油，松节油，丁烯醇，异戊醇，丁醚，醋酸丁酯，硝酸戊酯，乙酰丙酮，环己胺，溶剂油，冰醋酸，樟脑油，蚁酸； 2.氨气、液氯； 3.硝酸铜，铬酸，亚硝酸钾，重铬酸钠，铬酸钾，硝酸，硝酸汞，硝酸钴，发烟硫酸，漂白粉； 4.硫磺，镁粉，铝粉，赛璐珞板(片)，樟脑，萘，生松香，硝化纤维漆布，硝化纤维色片； 5.氧气，氟气； 6.漆布及其制品，油布及其制品，油纸及其制品，油绸及其制品

续表3

火灾危险性类别	举　例
丙	1.动物油、植物油，沥青，蜡，润滑油，机油，重油，闪点大于等于60℃的柴油，糖醛，大于50度至小于60度的白酒； 2.化学、人造纤维及其织物，纸张，棉、毛、丝、麻及其织物，谷物，面粉，天然橡胶及其制品，竹、木及其制品，中药材，电视机、收录机等电子产品，计算机房已录数据的磁盘储存间，冷库中的鱼、肉间
丁	自熄性塑料及其制品，酚醛泡沫塑料及其制品，水泥刨花板
戊	钢材、铝材、玻璃及其制品，搪瓷制品、陶瓷制品，不燃气体，玻璃棉、岩棉、陶瓷棉、硅酸铝纤维、矿棉，石膏及其无纸制品，水泥、石、膨胀珍珠岩

3.1.4 本条规定了同一座仓库或其中同一防火分区内存在多种火灾危险性的物质时，确定该建筑或区域火灾危险性的原则。

一个防火分区内存放多种可燃物时，火灾危险性分类原则应按其中火灾危险性大的确定。这在美国等国家的标准中也有类似规定。当数种火灾危险性不同的物品存放在一起时，其耐火等级、允许层数和允许面积均要求按最危险者的要求确定。如同一座仓库存放有甲、乙、丙三类物品，其仓库就需要按甲类储存仓库的要求设计，即采用单层，耐火等级应为一、二级，每座仓库最大允许占地面积为180～750m^2。

此外，根据1990年4月10日公安部令第6号《仓库防火安全管理规则》第十九条：甲、乙类物品和一般物品以及容易相互发生化学反应或者灭火方法不同的物品，必须分间、分库储存，并在醒目处标明储存物品的名称、性质和灭火方法。因此，为有利于安全和便于管理，同一座仓库或其中同一个防火分区内，应尽量储存一种物品。如有困难，可将数种物品存放在一座仓库或同一个防火分区内，但不允许性质相互抵触或灭火方法不同的物品存放在一起，并且在存储过程中采取分区域布置。

3.1.5 丁、戊类物品本身虽属难燃烧或不燃烧物质，但其很多包装是可燃的木箱、纸盒、泡沫塑料等。据调查，有些仓库内的可燃包装物，多者在100～300kg/m^2，少者也有30～50kg/m^2。因此，这两类仓库，除考虑物品本身的燃烧性能外，还要考虑可燃包装的数量，在防火要求上应较丁、戊类仓库严格。

在执行本条时，应注意有些包装物与被包装物品的重量比虽然不满足本条的规定，但包装物(如泡沫塑料等)的单位体积重量较小，极易燃烧且初期燃烧速率较快、释热量大，如仍然按照丁、戊类仓库来确定则可能出现其与实际火灾危险性不符的情况。因此，在这种情况下还需要进一步根据具体情形进行论证分析，提出可信的确定依据，并采取相应的技术措施。

3.2 厂房(仓库)的耐火等级与构件的耐火极限

3.2.1 本条规定了厂房(仓库)的耐火等级分级及相应建筑构件的耐火极限和燃烧性能。有关确定原则和执行中应注意的问题说明如下：

1 根据厂房(仓库)建筑多年的实践，将新建、改建、扩建的厂房(仓库)的耐火等级划分为一、二、三、四级共4个等级是合适的。

2 在规范条文中表3.2.1内，调整了防火墙的耐火极限要求，由原4.00h降低到3.00h。同时，在其他条文中对火灾荷载大、火灾延续时间可能较长的场所的建筑构件，提高了其耐火极限要求。由于非承重外墙的作用主要是作为外围护构件，在满足相应防火间距的情况下，只要能达到火灾时建筑物之间不会在短时间内相互蔓延的要求，其耐火极限和燃烧性能可适当降低。

楼板是建筑竖向防火分隔的主要构件，尽管对于着火层而言，其受火影响较小，但对于上一层而言，则受火影响较大，理应在原来基础上适当提高。但考虑到规范的连续性及改变这一基础规定可能带来的影响，在本规范1987年版的基础上调整了三、四级耐火等级建筑的楼板的耐火极限。

此外，本条也参照了美国、加拿大、澳大利亚等国建筑规范和相关消防标准的规定。

3 规范条文中表3.2.1建筑构件的燃烧性能和耐火极限的确定依据。

1)各种构件的耐火极限不超过3.00h,其依据如下:

①火灾延续时间90%以上在2.00h以内的统计结果见表4。

表4 火灾延续时间90%以上在2.00h以内的统计结果

地区	连续统计年份	火灾次数	统计结果(%)
北京	8	2353	95.10
上海	5	1035	92.90
沈阳	16	—	97.20
天津	12	—	95.00

注:在天津一栏的统计年份中,前8年与后4年不连续。

因此,在考虑了一定的安全系数后,对个别构件的耐火极限定为3.00h,其余构件略高于或低于2.00h。

②前苏联、美国、日本等国家的有关规定(详见表5~表7),其建筑物构件的耐火极限均不超过4.00h。

表5 前苏联建筑物的耐火等级分类及其构件的燃烧性能和耐火极限

楼房耐火等级	建筑构件耐火极限(h)和沿该构件火焰传播的最大极限(h/cm)								
	墙壁				支柱	楼梯平台、楼梯梁、台阶、梁和楼梯间	平板、铺面(其中包括有保温层的)和其他楼板自承重结构	屋顶构件	
	自承重楼梯间	自承重	外部非承重(其中包括由悬吊板构成)	内部非承重(隔离的)				平板、铺面(其中包括有保温层的)和大梁	梁、方形门、横梁、框架
1	2	3	4	5	6	7	8	9	10
Ⅰ	$\frac{2.5}{0}$	$\frac{1.25}{0}$	$\frac{0.5}{0}$	$\frac{0.5}{0}$	$\frac{2.5}{0}$	$\frac{1}{0}$	$\frac{1}{0}$	$\frac{0.5}{0}$	$\frac{0.5}{0}$
Ⅱ	$\frac{2}{0}$	$\frac{1}{0}$	$\frac{0.25}{0}$	$\frac{0.25}{0}$	$\frac{2}{0}$	$\frac{1}{0}$	$\frac{0.75}{0}$	$\frac{0.25}{0}$	$\frac{0.25}{0}$
Ⅲ	$\frac{2}{0}$	$\frac{1}{0}$	$\frac{0.25}{0};\frac{0.5}{0}$	$\frac{0.25}{40}$	$\frac{2}{0}$	$\frac{1}{0}$	$\frac{0.75}{25}$	$\frac{H.H}{H.H}$	$\frac{H.H}{H.H}$
Ⅲ	$\frac{1}{0}$	$\frac{0.5}{0}$	$\frac{0.25}{40}$	$\frac{0.25}{40}$	$\frac{0.25}{0}$	$\frac{1}{0}$	$\frac{0.25}{0}$	$\frac{0.25}{25}$	$\frac{0.25}{0}$
Ⅲ	$\frac{1}{40}$	$\frac{0.5}{40}$	$\frac{0.25}{0};\frac{0.5}{40}$	$\frac{0.25}{40}$	$\frac{1}{40}$	$\frac{0.25}{0}$	$\frac{0.75}{25}$	$\frac{0.25}{0};\frac{0.5}{25(40)}$	$\frac{0.75}{25(40)}$
Ⅳ	$\frac{0.5}{40}$	$\frac{0.25}{40}$	$\frac{0.25}{40}$	$\frac{2}{0}$	$\frac{0.5}{40}$	$\frac{0.25}{40}$	$\frac{0.25}{40}$	$\frac{H.H}{H.H}$	$\frac{2.5}{0}$
Ⅳ	$\frac{0.5}{40}$	$\frac{0.25}{40}$	$\frac{0.25}{H.H}$	$\frac{0.25}{40}$	$\frac{0.25}{0}$	$\frac{0.25}{0}$	$\frac{0.25}{0}$	$\frac{0.25}{H.H}$	$\frac{0.25}{0}$
Ⅴ	没有标准化								

注:1 译自1985年《苏联防火标准》。

2 在括号中给出了竖直结构段和倾斜结构段的火焰传播极限。

3 缩写"H.H"表示指标没有标准化。

表6 日本建筑标准法规中有关建筑构件耐火极限方面的规定(h)

建筑的层数(从上部层数开始)	房盖	梁	楼板	柱	承重外墙	承重间隔墙
2~4层以内	0.5	1	1	1	1	1
5~14层	0.5	2	2	2	2	2
15层以上	0.5	3	2	3	2	2

注:译自2001年版日本《建筑基准法施行令》第107条。

表7 美国消防协会标准《建筑结构类型标准》NFPA220(1996年版)中关于Ⅰ型~Ⅴ型结构的耐火极限(h)

名称	Ⅰ型		Ⅱ型			Ⅲ型		Ⅳ型	Ⅴ型	
	443	332	222	111	000	211	200	2HH	111	000
外承重墙:										
支撑多于一层、柱或其他承重墙	4	3	2	1	0′	2	2	2	1	0
只支撑一层	4	3	2	1	0′	2	2	2	1	0
只支撑一个屋顶	4	3	2	1	0′	2	2	2	1	0
内承重墙:										
支撑多于一层、柱或其他承重墙	4	3	2	1	0	1	0	2	1	0
只支撑一层	3	2	2	1	0	1	0	1	1	0
只支撑一个屋顶	3	2	1	1	0	1	0	1	1	0
柱:										
支撑多于一层、柱或其他承重墙	4	3	2	1	0	1	0	H^2	1	0
只支撑一层	3	2	2	1	0	1	0	H^2	1	0
只支撑一个屋顶	3	2	1	1	0	1	0	H^2	1	0
梁、梁构桁架的腹杆、拱顶和桁架:										
支撑多于一层、柱或其他承重墙	4	3	2	1	0	1	0	H^2	1	0
只支撑一层	3	2	2	1	0	1	0	H^2	1	0
只支撑屋顶	3	2	1	1	0	1	0	H^2	1	0
楼面结构	3	2	2	1	0	1	0	H^2	1	0
屋顶结构	2	11/2	1	1	0	1	0	H^2	1	0
非承重外墙	0′	0′	0′	0′	0′	0′	0′	0′	0′	0

注:1 □表示这些构件应当允许是批准的可燃材料。

2 "H"表示大型木构件,参看要求的文字内容。

2)柱。

柱和承重墙比较,柱的受力和受火条件更苛刻,其耐火极限至少不应低于承重墙的要求。一级耐火等级建筑物中支承单层的柱,其最低耐火极限可比支承多层柱的耐火极限略为降低要求,根据火灾案例确定耐火极限为2.50h且砖柱和钢筋混凝土柱的截面尺寸为300mm×300mm。但这种规定未充分考虑设计区域内的火灾荷载情况和空间的通风条件等因素,设计时应以此规定为最低要求,根据工程的具体情况确定合理的耐火极限,而不应仅为片面满足规范的规定。

耐火等级为二、三级的建筑物的支承柱,其耐火极限又比一级建筑物的支承柱的耐火极限略有降低,是根据我国现有建筑物的状况,在1987年版规范修订过程中反复查阅过去的有关规定和资料,并经过分析,认为砖柱或钢筋混凝土柱的截面尺寸为200mm×200mm时,其耐火极限为2.00h。因此,将三级耐火等级建筑物支承柱的耐火极限规定为2.00h。

四级耐火等级建筑物的支承柱,也有采用木柱承重且以不燃烧材料作覆面保护的,对于这类建筑物的柱,其耐火极限为0.50h。本规范的相关规定即以此为依据。

3)楼板。

根据建筑火灾统计资料,火灾延续时间在1.50h以内的占88%,在1.00h以内的占80%。因此,将一级耐火等级建筑物楼板的耐火极限定为1.50h,二级耐火等级建筑物定为1.00h。这样,大部分一、二级耐火等级建筑物不会被烧垮。当然,建筑构件的耐火极限定得越高,发生火灾时烧垮的可能性就越小,但建筑的造价要增加;如规定得过低,则火焰和高温作用时影响大,损失也大。我国二级耐火等级建筑占多数,钢筋混凝土楼板通常采用的保护层是15~30mm厚,其耐火极限达1.50h以上(部分预制空心板为1.00h左右)。因此,二级耐火等级建筑物楼板的耐火极限定为1.00h。

三级耐火等级建筑物内的防火分区划分相对较小,不同用途和功能的建筑,尽管其火灾荷载会有差异,但总体上火灾延续时间相应会有所缩短。从调查情况看,其楼板通常为钢筋混凝土结构,故规定其耐火极限为0.75h。

4)屋顶。

一级耐火等级建筑物的屋顶,其耐火极限仍维持原规定

1.50h的要求。

二级耐火等级建筑物的屋顶，其耐火极限比原规定提高了0.50h。从防火角度看，采用0.50h的屋架，发生火灾时在较短时间内就塌落，易造成较大损失和人员伤亡。从火灾实际情况看，二级耐火等级建筑的承重屋顶发生坍塌的现象较多。所以，提高二级耐火等级建筑物屋顶的耐火极限是必要的。但目前建设有大量钢结构厂房、仓库，这些建筑的钢结构屋顶的耐火极限难以达到本条规定的耐火极限要求，故在第3.2.8条中根据实际情况作了有条件的调整。

5）吊顶。

对吊顶耐火极限的要求，主要考虑火灾初期要保证在一定疏散时间内不影响人员的疏散行动。根据火灾实例和公共场所的人员疏散时间的测定以及国外有关研究资料，本规范中表3.2.1对吊顶的耐火性能作了一般性规定。

但在有些厂房（如某些洁净厂房）内，由于生产工艺和管线布置的要求，同一防火分区内的隔墙往往难以隔断吊顶延伸到顶板底，因而吊顶内实际是贯通的。对此，吊顶的耐火极限应与隔墙的耐火极限一致，如疏散走道两侧隔墙的耐火极限不应低于1.00h，则吊顶的耐火极限也不应低于1.00h，如现行国家标准《洁净厂房设计规范》GB 50073中的有关规定。

6）三级耐火等级建筑物的房间隔墙有一部分可能采用板条抹灰，其耐火极限为0.85h。考虑到有的抹灰厚度不均匀，并适当考虑一定的安全系数，将该项耐火极限定为0.50h。

三级耐火等级建筑物疏散楼梯是根据我国钢筋混凝土楼梯的梁保护层通常为25mm，板保护层为15mm，其耐火极限为1.00h，适当留有一定的安全系数，将该项耐火极限定为0.75h。四级耐火等级建筑因限制为单层，故四级耐火等级建筑物不必规定楼梯的耐火极限。

4 表注。

考虑到我国现有的吊顶材料类型，为使其既符合规范要求又便于施工，故对二级耐火等级的吊顶要求作适当调整。为保证疏散安全，在疏散通道或避难场所，如公共走道、前室、避难间等，不应使用遇高温或遇火焰后会发生脆性破坏或坍塌的材料，如普通玻璃等，也不应使用遇高温或火焰会分解产生大量有毒烟气的材料，如聚氯乙烯、聚苯乙烯、聚氨酯泡沫等有机化学材料。

设计疏散时间依不同建筑用途和使用人员不同而有所差异，一般可按0.25h确定。但某些场所，如疏散条件较差或疏散距离较长的地方，应提高其耐火极限，有关情况还可参见前面的说明。

5 由于同一类构件在不同施工工艺和不同截面、不同组分、不同受力条件以及不同升温曲线等情况下的耐火极限是不一样的。本规范2001年版的附录二中给出了一些构件的耐火极限试验数据，设计时对于与表中所列情况完全一样的构件可以直接采用。但实际使用时，往往存在较大变化，因此，对于某种构件的耐火极限一般应根据理论计算和试验测试验证相结合的方法进行确定。表8列出了部分经过测试试验的构件的耐火极限和燃烧性能，供设计时参考，本表是引自本规范2001年版的附录二。

表8 建筑构件的燃烧性能和耐火极限

序号	构件名称	结构厚度或截面最小尺寸(mm)	耐火极限(h)	燃烧性能
一	承重墙			
1	普通粘土砖、硅酸盐砖，混凝土、钢筋混凝土实体墙	120	2.50	不燃烧体
		180	3.50	不燃烧体
		240	5.50	不燃烧体
		370	10.50	不燃烧体
2	加气混凝土砌块墙	100	2.00	不燃烧体
3	轻质混凝土砌块、天然石料的墙	120	1.50	不燃烧体
		240	3.50	不燃烧体
		370	5.50	不燃烧体

续表 8

序号	构件名称	结构厚度或截面最小尺寸(mm)	耐火极限(h)	燃烧性能
二	非承重墙			
1	**普通粘土砖墙：**			
	(1)不包括双面抹灰	60	1.50	不燃烧体
	(2)不包括双面抹灰	120	3.00	不燃烧体
	(3)包括双面抹灰	180	5.00	不燃烧体
	(4)包括双面抹灰	240	8.00	不燃烧体
2	**12mm 粘土空心砖墙：**			
	(1)七孔砖墙(不包括墙中空120mm)	120	8.00	不燃烧体
	(2)双面抹灰七孔粘土砖墙(不包括墙中空120mm)	140	9.00	不燃烧体
3	粉煤灰硅酸盐砌块墙	200	4.00	不燃烧体
4	**轻质混凝土墙：**			
	(1)加气混凝土砌块墙	75	2.50	不燃烧体
	(2)钢筋加气混凝土垂直墙板墙	150	3.00	不燃烧体
	(3)粉煤灰加气混凝土砌块墙	100	3.40	不燃烧体
	(4)加气混凝土砌块墙	100	6.00	不燃烧体
		200	8.00	不燃烧体
	(5)充气混凝土砌块墙	150	7.50	不燃烧体
5	碳化石灰圆孔空心条板隔墙	90	1.75	不燃烧体
6	菱苦土珍珠岩圆孔空心条板隔墙	80	1.30	不燃烧体
7	钢筋混凝土大板墙(C20)	60	1.00	不燃烧体
		120	2.60	不燃烧体
8	**轻质复合隔墙：**			
	(1)菱苦土板夹纸蜂窝隔墙，其构造厚度(mm)为：2.5+50(纸蜂窝)+25	—	0.33	难燃烧体
	(2)水泥刨花复合板隔墙，总厚度80mm(内空层60mm)	—	0.75	难燃烧体
	(3)水泥刨花板龙骨水泥板隔墙，其构造厚度(mm)为：12+86(空)+12	—	0.50	难燃烧体
	(4)石棉水泥龙骨石棉水泥板隔墙，其构造厚度(mm)为：5+80(空)+60	—	0.45	不燃烧体
9	**石膏空心条板隔墙：**			
	(1)石膏珍珠岩空心条板(膨胀珍珠岩50～80kg/m³)	60	1.50	不燃烧体
	(2)石膏珍珠岩空心条板(膨胀珍珠岩60～120kg/m³)	60	1.20	不燃烧体
	(3)石膏硅酸盐空心条板	60	1.50	不燃烧体
	(4)石膏珍珠岩塑料网空心条板(膨胀珍珠岩60～120kg/m³)	60	1.30	不燃烧体
	(5)石膏粉煤灰空心条板	90	2.25	不燃烧体
	(6)石膏珍珠岩双层空心条板，其构造厚度(mm)为：			
	60+50(空)+60(膨胀珍珠岩50～80kg/m³)	—	3.75	不燃烧体
	60+50(空)+60(膨胀珍珠岩60～120kg/m³)	—	3.25	不燃烧体
	(7)增强石膏空心墙板	90	2.50	不燃烧体
		60	1.28	不燃烧体
10	**石膏龙骨两面钉下列材料的隔墙：**			
	(1)纤维石膏板，其构造厚度(mm)为：			
	8.5+103(填矿棉)+8.5	—	1.00	不燃烧体
	10+64(空)+10	—	1.35	不燃烧体
	10+90(填矿棉)+10	—	1.00	不燃烧体
	(2)纸面石膏板，其构造厚度(mm)为：			
	11+68(填矿棉)+11	—	0.75	不燃烧体
	11+28(空)+11+65(空)+11+28(空)+11	—	1.50	不燃烧体
	9+12+128(空)+12+9	—	1.20	不燃烧体
	25+134(空)+12+9	—	1.50	不燃烧体
	12+80(空)+12+12+80(空)+12	—	1.00	不燃烧体
	12+80(空)+12	—	0.33	不燃烧体

续表 8

序号	构件名称	结构厚度或截面最小尺寸(mm)	耐火极限(h)	燃烧性能
11	**木龙骨两面钉下列材料的隔墙：**			
	(1)钢丝网(板)抹灰，其构造厚度(mm)为：15+50(空)+15	—	0.85	难燃烧体
	(2)石膏板，其构造厚度(mm)为：12+50(空)+12	—	0.30	难燃烧体
	(3)板条抹灰，其构造厚度(mm)为：15+50(空)+15	—	0.85	难燃烧体
	(4)水泥刨花板，其构造厚度(mm)为：15+50(空)+15	—	0.30	难燃烧体
	(5)板条抹1：4石棉水泥隔热灰浆，其构造厚度(mm)为：20+50(空)+20	—	1.25	难燃烧体
	(6)苇箔抹灰，其构造厚度(mm)为：15+70+15	—	0.85	难燃烧体
	(7)纸面玻璃纤维石膏板，其构造厚度(mm)为：10+55(空)+10	—	0.60	难燃烧体
	(8)纸面纤维石膏板，其构造厚度(mm)为：10+55(空)+10	—	0.60	难燃烧体
12	**钢龙骨两面钉下列材料：**			
	石膏板：			
	(1)纸面石膏板，其构造厚度(mm)为：			
	20+46(空)+12	—	0.33	不燃烧体
	2×12+70(空)+3×12	—	1.25	不燃烧体
	2×12+70(空)+2×12	—	1.20	不燃烧体
	(2)双层普通石膏板，板内掺纸纤维，其构造厚度(mm)为：2×12+75(空)+2×12	—	1.10	不燃烧体
	(3)双层防火石膏板，板内掺玻璃纤维，其构造厚度(mm)为：			
	2×12+75(空)+2×12	—	1.35	不燃烧体
	2×12+75(岩棉厚40mm)+2×12	—	1.60	不燃烧体
	(4)复合纸面石膏板，其构造厚度(mm)为：			
	15+75(空)+1.5+9.5(双层板受火)	—	1.10	不燃烧体
	10+55(空)+10	—	0.60	不燃烧体
	(5)双层石膏板，其构造厚度(mm)为：			
	2×12+75(填岩棉)+2×12	—	2.10	不燃烧体
	2×12+75(空)+2×12	—	1.35	不燃烧体
	18+70(空)+18	—	1.35	不燃烧体
12	(6)单层石膏板，其构造厚度(mm)为：			
	12+75(填50mm厚岩棉)+12	—	1.20	不燃烧体
	12+75(空)+12	—	0.50	不燃烧体
	普通纸面石膏板：			
	12+75(空)+12	99	0.52	不燃烧体
	12+75(其中5.0%厚岩棉)+12	99	0.90	不燃烧体
	15+9.5+75+15	123	1.50	不燃烧体
	耐火纸面石膏板：			
	12+75(其中5.0%厚岩棉)+12	99	1.05	不燃烧体
	2×12+75+2×12	111.4	1.10	不燃烧体
	2×15+100(其中8.0%厚岩棉)+15	145	>1.50	不燃烧体
13	**轻钢龙骨两面钉下列材料：**			
	耐火纸面石膏板(mm)为：			
	3×12+100(岩棉)+2×12	160	>2.00	不燃烧体
	3×15+100(80mm厚岩棉)+2×15	175	2.82	不燃烧体
	3×15+100(50mm厚岩棉)+2×12	169	2.95	不燃烧体
	9.5+3×12+100(空)+100(80mm厚岩棉)+2×12+9.5+12	291	3.00	不燃烧体
	3×15+150(100mm厚岩棉)+3×15	240	4.00	不燃烧体
	水泥纤维复合硅酸钙板(埃特板)：			
	(1)水泥纤维复合板墙，其构造厚度(mm)为：			
	20(水泥纤维板)+60(岩棉)+20(水泥纤维板)	—	2.10	不燃烧体
	4(水泥纤维板)+52(水泥聚苯乙烯粒)+4(水泥纤维板)	—	1.20	不燃烧体
	4(水泥纤维板)+92(岩棉)+4	—	2.00	不燃烧体
	(2)单层双面夹矿棉埃特板墙：	100	1.50	不燃烧体
		90	1.00	不燃烧体
		140	2.00	不燃烧体
	双层双面夹矿棉埃特板墙：			
	钢龙骨水泥刨花板隔墙，其构造厚度(mm)为：12+76(空)+12	—	0.45	难燃烧体
	钢龙骨石棉水泥板隔墙，其构造厚度(mm)为：12+75(空)+6	—	0.30	难燃烧体

续表 8

序号	构件名称	结构厚度或截面最小尺寸(mm)	耐火极限(h)	燃烧性能
14	**钢丝网架(复合)墙板：**			
	(1)矿棉或聚苯乙烯夹芯板：			
	25(强度等级32.5硅酸盐水泥，1：3水泥砂浆)+50(矿棉)+25(强度等级32.5硅酸盐水泥，1：3水泥砂浆)	100	2.00	不燃烧体
	25(强度等级32.5硅酸盐水泥，1：3水泥砂浆)+50(聚苯乙烯)+25(强度等级32.5硅酸盐水泥，1：3水泥砂浆)	100	1.07	难燃烧体
	(2)钢丝网塑夹芯板(内填自吸性聚苯乙烯泡沫)	76	1.20	难燃烧体
	(3)芯材为聚苯乙烯泡沫塑料，两侧为1：3水泥砂浆(强度等级32.5硅酸盐水泥砂浆抹灰)，厚度23mm(泰柏板)			
	23(1：3水泥砂浆)+54(聚苯乙烯泡沫塑料)+23(1：3水泥砂浆)	100	1.30	难燃烧体
	(4)钢丝网架石膏复合墙板：			
	15(石膏板)+50(硅酸盐水泥)+50(岩棉)+50(硅酸盐水泥)+15(石膏板)	180	4.00	不燃烧体
	(5)钢丝网岩棉夹芯复合板(可做3层以下承重墙，4层以上框架结构填充墙)	110	2.00	不燃烧体
15	**彩色钢板复合板墙：**			
	彩色钢板岩棉夹芯板	—	1.13	不燃烧体
	彩色钢板岩棉夹芯板	—	0.50	不燃烧体
	彩色镀锌钢板聚氨酯夹芯板	—	0.60	难燃烧体
16	**增强石膏轻质内墙板：**			
	增强石膏轻质内墙板(带孔)	60	1.28	不燃烧体
		90	2.50	不燃烧体
17	**空心轻质隔墙板：**			
	孔径38mm，表面为10mm水泥砂浆	100	2.00	不燃烧体
	62mm孔空心板拼装，两侧抹灰19mm，总厚度100mm，砂：碳：水泥比为5：1：1	100	2.00	不燃烧体
18	**混凝土砌块墙体：**			
	(1)轻集料小型空心砌块：			
	330mm×14mm	—	1.98	不燃烧体
	330mm×19mm	—	1.25	不燃烧体
	(2)轻集料(陶粒)混凝土砌块：			
	330mm×240mm	—	2.92	不燃烧体
	330mm×290mm	—	4.00	不燃烧体
	(3)轻集小型空心砌块(实心墙体)：			
	330mm×190mm	—	4.00	不燃烧体
	(4)普通混凝土承重空心砌块：			
	330mm×14mm	—	1.65	不燃烧体
	330mm×19mm	—	1.93	不燃烧体
	330mm×290mm	—	4.00	不燃烧体
19	纤维增强硅酸钙板轻质复合隔墙	50～100	2.00	不燃烧体
20	纤维增强水泥加压平板	50～100	2.00	不燃烧体
21	(1)水泥聚苯乙烯粒子复合墙板(纤维复合)	60	1.20	不燃烧体
	(2)水泥纤维加压板墙体	100	2.00	不燃烧体
22	玻璃纤维增强水泥空心内隔墙板(采用纤维水泥加轻质粗细填充骨料混合浇注，振动滚压成型)	60	1.50	不燃烧体
三	**柱**			
1	钢筋混凝土柱	180×240	1.20	不燃烧体
		200×200	1.40	不燃烧体
		240×240	2.00	不燃烧体
		300×300	3.00	不燃烧体
		200×400	2.70	不燃烧体
		200×500	3.00	不燃烧体
		300×500	3.50	不燃烧体
		370×370	5.00	不燃烧体
2	普通粘土砖柱	370×370	5.00	不燃烧体
3	钢筋混凝土圆柱	直径300	3.00	不燃烧体
		直径450	4.00	不燃烧体

续表 8

序号	构件名称	结构厚度或截面最小尺寸(mm)	耐火极限(h)	燃烧性能
4	无保护层的钢柱	—	0.25	不燃烧体
5	**有保护层的钢柱:**			
	(1)金属网抹 M5 砂浆保护,厚度(mm)为:			
	25	—	0.80	不燃烧体
	(2)用加气混凝土做保护层,厚度(mm)为:			
	40	—	1.00	不燃烧体
	50	—	1.40	不燃烧体
	70	—	2.00	不燃烧体
	80	—	2.33	不燃烧体
	(3)用 C20 混凝土做保护层,厚度(mm)为:			
	25	—	0.80	不燃烧体
	50	—	2.00	不燃烧体
	100	—	2.85	不燃烧体
	(4)用普通粘土砖做保护层,厚度(mm)为:			
	120	—	2.85	不燃烧体
	(5)用陶粒混凝土做保护层,厚度(mm)为:			
	80	—	3.00	不燃烧体
	(6)用薄涂型钢结构防火涂料做保护层,厚度(mm)为:			
	5.5	—	1.00	不燃烧体
	7.0	—	1.50	不燃烧体
	(7)用厚涂型钢结构防火涂料做保护层,厚度(mm)为:			
	15	—	1.00	不燃烧体
	20	—	1.50	不燃烧体
	30	—	2.0	不燃烧体
	40	—	2.5	不燃烧体
	50	—	3.0	不燃烧体
6	**有保护层的钢管混凝土圆柱(λ≤60):**			
	用金属网抹 M5 砂浆做保护层,其厚度(mm)为:			
	25		1.00	不燃烧体
	35		1.50	不燃烧体
	45	D =200	2.00	不燃烧体
	60		2.50	不燃烧体
	70		3.00	不燃烧体
	20		1.00	不燃烧体
	30		1.50	不燃烧体
	35	D =600	2.00	不燃烧体
	45		2.50	不燃烧体
	50		3.00	不燃烧体
	18		1.00	不燃烧体
	26		1.50	不燃烧体
	32	D =1000	2.00	不燃烧体
	40		2.50	不燃烧体
	45		3.00	不燃烧体
	15		1.00	不燃烧体
	25		1.50	不燃烧体
	30	D≥1400	2.00	不燃烧体
	36		2.50	不燃烧体
	40		3.00	不燃烧体
	用厚涂型钢结构防火涂料做保护层,其厚度(mm)为:			
	8		1.00	不燃烧体
	10		1.50	不燃烧体
	14	D =200	2.00	不燃烧体
	16		2.50	不燃烧体
	20		3.00	不燃烧体
	7		1.00	不燃烧体
	9		1.50	不燃烧体
	12	D =600	2.00	不燃烧体
	14		2.50	不燃烧体
	16		3.00	不燃烧体

续表 8

序号	构件名称	结构厚度或截面最小尺寸(mm)	耐火极限(h)	燃烧性能
6	6		1.00	不燃烧体
	8		1.50	不燃烧体
	10	D =1000	2.00	不燃烧体
	12		2.50	不燃烧体
	14		3.00	不燃烧体
	5		1.00	不燃烧体
	7		1.50	不燃烧体
	9	D ≥1400	2.00	不燃烧体
	10		2.50	不燃烧体
	12		3.00	不燃烧体
7	**有保护层的钢管混凝土方柱、矩形柱(λ≤60):**			
	用金属网抹 M5 砂浆做保护层,其厚度(mm)为:			
	40		1.00	不燃烧体
	55		1.50	不燃烧体
	70	B =200	2.00	不燃烧体
	80		2.50	不燃烧体
	90		3.00	不燃烧体
	30		1.00	不燃烧体
	40		1.50	不燃烧体
	55	B =600	2.00	不燃烧体
	65		2.50	不燃烧体
	70		3.00	不燃烧体
	25		1.00	不燃烧体
	35		1.50	不燃烧体
	45	B =1000	2.00	不燃烧体
	55		2.50	不燃烧体
	65		3.00	不燃烧体
	20		1.00	不燃烧体
	30		1.50	不燃烧体
	40	B≥1400	2.00	不燃烧体
	45		2.50	不燃烧体
	55		3.00	不燃烧体
7	用厚涂型钢结构防火涂料做保护层,其厚度(mm)为:			
	8		1.00	不燃烧体
	10		1.50	不燃烧体
	14	B =200	2.00	不燃烧体
	18		2.50	不燃烧体
	25		3.00	不燃烧体
	6		1.00	不燃烧体
	8		1.50	不燃烧体
	10	B =600	2.00	不燃烧体
	12		2.50	不燃烧体
	15		3.00	不燃烧体
	5		1.00	不燃烧体
	6		1.50	不燃烧体
	8	B =1000	2.00	不燃烧体
	10		2.50	不燃烧体
	12		3.00	不燃烧体
	4		1.00	不燃烧体
	5		1.50	不燃烧体
	6	B=1400	2.00	不燃烧体
	8		2.50	不燃烧体
	10		3.00	不燃烧体
四	梁			
	简支的钢筋混凝土梁:			
	(1)非预应力钢筋,保护层厚度(mm)为:			
	10	—	1.20	不燃烧体
	20	—	1.75	不燃烧体
	25	—	2.00	不燃烧体
	30	—	2.30	不燃烧体
	40	—	2.90	不燃烧体
	50	—	3.50	不燃烧体
	(2)预应力钢筋或高强度钢丝,保护层厚度(mm)为:			
	25	—	1.00	不燃烧体
	30	—	1.20	不燃烧体
	40	—	1.50	不燃烧体
	50	—	2.00	不燃烧体
	(3)有保护层的钢梁,保护层厚度(mm)为:			
	用 LG 防火隔热涂料,保护层厚度 15	—	1.50	不燃烧体
	用 LY 防火隔热涂料,保护层厚度 20	—	2.30	不燃烧体

续表 8

序号	构件名称	结构厚度或截面最小尺寸(mm)	耐火极限(h)	燃烧性能
五	楼板和屋顶承重构件			
1	非预应力简支钢筋混凝土圆孔空心楼板，保护层厚度(mm)为：			
	10	—	0.90	不燃烧体
	20	—	1.25	不燃烧体
	30	—	1.50	不燃烧体
2	预应力简支钢筋混凝土圆孔空心楼板，保护层厚度(mm)为：			
	10	—	0.40	不燃烧体
	20	—	0.70	不燃烧体
	30	—	0.85	不燃烧体
3	四边简支的钢筋混凝土楼板，保护层厚度(mm)为：			
	10	70	1.40	不燃烧体
	15	80	1.45	不燃烧体
	20	80	1.50	不燃烧体
	30	90	1.85	不燃烧体
4	现浇的整体式梁板，保护层厚度(mm)为：			
	10	80	1.40	不燃烧体
	15	80	1.45	不燃烧体
	20	80	1.50	不燃烧体
	10	90	1.75	不燃烧体
	20	90	1.85	不燃烧体
	10	100	2.00	不燃烧体
	15	100	2.00	不燃烧体
	20	100	2.10	不燃烧体
	30	100	2.15	不燃烧体
	10	110	2.25	不燃烧体
	15	110	2.30	不燃烧体
	20	110	2.30	不燃烧体
	30	110	2.40	不燃烧体
	10	120	2.50	不燃烧体
	20	120	2.65	不燃烧体
5	**钢梁、钢屋架：**			
	(1)无保护层的钢梁、屋架	—	0.25	不燃烧体
	(2)钢丝网抹灰粉刷的钢梁，保护层厚度(mm)为：			
	10	—	0.50	不燃烧体
	20	—	1.00	不燃烧体
	30	—	1.25	不燃烧体
6	**屋面板：**			
	(1)钢筋加气混凝土屋面板，保护层厚度 10mm	—	1.25	不燃烧体
	(2)钢筋充气混凝土屋面板，保护层厚度 10mm	—	1.60	不燃烧体
	(3)钢筋混凝土方孔屋面板，保护层厚度 10mm	—	1.20	不燃烧体
	(4)预应力钢筋混凝土槽形屋面板，保护层厚度 10mm	—	0.50	不燃烧体
	(5)预应力钢筋混凝土槽瓦，保护层厚度 10mm	—	0.50	不燃烧体
	(6)轻型纤维石膏板屋面板	—	0.60	不燃烧体
六	吊顶			
1	**木吊顶搁栅：**			
	(1)钢丝网抹灰(厚 15mm)	—	0.25	难燃烧体
	(2)板条抹灰(厚 15mm)	—	0.25	难燃烧体
	(3)钢丝网抹灰(1∶4 水泥石棉浆，厚 20mm)	—	0.50	难燃烧体
	(4)板条抹灰(1∶4 水泥石棉灰浆，厚 20mm)	—	0.50	难燃烧体
	(5)钉氧化镁锯末复合板(厚 13mm)	—	0.25	难燃烧体
	(6)钉石膏装饰板(厚 10mm)	—	0.25	难燃烧体
	(7)钉平面石膏板(厚 12mm)	—	0.30	难燃烧体
	(8)钉纸面石膏板(厚 9.5mm)	—	0.25	难燃烧体
	(9)钉双层石膏板(各厚 8mm)	—	0.45	难燃烧体
	(10)钉珍珠岩复合石膏板(穿孔板和吸音板各厚 15mm)	—	0.30	难燃烧体
	(11)钉矿棉吸音板	—	0.15	难燃烧体
	(12)钉硬质木屑板(厚 10mm)	—	0.20	难燃烧体

续表 8

序号	构件名称	结构厚度或截面最小尺寸(mm)	耐火极限(h)	燃烧性能
2	**钢吊顶搁栅：**			
	(1)钢丝网(板)抹灰(厚 15mm)	—	0.25	不燃烧体
	(2)钉石棉板(厚 10mm)	—	0.85	不燃烧体
	(3)钉双层石膏板(厚 10mm)	—	0.30	不燃烧体
	(4)挂石棉型硅酸钙板(厚 10mm)	—	0.30	不燃烧体
	(5)挂薄钢板(内填陶瓷棉复合板)，其构造厚度(mm)为：			
	0.5＋39(陶瓷棉)＋0.5	—	0.40	不燃烧体
七	防火门			
1	全木质防火门(优质木材)：			
	乙级	50	0.90	燃烧体
	甲级	55	1.20	燃烧体
2	经阻燃处理的全木质防火门：			
	丙级	50	0.60	难燃烧体
	乙级	50	0.90	难燃烧体
	甲级	50	1.20	难燃烧体
3	木质单扇(双扇)带玻璃带上亮防火门：			
	乙级	50	0.90	难燃烧体
	甲级	55	1.20	难燃烧体
4	**木板或胶合板内填充不燃烧材料的防火门：**			
	(1)门扇内填充岩棉	45	0.60	难燃烧体
	(2)门扇内填充硅酸铝纤维：			
	丙级	45	0.60	难燃烧体
	乙级	50	0.90	难燃烧体
	甲级	50	1.20	难燃烧体
	(3)门扇内填充矿棉板：			
	乙级	50	0.90	难燃烧体
	甲级	50	1.20	难燃烧体
	(4)门扇内填充无机轻体板：			
	乙级	50	0.90	难燃烧体
	甲级	50	1.20	难燃烧体
5	**钢质防火门：**			
	(1)钢门框、门扇为薄型钢骨架、内填充矿棉或硅酸铝纤维外包薄钢板	45	0.60	不燃烧体
		50	0.90	不燃烧体
		50	1.20	不燃烧体
	(2)钢门框、门扇为薄型钢骨架外包薄钢板	60	0.60	不燃烧体
	(3)钢门框、门扇带玻璃或带上亮(其他同上)：			
	丙级	45	0.60	不燃烧体
	乙级	50	0.90	不燃烧体
	甲级	50	1.20	不燃烧体
6	无机复合防火门(门扇为无机材料合成)：			
	丙级	50	0.60	不燃烧体
	乙级	50	0.90	不燃烧体
	甲级	50	1.20	不燃烧体
八	防火卷帘			
	(1)钢质普通型(单层)防火卷帘(帘板为单层)	—	1.50～3.00	不燃烧体
	(2)钢质复合型(双层)防火卷帘(帘板为双层)	—	2.00～4.00	不燃烧体
	(3)无机复合防火卷帘(采用多种无机材料复合而成)	—	3.00～4.00	不燃烧体
	无机复合轻质防火卷帘(双层，不需水幕保护)	—	4.00	不燃烧体
九	防火窗			
	(1)钢质平开防火窗(由 1.5mm 型材压制而成，防火窗框、扇内均填充硅酸铝纤维，窗扇装防火玻璃)	—	0.90	不燃烧体
		—	1.20	不燃烧体
	(2)单层或双层钢质平开防火窗(用角铁加固或铁销销牢的铅丝玻璃)	—	0.90	不燃烧体
		—	1.20	不燃烧体

注：1 λ 为钢管混凝土构件长细比，对于圆钢管混凝土，$\lambda=4L/D$；对方形、矩形钢管混凝土，$\lambda=2\sqrt{3}L/B$；L 为构件的计算长度。
2 对于矩形钢管混凝土柱，B 为截面短边边长。
3 钢管混凝土柱的耐火极限为福州大学土木建筑工程学院提供的理论计算值，未经逐个试验验证。
4 确定墙的耐火极限不考虑墙上有无洞孔。
5 墙的总厚度包括抹灰粉刷层。
6 中间尺寸的构件，其耐火极限建议经试验确定，亦可按插入法计算。
7 计算保护层时，应包括抹灰粉刷层在内。
8 现浇的无梁楼板按简支板的数据采用。
9 人孔盖板的耐火极限可参照防火门确定。

3.2.2 本条是对本规范第3.2.1条表3.2.1的补充要求。

甲、乙类厂房和甲、乙、丙类仓库，一旦发生火灾，其燃烧时间较长，燃烧过程中所释放的热量也大，因而其防火分区除应采用防火墙进行分隔外，防火墙的耐火极限还要求保持不低于4.00h。

3.2.3 考虑到单层厂房（仓库）有利于人员安全疏散和火灾扑救的实际情况，并与本规范第3.2.1条的有关规定一致，规定一、二级耐火等级的单层厂房（仓库）柱的耐火极限可以降低0.50h。

3.2.4 丁、戊类厂房（仓库）的火灾危险性较小，但往往要求较大的作业面积。无保护层的金属柱、梁等在该类工业建筑中应用十分广泛。钢结构在高温条件下存在强度降低和蠕变现象。对建筑用钢而言，在260℃以下强度不变，260～280℃开始下降，达到400℃时屈服现象消失，强度明显降低，达到450～500℃时，钢材内部再结晶使强度急速下降，进而迅速失去承载力。蠕变在较低温度时也会发生，但温度越高蠕变越明显。由于甲、乙、丙类液体燃烧速度快、热量大、温度高，又不宜用水扑救，对无保护的金属柱和梁威胁较大，因此，有必要对使用和储存甲、乙、丙类液体或可燃气体的厂房（仓库）有所限制。

对于火灾危险性较低的场所也应考虑局部高温或火焰对建筑金属构件的影响，而应采取必要的保护措施。由于钢结构防火涂料目前所存在的固有缺陷，对于金属结构的防火隔热保护，应首先考虑采用砖石、砂浆、防火板等无机耐火材料包覆的方式。

在防火设计中采取的可减少火灾危害的有效途径主要有：提高建筑物的不燃化程度、改进工艺，提高工艺防火能力，或者提高建筑物的耐火能力，对建筑进行防火分隔，以控制火灾并进行扑救等，力求不失火、少失火或失火时能将火扑灭在初期阶段。自动灭火系统主要用于扑救建筑物内的初期火灾。经过多年的研究、使用和规范管理等多方面努力，自动喷水灭火系统等自动灭火系统的种类不断增多，系统的可靠性得到了很大改善，其控火、灭火成功率也有很大提高。因此，对于二级耐火等级的单层丙类厂房，当厂房内全部设有自动喷水灭火系统时，其梁、柱可以采用无防火保护的金属结构，而其他构件的耐火性能仍应满足规范的相关规定。

执行时，应注意本条主要针对钢结构建筑而言，对于有条件达到同级耐火等级建筑构件的耐火极限时，应尽量满足本规范第3.2.1条的规定。

3.2.5 本条规定了非承重外墙采用不同燃烧性能材料时的要求。

1 近10多年来，我国已建造了大量钢结构建筑，这些建筑以单层厂房和大空间、大跨度公共建筑为主。其承重构件大都采用钢制或钢筋混凝土梁柱、钢制屋顶承重构件，而非承重的外围护构件和屋面则采用铝板、其他金属板或彩板、钢面夹芯板、砂浆面钢丝夹芯墙体等或其他复合墙体或屋面。由于这种结构具有投资较省、施工期限短的优点，在国内仍有较大需求。为了适应这一新形势发展的需要，故提出了相应的规定。

但据调查，在这些围护结构中，由于所用生产工艺或施工方法不同，其防火性能存在较大差异。因此，本条对这些围护构件的使用范围和燃烧性能进行了必要的限制。同时，由于这些建筑的围护构件主要起保温隔热和防风防雨的作用，因此在建筑层数较低或火灾荷载和火灾危险性较小时，其耐火极限不做要求，以利这些材料的应用。

2 试验和火灾实例都证明，金属板的耐火极限低，约为15min左右，外包铁皮的难燃烧体，耐火极限为0.50～0.60h，金属面夹芯板的耐火极限为10min左右。这类材料在国内外的厂房（仓库）中应用广泛，如果一律要求按规范表3.2.1的规定达到0.50h的耐火极限，是不合适的。因此，本条根据实际使用情况和国外有关标准的规定作了适当调整。

3.2.6 本条规定了二级耐火等级建筑中房间隔墙采用难燃烧体时的耐火极限。

近10年，国外发展了大量新型建筑材料，且已用于各类建筑中。我国建筑材料的研究和开发也取得了巨大的成就，大批新型建筑材料在各类建筑中得到使用。国家还于2001年专门出台了有关政策鼓励和积极发展新型节能环保型建材。为规范这些材料的使用，同时又满足人员疏散与火灾扑救的需要，本着燃烧性能与耐火极限协调平衡的原则，在降低其燃烧性能的同时适当提高其耐火极限，比照本规范其他要求，作了此规定。一级耐火等级的建筑，多为性质重要或火灾危险性较大或为了满足其他某些要求（如防火分区建筑面积）的建筑，因此，本条仅对二级耐火等级的建筑的房间隔墙作出了规定。

由于这些建筑材料多为有机化学建材，不仅很难满足不燃的要求，而且燃烧性能差异较大。有的按照一定工艺和要求做成某种建筑构件以后，其燃烧性能将会有所提高，且耐火性能也较好，能达到难燃材料的要求，有的甚至能够达到《建筑材料燃烧性能分级方法》GB 8624中规定的复合A级要求。但复合A级材料在施工时，其预制方法和现场安装施工等对其燃烧性能都有较大影响，而且在火灾中受火时间和温度作用的环境复杂，其完整性及产烟情况还有待进一步研究。严格地说，这种复合A级材料不能在建筑中的重要部位和构件中作为不燃材料使用。

3.2.7 本条规定了预应力和预制钢筋混凝土楼板的耐火极限。

根据本规范第3.2.1条的规定，二级耐火等级建筑的楼板应为耐火极限不低于1.00h的不燃烧体。但试验证明，预应力楼板的耐火极限达不到1.00h。预应力楼板的耐火极限与楼板的保护层厚度有关，在常用的保护层厚度下其耐火极限均在0.80h以下。

预应力构件包括楼板等，由于节省材料，经济意义较大，一直被广泛用于各种建筑物中。为了顾及其使用需要，又考虑建筑的防火安全，本规范规定在一般火灾危险性条件下可降低到0.75h。但对于可燃物较多或燃烧猛烈的场所，如甲、乙类仓库和储存数量较多的丙类仓库等，其楼板的耐火极限则不能降低。

3.2.8 本条规定了屋面板和屋顶承重构件的耐火极限。

对于建筑物的上人屋面板，考虑到在火灾发生后，它可作为临时的避难场所，是安全疏散场所之一。为与第3.2.1条的规定一致，对于一、二级耐火等级的建筑物的上人屋面，其耐火极限应与相应耐火等级建筑的楼板的耐火极限一致。如果屋面板为屋顶非承重结构时，则其承重构件的耐火极限不能低于本规范对屋面板的要求。

根据第3.2.1条的规定，二级耐火等级的屋顶承重构件，其耐火极限如一律要求达到1.00h，就必须采用钢筋混凝土屋架或采取防火保护措施的钢屋架。但在实际执行中，钢屋架进行防火处理有时不仅比较困难，且有些措施实际效果往往较差，如喷涂防火涂料。因此，允许采用无防火保护的金属构件，但为保证钢屋架的安全使用，如果有甲、乙、丙类液体或可燃气体火焰能烧到的部位，要采取防火保护措施。根据实际使用情况，防火保护措施应尽量采用外包覆不燃材料，采用外包覆不燃材料有困难时可考虑喷涂防火材料等进行防火隔热保护。

本条所指屋顶承重构件是指用于支承屋面荷载的主结构构件，如组成屋顶网架、网壳、桁架的构件及屋面梁、支撑以及同时起屋面结构系统支撑作用的檩条。

3.2.9 本条规定了屋面材料的燃烧性能要求。

由于三、四级耐火等级建筑的屋顶承重构件可采用难燃烧体或燃烧体，因此，本条只规定了一、二级耐火等级建筑的屋面板应采用不燃烧体，即钢筋混凝土屋面板或其他不燃烧屋面板。考虑到现有防水处理和绝热措施，允许在这种屋面上铺设油毡等可燃防水层或采用可燃保温绝热材料。

对于层数较少或火灾危险性较小、火灾荷载较少的大跨度建筑物，目前在国外特别是在西欧和北欧地区大多采用金属板或金属面夹芯板构筑其屋面。这种屋面施工简单、周期短，便于机械化施工，有些保温性能较好，受到业主的欢迎，但除金属屋顶承重构件外无实体的屋面结构层。在设计和使用这些板材时，应注意控制其燃烧性能。

3.2.11 本条规定了钢筋混凝土预制构件节点部位的防火保护要求。

现代建筑中大量采用装配式钢筋混凝土结构，而这种结构形式在构件的节点缝隙和明露钢支承构件部位一般是构件的防火薄弱环节，要求采取防火保护措施，使其耐火极限不低于本规范第3.2.1条表3.2.1中相应构件的规定。

3.3 厂房(仓库)的耐火等级、层数、面积和平面布置

3.3.1 本条对不同火灾危险性、不同耐火等级厂房的建筑层数、防火分区面积等作了规定。

根据不同的生产火灾危险性类别，正确选择厂房的耐火等级，合理确定厂房的层数和建筑面积，是防止火灾发生和蔓延扩大、减少火灾损失的有效措施之一。按生产的不同火灾危险性，对容易失火、蔓延快、扑救困难的厂房提出较高的耐火等级和建筑层数、建筑面积要求是必要的。

本条规定甲、乙类厂房要求采用一、二级耐火等级的建筑，而丙类厂房的最低耐火等级可为三级，丁、戊类厂房可为四级，高层厂房则要求采用一、二级耐火等级的建筑。

1 厂房高度。

单层厂房有的高度虽然超过24m，如机械工厂的装配厂房、钢铁厂的炼钢厂房等，但厂房空间大，耐火等级又多为一、二级，设计时仍可按单层厂房对待。另外，还有些工业如冶金、造纸、建材等行业厂房的局部部位，如炼钢厂的熔炉部位、轧钢厂的酸洗部位、玻璃生产厂的熔炉部位等，其建筑高度均可能超过24m，仍可按单层厂房确定其防火设计要求。

2 建筑层数和建筑面积。

厂房的防火设计应考虑安全与节约、合理利用资源的关系，合理确定其建筑面积与层数。

为适应生产发展需要建设大面积厂房和一定的连续生产线工艺时，防火分区有时采用防火墙分隔比较困难，因而对一、二级耐火等级除甲类厂房外的单层厂房也可采用防火水幕带，或防火卷帘和水幕等作防火分区间的分隔物，有关要求参见本规范第7章的规定。

1)甲类生产属易燃易爆，容易发生火灾事故，且火势蔓延快，疏散和抢救物资困难，如层数多则更难扑救。因此，本条规定甲类厂房除因生产工艺需要外，宜采用单层建筑。如单层建筑可以满足生产工艺要求，就不应建多层建筑。但有的生产工厂，如染料厂、生物制药及其原料厂的某些产品生产需要建多层者，可在做好防火分隔和抗爆泄压措施的条件下，根据实际情况适当调整。少数因工艺生产需要，确需采用高层建筑者，必须通过必要的程序进行充分论证。

乙类生产性质与甲类生产基本相似，但导致火灾危险的条件较甲类稍高，故其面积也较甲类大些。

2)丙类厂房生产或使用可燃物多，发生火灾较难控制，特别是劳动密集型或生产人员集中的生产车间，更易导致群死群伤重特大火灾事故。但在实际生产中，丙类生产的类别、种类非常多，各种生产要求不一，有的相差还较大。因此，为满足生产需要，根据调查确定了有关防火分区的最大允许建筑面积。

3)丁、戊类厂房虽然火灾危险性较小，但三、四级耐火等级的厂房发生火灾事故仍然存在。其火灾主要因建筑本身存在的可燃材料引起。故有必要规定三、四级耐火等级的丁、戊类厂房的防火分区的建筑面积。

4)高层厂房的防火分区最大允许建筑面积。

高层厂房生产以电子、服装、手表为主，其消防与疏散有以下特点：

①高层厂房内职工工作岗位比较固定，熟悉厂房内的疏散路线、消防设施和厂房周围环境，可以组织义务消防队，便于消防管理；

②厂房外形比较规整，厂房内可燃装修、管道竖井比民用建筑少，但用电设备比民用建筑多；

③厂房的楼板设计荷载多数为1000～1500kg/m²，楼板的实际耐火极限较高；

④高层厂房的生产类别多样，有乙、丙、丁、戊四类，目前大多为丙、丁、戊类；

⑤由于生产工艺需要，厂房内的房间隔断比民用建筑少，层高比民用建筑高。因而每个房间的空间体积比民用建筑大，较易发现火情和疏散与扑救，但火势蔓延较快。

因此，高层厂房防火一般比民用建筑有利。在确定防火分区最大允许建筑面积时既要考虑防火安全，扑救火灾的要求，又要顾及生产实际需要以及节省消防投资，不能和民用建筑同等对待(一类高层民用建筑的防火分区最大允许建筑面积为1000m²，二类为1500m²)，而应按照生产类别分别作出规定。在本规范中，参考了国内已有高层厂房的情况，确定了丙类高层厂房的防火分区面积：一级耐火等级建筑为3000m²；二级耐火等级建筑为2000m²。据此综合确定其他生产类别厂房的防火分区最大允许建筑面积。

5)地下、半地下空间采光差，其出入口的楼梯既是疏散口又是排烟口，同时还是消防救援人员的入口，不仅造成疏散和扑救困难，而且威胁地上厂房的安全。本规范规定甲、乙类厂房不应设在地下、半地下，对丙、丁、戊类厂房设在地下时的防火分区最大允许建筑面积也要严格些：丙类，限定为500m²；丁、戊类，限定为1000m²。

6)本条对丙类厂房的防火分区面积作出了规定，但鉴于有些行业生产上需要建大面积的联合厂房，工艺上又不宜设防火分隔，有的虽同划为丙类厂房，而火灾危险性大小也不尽相同等情况。为此，注2、3、5对纺织厂房(麻纺厂除外)、造纸生产联合厂房、卷烟生产联合厂房专门作了明确和调整，同时加强消防设施和强调功能分隔以平衡该场所的防火分区要求。

①注2虽对一级耐火等级的多层及二级耐火等级的单层、多层纺织厂房的防火分区最大允许建筑面积作了调整，但对纺织厂房内火灾危险性较大的原棉开包、清花车间均应用防火墙分隔。

②造纸生产联合厂房为多层建筑，一般由打浆、抄纸、完成三个工段组成，其中火灾危险性属于丙类的占1/3～1/2。由于各种管道、运输设备及人流来往密切，并设有连贯三个工段的桥式吊车，难以设置防火分隔设施。几个已建成的造纸联合厂房，其面积为6880～8350m²。注3虽对一、二级耐火等级的单层、多层造纸生产联合厂房的防火分区最大允许建筑面积可按本规范第3.3.1条表3.3.1的规定增加1.5倍，即二级耐火等级的多层造纸厂房由4000m²增加到10000m²。但近年来，随着制浆造纸厂生产规模的扩大，建设了许多大型湿式造纸联合厂房，生产规模由原来3万吨/年增加到15万～100万吨/年，厂房面积由10000m²增加到20000～50000m²，且在生产过程中的危险工段及生产控制与管理空间设置了自动灭火设施，生产过程采用计算机控制。对于此类厂房，其防火分区面积在危险工段和空间做好防火灭火设施的情况下可以根据工艺要求进行确定。对于传统的干式造纸厂房，其火灾风险较大，不能按此调整，而仍应按照本规范表3.3.1的规定执行。

③国家近10年对卷烟生产企业进行了较大规模的技术改造，从政策上限制一些较小规模卷烟企业的发展，而加强大中型卷烟厂的建设，建成了大批自动化程度较高的大中型卷烟联合厂房。在国家有关主管部门的支持下，经组织专家论证后，进一步明确了此类厂房的防火设计要求。

3.3.2 本条根据不同的储存物品火灾危险性类别，为合理选择仓库的耐火等级，分别对仓库的层数和建筑面积作出了规定。

1 仓库物资储存比较集中，而且目前有许多仓库超量储存现象严重。另外，原有的老仓库的耐火等级大多较低，三级的较多，

四级和四级以下的仓库也占一定比例。火灾后的物资抢救和灭火难度大，如粮食、棉花、纺织品等的火灾，常造成严重损失。

2 确定仓库的耐火等级层数和面积，考虑了以下因素：

1)仓库的耐火等级、层数和面积均要求比厂房和民用建筑的高。主要考虑仓库储存物资集中，价值高，危险性大，灭火和物资抢救困难等。

执行中应注意，本条规定中仓库的面积为仓库的占地面积，非仓库的总建筑面积，而仓库内的防火分区是强调防火墙之间的建筑面积，即仓库内的防火分区必须是采用防火墙分隔。

2)甲、乙类物品起火后，燃速快，火势猛烈，其中有不少物品还会发生爆炸。甲、乙类仓库的火灾，爆炸危险性高、危害大。因此，甲类仓库的耐火等级不应低于二级，且应为单层。这样做有利于控制火势蔓延，便于扑救，减少火灾灾害。

3)根据对国内现有情况的调查分析，各地甲、乙、丙类仓库有关耐火等级、层数、面积的情况分别举例如表9和表10。

4)据调查，不少地方早已建成一些高层仓库，如冷库、商业仓库、外贸仓库等，层数一般为6～7层，高度25～27m，也有40m高的；每层建筑面积一般在1500～2500m^{2}之间，有的达2800m^2。由于高层仓库储存物品量比较大、相对集中、价值高，且疏散扑救困难，故分隔要求比多层严些。

高层与多层仓库的划分界限和理由，参见高层厂房的说明。

表9 甲、乙类仓库

储存物品名称	每栋仓库总面积(m^2)	防火分区面积(m^2)
甲醇、乙醚等液体	120	120
甲苯、丙酮等液体	240	120
亚硫酸铁等	16	16
乙醚等醚类	44	44
金属钾、钠等	50	50
火柴等	820	410

表10 丙类仓库

储存物品名称	耐火等级	层数	每栋仓库总面积(m^2)	防火分区面积(m^2)	备注
纺织品、针织品	一、二级	4	1980	890	用防火墙分隔
纺织品、针织品	一、二级	3	3370	756～1260	
日用百货	一、二级	2	1440	720	
植物油	一、二级	2	1240	620	桶装植物油
化纤、棉布等	一、二级	5	1020	1020	
糖、色酒	一、二级	1	980	980	低浓度色酒
棉花	三级	1	750	750	中转仓库
香烟	三级	1	780	780	
棉花	三级	1	1200	600	
棉花	三级	1	1000	500	
棉花	二级	1	1000	1000	
纸张	三级	1	1000	500	
毛织品	二级	2	1000	500	

5)对于硝酸铵、电石、尿素聚乙烯、配煤库等以及车站、码头、机场的中转仓库具有机械化装卸程度比较高、容量大以及后者周转快等特点，考虑到管理相对规范等情况，作了一定调整。

6)设置在地下、半地下的仓库，火灾时室内气温高，烟气浓度比较高和热分解产物成分复杂、毒性大，而且威胁上部仓库的安全，要求相对严些。本条规定甲、乙类仓库不准附设在建筑物的地下室和半地下室内，对于单独建设的甲、乙类仓库，甲、乙类物品也不应设在该建筑的地下、半地下。对于确需设置在地下时，本规范未作明确规定，而需要根据实际情况，充分考虑相关措施后确定。在仓库的耐火等级为一、二级的情况下，丙类1项、2项仓库的防火分区最大允许建筑面积分别限制在150m^2、300m^2；丁、戊类，分别限制在500m^2、1000m^2。

7)注5：根据国家建设粮食储备库的需要以及粮食仓库的火灾发生几率确实很小这一实际情况，经过国家有关部门多次协商，对粮食平房仓的最大允许占地面积和防火分区的最大允许建筑面积及建筑的耐火等级确定均作了一定扩大。需要注意的是，本规定只适用于国家粮食储备库，对于粮食中转库以及袋装粮库由于操作频繁、可燃因素较多、危险性较大等，仍应按规范第3.3.2条表3.3.2的规定执行。

8)注6：本注主要为与现行国家标准《冷库设计规范》GB 50072的有关规范协调一致，以利执行而提出的。《冷库设计规范》GB 50072规定的每座冷库占地面积如表11。

表11 冷库最大占地面积(m^2)

冷库的耐火等级	最多允许层数	单层		多层	
		每座仓库面积	防火分区面积	每座仓库面积	防火分区面积
一、二级	不限	7000	3500	4000	2000
三级	3	2100	700	1200	400

9)注7：白酒类仓库火灾证明，1层、2层建筑较好，3层建筑次之，层数再多的危害相对就大了。但近几年，有些白酒仓库在设有自动灭火系统后，其层数也有4层或5层的，故对层数作了适当限制。

3.3.3 本条规定了厂房(仓库)内设置自动灭火系统后，其防火分区的建筑面积及仓库的占地面积的调整要求。

在防火分区内设有自动灭火系统时，能及时控制和扑灭初期火灾，有效地控制火势蔓延，使厂房(仓库)的消防安全度大为提高。自动灭火系统为世界上许多国家广泛应用，也为国内一些实践所证实。故本条为平衡主动防火与被动防火措施之间的利益而规定：设有自动灭火系统的厂房，每个防火分区的建筑面积可以增加，甲、乙、丙类厂房比本规范第3.3.1条及表3.3.1规定的面积增加1.0倍，纺织厂房可在本规范第3.3.1条表3.3.1注2的基础上再增加1.0倍，丁、戊类厂房不限。如局部设置，增加的面积只能按该局部面积的1.0倍计算。

对于仓库，由于储存物资较多，且在实际使用过程中因堆放、材料种类等复杂因素，因而需要设置自动灭火系统时，一般均应全部设置。

3.3.4 本条规定的"特殊贵重的设备或物品"主要指：

1 设备价格昂贵、火灾损失大。

2 影响工厂或地区生产全局或影响城市生命线供给的关键设施，如热电厂、燃气供给站、水厂、发电厂、化工厂等的主控室，失火后影响大、损失大、修复时间长，也应认为是"特殊贵重"的设备。

3 特殊贵重物品库(如货币、金银、邮票、重要文物、资料、档案库以及价值较高的其他物品库等)是消防保卫的重点部位。因此，要求这类仓库应是一级耐火等级建筑。

总之，"特殊贵重的设备或物品"是指价格昂贵、稀缺设备、物品或影响生产全局或正常生活秩序的重要设施、设备。

3.3.5 本条对一些火灾危险性大或发生火灾后易造成较大危害和损失，但建筑面积较小的建筑的耐火等级作了调整。

有些小型企业由于受投资或建筑材料的限制，在发生火灾事故后造成的损失不大，且不至于波及周围的企业、居民建筑的条件下，允许建筑面积小于等于300m^{2}的甲、乙类厂房采用独立的三级耐火等级单层建筑。

3.3.6 使用或产生丙类液体的厂房，丁类生产中如炼钢炉出钢水喷发出钢火花，从加热炉内取出赤热钢件进行锻打，在热处理油池中钢件淬火，使油池内油温升高，都容易发生火灾。三级耐火等级建筑的屋顶承重构件如为木构件或钢构件难以承受经常的高温烘烤。这些厂房虽属丙、丁类生产，也应严格要求设在一、二级建筑内。只有丙类面积不超过500m^2，丁类不超过1000m^{2}的小厂房，当为独立建筑或与其他生产部位有防火分隔时，方可采用三级耐火等级的单层建筑。

3.3.7 本条规定的目的在于减少爆炸的危害。

1 有关说明参见第3.3.1条和第3.3.2条说明。

2 许多火灾爆炸实例说明，有爆炸危险的甲、乙类物品，一旦发生爆炸，其威力相当大，破坏性很大。

3.3.8 “三合一”建筑在我国曾造成过多起重特大火灾事故，教训深刻。为保证人身安全，要求有爆炸危险的厂房内不应设置休息室、办公室等，必须设置时应采用防爆防护墙分隔。有爆炸危险的甲、乙类生产产生爆炸事故时，其冲击波有很大的摧毁力，用普通的砖墙很难抗御，即使原来墙体耐火极限再高，也会因墙体破坏失去性能，故提出要采用有一定抗爆强度的防爆防护墙。

防爆防护墙为在墙体任意一侧受到爆炸冲击波作用并达到设计的压力作用时，能够保持设计所要求的防护性能的墙体。防爆防护墙的通常做法有几种：①钢筋混凝土墙；②砖墙配筋；③夹砂钢木板。有爆炸危险的厂房若发生爆炸，在泄压墙面或其他泄压设施还未来得及泄压以前，在数毫秒内，其他各墙已承受了内部压力。防爆防护墙的具体设计，应根据生产部位可能产生的爆炸超压值、泄压面积大小、爆炸的概率与建造成本等情况综合考虑进行。

在丙类厂房内设置的管理、控制或调度生产的办公用房以及工人的中间临时休息室，要采用规定的耐火构件与生产部分隔开，且应设置有独立的安全出口，直通厂房外。

3.3.9 本条对厂房内存放甲、乙类物品中间仓库作出了专门规定。

为满足厂房的日常生产需要，往往需要从仓库或上道工序的厂房(或车间)取得一定数量的原材料、半成品、辅助材料存放在厂房内。存放上述物品的场所称为中间仓库。

对于易燃、易爆的甲、乙类物品如不隔开单独存放，发生火灾后会相互影响，造成更大损失。本条规定中间仓库的储量宜控制在1昼夜的需用量内。但由于工厂规模、产品不同，1昼夜需用量的绝对值有大有小，难以规定一个具体的限量数据。有些需用量较少的厂房，如手表厂用于清洗的汽油，每昼夜需用量只有20kg，则可适当调整存放1～2昼夜的用量；如1昼夜需用量较多，则应严格控制为1昼夜用量。

此外，本条还规定了中间仓库的布置和分隔构造要求，中间库有条件时尽量设置直通室外的出口。

3.3.10 本条规定了厂房内因工艺原因设置丙、丁、戊类中间仓库的防火分隔要求。

1 为节约用地和因生产工艺流程的连续性要求，常在厂房内，特别是高层、多层厂房内设置中间仓库。如某市童装厂主厂房6层，底层为原料、成品仓库，某市制药厂主厂房9层，底层为纸箱、成品库，这在一些轻型厂房是难以避免的。本条规定允许在厂房内设置仓库储存丙、丁、戊类物品，但为便于扑救和疏散物资，对于多、高层厂房，这些仓库如果其火灾危险性相对较大，则宜设置在上层；反之，则宜设在底层或二三层内。仓库的耐火等级和面积应符合本规范表3.3.2的规定，且仓库和厂房的建筑面积总和不应超过一座厂房的一个防火分区的允许建筑面积。例如，耐火等级为一级的丙类多层厂房内附设丙类2项物品仓库，厂房允许建筑面积为$6000m^2$，每座仓库允许占地面积为$4800m^2$，防火墙间允许建筑面积为$1200m^2$，则该厂房(仓库)允许建筑面积总和仍为$6000m^2$。假定在一层布置仓库，只能在$6000m^2$面积中划出$4800m^2$作为仓库，仓库内还要设4个防火隔间才能符合要求；当设自动灭火系统时，仓库的占地面积可按第3.3.3条的规定扩大。

2 在同一建筑内，仓库和厂房的耐火等级应当一致，且耐火等级应按要求较高的一方确定，但隔墙的耐火极限不应低于2.50h。对于丙类仓库，均应用防火墙和1.50h的不燃烧体楼板隔开。当仓库的占地面积达到规定的防火墙间允许建筑面积时，与厂房的隔墙尚应采用防火墙。

3.3.11 本条规定了厂房内设置丙类液体中间储罐的防火分隔要求。

厂房内的丙类液体中间储罐，为防止液体流散或受外部火源影响，设计采用独立的房间储存，并做好防火分隔，可有效地控制火灾的相互蔓延。

3.3.12 锅炉房属丁类明火厂房。据54个锅炉房事故案例分析，其中火灾8起，炉膛爆炸14起。在这22起与火灾危险性有密切关系的事故中，燃煤锅炉占7起，燃油锅炉占8起，燃气锅炉占7起。燃油、燃气锅炉房的事故比燃煤的多，损失也严重。所发生的事故中绝大多数是三级耐火等级建筑，故本条规定锅炉房应采用一、二级耐火等级建筑。每小时总蒸发量不超过4t的燃煤锅炉房，一般属于规模不大的企业或非采暖地区的工厂，专为厂房生产用汽而设的规模较小的锅炉房，其面积一般为350～$400m^2$。这些建筑可采用三级耐火等级，但燃油、燃气锅炉房仍需采用一、二级耐火等级。

3.3.13 本条规定了油浸变压器室和高压配电装置室的防火分隔要求。

1 油浸变压器是一种多油电器设备。当它长期过负荷运行或发生故障产生电弧时，易使油温过高而起火或产生电弧使油剧烈气化，可能使变压器外壳爆裂酿成火灾，因此，运行中的变压器存在有燃烧或爆裂的可能。

二级耐火等级建筑的屋顶承重构件耐火极限为1.00h，在第3.2.8条中还允许调整采用无保护的金属结构，其耐火极限仅0.25h。从变压器的火灾事故看，这样短的耐火时间很难保证结构的安全。

2 对于干式或非燃液体的变压器，因其火灾危险性小，不易发生爆炸，故未作限制。

3 当几台变压器安装在一个房间时，如其中一台变压器发生故障或爆裂，将会波及其余的变压器，使灾情扩大。故在条件允许时，对大型变压器尽量进行防火分隔。

3.3.14 本条规定了变、配电所与甲、乙类厂房的防火分隔要求。

1 甲、乙类厂房属易燃易爆场所，运行中的变压器存在燃烧或爆裂的可能，不应将变电所、配电所设在有爆炸危险的甲、乙类厂房内或贴邻建造，以提高厂房的安全程度。如果生产上确有需要，可以设一个专为甲类或乙类厂房服务的10kV及以下的变电所、配电所，在厂房的一面外墙贴邻建造，并用无门窗洞口的防火墙隔开。这里强调“专用”，是指其他厂房不依靠这个变电所、配电所供电。

2 对乙类厂房的配电所，如氨压缩机房的配电所，为观察设备、仪表运转情况，需要设观察窗，故允许在配电所的防火墙上设置不燃烧体的密封固定窗。

3 除执行本条的规定外，其余的防爆防火要求，在本规范第3.6节、第10、11章和现行国家标准《爆炸和火灾危险环境电力装置设计规范》GB 50058有相关规定。

3.3.15 本条规定了仓库内设置办公室等的防火分隔要求。

许多仓库火灾实例说明，管理人员用火不慎是引起仓库火灾的主要原因，为确保库存物资安全，便于人员安全疏散，提出补充规定。另外，亦防止甲、乙类仓库发生爆炸事故时对办公室、休息室内的人员造成伤害。

3.3.16 本条规定了高架仓库的耐火等级。

高架仓库是货架高度超过7m的机械化操作或自动化控制的货架仓库，其共同特点是货架密集、货架间距小、货物存放高度高，储存物品数量大，疏散扑救困难。为了保障在火灾时不会导致很快倒塌，并为扑救赢得时间，尽量减少火灾损失，故要求其耐火等级不低于二级。

3.3.17 本条规定了粮食仓库的耐火等级。

为适应国家建设大型中央粮食储备库的需要，国家发展和改革委员会、国家粮食局、建设部和公安部组织对此类粮食库设计中的消防问题进行了多次论证，确定了有关防火分区面积、建筑结构和消防给水设计有关规定。本条是在有关论证结果基础上根据实施情况确定的。

粮食库中的粮食属于丙类储存物品，目前均采用了先进的技术手段对温湿度进行检测，但在熏蒸和倒运过程中仍存在火灾危险，其火灾表现以阴燃和产生大量热量为主。对于大型粮食储备库目前常采用钢结构形式，由于粮食火灾对结构的作用与其他物质火灾的作用有所区别，因此，规定二级耐火等级的粮食库可采用全钢或半钢结构。对于筒仓，国内外也多采用钢板结构，施工快、维护方便，且相对储量较小，因而钢板仓可视为二级耐火等级建筑。有关其他说明还可参见第3.3.2条说明。经过协商，有关防火设计要求在现行国家标准《粮食平房仓设计规范》GB 50320—2001和《粮食筒仓设计规范》GB 50322—2001中还有具体规定。

3.3.18 本条规定了厂房(仓库)与铁路线的防火要求。

1 多年的实践证明，本条的规定合理、可行。甲、乙类厂房(仓库)，其生产和使用或储存的物品，大多数是易燃易爆物品，有的在一定条件下会散发出可燃气体、可燃蒸气，当其与空气混合达到一定浓度时，遇到明火会发生燃烧爆炸。

2 考虑到蒸汽机车和内燃机车的烟囱常常喷出火星，如屋顶结构为燃烧体时，火灾危险性大。为了保障建筑的消防安全，如蒸汽机车和内燃机车需要进入丙、丁、戊类厂房、仓库内时，则厂房(仓库)的屋顶(屋架以上的全部屋顶构件)必须采用钢筋混凝土、钢等不燃烧体结构或对可燃结构进行防火处理(如外包覆不燃材料或涂防火涂料等)。

3.4 厂房的防火间距

本规范第3.4和3.5节中规定的有关防火间距均为建筑间的最小间距要求。从防火角度和保障人员安全、减少财产损失来看，在有条件时，设计者应尽可能采用较大间距。

防火间距的确定主要综合考虑满足扑救火灾需要，防止火势向邻近建筑蔓延扩大以及节约用地等因素。影响防火间距的因素较多、条件各异，从火灾蔓延角度看，主要有"飞火"、"热对流"和"热辐射"等。

1 "飞火"与风力、火焰高度有关。在大风情况下，从火场飞出的"火团"可达数十米至数百米。显然，如以飞火为主要危险源，要求距离太大，难以做到。

2 "热对流"，主要考虑热气流喷出窗口后会向上升腾，对相邻建筑的火灾蔓延影响较"热辐射"小，可以不考虑。

3 "热辐射"，火灾时建筑物可能产生的热辐射强度是确定防火间距应考虑的主要因素。热辐射强度与消防扑救力量、火灾延续时间、可燃物的性质和数量、相对外墙开口面积的大小、建筑物的长度和高度以及气象条件等有关。国外虽有按热辐射强度理论计算防火间距的公式，但没有把影响热辐射的一些主要因素(如发现和扑救火灾早晚、火灾持续时间)考虑进去，计算数据往往偏大，目前国内还缺乏这方面的研究成果。因此，本条规定防火间距主要是根据当前消防扑救力量，结合火灾实例和消防灭火的实际经验确定的。

据调查，一、二级耐火等级建筑之间，在初期火灾时有10m左右的间距，三、四级耐火等级建筑有14～18m的距离，一般能满足扑救需要和控制火势蔓延。火灾蔓延与很多条件有关，本条规定的基本数据，只是考虑一般情况，基本能防止初期火灾的蔓延。

3.4.1 本条规定了厂房之间及厂房与乙、丙、丁、戊类仓库之间以及与其他建筑物之间的防火间距。

1 规范中表3.4.1是指厂房防火间距的基本要求。由于厂房生产类别、高度不同，具体执行应有所区别，因此，根据厂房生产的火灾危险性类别不同分别作出了不同的规定。对于现有厂房改、扩建时，如执行防火间距的规定有困难，当采取了防火措施后可以减少间距。有关防火间距的确定因素参见前述说明。

2 本规范第3.4.1条及其注2中所指"民用建筑"也包括设在厂区内独立的公共建筑(如办公楼、研究所、食堂、浴室等)。为厂房服务而专设的生活用房，有的与厂房合并组成一座建筑，有的为满足通风采光需要，将生活用房与厂房分开布置。为方便生产工作联系和节约用地，丁、戊类厂房与其所属的生活用房的防火间距可减小为6m。生活用房是指车间办公室、工人更衣休息室、浴室(不包括锅炉房)、就餐室(不包括厨房)等。

注2考虑到戊类厂房的火灾危险性较小，为节约用地而对戊类厂房之间及与戊类仓库之间的防火间距作了调整。戊类厂房是常温下使用或加工不燃烧物质的生产，火灾危险性较小。戊类厂房或与戊类仓库之间的防火间距可比表3.4.1所列数据减小2m，但戊类厂房与其他生产类别的厂房或储存仓库防火间距仍应执行本规范第3.4.1、3.5.1、3.5.2条的规定。

3 本条注3和注4针对按照上述规定设计确有困难时所规定的一些允许减小防火间距的措施。不同措施有所区别。

两座厂房相邻较高一面的外墙为防火墙，防火间距不限，但甲类厂房与甲类厂房之间还应有限制，至少要保持4m的间距。

3.4.2、3.4.3 规定了甲类厂房与各类建筑物，以及甲类厂房与重要的公共建筑等及架空电力线和铁路、道路之间的防火间距。

1 甲类厂房易燃、易爆，对其防火间距要求高。对于甲、乙类厂房，涉及行业较多，本规范的规定应视为基本要求，凡有专门规范规定的间距大于本规定的，尚需要考虑按该专门规范的规定执行。如乙炔站、氧气站和氢氧站等的间距还应符合现行国家标准《氧气站设计规范》GB 50030、《乙炔站设计规范》GB 50031和《氢氧站设计规范》GB 50177等规范的有关规定。

2 民用建筑内往往人员比较密集，厂房与民用建筑的防火间距，不应比厂房之间的间距小，特别是重要的公共建筑。本条对甲类厂房与民用建筑和公共建筑的间距作出了较严格的要求。

散发可燃气体、可燃蒸气的甲类厂房附近如有明火或散发火花地点，或厂房距离铁路和道路过近时，容易引起燃烧或爆炸事故，因此，二者要保持一定的距离。

锅炉房烟囱飞火引起火灾的案例是不少的。据调查资料和国外的一些资料，锅炉房烟囱飞火距离一般在30m左右，如烟囱高度超过30m或设有除尘器时，距离可小些，综合各类明火或散发火花地点的火源情况，与散发可燃气体、可燃蒸气的甲类厂房防火间距不小于30m。

3 与铁路的间距，一是考虑机车飞火对厂房的影响，二是考虑发生火灾爆炸事故时，对机车正常运行的影响。据日本对蒸汽机车做的火星飞火试验资料，距铁路中心20m处飞火的影响较少，故将距厂内铁路线的距离定为20m。厂外铁路线机车来往多，影响大，定为30m。汽车排气管喷出的火星距离比机车飞火距离小些，远者一般为8～10m，近者为3～4m，故对厂内外道路分别作出不同的规定。

内燃机车当燃油雾化不好时，排气管仍会喷火星，因此应与蒸汽机车一样要求，不减少其间距。

4 其他：

1)当厂外铁路与国家铁路干线相邻时，其防火间距除执行本条规定外，尚应符合铁道部和有关专业规范的规定；

2)厂外道路如道路已成型不会再扩宽，则从现有路的最近路边算起；如有扩宽计划，则应从规划路路边算起；

3)专为某一甲类厂房运送物料而设计的铁路装卸线，当有安全措施时，此装卸线与厂房的间距可不受20m间距的限制。如机车进入装卸线时，关闭机车灰箱，设阻火罩，车厢顶进并与装甲类物品的车辆之间设隔离车辆等阻止机车火星散发，防止影响厂房安全的措施可认为是安全措施；

4)厂房之间的防火间距一般应按照相邻建筑物外墙的最近距离计算，如外墙有凸出的可燃构件或结构，则应从该凸出部分外缘算起。对于室外变配电站与建筑物等之间的间距，应从距建筑物、堆场、储罐等最近的变压器外壁算起。

3.4.4 本条规定了高层厂房与民用建筑、各类储罐、堆场之间的防火间距。

高层厂房与甲、乙、丙类液体储罐的间距按第4.2.1条规定执行；与甲、乙、丙类液体装卸鹤管间距按第4.2.8条规定执行；与湿式可燃气体储罐或罐区的间距按本规范表4.3.1的规定执行；与湿式氧气储罐或罐区的间距按本规范表4.3.3的规定执行；与液化石油气储罐的间距按本规范表4.4.1的规定执行；与可燃材料堆场的间距按本规范表4.5.1的规定执行。高层厂房、仓库与上述储罐、堆场的间距，凡小于13m者，应按13m执行；与煤、焦炭堆场的间距按本规范表4.5.1规定执行。

3.4.5 本条规定了厂房与公共建筑物之间防火间距的调整要求。有关距离是比照前述因素和多层厂房的防火间距，考虑建筑火灾及其扑救情况确定的。

本条参照了现行国家标准《高层民用建筑设计防火规范》GB 50045的有关规定以及厂房与其他厂房、仓库的间距，并考虑了实际灭火需要。

3.4.6 本条主要规定了厂房外设有化学易燃物品的设备时，与相邻厂房、设备之间的防火间距确定方法，如图1。

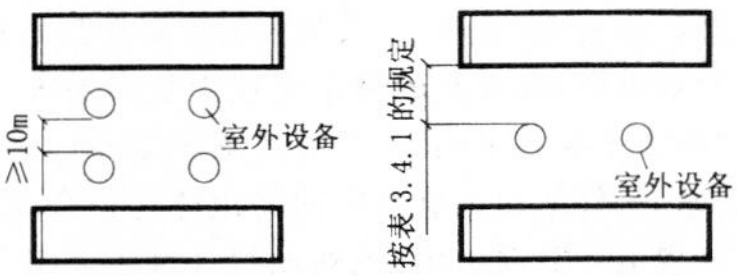

图1 有室外设备时的防火间距

装有化学易燃物品的室外设备，其设备本身是不燃材料，设备本身可按相当于一、二级耐火等级建筑考虑。室外设备外壁与相邻厂房室外设备之间的距离，不应小于10m；与相邻厂房外墙之间的防火间距，不应小于本规范第3.4.1～3.4.4条的规定，即室外设备内装有甲类物品时，与相邻厂房的间距需要12m；装有乙类物品时，与相邻厂房的间距需要10m。

如厂房附设不燃物品的室外设备，则两相对厂房之间的防火间距可按本规范第3.4.1条的规定执行。至于化学易燃物品的室外设备与所属厂房的间距，主要按工艺要求确定，本条不作具体规定。

小型可燃液体中间罐常放在厂房外墙附近，为安全起见，对外墙作了限制要求，同时对小型储罐提倡直接埋地设置。条文"面向储罐一面4.0m范围内的外墙为防火墙"中的"4.0m范围"的具体含义是指储罐两端和上下部各4.0m范围，见图2。

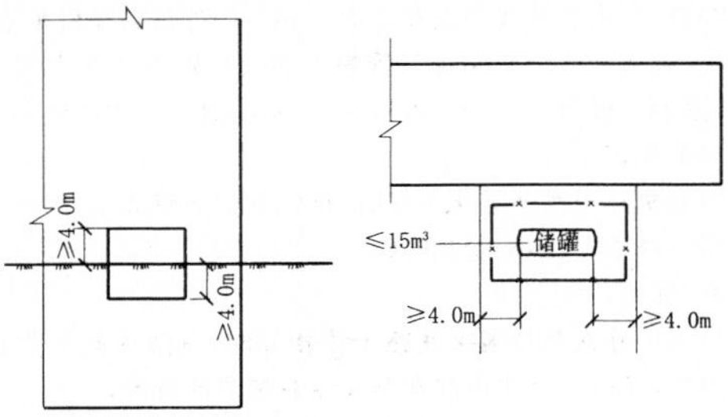

图2 油罐面4.0m范围外墙设防火墙示意图

3.4.7 对于山形、凵形厂房如图3，其两翼相当于两座厂房。为便于扑救火灾、控制火势蔓延，两翼之间防火间距*L*应按本规范第3.4.1条的规定执行。但整个厂房占地面积不超过本规范第3.3.1条规定的防火分区允许最大面积时，其两翼之间的防火间距*L*值可以减小到6m。

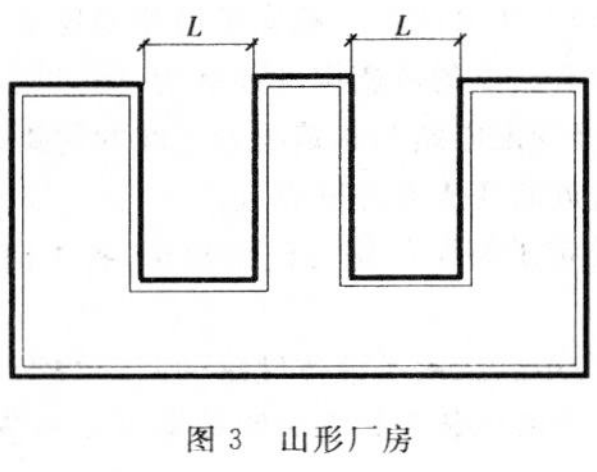

图3 山形厂房

3.4.8 本条规定了厂房成组布置的要求。

1 改建、扩建厂房有时受已有场地限制或因建设用地紧张，当数座厂房占地面积之和不超过第3.3.1条规定的防火分区最大允许建筑面积时，可以成组布置；面积不限者，按不超过10000m² 考虑。

举例如图4所示：假设有3座二级耐火等级的单层丙、丁、戊类厂房，其中丙类火灾危险性最高，单层丙类二级耐火等级多层建筑的防火分区最大允许建筑面积为8000m²，则3座厂房面积之和应控制在8000m² 以内。若丁类厂房高度超过7m，则丁类厂房与丙、戊类厂房间距不应小于6m。若丙、戊类厂房高度均不超过7m，则丙、戊类厂房间距不应小于4m。

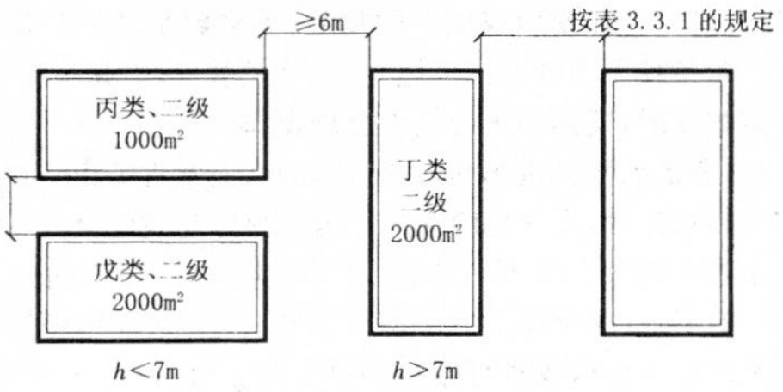

图4 成组厂房布置示意图

2 组与组或组与相邻厂房之间的防火间距则应符合本规范第3.4.1条的有关规定。

3 高层厂房扑救困难，甲类厂房危险性大，不允许成组布置。

4 组内厂房之间最小间距4m主要考虑消防车通行需要，也是考虑扑救火灾的需要。当厂房高度为7m时，假定消防队员手提水枪往上成60°角，就需要4m的水平间距才能喷射到7m的高度，故以高度7m为划分的界线，当超过7m时，则应至少需要6m的水平间距。

3.4.9、3.4.10 有关汽车加油加气站的防火间距规定。

1 建设部行业标准《汽车用燃气加气站技术规范》CJJ 84中的有关防火规定，与有关部门经过了充分的协商，已经试行。原国家标准《小型石油库及汽车加油站设计规范》在修订时增补了有关汽车加油加气站的内容，并更名为《汽车加油加气站设计与施工规范》GB 50156。在上述两项标准中对加气站、加油站及其附属建筑物之间和与其他建筑物之间的防火间距，均作了明确详细的规定。但考虑到规范本身的体系和方便执行，为避免重复和矛盾，本规范作了这两条规定。

2 汽油、液化石油气和天然气均属甲类物品，火灾或爆炸危险性较大，而城市建成区建筑物和人员均较密集。为保证安全，减少损失，规范对在城市建成区建设的加油站和加气站的规模分别作了必要的限制。

3.4.11 本条规定了室外变、配电站与建筑物的防火间距。

1 室外变、配电站是各类企业、工厂的动力中心，电气设备在运行中可能产生电火花，存在燃烧或爆裂的可能。万一发生燃烧事故，不但本身遭到破坏，而且会使一个企业或由其供电的所有企业、工厂的生产停顿。为保护保证生产的重点设施，室外变、配电站与其他建筑、堆场、储罐的防火间距要求比一般厂房严些。

2 在表3.4.1中按变压器总油量分为三档。35kV铝线电力变压器，每台额定容量为5 MV·A的，其油量为2.52t，则2台的总油量为5.04t；每台额定容量为10 MV·A的，其油量为4.3t，则2台的总油量为8.6t，110kV双卷铝线电力变压器，每台额定容量为10 MV·A的，其油量为5.05t，则2台的总油量为10.1t。表中第一档总油量定为5～10t，基本相当于设置2台5～10 MV·A变压器的规模。但由于变压器的油量与变压器的电压、制造厂家、外形尺寸的不同，同样容量的变压器，油量也不尽相同，故分档仍以总油量多少来区分。

3 室外变、配电站区域内，变压器与主控室、配电室、值班室的间距由工艺要求确定，与变、配电站内其他附属建筑（不包括产生明火或散发火花的建筑）的防火间距，可按规范中第3.4.1条及其他有关规定执行。变压器按一、二级耐火等级建筑考虑。

3.4.12 本条是对厂区围墙与本厂区内厂房等建筑的有关要求。

1 厂房与本厂区围墙的间距不宜小于5m，是考虑本厂区与相邻单位的建筑物之间基本防火间距的要求。厂房之间最小间距是10m，每方各留出一半即为5m，同时也符合一个消防车道的要求。但具体执行时尚应结合工程情况合理确定，故条文中用了"不宜"的措词。

2 如靠近相邻单位，本厂拟建甲类厂房（仓库），甲、乙、丙类液体储罐，可燃气体储罐、液体石油气储罐等火灾危险性较大的建、构筑物时，则应使两相邻单位的建、构筑物之间的防火间距符合本规范各有关条文的规定。故本条文又规定了在不宜小于5m的前提下，并应满足围墙两侧建筑物之间防火间距要求。

当围墙外是空地，相邻单位拟建的建、构筑物类别尚不明了时，则可按上述建、构筑物与一、二级厂房应有防火间距的一半确定其与本厂围墙的距离，其余部分由相邻单位在以后兴建工程时考虑。例如，甲类厂房与一、二级厂房的防火间距为12m，则其与本厂区围墙的间距应定为6m。

3 工厂建设如因用地紧张，在满足与相邻单位建筑物之间防火间距或设置了防火墙等措施时，丙、丁、戊类厂房可不受距围墙5m间距的限制。例如，厂区围墙外隔有城市道路，街区的建筑红线宽度已能满足防火间距的需要，则厂房与本厂区围墙的间距可以不限。但甲、乙类厂房（仓库）及火灾危险性较大的储罐、堆场不能沿围墙建设，仍要执行5m间距的规定。

3.5 仓库的防火间距

3.5.1 有关仓库的防火间距的确定，除在厂房的防火间距中所述因素外，还考虑了以下情况：

1 硝化棉、硝化纤维胶片、喷漆棉、火胶棉、赛璐珞和金属钾、钠、锂、氢化锂、氢化钠等甲类易燃易爆物品，一旦发生事故，燃速快、燃烧猛烈、祸及范围大。如某储量为5t的赛璐珞仓库，发生爆炸起火后，火焰高达30m，周围15m范围内的地上苇草全部烤着起火；又如某座存放硝酸纤维废影片仓库，共约10t，爆炸起火后，周围30～70m范围内的建筑物和其他可燃物均被烧着起火。

2 目前各地建设的专门危险物品仓库（其中大多为甲类物品，少数为乙类物品），除了库址选择在城市边缘较安全的地带外，库区内仓库之间的距离，小的在20m，大的在35m以上，见表12。

表12 甲类仓库之间的防火间距举例（根据部分调查整理）

储存物品名称	每座仓库占地面积（m^2）	仓库之间的防火间距（m）
赛璐珞	36～46	28
金属钾、钠等	50～56	30
醚类液体	44	25
酮类液体	56	20
亚硫酸铁等	50	22

3 甲类物品的储存量大小是决定其危害性的主要因素，因此，本条分别根据其储量分档提出防火要求。

4 对于重要的公共建筑，由于建筑的重要性高，对其相关要求应比对其他建筑的防火间距要求更严些。

5 规定了甲类仓库与架空电力线的距离。有关说明参见本规范第11.2.1条说明。

6 甲类仓库与铁路线的防火间距，主要考虑蒸汽机车飞火对仓库的影响。从火灾情况看，甲类仓库着火时的影响范围取决于所存放物品数量、性质和仓库规模等，一般在20～40m之间，有时甚至更大，故将其与铁路线的最小间距定为30m。

甲类仓库与道路的防火间距，主要考虑道路的通行情况、汽车和拖拉机排气管飞火的影响等因素。一般汽车和拖拉机的排气管飞火距离远者为8～10m，近者为3～4m。所以厂内甲类仓库与道路的防火间距，一般定为5m、10m，与厂外道路的间距考虑到车辆流量大且不便管理等因素而要求大些。

3.5.2 本条规定了除甲类仓库外的单层、多层、高层仓库之间的防火间距，明确了乙、丙、丁、戊类仓库与民用建筑之间的防火间距。主要考虑了满足扑救火灾、防止初期火灾（20min以内）向邻近建筑蔓延扩大以及节约用地三项因素。

1 防止初期火灾蔓延扩大，主要考虑"热辐射"强度的影响。有关说明可参见本规范第3.4节的相关条文说明。

2 仓库火灾表明，在二、三级风的情况下，本规定的防火间距基本上可行、有效。

3 据一些地方公安消防监督机构反映，本条规定的防火间距能满足火灾扑救需要，如小于该距离，会给扑救带来困难。

由于戊类仓库储存的物品均为不燃烧体，火灾危险性小，可以减小防火间距以节约用地。

4 关于高层仓库之间以及高层仓库与其他建筑之间的防火间距，有关说明可参见本规范第3.4.1条和第3.4.4条的条文说明。

5 有关乙类火灾危险性仓库。

有不少乙类物品不仅火灾危险性大，燃速快、燃烧猛烈，而且有爆炸危险，虽然乙类储存物品的火灾危险性较甲类的低，但是发生火灾爆炸时的影响仍很大。为有所区别，故规定与其他民用建筑和重要公共建筑分别不宜小于25m、30m的防火间距。实际上，乙类火灾危险性的物品发生火灾事故后的危害与甲类物品相差不大，因此，设计时应尽可能与甲类仓库一样要求，并在规范规定的基础上通过合理布局等来确保和增大相关间距。

乙类6项物品，主要是桐油漆布及其制品、油纸油绸及其制品、浸油的豆饼、浸油金属屑等。实践证明，这些物品在常温下与空气接触能够缓慢氧化，如果积蓄的热量不能散发出来，就会引起自燃，但燃速不快，也不爆燃，故这些仓库与民用建筑的防火间距可不增大。

3.5.3 考虑到城市用地紧张和拆迁改造困难，对仓库和民用建筑的防火间距作出的调整规定。

3.5.4 有关粮食仓库之间及与其他建筑之间防火间距的规定，是在与国家粮食局及其所属设计研究单位共同研究的基础上确定的。

3.5.5 本条规定了库区围墙与库区内各类建筑的间距。

据调查，一些地方为了解决两个相邻不同单位合理留出空地问题，通常做到了仓库与本单位的围墙距离不小于5m，并且要满足围墙两侧建筑物之间的防火间距要求。后者的要求是，如相邻单位的建筑物距围墙为5m，而要求围墙两侧建筑物之间的防火间距为15m时，则另一侧建筑距围墙的距离还必须保证10m，其余类推。

3.6 厂房（仓库）的防爆

3.6.1 有爆炸危险的厂房设置足够的泄压面积后，可大大减轻爆炸时的破坏强度，避免因主体结构遭受破坏而造成重大人员伤亡和经济损失。因此，防爆厂房围护结构要求有相适应的泄压面积，承重结构以及重要部位应具备足够的抗爆性能。

框架或排架结构形式便于墙面开设大面积的门窗洞口或采用轻质墙体作为泄压面积，能为厂房设计成敞开或半敞开式的建筑形式提供有利条件。此外，框架和排架的结构整体性强，较之砖墙承重结构的抗爆性能好。因此规定易爆厂房尽量采用敞开、半敞开式厂房，并且采用钢筋混凝土柱、钢柱承重的框架和排架结构，能够起到良好的减爆效果。

3.6.2 一般，等量的同一爆炸介质在密闭的小空间里和在开敞的空地上爆炸，其爆炸威力和破坏强度是不同的。在密闭的空间里，爆炸破坏力将大很多，因此，易爆厂房需要考虑设置必要的泄压设施。

3.6.3 本条规定参照了《爆炸泄压指南》NFPA 68 的相关规定和公安部天津消防研究所的有关研究试验成果，以在一定程度上解决实际中存在的依照规范设计、满足规范要求，而可能不能有效泄压的问题。有关爆炸危险等级的分级参照了美国和日本的相关规定，见表 13 和表 14。

表 13 厂房爆炸危险等级与泄压比值表(美国)

厂房爆炸危险等级	泄压比值(m^2/m^3)
弱级(颗粒粉尘)	0.0332
中级(煤粉、合成树脂、锌粉)	0.0650
强级(在干燥室内漆料、溶剂的蒸气、铝粉、镁粉等)	0.2200
特级(丙酮、天然汽油、甲醇、乙炔、氢)	尽可能大

表 14 厂房爆炸危险等级与泄压比值表(日本)

厂房爆炸危险等级	泄压比值(m^2/m^3)
弱级(谷物、纸、皮革、铅、铬、铜等粉末醋酸蒸气)	0.0334
中级(木屑、炭屑、煤粉、锑、锡等粉尘，乙烯树脂、尿素、合成树脂粉尘)	0.0667
强级(油漆干燥或热处理室，醋酸纤维、苯酚树脂粉尘，铝、镁、锆等粉尘)	0.2000
特级(丙酮、汽油、甲醇、乙炔、氢)	>0.2

长细比过大的空间，在泄压过程中会产生较高的压力。以粉尘为例，如空间过长，则在爆炸后期，未燃烧的粉尘-空气混合物受到压缩，初始压力上升，燃气泄放流动会产生紊流，使燃速增大，产生较高的爆炸压力。因此，有可燃气体或可燃粉尘爆炸危险性的建筑物要避免建造得长细比过大，以防止爆炸时产生较大超压，保证所设计的泄压面积能有效作用。

3.6.4 为快速泄压和避免产生二次危害，泄压设施的设计应考虑以下主要因素：

1 泄压设施可为轻质屋盖、轻质墙体和易于泄压的门窗，但宜优先采用轻质屋盖。

易于泄压的门窗、轻质墙体、轻质屋盖是指门窗的单位质量轻、玻璃较薄、墙体屋盖材料容重较小、门窗选用的小五金断面较小、构造节点的处理上要求易摧毁、脱落等。如用于泄压的门窗可采用楔形木块固定，门窗上用的金属百页、插销等可选用断面小一些的，门窗的开启方向选择向外开。这样一旦发生爆炸，因室内压力大，原关着的门窗上的小五金可能遭冲击波而被破坏，门窗则可自动打开或自行脱落，达到泄压的目的。在本规范 1987 年版中规定轻质屋盖和轻质墙体的单位质量不超过 $120kg/m^2$，主要依据是参照前苏联规范和国内当时结构材料的情况。而目前大量新型轻质材料得到开发和应用，为降低泄压面积构配件的单位质量提供了条件。降低泄压面积构配件的单位质量，可减小承重结构和不应作为泄压面积的围护构件抵抗爆炸时所产生的超压，迅速泄压，从而减小爆炸所引起的破坏。本条参照《防爆泄压指南》NFPA 68 和德国工程师协会标准的要求以及考虑我国地区气候条件差异较大等实际情况，规定泄压面积构配件的单位质量不应超过 $60.0kg/m^2$，但这一规定仍比《防爆泄压指南》NFPA 68 要求的 $12.5kg/m^2$，最大为 $39.0kg/m^2$ 和德国工程师协会要求的 $10.0kg/m^2$ 要高很多。因此，设计时要尽可能采用容重更轻的材料作为泄压面积的构配件。

2 泄压面积的构配件在材料的选择上除了要求容重轻以外，最好具有在爆炸时易破碎成碎块的特点，以便于泄压和减少对人的危害。同时，泄压面设置最好靠近易发生爆炸的部位，保证迅速泄压。对于爆炸时易形成尖锐碎片四散喷射的材料不能布置在公共走道或贵重设备的正面或附近。

有爆炸危险的甲、乙类厂房爆炸后，用于泄压的门窗、轻质墙体、轻质屋盖将会被摧毁，高压气流夹杂大量的爆炸物碎片从泄压面冲出，如邻近人员集中的场所、主要交通道路就可能造成人员大量伤亡和交通道路堵塞，因此，泄压面积应避免面向人员集中场所和主要交通道路。

3 对于北方和西北寒冷地区，由于冰冻期长、积雪时间长，易增加屋面上泄压面积的单位面积荷载而使其产生较大静力惯性，导致泄压受到影响，因而设计时要考虑采取适当措施防止积雪。

总之，在设计中应采取措施尽量减少泄压面积的单位质量(即重力惯性)和连接强度。

3.6.5 散发比空气轻的可燃气体、可燃蒸气的甲类厂房，在生产作业过程中，这些可燃气体容易积聚在厂房上部，条件合适时可能引发爆炸，故在厂房上部采取泄压措施较合适，并以采用轻质屋盖效果较好。采用轻质屋盖泄压具有爆炸时屋盖被掀掉可不影响房屋的梁柱承重构件和可采用较大泄压面积等优点。

当爆炸介质比空气轻时，为防止气流向上在死角处积聚，排不出去，导致气体达到爆炸浓度，故规定顶棚应尽量平整，避免死角，厂房上部空间要求通风良好。

3.6.6 散发较空气重的可燃气体、可燃蒸气的甲类厂房以及有可燃粉尘、纤维等可能发生爆炸危险的乙类厂房，生产过程中比空气重的物质易在下部空间靠近地面或地沟、洼地等处积聚。为防止地面因摩擦打出火花和避免车间地面、墙面因为凹凸不平积聚粉尘，故对地面、墙面、地沟、盖板的设计等提出了预防引发爆炸的措施要求。

3.6.7 单层厂房中如某一部分为有爆炸危险的甲、乙类生产，为防止或减少爆炸事故对其他生产部分的破坏、减少人员伤亡，故要求甲、乙类生产部位靠外墙设置。多层厂房中某一部分或某一层为有爆炸危险的甲、乙类生产时，为避免因该类生产设置在底层及其中间各层，爆炸时因结构破坏严重而影响上层建筑结构的安全，故要求其设置在最上一层靠外墙的部位。

3.6.8、3.6.9 总控制室设备仪表较多、价值高，是某一工厂或生产过程的重要指挥控制、调度与数据交换、储存场所。为了保障人员、设备仪表的安全，要求将其与有爆炸危险的甲、乙类厂房分开，单独建造。同时，考虑有些分控制室常常和其厂房紧邻，甚至设在其中，有的要求能直接观察厂房中的设备，如分开设则要增加控制系统，增加建筑用地和造价，还给使用带来不便。所以本条提出分控制室在受条件限制时可与厂房贴邻建造，但必须靠外墙设置，尽可能减少其所受危害。

3.6.10 使用和生产甲、乙、丙类液体的厂房，发生生产事故时易造成液体在地面流淌或滴漏至地下管沟里，若遇火源即会引起燃烧爆炸事故。为避免殃及相邻厂房，规定管、沟不应与相邻厂房相通，并考虑到甲、乙、丙类液体通过下水道流失也易造成事故，规定下水道需设隔油设施。

另外，水溶性可燃易燃液体，采用常规的隔油设施不能有效地防止其蔓延与流散，而应根据具体生产情况采取相应的排放处理措施。

3.6.11 本条规定了可燃液体仓库和遇潮可发生燃烧爆炸物品仓库的防火防爆措施。

1 甲、乙、丙类液体如汽油、苯、甲苯、甲醇、乙醇、丙酮、煤油、柴油、重油等，一般采用桶装存放在仓库内。此类库房一旦起火，特别是上述桶装液体发生爆炸，容易流淌在库内地面，如未设置防止液体流散的设施，还会流散到仓库外，造成火势扩大蔓延。

2 防止液体流散的基本做法有两种：一是在桶装仓库门修筑慢坡，一般高为 150～300mm；二是在仓库门口砌筑高度为 150～300mm 的门槛，再在门槛两边填沙土形成慢坡，便于装卸。

3 遇水燃烧爆炸的物品如金属钾、钠、锂、钙、锶，氢化锂等的仓库，规定应设置防止水浸渍的设施，如使室内地面高出室外地面、仓库屋面严密遮盖，防止渗漏雨水，装卸这类物品的仓库栈台有防雨水的遮挡等措施。

3.6.12 本条规定了有爆炸危险的筒仓的防爆泄压要求。

1 谷物粉尘爆炸事故屡有发生，据有关资料的不完全统计，世界上每天约有一起谷物粉尘爆炸事故，而在每年 400～500 起的爆炸事故中，约有 10 次是相当严重的。例如：1977 年美国的一次谷物粉尘爆炸，死亡 65 人，伤 84 人；1979 年德国布莱梅的一起谷物粉尘爆炸，死亡12人，损失达50万马克；1982年法国梅茨一个麦芽厂的粮食筒仓发生爆炸，7座大型筒仓有4座被毁，死亡8人，伤4人。我国南方某港口粮食筒仓，因焊接管道引起小麦粉尘爆炸，21个钢筋混凝土筒仓顶盖和上通廊顶盖大部掀掉，仓内电气、传动装置以及附属设备等，遭到严重破坏，造成很大损失。

谷物粉尘爆炸必须具备一定浓度、助燃氧气和火源三个条件。表15列举了谷物粉尘的一些特性。

表15 粮食粉尘爆炸特性

物质名称	最低着火温度(℃)	最低爆炸浓度(g/m^3)	最大爆炸压力(kg/cm^3)
谷物粉尘	430	55	6.68
面粉粉尘	380	50	6.68
小麦粉尘	380	70	7.38
大豆粉尘	520	35	7.03
咖啡粉尘	360	85	2.66
麦芽粉尘	400	55	6.75
米粉尘	440	45	6.68

2 粮食筒仓的顶部设置一定的泄压面积，十分必要。本条未规定泄压面积与粮食筒仓容积比值的具体数值，主要由于国内这方面的试验研究尚不充分，还未获得成熟可靠的设计数据。故根据筒仓爆炸案例分析和国内某些粮食筒仓设计的实例，推荐采用0.008～0.010。建议粮食、轻工、医药等行业进一步总结这方面的实践经验，开展试验研究，以获得可用于工程设计的科学数据。

3.6.13 有关甲、乙类仓库防爆泄压的规定。

在生产、运输和储存可燃气体的场所，经常由于泄漏和其他事故，使得在建筑物或装置中产生可燃气体或液体蒸气与空气的混合物。当在这个场所的条件合适，如存在点火源且这些混合物的浓度合适时，则可能引发灾难性事故。为尽量减少事故的破坏程度，在建筑物或装置上预先开设面积足够大、用低强度材料做成的泄压口是有效措施之一。在爆炸事故发生时，及时打开这些泄压口，使建筑物或装置内由于可燃气体在密闭空间中燃烧而产生的压力迅速泄放出去，可以避免建筑物或储存装置受到严重危害。

在实际生产和储存过程中，还有许多因素影响到燃烧爆炸的发生与强度，这些很难在本规范中一一明确规定，特别是仓库的防爆与泄压，还有赖于专门标准进行专项研究确定。

3.7 厂房的安全疏散

3.7.1 本条规定了厂房安全出口布置的原则要求。

建筑物内的任一楼层上或任一防火分区中发生火灾时，其中一个或几个安全出口被烟火阻挡，仍要保证有其他出口可供安全疏散和救援使用。在有的国家还要求出口布置的位置应能使同一防火分区或同一房间内最远点与相邻2个出口中心点连线的夹角不应小于45°，以确保相邻出口用于疏散时安全可靠。本条规定了5m这一最小水平间距，设计时应根据具体情况和保证人员有不同方向的疏散路径这一原则，从人员安全疏散和救援需要出发进行布置。

3.7.2 本条规定了厂房地上部分安全出口设置数量的一般要求。所规定的安全出口数目既是对一座厂房而言，也是对厂房内任一个防火分区或某一使用房间的安全出口数量要求。

足够数量的安全出口，对保证人和物资的安全疏散极为重要。火灾案例中常有因出口设计不当或在实际使用中部分出口被封堵，造成人员无法疏散而伤亡惨重的事故。要求厂房每个防火分区至少应有2个安全出口，可提高火灾时人员疏散通道和出口的可靠性。但所有的建筑不论面积大小、人数多少一概要求2个出口有一定的困难，也不符合实际情况。因此，对面积小、人员少的厂房分别按类分档，规定了允许设置1个安全出口的条件：对危险性大的厂房因火势蔓延快，要求严格些，对火灾危险性小的可要求低些。

在执行时，还可根据各行业生产的具体情况，按本规范的原则确定更具体的要求。

3.7.3 本条规定了独立建造的地下厂房及附建在建筑地下的厂房的一般安全疏散设计要求。

地下、半地下厂房因为不能直接天然采光和自然通风，排烟有很大困难，而疏散只能通过楼梯间；为保证安全，避免万一出口被堵住就无法疏散的情况，故要求至少具备2个安全出口。但考虑到如果每个防火分区均要求2个直通室外的出口有一定困难，所以规定至少要有1个直通室外，另一个可通向相邻防火分区。

3.7.4 本条针对不同火灾危险性的厂房，规定了其内部的最大疏散距离。

通常，人员疏散时能安全到达安全出口即可认为到达安全地带。考虑单层、多层、高层厂房设计的实际情况，对甲、乙、丙、丁、戊类厂房分别作了不同的规定。将甲类厂房的最大疏散距离定为30m、25m是以人流的疏散速度为1m/s，或允许疏散时间为30s、25s确定的。而乙、丙类厂房较甲类厂房火灾危险性小，蔓延速度也慢些，故乙类厂房的最大疏散距离参照国外规范定为75m。丙类厂房中工作人员较多，疏散时间按人员荷载2人/m^2，疏散速度办公室按60m/min，学校按22m/min，如取其两者的中间速度作为丙类生产车间的平均疏散速度则为(60m/min＋22m/min)÷2＝41m/min。80m的距离疏散时间需要2min。对于纺织厂房、烟草厂房、联合造纸厂房和某些洁净厂房，一般具有占地面积大的特点，经协商，一、二级耐火等级的丙类单层和多层厂房的疏散距离分别为80m和60m。丁、戊类厂房一般面积大、空间大，火灾危险性小，人员的允许安全疏散时间较长。根据我国的消防水平、消防站布局标准规定，一般城市消防站要求在5min内到达火灾现场。丁、戊类厂房如为一、二级耐火等级建筑物，在人员不很集中的情况下，疏散速度按60m/min确定时在5min内可走300m。一般厂房布置出入口时，疏散距离不大可能超过300m。因此，此条对一、二级耐火等级的丁、戊类厂房的安全疏散距离未作规定，三级耐火等级的戊类厂房，因建筑耐火等级低，安全疏散距离限在100m。四级耐火等级的戊类厂房耐火等级更低，可和丙、丁类生产的三级耐火等级厂房相同，将其安全疏散距离定在60m。

实际上火灾时的环境比较复杂，厂房内物品和设备布置以及人员的心理和生理因素都对疏散有直接影响，设计人员应根据不同的生产工艺和环境，充分考虑人员的疏散需要来确定其疏散距离以及厂房的布置与选型，尽量均匀布置安全出口，缩短人员的疏散距离。

3.7.5 本条规定了厂房的百人疏散宽度计算指标和疏散总宽度及最小净宽度的设计要求。

厂房的疏散走道、楼梯、门的总宽度计算是参照国外规范规定的，在多年的执行过程中能符合目前国内的条件，故未作修改。

考虑门洞尺寸应符合门窗的模数，将门洞最小宽度定为1m，则门的净宽则在0.9m左右，故规定门最小净宽度不小于0.9m。走道最小净宽度与公共场所的门的最小净宽度相同，取不小于1.4m。

3.7.6 本条规定了厂房疏散楼梯的设计要求。

高层厂房和甲、乙、丙类厂房火灾危险性较大，高层建筑发生火灾时，由于普通客(货)用电梯无防烟、防火等措施，火灾时必须停止使用；云梯车等也只能作为消防队员扑救时专用，在高层部分的人员不可能靠普通电梯或云梯车等作为主要疏散手段，这时唯有依靠楼梯作为主要的人员疏散通道，因此楼梯间的防火必须安全可靠。高层建筑中的敞开楼梯(间)，火灾时具有拔火抽烟作用，会使烟气很快通过敞开楼梯(间)向上扩散并蔓延至整幢建筑物，给安全疏散造成威胁。同时，随着高温烟气的流动也大大加快了火势蔓延。因此，根据火灾危险性类别和建筑高度规定了高层厂房设置封闭楼梯间和防烟楼梯间的要求。

厂房与民用建筑相比，一般层高较高，四、五层的厂房，其建筑高度即可达24m，而楼梯的习惯做法是敞开式。同时考虑到有的厂房虽高，但人员不多，厂房建筑可燃装修少，故对设置防烟楼梯间的条件作了调整，即如果高度低于 32m 的厂房，人数不足 10 人或只有 10 人时可以采用封闭楼梯间。另外，当厂房为开敞式时也可以不采用封闭楼梯间。但如厂房内人员较多，为保证人员疏散，宜采用封闭楼梯间。

有关防烟楼梯前室面积和防排烟要求在本规范第 7 章和第 9 章中均有规定，设计时应按有关规定执行。

3.7.7 本条规定了消防电梯的设置要求。

1 高层建筑发生火灾时，消防队员若靠攀登楼梯进入高层部分扑救，一是体力消耗大，队员会因体力不及而造成运送器材和抢救伤员的困难，影响战斗力。二是耗费时间长，影响火灾的早期扑救。1980 年 6 月曾在北京对 15 名消防队员利用住宅楼进行了登高能力测试。测试结果：队员上到 8 层楼以后有 67.5% 的人员体能处于正常范围，登上 9 层后只有 50% 的人有战斗力，攀登到 11 层后，心率和呼吸属正常者已无一人。而火场条件更为恶劣，目前尚无更好的对比资料可参考，根据正常情况的测试数值进行分析、比较，确定消防队员从楼梯攀登的登高高度为 23m 左右。

普通电梯在火灾时往往因切断电源等原因而停止使用，因此在进行高层建筑防火设计时，要为消防队员登高创造有利条件，尽可能设置消防电梯。考虑厂房的实际情况，按设置防烟楼梯间的标准将高度定在 32m，即规定高度超过 32m、设有电梯的高层厂房内每个防火分区宜设 1 台消防电梯。

2 对于贴邻设置在建、构筑物旁的独立消防电梯，当能直通室外并具有良好的通风排烟条件时，可以不设置电梯前室。

3 高层塔架设有检修用的电梯，每层塔架的同时生产人数只有 1～2 人，不设消防电梯亦可满足在发生火灾事故时的人员疏散。如洗衣粉生产厂中的喷粉厂房（丙类生产除外）属丁类生产的喷粉工段，局部每层建筑面积不大，升起高度多在 20m 以下，建筑总高度在 50m 以下，这种情况就可以不设置消防电梯。

3.8 仓库的安全疏散

3.8.1 有关说明见第 3.7.1 条。

3.8.2 本条规定了每座仓库的安全出口数目。

由于仓库的使用人数相对较少，因而在条文中规定每个防火分区的出口不宜少于 2 个。

火灾案例多次证明，有些火灾就发生在出口附近，出口常被烟火封住，使得人们无法利用其进行疏散。如果有了 2 个或 2 个以上的安全出口，一个被烟火封住，其他的出口还可供人们紧急疏散。故原则上一座仓库或其内部每个防火分区的出口数目不宜少于 2 个。

考虑到仓库平时工作人员少，对面积较小（如占地面积不超过 $300m^2$ 的多层仓库）和面积不超过 $100m^2$ 的防火隔间，可设置 1 个楼梯或 1 个门。

3.8.3 有关说明见 3.7.3 条。

3.8.4～3.8.6 粮食钢板筒仓、冷库、金库等场所由于平时库内无人，需要进入时人员也很少，且均为熟悉环境的工作人员，金库还有严格的保安管理需要，因此，这些建筑的安全疏散可以按照相应国家标准或规定的要求设置安全出口。其他形式的粮食筒仓当其上部操作层面积小于 $1000m^2$ 且人员不超过 2 人时，也可以设置 1 个疏散楼梯。

3.8.7 高层仓库内虽经常停留人数不多，但垂直疏散距离较长，如采用敞开式楼梯间不利于疏散和扑救，也不利于控制烟火向上蔓延，因此，要求高层仓库采用封闭楼梯间。

3.8.8 本条规定了垂直运输物品的提升设施的设计要求，以阻止火势向上蔓延，扩大灾情。

除戊类仓库外，其他类别仓库内的火灾荷载相对较大，物品存放较集中，火灾延续时间也可能较长，为避免因门的破坏而导致火灾蔓延扩大，井筒防火分隔处采用乙级防火门。

1 实践中不少多层仓库内供垂直运输物品的升降机（包括货梯）多设在仓库外，如北京某储运公司仓库、北京百货大楼仓库、北京五金交电公司仓库、上海服装进出口公司仓库等均紧贴仓库外墙设置电梯或升降机等。这样设置既利于平时使用，又有利于安全疏散。

2 据调查，有少数多层仓库，将升降机（货梯）设在仓库内，又不设在升降机竖井内，是敞开的。这样设置很容易在起火后，火焰通过升降机的楼板孔洞向上蔓延，是不安全的做法，在设计中应予避免。但戊类仓库的火灾危险性小，升降机可以设在仓库内。

3.8.9 本条规定了仓库消防电梯的设置要求。

设置消防电梯（可与货梯合用）在于火灾时供消防人员输送器材和人员用。消防电梯应符合本规范第 7.4.10 条对消防电梯的要求。

设在仓库连廊内和冷库穿堂内的消防电梯，其连廊和穿堂通风排烟条件较好，可不设电梯前室。

4 甲、乙、丙类液体、气体储罐（区）与可燃材料堆场

4.1 一般规定

4.1.1 本条规定了甲、乙、丙类液体储罐区，液化石油气储罐区，可燃、助燃气体储罐区，可燃材料堆场等的平面布局要求，以有利于保障城市、居住区的安全。

本规范中的可燃材料露天堆场，一般包括稻草、麦秸、芦苇、烟叶、草药、麻、甘蔗渣、木材、纸浆原料、煤炭等的堆场。

1 上述场所一旦发生火灾，危害巨大。根据我国城市的发展需要和《中华人民共和国消防法》第九条的规定，对原条文作了修订补充。

2 据调查，上述有的场所在布置时由于较好地选择了安全地点和注意了风向，效果良好。在实际选址时，应尽量将上述场所布置在城市全年最小频率风向的上风侧；确有困难时，也应尽量选择在本地区或本单位全年最小频率风向的上风侧。这对于防止飞火殃及其他建筑物或可燃物堆垛等，十分有利。

3 由于本条规定的这些场所起火后燃烧速度快、辐射热强、难以扑救，容易造成很大损失且火灾延续时间往往较长，扑救和冷却用水量较大。因而，应在选址时充分考虑消防水源的来源和保障程度，使消防水源充足。消防水源的确定应按本规范第 8 章的有关规定进行。

4 许多城市的煤气罐，一般都布置在用户集中的安全地带，如沈阳、鞍山、大连、上海等市的煤气储罐，大都分散在城市用户集中的安全地带，每个煤气储罐还设有煤气放散管（$\phi150$～250mm），一旦煤气发生事故，可进行紧急放散，有的还设有中心煤气压缩机站用以调节各储气罐均衡性。

5 甲、乙、丙类液体储罐或储罐区发生火灾时，易导致储罐破裂或发生突沸，使液体外溢发生连续性火灾爆炸，危及范围较大。有的可使原油流散达 100～200m，有的油品燃烧时还会发生突沸现象，危及范围和经济损失都很大。因此，甲、乙、丙类液体储罐或储罐区应尽量布置在地势较低的地带。

但考虑到某些单位的具体情况，有时执行起来有较大困难，故在采取加强防火堤或另外增设防护墙等可靠的防护措施时，也可布置在地势较高的地带。

6 液化石油气储罐区的设置位置宜远离居住区、工业企业和建有影剧院、体育馆、学校、医院等重要公共建筑的地区，并选择在通风良好的地区单独布置。

4.1.2 汽油、苯、甲醇、乙醇、乙醚、丙酮等桶装、瓶装甲类液体的闪点较低，为防止夏季高温炎热气候条件下，因露天存放而发生超压爆炸起火事故，本条规定不应露天存放。

4.1.3 本条规定了液化石油气储罐防护墙的设置要求。

液化石油气泄漏时气化体积大、扩散范围大，并易积聚引发较严重的灾害。本条规定主要为保障公共安全，避免和减少储罐事故对周围建筑物，特别是民用建筑的危害。

关于罐区是否设置防护墙，有两种意见：一种意见是不设防护墙，以防储罐发生漏气时，使液化石油气窝存而引发爆炸事故。另一种意见是设防护墙，但其高度为1m。后一种做法通风较好，不会窝气，而且当储罐漏液时，不会导致外流而危及其他建筑物。目前国内除炼油厂的液化石油气储罐不做防护墙外，其余大部分均设防护墙。美国、前苏联有关规范均要求设置防护墙。日本各液化石油气罐区以及每个储罐也均设置防火堤。本规范组认为液化石油气罐区设置1m高的防护墙是合适的。但储罐距防护墙的距离，卧式储罐按其长度的一半，球形储罐按其直径的一半考虑为宜。

液化石油气储罐与周围建筑物之间的防火间距，应符合本规范第4.4节和现行国家标准《城镇燃气设计规范》GB 50028的有关规定。

4.1.4 目前国内有些单位的装卸设施设置在储罐区内，或距离储罐区较近，当储罐发生泄漏、有汽车出入或进行装卸作业时，十分危险。故本条明确规定这些场所应首先考虑按功能进行分区，储罐与其装卸设施及辅助管理设施分开布置。有关防火间距按本规范及国家相应现行专业规范的有关规定执行。

4.1.5 本条主要规定甲、乙、丙液体储罐，液化石油气储罐，可燃、助燃气体储罐区，可燃材料堆场等的布置，应考虑周边的架空电力线的影响；同时，设置架空电力线时也应考虑与周围储罐、堆场的间距。详细说明见本规范第11.2.1条条文说明。

4.2 甲、乙、丙类液体储罐（区）的防火间距

本节主要对工业企业内以及独立建设的甲、乙、丙类液体储罐的布置和防火间距作了具体规定。为便于规范执行和相互间的协调，本规范4.2.11条明确了有关专业石油库的储罐布置以及储罐与库内外的建筑物之间防火间距的设计要求应按现行国家标准《石油库设计规范》GB 50074的有关规定执行。

4.2.1 本条规定了甲、乙、丙类液体储罐和乙、丙类液体桶装堆场与建筑物的防火间距。

1 甲、乙、丙类液体储罐和乙、丙类液体桶装堆场的最大总储量，是根据工厂企业附属油库和其他甲、乙、丙类液体储罐及仓库等的储量确定的。

对个别企业附属油库的储量按照本规定执行有困难时，可按照国家有关规定进行专门论证解决，以适应大型工业生产的需要。

2 规范表4.2.1中规定的防火间距主要是指根据火灾实例、基本满足灭火扑救要求和现行的一些实际做法提出的。火灾时，一般只考虑单罐的影响。不同单罐储量的火灾影响差异较大，目前还不能完全从理论上准确推导出燃烧辐射热等对相邻建筑物的影响。

从实际火灾案例看，一个1500m³的地下原油储槽，燃烧10h左右可烤着距着火部位30m的一幢砖木结构房屋的木屋檐部分，且大部分碳化，但距40m的砖木结构厂房未碳化。一个120m³的苯罐爆炸起火，可引燃一相距19.5m的三级耐火等级建筑的屋檐。一个30m³的地上卧式油罐爆炸起火，能震碎相距15m范围的门窗玻璃，辐射热可引燃相距12m的可燃物。

根据扑救油罐火灾实践经验，油罐（池）着火时燃烧猛烈、辐射热强，小罐着火至少应有12～15m的距离，较大罐着火至少应有15～20m的距离，才能满足灭火需要。

3 本条明确一个储罐区可能同时存放甲、乙、丙类液体时，应经过折算（可折算成甲、乙类液体，也可折算成丙类液体）后，按本规范表4.2.1的规定确定其防火间距。甲、乙类液体与丙类液体按1∶5进行折算的方法，是最早沿用国外规范的规定，实践证明是可行的。

4 将有关甲、乙、丙类液体储罐与变压器、变压站之间防火间距的规定纳入本表，便于使用。

5 关于表4.2.1注的说明：

1）注3：因甲、乙、丙类液体的固定顶储罐区、半露天堆场和乙、丙类液体桶装堆场与甲类厂房（仓库）以及民用建筑发生火灾时，相互影响和威胁较大。故它们相互间的防火间距应按本表的规定增加25%。上述储罐、堆场发生突沸或破裂使油品外泄时，遇到点火源会引发火灾。故规定与明火或散发火花地点的防火间距应大些，即应在本表对四级耐火等级建筑要求的基础上增加25%。

2）注4：浮顶储罐的罐区或闪点大于120℃的液体储罐区危险性相对较小，故规定可按本表的规定减少25%。

3）注5：数个储罐区布置在同一库区内时，罐区与罐区应视为2座不同的建、构筑物，其防火间距原则上应按2个不同库区对待。但为了节约土地资源，同时考虑到扑救火灾需要以及同一库区的管理等因素，规定按不小于表4.2.1中相应储量的储罐区与四级耐火等级建筑之间防火间距的较大值考虑。

4）注6：因直埋式地下甲、乙、丙类液体储罐较地上式储罐安全些，故规定其防火间距可按本表规定减少50%。但为保证安全，单罐容积不应大于50m³，总容积不应大于200m³。

4.2.2 本条规定了储罐区内甲、乙、丙类液体储罐之间的防火间距要求。

甲、乙、丙类液体储罐之间的防火间距除考虑安装、检修的间距外，主要考虑火灾时避免相互危及和便于扑救火灾的需要。

1 目前国内大多数专业油库和工业企业内油库的地上储罐之间的距离多为相邻储罐的一个D（D——储罐的直径）或大于一个D，也有些小于一个D（$0.7\sim0.9D$）的。当其中一个储罐着火时，该距离能在一定程度上减少对相邻储罐的威胁。

2 扑救火灾有两种情况：一是消防人员采用水枪冷却油罐，其水枪喷水的仰角通常为45°～60°，$0.60\sim0.75D$的距离是可行的；二是当油罐上的固定或半固定泡沫管线被破坏时，消防队员向着火罐上挂泡沫钩管的操作距离也是足够的。根据我国有关油罐火灾扑救经验，地上储罐之间的距离规定$0.60\sim0.75D$基本可以满足扑救火灾的需要。

3 与国内有关规范基本协调一致。现行国家标准《石油库设计规范》GB 50074和《石油化工企业设计防火规范》GB 50160中对地上可燃液体储罐之间距离的规定也类同。

4 关于表4.2.2注的说明：

1）注2：主要明确不同火灾危险性的液体（甲类、乙类、丙类）、不同形式的储罐（立式罐、卧式罐；地上罐、半地下罐、地下罐等）布置在一起时，防火间距应按其中较大者确定，以利安全。对于矩形储罐，其当量直径为长边L与短边l之和的一半。设当量直径为D，则：

$$D=\frac{L+l}{2}$$

2）注3：主要考虑一排卧式储罐中的某个罐起火，不会导致很快蔓延到另一排卧式储罐，并为灭火操作创造条件。

3）注4：是调整要求。考虑到设有充氮保护设备的液体储罐比较安全，故其间距可按浮顶储罐间距确定。

4）注5：是调整要求。单罐容积小于1000m³的甲、乙类液体地上固定顶油罐，罐容相对较小，采用固定冷却水设备后，可有效地降低其燃烧辐射热对相邻罐的影响；同时，消防人员还在火场采用水枪进行冷却，故油罐之间的防火间距可减少些。

5）注6：基于下列三点考虑：一是设有液下喷射泡沫灭火设

备，不需用泡沫钩管(枪)；二是设有固定消防冷却水设备时，一般情况下不需用水枪进行冷却，三是在防火堤内如设有泡沫灭火设备(如固定泡沫产生器等)，能及时扑灭流散液体火灾，故其储罐间防火间距可适当减小，但地上储罐不宜小于 0.4D。

6)注 7：闪点大于 120℃的液体，其引燃温度较高，相对较安全，故适当减少了储罐之间的距离。

4.2.3 本条是对小型甲、乙、丙类液体储罐成组布置时的规定。其目的在于在保证一定安全的前提下，更好地节约用地、节约输油管线，方便操作管理。

1 据调查，有的专业油库和企业内的小型甲、乙、丙类液体库，将容量较小油罐成组布置。实践证明，小容量的储罐发生火灾时，在一般情况下易于控制和扑救，也不像大罐那样需要较大的操作场地。

2 为防止火灾时火势蔓延扩大，有利扑救、减少损失，组内储罐的布置不应多于两排。组内储罐之间的距离主要考虑安装、检修的需要。储罐组与组之间的距离可按储罐的形式(地上式、半地下式、地下式等)和总储量相同的标准单罐确定。如：一组甲、乙类液体储量为 950m^3，其中 100m^3 单罐 2 个，150m^3 单罐 5 个，则组与组的防火间距按小于或等于 1000m^3 的单罐 0.75D 确定。

3 当储量超过本条规定时，则应按照本规范的其他条款规定执行。

4.2.4 本条规定了防火堤内甲、乙、丙类液体储罐的布置要求。

1 把火灾危险性相同或接近的甲、乙、丙类液体地上、半地下储罐布置在一个防火堤分隔范围内，既有利于统一考虑消防设计，储罐之间也能互相调配管线布置，又可节省输送管线和消防管线，并便于管理。

2 沸溢性液体与非沸溢性液体不应布置在同一防火堤内，这样可比较有效地防止沸溢性液体储罐起火时，因突沸现象导致的火灾蔓延而危及非沸溢性液体储罐，增加扑灭难度，造成更大损失。

3 地上液体储罐与地下、半地下液体储罐不应布置在同一防火堤内，也是防止一旦地下储罐发生火灾时，其火焰会直接威胁地上、半地下储罐，使灾情扩大。

4.2.5 本条是对防火堤的设置和防火堤内的储罐布置要求。

实践证明，防火堤能使燃烧的流散液体限制在防火堤内，给扑救火灾创造有利条件。在甲、乙、丙类液体储罐区设置防火堤是火灾事故时，防止液体外溢流散而使火灾蔓延扩大，减少损失的有效措施。前苏联、美国、英国、日本等国家有关规范都明确规定甲、乙、丙类液体储罐区应设置防火堤，并对防火堤内储罐布置、总储量和具体做法作了相应规定。本条规定既总结了国内的成功经验，也参考了国外的类似规定与做法。

1 防火堤内储罐布置不宜超过两排，主要考虑储罐失火时便于扑救，如其布置超过两排，当中间一排储罐发生事故时，将对两边储罐造成威胁，必然会给扑救带来较大困难。

对于单罐容量不大于 1000m^3 且闪点大于 120℃的液体储罐，其储罐体形较小、高度较低，若中间一行储罐发生事故是可以进行扑救的，同时还可节省用地，故规定可不超过 4 排。

2 防火堤内的储罐发生火灾爆炸事故时，储罐内的油品通常不会全部流出，规定防火堤的有效容积不应小于其中较大储罐的容积是合适的。浮顶储罐发生火灾爆炸事故几率较低，故取其最大储罐容量的一半。

3 本条第 3、4 款规定主要考虑储罐爆炸起火后，油品因罐体破裂而大量外流时，能防止流散到防火堤外，并要能避免液体静压力冲击防火堤。

4 沸溢性液体储罐要求每个储罐设置一个防火堤或防火隔堤以防止发生火灾事故因液体沸溢，四处流散而威胁相邻储罐。

5 含油污水管道应设置水封装置以防止油品流至污水管道而造成事故隐患。雨水管道应设置阀门等隔离装置，主要为防止储罐破裂时液体流向防火堤之外。

4.2.6 闪点大于 120℃的液体储罐或储罐区以及桶装、瓶装的乙、丙类液体堆场，甲类液体半露天堆场(有盖无墙的棚房)，由于液体储罐爆裂可能性小或桶装液体爆裂外溢的量也较少，因此，当采取了有效防止液体流散的设施时，可以不设置防火堤。实际中，一般采用设置粘土、砖石等不燃材料的简易围堤和事故油池等方法来防止液体流散。

4.2.7 本条对甲、乙、丙类液体储罐与泵房、装卸鹤管的防火间距作了具体规定。

据调查，目前国内一些甲、乙类液体储罐与泵房的距离一般在 14～20m 之间，与铁路装卸栈桥一般在 18～23m 之间。

发生火灾时，储罐对泵房等的影响与罐容有关，而泵房等对储罐的影响相对较小。但从引发火灾情况看，是两者相互作用的结果。因此，根据各地反映，从保障安全、便于扑救火灾出发，储罐与泵房和铁路、汽车装卸设备要求保持一定的防火间距。前者宜为 10～15m。考虑到装卸鹤管无论是铁路还是汽车的，其火灾危险性基本一致，故将有关防火间距统一，将后者定为 12～20m。

4.2.8 本条规定主要为减小火灾发生时装卸鹤管与建筑物、铁路线之间的相互影响，防止再次引发火灾。

1 根据对国内一些储罐区的调查，装卸鹤管与一、二、三级耐火等级建筑物之间的距离一般为 13～18m。对丙类液体鹤管与建筑物的距离，则据其危险性作了一定调整。

2 装卸设施与厂内其他铁路线的防火间距分别为 20m 和 10m 是防止装卸设施一旦发生事故危及厂内其他铁路线。

3 规定泵房与装卸设施的最小距离应保持 8m，主要考虑两者其一发生事故时的相互影响。

4.2.9 本条规定了甲、乙、丙类液体储罐与铁路、道路的防火间距。

1 甲、乙、丙类液体储罐与铁路走行线的距离，主要考虑蒸汽机车飞火对储罐的威胁。其最小间距控制在 20m，对甲、乙类储罐与厂外铁路走行线的间距规定大一些。

2 与道路的距离是据汽车和拖拉机排气管飞火对储罐的威胁确定的。据调查，机动车辆的飞火影响范围远者为 8～10m，近者为 3～4m，故与厂内次要道路定为 5m 和 10m，与主要道路和厂外道路的间距则需适当增大些。

4.2.10 本条规定了零位储罐与所属铁路作业线之间的距离。

零位储罐罐容较小，是铁路槽车向储罐卸油作业时的缓冲罐。零位罐置于低处，铁路槽车内的油品借助液位高程自流进零位罐，然后利用油泵送入储罐。

4.3 可燃、助燃气体储罐(区)的防火间距

4.3.1 本条规定了可燃气体储罐与建筑物、储罐、堆场的防火间距。

1 可燃气体储罐指盛装氢气、甲烷、乙烷、乙烯、氨气、天然气、油田伴生气、水煤气、半水煤气、发生炉煤气、高炉煤气、焦炉煤气、伍德炉煤气、矿井煤气等可燃气体的储罐。可燃气体储罐分低压和高压两种。

低压可燃气体储罐的几何容积是可变的，分湿式和干式两种。湿式可燃气体储罐又称水槽式储气罐，主要由水槽、塔节、钟罩和水封等组成。储气罐的设计压力通常小于 4kPa。干式可燃气体储罐主要由筒形罐体、筒内可移动的活塞，导架装置和电梯等组成。储气罐的设计压力通常小于 8kPa。

低压可燃气体储罐干式与湿式相比，具有下列优点：大容积者节省钢材、投资少、占地面积小，无水封，寒冷地区冬季不需保温，运行费用低。压力变化小，较湿式罐压力稳定；在不同大气温度下罐内燃气湿度变化小。

高压可燃气体储罐的几何容积是固定的，其外形有卧式圆筒形和球形两种。卧式储气罐容积较小，通常不超过 120m^3。球形

储气罐容积较大，最大容积可达 10000m³。这类储罐的设计压力通常为 1.0～1.6MPa。

2 为适应我国国民经济高速持续发展和储气罐单罐容积趋向大型化的需要，此次修订对规范中表 4.3.1 内储罐总容积的分档作了调整。目前国内湿式可燃气储罐单罐容积档次有：小于 1000m³、1000m³、5000m³、10000m³、20000m³、30000m³、50000m³、100000m³、150000m³、200000m³；干式可燃气体储罐单罐容积档次有：小于 1000m³、1000m³、5000m³、10000m³、20000m³、30000m³、50000m³、80000m³、170000m³、300000m³。

本表将原表第四档改为 50000～100000m³，对其防火间距也进行了适当调整。表中储罐总容积小于等于 1000m³ 者，一般为小氮肥厂、小化工厂和其他小型工业企业的可燃气体储罐。储罐总容积为 1000～10000m³ 者，多是小城市的煤气储配站、中型氮肥厂、化工厂和其他中小型工业企业的可燃气体储罐。储罐总容积大于等于 10000m³ 至小于 50000m³ 者，为中小城市的煤气储配站、大型氮肥厂、化工厂和其他大中型工业企业的可燃气体储罐。储罐总容积大于等于 50000m³ 至小于 100000m³ 者，为大中城市的煤气储配站、焦化厂、钢铁厂和其他大型工业企业的可燃气体储罐。

3 确定有关间距的主要依据。

1)湿式储气罐内可燃气体的密度大都比空气轻，泄漏时易向上扩散，万一发生事故也易扑救。同时，近年来我国储气罐制造和运行后的管理水平都有很大提高。如东北某煤气公司 14300m³ 湿式储气罐罐壁穿孔，带气补焊而引起着火，厂内员工和消防人员利用湿棉被就将火扑灭，没有酿成火灾。

2)湿式储气罐或堆场等发生火灾爆炸事故时，相互危及范围一般在 20～40m，近者 10m 多，远者 100～200m。

根据有关事故分析，湿式可燃气体储罐在工作时一般不会发生爆炸事故，只有在检修时因处理不当或违章焊接才引起爆炸。但这种储罐爆炸一般不会发生二次火灾或连续爆炸事故，因而也不大可能引起很大的伤亡和损失，只是碎片飞出可能伤人或砸坏建筑物。从危及范围来看，表 4.3.1 规定的防火间距可行。

3)考虑施工安装的需要，大、中型可燃气体储罐施工安装所需的距离一般为 20～25m。根据储气罐火灾扑救实践，人员与罐体之间至少要保持 15～20m 的间距。

4)国内外有关规范规定的湿式可燃气体储罐与建、构筑物之间的防火间距见表 16。从表中可以看出，规范中表 4.3.1 的规定与国内有关规范的规定相近，与德国规范相差稍大。

表 16 有关规范规定的防火间距(m)

项目 \ 规范名称	气田设计防火规定	炼油设计防火规定(炼油篇)	炼油设计防火规定(石油化工篇)	原西德规范 DVGW G430 1964
明火或散发火花的地点	40	35	25	非本企业建筑、住宅为 25
易燃、可燃液体储罐	容积小于等于 1000m³ 时，为 20；容积 1001 ～ 5000m³ 时为 25	顶距为 15；固定顶距为 20	顶距为 15；固定顶距为 20	距木材仓库和其他可能突然发生火灾的易燃品仓库为 50
液化石油气储罐	容积小于等于 200m³ 时，为 30；容积 201～500m³ 时为 35	相邻较大罐的半径	40	
压缩机室	4	35	30	
全厂性重要设施	40	35	30	
备注	当储罐容积小于等于 10000m³ 时，减 25%；当储罐容积大于 50000m³ 时，加 25%		当储罐容积小于等于 10000m³ 时，减 25%；当储罐容积大于 50000m³ 时，加 25%	与本企业建筑物的距离应考虑施工运行的需要自行确定

5)干式储气罐的活塞和罐体间靠油或橡胶夹布密封，当密封部分漏气时，其可燃气体泄漏到活塞上部空间，经排气孔排至大气。当可燃气体密度大于空气时，不易向罐顶外部扩散，比空气小时，则易扩散，故前者防火间距应按表 4.3.1 增加 25%，后者可按表 4.3.1 的规定执行。

6)小于 20m³ 的可燃气体储罐，储量和危险性小，与其使用燃气厂房之间的防火间距可不限。

7)因湿式可燃气体储罐的燃气进出口阀门室、水封井和干式可燃气体储罐的阀门室、水封井、密封油循环泵和电梯间均是储罐不宜分割的附属设施，为节省用地，便于运行管理，可按工艺要求布置，其防火间距不受限制。

4 表 4.3.1 注：固定容积的可燃气体储罐设计压力较高，易漏气，危险性较大，其防火间距要先按其实际几何容积(m³)与设计压力(绝对压力，10⁵Pa)乘积折算出总容积，再按表 4.3.1 的规定确定。

4.3.2 可燃气体储罐或储罐区之间的防火间距，为发生事故时减少相互间的干扰和便于扑救火灾和施工、安装、检修所需的距离。

1 鉴于干式可燃气体储罐与湿式可燃气体储罐危险性基本相同，故其储罐之间的距离均规定不应小于相邻较大罐直径的一半。

2 固定容积的可燃气体储罐设计压力较高、危险性较湿式和干式可燃气体储罐大，卧式和球形储罐虽形式不同，但其危险性基本相同。故修订时均改为不应小于相邻较大罐的 2/3。

3 固定容积的可燃气体储罐与湿式或干式可燃气体储罐之间的防火间距不应小于相邻较大罐的半径，主要考虑在一般情况下后者的直径大于前者，故此规定可以满足消防扑救和施工安装、检修需要。

4 本规范 1987 年版“一组卧式或固定容积的可燃气体储罐总容积不应超过 30000m³”的规定，目前已不适应我国经济发展的需要，特别是燃气事业发展的实际需要。根据我国天然气“西气东输”的战略决策，我国已建成一批大型天然气球形储罐，当设计压力为 1.0～1.6MPa 时，其容积相当于 50000～80000m³、100000～160000m³。据此，通过与燃气管理和燃气规范归口单位的专家共同调研，并对其实际火灾危险性进行研究后，将储罐分组布置的规定调整为“一组固定容积的可燃气体储罐总容积大于等于 200000m³(相当于设计压力为 1.0MPa 时的 10000m³ 球形储罐 2 台)时，应分组布置”。由于本规范只涉及储罐平面布置的规定，未对其整体消防安全措施进行全面、系统的规定。在设计时不能片面考虑储罐区的总储量与间距的关系，而应根据《城镇燃气设计规范》GB 50028 的有关规定进行综合分析，确定合理和安全可靠的技术措施。

4.3.3 本条规定了氧气储罐与建筑物、储罐、堆场的防火间距。

1 本条表 4.3.3 中储量小于或等于 1000m³ 的湿式氧气储罐，一般为小型企业和一些使用氧气的事业单位的氧气储罐；储量为 1000～50000m³ 者，主要为大型机械工厂和中、小型钢铁企业的氧气储罐；储量大于 50000m³ 者，为大型钢铁企业的氧气储罐。

2 氧气储罐或储罐区与建筑物、储罐、堆场的防火间距，考虑了以下因素：

1)氧气为助燃气体，其火灾危险性属乙类，储存于钢罐内。确定防火间距时，可将氧气罐视为一、二级耐火等级建筑，与其他建筑物的距离原则按厂房之间的防火间距考虑。

2)与民用建筑，甲、乙、丙类液体储罐，可燃材料堆场的防火间距，主要考虑火灾时相互影响和扑救火灾的需要。

3 氧气储罐与制氧厂房之间的间距可按现行国家标准《氧气站设计规范》GB 50030 的有关规定，根据工艺要求确定。氧气储罐之间的防火间距不小于相邻较大储罐的半径，则是火灾时扑救和施工、检修的需要。

4 氧气储罐与可燃气体储罐之间的防火间距不应小于相邻较大罐的直径，主要考虑可燃气体储罐发生爆炸事故时危及氧气储罐和消防扑救的需要。这一规定与现行国家标准《氧气站设计规范》GB 50030 进行了协调。

4.3.4 有关液氧储罐的防火设计要求。

1 确定液氧间距时，应将储罐容积按 $1m^3$ 液氧折合成 $800m^3$ 标准状态气氧计算后进行。其储罐与建筑物、储罐、堆场的防火间距，按本规范第 4.3.3 条的规定执行。如某厂有个 $100m^3$ 液氧储罐，折合成气氧为 $800\times100=80000(m^3)$，按本规范第 4.3.3条第三档($V>50000m^3$)规定的防火间距执行，其余类推。

液氧储罐与其泵房的间隔不宜小于 3m。这与国外有关规范规定和国内有关工程的实际做法一致。

2 总容积小于等于 $3m^3$ 的液氧储罐设置在一、二级耐火等级的专用独立建筑物内时，与其使用建筑的防火间距不应小于 10m，与现行国家标准《氧气站设计规范》GB 50030 的有关规定一致。考虑医院等使用氧气单位的实际情况，本条还对设置足够防火间距有困难时作了规定。

对于低温储存的液氧，在实际使用过程中相对具有较好的安全性，故在采取可靠的防火措施后，对其有关间距作了一定调整。如在《低温液体贮运设备使用安全规则》JB 6898—1997 中规定：当液氧容器与其他建筑物、储罐、堆场之间建有高于容器及防火物 0.5m 的防火隔墙时，可将距离减小到《建筑设计防火规范》规定值的一半。但液氧是强助燃剂，在液氧储罐周围 5m 内要禁止明火、杜绝一切火源，并要求设置明显的禁火标志。

4.3.5 当液氧储罐泄漏的液氧气化后，与稻草、木材、刨花、纸屑等可燃物以及溶化的沥青接触时，遇到火源容易引起更猛烈的燃烧，致使火势扩大，故规定其周围一定范围内不应存在可燃物。

4.3.6 可燃助燃气体储罐发生火灾事故时，对铁路、道路威胁较甲、乙、丙类液体储罐小，故其防火间距的规定较本规范表 4.2.9 小些。

4.3.7 液氢的闪点为－50℃，爆炸极限范围为 4.0%～75.0%，密度比水轻(沸点时 0.07)。当液氢发生泄漏后，由于其密度比空气重(在－25℃时，相对密度 1.04)，而使汽化的气体能沉积在地面上，当温度升高后才扩散，并在空气中形成爆炸混合气体，遇到点火源发生爆炸，产生火球。氢气是最轻的气体，燃烧速度最快($D=25.4$mm，着火温度 400℃，速度为 4.85m/s，在化学反应浓度下着火能量为 1.5×10^{-5}J)。

氢气在石油化工、冶金、电子等行业用途广泛，液氢和氧或氟在一起作为火箭燃料和核动力火箭推进剂，核加速器高能粒子研究等。液氢属甲类火灾危险，燃烧爆炸的速度猛烈程度和破坏威力等较气态氢大，所以防火间距也比气态氢大些。参考国外规范，本条规定与建筑物、甲、乙、丙类液体储罐和堆场等防火间距按本规范表 4.4.1 条规定的防火间距减小 25%。

4.4 液化石油气储罐(区)的防火间距

4.4.1 本条规定了液化石油气供应基地内的储罐与基地外建筑物的防火间距。

1 液化石油气是以丙烷、丙烯、丁烷、丁烯等低碳氢化合物为主要成分的混合物。闪点低于－45℃，爆炸极限范围为 2%～9%，其火灾危险性属甲类。液化石油气通常以液态形式常温储存，其饱和蒸气压随环境温度变化而变化，一般在 0.2～1.2MPa。$1m^3$ 液态液化石油气可汽化成 250～$300m^3$ 的气态液化石油气，与空气混合形成 3000～$15000m^3$ 的爆炸性混合气体。

液化石油气着火能量很低(3×10^{-4}～4×10^{-4}J)，电话、步话机、手电筒开关时产生的火花即可成为爆炸、燃烧的点火源，其火焰扑灭后很易复燃。液态液化石油气的密度为水的一半(0.5～0.6t/m^3)，发生火灾后用水难以扑灭；气态液化石油气的比重比空气重一倍(2.0～2.5kg/m^3)，泄漏后易在低洼或通风不良处窝存而酿成爆炸事故隐患。此外，液化石油气储罐破裂时，其内部压力急剧下降，罐内液态液化石油气顿时汽化生成大量气体，并向上空喷出形成蘑菇云，继而降至地面向四周扩散，与空气混合形成爆炸性气体，遇到点火源发生空间爆炸，并引起着火。大火以火球形式返回罐区形成一片火海，致使储罐发生连续性大爆炸，因此一旦漏气十分危险，危害极大。

2 本条表 4.4.1 将液化石油气储罐和储罐区分为 7 档，按单罐和罐区不同容积提出的防火间距要求。该规定与现行国家标准《城镇燃气设计规范》GB 50028 进行了充分协调，相关规定一致。

第一档主要为工业企业、事业等单位和居住小区内的气化站、混气站和小型灌装站的储量规模。第二档为中小城市调峰气源厂和大中型工业企业的气化站和混气站的储量规模。第三、四、五档为一般是大中型灌瓶站，大、中城市调峰气源厂的储量规模。第六、七档主要为特大型灌瓶站，大、中型储配站、储存站和石油化工厂的储罐区。

3 有关防火间距规定的主要依据：

1)根据国内外液化石油气火灾爆炸事故实例，当储罐破裂大量液化石油气泄漏后与空气混合，遇到点火源发生爆炸和火灾后，其危及范围与单罐和罐区总容积、破坏程度、泄漏量大小、地理位置、气象、风速以及安全消防设施和扑救等诸因素有关。

当储罐和罐区容积较小，泄漏量不大时，其爆炸和火灾事故危及范围近者 20～30m，远者 50～60m。当储罐和罐区容积较大，泄漏量很大时，其爆炸和火灾事故危及范围通常在 100～300m(根据资料记载最远可达 1500m。)

2)参考国内外有关规范规定。

①与现行国家标准《城镇燃气设计规范》GB 50028 的规定协调一致。

②参考国外有关规范的确定。

美国国家消防协会《国家燃气规范》NFPA 59—1998 规定的非冷冻液化石油气储罐与建筑物的防火间距参见表 17。

表 17 非冷冻液化石油气储罐与建筑物的防火间距

储罐充水容积 美加仑(m^3)	储罐距重要建筑物，或不与液化气体装置相连的建筑，或可供建筑的相邻地界 ft(m)
2001～30000(7.6～114)	50(15)
30001～70000(114～265)	75(23)
70001～90000(265～341)	100(30)
90001～120000(341～454)	125(38)
120001～200000(454～757)	200(61)
200001～1000000(747～3785)	300(91)
≥1000001(≥3785)	400(122)

注：储罐与用气厂房的间距可按上表减少 50%，但不得低于 50ft(15m)，表中数字后括号内的数值为按公制单位换算值。

1 美加仑＝$3.79\times10^{-3}m^3$。

日本液化石油气设备协会《液化石油气一般标准》LPA 001(1992)规定：第一种居住用地范围内不允许设置液化石油气储罐，其他用地区域设置储罐容量也作了严格限制，参见表 18。

表 18 日本不同区域储罐容量的限制

用地区域	一般居住区	商业区	准工业区	工业区或工业专用区
储存量(t)	3.5	7.0	35	不限

在此基础上规定了地上储罐与第一种保护对象(学校、医院、托幼院、文物古迹、博物馆、车站候车室、百货大楼、酒店、旅馆等)的距离按下式计算确定：

$$L=0.12\sqrt{X+10000}$$

式中 L——储罐与保护对象的防火间距(m)；

X——液化石油气总储量(kg)。

在日本，液化石油气站储罐容量平均很小，当按上式计算超过 30m 时，可取不小于 30m。当采用地下储罐或采取水喷淋、防火墙等安全措施时，其防火间距可以按该规范的有关规定减小距离。

就液化石油气储罐与站内建筑物之间的防火间距而言，日本的规定也很小：与明火、耐火等级较低的建筑物的间距不应小于

8m，与非明火建筑、站内围墙的间距不应小于3m。

英国石油学会《液化石油气安全规范》规定的炼油厂及大型企业的压力储罐，与其他建筑物的防火间距参见表19。

表19 炼油厂和大型企业压力储罐与其他建筑物的防火间距

名称 英加仑(m^3)	间距 ft(m)	备注
至其他企业的厂界或固定火源，当储罐水容积 ＜30000(136.2) ＞30000～125000(136.2～567.50) ＞125000(＞567.5) 有危险性的建筑物，如灌装间、仓库等	 50(15.24) 75(22.86) 100(30.48) 50(15.24)	
甲、乙级储罐	50(15.24)	自甲、乙类油品的储罐的围堤顶部算起
至低温冷冻液化石油气储罐	最大低温罐直径，但不小于100(30.48)	
压力液化石油气储罐之间	相邻储罐直径之和的1/4	

注：1英加仑＝0.0045m^3。表中括号内的数值为按公制单位换算值。

3)自本规范颁布10多年来，我国液化石油气的气站设计、运行的实践，证明本规范的有关规定可行。据此，本次规范修订根据液化石油气危险性、火灾爆炸事故、参考国外有关规范和本规范执行情况并考虑近年来我国液化石油气行业设备制造安装水平、安全设施装备水平和管理水平等均有较大提高等现实，对其防火间距作了适当调整。但容积大于1000m^3的液化石油气单罐和总容积超过5000m^3时，属特大型储存站，万一发生事故危及范围也大，故有必要加大其防火间距要求。

4 对注2的说明：埋地液化石油气储罐运行压力较低，且压力稳定，通常不超过0.6MPa，比地上储罐安全，故参考国内外有关规范其防火间距减一半。为了安全起见，对单罐容积和总容积作了限制。

4.4.2 本条对液化石油气储罐之间的防火间距作了具体规定。确定液化石油气储罐或罐组之间防火间距的因素：

1 液化石油气储罐之间的距离不宜小于相邻较大罐的直径。当一个储罐发生火灾时应减少其对相邻储罐的威胁，同时该间距应便于施工安装、检修和运行管理。本规定符合国内多年来的实际做法，与其他现行国家标准的规定协调一致。从火灾爆炸事故危及范围看，十分必要。

2 数个储罐的总容积大于3000m^3时，应分组布置；组内储罐宜采用单排布置。这样可减少发生火灾时的相互作用，并便于消防扑救，保证至少有一只消防水枪的充实水柱能达到任一储罐的任何部位。罐组之间的距离应保证消防车畅通，便于进行消防扑救。

4.4.3 本条规定了液化石油气储罐与所属泵房的防火设计要求。

1 液化石油气储罐与所属泵房的距离不应小于15m，主要考虑储罐爆炸起火危及泵房，也是安全进行消防扑救所需的最小距离。

2 当泵房面向储罐一侧的外墙采用无门窗洞口的防火墙时，其防火间距可减少至6m是一种间距不足的调整措施，同时也是为满足液化石油气泵房正常运行的需要。

3 液化石油气泵露天设置时，对防火是有利的，为更好地满足工艺需要，对其与储罐的距离可不限。

4.4.4、4.4.5 目前国内已建造了一批全冷冻式液化石油气储罐，为保证安全和防火审核需要，经与现行国家标准《城镇燃气设计规范》GB 50028管理组协商，增加了本规定。有关防火间距在该规范中有详细要求。

关于位于居民区和工业企业内的液化石油气气化站、混气站的储罐与重要公共建筑和其他民用建筑、道路等之间的防火间距，经过充分协商，确定在现行国家标准《城镇燃气设计规范》GB 50028中作具体规定，本规范不再规定。设计时，可按该规范执行。

总容积不大于10m^3的储罐，当设置在专用的独立建筑物内时，通常设置2个。单罐容积小，又设置在建筑物内，危险性较小。故规定其外墙与相邻厂房及其附属设备之间的防火间距，可以按甲类厂房的防火间距执行。

4.4.6、4.4.7 本条规定了液化石油气瓶装供应站防火设计的基本要求。

1 液化石油气瓶装供应站的四周宜设置不燃烧体的实体围墙，不但有利于安全，并且可减少和防止瓶库发生火灾爆炸事故时对周围区域的危害。液化石油气瓶装供应站通常设置在居民区内，考虑与居住区环境协调和美化，面向出入口(居民区道路)一侧可设置不燃烧体非实体围墙，如装饰型花格围墙等，但面向该侧的瓶装供应站建筑外墙不宜用于泄压面积。

2 表4.4.6对液化石油气站的瓶库与站外建、构筑物之间的间距，按总存储容积分四档提出不同的防火间距要求。

目前，我国各城市液化石油气瓶装供应站的供应规模大都在5000～7000户，少数在10000户左右，个别站也有超过10000户的。根据各地运行经验，考虑方便用户、维修服务等因素，供气规模以5000～10000户为主。该供气规模日售瓶量按15kg钢瓶计，为170～350瓶左右。瓶库通常应按1.5～2天的售瓶量存瓶，才能保证正常供应，需储存250～700瓶，相当于容积为4～20m^3的液化石油气。

表4.4.6规定的与站外建、构筑物防火间距，考虑了液化石油气钢瓶单瓶容量较小，总存瓶量也严格限制最多不超过20m^3，火灾危险性较液化石油气储罐小等因素。

3 注中总存瓶容积按实瓶个数与单瓶几何容积的乘积计算，具体计算可按下式进行：

$$V=N\cdot V\cdot 10^{-3}$$

式中 V——总存瓶容积(m^3)；

N——实瓶个数；

V——单瓶几何容积，15kg钢瓶为35.5L，50kg钢瓶为112L。

4.5 可燃材料堆场的防火间距

4.5.1 本条规定了可燃材料堆场与建筑物的防火间距。

1 据调查，粮食囤垛堆场目前仍在使用，其总储量较大，且多利用稻草、竹竿等可燃物材料建造，容易引燃。本条根据过去粮食囤垛的火灾情况，对粮食囤垛的防火间距作了规定，并将粮食囤垛堆场的最大储量定为20000t。

2 尽管国家近几年正在大量建设棉花储备库，但我国不少地区对棉花、百货等采用露天或半露天堆放的方式储存仍有要求，且其堆放储量较大。以棉花为例，每个棉花堆场储量大都在5000t左右。麻、毛、化纤和百货等火灾危险性类同，故将每个堆场最大储量限制在5000t以内。

棉、麻、毛、百货等露天或半露天堆场与建筑物的防火间距主要根据火灾案例和现有堆场管理实际情况，并考虑发生火灾时避免和减少损失确定。

3 稻草、麦秸、芦苇、亚麻等的总储量较大，且在一些行业，如造纸厂或纸浆厂，其储量更大。这些材料堆场一旦发生火灾，火灾延续时间长、扑救难度较大且辐射热也大。因此，在实际设计时，一个堆场的最大储量限制不宜超过10000t。

根据以上情况，为了有效地防止火灾蔓延扩大，有利于火灾的扑救，将可燃材料堆场至建筑物的最小间距定为15～40m。

对于木材堆场，采用统堆方式较多，乱堆现象严重，堆垛过高、储量过大，故有必要对其每个堆垛储量和防火间距加以限制。但为节约土地资源，规定当一个木材堆场的总储量如大于25000m^3或一个稻草、麦秸等可燃材料堆场的总储量大于20000t时，宜分设堆场，且各堆场之间的防火间距按不小于相邻较大堆场与四级建筑的间距确定。

4 关于表4.5.1的注的说明：

1)甲类厂房、甲类仓库较一般建筑发生火灾时，对可燃材料堆场威胁大，故规定其防火间距按表4.5.1的规定增加25%且不应小于25m。

电力系统电压为35～500kV且每台变压器容量在10MV·A以上的室外变、配电站，以及工业企业的变压器总油量大于5t的室外总降压变电站对堆场威胁也较大，故其防火间距规定不应小于50m。

2)为防止明火或散发火花地点的飞火飞到可燃材料堆场而发生火灾，露天、半露天可燃材料堆场与明火或散发火花地点的防火间距，应按本表四级建筑的规定增加25%。

4.5.2 本条规定了可燃材料堆场与甲、乙、丙类液体储罐的防火间距。

甲、乙、丙类液体储罐一旦发生火灾往往威胁较大、辐射强度大，故其防火间距规定不小于本表和表4.2.1中相应储量与四级建筑防火间距的较大值。

4.5.3 本条规定了可燃材料堆场与铁路、道路的防火设计要求。

1 露天、半露天堆场与铁路线的防火间距，主要考虑蒸汽机车飞火对堆场的影响。从火灾情况看，可燃材料堆场着火时影响范围较大，一般在20～40m之间。

2 露天、半露天堆场与道路的防火间距，主要考虑道路的通行情况、汽车和拖拉机排气管飞火的影响以及堆场的火灾危险性。据调查，汽车和拖拉机的排气管飞火距离远者一般为8～10m，近者为3～4m。

5 民用建筑

5.1 民用建筑的耐火等级、层数和建筑面积

5.1.1 本条规定了民用建筑的耐火等级分类，将民用建筑的有关规定与工业建筑中的厂房(仓库)的规定加以区分，以利在执行中更加明确。

1 表5.1.1中防火墙、楼梯间的墙、电梯井的墙等构件的燃烧性能和耐火极限的定性与定量要求，根据实际情况作了适当调整。

2 根据火灾统计，我国住宅火灾所占比例较高，且随着广大人民群众生活条件的改善和生活质量的提高，住宅内的火灾荷载及致火因素也随之增加。为将火灾控制在住宅户内，减少火灾损失，并为适当降低消防设施的设置要求提供条件，在表内明确了住宅分户墙的耐火性能要求。

3 单一建筑结构构件的耐火极限十分重要，但建筑整体的耐火性能是保证建筑结构在火灾时不发生较大破坏的根本。建筑物非承重外墙的耐火极限对于建筑物之间火灾的相互蔓延起到一定作用，但不是主要的，考虑到一般建筑火灾时的外部扑救和重要建筑内的消防设施与外部扑救要求，规定了该部分构件的耐火极限。

4 表中的有关规定是一般原则要求，建筑的形式多样、功能不一、火灾荷载密度及其分布与类型等在不同的建筑中均有较大差异，尽管在本章有关条款作了一定调整，但仍不一定能满足某些特殊建筑的设计要求。对此，可根据国家有关规定进行详细、科学、公正的技术论证后，确定其具体的耐火性能设计要求和采取相适应的防火措施。

由于现行国家标准《住宅建筑规范》GB 50368在本规范批准发布前已将三、四级耐火等级住宅建筑构件的耐火极限作了较大调整，为保持国家标准间的协调一致，本规范根据有关部门的要求增加了规范条文表5.1.1中的注5。根据注5的规定，按照本规范和《住宅建筑规范》GB 50368进行防火设计均可，但如要在采用三级或四级耐火等级建筑的同时增加建筑的层数，则应符合《住宅建筑规范》GB 50368的有关规定。

5.1.2 为使一些新材料、新型建筑构件能得到推广应用，同时能较好地保证建筑达到整体防火性能不降低，保障人员疏散安全和控制火灾蔓延，本条规定当降低建筑构件的燃烧性能要求时，其耐火极限应相应提高，且应注意这些材料的发烟性能及其毒性，但人员密集场所以及重要的公共建筑仍应严格控制。

5.1.3～5.1.5 上人平屋顶、屋面材料及住宅楼板的有关防火要求。

上人屋面的耐火极限除应考虑其整体性外，还应考虑应急避难人员在其上停留时的实际需要。

目前，预应力钢筋混凝土预制楼板主要用于住宅建筑中，如要求达到1.00h有很大困难，且住宅户内空间较小，有条件将楼板的耐火极限作适当降低。为此，明确了住宅楼板的耐火极限可降低到0.75h，比原规定0.50h有所提高；不允许降低公共建筑楼板的耐火极限。有关说明还可参见本条文说明第3.2节。

5.1.6 有关三级耐火等级的医院、疗养院等建筑及门厅、走道等部位的吊顶的耐火极限要求。

在医院、疗养院中，病人行动困难，有的卧床不起，需要人协助才能离开火场；托儿所、幼儿园的儿童需要有成年人照顾等一些特殊的要求。因此有必要为病人、儿童创造安全疏散的条件。门厅和走道等是疏散出路的要害部位，如果不采用耐火极限较高的吊顶，一旦发生火灾很可能塌下来把这些部位封堵，造成人员伤亡。

5.1.7 本条规定了民用建筑的耐火等级、层数和防火分区的设计要求。

1 规范表5.1.7“最多允许层数”一栏，对一、二级耐火等级的建筑按本规范第1.0.2条规定，为了使本规范与《高层民用建筑设计防火规范》GB 50045—2001能相互衔接，明确本章的民用建筑只适用于9层及9层以下的居住建筑、建筑高度小于等于24m的公共建筑、建筑高度大于24m的单层公共建筑以及地下、半地下民用建筑，包括民用建筑的地下室、半地下室。

1)表中所指防火分区的最大允许建筑面积为每层的水平防火分隔的建筑面积，但每层防火分区的分隔体严格地说需要在同一轴线位置贯通上下各层。

2)本规范表5.1.7中规定“商店、学校、菜市场等建筑如采用三级耐火等级的建筑时，其层数不得超过2层”。这类建筑均系人员较为密集的场所，人员组成较复杂，发生火灾容易造成较大的伤亡，故层数不宜过多，以利于人员疏散与安全。

2 据调查，新建的托儿所、幼儿园、医院没有采用四级耐火等级建筑的；从实际情况看，托儿所、幼儿园、医院发生事故后，婴幼儿、少儿缺乏逃生自救能力，人员疏散困难，极易造成人员伤亡事故。但考虑到我国地域广大，部分边远地区或山区采用一、二级或三级耐火等级的建筑尚有困难，允许这类建筑如为单层时可以采用四级耐火等级的建筑，但应严格控制其建筑面积和使用人员数量。本条文中的医院、疗养院均指其病房楼、门诊楼、手术部或疗养楼等，不包括其办公、宿舍、食堂等建筑。

目前，在一些大中城市的商业服务设施中将儿童游艺场所设置在建筑上部楼层的现象较多，这种做法危险性很大。另外，地下、半地下室的采光、疏散均较地上恶劣，为保障幼儿和儿童的生命安全，根据我国目前情况，这类场所不应设在地下或半地下室内。

3 体育馆、剧院的观众厅、展览建筑的展览厅等由于使用需要，往往要求较大面积和较高的空间，建筑也多以单层或2层为主，其防火分区面积可适当扩大。但这涉及建筑的综合防火设计问题，不能单纯考虑防火分区，而各地在具体执行时情况差别也较大，为确保这类建筑的防火安全，减少重大火灾隐患，最大限度地提高建筑的消防安全水平，在扩大时需要进行充分论证。

4 本条文所指地下、半地下建筑即包括附建在建筑中的地下室、半地下室以及单独建造的地下、半地下建筑。地下、半地下建

筑发生火灾时，不易疏散，扑救困难。因此，参照国外相关规范规定，本条作出了地下、半地下室的每个防火分区最大允许建筑面积不得超过 500m² 的规定。

5　表注：

1)本条内容在美国、英国、澳大利亚、加拿大等国家的有关规范中均有相同或相似的规定。

2)本条所指"局部设置时，增加面积可按该局部面积的 1 倍计算"应为建筑内某一局部位置与其他部位有防火分隔又需要增加面积时，可通过设置自动灭火系统的方式提高其防火安全水平来实现，但该部位包括所增加面积，均应同时设置自动灭火系统。自动灭火系统的设计应符合现行国家相关标准的规定。

5.1.8　本条规定了地下、半地下建筑(室)、重要公共建筑的耐火等级要求。

1　由于重要公共建筑均是某一地区的政治、经济和生活保障的重要建筑，或者文化、体育建筑或人员高度集中的大型建筑，这些建筑发生火灾后如不能尽快恢复或为火灾扑救提供足够的安全时间，则可能造成严重后果，故本条规定重要的公共建筑应采用一、二级耐火等级的建筑。

此外，商业建筑、学校、食堂等均属人员较为密集的建筑，在设计时应尽可能采用较高耐火等级的建筑。

2　地下、半地下建筑(室)发生火灾后，扑救难度大，火灾延续时间长，故对其耐火等级要求高。

5.1.9、5.1.10　为了控制和减小火灾蔓延的区域，本条规定了多层建筑的上下相连通的自动扶梯、中庭、敞开楼梯等开口部位的防火设计要求。

1　从建筑设计看，中庭－四季厅－共享空间，都是贯通数个楼层，甚至从首层直通到顶层，四周与建筑物楼层的廊道或窗口相连接；自动扶梯、敞开楼梯也是上下两层或数层相连通。这些部位开口大，与周围空间相互连通，是火灾竖向蔓延的主要通道。烟和热气流的竖向上升速度为 3～4m/s，火灾时很快会从开口部位侵入上层建筑物内，对上层人员的疏散、火灾扑救带来一系列的困难。因此，这些相连通的空间实际上是处于同一个防火分区内。考虑到实际设计中各种情况千差万别，故在采取了能防止火灾蔓延的措施后，防火分区可以灵活处理，主要是要将中庭单独作为一个独立的防火单元。

2　应注意与中庭相通的过厅、通道等处，如设置防火门时，其门扇应在平时保持开启状态，火灾时通过自动释放装置自行关闭，以利兼容分隔与疏散的双重功能。

3　有关中庭部分的排烟设施与设计，在本规范第 9 章有详细规定。

5.1.11　当前，一、二级耐火等级建筑物每层建筑面积超过 2500m² 的日益增多，防火分区之间在防火分隔措施上应采用防火墙。当分隔某一部位采用防火墙有困难时，也可在防火墙上必须开设较大面积开口的部位采用防火卷帘、防火分隔水幕等措施进行分隔。对于该开口面积，加拿大的建筑规范规定不应超过 20m²；我国由于缺乏相关的试验研究，因此，条文中未能给出具体的数值要求。但目前在民用建筑中大量采用大面积、大跨度的防火卷帘替代防火墙进行水平防火分隔的做法缺乏充分的依据，是不妥的。

5.1.12、5.1.13　根据目前国内对大型商业建设发展的情况，在加强其他防火设施的情况下，对地上、地下商店、展览建筑的防火分区面积作了适当调整，以适应我国当前发展的需要。

1　火灾危险性为甲、乙类储存物品属性的商品，极易燃烧、难以扑救，故严格规定营业厅不得经营、仓库不得储存此类物品。

2　营业厅设置在地下三层及三层以下时，由于经营和储存商品数量多，火灾荷载大，垂直疏散距离较长，一旦发生火灾，火灾扑救、烟气排除和人员疏散都较为困难，故规定不应设置在地下三层及三层以下。

3　为最大限度减少火灾的危害，同时考虑到使用和经营的需要，并参照国外有关标准和我国商场内人员密集和管理等多方面情况，对地下商店总建筑面积大于 20000m² 时，提出了比较严格的防火分隔规定，以解决目前实际工程中存在地下商店规模越建越大，并大量采用防火卷帘门作防火分隔，以致数万平方米的地下商店连成一片，不利于安全疏散和火灾扑救的问题。本条所指的总建筑面积包括营业面积、储存面积及其他配套服务面积。

为适应各类建设工程的需要，在遵循该原则且地下商店内部防火分区划分符合本规范要求，消火栓系统、自动喷水灭火系统、火灾自动报警系统、防排烟系统、疏散指示标志和应急照明等消防设施的设置严格执行本规范规定时，可以采取规范提出的措施进行局部连通。当然，实际中不限于这些措施，其他能够确保火灾不会通过连通空间蔓延的方式均可采用。

当商店上下层有开口或自动扶梯或敞开楼梯相互连通时，其防火分区面积应按本规范第 5.1.9、5.1.10 条的规定叠加计算或按有关中庭的防火要求进行分隔。

4　地下商店的防排烟对于疏散和救援都十分必要和重要。因此，对地下商店要求设置防排烟设施。有关防排烟设施的设计要求应按本规范第 9 章的规定进行。

5　有关消防疏散指示标志在本规范第 11.3 节作出了规定。

5.1.14、5.1.15　针对我国歌舞娱乐放映游艺场所火灾特点，为减少火灾损失和伤亡，规定了有关防火设计要求。有关规定还与现行国家标准《人民防空工程设计防火规范》GB 50098 进行了协调。

近几年，公共娱乐场所火灾多，损失惨重。由于公共娱乐场所定义比较困难，故本规范未给出明确的定义。本规范所指歌舞娱乐放映游艺场所主要指本条所规定的歌舞厅、录像厅、夜总会、放映厅、卡拉 OK 厅、游艺厅、桑拿浴室、网吧等场所。

1　歌舞娱乐放映游艺场所内的房间如布置在口袋形走道的两侧或尽端，不利于人员疏散。如某地一歌舞厅设置在袋形走道内，火灾时疏散出门被烟火封堵，人员无法逃生，致使 13 人死亡。

2　"一个厅、室"是指歌舞娱乐放映游艺场所中一个相互分隔的独立单元，即采用耐火极限不低于 2.00h 的墙体和不低于 1.00h的楼板与其他单元或场所分隔，且设有不少于 2 个疏散门，疏散门为耐火极限不低于乙级的防火门。单元之间或与其他场所之间的分隔构件上无任何门窗洞口。这些厅、室是建筑中实际使用需要形成的自然房间，其建筑面积要限定在 200m²，以便将火灾限制在一定区域内。有关这些场所与其他场所的防火分隔在本规范第 7.2.2 条作了规定。有关最大容纳人数指标在本规范第 5.3.17条作了规定。

3　大多数火灾案例表明，人员死亡绝大部分均因吸入有毒烟气而窒息所致。故对这类场所作出了防烟、排烟要求。本规范第 8.5.1 条和第 11.4 节还对这类场所设置自动喷水灭火系统、火灾自动报警系统以及疏散指示标志作出了规定。

5.2　民用建筑的防火间距

5.2.1　一、二级耐火等级建筑之间的防火间距定为 6m，比卫生、日照等要求都低，实际工作中可以行得通。根据灭火救援需要，6m 的防火间距也是必要的，但考虑到旧城市在改建和扩建过程中，不可避免地会遇到一些具体困难，因此也作了一些有条件的调整，主要是：

1　当两座一、二级耐火等级的建筑，较高一面的外墙为防火墙时，或超出高度较高时，应主要考虑较低一面对较高一面的影响。本条注 1 是与现行国家标准《高层民用建筑设计防火规范》GB 50045 的有关规定一致。

2　当两座一、二级耐火等级的建筑，较低一面的外墙为防火墙时，且屋顶承重构件和屋面板的耐火极限不低于 1.00h，防火间距允许减少到 3.5m。因为火灾通常都是从下向上蔓延，考虑较低的建筑物起火时，火焰不会导致迅速蔓延到较高的建筑物，采取防火墙和耐火屋盖是合理的，故规定屋面板的耐火极限不应低于1.00h。

较高一面建筑物起火时，火焰不会导致向较低一面建筑物窜出和落下，故较高建筑物可通过设置防火门（窗）或卷帘和水幕等防火设施来满足防火间距的要求。有关防火分隔水幕和防护冷却水幕的具体设计要求已在现行国家标准《自动喷水灭火系统设计规范》GB 50084 中作了明确规定，设计时应按该规范有关规定执行。

防火间距不应小于 3.5m，主要是考虑消防车通行的基本需要。

3 本条文注 4 主要考虑有的建筑物防火间距不足，而全部不开设门窗洞口又有困难，允许每一面外墙开设门窗洞口面积之和不超过该外墙全部面积的 5% 时，其防火间距可缩小 25%。下面举例说明：

【例】有耐火等级为二级的甲、乙两座建筑物，甲座建筑物山墙的高度为 10m，宽度为 10m；乙座建筑物高度为 12m，宽为 12m。问两座建筑物相邻墙面允许开启门窗、洞口的面积分别为多少？两座建筑物间的防火间距最少应为多少？

甲座建筑物允许开启门窗、洞口面积：$10\times10\times5/100=5$ (m^2)；

乙座建筑物允许开启门窗、洞口面积：$12\times12\times5/100=7.2$ (m^2)；

两座建筑物间的防火间距最少应为 $6\times3/4=4.5$(m)。

考虑到门窗洞口的面积仍然较大，故要求门窗洞口应错开、不应直对，以防起火时受到较强的热辐射和热对流影响。

5.2.2 本条规定了民用建筑与变电所、锅炉房的防火间距。

1 东北、华北和西北大部分地区建造的建筑大都采取集中供暖的形式，有的需要在住宅区或建筑群内设置锅炉房。据调查，在民用建筑中使用的锅炉其蒸发量除少数大体量建筑外，大都在 4t/h 以下，兼顾考虑消防安全和节约用地，确定额定功率小于等于 2.8MW 的燃煤锅炉房可按民用建筑防火间距要求执行。当单台锅炉蒸发量超过 4t/h 时，考虑规模较大，与工业用的锅炉房相当，故要求按厂房的有关防火间距执行。至于燃油、燃气锅炉房，因火灾危险性较大，还涉及储罐等问题，故亦要求严一些，按对厂房的有关防火间距执行。

2 民用建筑与所属单独建造的终端变电所，通常是指 10kV 降压至 380V 的最末一级变电所。这些变电所的变压器大致在 630～1000kV·A 之间，可以按民用建筑防火间距执行。但超过该容量时，则应按照工业厂房的有关规定执行。目前，在各地建设中出现不少箱式变压器，有干式和湿式两种。这种装置内部结构紧凑、用金属外壳罩住。据调查，其电压一般在 10kV 以下，使用过程中的安全性能较高。因此，此类型的变压器的防火间距要求可在原规定基础上减少一半。规模较大的油浸式箱式变压器的危险性较大，仍应按规范第 3.4 节的有关规定执行。

5.2.3 本条主要为解决在城市用地紧张条件下小型建筑的布局问题。

除 6 层以上住宅的成组布置外，占地面积不大的其他类型建筑，如办公楼等进行成组布置的也不少。本条主要针对住宅、办公楼等单一使用功能的建筑，当数座建筑占地面积总和不超过防火分区最大允许建筑面积时，可以把它视为一座建筑。允许占地面积在 2500m^2 内的建筑可以成组布置，对组内建筑之间的间距不宜小于 4m，这是考虑必要的消防车道和卫生、安全等要求，也是最低的间距要求。组与组、组与周围相邻建筑的间距，仍应按本规范第 5.2.1 条有关民用建筑防火间距的要求执行。

5.3 民用建筑的安全疏散

5.3.1 为避免安全出口之间设置距离太近，造成人员疏散拥堵现象，本条规定了安全出口布置的原则。

1 设置 2 个安全出口并且使人员能够双向疏散是建筑安全疏散设计的基本原则。建筑火灾说明，在人员较多的建筑物或房间如果仅有 1 个出口，一旦出口在火灾中被烟火封住易造成严重的伤亡事故。

2 目前在一些建筑设计中存在安全出口不合理的现象。如一座公共建筑内的一个建筑面积超过 120m^2 的房间，应设置 2 个疏散门。但有的设计人员只在一侧邻近位置布置 2 个，发生火灾时实际上只起到 1 个出口的作用。在英国、新加坡、澳大利亚等国家的建筑规范中对此均有较严格的规定。美国《生命安全规范》NFPA 101 也对安全出口或疏散门的设置有类似明确规定。

出口之间的距离是根据我国实际情况并参考国外有关标准确定的。如法国《公共建筑物安全防火规范》规定：2 个疏散门之间相距不应小于 5m；澳大利亚《澳大利亚建筑规范》规定：第 9b 类建筑（即公众聚集场所）内 2 个疏散门之间的距离不应小于 9m。

5.3.2、5.3.3 本条规定了公共建筑安全出口或疏散楼梯数量的设计要求。

1 本条所指公共建筑的安全出口数目，既是对一座建筑物或建筑物内的一个楼层，也是对建筑物内一个防火分区的要求。由于在实际执行规范时，普遍认为安全出口和疏散门不易分清楚。为此，本规范作了明确区分。安全出口直接通向室外安全区域或室内的避难走道、避难层等安全区域，疏散门为直接通向疏散走道的门，疏散门有时也是安全出口。

2 对儿童、幼儿生活活动场所的防火设计在我国《托儿所、幼儿园建筑设计规范》JGJ 39—87 中已有部分规定，但鉴于婴幼儿、少儿的疏散能力，根据我国托儿所、幼儿园及儿童游乐厅等儿童活动场所的使用特点和火灾情况，为保护该类场所的人员在火灾时的安全，从消防角度作了原则性要求，以便相关规范进一步细化。

3 本条还规定了公共建筑可设置 1 个安全出口的条件。

1）建筑物使用性质的限制。条文中明确了医院、疗养院、老年人建筑、托儿所和幼儿园建筑不允许设置 1 部疏散楼梯。病人、产妇和婴幼儿都需要别人护理，他们在安全疏散时的速度和秩序与一般人不同，其疏散条件应该从严要求。此外，设置 2 部疏散楼梯也有利于确保上述使用者的安全。

条文中所指医院，主要包括医院中的门诊、病房楼等病人较多和流量较大的医疗场所以及城市卫生院中的门诊病房楼。疗养院是指医疗性的疗养院中病房楼或疗养楼、门诊楼等，其疗养者基本上都是慢性病人。对于休养性的疗养院则不包括在此范围之内。条文中所指托儿所包括哺乳室在内。

2）层数限制。目前我国消防队用来救人的三节梯长只有 10.5m左右。当建筑物层较低，楼梯口被火封住还可以用三节梯抢救未及疏散出来的人员。另外，层数低，其通向室外地坪的疏散距离短，有利疏散。

3）根据建筑物的耐火等级，对其每层最大建筑面积作了限制。根据火灾统计，民用建筑的火灾绝大部分发生在三、四级建筑，一、二级建筑也有火灾发生，但相对较少。因而，把一、二级和三、四级耐火等级的建筑物加以区别，做到火灾危险性大的重点防范。

5.3.4 本条规定了公共建筑局部升高部位的疏散设计要求。

本条规定基本上是按照三级耐火等级公共建筑设置 1 个疏散楼梯的条件制定的。据调查，有些办公楼或科研楼等公共建筑，往往在屋顶部分局部高出 1～2 层。在此部分房间中，设计上不宜布置会议室等面积较大、容纳人数较多的房间或存放可燃物品的仓库。同时，在高出部分的底层应考虑设置 1 个能直通主体部分平屋面的安全出口，以利在火灾时上部人员可以疏散到屋顶上临时避难或安全逃生。

5.3.5 本条规定了公共建筑疏散楼梯的设计要求。

1 由于剧院、电影院、礼堂、体育馆多是人员密集场所，楼梯间的人流量较大，使用者大都不熟悉内部环境，且这类建筑多为单层，因此规定中未规定剧院、电影院、礼堂、体育馆的室内疏散楼梯应设置封闭楼梯间。另外规范中对规模较大的上述建筑，规定了要求设置自动灭火系统的要求，也提高了消防安全水平。

2 对应设置封闭楼梯间的建筑，其底层楼梯间可以适当扩大封闭范围。所谓扩大封闭楼梯间，就是将楼梯间的封闭范围扩大，如图5所示。因为一般公共建筑首层入口处的楼梯往往比较宽大开敞，而且和门厅的空间合为一体，使得楼梯间的封闭范围变大。这基本上是一种量的调整，而非质的变化，是允许的。

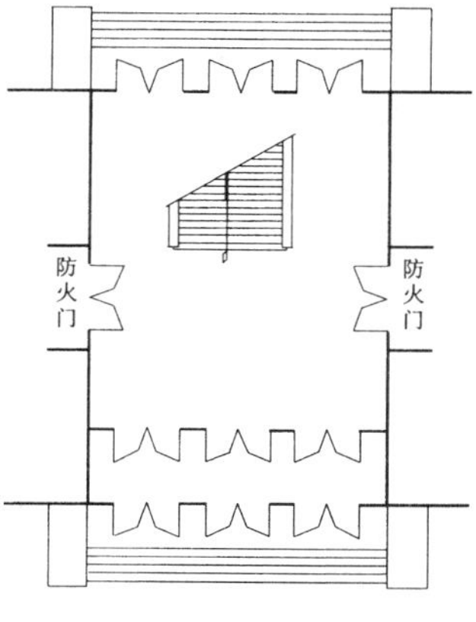

图5 扩大封闭楼梯间示意图

3 对于设在火灾危险性较小的公共建筑首层门厅内的主楼梯，如不计入疏散设计需要总宽度之内，则可不设楼梯间。这对于适应实际需要和保证使用安全来说可以做到统筹兼顾。

4 商场等空间开敞、人员集中等类似建筑、设有歌舞娱乐放映游艺场所的建筑内人员密度大、火灾时烟气大、疏散困难等火灾危险性较大的公共建筑，为防止火灾蔓延和保证人员安全疏散，根据近几年的火灾情况，对该类场所的楼梯间设置作了较严格的规定。

5.3.6 本条明确了在设计中不能将自动扶梯和电梯作为消防安全疏散设施进行考虑。

1 火灾时普通电梯的动力将被切断，且普通电梯既不防烟、不防火，又不防水，若火灾时作为人员的安全疏散是不安全的。

2 自动扶梯通常设置在上下空间连通处，一般作为一个相对独立的防火空间而用防火卷帘等设施分隔，火灾时自动扶梯将停止运行。尽管客观上自动扶梯在火灾初期能发挥一定的疏散功能，但从安全考虑，在规范中规定不得用于安全疏散设施。美国《生命安全规范》NFPA 101规定：自动扶梯与自动人行道不应视作规范中规定的安全疏散通道。

3 世界上大多数国家，在电梯的警示牌中几乎都规定电梯在火灾情况下不能使用，火灾时人员疏散只能使用楼梯。电梯不能用作火灾疏散设施。在这方面，从1974年就有人考虑利用电梯加快疏散速度和疏散残疾人员（Bazjanac 1974，1977，Pauls 1977，Pauls，Gatfield 和 Juillet 1991，Gatfield 1991，Degenkobl 1991 和 Fox 1991）。1992年美国的 John H. Klote 和 Daniel M. Alvord 对利用电梯疏散时人员的运动时间进行了模拟分析。其他学者对此还进行了系统概念、工程分析考虑和人的行为、烟气控制等研究（Klote & Tamura，1991）。研究认为，利用电梯进行应急疏散是一个十分复杂的问题，不同应用场所之间有很大差异，必须分别进行专门考虑和处理。在疏散时，电梯可能处于特殊的应急状态并在自动控制或手动控制模式下，将人员从不同楼层接送到室外或相对安全的地方。

目前已有许多关于使用电梯作为残疾或正常人员的辅助和快速疏散设施的建议，但应进一步考虑使用电梯疏散时设计要求和操作规程。我国建筑界和消防界对此问题也存在一些争论。为此，本规范参照国外相关要求对此问题作了明确，以便统一设计要求。

5.3.7 本条规定了客、货电梯的设置要求。

普通客货电梯不防烟、不防火、不防水，目前没有防火防烟电梯（除按消防电梯的要求设置外）。火灾时，电梯井将可能成为加速火势蔓延扩大的通道，而营业厅、展览厅、多功能厅等场所是人员密集、可燃物质较多的高大空间或大面积扁平空间，火势、烟气蔓延填充均较快。因此，应尽量避免将电梯井直接设在上述场所内；需要设置时，也要尽量设置电梯间或在公共走道的角落上，并设置门斗或前室，以减小火灾影响。

5.3.8 本条规定了公共建筑及通廊式宿舍建筑内房间疏散门的设计原则。

1 将位于两个安全出口之间的房间与位于走道尽端房间有关允许设1个安全出口的条件分别规定，便于使用。

2 为了保证安全疏散，对走道尽端房间的门宽作了具体要求。

考虑到婴幼儿在事故情况下不能自行疏散，要依靠大人帮助，而成人每次最多只能背抱2名幼儿，当房间位于袋形走道两侧时因只有1个疏散门，不利于安全疏散，故婴幼儿用房不应布置在袋形走道两侧及走道尽端。

3 歌舞娱乐放映游艺场所疏散门不少于2个的规定说明参见前面相关说明。对于建筑面积小于$50m^2$的厅室，面积不大、人员数量相对较少，故规定在有困难时可设置1个疏散门。

5.3.9 本条规定了剧院、电影院、礼堂的观众厅的疏散门数目设置要求及其疏散门的疏散人数限制。

1 实践中，一般观众厅容纳人数为1000～2000人的剧院、电影院，其疏散设计采用规范规定的疏散门数目和疏散宽度指标等要求基本可行。如一座容纳观众1500人的影剧院，其池座和楼座的总疏散门数目多在6～10个之间，每个疏散门的宽度多在1.50～1.80m。这样，无论是疏散门的数目还是疏散门的总宽度均符合规定的有关要求，设计人员对此基本上是赞同的。

2 本条疏散门数目规定的原则：人员从一、二级耐火等级建筑的观众厅疏散出去的时间按2min控制。据调查，剧院、电影院等观众厅的疏散门宽度多在1.65m以上，即可通过3股疏散人流。这样，一座容纳人数不超过2000人的剧院或电影院，如果池座和楼座的每股人流通过能力按40人/min计算（池座平坡地面按43人，楼座阶梯地面按37人），则250人需要的疏散时间为$250/(3\times40)=2.08(min)$，与规定的控制疏散时间基本吻合。同理，如果剧院或电影院的容纳人数超过了2000人，则超过2000人的部分，每个疏散门的平均人数可按不超过400人考虑。这样对整个观众厅来说，每个疏散门的平均疏散人数就超过了250人。因此，也要相应调整每个疏散门的宽度。在这里，设计人员仍要注意掌握和合理确定每个疏散门的人流通行股数和控制疏散时间的协调关系。如一座容纳人数为2400人的剧院，按规定需要的疏散门数目为：$2000/250+400/400=9$(个)，则每个疏散门的平均疏散人数约为：$2400/9=267$(人)，按2min控制疏散时间计算出来的每个疏散门所需通过的人流股数为：$267/(2\times40)=3.3$(股)。此时，一般宜按4股通行能力来考虑设计疏散门的宽度，即采用$4\times0.55=2.2(m)$较为合适。

3 对于三级耐火等级的剧院、电影院等的观众厅，人员的疏散时间按1.5min控制。具体设计时，可根据每个疏散门平均担负的疏散人数，按上述办法对每个疏散门的宽度进行必要的校核和调整。

5.3.10 本条规定了体育馆观众厅的疏散门数目设置要求和每个疏散门的疏散人数限制。有关防火设计要求在《体育建筑设计规范》JGJ 31—2003 中还有进一步规定。

1 对于体育馆观众厅每个疏散门的平均疏散人数要求一般不能超过 400～700 人。

1）根据对国内一部分已建成的体育馆调查，对于一、二级耐火等级的体育馆观众厅内人员的疏散时间，依据容量规模的不同按 3～4min 控制。

另据对部分体育馆的实测结果是：对于 2000～5000 座的观众厅，其平均疏散时间为 3.17min；5000～20000 座的观众厅其平均疏散时间为 4min，故将一、二级耐火等级体育馆观众厅人员的疏散时间定为 3～4min，作为安全疏散设计的一个基本依据。

2）体育馆观众厅容纳人数的规模变化幅度较大，由三四千人到一两万人。观众厅每个疏散门平均担负的疏散人数也应相应有个变化幅度，而这个变化又与观众厅疏散门的设计宽度密切相关。

从调查情况看，体育馆观众厅疏散门的平均宽度最小约为 1.91m；最大约为 2.75m。据此宽度和规定人员从观众厅疏散出去的时间可概算出每个疏散门的平均疏散人数分别为（1.91/0.55）×37×3＝385（人）和（2.75/0.55）×37×4＝740（人），其中 37 为楼座阶梯地面的每股人流通过能力。因此，规范将一、二级耐火等级体育馆观众厅疏散门平均疏散的人数定为 400～700 人。具体设计时，设计者可按上述计算方法，根据不同的容量规模，合理地确定观众厅疏散门的数目、宽度，以满足规定的控制疏散时间的要求。

【例】一座容量规模为 8600 人的一、二级耐火等级的体育馆，如果观众厅的疏散门设计为 14 个，则每个出口的平均疏散人数为 8600/14＝614（人）。设每个出口的宽度为 2.2m（即 4 股人流所需宽度），则通过每个疏散门需要的疏散时间为 614/（4×37）＝4.15（min），超过 3.5min，不符合规范要求。因此，应考虑增加疏散门的数目或加大疏散门的宽度。如果采取增加出口数目的办法，将疏散门数目增加到 18 个，则每个疏散门的平均疏散人数为 8600/18＝478（人）。通过每个疏散门需要的疏散时间则缩短为 478/（4×37）＝3.22（min），不超过 3.5min，符合规范要求。

又如：容量规模为 20000 人的一座一、二级耐火等级的体育馆，如果观众厅的疏散门数目设计为 30 个，则每个疏散门的平均疏散人数为 20000/30＝667（人）。设每个出口的宽度为2.2m，则通过每个出口需要的疏散时间为 667/（4×37）＝4.5（min），超过了4min，不符合规范要求。如把每个出口的宽度加大为 2.75m（即 5 股人流所需宽度），则通过每个疏散门的疏散时间为 667/（5×37）＝3.6（min），小于 4min，符合规范要求。

3）体育馆的疏散设计，要注意将观众厅疏散门的数目与观众席位的连续排数和每排的连续座位数联系起来加以综合考虑。如图 6 所示一个观众席位区，观众通过两侧的 2 个出口进行疏散，其间共有可供 4 股人流通行的疏散走道。若规定出观众厅的疏散时间为 3.5min，则该席位区最多容纳的观众席位数为 4×37×3.5＝518（人）。在这种情况下，疏散门的宽度就不应小于 2.2m；而观众席位区的连续排数如定为 20 排，则每一排的连续座位就不宜超过 518/20＝26（个）。如果一定要增加连续座位数，就必须相应加大疏散走道和疏散门的宽度。否则就会违反“来去相等”的设计原则。

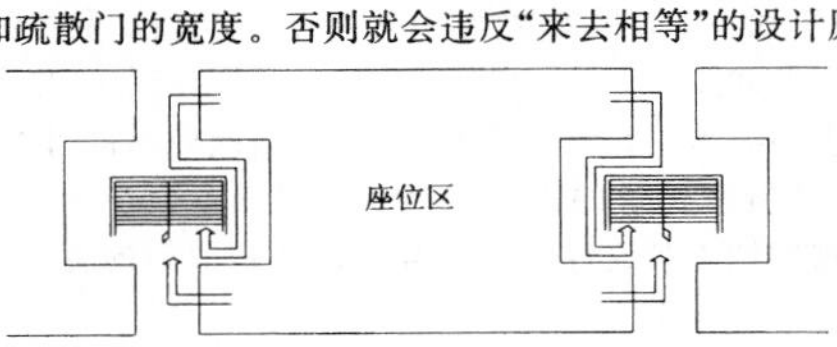

图 6 席位区示意图

2 体育馆室内空间体积比较大，发生火灾时，火场温度上升的速度和烟雾浓度增加的速度，要比在剧院、电影院、礼堂等的观众厅内的发展速度慢。因此，可供人员安全逃离火场的时间也较长。此外，体育馆观众厅内部装修用的可燃材料常较剧院、电影院、礼堂的观众厅少，其火灾危险性也较这些场所小。

另外，体育馆的容纳人数较剧院、电影院、礼堂的观众厅多，往往是后者的几倍，甚至十几倍。在安全疏散设计上，由于受平面的座位排列和走道布置等技术和经济因素的制约，使得体育馆观众厅每个疏散门所平均担负的疏散人数要比剧院和电影院的多。此外，由于体育馆观众厅的面积规模比较大，观众厅内最远处座位至最近疏散门的距离，一般也都比剧院、电影院大，加之体育馆观众厅的地面形式多为阶梯地面，疏散速度较慢，必然使人员所需的安全疏散时间增加。对体育馆来说，如果按剧院、电影院、礼堂的规定设计，则困难比较大，并且容纳人数越多、规模越大越困难。故两者的安全疏散设计要求应有所区别。

5.3.11 本条规定了居住建筑的安全出口和楼梯的设置要求。

1 对于居住建筑，根据实际疏散需要，规定设置楼梯间能通向屋面，并强调楼梯间通屋顶的门易于开启，而不应采取上锁或钉牢等不易打开的做法，门也要求向外开启，以利于人员的安全疏散。

2 考虑到电梯井是烟火竖向蔓延的通道，火灾时的火焰和高温烟气可能借助该竖井，很快蔓延到建筑中的其他层，给人员安全疏散和火灾的控制与扑救，带来更大困难和危害。设计时应注意电梯与疏散楼梯的位置尽量远离或采取分隔措施，或将疏散楼梯设置为封闭楼梯间。

但如每层每户通向楼梯间的门采用乙级防火门与楼梯间分隔，则由于防火门可有效地将烟火限制在着火区内，因而可以不设封闭楼梯间。

在住宅建筑物下部设置停车库的形式越来越普遍，但这也为火灾和烟气竖向蔓延提供了条件，故要求与住宅部分相通的楼梯间和电梯均要考虑阻止烟火蔓延的分隔措施，如封闭门斗、防烟前室等。

5.3.12 本条规定了地下、半地下建筑的安全疏散设计要求。

1 地下、半地下建筑每个防火分区的安全出口不应少于 2 个，这是建筑安全疏散的基本原则。考虑到地下建筑的实际情况，为适应地下较大面积建筑开设直通室外安全出口困难或不经济的现实，增加了可等价变通的设计措施要求。可在设置 2 个安全出口有困难时，将相邻防火分区之间的防火墙上的防火门作为第二安全出口，但每个防火分区必须有 1 个直通室外的安全出口（包括通过符合规范要求的底层楼梯间或具有防烟功能的疏散避难走道，再到达室外的安全出口）。其中，疏散避难走道的设置应经过充分论证后确定。

2 对于面积不超过 50m²，且人数不超过 15 人的地下室、半地下室允许设 1 个安全出口。据调查，一般公共建筑的地下室或半地下室多作为车库、泵房等附属房间使用，除半地下室尚可有一部分通风、采光外，地下室一般均类似无窗厂房。发生火灾时容易充满烟气，给安全疏散和消防扑救等带来很大的困难。因此，对地下室和半地下室的防火设计要求应严于地面以上的部分。本条与现行国家标准《高层民用建筑设计防火规范》GB 50045 和《人民防空工程设计防火规范》GB 50098 规定一致。

有关说明还可参见前述相关说明。

5.3.13 本条规定了建筑内的允许最大安全疏散距离。

1 鉴于跃层式住宅的出现和建筑内各种公共活动空间增多且面积较大、人员集中的现实，对其内部疏散距离作了限制。根据本规范执行情况，本条明确了建筑内观众厅、营业厅、展览厅等的内部最大疏散距离要求。有关距离参照了国外有关标准规定，并考虑了我国的实际情况。美国相关建筑规范规定，在集会场所的大空间中从房间最远点至安全出口的步行距离为 61m，设有自动喷水灭火系统后可增加 25%。英国建筑规范规定，在没有紧靠的固定观众席的礼堂中，从最远点至安全出口的直线距离不应大于 30m，步行距离不应大于 45m。我国台湾地区的建筑法规规定：剧场、电影院、演艺场、歌厅、集体食堂、展览馆以及其他类似用途的建筑物内楼面居住室内任一点至楼梯口之步行距离不应大于 30m。

2 规范表5.3.13中规定的至外部出口或封闭楼梯间的最大距离的房门，是指直通公共走道的房间门或直接开向疏散楼梯间的分户门，而不包括套间里的隔间门或分户门内的居室门。

3 对于跃层式住宅房间内最远点至户门的距离规定，与现行国家标准《高层民用建筑设计防火规范》GB 50045中有关跃廊式住宅疏散距离的规定内容不尽相同：高层跃廊式住宅是用较长的户外走廊和楼梯将较多的住户组合在一起的；而多层跃层式住宅则是在基本上不采用户外长廊和电梯的情况下，将很少的住户（一般多为一梯两户）组合在一起的，使得其疏散途径比较简捷、安全度较高。现行国家标准《高层民用建筑设计防火规范》GB 50045的疏散距离是从户门算起，本规范规定的疏散距离是从户内最远点算起。

因此，在考虑多层跃层式住宅户内小楼梯的疏散距离时，按照接近实际楼梯踏步的高度与宽度的常用比例（一般为1：0.6）折算出竖向疏散距离，而没有采用现行国家标准《高层民用建筑设计防火规范》GB 50045按楼梯水平投影的1.5倍的计算方法。

根据各地执行过程中出现的问题，对楼梯间首层设置直通室外出口的要求作了可选的规定。考虑到建筑层数不超过4层的建筑内部垂直疏散距离相对较短，对多于4层和少于4层的建筑室外出口距离楼梯间的最小距离分别进行规定，以切合实际情况。

4 关于规范中表5.3.13的注2和注3。

1）对于敞开式外廊建筑的有关要求作了调整。外廊式建筑的外廊是敞开的，其通风排烟、采光、降温等方面的情况一般均比内廊式建筑要好，对安全疏散有利。

2）对设有自动喷水灭火系统的建筑物，其安全疏散距离可按规定增加25%，主要考虑设置该类灭火系统后的效果和其他防火措施基本等效。

5.3.14 本条明确了疏散走道、安全出口、疏散楼梯及疏散门的净宽度要求。

1 民用建筑中疏散走道（包括单元式住宅户门内部的小走道）的最小宽度是按能通过2股人流的宽度确定的。这是保证安全疏散的最低要求，也是满足其他方面使用要求的一个最小尺度。

2 疏散楼梯在一侧设有楼梯栏杆时，其栏杆上侧有一部分空间可利用，因而条文中规定了不超过6层的单元式住宅的疏散楼梯在一侧设有楼梯栏杆时，允许楼梯段的最小净宽度可减少到1.0m。

5.3.15 本条文的规定是要保证疏散人流的畅通与安全，有利于疏散门在紧急情况下能从内部快速打开。

1 设计采用带门槛的疏散门等，紧急情况下人流往外拥挤时很容易被摔倒，后面的人也会随之摔倒，以致造成疏散通路的堵塞，甚至造成严重伤亡。

2 人员密集的公共场所的室外疏散小巷，其宽度规定不应小于3m，是规定的最小宽度，设计时应因地制宜地尽量加大。

为保证人流快速疏散，根据实际管理经验，增加了室外不小于3m净宽的疏散小巷，并应直接通向宽敞地带的规定。当基地面积比较狭小紧张时，设计人员也应积极地与城市规划、建筑管理等有关部门研究，力求能够在公共建筑周围提供一个比较开阔的室外疏散条件。主要出入口临街的剧院、电影院和体育馆等公共建筑，其主体建筑应后退红线一定的距离，以保证有较大的露天候场面积和疏散缓冲用地，避免在散场的时候，密集的疏散人流拥入街道阻塞交通。此外，建筑物周围环境宽敞对展开室外灭火扑救等也是非常有利的。

本条规定的人员密集的公共场所主要指：设置有同一时间内聚集人数超过50人的公共活动场所的建筑。如宾馆、饭店，商场、市场，体育场馆、会堂、公共展览馆的展览厅，证券交易厅，公共娱乐场所，医院的门诊楼、病房楼，养老院、托儿所、幼儿园，学校的教学楼、图书馆和集体宿舍，公共图书馆的阅览室，客运车站、码头、民用机场的候车、候船、候机厅（楼）等。

公共娱乐场所主要指向公众开放的下列室内场所：影剧院、录像厅、礼堂等演出、放映场所，舞厅、卡拉OK厅等歌舞娱乐场所，具有娱乐功能的夜总会、音乐茶座、餐饮场所，游艺、游乐场所和保龄球馆、旱冰场、桑拿沐浴等娱乐、健身、休闲场所。

5.3.16 本条规定了剧院、电影院、礼堂、体育馆等的疏散设计要求。

1 关于剧院、电影院、礼堂、体育馆等观众厅内疏散走道及座位的布置。

1）观众厅内疏散走道宽度按疏散1股人流考虑，如人体上身肩部宽按0.55m计算，同时并排行走2股人流需1.1m，但考虑观众厅座椅高度在行人的身体下部，上部空间可利用，座椅不妨碍人体最宽处的通过，故1.0m宽度基本能保证2股人流通行需要。

2）观众厅内设有边走道不但对疏散有利，并且还能起到协调安全出口（或疏散门）和疏散走道通行能力的作用，从而充分发挥安全出口（或疏散门）的疏散功能。

3）对于剧院、电影院、礼堂等观众厅中的2条纵走道之间的最大连续排数和连续座位数，在具体工程设计中应与疏散走道和安全出口（或疏散门）的设计宽度联系起来综合考虑、合理设计。

4）对于体育馆观众厅中纵走道之间的座位数可增加到26个，主要是因为体育馆观众厅内的总容纳人数和每个席位分区内所包容的座位数都比剧院、电影院的多，用与剧院等相同的规定数据是不现实的，但又不能因此而任意加大每个席位分区中的连续排数、连续座位数，而要与观众厅内的疏散走道和安全出口（或疏散门）的设计相呼应、相协调。

本条规定的连续20排和每排连续26个座位，是基于出观众厅的控制疏散时间按不超过3.5min和每个安全出口或疏散门的宽度按2.2m考虑的。疏散走道之间布置座位连续20排、每排连续26个作为一个席位分区的包容座位数为20×26＝520（人），通过能容4股人流宽度的走道和2.2m宽的安全（疏散）出口出去所需要的时间为520/（4×37）＝3.51（min），基本符合规范的要求。对于体育馆观众厅平面中呈梯形或扇形布置的席位区，其纵走道之间的座位数，按最多一排和最少一排的平均座位数计算。

另外，在本条中“前后排座椅的排距不小于0.9m时，可增加1.0倍，但不得超过50个”的规定，在具体设计时，也应按上述道理认真考虑、妥善处理。

5）为限制超量布置座位和防止延误疏散时间，本条还规定了观众席位布置仅一侧有纵走道时的座位数。

2 关于剧院、电影院、礼堂等公共建筑的安全疏散宽度。

1）本条第2款规定的疏散宽度指标是根据人员疏散出观众厅的疏散时间按一、二级耐火等级建筑控制为2min，三级耐火等级建筑控制为1.5min这一原则确定的。据此按照疏散净宽度指标公式计算出一、二级耐火等级建筑的观众厅中每100人所需疏散宽度为：

门和平坡地面：$B=100\times0.55/(2\times43)=0.64$(m)，取0.65m；

阶梯地面和楼梯：$B=100\times0.55/(2\times37)=0.74$(m)，取0.75m。

三级耐火等级建筑的观众厅中每100人所需要的疏散宽度为：

门和平坡地面：$B=100\times0.55/(1.5\times43)=0.85$(m)，取0.85m；

阶梯地面和楼梯：$B=100\times0.55/(1.5\times37)=0.99$(m)，取1m。

2）根据本条第2款规定的疏散宽度指标计算所得安全出口（或疏散门）总宽度为实际需要设计的最小宽度，在最后确定安全出口（或疏散门）的设计宽度时，还应按每个安全（疏散）出口的疏散时间进行校核和调整。

【例】一座耐火等级为二级、能容纳1500人的影剧院，其中池座容纳1000人、楼座部分容纳500人，安全出口总宽度按规范规定的疏散宽度指标计算结果分别为：

池座：1000÷100×0.65＝6.5（m）；

楼座：500÷100×0.75＝3.75（m）。

在确定安全出口时，如果池座部分设计4个、每个宽度为1.65m(即3股人流所需宽度)的安全出口，则每个出口平均担负的疏散人数为1000/4=250(人)，每个出口所需疏散时间为250/(3×43)=1.94(min)<2min，符合规范要求。如果楼座部分设计2个、每个宽度为1.65m的安全出口，则每个出口所需疏散时间为250/(3×37)=2.25(min)>2min，根据规范要求应增加出口数目或加大出口宽度。如将出口数目增加到3个，则每个出口平均担负的疏散人数为500/3=167(人)，每个出口所需疏散时间为167/(3×37)=1.5(min)，符合要求。而观众厅的安全出口(或疏散门)实际需要总宽度为4×1.65+3×1.65=11.55(m)，依次推算出的每百人疏散宽度指标为(11.5/1500)×100=0.77(m)。如加大楼座出口宽度，将两个出口的宽度改为2.2m，则每个出口所需要的疏散时间为250/(4×37)=1.69(min)，也是可行的，而观众厅的安全出口(或疏散门)实际需要总宽度为4×1.65+2.2=11(m)，依次推算出的每百人疏散宽度指标为(11/1500)×100=0.73(m)。

3)关于本款内容的适用范围。

本款适用规模为：对一、二级耐火等级的建筑，容纳人数不超过2500人；对三级耐火等级的建筑，容纳人数不超过1200人，其理由参见第5.3.9条的条文说明。

据了解，容量较大的会堂等的观众厅内部均设有多层楼座，且楼座部分的观众人数往往占整个观众厅容纳总人数的半数多。这和一般影剧院、电影院、礼堂的池座人数比例相反，并且楼座部分又都以阶梯式地面疏散为主，其疏散情况与体育馆的情况有些类似。本条对此没有明确的规定，设计时可根据工程的具体情况研究确定。

3 关于体育馆的安全疏散宽度。

1)国内各大、中城市已建成的体育馆，其容量规模多在3000人以上，甚至有些大城市中的区段体育馆、大型企业的体育馆也都在3000人以上。考虑到剧院、电影院的观众厅与体育馆的观众厅之间在容量规模和室内空间方面的差异，在规范中将其疏散宽度指标分别规定，并在规定容量规模的适用范围时，拉开距离，防止出现交叉或不一致现象，便于设计者使用。故将体育馆观众厅容量规模的最低限数定为3000人。

2)考虑到体育馆建设的实际需要，将观众厅容量规模的最高限数规定为20000人，便于平面布局、人员疏散和火灾扑救。表5.3.16-2中规定的疏散宽度指标，按照观众厅容量规模的大小分为三档：3000～5000人、5001～10000人和10001～20000人。每个档次中所规定的百人疏散宽度指标(m)，是根据出观众厅的疏散时间分别控制在3min、3.5min、4min来确定的。根据计算公式：

$$百人指标=\frac{单股人流宽度\times 100}{疏散时间\times 每分钟每股人流通过人数}$$

计算出一、二级耐火等级建筑观众厅中每百人所需要的疏散宽度分别为：

平坡地面：$B_1=0.55\times100/(3\times43)=0.426(m)$　　取0.43m；
$B_2=0.55\times100/(3.5\times43)=0.365(m)$　　取0.37m；
$B_3=0.55\times100/(4\times43)=0.32(m)$　　取0.32m；
阶梯地面：$B_1=0.55\times100/(3\times37)=0.495(m)$　　取0.50m；
$B_2=0.55\times100/(3.5\times37)=0.425(m)$　　取0.43m；
$B_3=0.55\times100/(4\times37)=0.372(m)$　　取0.37m。

根据规定的疏散宽度指标计算出来的安全出口(或疏散门)总宽度，为实际需要设计的概算宽度，最后确定安全出口(或疏散门)的设计宽度时，还需对每个安全出口(或疏散门)的宽度进行核算和调整。

【例】一座二级耐火等级、容量10000人的体育馆，按上述规定疏散宽度指标计算的安全出口(或疏散门)总宽度为100×0.43=43(m)。如果设计16个安全出口(或疏散门)，则每个出口的平均疏散人数为625人，每个出口的平均宽度为43/16=2.68(m)。如果每个出口的宽度采用2.68m，则能通过4股人流，核算其疏散时间为625/(4×37)=4.2(min)>3.5min，不符合规范要求。如果将每个出口的设计宽度调整为2.75m，则能够通过5股人流，则疏散时间为：625/(5×37)=3.4(min)<3.5min，符合规范要求。但推算出的每百人宽度指标为16×2.75/100=0.44(m)，比原指标高2%。

3)本条表5.3.16-2的“注”，明确了采用指标进行计算和选定疏散宽度时的一条原则：即容量规模大的观众厅，其计算出的需要宽度不应小于根据容量规模小的观众厅计算出需要宽度。否则，应采用较大宽度。如：一座容量规模为5400人的体育馆，按规定指标计算出来的疏散宽度为54×0.43=23.22(m)，而一座容量规模为5000人的体育馆，按规定指标计算出来的疏散宽度则为50×0.5=25(m)，在这种情况下就应采用25m作为疏散宽度。

4)体育馆观众厅内纵横走道的布置是疏散设计中的一个重要内容，在工程设计中应注意以下几点：

①观众席位中的纵走道担负着把全部观众疏散到安全出口(或疏散门)的重要功能。因此，在观众席位中不设横走道时，其通向安全出口(或疏散门)的纵走道设计总宽度应与观众厅安全出口(或疏散门)的设计总宽度相等。

②观众席位中的横走道可以起到调剂安全出口(或疏散门)人流密度和加大出口疏散流通能力的作用。所以，一般容量规模超过6000人或每个安全出口(或疏散门)设计的通过人流股数超过4股时，宜在观众席位中设置横走道。

③经过观众席中的纵、横走道通向安全出口(或疏散门)的设计人流股数与安全出口(或疏散门)设计的通行股数，应符合“来去相等”的原则。如安全出口(或疏散门)设计的宽度为2.2m，则经过纵、横走道通向安全出口(或疏散门)的人流股数不宜超过4股，超过了就会造成出口处堵塞、延误疏散时间。反之，如果经纵、横走道通向安全出口(或疏散门)的人流股数少于安全出口(或疏散门)的设计通行人流股数，则不能充分发挥安全出口(或疏散门)的疏散作用，在一定程度上造成浪费。

4 设计时还要注意以下两个方面：

1)应将安全出口(或疏散门)数目与控制疏散时间密切地联系起来。

安全出口(或疏散门)数目与控制疏散时间的关系，在疏散设计中主要体现在两个方面：一是疏散设计确定的安全出口(或疏散门)总宽度，必须大于根据控制疏散时间而规定出的宽度指标，即计算出来的需要总宽度，这是必要条件。二是设计的安全出口(或疏散门)数量，一定要满足每个安全出口(或疏散门)平均疏散人数的规定要求，并且根据此疏散人数所计算出来的疏散时间必须小于控制疏散时间(建筑火灾中可用的疏散时间)的规定要求。在实际工程设计中，这方面往往出现一些设计不合理现象。如有的工程设计虽然安全出口(或疏散门)的总宽度符合规范要求，但每个安全出口(或疏散门)的实际疏散时间却超过了应该控制的疏散时间。

2)应将安全出口(或疏散门)数目与安全出口(或疏散门)的设计宽度有机协调起来。

在疏散设计中，安全出口(或疏散门)的数目与安全出口(或疏散门)的宽度之间有着相互协调、相互配合的密切关系，并且也是严格控制疏散时间、合理执行疏散宽度指标所必须充分注意和精心设计的一个重要环节。这就要求设计者在确定观众厅安全出口(或疏散门)的宽度时，必须考虑通过人流股数的多少，如单股人流的宽度为0.55m，2股人流的宽度为1.1m，3股人流的宽度为1.65m。这就像设计门窗洞口要考虑建筑模数一样，只有合理的设计，才能更好地发挥安全出口(或疏散门)的疏散功能和经济效益。

5.3.17 本条规定了学校、商店、办公楼、候车(船)室、民航候机厅及歌舞娱乐放映游艺场所等民用建筑的疏散设计要求。

1 明确了民航候机厅、展览厅及歌舞娱乐放映游艺场所的疏散宽度计算原则与指标。为满足一些大型交通、民航旅客等候场所的设计需要，对达到本规范百人疏散指标规定确有困难时，可以通过科学的评估计算预测或建筑整体消防安全水平论证，按照国家规定程序来确定。

2　在多层民用建筑中，各层的使用情况不同，每层上的使用人数也往往有所差异。如果整栋建筑物的楼梯按人数最多的一层计算，除非人数最多的一层是在顶层，否则不尽合理，也不经济。对此，每层楼梯的总宽度可按该层或该层以上人数最多的一层计算，即对楼梯总宽度分段进行计算，下层楼梯总宽度按其上层人数最多的一层计算。

如：一座二级耐火等级的6层民用建筑，第四层的使用人数最多为400人，第五层、第六层每层的人数均为200人。计算该建筑的楼梯总宽度时，根据楼梯宽度指标1m/百人的规定，第四层和第四层以下每层楼梯的总宽度为4m；第五层和第六层每层楼梯的总宽度可为2m。

3　本条明确了商店建筑的疏散人数计算方法。

各地普遍反映商店建筑作为人员不确定场所的典型，其疏散人数的计算需要进一步深入调研，并要求提出切合实际的合理计算方法与原则。国家现行标准《商店建筑设计规范》JGJ 48中有关条文的规定还不甚明确，或执行起来困难很大，导致出现多种计算方法，有的甚至是错误的。

经过查阅国内外有关资料和规范，广泛征求意见后明确了确定商店营业厅疏散人数时的计算面积与其建筑面积的定量关系为0.5～0.7∶1。从国内大量建筑工程实例的计算统计看，均在该比例范围内。为保持与国家现行标准《商店建筑设计规范》JGJ 48有关规定的一致性，计算面积与疏散人数之间的换算关系仍采用国家现行标准《商店建筑设计规范》JGJ 48中的数值。但鉴于国内商店建筑营业厅内容纳人数与国外相比相对较多，加上设施和管理上也存在一定差距，规范中规定的换算系数较国外标准高一些。

商店建筑内经营的商品类别差异较大，且不同地区或同一地区的不同地段，地上与地下商店等在实际使用过程中的人流和人员密度相差较大，因此，执行过程中应对工程所处位置的情况作充分分析，再依据本条规定选取合理的数值进行设计。本条所指"营业厅的建筑面积"包括营业厅内展示货架、柜台、走道等顾客参与购物的场所，以及营业厅内的卫生间、楼梯间、自动扶梯等的建筑面积。对于采用防火分隔措施分隔开且疏散时无需进入营业厅内的仓储、设备房、工具间、办公室等可不计入该建筑面积内。

4　建筑设计有时采用宽大楼梯，而有些楼梯间又需要进行封闭。调研发现封闭楼梯间的门宽度与楼梯梯段宽度不一致，并且往往小于实际疏散所需要的宽度。因此，设计时应防止总疏散宽度符合规范要求，且某一局部出现走道或楼梯宽度也符合规范要求，但出口门不符合要求，导致实际疏散能力不能满足规范要求。

5.3.18　人员密集的公共建筑不宜在窗口、阳台等部位设置金属栅栏等设施，是考虑到这些设施有可能在发生火灾时阻碍消防救援。因此，设置时要有从内部便于开启的装置。此外，在窗口、阳台等部位设置辅助疏散设施对这类人员密集场所的消防疏散有一定的效果。

本条要求设置的辅助疏散设施为逃生袋、救生绳、缓降绳、折叠式人孔梯、滑梯等，设置位置应便于使用且安全可靠，但并不一定需要在每一个窗口或阳台都设置。

5.4　其　　他

5.4.1、5.4.2　这两条明确了民用燃煤、燃油、燃气锅炉房，可燃油油浸电力变压器室，充有可燃油的高压电容器、多油开关等的防火设计要求。

1　锅炉原用铸铁锅炉工作压力低，锅炉外形尺寸小，用人工往炉膛填煤，占用高度空间小，经过20世纪80年代前后的锅炉改革，铸铁锅炉已被淘汰，多数手烧锅炉已被快装锅炉代替。快装锅炉比铸铁锅炉体积大，用机械设备人工从锅炉上部加煤，加煤方式不同，要求房间高度高，进煤除灰问题也很多。这就给在地下室、半地下室布置锅炉房带来一些不易解决的问题。

据调查，快装锅炉的事故后果更严重。从事故看也不宜设在地下室、半地下室。故规范对在地下室、半地下室布置锅炉房不提倡、也未明确相关要求。但近10余年来，随着环境保护政策和措施的不断落实，燃油燃气锅炉正逐步取代原来的燃煤锅炉，给消防带来了新的问题。为兼顾各种使用情况，规定常（负）压燃油、燃气锅炉可设置在地下二层。

2　本条取消了对锅炉总蒸发量及单台锅炉蒸发量的要求。

由于各地建筑规模的扩大和集中供热的需要，建筑所需锅炉的蒸发量越来越大。但锅炉在运行过程中又存在较大火灾危险、发生事故后的危害也较大，因而应严格控制。对此，国家劳动部制定的《蒸汽锅炉安全技术监察规程》和《热水锅炉安全技术监察规程》已对锅炉的蒸发量和蒸汽压力作了明确规定：锅炉房如设在多层或高层建筑的半地下室或第一层时，每台蒸汽锅炉的额定蒸发量必须小于10t/h，额定蒸汽压力必须小于1.6MPa。锅炉房如设在多层或高层建筑的地下室、中间楼层或顶层中时，每台蒸汽锅炉的额定蒸发量不应超过4t/h，额定蒸汽压力不应大于1.6MPa，必须采用油或气体作燃料或电加热的锅炉。锅炉房如设在多层或高层建筑的地下室、半地下室、第一层或顶层内时，热水锅炉的额定出口热水温度不应大于95℃并有超温报警装置，用时必须装设可靠的点火程序控制和熄火保护装置。在现行国家标准《锅炉房设计规范》GB 50041中也作了明确规定。故在本规范中仅作了原则性规定，以便协调一致。

3　现在公共建筑、居住建筑用电量都比过去大量增加，仅居住建筑中电视机、电冰箱、电风扇、洗衣机、电熨斗等家用电器大量地进入家庭，耗电量大增，特别是在夏季，易导致设备过负荷运行，引发火灾事故。为此，规范规定设在民用建筑内单台可燃油油浸电力变压器的容量不应超过630kV·A，总容量不应超过1260kV·A，且要求采取严格的防火分隔措施。

4　本条规定上述用房宜独立建造，不宜布置在主体建筑内。

1）我国目前生产的锅炉，其工作压力较高（一般为1～13kg/cm^2），蒸发量较大（1～30t/h），如安全保护设备失灵或操作不慎等原因都有导致发生爆炸的可能，特别是燃油、燃气的锅炉，容易发生燃烧爆炸事故，故不宜安装在民用建筑主体建筑内。

有关锅炉本身的生产、使用、安装以及锅炉的额定蒸发量和额定蒸汽压力还应按国家劳动部制定的《蒸汽锅炉安全技术监察规程》和《热水锅炉安全技术监察规程》执行。

2）可燃油油浸电力变压器发生故障产生电弧时，将使变压器内的绝缘油迅速发生热分解，析出氢气、甲烷、乙烯等可燃气体，压力骤增，造成外壳爆裂而大量喷油，或者析出的可燃气体与空气混合形成爆炸性混合物，在电弧或火花的作用下极易引起燃烧爆炸。变压器爆裂后，火灾将随高温变压器油的流淌而蔓延，容易形成大范围的火灾。充有可燃油的高压电容器、多油开关等，也有较大的火灾危险性，故规定油浸电力变压器、充有可燃油的高压电容器、多油开关等不宜布置在民用建筑的主体内。对于干式或非可燃油油浸变压器，因其火灾危险性小，不易发生爆炸，故本条文未作限制。但干式变压器工作时易升温，温度升高易起火，故应在专用房间内做好室内通风排烟，并应有可靠的降温散热措施。

5　由于受到规划用地限制、用地紧张、基建投资等条件的制约，必须将燃油、燃气锅炉房、可燃油油浸电力变压器室，充有可燃油的高压电容器、多油开关等布置在主体建筑内时，应采取符合本条规定要求的安全措施。

1）本条规定锅炉房、可燃油油浸电力变压器、电容器、多油开关等房间不应布置在人员密集场所的上一层、下一层或贴邻。其原因是：

锅炉具有爆炸危险，不允许设置在居住建筑和公共建筑中人员密集场所的上面、下面或相邻。

可燃油油浸电力变压器是一种多油的电气设备。当它长期过负荷运行时，变压器油温过高可能起火或发生其他故障产生电弧使油剧烈气化，而造成变压器外壳爆裂酿成火灾，所以要求有防止油品流散的设施。为避免变压器发生燃烧或爆炸事故时，引起秩序混乱、造成不必要的伤亡事故，因此，本条规定不应布置在人员密集场所的上一层、下一层或相邻。

2)本条要求设1m宽的防火挑檐，是针对底层以上有开口的房间而言。据国外资料规定底层开口距上层房间的开口部位的实墙体高度应大于1.2m，如图7。

根据国内火灾实例，为防止由底层开口喷出的火焰卷入上层开口，要求上下层二个开口间的实墙高度应大于1.2m。为了保证上层开口不会经由底层开口垂直往上卷吸火焰，规定应在底层开口上方设置宽度大于1m的防火挑檐或高度不小于1.2m的窗间墙，参见图7。

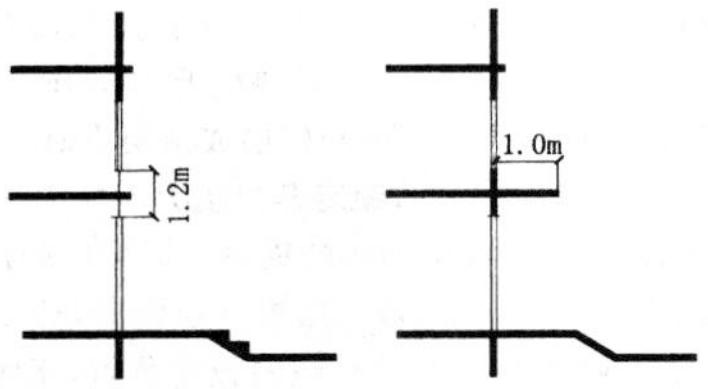

图7 防火挑檐示意图

6 对于燃气锅炉，根据现行国家标准《城镇燃气设计规范》GB 50028的相关规定，本条明确相对密度(与空气密度的比值)大于等于0.75的燃气不得设置在地下及半地下建筑(室)内。

5.4.3、5.4.4 本条规定了柴油发电机房在建筑内的防火设计要求。

目前民用建筑中使用柴油等可燃液体的用量越来越大，且设置此类燃料的锅炉、直燃机、发电机的建筑也越来越普遍，在本规范管理过程中也常遇到此类储罐的布置问题。因此，有必要在规范中加以明确。但对于储存量超过15m^{3}的储罐，则应按照本规范第4章第2节的有关规定进行设计。

对于发电机房内的灭火设施，应根据发电机组的大小、数量、用途等实际情况进行设计，可采用自动灭火系统，也可采用相适用的手提灭火器等移动式灭火设备。

本条明确了民用建筑中使用柴油等可燃液体的储存与布置。

5.4.5 本条规定严禁在民用建筑内设易燃易爆商店。

易燃易爆物品在民用建筑中存放或销售，引发火灾或爆炸的事故不少，且由于其后果较严重，故本规范对这些物品的设置作了明确规定。有关易燃易爆化学物品是指公安部令第18号发布的《易燃易爆化学物品消防安全监督管理办法》中规定的物品。

5.4.6 本条对居住部分与商店、办公等其他不同功能场所合建在一座建筑物内时的防火分隔构件作了较严格的限制。

本条内容是根据多次火灾教训确定的，规定了其他功能场所与居住部分的水平与竖向防火分隔要求，即要求用耐火极限不低于2.00h的不燃烧体隔墙和耐火极限不低于1.50h的不燃烧体楼板与居住部分隔开，疏散设施相互独立。

5.5 木结构民用建筑

为使国家标准体系完整、避免重复交叉，并为修订有关规范提供条件，根据主管部门要求，本规范直接从现行国家标准《木结构设计规范》GB 50005引用了有关木结构建筑防火设计的内容。下述说明均引自该规范。

5.5.1 本条参考1999年美国国家防火协会标准《建筑结构类型标准》NFPA 220、2000年美国的《国际建筑规范》(IBC)以及1995年《加拿大国家建筑规范》中对于木结构建筑的燃烧性能和耐火等级的有关规定，结合我国其他有关防火试验标准对于材料燃烧性能和构件耐火极限的要求而制定的。本规范中所采用的数据多为加拿大国家研究院建筑科学研究所提供的实验数据。

木结构建筑发生火灾的明显特点之一是容易产生飞火，古今实例颇多，仅以我国2002年海南木结构别墅群火灾为例，燃烧过程中不断有燃烧着的木块飞向四周，引起草地起火，连续烧毁40多栋。为此，专门提出屋顶表层需采用不可燃材料。美国、加拿大的建筑亦如此规定。

当一座木结构建筑有不同的高度时，考虑到较低的部分发生火灾时，火焰会向较高部分的外墙蔓延，所以要求此时较低部分的屋盖的耐火极限不得低于1.00h。

同一类构件在不同施工工艺和不同截面、不同组分以及不同升温曲线等情况下的耐火极限是不一样的。表20中引自现行国家标准《木结构设计规范》GB 50005附录R，给出了一些木结构构件的耐火极限试验数据，设计时对于与表中所列情况完全一样的构件可以直接采用。如实际使用时，存在较大变化，对于某种构件的耐火极限一般应根据理论计算和试验测试验证相结合的方法进行确定。

表20 各类木结构构件的燃烧性能和耐火极限

构件名称	构件组合描述(mm)	耐火极限(h)	燃烧性能
墙体	1.墙骨柱间距：400～600；界面为40×90		
	2.墙体构造：		
	1)普通石膏板＋空心隔层＋普通石膏板＝15＋90＋15	0.50	难燃
	2)防火石膏板＋空心隔层＋防火石膏板＝12＋90＋12	0.75	难燃
	3)防火石膏板＋绝热材料＋防火石膏板＝12＋90＋12	0.75	难燃
	4)防火石膏板＋空心隔层＋防火石膏板＝15＋90＋15	1.00	难燃
	5)防火石膏板＋绝热材料＋防火石膏板＝15＋90＋15	1.00	难燃
	6)普通石膏板＋空心隔层＋普通石膏板＝25＋90＋25	1.00	难燃
	7)普通石膏板＋绝热材料＋普通石膏板＝25＋90＋25	1.00	难燃
楼盖顶棚	楼盖顶棚采用规格材搁栅或工字形搁栅，搁栅中心间距为400～600，楼面板厚度为15的结构胶合板或定向木片板(OSB)：		
	1)搁栅底部有12厚的防火石膏板，搁栅间空腔内填充绝热材料	0.75	难燃
	2)搁栅底部有两层12厚的防火石膏板，搁栅间空腔内无绝热材料	1.00	难燃
柱	1.仅支撑屋顶的柱：		
	1)由截面不小于140×190实心锯木制成	0.75	可燃
	2)由截面不小于130×190胶合木制成	0.75	可燃
	2.支撑屋顶及地板的柱：		
	1)由截面不小于190×190实心锯木制成	0.75	可燃
	2)由截面不小于180×190胶合木制成	0.75	可燃
梁	1.仅支撑屋顶的横梁：		
	1)由截面不小于90×140实心锯木制成	0.75	可燃
	2)由截面不小于80×160胶合木制成	0.75	可燃
	2.支撑屋顶及地板的横梁：		
	1)由截面不小于140×240实心锯木制成	0.75	可燃
	2)由截面不小于190×190实心锯木制成	0.75	可燃
	3)由截面不小于130×230胶合木制成	0.75	可燃
	4)由截面不小于180×190胶合木制成	0.75	可燃

5.5.2 木结构建筑从其构件的耐火性能来看，其耐火等级介于三级和四级之间。四级耐火等级的建筑只允许建2层，其针对的主要对象是我国以前的传统木结构。而符合规范规定要求的木结构构件，其耐火性能优于四级的木结构建筑建3层是安全的。表中的数据在吸收国外有关规范数据的基础上，与我国相关规定进行了分析比较。

5.5.3 木结构之间及其与其他耐火等级建筑之间的防火间距，是在充分分析了国内外相关建筑法规基础上，根据木结构和其他建筑结构的耐火等级的情况确定的。

5.5.4、5.5.5 本条参考了美国《国际建筑规范》(2000年版)(见表21)和《加拿大国家建筑规范》(1995年版)(见表22)的有关要求，并结合我国具体情况制定的。火灾试验证明，发生火灾的建筑对相邻建筑的影响与该建筑物外墙的耐火极限和外墙上的门窗洞口的开口比例有直接关系。

表 21 建筑物耐火等级和防火间距之间的关系

防火间距（m）	耐火极限(h)		
	高火灾危险性 H 类	中等火灾危险性：厂房 F-1 类、商业建筑 M 类、仓库 S-1 类	低火灾危险性的建筑：其他厂房、仓库、居住和商业建筑
0～3	3	2	1
3～6	2	1	1
6～12	1	1	1
12 以上	0	0	0

表 22 开口比例和防火间距之间的关系

开孔分类	防火间距 L(m)							
	$0<L\leqslant2$	$2<L\leqslant3$	$3<L\leqslant6$	$6<L\leqslant9$	$9<L\leqslant12$	$12<L\leqslant15$	$15<L\leqslant18$	$18<L$
无防火保护	不允许	不允许	10%	15%	25%	45%	70%	不限制
有防火保护	不允许	15%	25%	45%	77%	不限制	不限制	不限制

如果相邻建筑的外墙无洞口，并且外墙能满足 1.00h 的耐火极限，防火间距可减少至 4m。考虑到有些建筑完全不开门窗比较困难，允许每一面外墙开孔不超过 10%时，其木结构建筑之间的防火间距可减少至 6m，但要求外墙的耐火极限不小于 1.00h，同时每面外墙围护结构的材料必须是难燃材料。

6 消 防 车 道

6.0.1 本条主要针对城市区域内建筑比较密集、消防车展开灭火困难的情况提出的要求。

由于室外消火栓的保护半径在 150m 左右，且室外消火栓按规定一般设在道路两旁，故将消防车道的间距定为 160m。

沿街建筑有不少是 U 形、L 形的，从建设情况看，其形状较复杂且总长度和沿街的长度过长，必然会给消防人员扑救火灾和内部区域人员疏散带来不便，延误灭火时机。根据实际情况，考虑在满足消防扑救和疏散要求的前提下，对 U 形、L 形建筑物的两翼长度不加限制，而对总长度作了必要的防火规定。因此，规定当建筑物的总长度超过 220m 时，应设置穿过建筑物的消防车道。

对于近几年出现的许多大体量或超长建筑物，包括工业厂房，一般均有较大的间距和开阔的地带。因此，这些建筑只要在平面布局上能保证扑救火灾的需要，为便于建筑设计，可在设置穿过建筑物的消防车道的确困难时，采用设置环行消防车道的方式来满足灭火需要。但根据从扑救火灾和保护人员需要，建筑物的进深一般应控制在 50m 以内。对于空间较大或进深、面宽或长度都较大的建筑物，应设置能满足消防车穿过建筑物的消防车道或进出建筑内部的出入口。

另据调查，目前在住宅小区的建设和管理中，存在小区内道路宽度、承载能力或净空不能满足消防车通行需要的情况，给消防扑救带来不利影响。为此，小区的道路设计要考虑消防车的通行需要，住宅小区内的主要道路口不应设置影响消防车通行的设施。

计算建筑长度时，其内折线或内凹曲线，可按突出点间的直线距离确定；其外折线或突出曲线，应按实际长度确定。

6.0.2 当建筑内院较大时，应考虑消防车在火灾时进入内院进行扑救操作，同时考虑消防车的回车需要，但如内院太小，消防车将无法展开，故规定内院或天井短边长度大于 24m 时宜设置进入内院或天井的消防车道。

6.0.3 实践证明，建筑物长度超过 80m 时，如没有连通街道和内院的人行通道，当发生火灾时也会妨碍扑救火灾的工作。为方便街区内疏散和消防施救，在建筑沿街长度每 80m 的范围内设置一个从街道经过建筑物的人行通道或公共楼梯间是必要的。

本条所指街道为城市中建设的各种供人员和车辆通行的道路。

6.0.4、6.0.5 本条规定在于保证消防车快速通行和疏散人员的安全。在消防车道两侧不应设置人员或车辆进出的开口、开向车道的窗扇等。大型公共建筑的建筑体积大、占地面积大、人员多而密集，为便于扑救火灾和人员疏散，要求尽可能设置环形消防车道。

6.0.6 工厂或仓库区内各种功能的建筑物多，通常采用道路连接，但有些道路并不能满足消防车的通行和停靠要求，故规定要求设置专门的消防车道以便扑救火灾。这些消防车道可以和厂区或库区内的其他道路合用。

据各地反映，较大型的工厂和仓库火灾往往一次火灾延续时间较长，在实际灭火中用水量大，消防车辆投入多，如果没有环形车道或平坦空地等，必然造成消防车辆堵塞，靠不近扑救火灾现场，车辆再多也不能发挥战斗作用。对此，在平面布局设计时，应引起充分重视。

6.0.7 本条规定了可燃材料露天堆场区，液化石油气储罐区，甲、乙、丙类液体储罐区和可燃气体储罐区消防车道的设计要求。

1 据调查，有的甲、乙、丙液体及可燃气体储罐区的消防道路设置不当、道路狭窄简陋、路面坡度大、车辆进入后回转困难，对扑救罐区火灾不利。储罐区重大火灾扑救实践证明，环形消防道路能有效地保证消防车顺利通行，有利于扑救火灾。

2 露天、半露天堆场一旦着火，火势猛、燃烧快、辐射热强。一个大面积堆场没有分区，四周无消防车道，车辆开不进去，消防人员就无法扑救，造成巨大损失的实例和教训不少。对于堆场、储罐的总储量超过本规范表 6.0.7 规定的量时，则要求设环行消防车道。当一个可燃材料堆场占地面积超过 30000m^2 时，则宜在堆场中增设与四周环形车道相通的纵横中间消防车道，其间距不宜超过 150m。有关可燃物品的堆场区设置纵、横中间消防车道的具体面积规定，是根据实地调查确定的。

6.0.8 据调查，有的工厂、仓库和可燃材料堆场与消防水池距离较远，又未设置消防车道，采用河、湖等天然水源取水灭火的情况更为突出。当发生火灾时，有水而消防车不能靠近取水池，延误取水时间，往往扩大灾情。因此，供消防车取水的天然水源和消防水池，设置消防车道是十分必要的。

6.0.9 本条规定了消防车道的净宽度和净空高度等通行要求。

1 消防车道的净宽和净高定为不小于 4m，是根据目前国内所使用的各种消防车辆外形尺寸、按照单车道并考虑消防车速一般较快，穿过建筑物时宽度上应有一定的裕度，便于车辆快速通行确定的。对于一些需要使用或穿过特种消防车辆的建筑物、道路桥梁，还应根据实际情况增加消防车道的宽度与净空高度。

据调查，一般中、小城市及消防队大都配备了泡沫消防车、水罐车。大城市，尤其是高层建筑居多的城市，除上述消防车外，还配备有曲臂登高车、登高平台车、举高喷射车、云梯车、消防通讯指挥车等。对于油罐区及化工产品的生产场所配备的消防车辆主要为干粉车、泡沫车和干粉-泡沫联用车。从 1998 年的调查统计看，在役消防战斗车辆中，消防车的最大长度为13.4m，最大宽度为4.5m，最大高度为4.15m，最大载重量为35.3t，最大转弯直径为24m；消防车的最小转弯直径为10m，最小长度为5.8m，最小宽度为1.95m，最小高度为1.98m。

2 根据一些地区公安消防监督机构的反映，在一些山地或丘陵地区城市中平地较少，坡地较多。另外，对于起伏较大的坡地，为保证消防灭火作业需要，规定了消防车道的坡度要求。一般举高消防车停留操作场地的坡度不宜大于3%。

3 在役消防车辆的宽度大都与3.5m这一宽度接近，如车道设计为3.5m则不便于消防车通行。对有些地区，消防车道穿过建筑物的门垛宽度在能保证消防车通行的前提下，可在4m内适当调整，但必须考虑当地消防车的发展需要。

6.0.10 本条规定了消防车的回车及消防车道路面的承载力等要求。

1 据公安消防监督机构实测，普通消防车的转弯半径为9m，登高车的转弯半径为12m，一些特种车辆的转弯半径为16～20m。本条规定12m×12m的回车场，是根据一般消防车的最小转弯半径而确定的，对于大型消防车的回车场则应根据实际情况增大。比如有些大型消防车和特种消防车，由于车身长度和最小转弯半径已有12m左右，设置12m×12m回车场就行不通，而需设置更大面积的回车场才能满足使用要求。在某些城市已使用的少数消防车，其车身全长有15.7m，而15m×15m的回车场可能也满足不了使用要求，因此，在具体设计时，还应根据当地的具体情况与公安消防监督机构共同确定回车场的大小，但最小不应小于12m×12m，供大型消防车使用时不宜小于18m×18m。

2 在设置消防车道时，如果考虑不周，也会发生路面荷载过小，道路下面管道埋深过浅，沟渠选用轻型盖板等情况，从而不能承受大型消防车的通行荷载。表23为各种消防车的满载（不包括消防人员）总重，可供设计消防车道时参考。

表23 各种消防车的满载总重量(kg)

名称	型 号	满载重量	名称	型 号	满载重量
水罐车	SG65.SG65A	17286	泡沫车	CPP181	2900
	SHX5350、GXFSG160	35300		PM35GD	11000
	CG60	17000		PM50ZD	12500
	SG120	26000	供水车	GS140ZP	26325
	SG40	13320		GS150ZP	31500
	SG55	14500		GS150P	14100
	SG60	14100		东风144	5500
	SG170	31200		GS70	13315
	SG35ZP	9365	干粉车	GF30	1800
	SG80	19000		GF60	2600
	SG85	18525	干粉-泡沫联用消防车	PF45	17286
	SG70	13260		PF110	2600
	SP30	9210	登高平台车	CDZ53	33000
	EQ144	5000		CDZ40	2630
	SG36	9700		CDZ32	2700
	EQ153A-F	5500		CDZ20	9600
	SG110	26450	举高喷射消防车	CJQ25	11095
	SG35GD	11000	抢险救援车	SHX5110TTXFQJ73	14500
	SH5140 GXFSG55GD	4000	消防通讯指挥车	CX10	3230
泡沫车	PM40ZP	11500		FXZ25	2160
	PM55	14100		FXZ25A	2470
	PM60ZP	1900		FXZ10	2200
	PM80.PM85	18525	火场供应消防车	XXFZM10	3864
	PM120	26000		XXFZM12	5300
	PM35ZP	9210		TQXZ20	5020
	PM55GD	14500		QXZ16	4095
	PP30	9410	供水车	GS1802P	31500
	EQ140	3000			

6.0.11 多年实践证明，本条的规定对于保证消防车在任何时候能畅通无阻是需要和可行的。如有特殊超长车辆通过时，还应按实际情况确定。据成都铁路局提供的数据，目前列车的长度不超过900m。

7 建筑构造

7.1 防 火 墙

7.1.1～7.1.3 规定了防火墙在不同情况下的构造要求。

1 实践证明，防火墙能在火灾初期和扑救火灾过程中，将火灾有效地限制在一定空间内，阻断在防火墙一侧而不蔓延到另一侧。国外相关建筑规范对于建筑内部及建筑物之间的防火墙设置十分重视，均有较严格的规定。如美国消防协会标准《防火墙与防火隔墙标准》NFPA 221对此还有专门规定，并被美国有关建筑规范引用为强制性要求。

严格说，防火墙从建筑基础部分就应与建筑物完全断开，独立建造。但目前在各类建筑物中设置的防火墙，大部分是建造在建筑框架上或与建筑框架相连接的。为保证防火墙在火灾时真正发挥作用，就应保证防火墙的结构安全且从上至下均应处在同一轴线位置，相应框架的耐火极限要与防火墙的耐火极限相适应。

2 为阻止火势通过屋面蔓延，还要求防火墙应截断屋顶承重结构，并根据实际情况确定突出屋面与否。对于一些建筑物的用途、建筑高度以及建筑的屋面具有一定耐火极限且燃烧性能不同时，应有所区别。

第7.1.1条中的数值是根据实际的调查和参考国外有关标准的规定提出的，国外的一些数值如表24。设计时，应结合工程具体情况，尽可能采用比本规范规定较大的数值。

表24 不同国家对防火墙高出屋面高度的要求

屋面构造	防火墙高出屋面的尺寸(mm)			
	中国	日本	美国	苏联
不燃烧体	400	500	450～900	300
燃烧体	500	500	450～900	600

3 对于难燃烧体外墙，为防止火灾通过外墙横向蔓延，要求防火墙凸出外墙一定宽度，且在防火墙两侧每侧不小于2m范围内的外墙和屋面应采用不燃烧材料构筑，并不得开设孔洞。不燃烧体外墙具有一定耐火极限且不会被引燃，允许防火墙不凸出外墙。

防火墙两侧的门窗洞口最近的水平距离规定不应小于2m，是根据火场调查发现2m能起一定的阻止火灾蔓延的作用，但也存在个别蔓延现象。因此，设计时应尽可能加大该距离。如设有耐火极限不低于0.90h的不燃烧体固定窗扇的开口时，可不受本条规定距离的限制。

7.1.4 本条规定了防火墙设置在内转角处时门窗洞口的防火设计要求。

火灾表明，防火墙设在建筑物的转角处且防火墙两侧开设有门窗等洞口时，如门窗洞口不能采取防火措施，则不能防止火势蔓延。因此，确需在转角附近开设洞口时，应从最近边缘算起，按相互水平距离不小于4m的要求设置。

7.1.5 本条规定在于防止建筑物内火灾的浓烟和火焰穿过门窗洞口蔓延扩散。

1 设计中如遇到工艺或使用等要求，必须在防火墙上开口时，应在开口部位设置防火门窗或其他相等效的防火分隔措施。用耐火极限不低于1.20h的甲级防火门，能基本满足控制火势的要求。但根据国外有关要求，在防火墙上设置的防火门，其耐火极限一般都应与相应防火墙的耐火极限一致。考虑到我国有关标准对防火门耐火极限的判定条件与国外略有差异，故要求防火门的耐火极限不低于1.20h，在有条件时，应将防火墙上防火门的耐火极限提高到1.20h以上。其他洞口，包括观察窗、工艺口等，由于大小不一，所设置的防火设施也各异，可采用防火窗、防火卷帘、防火阀、水幕等。但无论何种设施，均应具有较高的耐火极限，且能在火灾时自动关闭或是固定，能有效隔断火势。对于该部位的防火卷帘，如无喷水系统冷却防护时，其耐火极限要求按照现行国家标准《门和卷帘耐火试验方法》GB 7633 所规定的背火面温升判定条件试验确定。

2 在布置氢气、煤气、乙炔等可燃气体和汽油、苯、甲醇、乙醇、煤油等甲、乙类液体的输送管道时，要充分考虑管道破损等情况下，大量可燃气体或蒸气逸漏对防火墙本身安全以及防火墙两侧空间的火灾危害。

其他管道（如水管以及输送无危险的液体管道等），如因条件限制必须穿过防火墙时，应用水泥砂浆等不燃材料或防火材料将管道周围的缝隙紧密填塞。对于采用塑料等遇高温或火焰易收缩变形或烧蚀的材质的管道，为减少火灾和烟气穿过防火分隔体，应采取措施使该类管道在受火后能被封闭，如设置热膨胀型阻火圈等。

7.1.6 本条规定主要为保证防火墙在发生火灾时能发挥作用，不会倒塌而致火势蔓延。

耐火等级较低一侧的建筑结构或其中耐火极限和燃烧性能较低的结构在火灾中易发生垮塌，从而会作用于防火墙以侧向力。因此，设计时应考虑这一因素。此外，独立建造的防火墙，也要考虑其高度与厚度的关系以及墙体的内部加固构造，使防火墙具有足够的稳固性与抗力。

7.2 建筑构件和管道井

7.2.1 本条规定了剧院等建筑的舞台与观众厅的防火分隔要求。

1 剧院等建筑的舞台及后台部分，常使用或存放着大量幕布、布景、道具，可燃装修和电气设备多。另外，由于演出需要，人为起火因素也随之增加，如烟火效果及演员在台上吸烟等，容易引发火灾。起火后往往火势发展迅速，难以控制，因此引起的惨剧已有多次，有的甚至导致 300 多人死亡。本条规定舞台与观众厅之间的隔墙应采用耐火极限不低于 3.00h 的不燃烧体。舞台口上部与观众厅闷顶之间的隔墙，可采用耐火极限不低于 1.50h 的不燃烧体，隔墙上的门至少应采用乙级防火门。

剧院等建筑舞台下面的灯光操纵室和存放道具、布景的储藏室也是该场所的重点防火设计控制部位，故提出这些场所与其他部分要用不燃烧体墙分隔开的要求。鉴于此类场所的可燃物较多，并为与本规范的其他要求一致，将分隔构件的耐火极限规定不低于 2.00h。

2 电影放映室有时放映旧影片（硝酸纤维片极易燃烧），也使用易燃液体丙酮接片子，电气设备又比较多，特别是硝酸纤维片不易处理。因此，起火机会较多，有必要对其外围结构提出一定的防火要求。

剧院、电影院内的其他建筑防火构造措施与规定，还应符合国家现行标准《剧场建筑设计规范》JGJ 57 和《电影院建筑设计规范》JGJ 58 的要求。

7.2.2 本条规定了建筑内一些特殊场所的防火分隔要求。

1 托儿所、幼儿园的婴幼儿、老年人建筑内的老弱者等人员行为能力较弱，容易在火灾时造成伤亡，因而应适当提高其分隔要求。其他防火要求还应符合国家现行标准《托儿所、幼儿园建筑设计规范》JGJ 39、《老年人建筑设计规范》JGJ 122 和现行国家标准《老年人居住建筑设计标准》GB 50340 的有关要求。

2 对于医院手术室，由于其使用功能决定了医院手术室应比医院中的其他场所的分隔要严格，应加强防火分隔。有关医院洁净手术部的具体防火要求，还应符合现行国家标准《医院洁净手术部建筑技术规范》GB 50333 和国家现行标准《综合医院建筑设计规范》JGJ 49 的有关要求。

3 根据歌舞娱乐放映游艺场所火灾情况，增加了该类场所的分隔要求。考虑到此类场所大多数是在原有建筑上改建的，采用防火墙分隔在构造上有一定困难。为解决这一实际问题，加强此类场所的内部分隔，规定采用耐火极限不低于 2.00h 的不燃烧体隔墙和 1.00h 的不燃烧体楼板与其他场所或部位隔开。这类场所内各房间之间隔墙的防火要求见本规范第 5 章的有关规定。

7.2.3 本条对属于易燃、易爆、容易发生火灾或比较重要的地方、疏散的门厅的隔墙提出了专门的防火分隔要求。

住宅内的厨房分隔，原则上应按本条规定进行设计。本条中的厨房指集体宿舍、公寓等居住建筑、公共建筑和工厂中的厨房，不包括住宅。

在公共建筑中，厨房火灾时有发生，主要原因是电气设备过载老化、燃气泄漏或油烟机、排油烟管道着火等引起。目前许多餐饮或旅馆、工厂中的厨房内均设有火灾自动报警系统和自动灭火系统，并采取了较严格的分隔措施，发生火灾时均能迅速扑救和控制，有效地减少了火灾危害。

不同火灾危险性的生产除工艺要求必须布置在一起，除属丁、戊类火灾危险性的生产与储存场所外，厂房或仓库中甲、乙、丙类火灾危险性的生产或储存物品一般应分开设置，并应采用较高耐火极限的墙体分隔。在本规范第 3 章中有相关其他要求。

7.2.4 在单元式住宅中，单元之间的墙应无门窗洞口，单元之间的墙砌至屋面板底部的要求可使该隔墙真正起到防火隔断作用，从而把火灾限制在一个单元之内，防止延烧，减少损失。而对于其他建筑的隔墙，为了有效地控制火灾和烟气蔓延，特别是旅馆、公共娱乐场所等人员密集场所内的房间隔墙，更应注意将隔墙从地面或楼面砌至上一层楼板或屋面板底部。穿越墙体的管道及其缝隙、开口等应按照本规范有关规定采取防火措施。具体的防火封堵措施在中国工程建设标准化协会标准《建筑防火封堵应用技术规程》CECS 154：2003 中有详细要求，可供设计参考。

7.2.5 本条规定了建筑内设置的重要设备房的构造与防火分隔要求。

附设在建筑物内的消防控制室、固定灭火系统的设备室等要保证该建筑发生火灾时，这些装置和设备不会受到火灾的威胁，确保灭火工作的顺利进行。通风、空调机房是通风管道汇集的地方，也是火势蔓延的主要部位。基于上述考虑，本条规定这些房间要采用 2.00h 的隔墙和 1.50h 的楼板与其他部位隔开，并规定隔墙上的门至少应为乙级防火门。本条规定将分隔墙的耐火极限从原要求 2.50h 降低到 2.00h，既与本规范的其他建筑构造要求协调一致，同时 2.00h 耐火极限的隔墙已能有效地阻止绝大部分建筑内火灾的蔓延。但考虑到丁、戊类生产的火灾危险性较小，对这两类厂房中的通风机房分隔构件的耐火极限要求有所降低。

7.2.6 本条是对冷库的防火分隔的构造要求。

冷库的墙体保温采用难燃或可燃材料较多，面积大、数量多，且冷库内所存物品有些还是可燃的，包装材料也多是可燃的。

国内外冷库火灾比较多。火灾原因主要是采用聚苯乙烯硬泡沫、软木易燃物质等隔热材料所引起的。因此，有些国家对冷库采用可燃塑料作隔热材料有较严格的限制，在规范中确定小于 150m² 的冷库才允许用可燃材料隔热层。为了防止隔热层造成火势蔓延扩大，规定应做水平防火分隔，且应具备相当的耐火极限要求。其他有关构造要求还应符合现行国家标准《冷库设计规范》GB 50072 的规定。

7.2.7 本条规定了建筑幕墙的防火构造要求。

建筑外墙幕墙采用玻璃和金属等材料制作。当幕墙受到火烧或受热时，易破碎或变形，甚至造成大面积的破碎、脱落事故，如不采取措施，会造成火势在水平和竖直方向蔓延而酿成大火。幕墙的窗间墙、窗槛墙的填充材料常有岩棉、玻璃棉、硅酸铝棉等不燃材料。但执行过程中发现受震动和温差的影响有易脱落、开裂等问题，故规定幕墙与每层楼板、隔墙处的缝隙，应采用防火材料填塞密实。这种防火材料可以是不燃材料也可以是难燃材料。但如采用难燃材料则应保证其在火焰或高温作用下除发生膨胀变形外，还应具有一定的耐火能力。

中国工程建设标准化协会标准《建筑防火封堵应用技术规程》CECS 154：2003 对建筑内有关防火封堵的技术要求作了规定，在设计和施工时可参照执行。

7.2.8 目前，在一些建筑，特别是民用建筑中越来越多地采用硬聚氯乙烯管道。这类管道遇高温和火焰容易导致楼板或墙体出现孔洞。为防止烟气或火势蔓延，要求采取一定的防火措施，如在管道的贯穿部位采用防火套箍和防火封堵等。本条及第 7.2.7 条所述防火封堵材料，均应符合国家有关标准（如《防火密封件》GB 16807 和《防火封堵材料的性能要求和试验方法》GA 161）的有关要求。

7.2.9～7.2.11 这三条规定了电梯井、电缆井及管道井等以及通风、排烟管道穿越建筑楼板和墙体时的防火构造要求。

1 电梯井的耐火极限要求，见本规范第 3.2.1 条和第 5.1.1 条的规定。

2 建筑中的垂直管道井、电缆井、排烟道等竖向管井都是烟火竖向蔓延的通道，必须采取防火分隔措施，在每层楼板处用相当于楼板耐火极限的不燃材料封隔。考虑到为便于管子检修更换，有些垂直管井按层分隔确有困难，原规定可每隔 2～3 层加以分隔。但从目前建筑实际建造情况看，每层分隔也是可行的，对于检修影响不大，却能提高建筑的消防安全性。因此，要求这些竖井要在每层进行分隔。

此外，为防止火灾时这些管道或电缆竖井的完整性受到破坏，还要求管道井的井壁采用不燃材料制作，其耐火极限不低于 1.00h。井壁上的检查门应采用丙级防火门，特别是在人员疏散部位以及开向疏散走道的门。

3 穿越墙体、楼板的风管或排烟管道设置防火阀、排烟防火阀，就是要防止烟气和火势蔓延到不同的区域，而如果阀门之间的管道不采取防火保护措施，则会因管道受热变形而破坏整个分隔的有效性和完整性，故作此要求。

7.3 屋顶、闷顶和建筑缝隙

7.3.1～7.3.3 闷顶火灾一般阴燃时间较长，不易发现，待发现之后火已着大，扑救难度大。阴燃开始后由于闷顶内空气供应不充足，燃烧不完全，如果让未完全燃烧的气体积热、积聚在闷顶内，一旦吊顶突然局部塌落，氧气充分供应就会引起局部轰燃。

1 第 7.3.1 条规定主要根据实际火灾情况，为防止火星通过冷摊瓦缝隙落在闷顶内引燃可燃物而酿成火灾。

2 闷顶起火后，闷顶内温度比较高、烟气弥漫，消防人员进入闷顶侦察火情、扑救火灾相当困难。为尽早发现火情，避免发展成较大火灾，有必要设置老虎窗。设置老虎窗的闷顶起火后，火焰、烟和热空气可以从老虎窗排出，不至于向两旁扩散到整个闷顶，有助于把火灾局限在老虎窗附近的范围内，并便于消防人员侦察火情、扑救火灾。

3 有的建筑物，其屋架、吊顶和其他屋顶构件为不燃材料，闷顶内又无可燃物，像这样的闷顶，可不设闷顶入口。

每个防火隔断范围，主要是指单元式住宅或其他采用实体墙分隔成较小空间（墙体隔断闷顶）的建筑。而教学楼、办公楼、旅馆等公共建筑，每个防火隔断范围面积较大（一般 $1000m^2$，最大可达 $2000m^2$ 以上），要求设置不小于 2 个闷顶入口。

4 发生火灾时，消防人员一般通过楼梯上楼灭火。闷顶入口设在楼梯间附近，便于消防人员发现火情，迅速进入闷顶内灭火。

7.3.4、7.3.5 主要为防止因建筑变形而破坏管线，引发火灾并使烟气通过变形缝扩散。

建筑变形缝是为防止建筑变形影响建筑结构安全和使用功能而设。在建筑使用过程中，变形缝两侧的建筑可能发生位移等现象，故应避免将一些易引发火灾或爆炸的管线布置其中。当需要穿越变形缝时，应采用穿刚性管等方法，管线与套管之间的缝隙应采用不燃材料、防火材料或耐火材料紧密填塞。

因建筑内的孔洞或防火分隔处的缝隙未封堵或封堵不当导致人员死亡的火灾，在国内外均发生过。国际标准化组织标准及欧美等国家的建筑规范中均对此有明确的严格要求。这方面的防火功能容易被忽视，但却是建筑消防安全体系中的有机组成部分。

7.4 楼梯间、楼梯和门

7.4.1 本条规定了疏散楼梯间的共性防火设计要求。

1 疏散楼梯间是人员竖向疏散的安全通道，也是消防人员进入火场的主要路径。因此，疏散楼梯间应保证人员在楼梯间内疏散时能有较好的光线，有条件的情况下应首先选用天然采光。人工照明的暗楼梯间，在火灾发生时常会因中断正常供电而变暗，影响行动速度，不宜采用。

疏散楼梯间应尽量采用自然通风以排除烟气，提高楼梯间内的能见度，缩短烟气停留时间。楼梯间靠外墙设置，有利于楼梯间直接采光和自然通风。不能采用自然采光和自然通风的疏散楼梯间，应按规范要求设置消防应急照明和采取机械防烟措施。

2 附设在楼梯间内的天然气、液化石油气等燃气管道漏气，遇明火即可能爆炸起火；由于楼梯间放置许多杂物，火势很快顺着楼梯向上蔓延，造成严重后果的火灾情况很多。为避免楼梯间内发生火灾或防止火灾通过楼梯间蔓延，规定楼梯间内不应附设烧水间、可燃材料储藏室、非封闭的电梯井、可燃气体管道，甲、乙、丙类液体管道等。

3 人员在紧急情况下容易发生拥挤现象，楼梯间的设计应保证楼梯间的有效疏散宽度不会因凸出物而减少，并应避免凸出物碰伤疏散人群。楼梯间的宽度也应采取措施保证人行宽度不宜过宽，防止人群疏散时失稳而导致意外。澳大利亚建筑规范就规定当阶梯式走道的宽度大于 4m 时，应在每 2m 宽度处设置栏杆扶手。

4 本条对住宅建筑，考虑其布置和使用功能，特别是近几年为方便管理，采用水表、电表、气表等均要求出户。为适应这一要求，本条规定允许可燃气体管道进入住宅建筑的楼梯间，但为防止管道意外损伤发生泄漏，规定要求采用金属管。现行国家标准《城镇燃气设计规范》GB 50028 允许在户内使用铝塑管等用于燃气输送，为防止燃气因该部分管道破坏而引发较大事故，应在计量表前或管道进入建筑物前安装紧急切断阀，并且该阀应具备自动切断管路和手动操作关断气源的装置。可靠的保护措施，包括可燃气体管道加套管、埋地、应急切断等措施。另外，管道的布置与安装位置，应注意避免人员通过楼梯间时与管道发生碰撞。有关具体设计还应符合现行国家标准《城镇燃气设计规范》GB 50028 的规定。其他非住宅类居住建筑的楼梯间内不允许敷设可燃气体管道或设置可燃气体计量表。

7.4.2 本条规定了封闭楼梯间的一些专门防火设计要求。

在采用扩大封闭楼梯间时，要注意扩大区域与周围空间采取防火措施分隔。垃圾道、管道井等的检查门等不能设计成直接开向楼梯间内。

通向封闭楼梯间的门，正常情况下应采用防火门。目前国内实际使用过程中采用常闭防火门时，闭门器经常损坏，使门无法在火灾时自动关闭；采用常开防火门时，如果能做到火灾时实现自动关闭功能，应尽量采用防火门。只有在这样做有困难时，通向居住建筑封闭楼梯间的门才考虑选择双向弹簧门。而厂房、仓库以及公共建筑中设置的封闭楼梯间则仍要求采用乙级防火门。

7.4.3 本条规定了防烟楼梯间的一些专门防火设计要求。

防烟楼梯间的平面布置要求必须经过防烟前室再进入楼梯间。前室应具有可靠的防烟设施，使防烟楼梯间具有比封闭楼梯间更好的防烟、防火能力，具有更高的可靠性。

前室不仅起防烟作用，而且可作为人群进入楼梯间的缓冲空间。设计中要注意使前室的大小与楼层中疏散进入楼梯间的人数相适应。本条中前室或合用前室的面积为可供人员使用的净面积。

根据现行国家标准《住宅建筑规范》GB 50368 的规定，如电缆井和管道井受条件限制需设置在前室或合用前室内时，其检查门应采用丙级防火门。其他建筑的防烟楼梯间及其前室或合用前室内，不允许开设除疏散门以外的其他开口。

7.4.4 为保证人员疏散畅通、快捷、安全，本条规定了疏散楼梯间在各层不允许改变其平面位置。

地下层与地上层如果没有进行有效分隔，容易造成地下层火灾蔓延到地上建筑。为防止烟气和火焰蔓延到上部楼层，同时避免上部人员疏散时误入地下层，本条规定在首层楼梯间通地下室、半地下室的入口处，应用防火分隔构件与其他部位分隔开。当地下室、半地下室与首层或地上部分共用一个楼梯间作为安全出口时，为防止在发生火灾时，上面人员在疏散过程中误入地下室，要求在首层楼梯间处进行分隔设施和设置明显的疏散标志，并根据执行规范过程中出现的问题和火灾时的照明条件，在设计时尽量采用灯光疏散指示标志。

国外有关标准也有类似规定，如美国《统一建筑规范》规定：地下室的出口楼梯应直通建筑外部，不应经过首层。法国《公共建筑物安全防火规范》也规定地上与地下疏散楼梯应断开。

7.4.5 本条规定了室外楼梯的疏散设计要求。

室外楼梯可供辅助人员应急疏散和消防人员直接从室外进入建筑物到达起火层扑救火灾。为了防止因楼梯倾斜度过大、楼梯过窄或栏杆扶手过低，并防止火灾时火焰从门内窜出而将楼梯烧坏，影响人员安全疏散，确定了本条基本规定。

由于室外楼梯在梯段宽度、坡度、防雨防滑等方面不一定能满足人员疏散的要求，因此，只有满足本条规定的情况下才可作为疏散楼梯和辅助防烟楼梯，并应注意防滑、防跌落等处理。

7.4.6 本条主要考虑丁、戊类厂房火灾危险性小，对相应疏散楼梯的防火要求作了适当调整。当然，作为第二安全出口的金属楼梯同样要考虑防滑、防跌落等措施。

7.4.7 本条规定了对疏散用楼梯和疏散通道上的阶梯的构造要求。

由于弧形楼梯、螺旋梯及楼梯斜踏步在内侧坡度陡、每级扇步深度小，很难保证疏散时的安全通行，特别是在紧急情况下，容易发生摔倒等意外。只有当这些楼梯满足一定要求时，才可作为疏散使用。美国《生命安全规范》NFPA 101 规定：螺旋梯符合下述条件，且相应建筑物允许使用时，可作为安全疏散通道：使用人数不超过 5 人，楼梯宽度不小于 660mm，阶梯高度不大于 241mm，最小净空高度为 1980mm，距最窄边 305mm 处的踏步深度不小于 191mm 且所有踏步均一致。本规范认为：当弧形楼梯的平面角度小于 10°，离扶手 250mm 处的每级踏步深度大于 220mm 时，对人员疏散影响较小，可以用于疏散。

7.4.8 本条规定主要考虑火灾发生后，消防人员进入失火建筑的楼梯间后，能迅速利用两梯段之间 150mm 宽的空隙向上吊挂水带展开救援作业，以节省时间和水带，减少水头损失，方便操作。

7.4.9 本条主要是根据一些地区消防队的实际装备情况及其灭火需要确定的。实际上，建筑师应在建筑中尽可能为消防人员进入建筑灭火提供专门的通道或路径，特别是地下、半地下建筑（室）。

1 为尽量减小火灾时消防人员进入建筑物时与建筑物内疏散人群的冲突，设计应充分考虑消防人员进入建筑物内的需要。有了室外消防梯，消防员就可以利用它方便地登上屋顶或由窗口进入楼层，以接近火源、控制火势，及时扑救火灾。在英国和我国香港地区的相关建筑规范中还要求为消防队员进入建筑物设置有防火保护的专门通道。

2 为了避免闷顶起火时因老虎窗向外喷烟火而妨碍消防员登上屋顶，防止少儿攀爬，规定消防梯不应面对老虎窗，室外消防梯宜距地面 3m 高度起设置。由于消防人员到火场，均带有单杠梯或挂钩梯，消防梯距地面的设置高度，不会影响扑救火灾。

7.4.10 本条规定了消防电梯的防火设计要求。

1 为使消防人员能够在建筑物内上下时不受烟气侵袭，在起火层有一个较为安全的地方放置必要的消防器材，并能顺利地展开火灾扑救行动，规定消防电梯间（井）应设置前室。该前室应具有与防烟楼梯间前室一样的防烟功能。

为使平面布置更紧凑、方便使用，消防电梯间和防烟楼梯间可合用一个前室，但必须保证有足够的使用面积。

2 消防电梯靠外墙设置既安全、又便于采用可靠的天然采光和自然排烟防烟方式。消防电梯应视为火灾时相对安全的竖向通道，其出口在首层应直通室外。当受平面布置限制时，可采用受防火保护的通道直通室外，但不应经过任何其他房间。参考国外有关规定，该距离宜尽量短，最长不应超过 30m。

3 消防电梯应满足供消防队救援和建筑内行动不便者（如病人、残障人员等）的使用需要，其轿厢内的净面积、载重量一般按一个战斗班的配备设计，并应考虑对外联络与电力保障等的可靠性。

4 考虑到起火层灭火过程中，建筑内有大量水四处流散，电梯井内外要考虑设置排水和挡水设施，并应设置可靠的电源和供电线路。

7.4.11 本条规定要求设计能保持和保证人员安全疏散的畅通，不发生阻滞。在疏散楼梯间、电梯间或防烟楼梯间的前室或合用前室的门，应采用平开的防火门，而不应采用卷帘门、侧拉门、旋转门或电动门，包括帘中门。

防火分区处的疏散门要求能够防火防烟并能便于人员疏散通行，要求满足较高的防火性能。

本规定在英国、澳大利亚的建筑规范及美国消防协会标准《生命安全规范》NFPA 101 中也有类似规定。如 NFPA 101 规定：通向室外的电控门和感应门均应设计成一旦断电即能自动开启或手动开启。距楼梯或电动扶梯的底部或顶部 3m 范围内不应设置旋转门。设有旋转门的墙上应设侧铰式双向弹簧门，且两扇门的间距应小于 3m。

7.4.12 疏散门包括设置在建筑内各房间直接通向疏散走道的门或安全出口上的门。为避免在发生火灾时由于人群惊慌、拥挤而压紧内开门扇，使门无法开启，要求疏散门应向疏散方向开启。当一些场所使用人员较少且对环境及门的开启形式熟悉时，疏散门的开启方向可不限。

电动门、侧拉门、卷帘门或转门在人群紧急疏散情况下无法保证安全、迅速疏散，不允许作为疏散门。英国建筑规范还规定："门厅或出口处的门，如果起火时使用该门疏散的人数超过 60 人，则疏散门合理、实用、可行的开启方向应朝向疏散方向。对危险程度高的工业建筑物，人数低于 60 人时，也应要求门朝疏散方向开启"。

公共建筑中一些通常不使用或很少使用的门，可能需要处于锁闭状态，但无论如何，设计时均应考虑采取措施使其能从内部方便打开，且在打开后能自行关闭。在美国《生命安全规范》NFPA 101中还有更具体的性能要求。

考虑到仓库内的人员一般较少且门洞较大，故规定门设置在墙体的外侧时允许采用推拉门或卷帘门，但不允许设置在仓库外墙的内侧，以防止因货物翻倒等原因压住或阻碍而无法开启。对于甲、乙类仓库，因火灾时的火焰温度高、蔓延迅速，甚至会引起爆炸，故强调"甲、乙类仓库不应采用侧拉门或卷帘门"。

7.5 防火门和防火卷帘

本节规定了防火门和防火卷帘的有关设计要求。

1 为便于针对不同情况规定不同的防火要求，规定了防火门、防火窗的耐火极限和开启方式等要求。规定要求建筑中设置的防火门，应保证其防火和防烟性能符合相应构件的耐火要求以及人员的疏散需要。

设置防火门的部位，一般为疏散门或安全出口。防火门既是保持建筑防火分隔完整的主要物体之一，又常是人员疏散经过疏散出口或安全出口时需要开启的门。因此，防火门的开启方式、方向等均应满足紧急情况下人员迅速开启、快捷疏散的需要。

2 为尽量避免火灾时烟气或火势通过门洞窜入人员的疏散通道内，以保证疏散通道的相对安全和人员的安全疏散，应使防火门在平时处于关闭状态或在火灾时以及人员疏散后能自行关闭。

3 规定建筑变形缝处防火门的设置要求，主要为保证分区间的相互独立。

4 第7.5.3条规定了防火卷帘采用不同耐火极限测试方法时应采取的相应措施，以满足不同使用情况的要求。防火分区应采用防火墙进行分隔，但有时实现起来的确有困难，特别是工业厂房和部分大型公共建筑中，往往应先满足生产、工艺或使用的需要。因此，需要采用其他分隔措施，采用防火卷帘分隔是其中措施之一。

由于现行国家标准《门和卷帘的耐火试验方法》GB 7633—87的耐火极限判定条件有按卷帘的背火面温升和背火面辐射热两种，而目前市场上分别按照这两种条件进行测试生产的产品均有。因此，为避免设计和使用的混乱，按不同试验测试判定条件，规定了卷帘在用于防火分隔时的不同防护要求。但在采用防火卷帘作防火分隔体时，应认真考虑分隔空间的宽度、高度及其在火灾情况下高温烟气对卷帘面、卷轴及电机的影响。采用多樘防火卷帘分隔一处开口时，还应考虑采取必要的控制措施，保证这些卷帘同时动作和同步下落。

由于在有关标准中均未严格要求防火卷帘的烟密性能，故根据使用情况，本条还规定防火卷帘周围的缝隙应做好严格的防火防烟封堵，防止烟气和火势通过卷帘周围的空隙传播蔓延。

7.6 天桥、栈桥和管沟

7.6.1、7.6.2 这两条规定了天桥、跨越房屋的栈桥，供输送可燃气体和甲、乙、丙类液体及可燃材料栈桥的燃烧性能等。

1 天桥系指连接不同建筑物、主要供人员通行的架空桥。栈桥系指主要供输送物料的架空桥。

2 天桥、越过建筑物的栈桥以及供输送煤粉、粮食、石油、各种可燃气体（如煤气、氢气、乙炔气、甲烷气、天然气等）的栈桥，应考虑采用钢筋混凝土结构或钢结构以及其他不燃材料制作的结构，栈桥不允许采用木质结构等可燃、难燃结构。

7.6.3 为了防止天桥、栈桥与建筑物之间在失火时出现火势蔓延扩大的危险，应该在与建筑物连接处设置防火隔断措施。特别是甲、乙、丙类液体管道的封闭管沟（廊），如果没有防止液体流散的设施，一旦管道破裂着火，就可能造成严重后果。

7.6.4 在新建、改建的工业与民用建筑中，采用天桥将两座建筑物连接起来的方式对于满足使用需要起到了良好的作用，同时也便于及时疏散。本条参照《生命安全规范》NFPA 101的规定，明确了有关设计要求。但设计时应注意研究天桥周围是否有危及其安全的情况，如天桥下方的窗洞口，并积极采取相应的防护措施。此外，天桥两侧的门的开启方向以及计入疏散总宽度的门宽，在设计时也应实事求是、认真考虑。

8 消防给水和灭火设施

8.1 一般规定

本章对在建筑物内外设置灭火设施和消防供水设施作了原则性的基本规定。我国幅员辽阔，各地经济发展水平差异很大，气候、地理、人文等自然环境和文化背景各异，建筑物的用途也千差万别，难以在本章中一一规定其配置要求。因此，除本规范规定外，在设计时还应从保障建筑物及人员的安全、减少火灾损失出发，根据有关专业建筑设计标准或防火标准的规定以及建筑物的实际火灾危险性，综合考虑确定设置合理和适用的消防给水与建筑灭火设施。

8.1.1 本条规定了消防给水设计和灭火设施配置设计的原则。

不同地区对建筑物重要性的界定不尽相同。因此，在设计建筑的消防给水和灭火设施时，应充分考虑各种因素，特别是建筑物的火灾危险性、建筑高度和使用人员的数量与特性，使之既保证建筑消防安全，快速控火灭火，又节约投资，合理设置。在执行条文时，本规范对有些场所消防设施的设置虽有规定，但并不限制应用更好、更有效或更经济合理的灭火手段。对于某些新技术、新设备的应用，应提出相应的使用和设计方案与报告，按照国家有关规定进行论证或试验，以切实保证其技术的可行性与应用的可靠性。

8.1.2 本条规定了城市、居住区、厂房、仓库等的消防给水的设计要求。

1 目前可用的灭火剂种类很多，有水、泡沫、卤代烷、二氧化碳和干粉等。其中水灭火剂使用方便、器材简单、价格便宜，对大多数可燃物火灾均有良好的灭火效果，是目前国内外广泛使用的主要灭火剂。

消防给水系统完善与否，直接影响火灾扑救的效果。据火灾统计，在扑救成功的火灾案例中，93%的火场消防给水条件较好，水量、水压有保障；而在扑救失利的火灾案例中，81.5%的火场消防供水不足。许多大火失去控制，造成严重后果，大多与消防给水系统不完善、火场缺水有密切关系。因此，进行城市、居住区、企业事业单位规划和建筑设计时，要整体规划，同时设计消防给水系统。

2 在我国，有些地区天然水源十分丰富（例如长江三角洲地区等），且建筑物紧靠天然水源；有的地区常年干旱，水资源十分缺乏（如西北地区等）；有的地区则冰冻期较长（如东北地区等）。因此，消防水源的选择应根据当地实际情况确定。有条件的应尽量采用天然水源作为消防给水的水源，但应采取必要的技术设施（例如，在天然水源地修建消防车道、消防码头、自流井、回车场等），使消防车能靠近水源，且在最低水位时也能吸上水（供消防车的取水深度，自消防泵高度算起不应大于6m）。

采用季节性天然水源作为消防水源（例如，天然水源平时水面积较大，但天旱时由于农田排灌抽水，水泊中水位很低）时，必须研究其是否可保证常年有足够的水量，以确保消防用水的可靠性。在寒冷地区，采用天然水源作为消防用水时，要采取可靠的防冻措施，使其在冰冻期内仍能供应消防用水量。

一般情况下，城市、居住区、企业事业单位的天然水源的保证几率按97%计算。有关水源保证率的确定可参见现行国家标准《室外给水设计规范》GB 50013的规定。

在城市改建、扩建过程中，若原设计消防用的天然水源及其取水设施需要或可能被填埋或受到影响时，应采取相应的措施（例如铺设管道、建造消防水池等）保证消防用水。

3 当建筑物的耐火等级较高（例如一、二级耐火等级）且体积较小，或建筑物内无可燃物或可燃物较少时，可不设计消防给水。

8.1.3 室外消防给水系统按管网内的水压一般可分为高压、临时高压和低压消防给水系统三种。

1 高压消防给水系统是指管网内经常保持足够的压力和消防用水量，火场上不需要使用消防车或其他移动式水泵等消防设备加压，直接由消火栓接出水带就可满足水枪出水灭火要求的给水系统。

根据火场实践，扑救建筑物室内火灾，当建筑高度不超过24m时，消防车可采用沿楼梯铺设水带单干线或从窗口竖直铺设水带双干线直接供水扑灭火灾。当建筑高度大于24m时，则立足于室内消防设备扑救火灾。因此，当建筑高度不超过24m时，室外高压给水管道的压力，应保证生产、生活、消防用水量达到最大（生产、生活用水量按最大小时流量计算，消防用水量按最大秒流量计算)，且水枪布置在保护范围内任何建筑物的最高处时，水枪的充实水柱不应小于10m，以防止消防人员受到辐射热和坍塌物体的伤害和保证有效地扑灭火灾。此时，高压管道最不利点处消火栓的压力可按下式计算：

$$H_{栓}=H_{标}+h_{带}+h_{枪}$$

式中 $H_{栓}$——管网最不利点处消火栓应保持的压力(m水柱)；

$H_{标}$——消火栓与站在最不利点水枪手的标高差(m)；

$h_{带}$——6条直径65mm水带的水头损失之和(m水柱)；

$h_{枪}$——充实水柱不小于10m、流量不小于5L/s时，口径19mm水枪所需的压力(m水柱)。

2 临时高压消防给水系统是指在给水管道内平时水压不高，其水压和流量不能满足最不利点的灭火需要，在水泵站(房)内设有消防水泵，当接到火警时，启动消防水泵使管网内的压力达到高压给水系统水压要求的给水系统。采用屋顶消防水池、消防水泵和稳压设施等组成的给水系统以及气压给水装置，采用变频调速水泵恒压供水的生活(生产)和消防合用给水系统均为临时高压消防给水系统。

城市、居住区、企业事业单位的室外消防给水管道，在有可能利用地势设置高位水池或设置集中高压水泵房时，就有可能采用高压消防给水系统，一般情况多采用临时高压消防给水系统。

当城市、居住区或企业事业单位内有高层建筑时，采用室外高压或临时高压消防给水系统通常难以满足要求。因此，常采用区域(即数幢或十几幢建筑物合用泵房)或独立(即每幢建筑物设水泵房)的临时高压给水系统，保证数幢建筑的室内外消火栓(或室内其他消防给水设备)或一幢建筑物的室内消火栓(或室内其他消防给水设备)的水压要求。

区域高压或临时高压的消防给水系统，可以采用室外和室内均为高压或临时高压的消防给水系统，也可采用室内为高压或临时高压，而室外为低压的消防给水系统。当室内采用高压或临时高压消防给水系统时，室外常采用低压消防给水系统。

3 低压给水系统是指管网内平时水压较低，灭火时所需水压和流量要由消防车或其他移动式消防泵加压提供的给水系统。一般建筑内的生产、生活和消防合用给水系统多采用这种系统。

消防车从低压给水管网上的消火栓取水有两种形式：一是将消防车泵的吸水管直接接在消火栓上吸水；另一种是将消火栓接上水带往消防车水罐内注水，消防车泵从水罐内吸水加压，供应火场用水。后一种取水方式，从水力条件来看最为不利，但消防队取水时习惯采用这种方式，也有些情况，消防车不能接近消火栓，而需要采用这种方式供水。为及时扑灭火灾，在消防给水设计时应满足这种取水方式的水压要求。

通常，火场上一辆消防车占用一个消火栓，按一辆消防车出2支水枪，每支水枪的平均流量为5L/s计算，2支水枪的出水量约为10L/s。当流量为10L/s、直径65mm的麻质水带长度为20m时，其水头损失为8.6m水柱。消火栓与消防车水罐入口的标高差约为1.5m。两者合计约为10m水柱。因此，最不利点消火栓的压力不应小于0.1MPa。

4 不论高压、临时高压还是低压消防给水系统，若生产、生活和消防合用一个给水系统时，均应按生产、生活用水量达到最大时，保证满足最不利点(一般为离泵站的最高、最远点)水枪或其他消防用水设备的水压和水量的要求。生产、生活用水量按最大日最大小时流量计算，消防用水量应按最大秒流量计算，确保消防用水量需要。

高层工业建筑若采用区域高压、临时高压消防给水系统时，应保证在生产、生活和消防用水量达到最大时，仍保证高层工业建筑物内最不利点(或储罐、露天生产装置的最高处)消防设备的水压要求。

5 为防止消防用水时形成的水锤损坏管网或其他用水设备，对消火栓给水管道内的水流速度作了一定限制。

8.1.4 城市、居住区、企业事业单位的室外消防给水，一般均采用低压给水系统。为了维护管理方便和节约投资，消防给水管道宜与生产、生活给水管道合并使用。

高压(或临时高压)室外消防给水管道、高层工业建筑的室内消防给水管道，要确保供水安全，与生产、生活给水管道应分开，并设置独立的消防给水管道。

城市、居住区、工业企业的室外消防给水，当采用生产、生活和消防合用一个给水系统时，应保证在生产、生活用水量达到最大小时用水量时，仍应保持室内和室外消防用水量。消防用水量按最大秒流量计算。

工业企业内生产和消防合用一个给水系统时，当生产用水转为消防用水，且不会导致二次灾害的，生产用水可作为消防用水，但生产检修时应能不间断供水。为及时保证消防用水，生产用水转换成消防用水的阀门不应超过2个，且开启阀门的时间不应超过5min。若不能满足上述条件，生产用水不能作为消防用水。

8.1.5 本条明确了建筑物室内、室外消防用水总量的计算方法。

8.1.6 本条明确了应设置建筑灭火器的场所。

使用灭火器扑救建筑物内的初起火，既经济又有效。当人员发现建筑内的火情时，首先应考虑采用灭火器进行处置与扑救。灭火器的配置应根据建筑物内火灾的类型和可燃物的特性、不同场所中工作人员的特点等按照现行国家标准《建筑灭火器配置设计规范》GB 50140的有关规定执行。尽管灭火器的配置是在建筑开业消防检查前进行配置，但当前建筑灭火器配置所存在的一些问题，与建筑防火设计时未在设计文件或图纸中予以明确有关。

8.2 室外消防用水量、消防给水管道和消火栓

8.2.1 本条规定了城市或居住区的室外消防用水量的计算原则。

1 同一时间内的火灾次数。

城市或居住区的甲地发生火灾，消防队出动去甲地灭火；在消防队的消防车还未归队时，在乙地又发生了火灾。此种情况视为该城市或居住区在同一时间内发生了2次火灾。如甲地和乙地消防队的消防车都未归队，在丙地又发生了火灾，消防队又去丙地灭火，则视为该城市或居住区在同一时间内发生了3次火灾。

本规范根据统计分析，按城市人口数量规定了在同一时间内发生火灾的次数。考虑到人口超过100万人的城市，均已有较完善的给水系统，改建和扩建消防或市政给水工程往往是局部性的，故本规范对人口超过100万人的城市在同一时间内的火灾次数，未作明确规定。设计时，同一时间内的火灾次数可根据当地火灾统计资料，结合实际情况在3次的基础上适当增加。而如果属不同供水管网系统时，仍可按照3次或划分城市区域并以相应区域的人数为基础确定。

2 一次灭火用水量。

城市或居住区的一次灭火用水量，按同时使用的水枪数量与每支水枪平均用水量的乘积计算。

我国大多数城市消防队第一出动力量到达火场时，常用2支口径19mm的水枪扑救建筑火灾，每支水枪的平均出水量为5L/s。因此，室外消防用水量的基础设计流量不应小于10L/s。

据统计，城市火灾的平均灭火用水量为89L/s。大型石油化工厂、液化石油气储罐区等的消防用水量则更大。若采用管网来保证这些建、构筑物的消防用水量有困难时，可采用蓄水池等补充。我国高层民用建筑的最大室外和室内消防用水量之和为70L/s。城市一次灭火用水量的确定，应综合考虑城市基本灭火需要和经济发展与城市整体给水系统状况。100万人的城市一次灭火的用水量采用100L/s，有条件者可在此基础上进行调整，但不能小于100L/s。

根据火场用水量统计分析，城市或居住区的消防用水量与城市人口数量、建筑密度、建筑物的规模等因素有关。美国、日本和前苏联均按城市人口数的增加而相应增加消防用水量。例如，在

美国，人口不超过 20 万人的城市消防用水量为 44～63L/s，人口超过 30 万人的城市消防用水量为 170.3～568L/s；日本、前苏联也基本如此。本规范根据火场用水量是以水枪数量递增的规律，以 2 支水枪的消防用水量(即 10L/s)作为下限值，以 100L/s 作为消防用水量的上限值，确定了城市或居住区的消防用水量。本规范与美国、日本和前苏联的城市消防用水量比较，见表 25。

表 25 本规范与美国、日本和前苏联的城市消防用水量

消防用水量(L/s) 国家 / 人口数(万人)	美国	日本	苏联	中国(本规范)
≤0.5	44～63	75	10	10
≤1	44～63	88	15	10
≤2.5	44～63	112	15	15
≤5	44～63	128	25	25
≤10	44～63	128	35	35
≤20	44～63	128	40	45
≤30	170.3～568	250～325	55	55
≤40	170.3～568	250～325	70	65
≤50	170.3～568	250～325	80	75
≤60	170.3～568	250～325	85	85
≤70	170.3～568	170.3～568	90	90
≤80	170.3～568	170.3～568	95	95
≤100	170.3～568	170.3～568	100	100

3 城市室外消防用水量包括工厂、仓库、堆场、储罐区和民用建筑的室外消防用水量。

在按照城市人口数量设计的消防用水量不能满足设置在该城市内规模和体量较大的工厂、仓库、堆场、储罐区和民用建筑等建筑物的灭火需要，即可能出现工厂、仓库、堆场、储罐区或较大民用建筑物的室外消防用水量超过本规范表 8.2.1 规定的情况时，该给水系统的消防用水量，要按工厂、仓库、堆场、储罐区或较大民用建筑物的室外消防用水量计算。

8.2.2 本条规定了工厂、仓库和民用建筑的室外消防用水量计算原则。

1 工厂、仓库和民用建筑的火灾次数。

本条表 8.2.2-1 中的火灾次数是根据统计分析确定的。对于厂区，按占地和人口数量为基础确定；对于仓库，机关、学校、医院等民用建筑物，同一时间内的火灾次数按 1 次考虑。

2 工厂、仓库和民用建筑的室外用水量以 10L/s 为基数，45L/s(平均用水量加 1 支水枪的水量)为上限值，以每支水枪平均用水量 5L/s 为递增单位，确定各类建筑物室外消火栓用水量。

一般，建筑物室外消防用水量与下述因素有关：

1)建筑物的耐火等级：一、二级耐火等级的建筑物，可不考虑建筑物本身的灭火用水量，而只考虑冷却用水和建筑物内可燃物的灭火用水量；三、四级耐火等级的建筑物，应考虑建筑物本身的灭火用水量；四级耐火等级的建筑物比三级耐火等级的建筑物的用水量应大些。

2)生产类别：丁、戊类生产的火灾危险性最小，甲、乙类生产的火灾危险性最大。丙类生产的火灾危险性介于甲、乙类和丁、戊类之间。但据统计，丙类生产可燃物较多，火场实际消防用水量最大。

3)建筑物容积：建筑物体积越大、层数越多，火灾蔓延的速度越快、燃烧的面积也越大，所需同时使用水枪的充实水柱长度要求也越长，消防用水量也增加。

4)建筑物用途：仓库储存物资较集中，其消防用水量比厂房的消防用水量大。公共建筑物的消防用水量与丙类厂房的消防用水量接近。

据调查，有效扑救火灾的最小用水量为 10L/s，有效扑救火灾的平均用水量为 39.15L/s。各种建筑物用水量按由小到大依次为：一、二级耐火等级丁、戊类厂房(仓库)，一、二级耐火等级公共建筑，三级耐火等级丁、戊类厂房、仓库，一、二级耐火等级甲、乙类厂房，四级耐火等级丁、戊类厂房(仓库)，一、二级耐火等级丙类厂房，一、二级耐火等级甲、乙、丙类仓库，三级耐火等级公共建筑，三、四级耐火等级丙类厂房(仓库)。

3 建筑物成组布置时，防火间距较小。这种状况易在其中一座建筑物发生火灾时引发较大面积的火灾，但考虑到其分隔作用，室外消防用水量可不按成组建筑物同时起火计算，而规定按成组建筑物中室外消防用水量较大的相邻两座建筑物的水量之和计算。

对于火车站、码头和机场的中转库，尽管有些属于丁、戊类物品，但大都属于丙类物品且储存物品经常更换，因而以丙类火灾危险性确定是合适的，其室外消火栓用水量按丙类火灾危险性的仓库确定较安全。当然，对于设计建造后固定用于某一用途的中转库，还应根据实际情况来确定其火灾危险性，再确定其所需消防用水量。

4 本条所指"一个单位"是指室外消防水量计算时的一个设计单元。一个单位或一座建筑物、一个堆场、一个罐区内设有多种用水灭火设备并可能同时开启使用，一般应按这些灭火设备的用水量之和计算设计流量。考虑到实际灭火情形和水量的设置，规定其他设施发挥效用时，消火栓的用水量可按 50%计入消防用水总量。不过，有时消火栓的用水量较大，其他用水灭火设备的用水量较少，使计算出来的消防用水量少于消火栓的用水量。此时，则要求采用建筑物的室外消火栓用水量。

8.2.3 本条规定了可燃材料堆场和可燃气体储罐(区)等的室外消火栓用水量计算原则。

据统计，可燃材料堆场火灾的消防用水量一般为 50～55L/s，平均用水量为 58.7L/s。本条规定其消防用水量以 15L/s 为基数(最小值)，以 5L/s 为递增单位，以 60L/s 为最大值，确定可燃材料堆场的消防用水量。

对于可燃气体储罐，由于储罐的类型较多，消防保护范围也不尽相同，本表中规定的消防用水量系指消火栓的用水量。

8.2.4 本条规定了甲、乙、丙类液体储罐消防用水量的计算原则。

甲、乙、丙类液体储罐火灾危险性较大，火灾的火焰高、辐射热大，还可能出现油品流散。对于原油、重油、渣油、燃料油等，若含水在 0.4%～4%之间且可产生热波作用时，发生火灾后还易发生沸溢现象。为防止油罐发生火灾，油罐变形、破裂或发生突沸，需要采用大量的水对甲、乙、丙类液体储罐进行冷却，并及时实施扑救工作。

1 灭火用水量。

扑救液体储罐火灾，可采用低倍数、中倍数氟蛋白泡沫、抗溶性泡沫等灭火剂。目前最常用的是氟蛋白低倍数空气泡沫。酒精等可溶性液体应采用抗溶性泡沫。有关灭火剂选型及相应的灭火系统设计应按现行国家标准《低倍数泡沫灭火系统设计规范》GB 50151 和《中倍数、高倍数泡沫灭火系统设计规范》GB 50196 等标准的规定执行。

灭火用水量系指配制泡沫的用水量，它与泡沫供给强度、泡沫液延续供给时间有关。

2 冷却用水量。

1)着火罐的罐壁直接受火焰作用，通常可在 5min 内使罐壁的温度上升到 500℃，并可能使罐壁的强度降低一半；在起火后 10min 内可使罐壁的温度达到 700℃以上，钢板的强度降低 90%以上，此时油罐将发生变形甚至破裂。因此，可燃液体储罐发生火灾后应及时进行冷却。储罐可设固定式冷却设备，亦可采用移动式水枪、水炮等进行冷却。

采用固定式冷却设备时，应设置固定的冷却给水系统，需要一次性投资，经常费用小。采用移动式水枪冷却时，应具备力量较强的消防队，足以对油罐进行冷却，经常费用大。设计时应根据该企业有无专职消防队以及该消防队的配备与力量、专业消防队的灭火能力、储罐所处地势、储量和罐的形式等情况，经安全、经济、技术条件比较后确定。

2)冷却用水量包括着火罐的冷却用水量和邻近罐的冷却用水量。

①采用移动式灭火设备时，着火罐的冷却用水量确定。

若采用移动式水枪进行冷却时，水枪的喷嘴口径不应小于19mm，且充实水柱长度不应小于17m。此时，水枪流量为7.5L/s，能控制8～10m的周长。若按火场操作水平较高的消防队考虑，以10m计，则着火罐每米周长冷却用水量为0.75L/s。综合考虑各种因素后，确定着火罐的冷却水供给强度不应小于0.6L/(s·m²)。

2000m³以下油罐和半地下固定顶立式罐的地上部分高度较小，浮顶罐和半地下浮顶罐的燃烧强度较低，水枪的充实水柱长度可采用15m，水枪口径19mm，流量为6.5L/s，按控制周长10m计，则供给强度可采用0.45L/(s·m²)计算。

为控制着火罐变形、破裂，地上卧式罐冷却水的供给强度应按全部罐表面积计算，供给强度不应小于0.1L/(s·m²)。设在地下、半地下的立式罐或卧式罐的冷却，应保证无覆土罐表面积均得到冷却，冷却水的供给强度不应小于0.1L/(s·m²)。

②采用移动式水枪时，邻近罐的冷却用水量确定。

邻近罐受到的辐射热强度一般比着火罐小(下风方向受到火焰的直接烘烤时，亦可能与着火罐相似)，其冷却水的供给强度可适当降低，冷却范围可按半个周长计算。

邻近半地下、地下罐发生火灾，半地下罐的无覆土罐壁将受到火焰辐射热的作用。直接覆土的地下油罐发生火灾后可能下塌，形成塌落坑的火灾；地下掩蔽室罐发生火灾后，掩蔽室盖可能塌落，形成整个掩蔽室燃烧，火焰接近地面，对四周威胁较大，特别是凹池内的油罐，与地上罐火灾相似，应按地上罐要求，其冷却用水量应按罐体无覆土的表面积一半计算。地上掩蔽室内的卧式油罐，仍应按地上罐计算，冷却水供给强度按0.1L/(s·m²)计。

③采用固定式冷却设备时，着火罐的冷却用水量确定。

设置固定式冷却设备冷却立式罐时，其着火罐的冷却用水量按全部罐周长计算，冷却水供给强度不应小于0.5L/(s·m²)。设置固定式冷却设备冷却卧式罐时，其着火罐的冷却用水量按全部罐表面积计算，其冷却水的供给强度不应小于0.1L/(s·m²)。

④采用固定冷却设备时，相邻罐的冷却用水量确定。

设置固定冷却设备冷却立式罐的相邻罐时，其冷却用水量可按半个罐周长计算，冷却水的供给强度不应小于0.5L/(s·m²)。应注意的是，在设计固定冷却设备时应有可靠的技术设施，保证相邻罐能开启靠近着火罐一面的冷却喷水设备。若没有这种可靠的控制设施，在开启冷却设备后整个周长不能分段或分成若干面控制时，则应按整个罐周长计算冷却用水量。

设置固定式冷却设备冷却卧式罐的相邻罐时，其冷却用水量应按罐表面积的一半计算，冷却水的供给强度不应小于0.1L/(s·m²)。若无可靠的技术设施来保证靠近着火罐一边洒水冷却时，则应按全部罐表面积计算。

3 校核冷却水供给强度，应从满足实际灭火需要冷却用水出发，一般以5000m³储罐采用ϕ16～19mm水枪充实水柱按60°倾角射程喷水灭火为基准。

相邻罐采用不燃烧材料进行保温时，油罐壁不易迅速升高到危险程度，冷却水供给强度可适当减少，并可按本规范表8.2.4的规定减少50%。

扑救油罐火灾采用移动式水枪进行冷却时，水枪的上倾角不应超过60°，一般为45°。若油罐的高度超过15m时，则水枪的充实水柱长度为17.3～21.2m，口径19mm的水枪的反作用力可达19.5～37kg。水枪反作用力超过15kg时，一人将难以操作。因此，地上油罐的高度超过15m时，宜采用固定式冷却设备。

甲、乙、丙液体储罐着火，四邻罐受威胁很大，当成组布置时，在着火罐1.5倍直径范围内的相邻油罐数可达8个。为节约投资和保证基本安全，当相邻罐超过4个时仍可以按4个计算。

4 覆土保护的地下油罐一般均为掩蔽室内油罐，一旦掩蔽室因油罐燃烧而塌落，将敞开燃烧，火焰将沿地面扩散，对灭火人员威胁大。为便于扑救火灾，应考虑防护冷却用水，且防护冷却用水量应按最大着火罐罐顶的表面积(卧式罐按罐的投影面积)计算。如果冷却水的供给强度按不小于0.1L/s·m²考虑所计算出来的水量小于15L/s时，为满足2支喷雾水枪(或开花水枪)的水量要求，仍要求采用15L/s。

8.2.5 本条规定了液化石油气储罐(区)消防用水量的计算原则。

1 液化石油气罐发生火灾，燃烧猛烈、波及范围广、辐射热大。罐体受强火焰辐射热影响，罐温升高，使得其内部压力急剧增大，极易造成严重后果。由于此类火灾在灭火时消防人员很难靠近，为及时冷却液化石油气罐，应在罐体上设置固定冷却设备，提高其自身防护能力。此外，在燃烧区周围亦需用水枪加强保护。因此，液化石油气罐应考虑固定冷却用水量和移动式水枪用水量。

2 为提高和补充液化石油气罐区内管网的压力和流量，可在给水管网上设置消防水泵接合器，以便消防车利用水泵接合器向管网供水和增压。

3 本规范未规定可燃气体储罐的固定冷却设备的用水与设置要求。

1)可燃气体储罐按其储存压力一般分为压力小于5kPa的常压罐和储存压力为0.5～1.6MPa的压力罐两类。常压罐按密封方式可分为干式和湿式储罐，其储气容积是变化的，储气压力很小。压力罐的储气容积是固定的，其储气量随压力变化而变化，储存压力较高。

2)从燃气介质的性质看，煤气等可燃气体与液化石油气有较大差别。可燃气体储罐为单相介质储存，过程无相变。火灾时，着火部位对储罐内的介质影响较小，其温度、压力不会有较大变化，从实际使用情况看，可燃气体储罐基本无大事故发生。因此，可燃气体储罐可不设固定冷却设备。

8.2.6 本条规定了室外油浸电力变压器消防用水量的计算依据。

变压器火灾的消防用水量与变压器的储油量有关。变压器的储油量由变压器的容量决定，变压器的容量越大，其储油量和体积也越大。现行国家标准《水喷雾灭火系统设计规范》GB 50219对保护油浸电力变压器的所有设计参数均有具体规定，有关系统的设计应按该标准的规定执行。

在设计可燃油油浸电力变压器的消防给水时，除应考虑水喷雾灭火系统的用水量外，还应考虑消火栓用水量。因此，可燃油油浸电力变压器的消防用水量要按水喷雾灭火系统用水量与消火栓用水量之和进行计算。其中，水喷雾灭火系统的用水量应按照现行国家标准《水喷雾灭火系统设计规范》GB 50219的规定确定。

8.2.7 本条规定了室外消防给水管道的布置要求。

1 室外消防给水管道采用环状管网给水，可提高消防供水的可靠性。当建设初期输水干管要一次形成环状管道有时有困难时，允许采用枝状，但应设计成环状管网，以便适时施工建成。当消防用水量少于15L/s时，为节约投资亦可采用枝状管道，但有条件时，仍应首先考虑设计成环状。

2 为确保环状给水管网的水源，向环状管网输水的管道不应少于2条。当其中一条进水管发生故障或检修时，其余的进水管至少应能通过全部设计消防用水量。

工业企业内，当停止(或减少)生产用水会引起二次灾害(例如，引起火灾或爆炸事故)时，进水管中一条发生故障后，其余的进水管应仍能保证100%的生产、生活、消防用水量，不能降低供水保证率。

3 为保证环状管网供水的可靠性，规定管网上应设消防分隔阀门。阀门应设在管道的三通、四通分水处，阀门的数量按$n-1$原则确定(三通n为3，四通n为4)。当两阀门之间消火栓的数量超过5个时，在管网上应增设阀门。

4 设置消火栓的消防给水管道的直径，应通过计算确定。但计算出来的管道直径小于100mm时，仍应采用100mm。实践证明，直径100mm的管道只能勉强供应一辆消防车用水，因此，在条件许可时尽量采用较大的管径。

8.2.8 本条规定了室外消火栓的布置要求。

1 本条规定的室外消火栓包括市政消火栓和建筑物周围设置的消火栓。

我国在城市规划中，一直存在着城市消防给水无法可依或规定不明确的状况，给城市消防规划和城市基础消防设施的完善带来了一定困难，致使各地都不同程度地存在着城市消防设施欠账的状况。为此，本规范对此作了相关规定。为从根本上解决上述问题，在城市总体规划和各期建设中就应配套设计和建设完成相关消防给水设施。

2 消火栓沿道路布置便于消防队在灭火时使用，通常设置在十字路口附近。道路较宽时，应避免灭火时水带穿越道路，影响交通或水带被车辆压破，此时宜在道路两边设置消火栓。

甲、乙、丙类液体和液化石油气等罐区发生火灾，火场温度高，人员很难接近，同时还有可能发生逸漏和爆炸。因此，要求消火栓设置在防火堤或防护墙外的安全地点。

为了方便消防车从消火栓取水和保证消火栓使用安全，消火栓距路边不应超过2m，距建筑物的外墙不宜小于5m。

3 我国城市街区内的道路间距一般不超过160m，而消防干管一般沿道路设置。因此，2条消防干管之间的距离亦不超过160m。本条规定主要保证沿街建筑能有2个消火栓的保护（我国城市消防队一般第一出动力量多为2辆消防车，每辆消防车取水灭火时占用1个消火栓）。国产消防车的供水能力（双干线最大供水距离）为180m，火场水枪手需留机动水带长度10m，水带在地面的铺设系数为0.9，则消防车实际的供水距离为（180－10）×0.9＝153（m）。若按街区两边道路均设有消火栓计算，则每边街区消火栓的保护范围为80m。当直角三角形斜边长为153m时，竖边长为80m，则底边为123m。故规定消火栓的间距不应超过120m。

4 室外消火栓是供消防车使用的，消防车的保护半径即为消火栓的保护半径。消防车的最大供水距离（即保护半径）为150m，故消火栓的保护半径为150m。

一辆消防车出2支口径19mm的水枪，当充实水柱长度为15m时，每支水枪的流量为6.5L/s，则2支水枪的流量为6.5×2＝13（L/s）。因此，当消防用水量不超过15L/s（一辆消防车的供水量即能满足）时，本规范规定在市政消火栓保护半径150m内，可不再设置室外消火栓。

5 每个室外消火栓的用水量，即是每辆消防车的用水量。按一辆消防车出2支口径19mm的水枪考虑，当水枪的充实水柱长度为10～17m时，相应的流量则为10～15L/s，故每个室外消火栓的用水量可按10～15L/s确定。

8.2.9 为了便于使用，规定室外消火栓、阀门、消防水泵接合器等室外消防设施应设置相关的标志。

8.2.10 消防水鹤是一种快速加水的消防产品，适用于大、中型城市消防使用，能为迅速扑救特大火灾及时提供水源。消防水鹤能在各种天气条件下，尤其在北方寒冷或严寒地区有效地为消防车补水。

8.3 室内消火栓等的设置场所

室内消火栓是建筑内人员发现火灾后采用灭火器无法控制初期火灾时的有效灭火设备，但一般需要专业人员或受过训练的人员才能较好地使用和发挥作用。同时，室内消火栓也是消防人员进入建筑扑救火灾时需要使用的设备。本节规定了室内消防给水设施的设置范围，但实际设计中不应仅限于这些场所，有条件的建筑均应考虑设置室内消火栓系统。

1 仓库物资储存集中，厂房在生产过程中的火灾因素通常较多，加上其防火分区相对较大，发生火灾后易造成大面积的灾害或财产损失，甚至易造成建筑结构的严重损害，故应设室内消防给水设施。有些科研楼、实验楼与厂房相似，也应设有室内消防给水设施。

单层一、二级耐火等级的厂房内，如有生产性质不同的部位时，应根据火灾危险性确定各部位是否设置室内消防给水设备。一幢多层一、二级耐火等级的厂房内，如有生产性质不同的防火分区，若竖向用防火分隔物分隔开（例如用防火墙分开），可按各防火分区火灾危险性分别确定是否设置消防给水设备。多层一、二级耐火等级的厂房，当设有室内消防给水设施时，则每层均应设置消火栓。

一、二级耐火等级的单层、多层丁、戊类厂房（仓库）内，可燃物较少，即使发生火灾，也不会造成较大面积的火灾，例如，过火面积不超过100m²，且不会造成较大的经济损失，则该建筑物可以不考虑消防给水设施。若丁、戊类厂房内可燃物较多，例如，有淬火槽；丁、戊类仓库内可燃物较多，例如，有较多的可燃包装材料，如木箱包装机器、纸箱包装灯泡等，仍应设置室内消防给水设施。

建筑的耐火等级为三、四级，且建筑体积不超过3000m³的丁类厂房和建筑体积不超过5000m³的戊类厂房，虽然建筑物本身存在一定可燃性，但其生产过程中的火灾危险性较小。为节约投资，也可以不设置室内消火栓系统，其初期火灾可采取其他方式灭火或由消防队扑救。

2 车站、码头、机场的各类配套服务建筑，展览馆、商店、病房楼、图书馆等，剧院、电影院、礼堂和体育馆等公共活动或聚集场所，使用人员多，应设置室内消火栓及时控火、灭火，防止造成较大人员伤亡和较严重的社会影响。考虑到各地经济发展不平衡等因素，规定超过800座位的剧院、电影院、俱乐部和超过1200个座位的礼堂、体育馆，或车站、码头、机场及展览建筑、商店、旅馆、病房楼、门诊楼、图书馆等建筑体积超过5000m³时，应设室内消火栓。在此规模以下时，可根据各地实际情况确定是否设置室内消火栓。集体宿舍、公寓等非住宅类居住建筑的室内消防给水设计，要按照公共建筑的要求进行。

3 超过5层（不含5层）或体积超过10000m³的办公楼、教学楼等其他民用建筑，规模相对较大，使用人员和可燃物等也相应增加，应设室内消火栓。

4 规范规定超过7层（不含7层）的各类住宅，如单元式、塔式、通廊式以及底部设有商业服务网点的住宅，均应设置室内消防给水设施。根据住宅建筑内消火栓系统的实际使用情况，本规范对层数在7层或7层以下的建筑，主要采取加强被动防火措施和依靠外部扑救其火灾的途径解决。住宅建筑的室内消火栓可以根据地区气候、水源等情况设置干式消防竖管或湿式室内消火栓给水系统。干式消防竖管平时无水，火灾发生后由消防车通过首层外墙接口向室内干式消防竖管输水，消防队员自携水龙带驳接竖管的消火栓口投入扑救。有条件时，尽量考虑设置湿式室内消火栓给水系统。当住宅建筑中的楼梯间位置居中、不靠外墙时，应在首层外墙设置消防接口用管道与干式消防竖管连接。干式竖管的管径宜为70mm或80mm，消火栓口径应采用65mm。

5 古建筑是我国人民的宝贵财富，应加强防火保护。但古建筑的建造地点，有的水源丰富，有的则很贫乏，因此，国家级文物保护单位的重点砖木或木结构古建筑的室内消火栓设置，可以根据具体情况尽量考虑。对于不能设置室内消火栓的，应加强其他消防措施。

6 消防软管卷盘和轻便消防水龙也是控制建筑物内固体可燃物初期火灾的有效灭火设备，且用水量小、配备方便，在设置消火栓有困难或不经济时，可考虑配置这类灭火设备和建筑灭火器。

7 建筑物内存有与水接触能引起爆炸的物质，即与水能起强烈化学反应，发生爆炸燃烧的物质（例如，电石、钾、钠等物质）时，则不应在该部位设置消防给水设备，而应采取其他灭火设施或防火保护措施。但实验楼、科研楼内存有少数该物质时，仍应设置室内消火栓。

建筑体积不超过5000m³，且室内又不需要生产、生活用水，室外消防用水采用消防水池储存，供消防车或手抬泵用水，这样的建筑物的室内可不设消防给水。

8.4 室内消防用水量及消防给水管道、消火栓和消防水箱

8.4.1 本条规定了建筑物的室内消防用水量计算方法与最小用水量计算原则。

1 建筑物内设有消火栓、自动喷水灭火系统、水幕系统等数种消防设备时，应根据内部某个部位或区域着火后同时开启灭火设备的用水量之和计算。例如，百货楼内的营业厅设有消火栓、水自动喷水灭火系统和水幕系统，而百货楼地下室的库房内设有消火栓和自动喷水灭火系统，则应选用营业厅或地下室两者之中的用水总量较大者，作为设计用水量。总之，凡着火后需要同时开启的消防设施的用水量，应叠加起来作为消防设计流量。

2 本规范表 8.4.1 中规定的室内消火栓用水量是计算和确定消火栓用水量、消防水池储存水量、消防水箱容量以及消防增压泵供水量等消防设施的依据。对于消火栓每股水柱的实际出水量，应根据消火栓栓口、消防水带的口径、水枪喷嘴口径、充实水柱等多项参数计算确定。表中的水量与消火栓实际出水量两者计算方法不同，应按实际需要计算；住宅楼梯间设置的干式消防竖管可由消防车供水，不计入室内消火栓用水量之内。

建筑物内的消防用水量与建筑物的高度、建筑的体积、建筑物内可燃物的数量、建筑物的耐火等级和建筑物的用途等因素有关。

1)建筑物高度：普通消防车（例如解放牌消防车）按常规供水的高度约为 24m。根据消防车的供水能力，建筑的消防给水可分为高层建筑消防给水系统和低层建筑消防给水系统，划分高度采用 24m。

若一般消防车采用双干线并联的供水方法，能够达到的高度（一般情况下，从报警至出水需 20 多分钟）约为 50m。国外进口的云梯车也达 50m，在 50m 高度内，消防车还能协助高层建筑灭火，但不能作为主要灭火力量。

2)建筑物的体积：建筑物的体积越大，灭火力量需要越多，所需水枪的数量越多、充实水柱长度越长。因此，所需消防用水量越多。

3)建筑物内可燃物数量：建筑物内可燃物越多，消防用水量越大。如以室内火灾荷载为 15kg/m^2（等效木材）作为基数，其消防用水量为 1，则火灾荷载为 50kg/m^2（与木材的等效换算值）时消防用水量就需要 1.5。由于火灾的发展还受其他因素影响，这种关系是非线性的，可定性类推，不能定量类比计算。

4)建筑物用途：建筑物用途不同，消防用水量也各异。据灭火实战统计，消防用水量的递增顺序为民用建筑、工厂、仓库。工业建筑消防用水递增顺序按其火灾危险性为戊类、丁类、甲乙类、丙类。

建筑物内的消火栓用水量需综合上述各因素，按同时使用水枪数量和每支水枪的用水量的乘积计算确定。

3 低层建筑室内消火栓给水系统的消防用水量。

低层建筑室内消火栓给水系统的消防用水量是扑救初期火灾的用水量。根据扑救初期火灾使用水枪数量与灭火效果统计，在火场出 1 支水枪时的灭火控制率为 40%，同时出 2 支水枪时的灭火控制率可达 65%，可见扑救初期火灾使用的水枪数不应少于 2 支。

考虑到仓库内一般平时无人，着火后人员进入仓库使用室内消火栓的可能性亦不很大。因此，对高度不大（例如小于 24m）、体积较小（例如小于 5000m^3）的仓库，可在仓库的门口处设置室内消火栓，故采用 1 支水枪的消防用水量。为发挥该水枪的灭火效能，规定水枪的用水量不应小于 5L/s。其他情况的仓库和厂房的消防用水量不应小于 2 支水枪的用水量。

4 高层工业建筑室内消火栓给水系统的消防用水量。

高层工业建筑防火设计应立足于自救，应使其室内消火栓给水系统具有较大的灭火能力。根据灭火用水量统计，有成效地扑救较大火灾的平均用水量为 39.15L/s，扑救大火的平均用水量达 90L/s。根据室内可燃物的多少、建筑物高度及其体积，并考虑到火灾发生几率和发生火灾后的经济损失、人员伤亡等可能的火灾后果以及投资等因素，高层厂房的室内消火栓用水量采用 25～30L/s，高层仓库的室内消火栓用水量采用 30～40L/s。若高层工业建筑内可燃物较少且火灾不易迅速蔓延时，消防用水量可适当减少。因此，丁、戊类高层厂房和高层仓库（可燃包装材料较多时除外）的消火栓用水量可减少 10L/s，即同时使用水枪的数量可减少 2 支。

5 消防软管卷盘消防用水量较少。在设有室内消火栓的建筑物内，若设有这类设施时，一般首先使用其进行灭火。若还控制不了火势，需使用室内消火栓，关闭消防软管卷盘，在设计时可不计算其用水量。

6 舞台上的火灾使用雨淋灭火系统效果较好，在火灾较大时，舞台上部的自动喷水灭火系统一经使用，可不再使用雨淋灭火系统。计算水量时可考虑自动喷水灭火系统与雨淋灭火系统不按同时开启计算，选取两者中消防用水量较大者。因此，当舞台上设有消火栓、水幕、雨淋、闭式自动喷水灭火系统时，可按消火栓、水幕和雨淋消防用水量之和，或按消火栓、水幕和闭式自动喷水灭火系统用水量之和两者中的较大者作为设计消防用水量。

自动喷水灭火系统、水幕系统、雨淋喷水灭火系统用水量的计算，应按现行国家标准《水喷雾灭火系统设计规范》GB 50219 和《自动喷水灭火系统设计规范》GB 50084 等规范的规定执行。

8.4.2 本条规定了室内消防给水管道的设计要求。

室内消防给水管道是室内消防给水系统的主要组成部分，为可靠、有效地供应消防用水，应采取必要的保证措施。

1 环状管网供水安全，当其中某段损坏时，应仍能供应全部消防用水量。因此，室内消防管道应采用环状管道或环状管网。环状管道应有可靠的水源保证，且至少应有 2 条进水管分别与室外环状管道的不同管段连接，如图 8。

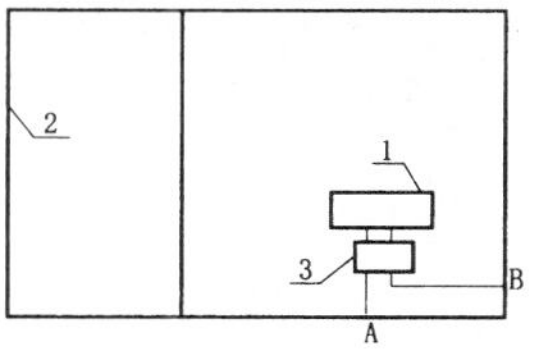

图 8 进水管连接方法示意图

1—室内管网；2—室外环状管道；3—消防泵站；

A、B—进水管与室外环状管网的连接点

设计时应使进水管具有充分的供水能力，即任一进水管损坏时，其余进水管仍应能供应全部消防用水量。生产、生活和消防合并的给水管道的进水管，应保证在生产、生活用水量达到最大小时流量时仍能满足消防用水量；若为消防专用的进水管，应仍能保证 100% 的消防用水量。

另外，在实际中还存在进水管考虑了消防用水，但水表仅考虑了生产、生活用水，当设计对象的消防用水较大时，难以保证火灾时的消防流量和消防水压的现象。因此，进水管上的计量设备（即水表结点）不应降低进水管的进水能力。对此，一般可采用以下办法解决：

1)当生产、生活用水量较大而消防流量较小时，进水管的水表应考虑消防流量。这不会影响水表计量的准确性，但要求在选用水表时将消防流量计入总流量中。

2)当生产、生活用水量较小而消防用水量较大时，应采用与生产、生活管网分开的独立消防管网，消防给水管网的进水管可不设水表。若要设置水表，应按消防流量进行选表。

2 多层建筑消防竖管的直径，应按灭火时最不利处消火栓出水要求经计算确定。最不利处一般是离水泵最远、标高最高的消火栓，但不包括屋顶消火栓。每根竖管最小流量不小于 5L/s 时，按最上 1 层进行计算；每根竖管最小流量不小于 10L/s 时，按最上 2 层消火栓出水计算；每根竖管最小流量不小于 15L/s 时，应按最

上 3 层消火栓出水计算。

3　高层厂房、高层仓库室内消防竖管的直径应按灭火时最不利处消火栓出水要求经计算确定，消防竖管上的流量分配可参考表 26 选择。当计算出来的竖管直径小于 100mm 时，应采用 100mm。

表 26　消防竖管流量的分配

建筑物名称	建筑高度（m）	竖管流量分配不小于（L/s）		
		最不利竖管	次不利竖管	第三竖管
高层厂房	≤50	15	10	—
	>50	15	15	—
高层仓库	≤50	15	15	—
	>50	15	15	10

4　为使消防人员到达火场后能及时出水，减少消防人员登高扑救、铺设水带的时间，方便向建筑内加压和供水，规定超过 4 层且设置室内消火栓的厂房（仓库）、高层厂房（仓库）及设置消防给水且层数超过 5 层的公共建筑应设置消防水泵接合器。

消防水泵接合器的数量应按室内消防用水量计算确定。若室内设有消火栓、自动喷水等灭火系统时，应按室内消防总用水量（即室内消防供水最大秒流量）计算。消防水泵接合器的形式可根据便于消防车安全使用、不妨碍交通且易于寻找等原则选用。一个消防水泵接合器一般供一辆消防车向室内管网送水。

消防车能长期正常运转且能发挥消防车较大效能时的流量一般为 10～15L/s。因此，每个水泵接合器的流量亦应按 10～15 L/s确定。为充分发挥消防水泵接合器向室内管网输水的能力，水泵接合器与室内管网的连接点（如图 9 内的 A、B 两点）应尽量远离固定消防泵输水管与室内管网的连接点（如图 9 内的 C、D 两点）。

消防水泵接合器应与室内环状管网连接。当采用分区给水时，每个分区均应按规定的数量设置消防水泵接合器，且要求其阀门能在建筑物室外进行操作，此阀门要采取保护设施，设置明显的标志。

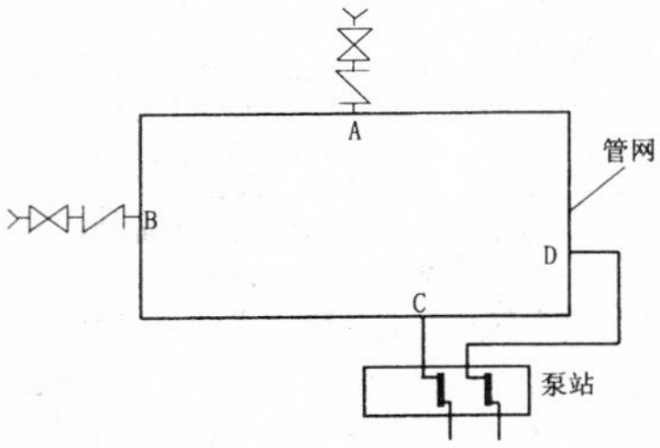

图 9　水泵接合器的布置要求

A、B—水泵接合器与室内管网连接点；

C、D—水泵送水管与室内管网的连接点

5　消防管道上应设有消防阀门。环状管网上的阀门布置应保证管网检修时，仍有必要的消防用水。单层厂房（仓库）的室内消防管网上两个阀门之间的消火栓数量不能超过 5 个。布置多层、高层厂房（仓库）和多层民用建筑室内消防给水管网上阀门时，要设法保证其中一条竖管检修时，其余的竖管仍能供应全部消防用水量。

6　当市政给水管道供水能力大，在生产、生活用水达到最大小时流量，且市政给水管道仍能供应建筑物的室内、外消防用水量时，建筑物内设置的室内消防用水泵的进水管要尽可能直接连接。这样做既可节约国家投资，对消防用水又无影响。否则，凡设有室内消火栓给水系统的建筑均需要设置消防水池。

我国有些城市（如上海、沈阳等）允许室内消防水泵直接从室外给水管道取水，不设调节水池。为保证消防给水系统的水压且不致因直接吸水而使城市管网产生负压，城市给水管网的最小水压不应低于 1MPa，并在系统中采取绕过消防水泵设置旁通管及必要的阀门组件等安全措施。

7　为防止消火栓用水影响自动喷水灭火系统的用水，或者消火栓平日漏水引起自动喷水灭火系统发生误报警，自动喷水灭火系统的管网与消火栓给水管网尽量分别单独设置。当分开设置确有困难时，在自动报警阀后的管道必须与消火栓给水系统管道分开，即在报警阀后的管道上禁止设置消火栓，但可共用消防水泵，以减小其相互影响。

严寒和寒冷地区非采暖的建筑，冬季极易结冰，可采用干式系统，但要求在进水管上设置快速启闭装置，管道最高处设置自动排气阀，以保证火灾时消火栓能及时出水。

8.4.3　本条规定了室内消火栓的布置要求。

1　室内消火栓是建筑室内的主要灭火设备，消火栓设置合理与否，对建筑火灾的扑救效果影响很大。设计时应考虑在任何初期建筑火灾条件下，均可使用室内消火栓进行灭火，当一个消火栓受到火灾威胁不能使用时，相邻消火栓仍能保护该消火栓保护范围内的任何部位。因此，每个消火栓应按出 1 支水枪计算，除建筑物最上一层外，不应使用双出口消火栓。布置消火栓时，应保证相邻消火栓的水枪（不是双出口消火栓）充实水柱同时到达其保护范围内的室内任何部位，如图 10。

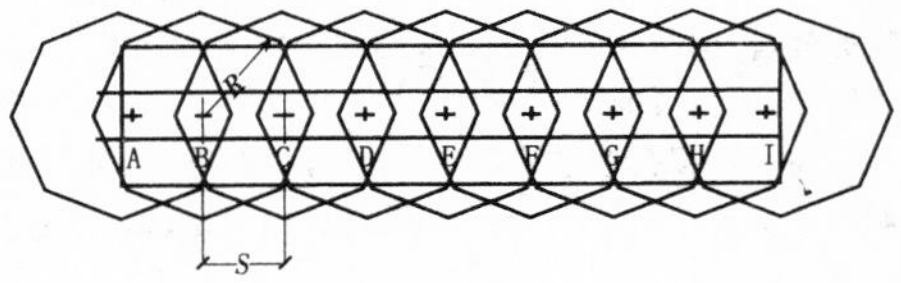

图 10　A、B、C、D、E、F、G、H、I——消火栓

对于多层民用建筑要尽可能利用市政管道水压设计消防给水系统，为确保市政供水压力达到扑救必需的水枪充实水柱（S_k），应按建筑物层高和水枪的倾角（45°～60°）进行核算。

$$S_k=\frac{H_1-H_2}{\sin\alpha}$$

验算市政供水压力能否满足消防管路水头损失要求，应按消防管道最远、最不利点扑救需要的充实水柱进行。如果市政供水压力不能达到按层高计算的水枪充实水柱，应设置消防增压水泵，此时水枪充实水柱应依照不应小于 7m、10m、13m 的规定来确定计算消防水泵的扬程。消防增压水泵的扬程 H_b，应能克服输水管的阻力 H_Z 和供水高度 H_g 的重力，满足消火栓出口的水压力 H_{xh}，即：

$$H_b=H_Z+H_g+H_{xh}\text{(m)}$$

消火栓的间距：$S=\sqrt{R^2-b^2}$

同时使用水枪的数量只有 1 支时，应保证室内任意 1 支水枪的充实水柱能到达其保护范围内的室内任何部位，消火栓的布置如图 11。

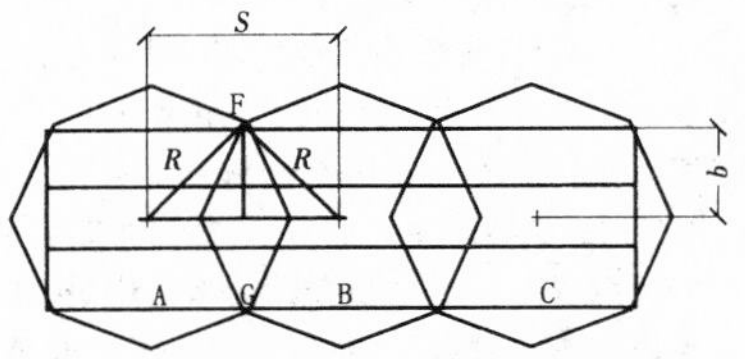

图 11　消火栓布置图

消火栓的间距：$S=2\sqrt{R^2-b^2}$

水枪的充实水柱长度可按下式计算［取消防水枪距地（楼）面的高度为 1m］：

$$S_k=\frac{H_{层高}-1}{\sin\alpha}$$

式中　S_k——水枪的充实水柱长度（m）；

$H_{层高}$——保护建筑物的层高（m）；

α——水枪的上倾角。一般可采用 45°，若有特殊困难时，亦可稍大些，考虑到消防队员的安全和扑救效果，水枪的最大上倾角不应大于60°

【例 1】有一厂房内设置有室内消火栓，该厂房的层高为 10m，试求水枪的充实水柱长度。

解：采用水枪上倾角为 45°，如图 12。

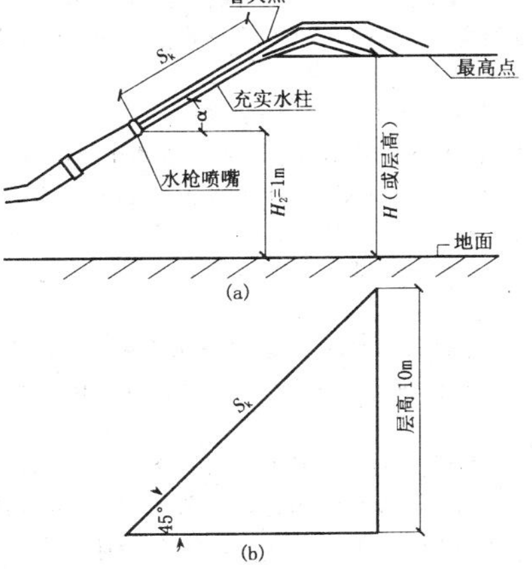

图 12　充实水柱长度计算

该厂房为单层丙类厂房，则需要的水枪充实水柱长度为：

$$S_k=\frac{10-1}{\sin45^\circ}=\frac{9}{0.707}=12.7(\text{m})$$

根据规范要求，丙类单层厂房的水枪充实水柱长度不应小于 7m，经过计算需要 12.7m，因此，采用 12.7m（大于 7m，符合规范要求）。

若采用水枪的上倾角为 60°，则水枪充实水柱长度为：

$$S_k=\frac{10-1}{\sin60^\circ}=\frac{9}{0.866}=10.4(\text{m})$$

该厂房若要求水枪充实水柱长度达到 12.7m 有困难时，亦可采用 10.4m。

【例 2】有一高层工业建筑，其层高为 5m，试求水枪的充实水柱长度。

解：采用水枪的上倾角为 45°。

$$S_k=\frac{5-1}{\sin45^\circ}=\frac{4}{0.707}=5.66(\text{m})$$

则水枪的充实水柱长度为 5.66m。根据计算结果，水枪的充实水柱长度仅需 5.66m，但规范规定高层工业建筑的水枪充实水柱长度不应小于 13m。因此，该高层工业建筑的水枪充实水柱长度应采用 13m，而不应采用 5.66m。

2　建筑物内不允许有些楼层设置消火栓而有些楼层不设置消火栓，如需设置消火栓，则每层均应设置。对于单元式、塔式住宅，在楼梯间可设置干式消防竖管，消火栓口设在楼梯间供消防队员接水带使用，消火栓口可隔层设置，也可在楼梯休息平台设置，栓口的公称直径均应采用 65mm。

消防电梯前室是消防人员进入室内扑救火灾的进攻桥头堡，为方便消防人员向火场发起进攻或开辟通路，在消防电梯间前室应设置室内消火栓。消防电梯间前室的消火栓与室内其他的消火栓一样，无特殊要求，但不计入消火栓总数内。

3　在消火栓箱上或其附近应设置明显的标志，消火栓外表应涂红色且不应伪装成其他东西，便于现场人员及时发现和使用。

为减小局部水压损失，在条件允许时，消火栓的出口宜向下或与设置消火栓的墙面成 90°角。

4　冷库内的室内消火栓应采取防止冻结损坏措施，一般设在常温穿堂和楼梯间内。冷库进入闷顶的入口处应设置消火栓，便于扑救顶部保温层的火灾。其他具体要求还应符合现行国家标准《冷库设计规范》GB 50072 的规定。

5　消火栓的间距应经计算确定。为了防止布置不合理，保证灭火使用的可靠性，规定了消火栓的最大间距。高层厂房（仓库）、高架仓库、甲乙类厂房、设有空气调节系统的旅馆以及重要的公共建筑等火灾危险性大、发生火灾后易产生较严重后果的建筑物，其室内消火栓的间距不应超过 30m。其他单层和多层建筑室内消火栓的间距可扩大到 50m。

同一建筑物内应用统一规格的消火栓、水带和水枪，便于管理和使用。我国消防队使用的水带长度一般为 20m，有的地区也采用 25m 长的室内消防水带，但如水带长度过长，则不便于灭火使用，故综合考虑要求建筑内设置的消防水带，其单根长度不应超过 25m。

除特殊情况或经当地的公安消防机构同意外，每个消火栓处均应设置消火栓箱，并应在箱内放置消火栓、水带和水枪。消火栓箱宜采用在紧急情况下能方便开启或破坏的门，如玻璃门等，不应采用锁闭的封闭金属门等开启困难的箱门。

6　设置在平屋顶上的屋顶消火栓，主要用以检查消防水泵运转状况以及消防人员检查该建筑物内消防供水设施的性能，以及扑救邻近建筑物的火灾。屋顶消火栓的数量一般可采用 1 个。寒冷地区可将其设置在顶层楼梯出口小间附近。

7　高层厂房（仓库）内的每个消火栓处均要求设置启动消防水泵的按钮，以便及时启动消防水泵，供应火场用水。其他建筑内当消防水箱不能满足最不利点消火栓的水压时，亦应在每个消火栓处设置远距离启动消防水泵的按钮。启动按钮应采取保护措施，例如，放在消火栓箱内或放在有玻璃保护的小壁龛内，防止误启动消防水泵。

常高压消防给水系统能经常保持室内给水系统的压力和流量，可不设置室内远距离启动消防水泵的按钮。采用稳压泵稳压时，当室内消防管网压力降低时能及时启动消防水泵的，也可不设远距离启动消防水泵的按钮。

8　如室内消火栓栓口处静水压力过大，再加上扑救火灾过程中，水枪的开闭产生水锤作用，可能使给水系统中的设备受到破坏。因此，消火栓栓口处的静水压力超过 100m 水柱时，应采用分区给水系统。

消火栓栓口处的出水压力超过 50m 水柱时，水枪的反作用力大，1 人难以操作。为此，消火栓栓口处的出水压力超过 50m 水柱时，应采取减压设施，但为确保水枪有必要的有效射程，减压后消火栓栓口处的出水压力不应小于 25m 水柱。减压措施一般可采用设置减压阀或减压孔板等方式。

8.4.4　本条规定了设置消防水箱的相关要求。

1　干式消防竖管系统平时管道内无水，灭火时依靠消防队向管道内加压供水。常高压给水系统一般能满足灭火时管道内以及建筑内任一处消火栓的水量和水压要求，可不设消防水箱。但当常高压给水系统不能满足此要求时，仍需要设置消防水箱。

2　临时高压给水系统给水可靠性较低，采用临时高压给水系统的建筑应设消防水箱。

1）由于重力自流的水箱供水安全可靠，因此，消防水箱应尽量采用重力自流式，并设置在建筑物的顶部（最高部位），且要求能满足最不利点消火栓栓口静压的要求。

2）室内消防水箱、气压水罐、水塔以及各分区的消防水箱（或气压水罐），是储存扑救初期火灾用水量的储水设备，一般考虑 10min 扑救初期火灾的用水量。但对于用水量较大的建筑物，该水量常较大，而初期灭火时的实际出水水枪数有限。因此，规定消防用水量不超过 25L/s 时，可采用 $12m^3$；超过 25L/s 时，可采用 $18m^3$。

3　消防用水与其他用水合并，可以防止水质腐败，并能及时检修。一般要求消防水箱与其他用水水箱合并，合并使用时，消防水箱内的水应始终保持不少于消防用水的储备量。因此，要求在共用的水箱内采取措施，使该部分水量不被生产、生活用水所占用。例如，将生产、生活用水管置于消防水面以上，或在消防水面处的生产、生活用水的出水管上打孔，保证消防用水安全。

消防用水的出水管应设在水箱的底部，保证供应消防用水。

4 固定消防水泵启动后，消防管路内的水不应进入水箱，以利于维持管网内的消防水压。消防水箱的补水应由生产或生活给水管道供应。采用消防水泵直接向消防水箱补水，容易导致灭火时消防用水进入水箱，在设计时应引起注意。

8.4.5 目前有些室内消防设施的标志无标志或不明显，有的标志也不规范或易脱落、损坏，因此，本条规定了室内消火栓、阀门等室内消防设施应设置永久性固定标志，以方便使用。

8.5 自动灭火系统的设置场所

自动喷水灭火系统、水幕系统、水喷雾灭火系统、卤代烷与二氧化碳等气体灭火系统、泡沫灭火系统等及其他自动灭火装置，对于扑救和控制建筑物内的初期火灾，减少火灾损失，有效地保障人身安全，具有十分明显的作用，在各类建筑内使用广泛。但由于建筑功能及其内部空间用途千差万别，本规范很难对所有建筑类型及其内部的各类场所一一给出具体的规定，而是从实际中总结出一些共性较强的建筑类型和场所，综合考虑作了一些原则性的基本规定。实际设计时，应根据不同灭火系统的特点及其适用范围、系统选型和设置场所的相关要求，经技术、经济等多方面比较后确定。

本节中各条的规定均有三个层次，一是这些场所应设置自动灭火系统。二是推荐了一种较适合该场所的灭火系统类型，正常情况下应采用该系统，但并不排斥采用其他适用系统或灭火装置。如在有的场所空间很大，只有部分设备是主要的危险源并需要灭火保护时，可对该局部危险性大的设备采用小型自动灭火装置(如“火探”自动灭火装置等)进行保护，而不必采用大型自动灭火系统保护整个空间的方法实现。三是在具体确定采用系统中的哪种灭火方式，还应根据该场所的特点和条件、系统的特性以及国家相关政策来确定。在选择灭火系统时，应考虑在一座建筑物内尽量采用同一种或同一类型的灭火系统，为维护管理和简化系统设计提供条件。

此外，本规范未规定设置自动灭火系统的场所并不排斥或限制根据工程实际情况以及建筑的整体消防安全需要而设置相应的灭火系统。

8.5.1 本条规定了应设置自动灭火系统且宜采用自动喷水灭火系统的场所。

自动喷水灭火系统在国外使用十分广泛，从厂房、仓库到各类民用建筑。根据我国当前的条件，本条仅对火灾危险性大、火灾可能导致经济损失大、社会影响大或人员伤亡大的重点场所作了规定。本条规定中有的有具体部位，有的是以建筑物为基础规定的。在执行时，如规定的建筑物中有些部位火灾危险性较小或火灾荷载密度较小时，也可不设。其原则是重点部位、重点场所，重点防护；不同分区，措施可以不同；总体上要能保证整座建筑物的消防安全，特别要考虑所设置的部位或场所在设置灭火系统后应能防止一个防火分区内的火灾蔓延到另一个防火分区中去。

1 邮政楼既有办公也有邮件处理和邮袋存放功能，在设计中一般按丙类厂房考虑，并按照不同功能实行较严格的防火分区或分隔。因此，其办公、空邮袋库应按规定设置自动喷水灭火系统。邮件处理车间，经公安部消防局与国家邮政局协商，可在处理好竖向连通部位的防火分隔条件下，不设置自动喷水灭火系统，但其中的重要部位仍宜采用其他对邮件及邮件处理设备无较大损害的灭火剂及其灭火系统保护。

2 建筑内采用送回风管道的集中空气调节系统具有较大的火灾蔓延传播危险。旅馆、商店、展览建筑使用人员较多，有的室内装修还采用了较多难燃或可燃材料，大多设置有集中空气调节系统。这些场所人员的流动性大、对环境不太熟悉且功能复杂，有的建筑内的使用人员还可能较长时间处于休息、睡眠状态。装修材料的烟生成量及其毒性分解物较多、火源控制较复杂或易传播扩散火灾及其烟气。有固定座位的场所，人员疏散相对较困难，所需疏散时间可能较长。

3 本条第6款中所指“建筑面积”是指歌舞娱乐放映游艺场所每层的建筑面积。每个厅、室的防火设计应符合本规范第5章、第7章的有关规定。

8.5.2 本条规定了水幕系统的设置部位。

按国家规范要求设置的水幕系统正常动作后，可以防止火灾通过该开口部位蔓延，或辅助其他防火分隔物实施有效分隔。其主要设置位置有因生产工艺需要或装饰上需要而无法设置防火墙等作防火分隔物的开口部位，也有辅助防火卷帘和防火幕作防火分隔的地方。

水幕系统是现行国家标准《自动喷水灭火系统设计规范》GB 50084 规定的系统之一，有关系统计算和设计应按照该规范的规定执行。

8.5.3 本条规定了雨淋自动喷水灭火系统的设置场所。

雨淋系统用以扑救大面积的火灾，在火灾燃烧猛烈、蔓延快的部位使用。雨淋系统应有足够的供水速度，保证其灭火效果。本条规定主要考虑到以下几个方面：

1 火灾危险性大、发生火灾后燃烧速度快或可能发生爆炸性燃烧的厂房或部位。

2 易燃物品仓库，当面积较大或储存量较大时，发生火灾后影响面较大，如面积超过 $60m^2$ 硝化棉等仓库。

3 可燃物较多且空间较大、火灾易迅速蔓延扩大的演播室、电影摄影棚等场所。

4 乒乓球的主要原料是赛璐珞，在生产过程中还采用甲类液体溶剂，乒乓球厂的轧坯、切片、磨球、分球检验部位具有火灾危险性大且火灾发生后燃烧强烈、蔓延快等特点。

8.5.4 本条规定了应设置自动灭火系统且宜采用水喷雾灭火系统的场所。

水喷雾灭火系统喷出的水滴粒径一般在 1mm 以下，喷出的水雾表面积大、能吸收大量的热，具有迅速降温作用，同时水在热作用下会迅速变成水蒸气，并包裹保护对象，起到窒息灭火的作用。水喷雾灭火系统对于重质油品火灾具有良好的灭火效果。

1 试验证明，变压器油的闪点一般都在120℃以上，水喷雾灭火系统有良好的灭火效果。室外大型变压器和洞室内的变压器宜采用水喷雾灭火系统。

缺水或寒冷地区以及设置在室内的电力变压器亦可采用二氧化碳等气体灭火系统。另外，对于变压器火灾，目前还有一些有效的其他灭火系统可以采用，如自动喷水-泡沫联用系统、变压器排油注氮装置等。

2 飞机发动机试验台的试车部位有燃料油管线和发动机内的润滑油，易发生火灾，设置自动灭火系统主要用于保护飞机发动机和试车台架。该部位的灭火系统设计应全面考虑，一般可采用水喷雾灭火系统，也可以采用气体灭火系统、细水雾灭火系统或泡沫灭火系统等。

8.5.5 本条规定了应设置自动灭火系统且宜采用气体灭火系统的场所。

气体灭火剂不导电、不造成二次污染，是扑救电子设备、精密仪器设备、贵重仪器和档案图书等纸质、绢质或磁介质材料信息载体的良好灭火剂。气体灭火系统在密闭的空间里有良好的灭火效果，但系统投资较高，故本规范只要求在一些重要的机房、贵重设备室、珍藏室、档案库内设置。

1 本条规定的场所中有些未限制哈龙灭火系统的使用，主要考虑这些场所经常有人工作，以及某些情况下设置其他系统难以为灭火设备提供足够的建筑空间等情况。根据《中国消防行业哈龙整体淘汰计划》，我国将于2005年和2010年分别停止生产卤代烷1211和卤代烷1301灭火剂。另外，国家有关法规也规定：在允许设置卤代烷灭火系统的场所不得采用卤代烷 1211 灭火系统。因此,在选用卤代烷 1211 和 1301 灭火系统时,应慎重考虑。

2　电子计算机机房的主机房和基本工作间按照现行国家标准《电子计算机房设计规范》GB 50174 的规定执行。图书馆的特藏库按照国家现行标准《图书馆建筑设计规范》JGJ 38 的规定执行。档案馆的珍藏库按照国家现行标准《档案馆建筑设计规范》JGJ 25 的规定执行。大、中型博物馆按照国家现行标准《博物馆建筑设计规范》JGJ 66 的规定执行。

3　特殊重要设备主要指设置在重要部位和场所中,发生火灾后将严重影响生产和生活的关键设备。如化工厂中的中央控制室和单台容量 300MW 机组及以上容量的发电厂的电子设备间、控制室、计算机房及继电器室等。

4　根据近几年二氧化碳灭火系统的使用情况,对该系统的设计、施工、调试开通及验收后的运行等,均应严格执行规范的规定,以确保人身安全。

8.5.6　本条规定了泡沫灭火系统的设置范围。

按照系统产生泡沫的倍数,分为低倍数、中倍数和高倍数泡沫灭火系统。低倍数泡沫的主要灭火机理是通过泡沫的遮断作用,将燃烧液体与空气隔离实现灭火。高倍数泡沫的主要灭火机理是通过密集状态的大量高倍数泡沫封闭火灾区域,阻断新空气的流入实现窒息灭火。中倍数泡沫的灭火机理取决于其发泡倍数和使用方式,当以较低的倍数用于扑救甲、乙、丙类液体流淌火灾时,其灭火机理与低倍数泡沫相同;当以较高的倍数用于全淹没方式灭火时,其灭火机理与高倍数泡沫相同。

低倍数泡沫灭火系统被广泛用于生产、加工、储存、运输和使用甲、乙、丙类液体的场所。

国际标准 ISO/DIS 7076、美国标准 NFPA 11A、英国标准 BS 5306等都规定了中倍数泡沫可以扑救固体和液体火灾,可应用于发动机实验室、油泵房、变压器室、地下室等场所。我国对中倍数泡沫灭火系统的研究已有二十余年的历史,经过近百次试验证明了该系统的灭火能力,验证了国际和国外标准给出的设计参数,并已在小型的油罐和其他一些场所应用。

美、英、德国和国际标准以及我国现行国家标准《高倍数、中倍数泡沫灭火系统设计规范》GB 50196 中都规定了高倍数泡沫可以扑救固体和液体火灾,它主要用于大空间和人员进入有危险以及用水难以灭火或灭火后水渍损失大的场所,如大型易燃液体仓库、橡胶轮胎库、纸张和卷烟仓库、电缆沟及地下建筑(汽车库)等。该类灭火系统具有灭火迅速、水渍损失小、抗变能力强的特点。

有关泡沫灭火系统的设计与选型应按照现行国家标准《低倍数泡沫灭火系统设计规范》GB 50151、《高倍数、中倍数泡沫灭火系统设计规范》GB 50196 和《固定消防炮灭火系统设计规范》GB 50338 等的有关规定执行。

8.5.7　本条规定了宜设置自动消防炮灭火系统的场所。

自动消防炮灭火系统,早期是一种常用于大型露天油库、码头等的灭火系统,近年被越来越多地用于类似飞机库、体育馆、展览厅等高大空间场所。自动消防炮灭火系统融入了自动控制技术,可以远程控制并自动搜索火源、对准着火点、自动喷洒灭火,可与火灾自动报警系统联动,既可手动控制,也可实现计算机自动操作,适宜用于扑救大空间内的早期火灾。

1　建筑物内空间高度大于 8m 时,早期火灾的烟气羽流温度通常很难达到自动喷水灭火系统的启动温度,依靠温度变化而启动的洒水喷头及其安装高度不能有效地发挥早期火灾响应和灭火的作用。通常情况下,无论是高灵敏度感烟还是感温的火灾探测器,其灵敏度都比快速响应喷头的灵敏度要高得多,采用与火灾探测器联动的自动消防炮比快速响应喷头更能及时进行早期火灾的扑救。另外,快速响应早期抑制喷头主要用于保护高堆垛与高货架仓库等场所。

火源上方热羽流中心线温度:

$$T=T_0+\frac{Q_c}{\dot{m}c_p}$$

其中:$Q_c=0.7Q$,$\dot{m}=0.071Q_c^{1/3}Z^{5/3}+0.0018Q_c$

T 为火源上方热羽流中心线温度;T_0 为环境温度,单位为℃;Q 为火源功率;c_p 为定压热容;Q_c 为火源功率的对流部分,单位为 kW;Z 为中心线高度,单位为 m;$\dot{m}$ 为流入烟气层烟羽流质量流量,单位为 kg/s。

根据上式,当环境温度为 20℃时,若设火灾功率为 1MW,在距离火源中心高度为 8m 的位置,其烟气温度最高值约为 52.5℃,达不到快速响应喷头的正常启动温度 68℃;而在这样的火源情况下,通常火灾探测器完全可以正常报警,从而联动自动消防炮扑救火灾。

2　喷头高度、水滴粒径、流速决定了水滴实际能穿过火羽流到达火焰面的能力,即喷头的实际灭火效果。一般喷头所喷出来的水滴粒径和流速都较小,当喷头距离火源高度较大时,水滴受空间高度的影响而无法穿透火羽流,在到达火焰面前已被火羽流蒸发或冲散。另外,喷头安装高度过高,喷出的水滴更加分散,其有效洒水密度降低,不利于灭火。

消防炮喷出的水量集中、流速快、冲量大,水流可以直接接触燃烧物而作用到火焰根部,将火焰剥离燃烧物使燃烧中止,能有效地扑救高大空间的火灾。

3　单台消防炮的保护面积比单只喷头的保护面积大得多,其喷水强度也是喷头的几十倍。一只喷头的最大保护面积约为 $20m^2$;而小型消防炮按照最大射程 50m 计算,其半圆形最大保护面积可达 3900 m^2,约为单只喷头的 200 倍。

灭火效果与单位面积的喷水强度有密切关系,自动消防炮扑救方式为点式,其单位面积的喷水强度比喷头大得多,例如:单只喷头的最大洒水强度一般为 $20L/(min \cdot m^2)$。单台普通小型消防炮的流量为 1200L/min,水柱落点覆盖面积按 $9m^2$ 计算,单位面积喷水强度可达到 $1200/9=133L/(min \cdot m^2)$,是喷头的 6.7 倍。

8.5.8　本条规定了设置厨房自动灭火装置的范围。

本条规定的厨房均为商用厨房,规模较大的单位自用食堂厨房可参照执行。据统计,厨房火灾是常见的建筑火灾之一。厨房火灾主要发生在灶台操作部位及其排烟道。从试验情况看,厨房火灾一旦发生,发展迅速且常规灭火设施扑救易发生复燃;烟道内的火灾扑救又比较困难。根据国外近 40 年的应用历史,在该部位采用自动灭火装置灭火,效果理想。

目前,国内外相关产品在国内市场均有销售,不同产品之间的性能差异较大。因此,设计时应注意选用能自动探测火灾与自动灭火动作且灭火前能自动切断燃料供应,具有防复燃功能且灭火效能(一般应以保护面积为参考指标)较高的产品,并且必须在排烟管道内设置喷头。有关装置的设计、安装可按照厨房设备灭火装置有关技术规定执行。

8.6　消防水池与消防水泵房

8.6.1　本条规定了应设置消防水池的条件。

水是扑救建筑火灾与防护相邻建、构筑物的主要介质,必须保证火灾时消防用水的可靠与充足。

1　市政给水管道直径太小,不能满足消防用水量要求(即在生产、生活用水量达到最大时,不能保证消防用水量),或进水管直径太小,不能保证消防用水量要求,均应设置消防水池储存消防用水。

对于天然水源,如其水位太低、水量太少或枯水季节不能保证用水的,仍应设置消防水池。

2　市政给水管道为枝状或只有 1 条进水管,则可能因检修而影响消防用水的可靠性。因此,室内外消防用水量超过 25L/s,且由枝状管道供水或仅有 1 条进水管供水,虽能满足流量要求,但考虑枝状管道或1条供水管的可靠性，规定仍应设置消防水池。如室内外消防用水量较小，在发生火灾时发生供水中断情况，消防队也可解决用水（即用消防车接力供水或运水解决）时，可不设置消防水池。

8.6.2 本条规定了消防水池的容量、布置等设计要求。

1 消防水池的容量应为消防水池的有效容积，即能够储存消防用水供扑灭火灾使用的有效水容积。有效容积应为水池溢流口以下且不包括水池底部无法取水的部分以及隔墙、柱所占的体积。

消防用水量应按火灾延续时间和消防流量计算确定。消防水池的有效容积应根据室外给水管网是否能保证室外消防用水量来确定。当室外消防用水能够得到保证时，消防水池只需满足室内消防用水的存水量；当室外给水管网不能保证室外消防用水时，则消防水池还需储存室外消防用水的不足部分。

2 消防水池容积与室外给水管网的供水能力有相互调节的关系。如果城市给水管网供水充足，除能保证室外消防用水量外，还有余量向室内消防水池补充水量，此时允许接纳室外给水管网在火灾延续时间内向消防水池补水。补水管道计算流速不应超过2.5m/s，取1～1.5m/s较合适。

消防水池容量过大时应分成2个，以便水池检修、清洗时仍能保证消防用水，但2个水池都应具备独立使用的功能，各有水泵吸水管、补水进水管、泄水管、溢水管等。2个水池之间还应设置连通管和控制阀门。

3 消防用水与生产、生活用水合并时，为防止消防用水被生产、生活用水所占用，因此要求有可靠的技术设施（例如生产、生活用水的出水管设在消防水面之上）保证消防用水不作他用。在气候条件允许并利用游泳池、喷水池、冷却水池等用作消防水池时，必须具备消防水池的功能，设置必要的过滤装置，各种用作储存消防用水的水池，当清洗放空时，必须另有保证消防用水的水池。

消防水池的补水时间主要考虑第二次火灾扑救需要。一般情况下，补水时间不宜超过48h；在无管网的缺水区，采用深井泵补水时，可延长到96h。

4 在火灾情况下能确保连续补水时，消防水池的容量可以减去火灾延续时间内补充的水量。确保连续补水的条件为：

1）消防水池有2条补水管且分别从环状管网的不同管段取水，且其补水量是按最不利情况计算。例如，有2条进水管，其补水量就要按管径较小的补水管计算。如果水压不同时，就要按补水量较小的补水管计算。

2）若部分采用供水设备，该供水设备应设置有备用泵和备用电源（或内燃机作为备用动力），且能使供水设备不间断地向水池供水的输水管不少于2条时，可减去火灾延续时间内补充的水量。在计算补水量时，仍应按补水能力最小的补水管进行计算。

5 消防水池要供消防车取水时，根据消防车的保护半径（即一般消防车发挥最大供水能力时的供水距离为150m）规定消防水池的保护半径为150m。

消防水池要能够供应其保护半径内所有建、构筑物灭火所用消防用水，且不会受到建筑物火灾的威胁。因此，消防水池取水口距离建筑物不应小于15m，距甲、乙、丙类液体储罐不宜小于40m。距离可燃液体储罐的距离还应根据储罐的大小、储存液体的燃烧特性等进行调整。

6 水泵进水口的吸水高度，受吸水管阻力、气蚀余量和大气压力的影响。为保证消防车可靠取水，对于大气压力超过10m水柱的地区，消防车取水口的吸水高度不应大于6m。对于大气压力低于10m水柱的地区，允许消防车取水口的吸水高度经计算确定减少。有关海拔高度与最大吸水高度的关系，参见表27。其原则是：供消防车取水的消防水池应保证其最低水位低于消防车内消防水泵吸水管中心线的高度不大于消防水泵所在地的最大吸水高度，且最大不应大于6m。建议各地公安消防监督机构制定出本地的"消防水泵最大吸水高度"。由于消防车内消防水泵进口中心线离地面的高度已知（一般为1m），因而消防水池最低水位低于取水口处消防车道的最大高度可以计算得出。

表27 海拔高度与最大吸水高度的关系

海拔高度(m)	0	200	300	500	700	1000	1500	2000	3000	4000
大气压(m水柱)	10.3	10.1	10.0	9.7	9.5	9.2	8.6	8.4	7.3	6.3
最大吸水高度(m)	6.0	6.0	6.0	5.7	5.5	5.2	4.6	4.4	3.3	2.3

8.6.3 本条规定了不同场所的设计火灾延续时间。

火灾延续时间为消防车到达火场开始出水时起，至火灾被基本扑灭止的一段时间。

火灾延续时间是根据火灾统计资料、国民经济水平以及消防力量等情况综合权衡确定的。根据火灾统计，城市、居住区、工厂、丁戊类仓库的火灾延续时间较短，绝大部分在2.0h之内（如在统计数据中，北京市占95.1%；上海市占92.9%；沈阳市占97.2%）。因此，民用建筑、丁戊类厂房、仓库的火灾连续时间，本规范采用2.0h。

甲、乙、丙类仓库内大多储存着易燃易爆物品或大量可燃物品，其火灾燃烧时间一般均较长，消防用水量较大，且扑救也较困难。因此，甲、乙、丙类仓库、可燃气体储罐的火灾延续时间采用3h；可燃材料的露天堆场起火，有的可延续灭火数天之久。经综合考虑，规定其火灾延续时间为6.0h。

据统计，液体储罐发生火灾燃烧时间均较长，长者达数昼夜。显然，按这样长的时间设计消防用水量是不经济的。规范所确定的火灾延续时间主要考虑在灭火组织过程中需要立即投入灭火和冷却的用水量。一般浮顶罐、掩蔽室和半地下固定顶立式罐，其冷却水延续时间按4.0h计算；直径超过20m的地上固定顶立式罐冷却水延续时间按6.0h计算。液化石油气火灾，一般按6.0h计算。设计时，应以这一基本要求为基础，根据各种因素综合考虑确定。相关专项标准也宜在此基础上进一步明确。

8.6.4 本条规定了消防水泵房的建筑防火设计要求。

1 设计应保证消防水泵在火灾情况下仍能坚持工作，不受到火灾的威胁。因此，消防水泵房宜独立建造，并采用耐火等级不低于二级的建筑物。当附设在其他建筑物内时，应采用耐火极限不低于2.00h的不燃烧体隔墙和1.50h的不燃烧体楼板与其他部位隔开。

2 为了便于在火灾情况下，操作人员能坚持工作或方便人员进入泵房及安全疏散，规定设在首层的消防水泵房应设置直通室外的安全出口；设在地上、地下其他楼层内的泵房，应紧靠建筑物的安全出口，有条件的应设置直通室外的出口。

8.6.5 本条主要为提高消防水泵取水的可靠性，确保火灾时能及时向供水管道供水。

本条规定至少要有2条出水管与环状管网连接，当其中1条出水管在检修时，其余的进出水管应仍能供应全部消防用水量。泵房的出水管与环状管网连接时，应与环状管网的不同管段连接，确保供水的可靠性，参见图13。

为便于试验和检查消防水泵，应在其出水管上安装压力表和公称直径为65mm的放水阀。应定期检查消防水泵是否能正常运转，并测试消防水泵的流量和压力。当试验用水取自消防水池时，可将试验水通过放水管回流水池。对于高层工业建筑，消防用水量大、水压力高，选定的消防水泵流量均大于实际消防用水量。由于试验时的水泵出水量小，容易超过管网允许压力而造成事故，因此需要设防超压设施，一般可采取选用流量-扬程曲线平的水泵、出水管上设置安全阀或泄压阀、设回流泄压管等方法。

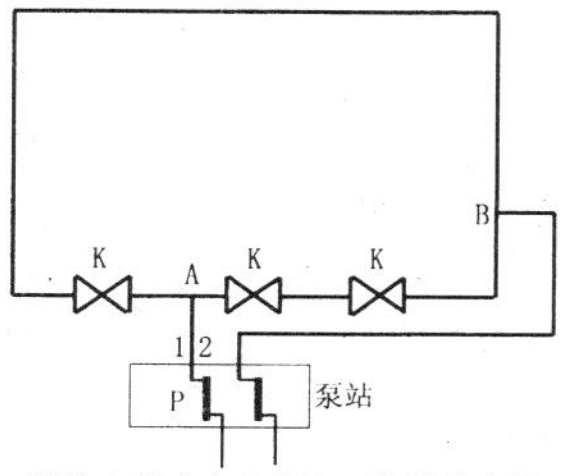

图 13 消防水泵房出水管与环状管道连接示意图

1、2—两条消防泵房的出水管；P—消防泵站；

A、B—泵房的出水管与环状管道的连接点；

K—环状管网上的阀门布置

8.6.6 本条规定要求提供在水源可靠的情况下能保证消防水泵不间断供水的措施，本规定不排斥其他与此等效的技术措施。

高压或临时高压消防水泵，每台工作消防泵（如一个系统，一台工作泵，一台备用泵，可共用一条吸水管）均应有独立的吸水管从消防水池（或市政管网）直接取水，保证不间断地供应火场用水。一组（2 台或 2 台以上，包括备用泵）消防水泵应有 2 条吸水管。当其中 1 条吸水管在检修或损坏时，其余的吸水管应仍能通过 100%的用水总量。

消防水泵应经常充满水，以保证及时启动供水，因此，应采用自灌式引水方式。若采用自灌式引水有困难时，应有可靠迅速的充水设备，如同步排吸式消防水泵等。

8.6.7 为充分利用市政设施和水资源，本条规定了采用市政水源的保证措施。

市政管网水源可靠，当市政给水管允许直接供消防水泵吸水时，应首选此消防增压系统。市政给水管网的供水压力会随城市用水量大小而变化，消防水泵扬程应按市政给水管网最低压力计算，以免火灾发生时消防给水压力不足。消防给水系统的承压能力，应按市政给水管网最高压力和消防水泵最高出水压力验算，校核消防水泵的效率、消防给水系统是否超出规定的工作压力等，确保消防给水系统安全运行。

8.6.8 本条对火场用水不间断供应提出了保证措施。

设计选用的消防备用泵的流量和扬程不应小于消防水泵房内的最大一台工作泵的流量和扬程。符合下列条件之一的，可不设消防备用泵：

1 建筑物体积较小或厂房、仓库内可燃物较少，且需用消防用水量不大的，可不设消防备用泵，由消防队在灭火预案中制定的供水方案解决。本规范规定室外消防用水量不超过 25L/s 的工厂、仓库或居住区，可不设消防备用泵。

2 对于室内消防给水较小的建筑物，通常火灾危险性较小或建筑体量较小、高度较低，可充分利用外部救援力量，因此也可不设消防备用泵。

8.6.9 本条要求设计应采取措施保证消防水泵启动和持续工作的动力。

1 生产、生活用水和消防用水合用一个消防水泵房时，可能有数台水泵共用 2 条或 2 条以上吸水管（与消防合用时不应少于 2 条吸水管）。发生火灾后，生产、生活用水转为消防用水时，可能要启闭整个阀门。当消防水泵采用内燃机带动时（内燃机的储油量一般应按火灾延续时间确定），启动内燃机需要时间；当采用发电机带动时，也需要一段时间。为保证消防水泵及时启动，应采取必要的技术措施，保证消防水箱内水用完之前，消防水泵能及时启动供水。

另外，实际火场可能在较低楼层内起火，水枪的出水量远远大于计算流量，加之消防水箱的容量较小，一般只能供应 5～10min 的消防用水。根据实际使用情况，更短时间内启动消防水泵也容易实现，因此，本条要求消防水泵能在火警后 30s 内开始工作。

2 为保证消防水泵能发挥负荷运转，保证火场有必要的消防用水量和水压，消防水泵与动力机械应直接耦合。由于平皮带易打滑，影响消防水泵的供水能力，设计应避免采用平皮带；如采用三角皮带，不应少于 4 条。

9 防烟与排烟

火灾事故说明，烟气是造成建筑火灾人员伤亡的主要因素。烟气中携带有较高温度的有毒气体和微粒，对人的生命构成极大威胁。有关实验表明，人在浓烟中停留 1～2min 就会晕倒，接触 4～5min 就有死亡的危险。美国曾对 1979～1990 年的火灾死亡人数做过较详细的分类统计，结果显示烟气致死人数约占总死亡人数的 70%。2000 年 12 月洛阳某特大火灾，导致 309 人死亡，几乎全部为火灾中的有毒烟气所致。

火灾中的烟气蔓延速度很快，在较短时间内，即可从起火点迅速扩散到建筑物内的其他地方，有的还使楼梯间等疏散通道被烟气封堵，严重影响人员的疏散与消防救援，导致伤亡。据研究，烟气的蔓延速度，水平方向扩散约为 0.3～0.8m/s，垂直向上扩散约为 3～4m/s。在同一楼层中，层高为 4～5m 的商场，火灾持续燃烧数分钟后，烟气就可充满整个空间。另外，烟气在扩散初期，常使建筑内远离着火点的人员不易察觉。这些是火灾中烟气导致人员伤亡的重要原因。

十多年来，随着城市土地资源日趋紧缺，城市规模不断扩大，城市建设不得不向高空和地下延伸。另外，受城市规划和投资与功能的限制，使得地下空间的开发利用已成为城市立体发展的重要补充手段。地下空间相对封闭、与地上联系通道有限等特点，导致火灾时烟气排除困难，加快了烟气在地下空间内的积聚与蔓延，也对人员疏散与灭火救援十分不利。

此外，目前大空间或超大规模的工业与民用建筑日益增多，中庭在公共建筑中被广泛采用。在这些规模大、人员密集或可燃物质较集中的建筑或场所中，如何保证火灾时的人员安全疏散和消防人员救援工作安全、顺利，也是建筑防火设计与监督人员应认真考虑的内容。

防烟、排烟的目的是要及时排除火灾产生的大量烟气，阻止烟气向防烟分区外扩散，确保建筑物内人员的顺利疏散和安全避难，并为消防救援创造有利条件。建筑内的防烟、排烟是保证建筑内人员安全疏散的必要条件。

本章的规定是以近几年有关科研成果、现行国家标准《高层民用建筑设计防火规范》GB 50045 和《人民防空工程设计防火规范》GB 50098 的执行情况以及英、美、日等国家有关规范和研究文献为基础确定的，是关于建筑内防烟与排烟的一般性设计原则。建筑防烟与排烟的理论较多，至今尚无一种被广泛接受的权威理论，且实际工程中建筑的类别、使用功能和结构布局、建筑内的火灾荷载大小与分布、形态等均存在着多样化的可变因素，设计人员在设计时还应积极探索和利用一些较成熟的消防安全工程技术辅助进行设计。有关专项设计规范在制、修订时宜根据本规范的原则适时增补更具体的要求。

9.1 一般规定

9.1.1 本条规定了建筑中防烟与排烟的基本方式。

机械防烟或排烟与自然排烟方式，是目前各国均认可和采用的方式，在国内外有关规范中也有明确规定，在实际工程中应用普遍。

9.1.2 本条规定了应设置防烟设施的场所。

建筑物内的防烟楼梯间及其前室、消防电梯间前室或合用前室都是建筑物着火时最重要的安全疏散通道。火灾时可通过开启外窗等自然排烟设施将烟气排出，亦可采用机械加压送风的防烟设施，使重要疏散通道内的空气压力高于其周围的空气压力，阻止烟气侵入。

9.1.3 本条规定了建筑防火设计中应设置排烟设施的范围。在这些建筑或场所内，应根据实际情况确定是采用自然排烟设施还是机械排烟设施进行排烟设计。

1　工业建筑中，因生产工艺的需要，房间面积超过 300m² 的地上丙类厂房比比皆是，有的无窗或设有固定窗，如洁净厂房等，有的则开有大面积外窗；有的平面面积达数万平方米；如电子、纺织、造纸厂房、钢铁与汽车制造厂房等。丙类厂房中人员较多，过去一直没有要求设置排烟的规定，发生火灾时给人员疏散和火灾扑救带来一定隐患。平面面积巨大的建筑物发生火灾后，依靠自然排烟，烟气往往排除困难。

2　仓库中的使用人员较少，故其面积有所调整，但考虑火灾扑救需要和防止发生轰燃，规定面积超过 1000m² 的丙类仓库应设排烟设施。

近期以来，汽车工业发展较快，多在屋面上设置了自然排烟天窗，厂房高度一般多在 8～10m 左右，国内类似建筑建成并投入使用的已有数百万平方米。因此，丁类厂房需要根据具体情况认真研究采取排烟措施。

3　公共建筑如体育馆、礼(会)堂、展览馆、商场、超市、各类大型交易市场等大空间建筑，体量较大、功能复杂、使用人员密集，而且每层面积和火灾荷载都很大。本条规定了这些公共建筑中面积超过 300m²、经常有人停留或可燃物较多的地上房间应设排烟设施，如体育馆的观众厅、展览馆的展览厅、商场的营业厅、礼(会)堂，还有多功能厅、餐饮等公共活动场所，可燃物较多的如书库、资料室、设备库等库房。

4　中庭在建筑中往往贯通数层，火灾时能使火势和烟气迅速蔓延，易在较短时间内充填或弥散到整个中庭，并通过中庭扩散到相邻空间。对此，设计者必须高度重视，结合中庭与相连通空间的特点和火灾荷载的大小与燃烧特性等采取有效的防烟、排烟设施。

中庭烟控是当前建筑防火研究的重点问题，但其基本方法包括减少烟气产生和控制烟气运动两方面。研究表明：要有效地进行中庭烟控，首先应限制中庭及相连空间内可燃物的存放数量，减少发生火灾的可能性。其次是安装自动喷水灭火系统，有效地降低火灾产生的热量和烟量，设置防烟隔断，限制烟气的扩散。设置机械排烟设施，能使烟气有序运动和排出建筑物、各楼层的烟层维持在一定的高度，为人员赢得足够的逃生时间。

中庭排烟设计需注意的问题：

1)现行国家标准《高层民用建筑设计防火规范》GB 50045 中规定：净高小于 12m 的中庭可开启的天窗或侧高窗的面积不小于该中庭地面积的 5%时，可采用自然排烟的方式。该标准将自然排烟设置条件限制在 12m 高度的原因是因为烟气在上升过程中会因烟气温度降低而出现“层化”现象。

2)根据烟气控制理论，烟气在空间内蔓延很快，一般只需 3～4s 就可蔓延至 12m 高度。从实际火灾可证明这点，如某商业城是一幢耐火等级为一级的钢筋混凝土结构，整个中庭贯穿 6 层(中庭长 45m、宽 26m)，顶部为半圆形玻璃罩。1996 年 4 月该建筑一层西北角起火，烧至中庭后热气流很快到达六层，并将顶部的玻璃外罩烤裂烧穿，使中庭变成了一个巨大的烟火羽流柱。中庭火灾时的热气流很快升至 12m 以上，这样的实例在实际火场是常见现象。《中庭内火灾烟气流动规律的研究》(1999 年 8 月，《消防科学与技术》)一文也指出：中庭内部一旦发生火灾，烟气在十几秒内就能升到 27m 的顶板处，并进一步形成烟气层。

根据所发生的中庭火灾实例和我国现在的经济状况及管理水平，结合自然排烟的特点，本次规范对中庭应设置机械排烟的高度未限制在 12m。但因自然排烟受热压和密闭性等因素的影响，有条件时，虽具备自然排烟条件也宜采用机械排烟设施。

3)设计中要考虑会影响烟控系统效果的一些不利因素，如对烟气浮升羽流的阻碍或在中庭中形成预分层。前一种情况下，烟气有可能窜入相邻区域或其他需要保持一定安全时间的区域。后一种情况下，烟气可能不能上升到中庭的顶部，不但无法排出，而且还可能使烟气扩散到与之相通的空间。此外，在某些条件下，当排烟系统排除上部烟层中的烟气时，下部的冷空气会上升与之混合。这种现象也可能影响烟控系统的效果，导致中庭中的烟层高度下降。

5　根据中华人民共和国公安部第 39 号令《公共娱乐场所消防安全管理规定》中第十三条规定：“在地下室建筑内设置公共娱乐场所除符合本规定其他条款的要求外，应当设机械防烟排烟设施”。此外，根据近几年的火灾教训，为切实保障人员生命安全，本条规定了建筑中的歌舞娱乐放映游艺场所应当设置防烟排烟设施。由于这类场所因功能要求而通常较密闭，故一般宜采用机械方式。

6　无论是附建于建筑内的地下室还是独立建造的地下建筑，都不同于地上建筑。地下、半地下建筑(室)中自然采光和自然通风条件差。因地下空间对流条件差，火灾燃烧过程中缺乏充足的空气补充，可燃物燃烧慢、烟气多、温升快、能见度降低很快，大大增加人员恐慌心理，对安全疏散十分不利。烟气中所含 CO、CO_2、HF、HCl 等多种有毒成分以及高温缺氧等都会对人体造成极大的危害。及时排除烟气，对保证人员安全疏散，控制火势蔓延，便于火灾扑救具有重要作用。

基于上述因素，地下空间的防排烟设置要求比地上空间严格。故本条规定地下室总建筑面积大于 200m² 或一个房间面积超过 50m²，且经常有人停留或可燃物较多的房间等应设排烟设施。

7　根据试验观测，人在浓烟中低头掩鼻最大行走距离为 20～30m。参考国外资料和我国国情，本条规定地下建筑、公共建筑及人员密集、可燃物较多的丙类厂房或高度大于 32m 的高层厂房及其长度超过 20m 的地上、地下疏散内走道，其他建筑如公寓和通廊式居住建筑中长度大于 40m 的疏散走道应设置排烟设施(自然排烟或机械排烟)。其他建筑中的疏散走道主要指地上走道。

9.1.4　机械排烟系统与通风、空气调节系统一般应分开设置。但某些工程中，因建筑条件限制，空间管道布置紧张，需将空调系统和排烟系统合用一套风管。这时，必须采取可靠的防火安全措施，使之既满足排烟时着火部位所在防烟分区排烟量的要求，也满足平时空调的送风要求。电气控制必须安全可靠，保证切换功能准确无误。

需说明的是，需设机械排烟系统的部位平时有通风系统，常常设计成一套风管，风机可采用双速风机。平时排风用低速，火灾排烟时用高速；也可采用 2 套风机，排风机和排烟机并联，火灾时切换，这种形式在设置机械排烟系统与通风系统的地下室多有采用。

9.1.5　本条规定了防烟与排烟系统中的风管、风口及阀门的制作材料以及排烟管道的布置要求。

1　排烟管道所排除的烟气温度较高，为保证火灾时送风、排烟系统安全可靠地运行，本条规定防烟与排烟系统的风管、风口及阀门等必须采用不燃材料制作。为避免排烟管道引燃附近的可燃物，规定排烟管道应采用不燃材料隔热，或与可燃物保持不小于 150mm 的间隙。

2　排烟金属管道厚度应按现行国家标准《通风与空调工程施工质量验收规范》GB 50243 的有关要求进行设计，见表 28。

表 28　钢板风管板材厚度(mm)

类别 / 风管直径 D 或长边尺寸 b	圆形风管	矩形风管	
		中、低压系统	高压系统
$D(b)\leqslant 320$	0.50	0.50	0.75
$320< D(b)\leqslant 450$	0.60	0.60	0.75
$450< D(b)\leqslant 630$	0.75	0.60	0.75
$630< D(b)\leqslant 1000$	0.75	0.75	1.00
$1000< D(b)\leqslant 1250$	1.00	1.00	1.00
$1250< D(b)\leqslant 2000$	1.20	1.00	1.20
$2000< D(b)\leqslant 4000$	按设计	1.20	按设计

注：1　螺旋风管的钢板厚度可适当减少 10%～15%。

2　排烟系统风管钢板厚度可按高压系统矩形风管板材厚度确定。

地下建筑的环境通常较潮湿，易使常用的金属通风管道受到腐蚀。地上的有些建筑，特别是一些工业生产场所，空间内的空气相对湿度往往较大或具有较强的腐蚀性，也会发生类似情况。这些场所采用钢制管道时，钢板的厚度应适当加厚。

9.1.6 本条根据国外有关资料，规定了机械送风和机械排烟管道内的设计风速。

9.2 自然排烟

9.2.1 本条规定主要强调建筑物在有条件时应尽可能采用自然排烟方式进行烟控设计。

燃烧时的高温会使气体膨胀产生浮力，火焰上方的高温气体与环绕火的冷空气流之间的密度不同将产生压力不均匀分布，从而使建筑内的空气和烟气产生流动。

自然排烟是利用建筑内气体流动的上述特性，采用靠外墙上的可开启外窗或高侧窗、天窗、敞开阳台与凹廊或专用排烟口、竖井等将烟气排除。此种排烟方式结构简单、经济，不需要电源及专用设备，且烟气温度升高时排烟效果也不下降，具有可靠性高、投资少、管理维护简便等优点。

因此，本条规定按本规范第9.1.2、9.1.3条规定应设防排烟设施的部位，宜优先采用自然排烟设施进行排烟。自然排烟方式受火灾时的建筑环境和气象条件影响较大，设计时应予以关注。

我国现有多层民用建筑和工业厂房中成功采用自然排烟的实例很多，如北京工人体育馆的比赛大厅，最高处在中间，各面均设有排烟窗，平时用来排除大厅内的余热和废气，火灾时用来排烟。《火灾与建筑》(英国 The Aqua Group 著)一书就高大空间民用建筑在火灾时如何避免火势蔓延、阻止烟气扩散、保证人员安全疏散等提出的具体建议之一就是“采用永久性高位自然通风。”

9.2.2 本条规定了采用自然排烟方式进行排烟或防烟时，排烟口所需要的最小净面积。

1 我国对防烟、排烟的试验研究尚不系统、深入，缺乏完整的相关技术资料。为了顺利并有效地排除烟气，本规范参考国外有关资料，规定了有条件采用自然排烟方式的部位应开启外窗的最小净面积。有条件时，应尽量加大相关开口面积。对于体育馆等高大空间建筑，应选用不小于该场所平面面积的5%。

2 两点说明：

1)采用自然排烟的防烟楼梯间可开启外窗的面积之和不应小于$2m^2$。因火灾时产生的烟气和热气流向上浮升，顶层或上两层应有一定的开窗面积，除顶层外的各层之间可以灵活设置，例如，在一座5层的建筑中，1至3层可不开窗或间隔开窗。

2)现行国家标准《高层民用建筑设计防火规范》GB 50045规定：“靠外墙的防烟楼梯间每5层内可开启外窗总面积之和不应小于$2m^2$”。本标准采用了上述规定，当建筑层数超过5层时，总开口面积宜适当增加。

9.2.3 本条规定了防烟楼梯间内可不设防烟设施的条件。

根据现行国家标准《高层民用建筑设计防火规范》GB 50045有关条文的执行情况(参见图14)和自然排烟时的烟气流动特性，当防烟楼梯间前室或合用前室利用阳台、凹廊自然排烟时，火灾时烟气经走廊扩散至敞开的前室而被排出，故此防烟楼梯间可不设防烟设施。另外，防烟楼梯间的前室或合用前室如有不同朝向的可开启外窗，且可开启外窗的面积分别不小于$2m^2$和$3m^2$，前室或合用前室能顺利将烟气排出，因而该防烟楼梯间可不设置防烟设施。

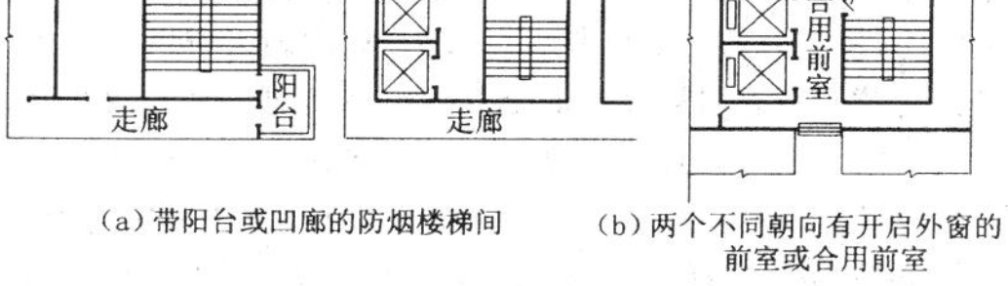

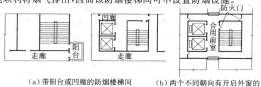

(a)带阳台或凹廊的防烟楼梯间　(b)两个不同朝向有开启外窗的前室或合用前室

图14　带阳台或凹廊的防烟楼梯间及两个不同朝向有开启外窗的前室或合用前室

9.2.4 本条规定了自然排烟设施的具体设置要求。

1 为了便于排除烟气，排烟窗宜设置在屋顶上或靠近顶板的外墙上方。例如，一座需进行自然排烟的5层建筑，一至五层的排烟窗可设在各层的顶板下，其中五层也可设在屋顶上。

2 有些建筑中用于自然排烟的开口正常使用时需处于关闭状态，需自然排烟时这些开口要能够应急打开。因此，本条规定排烟窗口应有方便开启的装置，包括手动和自动装置。

3 烟气的自然流动受较多条件的限制，本条为能有效地排除烟气，排烟窗距房间最远点的水平距离不应超过30m。但在设计时，为减少室外风压对自然排烟的影响，提高排烟的效果，排烟口处宜尽量设置与建筑型体一致的挡风措施，并应根据空间高度与室内的火灾荷载情况尽量缩短该距离。内走道与房间应尽量设置2个或2个以上且朝向不同的排烟窗。

9.3 机械防烟

9.3.1 本条规定了建筑中应设置机械加压送风防烟设施的部位。

建筑物内的防烟楼梯间及其前室、消防电梯间前室或合用前室在火灾时若无法采用自然排烟，应采用机械加压送风的防烟措施，使这些部位内的空气压力高于火灾区域的空气压力。目前国内对不具备自然排烟条件的防烟楼梯间及其前室进行加压送风的做法有以下三种：

1 只对防烟楼梯间进行加压送风，其前室不送风；

2 防烟楼梯间及其前室分别设置两个独立的加压送风系统，进行加压送风；

3 对防烟楼梯间加压送风，并在楼梯间通往前室的门上或墙上设置余压阀，将楼梯间超压的风量通过余压阀送至前室。

9.3.2 本条规定了机械加压送风防烟系统中主要设计参数的基本要求。

1 由于建筑条件不同，如开门数量、门的尺寸和门扇数量、缝隙大小及风速等的差异均可直接影响机械加压送风系统的通风量，故设计时首先应进行计算确定。有关资料表明，对垂直疏散通道加压送风量的计算方法很多，其理论依据提出的共同点都是使加压部位的门关闭时要保持一定的正压值，门开启时门洞处应具有一定的风速才能有效地阻挡烟气。此外，设计确定其风量时还应考虑疏散人员推开门所需力量不宜过大。

参考国外有关资料和总结我国10多年来的设计经验，下面推荐目前国内建筑防烟设计中被公认和常用的两个基本公式(取自《实用供热空调设计手册》)：

1)压差法：当疏散通道门关闭时，加压部位保持一定的正压值。

$$L_y = 0.827 \times A \times 1.25 \times \Delta P^{1/N} \times 3600$$

式中　0.827——计算常数(漏风率系数)；

L_y——加压送风量(m^3/h)；

A——门、窗缝隙的计算漏风量总面积(m^2)；

ΔP——门缝两侧的压差值(Pa)。对于防烟楼梯间，取40～50Pa；对于前室、消防电梯间前室、合用前室，取30～25Pa；

N——指数，门缝及其较大漏风面积，取2；对于窗口缝隙，取1.6；

1.25——不严密处附加系数。

2)风速法：开启着火层疏散门时，需要相对保持门洞处一定风速所需送风量。

$$L_y = \frac{nFv(1+b)}{a} \times 3600$$

式中　L_y——加压送风量(m^3/h)；

F——一樘门的开启面积(m^2)；

v——开启门洞处的平均风速，取0.6～1.0m/s；

a——背压系数，根据加压间的密封程度，取值范围为0.6～1.0；

b——漏风附加率，取0.1～0.2；

n——同时开启门的计算数量，对于多层建筑和高层工业建筑，取2。

按风速法计算出的送风量一般比按压差法计算出的送风量大。从安全考虑，按以上压差法和风速法分别算出的风量，取其中较大值作为系统计算加压送风量；再将计算加压送风量与本规范第9.3.2条表9.3.2作比较，再取其中较大值作为加压送风系统的送风量。

当地上和地下部分在同一位置的防烟楼梯间需设置机械加压送风时，均要满足加压送风量的要求。

2 关于本规范表9.3.2的几点说明：

1)在加压送风防烟系统的设计中，多数设计对防烟楼梯间及其前室、消防电梯间前室或合用前室分别加压送风，其防烟效果较好。但国内也有只对防烟楼梯间加压送风而前室不送风的实例，这种系统设置较为简单。

理论上，对防烟楼梯间加压的空气气流将从防烟楼梯间与前室之间的门缝或疏散时开启的门洞向前室流动，再经前室与走道之间的门缝或开启的门洞流出。前室无疑是增加了空气的压力，受到一定程度的保护，因而只对防烟楼梯间加压送风，前室不送风的系统设置是合理的。实践中，国外曾对上述加压系统设置进行过试验，结果比较理想。

2)本条中的风量定值表取自现行国家标准《高层民用建筑设计防火规范》GB 50045，个别数据作了调整。因建筑层数、风道材料、防火门漏风量差异，现行国家标准《高层民用建筑设计防火规范》GB 50045中表8.3.2-1～8.3.2-4内的风量值有取值范围；而多层民用和工业建筑的层数较少，故只规定了下限数值；高层厂房(仓库)仍应按现行国家标准《高层民用建筑设计防火规范》GB 50045的取值范围合理取值后计算。

9.3.3 本条规定了机械加压送风系统最不利环路阻力损失外的余压值要求。

机械加压送风系统最不利环路阻力损失外的余压值是加压送风系统设计中的一个重要技术指标。该数值是指在加压部位相通的门窗关闭时，足以阻止着火层的烟气在热压、风压、浮力、膨胀力等联合作用下进入加压部位，而同时又不致过高造成人们推不开通向疏散通道的门。

吸风管道和最不利环路的送风管道的摩擦阻力与局部阻力的总和为加压送风机的全压。美国、英国、加拿大的有关规范规定的正压值一般取25～50Pa。根据我国"高层建筑楼梯间正压送风机械排烟技术的研究"项目取得的成果，本规范规定防烟楼梯间正压值为40～50Pa；前室、合用前室为25～30Pa。

9.3.4 不同楼层的防烟楼梯间与合用前室之间的门、合用前室与走道之间的门同时开启或部分开启时，气流的走向和风量的分配十分复杂，而且防烟楼梯间与合用前室要维持的正压值不同。因此，本条规定防烟楼梯间和合用前室的机械加压送风系统宜分别独立设置。

9.3.5 规定防烟楼梯间的加压送风口宜每隔2～3层设1个，既可方便整个防烟楼梯间压力值达到均衡，又可避免在需要(通过计算确定或从本规范表9.3.2中选用)一定正压送风量的前提下，不因正压送风口数量少而导致风口断面太大。

9.3.6 本条是根据现行国家标准《高层民用建筑设计防火规范》GB 50045和《人民防空工程设计防火规范》GB 50098等的有关规定确定的。

9.4 机 械 排 烟

9.4.1 本条规定了建筑中应设置机械排烟设施的部位。

9.4.2 本条规定了建筑中应划分防烟分区的原则与基本要求。

设置防烟分区能较好地保证在一定时间内，使火场上产生的高温烟气不致随意扩散，以便蓄积和迅速排除。防烟分区一般应结合建筑内部的功能分区和排烟系统的设计要求进行划分，不设排烟设施的部位(包括地下室)可不划分防烟分区。

1 防烟分区对于一个建筑面积较大空间的机械排烟是需要的。火灾中产生的烟气在遇到顶棚后将形成顶棚射流向周围扩散，没有防烟分区将导致烟气的横向迅速扩散，甚至引燃其他部位；如果烟气温度不是很高，则其在横向扩散过程中将与冷空气混合而变得较冷较薄并下降，从而降低排烟效果。设置防烟分区可使烟气比较集中、温度较高，烟层增厚，并形成一定压力差，有利于提高排烟效果。

国外对商店烟控系统的有关研究表明：必须用挡烟垂壁从天花板向下延伸，将天花板下的空间分隔成若干防烟分区。

本规范综合国内外有关标准的要求，规定每个防烟分区的建筑面积不宜超过$500m^2$，既考虑与有关规范一致，又方便某些面积要求较大的建筑设计。当然，如果防烟分区过大，会使烟气波及面积扩大，不利于安全疏散和火灾扑救；若面积过小，则会提高工程造价。因此，设计时应根据具体情况确定合适的防烟分区大小。

2 本条还规定了用作防烟分区分隔物的要求。在火灾时，建筑物中防火分区内有时需要采用机械排烟方式将热量和烟气排除到建筑物外。为保证在排烟时间内能有效地组织和蓄积烟气，用于防烟分区的分隔物十分关键。为此，参考我国有关规范和国外有关建筑规范的要求，作了相应规定。

防烟分隔物可采用墙体、结构梁或具有一定耐火能力的装饰梁，也可采用下垂的不燃烧材料制作的帘板、防火玻璃等具有挡烟功能的物体。

3 执行本条时应注意以下几点：

1)防烟分区一般不应跨越楼层。某些情况下，如楼层面积过小，允许将多个楼层划分为同一个防烟分区，但不宜超过3层。

2)对地下室、防烟楼梯间、消防电梯间等有特殊用途的场所，应单独划分防烟分区。

3)需设排烟设施的走道、净高不超过6m的房间应采用挡烟垂壁、隔墙或从顶棚突出不小于0.5m的梁划分防烟分区，梁或垂壁至室内地面的高度不应小于2m；挡烟分隔体凸出顶棚的高度应尽可能大。

4)当走道按规定需设置排烟设施，而房间(包括半地下、地下房间)可不设，且房间与走道相通的门为防火门时，可只按走道划分防烟分区。若房间与走道相通的门不是防火门时，防烟分区的划分应包括这些房间。

5)当房间(包括半地下、地下房间)按规定需设置排烟设施，而走道可不设置排烟设施，且房间与走道相通的门为防火门时，可只按房间划分防烟分区；如房间与走道相通的门不是防火门时，防烟分区的划分应包括该走道。

9.4.3 本条规定了机械排烟系统的布置要求。

1 防火分区是控制建筑物内火灾蔓延的基本空间单元。机械排烟系统按防火分区设置就是要避免管道穿越防火分区，从根本上保证防火分区的完整性。但实际情况往往十分复杂，受建筑的平面形状、使用功能、空间造型及人流、物流等情况的限制，排烟系统往往不得不穿越防火分区。

2 排烟系统管道上安装排烟防火阀，在一定时间内能满足耐火稳定性和耐火完整性的要求，可起隔烟阻火作用。通常房间发生火灾时，房间内的排烟口开启，同时联动排烟风机启动排烟，人员进行疏散。当排烟管道内的烟气温度达到或超过280℃时，烟气中有可能卷吸火焰或夹带火种。因此，当排烟系统必须穿越防火分区时，应设置烟气温度超过280℃时能自行关闭的防火阀。

3 穿越防火分区的排烟管道设置防火阀的情况有两种：机械排烟系统水平不是按防火分区设置，或排烟风机和排烟口不在一个防火分区，管道在穿越防火分区处设置防火阀；竖向管道穿越防火分区时，在各防火分区水平支管与垂直风管的连接处设置防火阀。

9.4.4 本条规定了地下、半地下空间及其他密闭场所设置机械排烟系统时，要求考虑补风。

当一个设置了机械排烟系统的场所，自然补风不能满足要求时，应同时设置补风系统（包括机械进风和自然进风），且进风量不小于排烟量的50%，以便系统组织气流，使烟气尽快并畅通地被排除。但补风量也不能过大，据有关资料介绍，一般不宜超过80%。

对于一般有可开启门窗的地上建筑或自然通风良好的地下建筑，在排烟过程中空气在压差的作用下可通过通风口或门窗缝隙补充进入排烟空间内时，可不设补风系统。

本条规定的地下空间包括独立的地下、半地下建筑和附建在建筑中的地下室、半地下室。地上密闭空间主要指外墙和屋顶均未开设可开启外窗，不能进行自然通风或排烟的建筑。

9.4.5 本条规定了排烟风机的排烟量计算原则及方法。

排烟风机的排烟量是采用日本规范规定的数据。日本规范规定：排烟风机每分钟应能排出 $120m^3$（$7200m^3/h$）以上，且满足防烟区每平方米地板面积排出 $1m^3/min$（$60m^3/h$）排烟量，当排烟风机担负2个及2个以上防烟区排烟时，应按面积最大的防烟区每平方米地板面积排出 $2m^3/min$（$120m^3/h$）的排烟量确定。

中庭排烟系统的排烟量国内尚无实验数据，本条系参照国外资料、按中庭的体积计算确定的。

走道排烟面积即为走道的地面积与连通走道的无窗房间或设固定窗的房间面积之和，不包括有开启外窗的房间面积。同一防火分区内连接走道的门可以是一般门，也可以是防火门。

在排烟系统设计中划分防烟分区时，除特殊需要外，一般应避免面积差别太大，如 $100m^2$ 和 $500m^2$。若因特殊情况难以避免面积大小悬殊的防烟分区，设计时应合理布置系统和组织气流，使排烟风管和风口的速度均满足本规范的要求。

9.4.6 本条对机械排烟系统中排烟口和排烟阀的设置作了具体规定。

1 本条规定的排烟口或排烟阀应按防烟分区设置，较大的防烟分区常需设置数个排烟口。排烟时，需同时开启所有排烟口，其排烟量等于各排烟口排烟量的总和，故排烟口应尽量设在防烟分区的中央部位。排烟口至该防烟分区最远点的水平距离如超过30m，将可能使烟气过于冷却而与烟气层下的空气混合在一起，影响排烟效果。此时，应调整排烟口的布置。

本条规定的30m距离值是一个限值，设计时还应考虑实际排烟需要设置排烟口的位置。

2 本条还要求排烟阀应与排烟风机联锁，当任一排烟阀开启时，排烟风机均应能自行启动。即一经报警，确认发生火灾后，由消防控制中心开启或手动开启排烟阀，则排烟风机应立即投入运行，同时关闭着火区的通风空调系统。

执行本条文时应注意：

1）排烟阀要注意设置与感烟探测器联锁的自动开启装置，或由消防控制中心远距离控制的开启装置以及手动开启装置，除火灾时将其打开外，平时需一直保持闭锁状态。

2）手动开启装置设置在墙面上时，距地面宜为0.8～1.5m；设置在顶棚下时，距地面宜为1.8m。

3 根据前面的说明，排烟口应设置在顶棚或靠近顶棚的墙面上。为了使在疏散人员的安全出口前1.5m附近区域没有烟气，排烟口与附近安全出口（沿疏散方向）的水平距离不应小于1.5m。烟气温度较高，排烟口距可燃物较近易使可燃物引燃，故设在顶棚上的排烟口与可燃物的距离不应小于1m。由于烟气本身的特点，排烟风机宜设置在最高排烟口的上部以利于排除烟气。

4 排烟口风速不宜大于10m/s，过大会过多地吸入周围空气，使排出的烟气中空气所占的比例增大，影响实际排烟效果。

5 设置机械排烟系统的地下、半地下场所，除建筑面积大于 $50m^2$ 的房间外，排烟口可设置在疏散走道。

1）此情况是指本规范第9.1.3条第6款中规定的总建筑面积大于 $200m^2$ 且经常有人停留或可燃物较多的地下空间。如房间内有人停留，发生的火灾可因房间较小而被人员及时发现，迅速采取施救措施。此时，烟气可经走道内的排烟口或排烟阀排除。如为可燃物较多的房间发生火灾，由于房间较小，每个房间均设置排烟口或排烟阀在实际安装时会有较大困难，而通过走道内的排烟口或排烟阀排除不会对该区域造成较大影响，但房间之间应做好防火分隔。

2）疏散走道按规定无论是否需要设置机械排烟设施，均应按本规范规定正确计算排烟量，设置排烟口或排烟阀以及排烟系统。

9.4.7 本条规定了进风口与烟气排出口若垂直布置时，进风口宜低于烟气排出口3m，距离太近会造成排出的烟气再次被吸入；水平布置时，其距离不宜小于10m。

1 上述水平距离不宜小于10m、垂直距离不小于3m，是对新鲜空气的进风口和烟气排出口在同一层或在隔层中时的规定。实际工程设计中，进风口与烟气排出口因建筑立面和功能等条件的限制而可能出现多种组合。例如，地下室或首层排烟，排烟口设在距室外地面2m以上的高度，进风口却在屋顶，虽然水平距离不能满足要求，但可以通过进风口与烟气排出口的进、排风的方向合理设置而满足进风的质量要求。

2 进风口和烟气排出口设在室外时，应考虑防止雨水、虫鸟等异物侵入、堵塞的措施。

3 烟气排出口的布置位置应根据建筑物所处环境条件（如风向、风速、周围建筑物以及道路等情况）综合考虑确定，不应将排出的烟气直接通向其他火灾危险性较大的建筑物上，也不应设置在可能妨碍人员避难和灭火活动的部位。

9.4.8 本条规定了排烟风机的选取和基本性能要求。

1 离心风机的耐热性能与防变形等均较好，排烟风机280℃环境条件下连续工作不少于30min是可行的。排烟风机可采用离心风机、轴流排烟风机或其他排烟专用风机。

在选择风机时，除满足排烟系统最不利环路的风压要求外，还必须在系统设计中考虑足够的漏风量。对于金属风道，其漏风量可选择10%或更大；对于混凝土等风道，则应向建筑专业提出风道的密封、平滑性能等要求，其漏风量要根据排烟系统管路的长短和施工质量等选取，最小不宜小于20%，排烟系统长或施工质量差，则宜取30%。

2 本条规定在排烟风机入口总管上应设置当烟气温度超过280℃时能自行关闭的排烟防火阀，且应与排烟风机联锁，使排烟管道中烟气温度超过280℃时能自行关闭，防止烟火扩散到其他部位。否则，仅关闭排烟风机，不能阻止烟火通过管道的蔓延。

9.4.9 本条规定了排烟风机和用于排烟补风的送风风机的布置要求。

排烟风道设置的软接头要能够耐高温且在280℃温度下可连续运转30min以上。

排烟风机和用于排烟补风的送风风机一般应设置在独立的机房内。当设在通风机房内时，该机房应采用耐火极限不小于2.00h的隔墙和耐火极限不小于1.50h的楼板与其他部位隔开。

10 采暖、通风和空气调节

10.1 一般规定

10.1.1 本条从建筑防火的角度规定通风、空气调节系统应考虑防火安全措施的总要求，相关专项标准可根据具体情况补充和完善相应的具体技术措施。

10.1.2 甲、乙类厂房，有的存在甲、乙类液体挥发可燃蒸气，有的在生产使用过程中会产生可燃气体，在特定条件下易积聚而与空气混合形成有爆炸危险的混合气体云团。甲、乙类厂房内的空气如循环使用，尽管可减少一定能耗，但火灾危险性增大。因此，甲、乙类厂房应有良好的通风，室内空气应及时排出到室外，不应循环使用。

丙类厂房中有的存在可燃纤维（如纺织厂、亚麻厂）和粉尘，易造成火灾的迅速蔓延，除及时、经常清扫外，若要循环使用空气，要在通风机前设滤尘器对空气进行净化后才能循环使用。

某些火灾危险性相对较低的场所，正常条件下不具有火灾爆炸危险，但只要条件适宜仍可能发生灾难性事故。因此，规定空气的含尘浓度要求低于含燃烧或爆炸危险粉尘、纤维的爆炸下限的25%。此定值的规定采用了国内外有关标准对类似场所的要求。

10.1.3 甲、乙类厂房在生产过程中需要送入新鲜空气，但其排风设备在通风机房内存在泄漏可燃气体的可能。为防止空气中的可燃气体再被送入甲、乙类厂房内，要求设计将甲、乙类厂房的送风设备和排风设备分别布置在不同通风机房内。此外，设计时还应防止将可燃气体送到其他生产类别的厂房内，以免引起火灾事故。故本条规定要求为甲、乙类厂房服务的排风机房不应与为其他用途房间服务的送、排风设备布置在同一机房内。

10.1.4 民用建筑内存放容易起火或爆炸物质的房间（例如，容易放出可燃气体氢气的蓄电池，或用甲类液体的小型零配件等），设置排风设备时应采用独立的排风系统，以免将这些容易起火或爆炸的物质送入该民用建筑中的其他房间内。此外，其排风系统所排出的气体应通向安全地点进行泄放。

对于通风设备自身还应具备一定的防火性能，在有爆炸危险场所使用时，应根据该场所的防爆等级选用相应的防爆设备。

本条中规定的“良好的自然通风”是指在该通风条件下，房间内如存在可燃液体或气体时，这些物质的蒸气或气体与空气的混合气体浓度能始终低于其爆炸下限的25%；如存在其他易燃易爆固体时，室内温度能始终保持在安全存放和使用温度条件以下。

10.1.5 为排除比空气轻的可燃气体混合物，防止在管道内局部积存而形成有爆炸危险的高浓度气体，要求在设计排风系统时将其排风水平管道顺气流方向的向上坡度敷设。

10.1.6 可燃气体管道，甲、乙、丙类液体管道发生事故或火灾，易造成较严重后果。在建筑中，风管易成为火灾蔓延的通道。因此，为避免这两类管道相互影响、防止火灾沿着通风管道蔓延，此类管道不应穿过通风管道、通风机房，也不应紧贴在通风管外壁敷设。

10.2 采　　暖

10.2.1 本条规定了散发可燃粉尘、纤维的厂房和输煤廊的采暖散热器的表面平均温度。

1 为防止可燃粉尘、纤维与采暖设备接触引起自燃，应限制采暖设备散热器的表面温度。

要求热水采暖时，热媒温度不应超过130℃；蒸汽采暖时，热媒温度不应超过110℃，不能覆盖所有易燃物质的自燃点。例如，赛璐珞的自燃点为125℃、PS_3 的自燃点为100℃、松香的自燃点为130℃，还有部分粉尘积聚厚度超过5mm时，在上述温度范围会产生融化或焦化，如树脂、小麦、淀粉、糊精粉等。

2 在《供暖与通风》（上册，前苏联马克西莫夫著）中，对有机尘埃环境的采暖，提出“……表面温度不应超过70℃”。

3 本条规定散热器表面温度不应超过82.5℃，是指散热器的表面平均温度。

目前我国采暖的热媒温度范围一般采用：130～70℃、110～70℃和95～70℃，其表面平均温度分别为100℃、90℃和82.5℃。当散热器表面温度为82.5℃时，相当于供水温度95℃、回水温度70℃。这时散热器入口处的最高温度为95℃，与自燃点最低的100℃相差5℃。因此，本条规定的温度比较安全、可行。

10.2.2 甲、乙类厂房（仓库）内有大量的易燃、易爆物质，若遇明火就可能发生火灾爆炸事故。甲、乙类生产厂房内遇明火曾发生过严重的火灾后果，为吸取教训，规定甲、乙厂房（仓库）内严禁采用明火和电热散热器采暖。

10.2.3 本条规定应采用不循环使用的热风采暖的厂房，是要防止此类场所发生火灾爆炸事故。这些场所主要有：

1 生产过程中散发的可燃气体、可燃蒸气、可燃粉尘、可燃纤维与采暖管道、散热器表面接触，虽然采暖温度不高，也可能引起燃烧的厂房，例如，CS_2 气体、黄磷蒸气及其粉尘等。

2 生产过程中散发的粉尘受到水、水蒸气的作用，能引起自燃爆炸的厂房，例如，生产和加工钾、钠、钙等物质的厂房。

3 生产过程中散发的粉尘受到水、水蒸气的作用能产生爆炸性气体的厂房，例如，电石、碳化铝、氢化钾、氢化钠、硼氢化钠等放出的可燃气体等。

10.2.4 房间内有燃烧、爆炸性气体、蒸气或粉尘的房间内不应穿过采暖管道。如受条件限制，采暖管道必须穿过这样的厂房、房间时，应将穿过该厂房房间的管道采用不燃烧的隔热材料进行隔热处理。

10.2.5 采暖管道长期与可燃物体接触，在特定条件下会引起可燃构件蓄热、分解或炭化而起火，故应采取必要的防火措施，一般应使采暖管道与可燃物保持一定的距离，预防可燃物体因长期被烘烤而燃烧。

本条强调采暖管道与可燃物体间应保持一定距离，该距离应在有条件时尽可能大。一般，当采暖管道的温度小于等于100℃时，保持50mm的距离；若采暖管道的温度超过100℃时，保持的距离不应小于100mm。若保持一定距离有困难时，可采用不燃烧材料对采暖管道进行隔热处理，如外包覆导热性差的不燃烧材料等。

10.2.6 甲、乙类厂房（库房）的火灾发展迅速、热量大，采暖管道和设备的绝热材料应采用不燃烧材料，以防火灾沿着管道的绝热材料迅速蔓延到相邻房间或整个房间。对于其他建筑，可采用燃烧毒性小的难燃绝热材料，但应首先考虑采用不燃材料。

10.3 通风和空气调节

10.3.1 本条规定了通风和空气调节系统的管道布置要求。

1 试验证明，烟气的扩散速度较快。在真实火灾情况下，烟气的蔓延扩散速度更快。在建筑防火和通风系统设计中应采取措施限制火灾的横向蔓延，防止和控制火灾的竖向蔓延，使建筑的防火体系完整。本条结合实际设计和建筑布置，规定通风和空气调节系统的布置，横向尽量按每个防火分区设置，竖向一般不超过5层。当通风管道穿越防火分隔处设置了防火阀后，有效地控制了火灾蔓延时，也可以不进行分区布置。

2 本规范规定建筑内的管道井壁应采用耐火极限不低于1.00h的不燃烧体，故穿过楼层的垂直风管要求设在管井内。

3 排风管道防止回流的方法如下（图15）：

1）增加各层垂直排风支管的高度，使各层排风支管穿越2层楼板。

2）把排风竖管分成大小两个管道，总竖管直通屋面，小的排风支管分层与总竖管连通。

3）将排风支管顺气流方向插入竖风道，且支管到支管出口的高度不小于600mm。

4）在支管上安装止回阀。

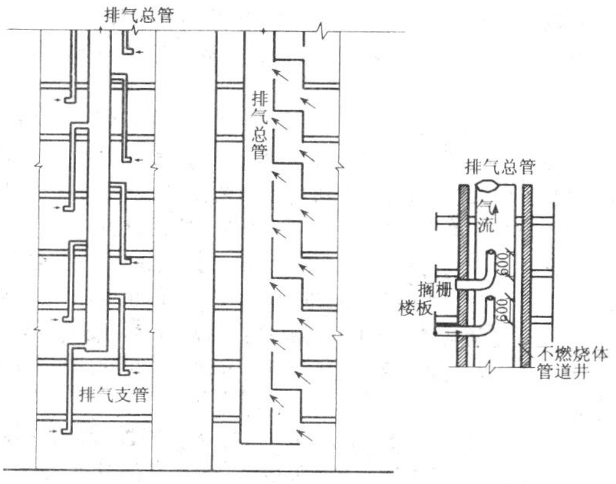

图 15　排气管防止回流示意图

10.3.2、10.3.3　有爆炸危险的厂房、车间发生事故后，火灾容易通过通风管道蔓延扩大到建筑的其他部分，因此，其排风管道严禁穿过防火墙和有爆炸危险的车间的隔墙等防火分隔物。

火灾危险性较大的甲、乙、丙类厂房内的送排风管要尽量考虑分层设置。当进入生产车间的水平或垂直风管设有防火阀，能阻止火灾从起火层向相邻层蔓延时，各层的水平或垂直送风管可以共用一个系统。

10.3.4、10.3.5　风机停机时易使空气从风管倒流到风机。当空气中含有易燃或易爆炸物质且风机未做防爆处理时，这些物质将随之被带到风机内，从而可能因风机发生火花而引起燃烧爆炸。因此，为防止风机发生火花引起燃烧爆炸事故，应采用防爆型的通风设备。一般，可采用有色金属制造的风机叶片和防爆的电动机。

若通风机设在单独隔开的通风机房内，在送风干管内设有止回阀（即顺气流方向开启的单向阀），能防止危险物质倒流到风机内，且通风机房发生火灾后不致蔓延至其他房间时，可采用普通的通风设备。如前所述，含有燃烧和爆炸危险粉尘的空气不应进入排风机或应在进入排风机前进行净化。

空气中可燃粉尘的含量控制在25%以下，一般认为是可防止可燃粉尘形成局部高浓度、满足安全要求的公认数值。美国消防协会（NFPA）《防火手册》指出：可燃蒸气和气体的警告响应浓度最好为其爆炸下限的20%，当浓度达到其爆炸下限的50%时，需要停止操作并进行惰化。国内大部分文献和标准均以物质爆炸下限的25%为警告值。

为防止除尘器工作过程中产生火花引起粉尘、碎屑燃烧或爆炸事故，排风系统中应采用不产生火花的除尘器。遇湿易形成爆炸混合物的粉尘，禁止采用湿式除尘设备。

10.3.6　根据爆炸起火事故，有爆炸危险粉尘的排风机、除尘器采取分区、分组布置是必要的。如某亚麻厂十几台除尘器集中布置，而且相互连通（包括地沟），加上厂房本身结构未考虑防爆问题，导致严重损失和伤亡爆炸事故。而采用分区分组布置的，爆炸时均收到了减少损失的实效。

一个系统对应一种粉尘，便于粉尘回收；不同性质的粉尘在一个系统中，有引起化学反应的可能。如硫磺与过氧化铅、氯酸盐混合物能发生爆炸；碳黑混入氧化剂自燃点会降低到100℃。因此，本条强调在有条件时应按单一粉尘分组布置。

10.3.7、10.3.8　从国内一些用于净化有爆炸危险粉尘的干式除尘器和过滤器发生爆炸的危害情况看，这些设备如果条件允许布置在厂房之外的独立建筑内，且与所属厂房保持一定的防火安全间距，对于防止爆炸发生和减少爆炸后的损失十分有利。

试验和爆炸事故分析均表明，用于排除有爆炸危险的粉尘、碎屑的除尘器、过滤器和管道，如果设有泄压装置，对于减轻爆炸时的破坏力较为有效。泄压面积大小应根据有爆炸危险的粉尘、纤维的危险程度，经计算确定。本条有关泄压装置的具体设计可参见现行国家标准《石油化工企业设计防火规范》GB 50160（1999年局部修订版）第4.4.10条的相应规定。

为尽量缩短含尘管道的长度，减少管道内的积尘，避免干式除尘器布置在系统的正压段上漏风而引起事故，要求除尘器和过滤器应布置在负压段上。

10.3.9　有燃烧或爆炸危险的气体、蒸气和粉尘的排风系统，根据事故分析，如不设导除静电接地装置，易形成燃烧或爆炸事故。

地下、半地下场所的通风条件较差，易积聚有爆炸危险的蒸气和粉尘等物质，且这些部位或场所发生火灾爆炸影响整座建筑物的安全且施救难度大。因此，排除有爆炸危险物质的排风设备，不应布置在建筑物的地下室、半地下室内。

10.3.10　为便于检查维修，本条规定排除含有爆炸、燃烧危险的气体、粉尘的排风管应明装，不应暗设。排气口应设在室外安全地点，并应尽量远离明火和人员通过或停留的地方。

采用金属管道有利于导除静电，消除静电危害。

10.3.11　温度超过80℃的气体管道与可燃或难燃物体长期接触，易引起火灾；容易起火的碎屑也可能在管道内发生火灾，并易引燃邻近的可燃、难燃物体。因此，要求与可燃、难燃物体之间保持一定间隙或应用导热性差的不燃烧隔热材料进行隔热。

10.3.12　本条规定了应设置防火阀的部位。通风和空气调节系统的风管是建筑内部火灾蔓延的途径之一，要采取措施防止火灾穿过防火墙和不燃烧体防火分隔物等位置蔓延。

1　通风、空气调节系统的风管上应设防火阀的部位，主要有以下几种情况：

1）防火分隔处。主要防止防火分区或不同防火单元之间的火灾蔓延。在某些情况下，必须穿过防火墙或耐火墙体时，应在穿越处设防烟防火阀，此防烟防火阀一般依靠感烟探测器控制动作，用电讯号通过电磁铁等装置关闭，同时它还具有温度熔断器自动关闭以及手动关闭的功能。

2）风管穿越通风、空气调节机房或其他防火重点控制房间的隔墙和楼板处。主要防止机房的火灾通过风管蔓延到建筑物的其他房间，或者防止建筑内的火灾通过风管蔓延到机房内。此外，为防止火灾蔓延至性质重要的房间或有贵重物品、设备的房间，或火灾危险性大的房间使火灾传播出去，规定风管穿越这些房间的隔墙和楼板处应设防火阀。

性质重要的房间，如重要的会议室、贵宾休息室、多功能厅、贵重物品间等。火灾危险性大的房间，如易燃物品实验室及易燃仓库等。

3）垂直风管与每层水平风管交接处的水平管段上应设置防火阀，防止火灾垂直蔓延。

4）为使防火阀在一定时间内达到耐火完整性和耐火稳定性要求，有效地起到隔烟阻火作用，在穿越变形缝的两侧风管上应各设一个防火阀（参见图16）。

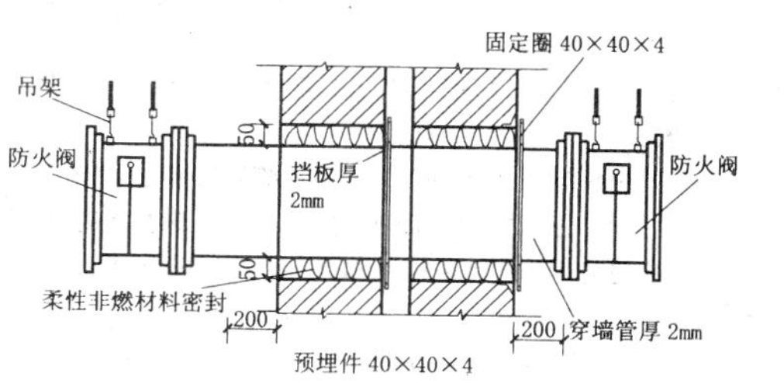

图 16　变形缝处的防火阀

2　有关防火阀的分类可参见表29。

表 29 防火阀、防排烟阀的基本分类

类 别	名 称	性能及用途
防火类	防火阀	采用 70℃温度熔断器自动关闭（防火），可输出联动讯号。用于通风空调系统风管内，防止火势沿风管蔓延
	防烟防火阀	靠感烟探测器控制动作，用电讯号通过电磁铁关闭（防烟）；还可采用 70℃温度熔断器自动关闭（防火）；用于通风空调系统风管内，防止烟火蔓延
	防火调节阀	70℃时自动关闭，手动复位，0～90°无级调节，可以输出关闭电讯号
防烟类	加压送风口	靠感烟探测器控制，电讯号开启，也可手动（或远距离缆绳）开启，可设 280℃温度熔断器重新关闭装置，输出动作电讯号，联动送风机开启。用于加压送风系统的风口，起赶烟、防烟作用
排烟类	排烟阀	电讯号开启或手动开启，输出开启电讯号联动排烟机开启，用于排烟系统风管上
	排烟防火阀	电讯号开启，手动开启，采用 280℃温度熔断器重新关闭，输出动作电讯号，用于排烟风机吸入口管道或排烟支管上
	排烟口	电讯号开启，手动（或远距离缆绳）开启，输出电讯号联动排烟机，用于排烟房间的顶棚或墙壁上，可设 280℃重新关闭装置
	排烟窗	靠感烟探测器控制动作，电讯号开启，还可缆绳手动开启，用于自然排烟处的外墙上

10.3.13 为防止火灾通过建筑内的浴室、卫生间、厨房的垂直排风管道（自然排风或机械排风）蔓延，要求这些部位的垂直排风管采取防回流措施或在其支管上设置防火阀。

公共建筑厨房的排油烟管道，宜按防火分区设置。由于厨房中平时操作排出的废气温度较高，若在垂直排风管上设置 70℃时动作的防火阀将会影响平时厨房操作中的排风。根据厨房操作需要和厨房常见火灾发生时的温度，本条规定公共建筑厨房的排油烟管道的支管与垂直排风管连接处应设 150℃时动作的防火阀。

10.3.14 本条规定了防火阀的主要性能和具体设置要求。

1 为使防火阀能自行严密关闭，防火阀关闭的方向应与通风和空调的管道内气流方向相一致。采用感温元件控制的防火阀，其动作温度高于通风系统在正常工作的最高温度（45℃）时宜取 70℃。参照国外有关标准，并符合现行国家标准《防火阀试验方法》GB 15930 的规定，本条规定防火阀的动作温度应为 70℃。

2 为使防火阀能及时关闭，控制防火阀关闭的易熔片或其他感温元件应设在容易感温的部位。设置防火阀的通风管应具备一定强度，设置防火阀处应设单独的支吊架防止管段变形。在暗装时，应在安装部位设置方便检修的检修口，参见图 17。

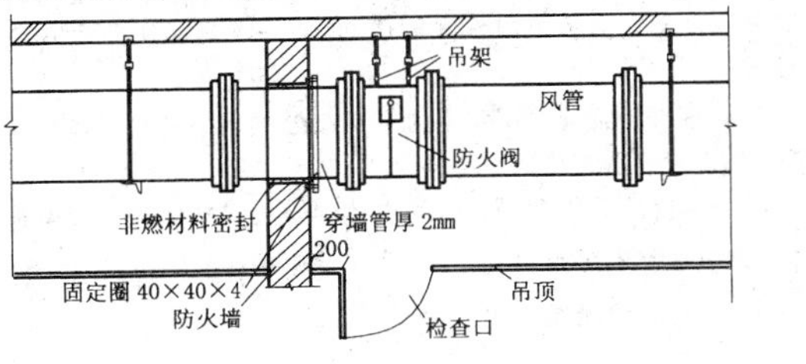

图 17 防火阀检修口设置示意图

3 为保证防火阀能在火灾条件下发挥预期作用，穿过防火墙两侧各 2m 范围内的风管绝热材料应采用不燃烧材料且具备足够的刚性和抗变形能力，穿越处的空隙应用不燃烧材料或防火封堵材料严密填实。

10.3.15 国内外有不少因通风、空调系统风管蔓延烟火使火灾造成重大的人员和财产损失的实例，过去的教训使人们高度重视通风、空调系统的防火、防烟问题。本条规定通风、空调系统的风管应采用不燃材料制作。

近 10 年，国内外研发了不少新型风管材料并在一定条件下进行了应用。这些材料各方面的性能均较好，但其燃烧性能尚不能达到不燃材料的性能要求，并且不同材料之间的燃烧性能差别较大。为了更好地规范这些新产品的应用，保障建筑的消防安全和人身安全，经过认真研究国外有关标准作了本条规定。这些规定一要控制材料的燃烧性能及其发烟性能热解产物的毒性，二要在万一发生火灾时能将其蔓延范围严格控制在一个防火分隔单元内。

10.3.16 目前市场上销售的加湿器的加湿材料常为可燃材料，这给类似设备留下了一定火灾隐患。因此，风管和设备的绝热材料、用于加湿器的加湿材料、消声材料及其粘接剂，应采用不燃材料。在采用不燃材料确有困难时，允许有条件地采用难燃烧材料。

为防止通风机已停而电加热器继续加热，引起过热而起火，电加热器的开关与风机的开关应进行联锁，风机停止运转，电加热器的电源亦应自动切断。同时，电加热器前后各 800mm 的风管采用不燃材料进行绝热，穿过有火源及容易起火的房间的风管，亦应采用不燃绝热材料。

目前，不燃绝热材料、消声材料有超细玻璃棉、玻璃纤维、岩棉、矿渣棉等。难燃烧材料有自熄性聚氨酯泡沫塑料、自熄性聚苯乙烯泡沫塑料等。

10.3.17 本条对燃油、燃气锅炉房的通风设施和通风量作了规定。本条所指锅炉房包括燃油、燃气的热水、蒸汽锅炉以及直燃型溴化锂冷（热）水机组的机房。

1 燃油、燃气锅炉房在使用过程中存在逸漏或挥发的可燃性气体，要在燃油、燃气锅炉房内保持良好的通风条件，使逸漏或挥发的可燃性气体与空气混合气体的浓度能很快稀释到爆炸下限值的 25%以下。该场所的通风方式一般有自然通风和机械通风两种。

2 燃油锅炉所用油的闪点温度一般大于 60℃，个别轻柴油的闪点为 55～60℃，大都属丙类火灾危险性。一般油泵房内温度不会超过 60℃，因此，不会产生爆炸危险，机房的通风量可按泄漏量计算或按换气次数计算。本条规定参照了现行国家标准《锅炉房设计规范》GB 50041—92 第 13.3.8 条的规定。通风量的规定参照现行国家标准《锅炉房设计规范》GB 50041—92 相应条文及条文说明中的内容，同时参照《化工企业采暖通风设计技术措施》中的相应要求，确定正常通风的通风量为机房容积的 6 次换气量，事故通风量为正常通风量的 2 倍。

11 电 气

11.1 消防电源及其配电

11.1.1 本条规定了不同建构筑物的消防电源要求。

1 消防用电设备的负荷分级应符合现行国家标准《供配电系统设计规范》GB 50052 的规定。根据该规范要求，一级负荷供电应由 2 个电源供电，且应满足下述条件：

1）当一个电源发生故障时，另一个电源不应同时受到破坏；

2）一级负荷中特别重要的负荷，除由 2 个电源供电外，尚应增设应急电源，并严禁将其他负荷接入应急供电系统。应急电源可以是独立于正常电源的发电机组、供电网中独立于正常电源的专用的馈电线路、蓄电池或干电池。

结合消防用电设备（包括消防控制室照明、消防水泵、消防电梯、防烟排烟设施、火灾报警装置、自动灭火装置、消防应急照明、疏散指示标志和电动的防火门窗、卷帘、阀门等）的具体情况，具备下列条件之一的供电，可视为一级负荷：

①电源来自两个不同发电厂；

②电源来自两个区域变电站（电压一般在 35kV 及以上）。

2 本条规定要求一级负荷供电的场所，主要从扑救难度和使用性质、重要性等因素来考虑的。

据对一些工厂、仓库和大型公共建筑的调查，这些场所一般都设置了 2 个电源（包括自备发电设备）供电，在实际火灾中发挥了作用，保证了火灾时的不间断供电，减少了火灾损失。

3 本条对室外消防用水量较大的建筑物、储罐、堆场的消防用电设备的供电，要求二级负荷供电。主要依据如下：

1）现行国家标准《供配电系统设计规范》GB 50052 规定的二

级负荷供电系统原则上要求由两回线路供电。但在负荷较小或地区供电条件困难时，也可由一回6kV及以上专用的架空线路或电缆供电。从保障消防用电设备的供电和节约投资出发，规定本款的保护对象可按二级负荷最低要求供电。

2)本款规定的保护对象大多属于大、中型工厂、仓库和大型公共建筑或人员较集中的场所以及储罐、堆场，其消防用电设备应有较严格的要求，以提高火灾时的用电需要和相关动力设备的供电可靠性。另外，考虑到广播电视、电信和财贸金融楼的重要性，对省(市)级及以上的，也应按不低于二级负荷供电进行设计。

4 除了本条第一、二款以外的建筑物、储罐、堆场中的消防用电设备，其供电可以采用三级负荷供电。现有的建筑物、储罐(区)、堆场，要保障其消防用电设备的可靠性，满足三级负荷供电要求是最基本的要求，有条件的工厂应尽量设置2台终端变压器。

目前，一些较大的工厂、仓库(包括储罐、堆场)和民用建筑，为满足日常生产、生活用电，一般都设置有2台变压器(一备一用)。本条规定能提高消防供电的可靠性，但不会增加投资。

11.1.2 为尽快让自备发电设备发挥作用，对备用电源的设置及其启动作了要求，且规定其自动启动时间不应大于30s。

11.1.3 本条规定了消防应急照明，包括灯光型疏散指示标志备用电源的连续供电时间。

1 据调查，一些建筑物采用蓄电池供电时的消防应急照明和疏散指示标志均在30min以上，有的达到40～45min。试验和火灾证明，一般用途的建筑物发生火灾时，人员应在10min以内疏散完毕。否则，将会因火灾和烟气的蔓延、高温烟气以及火灾的有毒热分解物而增加人员窒息死亡的可能性。此外，日本有关规范规定采用蓄电池作为疏散指示灯的电源时，其连续供电时间不应小于20min。

本条规定持续时间采用30min，考虑了一定安全系数以及实际人员疏散状况和个别人员疏散困难等情况。但对于大型公共和建筑高度超过50m的高层工业建筑，由于疏散人员较多或疏散距离较长，可能出现疏散时间较长的情况，故对这些场所的连续供电时间要求有所提高。

2 一般，独立的自备电源的应急照明方式具有较高的可靠性。但当前我国这类设施的使用还存在许多问题，完好率较低。因此，为了保证应急照明和疏散指示标志用电的安全可靠，设计时应尽可能采用集中供电方式。应急备用电源无论采用何种方式，均应在主电源断电后能立即自动投入，并保持持续供电，其功率应满足所有应急用电照明和疏散指示标志连续供电30min的要求。采用集中供电方式时，应采取防火、防机械损伤等措施保护配电线路。

11.1.4 本条规定的供电回路，是指从低压总配电室或分配电室至消防设备或消防设备室(如消防水泵房、消防控制室、消防电梯机房等)最末级配电箱的配电线路。

根据实战需要，消防人员到达火场进行灭火时，要切断电源，防止火势沿配电线路蔓延扩大和避免触电事故。由于不少单位或建筑物的配电线路是混合敷设，不易分清哪些是消防用电设备的配电线路，消防人员常不得不全部切断电源，致使消防用电设备不能正常运行。因此，应将消防用电设备的配电线路与其他动力、照明配电线路分开敷设。同时，为避免误操作、便于灭火战斗，应设置方便在紧急情况下操作的明显标志，如清晰、简捷易读的说明、指示等。

11.1.6 本条规定了消防用电设备配电线路在建筑内敷设的具体要求。

1 国外有关规范对消防用电设备配电线路的防火均有较严格的要求。如日本电气规范要求消防用电设备的配电线路要根据不同消防设备和配电线路分别选用耐火配线或耐热配线。耐火配线，系指按照规定的时间-温度标准曲线进行受火测试，升温达到840℃时，在30min以内仍能继续有效供电的配线。耐热配线，系指按照规定的时间-温度标准曲线(1/2的曲线)进行受火测试，升温到380℃时，在15min以内仍能继续供电的配线。英国规范和美国规范也均有类似的严格规定。

2 目前国内市场上已有不少类型的阻燃、耐火和耐热型电线电缆。有的在遇热时易释放出大量有毒烟气，有的抗冲击能力较差，有的高温下负荷运行能力差，有的既具有较强的抗冲击能力又能在高温下可靠地负荷运行。因此，设计时应针对不同场所选用相应的配电线路。

对于消防用电设备配电线路的保护，比较经济、安全的敷设方法一般是采用穿金属管保护埋设在不燃烧体结构内。目前，国家对耐火电线电缆和阻燃电线电缆的测试有相应的标准，但相应产品的国家标准还不完善。对穿金属管保护后再敷设在不燃烧体结构内，保护层厚度不小于30mm，主要是参考有关试验数据确定的。试验情况表明，按照标准时间-温度曲线进行受火测试，30mm厚的保护层在15min以内，金属管的温度可达105℃；30min时，达到210℃；到45min时，可达290℃。试验还表明，金属达到该温度时，配电线路的温度约比上述温度低1/3，在此温升范围内能保证继续供电。另外，采用穿金属管暗敷设，保护层厚度达到30mm以上的线路在实际火灾中也能够保障继续供电。

3 考虑到钢筋混凝土装配式建筑或建筑物某些部位配电线路不能穿管暗设，只能明敷。但明敷易受火或高温直接作用，故规定明敷设时要采取防火保护措施，如在保护管外表面涂刷丙烯酸乳胶防火涂料或采用隔热材料包覆等。

4 矿物绝缘电缆(GB 13033.1～3—91)，是由铜芯、铜护套和氧化镁绝缘等全无机物组成的电缆，具有良好的导电性能、机械物理性能和耐火性能等特点。该电缆在火灾条件下不会产生任何烟雾或有害气体。

通过对矿物绝缘电缆及其他类型的电缆在模拟实际火灾条件下的供电能力试验，结果表明：在1h的实体火灾试验研究中，明敷时，矿物绝缘电缆的耐火性能优于其他类型的电缆，有防火桥架保护的耐火电缆次之。矿物绝缘电缆除能保持对电气设备的正常供电能力外，还应能够在火灾中承受试验重物坠落的冲击，经受喷淋水的冲击，并能在试验后再次正常通电启动相关供电设备，能够在火灾条件下保持规定时间的消防供电。

5 “阻燃电缆”和“耐火电缆”应符合国家行业标准《阻燃及耐火电缆：塑料绝缘阻燃及耐火电缆分级和要求》GA 306.1～306.2—2001的定义与技术要求。但应注意的是，阻燃电线电缆抗失效的能力低于耐火电缆，因此，敷设在电缆井和电缆沟内的阻燃电缆应和其他类电缆分隔开，以避免其他电缆失火导致其燃烧短路。

采用符合现行国家标准《电线电缆耐火特性试验》GB 12666.6—90的耐火电缆能提高消防配电线路的耐火能力，但在模拟实体火灾试验中，普通电缆、阻燃电缆、阻燃隔氧层电缆及耐火电缆，在明敷及穿钢管并施防火涂料保护时，其持续供电时间均未达到30min。这对于消防控制室、消防水泵、消防电梯、防排烟设施等供电时间较长的消防设备供电是不利的。此外，明敷时不能承受火灾中重物坠落和喷淋水冲击的影响。因此，设计时对一些重要建筑或场所内的供电线路或某些重要供电线路宜采用矿物绝缘铜护套电缆。

11.2 电力线路及电器装置

11.2.1 本条规定了甲类厂房、甲类库房、可燃材料堆垛、甲乙类液体储罐、液化石油气储罐、可燃、助燃气体储罐与电力架空线的最近水平距离。

1 规定上述厂房、库房、堆垛、储罐与电力架空线的水平距离不小于电杆(塔)高度的1.5倍，主要是考虑架空电力线在倒杆断线时的危害范围。据调查，架空电力线倒杆断线现象多在刮大风特别是刮台风时发生。据21起倒杆、断线事故统计，倒杆后偏移距离在1m以内的6起，2～4m的4起，半杆高的4起，一杆高的4起，1.5倍杆高的2起，2倍杆高的1起。对于采用塔架方式架设电线时，由于顶部用于稳定部分较高，该杆高可按高度最高一路调设线路的吊杆距地高度计算。

2 储存丙类液体的储罐，其闪点不低于 60℃，在常温下挥发可燃蒸气少，蒸气扩散达到燃烧爆炸范围的可能性更小。对此，可按不少于 1.2 倍电杆（塔）高的距离确定。

3 实践证明，高压架空电力线与储量大的液化石油气单罐，保持 1.5 倍杆（塔）高的水平距离，尚不能保障安全，需要适当加大。因此，本条规定 35kV 以上的高压电力架空线与单罐储量超过 200m^3 或总容积超过 1000m^3 的液化石油气储罐的最近水平距离不应小于 40m。

对于地下直埋的储罐，无论其储存的可燃液体或可燃气体的物性如何，均因这种储存方式有较高的安全性、不易大面积散发可燃蒸气或气体，该储罐与架空电力线路的距离可在相应规定距离的基础上减半。

11.2.2 本条对电力电缆不应和输送甲、乙、丙类液化管道、可燃气体管道、热力管道敷设在同一管沟内作了规定。

1 在厂矿企业、特别是大型工厂中，将电力电缆与输送原油、苯、甲醇、乙醇、液化石油气、天然气、乙炔气、煤气等管道敷设在同一管沟内的现象较常见。由于上述液体或气体管道渗漏、电缆绝缘老化、线路出现破损、产生短路等原因，易引起爆炸起火、影响生产等，造成重大损失。

2 低压配电线路因使用时间长、绝缘老化，产生短路起火。因此，规定了配电线路不应敷设在金属风管内，但采用穿金属管保护的配电线路，可紧贴风管外壁敷设。

3 对于架空的开敞管廊，电力电缆的敷设应按相关专业规范的规定执行。一般可布置同一管廊中，但应根据甲、乙、丙类液体或可燃气体的性质，与其输送管道分开布置在管廊的两侧或不同标高层中。

11.2.3 多年来有不少电气火灾发生在有可燃物的闷顶（吊顶与屋盖或上部楼板之间的空间）或吊顶内。这些火灾大多因未采取穿金属管保护，电线使用年限长、绝缘老化，产生连电起火或电线过负荷运行发热起火等情况而引起，故作了本条规定。

对于有可燃物的吊顶，如空间较高，则常设有火灾自动报警系统或自动灭火系统保护；如空间较低，则其上部即为耐火楼板，因而对这种情况适当降低了其配电线路保护措施的技术要求。

11.2.4 本条规定了照明器表面的高温部位不应靠近可燃物以及靠近时应采取的防火保护措施，预防和减少这类火灾事故的发生。

1 卤钨灯（包括碘钨灯和溴钨灯）的石英玻璃表面温度很高，如 1000W 的灯管温度高达 500～800℃，很容易烤燃与其靠近的纸、布、干的木构件等可燃物，引起火灾。功率不小于 100W 的白炽灯泡的吸顶灯、槽灯、嵌入式灯，使用时间较长时，温度也会上升到 100℃以上甚至更高。因此，规定上述两类灯具的引入线，应采用瓷管、石棉、玻璃丝等不燃烧材料进行隔热保护。

2 对超过 60W 的白炽灯、卤钨灯、荧光高压汞灯、高压钠灯、金属卤灯光源等灯具表面温度高，如安装在木吊顶龙骨（包括木吊顶板）、木墙裙以及其他木构件上，易将这些可燃装修引燃起火。由于安装不符合安全要求，引起火灾事故累有发生。

根据试验，不同功率的白炽灯的表面温度及其烤燃可燃物的时间、温度如表 30。

表 30 白炽灯泡将可燃物烤至起火的时间、温度

灯泡功率(W)	摆放形式	可燃物	烤至起火的时间(min)	烤至起火的温度(℃)	备注
75	卧式	稻草	2	360～367	埋入
100	卧式	稻草	12	342～360	紧贴
100	垂式	稻草	50	碳化	紧贴
100	卧式	稻草	2	360	埋入
100	垂式	棉絮被套	13	360～367	紧贴
100	卧式	乱纸	8	333～360	埋入
200	卧式	稻草	8	367	紧贴
200	卧式	乱稻草	4	342	紧贴
200	卧式	稻草	1	360	埋入
200	垂式	玉米秸	15	365	埋入
200	垂式	纸张	12	333	紧贴
200	垂式	多层报纸	125	333～360	紧贴
200	垂式	松木箱	57	398	紧贴
200	垂式	棉被	5	367	紧贴

11.2.5 本条依据为公安部令第 6 号《仓库防火安全管理规则》的有关规定。

从《仓库防火安全管理规则》的规定执行情况看，这样的要求对减少火灾发生起到了积极的作用，但其又属于技术规定的内容。因此，为从根本上解决该问题，将该规定纳入本规范，以便设计时就采取措施加以防范。有关说明还可参见第 11.2.4 条的说明。

11.2.7 本条规定了漏电火灾报警系统的设置范围，漏电火灾报警系统又称剩余电流动作电气火灾监控系统。

电气原因引起的火灾多年来一直是我国建筑火灾的主要原因。电气火灾隐患形成和存留时间长，且不易发现，一旦引发火灾往往造成很大损失。因此，有必要从设计和使用等多方面采取措施来预防和控制电气火灾。

现行国家标准《剩余电流动作保护装置安装和运行》GB 13955—2005 对"剩余电流动作保护装置"有所要求。国外一些发达国家普遍要求建筑物安装电气防火保护装置，发生电气火灾的现象大大减少。例如，日本于 1934 年颁布的《内线规程》JEAC 800 第 190 条明确了"漏电火灾报警器"的安装场所，在其 1978 年的修订稿中增加了有关安装场所。

漏电火灾报警系统一般由一台主机和若干个剩余电流探测器、控制模块经二总线连接而成。当被保护线路中发生接地剩余电流时，探测器测到报警信号，传送给控制模块，通过二总线网络传输到主机发出声光报警信号；主机显示屏同时显示报警地址，记录并保存报警和控制信息，值班人员可在主机处远程操作切断电源或派人到现场排除剩余电流故障。

漏电火灾报警系统集电气监测、分析、预警、报警及控制于一体，具有监控范围大、反应速度快、报警准确、操作灵活、安装维修方便等特点。该系统安装时对用户供电线路有一定要求，如果用户供电路混乱或三相四线制时，先要对供电线路进行整改后才能安装。

11.3 消防应急照明和消防疏散指示标志

11.3.1 本条规定了应设置消防应急照明的部位。

俱乐部、电影院、剧院、公共娱乐场所等已经发生过火灾的，多数造成重大的人员伤亡。其原因很多，而着火后由于无可靠的应急照明，人员在光线黯淡或黑暗中逃生困难是个重要原因。据调查，许多影剧院、体育馆、旅馆、办公楼，在设计时都考虑了消防应急照明、维护管理良好，在火灾时均起了良好的疏散指示作用。

本条规定应设置消防应急照明的部位，主要为直接影响人员安全疏散的地方或火灾时需要继续工作的场所。对于本规范未明确规定的场所或部位，设计人员应根据实际情况，从有利于人员安全疏散需要出发考虑设置应急照明，如生产车间、仓库、重要办公楼中的会议室等。

11.3.2 本条规定设置消防应急照明场所的照度值，主要参照现行国家标准《建筑照明设计标准》GB 50034—2004 第 5.4.2 条的规定。

消防控制室、消防水泵房、自备发电机房等要在建筑物发生火灾时坚持正常工作，其消防应急照明的照度值仍应保证正常照明的照度要求。这些场所一般照明标准值参见现行国家标准《建筑照明设计标准》GB 50034—2004 第 5.3.1 条的规定。

11.3.3、11.3.4 条文规定了应急照明和疏散指示标志的设置位置，明确了灯光疏散指示标志的设置场所。

1 应急照明设置位置大致有：楼梯间，一般设在墙面或休息平台板下；走道，一般设在墙面或顶棚的下面；厅、堂，一般设在顶棚或墙面上；楼梯口、太平门，一般设在门口的上部。

2 在日本和英国相关建筑规范中对应急照明和疏散诱导灯设置的位置，规定均较为具体。日本有关规范规定安装要求如图18所示。

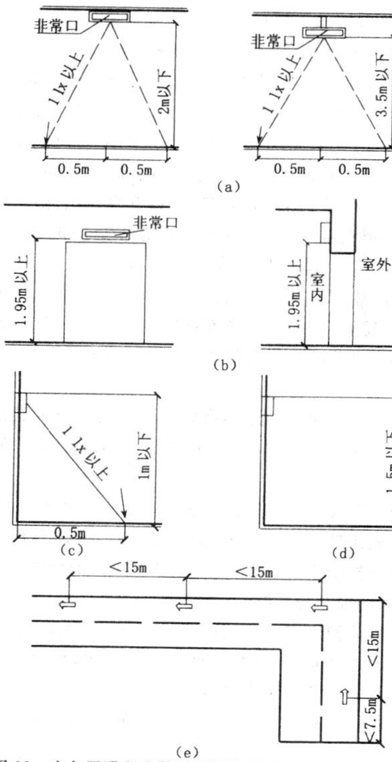

图18 应急照明和疏散诱导灯设置位置(日本规范规定)

3 规定疏散指示标志宜安装在疏散门或安全出口门的顶部或疏散走道及其转角处，距地面高度1m以下的墙面上，是参照国内外一些建筑物的实际做法以及火灾中人的行为习惯提出的。具体设计还可以结合实际情况，在这个范围内灵活地选定安装位置，比如也可设置在地面上等。总之，所设置的标志要便于人们辨认，并符合一般人行走时目视前方的习惯，能起诱导作用。但为防止被烟气遮挡，疏散标志设在顶棚处下时应考虑距顶棚一定高度，使之能不被烟气遮挡。

4 目前，在一些场所设置的标志存在不规范、不清晰等现象，如"疏散门"标成"安全出口"，"安全出口"标成"非常口"或"疏散口"等，还有的疏散指示方向混乱等。因此，有必要强调和明确建筑中设置这些标志时应按照现行国家标准《消防安全标志》GB 13495的要求制作。

另外，为防止火灾时应急照明灯和疏散指示标志被毁坏，影响安全疏散，应急照明灯和疏散指示标志的外表材料应考虑耐火耐高温性能或采取保护措施。

5 第11.3.4条强调要在公共建筑、高层厂房(仓库)及甲、乙、丙类厂房内沿疏散走道和在安全出口、人员密集场所的疏散门的正上方设置灯光疏散指示标志，引导紧急情况下人员快速、安全疏散。

11.3.5 本条要求展览建筑、商店、歌舞娱乐放映游艺场所、电影院、剧院和体育馆等大空间或人员密集的公共场所的建筑设计，应在其内的疏散走道和主要疏散路线的地面上增设能保持视觉连续的疏散指示标志，该标志是辅助疏散指示标志。

火灾中往往烟气较大，妨碍人们在紧急疏散时辨识方向。疏散指示标志的合理设置，对人员安全疏散具有重要作用。国内外实际应用表明，在疏散走道和主要疏散路线的地面上或靠近地面的墙上设置发光疏散指示标志，可以更好地帮助人们在浓烟弥漫的情况下，及时识别疏散位置和方向，迅速沿发光疏散指示标志顺利疏散，避免造成伤亡事故。英国等国家的研究机构还对其实际作用进行过测试研究，并在规范中结合疏散距离作了规定。

11.3.6 在建筑中使用的标准样式及颜色多种多样，不便于辨识，为此，现行国家标准《消防安全标志》GB 13495对各种消防安全标志的标识、颜色、字样、标牌大小等均作了要求。设计应按此标准选用和确定相关参数。

11.4 火灾自动报警系统和消防控制室

11.4.1 本条规定了建筑中应设置火灾自动报警系统的部位。

1 火灾自动报警系统能起到早期发现和通报火灾，及时通知人员进行疏散和灭火，在预防和减少人员伤亡、控制火灾损失方面发挥了积极的作用。在经济、技术比较发达的国家，在各种建筑物中普遍设置了火灾自动报警系统。日本、美国、英国、德国等国家还规定，家庭住房也应安装该系统。现摘录日本《消防法实施令》(1997年修改公布)的第21条规定的附表1(见表31)。

下列各款规定的防火对象或其部分，必须设置火灾自动报警系统：

1)《消防法实施令》附表1第十三项2款列举的、总面积在$200m^2$以上的防火对象。

2)《消防法实施令》附表1第九项1款列举的、总面积在$200m^2$的防火对象。

3)《消防法实施令》附表1第一项至第四项、第五项列举的、总面积在$300m^2$以上的防火对象。

4)《消防法实施令》附表1第五项第2款，第七项、第八项、第九项、第十项、第十二项、第十三项第1款及第十四项列举的、总面积在$500m^2$以上的防火对象。

5)《消防法实施令》附表1第十项及第十五项列举的、总面积在$1000m^2$以上的防火对象。

《消防法实施令》附表1第十六项第2款列举的、总面积在$300m^2$以上的防火对象。

6)除前5款列举的以外、《消防法实施令》附表1规定的建筑物和其他设施中，当储存或管理有《消防法实施令》附表2规定数量的500倍以上准危险物或附表3规定数量500倍以上特殊可燃物的地方。

7)除前6款列举的防火对象外，《消防法实施令》附表1列举的、地板面积在$300m^2$以上的建筑物的地下层、无窗层或3层以上楼层。

8)除前述各款列举的防火对象或其他部分外，附表1列举的作为停车场使用且面积在$200m^2$以上的防火对象的地下层或2层以上的楼层(不包括停放的所有车辆同时开出的结构层)。

9)《消防法实施令》附表1第十六项第1款列举的防火对象中，总面积在$500m^2$以上的及用于该表中第一项至第四项、第五项1款、第六项或第九项1款所列举的防火对象的部分、总面积在$300m^2$以上者。

10)《消防法实施令》附表1列举的、面积在$500m^2$以上的防火对象的通信机器室。

11)除上述各款列举的以外，《消防法实施令》附表1的防火对象11层以上的楼层。

表31 日本《消防法实施令》第21条规定中的附表1

一	1. 剧院、电影院、艺术剧院或展览馆； 2. 礼堂或集会场所
二	1. 酒楼、咖啡馆、夜总会及其他类似场所； 2. 游艺场、舞厅
三	1. 会客厅、饭馆及其他类似场所； 2. 饮食店
四	百货店、商场及其他经营出售物品的店铺和陈列馆
五	1. 旅馆、旅店或招待所； 2. 集体宿舍、公寓或公共住宅

续表 31

六	1.医院、门诊部或接生站； 2.老人福利设施、收费老人公寓、救护设施、急救设施、儿童福利设施(不包括母子宿舍及儿童卫生设施)、残疾人员救护设施(只限收残废者)或神经衰弱者救护设施； 3.幼儿园、盲校、聋哑学校或保育学校
七	小学、中学、高中、中等专业学校、大学、专科学校等，各种学校和其他类似的场所
八	图书馆、博物馆、美术馆及其他类似的场所
九	1.公共浴池中土耳其式浴池、蒸汽浴及其他类似场所； 2.1款以外的公共浴池
十	停车场、码头或机场(只限旅客候机用的建筑物)
十一	神社、寺院、教会及其他类似的场所
十二	1.工厂、作业场； 2.电影播音室、电视演播室
十三	1.汽车库或停车场； 2.飞机库或直升飞机库
十四	仓库
十五	不属于前述各项的事业单位
十六之一	1.多用途的防火对象中，其一部分是供第一项至第四项、第五项1款、第六项或第九项1款列举的防火对象用的； 2.上款列举的防火对象以外的多用途防火对象
十六之二	地下街
十七	根据文物保护法(1950年法律第214号)的规定，被定为重要文物、重要民族色彩文物、古迹或重要文化财产的建筑物。或根据古老重要美术品等保存法律的规定认定为重要美术品的建筑物
十八	总长超过50m的拱顶商店街
十九	市、町、村长指定的山林
二十	自治省令规定的车、船

2 本条规定的设置范围，总结了国内安装火灾自动报警系统的实践经验，适当考虑了今后的发展和实际使用情况，主要为以下建筑或场所：

1)建筑中有需要与火灾自动报警系统联动的部位，如设有二氧化碳等自动灭火系统的其他房间或设置防火卷帘处等。这些场所多为大中型电子计算机房、重要通讯机房、重要资料档案库、珍藏库等或是需要进行防火分隔的部位，需要满足早报警、早扑救或有效分隔的目的。

2)每座占地面积超过1000m² 棉、毛、丝、麻、化纤及其织物等丙类仓库。占地面积超过500m² 或总建筑面积超过1000m² 的卷烟仓库。这些仓库储量大、价值高，发生火灾后损失大。

3)商店和展览馆中的营业、展览厅和航空、水运、汽车、火车客运楼(站)中的旅客等候、休息、购票、娱乐的场所等，人员较密集、可燃物较多、容易发生火灾，要早报警、早疏散、早扑救。

4)图书、档案馆的书库或资料档案库，存有大量文献资料，有的还是价值高的绝本图书、珍贵文物文献等，火灾后的损失较大。其阅览室为公共场所，办公室也有大部分是用作研究或实验的场所，具有一定火灾危险性。本条中重要的档案馆，是根据与《档案馆设计规范》协调后确定的，主要指国家档案馆。对于其他专业档案馆，则视具体情况确定。

5)电力和防灾调度指挥楼、广播电视、电信和邮政楼的重要机房或资料库、邮袋库等。这些建筑的重要机房发生火灾，将会发生通信、广播电视中断或邮件、数据损失，造成重大经济损失和不良政治影响甚至严重影响生产、生活或防灾救灾指挥，要重点保护。鉴于我国各地经济发展不平衡、人口密度不一，对于地市级以下的这类建筑，可视工程具体情况确定是否设置火灾报警设施。

重要机房主要是指性质重要、价值特高的精密机器、仪器、仪表设备室。

6)体育馆观众厅、休息室、餐厅、有可燃物的吊顶内及其电信设备室等，影剧院、会堂、礼堂等的观众厅、舞台、化妆室、休息室、餐厅等，这些部位主要是有配电线路、木马道、风管可燃绝热材料、道具、布景等物，或是人员较密集的公共场所。关于影剧院的级别是与国家现行标准《剧场建筑设计规范》JGJ 57—2000等协调后确定的。

7)疗养院、老人与儿童福利院以及医院等，其使用人员特点是行为能力弱、常需要他人帮助。这些场所中供人员诊疗、住宿、休息的场所以及走道，应设置火灾自动报警系统。

8)设在地下、半地下的商店和歌舞娱乐放映游艺场所，具有人员密集、可燃物多、疏散困难、火灾时热烟排除困难等特点。

9)建筑中的一些设备房、可燃物较多的井道、夹层或局部封闭空间。

11.4.2 本条规定了应设置可燃气体探测报警装置的场所。

这些场所既包括工业生产过程、储存仓库，也包括民用建筑中可能散发可燃蒸气或气体，并存在火灾爆炸危险的场所与部位。使用和可能散发可燃蒸气与气体的场所，除甲、乙类厂房外，有些仓库、丙类生产甚至丁类厂房中也有，如不采取措施仍可能发生较大事故。民用建筑中，如锅炉房等场所也存在此问题。故这些场所均需要考虑，要求设置防止发生火灾爆炸事故的措施，将火灾预防放在第一位考虑。

11.4.3、11.4.4 条文规定了需要设置消防控制室的建筑物及其设置要求。消防控制室的有关构造要求，见本规范第7章第7.2.5条的规定。

1 对于设有火灾自动报警系统和自动灭火系统(如自动喷水灭火系统、二氧化碳灭火系统等)的建筑，要尽可能采用集中控制方式，设置消防控制室，便于全面地了解建筑内的消防设施运行情况以及火灾时的控制与指挥。

2 鉴于消防控制室是建筑物内防火、灭火设施的显示控制中心，也是火灾时的扑救指挥中心，地位十分重要，结合建筑物的特点，确定了其布置位置等防火要求。

3 本条第3、4款是根据现行国家标准《火灾自动报警系统设计规范》GB 50116规定的。

11.4.5 由于现行国家标准《火灾自动报警系统设计规范》GB 50116中对有关消防控制室的控制设备组成、功能、设备布置以及火灾探测器、火灾应急广播、火灾警报装置等火灾自动报警系统的设计均作了明确规定。因此，设计时应按照该规范的要求进行。

12 城市交通隧道

12.1 一般规定

国内外发生的隧道火灾事故均表明，隧道特殊的火灾环境对人员逃生是一个严重的威胁，而且在短时间内对隧道设施会造成巨大的损坏。有限的逃生条件以及消防队员进入火灾隧道时的困难都要求对隧道进行防火设计时，应该采取与地面建筑不同的安全措施。

由于国家对地下铁道的防灾设计要求已有标准，而管线隧道、电缆隧道的情况与城市交通隧道有一定差异，加之隧道防火的研究在世界范围内还是一项正在不断研究的重大课题，本章主要根据国内外隧道火灾情况，为从技术层面规范和加强城市交通隧道的消防安全而确定的通用技术要求。在具体条文中仅规定了对人员危害较大的城市观光隧道和交通隧道的原则性设计要求。

12.1.1 隧道的防火设计应综合考虑各种因素后确定。一般，隧道的用途及交通组成、可燃物数量与种类决定了隧道火灾的可能规模及其火灾增长过程，影响隧道火灾时可能逃生人员数量及其疏散设施的布置；隧道的地理条件和隧道长度等决定了消防人员的进入速度以及逃生难易程度、防排烟与通风要求；隧道的通风与排烟等因素也对火灾中的人员逃生和火灾控制与扑救影响很大。

12.1.2 交通隧道的潜在危险性主要在于：

1 现代隧道日益增长的长度；

2 危险材料的运输；

3 双向行驶隧道(没有单独分开的双向行车道)；

4 由于日益增长的车流量和更大的车载量而增大的火灾荷载；

5 机动车的机械故障造成火灾。

因此，在进行隧道分类时主要考虑其长度和通行车辆类型，即火灾可能规模及逃生救援的难易程度。确定本条时还参考了日本建设省道路隧道紧急用设施设置基准规定。

12.1.3 目前，各国以建筑构件为对象的标准防火试验，均以ISO 834的标准时间-温度曲线(纤维质类)为基础，如BS 476：20部分，DIN 4102，AS 1530及GB 9978等。该标准时间-温度曲线以通常的建筑物材料的燃烧率为基础，真实模拟了地面开放空间的火灾发展状况，但这种针对纤维质类火灾的测试曲线对某些建筑工程设计已不适用，如石油化工火灾。

石油、化合物等材料的燃烧率大大高于木材等的燃烧率，因此对于石油化工行业的建筑和材料进行防火试验需要采用更严格的方法，大多采用碳氢化合物(HC)曲线。HC标准时间-温度曲线的特点是其发展初期带有爆燃-热冲击现象，火灾温度在最初5min之内达到928℃，20min后稳定在1080℃。这种时间-温度曲线真实地模拟了在特定环境或高潜热值燃料燃烧的火灾发展状况，目前在国际石化工业领域已经得到了普遍应用。

近20年来，国际上已经进行了大量的研究来确定可能发生在隧道以及其他地下建筑中的火灾类型，特别是1990年前后欧洲开展的Eureka研究计划。这些研究是分别在废弃的隧道中和实验室条件下进行的。通过这些研究取得的数据结果，发展了一系列不同火灾类型的时间-温度曲线。

RABT曲线是德国有关研究机构通过一系列的真实隧道火灾实验研究结果发展而来的。在RABT曲线中，温度在5min之内将快速升高到1200℃，比HC曲线还要快，在1200℃处持续90min，随后的30min内温度快速下降。这种实验曲线比较真实地模拟了隧道火灾的特点：隧道的空间相对封闭、热量难以扩散、火灾初期升温快、有较强的热冲击，随后由于缺氧状态快速降温。

另外，还有荷兰交通部与TNO实验室开发的RWS标准时间-温度曲线等。

试验研究表明，混凝土结构受热后由于产生高压水蒸气而导致表层受压，使混凝土产生爆裂。结构荷载压力和混凝土含水率越高，产生爆裂的可能性就越大。当混凝土的质量含水率超过3%时，肯定会发生爆裂现象。当充分干燥的混凝土长时间暴露在高温下时，混凝土内各种材料的结合水将会蒸发，从而使混凝土失去结合力产生爆裂，最终会一层一层地穿透整个隧道的混凝土拱顶结构。这种爆裂破坏会产生以下影响：影响人员逃生；使增强钢筋暴露于高温中，产生变形，从而垮塌；对于水底隧道，这种结构性破坏很难进行修复。因此，本条对内衬的耐火也作了相应规定。

由于国内尚无有关隧道结构耐火试验的方法，为满足隧道防火设计需要，本章在附录中增加了有关要求。

12.1.4 隧道内应严格控制装修材料的燃烧性能及其发烟情况，特别是毒性气体的分解量。

12.1.5～12.1.7 这三条主要规定了不同隧道的疏散联络通道和人员与车辆疏散通道的设置要求。

1 在隧道设计中可以采用多种逃生避难形式，如横通道、地下管廊、凹廊避难所等，但需注意逃生通道必须设置有效，易开启且有醒目的防火门等。根据荷兰及欧洲的一系列模拟实验，250m为隧道初期火灾逃生人员在烟雾浓度未造成影响的情况下逃生的最大距离。

2 灭火救援时，隧道内外的车辆调度与疏散均需要一定的场地。因此，尽管规范条文中未明确规定，在设计时也应予以适当考虑。

3 本规范中有关间隔和通道的宽度与高度参考了国内外相关标准的规定，并考虑了当前建造相关隧道并在其中开设横通道的造价较高这一实际情况。

12.1.8 隧道内的变电所、管廊、专用疏散通道、避难设施等是保障隧道日常运行和应急救援的重要设施，有的本身还具有一定的火灾危险性。因此，应在设计中采取一定的防火分隔措施与车行隧道分隔。其分隔要求可参照本规范第7章有关建筑物内重要房间的分隔要求确定。

根据欧洲有关隧道试验和研究报告，要求避难设施内设置机械防烟设施和一定量的饮用水。

12.2 消防给水与灭火设施

12.2.1、12.2.2 条文参照本规范第8章及国内外相关标准的要求，规定了隧道消防给水及其管道、设备等的一般设计要求。

12.2.3 本条规定的隧道排水主要考虑灭火过程中的水量排除以及防止因雨水、渗水、灭火用水的积聚导致可燃液体火灾蔓延和疏散与救援困难，防止运输可燃液体或有害液体车辆事故时虽未发生火灾，但有可能因无有组织的排水措施而使这些液体漫流进入其他设备沟或疏散设施内。

12.2.4 隧道火灾主要引发部位有油箱、驾驶室、行李或货物、客箱座位等，火灾类型一般为A、B类混合火灾，部分可能因隧道内电器设备、配电线路引起。因此，应配置能扑灭ABC类火灾的灭火器。

1 有关数据的确定参考了现行国家标准《建筑灭火器配置设计规范》GB 50140、美国消防协会的标准规定和日本建设省的有关标准以及国外有关隧道的研究报告。

2 四类隧道一般为火灾危险性较小或长度较短的隧道，即使发生火灾，人员疏散和火灾扑救均较容易。因此，消防设施的配置以适用的灭火器为主。

3 一类隧道的情况比较复杂，且长度差异较大，因而应根据具体情况，从隧道的整体消防安全要求考虑防火设计。

12.3 通风和排烟系统

根据隧道火灾事故分析，由一氧化碳导致的死亡约占总数的50%，因直接烧伤、爆炸及其他有毒气体引起的约50%。通常，采用通风、防排烟措施控制烟气产物及烟气运动可以改善火灾环境，并降低火场温度以及热烟气和热分解产物的浓度，改善视线。但是机械通风会通过不同途径对不同类型和规模的火灾产生影响，在某些情况下反而会加剧火灾发展和蔓延。实验表明：在低速通风时，对小轿车火灾的影响不大；可以降低小型油池火灾(约$10m^2$)的热释放速率，而加强通风控制的大型油池火灾(约$100m^2$)；在纵向机械通风下，载重货车的火灾增长率可以达到自然通风的10倍。

隧道通风主要有自然、横向、半横向和纵向通风4种方式。短隧道可以利用隧道内的“活塞风”采取纵向通风，长隧道则需采用横向和半横向通风。隧道内的通风系统在火灾中要起到排烟的作用，其通风管道和排烟设备必须具备一定的耐火性能。

对于隧道通风设计，一般需要针对特定隧道的特性参数(如长度、横截面、分级、主导风、交通流向与流量、货物类型、设定火灾参数等)通过工程分析方法进行设计，并由多种场模型或区域模型对隧道内的烟气运动进行计算模拟，如FASIT、JASMIN等。

本规范规定的风速参数参考了美国NFPA标准和美国高速公路局的试验研究成果。风机的耐高温时间则是根据欧洲的设计要求和试验情况确定的。

12.4 火灾自动报警系统

12.4.1 隧道内发生火灾时，隧道外行驶的车辆往往还按正常速度行驶，对隧道内的事故情况多处于不知情的状态，故规定本条要求。

12.4.2～12.4.4 为早期发现火灾，及早通知隧道内外的人员与车辆采取疏散和救援行动，尽可能在火灾初期将其扑灭，要求设置合适的报警系统。其报警装置的设置应根据隧道类别分别考虑，并至少应具备手动或自动火灾报警功能。对于长隧道则还应具备报警联络电话、声光显示报警功能。由于隧道内环境差异较大，且一般较工业与民用建筑物内条件要恶劣，因此，报警装置的选择应充分考虑这些不利因素。

对于隧道内的重要设备与电缆通道，因平时几乎无人值守，发生火灾后人员很难及时发现，因此也应考虑设置必要的火灾探测与报警装置。

12.4.5 隧道内一般均具有一定的电磁屏蔽效应，可能导致通信中断或无法进行无线联络。因此，为保障灭火救援通信联络畅通，应在可能产生屏蔽的隧道内采取措施，使无线通信讯号，特别是城市公安消防机构的无线网络信号能进入隧道内。

12.4.6 有关消防控制室的控制设备组成、功能、设备布置以及火灾探测器、火灾应急广播、消防专用电话等的设计要求应符合现行国家标准《火灾自动报警系统设计规范》GB 50116 中有关规定。

12.5 供电及其他

12.5.1～12.5.3 隧道火灾一般延续时间较长，且火场环境条件恶劣、温度高，因此，应对其消防用电设备、电源、供电、配电及其配电线路等要求较一般工业与民用建筑高一些。本条所规定的延续供电时间长，在实际设计时应通过对配电导线的选型和对配电线路的防火保证措施，以确保安全配电。

12.5.4 为有效控制隧道内的灾害源，降低其火灾风险，并防止隧道火灾时高压线路、燃气管线等加剧火灾的发展，影响安全疏散与抢险救援等，特作本条规定。

12.5.5 隧道内的环境因隧道位置、隧道形式及地区条件而差异较大。隧道内所设置的相关消防设施必须能耐受隧道内小环境的影响，防止发生霉变、腐蚀、短路、变质等现象，确保设施有效。

隧道内空间易使人缺乏方向感，特别是在火灾条件下，人们的逃生欲望和心理与周围的恶劣环境形成强烈的反差。为保证人员顺利安全疏散，必须设置灯光型疏散指示标志。

附录A 隧道内承重结构体的耐火极限试验升温曲线和相应的判定标准

欧洲一些权威机构已普遍采用针对隧道火灾的耐火极限判定标准。根据荷兰的标准，在计算隧道承重结构的耐火极限时，由于一般应用在受拉状态下的钢筋温度达到 500℃时开始塑性变形，规定必须由其温度低于 500℃的内芯取值。在高增强、高荷载的柱状构件中，混凝土结构中的钢筋温度效应使整个构件承担了很高的破坏风险，所以一般认为普通混凝土中钢材的临界温度为 500℃，受拉状态下钢材的临界温度为 400℃。荷兰交通部规定隧道中混凝土结构表面的允许最高温度不应超过 380℃，这个最高温度的设定不仅考虑到了在这个温度下构件将会失效的任何一种可能，而且考虑到了在实际应用中，这个温度下混凝土结构受破坏的可能性极小。在瑞典，这个最高值要求更严：隧道中混凝土结构表面的允许最高温度不应超过 250℃。同时，还规定了最底层增强钢筋的温度要保持很低，这样它的强度才不会降低。

混凝土结构暴露在 RABT 曲线火灾下的判定要求：

1 混凝土保护层内表面的温度不应超过 380℃（对于盾构式隧道结构隧道该值不应超过 200～250℃）。

2 混凝土覆层厚度最少为 25mm 的条件下，增强钢筋的表面温度不应超过 300℃。

中华人民共和国国家标准

村镇建筑设计防火规范

GBJ 39—90

条 文 说 明

第一章 总 则

第 1.0.1 条 本条是说明本规范的修订目的和方针。

一、据调查，近年来农村经济已有较大的发展，广大农民的生产、生活及居住条件也得到了很大的改善，广大村镇不仅新建了大量的农民住宅及公共福利设施（比如影剧院、文化活动中心等），而且还新建了一批具有一定规模的乡镇企业。如江苏省 1986 年乡镇企业已发展到 38 万余个，年产值高达 165.8 亿元。其中仅海门一个县就有乡镇企业 1661 个，年产值 7 亿多元；江阴县工农业总产值：51 亿元，其中乡镇企业总产值达 31 亿元，占总产值的 60%。这些企业有石油化工、冶炼铸造、食品酿造、服装加工……。种类之多、规模之大是前所未有的。为了确保农村经济顺利发展和人民生命财产的安全，本条规定，在村镇规划和建筑设计中，认真贯彻“预防为主，防消结合”的方针，正确处理好规划设计与经济的关系，生产与安全的关系，做到“防患于未然”。

二、据调查，目前大多数村镇都完成了村镇建设的控制规范，但在规划布局中，对公共消防设施多数考虑不够或没有考虑。虽然 1980 年国家颁布了《农村建筑设计防火规范》，但因农村经济发展较快，原规范条文与农村现状，已不相适应。

目前，全国村镇规划正处在以集镇建设为重点，进而调整完善的阶段，因此，修订本规范已是当务之急。

三、尽管农村经济有了较大的发展，但是由于对消防工作没有得到相应的加强和重视，因而村镇火灾次数多，损失大的局面不仅没有得到很好的控制，而且处于逐年上升的趋势。据部分省村镇火灾抽样调查(见下页表)。

从下页表可以看出：一是村镇火灾的次数和死亡人数均占到各省火灾总数的一半以上，直接经济损失也都在 30%以上；二是村镇企业发展较快的省、市，火灾损失的比例也较大。比如浙江省村镇火灾次数和损失所占的比例都在 77%以上；三是村镇火灾特别是一些重特大火灾的发生与村镇规划布局、建筑设计和消防设施有直接的关系。

1985 年部分省村镇火灾抽样调查表

比例 省份 项目	辽宁	甘肃	浙江	广东	湖北
乡村火灾次数占全省总次数的比例	45.6%	66.7%	87.8%	56.9%	59.9%
乡村火灾死亡人数占全省总数的比例	46.5%	84.6%	86.5%	69.2%	62.1%
乡村火灾损失占全省总损失数的比例	39.3%	33.6%	77.0%	32.1%	30.6%

第 1.0.2 条 一、鉴于我国农村条件差异甚大，加之农村经济发展速度与建设规模不尽相同，加之村镇各项建设要占用耕地，建筑防火又要求保留一定的防火间距，这样就使得我国人口多，可耕地少的矛盾更为突出。据调查，山东烟台、辽宁大连、福建泉州、山西晋城等地区以及我国南方大部分地区人均耕地面积仅有 2～3 分。因此，在本规范中强调了应“根据农村经济发展的需要，从实际出发，本着既保障安全，留足防火间距，又节约用地的原则”等内容。

二、据调查，有不少村镇的建筑布局不合理，功能分区混乱，比如某省一镇办企业（亚麻纺织厂）设置在镇中心建筑密度很大的地区，一旦发生火灾其后果不堪设想；再如某镇办企业，该厂的生产原料均为易燃化工材料，由于静电引起火灾，不仅本厂全部被焚，且祸及毗邻的居民住房和小学校，共烧毁房屋 200 余间，损失达 40 余万元。由于布局不合理，导致火烧连营的案例在东北的一些村镇也时有发生，火灾严重地威胁着社会主义经济建设的发展和人民生命财产的安全。因此，本条提出“做到安全可靠，经济合理，节约用地，并应有利生产，方便生活”的原则。

第 1.0.3 条 一、本条文所指的村镇是指自然的村庄和集镇以及经批准的建制镇，不包括县级人民政府所在地的集镇。

二、适用范围的确定，主要是结合当前村镇经济发展的现状，根据需要和可能，立足当前，着眼未来，本着既要客观地对规划布局和建筑设计有所制约，又不能束缚和阻碍农村经济的发展这样一个指导思想而确定的。

炸药、花炮厂（库）建筑，因功能要求特殊，国家有专门的规范，故本规范不适用于这类建筑的规划和设计。

第 1.0.4 条 据调查，在我国一些经济较为发达地区的村镇，已经规划和兴建了一些规模较大的公共建筑，比如牟平西关村，已经兴建了规模较大的影剧院、高级宾馆、多功能文化娱乐活动中心等，其规模和标准不亚于城市。尽管类似这样的建筑在我国广大村镇还不普遍，但在局部地区已经初具规模并继续发展。因此本条文规定，生产建筑的层数和一栋建筑占地面积超过本规范第 4.1.1 条规定；民用建筑的层数超过五层；超过 800 个座位的影剧院、礼堂等人员密集的公共建筑，因功能复杂、规模大，消防设计要求严格，故应按现行国家标准《建筑设计防火规范》以下简称《建规》的有关规定，进行规划和设计。

第 1.0.5 条 主要针对村镇建筑规范大、范围广，涉及行业多的特点，加之本规范又有它的局限性，不可能将各个专业的内容全部包括进去。因此，在本条文中强调了除执行本规范规定外，尚应符合国家现行的有关设计标准和规范要求。

第二章　建筑物的耐火等级和建筑构造

第 2.0.1 条　据调查，近年来，随着乡镇企业的迅速发展，农村经济日趋繁荣，村镇建设规模日益扩大，不同类别和形式的生产建筑、公共建筑和住宅建筑与日俱增，而且建筑规模越来越大。各建筑物之间的耐火等级、建筑构造都出现了较大的差异。原规范条文不分建筑物耐火等级和生产、使用类别，对村镇建筑的布置、建筑物的防火间距等提出统一要求，已不能适应目前村镇建设的需要。故根据目前村镇建设的实际情况，制定划分建筑物耐火等级的标准。

一、村镇建筑大都未经设计单位设计，有的就根本不搞什么设计。建筑用料及建筑构件的做法各地差异较大，但绝大多数建筑是就地取材，土法上马，构造简单，用料粗劣，种类繁多，如果单纯用耐火极限来划分村镇建筑的耐火等级确有困难，故本条关于建筑物的耐火等级划分是按建筑构件的燃烧性能，并参照《建规》的有关规定制定的。

二、目前村镇建筑种类繁多，结构构件用料复杂。根据村镇建筑的现状，并广泛征求各地的意见，将村镇建筑按建筑构件的燃烧性能划分为四个耐火等级是比较切合实际的。这样既反映了村镇建筑的现状又与《建规》趋于一致，便于执行。

本条规定一、二级耐火等级建筑的各部构件都是非燃烧材料，对一级耐火等级建筑不允许采用钢柱、钢楼梯、钢屋架、钢檩条等建筑构件。主要考虑钢构件耐火极限低，据火灾现场的实地考查及有关实验测定，钢构件在高温作用下，一般在 15 分钟左右便会失去承载能力而变形倒塌。而且据调查，一级耐火等级的建筑物内大都是生产、贮存易燃易爆物品的，火灾危险性大。为了避免在事故状态下造成更大的人员伤亡和经济损失，因此在本条中做了此规定。但对二级耐火等级的建筑又予以放宽。主要考虑：村镇建筑中采用钢屋架、钢檩条的建筑逐渐增多，而且在一些经济发达的村镇目前建筑结构正朝着轻质、大跨度方向发展，如果要求太严，定理过死不仅不利于发展，而且还可能造成很大的浪费。因此对二级耐火等级的建筑允许采用钢屋架、钢檩条。另据调查，在我国一些地区（比如福建的泉州、福清等广大农村）村镇建设中大量采用全石结构的建筑，石料构件就其防火性能是可佳的，但采用石料做梁、楼板因跨度大，发生火灾时，石料经火烧极易变形断裂，失去承载力。因此，本条规定对一、二耐火等级的建筑不应采用石料做梁、楼板。

据调查，三级耐火等级的建筑，其墙体、柱、楼板梁、楼板、楼梯均是非燃烧材料（如钢筋混凝土、混凝土、砖、石、土墙、钢）；屋顶承重构件（梁、屋架、檩条、椽条、望板）、吊顶为可燃材料；屋面层（防水层）是非燃烧材料（如石板、粘土瓦、小青瓦、水泥瓦、石棉瓦、瓦楞铁、白灰焦碴等），全国各地都比较普遍，在村镇建筑中数量最多，约占 80%以上。这种建筑的屋顶承重构件、吊顶、屋面层形式很多，做法各异。常见的有以下几种。如图 A. B. C. D。

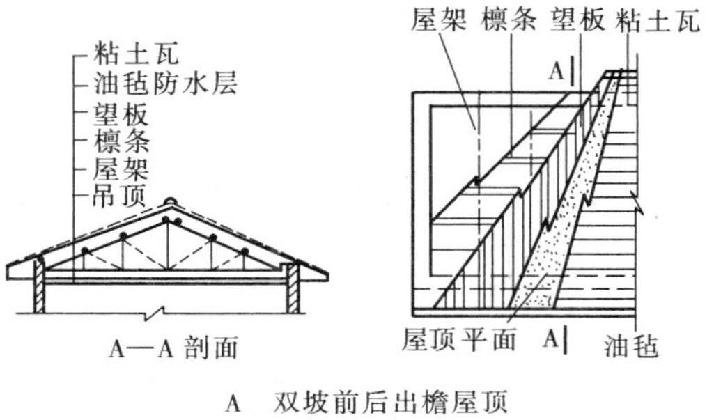

A　双坡前后出檐屋顶

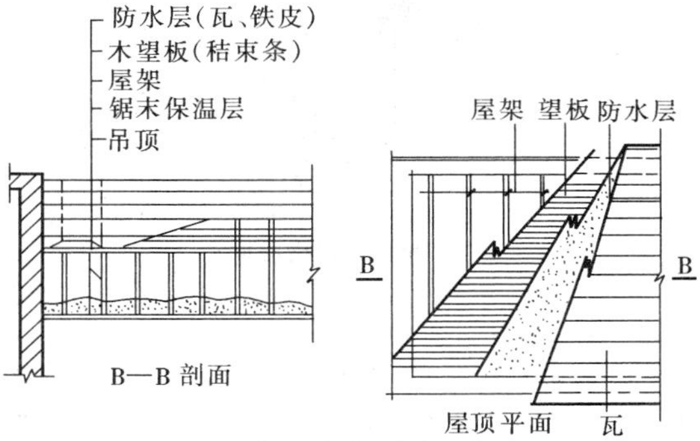

B　前后封檐，密式屋架屋顶

据调查，四级耐火等级的建筑，在我国广大村镇建筑中仍占有相当大的比例。特别是一些边远山区或经济不发达的地区，旧建筑中 90%是这类建筑，新建房屋中这类建筑也占有 10%。如云南、吉林等省一些村镇大量兴建木结构、草屋面的一、二层住宅。在一些经济发达的沿海地区，如闽南一带，生产建筑的厂（库）房也有不少采用木板（竹箔）墙壁、木（竹）屋架、油毡（塑料）面层的四级耐火等级的建筑。这类建筑火灾危险性大，一旦起火燃烧蔓延很快，比如晋江陈埭镇横板村 1987 年元月在一个月内就连续烧了两幢这样的厂房，经济损失达 16 万余元。类似这样的建筑在短时期内予以取缔或消除，显然是不现实的，也是与我们社会主义初级阶段的基本国情不相适应的。所以在本条文中对这类建筑予以保留，并提出了较为严格的要求，从而逐步加以限制。

三、本条规定防火墙或阻火墙的厚度不应小于 22cm。主要考虑我国有些省、市比如江苏、浙江等地普遍采用"八五型粘土砖"（其砖的长度为 22cm）。另据测试，22cm 普通粘土砖墙的耐火极限符合《建规》关于防火墙、阻火墙耐火极限大于 4h 的要求，并且还可达到节省材料、节约物资的效果。因此本条

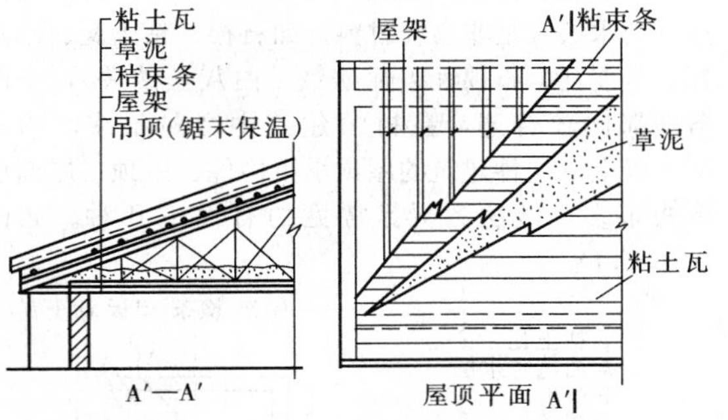

C　前后出檐，密式屋架屋顶

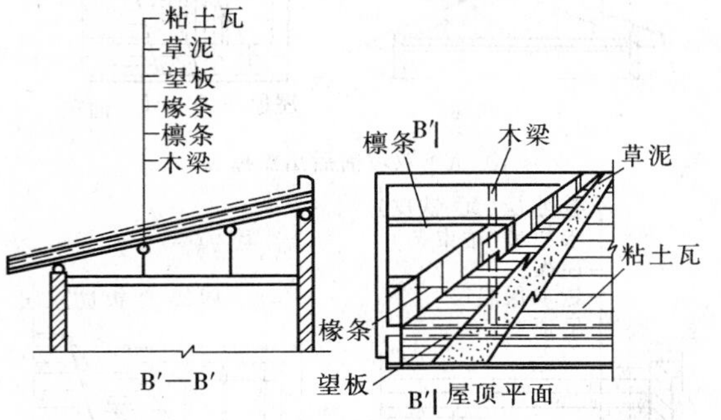

D　单坡前出檐屋顶

文做了上述规定。

第 2.0.2 条　一、据调查，无数火灾实例资料表明，建筑物内设置防火墙是火灾时阻止火势蔓延的有效建筑措施。例如，1985 年某教学实验楼（一栋二层三级耐火等级的建筑）发生火灾，由于起火部位与相邻房间没有用防火墙体进行分隔，所以大火很快通过墙体上部的闷顶等可燃构件向左侧的仪器、标本室蔓延，烧毁房屋四间及实验室全部仪器设备，造成较大的经济损失。而起火部位的右侧，由于用防火墙体与相邻房间分离，所以火灾时，阻止了火势的蔓延，保护了国家财产的安全。详见 A 图。

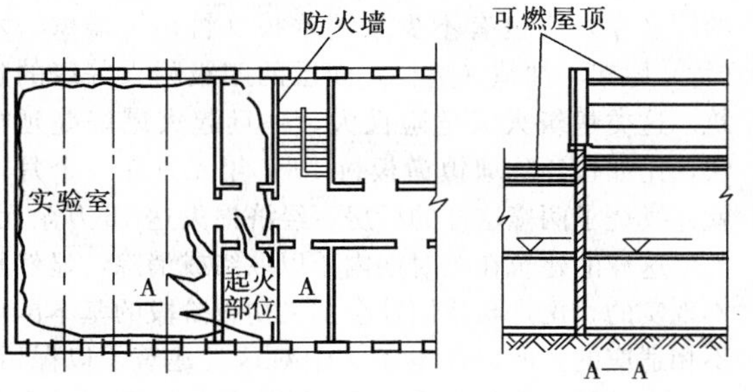

A　某校实验楼火场平面示意图

二、本条文规定，砌筑防火墙应从基础砌到屋顶，截断可燃，难燃屋顶或突出可燃和难燃墙体，要求高出可燃体一定的高度。主要是考虑发生火灾时，能有效地阻止火势向相连建筑及区域蔓延、扩大灾情。例如 88 年 4 月某镇办企业物资库发生火灾。如 B 图，起火部位是在两道没有截断可燃屋顶的 24cm 实体墙之间的库区中部，大火很快通过闷顶及可燃屋顶向东西两侧库房蔓延，导致三栋库房及库内物资全部被焚，经济损失达 14 万余元。

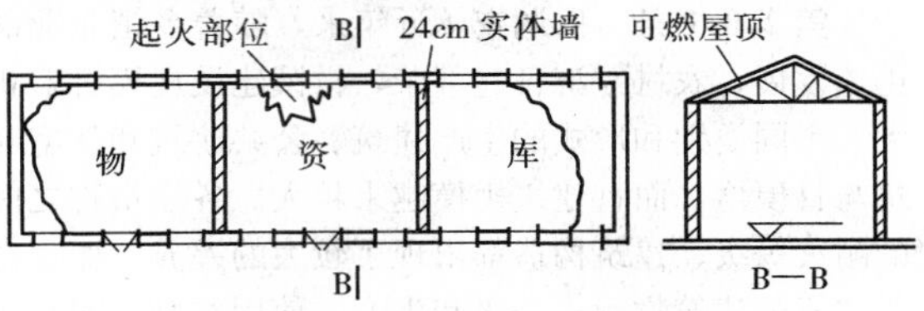

B　某镇物资仓库火灾平面示意图

防火墙截断相连两个防火区的可燃或难燃墙体的要求，是为了防止火灾时因可燃或难燃墙体的燃烧扩大火灾袭卷相连的防火区。

第 2.0.3 条　防火墙上一般不允许开设门窗洞口。因为门窗洞口在火灾时，是火灾蔓延的主要途径，为了防止火灾时火焰穿过门窗洞口，向相连区域蔓延，要求防火墙上的门窗洞口应安装防火门窗，使防火墙真正起到防火阻隔的作用。例如某镇粮棉仓库发生火灾，由于库中的防火分隔墙上设有防火门，在棉花仓库起火时就没有蔓延到粮食仓库。详见 A 图。因此，本条文规定如必须开设门窗洞口时，应安装甲级防火门、窗。

安装甲级防火门的要求主要考虑甲级防火门的耐火极限为 1.2h，乙级防火门的耐火极限只有 0.9h，厚度为 22cm 的防火墙，其耐火极限为 4h，为了加强防火墙、防火门的整体阻隔作用，故提高防火门的耐火极限，使其尽量与防火墙体趋于接近，并参照《建规》的有关规定制定本条文。

一栋建筑的占地面积超过防火分区允许占地面积时，就应设防火墙分隔，设防火墙后，将建筑分成几个防火分区。为将火灾能有效地控制在一个防火分区内，本条规定了紧靠防火墙两侧外墙上的门窗洞口及防火墙设在转角处时，内转角两侧墙上的门窗洞口之间的水平距离的要求，是防止火灾时火焰通过相邻的门窗洞口蔓延扩大火灾而制定的。如 B 图。

第 2.0.4 条　本条文是对原规范第 27 条的修订。原规范只规定“俱乐部的舞台上部与观众厅之间应用非燃或难燃墙体分隔”。目前村镇不仅有俱乐部，而且有电影院、剧院、礼堂、体育馆、游乐厅等公共建筑。本条所指的观众厅与舞台是泛指一切影剧院、礼堂等公共建筑的观众厅与舞台。

一、本条规定观众厅与舞台之间的隔墙、舞台口上部与观众厅闷顶之间的隔墙应采用非燃烧体隔墙隔开，并要求其厚度不应小于 12cm。主要考虑舞台上高温灯具多，道具、布景等可燃物也较集中，加之为了演出效果，有时使用烟火，稍有不慎极易引起火灾。所以为了防止舞台发生火灾时，火势向观众厅蔓延，造成更大的人员伤亡和经济损失，规定舞台口上

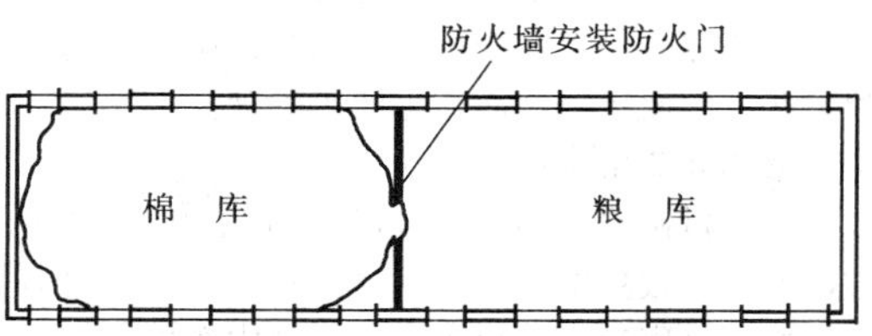

A　某镇棉粮仓库火场平面示意图

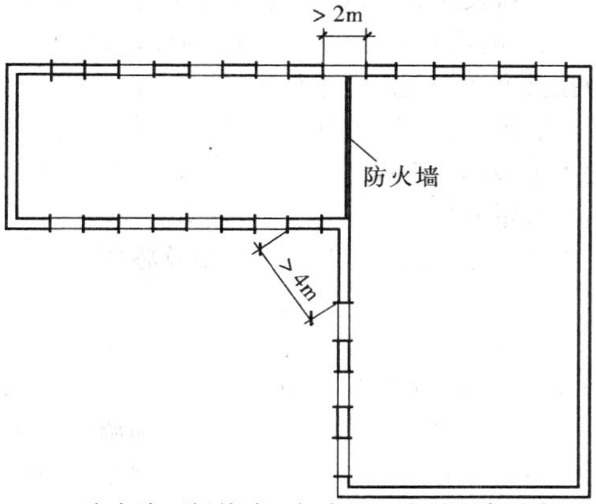

B　防火墙两侧外墙上门窗洞口水平距离示意图

部及观众厅之间应用非燃烧墙体隔开，确保观众厅的安全。如某乡的礼堂是一幢三级耐火等级的建筑，由于舞台口上部与观众厅之间没有防火分隔墙，当舞台上起火后，很快蔓延到观众厅将整个建筑烧毁，损失十分严重。

舞台口上部与观众厅的闷顶之间的隔墙，因使用功能的需要，一般需开设检查通行的门，为了防止火灾时火焰通过门洞相互蔓延、扩大灾情，因此，本条要求安装乙级防火门。

二、舞台灯光控制室因电器设备多，易发生火灾，故本条规定应采用非燃烧体墙与可燃物贮藏室隔开，防止灯光控制室起火引燃可燃物品扩大火灾损失。

如：1985 年某乡礼堂的配电灯光操作室与可燃物品库房相连通，当可燃物品库房发生火灾时，由于没有进行分隔，致使火势向配电灯光操作室蔓延，导致火势扩大。烧毁配电柜、灯光操作台等大量电器设备及财物，详见火场平面示意图 A。

三、由于影剧院舞台部分可燃物比较集中，电气设备及高温灯具较多，起火的几率相对来讲也比较高，一旦发生火灾，火焰和热烟气流迅速向上部空间流窜，扩大灾情。据调查，占相当比例的影剧院火灾，都是由于舞台上部没有设置排烟气窗，使大量的热烟气流及火焰侵入观众厅及观众厅闷顶部分引燃可燃物起火成灾。如果在舞台的上部设置具有一定面积的排烟窗，在火灾情况下，大量的热烟气流便可及时排向室外，控制火势。因此，参照《建规》的有关规定，提出本条要求。详见舞台火灾时热烟气流动示意

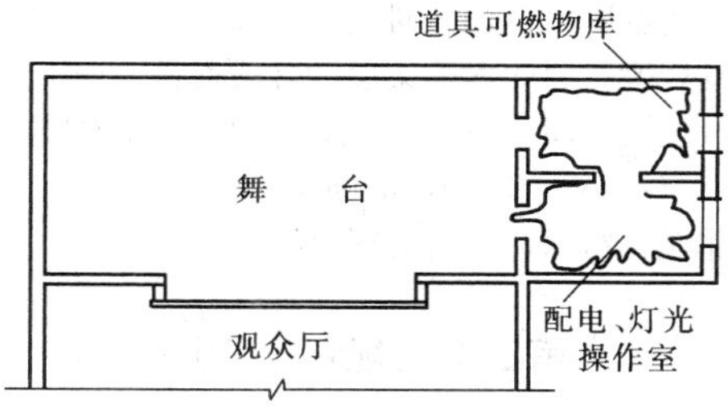

A　某乡礼堂火场平面示意图

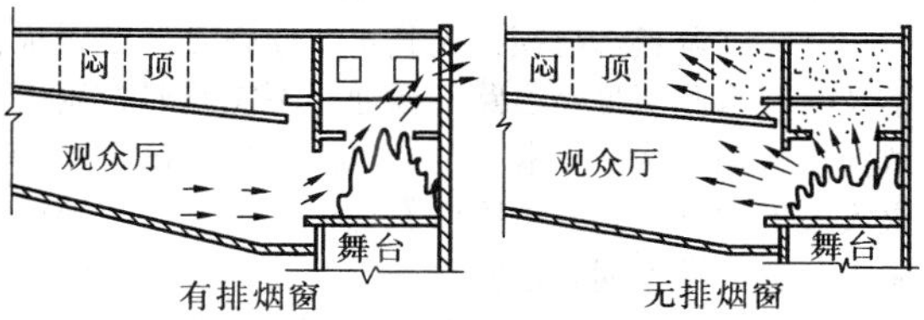

B　舞台火灾时热烟气流动线示意图

图 B。

第 2.0.5 条　一、电影放映室（包含卷片室）、硅整流室、舞台灯光操作室，这些部位用电设备多、用电量大、产生的热量大，加之通风不好，导致室内温度升高，常因管理和使用不当酿成火灾。通过调查走访，结合火灾案例的分析表明，以上部位与其他部分隔开，特别是与可燃物储藏室进行分隔是非常必要的。

二、放映室的观察孔和放映孔设置阻火闸门是为了防止放映室发生火灾时，火势通过观察孔，放映孔向观众厅蔓延，威胁观众厅的安全。同时也防止观众厅失火，火势通过观察孔和放映孔蔓延到放映室扩大损失。例如 1986 年某乡镇影剧院（三级耐火等级的建筑）发生火灾，大火从舞台蔓延到观众厅，并继续向前庭和放映室蔓延扩大，由于放映室的观察孔和放映孔没有安装阻火闸门，使火势迅速通过观察孔、放映孔窜向放映室，致使电影院全部被烧。

第 2.0.6 条　本条是对原规范第 28 条的修订。

一、据调查，原规范条文中的一些规定与目前村镇发展的现状不相适应。故此对原条文进行了修订。

二、据实地调查并参阅有关火灾资料表明，烟囱、炉灶，由于设置或管理使用不当，引起火灾的教训很多。比如某省 1984 年共发生重大火灾 64 起，其中因炉灶、烟囱滋火而造成火灾的 12 起，占总数的 18.75%。又如某地区村镇火灾统计，一年内由于炉灶窜火烤着周围可燃构件引起的火灾占全地区村镇火灾的 38%。1984 年 1 月 2 日 17 时，某乡镇企业因炉灶窜火烤着可燃隔墙酿成重大火灾，烧毁房屋 26 间（建筑面积 918m^2）经济损失 6.8 万余元。因此，本条文对炉灶，烟囱的设置提出了要求是必要的。

三、据调查，烟囱通过可燃吊顶、屋顶时，由于距离过近引起火灾案例较多。如某镇打谷场内看场房的烟囱距可燃构件距离只有 6cm，由于烟囱裂缝滋

火，烧着屋顶可燃构件蔓延成灾，并将场内20亩的稻谷烧毁。因此本条文参考有关资料，提出烟囱顶排烟口应高出屋面50cm，烟囱内壁距可燃构件的最小距离应不小于24cm，烟囱壁在吊顶到屋顶范围内应用非燃材料涂抹严密的规定。

第三章　规划和建筑布局

第3.0.1条　本条是新增加的。

一、据调查，村镇火灾其重要原因之一是因报警不及时，水源不足，道路不畅通，不能及时控制火情致使小火酿成大灾。据对近年来47起村镇重、特大火灾案例的分析，其中因没有通讯设备无法报警或水源不足、道路不通，消防设施不配套等使小火酿成大火的有41起，占总数的87%。例如，1984年9月，某省某县天雷坑村发生火灾由于该村距公安消防队驻地较远，报警困难，再加交通不便，缺乏水源，仅有的一些消防器材又不配套。因此，未能及时控制火势，结果造成74户房屋、财产全部化为灰烬，296人无家可归，直接经济损失24.90万余元。

二、无数火灾案例说明，公共消防设施是预防和扑灭火灾的重要措施。要想有效地预防和扑灭火灾，就应该将村镇的消防给水、消防站、消防车道和消防通讯等公共消防设施纳入村镇的总体规划及建设之内，与村镇建设同步进行。

第3.0.2条　本条是对原规范第4条的修订。

一、据调查，许多古镇旧村由于建筑布局不合理，将易燃易爆的生产建筑、仓库布置在村镇的中心地带，并与其他可燃建筑毗邻，又无任何防火保护措施，一旦失火就会造成不堪设想的后果。例如某省某镇办花炮厂设在商业中心区，且与其他建筑物相毗邻，由于毗邻建筑起火，很快蔓延到花炮厂，引起大量火药和花炮燃爆，死伤数十人。

二、防火间距小，缺少分隔措施。据调查，我国村镇火灾中，造成整村、整寨被烧毁的案例很多。其中一个重要原因是建筑物耐火等级低，而且房前屋后堆放着大量的柴草等可燃物，人为地缩小了间距。建筑物相互毗连，缺少一定的防火间距，在火灾时给火势的蔓延创造了条件。例如1984年4月某省某县西江村，房屋大多为草屋顶，相距很近，房前屋后又存放着大量的柴草，因小孩玩火引起火灾，火势很快蔓延扩大，全村100幢房屋被烧毁近90幢，粮食16万余公斤，使115户，468人受灾，经济损失折款近30万元。

三、通过实地调查和从大量的火灾案例中分析，各种建筑物的使用性质不同，其火灾危险性也不尽相同。一般来讲，生产建筑用火用电多，起火时危险性大；影剧院、体育馆、礼堂等公共建筑人员集中，一旦发生火灾伤亡大，影响大，损失大；仓库是物资集中的地方，一旦发生火灾燃烧猛烈、火势蔓延快，损失大。所以，按其使用功能进行分区布置的要求是合理的，这样既保障安全可靠，又节约用地，同时还有利生产、方便生活，而且也便于管理。

第3.0.3条　本条是新增加的。

一、村镇是广大农民常年生产、生活居住的地方，人员比较集中，用火用电比较多。如果将有爆炸危险的厂、库房靠近村镇或在村镇内布置，一旦发生事故就会殃及四邻，造成人员的重大伤亡。因此，本条提出："有爆炸危险的厂、库房应远离村镇布置"。并应按其专业规范规定进行建设。

二、甲、乙、丙类液体燃点低、火灾危险性大，加之上述液体贮罐和罐区贮量较大，一旦失火，罐体爆裂，大量液体向低处流，形成大面积的火区。因此，本条对甲、乙、丙类液体贮罐及罐区提出了设置要求。

当贮罐或罐区设置在地势较高地带时，应采取设置防火堤等防止液体流散的设施。

三、经过对许多火灾案例的分析和调查，证明风是火灾发展、蔓延、扩大的一个主要因素，因此，在本条文中对贮罐或罐区布置提出了对风向的要求。

第3.0.4条　本条是对原规范第5条的修订。

一、据调查，在农村实行土地承包之后，原有的大面积的集体打谷场，随之逐步变小。现在打谷场大致有三种形式：一是联户使用一个打谷场，使用户数一般不超过30户，轮流碾打；二是在田间或地头就地平整后碾打，打完后恢复耕地；三是各家各户利用房前屋后的空隙地自行碾打。各种易燃可燃物堆场的规模也由大转小，出现分散堆放的情况加之管理不善，此类火灾时有发生，尤其是夏收期间，90%以上的村镇火灾发生在麦场或可燃物的堆场。

二、据调查，在村镇边沿设打谷场在我国北方仍较多，一般与相邻建筑的位置约为20m左右，少数较远者也有，为了保障安全、节约用地、有利执行，故本条将防火间距确定为25m（原规范为30m）。由于打谷场可燃物集中，起火几率高，且起火后燃烧快，火势猛、蔓延迅速，如果初起火灾得不到及时有效的控制，就会形成火烧连营。这种情况大都是由于面积过大缺少防火间距所致。例如某省某村集体打谷场，因电线短路起火，由于打谷场面积大、堆垛密集，又紧靠周围民宅，所以在起火后很快蔓延，十几分钟后就形成一片火海，使76户的小麦全部化为灰烬，20余间民房也遭焚烧。所以本条将打谷场面积作了规定。

三、本条文主要是指设有固定打谷场的地区。在确定其位置时要考虑与周围建筑物要保持必要的防火间距，而且要尽量靠近水源，注意风向等因素。

第3.0.5条　本条是新增加的。据调查，随着农村经济的发展，运输专业户、个体户相继出现，汽车、大型拖拉机逐年增多。由于经营方式的变革，农村机动车的数量比过去多了，但很分散，各自为阵，少则一、两台，多则十几台，这些车辆，基本上都是停放在房前屋后，大街小巷，有的露天停放在场院，也有少量的简易车库建在宅院之中。车辆用油大都是各家各户自行存放，贮存方式不同、贮量多少不一。针对这些情况，为了便于管理，确保安全，我们在调查研究，征求各地意见的基础上提出本条文的要求。

第 3.0.6 条 本条是新增加的。

一、据调查，近几年来，由于自由流动人口随意在林区烧荒种地，安家落户，这对林区的安全是个威胁。例如 1981 年某省东风林场区域就有类似情况，他们的烧荒中引起火警，幸亏扑救及时，未酿成灾祸。

二、据调查，在林区内有不少的企、事业单位（如农场、林木加工厂、食品酿造厂等）和历史形成的自然村（屯），有的距成片林边沿很近。例如某省某林区内一个村庄，距成片林边沿只有 20 余米且该村房屋构造多为木质板壁、草屋顶结构，一旦发生火灾容易殃及森林。

三、据林区有关部门的意见，在林区村镇规划时，一定要注意考虑防火间距。主要考虑寒冷地区生活用火比较多，家家户户都堆集着大量的木棒子或秸秆。因此，他们提出："村镇距森林边缘的距离拟保持在 300～400m"。对此我们本着既要确保安全，又要节约用地，方便群众生活、生产的目的，故本条文确定安全间距不应小于 300m 为宜。

第 3.0.7 条 本条是对原规范第 7 条的修订。

一、据对 22 个村镇的实地调查，（村、镇各占 50%），村镇的主要道路，其路面宽度平均为 10.4m，巷道路面宽度平均为 7.3m（其中有两个村的巷道路面宽度为 3.5m），实际新建、改建的村镇巷道路面宽度都大于 3.5m。而且目前常用的消防车辆的最大车宽（内座式水罐消防车）为 2.56m，因此，为了节约用地，又保证了消防通道宽度的要求，本条仍保留了原规范条文对消防车通道路面宽度不小于 3.5m 的规定，并与《建规》取得了一致。

二、因室外低压供水消火栓的保护半径和消防车的最大供水距离均为 150m，村镇内消防通道之间的距离不宜超过 160m，这样可达到两个消防车的有效保护半径之内，并与《建规》取得一致。

三、村镇内消防通道转弯半径不小于 8m，是从几种主要消防车辆的转弯半径提出的。见下表。

车　型	最小转弯半径（m）	车外型尺寸（m）			备　注
		长	宽	高	
GBJ22 型轻便泵浦消防车	6.50	4.16	1.915	1.96	
CGG30/35 型内座式水罐消防车	8.00	6.91	2.42	2.96	
CGP36/40 型载炮水罐消防车		7.135	2.48	3.05	东风 140 改装跃进 GN—130 最小转弯半径 7.60m
CG70/60 型内座式水罐消防车		8.407	2.56	3.33	
CS45 型供水消防车	8.50	7.18	2.48	2.31	解放 CA—10 型的最小转弯半径
CPG22B 型举高喷射泡沫消防车	9.00	8.42	2.40	3.10	

第 3.0.8 条 本条是新增加的。

一、农村经济搞活以后，农贸市场发展很快，广大农民以集镇为中心，并沿主要交通干线摆摊设点，进行商品交易，尤其是逢集赶会经常造成交通堵塞，发生火灾后，消防车辆难以通过。例如某省某地消防队门前的一条巷道（也是消防车出入的必经之路），作为农贸中心市场，消防队经常因交通堵塞而接到火警长时间出不了车，贻误战机，扩大火灾损失。

二、农贸市场人员比较集中，商品种类繁多，尤其逢年过节烟花炮竹销售量更大，再加管理不严，如果靠近甲、乙类生产建筑，万一发生火灾事故，会造成重大的人员伤亡和经济损失。因此，本条参照《建规》的有关规定提出防火间距不得小于 50m 的要求。

三、影剧院、学校、医院等公共建筑都是人员密集场所，为了保证在火灾时人员疏散、消防通道畅通，要求在规划农贸市场时，要避开上述公共建筑的主要出口处。

第四章 厂（库）房、堆场、贮罐

第一节 厂（库）房的耐火等级、允许层数和允许占地面积

第 4.1.1 条 本条是新增加的。各类厂（库）房，在生产、贮存过程中都不同程度地存在着火灾危险性。为了保障其生产和贮存物品的安全，结合乡镇企业的现状并参照有关规定，提出了本条表 4.1.1 的要求。

一、耐火等级的限定

甲、乙类物品，由于在生产、贮存过程中有很大的火灾危险性存在，为了防止火灾时，因建筑物燃烧，蔓延扩大灾情，因此规定采用一、二级耐火等级较高的建筑。

丙类生产及其贮存物品比甲、乙类生产和贮存物品的火灾危险性小，结合村镇经济的现状，本条规定，可采用一、二、三级耐火等级的建筑。

丁、戊类生产及其物品，在生产、贮存过程中火灾危险性小。据调查，这类生产在村镇企业中所占的比例较大，约占 85%以上。而且生产条件普遍比较差，在经济发达地区也是如此，面对这样一个现实，本条表 4.1.1 对丁、戊类生产、贮存建筑的耐火等级做了适当放宽，允许采用四级耐火等级的建筑。

二、允许层数的限定

生产和贮存甲、乙类物品的厂（库）房是易燃易爆的场所，如管理不善，极易发生火灾或爆炸事故。加之绝大多数村镇没有消防站，消防供水条件差，如果不在建筑物的层数和面积上加以限制，一旦发生事故，其后果不堪设想。据调查，目前乡镇企业中属于生产、贮存甲、乙类物品的厂（库）房，95%以上都是采用单层建筑。因此，本条表 4.1.1 对生产、贮存甲、乙类物品的厂（库）房的建筑层数做了较为严格的限制。

丙类生产及其贮存物品其火灾危险性比甲、乙类生产和贮存物品小，因此建筑的允许层数可提高。一、二级耐火等级的建筑，耐火等级高，防火条件好，一旦发生火灾，不会因建筑导致火势蔓延和扩大火灾。但考虑村镇情况，防火灭火的条件差，故本条规定为允许三层。三级耐火等级的建筑其屋顶部分是可燃构件，火灾危险性大，一旦发生火灾极易蔓延，且扑救困难。因此，本条限定为二层。

丁、戊类生产及物品大都为难燃或不燃材料，火灾危险性小，故本条规定，对一、二、三级耐火等级的建筑层数允许提高。但对四级耐火等级的建筑限定为一层，这是因四级耐火等级的建筑结构大都为可燃构件，一旦发生火灾极易蔓延扩大，而村镇的消防条件又很差，因此应严格限制使用。但鉴于目前在一些省、区的村镇这类建筑还广泛采用。故本条在严格制的前提下，规定可采用一层。这样既满足防火灭火的条件，又符合当前村镇的现状。

三、防火分区允许占地面积的限定

据调查，目前乡镇企业中，生产和贮存甲、乙类物品的厂（库）房，其防火分区的占地面积在 300m^2 以下的，约占 70%以上；生产贮存丁、戊类物品的单层，四级耐火等级的建筑，其防火分区的占地面积在 500m^2 以下的约占 90%以上。加之，我国广大村镇普遍没有建立消防站，大部分乡镇企业都是白手起家、土法上马、设备陈旧、厂房简陋，职工的消防安全意识差，消防器材装备不落实，水源不足，往往发生火灾时难以及时扑救。因此本条考虑了这些不利因素，对防火分区的允许占地面积做了适当的限制。详见部分省、区乡镇企业生产建筑基本情况调查表。

部分省、区、村镇企业生产建筑调查表

单位名称	火险类别	建筑占地面积	建筑层数	建筑面积	备　注
江苏省无锡县杨墅乡电器厂	丁	500	三	1500	生产高频头车间
江苏省无锡县杨墅乡变压器厂	丙	1840	一	1840	车间内有乙类火险生产
江苏吴县陆墓镇古巷村有机化工厂	甲	270	一	270	生产有机玻璃
江苏省吴县陆墓镇日益村泡沫塑料厂	丙	300	一	300	发泡铸型车间
四川青神县黑龙镇化工厂	甲	160	一	160	
浙江海宁县盐官镇办客车厂喷漆车间	乙	160	一	160	
湖北汉阳县侏儒织布厂	丙	280	一	280	
云南玉溪市北城塑料厂	丙	170	一	170	
山东昌邑县石埠镇印染厂	丙	450	一	450	打包整压车间
辽宁省金县友谊乡塑料厂	丙	330	一	330	编织车间
吉林省永吉县乌拉街拉底村机械厂	戊	250	一	250	锻工车间
四川青神县黑龙镇生产资料仓库	丙	200	一	200	
浙江海宁许村镇迎春纺织厂	丙	300	一	300	仓库
四川眉山轧钢厂	戊	360	一	360	

第 4.1.2 条　本条是新增加的。本条所说的贵重的机器设备、仪器，一般是指使用价值高，一旦发生火灾损失大，致使全厂生产影响大的设备、仪器等；变电所、发电机房是生产动力的中心，起火因素多，一旦发生火灾将会造成停工停产，并殃及四邻。因此，提出本条规定。

第 4.1.3 条　本条是对原规范第 15 条的修订。汽车、大型拖拉机是重要的生产运输设备，其经济价值比较高，一般一辆车均在数万元以上，一旦发生火灾就会造成较大的损失；加之汽车、大型拖拉机库由于管理不善，库内存放油品，易发生火灾，为了防止发生火灾后，因建筑物的燃烧蔓延扩大火灾，造成更大的损失。故本条规定了车库耐火等级的要求。

第二节　防火间距

第 4.2.1 条　本条是对原规范第 10、11 条的修订。

一、确定建筑物防火间距的目的，是防止一栋建筑起火波及相邻建筑，同时满足在火灾时，通行消防车辆和扑救灭火所需的距离，实践证明，建筑物之间留有一定间距是防止火灾蔓延、扩大的有效措施。

例如：1985 年 3 月 19 日，某省某县许巷乡彩印锌板厂红外烘烤车间（三级耐火等级建筑）发生火灾，将相距约 10m 的另一幢建筑的外露屋檐烤着，由于扑救及时，才免遭火劫。

1987 年 2 月 10 日某省某市郭河镇亚麻纺织厂仓库（三级耐火等级的建筑）发生火灾，将相距约 8m 的另一幢三级耐火等级的建筑烧毁，而相距 8m 的另一栋一级耐火等级的建筑却安然无恙。

本条表 4.2.1 的规定，是在总结近年来火灾教训和乡镇企业发展的现状，并根据其建筑物的耐火等级而提出的。

据调查，目前乡镇企业中各类生产建筑之间的防火间距，一般都大于本条表 4.2.1 的规定。因此，表 4.2.1 的规定是可行的。

二、本条注②、③中防火间距的确定，主要考虑生产、贮存甲类物品的厂（库）房，在生产、贮存过程中容易散发可燃气体、蒸气，当可燃气体与空气混合达到爆炸浓度时，遇到明火即可发生燃烧或爆炸其波及的范围比较大，例如：某乡办化工厂，因用火不慎引起丙酮爆炸，火焰喷出达 20 多米，使在此范围内的所有建筑都不同程度的受损，扩大了损失。本条的规定是从实际火灾案例的分析中提出的。

第 4.2.2 条　本条是新增加的，说明同第 4.2.1 条。

第 4.2.3 条　本条是新增加的。本条规定是为了在满足防火要求的情况下缩小两栋建筑物之间的防火间距，以利节约土地有利生产而制定的。但对甲类厂房，由于其生产过程中易燃、可燃危险物品多，易散发可燃气体，遇明火发生爆炸和燃烧波及相邻建筑。为了防止爆炸和扑救火灾的需要，提出甲类厂房之间的防火间距，最小也应留出 4m 的要求。

第 4.2.4 条　本条是新增加的。生产建筑因生产工艺的需要常有一些化学易燃物品的设备附设在厂房外，为了保障安全生产和发生火灾时，不影响其他设备和建筑物，减少火灾损失，便于扑救的需要，本条规定厂房的室外化学易燃物品设备应按一、二级耐火等级的建筑物确定其与相邻设备和相邻建筑之间的防火间距。同时从村镇调查了解，很多厂房在建造时没有考虑室外的化学易燃物品的设备，安装室外设备后，造成彼此相连，防火间距不足，一旦发生爆炸和火灾，就会波及相邻建筑和设备，造成更大的损失，同时给补救造成困难，因此制定本条规定。

第 4.2.5 条　本条是对原规范第 12 条的修订。据调查，目前乡镇企业种类多，但厂房面积普遍都比较小。为了节约用地，本条提出数栋一、二、三级耐火等级的厂房，在占地面积的总和不超过本规范第 4.1.1 条规定一栋建筑允许占地面积的前提下，就可以成组布置。这样既方便生产，保障安全，又可节约用地。组内厂房之间的距离，是考虑扑救灭火，通行消防车辆的需要而确定的。

第 4.2.6 条　本条是对原规范第 18 条的修订。随着乡镇企业的不断发展，广大村镇对甲、乙、丙类液体的需求量也日益增大。由于原规范规定不够明确，因此对原条文做了补充修订。

本条表 4.2.6 防火间距的确定，主要是为了防止火灾蔓延，满足扑救工作需要，并结合村镇的实际情况而提出的。

一、据对部分村、镇、甲、乙、丙类液体贮罐、堆场贮量的调查，其实际贮量与本条表 4.2.6 的规定是相符的，详见下表。

部分省、区乡镇液体贮罐贮量调查表

贮罐或堆场名称	类 别	贮量（m^3）
四川青神县黑龙镇榨油厂（植物油）	丙	10
四川青神县黑龙镇供销社油库	甲 乙	4 3
四川眉山县思蒙镇油库	甲 乙 丙	24 5 20
云南玉溪市北城镇油库	甲 乙 丙	20 20 10
云南通海县四街镇纳家营村塑料厂（桶装）	甲	4
广西贵县覃塘粮油加工厂（植物油）	丙	10
湖北汉阳县侏儒镇供销社油库	甲	20
湖北汉阳县奓山镇彩印厂（桶装）	甲	10
湖北仙桃市郭河镇油库	甲 乙 丙	30 10 10
湖北仙桃市胡场镇油库	甲 乙 丙	30 5 10
浙江海宁市黄湾乡闸口电珠厂（桶装）	甲	40
浙江海宁市许巷乡特殊灯泡厂（桶装）	甲	50

二、本条4.2.6注②的规定，主要考虑到乙、丙类液体贮罐发生火灾时，虽然热辐射强度大，但如果相邻建筑的外墙无门窗洞口且无外露的可燃屋檐时，是可以阻挡火势蔓延扩大的。因此，本条做了适当放宽。

第4.2.7条 本条是新增加的。甲、乙类液体易挥发、闪点低，遇到明火，容易发生爆炸，而且波及范围广，本条规定与明火或散发火花地点，与民用建筑的距离是参照《建规》的有关规定而确定的。与主要交通道路的防火间距，主要考虑到主要交通道路来往车辆较多，排气管排出的火星对甲、乙类液体贮罐的威胁较大。例如：1985年某日用化工厂制品厂胶帽车间配料室乙醚、乙醇受热挥发蒸气，与相距18m远汽车排气管排出的火星相遇爆燃成灾，烧毁厂房340余平方米，以及原料、成品等，损失折款约三万余元。因此，提出本条规定。

第4.2.8条 本条是新增加的。

一、随着农村经济的发展，各种易燃，可燃材料也不断增多，材料堆场物资集中，一旦发生火灾，燃烧猛烈，火势蔓延快，延续时间长，加之村镇缺乏消防水源，扑救困难，对周围建筑威胁大。例如：1987年某省金胜乡武家村麦秸堆垛起火，不仅烧毁本堆场麦秸450余吨，而且由于强大的热辐射作用，将下风向距其15m的另一个可燃材料堆垛烤着，扩大了灾情。

二、据调查，村镇的可燃材料堆场，其堆放材料种类较多，堆放方式不同，贮量大小不一。但在堆放过程中已按其使用性质、火灾危险程度进行了分类堆存，大致分为四个类别，经过长期实践认为这种分类是可行的。因此，本条予以采纳。

本条表4.2.8堆场总贮量的确定，其下限以上一直到中间的数值是目前村镇大多数堆场的实际贮量。个别大的堆场其最大贮量也未突破表中上限的数值。表中上限数值的确定，主要考虑为将来的发展留有余地。

防火间距的确定，主要从实地调查并根据贮量大小、建筑耐火等级的高低参用《建规》的有关规定，本着有利安全、节约用地的原则而综合考虑确定的表4.2.8。

第4.2.9条 本条是新增加的。易燃、可燃材料堆场大都是露天存放，一旦发生火灾，燃烧猛烈，蔓延迅速，有的因风势和热对流的作用产生飞火，飞火散发距离可达数十米远，一旦遇到可燃物就会造成新的火灾，例如：1986年4月，某省某县狄村的可燃材料堆垛起火，飞火将30m远的另一个可燃材料堆垛引燃起火，造成更大的火灾损失。因飞火而造成的火灾爆炸事故各地也屡有发生。

甲、乙、丙类液体及可燃、助燃气体贮罐，遇明火即可燃烧或爆炸，波及面广。如：某乡办化工厂，因用火不慎，引起丙酮爆炸起火，火焰喷出达30余米。又如某镇办油库，一个贮量为30m^{3}的地上卧式罐爆炸起火，溅出的燃油将距此15m远的可燃物引燃起火。为了避免相互作用，并满足扑救工作的需要，参照《建规》的有关规定制定本条规定。

第4.2.10条 本条是对原规范第6条的修订。

一、油浸电力变压器常因漏电、电弧火花的作用，而引起燃烧或爆炸。如与打谷场内可燃材料堆场的距离过近，就会导致成火灾。例如：某省某村打谷场内的变压器起火，由于高温燃油的喷溅，将距变压器20m处的稻草堆垛引燃起火，结果烧毁稻谷2000kg，稻草4000t，直接经济损失近万元。

二、甲、乙、丙类液体贮罐及易燃、可燃材料堆场火灾危险性大。特别是在甲、乙类液体的贮罐区，由于蒸发或泄漏的可燃气体与空气混合，在一定范围内会形成爆炸混合物，而且扩散范围较广，遇明火即可爆炸起火，殃及四邻。

例如：1982年10月，某省某乡搬运公司，在卸汽油时，散发的油蒸气与空气混合，形成了爆炸混合物，与距其25m远的变压器产生的电弧火花接触，发生爆燃。当场死、伤6人，烧毁汽油2.5t，直接经济损失达5万余元。

某镇办玛钢厂，在生产中误打开了液化石油气瓶盖，喷出的可燃气体与空气混合，形成一定浓度的爆炸混合物，与距其27.5m（下风位置）处的变压器产生的电弧火花接触，发生爆燃，死伤8人，烧毁厂房及厂内设备，直接经济损失达12万余元。

根据火灾、爆炸事故的教训，并结合村镇消防设施及乡镇企业的现状和火灾扑救工作的需要，参照《建规》的有关规定，制定出室外电力变压器与甲、乙、丙类液体、易燃、可燃材料堆场之间的防火间距。

第三节　防火分隔和安全疏散

第4.3.1条 本条是新增加的。

一、村镇企业生产技术的发展，各类生产均在乡镇企业中出现，易燃、易爆生产不断增多。由于管理不善，防范措施不力，导致了火灾或爆炸事故的不断发生。

例如：1980年5月16日，某省某乡办眼镜厂将生产赛璐珞镜架的部位与其他生产部位设在同一建筑内，且无任何分隔措施，当生产赛璐珞眼镜架部位发生火灾时，火势迅速向相邻工段蔓延，致使5人被烧死，1人重伤，整个厂房和全部设备被烧毁，损失严重。

1981年12月11日，某省某村办橡胶厂，因三角带刷胶部位与其他生产部位没有分隔设施，刷胶部位因汽油遇明火引起爆燃，致使整个生产厂房被烧毁，6人被烧死。

1986年8月8日，某省某村办化工厂，注苯工段与整个塑料车间连为一体。且无任何分隔。在罐注苯时，生产静电爆燃成灾，烧毁整个厂房及机器设备，直接经济损失达16万余元。

无数血的教训说明，易燃易爆的生产部位，其火灾爆炸的危险性大，一旦发生事故，殃及面大，伤亡大。因此，本条规定易燃易爆生产部位与其他部位必须采取防火分隔措施。防止火灾时相互蔓延，扩大灾情。

二、设置直通室外或楼梯间的安全出口，主要是为了在火灾时疏散人员减少伤亡。同时也为了抢救物资和扑救火灾提供有利条件。

第4.3.2条 本条除保留了原规范第15条的内容外，并做了部分补充。

一、据调查，随着农村经济的发展，各种机动车辆不断增多。近年来很多村镇集中修建车库，为了管理方便和防止因房屋连通一旦一个车位起火影响烧毁其他车辆，扩大火灾损失，多数是毗连的单间车库。根据调查情况，认为每3台车位用防火墙分隔是必要和合理的。故本条保留了原规范的规定。部分省、区村镇机动车辆调查情况详见下表。

二、各种大型机动车辆是发展村镇经济的重要工具，而且本身价值也高，一旦失火，不仅会造成较大的经济损失，而且还直接影响着村镇工农业生产和经济的发展。

例如：1984年2月，某省某镇个体运输专业户在库内修车时引起火灾，烧毁解放牌客车一辆，车库60m²，损失折款5万余元。

部分省区村镇机动车辆调查表

村（镇）名称	大中型机动车辆数（台）
四川省青神县黑龙镇	51
四川省眉山县思蒙镇	93
江苏省江宁县汤山镇	20
四川省综庆县怀远镇	53
云南省玉溪市北城镇	50
云南省通海县高大镇观音村	5
云南省峨山县大白邑乡大白邑村	55
广西贵县覃塘镇	18
广西贵县大墟镇	64
湖北省汉阳县侏儒镇	62
湖北省汉阳县奓山镇	50
江苏省江阴县周庄镇三房巷村	29

1985年5月，某省某镇办造纸厂车库发生火灾，烧毁汽车3辆，损失折款13万余元。

1987年3月，某省某村李某，在拖拉机库内烤车时引起火灾。烧死1人，烧毁55马力拖拉机及库内存放的1000kg汽油。

火灾教训说明，由于汽车及大、中型拖拉机库内油品多，容易起火。因此，本条规定在库内不应设明火取暖外，还应与修理间、值班室进行分隔，防止起火后相互蔓延、扩大灾情，另一方面也考虑到，车库内油蒸气浓度大，加之修理间、值班室又是动用明火的地点，稍有不慎极易起火。

例如：1983年1月11日，某省某镇办木器厂，由于车库与修理间相连，司机在修理间用汽油洗刷零部件时，发生静电火灾，火势迅速从修理间向车库蔓延，结果烧毁车库10间，汽车、拖拉机各一台。

1983年2月4日，某省某农场的车库与值班室相连，由于汽车漏油，挥发出的油蒸气进入值班室遇明火爆燃成灾，烧死3人，烧毁汽车、拖拉机三辆（台）。

例如：1983年4月7日，某省绥阳乡东风电站汽车库因司机在车库内明火取暖，油蒸气爆燃起火，烧毁车库270m²，汽车一辆，损失折款2.5万余元。

第4.3.3条 本条是新增加的。

一、据调查，目前村镇企业发展很快，不仅数量多，而且规模大，其用电量也越来越大。由于国家电网不能满足需要，所以不少乡镇及企业自备了小型柴油发电机。详见下表。

部分省区村镇发电机数量调查表

村镇名称	数量（台）	备注
四川省青神县黑龙镇	1	
四川省眉山县思蒙镇	2	
云南省玉溪市北城镇	4	
云南省通海县四街镇	1	
广西区贵县覃塘镇	6	
广西区贵县大墟镇	3	
湖北省汉阳县侏儒镇	1	
湖北省仙桃市郭河镇	6	
浙江省海宁市盐官乡	7	发电机组
浙江省海宁市黄弯乡	5	
江苏省江阴县华雨村	7	共计1600马力
山东省昌邑县石埠镇	3	
山东省昌邑县柳疃镇	8	
山东省昌邑县东付村	2	84千瓦发电机
山东省掖县夏邱镇		每个厂均有发电机
黑龙江省绥棱县四海镇		60%的自然村有发电机
山西省清除县吴村乡		乡办厂均有发电机

从上表可以看出，一些经济较为发达的村镇，不

仅村镇配备了发电机组，而且每个企业，工厂也都配备了发电机。但由于管理不善，导致火灾的案例也不少。

二、据调查，绝大多数的村镇发电机房缺乏管理，隐患甚多。不少村镇企业将发电机房当做临时杂品库房，杂乱地堆放着各种油品，可燃杂物。常因发电机工作时，发生故障连电打火，引起火灾。例如：1980 年 4 月 16 日，某镇化肥厂陶某，在发电机房偷油时，用火柴照明，引燃柴油导致火灾。烧毁发电机房 180m²、24 升柴油和全部发电机组设备。损失折款 10 万余元。为了防止发电机房与其他生产部位在火灾时相互影响，保证企业生产的正常进行。所以提出发电机房宜单独建造。如确因条件所限，必须与其他部位相连时，应采取防火分隔措施。

三、设置直接的对外出口，是为了在火灾时，迅速疏散人员同时满足扑救工作的需要。

第 4.3.4 条　本条是对原规范第 14 条的修订。粮、棉、麻是国防和人民生活的必需物资，一旦失火影响大、损失大，况且棉花本身燃点低，是易燃物品。一旦起火扑救困难，延续时间长。例如：1980 年 2 月 16 日，某镇棉纺厂仓库管理员刘某违章在棉花仓库内吸烟引起火灾。经过 100 余名群众 6 小时的紧张扑救，才将大火扑灭。这次火灾烧毁仓库及相连的厂房 500m²，烧毁棉花 75000kg，损失折款 20.5 万元。为了保障其生产，同时防止火灾时蔓延扩大，减少火灾损失，本条结合目前村镇粮、棉仓库的现状，提出宜单独建造。如与其他建筑相连或面积大于 250m² 时，应设防火墙采取分隔措施。

第 4.3.5 条　本条是对原规范第 16 条的修订。

一、据调查，村镇在实行承包责任制后，过去生产队集中饲养牲畜的形式大都被一家一户、分散饲养方式所取代。目前有很多村镇的个体牲畜采取集中饲养的方法，集体农场，饲养专业户、奶牛场等仍采用集中饲养的办法。虽然牲畜的所有制大部分转化为个体所有，但在农业生产、交通运输和人民生活中仍具有重要作用，一旦发生火灾，牲畜疏散困难，将会造成严重损失。因此，本条规定牲畜棚直单独建造。

二、据调查，农村牲畜棚的开间一般为 3m，进深为 6m，各地牲畜棚的设置形式一般如下图所示。

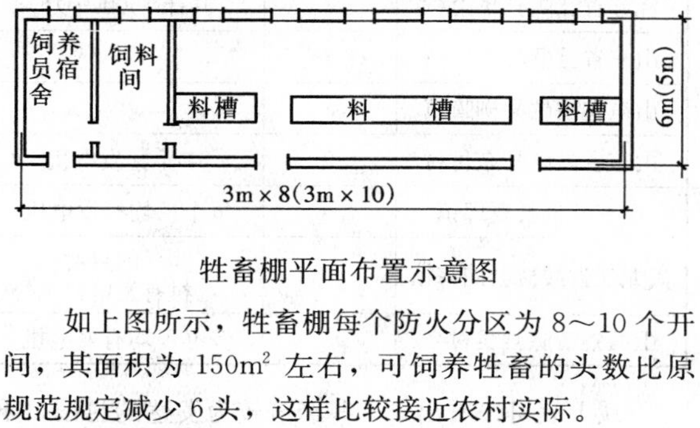

牲畜棚平面布置示意图

如上图所示，牲畜棚每个防火分区为 8～10 个开间，其面积为 150m² 左右，可饲养牲畜的头数比原规范规定减少 6 头，这样比较接近农村实际。

三、本条规定牲畜棚应设置直接对外出口，疏散门应向外开启主要是为了在火灾时，迅速疏散牲畜，减少损失。

四、饲养员宿舍是经常使用明火的地方，铡草、饲料间则又是存放草料的地方，且草料是可燃物，火灾危险性较大。为了防止火灾时相互影响，故本条规定铡草、饲料间及饲养员宿舍与牲畜棚相连时，应设防火墙分隔。

第 4.3.6 条　本条是新增加的。据调查，近年来，有不少村镇兴办了具有爆炸危险的甲、乙类生产企业。而这些生产企业大都设备陈旧、厂房简陋，职工缺乏安全操作知识，再加管理制度不健全，火灾，爆炸事故时有发生。

例如：某省某村办眼镜厂，由于工人违章操作，致使丙酮、乙醚挥发，遇明火发生爆炸，炸死 3 人，伤 7 人，造成了重大的人员伤亡和经济损失。

为了使有爆炸危险的厂房在火灾及爆炸状态下，不使建筑物的主体结构损坏，建筑主体不倒塌能够最大限度地减少火灾损失和人员伤亡，并防止殃及四邻，本条参照《建规》的有关规定，提出了设置防爆泄压设施的要求。

第 4.3.7 条　本条是新增加的。

一、本条规定厂房安全出口不应小于两个。主要考虑：厂房内的人员在火灾时能够迅速及时地安全疏散，尤其是当一个疏散出口被烟火堵塞或切断的情况下，人员和物资能够迅速地从另一出口安全疏散，减少火灾损失和人员伤亡，同时满足扑救工作的需要而制定的。

例如：1982 年 6 月 1 日，某省某镇办的纸箱厂，因操作不慎戊烷气泄漏遇明火爆燃成灾。大火将仅有的一个安全疏散口堵塞，使正在室内工作的人员无法向外疏散，造成 14 人伤亡，直接经济损失达 13.2 万余元。

因此，厂房的安全出口不应少于两个的规定是必要的，是符合目前乡镇企业现状的。

二、据调查，目前乡镇企业虽然数量较多，但厂房面积的大小生产人员的多少各地不一。如果所有厂房一律要求设置两个安全出口，有些是不必要的，且还会造成一些经济上的浪费。因此，本条在保证火灾时能够迅速疏散人员和物资，在不增加投资，不减少使用面积的情况下，参照《建规》的有关规定，并结合乡镇企业的现状，提出了允许设置一个安全出口的规定。此规定比《建规》要求严了一些，主要从当前乡镇企业消防设施等条件较落后的现状考虑的。

第 4.3.8 条　本条是新增加的。据调查，乡镇企业的厂房普遍比较简陋，且车间内生产人数较多，密度较大，为了在火灾情况下，使人员在短时间内，迅速及时地向外疏散，减少人员伤亡。因此，参照《建规》的有关规定，并结合乡镇企业的现状，提出了本条要求。

第 4.3.9 条 本条是新增加的。

一、因为库房内贮存物资比较集中，发生火灾时不仅火势猛烈，而且扑救和疏散物资也较困难。因此，本条要求库房的安全出口不宜少于两个。但又鉴于村镇小型简易库房较多，为了节约投资，方便管理，本条提出了允许设置一个门的规定。这个规定比《建规》严了些，主要考虑乡镇企业的建筑耐火等级及水源、道路、通迅设施等条件差，加之职工普遍缺乏消防知识等因素而确定的。

二、库房门向外开启，主要是为了便于在火灾时疏散人员，抢救物资。

甲类物品库房不允许采用推拉门、卷帘门，主要是考虑在火灾事故时爆燃猛烈，使推拉门、卷帘门开启困难，不利于抢救物资和火灾的扑救等因素而确定的。

第五章 民 用 建 筑

第 5.0.1 条 本条是对原规范第 23 条的修订。据调查，近几年村镇的民用建筑发展很快，广大农民不仅居住条件得到了较大的改善，而且一些供文化娱乐活动的公共建筑也得到了较快的发展。一幢幢新建、扩建的居住及公共建筑拔地而起，其规模之大、标准之高都是前所未有的。原规范第 23 条仅对民用建筑中的砖瓦房和低于砖瓦房耐火等级的建筑提出了长度要求，与当前村镇建设的现状相比，显然是不够的。因此，提出本条规定。

一、建筑层数的限制。据调查，目前广大村镇新建的民用建筑大都在五层以下。居住建筑多数为一、二、三层，个别地区有四、五层的，但为量很少，主要出现在江苏苏南、福建闽南、山东烟台一带。由于我国广大农村经济发展不够平衡，生活习惯及自然条件也不尽相同，因此，各地因地制宜、就地取材，其建筑种类不一，耐火等级差异较大。据调查，这些建筑中有全石和混合结构的，也有木、竹茅草结构的，再加上村镇的消防给水及其他消防设施普遍不落实，如果在建筑层数上不区别对待，适当加以限制，万一发生火灾就很难控制。因此，参照有关规定就其不同耐火等级的建筑层数做了相应的限制。对一、二级耐火等级的民用建筑最多允许层数限定为五层。主要考虑一是建筑物本身耐火极限高，防火条件好；二是村镇民用建筑设置室内消防给水管网确有困难。并参照《建规》的有关规定，做了限定。三级耐火等级的民用建筑限定为三层。主要考虑：一是建筑物的屋顶部分是可燃的，一旦发生火灾扑救困难；二是村镇消防给水不落实。既使有些村镇设置了室外消防给水管网，但供水条件差，在增压的情况下，水枪的出口压力也只有 1～1.5kg/cm^2。因此，做了此规定。四级耐火等级的建筑为可燃建筑，其建筑物各部构件大都为易燃、可燃材料组成。这种建筑自身的火灾危险性很大，遇到火源即可起火成灾，也容易蔓延扩大。因此，结合村镇建筑的现状，对四级耐火等级的建筑做了较严格的限制。规定四级耐火等级的建筑层数一般宜建一层，小面积的单体建筑可建二层。

二、防火分区占地面积的限制。据调查，村镇民用建筑防火分区最大占地面积都比较小，一般均在 2000m^2 以下。详见下表。

每幢建筑防火分区实际占地面积调查表

村　　镇	建筑名称	层数	防火分区占地面积 m^2	耐火等级	总建筑面积 m^2
江苏江宁县汤山镇	镇政府办公楼	三层	750	三级	2250
江苏无锡王祁乡	乡医院	三层	400	二级	1200
江苏无锡王祁乡	影剧院	一层	1800	三级	1800
江苏无锡杨墅	文化馆	三层	2000	一级	5800
江苏江阴县华西村	招待所	三层	750	三级	2250
江苏吴县木读镇	体育馆	一层	1200	三级	1200
山东昌邑县石埠镇	中学教学楼	二层	750	三级	1500
辽宁省金县友谊乡	招待所	四层	1800	一级	7200
吉林公主岭范家屯镇	影剧院	一层	2000	三级	2000
吉林舒兰县溪河乡	卫生院	一层	1020	三级	1020
黑龙江绥棱泥尔河乡	供销社	一层	1200	三级	1200
山西省文水开栅镇村	小学校教学楼	三层	1050	一级	3150
山东牟平西关村	宾馆	五层	2000	一级	10000
四川省青神县黑龙镇	电影院	一层	380	三级	380
四川省青神县黑龙镇	学校	三层	1000	二级	3000
云南省通海县四街镇	医院	三层	550	一级	1650
云南省通海县四街镇	小学教学楼	三层	880	二级	2640
广西区贵县覃塘镇	电影院	一层	1000	二级	1000
广西区贵县覃塘镇	供销综合楼	四层	500	二级	2000

续表

村　　镇	建筑名称	层数	防火分区占地面积 m^2	耐火等级	总建筑面积 m^2
湖北汉阳县侏儒镇	文化宫	三层	270	一级	810
湖北仙桃市郭河镇	招待所	三层	320	二级	960
湖北仙桃市胡场镇	镇政府办公楼	四层	1400	一级	5600
浙江省海宁县闸口村	影剧院	一层	1012	二级	1012
浙江省苍门县龙港镇	个体旅馆	四层	120	四级	480

从上表可以看出，一栋建筑其防火分区的占地面积大于 $2000m^2$ 的就没有，所以将一、二级耐火等级建筑防火分区最大允许占地面积规定为 $2000m^2$。据调查，公共建筑采用三级耐火等级的也不少，而且大都为一、二层建筑。如商店、学校、卫生院等，占地面积也较大，所以将这类建筑的层数限定为三层，其防火分区的最大允许占地面积定为 $1200m^2$。四级耐火等级的建筑，在我国整个村镇民用建筑中所占的比例较小，但对一些经济不发达的地区，此类建筑的数量还是较多的，所以对此类建筑也做了规定，其防火分区允许占地面积一层为 $500m^2$，二层为 $300m^2$。这样主要考虑，村镇消防设施不足，灭火力量薄弱，加之此类建筑火灾危险性大，起火后蔓延快，扑救困难。因此，对此类建筑应严格控制其使用范围。公共建筑不应采用四级耐火等级的建筑。

三、防火分区允许长度的限制。通过对火灾案例的剖析，说明建筑火灾除了与建筑物的耐火等级、建筑层数有关外，与建筑物的长度也有直接的关系。若建筑物长度过大，万一发生火灾，容易蔓延扩大，而且又不利于扑救。加之村镇的消防设施普遍差，因此，对建筑物的长度应有个限制。在满足防火分区最大允许占地面积的同时，也应符合防火分区，允许长度的要求。本条文提出一、二级耐火等级的建筑其防火分区：允许长度为 1.00m。主要考虑：一是通过实地调查，长度超过 100m 的整体建筑不多，大多为 70～80m，但考虑到发展的需要留有余地，提出了 100m 的要求。二是村镇的一些公共建筑比如学校、商店、文化娱乐活动中心等，跨度一般都比较大，这样才能满足使用功能的要求。比如一栋跨度不超过 20m 的公共建筑，在满足防火分区允许占地面积时，同时也可满足其长度的要求。三是将大型商场、影剧院、体育馆等公共建筑的长度限制为 100m，确有困难。因此，本条文提出可以适当放宽。四是考虑了村镇消防设施差等因素。三级耐火等级的建筑其允许长度为 80m，比原规范增加 30m。除考虑了上述有关因素外，主要考虑到村镇民用建筑中，三级耐火等级的建筑所占比例较大，约占 80%左右。其公共建筑的实际长度大都超过了 50m。规定为 80m 从防火分区的允许占地面积以及安全疏散距离等因素综合考虑也是合理的。例如一栋三级耐火等级的三层教学楼，其长度为 80m，宽度为 15m，防火分区的最大允许占地面积为 $1200m^2$，其安全疏散距离也符合本规范要求。详见平面示意图。

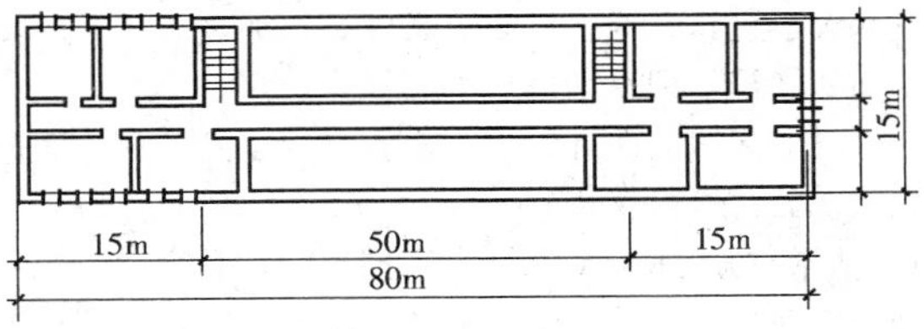

教学楼平面示意

据调查，原规范对四级耐火等级建筑的长度要求是可行的，因此，本条文予以保留，并严格加以限制。

第 5.0.2 条　本条是新增加的。托儿所、幼儿园的儿童活动室、休息室和养老院的宿舍用房是幼儿、儿童和老人生活居住的场所，幼儿和老人身体弱、小，在火灾时疏散困难，易出事故。为了防止火灾时因流散不便造成大的人身伤亡事故，本条规定这些用房设计的层数应受限定。

第 5.0.3 条　本条是新增加的。村镇的公共建筑是人员比较集中，财富较多的场所，这类建筑若采用低于三级耐火等级的建筑，其火灾危险性是很大的，一旦发生火灾就会迅速酿成大火，人员来不及疏散，扑救困难，会造成重大的人身伤亡事故和经济损失，为此制定本条。

据调查，我国广大村镇消防设施普遍差，缺少消防给水，水压严重不足，火灾时扑救 10m 以上的火灾很困难。依据现实条件本条规定三级耐火等级的电影院、礼堂、食堂建筑的层数不能超过二层，这样既便于人员的安全疏散，又有利于火灾的扑救。

第 5.0.4 条　本条是对原规范第 21 条的修订。

据调查，我国村镇民用建筑之间的距离（前后排的距离）各地差异较大。在地少人多的地区，房基地控制严格，房屋之间的距离就小。例如开栅镇 7500 多人，仅有耕地 3000 亩，人均耕地 0.44 亩。规划后的农民住宅区前后排房距离只有 7.7m，而在地多人少的地区，房基地划定面积大，房屋之间的距离也就偏大。例如泥尔河镇卜家村，每户建房基地为 $350m^2$，并将菜地和房基合并在一起进行规划，前后房屋距离达 40m 左右。

确定本条表 5.0.4 的规定时，主要考虑：一是房屋之间留有一定的距离防止一幢建筑起火向相邻建筑蔓延；二是村镇民用建筑的耐火等级一般较低，加之村镇的消防设施不足，灭火扑救能力薄弱；三是节约用地，少占耕田。因此，本条参照《建规》有关规定制定。

另外，据调查，目前村镇各类建筑之间的防火间距大都可满足本条表 5.0.4 的要求。因此，本条文的制定是符合实际的，而且是可行的。

第 5.0.5 条 本条是新增加的。当两栋建筑符合本条规定的条件时，就不会造成因一栋建筑起火引燃另一栋建筑也发生火灾。所以本条考虑在满足防火要求的前提下，尽量缩小两栋建筑之间的防火间距，以利于节省土地，发展生产。

第 5.0.6 条 本条是对原规范第 22 条的修订。

据调查，住宅建筑，约占村镇建筑总数的 80% 以上，如果要求每栋住宅建筑都按本规范第 5.0.4 条的规定留出相应的防火间距，执行中确有困难，而且还会造成土地的浪费。为了节约用地，并结合村镇建设的现状，本着保证安全、有利扑救、方便使用的原则，故提出数座住宅建筑，在总占地面积不超过其防火分区允许占地面积时，可成组布置。组内建筑之间的距离可以缩小，但不应小于 4m。但组与组或组与相邻民用建筑之间的防火间距应按本规范第 5.0.4 条的规定执行。详见住宅建筑成组布置图。

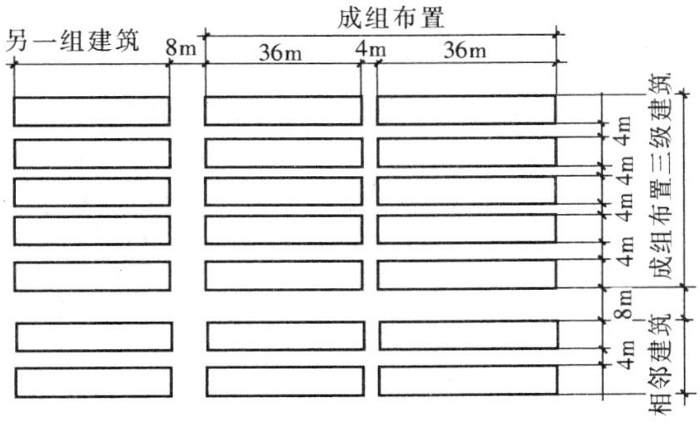

住宅建筑成组布置图

组内建筑之间的防火间距，原规范条文是 3.5m，本规范条文修订为 4m。主要考虑：原解放牌水罐车逐步进行淘汰，得到更新换代的是黄河、东风等大型消防车，加之村镇路面不够平整，许多农村为了防止车辆碰撞墙体，在墙外路边埋设护墙石或栽植树木，为了保证消防车辆在火灾状态下正常通行，故将 3.5m 修订为 4m。

四级耐火等级的住宅建筑，其火灾危险性大，因此，在执行中应严格控制四级耐火等级的建筑不允许成组布置缩小其建筑防火间距。

第 5.0.7 条 本条是对原规范第 24 条的修订。

一、本条规定公共建筑的安全出口数目不应少于两个。主要是考虑村镇公共建筑是人员、财物比较集中的场所，为了保证在事故状态下能够迅速疏散人员和物资，因此，本条文规定安全出口数目不应少于两个。其目的是防止一个出口被火封堵后，另一个出口还可保证人员和物资安全疏散。如果只设有一个安全出口，一旦发生火灾，出口被火封堵，就会造成重大伤亡事故。例如 1986 年 11 月 14 日某省某村小学校教室发生火灾，教室仅有的一个门被火堵住，教室内的 14 名学生无法向外疏散，其中 11 人被活活烧死，3 个重伤，教室及室内设备全部烧毁。

对于建筑面积小，工作人员少的房间或单体建筑，本条参照《建规》的有关规定，做了适当的放宽。但本条文规定设有一个安全出口的房间，不包括托儿所、幼儿园、医院、学校等公共建筑。主要考虑到婴幼儿、小学生在发生火灾时容易惊慌、胆怯，行动不便，秩序混乱、不易疏散。所以对这些房间的安全出口应严格要求。

二、据调查，村镇的多层建筑逐年增多，有些建筑面积大，使用人数多，功能比较复杂，但仅设置一部疏散楼梯。例如某省某村的招待所是三层三级耐火等级的建筑，每层建筑面积 750m^2，仅设一个安全疏散楼梯，三层还设有一个能容纳 150 人的说书场。一旦发生火灾，疏散楼梯被火封堵，人员难以疏散，将会造成重大伤亡事故。因此，本条针对村镇消防管理差的现状，就设置一个疏散楼梯的建筑物，就其使用人数上比《建规》提出了较为严格的限制。一、二级耐火等级的建筑使用人数二、三层人数之和不超过 80 人，三级耐火等级建筑使用人数第二层不超过 20 人。

第 5.0.8 条 本条是新增加的。据调查，随着村镇经济的发展，很多村镇新建了医院、学校、商店、办公楼等公共建筑，而且规棋越来越大，层数逐渐增高。但由于设计时对防火安全考虑不周，疏散方面存在的问题比较突出。例如某省某乡政府四层办公（招待）大楼长 70m，宽 15m，占地面积 1050m^2，建筑面积 3500m^2，仅中间设一个疏散楼梯，袋形走道长达 33m，该楼三层设招待所可容纳 110 人。这样的建筑一旦发生火灾，就疏散出口不足、宽度不够，加之疏散距离过长，而造成大的伤亡和损失。因此，参照《建规》的有关规定，制定本条文。

本条文规定的安全疏散距离，是指建筑内部由最远一个房门口到疏散楼梯口或外部出口的允许最大距离，详见下图示。

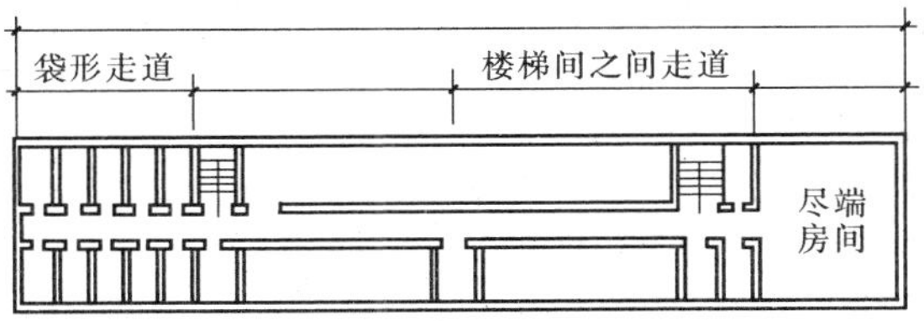

安全疏散距离起止示意图

第 5.0.9 条 本条是对原规范第 26 条的修订。

一、据调查，目前村镇的影剧院、文化娱乐活动中心等公共建筑比较多，尤其在经济较为发达的地区更为普遍。但其容纳人数多少不一，多则 1200 人，少则二、三百人。随着电视机的普及，电视收看率的提高，影剧院的就座率大幅度下降。据反映，村镇影剧院的规模约在 800 座为宜，这样还可以兼顾到设置室内消防给水的困难的问题。

二、据有关资料介绍，三级耐火等级的建筑，其允许疏散时间为 3 分钟，按三级耐火等级的建筑考虑疏散，每个安全出口两股人流，每分钟在平坡地面单股人流可通过 43 人，两股人流 3 分钟即可通过 258 人。所以，每个安全出口定为 250 人。其他宽度指标是参照《建规》的有关规定确定的。

第 5.0.10 条 本条是新增加的。随着村镇经济的发展，村镇建设规模越来越大，一些学校、商店、办公楼等公共建筑的层数，由过去的一、二层向四、五层发展。据调查，这些建筑中人员比较集中，但楼梯、走道、疏散外门的宽度不够，万一发生火灾，影响人员疏散。如某村新建一栋三级耐火等级的教学楼，每层六个教室，300 名学生，其走道宽度 1.5m，仅一部 1.2m 宽的楼梯，一旦发生火灾，几百名学生在短时间内向外疏散是很困难的。因此，根据村镇建设的实际需要，并参照《建规》的有关宽度指标，制定本条规定。

第 5.0.11 条 本条是新增加的。近几年来，乡镇企业的集市贸易发展很快，不少地方出现了封闭式农贸市场，这种市场由于规划控制不严，市场管理混乱，造成内部巷道窄，向外疏散口少，且宽度不足，加之市场商品种类多，人员密度大，一旦发生火灾，因疏散不利而造成伤亡的后果不堪设想。为了便于封闭式农贸市场人员、物资的及时疏散，有利于扑救，结合目前村镇农贸市场的现状提出本条规定。

第六章 消 防 给 水

第 6.0.1 条 据对部分村镇火灾案例的剖析和实地调查，表明村镇火灾得不到及时控制和扑救的主要原因之一，就是缺少或没有消防用水，据对 52 起村镇火灾案例剖析，其中 38 起。就是因为缺少或没有消防用水，使小火酿成大灾的。例如 1987 年 11 月，周坪乡寨村发生火灾，因村内建筑大都为木板结构，且间距狭小，发生火灾后由于水源缺乏，未能及时扑救。结果导致火势蔓延扩大，使全村大部分建筑被烧毁（全村 320 户烧毁 280 户，损失 87 万余元）。为了有效地控制和消灭火灾，最大限度地减少火灾损失，并参照《消防条例》及《建规》的有关规定，制定本条。

一、随着农村经济的发展，有不少的村镇结合解决生活、生产用水的同时，解决了消防给水。例如砀山镇、陆墓镇、杨墅村、华西村、三房巷村、贤儒镇、辽宁省中庄镇等，其中砀山镇占地面积 1.5km^2，人口近万人。在镇的附近山上设有一个容量为 150m^3 的高位水池采用生活、生产和消防合用的供水系统。在镇内沿主要道路装有 9 个室外消火栓，又如贤儒镇人口为 2400 人，镇内设有一个容量为 50m^3 的水塔，管道直径为 100mm，装有地上式消火栓 3 个。从调查中了解，当前我国多数村镇所完成的村镇总体规划，无规划消防给水，普遍反映希望在村镇建筑设计规范中有明确规定，以便贯彻执行，在村镇详细规划中规划消防给水和消防设施。

二、为了节约材料与投资，并便于建设和检查维修，本条提倡消防、生产、生活合一的给水系统。

第 6.0.2 条 一、我国南方的广大农村和北方的许多地区有着极为丰富的天然水源，有些地区常年水位变化较小，具有水源可靠，水量充足，便于就近取用的条件。同时也考虑到我国部分农村的经济尚处于初级发展阶段，消防设施和技术装备的条件有限，所以本条提出无给水管网的村镇要充分利用天然水源建设好消防用水，这样既保证了消防用水，又能节约投资。例如，1985 年 3 月 9 日，某省某市郊许巷乡彩印锌板厂发生火灾，由于该厂距河流只有 10m，发生火灾后，该厂四名职工利用手抬机动泵，及时抽水灭火，将大火扑灭。1988 年 2 月 9 日，某省某市郊郭河镇贮麻纺织厂烤干车间起火，消防队赶到现场后，及时利用附近的天然水源，将大火控制，保护了周围建筑的安全。

二、据调查，我国有很多村镇在选择地址时已经考虑了尽量靠近河流、堰塘的地方。例如安徽省枞阳县的金渡村，在该村附近设有 6 个水塘，终年贮水；又如江苏省南部的许多村镇也都设在河流的附近。

三、考虑到许多天然水源的水位是随季节变化的。一般夏、秋季水源丰富，冬、春季水源较少或干枯。为了保证枯水期有消防用水，故本条规定要保证枯水期最低水位和冬季消防用水的可靠性。

四、为了保证在发生火灾时，消防车能够及时接近水源地取水救火，应设置通向水源地的消防车通道和可靠的取水设施。

第 6.0.3 条 一、据调查，有的村镇工厂、仓库和易燃、可燃材料堆场，在规划建设给水管网时，同时考虑了消防给水，这是非常必要的。但也有的村镇工厂、仓库尽管设置了给水管网，却没有考虑消防给水或取水设施，一旦发生火灾，就难以扑救，将会造成严重的损失。例如在东北及江西、云南等省的广大农村，由于没有消防给水，初期火灾不能得到及时的控制，而导致整个工厂、整个村屯被烧的事例很多。例如 1980 年 4 月 16 日，某省某县光华乡岷江村，因小孩玩火引起火灾，消防车赶到现场后，由于该村没有水源，无法施救，大火烧毁了 463 间房屋，受灾 110 余户。1987 年 11 月 17 日，某自治县同乐乡净代村芝雨寨发生火灾，由于没有水源，无法施救，结果全寨27户被烧毁25户。故本条文做了关于设有给水管网的村镇、工厂、仓库、可燃材料堆场，应设置室外消防给水的规定。

二、为了满足火灾时的消防用水量，需对给水管网的流量有一定的要求，当末端最小管径不小于100mm时，一般都能满足流量要求，故本条规定其末端最小管径不应小于100mm。

三、由于我国广大农村经济发展不够平衡，自然条件也不尽相同。据调查，在我国的华北、西北地区，有相当一部分村镇没有天然水源。尤其到枯水季节，居民吃水都很困难。面对这样一个现实经实地调查，座谈讨论，大家一致认为用增设消防水池的办法来弥补是可行的。因此，本条规定，无天然水源或给水管网不能满足消防用水时，应设消防水池。但又考虑到，在寒冷地区（如我国北方广大地区）为了防止消防水池在冬、春季节结冻，故本条又提出了寒冷地区的消防水池应采取防冻措施。以保证消防用水的可靠性。

消防水池采取防冻保温措施，可因地制宜，就地取材，如在水池上加保温盖和覆土等。

第6.0.4条 一、据调查，目前村镇新建、改建、扩建的民用建筑数量越来越多，规模越来越大。本条是根据目前村镇各类建筑的现状，并参照《建规》的有关规定，将所有的村镇建筑按体积分为四个档次，详见表6.0.4。

二、表6.0.4消防用水量的确定，主要以建筑物的耐火性能、生产的火灾危险性类别、建筑物体积以及扑救火灾实际灭火用水量并以扑救初期火灾的最小用水量10升/秒（两支水枪的用水量）为起点流量而综合考虑的。并与《建规》取得了一致。并广泛征求消防中队的意见，认为表6.0.4的室外消防用水量是符合实际，切实可行的。因此，本条规定各种建筑物的灭火用水量不应小于表6.0.4的要求。

三、从许多村镇生产建筑火灾实例看，丙类生产（厂房）扑救用水量为最大。并为同一耐火等级丁、戊类厂（库）房灭火用水量的一倍。故本表将大于$5000m^3$的三级耐火等级建筑的丙类厂（库）房的消防用水量定为40升/秒，以满足灭火用水量的需要。

第6.0.5条 一、据对山东、江苏、辽宁、四川、宁夏等部分省、区的调查，广大村镇普遍设有粮、棉、麻、稻草、麦秸、木材等易燃、可燃材料堆场，其堆放数量大小不一，加之管理不善，火灾事故时有发生，因此本条根据目前村镇堆场的现状及贮量的大小，参照《建规》提出了表6.0.5消防用水量的要求。

二、据调查，稻草、麦秸等易燃、可燃材料堆场，由于没有考虑消防给水或消防给水不足，致使堆场火灾蔓延扩大的教训也不少。例如：某省某村办造纸厂材料（稻草、麦秸）堆场，由于没有设置消防给水，发生火灾后无法扑救，加之风大，使火势迅速扩大蔓延将几百吨造纸原料烧毁。故作出了本条规定。

第6.0.6条 一、为了便于消防车取水救火，村镇的室外消火栓要沿道路布置。根据消防车或村镇使用的手抬消防泵性能的要求，消火栓的间距不宜大于120m。

二、为了保证消火栓在火灾时发挥作用，避免建筑物倒塌将其砸坏或埋压。故本条规定消火栓距建筑物的距离一般不应小于5m、但最小不应小于1.5m。

第6.0.7条 一、据对65起村镇火灾的调查（其中重大火灾6起，特大火灾1起，一般火灾58起），其火灾延续时间见下表。

65起村镇火灾的延续时间

火灾延续时间 t（h）	起 数	占火灾总数的百分比（%）
$t\leq1$	18	27.7
$1<t\leq2$	17	26.6
$2<t\leq3$	6	9.2
$3<t\leq4$	9	13.9
$t>4$	15	23.0
小 计	65	100

二、据调查，易燃、可燃材料堆场，堆集材料多，一旦起火，火势猛，燃烧快，初期火灾一旦得不到控制，就会形成大面积火区，表6.0.7中火灾延续时间在4h以上的均为此类火灾。

鉴于我国广大农村南北差异大，部分村镇水源缺乏，贮水条件差而且火灾种类也不尽相同。所以我们将易燃、可燃材料堆场的火灾延续时间按不小于4h计算，其他按不小于2h计算。

三、甲、乙、丙类液体贮罐，一旦发生火灾，燃烧猛烈，火灾延续时间长，冷却用水量大，故规定其火灾延续时间按不小于4h计算。

第6.0.8条 我国目前生产的消防车和消防机动泵其真空吸水高度一般为6m，故本条规定消防水池的取水高度不宜超过5m。如下图示（消防水池应设取水口）。

第6.0.9条 本条是新增加的，我国幅员辽阔，各地村镇的自然及经济条件不尽相同，而且差异较大。为了适应各种村镇的情况，本条提出“缺水的村镇应从实际出发，因地制宜，就地取材，采用多种形式的灭火设施”。这样更体现了本规范的适应性。如在我国西北干旱地区的村镇，挖旱井设水塘集雨水、冬天集雪、备冰贮水等；在材料厂（库）区备砂袋、水缸等灭火设施。实践证明这些都是简便易取行之有效灭火设施。

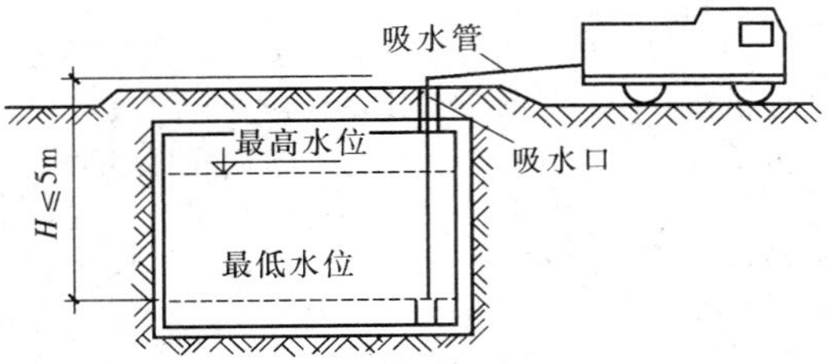

地下式防冻消防水池

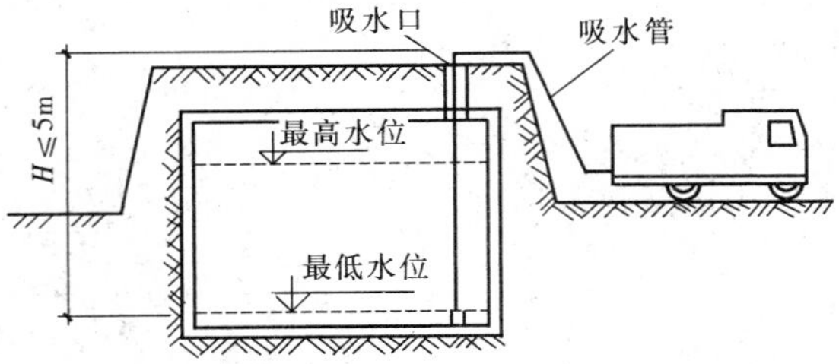

半地下式防冻消防水池

第七章　电　　气

第 7.0.1 条　本条是对原规范第 6 条的修订。据调查，随着村镇经济的发展、乡镇企业的突起，一些易燃、易爆的甲、乙类生产厂（库）房以及易燃、可燃液体贮罐相继涌现。但由于忽视了输电线路与上述场所的距离，有的相距很近，万一电力线路倒杆或输电线路相线之间相碰短路打火，就会危及这些场所的安全。

例如：1986 年某省某市郊前王村棉花堆场，因棉堆距横空而过的裸铝架空电力线的水平距离不足 1m，由于架空线路弛度大，相线间距离近，所以在刮风时相线之间相碰打火，引燃棉堆起火，烧毁原棉 30t，房层 28 间，损失折款 1 万 8 千余元。因此，本条要求架空电力线路与上述场所要保持一定的防火间距。

例如：1985 年某省某县海流阁乡高家梁村麦场，因跨越麦场上空的电力短路被大风刮断线路打火引燃麦秸起火，烧毁粮食 12500kg，油料 4400kg，直接经济损失 16900 余元。

1985 年某省某县忠兴乡钱家窑个体户的临时油库失火，烧断横跨油库上方的高压线和兰州通往西宁的长途电话线路，造成不良的政治影响和严重的经济损失。

因此，参照国家有关规定并结合村镇用电的现状，制定本条规定。

第 7.0.2 条　本条是新增加的。据调查，在村镇建设中，电力架空线路跨越可燃屋面的情况较多。常因架空线断落、短路打火而引起的火灾事故也时有发生。有时因可燃屋面建筑发生火灾而烧断电力架空线路，使灾情扩大的案例也很多。因此，制定本条规定。

第 7.0.3 条　本条是新增加的。据调查，村镇的低压电力线路由于设计安装不当，距地面、建筑物、树木、道路的垂直和水平距离偏小，造成电线相线之间短路打火或车辆挂断电线打火引起火灾的事故时有发生。

例如：1986 年 6 月某省某市郊一辆满载从瑞士进口的数控三点折弯机的汽车，行至什贴镇附近时，将横跨公路的 10kV 架空电力线挂断，电线短路造成火灾，损失折款 112 万余元。

1985 年 6 月某省某县上甘乡秋家头村，村民朱某用汽车拉运麦秸时与跨越公路的低压架空电力线相碰起火，烧毁汽车两辆，拖拉机一台，直接经济损失 6 万余元。

1986 年 2 月某省某市黄河崖乡后仑村砖瓦厂，因瓦排上方电力线路弧垂过大，对地放电引起瓦排起火，烧毁瓦排 4 万个，房屋 12 间，直接经济损失 2 万余元。

因此，本条根据村镇的实际情况，参照国家有关电力规范和规程的规定，提出本条要求。

第 7.0.4 条　本条是新增加的。据调查，有的乡镇企业将电力电缆和输送甲、乙、丙类液体管道或可燃气体管道敷设在同一管沟内，万一电缆漏电或起火，就会导致爆燃事故，或者因管道漏气或漏油发生火灾燃毁电缆。

例如：1983 年 5 月某省某镇办冷轧厂酸洗车间配电室，因地沟内的电缆线年久失修，绝缘老化破损，相线短路起火，火势一直从地沟烧至配电盘，烧毁电缆 5 千余米，配电盘及其他设备。经济损失约 2 万余元。

为了避免上述事故的发生，参阅《建规》的有关规定制定本条。

第 7.0.5 条　本条是新增加的。

一、据调查，打谷场火灾大都是因电力、照明线路安装使用不当造成的。许多村镇认真吸取了麦场火灾的教训，将电力、照明线路改为埋地穿管敷设。

例如：某省某县王达乡赵家堡村的打谷场。83 年前，每年都有因电线短路造成的火灾事故。从改装埋地穿管敷设，并集中固定开关后，至今均未发生因电气不良而造成的火灾事故。详见下图。

二、据调查，造成打谷场火灾的主要原因：一是场内电线乱拉乱接，使绝缘层老化破损短路打火；二是刀闸接触不良，操作时产生火花；三是用电负荷过大，使导线温升过高起火；四是移动式灯具或照明灯具距可燃物过近或灯具破碎引燃可燃物；五是场内电器线路采用插接件连接或电线接头处理不当。例如：1986 年 6 月 1 日某省某县东沙河乡张村打谷场，因电源插座在操作时打出火花，引起火灾，烧毁小麦 37000kg，麦草 40000kg。1985 年 6 月 13 日某省某县

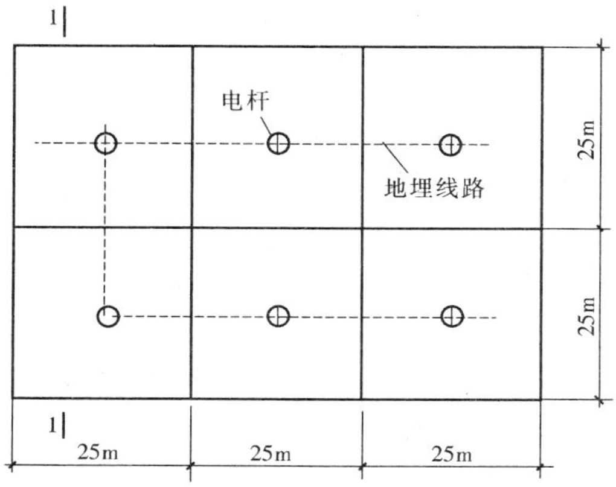

打谷场电器线路平面布置图

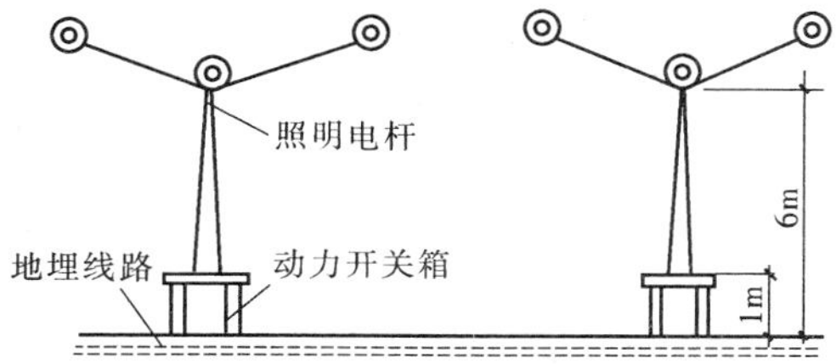

1—1 剖面

合山镇孔庙村二队麦场，因电线短路引起火灾，烧毁小麦 40000kg，麦草 50000kg。根据对麦场火灾原因的分析，并结合目前村镇麦场的现状提出了本条要求。

第 7.0.6 条 本条是新增加的。

一、据调查，甲、乙类生产厂(库)房，常因电器设备设计安装不当而发生火灾或爆炸事故。例如：1986 年 9 月，某省青浦县华新乡凌家五金厂喷漆车间，因电器线路、设备均未按规定进行设计安装，结果由于短路打火而发生严重的爆燃事故，烧毁工房 780m^2 以及大量的五金制品和部分设备。为了有效地防止火灾、爆炸事故的发生，本条提出了甲、乙类生产厂(库)房的配电线路，应采用铜芯导线，并穿水、煤气钢管敷设的要求。主要考虑到，这些场所铝芯导线易被腐蚀，使导线截面变小，电阻增大，线路投入工作后，导线容易发热起火。因此，做了本条规定。

二、据调查，许多村镇民用建筑中，将导线敷设在吊顶内，有的还埋压在可燃材料的保温层内。由于电线老化或机械磨损绝缘层破坏，加之，吊顶内通风不良，聚热不散，极易使电线短路起火，而又不易被人及时发现。例如 1984 年 11 月，某省某县密山镇第二小学，因教室吊顶内的电线短路打火，引燃吊顶内的锯末而发生火灾，烧毁房屋 960m^2 和部分教具，损失折款 4 万余元。因此，提出本条规定。

第 7.0.7 条 本条是新增加的。说明同 7.0.6 条。

第 7.0.8 条 随着农村经济的发展，村镇的运输车辆在急骤增加，一些易燃、易爆的化工企业、化工原料也日益增多，据调查，这些企业中，生产和使用的甲、乙、丙类液体贮罐及其附属设备。在设计安装时往往不注意防火安全，不按有关规定采取防静电接地措施，因而在生产、使用过程中，常因导除静电不良而发生火灾爆炸事故。例如 1986 年 8 月 8 日，某省某县北沟镇下朱化工厂，由于贮存苯的贮罐没有设置防静电接地的装置，在灌注苯时，产生静电引起火灾，烧毁房屋 17 间，化工原料 103.8t，损失折款 16 万 7 千余元。鉴于目前乡镇企业的现状，参照国家有关规定，提出本条要求。

第 7.0.9 条 本条是新增加的。

一、据调查，目前乡镇企业中，甲、乙类生产厂(库)房日益增多。但由于没有设置良好的防雷接地装置而引起的火灾爆炸事故时有发生。例如 1986 年，某省北营镇农药仓库（库高 6m）没有设置避雷接地装置，遭受雷击时，引起库内存放的敌滴畏蒸发出的苯蒸气爆燃，烧毁全部库房及农药，直接经济损失 60 余万元。

二、近年来，村镇建筑物等遭受雷击引起的火灾爆炸事故时有发生。在各地座谈讨论中，普遍要求制定设置避雷装置的范围和要求。所以，本条在广泛调查研究的基础上，认真剖析了火灾案例。参阅了有关资料和规定，提出了本条要求。

中华人民共和国国家标准

高层民用建筑设计防火规范

GB 50045—95

条 文 说 明

修 订 说 明

根据国家计委计综〔1987〕2390 号文的要求，由我部消防局会同中国建筑科学研究院、北京市建筑设计研究院、上海市民用建筑设计院、天津市建筑设计院、中国建筑东北设计院、华东建筑设计院、北京市消防局、公安部天津、四川消防科研所共同修订了《高层民用建筑设计防火规范》。

在规范修订过程中，修订组遵照国家有关基本建设的方针和“预防为主、防消结合”的消防工作方针，进行了深入细致地调查研究，总结了国内高层建筑防火设计的实践经验，参考了国外有关标准规范，并广泛征求了有关部门、单位的意见。经反复讨论修改，最后经有关部门会审定稿。

本规范共有九章和两个附录。其内容包括：总则，术语，建筑分类和耐火等级，总平面布局和平面布置，防火、防烟分区和建筑构造，安全疏散和消防电梯，消防给水和自动灭火系统，防烟、排烟和通风、空气调节，电气等。

鉴于本规范是综合性的防火技术规范，政策性和技术性强，涉及面广，希望各单位在执行过程中，请结合工程实际，注意总结经验、积累资料。如发现有需要修改和补充之处，请将意见和有关资料寄给我部消防局（邮编 100741），以便今后修订时参考。

中华人民共和国公安部

一九九五年五月

目　次

1 总 则

1.0.1 本条是对原规范第1.0.1条的部分修改。本条主要是讲制定、修订本规范的目的。随着国家经济建设的迅速发展，改革、开放的深入，人民生活水平的不断提高，其它各项事业的兴旺发达，城市用地日益紧张，因而促进了高层建筑的发展。根据调查，截至1991年底止，全国已经建成的高层建筑共有13000余幢，其中高度超过100m的高层建筑近70幢，可以预料，在今后将会建造更多的高层建筑。

原规范从1982年颁布以来，对各种高层民用建筑防火设计起到了很好的指导作用。在10年多的时间中，我国高层建筑发展十分迅速，防火设计已积累了较丰富的经验；国外也有不少新经验，值得我们借鉴，同时有不少教训值得认真吸取。国内外许多高层建筑火灾的经验教训告诉我们，如果在高层建筑设计中，对防火设计缺乏考虑或考虑不周密，一旦发生火灾，会造成严重的伤亡事故和经济损失，有的还会带来严重的政治影响。1980年，美国27层的米高饭店火灾，烧死84人，烧伤679人。1988年元旦，泰国曼谷第一酒店发生火灾，大火延烧了3h，熊熊烈火吞噬了整个大楼内的可燃装修、家具、陈设等物，经济损失十分惨重，烧死13人，烧伤81人。

我国有不少城市建造的高层建筑，由于防火设计考虑不周，存在许多潜在隐患，大火时有发生。1985年4月19日，哈尔滨市天鹅饭店第十一层楼发生火灾，烧毁6间客房，烧坏12间，走道吊灯大部分被烧毁，家具、陈设也被大火吞噬，死亡10人，受伤7人，经济损失25万余元；1990年1月10日，新疆奎屯市商贸大厦发生火灾，大火延烧了6h，全大楼的百货商品化为灰烬，经济损失达700万元；1991年5月28日，大连市的大连饭店，因其走廊聚氨泡沫板被灯泡表面高温烤着起火，烧死5人（其中1名为外宾），烧伤19人（其中外宾3人），烧毁建筑面积为$2200m^2$，经济损失62万余元；1992年3月21日，沈阳市21层（高80m）的金三角大厦起火，烧毁各种灯具和装饰材料，直接经济损失约43万余元。

由此可见，根据高层建筑防火设计的多年实践，以及发生火灾的经验教训，适时修改完善原规范内容，并在高层建筑设计中贯彻这些防火要求，对于防止和减少高层民用建筑火灾的危害，保护人身和财产的安全，是十分必要的、及时的。

1.0.2 本条是对原规范第1.0.2条部分内容的修改。本条主要是规定在高层民用建筑设计中，必须遵守国家的有关方针、政策和“预防为主，防消结合”的方针，针对高层建筑的火灾特点，从全局出发，结合实际情况，积极采用可靠的防火措施，保障消防安全。

高层建筑的火灾危险性：

一、火势蔓延快。高层建筑的楼梯间、电梯井、管道井、风道、电缆井、排气道等竖向井道，如果防火分隔或防火处理不好，发生火灾时好像一座座高耸的烟囱，成为火势迅速蔓延的途径。尤其是高级旅馆、综合楼以及重要的图书楼、档案楼、办公楼、科研楼等高层建筑，一般室内可燃物较多，有的高层建筑还有可燃物品库房，一旦起火，燃烧猛烈，容易蔓延。据测定，在火灾初起阶段，因空气对流，在水平方向造成的烟气扩散速度为0.3m/s，在火灾燃烧猛烈阶段，由于高温状态下的热对流而造成的水平方向烟气扩散速度为0.5～3m/s；烟气沿楼梯间或其它竖向管井扩散速度为3～4m/s。如一座高度为100m的高层建筑，在无阻挡的情况下，半分钟左右，烟气就能顺竖向管井扩散到顶层。例如，韩国汉城22层的“大然阁”旅馆，二楼咖啡间的液化石油气瓶爆炸起火，烟火很快蔓延到整个咖啡间和休息厅，并相继通过楼梯和其它竖向管井迅速向上蔓延，顷刻之间全楼变成一座“火塔”。大火烧了约9h，烧死163人，烧伤60人，烧毁大楼内全部家具、装修等，造成了严重损失。助长火势蔓延的因素较多，其中风对高层建筑火灾就有较大的影响。因为风速是随着建筑物的高度增加而相应加大的。据测定，在建筑物10m高的风速为5m/s时，在30m高处的风速为8.7m/s，在60m高处的风速为12.3m/s，在90m高处的风速为15.0m/s。由于风速增大，势必会加速火势的蔓延扩大。

二、疏散困难。高层建筑的特点：一是层数多，垂直距离长，疏散到地面或其它安全场所的时间也会长些；二是人员集中；三是发生火灾时由于各种竖井拔气力大，火势和烟雾向上蔓延快，增加了疏散的困难。有些城市从国外购置了为数很有限的登高消防车，而大多数建有高层建筑的城市尚无登高消防车；即使有，高度也不高，不能满足高层建筑安全疏散和扑救的需要。普通电梯在火灾时由于切断电源等原因往往停止运转，因此，多数高层建筑安全疏散主要是靠楼梯，而楼梯间内一旦窜入烟气，就会严重影响疏散。这些，都是高层建筑的不利条件。

三、扑救难度大。高层建筑高达几十米，甚至超过二三百米，发生火灾时从室外进行扑救相当困难，一般要立足于自救，即主要靠室内消防设施。但由于目前我国经济技术条件所限，高层建筑内部的消防设施还不可能很完善，尤其是二类高层建筑仍以消火栓系统扑救为主，因此，扑救高层建筑火灾往往遇到较大困难。例如：热辐射强，烟雾浓，火势向上蔓延的速度快和途径多，消防人员难以堵截火势蔓延；扑救高层建筑火灾缺乏实战经验，指挥水平不高；高层建筑的消防用水量是根据我国目前的技术经济水平，按一般的火灾规模考虑的，当形成大面积火灾时，其消防用水量显然不足，需要利用消防车向高楼供水，建筑物内如果没有安装消防电梯，消防队员因攀登高楼体力不够，不能及时到达起火层进行扑救，消防器材也不能随时补充，均会影响扑救。

四、火险隐患多。一些高层综合性的建筑，功能复杂，可燃物多，消防安全管理不严，火险隐患多。如有的建筑设有商业营业厅，可燃物仓库，人员密集的礼堂、餐厅等；有的办公建筑，出租给十几家或几十家单位使用，安全管理不统一，潜在火险隐患多，一旦起火，容易造成大面积火灾。火灾实例证明，这类建筑发生火灾，火势蔓延更快，扑救疏散更为困难，容易造成更大的损失。

1.0.3 本条是对原规范第1.0.3条部分内容的修改。

一、本条规定删除了不适用于建筑高度超过100m的规定。原规范自1982年公布之前，国内建造100m以上的高层建筑为数甚少（一幢是广州的白云宾馆，另一幢是正在施工中的南京金陵饭店），缺乏这方面的实际防火设计经验。从1985年以后，建筑高度超过100m的高层建筑逐渐增多，截至1991年底止，全国已经建成和正在施工的建筑高度超过100m的高层建筑已在70幢以上。现举例如表1。

超高层建筑举例 表1

序号	建筑名称	层数	高度(m)	用途
1	北京京广大厦	52	208	旅馆、办公、公寓
2	北京京城大厦	51	183.5	旅馆、办公、公寓
3	北京国际贸易中心大厦	39	156.4	旅馆、办公、公寓
4	广州花园饭店主楼	32	124	旅馆、办公等
5	广州华侨大厦扩建楼	39	130.3	旅馆等
6	广州国际大厦	62	197.2	办公、旅馆等
7	深圳国际贸易中心	50	160	办公等
8	深圳亚洲大酒店	37	114	旅馆、办公等
9	广州珠江商业大厦	33	112	商业、旅馆、办公等
10	深圳发展中心大厦	42	165	商业、旅馆、办公等
11	上海瑞金饭店	29	107	办公、旅馆等

续表 1

序号	建筑名称	层数	高度(m)	用　途
12	上海联谊大厦	30	107	办公、旅馆等
13	上海静安希尔顿饭店	43	140	旅馆、办公等
14	上海锦江宾馆	43	153	旅馆等
15	深圳航空大厦	41	133	办公、旅馆等
16	北京国际饭店	29	102	旅馆等
17	南京金陵饭店	37	109	旅馆等
18	上海虹桥宾馆	31	110	旅馆
19	上海电讯大楼	20	125	电讯通讯
20	沈阳科技文化活动中心	32	130	综合用途
21	深圳外贸中心	88	310	综合用途
22	华鲁创律国际大厦	68	245	综合用途
23	深圳贤成大厦	55	227	综合用途

二、本条删除了不适用于建筑高度超过100m的限制，其依据是：

1. 国内已经建成或正在施工的建筑高度超过100m的高层建筑(包括国外设计的工程)，在防火设计上，除了符合新修订的《高层民用建筑设计防火规范》要求外，没有更高的措施。

2. 总结了国内高层建筑实际防火设计经验，如表1中列出的高层建筑都分别作了较深入的了解，将其合理部分、行之有效的内容吸收到本规范中来。

3. 日本、美国、英国、新加坡和香港等国家和地区的防火规范没有封顶，我们认为是符合实际需要，是合理的。

4. 吸收了国外有关建筑高度超过100m的高层建筑(美国的希尔顿大厦，高443m，109层；世界贸易中心，高442.8m，110层；日本的阳光大厦高240m，60层；香港的中银大厦高370m，75层)防火设计的合理内容。

三、将电信、广播、邮政、电力调度楼，防灾指挥调度楼和科研楼等包括在本规范的适用范围内，其理由是：

1. 据调查，电信、广播、邮政、电力调度楼，防灾指挥调度楼和科研楼等这一类高层建筑，虽然其内部设备与其它民用建筑有所不同，但在防火设计要求方面相同的比较多，如总图布置、耐火等级、防火分区、安全疏散、灭火设施、通风空气调节以及防、排烟和消防用电等防火设计要求上大体相同，对某些要求不同的部分，在本规范中则区别情况，分别作了规定。

2. 上述高层建筑内虽然不少设备比较精密，价值高，但大多属于一般火灾危险性，与其它民用建筑基本相同。为确保重点部位和设备的安全，在防火设计要求上要严一些，在本规范中则区别对待。

四、本条规定的高层民用建筑的起始高度或层数是根据下列情况提出的：

1. 登高消防器材。我国目前不少城市尚无登高消防车，只有部分城市配备了登高消防车。从火灾扑救实践来看，登高消防车扑救24m左右高度以下的建筑火灾最为有效，再高一些的建筑就不能满足需要了。

2. 消防车供水能力。目前一些大城市的消防装备虽然有所改善，从国外购进了登高消防车，但为数有限，而大多数城市消防装备特别是扑救高层建筑的消防装备没有多大改善。大多数的通用消防车在最不利情况下直接吸水扑救火灾的最大高度约为24m左右。

3. 住宅建筑定为十层及十层以上的原因，除了考虑上述因素以外，还考虑它占的数量，约占全部高层建筑的40%～50%，不论是塔式或板式高层住宅，每个单元间防火分区面积均不大，并有较好的防火分离，火灾发生时蔓延扩大受到一定限制，危害性较少，故做了区别对待。

4. 首层设置商业服务网点，必须符合规定的服务网点，如超出规定或第二层也设置商业网点，应视为商住楼对待，不应以商业服务网点对待。

5. 参考了国外对高层建筑起始高度的划分。

国外对高层建筑起始高度的划分不尽相同，这主要是根据本国的经济条件和消防装备等情况来确定的。

中、美、日等几个国家对高层建筑起始高度的划分如表2。

高层建筑起始高度划分界线表　　表 2

国　别	起　始　高　度
中国(本规范)	住宅：10层及10层以上，其它建筑：＞24m
德　国	＞22m(至底层室内地板面)
法　国	住宅：＞50m，其它建筑：＞28m
日　本	31m(11层)
比利时	25m(至室外地面)
英　国	24.3m
原苏联	住宅：10层及10层以上，其它建筑：7层
美　国	22～25m或7层以上

1.0.4　本规范不适用范围的说明：

1. 单层主体建筑高度超过24m的体育馆、会堂、剧院等公共建筑。这是因为这类建筑空间大，容纳人数多，防火要求不同，故本规范未包括在内。

2. 附建和单建的人民防空工程地下室的设计及其防火设计，可分别按照现行的国家标准《人民防空工程地下室设计规范》(GBJ 88—79)及《人民防空工程设计防火规范》(GBJ 98—87)进行设计，本规范未包括在内是适当的。

3. 高层工业建筑(指高层厂房和库房)，新修订的《建筑设计防火规范》已补充了高层工业建筑防火设计的内容，在设计中应按《建筑设计防火规范》(以下简称《建规》)执行。

1.0.5　随着建筑技术的发展和建设规模的不断扩大，高层建筑有日益增多的趋势。目前，我国建筑高度超过250m的民用建筑，数量还不多，在防火措施方面缺乏实践经验。尽管本规范总结了国内高层建筑设计防火经验和借鉴了国外的先进经验，对高层建筑防火应采取的措施做出了相应的规定，但是，由于缺乏经验，对于建筑高度超过250m的民用建筑，需要对消防给水、安全疏散和消防的装备水平等进行专题研究，提出适当的防火措施。因此，为了保证高层建筑设计的防火安全，加强宏观控制，本条规定，凡是建筑高度超过250m的民用建筑，在建筑设计中采取的特殊的防火措施，要报送国家消防主管部门组织专题研究、论证。

本条所称"特殊的防火措施"是指设计中采取了本规范未作规定的或突破了本规范规定的防火措施。

2　术　　语

2.0.1　裙房。与高层建筑相连的建筑高度超过24m的附属建筑，一律按高层建筑对待，本规范另有规定的除外。

2.0.2　建筑高度。建筑高度系指高层建筑室外地面到其檐口或屋面面层的高度。屋顶上的瞭望塔、水箱间、电梯机房、排烟机房和楼梯出口小间等不计入建筑高度和层数内。

2.0.3　耐火极限。建筑构件耐火极限系指对一建筑构件按时间—温度标准曲线进行耐火试验，从受到火的作用时起，到失去支持能力或完整性被破坏或失去隔火作用时止的这段时间，以小时计。

一、标准升温。试验时炉内温度的上升随时间而变化，如图1及表3。

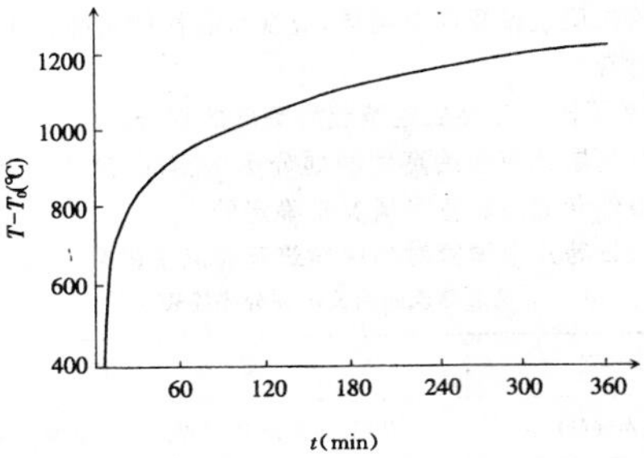

图1 时间—温度标准曲线图

"时间—温度标准曲线图"中，表示时间、温度相互关系的代表数值列于"随时间而变化的升温表"。

随时间而变化的升温表　　表3

时间 t (min)	炉内温度 $T-T_0$(℃)
5	556
10	659
15	718
30	821
60	925
90	986
120	1029
180	1090
240	1133
360	1193

试验中实测的时间—平均温度曲线下的面积与时间—温度标准曲线下的面积的允许误差：

1. 在开始试验的10min及10min以内为±15%。

2. 开始试验10min以上至30min范围内为±10%；试验进行到30min以后为±5%。

3. 当试验进行到10min以后的任何时间内，任何一个测温点的炉内温度与相应时间的标准温度之差不应大于±100℃。

二、压力条件。试验开始10min以后，炉内应保持正压，即按规定的布点（测试点），测得炉内压力应高于室内气压1.0±0.5mm水柱。

三、判定构件耐火条件。在通常情况下，试验的持续时间从试件受到火作用时起，直到失去支持能力或完整性被破坏或失去隔火作用等任一条件出现，即到了耐火极限。具体判定条件如下：

1. 失去支持能力——非承重构件失去支持能力的表现为自身解体或垮塌；梁、楼板等受弯承重构件，挠曲率发生突变，为失去支持能力的情况，当简支钢筋混凝土梁、楼板和预应力钢筋混凝土楼板跨度总挠度值分别达到试件计算长度的2%、3.5%和5%时，则表明试件失去支持能力。

2. 完整性——楼板、隔墙等具有分隔作用的构件，在试验中，当出现穿透裂缝或穿火的孔隙时，表明试件的完整性被破坏。

3. 隔火作用——具有防火分隔作用的构件，试验中背火面测点测得的平均温度升到140℃（不包括背火面的起始温度）；或背火面测温点任一测点的温度到达220℃时，则表明试件失去隔火作用。

2.0.4～2.0.6

一、本规范一直沿用《建规》对建筑材料燃烧性能的叫法，即非燃烧体、难燃烧体、燃烧体一词。为了与现行国家标准一致，将"非燃烧体"改为"不燃烧体"。

二、只要按照GB 5464、GB 8625、GB 8626规定标准试验材料燃烧性能，均分别适用于本规范中的不燃、难燃和燃烧材料（亦可称可燃材料）及其制作的建筑构件。

三、塑料建筑材料燃烧性能的分级可按GB 8624—88的规定原则，确定其燃烧性能级别。

2.0.7 综合楼。

一、民用综合楼种类较多，形式各异，使用功能均在两种及两种以上。

二、综合楼组合形式多种多样，常见的形式为：若干层作商场，若干层作写字楼层（办公用），若干层作高级公寓；若干层作办公室、若干层作旅馆，若干层作车间、仓库；若干层作银行，经营金融业务，若干层作旅馆，若干层作办公室，等等。

2.0.8 商住楼。商住楼目前发展较快，如广东深圳特区在临街的高层建筑中，有不少为商住楼；其它沿海、内地城市也较多。

商住楼的形式，一般是下面若干层为商业营业厅，其上面为塔式普通或高级住宅。

2.0.9 网局级电力调度楼。网局级电力调度楼，可调度若干个省（区）电力业务工作楼，如中南电力调度楼、华北电力调度楼、东北电力调度楼等。

2.0.10、2.0.11

一、高级旅馆，指建筑标准高、功能复杂，火灾危险性较大和设有空气调节系统的，具有星级条件的旅馆。

二、高级住宅，指建筑装修标准高和设有空气调节系统的住宅。如何掌握这些原则呢？一是看装修复杂程度，二是看是否有满铺地毯，三是看家具、陈设高档与否，四是设有空调系统。四者均具备，应视为高级住宅，如北京京广大厦中的公寓、广州的中国大酒店公寓楼等。

2.0.12 重要的办公楼、科研楼、档案楼。对于评定重要的办公楼、科研楼、档案楼，总的原则是性质重要（有关国防、国计民生的重要科研楼等）、建筑装修标准高（与普通建筑相比，造价相差悬殊），设备、资料贵重（主要指高、精、尖的设备，重要资料主要是指机密性大、价值高的资料）。

火灾危险性大，发生火灾后损失大、影响大。一般来说，可燃物多，火源或电源多，发生火灾后也容易造成损失大、影响大的后果，因此，必须作为重点保护。

2.0.16 挡烟垂壁。

一、此条亦是沿用原规范名词解释内容，实践表明，该解释较正确，是可行的，故保留了此项内容。

二、挡烟垂壁目前国内有厂家在试制，但尚未批量生产和推广应用。

三、国内合资工程或独资工程有采用的，如北京市的长富宫饭店，采用铝丝玻璃作挡烟垂壁。国外，日本的东京、大阪、横滨的高层公共建筑中，有些采用铝丝玻璃、不锈钢薄板等作挡烟垂壁。

四、挡烟垂壁的自动控制，主要指平时固定在吊顶平面上，与火灾自动报警系统联动，当发生火灾时，感温、感烟或其它控制设备的作用，就自动下垂，起阻挡烟气作用，为安全疏散创造有利条件。

2.0.17 本条为新增条文。

商业服务网点原规范没有确切定义，与综合楼、商住楼难以区别，现加以规定以便实施。

住宅底部（地上）设置的百货店、副食店、粮店、邮政所、储蓄所、理发店等小型商业服务用房，该用房层数不超过二层、建筑面积不超过300m^2，即地上一和二层可以是上述小型商业服务用房，但地上二层是上述小型商业服务用房，则地上一层必须是上述小型商业服务用房。一层、二层上述小型商业服务用房建筑面积之和不能超过300m²。采用耐火极限大于1.50h的楼板和耐火极限大于2.00h、不开门窗洞口的隔墙与住宅和其它用房完全分隔，此处的其它用房也可以是上述小型商业服务用房，该用房和住宅的疏散楼梯和安全出口应分别独立设置并不得交叉也不能直接连通。

3 建筑分类和耐火等级

3.0.1 本条是对原条文的修改。

本条是根据各种高层民用建筑的使用性质、火灾危险性、疏散和扑救难易程度等将高层民用建筑分为两类，其分类的目的是为了针对不同高层建筑类别在耐火等级、防火间距、防火分区、安全疏散、消防给水、防烟排烟等方面分别提出不同的要求，以达到既保障各种高层建筑的消防安全，又能节约投资的目的。

对高层民用建筑进行分类是一个较为复杂的问题。从消防的角度将性质重要、火灾危险性大、疏散和扑救难度大的高层民用建筑定为一类。这类高层建筑有的同时具备上述几方面的因素，有的则具有较为突出的一二个方面的因素。例如医院病房楼不计高度皆划为一类，这是根据病人行动不便、疏散困难的特点来决定的。

在实践过程中，普遍感到原规范不分面积大小，一律将高度大于24m的商业楼、展览楼、财贸金融楼、电信楼等划分成一类，特别是在一些中、小城市建造这些高层民用建筑，其建筑高度虽超过24m，但每层建筑面积却不大，加上经济条件所限，就难以行得通。因此，在这次修改中，作了适当的调整。

在原规范中，有些高层民用建筑未予明确，例如：电力调度楼、综合楼、商住楼、防灾指挥调度楼等，有的高层民用建筑已经制定了行业等级标准，在这次修改中作了补充。已有行业标准的（如广播电视建筑等），参照其标准进行了协调纳入分类中来，以利本规范的统一要求。例如中央级、省级、计划单列市级广播电视楼，网局级、省级、计划单列市级电力调度楼等划为一类，余下的为二类等。

本条使用了"高级旅馆"，"高级住宅"，"网局级和省级电力调度楼"，中央级、省级、计划单列市级"邮政楼"、"广播电视楼"、"防灾指挥调度楼"，以及"重要的办公楼"、"科研楼"、"综合楼"、"商住楼"等名词，主要是与有关规范协调，以利贯彻执行。对本条未列出的高层建筑，可参照本条划分类别的基本标准确定其相应类别。

原条文规定的"每层建筑面积"在执行过程中不明确，为便于理解和执行，将"每层建筑面积"改为"24m以上部分的任一楼层的建筑面积"超过相应规定值时，该建筑即划分为一类高层建筑。

3.0.2 本条是对原条文的修改补充。

对高层民用建筑的耐火等级和各主要建筑构件的燃烧性能和耐火极限作了规定。

这次修改仍将高层民用建筑的耐火等级分为两级。主要是根据原规范十几年的实践和执行情况，高层建筑消防安全的需要和高层民用建筑结构的现实情况，并参照现行的国家标准《建规》和当前以及将来国内外发展的现实状况确定的。

一、据对北京、上海、大连、广州、南京、成都、福州、厦门、武汉、深圳等市的调查研究，目前已建成和正在设计、施工的高层民用建筑，1980年以前，其主体结构均为钢筋混凝土框架结构，框架-剪力墙结构、剪力墙结构，或称为三大常规结构体系。高层住宅采用剪力墙结构居多；高层公共建筑则采用框架和剪力墙结构居多；而旅馆（包括宾馆、饭店、酒店等）采用剪力墙结构、框架结构，框架结构-剪力墙结构三者兼而有之。进入80年代以后，由于建筑功能、高度和层数等要求均在不断提高以及抗震设计的要求，三大常规结构体系难以满足高层建筑发展的更高要求，从而以结构整体性更好、空间受力为特征的筒体结构体系为主体结构的高层建筑应运而生，如圆筒体、矩形筒体、筒中筒结构，并得到了广泛的应用和发展，其特点是比三大常规结构体系性更好，可建高度更高、受力性能更好。

上述几种结构类型，绝大多数仍采用钢筋混凝土结构，其主要承重构件均能满足一、二级耐火等级建筑的要求，故将高层民用建筑耐火等级划分为一、二级，是符合我国当前实际情况的。

二、要求高层民用建筑的耐火等级，应为一、二级是抵抗火灾的需要。国内外高层建筑火灾案例说明，只要高层建筑主体承重构件耐火能力高，即使着火后其室内装修、物品、陈设、家具等被烧毁，其建筑主体也不致垮塌。表4为高层建筑火灾案例。

高层建筑火灾实例举例　　表4

序号	建筑名称	层数	起火年月	燃烧时间	主体结构承重类别	燃烧情况（主体结构）
1	美国　纽约第一商场	50	1970年8月	5h以上	钢筋混凝土结构	柱、梁、楼板、层面板局部被烧坏
2	哥伦比亚　阿维安卡大楼	36	1973年7月	12h以上	钢筋混凝土结构	部分承重构件被烧坏
3	巴西　焦马大楼	25	1974年2月	10h以上	钢筋混凝土结构	部分承重构件被烧坏
4	韩国　釜山一旅馆	10	1984年1月	3h左右	钢筋混凝土框架结构	个别承重构件被烧坏
5	日本　大洋百货商店	7	1973年11月	2.5h左右	钢筋混凝土框架结构	少数承重构件被烧坏
6	加拿大　诺托达田医院	12	1989年2月	3h以上	钢筋混凝土框架结构	部分承重构件被烧损
7	巴西　安得拉斯大楼	31	1972年2月	12h左右	钢筋混凝土结构	部分承重构件被烧损
8	香港　大重工业楼	16	1984年9月	68h左右	钢筋混凝土结构	相当部分承重构件烧损较严重
9	杭州　西冷宾馆	7	1981年8月	9h左右	钢筋混凝土结构	少数承重构件烧损
10	广州　南方大厦	11	1983年	90h左右	钢筋混凝土框架结构	部分承重构件烧损严重
11	东北　某旅社大楼	7	1969年2月		钢筋混凝土结构	局部烧损较严重

从表4所列举的高层建筑火灾案例和其它高层建筑火灾实例都可以说明：只要高层建筑的主体结构的耐火性高，即使其室内装修、物品、陈设、家具等，乃至局部构件被烧损，高层建筑并未倒塌。同时还说明：被烧高层建筑在修复过程中，只要对火烧较严重的承重柱、梁、楼板等承重构件进行修复补强，即可全部修复使用。

三、本条所规定的各种建筑构件的燃烧性能和耐火极限是结合原规范十多年的实践以及目前已建和在建的高层民用建筑结构的实际情况而制定的，是可行的。高层民用建筑目前常用的柱、梁、墙、楼板等主要承重构件的燃烧性能、耐火极限均达到一、二级耐火等级的要求，有的大大的超过了本条所规定的要求，见表5。

从表5可以看出，墙、柱、梁的耐火极限均能达到一、二级高层民用建筑的要求，非预应力梁、板尚能满足或接近本规范的要求。预应力楼板的耐火极限达不到规定的要求，而且差距较大，但这种构件由于省材料，经济效益很大，目前在高层住宅和一些公共高层建筑中广泛采用，考虑到防火安全的需要，预应力钢筋混凝土楼板等构件如达不到本规范表3.0.2规定的耐火极限时，必须采取增加主筋（受力筋）的保护层厚度、采取喷涂防火材料或其它防火措施，提高其耐火能力，使其达到本规定的要求的耐火极限。事实证明，只要建筑、材料部门和施工部门重视这个问题，加强耐火实验研究工作，使这种构件的耐火极限达到规定要求是不难做到的，甚至可以超过本规定的要求。

建筑构件的实际耐火极限与本规范规定的耐火极限对比 **表5**

构件名称		结构厚度或截面最小尺寸（cm^2）	实际耐火极限（h）	本规范规定的耐火极限（h）	
				一级	二级
承重墙	普通粘土砖墙、混凝土墙、钢筋混凝土实心墙	24～27	5.50～10.50	2.00	2.00
	轻质混凝土砌砖墙	37	5.50		
钢筋混凝土柱		30×30 20×50 30×50	3.00 3.00 3.50	3.00	2.50
钢筋混凝土梁		主筋保护层厚度2.5cm	2.00	2.00	1.50
四边简支的钢筋混凝土楼板或现浇整体式梁板		主筋保护层厚度为1～2cm	1.00～1.50（板厚8cm时）	1.50	1.00
隔墙	非承重外墙，疏散走道两侧的隔墙	10cm厚的加气混凝土砌块墙	3.75	1.00	1.00
	房间隔墙	1+9（空气层填矿棉）+1的石膏龙骨纤维石膏板	1.00	0.75	0.50
钢筋混凝土屋顶承重构件		其主筋保护层厚为2.5cm	2.00	1.50	1.00

四、本规范表3.0.2中规定的某些建筑构件的耐火极限比原规范的耐火极限有所降低，防火墙降低了1h，承重墙、楼梯间、电梯井和住宅单元之间的墙的耐火极限均相应降低了0.5h，其依据如下：

1. 经分析，24起高层建筑火灾中，在一个防火分区内连续延烧为1～2h的占起火总数的91%；在一个防火分区内连续延烧2～3h的占5%。

2. 楼房建筑从耐火要求来说，因为该构件是承重人或物的，是建筑构件最基本的耐火构件，其耐火极限没有降低，能够基本保证安全的条件，故根据高层建筑结构种类的发展，降低些要求是可行的。

3. 在既保障消防安全，又满足高层钢结构建筑发展需要的基础上，对部分建筑构件的耐火极限，作了相应调整。

五、吊顶与其它承重构件有所区别。因为它不是火灾发生时直接危及建筑物的主要构件，所以对吊顶耐火极限要求，主要是考虑在火灾发生时能保证一定的疏散时间。从高层建筑发生火灾的经验教训看，其吊顶应当比单层或多层建筑的吊顶要求要严些。目前我国已能够生产作吊顶的、耐火性能好的不燃烧材料，如：石膏板、石棉板、岩棉板、硅酸铝板、硅酸钠板、陶瓷复合棉板等。这些不燃烧材料板材配以轻钢龙骨就是不燃烧材料吊顶，在目前兴建的高层民用建筑中得到了广泛的应用，是非常可喜的，在今后的高层民用建筑设计、施工中应予以大力推广应用。

目前，我国各地仍有一部分已建、新建的高层民用建筑（尤其在公共高层民用建筑）采用木吊顶搁栅、木板吊顶等可燃装修材料，这是不符合本规范的规定的，一旦发生火灾，容易造成伤亡事故，应尽量避免采用可燃装修材料作吊顶。由于有些高层建筑近期内难以做到全部使用不燃材料，如必须采用可燃材料时，为了改善和提高建筑物的防火性能，减少火灾损失，对木、竹等可燃装修材料必须进行防火处理。处理的一般方法是在木材等表面涂刷防火涂料或在加工时浸渍防火浸剂，提高其防火耐火能力，以达到本规范规定的要求。

六、目前我国已研制了许多种防火涂料、浸剂等，有的已经用于工程实际，经历了火灾的考验，证明了其良好的防火效果。

原条文没有明确规定分户墙的燃烧性能和耐火极限，为避免将户与户之间的隔墙按照房间隔墙确定的误解，故补充规定分户墙与住宅单元之间的墙同等对待。

3.0.3 本条是原规范中的注释，这次改为正式条文。

3.0.4 本条是在原条文基础上修改补充的。

本条对不同类别的高层民用建筑及其与高层主体建筑相连的裙房应采用的耐火等级作了具体规定。

一、一类高层民用建筑。例如：医院病房楼，大型的商业楼、展览楼、综合楼、电信楼、财贸金融楼、网局级和省级电力调度楼、中央级和省广播电视楼、省级邮政楼和防灾指挥调度楼、高级旅馆、大型的藏书楼等一类高层民用建筑，不仅规模大，而且性质重要、设备贵重、功能复杂，还有风道、空调等竖向管井多，有的还要使用大量的可燃装修材料。防火分隔处理不好，往往成为火灾蔓延的途径；有的住有行动不便的老人、小孩和病人等，紧急疏散十分困难。一旦发生火灾，火势蔓延快，疏散和扑救都很困难，容易造成重大损失或伤亡事故。因此，对此类建筑物的耐火等级应比二类建筑物高一些，故仍规定一类高层民用建筑的耐火等级为一级，二类高层民用建筑的耐火等级不应低于二级。

二、考虑到高层主体建筑及与其相连的裙房，在重要性和扑救、疏散难度等方面有所差别，对其耐火要求不应一刀切。但是与主体建筑相连的裙房耐火能力也不能太低，结合当前的实际情况和执行原规范十多年的实践，以及目前的常规做法，故仍规定与高层民用建筑主体相连的裙房的耐火等级不应低于二级。

三、地下室空气流通不像在地上那样可以直接排到室外，发生火灾时，热量不易散失，温度高，烟雾大，疏散和扑救都非常困难。为了有利于防止火灾向地面以上部分和其它部位蔓延，本规范仍规定其耐火等级应为一级，是符合我国高层民用建筑地下室发展建设实际情况的，是可行的。

3.0.5、3.0.6 此两条是原规范的注释，这次改为正式条文。

3.0.7 本条保留了原条文。本条对高层民用建筑内存放可燃物，如：图书馆的书库，棉花、麻、化学纤维及其织物，毛、丝及其织物，如房间存放可燃物的平均重量超过200kg/m^2，则其梁、楼板、隔墙等组成构件的耐火极限应提高要求。这是因为：

一、根据调查，有些高层民用建筑，例如：商业楼除了营业大厅外，附设有周转用仓库，存放大量的可燃物品，如衣服、棉、毛、麻、丝及其织物，纸张，布匹以及其它日用百货物品。且所存放的可燃物重量一般在200～500kg/m^2；一些藏书楼、档案楼等，可燃物品重量一般在400～600kg/m^2。火灾实例说明，这类建筑物或房间发生火灾时，抢救物资和扑救火灾非常困难，而且楼板、梁是直接承受可燃物品和被烧的构件，被烧垮的可能性较大些，同样，其四周隔墙、柱等也是受火烧构件，也容易被火烧坏，从而导致火灾很快蔓延到相邻房间和部位，甚至整个建筑物被烧毁，扩大灾情，所以要求其耐火极限提高0.50h是必要的，也是可行的。

二、根据每平方米地板面积的可燃物愈多（即火灾荷载愈多），则燃烧时间就愈长的道理，也需要适当的提高其构件的耐火极限，以满足实际的需要。可燃物多少与时间的关系见表6。

火灾荷载与燃烧的时间关系 **表6**

可燃物数量（磅/英尺^2）(kg/m^2)	热量（英热量单位/英尺^2）	燃烧时间相当标准温度曲线的时间(h)
5(24)	40000	0.50
10(49)	80000	1.00
15(73)	120000	1.50
20(98)	160000	2.00
30(147)	240000	3.00
40(195)	320000	4.50
50(244)	380000	7.00
60(293)	432000	8.00
70(342)	500000	9.00

注：一个英热量单位=252卡。

从表 6 可以看出，根据不同可燃物数量的多少，对建筑结构构件分别提出不同耐火极限要求是合理的。但是考虑到这些建筑物房间内的可燃物的数量不是固定的；目前国内又缺乏这方面的统计数据和资料，故本规范中规定可燃物超过 200kg/m^2 的房间，其梁、楼板、隔墙等构件的耐火极限应在本规范第 3.0.2 条规定的基础上相应提高 0.50h。安装有自动灭火系统的房间，消防保护能力有提高，对扑灭初起火灾有明显的效果，不容易酿成大火，所以对其组成构件的耐火极限可以不提高。

3.0.8 本条是对原条文的修改。

本条对高层民用建筑采用玻璃幕墙应采取的相应防火措施作了规定。

玻璃幕墙当受到火烧或受热时，易破碎，甚至造成大面积的破碎事故，造成火势迅速蔓延，酿成大火灾，危害人身和财产的安全，出现所谓的"引火风道"，这是一个较严重的问题。故本规范对采用玻璃幕墙作出了相应的规定是必要的。表 7 是国内外高层民用建筑采用玻璃幕墙实例。

高层民用建筑采用玻璃幕墙实例　　表 7

建筑物名称	层数	用　途	外墙特征
北京京广大厦	52	办公、旅馆、公寓等	有窗间墙、窗槛墙的玻璃幕墙
北京国际贸易中心	39	办公、展览等	有窗间墙、窗槛墙的玻璃幕墙
北京长富大厦	24	办公、旅馆等	有窗间墙、窗槛墙的玻璃幕墙
北京华威大厦	18	办公、公寓、商店等	有窗间墙、窗槛墙的玻璃幕墙
昆明百货大楼	6	百货商店	无窗间墙、窗槛墙的玻璃幕墙
武汉桥口百货楼	6	百货商店	无窗间墙、窗槛墙的玻璃幕墙
美国亚特兰大海特摄政旅馆	23	旅　馆	黑色玻璃幕墙
香港交易所大楼	50	公共交易所、旅馆等	金黄色玻璃幕墙
香港新鸿基大厦	50	办公、商店、旅馆等	茶色玻璃幕墙

针对目前国内外高层民用建筑玻璃幕墙的实际做法和发生火灾的经验教训，本规范规定玻璃幕墙的窗间墙、窗槛墙的填充材料采用岩棉、矿棉、玻璃棉、硅酸铝棉等不燃烧材料，是合理的。当其外墙面采用耐火极限不低于 1.00h 的墙体（如轻质混凝土墙面）时，填充材料也可采用阻燃泡沫塑料等难燃材料。

为了防止火灾在垂直方向上迅速蔓延，故本规范规定：对不设窗间墙和窗槛墙的玻璃幕墙，必须在每层楼板外沿玻璃幕墙内侧设置高度不低于 0.80m 实体裙墙，其耐火极限不低于 1.00h，应为不燃烧材料制成，这样做有利于阻止和限制火灾垂直方向蔓延。

我国广州、福州、厦门、重庆、昆明等市的高层民用建筑，采用玻璃幕墙既无窗间墙也无窗槛墙。这些高层民用建筑的玻璃幕墙与每层楼板、房间隔墙（水平方向上）之间的缝隙相当大，有的甚至大到 15～20cm，一旦火灾发生就会成了"引火风道"。为此本规范规定玻璃幕墙每层楼板、隔墙处的缝隙，必须用不燃烧材料严密填实，阻止火势蔓延。

有无窗间墙不是影响火灾竖向蔓延的主要因素，对于窗槛墙高度小于 0.8m 的建筑幕墙的要求不明确，不燃烧体裙墙的表述不准确，故修改。此处防火玻璃裙墙不低于 1.00h 耐火极限的要求应按墙体构件耐火极限的测试方法进行测试。

3.0.9 本条是新增条文。本条规定高层民用建筑的公用房间或部位的室内装修材料，应按现行的国家标准《建筑内部装修设计防火规范》的规定执行。

4　总平面布局和平面布置

4.1　一 般 规 定

4.1.1 本条基本上保留了原条文。本条对高层民用建筑位置、防火间距、消防车道、消防水源等作出了原则规定，这是针对高层建筑发生火灾时容易蔓延和疏散、扑灭难度大，往往造成严重损失和重大伤亡事故及易燃易爆厂房、仓库发生火灾时对高层建筑的威胁等因素确定的。如某化肥厂因液化石油气槽车连接管被拉破，大量液化气泄漏，遇明火发生爆炸，死伤数十人，在爆炸贮罐 70m 范围内的一座三层楼房全部震塌，200m 外的房屋也受到程度不同的损坏，3km 外的百货公司的窗玻璃被破坏；又如某市煤气厂液化石油气罐爆炸，大火持续 20 多个小时，燃烧面积达 420000m^2（附近苗圃被烧坏，高压线被烧断，造成 48 个工厂停电 26h），经济损失近 500 万元；北京某化工厂苯酚丙酮车间反应罐爆炸，厂房和设备被炸坏，数千平方米内烈火熊熊，死 27 人，伤 8 人。青岛市黄岛油库火灾波及范围数百米，死伤数十人，经济损失 4000 余万元，等等。为了保障高层民用建筑消防安全，吸取上述火灾教训，并考虑目前各地高层建筑设置的实际情况，本条提出必须注意合理布置总平面，选择安全地点，特别要避免在甲、乙类厂（库）房，易燃、可燃液体和可燃气体贮罐以及易燃、可燃材料堆场的附近布置高层民用建筑，以防止和减少火灾对高层民用建筑的危害。

4.1.2 本条是对原条文的修改。本条对布置在高层建筑及其裙房中的锅炉及锅炉房的设置要求作了修改。对可燃油油浸电力变压器，充有可燃油的高压电容器、多油开关等保留了原条文的规定。

一、我国目前生产的快装锅炉，其工作压力一般为 0.10～1.30MPa，其蒸发量为 1～30t/h。如果产品质量差、安全保护设备失灵或操作不慎等都有导致发生爆炸的可能，特别是燃油、燃气的锅炉，容易发生爆炸事故，故不宜在高层建筑内安装使用，但考虑目前建筑用地日趋紧张，尤其旧城区改造，脱开高层建筑单独设置锅炉房困难较大，目前国产锅炉本体材料、生产质量与国外不相上下，有差距之处是控制设备，根据《热水锅炉安全技术监督规定》的要求，并参考了国外的一些做法，本条对锅炉房的设置部位作了规定。即如受条件限制，锅炉房不能与高层建筑脱开布置时，允许将其布置在高层建筑内，但应采取相应的防火措施。

对于常压类型热水锅炉设置问题，通过大量的调查，热水锅炉的危险性远比蒸汽锅炉低。目前作为一些双回程的热水锅炉（即锅炉为常压高温水，热交换器为承压设备），可以适当放宽该机房的设置位置，即设在地下一层或地下二层。同时，对所用燃料及机房的防火要求作了规定。

对于负压类型的锅炉——如直燃型溴化锂冷（热）水机组有别于蒸汽锅炉，它在制冷、供热以及提供卫生热水三种工况运行时，机组本身处于真空负压状态，所以是相对安全可靠的，可设于建筑物内。但考虑到溴化锂直燃机组用油用气，机房一旦失火，扑救难度较大等问题，对溴化锂直燃机组在高层建筑内的位置和机房的防火要求作出了规定。

对于常（负）压燃气锅炉房设置在屋顶问题，经过大量的调研和对常（负）压燃气锅炉房实际运行情况的考察，在燃料供给等有相应防火措施的情况下可设置在屋顶，但锅炉房的门距安全出口的距离应大于 6.0m。

另外，锅炉房的设置还须符合本条相应条款的规定，采取相应的防火措施。

二、可燃油油浸电力变压器发生故障产生电弧时，将使变压器内的绝缘油迅速发生热分解，析出氢气、甲烷、乙烯等可燃气体，压力骤增，造成外壳爆裂大量喷油，或者析出的可燃气体与空气混合形成爆炸混合物，在电弧或火花的作用下引起燃烧爆炸。变压器爆裂后，高温的变压器油流到哪里就会烧到哪里，致使火势蔓延。如某水电站的变压器爆炸，将厂房炸坏，油火顺过道、管沟、电缆架蔓延，从一楼烧到地下室，又从地下室烧到二楼主控制室，将控制室全部烧毁，造成重大损失。充有可燃油的高压电容器、多油开关等，也有较大的火灾危险性，故规定可燃油油浸电力变压器和充有可燃油的高压电容器、多油开关等不宜布置在高层民用建筑裙房内。对于干式或不燃液体的变压器，因其火灾危险性小，不易发生爆炸，故本条未作限制。

三、由于受到规划要求、用地紧张、基建投资等条件的限制，如必须将可燃油油浸变压器等布置在高层建筑内时，应采取符合本条要求的防火措施。

4.1.3 本条文是对原条文的修改。据调查，柴油发电机房与常（负）压锅炉房在燃料防火安全方面有类似之处，可布置在高层建筑、裙房的首层或地下一、二层，但不应低于地下二层，且应满足本条的有关规定。

卤代烷对环境有较大影响，依照国家有关规定对自动灭火系统的选用作了适当修改。

由于城市用地日趋紧张，自备柴油发电机房离开高层建筑单独修建比较困难，同时考虑柴油燃点较低，发生火灾危险性较小，故在采取相应的防火措施时，也可布置在高层主体建筑相连的裙房的首层或地下一层。并应设置火灾自动报警系统和固定灭火装置。

4.1.4 消防控制室是建筑物内防火、灭火设施的显示控制中心，是火灾的扑救指挥中心，是保障建筑物安全的要害部位之一，应设在交通方便和发生火灾时不易延烧的部位。故本条对消防控制室位置、防火分离和安全出口作了规定。

我国目前已建成的高层建筑中，不少建筑都设有消防控制室，但也有的把消防控制室设于地下层交通极不方便的部位，这样一旦发生大的火灾，在消防控制室坚持工作的人员就很难撤出大楼。故本条规定消防控制室应设直通室外的安全出口。

4.1.5 保留原条文。据调查，有些已建成的高层民用建筑内附设有观众厅、会议厅等人员密集的厅、室，有的设在接近首层或低层部位，有的设在顶层（如上海某百货公司顶层就设有一个能容纳千人的礼堂兼电影厅，广州某大厦顶层设有能容纳二三百人的餐厅等）。一旦建筑物内发生火灾，将给安全疏散带来很大困难。因此，本条规定上述人员密集的厅、室最好设在首层或二、三层，这样就能比较经济、方便地在局部增设疏散楼梯，使大量人流能在短时间内安全疏散。如果设在其它层，必须采取本条规定的4条防火措施。

4.1.5A 本条是新增条文。

一、近几年，歌舞娱乐放映游艺场所群死群伤火灾多发，为保护人身安全，减少财产损失，对歌舞娱乐放映游艺场所做出相应规定。

二、歌舞娱乐放映游艺场所内的房间如果设置在袋形走道的两侧或尽端，不利于人员疏散。如某地一歌舞厅设置在袋形走道尽端，火灾时歌舞厅疏散出口被烟火封堵，人员无法逃生，致使13人死亡。

三、为保证歌舞娱乐放映游艺场所人员安全疏散，根据我国实际情况，并参考国外有关标准，规定了这些场所的人数计算指标。美国NFPA101《生命安全规范》对这类场所人员密度指标的规定：无固定座位及较少集中使用的集会场所，如礼堂、礼拜堂、舞池、舞厅等1.54人/m^2，会议室、餐厅、宴会厅、展览室、健身房或休息室为0.71人/m^2，人员密度指标是按该场所净面积计算确定的。

四、歌舞娱乐放映游艺场所，每个厅、室的出口不少于两个的规定，是考虑到当其中一个疏散出口被烟火封堵时，人员可以通过另一个疏散出口逃生。对于建筑面积小于50m^2的厅、室，面积不大，人员数量较少，疏散比较容易，所以可设置一个疏散出口。

五、"一个厅、室"是指一个独立的歌舞娱乐放映游艺场所。其建筑面积限定在200m^2是为了将火灾限制在一定的区域内，减少人员伤亡。对此类场所没有规定采用防火墙，而采用耐火极限不低于2.00h的隔墙与其它场所隔开，是考虑到这类场所一般是后改建的，采用防火墙进行分隔，在构造上有一定难度，为了解决这一实际问题，又加强这类场所的防火分隔，故做本条规定。这类场所内的各房间之间隔墙的防火要求在本规范中已有相应规定，本条不再做规定。

六、大多数火灾案例表明，人员死亡绝大部分都是由于吸入有毒烟气而窒息死亡的。因此，对这类场所做出了防排烟要求。

七、疏散指示标志的合理设置，对人员安全疏散具有重要作用，国内外实际应用表明，在疏散走道和主要疏散路线的地面上或靠近地面的墙上设置发光疏散指示标志，对安全疏散起到很好的作用，可以更有效地帮助人们在浓烟弥漫的情况下，及时识别疏散位置和方向，迅速沿发光疏散指示标志顺利疏散，避免造成伤亡事故。为此，特做本条规定。本条所指"发光疏散指示标志"包括电致发光型（如灯光型、电子显示型等）和光致发光型（如蓄光自发光型等）。这些疏散指示标志适用于歌舞娱乐放映游艺场所和地下大空间场所，作为辅助疏散指示标志使用。

4.1.5B 本条是新增条文。

一、火灾危险性为甲、乙类储存物品属性的商品，极易燃烧，难以扑救，本条参照《建筑设计防火规范》关于甲、乙类物品的商品不应布置（包括经营和储存）在半地下或地下各层的要求，制定了本规定。

二、营业厅设置在地下三层及三层以下时，由于经营和储存的商品数量多，火灾荷载大，垂直疏散距离较长，一旦发生火灾，火灾扑救、烟气排除和人员疏散都较为困难，故规定不宜设置在地下三层及三层以下。规定"不宜"是考虑到如经营不燃或难燃的商品，则可根据具体情况，设置在地下三层及三层以下。

三、为最大限度减少火灾的危害，同时考虑使用和经营的需要，并参照国外有关标准和我国商场内的人员密度和管理等多方面情况，对地下商店的总建筑面积做出了不应大于20000m^2，并采用防火墙分隔，且防火墙上不应开设门窗洞口的限定。总建筑面积包括营业面积、储存面积及其他配套服务面积等。这样的规定，是为了解决目前实际工程中存在地下商店规模越建越大，并采用防火卷帘门作防火分隔，以致数万平方米的地下商店连成一片，不利于安全疏散和火灾扑救的问题。

四、关于设置发光疏散指示标志，见4.1.5A条的说明。

4.1.6 本条是对原条文的修改。

据调查，一些托儿所、幼儿园、游乐厅等儿童活动场所设在高层建筑的四层以上，由于儿童缺乏逃生自救能力，火灾时无法迅速疏散，容易造成伤亡事故。为此，做出相应规定。

4.1.7 对原条文的部分修改。

一、据北京、上海、广州等大、中城市的实践经验，在发生火灾时，消防车辆要迅速靠近起火建筑，消防人员要尽快到达着火层（火场），一般是通过直通室外的楼梯间或出入口，从楼梯间进入起火层，开展对该层及其上、下层的扑救作业。

登高消防车功能试验证明，高度在5m、进深在4m的附属建筑，不会影响扑救作业，故本条对其未加限制。

二、国内外不少火灾案例从正反两个方面证明了本条规定的必要性。1991年5月28日，大连饭店（高层建筑）发生火灾，云梯车救出无法逃生的人员；1993年5月13日，南昌万寿宫商城（高层建筑）发生火灾，云梯车发挥了很大作用，在这座建筑倒塌之前6min，云梯车把楼内所有人员疏散完毕；1979年7月29日，肯尼亚内罗毕市市中心一座17层的办公楼发生火灾，由于该大楼平面布置较为合理，为使用登高消防车创造了条件，减少了火灾损失；1970年7月23日，美国新奥尔良市路易斯安纳旅馆发生火灾，1973年11月28日，日本熊本县太洋百货商店大火，1985年4月

19日，我国哈尔滨市天鹅饭店火灾，都是由于平面布置比较合理，登高消防车能够靠近高层主体建筑，而救出了不少火场被困人员。反之，1984年1月4日，韩国釜山市一家旅馆发生火灾，由于大楼总平面不合理，周围都有裙房，街道又狭窄，交通拥挤，尽管消防队出动数十辆各种消防车，也无法靠近火场，只能进入狭窄的街道和旅馆大楼背面，进行人员抢救和灭火行动。云梯车虽说能伸至楼顶，但没有适当位置供它停靠，消防队员只得从楼顶放下救生绳和绳梯，让直升飞机发挥营救人员的作用。

三、由1/3周边改为1/4周边的理由是：

目前有些高层建筑、特别是商住楼的住宅部分平面布置为方形，还有些高层办公楼、旅馆等也是这样的平面布置，因此，根据基本满足扑救需要，也照顾到这些实际情况，故改为1/4周边不应布置相连的大裙房。

无论是建筑物底部留一长边或1/4周边长度，其目的要使登高消防车能展开工作，所以在布置时要考虑这一基本要求。

4.1.8 本条是对原条文的修改。不少建筑物在地下室或其它层设有汽车停车库，如深圳国贸中心、北京长城饭店、西苑饭店等，均在地下层设有汽车库。为了节约用地和方便管理使用，与高层民用建筑结合在一起修建的停车库将会逐渐增加。

根据实践经验和参考国外有关资料，对附设在高层民用建筑内的汽车停车库作了防火规定：

一、为了使停车库火灾限制在一定范围，一旦发生火灾，不致威胁到高层其它部位的安全，要求采用耐火极限不低于2.00h的墙和1.50h的楼板与其它部位隔开。

二、汽车库的出口应与建筑物的其它出口分开布置，以避免发生火灾时造成混乱，影响疏散和扑救。

设在高层建筑内的汽车库，其防火设计，应符合现行的国家标准《汽车库、修车库、停车场设计防火规范》GB 50067的有关规定。

原《汽车库设计防火规范》已作修改，修改为现名称，故改其一致。

4.1.9 液化石油气是一种容易燃烧爆炸的可燃气体，其爆炸下限约2%以下，比重为空气的1.5～2倍，火灾危险性大。它通常以液态方式贮存在受压容器内，当容器、管道、阀门等设备破损而泄漏时，将迅速气化，遇到明火就会燃烧爆炸。如某厂家属宿舍一住户的液化石油气灶具阀门未关，液化气外漏，点火时发生爆炸，数人伤亡，建筑起火；某住户的液化石油气瓶角阀破坏，发生火灾，烧毁了一个单元房屋，并烧伤一人；上海某住宅火灾，抢出来的液化气瓶因未注意及时关闭阀门，跑出的液化气遇明火发生爆炸，死伤几十人。

在国外，高层建筑中使用瓶装液化石油气也有不少惨痛的教训。如韩国的大然阁饭店因二楼咖啡馆液化石油气瓶爆炸，将21层的大楼全部烧毁，死亡164人、伤60人；巴西圣保罗市31层的安得拉斯大楼火灾，由于液化石油气助长火势，火焰窜出窗口十几米，楼内装修全部烧毁，死伤340多人。

鉴于液化石油气火灾的危险性大和高层建筑运输不便，如用电梯运输气瓶，一旦液化气漏入电梯井，容易发生严重爆炸事故等因素，为了保障高层建筑的防火安全，故本条规定凡使用可燃气体的高层民用建筑，在设计时，必须考虑设置管道煤气或管道液化石油气。其具体设计要求应按现行的国家标准《城镇燃气设计规范》的有关规定执行。

燃气灶、开水器等燃气或其它一些可燃气体用具，当设备管道损坏或操作有误时，往往漏出大量可燃气体，达到爆炸浓度时，遇到明火就会引起燃烧爆炸事故。开水器爆炸事故时有发生。如某饭店15楼和某办公楼煤气开水器，因管理人员操作不慎，点火时产生燃爆，把本大楼的一些窗户玻璃震碎。故作本条规定。

4.1.10 在没有管道煤气的高层宾馆、饭店等，若使用丙类液体作燃料时，其储罐设置的位置又无法满足本规范4.2.5条所规定的防火间距，在采取必要的防火安全措施后，也可直埋于高层主体建筑与其相连的附属建筑附近。其防火间距可以减少或不限。本条中所说的“面向油罐一面4.00m范围内的建筑物外墙为防火墙时”，4.00m范围是指储罐两端和上、下部各4.00m范围，见图2。

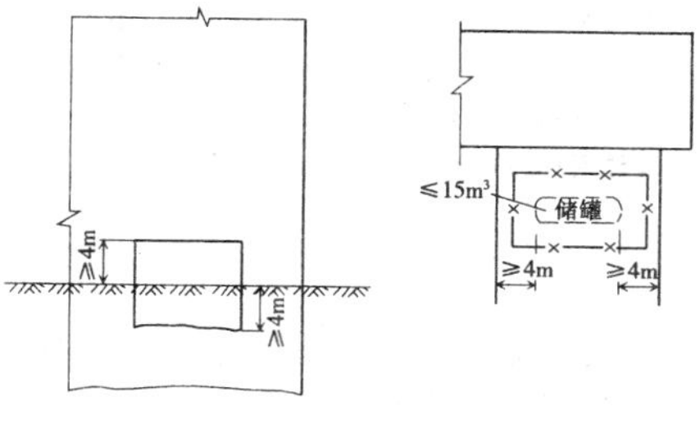

图2 油罐面4m范围外墙设防火墙示意图

4.1.11 本条为新增条文。据调查，目前全国470余个城市，约有1/3左右的城市使用可燃气体作为燃料，其中有一些是瓶装液化石油气。当其使用于高层建筑时，必须采用集中的瓶装液化石油气气化间，而后利用管道将燃气送至楼内。

一、我国近几年来，有不少城市如广东省的广州、深圳、佛山、中山等市，浙江省的杭州、宁波、温州等市，江苏省的无锡、常州、南通、苏州等市，有不少宾馆、饭店、综合建筑等，设有液化石油气气化间，其容量少则10瓶以上，多则三四十瓶(50kg/瓶)。

二、过去几年，国家虽没有对液化石油气气化间在防火要求上作出规定，但各地公安消防部门参考了国外有关规定或安全资料，作了大量工作，在防火上积累了一些有益的安全做法，值得借鉴。

三、在总结各地实践经验和参考国外资料、规定的基础上，本条作了以下规定：

1. 为了安全，并与现行的国家标准《城镇燃气设计规范》的规定取得一致，规定总储量不超过1.00m^3的瓶装液化石油气气化间，可与高层建筑直接相连的裙房贴邻建造，但不能与高层建筑主体贴邻建造。

2. 总储量超过1.00m^3且不超过3.00m^3的瓶装液化石油气气化间，一定要独立建造，且与高层主体建筑和直接相连的裙房保持10m以上的防火间距。

3. 瓶装液化石油气气化间的耐火等级不应低于二级，这与高层主体建筑和高层主体建筑直接相连的裙房的耐火等级相吻合。

4. 为防止事故扩大，减少损失，应在总进、出气管上设有紧急事故自动切断阀。

5. 为了迅速而有效地扑灭液化石油气火灾，在气化间内必须设有自动灭火系统，如1211或1301、CO_2等灭火系统。

6. 液化石油气如接头、阀门密封不严，容易漏气，达到爆炸浓度，遇火源或高温作用，容易发生爆炸起火，因此应设有可燃气体浓度检漏报警装置。

7. 为了防止因电气火花而引起的液化石油气火灾爆炸，造成不应有的损失，因此安装在气化间的灯具、开关等，必须采用防爆型的，导线应穿金属管或采用耐火电线。

8. 液化石油气比空气重，一旦漏气，容易积聚达到爆炸浓度，发生爆炸，为防止类似事故发生，故作此规定。

9. 为了稀散可燃气体，使之不能达到爆炸浓度，气化间应根据条件，采取人工或自然通风措施。

4.1.12 本条为新增条文。为了防止储油间内油箱火灾，有效切断燃料供给，控制油品流散和油气扩散，本条对燃料供给管道及储油间内油箱的防火措施作出了规定。燃料供给管道的敷设在国家标准《城镇燃气设计规范》中已有明确要求，应按其规定执行。

4.2 防火间距

4.2.1 基本保留了原条文。本条规定的防火间距，主要是综合考虑满足消防扑救需要和防止火势向邻近建筑蔓延以及节约用地等几个因素，并参照已建高层民用建筑防火间距的现状确定的。

一、满足消防扑救需要。扑救高层建筑火灾需要使用消防水罐车、曲臂车、云梯登高消防车等车辆。消防车辆停靠、通行、操作，结合火灾实践经验，满足高层建筑火灾扑救，本条规定高层主体建筑之间的防火间距不应小于13m；与其它三、四级的低层民用建筑之间的防火间距，因耐火等级低，火势蔓延威胁大，故防火间距较一、二级建筑相应提高为11m与14m。

二、防止火势蔓延。造成火势蔓延，主要有"飞火"(与风力有关)、"热辐射"和"热对流"等几个因素。火灾实例证明，在大风的情况下，从火场飞出的"火团"可达数十米、数百米，甚至更远些。显然，如按这个因素确定防火间距，势必与节约用地精神不符。至于"热对流"，对相邻建筑蔓延威胁比"热辐射"要小些，因为热气流喷出门窗洞口后就向上升腾，对相邻建筑的影响比"热辐射"小，所以考虑这个因素的实际意义不大。由此可见，考虑防火间距的因素主要是"热辐射"强度。

影响热辐射强度的因素较多。诸如：发现和扑救火灾时间的长短、建筑的长度和高度、气象条件等。但国内目前还缺乏这方面的科学试验数据，国外虽有按"热辐射"强度理论计算防火间距的公式，但都没有把影响"热辐射"的一些主要因素(如发现和扑救火灾早晚、火灾持续时间)考虑进去，因而计算出来的数据往往偏大，在实际中难于行得通。因此，对热辐射也只能是结合一些火灾实例，视其对传播火灾的作用予以粗略考虑。

三、节约用地。从某种意义上讲，修建高层建筑是要达到多占空间少占地的目的，解决城市用地紧张问题。据调查，北京、上海、广州等一些城市兴建高层建筑是结合城市改造进行的，一般都是拆迁旧房原地建起新高层建筑，用地比较紧张，本条规定的防火间距考虑了这个因素。

据调查，有不少高层民用建筑底层周围，常常布置一些附属建筑，如附设商店、邮电、营业厅、餐厅、休息厅以及办公、修理服务用房等。这些附属建筑和高层主体建筑不区别对待，一律要求13m防火间距不利于节约用地，也是不现实的，故引用了《建规》的规定，其防火间距分别是6、7、9m。

四、防火间距现状。据调查，北京、上海、广州、深圳、武汉、呼和浩特、乌鲁木齐、长沙、南京、沈阳、哈尔滨、厦门、福州等市兴建的各种高层建筑，其实际间距，长边方向一般为20～30m，最大的达40～50m；短边方向一般在12～15m之间。上海、广州一些老高层建筑，与相邻建筑的距离一般为10～12m左右，个别的也有3～5m的。可见本条规定与现状大体相符。

现举一个火灾案例，供设计者参考。1972年2月24日，巴西圣保罗市安德拉斯大楼发生火灾。下午4时，发现起火，4时26分，消防队员到达时火焰正席卷大楼正面，向屋顶延伸。火焰达40m宽、100m高，伸向街道至少有15m远。强烈的热辐射和外伸的火舌，使街对面30m远处的两幢公寓楼被卷人，受到严重损害。

4.2.2～4.2.4 这三条是对原条文的修改。为了便于理解和执行，这三条明确了高层建筑与一、二级耐火等级单层、多层民用建筑之间的防火要求。

4.2.5 本条基本保留原条文。对储量在本条规定范围内的甲、乙、丙类液体储罐，可燃气体储罐和化学易燃品库房的防火间距作了规定。

据调查，有些高层建筑的锅炉房，使用燃油(原油、柴油等)锅炉，并根据锅炉燃料每日的用量、来源的远近和运输条件等情况，设置燃料储罐，一般容量为几十至几百立方米。如广州某宾馆的燃料储罐总储量为200m³，距高层主体建筑在100m以上。

另外，有些科研楼、医院、通讯楼和多功能的高层建筑，需用一些化学易燃物品、可燃气体等。

为了保障高层建筑的防火安全，本条借鉴火灾爆炸事故的经验教训，参照《建规》有关规定，并根据高层建筑应比低层建筑要求严一些的精神，作了本条防火间距的规定。

4.2.6 液氧储罐如若操作使用不当，极易发生强烈燃烧，危害很大，所以本条对高层医院液氧储罐库房的总容量作了限制，并对设置部位、采取的防火措施也作了规定。

4.2.7 本条是对原条文的修改。

本条表4.2.7规定的防火间距也是依据第4.2.1条说明中阐明的几个因素和下述情况确定的。

一、高层建筑不宜布置在甲、乙类厂房附近，如丙、丁、戊类的厂房、库房等必须布置时，其防火间距应符合表4.2.7的规定。

对丙、丁、戊类的厂房、库房，目前设在大、中城市市区的还比较多，需要规定其与高层民用建筑之间的防火间距。本条参照《建规》的有关规定和消防实践以及高层民用建筑的重要性等在表4.2.7中作了具体规定。

二、煤气调压站的防火间距是根据现行的国家标准《城镇燃气设计规范》的有关规定提出的，但考虑到二类高层建筑与一类高层建筑要有所区别，故前者比后者相应地减少。

三、液化石油气的气化站、混气站的总储量和防火间距是根据多次液化石油气火灾的经验教训提出的。火灾实例说明，液化石油气储罐一旦发生爆炸起火，燃烧快，火势猛烈，危及范围广(一般为40～50m，有的达100～200m)。本着既保障安全，又节约用地的原则，规定为35～50m，液化石油气瓶库为15～25m。

从火灾实例看，单罐容积的大小，将直接影响火灾燃烧范围的大小。根据液化石油气的爆炸极限和一般情况下的扩散范围等因素，在规范4.2.7条中规定了单罐容积不宜超过10m³。

鉴于一类高层民用建筑发生火灾后易造成更大的损失，因此，在防火间距上要求比二类建筑大些，故在表4.2.7规定中予以区别对待。

煤气调压站(箱)的进口压力，是根据现行的国家标准《城镇燃气设计规范》而修改的，亦可参照上述规范的规定执行。

将原表中高层建筑与燃气调压站(柜)、液化石油气气化站、混气站和城市液化石油气供应站瓶库之间的防火间距，纳入新增的4.2.8条。

4.2.8 本条为新增条文。由于《城镇燃气设计规范》GB 50028对高层民用建筑与燃气调压站、液化石油气气化站、混气站和城市液化石油气供应站瓶库之间的防火间距已经作了明确规定，经协调，高层建筑与上述部位之间的防火间距按《城镇燃气设计规范》GB 50028的有关规定执行。

4.3 消防车道

4.3.1 本条是对原条文的修改。

高层建筑的平面布置和使用功能往往复杂多样，给消防扑救带来一些不利因素。有的底部附建有相连的各种附属建筑，如在设计中对消防车道考虑不周，火灾时消防车无法靠近建筑物，往往延误灭火战机，造成重大损失。如某厂大楼，由于其背面没有设置消防车道，发生火灾时延误了战机，致使大火燃烧了3个多小时，扩大了灾情。为了给消防扑救工作创造方便条件，保障建筑物的安全，并根据各地消防部门的经验，对高层建筑作了在其周围设置环形车道的规定。但不论建筑物规模大小，一律要求环形消防车道会有困难，为此作了放宽。

据调查，高层建筑的长度一般为80～150m，但也有少数高层建筑由于使用功能广、面积大，其长度超过200m。这种建筑也会给扑救带来不便。为了便于扑救，故规定了总长度超过220m的建筑，要设置穿越建筑物的消防车道。

原条文要求设置环形消防车道和沿两个长边设置消防车道的高层建筑，当其沿街长度超过150m或总长度超过220m时，都要在适中位置设置穿过建筑的消防车道。本次修订对原条文作了调整：对于设有环形车道的高层建筑，可以不设置穿过建筑的消防车道；对于无法设置环形消防车道，仅沿两个长边设置消防车道的高层建筑，当其沿街长度超过150m或总长度超过220m时，要求在适中位置设置穿过高层建筑的消防车道。

高层建筑如没有连通街道和内院的人行通道，发生火灾时不仅影响人员疏散，还会妨碍消防扑救工作，参照《建规》的有关规定，故在本条中作了相应的规定。人行通道也可利用前后穿通的楼梯间。

4.3.2 有些高层建筑由于通风采光或庭院布置、绿化等需要，常常设有面积较大的内院或天井，这种内院或天井一旦发生火灾，如果消防车进不去就难于扑救。

为了便于消防车迅速进入内院或天井，及时控制火势和车辆在天井或内院内有回旋余地，故规定了短边长度超过 24m 的内院或天井宜加设消防车道的要求。短边 24m 以上的要求，主要考虑消防车进得去，且易掉头出来。

4.3.3 为了在发生火灾时，能保证消防车迅速开到天然水源（如江、河、湖、海、水库、沟渠等）和消防水池取水灭火，故本条规定凡是供消防车取水的天然水源和消防水池，均应设有消防车道。

4.3.4 本条规定的消防车道宽度是按单行线考虑的。消防车道距地面上部障碍物之间的净空是参照《建规》的要求拟定的，一般能满足目前通用的消防车辆尺寸的要求，如有特殊大型消防车辆通过，应与当地消防监督部门协商解决。

4.3.5 规定回车场面积一般不小于 15m×15m（如图 3 所示），主要是根据目前使用较广泛的几种大型消防车而提出的。如曲臂登高消防车最小转弯半径为 12m；CFP2/2 型干粉泡沫联合消防车最小转弯半径为 11.5m。个别大型车辆，如进口的“火鸟”曲臂登高消防车，车身全长达 15.7m，15m×15m 的回车场还不够用，遇有这种情况其回车场应按当地实际配置的大型消防车确定。

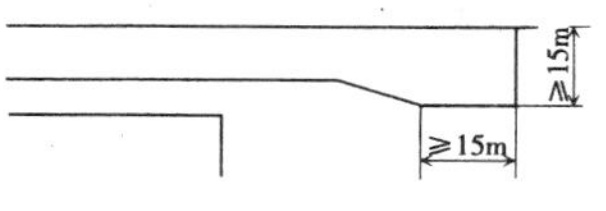

图 3　回车场面积示意图

根据地形，回车场也可作成 Y、T 形的回车道。

据调查，有的消防车道下的管道和沟渠的侧墙和盖板由于承载能力过小，不能满足大型消防车行驶的需要，故本条作出了原则规定。

4.3.6 本条规定的尺寸是根据目前我国各城市使用的消防车外形尺寸（如图 4 所示），并参照《建规》要求制定的。所规定的尺寸基本与《建规》尺寸一致，其目的在于发生火灾时便于消防车无阻挡地通过，迅速到达火场，顺利开展扑救工作。

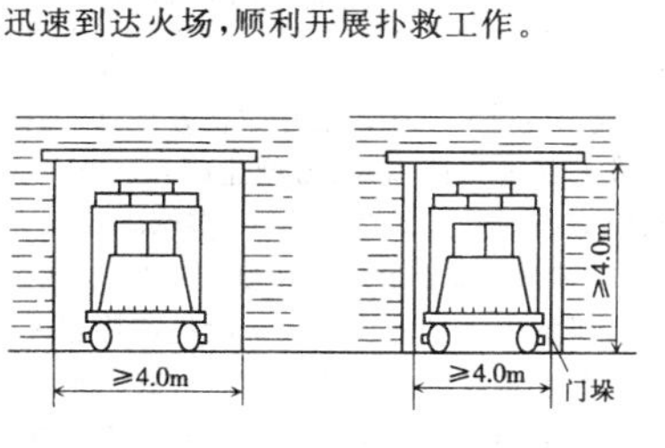

图 4　消防车道净宽和净空高度示意图

4.3.7 本条规定是针对有些高层建筑，常常在消防车道靠近建筑物一侧有树木、架空管线等障碍物。这些障碍物有可能阻碍消防车的通行和扑救工作。故要求在设计总平面时，应充分考虑这个问题，合理布置上述设施，以确保消防车扑救工作的顺利进行。

5　防火、防烟分区和建筑构造

5.1　防火和防烟分区

5.1.1～5.1.4 这几条基本上保留了原规范该条的内容。

一、在高层建筑设计时，防火和防烟分区的划分是极其重要的。有的高层建筑规模大、空间大，尤其是商业楼、展览楼、综合大楼，用途广，可燃物量大，一旦起火，火势蔓延迅速、温度高，烟气也会迅速扩散，必然造成重大的经济损失和人身伤亡。因此，除应减少建筑物内部可燃物数量，对装修陈设尽量采用不燃或难燃材料以及设置自动灭火系统之外，最有效的办法是划分防火和防烟分区。

例如某医院大楼，每层建筑面积 $2700m^2$，没有设防火墙分隔，也无其它防火安全措施。三楼着火，将该楼层全部烧毁，由于楼板是钢筋混凝土板，火才未向下蔓延。而某学校一座耐火等级为三级的学生宿舍楼，占地面积为 $1312m^2$，由于设了三道防火墙，起火时，防火墙阻止了火势蔓延，使 2/3 的房间未被烧掉。又如美国二十六层的米高梅饭店，内部设有 2076 套客房、$4600m^2$ 的赌场、1200 个座位的剧场，可供 11000 人就餐的 8 个餐厅以及百货商场等。该饭店设备豪华、装修精致，是一个富丽堂皇的现代旅馆。但是，设计时忽略了建筑物的防火安全，致使建筑物内存在许多不安全因素。主要问题是：采用了大量的可燃建筑装修材料，家具和陈设大多数是木质等可燃材料，致使室内火灾荷载大；大楼又缺少必需的防火分隔，甚至 $4600m^2$ 的赌场内，没有采取任何防火分隔和防烟措施。防火墙上开的一些大洞孔，穿过楼板的各种管道缝隙没有堵塞。因此，当 1980 年 11 月 21 日一楼餐厅发生火灾时，由于发现较晚，扑救不奏效，火势迅速蔓延（餐厅内有大量的可燃物），顿时，餐厅变成了一片火海。由于没有设防火分隔门，火很快通过门洞扩大到邻接的赌场。这场火灾导致 84 人死亡和 679 人受伤的惨重恶果。

巴西圣保罗三十一层的安得拉斯大楼和二十五层的焦马大楼，前者室内为大统间，没有采用不燃烧材料作隔断，加之窗间墙（多数为落地窗）；而后者结构是耐火的，但其内部没有采取防火分隔措施，而且只有一座敞开式楼梯间。在起火后，烟气迅速扩散，火势迅猛异常，由于不能及时使大量人员撤离大楼，造成了 179 人死亡、300 人受伤的惨痛火灾事故。

二、防火分区的划分，既要从限制火势蔓延、减少损失方面考虑，又要顾及到便于平时使用管理，以节省投资。目前我国高层建筑防火分区的划分，由于用途、性能的不同，分区面积大小亦不同。如北京中医医院标准层面积为 $1662m^2$，按东西区病房划分为两个防火分区，每个防火分区面积为 $831m^2$；又如北京饭店新楼，标准层面积为 $2080m^2$，用防火墙划分为三个面积不等的防火分区，如图 5。

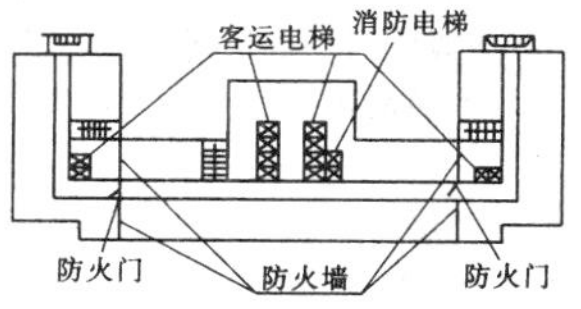

图 5　北京饭店新楼防火分区划分示意图

三、比较可靠的防火分区应包括楼板的水平防火分区和垂直防火分区两部分，所谓水平防火分区，就是用防火墙或防火门、防火卷帘等将各楼层在水平方向分隔为两个或几个防火分区；所谓垂直防火分区，就是将具有 1.5h 或 1.0h 耐火极限的楼板和窗间墙（两上、下窗之间的距离不小于 1.2m）将上下层隔开。当上下层设有走廊、自动扶梯、传送带等开口部位时，应将相连通的各层作为一个防火分区考虑。

防火分区的作用在于发生火灾时，可将火势控制在一定的范围内，以有利于消防扑救、减少火灾损失。

以美国芝加哥的 John Hancock 大厦为例，在这幢高 300m 的塔式建筑物中，在上部楼层套间内，至少发生过 20 次火灾。但没有一次火灾蔓延到套间以外，其主要原因，就是防火分隔设计得当，又有较好的防火安全设备。

国外有关标准、规范中，也规定了高层建筑防火分区最大允许面积。例如法国的规范规定，每个防火分区最大允许面积为 $2500m^2$；德国规定高层住宅每隔 30m 设一道防火墙，一般高层建筑每隔 40m 设一道防火墙；日本规定每个防火分区最大允许面积：10 层以下部分 $1500m^2$，11 层以上部分，根据其吊顶、墙体材料的燃烧性能及防火门情况，分别规定为 100、200、$500m^2$；美国规定每个防火分区面积为 $1400m^2$；原苏联规定非单元式住宅的每个防火分区面积为 $500m^2$（地下室与此相同）。虽然各国划定防火分区面积各异，但其目的都是要求在设计中将建筑物的平面和空间以防火墙和防火门、窗等以及楼板分成若干防火分区，以便一旦发生火灾时，将火势控制在一定范围内，阻止火势蔓延扩大，减少损失。

规范 5.1.1 条根据我国一些高层建筑对防火分区划分的实际做法，并参照国外有关标准、规范资料，将防火分区的面积规定为表 5.1.1 中所列的三种数字。对一类高层建筑，如高级旅馆、商业楼、展览楼、图书情报楼等以及高度超过 50m 的普通旅馆、办公楼等，其内部装修、陈设等可燃物多，且有贵重设备，并且设有空调系统等，一旦失火，容易蔓延，危险性比二类建筑大。因此，将一类高层建筑每个防火分区最大允许建筑面积规定为 $1000m^2$。二类高层建筑，如普通旅馆、住宅和办公楼等建筑，内部装修、陈设等相对少些，火灾危险性也会比一类建筑相对少些。其防火分区最大允许建筑面积规定为 $1500m^2$。这样规定是根据我国目前经济水平以及消防扑救能力提出的。地下室规定建筑面积 $500m^2$ 为一个防火分区。因为地下室一般是无窗房间，其出口的楼梯既是疏散口，又是排烟口，同时又是消防扑救口。火灾时，人员交叉混乱，不仅造成疏散扑救困难，而且威胁地上建筑物的安全。因此，对地下室防火分区的面积要求严是必要的、合理的。表 5.1.1 规定的防火分区面积，如设有自动喷水灭火设备，能及时控制和扑灭初起火灾，能有效地控制火势蔓延，使建筑物的安全程度大为提高。例如某市第一百货商店，8 楼的静电植绒车间失火，由于相邻部位都设有自动喷水头，对阻止火势蔓延起到了很好的作用，保证了相邻部位的安全。因此，对设有自动喷水灭火系统的防火分区，其最大允许建筑面积可增加 1 倍；当局部设置自动喷水灭火系统时，则该局部面积可增加 1 倍。

四、与高层建筑相连的裙房建筑高度较低，火灾时疏散较快，且扑救难度也比较小，易于控制火势蔓延。当高层主体建筑与裙房之间用防火墙等防火分隔设施分开时，其裙房的最大允许建筑面积可按《建规》的规定执行。

目前有些商业营业厅、展览厅附设在高层建筑下部，面积往往超过规范较多，还有些商业高层建筑每层面积较大，经过对 20 多个建筑的调查，$4000m^2$ 能满足使用要求，故调整为 $4000m^2$，以利执行。

五、据调查，有些高层公共建筑，在门厅等处设有贯通 2～3 层或更多的各种开口，如走廊、开敞楼梯、自动扶梯、传送带等开口部位。为了既照顾实际需要，又能保障防火安全，应把连通部位作为一个整体看待，其建筑总面积不得超过本规范表 5.1.1 的规定，如果总面积超过规定，应在开口部位采取防火分隔设施，使其满足表 5.1.1 的要求。已有一些高层建筑是这样做的，例如北京国际贸易中心，北京长富宫饭店和北京亮马河大厦等。

5.1.5 本条是新增的。建筑物中的中庭这个概念由来已久。希腊人最早在建筑物中利用露天庭院（天井）这个概念。后来罗马人加以改进，在天井上盖屋顶，便形成了受到屋顶限制的大空间——中庭。今天的"中庭"还没有确切的定义，也有称"四季庭"或"共享空间"的。

中庭的高度不等，有的与建筑物同高，有的则只是在旅馆的上面或下部几层。例如美国 1975 年亚特兰大兴建的七十层桃树中心广场旅馆，中庭布置在底部六层，周围环境天窗采光，底层大厅有 30m 长的瀑布、花坛、盆景等物，这些景物与建筑物交映生辉。

国内外高层建筑设有中庭的举例见表 8。

国内外设有中庭的高层建筑举例 **表 8**

序号	建筑名称	层数	中庭设置特点及消防设施
1	北京京广大厦	52	中庭 12 层高，回廊设有自动报警、自动喷水和水幕系统
2	广州白天鹅宾馆	31	中庭开度为 70m×11.5m，高 10.8m
3	上海宾馆	26	中庭高 13m，回廊设有自动喷水灭火设备
4	北京长城饭店	18	中庭 6 层高，回廊设有自动报警、自动喷水系统，设有排烟系统、防火门
5	厦门假日酒店	6	中庭 6 层高，回廊设有自动报警、自动喷水系统，设有排烟系统、防火门
6	厦门海景大酒店	26	中庭 6 层高，回廊设有自动报警、自动喷水系统，设有排烟系统、防火门
7	西安（阿房宫）凯悦饭店	13	中庭 10 层高（36.9m），回廊设有自动报警、自动喷水系统和防火卷帘
8	厦门水仙大厦	18	中庭 3 层高，设有自动报警和自动喷水灭火设备
9	厦门闽南贸易大厦	33	中庭设在裙房紧靠主体建筑旁的连接处，设有自动报警和自动喷水灭火设备
10	深圳发展中心大厦	42	中庭设在大厦中间，回廊设有火灾自动报警系统和加密自动喷水灭火系统，房间通向走向走道为乙级防火门
11	上海国际贸易中心	41	中庭设在底下，高 16m，设有自动报警和自动喷水灭火设备，中庭 25 层高，设有自动报警和自动喷水设备
12	美国田纳西州海厄特旅馆	25	中庭 25 层高，设有自动报警和自动喷水设备
13	美国旧金山海厄特摄政旅馆	22	中庭 22 层高，各种小空间与大空间相配合，信息交融
14	美国亚特兰大桃树广场旅馆	70	中庭 6 层高，设有自动报警、自动喷水水幕设备
15	新加坡泛太平洋酒店	37	中庭 35 层高，设有自动报警喷水和排烟设备
16	北京艺苑中心	10	中庭 10 层高，回廊设有自动报警和自动喷水设备
17	日本新宿 NS 大楼	30	贯通 30 层，防火重点是一、二层楼店铺火灾。用防火门和卷帘分隔。3 楼设 2 台 ITV 摄影机，探测器

以上举出的只是部分高层建筑设有中庭的例子。进入本世纪 90 年代以来，我国各地有不少高层建筑仿效中庭的设计。仅以厦门市 1980 年实行经济特区以来，已经建成和还在施工设计的 60 余幢高层建筑，设有中庭建筑的就有 10 多幢。在防火设计方面，给我们提出了许多新课题。在设计中庭时碰到的最大问题是发生火灾时，如何保证室内人员的安全。一般建筑物防火处理的方法是设置防火分区，或是设法把局部发生的火灾限制在其发生的范围内，即设置防火隔断。然而中庭建筑，其防火分区被上下贯通的大空间所破坏。因此，中庭防火设计不合理时，其火灾危害性大。

1973 年 3 月 2 日，美国芝加哥海厄特里金西奥黑尔旅馆夜总会中庭发生火灾，造成 30 多万美元的损失；1977 年 5 月 13 日，美国华盛顿国际货币基金组织大厦火灾是由办公室烧到中庭的，造成 30 多万美元的损失；1967 年 5 月 22 日，比利时布鲁塞尔伊诺巴施格百货大楼发生火灾，由于中庭与其它楼层未进行防火分隔，致使二层起火后很快蔓延到中庭，中庭玻璃屋顶倒塌，造成 325 人死亡，损失惨重。

美国、英国、澳大利亚等国对中庭防火作了严格规定。结合国外情况本规范作出了如下规定：

1. 房间与中庭回廊相通的门、窗应设自行关闭的乙级防火门、窗。

2. 与中庭相连的过厅、通道等相通处应设乙级防火门或复合型防火卷帘，主要起防火、防烟分隔作用，不论是中庭或是过厅等部位起火都能起到阻火、阻烟作用。

3. 中庭每层回廊应设置自动喷水灭火系统，喷头间距不应小于2.0m，但也不应大于2.8m。

4. 中庭每层回廊应设火灾自动报警系统。

5. 设置排烟设施，在本规范第八章作了具体规定。

5.1.6 本条基本上保留原条文的内容。为了着火时将烟气控制在一定范围内，本规范要求设置排烟的走道、房间（但不包括净高超过6m的大空间房间如观众厅）等场所，应采用挡烟垂壁、隔墙或从顶棚下突出不小于0.50m的梁划分防烟分区。

高层建筑多用垂直排烟道（竖井）排烟，一般是在每个防烟区设一个垂直烟道。如防烟区面积过小，使垂直排烟道数量增多，会占用较大的有效空间，提高建筑造价。如防烟分区的面积过大，使高温的烟气波及面积加大，会使受灾面积增加，不利于安全疏散和扑救。本条对防烟分区的建筑面积作了规定。防烟分区的划分如下：

1. 不设排烟设施的房间（包括地下室）和走道，不划分防烟分区。

2. 走道和房间（包括地下室）按规定都设置排烟设施时，可根据具体情况分设或合设排烟设施，并按分设或合设的情况划分防烟分区。

3. 一座建筑物的某几层需设排烟设施，且采用垂直排烟道（竖井）进行排烟时，其余各层（按规定不需要设排烟设施的楼层），如增加投资不多，可考虑扩大设置范围，各层也宜划分防烟分区，设置排烟设施。

5.2 防火墙、隔墙和楼板

5.2.1、5.2.2 防火墙是阻止火势蔓延的有效措施，在设计中我们应注意和重视。许多火灾实例说明，防火墙设在建筑物转角处，不能有效防止火势蔓延。为了防止火势从防火墙的内转角或防火墙两侧的门窗洞口蔓延，要求门、窗之间必须保持一定的距离，其具体数据采用了《建规》第7.1.5条的规定。从火灾实例说明，如相邻两窗之间一侧装有耐火极限不低于0.9h的不燃烧固定窗扇的采光窗，也可以防止火势蔓延，故可不受距离限制。

5.2.3 本条对在防火墙上开门、窗提出了要求。在建筑物内发生火灾时，浓烟和火焰通常穿过门、窗、洞口蔓延扩散。为此，规定了防火墙上不应开设门、窗、洞口，如必须开设时，应在开口部位设置防火门、窗。实践证明，耐火极限为1.20h的甲级防火门，基本能满足控制一般火灾所需要的时间。当然防火门的耐火极限再高些对防火就更好，但因目前经济技术条件所限，采用耐火极限为1.20h的防火门较为适宜。

5.2.4 经过近10年的实践，证明本条规定是十分必要的。本次修订时仍保留了本条。防火墙是阻止火势蔓延的重要分隔物，应有严格的要求，才能保证在火灾时充分发挥防火墙的作用。故规定输送煤气、氢气、汽油、乙醚、柴油等可燃气体或甲、乙、丙类液体的管道，严禁穿过防火墙。其它管道必须穿过防火墙时，为了防止通过空隙传播火焰，故要求用不燃烧材料紧密填塞。

为防止穿过防火墙处的管道保温材料扩大火势蔓延，要求管道外面的保温、隔热材料采用耐火性能好的材料，并对穿墙处的缝隙要用不燃烧材料仔细堵塞好。

5.2.5 本条根据原规范第4.2.5条的内容修改。管道穿过隔墙和楼板时，若留有缝隙或堵塞不严，一旦室内发生火灾，是非常危险的。燃烧产物，如烟气和其它有毒气体会很快穿过缝隙和孔洞而扩散到相邻房间和上部楼层，影响楼内人员疏散，甚至危及生命安全。如西班牙萨拉戈市中心科拉纳旅馆地下餐厅厨房着火，火势很快蔓延扩大，通过吊顶上没有堵死的管道洞口蔓延到上面一层直到十一层的办公室，造成火灾迅速蔓延，扩大了灾情。国内高层建筑这样的教训也不少，故作此条规定。

5.2.6 经实践证明，原规范本条的规定是必要的。根据某些现有高层建筑发生的问题和火灾的经验教训，要求走道两侧的隔墙、面积超过100m² 的房间隔墙、贵重设备房间隔墙、火灾危险性较大的房间隔墙以及病房等房间隔墙，均应砌至梁板的底部，不留缝隙，以阻止烟火流窜蔓延，不致使灾情扩大。

据调查，目前有些高层建筑设计或施工中对此未引起注意，仍有不少装有吊顶的高层建筑，在房间与走廊之间的分隔墙，只做到吊顶底皮，没有做到梁板结构底部，一旦起火，容易在吊顶内蔓延，且难以及时发现，导致火灾蔓延扩大。就是没有吊顶，走道墙壁如不砌到结构底部，留有洞孔缝隙，也会成为火灾蔓延和烟气扩散的途径。对此，在设计和施工中，应特别注意。

5.2.7 附设在高层民用建筑内的固定灭火装置设备室，是固定灭火系统的“心脏”，建筑物发生火灾时，必须保证该装置不受火势威胁，确保灭火工作的顺利进行。本次局部修订时，考虑到通风、空调机房是通风、排烟管道汇集的房间，也是火势蔓延的重要部位，为阻止通风、空调机房内外失火时，相互蔓延扩大。所以本条规定对自动灭火系统设备室、通风、空调机房均采用耐火极限不低于2.00h的隔墙、1.50h的楼板和甲级防火门与其它部位隔开。

5.2.8 本条基本上保留了原规范第4.2.7条的内容，只是在文字上做了个别改动。

原4.2.7条中“经常有人停留或可燃物较多”这一定性用语改为“可燃物平均重量超过30kg/m²”的定量用语，以便于设计和建审人员掌握执行。地下室发生火灾时，高温烟气会很快充满整个地下室，给疏散和扑救工作带来更大的困难。故本条作了较严格的规定，其根据是日本某大楼防火设计中，火灾荷载不大于30kg/m²。

5.3 电梯井和管道井

5.3.1 发生火灾时，电梯井往往成为火势蔓延的通道，如与其它管井连通，一旦起火，容易通过电梯井威胁其它管井，扩大灾情，因此应独立设置。

电梯井一般都与梯厅及其它房间相连接，所处的位置重要，若在梯井内敷设可燃气体和易燃、可燃液体管道或敷设与电梯无关的电缆、电线是不安全的。据调查，有些单位忽视这一点，将无关的电缆混设在梯井。如某通信楼将其它通信电缆都敷设在梯井内，这不仅增加了火灾危险性，而且一旦失火，容易蔓延扩大，所以本条对此作了规定。

电梯是重要的垂直交通工具，其梯井是火灾蔓延的通道之一，一旦发生火灾，电梯井就很容易成为拔烟火的通道，所以规定电梯井井壁上除开设电梯门和底部及顶部的通气孔外，不应开设其它洞口。

5.3.2 高层建筑的各种竖向管井都是火灾蔓延的途径，为了防止火灾蔓延扩大，要求电缆井、管道井、排烟道、排气道、垃圾道等单独设置，不应混设。某宾馆的垃圾道与烟道连在一起，后因20层处的烟道破裂不能使用。这种设计不安全，所以应加以限制。

为了防止火灾时将管井烧毁，扩大灾情，规定上述管道井壁采用不燃烧材料制作，其耐火极限为1.00h。

5.3.3 高层建筑的竖向管道井和电缆井，都是拔烟火的通道。若防火分隔不当或未作恰当的防火处理，当建筑物某层起火时竖井不仅会助长火势，而且还成为火与烟气迅速传播的途径，造成扑救困难，严重危及人身安全，使财产受到严重损失。北京、上海、沈阳等城市建成的许多高层建筑，其电缆井、管道井，在每层楼板处用相当于楼板耐火极限的不燃烧材料填堵密实。从实际出发，考虑到便于管子检修、更换，又要保证防火安全，有些竖井如果按层分隔确有困难，可每隔2～3层加以分隔。

100m以上的超高层建筑，考虑到火灾扑救难度更大，垂直蔓延速度更快等不利情况，因此要求每层进行防火分隔。

5.3.4 垃圾道是容易起火的部位。因为经常堆积纸屑、棉纱、破布等可燃杂物，遇有烟头等火种极易引起火灾。这样的火灾事例不少。例如，日本东京都国际观光旅馆，1976年4月，因旅客将未熄灭的烟头扔进垃圾道，底层垃圾着火，火焰由垃圾道蔓延，从上层垃圾门窜出，烧毁7～10层的客房；某候机楼，因烟头烧着垃圾道内的可燃物而起火，险些把放在垃圾道前室内的煤油烧着，因扑救及时而未造成重大火灾；某高层办公大楼，垃圾道设置在楼梯间的中央部位，曾多次起火。为此，本条要求垃圾道不得设在楼梯间内，宜设在靠外墙的安全部位；垃圾斗宜设在垃圾道前室，并应采用不燃烧材料制作。这样对防止烟、火的危害是必要的。

5.4 防火门、防火窗和防火卷帘

5.4.1 防火门、窗是建筑物防火分隔的措施之一，通常用在防火墙上、楼梯间出入口或管井开口部位，要求能隔烟、火。防火门、窗对防止烟、火的扩散和蔓延、减少损失起重要作用，因此，必须对其有严格要求。日本对防火门的规定是比较严格的，将防火门分为甲、乙种两类，甲种防火门的耐火极限为1.50～2.00h；乙种防火门为0.50～1.50h。根据我国的实际情况，本条将防火门、窗定为甲、乙、丙三级，并对其最低耐火极限作了规定，即甲级1.20h，乙级0.90h，丙级0.60h。

5.4.2 为了充分发挥防火门的阻火防烟作用并便于使用，明确规定了防火门的开启方向，并根据其功能的不同，要求相应装设一些使门能自行关闭的装置，如设闭门器；双扇或多扇防火门还应增设顺序器；常开的防火门，再增设释放器和信号反馈等装置。

5.4.3 在高层主体建筑与配楼之间，一般留有变形缝（沉降缝、抗震缝、伸缩缝）。若将防火门设在变形缝中间，由于防火分区之间温度、地基等原因，发生火灾时，烟火易扩散蔓延成灾。因此，规定防火门设在楼层较多一侧，且向楼层较多一侧开启，以防止火焰通过变形缝蔓延而造成严重后果。

5.4.4 本条主要是针对一些公共建筑物中（如百货楼的营业厅、展览楼的展览厅等），因面积过大，超过了防火分区最大允许面积的规定，考虑到使用上的需要，若按规定设置防火墙确有困难时，可采取特殊的防火处理办法，设置作为划分防火分区分隔设施的防火卷帘，平时卷帘收拢，保持宽敞的场所，满足使用要求，发生火灾时，按控制程序下降，将火势控制在一个防火分区的范围之内，所以用于这种场合的防火卷帘，需要确保防火分隔作用。条文中规定了两种方法：一是防火卷帘按照现行国家标准GB 7633《门和卷帘的耐火试验方法》进行耐火试验，包括背火面温升在内的各项判定条件判定，耐火极限不低于3.00h；二是同样按照GB 7633进行耐火试验，根据该标准中关于"无隔热保护层的铁皮卷帘免测背火面温升"的规定和国家产品标准GB 14102《钢质防火卷帘通用技术条件》的要求，只以距背火面一定距离的辐射热强度和帘面是否穿火来判定其耐火极限的卷帘。按照不包括背火面温升作耐火极限判定条件的非隔热防火卷帘，所得耐火极限数据，远比包括背火面温升作耐火极限判定条件的隔热型防火卷帘的耐火极限要长得多。所以不以背火面温升为判定条件，耐火极限不低于3.00h，能达到非隔热防火分隔的要求；而以背火面温升为判定条件，耐火极限不低于3.00h，则具有隔热功能，能达到防火分区分隔的要求。为便于区别，在国家防火卷帘新的分级标准出台之前，暂称后者，即包括背火面温升作耐火极限判定条件，且耐火极限不低于3.00h的防火卷帘为特级防火卷帘。而称前者为普通防火卷帘或简称防火卷帘。由于普通防火卷帘的隔火作用达不到防火分区分隔的要求，所以本条规定若采用这种卷帘，应在卷帘两侧设独立的闭式自动喷水系统保护，喷水延续时间不低于3.00h。喷头的喷水强度不应小于0.5L/s·m，喷头间距应为2.00m至2.50m，喷头距卷帘的距离宜为0.50m。以上喷水系统的技术参数详见《自动喷水灭火系统设计规范》有关条文规定。

本条这次修订首先删去原条文中"采用防火卷帘代替防火墙"的用语，避免不分场合都用防火卷帘代替防火墙的误解。现条文中用"在设置防火墙确有困难的场所，可采用防火卷帘作防火分区分隔"，避开了"代替"的词语，与5.1.1条相呼应，表明采用卷帘是在设防火墙有困难时的特殊处理方法。二是强调作防火分区分隔的防火卷帘，必须具备防火墙的防火分隔作用，原条文中要求"其防火卷帘应符合防火墙耐火极限的判定条件"，执行中人们自然会理解这种用途的防火卷帘应按防火墙的耐火试验方法进行耐火试验，并按其判定条件确定耐火极限。既然防火卷帘有专门试验方法，怎么又要求按《建筑构件耐火试验方法》GB 9978进行试验呢？原条文对试验方法的表述不确切。实际上《建筑构件耐火试验方法》GB 9978与《门和卷帘的耐火试验方法》GB 7633，虽然受火条件等基本内容是一致的，但构件结构形式，承载约束条件等是有差别的。GB 7633中规定了无隔热保护的铁皮卷帘免测背火面温升，当然也不以背火面温升作为判定条件；但有隔热保护的铁皮卷帘或非铁皮卷帘不属于前述范围，当然应当作为判定条件。现条文表述与GB 7633的规定一致，这种将背火面温升作耐火极限判定条件的防火卷帘，实际上满足了防火隔热要求，可称这种防火卷帘为特级防火卷帘，又与GB 14102《钢质防火卷帘通用技术条件》的普通防火卷帘分级相区别。三是条文中规定两种方法供设计选用；近几年国内市场上涌现的汽雾式钢质防火卷帘、双轨双帘无机复合防火卷帘、蒸发式汽雾防火卷帘等均属特级防火卷帘，是本条顺利实施的物质条件；同时对普通防火卷帘采用喷水系统保护，也作了更明确的要求，增强了条文的可行性。

5.4.5 发生火灾时，人们在紧急情况下进行疏散，常常是惊慌失措，一旦疏散路线被堵，更增加了人们的惊慌程度，很不利安全疏散。因此，用于疏散通道的防火卷帘，应在帘的两侧设有启闭装置，并有自动、手动和机械控制的功能。

5.5 屋顶金属承重构件和变形缝

5.5.1 本条是根据许多火灾事故教训提出的。有些体育馆、剧院、电影院、大礼堂的屋顶采用钢屋架，未作防火处理，耐火极限低，发生火灾时，很快塌架，造成严重损失和伤亡事故。如某市文化广场（6000座位以上），采用钢屋架承重，起火后不到20min就塌架，造成重大损失；又如某市体育馆（5000座位）的钢屋架，失火时，在十几分钟内就塌架，也造成重大损失。为了保证高层建筑的安全，在采用金属屋架时，应进行防火处理。1989年3月1日凌晨，北京中国国际贸易大厦起火，造成直接经济损失达10万美元之巨。这次火灾使楼板表面的混凝土酥松、脱落，钢筋部分裸露。然而，在这长达2h的火灾中，大厅钢梁和钢柱等却未受到丝毫损坏，其原因在于钢柱、钢梁等承重钢结构喷涂了一层防火涂料。事后经鉴定，钢梁、钢柱的强度没有受到多大影响，可以继续使用。这说明防火涂料经受了实际火灾的考验，涂料的防火性能是有效的、可靠的。本条规定屋顶承重钢结构应采取外包不燃烧材料或喷涂防火涂料等措施，或设置自动喷水灭火系统保护，使其达到规定的耐火极限的要求。同时吊顶、望板、保温材料等应采用不燃烧材料，以减少发生火灾时对屋顶钢结构的威胁。

5.5.2 本条是新增加的。其理由同5.5.1条。

5.5.3 此条基本保留了原规范的内容。高层建筑的变形缝因抗震等需要留得较宽，发生火灾时，有很强的拔火作用。如某饭店一次地下室失火，大量浓烟通过变形缝等竖向结构缝隙扩散到全楼，特别是靠近变形缝附近的房间更为严重，因此要求变形缝构件基层应采用不燃烧材料。

据调查，有些高层建筑的变形缝内还敷设电缆，这是不妥当的。万一电缆发生火灾，必然影响全楼的安全。为了消除变形缝的火灾危险因素，保证建筑物的安全，本条规定变形缝内不应敷设电缆、可燃气体管道和甲、乙、丙类液体管道等。对穿越变形缝的上述管道要按规定作处理。

6 安全疏散和消防电梯

6.1 一 般 规 定

6.1.1 本条是对原条的修改。高层建筑的高度高、层数多，人员集中。发生火灾时，烟和火通过垂直通道或各种管井向上蔓延速度快。由于垂直疏散距离长、人流密集使疏散困难。因此，要求每个防火分区的安全出口不少于两个，能使起火层的人员尽快脱离火灾现场。处于两个楼梯之间或是外部出口之间的人员，当其中一个出口被烟火堵住时，可利用另一处楼梯间或出口达到疏散的目的。对不超过十八层的塔式住宅和单元式住宅，放宽要求的理由如下：

一、塔式住宅布置的主要特点是，以疏散楼梯为中心，向各个方向布置住户，因此其疏散路线较相同面积的通廊式住宅要短，疏散路线也较简捷。每层面积由原定 $500m^2$ 改为 $650m^2$ 的理由是，随着经济发展和居住条件的改善，增加了各个房型的面积。限定每层$500m^2$，会给工程设计和使用带来不便，在修订过程中，北京、上海等设计单位，对此提出要求修改的意见。经修订组研究作了每层面积的调整。仍然限定每层为 8 个住户，这样可以控制每层的总人数，不会由此产生疏散上的不安全因素。

塔式住宅设一座防烟楼梯间和一部兼用的消防电梯，在高度不超过十八层时，遇有火灾，基本上可以满足人员疏散和消防队员对火灾扑救的需要。

二、原条文要求单元式住宅从第十层起，每层相邻单元之间都要设置连通阳台或凹廊，在工程实践中执行困难较大又没有其它做法。为此，本次修订对这一规定进行了适当调整，对于采取一定措施的十八层及十八层以下的单元式住宅也允许设置一个安全出口；超过十八层的单元式住宅十八层及十八层以下部分采取同样的措施，十八层以上部分每层通过阳台或凹廊连通相邻单元的楼梯同样允许设置一个安全出口。每个单元设有一座通向屋顶的疏散楼梯，从第十层起，每层相邻单元之间都要设置连通阳台或凹廊的单元式住宅设置一个安全出口，是符合本规范要求的。

三、在允许设置一个安全出口的情况下，公共建筑内（地下室除外）的相邻两个防火分区，当防火墙上有防火门连通时，即使设置有自动喷水灭火系统，其最大允许建筑面积（即相邻两个防火分区的建筑面积之和）也不允许扩大。

6.1.2 本条是对原条文的修改。原条文“剪刀楼梯的梯段之间应设置耐火极限不低于 1.00h 的实体墙分隔”的表述不准确，故本次修订予以明确。

剪刀楼梯，有的称为叠合楼梯或是套梯。它是在同一楼梯间设置一对相互重叠、又互不相通的两个楼梯。在其楼层之间的梯段一般为单跑直梯段。剪刀楼梯最重要的特点是，在同一楼梯间里设置了两个楼梯，具有两条垂直方向疏散通道的功能。剪刀楼梯，在平面设计中可利用较为狭窄的空间，可起两个楼梯的作用，楼梯段应是完全分隔的。

国内外有相当数量的高层建筑，它的高层主体部分使用的是剪刀楼梯。

世界著名的美国芝加哥玛利娜双塔楼，是两座各为五十九层、高 177m 的塔楼，其下部十八层为汽车库，十九层是机房，再上面有四十层住宅，如图 6 所示。塔中心是剪刀楼梯。

20 世纪 80 年代建成的美国纽约市特鲁姆普塔楼，塔楼高五十八层，底层是商场，上部是住宅，楼梯间设置剪刀楼梯，如图 7 所示。

原规范对这种楼梯的使用，没有必要的规定，给设计单位和消防部门带来诸多不便。因此，在修订过程中增加了剪刀楼梯应用范围的条款。

为使设计过程中的剪刀楼梯满足建筑防火的要求，做了以下具体规定。

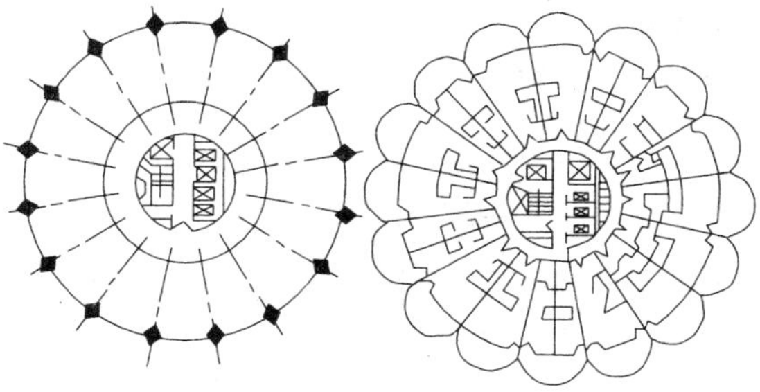

四至十八层平面　　十九至五十九层平面

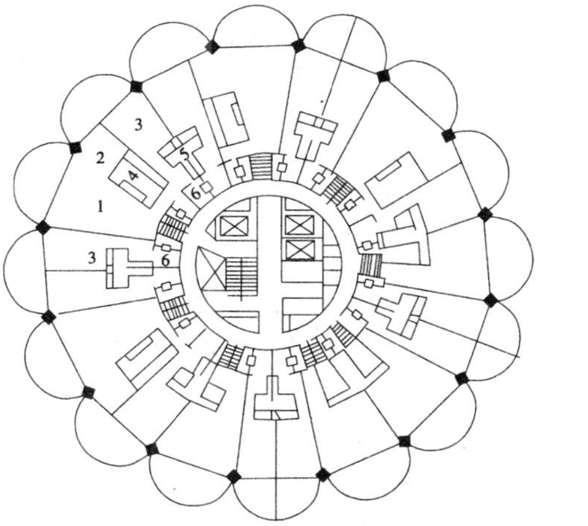

居住层平面

图 6 美国芝加哥玛利娜双塔楼平面

1—起居室；2—餐室；3—卧室；4—厨房；5—浴室；6—储存间

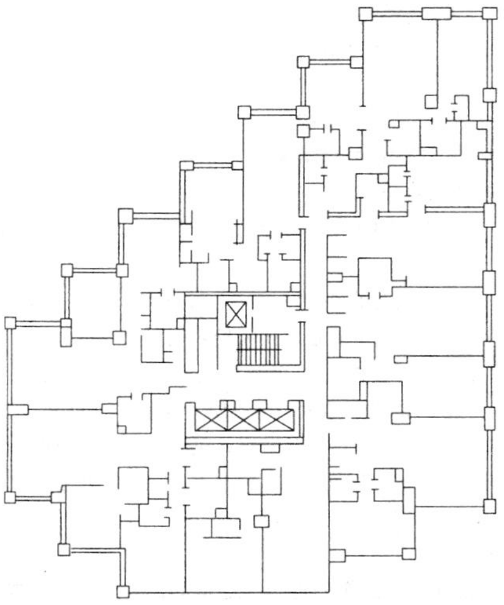

图 7 美国纽约市特鲁姆普塔楼平面

1. 剪刀楼梯是垂直方向的两个疏散通道，两梯段之间如没有隔墙，则两条通道是处在同一空间内。若楼梯间的一个出口进烟，会使整个楼梯间充斥烟雾。为防止出现这种情况，在两个楼段之间设分隔墙，使两条疏散通道成为各自独立的空间。即便有一个楼梯进烟，还能保证另一个楼梯是无烟区。作为一项技术措施，有利于安全度的提高，是必要的。

2. 高层住宅受面积指标限制，又要满足功能使用上的要求，平面设计上要求经过防烟前室，再进入楼梯间，有些情况下十分困难。编写规范过程中，收集到不少国内外采用剪刀楼梯的高层住宅实例，摘录一部分来说明这个问题。

美国纽约大学三十层的住宅，如图 8。美国福哈姆山公寓，高十六层，如图 9。

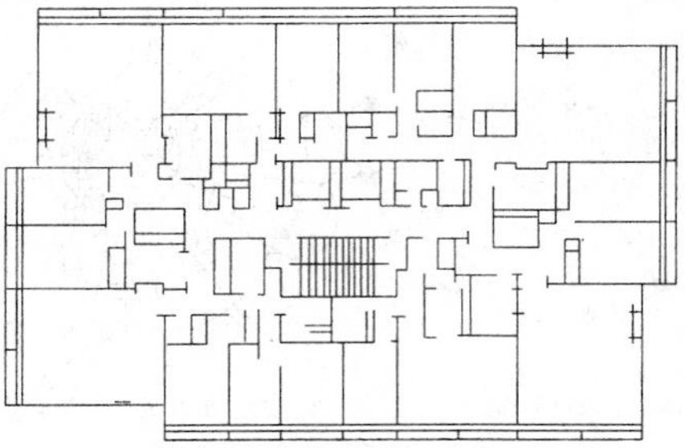

图 8　美国纽约大学高层住宅标准平面图

（每层面积 699.4m²，30 层）

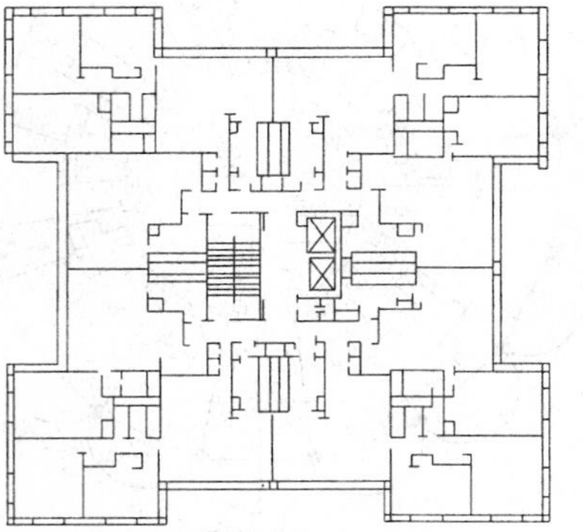

图 9　美国纽约福哈姆山公寓一部剪刀楼梯 8 户

（每层面积 727.9m²，16 层）

采用了剪刀楼梯的高层住宅户门、主楼梯间的门一般开向共同使用的短过道内，使过道具有扩大前室的功能。采取相应的防火措施是：

所有的住户和过道、楼梯间、电梯井，相邻的墙都是有足够厚度的钢筋混凝土结构，具有防火墙的作用。

各住户之间的分户墙，有足够高的耐火极限。

各住户开向走道的户门，都采用防火门。防火门都设有闭门器。

遇有火灾，只要住户内的人走出门，就有了人身的安全。火灾损失也仅是个别住户的事情。火灾绝不会烧到同层的其它住户。

鉴于上述情况，楼内的住户发生火灾是不可避免的。但发生火灾之后，首先人员的生命要有安全保障，其次可以将火灾限制在最小的范围内。这就基本上能够满足防火要求。各种用途的高层建筑都存在着火灾危险性。现实情况是，生活在高层住宅的住户，对火灾的防患意识要更强一些，再加上必要的技术措施，基本安全是有保障的。

3. 高层旅馆、办公楼的剪刀楼梯间，设防烟前室的数量，要求每个楼层都布置两个防烟前室。剪刀楼梯是同一楼梯间的两个楼梯，楼梯之间设墙体分隔之后是两个独立空间，设计中应按这样的特点来考虑加压送风系统，才能保证前室和楼梯间是无烟区。

4. 特别要提出的是，有少数设计在剪刀楼梯梯段之间不加任何分隔，也不设防烟楼梯间，还有一种与消防电梯合用的前室，两个楼梯口均开在一个合用前室之内。这两种设计，都不利于疏散，不能采用，更不能推广。

6.1.3　住宅走道不应作为扩大的前室，但对一些确有困难的住宅，部分户门可开向前室，而这些户门应为能自行关闭的乙级防火门。

6.1.3A　本条是新增条文。

商住楼一般上部是住宅，下部是商业场所。由于商业场所火灾危险性较大，如果住宅和商店共用楼梯，一旦下部商店发生火灾，就会直接影响住宅内人员的安全疏散。为此，本条做出了相应规定。

6.1.4　本条是新增加的。国外高层办公楼等公共建筑，搞大空间设计的不少，即楼层内不进行分隔，而由使用者按照需要，进行装饰与分隔。但从一些国内工程看，有的使用木质等可燃板进行分隔，有的没有考虑安全疏散距离，往往偏大，不利于安全疏散，因此作了本条的规定。

6.1.5　本条是在原条文的基础上进行修改的。要求高层建筑安全疏散出口分散布置，目的在于在同一建筑中楼梯出口距离不能太小，因为两个楼梯出口之间距离太近，安全出口集中，会使人流疏散不均匀而造成拥挤；还会因出口同时被烟堵住，使人员不能脱离危险地区而造成人员重大伤亡事故。故本规范规定两个安全出口之间的距离不应小于 5.00m。本规范表 6.1.5 规定的距离，是根据人员在允许疏散时间内，通过走道迅速疏散，并以能透过烟雾看到安全出口或疏散标志的距离确定。考虑到各类建筑的使用性质、容纳人数、室内可燃物数量不等，规定的安全疏散距离也有一定幅度的变化。在确定安全疏散距离时，还参考了国外及香港地区规范的同类条文，举例如下：

原苏联《十层和十层以上居住建筑防火要求暂行规定》CH 295－64第 2、4 条规定，从每户门口或宿舍门口到最近外部出口的最大距离为 40m，位于袋形走道的住户或宿舍房间疏散距离为 25m。

美国国家消防协会《出口规范》表 8－207，建议到出口的疏散距离为：医院、疗养院、休养所、老人院、旅馆、公寓、集体宿舍、商业等建筑从房门口到出口的距离为 30.48m；位于袋形走道两侧或尽端房间的疏散距离，医院为 9.15m，居住建筑为 10.60m。

英国大伦敦市政委员会规定：如果外廊或走道只服务一层楼梯间到最远一户不超过 30m，在此范围内适当安排住户。

香港《建筑条例》规定：居住和学校建筑或任一建筑作为公共集会场所使用时，其第一部分至楼梯通道或其它正常出口的距离不应大于 24.38m。

法国对住宅疏散距离的要求：每户的出口与最近楼梯间的距离不超过 20m，袋形走道长度不超过 10m。

新加坡防火法规对安全出口距离的规定：商店、办公室、学校和教学楼的最大疏散距离是 45m，有水喷淋设施时可增大到 60m。医院、旅馆、招待所的最大疏散距离是 30m，有水喷淋设施时可增大到 45m。尽端房间最大的疏散距离，商店、办公室、旅馆、招待所是 15m，医院、学校和教学楼是 13m。

美国、英国、法国规定的安全疏散距离一般在 30m 左右，火灾进入中期时人在烟雾中的可见距离，一般也在 30m 左右。本条对教学楼、旅馆、展览楼的安全疏散距离为 30m。因为这些建筑内的人员较集中或对疏散路线不太熟悉。以旅馆来讲，可燃物较多，来往人员不固定，对建筑内的情况和疏散路线不太熟悉，尤其是夜间起火会给疏散带来很大困难。高层建筑的教学楼人员密集较大，为减少疏散时间将安全疏散距离也定为 30m。高层医院的病房部分，使用对象主要是病人，大多行动不便，发生火灾时有的人需要手推车或担架等协助疏散，根据不利的疏散条件并结合一个护理单元的面积，将安全疏散距离定为 24m。

其它高层建筑，如办公楼、通讯楼、广播电视楼、邮政楼、电力调度楼、防灾指挥楼等，一般面积较大，但人员密度不大。通廊式住宅虽然人员密度较大，但固定的住户对环境熟悉，对疏散是有利因素，所以安全疏散距离定为不大于 40m。同时参照《建规》第 5.3.8条，对耐火等级为一、二级其它民用建筑的疏散距离规定；原苏联《十层和十层以上居住建筑防火要求暂行规定》中要求的位于两个楼梯间或外部出口间的住房或宿舍间到安全出口的最大距离均为 40m 的规定。

袋形走道内最大安全距离的规定，考虑到火灾时该走道内房间里的人员疏散时，有可能在惊慌失措的情况下，会跑向走道的尽头，发现此路不通时掉转方向再找疏散楼梯口。由于这样的原因，有必要缩短安全疏散距离。从国外的规范来看，袋形走道内的安全疏散距离，大多是位于两个楼梯间或外部出口间的房门或户门到楼梯间或外部出口距离的一半左右。这个距离，原苏联规定25m，大于最大距离的一半。美国根据不同的情况定为9.15m、10.60m，小于最大安全距离30.50m的一半。综合上述种种情况，本规范将袋形走道两侧或尽端房间的安全疏散距离，规定为最大安全疏散距离的1/2。

6.1.6 本条是原规范的一个注释，是对高层跃廊式住宅提出的。这类建筑除在各自走道层（公共层）设有主要疏散楼梯外，又在各跃层走廊内设若干通向上、下层住户的开敞式小楼梯或在各户内部设小楼梯。这些小楼梯因是开敞的，容易灌烟，发生火灾时，影响疏散时间和速度，所以楼段长度应计入安全疏散距离内，并要求楼段的距离按楼梯水平投影的1.5倍折算。

6.1.7 设在高层民用建筑里的观众厅、展览厅、多功能厅、餐厅、商场营业厅等，这类房间的面积比较大，人员集中，疏散距离必须有所限制。因此规定这类房间，由室内任何一点至最近的安全出口或楼梯间的安全疏散距离不宜大于30m。由于近几年来火灾自动报警系统和灭火系统的日趋完善，建筑材料中不燃烧体和难燃烧体的普遍使用，建筑自身的安全性有不同程度的提高，因此这类建筑的安全疏散距离相应地放宽。故将原条文中"直线距离，不宜超过20m"改为"不宜超过30m"。如图10所示。

以图10为例，按正方形大厅来确定中心点到四个出口的距离都能达到30m，这个厅的最大面积是60m×60m＝3600m²。与放宽的商业营业厅、展览厅的防火分区面积相一致，有利于贯彻执行。

本条中的"其它房间"，是指面积较小的一般房间，由房内最远一点到房间门或户门的距离，是参照《建规》第5.3.1条的有关规定制定的，目的在限制房间内最远点的疏散距离。相应地对房间面积也有一定的限制，以利于火灾时的疏散安全。

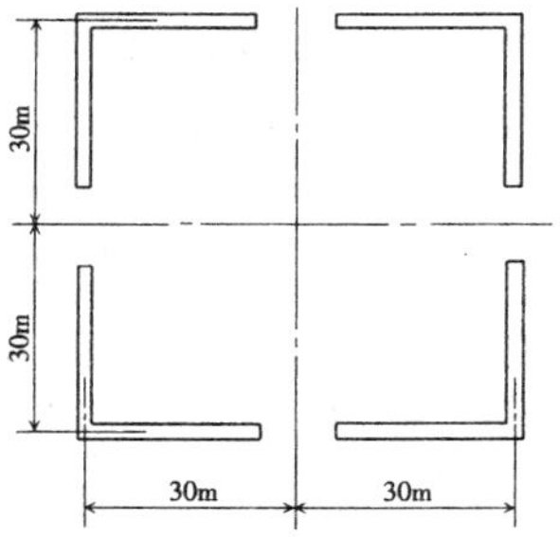

图10 方形大厅平面示意图

6.1.8 本条是对原条文的修改。明确此规定仅是对公共建筑中房间疏散门数量的要求。

为保障高层建筑内发生火灾时人员的疏散安全，本条对房间面积和开门的数量作了规定。只规定疏散走道和楼梯的宽度，而不考虑房间开门的数量，即使门的总宽度能满足安全疏散的使用要求，也会延长疏散时间。假如面积较大而人员数量又比较多的房间，只有一个出口，发生火灾时，较多的人势必拥向一个出口，这会延长疏散时间，甚至还会造成人员伤亡等意外事故。因此本条规定房间面积不超过60m²时，允许设一个门，门的净宽不应小于0.90m。

位于走道尽端，面积在75m²以内的房间，属于较大的房间。受平面布置的限制，有些情况下，如图11所示，不能开两个门。针对这样的具体情况，本条作了放宽，规定当门的宽度不小于1.40m时，允许设一个门。这可以使2～3股人流顺利疏散出来。

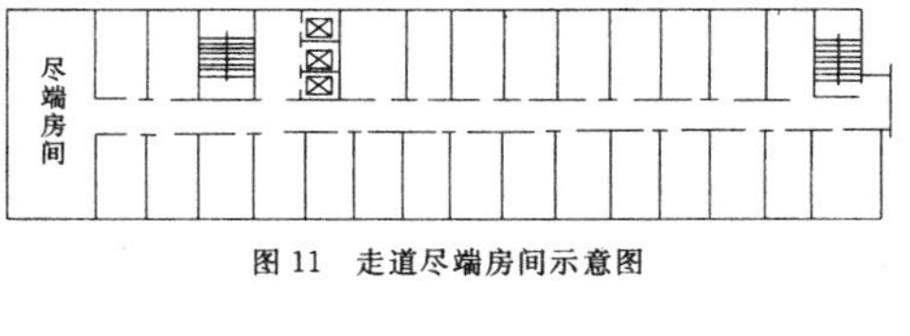

图11 走道尽端房间示意图

6.1.9 本条是对原条文的修改补充。本条规定高层建筑各层走道的总宽度按每100人不小于1.00m计算，是参照《建规》规定的数据编写的。规定首层疏散外门总宽度，应按该建筑人数最多的楼层计算。可同第6.2.9条规定的楼梯总宽度计算相对应。避免外门总宽度小于楼梯总宽度，使人员疏散在首层出现堵塞。

对外门和走道的最小规定，是根据国内高层民用建筑走道和外门净宽度的实际情况，并参考国外的规定提出的。一般都不小于本规范表6.1.9所规定的数字。

6.1.10 根据实际使用的情况，作出楼梯间及其前室（包括合用前室）的门的最小宽度规定是必要的。

通廊式住宅中，由于结构需要，长外廊外墙每个开间要向走道出垛，但这里的宽度应至少保证两个人通过（其中一个人侧身），由此作出需要0.90m的规定。

6.1.11 推闩式外开门具有便于开启和及时疏散的特点，有利于人员密集场所的安全疏散，故将原条文的"宜"改成"应"。

参照《建规》第5.3.9条、第5.3.10条和5.3.14条编写，只在第四款作了些变动。

在建筑内常建有人员密集厅堂。厅堂设有固定座位是为了控制使用人数，没有人员限制，遇有火灾疏散极为困难。为有利于疏散，对座位布置纵横走道净宽度作了必要的规定。尤其强调疏散外门开启方向并均匀布置，缩短疏散时间。疏散外门还须采用推杠式门闩（只能从室内开启，借助人的推力，触动门闩将门打开），并与火灾自动报警系统联动，自动开启。

由于疏散外门的开启方向或启闭器件不当，国内外都有造成众多人员伤亡的火灾案例。因此，设计过程中，应十分重视人员密集的观众厅、会议厅等疏散外门的设计。

6.1.12 基本保留了原条文内容。高层民用建筑一般都有地下室或半地下室。在使用上往往安排各种机房、库房和工作间等。除半地下室可以解决一部分通风、采光外，地下室一般都属于无窗房间，发生火灾时烟雾弥漫，给安全疏散和消防扑救都造成极大困难。为此，对地下室、半地下室的防火设计，应该比地面以上部分的要求严格。

一、每个防火分区的安全出口数不应少于两个。考虑到相邻两个防火分区同时发生火灾的可能性较小，因此相邻分区之间防火墙上的防火门可用作第二个安全出口。但要求每个防火分区至少应有一个直通室外的安全出口，以保证安全疏散的可靠性。通过防火门进入相邻防火分区时，如果不是直通外部出口，而是经过其它房间时，也必须保证能由该房间安全疏散出去。

二、由于地下室部分的不安全因素较多，对房间的面积和使用人数的规定严于地上部分，目的是保证人员安全，缩短疏散时间。

三、较大空间的厅堂及设在地下层的餐厅、商场等，是人员比较密集的场所，为保证疏散安全，出口应有足够的宽度。所以要求其疏散出口总宽度，按通过人数每100人不小于1.00m计算。

6.1.13 本条是新增加的。

一、高度100m以上的建筑物，一旦遇有火灾，要将建筑内的人员完全疏散到室外比较困难。加拿大有关研究部门提出以下数据，使用一座宽1.10m的楼梯，将高层建筑的人员疏散到室外，所用时间见表9。

不同层数、人数的高层建筑，使用楼梯疏散需要的时间　　表9

建筑层数	疏散时间（min）		
	每层240人	每层120人	每层60人
50	131	66	33
40	105	52	26
30	78	39	20
20	51	25	13
10	38	19	9

除十八层及十八层以下的塔式高层住宅和单元式高层住宅之外的高层民用建筑，每个防火分区的疏散楼梯都不会少于两座，即便是采用剪刀楼梯的塔式高层建筑，其疏散楼梯也是两个。从表

9 中的数字可以看出，疏散时间可以减少 1/2。即使这样，当层数在三十层以上时，要将人员在尽短的时间里疏散到室外，仍然是不容易的事情。因此，本规范提出高度超过 100m 的公共建筑，应设避难层或避难间。

二、近几年国内高层建筑设置避难层或避难间的情况见表 10。

设置避难层(间)的高层建筑　　表 10

建筑名称	楼层数	设避难层(间)的层数
广东国际大厦	62	23、41、61
深圳国际贸易中心	50	24、顶层
深圳新都酒店	26	14、23
深圳罗湖联检大厦	11	5、10(层高 5m)
上海瑞金大厦	29	9、顶层
上海希尔顿饭店	42	5、22、顶层
北京国际贸易中心	39	20、38
北京京广大厦	52	23、42、51
北京京城大厦	51	28、29 层以上为公寓敞开式天井
沈阳科技文化活动中心	32	15、27

从表 10 可以看到，国内设计虽然无规范作依据，但参考了国外或是某一地区的规范或规定，设置了避难层或避难间，这是可取的技术措施。因此，本规范修订时，增加了设避难层的条款。避难层或避难间是发生火灾时，人员逃避火灾威胁的安全场所，应有较严格的要求。为此，对设置避难层的技术条件作了具体规定。这里对几个方面的问题，作简要说明。

1. 从首层到第一个避难层之间的楼层不宜超过十五层的原因是，发生火灾时集聚在第十五层左右的避难层人员，不能再经楼梯疏散，可由云梯车将人员疏散下来。目前国内有一部分城市配有 50m 高的云梯车，可满足十五层高度的需要。

还考虑到各种机电设备及管道等的布置需要，并能方便于建成后的使用管理，两个避难层之间的楼层，大致定在十五层左右。

2. 进入避难层的入口，如没有必要的引导标志，发生了火灾，处于极度紧张的人员不容易找到避难层。为此提出防烟楼梯间宜在避难层错动位置或上下层断开通过避难层，但均应通过避难层，使需要进人的人能尽早进入避难层。

3. 避难层的人员面积指标，是设计人员比较关心的事情。集聚在避难层的人员密度是要大一些，但又不致于过分地拥挤。考虑到我国人员的体型情况，就席地而坐来讲，平均每平方米容纳 5 个人还是可以的。

4. 其余条款在设计中应予满足，因为这些要求，是比较重要的、缺一不可的。

6.1.14 本条是新增加的。国外有不少层数较多的高层建筑，设有屋顶直升机停机坪。发生火灾时，将在楼顶部躲避火灾的人员，用直升机疏散到安全地区。对此，有过成功的事例。巴西圣保罗市高三十一层的安德拉斯大楼，设有直升机屋顶停机坪。1972 年 2 月 4 日，安德拉斯大楼发生火灾。当局出动 11 架直升机，经过 4 个多小时营救，从高三十一层的屋顶上，救出 400 多人。1973 年 7 月 23 日，哥伦比亚波哥大市高三十六层的航空楼发生火灾。当局出动 5 架直升机，经过 10 个多小时抢救，从屋顶救出 250 人。通过这两个案例，说明直升机用于高层建筑火灾时的人员疏散是可取的。

国内北京、上海等地的高层建筑，也有一些设置了屋顶直升机停机坪，见表 11。

国内直升机停机坪设置情况　　表 11

建筑名称	用途	楼层数	停机坪位置情况
北京国际贸易中心	办公	39	顶部设停机坪
北京昆仑饭店	旅馆	28	顶部设停机坪
南京金陵饭店	旅馆	37	顶部设停机坪
深圳国际贸易中心	办公	50	顶部设停机坪
上海希尔顿饭店	旅馆	42	顶部设停机坪
北京急救中心	抢救病员		顶部设停机坪

根据国内外情况看，高层建筑设置直升机停机坪，发生火灾时对人员疏散有积极作用，是一种可行的安全技术措施。本规范修订过程中，增加了设置直升机停机坪的条款。

考虑到我国的国情、经济上的承受能力、消防装备等方面的具体问题，本规范对高层建筑屋顶直升机停机坪的设置，没有作强制性规定。但对其设置的技术要求作了具体规定。

6.1.15 高层建筑里的走道如果过长，采光不足，通风也不佳，发生火灾时就更增加疏散上的困难，以致延误疏散时间，造成伤亡事故。如某地一座综合性高层建筑，上部作居住使用，由于走道长又曲折，没有自然采光，白天也要在黑暗中摸索行走，居民虽然对楼内情况熟悉，却仍感不便。一旦发生火灾，不易排出烟气，更加重了疏散上的困难。为此作本条规定。

6.1.16 本条文是对原条文的修改。人员密集场所的疏散门、安全出口的门等疏散用门，具有不需使用钥匙等任何器具即能迅速开启的功能，是火灾状态下人员安全疏散最基本的安全要求。火灾案例表明，群死群伤火灾事故多是由于业主使用普通门锁等人为锁闭疏散用门，致使人员不能安全顺利逃生，造成大量人员伤亡。故本次修订对疏散用门提出了相应要求。

高层建筑的公共疏散门，主要是高层建筑公用门厅的外门，展览厅、多功能厅、餐厅、舞厅、商场营业厅、观众厅的门，其它面积较大房间的门。这些地方往往人员较密集，因此要求所设的公共疏散门必须向疏散方向开启。疏散人流的方向与门的开启方向不一致，遇有紧急情况时，会使出口堵塞造成人员伤亡事故。例如，国外某一夜总会发生了火灾，造成人员重大伤亡的原因是出口的转门卡住了，旁边的弹簧门是向内开启的。使拥挤的人流无法疏散到室外的安全地方。

在大量拥挤人流急待疏散的情况下，侧拉门、吊门和转门，都会使出口卡住，造成人流堵塞，因此这类门都不能用作疏散出口。

6.2 疏散楼梯间和楼梯

6.2.1 基本保留原条文。高层建筑发生火灾时，建筑内的人员不能靠一般电梯或云梯车等作为主要疏散和抢救手段。因为一般客用电梯无防烟、防水等措施，火灾时必须停止使用，云梯车也只能为消防队员扑救时专用。这时楼梯间是用于人员垂直疏散的惟一通道，因此楼梯间必须安全可靠。高层建筑中的敞开楼梯，火灾时犹如高耸的烟囱，既拔烟又抽火。垂直方向烟的流动速度可达每秒 3～4m，烟气在短时间里就能经过敞开楼梯向上部扩散，并充满整幢建筑物，严重地威胁疏散人员的安全。随着烟气的流动也大大地加快了火势的蔓延。例如，国内某个宾馆四号楼火灾，首层起火后，烟、火很快从敞开楼梯灌入各个楼层靠近楼梯的客房，顶层靠近楼梯的客房内有几位住客，无法通过楼梯疏散到楼门，被迫从窗口跳出而身亡。这个多层建筑的宾馆尚且如此，高层建筑就更可想而知了。又如，1974 年 2 月 1 日巴西圣保罗市焦马大楼火灾，损失惨重、伤亡众多的重要原因是，全楼唯一的一座楼梯，敞开在走道上，发生火灾之后烟、火迅速经过楼梯向上蔓延，从起火楼层第十二层到二十五层间的所有楼层，都充满了浓烟和烈火。起火层以上的人员，无法通过敞开楼梯疏散到室外安全地带。因此，对高层建筑楼梯间的安全可靠性需要严格要求。根据高层建筑的类别或不同高度，规定必须设置防烟楼梯间或是封闭楼梯间。

鉴于一类建筑可燃装修和陈设物较多，有些高级旅馆或办公室还设有空调系统，更增加了火灾的危险性。十八层及十八层以下的塔式住宅仅有一座楼梯。高度超过 32m 的二类建筑，垂直疏散距离较大。为了保障人员的安全疏散，应该防止烟气进入楼梯间。因此，本条规定一类建筑、塔式住宅和高度超过 32m 的二类建筑(单元式住宅和通廊式住宅除外)，应设置防烟楼梯间。防烟楼梯间的平面布置是，必须先经过防烟前室再进入楼梯间。防烟前室应有可靠的防烟设施，这样的楼梯间比封闭楼梯间有更好的防烟、防火能力，可靠性强。具体要求作以下说明。

一、根据防烟楼梯间功能的需要，对平面布置提出了规定。

二、发生火灾时，起火层的前室不仅起防烟作用，还使不能同时进入楼梯间的人，在前室内作短暂的停留，以减缓楼梯间的拥挤程度。因此，前室应有与人数相适应的面积，来容纳停留疏散的人员。一般前室面积不应小于 $6m^2$。加上楼梯间的面积，人员不太密集的楼层大多可满足实际需要。按前室的人员密度每平方米为5人计算，可容纳30人。楼梯间的面积要比前室大得多，还能容纳更多的人。另外，除塔式住宅、单元式住宅之外的其它高层建筑，每个楼层都有两座疏散楼梯间，基本上可以达到安全疏散的要求。

高层住宅的面积指标控制较严，前室都按 $6m^2$，执行有困难，不少设计单位对此提出了意见。因此，本规范修订时作了放宽，高层住宅防烟楼梯间的前室面积，改为不应小于 $4.5m^2$。以塔式住宅为例，每层8户，按平均每户4.5人计算，总人数为36人。发生火灾时，若其中有一半人经过前室已进入楼梯间，那么 $4.5m^2$ 的前室容纳另一半人，并不会造成前室逃生人员的拥挤。

受平面布置的限制，前室不能靠外墙设置时，必须在前室和楼梯间采用机械加压送风设施，以保障防烟楼梯间的安全。

三、进入前室的门和前室到楼梯间的门，规定采用乙级防火门，是为了确保前室和楼梯间抵御火灾的能力，以保障人员疏散的安全可靠性。

6.2.2 基本保留原条文。建筑高度不超过32m的二类建筑（单元式住宅和通廊式住宅除外），规定应设封闭楼梯间。这是考虑到目前国家的经济情况提出的规定。因为高度超过24m的建筑，都要求一律设防烟楼梯间，执行上有一定困难。因此，根据不同情况予以区别对待。高度在24m以上、32m以下的二类建筑（单元式住宅和通廊式住宅除外），由于标准较低，建筑装修和内部陈设等可燃物少一些，一般又没有空调系统的蔓延火灾途径，所以允许设封闭楼梯间。这样发生火灾时，在一定时间内仍有隔绝烟、火垂直方向传播的能力。设置封闭楼梯间的说明如下。

一、楼梯间必须靠外墙设置，是为有利于楼梯间的直接采光和自然通风。如果没有通风条件，进入楼梯间的烟气不容易排除，疏散人员无法进入；没有直接采光，紧急疏散时，即使是白天，使用也不方便。例如：某高层公寓的第二出口是暗设的封闭楼梯间，既无天然采光和自然通风又没有应急照明和机械通风。在1977年的一次火灾中，这个楼梯间灌满了烟，根本起不到疏散作用。为此，32m以下的二类建筑，当楼梯间没有直接采光和自然通风时，就应设置防烟楼梯间。

二、为了防止火灾威胁楼梯间的安全使用，封闭楼梯间的门必须是乙级防火门，并应向疏散方向开启。

三、高层建筑楼梯间在首层和门厅及主要出口相连时，一般都要求将楼梯间开敞地设在门厅或靠近主要出口。在首层将楼梯间封闭起来不容易做到。为适应某些公共建筑的实际要求，又能保障疏散安全，本条允许将通向室外的走道、门厅包括在楼梯间范围内，形成扩大的封闭楼梯间。但这个范围应尽可能小一些。门厅和通向房间的走道之间，应用与楼梯间有相同耐火时间的墙体和防火门予以分隔。在扩大封闭空间内使用的装修材料宜用难燃或不燃材料，所有穿过管道的洞口要做阻燃处理。

四、裙房的楼梯间的做法，过去要求不明确，有的要求裙房部分的楼梯间同高层主体建筑，同样做防烟楼梯间，建筑设计时既难以执行又不经济。为此，有必要明确规定与高层主体相连的裙房楼梯间，允许采用封闭楼梯间，这样，既对安全疏散提供安全保障，又利于节约投资。

6.2.3 基本保留原条文。单元式住宅，由于每单元只有一座楼梯，若中间楼层发生火灾，楼梯间一旦进烟，楼层上部的人员大都宁愿上屋顶，而不敢向下疏散。因此，楼梯间有必要通向屋顶。在屋顶的人，可以从其它单元通向屋顶的楼梯间而疏散到室外。

一、十一层及十一层以下的单元式住宅，总高度不算太高，适当降低对楼梯间的要求，可不设封闭楼梯间。为防止房内火灾蔓延到楼梯间，要求开向楼梯间的户门，必须是乙级防火门。

二、十二层至十八层的单元式住宅，有必要提高疏散楼梯的安全度，必须设封闭楼梯间，使之具有一定阻挡烟、火的能力，保障疏散安全。

三、十九层及十九层以上的单元式住宅，高度达50m以上，人员比较集中，为保障疏散安全和满足消防扑救的需要，必须设置防烟楼梯间。

经过10来年的实践，证明上述规定是可行的，因此，作了保留。

6.2.4 基本保留原条文。通廊式住宅的平面布置和一般内走道两边布置房间的办公楼相似。横向单元分隔墙少，发生火灾时，不如单元式住宅那样能有效地阻止、控制火势的蔓延、扩大。火灾范围大，不利于安全疏散。因此，对通廊式住宅的要求严于单元式住宅，当超过十一层时，就必须设防烟楼梯间。

6.2.5 本条作了修改补充。为提高防烟楼梯间和封闭楼梯间的安全可靠性，本规范已作了一系列规定。建筑设计是一项综合性工作，涉及到各个专业的相互交叉和相互影响。为协调好各个方面的工作，对几个共性问题作了规定。

一、第6.2.5.1款规定的目的在于提高防烟楼梯间的安全度，保障火灾时人员疏散的安全。如果要求不明确，会使与之相邻房间的门直接开向楼梯间或前室。一旦这样的房间起火成灾，就会造成楼梯间或前室的堵塞，影响人员安全疏散。

二、可燃气体管道穿过楼梯间或前室，发生火灾时容易爆炸，形成更大的灾难。由此作出6.2.5.2款的规定。

三、高层住宅中煤气管道水平穿越楼梯间，时有出现。为保障楼梯的安全使用，经过楼梯间的煤气管道，规定必须另加钢套管保护。

6.2.6 本条对原条文作了修改补充。

一、疏散楼梯间，要上下直通，不应变动位置。因为楼梯间位置变更，遇有紧急情况时人员不易找到楼梯，耽误疏散时间。例如某宾馆的主楼梯，首层与上层不在同一位置，疏散使用很不方便。避难层有防烟防火设施，其错位对安全避难有利，故此避难层除外。

二、发生火灾时，为使人员尽快疏散到室外，楼梯间在首层应有直通室外的出口。允许在短距离内通过公用门厅，但不允许经其它房间再到达室外。因为被穿行的房间门，若被锁住，无法使人员疏散出去，设计上要避免出现这种情况。

三、螺旋形或扇形楼梯，因其踏步板宽度变化，人员疏散时的拥挤，容易使人摔倒，堵塞通行，因此不应采用。

据实测，扇形踏步板，其上下两级形成的平面角不大于10°，距扶手0.25m处踏步板宽度超过0.22m时，人员使用不易跌跤。具备上述条件的扇形踏步允许使用。

6.2.7 基本保留原条文。发生火灾时，下部起火楼层的烟、火向上蔓延，上部人员不敢经楼梯向下疏散。例如，上海某楼房火灾，烟火封住了楼梯，楼上的人无法向下疏散，只能经楼梯向上跑，由于屋顶没有出口而烧死在顶层。为使人员疏散到屋顶，及时摆脱火灾威胁，本条规定一幢建筑至少要有两座疏散楼梯通到屋顶上，以便于疏散到屋顶的人，经过另一座楼梯到达室外。楼梯间必须直通屋顶或有专用通道到达屋顶，不允许穿越其它房间再到屋顶。据调查，有的楼梯间在顶部，要经过电梯机房、水箱间等方能到达屋顶，这些房间的门又经常锁着，不利于紧急疏散。

6.2.8 本条是对原条文的修改。

地下层与地上层如果没有进行有效的分隔，容易造成地下层火灾蔓延到地上建筑。某商厦四层歌舞厅死亡309人的火灾，就是典型的案例。为防止地下层烟气和火焰蔓延到上部其它楼层，同时避免上面人员在疏散时误入地下层，本条对地上层和地下层的分隔措施以及指示标志做出具体规定。

国外有关标准也有类似规定，如美国《统一建筑规范》规定：地下室的出口楼梯应直通建筑外部，不应经过首层。法国《公共建筑物安全防火规范》也有地上与地下疏散楼梯应断开的规定。

6.2.9 基本保留原条文。

一、高层建筑的疏散楼梯总宽度，应按其通过人数每100人不小于1.00m计算。这是根据《建规》第5.3.12条规定的楼梯宽度指标提出的。

高层建筑中由于使用情况不同，每层人数往往不相等，如果按人数最多的一层计算楼梯的总宽度，除非人数最多的楼层在顶层时才合理，否则就不经济。因此，本条规定每层楼梯的总宽度，可按该层或该层以上，人数最多的一层计算。也就是楼梯总宽度可分段计算，即下层楼梯宽度，按其上层人数最多的一层计算。

举例：

一幢十五层楼的建筑。从首层到十层，人数最多的楼层第十层，有使用人数400人。从十层到十五层，人数最多的楼层在第十五层，使用人数是200人。计算该第十一层到第十五层的楼梯总宽度为2.00m。

二、实际工程中有些高层建筑的楼层面积较大，但人数并不多。如按每100人1.00m宽度指标计算，设计宽度可能会不足1.10m。出现这种情况时，楼梯宽度应按本规范表6.2.9的规定进行设计。这是因为《民用建筑设计通则》JGJ 37－87第4.2.1条第二款规定“梯段净宽度除应符合防火规范的规定外……，并不应少于两股人流。”考虑到不同建筑功能要求上的差别，本规定作出不同最小宽度的规定。

6.2.10 基本保留原条文。室外楼梯具有防烟楼梯间等同的防烟、防火功能。由于设置在建筑的外墙面，发生火灾时，不易受到楼内烟火威胁，可供人员应急疏散或消防队员直接从室外进入起火楼层进行火灾扑救。室外楼梯的最小净宽度，按通过一个消防队员，携带消防器具所需要的尺寸为0.90m确定。为方便使用，对其坡度和扶手的高度做了必要的规定。

为防止火灾时火焰从门、窗窜出烧毁楼梯，规定了每层出口楼梯平台的耐火极限。并规定距楼梯2.00m范围内，除用于人员疏散门之外，不能设其它洞口。还要强调的一点是，室外楼梯的疏散门不允许正对梯段，已建高层建筑，有这种情况出现是不对的。

6.2.11 高层建筑的旅馆、办公楼等与走道相连的外墙上设阳台、凹廊较常见。遇有火灾，烟雾弥漫，在走道内摸不准楼梯位置的情况下，阳台、凹廊是让人有安全感的地方。在1985年哈尔滨天鹅饭店的十一层火灾中，一日本客人跑到走道西尽端阳台避难，经过阳台相连的垂直墙缝，冒着生命危险下到第十层阳台上，脱离了着火层，这说明了阳台上设应急疏散口的必要性。

本条要求设上下层连通的辅助疏散设施，是600mm×600mm的折叠式人孔梯箱，安装后箱体高出阳台地面3～5cm。使用时打开箱盖梯子自动落下。在阳台、凹廊上的人员，由此设施可很方便地到达安全地点，摆脱火灾的威胁。天鹅饭店火灾后在上述阳台上装了这样的梯子，当地消防部门反映很好。北京燕京饭店西阳台在十九、二十层装了这样的梯子，当时就受到外籍客人的欢迎。

6.3 消防电梯

6.3.1 普通电梯的平面布置，一般都敞开在走道或电梯厅。火灾时因电源切断而停止使用。因此，普通电梯无法供消防队员扑救火灾。若消防队员攀登楼梯扑救火灾，对其实际登高能力，又没有资料可参考。为此《高规》编制组和北京市消防总队，于1980年6月28日，在北京市长椿街203号楼进行实地消防队员攀登楼梯的能力测试。测试情况如下：

203号住宅楼共十二层，每层高2.90m，总高度为34.80m。当天气温32℃。

参加登高测试消防队员的体质为中等水平，共15人分为3组。身着战斗服装，脚穿战斗靴，手提两盘水带及19mm水枪一支。从首层楼梯口起跑，到规定楼层后铺设65mm水带两盘，并接上水枪成射水姿势（不出水）。

测试楼层为八层、九层、十一层，相应高分别为20.39m、23.20m、29m。每个组登一个层/次。这次测试的15人登高前后的实际心率、呼吸次数，与一般短跑运动员允许的正常心率（180次/min）、呼吸次数（40次/min）数值相比，简要情况如下：

攀登上八层的一组，其中有两名战士心率超过180次/min，一名战士的呼吸数超过40次/min。心率和呼吸次数分别有40%和20%超过允许值。两项平均则有30%的战士超过允许值，不能坚持正常的灭火战斗。

攀登上九层的一组，其中有两名战士心率超过180次/min，有3名战士的呼吸次数超过40次/min。心率和呼吸次数分别有40%和60%超过允许值。两项平均则有50%的战士超过允许值，不能坚持正常的灭火战斗。

攀登上十一层的一组，其中有4名战士心率超过180次/min，5名战士的呼吸次数全部超过40次/min，心率和呼吸次数分别有80%和100%超过允许值。徒步登上十一层的消防队员，都不能坚持正常的灭火战斗。

以上采用的是运动场竞技方式测试。实际火场的环境要恶劣得多，条件也会更复杂，消防队员的心理状态也会大不相同。即使被测试数据在允许数值以下的消防队员，如在高层建筑火灾现场，难以想象都能顺利地投入紧张的灭火战斗。目前还没有更科学的资料或测试方法比较参考。现场观察消防队员登上测试楼层的情况看，个个大汗淋漓、气喘嘘嘘，紧张地攀登，有的几乎是站立不住。

从实际测试来看，消防队员徒步登高能力有限。有50%的消防队员带着水带、水枪攀八层、九层还可以，对扑灭高层建筑火灾，这很不够。因此，高层建筑应设消防电梯。

具体规定是，高度超过24m的一类建筑、十层及十层以上的塔式住宅、十二层及十二层以上的其它类型住宅、高度超过32m的二类建筑，都必须设置消防电梯。

6.3.2 基本保留原条文。设置消防电梯的台数，国内没有实际经验。本条主要参考日本有关规定编写。为满足火灾扑救需要，又节约投资，根据不同楼层的建筑面积，规定了应设置的消防电梯台数。

6.3.3 在原条文的基础上，作了修改补充。对设置消防电梯的具体要求，作如下说明。

一、设置过程中，要避免将两台或两台以上的消防电梯设置在同一防火分区内。这样在同一高层建筑，其它防火分区发生火灾，会给扑救带来不便和困难。因此，消防电梯要分别设在不同防火分区里。

二、发生火灾，为使消防队员在起火楼层有一个较为安全的地方，放置必要的消防器材，并能顺利地进行火灾扑救，因此，规定消防电梯应该设置前室。这个前室和防烟楼梯间的前室一样，具有相同的防烟功能。

为使平面布置紧凑，方便日常使用和管理，消防电梯和防烟楼梯可合用一个前室。为满足消防电梯的需要，规定了前室或合用前室必须有足够的面积。

对住宅建筑，在不影响使用的前提下，为节省投资和面积，对高层住宅消防电梯间前室的面积，本规范在修订过程中，作了适当地调整。

三、消防电梯的前室靠外墙设置，可利用直通室外的窗户进行自然排烟。火灾时，为使消防队员尽快由室外进入消防电梯前室，因此，强调它在首层应有直通室外的出入口。若受平面布置的限制，外墙出入口不能靠近消防电梯前室时，要设置不穿越其它任何房间的走道，以保证路线畅通。这段走道长度不应大于30m，是参考了日本有关的规定。

四、为保证消防电梯前室（也可能是日常使用的候梯厅）的安全可靠性，前室的门必须是防火门或防火卷帘。但合用前室的门不能采用防火卷帘。

五、高层建筑的火灾扑救，常常是以一个战斗班为一组，计有7～8名消防队员，携带灭火器具同时到达起火层。若消防电梯载重过小，会影响初期火灾扑救。因此，规定了消防电梯的载重量不应小于800kg。轿厢内净面积不小于$1.4m^2$，其作用在于满足必要时搬运大型消防器具和抢救伤员的需要。

六、实际工程中，为便于维修管理，几台电梯的梯井往往连通或设开口相连通，电梯机房也合并使用，在发生火灾时，对消防电梯的安全使用不利。因此，要求它的梯井、机房与其它电梯的梯井、机房之间，应该用具有一定耐火等级的墙体分隔开，必须连通的开口部位应设防火门。

七、高层建筑火灾的扑救，要尽快地将火灾扑灭在初起阶段。这就能大大减少火灾对人员安全的威胁，使火灾造成的损失大大减小。为此对消防电梯的行驶速度作了必要的规定。

八、消防电梯轿厢装修材料不燃化，有利于提高自身的安全性，相应的不燃材料用于轿厢内装修的规定是必要的。

九、起火层在灭火过程中，会有大量的水流入消防电梯井道，同时还会有水蒸气进入。为保证消防电梯在灭火过程中正常运行，对井道内的动力、控制线路有必要采取防水措施，如在电梯门口设高4～5cm的漫坡。

1977年11月，国内某高层公寓火灾，1989年3月，国内某宾馆火灾的扑救过程中，都碰到过同样的问题。因此作了规定。

十、专用操纵按钮是消防电梯特有的装置。它设在首层靠近电梯轿厢门的开锁装置内。火灾时，消防队员使用此钮的同时，常用的控制按钮失去效用。专用操纵按钮使电梯降到首层，以保证消防队员的使用。

十一、灭火过程中有大量的水流出。以一支水枪流量5L/s计算，10min就有3t水流出。一般灭火过程，大多要用两支水枪同时出水。随着灭火时间增加，水流量不断地增大。在起火楼层要控制水的流量和流向，使梯井不进水是不可能的。这么多的水，使之不进入前室或是由前室内部全部排掉，在技术上也不容易实现。

但是，在消防电梯井底设排水口非常必要，对此作了明确规定。将流入梯井底部的水直接排向室外，有两种方法：

消防电梯不到地下层，有条件的可将井底的水直接排向室外。为防雨季的倒灌，排水管在外墙位置可设单流阀。

不能直接将井底的水排出室外时，参考国外做法，井底下部或旁边设容量不小于$2.00m^3$的水池，排水量不小于10L/s的水泵，将流入水池的水抽向室外。

7 消防给水和灭火设备

7.1 一般规定

7.1.1 本条对高层民用建筑设置灭火设备作了原则规定。从目前我国经济、技术条件为出发点，强调以设置消火栓系统作为高层民用建筑最基本的灭火设备，就是说，不论何种类型的高层民用建筑，不论何种情况（不能用水扑救的部位除外）都必须设置室内和室外消火栓给水系统。

条文基于以下四个方面的情况：

一、高层民用建筑由于火势蔓延迅速、扑救难度大、火灾隐患多、事故后果严重等原因，因而有较大的火灾危险性，必须设置有效的灭火系统。

二、在用于灭火的灭火剂中，水和泡沫、卤代烷、二氧化碳、干粉等比较，具有使用方便、灭火效果好、价格便宜、器材简单等优点，目前水仍是国内外使用的主要灭火剂。

三、以水为灭火剂的消防系统，主要用消火栓给水系统和自动喷水灭火系统两类。自动喷水灭火系统尽管具有良好的灭火、控火效果，扑灭火灾迅速及时，但同消火栓灭火系统相比，工程造价高。因此从节省投资考虑，主要灭火系统采用消火栓给水系统。

7.1.2 基本保留了原条文内容。本条对消防给水的水源作出规定。为了节约投资，因地制宜，对消防用水规定由给水管网、消防水池或天然水源均可。消防给水系统的完善程度和能否确保消防给水水源，直接影响火灾扑救效果。而扑救失利的火灾案例中，根据上海、抚顺、武汉、株州等市火灾统计，有81.5%是由于缺乏消防用水而造成大火。

由于消防给水系统是目前国内外扑救高层建筑火灾的主要灭火设备，因此，周密地考虑消防给水设计，保证高层建筑灭火的需要，尤其是确保消防给水水源十分重要。

我国地域辽阔，许多地区有天然水源，而且与建筑距离较近，当条件许可时天然水源可作为消防用水的水源。天然水源包括存在于地壳表面暴露于大气的地表水（江、河、湖、泊、池、塘水等），也包括存在于地壳岩石裂缝或土壤空隙中的地下水（阴河、泉水等）。天然水源用作消防给水要保证水量和水质以及取水的方便。

一、水量。天然水源水量较大，采用天然水源作为消防用水时，应考虑枯水期最低水位时的消防用水量。消防用水具有以下特点：(1)在计算时，无最高日和平均日，最大时和平均时的区分；(2)消防用水量在火灾延续时间内必须保证；(3)天然水源水量不足时，可以采取设置消防水池等措施来确保消防用水所需。因此本条对枯水流量的保证率未提要求，这与用地表水作为生活、生产用水水源时需考虑枯水流量保证率是不同的。

二、水质。消防用水对水质无特殊要求，当高层民用建筑设置自动喷水灭火系统时，应考虑水中的悬浮物杂质不致堵塞喷头出口，被油污染或含有其它易燃、可燃液体的天然水源也不能作消防用水使用。

三、取水。天然水源水位变化较大，为确保取水可靠性应采取必要的技术措施，如在天然水源地修建消防取水码头和回车场，使消防车能靠近水源取水，且在最低水位时能吸上水，即保证消防车水泵的吸水高度不大于6m。

在寒冷地区（采暖地区），利用天然水源作为消防用水时，应有可靠的防冻措施，保证在冰期内仍能供应消防用水。

在城市改建、扩建过程中，用于消防的天然水源及其取水设施应有相应的保护设施。

7.1.3 本条基本保留了原条文。高层建筑的火灾扑救应立足于自救，且以室内消防给水系统为主，应保证室内消防给水管网有满足消防需要的流量和水压，并应始终处于临战状态。为此，高层民用建筑的室内消防给水系统，应采用高压或临时高压消防给水系统，以便及时和有效地供应灭火用水。

一、消防给水系统按压力分类有：

1. 高压消防给水系统指管网内经常保持满足灭火时所需的压力和流量，扑救火灾时，不需启动消防水泵加压而直接使用灭火设备进行灭火。

2. 临时高压消防给水系统指管网内最不利点周围平时水压和流量不满足灭火的需要，在水泵房（站）内设有消防水泵，在火灾时启动消防水泵，使管网内的压力和流量达到灭火时的要求。

3. 低压消防给水系统指管网内平时水压较低（但不小于0.10MPa），灭火时要求的水压由消防车或其它方式加压达到压力和流量的要求。

还有一种情况，目前较广泛应用于消防给水系统，即管网内经常保持足够的压力，压力由稳压泵或气压给水设备等增压设施来保证。在水泵房（站）内设有消防水泵，在火灾时启动消防水泵，使管网的压力满足消防水压的要求，此情况也叫临时高压消防给水系统。

二、消防给水系统按范围分类有：

1. 独立高压（或临时高压）消防给水系统，每幢高层建筑设置独立的消防给水系统。

2. 区域或集中高压（或临时高压）消防给水系统，即两幢或两幢以上高层建筑共用一个泵房的消防给水系统。例如，上海市漕溪北路高层建筑群中，有6幢十三层的住宅共用一个泵房，另外3幢十六层的住宅共用另一个泵房；又如，北京前三门几十幢高层建筑采用同一泵房的消防给水系统等。

过去建造的高层建筑采用临时高压消防给水系统较多，近年来建造的成组、成排的高层建筑，采用区域或集中高压（或临时高压）消防给水系统较多，这种系统具有管理方便、投资省等优点。

为保证高层建筑的灭火效果，特别是控制和扑灭初期火灾的需要，高层建筑设置的消防水箱，应满足室内最不利点灭火设备（消火栓、自动喷水灭火系统喷水喷头、水幕喷头等）的水压和水量要求，如不能满足，应设气压给水、稳压泵等增压设施。

生活用水、生产用水和消防用水合用的室外低压给水管管道，当生活用水和生产用水达到最大流量时（按最大小时流量计算），应仍能保证室内消防用水量和室外消防用水量（按最大秒流量计算），且此时给水管道的水压不应低于0.10MPa，以满足消防车利用水带从消火栓取水的要求。

消防车从低压给水管网消火栓取水，主要有以下两种形式：一是将消防车水泵的吸水管直接接在消火栓上吸水；另一种方式是将消火栓接上水带往消防车水罐内放水，消防车水泵从罐内吸水，供应火场用水。后一种取水方式，从水力条件来看最为不利，但由于消防队的取水习惯，常采用这种方式，也有由于某种情况下，消防车不能接近消火栓，需要采用此种方式供水。为及时扑灭火灾，在消防给水设计时应满足这种取水方式的水压要求。在火场上一辆消防车占用一个消火栓，一辆消防车平均两支水枪，每支水枪的平均流量为5L/s，两支水枪的出水量约为10L/s。当流量为10L/s、直径65mm麻制水带长度为20m时的水头损失为0.086MPa，消火栓与消防车水罐入口的标高差约为1.5m。两者合计约为0.10MPa。因此，最不利点消火栓的压力不应小于0.10MPa。

7.2 消防用水量

7.2.1 本条基本上保留了原条文的内容。对高层民用建筑的消防用水量作了规定。要求消防用水总量按室内消防给水系统（包括消火栓给水系统和与室内消火栓给水系统同时开放的其它灭火设备）的消防用水量和室外消防给水系统的消防用水量之和计算。

当建筑物内设有数种消防用水灭火设备时，其室内消防用水量的计算，一般可根据建筑物内可能同时开启的下列数种灭火设备的情况确定：

一、消火栓系统加上自动喷水灭火设备（按第7.2.3条的规定计算）。

二、消火栓给水系统加上水幕消防设备或泡沫灭火设备。

三、消火栓给水系统加上水幕消防设备、泡沫灭火设备。

四、消火栓给水系统加上自动喷水灭火设备、水幕消防设备或泡沫灭火设备。

五、消火栓给水系统加上自动喷水灭火设备、水幕消防设备、泡沫灭火设备。

如果遇到上述三、四、五三种组合情况时，而几种灭火设备又确实需要同时开启进行灭火时，则应按其用水量之和计算。例如：高层建筑的剧院舞台口设有水幕设备和营业厅内的自动喷水灭火设备再加上室内消火栓给水系统需要同时开启进行灭火时，其室内消防用水量按其三者之和计算；如不需同时开启时，可按消火栓给水系统与自动喷水灭火设备或水幕设备的用水量较大者计算。又如某高级旅馆，其楼内设有消火栓给水系统，在敞开电梯厅的开口部位设有水幕设备，在自备发电机房的贮油间内设有泡沫灭火设备，如只需同时开启两种灭火设备进行灭火，则按其中两者较大的计算，等等。

7.2.2 本条基本保留原条文内容。

高层建筑消火栓给水系统的用水量，是根据火场用水量统计资料、消防的供水能力和保证高层建筑的基本安全以及国民经济的发展水平等因素，综合考虑确定的。

一、不同用途的高层建筑的消防用水量与燃烧物数量及其基本特性、建筑物的可燃烧面积、空间大小、火灾蔓延的可能性、室内人员情况以及管理水平等有密切关系。高层住宅，一般有单元式、塔式和通廊式建筑等。单元式住宅的每个单元之间有耐火性能较好的分隔墙进行分隔，火灾在单元之间不易蔓延。每个单元的每层面积较小，一般为200～300m²，可燃物也较少。住户对建筑物内情况比较熟悉，且火源容易控制。因此，单元式住宅较少造成严重火灾，消防用水量可以小些。

塔式住宅每层住户约8～9户，每层面积一般为500～650m²，燃烧面积虽比单元住宅要大，但总的每层面积还是较小的。普通塔式住宅具有单元住宅同样的有利条件，因此，两者消防用水量要求相同。

通廊式住宅发生火灾时，火势蔓延危及面要大一些，因为通廊式住宅火灾的高温烟雾可能通过通廊扩大到其它房间。但考虑到一般住宅可燃装修少，走道没有可燃吊顶，有利于控制火势蔓延。因此，其水量与单元式、塔式住宅采用同一数值。而高级住宅常设有空调系统，可燃装修材料、家具、陈设也较多，火灾容易扩大蔓延。因此，应比普通住宅用水量要大。

医院、教学楼、普通旅馆、办公楼、科研楼、档案楼、图书馆，省级以下的邮政楼、广播电视楼，电力调度楼、防灾指挥调度楼等，其使用功能、室内设备、火灾危险虽然不同，但消防用水量则大体相同，故将这些建筑列为一栏。而高级旅馆，重要的办公楼、科研楼、档案楼、图书馆，中央级和省级的广播电视楼、网局级和省级电力调度楼、商住楼等一类高层建筑，其使用功能、室内设备价值、重要性、火灾危险等较前者复杂些、高档些，消防用水量大些等，故另列一档。

二、高层建筑的高度不同对消防用水量有不同的要求。建筑高度越高火势垂直蔓延的可能性也越大，消防扑救工作也就越困难。目前消防登高车最大工作高度一般为30～48m，国产0023型曲臂登高消防车的最大工作高度为23m。我国消防队较广泛使用解放牌消防车和麻质水带，在建筑高度不超过50m时，可以利用解放牌消防车通过水泵接合器向室内管网供水，仍可加强室内消防给水系统的供水能力。解放牌消防车通过水泵接合器的供水高度为：

$$H_p = H_b - H_g - H_h \qquad (1)$$

式中 H_p——解放牌消防车通过水泵接合器向室内管网供水的最大高度（m）；

H_b——消防车水泵出口压力（一般采用0.8MPa）；

H_g——室内管网压力损失（MPa），建筑高度不超过50m的室内管网其压力损失一般不大于0.08MPa；

H_h——室内最不利点处消火栓的压力（一般为0.235MPa）；

因此，解放牌消防车可辅助高层建筑室内消防供水的高度为：

$$H_p = H_b - H_g - H_h = 0.80 - 0.08 - 0.235 = 0.485\text{MPa}（接近50m水柱）$$

从计算可知，建筑高度不超过50m时，可获得解放牌消防车（解放牌消防车以及与解放牌消防车供水能力相当的其它消防车，约占我国目前消防供水车辆总数的一半以上）的协助。若建筑高度超过50m时，采用大功率消防车和高强度水带，仍能协助室内管网供水，例如黄河牌、交通牌消防车和耐压强度大的尼纶、绵纶水带，协助室内管网供水可达70～80m。由于大功率消防车目前生产不多，城市消防队配备不普遍，因此，以解放牌消防车作为计算标准，以50m为界限是合适的。

建筑高度超过50m时，由于解放牌消防车已难以协助供水，云梯车也难以从室外供水。高层建筑消防给水试验证明：建筑高度不超过50m时，解放牌消防车还可以协助扑救高层建筑火灾；超过50m的建筑，必须进一步加强内部消防设施。因此，其室内消火栓给水系统应比不超过50m的供水能力要大。

可见，本规范第7.2.2条规定的消防用水量对不同高度的建筑物区别对待，并以50m作为不同用水量的分界线，是合理的。

国外也有类似的规定。比如，日本对超过45m、法国对超过50m、原苏联对超过十五层的高层建筑室内消防给水系统，均提出了较高的要求。

三、高层建筑消火栓给水系统用水量的确定。

1. 高层建筑消防用水上限值的确定。消防用水量的上限值指扑救火灾危险性大、可燃物多、火灾蔓延快(例如设有空调系统)、建筑高度大于50m的建筑火灾所需要的用水量。根据我国各大中城市最大火灾平均用水量的统计为89L/s，以及我国目前技术、经济发展水平和消防装备情况，本规范以70L/s作为高层建筑消防用水量的上限值，考虑到以自救为主，有些高层建筑室内消防用水量需比室外消防用水量适当大些。

2. 消防用水量下限值的确定。消防用水量的下限值，系指扑救火灾危险性较小、可燃物较少、建筑高度较低(例如虽超过24m但不超过50m)的建筑物火灾所需要的用水量。根据上海、无锡、天津、沈阳、武汉、广州、深圳、南宁、西安等城市火场用水量统计，有成效地扑救较大火灾平均用水量为39.15L/s，扑救较大公共建筑火灾平均用水量为38.7L/s。《建规》对容积在10000～25000m^3的建筑物规定为25～35L/s(其中室外为20～25L/s，室内为5～10L/s)。对低标准的高层建筑消防用水量，参照低层民用建筑的下限消防用水量，采用25L/s作为高层民用建筑室内、外消防用水量的下限值。

3. 室外和室内消防用水量的分配。高层建筑火灾立足于自救，室内消防给水系统的消防用水量理应满足扑救建筑物火灾的实际需水量。但鉴于目前满足这一要求，尚有一定困难，因此将建筑物的消防用水量分成室外和室内消防用水量，既可基本满足消防用水量要求，又有利节约投资。

室外消防用水量，一方面，供消防车从室外管网取水，通过水泵接合器向室内管网供水，增补室内的用水量不足。另一方面，消防车从室外消火栓(或消防池)取水，供应消防车、曲臂车等的带架水枪用水，控制和扑救建筑物火灾；或用消防车从室外消火栓取水，铺水带接水枪，直接扑救或控制高层建筑较低部分或邻近建筑物的火灾。

室内消防用水量供室内消火栓扑救火灾使用。由于目前缺乏高层建筑系统消防用水量统计资料，下面介绍几起高层火灾消防用水量：上海某百货店顶层(第八层)起火，建筑高度40余米，燃烧面积约200m^2，火场使用8支口径19mm的水枪(水压较低)，在自动喷水灭火设备(自动喷头开放4个)的配合下，控制和扑灭了火灾，消防用水量约45L/s。北京某饭店老楼第五层发生火灾，燃烧面积约100m^2，火场使用6支口径19mm的水枪，扑灭了火灾，用水量约50L/s。北京某公寓(塔式建筑，地上十六层)第六层发生火灾，燃烧面积约60m^2，火场使用4支口径13mm的水枪，扑灭了火灾，用水量约12L/s。这几次火灾扑救基本成功，未造成大面积的火灾，其消防用水量约在12～45L/s之间。本规范规定室内消防用水量为10～40L/s，发生大火时，这样的水量可能是不够的。因此，在条件许可时，应采用较大的室内消防用水量。本条规定的室内消火栓给水系统的消防用水量，是扑救高层建筑物初中期火灾的用水量，是保证建筑物消防安全所必要的最低用水量。

四、消防竖管流量的确定。高层建筑内任何一部位发生火灾，需要同层相邻两个消火栓同时出水扑救，以防止火灾蔓延扩大。当相邻两根竖管有一根在检修时，另一根应仍能保证扑救初起火灾的需要。因此，每根竖管应供给一定的消防用水量，本规范表7.2.2作了具体规定：室内消防用水量小于或等于20L/s的建筑物内，每根竖管的流量不小于两支水枪的用水量(即不小于10L/s)；室内消防用水量等于或大于30L/s的建筑物内，不小于3支水枪的用水量(即不小于15L/s)。

五、每支水枪的流量。每支水枪的流量是根据火场实际用水量统计和水力试验资料确定的。消防水力试验得出，口径19mm的水枪，当充实水柱长度为10～13m时，每支水枪的流量为4.6～5.7L/s，每支水枪的平均用水量约为5L/s左右。因此，本规范表7.2.2规定每支水枪的流量不小于5L/s。

在留有余地方面，主要考虑建筑用途有可能变动，如办公楼可能改为仓库，服装工厂、旅馆有可能改为办公楼、科研楼，因此用水量方面应适当留有余地。

7.2.3 对原条文的修改。自动喷水灭火系统的消防用水量，在现行的国家标准《自动喷水灭火系统设计规范》GBJ 84—85中已有具体规定。

我国对设有自动喷水灭火系统的建筑物，其危险等级根据火灾危险性大小，可燃物数量、单位时间内放出的热量，火灾蔓延速度以及扑救难易程度等因素分为严重危险级、中危险级和轻危险级三级。各危险等级的建筑物，当设置湿式喷水灭火系统、干式喷水灭火系统、预作用喷水系统和雨淋喷水灭火系统时，其设计喷水强度、作用面积、喷头工作压力和系统设计秒流量等见表12。

自动喷水灭火系统的基本设计数据级　　表12

项目 建筑物的危险等级		设计喷水强度(L/min·m^2)	作用面积(m^2)	喷头工作压力(Pa)	设计流量Q_s(L/s)		相当于喷头开放数(个)
					Q_L	1.15～1.30Q_L	
严重危险级	生产建筑物	10.0	300	9.8×10^4	50	57.50～65.0	43～49
	储存建筑物	15.0	300	9.8×10^4	75	86.25～97.5	65～73
中危险级		6.0	200	9.8×10^4	20	23.0～20.0	17～20
轻危险级		3.0	180	9.8×10^4	9	10.35～11.7	8～9

注：①最不利点处喷头最低工作压力，不应小于4.9×10^4Pa(0.5kg/cm^2)。

②每个喷头出水量按

$$q=\sqrt{K\frac{P}{9.8\times10^4}}=\frac{80.1}{60}=1.33\text{L/s}(K=80,P=9.8\times10^4\text{Pa})$$

水幕系统的用水量为：

1. 当水幕仅起保护作用或配合防火幕和防火卷帘进行防火隔断时，其用水量不应小于0.5L/s·m。

2. 舞台口和孔洞面积超过3m^2的开口部位以及防火水幕带的水幕用水量，不宜小于2L/s·m。

按照自动喷水系统的流量和与此相当的喷头开放数，其火灾总控制率分别达到82.79%(轻危险级)、91.89%(中危险级)、97.75%(严重危险级的储存建筑物)，见表13。

自动喷水灭火设备火灾控制率　　表13

开放喷头数(个)	充水系统控制率(%)	充气系统控制率(%)	火灾累计数(次)	总控制率(%)
1	40.56	30.05	431	38.83
2	57.28	44.81	613	55.23
3	65.52	55.74	710	63.96
4	71.52	58.47	770	69.37
5	74.65	62.30	786	72.61
6	77.99	65.57	843	75.95
7	80.91	67.76	874	78.74
8	82.85	71.58	899	80.99
9	84.79	73.77	921	82.79
10	85.65	74.32	930	83.78

自动喷水灭火设备火灾控制率 **表 13**

开放喷头数（个）	充水系统控制率（%）	充气系统控制率（%）	火灾累计数（次）	总控制率（%）
11	86.73	75.96	943	84.95
12	88.35	79.78	965	86.94
13	88.78	80.33	970	87.39
14	89.97	81.42	983	88.56
15	90.29	84.15	991	89.28
16	90.72	85.80	998	89.91
17	91.04	87.43	1004	90.45
18	91.59	87.43	1009	90.90
19	92.02	87.98	1014	91.35
20	92.56	88.52	1020	91.89
25	93.64	91.80	1036	93.33
30	49.93	94.54	1053	94.86
35	96.01	96.17	1060	96.04
40	96.96	97.27	1066	96.85
50	97.73	97.81	1075	97.75
75	98.71	99.45	1085	98.83
100	99.03	99.45	1097	99.10
100 以上	100	100	1110	100

7.2.4 本条是新增加的。消防卷盘叫法不一，有小口径自救式消火栓、自救水枪、消防水喉、消防软管卷盘、消防软管转轮、急救消火枪等叫法，本条称之为消防卷盘。

消防卷盘由小口径室内消火栓（口径为 25mm 或 32mm）、输水胶管（内径 19mm）、小口径开关水枪（喷嘴口径为 6.8mm 或 9mm）和转盘配套组成，长度 20～40mm 的胶管卷绕在由摇臂支撑并可旋转的转盘上，胶管一头与小口径消火栓连接，另一头连接小口径水枪，整套消防卷盘与普通消火栓共放在组合型消防箱内或单独放置在专用消防箱内。

消防卷盘属于室内消防装置，适用于扑救碳水化合物引起的初起火灾。它构造简单、价格便宜、操作方便，未经专门训练的非专业消防人员也能使用，是消火栓给水系统中一种重要的辅助灭火设备，在近年来兴建的高层民用建筑已有应用，并受到欢迎。本规范推荐在有服务人员的高层高级旅馆、重要的办公楼、商业楼、展览楼和建筑高度超过 100m 的高层建筑采用。

消防卷盘与消防给水系统连接，也可与生活给水系统连接。由于用水量较少，消防队不使用这种设备进行灭火，只供本单位职工使用，因此在计算消防用水量时可不计入消防用水总量。

7.3 室外消防给水管道、消防水池和室外消火栓

7.3.1 本条是对原条文的修改。对消防给水管道的布置说明如下：

一、室外消防给水管网有环状和枝状两种。环状管网，管道纵横相互连通，局部管段检修或发生故障，仍能保证供水，可靠性好。枝状管网管道布置成树枝状，局部管段检修或发生故障，影响下游管道范围的供水。为保证火场供水要求，高层建筑的室外消防给水管道应布置成环状，如图 12 所示。

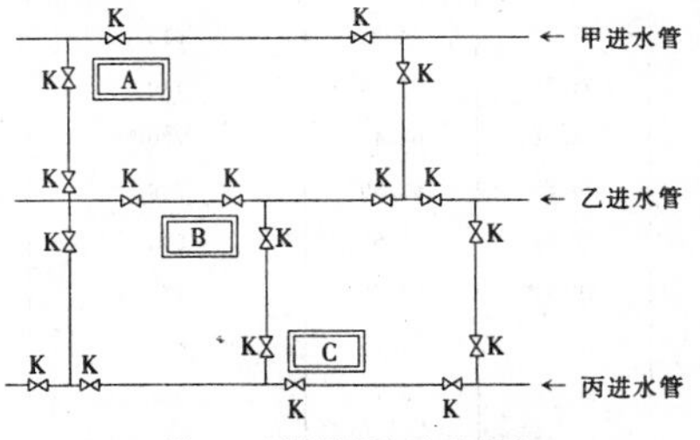

图 12　环状管网布置示意图

为确保环状给水管道的水源，规范规定从市政给水管网接至高层建筑室外给水管道的进水管数量不宜少于两条，并宜从两条市政给水管道引入，以提高供水安全度，其选择顺序如下：

1. 两条市政给水管道，分别由两个水厂供水。

2. 两条市政给水管道，在高层建筑的对向两侧，均由一个水厂供水。

3. 两条市政给水管道，在高层建筑的同向两侧，均由一个水厂供水。

4. 两条市政给水管道，在高层建筑的同向一侧，均由一个水厂供水。

5. 一条市政给水管道，允许设两条或两条以上进水管。

6. 一条市政给水管道，只允许设一条进水管。

二、当进水管数量不少于两条，而其中一条检修或发生故障时，其余进水管应仍能满足全部用水量，即满足生活、生产和消防的用水总量。保证措施为：

1. 合理确定进水管管径。进水管管径应按下式计算：

$$D=\sqrt{\frac{4Q}{\pi(n-1)V}} \tag{2}$$

式中 D——进水管管径；

Q——生活、生产和消防用水总量；

V——进水管水流速度；

n——进水管数量；

π——圆周率 3.14。

2. 在环网的相应管段上设置必要的阀门，以控制水源和保证管网中某一管级维修或发生故障时，其余管段仍能通水并正常工作。

规范条文中的环状，首先应考虑室外消防给水管道与市政给水管道共同构成环状，环状平面形状不拘，矩形、方形、三角形、多边形均可。

7.3.2 本条是原条文的改写。高层民用建筑设置消防水池的条件，说明如下：

消防水池是用以贮存和供给消防用水的构筑物，在其它措施不能保证供给用量的情况时，都需设置消防水池来确保消防用水量。

一、市政给水管道（不论其为环状或枝状）、进水管（不论其数量为多条或一条）或天然水源（不论其为地表水或地下水）的水量不能满足消防用水量时，如市政给水管道和进水管管径偏小，水压偏低不能满足消防用水量；天然水源水量偏少，水位偏低或在枯水期水量不能满足消防用水量。

二、市政给水管道为枝状管网或只有一条进水管，由于管道检修或发生故障，引起火场供水中断，影响扑救，这已为火场供水实际所证明，但考虑到条件所限，对二类建筑的住宅放宽了要求。

7.3.3 本条是对原条文的修改。

一、消防水池的功能有储水和吸水两个方面，储水指储存消防用水供扑救火灾用，吸水指便于消防水泵从池中取水，其中贮水是主功能。

消防水池的储水功能靠水池容积来保证，容积分总容积、有效容积和无效容积。有效容积指该部分储存的消防用水能被消防水泵取用并用于扑灭火灾，它不包括水池在溢流管以上被空气占有的容积，也不包括水池下部无法被取用的那部分容积，更不包括被柱、隔墙所占用的容积。

消防水池的有效容积，应按消防流量与火灾延续时间的乘积计算，而与消防水池位置无关。

$$V_x=Q_x \cdot t \tag{3}$$

式中 V_x——消防水池有效容积；

Q_x——消防流量；

t——火灾延续时间。

火灾延续时间，指消防车到火场开始出水时起至火灾基本被扑灭止的时间。一般是根据火灾延续时间统计资料，并考虑国民经济水平、消防能力、可燃物多少及建筑物的性质用途等综合因素确定的。我国还没有高层民用建筑火灾延续时间的统计资料。从已发生的高层建筑火灾来看，有的时间不长，有的延续时间较长，如东北某大厦火灾延续时间为2h，某旅社火灾延续时间达7h，某宾馆的火灾延续时间为9h等。北京市对1950～1957年8年中2353次一般火灾的延续时间作过统计，见表14。

北京市2353次火灾延续时间统计表　　表14

火灾延续时间（h）	次数（次）	占总数的百分比（%）	累计百分比（%）
<0.50	1276	54.3	54.3
0.50～1.00	625	26.6	80.9
1.00～2.00	334	14.2	95.1
2.00～3.00	82	3.4	98.5
>3.00	36	1.5	100

参考一般火灾延续时间，从既能基本满足高层建筑物的消防用水量需要，又利于节约投资出发，本条规定高级旅馆，重要的档案楼、科研楼，一、二类建筑的商业楼、展览楼、综合楼，一类建筑的财贸金融楼、图书馆、书库的火灾延续时间采用3.00h；其它高层建筑的火灾延续时间按2.00h计算。当上述建筑物设有自动喷水灭火设备时，火灾延续时间可按1.00h计算，因为1.00h后未能将火扑灭，自动喷水灭火设备将被大火烧坏，不能再用或者灭火效果大减。

二、消防水池的有效容量，应根据室外给水管网能否保证室外消防用水量来确定。当室外给水管网能保证室外消防用水量时，消防水池只需保证室内消防用水量的要求；当室外给水管网不能保证室外消防用水量时，消防水池除所存室内消防用水量外，还需储存室外消防用水量的不足部分；当室外给水管网完全不能供室外消防用水量，则消防水池的有效容量应为在火灾延续时间内室内和室外消防用水总量除去连续补充的水量。

三、消防水池内的水一经动用，应尽快补充，以供在短时间内可能发生第二次火灾时使用，本条参考《建规》的要求，规定补水时间不超过48h。

为保证在清洗或检修消防水池时仍能供应消防用水，故要求总有效容积超过500m³的消防水池应分成两个，以便一个水池检修时，另一个水池仍能供应消防用水。

每个消防水池的有效容积为总有效容积的1/2，水池为两个时应采取下列措施之一，以保证正常供水。

1. 水池间设连通管，连通管上设置控制阀门。

2. 消防水泵分别向水池设吸水管。

3. 设公用吸水井，消防水泵从公用吸水井取水。

消防水池除设专用水池外，在条件许可时，也可利用游泳池、喷泉池、水景池、循环冷却水池，但必须满足作消防水池用的全部功能要求；寒冷地区，在冬季不能因防冻而泄空。

7.3.4 新增条文。消防水池储水或供固定消防水泵或供消防车水泵取用。本条对供消防车取水的消防水池作了规定，说明如下：

一、为便于消防车取水灭火，消防水池应设取水口或取水井。取水口或取水井的尺寸应满足吸水管的布置、安装、检修和水泵正常工作的要求。

二、为使消防车水泵能吸上水，消防水池的水深应保证水泵的吸水高度不超过6m。

三、为便于扑救，也为了消防水池不受建筑物火灾的威胁，消防水池取水口或取水井的位置距建筑物，一般不宜小于5m，最好也不大于40m。但考虑到在区域或集中高压（或临时高压）给水系统的设计上这样做有一定困难。因此，本条规定消防水池取水口与被保护建筑物间的距离不宜超过100m。

当消防水池位于建筑物内时，取水口或取水井与建筑物的距离仍须按规范要求保证，而消防水池与取水口或取水井间用连通管连接，管径应能保证消防流量，取水井有效容积不得小于最大一台（组）水泵3min的出水量。

四、寒冷地区的消防水池应有防冻措施，如在水池上覆土保温，人孔和取水口设双层保温井盖等。

消防水池有独立设置或与其它共用水池，当共用时为保证消防时的消防用水，消防水池内的消防用水在平时不应作为他用，因此，消防用水与其它用水合用的消防水池，应采取措施，防止消防用水作为他用。一般可采取下列办法：

1. 其它用水的出水管置于共用水池的消防最高水位上。

2. 消防用水和其它用水在共用水池隔开，分别设置出水管。

3. 其它用水出水管采用虹吸管形式，在消防最高水位处留进气孔。

7.3.5 本条是对原条文的修改。为节约用地、节省投资，同一时间内只考虑1次火灾的高层建筑群，消防水池和消防水泵房均可共用。共用消防水池的有效容量应按用水量最大的一幢建筑物计算确定工程实践证明，高层建筑群可以共用高位消防水箱。当共用高位消防水箱时，要进行水力计算，除应满足7.4.7条的相关规定外，而且还要设置在最高的一幢高层建筑的屋顶最高处，并采取措施保证其他建筑初期火灾的消防供水。

7.3.6 本条是对原文的修改。对室外消火栓的数量和位置提出要求。

室外消火栓的数量，应保证供应建筑物需要的灭火用水量。其中包括室外、室内两部分，室外部分需保证本规范第7.2.2条规定的消火栓给水系统室外消防用水量，以每台解放牌消防车出2支口径19mm的水枪，每台消防车用水量在10～15L/s之间。一台消防车需占用一个消火栓。因此，每个消火栓的供水量按10～15L/s计算。例如，室外消防用水量为30L/s，每个消火栓的出水量按其平均数13L/s计算，则该建筑物室外消火栓数量为30÷13＝2.3个。即需采用3个消火栓（一般情况下，应设备用消火栓）。

室内部分即消防车从室外消火栓取水通过消防车水泵接至水泵接合器，每个水泵接合器的流量按10～15L/s计算，每个水泵接合器占用一台消防车和一个室外消火栓，需供水的水泵接合器数按本规范第7.2.2条规定的消火栓给水系统室内消防用水量和自动喷水灭火系统用水量之和计算。

为便于消防车使用，消火栓应沿消防车道均匀布置。如能布置在路边靠高层民用建筑一侧，可避免灭火时消防车碾压水带引起水带爆裂的弊病。

为便于消防车直接从消火栓取水，故消火栓距路边的距离不宜大于2.00m。

消火栓周围应留有消防队员的操作场地，故距建筑外墙不宜小于5.00m。同时，为便于使用，规定了消火栓距被保护建筑物，不宜超过40m。

为节约投资，同时也不影响灭火战斗，规定在上述范围内的市政消火栓可以计入建筑物室外需要设置消火栓的总数内。

7.3.7 本条基本保留原条文。室外消火栓种类有地上式、地下式和墙壁式。

地上式室外消火栓外露于地面之上，结构紧凑、标志明显、便于寻找，使用维修方便，但不利于防冻也影响美观。

地下式室外消火栓，可根据冻土层要求埋设于地下，进行防冻，不影响美观，但不便寻找。

墙壁式室外消火栓安装在外墙。

本规范推荐采用地上式室外消火栓，在防冻或建筑美观要求时，可采用地下式。墙壁式由于不能保证消火栓与建筑物外墙的距离，在使用时会影响消防人员的安全和操作，因此在高层民用建筑中使用时，其上方应有防坠落物的措施。

7.4 室内消防给水管道、室内消火栓和消防水箱

7.4.1 本条基本保留原条文。高层民用建筑室内消防给水系统，由于水压与生活、生产给水系统有较大差别，消防给水系统中水体滞留变质对生活、生产给水系统也有不利影响，因此要求室内消防给水系统与生活、生产给水系统分开设置。

室内消防给水管道的布置更直接与消防供水的安全可靠性密切相关，因此要求布置成供水安全可靠性高的环状管网（如图13），以使在管网某段维修或发生故障时，仍能保证火场用水。室内环网有水平环网、垂直环网和立体环网，可根据建筑体型、消防给水管道和消火栓布置确定，但必须保证供水干管和每条消防竖管都能做到双向供水。

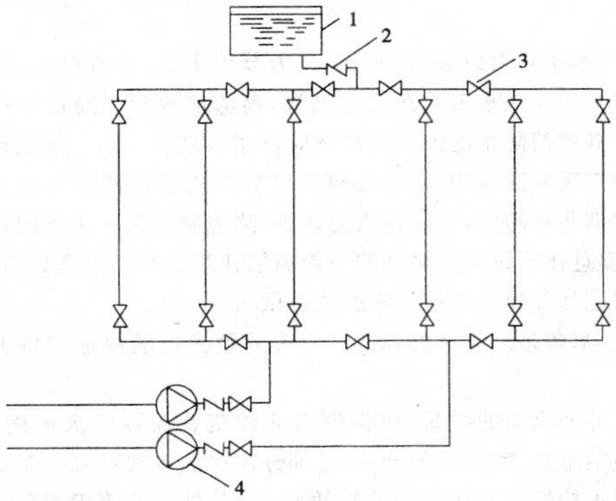

图13 室内消防管网阀门布置图

1—消防水箱；2—止回阀；3—阀门；4—水泵

引入管是从室外给水管网接至建筑物，向建筑供水的管段。向室内环状消防给管道供水的引入管，其数量不应少于两条，当其中一条发生故障时，其余引入管仍能保证消防用水量和水压的要求。

7.4.2 本条是对原条文的修改。本条对消防竖管的布置、竖管的口径和数量作出了规定。确定消防竖管的直径首先应根据每根竖管最小流量值通过计算确定。

一、高层建筑发生火灾时，除了着火层的消火栓出水扑救外，其相邻上下两层均应出水堵截，以防火势扩大。因此，一根消防竖管上的上下相邻的消火栓，应能同时接出数支水枪灭火。为保证水枪的用水量，消防竖管的直径应按本规范第7.2.2条规定的流量计算。

竖管最小管径的规定是基于利用水泵接合器补充室内消防用水的需要，国外也有类似的规定，如波兰规定不小于80mm，日本规定消防队专用竖管不小于150mm，我国规定消防竖管的最小管径不应小于100mm。

二、考虑到高度在50m以下，每层住户不多和建筑面积不太大的普通塔式住宅，消防竖管往往布置在唯一的公用面积——电梯和楼梯间的小厅处，此时设置两条消防竖管确有困难，容许只设一条竖管。但由于消火栓室内消防用水量和每根消防竖管最小流量仍需保证10L/s，因此只能采用双阀双口消火栓来解决。禁止采用难以保证两支水枪同时有效使用的单阀双口消火栓。

三、单元式住宅的每个单元每层建筑面积不大，且各单元之间的墙采用了耐火极限不低于2.00h的不燃烧体隔墙分隔，其火灾危险性与十八层及十八层以下、每层不超过8户、建筑面积不超过650m^{2}的塔式住宅基本一样。因此设置两条消防竖管确有困难，同样允许只设一条竖管，但必须采用双阀双出口型消火栓，且应保证消火栓的充实水柱到达最远点。

7.4.3 基本保留原条文的内容。

一、室内消防给水系统分室内消火栓给水系统和自动喷水灭火系统两类，两类系统可以有以下几种组合形式：

1. 安全独立设置，这种作法较多，可靠性好。

2. 消防泵合用，在报警阀后管网分开，实际作法较少。

3. 系统（包括消防泵、管网）完全合并。不太好，不宜采用。

二、由于两种消防给水系统的作用时间不同（室内消火栓使用延续时间为3h，自动喷水灭火装置为1h）；压力要求不同（室内消火栓压力一般在200kPa，自动喷水灭火系统喷头处工作压力一般为100kPa、最不利点处允许降至50kPa）；水质要求不同（消火栓系统对水质要求不甚严格，自动喷水灭火系统由于喷头孔较小，容易堵塞，要求水质较好），因此推荐室内消火栓给水系统与自动喷水灭火系统分开独立设置。独立设置还可防止消火栓用水影响自动喷水灭火系统用水，或因消火栓漏水而引起的误报警。如室内消火栓给水系统与自动喷水灭火系统共用消防泵房和消防泵时，为防止自动喷水灭火系统和室内消火栓用水相互影响，需将自动喷水灭火系统管网和消火栓给水系统管网分开设置。若分开设置有困难时，至少应将自动喷水系统的报警阀前（沿水流方向）的管网与消火栓给水管网分闸设置，即报警阀前不得设置消火栓。

7.4.4 为使室内消防给水管网在任何情况下都保证火场用水，应用阀门将室内环状管网分成若干独立段。阀门的布置要求高层主体建筑检修管道或检修阀门时，关闭的竖管不超过一条（当竖管为4条及4条以上时，可关闭不相邻的两条），如图14所示。

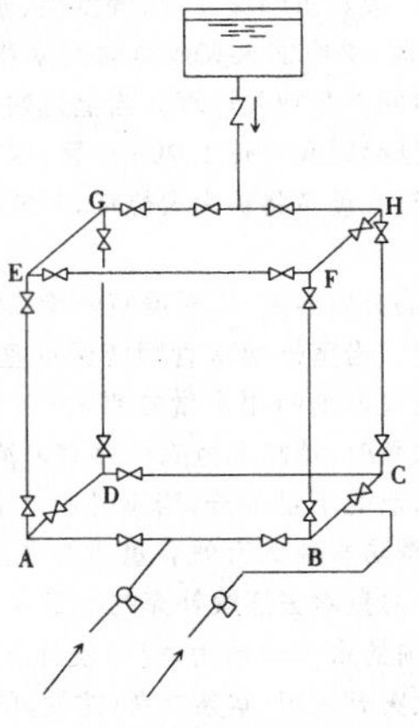

图14 室内管网阀门布置图

与高层主体建筑相连的附属建筑，性质和多层建筑相似，阀门的布置按《建规》的有关规定执行。

室内消防管道上的阀门，应处于常开状态，当管段或阀门检修时，可以关闭相应的阀门。为防止检修后忘开阀门，要求阀门设有明显的启闭标志（例如采用明杆阀门），以便检查，及时开启阀门，保证管网水流畅通。

7.4.5 本条是对原条文的修改。本条对水泵接合器的设置、数量、布置、型式等作出了规定。

一、水泵接合器的主要用途，是当室内消防水泵发生故障或遇大火室内消防用水不足时，供消防车从室外消火栓取水，通过水泵接合器将水送到室内消防给水管网，供灭火使用。因此室内消火栓给水系统和自动喷水灭火系统，均应分别设水泵接合器。

二、消防水泵接合器的数量应根据本规范第7.2.1条、第7.2.2条和第7.2.4条规定的室内消防用水量确定。因为一个水泵接合器由一台消防车供水，则消防车的流量即为水泵接合器的流量，故每个水泵接合器的流量为10～15L/s。

高层民用建筑内部给水一般采用竖向分区给水方式，分区时各分区消防给水管网各自独立，因此在消防车供水压力范围内的每个分区均需分别设置水泵接合器。只有采用串联给水方式时，上区用水从下区水箱抽水供给，可仅在下区设水泵接合器，供全楼使用。水泵接合器应与室内环网连接，连接应尽量远离固定消防水泵出水管与室内管网的接点。

三、水泵接合器由消防水泵从室外消火栓通过它向室内消防给水管网送水，其设置位置应考虑，连接消防车水泵的方便，即设

置水泵接合器的地点：

1. 设在室外。

2. 便于消防车使用。

3. 不妨碍交通。

4. 与建筑物外墙应有一定距离，目前规定离水源（室外消火栓或消防水池）不宜过远。

5. 水泵接合器间距要考虑停放消防车的位置和消防车转弯半径的需要。

四、水泵接合器的种类有地上式、地下式和墙壁式三种，地上式栓身与接口高出地面，目标显著，使用方便，规范推荐采用。地下式安装在路面下，不占地方，特别适用于寒冷地区和有美观要求的地点。墙壁式安装在建筑物墙根处，墙面上只露两个接口的装饰标牌。各种类型的水泵接合器，其外型不应与消火栓相同，以免误用，而影响火灾的及时扑救。地下式水泵接合器的井盖与消火栓井盖亦应有所区别。特别要注意水泵接合器设置位置，不致由于建筑物上部掉东西而影响供水和人员安全。

水泵接合器的附件有止回阀、安全阀、闸阀的泄水阀等。止回阀用于室内消防给水管网压力过高，保障系统的安全。水泵接合器在工作时与室内消防给水管网沟通，因此，其工作压力应能满足室内消防给水管网的分区压力要求。

7.4.6 本条是对原条文的修改。室内消火栓的合理设置直接关系到扑救火灾的效果。因此，高层建筑的各层包括和主体建筑相连的附属建筑各层，均应合理设置室内消火栓。以保证建筑物任何部位着火时，都能及时控制和扑救。据了解，有些高层住宅，仅在六层以上的消防竖管上设消火栓，这样做很不妥当。因为若六层以下的任一层着火，如不设消火栓，就不便迅速扑灭火灾；设了消火栓，就方便居民或消防队灭火时使用，可以起到快出水、早灭火的作用，而增加的投资是很少的，故规定在各层均应设消火栓。本条对消火栓还提出了以下具体要求：

一、消火栓的水压应保证水枪有一定长度的充实水柱。对充实水柱的长度要求，是根据消防实践经验确定的。我国扑救低层建筑火灾时，水枪的充实水柱长度一般在10～17m之间。火场实践证明，当口径19mm水枪的充实水柱长度小于10m时，由于火场烟雾大，辐射热高，扑救火灾有一定困难。当充实水柱长度增大时，水枪的反作用力也随之增大，如表15所示。经过训练的消防队员能承受的水枪最大反作用力不应超过20kg，一般不宜超过15kg。火场常用的充实水柱长度一般在10～15m。为节约投资和满足火场灭火的基本要求，规定消火栓的水枪充实水柱长度首先应通过水力计算确定，同时又规定建筑高度不超过100m的高层建筑的充实水柱的下限值不应小于10m。

水枪的充实水柱长度可按下式计算：

$$S_k=\frac{H_1-H_2}{\sin\alpha} \tag{4}$$

式中 S_k——水枪的充实水柱长度（m）；

H_1——被保护建筑物的层高（m）；

H_2——消火栓安装高度（一般为1.1m）；

α——水枪上倾角，一般为45°，若有特殊困难，可适当加大，但考虑消防人员的安全和扑救效果，水枪的最大上倾角不应大于60°。

口径19mm水枪的反作用力 **表15**

充实水柱长度（m）	水枪口压力（kg/cm^2）	水枪反作用力（kg）
10	1.35	7.65
11	1.50	8.51
12	1.70	9.63
13	2.05	11.62
14	2.45	13.80
15	2.70	15.31
16	3.25	18.42
17	3.55	20.13
18	4.33	24.38

二、消火栓的布置。规定消火栓应设在明显易于取用的地方，以便于用户和消防队及时找到和使用。消火栓应有明显的红色标志，且应标注“消火栓”的字样，不应隐蔽和伪装。

消火栓的出水方向应便于操作，并创造较好的水力条件，故规定消火栓出水方向宜与设置消火栓的墙面成90度角。栓口离地面高度宜为1.10m，便于操作。

关于消火栓的布置，最重要的是保证建筑物同层任何部位都有两个消火栓的水枪充实水柱同时到达。其原因是：初期火灾能否被及时地有效地控制和扑灭，关系到起火建筑物内人身和财产的安危。而火场供水实践说明，扑救初期火灾的水枪数量极为重要。统计资料表明，一支水枪扑救初期火灾的控制率仅40%左右，两支水枪扑救初期火灾的控制率达65%左右。因此，扑救初期火灾使用水枪数量不应小于两支。为及时控制和扑灭火灾，同层任何部分都应有两个消火栓的水枪充实水柱能够同时到达，以保证在正常情况下有两支水枪进行扑救，在不利情况下，也就是当其中一支水枪发生故障时，仍有一支水枪扑救初期火灾。同层消火栓的布置示意如图15所示。

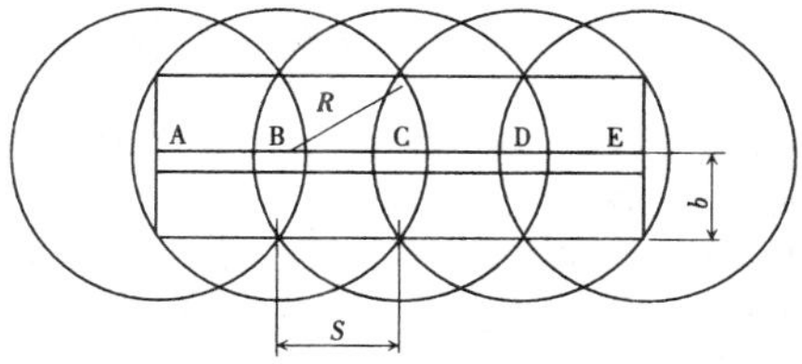

图15 同层消火栓的布置示意图

A、B、C、D、E—为室内消火栓；R—消火栓的保护半径（m）；

S—消火栓间距（m）；b—消火栓实际保护最大宽度（m）

消火栓的设置数量和位置，应结合建筑物各层平面图布局。图15只是一个例子，消火栓的保护半径R，也没有考虑房间的分隔情况。

对消火栓间距，规范还以不应大于30m的规定来控制和保证两支水枪充实水柱同时到达被保护部位。

三、消火栓栓口压力。火场实践说明，水枪的水压太大，一人难以握紧使用。同时，水枪的流量超过5L/s，水箱内的消防用水可能在较短的时间内被用完，对扑救初期火灾极为不利。所以规定栓口的出水压力不大于0.50MPa。当超过0.5MPa时，要采取减压措施。

随着我国供水管道产品质量和承压能力的提高，本此修订将消火栓的静水压力由0.80MPa调整为1.00MPa（日本规定不超过0.70MPa，原苏联规定不超过0.90MPa）。同时，为便于工程设计和施工，将消火栓的静水压力控制在1.00MPa，当超过1.00MPa时才要求采用分区给水。

四、室内消火栓规格。室内消火栓是用户和消防人员灭火的主要工具。室内消火栓口直径应与消防队通用的直径为65mm的水带配套，故室内消火栓所配备的栓口直径应为65mm。

在一幢建筑物内，如消火栓栓口、水带和水枪因规格、型号不一致，就无法配套使用，因此要求主体建筑和与主体建筑相连的附属建筑采用同一型号、规格的消火栓和与其配套的水带及水枪。

火场实践说明，室内消火栓配备的水带长度过长，不便于扑救室内初期火灾。消防队使用的水带长度一般为20m，为节约投资同时考虑火场操作的可能性，要求室内消火栓所配备的水带长度不应超过25m。

为适应扑救大火的需要，应采用较大口径的水枪，同时与消防队经常使用的水枪配合，以便火场使用，故规定室内消火栓配备水枪的喷嘴口径不应小于19mm。

五、为及时启动消防水泵，在水箱内的消防用水尚未用完以前，消防水泵应进入正常运转。故本条规定在高层建筑物内每个消火栓处均应设置启动消防水泵的按钮，以便迅速远距离启动。为防止小孩玩弄或误启动，要求按钮应有保护设施，一般可放在消火栓箱内或带有玻璃的壁龛内。

六、消防电梯是消防人员进入高层建筑物内进行扑救的重要设施，为便于消防人员尽快使用消火栓扑救火灾并开辟通路，故规定在消防电梯间前室设有消火栓。

七、屋顶消火栓供本单位和消防队定期检查室内消火栓给水系统使用，一般设一个。

避难层、屋顶直升机停机坪及其它重要部位需设置消火栓的规定，详见本规范有关条文。

7.4.7 本条对原条文作了修改。

一、消防水箱的主要作用是供给高层建筑初期火灾时的消防用水水量，并保证相应的水压要求。对高压消防给水系统的高层建筑，如经常能保证室内最不利点消火栓和自动喷水灭火设备的水量和水压时，可以不设消防水箱。而对临时高压给水系统(独立设置或区域集中)的高层建筑物，均应设置消防水箱。

消防水箱指屋顶消防水箱，也包括垂直分区采用并联给水方式的各分区减压水箱。

二、我国早期的高层建筑物中水箱容量较大，一般在 30～50m^3 左右，新建的广州白云宾馆水箱容量为 210m^3，广州宾馆的屋顶水箱容量为 250m^3。水箱容量太大，在建筑设计中有时处理比较困难，但若水箱容量太小，又势必影响初期火灾的扑救；水箱压力的高低对于扑救建筑物顶层或附近几层的火灾关系也很大，压力低可能出不了水或达不到要求的充实水柱，影响灭火效率。因此，本条对水箱容积、压力等作了必要的规定。

三、消防水箱的消防储水量。根据区别对待的原则，对不同性质的建筑规定了消防水箱的不同容量，住宅小些，公共建筑大些；当消火栓给水系统和自动喷水灭火系统分设水箱时，水箱容积应按系统分别保证。

一类建筑的消防水箱，当不能满足最不利点消火栓静水压力 0.07MPa(建筑高度超过 100m 的高层建筑，静水压力不应低于 0.15MPa)时，要设增压设施，增压设施可采用气压水罐或稳压泵。这些产品必须采用国家检测部门检测合格的产品，以满足最不利点的水压要求。

四、为防止消防水箱内的水因长期不用而变质，并作到经济合理，故提出消防用水与其它用水共用水箱，但共用水箱要有消防用水不作他用的技术措施(技术措施可参考消防水池不作他用的办法)，以确保及时供应必需的灭火用水量。

五、据调查，有的高层建筑水箱采用消防管道进水或消防泵启动后消防用水经水箱再流入消防管网，这样不能保证消防设备的水压，充分发挥消防设备的作用。为此，应通过生活或其它给水管道向水箱供水，并在水箱的消防出水管上安装止回阀，以阻止消防水泵启动后消防用水进入水箱。

消防水箱也可以分成两格或设置两个，以便检修时仍能保证消防用水的供应。

7.4.8 本条对增压设施作出具体规定。设置增压设施的目的主要是在火灾初起时，消防水泵启动前，满足消火栓和自动喷水灭火系统的水压要求。对增压水泵，其出水量应满足一个消火栓用水量或一个自动喷水灭火系统喷头的用水量。对气压给水设备的气压水罐其调节水容量为两支水枪和 5 个喷头 30s 的用水量，即 2×5×30＋5×1×30＝450L。

7.4.9 消防卷盘，用于扑灭在普通消火栓正式使用前的初期火灾，因此只要求室内地面任何部位有一股水流能够到达，而不要求到达室内任何部位，其安装高度应便于取用。

7.5 消防水泵房和消防水泵

7.5.1 本条基本保留原条文。消防水泵是消防给水系统的心脏。在火灾延续时间内人员和水泵机组都需要坚持工作。因此，独立设置的消防水泵房的耐火等级不应低于二级；设在高层建筑物内的消防水泵房层应用耐火极限不低于 2.00h 的隔墙和 1.50h 的楼板与其它部位隔开。

7.5.2 本条基本保留原条文。为保证在火灾延续时间内，人员的进出安全，消防水泵的正常运行，对消防水泵房的出口作了规定。

规定泵房当设在首层时，出口宜直通室外；设在楼层和地下室时，宜直通安全出口。

7.5.3 本条基本保留原条文。消防水泵是高层建筑消防给水系统的心脏，必须保证在扑救火灾时能坚持不间断地供水，设置备用水泵为措施之一。

固定消防水泵机组，不论工作泵台数多少，只设一台备用水泵，但备用水泵的工作能力不小于消防工作泵中最大一台工作泵的工作能力，以保证任何一台工作泵发生故障或需进行维修时备用水泵投入后的总工作能力不会降低。

7.5.4 本条保留原条文。为保证消防泵及时、可靠地运行，一组消防水泵的吸水管不应少于两条，以保证其中一条维修或发生故障时，仍能正常工作。

消防水泵房向环状管网送水的供水管不应少于两条，当其中一条检修或发生故障时，其余的出水管应仍能供应全部消防用水量。消防水泵为两台时，其出水管的布置如图 16 所示。

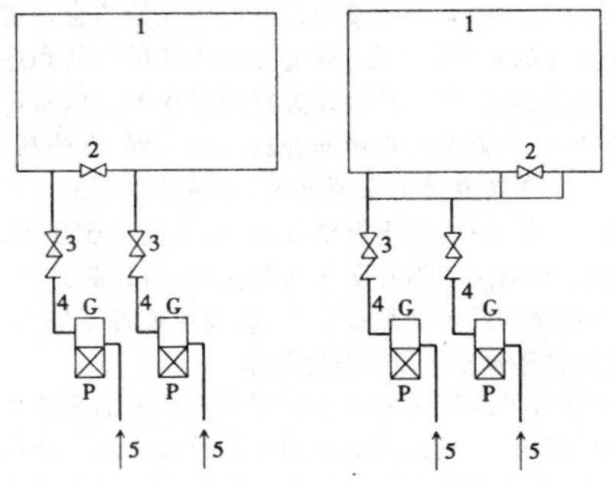

(a)正确的布置方法　　(b)不正确的布置方法

图 16　消防水泵与室内管网的联结方法图

P—电动机；G—消防水泵；1—室内管网；2—消防分隔阀门；3—阀门和单向阀；4—出水管；5—吸水管

自灌式吸水的消防水泵比充水式水泵节省充水时间，启动迅速，运行可靠。因此，规定消防水泵应采用自灌式吸水。由于近年来自灌式吸水种类增多，而消防水泵又很少使用，因此规范推荐消防水池或消防水箱的工作水位高于消防水泵轴线标高的自灌式吸水方式。若采用自灌式有困难时，应有可靠迅速的充水设备。

为方便试验和检查消防水泵，规定在消防水泵的出水管上应装设压力表和放水阀门。为便于和水带连接，阀门的直径应为 65mm。

消防水泵应定期运转检查，以检验电控系统和水泵机组本身是否正常，能否迅速启动。检验时应测定水泵的流量和压力，试验用的水当来自消防水池时，可回归至水池。

7.5.5

一、当室外给水管网能满足消防用水量，且市政主管部门允许消防水泵直接从室外管网吸水时，应考虑消防水泵从室外给水管网直接吸水。直接吸水的优点是：

1. 充分利用室外给水管网水压。
2. 减少消防水池、吸水井等构筑物，节省投资，节约面积。
3. 可防止水在储水、取水构筑物的二次污染。
4. 水泵处于灌水状态，便于自动控制。

二、水泵直接从室外给水管网直接吸水，在吸水时会造成局部地区水压下降，一般说来，这是允许的。消防车在扑救火灾时，消防车水泵也直接从室外消火栓直接吸水，造成的后果与消防水泵房内消防水泵从室外给水管网直接吸水的后果和影响完全相同。

三、室外给水管网的水压有季节和昼夜的变化，直接吸水时，水泵扬程应按最不利情况考虑，即按室外给水管网的最低水压计算。而在室外给水管网为最高压力时，应防止遇水泵加压后而导致压力过高出现的各种弊病，如管道接口和附近件渗漏、水泵效率下降等，因此应以室外给水管网的最高水压来校核水泵的工作情况。

直接吸水时，由于吸水管内充满水，为考虑水泵检修，在吸水管上应设阀门。

7.5.6 高层建筑消防用水量较大，但在火灾初期消火栓的实际使用数和自动喷水灭火系统的喷头实际开放数要比规范规定的数量少，其实际消防用水量远小于水泵选定的流量值，而消防水泵在试验和检查时，水泵出水量也较少，此时，管网压力升高，有时超过管网允许压力而造成事故。这需在工程设计时引起注意并采取相应措施。一般有以下办法：(1)多台水泵并联运行；(2)选用流量—扬程曲线平的消防水泵；(3)提高管道和附件承压能力；(4)设置安全阀或其它泄压装置；(5)设置回流管泄压；(6)减小竖向分区给水压力值；(7)合理布置消防给水系统。

7.6 灭火设备

7.6.1、7.6.2 是对原条文的修改。据调查，游泳池、溜冰场尚无火灾实例，住宅火灾蔓延到相邻户及相邻单元的案例也不多见，故取消原条文7.6.2.1～7.6.2.5款的规定。这两条所指游泳池、溜冰场不包括其辅助的服务用房和旱冰场，以下同。

国外经验证明，自动喷水灭火设备有良好的灭火效果，应积极推广采用，以保证高层建筑物的消防安全。我国现有的自动喷水灭火设备，其灭火效果也是好的，例如：1958年，上海第一百货公司由于地下室油布雨伞自燃，一个自动喷水头开启将初期火灾扑灭；1965年，该公司首层橱窗电动模型灯光将布景烤着起火，也是一个自动喷水头开启后扑灭的；1976年，该公司楼顶层加工厂静电植绒车间(着火部位无自动喷水头，两侧有自动喷水头)起火，内部机器设备和建筑装修被烧毁，在起火部位两侧各开放两个喷水头，阻止了火势扩大，在水枪的配合扑救下，较顺利地扑灭了火灾。同样，上海大厦面包房熬油起火，上海国际饭店十四层和十八层油锅起火及六层客房烟头起火，都是一个喷头开启扑灭的。因此，7.6.1条规定了建筑高度超过100m的高层建筑，应设自动喷水灭火设备。为了节省投资，7.6.2条对低于100m的一类建筑及其裙房的一些重点部位、房间提出了应设置自动喷水灭火设备的要求。这些部位、房间或是火灾危险性较大，或是发生火灾后不易扑救、疏散困难，或是兼有上述不利条件，也有的是性质重要。国外这类设备设置相当普遍，如美、日等国要求高层建筑都要设置自动喷水灭火设备。

7.6.3、7.6.4 这两条是对原条文的修改。

为了贯彻建筑防火以人为本的指导思想，加强人员密集场所初期火灾的早期控火能力，借鉴发达国家的成功经验，本次修订适当增加了自动喷水灭火系统的设置场所。

一、据调查，有的二类高层公共建筑，其裙房及部分主体高层建筑，设有大小不等的展览厅、营业厅等，但没有设自动喷水系统和火灾自动报警系统，只有消火栓系统，不利于消防安全保护，故作了7.6.3条规定。

二、根据国内有些二类高层建筑公共活动用房安装自动喷水系统和火灾自动报警系统的实践，效果较为明显，故参考一些工程实际做法和国外规范，规定此类公共用房均应设自动喷水系统。

三、地下室一旦发生火灾，疏散和扑救难度大，故应设自动喷水灭火系统。

四、由于歌舞娱乐放映游艺场所人员密集，火灾危险性较大，为有效扑救初起火灾，减少人员伤亡和财产损失，所以做此规定。

五、公共活动用房主要指下列场所：

1.商业楼、展览楼、财贸金融楼、综合楼、商住楼的商业部分、电信楼、邮政楼等建筑的营业厅、会议室、办公室、展览厅与走道；

2.教学楼、办公楼、科研楼等建筑可燃物较多且经常有人停留的场所；

3.旅馆、医院、图书馆、老年建筑、幼儿园；

4.可燃物品库房。

7.6.5 本条基本保留原条文。实践证明，水幕与防火卷帘、防火幕等配合使用，阻火效果更好。

本条规定的水幕设置范围，其理由是：

一、剧院、礼堂的舞台，演戏时常有烟火效果，幕布、可燃道具、照明灯具多，容易引起火灾。故规定设在高层建筑内超过800个座位的剧院、礼堂，在舞台口宜设防火幕或水幕。

二、火灾实例证明，舞台起火后容易威胁观众的安全，如设有防火幕或水幕，能在一定时间内阻挡火势向观众厅蔓延，赢得疏散和扑救时间。

7.6.6 本条是对原条文的修改。由于卤代烷对环境及大气层破坏严重，国家限制生产和使用，故予以修改。

高层建筑内的燃油、燃气锅炉房、可燃油油浸电力变压器室、多油开关室、充可燃油的高压电容器室、自备发电机房等，有较大的火灾危险性。考虑到其火灾特点，可以采用水喷雾灭火系统。

7.6.7 本条是对原条文的修改和增加。

一、条文各项所提及的房间，一旦发生火灾将会造成严重的经济损失或政治后果，必须加强防火保护和灭火设施。因此，除应设置室内消火栓给水系统外，尚应增设相应的气体或预作用自动喷水灭火系统。

考虑到上述房间内，经常有人停留或工作，以及国内目前尚无有关含氢氟烃(HFC)和惰性气体灭火系统设计与施工的国家标准等实际情况，所以本条未限制卤代烷1211、1301灭火系统的使用。

二、卤代烷1211、1301、二氧化碳等气体灭火装置，对扑灭密闭的室内火灾有良好效果，不会造成水渍损失，但灭火效果受到周围环境和室内气流的影响较大。因此，计算灭火剂时需要考虑附加量。

三、具体技术要求，按卤代烷1211、1301灭火系统的有关规范执行。

四、电子计算机房，除其主机房和基本工作间的已记录磁、纸介质库之外，是可以采用预作用自动喷水灭火系统扑灭火灾的。当有备用主机和备用已记录磁、纸介质，且设置在其它建筑物中或在同一建筑物中的另一防火分区内，其主机房和基本工作间的已记录磁、纸介质库仍可采用预作用自动喷水灭火系统，故对7.6.7.1条专注说明。

五、"其它特殊重要设备室"是指装备有对生产或生活产生重要影响的设施的房间，这类设施一旦被毁将对生产、生活产生严重影响，所以亦需采取严格的防火灭火措施。

7.6.8 系新增条文。

本条文中所涉及到的房间内，存放的物品均系价值昂贵的文物或珍贵文史资料，且怕浸渍，故必需气体灭火。同时，这些房间大多无人停留或只有1～2名管理人员。他们熟悉本防护区的火灾疏散通道、出口和灭火设备的位置，能够处理意外情况或在火灾时迅速逃生。因此，可采用除卤代烷1211、1301以外的气体灭火系统。根据《中国消耗臭氧层物质淘汰国家方案》和《中国消防行业哈龙整体淘汰计划》的要求，对上述场所规定禁止使用卤代烷灭火系统。

7.6.9 系新增条文。

灭火器用于扑救初期火灾，既有效又经济，当发现火情时，首先考虑采用灭火器进行扑救。所以，应将灭火器配置的内容纳入本规范之中。具体设计应按《建筑灭火器配置设计规范》GBJ 140—90的有关规定执行。

8 防烟、排烟和通风、空气调节

8.1 一般规定

8.1.1、8.1.2 规定了高层建筑的防烟设施和排烟设施的组成部分。

一、设置防、排烟设施的理由：当高层建筑发生火灾时，防烟楼梯间是高层建筑内部人员唯一的垂直疏散通道，消防电梯是消防队员进行扑救的主要垂直运输工具(国外一般要求是当发生火灾后，普通客梯的轿厢全部迅速落到底层。电梯厅一般用防火卷帘或防火门封隔起来)。为了疏散和扑救的需要，必须确保在疏散和扑救过程中防烟楼梯间和消防电梯井内无烟，首先在建筑布局上按本规范第6.2.1条及第6.3.3条的规定，对防烟楼梯间及消防电梯设置独立的前室或两者合用前室。设置前室的作用：(1)可作为着火时的临时避难场所；(2)阻挡烟气直接进入防烟楼梯间或消防电梯井；(3)作为消防队员到达着火层进行扑救工作的起始点和安全区；(4)降低建筑本身由热压差产生的所谓"烟囱效应"。特别是在冬天北方地区，室内温度高于室外温度，由于空气的容量不同而产生很大的热压差，在建筑比较密封的情况下，中和面在建筑高度1/2处，室外空气经低于中和面的门、窗缝渗入室内，室内热空气经过高于中和面的门、窗缝漏出，这就是"烟囱效应"。由于设有前室，把楼梯间、电梯井与走道前室的两道门隔开，这样楼梯间及电梯的烟囱效应减弱，可以减缓火、烟垂直蔓延的速度；其次是按第8.1.1条、第8.1.2条的规定设置防、排烟设施，当发生火灾时，烟气水平方向流动速度为每秒0.3～0.8m，垂直方向扩散速度为每秒3～4m，即当烟气流动无阻挡时，只需1min左右就可以扩散到几十层高的大楼，烟气流动速度大大超过了人的疏散速度。楼梯间、电梯井又是高层建筑火灾时垂直方向蔓延的重要途径。因此，防烟楼梯间及其前室、消防电梯间前室和两者合用前室设置防排烟设施，是阻止烟气进入该部位或把进入该部位的烟气排出高层建筑外，从而保证人员安全疏散和扑救。

二、设置防、排烟设施的方式。对于防烟楼梯间及其前室、消防电梯间前室和两者合用前室设置防烟或排烟设施的方式很多，下面分别介绍几种。

自然排烟，有以下两种方式：

1. 利用建筑的阳台、凹廊或在外墙上设置便于开启的外窗或排烟窗进行无组织的自然排烟，如图17(a)～(d)。

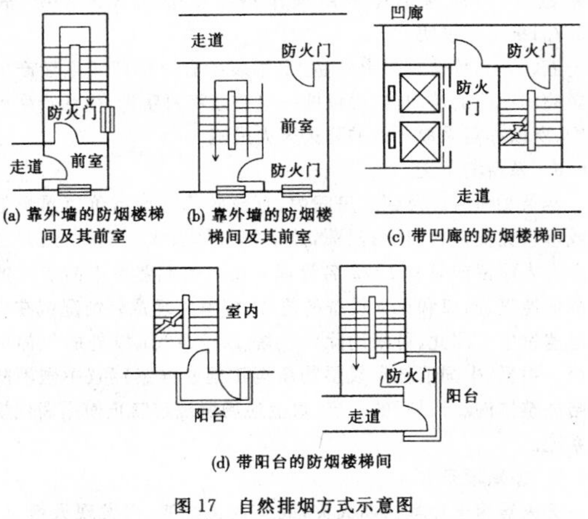

图17 自然排烟方式示意图

其优点是：(1)不需要专门的排烟设备；(2)火灾时不受电源中断的影响；(3)构造简单、经济；(4)平时可兼作换气用。不足之处：因受室外风向、风速和建筑本身的密封性或热压作用的影响，排烟效果不太稳定。据调查情况表明，这种自然排烟的方式一直被广泛采用。根据我国目前的经济、技术条件及管理水平，此方式值得推广，并宜优先采用。

2. 竖井排烟。在防烟楼梯间前室、消防电梯前室或合用前室内设置专用的排烟竖井，依靠室内火灾时产生的热压和室外空气的风压形成"烟囱效应"，进行有组织的自然排烟。这种排烟当着火层所处的高度与烟气排放口的高度差越大，其排烟效果越好，反之越差。这种排烟的优点是不需要能源，设备简单，仅用排烟竖井(各层还应设有自动或手动控制的排烟口)，缺点是竖井占地面积大。按日本建筑基准法规定：前室排烟竖井的面积不小于$6m^2$(合用前室不小于$9m^2$)，排烟口开口面积不小于$4m^2$(合用前室不小于$6m^2$)；进风口竖井截面不小于$2m^2$(合用前室不小于$3m^2$)；进风口面积不小于$1m^2$(合用前室不小于$1.5m^2$)。在我国一些新建的高层建筑防烟楼梯间中有的采用了这种方式，如：无锡滨湖饭店，南京工艺美术大楼，郑州宾馆等。但无锡滨湖饭店等几座高层建筑设置的自然排烟竖井及排烟口，其截面积与日本的规定相比小很多。目前尚无法肯定国内采用的竖井和排烟口截面能否有良好的排烟效果。据日本有关资料介绍，由于采用这种方法的排烟井与进风井需要占有很大的有效空间，所以在一般情况下很难被设计人员接受。我国的设计人员认为，这种方式由于竖井需要两个很大的截面，给设计布置带来了很大的困难，同时也降低了建筑的使用面积。因此近年来已很少被采用了。

机械排烟，有以下两种方式：

1. 机械排烟与自然进风或机械进风。此方式是按照通风气流组织的理论，把侵入前室的烟气通过排烟风机和某种形式的进风(自然进风或机械进风)把烟气排出和形成透明的"避难气流"。排烟口设在前室的顶棚上或靠近顶棚的墙面上，进风口设在靠近地面的墙面上。日本"排烟量的标准"规定其前室：排烟风机的排烟量应为$4m^3/s$($14400m^3/h$)，合用前室应为$6m^3/s$($21600m^3/h$)的排烟能力。进风靠自然进风时，应设截面积为$2m^2$的进风竖井。进风靠机械进风时，其进风量为排烟量的70%～80%保持负压，这种方式前几年被广泛采用。如：天津内贸大厦、北京图书馆、上海宾馆等均为机械排烟、机械进风，北京昆仑饭店等均为机械排烟、自然进风。近几年来，随着国内外防、排烟的进一步发展，对这种排烟方式的采用提出异议，认为这种方式是在烟气或热空气已经侵入疏散通道的被动情况下再将它排除，没有从根本上达到疏散通道内无烟的目的，给疏散人员造成不安全感。设备投资、系统形式也比较复杂。另一方面，当前室处在人员拥挤的情况下，理想的气流组织受到破坏，使排烟效果受到影响。因此近几年高层建筑设计中也很少被采用。有些工程原设计为此方法，现在也在改造，如天津内贸大厦、深圳国贸中心等。

2. 机械加压送风。此方式是通过通风机所产生的气体流动和压力差来控制烟气的流动，即要求烟气不侵入的地区增加该地区的压力。机械加压送风方式早在第二次世界大战时期已出现，一些国家曾经利用它来防止敌人投放的化学毒气和细菌侵入军事防御作战部门的要害房间。在和平时期，又有人利用它在工厂里制造洁净车间，在医院里制造无菌手术室等，都取得明显的效果。如今，机械加压送风技术又广泛应用在高层建筑防烟方面，并已被广大的工程技术人员所承认，世界很多国家均设有研究中心和试验楼。如：美国的布鲁克弗研究所的十二层办公大厦、德国汉堡一座七层办公大楼等均被列为机械加压送风防烟方式的试验地或研究中心。我国近几年来高层建筑发展很快，对机械加压送风的防烟技术从研究到应用均取得了很大的进展。这种方式已广泛被设计人员接受并掌握，利用机械加压防烟技术的高层建筑在我国已有2000余幢。机械加压送风防烟达到了疏散通道无烟的目的，从而保证了人员疏散和扑救的需要。从建筑设备投资方面来说，均低于机械排烟的投资。因此，这种方式是值得推广采用的。

综合上述各种防烟方式的介绍与分析，结合目前国内外防、排烟技术发展情况，规定对防烟楼梯间及其前室、消防电梯前室和两者合用前室设置的防、排烟设施为机械加压送风的防烟设施或可开启外窗的自然排烟措施。除此之外，其它防、排烟方式均不宜采用。

8.1.3 本条是对原条文的修改。火灾产生大量的烟气和热量，如不排除，就不能保证人员的安全疏散和扑救工作的进行。根据日本、英国火灾统计资料中对火灾死亡人数的分析：由于被烟熏死的占比例较大，最高达 78.9%。在被火烧死的人数中，多数也是先中毒窒息晕倒后被火烧死的。例如：日本“千日”百货大楼火灾，死亡 118 人中就有 93 人是被烟熏死的。美国米高梅饭店火灾，死亡 84 人中有 67 人是被烟熏死的。因此排出火灾产生的烟气和热量，也是防、排烟设计的主要目的。据有关资料表明：一个设计优良的排烟系统在火灾时能排出 80% 的热量，使火灾温度大大降低。本条对一类高层建筑和建筑高度超过 32m 的二类高层建筑中长度超过 20m 的内走道、面积超过 $100m^2$ 且经常有人停留或可燃物较多的房间应设置排烟设施作出规定，其理由及排烟方式分别说明如下。

一、设置排烟设施的理由。

1. 一类高层建筑的可燃装修材料多，陈设及贵重物品多，空调、通风等管道也多。塔式建筑仅仅一个楼梯间，疏散困难。建筑高度超过 32m 的二类高层建筑其垂直疏散距离大。因此设置排烟设施时以一类高层建筑和建筑高度超过 32m 的二类高层建筑为条件。

2. 走道的排烟：据火灾实地观测，人在浓烟中低头掩鼻最大通行的距离为 20～30m。根据原苏联的防火设计规定：内廊式住宅的走廊长度超过 15m 时，在走廊中间必须设置排烟设备。根据德国的防火设计规定：高层住宅建筑中的内廊每隔 15m 应用防烟门隔开，每个分隔段必须有直接通向楼梯间的通道，并应直接采光和自然通风。参考国外资料及火灾实地观测的结果，本条规定长度超过 20m 的内走道应设置排烟设施。

3. 房间的排烟：以尽量减少排烟系统设置范围为出发点，房间的排烟只规定“面积超过 $100m^2$，且经常有人停留或可燃物较多的房间”这句话只是定性的，人定量上如何确定，这个问题在过去的设计中给设计人员带来疑惑，考虑到建筑使用功能的复杂性等因素的限制，仍不宜按定量规定，只能列举一些例子供设计人员参考。例：多功能厅、餐厅、会议室、公共场所及书库、资料室、贵重物品陈列室、商品库、计算机房、电讯机房等。

4. 地下室的排烟见本说明第 8.4.1 条。

5. 中庭的排烟见本说明第 8.2.2 条和第 8.4.2 条。

二、设置排烟设施的方式。

1. 自然排烟：利用火灾时产生的热压，通过可开启的外窗或排烟窗（包括在火灾发生时破碎玻璃以打开外窗）把烟气排至室外。

2. 机械排烟：设置专用的排烟口、排烟管道及排烟风机把火灾产生的烟气与热量排至室外。

需要说明的是，设置专用的排烟竖井对走道与房间进行有组织的自然排烟方式，如唐山市唐山饭店等，由于竖井需要的截面很大，降低了建筑使用面积并漏风现象较严重等因素，故本条不推荐采用竖井的排烟方式。

8.1.4 新增条文。根据国内外高层建筑火灾案例经验教训，当高层建筑发生火灾时，由通风、空调系统的风管引起火灾迅速蔓延造成重大损失的案例是很多的。如韩国汉城“天然阁”饭店的火灾，从二层一直烧到顶层（二十一层），死伤 224 人，其中一条经验教训是，大火沿通风空调系统的管道迅速蔓延。又如，美国佐治亚州亚特兰大文考夫饭店的火灾，起火地点在三楼走道，建筑内的可燃装修物等几乎全部烧毁，死伤 220 多人，最主要的教训也是通风空调系统的竖向管道助长了火势的蔓延。我国杭州市一宾馆由于电焊时烧着了风管的可燃保温材料引起火灾，火势沿着风管和竖向孔洞蔓延，从一层一直烧到顶层，大火延烧了八九个小时，造成重大经济损失。由此可见，通风、空调系统风道是高层建筑发生火灾时使火灾蔓延的主要途径之一，为此本条规定对通风、空调系统应有防火、防烟措施。

8.1.5 基本保留原条文。一般机械通风钢质风管的风速控制在 14m/s 左右；建筑风道控制在 12m/s 左右。因不是常开的，对噪音影响可不予考虑，故允许比一般通风的风速稍大些。日本有关资料推荐钢质排烟风管的最大风速一般为 20m/s。本条规定：“采用金属风道时，不应大于 20m/s”；“采用内表面光滑的混凝土等非金属材料风道时，不应大于 15m/s”。一般排烟风管是设在竖井内或用竖井作为排烟风道（即非金属风道）。

据日本有关资料介绍，排烟口风速一般不大于 10m/s。并宜选用与烟的流型一致（如走道宜按走道宽度设长条型风口），阻力小的排烟口；送风口的风速不宜过大，否则造成吹大风的感觉，对人很不舒服。本条规定：“送风口的风速不宜大于 7m/s；排烟口的风速不宜大于 10m/s”。

金属排烟风道壁厚设计时可参考表 16。

金属排烟风道壁厚　　　　表 16

风速区分	长方形风管长边（mm）	圆形风管直径（mm）		板厚（mm）
		直管	管件	
	<450	<500	—	0.5
	450～<750	500～<700	<200	0.6
	750～<1500	700～<1000	200～<600	0.8
低速风道 高速风	1500～2200	1000～<1200	600～<800	1.0
	—	<1200	<800	1.2
	<450	<450	—	0.8
	450～<1200	450～<700	<450	1.0
	1200～2000	>700	>450	1.2

8.2 自然排烟

8.2.1 在原条文的基础上修改的。

一、由于利用可开启的外窗的自然排烟受自然条件（室外风带、风向，建筑所在地区北方或南方等）和建筑本身的密闭性或热压作用等因素的影响较大，有时使得自然排烟不但达不到排烟的目的，相反由于自然排烟系统会助长烟气的扩散，给建筑和居住人员带来更大的危害。所以，本条提出，只有靠外墙的防烟楼梯间及其前室、消防电梯间前室和合用前室，有条件要尽量采用自然排烟方式。

二、建筑内的防烟楼梯间及其前室、消防电梯间前室或合用前室都是建筑着火时最重要的疏散通道，一旦采用的自然排烟方式其效果受到影响时，对整个建筑的人员将受到严重威胁。对超过 50m 的一类建筑和超过 100m 的其它高层建筑不应采用这种自然排烟措施。

有关资料表明：在当今世界经济发达国家中，在高层建筑的防烟楼梯间仍保留着采用自然排烟的方式，其原因是认为自然排烟方式的确是一种经济、简单、易操作的排烟方式。结合我国目前的经济、技术管理水平，特别是在住宅工程中的维护管理方便、简单，这种方式仍应优先尽量采用。

8.2.2 对原条文的修改补充。

一、采用自然排烟方式进行排烟的部位，首先需要有一定的可开启外窗的面积，本条对采用自然排烟的开窗面积提出要求。

由于我国在防、排烟试验研究方面尚无完整的资料，故本条对可开启外窗面积仍参考国外有关资料确定。

日本《建筑法规执行条例》规定：房间在顶棚下 80cm 高度的范围内，能开启窗户的净面积不小于房间地板面积的 1/50，且与室外大气直接相通，不能满足上述要求时，应该设置机械排烟设施。并规定：防烟楼梯间前室、消防电梯前室设自然排烟的竖井其截面积为2m²。合用前室为3m²。

德国《高层住宅设计规范》规定：楼梯间在22m和22m以上时，每隔四层应划分为一个防烟段。每段必须在最上部设排烟装置，其面积必须至少为楼梯间截面的5%，但不小于0.5m²。美国《PROGVESSIVE AICHIRECTUYE》刊物介绍，按国家防火协会规定，排烟设备的规格和占有空间，要根据建筑散热分类来决定。国家防火协会编印的"排烟热装置指南"的文章中介绍：把用途不同的工业建筑物的散热性能分为低、中、高散热三类。其它的建筑类型，如会议厅、商业厅等可参考上述三类原则进行划分。国家防火协会推荐的排烟孔道顶部设置自动排烟装置。

走道与房间的开窗面积参考日本规范。考虑到把日本的规范内容直接搬到本规范中来，执行当中会有很大困难，因为距顶棚80cm高度的范围内，能开启的外窗面积不一定能满足房间地板面积1/50的要求，如按日本规定还必须设置机械排烟设施。日本规范还规定：距地板面高度超过2m的窗扇都要设手动开启装置，其手动操作手柄设在地板上0.8～1.5m的高度。这样一般的钢窗构造均要改动，还要设手动联杆机构，不仅改造比较困难，而且增加造价，这不适合我国当前的国情，所以未作这样的规定。考虑到在火灾时采取开窗或打碎玻璃的办法进行排烟是可以的，因此开窗面积按本条只计算可开启外窗的面积。

二、需要说明的几点。

1. 关于楼梯间的开窗面积：楼梯间是人员疏散的重要疏散通道，从原则上讲是不允许在火灾发生时有烟，但是从发生火灾的几个案例表明，当前室采用自然排烟时，虽能依靠前室的可开启外窗进行排烟，但由于楼梯间存在着热压差(即烟囱效应)，烟气仍同时进入楼梯间造成楼梯间内被烟气笼罩，使人们无法疏散，直至火灾被扑灭后，楼梯间内的烟气也无法被排除。为此要求楼梯间也应有一定的开窗面积，开窗面积能在五层内任意调整，如：当某高层建筑下部有三层裙房时，其靠外墙的防烟楼梯间可以保证四、五层内有可开启外窗面积2m²时，其一至三层内可无外窗。这样可满足裙房且裙房高度不太高的建筑的要求。从防火角度分析也是合理的。

2. 室内中庭净空高度不超过12m的限制，是由于室内中庭高度超过12m时，就不能采取可开启的高侧窗进行自然排烟，其原因是烟气上升有"层化"现象。所谓"层化"现象是当建筑较高而火灾温度较低(一般火灾初期的烟气温度为50～60℃)，或在热烟气上升流动中过冷(如空调影响)，部分烟气不再朝竖向上升，按照倒塔形的发展而半途改变方向并停留在水平方向，也就是烟气过冷后其密度加大，当它流到与其密度相等空气高度时，便折转成水平方向扩展而不再上升。上升到一定高度的烟气随着温度的降低又会下降，使得烟气无法从高窗排出室外。

由于自然排烟受到自然条件，建筑本身热压、密闭性等因素的影响而缺乏保证。因此，根据建筑的使用性质(如极为重要、豪华等)、投资条件许可等情况，虽具有可开启外窗的自然排烟条件，但仍可采用机械防烟措施。如：日本新宿、野村大厦，上海华亭宾馆。

8.2.3 新增条文。按本规范第8.1.1条规定，当防烟楼梯间及其前室采用自然排烟时，防烟楼梯间及其前室均应设有可开启的外窗，且其面积应符合本规范第8.2.2条规定。根据我国目前的经济技术管理水平，这对我国的一些工程(主要是高层住宅及二类高层建筑)在执行上有一定的困难，从前几年《高规》执行的情况以及从自然排烟的烟气流动的理论分析，当前室利用敞开的阳台、凹廊或前室内有两个不同朝向有可开启的外窗时，其排烟效果受风力、风向、热压的因素影响较小，能达到排烟的目的。因此本条规定，前室如利用阳台、凹廊或前室内有不同朝向的可开启外窗自然排烟时(如图18(a)、(b))，该楼梯间可不设防烟设施。例如北京前三门高层住宅群等。

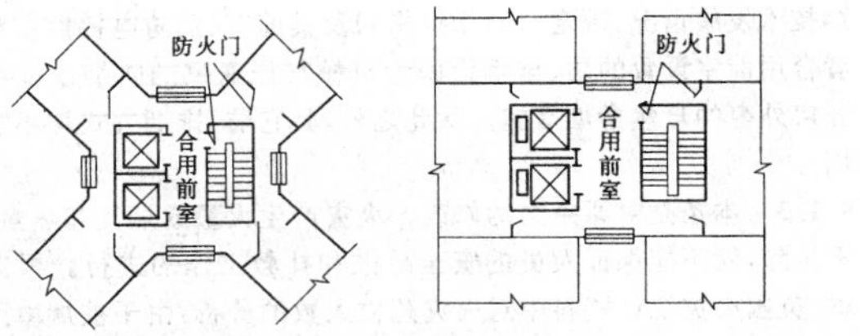

(a) 四周有可开启外窗的前室　(b) 两个不同朝向有开启外窗的前室

图18　有可开启外窗的前室示意图

8.2.4 新增条文。火灾产生的烟气和热气(负带热量的空气)，因其容重较一般空气轻，所以都上升到着火层上部，为此，排烟窗应设置在上方，以利于烟气和热气的排出。需要注意的是，设置在上方的排烟窗要求有方便开启的装置。这种能在下部手动开启的排烟窗，目前在国内已有厂方生产，故作出本条规定。

8.3 机械防烟

8.3.1 新增条文。

一、从烟气控制的理论分析，对于一幢建筑，当某一部位发生火灾时，应迅速采取有效的防、排烟措施，对火灾区域应实行排烟控制，使火灾产生的烟气和热量能迅速排除，以利人员的疏散和消防扑救，故该部位的空气压力值为相对负压。对非火灾部位及疏散通道等应迅速采取机械加压送风的防烟措施，使该部位空气压力值为相对正压，以阻止烟气的侵入，控制火势蔓延。如：美国西雅图大楼的防、排烟方式，采用了计算机安全控制系统，当其收到烟(或热)感应发出讯号时，利用空调系统进入火警状态，火灾区域的风机立即自动停止运行，空调系统转而进入排烟，同时非火灾区域的空调系统继续送风，并停止回风与排风，对此造成正压状态阻止烟气侵入，这种防排烟系统对减少火灾的损失是很有保证的。但这种系统的控制和运行，需要有先进的技术管理水平。根据我国国情并征集了国内有关专家及工程技术人员的意见，本条规定了只对不具备自然排烟条件的垂直疏散通道(防烟楼梯间及其前室、消防电梯间前室或合用前室)和封闭式避难层采用机械加压送风的防烟措施。

二、由于本规范第8.2.1条与第8.2.2条规定当防烟楼梯间及其前室、消防电梯间前室或合用前室各部位当有可开启外窗时，能采用自然排烟方式，造成楼梯间与前室或合用前室在采用自然排烟方式与采用机械加压送风方式排列组合上的多样化，而这两种排烟方式不能共用。这种组合关系及防烟设施设置部位分别列于表17。

垂直疏散通道防烟部位的设置表　表17

组合关系	防烟部位
不具备自然排烟条件的楼梯间与其前室	楼梯间
采用自然排烟的前室或合用前室与不具备自然排烟条件的楼梯间	楼梯间
采用自然排烟的楼梯间与不具备自然排烟条件的前室或合用前室	前室或合用前室
不具备自然排烟条件的楼梯间与合用前室	楼梯间、合用前室
不具备自然排烟条件的消防电梯间前室	前室

三、需要说明的几点：

1. 关于消防电梯井是否设置防烟设施的问题。这个问题也是当前国内外有关专家正在研究的课题，至今尚无定论。据有关资料介绍，利用消防电梯井作为加压送风有一定的实用意义和经济意义，现在正在研究之中。国外也有实例。由于我国目前在这方面尚未开展系统的研究，因尚无足够的资料，所以本条不规定对消防电梯井采用机械加压送风。

另一方面，考虑到防、排烟技术的发展和需要，在有技术条件和足够技术资料的情况下，允许采用对消防电梯井设置加压送风，但前室或合用前室不送风，这也是有利于防、排烟技术在今后得到进一步发展。

2. 关于“对不具备自然排烟条件的防烟楼梯间进行加压送风时，其前室可不送风”的讨论。经调查，目前国内对不具备自然排烟条件的防烟楼梯间及其前室进行加压送风的做法有以下三种：(1)只对防烟楼梯间进行加压送风，其前室不送风；(2)防烟楼梯间及其前室分别设置两个独立的加压送风系统，进行加压送风；(3)对防烟楼梯间设置一套加压送风系统的同时，又从该加压送风系统伸出一支管分别对各层前室进行加压送风。本条规定对不具备自然排烟条件的防烟楼梯间进行加压送风时，其前室可不送风理由是：

(1)从防烟楼梯间加压送风后的排泄途径来分析，防烟楼梯间与其前室除中间隔开一道门外，其加压送风的防烟楼梯间的风量只能通过前室与走廊的门排泄，因此对排烟楼梯间加压送风的同时，也可以说对其前室进行间接的加压送风。两者可视为同一密封体，其不同之处是前室受到一道门的阻力影响，使其压力、风量受节流。国外某国家研究所对上述情况进行了试验(如图 19 所示)，其结果说明这一点。

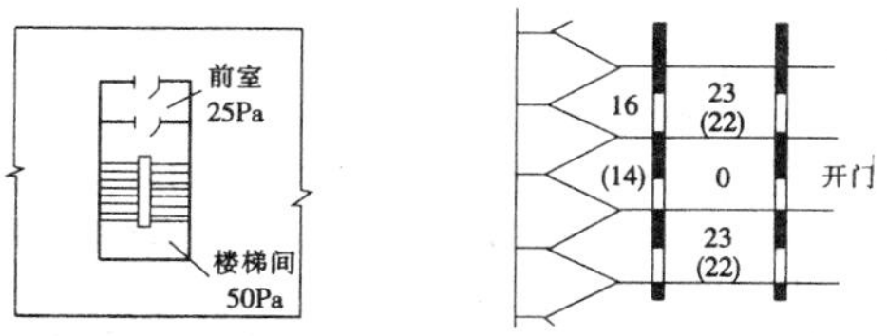

(a) 当楼梯间及其前室门关闭时

(b) 开启前室与走道一樘门时(单位 Pa)，括号内为五层处压力，括号外为十层压力

图 19 只对消防楼梯间加压送风、前室不送风的试验情况

(2)从风量分配上分析：当不同楼层的防烟楼梯间与前室的门以及前室与走道之间的门同时开启时或部分开启时，气流风量分配与走向是十分复杂的，以致对防烟楼梯间及其前室的风量控制是很难实现的。

8.3.2 本条是新增加的。采用机械加压送风时，由于建筑有各种不同条件，如开门数量、风速不同，满足机械加压送风条件亦不同，宜首先进行计算，但计算结果的加压送风量不能小于本规范表 8.3.2-1～8.3.2-4 的要求。这样既可避免不能满足加压送风值，又有利于节省工时。

一、风量校核值的依据。资料表明，对防烟楼梯间及其前室、消防电梯间前室和合用前室的加压送风量的计算方法统计起来约有 20 多种，至今尚无统一。其原因主要是影响压力送风量计算的因素较复杂，且各种计算公式在研究加压送风量的计算时出发点不一致(如：有的从试验中得出，有的按维护加压部位的压力值求得，有的按开启门洞处的需要流速中求得……)等因素造成的。从理论上讲，每个公式的产生与其对应的研究背景是各有自己的理由，而当用某一公式去解决某一实际工程设计时，往往存在着一定的差别，这样就造成了即使同一条件的工程，因选择不同的计算公式，其结果差别也很大。另一方面，在加压送风量的设计计算中，由于某些计算公式缺乏系统的全面的介绍，特别是假设参数的选择不当，也容易造成设计计算的错误，即使在同一条件下，因使用公式不同，其结果差别很大。上述原因使当前在加压送风量的设计计算中存在着一定的盲目性、可变性。本规范在修订过程中，对加压送风量的计算问题作了较深入的调查研究及分析，考虑到我国目前在加压送风量的设计计算中存在的问题(如建筑构件的产生及建筑施工质量、设计资料不完整、设计参数不明确等)和对加压送风进行科学实验手段不完善等因素，为了避免计算发生误差太大，确立一个风量定值范围表，供设计人员对应设计中的条件进行计算考核是十分必要的。

二、公式的选取：

基本公式的选取。根据各种计算公式的理论依据，在保持疏散通道需要有一定正压值以及开启着火层疏散通道时要相对保持该门洞处的风速。作为计算理论依据，应分别选择目前国内在高层建筑防烟设计计算中使用较普遍的两个公式为基本计算公式。

1. 按保持疏散通道需要有一定正压值(俗称压差法)公式：

$$l=0.827\times A\times \Delta P^{1/n\times 1.25} \qquad (5)$$

式中 l——加压送风量(m^3/s)；

0.827——漏风系数；

A——总有效漏风面积(m^2)；

ΔP——压力差(Pa)；

n——指数(一般取 2)；

1.25——不严密处附加系数。

2. 按开启着火层疏散通道时要相对保持该门洞处的风速(又称流速法)公式：

$$l=f、v、n\cdots\cdots(7.2) \qquad (6)$$

式中 l——加压送风量(m^3/s)；

v——门洞断面风速(m/s)；

F——每档开启门的断面积(m^2)；

n——同时开启门的数量。

公式(5)、(6)均摘自《采暖通风设计手册》。

校核公式：除基本公式外的其它公式均作为计算校核使用。校核计算公式较多，不一一列举。

三、参数的确定：

1. 基本参数的确定。通过调研及与国内有关专家、工程技术人员座谈，对该参数基本认可和假设已定的条件参数等为基本参数：

a. 开启门的数量：20 层以下 n 取 2；20 层以上 n 取 3。

b. 正压值：楼梯间，$P=50$Pa；前室，$P=25$Pa。

c. 开启门面积：疏散门，2.0m×1.6m；电梯门，2.0m×1.8m。

2. 浮动参数的确定。通过调研及与国内有关专家、工程技术人员座谈，认为该参数有上、下限的可能以及受建筑构件的影响参数等为浮动参数。

a. 门洞断面风速：$v=0.7\sim1.2$m/s。

b. 门缝宽度：疏散门，0.002～0.004m；电梯门，0.005～0.006m。

c. 系数：按各公式要求浮动。

3. 计算方法。以基本参数为条件：分别选用基本公式与浮动参数定义组合进行计算，列出计算结果范围，再与各校核计算公式进行校核计算结果比较，确定公式计算结果的数值范围。

与国内外已建高层建筑正压送风量的比较，见表 18。

国内外部分高层建筑正压送风量举例 表 18

建筑物名称	层数	总送风量 (m^3/h)	每层平均 (m^3/h)	加压送风部位
美国波士顿附属医疗大楼	16	16128	1008	楼梯间
美国旧金山办公大楼	31	31608	1008	楼梯间
美国波士顿 CUAC 大楼	36	121320	3370	楼梯间前室
美国明尼亚波利斯 IDS 中心	50	54720	1094	楼梯间
美国佛罗里达州办公大楼	55	68000	1236	楼梯间
美国麦克格罗希办公大楼	52	85000	1634	楼梯间
美国波士顿商业联合保险公司	36	51000	1416	楼梯间
上海联谊大厦	29	32500	1120	楼梯间
上海宾馆	27	21600	800	楼梯间
北京图书馆书库	19	19500	1026	楼梯间
深圳晶都大酒店	30	31000	1033	楼梯间及前室
深圳某办公大楼	20	14700	735	电梯前室
大连国际饭店	26	36000	1384	楼梯间及前室
福州大酒店	20	15850	792	楼梯间
山东齐鲁大厦	22	25000	1136	前室

续表 18

建筑物名称	层数	总送风量(m^3/h)	每层平均(m^3/h)	加压送风部位
北京市某宾馆	30	46880	1536	楼梯间合用前室
南京金陵饭店	35	34500	985	楼梯间
北京某饭店	30	62170	2012	楼梯间
江苏省常州大厦	16	35000 47500	1920 2969	楼梯间合用前室
中国大酒店	18	9600 4200	533 233	楼梯间、前室
江苏省常州工贸大厦	24	18900	788	楼梯间、前室
上海华亭宾馆	29	34000	1172	消防电梯前室
上海市花园饭店	34	22500	662	消防电梯前室
日本新宿野村大楼	50	21200	424	前室

四、风量定值范围表的产生。通过一组假设条件下和各不同楼层的防烟楼梯间及其前室、消防电梯前室和合用前室利用公式法进行计算，并与国内外部分高层建筑加压送风量平衡比较，同时召开全国部分设计单位、有关专家及工程技术人员座谈会进一步征求意见，修改而成。

设计时还需注意的是，对于各表内风量上下限的选取，按层数范围、风道材料、防火门漏量等综合考虑选取。由于风量定值范围表的计算初始条件均为双扇门，当采用单扇门时，仍按上述步骤计算，其结果约为双扇门的0.75%；当有两个出口时，风量按表中规定数值的1.5～1.75倍计算。

8.3.3、8.3.4 两条是新增加的。

一、本规范第8.3.2条的各表数值，最大在三十二层以下，如超过规定值时(即层数时)，其送风系统及送风量要分段计算。

二、当疏散楼梯采用剪刀楼梯时，为保证其安全，规定按两个楼梯的风量计算并分别设置送风口。

8.3.5 新增条文。当发生火灾时，为了阻止烟气入侵，对封闭式避难层设置机械加压送风设施，不但可以保证避难层内的一定的正压值，而且也是为避难人员的呼吸需要提供室外新鲜空气，本条规定了对封闭避难层其机械加压送风量。其理由是参考我国人民防空地下室设计规范(GBJ 38—79)人员掩蔽室清洁式通风量取每人每小时6～7m^3计。为了方便设计人员计算，本条以每平方米避难层(包括避难间)净面积需要30m^3/h计算(即按每m^2可容纳5人计算)。

8.3.6 新增条文。当防烟楼梯间及其合用前室需要加压送风时，由于两者要维持的正压值不同，以及当不同楼层的防烟楼梯间与合用前室之间的门和合用前室与走道之间的门同时开启或部分开启时，气流的走向和风量的分配较为复杂，为此本条规定这两部位的送风系统应分别独立设置。如共用一个系统时，应在通向合用前室的支风管上设置压差自动调节装置。

8.3.7 本条规定不仅是对选择送风机提出要求，更重要的是对加压送风的防烟楼梯间及前室、消防电梯前室和合用前室、封闭避难层需要保持的正压值提出要求。

关于加压部位正压值的确定，是加压送风量的计算及工程竣工验收等很重要的依据，它直接影响到加压送风系统的防烟效果。正压值的要求是：当相通加压部位的门关闭的条件下，其值应足以阻止着火层的烟气在热压、风压、浮压等力量联合作用下进入楼梯间、前室或封闭避难层。为了促使防烟楼梯间内的加压空气向走道流动，发挥对着火层烟气的排斥作用，因此要求在加压送风时防烟楼梯间的空气压力大于前室的空气压力，而前室的空气压力大于走道的空气压力。仅从防烟角度来说，送风正压值越高越好，但由于一般疏散门的方向是朝着疏散方向开启，而加压作用力的方向恰好与疏散方向相反，如果压力过高，可能会带来开门的困难，甚至使门不能开启。另一方面，压力过高也会使风机、风道等送风系统的设备投资增多。因此，正压值是正压送风的关键技术参数。

如何确定正压值，这是本规范第一个版本(GBJ 45—82)和修订后的第二个版本(GB 50045—95)都留待解决的问题。GBJ 45—82中第7.1.5条规定："采用机械加压送风的防烟楼梯间及其前室、消防电梯前室和合用前室，应保持正压，且楼梯间的压力应略高于前室的压力"。条文说明解释："如何保证楼梯间及其前室正压，风量和风压有何规定等，由于国内缺乏这方面的试验数据和实际设计经验，故本条仅提出了原则要求"。GB 50045—95中8.3.7条虽然规定了楼梯间前室、合用前室，消防电梯间前室、封闭避难层(间)正压送风的正压值。但条文说明中解释："如何选择合适的正压值是一个需要进一步研究的问题，由于我国目前在这方面无试验条件，且无运行经验，因此设计均参照国外资料"。参照国外资料当然也是一个依据，但国外资料产生的背景和试验条件是各不相同的，因此各国确定的正压值也不尽相同。所以只有我国通过自己进行试验后，才能对正压值有较深刻的认识。

针对规范的需要，"七五"末期，公安部四川消防科学研究所开展了"高层建筑楼梯间防排烟的研究"，接着又承担了国家"八五"科技攻关专题"高层建筑楼梯间正压送风机械排烟技术的研究"，系统地开展了高层建筑火灾烟气流动规律及防排烟实验室模拟试验研究、实体火灾试验研究和楼梯间防排烟技术参数等试验研究，得出了高层民用建筑楼梯间及前室或合用前室正压送风最佳安全压力的研究结论。经专题鉴定、验收，其研究成果被专家评定为属于国际领先水平，可提供给《高层民用建筑设计防火规范》使用。这次对本条的修订直接采用了国内"八五"期间取得的重大科技成果。这次修订，防烟楼梯间的正压值由50Pa改为40Pa至50Pa；前室、合用前室、消防电梯间、封闭避难层(间)由25Pa改为25Pa至30Pa。这些规定主要是以国内科学试验为依据，是在对正压送风机械排烟技术有较深刻的认识，在有自己的实验数据的前提下，也参考国外资料而确定的，所以虽然修订变化不大，但意义显然不同；正压值要求规定一个范围，更加符合工程设计的实际情况，更易于掌握与检测。但在设计中要注意两组数据的合理搭配，保持一高一低，或都取中间值，而不要都取高值或都取低值。例如，楼梯间若取40Pa，前室或合用前室则取30Pa；楼梯间若取50Pa，前室或合用前室则取25Pa。

8.3.8 新增条文。楼梯间采用每隔二三层设置一个加压送风口的目的是保持楼梯间的全高度内的均衡一致。据加拿大、美国等国采用电子计算机模拟试验表明，当只在楼梯间顶部送风时，楼梯间中间十层以上内外门压差超过102Pa，使疏散门不易打开；如在楼梯间下部送风时，大量的空气从一层楼梯间门洞处流出。多点送风，则压力值可达到均衡。

8.4 机械排烟

8.4.1 本条是对原条文的修改。

一、设置排烟设施的部位，包括机械排烟和自然排烟两种情况。如果本规范第8.1.3条规定的部位属于本条规定的范围，那么就不能采用自然排烟，只能采用机械排烟设施。

二、关于"总面积超过200m^2或一个房间面积超过50m^2，且经常有人停留或可燃物较多的地下室"，设置机械排烟设施的理由是，考虑到地下室发生火灾时，疏散扑救比地上建筑困难得多，因为火灾时，高温烟气会很快充满整个地下室。如某饭店地下室和某地下铁道发生火灾时，扑救人员在浓烟、高温的情况下，很难接近火源进行扑救，所以对地下室的防火要求应严格一些。对设有窗井等可采用开窗自然排烟措施的房间，其开窗面积仍应按本规范第8.2.2条的规定执行。

8.4.2 基本保留原条文。

一、本条规定了排烟风机的排烟量计算方法与原则，排烟风机的排烟量是采用日本规范规定的数据。日本规定：每分钟能排出 $120m^3$（$7200m^3/h$）以上，且满足防烟区每平方米地板面积排出 $1m^3/min$（$60m^3/h$）排烟量，当排烟风机担负两个及两个以上防烟区排烟时，按面积最大的防烟区每平方米地板面积排出 $2m^3/min$（$120m^3/h$）的排烟量。

二、走道排烟面积即为走道的地面积与连通走道的无窗房间或设固定窗的房间面积之和，不包括有开启外窗的房间面积。同一防火分区内连接走道的门可以是一般门，不规定是防火门。

三、当排烟风机担负两个以上防烟分区时，应按最大防烟分区面积每平方米不小于 $120m^3/h$ 计算，这里指的是选择排烟风机的风量，并不是把防烟分区排烟量加大一倍（对每个防烟分区的排烟量仍然按防烟分区面积每平方米不小于 $60m^3/h$ 计算），而是当排烟风机不论是水平方向或垂直方向担负两个或两个以上防烟分区排烟时，只按两个防烟分区同时排烟确定排烟风机的风量。每个排烟口排烟量的计算、排烟风管各管段风量分配见表 19，排烟系统见图 20。

排烟风管风量计算举例 **表 19**

管段间	负担防烟区	通过风量（m^3/h）	备注
$A_1 \sim B_1$	A_1	$QA_1 \times 60 = 22800$	
$B_1 \sim C_1$	A_1，B_1	$QA_1 \times 120 = 45600$	
$C_1 \sim$①	$A_1 \sim C_1$	$QA_1 \times 120 = 45600$	一层最大 $QA_1 \times 120$
$A_2 \sim B_2$	A_2	$QA_2 \times 60 = 28800$	
$B_2 \sim$①	A_2，B_2	$QA_2 \times 120 = 57600$	二层最大 $QA_2 \times 120$
①～②	$A_1 \sim C_1$，A_2，B_2	$QA_2 \times 120 = 57600$	一、二层最大 $QA_2 \times 120$
$A_3 \sim B_3$	A_3	$QA_3 \times 60 = 13800$	
$B_3 \sim C_3$	A_3，B_3	$QB_3 \times 120 = 30000$	
$C_3 \sim D_3$	$A_3 \sim C_3$	$QB_3 \times 120 = 30000$	
$D_3 \sim$②	$A_3 \sim D_3$	$QB_3 \times 120 = 30000$	三层最大 $QB_3 \times 120$
②～③	$A_1 \sim C_1$，A_2，B_2，$A_3 \sim D_3$	$QA_2 \times 120 = 57600$	一、二、三层最大 $QA_2 \times 120$
$A_4 \sim B_4$	A_4	$QA_4 \times 60 = 22800$	
$B_4 \sim C_4$	A_4，B_4	$QA_4 \times 120 = 45600$	
$C_4 \sim$③	$A_4 \sim C_4$	$QA_4 \times 120 = 45600$	四层最大 $QA_4 \times 120$
③～④	$A_1 \sim C_1$，A_2，B_2，$A_3 \sim D_3$，$A_4 \sim C_4$	$QA_2 \times 120 = 57600$	全体最大 $QA_2 \times 120$

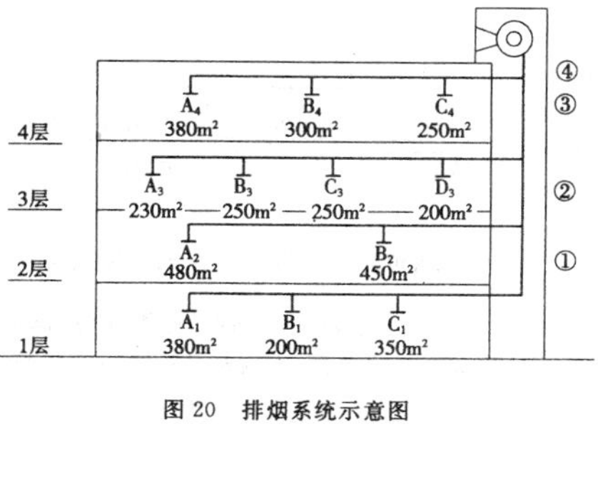

图 20　排烟系统示意图

四、关于室内中庭排烟量的计算问题，国内目前尚无实验数据及理论依据，参照了国外资料。据国外资料介绍：

1. 对容积不超过 $600000ft^3$ 的室内中庭包括与其相连的同一防烟区各楼层的容积排烟量不得小于每小时 6 次换气量。

2. 对容积大于 $600000ft^3$ 的室内中庭包括与其相连的同一防烟区各楼层的容积排烟量不得小于每小时 4 次换气量。

8.4.3 带裙房的高层建筑，有靠外墙的防烟楼梯间及其前室，消防电梯前室和合用前室，其裙房以上部分能采用可开启外窗自然排烟，裙房以内部分在裙房的包围之中无外窗，不具备自然排烟条件，这种建筑形式目前比较多，其防排烟设施应怎样设置？据调查，对这种形式的建筑其防排烟设置可分两种方式：一种方式不考虑裙房以上部分进行自然排烟的条件，按机械加压送风要求设置机械加压送风设施，但在风量的计算中应考虑由窗缝引起的渗漏量；另一种方式是凡符合自然排烟条件的部位仍采用自然排烟的方式，对不具备自然排烟条件的部位设置局部的机械排烟方式弥补。从防排烟的角度来讲，第一种方式较第二种方式效果好。第二种方式的优点是充分地利用了自然排烟条件，上部未被裙房包围的前室或合用前室可以利用直接向外开启的窗户自然排烟，由走道内进入前室或合用前室的烟直接从前室排走，不一定进入楼梯间；问题是对下部不具备自然排烟条件的前室或合用前室，设置局部机械排烟设施，人为的在前室或合用前室造成负压区，不断地把走道内的烟气从门或门缝吸进前室或合用前室，一部分由机械排烟系统排至室外；一部分则进入楼梯间，由楼梯间上部直接通向室外的窗户，将烟排出室外，既降低了前室或合用前室的防烟效果，楼梯间内也成了烟气流经的路线，显然降低了安全性。当前室或合用前室设有局部正压送风系统时，在关门条件下，内部处于正压，仅从门缝向走道和楼梯间漏风；遇打开走道至前室或合用前室的门的瞬时，有少量的烟气带入前室或合用前室，则立即被排出，使前室或合用前室保持无烟安全区。以上的理论分析，已为科学实验所验证，国家“八·五”科技攻关专题“高层建筑楼梯间正压送风机械排烟技术的研究”结论之一，就是“防烟楼梯间的前室内不能设机械排烟系统”。近几年来，随着国内外防排烟技术的进一步发展，对前室或合用前室设置机械排烟设施的方式在高层建筑设计中很少被采用，甚至如本规范 8.1.1、8.1.2条说明的那样：“有些工程原设计为此方法，现在也在改造”。据调查，近几年来在高层建筑设计中，遇裙房所围部分不具备自然排烟条件的前室或合用前室，通常都采用局部正压送风系统。因此，总结工程设计的经验，采用国内最新科技成果，将本条原规定“设置局部机械排烟设施”改为了“设置局部正压送风系统”。本条规定的实施有利于充分发挥防排烟系统的作用，提高防烟楼梯间的安全性。

8.4.4 排烟口是机械排烟系统分支管路的端头，排烟系统排出的烟，首先由排烟口进入分支管，再汇入系统干管和主管，最后由风机排出室外。烟气因受热而膨胀，其容重较轻，向上运动并贴附在顶棚上再向水平方向流动，因此排烟口应尽量设在顶棚或靠近顶棚的墙面上，以有利于烟气的排出，再者，当机械排烟系统启动运行时，排烟口处于负压状态，把火灾烟气不断地吸引至排烟口，通过排烟口不断排走，同时又不断从着火区涌来，所以排烟口周围始终聚集一团浓烟，若排烟口的位置不避开安全出口，这团浓烟正好堵住安全出口，当疏散人员通过安全出口时，都要受到浓烟的影响，同时浓烟遮挡安全出口，也影响疏散人员识别安全出口位置，不利于安全疏散。上述现象的描述，系国内最新科学试验中的发现。以往在设计走道中的机械排烟系统时，为了保证疏散的安全，往往把排烟口布置在疏散出口前的正上方顶棚上，忽略了排烟口下集聚烟雾的特性，反而不利于安全。这次局部修订，规定排烟口与附近安全出口沿走道方向相邻边缘之间的最小水平距离不应小于 1.50m，是要在通常情况下，遇火灾疏散时，疏散人员跨过排烟口下面的烟团，在 1.00m 的极限能见度的条件下，也能看清安全出口，使排烟系统充分发挥排烟防烟的作用。

8.4.5 基本保留原条文。

一、本条规定排烟口到该防烟分区最远点的水平距离不应超过 30m，这里指水平距离是烟气流动路线的水平长度。房间与走道排烟口至防烟分区最远点的水平距离示意图见图 21。

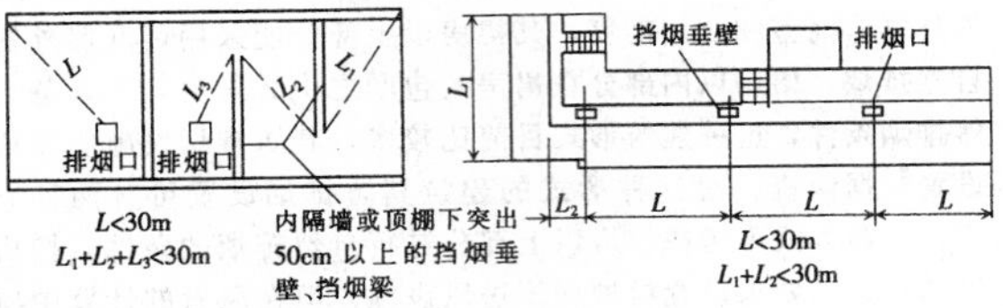

图 21 房间、走道排烟口至防烟分区最远水平距离示意图

走道的排烟口与防烟楼梯的疏散口的距离无关，但排烟口应尽量布置在与人流疏散方向相反的位置处，见图 22。

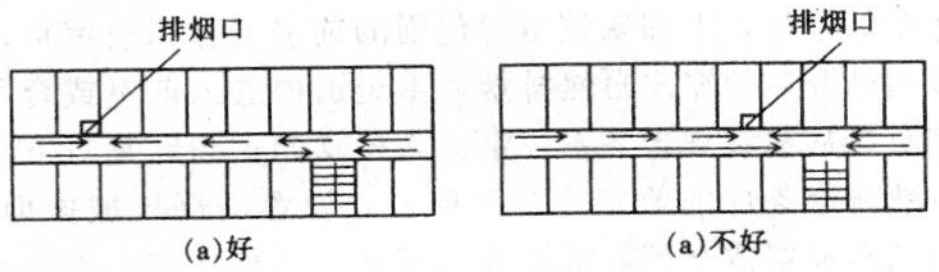

图 22 走道排烟口与疏散口的位置

→→烟气方向；→人流方向

二、关于排烟系统要求设有当烟气温度超过 280℃时能自动关闭的装置问题。当房间发生火灾后，房间的排烟口开启，同时启动排烟风机排烟，人员进行疏散，当排烟道内的烟气温度达到 280℃时，在一般情况下，房间人员已疏散完毕，房间排烟管道内的自动关闭装置关闭停止排烟。烟气如继续扩散到走道，走道的排烟口打开，同时启动排烟风机排烟，火势进一步扩大到走道排烟道内的烟气温度达到 280℃时，走道排烟道内的自动关闭装置关闭停止排烟。当排烟气道内烟气温度达到或超过 280℃时，烟气中已带火，如不停止排烟，烟火就有扩大到上层的危险造成新的危害。因此本条规定应在排烟支管上安装 280℃时能自动关闭的防火阀。

自动关闭是指易熔环温度或温感器联动的关闭装置。

8.4.6 本条从便于排烟系统的设置和保证防火安全以及防、排烟效率等因素综合考虑而规定的。

从调查的情况看，目前国内的高层建筑中，机械排烟系统的设置一般均为走道的机械排烟系统，为竖向布置；房间的机械排烟系统按房间分区水平布置。但也有的走道每层设风机分别排烟，这种排烟系统投资较大，供电系统复杂，同时烟气的排放也应考虑对周围环境的威胁，因此不推荐这种方法。

8.4.7 基本保留原条文。对于排烟风机的耐热性，可采用普通的离心风机和专用排烟的轴流风机。

据日本有关资料介绍，排烟风机要求能在 280℃时运行 30min 以上。

为了弄清普通离心风机的耐热问题，公安部四川消防科研所对普通中、低压离心风机(4－72NO45A、4－72NObc)进行了多次试验，其结果表明，完全可以满足本规定的要求。

随着防火设备的开发、生产，目前国内外均已生产出专用排烟轴流风机，可供不同的排烟要求选取。

需要说明的是，关闭排烟风机并不能阻止烟火的垂直蔓延，也起不到不使烟气蔓延到排烟风机所在层(通常在顶层)的作用，所以要在排烟风机入口管上装自动关闭的排烟防火阀。

8.4.8 基本保留原条文。排烟口、排烟阀应与排烟风机联动。

机械排烟系统的控制程序举例如下：

图 23 为不设消防控制室的房间机械排烟控制程序。

图 24 为设有消防控制室的房间机械排烟控制程序。

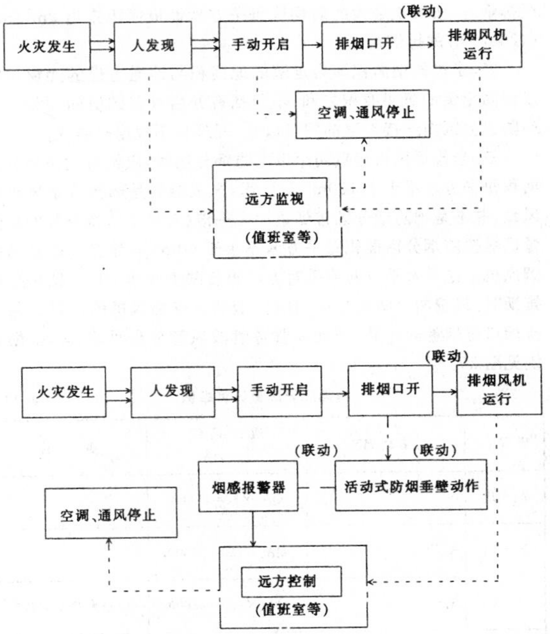

图 23 不设消防控制室的房间机械排烟控制程序

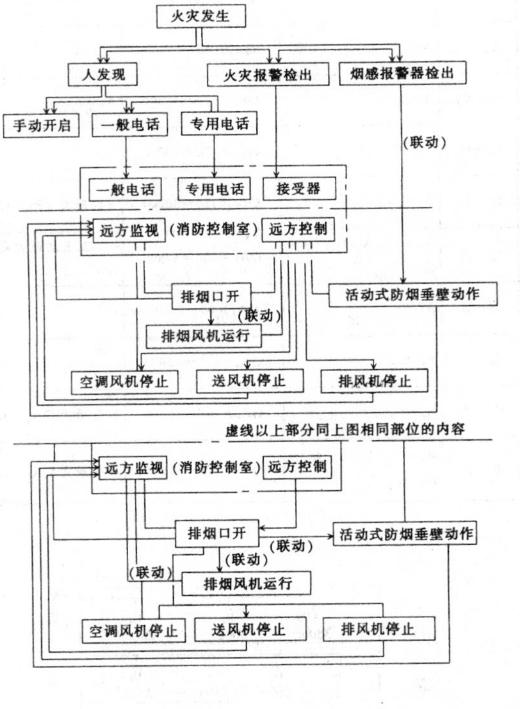

图 24 设有消防控制室的房间机械排烟控制程序

8.4.9 保留原条文。为了防止排烟口、排烟阀门、排烟道等本身和附近的可燃物被高温烤着起火，故本条规定，这些组件必须采用不燃烧材料制作，并与可燃物保持不小于 150mm 的距离。

8.4.10 机械排烟系统宜与通风、空气调节系统分开设置,是因为空调系统多为采用上送下回的送风方式,如利用空调系统作排烟时,一般是多用送风口代替排烟口,烟气又不允许通过空调器,并要把风管与风机联接位置改变,需要装旁通管和自动切换阀,平常运行时增大漏风量和阻力。另外,通风、空调系统的风口都是开口,而作为排烟口在火灾时,只有着火处防烟分区的排烟口才开启排烟,其它都要关闭。这就要求通风、空调系统每个风口上都要装设自动控制阀才能满足排烟要求,综合上述及根据我国目前设备生产情况等,故规定排烟系统宜与通风、空调系统分开设置。

考虑到有些高层建筑,如有条件也可利用通风系统进行排烟。如地下室设置通风系统部位,利用通风系统作排烟更有利,它不但节约投资,而且对排烟系统的所有部件经常使用可保持良好的工作状态。因此如利用通风系统管道排烟时,应采取可靠的安全措施:(1)系统风量应满足排烟量;(2)烟气不能通过其它设备(如过滤器、加热器等);(3)排烟口应设有自动防火阀(作用温度 280℃)和遥控或自控切换的排烟阀;(4)加厚钢质风管厚度,风管的保温材料必须用不燃材料。

独立的机械排烟系统完全可以作平时的通风排气使用。

8.4.11 根据空气流动的原理,需要排除某一区域的空气,同时也需要有另一部分的空气来补充。对地上的建筑物进行机械排烟时,因有其旁边的窗门洞口等缝隙的渗透,不需要进行补风就能有较好的效果;但对地下建筑来说,其周边处在封闭的条件下,如排烟时没有同时进行补充,烟是排不出去的。为此,本条规定,对地下室的排烟应设有送风系统,进风量不宜小于排烟量的 50%。

8.5 通风和空气调节

8.5.1 基本保留原条文。空气中含有容易起火或爆炸的物质,当风机停机后,此种物质易从风管倒流,将这些物质带到风机内。因此,为防止风机发生火花引起燃烧爆炸事故,应采用防爆型的通风设备(即用有色金属制造的风机叶片和防爆的电动机)。

若送风机设在单独隔开的通风机房内,且在送风干管内设有防火阀及止回阀,能防止危险物质倒流到风机内,通风机房发生火灾后,不致蔓延到其它房间时,可采用普通型非防爆的通风设备,但通风设备应是不燃烧体。

8.5.2 本条是沿用原规范的内容。

一、烟气的垂直上升速度约为 3~4m/s。阻止高层建筑火灾向垂直方向蔓延,是防止火灾扩大的一项重要措施。根据国内外高层建筑的火灾实例,通风、空气调节系统穿越楼板的垂直风道是火势垂直蔓延的主要途径之一,如我国某宾馆由于电焊烧着风管可燃保温层引起火灾,烟火沿风管竖向孔洞蔓延,从底层烧到顶层(七层),大火延烧了近 9 个小时,造成了巨大损失。据此对风管穿越楼层的层数应加以限制,以防止火灾的竖向蔓延,同时也为减少火灾横向蔓延。故本条规定"通风、空气调节系统,横向应按每个防火分区设置,竖向不宜超过五层"。

二、根据各地意见,有些建筑,如旅馆、医院、办公楼等,多采用风机盘管加进风式空气调节系统,一般进风及排风管道断面较小,密闭性较强,如一律按规定"竖向不超过五层",从经济上和技术处理上都带来不利。考虑这一情况,本条又规定"当排风管道设有防止回流设施且各层设有自动喷水灭火系统时,其进风和排风管道可不受此限制"。

至于"垂直风管应设在管井内"的规定,是增强防火能力而采取的保护措施。

8.5.3 本条是以原规范第 7.3.2 条为基础重新改写的。

一、高层建筑的通风、空调机房是通风管道汇集的房间,也是火灾蔓延的场所。为了阻止火势通过风管蔓延扩大,本条规定了在通风、空气调节系统中设置防火阀的部位。其中"重要的或火灾危险性大的房间"是指性质比较特殊的房间(如贵宾休息室、多功能厅、大会议室、易燃物质试验室、储存量较大的可燃物品库房及贵重物品间等)。本条第 8.5.3.4 款的规定是为有效阻隔火势、保证防火阀的可靠性而提出的必要措施。防火阀的安装要求有单独支吊架等措施,以防止风管变形影响防火阀关闭,同时防火阀能顺气流方向自行严密关闭。如图 25、26 所示。

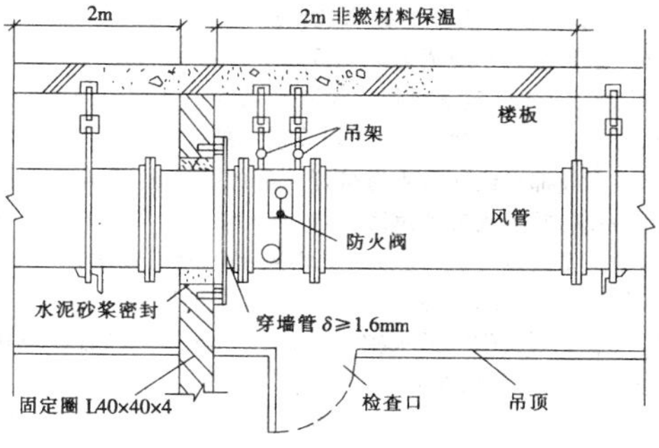

图 25 防火墙处的防火阀示意图

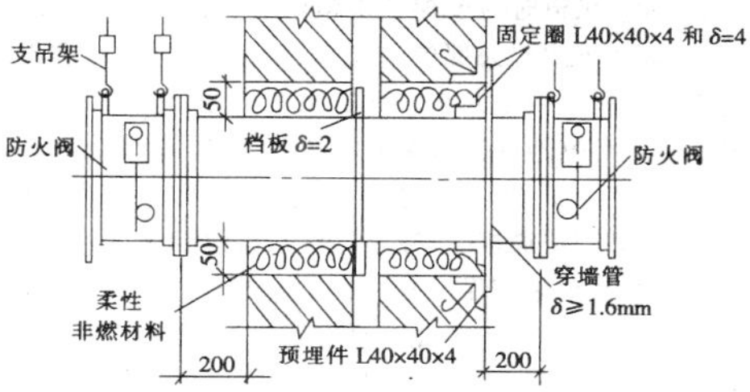

图 26 变形缝处的防火阀示意图

8.5.3.1 本款原文为"管道穿越防火分区的隔墙处",因为防火分区处不仅有墙体,还可能有防火卷帘、水幕等特殊防火分隔设施,表述不全面。现在修订为"管道穿越防火分区处",表达就完整确切了。

8.5.4 关于防火阀动作温度的规定,根据民用建筑火灾初始温度状态,并参照国际上此类防火阀的动作温度通常为 68~72℃,本规范仍沿用原规范值定为 70℃。此温度一般是按比通风、空调系统在正常工作时的最高温度约高 25℃确定的,而民用建筑内的最高送风时的温度一般为 45~50℃,所以定为 70℃是适宜的。这一温度与国家标准图防火阀的动作温度以及自动喷水灭火系统的启动温度也是一致的。

8.5.5 本条是在原规范第 7.2.4 条的基础上改写的。为防止垂直排风管道扩散火势,本条规定"应采取防止回流的措施"。根据国内工程的实际做法,排风管道防止回流的措施有下列四种:

1. 加高各层垂直排风管的长度,使各层的排风管道穿过两层楼板,在第三层内接入总排风管道。如图 27(a)所示。

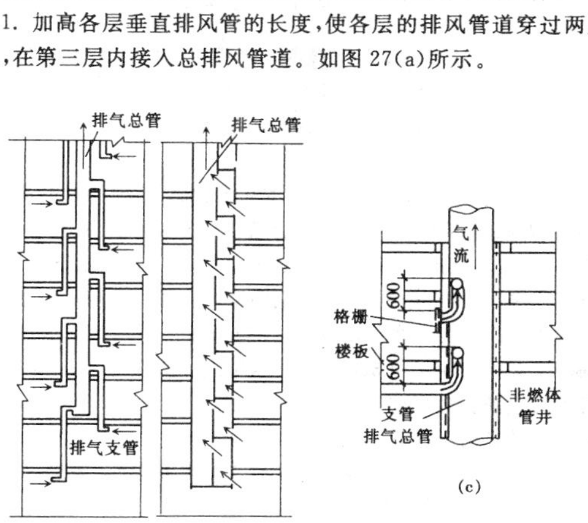

图 27 排气管防止回流构造示意图

2. 将浴室、厕所、卫生间内的排风竖管分成大小两个管道,大管为总管，直通屋面；而每间浴室、厕所的排风小管，分别在本层上部接入总排风管，如图 27(b)所示。

3. 将支管顺气流方向插入排风竖管内，且使支管到支管出口的高度不小于 600mm，如图 27(c)所示。

4. 在排风支管上设置密闭性较强的止回阀。

8.5.6 本条是以原规范第 7.2.5 条为基础并参照《建规》有关条文改写的。首先明确了风机等设备和风管一样均应采用不燃材料制成。高层建筑中，通风、空气调节系统的管道是火灾蔓延的重要途径，国内外都有经通风管道蔓延火势的教训，尤其采用可燃材料的通风系统，扩大火灾的速度更快，危害更大。如东北某大厦厨房排风系统、排风罩、风管及通风机均采用阴燃型玻璃钢，因烧菜的油火引燃了排风罩，又经风管、风机一直烧到屋面。国外也有类似情况，造成过重大伤亡的火灾事故。为此本条对风管和风机等设备的选材提出了严格要求。

8.5.7 本条基本保留了原条文的内容。管道保温材料着火后，不仅蔓延快，而且扑救困难，如国内某建筑采用可燃泡沫塑料作风道保温材料，检修风道时由于焊接不慎烤着保温层起火，迅速蔓延，到处冒烟，却找不到起火部位，扑救困难。经试验，可燃泡沫塑料燃烧速度高达每分钟十几米。又如某饭店地下室失火，就是火种接触冷冻管道可燃泡沫塑料保温层而引起的。因此设计时对管道保温材料（包括粘结剂）应给予高度重视，一般首先考虑采用不燃保温材料，如超细玻璃棉、岩棉、矿渣棉、硅酸铝棉、膨胀珍珠岩等；但考虑到我国目前生产保温材料品种构成的实际情况，完全采用不燃材料尚有一定困难，因此管道和设备的保温材料、消声材料，也允许采用难燃材料。但粘结剂和保温层的外包材料仍应采用不燃烧材料，如玻璃布等。

对穿越变形缝两侧各 2m 范围，其保温材料及其粘结剂应要求严些，应当采用不燃烧材料。

8.5.8 本条基本保留原条文。

一、据调查，有的小型、中型通风、空调管道内，安装有电热装置，用于加温，如使用后忘记拔掉插销，导致发热，会引起火灾，造成较大损失。为了保证安全，作了此条规定。

二、电热器前后各 800mm 范围内的风管保温材料应采用不燃烧材料，主要根据国内工程实际作法和参考日本、美国等规范、资料而提出的。经十几年的实践，是行之有效的，故予以保留。

9 电　　气

9.1 消防电源及其配电

9.1.1 本条是对原条文的修改。漏电火灾报警系统能有效地对漏电及由于漏电可能引起火灾进行预报和监控，其供电能力直接关系火灾报警的可靠性，因此，其供电要求应当按照消防用电的规定执行。

一、为满足各种使用功能上的需要，高层建筑特别是高层公共建筑（如旅馆、宾馆、办公楼、综合楼等），常常要采用大量机械化、自动化、电气化的设备，需要较大电能供应。高层建筑的电源，分常用电源（即工作电源）和备用电源两种。常用电源一般是直接取自城市低压三相四线制输电网（又称低压市电网），其电压等级为 380V/220V。而三相 380V 级电压则用于高层建筑的电梯、水泵等动力设备供电；单向 220V 级电压用于电气工作照明、应急照明和生活其它用电设备。

高层建筑的备用电源有取自城市两路高压（一般为 10kV 级）供电，其中一种为备用电源；在有高层建筑群的规划区域内，供电电源常常取 35kV 区域变电站；有的取自城市一路高压（10kV 级）供电，另一种取自备柴油发电机，等等。

二、备用电源的作用是当常用电源出现故障而发生停电事故时，能保证高层建筑的各种消防设备（如消防给水、消防电梯、防排烟设备、应急照明和疏散指示标志、应急广播、电动的防火门窗、卷帘、自动灭火装置）和消防控制室等仍能继续运行。

三、要求一类高层建筑采用一级负荷供电，二类高层建筑采用二级负荷供电，主要考虑以下因素：

1. 高层建筑发生火灾时，主要利用建筑物本身的消防设施进行灭火和疏散人员、物资。如没有可靠的电源，就不能及时报警、灭火，不能有效地疏散人员、物资和控制火势蔓延，势必造成重大的损失。因此，合理地确定负荷等级，保障高层建筑消防用电设备的供电可靠性是非常重要的。根据我国的具体情况，本条对一、二类建筑的消防用电的负荷等级分别作了规定：一类高层建筑应按一级负荷要求供电，二类高层建筑应按二级负荷要求供电。

2. 国内外高层建筑消防电源设置情况。

(1)国内外新建的一些大型饭店、宾馆、综合建筑等高层建筑均设有双电源。举例如表 20。北京长城饭店消防用电设备供电线路如图 28 所示。

高层建筑设有备用电源举例　　　　表 20

序号	建筑名称	城市电网电压等级(kV)	自备发电机容量(kW)
1	北京长城饭店	35kV 两个不同变电站	750
2	日本东京阳光大厦	6.6kV 双电源	2500 蓄电池 {400AH×5 300AH×7 250AH×2
3	日本新宿中心大厦	22kV 双电源	1500 蓄电池 {100V×1500AH 100V×210AH 100V×1500AH
4	深圳国际贸易中心	10kV 双回路电源	900
5	香港上海汇丰银行	6.6kV 双电源	900
6	日本新大谷饭店	22kV 双电源	415
7	南京金陵饭店	10kV 双回路电源	415
8	北京国际大厦	10kV 双回路电源	415
9	长富宫中心	10kV 双回路电源	1000
10	北京昆仑饭店	10kV 双回路电源	415
11	北京亮马河大厦	10kV 双回路电源	800

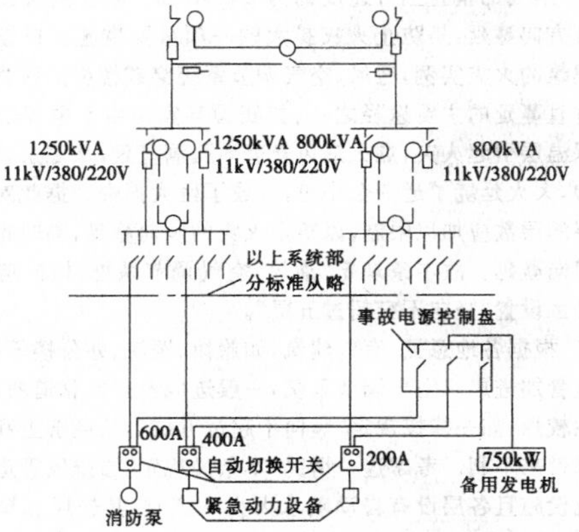

图 28　北京长城饭店消防用电设备供电线路示意图

(2)据调查，上海、北京、天津、广州、南京、杭州、沈阳、深圳、大连、哈尔滨等地建成的电信楼、广播楼、电力调度楼、大型综合楼等高层公共建筑，一般除设有双电源以外，还设有自备发电机组，即设置了 3 个电源。

(3)二类高层建筑和高层住宅或住宅群，设置电源情况如下：

据对北京、上海、广州、杭州、南京、天津、沈阳、哈尔滨、长春等城市居住小区的调查，均按两回线路要求供电，经过近 10 年的实践，对二类高层建筑和住宅小区要求两回路供电是可行的。

上海市城建、设计、供电部门规定，十二层以上的住宅建筑的消防水泵和电梯等应设有备用电源。

(4)体现区别对待，确保重点，兼顾一般的原则。

为确保高层建筑消防用电，按一级负荷供电是很必要的。但考虑到我国目前的经济水平和城市供电水平有限，一律要求按一级负荷供电尚有困难，故本条对二类建筑作了适当放宽。据调查，通信、医院、大型商业和综合楼、高级旅馆、重要的科研楼等，一般都按一级负荷供电；高层住宅小区，有统一规划，供电问题也不难解决；困难的是零星建设的普通住宅，但从长远看，供电标准也不能再低，按二级负荷供电是需要的。

国外一般使用自备发电机设备和蓄电池作消防备用电源。如某些单位有条件，只要符合规定负荷等级和供电要求，也可采用上述电源作为消防用电设备的备用电源。

四、结合目前我国经济、技术条件和供电情况，凡符合下列条件之一的，均可视为一级负荷供电：

1. 电源来自两个不同发电厂，如图 29(a)。

2. 电源来自两个区域变电站(电压在 35kV 及 35kV 以上)，如图 29(b)。

3. 电源来自一个区域变电站，另一个设有自备发电设备，如图 29(c)。

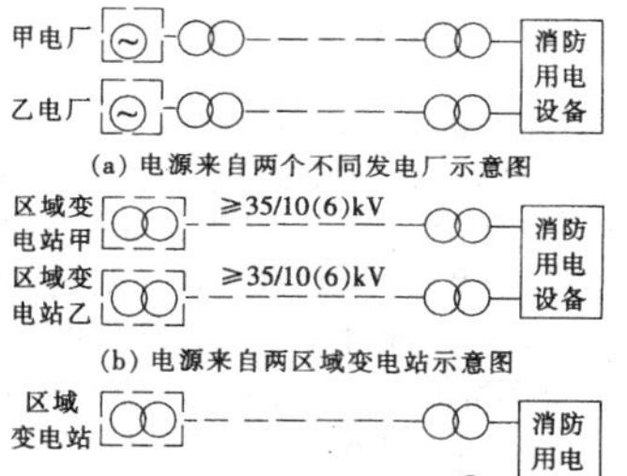

(a) 电源来自两个不同发电厂示意图

(b) 电源来自两区域变电站示意图

(c) 电源来自一个区域变电站，另一个设有自备发电设备示意图

图 29　一级负荷供电示意图

9.1.2　本条是原条文的修改补充。

一、保证发生火灾时各项救灾工作顺利进行，有效地控制和扑灭火灾，是至关重要的。大量事实证明，扑救初起火灾是比较容易办到的，当小火酿成大火后，控制和扑救难度增大，常常会造成重大经济损失和人员伤亡事故。对此，本条对消防用电设备的两个电源的切换方式、切换点和自备发电设备的启动时间作了规定。

二、切换时间。对消防扑救来说，切换时间越短越好。据介绍，国外规定切换时间不超过 15s，考虑目前我国供电技术条件，规定在 30s 以内。

三、在执行中，有不少设计人员对原条文太笼统提出异议，即原规范条文规定在最末一级配电箱处自动互投是指全部消防设备还是指部分消防设备，不明确。如指所有消防设备，配电箱处均要求切换，实际上执行有困难，如：火灾应急照明和疏散指示标志就难以执行；还有最末一级配电箱是什么部位应明确。根据上述意见，故在本条作了修改。

第一，重点是高层建筑的消防控制室、消防电梯，防排烟风机等。

第二，切换部位是指各自的最末一级配电箱，如消防水泵应在消防水泵房的配电箱处切换；又如消防电梯应在电梯机房配电箱处切换，等等。

9.1.3　本条是对原条文的修改补充。

一、火灾实例证明，有了可靠电源，而消防设备的配电线路不可靠，仍不能保证消防用电设备的安全供电。如某高层建筑发生火灾，设有备用电源，由于消防用电设备的配电线路与一般配电线路合在一起，当整个建筑用电线拉闸后，电源被切断，消防设备不能运转发挥灭火作用，造成严重损失。因此，本条规定消防用电设备均应采用专用的(即单独的)供电回路。

二、建筑发生火灾后，可能会造成电气线路短路和其它设备事故，电气线路可能使火灾蔓延扩大，还可在救火中因触及带电设备或线路等漏电，造成人员伤亡。因此，发生火灾后，消防人员必须是先切断工作电源，然后救火，以策扑救中的安全。而消防用电设备，必须继续有电(不能停电)，故消防用电必须采用单独回路，电源直接取自配电室的母线，当切断(停电)工作电源时，消防电源不受影响，保证扑救工作的正常进行。

三、本条所规定的供电回路，系指从低压总配电室(包括分配电室)至最末一级配电箱，与一般配电线路均应严格分开。

为防止火势沿电气线路蔓延扩大和预防触电事故等，消防人员在灭火时首先要切断起火部位的一般配电电源。如果高层建筑配电设计不区分火灾时哪些用电设备可以停电，哪些不能停电，一旦发生火灾只能切断全部电源，致使消防用电设备不能正常运行，这是不能允许的。发生火灾时消防电梯，消防水泵，事故照明，防、排烟等消防用电必须确保。因此，消防用电设备的配电线路不能与其它动力、照明共用回路，并且还应设有紧急情况下方便操作的明显标志，否则容易引起误操作，影响灭火战斗。

9.1.4　本条是对原条文的修改。

为保证消防用电气设备的配电线路可靠、安全供电，根据国内高层建筑对消防用电设备配电线路的实际作法、目前国内一些电缆电线厂家生产耐火电缆电线的水平和能力、国外对消防设备配线的防火要求等，本条对原规范消防用电设备的配电线路进行了修改。

一、据调查，目前国内许多高层建筑设计结合我国国情，消防用电设备配电线路多数是采用普通电缆电线而穿在金属管或阻燃塑料管内并埋设在不燃烧体结构内，这是一种比较经济、安全可靠的敷设方法。我们参照四川消防科研所对钢筋混凝土构件内钢筋温度与保护层的关系曲线(如图 30 和表 21)，并考虑一般钢筋混凝土楼板、隔墙的具体情况，对穿管暗敷线路作了保护层厚度的规定。

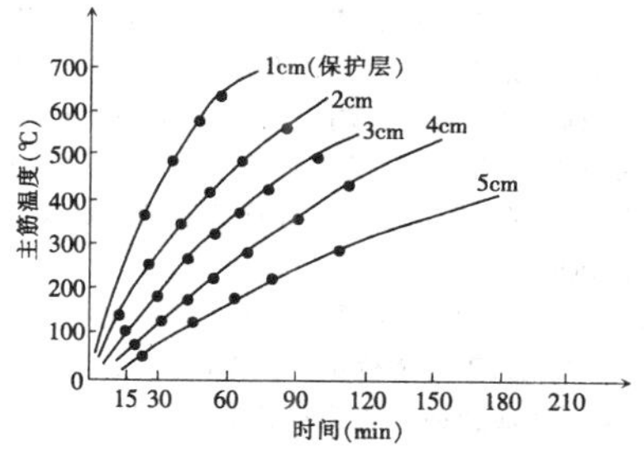

图 30　在火灾作用下梁内主筋温度与保护层厚度的关系曲线

大火灾温度作用下梁内主筋温度与保护层厚度的关系　　表 21

主筋温度(℃) / 升温时间(min) / 主筋保护层(cm)	15	30	45	60	75	90	105	140	175	210
1	245	390	480	540	590	620				
2	165	270	350	410	460	490	530			
3	135	210	290	350	400	440		510		
4	105	175	225	270	310	340			500	
5	70	130	175	215	260	290				480

当采用明敷时，要求做到：必须在金属管或金属线槽上涂防火涂料进行保护，以策安全。

二、矿物绝缘电缆是由铜芯、铜护套和氧化镁绝缘等全无机物组成的电缆，具有良好电性能、机械物理性能、耐火性能，在火灾条件下不会放出任何烟雾及有害气体，其综合性能优于阻燃电缆、耐火电缆。因此，本条对阻燃电缆、耐火电缆和矿物绝缘电缆的敷设分别作了规定。

9.2 火灾应急照明和疏散指示标志

9.2.1 本条是对原条文的修改。

一、火灾实例证明，有的建筑火灾造成严重的人员伤亡事故，其原因固然是多方面的，但与有无应急照明和疏散指示标志也有一定关系。为防止触电和通过电气设备、线路扩大火势，需要在火灾时及时切断起火部位及其所在防火分区的电源，如无事故照明，人们在惊慌之中势必混乱，加上烟气作用，更易引起不必要的伤亡。如某部队礼堂在演出中突然发生火灾，灯光熄灭一片漆黑，全场观众处于危急之中。这时剧场工作人员及时用四个手电筒照射疏散出口，引导观众疏散，避免了大的混乱，礼堂虽然烧毁了，但人员未伤亡，如果没有应急照明，就很难避免伤亡事故。

二、高层建筑在安全疏散方面有许多不利因素。一是层数多，垂直疏散距离长，则疏散到地面或其它安全场所的时间要相应增长；二是规模大、人员多的高层建筑，由于有些高层建筑疏散通路设置不合理，拐弯多，宽窄不一，容易出现混乱拥挤情况，影响安全疏散；三是各种竖向管井未作防火分隔处理或处理不合要求，火灾时拔烟、拔火作用大，导致蔓延快，给安全疏散增加了困难；四是目前国内生产的消防登高车辆数量少，质量不高，最大工作高度有限，不利于高层建筑火灾的抢救等。针对以上不利因素，设置符合规定的应急照明和疏散指示标志是十分必要的。

三、本条除规定疏散楼梯间、走道和防烟楼梯间前室、消防电梯间及其前室及合用前室以及观众厅、展览厅、多功能厅、餐厅和商场营业厅等人员密集的场所需设应急照明外，并对火灾时不许停电、必须坚持工作的场所（如配电室、消防控制室、消防水泵房、自备发电机房、电话总机房等）也规定了应设应急照明。

四、根据目前我国高层建筑火灾应急照明设计的实际做法，一般都采用城市电网的电源作为应急照明供电。为满足使用需要，又利于安全，允许使用城市电网供电，对其电压未作具体规定，即可用220V的电压。

有的高层建筑如果有条件，也可采用蓄电池组作为火灾应急照明和疏散指示标志的电源。

9.2.2 本条是对原条文的修改。

一、本条原则上保留了原规范的内容，个别内容进行修改补充。如防（排）烟机房、电话总机房以及发生火灾时必须坚持工作的其它房间。根据一些高层建筑实际作法和取得的效果，作此规定。

二、本条规定的照度主要是参照现行的国家标准《工业企业照明设计标准》有关规定提出的。该标准规定供人员疏散用的事故照明，主要通道的照度不应低于0.5lx。

消防控制室、消防水泵房、配电室和自备发电机房要在高层建筑内任何部位发生火灾时坚持正常工作，这些部位应急照明的最低照度应与该部位工作面上的正常工作照明的最低照度相同，其有关数值见表22。表22中数值引自《工业企业照明设计标准》。

消防水泵房控制室、配电室等工作面上的最低照明度值　表22

序号	车间和工作场所	视觉工作等级	最低照度(lx)		
			混合照明	混合照明中的一般规定	一般照明
1	动力站：				
	泵房	Ⅶ	—	—	20
	锅炉房、煤气站的操作层	Ⅶ	—	—	20
2	配、变电所				
	变压器室	Ⅶ	—	—	20
	高低压配电室	Ⅵ	—	—	30
3	控制室				
	一般控制室	Ⅳ乙	—	—	75
	主控制室	Ⅱ乙	—	—	150

9.2.4 本条保留原条文的内容。

一、实践证明这样规定是符合实际情况的，执行中没有碰到什么困难。有些高层建筑结合工程实际，作了变动，有的变动较合理，有的不尽合理，在设计施工中应切实注意改进。

二、据调查，应急照明灯设置的位置，大致有如下几种：在楼梯间，一般设在墙面或休息平台板下；在走道，设在墙面或顶棚下；在厅、堂，设在顶棚或墙面上；在楼梯口、太平门，一般设在门口上部。

三、对应急照明灯和疏散指示标志的位置，本条中未作具体规定，主要考虑执行中有一定的灵活性。如对疏散指示标志规定设在距地面不超过1.00m的墙面上，具体设计时可结合实际情况在这个范围内选定安装位置。这个范围符合一般人行走时目视前方的习惯，容易发现标志。但疏散指示标志如设在吊顶上有被烟气遮挡的可能，故在设计中应予避免。

9.2.5 为防止火灾时迅速烧毁应急照明灯和疏散指示标志，影响安全疏散，本条规定在应急照明灯具和疏散指示标志的外表面加设保护措施。由于我国尚未生产专用的应急照明灯和疏散指示标志，故仅考虑容易做到的简易办法。

9.2.6 本条保留了原规范第8.1.1条的注释。其供电时间是根据国内一些高层工程实际作法和参考日本等国的规范和资料而作出的规定，经近10年的实践证明是可行的，故保留了原条文内容。

9.3 灯　具

9.3.1 本条基本上保留了原条文的内容。

一、据调查，有些地方的高层旅馆、饭店、宾馆、办公楼、商业建筑、实验楼等的电气照明线路和设备安装位置不当，火灾时有发生。如某高层建筑，普通窗帘布搭在白炽灯泡上，经过较长时间烤燃起火，幸亏房间火灾报警设备准确及时报警，及时进行扑救，才未酿成重大火灾。又如某宾馆的白炽灯泡烤着可燃吊顶，引起火灾，不得不中断外事活动，造成了不良政治影响。为此，作了本条规定。

二、据了解，这些年来，在各种高层建筑的设计、安装中，基本上是按照本规定作的，实际中没有碰到什么困难，因此，保留了本条的内容。

为了有利于结合工程实际，充分发挥电气设计人员的积极性和创造性，对照明器表面的高温部位，应采取隔热、散热等防火保护措施，但未作具体规定，因为具体的保护措施较多，可根据实际情况处理。比如，将高温部位与可燃物之间垫设绝缘隔热物，隔绝高温；加强通风降温散热措施；与可燃物保持一定距离，使可燃物的温度不超过60～70℃等。

白炽灯泡：散热情况下的灯泡表面温度见表23，白炽灯泡使可燃物烤至起火的时间、温度见表24。

白炽灯泡在一般散热情况下的灯泡表面温度　表23

灯泡功率(W)	灯泡表面温度(℃)
40	50～60
75	140～200
100	170～220
150	150～230
200	160～300

白炽灯泡将可燃物烤至起火的时间、温度　表24

灯泡功率(W)	摆放	可燃物	烤至起火的时间(min)	烤至起火的温度(℃)	备注
75	卧式	稻草	2	360～367	埋入
100	卧式	稻草	12	342～360	紧贴

白炽灯泡将可燃物烤至起火的时间、温度　　表 24

灯泡功率（W）	摆　放	可燃物	烤至起火的时间（min）	烤至起火的温度（℃）	备注
100	垂　式	稻　草	50	炭　化	紧贴
100	卧　式	稻　草	2	360	埋入
100	垂　式	棉絮被套	13	360～367	紧贴
100	卧　式	乱　纸	8	333～360	埋入
200	卧　式	稻　草	8	367	紧贴
200	卧　式	乱稻草	4	342	紧贴
200	卧　式	稻　草	1	360	埋入
200	垂　式	玉米秸	15	365	埋入
200	垂　式	纸　张	12	333	紧贴
200	垂　式	多层报纸	125	333～360	紧贴
200	垂　式	松木箱	57	398	紧贴
200	垂　式	棉　被	5	367	紧贴

三、对容易引起火灾的卤钨灯和不易散热、功率较大白炽灯泡的吸顶灯、嵌入式灯等提出了防火要求。由于卤钨灯灯管表面温度达 700～800℃，必须使用耐热线。白炽灯泡的吸顶灯、嵌入式灯的灯罩内或灯泡附近的温度，大大超过一般绝缘导线运行时的周围环境温度（允许温度详见表 25），若灯头的引人电源线不采取措施，其导线绝缘极易损坏，引起短路，甚至酿成火灾。

确定电线电缆允许载流量，周围环境温度均取 25℃作标准。当敷设处的环境温度变化时，其载流量应乘以温度校正系数 K（见表 26），温度校正系数 K 由下式确定：

$$K=\sqrt{\frac{t_1-t_0}{t_1-25℃}} \tag{7}$$

式中　t_0——敷设处实际环境温度（℃）；

t_1——电线长期允许工作温度（℃）。

绝缘电线的线芯长期允许工作温度　　表 25

电线名称	周围环境温度（℃）	线芯允许工作温度（℃）
铝芯或铜芯橡皮绝缘电线	25	65
铝芯或铜芯橡皮塑料电线	25	65

电线的温度校正系数　　表 26

周围环境温度（℃）		5	10	15	20	25	30
线芯允许工作温度（℃）	+65	1.22	1.17	1.12	1.06	1	0.95
	+70	1.20	1.15	1.10	1.10	1	0.40
周围环境温度（℃）		35	40	45	50	55	
线芯允许工作温度（℃）	+65	0.865	0.79	0.706	0.61	0.5	
	+70	0.885	0.815	0.745	0.666	0.577	

9.3.2　本条基本保留了原条文内容。

一、火灾实例表明，白炽灯、卤钨灯、荧光高压汞灯和镇流器等直接安装在可燃构件或可燃装修上，容易发生火灾。

卤钨灯管表面温度高达 500～800℃，极易引起靠近的可燃物起火，如在可燃物品库内设置这类高温照明器更是危险。如北京某宾馆新楼，将一间客房作临时仓库，堆放枕头等可燃物，因紧压开关而发生故障起火成灾，由于自动喷水灭火系统起作用，才未酿成大祸。又如天桥宾馆，其空调设备开关装在墙面上，因开关质量差起火，烧着墙面的木装修和可燃防潮层，幸亏发现早，报警及时，扑救及时，才未酿成大灾。

二、据一些地方的同志反映，本条规定对实际设计、安装工作起到指导作用，目前有不少高层建筑是这样做的，没有遇到什么困难，是可行的。

9.4　火灾自动报警系统、火灾应急广播和消防控制室

9.4.1～9.4.4　其中 9.4.1 条是修订条文。

一、火灾自动报警系统发展概况。火灾自动报警系统，由触发器件、火灾报警装置，火灾警报装置以及具有其它辅助功能的装置组成。它是人们为了及早发现和通报火灾，并及时采取有效措施控制和扑灭火灾，而设置在建筑物中或其它场所的一种自动消防设施，是人们同火灾作斗争的有力工具。在国外发达国家，如美国、英国、日本、德国、法国和瑞士等，火灾自动报警设备的生产、应用相当普遍，美、英、日等国火灾自动报警设备甚至普及到一般家庭。我国火灾自动报警设备的研究、生产和应用起步较晚，50～60 年代基本上是空白。70 年代开始创建，并逐步有所发展。进入 80 年代以来，特别是最近几年，随着我国四化建设的迅速发展和消防工作的不断加强，火灾自动报警设备的生产和应用有了较大发展，生产厂家、产品种类和产量以及应用单位，都不断有所增加。据不完全统计，目前国内生产火灾自动报警设备的厂家 60 多个，国外生产和应用的几种典型的火灾探测器产品我国都有，各种火灾探测器的年产量估计可达 15 万只以上。产品的质量逐年有所提高，应用范围也不断扩大。特别是随着《高层民用建筑设计防火规范》、《建筑设计防火规范》等消防技术法规的贯彻执行，我国许多重要部门、重点单位和要害部位，如国家计委和一些省、市、自治区的电子计算中心，北京、上海、广州、深圳、大连、青岛等大城市和经济特区的许多高层建筑、高级旅馆、重要仓库、重点引进工程、重要的图书馆、档案馆、重要的公共建筑等，都装设了火灾自动报警系统。可以预料，随着我国四化建设的深入发展，各种建筑工程安装火灾自动报警系统会愈来愈广泛。

二、许多火灾、火警实例说明，火灾自动报警系统有着良好的作用，能够早期报告火灾，及时进行扑救，减少和避免重大火灾的发生。如北京某饭店，一位国外旅客吸烟，将未熄灭的烟头扔进塑料纸篓内就入睡了，烟头经过一段时间的阴燃起火，由于火灾自动报警系统准确地报了警，该饭店服务员打开房门，迅速扑灭了火苗，避免了一场火灾。

北京某饭店，安装在 8 楼的火灾自动报警装置，突然发出火警信号，火警灯发出了红光，指示灯一闪一闪，值班员见到 87 号探测器的楼道内烟雾弥漫，与此同时，电话间的火灾自动报警集中控制器也发出了火警信号，饭店安全部门也接到火警电话，这时值班员很快奔赴出事地点，经过一场紧张的灭火战斗，很快扑灭了火灾，避免了一场重大事故的发生。

三、据调查，原规范规定的安装部位不够全面、具体，执行中遇到困难。对此，本节根据各地工程实践，并考虑到目前我国的经济、技术水平，作了较详细的补充。

四、火灾自动报警系统的设计应按现行的国家标准《火灾自动报警系统设计规范》的规定执行。

五、据调查，原规范对安装火灾自动报警系统，较笼统，不便执行，根据各地安装的实际经验和国外有关规范、资料，本次修改时将需要安装的建筑、部位予以具体化，以便于执行。

六、游泳池、溜冰场、卫生间等场所的可燃物极少，亦未见火灾案例，根据这一实际情况，参照国外相关规定，作了必要的修改。

9.4.5

一、设置消防控制中心的必要性。在现代化的高层建筑中，不仅着火时辐射热强、蔓延快，扑救难度大，而且起火的潜在因素增多，特别是电气设备增多，用电量增大，一旦发生火灾危害大。例如，日本东京东芝大厦，主机械室设于地下，其中有 2 台 7500kVA

的变压器和1台2000kVA的自备变压器；又如北京国际饭店(二十九层)，设有4台1000kVA变压器，照明线和动力线纵横交错，电气火灾潜在危险大。

二、消防控制中心室应包含的功能。对消防控制室的控制功能，各国规范规定的繁简程度不同，国际上也无统一规定。日本规范对中央管理室的功能规定的比较细，主要包括以下四个方面：

1. 起到防火管理中心的作用。

2. 起到警卫管理中心的作用。

3. 起到设备管理中心的作用。

4. 起到信息情报咨询中心的作用。

根据当前我国经济技术水平和条件，消防控制设备的功能要求如下。

室内消火栓给水系统应有下列控制、显示功能：

1. 控制消防泵的启、停。

2. 显示启动按钮的工作状态。

3. 显示消防水泵的工作、故障状态。

自动喷水灭火系统应有下列控制、显示功能：

1. 控制系统的启、停。

2. 显示报警阀、闸阀及水流指示器的工作状态。

3. 显示消防水泵的工作、故障状态。

有管网的气体灭火系统应有下列控制、显示功能：

1. 控制系统的紧急启动与切断装置。

2. 由火灾自动报警系统与自动灭火系统联动的控制设备，要有30s可调的延时装置。

3. 显示系统的手动、自动工作状态。

4. 在报警、喷射各阶段，控制室应有相应的声、光报警信号，并能手动切除声响信号。

5. 在延时阶段，应能自动关闭防火门，停止通风、空气调节系统。

6. 应能关闭防火卷帘。

火灾报警，消防控制设备对联动控制对象应有下列功能：

1. 停止有关部位的风机，关闭防火阀，并接收其反馈信号。

2. 启动有关部位防烟、排烟风机和排烟阀，并接收其反馈信号。

当火灾确认后，消防控制设备对联动控制对象应有下列功能：

1. 关闭有关部位的防火门、防火卷帘，并接收其反馈信号。

2. 发出控制信号，强制所有电梯停在首层，并接收其反馈信号。

3. 接通应急照明灯和疏散指示灯。

4. 切断有关部位的非应急电源。

9.5 漏电火灾报警系统

本节为新增条文。

20世纪的最后20年里。我国人均用电量翻了一番，但电气火灾也随之剧增，从而也给国家经济和人民生命财产造成巨大损失，据《中国火灾统计年鉴》统计，自1993～2002年全国范围内共发生电气火灾203780起，占火灾总数近30%，在所有火灾起因中居首位。电气火灾造成人身伤亡的数字也是惊人的，仅2000～2002年，就造成3215人的伤亡。特别在重、特大火灾中，电气火灾所占比例更大。例如1991～2002年全国公共聚集场所共发生特大火灾37起，其中电气火灾17起，约占46%。我国的电气火灾大部分是由短路引发的，特别是接地电弧性短路。根据公安部消防局电气火灾原因技术鉴定中心的统计资料来看，电气火灾大部分是由电气线路的直接或间接引起的，以2002年度为例，鉴定火灾115起。其中有95起是由电气线路直接或间接造成的。“漏电火灾报警系统”能准确监控电气线路的故障和异常状态，能发现电气火灾的火灾隐患，及时报警提醒人员去消除这些隐患。

日本1978年在其《内线规程》JEAC8001—1978第190条明确要求建筑面积在150m²以上的旅馆、饭店、公寓、集体宿舍、家庭公寓、公共住宅、公共浴室等地必须安装能自动报警的漏电火灾报警器。此规程为日本电气火灾的控制起了重要作用，电气火灾只占总火灾的2%～3%(其人均用电量为我国的8倍)。国际电工委员会IEC1200—53 1994—10中593.3条明确要求采用两级或三级剩余电流保护装置，防止由于漏电引起的电气火灾和人身触电事故。我国20世纪90年代开始在一些电气规范中对接地故障火灾作出了防范规定。例如《剩余电流保护装置安装和运行》GB 13955、《低压配电设计规范》GB 50054、《住宅设计规范》GB 50096、《民用建筑电气设计规范》JGJ/T 16。

目前国内在使用了漏电火灾报警系统的工程中，经调查，在使用过程中确实发现了不少起火隐患，得到了用户的认可和好评。例如：北京市某家具装饰城，在漏电火灾报警系统刚安装完之后，就发现了18个漏电故障点(主控机漏电报警)。经过勘察发现了5个严重漏电点，例如：在三层第09号配电箱第5照明供电回路中发现1A的漏电电流，而且漏电电流忽大忽小，第5照明回路为三层西侧通道日光灯照明供电回路，最后在三层的一照明日光灯的母线槽内发现了漏电点，给日光灯供电的火线(相线)头铜线太长，拧在接线端子上后，余下裸露部分与母线槽铁壳在不断的拉弧打火，长时间的打火已经将母线槽内其它的塑铜电线的绝缘外皮损坏，若不及时发现漏电电流会不断增大，电弧也随之加大，早晚会引燃母线槽内的大量塑铜电线，引发火灾事故。

综上所述，漏电火灾报警系统能准确监控电气线路的故障和异常状态，能发现电气火灾的火灾隐患，及时报警提醒人员去消除这些隐患。结合我国实际情况，参照国际和国内的相关标准，增加了公共场所宜设置《漏电火灾报警系统》的规定。但这些设备要采用国家消防电子产品质量监督检验中心检测合格的产品，以确保质量安全。

中华人民共和国国家标准

建筑内部装修设计防火规范

GB 50222—95

（2001 年版）

条 文 说 明

编制说明

本规范是根据国家计委计综合［1990］160号文的要求，由中国建筑科学研究院会同建设部建筑设计院、北京市消防局、上海市消防局、吉林省建筑设计院、轻工业部上海轻工业设计院等单位共同编制的。

在编制过程中，规范编制组遵照国家的有关建设工作方针、政策和“以防为主、防消结合”的消防工作方针，在总结我国建筑内部装修设计经验的基础上，根据具体的火灾教训并参考国外发达国家相关的标准与文献资料，提出了本规范的征求意见稿，广泛征求了国内有关的科研、设计单位和消防监督机构以及大专院校等方面的意见，最后经有关部门共同审查定稿。

本规范共分四章和三个附录。内容包括：总则、装修材料的分类和分级、民用建筑、工业建筑、装修材料燃烧性能等级划分、常用建筑内部装修材料燃烧性能等级划分举例等。

鉴于本规范系初次编制，希望各单位在执行过程中注意积累资料，总结经验，如发现需要修改和补充之处，请将意见和有关资料寄交中国建筑科学研究院（地址：北京安外小黄庄；邮政编码：100013），以便今后修改时参考。

目　次

1 总 则

1.0.1 本条规定了制定《建筑内部装修设计防火规范》的目的和依据。本规范的制定是为了保障建筑内部装修的消防安全，防止和减少建筑物火灾的危害。条文规定，在建筑内部装修设计中要认真贯彻“预防为主，防消结合”这一主动积极的消防工作方针，要求设计、建设和消防监督部门的人员密切配合，在装修设计中，认真、合理的使用各种装修材料，并积极采用先进的防火技术，做到“防患于未然”从积极的方面预防火灾的发生和蔓延。这对减少火灾损失，保障人民生命财产安全，保卫四化建设的顺利进行，具有极其重要的意义。

本规范是依照现行的国家标准《建筑设计防火规范》GBJ 16（以下简称《建规》）、《高层民用建筑设计防火规范》GBJ 45（以下简称《高规》）、《人民防空工程设计防火规范》GBJ 98 等的有关规定和对近年来我国新建的中、高档饭店、宾馆、影剧院、体育馆、综合性大楼等实际情况进行调查总结，结合建筑内部装修设计的特点和要求，并参考了一些先进国家有关建筑物设计防火规范中对内装修防火要求的内容，结合国情而编制的。

1.0.2 本条规定了规范的适用范围和不适用范围。

本规范适用于民用建筑和工业厂房的内部装修设计。

随着人民生活水平的提高，室内装修发展很快，其中住宅量大面广，装修水平相差甚远。其中一部分住宅的装修是由专业装修单位设计和施工完成的。为了保障居民的生命财产安全，凡由专业装修单位设计和施工的室内装修，均应执行本规范。

1.0.3 根据中国消防协会编辑出版的《火灾案例分析》，许多火灾都是起因于装修材料的燃烧，有的是烟头点燃了床上织物；有的是窗帘、帷幕着火后引起了火灾；还有的是由于吊顶、隔断采用木制品，着火后很快就被烧穿。因此，要求正确处理装修效果和使用安全的矛盾，积极选用不燃材料和难燃材料，做到安全适用、技术先进、经济合理。

近年来，建筑火灾中由于烟雾和毒气致死的人数迅速增加。如英国在 1956 年死于烟毒窒息的人数占火灾死亡总数的 20%，1966 年上升为 40%，至 1976 年则高达 50%。日本“千日”百货大楼火灾死亡 118 人，其中因烟毒致死的为 93 人，占死亡人数的 78.8%。1986 年 4 月天津市某居民楼火灾中，有 4 户 13 人全部遇难。其实大火并没有烧到他们的家，甚至其中一户门外 2m 处放置的一只满装的石油气瓶，事后仍安然无恙。夺去这 13 条生命的不是火，而是烟雾和毒气。

1993 年 2 月 14 日河北省唐山市某商场发生特大火灾，死亡的 80 人全部都是因有毒气体窒息而死。

人们逐渐认识到火灾中烟雾和毒气的危害性，有关部门已进行了一些模拟试验的研究，在火灾中产生烟雾和毒气的室内装修材料主要是有机高分子材料和木材。常见的有毒有害气体包括一氧化碳、二氧化碳、二氧化硫、硫化氢、氯化氢、氰化氢、光气等。由于内部装修材料品种繁多，它们燃烧时产生的烟雾毒气数量种类各不相同，目前要对烟密度、能见度和毒性进行定量控制还有一定的困难，但随着社会各方面工作的进一步开展，此问题会得到很好的解决。为了从现在起就引起设计人员和消防监督部门对烟雾毒气危害的重视，在此条中对产生大量浓烟或有毒气体的内部装修材料提出尽量“避免使用”这一基本原则。

1.0.4 本条规定了内部装修设计涉及的范围，包括装修部位及使用的装修材料与制品。顶棚、墙面、地面、隔断等的装修部位是最基本的部位；窗帘、帷幕、床罩、家具包布均属于装饰织物，容易引起火灾；固定家具一般系指大型、笨重的家具。它们或是与建筑结构永久地固定在一起，或是因其大、重而轻易不被改变位置。例如壁橱、酒吧台、陈列柜、大型货架、档案柜等。

目前工业厂房中的内装修量相对较小且装修的内容也相对比较简单，所以在本规范中，对工业厂房仅对顶棚、墙面、地面和隔断提出了装修要求。

1.0.5 建筑内部装修设计是建筑设计工作中的一部分，各类建筑物首先应符合有关设计防火规范规定的防火要求，内部装修设计防火要求应与之相配合。同时，由于建筑内部装修设计涉及的范围较广，有些本规范不能全部包括进来。故规定除执行本规范的规定外，尚应符合现行的有关国家设计标准、规范的要求。

2 装修材料的分类和分级

2.0.1 建筑用途、场所、部位不同，所使用装修材料的火灾危险性不同，对装修材料的燃烧性能要求也不同。为了便于对材料的燃烧性能进行测试和分级，安全合理地根据建筑的规模、用途、场所、部位等规定去选用装修材料，按照装修材料在内部装修中的部位和功能将装修材料分为七类。

2.0.2 按现行国家标准《建筑材料燃烧性能分级方法》，将内部装修材料的燃烧性能分为四级。以利于装修材料的检测和本规范的实施。

2.0.3 选定材料的燃烧性能测试方法和建立材料燃烧性能分级标准，是编制有关设计防火规范性能指数的依据和基础。建筑内部装修材料种类繁多，各类材料的测试方法和分级标准也不尽相同，有些只有测试方法标准而没有制定燃烧性能等级标准，有些测试方法还未形成国家标准或测试方法不完善、不系统。鉴于我国目前已颁布的建筑材料和其他材料燃烧性能测试方法标准和分级标准，本着尽可能选用已有标准的原则，同时参考国外的一些标准，为了简便、明了、统一、合理，根据材料的分类，在附录A中规定了相应的测试方法，并分别根据各类材料测试的结果，将材料划分为相应的燃烧性能等级。

任何两种测试方法之间获得的结果很难取得完全一致地对应关系。本规范划分的材料燃烧性能等级虽然代号相同，但测试方法是按材料类别分别规定的，不同的测试方法获得的燃烧性能等级之间不存在完全对应的关系，因此应按材料的分类规定的测试方法由专业检测机构进行检测和确认燃烧性能等级。

2.0.4 纸面石膏板按我国现行建材防火检测方法检测，不能列入A级材料。但是如果认定它只能作为B_1级材料，则又有些不尽合理，尚且目前还没有更好的材料可替代它。

考虑到纸面石膏板用量极大这一客观实际，以及建筑设计防火规范中，认定贴在钢龙骨上的纸面石膏板为非燃材料这一事实，特规定如纸面石膏板安装在钢龙骨上，可将其做为A级材料使用。

2.0.5 在装修工程中，胶合板的用量很大，根据国家防火建筑材料质量监督检测中心提供的数据，涂刷一级饰面型防火涂料的胶合板能达到B_1级。为了便于使用，避免重复检测，特制定本条。

2.0.6 纸质、布质壁纸的材质主要是纸和布，这类材料热分解产生的可燃气体少、发烟小。尤其是被直接粘贴在A级基材上且质量≤300g/m^{2}时，在试验过程中，几乎不出现火焰蔓延的现象，为此确定这类直接贴在A级基材上的壁纸可作为B_1级装修材料来使用。

2.0.7 涂料在室内装修中量大面广，一般室内涂料涂覆比小，涂料中的颜料、填料多，火灾危险性不大。法国规范中规定，油漆或有机涂料的湿涂覆比在0.5～1.5kg/m^{2}之间，施涂于不燃烧性基材上时可划为难燃性材料。一般室内涂料湿涂覆比不会超过1.5kg/m^2，故规定施涂于不燃性基材上的有机涂料均可作为B_1级材料。

2.0.8 当采用不同装修材料分几层装修同一部位时，各层的装修材料只有贴在等于或高于其耐燃等级的材料上，这些装修材料燃烧性能等级的确认才是有效的。但有时会出现一些特殊的情况，如一些隔音、保温材料与其他不燃、难燃材料复合形成一个整体的复合材料时，对此不宜简单地认定这种组合做法的耐燃等级，应进行整体的试验，合理验证。

3 民用建筑

3.1 一般规定

3.1.1 规定此条的理由是为了减少火灾中的烟雾和毒气危害。多孔和泡沫塑料比较易燃烧，而且燃烧时产生的烟气对人体危害较大。但在实际工程中，有时因功能需要，必须在顶棚和墙的表面，局部采用一些多孔或泡沫塑料，对此特从使用面积和厚度两方面加以限制。在规定面积和厚度时，参考了美国的NF-PA—101《生命安全规程》。

需要说明两点：

（1）多孔或泡沫状塑料用于顶棚表面时，不得超过该房间顶棚面积的10%；用于墙表面时，不得超过该房间墙面积的10%。不应把顶棚和墙面合在一起计算。

（2）本条所说面积指展开面积，墙面面积包括门窗面积。

3.1.2 无窗房间发生火灾时有几个特点：（1）火灾初起阶段不易被发觉，发现起火时，火势往往已经较大。（2）室内的烟雾和毒气不能及时排出。（3）消防人员进行火情侦察和施救比较困难。因此，将无窗房间室内装修的要求提高一级。

3.1.3 本条专门针对各类建筑中用于存放图书、资料和文物的房间。图书、资料、档案等本身为易燃物，一旦发生火灾，火势发展迅速。有些图书、资料、档案文物的保存价值很高，一旦被焚，不可重得，损失更大。故要求顶棚、墙面均使用A级材料装修，地面应使用不低于B_1级的材料装修。

3.1.4 本条“特殊贵重”一词沿用《建规》3.2.2条的提法，其含义见该说明。此类设备或本身价格昂贵，或影响面大，失火后会造成重大损失。有些设备不仅怕火，也怕高温和水渍，既使火势不大，也会造成很大的经济损失。如1985年5月某大学微电子研究所火灾，烧毁IBM计算机22台，苹果计算机60台，红宝石激光器一台，直接经济损失58万余元。此外还烧毁大量资料，使多年的研究成果毁于一旦。

3.1.5 本条主要考虑建筑物内各类动力设备用房。这些设备的正常运转，对火灾的监控和扑救是非常重要的，故要求全部使用A级材料装修。

3.1.6 本条主要考虑建筑物内纵向疏散通道在火灾中的安全。火灾发生时，各楼层人员都需要经过纵向疏散通道。尤其是高层建筑，如果纵向通道被火封住，对受灾人员的逃生和消防人员的救援都极为不利。另外对高层建筑的楼梯间，一般无美观装修的要求。

3.1.7 本条主要考虑建筑物内上下层相连通部位的装修。这些部位空间高度很大，有的上下贯通几层甚至十几层。万一发生火灾时，能起到烟囱一样的作用，使火势无阻挡地向上蔓延，很快充满整幢建筑物，给人员疏散造成很大困难。

3.1.8 挡烟垂壁的作用是减慢烟气扩散的速度，提高防烟分区排烟口的吸烟效果。发生火灾时，烟气的温度可以高达200℃以上，如与可燃材料接触，会生成更多的烟气甚至引起燃烧。为保证挡烟垂壁在火灾中起到应有的作用，特规定本条。

3.1.9 规定本条的理由与3.1.7条相同。变形缝上下贯通整个建筑物，嵌缝材料也具有一定的燃烧性，为防止火势纵向蔓延，要求变形缝两侧的基层使用A级材料，表面允许使用B_1级材料。这主要是考虑到墙面装修的整体效果，如要求全部用A级材料有时难以做到。

3.1.10 进入80年代以来，由电气设备引发的火灾占各类火灾的比例日趋上升。1976年电气火灾仅占全国火灾总次数的4.9%；1980年为7.3%；1985年为14.9%；到1988年上升到38.6%。电气火灾日益严重的原因是多方面的：(1) 电线陈旧老化；(2) 违反用电安全规定；(3) 电器设计或安装不当；(4) 家用电器设备大幅度增加。另外，由于室内装修采用的可燃材料越来越多，增加了电气设备引发火灾的危险性。为防止配电箱产生的火花或高温熔珠引燃周围的可燃物和避免箱体传热引燃墙面装修材料，规定其不应直接安装在低于B_1级的装修材料上。

3.1.11 由照明灯具引发火灾的案例很多。如1985年5月某研究所微波暗室发生火灾。该暗室的内墙和顶棚均贴有一层可燃的吸波材料，由于长期与照明用的白炽灯泡相接触，引起吸波材料过热，阴燃起火。又如1986年10月某市塑料工业公司经营部发生火灾。其主要原因是日光灯的镇流器长时间通电过热，引燃四周紧靠的可燃物，并延烧到胶合板木龙骨的顶棚。

本条没有具体规定高温部位与非A级装修材料之间的距离。因为各种照明灯具在使用时散发出的热量大小、连续工作时间的长短，装修材料的燃烧性能，以及不同防火保护措施的效果，都各不相同，难以做出具体的规定。可由设计人员本着"保障安全、经济合理、美观实用"的原则根据具体情况采取措施。由于室内装修逐渐向高档化发展，各种类型的灯具应运而生，灯饰更是花样繁多。制作灯饰的材料包括金属、玻璃等不燃材料，但更多的是硬质塑料、塑料薄膜、棉织品、丝织品、竹木、纸类等可燃材料。灯饰往往靠近热源，故对B_2级和B_3级材料加以限制。如果由于装饰效果的要求必须使用B_2、B_3级材料，应进行阻燃处理使其达到B_1级。

3.1.12 在公共建筑中，经常将壁挂、雕塑、模型、标本等作为内装修设计的内容之一。为了避免这些饰物引发的火灾，特制定本条。

3.1.13 建筑物各层的水平疏散走道和安全出口门厅是火灾中人员逃生的主要通道，因而对装修材料的燃烧性能要求较高。

3.1.14 建筑内部设置的消火栓门一般都设在比较显眼的位置，颜色也比较醒目。但有的单位单纯追求装修效果，把消火栓门罩在木柜里面；还有的单位把消火栓门装修得几乎与墙面一样，不到近处看不出来。这些做法给消火栓的及时取用造成了障碍。为了充分发挥消火栓在火灾扑救中的作用，特制定本条规定。

3.1.15 建筑物内部消防设施是根据国家现行有关规范的要求设计安装的，平时应加强维修管理，以便一旦需要使用时，操作起来迅速、安全、可靠。但是，有些单位为了追求装修效果，擅自改变消防设施的位置。还有的任意增加隔墙，影响了消防设施的有效保护范围。进行室内装修设计时要保证疏散指示标志和安全出口易于辨认，以免人员在紧急情况下发生疑问和误解。例如，疏散走道和安全出口附近应避免采用镜面玻璃、壁画等进行装饰。为保证消防设施和疏散指示标志的使用功能，特制定本条规定。

3.1.16 厨房内火源较多，对装修材料的燃烧性能应严格要求。一般来说，厨房的装修以易于清洗为主要目的，多采用瓷砖、石材、涂料等材料，对本条的要求是可以做到的。

3.1.17 随着我国旅游业的发展，各地兴建了许多高档宾馆和风味餐馆。有的餐馆经营各式火锅，有的风味餐馆使用带有燃气灶的流动餐车。宾馆、餐馆人员流动大，管理不便，使用明火增加了引发火灾的危险性，因而在室内装修材料上比同类建筑物的要求高一级。

3.2 单层、多层民用建筑

3.2.1 表3.2.1中给出的装修材料燃烧性能等级是允许使用材料的基准级制。

根据建筑面积将候机楼划为两大类，以10000m^2为界线。候机楼的主要部位是候机大厅、商店、餐厅、贵宾候机室等。第一类性质所要求的装修材料燃烧性能等级为第一档。第二类性质所要求的装修材料燃烧性能等级为第二档。

汽车站、火车站和轮船码头这类建筑数量较多，本规范根据其规模大小分为两类。由于汽车站、火车站和轮船码头有相同的功能，所以把它列为同一类别。

建筑面积大于10000m^2的，一般指大城市的车站、码头，如上海站、北京站、上海十六铺码头等。

建筑面积等于和小于10000m^2的，一般指中、小城市及县城的车站、码头。

上述两类建筑物基本上按装修材料燃烧性能两个等级要求作出规定。

影院、会堂、礼堂、剧院、音乐厅，属人员密集场所，内装修要求相对较高，随着人民生活水平不断提高，影剧院的功能也逐步增加，如深圳大剧院就是一个多功能的剧院，其规模为亚洲第一，舞台面积近 $3000m^2$。影剧院火灾危险性大，如上海某剧院在演出时因碘钨灯距幕布太近，引燃成火灾。另一电影院因吊顶内电线短路打出火花引燃可燃吊顶起火。

根据这些建筑物的座位数将它们分为两类。考虑到这类建筑物的窗帘和幕布火灾危险性较大，均要求采用 B_1 级材料的窗帘和幕布，比其他建筑物要求略高一些。

体育馆亦属人员密集场所，根据规模将其划分为两类。

百货商场的主要部位是营业厅，该部位货物集中，人员密集，且人员流动性大。全国各类百货商场数不胜数，百货商场三个类别的划分也是参照《建规》。

上海 90 年曾发生某百货商场火灾事故，该商场建筑面积为 $14000m^2$，电器火灾引燃了大量商品，损失达数百万元。顶棚是个重要部位，故要求选用 A 级和 B_1 级材料。

国内多层饭店、旅馆数量大，情况比较复杂，这里将其划为两类。设有中央空调系统的一般装修要求高、危险性大。旅馆部位较多，这里主要指两个部分，即客房、公共场所。

歌舞厅、餐馆等娱乐、餐饮建筑，虽然一般建筑面积并不是很大，但因它们一般处于繁华的市区临街地段，且内容人员的密度较大，情况比较复杂，加之设有明火操作间和很强的灯光设备，因此引发火灾的危险概率高，火灾造成的后果严重，故对它们提出了较高的要求。

幼儿园、托儿所为儿童用房，儿童尚缺乏独立疏散能力；医院、疗养院、养老院一般为病人、老年人居住，疏散能力亦很差，因此，须提高装修材料的燃烧性能等级。考虑到这些场所高档装修少，一般顶棚、墙面和地面都能达到规范要求，故特别着重提高窗帘等织物的燃烧性能等级。对窗帘等织物有较高的要求，这是此类建筑的重点所在。

将纪念馆、展览馆等建筑物按其重要性划分为两类。国家级和省级的建筑物装修材料燃烧性能等级要求较高，其余的要求低一些。

对办公楼和综合楼的要求基本上与饭店、旅馆相同。

3.2.2 本条主要考虑到一些建筑物大部分房间的装修材料均可满足规范的要求，而在某一局部或某一房间因特殊要求，要采用的可燃装修不能满足规定，并且该部位又无法设立自动报警和自动灭火系统时，所做的适当放宽要求。但必须控制面积不得超过 $100m^2$，并采用防火墙，防火门窗与其他部位隔开，既使发生火灾，也不至于波及到其他部位。

3.2.3 考虑到一些建筑物标准较高，要采用较多的可燃材料进行装修，但又不符合本规范表 3.2.1 中的要求，这就必须从加强消防措施着手，给设计部门，建设单位一些余地，也是一种弥补措施。美国标准 NFPA101《人身安全规范》中规定，如采取自动灭火措施，所用装修材料的燃烧性能等级可降低一级。日本《建筑基准法》有关规定，“如采取水喷淋等自动灭火措施和排烟措施，内装修材料可不限”。本条是参照上述二国规定制定的。

3.3 高层民用建筑

3.3.1 表中建筑物类别、场所及建筑规模是根据《高规》有关内容结合室内设计情况划分的。

对高级旅馆的其他部位定为同一的装修要求，而对其中内含的观众厅、会议厅、顶层餐厅等又按照座位的数量划分成两类。这都是基于《高规》对此类房间、场所的限制规定的。其中将顶层餐厅同时加以限制，虽性质有不同，但因部位特殊，也划为同一等级。

综合楼是《高规》中的概念，即除内部设有旅馆以外的综合楼。商业楼，展览楼，综合楼，商住楼具有相同的功能，在《高规》中同以面积概念提出，故划作一类。

电信、财贸、金融等建筑均为国家和地方政府政治经济要害部门，以其重要特性划为一类。

教学、办公等建筑其内部功能相近，均属国家重要文化、科技、资料、档案等范畴，装修材料的燃烧性能等级可取得一致。

普通旅馆和住宅，使用功能相近，参照《高规》对普通旅馆的划分，将其分为两类。

3.3.2 100m 以上的高层建筑与高层建筑内大于 800 座的观众厅、会议厅、顶层餐厅均属特殊范围。观众厅等不仅人员密集，采光条件也较差，万一发生火灾，人员伤亡会比较严重，对人的心理影响也要超过物质因素，所以在任何条件下都不应降低内装修材料的燃烧性能等级。

3.3.3 电视塔等特殊高耸建筑物，其建筑高度越来越大，且允许公众在高空中观赏和进餐。由于建筑型式所限，人员在危险情况下的疏散十分困难，所以特对此类建筑做出十分严格的要求。

3.4 地下民用建筑

3.4.1 本条结合地下民用建筑的特点，按建筑类别、场所和装修部位分别规定了装修材料的燃烧性能等级。人员比较密集的商场营业厅、电影院观众厅，以及各类库房选用装修材料燃烧性能等级应严，旅馆客房、医院病房，以及各类建筑的办公室等房间使用面积较小且经常有管理人员值班，选用装修材料燃烧性能等级可稍宽。

装修部位不同，如顶棚，墙面，地面等，火灾危险性也不同，因而分别对装修材料燃烧性能等级提出不同要求。表中娱乐场是指建在地下的体育及娱乐建筑，如篮球、排球、乒乓球、武术、体操、棋类等的比赛练习场馆。餐馆是指餐馆餐厅、食堂餐厅等地下饮食建筑。

本条的注解说明了地下民用建筑的范围。地下民用建筑也包括半地下民用建筑，半地下民用建筑的定义按有关防火规范执行。

3.4.2 本条特别提出公共疏散走道各部位装修材料的燃烧性能等级要求，是由于地下民用建筑的火灾特点及疏散走道部位在火灾疏散时的重要性决定的。

3.4.3 本条是指单独建造的地下民用建筑的地上部分。单层、多层民用建筑地上部分的装修材料燃烧性能等级在本规范3.2中已有明确规定。单独建造的地下民用建筑的地上部分，相对使用面积小且建在地上，火灾危险性和疏散扑救比地下建筑部分容易，故本条可按3.4.2条有关规定降低一级。

4 工 业 厂 房

4.0.1 在对工业厂房进行分类时，主要参考了《建规》第三章，该规范第3.1.1条根据生产的火灾危险性特征将厂房分为甲、乙、丙、丁、戊五类。我们根据厂房内部装修的特点将甲类、乙类及有明火的丁类厂房归入序号1，将丙类厂房归入序号2，把无明火的丁类厂房和戊类厂房归入序号3。

4.0.2 从火灾的发展过程考虑，一般来说，对顶棚的防火性能要求最高，其次是墙面，地面要求最低。但如果地面为架空地板时，情况有所不同，万一失火，沿架空地板蔓延较快，受到的损失也大。故要求其地面装修材料的燃烧性能提高一级。

4.0.3 本条"贵重"一词是指：

一、设备价格昂贵，火灾损失大。

二、影响工厂或地区生产全局的关键设施，如发电厂、化工厂的中心控制设备等。

4.0.4 本条规定有两层意思，一是不要因办公室、休息室的装修失火而波及厂房；二是为了保障办公室，休息室内人员的生命安全。所以要求厂房附设的办公室、休息室等的内装修材料的燃烧性能等级，应与厂房的要求相同。

附录A 装修材料燃烧性能等级划分

不论材料属于哪一类，只要符合不燃性试验方法规定的条件，均定为A级材料。

对顶棚、墙面、隔断等材料按现行的有关建筑材料燃烧性能国家标准进行测试和分级。一般情况应将饰面层连同基材一并制取试样进行试验，以作出整体综合评价。

我国目前尚未制订地面材料的燃烧性能分级标准，但测试方法基本上与ASTME648—78标准，ISO/DISN114等标准相同，德国规定最小临界辐射通量≥0.45W/cm^{2}的地面材料才可应用，美国则规定了两级，即最小辐射通量≥0.22W/cm^2。本规范参照美国的分级对地面材料燃烧性能进行分级。

我国已制订了一些有关纺织物燃烧性能测试的国家标准，经过调研和对比试验分析，对室内装饰织物采用垂直测试比较合理，由于国内尚未制订织物的燃烧性能分级标准，在参考国外资料和其他行业（如HB5875—85《民用飞机机舱内部非金属材料阻燃要求和试验方法》）的有关规定。规定了这类材料的燃烧性能分级指标。

室内装饰织物是指窗帘、幕布、床罩、沙发罩等物品。对墙上贴的织物类不属于此类，对其应按墙面材料的方法进行测试和分级。

其他装饰材料和固定家具应按材质分别进行测试。塑料按目前国内常用的三个塑料燃烧测试标准综合考虑，织物按织物的测试方法测试和分级，其他材质的材料按GB 8625—88或GB 6826—88方法测试。对这一类装饰制品，一般难以从制品上截取试样达到有关的制样要求，应设法按与制品相同的材料制样进行测试。

1999年局部修订条文

第1.0.4条 本规范规定的建筑内部装修设计，在民用建筑中包括顶棚、墙面、地面、隔断的装修，以及固定家具、窗帘、帷幕、床罩、家具包括、固定饰物等；在工业厂房中包括顶棚、墙面、地面和隔断的装修。

注：(1) 隔断系指不到顶的隔断，到顶的固定隔断装修应与墙面规定相同。

(2) 柱面的装修应与墙面的规定相同。

(3) 兼有空间分隔功能的到顶橱柜应认定为固定家具。

[说明] 本条规定了内部装修设计涉及的范围，包括装修部位及使用的装修材料与制品。顶棚、墙面、地面、隔断等的装修部位是最基本的部位；窗帘、帷幕、床罩、家具包布均属于装饰织物，容易引起火灾；固定家具一般系指大型、笨重的家具。它们或是与建筑结构永久地固定在一起，或是因其大、重而轻易不被改变位置。例如壁橱、酒吧台、陈列柜、大型货架、档案柜、有空间分隔功能的到顶柜橱等。

目前工业厂房中的内装修量相对较小且装修的内容也相

注：局部修订条文中标有黑线的部分为修订的内容，以下同。

对比较简单，所以在本规范中，对工业厂房仅到顶棚、墙面、地面和隔断提出了装修要求。

第 2.0.4 条 安装在钢龙骨上燃烧性能达到 B_1 级的纸面石膏板、矿棉吸声板，可作为 A 级装修材料使用。

［说明］ 纸面石膏板、矿棉吸声板按我国现行建材防火检测方法检测，大部分不能列入 A 级材料。但是如果认定它们只能作为 B_1 级材料，则又有些不尽合理，而且目前还没有更好的材料可替代它。考虑到纸面石膏板、矿棉吸声板用量极大这一客观实际，以及建筑设计防火规范中，认定贴在钢龙骨上的纸面石膏板为非燃材料这一事实，特规定如纸面石膏板、矿棉吸声板安装在钢龙骨上，可将其作为 A 级材料使用。但矿棉装饰吸声板的燃烧性能与粘结剂有关，只有达到 B_1 级时才可执行本条。

第 2.0.5 条 当胶合板表面涂覆一级饰面型防火涂料时，可作为 B_1 级装修材料使用。当胶合板用于顶棚和墙面装修并且不内含电器、电线等物体时，宜仅在胶合板外表面涂覆防火涂料；当胶合板用于顶棚和墙面装修并且内含有电器、电线等物体时，胶合板的内、外表面以及相应的木龙骨应涂覆防火涂料，或采用阻燃浸渍处理达到 B_1 级。

［说明］ 在装修工程中，胶合板的用量很大，根据国家防火建筑材料质量监督检测中心提供的数据，涂刷一级饰面型防火涂料的胶合板能达到 B_1 级。为了便于使用，避免重复检测，特制定本条。但应根据实际工程情况采用单面涂刷或双面涂刷防火涂料。条文中的电线包括穿管和不穿管等情况。

第 3.1.1 条 当顶棚或墙面表面局部采用多孔或泡沫状塑料时，其厚度不应大于 15mm，且面积不得超过该房间顶棚或墙面积的 10%。

［说明］ 规定此条的理由是为了减少火灾中的烟雾和毒气危害。多孔和泡沫塑料比较易燃烧，而且燃烧时产生的烟气对人体危害较大。但在实际工程中，有时因功能需要，必须在顶棚和墙的表面，局部采用一些多孔或泡沫塑料，对此特从使用面积和厚度两方面加以限制。在规定面积和厚度时，参考了美国的 NFPA—101《生命安全规程》。

需要说明三点：

（1）多孔或泡沫状塑料用于顶棚表面时，不得超过该房间顶棚面积的 10%；用于墙表面时，不得超过该房间墙面积的 10%。不应把顶棚和墙面合在一起计算。

（2）本条所说面积指展开面积，墙面面积包括门窗面积。

（3）本条是指局部采用多孔或泡沫塑料装修，这不同于墙面或吊顶的“软包”装修情况。

第 3.1.6 条 无自然采光楼梯间、封闭楼梯间、防烟楼梯间及其前室的顶棚，墙面和地面均应采用 A 级装修材料。

［说明］ 本条主要考虑建筑物内纵向疏散通道在火灾中的安全。火灾发生时，各楼层人员都需要经过纵向疏散通道。尤其是高层建筑，如果纵向通道被火封住，对受灾人员的逃生和消防人员的救援都极为不利。另外对高层建筑的楼梯间，一般无美观装修的要求。

第 3.1.15 条 建筑内部装修不应遮挡消防设施、疏散指示标志及安全出口，并且不应妨碍消防设施和疏散走道的正常使用。因特殊要求做改动时，应符合国家有关消防规范和法规的规定。

［说明］ 建筑物内部消防设施是根据国家现行有关规范的要求设计安装的，平时应加强维修管理，一旦需要使用时，操作起来迅速、安全、可靠。但是，有些单位为了追求装修效果，擅自改变消防设施的位置。还有的任意增加隔墙，影响了消防设施的有效保护范围。进行室内装修设计时要保证疏散指示标志和安全出口易于辨认，以免人员在紧急情况下发生疑问和误解。例如，疏散走道和安全出口附近应避免采用镜面玻璃、壁画等进行装饰。为保证消防设施和疏散指示标志的使用功能，特制定本条规定。

第 3.2.1 条 单层、多层民用建筑内部各部位装修材料的燃烧性能等级，不应低于表 3.2.1 的规定。

表 3.2.1 单层、多层民用建筑内部各部位装修材料的燃烧性能等级

建筑物及场所	建筑规模、性质	装修材料燃烧性能等级							
		顶棚	墙面	地面	隔断	固定家具	装饰织物		其他装饰材料
							窗帘	帷幕	
候机楼的候机大厅、商店、餐厅、贵宾候机室、售票厅等	建筑面积＞10000m² 的候机楼	A	A	B_1	B_1	B_1	B_1		B_1
	建筑面积≤10000m² 的候机楼	A	B_1	B_1	B_1	B_2	B_2		B_2
汽车站、火车站、轮船客运站的候车（船）室、餐厅、商场等	建筑面积＞10000m² 的车站、码头	A	A	B_1	B_1	B_2	B_2		B_2
	建筑面积≤10000m² 的车站、码头	B_1	B_1	B_1	B_2	B_2	B_2		B_2
影院、会堂、礼堂、剧院、音乐厅	＞800 座位	A	A	B_1	B_1	B_1	B_1	B_1	B_1
	≤800 座位	A	B_1	B_1	B_1	B_2	B_1	B_1	B_2
体育馆	＞3000 座位	A	A	B_1	B_1	B_1	B_1	B_1	B_2
	≤3000 座位	A	B_1	B_1	B_1	B_2	B_2	B_1	B_2

续表 3.2.1

建筑物及场所	建筑规模、性质	装修材料燃烧性能等级							
		顶棚	墙面	地面	隔断	固定家具	装饰织物		其他装饰材料
							窗帘	帷幕	
商场营业厅	每层建筑面积>$3000m^2$ 或总建筑面积>$9000m^2$ 的营业厅	A	B_1	A	A	B_1	B_1		B_2
	每层建筑面积 $1000\sim3000m^2$ 或总建筑面积为 $3000\sim9000m^2$ 的营业厅	A	B_1	B_1	B_1	B_2	B_1		
	每层建筑面积<$1000m^2$ 或总建筑面积<$3000m^2$ 营业厅	B_1	B_1	B_1	B_2	B_2	B_2		
饭店、旅馆的客房及公共活动用房等	设有中央空调系统的饭店、旅馆	A	B_1	B_1	B_1	B_2	B_2		B_2
	其他饭店、旅馆	B_1	B_1	B_2	B_2	B_2	B_2		
歌舞厅、餐馆等娱乐、餐饮建筑	营业面积>$100m^2$	A	B_1	B_1	B_1	B_2	B_1		B_2
	营业面积≤$100mm^2$	B_1	B_1	B_1	B_2	B_2	B_2		B_2
幼儿园、托儿所、中、小学、医院病房楼、疗养院、养老院		A	B_1	B_2	B_1	B_2	B_1		B_2
纪念馆、展览馆、博物馆、图书馆、档案馆、资料馆等	国家级、省级	A	B_1	B_1	B_1	B_2	B_1		B_2
	省级以下	B_1	B_1	B_2	B_2	B_2	B_2		B_2
办公楼、综合楼	设有中央空调系统的办公楼、综合楼	A	B_1	B_1	B_1	B_2	B_2		B_2
	其他办公楼、综合楼	B_1	B_1	B_2	B_2	B_2			
住宅	高级住宅	B_1	B_1	B_1	B_1	B_2	B_2		B_2
	普通住宅	B_1	B_2	B_2	B_2	B_2			

［说明］　表 3.2.1 中给出的装修材料燃烧性能等级是允许使用材料的基准级制。

根据建筑面积将候机楼划为两大类，以 $10000m^2$ 为界线。候机楼的主要部位是候机大厅、商店、餐厅、贵宾候机室等。第一类性质所要求的装修材料燃烧性能等级为第一档。第二类性质所要求的装修材料燃烧性能等级为第二档。

汽车站、火车站和轮船码头这类建筑数量较多，本规范根据其规模大小分为两类。由于汽车站、火车站和轮船码头有相同的功能，所以把它列为同一类别。

建筑面积大于 $10000m^2$ 的，一般指在城市的车站、码头，如上海站、北京站、上海十六铺码头等。

建筑面积等于和小于 $10000m^2$ 的，一般指中、小城市及县城的车站、码头。

上述两类建筑物基本上按装修材料燃烧性能两个等级要求作出规定。

影院、会堂、礼堂、剧院、音乐厅、属人员密集场所，内装修要求相对较高，随着人民生活水平不断提高，影剧院的功能也逐步增加，如深圳大剧院就是一个多功能的剧院，其规模为亚洲第一，舞台面积近 $3000m^2$。影剧院火灾危险性大，如上海某剧院在演出时因碘钨灯距幕布太近，引燃成火灾。另一电影院因吊顶内电线短路打出火花引燃可燃吊顶起火。

根据这些建筑物的座位数将它们分为两类。考虑到这类建筑物的窗帘和幕布火灾危险性较大，均要求采用 B_1 级材料的窗帘和幕布，比其他建筑物要求略高一些。

体育馆亦属人员密集场所，根据规模将其划分为两类。

百货商场的主要部位是营业厅，该部位货物集中，人员密集，且人员流动性大。全国各类百货商场数不胜数，百货商场三个类别的划分也是参照《建规》。

上海 90 年曾发生某百货商场火灾事故，该商场建筑面积为 $14000m^2$，电器火灾引燃了大量商品，损失达数百万元。顶棚是个重要部位，故要求选用 A 级和 B_1 级材料。

国内多层饭店、旅馆数量大，情况比较复杂，这里将其划为两类。设有中央空调系统的一般装修要求高、危险性大。旅馆部位较多，这里主要指两个部分，即客房、公共场所。

歌舞厅、餐馆等娱乐、餐饮建筑，虽然一般建筑面积并不是很大，但因它们一般处于繁华的市区临街地段，且内容人员的密度较大，情况比较复杂，加之设有明火操作间和很强的灯光设备，因此引发火灾的危险概率高，火灾造成的后果严重，故对它们提出了较高的要求。

幼儿园，托儿所，中、小学为儿童或少年用房，他们尚缺乏独立疏散能力；医院、疗养院、养老院一般为病人、老年人居住，疏散能力亦很差，因此，须提高装修材料的燃烧性能等级。考虑到这些场所高档装修少，一般顶棚、墙面和地面都能达到规范要求，故特别着重提高窗帘等织物的燃烧性能等级。对窗帘等织物有较高的要求，这是此类建筑的重点所在。

将纪念馆、展览馆等建筑物按其重要性划分为两类。国家级和省级的建筑物装修材料燃烧性能等级要求较高，其余的要求低一些。

对办公楼和综合楼的要求基本上与饭店、旅馆相同。

第 3.2.2 条 单层、多层民用建筑内面积小于 100m² 的房间，当采用防火墙和甲级防火门窗与其他部位分隔时，其装修材料的燃烧性能等级可在表 3.2.1 的基础上降低一级。

［说明］ 本条主要考虑到一些建筑物大部分房间的装修材料均可满足规范的要求，而在某一局部或某一房间因特殊要求，要采用的可燃装修不能满足规定，并且该部位又无法设立自动报警和自动灭火系统时，所做的适当放宽要求。但必须控制面积不得超过 100m²，并采用防火墙，防火门窗与其他部位隔开，即使发生火灾，也不至于波及到其他部位。

第 3.2.3 条 当单层、多层民用建筑需做内部装修的空间内装有自动灭火系统时，除顶棚外，其内部装修材料的燃烧性能等级可在表 3.2.1 规定的基础上降低一级；当同时装有火灾自动报警装置和自动灭火系统时，其顶棚装修材料的燃烧性能等级可在表 3.2.1 规定的基础上降低一级，其他装修材料的燃烧性能等级可不限制。

［说明］ 考虑到一些建筑物标准较高，要采用较多的可燃材料进行装修，但又不符合本规范表 3.2.1 中的要求，这就必须从加强消防措施着手，给设计部门、建设单位一些余地，也是一种弥补措施。美国标准NFPA—101《人身安全规范》中规定，如采取自动灭火措施，所用装修材料的燃烧性能等级可降低一级。日本《建筑基准法》规定，“如采取水喷淋等自动灭火措施和排烟措施，内装修材料可不限”。本条是参照上述二国规定制定的。该条放松装修燃烧等级的前题是有附加的消防设施加以保护。

第 3.3.3 条 高层民用建筑的裙房内面积小于 500m² 的房间，当设有自动灭火系统，并且采用耐火等级不低于 2h 的隔墙、甲级防火门、窗与其他部位分隔时，顶棚、墙面、地面的装修材料的燃烧性能等级可在表 3.3.1 规定的基础上降低一级。

［说明］ 新增加的条文，高层建筑裙房的使用功能比较复杂，其内装修与整栋高层取同为一个水平，在实际操作中有一定的困难。考虑到裙房与主体高层之间有防火分隔并且裙房的层数有限，所以特增加了此条。

第 3.3.4 条 电视塔等特殊高层建筑的内部装修，装饰织物应不低于 B_1 级，其他均应采用 A 级装修。

［说明］ 该条文系规范的原第 3.3.3 条。现正在使用中的电视塔内均不同程度地存在一些装饰织物，对它们要求 A 级，显然不可能。从现实可能出发，将此条作出现在的修改。

第 3.4.1 条 地下民用建筑内部各部位装修材料的燃烧性能等级，不应低于表 3.4.1 的规定。

注：地下民用建筑系指单层、多层、高层民用建筑的地下部分，单独建造在地下的民用建筑以及平战结合的地下人防工程。

表 3.4.1 地下民用建筑内部各部位装修材料的燃烧性能等级

建筑物及场所	装修材料燃烧性能等级						
	顶棚	墙面	地面	隔断	固定家具	装饰织物	其他装饰材料
休息室和办公室等 旅馆和客房及公共活动用房等	A	B_1	B_1	B_1	B_1	B_2	B_2
娱乐场所、旱冰场等 舞厅、展览厅等 医院的病房、医疗用房等	A	A	B_1	B_1	B_1	B_1	B_2
电影院的观众厅 商场的营业厅	A	A	A	B_1	B_1	B_1	B_2
停车库 人行通道 图书资料库、档案库	A	A	A	A	A		

［说明］ 本条结合地下民用建筑的特点，按建筑类别、场所和装修部位分别规定了装修材料的燃烧性能等级。人员比较密集的商场营业厅、电影院观众厅，以及各类库房选用装修材料燃烧性能等级应严，旅馆客房、医院病房，以及各类建筑的办公室等房间使用面积较小且经常有管理人员值班，选用装修材料燃烧性能等级可稍宽。

装修部位不同，如顶棚，墙面，地面等，火灾危险性也不同，因而分别对装修材料燃烧性能等级提出不同要求。表中娱乐场是指建在地下的体育及娱乐建筑，如篮球、排球、乒乓球、武术、体操、棋类等的比赛练习场馆。餐馆是指餐馆餐厅、食堂餐厅等地下饮食建筑。

本条的注解说明了地下民用建筑的范围。地下民用建筑也包括半地下民用建筑，半地下民用建筑的定义按有关防火规范执行。

第 4.0.2 条 当厂房中房间的地面为架空地板时，其地面装修材料的燃烧性能等级不应低于 B_1 级。

［说明］ 从火灾的发展过程考虑，一般来说，对顶棚的防火性能要求最高，其次是墙面，地面要求最低。但如果地面为架空地板时，情况有所不同，万一失火，沿架空地板蔓延较快，受到的损失也大。故要求其地面装修材料的燃烧性能不低于 B_1 级。

第 4.0.3 条 装有贵重机器、仪器的厂房或房间，其顶棚和墙面应采用 A 级装修材料；地面和其他部位应采用不低于 B_1 级的装修材料。

［说明］ 本条“贵重”一词是指：

一、设备价格昂贵，火灾损失大。

二、影响工厂或地区生产全局的关键设施，如发电厂、化工厂的中心控制设备等。

第 A.2.1 条 在进行不燃性试验时，同时符合下列条件的材料，其燃烧性能等级应定为 A 级：

A2.1.1 炉内平均温度不超过 50℃；

A2.1.2 试样平均持续燃烧时间不超过 20s；

A2.1.3 试样平均失重率不超过 50%。

2001 年局部修订条文

第 3.1.15A 条 建筑内部装修不应减少安全出口、疏散出口和疏散走道的设计所需的净宽度和数量。

［说明］ 本条为新增条文。

据调查，室内装修设计存在随意减少建筑内的安全出口、疏散出口和疏散走道的宽度和数量的现象，为防止这种情况出现，作出本条规定。

第 3.1.18 条 当歌舞厅、卡拉 OK 厅（含具有卡拉 OK 功能的餐厅）、夜总会、录像厅、放映厅、桑拿浴室（除洗浴部分外）、游艺厅（含电子游艺厅）、网吧等歌舞娱乐放映游艺场所（以下简称歌舞娱乐放映游艺场所）设置在一、二级耐火等级建筑的四层及四层以上时，室内装修的顶棚材料应采用 A 级装修材料，其他部位应采用不低于 B_1 级的装修材料；当设置在地下一层时，室内装修的顶棚、墙面材料应采用 A 级装修材料，其他部位应采用不低于 B_1 级的装修材料。

［说明］ 本条为新增条文。

近年来，歌舞娱乐放映游艺场所屡屡发生一次死亡数十人或数百人的火灾事故，其中一个重要的原因是这类场所使用大量可燃装修材料，发生火灾时，这些材料产生大量有毒烟气，导致人员在很短的时间内窒息死亡。因此，本条对这类场所的室内装修材料作出相应规定。当这类场所设在地下一层时，安全疏散和扑救火灾的条件更为不利，故本条对地下建筑的要求比地上建筑更加严格。符合本条所列情况的歌舞娱乐放映游艺场所，不论设置在多层、高层还是地下建筑中，其室内装修材料的燃烧性能等级按本条规定执行。当歌舞娱乐放映游艺场所设置在单层、多层或高层建筑中的首层或二、三层时，仍按本规范相应的规定执行。

第 3.2.3 条 除第 3.1.18 条规定外，当单层、多层民用建筑内装有自动灭火系统时，除顶棚外，其内部装修材料的燃烧性能等级可在表 3.2.1 规定的基础上降低一级；当同时装有火灾自动报警装置和自动灭火系统时，其顶棚装修材料的燃烧性能等级可在表 3.2.1 规定的基础上降低一级，其他装修材料的燃烧性能等级可不限制。

［说明］ 本条是对原条文的修改。

考虑到一些建筑物装修标准要求较高，需要采用可燃材料进行装修，为了满足现实需要，又不降低整体安全性能，故规定设置消防设施以弥补装修材料燃烧等级不够的问题。美国标准 NFPA—101《人身安全规范》中规定，如采用自动灭火措施，所有装修材料的燃烧性能等级可降低一级。日本《建筑基本法》规定，“如采取水喷淋等自动灭火措施和排烟措施，内装修材料可不限”。本条是参照上述两国规定制定的。

由于歌舞娱乐放映游艺场所人员火灾危险性大，容易导致群死群伤，所以第 3.1.18 条所规定的场所当设置有火灾自动报警系统和自动喷水灭火系统时，其室内装修材料燃烧性能等级仍不降级。

第 3.3.2 条 除第 3.1.18 条所规定的场所和 100m 以上的高层民用建筑及大于 800 座位的观众厅、会议厅、顶层餐厅外，当设有火灾自动报警装置和自动灭火系统时，除顶棚外，其内部装修材料的燃烧性能等级可在表 3.3.1 规定的基础上降低一级。

［说明］ 本条是对原条文的修改。说明同第 3.2.3 条。

中华人民共和国国家标准

人民防空工程设计防火规范

GB 50098—98

(2001 年版)

条 文 说 明

目　次

1 总　　则

1.0.1 本条规定了制定本规范的目的。

原规范从1987年颁布以来，对人防工程的防火设计起到了很好的指导作用，近十年来，我国人防工程发展十分迅速，大量大、中型人防工程相继在全国各地建成，并投入使用。防火设计已积累了较丰富的经验，相关的防火规范均相继进行了修改，故适时修改完善原规范内容，并在人防工程设计中贯彻这些防火要求，对于防止和减少人防工程火灾的危害，保护人身和财产的安全，是十分必要、及时的。

1.0.2 规定了本规范的适用范围。

根据调查统计和当前的实际情况，规定了适用于新建、扩建、改建人防工程平时的使用用途。公共娱乐场所一般指：电影院、录像厅、礼堂、舞厅、卡拉OK厅、夜总会、音乐茶座、电子游艺厅、多功能厅等；小型体育场所一般指：溜冰馆、游泳馆、体育馆、保龄球馆等。

为了确保人防工程的安全，人防工程不能用作甲、乙类生产车间和物品库房，只适用于丙、丁、戊类生产车间和物品库房，物品库房包括图书资料档案库和自行车库。

其他地下建筑可参照本规范的规定。

1.0.3 本条规定在工程防火设计中，除了要执行本规范所规定的消防技术要求外，还要遵循国家有关方针、政策。要根据人防工程的火灾特点，采取可靠的防火措施。

人防工程火灾的特点：

1 人防工程空间封闭，结构厚，着火后，烟气大，温度高。

2 疏散困难。主要有以下几点：

1）人防工程不像地面建筑有窗户，无法从窗户疏散出去，只能从安全疏散出口疏散出去；

2）工程内全部采用人工照明，无法利用自然光照明；

3）烟气从两方面影响疏散，一是烟雾遮挡光线，影响视线，使人看不清道路；二是烟气中的一氧化碳等有毒气体，直接威胁到人身安全。

3 扑救困难。地下火灾比地面火灾在扑救上要困难得多，主要有以下几方面：

1）指挥员决策困难。地面火灾，指挥员到达现场，对建筑物的结构、形状、着火部位等一目了然，经过简单勘察，就能作出灭火方案，发出灭火作战命令；而地下火场情况复杂，又不能直观看到，需要经过详细的询问、调查后才能作出决策，时间长，难度大。

2）通讯指挥困难。地面上有线、无线等通讯器材均可使用，有时打个手势也能解决问题，地下火场就困难得多。

3）进入火场困难。地面火场消防队员可以从四面八方进入，地下火场只有出入口一条道，特别是在有人员疏散的情况下，消防队员进入火场受到疏散人员的阻挡。

4）烟雾和高温影响灭火工作。地下火场的高温和浓烟，消防人员不戴氧气呼吸器是无法工作的，戴上又负担太重。

5）灭火设备和灭火场地受限制。地面火灾，消防队的大型设备、车辆均可调用，靠近火场能充分发挥作用；地下火场可调用的设备受到很多限制。

根据人防工程的平时使用情况和火灾特点，在新建、扩建、改建时要作好防火设计，采取可靠措施，利用先进技术，预防火灾发生。一旦发生火灾，做到立足自救，即由工程内部人员利用火灾自动报警系统、室内消火栓系统、自动喷水灭火系统、消防水源、防排烟设施、火灾应急照明等条件，完成疏散和灭火的任务，把火灾扑灭在初期阶段。

1.0.4 规定了与相关规范的关系。

人防工程的防火设计涉及面较广，强制性的国家标准如《人民防空工程设计规范》、《人民防空地下室设计规范》、《建筑内部装修设计防火规范》、《汽车库、修车库、停车场设计防火规范》等等都是必须遵照的。本规范不可能把这些规范内容全部包括进去，故作了本条规定。

3 总平面布局和平面布置

3.1 一 般 规 定

3.1.1 本条对人防工程的总平面设计提出了原则的规定。强调了人防工程与城市建设的结合，特别是与消防有关的地面出入口建筑、防火间距、消防水源、消防车道等问题，应充分考虑，以便合理确定人防工程主体及出入口地面建筑的位置。

3.1.2 闪点小于60℃的液体和液化石油气是属甲、乙类危险物品，火灾危险性较大，一旦漏液、漏气是极为危险的。有的气体比重比空气重，漏出后容易积聚在室内地面，不易排出工程外，为了保障人身和财产的安全，所以作出此规定。

3.1.3 本条是对原条文的修改。

婴幼儿、儿童和残疾人员缺乏逃生自救能力，尤其是在人防地下工程疏散更为困难，因此，规定这些场所不应设置在人防工程内。

3.1.4 电影院、礼堂等公共场所，座位排列紧密，在满员时，人员密集，一旦发生火灾，人员疏散比较困难，所以对设置层数有所限制；医院病房里的病人疏散也比较困难，所以对设置层数也作了限制。

消防控制室是工程防火、灭火设施的控制中心，也是发生火灾时的指挥中心，值班人员需要在工程内人员基本疏散完后，才能最后离开，所以需要设置在方便离开的地方。

3.1.4A 本条是新增条文。

火灾危险性为甲、乙类储存物品属性的商品，极易燃烧，难以扑救，本条参照《建筑设计防火规范》关于甲、乙类物品的商品不应布置（包括经营和储存）在半地下或地下各层的要求，制定了本规定。

营业厅设置在地下三层及三层以下时，由于经营和储存的商品数量多，火灾荷载大，垂直疏散距离较长，一旦发生火灾，火灾扑救、烟气排除和人员疏散都较为困难，故规定不宜设置在地下三层及三层以下。规定“不宜”是考虑到如经营不燃或难燃的商品，则可根据具体情况，设置在地下三层及三层以下。

为最大限度减少火灾的危害，同时考虑使用和经营的需要，并参照国外有关标准和我国商场内的人员密度和管理等多方面情况，对地下商店的总建筑面积做出了不应大于20000m^2，并采用防火墙分隔，且防火墙上不应开设门窗洞口的限定。总建筑面积包括营业面积、储存面积及其他配套服务面积等。这样的规定，是为了解决目前实际工程中存在地下商店规模越建越大，并采用防火卷帘门作防火分隔，以致数万平方米的地下商店连成一片，不利于安全疏散和火灾扑救的问题。

3.1.4B 本条是新增条文。

近几年，歌舞娱乐放映游艺场所群死群伤火灾多发，为保护人身安全，减少财产损失，对这些场所在地下的设置位置做了规定。

当设置在地下一层时，如果垂直疏散距离过大，也无法保证人员安全疏散，故规定室内地坪与室外出入口地面高差不应大于10m。

3.1.5 工程内的消防控制室、消防水泵房等与消防有关的房间是保障工程内防火、灭火的关键部位，必须提高隔墙和楼板的耐火极限，以便在火灾时发挥它们应有的作用；安装有不燃材料制作的设备房间，由于房间内人员很少，故将其与防火分区隔开。

存放可燃物的房间，在一般情况下，可燃物越多，火灾时燃烧得越猛烈，燃烧的时间越长。如相同耐火等级的建筑物则可燃物越多，其构件被火烧坏的可能性越大。因此，对可燃物较多的房间，提高其隔墙和楼板的耐火极限是理所当然的。本条根据《高层民用建筑设计防火规范》的规定，作了相应修改。

3.1.6 柴油发电机、空调直燃机和锅炉的燃料是柴油、重油、煤气等，在采取相应的防火措施，并设置火灾自动报警系统和自动灭火装置后是可行的。

3.1.7 油浸电力变压器和油浸电气设备一旦发生故障而造成火灾，危险性极大。这是因为发生故障时会产生电弧，绝缘油在电弧和高温的作用下迅速分解，析出氢气、甲烷和乙烯等可燃气体，压力增加，造成设备外壳破裂，绝缘油流出，析出的可燃气体与空气混合，形成爆炸混合物，在电弧和火花的作用下引起燃烧和爆炸；电力设备外壳破裂后，高温的绝缘油，流到哪里就烧到哪里，致使火灾扩大蔓延，所以本规范规定不得设置。

3.1.8 大型单建掘开式人防工程和人民防空地下室在城市繁华地区或广场下，由于受地面规划的限制，直接通向（简称为“直通”）室外（室外指的是露天的地面，所以室外也包括下沉式广场的地面）的安全出口数量受到限制，根据已有工程的试设计经验，并参考《高层民用建筑设计防火规范》有关“避难层”和“防烟楼梯间”的做法，在工程内设置避难走道。在避难走道内，采取有效的技术措施，解决安全疏散问题；坑道和地道工程，由于受工程性质的限制，也采用上述的办法来加以解决。

3.1.9 汽车库和修车库的防火设计，按照现行国家标准《汽车库、修车库、停车场设计防火规范》的规定执行。因为平时使用的人防工程汽车库和修车库，其防火要求与地下汽车库的防火要求是一致的。

3.2 防火间距

3.2.1 本条与相关规范协调一致，所以规定执行《建筑设计防火规范》。

3.2.2 有采光窗井的人防工程其防火间距是按耐火等级为一级的相应地面建筑所要求的防火间距来考虑的。由于人防工程设置在地下，所以无论人防工程对周围建筑物的影响，还是周围建筑物对人防工程的影响，比起地面建筑相互之间的影响来说都要小，因此按此规定是偏于安全的。

关于排烟竖井，从平时环境保护角度来要求，如较靠近相邻地面建筑物，则排烟竖井应紧贴地面建筑物外墙一直至建筑物的房顶，所以在修订条文中将“排烟竖井”删除。

4 防火、防烟分区和建筑构造

4.1 防火和防烟分区

4.1.1、4.1.2 为了防止火灾的扩大和蔓延，使火灾控制在一定的范围内，减少火灾所带来的损失，人防工程必须划分防火分区。从许多地面建筑的火灾实例来看，建筑物采用防火墙划分防火分区后比不划分防火分区的建筑物，在火灾时的损失要小得多。例如某学校的一座教学大楼是每层建筑面积为

2600m² 的三层楼建筑物，因为没有用防火墙划分防火分区，也无防火安全措施，在三层起火后，将该层全部烧毁。而占地为 1312m²、耐火等级为三级的某宿舍，用三道防火墙划分了防火分区。火灾后，由于防火墙有效地防止了火灾的蔓延，使此宿舍 2/3 的房间没有被火烧毁。由此可见，用防火墙划分防火分区是必要的。

日本东京都防火规范规定，地下设施和地下道，必须用耐火构造的楼板、墙壁和甲种防火门进行分隔，这也就是划分防火分区。日本建筑法则关于地下街防火分区的划分规定是：当墙和顶棚的内表面装修材料用非燃材料，且基层也用非燃材料时，防火分区的地面面积为 500m² 以内；当墙和顶棚的内表面装修材料用“非燃材料”或“准非燃材料”，且基层也用“非燃材料”或“准非燃材料”时，每个防火分区的地面面积在 200m² 以内；其他情况每个防火分区的地面面积为 100m² 以内。原苏联规范规定，地下室的防火分区面积为 500m²，我国《高层民用建筑设计防火规范》（GB 50045—95）规定，地下室每个防火分区的最大允许建筑面积为 500m²。

防火分区的划分，既要从限制火灾的蔓延和减少经济损失，又要结合工程的具体情况来考虑。在人防工程中，一个防护单元的最大规模是按掩蔽 800 人设置的，所以，一个防护单元的人员掩蔽面积最大为 800m²，占主体建筑面积的 80%左右，即使用面积 800m² 时，建筑面积大致为 1000m²。而工程内的水泵房、水库、厕所、盥洗间等因无可燃物或可燃物甚少，不易产生火灾危险，在划分防火分区时，可将此类房间的面积不计入防火分区的面积之内。因此，参照日本、原苏联和我国《高层民用建筑设计防火规范》（GB 50045—95）对防火分区面积的规定，结合人防工程的实际情况，本规范规定一个防火分区的最大建筑面积为 500m²。

火灾实例证明，自动灭火系统可以及时控制和扑灭建筑物的初期火灾，有效地防止火灾的蔓延，从而使建筑物的安全性大为提高。例如某市一建筑物，八楼的静电植绒车间烘烤部位失火，由于装有自动喷水灭火系统，起到了很好的阻火作用，未使火灾扩大，保障了相邻部位的安全。故对设有自动灭火系统的工程，防火分区面积规定可增加一倍。当局部设置时，增加的面积可按该局部面积的一倍计算。

当工程口部地面没有管理房时，工程内可不设防火门，只设管理门；当工程口部地面有管理房时，工程内应设甲级防火门。本条原文的“密闭门”改为“甲级防火门”，是由于有些工程的建设和使用部门，为了美观，把密闭门伪装起来，也有的密闭门没有安装，造成该门在火灾发生时不能使用，如果安装有密闭门，且能灵活地在火灾发生时自动关闭，是可以代替甲级防火门的。

柴油发电机房、直燃机房、锅炉房以及各自配套的储油间、水泵间、风机房等，它们均使用液体或气体燃料，所以规定应独立划分防火分区。

避难走道由于采取了一系列具体的技术措施，所以它是属于安全区域，不划分防火分区。

4.1.3 人防工程内的商业营业厅、展览厅等，从当前实际需要看，面积控制在 2000m² 较为合适。考虑到人防工程内的消防设施都很完善，《高层民用建筑设计防火规范》（GB 50045—95）的地下室也是这样规定的，所以调整为 2000m²，与《高层民用建筑设计防火规范》（GB 50045—95）协调一致。

电影院、礼堂等的观众厅，一方面因功能上的要求，不宜设置防火墙划分防火分区，另一方面，对人防工程来说，像电影院、礼堂这种大厅式工程，规模过大，无论从防火安全上讲，还是从防护上、经济上讲都是不合适的，从这种情况考虑，对工程的规模加以限制是完全必要的。因此，规定电影院、礼堂的观众厅作为一个防火分区最大建筑面积不超过 1000m²，其固定座位在 1500 个以内。

溜冰馆的冰场、游泳馆的游泳池、射击馆的靶道区和保龄球馆的球道区等因无可燃物或无人员停留，故可不计入防火分区面积之内。

4.1.4 《建筑设计防火规范》（GBJ 16—87）修订本，对地下室耐火等级一、二级的丙、丁、戊类物品库所规定的防火分区，其最大允许建筑面积分别是：丙类 1 项 150m²，丙类 2 项 300m²；丁类 500m²；戊类为 1000m²。直接引入本规范。理由是：发生火灾时，地下出口既是疏散出口，又是扑救的进入口，也是排烟、排热口。由于火灾时温度高、浓度大，烟气毒性大，因此要求严些。

人防工程内的自行车库属于戊类物品库，摩托车库属于丁类物品库。

甲、乙类物品库不准许设置在人防工程内，因为该类物品火灾危险性太大。

4.1.5 本条文未作修改。在工程中，有时因功能上的需要，可能在两层间留出各种开口，如内挑台、走马廊、开敞楼梯、自动扶梯等。火灾时这些开口部位是燃烧蔓延的通道，故本条规定将有开口的上下连通层，作为一个防火分区对待。

4.1.6、4.1.7 本两条基本保留原条文的内容。需要设排烟设施的走道、净高不超过 6m 的房间，应用挡烟垂壁划分防烟分区。划分防烟分区的目的有两条：一是为了在火灾时，将烟气控制在一定范围内；二是为了提高排烟口的排烟效果。防烟分区用从顶棚下突出不小于 0.5m 的梁和挡烟垂壁、隔墙来划分。

《高层民用建筑设计防火规范》（GB 50045—95）规定地下室每个防烟分区的建筑面积不应超过 500m²。日本建筑法规规定，最大防烟分区的地板面积，地面建筑为 500m²，地下建筑为 300m²。参考上述规定，又要为设计工作创造较为方便的条件，使防烟分区与防火分区、防护单元尽量统一，所以本规范规定一个防烟分区的最大建筑面积为 $500m^2$。

当顶棚（或顶板）高度为 6m 时，根据标准发烟量试验得出，在无排烟设施的 $500m^2$ 防烟分区内，着火三分钟后，从地板到烟层下端的距离为 4m，这就可以看出，在规定的疏散时间里，由于顶棚较高，顶棚下积聚了烟层后，室内的空间仍在比较安全的范围内，对人员的疏散影响不大。因此，大空间的房间只设一个防烟分区，可不再划分。所以本条规定，当工程的顶棚（或顶板）高度不超过 6m 时要划分防烟分区。

4.2 防火墙和隔墙

4.2.2 工程内发生火灾，烟和火必然通过各种洞口向其他部位蔓延，所以，防火墙上如开设门、窗、洞口，且防火处理不好，防火墙就失去了防火分隔作用，因此，在防火墙上不宜开设门、窗、洞口。但因功能上需要而必须开设时，应设甲级防火门或窗，并应能自行关闭阻火。当然，防火门的耐火极限如能高些，则与防火墙所要求的耐火极限更能匹配些。但因目前经济技术条件所限，尚不易做到，而实践证明，耐火极限为 1.2h 的甲级防火门，基本上可满足控制或扑救一般火灾所需要的时间。因此，规定采用甲级防火门、窗。

4.2.3 本条修订前对舞台与观众厅之间的舞台口未作出规定，这次修订参照了《建筑设计防火规范》的规定，提出了设防火幕或水幕分隔，详细要求见本规范第 7.3.2 条。

4.2.4 本条是新增条文。

“一个厅、室”是指一个独立的歌舞娱乐放映游艺场所。将其建筑面积限定在 $200m^2$，是为了将火灾限制在一定的区域内，减少人员伤亡。对此类场所没有规定采用防火墙，而采用耐火极限不低于 2.0h 的隔墙与其他场所隔开，是考虑到这类场所一般是后改建的，采用防火墙进行分隔，在构造上有一定的难度，为了解决这一实际问题，又加强这类场所的防火分隔，故规定采用耐火极限不低于 20h 的隔墙与其他场所隔开。

4.3 装修和构造

4.3.1 现行国家标准《建筑内部装修设计防火规范》(GB 50222—95) 对地下建筑的装修材料有具体的规定，因此，人防工程内部装修应按此规范执行。

4.3.2 地下建筑一旦发生火灾，与地面建筑相比，烟和热的排出都比较困难，高温和浓烟将很快充满整个地下空间，且火灾燃烧持续时间较长。由于这个原因，在《高层民用建筑设计防火规范》(GB 50045—95) 第 3.0.4 条中规定“高层建筑地下室的耐火等级应为一级”。人防工程与一般地下室相类似，在火灾时对烟和热气的排出较为困难，同时人防工程因有战时使用功能的要求，结构都是较厚的钢筋混凝土，它完全可以满足耐火等级一级的要求。鉴于安全上的需要和实际情况，因此将人防工程的耐火等级定为一级。

人防工程的出入口地面建筑物是工程的一个组成部分，它是人员出入工程的咽喉要地，其防火上的安全性，将直接影响工程主体内人员疏散的安全。如果按地面建筑的耐火等级来划分，则三、四级耐火等级的出入口地面建筑均有燃烧体构件，一旦着火，对工程内的人员安全疏散，会造成威胁。出入口数量越少，这种威胁就越大。为了保证人防工程内人员的安全疏散，本规范规定出入口地面建筑物的耐火等级不应低于二级。

4.3.3、4.3.4 楼板是划分垂直方向防火分区的分隔物，设有防火门、窗的防火墙，是划分水平方向防火分区的分隔物。它们是阻止火灾蔓延的重要分隔物。必须有严格的要求，才能确保在火灾时充分发挥它的阻火作用。管道如穿越防火墙，管道和墙之间的缝隙是防火的薄弱处，因此，穿越防火墙的管道应用不燃材料制作，管道周围的空隙应紧密填塞。其保温材料应用不燃材料。

可燃气体和丙类液体管道只允许在一个防火分区内敷设，不允许穿过防火墙进入另一个防火分区，这是为了确保一旦发生事故，使事故只局限在一个防火分区内。

4.3.5 《高层民用建筑设计防火规范》(GB 50045—95) 第 5.5.3 条规定“变形缝构造基础应采用不燃烧材料。表面装饰层不应采用可燃材料”。这是因为比较宽的变形缝，在火灾时有很强的拔火作用。一般地下室的变形缝是与它上面的建筑物的变形缝相通的，所以一旦着火，烟气会通过变形缝等竖向缝隙向地面建筑蔓延。如新北京饭店的一次地下室失火，大量的浓烟经过变形缝蔓延到全楼，尤其是靠近变形缝附近的房间更为严重。多层人防工程，其变形缝也是上下层相贯通的，它虽没有像地下室与地面建筑中的变形缝那样有很强的拔火作用，但是烟气也会蔓延的。过去对变形缝的构造作法没有考虑防火，这是不安全的，有使火灾经过变形缝而蔓延的可能性。因此，变形缝的表面装饰层不应采用可燃材料或易燃材料，变形缝（包括沉降缝和伸缩缝）的基层应采用不燃材料。

4.4 防火门、窗和防火卷帘

4.4.1 防火门、防火窗是进行防火分隔的措施之一，要求能隔绝烟火，它对防止火灾蔓延，减少火灾损失关系很大。根据我国的实际情况，将防火门定为甲、乙、丙三级，其最低的耐火极限相应为 1.20h、

0.90h、0.60h。

4.4.2 防火门在关闭后能从任何一侧手动开启，是考虑在关闭后可能仍有个别人员未能在关闭前疏散，及外部人员进入着火区进行扑救的要求。用于疏散楼梯和主要通道上的防火门，为达到迅速安全疏散的目的，必须使防火门向疏散方向开启。许多火灾实例说明，由于门不向疏散方向开启，在紧急疏散时，使人员堵塞在门前，以致造成重大伤亡。防火门根据其功能不同，要求相应装一些能自行关闭的装置，如设闭门器，双扇或多扇防火门应增设顺序器；常开的防火门，再增设释放器和信号反馈等装置。

4.4.3 本条主要是针对一些大型公共人防工程，因其面积较大，考虑到使用上的需要，可采取较为灵活的防火处理措施，即用防火卷帘代替防火墙或防火门，但当防火卷帘不符合防火墙耐火极限的判定条件时，本规范第7.3.2条另有规定。

5 安 全 疏 散

5.1 一 般 规 定

5.1.1 人防工程安全疏散是十分重要的问题。人防工程处在地下，发生火灾时，产生高温浓烟，人员疏散方向与烟的扩散方向相同，人员疏散较为困难。地下工程由于自然排烟与进风条件差，小火灾也会产生大量的烟，而排除火灾时产生大量热、烟和有毒气体，比有外门、窗、廊的地面建筑要困难得多。因此，本规范规定，每个防火分区安全出口数量不应少于两个。这样当其中一个出口被烟火堵住时，人员还可由另一个出口疏散出去。当工程的规模超过两个或两个以上的防火分区时，由于人防工程受环境及其他条件限制，不能满足一个防火分区有两个出口都能是直通室外（室外指的是露天，因此也包括下沉式广场），根据人防工程的实际情况，规定每个防火分区应有一个直通室外的安全出口，相邻防火分区上设有防火门的门洞，可作为第二安全出口。

竖井爬梯疏散比较困难，且疏散的人员数量也有限，第3款对此作了规定，该规定与《建筑设计防火规范》（GBJ 16—87）相协调一致。

通风和空调机室、排风排烟室、变配电室、库房等建筑面积不超过200m^{2}的房间，如设置为独立的防火分区，考虑到房间内的操作人员很少，一般不会超过3人，而且他们都很熟悉内部疏散环境，设置一个通向相邻防火分区的防火门，对人员的疏散是不会有问题的，同时也符合当前工程的实际情况。

考虑到改建人防工程防火分区的实际情况，允许只设置不少于两个通向相邻防火分区的防火门，但为了保证人员的疏散安全，又对相邻防火分区作了严格规定。在实际操作时，由于相邻防火分区有严格的规定，所以这种情况仅是个别的。

5.1.2 本条是对原条文的修改。

歌舞娱乐放映游艺场所内的房间如果设置在袋形走道的两侧或尽端，不利于人员疏散。如某地一歌舞厅设置在袋形走道尽端，火灾时歌舞厅疏散出口被烟火封堵，人员无法逃生，致使13人死亡。

歌舞娱乐放映游艺场所，一个厅、室的出口不少于两个的规定，是考虑到当其中一个疏散出口被烟火封堵时，人员可以通过另一个疏散出口逃生。对于建筑面积小于50m^{2}的厅室，面积不大，人员数量较少，疏散比较容易，所以可设置一个疏散出口。

5.1.3 规定安全出口宜按不同方向分散设置，目的是为了避免因为安全出口之间距离太近会使人员疏散不均匀，造成疏散拥挤，还可能出口同时被烟火堵住，使人员不能脱离危险地区造成重大伤亡事故。故本条新增加规定两个安全出口之间的距离不应小于5m。

5.1.4 本条基本上保留了原条文的内容。疏散距离是根据人员疏散速度，在允许疏散时间内，通过疏散走道迅速疏散，并能透过烟雾看到安全出口或疏散标志灯的可见距离确定的。由于工程中人员密度不同、疏散人员类型不同、工程类型不同及照明条件不同等，因此，所规定的安全疏散距离也有一定幅度的变化。确定安全疏散距离时，参考了国内外规范和资料。

日本建筑法规执行条例第128条之三规定“由地下街各部分的居室至地下道出口的步行距离必须在30m以内”。

原苏联规范规定：每户门到最近外部出口的最大距离为40m。

英国规定：楼梯间到最远一户不超过30m。

本规范在确定安全疏散距离时，还参照了《高层民用建筑设计防火规范》（GB 50045—95）的要求。

人防工程的疏散条件比地面高层民用建筑的条件还要差，其标准以不应低于高层民用建筑要求为原则，特作了本条的规定。房间内最远点至房间门口的距离不应超过15m，这一条是限制房间面积的。平时使用的人防医院，由于病人行动不便，发生火灾时，部分病人需要担架或手推车等协助疏散，故将安全疏散距离定为24m。人防旅馆，可燃物较多，使用人员不固定，而且使用人员进入工程后，一般分不清方位，不易找到安全出口，白天和黑夜都一样。尤其在睡觉以后发生火灾，疏散迟缓，所以安全疏散距离定为30m。其他工程，如商业营业厅、餐厅、展览厅、生产车间等，均为人们白天活动场所，如商业营业厅人员密度比较大，可燃物较多，安全疏散距离定为40m，标准偏宽。但考虑到人防工程由于战时功能的要求，尤其是坑道和地道工程，一般出口距离较长，根据平战结合的要求，除医院、旅馆外，安全疏散距离适当放宽为 40m。袋形走道两侧或尽端房间的最大距离定为上述距离的一半，这一条主要针对人民防空地下室规定的，袋形走道安全疏散距离示意图见图 1。

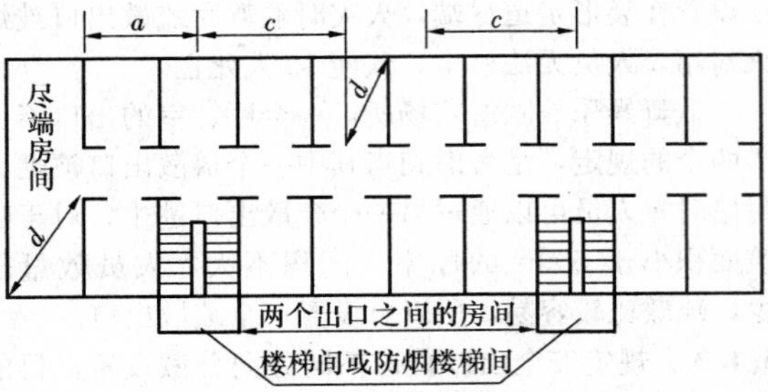

图 1　袋形走道安全疏散距离示意

a—房门至最近楼梯间的距离；*c*—位于两个出口或楼梯间之间的房间，其房间门至楼梯间的最大距离；*d*—房间内最远一点至门口的距离

5.1.5　根据日本的资料和我国人防工程的实际情况，原规范规定：人员从着火的防火分区全部疏散出该防火分区的时间为 3min。参照《建筑设计防火规范》(GBJ 16—87) 修订本第 5.3.4 条的条文说明，阶梯地面每股人流每分钟通过能力为 37 人，单股人流的疏散宽度为 550mm，则每股人流 3min 可疏散 111 人。人防工程均按最不利条件考虑，即均按阶梯地面来计算，其疏散宽度指标为 0.55m/1.11 百人＝0.5m/百人，为了确保人员的疏散安全，增加 50％的安全系数，则一般情况下的疏散宽度指标为 0.75m/百人；对室内地坪与室外出入口地面高差超过 10m 的防火分区，参照《建筑设计防火规范》(GBJ 16—87) 第 5.3.12 条的规定，再加大安全系数，安全系数取 100％，则疏散宽度指标为 1.00m/百人。总的来讲，人防工程的疏散宽度指标略比地面建筑的指标严一些。

对于人员密集的人防工程，每个安全出口的人数不应太多，过于集中很不安全，所以规定每樘门的疏散人数不应超过 250 人；对于改建工程，由于改建工程增加出口可能非常困难，所以适当放宽至 350 人，但对出口的设置位置作了较严格的规定。

5.1.6　本条是参照《建筑设计防火规范》(GBJ 16—87) 修订本和《高层民用建筑设计防火规范》(GB 50045—95) 制定的。

在人防工程内也有作电影院、礼堂用的，设有固定座位是为了控制使用人数。遇有火灾时，由于人员较多，疏散较为困难，为有利于疏散，对座位之间的纵横走道净宽作了必要的规定。

5.1.7　为了保证疏散时的畅通，防止人员跌倒，造成堵塞疏散出口。

5.1.8　本条是参照《商店建筑设计规范》(JGJ 48—88) 第 4.2.5 条规定，并结合人防工程的实际情况规定的。当前地面商业网点增加很多，商业网点的密度较高，商店内的客流量有减少的趋势，本条确定的数据是偏向安全的。本条规范用词是“可”，所以当地如有可靠的实测“人员密度指标”数据，可按当地的“人员密度指标”计算疏散人数。

5.1.9　本条是新增条文。

为保证歌舞娱乐放映游艺场所人员安全疏散，根据我国实际情况，并参考国外有关标准，规定了这些场所的人数计算指标。美国 NFPA101《生命安全规范》对这类场所人员密度指标的规定：无固定座位及较少集中使用的集会场所，如礼堂、礼拜堂、舞池、舞厅等 1.54 人/m²，会议室、餐厅、宴会厅、展览室、健身房或休息室为 0.71 人/m²，人员密度指标是按该场所净面积计算确定的。

5.2　楼梯、走道

5.2.1　人防工程发生火灾时，工程内的人员不可能像地面建筑那样还可以通过阳台或外墙上的门窗，依靠云梯等手段救生，只能通过疏散楼梯垂直向上疏散，因此楼梯间必须安全可靠，故疏散楼梯间需要设置封闭楼梯间或防烟楼梯间。

本条规定了设置防烟楼梯间的范围，是参照日本建筑法规执行条例第 122 条的标准结合人防工程的实际情况编写的。表 1 是日本疏散楼梯的设置标准。

表 1　日本疏散楼梯的设置标准

用　途	规　模	楼梯种类	疏散楼梯面积	设置数量
电影院、演出厅、展览厅、会场、公共食堂	地下二层	疏散楼梯	无限制	2 个以上
	地下三层	紧急疏散楼梯		
商店(包括加工修理业) ≥1500m²	地下二层	疏散楼梯	无限制	2 个以上
	地下二层以上	紧急疏散楼梯		2 个以上
诊疗所、医院	地下二层	疏散楼梯	50m² 以上	1 个以上
	地下二层以上	紧急疏散楼梯	50m² 以下	1 个以上
饭店、旅馆	地下二层	疏散楼梯	100m² 以下	1 个以上
	地下三层	紧急疏散楼梯		

注：紧急疏散楼梯即防烟楼梯。

5.2.2　本条是对原条文的修改。

地下层与地上层如果没有进行有效的分隔，容易造成地下层火灾蔓延到地上建筑。某商厦四层歌舞厅死亡 309 人的火灾，就是典型的案例。为防止地下层烟气和火焰蔓延到上部其他楼层，同时避免上面人员在疏散时误入地下层，本条对地上层和地下层的分隔措施以及指示标志做出具体规定。

国外有关标准也有类似规定，如美国《统一建筑规范》规定：地下室的出口楼梯应直通建筑外部，不应经过首层。法国《公共建筑物安全防火规范》也有地上与地下疏散楼梯应断开的规定。

5.2.3 本条规定了前室的设置位置和面积指标，参照了《高层民用建筑设计防火规范》(GB 50045—95)的规定，并结合人防工程的实际情况确定。

根据防烟楼梯间的功能要求，规定了前室的面积不小于 $60m^2$，合用前室面积不小于 $10m^2$。

为了确保安全，规定了前室的门应采用甲级防火门。

防烟楼梯间、避难走道和前室等的防排烟要求，本规范第 6 章有具体规定。

5.2.4 避难走道是本规范新规定的一个名词，在第 2.0.11 条中已有解释。

随着平战结合人防工程的不断增多，坑、地道工程也有不少经改建而为平时所利用。经东北、西南、华东等地调查，坑、地道工程中房间至地面出口距离一般都较远，建造一个出口耗资十分可观，有些工程，由于地面地形等条件限制，甚至没有地方修建出口，因此规定了避难走道的设置要求。设计时主要是利用防火分区的划分，将防火分区与避难走道之间进行防火分隔，保证避难走道的安全，见图 2。

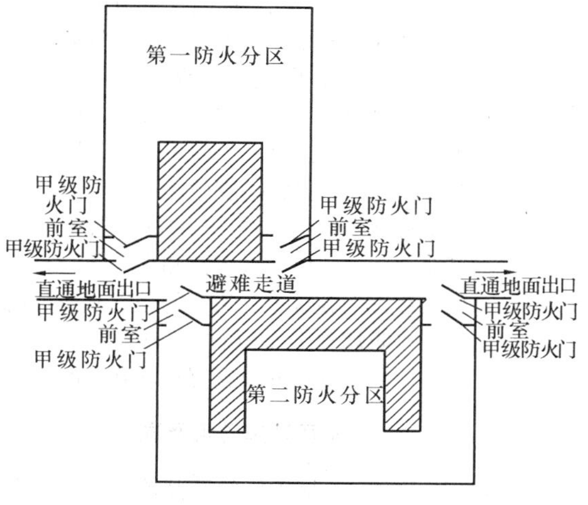

图 2　避难走道的设置示意图

这是采用了《高层民用建筑设计防火规范》中有关避难层、防烟楼梯间等的概念。人防工程的疏散走道，为了确保人员的安全疏散，需要采用可靠的技术措施，来确保人员进入避难走道就是进入了安全地区，就能安全疏散。

1 避难走道在人防工程内可能较长，为确保人员安全地疏散，规定了不应少于两个直通地面的出口，并应设置在不同的方向。

2 通向避难走道的防火分区有若干个，人数也不相等，由于只考虑一个防火分区着火，所以避难走道的净宽不应小于设计容纳人数最多的一个防火分区通向避难走道安全出口净宽之和。另外考虑到各安全出口为了平时使用上的需要，往往净宽超过最小疏散宽度的要求，这样会造成避难走道宽度过宽，所以加了限制性用语，即“各安全出口最小净宽之和”。如假设图 2 中第一防火分区设计容纳人数最多，为 400 人，该防火分区通向避难走道共有两个安全出口，最小需要净宽总和为 0.75m/100 人×400 人＝3m，两个安全出口的宽度分别为 1.5m 就可满足最小净宽的要求，则避难走道的宽度为 3m 就可满足最小净宽的要求，但如果该防火分区的安全出口，为了平时使用上的需要，加大了出口宽度，例如分别为 2m，此时避难走道宽度仍按 3m 设计，也就是仍按该防火分区通向安全出口最小需要净宽之和计算。

3 为了确保避难走道的安全，所以规定装修材料燃烧性能等级必须为 A 级，即不燃材料。

4 防烟要求为了前后呼应，故作为一款，详见本规范第 6.2 节。

5 消火栓的设置也是为了前后呼应，详见本规范第 7.3.1 条。

6 火灾应急照明也是为了前后呼应，详见本规范第 8.2 节。

7 为了便于联系，故要求设置应急广播和消防专线电话。

5.2.5 地下街的名词已在本规范第 2.0.6 条中定义了。

为了便于在工程实际中执行，所以提出了只要符合两个规定之一者即可。

1 相邻两个疏散出口之间的疏散走道通过人数，按该两个疏散出口之间设计容纳人数，见图 3，这样规定是很偏于安全的；袋形走道末端至相邻疏散出口之间的疏散走道通过人数作了较严的规定，即用词是“应”，见图 3，如 3 号出口没有设置，则 2 号出口至疏散走道末端（即 3 号口的位置）的疏散走道通过人数，仍按上述方法计算，但用词是“应”，是较严格的规定。

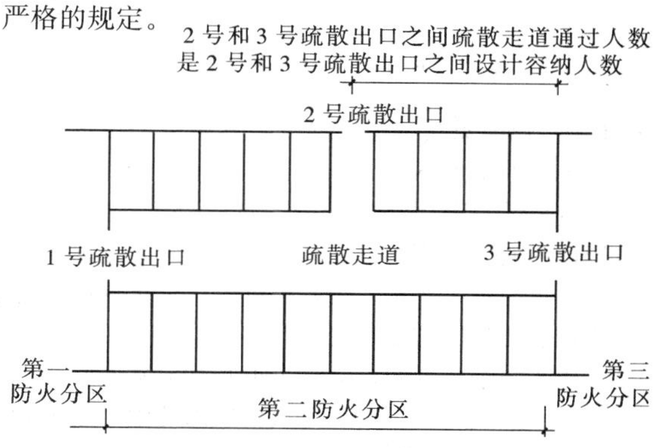

图 3　地下街防火分区内疏散走道
通过人数计算示意图

通过人数确定后，通过人数乘以疏散宽度指标，即可得到疏散走道的最小净宽。

2 这样规定理由是为了做到疏散出口的总宽度与疏散走道的宽度相一致，保持人流畅通。如图3，假设第二防火分区设计容纳人数为600人，且该防火分区地坪与室外出入口地面高差不大于10m，其疏散宽度指标应为每百人不小于0.75m，出口最小需要净宽总和为0.75m/100人×600人=4.50m，则各出口宽度分别为1.5m，即可符合要求。1号和2号疏散出口之间疏散走道的疏散方向有两个，一个向1号出口，另一个向2号和3号出口，则1号和2号疏散出口之间疏散走道的宽度为2号和3号出口宽度的总和，即为3m。但如果该防火分区的疏散出口，为了平时使用上的需要，加大了出口宽度，例如分别为2m，此时疏散走道最小宽度仍按3m设计，也就是仍按该防火分区疏散出口最小净宽之和计算。

5.2.6 为了保证疏散走道、疏散楼梯和前室畅通无阻，防止前室兼作他用，故作此条规定。

螺旋形或扇形踏步由于踏步宽度变化，在紧急疏散时人流密集拥挤，容易使人摔倒，堵塞楼梯，故不宜采用。已建的人防工程，设螺旋形或扇形踏步的较多。有些较大型公共工程，都设有螺旋形或扇形踏步，而且是作主要疏散通道，是不安全的。

对于螺旋形楼梯和扇形踏步，其踏步上下两级所形成的平面角不大于10°，而且每级离扶手0.25m的地方，其宽度大于0.22m时不易发生人员跌跤情况，故不加限制。

5.2.7 疏散楼梯间各层的位置不应改变，要上下直通，否则，上下层楼梯位置错动，紧急情况下人员就会找不到楼梯，特别是地下照明条件较差，更会延误疏散时间。二层以上的人防工程，由于使用情况不同，每层人数往往不会相等，所以，其宽度按该层及以下层中通过人数最多的一层来计算。

6 防烟、排烟和通风、空气调节

6.1 一般规定

6.1.1 修改条文。主要修改之处有三：一是考虑到人防工程处于地下，与地面的连通道较少，发生火灾时人员疏散及消防扑救十分困难，故不规定设置防、排烟设施的起始面积；二是增加了“避难走道”的防烟要求，与第5.2.4条所述相对应；三是具体规定设置机械加压送风防烟设施的部位。

由于防烟楼梯间、避难走道及其前室或合用前室在工程一旦发生火灾时，是人员撤离的生命通道和消防人员进行扑救的通行走道，必须确保其各方面的安全。以往的工程实践经验证明，设置机械加压送风，是防止烟气侵入，确保空气质量的最为有效的方法。

应当指出，设置机械加压送风不仅初投资可观，且系统管线及采风口配置等均有一定难度，如果能在工程的建筑总平面和竖向设计时，创造合适的条件，避免设置防烟楼梯间及其前室或合用前室、避难走道，是最好不过的。

6.1.2 修改条文。具体规定设置机械排烟设施的部位。

发生火灾时，产生大量的烟气和热量，如不及时排除，就不能保证人员的安全撤离和消防人员扑救工作的进行，故需要设置机械排烟设施，将烟气和热量很快排除。据资料介绍，一个优良的排烟系统在火灾时能排出80%的热量及绝大部分烟气，是消防救灾必不可少的设施。

“经常有人停留或可燃物较多的房间、大厅”这句话不是定量语言，可能引起设计人员的疑惑和不确定感。但实际情况十分复杂，又很难予以定量规定。在此列举一些例子供设计人员参考：商场、医院、旅馆、餐厅、公共娱乐场所、会议室、书库、资料库、档案库、贵重物品库、计算机房等。

规定总长度大于20m的疏散走道需设排烟设施的根据来源于火灾现场的实地观测：在浓烟中，正常人以低头、掩鼻的姿态和方法最远可通行20～30m。

6.1.3 保留条文。“密闭防烟”是指火灾发生时采取关闭设于通道上（或房间）的门和管道上的阀门等措施，达到火区内外隔断，让火情由于缺氧而自行熄灭的一种方法。对于库房这类工程，进入的人员较少，又不长时间停留，发生火灾时人员能比较容易疏散出去。采取密闭防烟这种方法，可不另设防排烟通风系统，既经济简便，又行之有效，故保留此条。

6.1.4 改写条文。设有采光窗井和采光亮顶的工程，应尽可能利用可开启的采光窗和亮顶作为自然排烟口，采用自然排烟。这里要强调的是采光窗口的有效面积要大于该防烟分区面积的2%和排烟口的位置应在房间或大厅的上部，并设置有自动开启的装置。

6.2 机械加压送风防烟及送风量

6.2.1 新增条文。防烟楼梯间及其前室或合用前室的机械加压送风防烟设计的要领是同时保证送风风量和维持正压值。很显然，正压值维持过低不利于防烟，但正压值过高又可能妨碍门的开启而影响使用。本条50Pa和25Pa的取值参考了国内外有关规范。

送风风量的确定通常用“压差法”或“风速法”进行计算，并取其中之大者为准进行确定。

采用压差法计算送风量 L_y（m^3/h）时，计算公式如下：

$$L_y = 0.827 f \Delta P^{1/b} \times 3600 \times 1.25 \quad (1)$$

式中 0.827——计算常数；

ΔP——门、窗两侧的压差值；根据加压方式及部位取25～50Pa；

b——指数，对于门缝取 2，对窗缝取 1.6；

1.25——不严密附加系数；

f——门、窗缝隙的计算漏风总面积（m^2）。

0.8m×2.1m 单扇门，$f=0.02m^2$；

1.5m×2.1m 双扇门，$f=0.03m^2$；

2m×2m 电梯门，$f=0.06m^2$。

由于人防工程的层数不多，门、窗缝隙的计算漏风总面积不大，按风压法计算的送风量较小，故实际工程设计时，应按风速法进行计算。

采用风速法计算送风量 L_v（m^3/h）时，计算公式如下：

$$L_v = \frac{nFV(1+b)}{a} \times 3600 \quad (2)$$

式中 F——每个门的开启面积（m^2）；

V——开启门洞处的平均风速，在 0.6～1.0m/s 间选择，通常取 0.7～0.8m/s；

a——背压系数，按密封程度在 0.6～1.0 间选择，人防工程取 0.9～1.0；

b——漏风附加率，取 0.1；

n——同时开启的门数，人防工程按最少门数（即一进一出）$n=2$ 计算。

本条所列送风量即为按风速法计算结果并参考相关规范的取值。当门的尺寸非 1.5m×2.1m 时，应按比例进行修正。

6.2.2 新增条文。避难走道是人员疏散至地面的安全通路，其前室是确保避难走道安全的重要组成部分。前室的送风量和送风口设置要求是根据上海消防部门的试验结果确定的。

6.2.3 改写条文。提倡设置独立的送风系统，同时也指出设共用系统时应采取的技术措施。

6.2.4 新增条文。加压送风空气的排出问题必须考虑，没有排就没有进。排风口或排风管设余压阀是必需的，其作用是在条件变化情况下维持稳定的正压值，以防止烟气倒流侵入。

6.2.5 新增条文。规定加压送风机可以选用的型式及其在风压计算中应注意的问题。

6.2.6 保留条文。送风口风速太大，在送风口附近的人员会感到很不舒服。

6.2.7 新增条文。强调新风质量，因为如果新风混有烟气，后果将不堪设想。采风口与排烟口之间的水平距离是参照了国家标准《人民防空工程设计规范》的规定，与该规范协调一致。

6.3 机械排烟及排烟风量

6.3.1 修改条文。补充了排烟风管的风量计算方法，同时调整了排烟风机的风量计算方法。

排烟通风的核心是保证发生火灾的分区每平方米面积的排风量不小于 $60m^3/h$。对于担负三个或三个以上防烟分区的排烟系统排最大防烟分区面积每平方米不小于 $120m^3/h$ 计算，是考虑这个排烟系统连接的防烟分区多，系统大、管线长、漏风点多，为确保着火防烟分区的排烟量（仍为每平方米 $60m^3/h$）而特意在选择风机和风管时加大计算风量的一种保险措施。

对于担负一个或二个防烟分区的排烟系统，由于系统小，漏风少，故可不予加大仍按实际风量选择计算。按照调整后的新方法计算排烟风量，在保证排烟需要的前提下，具有以下特点：

1 当两个防烟分区面积大小相等时，排风量与原计算方法相等；当两个防烟分区面积大小不等时，排烟风量较小，更为经济合理。例如两个面积分别为 $400m^2$ 和 $200m^2$ 的防烟分区，排烟风机的排风量按原方法计算应为 $400\times120m^3/h=48000m^3/h$，而按调整后的新方法计算，仅为 $(400+200)\times60m^3/h=36000m^3/h$ 即可。

2 由于人防工程的通风系统（包括防排烟通风系统）通常按防护单元划分的区域布置，大多数包括两个防烟分区，此时如按新方法计算排烟风量，即可不考虑两个防烟分区之间的系统转换，简化通风和控制设施，同时也更为安全。

6.3.2 新增条文。人防工程是一个相对封闭的空间，能否顺畅补风是能否有效排烟的重要条件。北京某住宅区地下室排烟试验时，就曾发生因补风不畅而严重影响排烟效果的事例。

通常，机械补风系统可由平时空调或通风的送风系统转换而成，不需要单独设置。但此时的空调或送风系统设计时应注意以下几点：空调或通风系统的送风机应与排烟系统同步运行；通风量应满足排烟补风风量要求；如有回风，此时应立即断开；系统上的阀门（包括防火阀）应与之相适应。

6.3.3 修改条文。利用工程的空调系统转换成为排烟系统，系统设置和转换都较复杂，可靠性差，故不提倡。对于特别重要的部位，排烟系统最好单独设置。一般部位的排烟系统宜与排风系统合并设置。

6.4 排 烟 口

6.4.1 保留条文。烟气由于受热而膨胀，容重较轻，故向上运动并贴附于顶棚下再向水平方向流动，因此要求排烟口的设置位置尽量设于顶棚或靠近顶棚的墙面上部的排烟有效部位，以利烟气的收集和排出。

6.4.2 修改条文。规定排烟口宜设于防烟分区的居中位置，主要考虑有：居中位置可以尽快截获火灾时的烟气和热量；可以较好地布置排烟口和利用排风口兼作排烟口。

规定排烟口避开出入口，其目的是避免出现人流疏散方向与烟气流方向相同的不利局面。

规定排烟口与该排烟分区内最远点的水平距离不应大于30m，这里的“水平距离”是指烟气流动路线的水平长度。

6.4.3 新增条文。指出排烟口设置中的各种方式。单独设置的排烟口，平时处于闲置无用状态，且体形较大，很难与顶棚上的其他设施匹配，故很多工程设计采用排风口兼作排烟口的方法予以协调解决。

6.4.4 修改条文。规定排烟口特别是由排风口兼作排烟口时的开闭和控制要求。

6.4.5 保留条文。排烟口的风速不宜过大，过大会过多吸入周围空气，使排出气体中空气所占比例过大，而影响排烟量。

6.5 机械加压送风防烟、排烟管道

6.5.1 修改条文。不少非金属材料的风道内表面也很光滑，按“金属”和“非金属”来分别划分风管风速的规定不尽合理，故予修改。此外，风道风速是经济流速，可以按情况选取，所以条文中“应”改为“宜”。

6.5.2 保留条文。由于排烟系统需要输送280℃的高温烟气，为防止管道等本身及附近的可燃物因高温烤着起火，故规定这些组件要采用不燃材料制作，并与可燃物保持一定距离。

6.5.3 新增条文。钢制排烟风道的钢板厚度不应小于1mm的规定，根据源于《人民防空工程设计规范》。

6.5.4 修改条文。要求穿过防火墙的所有防火阀都与排烟风机联锁，不仅没有必要，有时反而会妨碍排烟，故修改。通常认为，烟气温度达到280℃，即有可能已出现明火。为隔断明火传播，必须配置防火阀。

6.6 排 烟 风 机

6.6.1 修改条文。消防排烟轴流风机已进入工程实用阶段，故予补充。普通离心风机用作排烟风机是根据公安部四川消防科研所对普通中、低压离心风机进行多次试验得出的结论。至于排烟屋顶风机，由于人防工程中绝少使用，故不列出。

6.6.2 新增条文。规定了排烟风机单独设置或与排风机合并设置的要求。

6.6.3 新增条文。规定了排烟风机的风量和风压计算。

6.6.4 新增条文。对排烟风机的安装位置、排烟管的敷设等提出要求。

6.6.5 保留条文。当任何一个排烟口开启，说明火灾已经发生，为使火灾区迅速形成负压，防止烟气蔓延，排烟风机应自动启动。当烟气温度大于280℃时，火灾区可能已出现明火，人员已撤离，风机的运行也已达温度极限，故随防火阀的关闭风机也随之关闭，消防排烟系统的工作即告结束。

6.7 通风、空气调节

6.7.1 修改条文。电影放映机室的排风量很小，独立设置排风系统很不经济，故补充合并设置系统的要求。

6.7.2 设置气体灭火系统的房间，因灭火后产生大量气体，人员进入之前需将这些气体排出，故需设置排除废气的排风装置。同时，为了不使灭火气体扩散到其他房间，故规定与该房间连通的风管应设置自动阀门，并与气体灭火系统联锁，以便火灾发生时，能及时关闭阀门。

6.7.3 通风、空调系统按防火分区设置是最为理想的，不仅避免了管道穿越防火墙或楼板，减少火灾的蔓延途径，同时对火灾时通风、空调系统的控制也提供了方便。由于人防工程通风、空调系统的进、排风管道按防火分区设置有时难以做到，故适当放宽此要求，但同时又规定了管道穿越防火墙时的要求。

6.7.4 保留条文。人防工程多数设置有机械通风系统，管道四通八达，因为管道是火灾蔓延的重要渠道，国内外都有因风管引发火灾蔓延的教训，因此对通风机及管道材料做了非燃化的限制。考虑到特殊地点的需要，规定了有特殊需要的场所，可采用难燃材料制作。

6.7.5 保留条文。火灾由保温材料引起和通过保温材料蔓延的实例很多。保温材料着火后不仅蔓延快，而且扑救困难，因此对保温材料（包括粘结剂）做了非燃化的限制。

6.7.6 保留条文。通风、空调风管是火灾蔓延的渠道，防火墙、楼板是阻止火灾蔓延和划分防火分区的重要分隔设施，为了确保防火墙的作用，故规定风管穿过防火墙和楼板处要设置防火阀，以防止火势蔓延。垂直风管是火灾蔓延的主要途径，对多层工程，要求每层水平干管与垂直总管的交接处设置防火阀，目的是防止火灾向相邻层扩大。穿越变形缝处的风管两侧设置防火阀是为了有效阻隔火势，保证防火阀可靠的必要措施。设置有防火门的房间，本规范第3.1.5条已有具体规定。

6.7.7 保留条文。目前研制的防火阀，具备本条要求的功能，温度熔断器的动作温度与其他防火规范协调一致。

6.7.8 保留条文。由于火灾时风管会变形，规定防火阀设置单独的支、吊架，是为防止风管变形而影响防火阀的正常动作。

防火阀暗装时，在顶棚或墙面上设置检修口，其目的是便于观察阀的启、闭状态和进行手动复位。

6.7.9 新增条文。通风系统中的电加热器是高温发热设备，电加热器如在不通风条件下使用，有可能引起火灾，故规定要与风机联锁。电加热器前、后

0.8m范围内不设置消声器、过滤器等设备，该规定与国内外的有关规范相一致。

7 消防给水、排水和灭火设备

7.1 一般规定

7.1.1 本条基本保留了原规范第6.2.1条和第6.2.2条内容，对消防给水的水源作出规定。人防工程消防水源的选择，要本着因地制宜、经济合理、安全可靠的原则，采用市政给水管网、人防工程水源井、消防水池或天然水源均可，并首先考虑直接利用市政给水管网供水。本条又特别强调了利用天然水源时，应确保枯水期最低水位时的消防用水量。在我国许多地区有天然水源，即江、河、湖、泊、池、塘以及暗河、泉水等可利用。但应选择那些离工程较近，水量较大，水质较好，取水方便的天然水源。

在寒冷地区（采暖地区），利用天然水源时，要保证在冰冻期内仍能供应消防用水。

为了战时供水需要，有些工程设置了战备水源井，也可利用其作为平时消防用水水源。

当市政给水管网、人防工程水源井和天然水源均不能满足工程消防用水量要求时，就需要在工程内或工程外设置消防水池，以保证工程的消防用水。

7.1.2 本条保留原规范第6.2.2条的前半部分。人防工程的火灾扑救应立足于自救，消防给水利用市政给水管网直接供水，保证室内消防给水系统的水量和水压十分重要。因此，一定要经过计算，当消防用水量达到最大时，看市政给水管网能否满足室内最不利点消防设备的水压要求，否则就需要采取必要的技术措施。

7.2 消防用水量

7.2.1 本条保留了原规范第6.3.3条的基本内容，对人防工程的消防用水量作了规定。要求消防用水总量按室内消火栓和自动喷水及其他用水灭火的设备需要同时开启的上述设备用水量之和计算。

人防工程内设置有数种消防用水灭火设备，一般情况下，根据工程内可能开启的下列数种灭火设备的设置情况确定：

1 消火栓加自动喷水灭火系统。

2 消火栓加自动喷水、水幕消防设备或泡沫灭火设备。

3 消火栓加自动喷水、水幕和泡沫灭火设备。

设计中遇到上述几种组合情况，且几种灭火设备又确实需要同时开启进行灭火时，就要按其用水量之和确定消防用水总量。

人防工程消防用水总量确定，没有规定包括室外消火栓用水量，理由是发生火灾时用室外消火栓扑救室内火灾十分困难。火灾案例证明，没有一次人防工程的火灾用室外消火栓灭火是成功的。人防工程灭火主要立足于室内灭火设备进行自救。人防工程设置室外消火栓只考虑火灾时作为向工程内消防管道临时加压的补水设施。日本在消防法施行令第19条规定中，关于室外消火栓的设置范围，就把地下街删掉了，对室外消火栓的设置没有特殊要求。所以，在计算人防工程消防用水总量时，不需要加上室外消火栓用水量，只按室内消防用水总量计算即可。

7.2.2 本条保留了原规范第6.3.1条规定，但对表6.3.1作了局部修改。

人防工程室内消火栓用水量，由于缺乏火场统计资料，主要是参照《建筑设计防火规范》（GBJ 16—87）的有关标准，并根据人防工程特点以及其他因素综合考虑确定的。

室内消火栓是扑救初期火灾的主要灭火设备。根据地面建筑火灾统计资料，在火场出一支水枪，火灾的控制率为40%，同时出两支水枪，火灾控制率可达65%。因此，对规模较大，可燃物较多，人员密集和疏散困难的工程，同时使用的水枪数规定为2支，其水量应按两支水枪的用水量计算；对于工程规模较小，人员较少的工程规定使用一支水枪。工程类别主要是依据平战结合人防工程平时使用功能的大量统计资料划分的。

人防工程按建筑体积和座位数所规定的消火栓用水量比普通地面建筑规定的标准稍高些，主要是由于人防工程一旦发生火灾，温升快，人员疏散和扑救十分困难，需增强扑救初期火灾的能力。

这次修改中，把原规范表6.3.1中规定的每支水枪的最小流量2.5L/s，一律改为5.0L/s。理由一是为了增强人防工程消火栓灭火能力；二是经全国100多项大中型平战结合人防工程验收统计资料，安装水枪喷嘴口径为13mm消火栓的工程极少，而安装口径为19mm的较普遍，如果消火栓最小流量选2.5L/s，而实际安装的消火栓最小流量是4.6～5.7L/s，使消防水池容量相差较多，保证不了在火灾延续时间内的消防用水量。

本条又规定了“增设的消防水喉设备，其用水量可不计入消防用水量”。消防水喉属于室内消防装置，构造简单、价格便宜、操作方便，是消火栓给水系统中一种重要的辅助灭火设备。它可与消防给水系统连接，也可与生活给水系统连接。由于用水量较少，仅供本单位职工使用，因此，在计算消防用水量时可不计入消防用水总量。

7.2.3 本条保留了原规范第6.3.2条内容。自动喷水灭火系统的消防用水量，在现行的国家标准《自动喷水灭火系统设计规范》（GBJ 84—85）中已有具体规定。

人防工程的危险等级为中危险级，其设计喷水强度为 6.0L/min·m²，作用面积为 200m²，喷头工作压力为 9.8×10⁴Pa，最不利点处喷头最低工作压力不小于 4.9×10⁴Pa（0.5kg/cm²），设计流量约为 23.0～26.0L/s，相当于喷头开启数为 17～20 个。按此设计，中危险级人防工程的火灾总控制率可达 91.89%。

7.3 灭火设备的设置范围

7.3.1 本条是对原规范第 6.1.1 条的修改，规定了室内消火栓的设置范围。

室内消火栓是我国目前室内的主要灭火设备，消火栓设置合理与否，将直接影响灭火效果。由于我国没有关于地下建筑灭火设备的设置标准，在确定消火栓设置范围时，一方面考虑我国人防工程发展现状和经济技术水平，同时参照国外有关地下建筑防火设计标准和规定，吸取了他们的经验。例如，日本对地下街消火栓设置规定，当地板面积（外墙中心线以内的面积）为 150m² 时，应设室内消火栓。同时日本规范对地下室或地下街消火栓设置要求又有所区别。对可燃物较多，人员密度大的地下商业营业厅、餐馆、展览厅、游艺厅、办公室、诊所等要求较严，一般地板面积大于 150m² 时，应设室内消火栓。难燃材料装修的地板面积大于 300m²，非燃材料装修的地板面积大于 450m²，应设室内消火栓。根据我国近十年来人防工程发展现状，规模扩大，功能增多，地下商场、文体娱乐场所增加，因此对消火栓的设置标准应提出比较严格的要求。为使设计人员便于掌握标准，修改中将原规范第 6.1.1 条的第一、二款合并，统一用建筑面积 300m² 界定设置范围是可行的。对电影院、礼堂、消防电梯间前室和避难走道等也明确规定设置消火栓。

7.3.2 本条是对原规范第 6.1.2 条的修改，规定了人防工程设置自动喷水灭火系统的范围。

国内外经验都证明，自动喷水灭火系统具有良好的灭火效果。我国自 1987 年颁布了《人民防空工程设计防火规范》以来，大、中型平战结合人防工程都设置了自动喷水灭火系统，对预防和扑救人防工程火灾起到了良好的作用。

美国规范规定，地下建筑（包括地下街、地下室、地铁）必须全部设自动喷水灭火系统。

原苏联规定，仓库设在地下时，大于 700m² 应设自动喷水灭火系统，地下车库要求全部设自动喷水灭火系统。

日本消防法规实施条令第 12 条规定，地下街地板面积大于 1000m² 都要设自动喷水灭火系统。

我国《高层民用建筑设计防火规范》规定，经常有人停留或可燃物较多的地下室房间，应设自动喷水灭火系统。

我国《建筑设计防火规范》规定建筑面积大于 500m² 的可燃物品地下库房应设置闭式自动喷水灭火系统。

根据上述国内外有关设计防火规范、法规、条令的规定，本条作了第一款规定。由于人防工程平时使用功能是综合性质的，一个工程内既有商业街、文体娱乐设施，又可能有丙、丁类库房、旅馆或医疗设施等，只要整个工程的建筑面积大于 1000m²，就应设置自动喷水灭火系统。原规范规定的是使用面积，现修改为建筑面积，理由是与相关规范的表示方法相一致。

人防工程的旅馆、医院均设有集中空调设备，并是人员经常停留的地下工程。因此，旅馆的客房、库房、餐厅、厨房、走道等，医院的病房、库房、餐厅、厨房等均应设自动喷水灭火系统。医院的 X 光室、血库、产房、手术室、外科病房等不能设自动喷水灭火系统。

电影院和礼堂的观众厅，由于建筑装修限制严格，不允许用可燃材料装修，因此，只规定吊顶高度小于 8m 时设置自动喷水灭火系统。

采用防火卷帘代替防火墙或防火门用水保护问题，规定了两条技术措施，一是在防火卷帘两侧设闭式自动喷水加密喷头保护，二是设水幕保护。

参照《高层民用建筑设计防火规范》第 5.4.4 条规定，作了在防火卷帘两侧设闭式自动喷水加密喷头保护的规定。加密喷头可与室内其他闭式自动喷水灭火系统连接，水量可不计。防火卷帘的水幕保护系统可独立设置，也可与消火栓给水系统合用，其用水量可按工程内某一防火分区设置防火卷帘总宽度最大的计算，每米用水量不应小于 0.5L/s。

补充说明如下：

由于歌舞娱乐放映游艺场所和地下商店，火灾危险性较大、人员较多，为有效扑救初起火灾，减少人员伤亡和财产损失，所以做出此规定。

7.3.3 柴油发电机房是人防工程平时和战时自备的应急发电设施，在机房的贮油间内又贮存着一定数量的柴油，一旦发生火灾，对人防工程的平时消防应急供电或战时供电都会产生严重影响，造成重大经济损失和政治后果。

直燃机房和锅炉房在防火要求上与柴油发电机房相类似。

变配电室是人防工程供配电系统中的重要设施。人防工程设计规范已明确规定：不采用油浸电力变压器和其他油浸电气设备，要求采用无油的电气设备。因此，干式变压器和配电设备可以设置在同一个房间内，该房间称变配电室。

图书、资料、档案等特藏库房，是指存放价值昂贵的图书、珍贵的历史文献资料和重要的档案材料等库房，一般的图书、资料、档案等库房不属本条规定范围。

上述房间或部位，有的设置电气设备，有的存放价值昂贵品、珍贵的纸质品、绢质品或胶片（带），且通常无人或只有少数管理人员，他们熟悉工程内的情况，发生火灾时能及时处置火情并能迅速逃生，因此采用二氧化碳、惰性气体、含氢氟烃（HFC）和卤代烷1211、1301等气体灭火系统保护是安全可靠的。但是，因为卤代烷1211、1301灭火剂耗损大气臭氧层，必须在非必要场所停止配置，故在本条规定，上述部位或房间不再采用卤代烷1211、1301灭火系统。有的柴油发电站规模较小，设置二氧化碳等自动灭火系统不经济，也可配置建筑灭火器。

重要通信机房是指人防指挥通信工程中的指挥室、通信值班监控室、空情接收与标图室、程控电话交换室、终端室等等。由于此类工程数量不多，且上述各房间均有人员坚守岗位，设计时不排除采用卤代烷1301灭火系统。

人防工程中的电子计算机房与工业、民用建筑中的大中型电子计算机房不同，它的重要性难以用建筑面积大小、计算机的运算速度或价格等因素来评估，它是人防工程指挥通信的核心部位，因此更需要加强防火和灭火措施，特别是计算机的主机房以及基本工作间，如终端室、数据录入室、已记录磁介质库、已记录纸介质库等完成信息处理过程和必要技术作业的场所，采用二氧化碳、惰性气体、含氢氟烃（HFC）和卤代烷1301等气体灭火系统是安全可靠的。设计中也暂不限制使用卤代烷1301气体灭火系统。随着技术不断发展，逐渐采用可靠的替代系统。

7.3.4 本条系新增条文。灭火器用于扑救人防工程中的初起火灾，既有效，又经济。当人员发现火情时，一般首先考虑采用灭火器进行扑救。对于不同物质的火灾，不同场所工作人员的特点，需要配置不同类型的灭火器。具体设计时，按现行国家标准《建筑灭火器配置设计规范》的有关规定执行。

7.4 消防水池

7.4.1 本条对原规范第6.4.1条作了文字修订。规定了人防工程设置消防水池的条件。消防水池是用以贮存和供给消防用水的构筑物，当其他技术措施不能保证消防用水量时，均需设消防水池。

当市政给水管网，不论是枝状还是环状，工程进水管不论是多条或一条，或天然水源，不管是地表水或地下水，只要水量不满足消防用水量时，如市政给水管道和进水管偏小，水压偏低，天然水源水量少，枯水期水量不足等，凡属上述情况，均需设消防水池。

当市政给水管网为枝状或工程只有一条进水管，由于检修或发生故障，引起火场供水中断，影响火灾扑救，所以也需设消防水池。但考虑到当室内消防用水量较少，如不超过10L/s时，虽然市政给水管道为枝状或工程只有一条进水管，只要能满足消防用水量要求，为了节省投资，简化消防给水系统，在安全可靠的情况下可以不设消防水池。

7.4.2 本条是对原规范第6.4.2条的修改。

消防水池主要功能是贮水，其贮水功能应靠水池的容积来保证，容积分总容积、有效容积和无效容积。有效容积是指贮存能被消防水泵取用并用于灭火的消防用水的实际容积，它不包括水池在溢流管以上被空气占用的容积，也不包括水池下部无法被取用的那部分容积，更不包括被墙、柱所占用的容积，即不包括无效容积。

1 消防水池的有效容积应按室内消防流量与火灾延续时间的乘积计算。所谓火灾延续时间，是指消防车到火场开始出水时起至火灾基本被扑灭时止的时间。我国目前尚无人防工程火灾延续时间的统计资料。但从1987年以前我国地下工程发生的30次火灾案例分析，由于基本无防火设计，工程本身无扑救火灾的能力，消防车到达后很难进入地下进行扑救工作，火灾燃烧时间较长。北京地铁一次火灾历时6h；某地下洞库火灾历时41h；某地下人防商场，由于消防设备不完善，消防人员无法扑救，只好采取关闭着火部位，氧气耗尽，火灭了。十年来，人防工程建设发展很快，规模大，功能复杂，可燃物多，人流多。火灾延续时间，原规范规定为1h，修订后将消火栓灭火系统火灾延续时间分为两种情况，分别为1h和2h，自动喷水灭火系统火灾延续时间仍为1h，其理由是：

1) 现在人防工程消防设备比较完善，除设置室内消火栓外，大部分工程还设置自动喷水灭火系统，气体灭火装置、灭火器等，自救能力增强。但工程内温度高，排烟困难，可见度差，扑救人员难以坚持较长时间，所以，室内消火栓用水的贮水时间无需太长。因此，对建筑面积小于3000m² 的人防工程和改建人防工程，其消火栓灭火系统火灾延续时间仍按1h计算。
2) 根据人防工程平战结合实际情况，从建设规模看，一般都在3000～20000m²；从使用功能看，多数为地下商场、文体娱乐场所、物品仓库、汽车库等；从存放物质看，可燃物大量增加；在地下滞留人数也大大增多。因此人防工程消火栓消防用水贮存时间又不能太短，同时，也应与同类设计防火规范的规定相协调。所以，对建筑面积大于或等于3000m² 的人防工程，其消火栓灭火系统的火灾延续时间提高到2h是合理的，是安全可行的。

防空地下室消火栓灭火系统的火灾延续时间，由于它的消防水池一般不单独修建，而是与地面建筑的消防水池合并设置，并设置在室外，故可参照地面建筑有关规范确定。

2 人防工程消防水池有效容积的确定，应考虑以下情况：

1）当人防工程为单建式工程时，室外消火栓基本无室外建筑的灭火任务，只起向工程内补水作用，此时消防水池有效容积只考虑室内消防用水量的总和。

2）人防工程为附建式工程，室外消火栓有扑救地面建筑火灾任务，当室外市政给水管网不能保证室外消防用水量，地面和地下建筑合用消防水池时，消防水池有效容积应包括室外消火栓用水量不足部分。室外消火栓用水量标准按同类地面建筑设计防火规范规定选用。

3 在保证火灾时能连续向消防水池补水的条件下，消防水池有效容积可减去在火灾延续时间内的补充水量。

4 消防水池内的水一经动用，应尽快补充，以供在短时间内可能发生第二次火灾时使用，故规定补水时间不应超过48h。

5 本条又新增加一款规定，即消防水池可建在工程内，也可建在工程外。主要理由：附建式人防工程，一般与地面建筑合用消防水池，容量较大，建在造价很高的人防工程内不经济，经过技术经济比较，有条件时可建在室外，并不考虑抗力等级问题。单建式人防工程，如果室外有位置，也可建在室外。如果用消防水池兼作战时人员生活饮用水贮水池，则应建在人防工程的清洁区内。

7.5 水泵结合器和室外消火栓

7.5.1 本条是对原规范第6.5.1条的修改。设置水泵结合器的主要目的是消防车向室内消防给水管道临时补水。设置相应的室外消火栓是保证消防车快速投入灭火供水工作。

7.5.2 本条是对原规范第6.5.2条的修改。人防工程水泵结合器和室外消火栓的数量，应根据室内消火栓和自动喷水灭火系统用水量总和计算确定。因为一个水泵结合器由一台消防车供水，一台消防车又要从一个室外消火栓取水，因此，设水泵结合器时需要设相同数量的室外消火栓。每台消防车的输水量约为10～15L/s，故每个水泵结合器和室外消火栓的流量也应按10～15L/s计算。

7.5.3 本条是对原规范第6.5.3条的修改。为了便于消防车使用，本条规定了水泵结合器和室外消火栓距人防工程出入口不宜小于5m，目的是便于操作和出入口人员疏散。规定消火栓距路边不宜大于2m，水泵结合器与室外消火栓间距不大于40m，主要是便于消防车取水。规定水泵结合器和室外消火栓应有明显标志，便于消防队员在火场操作，避免出现差错。

7.6 室内消防给水管道、室内消火栓和消防水箱

7.6.1 本条是对原规范第6.6.1条的修改。室内消防管道是室内消防给水系统的重要组成部分，为有效地供给消防用水，应采取必要的技术措施：

1 室内消防给水管道宜与其他用水管道分开设置，特别是对于大中型人防工程，其他用水如空调冷却水、柴油机发电站冷却水及生活用水较多时，宜与消防给水管道分开设置，以保证消防用水供水安全。当分开设置有困难时，可与消火栓管道合用，但其他用水量达到最大小时流量时，仍要保证能供给全部消防用水量。在管网计算时，要充分考虑这种情况。

2 环状管网供水比较安全，当某段损坏时，仍能供应必要的水量，本条规定主要指当消火栓超过10个的消火栓给水管道设环状管网。为了保证消防供水安全可靠，规定环状管网宜设两条进水管，使进水管有充分的供水能力，即任一进水管损坏时，其余进水管仍能供应全部消火栓的用水量。若室外给水管网为枝状或引入两条进水管有困难，可设一条进水管，但消防泵房的供水管仍要有两条供水管与消火栓环状管网连接。

人防工程一般生活、生产用水量较小，消防进水管可以单独设置，并不设水表，以免影响进水管供水能力，若设置水表时，按消防流量选表。

3 环状管网上设置阀门分成若干独立段，是为了保证管网检修或某段损坏时，仍能供给必要的消防用水，两个阀门之间停止使用的消火栓数量不应超过5个，主要是控制停水范围。

4 规定消火栓给水管道和自动喷水灭火系统给水管道应分开独立设置，主要是防止消火栓或其他用水设备漏水或用水时，引起自动喷水灭火系统的水力报警阀误报；如两个系统合用水泵，需将两个系统管网分开设置，有困难时，至少应将自动喷水灭火系统报警阀前（沿水流方向）的管网与消火栓给水管网分开设置。

7.6.2 本条是对原规范第6.6.2条的修改。规定了室内消火栓的设置要求。

1 消火栓的水压应保证水枪有一定长度的充实水柱。充实水柱的长度要求是根据消防实践经验确定的。我国扑救低层建筑火灾的水枪充实水柱长度一般在10～17m之间。火场实践证明，当口径19mm水枪的充实水柱长度小于10m时，由于火场烟雾较大、辐射热高，尤其是地下建筑，排烟困难，温升又快，很难扑救火灾。当充实水柱增大，水枪的反作用力也随之增大，如表2所示。经过训练的消防队员能承受的水枪最大反作用力不大于20kg，一般人员不大于15kg。火场常用的充实水柱长度一般在10～15m。为了节省投资和满足火场灭火的基本要求，规定人防工

程室内消火栓充实水柱长度不应小于10m，并应经过水力计算确定。

水枪的充实水柱长度可按下式计算：

$$S_k=\frac{H_1-H_2}{\sin\alpha} \tag{3}$$

式中 S_k——水枪的充实水柱长度（m）；

H_1——被保护建筑物的层高（m）；

H_2——消火栓安装高度（一般距地面1.1m）；

α——水枪上倾角，一般为45°，若有特殊困难可适当加大，但不应大于60°。

表2 口径19mm水枪的反作用力

充实水柱长度（m）	水枪口压力（kg/cm²）	水枪反作用力（kg）
10	1.35	7.65
10	1.50	8.51
12	1.70	9.63
13	2.05	11.62
14	2.45	13.80
15	2.70	15.31
16	3.25	18.42
17	3.55	20.13
18	4.33	24.38

2 消火栓栓口的压力，火场实践证明，水枪的水压过大，开闭时容易产生水锤作用，造成给水系统中的设备损坏；一人难以握紧使用；同时水枪流量也大大超过5L/s，易在短时间内用完消防水贮水量，对扑救初期火灾极为不利。本条规定消火栓的静水压力不应超过0.80MPa（日本规定不超过0.70MPa，原苏联规定不超过0.90MPa）。当静水压力超过0.80MPa时，应采用分区供水，而当栓口出水压力大于0.50MPa时，应设减压装置，减压装置一般采用减压孔板或减压阀，减压后消火栓处压力应仍能满足水枪充实水柱要求。

3 消火栓的间距十分重要。它关系到初期火灾能否被及时地有效地控制和扑灭；关系到起火建筑物内人身和财产安危。统计资料表明，一支水枪扑救初期火灾的控制率仅40%左右，两支水枪扑救初期火灾的控制率达65%左右。因此，本条规定当同时使用水枪数量为2支时，应保证同层相邻有两支水枪（不是双出口消火栓）的充实水柱同时到达被保护范围内的任何部位，其消火栓的间距不应大于30m，如图4。

消火栓的间距可按下式计算：

$$S=\sqrt{R^2-b^2} \tag{4}$$

当同时使用水枪数量为一支时，保证有一支水枪的充实水柱到达室内任何部位，其间距不应大于50m，消火栓的布置如图5。

消火栓的间距可按下式计算：

$$S=2\sqrt{R^2-b^2} \tag{5}$$

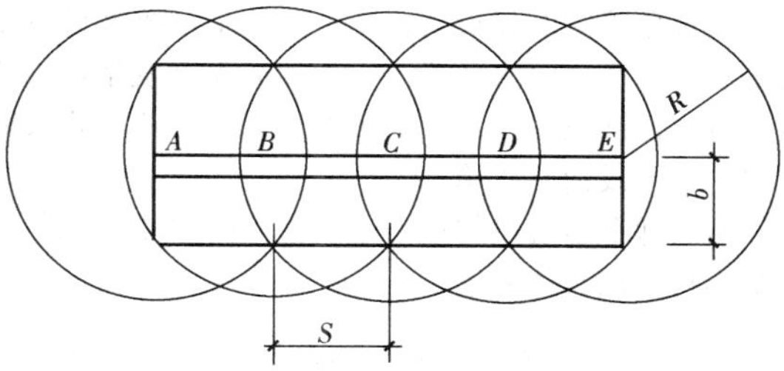

图4 同层消火栓的布置示意图

A、B、C、D、E—为室内消火栓；R—消火栓的保护半径（m）；S—消火栓间距（m）；b—消火栓实际保护最大宽度（m）

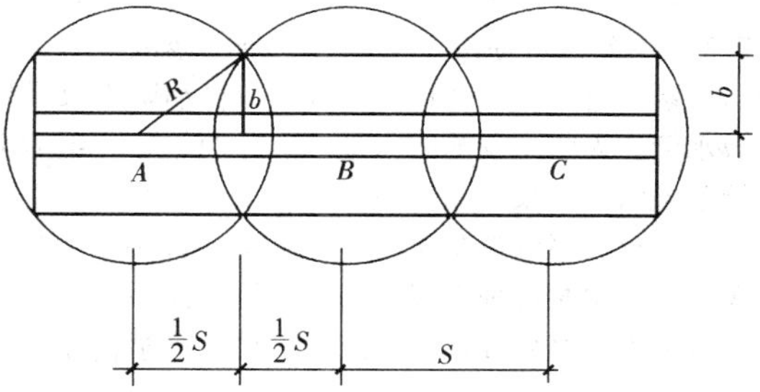

图5 一股水柱到达任何一点的消火栓布置

A、B、C—为室内消火栓；R—消火栓的保护半径（m）；S—消火栓间距（m）；b—消火栓实际保护最大宽度（m）

4 消火栓应设在工程内明显而便于灭火时取用的地方。为了使人员能及时发现和使用，消火栓应有明显的标志，消火栓应涂红色，并不应伪装成其他东西。

为了减少局部水压损失，消火栓的出口宜与设置消火栓的墙面成90°角。

在同一工程内，如果消火栓栓口、水带和水枪的规格、型号不同，就无法配套使用，因此规定同一工程内应用统一规格的消火栓、水枪和水带。火场实践证明，室内消火栓配备的水带过长，不便于补救室内初期火灾。消防队使用的水带长度一般为20m，为节省投资，同时考虑火场操作的可能性，要求水带长度不应大于25m。

5 为及时启动消防水泵，本条又规定设有消防水泵给水系统的每个消火栓处应设直接启动消防水泵的按钮，以便迅速远距离启动。为了防止小孩玩弄或误启动，要求按钮应有保护措施，一般可放在消火栓箱内或装有玻璃罩的壁龛内。

7.6.3 本条系新增条文。规定单建式人防工程不设消防水箱，其主要依据是：现行国家标准《自动喷水灭火系统设计规范》第3.2.4条的规定。同时，人防工程与地面建筑不同，地下一层的消火栓一般处在地面以下5m，市政给水管网水的余压一般均大于10m水柱，保证初期灭火的水压是没有问题的；人防工程属中、轻危险级的建筑物，其消防给水系统都设置了稳压水泵或气压给水装置，一旦初期火灾发生，这些装置可以保证及时供水。鉴于上述理由，单建式人防工程可以不设消防水箱。

防空地下室可以与地面建筑的消防水箱合用，本规范不再提出具体要求。

7.7 消防水泵

7.7.1 本条是对原规范第6.7.1条的修改。为了保证不间断地供应火场用水，消防水泵应设备用泵。备用泵的工作能力不应小于消防工作泵中最大一台工作泵的工作能力，以保证任何一台工作泵发生故障或需进行维修时备用水泵投入后的总工作能力不会降低。

7.7.2 本条是对原规范第6.7.2条的修改。为保证消防水泵及时、可靠地运行，规定每台消防水泵设独立吸水管。人防工程消防水泵一般分两组，一组为消火栓系统消防水泵，用一备一，共二台水泵；一组为自动喷水灭火系统消防水泵，也是用一备一，共二台水泵。每台水泵设独立吸水管，以便保证一组水泵当一台泵吸水管维修或发生故障时，另一台泵仍能正常吸水工作。

采用自灌式吸水比充水式吸水启动迅速，运行可靠。

为了便于检修、试验和检查消防水泵，规定吸水管上装设阀门，供水管上装设压力表和放水阀门。为了便于水带连接，放水阀门的直径宜为65mm，以便使试验用过的水回流到消防水池。

7.8 消防排水

7.8.1 本条保留原规范第6.8.1条条文。设有消防给水的人防工程，必须设消防排水设施。因为人防工程与地面建筑不同，除少数坑道工程外，均不能自流排水，需设机械排水设施，否则会造成二次灾害。消防排水设施可以结合不同类型工程的实际情况，因地制宜地设计。

7.8.2 本条是对原规范第6.8.2条的修改。人防工程消防废水的排除，一般可通过地面明沟或消防排水管道排入工程生活污水集水池，再由生活污水泵（含备用泵）排至市政下水道。这样既简化排水系统，又节省设备投资。但在选择污水泵时，应平战结合。既应满足战时要求，又应满足平时污水、消防废水排水量的要求。

8 电 气

8.1 消防电源及其配电

8.1.1 本条对消防电源及其负荷的等级作了规定。

消防电源是指人防工程的消防设备（如消防水泵、防烟排烟设施、火灾应急照明、电动防火门、防火卷帘、自动灭火设备、自动报警装置和消防控制室等）所用的电源。

在发生火灾后，有消防电源才能保证消防设备进行工作和疏散人员、物资。因此，合理地确定消防电源的负荷等级，是非常重要的。

本条消防用电设备的负荷等级是按照国家《电力技术设计规范》对用户用电负荷规定的负荷等级要求确定的。

确定本条时，主要考虑有以下几个方面：

1 国外对消防电源的设置是有规定的，如日本法规规定，地下建筑和地下街都必须设置紧急备用电源。紧急备用电源的种类及工作时间见表3。

表3 日本紧急备用电源用电种类和工作时间

消防设备的名称	紧急备用电源的种类	工作时间
室内消火栓设备 自动喷水灭火设备 泡沫灭火设备 排烟设备	专用发电设备 蓄电池	30min以上
消防电梯 二氧化碳灭火设备 干粉灭火设备 卤代烷灭火设备	专用发电设备 蓄电池	60min以上
火灾自动报警装置 报警设备 事故照明疏散标志		10min以上 10min以上 20min以上

2 国内较大型的地下室，同地面建筑物一样，都按一级负荷供电，如北京长城饭店、北京饭店等均为两路高压电源加自备发电机，自备发电机容量分别为750kVA和500kVA。

3 《人民防空地下室设计规范》（GB 50038—94）及《人民防空工程设计规范》（GB 50225—95）对备用电源已有规定，很多工程已设有发电机房，对平战结合的人防工程，把消防电源列入一级和二级也是可以做到的。

4 本条规定要求供电部门对地下人防消防电源按照一级或二级负荷的两路线路供电。如果只有一路电源，工程内应设自备发电机组。对于一些较小的工程，消防用电设备少，如火灾报警装置、火灾应急照明、消防水泵、排烟风机等，也可用蓄电池作备用电源。采用蓄电池作备用电源时应注意两个问题：一是蓄电池的容量，在正常电源断电后，对火灾应急照明、排烟风机、火灾报警装置等，应能连续供电30min以上；对消防水泵，应与消火栓灭火系统和自动喷水灭火系统的火灾延续时间相一致；二是注意蓄电池平时保养及充电，使其能起到备用电源的作用。

8.1.2 本条对消防设备的两路电源的切换方式、切换点及自备发电设备的启动方式作了规定。这是消防设备工作的性质决定的，只有在末级配电盘（箱）上自动切换，才能保证消防用电设备有可靠的电源。

由于一般自动转换开关的转换时间能满足消防的需要，故对切换时间未作具体规定。

8.1.3 为了保证消防用电设备供电安全可靠，本条规定了消防用电设备供电设计，应采用专用的供电回路，以便把消防用电与其他一般用电严格分开。

为了防止火灾从电气线路蔓延和发生触电事故，在灭火前，首先要切断起火部位的电源。如果不把消防电源同一般电源分开，火灾时将会把全部电源切断（包括消防电源），消防用电设备就会断电，这是不允许的。发生火灾时，消防水泵、火灾应急照明、防排烟设备等要保证工作。因此，消防用电线路同普通用电线路必须严格分开。

8.1.4 本条规定在电气设计和设备、电缆、电线选型时宜选用防潮、防霉型。因为一般人防工程内的湿度比较大。普通型号的电气设备在潮湿的条件下长期工作，会使其绝缘降低，引起事故，发生火灾。人防工程内的电气火灾占的比例较大。某地下会场，因电气起火引燃了吊顶，仅 0.5h 就将观众厅，舞台 $400m^2$ 的钙壁板吊顶及吊顶上的电气设备全部烧毁。成都某商场，由于日光灯整流器故障也发生过火灾。北京某宾馆的剧场，因为电铃故障，发生火灾使整个剧场付之一炬，损失数千万元。为了保证工程安全，特作此规定。在《人民防空工程设计规范》（GB 50225—95）、《人民防空地下室设计规范》（GB 50038—94）及《电力技术设计规范》中，对此也有规定。

根据使用的经验，一般铝芯线可安全使用 6～8 年，而在潮湿场所有的只用 2～3 年就出了问题。为了保证安全，减少浪费，对人防工程内电气线路作了选用铜芯线的规定。

人防工程内使用蓄电池比较多，一般的蓄电池在工作过程中要放出氢气，容易造成事故。所以，人防工程内使用的蓄电池应选用封闭型产品。

8.1.5 为了保证消防用电设备正常工作，本条对消防用电设备配电线路的敷设方式和部位作了具体的规定。

对消防用电设备电源配线的防火问题，国外比较重视。如日本对消防用电设备的线路就有耐火、耐热和防止延烧的具体规定。见表 4。

表 4 日本紧急备用电源配电线路耐火、耐热要求

法令名称	耐火、耐热性能	
建筑基准法（昭和 45 年即 1970 年布告 1830 号）	在耐火构造的主要构筑物内埋设。底衬都是不燃材料的天花板的金属管工程，或是有以上同等构造者	
消防法昭和 48 年（1973 年）布告 3.4	耐火配线（非常电源）（强电）	JIS 耐火试验 30min，耐 840℃
	耐热配线（控制回路）（弱电）	用 JIS 耐火试验的 1/2 曲线 15min 后，耐 380℃

根据四川消防科学研究所提供的在火灾温度作用下梁内主筋温度与保护层厚度的关系（见表 5），对金属管暗设线路外面保护层的厚度作了不小于 30mm 的规定。

表 5 火灾温度作用下梁内主筋温度与保护层厚度的关系

主筋温度（℃） / 升温时间（min） / 主筋保护层（mm）	15	30	45	60	70	90	105	140	175	210
10	245	289	480	540	590	620				
20	165	270	350	410	460	490	530			
30	135	210	290	350	400	440		510		
40	105	175	225	270	310	340			500	
50	75	130	175	215	260	290				480

当使用绝缘护套为非延燃材料的电缆时，因为这些材料不燃或不蔓延燃烧，可不穿金属管。但考虑消防扑救和人员疏散时的安全，可设在符合《电力工程电缆设计规范》的沟、井、槽内。

8.1.6 由于消防用电设备都是在火灾时启用的，人们是在紧急情况下进行操作，如没有明显的标志，往往造成误操作。为了避免误操作，同时也便于平时维修管理，特作此规定。

8.2 火灾疏散照明和火灾备用照明

8.2.1、8.2.2 对设备火灾疏散照明和火灾备用照明的范围作了原则规定。

人防工程火灾造成人员伤亡的原因是多方面的，但与火灾疏散照明和火灾备用照明有直接关系。工程内一旦发生火灾，为了防止人员触电和通过电气设备、电气线路扩大火灾，必须切断火灾部位的电源，如无火灾疏散照明和火灾备用照明，工程内将一片漆黑，人员在火灾时不知所措，加上烟气熏烤，势必造成人员伤亡。同时，火灾备用照明和火灾疏散照明对消防人员进入工程扑救火灾也是十分必要的。很多地下工程的火灾，消防队员不能及时扑救，其中一个原因，就是看不见道路，摸不着方向。在人防工程内，为了保障安全疏散，便于扑救，火灾备用照明和火灾疏散照明是不可缺少的。尤其是在一些人员集中、疏散通道复杂的情况下，火灾疏散照明必须保证。

此外，对于在火灾时必须坚持工作的场所，如配电室、消防控制室、消防水泵房、自备发电机房等作了必须设火灾备用照明的规定。

对火灾疏散照明灯的照度及火灾时必须坚持工作房间的备用照明照度作了规定。本规定对火灾疏散照明灯的照度确定为最低照度不低于5lx。这是根据火场的需要和国内的实际情况确定的。

日本的建筑法和消防法对地下建筑疏散的照度，规定不应低于10lx。参照这个标准，对火灾疏散照明的照度，可以规定高于5lx。但是考虑到我国的经济水平和实际情况能保持5lx就可以了。

确定火灾疏散照明灯的照度，主要考虑烟雾对照度的影响。根据国外资料介绍，在有烟雾的情况下，地面照度在1～2lx时疏散人员就难以辨别方位，低于0.3lx辨别方位就不可能了。所以定为5lx。5lx比日本地下事故照明低一个照度级。实际上，相当于地面上公共场所走道、楼梯、厕所、杂物贮藏室的照度。试验证明，在有烟雾的情况下，5lx作疏散用尚可。

关于消防控制室、消防水泵房等消防工作房间维持事故条件下最低工作照明，这是工作性质决定的。

规定了疏散标志灯的主要设置部位，因为这些部位是人员疏散的必经之路。人们在火灾时，情况紧急，如果在这些部位没有疏散标志灯，就不能安全疏散。

对疏散标志灯的间距、安装高度作了规定，主要参照日本标准和人们在行走时平视的习惯，使标志容易被人们发现，定为距地面1.00m以下。

疏散照明灯安装比较高，在火灾初期，疏散人员多的情况下起作用。当火灾发生后，烟气上升，往往先被遮挡。这时，只能靠疏散标志灯，所以标志灯安装得较低，两者作用的时间、效果不完全一样，不能代替，更不能只取其一。

根据人防工程内照明的需要，疏散指示标志必须设“灯”，不能设置标志牌或荧光反射板等。

8.2.1A 本条是新增条文。

疏散指示标志的合理设置，对人员安全疏散具有重要作用，国内外实际应用表明，在疏散走道和主要疏散路线的地面上或靠近地面的墙上设置发光疏散指示标志，对安全疏散起到很好的作用，可以更有效地帮助人们在浓烟弥漫的情况下，及时识别疏散位置和方向，迅速沿发光疏散指示标志顺利疏散，避免造成伤亡事故。为此，做出本条规定。

本条所指“发光疏散指示标志”包括电致发光型（如灯光型、电子显示型等）和光致发光型（如蓄光自发光型等）。这些疏散指示标志适用于歌舞娱乐放映游艺场所和地下大空间场所，作为辅助疏散指示标志使用。

8.2.3 火灾疏散照明和火灾备用照明关系到人员安全疏散和人身安全，不容间断。因此规定工程内的火灾疏散照明和火灾备用照明，当其工作电源断电后，应能自动投合。

8.3 灯 具

8.3.1 所谓“潮湿”场所，是指室内温度为27℃时，相对湿度大于75%的场所。这里是指工程内湿度较大的水泵房、厨房、洗漱间等房间。

8.3.2 卤钨灯、高压汞灯这类灯具的表面温度一般高达500～800℃，极易引起可燃物品起火。把这类灯具直接安装在可燃材料上，是很危险的。为保障安全，作此规定。

8.3.3 本条对卤钨灯及用白炽灯泡制作的吸顶灯、槽灯、嵌入式灯具的防火措施作了规定。本规范虽然对建筑构件，装修材料作了“应采用不燃材料”的规定，大面积使用可燃材料是不允许的，但是可能局部地方出现可燃装修材料，特别是目前工程内部装修日趋豪华，各类灯具如吸顶，嵌入式灯具在工程里使用越来越多。灯具周围的龙骨、支架及电线等材料，一般采用的是可燃材料或难燃材料。由于这些灯具的功率都比较大，温度高，散热条件差，灯具电线或周围可燃物被烤着、失火的事故时有发生，所以对容易引起火灾的卤钨灯和散热条件差的吸顶灯，嵌入式灯具提出防火要求是必要的。卤钨灯灯管本身温度就高达700～800℃，其电源引入线必须使用耐火线或采取可靠的防火措施。本条是根据灯泡的表面温度、导线绝缘允许工作温度及灯泡能烤着可燃物品的起火时间规定的。白炽灯在一般散热条件下灯泡表面温度见表6，白炽灯灯泡将可燃物烤至起火的时间、温度见表7。低压电线和电缆允许的工作温度见表8。电缆、电线的温度校正系数K值见表9。

表6 白炽灯在一般散热条件下灯泡表面温度

灯泡的功率（W）	灯泡表面温度（℃）
40	50～60
75	140～200
100	170～220
150	150～280
200	160～300

注：以上摘自《电气防火》一书。

表7　白炽灯灯泡将可燃物烤至起火的时间、温度

灯泡功率/摆放形式（W）	可燃物	烤至起火的时间（min）	烤至起火的温度（℃）	备　注
75/卧式	稻　草	3	360～367	埋　入
100/卧式	稻　草	12	342～360	紧　贴
100/垂式	稻　草	50	碳　化	紧　贴
100/卧式	稻　草	2	360	埋　入
100/垂式	棉絮被套	18	360～367	紧　贴
100/卧式	乱　纸	8	333～360	埋　入
200/卧式	稻　草	8	367	紧　贴
200/卧式	乱稻草	4	342	紧　贴
200/卧式	稻　草	1	360	埋　入
200/垂式	玉米秸	15	365	埋　入
200/垂式	纸　张	12	333	紧　贴
200/垂式	多层报纸	125	333～360	紧　贴
200/垂式	松木箱	57	398	紧　贴
200/垂式	棉　被	5	367	紧　贴

注：以上摘自《电气防火》一书。

表8　低压电线和电缆长期工作允许温度（℃）

电线名称	周围环境温度	线芯允许工作温度
铝芯或铜芯橡皮绝缘线	25	65
铝芯或铜芯塑料绝缘线	25	70

注：此表系原一机部电缆研究所资料。

表9　电缆、电线的温度校正系数 *K* 值

周围环境度温（℃）		5	10	15	20	25	30
线芯允许工作温度（℃）	+65	1.22	1.17	1.12	1.06	1	0.935
	+70	1.20	1.15	1.10	1.05	1	0.94

周围环境度温（℃）		35	40	45	50	55
线芯允许工作温度（℃）	+65	0.865	0.779	0.706	0.61	0.5
	+70	0.885	0.875	0.745	0.666	0.557

注：此表系原一机部电缆研究所资料。

由于导线允许的载流量是在25℃的标准下确定的，所以当环境温度变化时，其载流量应乘温度校正系数 K，温度校正系数 K 由下式确定：

$$K=\sqrt{\frac{t_2-t_0}{t_2-25}} \tag{6}$$

式中　t_0——实际环境温度（℃）；

t_2——电缆、电线长期允许工作温度（℃）。

消防部门曾对北京一些用户吸顶灯周围局部的环境温度进行过测量。在没有防火措施及散热条件时，灯具四周的温度可达80～90℃，最高温度达102℃。

根据以上资料及防火的要求，对灯具的高温部位及电源引入线的防火措施作了本条规定。

8.4　火灾自动报警系统、火灾应急广播和消防控制室

8.4.1　为了对火灾能做到早期发现，早期报警，及时扑救，减少国家和人民生命财产的损失，保障人防工程的安全，参照国内外资料，原则地规定了人防工程设置火灾自动报警装置的范围。

许多火灾实例说明，火灾报警装置的作用是十分明显的。国外资料介绍，火灾自动报警装置在许多建筑物内发挥了作用，保证了建筑物的安全。国内的北京饭店、北京友谊医院、北京建筑设计院等单位安装了火灾报警器，曾多次正确地发出了火灾报警，使火灾能早期发现，及时扑救，减少了损失。

我国70年代初，开始研制、生产火灾自动报警器，到现在已有20多年的历史。目前，生产火灾探测器及报警装置的厂家很多，凡是获得生产许可证的产品，在工程设计中均可采用。

补充说明如下：

建筑面积大于500m^2 的地下商店，以及不论建筑面积大小的歌舞娱乐放映游艺场所均应设置火灾自动报警装置的规定，是考虑到上述场所人员密集，火灾危险性较大，必须做到早期发现、早期报警、及时疏散，故做此规定。

8.4.2　火灾自动报警系统和火灾应急广播的设计应与相关规范相一致，故规定了应按现行国家标准《火灾自动报警系统设计规范》的有关规定执行。

8.4.3　在一些技术发达国家（如美、日、英），对地下建筑的消防技术都很重视，把消防管理摆在重要位置上，将火灾自动报警系统、自动灭火设备、防排烟设施、火灾应急照明及电源管理等，组成一个防灾系统，设置消防中心控制室，通过电子计算机和闭路电视实行自动化管理。

消防控制中心，一般由火灾自动报警装置、确认判断机构、自动灭火控制系统、火灾备用照明、火灾疏散照明、防烟排烟等控制系统组成。这些系统，在火灾时要迅速准确地完成各种复杂的功能。靠人工一个一个操作，或分散在几个地方，由几个人来控制是不行的。为了便于管理人员能在一个地方进行管理和指挥灭火，建立消防控制室，实行统一管理，统一指挥是十分必要的。当然，对于小型工程，消防控制室和配电室、值班室合为一室，也是允许的。消防控制中心的设备繁简不一，在《火灾自动报警系统设计规范》中有详细规定。

中华人民共和国国家标准

汽车库、修车库、停车场设计防火规范

GB 50067—97

条 文 说 明

目　次

1 总 则

1.0.1 本条阐明了制定规范的目的和意义。本规范是我国工程防火设计规范的一个组成部分，其目的是为我国汽车库建设的建筑防火设计提供依据，防止和减少火灾对汽车库的危害，保障社会主义经济建设的顺利进行和人民生命财产的安全。

近几年来，随着我国改革开放形势的不断深入发展，城市汽车的拥有量成倍增长，据上海市公安交通部门统计：1979 年全市共有机动车 7.3 万余辆，到 1989 年全市机动车增加到 19 万辆，平均每年增加 1 万余辆，从 1990 年以后，每年增加 2 万辆，1992 年后的每年增加近 4 万辆。1993 年底上海共有机动车达 30 万辆，至 1995 年底，上海市已有机动车 42 万辆。根据汽车向居民家庭发展的趋势，汽车的增长将更加迅猛，经对北京、沈阳、西安、重庆、广州、深圳、厦门、福州、上海等大中城市和沿海、沿江城市的调查，近几年来，大型汽车库的建设也在成倍增长，许多城市的政府部门都把建设配套汽车库作为工程项目审批的必备条件，并制订了相应的地方性行政法规予以保证。特别是近几年来随着房地产开发经营增多，在新建大楼中都配套建设与大楼停车要求相适应的汽车库，由于城市用地紧张、地价昂贵，近几年来新的汽车库均向高层和地下空间发展。目前国内已建成 24m 以上，停车 300 至近千辆的七八层汽车库 10 多个；地下二、三层，停车数在 500 辆以上的亦有近百个。而且目前汽车库的建设在沿海沿江开放城市发展更快。

大量汽车库的建设，是城市解决停车难的根本途径，由于新建的汽车库大都为多层和地下汽车库，其投资费用都较大，如果设计中缺乏防火设计或者防火设计考虑不周，一旦发生火灾，往往会造成严重的经济损失和人员伤亡事故。另外，原来的《汽车库设计防火规范》（GBJ67—84）对多层和地下汽车库的组合建造规定的条文较严，对防排烟、消防设施和安全疏散等规定的条文较少，与建设的实际要求差距较大，更没有对新兴的机械式汽车库提出防火要求，与国外先进国家的有关规范、规定也有一定的差距。由此可见，修订编制本规范对汽车库设计中贯彻预防为主，防消结合的消防工作方针、防止和减少火灾危害，促进改革开放、保卫社会主义经济建设和公民的生命财产安全是十分必要的。

1.0.2 本规范包括汽车库、修车库、停车场（以下统称为车库）的防火设计。根据国家规范的管理要求，将原规范（GBJ 67—84）的汽车库的定义，现统一为车库，将原停车库的定义，现统一为汽车库。

本条在原规范的基础上适当扩大了适用范围，其内容包括了高层民用建筑所属的汽车库和人防地下车库及农村乡、村的车库，这是因为《高层民用建筑设计防火规范》、《人民防空工程设计防火规范》中已明确规定，其汽车库按《汽车库设计防火规范》的规定执行。由于国内目前新建的人防地下车库，基本上都是平战两用的汽车库，这类车库除了应满足战时防护的要求，其他均与一般汽车库的要求一样；农村乡、村汽车库过去较少，而且要求也不高，考虑到近几年来农村发展较快，许多乡、村都配备、购买了不少较好的小轿车和运输车辆，需要建设较正规的汽车库，对于有条件购买小汽车并建造汽车库的乡村，按照本规范执行是能够办到的，但对一些边远农村建造的拖拉机库可按《村镇建筑设计防火规范》的有关规定执行。

对于消防站的汽车库，由于在平面布置和建筑构造等要求上都有一些特殊要求，而且公安部已制订颁发了《消防站建筑设计标准》，所以仍列入了本规范不适用的范围。

1.0.3 本条主要规定了车库建筑防火设计必须遵循的基本原则。随着改革开放不断深入，沿海城市大量新建了与大楼配套的汽车库，不少汽车库内停放了豪华的进口小轿车，这类小汽车价格昂贵，且大都为地下汽车库。而北方内陆地区大都为地上汽车库，停放的车辆普通车较多，因此在车库的防火设计中，应从国家经济建设的全局出发，结合车库的实际情况，积极采用先进的防火与灭火技术，做到确保安全、方便使用、技术先进、经济合理。

1.0.4 车库建筑的防火设计，涉及的面较广，与国家现行的《建筑设计防火规范》、《高层民用建筑设计防火规范》、《乙炔站设计规范》、《人民防空工程设计防火规范》等规范均有联系。本规范不可能，也没有必要全部把它们包括进来，为了车库的设计兼顾有关规范的规定，故制订了本条文。

2 术 语

本章是根据 1991 年国家技术监督局、建设部关于《工程建设国家标准发布程序问题的商谈纪要》的精神和《工程建设技术标准编写暂行办法》中的有关规定编写的。

主要拟定原则是列入本标准的术语是本规范专用的，在其他规范标准中未出现过的；对于本规范中出现较多，其他定义不统一或不全面，容易造成误解，有必要列出的，也择重考虑列出。

2.0.1 本术语在《汽车库设计防火规范》（GBJ 67—84）中，定义为停车库，而将汽车库定义为停车库、修车库、停车场的总称。本规范在修订时，根据建设部的统一协调，为与《汽车库设计规范》的名词相统一，将停车库的名词改为汽车库，原汽车库的名词改为车库。

2.0.2、2.0.3 修车库、停车场的名词定义仍基本延用原标准GBJ 67—84的名词解释。

2.0.4～2.0.8 主要是指按各种标准分类来确定的汽车库，由于分析角度不同，汽车库的分类有很多，通常主要有以下几种方法：

（1）按照数量来划分，本规范第3章对汽车库的防火分类即按照其数量来划分。

（2）按照高度来划分，一般可划分为：

地下汽车库（即术语的2.0.4）；

单层汽车库；

多层汽车库；

高层汽车库（即术语的2.0.5）。

高层汽车库的定义包括两个类型：一种是汽车库自身高度已超过24m的，另一种是汽车库自身高度虽未到24m，但与高层工业或民用建筑在地面以上组合建造的。这两种类型在防火设计上的要求基本相同，故定义在同一名称上。

汽车库与建筑物组合建造在地面以下的以及独立在地面以下建造的汽车库都称为地下汽车库，并按照地下汽车库的有关防火设计要求予以考虑。

（3）按照停车方式的机械化程度可分为：

机械式立体汽车库（即术语的2.0.6）；

复式汽车库（即术语2.0.7）；

普通车道式汽车库。

机械式立体停车与复式汽车库都属于机械式汽车库。机械式汽车库是近年来新发展起来的一种利用机械设备提高单位面积停车数量的停车形式，主要分为两大类：一类是室内无车道、且无人员停留的机械立体汽车库，类似高架仓库，根据机械设备运转方式又可分为：垂直循环式（汽车上、下移动）、电梯提升式（汽车上、下、左、右移动）、高架仓储式（汽车上、下、左、右、前、后移动）等；另一类是室内有车道、且有人员停留的复式汽车库，机械设备只是类似于普通仓库的货架，根据机械设备的不同又可分为二层杠杆式、三层升降式、二/三层升降横移式等。

（4）按照汽车坡道形式可分为：

楼层式汽车库；

斜楼板式汽车库（即车道坡道与停车区同在一个斜面）；

错层式汽车库（即汽车坡道只跨越半层车库）；

交错式汽车库（即汽车坡道跨越二层车库）；

采用垂直升降机作为汽车疏散的汽车库。

（5）按照组合形成可分为：

独立式汽车库；

组合式汽车库。

（6）按照围封形式可分为：

敞开式汽车库（即术语的2.0.8）；

有窗的汽车库；

无窗的汽车库。

对不同类型、不同构造的汽车库，其汽车疏散、火灾扑救、经济价值的情况是不一样的，在进行设计时，既要满足其自身停车功能的要求，也要合适地提出防火设计要求。

3 防火分类和耐火等级

3.0.1 汽车库的防火分类原规范参照了前苏联的《汽车库设计标准和技术规范》（H 113-54）的有关条文以及70年代我国汽车库的实际情况确定的分类标准。

随着改革开放的不断发展，原汽车库分类规定已远远不适应目前汽车库建设的要求，甚至起了阻碍作用。这次修改，调查了全国14个大城市汽车库的建设情况，对防火分类的停车数量在原规范的基础上调整放大了近一倍。其主要依据，一是汽车库的火灾案例较少，在调查的14个城市的34个汽车库均没有发生过大的火灾；二是目前新建汽车库的停车数量，一般单位内部使用的为30～50辆，与高层宾馆、大厦配套建造的汽车库为100～200辆，而供社会停车用的公共汽车库的停车库为200～300辆，有的还超过300辆；三是鉴于目前城市汽车数量增加迅猛。据上海公安交通部门统计，1970～1984年上海每年车辆增长5000辆，全市只有9万辆。1985年以后，每年增加近2万辆，90年代以后，每年增加3万辆，1993年增加数超过了4万辆。至1995年底上海全市的机动车辆已达42万辆。近年来上海、广州等一些大城市在市中心实行禁止非机动车通行的规定，进一步促进了机动车的发展。鉴于上述原因，汽车库的防火分类中停车数量的放大是符合我国汽车库的实际的。另外，车库的防火分类仍然按停车的数量多少来划分类别也是符合我国国情的。这是因为车库建筑发生火灾后确定车库损失的大小，也是按烧毁车库中车辆的多少来确定的。按停车数量划分的车库类别，可便于按类提出车库的耐火等级、防火间距、防火分隔、消防给水、火灾报警等建筑防火要求。

表3.0.1的注是指一些楼层的汽车库，为了充分利用停车面积，在停车库的屋面露天停放车辆。这一部分的车辆也应计算在内，这是因为屋顶车辆与下面车库内的车辆是共用一个上下的车道，共用一套消防设施，屋顶车辆发生火灾对下面的车库同样也会影响，应作为车库的整体来考虑。如在其他建筑的屋顶上单独停车的，可按停车场来考虑。

3.0.2 根据1992年规范修订组对南方、东北、西北等地14个城市的调查，原规范对汽车库和修车库的耐火等级规定是符合国情的。本条耐火等级以现行《建筑设计防火规范》、《高层民用建筑设计防火规范》的规定为基准，结合汽车库的特点，增加了“防火隔墙”一项，防火隔墙比防火墙的耐火时间低，比一般分隔墙的耐火时间要高，且不必按防火墙的要求必须砌筑在梁或基础上，只须从楼板砌筑至顶板，这样分隔也较自由。这些都是鉴于汽车库内的火灾负载较少而提出的防火分隔措施，具体执行证明还是可行的。

3.0.3 本条对各类车库的耐火等级分别作了相应的规定。地下汽车库发生火灾时，因缺乏自然通风和采光、扑救难度大，火势易蔓延，同时由于结构、防火等需要，地下车库通常为钢筋混凝土结构，可达一级耐火等级要求，所以不论其停车数量多少，其耐火等级不应低于一级是可行的。

Ⅰ、Ⅱ、Ⅲ类汽车库其停车数量较多，车库一旦遭受火灾，损失较大；Ⅰ、Ⅱ、Ⅲ类修车库有修理车位3个以上，并配设各种辅助工间，起火因素较多，如耐火等级偏低，属三级耐火等级建筑，一旦起火，火势冲向屋顶木结构，容易延烧扩大，着火物落到下面汽车上又会将其引燃，导致大面积火灾，因此这些车库均应采用不低于二级耐火等级的建筑。

甲、乙类物品运输车由于槽罐内有残存物品，危险性高，所以要求车库的耐火等级不应低于二级。

本条修改中将“重要停车库”删去了，所谓重要停车库是指车内装有贵重仪器设备或经济价值较大的汽车停车库。从当前形势和发展趋势看，现代科学技术不断发展，贵重仪器在各大城市及地区使用很普通，因此载运也广泛，很难确定和划分哪些是属贵重设备，哪些经济价值较大。为了使条文更严密，便于执行，删除了重要停车库一词。

近年来在北京、深圳、上海等地发展机械式立体汽车库，这类车库占地面积小，采用机械化升降停放车辆，充分利用空间面积。目前国内建造的这类车库停车数量都在50辆以下，属Ⅳ类汽车库，车库建筑的结构都为钢筋混凝土，内部的停车支架、托架均为钢结构，从国外的一些资料介绍，这类车库的结构采用全钢结构的较多，但由于停车数量少，内部的消防设施全，火灾危险性较小。为了适应新型车库的发展，我们对这类车库的耐火等级未作特殊要求，但如采用全钢结构，其梁、柱等承重构件均应进行防火处理，满足三级耐火等级的要求。同时我们也希望生产厂家能对设备主要承受支撑能力的构件作防火处理，提高自身的耐火性能。

4 总平面布局和平面布置

4.1 一 般 规 定

4.1.1 规范修订组对北京、广州、成都等14个城市的汽车库、修车库和公共交通、运输部门的停车场、保养场进行了调查研究，从汽车库火灾实例来看，由于汽车是用汽油或柴油作燃料，特别是汽油闪点低，易燃易爆，在修车时往往由于违反操作规程或缺乏防火知识引起火灾，造成严重的财产损失。因此，汽车库与其他建筑应保持一定的防火间距，并需设置必要的消防通道和消防水源，以满足防火与灭火的需要。

本条还规定不应将汽车库布置在易燃、可燃液体和可燃气体的生产装置区和贮存区内，这对保证防火安全是非常必要的。国内外石油装置的火灾是不少的。如某市化工厂丁二烯气体漏气，汽车驶入该区域引起爆燃，造成了重大伤亡事故。据化工部设计院对10个大型石油化工厂的调查，他们的汽车库都是设在生产辅助区或生活区内。

4.1.2 原规范对汽车库不能组合建造的限制过于严格，已不适应汽车库的发展。根据修订组的调查，国内许多高层建筑和商场、影剧院等公共民用建筑的地下都已建造了大型的汽车库，这在国外也非常普遍。为了适应当前汽车库建设发展的需要，本条对汽车库与一般工业、民用建筑的组合或贴邻不作限制规定，只对与甲、乙类易燃易爆危险品生产车间、储存仓库和民用建筑中的托儿所、幼儿园、养老院和病房楼等较特殊建筑的组合建造作了限制。这是因为哺乳室、托儿所、幼儿园的孩子、养老院的老人和病房中的病人，行动不方便，如直接在汽车库的上、下面组合建造，由于孩子、老人和病人等疏散困难，一旦发生火灾，对扑救火灾极为不利，且平时汽车噪声、废气对孩子、老人和病人的健康也不利。为此，规定在以上这些部位限制组合建造汽车库是必要的。当汽车库与病房楼有完全的防火分隔，汽车的进出口和病房楼人员的出入口完全分开、不会相互干扰时，可考虑在病房楼的地下设置汽车库。

4.1.3 甲、乙类物品运输车在停放或修理时有时有残留的易燃液体和可燃气体，散发在室内并漂浮在地面上，遇到明火就会燃烧、爆炸。这些车库如与其他建筑组合建造或附建在其他建筑物底层，一旦发生爆燃，就会影响上层结构安全，扩大灾情。所以，对甲、乙类物品运输车的汽车库、修车库强调单层独立建造。但考虑到一些较小修车库的实际情况，对停车数不超过3辆的车库，在有防火墙隔开的条件下，允许与一、二级耐火等级的Ⅵ类汽车库贴邻建造。

4.1.4 Ⅰ类修车库的特点是车位多、维修任务量大，为了保养和修理车辆方便，在一幢建筑内往往包括很多工种，并经常需要进行明火作业和使用易燃物品。如用汽油清洗零件、喷漆时使用有机溶剂等，火灾危险性大。为保障安全起见，本条规定Ⅰ类修车库宜单独建造。

从目前国内已有的大中型修车库中来看，一般都是单独建造的。但本规范如不考虑修车库类别，不加区别的一律要求单独建造也不符合节约用地、节省投资的精神，故本条对Ⅱ、Ⅲ、Ⅳ类修车库允许有所机动，可与没有明火作业的丙、丁、戊类危险性生产厂房、库房及一、二级耐火等级的一般民用建筑（除托儿所、幼儿园、养老院、病房楼及人员密集的公共活动场所，如商场、展览、餐饮、娱乐场所等）贴邻建造或附设在建筑底层。但必须用防火墙、楼板、防火挑檐措施进行分隔，以保证安全。

4.1.5 根据甲类危险品库及乙炔发生间、喷漆间、充电间以及其他甲类生产工间的火灾危险性的特点，这类房间应该与其他建筑保持一定的防火间距。调查中发现有不少汽车库为了适应汽车保养、修理、生产工艺的需要，将上述生产工间贴邻建造在汽车库的一侧。由于过去没有统一的规定，所以有的将规模较大的生产工间与汽车库贴邻建造而没有任何防火分隔措施，有的又将规模很小的甲类生产工间单独建造，占了大片土地，很不合理。为了保障安全，有利生产，并考虑节约用地，根据《建筑设计防火规范》有关条文的精神，对为修理、保养车辆服务，且规模较小的生产工间，作了可以贴邻建造的规定。

根据目前国内乙炔发生器逐步淘汰而以瓶装乙炔气代替的状况，条文中增设了乙炔气瓶库。每标准钢瓶乙炔气贮量相当于0.9m^3的乙炔气，故按5瓶相当于5m^3计算，对一些地区目前仍用乙炔发生器的，短期内还要予以照顾，故仍保留“乙炔发生器间”一词。

4.1.6 汽车的修理车位，不可避免的要有明火作业和使用易燃物品，火灾危险性较大。而地下汽车库一般通风条件较差，散发的可燃气体或蒸气不易排除，遇火源极易引起燃烧爆炸，一旦失火，难于疏散扑救。喷漆间容易产生有机溶剂的挥发蒸气，电瓶充电时容易产生氢气，乙炔气是很危险的可燃气体，它的爆炸下限（体积比）为2.5%，上限为81%，汽油的爆炸下限为1.2%～1.4%，上限为6%，喷漆中的二甲苯爆炸（体积比）下限为0.9%，上限为7%，上述均为易燃易爆的气体。为了确保地下汽车库的消防安全，进行限制是必须的。

4.1.7 由于汽油罐、加油机容易挥发出可燃蒸气和达到爆炸浓度而引发火灾、爆炸事故，如某市出租汽车公司有一个遗留下来的加油站，该站设在一个汽车库内，职工反映：平日加油时要采取紧急措施，实行三停，即停止库内用电，停止库内食堂用火，停止库内汽车出入。该站曾经因为加油时大量可燃蒸气扩散在室内，遇到明火、电气火花发生燃烧事故。因此，从安全考虑，本条规定汽油罐、加油机不应设在汽车库和修车库内是合适的。

4.1.8 许多火灾爆炸实例证明，比重大于空气的可燃气体、可燃蒸气，火灾、爆炸的危险性要比一般的液体、气体大得多。其主要特点是由于这类可燃气体、可燃蒸气泄漏在空气中后，浮沉在地面或地沟、地坑等低洼处，当浓度达到爆炸极限后，一遇明火就会发生燃烧和爆炸。《石油化工企业设计防火规范》和《城镇燃气设计规范》中都明确规定了石油液化气管道严禁设在管沟内，就是防止气体泄出后引起管沟爆炸。如某市一幢办公用房设有地下室，上面存放桶装汽油，因漏油后地下室积聚了油蒸气，从楼梯间散发出来，适逢办公室人员抽烟，结果发生爆炸，上层局部倒塌，死伤10余人。

4.1.9 在车库内，一般都配备各种消防器材，对预防和扑救火灾起到了很好的作用。我们在调查中，发现有不少大型停车场、汽车库内的消防器材没有专门的存放、管理和维护的房间，不但平时维护保养困难，更新用的消防器材也无处存放，一旦发生火灾，将贻误灭火时机。因此本条根据消防安全需要，规定了停车数量较多的Ⅰ、Ⅱ类汽车库、停车场要设置专门的消防器材间，此消防器材间是消防员的工作室和对灭火器等消防器材进行定期保养、换药检修的场所。

4.1.10 加油站、甲类危险品库房、乙炔间等是火灾危险性很大的场所，如果在其上空有架空输（配）电线跨越，一旦这些场所发生火灾，危及到架空输（配）电线路后，轻则造成输（配）电线路短路停电，酿成电气火灾，重则造成区域性断电事故。

若跨越加油站等场所的输（配）电线路发生断线、短路等事故，也易引起上述场所发生火灾或爆炸事故，所以规定输（配）电线路均不应从这些场所上空跨越。

4.2 防火间距

4.2.1 造成火灾蔓延的因素很多，诸如飞火、热对流、热辐射等。确定防火间距，主要以防热辐射为主，即在着火后，不应由于间距过小，火从一幢建筑物向另一幢建筑物蔓延，并且不影响消防人员正常的扑救活动。

根据汽车使用易燃可燃液体为燃料容易引起火灾的特点，结合多年贯彻《建筑设计防火规范》和消防灭火战斗的实际经验，车库按一般厂房的防火要求考虑，汽车库、修车库与一、二级耐火等级建筑物之间，在火灾初期有10m左右的间距，一般能满足扑救的需要和防止火势的蔓延。高度超过24m的汽车库发生火灾时需使用登高车灭火抢救，间距需大些。露天停车场由于自然条件好，汽油蒸气不易积聚，遇明火发生事故的机会要少一些，发生火灾时进行扑救和车辆疏散条件较室内有利，对建筑物的威胁亦较小。所以，停车场与其他建筑物的防火间距作了相应减少。

4.2.2～4.2.4 本三条是原《汽车库设计防火规范》的注，根据现行的《高层民用建筑设计防火规范》进行了改写，由注改为条文更加明确，便于执行。条文中的两座建筑物是指相邻的车库与车库或车库与相邻的其他建筑物。

4.2.5 确定甲、乙类物品运输车的车库与相邻厂房、库房的防火间距，主要根据这类车库一旦发生火灾、燃烧、爆炸的危险性较大，因此，适当加大防火间距是必要的。修订组研究了一些火灾实例后，认为甲、乙类物品运输车的车库与民用建筑和有明火或散发火花地点的防火间距采用25～30m，与重要公共建筑的防火间距采用50m是适当的，与《建筑设计防火规范》也是相吻合的。

4.2.6 本条根据《建筑设计防火规范》有关易燃液体储罐、可燃液体储罐、可燃气体储罐、液化石油气储罐与建筑物的防火间距作出相应规定。

4.2.7 本条系原《汽车库设计防火规范》的注，针对注与表的关系是主从关系，且注又提出一些新的防火间隔要求，改为条文更为明确，便于操作。

4.2.8 本条是参照现行《建筑设计防火规范》的有关规定条文提出的。在汽车发动和行驶过程中，都可能发生火花，过去由于这些火花引起的甲、乙类物品库房等发生火灾事故是不少的。例如，某市在一次扑救火灾事故中，由于一辆消防车误入生产装置泄漏出的丁二烯气体区域，引起了一场大爆炸，当场烧伤10名消防员，烧死1名驾驶员。因此，规定车库与火灾危险性较大的甲类物品库房之间留出一定的防火间距是很有必要的。

4.2.9 本条主要规定了车库可燃材料堆场的防火间距。由于可燃材料是露天堆放的，火灾危险性大，汽车使用的燃料也有较大危险，因此，本条将车库与可燃材料堆场的防火间距参照《建筑设计防火规范》有关内容作了相应规定。

4.2.10 由于煤气调压站、液化气的瓶装供应站有其特殊的要求，在《城镇燃气设计规范》中已作了明确的规定，该规定也适合汽车库、修车库的情况，因此不另行规定。汽车库参照规范中民用建筑的标准来要求防火间距，修车库参照明火、散发火花地点来要求。

4.2.11 石油库、小型石油库、汽车加油站与建筑物的防火间距，在国家标准《石油库设计规范》、《小型石油库及汽车加油站设计规范》的规定中都明确这些条文也适用于汽车库，所以本条不另作规定。停车库参照规范中民用建筑的标准来要求防火间距，修车库按照明火或散发火花的地点来要求。

4.2.12 国内大、中城市公交运输部门和工矿企业，都新建了规模不等的露天停车场，但停车场很少考虑消防扑救、车辆疏散等安全措施。编制组在调查中了解到绝大部分停车场停放车辆混乱，既不分组也不分区，车与车前后间距很小，甚至有些在行车道上也停满了车辆，如果发生火灾，车辆疏散和扑救火灾十分困难。本条本着既保障安全生产又便于扑救火灾的精神，对停车场的停车要求作了规定。

4.3 消防车道

4.3.1 在车库设计中对消防车道考虑不周，发生火灾时消防车无法靠近建筑物往往延误灭火时机，造成重大损失。为了给消防扑救工作创造方便条件，保障建筑物的安全，规定了汽车库、修车库周围应设环形车道，对设环形车道有困难的，作了适当的技术处理。

4.3.2 本条是根据《建筑设计防火规范》关于消防车通道的有关规定制订的，目前我国消防车的宽度大都为2.4～2.6m，消防车道的宽度不小于4m是按单行线考虑的，许多火灾实践证明，设置宽度不小于4m的消防车道，对消防车能够顺利迅速到达火场扑救起着十分重要的作用。规定回车道或回车场是根据消防车回转需要而要求的，各地也可根据当地消防车的实际需要而确定回转的半径。

4.3.3 国内现有消防车的外形尺寸，一般高度为2.4～3.5m，宽度在2.4～2.6m之间，因此本条对消防车道穿过建筑物和上空遇其他障碍物时规定的所需净高、净宽尺寸是符合消防车行驶实际需要的。但各地可根据本地消防车的实际情况予以确定。

5 防火分隔和建筑构造

5.1 防火分隔

5.1.1 本条是根据目前国内汽车库建造的情况和发展趋势以及参照日本、美国的有关规定，并参照《建筑设计防火规范》丁类库房防火隔间的规定制订的。目前国内新建的汽车库一般耐火等级均为一、二级，且都在车库内安装了自动喷水灭火系统，这类汽车库发生大火的事故较少。本条文制订立足于提高汽车库的耐火等级，增强车库的自救能力，根据不同的汽车库的形式，不同的耐火等级分别作了防火分区面积的规定。单层的一、二级耐火等级的汽车库，其疏散条件和火灾扑救都比其他形式的汽车库有利方便，其防火分区的面积大些，而三级耐火等级的汽车库，由于建筑物燃烧容易蔓延扩大火灾，其防火分区控制得小些。多层汽车库较单层汽车库疏散和扑救困难些，其防火分区的面积相应减少些；地下和高层汽车库疏散和扑救条件更困难些，其防火分区的面积要再减少些。这都是根据汽车库火灾的特点而规定的。这样规定既确保了消防安全的有关要求，又能适应汽车库建设的要求。一般一辆小汽车的停车面积为30m^{2}左右，一般大汽车的停车面积为40m^{2}左右。根据这一停车面积计算，一个防火分区内最多停车数为80～100辆，最少的停车数为30辆。这样的分区在使用上较为经济合理。

半地下室车库即室内地坪低于室外地坪面，高度超过该层车库的净高1/3且不超过1/2的汽车库，和设在建筑首层的汽车库（不论是否是高层汽车库）按照多层汽车库对待。

复式汽车库与一般的汽车库相比由于其设备能叠放停车，相同的面积内可多停30%～50%的小汽车，故其防火分区面积应适当减少，以保证安全。

5.1.2 是原《汽车库设计防火规范》的一条注，针对注与表关系不太密切，改为条文更为明确，便于执行。

5.1.3 鉴于目前北京、深圳、上海等地陆续开始新建机械式立体汽车库，归纳其机械立体停车的形式，主要有竖直循环式（汽车停放上、下移动）、电梯提升式（汽车停放上、下、左、右移动）、货架仓储式（汽车停放上、下、左、右、前、后移动），这些停车设备一般都在50辆以下为一组。由于这类车库的特点是立体机械化停车，一旦发生火灾上下蔓延迅速，容易扩大成灾。对这类新型停车库国内尚缺乏经验，为了推广新型停车设备的应用，在满足使用要求的前提下，对其防火分隔作了相应的限制，这一限制符合国内目前机械立体停车库的实际情况。

5.1.4 甲、乙类危险物品运输车的汽车库、修车库，其火灾危险性较一般的汽车库大，若不控制防火分区的面积，一旦发生火灾事故，造成的火灾损失和危害都较大。如首都机场和上海虹桥国际机场的油槽车库、氧气瓶车库，都按3～6辆车进行分隔，面积都在300～500m^2。参照《建筑设计防火规范》乙类危险品库防火隔间的面积为500m^2的规定，本条规定此类汽车库的防火分区为500m^2。

5.1.5 本条为新增内容，修车库是类似厂房的建筑，由于其工艺上需使用有机溶剂，如汽油等清洗和喷漆工段，火灾危险性可按甲类危险性对待。参照《建筑设计防火规范》甲类厂房的要求，防火分区面积控制在2000m^2以内是合适的，对于危险性较大的工段已进行完全分隔的修车库，参照乙类厂房的防火分区面积和实际情况的需要适当调整至4000m^2。

5.1.6 由于汽车库的燃料为汽油，一辆高级小汽车的价值又较高，为确保车库的安全，当车库与其他建筑贴邻建造时，其相邻的墙应为防火墙。当车库组合在办公楼、宾馆、电信大楼及公共建筑物时，其水平分隔主要靠楼板，而一般预应力楼板的耐火极限较低，火灾后容易被破坏，将影响上、下层人员和物资的安全。由于上述原因，本条对汽车库与其他建筑组合在一起的建筑楼板和隔墙提出了较高的耐火极限要求。如楼板比一级耐火等级的建筑物提高了0.5h，隔墙需3h耐火时间。这一规定与国外一些规范的规定也是相类同的，如美国国家防火协会NFPA《停车构筑物标准》第3.1.2条规定的设于其他用途的建筑物中，或与之相连的地下停车构筑物，应用耐火极限2h以上的墙、隔墙、楼板或带平顶的楼板来隔开。

同时为了防止火灾通过门窗洞口蔓延扩大，本条还规定汽车库门窗洞口上方应挑出宽度不小于1m的防雨棚，作为阻止火焰从门窗洞口向上蔓延的措施。对一些多层、高层建筑，若采用防火挑檐可能会影响建筑物外型立面的美观，亦可采用提高上、下层窗坎墙的高度达到阻止火焰蔓延的目的。窗坎墙的高度规定1.2m在建筑上是能够做到的。英国《防火建筑物指南》论述墙壁的防火功能时用实物作了火灾从一层扩散至另一层的实验，结果证明：当上下层窗坎墙高度为0.9m（其在楼板以上的部分墙高不小于0.6m）时，可延缓上层结构和家具的着火时间达15min。突出墙0.6m的防火挑板不足以防止火灾向上下扩散，因此本条规定窗坎墙的高度为1.2m，防火挑檐的宽度1m是能达到阻止火灾蔓延作用的。

5.1.7 因为修车的火灾危险性比较大，停车与修车部位之间如不设防火隔墙，在修理时一旦失火容易烧着停放的汽车，造成重大损失。如某市医院汽车库，司机在车库内检修摩托车，不慎将油箱汽油点着，很快烧着了附近一辆价值很高的进口医用车；又如某市造船厂，司机在停车库内的一辆汽车底下用行灯检修车辆，由于行灯碰碎，冒出火花遇到汽油着火，烧毁了其他3台车。因此，本条规定汽车库内停车与修车车位之间，必须设置防火隔墙和耐火极限较高的楼板，确保汽车库的安全。

5.1.8 使用有机溶剂清洗和喷涂的工段，其火灾危险性较大，为防止发生火灾时向相邻的危险场所蔓延，采取防火分隔措施是十分必要的，也是符合实际情况的。

5.1.9 本条是根据现行国家标准《高层民用建筑设计防火规范》的有关要求制订的。当锅炉安全保护设备失灵或操作不慎时，将有可能发生爆炸，故不宜在汽车库内安装使用，但如受条件限制、必须设置时，对燃油、燃气锅炉（不含液化石油气作燃料的锅炉）的单台蒸发量和锅炉房的总蒸发量作了限制。这样规定是为了尽量减少发生火灾爆炸带来的危险性和发生事故的几率。可燃油油浸变压器发生故障产生电弧时，将使变压器内的绝缘油迅速发生热分解，析出氢气、甲烷、乙烯等可燃气体，压力剧增，造成外壳爆炸、大量喷油或者析出的可燃气体与空气混合形成爆炸混合物，在电弧或火花的作用下引起燃烧爆炸。变压器爆炸后，高温的变压器油流到哪里就会燃烧到哪里。充有可燃油的高压电容器、多油开关等，也有较大火灾危险性，故对可燃油油浸变压器等也作了相应的限制。对干式的或不燃液体的变压器，因其火灾危险性小，不易发生火灾，故本条未作限制。

5.1.10 自动灭火系统的设备室，消防水泵房是灭火系统的"心脏"，汽车库发生火灾时，必须保证该装置不受火势威胁，确保灭火工作的顺利进行。因此本条规定，应采用防火墙和楼板将其与相邻部位分隔开。

5.2 防火墙和防火隔墙

5.2.1 本条沿用《建筑设计防火规范》的规定，对防火墙的砌筑作了较为明确的规定。

5.2.2 因为防火墙的耐火极限3h，防火隔墙的耐火时间为2h，故防火墙和防火隔墙上部的屋盖也应有一定的耐火极限要求，当屋面达到0.5h、已达到二级耐火等级的要求时，防火墙和防火隔墙砌至屋面基层的底部就可以了，不必高出屋面也能满足防火分隔的要求。

5.2.3 本条对三级耐火等级的车库屋顶结构、防火墙必须高出屋面0.4m和0.5m的规定，是沿用《建筑设计防火规范》的规定。

5.2.4 火灾实例说明，防火墙设在转角处不能阻止火势蔓延，如确有困难需设在转角附近时，转角两侧门、窗、洞口之间最近的水平距离不应小于4m。不在转角处的防火墙两侧门、窗、洞口的最近水平距离可为2m，这一间距就能控制一定的火势蔓延。当装有角铁加固的铅丝玻璃或防火玻璃的固定窗等耐火极限为0.9h的钢窗时，其间距不受限制。

5.2.5 为了确保防火墙耐火极限，防止火灾时火势从孔洞的缝隙中蔓延，本条作了这一规定。这一点往往在施工中被人们忽视，特别在管道敷设结束后，必须用不燃烧材料将孔洞周围的缝隙紧密填塞，应引起设计、施工单位和公安消防部门高度重视。

5.2.6 本条对防火隔墙开设门、窗、洞口提出了严格要求。在建筑物内发生火灾，烟火必然穿过孔洞向另一处扩散，墙上洞口多了，就会失去防火墙、防火隔墙应有的作用。为此，规定了这些墙上不应开设门、窗、洞口，如必须开设时，应在开口部位设置耐火极限为1.2h的防火门、窗。实践证明，这样处理，基本上能满足控制或扑救一般火灾所需的时间。

5.3 电梯井、管道井和其他防火构造

5.3.1 建筑物内各种竖向管井，是火灾蔓延的途径之一。为了防止火势向上蔓延，要求多层汽车库、地下汽车库以及与其他建筑物组合在一起的底层、多层、地下汽车库的电梯井、管道井、电缆井以及楼梯间应各自独立分开设置。为防止火灾时竖管井烧毁并扩大灾情，规定了管道井井壁耐火极限为1.00h，电梯井壁的耐火极限不低于2.50h的不燃烧体结构。

5.3.2 电缆井、管道井应作竖向防火分隔，在每层楼板处用相当于楼板耐火极限的不燃烧材料封堵。考虑到便于检修更换，有些竖井按层分隔确有困难，可每隔2～3层分隔，且各层的检查门必须采用丙级防火门封闭，防止火势蔓延。

5.3.3 非敞开式的多层、高层、地下汽车库的自然通风条件较差，一旦发生火灾，火焰和烟气很快地向上、下、左、右蔓延扩散，若车库与汽车疏散坡道无防火分隔设施，对车辆疏散和扑救是很不利的。为保证车辆疏散坡道的安全，本条规定，汽车库的汽车坡道与停车区之间用防火墙分隔，开口的部位设耐火极限为1.2h的防火门、防火卷帘、防火水幕进行分隔。

车库内和坡道上均设有自动灭火设备的汽车库的消防安全度较高；敞开式的多层停车库，通风条件较好；另外不少非敞开式的汽车库采用斜楼板式停车的设计，车道和停车区之间不易分隔，故条文对于设有自动灭火设备的多层、高层、地下汽车库和敞开式汽车库、斜楼板式汽车库作了另行处理的规定，也是与国外规范相统一的。美国防火协会《停车构筑物标准》规定，封闭式停车的构筑物、贮存汽车库以及地下室和地下停车构筑物中的斜楼板不需要封闭，但需要具备下述安全措施：第一，经认可的自动灭火系统；第二，经认可的监视性自动火警探测系统；第三，一种能够排烟的机械通风系统。

6 安全疏散

6.0.1 制定本条的目的，主要是为了确保人员的安全，不管平时还是在火灾情况下，都应做到人车分流、各行其道，避免造成交通事故，发生火灾时不影响人员的安全疏散。某地卫生局的一个汽车库和宿舍合建在一起，宿舍内人员的进出没有单独的出口，进出都要经过停车库。有一次车辆失火后，宿舍的出口被烟火封死，宿舍内3人因无路可逃而被烟熏死在房间内。所以汽车库、修车库与办公、宿舍、休息用房组合的建筑，其人员出口和车辆的出口应分开设置。

条文中设在工业与民用建筑内的汽车库是指汽车库与其他建筑平面贴邻或上下组合的建筑，如上海南泰大楼下面一至七层为停车库，八至二十层为办公和电话机房；又如深圳发展中心前侧为超高层建筑，后侧为六层停车库；也有单层建筑，前面为停车，后面为办公、休息用房。这一类建筑均称为组合式汽车库。国内外也有一些高层建筑，如上海海仑宾馆底层为汽车库，二层以上为宾馆的大堂、客房；新加坡的不少高层住宅底层均为汽车库；二层以上为住宅。这一类底层停车的汽车库也是组合式汽车库的一种类型。对这些组合式汽车库应做到车辆的疏散出口和人员的安全出口分开设置，这样设置既方便平时的使用管理，又有确保火灾时安全疏散的可靠性。

6.0.2 汽车库、修车库人员安全疏散出口的数量，一般都应设置两个。目的是可以进行双向疏散，一旦一个出口被火灾封死时，另一个出口还可进行疏散。但多设出口会增加车库的建筑面积和投资，不加区别地一律要求设置两个出口，在实际执行中有困难，因此，对车库内人员较少、停车数量在50辆以下的Ⅳ类汽车库作了适当调整处理的规定。

6.0.3 多层、高层地下的汽车库、修车库内的人员疏散主要依靠楼梯进行。因此要求室内的楼梯必须安全可靠。敞开楼梯间犹如垂直的风井，是火灾蔓延的

重要途径。为了确保楼梯间在火灾情况下不被烟气侵入，避免因“烟囱效应”而使火灾蔓延，所以在楼梯间入口处应设置封闭门使之形成封闭楼梯间。对地下汽车库和高层汽车库以及设在高层建筑裙房内的汽车库，由于楼层高以及地下疏散困难，为了提高封闭楼梯间的安全性，其楼梯间的封闭门应采用耐火时间为0.90h的乙级防火门。

6.0.4 室外楼梯烟气的扩散效果好，所以在设计时尽可能把楼梯布置在室外，这对人员疏散和灭火扑救都有利。室外楼梯大都采用钢扶梯，由于钢楼梯耐火性能较差，所以条文中对设置室外楼梯作了较为详细的规定，当满足条文规定的室外钢楼梯技术要求时，可代替室内的封闭疏散楼梯或防烟楼梯间。

6.0.5 汽车库的火灾危险性按照《建筑设计防火规范》划分为丁类，但毕竟汽车还有许多可燃物，如车内的座垫、轮胎和汽油箱均为可燃和易燃材料，一旦发生火灾燃烧比较迅速，因此在确定安全疏散距离时，参考了国外资料的规定和《建筑设计防火规范》对丁类生产厂房的规定，定为45m。装有自动喷淋灭火设备的汽车库安全性较高，所以距离也可适当放大，定为60m。对底层汽车库和单层汽车库因都能直接疏散到室外，要比楼层停车库疏散方便，所以在楼层汽车库的基础上又作了相应的调整规定。这是因为汽车库的特点空间大、人员少，按照自由疏散的速度1m/s计算，一般在1min左右都能到达安全出口。

6.0.6 车库发生火灾，车辆能不能疏散、要不要疏散，这是大家争论激烈的一个问题。不少同志认为汽车经济价值较高，它和其他物资一样发生火灾后应尽力组织疏散抢救。修订组在调研中了解到，一些单位车库内汽车着火后，也有组织人员将着火汽车的邻近汽车推出车库、抢救出来的。当然也有一些同志认为汽车停到车库后，一般司机都关好车门到外面去休息，一旦汽车着火，司机找不到车辆，无法从车库内疏散出来。在实际执行中，在一些主要干道上的汽车库，由于受到交通干道上开口的限制，出口的布置难度较大，特别是一些地下汽车库，设置出口的难度更大。在这次修改时，规范修订组在作了大量调查研究的基础上，对出口的指标作了较大的修改。这次确定车辆疏散出口的主要原则是，在汽车库满足平时使用要求的基础上，适当考虑火灾时车辆的安全疏散要求。对大型的汽车库，平时使用也需要设置两个以上的出口，所以原则规定出口不应少于两个，但对设置一个出口的汽车库停车数条件比原条文放大了一倍左右。如设置的是单车道时，停车数控制在50辆以下，这样与公安交通管理部门的规定还是一致的。

地下汽车库，由于设置出口不仅占用的面积大，而且难度大，这次修改比原规范放宽了4倍，即100辆以下双车道的地下汽车库也可设一个出口。这些汽车库按要求设置自动喷淋灭火系统，最大的防火分区可为4000m^2，按每辆车平均需建筑面积40m^2计，差不多是一个防火分区。在平时，对于地下多层汽车库，在计算每层设置汽车疏散出口数量时，应尽量按总数量予以考虑，即总数在100辆以上的应不少于两个，总数在100辆以下的可为一个双车道出口，但在确有困难，当车道上设有自动喷淋灭火系统时，可按本层地下车库所担负的车辆疏散数量是否超过50或100辆，来确定汽车出口数。例如三层停车库，地下一层为54辆，地下二层为38辆，地下三层为34辆，在设置汽车出口有困难时，地下三层至地下二层因汽车疏散数小于50辆，可设一个单车道的出口，地下二层至地下一层，因汽车疏散为38＋34＝72辆，大于50辆，小于100辆，可设一个双车道的出口，地下一层至室外，因汽车疏散数为54＋38＋34＝126辆，大于100辆，应设两个汽车疏散出口。

6.0.7 错层式、斜楼板式汽车库内，一般汽车疏散是螺旋单向式、同一时针方向行驶的，楼层内难以设置两个疏散车道，但一般都为双车道，当车道上设置自动喷淋灭火系统时，楼层内可允许只设一个出口，但到了地面及地下至室外时，Ⅰ、Ⅱ类地上汽车库和超过100辆的地下汽车库应设两个出口，这样也便于平时汽车的出入管理。

6.0.8 在一些城市的闹市中心，由于基地面积小，车库建筑的周围毗邻马路，使楼层或地下汽车库的汽车坡道无法设置，为了解决少量停车的需要，新增了设置机械升降出口的条文。目前国内上海、北京等地已有类似的停车库，但停车的数量都比较少。因此条文规定了Ⅳ类汽车库方能适用。控制50辆以下，主要根据目前国内已建的使用升降梯的汽车库和正在发展使用的机械式立体汽车库的停车数提出的。国内已建成的升降机汽车库都在30辆左右，而机械式立体汽车库一般一组都在40辆左右。条文中讲的升降梯是指采用液压升降梯或设有备用电源的电梯。升降梯应尽量做到分开布置。对停车数少于10辆的，可只设一台升降梯。

6.0.9 由于楼层和地下汽车库车道转弯太多、宽度太小不利于车辆疏散，更容易出交通事故，本条规定车道宽度是依据交通管理部门的规定制定的。

6.0.10 为了确保坡道出口的安全，对两个出口之间的距离作了限制，10m的间距是考虑平时确保车辆安全转弯进出的需要，一旦发生火灾也为消防灭火双向扑救创造基本的条件。当两个车道相毗邻时，如剪刀式等，为保证车道的安全，要求车道之间应设防火墙予以分隔。

6.0.11 停车场的疏散出口实际是指停车场开设的大门，据对许多大型停车场的调查，基本都设有两个以上的大门，但也有一些停车数量少，受到周围环境的限制，设置两个出口有困难，本条规定不超过50辆的停车场允许设置一个出口。

6.0.12 留出必要的疏散通道，是为了在火灾情况下车辆能顺利疏散，减少损失。室内外汽车停放情况大致有这样几种：库内有车行道的汽车停放大多采用单行尽头式，如图1（a），库内无车行道的汽车停放采用单行尽头式，如图1（b），也有采用双行或多行尽头式，如图1（c），露天停车有采用上述停车方式。图1（a）、（b）的停车形式，对消防有利，任何一辆汽车起火。其他车辆能不受影响较顺利的疏散。图1（c）的停车形式，其特点是中间车辆行动受前列汽车的限制。只有当第一辆车疏散后，其后的汽车才能一辆接一辆地疏散。不论采取何种停放形式，也不论停放何种型号的车辆，为达到迅速疏散的目的，疏散通道的宽度必须满足一次出车的要求，同时不能小于6m，这两个条件应同时满足。

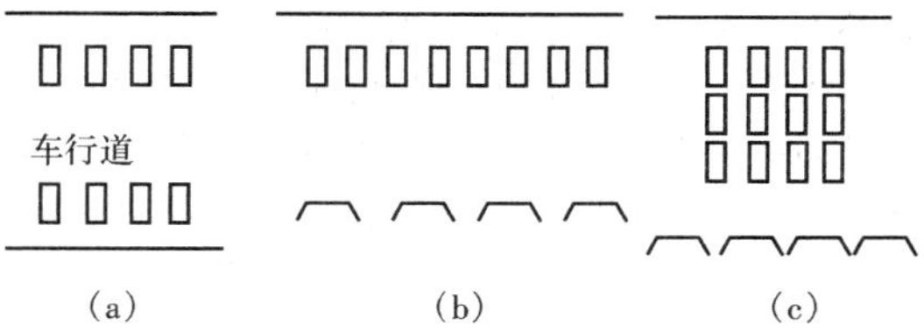

图1 汽车停放形式

此外，汽车之间以及汽车与墙、柱之间的距离也应考虑消防安全要求。有些单位只考虑停车，不顾安全，如某大学在一幢2000m^{2}的大礼堂内杂乱地停放了39辆汽车；某市公交汽车一场，停放车辆数比原来增加了3倍多，车辆停放拥挤，大型铰接车之间的间距仅0.4m。在这种情况下，中间的汽车失火，人员无法进入抢救。国外有的资料提到英国对于通常采用的停车距离为0.5～1m；前苏联《汽车库设计标准的技术规范》，根据汽车不同宽度和长度分别规定了汽车之间的距离为0.5～0.7m，汽车与墙、柱之间的距离为0.3～0.5m。本条综合研究了各方面的意见，考虑到中间车辆起火，在未疏散前，人员难侧身携带灭火器进入扑救，所以汽车之间以及汽车与墙、柱之间的距离作了不小于0.3～0.9m的规定。

7 消防给水和固定灭火系统

7.1 消 防 给 水

7.1.1 汽车库发生火灾，开始时大多是由汽车着火而引起的，但当汽车库着火后，往往汽油燃烧很快结束，接着是汽车本身的可燃材料，如木材、皮革、塑料、棉布、橡胶等继续燃烧。从目前的情况来看，扑灭这些可燃材料的火灾最有效、最经济、最方便的灭火剂，还是用水比较适宜。

在调查国内15次汽车库重大火灾案例中，有些汽车库发生火灾初期，职工群众虽然使用了各种小型灭火器，但当汽车库火烧大了以后，都是消防队用泵浦车或水罐泵浦车出水扑救的。在国外汽车库设计中，不少国家在汽车库内设置消防给水系统，将其作为重要的灭火手段。

根据上述情况，本规范对汽车库消防给水作了必要的规定。

7.1.2 本条规定耐火等级为一、二级的Ⅳ类修车库和停放车辆不超过5辆的Ⅰ、Ⅱ级耐火等级的汽车库、停车场，可不设室内、外消防用水。因为这种车库建筑物不燃烧，停放车辆又较少，配备一些灭火器就行了。

7.1.3 本条按《建筑设计防火规范》的规定，车库区域内的室外消防给水，采用高压、低压两种给水方式，多数是能够办到的。在城市消防力量较强或企业设有专职消防队时，一般消防队能及时到达火灾现场，故采用低压给水系统是比较经济合理的，它只要敷设一些消防给水管道和根据需要安装一些室外消火栓就行了；高压制消防给水系统主要是在一些距离城市消防队较远和市政给水管网供水压力不足情况下才采用的。高压制时，还要增加一套加压设施，以满足灭火所需的压力要求，这样，相应地要增加一些投资，所以在一般情况下是很少采用的。本条对车库区域室外消防给水系统，规定低压制或高压制均可采用，这样可以根据每个车库的具体要求和条件灵活选用。

7.1.4 本条对车库的消防用水量作了规定。要求消防用水总量按室内消防给水系统（包括室内消火栓系统和与其同时开放的其他灭火系统，如喷啉或泡沫等）的消防用水量和室外消防给水系统用水量之和计算。在Ⅰ、Ⅱ类多层、地下汽车库内，由于建筑体积大，停车数量多，扑救火灾困难，有时要同时设置室内消火栓和室内自动喷淋等几种灭火设备。在计算消防用水量时，一般应将上述几种需要同时开启的设备按水量最大一处叠加计算。这与联合扑救的实际火场情况是相符合的。自动喷水灭火设备，无需人去操作，一遇火灾，首先是它起到灭火作用。室内消防给水主要是供本单位职工用来扑救火灾的；室外消防给水是为公安消防队扑救火灾提供必须的水源，所以它们各有需求，缺一不可。

7.1.5 车库消防室外用水量，主要是参照《建筑设计防火规范》对丁类仓库的室外消防用水量的有关要求来确定的。其规定建筑物体积小于5000m^{3}的为10L/s，5000m^{3}相当于Ⅳ类汽车库；建筑物体积大于5000m^{3}但小于50000m^{3}的为15L/s，相当于Ⅲ类汽车库；建筑物体积大于50000m^{3}的为20L/s，50000m^3，相当于Ⅰ、Ⅱ类的汽车库。

在调查15次重大汽车库重大火灾案例中，消防队一般出车是2～4辆，使用水枪3～6支，某市招待所三级耐火等级的汽车库着火，市消防支队出动消防车4辆，使用4支水枪（每支水枪出水量约5L/s）就将火扑灭。某造船厂一座四级耐火等级的汽车库着火，火场面积 237m²，当时有 3 辆消防车参加了灭火。用 4 支水枪扑救汽车库火灾，用 2 支水枪保护汽车库附近的总变电所，扑救 20min 就将火灾扑灭，这次水量约 30L/s。根据汽车库的规模大小，对汽车库室外用水量确定为10～20L/s,这与实际情况比较接近。

7.1.6 对车库室外消防管道、消火栓、消防水泵房的设置，没有特殊要求，因此可按照《建筑设计防火规范》的有关规定执行。对停车场室外消火栓的位置，本规范规定要沿停车场周边设置。这是因为在停车中间设置地上式消火栓，容易被汽车撞坏，所以作了本条规定。

本条还根据实践经验,规定了室外消火栓距最近一排汽车不应小于 7m,是考虑到一旦遇有火情,消防车靠消火栓吸水时,还能留出 3～4m 的通道,可以供其他车辆通行,不至影响场内车辆出入。消火栓距离油库或加油站不小于 15m 是考虑油库火灾产生的辐射,不至影响到消防车的安全。

7.1.7 本条是参照《建筑设计防火规范》的有关规定制订的。

在市政消火栓保护半径 150m 以内，可以不设室外消火栓，因为这个范围，一旦发生火灾，消防车可以依靠市政消火栓进行扑救。

7.1.8 汽车库、修车库的室内消防用水量是参照《建设设计防火规范》对性质相类似的工业厂房、仓库消防用水量的规定而确定的，这与目前国内的汽车库实际情况基本相符。另外，有些大型汽车库设置移动式空气泡沫设备，这种设备的用水量本规范未作另外规定，因为移动式空气泡沫设备是利用室内消火栓供水的，使用泡沫灭火设备时，室内消火栓就不用了，所以用水量也不另作规定。

7.1.9 本条对车库室内消火栓设计的技术要求作了一些规定，如室内消火栓间距、口径、保护半径、充实水柱等，都采用了《建筑设计防火规范》、《高层民用建筑设计防火规范》、《人民防空工程设计防火规范》等规定的数据，这些要求是长期灭火实践形成的经验总结，对有效补救车库火灾是必要的。

规定室内消火栓应设置在明显易于取用的地方，以便于用户和消防队及时找到和使用，消火栓应有明显的红色标志，且应标注“消火栓”字样，不应隐蔽和伪装。

室内消火栓的出水方向应便于操作，并创造较好的水力条件，故规定室内消火栓宜与设置消火栓的墙成 90°角，栓口离地面高度应为 1.1m。

7.1.10 本条是对车库室内消防管道的设计提出的技术要求，它是保障火灾时消防用水正常供给不可缺少的措施。本条内容是按照《建筑设计防火规范》、《高层民用建筑设计防火规范》的有关规定提出来的。超过 10 个以上室内消火栓的车库，一般规模都比较大，消防用水量也大，如果采用环状给水管道供水，安全性高。因此，要求室内采用环状管道，并有两条进水管与室外管道相接，是为了保证供水可靠性。

7.1.11 为了确保汽车库内消火栓的正常使用，提出了设置阀门的具体要求，保证在管道检修时仍应有部分消火栓能正常使用。

7.1.12 本条规定了多层汽车库及地下汽车库要设置水泵接合器的要求，包括室内消火栓系统的水泵接合器和自动喷淋灭火系统的水泵接合器，地下汽车库主要是设喷淋用水泵接合器。水泵接合器的主要作用是：一、一旦火场断电，消防泵不能工作时，由消防车向室内消防管道加压，代替固定泵工作；二、万一出现大面积火灾，利用消防车抽吸室外管道或水池的水，补充室内消防用水量。增加这种设备投资不大，但对扑灭汽车库火灾却很有利，具体要求是按照《建筑设计防火规范》的有关规定制定的。目前国内公安消防队配备的车辆供水能力完全可以直接扑救四层以下多层汽车库的火灾。因此，规定四层以下汽车库可不设消防水泵接合器。

7.1.13 室内消防给水，有时由于市政管网压力和水量不足，需要设置加压设施，并在车库屋顶上设置消防水箱，储存一部分消防用水，作为扑救初期火灾使用。按照《建筑设计防火规范》的规定，汽车库屋顶消防水箱的容量确定为能储存 10min 的消防用水量，因为城市的消防队一般能在 10min 内到达起火点扑救火灾。并且考虑到水箱容量太大，在建筑设计中有时处理比较困难，但若太小又势必影响初期火灾的扑救，因此本条对水箱容积作了必要的规定。

7.1.14 为及时启动消防水泵，在水箱内的消防用水尚未用完以前，消防水泵应正常运行。故本条规定在汽车库、修车库内的每个消火栓处均应设置启动消防水泵的按钮，以便迅速远距离启动。为防止小孩等玩弄或误启动，要求按钮应有保护设施，一般可放在消火栓箱内或带有玻璃的壁龛内。

7.1.15 在缺少市政给水管网和其他天然水源的情况下，车库可采用消防水池作为消防水源。水池的容量与一次灭火的时间有关，在调查的 15 次汽车库重大火灾中，绝大部分灭火时间都是在 2h。本条规定消防水池的容量为 2h 之内，与《建筑设计防火规范》的规定和实际灭火需要是相符的。

保护半径规定为 150m，是根据我国目前普遍装备的消防泵浦车的供水能力而定的。补水时间也是参照《建筑设计防火规范》的规定而定的。

为了减少消防水池的容量，节省投资造价，在不影响消防供水的情况下，水池的容量可以考虑减去火灾延续时间内补充的水量。

7.1.16 消防水池贮水可供固定消防水泵或供消防车水泵取用，为便于消防车取水灭火，消防水池应设取水口或取水井，取水口或取水井的尺寸应满足吸水管的布置、安装、检修和水泵正常工作的要求，为使消防车消防水泵能吸上水，消防水池的水深，应保证水泵的吸水高度不超过6m。

消防水池有独立设置或与其他共用水池，当共用时，为保证消防用水量，消防水池内的消防用水在平时应不作它用，因此，消防用水与其他用水合用的消防水池应采取措施，防止消防用水移作它用，一般可采用下列办法：

1. 其他用水的出水管置于共用水池的消防最高水位上；

2. 消防用水和其他用水在共用水池隔开，分别设置出水管；

3. 其他用水出水管采用虹吸管形式，在消防最高水位处留进气孔。

寒冷地区的消防水池应有防冻措施，如在水池上覆土保温，人孔和取水口设双层保温井盖等。

7.2 自动喷水灭火系统

7.2.1 本条规定，Ⅰ、Ⅱ、Ⅲ类汽车库、机械式立体汽车库、复式汽车库和超过10辆的Ⅳ类地下汽车库均要设置自动喷水灭火设备。这几种类型的汽车库有的规模大，停车数量多，有的没有车行道，车辆进出靠机械传送，有的设在地下一、二层，疏散极为困难。根据调查，目前国内多层汽车库已建成九层（广州），停车数达800余辆；地下汽车库停车规模已达800余辆（北京）；大型公共高层建筑的地下一、二层大部分都设了汽车库，规模也很大，停车200～300辆已很多。这些车库都设置了自动喷水灭火设备，是十分必要的，这是及时扑灭火灾、防止火灾蔓延扩大、减少财产损失的有效措施。国外的汽车库设置自动喷水灭火设备已很普遍，我国近年来建造的大型汽车库都设置了自动喷水灭火设备。本条规定需要安装自动喷水灭火设备的汽车库，主要依据停车规模和汽车库的形式来确定的，这是符合我国国情和实际情况的。

7.2.2 本条规定汽车库的火灾危险等级为中危险级，这是按照我国《自动喷水灭火系统设计规范》中有关规定和要求制定的。在我国《建筑设计防火规范》仓库火灾危险性分类举例中，将汽车库划为丁类，这与中危险级也是相似的。从汽车本身的结构等特点来看，它是一个综合性的甲、丙、丁、戊类的火灾危险性的物品，燃料汽油为甲类（但数量很少），轮胎、坐垫为丙类（数量也不多），车身的金属、塑料材料为丁、戊类。如果将汽车划为甲、丙类火灾危险性，显然是高了，划为戊类则低了，不合理，所以将汽车火灾危险划为丁类和中危险级比较适宜。

7.2.3 水喷淋灭火系统的设计在现行国家标准《自动喷水灭火系统设计规范》中已有具体规定，在设计汽车库、修车库的自动喷水灭火系统时，对喷水强度、作用面积、喷头的工作压力、最大保护面积、最大水平距离等以及自动喷水的用水量都应按《自动喷水灭火系统设计规范》的有关规定执行。除此之外，根据汽车库自身的特点，本条制定了喷头布置的一些特殊要求。绝大多数汽车库的停车位置是固定的，在调查中我们发现绝大部分的汽车库设置的喷头是按照一般常规做法，以面积多少和喷头之间的距离均匀布置，结果汽车停放部位不在喷头的直接保护下部，汽车发生火灾，喷头保护不到，灭火效果差。所以本条规定要将喷头布置在停车位上。机械式立体汽车库、复式汽车库的停车位置既固定又是上、下、左、右、前、后移动的，而且库房很高，所以本条规定了既要有下喷头又要有侧喷头的布置要求，这是保证机械式立体汽车库，复式汽车库自动喷水灭火系统有效灭火所必须做到的。错层式、斜板式的汽车库，由于防火分区较难分隔，停车区与车道之间也难分隔，在防火分区做了一些适当调整处理，但为了保证这些车库的安全，防止火灾的蔓延扩大，在车道、坡道上加设喷头是十分必要的一种补救措施。

7.3 其他固定灭火系统

7.3.1 本条规定了Ⅰ类地下汽车库、Ⅰ类修车库设置固定泡沫灭火系统的要求。本规范在1975年制订时，曾经设想过要制定这一规定，由于当时国内的技术条件不成熟，只提了设置移动式泡沫灭火的条款。现在，国内固定泡沫灭火的技术条件已成熟，上海震旦消防器材厂已从美国引进技术，生产既可以喷射泡沫、又可以喷水的开式固定泡沫喷淋灭火设备，而且已在室内卧式油罐群安装使用。国外设备中也有闭式泡沫喷淋灭火设备，这些设备在一些石油化工企业以及燃油锅炉房等工程中得到应用，反映良好。鉴于上述原因，并适应大型汽车库建设发展的要求，在本次规范修订中增设了固定泡沫灭火设备的条文。

7.3.2 泡沫喷淋的设计在现行国家标准《低倍数泡沫灭火系统设计规范》中已有要求，可以按照执行。对其条文尚未明确要求的可根据泡沫喷淋生产单位的一些技术指标参照执行。

7.3.3 随着灭火系统的发展，高倍数泡沫灭火系统、CO_2气体灭火系统也有国家标准颁布，对机械式立体汽车库，由于是一个无人的封闭空间，采取CO_2灭火系统灭火效果很好，国内外不少工程已经采用了。故本条文对这些新技术也作了一些规定，在具体设计时，可按照现行国家标准《高倍数、中倍数泡沫灭火系统设计规范》、《CO_2灭火系统设计规范》中的有关规定执行。

7.3.4 在一个汽车库内，如果安装了固定泡沫喷淋、高倍数泡沫、CO_2灭火系统，就可以不装自动喷淋灭火设备，二者选一，都可以用于灭火，泡沫喷淋比自动水喷淋更有效，并且从经济上来说，固定泡沫喷淋与自动喷水灭火设备相比，只是固定泡沫喷淋灭火系统的喷头、泵房价格比较高一些，其他设备价格差不多。

8 采暖通风和排烟

8.1 采暖和通风

8.1.1、8.1.2 在我国北方，为了保持冬季汽车库、修车库的室内温度不影响汽车的发动，不少车库内设置了采暖系统。据调查，有相当一部分汽车库火灾，是由于车库采暖方式不当引起的。如某市某厂的车库，采用火炉采暖，因汽车油箱漏油，室内温度较高，油蒸气挥发较快，与空气混合成一定比例，遇明火引起火灾；又如某大学的砖木结构汽车库与司机休息室毗邻建造，用火炉采暖，司机捅炉子飞出火星遇汽油蒸气引起火灾。

鉴于上述情况，为防止这些事故发生，从消防安全考虑，本条规定在汽车库和甲、乙类物品运输车的车库内，应设置热水、蒸汽或热风等采暖设备，不应用火炉或者其他明火采暖方式，以策安全。

8.1.3 考虑到寒冷地区的车库，不论其规模大小，全部要求蒸汽或热水等采暖，可能会有困难，因此，允许Ⅳ类汽车库和Ⅲ、Ⅳ类修车库可采用火墙采暖，但必须采取相应的安全措施。对容易暴露明火的部位，如炉门、节风门、除灰门，必须设置在车库外，并要求用一定耐火极限的不燃烧体墙与汽车库、修车库隔开。

在汽车库的设计中，往往附有修理车间的工种，在修理汽车中，进行甲、乙类火灾危险性生产还是不少的，如汽车喷漆、充电作业等。在北方寒冷地区冬季都要采暖，火墙的温度较高，如这些车间贴邻火墙布置，有的火墙年久失修，一旦产生裂缝，可燃气体碰到火墙内的明火就会引起燃烧、爆炸，所以本条规定，甲、乙类火灾危险性的生产作业不允许贴近火墙布置。

8.1.4 修车库中，因维修、保养车辆的需要，生产过程中常常会产生一些可燃气体，火灾危险性较大。如乙炔气、修理蓄电池组重新充电时放出的氢气以及喷漆使用的易燃液体等等，这些易燃液体的蒸气和可燃气体与空气混合达到一定浓度时，遇明火就能爆炸。如汽油蒸气爆炸下限为1.2%～1.4%，乙炔气的爆炸下限为2.3%～2.5%，氢气爆炸下限为4.1%，尤以乙炔气和氢气爆炸范围幅度大，其危险性也大。所以，这些工间的排风系统应各自单独设置，不能与其他用途房间的排风系统混设，防止相互影响，其系统的风机应按防爆要求处理，乙炔间的通风要求还应按照《乙炔站设计规范》的规定执行。

8.1.5 汽车库如通风不良，容易积聚油蒸气而引起爆炸，还会使车辆发动机启动时产生一氧化碳，影响库内工作人员的健康。因此，从某种意义上讲，汽车库内有无良好的通风，是预防火灾发生的一个重要条件。

从调查了解到的汽车库现状来看，绝大多数是利用自然通风，这对节约能源和投资都是有利的。地下汽车库和严寒地区的非敞开式汽车库，因受自然通风条件的限制，必须采取机械通风方式。卫生部门要求车库每小时换气次数为6～10次，根据国外资料介绍，一般情况每小时换气6次，足以避免由于油蒸气挥发而引起的火灾或爆炸的危险。因此，如达到卫生标准，消防安全也有了基本保证。

组合建筑内的汽车库和地下汽车库的通风系统应独立设置，不应和其他建筑的通风系统混设。

8.1.6 通风管道是火灾蔓延的重要途径，国内外都有这方面的严重教训。如某手表厂、某饭店等单位，都有因风道为可燃烧材料使火灾蔓延扩大的教训。因此，为堵塞火灾蔓延途径，规定风管应采用不燃烧材料制作。

防火墙、防火隔墙是建筑防火分区的主要手段，它阻止火势蔓延扩大的作用已为无数次火灾实例所证实。所以，防火墙、防火隔墙，除允许开设防火门外，不应在其墙面上开洞留孔，降低其防火作用。因考虑设有机械通风的车库里，风管可能穿越防火墙、防火隔墙，为保证它们应有的防火作用，故规定风管穿越这些墙体时，其四周空隙应用不燃烧材料填实，并在穿过防火墙、防火隔墙处设防火阀。风管的保温材料，同样是十分重要的，为了减少火灾蔓延的途径，同样也规定风管保温材料应采用不燃烧材料或难燃烧材料，并要求在穿过防火墙两侧各2m范围内的保温材料应采用不燃烧材料。由于地下车库通风排烟困难的特点，如果地下车库的通风、空调系统的风管需保温，保温材料不得使用泡沫塑料等会产生有毒气体的高分子材料。

8.2 排烟

8.2.1 地下汽车库一旦发生火灾，会产生大量的烟气，而且有些烟气含有一定的毒性，如果不能迅速排出室外，极易造成人员伤亡事故，也给消防员进入地下扑救带来困难。根据国内20多座地下汽车库的调查，一些规模较大的汽车库，都设有独立的排烟系统，而一些中、小型汽车库，一般均与地下车库内的通风系统组合设置。平时作为排风排气作用，一旦发生火灾时，转换为排烟使用。当采用排烟、排风组合系统时，其风机应采用离心风机或耐高温的轴流风机，确保风机能在280℃时连续工作30min，并具有在超过280℃时风机能自行停止的技术措施。排风风管的材料应为不燃烧材料制作。由于排气口要求设置在建筑的下部，而排烟口应设置在上部，因此各自的风口应上、下分开设置，确保火灾时能及时进行排烟。

8.2.2 本条规定了防烟分区的建筑面积。防烟分区太小，增设了平面内的排烟系统的数量，不易控制；防烟分区面积太大，风机增大，风管加宽，不利于设计。规范修订组召集了上海市华东建筑设计院、上海市建筑设计院的部分专家进行了研讨，结合具体工程，按层高为3m，换气次数为6次/h·m^3计算，2000m^2的排烟量3.6万m^3，是比较合适的，符合实际情况。

8.2.3 地下汽车库发生火灾时产生的烟气，开始绝大多数积聚在车库的上部，将排烟口设在车库的顶棚上或靠近顶棚的墙面上，排烟效果更好，排烟口与防烟分区最远地点的距离是关系到排烟效果好坏的重要问题，排烟口与最远排烟地点太远了，就会直接影响排烟速度，太近了要多设排烟管道，不经济。

8.2.4 地下汽车库汽车发生火灾，可燃物较少，发烟量不大，且人员较少，基本无人停留，设置排烟系统，其目的一方面是为了人员疏散，另一方面便于扑救火灾。鉴于地下车库的特点，经专家们研讨，认为6次/h的换气次数的排烟量是基本符合汽车库火灾的实际情况和需要的。参照了美国NFPA88A有关规定，其要求汽车库的排烟量也是6次/h，因此规范修订组将风机的排烟量定量为6次/h。

8.2.5 据测试，一般可燃物发生燃烧时火场中心温度高达800～1000℃。火灾现场的烟气温度也是很高的，特别是地下汽车库火灾时产生的高温散发条件较差，温度比地上建筑要高，排烟风机能否在较高气温下正常工作，是直接关系到火场排烟很重要的技术问题。排烟风机一般设在屋顶上或机房内，与排烟地点有相当一段距离，烟气经过一段时间方能扩散到风机，温度要比火场中心温度低很多。据国外有关资料介绍，排烟风机能在280℃时连续工作30min，就能满足要求，本条的规定，与《高层民用建筑设计防火规范》、《人民防空工程设计防火规范》的有关规定是一致的。

排烟风机、排烟防火阀、排烟管道、排烟口，是一个排烟系统的主要组成部分，它们缺一不可，排烟防火阀关闭后，光是排烟风机启动也不能排烟，并可能造成设备损坏。所以，它们之间一定要做到相互联锁，目前国内的技术已经完全做到了，而且都能做到自动和手动两用。

此外，还要求排烟口平时宜处于关闭状态，发生火灾时做到自动和手动都能打开。目前，国内多数是采用自动和手动控制的，并与消防控制中心联动起来，一旦遇有火警需要排烟时，由控制中心指令打开排烟阀或排烟风机进行排烟。因此凡设置消防控制室的车库排烟系统应用联动控制的排烟口或排烟风机。

8.2.6 本条规定了排烟管道内最大允许风速的数据，金属管道内壁比较光滑，风速允许大一些。混凝土等非金属管道内壁比较粗糙，风速要求小一些，内壁光滑、风速阻力要小，内壁粗糙阻力要大一些，在风机、排烟口等相同条件下，阻力越大，排烟效果越差，阻力越小，排烟效果越好。这些数据的规定，都是与《高层民用建筑设计防火规范》的有关规定相一致的。

8.2.7 根据空气流动的原理，需要排除某一区域的空气，同时也需要有另一部分的空气补充。地下车库由于防火分区的防火墙分隔和楼层的楼板分隔，使有的防火分区内无直接通向室外的汽车疏散出口，也就无自然进风条件，对这些区域，因是周边处于封闭的条件，如排烟时没有同时进行补风，烟是排不出去的。因此，本条规定应在这些区域内的防烟分区增设进风系统，进风量不宜小于排烟量的50%，在设计中，应尽量做到送风口在下，排烟口在上，这样能使火灾发生时产生的浓烟和热气顺利排除。

9 电　　气

9.0.1 消防水泵、火灾自动报警、自动灭火、排烟设备、火灾应急照明、疏散指示标志等都是火灾时的主要消防设施。为了确保其用电可靠性，根据汽车库的类别分别作一级、二级负荷供电的规定，采用一级、二级负荷供电与《建筑设计防火规范》和《高层民用建筑设计防火规范》的规定相一致。但有的地区受供电条件的限制不能做到时，应自备柴油发电机来确保消防用电。

机械停车设备需要电源操作控制，一旦停电、断电，停车架上的车辆无法进出，平时会影响车辆的使用，发生火灾时车辆无法疏散。一些停车数量较少的汽车库采用升降梯作车辆的疏散出口，当采用电梯时，一旦断电会影响车辆的疏散，因此应有可靠的供电电源。本条对上述设备用电作了较严格的规定。

9.0.2 本条规定主要是为了保证在火灾时能立即用得上备用电源，使扑救火灾工作迅速进行，使其在一定时间内不被火灾烧毁，保证安全疏散和灭火工作的顺利进行。

9.0.3 本条对配电线路的敷设作了必要的规定。据调查，目前国内许多建筑设计结合我国国情，消防用电设备线路多数采用普通电缆电线穿在金属管内并埋设在不燃烧结构内，这是一种比较经济、安全可靠的敷设方法。根据火灾实践，采用防火电缆并敷设在耐火极限不小于1.00h的防火线槽内也能满足防火要求。

9.0.4 地下汽车库的环境条件较差，无自然采光，或虽有自然采光，但光线暗弱，多层以及高层汽车库因为停放车辆多，占地面积大，一般工作照明线路在发生火灾时要切断，为了保证库内人员、车辆的安全疏散和扑救火灾的顺利进行，需要设置火灾应急照明和安全疏散指示标志。

火灾应急照明、疏散指示标志如采用蓄电池作为电源时，为满足一定疏散时间的要求，规定连续供电时间不应少于 20min。

9.0.5 本条对火灾应急照明灯和疏散指示标志分别作了规定。本条规定的火灾应急照明灯的照度是参照《工业企业照明设计规范》有关规定提出的。该规范规定，供人员疏散的事故照明，主要通道照度不应低于 0.5lx。

为防止被积聚在天花板下的烟雾遮住疏散指示标志的照度，对疏散指示灯设置位置规定为距地面 1m 以下的高度。并根据调查，驾驶员坐在驾驶室的位置时，指示标志的高度应与人眼差不多等高，不致被汽车遮挡。20m 范围内的疏散指示标志是容易被驾驶员辨识的，所以本条规定，指示标志的间距 20m 是合适的。

9.0.6 危险场所的电气设备，现行国家标准《爆炸和危险环境电力装置设计规范》已有明确的要求，同样也适用于汽车库的危险场所，所对本条不另作规定。

9.0.7 根据对国内 14 个城市汽车库进行的调查，目前较大型的汽车库都安装了火灾自动报警设施。但由于汽车库内通风不良，又受车辆尾气的影响，不少安装了烟感报警的设备经常发生故障。因此，在汽车库安装何种自动报警设备应根据汽车库的通风条件而定。在通风条件较好的车库内可采用烟感报警设施，一般的汽车库内可采用温感报警设施。但鉴于汽车库火灾危险性的实际情况，本次修改时对安装火灾自动报警设施作了适当调整的规定，这样规定确保了重点，又节省了建设投资，是符合我国国情的。

9.0.8 火灾自动报警系统的设计，现行国家标准《火灾自动报警系统设计规范》已有明确的规定，同样也适用于汽车库的设计，所以本条不另作规定。

CO_2 灭火系统、泡沫灭火系统、防火卷帘、排烟系统的动作都必须有探测联动装置，故设置这些设备时，报警系统的探头应与它们联动。

9.0.9 设置火灾报警和自动灭火装置的汽车库，都是规模较大的汽车库，为了确保火灾报警和灭火设施的正常运行，应设置消防控制室，并有专人值班管理。由于汽车库内工作管理人员较少，如设置独立的消防控制室并由专人值班有困难时，可与车库内的设备控制室、值班室组合设置，控制室、值班室的值班人员可兼作消防控制的值班，这样可减少车库的工作人员。

中华人民共和国国家标准

飞机库设计防火规范

GB 50284—2008

条　文　说　明

目　次

1 总　　则

1.0.1 本条说明制定本规范的目的。随着我国改革开放的深入，经济建设规模的扩大，人民生活水平的提高，航空运输业也保持持续、快速的发展。当前我国空中交通运输网络已基本形成，航线近1300条，其中国际航线近250条，通航城市140余个，国际机场40多个，现役大、中型客机780多架，机队总规模居世界第三，预计2010年大、中型飞机将增加到1600架，2020年各类民航飞机达6000架。目前，全国民航执管大型客机的航空公司已近30家，都需要建设航线维修飞机库，以便完成特检和定检工作。

飞机库的火灾危险性：

1 燃油火灾：飞机进库维修时，飞机油箱和系统内带有航空煤油，载油量从几吨到上百吨不等，在维修过程中有可能发生燃油泄漏事故，出现易燃液体流散火灾。火灾面积和燃油泄漏量虽难以估计，但从美国工厂相互保险组织进行的相关实验说明，当流散火的面积为85～120m^2，泄漏量2～3m^3，平均油层厚度20～30mm时，将产生巨大的火舌卷流，上升气浪流速达到22m/s，位于建筑物18.5m高处的屋顶温度在3min内达到425～650℃以上。在易燃液体火灾的飞机受热面，飞机机身蒙皮在短时间内发生破坏。另一种火灾危险是发生燃油箱爆炸。据国外报道，一架正在维修的DC-8型飞机与其他8架飞机同时停放在一座大型钢屋架飞机库里，机械师正在拆换一台燃油箱的燃油增压泵，机翼油箱中的部分燃油已被抽出，但在油箱内仍留有约11.3m^3的燃油。当机械师接通电路，跨过增压泵的电火花点燃了油箱中的易燃气体，引起爆炸，摧毁了这架DC-8飞机，并在屋顶上炸开一个约100m^2的洞，爆炸和大火破坏了另外两架DC-8飞机，燃烧持续30min以上。

目前国内大量使用的航空煤油RP-1和RP-2的闪点温度为28℃，RP-3的闪点温度为38℃。为减少火灾的危险已逐步改用RP-3的航空煤油。

2 氧气系统火灾：1968年9月7日在里约热内卢国际机场飞机库内，当机械师为一架波音707氧气系统充氧时，误用液压油软管进行充氧操作引发大火，整架飞机报废，飞机库也受到破坏。

3 清洗飞机座舱火灾：飞机机舱内部装修多采用塑料制品、化纤织物等易燃材料，虽经阻燃处理后可达到难燃材料的标准，但在清洗和维修机舱时，常使用溶剂、粘接剂和油漆等。1965年11月25日，美国迈阿密国际机场的飞机库内正维修一架DC-8飞机，当清洗座舱时因使用可燃溶剂发生火灾，造成一人死亡。飞机库装有雨淋灭火系统，火被控制在飞机内部，而飞机油箱内的30t燃油安然无恙，灭火历时3h，启用168个喷头，耗水2293m^3。

4 电气系统火灾：1996年3月12日在美国堪萨斯州的一个国际机场飞机库内，当一架波音707飞机大修时，由于厨房的电气设备短路引发火灾。

5 人为的火灾：违反维修安全规程等。

现代飞机是高科技的产物，价值昂贵，表1列出了各种机型的近似价格。

飞机库需要高大的空间，其屋顶承重构件除承受屋面荷载外，还要求承受吊车和悬挂维修机坞等附加荷载。因此，飞机库的建筑造价也很高。一座两机位波音747的飞机库及其配套设施的工程造价约4亿元人民币；一座四机位波音747的飞机库及其配套设施的工程造价约6亿元人民币。

首都机场四机位维修机库可同时维修波音747四架、波音767两架、波音737四架，飞机总价值约75亿元人民币。飞机库一旦发生火灾，就可能引发易燃液体火灾，如不采取有效、快速的灭火措施，造成的人员伤亡和财产损失是难以估计的。

表1　各种机型的近似价格

机　　型	基本价格（亿美元/架）	机　　型	基本价格（亿美元/架）
B737-300	0.41	B767-400ER	1.15～1.27
B737-400	0.465	B777-200	1.37～1.54
B737-500	0.37	B777-200ER	1.44～1.64
B737-600	0.385	B777-300	1.6～1.84
B737-700	0.45	A300-66R	0.95
B737-800	0.55	A310-300	0.85
B737-900	0.58	A318	0.39～0.45
B747-400	1.58～1.75	A320-200	0.505～0.78
B757-200	0.65～0.72	A321-100	0.565
B757-300	0.74～0.8	A330-300	1.17
B767-200ER	0.89～1	A340	1.2
B767-300ER	1.05～1.17	A380	2.6～2.9

1.0.2 进入飞机库的飞机，其油箱内载有燃油，在维修过程中可能发生燃油火灾，本规范的内容是针对飞机库的火灾特点制定的。执行时需要注意，喷漆机库是从事整架飞机喷漆作业的车间或厂房，与本规范所指的飞机库是两种不同性质的建筑物。喷漆机库已制定有行业标准，本规范不适用于喷漆机库。

1.0.3 本条是飞机库防火设计的指导思想。在设计中正确处理好生产与安全的关系，设计合理与经济的关系是落实本条内容的关键。设计部门、建设部门和消防建设审查部门应密切配合，使防火设计做到安全适用、技术先进、经济合理。

2 术　　语

2.0.1 飞机库是我国习惯用语。用飞机库的功能定义，它应是从事飞机维修工艺的车间或厂房。日本称“格纳”库，有“储存”的意思，美国称“hangar”，有“库”或“棚”的含义。本规范仍沿用飞机库这一习惯名称。与飞机库配套建设的独立建筑物或与飞机停放和维修区贴邻建造的建筑物，凡不具有飞机维修功能的，如公司办公楼、发动机维修车间、附件维修车间、特设维修车间、航材中心库等均不属本规范的范围。

2.0.3 一座飞机库可包括若干个飞机停放和维修区，一个飞机停放和维修区可以停放和维修一架或多架飞机。区和区之间必须用防火墙隔开，否则应被视为一个飞机停放和维修区，与飞机停放和维修区直接相通又无防火隔断的维修工作间也应视为飞机停放和维修区。

2.0.4 翼下泡沫灭火系统是泡沫-水雨淋灭火系统的辅助灭火系统。当飞机机翼面积大于或等于 $280m^2$ 时，泡沫-水雨淋灭火系统释放的泡沫被机翼遮挡，影响灭火效果，故设置翼下泡沫灭火系统。当飞机机翼面积小于 $280m^2$ 时，可不设翼下泡沫灭火系统。系统的功能是将泡沫直接喷射到机翼和中央翼下部的地面，控制和扑灭泄漏燃油发生的流散火，同时对机身下部有冷却作用。系统的释放装置可采用自动摆动的泡沫炮或泡沫喷嘴。当条件允许时也可采用设在地面下的弹射泡沫喷头。机翼面积 $280m^2$ 的界线是等效采用美国《飞机库防火标准》NFPA-409（2004 年版）的有关规定。

3 防火分区和耐火等级

3.0.1 飞机库的分类是按飞机停放和维修区每个防火分区建筑面积的大小进行区别对待的原则制定的。在确保飞机库消防安全的前提下，适当减少消防设施投资是必要的。

本规范将飞机库按照上述原则分为三类：Ⅰ类：凡在飞机停放和维修区内一个防火分区的建筑面积 $5001 \sim 50000m^2$ 的飞机库为Ⅰ类飞机库。美国《飞机库防火标准》NFPA-409（2004 年版）规定飞机停放和维修区占地面积大于 $3716m^2$ 的飞机库均为Ⅰ类飞机库。

本规范对Ⅰ类飞机库设置了完善的自动报警和自动灭火系统，能有效地实施监控和扑灭初期火灾，确保飞机与飞机库建筑免受火灾损害。在此前提下，从飞机库的建设和飞机维修实际需要出发，对Ⅰ类飞机库一个防火分区允许最大建筑面积确定为 $50000m^2$。

Ⅱ类飞机库一个防火分区建筑面积为 $3001 \sim 5000m^2$。该类飞机库仅能停放和维修 1～2 架中型飞机，火灾面积和火灾损失相对要小。

Ⅲ类飞机库一个防火分区建筑面积等于或小于 $3000m^2$。它只能停放和维修小型飞机，火灾面积和火灾损失相对更小。

以上规定含飞机停放和维修区内附设的不经常有人员停留的少量生产辅助用房。

3.0.2 几十年以来所有设计和建设的飞机库其耐火等级均为一、二级，考虑到飞机库的防火要求和建筑的特点，本规范不规定采用三、四级耐火等级的建筑。Ⅰ类飞机库价值贵重，规定耐火等级为一级。Ⅱ、Ⅲ类飞机库可适当降低，但不应低于二级。与飞机停放和维修区贴邻建造的生产辅助用房的耐火等级应符合现行国家标准《建筑设计防火规范》GB 50016—2006 的有关规定，但也不应低于二级。

3.0.3 本条是以现行国家标准《建筑设计防火规范》GB 50016—2006 和《高层民用建筑设计防火规范》GB 50045—95（2005 年版）为依据，参考国外标准，结合飞机库防火设计的特点制定的。

3.0.4、3.0.5 根据现行国家标准《建筑设计防火规范》GB 50016—2006 第3.2.4条的规定，并结合飞机库屋顶承重构件多为钢构件的特点而制定。支承屋顶承重构件的钢柱和柱间钢支撑可采用防火隔热涂料保护。本规范规定飞机库钢屋顶承重构件的保护可采用多种措施，如泡沫-水雨淋灭火系统、自动喷水灭火系统、外包防火隔热板或喷涂防火隔热涂料等措施供选择采用，这样可在不降低飞机库钢屋顶承重构件防火安全的前提下，防止重复设置造成资源浪费。

4 总平面布局和平面布置

4.1 一般规定

4.1.1 飞机库的总图位置通常远离航站楼，靠近滑行道或停机坪。飞机库的高度受到飞机进场净空需要的限制，又不能遮挡指挥塔台至整条跑道的视线，所以要符合航空港总体规划要求。飞机库一般设在飞机维修基地内，有时由几座飞机库组成机库群。飞机库之间，飞机库与其他建筑物之间应有一定的防火间距。消防车道等应按消防要求合理布局。此外，用于飞机库的消防水池容量较大，是分建还是合建也需要统筹安排。

4.1.2 为了节约用地和方便生产管理，有可能将生产管理办公大楼、各种维修车间（包括发动机、附件、特设等）、航材库、变配电室和动力站等生产辅助用房与飞机维修大厅贴建，按防火分区的要求，要用防火墙将其隔开。采用防火卷帘代替防火门时，防火卷帘的耐火极限应按现行国家标准《门和卷帘的耐火试验方法》GB 7633 中背火面升温的判定条件进行。

飞机部件喷漆间和座椅维修间的火灾危险性较大，国外的飞机库将其视为飞机停放和维修区的一部分，一般不采取防火分隔，按照我国相关规范要求，本条采取了较为严格的防火分隔措施。

4.1.3 根据飞机维修具体情况，确需在飞机停放和维修区内设置少量办公室、休息室等用房的，本条对其防火分隔和安全疏散采取了较为严格的措施。

4.1.4 飞机库用防火墙分隔为两个或两个以上飞机停放和维修区时，为了生产的需要往往在此防火墙上需开设尺寸较大的门，为此，本规范规定采用甲级防火门或耐火极限大于3.00h的防火卷帘门。要求该门两侧均设火灾探测器联动关闭装置，并具有手动和机械操作的功能。

4.1.5、4.1.6 根据现行国家标准《建筑设计防火规范》GB 50016—2006的有关规定，结合飞机库的特点制定。

4.1.7 飞机库消防控制室能俯视整个飞机停放和维修区为最佳。消防泵房设在地下室或一层，应能通向疏散走道、疏散楼梯或直通安全出入口。

4.1.8 由于飞机库价值高，为避免火源，应将火灾危险性大或与飞机维修工作无直接关系的附属建筑分开建设。

4.1.9 消防梯是方便消防人员准确快捷到达屋面作业的固定设施。为此，至少应有2部消防梯由室外地坪直达飞机停放和维修区屋面。

4.2 防火间距

4.2.1 根据现行国家标准《建筑设计防火规范》GB 50016—2006对厂房的防火间距的规定，在防火间距10.0m的基础上，由于生产火灾危险性大，飞机库比较高大等特点，同时参考了国外对飞机库防火间距的规定，防火间距增加为13.0m。

4.2.2 本条是根据现行国家标准《建筑设计防火规范》GB 50016—2006，并参考行业标准《民用机场供油工程建设技术规范》MH 5008—2005制定的。但当实际需要飞机库与喷漆机库贴邻建造时，应将其用防火墙与飞机停放和维修区隔开，防火墙上的门应为甲级防火门或耐火极限大于3.00h的防火卷帘门，喷漆机库设计执行《喷漆机库设计规定》HBJ 12—95。表中未规定的防火间距，应根据现行国家标准《建筑设计防火规范》GB 50016—2006的有关规定参考乙类厂房确定。

4.3 消防车道

本节是根据现行国家标准《建筑设计防火规范》GB 50016—2006第6章的有关规定并结合飞机库的特点制定的。当飞机库的长边长度大于220.0m时，应在长边适当位置设消防车出入口。飞机停放和维修区（含整机喷漆工位）的每个防火分区应有消防车出入口。

机场消防车一般尺度大、质量大，如尺寸为3.2m×11.7m×3.87m，质量达38t。《民用航空运输机场安全保卫设施建设标准》MH 7003规定门宽为车宽加1.00m，门高不低于车高加0.30m。

5 建筑构造

5.0.1 强调防火墙的荷载落在承重构件上，则该承重构件应有与防火墙相等的耐火极限。

5.0.2 飞机库的价值高，建设周期长，是重要的工业建筑，飞机库的外围护结构、内部隔墙等不应使用燃烧材料或难燃烧材料，但随着技术的发展国内外已有一些机库采用了难燃烧材料的大门，美国《飞机库防火标准》NFPA-409（2004年版）第5.7节规定，门可采用阻燃材料，故本条规定作此修改。

5.0.3 飞机库大门地轨处应设置排水系统，寒冷及严寒地区还应设融冰措施，以保证大门正常启闭。

5.0.4 本条是根据现行国家标准《建筑设计防火规范》GB 50016—2006第3.6.11条的规定制定的。与飞机停放和维修区相通房间地面高、飞机停放和维修区的燃油流散火不易波及这些房间。室外地面低，有利于飞机停放和维修区的燃油流向室外，同时消防用水也可排向室外。

5.0.5 强调用防火堵料将空隙填塞密实。

5.0.6 在飞机库内飞机停放和维修区的地面设计应满足多种使用功能。因此，只在设计有排水沟或排水口周围局部设坡度，以统筹解决多种要求。

5.0.7、5.0.8 目的是减少可燃物或难燃物并消除引发火灾的条件。

6 安全疏散

本章是根据现行国家标准《建筑设计防火规范》GB 50016—2006第3.7节“厂房的安全疏散”的要求，结合飞机库特点制定的。大型飞机库（含附楼）深度约80～150m，最远工作点到安全出口的距离不大于75.0m的规定是可行的。在设计时要尽可能地将疏散距离缩短，从而保证人员的安全。

飞机库大门应有手动启闭装置和使用拖车、卷扬机等辅助动力设备启闭的装置。

飞机库内的消防车道边设有人行道时，应在它们之间设防护栏，以保证人、车各行其道。

7 采暖和通风

7.0.1 飞机停放和维修区内一旦发生易燃液体泄漏，其蒸气达到一定浓度遇明火会发生爆炸，故禁止使用明火采暖。

7.0.2 飞机停放和维修区为高大空间的建筑物，采用吊装式燃气辐射采暖是一种较为合适的方式，在欧美等国已有许多机库采用这种采暖系统，我国近年也有近10座机库采用了这种采暖系统。根据中国航空工业规划设计研究院和清华大学合作在新疆乌鲁木齐地窝铺机库现场的实测及模拟仿真研究，这种采暖方式用于机库效果良好，该机库自使用燃气辐射采暖后，其运行费用节省了30%左右。

1 我国幅员辽阔，气源有天然气、液化石油气、煤气等可供使用，但在使用时应注意燃气成分、杂质和供气压力等应满足燃气辐射采暖设备的用气要求。

2 燃气辐射采暖设备的质量应有保证，产品必须具有防泄漏、监测、自动关闭等功能，以确保安全运行。当发生意外时，导致辐射管断裂或连接点脱开，燃烧器及风机应立即关闭，同时产品应有故障自动报警功能，当设备运行遇到问题和故障时，应自动显示，如燃气压力不够，电路故障，设备损坏，管道温度过高等，故而能迅速判断，快速恢复。目前国内用于机库的燃气辐射采暖产品均为欧美等国的原装产品，并均具有欧美等国的相关质量及安全认证，同时燃烧器均经过国家燃气用具监督检验中心严格测试。当设备具有上述的安全认证或检测报告之一时方可采用。

3 由于燃气燃烧后的尾气为二氧化碳和水，当燃烧不完全时，还会产生少量一氧化碳，所以应将燃烧后的尾气直接排至室外。

4 根据美国《飞机库防火标准》NFPA-409（2004年版）第5.12节加热与通风中第5.12.5.2款的规定，在飞机存放与服务区内，加热器应安装在至少距机翼或机库可能存放的最高飞机发动机外壳的上表面3m的位置。在测量机翼或发动机外壳到加热器底部距离时，应选择机翼或发动机外壳二者中距地板较高者进行测量。本款的参数等效采用了美国《飞机库防火标准》NFPA-409（2004年版）第5.12节中有关的规定。

5 我国已建成飞机库中所采用的燃气辐射采暖系统，均是低强度燃气红外线辐射采暖系统，其辐射加热器的表面温度在300～500℃之间，经多年使用安全可靠，为保证辐射管周围钢结构的安全并减少无效散热量，对燃烧器及辐射管的外表面和辐射管上反射罩外表面温度作了限定。

6 本款规定主要是考虑飞机库的重要性，这是为了飞机库万一发生事故时，能在室外比较安全的地带迅速切断燃气，有利于保证飞机库的安全。

7.0.3 考虑到飞机停放和维修区内有可能发生燃油泄漏，其蒸气比空气重，主要分布在机库停放和维修区的下部，因此回风口应尽量抬高布置。当火灾发生时，不允许使用空气再循环采暖系统，应就地手动按钮关闭风机，也可经消防控制室自动关闭风机。

7.0.4 飞机停放和维修区内的动力系统（压缩空气、电气、给水、排水和通风管等）接口地坑有可能不够严密，泄漏在地面的燃油会流入综合地沟内。为防止易燃气体的聚集，故设置机械通风换气，并将其排至飞机库外。当地沟内可燃气体探测器发出报警时，要求进行事故排风。

8 电　气

8.1 供 配 电

8.1.1 本条为飞机库消防用电负荷分级的具体划分。消防用电设备包括机库大门传动机构、人员疏散应急照明、火灾报警和控制系统、防排烟设备、消防泵等。关于电源的设置，现行国家标准《供配电系统设计规范》GB 50052—95中已有较具体的说明。

8.1.2 这里强调的是电源及线路的可靠性，消防用电的正常电源单独引自变电所或接自低压电源总开关的电源侧时，可在飞机库断开电源进行电气检修时仍能保证由正常电源供给消防用电。

8.1.3 两条电源线的路径分开敷设，可减少被同时损坏的几率。

8.1.4 电源线路发生接地故障或其他某些故障可导致中性线对地电位带危险电位，当在飞机库内进行电气检修时，此电位可引起电击事故，也可因对地打火引起爆炸或火灾事故。因此两个电源倒换处的开关应能断开相线和中性线，以实施电气隔离，消除电气检修时的电击和爆炸火灾事故。

8.1.5 接地故障可引起人身电击事故，也可因电弧、电火花和高温引起电气火灾。由于其故障电流较小，熔断器、断路器等过流保护电器往往不能有效及时地将其切断。剩余电流报警器，以其高灵敏度的动作性能，可靠和及时地发现接地故障。插座回路上30mA瞬时剩余电流保护器用作防人身电击兼防电气火灾。

8.1.6 铝导体极易氧化，氧化层具有高电阻率使连接处电阻增大，通过电流时易发热。铜、铝接头处容易形成局部电池而使铝表面腐蚀，增大接触电阻。加上其他一些原因，铝线连接如处理不当很易起火，而铜线的连接接头起火的危险小得多。电缆的绝缘材料阻燃，可减少火势蔓延危险。

8.1.7 燃油蒸气相对密度较空气大，易积聚在低处，而插座在接用电源时易产生火花，因此即便在1区和2区外的区域内，插座的安装高度也不宜小于1.0m，以策安全。

8.2 电气照明

8.2.1、8.2.2 疏散用应急照明的地面照度和蓄电池供电时间按照现行国家标准《建筑设计防火规范》GB 50016—2006作了相应修改。

8.2.3 本条是按国际电工标准《建筑物电气装置第4～41部分：安全防护　电击防护》IEC 60364-4-41第411.1节编写。按此条要求进行设计后，当220/380V线路PE线带故障电压和特低电压回路绝缘损坏时，都不会发生包括电气火灾在内的电气事故。在本条中安全照明指手提照明灯具、在特定环境中进行检修工作的照明，如采用市电直接供电，应采用特低电压。

8.3 防雷和接地

8.3.1 泄放飞机机身所带静电电荷的接地极接地电阻不大于1000Ω即可，一般情况下接地端子均设置在多功能供应地井内，近些年来国内外维修机库中越来越多地采用可升降式地井，还装有丰富的数据接口，地井内设有公共接地排，已不单单具有防静电接地功能，应遵照有关共用接地的要求。

8.3.2、8.3.3 TN-S系统的PE线不通过工作电流，不产生电位差；等电位联结能使电气装置内的电位差减少或消除，它对一般环境内的电气装置也是基本的电气安全要求，它们都能在爆炸和火灾危险电气装置中有效地避免电火花的发生。对于低压供电的建筑，总等电位联结可消除电源线路中PEN线电压降在建筑内引起的电位差，PE线和N线必须在总配电箱内即开始分开。

关于飞机库应急发电机电源装置采用IT系统的规定是引用国际电工标准《应急供电》IEC 364-5-56：2002的第561.1及561.2节，在短路故障中绝大多数为接地短路故障，而IT系统在发生第一次接地短路故障后仍能安全地继续供电，提高了消防应急电源持续供电的可靠性。由于我国一般工业与民用电气装置采用IT系统尚缺乏经验，因此条文采用了“宜”这一用词。

8.3.4 飞机库的防雷设计应符合现行国家标准《建筑物防雷设计规范》GB 50057—94（2000年版）的有关规定。防雷等级的确定，应根据机库的规模、当地雷暴气象条件计算数据来确定。

8.4 火灾自动报警系统与控制

8.4.1 针对飞机载油进库维修和飞机价值昂贵的特点，本条规定Ⅰ、Ⅱ、Ⅲ类飞机库均应设置火灾自动报警系统。

1 屋顶承重构件设感温探测器的目的主要是保护钢屋架，鉴于飞机维修库内空间高大，宜采用缆式感温探测器以便于安装、维护。当屋顶承重构件区不设置泡沫-水雨淋灭火系统时可不设置感温探测器。

2 早期探测火灾可以极大地减少人员、财产损失，飞机维修工作区设置火焰探测器的作用是快速发现燃油火，火焰探测器可采用红外-紫外复合式、多频段式火焰探测器或双波段图像式火焰探测器以减少误报。随着飞机体积和尺寸的增大，在建筑高度大于20.0m的飞机库，可采用吸气式感烟探测器。

3 可燃气管道阀门是可燃气体易泄漏的场所，为此需要设置相应可燃气体探测器。设置规定参见《石油化工企业可燃气体和有毒气体检测报警设计规范》SH 3063—1999。

8.4.2 燃油蒸气相对密度较空气大，易积聚在低处，而火警及通讯装置工作时可能产生火花，因此安装高度不应小于1.0m，以策安全。

8.4.3 同时启动多台电动消防泵会使供电电压过低导致消防泵电动机无法启动，或使消防水管道超压而损坏，故规定逐台启动消防泵。明确提出在消防水泵间就地启停消防水泵，在消防值班室或控制室自动和手动控制。

8.4.4 灭火系统达不到稳定的压力，说明系统发生漏水事故，控制设备应发出信号通报值班人员进行检查找出原因及时维修，恢复灭火系统的正常工作压力。

8.4.5 Ⅰ类飞机库包括若干套泡沫-水雨淋灭火系统，其保护区应与感温探测器的位置相对应，从而实现分区控制。为保障自动启动泡沫-水雨淋灭火系统的可靠性，宜采用感温探测器与火焰探测器或感烟探测器组合控制。

对飞机库的灭火设计要求是快速反应，快速灭火。美国《飞机库防火标准》NFPA-409（2004年版）第6.2.3条要求翼下泡沫灭火系统30s内控制火灾，60s内扑灭火灾。所以要求自动灭火。

8.4.6 泡沫-水雨淋灭火系统喷出的泡沫被飞机机翼遮挡，所以要同时启动翼下泡沫灭火系统。单独启动翼下泡沫灭火系统时，不要求同时启动泡沫-水雨淋灭火系统。

8.4.8 为及时启动泡沫灭火系统，在机库内应设置手动启动泡沫灭火装置。

8.4.9 Ⅰ、Ⅱ类飞机库需要在消防控制室内手动操纵远控消防泡沫炮，观察窗的位置要使消防值班人员能看到整个飞机停放和维修区，尽量避免飞机遮挡视线使值班人员无法看到泡沫炮转动的情况。当条件所限不能观察到飞机停放和维修区的全貌时，宜在飞机库内设置电视监控系统，辅助观察飞机停放和维修区。

9 消防给水和灭火设施

9.1 消防给水和排水

9.1.1 飞机库的消防水源及供水系统要满足火灾延续时间内所有泡沫灭火系统、自动喷水灭火系统和室内外消火栓系统同时供水的要求。为保证安全，通常要设专用消防水池。

9.1.2 飞机库消防所用的泡沫液为动、植物蛋白与添加剂混合的有机物和氟碳表面活性剂，如果设计不合理，维修使用不适当，泡沫液会回流入水源或消防水池造成环境污染。

9.1.3 氟蛋白泡沫液、水成膜泡沫液可使用淡水。

某些型号也可使用海水或咸水。含有破乳剂、防腐剂和油类的水不适合配制泡沫混合液，因而要对消防用水的水质进行调查、化验，并向泡沫液生产厂商咨询。

9.1.4 飞机维修需要清洗飞机和地面，通常情况下飞机停放和维修区内设有地漏或排水沟。地漏或排水沟的排水能力宜按最大消防用水量设计。合理地布置地漏或排水沟可使外泄燃油限制在最小的区域内，以防止火灾蔓延。

9.1.5 当飞机停放和维修区排水系统采用管道时，冲洗飞机及地面的水带油进入管道。故管道内积油及产生油蒸气是难以避免的。在地面进水口处设置水封和排水管采用不燃材料等措施，有助于防止地面火沿管道传播。

9.1.6 设置油水分离器是为了减少油对环境的污染。为防止发生火灾事故，油水分离器应设置在飞机库的室外。油水分离器不能承受消防水量，故设跨越管。

9.2 灭火设备的选择

9.2.1 根据欧美等国及国内已建飞机库所设灭火系统状况，参考美国《飞机库防火标准》NFPA-409（2004年版），结合我国国情对Ⅰ类飞机库的灭火系统给出两种选择，以便设计时可根据具体情况进行综合经济技术比较后确定。

1 Ⅰ类飞机库采用泡沫-水雨淋灭火系统。将飞机停放和维修区内的灭火系统分成若干个分区，每个分区设置一个由雨淋阀组控制的灭火系统，通过火灾自动报警系统控制雨淋阀动作，使安装在屋面板下的开式喷头喷出泡沫灭火。该系统既可灭飞机库地面油火，冷却屋顶承重钢构件，又可保护工作人员疏散和消防救援人员的安全。作为辅助功能的翼下泡沫灭火系统和泡沫枪用于扑灭机翼下和机身内的火，共同组成完整的灭火系统。

飞机机翼面积大于 280m² 是等效采用了美国《飞机库防火标准》NFPA-409（2004年版）的数据。翼下泡沫灭火系统和泡沫枪还可以灭初期火灾。常见飞机机翼面积见表2。

表2 常见飞机的总翼面积

飞机型号	总翼面积（m²）
Airbus A-380*	830.0
Antonov An-124*	628.0
Lockheed L-500-Galacy*	576.0
Boeing 747*	541.1
Airbus A-340-500，-600*	437.0
Boeing 777*	427.8
Ilyushin Ⅱ-96*	391.6
DC-10-20，30*	367.7
Airbus A-340-200，-300，A-330-200，-300*	361.6
DC-10-10*	358.7
Concord*	358.2
Boeing MD-11*	339.9
Boeing MD-17*	353.0
L-1011*	321.1
Ilyushin Ⅱ-76*	300.0
Boeing 767*	283.4
Ilyushin Ⅱ-62*	281.5
DC-10 MD-10	272.4
DC-8-63，-73	271.9
DC-8-62，-72	271.8
DC-8-62，71	267.8
Airbus A-300	260.0
Airbus A-310	218.9
Tupolev TU-154	201.5
Boeing 757	185.2
Tupolev TU-204	182.4
Boeing 727-200	157.9
Lockheed L-100J Hercules	162.1
Yakovlev Yak-42	150.0
Boeing 737-600，-700，-800，-900	125.0
Airbus A-318，A-319，A-320，A-321	122.6
Boeing MD 80	112.3
Gulfstream V	105.6
Boeing 737-300，-400，-500	105.4

注：*机翼面积超过 279m²（3000ft²）的飞机。
本表数据来源于美国《飞机库防火标准》NFPA-409（2004年版）。

2 在飞机库屋架内设闭式自动喷水灭火系统用于灭火、降温以保护屋架，飞机库内较低位置设置的远控消防泡沫炮等低倍数泡沫自动灭火系统和泡沫枪用于扑灭飞机库地面油火。当屋架内金属承重构件采取外包防火隔热板或喷涂防火隔热涂料等措施使其达到规定的耐火极限后，可不设屋架内自动喷水灭火系统。

9.2.2 本条为Ⅱ类飞机库的灭火系统提供了两种选择，设计时可以进行综合技术经济比较后确定。

美国《飞机库防火标准》NFPA-409（2004年版）第7.1.1条Ⅱ类飞机库采用的是低倍数或高倍数

泡沫灭火系统与自动喷水灭火系统联用。考虑到我国用防火隔热涂料保护屋顶承重构件的技术措施已使用多年，也得到消防部门的认可，故本条不要求一定设自动喷水灭火系统，但可在防火隔热涂料和自动喷水二者中选其一。

9.2.3 Ⅲ类飞机库面积小，一般停放小型飞机，火灾损失相对比较小，故采用泡沫枪为主要灭火设施。但应注意在Ⅲ类飞机库内不应从事输油、焊接、切割和喷漆等作业，否则宜按Ⅱ类飞机库选择灭火系统。Ⅲ类飞机库内如停放和维修特殊用途和价值昂贵的飞机，也可按Ⅱ类飞机库选用灭火系统。

9.2.4 在飞机停放和维修区内已经设置了泡沫枪，故相应减少消火栓的同时使用数量。但消防水带的长度应加长以适应飞机停放和维修区面积较大的特点。

9.2.5 由于飞机库飞机停放和维修区面积很大，对建筑灭火器配置做具体规定比较困难，可根据各航空公司飞机维修规程对灭火器配置的要求并参照现行国家标准《建筑灭火器配置设计规范》GB 50140的有关规定配置灭火器，计算灭火器数量时，其计算单元面积可采用飞机维修或停放工位面积，计算单元的灭火器级别计算按B类火灾、严重危险等级、修正系数采用0.15～0.2。灭火器可按飞机维修和停放具体情况临时布置在飞机附近。

9.3 泡沫-水雨淋灭火系统

9.3.1 泡沫-水雨淋灭火系统由水源、泡沫液储罐、消防泵、稳压泵、比例混合器、雨淋阀、开式喷头、管道及其配件、火灾自动报警和控制装置等组成。本条参数等效采用了美国《飞机库防火标准》NFPA-409（2004年版）第6.2.2条的规定。

9.3.2 泡沫-水雨淋灭火系统的释放装置有两种：标准喷头和专用泡沫喷头。

标准喷头是非吸气的开式喷头，适用于水成膜(AFFF)，如图1所示。

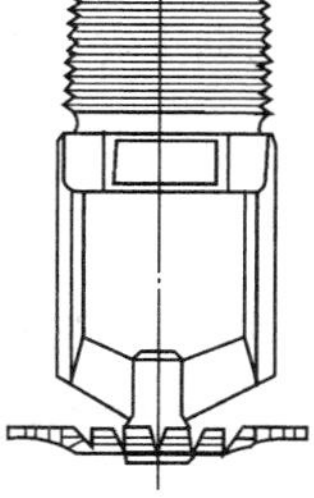

图1 标准喷头

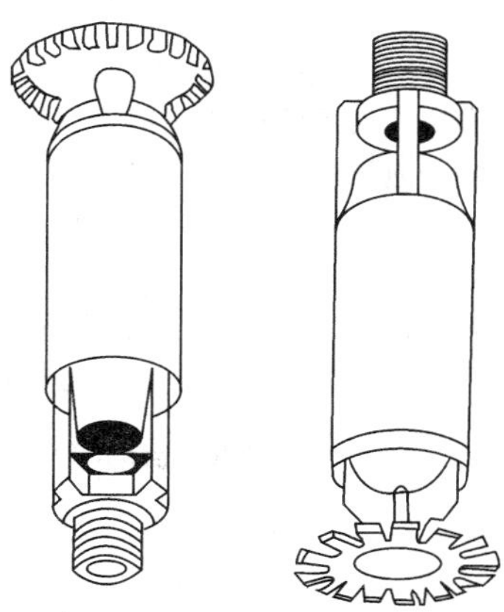

图2 专用泡沫喷头

专用泡沫喷头是开式空气吸入型喷头，在开式桶体泡沫发生器下端装有溅水盘，适用于各类泡沫液，如图2所示。

9.3.3～9.3.5 设计参数均等效采用了美国《飞机库防火标准》NFPA-409（2004年版）第6.2.2.3、6.2.2.12、6.2.2.13款的内容，同时参考现行国家标准《低倍数泡沫灭火系统设计规范》GB 50151的有关规定。

国际标准《低倍数和高倍数泡沫灭火系统标准》ISO/DIS 7076—1990中对泡沫-水雨淋灭火系统的供给强度规定见表3：

表3 泡沫-水雨淋灭火系统的供给强度

喷头型式	泡沫液	喷头在保护区的安装高度(m)	
		≤10	>10
		供给强度〔L/(min·m²)〕	
空气吸入型	蛋白泡沫(P) 合成泡沫(S)	6.5	8
	氟蛋白泡沫(FP) 水成膜泡沫(AFFF)	6.5	8
非空气吸入型	水成膜泡沫(AFFF)	4	6.5

水力计算应按现行国家标准《自动喷水灭火系统设计规范》GB 50084的规定和消防部门认可的电算程序进行优化后确定。标准喷头和空气吸入型喷头的出口压力可按泡沫混合液的设计供给强度由计算确定，并用生产厂商提供的喷头特性曲线校核。

9.3.6 泡沫-水雨淋灭火系统的用水量、泡沫液和消防用水的连续供给时间均等效采用了美国《飞机库防火标准》NFPA-409（2004年版）第6.2.10、6.2.2、6.2.6条中的有关规定。

9.4 翼下泡沫灭火系统

9.4.1 翼下泡沫灭火系统是泡沫-水雨淋灭火系统的辅助灭火系统。其作用有三：

1 对飞机机翼和机身下部喷洒泡沫，弥补泡沫-水雨淋灭火系统被大面积机翼遮挡之不足。

2 控制和扑灭飞机初期火灾和地面燃油流散火。

3 当飞机在停放和维修时发生燃油泄漏，可及时用泡沫覆盖，防止起火。

翼下泡沫灭火系统常用的释放装置为固定式低位消防泡沫炮，可由电机或水力摇摆驱动，并具有机械应急操作功能。

9.4.2 现行国家标准《低倍数泡沫灭火系统设计规范》GB 50151—92（2000年版）第3.2.1条规定，泡沫混合液的供给强度为6.0L/（min·m²）；国际标准《低倍数和高倍数泡沫灭火系统标准》ISO/DIS

7076—1990 中规定的泡沫混合液供给强度为 6.5L/(min·m^2)；美国《飞机库防火标准》NFPA-409（2004 年版）第6.2.3条规定为 6.5L/（min·m^2）。

我国目前没有用水成膜泡沫液进行大型灭油类火的试验研究，因此本规范等效采用了美国《飞机库防火标准》NFPA-409（2004 年版）第 6.2.3 条中有关的规定。

9.4.3 本条等效采用了美国《飞机库防火标准》NFPA-409（2004 年版）第 6.2.3、6.2.6 条中有关的规定。

9.5 远控消防泡沫炮灭火系统

9.5.1 本条总结了我国现有飞机库的消防设备使用经验，将人工操作的泡沫炮发展为远控、自动消防泡沫炮，随着我国消防科学技术的进步，我国自行研制和生产的远控、自动消防泡沫炮已开始在码头上和飞机库中使用。此外，还吸收了德国飞机库的消防技术。消防泡沫炮具有结构简单、射程远、喷射流量大、可直达火源、操作灵活等特点。

9.5.2 本条规定的泡沫混合液供给强度是等效采用了美国《飞机库防火标准》NFPA-409（2004 年版）第 6.2.5 条中有关的规定，也参考了国际标准《低倍数和高倍数泡沫灭火系统标准》ISO/DIS 7076—1990 的相关规定。

9.5.3 泡沫混合液供给速率的确定，美国《飞机库防火标准》NFPA-409（2004 年版）第 6.2.5.4.2 项中为泡沫混合液供给强度乘以飞机停放和维修区的地面面积计算，我国已设计建成的首都机场四机位机库、天津张贵庄机库、乌鲁木齐地窝铺等机库均按泡沫混合液供给强度乘以 2 倍的飞机在地面的投影面积计算，西欧某消防工程公司按泡沫混合液供给强度乘以 1.4 倍的飞机在地面的投影面积加 0.5 倍泡沫混合液供给强度乘以 1.4 倍的飞机停放和维修区的地面面积计算。

由于近年来随着科学技术的发展和管理水平的不断提高，飞机库火灾案例趋于减少，国内飞机库还未发生过较大火灾事故，因此暂时无法验证各种计算方法确定的泡沫混合液供给量的合理性和可靠性。

在分析各种确定泡沫混合液供给量计算方法后，考虑到飞机库停放和维修区的面积有不断增大的趋势，结合我国的具体国情提出Ⅰ、Ⅱ类飞机库泡沫混合液供给速率的计算方法。

5000m^2 约为以着火点为中心、以 40m 为半径水平区域的全部地面面积，是考虑了能完全覆盖目前最大飞机 A380 的翼展79.8m 的要求，另外，这个地面面积也相当于或大于一般Ⅰ类飞机库采用泡沫-水雨淋灭火系统时，同时启动的所有雨淋阀组分区系统所覆盖的地面面积，因此是比较适当的。

2800m^2 约为以着火点为中心、以 30m 为半径水平区域的全部地面面积，是考虑了能覆盖 A340、波音 777 等飞机翼展的要求。

9.5.4 泡沫液连续供给时间和连续供水时间等设计参数是等效采用了美国《飞机库防火标准》NFPA-409（2004 年版）第 6.2.6、7.8.2 条中有关的规定，并参考了现行国家标准《低倍数泡沫灭火系统设计规范》GB 50151—92（2000 年版）中第 3.6.2、3.6.4 条的有关规定。连续供水时间Ⅰ类飞机库 45min、Ⅱ类飞机库 20min 是既要保证泡沫混合液用水，又要供给冷却用水。泡沫炮有吸气型和非吸气型的，要根据所用的泡沫液来选用。

9.5.5 泡沫炮的固定位置应保证两股泡沫射流同时到达被保护的飞机停放和维修机位的任一部位。泡沫炮可设置在高位也可设置在低位，一般是高、低位配合使用。

9.6 泡　沫　枪

9.6.1

1 本款是根据现行国家标准《低倍数泡沫灭火系统设计规范》GB 50151—92（2000 年版）中第 3.1.4 条扑救甲、乙、丙类液体流散火时，采用氟蛋白泡沫液，配置 PQ8 型泡沫枪的规定制定的。

2 本款是根据国际标准《低倍数和高倍数泡沫灭火系统标准》ISO/DIS 7076—1990 第 2.3.4 条和美国《飞机库防火标准》NFPA-409（2004 年版）第 6.2.9 条中有关的规定制定的。

9.6.2 根据现行国家标准《低倍数泡沫灭火系统设计规范》GB 50151-92（2000 年版）中第 3.1.4 条和美国《飞机库防火标准》NFPA-409（2004 年版）第 6.2.9 条中有关规定制定。

9.6.3 接口与消火栓一致，有利于与消火栓系统合并使用。因为飞机停放和维修区面积大，故需要较长的水带。

9.7 高倍数泡沫灭火系统

9.7.1 本条是根据现行国家标准《高倍数、中倍数泡沫灭火系统设计规范》GB 50196 的有关条文制定的。泡沫增高速率是参照美国《飞机库防火标准》NFPA-409（2004 年版）第 6.2.5.5 款的有关规定制定的。

9.7.2 移动式泡沫发生器适用于初期火灾，用来扑灭地面流散火或覆盖泄漏的燃油。

9.8 自动喷水灭火系统

9.8.1 在飞机库停放和维修区设闭式自动喷水灭火系统主要用于屋架内灭火、降温以保护屋架，以采用湿式或预作用灭火系统为宜。

9.8.2 本条是根据美国《飞机库防火标准》NFPA-

409（2004年版）第6.2.4、7.2.5、7.2.6、7.2.7条的有关规定制定的。

9.8.3 本条是根据美国《飞机库防火标准》NFPA-409（2004年版）第6.2.10.4款的规定制定的。

9.9 泡沫液泵、比例混合器、泡沫液储罐、管道和阀门

9.9.1 泡沫液泵的流量小，只需一台工作泵。备用泵的型号一般与工作泵的型号相同。可选用一台电动泵和一台内燃机直接驱动的泵。

9.9.2 泡沫液具有一定的腐蚀性，美国3M公司提供的《水成膜AFFF泡沫液技术参考指南》，对泡沫液泵制造材料的选择为：壳体和叶轮可采用铸铁或青铜，传动轴用不锈钢，密封装置用乙丙橡胶或天然橡胶，填料用石棉等。3M公司的试验资料证明，不锈钢对泡沫液的抗腐蚀性较好。

9.9.3 用正压注入的方法将泡沫液经供给管道引入系统是较好的方法，它是利用动量平衡原理调节泡沫液供给量并按比例与水混合。正压型混合器使用安全可靠，能将泡沫液压入水系统的任何主管路中形成泡沫混合液，注入点能够靠近泡沫释放装置，减少了泡沫混合液在管路中的流动时间，有利于实现快速灭火的目的。正压型混合器连接管布置示意图见图3。

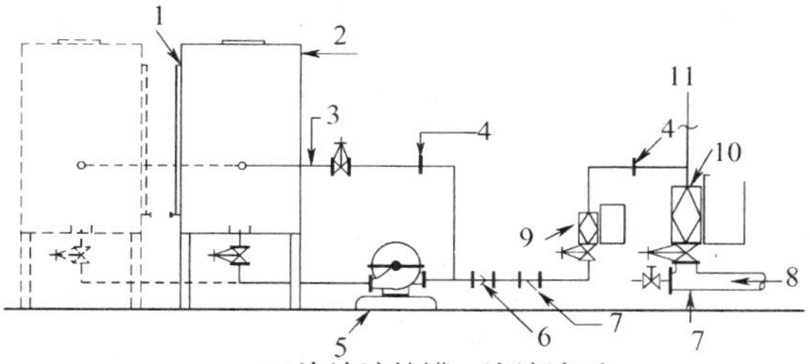

(a)泡沫液储罐、泡沫液泵

1—液位计；2—泡沫液罐；3—试验管；4—孔板；5—泡沫液泵；6—止回阀；7—过滤器；8—水；9、10—雨淋阀；11—系统

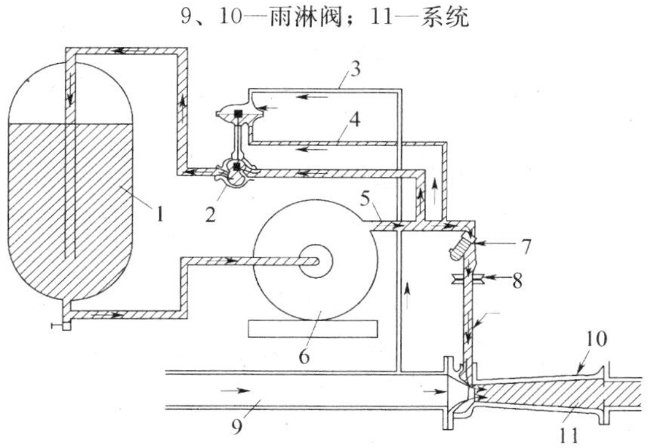

(b)平衡压力比例混合器系统

1—泡沫液；2—压力比例控制阀；3—水导管；4—泡沫液导管；5—回流管；6—泡沫液泵；7—过滤器；8—计量孔板；9—水；10—比例混合器；11—混合液

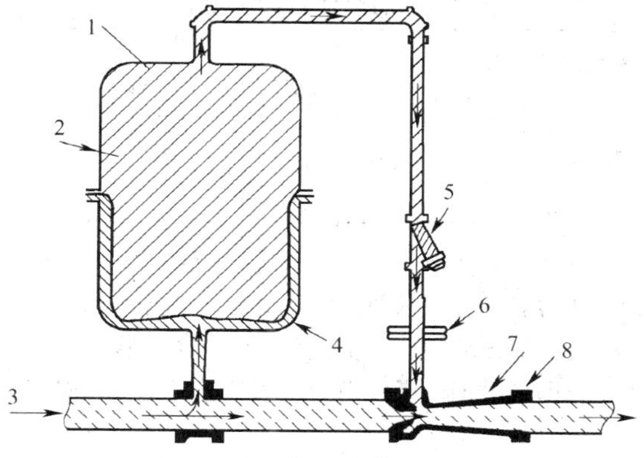

(c)压力罐比例混合器系统

1—泡沫液罐；2—泡沫液；3—水；4—柔性隔膜；5—过滤器；6—计量孔板；7—比例混合器；8—混合液

图3 计量孔板注入式混合器和连接管布置

9.9.6 泡沫液泵为离心泵，正压位置可保证自吸。

9.9.7 泡沫液有一定的腐蚀性，选用管材和配件时应慎重。蝶阀的内部衬胶有防腐作用，用乙丙橡胶或天然橡胶防腐效果好。

9.9.8～9.9.10 为了尽快将泡沫混合液送至防护区，国外的飞机库也有将泡沫液储罐、泡沫液泵设在防护区内的，采取了水喷淋保护或用防火隔热板封闭等措施。

9.9.11 本条是为保证泡沫液和泡沫混合液管道系统使用或试验后用淡水冲洗干净不留残液，同时对长期充有泡沫液且供应管较长的管道为保证泡沫液不因长期停滞而结块，要求设循环管路定期运行。

9.10 消防泵和消防泵房

9.10.1 当消防水泵工作一段时间后发生停泵，此时消防水池的水位已下降，不能自灌，消防水泵无法再启动，为了安全可将水泵位置尽量降低。设排气阀可防止水泵产生气蚀，吸水管直径小于200mm的水泵可不装排气阀。

9.10.2 水泵吸水管上宜设过滤器，当从天然水源或开敞式水源取水时，为防止杂质堵塞水泵，在吸水口处要设过滤网，滤网要采用黄铜、紫铜或不锈钢等耐腐蚀材料。蝶阀增加吸水管的阻力，产生紊流，影响水泵性能，故不应使用。

9.10.3 消防泵包括水泵和泡沫液泵。闸阀和蝶阀的启闭状态要方便观察，防止误操作。

9.10.4 泄压阀是防止水泵超压的有效措施。泄压阀的回流管和试泵用的回流管可接至蓄水池，试泵用的回流管上的控制阀是常闭状态。

参考美国《固定消防泵安装标准》NFPA-20，泄压阀的公称直径可按水泵流量选定，见表4：

表 4 消防泵泄压阀最小直径

水泵流量（L/s）	10～18	19～25	26～45	46～80	81～185	186～315
泄压阀直径（mm）	50	65	75	100	150	200

9.10.5 水泵及泡沫液泵可用装在回流管上的计量孔板和压力表来测试水及泡沫液流量。消防水泵也可用压力管上的旁通管接至室外集合管，集合管上装有一定数量的标准消防水枪喷嘴，用来测量水量。此外也可装流量计。

9.10.6 经调查，消防泵由内燃机直接驱动受到使用部门的好评。其优点是省去电气设备费，节约了投资，免除了机电转换环节，设备简化、安全可靠，数台消防泵可同时启动，缩短了灭火系统的启动时间，内燃机可自动启动，使用方便。

当消防泵功率较小时，只需将应急柴油发电机和配电设备适当增大即可满足消防泵用电要求，此时消防泵宜由电动机驱动。

9.10.7 内燃机的油箱内仅存有 4～8h 的柴油用量，故一般采用建筑灭火器灭火。美国《飞机库防火标准》NFPA-409（2004 年版）第 6.2.10.2.8 项规定设自动喷水灭火系统，因此，当消防泵房与飞机库停放和维修区贴邻建造时，可设置自动喷水灭火系统。

供油管、油箱（罐）的安全措施应符合现行国家标准《建筑设计防火规范》GB 50016—2006 中第 5.4.4 条的有关规定。

附录 A 飞机库内爆炸危险区域的划分

A.0.1 飞机库内的爆炸和火灾危险的性质见本规范总则的说明。由于现行国家标准《爆炸和火灾危险环境电力装置设计规范》GB 50058 内无飞机库类型的等级和范围划分的典型示例，故本规范等效采用《美国国家电气法规》NFPA 70 第 513 节对飞机库的规定进行划分。

中华人民共和国国家标准

石油化工企业设计防火规范

GB 50160—2008

条 文 说 明

目　次

1 总 则

1.0.1 本条体现了在石油化工企业防火设计过程中“以人为本”、“预防为主、防消结合”的理念，做到设计本质安全。要求设计、建设、生产管理和消防监督部门人员密切结合，防止和减少石油化工企业火灾危害，保护人身和财产安全。

1.0.2 本条规定了本规范的适用范围。规范内容主要是针对石油化工企业加工物料及产品易燃、易爆的特性和操作条件高温、高压的特点制订的。

新建石油化工工程的防火设计应严格遵守本规范。以煤为原料的煤化工工程，除煤的运输、储存、处理等以外，后续加工过程与石油化工相同，可参照执行本规范。就地扩建或改建的石油化工工程的防火设计应首先按本规范执行，当执行本规范某些条款确有困难时，在采取有效的防火措施后，可适当放宽要求，但应进行风险分析和评估，并得到有关主管部门的认可。

组成石油化工企业的工艺装置或装置内单元参见本规范第4.2.12条的条文说明。

1.0.3 本规范编制过程中，先后调查了多个石油化工企业，了解和收集了原规范执行情况，总结了石油化工企业防火设计的经验和教训，对有些技术问题进行了专题研究；同时，吸收了国外石油化工防火规范中先进的技术和理念，并与国内相关的标准规范相协调。

另外，石油化工企业防火设计涉及专业较多，对于一些专业性较强，本规范已有明确规定的均应按本规范执行，本规范未作规定者应执行国家现行的有关标准规范。

2 术 语

2.0.3 生产区的设施包括罐组、装卸设施、灌装站、泵或泵房、原料（成品）仓库、污水处理场、火炬等。

2.0.4 石油化工企业内的公用和辅助生产设施主要指锅炉房和自备电站、变电所、电信站、空压站、空分站、消防水泵房（站）、循环水场、环保监测站、中心化验室、备品备件库、机修厂房、汽车库等。

2.0.5 第一类全厂性重要设施主要指全厂性的办公楼、中央控制室、化验室、消防站、电信站等。

第二类全厂性重要设施主要指全厂性的锅炉房和自备电站、变电所、空压站、空分站、消防水泵房（站）、循环水场的冷却塔等。

2.0.6 区域性重要设施主要指区域性的办公楼、控制室、变配电所等。

2.0.8 明火设备主要指明火加热炉、废气焚烧炉、乙烯裂解炉等。

2.0.13 装置内单元，如催化裂化装置的反应单元、分馏单元；乙烯装置的裂解单元、压缩单元等。

2.0.21 沸溢性液体主要指原油、渣油、重油等。

2.0.33 地面火炬分为封闭式和敞开式。

3 火灾危险性分类

3.0.1 与现行国家标准《建筑设计防火规范》GB 50016对可燃气体的分类（分级）相协调，本规范对可燃气体也采用以爆炸下限作为分类指标，将其分为甲、乙两类。可燃气体的火灾危险性分类举例见表1。

表1 可燃气体的火灾危险性分类举例

类别	名 称
甲	乙炔，环氧乙烷，氢气，合成气，硫化氢，乙烯，氰化氢，丙烯，丁烯，丁二烯，顺丁烯，反丁烯，甲烷，乙烷，丙烷，丁烷，丙二烯，环丙烷，甲胺，环丁烷，甲醛，甲醚（二甲醚），氯甲烷，氯乙烯，异丁烷，异丁烯
乙	一氧化碳，氨，溴甲烷

3.0.2 可燃液体的火灾危险性分类：

1 规定可燃液体的火灾危险性的最直接指标是蒸气压。蒸气压越高，危险性越大。但可燃液体的蒸气压较低，很难测量。所以，世界各国都是根据可燃液体的闪点（闭杯法）确定其火灾危险性。闪点越低，危险性越大。

在具体分类方面与现行国家标准《石油库设计规范》GB 50074、《建筑设计防火规范》GB 50016是协调的。

考虑到应用于石油化工企业时，需要确定可能释放出形成爆炸性混合物的可燃气体所在的位置或点（释放源），以便据之确定火灾和爆炸危险场所的范围，故将乙类又细分为$乙_A$（闪点≥28℃至≤45℃）、$乙_B$（闪点>45℃至<60℃）两小类。

将丙类又细分为$丙_A$（闪点60℃至120℃）、$丙_B$（闪点>120℃）两小类。与现行国家标准《石油库设计规范》GB 50074是协调一致的。

2 关于液化烃的火灾危险性分类问题。

液化烃在石油化工企业中是加工和储存的重要物料之一，因其蒸气压大于“闪点<28℃的可燃液体”，故其火灾危险性大于“闪点<28℃”的其他可燃液体。

液化烃泄漏而引起的火灾、爆炸事故，在我国石油化工企业的火灾、爆炸事故中所占比例也较大。

法国、荷兰及英国等国家的有关标准在其可燃液体的火灾危险性分类中，都将液化烃列为第Ⅰ类，美国、德国、意大利等国都单独制定液化烃储存和运输规范。

结合我国国家标准《石油库设计规范》GB 50074、《建筑设计防火规范》GB 50016 对油品生产的火灾危险性分类的具体情况，本规范将液化烃和其他可燃液体合并在一起统一进行分类，将甲类又细分为甲$_A$（液化烃）、甲$_B$（除甲$_A$类以外，闪点<28℃）两小类。

3 操作温度对乙、丙类可燃液体火灾危险性的影响问题。

各国在其可燃液体的危险性分类、有关石油化工企业的安全防火规范及爆炸危险场所划分的规范中，都有关于操作温度对乙、丙类液体的火灾危险性影响的规定。我国的生产管理人员对此也有明确的意见和要求。因为乙、丙类液体的操作温度高于其闪点时，气体挥发量增加，危险性也随之而增加。故本规范在这方面也作了类似的、相应的规定。

丙$_B$类液体的操作温度高于其闪点时，气体挥发量增加，危险性也随之而增加，将其危险性升至乙$_A$类又太高，实际上由于泄漏扩散时周围环境温度的影响，其危险性又有所降低。故本次修改火灾危险性升至乙$_B$类。但丙$_B$类液体的操作温度高于其沸点时，一旦发生泄漏，危险性较大，此种情况下丙$_B$类液体火灾危险性升至乙$_A$。

4 关于"液化烃"、"可燃液体"的名称问题。

1）因为液化石油气专指以C_3、C_4或由其为主所组成的混合物。而本规范所涉及的不仅是液化石油气，还涉及乙烯、乙烷、丙烯等单组分液化烃类，故统称为"液化烃"。

2）在国内外的有关规范中，对烃类液体和醇、醚、醛、酮、酸、酯类及氨、硫、卤素化合物的称谓有两种：有的按闪点细分为"易燃液体和可燃液体"，有的统称为"可燃液体"。本规范采用后者，统称为"可燃液体"。

5 液化烃、可燃液体的火灾危险性分类举例见表2。

表2 液化烃、可燃液体的火灾危险性分类举例

类别		名称
甲	A	液化氯甲烷，液化顺式-2丁烯，液化乙烯，液化乙烷，液化反式-2丁烯，液化环丙烷，液化丙烯，液化丙烷，液化环丁烷，液化新戊烷，液化丁烯，液化丁烷，液化氯乙烯，液化环氧乙烷，液化丁二烯，液化异丁烷，液化异丁烯，液化石油气，液化二甲胺，液化三甲胺，液化二甲基亚硫，液化甲醚（二甲醚）
甲	B	异戊二烯，异戊烷，汽油，戊烷，二硫化碳，异己烷，己烷，石油醚，异庚烷，环戊烷，环己烷，辛烷，异辛烷，苯，庚烷，石脑油，原油，甲苯，乙苯，邻二甲苯，间、对二甲苯，异丁醇，乙醚，乙醛，环氧丙烷，甲酸甲酯，乙胺，二乙胺，丙酮，丁醛，三乙胺，醋酸乙烯，甲乙酮，丙烯腈，醋酸乙酯，醋酸异丙酯，二氯乙烯，甲醇，异丙醇，乙醇，醋酸丙酯，丙醇，醋酸异丁酯，甲酸丁酯，吡啶，二氯乙烷，醋酸丁酯，醋酸异戊酯，甲酸戊酯，丙烯酸甲酯，甲基叔丁基醚，液态有机过氧化物
乙	A	丙苯，环氧氯丙烷，苯乙烯，喷气燃料，煤油，丁醇，氯苯，乙二胺，戊醇，环己酮，冰醋酸，异戊醇，异丙苯，液氨
乙	B	轻柴油，硅酸乙酯，氯乙醇，氯丙醇，二甲基甲酰胺，二乙基苯
丙	A	重柴油，苯胺，锭子油，酚，甲酚，糠醛，20号重油，苯甲醛，环己醇，甲基丙烯酸，甲酸，乙二醇丁醚，甲醛，糠醇，辛醇，单乙醇胺，丙二醇，乙二醇，二甲基乙酰胺
丙	B	蜡油，100号重油，渣油，变压器油，润滑油，二乙二醇醚，三乙二醇醚，邻苯二甲酸二丁酯，甘油，联苯-联苯醚混合物，二氯甲烷，二乙醇胺，三乙醇胺，二乙二醇，三乙二醇，液体沥青，液硫

6 闪点小于60℃且大于或等于55℃的轻柴油，当储罐操作温度小于或等于40℃时，其火灾危险性可视为丙$_A$类。其原因如下：随着轻柴油标准和国际标准接轨，柴油闪点由60℃降至45～55℃，柴油的火灾危险性分类就由原来的丙$_A$类变成乙$_B$类。有关研究表明：柴油闪点降低以后，其发生火灾的几率增加了，但其危害性后果没有增加，特别是当其操作温度小于或等于40℃时，其发生火灾的几率和火灾事故后果的严重性都没有增加。因此，对闪点小于60℃且大于或等于55℃的轻柴油，当储罐操作温度小于或等于40℃时，其火灾危险性可视为丙$_A$类。由于石油化工企业生产过程中，轻柴油的操作温度一般大于40℃，此时，轻柴油仍应按乙$_B$类。

3.0.3 甲、乙、丙类固体的火灾危险性分类举例见表3。

表 3 甲、乙、丙类固体的火灾危险性分类举例

类别	名 称
甲	黄磷，硝化棉，硝化纤维胶片，喷漆棉，火胶棉，赛璐珞棉，锂，钠，钾，钙，锶，铷，铯，氢化锂，氢化钾，氢化钠，磷化钙，碳化钙，四氢化锂铝，钠汞齐，碳化铝，过氧化钾，过氧化钠，过氧化钡，过氧化锶，过氧化钙，高氯酸钾，高氯酸钠，高氯酸钡，高氯酸铵，高氯酸镁，高锰酸钾，高锰酸钠，硝酸钾，硝酸钠，硝酸铵，硝酸钡，氯酸钾，氯酸钠，氯酸铵，次亚氯酸钙，过氧化二乙酰，过氧化二苯甲酰，过氧化二异丙苯，过氧化氢苯甲酰，（邻、间、对）二硝基苯，2-二硝基苯酚，二硝基甲苯，二硝基奈，三硫化四磷，五硫化二磷，赤磷，氨基化钠
乙	硝酸镁，硝酸钙，亚硝酸钾，过硫酸钾，过硫酸钠，过硫酸铵，过硼酸钠，重铬酸钾，重铬酸钠，高锰酸钙，高氯酸银，高碘酸钾，溴酸钠，碘酸钠，亚氯酸钠，五氧化二碘，三氧化铬，五氧化二磷，奈，蒽，菲，樟脑，铁粉，铝粉，锰粉，钛粉，咔唑，三聚甲醛，松香，均四甲苯，聚合甲醛偶氮二异丁腈，赛璐珞片，联苯胺，噻吩，苯磺酸钠，环氧树脂，酚醛树脂，聚丙烯腈，季戊四醇，己二酸，炭黑，聚氨酯，硫黄（颗粒度小于 2mm）
丙	石蜡，沥青，苯二甲酸，聚酯，有机玻璃，橡胶及其制品，玻璃钢，聚乙烯醇，ABS 塑料，SAN 塑料，乙烯树脂，聚碳酸酯，聚丙烯酰胺，己内酰胺，尼龙 6，尼龙 66，丙纶纤维，蒽醌，（邻、间、对）苯二酚，聚苯乙烯，聚乙烯，聚丙烯，聚氯乙烯，精对苯二甲酸，双酚 A，硫黄（工业成型颗粒度大于等于 2mm），过氯乙烯，偏氯乙烯，三聚氰胺，聚醚，聚苯硫醚，硬酯酸钙，苯酐，顺酐

3.0.4 设备的火灾危险性类别是根据设备操作介质的火灾危险性类别确定的。例如汽油为甲$_B$类，汽油泵的火灾危险性类别定为甲$_B$。

3.0.5 厂房的火灾危险性类别是以布置在厂房内设备的火灾危险性类别确定的。例如布置甲$_B$类汽油泵的厂房，其火灾危险性类别为甲类，确切地说为甲$_B$类，但现行国家标准《建筑设计防火规范》GB 50016 统定为甲类。

布置有不同火灾危险类别设备的同一房间，当火灾危险类别最高的设备所占面积比例小于 5%时，即使发生火灾事故，其不足以蔓延到其他部位或采取防火措施能防止火灾蔓延，故可按火灾危险类别较低的设备确定。

4 区域规划与工厂总平面布置

4.1 区 域 规 划

4.1.3 石油化工企业生产区应避免布置在通风不良的地段，以防止可燃气体积聚，增加火灾爆炸危险。

4.1.4 江河内通航的船只大小不一，尤其是民用船经常在船上使用明火，生产区泄漏的可燃液体一旦流入水域，很可能与上述明火接触而发生火灾爆炸事故，从而可能给下游的重要设施或建筑物、构筑物带来威胁。

4.1.5 石油化工企业泄漏的可燃液体一旦流出厂区，有可能与明火接触而引发火灾爆炸事故，造成人员伤亡和财产损失；泄漏的可燃液体和受污染的消防水未经处理直接排放，会对居住区、水域及土壤造成重大环境污染。例如：2005 年 11 月 13 日吉林石化公司双苯厂苯胺装置发生爆炸，爆炸事故中受污染的消防水排入松花江，形成了 80km 长的污染带，污染带沿江而下，不仅对下游居民的饮水安全、渔业生产等构成了威胁，而且殃及中俄边界的水体。但本条所要求采用的措施不含罐组应设的防火堤。为了防止泄漏的可燃液体和受污染的消防水流出厂区，需另外增设有效设施。如设置路堤道路、事故存液池、受污染的消防水池（罐）、雨水监控池、排水总出口设置切断阀等设施，确保泄漏的可燃液体和受污染的消防水不直接排至厂外。

4.1.6 公路系指国家、地区、城市以及除厂内道路以外的公用道路，这些公路均有公共车辆通行，甚至工厂专用的厂外道路，也会有厂外的汽车、拖拉机、行人等通行。如果公路穿行生产区，会给防火、安全管理、保卫工作带来很大隐患。

地区架空电力线电压等级一般为 35kV 以上，若穿越生产区，一旦发生倒杆、断线或导线打火等意外事故，便有可能影响生产并引发火灾造成人员伤亡和财产损失。反之，生产区内一旦发生火灾或爆炸事故，对架空电力线也有威胁。

4.1.7 建在山区的石油化工企业，由于受地形限制，区域性排洪沟往往可能通过厂区，甚至贯穿生产区，若发生事故，可燃气体和液体流入排洪沟内，一旦遇明火即可能被引燃，燃烧的水面顺流而下，会对下游邻近设施带来威胁。区域性排洪沟一般会汇入下游某一水体，泄漏的可燃液体和受污染的消防水一旦流入区域排洪沟，会对下游水体造成重大环境污染。例如，某厂排水沟（实际是排洪沟）因沟内积聚大量油气，检修时遇明火而燃烧，致使长达 200 多米的排洪沟起火，所以当区域排洪沟通过厂区时应采取防止泄漏的可燃液体和受污染的消防水流入区域排洪沟的措施。

4.1.8 地区输油（输气）管道系指与本企业生产无关的输油管道、输气管道。此类管道若穿越厂区，其生产管理与石油化工企业的生产管理相互影响，且一旦泄漏或发生火灾会对石油化工企业造成威胁。同样，石油化工企业生产区发生火灾爆炸事故也会对输油、输气管道造成影响。

4.1.9

1 高架火炬的防火间距应根据人或设备允许的

辐射热强度计算确定。

1）根据美国石油协会标准 API RP521 Guide for Pressure-Relieving and Depressuring Systems（泄压和降压系统导则）和一些国外工程公司关于火炬设计布置原则，可以考虑在火炬辐射热强度大于 1.58kW/m^2 的区域内布置一些设备和设施，但应按照表 4 的要求检查操作人员工作条件，以采取适当的防护措施确保操作人员的安全。

2）厂外居民区、公共福利设施、村庄等公众人员活动的区域，火炬辐射热强度应控制在不大于 1.58kW/m^2。

表 4　火炬辐射热对人员影响（不包括太阳辐射）

辐射热强度 q（kW/m^2）	裸露皮肤达到痛感的时间（s）	条　件
1.58	—	人员穿有适当衣服可长期停留的地点
1.74	60	—
2.33	40	—
2.90	30	—
4.73	16	无热辐射屏蔽设施，操作人员穿有适当防护衣时，可停留几分钟的地点
6.31	8（20s 起泡）	无热辐射屏蔽设施，操作人员穿有适当防护衣时，最多可停留 1min 的地点
9.46	6	在火炬设计流量排放燃烧时，操作人员有可能进入的区域，如火炬塔架根部或火炬附近高耸设备的操作平台处，但暴露时间应限于几秒钟，并应有充分的逃离通道
11.67	4	—

注：太阳的辐射热强度一般为 0.79～1.04kW/m^2。

3）设备能够安全地承受比对人体高得多的热辐射强度。在热辐射强度 1.58～3.20kW/m^2 的区域可布置设备，如果在此区域布置的设备为低熔点材料（如铝、塑料）设备、热敏性介质设备等时，需要考虑热辐射所造成的影响；在热辐射强度大于 3.20kW/m^2 的区域布置设备时，需要对热辐射的影响做出安全评估。

4）不仅要考虑火炬辐射热对地面人员安全的影响，也要考虑对在高塔和构架上操作人员安全的影响。在可能受到火炬热辐射强度达到 4.73kW/m^2 区域的高塔和构架平台的梯子应设置在背离火炬的一侧，以便在火炬气突然排放时操作人员可迅速安全撤离。

5）当火炬排放的可燃气体中携带可燃液体时，可能因不完全燃烧而产生火雨。据调查，火炬火雨洒落范围为 60～90m。因此，为了确保安全，对可能携带可燃液体的高架火炬的防火间距作了特别规定。

2　居民区、公共福利设施及村庄都是人员集中的场所，为了确保人身安全和减少与石油化工企业相互间的影响，规定了较大的防火间距，其中液化烃罐组至居民区、公共福利设施及村庄的防火间距采用了现行国家标准《建筑设计防火规范》GB 50016 的规定。

3　至相邻工厂的防火间距：表中相邻工厂指除石油化工企业和油库以外的工厂。由于相邻工厂围墙内的规划与实施不可预见，故防火间距的计算从石油化工企业内距相邻工厂最近的设备、建筑物起至相邻工厂围墙止。当相邻工厂围墙内的设施已经建设或规划并批准，防火间距可算至相邻工厂围墙内已经建设或规划并批准的设施，但应与相邻工厂达成一致意见，并经安全主管部门批准。

4　与厂外铁路线、厂外公路、变配电站的防火间距，参照现行国家标准《建筑设计防火规范》GB 50016 的规定。为了确保国家铁路线、国家或工业区编组站、高等级公路的安全，对此适当增加防火间距。

5　甲、乙类可燃液体罐组的火灾规模、扑救难度均大于生产装置，且发生泄漏后造成的危害更大。因此，甲、乙类可燃液体罐组与相邻工厂或设施之间规定了较大的防火间距。

6　石油化工企业的重要设施一旦受火灾影响，会影响生产并可能造成人员伤亡。为了减少相邻工厂或设施发生火灾时对石油化工企业重要设施的影响，规定了重要设施与相邻工厂或设施的防火间距。但当相邻工厂的设施不生产或储存可燃物质时，防火间距可减少。

7　石油化工企业与地区输油（输气）管道的防火间距参照现行国家标准《输油管道工程设计规范》GB 50253、《输气管道工程设计规范》GB 50251 的规定。

8　装卸油品码头系指非本企业专用的装卸油品码头。为了减少装卸油品码头和石油化工企业发生火灾时相互的影响，规定了“与装卸油品码头的防火间距”。

4.1.10　目前，全国各地出现不少石油化工工业区，在石油化工工业区内各企业生产性质类同，企业间不设围墙或共用围墙现象较多，这些企业生产性质、管理水平、人员素质、消防设施的配备等类似，执行的防火规范相同或相近，因此在满足安全、节约用地的前提下，规定了石油化工企业与同类企业及油库的防火间距。

4.2 工厂总平面布置

4.2.1 石油化工企业的生产特点：

1 工厂的原料、成品或半成品大多是可燃气体、液化烃和可燃液体。

2 生产大多是在高温、高压条件下进行，可燃物质可能泄漏的几率高，火灾危险性较大。

3 工艺装置和全厂储运设施占地面积较大，可燃气体散发较多，是全厂防火的重点；水、电、蒸汽、压缩空气等公用设施，需靠近工艺装置布置；工厂管理是全厂生产指挥中心，人员集中，要求安全、环保等。

根据上述石油化工企业的生产特点，为了安全生产，满足各类设施的不同要求，防止或减少火灾的发生及相互间的影响，在总平面布置时，应结合地形、风向等条件，将上述工艺装置、各类设施等划分为不同的功能区，既有利于安全防火，也便于操作和管理。

4.2.3 在山丘地区建厂，由于地形起伏较大，为减少土石方工程量，厂区大多采用阶梯式竖向布置。若液化烃罐组或可燃液体罐组，布置在高于工艺装置、全厂性重要设施或人员集中场所的阶梯上，则可能泄漏的可燃气体或液体会扩散或漫流到下一个阶梯，易发生火灾爆炸事故。因此，储存液化烃或可燃液体的储罐应尽量布置在较低的阶梯上。如因受地形限制或有工艺要求时，可燃液体原料罐也可布置在比受油装置高的阶梯上，但为了确保安全，应采取防止泄漏的可燃液体流入工艺装置、全厂性重要设施或人员集中场所的措施。如：阶梯上的可燃液体原料罐组可设钢筋混凝土防火堤或土堤；防火堤内有效容积不小于一台最大储罐的容量；罐区周围可采用路堤式道路等措施。

4.2.4 若将液化烃或可燃液体储罐紧靠排洪沟布置，储罐一旦泄漏，泄漏的可燃气体或液体易进入排洪沟；而排洪沟顺厂区延伸，难免会因明火或火花落入沟内，引起火灾。因此，规定对储存大量液化烃或可燃液体的储罐不宜紧靠排洪沟布置。

4.2.5 空分站要求吸入的空气应洁净，若空气中含有乙炔及其他可燃气体等，一旦被吸入空分装置，则有可能引起设备爆炸等事故。如1997年我国某石油化工企业空分站因吸入甲烷等可燃气体，引起主蒸发器发生粉碎性爆炸造成重大人员伤亡和财产损失。因此，要求将空分站布置在不受上述气体污染的地段，若确有困难，也可将吸风口用管道延伸到空气较清洁的地段。

4.2.6 全厂性高架火炬在事故排放时可能产生“火雨”，且在燃烧过程中，还会产生大量的热、烟雾、噪声和有害气体等。尤其在风的作用下，如吹向生产区，对生产区的安全有很大威胁。为了安全生产，故规定全厂性高架火炬宜位于生产区全年最小频率风向的上风侧。

4.2.7 汽车装卸设施、液化烃灌装站和全厂性仓库等，由于汽车来往频繁，汽车排气管可能喷出火花，若穿行生产区极不安全；而且，随车人员大多数是外单位的，情况比较复杂。为了厂区的安全与防火，上述设施应靠厂区边缘布置，设围墙与厂区隔开，并设独立出入口直接对外，或远离厂区独立设置。

4.2.8 泡沫站应布置在非防爆区，为避免罐区发生火灾产生的辐射热使泡沫站失去消防作用，并与现行国家标准《低倍数泡沫灭火系统设计规范》GB 50151相协调，规定“与可燃液体罐的防火间距不宜小于20m。”

4.2.9 由厂外引入的架空电力线路的电压一般在35kV以上，若架空伸入厂区，一是需留有高压走廊，占地面积大，二是一旦发生火灾损坏高压架空电力线，影响全厂生产。若采用埋地敷设，技术比较复杂也不经济。为了既有利于安全防火，又比较经济合理，故规定总变电所应布置在厂区边缘，但宜尽量靠近负荷中心。距负荷中心过远，由总变电所向各用电设施引线过多过长也不经济。

4.2.10 消防站服务半径以行车距离和行车时间表示，对现行国家标准《建筑设计防火规范》GB 50016规定的丁、戊类火灾危险性较小的场所则放宽要求，以便区别对待。

行车车速按每小时30km考虑，5min的行车距离即为2.5km。当前我国石油化工厂主要依靠移动消防设备扑救火灾，故要求消防车的行车时间比较严格，若主要依靠固定消防设施灭火，行车时间可适当放宽。故执行本条时，尚应考虑固定消防设施的设置情况。为使消防站能满足迅速、安全、及时扑救火灾的要求，故对消防站的位置做出具体规定。

4.2.11 绿化是工厂的重要组成部分，合理的绿化设计既可美化环境，改善小气候，又可防止火灾蔓延，减少空气污染。但绿化设计必须紧密结合各功能区的生产特点，在火灾危险性较大的生产区，应选择含水分较多的树种，以利防火。如某厂在道路一侧的油罐起火，道路另一侧的油罐未加水喷淋冷却保护，只因有行道树隔离，仅树被大火烤黄烤焦但未起火，油罐未受威胁。可见绿化的防火作用。假如行道树是含油脂较多的针叶树等，其效果就会完全相反，不仅不能起隔离保护作用，甚至会引燃树木而扩大火势。因此，选择有利防火的树种是非常重要的。但在人员集中的生产管理区，进行绿化设计则以美化环境、净化空气为主。

在绿化布置形式上还应注意，在可能散发可燃气体的工艺装置、罐组、装卸区等周围地段，不得种植绿篱或茂密的连续式的绿化带，以免可燃气体积聚，且不利于消防。

可燃液体罐组内植草皮是南方某些厂多年实践经验的结果，由于罐组内植草皮，有利于降低环境温度，减少可燃液体挥发损失，有利于防火。但生长高度不得超过 15cm，而且应能保持四季常绿，否则，冬季枯黄反而对防火不利。

为避免泄漏的气体就地积聚，液化烃罐组内严禁任何绿化。否则，不利于泄漏的可燃气体扩散，一旦遇明火引燃，危及储罐安全。

4.2.12

1 制定防火间距的原则和依据：

1）防止或减少火灾的发生及发生火灾时工艺装置或设施间的相互影响。参考国外有关火灾爆炸危险范围的规定，将可燃液体敞口设备的危险范围定为 22.5m，密闭设备定为 15m。

2）辐射热影响范围。根据天津消防研究所有关油罐灭火实验资料：5000m^3 油罐火灾，距罐壁 D（22.86m）、距地面 H（13.63m）的测点，辐射热强度最大值为 4.92kW/m^2，平均值为 3.21 kW/m^2；100m^3 油罐火灾，距罐壁 D（5.42m）、距地面 H（5.51m）的测点，辐射热强度最大值为 12.79kW/m^2，平均值为 8.28kW/m^2。

3）火灾几率及其影响范围。根据 1954～1984 年炼油厂较大火灾事例的统计分析，各类设施的火灾比例：工艺装置为 69%、储罐为 10%、铁路装卸站台为 5%、隔油池为 3%、其他为 13%。其中火灾比例较大的装置火灾影响范围约 10m。1996～2002 年石油化工企业较大火灾事例的统计分析，各类设施的火灾比例：工艺装置为 66%、储罐为 19%、铁路装卸站台为 7%、隔油池为 3%、其他为 5%。国外调研装置火灾影响范围约 50ft（15m）。

4）重要设施重点保护。对发生火灾可能造成全厂停产或重大人身伤亡的设施，均应重点保护，即使该设施火灾危险性较小，也需远离火灾危险性较大的场所，以确保其安全。在本次修订中，为了突出对人员的保护，贯彻“以人为本”的理念，将重要设施分为两类。发生火灾时可能造成重大人身伤亡的设施为第一类重要设施，制定了更大的防火间距。如：全厂性办公楼、中央控制室、化验室、消防站、电信站等；发生火灾时影响全厂生产的设施为第二类重要设施，也制定了较大的防火间距。如：全厂性锅炉房和自备电站、变电所、空压站、空分站、消防水泵房、新鲜水加压泵房、循环水场冷却塔等。

5）减少对厂外公共环境的影响。国外石油化工企业非常重视在事故状态下对社会公共环境的影响，厂内危险设备距厂区围墙（边界）的间距一般较大，将火灾事故状态下一定强度的辐射热控制在厂区围墙内。在本次修订中，适当加大了厂内危险设备与厂区围墙的间距，可以使爆炸危险区范围控制在厂区围墙内，并将厂内的火灾影响范围有效控制在厂区围墙内；同时也可降低厂外明火及火花对厂内危险设备的威胁。

6）消防能力及水平。石油化工企业在长期生产实践过程中，总结了丰富的消防经验，扑救工艺装置火灾有得力措施，尤其是油罐消防技术比较成熟，消防设备也更加先进，在设计上也提高了企业的整体消防能力和水平。防火间距的制定结合目前的消防能力和水平，并为扑救火灾创造条件。

7）扑救火灾的难易程度。一般情况下，油罐的火灾、工艺装置重大火灾爆炸事故扑救较困难，其他设施的火灾比较容易扑救。

8）节约用地。在满足防火安全要求的前提下，尽可能减少工程占地。

9）与国际接轨。在结合我国国情、满足安全生产要求的基础上，参考国外有关标准，吸取先进技术和成功经验。

2 制定防火间距的基本方法。组成石油化工企业的设施种类繁多，各有其特点，因此，在制定防火间距时，首先对主要设施（如工艺装置、储罐、明火及重要设施）之间进行分析研究，确定其防火间距，然后以此为基础对其他设施进行对照，再综合分析比较，逐一制定防火间距。其中，对建筑物之间的防火间距，本规范未作规定的均按现行国家标准《建筑设计防火规范》GB 50016 执行。

3 执行本规范表 4.2.12 时，需注意以下问题：

1）工厂内工艺装置、设施之间防火间距按此表执行，工艺装置或设施内防火间距不按此表执行。

2）工艺装置、设施之间的防火间距，无论相互间有无围墙，均以装置或设施相邻最近的设备或建筑物作为起止点（装置储罐组以防火堤中心线作为起止点）。防火间距起止点的规定见本规范附录 A。

3）工艺装置的防火间距：①工艺装置均以装置或装置内生产单元的火灾危险性确定与相邻装置或设施的防火间距。②炼油装置以装置的火灾危险性确定与相邻装置或设施的防火间距；但对于联合装置应以联合装置内各装置的火灾危险性确定与相邻装置或设施的防火间距，联合装置内重要的设施（如：控制室、变配电所、办公楼等）均比照甲类火灾危险性装置确定与相邻装置或设施的防火间距；当两套装置的控制室、变配电所、办公室相邻布置时，其防火间距可执行现行国家标准《建筑设计防火规范》GB 50016。焦化装置的焦炭池和硫黄回收装置的硫黄仓库可按丙类装置确定与相邻装置或设施的防火间距。③石油化工装置以装置内生产单元的火灾危险性确定与相邻装置或设施的防火间距；装置内重要的设施（如：控制室、变配电所、办公楼等）均比照甲类火灾危险性单元确定与相邻装置或设施的防火间距；当两套装置的控制室、变配电所、办公室相邻布置时，其防火间距可执行现行国家标准《建筑设计防火规范》GB 50016。

4）与可燃气体、液化烃或可燃液体罐组的防火间距，均以相邻最大容积的单罐确定。因罐组内火灾的影响范围取决于单罐容积的大小，大罐影响范围大，小罐影响范围小。国外标准也以单罐为准。含可燃液体的酸性水罐、废碱液等储罐，与相邻设施的防火间距按其所含可燃液体的最大量确定。

5）与码头装卸设施的防火间距，均以相邻最近的装卸油臂或油轮停靠的泊位确定。

6）与液化烃或可燃液体铁路装卸设施的防火间距，均以相邻最近的铁路装卸线（中心线）、泵房或零位罐等确定。

7）与液化烃或可燃液体汽车装卸台的防火间距无论相互间有无围墙，均以相邻最近的装卸鹤管、泵房或计量罐等确定。

8）与高架火炬的防火间距，即使火炬筒附近设有分液罐等，均以火炬筒中心确定。火炬之间的防火间距要保证辐射热不影响相邻火炬的检修和运行，同时考虑风向、火焰长度等因素，其他要求详见第4.1.9条条文说明。

9）与污水处理场的防火间距，指与污水处理场内隔油池、污油罐的防火间距，与污水处理场内其他设备或建（构）筑物的防火间距，见表4.2.12注2、注10。

10）当石油化工企业与同类企业相邻布置时，石油化工企业内的设施与厂区围墙（同类企业相邻侧）的间距，满足消防操作、检修、管线敷设等要求即可。

11）对于石油化工企业内已建装置或设施改扩建工程，已建装置或设施与厂区围墙的间距不能满足本规范要求时，可结合历史原因及周边现状考虑。

12）消防站作为消防的重要设施必须考虑自身人员和设备的安全。消防站内24h有人值班，与一些重大危险区域应保持一定的安全间距，故规定与甲类装置的防火间距不小于50m。

4 可燃液体储罐采用氮气密封，既能防止油气与空气接触，又能避免油气向外扩散，对安全防火有利，其效果类似浮顶罐。

可燃液体采用密闭装卸，设油气密闭回收系统，可防止或减少油气就地散发，极大地减少火灾爆炸事故发生的可能性。

5 当为本石油化工企业设置的输油首末站布置在石油化工企业厂区内时，执行石油化工企业总平面布置的防火间距。

6 工艺装置或装置内单元的火灾危险性分类举例见表5～表7。

表5 工艺装置或装置内单元的火灾危险性分类举例（炼油部分）

类别	装置（单元名称）
甲	加氢裂化，加氢精制，制氢，催化重整，催化裂化，气体分馏，烷基化，叠合，丙烷脱沥青，气体脱硫，液化石油气硫醇氧化，液化石油气化学精制，喷雾蜡脱油，延迟焦化，常减压蒸馏，汽油再蒸馏，汽油电化学精制，酮苯脱蜡脱油，汽油硫醇氧化，减黏裂化，硫黄回收
乙	轻柴油电化学精制，酚精制，煤油电化学精制，煤油硫醇氧化，空气分离，煤油尿素脱蜡，煤油分子筛脱蜡，轻柴油分子筛脱蜡
丙	糠醛精制，润滑油和蜡的白土精制，蜡成型，石蜡氧化，沥青氧化

表6 工艺装置或装置内单元的火灾危险性分类举例（石油化工部分）

类别	装置（单元）名称
	Ⅰ 基本有机化工原料及产品
甲	管式炉（含卧式、立式，毫秒炉等各型炉）蒸汽裂解制乙烯、丙烯装置，裂解汽油加氢装置；芳烃抽提装置；对二甲苯装置；对二甲苯二甲酯装置；环氧乙烷装置；石脑油催化重整装置；制氢装置；环已烷装置；丙烯腈装置；苯乙烯装置；碳四抽提丁二烯装置；丁烯氧化脱氢制丁二烯装置；甲烷部分氧化制乙炔装置；乙烯直接法制乙醛装置；苯酚丙酮装置；乙烯氧化法制氯乙烯装置；乙烯直接水合法制乙醇装置；对苯二甲酸装置（精对苯二甲酸装置）；合成甲醇装置；乙醛氧化制乙酸（醋酸）装置的乙醛储罐、乙醛氧化单元；环氧氯丙烷装置的丙烯储罐组和丙烯压缩、氯化、精馏、次氯酸化单元；羰基合成制丁醇装置的一氧化碳、氢气、丙烯储罐组和压缩、合成、蒸馏缩合、丁醛加氢单元；羰基合成制异辛醇装置的一氧化碳、氢气、丙烯储罐组和压缩、合成丁醛、缩合脱水、2-乙基己烯醛加氢单元；烷基苯装置的煤油加氢、分子筛脱蜡（正戊烷，异辛烷，对二甲苯脱附）、正构烷烃（C_{10}～C_{13}）催化脱氢、单烯烃（C_{10}～C_{13}）与苯用HF催化烷基化和苯、氢、脱附剂、液化石油气，轻质油等储运单元；双酚A装置的原料预制及回收、反应及脱水、反应物精制单元；MTBE装置；二甲醚装置；1-4丁烯二醇装置
乙	乙醛氧化制乙酸（醋酸）装置的乙酸精馏单元和乙酸、氧气储罐组；乙酸裂解制醋酐装置；环氧氯丙烷装置的中和环化单元、环氧氯丙烷储罐组；羰基合成制丁醇装置的蒸馏精制单元和丁醇储罐组；烷基苯装置的原料煤油、脱蜡煤油、轻蜡、燃料油储运单元；合成洗衣粉装置的烷基苯与SO_3磺化单元；合成洗衣粉装置的硫黄储运单元；双酚A装置的造粒包装单元
丙	乙二醇装置的乙二醇蒸发脱水精制单元和乙二醇储罐组；羰基合成制异辛醇装置的异辛醇蒸馏精制单元和异辛醇储罐组；烷基苯装置的热油（联苯＋联苯醚）系统、含HF物质中和处理系统单元；合成洗衣粉装置的烷基苯硫酸与苛性钠中和、烷基苯硫酸钠与添加剂（羧甲基纤维素、三聚磷酸钠等）合成单元

续表 6

类别	装置（单元）名称
	Ⅱ　合成橡胶
甲	丁苯橡胶和丁腈橡胶装置的单体、化学品储存、聚合、单体回收单元；乙丙橡胶、异戊橡胶和顺丁橡胶装置的单体、催化剂、化学品储存和配置、聚合，胶乳储存混合、凝聚、单体与溶剂回收单元；氯丁橡胶装置的乙炔催化合成乙烯基乙炔、催化加成或丁二烯氯化成氯丁二烯，聚合、胶乳储存混合、凝聚单元；丁基橡胶装置的丙烯乙烯冷却、聚合凝聚、溶剂回收单元
丙	丁苯橡胶和丁腈橡胶装置的化学品配制、胶乳混合、后处理（凝聚、干燥、包装）、储运单元；乙丙橡胶、顺丁橡胶、氯丁橡胶和异戊橡胶装置的后处理（脱水、干燥、包装）、储运单元；丁基橡胶装置的后处理单元
	Ⅲ　合成树脂及塑料
甲	高压聚乙烯装置的乙烯储罐、乙烯压缩、催化剂配制、聚合、分离、造粒单元；气相法聚乙烯装置的烷基铝储运、原料精制、催化剂配制、聚合、脱气、尾气回收单元；液相法（淤浆法）聚乙烯装置的原料精制、烷基铝储运、催化剂配制、聚合、分离、干燥、溶剂回收单元；高压聚乙烯装置的乙烯储罐、乙烯压缩、催化剂配制、聚合、造粒单元；低密度聚乙烯装置的丁二烯、H_2、丁基铝储运、净化、催化剂配制、聚合、溶剂回收单元；低压聚乙烯装置的乙烯、化学品储运、配料、聚合、醇解、过滤、溶剂回收单元；聚氯乙烯装置的氯乙烯储运、聚合单元；聚乙烯醇装置的乙炔、甲醇储运、配料、合成醋酸乙烯、聚合、精馏、回收单元；本体法连续制聚苯乙烯装置的通用型聚苯乙烯的乙苯储运、脱氢、配料、聚合、脱气及高抗冲聚苯乙烯的橡胶溶解配料、其余单元同通用型 ABS 塑料装置的丙烯腈，丁二烯、苯乙烯储运、预处理、配料、聚合、凝聚单元；SAN 塑料装置的苯乙烯，丙烯腈储运、配料、聚合脱气、凝聚单元；聚丙烯装置的本体法连续聚合的丙烯储运、催化剂配制、聚合，闪蒸、干燥、单体精制与回收及溶剂法的丙烯储运、催化剂配制、聚合、醇解、洗涤、过滤、溶剂回收单元；聚甲醛装置；聚醚装置；聚苯硫醚装置；环氧树脂装置；酚醛树脂装置
乙	聚乙烯醇装置的醋酸储运单元
丙	高压聚乙烯装置的掺合、包装、储运单元 气相法聚乙烯装置的后处理（挤压造粒、料仓、包装）、储运单元 液相法（淤浆法）聚乙烯装置的后处理（挤压造粒、料仓、包装）、储运单元 聚氯乙烯装置的过滤、干燥、包装、储运单元 聚乙烯醇装置的干燥、包装、储运单元 聚丙烯装置的挤压造粒、料仓、包装单元 本体法连续制聚苯乙烯装置的造粒、包装、储运单元 ABS 塑料和 SAN 塑料装置的干燥、造粒、料仓、包装、储运单元 聚苯乙烯装置的本体法连续聚合的造粒、料仓、包装、储运及溶剂法的干燥、掺和、包装、储运单元

续表 6

类别	装置（单元）名称
	Ⅳ　合成氨及氨加工产品
甲	合成氨装置的烃类蒸气转化或部分氧化法制合成气（N_2+H_2+CO）、脱硫、变换、脱 CO_2、铜洗、甲烷化、压缩、合成、原料烃类单元和煤气储罐组 硝酸铵装置的结晶或造粒、输送、包装、储运单元
乙	合成氨装置的氨冷冻、吸收单元和液氨储罐 合成尿素装置的氨储罐组和尿素合成、气提、分解、吸收、液氨泵、甲胺泵单元 硝酸装置 硝酸铵装置的中和、浓缩、氨储运单元
丙	合成尿素装置的蒸发、造粒、包装、储运单元

表 7　工艺装置或装置内单元的火灾危险性分类举例（石油化纤部分）

类别	装置（单元）名称
甲	涤纶装置（DMT 法）的催化剂、助剂的储存、配制、对苯二甲酸二甲酯与乙二醇的酯交换、甲醇回收单元；锦纶装置（尼龙 6）的环己烷氧化、环己醇与环己酮分馏、环己醇脱氢、己内酰胺用苯萃取精制、环己烷储运单元；尼纶装置（尼龙 66）的环己烷储运、环己烷氧化、环己醇与环己酮氧化制己二酸、己二腈加氢制己胺单元；腈纶装置的丙烯腈、丙烯酸甲酯、醋酸乙烯、二甲胺、异丙醚、异丙醇储运和聚合单元；硫氰酸钠（NaSCN）回收的萃取单元，二甲基乙酰胺（DMAC）的制造单元；维尼纶装置的原料中间产品储罐组和乙炔或乙烯与乙酸催化合成乙酸乙烯、甲醇醇解生产聚乙烯醇、甲醇氧化生产甲醛、缩合为聚乙烯醇缩甲醛单元；聚酯装置的催化剂、助剂的储存、配制、己二腈加氢制己二胺单元
乙	锦纶装置（尼龙 6）的环己酮肟化，贝克曼重排单元 尼纶装置（尼龙 66）的己二酸氨化，脱水制己二腈单元 煤油、次氯酸钠库
丙	涤纶装置（DMT）的对苯二甲酸乙二酯缩聚、造粒、熔融、纺丝、长丝加工、料仓、中间库、成品库单元；涤纶装置（PTA 法）的酯化、聚合单元；锦纶装置（尼龙 6）的聚合、切片、料仓、熔融、纺丝、长丝加工、储运单元 尼纶装置（尼龙 66）的成盐（己二胺己二酸盐）、结晶、料仓、熔融、纺丝、长丝加工、包装、储运单元 腈纶装置的纺丝（NaSCN 为溶剂除外）、后干燥、长丝加工、毛条、打包、储运单元 维尼纶装置的聚乙烯醇熔融抽丝、长丝加工、包装、储运单元 维纶装置的丝束干燥及干热拉伸、长丝加工、包装、储运单元 聚酯装置的酯化、缩聚、造粒、纺丝、长丝加工、料仓、中间库、成品库单元

4.3 厂 内 道 路

4.3.2 最长列车长度，是根据走行线在该区间的牵引定数和调车线或装卸线上允许的最大装卸车的数量确定的，应避免最长列车同时切断工厂主要出入口道路。

4.3.3 厂区主干道是通过人流、车流最多的道路，因此宜避免与厂内铁路线平交。如某厂渣油、柴油铁路装车线与工厂主干道在厂内平交，多次发生撞车事故。

4.3.4 环形道路便于消防车从不同方向迅速接近火场，并有利于消防车的调度。API RP 2001 Fire Protection in Refineries《炼油厂防火》中规定：足够的交通和运输道路的设置在防火中十分重要。应当保证炼油厂区的道路足够宽，满足应急车辆进出和停放。道路转弯半径应当允许机动设备有足够空间，不至于碰到管道支架和设备。

对于布置在山丘地区的小容积可燃液体的储罐区及装卸区、化学危险品仓库区，因受地形条件限制，全部设置环形道路需开挖大量土石方，很不经济。因此，在局部困难地段，也可设能满足消防车辆回车用的尽头式消防车道。

4.3.5 因为消火栓的保护半径不宜超过 120m，故规定从任何储罐中心距至少两条消防道路的距离不应超过 120m；目前某些大型油罐的布置无法满足该规定，但为了满足安全需要，特采取以下措施：

1 减少储罐中心至消防车道的距离，由最大 120m 变为最大 80m，因为只有一条道路可供消防，为了满足消防用水量的要求，需有较多消火栓。

2 最近消防车道的路面宽度不应小于 9m，有利于消防车的调度和错车。

4.4 厂 内 铁 路

4.4.1 铁路机车或列车在启动、走行或刹车时，均可能从排气筒、钢轨与车轮摩擦或闸瓦处散发火花。若厂内铁路线穿行于散发可燃气体较多的地段，有可能被上述火花引燃。因此，铁路线应尽量靠厂区边缘集中布置。这样布置也利于减少与道路的平交，缩短铁路长度，减少占地。

4.4.2 工艺装置的固体产品铁路装卸线可以靠近该装置的边缘布置，其原因是：

1 生产过程要求装卸线必须靠近；

2 装卸的固体物料火灾危险性相对较小，多年来从未发生过由于机车靠近而引起的火灾事故。

4.4.3 液化烃和可燃液体的装卸栈台，都是火灾危险性较大的场所，但性质不尽相同，液化烃火灾危险性较大。但如均采用密闭装车，亦较安全。因此，液化烃装卸栈台可与可燃液体装卸栈台同区布置。但由于液化烃一旦泄漏被引燃，比可燃液体对周围影响更大，故应将液化烃装卸栈台布置在装卸区的一侧。

4.4.5 对尽头式线路规定停车车位至车挡应有 20m 是因为：

1 当车辆发生火灾时，便于将其他车辆与着火车辆分离，减少火灾影响及损失；

2 作为列车进行调车作业时的缓冲段，有利于安全。

4.4.6 液化烃和可燃液体在装卸过程中，经常散发可燃气体，在装卸作业完成后，可能仍有可燃气体积聚在装卸栈台附近或装卸鹤管内，若机车利用装卸线走行，机车一旦散发火花，是很危险的。

4.4.7 液化烃、可燃液体和甲、乙类固体的铁路装卸线停放车辆的线段为平直段时，其优点为：①有利于调车时司机的瞭望、引导列车进出站台和调对鹤位，有利于车辆的挂钩连接；②在平直段对罐车内油品的计量较准确，卸油较净；③平坡不致发生溜车事故。

某公司工业站，有一货车停在 2.5‰纵坡的站线上，由于风大和制动器失灵而发生溜车。

当在地形复杂地区建厂时，若满足上述要求，可能需开挖大量土石方，很不经济。在这种情况下亦可将装卸线放在半径不小于 500m 的平坡曲线上。但若设在半径过小的平坡曲线上，则列车自动挂钩、脱钩困难。

5 工艺装置和系统单元

5.1 一 般 规 定

5.1.1 本条第 2 款所述设备、管道的保冷层材料，目前可供选用的不燃烧材料很少，故允许用阻燃型泡沫塑料制品，但其氧指数不应小于 30。

5.1.2 本条是为保证设备和管道的工艺安全，根据实际情况而提出的几项原则要求。

5.1.3 本条是根据国外经验和国内石油化工企业的事故教训制定的。例如：某厂催化车间气分装置的丙烷抽出线焊口开裂，造成特大爆炸火灾事故；某厂液化石油气罐区管道泄漏出大量液化石油气，直到天亮才被发觉，因附近无明火，未酿成更大事故；某厂液化石油气球罐区因在脱水时违反操作规程，造成大量液化石油气进入污水池而酿成火灾爆炸和人身伤亡事故。这些事故若能及早发现并采取措施，就可能避免火灾和爆炸，减小事故的危害程度。因此，在可能泄漏可燃气体的设备区，设置可燃气体报警系统，可及时得到危险信号并采取措施，以防止火灾爆炸事故的发生。

可燃气体报警系统一般由探测器和报警器组成，也可以是专用的数据采集系统与探测器组成。可燃气体报警信号不仅要送到控制室，也应该在现场就地发出声/光报警信号，以警告现场人员和车辆及时采取必要的措施，防止事态扩大。

5.2 装置内布置

5.2.1 确定本规范表5.2.1的项目和防火间距的主要原则和依据如下：

1 与本规范第3章“火灾危险性分类”相协调。

2 与现行国家标准《爆炸和火灾危险环境电力装置设计规范》GB 50058的下列规定相协调：

1）释放源，即可能释放出形成爆炸性混合物的物质所在的位置或地点。

2）爆炸危险场所范围为15m。

3 吸取国外有关标准的适用部分。本规范表5.2.1的项目和防火间距，与大部分国外工程公司的有关防火和装置平面布置规定基本一致。

4 充分考虑装置内火灾的影响距离和可燃气体的扩散范围（可能形成爆炸性气体混合物的范围）。

1）装置内火灾的影响距离约10m。

2）可燃气体的扩散范围：

（1）正常操作时，甲、乙$_A$类工艺设备周围3m左右；

（2）液化烃泄漏后，可燃气体的扩散范围一般为10～30m；

（3）甲$_B$、乙$_A$类液体泄漏后，可燃气体的扩散范围为10～15m；

（4）操作温度等于或高于其闪点的乙$_B$、丙类液体泄漏后，可燃气体的扩散范围一般不超过10m；

（5）氢气的水平扩散距离一般不超过4.5m。

3）《英国石油工业防火规范的报告》：汽油风洞试验，油气向下风侧的扩散距离为12m。

5 确定项目的依据：

1）点火源。点火源主要有明火、赤热表面、电气火花、静电火花、冲击和摩擦、化学反应及发热自燃等。根据石油化工企业工艺装置的实际情况，在确定规范表5.2.1的项目时，主要考虑明火、赤热表面和电气火花，故在表中列入下列设备或建筑物：

（1）明火设备；

（2）控制室、机柜间、变配电所、化验室、办公室等建筑物是装置内重要设施，同时又是产生明火及火花的地点，有些还是人员集中场所，其防火要求相同，故合并为一项；

（3）操作温度等于或高于自燃点的设备。

2）释放源。

根据现行国家标准《爆炸和火灾危险环境电力装置设计规范》GB 50058中对于释放源的规定，结合石油化工企业工艺装置的实际情况，根据不同的防火要求，将释放源分成四项：

（1）可燃气体压缩机或压缩机房；

（2）装置储罐；

（3）其他工艺设备或房间；

（4）含可燃液体的隔油池、污水池（有盖）、酸性污水罐、含油污水罐。

6 表5.2.1的可燃物质类别和防火间距补充说明如下：

1）甲$_B$、乙$_A$类液体和甲类气体及操作温度等于或高于其闪点的乙$_B$、丙$_A$类液体设备是释放源，其与明火或与有电火花的地点的最小防火间距，与爆炸危险场所范围相协调，定为15m；

2）甲$_A$类液体，即液化烃，其蒸气压高于甲$_B$、乙$_A$类液体，事故分析也证明，其危险性也较甲$_B$、乙$_A$类液体大，其设备与明火设备的最小防火间距定为22.5m（15m的1.5倍）；

3）乙$_B$、丙$_A$类液体和乙类气体设备不是释放源，但因易受外界影响而形成释放源，其与明火或有电火花的地点的最小防火间距为9m；

4）丙$_B$类液体，闪点高于120℃，既不是释放源，也不易受外界影响而超过其闪点，故未规定这类设备的防火间距。在设计上，可只考虑其他方面的间距要求；

5）操作温度等于或高于自燃点的工艺设备，一旦泄漏，立即燃烧，故不作为释放源，其与明火设备的间距只考虑消防的要求，本规范规定其与明火设备的最小间距为4.5m。

6）确定明火加热炉与其他设施防火间距时，自明火加热炉本体最外缘算起。

7 某些石油化工装置根据其生产特点需在装置内设置丙类仓库或乙类物品储存间，本次修订补充了丙类仓库或乙类物品储存间与其他设施的防火间距。

8 装置储罐组为工艺装置的一部分，故本次修改将99版规范表4.2.8与表4.2.1合并组成表5.2.1。

9 部分装置内设有含油污水预处理设施，故表5.2.1中增加含可燃液体的隔油池、污水池（有盖）一项；硫黄回收装置中的酸性污水罐，焦化装置除焦含油污水罐也具备隔油作用，因此与其同列在一项。

5.2.2 本条主要指与明火设备密切相关、联系紧密的设备。例如：

1 催化裂化装置的反应器与再生器及其辅助燃烧室可靠近布置。反应器是正压密闭的，再生器及其辅助燃烧室都属内部燃烧设备，没有外露火焰，同时辅助燃烧室只在开工初期点火，此时反应设备还没有进油，影响不大，所以防火间距可不限。

2 减压蒸馏塔与其加热炉的防火间距，应按转油线的工艺设计的最小长度确定；该管道生产要求散热少、压降小，管道过长或过短都对蒸馏效果不利，故不受防火间距限制。

3 加氢裂化、加氢精制装置等的反应加热炉与反应器，因其加热炉的转油线生产要求温降和压降应尽量小，且该管道材质是不锈钢或合金钢，价格昂贵，所以反应加热炉与反应器的防火间距不限。反应器一般位于反应产物换热器和反应加热炉之间，反应产物换热器一般紧靠反应器布置，所以反应产物换热器与反应加热炉之间防火间距也不限。

4 硫黄回收装置的酸性气燃烧炉属内部燃烧设备，没有外露火焰。液体硫黄的凝点约为117℃，在生产过程中，硫黄不断转化，需要几次冷凝、捕集。为防止设备间的管道被硫黄堵塞，要求酸性气燃烧炉与其相关设备布置紧凑，故对酸性气燃烧炉与其相关设备之间的防火间距，可不加限制。

5.2.4 燃料气分液罐、燃料气加热器等为加热炉附属设备，但又存在火灾危险，故规定了6m的最小间距。

5.2.5 以甲$_B$、乙$_A$类液体为溶剂的溶液法聚合液，如以加氢汽油为溶剂的溶液法聚合工艺的顺丁橡胶的胶液，含胶浓度为20%，有80%左右是加氢汽油或抽余油，虽火灾危险性较大，但因黏度大，易堵塞管道，输送过程中压降大，因此，既要求有较小的间距，又要满足消防的需要。溶液法聚合胶液的掺和罐、储存罐与相邻设备应有一定间距。当掺和罐、储存罐总容积大于800m^{3}时，防火间距不宜小于7.5m；小于或等于800m^{3}时不作规定，可根据实际情况确定。

5.2.8 露天或半露天布置设备，不仅是为了节省投资，更重要的是为了安全。因为露天或半露天，可燃气体便于扩散。"受自然条件限制"系指建厂地区是属于风沙大、雨雪多的严寒地区。工艺装置的转动机械、设备，例如套管结晶机、真空过滤机、压缩机、泵等因受自然条件限制的设备，可布置在室内。

"工艺特点"系指生产过程的需要，例如化纤设备不能露天或半露天布置。"半露天布置"包括敞开或半敞开式厂房布置。

5.2.9 考虑到联合装置内各装置或单元同开同停，同时检修。因此，各装置或单元之间的距离以同一装置相邻设备间的防火间距而定，不按装置与装置之间的防火间距确定。这样，既保证安全又节约了占地。

5.2.10 在大型联合装置或装置发生火灾事故时，消防车在必要时需进入装置进行扑救，考虑消防车进入装置后不必倒车，比较安全，装置内消防道路要求两端贯通。道路应有不少于2个出入口与装置四周的环形消防道路相连，且2个出入口宜位于不同方位，便于消防作业。在小型装置中，消防车救火时一般不进入装置内，在装置外两侧有消防道路且两道路间距不大于120m时，装置内可不设贯通式道路，并控制设备、建筑物区占地面积不大于10000m^2。

规定路面内缘转弯半径是为了方便消防车通行。

对大型石油化工装置，道路路面宽度、净空高度及路面内缘转弯半径可根据需要适当增加。

5.2.11 各种石油化工工艺装置占地面积有很大不同，由数千平方米到数万平方米。例如某石油化工企业2000kt/a连续重整装置占地面积为32200m^2，某石油化工企业900kt/a乙烯装置占地面积为98300m^2。考虑到检修、消防要求，防止火灾蔓延，减少财产损失等因素，大型装置用道路将装置内设备、建筑物区进行分割是必要的。

《石油化工企业设计防火规范》GB 50160发布实施以来，"用道路将装置分割成为占地面积不大于10000m^{2}的设备、建筑物区"，满足了大多数装置的布置需要。伴随装置规模大型化，有的大型石油化工装置用道路将装置分割成为占地面积不大于10000m^{2}的设备、建筑物区已经难以做到。将防火分区面积扩大到20000m^2，其理由如下：

1 本条文中的大型石油化工装置指的是单系列原油加工能力大于或等于10000kt/a石油化工厂中的主要炼油工艺装置、800kt/a及其以上的乙烯装置、200kt/a及其以上的高压聚乙烯装置、450kt/a及其以上的对苯二甲酸装置等。

2 同一工艺单元的设备必须连为一体布置。如：某石油化工企业1000kt/a乙烯装置的裂解炉及其炉前管廊，无法分隔，裂解炉区（含炉前管廊）的长度为180m，宽度为70m，面积为12600m^2；某石油化工企业900kt/a乙烯装置的压缩区长度为164m，宽度为103m，面积为16892m^2。

3 因工艺要求，在两个工艺单元之间不允许用道路分隔。如：某石油化工企业高压聚乙烯装置中的反应区和压缩区，两工艺单元之间有超高压管道相连，超高压管道必须沿地敷设，从而使两单元之间无法设置消防道路，两工艺单元总占地面积为15500m^2。

考虑现有的消防水平，在增加部分消防设施情况下，限制用道路分割的设备、建筑物区宽度不大于120m，且在设备、建筑物区四周设环形道路，同时对道路宽度加以规定时，可适当扩大设备、建筑物区块面积至20000m^2。为减少事故情况下设备、建筑物区块间的相互影响，方便消防作业，对区块间防火间距规定不小于15m。当两相邻设备、建筑物区块占地面积总和不大于20000m^2，两相邻设备、建筑物区块的防火间距可小于15m。

装置设备、建筑物区占地面积指装置内道路间或装置内道路与装置边界间占地面积。

在装置平面布置中，每一设备、建筑物区块面积首先按10000m^{2}进行控制。

5.2.12 工艺装置（含联合装置）内的地坪在通常情况下标高差不大，但是在山区或丘陵地区建厂，当工程土石方量过大，经技术经济比较，必须阶梯式布置，即整个装置布置在两阶或两阶以上的平面时，应将控制室、变配电所、化验室、办公室等布置在较高一阶平面上，将工艺设备、装置储罐等布置在较低的地平面上，以减少可燃气体侵入或可燃液体漫流的可能性。

5.2.13 一般加热炉属于明火设备，在正常情况下火焰不外露，烟囱不冒火，加热炉的火焰不可能被风吹走。但是，可燃气体或可燃液体设备如大量泄漏，可燃气体有可能扩散至加热炉而引起火灾或爆炸。因此，明火加热炉宜布置在可燃气体、可燃液体设备的全年最小频率风向的下风侧。

明火加热炉在不正常情况下可能向炉外喷射火焰，也可能发生爆炸和火灾，如将其分散布置，必然增加发生事故的几率；另外，明火加热炉距可燃气体、液化烃和$甲_B$、$乙_A$类设备均要求有较大的防火间距，如将其分散布置必然会增加装置占地，所以宜将加热炉集中布置在装置的边缘。

5.2.14 不燃烧材料实体墙可以有效地阻隔比空气重的可燃气体或火焰。因此当明火加热炉与露天液化烃设备或甲类气体压缩机之间若设置不燃烧材料的实体墙，其防火间距可小于表5.2.1的规定，但考虑到明火加热炉仍必须位于爆炸危险场所范围之外，故其防火间距仍不得小于15m，且对实体墙长度有明确要求便于实施，有利于安全。

同理，当液化烃设备的厂房、甲类气体压缩机房面向明火加热炉一侧为无门窗洞口的不燃烧材料实体墙时，其防火间距可小于表5.2.1的规定，但其防火间距仍不得小于15m。

5.2.15 在同一幢建筑物内当房间的火灾危险类别不同时，其着火或爆炸的危险性就有差异，为了减少损失，避免相互影响，其中间隔墙应为防火墙。人员集中的房间应重点保护，应布置在火灾危险性较小的建筑物一端。

5.2.16 装置的控制室、机柜间、变配电所、化验室、办公室等为装置内人员集中场所或重要设施，且又可能是点火源，因此其与发生火灾爆炸事故几率较高的甲、$乙_A$类设备的房间不应布置在同一建筑物内，应独立设置。

5.2.17 装置的控制室、化验室、办公室是装置的重要设施，是人员集中场所，为保护人员安全，要求将其集中布置在装置外，从集中控制管理理念出发，提倡全厂或区域统一考虑设置。若生产要求上述设施必须布置在装置内时，也应布置在装置内相对安全的位置。

5.2.18 本条第2款规定的“高差不应小于0.6m”是爆炸危险场所附加2区的高度范围，附加2区的水平范围是距释放源15～30m的范围。

第3款是为了防止装置发生事故时能有效的保护室内设备及人员安全。“耐火极限不低于3h的不燃烧材料实体墙”是按照现行防火墙的定义要求制定的。

第4款的化验室、办公室是人员集中工作的场所，由于布置在装置区内，一旦周围设备发生火灾事故就有可能危及人员生命。为了保护室内人员安全，面向有火灾危险性设备侧的外墙应尽量采用无门窗洞口的不燃烧材料实体墙。

第5款的制定是因为，在人员集中的房间设置可燃介质的设备和管道存在安全隐患。

5.2.19 高压设备是指表压为10～100MPa的设备，超高压设备是指表压超过100MPa的设备。尽可能将高压和超高压设备布置在装置的一端或一侧，是为了减小可能发生事故对装置的波及范围，以减少损失。

有爆炸危险的超高压甲、乙类反应设备，尤其是放热反应设备和反应物料有可能分解、爆炸的反应设备，宜布置在防爆构筑物内。

超高压聚乙烯装置的釜式或管式聚合反应器布置在防爆构筑物内，并与工艺流程中其前后处理过程的设备联合集中布置。

5.2.20 可燃气体、液化烃和可燃液体设备火灾危险性大，采用构架式布置时增加了火灾危险程度，对消防、检修等均带来一定困难，装置内设备优先考虑地面布置。

当装置占地受限制等其他制约因素存在时，装置内设备可采用构架式布置，但构架层数不宜超过四层（含地面层）。当工艺对设备布置有特殊要求（如重力流要求）时，构架层数可不受此限。

5.2.21 空气冷却器是比较脆弱的设备，等于或大于自燃点的可燃液体设备是潜在的火源。为了保护空冷器，故作此规定。

5.2.22 工艺装置是石油化工企业生产的核心，生产条件苛刻，危险性较大。装置储罐是为了平衡生产、产品质量检测或一次投入而需要在装置内设置的原料、产品或其他专用储罐。为尽可能地减少影响装置生产的不安全因素，减小灾害程度，故即使是为满足工艺要求，平衡生产而需要在装置内设置装置储罐，其储量也不应过大。

作为装置储罐，液化烃储罐的总容积小于或等于$100m^3$；可燃气体或可燃液体储罐的总容积小于或等于$1000m^3$时，可布置在装置内。当装置储罐超过上述总容积且液化烃罐大于$100m^3$小于或等于$500m^3$、可燃气体罐或可燃液体罐大于$1000m^3$小于或等于$5000m^3$时，可在装置边缘集中布置，形成装置储罐组。但对液化烃和可燃液体单罐容积加以限制，主要是为确保安全，方便生产管理。装置储罐组属于装置的一部分。

伴随装置规模的大型化，在装置边缘集中布置的装置储罐组总容积液化烃储罐由$300m^3$扩大为$500m^3$、可燃液体罐由$3000m^3$扩大为$5000m^3$。

考虑到对装置储罐组总容积已有所限制，装置储罐组的专用泵仅要求布置在防火堤外，其与装置储罐的防火间距可不执行第5.3.5条的规定。

5.2.23 甲、乙类物品仓库火灾危险性大，其发生火灾事故后影响大，不应布置在装置内。为保证连续稳定生产，工艺需要的少量乙类物品储存间、丙类物品仓库布置在装置内时，为减少影响装置生产的不安全因素，要求位于装置的边缘。

5.2.24 可燃气体的钢瓶是释放源，明火或操作温度等于或高于自燃点的设备是点火源，释放源与点火源之间应有防火间距。分析专用的钢瓶储存间可靠近分析室布置，但钢瓶储存间的建筑设计应满足泄压要求，以保证分析室内人员安全。

5.2.25 危险性较大且面积较大的房间只设1个门是不利于安全疏散的。

5.2.26 各装置设备、构筑物的平台一般都有2个以上的梯子通往地面，直梯、斜梯均可。有的平台虽只有1个梯子通往地面，但另一端与邻近平台用走桥连通，实际上仍有2个安全出口。一般来说，只有1个梯子是不安全的。例如某厂热裂化装置柴油汽提塔着火，起火时就封住下塔的直梯，造成3人伤亡。事后，增设了1m长的走桥使汽提塔与邻近的分馏塔连接起来。

5.2.27 为控制可燃液体泄漏引发火灾影响的范围，对装置内地坪竖向设计和含可燃液体的污水收集和排污系统设计提出原则要求。同时，对受污染的消防水收集和排放提出原则要求。

5.3 泵和压缩机

5.3.1 本条第1款：可燃气体压缩机是容易泄漏的旋转设备，为避免可燃气体积聚，故条件许可时，应首先布置在敞开或半敞开厂房内。

第2款：单机驱动功率等于或大于150kW的甲类气体压缩机是贵重设备，其压缩机房是危险性较大的厂房，单独布置便于重点保护并避免相互影响，减少损失。其他甲、乙和丙类房间指非压缩机类厂房。同一装置的多台甲、乙类气体压缩机可布置在同一厂房内。

第3款：本款针对所有压缩机而言。

第4款、第5款、第6款强调防止可燃气体积聚。

5.3.2 为避免可燃气体积聚，工艺设备尽量采用露天、半露天布置，半露天布置包括敞开式或半敞开式厂房布置。液化烃泵、操作温度等于或高于自燃点的可燃液体泵发生火灾事故的几率较高，应尽量避免在其上方布置甲、乙、丙类工艺设备。

5.3.3 本条第1款：操作温度等于或高于自燃点的可燃液体泵发生火灾事故的几率较高，液体泄漏后自燃是“潜在的点火源”；液化烃泵泄漏的可能性及泄漏后挥发的可燃气体量都大于操作温度低于自燃点的可燃液体泵，故规定应分别布置在不同房间内。

5.3.4 API 2510 Design and Construction of Liquefied Petroleum Gas (LPG) Installations [液化石油气(LPG)设施的设计和建造] 第5.1.2.5条规定旋转设备与储罐的防火间距为15m (50ft)。

5.3.5 一般情况下，罐组防火堤内布置有多台罐，如将罐组的专用泵区布置在防火堤内，一旦某一储罐发生罐体破裂，泄漏的可燃液体会影响罐组的专用泵的使用。罐组的专用泵区通常集中布置了多个品种可燃液体的输送泵，为了避免发生事故时，泵与储罐之间及不同品种可燃液体系统之间的相互影响，故规定了泵区与储罐之间的防火间距。泵区包括泵棚、泵房及露天布置的泵组。

5.3.6 当可燃液体储罐的专用泵单独布置时，其与该储罐是一个独立的系统，无论哪一部分出现问题，只影响自身系统本身。储罐的专用泵是指专罐专用的泵，单独布置是指与其他泵不在同一个爆炸危险区内。因此，当可燃液体储罐的专用泵单独布置时，其与该储罐的防火间距不做限制。$甲_A$类可燃液体的危险性较大，无论其专用泵是否单独布置，均应与储罐之间保持一定的防火间距。

5.3.7 本条规定与现行国家标准《建筑设计防火规范》GB 50016基本一致。该规范规定“变、配电所不应设置在爆炸性气体、粉尘环境的危险区域内。供甲、乙类厂房专用的10kV及以下的变、配电所，当采用无门窗洞口的防火墙隔开时，可一面贴邻建造，并应符合现行国家标准《爆炸和火灾危险场所电力装置设计规范》GB 50058等规范的有关规定”。本条规定专用控制室、配电所的门窗应位于爆炸危险区之外，是为了保证控制室、配电所位于爆炸危险场所范围之外。

5.4 污水处理场和循环水场

5.4.1 本条规定主要考虑以下因素：

1 保护高度规定是为了防止隔油池超负荷运行时污油外溢，导致发生火灾或造成环境污染。例如，某石油化工厂由于下大雨致使隔油池负荷过大，油品自顶部溢出，遇蒸汽管道油气大量挥发，又遇电火花引起大火，蔓延1500m^2，火灾持续2h。

2 隔油池设置难燃烧材料盖板可以防止可燃液体大量挥发，减少火灾危险。

5.4.2 要求距隔油池5m以内的水封井、检查井的井盖密封，是防止排水管道着火不致蔓延至隔油池，隔油池着火也不致蔓延到排水管道。

5.4.3 污水处理场内设备、建筑物、构筑物平面布置防火间距的确定依据是：

1 需要经常操作和维修的“集中布置的水泵房”；有明火或火花的“焚烧炉、变配电所”及人员集中场所的“办公室、化验室”应位于爆炸危险区范围之外。

2 根据现行国家标准《爆炸和火灾危险场所电

力装置设计规范》GB 50058 的规定，爆炸危险场所范围为 15m。故本规范规定上述设备和建筑物距隔油池、污油罐的最小距离为 15m。

5.4.4 循环水场的冷却塔填料等近年来大量采用聚氯乙烯、玻璃钢等材料制造。发生过多起施工安装过程中在塔顶上动火，由于焊渣掉入塔内，引起火灾的情况。由于这些部件都很薄，表面积大，遇赤热焊渣很易引起燃烧，故制定本条规定。此外，石油化工企业也要加强安全动火措施的管理，避免同类事故发生。

5.5 泄压排放和火炬系统

5.5.1 需要设置安全阀的设备如下：

1 根据国家现行法规规定，操作压力大于等于 0.1MPa（表）的设备属于压力容器，因此应设置安全阀。

2 气液传质的塔绝大部分是有安全阀的，因为停电、停水、停回流、气提量过大、原料带水（或轻组分）过多等原因，都可能促使气相负荷突增，引起设备超压，所以当塔顶操作压力大于 0.03MPa（表）时，都应设安全阀。

3 压缩机和泵的出口都设有安全阀，有的安全阀附设在机体上，有的则安装在管道上，是因为机泵出口管道可能因故堵塞，造成系统超压，出口阀可能因误操作而关闭。

5.5.2 本条规定与《压力容器安全技术监察规程》第 146 条"固定式压力容器上只安装一个安全阀时，安全阀的开启压力不应大于压力容器的设计压力。"和"固定式压力容器上安装多个安全阀时，其中一个安全阀的开启压力不应大于压力容器的设计压力，其余安全阀的开启压力可适当提高，但不得超过设计压力的 1.05 倍。"相协调。

5.5.3 一般不需要设置安全阀的设备如下：

1 加热炉出口管道如设置安全阀容易结焦堵塞，而且热油一旦泄放出来也不好处理。入口管道如设置安全阀则泄放时可能造成炉管进料中断，引起其他事故。关于预防加热炉超压事故一般采用加强管理来解决。

2 同一压力系统中，如分馏塔顶油气冷却系统，分馏塔的顶部已设安全阀，则分馏塔顶油气换热器、油气冷却器、油气分离器等设备可不再设安全阀。

3 工艺装置中，常用蒸汽作为设备和管道的吹扫介质，虽然有时蒸汽压力高于被吹扫的设备和管道的设计压力，但在吹扫过程中由于蒸汽降温、冷凝、压力降低，且扫线的后部系统为开放式的，不会产生超压现象，因此扫线蒸汽不作为压力来源。

5.5.4 本条为安全阀出口连接的规定。

1 安全阀出口流体的放空：

1）应密闭泄放。安全阀起跳后，若就地排放，易引起火灾事故。例如：某厂常减压装置初馏塔顶安全阀起跳后，轻汽油随油气冲出并喷洒落下，在塔周围引起火灾。

2）应安全放空。安全放空应满足本规范第 5.5.11 条的规定。

2 安全阀出口接入管道或容器的理由如下：

1）可燃气体如就地排放，既不安全，又污染周围环境。

2）延迟焦化装置的焦炭塔、减黏裂化装置的反应塔等的高温可燃介质泄放后可能立即燃烧，因此，泄放时需排至专门设备并紧急冷却。

3）氢气在室内泄放可能发生爆炸事故，大量氢气泄放应排至火炬，少量氢气泄放应接至压缩机厂房外的上空，以便于气体扩散。

4）安全阀出口的放空管可不设阻火器。

5）当可燃气体安全阀泄放有可能携带少量可燃液体时，可不增加气液分离设施（如旋风分离器）。

6）大量可燃液体的泄放管，一般先接入储罐回收或者排入带加热设施的储罐、气化器或分液罐，这些设备宜远离工艺设备密集区，经气化或分液后再去火炬系统，以尽量减少液体的排放量。

5.5.5 有压力的聚合反应器或类似压力设备内的液体物料中，有的含有固体淤浆液或悬浮液，有的是高黏度和易凝固的可燃液体，有的物料易自聚，在正常情况下会堵塞安全阀，导致在超压事故时安全阀超过定压而不能开启。根据调查，有些装置的设备，在安全阀前安装爆破片，或者用惰性气体或蒸汽吹扫。对于易凝物料设备上的安全阀应采取保温措施或带有保温套的安全阀。

5.5.6 对轻质油品而言，一般封闭管段的液体接近或达到其闪点时，每上升 1℃，则压力增加 0.07～0.08MPa 以上。所以，对不排空的液化烃、汽油、煤油等管道均需考虑停用后的安全措施，如设置管道排空阀或管道安全阀。

5.5.7 当发生事故时，为防止事故的进一步扩大，应将事故区域内甲、乙、丙类设备的可燃气体、可燃液体紧急泄放。

1 大量液化烃、可燃液体的泄放管，一般先排至远离事故区域的储罐回收或经分液罐分液后气体排放至火炬。低温液体（如液化乙烯、液化丙烯等）经气化器气化后再排入火炬系统，以尽量减少液体的排放量。

2 将可燃气体设备内的可燃气体排入火炬或安全放空系统。当采用安全放空系统时应满足本规范第 5.5.11 条的规定。

5.5.8 塔顶不凝气直接排向大气很不安全，目前多排入不凝气回收系统回收。

5.5.9 在紧急排放环氧乙烷的地方，为防止环氧乙烷聚合，安全阀前应设爆破片。爆破片入口管道设氮封，以防止其自聚堵塞管道；安全阀出口管道上设氮气，以稀释所排出环氧乙烷的浓度，使其低于爆炸极限。

5.5.10 氨气就地排放达到一定浓度易发生燃烧爆炸，并使人员中毒，故应经处理后再排放。常见氨排放气处理措施有：用水或稀酸吸收以降低排放气浓度。

5.5.11 原则上可燃气体不允许就地放空，应排入火炬系统或装置的处理排放系统。条文中连续排放的可燃气体、间歇排放的可燃气体是指受工艺条件或介质特性所限，无法排入火炬或装置的处理排放系统的可燃气体，可直接向大气排放。如低热值可燃气体、由惰性气体置换出的可燃气体、停工时轻污油罐排放的可燃气体等。含氧气、卤元素及其化合物或极度危害、高度危害的介质（如丙烯腈）的可燃气体不允许排入火炬系统，其排放气应接入本装置的处理排放系统。只有在工艺条件不允许接入火炬系统或装置的处理排放系统时，可燃气体才能直接向大气排放。

5.5.12 可能突然超压的反应设备主要有：设备内的可燃液体因温度升高而压力急剧升高；放热反应的反应设备，因在事故时不能全部撤出反应热，突然超压；反应物料有分解爆炸危险的反应设备，在高温、高压下因催化剂存在会发生分解放热，压力突然升高不可控制。上述这些设备设有安全阀是不可能安全泄压排放的，应装设爆破片并装导爆筒来解决突然超压或分解爆炸超压事故时的安全泄压排放。

5.5.15 低热值可燃气体排入火炬系统会破坏火炬稳定燃烧状态或导致火炬熄火；含氧气的可燃气体排入火炬系统会使火炬系统和火炬设施内形成爆炸性气体，易导致回火引起爆炸，损坏管道或设备；酸性气体及其他腐蚀性气体会造成大气污染、管道和设备的腐蚀，宜设独立的酸性气火炬。毒性为极度和高度危害或含有腐蚀性介质的气体独立设置处理和排放系统，有助于安全生产。毒性分级应根据现行国家标准《职业性接触毒物危害程度分级》GB 5044和《高毒物品目录》（卫法监发〔2003〕142号）确定。但是，石油化工企业中排放的苯、一氧化碳经过火炬系统充分燃烧后失去毒性，因此上述介质或含此类介质的可燃气体仍允许排至公用火炬系统。

5.5.18 液化烃全冷冻或半冷冻式储存时，储存温度较低。液化乙烯储存温度为－104℃，事故排放时，液化乙烯由液体转变为气体时大量吸热。因此，设置能力足够的气化器使液体完全气化，防止进入火炬的气体带液。

5.5.19 据国内外经验，限制火炬气体瞬间排放负荷的主要措施有：

1 在主要泄压设备上设置紧急切断热源联锁，减少安全阀的排放或采用分级排放，如：在主要塔器等设备上设置高安全级别的联锁，在安全阀启跳前快速切断重沸器热源，防止设备继续超压，减缓安全阀的排放。

2 与减少火炬气事故排放负荷措施相关的系统应具有较高的安全可靠性。

3 设置必要的其他联锁，减少发生紧急泄放的可能性或降低火炬气紧急泄放量的可能性。

5.5.21 据调查，引进的石油化工装置内火炬的设置情况是：兰化石油化工厂砂子裂解炉制乙烯装置的裂解反应系统，装置内火炬高出框架上部砂子储斗10m以上；上海石化总厂乙醛装置的装置内火炬高出最高设备5m以上；辽阳石油化纤公司悬浮法聚乙烯装置的装置内火炬设在厂房上部，高出厂房10m以上。这些装置内火炬燃烧可燃气体量较小，有足够高度，辐射热对人身及设备影响较小。装置内火炬系统应有气液分离设备、“长明灯”或可靠的电点火措施。在装置内距火炬30m范围内，不应有可燃气体放空。

据调查，曾有一个装置内火炬因“下火雨”而引起火灾事故。因此，装置内火炬必须有非常可靠的分液设施。

火炬的辐射热影响见本规范第4.1.9条条文说明。

5.5.22 封闭式地面火炬（或称地面燃烧器）在国内已开始应用，与高架火炬所不同的是排放的可燃气体在地面燃烧，设备平面布置时应按明火设施考虑；并要充分考虑燃烧时排放的高温烟气的辐射热对人体及设备的影响，还要考虑重组分易沉积的影响。

5.5.23 火炬设施的附属设备如分液罐、水封罐等是火炬系统的必备设备，靠近火炬布置有利于火炬系统的安全操作，其位置应根据人或设备允许的辐射热强度确定，以保证人和设备的安全。在事故放空时，操作人员可及时撤离，且在短时间内可承受较高的辐射热强度。火炬设施的附属设备可承受比人更高的辐射热强度。

5.6 钢结构耐火保护

5.6.1 无耐火保护层的钢柱，其构件的耐火极限只有0.25h左右，在火灾中很容易丧失强度而坍塌。因此，为避免产生二次灾害，使承重钢结构能在一般火灾事故中，在一定时间内，仍保持必需的强度，故规定应采取耐火保护措施。

此条中“承重”的概念为直接承受设备或管道重量，“非承重”的概念为仅承受人员操作平台或承受和传递水平荷载，不直接承受设备或管道重量。

爆炸危险区范围内的高径比等于或大于8的设备承重钢构架，一旦倒塌会造成较大范围的次生危害。

在爆炸危险区范围内，毒性为极度或高度危害的物料设备的承重钢构架、支架、裙座，一旦倒塌会造成环境污染、人员中毒。

5.6.2 耐火层包括：水泥砂浆、保温砖、耐火涂料等。标准火灾（即建筑火灾）与烃类火灾的主要区别是升温曲线不同，标准火灾的升温曲线，在 30min 时的火焰温度约 700～800℃；而烃类火灾的升温曲线，在 10min 时的火焰温度便达到 1000℃。石油化工企业的火灾绝大多数是烃类火灾。因此，耐火层选用应适用于烃类火灾，且其耐火极限不应低于 1.5h。建筑物的钢构件耐火极限执行相关规范。耐火层的覆盖范围是根据我国的生产实践，结合 API Publ 2218《Fireproofing Practices in Petroleum and Petrochemical Processing Plants》（炼油和石油化工厂防火）确定的。钢结构需覆盖耐火层的范围举例如下：

1 支承设备钢构架：

1）单层构架见图 1；

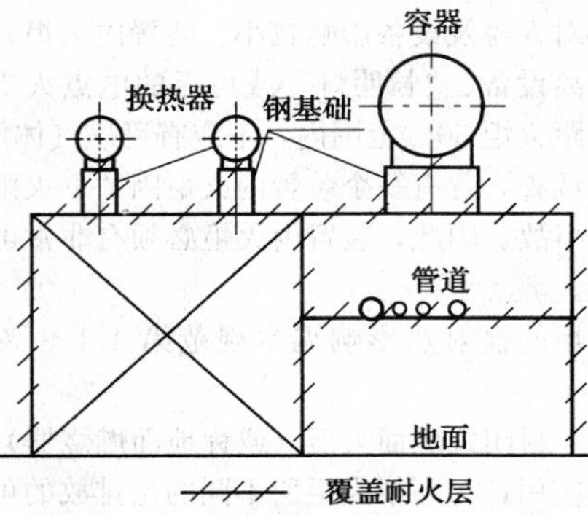

图 1 单层构架

2）多层构架的楼板为透空的钢格板时，见图 2；

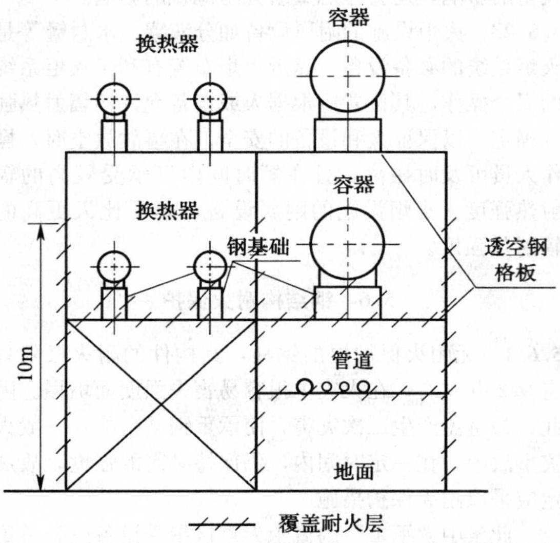

图 2 多层构架（楼板为透空的钢格板）

3）多层构架的楼板为封闭式楼板时，见图 3；

2 支承设备钢支架见图 4；

3 钢裙座外侧未保温部分及直径大于 1.2m 的裙座见图 5；

4 钢管架见图 6、图 7、图 8。

上述举例中除另有要求外，承重钢构架、支架及

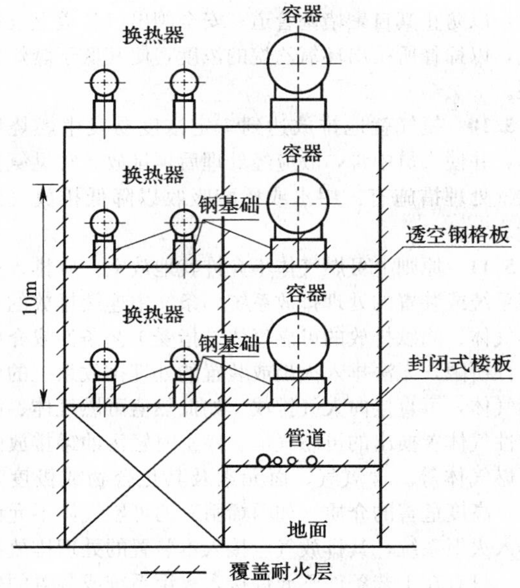

图 3 多层构架（楼板为封闭式楼板）

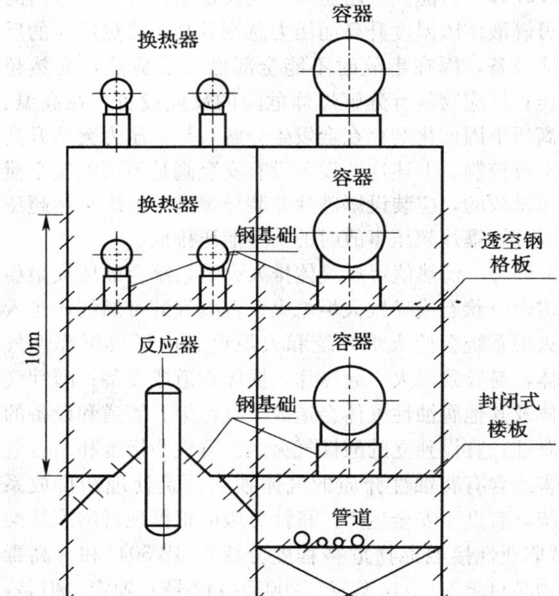

图 4 支承设备钢支架

管架的下列部位，可不覆盖耐火层：

1）不直接承受或传递设备、管道垂直荷载的次梁、联系梁；

2）用于支承楼板、钢格板的梁；

3）仅用于抵抗风和地震荷载的支撑；

4）卧式设备和换热器的鞍座。

5 加热炉及乙烯裂解炉见图 9。

加热炉的钢结构不宜做整体耐火保护，是由于加热炉炉膛内的温度较高，且钢结构有一部分热量需要

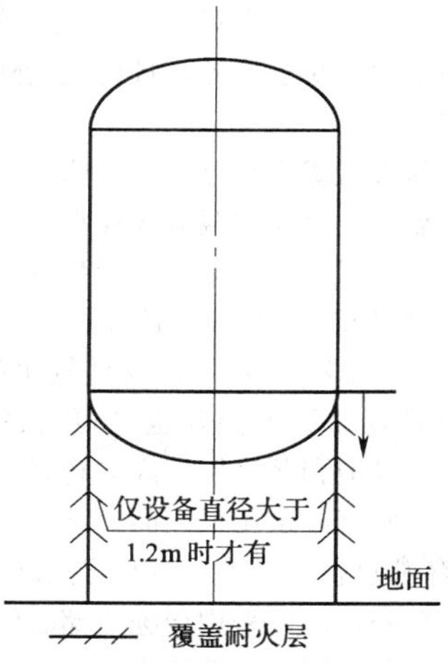

图5　钢裙座

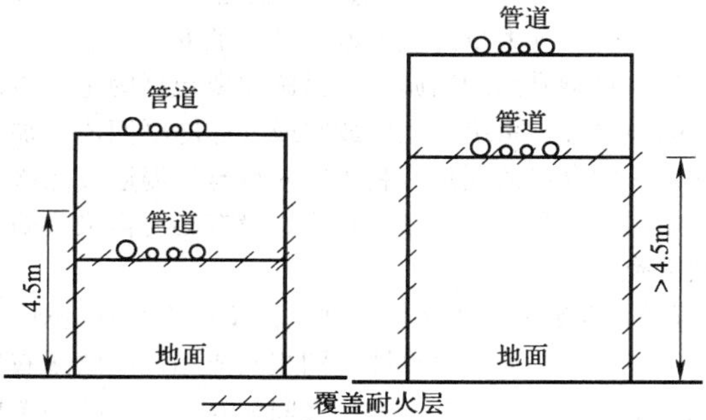

图6　钢管架Ⅰ

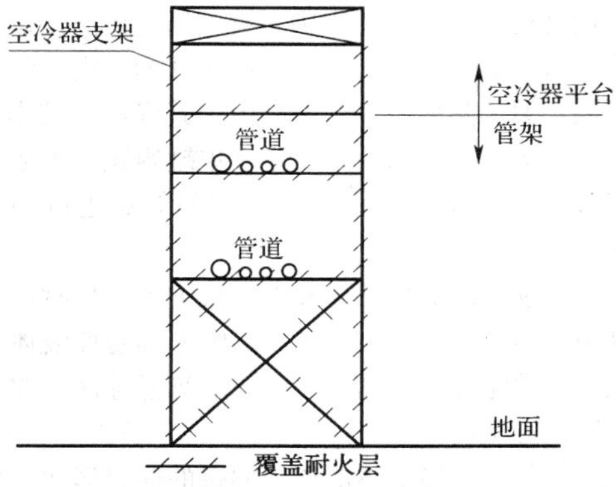

图7　钢管架Ⅱ

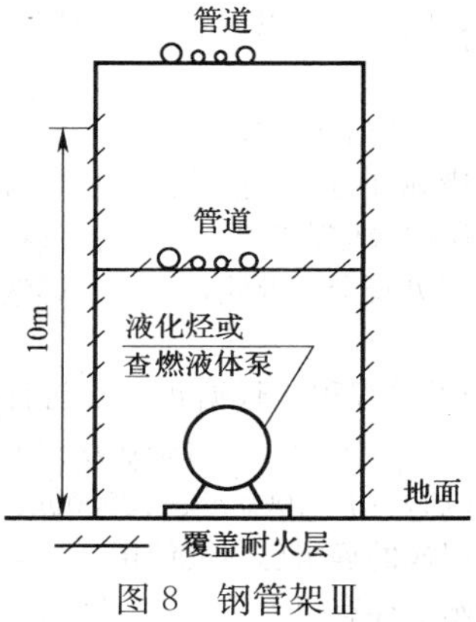

图8　钢管架Ⅲ

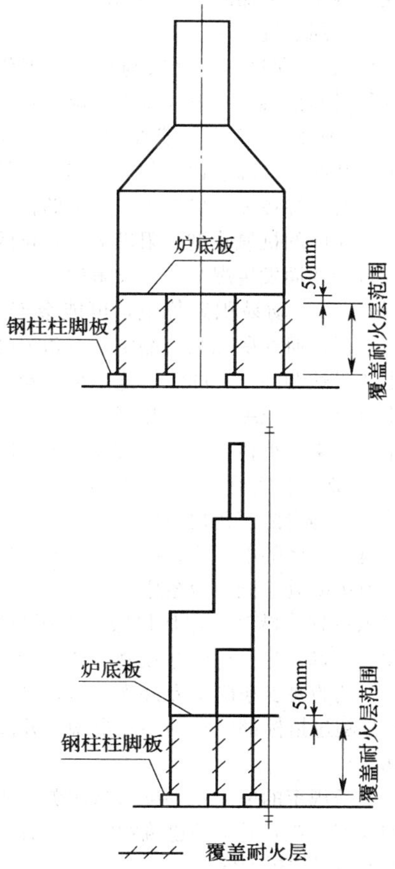

图9　加热炉及乙烯裂解炉

散出。如果将加热炉的钢结构包严进行耐火保护处理，热量散发不出去，会造成钢结构温度升高，在钢结构上将产生附加的温度应力，不利于安全。参照美国 API Publ 2218《炼油和石油化工厂的防火》的规定，以及国外加热炉专业公司防火的通用做法，故对本条进行修改。

5.7　其他要求

5.7.6　二烯烃，如丁二烯、异戊二烯、氯丁二烯等在有空气、氧气或其他催化剂的存在下能产生有分解爆炸危险的聚合过氧化物。苯乙烯、丙烯、氰氢酸等也是不稳定的化合物，在有空气或氧气的存在下，储存时间过长，易自聚放出热量，造成超压而爆破设备。在丁二烯生产中，为防止生成过氧化物而采取的措施有：

1　生产丁二烯的精馏、储存过程中加入抗氧剂，如叔丁基邻苯二酚（TBC）、对苯二酚等。

2　回收丁二烯宜有除氧过程。为防止精馏塔底部积聚和聚合过氧化物，宜加芳烃油稀释。

3　用大于或等于20%的苛性钠溶液与丁二烯单体混合，在高于49℃温度下能破坏过氧化物及聚合过氧化物。

4　丁二烯储存温度要低于27℃，储存时间不宜过长。现国内丁二烯储罐一般采用硫酸亚铁蒸煮后再清洗，大约每周清洗1次。

5 生产、储存过程中严禁与空气、氧化氮和含氧的氮气长时间接触。一般控制丁二烯气相中含氧量小于0.3%。例如，某厂丁苯橡胶生产、储存过程中，发生过几次丁二烯氧化物的分解爆炸事故。

总之，对于烯烃和二烯烃等生产和储存，应控制含氧量和加相应的抗氧化剂、阻聚剂，防止因生成过氧化物或自聚物而发生爆炸、火灾事故。

5.7.7 平皮带传动易积聚静电，可能会产生火花。据北京劳动保护研究所在某厂测定，三角皮带传动积聚的静电压可达2500～7000V，这是很危险的，所以本条规定可燃气体压缩机、液化烃、可燃液体泵不得使用皮带。如果其他传动设备确实需要采用时，应采用防静电皮带。空气冷却器安装在高处，有强制通风，可采用防静电的三角皮带传动。

5.7.10 可燃气体的电除尘、电除雾等的电滤器是释放源，与点火源处于同一设备中，危险性比较大，一旦空气渗入达到可燃气体爆炸极限就有爆炸的危险。有几个化肥厂都发生过电除尘设施爆炸。设计时应根据各生产工艺的要求来确定允许含氧量，设置防止负压和含氧量超过指标都能自动切断电源、并能放空的安全措施。

5.7.11 本条规定的取风口高度系参照美国凯洛格公司标准的规定："正压通风建筑物的空气吸入管口的高度取以下两者中较大值：

1 高出地面9m以上；

2 在爆炸危险区范围垂直向上的高度1.5m以上。"

6 储运设施

6.1 一般规定

6.1.1 增加防火堤的耐火极限的要求，是为了防止油罐区一旦发生池火时，防火堤能够承受一定的高温烘烤，不易发生扭曲、崩裂，以便减少火灾事故的蔓延。

6.1.2 调研中了解到，可燃液体储罐和管道的外隔热层，由于采用了可燃的或不合格的阻燃型材料，如聚氨酯泡沫材料，而引起火灾事故。如某厂在厂房内电焊作业中引燃管道及设备的隔热层，造成了一场火灾和人身伤亡。所以规定外隔热层应采用不燃烧材料。

6.2 可燃液体的地上储罐

6.2.1 根据我国石油化工企业实践经验，采用地上钢罐是合理的。地上钢罐造价低，施工快，检修方便，寿命长。

6.2.2 浮顶罐或内浮顶罐储存甲$_B$、乙$_A$类液体可减少储罐火灾几率，降低火灾危害程度。罐内基本没有气体空间，一旦起火，也只在浮顶与罐壁间的密封处燃烧，火势不大，易于扑救，且可大大降低油气损耗和对大气的污染。

鉴于目前浅盘式浮盘已淘汰，明确规定选用金属浮舱式的浮盘，避免使用浅盘式浮盘。金属浮舱式浮盘包括钢浮盘、铝浮盘和不锈钢浮盘等。

对于有特殊要求的甲$_B$、乙$_A$液体物料，如苯乙烯、酯类、加氢原料等易聚合或易氧化的液体物料，选用固定顶储罐加氮封储存也是可行的；对于拔头油、轻石脑油等饱和蒸汽压较高的物料，可通过降温采用固定顶罐储存或采用低压固定顶罐储存。

6.2.3 储存沸点低于45℃的甲$_B$类液体，除了采用压力储罐储存外，还可采用冷冻式储罐储存或采用低压固定顶罐储存，故将原条文中的"应"改为"宜"。

6.2.4 采用固定顶罐或低压储罐储存甲$_B$类液体时，为了防止油气大量挥发和改善储罐的安全状况，应采取减少日晒升温的措施。其措施主要包括固定式冷却水喷淋（雾）系统、气体放空或气体冷凝回流、加氮封或涂刷合格的隔热涂料等。对设有保温层或保冷层的储罐，日晒对储罐影响较小，没有必要再采取防日晒措施。

6.2.5 本条为可燃液体的地上储罐成组布置的规定。

第1款：火灾危险性类别相同或相近的储罐布置在一个罐组内，有利于油罐之间相互调配和统一考虑消防设施，既节约占地，又便于管理。考虑到石油化工企业进行改扩建的过程中，有些储罐可能改作储存其他物料，从而造成同一罐组内物料的火灾危险性类别不同，但从其危险性来看，由于其容量比较小，不会造成大的危害，因此，规定"单罐容积小于或等于1000m^{3}时，火灾危险性类别不同的储罐也可同组布置在一起。"

第2款：沸溢性液体在发生火灾等事故时可能从储罐中溢出，导致火灾蔓延，影响非沸溢性液体储罐安全，故沸溢性液体储罐不应与非沸溢性液体储罐布置在同一罐组内。

第3款：可燃液体的压力储罐的储存形式、发生火灾时的表现形态、采取的消防措施等与液化烃全压力储罐相似，因此，可以与液化烃全压力储罐同组布置。

第4款：可燃液体的低压储罐的储存形式、采取的消防冷却措施等与可燃液体的常压储罐相似；可燃液体采用低压储罐储存时，减少了油气挥发损耗，比常压储罐储存更安全。因此，可与可燃液体的常压储罐同组布置。

6.2.6 罐组的总容积是根据我国目前石油化工企业多年的实际情况确定的，随着企业规模的扩大及原油进口量的增加，由50000m^3、100000m^3、150000m^{3}的浮顶油罐组成的罐组已建成使用，且罐组自动控制水平及消防水平亦有很大提高，同时考虑罐组平面的合理布置，减少占地，故规定不应大于 600000m³。

混合罐组在设计中经常出现，由于浮顶、内浮顶油罐发生整个罐内表面火灾事故的几率极小，据国外有关机构统计：浮顶、内浮顶油罐发生整个罐内表面火灾事故的频率为 1.2×10^{-4}/罐·年，目前还没有着火的浮顶、内浮顶油罐引燃邻近油罐的案例。所以浮顶、内浮顶油罐比固定顶油罐安全性高，故规定浮顶、内浮顶油罐的容积可折半计算。

6.2.7 储罐组内的储罐个数愈多，发生火灾的几率愈大。为了控制火灾范围和减少火灾造成的损失，本条对储罐组内的储罐个数作了限制。但容积小于 1000m³ 的储罐在发生火灾时较易扑救，丙$_B$ 类液体储罐不易发生火灾。所以，对这两种情况的储罐个数不加限制。

6.2.8 储罐区占地大，管道长，故在保证安全的前提下罐间距宜尽可能小，以节约占地和投资。储罐的间距主要根据下列因素确定：

1 储罐着火几率。根据过去油罐火灾的统计资料，建国后至 1976 年 8 月，储罐年火灾几率仅为 0.47‰。1982 年 2 月调查统计的油罐年火灾几率为 0.448‰。多数火灾事故是在操作中不遵守安全规定或违反操作规程造成的。因此，只要提高管理水平，严格遵守各项安全制度和操作规程，就可以减少事故的发生。

2 储罐起火后，能否引燃相邻储罐爆炸起火，是由该罐的破裂状况和液体溢出或淌出情况而定的。如果火灾中储罐顶盖掀开但罐体完好，且可燃液体未流出罐外，则一般不会引燃邻罐。如：东北某厂一个轻柴油罐着火历时 5h 才扑灭，相距约 2m 的邻罐并未引燃；上海某厂一个油罐起火后烧了 20min，与其相距 2.3m 的油罐也未被引燃。实践证明，只要采取有效的冷却保护措施，因辐射热而烤爆或引燃邻罐的可能性不大。

3 消防操作要求。考虑对着火罐的扑救和对着火罐或邻罐的冷却保护等消防操作场地要求，不能将相邻罐靠得很近。消防人员用水枪冷却油罐时，水枪喷射仰角一般为 50°～60°，冷却保护范围为 8～10m。泡沫发生器破坏时，消防人员需往着火罐上挂泡沫钩管。因此，只要不小于 $0.4D$ 的防火间距就能满足消防操作要求。对于小于等于 1000m³ 的固定顶罐，如果操作人员站的位置避开两个储罐之间最小间距的地方，$0.4\sim0.6D$ 的间距也能满足上述操作要求。

4 $0.4\sim0.6D$ 的罐间距在国内石油化工企业中已执行多年，证明是安全经济的。

5 储罐类型。浮顶罐罐内几乎不存在油气空间，散发出的可燃气体很少，火灾几率小，国内的生产实践和消防实验均证明，浮顶罐引燃后火焰不大，一般只在浮顶周围密封圈处燃烧，热辐射强度不高，无需冷却相邻储罐，对扑救人员在罐平台上的操作基本无威胁。例如：某厂曾有一个 5000m³ 和一个 10000m³ 浮顶罐着火，都是工人用手提泡沫灭火器扑灭的。所以，浮顶罐的防火间距可比固定顶罐适当缩小。

6 近年来，某些石油化工企业在改、扩建工程中，为了减少占地，储罐采用了细高的罐型，占地虽然有所减少，但不利于消防，为此提出用罐高与直径的较大值确定其防火间距。日本防火法规中也有类似的规定。

7 丙类液体也有采用浮顶罐、内浮顶罐储存方式，所以增加丙类浮顶罐、内浮顶罐的防火间距。

6.2.9 可燃液体储罐的布置不允许超过 2 排，主要是考虑在储罐起火时便于扑救。如超过 2 排，当中间 1 个罐起火时，由于四周都有储罐，会给灭火操作和对相邻储罐的冷却保护带来困难。但考虑到石油化工企业丙$_B$ 类液体储罐区储存的品种多，单罐容积小，总容积不大的特点，可不超过四排布置。丙$_B$ 类液体储罐不易起火，且扑救容易，尤其是润滑油储罐从未发生过火灾，因此润滑油罐可集中布置成多排。

6.2.10 增加 2 排立式储罐的最小间距要求，主要是为了满足发生火灾事故时消防、操作便利和安全，是对本规范表 6.2.8 的储罐之间的防火间距作出最小要求的补充。

6.2.11 地上可燃液体储罐一旦发生破裂事故，可燃液体便会流到储罐外，若无防火堤，流出的液体即会蔓流。为避免此类事故，故规定罐组应设防火堤。

6.2.12 本条为防火堤及隔堤内有效容积的规定：

防火堤内有效容积：日本规范规定为防火堤内最大储罐容积的 110%，美国规范 NFPA 30 Flammable & Commbustible Liquids Code《易燃和可燃液体规范》规定为防火堤内最大储罐容积的 100%。99 版规范规定固定顶罐为防火堤内最大储罐容积的 100%，浮顶、内浮顶罐为防火堤内最大储罐容积的 50%。与国外规范相比，99 版规范对浮顶、内浮顶罐组防火堤内有效容积的要求偏小。虽然国内外爆炸火灾事故事例中，尚未出现过浮顶罐罐底炸裂的事故，但一旦发生此类重大事故，产生的大量泄漏可燃液体不仅会对周围设施产生火灾事故威胁，对周围环境也将产生重大污染及影响。因此，本次修订将浮顶、内浮顶罐防火堤内有效容积改为防火堤内最大储罐容积的 100%，以将可能泄漏的大量可燃液体控制在防火堤内。当不能满足此要求时，可以设事故存液池，但仍规定浮顶、内浮顶罐组防火堤内有效容积不小于罐组内一个最大储罐容积的一半。

油罐破裂，存油全部流出的情况虽然罕见，但一旦发生破裂，其产生的后果是非常严重的。例如：20 世纪 50 年代，英国一台 20000m³ 油罐在上水试压时发生脆性破裂，水在瞬间流出油罐，冲毁防火堤并冲入泵房，造成灾害；1974 年，日本三菱石油水岛炼厂一台 50000m³ 油罐，由于不均匀沉降，在罐体底部角焊缝处发生破裂，沿罐壁撕开，罐中油品瞬时冲出将防火堤冲毁，油品四处蔓流；1997 年，某石化厂 4# 原油罐由于罐底搭接焊缝开裂 24.5m，造成大量原油泄漏，1500t 原油流入污油池，5500t 原油流入水库；1998 年，该石化厂 1# 原油罐由于罐基础局部下沉，罐底搭接焊缝开裂，造成大量原油泄漏，1000t 原油流入隔油池，400t 原油流入污油池，3000t 原油流入水库。以上示例表明，油罐罐底发生破裂的可能性是存在的。因此规定：防火堤内的有效容积不应小于罐组内 1 个最大储罐的容积；这包括了浮顶罐、内浮顶罐组。但考虑到现有的浮顶罐、内浮顶罐组的布置现状及个别项目用地的情况，允许设置事故存液池。

在罐组外设事故存液池，其作用与设防火堤是一样的，是把流出的液体引至罐组外的事故存液池暂存。罐附近残存可燃液体愈少，着火罐及相邻罐受威胁愈小，有利于灭火和保护相邻储罐。

事故存液池正常情况下是空的，而石油化工企业的事故仅考虑一处，所以全厂的浮顶罐、内浮顶罐组可共用一个事故存液池。

隔堤内有效容积：设置隔堤的目的是减少可燃液体少量泄漏时的污染范围，并不是储存大量油品的，美国规范 NFPA 30《易燃可燃液体规范》规定隔堤内有效容积为最大储罐容量的 10%，这样规定是合适的。

6.2.13 立式储罐至防火堤内堤脚线的距离采用罐壁高度的一半的理由是：

1 当油罐罐壁某处破裂或穿孔时，其最大喷散水平距离等于罐壁高度的一半，所以留出罐壁高度一半的空地，即使储罐破损，罐内液体也不会喷散到防火堤外。

2 留出罐壁高度一半的空地也可满足灭火操作要求。

3 日本对小罐要求放宽，规定罐壁高度的 1/3，所以取罐壁高度的一半还是较安全的。

6.2.14 相邻罐组防火堤的外堤脚线之间应留有宽度不小于 7m 的消防空地的要求，主要是为了满足油罐区发生火灾时，方便消防人员及消防设备操作，实施消防救援。该空地也可与消防道路合并考虑。

6.2.15 虽然油罐破裂极为罕见，但冒罐、管道破裂泄漏难免发生，为了将溢漏油品控制在较小范围内，以减小事故影响，增设隔堤是必要的。容积每 20000m^3 一隔是根据我国石油化工企业油罐过去多以中小型罐为主，1000～5000m^3 的罐较多，而现在汽、柴油罐大多在 5000～20000m^3 之间，故每 4 个罐用隔堤隔开是较合适的。

单罐容积 20000～50000m^3 的罐主要是浮顶罐，破裂和溢漏机会比固定顶罐少得多，虽总容积大，但每 2 个罐一隔，还是合理的。

单罐容积大于 50000m^3 的罐基本上是浮顶罐，虽然破裂和溢漏机会比固定顶罐少得多，但一旦发生泄漏，影响范围较大，因此，每 1 个罐一隔是合理的。

沸溢性可燃液体储罐，在着火时可能向罐外沸溢出泡沫状油品，为了限制其影响范围，不管储罐容量大小，规定每一隔堤内不超过 2 个罐。

6.2.16 本条是根据石油化工企业内各装置的原料、中间产品和成品储罐布置情况而制订的。石油化工企业中间罐区和成品罐区内原料、产品品种较多而容积较小，故单罐容积小于或等于 1000m^3 的火灾危险性类别不同的可燃液体储罐可布置在同一罐组内，这样可节约占地并易于管理。为了防止泄漏的水溶性液体、相互接触能起化学反应的液体或腐蚀性液体流入其他储罐附近而发生意外事故，故对设置隔堤作出规定。

6.2.17 本条为可燃液体罐组防火堤及隔堤设置规定。

第 2 款：防火堤过高对操作、检修以及消防十分不利，若因地形限制，防火堤局部高于 2.2m 时，可做台阶便于消防及操作。考虑到防火堤内可燃液体着火时用泡沫枪灭火易冲击造成喷溅，故防火堤最好不低于 1m；为了消防方便，又不宜高于 2.2m。最低高度限制主要是为了防范泡沫喷溅，故从防火堤内侧设计地坪算起，最高高度限制主要是为了方便消防操作，故从防火堤外侧设计地坪算起。注明起算点，便于设计执行。

第 3 款：根据美国规范 NFPA 30《易燃可燃液体规范》规定，可燃液体立式储罐组隔堤的高度不应低于 0.45m，据此将隔堤的高度规定为不应低于 0.5m，既能将少量泄漏的可燃液体限制在隔堤内，又方便操作人员通行。

第 4 款：管道穿越防火堤的开洞处用不燃烧材料严密封闭，以防止事故状态下可燃液体到处流散。

第 5 款：防火堤内雨水可以排出堤外，但事故溢出的可燃液体不应排走，故必须要采取排水阻油措施，可以采用安装有切断阀的排水井，也可采用排水阻油器等。

第 6 款：防火堤内人行踏步是供操作人员进出防火堤之用，考虑平时工作方便和事故时能及时逃生，故不应少于 2 处，两相邻人行台阶或坡道之间距离不宜大于 60m，且应处于不同方位上。

6.2.18 本条是事故存液池的设置规定。

第 2 款：事故存液池与防火堤的作用相同，故其要求与防火堤相一致，即规定其与防火堤间留有 7m 的消防空地。

6.2.19 对于采用氮气或其他气体气封的甲$_B$、乙类液体的固定顶罐，设置事故泄压设备，如卸压人孔、呼吸人孔等以确保罐的安全。

6.2.20 常压固定顶罐不论何种原因发生爆炸起火或突沸，应使罐顶先被炸开，以确保罐体不被破坏。所以规定凡使用固定顶罐，均应采用弱顶结构。

6.2.21 本条规定是为了防止将水（水蒸汽凝结液）扫入热油罐内而造成突沸事故。

6.2.22 设有加热器的储罐，若加热温度超过罐内液体的闪点或100℃时，便会产生火灾危险或冒罐事故。如：某厂蜡油罐长期加温，使油温达115℃造成冒罐事故；有两个厂的蜡油罐加温后，不检查油温，致使油温达到113～130℃而发生突沸，造成油罐撕裂跑油事故。故规定应设置防止油温超过规定储存温度的措施。

6.2.23 自动脱水器是近年来经生产实践证明比较成熟的新产品，能防止和减少油罐脱水时的油品损失和油气散发，有利于安全防火、节能、环保，减少操作人员的劳动强度。

6.2.24 储罐进料管要求从储罐下部接入，主要是为了安全和减少损耗。可燃液体从上部进入储罐，如不采取有效措施，会使可燃液体喷溅，这样除增加物料损耗外，同时增加了液流和空气摩擦，产生大量静电，达到一定电位，便会放电而发生爆炸起火。例如，某厂一个罐从上部进油而发生爆炸起火；某厂的一个500m^3的柴油罐，因为油品从扫线管进入油罐，落差5m，产生静电引起爆炸；某厂添加剂车间400m^3的煤油罐，也是因进油管从上部接入，油品落差6.1m，进油时产生静电引起爆炸，并引燃周围油罐，造成较大损失。所以要求进油管从油罐下部接入。当工艺要求需从上部接入时，应将其延伸到储罐下部。对于个别储罐，如催化油浆罐，进料管距罐底太近容易被催化剂堵塞，可适当抬高。因为其产生静电的危害性较小，故将原条文中“应”改为“宜”。

6.2.25 此规定是为了防止储罐与管道之间产生的不均匀沉降引起破坏。

6.3 液化烃、可燃气体、助燃气体的地上储罐

6.3.2 本条为液化烃储罐成组布置的规定：

1 液化烃罐组包括全压力式罐组、全冷冻式罐组和半冷冻式罐组，液化烃储罐的布置不允许超过两排，主要是考虑在储罐起火时便于扑救。如超过2排，中间一个罐起火，由于四周都有储罐，会给灭火操作和对相邻储罐的冷却保护带来一些困难。全压力式罐组、全冷冻式罐组和半冷冻式罐组的命名与现行国家标准《城镇燃气设计规范》GB 50028一致。

2 对液化烃罐组内储罐个数限制的根据：

1）罐组内液化烃泄漏的几率，主要取决于储罐数量，数量越多，泄漏的几率越高，与单罐容积大小无关，故液化烃罐组内储罐个数需加以限制。

2）全压力式或半冷冻式储罐：目前，国内引进的大型石油化工企业内液化烃罐组的储罐个数均在10个以上，如某石油化工企业液化烃罐组内1000m^3罐有12个、乙烯装置中间储罐组内有13个储罐。某石油化工厂新建液化烃罐组内设有9个2000m^3储罐。为了减少和限制液化烃储罐泄漏后影响范围，规定每组全压力式或半冷冻式储罐的个数不应多于12个是合适的。

3 API Std 2510 Design and Construction of LPG Installations《液化石油气（LPG）设施的设计和建造》对全冷冻式储罐的规定：“两个具有相同基本结构的储罐可置于同一围堤内。在两个储罐间设隔堤，隔堤的高度应比周围的围堤低1ft。围堤内的容积应考虑该围堤内扣除其他容器或储罐占有的容积后，至少为最大储罐容积的100%”。本规范按此要求规定全冷冻式储罐的个数不宜多于2个。

4 不同储存介质的储罐选材不同。当储存某一介质的储罐发生泄漏后，在常压下的介质温度很低，如果储存其他介质储罐的罐体材质不能适应其温度，就会对这些储罐的罐体产生不利影响，从而影响这些储罐的安全。

5 液化烃的储存方式包括全压力式、半冷冻式和全冷冻式；全压力式储存方式是指在常温和较高压力下储存液化烃或其他类似可燃液体的方式，半冷冻式储存方式是指在较低温度和较低压力下储存液化烃或其他类似可燃液体的方式，全冷冻式储存方式是指在低温和常压下储存液化烃或其他类似可燃液体的方式。NFPA 58 Liquefied Petroleum Gas Code《液化石油气规范》规定“冷藏液化石油气容器，不能放置在易燃液体储罐的防火堤内，也不应放置在非冷藏加压的液化石油气容器的防火堤或拦蓄墙内”。API Std 2510《液化石油气（LPG）设施的设计和建造》规定：“低温液化石油气储罐不应布置在建筑物内，不应在NFPA 30《易燃可燃液体规范》规定的其他易燃或可燃液体储罐流出物的防护区域内，且不应在压力储罐流出物的防护区域内。”

6.3.3 储罐的防火间距主要根据下列因素确定：

1 液化烃压力储罐比常压甲$_B$类液体储罐安全。例如，某厂液化乙烯卧罐的接管处泄漏，漏出的液化乙烯气化后，扩散至加热炉而燃烧并回火在泄漏部位燃烧。经打开放空火炬阀后，虽然燃烧一直持续到罐内乙烯全部烧光为止，但相邻1.5m处的储罐在水喷淋保护下却安全无事。又如，某厂动火检修液化石油气罐安全阀，由于切断阀不严，漏出液化石油气被引燃，火焰2m多高，只在泄漏处燃烧，没有引起储罐爆炸。可见：①液化石油气罐因漏气而着火的火焰并不大；②罐内为正压，空气不能进入，火焰不会窜入罐内而引起爆炸；③对邻罐只要有冷却水保护就不会使事故扩大。

2 全冷冻式储罐防火间距参照NFPA 58《液化石油气规范》规定：“若容积大于或等于265m^3，其

储罐间的间距至少为大罐直径的一半”；API Std 2510《液化石油气（LPG）设施的设计和建造》规定：“低温储罐间距取较大罐直径的一半”。

3 可燃气体干式气柜的防火间距，与现行国家标准《建筑设计防火规范》GB 50016一致。

4 大型卧式储罐在国外已有应用，国内引进项目中也开始使用。防火间距按1.0D要求，可以满足生产和检修的要求。对于小容积的卧罐，仍按原规范的要求是合适的。

6.3.4 两排卧罐的最小间距要求，主要是为了满足发生火灾事故时消防、操作便利和安全。

6.3.5 本条为防火堤及隔堤的设置规定：

第1款：液化烃罐组设置防火堤的目的是：①作为限界防止无关人员进入罐组；②防火堤较低，对少量泄漏的液化烃气体便于扩散；③一旦泄漏量较多，堤内必有部分液化烃积聚，可由堤内设置的可燃气体浓度报警器报警，有利于及时发现，及时处理；④其竖向布置坡向外侧是为了防止泄漏的液化烃在储罐附近滞留。

第5款：沸点低于45℃的甲$_B$类液体的压力储罐，此类储罐的液体泄漏后，短期会有一定量挥发，但大部分仍以液态形式存在于堤内，因此防火堤应考虑其储存容积。

第6款：执行此款时，应注意液氨储罐与液化烃储罐的储存方式相对应。即全压力式液氨储罐的防火堤和隔堤要求与全压力式液化烃的防火堤和隔堤要求一致，全冷冻式液氨储罐的防火堤和隔堤要求与全冷冻式液化烃的防火堤和隔堤要求一致。

6.3.6 此条规定是按NFPA 59A Standard for the Production，Sroeage，and Handling of Liquefied Natural Gas（LNG）《液化天然气（LNG）的生产、储存和运输》的规定确定的，用图示能够明确表达对单防罐的要求。

API Std 2510《液化石油气（LPG）设施的设计和建造》规定：“低温常压储罐应设置围堤，围堤内的容积应至少为储罐容积的100%”；“围堤最低高度为1.5ft，且应从堤内测量；当围堤高6ft时，应设置平时和紧急出入围堤的设施；当围堤必须高于12ft或利用围堤限制通风时，应设不需要进入围堤即可对阀门进行一般操作和接近罐顶的设施。所有堤顶的宽度至少为2ft”。

6.3.7 全冷冻双防式或全防式液化烃储罐，一旦储存液化烃内罐发生泄漏，泄漏出的液化烃能100%被外罐所容纳，不会发生液化烃蔓延而造成事态扩大，外罐已具备防火堤作用，不需另设防火堤。

6.3.8 参考美国凯洛格公司标准的规定。石油化工企业引进合成氨厂低温液氨储罐的防火堤内容积取最大储罐容积的60%，经多年的实践，已证明此规定是安全经济的。

6.3.9 “储存系数不应大于0.9”是为了避免在储存过程中，因环境温度上升、膨胀、升压而危及储罐安全所采取的必要措施。

6.3.11 NFPA 58《液化石油气规范》中规定：“冷藏液化石油气容器上应设置高液位报警器”。“冷藏液化石油气容器上应装备高液位流量切断设施，该装置应与所有仪表无关。”即使常温储罐，这样规定也更加安全。高液位自动联锁切断进料装置是避免油罐冒罐的最后有效手段，目前比较普遍使用，是合理的设置。API Std 2510《液化石油气（LPG）设施的设计和建造》规定：“全冷冻式液化烃储罐需设置真空泄放装置。”对于全冷冻式液化烃储罐增设高、低温度检测，并应与自动开停机系统相联的要求是为了确保全冷冻式液化烃储罐的安全。

6.3.13 若液化烃罐组离厂区较远，无共用的火炬系统可利用，一般不单独设置火炬。在正常情况下，偶然超压致使安全阀放空，其排放量极少，因远离厂区，其他火灾对此影响较小，故对此类罐组规定可不排放至火炬而就地排放。

6.3.14 液化烃储罐脱水跑气（和可燃液体脱水跑油一样）时有发生。储罐根部设紧急切断阀可以减少管道系统发生事故时损失。目前有些石油化工企业对液化烃罐区进行了类似的改造。根据目前国内情况，规定采用二次脱水系统，即另设一个脱水容器，将储罐内底部的水先放至脱水容器内，再把罐上脱水阀关闭，待气水分离后，再打开脱水容器的排水阀把水放掉。但脱水容器的设计压力应与液化烃储罐的设计压力一致，若液化烃中不含水时，可不设二次脱水系统。

6.3.16 本条是对液化烃储罐阀门、管件、垫片等的规定。

1 由储灌站及石油化工企业液化烃罐区引出液化烃时，因阀门、法兰、垫片选用不当而引发的事故常有发生。例如，某液化烃储灌站的管道上因为垫片选用不当，引起较大火灾事故。

2 生产实践证明：当全压力式储罐发生泄漏时，向储罐注水使液化烃液面升高，将破损点置于水面以下，可减少液化烃泄漏。

6.3.17 全冷冻卧式液化烃储罐多层布置时，一旦某一层的储罐发生泄漏，直接影响布置在其他层的液态烃储罐的操作及安全，易造成更大的事故。为了方便操作及安全，参照NFPA 58的有关规定，本规范规定“全冷冻卧式液化烃储罐不应多层布置”。

6.4 可燃液体、液化烃的装卸设施

6.4.1 本条为可燃液体铁路装卸设施的规定。

第2款：采用明沟卸可燃液体易引起火灾事故。例如，某厂采用明沟卸原油，由于电火花而引起着火，沿明沟烧至2000m^{3}的混凝土零位罐，造成油罐

爆炸起火，并烧毁距罐壁10m远的泵房和油罐车5辆；又如，某厂采用有盖板明沟卸原油，一次动火检修栈台，焊渣落入沟内发生爆炸起火。以上两例说明，明沟卸原油极不安全。丙$_B$类油品不易着火，较安全。如电厂等企业所用燃料油多采用明沟卸车，实践多年，未发生过重大事故。

第3款：我国目前装车鹤管有三种：喷溅式、液下式（浸没式）和密闭式。对于轻质油品或原油，应采用液下式（浸没式）装车鹤管。这是为了降低液面静电位，减少油气损耗，以达到避免静电引燃油气事故和节约能源，减少大气污染。

第4款：为了防止和控制罐车火灾的蔓延与扩大，当罐车起火时，立即切断进料非常重要。如，某厂装车时着火，由于未能及时关闭操作台上切断阀，致使大量汽油溢出车外，加大了火势；直到关闭紧急切断阀、切断油源，才控制了火势。紧急切断阀设在地面较好，如放在阀井中，井内易积存油水，不利于紧急操作。

第8款：在石油化工企业的改造过程中，充分利用现有铁路装卸线资源，同一铁路装卸线一侧布置两个装卸栈台的情况时有出现，国外工厂也有类似情况。为了减少一个栈台发生事故时对另一栈台的影响，在两个栈台之间至少要保持一个事故隔离车的位置，因此，规定同一铁路装卸线一侧两个装卸栈台相邻鹤位之间的距离不应小于24m。

6.4.2 本条为可燃液体汽车装卸站的规定。

第4款：泵区的泵较多，一旦发生事故，对装车作业的影响较大，故对其间距作出规定。当泵区只有一台泵时，因其影响较小，可不受此限。

第7款：这里的其他类可燃液体是指甲$_A$、丙$_B$类可燃液体，甲$_A$类可燃液体的危险性较高，丙$_B$类可燃液体，有些操作温度较高，有些黏度较大，易造成污染，为减少其影响，故规定了甲$_B$、乙、丙$_A$类可燃液体装车鹤位与其他类液体装车鹤位的间距要求。

6.4.3 液化烃装卸作业已有成熟操作管理经验，当与可燃液体装卸共台布置而不同时作业时，对安全防火无影响。

第1款：液化烃罐车装车过程中，其排气管应采用气相平衡式或接至低压燃料气或火炬放空系统，若就地排放极不安全。例如，某厂液化石油气装车台在装一辆25t罐车时，将排空阀打开直排大气，排出的大量液化石油气沉滞于罐车附近并向四周扩散，在离装车点15m处的更衣室内，一工人违规点火吸烟，将火柴杆扔到地上时，引起室外空间爆炸，罐车排空阀处立即着火，同时引燃在栈台堆放的航空润滑油桶及附近房屋和沥青堆场。又如，某厂在充装汽车罐车时，因就地排放的液化烃气被另一辆罐车启动时打火引燃，将两台罐车烧坏。所以规定液化烃装卸应采用密闭系统，不得向大气直接排放。

第2款：低温液化烃装卸设施的材质要求严格，独立成系统会更加安全，不会对其他系统构成威胁。

6.4.4 本条是对可燃液体码头、液化烃码头的规定。

第2款：液化烃泊位火灾危险性较大，若与其他可燃液体泊位合用，会因相互影响而增加火灾危险性，故有条件时宜单独设置。近年来沿海、沿河建设了不少液化石油气基地和石油化工企业的液化石油气装卸泊位，有先进成熟的工艺及设备，管理水平及自动控制水平也较高。为节约水域资源和充分利用泊位的吞吐能力，共用一个泊位在国内已有实践，但严格要求不能同时作业。日本水岛气体加工厂也是多种危险品共用一个泊位，但严格控制不能同时作业。因此，规定当不同时作业时，液化烃泊位可与其他可燃液体共用一个泊位。

第3款：本款按国家现行标准《装卸油品码头防火设计规范》JTJ 237的规定执行。

6.5 灌装站

6.5.1 本条为液化石油气的灌装站规定。

第1款：为了安全操作，有利于油气扩散，推荐在敞开式或半敞开式建筑物内进行灌装作业。但半敞开式建筑四周下部有墙，容易产生油气积聚，故要求下部应设通风设施，即自然通风或机械排风。

第2款：液化石油气钢瓶内残液随便就地倾倒所造成的灾害时有发生。如，某厂灌瓶站曾发生两次火灾事故，都是对残液处理不当引起的。一次是残液窜入下水井，油气散到托儿所内，遇明火引燃；一次是残液顺下水管排至河内，因小孩玩火引燃。又如，某厂装瓶站投用时，残液回收设备暂未投用，而把几百瓶残液倒入厂内一个坑里，造成液化石油气四处扩散至20m左右的工棚内；由于有人吸烟引燃草棚，火焰很快烧回坑内，大火冲天，结果把其中29个钢瓶烧爆，烧毁高压线并烧伤11人。因此，规定灌装站残液应密闭回收。

第6款：该条款参考了现行国家标准《液化石油气瓶充装站安全技术条件》GB 17267的规定，并结合石油化工企业的特点制定。

6.6 厂内仓库

6.6.1 化学品和危险品存在潜在火灾爆炸危险，不宜在石油化工企业内分散储存。因此，石油化工企业应设置独立的化学品和危险品库区。

第1款：目前，随着石油化工装置规模的大型化，工艺生产过程需要的催化剂、添加剂等用量和产品储存量也大大增加。为了满足生产需要，又要保证安全生产，本次修订取消了甲类物品仓库储存量的限制，其主要理由如下：

1 由于各工艺装置所需的甲类催化剂和添加剂

等化学物品的类别和数量不同，且供货来源不同（有国外和国内），故无法对储存周期作出统一规定。

2 现行国家标准《建筑设计防火规范》GB 50016 对甲类物品仓库的耐火等级、层数、每座仓库的最大允许占地面积、防火分区的最大允许建筑面积及防火间距有明确规定，但对甲类物品储量未明确规定。

3 本规范对甲类物品仓库设计未作规定，其防火设计应执行现行国家标准《建筑设计防火规范》GB 50016 的相关规定。

第 5 款：根据储存物品的物理化学性质及当地水文地质情况，确定是否设防水层。

6.6.2 石油化工装置规模的大型化，使合成纤维、合成橡胶、合成树脂及塑料类的产品仓库面积大幅增加。由于产品储量增加，需要使用机械化运输和机械化堆垛，小型仓库已无法满足装置规模大型化的需要，因此，当丙类的合成纤维、合成橡胶、合成树脂及塑料固体产品仓库面积超过现行国家标准《建筑设计防火规范》GB 50016要求时，应满足本条款的规定和对仓库占地面积及防火分区面积的限值。考虑到合成纤维、合成橡胶固体产品燃烧性质复杂，故将其与合成树脂及塑料仓库分别对待。

6.6.3 为了节省占地面积，石油化工企业合成纤维、合成树脂及塑料可采用高架仓库。根据国内目前正在使用的几个高架仓库情况，考虑到我国石化工业的发展需要，本次修订明确规定了高架仓库消防设施的要求，详见本规范第 8.11.4 条。

6.6.4 大型仓库应优先采用自然排烟方式，并按照现行国家标准《建筑设计防火规范》GB 50016 要求，规定大型仓库自然排烟口净面积宜为建筑面积的5%。易熔采光带可作为自然排烟措施之一。

6.6.5 铁道部及有关单位曾对硝铵性能进行了试验，试验项目有高空坠落、车辆轧压、碰撞、明火点燃及雷管引爆等。试验结果证明：纯硝铵并不易燃易爆。各大型化肥厂多年来的生产实践也证明，硝铵仓库储量可不限，但在硝铵中若掺入其他物质，则极易引起火灾爆炸事故。因此，需要确保仓库内无其他物品混放。

7 管 道 布 置

7.1 厂内管线综合

7.1.1 工艺管沟是火灾隐患，易渗水、积油，不好清扫，不便检修，一旦沟内充有油气，遇明火则爆炸起火，沿沟蔓延，且不好扑救。例如，某厂管沟曾发生过多次重大火灾爆炸事故。有一次一个小油罐着火，着火油垢飞溅引燃 14m 外积有柴油的管沟，火焰高达 60m，使消防队无法冷却邻罐，致使邻罐被烤爆起火，造成重大火灾事故。又如，某厂装油栈台附近管沟内管道腐蚀漏油，沟内积存大量油气，检修动火时被引燃，使 130m 长管沟着火，形成火龙，对周围威胁极大。该厂有许多埋地工艺管道，腐蚀渗漏不易查找，形成火灾隐患。因此，工艺管道及热力管道应尽量避免管沟或埋地敷设，若非采用管沟不可，则在管沟进入泵房、罐组处应妥善封闭，防止油或油气窜入，一旦管沟起火也可起到隔火作用。

沿地面或低支架敷设的管带，对消防作业有较大影响，因此规定此类管带不应环绕工艺装置或罐组四周布置。尤其在老厂改扩建时，应予足够重视。

7.1.2、7.1.3 易发生泄漏的管道附件是指金属波纹管或套筒补偿器、法兰和螺纹连接等。

7.1.4 外部管道通过工艺装置或罐组，操作、检修相互影响，管理不便。因此，凡与工艺装置或罐组无关的管道均不得穿越装置或罐组。

7.1.5 比空气重的可燃气体一般扩散的范围在 30m 以内，这类气体少量泄漏扩散被稀释后无大危险，一旦在管沟内积聚与空气混合易达到爆炸极限浓度，遇明火即可引起燃烧或爆炸。所以，应有防止可燃气体窜入管沟内积聚的措施，一般采用填砂。

7.1.6 各种工艺管道或含可燃液体的污水管道内输送的大多是可燃物料，检修更换较多，为此而开挖道路必然影响车辆正常通行，尤其发生火灾时，影响消防车通行，危害更大。公路型道路路肩也是可行车部分，因此，也不允许敷设上述管道。

7.2 工艺及公用物料管道

7.2.1 本条规定应采用法兰连接的地方为：

1 与设备管嘴法兰的连接、与法兰阀门的连接等；

2 高黏度、易黏结的聚合淤浆液和悬浮液等易堵塞的管道；

3 凝固点高的液体石蜡、沥青、硫黄等管道；

4 停工检修需拆卸的管道等。

管道采用焊接连接，不论从强度上、密封性能上都是好的。但是，等于或小于 *DN*25 的管道，其焊接强度不佳且易将焊渣落入管内引起管道堵塞，因此多采用承插焊管件连接，也可采用锥管螺纹连接。当采用锥管螺纹连接时，有强腐蚀性介质，尤其像含 HF 等易产生缝隙腐蚀性的介质，不得在螺纹连接处施以密封焊，否则一旦泄漏，后果严重。

7.2.3 化验室内有非防爆电气设备，还有电烘箱、电炉等明火设备，所以不应将可燃气体，液化烃和可燃液体的取样管引入化验室内，以防止因泄漏而发生火灾事故。某厂将合成氨反应后的气体管道引入化验室内，因泄漏发生了爆炸。

7.2.4 新建的工艺装置，采用管沟和埋地敷设管道已越来越少。因为架空敷设的管道的施工、日常检查、检修各方面都比较方便，而管沟和埋地敷设恰好相反，破损不易被及时发现。例如某厂循环氢压缩机入口埋地管道破裂，没有检查出来，引起一场大爆炸。管沟敷设管道，在沟内容易积存污油和可燃气体，成为火灾和爆炸事故的隐患。例如某厂蜡油管沟曾四次自燃着火。现在管沟和埋地敷设的工艺管道主要是泵的入口管道，必须按本条规定采取安全措施。

管沟在进出厂房及装置处应妥善隔断，是为了阻止火灾蔓延和可燃气体或可燃液体流窜。

7.2.5 大多数塔底泵的介质操作温度等于或高于250℃，当塔底泵布置在管廊（桥）下时，为尽可能降低塔的液面高度，并能满足泵的有效气蚀余量的要求，本条规定其管道可布置在管廊下层外侧。

7.2.6 氧气管道与可燃介质管道共架敷设时，两管道平行布置的净距本次修订改为不应小于500mm，与现行国家标准《工业金属管道设计规范》GB 50316的规定相一致。但当管道采用焊接连接结构并无阀门时，其平行布置的净距可取上述净距的50%，即250mm。

7.2.7 止回阀是重要的安全设施，但只能防止大量气体、液体倒流，不能阻止小量泄漏。本条主要是使用经验的综合。

公用工程管道在工艺装置中是经常与可燃气体、液化烃、可燃液体的设备和管道相连接的。当公用工程管道压力因故降低时，大量可燃液体可能倒流入公用工程管道内，容易引发事故。如大量可燃液体倒流入蒸汽管道内，当用蒸汽灭火时起了“火上浇油的作用”。防止的方法有以下三种：

1 连续使用时，应在公用工程管道上设止回阀，并在其根部设切断阀，两阀次序不得颠倒，否则一旦止回阀坏了无法更换或检修；

2 间歇使用（例如停工吹扫）时，一般在公用工程管道上设止回阀和一道切断阀或设两道切断阀，并在两道切断阀中间设常开的检查阀；

3 为减少对公用工程系统的污染，对供冲洗、吹扫、催化剂再生和烧焦等仅在设备停工时使用的蒸汽、空气、水、惰性气体等公用工程管道有安全断开的措施。

7.2.8 连续操作的可燃气体管道的低点设两道排液阀，第一道（靠近管道侧）阀门为常开阀，第二道阀门为经常操作阀。当发现第二道阀门泄漏时，关闭第一道阀门，更换第二道阀门。

7.2.9 甲、$乙_A$类设备和管道停工时应用惰性气体置换，以防检修动火时发生火灾爆炸事故。

7.2.10 可燃气体压缩机，要特别注意防止产生负压，以免渗进空气形成爆炸性混合气体。多级压缩的可燃气体压缩机各段间应设冷却和气液分离设备，防止气体带液体进气缸内而发生超压爆炸事故。当由高压段的气液分离器减压排液至低压段的分离器内或排油水到低压油水槽时，应有防止串压、超压爆破的安全措施。

据调查，有些厂因安全技术措施不当或误操作而发生爆炸事故。例如：某厂石油气车间，由于裂解气浮顶气柜的滑轨卡住了，浮顶落不下来，抽成负压进入空气，裂解气四段出口发生爆鸣。某厂冷冻车间，氨压缩机段间冷却分离不好，大量液氨带进气缸，发生气缸爆破。某厂氯丁橡胶车间，乙烯基乙炔合成工段，用水环式压缩机压缩乙炔气，吸入管阻力大，造成负压渗入空气形成爆炸性混合物，因过氧化物分解或静电火花引起出口管爆炸。

7.2.11 因停电、停汽或操作不正常，离心式可燃气体压缩机和可燃液体泵出口管道介质倒流，由于未装止回阀或止回阀失灵，曾发生过一些火灾、爆炸事故。例如：某厂加氢裂化原料油泵氢气倒流引起大爆炸；某厂催化裂化的高温待生催化剂倒流入主风机，烧坏了主风机及邻近设备。

7.2.12 加热炉低压（等于或小于0.4MPa）燃料气管道如不设低压自动保护仪表（压力降低到0.05MPa，发出声光警报；降低到0.03MPa，调节阀自动关闭），则应设阻火器。

某石油化工企业常减压装置加热炉点火，因燃料气体管道空气未排净，发生回火爆炸。

阻火器中的金属网能够降低回火温度，起冷却作用；同时金属网的窄小通道能够减少燃烧反应自由基的产生，使火焰迅速熄灭。阻火器的结构并不复杂，是通用的安全措施。

燃料气管道压力大于0.4MPa（表），而且比较稳定，不波动，没有回火危险，可不设阻火器。

7.2.13 燃料气中往往携带少量可燃液滴及冷凝水，当操作不正常时，还可能从某些回流油罐带来较多的可燃液体，使加热炉火嘴熄灭。例如，某石油化工企业加氢裂化装置燃料气管道窜油，从火嘴喷洒到圆筒炉底部，引起一场火灾。因此加热炉的燃料气管道应有加热设施或分液罐。分液罐的冷凝液，不得任意敞开排放，以防火灾发生。例如，某石油化工企业催化裂化装置加热炉分液罐的冷凝液排至附近下水道，因油气回窜至加热炉，引起一场大火。

7.2.14 从容器上部向下喷射输入容器内时，液体可能形成很高的静电压，据北京劳动保护研究所测定，汽油和航空煤油喷射输入形成的静电压高达数千伏，甚至在万伏以上，这是很危险的。因为带电荷的液体被喷射输入其他容器时，液体内同符号的电荷将互相排斥而趋向液体的表面，这种电荷称为“表面电荷”。表面电荷与器壁接触，并与吸引在器壁上的异符号电荷再结合，电荷即逐渐消失，所需时间称为“中和时间”。中和时间主要决定于液体的电阻，可能是几分之一秒至几分钟。当液体表面与金属器壁的电压差达到相当高并足以使空气电离时，就可能产生电击穿，并有火花跳向器壁，这就是点火源。容器的任何接地都不能迅速消除这种液体内部的电荷。若必须从上部接入，应将入口管延伸至容器底部200mm处。

7.2.15 本条规定是为了当与罐直接相连接的下游设备发生火灾时，能及时切断物料。如某厂产品精制装置液化烃罐下游泵发生事故着火，人员无法靠近泵、关闭切断阀，且在泵和罐间靠近罐根部管道上无切断阀，使罐中液化烃烧光后火才熄灭，造成重大损失。

API Std 2510《液化石油气（LPG）设施的设计和建造》规定：液化烃管道上的切断阀应尽可能靠近罐布置，最好位于罐壁嘴子上。为便于操作和维修，切断阀安装位置应易于迅速接近。当液化烃罐容积超过10000gal（≈38m^3）时，在火灾发生15min内，所有位于罐最高液面下管道上的切断阀应能自动关闭或遥控操作。切断阀控制系统应耐火保护，切断阀应能手动操作。

7.2.16 长度等于或大于8m的平台应从两个方向设梯子，以利迅速关闭阀门。

根据安全需要，除工艺管道在装置的边界处应设隔断阀和8字盲板外，公用工程管道也应在装置边界处设隔断阀，但因不属于本规范范围，故本条未列入。

7.3 含可燃液体的生产污水管道

7.3.1 从防止环境污染考虑，对排放含有可燃液体的雨水比防火的要求严格得多，故此条只对被严重污染的雨水作了规定。严重污染的雨水指工艺装置内的塔、泵、冷换设备围堰内及可燃液体装卸栈台区等的初期雨水。

可燃气体凝结液，例如加热炉区设置的燃料气分液罐脱出的凝结液及液化烃罐的脱出水都含C_4、C_5烃类，排出后极易挥发，遇明火会造成火灾。某石化公司炼油厂由于液化烃脱出水带大量液化烃类，排入下水道挥发为可燃气体向外蔓延，结果造成大爆炸。本条规定“不得直接排入生产污水管道”，要求排出的凝结液再进行二次脱水，从而可使脱出水在最大限度地减少液化烃类后，再排入生产污水管道，以减少发生火灾的危险。

第1款：高温污水和蒸汽排入下水道，造成污水温度升高油气蒸发，增加了火灾危险。例如，某公司合成橡胶厂的厂外排水管道爆炸，11个下水井盖飞起，分析原因是排水中带有可燃液体，遇食堂排出的热水，油气加速挥发遇明火（可能是烟头）引起爆炸。某石化公司也曾多次发生过因井盖小孔排出油气遇明火而爆炸。例如，在下水道井盖上修汽车，发动机尾气把下水道引爆；小孩在井盖小孔上放爆竹，引爆了下水道。事故多发生于冬季，分析其原因是由于蒸汽及冷凝水排入，污水温度升高促使产生大量油气，故从防火角度对排水温度提出了限制的要求。

第2款：石油化工厂中有时会遇到由于排放的多种污水含有两种或多种能够产生化学反应而引起爆炸及着火的物质。例如某化工厂、某电化厂都曾多次发生过乙炔气和次氯酸钠在下水道中起化学反应引起爆炸事故。所以本条要求含有上述物质的污水，在未消除引起爆炸、火灾的危险性之前，不得直接混合排到同一生产污水系统中。

7.3.2 明沟或只有盖板而无覆土的沟槽（盖板经常被搬开而易被破坏），受外来因素的影响容易与火源接触，起火的机会多，且着火时火势大，蔓延快，火灾的破坏性大，扑救困难，且常因火灾爆炸而使盖板崩开，造成二次破坏。

某炼油厂蒸馏车间检修，在距排水沟3m处切割槽钢，火星落入排水沟引燃油气，使960m排水沟相继起火，600m地沟盖不同程度破坏，着火历时4h。

某炼油厂检修时，火星落入明沟，沟内油气被点燃，串到污油池燃烧了2h。

某石化公司炼油厂重整原料罐放水，所带油气放入排水沟，被下游施工人员点火引燃。200m排水沟相继起火。

上述事例都说明了用明沟或带盖板而无覆土的沟槽排放生产污水有较高的火灾危险性。

暗沟指有覆土的沟槽，密封性能好，可防止可燃气体窜出，又能保证盖板不会被搬动或破坏，从而减少外来因素的影响。

设施内部往往还需要在局部采用明沟，当物料泄漏发生火灾时，可能导致沿沟蔓延。为了控制着火蔓延范围，要求限制每段的长度不超过30m，各段分别排入生产污水管道。

7.3.3 本条对生产污水管道设水封作出规定。

1 水封高度，我国过去采用250mm，美、法、德等国都采用150mm。考虑施工误差，且不增加较多工程量，却增加了安全度，故本条仍规定不得小于250mm。

2 生产污水管道的火灾事故各厂都曾多次发生，有的沿下水道蔓延几百米甚至上千米，数个井盖崩起，且难于扑救。所以对设置水封要求较严。过去对不太重要的地方，如管沟或一般的建筑物等往往忽视，由于下水道出口不设水封，曾发生过几次事故。例如，某炼厂在工艺阀井中进行管道补焊，阀井的排水管无水封，火星自阀井的排水管串入下水管，400多米管道相继起火，多个井盖被崩开。又如有多个石油化工厂发生过由于厕所的排水排至生产污水管道，在其出口处没有设置水封，可燃气体自外部下水道串入厕所内，遇有人吸烟，而引起爆炸。

3 排水管道在各区之间用水封隔开，确保某区的排水管道发生火灾爆炸事故后，不致串入另一区。

7.3.4 对重力流循环热水排水管道，由于热水中含微量可燃液体，长时间积聚遇火源也曾发生过爆炸事故。国外有关标准也有类似规定，故提出在装置排出口设置水封，将装置与系统管道隔开。

7.3.7 为了防止火灾蔓延，排水管道中多处设置了水封，若不设排气管，污水中挥发出的可燃气体无法排出，只能通过井盖处外溢，遇火源可能引起爆炸着火。可燃气体无组织排放是引起排水管道着火的重要因素之一，支干管、干管均设排气管，可使水封井隔开的每一管段中的可燃气体都能得到有组织排放，从而避免或减少可燃气体与明火接触，减少火灾事故。

本条是参考国外标准制定的。近年来引进的石油化工装置中，生产污水管道中设了排气管。实践表明，这种措施的防火效果非常有效。

参考国外的有关标准，对排气管的设计作出了具体规定。

7.3.8 本条是参考国外标准制定的，与第7.3.7条配合使用。第7.3.7条解决排水管道中挥发出的可燃气体的出路，本条是限制可燃气体从下水井盖处溢出，可以有效地减少排水管道的火灾爆炸事故。经在某化纤厂实施，效果较好。

7.3.10 本条是吸取国内发生的火灾爆炸事故引发的重大环境污染的事故教训而修订的。应急措施和手段可根据现场具体情况采用事故池、排水监控池、利用现有的与外界隔开的池塘、河渠等进行排水监控、在排水管总出口处安装切断阀等方法来确保泄漏的物料或被污染的排水不会直接排出厂外。

8 消　　防

8.1 一般规定

8.1.1 “设置与生产、储存、运输的物料和操作条件相适应的消防设施”，是指石油化工企业中，生产和储存、运输具有不同特点和性质的物料（如物理、化学性质的不同，气态、液态、固态的不同，储存方式不同，露天或室内的场合不同等），必须采用不同的灭火手段和不同的灭火药剂。

设置消防设施时，既要设置大型消防设备，又要配备扑灭初期火灾用的小型灭火器材。岗位操作人员使用的小型灭火器及灭火蒸汽快速接头，在扑救初起火灾上起着十分重要的作用，具有便于操作人员掌握、灵活机动、及时扑救的特点。

8.1.2 当装置的设备、建筑物区占地面积在$10000m^2$～$20000m^2$时，为了防止可能发生的火灾造成的大面积重大损失，应加强消防设施的设置，主要措施有：增设消防水炮、设置高架水炮、水喷雾（水喷淋）系统、配备高喷车、加强火灾自动报警和可燃气体探测报警系统设置等。

8.2 消　防　站

8.2.1 设计中确定消防站的规模时，应考虑的几个主要因素：

1 企业的大小和火灾危险性；

2 企业内固定消防设施的设置情况，当固定消防设施比较完善时，消防站的规模可减小；

3 邻近有关单位有无消防协作条件，主要的协作条件指：

1）协作单位能提供适用于扑救石油化工火灾的消防车；

2）赶到火场的行车时间不超过10～20min（其中，装置火灾按10min、罐区火灾按20min）。装置火灾应尽快扑救，以防蔓延。罐区灭火一般先进行控制冷却，然后组织扑灭。据介绍，钢结构、钢储罐的一般抗烧能力在8～15min，因此只要控制冷却及时，在10～20min内协作单位消防车到达是可以的。

4 工业园区内的石油化工企业或小型石油化工企业距所在地区的公用消防站的车程不超过8min时，且公用消防站配备的车辆、灭火剂储量及特性符合企业的消防要求，可不单独设置消防站。

8.2.2 大型泡沫车是指泡沫混合液的供给能力大于或等于60L/s、压力大于或等于1MPa的消防车辆。

8.2.3 消防站内储存泡沫液多时，不宜用桶装。因桶装泡沫液向消防车灌装时间长且劳动量大，往往不能满足火场灭火要求。宜将泡沫液储存于高位罐中，依靠重力直接装入消防车，或从低位罐中用泡沫液泵将泡沫液提升到消防车内，保证消防车连续灭火。在泡沫液运输车的协助下，消防车无需回站装泡沫液，可在火场更有效地发挥作用。

8.2.4 消防站的组成，应视消防站的车辆多少、规模大小以及当地的具体情况考虑确定。各部分的具体要求，可参照《城市消防站建设标准》（建标〔2006〕42号文）的有关规定进行设计。

8.2.5 车库室内温度不低于12℃，有利于消防车迅速发动。车库在冬季时门窗关闭，为使消防车每天试车时排出的大量烟气迅速排出室外，故提出消防站宜设机械排风设施。

8.2.7 车库大门面向道路便于消防车出动。距道路边15m的要求高于城镇消防站，是因为石油化工企业多设置大型消防车，车身长。车库前的场地要求铺砌并有坡度，是为便于消防车迅速出车。

8.3 消防水源及泵房

8.3.1 当消防用水由工厂水源直接供给，工厂给水管网的进水管的其中1条发生事故时，另1条应能在火灾延续时间内满足100%的消防水量的要求，并且同时在火灾延续时间内能满足生活、生产用水70%的水量要求。

8.3.2 为保证消防水池（罐）储存满足需求的水量，同时也便于人员操作，对消防水池（罐）要求增设液位检测、高低液位报警及自动补水设施。

8.3.3 消防水泵房与生产或生活水泵房合建主要是能减少操作人员，并能保证消防水泵经常处于完好状态，火灾时能及时投入运转。据调查，一些厂的独立消防水泵房虽有专人值班，但由于水泵不经常使用，操作不熟练，致使使用时出现问题。

8.3.4 为了保证启动快，要求水泵采用自灌式引水。在灭火过程中有时停泵后还需再启动，在此情况下为了满足再启动，消防泵应有可靠的引水设备。若采用自灌式引水有困难时，应有可靠迅速的充水设备，如同步排吸式消防水泵等。

8.3.5 为避免消防水泵启动后水压过高，在泵出口管道应设置回流管或其他防止超压的安全设施。

泵出口管道直径大于300mm的阀门人工操作比较费力、费时，可采用电动阀门、液动阀门、气动阀门或多功能水泵控制阀。

8.3.8 消防水泵应设双动力源，是指消防水泵的供电方式应满足现行国家标准《供配电系统设计规范》GB 50052所规定的一级负荷供电要求。当不能满足一级负荷供电要求时，应设置柴油机作为第二动力源。消防泵不宜全部采用柴油机作为消防动力源。

8.4 消防用水量

8.4.2 对厂区占地面积小于或等于1000000m² 的规定与现行国家标准《建筑设计防火规范》GB 50016相同。关于大于1000000m² 的规定，通过对7个大型厂调查，只有某石油化工企业曾发生过由于雷击同时引燃非金属的15000m³ 地下罐及相邻5000m³ 半地下罐，且二者发生于同一地点，可以认为是一处火灾，两处同时发生大火尚无实例。所以本条规定按两处计算时，一处考虑发生于消防用水量最大的地点，另一处按火灾发生于辅助生产设施考虑。

8.4.3 本条对工艺装置、辅助生产设施及建筑物的消防用水量作出规定。

1 根据与美国消防协会NFPA及美国石油学会API及一些国外工程公司等单位交流，不能简单地按照装置规模去确定消防水量。

由于各公司的经验和要求不同，同样的生产装置消防水量相差很大，有的差别高达数倍。国外的一般做法是：首先对工艺装置进行火灾危险分析，识别可能发生的主要火灾危险事故；然后确定可能发生的火灾规模和影响范围，针对每种火灾事故分别确定需要同时使用的消防设施和所需水量，并将可能发生的最不利火灾事故所需的消防水量作为该装置的消防设计水量。

同时使用的消防设施包括：固定式消防设施、消防水炮和消火栓等设施。当所考虑的火灾区域被固定式水喷雾、自动喷水或泡沫系统全部或部分保护时，消防水量应为需要操作的固定消防水系统所需水量之和，再加上同时操作水炮和水枪的用水量。当火灾区域内有多个固定式消防水系统时，消防水量计算应考虑相邻系统是否需要同时操作。

2 API RP 2001《炼油厂防火》关于装置消防用水量确定方法如下：

1）消防水供给应能满足装置内任一处火灾区域所需的最大计算流量的要求，具体流量取决于工厂的设计、布置及工艺危险性、实际设计等，可根据火灾事故预案、应急响应时间、装置构筑物及设备布置等，对火灾区域提供4.1～20.4L/min·m² 的水量；

2）参考类似装置的历史经验估算；

3）当消防水系统仅采用水炮和水枪等移动设施进行手动消防时，消防水量范围可参考表8。

表8 消防水量参考表

	场所	消防水流量范围（L/s）	根据保护面积计算的单位面积消防水量（L/min·m²）
1	辐射热保护区		4.1
2	易燃液体、高压易燃气体工艺装置区	250～633	冷却：8.2～12.3
			灭火：12.3～20.4
3	气体、可燃液体工艺装置区	183～316	8.2～12.3

3 因为装置消防水量不是简单地根据装置规模确定，国外也没有工艺装置的消防用水量表。考虑近年来装置大型化、合理化集中布置，且设置了比较完善的固定消防设施，并参考国外工程公司经验及API RP 2001《炼油厂防火》给出的消防水流量范围，本次修订将大型石油化工装置的水量由450L/s调整为600L/s，大型炼油装置的水量由300L/s调整为450L/s，大型合成氨及氨装置的水量调整为200L/s。

由于国家对大中型装置的划分无明确规定，只能参照国内生产装置规模的现状，根据消防水量确定原则确定消防水量，而不应简单地套用表8.4.3中的数值。

8.4.4 着火储罐的罐壁直接受到火焰威胁，对于地上的钢储罐火灾，一般情况下5min内可以使罐壁温度达到500℃，使钢板强度降低一半，8～10min以后钢板会失去支持能力。为控制火灾蔓延、降低火焰辐射热，保证邻近罐的安全，应对着火罐及邻近罐进行冷却。

浮顶罐着火，火势较小，如某石油化工企业发生的两起浮顶罐火灾，其中10000m³ 轻柴油浮顶罐着火，15min后扑灭，而密封圈只着了3处，最大处仅为7m长，因此不需要考虑对邻近罐冷却。浮盘用易熔材料（铝、玻璃钢等）制作的内浮顶罐消防冷却按固定顶罐考虑。

8.4.5 本条对可燃液体地上立式储罐设固定或移动式消防冷却水系统作出规定。

1　移动式水枪冷却按手持消防水枪考虑，每支水枪按操作要求能保护罐壁周长8～10m，其冷却水强度是根据操作需要确定的，采用不同口径的水枪冷却水强度也不同。采用ϕ19mm水枪进口压力为0.35MPa时，一个体力好的人操作水枪已感吃力，此时可满足罐壁高17m的冷却要求，若再增高水枪进口压力，加大水枪射高操作有困难。大容量罐采用移动式冷却需要人员多。条文中固定式冷却水强度是根据天津消防科研所5000m^3罐，壁高13m的固定顶罐灭火实验反算推出的。冷却水强度以周长计算为0.5L/s·m，此时单位罐壁表面积的冷却水强度为：$0.5\times60\div13=2.3L/min\cdot m^2$，条文中取2.5$L/min\cdot m^2$。对邻罐计算出的冷却水强度为：$0.2\times60\div13=0.92L/min\cdot m^2$，但用此值冷却系统无法操作，故按实际固定式冷却系统进行校核后，规定为2$L/min\cdot m^2$。

2　润滑油罐火灾我国尚未发生过，故规定采用移动式消防冷却。

3　冷却水强度的调节设施在设计中应予考虑。比较简易的方法是在罐的供水总管的防火堤外控制阀后装设压力表，系统调试标定时辅以超声波流量计，调节阀门开启度，分别标出着火罐及邻罐冷却时压力表的刻度，作出永久标记，以确保火灾时调节阀门达到冷却水的供水强度。

4　经调查，地上立式罐消防冷却水系统的喷头，常发生被管道内部锈蚀物堵塞现象，故要求控制阀后及储罐上设置的消防冷却水管道采用镀锌管或防腐性能不低于镀锌管的钢管。

8.4.7　储罐火灾冷却水供给时间为自开始对储罐冷却起至储罐不会复燃止的时间。据17例地上钢储罐火灾统计，燃烧时间最长的3次分别为4.5h、1.5h、1h，其余均小于40min。燃烧4.5h的是储罐爆炸将泡沫液管道拉断，又因有防护墙使扑救及冷却较困难，以致最后烧光，此为特例。据统计，一般燃烧时间均不大于1h。

本条规定直径大于20m的固定顶罐冷却水供给时间，按6h计；对直径小于20m的罐，沿用过去的规定，按4h计。浮盘用铝等易熔材料制造的内浮顶罐，着火时浮盘易被破坏，故应按固定顶储罐考虑。其他型式浮顶罐着火时，火势易于扑救，国内扑救实践表明一般不超过1h，故冷却水供给时间也规定为4h。

8.5　消防给水管道及消火栓

8.5.1　低压消防给水系统的压力，本条规定不低于0.15MPa，主要考虑石油化工企业的消防供水管道压力均较高，压力是有保证的，从而使消火栓的出水量可相应加大，满足供水量的要求，减少消火栓的设置数量。

近年来大型石油化工企业相继建成投产，工艺装置、储罐也向大型化发展，要求消防用水量加大。若低压消防给水系统采用消防车加压供水，需车辆及消防人员较多。另外，大型现代化工艺装置也相应增加了固定式的消防设备，如消防水炮、水喷淋等，也要求设置稳高压消防给水系统。

消防给水管道若与循环水管道合并，消防时大量用水，将引起循环水水压下降而导致二次灾害。

稳高压消防给水系统，平时采用稳压设施维持管网的消防水压力，但不能满足消防时的用水量要求。当发生火灾启动消防水设施时，管网系统压力下降，靠管网压力联锁自动启动消防水泵。设置稳高压消防给水系统，比临时高压系统供水速度快，能及时向火场供水，尽快地将火灾在初期阶段扑灭或有效控制。

稳压泵的设计水量要考虑消防水管网系统泄漏量和一支水枪出水量（5L/s）。

8.5.2　对与生产、生活合用的消防水管网的要求是为了在局部管网发生事故时，供水总量除能满足100%的消防水量外，还要满足70%的生产、生活用水量，即要求发生火灾时，全厂仍能维持生产运行，避免由于全厂紧急停产而再次发生火灾事故造成更大损失。

8.5.4　考虑消防水系统管网的安全及消防设备操作，同时参考国外有关标准，将消防水流速由5m/s调小至3.5m/s。

8.5.5　对地上式消火栓的布置，增加了距路边的最小距离要求，主要防止消火栓被车撞坏，地上式消火栓被车辆撞毁时有发生，尤其在施工和检修中，常常将消火栓撞坏，为保护消火栓，可在消火栓周围设置三根短桩，形成三角形的保护围栏。

消火栓选用时宜选用具有调压、防撞功能型式的消火栓，调压功能是考虑稳高压消防水系统的压力较高，为了在各种情况下方便安全的使用消火栓，防撞功能是考虑即使消火栓被撞，也只是影响被撞消火栓，不至于影响消防系统的使用。

8.5.6　消火栓的保护半径，本条定为不应超过120m。根据石油化工企业生产特点，火灾事故多且蔓延快，要求扑救及时，出水带以不多于7根为好。若以7根为计算依据，则：$(20m\times7-10m)\times0.9=117m$，规定保护长度为120m。上式的计算中，10m为消防队员使用水带的自由长度；0.9为敷设水带长度系数。

8.5.7　随着装置的大型化、联合化，一套装置的占地面积大大增加，装置内有时布置多条消防道路，装置发生火灾时，消防车需进入装置扑救，故要求在装置的消防道路边也设置消火栓。

8.6　消防水炮、水喷淋和水喷雾

8.6.1　固定消防水炮亦属岗位应急消防设施，一人可操作，能够及时向火场提供较大量的消防水，达到对初期火灾控火、灭火的目的。

8.6.2 消防水炮有效射程的确定应考虑灭火条件下可能受到的风向、风力及辐射热等因素影响。

要求水炮可按两种工况使用：喷雾状水，覆盖面积大、射程短，用于保护地面上的危险设备群；喷直流水，射程远，可用于保护高的危险设备。

8.6.3 本条对工艺装置内设水喷淋或水喷雾系统的设计作出规定。

1 消防炮不能有效覆盖，人员又难以靠近的特殊危险设备及场所指着火后若不及时给予水冷却保护会造成重大的事故或损失，例如，无隔热层的可燃气体设备，若自身无安全泄压设施，受到火灾烘烤时，可能因内压升高、设备金属强度降低而造成设备爆炸，导致灾害扩大。

2 对于不属于上述的特殊危险设备（如高塔、高脱气仓等），可不设水喷雾（水喷淋）系统的原因如下：

1）高塔顶部泄漏而导致火灾的可能性较小，因其位置较高而受其他着火设备影响较小；

2）高塔顶部一般设有安全阀，当高塔发生火灾时，可对塔进行泄压保护，切断物料使火熄灭，同时对塔底部和周围设备进行冷却保护；

3）塔器的支撑裙座进行了耐火保护，并在高塔周围设置消防水炮和消火栓，可在发生火灾事故时保护塔体不会坍塌。

3 水喷雾（水喷淋）系统的控制阀可采用符合消防要求的雨淋阀、电动或气动控制阀，并能满足远程手动控制和现场手动控制要求。

8.6.4 消防软管卷盘可由一人操作用于控制局部小火，辅以工艺操作进行应急处理，能够扑灭小泄漏的初期火灾或达到控火目的，国外装置中设置比较多。设置于泄漏、火灾多发的危险场所，能提高应急防护能力。

消防软管卷盘性能指标如下：

1）软管内径为 25mm 或 32mm，长度不小于 25m；

2）喷嘴为直流喷雾混合型；

3）压力等级不低于 1.6MPa。

8.6.5 扑救火灾常用 ϕ19mm 手持水枪，水枪进口压力一般控制在 0.35MPa，可由一人操作，若水压再高则操作困难。在0.35MPa水压下水枪充实水柱射高约为 17m，故要求火灾危险性大的构架（设备布置在构架上的构架平台）高于 15m 时，需设置半固定式消防竖管。竖管一般供专职消防人员使用，由消防车供水或供泡沫混合液，设置简单、便于使用，可加快控火、灭火速度。

竖管接水带枪可对水炮作用不到的地方进行保护。

消防竖管的管径，应根据所需供给的水量计算，每支 ϕ19mm 的水枪控制面积可按 $50m^2$ 考虑。

8.6.6 液化烃、操作温度等于或高于自燃点的可燃液体泵为火灾多发设备，尽量不要将这些泵布置在管架、可燃液体设备、空冷器等下方，如确实需要这样布置时，应采取保护措施。

8.7 低倍数泡沫灭火系统

8.7.2 增加闪点等于或小于 90℃ 的丙类可燃液体采用固定式泡沫灭火系统是考虑到此前发生的几起丙类火灾的情况，并参考 NFPA 30《易燃可燃液体规范》关于可燃液体的分类确定的。

机动消防设施不能进行有效保护系指消防站距罐区远或消防车配备不足等，需注意后者是针对装储保护对象所用灭火剂的车辆，例如，有水溶性可燃液体储罐时，应注意核算装储抗溶性泡沫灭火剂的车辆灭火能力。当储罐组建于山区，地形复杂，消防道路环行设置有困难，移动消防不能有效保护时，故需考虑设置固定泡沫灭火系统。

8.7.3 国外及国内有关标准均有相似的规定。润滑油罐火灾危险性小，国内尚未发生过润滑油罐火灾。而可燃液体储罐的容量小于 $200m^3$、壁高小于 7m 时，燃烧面积不大，7m 壁高可以将泡沫钩管与消防拉梯二者配合使用进行扑救，操作亦比较简单，故其泡沫灭火系统可以采用移动式灭火系统。

8.7.5 对容量大的储罐，若火灾蔓延则损失巨大，故要求可在控制室启动远程手动控制的泡沫灭火系统，以便尽快在火灾初期将火扑灭。

8.8 蒸汽灭火系统

工艺装置设置固定式蒸汽灭火系统简单易行，对于初期火灾灭火效果好。例如，某炼厂裂化车间泵房着火，利用固定式灭火蒸汽，迅速将火扑灭；又如某炼油厂液化石油气泵房着火也用蒸汽灭掉。

使用蒸汽系统时，当蒸汽流速过高时会产生静电，应在设计和使用时引起注意，防止静电产生火花。

固定式蒸汽灭火管道的筛孔管，长期不用，可能生锈堵塞，故亦可按照范围大小，设置若干半固定式蒸汽灭火接头。

固定式蒸汽筛孔管排汽孔径可取 3～5mm，孔心间距 30～80mm，孔径宜从进汽端开始由小逐渐增大。开孔方向应能使蒸汽水平方向喷射。

蒸汽幕排汽管孔径可取 3～5mm，孔心间距 100～150mm。蒸汽灭火和蒸汽幕配汽管截面积应大于或等于所有开孔面积之和。

8.9 灭火器设置

8.9.2 结合石油化工企业火灾危险性大的特点，根据现行灭火器产品规格及人员操作方便，经归类分析，对石油化工企业配置的灭火器类型、灭火能力提出了推荐性要求，以方便选用、维护和检修。

8.9.3 干粉灭火剂对扑救石油化工厂的初期火灾，尤其是用于气体火灾是一种灭火效果好、速度快的有效灭火剂，但扑救后易于复燃，故宜与氟蛋白泡沫灭火系统联用。大型干粉灭火设备普遍设置为移动式干粉车，用于扑救工艺装置的初期火灾及液化烃罐区火灾效果较好。固定式系统一般用于某些物质的储存、装卸等的封闭场所及室外需重点保护的场所。干粉灭火系统的设计按现行国家标准《干粉灭火系统设计规范》GB 50347 的有关规定执行。

8.9.4 铁路装卸栈台易起火部位是装卸口，尤其是在装车时产生静电，槽车罐口起火曾多次发生。灭火方法可用干粉或盖上罐口。槽车长度一般为 12m，故提出每隔 12m 栈台上下各设灭火器。在停工检修管道时有可能发生小火，一般只在检修地点临时配置灭火器。

8.9.5 储罐区很少发生小火，现各厂大多不配置灭火器或配置数量较少。在停工检修管道时有可能发生小火，一般只在检修地点临时配置灭火器。考虑罐区泄漏点多发生在阀组附近，故提出灭火器的配置总量还应按储罐个数进行核算，每个储罐配置灭火器的数量不宜超过 3 个。

8.9.6 据统计，14 个石油化工企业 12 年期间共发生装置火灾事故 167 起，从扑救手段分析，使用蒸汽灭火占 31%，切断油源自灭 16%，消防车出动灭火 13%，小型灭火器灭火 40%，又据某石化公司 2 年期间统计 69 起火灾事故中，使用小型灭火器成功扑救的 16 起，约占 23%，说明小型灭火器的重要作用。

8.10 液化烃罐区消防

8.10.1 液化烃罐包括全压力式、半冷冻式、全冷冻式储罐。

8.10.2 大多数石油化工企业设有消防站，配置一定数量的消防车，可以满足容量小于或等于 100m^3 液化烃储罐的消防冷却要求。

8.10.3～8.10.5

1 消防冷却水的作用：

液化烃储罐火灾的根本灭火措施是切断气源。在气源无法切断时，要维持其稳定燃烧，同时对储罐进行水冷却，确保罐壁温度不致过高，从而使罐壁强度不降低，罐内压力也不升高，可使事故不扩大。

2 火焰烘烤下，储罐的罐壁受热状态：

对湿罐壁（即储罐内液面以下罐壁部分）的影响：湿壁受热后，热量可通过罐壁传到罐内液体，使液体蒸发带走传入的热量，液体温度将维持在与其压力相对应的饱和温度。湿壁本身只有较小的温升，一般不会导致金属强度的降低而造成储罐被破坏。

对干罐壁（罐内液面以上罐壁部分）的影响：干壁受热后罐内为气体，不能及时将热量传出，将导致罐壁温度升高、金属强度降低而使储罐遭到破坏。火焰烘烤下，干壁被破坏的危险性比湿壁更大。

3 国内对液化烃储罐火灾受热喷水保护试验的结论：

1）储罐火灾喷水冷却，对应喷水强度 5.5～10L/min·m^2 湿壁热通量比不喷水降低约70%～85%；

2）储罐被火焰包围，喷水冷却干壁强度在 6L/min·m^2 时，可以控制壁温不超过 100℃；

3）喷水强度取 10L/min·m^2 较为稳妥可靠。

4 国外有关标准的规定：

国外液化烃储罐固定消防冷却水的设置情况一般为：冷却水供给强度除法国标准规定较低外，其余均在 6～10L/min·m^2。美国某工程公司规定，有辅助水枪供水，其强度可降低到 4.07L/min·m^2。

关于连续供水时间。美国规定要持续几小时，日本规定至少 20min，其他无明确规定。日本之所以规定 20min，是考虑 20min 后消防队已到火场，有消防供水可用。

对着火邻罐的冷却及冷却范围除法国有所规定外，其他国家多未述及。

8.10.6 单防罐罐顶部的安全阀及进出罐管道易泄漏发生火灾，同时考虑罐顶受到的辐射热较大，参考 API Std 2510A Fire Protection Considerations for the Design and Operation of Liquefied Petroleum Gas (LPG) Storage Facilities《液化石油气储存设施设计和操作的防火条件》标准，冷却水强度取 4L/min·m^2。罐壁冷却主要是为了保护罐外壁在着火时不被破坏，保护隔热材料，使罐内的介质稳定气化，不至于引起更大的破坏。按照单防罐着火的情形，罐壁的消防冷却水供给强度按一般立式罐考虑。

对于双防罐、全防罐由于外部为混凝土结构，一般不需设置固定消防喷水冷却水系统，只是在易发生火灾的安全阀及沿进出罐管道处设置水喷雾系统进行冷却保护。在罐组周围设置消火栓和消防炮，既可用于加强保护管架及罐顶部的阀组，又可根据需要对罐壁进行冷却。

美国《石油化工厂防火手册》曾介绍一例储罐火灾：A 罐装丙烷 8000m^3，B 罐装丙烷 8900m^3，C 罐装丁烷 4400 m^3，A 罐超压，顶壁结合处开裂 180°，大量蒸气外溢，5s 后遇火点燃。A 罐烧了 35.5h 后损坏；B、C 罐顶部阀件烧坏，造成气体泄漏燃烧，B 罐切断阀无法关闭烧 6d，C 罐充 N_2 并抽料，3d 后关闭切断阀火灭。B、C 罐罐壁损坏较小，隔热层损坏大。该案例中仅由消防车供水冷却即控制了火灾，推算供水量小于 200L/s。

8.10.8 丁二烯或比丁烷分子量高的碳氢化合物燃烧时，会在钢的表面形成抗湿的碳沉积，应采用具有冲击作用的水喷雾系统。

8.10.10 本条对全压力式、半冷冻式液化烃储罐固定式消防冷却水管道设置作出规定。

第1款：供水竖管采用两条对称布置，以保证水压均衡，罐表面积的冷却水强度相同。

第3款：阀门设于防火堤外距罐壁15m以外的地点，火灾时不影响开阀供冷却水。罐区面积大或罐多时，手动操作阀门需时间长，此种情况下可采用遥控。当储罐容积大于等于1000m^3时，考虑到罐容积大，若不及时冷却，后果严重，要求控制阀为遥控操作。

第4款：控制阀后的管道长期不充水，易受腐蚀。若用普通钢管，多年后管内部锈蚀成片脱落堵塞管道，故要求用镀锌管。

8.10.13 本条规定的冷却水供给强度不宜小于6L/min·m^2，是根据现行国家标准《水喷雾灭火系统设计规范》GB 50219的规定，全压力式及半冷冻式液氨储罐属于该规范中表3.1.2规定的甲乙丙类液体储罐。

8.11 建筑物内消防

8.11.1 本条是参照现行国家标准《建筑设计防火规范》GB 50016有关条款并结合石油化工企业的厂房、仓库、控制室、办公楼等的特点，提出了建筑物消防设施的设置原则。

8.11.2 室内消火栓是主要的室内消防设备，其设置合理与否直接影响灭火效果，为此本条提出了室内消火栓的设置要求。

第1款：可燃液体、气体一旦发生泄漏火灾，火势猛烈，对小厂房，着火后人员无法进入室内使用消火栓扑救，故当厂房长度小于30m时可不设。

第3款：为了便于消防人员火灾时使用，要求多层厂房和高层厂房楼梯间应设半固定式消防竖管。

第4款：要求室内消火栓给水系统与自动喷水系统应在报警阀前分开设置，是为了防止消火栓用水影响自动喷水灭火设备用水或防止消火栓漏水引起自动喷水灭火系统误报警、误动作。

第5款：由于石油化工厂一般均采用稳高压消防给水系统，为了便于室内人员安全操作水枪，要求消火栓口处压力大于0.50MPa时需设置减压设施。为防止热设备受到直流水柱冲击后急冷受损，扩大泄漏事故，故要求水枪具有喷射雾化水流功能。为了便于人员安全操作宜选用带消防软管卷盘型式的室内消火栓。

8.11.3 石油化工企业控制室、机柜间、变配电所与一般计算机房相比具有其特殊性，不要求设置固定自动气体灭火装置理由如下：

1 石油化工厂控制室24h有人值班，出现火情，值班人员能及时发现，尽快扑救。

2 各建筑物均按照国家有关规范要求设有火灾自动报警系统，如变配电所、机柜间和电缆夹层等空间发生火情，火灾探测系统能及时向24h有人值班的场所报警，使相关人员及时采取措施。

3 固定的气体灭火设施一旦启动，需要控制室内值班人员立即撤离，可能导致装置控制系统因无人监护而瘫痪，引发二次火灾或造成更大事故。

4 本规范对控制室、机柜室、变配电所的建筑防火、平面布置、设备选用等均提出了明确的防火要求，加强了建筑物的自身安全性。

8.11.4 石油化工企业大型化致使合成纤维、合成橡胶、合成树脂及塑料仓库面积大幅增加，该类产品的火灾危险性属丙类可燃固体。为了及时扑灭可能发生的初期火灾，宜采用早期抑制快速响应喷头的自动喷水灭火系统，并应采取防冻措施，确保冬季系统的可靠运行。

要求自动喷水灭火系统应由厂区稳高压消防给水系统供水，是因为石化企业设置的独立稳高压消防给水系统具有可靠的水量水压保证。

为了节省占地，某些企业采用高架仓库，这相对增加了火灾危险性。考虑石油化工行业发展的需要，保证安全生产，参照国内外相关规范及实际的做法，提出了本条要求。

8.11.5 聚乙烯、聚丙烯等大型聚烯烃装置的挤压造粒厂房一般为封闭式高层厂房。通常上层为固体添加剂加料器，往下依次经计量、螺杆加料、与树脂掺混后进入到布置在一层的挤压造粒机，经熔融挤压切粒后变为塑料颗粒产品。添加剂的加料口设有防止粉尘逸散的设施。整个生产过程都是密闭操作，并设有氮封系统。挤压造粒机模头通常用高压蒸汽加热。根据需要，有时采用丙$_B$类重油作为热油加热介质。

挤压造粒厂房的生产物料主要是属于火灾危险性丙类的聚烯烃类塑料产品，由于整个生产过程都是在设备内密闭操作，不会接触到点火源，多年来该类厂房也从未发生过火灾事故。此类厂房不属于劳动密集型或生产人员集中场所，厂房内空间体积大，易于发现火情和疏散与扑救。因此，要求厂房内设置火灾自动报警系统，并设置室内消火栓、消防软管卷盘或轻便消防水龙和灭火器等消防设施可满足消防要求。

8.11.6 烷基铝（烷基锂）是聚丙烯、低压聚乙烯、全密度聚乙烯、橡胶等装置的助催化剂，具有遇空气自燃、遇水激烈燃烧或爆炸特性。以前，在配制间曾不止一次发生因阀门操作不当引发火灾的事故。经试验，该物质应采用D类干粉扑救。国内引进的多套装置目前均设有局部喷射式D类干粉灭火装置，故本条作此规定。

在启动局部喷射式D类干粉灭火装置前，应首先关闭烷基铝设备的紧急切断阀。

8.11.7 烷基铝储存仓库只是作为储存场所，不需要进行开关阀门等生产操作，发生烷基铝泄漏引发火灾的几率很小。因此，可采用干砂、蛭石、D类干粉灭火器等灭火设施。

8.12 火灾报警系统

8.12.1 在石油化工企业的火灾危险场所设置火灾报警系统可及时发现和通报初期火灾，防止火灾蔓延和重大火灾事故的发生。火灾自动报警系统和火灾电话报警，以及可燃和有毒气体检测报警系统、电视监视系统（CCTV）等均属于石油化工企业安全防范和消防监测的手段和设施，在系统设置、功能配置、联动控制等方面应有机结合，综合考虑，以增强安全防范和消防监测的效果。

8.12.2 本条规定了火灾电话报警的设计原则：

1 设置无线通信设备，是因为随着无线通信技术的发展，其所具有可移动的优点，已经成为石油化工企业内对于火灾受警、确认和扑救指挥有效的通信工具。

2 “直通的专用电话”是指在两个工作岗位之间成对设置的电话机，摘机即通，专门用于两个或多个工作岗位之间的电话通信联系，一般通过程控交换机的热线功能实现。因为当石化企业发生火灾时，尤其是工艺装置火灾，需要从生产工艺角度采取切断物料及卸料等紧急措施，需要生产操作人员与消防人员及时电话通信联系，密切配合，以防止火灾的蔓延与次生灾害的发生。

8.12.3 本条规定了火灾自动报警系统的设计原则：

第1款和第2款：对于石油化工企业内火灾自动报警系统的设计应全盘考虑，各个石油化工装置、辅助生产设施、全厂性重要设施和区域性重要设施所设置的区域性火灾自动报警系统宜通过光纤通信网络连接到全厂性消防控制中心，使其构成一套全厂性的火灾自动报警系统。

强调火灾自动报警系统的网络集成功能是因为现代化石油化工企业的特点是高度集成的流程工业，局部的火灾危险往往会造成大面积的灾害，而集成化的火灾自动报警系统能很好地指挥和调动消防的力量和及时有效地扑救。

第5款：“重要的火灾报警点”主要是指大型的液化烃及可燃液体罐区、加热炉、可燃气体压缩机及火炬头等场所。

第6款：“重要的火灾危险场所”是指当发生火灾时，有可能造成重大人身伤亡和需要进行人员紧急疏散和统一指挥的场所。在工艺生产装置区内，火灾自动报警系统的警报设施可采用生产扩音对讲系统来替代，因此要求生产扩音对讲系统具有在确认火灾后能够切换到消防应急广播状态的功能。

8.12.4 装置及储运设施多已采用DCS控制，且伴随着石油化工装置的大型化，中央控制室距离所控制的装置及储运设施越来越远，现场值班的人员很少，为发现火灾时能及时报警，要求在甲乙类装置区四周道路边、罐区四周道路边等场所设置手动火灾报警按钮。

8.12.5 在罐区浮顶罐的密封圈处推荐设置无电型的线型光纤光栅感温火灾探测器或其他类型的线型感温火灾探测器，既可以监视密封圈处的温度值又可设定超温火灾报警，该类型的线型感温火灾探测器目前在石油化工企业已取得了较好的应用业绩。

储罐上的光纤型感温探测器应设置在储罐浮顶的二次密封圈处。当采用光纤光栅型感温探测器时，光栅探测器的间距不应大于3m。储罐的光纤感温探测器应根据消防灭火系统的要求进行报警分区，每台储罐至少应设置一个报警分区。

9 电　　气

9.1 消防电源、配电及一般要求

9.1.4 某石油化工企业石油气车间压缩厂房内的电缆沟未填砂，裂解气通过电缆沟窜进配电室遇电火花而引起配电室爆炸。事故后在电缆沟内填满了砂，并且将电缆沟通向配电室的孔洞密封住，这类事故没有再发生过。某氮肥厂合成车间发生爆炸事故时，与厂房相邻的地区总变电所墙被炸倒，因通向变电所的电缆沟未填砂，爆炸发生时，气浪由地沟窜进变压器室，将地沟盖板炸翻，站在盖板上的3人受伤。某化工厂氮氢压缩机厂房外有盖的电缆沟，沟最低点排水管接到污水下水井内，因压缩机段间分油罐的油水也排入污水井内，氢气窜进电缆沟内由电火花引起电缆沟爆炸。所以要求有防止可燃气体沉积和污水流渗沟内的措施。一般做法是：电缆沟填满砂，沟盖用水泥抹死，管沟设有高出地坪的防水台以及加水封设施，防止污水井可燃气体窜进电缆沟内等。在电缆沟进入变配电所前设沉砂井，井内黄砂下沉后再补充新砂，效果较好。

9.3 静电接地

9.3.2 过去聚烯烃树脂处理、输送、掺混储存系统由于静电接地系统不完善，发生过料仓静电燃爆事故。因此在物料处理系统和料仓内严禁出现不接地的孤立导体，如排风过滤器的紧固件、管道或软连接管的紧固件、振动筛的软连接、临时接料的手推车或器具等。料仓内若有金属突出物，必须做防静电处理。

中华人民共和国国家标准

石油天然气工程设计防火规范

GB 50183—2004

条 文 说 明

目　次

1 总　则

1.0.1 油气田生产和管道输送的原油、天然气、石油产品、液化石油气、天然气凝液、稳定轻烃等，都是易燃易爆产品，生产、储运过程中处理不当，就会造成灾害。因此，在工程设计时，首先要分析各种不安全的因素，对其采取经济、可靠的预防和灭火技术措施，以防止火灾的发生和蔓延扩大，减少火灾发生时造成的损失。

1.0.2 本条中“陆上油气田工程、管道站场工程”包括两大类工程，其一是陆上油气田为满足原油及天然气生产而建设的油气收集、净化处理、计量、储运设施及相关辅助设施；其二是原油、石油产品、天然气、液化石油气等输送管道中的各种站场及相关辅助设施，包括与天然气管道配套的液化天然气设施和地下储气库的地面设施等。油气输送管道线路部分的防火设计应执行国家标准《输油管道工程设计规范》GB 50253和《输气管道工程设计规范》GB 50251。

本条中“海洋油气田陆上终端工程”系指来自海洋（包括滩海）生产平台的油气管道登陆后设置的站场。原标准《原油和天然气工程设计防火规范》GB 50183—93第1.0.2条说明中，明确指出海洋石油工程的陆上部分可以参考使用。多年来，我国的海洋石油工程陆上终端一直按照GB 50183—93进行防火设计，实践证明是切实可行的，故本规范这次修订时将其纳入适用范围。本规范不适用于海洋（包括滩海）石油工程，但在滩海潮间带地区采用陆上开发方式的石油工程可按照本规范执行。

本规范适用于油气田和管道建设的新建工程，对于已建工程仅适用于扩建和改建的那一部分的设计。若由于扩建和改建使原有设施增加不安全因素，则应做相应改动。例如，扩建储罐后，原有消防设施已不能满足扩建后的要求或能力不够时，则相应消防设计需要做必要的改建，增加消防能力。考虑到地下站场，地下和半地下非金属储罐和隐蔽储罐等地下建筑物，一方面目前油田已不再建设，原有的已逐渐被淘汰，另一方面实践证明地下储罐防感应雷技术尚不成熟，而且一旦着火很难扑救，故本规范不适用于地下站场工程，也不适用地下、半地下和隐蔽非金属储油罐，但石油天然气站场可设置工艺需要的小型地下金属油罐。

1.0.3 我国于1998年4月29日颁布了《消防法》，又于2002年6月29日颁布了《安全生产法》。这两部法律的颁布实施，对于依法加强安全生产监督管理，防止和减少生产安全事故，保障人民群众生命和财产安全，促进经济发展有重要意义。石油天然气工程的防火设计，必须遵循这两部法律确定的方针政策。

我国石油天然气工程的防火设计又具有自己的特点。油气站场由于主要为油气田开发服务，必须设置在油气田上或附近，站址可选择性较小。站场的类型繁多，规模和复杂程度相差悬殊，且布局分散。站场周围的自然环境和人文环境复杂多变，许多油气站场地处沙漠、戈壁和荒原，自然条件恶劣，交通不便，人烟稀少，缺乏水源。所以石油天然气站场的防火设计必须结合实际，针对不同地区和不同种类的站场，根据具体情况合理确定防火标准，选择适用的防火技术，做到保证生产安全，经济实用。

1.0.4 本规范编制过程中，先后调查了多个油气田和管道站场的现状，总结了工程设计和生产管理方面的经验教训；对主要技术问题开展了试验研究；调查吸收了美国、英国、原苏联、加拿大等国家油气站场设计规范中先进的技术和成果；与国内有关建筑、石油库、石油化工、燃气等设计规范进行了协调。由于本规范是在以上基础上编制成的，体现了油气田、管道工程的防火设计实践和生产特点，符合油气田和管道工程的具体情况，故本规范已做了规定的，应按本规范执行。但防火安全问题涉及面广，包括的专业较多，随着油气田、管道工程设计和生产技术的发展，也会带来一些新问题，因此，对于其他本规范未做规定的部分和问题，如油气田内民用建筑、机械厂、汽修厂等辅助生产企业和生活福利设施的工程防火设计，仍应执行国家现行的有关标准、规范。

现行国家标准《爆炸和火灾危险环境电力装置设计规范》GB 50058—92第2.3.2条规定了确定爆炸危险区域等级和范围的原则，但同时指出油气田及其管道工程、石油库的爆炸危险区域范围的确定除外。原中国石油天然气总公司于1995年颁布了石油天然气行业标准《石油设施电气装置场所分类》SY 0025—95（第二版，代替SYJ 25—87）。考虑到上述情况，本规范第9章（电气）不再编写关于场所分类及电气防爆的内容。

石油天然气站场含油污水排放系统的防火设计，除执行6.1.11条外，可参照国家标准《石油化工企业设计防火规范》GB 50160和《石油库设计规范》GB 50074的相关要求。

2 术　语

本章所列术语，仅适用于本规范。

3 基本规定

3.1 石油天然气火灾危险性分类

3.1.1 目前，国际上对易燃物资的火灾危险性尚无统一的分类方法。国家标准《建筑设计防火规范》GBJ 16—87中的火灾危险性分类，主要是按当时我国石油产品的性能指标和产量构成确定的。我国其他工程建设标准中的火灾危险性分类与《建筑设计防火规范》GBJ 16—87 基本一致，只是视需要适当细化。本标准的火灾危险性分类是在现行国家标准《建筑设计防火规范》易燃物质火灾危险性分类的基础上，根据我国石油天然气的特性以及生产和储运的特点确定的。

1 甲$_A$ 类液体的分类标准。

在原规范《原油和天然气工程设计防火规范》GB 50183—93 中没有将甲类液体再细分为甲$_A$ 和甲$_B$，但在储存物品的火灾危险性分类举例中将37.8℃时蒸气压＞200kPa 的液体单列，并举例液化石油气和天然气凝液属于这种液体。在该规范条文说明中阐述了液化石油气和天然气凝液的火灾特点，并列举了以蒸气压（38℃）200kPa 划分的理由。本规范将甲类液体细分为甲$_A$ 和甲$_B$，并仍然延用 37.8℃蒸气压＞200kPa 作为甲$_A$ 类液体的分类标准，主要理由是：

1）国家标准《稳定轻烃》（又称天然气油）GB 9053—1998 规定，1 号稳定轻烃的饱和蒸气压为 74～200kPa，对 2 号稳定轻烃为＜74kPa（夏）或＜88kPa（冬）。饱和蒸气压按国家标准《石油产品蒸气压测定（雷德法）》确定，测试温度 37.8℃。

2）国家标准《油气田液化石油气》GB 9052.1—1998 规定，商业丁烷 37.8℃时饱和蒸气压（表压）为不大于 485kPa。蒸气压按国家标准《液化石油蒸气压测定法（LPG 法）》GB/T 6602—89 确定。

3）在 40℃时 C_5 和 C_4 组分的蒸气压：正戊烷为 115.66kPa，异戊烷为 151.3kPa，正丁烷为 377kPa，异丁烷为 528kPa。按本规范的分类标准，液化石油气、天然气凝液、凝析油（稳定前）属于甲$_A$ 类，稳定轻烃（天然气油）、稳定凝析油属于甲$_B$ 类。

4）美国防火协会标准《易燃与可燃液体规程》NFPA 30 和美国石油学会标准《石油设施电气装置物所分类推荐作法》API RP 500 将液体分为易燃液体、可燃液体和高挥发性液体。高挥发性液体指37.8℃温度下，蒸气压大于 276kPa（绝压）的液体，如丁烷、丙烷、天然气凝液。易燃液体指闪点＜37.8℃，并且雷德蒸气压≤276kPa 的液体，如汽油、稳定轻烃（天然汽油），稳定凝析油。

2 原油火灾危险性分类。

GB 50183—93 将原油划为甲、乙类。1993 年以后，随着国内稠油油田的不断开发，辽河油田年产稠油 800 多万吨，胜利油田年产稠油 200 多万吨，新疆克拉玛依油田稠油产量也达到 200 多万吨，同时认识到稠油火灾危险性与正常的原油有着明显的区别。具体表现为闪点高、燃点高、初馏点高、沥青胶质含量高。

从稠油的成因可以清楚地知道，稠油（重油）是烃类物质从微生物发展成原油过程中的未成熟期的产物，其轻组分远比常规原油少得多。因此，引起火灾事故的程度同正常原油相比相对小，燃烧速度慢。中油辽河工程有限公司、新疆时代石油工程有限公司、胜利油田设计院针对稠油的这些特点做了大量的现场取样化验分析工作。辽河油田的超稠油取样（以井口样为主）分析结果，闭口闪点大于 120℃的占 97%，初馏点大于 180℃的大于 97%；胜利油田的稠油闭口闪点大于 120℃的占 42%，初馏点大于 180℃的占 33%；新疆油田的稠油初馏点大于 180℃的有 1 个样品即 180℃，占 17%。以上这类油品的闭口闪点处在火灾危险性丙类范围内，其中大多数超稠油的闭口闪点在火灾危险性分类中处于丙$_B$ 类范围内。

因此，通过试验研究和技术研讨确定，当稠油或超稠油的闪点大于 120℃、初馏点大于 180℃时，可以按丙类油品进行设计。对于其他范围内的油品，要针对不同的操作条件，如掺稀油情况、气体含量情况以及操作温度条件加以区别对待。同时，对于按丙类油品建成的设施，其随后的操作条件要进行严格限制。

美国防火协会标准《易燃与可燃液体规范》NFPA 30，把原油定义为闪点低于 65.6℃且没有经过炼厂处理的烃类混合物。美国石油学会标准《石油设施电气装置场所分类推荐作法》API RP 500，在谈到原油火灾危险性时指出，由于原油是多种烃的混合物，其组分变化范围广，因而不能对原油做具体分类。由上述资料可以看出，稠油的火灾危险性分类问题比较复杂。我国近几年开展稠油火灾危险性研究，做了大量的测试和技术研讨，为稠油火灾危险性分类提供了技术依据，但由于研究时间还较短，有些问题，例如，稠油掺稀油后的火灾危险性，还需加深认识和积累实践经验。所以对于稠油的火灾危险性分类，除闭口闪点作为主要指标外，增加初馏点作为辅助指标，具体指标是参照柴油的初馏点确定的。按本规范的火灾危险性分类法，部分稠油的火灾危险性可划为丙类。

3 操作温度对火灾危险性分类的影响。

在原油脱水、原油稳定和原油储运过程中，有可能出现操作温度高于原油闪点的情况。本规范修订时考虑了操作温度对火灾危险性分类的影响。这方面的要求主要依据下列资料：

1）美国防火协会标准《易燃与可燃液体规程》NFPA 30 总则中指出，液体挥发性随着加热而增强，当Ⅱ级（闪点≥37.8℃至＜60℃）或Ⅲ级（闪点≥60℃）液体受自然或人工加热，储存、使用或加工的操作温度达到或超过其闪点时，必须有补充要求。这些要求包括对于诸如通风、离开火源的距离、筑堤和电气场所等级的考虑。

2）美国石油学会标准《石油设施电气装置场所分类推荐作法》API RP 500，考虑操作温度对液体火灾危险性的影响，并将温度高于其闪点的易燃液体或Ⅱ类液体单独划分为挥发性易燃液体。

3）英国石油学会《石油工业典型操作安全规范》亦考虑操作温度对液体火灾危险性的影响，Ⅱ级液体（闪点21～55℃）和Ⅲ级液体（闪点大于55～100℃）按照处理温度可以再细分为Ⅱ（1）、Ⅱ（2）、Ⅲ（1）、Ⅲ（2）级。Ⅱ（1）级或Ⅲ（1）级液体指处理温度低于其闪点的液体。Ⅱ（2）级或Ⅲ（2）级液体指处理温度等于或高于其闪点的液体。

4）国家标准《石油化工企业设计防火规范》GB 50160—92（1999年版）明确规定，操作温度超过其闪点的乙类液体，应视为甲$_B$类液体，操作温度超过其闪点的丙类液体，应视为乙$_A$类液体。

4 轻柴油火灾危险性分类。

附录A提供了石油天然气火灾危险性分类示例，并针对轻柴油火灾危险性分类加了一段注，下面说明有关情况：从2002年1月1日起，我国实施了新的轻柴油产品质量国家标准，即《轻柴油》GB 252—2000。该标准规定10号、5号、0号、－10号、－20号等五种牌号轻柴油的闪点指标为大于或等于55℃，比旧标准GB 252—1994的闪点指标降低5～10℃，火灾危险性由丙$_A$类上升到乙$_B$类。在用轻柴油储运设施若完全按乙$_B$类进行防火技术改造，不仅耗资巨大，而且有些要求（例如，增加油罐间距）很难满足。根据近几年我国石油、石化和公安消防部门合作开展的研究，闪点小于60℃并且大于或等于55℃的轻柴油，如果储运设施的操作温度不超过40℃，正常条件挥发的烃蒸气浓度在爆炸下限的50%以下，火灾危险性较小，火灾危害性（例如，热辐射强度）亦较低，所以其火灾危险性分类可视为丙类。

3.2 石油天然气站场等级划分

3.2.1 本条规定了确定石油天然气站场等级的原则，仍采用原规范第3.0.3条第1款的内容。有些石油天然气站场，如油气输送管道的各种站场和气田天然气处理的各种站场，一般仅储存或输送油品或天然气、液化石油气一种物质。还有一些站场，如油气集中处理站可能同时生产和储存原油、天然气、天然气凝液、液化石油气、稳定轻烃等多种物质。但是这些生产和储存设施一般是处在不同的区段，相互保持较大的距离，可以避免火灾情况下不同种类的装置、不同罐区之间的相互干扰。从原规范多年执行情况看，生产和储存不同物质的设施分别计算规模和储罐总容量，并按其中等级较高者确定站场等级是切实可行的。

3.2.2 石油天然气站场的分级，根据原油、天然气生产规模和储存油品、液化石油气、天然气凝液的储罐容量大小而定。因为储罐容量大小不同，发生火灾后，爆炸威力、热辐射强度、波及的范围、动用的消防力量、造成的经济损失大小差别很大。因此，油气站场的分级，从宏观上说，根据油品储罐、液化石油气和天然气凝液储罐总容量来确定等级是合适的。

1 油品站场依其储罐总容量仍分为五级，但各级站场的储罐总容量作了较大调整，这是参照现行的国家有关规范，并根据对油田和输油管道现状的调查确定的。目前，油田和管道工程的站场中已建造许多100000m^{3}油罐，有些站、库的总库容达到几十万立方米，所以将一级站场由原来的大于50000m^{3}增加到大于或等于100000m^3。我国一些丛式井场和输油管道中间站上的防水击缓冲罐容积已达到500m^3，所以将五级站储罐总容量由不大于200m^{3}增加到不大于500m^3。二、三、四级站场的总容量也相应调整。

成品油管道的站场一般不进行油品灌桶作业，所以油品储存总容量中未考虑桶装油品的存放量。在大中型站场中，储油罐、不稳定原油作业罐和原油事故罐是确定站场等级的重要因素，所以应计为油品储罐总容量，而零位罐、污油罐、自用油罐的容量较小，其存在不应改变大中型油品站场的等级，故不计入储存总容量。高架罐的设置有两种情况，第一种是大中型站场自流装车采用的高架罐，这种高架罐是作业罐，且容量较小，不计为站场的储存总容量；第二种是拉油井场上的高架罐，其作用是为保证油井连续生产和自流装车，这种高架罐是决定井场划为五级或四级的重要依据，其容量应计为站场油品储罐容量。同样道理，输油管道中间站上的混油罐和防水击缓冲罐也是决定站场划为五级或四级的重要依据，其容量应计为站场油品储罐容量。另外，油气站场上为了接收集气或输气管道清管时排出的少量天然气凝液、水和防冻剂混合物设置的小型卧式容器，如果总容量不大于30m^3，可视为甲$_B$类工艺容器。

2 天然气凝液和液化石油气储罐总容量级别的划分，参照现行国家标准《建筑设计防火规范》GBJ 16中有关规定，并通过对6个油田18座气体处理站、轻烃储存站的统计资料分析确定的。6个油田液化石油气和天然气凝液储罐统计结果如下：

储罐总容量在5000m^{3}以上，3座，占16.7%；使用单罐容量有150、200、700、1000m^3。

2501～5000m^3，5座，占27.8%；使用单罐容量有200、400、1000m^3。

201～2500m^3，1座，占5.6%；使用单罐容量有50、200m^3。

200m^{3}以下，1座，占5.6%；使用单罐容量有30m^3。

以上数字说明，按五个档次确定罐容量和站场等级，可满足要求。所以本次修订仍采用原规范液化石油气和天然气凝液站场的分级标准。

3.2.3 天然气站场的生产过程都是带压生产，天然气站场火灾危险性大小除天然气站场的生产规模外，还同天然气站场生产工艺过程的繁简程度有很大关系。相同规模和压力的天然气站场，生产工艺过程的繁简程度不同时，天然气站场的工艺装置数量、储存的可燃物质、占地面积、火灾危险性等差别很大。生产规模为$50\times10^4m^3/d$含有脱硫、脱水、硫磺回收等净化装置的天然气净化厂和生产规模为$400\times10^4m^3/d$的脱硫站、脱水站的工艺装置数量、储存的可燃物质、占地面积都基本相当。因此，天然气站场的等级应以天然气净化厂的规模为基础，并考虑天然气脱硫、脱水站生产工艺的繁简程度。

天然气处理厂主要是对天然气进行脱水、轻油回收、脱二氧化碳、脱硫，生产工艺比较复杂。天然气处理厂的级别划分应与天然气净化厂一致。

4 区 域 布 置

4.0.1 区域布置系指石油天然气站场与所处地段其他企业、建（构）筑物、居民区、线路等之间的相互关系。处理好这方面的关系，是确保石油天然气站场安全的一个重要因素。因为石油天然气散发的易燃、易爆物质，对周围环境存在着发生火灾的威胁，而其周围环境的其他企业、居民区等火源种类杂而多，对其带来不安全的因素。因此，在确定区域布置时，应根据其周围相邻的外部关系，合理进行石油天然气站场选址，满足安全距离的要求，防止和减少火灾的发生和相互影响。

合理利用地形、风向等自然条件，是消除和减少火灾危险的重要一环。当一旦发生火灾事故时，可免于大幅度地蔓延以及便于消防人员作业。

4.0.2 石油天然气站场在生产运行和维修过程中，常有油气散发随风向下风向扩散，居民区及城镇常有明火存在，遇到明火可引燃油气逆向回火，引起火灾或爆炸。因此，石油天然气站场宜布置在居民区及城镇的最小频率风向上风侧。其他产生明火的地方也应按此原则布置。

关于风向的提法，建国后一直沿用前苏联“主导风向”的原则，进行工业企业布置。即把某地常年最大风向频率的风向定为“主导风向，然后在其上风安排居民区和忌烟污的建筑物，下风安排工业区和有火灾、爆炸危险的建（构）筑物。实践证明，按“主导风向”的概念进行区域布置不符合我国的实际，在某些情况下它不但未消除火灾影响，还加大了火灾危险。

我国位于低中纬度的欧亚大陆东岸，特别是行星系的西风带被西部高原和山地阻隔，因而季风环流十分典型，成为我国东南大半壁的主要风系。我国气象工作者认为东亚季风主要由海陆热力差异形成，行星风带的季节位移也对其有影响，加之我国幅员广大，地形复杂，在不同地理位置气象不同、地形不同，因而各地季风现象亦各有地区特征，各地区表现的风向玫瑰图亦不相同。一般同时存在偏南和偏北两个盛行风向，往往两风向风频相近，方向相反。一个在暖季起控制作用，一个在冷季起控制作用，但均不可能在全年各季起主导作用。在此场合，冬季盛行风的上风侧正是夏季盛行风的下风侧，反之亦然。如果笼统用主导风向原则规划布局，不可避免地产生严重污染和火灾危险。鉴于此，在规划设计中以盛行风向或最小风频的概念代替主导风向，更切合我国实际。

盛行风向是指当地风向频率最多的风向，如出现两个或两个以上方向不同，但风频均较大的风向，都可视为盛行风向（前苏联和西方国家采用的主导风向，是只有单一优势风向的盛行风向，是盛行风向的特例）。在此情况下，需找出两个盛行风向（对应风向）的轴线。在总体布局中，应将厂区和居民区分别设在轴线两侧，这样，工业区对居民区的污染和干扰才能较小。

最小风频是指盛行风向对应轴的两侧，风向频率最小的方向。因而，可将散发有害气体以及有火灾、爆炸危险的建筑物布置在最小风频的上风侧，这样对其他建筑的不利影响可减少到最小程度。

对于四面环山、封闭的盆地等窝风地带，全年静风频率超过30%的地区，在总体规划设计中，可将工业用地尽量集中布置，以减少污染范围；适当加大厂区和居民区的距离，并用净化地带隔开，同时要考虑到除静风外的相对盛行风向或相对最小风频。

另外，对于其他更复杂的情况，在总体规划设计中，则需对当地风玫瑰图做具体的分析。

根据上述理论，在考虑风向时本规范摒弃了“主导风向”的提法，采用最小频率风向原则决定石油天然气站场与居民点、城镇的位置关系。

4.0.3 江河内通航的船只大小不一，尤其是民用船、水上人家，经常在船上使用明火，生产区泄漏的可燃液体一旦流入水域，很可能与上述明火接触而发生火灾爆炸事故，从而对下游的重要设施或建筑物、构筑物带来威胁。因此，当生产区靠近江河岸时，宜布置在重要建、构筑物的下游。

4.0.4 为了减少石油天然气站场与周围居住区、相邻厂矿企业、交通线等在火灾事故中的相互影响，规定了其安全防火距离。表4.0.4中的防火距离与原规范（1993年版）的相关规定基本相同。对表4.0.4说明如下：

1 本次修订，油品、天然站场等级仍划分为五个档次，虽然各级油品、天然气站场的库容和生产规模作了调整，但考虑到工艺技术进步和消防标准的提高，所以表4.0.4基本保留了原规范（1993年版）原油厂、站、库的防火距离。经与美国、英国和原苏联相关标准对比，表4.0.4规定的防火距离在世界上属中等水平。

2 石油天然气站场内火灾危险性最大的是油品、天然气凝液储罐，油气处理设备、容器、装卸设施、厂房的火灾危险性相对较小，因此，其区域布置防火间距可以减少25%。

3 火炬的防火间距一般根据人或设备允许的最大辐射热强度计算确定，但火炬排放的可燃气体中如果携带可燃液体时，可能因不完全燃烧而产生火雨。据调查，火炬火雨洒落范围为60m至90m，而经辐射热计算确定的防火间距有可能比此范围小。为了确保安全，对此类火炬的防火间距同时还作了特别规定。

据调查，火炬高度30～40m，风力1～2级时，在火炬下风方向“火雨”波及范围为100m，上风方向为30m，宽度为30m。

据炼油厂调查资料：火炬高度30～40m，“火雨”影响半径一般为50m。

据化工厂调查资料：当火炬高度在45m左右时，在下风侧，“火雨”的涉及范围为火炬高的1.5～3.5倍。

“火雨”的影响范围与火炬气体的排放量、气液分离状况、火炬竖管高度、气压和风速有关。根据调查资料和石油天然气站场火炬排放系统的实际情况，表4.0.4中规定可能携带可燃液体的火炬与居住区、相邻厂矿企业、35kV及以上独立变电所的防火间距为120m，与其他建筑的间距相应缩小。

4 油品、天然气站场与100人以上的居住区、村镇、公共福利设施、相邻厂矿企业的防火距离仍按照原规范（1993年版）的要求。石油天然气站场选址时经常遇到散居房屋，根据许多单位的建议，修订时补充了站场与100人以下散居房屋的防火距离，对一、二、三级站场比居住区减少25%，四级站场减少5m，五级站场仍保持30m。调查中发现不少站场在初建时与周围建筑物的防火间距符合要求，但由于后来相邻企业或居民区向外逐步扩展，致使防火间距不符合要求。为了保障石油天然气站场长期生产的安全，选址时必须与相邻企业或当地政府签订协议，不得在防火间距范围内设置建（构）筑物。

5 根据我国公路的发展，本规范修订时补充了石油天然气站场与高速公路的防火间距，比一般公路增加10m（或5m）距离。

6 变电所系重要动力设施，一旦发生火灾影响面大，油气在生产过程中，特别是在发生事故时，大量散发油气，若这些油气扩散到变电所是很危险的。参照有关规范的规定，确定一级油品站场至35kV及以上的独立变电所最小防火间距为60m；二级油品站场至独立变电所为50m。其他三、四、五级站场相应缩小。独立变电所是指110kV及以上的区域变电所或不与站场合建的35kV变电所。

7 与通信线的距离主要根据通信线的重要性来确定。考虑到石油天然气站场发生火灾事故时，不致影响通信业务的正常进行。参照国内现行的有关规范，确定一、二、三级油品站场、天然气站场与国家一、二级通信线路防火间距为40m，与其他通信线为1.5倍杆高。

8 根据架空送电线路设计技术标准的有关规定，送电线路与甲类火灾危险性的生产厂房、甲类物品库房、易燃、易爆材料堆场以及可燃或易燃、易爆液（气）体储罐的防火间距，不应小于杆塔高度的1.5倍。要求1.5倍杆高的距离，主要考虑到倒杆、断线时电线偏移的距离及其危害的范围而定。有关资料介绍，据15次倒杆、断线事故统计，起因主要刮大风时倒杆、断线，倒杆后电线偏移距离在1m以内的6起，2～3m的4起，半杆高的2起，一杆高的2起，一倍半杆高的1起。为保证安全生产，确定油气集输处理站（油气井）与电力架空线防火间距为杆塔高度的1.5倍。参照《城镇燃气设计规范》GB 50028，确定一、二、三级液化石油气、天然气凝液站场距35kV及以上架空电力线路不小于40m。

另外，杆上变压器亦按架空电力线对待。

9 石油天然气站场与爆炸作业场所的安全距离，主要考虑到爆炸石块飞行的距离。

10 本规范这次修订对液化石油气和天然气凝液站场的等级和区域布置防火间距未作调整，仅补充了站场与100人以下散居房屋、高速公路、爆炸业场所（例如采石场）的安全防火距离，并将工艺设备、厂房与储罐区别对待。

4.0.5 石油天然气站场与相邻厂矿企业的石油天然气站场生产、储存、输送的可燃物质性质相同或相近，而且各自均有独立的消防系统。因此，当石油天然气站场与相邻厂矿企业的石油天然气站场毗邻布置时，其防火间距按本规范表5.2.1、表5.2.3执行。

4.0.7 自喷油井、气井至各级石油天然气站场的防火间距，根据生产操作、道路通行及一旦火灾事故发生时的消防操作等因素，本规范确定其对一、二、三、四级站场内储罐、容器的防火距离均为40m，并要求设计时，将油井置于站场的围墙以外，避免互相干扰和产生火灾危险。

油气井防火间距的调查：

（1）油气井在一般事故状况下，泄漏出的气体，沿地面扩散到40m以外浓度低于爆炸下限。

（2）消防队在进行救火时，由于辐射热的影响，一般距井口40m以内消防人员无法进入。

（3）油气井在修井过程中容易发生井喷，一旦着火，火势不易控制。如某油井，在修井时发生井喷，油柱高度达30m，喷油半径35m，消防人员站在上风向灭火，由于辐射热的影响，40m以内无法进入。某油田职工医院附近一口油井，因距医院楼房防火距离不够，修井发生井喷，原油喷射到医院楼房上。

根据上述情况，考虑到居民区、村镇、公共福利设施人员集中，经常有明火，火灾危险性大，其防火间距定为45m；相邻企业的火灾危险性小于居民区，防火间距定为40m。压力超过25MPa的气井，由于一旦失火危害很大，所以与100人以上居住区、村镇、公共福利设施及相邻厂矿企业的防火间距增加50%。

机械采油井压力较低，火灾危险性比自喷井小，故其与周围设施的防火距离相应调小。

无自喷能力且井场没有储罐和工艺容器的油井火灾危险性较小，其区域布置防火间距可按修井作业所需间距确定。

5 石油天然气站场总平面布置

5.1 一般规定

5.1.1 为了安全生产，石油天然气站场内部平面布置应结合地形、风向等条件，对各类设施和工艺装置进行功能分区，防止或减少火灾的发生及相互间的影响。

5.1.2 为防止事故情况下，大量泄漏的可燃气体扩散至明火地点或火源不易控制的人员集中场所引起爆燃，故规定可能散发可燃气体的场所和设施，宜布置在人员集中场所及明火或散发火花地点的全年最小频率风向的上风侧。

甲、乙类液体储罐布置在地势较高处，有利于泵的吸入，有条件时还可以自流作业。但从安全角度考虑，若毗邻油罐区的低处布置有工艺装置、明火设施，或是人员集中的场所，将会酿成大的事故，所以宜将油罐布置在站场较低处。

在山区或在丘陵地区建设油气站场，由于地形起伏较大，为了减少土石方工程量，场区一般采用阶梯式竖向布置，为防止可燃液体流到下一个台阶上，本规范这次修订明确规定“阶梯间应有防止泄漏可燃液体漫流的措施”。

为防止泄漏的可燃液体进入排洪沟而引起火灾，规定甲、乙类可燃液体储罐不宜紧靠排洪沟布置，但允许在储罐与排洪沟之间布置其他设施。

5.1.3 油气站场内锅炉房、35kV及以上的变（配）电所、加热炉及水套炉是站场的动力中心，又是有明火和散发火花的地点，遇有泄漏的可燃气体会引起爆炸和火灾事故，为减少事故的可能性，宜将其布置在油气生产区的边部。

5.1.4 空分装置要求吸入的空气应洁净，若空气中含有可燃气体，一旦被吸入空分装置，则有可能引起设备爆炸等事故，因此应将空分装置布置在不受可燃气体污染的地段，若确有困难，亦可将吸风口用管道延伸到空气较清洁的地段。

5.1.5 汽车运输油品、天然气凝液、液化石油气和硫磺的装卸车场及硫磺仓库等布置在场区边缘部位，独立成区，并宜设单独的出入口的原因是：

（1）车辆来往频繁，行车过程中又可能因摩擦而产生静电或因排烟管可能喷出火花，穿行生产区是不安全的。

（2）装卸车场及硫磺仓库是外来人员和车辆来往较多的区域，为有利于安全管理，限制外来人员活动的范围，独立成区，设单独的出入口是必要的。

5.1.6 为安全生产，石油天然气站场内输送油品、天然气、液化石油气及天然气凝液的管道，宜在地面以上敷设，一旦泄漏，便于及时发现和检修。

5.1.7 设置围墙或围栏系从安全防护考虑；规定一、二、三级油气站场内甲、乙类设备、容器及生产建（构）筑物至围墙（栏）的距离，是考虑到围墙以外的明火无法控制，需要有一定的间距，以保证生产的安全。

规定道路与围墙的间距是为满足消防车辆的通道要求；站场的最小通道宽度应能满足移动式消防器材的通过。在小型站场，应考虑在发生事故时，生产人员能迅速离开危险区。

5.1.8 站场绿化，可以美化环境，改善小气候，又可减少环境污染。但绿化设计必须结合站场生产的特点，在油气生产区应选择含水分较多的树种，且不宜种植绿篱或灌木丛，以免引起油气积聚和影响消防。

可燃液体罐组内地面及土筑防火堤坡面种植草皮可减少地面的辐射热，有利于减少油气损耗，有利于防火。但生长高度必须小于15cm，且能保持一年四季常绿。

液化烃罐区在液化烃切水时，可能会有少量泄漏，为避免泄漏的气体就地积聚，液化烃罐组内严禁绿化。

5.2 站场内部防火间距

5.2.1 本条是在总结原规范的基础上，参照国内外有关防火安全规范制定的。制定本条的依据是：

1 参考《石油设施电气装置场所分类》SY 0025，将爆炸危险场所范围定为15m，由于甲$_A$类液体，即液化烃，其蒸汽压高于甲$_B$、乙$_A$类，危险性较甲$_B$、乙$_A$类大，所以，其与明火的防火间距定为22.5m。

2 据资料介绍，设备在正常运行时，可燃气体扩散，能形成危险场所的范围为8～15m；在正常进油和检修清罐时，油罐油气扩散距离为21～24m。据资料介绍，英国石油学会《销售安全规范》规定，油罐与明火和散发火花的建（构）筑物距离为15m。日本丸善石油公司的油库管理手册，按油罐内油面的状态规定油罐区内动火的最大距离为20m。

3 按火灾危险性归类，如维修间、车间办公室、工具间、供注水泵房、深井泵房、排涝泵房、仪表控制间、应急发电设施、阴极保护间、循环水泵房、给水处理、污水处理等使用非防爆电气的厂房和设施，均有产生火花的可能，在表5.2.1将其归为辅助生产厂房及辅助设施；而将中心控制室、消防泵房和消防器材间、35kV及以上的变电所、自备电站、中心化验室、总机房和厂部办公室，空压站和空分装置归为全厂性重要设施。

4 为了减少占地，在将装置、设备、设施分类的基础上，采用了区别对待的原则，火灾危险性相同的尽量减小防火间距，甚至不设间距，如这次修改中，取消了全厂性重要设施和辅助生产厂房及辅助设施的间距；取消了全厂性重要设施、辅助生产厂房及辅助设施和有明火或散发火花地点（含锅炉房）的间距；取消了容量小于或等于30m³的敞口容器和除油池与甲、乙类厂房和密闭工艺装置（设备）的距离。

5 按油品危险性、油罐型式及油罐容量规定不同的防火间距。对于储存甲$_B$、乙类液体的浮顶油罐和储存丙类液体的固定顶油罐的防火间距均在甲$_B$、乙类固定顶油罐间距的基础上减少了25%。考虑到丙类油品的闪点高，着火的危险性小，所以规定两个丙类液体的生产设施（厂房和密闭工艺装置、敞口容器和除油池、火车装车鹤管、汽车装车鹤管、码头装卸油臂及泊位等）之间的防火间距可按甲$_B$、乙类液体的生产设施减少25%。

6 对于采出水处理设施内的除油罐（沉降罐），由于规定了顶部积油厚度不超过0.8m，所以采出水处理设施内的除油罐（沉降罐）均按小于或等于500m³的甲$_B$、乙类固定顶地上油罐的防火间距考虑，且由于采出水处理设施回收的污油均是乳化程度高的老化油，所以在甲$_B$、乙类固定顶地上油罐的防火间距基础上减少了25%。

7 油气站场内部各建（构）筑物防火间距的确定，主要是考虑到发生火灾时，他们之间的相互影响。站场内散发油气的油罐，尤其是天然气凝液和液化石油气储罐，由于危险性较大，所以和其他建（构）筑物的防火间距就比较大。而其他油气生产设施，由于其油气扩散范围小，所以防火间距就比较小。

5.2.2 根据石油工业和石油炼厂的事故统计，工艺生产装置或加工过程中的火灾发生几率，远远大于油品储存设施的火灾几率。装置火灾一般影响范围约10m，因工艺生产装置发生的火灾，而波及全装置的不多见，多因及时扑救而消灭于火灾初起时。其所以如此，一是因为装置内有较为完备的消防设备，另外，也因为在明火和散发火花的设备、场所与油气工艺设备之间有较大的、而且是必要的防火间距。

装置内部工艺设备和建（构）筑物的防火间距是参照现行国家标准《石油化工企业设计防火规范》GB 50160的防火间距标准而制定的，《石油化工企业设计防火规范》考虑到液化烃泄漏后，可燃气体的扩散范围为10～30m，其蒸气压高于甲$_B$、乙类液体，其危险性较甲$_B$、乙类液体大，将甲$_A$类密闭工艺设备、泵或泵房、中间储罐离明火或散发火花的设备或场所的防火间距定为22.5m。所以本次修订石油天然气工程设计防火规范，也将甲$_A$类密闭工艺设备、油泵或油泵房、中间储罐离明火或散发火花的设备或场所的防火间距定为22.5m。

5.2.3 由于石油天然气站场分级的变化，五级站储罐总容量由200m³增加到500m³，所以本条的适用范围是油罐总容量小于或等于500m³的采油井场、分井计量站、接转站、沉降分水站、气井井场装置、集气站、输油管道工程中油罐总容量小于或等于500m³的各类站场，输气管道的其他小型站场以及未采取天然气密闭的采出水处理设施。这类站场在油气田、管道工程中数量多、规模小、工艺流程较简单，火灾危险性小；从统计资料看，火灾次数较少，损失也较少。由于这类站场遍布油气田，防火间距扩大，将增加占地。规范中表5.2.3的间距是按原规范《原油和天然气工程设计防火规范》GB 50183—93和储存油品的性质、油罐的大小，参考了装置内部工艺设备和建（构）筑物的防火间距结合石油天然气工程设计特点确定的。

对于生产规模小于$50\times10^4m^3/d$的天然气净化厂和天然气处理厂，考虑到天然气处理厂有设置高挥发性液体泵的可能，参考《石油设施电气装置场所分类》SY 0025，增加了其对加热炉及锅炉房、10kV及以下户外变压器、配电间与油泵及油泵房、阀组间的防火间距为22.5m。本规范还参考原《原油和天然气工程设计防火规范》GB 50183和《石油化工企业设计防火规范》装置内部防火间距的要求，增加了天然气凝液罐对各生产装置（设备）、设施的防火间距要求。参照《石油化工企业设计防火规范》，确定装置只有一座液化烃储罐且其容量小于50m³时，按装置内其他工艺设备确定防火间距；当总容量等于或小于100m³时，按装置储罐对待；当储罐总容量大于100m³且小于或等于200m³时，由于储罐容量增加，危险性加大，防火间距随之加大。

对于增加的硫磺仓库、污水池和其他设施的距离，是参考四川石油管理局的实践经验确定的，但必须说明这里指的污水池，应是盛装不含污油和不含其他可燃烧物的污水池。

5.2.4 为了解决边远地区小站的人员值班问题，本次规范修订规定了除液化石油气和天然气凝液站场外的五级石油天然气站场可以在站内设值班休息室（宿舍、厨房、餐厅）。为了减少值班休息室与甲、乙类工艺设备和装置在火灾时的相互影响，采用站场外部区域布置中五级站场甲、乙类储油罐、工艺设备、容器、厂房、火车和汽车装卸设施与100人以下的散居房屋的防火间距；不能满足按站场外部区域布置的防火间距要求时，可采用将朝向甲、乙类工艺设备、容器（油罐除外）、厂房、火车和汽车装卸设施的墙壁设为耐火等级不低于二级的防火墙，采用不小于15m的防火间距，可使值班休息室（宿舍、厨房、餐厅）位于爆炸危险场所范围以外。但应方便人员在紧急情况下安全疏散。

5.2.5 油田注水储水罐天然气密闭隔氧是目前注水罐隔氧、防止管道与设备腐蚀的有效措施。按照原规范《原油和天然气工程设计防火规范》GB 50183—93确定的防火间距已使用了多年，本条保留了原规范的内容。

5.2.6 加热炉附属的燃料气分液包、燃料气加热器是加热炉的一部分，所以规定燃料气分液包、燃料气加热器与加热炉防火间距不限；但考虑到部分边远小站的燃料气分液包有可能就地排放凝液，故规定其排放口距加热炉的防火间距应不小于15m。

5.3 站场内部道路

5.3.1 从安全出发，站场内铺设管道、装置检修、车辆及人员来往，或因事故切断等阻碍了入口通道，当另设有出入口及通道时，消防车辆、生产用车及工作人员就可以通过另一出入口进出。

5.3.2 本条对油气站场内消防道路布置提出了要求。

1 一、二、三级站场内油罐组的容量较大，是火灾危险性最大的场所，其周围设置环形道路，便于消防车辆及人员从不同的方向迅速接近火场，并有利于现场车辆调度。

四级以下站场及山区罐组如因地形或用地面积的限制等，建设环形道路确有困难者，可设计有回车场的尽头式道路。

尽头式道路回车场的面积应根据消防车辆的外形尺寸，以及该种型号车辆的回转轨迹的各项半径要求来确定。15m×15m的回车场面积，是目前消防车型中最起码的要求。

2 消防车道边到防火堤外基脚线之间的最小间距按3m确定是考虑道路肩、排水沟所需要的尺寸之后，尚能有1m左右的距离。其间若需敷设管线、消火栓等，可按实际需要适当放大。

3 铁路装卸作业区着火几率虽小，但着火后仍需扑救，故规定应设有消防车道，并与站场内道路构成环形，以利于消防车辆的现场调度与通行。在受地形或用地面积限制的地区，也可设置有回车场的尽头消防车道。

消防车道与装卸栈桥的距离，规定为不大于80m，是考虑到沿消防道要设消火栓，在一般情况下，消火栓的保护半径可取120m，但在仅有一条消防车道的情况下，栈台附近敷设水带障碍较多，水带敷设系数较小，着火时很可能将受到火灾威胁的槽车拉离火场，扑救条件差，适当缩小这一距离是必要的。不小于15m的要求是考虑到消防作业的需要。

4 消防车道的净空距离、转弯半径、纵向坡度、平交角度的要求等都与有关国家现行规范规定相符合。

5 当扑救油罐火灾时，利用水龙带对着火罐进行喷水冷却保护，水龙带连接的最大长度一般为180m，水枪需有10m的机动水龙带，水龙带的敷设系数为0.9，故消火栓至灭火地点不宜超过（180－10）×0.9＝153m。根据消防人员的反映，以不超过120m为宜。只有一侧有消防道路时，为了满足消防用水量的要求，需有较多的消火栓，此时规定任何储罐中心至道路的距离不应大于80m。

5.3.3 一级站场内油罐组及生产区发生火灾时，往往动用消防车辆数量较多，为了便于调度、避免交通阻塞，消防车道宜采用双车道，路面宽度不小于6m。若采用单车道时，郊区型路基宽度不小于6m，城市型单车道则应设错车设施或改变道缘石的铺砌方式，满足错车要求。

5.3.4 当石油天然气站场采用阶堤式布置并且阶堤高差大于2.5m时，为避免车辆从上阶的道路冲出，砸坏安装在下阶的生产设施，规定上阶道路边缘应设护墩、矮墙等设施，加以保护。

6 石油天然气站场生产设施

6.1 一般规定

6.1.1 对于天然气处理站场由可燃气体引起的火灾，扑救或灭火的最重要、最基本的措施是迅速切断气源。在进出站场（或装置）的天然气总管上设置紧急截断阀，是确保事故时能迅速切断气源的重要措施。为确保原料天然气系统的安全和超压泄放，在进站场的天然气总管上的紧急截断阀前，应设置安全阀和泄压放空阀。

截断阀应设在安全、操作方便的地方，以便事故发生时能及时关闭而不受火灾等事故的影响。紧急切断阀可根据工程情况设置远程操作、自动控制系统，以便事故时能迅速关闭。三、四级天然气站场一旦发生事故，影响较大，故规定进出三、四级天然气站场的天然气管道截断阀应有自动切断功能。

6.1.2、6.1.3 集中控制室是指站场内的集中控制中心，仪表控制间是指站场中单元装置配套的仪表操作间。两者既有相同之处，也有其规模大小、重要程度不同之别，故分两条提出要求。

集中控制室要求独立设置在爆炸危险区以外，主要原因它是站场中枢，加之仪表设备数量大，又是非防爆仪表，操作人员比较集中，属于重点保护建筑。在爆炸危险区以外可减少不必要的灾害和损失，又有利于安全生产。

油气生产的站场经常散发油气，尤其油气中所含液化石油气成分危险性更大，它的相对密度大，爆炸危险范围宽，当其泄漏时，蒸气可在很大范围接近地面之处积聚成一层雾状物，为防止或减少这类蒸气侵入仪表间，参照现行国家标准《爆炸和火灾危险场所电力装置设计规范》GB 50058 的要求，故规定了仪表间室内地坪高于室外地坪 0.6m。

为保证集中控制室和仪表间是一个安全可靠的非爆炸危险场所，非防爆仪表设备又能正常运行，本条中又规定了含有甲、乙类液体，可燃气体的仪表引线严禁直接引入集中控制室和不得引入仪表间的内容。但在特殊情况下，小型站场的小型仪表控制间，仅有少量的仪表，且又符合防爆场所的要求时，方可引入。

6.1.4 化验室是非防爆场所，室内有非防爆电气设备和明火设备，所以不应将石油天然气的人工采样管引入化验室内，以防止因泄漏而发生火灾爆炸事故。

6.1.5 站内石油天然气管道不穿过与其无关的建筑物，对于施工、日常检查、检修各方面都比较方便，减少火灾和爆炸事故的隐患，规定了本条要求。

6.1.6 天然气凝液和液化石油气厂房、可燃气体压缩机厂房，例如，液化石油气泵房、灌瓶间、天然气压缩机房等，以及建筑面积大于和等于 150m² 的甲类生产厂房等在生产或维修过程中，泄漏的气体聚集危险性大，通风设备也可能失灵。如某油田压气站曾因检修时漏气，又无检测和报警装置，参观人员抽烟引起爆炸着火事故，故提出在这些生产厂房内设置报警装置的要求。

天然气凝液和液化石油气罐区、天然气凝液和凝析油回收装置的工艺设备区，在储罐和工艺设备出现泄漏时，天然气凝液、未稳定凝析油和液化石油气快速气化，形成相对密度接近或大于 1 的蒸气，延地面扩散和积聚。安装在地面附近的气体浓度检测报警装置可以及时检测气体浓度，按规定程序发出报警。故规定在这些场所应设可燃气体浓度检测报警装置。

其他露天或棚式安装的甲类生产设施，如露天或棚式安装的油泵和天然气压缩机、露天安装的油气阀组和油气处理设备等，可不设气体浓度检测报警装置，这主要是考虑两方面的情况：

一是天然气比空气轻，从压缩机和处理容器中漏出的气体不会积聚在地面，而是快速上升并随风扩散。对于挥发性不高的油品，例如原油，出现一般的油品泄漏时仅挥发出少量油蒸气，也会快速随风扩散。所以在露天场地上安装气体浓度检测装置，并不能及时、准确地测定天然气和油品（高挥发性油品除外）的泄漏。

另一方面，在露天或棚式安装的甲类生产设施场地上，如果大量设置气体浓度检测报警装置，不仅需要增加投资，而且日常维护、检验工作量很大，会给长期生产管理造成困难。结合我国石油天然气站场目前还需要有人值守的情况，建议给值班人员配备少量的便携式气体浓度检测仪表，加强巡回检查，及时发现安全隐患。

高含硫气田集输和净化装置从工业卫生角度可能需要安装可燃气体报警装置，其配置应按其他有关法规和规范要求确定。

6.1.7 目前设备、管道保冷层材料尚无合适的非燃烧材料可选用，故允许用阻燃型泡沫塑料制品，但其氧指数不应低于 30。

6.1.8 本条是为保证设备和管道的工艺安全而提出的要求。

6.1.9 站场的生产设备宜露天或棚式布置，不仅是为了节省投资，更重要的是为了安全。采用露天或棚式布置，可燃气体便于扩散。

“工艺特点”系指生产过程的需要。

“受自然条件限制”系指属于严寒地区或风沙大、雨雪多的地区。

6.1.10 自动截油排水器（自动脱水器）是近年来经生产实践证明比较成熟的新产品，能防止和减少油罐脱水时的油品损失和油气散发，有利于安全防火、节能、环保，减少操作人员的劳动强度。

6.1.11 含油污水是要挥发可燃气的。明沟或有盖板而无覆土的沟槽（无覆土时盖板经常被搬走，且易被破坏，密封性也不好），易受外来因素的影响，容易与火源接触，起火的机会多，着火后火势大，蔓延快，火灾的破坏性大，扑救也困难。所以本条规定应排入含油污水管道或工业下水道，连接处应设置有效的水封井，并采取防冻措施。本条的含油污水排出系统指常压自流排放系统。

调研中了解到，一些村民在石油天然气站场围墙外用火，引燃外排污水中挥发的可燃气体，并将火源引到站场内，造成火险。为防止事故时油气外逸或站场外火源蔓延到围墙内，规定在围墙处应增设水封和暗管。

6.1.12 储罐进油管要求从储罐下部接入，主要是为了安全和减少损耗。可燃液体从上部进入储罐，如不采取有效措施，会使油品喷溅，这样除增加油品损耗外，同时增加了液流和空气摩擦，产生大量静电，达到一定的电位，便会放电而发生爆炸起火。所以要求进油管从油罐下部接入。当工艺要求需从上部接入时，应将其延伸到储罐下部。

6.1.14 为防止可燃气体通过电缆沟串进配电室遇电火花引起爆炸，规定本条要求。

6.1.15 使用没有净化处理过的天然气作为锅炉燃料时，往往有凝液析出，容易使燃料气管线堵塞或冻结，使燃料气供给中断，炉火熄灭。有时由于管线暂时堵塞，使管线压力增高，将堵塞物排除，供气又开始，向炉堂内充气，甚至蔓延到炉外，容易引起火灾，故作了本规定。还应指出，安装了分液包还需加强管理，定期排放凝液才能真正起到作用。以原油、天然气为燃料的加热炉，由于油、气压力不稳，时有断油、断气后，又重新点火，极易引起爆炸着火。在炉膛内设立“常明灯”和光敏电阻，就可防止这类事故发生。气源从调节阀前接管引出是为避免调节阀关闭时断气。

6.2 油气处理及增压设施

6.2.1 油气集输过程中所用的加热炉、锅炉与其附属设备、燃料油罐应属于同一单元，同类性质的防火间距其内部应有别于外部。站场内不同单元的明火与油罐，由于储油罐容量比加热炉的燃料油罐容量大，作用也不相同，所以应有防火距离。而加热炉、锅炉与其燃料油罐之间防火间距如按明火与原油储罐对待，就要加大距离，使工艺流程不合理。

6.2.4 液化石油气泵泄漏的可能性及泄漏后挥发的可燃气体量都大于甲、乙类油品泵，故规定应分别布置在不同房间内。

6.2.5 电动往复泵、齿轮泵、螺杆泵等容积式泵出口设置安全阀是保护性措施，因为出口管道可能被堵塞，或出口阀门可能因误操作被关闭。

6.2.6 机泵出口管道上由于未装止回阀或止回阀失灵，曾发生过一些火灾、爆炸事故。

6.3 天然气处理及增压设施

6.3.1 可燃气体压缩机是容易泄漏的设备，采用露天或棚式布置，有利于可燃气体扩散。

单机驱动功率等于或大于 150kW 的甲类气体压缩机是重要设备，其压缩机房是危险性较大的厂房，为便于重点保护，也为了避免相互影响，减少损失，故推荐单独布置，并规定在其上方不得布置含甲、乙、丙类介质的设备。

6.3.2 内燃机和燃气轮机排出烟气的温度可达几百摄氏度，甚至可能排出火星或灼热积炭，成为点火源。如某油田注水站，因柴油机排烟管出口水封破漏不能存水，风吹火星落在泵房屋顶（木板泵房，屋面用油毡纸挂瓦）引起火灾；又如某输油管线加压泵站，采用柴油机直接带输油泵，发生刺漏，油气溅到排烟管上引起着火。由这些事故可以看出本条规定是必要的。

6.3.3 燃气和燃油加热炉等明火设备，在正常情况下火焰不外露，烟囱不冒火，火焰不可能被风吹走。但是，如果可燃气体或可燃液体大量泄漏，可燃气体可能扩散至加热炉而引起火灾或爆炸，因此，明火加热炉应布置在散发可燃气体的设备的全年最小频率风向的下风侧。

6.3.6 本条是防止燃料气漏入设备引发爆炸的措施。

6.3.7 本条是装置停工检修时，保证可燃气体、可燃液体不会串入装置的安全措施。

6.3.8 可燃气体压缩机，要特别注意防止吸入管道产生负压，以避免渗进空气形成爆炸性混合气体。多级压缩的可燃气体压缩机各段间应设冷却和气液分离设备，防止气体带液体进入缸内而发生超压爆炸事故。当由高压段的气液分离器减压排液至低压段的分离器内或排油水到低压油水槽时，应有防止串压、超压爆破的安全措施。

6.3.9 本条系参照国家标准《石油化工企业设计防火规范》GB 50160—92（1999 年版）第 4.6.17 条规定的。

6.3.10 硫磺成型装置的除尘器所分离的硫磺粉尘，是爆炸性粉尘，而电除尘器是火源。

6.3.11 本条的闭合防护墙，其作用与可燃液体储罐周围的防火堤相近。目的是当液硫储罐发生火灾或其他原因造成储罐破裂时，防止液体硫磺漫流，以便于火灾扑救和防止烫伤。

6.3.13 固体硫磺仓库宜为单层建筑。如采用多层建筑，一旦发生火灾，固体硫磺熔化、流淌会增加火灾扑救的难度。同时，单层建筑的固体硫磺库也符合液体硫磺成型的工艺需要且便于固体硫磺装车外运。目前，国内各天然气净化厂的固体硫磺仓库均为单层建筑。

每座固体硫磺仓库的面积限制和仓库内防火墙的设置要求，是根据现行国家标准《建筑设计防火规范》的有关规定确定的。

6.4 油田采出水处理设施

6.4.1 经调研发现，沉降罐顶部气相空间烃类气体的浓度与油品性质、进罐污水含油率、顶部积油厚度等多种因素有关，有些沉降罐气体空间烃浓度能达到爆炸极限范围，具有一定的火灾危险性。为了保证生产安全，降低沉降罐的火灾危险性，规定沉降罐顶部积油厚度不得超过 0.8m。

6.4.2、6.4.3 采用天然气密封工艺的采出水处理站，主要工艺容器顶部经常通入天然气，与普通采出水处理站相比火灾危险性较大，故规定按四级站场确定防火间距。其他采出水处理站，如污油量不超过 $500m^3$，沉降罐顶部积油厚度不超过 0.8m 时，可按五级站场确定防火间距。

6.4.4 规定污油罐及污水沉降罐顶部应设呼吸阀、液压安全阀及阻火器的目的是防止罐体因超压或形成真空导致破裂，造成罐内介质外泄。同时防止外部火源引爆引燃罐内介质。每个呼吸阀及液压安全阀均应配置阻火器，它们的性能应分别满足《石油储罐呼吸阀》SY/T 0511、《石油储罐液压安全阀》SY/T 0525.1、《石油储罐阻火器》SY/T 0512 的要求。

6.4.5 调研中发现，油田采出水处理工艺中的沉降罐是否设防火堤做法不一致，但多数沉降罐没设防火堤。如果沉降罐不设防火堤，为了保证安全应限制沉降罐顶部积油厚度不超过0.8m。

6.4.7 油田采出水处理工艺中的污油污水泵房室内地坪如果低于室外地坪，容易集聚可燃气体，故规定配机械通风设施。风机入口应设在底部。

6.4.8 本条主要从防止采出水容器液位超高冒顶、超压破坏并防止火灾蔓延等方面做出了具体规定。

6.5 油 罐 区

6.5.1 油罐建成地上式具有施工速度快、施工方便、土方工程量小，因而可以降低工程造价。另外，与之相配套的管线、泵站等也可建成地上式，从而也降低了配套工程建设费，维修管理也方便。但由于地上油罐目标暴露，防护能力差，受温度影响大，油气呼吸损耗大，在军事油库和战略储备油罐等有特殊要求时，可采用覆土式或人工洞式。根据工艺要求可设置小型地下钢油罐，如零位油罐。

钢油罐与非金属油罐比，具有造价低、施工快、防渗防漏性能好、检修容易、占地面积小、便于电视观测及自动化控制，故油罐要求采用钢油罐。

6.5.2 本条是对油品储罐分组布置的要求。

1 火灾危险性相同或相近的油品储罐，具有相同或相近的火灾特点和防护要求，布置在同一个罐组内有利于油罐之间相互调配和采取统一的消防设施，可节省输油管道和消防管道，提高土地利用率，也方便了管理。

2 液化石油气、天然气凝液储罐是在外界物理条件作用下，由气态变成液态的储存方式，这样的储罐往往是在常温情况下压力增大，储罐处在内压力较大的状态下，储存物质的闪点低、爆炸下限低。一旦出现事故，就是瞬间的爆炸，而且，除了切断气源外还没有有效的扑救手段，事故危害的距离和范围都非常大，产生的次生灾害严重，而无论何种油品储罐，均为常温常压液态储存，事故分跑、冒、滴、漏和裂罐起火燃烧，可以有有效的扑救措施，事故的可控制性也较大。在火灾危险性质不一样，事故性质和波及范围不一样，消防和扑救措施不相同的这两种储罐，是不能同组布置在一起的。

3 沸溢性油品消防时，油品容易从油罐中溢出来，导致火油流散，扩大火灾范围，影响非沸溢油品储罐的安全，故不宜布置在同一罐组内。

4 地上立式油罐同高位油罐、卧式油罐的罐底标高、管线标高等均不相同，消防要求也不尽相同，放在一个罐组内对操作、管理、设计和施工等都不方便。

6.5.3 稳定原油、甲$_B$和乙$_A$类油品采用浮顶油罐储存。主要是这些油品易挥发，采用浮顶油罐储存，可以减少油品蒸发损耗85%以上，从而减少了油气对空气的污染，也相对减少了空气对油品的氧化，既保证了油品的质量，又提高了防火安全性。尽管其建设投资较大些，但很快即可收回。不稳定原油的作业罐油液进出频繁、数量变化也大，进罐油品的含气量较高，影响浮盘平稳运行，还有许多作业操作的需要，往往都用固定顶油罐作为操作设施。

6.5.4 随着石油工业的发展，油罐的单罐容量越来越大，浮顶油罐单罐容量已经达到$10\times10^4m^3$及以上，固定顶油罐也达到了$2\times10^4m^3$，面对日益增大的罐容量和库容量，参照国内外的大容量油库设计规定和经验，为节约土地面积，适当加大油罐组内的总容量，既是必要的，也是可行的。

6.5.5 一个油罐组内，油罐座数越多发生火灾的机会就越多，单罐容量越大，火灾损失及危害也越大，为了控制一定的火灾范围和灾后的损失，故根据油罐容量大小规定了罐组内油罐最多座数。由于丙$_B$类油品油罐不易发生火灾，而罐容小于$1000m^3$时，发生火灾容易扑救，因此，对应这两种情况下，油罐组内油罐数量不加限制。

6.5.6 油罐在油罐组内的布置不允许超过两排，主要是考虑油罐火灾时便于消防人员进行扑救操作，因四周都为油罐包围，给扑救工作带来较大的困难，同时，火灾范围也容易扩大，次生灾害损失也大。

储存丙$_B$类油品的油罐，除某炼油厂外，其他油库站场均未发生过火灾事故，单罐容量小于$1000m^3$的油罐火灾易扑灭，影响面也小，故这种情况的油罐可以布置成不越过4排，以节省投资和用地。为了火灾时扑救操作需要和平时维修检修的要求，立式油罐排与排之间的距离不应小于5m，卧式油罐排与排之间的距离不应小于3m。

6.5.7 油罐与油罐之间的间距，主要是根据下列因素确定：

1 油罐组（区）用地约占油库总面积的3/5～1/2。缩小间距，减少油罐区占地面积，是缩小站场用地面积的一个重要途径。节约用地是基本国策，是制定规范应首要考虑的主题。按照尽可能节约用地的原则，在保证安全和生产操作要求前提下，合理确定油罐之间间距是非常必要的。

2 确定油罐间间距的几个技术要素：

1）油罐着火几率：根据调查材料统计，油罐着火几率很低，年平均着火几率为0.448‰，而多数火灾事故是因操作时不遵守安全防火规定或违反操作规程而造成的。绝大多数站场安全生产几十年，没有发生火灾事故。因此，只要遵守各项安全防火制度和操作规程，提高管理水平，油罐火灾事故是可以避免的。不能因为以前曾发生过若干次油罐火灾事故而增大油罐间距。

2）着火油罐能否引起相邻油罐爆炸起火，主要决定于油罐周围的情况，如某炼油厂添加剂车间的

20号罐起火、罐底破裂、油品大量流出，周围又没有设防火堤，油流到处，一片火海。同时，对火灾的扑救又不能短时间奏效，火焰长时间烧烤邻近油罐，而邻罐又多为敞口，故而被引燃。而与着火罐相距仅7m的酒精罐，因处在高程较高处，油流不能到达罐前，该罐就没有引燃起火。再如，上海某厂油罐起火后烧了20min，与其相邻距离2.3m的油罐也没有起火。我们认为，着火罐起火后，就对着火罐和邻近罐进行喷水冷却，油罐上又装有阻火器，相邻油罐是很难引燃的。根据油罐着火实际情况的调查，可以看出真正由于着火罐烘烤而引燃相邻油罐的事故很少。因此，相邻油罐引燃与否是油罐间距考虑的主要问题，但不能因此而无限加大相邻油罐的间距。

3）油罐消防操作要求：油罐间距要满足消防操作的要求。即油罐着火后，必须有一个扑救和冷却的操作场地，其含义有二：一是消防人员用水枪冷却油罐，水枪喷射仰角一般为50°～60°，故需考虑水枪操作人员到被冷却油罐的距离；二是要考虑泡沫产生器破坏时，消防人员要有一个往着火罐上挂泡沫钩管的场地。对于油罐组内常出现的1000～5000m^3钢油罐，按0.6D的间距是可以满足上述两项要求的。小于1000m^3的钢油罐，当采用移动式消防冷却时，油罐间距增加到0.75D。

4）我国当前有许多站场在布置罐组内油罐时，大都采用0.5～0.7D的间距，经过几十年的时间考验没有出现过问题，足以证明本条规定间距是有事实根据的。

5）浮顶油罐几乎没有气体空间，散发油气很少，发生火灾的可能性很小，即使发生火灾，也只在浮盘的周围小范围内燃烧，比较易于扑灭，也不需要冷却相邻油罐，其间距更可缩小，故定为0.4D。

3 国外标准规范对油罐防火间距的要求：

1）美国防火协会标准《易燃与可燃液体规范》NFPA 30（2000版）的要求见表1。

表1 最小罐间距

项目		浮顶罐	固定顶储罐	
			Ⅰ类或Ⅱ类液体	Ⅲ$_A$类液体
直径≤45m的储罐		相邻罐直径之和的1/6且不小于0.9	相邻罐直径总和的1/6且不小于0.9m	相邻罐直径总和的1/6且不小于0.9
直径>45m的储罐	设置拦蓄区	相邻罐直径之和的1/6	相邻罐直径之和的1/4	相邻罐直径之和的1/6
	设置防火堤	相邻罐直径之和的1/4	相邻罐直径之和的1/3	相邻罐直径之和的1/6

注：以下有两种情况例外：

1 单个容量不超过477m^3的原油罐，如位于孤立地区的采油设施中，其间距不需要大于0.9m。

2 仅储存Ⅲ$_B$级液体的储罐，假如它们不位于储存Ⅰ级或Ⅱ级液体储罐的同一防火堤或排液通道中，其间距不需要大于0.9m。

美国NFPA 30规范按闪点划分液体的火灾危险性等级，Ⅰ级——闪点<37.8℃，Ⅱ级——闪点≥37.8℃到<60℃，Ⅲ$_A$级——闪点≥60℃至<93℃，Ⅲ$_B$级——闪点≥93℃。

2）原苏联标准《石油和石油制品仓库设计标准》1970年版规定，浮顶罐或浮船罐罐组总容积不应超过120000m^3，浮顶罐间距为0.5D，但不大于20m；浮船罐的间距为0.65D，但不大于30m。固定顶罐罐组总容量在储存易燃液体（闪点≤45℃）时不应超过80000m^3，罐间距为0.75D，但不大于30m；在储存可燃液体（闪点>45℃）时不应超过120000m^3，罐间距为0.5D，但不大于20m。

原苏联标准《石油和石油产品仓库防火规范》СНИП 2.11.03—93对油罐组总容量、单罐容量和罐间距的规定见表2。

表2 地上罐组的总容积和同一罐组罐之间的距离

罐类型	罐组内单罐公积容积（m^3）	储存石油和石油产品的类型	许可的罐组公称容量（m^3）	同一罐组罐之间的最小距离
浮顶罐	≥50000	各种油品	200000	30m
	<50000	各种油品	120000	0.5D,但不大于30m
浮船罐	50000	各种油品	200000	30m
	<50000	各种油品	120000	0.65D,但不大于30m
固定顶罐	≤50000	闪点大于45℃的石油和石油产品	120000	0.75D,但不大于30m
	≤50000	闪点45℃及以下的石油和石油产品	80000	0.75D,但不大于30m

罐组总容量不超过4000m^3，单罐容量不大于400m^3的一组小罐，罐间距不做规定。

3）英国石油学会（IP）石油安全规范第2部分《分配油库的设计、建造和操作》（1998版）规定：

a 固定顶罐罐组总容量不应超过60000m^3，罐间距为0.5D，但不小于10m，不需要超过15m；浮顶油罐罐组总容量不超过120000m^3，罐径等于或小于45m时罐间距10m，罐径大于45m时罐间距15m。

b 罐组总容量不超过8000m^3，罐直径不大于10m和高度不大于14m的一组小罐，罐间距只需按建造和操作方便确定。

6.5.8 地上油罐组内油罐一旦发生破裂，爆炸事故，油品会流出油罐以外，如果没有防火堤油品就到处流淌，必须筑堤以限制油品的流淌范围。但位于山丘地区的油罐组，当有地形条件的地方，可设导油沟加存油池的设施来代替防火堤的作用。卧式油罐组，因单罐容量小，只设围堰，保证安全即可。

6.5.9 本条是对油罐组防火堤设置的要求。

1 防火堤的闭合密封要求，是对防火堤的功能提出的最基本要求，必须满足，否则就失去了防火堤的作用。防火堤的建造除了密封以外，还应是坚固和稳定的，能经得住油品静压力和地震作用力的破坏，应经过受力计算，提出构造要求，保证坚固稳定。

2 油罐发生火灾时，火场温度能达到1000℃以上。防火堤和隔堤只有采用非燃烧材料建造并满足耐火极限4h的要求，才能抵抗这种高温的烧烤，给消防扑救赢得时间。能满足上述要求的材料中，土筑堤是最好的，应为首选。但往往有许多地方土源困难，土堤占地多且维护工作量大，故可采用砖、石、钢筋混凝土等材料筑造防火堤，为保证耐火极限4h，这些材料筑成堤的内表面应培土或涂抹有效的耐火涂料。

3 立式油罐组的防火堤堤高上限规定为2.20m，比原规范增加了0.2m，主要是考虑当前单罐容积越来越大，罐区占地面积急剧增加。为此，在基本满足消防人员操作视野要求的前提下，适当提高防火堤高度，在同样占地面积情况下，增大了防火堤的有效容积，对节约用地是大有意义。防火堤的下限高度规定为1m，是为了掩护消防人员操作受不到热辐射的伤害，另一方面也限制罐组占地过大的现象发生。

4 管道穿越防火堤堤身一般是不允许的，必须穿越时，需事先预埋套管，套管与堤身是严密结合的构造，穿越管道从套管内伸入需设托架，其与套管之间，应采用非燃烧材料柔性密封。

5 防火堤内场地地面设计，是一个比较复杂的问题，难以用一个统一的标准来要求，应分别以下情况采取相应措施：

1）除少数雨量很少的地区（年降雨量不大于200mm），或防火堤内降水能很快渗入地下因而不需要设计地面排水坡度外，对于大部分地区，为了排除雨水或消防运行水，堤内均应有不小于0.3%的设计地面坡度；一般地区堤内地面不做铺砌，这是为了节省投资，同时降低场地地面温度。

2）调研发现，湿陷性比较严重的黄土、膨胀土、盐渍土地区，在降雨或喷淋试水后地面产生沉降或膨胀，可能危害油罐和防火堤基础的稳定。故这样的地区应采取措施，防治水害。

3）南方地区雨水充足，四季常青，堤内种植四季常绿，不高于15cm的草皮，既可降低地面温度又可增加绿化面积，美化环境。

6 防火堤上应有方便工人进出罐组的踏步，一个罐组踏步数不应少于2个，且应设在不同周边位置上，是防止火灾在风向作用下，便于罐组人员安全脱离火场。隔堤是同一罐组内的间隔，操作人员经常需翻越往来操作，故必须每隔堤均设人行踏步。

6.5.10 油罐罐壁与防火堤内基脚线的间距为罐壁高度的一半是原规范的规定，本处不作变动。在山边的油罐罐壁距挖坡坡脚间距取为3m，一是防止油流从这个方向射流出罐组，安全可以保证。二是3m间距是可以满足抢修要求。为节约用地作此规定。

6.5.11 本条是对防火堤内有效容积的规定。

1 固定顶油罐，油品装满半罐的油罐如果发生爆炸，大部分是炸开罐顶，因为罐顶强度相对较小，且油气聚集在液面以上，一旦起火爆炸，掀开罐顶的很多，而罐底罐壁则能保持完好。根据有关资料介绍，在19起油罐火灾导致油罐破坏事故中，有18起是破坏罐顶的，只有一次是爆炸后撕裂罐底的（原因是罐的中心柱与罐底板焊死）。另外在一个罐组内，同时发生一个以上的油罐破裂事故的几率极小。因此，规定油罐组防火堤内的有效容积不小于罐组内一个最大油罐的容积是合适的。

2 浮顶（内浮顶）油罐，因浮船下面基本没有气体空间，发生爆炸的可能性极小，即使爆炸，也只能将浮顶盘掀掉，不会破坏油罐罐体。所以油品流出油罐的可能性也极小，即使有些油品流出，其量也不大。故防火堤内的有效容积，对于浮顶油罐来说，规定不小于最大罐容积的一半是安全合理的。

6.6 天然气凝液及液化石油气罐区

6.6.1 将液化石油气和天然气凝液罐区布置在站场全年最小风频风向的上风侧，并选择在通风良好的地区单独布置。主要是考虑储罐及其附属设备漏气时容易扩散，发生事故时避免和减少对其他建筑物的危害。

目前，国际上对于液化石油气的罐区周围是否设置防护墙有两种意见。一是设置防护墙，当有液化石油气泄漏时，可以使泄漏的气体聚积，以达到可燃气体探头报警的浓度，防止泄漏的液化石油气扩散。根据现行国家标准《爆炸危险场所电力装置设计规范》有关规定，液化石油气泄漏时0.6m以上高度为安全区，因此将防护墙高度定为不低于0.6m。另外一种说法，不设置防护墙，以防止储罐泄漏时使液化石油气窝存，发生爆炸事故。因此，本条款规定了如果不设防护墙，应采取一定的疏导措施，将泄漏的液化石油气引至安全地带。考虑到实际需要，在边远人烟稀少地区可以采取该方法。

全冷冻式液化石油气储罐周围设置防火堤是根据美国石油学会标准《液化石油气设施的设计和建造》API Std 2510（2001版）第11.3.5.3条规定“低温常压储罐应设单独的围堤，围堤内的容积应至少为储罐容积的100%。”

现行国家标准《城镇燃气设计规范》GB 50028中将低温常压液化石油气储罐命名为“全冷冻式储罐”，压力液化石油气储罐命名为“全压力式储罐”。本规范液化石油气的不同储存方式采用以上命名。

6.6.2 不超过两排的规定主要是方便消防操作，如果超过两排储罐，对中间储罐的灭火非常不利，而且目前所有防火规范对储罐排数的规定均为两排，所以规定了该条款。为了方便灭火，满足火灾条件下消防车通行，规定罐组周围应设环行消防路。

6.6.3、6.6.4 对于储罐个数的限制主要根据国家标准《石油化工企业设计防火规范》GB 50160—92（1999年版）和石油天然气站场的实际情况确定的。储罐数量越多，泄漏的可能性越大，所以限制罐组内储罐数量。API Std 2510（2001版）第5.1.3.3条规定“单罐容积等于或大于12000加仑的液化石油气卧式储罐，每组不超过6座。”但考虑到与我国相关标准的协调，本规范规定了压力储罐个数不超过12座。对于低温液化石油储罐的数量API Std 2510（2001版）第11.3.5.3条规定“两个具有相同基本结构的储罐可置于同一围堤内。在两个储罐间设隔堤，隔堤的高度应比周围的围堤低1ft（0.3m）。”

6.6.6 规定球罐到防护墙的距离为储罐直径的一半，卧式储罐到防护墙的距离不小于3m，主要考虑夏季降温冷却和消防冷却时防止喷淋水外溅，同时兼顾一旦储罐有泄漏时不至于喷到防护墙外扩大影响范围。API Std 2510（2001版）第11.3.5.3条规定“围堤内的容积应考虑该围堤内扣除其他容器或储罐占有的容积后，至少为最大储罐容积的100%。”

6.6.9 全压力式液化石油气储罐之间的距离要求，主要考虑火灾事故时对邻罐的热辐射影响，并满足设备检修和管线安装要求。国家标准《建筑设计防火规范》GBJ 16—87（2001年版）和《城镇燃气设计规范》GB 50028—93（2002年版）对全压力式储罐的间距均规定为储罐的直径。国家标准《石油化工企业设计防火规范》GB 50160—92（1999年版）规定“有事故排放至火炬的措施的全压力式液化石油气储罐间距为储罐直径的一半”。考虑到液化石油气储罐的火灾危害大、频率高，并且一般石油站场的消防力量不如石化厂强大，有些站场的排放系统不如石化厂完善，所以罐间距仍保持原规范的要求，规定为1倍罐径。

全冷冻式储罐防火间距参照美国防火协会标准《液化石油气的储存和处置》NFPA 58（1998版）第9.3.6条“若容积大于或等于265m^3，其储罐间的间距至少为大罐直径的一半”；API Std 2510（2001版）第11.3.1.2条规定“低温储罐间距取较大罐直径的一半。”

6.6.10 API 2510第3.5.2条规定“容器下面和周围区域的斜坡应将泄漏或溢出物引向围堤区域的边缘。斜坡最小坡度应为1%”。API 2510第3.5.7条规定“若用于液化石油气溢流封拦的堤或墙组成的圈围区域内的地面不能在24小时内耗尽雨水，应设排水系统。设置的任何排水系统应包括一个阀或截断闸板，并位于圈围区域外部易于接近的位置。阀或截断闸板应保持常闭状态。”

6.6.12 为了防止进料时，进料物流与储罐上部存在的气体发生相对运动，产生静电可能引起的火灾。规定进料为储罐底部进入。

储罐长期使用后，储罐底板、焊缝因腐蚀穿孔或法兰垫片处泄漏时，为防止液化石油气泄漏出来，向储罐注水使液化石油气液面升高，将漏点置于水面以下，减少液化石油气泄漏。

为防止储罐脱水时跑气的发生，根据目前国内情况采用二次脱水系统，另设一个脱水容器或称自动切水器，将储罐内底部的水先放至自动切水器内，自动切水器根据天然气凝液及液化石油气与水的密度差，将天然气凝液及液化石油气由自动切水器顶部返回储罐内，水由自动切水器底部排出。是否采用二次脱水设施，应根据产品质量情况确定。

6.6.13 安装远程操纵阀和自动关闭阀可防止管路发生破裂事故时泄漏大量液化石油气。全冷冻式液化石油气储罐设真空泄放装置是根据《石油化工企业设计防火规范》GB 50160—92（1999年版）第5.3.11条、API Std 2510（2001版）第11.5.1.2条确定的。

6.6.14 《石油化工企业设计防火规范》GB 50160—92（1999年版）第5.3.16条规定液化烃储罐开口接管的阀门及管件的压力等级不应低于2.0MPa。考虑石油企业系统常用设计压力为1.6MPa、2.5MPa、4.0MPa等管道等级，因此，压力等级为等于或大于2.5MPa。

6.6.16 天然气凝液和液化石油气安全排放到火炬，主要为了在储罐发生火灾时，可以泄压放空到安全处理系统，不致因高温烘烤使储罐超压破裂而造成更大灾害。若有条件，也可将受火灾威胁的储罐倒空，以减少损失和防止事故扩大。

6.7 装卸设施

6.7.1 我国目前装车鹤管有三种：喷溅式、液下式（浸没式）和密闭式。对于轻质油品或原油，应采用液下式（浸没式）装车鹤管。这是为了降低液面静电位，减少油气损耗，以达到避免静电引燃油气事故和节约能源，减少大气污染。

为了防止和控制油罐车火灾的蔓延与扩大，当油罐车起火时，立即切断油源是非常重要的。紧急切断阀设在地上较好，如放在阀井中，井内易积存油水，不利于紧急操作。

6.7.2 考虑到在栈桥附近，除消防车道外还有可能布置别的道路，故提出本条要求，其距离的要求是从避免汽车排气管偶尔排出的火星，引燃装油场的油气为出发点提出来的。

6.7.3 本条第6款的防火间距是参照国家标准《建筑设计防火规范》GBJ 16—87（2001年版）第4.4.10条制定的。因本规范规定甲、乙类厂房耐火等级不宜低于二级；汽车装油鹤管与其装油泵房属同一操作单元，其间距可缩小，故参照《建筑设计防火规范》GBJ 16—87（2001 年版）第 4.4.9 条注④将其间距定为 8m；汽车装油鹤管与液化石油气生产厂房及密闭工艺设备之间的防火间距是参照美国防火协会标准《煤气厂液化石油气的储存和处理》NFPA 59 有关条文编写的。

6.7.4 液化石油气装车作业已有成熟操作管理经验，若与可燃液体装卸共台布置而不同时作业，对安全防火无影响。

液化石油气罐车装车过程中，其排气管应采用气相平衡式或接至低压燃料气或火炬放空系统，若就地排放极不安全。曾有类似爆炸、火灾事故就是就地排放造成的。

6.7.5 本条是对灌瓶间和瓶库的要求。

1 液化石油气灌装站的生产操作间主要指灌瓶、倒瓶升压操作间，在这些地方不管是人工操作或自动控制操作都不可避免液化石油气泄漏。由于敞开式和半敞开式建筑自然通风良好，产生的可燃气体扩散快，不易聚集，故推荐采用敞开式或半敞开式的建筑物。在集中采暖地区的非敞开式建筑内，若通风条件不好可能达到爆炸极限。如某站灌瓶间，在冬季测定时曾达到过爆炸极限。可见在封闭式灌瓶间，必须设置效果较好的通风设施。

2 液化石油气灌装间、倒瓶间、泵房的暖气地沟和电缆沟是一种潜在的危险场所和火灾爆炸事故的传布通道。类似的火灾事故曾经发生过，为消除事故隐患，特提出这些建筑物不应与其他房间连通。

根据某市某液化石油气灌瓶站火灾情况，是工业灌瓶间发生火灾，因通风系统串通，故火焰由通风管道窜至民用灌瓶间，致使 4000 多个小瓶爆炸着火，进而蔓延至储罐区，造成了上百万元损失的严重教训。又根据“供热通风空调制冷设计技术措施”的规定，空气中含有容易起火或有爆炸危险物质的房间，空气不应循环使用，并应设置独立的通风系统，通风设备也应符合防火防爆的要求。从防止火灾蔓延角度出发，本款规定了关于通风管道的要求。

3 在经常泄漏液化石油气的灌瓶间，应铺设不发生火花的地面，以避免因工具掉落、搬运气瓶与地面摩擦、撞击，产生火花引起火灾的危险。

4 装有液化石油气的气瓶不得在露天存放的主要原因是：液化石油气饱和蒸气压力随温度上升而急剧增大，在阳光下暴晒很容易使气瓶内液体气化，压力超过一般气瓶工作压力，引起爆炸事故。

5 目前各炼厂生产的液化石油气，残液含量较少的为 5%～7%，较多的达 15%～20%，平均残液量在 8%～10%左右。油田生产的液化石油气残液量也是不少的，残液随便就地排放所造成的火灾时有发生，在油田也曾引起火灾事故。因此，规定了残液必须密闭回收。

6 瓶库的总容量不宜超过 $10m^3$，是根据现行国家标准《城镇燃气设计规范》而定。同时也是为了减小危害程度。

6.7.9 本条主要规定了液化石油气灌装站内储罐与有关设施的防火间距。灌装站内储罐与泵房、压缩机房、灌瓶间等有直接关系。储罐容量大，发生火灾造成的损失也大。为尽量减少损失，按罐容量大小分别规定防火间距。

1 储罐与压缩机房、灌装间、倒残液间的防火间距与国家标准《建筑设计防火规范》GBJ 16—87（2001 年版）表 4.6.2 中一、二级耐火的其他建筑一致，且与现行国家标准《城镇燃气设计规范》GB 50028 一致。

2 汽车槽车装卸接头与储罐的防火间距，美国标准 API Std 2510、NFPA59 均规定为 15m，现行国家标准《城镇燃气设计规范》与本规范表 6.7.9 均按罐容量大小分别提出要求。以实际生产管理和设备质量来看，我国的管道接头、汽车排气管上的防火帽，仍不十分安全可靠。如带上防火帽进站，行车途中防火帽丢失的现象仍然存在。从安全考虑，本表按储罐容量大小确定间距，其数值与燃气规范一致。

3 仪表控制间、变配电间与储罐的间距，是参照现行国家标准《城镇燃气设计规范》的规定确定的。

6.8 泄压和放空设施

6.8.1 本条是设置安全阀的要求。

1 顶部操作压力大于 0.07MPa（表压）的设备，即为压力容器，应设置安全阀。

2 蒸馏塔、蒸发塔等气液传质设备，由于停电、停水、停回流、气提量过大、原料带水（或轻组分）过多等诸多原因，均可能引起气相负荷突增，导致设备超压。所以，塔顶操作压力大于0.03MPa（表压）者，均应设安全阀。

6.8.4 本条是参照国家标准《城镇燃气设计规范》GB 50028—93（2002 年版）的有关规定制定的。

6.8.5 国内早期设计的克劳斯硫回收装置反应炉采用爆破片防止设备超压破坏。但在爆破片爆破时，设备内的高温有毒气体排入装置区大气中，污染了操作环境，甚至危及操作人员的人身安全。

由于克劳斯硫磺回收反应炉、再热炉等设备的操作压力低，可能产生的爆炸压力亦低，采用提高设备设计压力的方法防止超压破坏不会过分增加设备壁厚。有时这种低压设备为满足刚度要求而增加的厚度就足以满足提高设计压力的要求。因此，采用提高设备设计压力的方法防止超压破坏，不会增加投资或只需增加很小的投资。化学当量的烃-空气混合物可能产生的最大爆炸压力约为爆炸前压力（绝压）的 7～

8倍。必要时可用下式计算爆炸压力：

$$P_e = P_f \cdot T_e / T_f \cdot (m_e / m_f) \quad (1)$$

式中 P_e——爆炸压力（kPa）（绝压）；

P_f——混合气体爆炸前压力（kPa）（绝压）；

T_e、T_f——爆炸时达到温度及爆炸前温度（K）；

m_e/m_f——爆炸后及爆炸前气体标准体积比（包括不参加反应的气体如 N_2 等）。

6.8.6 为确保放空管道畅通，不得在放空管道上设切断阀或其他截断设施；对放空管道系统中可能存在的积液，及由于高压气体放空时压力骤降或环境温度变化而形成的冰堵，应采取防止或消除措施。

1 高、低压放空管压差大时，分别设置通常是必要的。高、低压放空同时排入同一管道，若处置不当，可能发生事故。例如，四川气田开发初期，某厂酸性气体紧急放空管与 *DN*100 原料气放空管相连并接入 40m 高的放空火炬，发生过原料气与酸气同时放空时，由于原料气放空量大、压力高（4MPa），使紧急放空管压力上升，造成酸性气体系统压力升高，致使酸性气体水封罐防爆孔憋爆的事故。

高、低压放空管分别设置往往还可降低放空系统的建设费用，故大型站场宜优先选择这样的放空系统。

2 当高压放空气量较小或高、低压放空的压差不大（例如其压差为 0.5～1.0MPa）时，可只设一个放空系统，以简化流程。这时，必须对可能同时排放的各放空点背压进行计算，使放空系统的压降减少到不会影响各排放点安全排放的程度。根据美国石油学会标准《泄压和减压系统导则》API RP521 规定，在确定放空管系尺寸时，应使可能同时泄放的各安全阀后的累积回压限制在该安全阀定压的10%左右。

6.8.7 本条是对火炬设置的要求。

1 火炬高度与火炬筒中心至油气站场各部位的距离有密切关系，热辐射计算的目的是保证火炬周围不同区域所受热辐射均在允许范围内。现将美国石油学会标准《泄压和减压系统导则》API RP 521 的有关计算部分摘录如下，供参考。

1）本计算包括确定火炬筒直径、高度，并根据辐射热计算，确定火炬筒中心至必须限制辐射热强度（或称热流密度）的受热点之间的安全距离。火炬对环境的影响，如噪声、烟雾、光度及可燃气体焚烧后对大气的污染，不包括在本计算方法内。

2）计算条件：

①视排放气体为理想气体；

②火炬出口处的排放气体允许线速度与声波在该气体中的传播速度的比值——马赫数，按下述原则取值：

对站场发生事故，原料或产品气体需要全部排放时，按最大排放量计算，马赫数可取 0.5；单个装置开、停工或事故泄放，按需要的最大气体排放量计算，马赫数可取 0.2。

③计算火炬高度时，按表 3 确定允许的辐射热强度。太阳的辐射热强度约为 0.79～1.04kW/m²，对允许暴露时间的影响很小。

④火焰中心在火焰长度的 1/2 处。

表 3 火炬设计允许辐射热强度（未计太阳辐射热）

允许辐射热强度 q（kW/m²）	条　件
1.58	操作人员需要长期暴露的任何区域
3.16	原油、液化石油气、天然气凝液储罐或其他挥发性物料储罐
4.73	没有遮蔽物，但操作人员穿有合适的工作服，在紧急关头需要停留几分钟的区域
6.31	没有遮蔽物，但操作人员穿有合适的工作服，在紧要关头需要停留 1min 的区域
9.46	有人通行，但暴露时间必须限制在几秒钟之内能安全撤离的任何场所，如火炬下地面或附近塔、设备的操作平台。除挥发性物料储罐以外的设备和设施

注：当 q 值大于 6.3kW/m² 时，操作人员不能迅速撤离的塔上或其他高架结构平台，梯子应设在背离火炬的一侧。

3）计算方法：

①火炬筒出口直径：

$$d = \left[\frac{0.1161W}{m \cdot P} \left(\frac{T}{K \cdot M} \right)^{0.5} \right]^{0.5} \quad (2)$$

式中 d——火炬筒出口直径（m）；

W——排放气质量流率（kg/s）；

m——马赫数；

T——排放气体温度（K）；

K——排放气绝热系数；

M——排放气体平均分子量；

P——火炬筒出口内侧压力（kPa）（绝压）。

火炬筒出口内侧压力比出口处的大气压略高。简化计算时，可近似为等于该处的大气压。必要时可按下式计算：

$$P = P_0 / (1 - 60.15 \times 10^{-6} MV^2 / T) \quad (3)$$

式中 P_0——当地大气压（kPa）（绝压）；

V——气体流速（m/s）。

②火焰长度及火焰中心位置：

火焰长度随火炬释放的总热量变化而变化。火焰长度 L 可按图 1 确定。

火炬释放的总热量按下式计算：

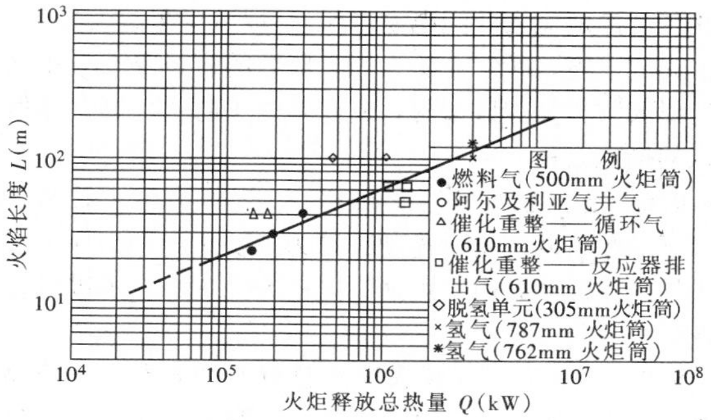

图 1　火焰长度与释放总热量的关系

$$Q=H_L \cdot W \tag{4}$$

式中　Q——火炬释放的总热量（kW）；

H_L——排放气的低发热值（kJ/kg）。

风会使火焰倾斜，并使火焰中心位置改变。风对火焰在水平和垂直方向上的偏移影响，可根据火炬筒顶部风速与火炬筒出口气速之比，按图 2 确定。

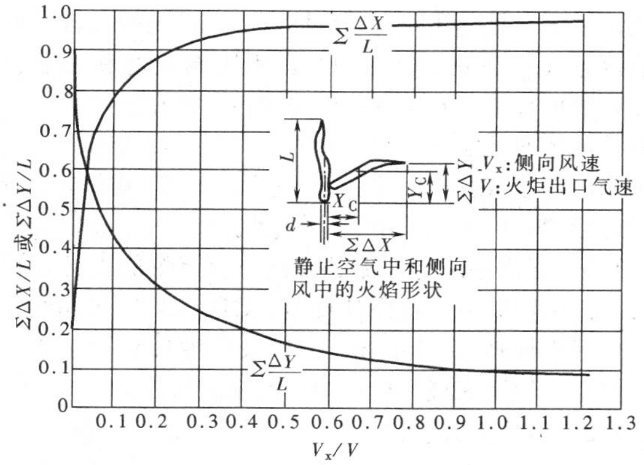

图 2　由侧向风引起的火焰大致变形

火焰中心与火炬筒顶的垂直距离 Y_C 及水平距离 X_C 按下列公式计算：

$$Y_C=0.5\left[\Sigma\left(\Delta Y/L\right)\cdot L\right] \tag{5}$$

$$X_C=0.5\left[\Sigma\left(\Delta X/L\right)\cdot L\right] \tag{6}$$

③火炬筒高度：火炬筒高度按下列公式计算（参见图 3）。

$$H=\left[\frac{\tau FQ}{4\pi q}-\left(R-X_C\right)^2\right]^{0.5}-Y_C+h \tag{7}$$

式中　H——火炬筒高度（m）；

Q——火炬释放总热量（kW）；

F——辐射率，可根据排放气体的主要成分，按表 4 取值；

q——允许热辐射强度（kW/m^2），按表 3 规定取值；

Y_C、X_C——火焰中心至火炬筒顶的垂直距离及水平距离（m）；

R——受热点至火炬筒的水平距离（m）；

h——受热点至火炬筒下地面的垂直高差（m）；

τ——辐射系数，该系数与火焰中心至受热点的距离及大气相对湿度、火焰亮度等因素有关，对明亮的烃类火焰，当上述距离为 30～150m 时，可按下式计算辐射系数：

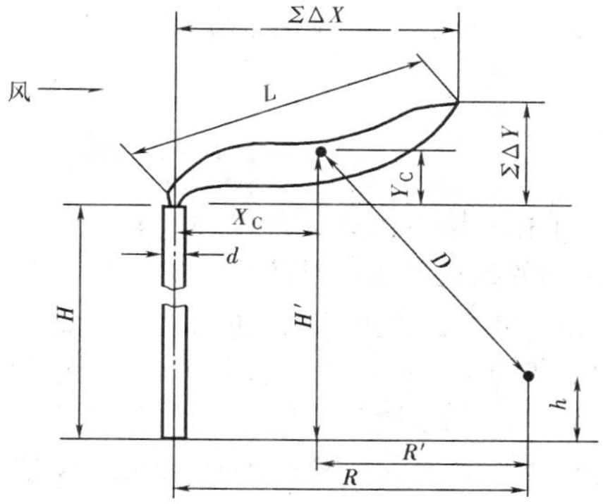

图 3　火炬示意图

$$\tau=0.79\left(\frac{100}{r}\right)^{1/16}\cdot\left(\frac{30.5}{D}\right)^{1/16} \tag{8}$$

式中　r——大气相对湿度（%）；

D——火焰中心至受热点的距离（m）（见图 3）。

表 4　气体扩散焰辐射率 *F*

燃烧器直径（mm）		5.1	9.1	19.0	41.0	84.0	203.0	406.0
辐射率 F（F＝辐射热/总热量）	H_2	0.095	0.091	0.097	0.111	0.156	0.154	0.169
	C_4H_{10}	0.215	0.253	0.286	0.285	0.291	0.280	0.299
	CH_4	0.103	0.116	0.160	0.161	0.147		
	天然气（CH_4　95%）						0.192	0.232

2　液体、低热值气体、空气和惰性气体进入火炬系统，将影响火炬系统的正常操作。有资料介绍，热值低于 8.37MJ/m^3 的气体不应排入可燃气体排放系统。

6.8.8　从保护环境及安全上考虑，可燃气体应尽量通过火炬系统排放，含硫化氢等有毒气体的可燃气更是如此。

美国石油学会标准《泄压和减压系统导则》API RP521 认为：可燃气体直接排入大气，当排放口速度大于 150m/s 时，可燃气体与空气迅速混合并稀释至可燃气体爆炸下限以下是安全的。

6.8.9　甲、乙类液体排放时，由于状态条件变化，可能释放出大量可燃气体。这些气体如不经分离，会从污油系统扩散出来，成为火灾隐患。故在这类液体放空时应先进入分离器，使气液分离后再分别引入各自的放空系统。

设备、容器内残存的少量可燃液体，不得就地排放或排入边沟、下水道，也是为了减少火灾事故隐患，并有利于保护环境。

6.8.10 积存于管线和分离设备中的硫化铁粉末，在排入大气时易自燃，成为火源。四川某输气管道末站分离器放空管管口曾发生过这种情况。故应在这种排污口设喷水冷却设施。

6.8.12 天然气管道清管器收发筒排污已实现低压排放。经分离后排放，可在保证安全的前提下减少占地。

6.9 建（构）筑物

6.9.1 根据不同生产火灾危险性类别，正确选择建（构）筑物的耐火等级，是防止火灾发生和蔓延扩大的有效措施之一。火灾实例中可以看出，由于建筑物的耐火等级与生产火灾危险性类别不相适应而造成的火灾事故，是比较多的。

当甲、乙类火灾危险性的厂房采用轻型钢结构时，对其提出了要求。从火灾实例说明，钢结构着火之后，钢材虽不燃烧，但其耐火极限较低，一烧就跨，500℃时应力折减一半，相当于三级耐火等级的建筑。采用单层建筑主要从安全出发，加强防护，当一旦发生火灾事故时，可及时扑救初期的火灾，防止蔓延。

6.9.2 有油气散发的生产设备，为便于扩散油气，不使聚集成灾，故应为敞开式的建筑形式。若必须采用封闭式厂房，则应按现行国家标准《建筑设计防火规范》的规定，设置强制通风和必保的泄压面积及措施，保证防火防爆的安全。

事实说明，具有爆炸危险的厂房，设有足够的泄压面积，一旦发生爆炸事故时，易于通过泄压屋顶、门窗、墙壁等进行泄压，减少人员伤亡和设备破坏。

6.9.3 对隔墙的耐火要求，主要是为了防止甲、乙类危险性生产厂房的可燃气体通过孔洞、沟道侵入不同火灾危险性的房间内，引起火灾事故。

天然气压缩机房和油泵房，均属甲、乙类生产厂房，在综合厂房布置时，应根据风频风向、防火要求等条件，尽量布置在厂房的某一端部，并用防护隔墙与其他用房隔开，其目的在于一旦发生火灾、爆炸事故，能减少其对其他生产厂房的影响。

6.9.4 门向外开启和甲、乙类生产厂房的门不得少于两个的规定，是为了确保发生火灾事故时，生产操作人员能迅速撤离火场或火灾危险区，确保人身安全。建筑面积小于或等于 100m^2 时，可设一个向外开启的门，这是原规范的规定，并且符合现行国家标准《建筑设计防火规范》的要求。

6.9.5 供甲、乙类生产厂房专用的 10kV 及以下的变、配电间，须采用无门窗洞口的防火墙隔开方能毗邻布置，为的是防止甲、乙类厂房内的可燃气体通过孔洞、沟道流入变配电室（所），以减少事故的发生。

配电室（所）在防火墙上所开的窗，要求采用固定甲级防火窗加以密封，同样是为了防止可燃气体侵入的措施之一。

6.9.6 甲、乙类工艺设备平台、操作平台，设两个梯子及平台间用走桥连通，是为了防止当一个梯子被火焰封住或烧毁时，可通过连桥或另一个梯子进行疏散操作人员。

6.9.8 一般钢立柱耐火极限只有 0.25h 左右，容易被火烧毁坍塌。为了使承重钢立柱能在一定时间内保持完好，以便扑救火灾，故规定钢立柱上宜涂敷耐火极限不小于 2h 的保护层。

7 油气田内部集输管道

7.1 一般规定

7.1.1 站外管道的敷设方式可分为埋地敷设、地面架设及管堤敷设几种。一般情况下，埋地敷设较其他敷设方式经济安全，占地少，不影响交通和农业耕作，维护管道方便，故应优先采用。但在地质条件不良的地区或其他特殊自然条件下，经过经济对比，如果采用埋地敷设投资大、工程量大、对管道安全及寿命有影响，可考虑采用其他敷设方式。

7.1.2 管线穿跨越铁路、公路、河流等的设计还可参照《输油管道工程设计规范》GB 50253、《输气管道工程设计规范》GB 50251 以及《油气集输工程设计规范》等国家现行标准的有关规定执行。

7.1.3 当管道沿线有重要水工建筑、重要物资仓库、军事设施、易燃易爆仓库、机场、海（河）港码头、国家重点文物保护单位时，管道与相关设施的距离还应同有关部门协商解决。

7.1.4 阴极保护通常有强制电流保护和牺牲阳极保护两种。行业标准《钢质管道及储罐腐蚀控制工程设计规范》SY 0007—1999 规定了“外加电流阴极保护的管道”与其他管道、埋地通信电缆相遇时的要求。

交流电干扰主要来自高压交流电力线路及其设施、交流电气化铁路及其设施，对管线的影响比较复杂。交流电力系统的各种接地装置是交流输电线路放电的集中点，危害性最大，《钢质管道及储罐腐蚀控制工程设计规范》SY 0007—1999 根据国内外研究成果，提出了管线与交流电力系统的各种接地装置之间的最小安全距离。

7.1.5 集输管道与架空送电线路平行敷设时的安全距离，是参照国家标准《66kV 及以下架空电力线路设计规范》GB 50061—97 和行业标准《110～500kV 架空送电线路设计技术规程》DL/T 5092—1999 确定的。

7.1.6 本条是参照石油和铁路方面的相关标准和文

件确定的。

1 铁道部、石油部1987年关于铁路与输油、输气管道平行敷设相互距离的要求。

2 行业标准《铁路工程设计防火规范》TB 10063—99第2.0.8条要求输油、输气管道与铁路平行敷设时防火间距不小于30m，并距铁路界线外3m。上述规范中30m的规定依据是《原油长输管道线路设计规范》SYJ 14第3.0.5条的规定，此规范已作废。新规范《输油管道工程设计规范》GB 50253—2003第4.1.5条规定：管道与铁路平行敷设时应在铁路用地范围边线3m以外。管道与铁路平行敷时防火间距不小于30m的规定已取消。

3 电气化铁路的交流电干扰受外部条件影响较大，如对敷设较好的管道与50Hz电气化铁路平行敷设，当干扰电源较小时铁路与管道的间距可小于30m。因此，本规范不宜规定具体距离要求。

4 行业标准《公路工程技术标准》JTG B01—2003规定“公路用地范围为公路路堤两侧排水沟外边缘（无排水沟时为路堤或护坡道坡脚）以外，或路堑坡顶截水沟外边缘（无截水沟为坡顶）以外不少于1m范围内的土地；在有条件的地段，高速公路、一级公路不少于3m，二级公路不少于2m范围内的土地为公路用地范围。”因此，有条件的地区，油田内部原油集输管道应敷设在公路用地范围以外；执行起来有困难而需要敷设在路肩下时，应与当地有关部门协商解决。而油田公路是为油田服务的，集输管道可敷设在其路肩下。

7.2 原油、天然气凝液集输管道

7.2.1 多年来油田内部集输管道设计一直采用“防火距离”来保护其自身以及周围建（构）筑物的安全。但是，一方面，当管道发生火灾、爆炸事故时，规定的距离难以保证周围设施的安全；另一方面，随着油田的开发和城市的建设，目前按原规范规定的距离进行设计和建设已很困难。而国际上通常的做法是加强管道自身的安全。因此，本次修订对此章节作了重大修改，由“距离安全”改为“强度安全”，向国际标准接轨。

美国国家标准《输气和配气管道系统》ASME B31.8及国际标准《石油及天然气行业　管道输送系统》ISO 13623—2000，将天然气、凝析油、液化石油气管道的沿线地区按其特点进行分类，不同的地区采用不同的设计系数，提高管道的设计强度。美国标准《石油、无水氨和醇类液体管道输送系统》ASME B31.4既没有规定管道与周围建（构）筑物的距离，又没有将沿线地区分类，规范了管道及其附件的设计、施工及检验要求。前苏联标准《大型管线》СНИП—2.05.06—85将管道按压力、管径、介质等进行分级，不同级别采用不同的距离。

国家标准《输气管道工程设计规范》GB 50251—2003是根据ASME B31.8，将管道沿线地区分成4个等级，不同等级的地区采用不同的设计系数。《输油管道工程设计规范》GB 50253—2003规定了管道与周围建（构）筑物的距离，其中对于液态液化石油气还按不同地区规定了设计系数。

油田内部原油、稳定轻烃、压力小于或等于0.6MPa的油田气集输管道，因其管径一般较小、压力较低、长度较短，周围建（构）筑物相对长输管道密集，若将管道沿线地区分类，按不同地区等级选用相应的设计系数，一是无可靠的科学依据，二是从区域的界定、可操作性及经济性来看，不是很合适。因此，此次修订取消了原油管道与建（构）筑物的防火间距表，但仍规定了原油管道与周围建（构）筑物的距离，该距离主要是从保护管道，以及方便管道施工及维修考虑的。管道的强度设计应执行有关油气集输设计的国家现行标准。当管道局部管段不能满足上述距离要求时，可将强度设计系数由0.72调整到0.6，缩短安全距离，但不能小于5m。若仍然不能满足要求，必须采取有效的保护措施，如局部加套管、此段管道焊口做100%探伤检验以及提高探伤等级、加强管道的防腐及保温、此段管道两端加截断阀、设置标志桩并加强巡检等。

7.2.2 天然气凝液是液体烃类混合物，前苏联标准《大型管线》СНИП—2.05.06—85将20℃温度条件下，其饱和蒸气压力小于0.1MPa的烃及其混合物，视为稳定凝析油或天然汽油，故在本规范中将其划在稳定轻烃一类中。

20℃温度条件下，其饱和蒸气压力大于或等于0.1MPa的天然气凝液管道，目前各油田所建管道均在*DN*200以下，故本规范限定在小于或等于*DN*200。管道沿线按地区划分等级，选用不同的设计系数是国际标准《石油及天然气行业管道输送系统》ISO 13623—2000所要求的。《油田油气集输设计规范》SY/T 0004—98规定野外地区设计系数为0.6，通过其他地区时的设计系数可参照国家标准《输油管道工程设计规范》GB 50253—2003选取。天然气凝液管道与建（构）筑物、公路的距离是参考《城镇燃气设计规范》GB 50028—93（1998年版），在考虑了按地区等级选取设计系数后取其中最小值得出的。

7.3 天然气集输管道

7.3.1 在原规范《原油和天然气工程设计防火规范》GB 50183—93中规定：气田集输管道设计除按设计压力选取设计系数 F 外（如 $PN<1.6$MPa时，F 取0.6；$PN>1.6$MPa时，F 取0.5），埋地天然气集输管道与建（构）筑物还应保持一定的距离（如 $PN\leq1.6$MPa、$DN>400$ 集输管道距居民住宅、重要工矿的防火间距要求大于40m；$PN=1.6\sim4.0$MPa、DN

>400 防火距离大于 60m；PN>4.0MPa、DN>400 防火距离大于 75m)。实践证明，我国人口众多，地面建筑物稠密，特别是近几年国民经济迅速发展，按原规范要求的安全距离建设集输管道已很困难，已建成的管道随着工业建设的发展也很难保持规范规定的距离。

气田集输管道与长距离输气管道的区别主要是管输天然气中往往含有水、H_2S、CO_2。气田集输管道输送含水天然气时，天然气中 H_2S 分压等于或大于 0.0003MPa（绝压）或含有 CO_2 酸性气体的气田集输管道，在内壁及相应系统应采取防腐蚀措施，管道壁厚增加腐蚀余量后，集气管道线路工程设计所考虑的安全因素与输气管道工程基本一致。因此，采用输气管道工程线路设计的强度安全原则，就能较简单的处理好与周围民用建筑物之间的关系。可由控制集输管道与周围建（构）筑物的距离改成参照输气管道线路设计采用的按地区等级确定设计系数。根据周围人口活动密度，用提高集输管道强度、降低管道运行应力达到安全的目的。

当管道输送含硫化氢的酸性气体时，为防止天然气放空和管道破裂造成的危害，一般采取以下防护措施：

1）点火放空；

2）输送含 H_2S 酸性气体管道避开人口稠密区的四级地区；

3）适当加密线路截断阀的设置；

4）截断阀配置感测压降速率的控制装置。

7.3.2 我国气田产天然气部分携带有 H_2S、CO_2。干天然气中 H_2S、CO_2 不产生腐蚀。湿天然气中 H_2S、CO_2 的酸性按《天然气地面设施抗硫化物应力开裂金属材料要求》SY/T 0599—1997 界定。该规范中对酸性天然气系统的定义是：含有水和硫化氢的天然气，当气体总压大于或等于 0.4MPa（绝压），气体中硫化氢分压大于或等于 0.0003 MPa（绝压）时称酸性天然气。

天然气中二氧化碳含量的酸性界定值目前尚无标准。行业标准《井口装置和采油树规范》SY/T 5127—2002 的附录 A 表 A.2 对 CO_2 腐蚀性界定可供参考，见表 5。

表 5　CO_2 分压相对应的封存流体腐蚀性

封存流体	相对腐蚀性	二氧化碳分压（MPa）
一般使用	无腐蚀	<0.05
一般使用	轻度腐蚀	0.05～0.21
一般使用	中度至高度腐蚀	>0.21
酸性环境	无腐蚀	<0.05
酸性环境	轻度腐蚀	0.05～0.21
酸性环境	中度至高度腐蚀	>0.21

从表中可以看到，当 CO_2 分压≥0.21MPa 时不论是酸性环境（天然气中含有 H_2S）还是非酸性环境中都将有腐蚀发生，应采取防腐措施。表中所列数值为非流动流体的腐蚀性，含水天然气中影响 CO_2 腐蚀的因素除 CO_2 分压外，还有气体流速、流态、管道内表面特征（粗糙度、清洁度）、温度、H_2S 含量等，在设计中应予考虑。

7.3.3 输送脱水后含 H_2S、CO_2 的干天然气不会发生酸性腐蚀。但实际运行中由于各种因素如脱水深度及控制管理水平等影响往往达不到预期的干燥效果，污物清除不干净特别是有积水。当酸性天然气进入管道后，H_2S 及 CO_2 的水溶液将对管线产生腐蚀，甚至出现硫化物应力腐蚀的爆管或生成大量硫化铁粉末在管道中形成潜在的危害。投产前干燥未达到预期效果造成危害事故已发生多次，因此，投产前的干燥是十分重要的。

管道干燥结束后，如果没有立即投入运行，还应当充入干燥气体，保持内压大于 0.2MPa 的干燥状态下密封，防止外界湿气重新进入管道。

7.3.4 气田集输管道输送酸性天然气时，管道的腐蚀余量取值按国家现行油气集输设计标准规范执行。

集气管道输送含有水和 H_2S、CO_2 等酸性介质时，管壁厚度按下式计算：

$$\delta=\frac{PD}{2\sigma_s F\varphi t}+C \tag{9}$$

式中　C——腐蚀裕量附加值（cm）（根据腐蚀程度及采取的防腐措施，C 值取 0.1～0.6cm）；

其他符号意义及取值按现行国家标准《输气管道工程设计规范》GB 50251 执行，但输送酸性天然气时，F 值不得大于 0.6。

7.3.5 气田集输管道上间隔一定距离设截断阀，其主要目的是方便维修和当管道破坏时减少损失，防止事故扩大。长距离输气管道是按地区等级以不等间距设置截断阀，集输管道原则上可参照输气管道设置。但对输送含硫化氢的天然气管道为减少事故的危害程度和环境污染的范围，特别是通过人口稠密区时截断阀适当加密，配置感测压降速率控制装置，以便事故发生时能及时切断气源，最大限度地减少含硫天然气对周围环境的危害。

7.3.6 气田集输系统设置清管设施主要清除气田天然气中的积液和污物以减少管道阻力及腐蚀。清管设计应按现行国家标准《输气管道工程设计规范》GB 50251 中有关规定执行。

8　消 防 设 施

8.1　一 般 规 定

8.1.1 石油天然气站场的消防设施，应根据其规模、重要程度、油品性质、储存容量、存储方式、储存温度、火灾危险性及所在区域消防站布局、消防站装备情况及外部协作条件等综合因素，通过技术经济比较确定。对容量大、火灾危险性大、站场性质和所处地理位置重要、地形复杂的站场，应适当提高消防设施的标准。反之，应从降低基建投资出发，适当降低消防设施的标准。但这一切，必须因地制宜，结合国情，通过技术经济比较来确定，使节省投资和安全生产这一对应的矛盾得到有机的统一。

8.1.2 采油、采气井场、计量站、小型接转站、集气站、配气站等小型站场，其特点是数量多、分布广、单罐容量小。若都建一套消防给水设施，总投资甚大；这类站功能单一布局分散，火灾的影响面较小，不易造成重大火灾损失，故可不设消防给水设施，这类站场应按规范要求设置一定数量的小型移动式灭火器材，扑救火灾应以消防车为主。

8.1.3 防火系统的火灾探测与报警应符合现行国家标准《火灾自动报警系统设计规范》的有关规定，由于某些场所适宜选用带闭式喷头的传动管传递火灾信号，许多工程也是这样做的，为了保证其安全可靠制订了该条文。

8.1.4 因为本规范 6.4.1 条规定“沉降罐顶部积油厚度不应超过 0.8m”，并且沉降罐顶部存油少、油品含水率较高，消防设施标准应低于油罐。

8.1.5 目前，消防水泵、消防雨淋阀、冷却水喷淋喷雾等消防专用产品已成系列，为保证消防系统可靠性，应优先采用消防专用产品。防火堤内过滤器至冷却喷头和泡沫产生器的消防管道、采出水沉降罐上设置的泡沫液管道容易锈蚀，若用普通钢管，管内锈蚀碎片将堵塞管道和喷头，故规定采用热镀锌钢管。为保证管道使用寿命应先套扣或焊接法兰、环状管道焊完喷头短接后，再热镀锌。

8.1.6 内浮顶储罐的浮顶又称浮盘，有多种结构形式。对于浅盘或铝浮盘及由其他不抗烧非金属材料制作浮盘的内浮顶储罐，发生火灾时，沉盘、熔盘的可能性大，所以应按固定顶储罐对待。对于钢制单盘或双盘式内浮顶储罐，浮盘失效的可能性极小，所以按外浮顶储罐对待。

8.2 消 防 站

8.2.1 油气田及油气管道消防站的设置，不同于其他工业区和城镇消防站。突出特点是点多、线长、面广、布局分散、人口密度小。由于油气田生产的特殊性，不可能完全按照《城市消防站建设标准》套搬。譬如，规划布局不可能按城市规划区的要求，在接到报警后 5min 内到达责任区边缘。而且，责任区面积不可能也没有必要按“标准型普通消防站不应大于 $7km^2$，小型普通消防站不应大于 $4km^2$”的规定建站。历史上也从未达到过上述时空要求。调研中通过征求设计部门、消防监督部门，以及生产单位等各方面的意见，一致认为：鉴于油气田是矿区，域内人口密度小、人员高度分散、消防保卫对象不集中的现状，不应仅以所占地理面积大小和居住人口数量的多少来决定是否建站。而应从实际出发，按站场生产规模的大小、火灾种类、危险性等级、所处地理环境等因素综合考虑划分责任区。

设有固定灭火和消防冷却水设施的三级及其以上油气站场，根据《低倍数泡沫灭火系统设计规范》GB 50151—92（2000 年版）的规定：“非水溶性的甲、乙、丙类液体罐上固定灭火系统，泡沫混合液供给强度为 $6.0L/min \cdot m^2$ 时，连续供给时间为 40min”，如果实际供给强度大于此规定，混合液连续供给时间可缩短 20%，即 32min。如果按最大供给量和最短连续供给时间计算，邻近消防协作力量在 30min 内到达现场是可行的。

输油管道及油田储运系统站库设置消防站和消防车的规定，主要参考原苏联石油库防火规范和我国国家标准《石油库设计规范》GB 50074—2003。原苏联标准《石油和石油制品仓库防火规范》（1993 年版）规定，设置固定消防系统的石油库，当油罐总容量 $100000m^3$ 及以下时，设置面积不小于 $20m^2$ 存放消防器材的场地；油罐总容量 $100000 \sim 500000m^3$ 时，设 1 台消防车，油罐总容量大于 $500000m^3$ 时，设 2 台消防车。

消防站和消防车的设置体现重要站场与一般站场区别对待，东部地区与西部地区区别对待的原则。重要油气站场，例如塔里木轮南油气处理站和管输首站等，站内设固定消防系统，同时按区域规划要求在其附近设置等级不低于二级的消防站，消防车 5min 之内到达现场，确保其安全。一般油气站场站内设固定消防系统，并考虑适当的外部消防协作力量。一些小型的三级油气站场，站内油罐主要是事故罐或高含水原油沉降罐，火灾危险性较小，可适当放宽消防站和消防车设置标准。我国西部地区的油气田，由于自然条件恶劣，且人烟稀少，油气站场的防火以提高站内工艺安全可靠性和站内消防技术水平为重点，消防站和消防车的配置要求适当放宽。随着西部更多油气田的开发建设，及时调整消防责任区，这些油气站场外部消防协作力量会逐步加强。

站内消防车是站内义务消防力量的组成部分，可以由生产岗位人员兼管，并可参照消防泵房确定站内消防车库与油气生产设施的距离。

本条是在原规范第 7.2.1 条基础上修订的，与原规范比较，适当提高了消防站和站内消防车的设置标准，增加了可操作性。

8.2.2 本条对消防站设置的位置提出了要求。首先要保证消防救援力量的安全，以便在发生火灾时或紧急情况下能迅速出动。1989 年黄岛油库特大火灾事故，爆炸起火后最先烧毁了岛上仅有的一个消防站并死伤多人。1997年北京东方红炼油厂特大火灾事故，爆炸冲击波将消防站玻璃全部震碎，多人受伤，钢混结构的建筑物被震裂，消防车库的门扭曲变形打不开，以致消防车出不了库。这些火灾事故的经验教训引起人们对消防站设置位置的认真思考。

目前，还没有收集到美国和欧洲标准关于消防站及消防车与油气生产设施安全距离的规定。原苏联标准《石油和石油制品仓库防火规范》（1993年版）规定消防大楼（无人居住）、办公楼和生活大楼距地面储罐40m，距装卸油装置40m。我国国家标准《石油化工企业设计防火规范》GB 50160—92（1999年版）规定消防站距油品储罐50m，距液化烃储罐70m，距其他石油设施40m。我国国家标准《石油库设计规范》GB 50074—2002规定消防车库距油罐、厂房的最大距离为40m。炼油厂和油库的消防站主要为本单位服务，一般布置在工厂围墙之内，距油罐和生产厂房较近。油气田的多数消防站是为责任区内的多个油气站场服务，在主要服务对象的油气站场围墙外单独设置，所以与储油罐、厂房之间有较大距离。综合考虑上述情况，消防站与甲、乙类储油罐的距离仍保持原规范的规定，与甲、乙类生产厂房的距离由原规范的50m增加到100m。对于新建的特大型石油天然气站场，如果经过分析储罐或厂房一旦发生火灾会对消防站构成严重威胁，可酌情增加油气站场与消防站的距离。

8.2.3 消防站是战备执勤、待机出动的专业场所，其建筑必须功能齐全，既满足快速反应的需要，又符合环保标准。本条除按传统做法提出一般要求外，还特别规定了："消防车库应有排除发动机废气设施。滑竿室通向车库的出口处应有废气阻隔装置"。由于消防站的设计必须满足人员快速出动的要求。因此，传统的房屋功能组合，总是把执勤待机室和消防车库连在一起。火警出动时，人员从二楼的待机室通过滑竿直接进入消防车库。过去由于消防车库未有排除废气设施，室内通风又不好，加之滑竿出口处不密封，发动车时的汽车尾气，通过滑竿口的抽吸作用，将烟抽到二楼以上人员活动的场所，常常造成人员集体中毒。这样的事故在我国西部和北方地区的冬季经常发生。为保证人身健康，创造良好的、无污染的工作和生活环境，本条对此作出明确规定，以解决多年来基层反映最强烈的问题。

8.2.4 油气田和管道系统发生的火灾，具有热值高、辐射热强、扑救难度大的特点。实践证明，扑救这类火灾需要载重量大、供给强度大、射程远的大功率消防车。经调查发现，有些站的技术装备标准很不统一且十分落后，没有按照火灾特点配备消防车辆和器材。考虑到油气田和管道系统所在地区多数水源不足，消防站布局高度分散，增援力量要在2～3h乃至更长的时间才能到达火场的现实。在本条中给出了消防车技术性能要求。为了使有关部门有据可依，参照国内外有关标准规定，制成表8.2.4，供选配消防车辆用。

泡沫液在消防车罐内如果长期不用会自然沉降，粘液难除，影响灭火，所以要求泡沫罐设置防止泡沫液沉降装置。

"油气田地形复杂"主要是考虑我国西北各油气田的地理条件，例如，黄土高原、沙漠、戈壁，地面普通交通工具难以跨越和迅速到达，有条件的地区或经济承受能力允许，可配消防专用直升飞机。有水上责任区的，应配消防艇或轻便实用的小型消防船、卸载式消防舟。配消防艇的消防站应有供消防艇靠泊的专用码头。

北方高寒地区冬季灭火经常因泵的出水阀冻死而打不开，出不了水。过去曾用气焊或汽油喷灯烘烤，虽然能很快解冻，但对车辆破坏太大。所以规定可根据实际需要配解冻锅炉消防车。解冻锅炉消防车既可以解冻，又可以用于蒸汽灭火。因不是统配设备，故把这条要求写在了"注"里。

考虑我国东部和西部的具体情况，从实际出发，实事求是，统配设备中可根据实际需要调整车型。

8.2.5 本条是按独立消防站所配车辆的最大总荷载，规定一次出动应带到火场的灭火剂总量，也是扑救重点保卫对象一处火灾的最低需要量。

"按灭火剂总量1∶1的比例保持储备量"是指除水以外的其他灭火剂。目前在我国常用的，主要是各种泡沫灭火剂和各类干粉灭火剂，如表8.2.5所列。

8.2.6 加强消防通信建设，是实现消防现代化、推进消防改革与发展的重要环节。现行国家标准《消防通信指挥系统设计规范》GB 50313是国家强制性技术法规，油气田和管道系统消防站应严格按照该规范要求，建设消防通信线路，保证"119"火灾报警专线和调度专线；实现有线通信数字化；实现有线、无线、计算机通信的联动响应；达到45s完成接受和处理火警过程的法规要求。依托社会公用网或公安专用网，建设消防虚拟的信息传输网络。

8.3 消 防 给 水

8.3.1 根据石油天然气站场的实际情况，本条对消防用水水源作了较具体的规定和要求。若天然水源较充足，可以就地取用；配制泡沫混合液用水对水温的要求详见现行国家标准《低倍数泡沫灭火系统设计规范》GB 50151。处理达标的油田采出水能满足消防的水质、水温要求时，可用于消防给水。当油田采出水用作消防水源时，采出水的物理化学性质应与采用的泡沫灭火剂相容，不能因为水质、水温不符合要求而降低泡沫灭火剂的性能。

8.3.2 目前，石油天然气站场内的消防供水管道有两种类型，一种是敷设专用的消防供水管，另一种是消防供水管道与生产、生活给水管道合并。经过调查，专用消防供水管道由于长期不使用，管道内的水质易变质；另外，由于管理工作制度不健全，特别是寒冷地区，有的专用消防供水管道被冻裂，如采用合并式管道时，上述问题即可得到解决又可节省建设资金。为了减轻火灾对生产、生活用水的干扰，规定系统水量应为消防用水量与70%生产、生活用水量之和。生产用水量不包括油田注水用水量。

8.3.3 环状管网彼此相通，双向供水安全可靠。储罐区是油气站场火灾危险性最大、可燃物最多的区域；天然气处理厂的生产装置区是全厂生产的关键部位，根据多年生产经验应采用环状供水管网，可保证供水安全可靠。其他区域可根据具体情况采用环网或枝状给水管道。

为了保证火场用水，避免因个别管段损坏而导致管网中断供水，环状管网应用阀门分割成若干独立段，两阀门之间的消火栓数量不宜超过5个。

对寒冷地区的消火栓井、阀池和管道应有可靠的防渗、保温措施，如大庆油田由于地下水位较高，消火栓井、阀池内进水，每到冬季常有消火栓、阀门、管道被冻裂，不能正常使用。

8.3.4 当没有消防给水管道或消防给水管道不能满足消防水量和水压等要求时，应设置消防水池储存消防用水。消防水池的容量应为灭火连续供给时间和消防用水量的乘积。若能确保连续供水时，其容量可以减去灭火延续时间内补充的水量。

当消防水池（罐）和给水或注水池（罐）合用时，为了保证消防用水不被给水或注水使用，应在池（罐）内采取技术措施。如将给水、注水泵的吸水管入口置于消防用水高水位以上；或将给水、注水泵的吸水管在消防用水高水位处打孔等，以确保消防用水的可靠性。

消防用水量较大时应设2座水池（罐）以便在检修、清池（罐）时能保证有一座水池（罐）正常供水。补水时间不超过96h是从油田的具体情况、从安全和经济相结合考虑的。设有火灾自动报警装置，灭火及冷却系统操作采取自动化程序控制的站场，消防水罐的补水时间不应超过48h。设有小型消防系统的站场，消防水罐的补水时间限制可放宽，但不应超过96h。

消防车从消防水池取水，距消防保护对象的距离是根据消防车供水最大距离确定的。

8.3.5 对消火栓的设置提出了要求：

1 油气站场当采用高压消防供水时，其水源无论是由油气田给水干管供给，还是由站场内部消防泵房供给，消防供水管网最不利点消火栓出口水压和水量，应满足在各种消防设备扑救最高储罐或最高建（构）筑物火灾时的要求。采用低压制消防供水时，由消防车或其他移动式消防水泵提升灭火所需的压力。为保证管道内的水能进入消防车储水罐，低压制消防供水管道最不利点消火栓出口水压应保证不小于0.1MPa（10m水柱）。

2 储罐区的消火栓应设在防火堤和消防道路之间，是考虑消防实际操作的需要及水带敷设不会阻碍消防车在消防道路上的行驶。消火栓距离路边1～5m，是为使用方便和安全。

3 通常一个消火栓供一辆消防车或2支口径19mm水枪用水，其用水量为10～13L/s，加上漏损，故消火栓出水量按10～15L/s计算。当罐区采用固定式冷却给水系统时，在罐区四周应设消火栓，是为了罐上固定冷却水管被破坏时，给移动式灭火设备供水。2支消火栓的间距不应小于10m是考虑满足停靠消防车等操作要求。

4 对消火栓的栓口做了具体规定。低压制消火栓主要是为消防车供水应有直径100mm出口，高压制消火栓主要是通过水龙带为消防设备直接供水，应有两个直径65mm出口。

5 设置水龙带箱是参照国外规范制定的，该箱用途很大，特别是对高压制消防供水系统，自救工具必须设在取水地点，箱内的水带及水枪数量是根据消火栓的布置要求配置的。

8.4 油罐区消防设施

8.4.1 石油是最重要的能源和化工原料，并已成为关系国计民生的重要战略物资，其火灾安全举世关注。据1982年2月我国有关单位调查统计，油罐年平均着火几率约为0.448‰，其中石油化工行业最高，为0.69‰。调查材料同时表明，油罐火灾比例随储存油品的不同而异，以汽油等低闪点油罐及操作温度较高的重油储罐火灾为主。由于油品本身的易燃、火灾易蔓延及扑救难等特性，如果发生火灾不能及时有效扑救，特别是大储量油罐区往往后果惨重。这方面的案例很多，如1989年黄岛油库大火，除造成重大财产损失和生态灾难外，还因油罐沸溢导致了灭火人员的重大伤亡。

油罐火的火焰温度通常在1000℃以上。油罐、尤其是地上钢罐着火后，受火焰直接作用，着火罐的罐壁温升很快，一般5min内可使油面以上的罐壁温度达到500℃，8～10min后，达到甚至超过700℃。若不对罐壁及时进行水冷却，油面以上的罐壁钢板将失去支撑能力；并且泡沫灭火时，因泡沫不易贴近炽热的罐壁而导致长时间的边缘火，影响灭火效果，甚至不能灭火。再者，发生或发展为全液面火灾的油罐，其一定距离内的相邻油罐受强烈热辐射、对流等的影响，罐内油品温度会明显升高。距着火油罐越近、风速越大，温升速度越快、温度越高，且非常明显。为防止相邻油罐被引燃，一定距离内的相邻油罐也需要冷却。

综上所述，为防止油罐火灾进一步失控与及时灭火，除一些危险性较小的特定场所（详见第8.4.10条、第8.4.11条的规定）外，油罐区应设置灭火系统和消防冷却水系统。国内外的相关标准、规范也作了类似的规定。有关冷却范围及消防冷却水强度，本节另有规定。

低倍数泡沫灭火系统用于扑救石油及其产品火灾，可追溯到20世纪初。1925年，厄克特发明干法化学泡沫后，出现了化学泡沫灭火装置，并逐步得到了广泛应用。1937年，萨莫研制出蛋白泡沫灭火剂后，空气泡沫灭火系统逐步取代化学泡沫灭火装置，且应用范围不断扩展。随着泡沫灭火剂和泡沫灭火设备及工艺不断发展完善，低倍数泡沫灭火系统作为成熟的灭火技术，在世界范围内，被广泛用于生产、加工、储存、运输和使用甲、乙、丙类液体的场所，并早已成为甲、乙、丙类液体储罐区及石油化工装置区等场所的消防主力军。世界各国的相关工程标准、规范普遍推荐石油及其产品储罐设置低倍数泡沫灭火系统。

8.4.2 本条规定是在原规范1993年版的基础上，对设置固定式系统的条件进行了补充和细化，与现行国家标准《石油化工企业设计防火规范》、《石油库设计规范》的规定相类似。本条各款规定的依据或含义如下：

1 单罐容量$10000m^3$及以上的固定顶罐与单罐容量不小于$50000m^3$及以上的浮顶罐发生火灾后，扑救其火灾所需的泡沫混合液流量较大，灭火难度也较大。而且其储罐区通常总容量较大，可接受的火灾风险相对较小，火灾一旦失控，造成的损失巨大。另外，这类储罐若设置半固定式系统，所需的泡沫消防车较多，协调、操作复杂，可靠性低，也不经济。

机动消防设施不能进行有效保护系指消防站距油罐区远或消防车配备不足等。地形复杂指建于山坡区，消防道路环行设置有困难的油罐区。

2 容量小于$200m^3$、罐壁高小于7m的储罐着火时，燃烧面积不大，7m罐壁高可以将泡沫勾管与消防拉梯二者配合使用进行扑救，操作亦比较简单，故可以采用移动式灭火系统。

3 目前，在油田站场单罐容量大于$200m^3$、小于$10000m^3$范围内的固定顶罐中，5000～$10000m^3$储罐较少，多为$5000m^3$及以下的储罐；单罐容量小于$50000m^3$的浮顶罐，多为$20000m^3$、$10000m^3$、$5000m^3$的储罐。正常条件下，这些储罐采用半固定式系统是可行的。当然，这也不是绝对的。当储罐区总容量较大、人员和机动消防设施保障性差时，最好设置固定式系统。另外，对于原油储罐，尚需考虑其火灾特性。一般认为，原油储罐火灾持续30min后，可能形成了一定厚度的高温层。若待到此时才喷射泡沫，则可能发生溅溢事故，且火灾持续时间越长，这种可能性越大。为此，泡沫消防车等机动设施30min内不能供给泡沫的，最好设置固定式系统。再者，本规定含单罐容量大于或等于$200m^3$的污油罐。

8.4.3 本条规定的依据和出发点如下：

1 单罐容量不小于$20000m^3$的固定顶油罐发生火灾后，如果错过初期最佳灭火时机，其灭火难度会大大增加，并且一般消防队可能难以扑灭其火灾。所以，为了尽快启动其泡沫灭火系统和消防冷却水系统灭火于初期，参照了国家标准《低倍数泡沫灭火系统设计规范》GB 50151—92（2000年版）“当储罐区固定式泡沫灭火系统的泡沫混合液流量大于或等于100L/s时，系统的泵、比例混合装置及其管道上的控制阀、干管控制阀宜具备遥控操纵功能”的规定，作了如此规定。

2 外浮顶油罐初期火灾多为密封处的局部火灾，尤其低液面时难于及时发现。对于单罐容量等于或大于$50000m^3$的储罐，若火灾蔓延则损失巨大。所以需要设自动报警系统，能尽快准确探知火情。为与现行国家标准《石油化工企业设计防火规范》、《石油库设计规范》的相关规定一致，对原规范1993年版的规定作了修改。

3 单罐容量等于或大于$100000m^3$的油罐区，其泡沫灭火系统和消防冷却水系统的管道一般较长。《低倍数泡沫灭火系统设计规范》规定了泡沫进入储罐的时间不应超过5min。若消防系统手动操作，泡沫和水到达被保护储罐的时间较长，不利于灭火于初期，也难满足相关规范的规定。另外，此类油罐区不但单罐容量大，通常总容量巨大，可接受的火灾风险相对较小。本规范和《石油化工企业设计防火规范》、《石油库设计规范》一样，对浮顶油罐的防御标准为环形密封处的局部火灾，并可不冷却相邻储罐。若油罐高位着火并持续较长时间，相邻油罐将受到威胁，火灾一旦蔓延，后果难以估量。所以，在着火初期灭火非常重要。为此，参考上述两部规范作了如此规定，以在一定程度上降低火灾风险。

8.4.5 本条的规定并未改变原规范1993年版规定的实质内容，仅在编写格式和表述方式上作了变动。本条规定的出发点与8.4.2相同，需要补充说明如下：

在对保温油罐的消防冷却水系统设置上，《石油库设计规范》及《石油化工企业设计防火规范》与本规范的规定有所不同。如《石油库设计规范》规定：“单罐容量不小于$5000m^3$或罐壁高度不小于17m的油罐，应设置固定式消防冷却水系统；相邻保温油罐，可采用带架喷雾水枪或水炮的移动式消防冷却水系统”。又如《石油化工企业设计防火规范》规定：“罐壁高于17m或储罐容量大于等于$10000m^3$的非保温罐应设置固定式消防冷却水系统”。根据实际火灾案例，油罐保温层的作用是有限的。如1989年8月

12 日发生在黄岛油库火灾，上午 9 时 55 分，5 号 20000m^3 的地下钢筋混凝土储罐遭雷击爆炸起火。12 时零 5 分，顺风而来的大火不但将 4 号 20000m^3 的地下钢筋混凝土储罐引爆，而且 1 号、2 号、3 号 10000m^3 的地上钢制油罐也相继爆炸，几万吨原油横溢，形成了近两平方公里的火海，造成了重大人员伤亡和财产损失及环境污染，留下深刻的教训。为此，本规定将保温罐与非保温罐同等对待，这不但能最大限度地保障灭火人员的人身安全，防止相邻储罐被引燃，且经济合理，适合油气田的实际情况。

另外，本规范规定了半固定式系统，与《石油库设计规范》、《石油化工企业设计防火规范》是有别的，这体现了油气田的特点。不过，若油罐区设置了固定式泡沫灭火系统，还是设置固定式消防冷却水系统为宜。

8.4.6 对原规范 1993 年版第 7.3.3 条第二款第 1 项规定地上油罐的冷却范围作了补充。根据调研，某些油气田中设有卧式油罐。所以，本次修订，补充了对地上卧式油罐冷却要求，并对编写格式和表述方式进行了修改。另外，本规定与现行国家标准《石油库设计规范》、《石油化工企业设计防火规范》及《建筑设计防火规范》的规定基本相同。

1 本款规定是在综合试验和辐射热强度与距离（L/D）平方成反比的热力学理论及现实工程中油罐的布置情况的基础上做出的。

为给相关规范的制订提供依据，有关单位分别于 1974 年、1976 年、1987 年，在公安部天津消防科学研究所试验场进行了全敞口汽油储罐泡沫灭火及其热工测试试验。现将有关辐射热测试数据摘要汇总，见表 6。不过，由于试验时对储罐进行了水冷却，且燃烧时间仅有 2～3min 左右，测得的数据可能偏小。即使这样，1974 年的试验显示，距离 5000m^3 低液面着火油罐 1.5 倍直径、测点高度等于着火储罐罐壁高度处的辐射热强度，平均值为 2.17kW/m^2，四个方向平均最大值为 2.39kW/m^2，最大值为 4.45kW/m^2；1976 年的 5000m^3 汽油储罐试验显示，液面高度为 11.3m、测点高度等于着火储罐罐壁高度时，距离着火储罐罐壁1.5倍直径处四个方向辐射热强度平均值为 3.07kW/m^2，平均最大值为 4.94kW/m^2，最大值为 5.82kW/m^2。尽管目前国内外标准、规范并未明确将辐射热强度的大小作为消防冷却的条件，但根据试验测试，热辐射强度达到 4kW/m^2 时，人员只能停留 20s；12.5 kW/m^2 时，木材燃烧、塑料熔化；37.5 kW/m^2时，设备完全损坏。可见辐射热强度达到 4kW/m^2 时，必须进行水冷却，否则，相邻储罐被引燃的可能性较大。

试验证明，热辐射强度与油品种类有关，油品的轻组分愈多，其热辐射强度愈大。现将相关文献给出的汽油、煤油、柴油和原油的主要火灾特征参数摘录汇总成表 7，供参考。由该表可见，主要火灾特征参数值，汽油最高、原油最低。汽油的质量燃烧速度约为原油的 1.33 倍；火焰高度约为原油的 2.14 倍；火焰表面的热辐射强度约为原油的 1.62 倍。所以，只要满足汽油储罐的安全要求，就能满足其他油品储罐的安全要求。

表 6　国内油罐灭火试验辐射热测试数据摘要汇总表

试验年份	试验油罐参数（m）			测定位置		辐射热量（kW/m^2）		
	直径	高度	液面	L/D	h	平均值	平均最大值	最大值
1974	5.4	5.4	高液面	1.5	1.0H	6.88	7.76	8.26
			低液面	1.5	0.5H	1.62		2.44
				1.5	1.0H	3.88	4.77	11.62
				1.5	1.5H	8.58	9.98	17.32
	22.3	11.3	低液面	1.0	1.0H	6.30	6.80	13.41
				1.5	1.0H	2.52	2.83	4.91
				2.0	1.0H	2.17	2.39	4.45
1976	22.3	11.3	高液面	1.0	1.0H	8.84	13.57	23.84
				1.5	1.0H	4.42	5.93	9.25
				2.0	1.0H	3.07	4.94	5.82
1987	5.4	5.4	中液面	1.0	1.0H	17.10	30.70	35.90
				1.5	1.0H	9.50	17.40	18.00
				1.5	1.8m	3.95	7.20	7.80
				2.0	1.8m	2.95	4.95	6.10
	22.3	11.3	低液面	1.0	1.0H	10.53	14.30	17.90
				1.5	1.0H	4.45	5.65	6.10
				1.5	1.8m	3.15	4.30	5.20

注：L——测点至试验油罐中心的距离；D——试验油罐直径；H——试验油罐高度。

表 7　汽油、煤油、柴油和原油的主要火灾特征参数

油品	燃烧速度[1]（$kg/m^2\cdot s$）	火焰高度[2]（D）	燃烧热值（MJ/kg）	火焰表面热辐射强度（kW/m^2）
汽油	0.056	1.5	44	97.2
煤油	0.053		41	
柴油	0.0425～0.047	0.9	41	73.0
原油	0.033～0.042	0.7		60.0

注：1　当风速达到 8～10m/s 时，油品的燃烧速度可增加 30%～50%。

2　D 为储罐直径。火焰高度与油罐直径有关。国内试验：直径 5.4m、22.3m 敞口汽油储罐的平均火焰高度分别为 2.12D、1.56D；日本试验：储罐越大，火焰高度越接近 1.5D；德国试验：小罐 3.0D、大罐 1.7D。

2 对于浮顶罐，发生全液面火灾的几率极小，更多的火灾表现为密封处的局部火灾，所以本规范与《石油库设计规范》及《石油化工企业设计防火规范》一样，设防基点均为浮顶罐环形密封处的局部火灾。环形密封处的局部火灾的火势较小，如某石化总厂发生的两起浮顶罐火灾，其中 10000m^3 轻柴油浮顶罐着火，15min 后扑灭，而密封圈只着了 3 处，最大处仅为 7m 长，相邻油罐无需冷却。

3 卧式油罐的容量相对较小，并且不乏长径比超过 2 倍的，为尽可能做到安全、合理，故将冷却范围与其直径和长度一并考虑。

8.4.7 本条规定了油罐消防冷却水供给范围和供给强度，其依据如下：

1 地上立式油罐消防冷却水最小供给强度的依据。

（1）半固定、移动式冷却水供给强度。

半固定、移动式冷却方式多是采用直流水枪进行冷却的。受风向、消防队员操作水平的影响，冷却水不可能完全喷到罐壁上，故比固定式冷却水供给强度要大。1962 年公安、石油、商业三部在公安部天津消防研究所进行泡沫灭火试验时，对 400m^3 固定顶油罐进行的冷却水量进行测定，当冷却水量为 0.635L/s·m时，未发现罐壁有冷却不到的空白点；当冷却水量为 0.478L/s·m 时，发现罐壁有冷却不到的空白点，水量不足。可见，着火固定顶油罐的冷却水量不应小于 0.6L/s·m。根据水枪移动速度经验，ϕ16mm 水枪能满足这一最小冷却水量的要求；若达到同一射高，ϕ19mm 水枪耗水量在 0.8L/s·m 以上。为此，根据试验数据及水枪的耗水量，按水枪口径的不同分别规定了最小冷却水供给强度。

浮顶、内浮顶储罐着火时，通常火势不大，且不是罐壁四周都着火，故冷却水供给强度小些。

相邻不保温、保温油罐的冷却水供给强度是根据测定的热辐射强度进行推算确定的。

单纯从被保护油罐冷却水用量的角度，按单位罐壁表面积表示冷却水供给强度较为合理。但由于在操作上水枪移动范围是有限度的，即水枪保护的罐壁周长有一定限度，所以将原规范 1993 年版规定的冷却水供给强度单位，由 L/min·m^2 变为 L/s·m。当然，对于小储罐，按此冷却水供给强度单位，冷却水流到下部罐壁处的水量会多些。

（2）固定式冷却水供给强度。

1966 年公安、石油、商业三部在公安部天津消防研究所进行泡沫灭火试验时，对 100m^3 敞口汽油储罐采用固定式冷却，测得冷却水强度最低为 0.49L/s·m,最高为 0.82L/s·m。1000m^3 油罐采用固定式冷却，测得冷却水强度为 1.2～1.5L/s·m。上述试验，冷却效果较好，试验油罐温度控制在 200～325℃之间，仅发现罐壁部分出现焦黑，罐体未发生变形。当时认为：固定式冷却水供给强度可采用 0.5L/s·m，并且由于设计时不能确定哪是着火罐、哪是相邻罐，国家标准《建筑设计防火规范》GBJ 16 与《石油库设计规范》GBJ 74 最先规定着火罐和相邻罐固定式冷却水最小供给强度同为 0.5L/s·m。此后，国内石油库工程项目基本都采用了这一参数。并且《建筑设计防火规范》至今仍未对这一参数进行修改。

随着储罐容量、高度的不断增大，以单位周长表示的0.5L/s·m冷却水供给强度对于高度大的储罐偏小；为使消防冷却水在罐壁上分布均匀，罐壁设加强圈、抗风圈的储罐需要分几圈设消防冷却水环管供水；国际上已通行采用“单位面积法”来表示冷却水供给强度。所以，现行国家标准《石油库设计规范》和《石油化工企业设计防火规范》将以单位周长表示的冷却水供给强度，按罐壁高 13m 的 5000m^3 固定顶储罐换算成单位罐壁表面积表示的冷却水供给强度，即 0.5L/s·m× 60÷13m≈2.3L/min·m^2，适当调整取 2.5L/min·m^2。故规定固定顶储罐、浅盘式或浮盘由易熔材料制作的内浮顶储罐的着火罐冷却水供给强度为2.5L/min·m^2。浮顶、内浮顶储罐着火时，通常火势不大，且不是罐壁四周都着火，故冷却水供给强度小些。本规范也是这种思路。

相邻储罐的冷却水供给强度至今国内未开展过试验，国家标准《石油库设计规范》和《石油化工企业设计防火规范》对此参数的修改是根据测定的热辐射强度进行推算确定的。思路是：甲、乙类固定顶储罐的间距为 0.6D，接近 0.5D。假设消防冷却水系统的水温为 20℃，冷却过程中一半冷却水达到 100℃并汽化吸收的热量为 1465kJ/L，要带走表 8.4.1 所示距着火油罐罐壁 0.5D 处绝对最大值为 23.84kW/m^2 辐射热，所需的冷却水供给强度约为1.0L/min·m^2。《石油库设计规范》和《石油化工企业设计防火规范》曾一度规定相邻储罐固定式冷却水供给强度为 1.0L/min·m^2。后因要满足这一参数，喷头的工作压力需降至着火罐冷却水喷头工作压力的 1/6.25，在操作上难以实现。于是，《石油化工企业设计防火规范》1999 年修订版率先修改，不管是固定顶储罐还是浮顶储罐，其冷却强度均调整为 2.0L/min·m^2。全面修订的《石油库设计规范》GB 50074—2002 予以修改。由于是相同问题，所以本规范也采纳了这一做法。

冷却水强度的调节设施在设计中应予考虑。比较简易的方法是在罐的供水总管的防火堤外控制阀后装设压力表，系统调试标定时辅以超声波流量计，调节阀门开启度，分别标出着火罐及邻罐冷却时压力表的刻度，做出永久标记，以确保火灾时调节阀门达到设计的冷却水供水强度。

值得说明的是，100m^3 试验罐高 5.4m，若将

1966 年国内试验时测得的最低冷却水强度 0.49L/s·m 一值进行换算，结果应大致为 6.0L/min·m²；相邻储罐消防冷却水供给强度的推算思路也不一定成立；与国外相关标准规范的规定相比（见表 8），我国规范规定的消防冷却水供给强度偏低。然而，设置消防冷却水系统的储罐区大都设置了泡沫灭火系统，及时供给泡沫可快速灭火，并且着火储罐不一定为辐射热强度大的汽油、不一定处于中低液位、不一定形成全敞口。所以，本规范规定的冷却水供给强度是能发挥一定作用的。

表 8　部分国外标准、规范规定的可燃液体储罐消防冷却水供给强度

序号	标准、规范名称	冷却水供给强度	
		着火罐	相邻罐
1	美国消防协会 NFPA 15 固定水喷雾消防系统标准	10.2L/min·m²	最小 2L/min·m²、通常 6L/min·m²、最大 10.2L/min·m²
2	俄罗斯 СИНП 2.11.03—93 石油和石油制品仓库设计标准	罐高 12m 及以上：0.75L/s·m；罐高 12m 以下：0.50L/s·m	罐高 12m 及以上：0.30L/s·m；罐高 12m 以下：0.20L/s·m
3	英国石油学会石油工业安全规范第 19 部分 炼油厂与大容量储存装置的防火措施	10L/min·m²	大于 2L/min·m²

2　地上卧式罐。

地上卧式罐的火灾多发生在顶部人孔处。考虑到卧式罐爆炸着火时，部分油品溅出形成小范围地面火，故冷却范围最初是按储罐表面积计算的。但由于人孔处的燃烧面积较小，地面局部火焰主要作用在储罐底部，只要消防冷却水供给强度足够，水从储罐上部喷洒后基本能流到罐底部，从而冷却整个储罐，所以将冷却范围调整为储罐的投影面积。

参考国内相关试验，冷却水供给强度，着火罐不小于 6.0 L/min·m²、相邻罐不小于 3.0L/min·m²，应能保证着火罐不变形、不破裂。

3　对于相邻储罐。

靠近着火罐的一侧接收的辐射热最大，且越靠近罐顶，辐射热越大。所以冷却的重点是靠近着火罐一侧的罐壁，冷却面积可按实际需要冷却部位的面积计算。但现实中冷却面积很难准确计算，并且相邻关系需考虑罐组内所有储罐。为了安全，规定设置固定式消防冷却水系统时，冷却面积不得小于罐壁表面积的 1/2。为实现相邻罐的半壁冷却，设计时，可将固定冷却环管等分成 2 段或 4 段，着火时由阀门控制冷却范围，着火油罐开启整圈喷淋管，而相邻油罐仅开启靠近着火油罐的半圈。这样虽然增加了阀门，但水量可减少。

工程设计时，通常是根据设计参数选择设备等，但所选设备的参数不一定与设计参数吻合，为了稳妥，需要根据所选设备校核冷却水供给强度。

8.4.8　从收集的油罐火灾案例来看，燃烧时间最长的是发生在 1954 年 10 月东北某炼油厂一座 300m³（直径 7m）轻柴油固定顶储罐火灾，燃烧了 6h。另外是 20 世纪 70 年代发生在东北另一家炼油厂 5000m³（直径 23m）轻柴油固定顶储罐火灾，因三个泡沫产生器立管连接在一起，罐顶局部炸开时拉断了其中一个泡沫产生器立管，使泡沫系统不能工作。又因罐顶未全部掀开，车载泡沫炮也无法将泡沫打进，泡沫钩管又无法挂，历时 4.5h，罐内油品全部烧光。其他火灾的持续时间均小于 4h。地上卧式油罐火灾的火势较小，扑救较容易。本着安全又经济的原则，规定直径大于 20m 的地上固定顶油罐和浅盘式或浮盘为易熔材料制作的内浮顶油罐消防冷却水供给时间不应小于 6h，其他立式油罐消防冷却水供给时间不应小于 4h，地上卧式油罐消防冷却水供给时间不应小于 1h。

另外，油罐消防冷却水供给时间应从开始对油罐喷水算起，直至不会发生复燃为止，其与灭火时间有直接关系。为此，在保障消防冷却水供给强度与供给时间的同时，保障灭火系统的合理可靠尤为重要。

8.4.9　本条规定了油罐固定式消防冷却水系统的设置，其依据如下：

1　最初，是通过在消防冷却水环管上钻孔的方式向被保护储罐罐壁喷放冷却水的。实践证明，因现场加工误差较大，消防冷却水供给强度难以控制，并且冷却效果也不理想，所以不推荐这种方式。设置冷却喷头，冷却水供给强度便于控制，冷却效果也较理想。

喷头的喷水方向与罐壁保持 30°～60°的夹角，是为了减小水流对罐壁的冲击力，减少反弹水量，以便有效冷却罐壁。

2　消防冷却水环管通常设在靠近储罐上沿处。若油罐设有抗风圈或加强圈，并且没有设置导流设施时，上部喷放的冷却水难以有效冷却油罐抗风圈或加强圈下面的罐壁。所以需在其抗风圈或加强圈下面设冷却喷水圈管。设置多圈冷却水环管时，需按各环管实际保护的储罐罐壁面积分配冷却水量。

3　本规定是为了保证各管段间相互独立，及安全、方便地操作。

4　本规定是参照现行国家标准《低倍数泡沫灭火系统设计规范》相关规定做出的。旨在保障冷却水立管牢固地固定在罐壁上；冷却水管道便于清除锈渣。

5　便于系统运行后排出积水。

6　防止水中杂物损坏水泵及堵塞喷头等系统部件。

8.4.10　烟雾灭火系统是我国自主研究开发的一项主要用于甲、乙、丙类液体固定顶和内浮顶储罐的自动灭火技术。在其30多年的使用过程中，有多起成功灭火的案例，也有失败的教训。业内普遍认为它不如低倍数泡沫灭火系统可靠。另外，至今所进行的7次原油固定顶储罐灭火试验所用原油为密度0.9129g/cm^3、初馏点84℃、190℃以下馏出体积量5%的大港油田原油；2002年4月在大庆油田进行的3000m^{3}原油罐低压烟雾灭火试验，其原油190℃以下组分也不超过12%。为此，将烟雾灭火系统应用场所限定在偏远缺水处的四、五级站场，并且将凝析原油储罐排除。本规定与原规范1993年版规定的不同处，就是增加了油罐区总容量和凝析油限制。

对于偏远缺水处的四、五级站场，考虑到其规模较小、取水困难、交通闭塞、供电质量差、且油田产量低等，若设置泡沫灭火系统和防冷却水系统或消防站，不少油田难以承受其高昂的开发成本。然而，多数站场远离居民区、且转油站的储罐只有事故时才储油，即使发生火灾不能及时扑灭，造成的危害和损失也较小。所以从全局的角度，设置烟雾灭火系统是可行的。

8.4.11　目前，在石油天然气站场中，总容量不大于200m^3、且单罐容量不大于100m^{3}的立式油罐区很少，主要分布在长庆油田，且为转油站的事故油罐。这类站场规模较小，且储罐事故时才储油，即使发生火灾也基本不会造成大的危害和损失，所以规定可不设灭火系统和消防冷却水系统。

目前，我国油气田单井拉油的井场卧式油罐区中，多数总容量不超过200m^3，少数总容量达到500m^3，但单罐容量不超过100m^3。这类站场的卧式油罐区多为临时性的，且火灾案例极少，设灭火系统和消防冷却水系统往往难以操作。所以，规定可不设灭火系统和消防冷却水系统。

8.5　天然气凝液、液化石油气罐区消防设施

8.5.1　LPG储罐，尤其是压力储罐，火灾事故较多，其主要原因是泄漏。LPG泄漏后迅速气化形成LPG蒸气云，遇火源爆炸（称作蒸气云爆炸），并回火点燃泄漏源。泄漏源着火将使储罐暴露于火焰中，若不能对储罐进行有效的消防水冷却，液态LPG将迅速气化，火灾进一步失控。

压力储罐暴露于火焰中，罐内压力上升，液面以上的罐壁（干壁）温度快速升高，强度下降，一定时间后干壁将会发生热塑性裂口而导致灾难性的沸腾液体蒸气爆炸火灾（一般称为沸液蒸气爆炸），造成储罐的整体破裂，同时伴随的冲击波、强大的热辐射及储罐碎片等还会导致重大人员伤亡和财产损失。某些发达国家的试验研究表明，在开阔区域的大气中，LPG泄漏量超过450kg就有可能发生蒸气云爆炸，并随泄漏量的增加发生蒸气云爆炸可能性会显著增加。

通常全冷冻式LPG罐区总容量与单罐容量都较大，着火后如不进行有效消防水冷却，后果难以设想。美国《石油化工厂防火手册》曾介绍一例储罐火灾：A罐、B罐分别装丙烷8000m^3、8900m^3，C罐装丁烷4400m^3，A罐超压，顶壁结合处开裂了180°，大量蒸气外溢，5s后遇火爆燃。在消防车供水冷却控制火灾的情况下，A罐燃烧了35.5h后损坏，B、C罐顶阀件被烧坏，造成气体泄漏燃烧。B罐切断阀无法关闭，结果烧了6d；C罐充N_2并抽料，3d后关闭切断阀灭火。B、C罐壁损坏较小，隔热层损坏大。

综上所述，LPG储罐发生火灾后，破坏力较大，许多国家都发生过此类储罐爆炸火灾，尤其是压力储罐火灾，且都造成了重大财产损失和人员伤亡，各国都非常重视LPG储罐的消防问题。LPG储罐发生泄漏后，最好的消防措施是喷射水雾稀释惰化LPG蒸气云，防止蒸气云爆炸；发生火灾后，应及时对着火罐及相邻罐喷水保护，防止暴露于火焰中的储罐发生沸液蒸气爆炸。另因天然气凝液与液化石油气性质相近，为此，一并规定天然气凝液与液化石油气罐区应设置消防冷却水系统。

另外，本条规定移动式干粉灭火设施系指干粉枪、炮或车。

8.5.2　单罐容量较大和（或）储罐数量较多的储罐区，所需的消防冷却水量较大，只靠移动式系统难以胜任，所以应设置固定式消防水冷却系统。但具体如何规定，目前，国家标准《建筑设计防火规范》、《石油化工企业设计防火规范》、《城镇燃气设计规范》等其他主要现行防火规范的规定不尽相同。由于石油天然气站场与石油化工企业不同，消防站大都在站场外，有的相距甚远，且消防车配备较少，往往短时间内难以组织起所需灭火救援力量。所以采纳了《建筑设计防火规范》与《城镇燃气设计规范》的规定。

另外，同时设置辅助水枪或水炮的作用是：当高速扩散火焰直接喷射到局部罐壁时，该局部需要较大的供水强度，此时应采用移动式水枪、水炮的集中水流加强冷却局部罐壁；用于因固定系统局部遭破坏而冷却不到地方；燃烧区周围亦需用水枪加强保护；稀释惰化及搅拌蒸气云，使之安全扩散，防止泄漏的LPG爆炸着火。这需要在罐区四周设置消火栓，并且消火栓的设置数量和工作压力要满足规定的水枪用水量。

对于总容量不大于50m^{3}或单罐容量不大于20m^{3}的储罐区，着火的可能性相对要小，特别是发生沸液

蒸气爆炸的可能性小，并且着火后需冷却的储罐数量少、面积小，所以，规定可设置半固定式消防冷却水系统。

8.5.3 天然气凝液、液化石油气罐区发生火灾后，其固定系统与辅助水枪（水炮）大都同时使用，所以固定系统的消防用水量应按储罐固定式消防冷却用水量与移动式水枪用水量之和计算。

设置半固定式消防冷却水系统的罐区，着火后需冷却的面积基本不会超过 120m²，所以规定消防用水量不应小于 20L/s。这与现行国家标准《建筑设计防火规范》、《城镇燃气设计规范》的规定是相同的。

8.5.4 本条规定了固定冷却水供给强度与冷却面积，依据或解释如下：

1 消防冷却水供给强度。

1）国内外试验研究数据：

①英国消防研究所的皮·内斯在其“水喷雾扑救易燃液体火灾的特性参数”一文中，介绍的液化石油气储罐喷雾强度试验数据为 9.6L/min·m²。

②英国消防协会 G·布雷在其“液化石油气储罐的水喷雾保护”的论文中指出：“只有以 10L/min·m² 的喷雾强度向罐壁喷射水雾才能为火焰包围的储罐提供安全保护。”

③美国石油学会（API）和日本工业技术院资源技术试验所分别在 20 世纪 50 年代和 60 年代进行了液化石油气储罐水喷雾保护的试验，结果表明：液化石油气储罐的喷雾强度大于6L/min·m²，罐壁温度可维持在 100℃左右，即是安全的，采用 10L/min·m² 是可靠的。

④公安部天津消防研究所 1982～1984 年进行的“液化石油气储罐火灾受热时喷水冷却试验”获得了与美国、日本基本相同的结果，即喷雾强度大于 6L/min·m² 时，储罐可得到良好的冷却。

⑤美国 J·J·Duggan、C·H·Gilmour、P·F·Fisher 等人研究认为：未经隔离设计的容器一旦陷入火中，罐壁表面吸热量最小约为 63100W/m²（见 1944 年 1 月A·S·M·E学报“暴露于火中容器的超压释放要求”、1943 年 10 月 NFPA 季刊“暴露于火中的储罐放散”、橡胶设备用品公司备忘录 89“容器的热量输入”等论文或文献）。当向被火包围的容器表面以 8.2L/min·m² 供给强度喷水时，罐壁表面吸热量将减小到 18930W/m²（见橡胶设备用品公司备忘录 123 即“暴露火中容器的防护”一文）。

2）国外标准规范的规定。从搜集到的欧美、日本等国家的协会、学会标准来看，大都规定液化石油气储罐的最小消防水雾喷射强度为 10L/min·m²。

3）国内相关规范的规定。《建筑设计防火规范》是第一部规定液化石油气储罐冷却水供给强度的国家规范。其主要依据就是上述美国石油学会（API）和日本工业技术院资源技术试验所的试验数据以及美国消防协会标准《固定式水喷雾灭火系统》NFPA 15的规定，并且为了便于计算规定最小冷却水供给强度为 0.15L/s·m²。以后颁布的国家标准《石油化工企业设计防火规范》、《水喷雾灭火系统设计规范》、《城镇燃气设计规范》等均采纳了该规定。

综上所述，尽管我国规范规定的冷却水供给强度稍小于国外标准的规定，但还是可靠的，且得到了一些火灾案例的检验。

2 冷却范围。

目前，我国现行各规范的实质规定是一致的，本规定采纳了《建筑设计防火规范》的规定。所谓邻近储罐是指与着火储罐贴邻的储罐。

8.5.5 本条主要依据是现行国家标准《石油化工企业设计防火规范》的规定。

全冷冻式液化烃储罐一般为立式双壁罐，有较厚的隔热层，安全设施齐全。有关资料介绍，在某些方面比汽油罐安全，即使发生泄漏，泄漏后初始闪蒸气化，可能在 20～30s 的短时间会产生大量蒸气形成膜式沸腾状态，扩散比较远的距离，其后蒸发速度降低达到稳定状态，可燃性混合气体被限制在泄漏点附近。稳定状态时的燃烧速度和辐射热与相同燃烧面积的汽油相似。因此，此类罐的消防冷却水供给强度按一般立式油罐考虑。根据美国 API 2510A 标准，当受到暴露辐射而无火焰接触时，冷却水强度为 0～4.07L/min·m²。本条按较大值考虑。

关于消防冷却水系统设置形式，可参照现行国家标准《石油化工企业设计防火规范》的规定。对于罐壁的冷却，设置固定水炮或在罐壁顶部设置带喷头的环形冷却水管都是可行的，具体采用哪一种，应结合实际工程确定。从美国《石油化工厂防火手册》介绍的该类火灾案例来看，水炮能起到冷却作用。

8.5.6 现行国家标准《建筑设计防火规范》、《城镇燃气设计规范》与本规范一样，均按储罐区总容量和单罐容量分为三个级别，分别规定了水枪用水量。由于石油化工企业单罐容量 100m³ 以下的储罐极少，所以《石油化工企业设计防火规范》以储罐容积 400m³ 为界分了两个级别，分别规定了与上述规范相同的水枪用水量。而石油天然气站场中单罐容量 100m³ 以下的储罐为数不少，故采纳了《建筑设计防火规范》与《城镇燃气设计规范》的规定。不过上述各规范的规定并不矛盾。

8.5.7 关于消防冷却水连续供给时间，我国现行各规范的规定大同小异。《建筑设计防火规范》与《城镇燃气设计规范》规定：总容积小于 220m³ 或单罐容积小于或等于 50m³ 的储罐或储罐区，连续供水时间可为 3h；其他储罐或储罐区应为 6h。《石油化工企业设计防火规范》规定：消防用水的延续时间应按火灾时储罐安全放空所需时间确定，当其安全放空时间超过 6h 时，按 6h 计算。

国外相关标准因各自情况或体制不同，其规定消防冷却水连续供给时间差异较大，尚难借鉴。

据统计，LPG储罐火灾延续时间大都较长，有些长达数昼夜。显然，按这样长的时间设计消防用水量在经济上是不能接受的。规范所规定的连续供给时间主要考虑在灭火组织过程中需要立即投入的冷却用水量，是综合火灾统计资料与国民经济水平以及消防力量等情况确定的。

LPG储罐泄漏后，不一定立即着火，需要喷射一定时间的水雾稀释、惰化、驱散蒸气云。另外，石油天然气站场与石油化工企业不同，特别是小站，大都无放空火炬系统，并且天然气凝液储罐中的油品组分不能放空。所以本条采纳了《建筑设计防火规范》与《城镇燃气设计规范》的规定。

再者，对于单罐容量400m^3以上的储罐区，如有条件，尽可能回收利用冷却水。

8.5.8 本条为水喷雾固定式消防冷却水系统设置的基本要求，现行国家标准《石油化工企业设计防火规范》也做了类似的规定，与之相比，本规定只是增加了对储罐支撑的冷却要求。

8.5.9 本条主要依据是现行国家标准《石油化工企业设计防火规范》的规定。主要目的是保证系统各喷头的工作压力基本一致，发生火灾时便于及时开启系统控制阀，以及防止因管道锈蚀等堵塞喷头。

8.6 装置区及厂房消防设施

8.6.1 天然气净化处理站场的消防用水量与生产装置的规模、火灾危险性、占地面积等有关。四川某气田由日本设计的卧龙河引进“天然气处理装置成套设备”，天然气处理量为400×10^4m^3/d，消防用水量为70L/s，连续供给时间按30min计算。通过多年生产考察，消防用水供水强度可减少。根据我国国情和多座天然气净化厂（站）的设计经验、生产运行考核，将消防用水量依据其生产规模类型、火灾危险类别及固定消防设施情况等因素计算确定，而将原第7.3.8条“不宜少于30L/s”具体划分为三档。各级厂站的最小消防用水量可按表8.6.1选用，而将生产规模大于50×10^4m^3/d的压气站纳入第二档并定为30L/s，是根据德国PLE公司设计并已建成投运的陕京输气管道工程，压气站设置一次消防用水量200～300m^3和压缩机房设置气体灭火系统等设施，同时考虑到油气田压气站、注气站的消防供水现状等因素确定的。当压缩机房设有气体灭火系统时，可不设或减少消防用水量。第三档是生产过程较复杂而规模又小于50×10^4m^3/d的天然气净化厂，因占地面积、着火几率、经济损失等较单一站大，需要一定量的消防用水。但常常处于气田内部生产规模小于200×10^4m^3/d的天然气脱水站、脱硫站和生产规模小于或等于50×10^4m^3/d的压气站则可不设消防给水设施。

8.6.2 由于扑救火灾常用ϕ19mm手持水枪，其枪口压力一般控制在0.35MPa以内，可由一人操作，若水压再高则操作困难。当水压为0.35MPa时，其水枪充实水柱射高约为17m，而ϕ19mm的水枪每支控制面积一般为50m^2左右，当三级站场装置区的高大塔架和设备群发生火灾时，难以用手持水枪有效灭火。而固定消防炮亦属岗位应急消防设施，一人可以操作，并能及时向火场提供较大的消防水（泡沫、干粉等）量和足够射程的充实水柱，达到对初期火灾的控火、灭火及保护设备的目的。

水炮的喷嘴宜为直流-水雾两用喷嘴，以便于分别保护高大危险设备和地面上的危险设备群。炮的设置距离和出水量是参考国内外有关企业资料和国内此类产品确定的。

8.6.3 本条是在原规范7.1.11条的基础上参照国家标准《气田天然气净化厂设计规范》SY/T 0011—96第6.1.5.6款和《石油化工企业设计防火规范》GB 50160—92（1999年版）第7.6.5条有关规定编制的。

8.6.4、8.6.5 这两条是参照《建筑设计防火规范》有关条款并结合油气站场的厂房、库房、调度办公楼等的特点，提出了建筑物消防给水设施的范围和原则。

8.6.6 干粉灭火剂用于扑灭天然气初期火灾是一种灭火效果好、速度快的有效灭火剂，而碳酸氢钠是BC类干粉中较成熟、较经济并广泛应用的灭火剂。二氧化碳等气体的灭火性能好、灭火后对保护对象不产生二次损害，是扑救站内重点保护对象压缩机组及电器控制设备火灾的良好灭火剂，故在本规范作了这一规定。扑救天然气火灾最根本的措施是截断气源，但是，当火灾蔓延，对设备（可用水降温，不致于造成损害）的冷却、建筑物的灭火和消防人员的保护等，水具有不可替代的重要作用，因此，凡水源充足、有条件的场站设置消防给水系统是十分必要的。有的压气站位于边远山区、沙漠腹地、人迹罕至、水资源匮乏、规模较小等诸多因素的存在，则不作硬性规定，适当留有余地，这与国外敞开式压缩机组不设水消防一致。

8.6.7 无论是装置区域还是全厂，凡采用计算机监控的控制室都有人值守，一旦出现火警，值班人员都能立即发现，若是机柜、线路发生火灾事故，计算机亦会显示故障报警，而发生初期火警值班人员可用手提式灭火器及时扑灭。目前，国内天然气生产装置的中央控制室大多设置有火灾自动报警系统，同时配备了一定数量的手提式气体（干粉）灭火器，经生产运行考核是可行的。据考察国外类似工业生产的计算机控制室，除火灾报警系统外，多采用手提式灭火器。所以，控制室内不要求设置固定式气体自动灭火系统。若使用气体自动灭火系统，一旦发生火灾，气体即自动释放，值班人员必须撤离，但控制室值班人员需要坚守岗位，甚至需采取一系列手动切换措施的操作，否则可能造成更大事故。因此，在有人值守的控制室内设置固定自动气体消防，不利于及时排除故障，确保安全生产。

8.7 装卸栈台消防设施

8.7.1 目前我国相关现行国家标准，如《石油化工企业设计防火规范》、《石油库设计规范》等，均未规定火车与汽车油品装卸区设置消防给水系统，并且《汽车加油加气站设计与施工规范》GB 50156—2002规定加油站可不设消防给水系统。尽管火车和汽车油罐车装卸油时发生过火灾，但烧毁多节或多辆油罐车的案例比较罕见。油罐车火灾多发生在罐口部位，用灭火器等大都能扑灭。少数因底阀漏油引发的火灾一般也是局部的，基本不会形成大面积火灾。为此，在充分考虑安全与经济的前提下，做出了本规定。

关于消防车到达时间，应按本规范第8.2节的规定执行。按照上述认识，提出了火车和汽车装卸油品栈台的消防要求。

8.7.2 本条规定的依据与思路同第8.7.1条。

一、二、三级油品站场以及除偏僻缺水处的四级油品站场，按本规范规定应设置消防冷却水系统与泡沫灭火系统。为此，从经济、安全的角度规定这些站场的装卸站台宜设置消防冷却水系统与泡沫灭火系统。

对其消防冷却水与泡沫混合液用量的规定，一方面考虑不超过油罐区的流量；另一方面火车装卸站台的用量要能供给一台水炮和泡沫炮，汽车装卸站台的用量要能供给2支以上水枪和1支泡沫枪；再者考虑到冷却顶盖的需要，规定带顶盖的消防水用量要大些。

8.7.3 尽管国内外火车、汽车液化石油气装卸站台装卸过程的火灾案例不多，但其运行中的火灾案例并不少，有的还造成了重大人员伤亡。所以，LPG列车或汽车槽车一旦在装卸过程中发生泄漏，如不能及时保护，可能发生灾难性爆炸事故。为了降低风险，规定火车、汽车液化石油气装卸站台宜设置消防给水系统和干粉灭火设施。另外，设有装卸站台的石油天然气站场都有LPG储罐，并且都设有消防给水系统，本规定执行起来并不困难。此外，现行国家标准《汽车加油加气站设计与施工规范》规定液化石油气加气站应设消防给水系统。

关于消防冷却水量，火车站台是参照本规范第8.5.6条水枪用水量的规定，并取了最大值，主要考虑能供给一台水炮冷却着火罐及出两支以上水枪冷却邻罐；汽车站台参照了《汽车加油加气站设计与施工规范》对采用埋地储罐的一级加气站消防用水量的规定。

8.8 消防泵房

8.8.1 消防泵房分消防供水泵房和消防泡沫供水泵房两种。中小型站场一般只设消防供水泵房不设消防泡沫供水泵房，大型站场通常设消防供水泵房和消防泡沫供水泵房两种，这时宜将两种消防泵房合建，以便统一管理。

确定消防泵房规模时，凡泡沫供水泵和冷却供水泵均应满足扑救站场可能的最大火灾时的流量和压力要求。当采用环泵式比例混合器时，泡沫供水泵的流量还应增加动力水的回流损耗，消耗水量可根据有关公式计算。当采用压力比例混合器时，进口压力应满足产品使用说明书的要求。

为确保泡沫供水泵和冷却供水泵能连续供水，一、二、三级站场的消防供水泵和泡沫供水泵均应设备用泵，如果主工作泵规格不一致，备用泵的性能应与最大一台泵相等。

8.8.2 本条提出了选择消防泵房位置的要求。距储罐区太近，罐区火灾将威胁消防泵房；离储罐区太远将会延迟冷却水和泡沫液抵达着火点的时间，增加占地面积。

据资料介绍，油罐一旦发生火灾，其辐射热对罐的影响很大，如钢罐在火烧的情况下，5min内就可使罐壁温度升高到500℃，致使油罐钢板的强度降低50%；10min内可使油罐罐壁温度升到700℃，油罐钢板的强度降低90%以上，此时油罐将发生变形或破裂，所以应在最短时间内进行冷却或灭火。一般认为钢罐的抗烧能力约为8min左右，故消防灭火，贵在神速，将火灾扑灭在初期。本条规定启泵后5min内将泡沫混合液和冷却水送到任何一个着火点。根据这一要求，采取可能的技术措施，优化消防泵房的布局。

对于大型站场，为了满足5min上罐要求，在优化消防泵房布局的同时，还应考虑节省启动消防水泵和开启泵出口阀门的时间。消防系统宜采用稳高压方式供水，水泵出口宜设置多功能水泵控制阀。如采用临时高压供水方式，水泵出口宜采用改良型多功能水泵控制阀。启泵时，多功能水泵控制阀能使水泵出口压力自动满足启泵要求，自动完成离心泵闭阀启泵操作过程，节省人力和时间。多功能水泵控制阀还能有效防止消防系统的水击危害。

8.8.3 油罐一旦起火爆炸、储油外溢，将会向低洼处流淌，尤其在山区，若消防泵房地势比储罐区低，流淌火焰将会直接威胁消防泵房。另外，消防泵房位于油罐区全年最小频率风向的下风侧，受火灾的威胁最小。从消防泵房的安全考虑，本条规定消防泵房的地势不应低于储罐区，且在储罐区全年最小风频风向的下风侧。

8.8.4 本条是为确保消防设备和人员安全而规定。

8.8.5 本条是对消防泵组安装的要求。

1 消防管道长时间不用会被腐蚀破裂，如吸水和出水均为双管道时，就能保证消防时有一条可正常工作。

2 为了争取灭火时间，消防泵一般采用自灌式启泵，若没有特殊原因，消防泵不宜采用负压上水。

3 消防泵设自动回流管，主要考虑当消防系统只用1支消火栓，供水量低时，防止消防水泵超压引起故障。同时便于定期对消防泵做试车检查。自动回流系统采用安全泄压阀（持压/泄压阀）自动调节回流水量，实际应用效果较好。

4 对于经常启闭、口径大于300mm的阀门，为了便于操作，宜采用电动或气动。为防止停电、断气时也能启闭，故提出要同时能快速手动操作。

8.8.6 通信设施首先能进行119火灾专线报警，同时满足向上级主管部门进行火灾报警的要求。

8.9 灭火器配置

8.9.1 灭火器轻便灵活机动，易于掌握使用，适于扑救初起火灾，防止火灾蔓延，因此，油气站场的建（构）筑物内应配置灭火器。建筑物内灭火器的配置标准可按现行国家标准《建筑灭火器配置设计规范》执行，本规范不再单独做出规定。

8.9.2 现行国家标准《建筑灭火器配置设计规范》GBJ 140—1990（1997年版），第4.0.6条规定：甲、乙、丙类液体储罐，可燃气体储罐的灭火器配置场所，灭火器的配置数量可相应减少70%。但从调查了解，油罐区很少发生火灾，以往油气站场油罐区都没有配置过灭火器；并且灭火器只能用来扑救零星的初起火灾，一旦酿成大火。就不起作用了，而需依靠固定式、半固定式或移动式泡沫灭火设施来扑灭火灾。灭火器的配置经认真计算，并与公安部消防局进行协商后，确定了一个符合大型油罐防火实际的数值，同时根据固定顶油罐和浮顶油罐火灾时，由于燃烧面积的大小不同，分别做出了10%和5%的规定，减少了配置数量。考虑到阀组滴漏、油罐冒顶。在罐区内、浮盘上可能发生零星火灾。因此，可根据储罐大小不同，每个罐可配置1～3个灭火器，用于扑救初起火灾。

随着油、气田开发及深加工处理能力的扩大，油气生产厂、站内出现了露天生产装置区，如原油稳定和天然气深冷、浅冷装置等，而这些装置占地面积也较大，而且设有消防给水，结合这种情况，根据国家标准对配置数量也做了适当的调整。

8.9.3 现行国家标准《建筑灭火器配置设计规范》做出了具体规定，详见该规范第3.0.4条及附录四。

8.9.4 天然气压缩机厂房相对比较重要，灭火器的配置应高于现行国家标准《建筑灭火器配置设计规范》的规定。配置大型推车式灭火器是合理的。

9 电　　气

9.1 消防电源及配电

9.1.1 本条规定是为了确保一、二、三级石油天然气站场在发生火灾事故时，消防泵有两个动力源，能可靠工作。

很多一、二、三级石油天然气站场（如油气田的集中处理站、长输管道的首、末站）都要求采用一级负荷供电。在有双电源的情况下，首先应该考虑消防泵全部用电作为动力源，可以节省投资，方便维护管理。

但是有些一、二、三级石油天然气站场地处边远，或达不到一级负荷供电的要求，只能采用二级负荷供电。现在柴油机或其他内燃机驱动消防泵快速启动技术已经成熟，因此将其作为电动泵的备用泵，是可以保证消防泵可靠工作的。

有的一、二、三级石油天然气站场除消防泵功率较大外，其余设备负荷都较小，如果经过技术、经济比较，当全部采用柴油机或其他内燃机直接驱动消防泵更合理时，也可以采用这种方案。

9.1.2 石油天然气站场的消防泵房及其配电室是比较重要的场所，应保证其有可靠照明，需设以直流电源连续供电不少于20min的应急照明灯。

9.1.3 本条规定是为了以电作为动力源时备用消防泵能自动投入，并提高消防设备电缆抵御火灾的能力。

9.2 防　　雷

9.2.2 本条与现行国家标准《石油化工企业设计防火规范》一致。当露天布置的塔、容器顶板厚度等于或大于4mm时，对雷电有自身保护能力，不需要装设避雷针保护。当顶板厚度小于4mm时，为防止直击雷击穿顶板引起事故，需要装设避雷针保护工艺装置的塔和容器。

9.2.3 储存可燃气体、油品、液化石油气、天然气凝液的钢罐的防雷规定说明如下：

1 铝顶油罐应装设避雷针（线），保护整个储罐。

2 甲$_B$、乙类油品虽为易燃油品，但装有阻火器的固定顶钢油罐在导电性能上是连续的，当顶板厚度等于或大于4mm时，直击雷无法击穿，做好接地后，雷电流可以顺利导入大地，不会引起火灾。

按照现行国家标准《立式圆筒型钢制焊接油罐设计规范》，地上固定顶钢油罐的顶板厚度最小为4.5mm。所以新建的这种油罐和改扩建石油天然气站场的顶板厚度等于或大于4mm的老油罐，都完全可以不装设避雷针、线保护。但对经检测顶板厚度小于

4mm 的老油罐，储存甲$_B$、乙类油品时，应装设避雷针（线），保护整个储罐。

3 丙类油品属可燃油品，闪点高，同样条件下火灾的危险性小于易燃油品。雷电火花不能点燃钢罐中的丙类油品，所以储存可燃油品的钢油罐也不需要装设避雷针（线），而且接地装置只需按防感应雷装设。

4 浮顶罐由于浮顶上的密封严密，浮顶上面的油气浓度一般都达不到爆炸下限，故不需要装设避雷针（线）。

浮顶罐采用两根截面不小于 25mm^2 的软铜复绞线将浮顶与罐体进行电气连接，是为了导走浮盘上的感应雷电荷和油品传到浮盘上的静电荷。

对于内浮顶油罐，浮盘上没有感应雷电荷，只需导走油品传到浮盘上的静电荷。因此，钢制浮盘的连接导线用截面不小于 16mm^2 的软铜复绞线、铝制浮盘的连接导线用直径不小于1.8mm 的不锈钢钢丝绳就可以了。铝质浮盘用不锈钢钢丝绳，主要是为了防止接触点铜铝之间发生电化学腐蚀，接触不良造成火花隐患。

5 压力储罐是密闭的，罐壁钢板厚度都大于 4mm，雷电流无法击穿，也不需要装设避雷针（线），但应做好防雷接地，冲击接地电阻不应大于 30Ω。

9.2.4 钢储罐防雷主要靠做好接地，以降低雷击点的电位、反击电位和跨步电压，所以防雷接地引下线不得少于 2 根。其间距是指沿罐周长的距离。

9.2.5 规定防雷接地装置冲击接地电阻值的要求，是根据现行国家标准《建筑物防雷设计规范》的规定。因为现场实测只能得到工频接地电阻值与土壤电阻率，而钢储罐防雷接地引下线接地点至接地最远端一般都不大于 20m，所以，可用表 9 进行接地装置冲击接地电阻与工频接地电阻的换算。如土壤电阻率在表列两个数值之间时，用插入法求得相应的工频接地电阻值。

表 9 接地装置冲击接地电阻与工频接地电阻换算表（Ω）

本规范要求的冲击接地电阻值	在以下土壤电阻率（Ω·m）下的工频接地电阻允许极限值 ρ			
	≤100	100～500	500～1000	＞1000
10	10	10～15	15～20	30
30	30	30～45	45～60	90

9.2.6 本条规定是采用等电位连接的方法，防止信息系统被雷电过电压损坏，避免雷电波沿配线电缆传输到控制室。

9.2.7 甲、乙类厂房（棚）的防雷：

1 该厂房（棚）属爆炸和火灾危险场所，应采取现行国家标准《建筑物防雷设计规范》中第二类防雷建筑物的防雷措施，装设避雷带（网）防直击雷。

2 当金属管道、电缆的金属外皮、所穿钢管或架空电缆金属槽被雷直击，或在附近发生雷击时，都会在其上产生雷电过电压。将其在厂房（棚）外侧接地，接地装置与保护接地装置及避雷带（网）接地装置合用，可以使雷电流在甲、乙类厂房（棚）外侧就泄入地下，避免过电压进入厂房（棚）内。

9.2.8 丙类厂房（棚）的防雷：

1 丙类厂房（棚）属火灾危险场所，防雷要求要比甲、乙类厂房（棚）宽一些。在雷暴日大于 40d/a的地区才装设避雷带（网）防直击雷。

2 本款条文说明与 9.2.7 条第 2 款相同。

9.2.9 装卸甲$_B$、乙类油品、液化石油气、天然气凝液的鹤管和装卸栈桥的防雷：

1 雷雨天不应也不能进行露天装卸作业，此时不存在爆炸危险区域，所以不必装设防直击雷的避雷针（带）。

2 在棚内进行装卸作业时，雷雨天可能也要工作，此时就存在爆炸危险区域，所以要装设避雷针（带）防直击雷。1 区存在爆炸危险混合物的概率高于 2 区，在正常情况下就可能产生，而 2 区只有在事故情况下才有可能产生，所以避雷针（带）只保护 1 区。

3 装卸区属爆炸危险场所，进入该区的输油（液化石油气、天然气凝液）管道在进入点接地，可将沿管道传输过来的雷电流泄入地下，避免在装卸区出现雷电火花。接地装置冲击接地电阻按防直击雷要求。

9.3 防 静 电

9.3.1 石油天然气站场内有很多爆炸和火灾危险场所，在加工或储运油品、液化石油气、天然气凝液时，设备和管道会因摩擦产生大量静电荷，如不通过接地装置导入地下，就会聚集形成高电位，可能产生放电火花，引起爆炸着火事故。因此，对其应采取防静电措施。

9.3.2 石油天然气管道只有在地上或管沟内敷设时，才会产生静电。本条规定可以防止静电在管道上的聚积。

9.3.3 本条规定是为了使铁路、汽车的装卸站台和码头的管道、设备、建筑物与构筑物的金属构件、铁路钢轨等（做阴极保护者除外）形成等电位，避免鹤管与运输工具之间产生电火花。

9.3.4 本条规定是为了导走汽车罐车和铁路罐车上的静电。

9.3.5 为消除油船在装卸油品过程中产生的大量静电荷，需在油品装卸码头上设置跨接油船的防静电接地装置。此接地装置与码头上油品装卸设备的防静电接地装置合用，可避免装卸设备连接时产生火花。

9.3.6 由于人们普遍穿着的人造织物服装极易产生静电，往往聚积在人体上。为防止静电可能产生的火花，需在甲、乙、丙$_A$类油品（原油除外）、液化石油气、天然气凝液作业场所的入口处设置消除人体静电的装置。此消除静电装置是指用金属管做成的扶手，在进入这些场所前应抚摸此扶手以消除人体静电。扶手应与防静电接地装置相连。

9.3.7 静电的电位虽高，电流却较小，所以每组专设的防静电接地装置的接地电阻值一般不大于100Ω即可。

9.3.8 因防静电接地装置要求的接地电阻值较大，当金属导体与其他接地系统（不包括独立避雷针防雷接地系统）相连接时，其接地电阻值完全可以满足防静电要求，故不需要再设专用的防静电接地装置。

10 液化天然气站场

10.1 一般规定

10.1.1 规定了本章适用范围。

1 从20世纪90年代起，我国陆续建设液化天然气设施，积累了设计、建造和运行经验，还广泛收集和深入研究了国外有关的标准和规范，为我国制订液化天然气设施的防火规范创造了条件。本章是在参考国外标准和总结我国液化天然气设施建设经验的基础上编制的。考虑到液化天然气防火设计的特点，独立成章，但本章与前面各章有着密切联系，例如，储存总容量小于或等于3000m^{3}的液化天然气站场区域布置的安全距离、工艺容器（不包括储罐）和设备的消防要求，电气、站场围墙、道路、灭火器设置等都参照本规范其他各章的内容。

2 这里指的液化天然气供气站包括调峰站和卫星站。

调峰站主要由液化天然气储罐、小型天然气液化设备、蒸沸气压缩机、输出设备（液化天然气泵、气化器、计量、加臭等）组成。其液化天然气储罐容量一般在30000～100000m^3。上海浦东事故气源备用调峰站的储罐容量为20000m^3。

卫星站又称液化天然气接收和气化站。这种站本身无天然气液化设备，所需液化天然气通过专用汽车罐车或火车专用集装箱罐运来。站内设有液化天然气储罐和输出设备。

3 小型天然气液化站是指设在油气田和输气管道站场上的小型天然气液化装置。该站仅有天然气液化和储存设施，生产的液化天然气用汽车罐车运到卫星站。例如，中原油田天然气净化液化处理设施就是一座小型天然气液化站。

10.1.2 制冷剂的主要成分是乙烯、乙烷或丙烷，所以火灾危险性属于甲$_A$类。

10.1.3 在大气压力下，将天然气（指甲烷）温度降到约−162℃即可被液化。液化天然气从储存容器内释放到大气中时，将气化并在大气温度下成为气体。其气体体积约为被气化液体体积的600倍。通常，温度低于−112℃时，该气体比15.6℃下的空气重，但随着温度的升高，该气体变得比空气轻。

由于液化天然气的上述特性，其站场电气装置场所分类比较复杂，需要分析释放物质的相态、温度、密度变化，考虑释放量和障碍条件，按国家现行有关标准确定，详见本规范第1.0.2条说明的相关内容。

10.1.4 这是液化天然气设施设计和建造的通行做法，如美国防火协会的《液化天然气（LNG）生产、储存及输送标准》NFPA 59A，以及美国联邦政府规章《液化天然气设施：联邦安全标准》49CFR193部分等，世界各国普遍采用。我国也正在参照国外标准制定相应的国家标准，规范所有组件的设计和建造要求。

10.2 区域布置

10.2.1～10.2.3 一旦液化天然气泄漏，将快速蒸沸成为气体，使大气中的水蒸气冷凝形成蒸气云，并迅速向远处扩散，与空气形成可燃气体混合物，遇明火则着火；泄漏到水中会产生有噪声的冷爆炸。为防止本工程对周围环境的影响提出相关要求。

液化天然气设施是采用高科技设计建造的高度安全的设施，其关键设施的设计潜在的事故年概率为10^{-6}。在NFPA 59A中对厂址选择只提到对潜在外部事件应加以考虑，但未具体化。参考法国索菲公司资料以及国家标准《核电厂总平面及运输设计规范》GB/T 50294—1999，将其具体化。条文中未提出的内容可参照国内现行标准执行。

10.2.4 本条参照NFPA 59A2.1工厂现场准备中的要求编制。

10.2.5 液化天然气设施外部区域布置安全间距，美国NFPA 59A只规定将可能产生的危害降至最低，未给出距离。法国索菲公司资料提出距附近居住区几百米远，按照可能的液化天然气泄漏量形成的蒸气云扩散至浓度低于爆炸混合物下限的最大距离考虑。比利斯泽布勒赫液化天然气接收终端位于旅游区，有3座87000m^{3}储罐，为自支撑式，外罐为预应力混凝土，建于地下15m深的沉箱基础上。比利斯政府和管理单位要求，其设施与海岸线最近居民区之间有一个最小的限定距离，即距LNG船卸载臂及储罐1500m，距气化器1300m。

参考以上资料，结合国内已建液化天然气站场的经验，确定原则如下：

1 按储罐总容量划分。美国NFPA 59A分为小于或等于265m^{3}与大于265m^{3}两种情况。本条划分为三种情况：不大于 3000m^3 系按《城镇燃气设计规范》GB 50028—93（2002 年版）划分，罐是由工厂预制成品罐或由工厂预制成品内罐和由现场组装外罐构成的子母罐组成；大于或等于 30000m^3 情况是参考法国索菲公司资料，该资料介绍液化天然气调峰站储罐通常在 30000m^3 以上。

2 液化天然气储存总容量不大于 3000m^3 时，可按本规范表 3.2.2 中液化石油气、天然气凝液储存总容量确定站场等级，然后可按照本规范第 4.0.4 条中相应等级的液化石油气、天然气凝液站场确定区域布置防火间距。这样做主要是考虑到液化石油气站场的工艺和设备已比较成熟，并且有丰富的管理经验，制定标准依据的储罐总容积和单罐容积基本匹配。但是，液化天然气站场在国内才刚刚起步，储罐总容积和单罐容积还不能最合理匹配，并且，液化天然气储罐等级划分与液化石油气也不完全相同。实际使用中如果储罐总容积和单罐容积基本符合表 4.0.4 的等级划分要求，并且围堰尺寸较小，即可初步采用此表中的相关间距。

3 液化天然气储存总容量大于或等于 30000m^3 时与居住区、公共福利设施安全距离应大于 0.5km，是采用了广东深圳液化天然气接收终端大鹏半岛西岸称头角场址选择数据，该终端最终储存总容量 $48\times10^4m^3$。

4 考虑工程设计中储罐个数、单罐容积、储罐操作压力、布置、围堰和安全防火设计以及自然气象条件不同，为将液化天然气泄漏引起的对站外财产和人员的危害降至可接受的程度，条文中提出还要按本规范 10.3.4 和 10.3.5 条的规定进行校核。

10.3 站场内部布置

10.3.2 本条是针对小型储罐提出的要求。这是参照《石油化工企业设计防火规范》GB 50160—92（1999 年版）全压力式储罐布置要求和山东淄博市煤气公司液化天然气供气站储罐区内建有 12 台 106m^3 立式储罐建设经验而定。总容量 3000m^3 是根据本章的划分等级确定的。易燃液体储罐不得布置在液化天然气罐组内，在 NFPA 59A 中也有明确规定。

10.3.3 本条参照美国标准 NFPA 59A 和 49CFR193 编制。NFPA 59A规定围堰区内最小盛装容积应考虑扣除其他容器占有容积以及雪水积集后，至少为最大储罐容积 100%。子母罐应看作单容罐而设围堰。

10.3.4 本条参照美国标准 NFPA 59A 和 49CFR193 编制。关于隔离距离的确定，上述标准均规定采用美国天然气研究协会GRI 0176报告中有关“LNG 火灾”所描述的模型：“LNG 火灾辐射模型”进行计算。本条改为“国际公认”，实际指此模型。

目标物中“辐射量达 4000W/m^2 界线以内”的条款，在 NFPA 59A 中为 5000W/m^2。考虑到在 4000W/m^2 辐射量处对人的损害是 20s 以上感觉痛，未必起泡的界限，5000W/m^2 人更难于接受，故改为 4000W/m^2。

另外，NFPA 59A 中规定，围堰为矩形且长宽比不大于 2 时，可用如下公式决定隔离距离：

$$d=F\sqrt{A} \tag{10}$$

式中 d——到围堰边沿的距离（m）；

A——围堰的面积（m^2）；

F——热通量校正系数，即：对于 5000W/m^2 为 3；对于 9000W/m^2 为 2；对于 30000W/m^2 为 0.8。

由于本章将 5000W/m^2 改为 4000W/m^2，如采用此公式时其值应大于 3，经测算约为 3.5，但有待实践后修正。

10.3.5 本条参照美国标准 NFPA 59A 和 49CFR193 编制。关于扩散隔离距离确定，上述标准均规定采用美国天然气研究协会 GRI0242 报告中的有关“利用DEGADIS高浓度气体扩散模型所做的 LNG 蒸气扩散预测”所描述的模型进行计算。本条改为“国际公认”，实际指此模型。在NFPA 59A（2001 年版）中还给出一种计算模型，这里就不再列举。

10.3.6 本条参照美国标准 NFPA 59A（2001 年版）的 2.2.3.6、2.2.4.1、2.2.4.2 和 2.2.4.3 条编制。

10.3.7 气化器是液化天然气供气站中将液态天然气变成气态的专有设备。气化器可分为加热式、环境式和工艺蒸发式等类型。加热式又可分为整体式，如浸没燃烧式和间接加热式。环境式其热取自自然界，如大气、海水或地热水等。在本章中常用的气化器为浸没燃烧式和大气式。气化器布置要求参照 NFPA 59A 编制。

10.3.8 液化天然气的蒸沸气体可能温度很低，达到 −150℃，比空气重。为此气液分离罐内必须配电热器。当放空阀打开时，电加热自动接通，加热排出的气体，使其变得比空气轻并迅速上升，到达排放系统顶部。

“禁止将液化天然气排入封闭的排水沟内”是 NFPA 59A 第 2.2.2.3 条的要求。

10.4 消防及安全

10.4.1 本条为美国标准 NFPA 59A 第 9.1.2 条的前半部分。其后半部分是规定评估要求的内容，现摘录供参考。

这种评估所要求的最低因素如下：

（1）LNG、易燃冷却剂或易燃液体的着火、泄漏及渗漏的检测及控制所需设备的类型、数量及安装位置。

（2）非工艺及电气的潜在着火的检测及控制所需设备类型、数量及安装位置。

（3）暴露于火灾环境中的设备及建筑物的防护方

法。

（4）消防水系统。

（5）灭火及其他火灾控制设备。

（6）包括在紧急停机（ESD）系统内的设备与工艺，包括对子系统的分析，如果存在该系统的话，在火灾发生的紧急情况下必须设置专门的泄压容器或设备。

（7）启动ESD系统或其子系统自动操作所需探测器的类型及设置位置。

（8）在紧急情况下，每个装置坚守岗位人员及职责和外部人员调配。

（9）根据人员在紧急事故情况下的责任，对操作装置的每个人员提供防护设备及进行专门的培训。

通常，气体着火（包括LNG着火），只有在燃料源被切断后方可灭火。

10.4.2 本条参照美国标准NFPA 59A和49CFR193编制。

10.4.3 本条参照美国标准NFPA 59A（2001年版），第9.3节“火灾及泄漏控制”进行编制。

10.4.4 较大型液化天然气站，设施多、占地大，配遥控摄像录像系统在控制室对现场出现的情况进行监视，有助于提高站的安全程度。上海浦东事故气源备用调峰站设有此系统。

10.4.5 消防冷却水设置。

1 关于总储存容量大于或等于265m^3之划分及设置固定供水系统的要求来自于49CFR的§193.2817。

2 采用混凝土外罐与储罐布置在一起组成双层壳罐，储罐液面以下无开口也不会泄漏。此类储罐根据法国索菲公司为国内某工程提供的概念设计以及上海浦东事故气源备用调峰站的设计，仅在罐顶泵平台处设固定水喷雾系统。其供水强度来自美国防火协会标准《固定式水喷雾灭火系统》NFPA 15。

3 一个站的设计消防水量确定是根据NFPA 59A（2001年版）第9.4节内容，但在摘编时将余量63L/s，即226.8m^3/h改为200m^3/h。移动式消防冷却水用水量参照《石油化工企业设计防火规范》GB 50160—92（1999年版）第7.9.2条规定。

10.4.6 液化天然气泄漏或着火，采用高倍数泡沫可以减少和防止蒸气云形成；着火时高倍数泡沫不能扑灭火，但可以降低热辐射量。这种类型泡沫会快速烧毁以及需维持1m以上厚度，限制了其应用，但仍在液化天然气设施上广泛采用。目前采取的措施是如何减少泄漏的蒸发面积，减少泡沫用量。国外做过比较，一座57250m^3储罐，采用防火堤蒸发表面积为21000m^2，采用与罐间隔6m设围墙蒸发表面积降至1060m^2，泄漏时蒸发率降低95%，这不仅降低了泡沫用量，同时还不受大风天气等因素影响。更进一步是采用混凝土外罐，泄漏时根本不向外漏出，罐也不用配泡沫系统了。但这种罐在罐顶泵出口以及起下沉没泵时会有液化天然气泄漏，为此需建有集液池。此时集液池应配有高倍数泡沫灭火系统。经国外试验，用于液化天然气的泡沫控制发泡倍数为1∶500效果最好。

10.4.7 液化天然气储罐通向大气的安全阀出口管应设固定干粉灭火系统，这是从上海浦东事故气源备用调峰站20000m^3储罐安装实例得出的。

10.4.8 本条是依据NFPA 59A编制的。

10.4.9 本条在NFPA 59A中有详细的要求，这是根据实践总结出来的最基本要求。

中华人民共和国国家标准

火力发电厂与变电站设计防火规范

GB 50229—2006

条 文 说 明

目　次

1 总　　则

1.0.1　系原规范第1.0.1条的修改。

我国的发电厂与变电站火灾事故自1969年11月至1985年6月的15年间，在比较大的多起火灾中，发电厂的火灾占87.9%，变电站的火灾占12.1%。发电厂的火灾事故率在整个电力系统中占主要地位。发电厂和变电站发生火灾后，直接损失和间接损失都很大，直接影响了工农业生产和人民生活。因此，为了确保发电厂和变电站的建设和安全运行，防止或减少火灾危害，保障人民生命财产的安全，做好发电厂和变电站的防火设计是十分必要的。在发电厂和变电站的防火设计中，必须贯彻"预防为主，防消结合"的消防工作方针，从全局出发，针对不同机组、不同类型发电厂和不同电压等级及变压器容量的特点，结合实际情况，做好发电厂和变电站的防火设计。

1.0.2　系原规范第1.0.2条的修改。

本条规定了规范的适用范围。发电厂从3MW至600MW机组的范围较大，变电站从35kV至500kV的电压范围也较大，发电厂发生火灾的主要部位是在电气设备、电缆、运煤系统、油系统，变电站发生火灾的主要部位是在变压器等地方，因此，做好以上部位的防火设计对保障发电厂和变电站的安全生产至关重要。对于不同发电机组的发电厂和不同电压等级的变电站需根据其容量大小、所处环境的重要程度和一旦发生火灾所造成的损失等情况综合分析，制定适当的防火设施设计标准。既要做到技术先进，又要经济合理。

近十几年来，燃气-蒸汽联合循环电厂数量与日俱增，相应消防设计也已经积累了丰富的经验。为适应这一形势的发展，本次修订增设独立一章。

随着城市建设规模的扩大，地下变电站的建设呈现了上升的趋势，在总结地下变电站消防设计经验的基础上，本着成熟一条编写一条的原则，本次修订充实了有关地下变电站设计的规定。

目前，600MW机组的燃煤电厂是火力发电的主流，但也有更大型机组在设计、建设、运行中，如800MW机组、900MW机组甚至1000MW机组等。鉴于600MW级机组以上容量的电厂在国内业绩尚少，本着规范的成熟可靠编制原则，现阶段超过600MW机组的，可参照本规范执行。

根据《建筑设计防火规范》的适用范围制定的原则，本规范也作出适用于改建项目的规定。

1.0.3　系原规范第1.0.3条。

本条规定了发电厂和变电站有关消防方面新技术、新工艺、新材料和新设备的采用原则。防火设计涉及法律，在采用新技术、新工艺、新材料和新设备时一定要慎重而积极，必须具备实践总结和科学试验的基础。在发电厂和变电站的防火设计中，要求设计、建设和消防监督部门的人员密切配合，在工程设计中采用先进的防火技术，做到防患于未然，从积极的方面预防火灾的发生和蔓延，这对减少火灾损失、保障人民生命财产的安全具有重大意义。发电厂的防火设计标准应从技术、经济两方面出发，要正确处理好生产和安全、重点和一般的关系，积极采用行之有效的先进防火技术，切实做到既促进生产、保障安全，又方便使用、经济合理。

1.0.4　系原规范第1.0.4条的修改。

本规范属专业标准，针对性很强，本规范在制定和修订中已经与相关国家标准进行了协调，因而在使用中一旦发现同样问题本规范有规定但与其他标准有不一致处时，必须遵循本规范的规定。

考虑到消防技术的飞速发展，工程项目的多变因素，本规范还不能将各类建筑、设备的防火防爆等技术全部内容包括进来，在执行中难免会遇到本规范没有规定的问题，因此，凡本规范未作规定者，应该执行国家现行的有关强制性消防标准的规定（如《建筑设计防火规范》、《城市煤气设计规范》、《氧气站设计规范》、《汽车库、修车库、停车场设计防火规范》等），必要时还应进行深入严密的论证、试验等工作，并经有关部门按照规定程序审批。

2 术　　语

2.0.1～2.0.6　新增条文。

3 燃煤电厂建（构）筑物的火灾危险性分类、耐火等级及防火分区

3.0.1　系原规范第2.0.1条的修改。

厂区内各车间的火灾危险性基本上按现行国家标准《建筑设计防火规范》分类。建（构）筑物的最低耐火等级按国内外火力发电厂设计和运行的经验确定。现将发电厂有关车间的火灾危险性说明如下：

主厂房内各车间（汽机房、除氧间、煤仓间、锅炉房或集中控制楼、集中控制室）为一整体，其火灾危险性绝大部分属丁类，仅煤仓间所属运煤带式输送机层的火灾危险性属丙类。带式输送机层均布置在煤仓间的顶层，其宽度与煤仓间宽度相同，一般为13.50m左右，长度与煤仓间相同。带式输送机层的面积不超过主厂房总面积的5%，故将主厂房的火灾危险性定为丁类。

集中控制楼内一般都布置有蓄电池室。近年来，电厂都采用不产生氢气的免维护的蓄电池，且在蓄电池室中都有良好的通风设备，蓄电池室与其他房间之间有防火墙分隔。故不影响集中控制楼的火灾危险性。

脱硫建筑物一般由脱硫工艺楼、脱硫电控楼、吸收塔、增压风机室等组成，根据工艺性质，火灾危险性很小，故确定为戊类。吸收塔没有维护结构，可按设备考虑。

屋内卸煤装置室一般指缝隙式卸煤装置室、卸煤沟、桥抓等运煤建筑。

一般材料库中主要存放钢材、水泥、大型阀门等，故属戊类。

特种材料库中可能存放少量的氢、氧、乙炔气瓶、部分润滑油，故属乙类。

3.0.2　系原规范第2.0.2条。

厂区内建（构）筑物构件的燃烧性能和耐火极限与一般建筑物的性质一样，《建筑设计防火规范》已对这些性能作了明确规定，故按《建筑设计防火规范》执行。

3.0.3　系原规范第2.0.8条。

主厂房面积较大，根据生产工艺要求，常常是将主厂房综合建筑看作一个防火分区，目前大型电厂一期工程机组容量即达4×300MW或2×600MW，其占地面积多达10000m² 以上，由于工艺要求不能再分隔。主厂房高度虽然较高，但一般汽机房只有3层，除氧间、煤仓间也只有5～6层，在正常运行情况下，有些层没有人，运转层也只有十多个人。况且汽机房、锅炉房里各处都有工作梯可供疏散用。建国50多年还没有因主厂房未设防火隔墙而造成火灾蔓延的案例。根据电厂建设的实践经验，全厂一般不超过6台机组。

汽机房往往设地下室，根据工艺要求，一般每台机之间可设置一个防火隔墙。在地下室中有各种管道、电缆和废油箱（闪点大于60℃）等，正常运行情况下地下室无人值班，因此地下室占地面积有所放宽。

3.0.4　系原规范第2.0.9条。

屋内卸煤装置的地下室常常与地下转运站或运煤隧道相连，地下室面积较大，已无法做防火墙分隔，考虑生产工艺的实际情况，地下室正常情况下只有一两个人在工作，所以地下室最大允许占地面积有所放宽。

对东北地区建设的几个发电厂的卸煤装置地上、地下建筑面积的统计见表1。

表1 部分发电厂卸煤装置地上、地下建筑面积(m^2)

序号	建筑物	地下建筑面积	地上建筑面积
1	双鸭山电厂卸煤装置	1743	2823
2	双鸭山电厂1号地道	292	
3	哈尔滨第三发电厂卸煤装置	2223	3127
4	铁岭电厂卸煤装置	1899	3167
5	铁岭电厂1号地道	234	
6	铁岭电厂2号地道	510	
7	大庆自备电站卸煤装置	2142	3659
8	大庆自备电站地下转运站	242	

从表1中可以看出，卸煤装置本身，地下部分面积只有$2000m^2$左右，但电厂的卸煤装置往往与1号转运站、1号隧道连接，两者之间又不能设隔墙，为满足生产需要，故提出丙类厂房地下室面积为$3000m^2$。

3.0.5 系原规范第2.0.3条。

近几年来，随着大机组的出现，厂房体积也随之增大，采用金属墙板围护结构日益增多，故提出本条。

3.0.6 系原规范第2.0.11条的修改。

根据发电厂生产工艺要求，一般汽机房与除氧间管道联系较多，看作一个生产区域；锅炉房和煤仓间工艺联系密切，二者又都有较多的灰尘，划为一个生产区域。

考虑近几年的工程实际情况，对于电厂钢结构厂房，除氧间与煤仓间之间的隔墙，汽机房与锅炉房或合并的除氧煤仓间之间的墙无法满足防火墙的要求，故要求除氧间与煤仓间或锅炉房之间的隔墙应采用不燃烧体，汽机房与合并的除氧煤仓间或锅炉房之间的隔墙也应采用不燃烧体，该隔墙的耐火极限不应小于1h，墙内承重柱子的耐火极限不作要求。

3.0.7 系原规范第2.0.4条的修改。

主厂房跨度较大，施工工期紧，钢结构应用越来越普遍，从过去发电厂火灾情况调查中可以看出，汽轮机头部主油箱、油管路火灾较多，但除西北某电厂外，其他电厂火灾直接影响面较小，没有烧到屋架。如某电厂汽轮机头部油系统着火，影响半径为5m左右。目前由于主油箱及油管路布置位置不同，考虑火灾对周边钢结构可能有影响，因此在主油箱及油管道附近的钢结构构件应采取外包敷不燃材料、涂刷防火涂料等防火隔热措施，保护其对应的钢结构屋面的承重构件和外缘5m范围内的钢结构构件，以提高其耐火极限，提供充足时间灭火，减少火灾造成的损失。

在主厂房的夹层往往采用钢柱、钢梁现浇板，为了安全，在上述范围内的钢梁、钢柱应采取保护措施，多年的生产实践证明，没有因火灾造成钢梁、钢柱的破坏，故其耐火极限有所放宽。

与主油箱对应的屋面钢结构，可在主油箱上部采用防火隔断防止火焰蔓延等措施保护对应的钢结构屋面的承重构件。如只对屋面钢结构采取防火保护措施(例如涂刷防火涂料)，主油箱对应的楼面开孔水平外缘5m范围内的屋面钢结构承重构件耐火极限可考虑不小于0.5h。

3.0.8 系原规范第2.0.5条。

集中控制室、主控制室、网络控制室、汽机控制室、锅炉控制室及计算机房等是发电厂的核心，是人员比较集中的地方，应限制上述房间的可燃物放烟量，以减少火灾损失。

3.0.9 系原规范第2.0.7条的修改。

调查资料表明，发电厂的火灾事故中，电缆火灾占的比例较大。电缆夹层又是电缆比较集中的地方，因此适当提高了隔墙的耐火极限。

发电厂电缆夹层可能位于控制室下面，又常常采用钢结构，如发生火灾将直接影响控制室地面或钢结构构件。某电厂电缆夹层发生火灾，因钢梁刷了防火涂料，因此钢梁没有破坏，只发生一些变形，修复很快。因此要求对电缆夹层的承重构件进行防火处理，以减少火灾造成的损失。

3.0.10 新增条文。

调查结果表明，钢结构输煤栈桥涂刷的防火涂料由于涂料的老化、脱落、涂刷不均等，问题较多，难以满足防火规范的要求；建国以来，发电厂运煤系统火灾案例很少，自动喷水灭火系统能较好地扑灭运煤系统的火灾；运煤系统普遍采用钢结构形式又是必然的趋势，所以采用主动灭火措施——自动喷水灭火系统，既能提高运煤系统建筑的消防标准，又能解决复杂结构构件的防火保护问题。

3.0.11 新增条文。

干煤棚、室内储煤场多为钢结构形式，考虑其面积大，钢结构构件多，结合多年的工程实践经验，煤场的自燃现象虽然普遍存在，但自燃的火焰高度一般仅为0.5～1.0m，不足以威胁到上部钢结构构件，并且煤场的堆放往往是支座以下200mm作为煤堆的起点。因此，钢结构根部以上5m范围的承重构件应有可靠的防火保护措施以确保结构本身的安全性。

3.0.12 系原规范第2.0.10条。

4 燃煤电厂厂区总平面布置

4.0.1 系原规范第3.0.1条的修改。

电厂厂区的用地面积较大，建(构)筑物的数量较多，而且建(构)筑物的重要程度、生产操作方式、火灾危险性等方面的差别也较大，因此根据上述几方面划分厂区内的重点防火区域。这样就突出了防火重点，做到火灾时能有效控制火灾范围，有效控制易燃、易爆建筑物，保证电厂正常发电的关键部位的建(构)筑物及设备和工作人员的安全，相应减少电厂的综合性损坏。所谓“重点防火区域”是指在设计、建设、生产过程中应特别注意防火问题的区域。提出“重点防火区域”概念的另一目的，也是为了增强总图专业设计人员从厂区整体着眼的防火设计观念，便于厂区防火区域的划分。

美国消防协会标准NFPA850(1990年版)第3章“电厂防火设计”中也对防火区域的划分作了若干规定。

按重要程度划分，主厂房是电厂生产的核心，围绕主厂房划分为一个重点防火区域，鉴于干法脱硫系统靠近主厂房，本次修订将脱硫建筑物纳入此分区。

屋外配电装置区内多为带油电器设备，且母线与隔离开关处时常闪火花。其安全运行是电厂及电网安全运行的重要保证，应划分为一个重点防火区域。

点火油罐区一般贮存可燃油品，包括卸油、贮油、输油和含油污水处理设施，火灾几率较大，应划分为一个重点防火区域。

按生产过程中的火灾危险性划分，供氢站为甲类，其应划分为一个重点防火区域。

据调查，电厂的贮煤场常有自燃现象，尤其是褐煤，自燃现象严重，应划分为一个重点防火区域。

消防水泵房是全厂的消防中枢，其重要性不容忽视，应划分为一个重点防火区域。据调查，由于工艺要求，有些电厂将消防水泵房同生活水泵房或循环水泵房布置在一个泵房内，这也是可行的。

电厂的材料库及棚库是贮存物品的场所，同生产车间有所区别，应将其划分为一个重点防火区域。

重点防火区域的区分是由我国现阶段的技术经济政策、设备及工艺的发展水平、生产的管理水平及火灾扑救能力等因素决定的，它不是一成不变的，随着上述各方面的发展，也将产生相应变化。

4.0.2 系原规范第3.0.3条的修改。本次修订强调规定重点防火区域之间的电缆沟(隧道)、运煤栈桥、运煤隧道及油管沟应采取防火分隔措施。

4.0.3 系原规范第3.0.2条与第3.0.5条的修改合并。根据现行《建筑设计防火规范》的规定，细化了回车场面积要求。重点防火区之间设置消防车道或消防通道，便于消防车通过或停靠，且发生火灾时能够有效地控制火灾区域。

火力发电厂多年的设计实践是在主厂房、贮煤场和点火油罐区周围设置环形道路或消防车道。当山区发电厂的主厂房、点火油罐和贮煤场设环形道路确有困难时，其四周应设置尽端式道路或通道，并应增加设回车道或回车场。

现行国家标准《建筑设计防火规范》及《石油库设计规范》中对环形消防车道设置也作了规定，综合上述情况，作此条规定。

4.0.4 新增条文。根据现行国家标准《建筑设计防火规范》编制。

4.0.5 系原规范第3.0.4条。

厂区内一旦着火，则邻近城镇、企业的消防车必前来支援、营救。那时出入厂的车辆、人员较多，如厂区只有1个出入口，则显紧张，可能延长营救时间，增加损失。

当厂区的2个出入口均与铁路平交时，可执行《建筑设计防火规范》中的规定："消防车道应尽量短捷，并宜避免与铁路平交。如必须平交，应设备用车道，两车道之间的间距不应小于一列火车的长度。"

4.0.6 系原规范第3.0.7条。

4.0.7 系原规范第3.0.8条。

本条是根据火力发电厂多年的设计实践编制的。企业所属的消防车库与为城市服务的公共消防站是有区别的。因此不能照搬消防站的有关规定。

4.0.8 系原规范第3.0.9条的修改。

汽机房、屋内配电装置楼、集中控制楼及网络控制楼同油浸变压器有着紧密的工艺联系，这是发电厂的特点。如果拉大上述建筑同油浸变压器的间距，势必增加投资，增加用地及电能损失。根据发电行业多年的设计实践经验，将油浸变压器与汽机房、屋内配电装置楼、集中控制楼及网络控制楼的间距，同油浸变压器与其他的火灾危险性为丙、丁、戊类建筑的间距要求(条文中表4.0.11)区别对待。因此，作此条规定。

4.0.9 系原规范第3.0.10条。本条规定基于以下原因：

1 点火油罐区贮存的油品多为渣油和重油，属可燃油品，该油品有流动性，着火后容易扩大蔓延。

2 围在油罐区围栅(或围墙)内的建(构)筑物应有卸油铁路、栈台、供卸油泵房、贮油罐；含油污水处理站可在其内，也可在其外。围栅及围墙同建(构)筑物的间距，一般为5m左右。

3 《石油库设计规范》术语一章中对"石油库"的定义是"收发和储存原油、汽油、煤油、柴油、喷气燃料、溶剂油、润滑油和重油等整装、散装油品的独立或企业附属的仓库或设施"。

4 《建筑设计防火规范》第4.4.9条、第4.4.5条及第4.4.2条的注中都写有"……防火间距，可按《石油库设计规范》有关规定执行"。

因此发电厂点火油罐区的设计，应执行现行国家标准《石油库设计规范》的有关规定。

4.0.10 系原规范第3.0.11条。文字略有调整。

4.0.11 系原规范第3.0.12条的修改。本条是根据《建筑设计防火规范》的原则规定，结合发电厂设计的实践经验，依照发电行业设计人员已应用多年的表格形式编制的。

条文中的发电厂各建(构)筑物之间的防火间距表是基本防火间距，现行的国家标准《建筑设计防火规范》中关于在某些特定条件下防火间距可以减小的规定对本表同样有效。本表中未规定的有关防火间距，应符合现行国家标准《建筑设计防火规范》的有关规定。现行的行业标准《火力发电厂设计技术规程》规定了发电厂各建(构)筑物之间的最小间距，为防火间距、安全、卫生间距之综合。最小间距包容防火间距，防火间距不包容最小间距。

4.0.12 系原规范第3.0.13条。

4.0.13 系原规范第3.0.14条。

4.0.14 新增条文。依据现行国家标准《建筑设计防火规范》制定。

集控楼通常布置在两台锅炉之间，除非集控楼的两侧外墙与锅炉房外墙紧靠，否则，两者的间距应该符合规范的要求。

5 燃煤电厂建(构)筑物的安全疏散和建筑构造

5.1 主厂房的安全疏散

5.1.1 系原规范第4.1.1条与第4.1.3条的合并。

主厂房按汽机房、除氧间、集中控制楼、锅炉房、煤仓间分，每个车间面积都很大，为保证人员的安全疏散，要求每个车间不应少于2个安全出口。在某些情况下，特别是地下室可能有一定困难，所以提出2个出口可有1个通至相邻车间。从运行人员工作地点到安全出口的距离，其长短将直接影响疏散所需时间，为了满足允许疏散时间的要求，所以应计算求得由工作地点到安全出口允许的最大距离。

根据资料统计，在人员不太密集的情况下，人员的行动速度按60m/min，下楼的速度按15m/min计。300MW和600MW机组的司水平台标高约为60m，在正常运行情况下，运行人员到这里巡视，从司水平台下到底层，梯段长度约为60m，所需时间大约为4min。如果允许疏散时间按6min计，则在平面上的允许疏散时间还有2min，考虑从工作地点到楼梯口以及从底层楼梯口到室外出口两段距离，每段按一半计算，则从工作地点到楼梯的距离应为60m左右。为此，我们认为从工作地点到楼梯口的距离定为50m比较合理。在正常运行情况下，主厂房内的运行人员多数都在运转层的集中控制室内，从运转层下到底层最多需要1min，集中控制室的人员疏散到室外，共需2.5min左右，完全能满足安全疏散要求。

5.1.2 系原规范第4.1.5条与第4.1.6条的合并。

主厂房虽然较高，但一般也只有5～6层。在正常运行情况下人员很少，厂房内可燃的装修材料很少，厂房内除疏散楼梯外，还有很多工作梯，多年来都习惯做敞开式楼梯。在扩建端都布置有室外钢梯。为保证人员的安全疏散和消防人员扑救火灾，要求至少应有1个楼梯间通至各层和屋面。

5.1.3 系原规范第4.1.4条与第4.3.3条的合并。

主厂房中人员较少，如按人流计算，门和走道都很窄。根据门窗标准图规定的模数，规定门和走道的净宽分别不宜小于0.9m和1.4m。主厂房室外楼梯是供疏散和消防人员从室外直接到达建筑物起火层扑救火灾而设置的。为防止楼梯坡度过大、楼梯宽度过窄或栏杆高度不够而影响安全，作此规定。

5.1.4 系原规范第4.1.2条的修改。

主厂房单元控制室是电厂的生产运行指挥中心，又是人员比较集中的地方，为保证人员安全疏散，故要求有2个疏散出口；但考虑近几年一些项目控制室建筑面积小于60m^2，如果强调2个出口，对设备布置和生产运行都将带来不便，故对此类控制室的出口数量作了适当放宽。

5.1.5 系原规范第4.1.7条。

主厂房的带式输送机层较长，一般在固定端和扩建端都有楼梯，中间楼梯往往不易通至带式输送机层，因此要求有通至锅炉房或除氧间、汽机房屋面的出口，以保证人员安全疏散。

5.2 其他建(构)筑物的安全疏散

5.2.1 系原规范第4.2.1条的修改。

碎煤机室和转运站每层面积都不大，过去工程中均设置0.8m宽敞开式钢梯。在正常运行情况下，也只有一两个人值班，况且还有运煤栈桥也可以作为安全出口利用。所以设一个净宽不小于0.8m的钢梯是可以的。

5.2.2 系原规范第4.2.2条的修改。文字稍作调整。

当配电装置楼室内装有每台充油量大于60kg的设备时，其火灾危险性属于丙类，按《建筑设计防火规范》的要求，对一、二级建筑安全疏散距离应为60m，故提出安全出口的间距不应大于60m。

5.2.3 系原规范第4.2.3条。

电缆隧道火灾危险性属于丙类，安全疏散距离应为80m，但考虑隧道中疏散不便，因此提出间距不超过75m。

5.2.4 系原规范第4.2.5条与第4.2.6条的合并。

卸煤装置和翻车机室地下室的火灾危险性属丙类，在正常运行情况下只有一两个人，为安全起见，提出2个安全出口通至地面。运煤系统中地下构筑物有一端与地道相通，为保证人员安全疏散，所以要求在尽端设一通至地面的安全出口。

5.2.5 系新增条文。关于集控室除外的各类控制室疏散出口的规定。

5.2.6 系原规范第4.2.4条的修改。根据配电装置室安全疏散的需要，作此规定，增强条文的可操作性。

5.3 建筑构造

5.3.1 系原规范第4.3.1条的修改。

考虑到发电厂厂房的特殊性，由于主厂房内人员较少，大量采用钢结构所带来的困难，如完全按消防电梯考虑，前室布置和电梯围护墙体耐火要求等难以满足消防要求，故提出当发生火灾时，电梯的消防控制系统、消防专用电话、基坑排水设施应满足消防电梯的设计要求。

5.3.2 系原规范第4.3.2条的修改。

因主厂房比较高大，锅炉房很高，上部有天窗排热气，还有室内吸风口在吸风，因此主厂房总是处于负压状态，即使发生火灾，火焰也不会从门内窜出。所以对休息平台未作特殊要求。根据燃煤电厂的运行经验，辅助厂房火灾危险性很小，故对休息平台亦未作特殊要求。

5.3.3 系原规范第4.3.4条与第4.3.5条的合并修改。

变压器室、屋内配电装置室、发电机出线小室的火灾危险性属丙类，火灾危险性较大，因此要求用乙级防火门。为避免发生火灾时，由于人员惊慌拥挤而使内开门无法开启而造成不应有的伤亡，因此要求门向疏散方向开启。考虑采用双向开启的防火门有困难，故作了放宽。电缆夹层、电缆竖井火灾危险性属丙类，且火灾危险性较大，里面又经常无人，为防止火灾蔓延，也要求用乙级防火门。

5.3.4 系原规范第4.3.4条的修改。

主厂房各车间的隔墙不完全是防火墙，为安全起见，要求用乙级防火门。

5.3.5 新增条文。

近几年工程中常有可燃气体管道或甲、乙、丙类液体的管道穿越楼梯间，为保证疏散楼梯的作用，作此规定。

5.3.6 系原规范第4.3.6条。

主厂房与控制楼、生产办公楼间常常有天桥联结，为防止火灾蔓延，需要设门，可以为钢门或铝合金门。

5.3.7 系原规范第4.3.7条。

蓄电池室、通风机室及蓄电池室前套间均有残存氢气的可能，火灾危险性较大，应采用向外开启的防火门。

5.3.8 系原规范第4.3.8条。

厂区中主变压器火灾较多，变压器本身又装有大量可燃油，有爆炸的可能，一旦发生火灾，火势又很大，所以，当变压器与主厂房较近时，汽机房外墙上不应设门窗，以免火灾蔓延到主厂房内。当变压器距主厂房较远时，火灾影响的可能性小些，可以设置防火门、防火窗，以减少火灾对主厂房的影响。

5.3.9 系原规范第4.3.9条。

主厂房、控制楼等主要建筑物内的电缆隧道或电缆沟与厂区电缆沟相通。为防止火灾蔓延，在与外墙交叉处设防火墙及相应的防火门。实践证明这是防止火灾蔓延的有效措施。

5.3.10 系原规范第4.3.10条的修改。

厂房内隔墙为防火墙且可能有管道穿越，管道安装后孔洞往往不封或封堵不好，易使火灾通过孔洞蔓延，造成不应有的损失。因此规定当管道穿过防火墙时，管道与防火墙之间的缝隙应采用不燃烧材料将缝隙填塞，当可燃或难燃管道公称直径大于32mm时，应采用阻火圈或阻火带并辅以如防火泥或防火密封胶的有机堵料等封堵。

5.3.11 系原规范第4.3.11条。

柴油发电机房火灾危险性属丙类，且往往有油箱与其放在一个房间内，火灾危险性较大，为防止火灾蔓延，要求做防火墙与其他车间隔开。

5.3.12 系原规范第4.3.13条的修改。

材料库中的特种材料主要指润滑油、易燃易爆气体等，其存放量较少，若与一般材料同置一库中，为保证材料库的安全，应用防火墙分隔开。

5.3.13、5.3.14 新增条文。

6 燃煤电厂工艺系统

6.1 运煤系统

6.1.1 系原规范第5.1.2条的修改。

根据《电力网和火力发电厂省煤节电工作条例》总结的经验，化学性质不同的煤种应分别堆放，在贮煤场容量计算上，应按分堆堆放的条件确定贮煤场的面积。

6.1.2 系原规范第5.1.2条的修改。

由于电厂燃用煤种不同，本条重点列出了对于燃用褐煤或高挥发分煤种堆放所应采取的措施，对于燃用其他非自燃性的煤种可参照进行。

高挥发分易自燃煤种，按国家煤炭分类，干燥无灰基挥发分大于37%的长烟煤属高挥发分易自燃煤种。对于干燥无灰基挥发分为28%～37%的烟煤，在实际使用中因其具有自燃性亦应视作高挥发分易自燃煤种。

贮煤场在设计上应采取下列措施，以降低火灾发生的概率：

1 对于燃用褐煤或高挥发分易自燃的煤种，由于其总贮量水平低(通常为10～15d的锅炉耗煤量)，翻烧的频率较高，为利于自燃煤的处理，推荐采用较高的回取率，以不低于70%为宜。

2 根据燃用褐煤或高挥发分煤的部分电厂的实际运行经验，煤场的煤难以先进先出，往往是先进后出，导致煤堆自燃严重，在贮煤场容量计算上，应按先进先出的条件确定贮煤场的面积。

3 为尽可能防止煤的自燃，大型贮煤场应定期翻烧，翻烧周期应根据燃煤的种类及其挥发分来确定，根据电厂的实际运行经验，一般为2～3个月，在炎热的夏秋季一般为15d。在煤场设备的选择上，应考虑定期翻烧的条件。

4 为减缓煤堆的氧化速度，应视不同的煤种采用最有效的延迟氧化速度的建堆方式，可采用分层压实、喷水、洒石灰水等方式。

5 由于煤堆底部一般为块状煤，通风条件较好，当贮存易自燃煤种且煤堆高于10m时，为减少或抑制煤堆的烟囱现象，减少自燃的概率，可设置挡煤墙，挡煤墙的高度可根据煤场底部大块煤的厚度确定。

6.1.3 系原规范第5.1.13条的修改。

由于环境保护条件的提高，近年来筒仓贮煤的方案在发电厂建设中已占有相当的比重。单仓贮量由初期的500t发展成30000t级的大型筒仓。对于贮存褐煤或高挥发分易自燃煤种的筒仓，应对仓内温度、可燃气体、烟气进行必要的监测并采取相应的措施，以利安全运行。国内已有筒仓爆燃的先例，充分说明制定相关安全措施是十分必要的。防爆装置是防止筒仓遭到爆炸破坏的最后防线，其防爆总面积应以不低于筒仓实际体积数值的1‰为宜。喷水设施的主要目的是为了降低煤的温度，应以手动喷水为宜；降低煤粉尘、可燃气体浓度可采用向仓内或煤层内喷注惰性气体（如氮气、二氧化碳气体及烟气）的方法，二者可视具体情况选取其一。

6.1.4 新增条文。

由于环境保护条件的提高，近年来大型室内贮煤场已有较多应用，比如：封闭式干煤棚和封闭式圆形贮煤场等。封闭式室内贮煤场除应满足露天煤场的相关要求外，还应设置强制通风和手动喷水设施。当贮存易自燃煤种时，其内的电气设施应能防爆。

6.1.5 系原规范第5.1.3条的修改。本次修订将主厂房原煤斗的规定移出至第6.2节。

本条是对运煤系统承担煤流转运功能的各种型式煤斗的设计要求，为使其活化率达到100%，避免煤的长期积存引起自燃而作出的规定。

6.1.6 系原规范第5.1.4条。

运煤系统运输机落煤管转运部位，为减少燃煤撒落和积存，可采取的措施有：

1 增大头部漏斗的包容范围。

2 采用双级高效清扫器。

3 落煤管底部加装料流调节器或导流挡板，增加物料的对中性。

4 与导煤槽连接的落煤管采用矩形断面。

5 采用拱形导料槽增大其内空间，利于粉尘的沉降。

6 承载托辊间距加密并可采用45°槽角。

7 设置适当的助流设施。

在转运点的设计时，尤其对于燃用易自燃煤种，应避免撒料、积料现象。若煤粉沉积在运输机尾部，而且长时间得不到清理，就会形成自燃，这是造成发电厂多起烧毁输送带重大火灾事故的主要原因。为杜绝此类事故的发生，制定重点反事故措施非常必要。

6.1.7 系原规范第5.1.9条的修改。

自身摩擦升温的设备是导致运煤系统发生火灾的隐患。近年来发电厂运煤系统的火灾事故中，不少是由于输送带改向滚筒被拉断，输送带与栈桥钢结构直接摩擦发热而升温，引起堆积煤粉的燃烧，酿成烧毁输送带及栈桥塌落的重大事故。鉴于此，对带式输送机安全防护设施作了规定。

6.1.8 系原规范第5.1.10条的修改。易自燃煤种的界定见第6.1.2条说明。

6.1.9 新增条文。

由于易自燃煤经过一段时间的堆放会产生自燃，从贮煤设施取煤的带式输送机上应设置明火监测装置，发现明火后应紧急停机并采取措施灭火，以防止着火的煤进入运煤系统。

6.1.10 系原规范第5.1.12条。

目前运煤系统配置的通信设备具有呼叫、对讲、传呼及会议功能。当发生火灾警报时，可用本系统报警及时下达处置命令，因此可不必单独设置消防通信系统。

6.2 锅炉煤粉系统

6.2.1 系原规范第5.2.1条的修改。

本次修改主要根据《火力发电厂设计技术规程》第6.4.5节第1条，对原煤仓及煤粉仓的形状及结构提出要求。向磨煤机内不间断而可控制地供煤，是减少煤粉系统着火和爆炸的重要措施。本条对原煤仓和煤粉仓设计提出要求主要目的是为避免由于设计的不合理致使运行中发生堵煤、积粉而引起爆炸起火。电力行业标准《火力发电厂采暖通风与空气调节设计技术规程》DL/T 5035—2004附录L名词解释对严寒地区进行了定义，严寒地区是指累年最冷月平均温度（即冬季通风室外计算温度）不高于－10℃的地区。

当煤粉仓设置防爆门时，防爆门上方还应注意避开电缆，以免出现着火现象。

本次修订煤粉仓按承受40kPa以上的爆炸内压设计，主要依据：

1 前苏联在1990年版防爆规程已经将防爆设计压力提高到40kPa。

2 如果按照美国、德国等标准计算防爆门，防爆门面积将很大，并且仍会出现局部爆炸问题。

3 东北电力设计院主编的《火力发电厂煤和制粉系统防爆设计技术规程》DL/T 5203—2005明确规定“煤粉仓装设防爆门时，煤粉仓按减压后的最大爆炸压力不小于40kPa设计，防爆门额定动作压力按1～10kPa设计，对煤粉云爆炸烈度指数高的煤种，减低后的最大爆炸压力和防爆门额定动作压力应通过计算确定。

6.2.2 系原规范第5.2.2条的修改。

前苏联1990年版《防爆规程》规定：对于直吹式制粉系统，送粉管道水平布置时防沉积的极限流速在锅炉任何负荷下均不应小于18m/s。对于热风送粉系统，该规程规定，在锅炉任何负荷下要求不小于25m/s。对于干燥剂送粉系统，其气粉混合物的温度与直吹式制粉系统取相同的下限流速，即不小于18m/s。

因此此次修改要求煤粉管道的流速应不小于输送煤粉所要求的最低流速，以防止由于沉积煤粉的自燃而引起煤粉系统内的爆炸而酿成的火灾。

6.2.3 系原规范第5.2.3条的修改。将原条文细化，以便理解。原文中煤粉间称谓不够准确，故本次将其改为煤仓间。

6.2.4 系原规范第5.2.4条的修改。原条文不够完整，本次增加了“必须设置系统之间的输粉机械时应布置输粉机械的温度测点、吸潮装置”的要求。

6.2.5 系原规范第5.2.5条的修改。原规范中网眼平台现已不采用。设置花纹钢板平台的目的是为防止防爆门爆破时排出物伤人或烧坏设备及抽出燃油枪时，油滴到其下方的人员或设备上造成损害。

6.2.6 系原规范第5.2.6条。文字略加修整。

煤粉系统爆炸而引起的火灾是燃煤电厂运行中常发生且具有很大危害的事故。为防止或限制爆炸性破坏可以从如下方面采取措施：

1 煤粉系统设备、元件的强度按小于最大爆炸压力进行设计的煤粉系统设置防爆门。

2 煤粉系统按惰性气体设计，使其含氧量降到爆炸浓度之下。

3 煤粉系统设备、元件的强度按承受最大爆炸压力设计，系统不设置防爆门。关于防爆门的装设要求及煤粉系统抗爆设计强度计算的标准各国有所差异。前苏联较多利用防爆门来降低爆炸对设备和系统的破坏，1990 年出版的《燃料输送、粉状燃料制备和燃烧设备的防爆规程》中，对防爆门装设的位置、数量以及面积选择原则等都有详细的规定。而美国、德国则多采用提高设备和部件的设计强度来防止爆炸产生的设备损坏，仅在个别系统的某些设备上才允许装设防爆门。国内电力系统正准备颁布有关制煤粉系统防爆方面的设计规程。

6.2.7 系原规范第 5.2.8 条的修改。对于表中内容予以充实。

煤中的挥发分含量是区分煤的类别的主要指标。挥发分对制粉系统爆炸又起着决定因素。当干燥无灰基挥发分 $V_{daf}>19\%$ 时，就有可能引起煤粉系统的爆炸。而挥发分的析出与温度有关，温度愈高挥发分愈容易被析出，煤粉着火时间越短，越能引起煤粉混合物的爆炸。为此，本条根据磨煤机所磨制的不同煤种，参考了行业标准《火力发电厂制粉系统设计计算技术规定》DL/T 5145—2002 等有关资料，根据电厂实践，规定了磨煤机出口气粉混合物的温度值，并且增加了双进双出钢球磨煤机直吹式制粉系统、中速磨煤机直吹式制粉系统分离器后气粉混合物的温度要求。

6.2.8 系原规范第 5.2.9 条的保留条文。

6.2.9 系原规范第 5.2.10 条的保留条文。

6.2.10 新增条文。

为防止制粉系统停用时煤粉仓爆炸，宜设置放粉系统。

6.3 点火及助燃油系统

6.3.1 系原规范第 5.3.1 条。

6.3.2 系原规范第 5.3.2 条。

6.3.3 系原规范第 5.3.3 条。

该条所指的加热燃油系统，主要指重油加热系统，为铁路油罐车(或水运油船)的卸油加热，储油罐的保温加热以及锅炉油烧器的供油加热等三部分用的加热蒸气。重油在空气中的自燃着火点为 250℃。而含硫石油与铁接触生成硫化铁，黏附在油罐壁或其他管壁上，在高温作用下会加速其氧化以致发生自燃。此外，加热燃油的加热器，一旦由于超压爆管，或者焊(胀)口渗漏，油品喷至遇有保温破损处的温度较高的蒸气管上容易引发火灾。

6.3.4 系原规范第 5.3.5 条的保留条文。

油罐运行中罐内的气体空间压力是变化的，若罐顶不设置通向大气的通气管，当供油泵向罐内注油或从油罐内抽油时，罐内的气体空间会被压缩或扩张，罐内压力也就随之变大或变小。如果罐内压力急剧下降，罐内形成真空，油罐壁就会被压瘪变形；若罐内压力急剧增大超过油罐结构所能承受的压力时，油罐就会爆裂，油品外泄易引发火灾。如果油罐的顶部设有与大气相通的通气管，来平衡罐内外的压力，就会避免上述事故的发生。

6.3.5 系原规范第 5.3.6 条的修改。

油罐区排水有时带油，为彻底隔离可能出现的着火外延，故设置隔离阀门。

6.3.6 系原规范第 5.3.7 条。

为了供给电厂锅炉点火和助燃油品的安全和减少油品损耗，参照《石油库设计规范》的有关规定制定本条。这样，除会增加油品的呼吸损耗外，由于油流与空气的摩擦，会产生大量静电，当达到一定电位时就会放电而引起爆炸着火。根据《石油库设计规范》的条文说明介绍。1977 年和 1978 年上海和大连某厂从上部进油的柴油罐，都因油罐在低油位、高落差的情况下进油而先后发生爆炸起火事故，故制定本条规定。

6.3.7 系原规范第 5.3.8 条的修改。

国家标准《建筑防火设计规范》和协会标准《建筑防火封堵应用技术规程》、《建筑聚氯乙烯排水管道阻火圈》等相关标准中，都对管道贯穿物进行了分类，分为钢管、铁管等(熔点大于 1000℃的)不燃烧材质管道和 PE、PVC 等难燃烧或可燃烧材质管道。这两类管道在遇火后的性能完全不同，可燃或难燃在遇火后会软化甚至燃烧，普通防火堵料无法将墙体上的孔洞完全密闭，需要加设阻火圈或阻火带。加设绝热材料主要是满足耐火极限中的绝热性要求，防止引起背火面可燃物的自燃。对于可燃烧或难燃烧材质管道中管径 32mm 的划分是国际通用的。

6.3.8 系原规范第 5.3.9 条的修改。

根据美国 ASMEB31.1 动力管道中第 122.6.2 条，要求溢流回油管不应带阀门，以防误操作。

6.3.9 系原规范第 5.3.10 条。

沿地面敷设的油管道，容易被碰撞而损坏发生爆管，造成油品外泄事故，不但影响机组的安全运行，而且通明火还易发生火灾。为此，要求厂区燃油管道宜架空敷设。对采用地沟内敷设油管道提出了附加条件。

6.3.10 系原规范第 5.3.11 条。

本条规定的"油管道及阀门应采用钢质材料……"，其中包括储油罐的进、出口油管上工作压力较低的阀门。主要从两方面考虑，一是考虑地处北方严寒地区的电厂储油罐的进出口阀门，在周围空气温度较低时，如发生保温结构不合理或保温层脱落破损，阀门体外露，会使阀门冻坏。此外，当油管停运需要蒸汽吹扫时，一般吹扫用蒸汽温度都在 200℃以上。在此吹扫温度下，一般铸铁阀门难以承受。在高温蒸汽的作用下，铸铁阀门很容易被损坏。特别是在紧靠油罐外壁处的阀门，当其罐内油位较高时，阀门一旦发生破损漏油，难以对其进行修复。为此，油罐出入管上的阀门也应是钢质的。

6.3.11 系原规范第 5.3.12 条。

6.3.12 系原规范第 5.3.13 条。

在每台锅炉的进油总管上装设快速关断阀的主要目的是，当该炉发生火灾事故时，可以迅速的切断油源，防止炉内发生爆炸事故。手动关断阀的作用是，当速断阀失灵出现故障时，以手动关断阀来切断油源。

6.3.13 系原规范第 5.3.14 条。

6.3.14 系原规范第 5.3.15 条。

6.3.15 新增条文。

在南方夏季烈日曝晒的情况下，管道中的油品有可能产生油气，使管道中的压力升高，导致波纹管补偿器破坏，造成事故。

6.4 汽轮发电机

6.4.1 系原规范第 5.4.1 条的修改。

1 增加了汽轮机主油箱排油烟管道应避开高压电气设施的要求。

2 与《火力发电厂设计技术规程》DL 5000—2000 中第6.6.4 条强制性条款要求相对应。对大容量汽轮机纵向布置的汽机房而言，因为在纵向布置的汽机房零米靠 A 列柱处，油系统的主油箱、油泵及冷油器等设备距汽轮机本体高温管道区较远，对防止火灾有利。

3 原规范中"布置高程"不准确，本次修改改成"布置标高"，并与《火力发电厂设计技术规程》DL 5000—2000 中第 6.6.4 条强制性条款要求相对应。

4 汽轮机机头的前轴封箱处，是高温蒸汽管道与汽机油管道布置较为集中的区域，也是最容易发生因漏油而引起火灾的地方。因此应设置防护槽，并应设置排油管道，将漏油引至安全处。

5 原条文只提到镀锌铁皮做保温，此次增加镀锌铁皮、铝皮，二者均可做保温的保护层。

6 根据国家有关标准要求，垫料已不允许使用石棉垫。管道的法兰结合面若采用塑料或橡胶垫时，遇火垫料会迅速烧毁，造成喷油酿成大火。同时，塑料或橡胶垫长期使用后还会发生老化碎裂、收缩，亦会发生上述事故。

7 事故排油阀的安装位置，直接关系到汽轮机油系统火灾处理的速度，据发生过汽轮机油系统火灾事故的电厂反映，如果排油阀的位置设置不当，一旦油系统发生火灾，排油阀被火焰包围，运行人员无法靠近操作，致使火灾蔓延。根据原国家电力公司制定的"防止电力生产重大事故的二十五项重点要求"(国电发[2000]589号)的第1.2.8条及《电力建设施工及验收技术规范(汽轮机机组篇)》第4.6.21条要求，本次修订对油箱事故排油管道阀门设置作进一步明确。

8 本次修改根据反馈意见，将润滑油系统的试验压力改为不应低于0.5MPa，回油系统的试验压力改为不应低于0.2MPa，明确了可按汽机厂设计的润滑及回油系统实际压力要求进行水压试验，但不应低于0.2MPa。

9 为防止汽轮机油系统火灾发生，提高机组运行的安全性，早在很多年前，国外大型汽轮机的调节油系统就广泛使用了抗燃油品，并积累了丰富的运行实践经验。从20世纪70年代开始，我国陆续投产以及正在设计和施工的(包括国产和引进的)300MW及以上容量的汽轮机调速系统，大部分也都采用了抗燃油。

抗燃油品与以往使用的普通矿物质透平油相比，其最突出的优点是：油的闪点和自燃点较高，闪点一般大于235℃，自燃点大于530℃(热板试验大于700℃)，而透平油的自燃点只有300℃左右。同时，抗燃油的挥发性低，仅为同黏度透平油的1/10～1/5，所以抗燃油的防火性能大大优于透平油，成为今后发展方向。为此，本条规定，300MW及以上容量的汽轮机调节油系统，宜采用抗燃油品。

6.4.2 系原规范第5.4.2条。

对发电机的氢系统提出了有关要求：

1 室内不准排放氢气是防止形成爆炸性气体混合物的重要措施之一。同时为了防止氢气爆炸，排氢管应远离明火作业点并高出附近地面、设备以及距屋顶有一定的距离。

2 与发电机氢气管接口处加装法兰短管，以备发电机进行检修或进行电火焊时，用来隔绝氢气源，以防止发生氢气爆炸事故。

6.5 辅助设备

6.5.1 系原规范第5.5.1条。

锅炉在启动、低负荷、变负荷或从燃油转到燃煤的过渡燃烧过程中，以及在正常运行中的不稳定燃烧时，均会有固态和液态的未燃尽的可燃物，这些未燃烧产物会随烟气被带入电气除尘器并聚积在极板表面上而被静电除尘器内电弧引燃起火损坏设备。为及时发现和扑灭火灾防止事态扩大，规定在电气除尘器的进、出口烟道上装设烟温测量和超温报警装置。

6.5.2 系原规范第5.5.2条的保留条文。对柴油发电机系统提出了有关要求：

1 设置快速切断阀是为防止油系统漏油或柴油机发生火灾事故时能快速切断油源。

日用油箱不应设置在柴油机上方，以防止油品漏到机体或排气管上而发生火灾。

2 柴油机排气管的表面温度高达500～800℃，燃油、润滑油若喷滴在排气管上或其他可燃物贴在排气管上，就会引起火灾，因此排气管上应用不燃烧材料进行保温。

3 四冲程柴油机曲轴箱内的油受热蒸发，易形成爆炸性气体，为了避免发生爆炸危险，一般采用正压排气或离心排气。但也有用负压排气的，即用一根金属导管，一头接曲轴箱，另一头接在进气管的头部，利用进风的抽力将曲轴箱里的油气抽出，但连接风管一头的导管应装置铜丝网阻火器，以防止回火发生爆燃。

6.6 变压器及其他带油电气设备

6.6.1 系原规范第5.6.1条。

6.6.2 系原规范第5.6.2条。

油浸变压器内部贮有大量绝缘油，其闪点在135～150℃，与丙类液体贮罐相似，按照《建筑设计防火规范》的规定，丙类液体贮罐之间的防火间距不应小于0.4*D*(*D*为两相邻贮罐中较大罐的直径)。可设想变压器的长度为丙类液体罐的直径，通过对不同电压、不同容量的变压器之间的防火间距按0.4*D*计算得出：电压等级为220kV，容量为90～400MV·A的变压器之间的防火间距在6.0～7.8m范围内；电压为110kV，容量为31.5～150MV·A的变压器之间的防火间距在4.00～5.80m范围内；电压为35kV及以下，容量为5.6～31.5MV·A的变压器之间的防火间距在2.00～3.80m范围内。

因为油浸变压器的火灾危险性比丙类液体贮罐大，而且是发电厂的核心设备，其重要性远大于丙类液体贮罐，所以变压器之间的防火间距就大于0.4*D*的计算数值。

根据变压器着火后，其四周对人的影响情况来看，当其着火后对地面最大辐射强度是在与地面大致成45°的夹角范围内，要避开最大辐射温度，变压器之间的水平间距必须大于变压器的高度。

因此，将变压器之间的防火间距按电压等级分为10m、8m、6m及5m是适宜的。

日本"变电站防火措施导则"规定油浸设备间的防火间距标准如表2所示。

表2 油浸设备间的防火间距

标称电压(kV)	防火距离(m)	
	小型油浸设备	大型油浸设备
187	3.5	10.5
220,275	5.0	12.5
500	6.0	15.0

表中所列防火距离是指从受灾设备的中心到保护设备外侧的水平距离。经计算，间距与本条所规定的距离是比较接近的。

至于单相变压器之间的防火间距，因目前一般只有330～759kV变压器采用单相，虽然有些国家对单相及三相变压器之间防火间距采取不同数值，如加拿大某些水电局规定，单相之间的防火间距可较三相之间的防火间距减少1/3，但单相之间不得小于12.1m，考虑到变压器的重要性，为防止事故蔓延，单相之间的防火间距仍宜与三相之间距离一致。

高压并联电抗器亦属大型油浸设备，所以也应采用本条规定的防火间距。

6.6.3 系原规范第5.6.3条的修改。

变压器之间当防火间距不够时，要设置防火墙，防火墙除有足够的高度及长度外，还应有一定的耐火极限。根据几次变压器火灾事故的情况，防火墙的耐火极限不宜低于3h(与《建筑设计防火规范》中防火墙的耐火极限取得一致)。

由于变压器事故中，不少是高压套管爆炸喷油燃烧，一般火焰都是垂直上升，故防火墙不宜太低。日本"变电站防火措施导则"规定，在单相变压器组之间及变压器之间设置的防火墙，以变压器的最高部分的高度为准，对没有引出套管的变压器，比变压器的高度再加0.5m；德国则规定防火墙的上缘需要超过变压器蓄油容器。考虑到目前500kV变压器高压套管离地高约10m左右，而国内500kV工程的变压器防火墙高度一般均低于高压套管顶部，但略高于油枕高度，所以规定防火墙高度不应低于油枕顶端高度。对电压较低、容量较小的变压器，套管离地高度不太高时，防火墙高度宜尽量与套管顶部取齐。

考虑到贮油池比变压器两侧各长1m，为了防止贮油池中的热气流影响，防火墙长度应大于贮油池两侧各1m，也就是比变压器外廓每侧大2m。日本的防火规程也是这样规定的。

设置防火墙将影响变压器的通风及散热，考虑到变压器散热、运行维修方便及事故时灭火的需要，防火墙离变压器外廓距离以不小于 2m 为宜。

6.6.4 系原规范第 5.6.4 条的修改。

为了保证变压器的安全运行，对油量超过 600kg 的消弧线圈及其他带油电气设备的布置间距，作了本条的规定。当电厂接入 330kV 和 500kV 电力系统时，主变压器中性点有时设置电抗器，在这种情况下，主变压器和电抗器之间的布置间距和防火墙的设置应符合本规范第 6.6.2 条和第 6.6.3 条的规定。

6.6.5 系原规范第 5.6.6 条的修改。

对于油断路器、油浸电流互感器和电压互感器等带油电气设备，按电压等级来划分设防标准，既在一定程度上考虑到油量的多少，又比较直观，使用方便，能满足运行安全的要求。例如 20kV 及以下的少油断路器油量均在 60kg 以下，绝大部分只有 5～10kg，虽然火灾爆炸事故较多，爆炸时的破坏力也不小（能使房屋建筑受到一定损伤，两侧间隔隔板炸碎或变形，门窗炸出，危及操作人员安全等），但爆炸时向上扩展的较多，事故损害基本局限在间隔范围内。因此，两侧的隔板只要采用不燃烧材料的实体隔板或墙，从结构上进行加强处理（通常采用厚度 2～3mm 钢板，砖墙、混凝土墙均可，但不宜采用石棉水泥板等易碎材料），是可以防止此类事故的。

根据调查，35kV 油断路器，目前国内生产的屋内型，油量只有 15kg，一般工程安装于有不燃烧实体墙（板）的间隔内，运行情况良好。至于 35kV 手车式成套开关柜，则因其两侧均有钢板隔离，不必再采取其他措施。

目前 110kV 屋内配电装置一般装 SF6 断路器，但有少量工程装设少油断路器，其总油量均在 600kg 以下，根据对全国 40 多个 110kV 屋内配电装置的调查，装在有不燃烧实体墙的间隔内的油断路器未发生过火灾爆炸事故。

220kV 屋内配电装置投入运行的较少，且一般装 SF6 断路器，但有少量工程装设少油断路器，其油量约 800kg，已投运的工程，其断路器均装在有不燃烧实体墙的间隔内，运行巡视较方便，能满足安全运行要求。至于油浸电流互感器和电压互感器，应与相同电压等级的断路器一样，安装于同等设防标准的间隔内。

发电厂的低压厂用变压器当采用油浸变压器时多数设置在厂房或配电装置室内，根据国内近年来几次变压器火灾事故教训及变压器的重要性，安装在单独的防火小间内是合适的。这样，配电装置的火灾事故不会影响变压器，变压器的火灾也不会影响其他设备。所以，本条规定油量超过 100kg 的变压器一般安装在单独的防火小间内（35kV 变压器和 10kV、80kV·A 及以上的变压器油量均超过 100kg）。

6.6.6 系原规范第 5.6.7 条。

目前投运及设计的屋内 35kV 少油断路器及电压互感器，其油量分别为 100kg 及 95kg，均未设置贮油或挡油设施，事故油外流的现象很少。所以将贮、挡油设施的界限提高到 100kg 以上（油断路器、互感器为三相总油量，变压器为单台含油量）。同时提出，设置挡油设施时，不论门是向建筑物内开或外开，都应将事故油排到安全处，以限制事故范围的扩大。

6.6.7 系原规范第 5.6.8 条的修改。

当变压器不需要设置水喷雾灭火系统时，变压器事故排油如果设置就地贮油池，则贮油池只需考虑贮存变压器的全部油量即可。然而，通常变压器的事故排油是集中排至总事故贮油池。根据调查，主变压器发生火灾爆炸等事故后，真正流到总事故贮油池内的油量一般只为变压器总油量的 10%～30%，只有某一电厂曾发生 31.5MV·A 变压器事故后，流入总事故贮油池的油量超过 50% 一个例外。根据上述的调查总结，并参考国外的有关规定（如日本规定总事故贮油池容量按最大一个油罐的 50% 油量考虑），本规范按最大一个油箱的 60% 油量确定。

6.6.8 系原规范第 5.6.9 条。

贮油池内铺设卵石，可起隔火降温作用，防止绝缘油燃烧扩散。卵石直径，根据国内的实践及参考国外规程可为 50～80mm，若当地无卵石，也可采用无孔碎石。

6.7 电缆及电缆敷设

6.7.1 新增条文。

据调查，近年新建电厂，特别是容量为 300MW 及以上机组的主厂房、输煤、燃油及其他易燃易爆场所均选用 C 类阻燃电缆。

6.7.2 系原规范第 5.7.1 条的修改。

采用电缆防火封堵材料对通向控制室、继电保护室和配电装置室墙洞及楼板开孔进行严密封堵，可以隔离或限制燃烧的范围，防止火势蔓延。否则，会使事故范围扩大造成严重后果。例如某发电厂 1 台 125MW 的汽轮发电机组，因油系统漏油着火，大火沿着汽轮机平台下面的电缆，迅速向集中控制室蔓延，不到半小时，控制室内已烟雾弥漫，对面不见人，整个控制室被大火烧毁。

电缆防火封堵材料分为有机堵料、无机堵料、防火板材、阻火包等，有机堵料一般具有遇火膨胀、防火、防烟和隔热性能。无机堵料一般具有防火、防烟、防水、隔热和抗机械冲击的性能。

6.7.3 系原规范第 5.7.2 条的修改。本条是防止火灾蔓延，缩小事故损失的基本措施。

6.7.4 新增条文。据调查，近年新建电厂，特别是容量为 300MW 及以上机组电缆采用架空敷设较多，故增加此条款。

6.7.5 系原规范第 5.7.3 条的修改。

在电厂中，防火分隔构件包括防火区域划分的防火墙及电缆通道中的防火墙等，其防火封堵组件的耐火极限应不低于相应的防火墙耐火极限。

通道中的防火墙可用砖砌成，也可采用防火封堵材料（如阻火包等）构成，电缆穿墙孔应采用防火封堵材料（如有机堵料等）进行封堵，如果存在小的孔隙，电缆着火时，火就会透过封堵层，破坏了封堵作用。采用防火封堵材料构成的防火墙，不致损伤电缆，还具有方便可拆性，其中某些材料如选用、施工得当，在满足有效阻火前提下，还不致引起穿墙孔内电缆局部温升过高。

6.7.6 系原规范第 5.7.4 条。

6.7.7 系原规范第 5.7.5 条。

公用重要回路或有保安要求回路的电缆着火后，不再维持通电，所造成极大的事故及损失已屡见不鲜，本条是基于事故教训所制定的对策。防火措施可以是耐火防护或选用耐火电缆等。

6.7.8 系原规范第 5.7.6 条的修改。

按自 1960 年以来全国电力系统统计到的发生电缆火灾事故分析，由于外界火源引起电缆着火延燃的占总数 70% 以上。外界因素大致可分为以下几个方面：

1 汽轮机油系统漏油，喷到高温热管道上起火，而将其附近的电缆引燃。

2 制粉系统防爆门爆破，喷出火焰，冲到附近电缆层上，而使电缆着火。

3 电缆上积煤粉，靠近高温管道引起煤粉自燃而使电缆着火。

4 油浸电气设备故障喷油起火，油流入电缆隧道内而引起电缆着火。

5 电缆沟盖板不严，电焊渣火花落入沟道内而使电缆着火。

6 锅炉的热灰渣喷出，遇到附近电缆引燃着火。

因此，在发电厂主厂房内易受外部着火影响的区段，应重点防护，对电缆实施防火或阻止延燃的措施。防火措施可采取在电缆上施加防火涂料、防火包袋或防火槽盒等措施。

6.7.9 系原规范第 5.7.7 条的修改。

电缆本身故障引起火灾主要有绝缘老化、受潮以及接头爆炸等原因，其中电缆中间接头由于制作不良、接触不良等原因故障率较高。本条规定是针对性措施，以尽量少的投资来防范火灾几率高的关键部位，以避免大多数情况的电缆火灾事故。为了预防电缆中间接头爆破和防止电缆火灾事故扩大，电缆中间接头也可用耐火防爆槽盒将其封闭，加装电缆中间接头温度在线监测系统，对电缆中间接头温度实施在线监测。防火措施可采用防火涂料或防火包带等。

6.7.10 系原规范第5.7.8条。

含油设备因受潮等原因发生爆炸溢油，流入电缆沟引起火灾事故扩大的例子，已有多起，因此作本条规定。

6.7.11 系原规范第5.7.9条。

本条对高压电缆敷设的要求与本规范第6.7.6条是一致的，其目的也是为了限制电缆着火延燃范围，减少事故损失。

充油电缆的漏油故障，国内外都曾发生过，有些属于外部原因难以避免，另一方面由于运行水平等因素，油压整定实际上可能与设计有较大出入，故对油压过低或过高的越限报警应实施监察。明敷充油电缆的火灾事故扩大，主要在于电缆内的油，在压力油箱作用下会喷涌出，不断提供燃烧质。为此，宜设置能反映喷油状态的火灾自动报警和闭锁装置。

6.7.12 系原规范第5.7.10条的修改。本条是基于事故教训所制定的对策。

6.7.13、6.7.14 新增条文。是基于事故教训所制定的对策。

7 燃煤电厂消防给水、灭火设施及火灾自动报警

7.1 一般规定

7.1.1 系原规范第6.1.1条的规定。

灭火剂有水、泡沫、气体和干粉等。用水灭火，使用方便，器材简单，价格便宜，灭火效果好。因此，水是目前国内外主要的灭火剂。

为了保障发电厂的安全生产和保护发电厂工作人员的人身安全及财产免受损失或少受损失，在进行发电厂规划和设计时，必须同时设计消防给水。

消防用水的水源可由给水管道或其他水源供给（如发电厂的冷却塔集水池或循环水管沟）。

发电厂的天然水源其枯水期保证率一般都在97%以上。

7.1.2 系原规范第6.1.2条的修改。

我国20世纪60年代以前建成的发电厂的消防系统大多数是生活、消防给水合并系统。由于那时的单机容量较小，主厂房的最高处在40m以下，因此，生活、消防给水合并系统既能满足生活用水又能保证消防用水。20世纪70年代之后，大容量机组相继出现，消防水压逐渐升高，如元宝山电厂一期锅炉房高达90m，消防水压达117.6×10^4Pa（$120mH_2O$）。另一方面，我国所生产的卫生器具部件承压能力在58.8×10^4Pa（$60mH_2O$）静水压力时就会遭受不同程度的损坏或漏水，如某发电厂，水泵压力达到70.56×10^4Pa（$72mH_2O$）左右时，给水龙头因压力过高而脱落。因此，根据我国国情，当消防给水计算压力超过68.6×10^4Pa（$70mH_2O$）时，宜设独立的消防给水系统。在设计发电厂消防系统时可参考表3的主厂房各层高度，确定是生活、消防合并给水系统还是独立的高压消防给水系统。

表3 主厂房各层高度（参考数值）

机组（MW）	汽机房屋顶（m）	锅炉房屋顶（m）	煤仓间屋顶（m）	运行层（m）	除氧层（m）	运煤皮带层（m）
50	19	37	<30	8	20	23
100	22～24	45	30	8	20～23	32
200	30～34	55～64	43	10	20～23	32
300	33～39	57～80	56	12	23	40
600	36～39	80～89	58	14	36	45

7.1.3 系原规范第6.1.3条的修改。

根据建规，高层工业建筑的高压或临时高压给水系统的压力，应满足室内最不利危险点消火栓设备的压力要求，本次修订规定了消防水量达到最大，在电厂内的任何建筑物内的最不利点处，水枪的充实水柱不应小于13m。在计算消防给水压力时，消火栓的水带长度应为25m。通常，主厂房为电厂的最高建筑，系统设计压力的确定应该尤其关注主厂房内的消火栓的布置，合理选取最不利点。

7.1.4 系原规范第6.1.4条的修改。

从目前情况看，燃煤电厂的机组数量、机组容量及占地面积将在不远的将来超过一次火灾所限定的条件。因此，电厂消防用水量应该按火灾的次数加上一次火灾最大用水量综合考虑。一次灭火水量应为建筑物室外和室内用水量之和，系指建筑物而言，不适用于露天布置的设备。

7.1.5 系原规范第5.8.1条的修改。

消火栓灭火系统是工业企业中最基本的灭火系统，也是一种常规的、传统型的系统。无论机组容量大小，消火栓系统应该作为火力发电厂的基础性首选消防设施配备。

根据我国50年来小机组发电厂的运行经验、对小型机组火力发电厂消防设计技术的设计总结及对火灾案例的分析，50MW机组及以下的小机组电厂，可以消火栓灭火系统为主要灭火手段，不必配置固定自动灭火系统。而大型火力发电厂，既要设置消火栓给水系统，又要配备其他固定灭火系统。

针对火力发电厂，消火栓系统与自动喷水系统分开设置，将给厂区管路布置，厂房内布置带来很大困难，投资也将大幅增加，按600MW级机组计算，大约要增加近200万元投资。国内电厂多年来是按照二者合并设置设计的，至今没有出现过由此引发的消防事故，考虑到火力发电厂自身的特点，水源、动力有可靠保证，消火栓系统与自动喷水灭火系统、水喷雾灭火系统管网合并设置并共用消防泵，符合我国国情，技术上是可行的，经济上也是合理的。因此允许两个消防管网合并设置。

需要说明的是，本条如此规定，并不排斥二者分开设置，如果电厂条件允许，也可以将二者分开设置。

7.1.6 系原规范第5.8.2条的修改。

所谓的机组容量，系指单台机组容量。原规定50～125MW机组的若干场所宜设置火灾自动报警系统。近些年，135MW机组电厂上马不少，其与125MW机组容量接近，属于一个档次。故将原范围略加扩大，避免了125MW与200MW机组之间规定的空白。除此之外，随着我国国力的上升，小机组电厂的消防水平有了明显的提高，主要表现在自动报警系统的普遍设置及标准的提高。强制要求这个范围的电厂设置自动报警系统，符合国情及消防方针，增加投资不多，在当前经济发展的形势下，已经具备了提高标准的条件，也是电厂自身安全所需要的。

7.1.7 系原规范第5.8.5条的修改。

总结我国电力系统多年来的设计经验，根据我国的技术、经济状况，作了本条的规定。随着国民经济的发展，国家综合实力的提高，在200MW机组级的电厂，适当提高报警系统的水平，符合消防方针的要求。为此，在控制室等重要场所增加了极早期报警系统。高灵敏型吸气式感烟探测器相对于传统的点式探测器具有更灵敏、发现火情早的优点。我国已在制定针对吸气式感烟探测器的国家标准（GB 4717.5）。

根据运煤系统建筑的环境特点，本规范规定了采用缆式感温探测器。根据近年来的火灾实例、消防实践及试验，缆式模拟量感温探测器在反应速度上要优于缆式开关量感温探测器，有条件时，应尽量选用缆式模拟量感温探测器，并采取悬挂式布设，以及早发现火灾并方便电缆的安装维护。

7.1.8 系原规范第5.8.6条的修改。

表7.1.8中，给出了一种或多种固定灭火系统的形式，可从中任选一种。鉴于发电厂单机容量的不断增大，火灾危险因素增加，1985年开始，电力系统便积极探索我国大机组发电厂的主要建筑物和设备的火灾探测报警与灭火系统的模式。我国发电厂的消防技术在1985年之前同发达国家相比，差距很大。其原因，一是我国是发展中国家，在设计现代化消防设施时不能不考虑经济因素，二是电力系统的设计人员对现代消防还不太熟悉，三是我国的火灾探测报警产品还满足不了大型发电厂特殊环境的需要。因此，从1986年开始，电力系统的设计部门进行了较长时间标准制定的准备工作，包括编制有关技术规定。东北电力设计院结合东北某电厂、华北电力设计院结合华北某电厂进行了2×200MW机组主厂房及电力变压器水消防通用设计工作。该通用设计总结了我国大机组发电厂的消防设计经验，对我国引进的美国、日本、英国及前苏联等国家的发电厂消防设计技术进行了消化。结合我国国情，使我国发电厂的消防设计上了一个新台阶。进入21世纪后，国内外消防产业的发展有了长足的进步，新技术、新产品层出不穷。已经有很多国内外的产品、技术在我国火电厂中得以应用。在近十年的实践中，电力行业消防应用技术已经积累了大量成熟丰富的经验。

1 原条文中规定电子设备间等处采用卤代烷灭火设施，主要是指"1211"、"1301"灭火设施。众所周知，1971年美国科学家提出氯氟烃类释放后进入大气层，由于它的化学稳定性，会从对流层浮升进入平流层(距地球表面25～50km区)，并在平流层中破坏对地球起屏蔽紫外线辐射作用的臭氧层。1987年9月联合国环境规划署在蒙特利尔会议上制定了限制对环境有害的五种氯氟烃类物质和三种卤代烷生产的《蒙特利尔议定书》。根据《蒙特利尔议定书》修正案，技术发达国家到公元2000年将完全停止生产和使用氟利昂、卤代烷和氯氟烃类，人均消耗量低于0.3kg的发展中国家，这一限期可延迟至2010年。我国的人均消耗低于0.3kg。因此。卤代烷灭火系统可以使用至2010年。出现这一情况后，国内设计人员不失时机地进行了替代气体的应用探索与设计实践，目前，卤代烷已经基本停止应用。鉴于目前工程实际应用的情况并依据公安部《关于进一步加强哈龙替代品及其替代技术管理的通知》，本条文规定，在电子设备间等场所，使用固定式气体灭火系统。这些气体的种类较多，如IG541、七氟丙烷、二氧化碳(高、低压)、三氟甲烷及氮气等。可以根据工程的具体情况，酌情选择。目前，在国内应用比较普遍的是IG541、七氟丙烷及二氧化碳。

2 近年来，控制室的设置，已经随着科学技术的发展，发生了很大的变化。在控制室内，基本上已经淘汰了传统的盘柜，取而代之的是大屏幕监视装置以及计算机终端，可燃物大为减少。考虑到控制室是24小时有人值班，所以，在控制室有条件取消也没有必要设置固定气体灭火系统。配备灭火器即能应对极少可能发生的零星火灾。

3 多年的实践表明，水喷淋在电缆夹层的应用存在较多问题，如排水、系统布置困难等。面临当前诸多灭火手段，不能局限于自动喷水的方式。细水雾是近几年国际上以及国内备受关注的技术，其突出特点是用水量少，便于布置，灭火效率较高。在国内冶金行业的电缆夹层、电缆隧道已经取得多项业绩。本次修订针对电缆夹层增加了水喷雾、细水雾等灭火形式。其他灭火方式，如气溶胶(SDE)、超细干粉灭火装置亦有应用实例。

4 汽机贮油箱的布置有室内和室外两种形式。当其布置在室内时，其火灾危险性与汽轮机油箱相类同，因此，应为其配备相应的消防设施。

5 据了解，国内相当多的电厂的原煤仓设有消防设施，形式多样，以二氧化碳居多。美国NFPA850，建议采用泡沫和惰性气体(如二氧化碳及氮气)，而不推荐采用水蒸气。考虑到布置的方便及操作的安全，本规范规定采用惰性气体。

6 目前，随着生活水平的提高，一些电厂(尤其是南方)办公楼的内部设施相当完善，具有集中空调的屡见不鲜。按照《建筑设计防火规范》，规定了设置有风道的集中空调系统且建筑面积大于3000m^{2}的办公楼，应设自动喷水系统。

7 就电厂整体而言，消防的重点在主厂房，而主厂房的要害部位为电子设备间、继电器室等。大机组电厂的这些场所应配置固定灭火系统，根据我国国情，以组合分配气体灭火系统为宜。对于主厂房比较分散的场所，如高低压配电间、电缆桥架交叉密集处、主厂房以外的运煤系统电缆夹层及配电间等，可以采取灵活多样的灭火手段，如悬挂式超细干粉灭火装置、火探管式自动探火灭火装置及气溶胶灭火装置等。

火探管式自动探火灭火装置是一种新型的灭火设备，可由传统的气体灭火系统对较大封闭空间的房间保护改为直接对各种较小封闭空间的保护，特别适宜于扑救相对密闭、体积较小的空间或设备火灾，在这类场所，火探管式自动探火灭火装置与传统固定式组合分配式气体灭火系统相比，有如下优点：

1)灭火的针对性、有效性强。火探管式自动探火灭火装置是将火探管直接设置在易发生火灾的电子、电气设备内，并将其直接作为火灾探测元件，特别是直接式火探管式自动探火灭火装置还将火探管作为灭火剂喷放元件，利用火探管对温度的敏感性，在160℃的温度环境下几秒至十几秒钟内，靠管内压力的作用，火探管自动爆破形成喷射孔洞，将灭火剂直接喷射到火源部位灭火。它反应快速、准确，灭火剂释放更及时，灭火的针对性和有效性更强，将火灾控制在很小的范围内，是一种早期灭火系统。而传统的固定式气体灭火系统需要等到火势已经很大才能对整个房间或大空间进行灭火。

2)系统简单、成本低。火探管式自动探火灭火装置不需要设置专门的储瓶间，占地面积小。系统只依靠一条火探管及一套灭火剂瓶、阀，利用自身储压就能将火灾扑灭在最初期阶段。无需电源和复杂的电控设备及管线。系统大大简化，施工简单，节约了建筑面积，可降低工程造价。

3)灭火剂用量小。传统固定式气体灭火系统把较大封闭空间的房间作为防护区，而火探管式自动探火灭火装置只将较大封闭空间的房间里体积较小的变配电柜、通信机柜、电缆槽盒等被保护的电子、电器设备作为防护区。灭火剂的用量大为减少，降低了一次灭火的费用。

4)安全、环保。由于这种灭火装置是将灭火剂释放在有封闭外壳的机柜里，无论选用规范允许的哪一种灭火剂，即使稍有毒性，对现场人员的影响较小，危害减至最低，无需人员紧急疏散；同时，由于灭火剂用量大大减少，减小了对环境的污染。

目前，这种装置在山西的一些大机组电厂的电子设备间、配电间、电缆竖井等场所已经有应用。山西省已经为此编制了有关地方标准。

8 吸气式感烟探测器虽然具有早期报警的优点，但对于环境具有湿度的要求，具体工程中应结合产品要求及场所的实际情况决定如何采用。

9 据统计，各个行业电缆火灾均占较大比重，发电厂厂房内外电缆密布，火灾频发，损失较大。电缆的结构型式多为塑料外层，火灾具有发展迅速、扑救困难的特点，具有相当大的火灾危险性。针对电缆火灾危险区域应当选择适应性强的消防报警设施。火灾初期，有大量烟雾发生。因此，规定在电缆夹层应该优先选用感烟探测器。根据现行国家标准《火灾自动报警系统设计规范》的相关规定和以往的使用经验，缆式线型感温探测器是电缆架设场所一种适宜、可靠的探测报警系统，该规范规定"缆式线型定温探测器在电缆桥架或支架上设置时，宜采用接触式敷设"。目前随着消防技术的发展，缆式线型感温探测器已发展出模拟量型差温、差定温等特性，由于这些产品具有反映温升速率、早期发现火灾等特点，用于非接触式敷设的场所，有效性更高，可突破传统的接触式布设的局限，架空布置，为电缆的维护提供了方便条件。另外，由于缆式线型差定温探测器属复合型探测器，用于设置自动灭火系统的场所，可直接提供灭火设施启动联动信号。

根据国内一些单位的模拟试验，固体火灾采用开关量缆式线型感温电缆在悬挂安装时响应时间很长，反之模拟量缆式线型感温探测器（定温或差温）则具有灵敏的响应，尤其适用于运动中的运煤皮带火灾监测。

10 原规范运煤栈桥的灭火设施规定，燃烧褐煤或高挥发分煤且栈桥长度超过 200m 者，需要设置自动喷水灭火系统。近年来的工程实践表明，大机组的燃煤电厂多超出原规范的限制，即无论栈桥长度多少，只要符合煤种条件便配置自动喷水或水喷雾灭火系统，考虑到我国目前的经济实力，运煤系统的重要性，本次修订取消了栈桥长度方面的限制。

11 据调查，我国火电厂 1965 年到 1979 年间的 1000 多台变压器（大部分容量在 31.5MV·A 以上），变压器的线圈短路事故率为 0.117 次/（年·台），其中发展成火灾事故的仅占总数的 4.45%，即火灾事故率约为 0.0005 次/（年·台）。又根据水电部的资料，从 20 世纪 50 年代初到 1986 年底，水电部所属的 35kV 及以上的变电站在此期间调查到的变压器火灾事故共几十起，按这些数据来计算，火灾事故率为 0.0002～0.0004 次/（年·台）。这说明，我国电力部门的主变压器火灾事故率低于 0.005 次/（年·台）。另据调查，20 世纪末，我国 220kV 及以上变压器，每年投产在 200～300 台。发生火灾的台数 5 年间为 8 台，火灾事故率较低。若今后按每 5 年全国投运变压器 1500 台计算，则这期间至多有 8 台变压器发生火灾，设备的损失费（按修复费用每台 30 万元计）将为 240 万元。至于间接损失，实际上当变压器发生火灾之后变压器遭到损坏，其不能继续运行，采用消防保护和不保护其损失是一样的，采用消防保护的最终结果是防止火灾蔓延。基于此，考虑到火电厂水消防系统的常规设置，火电厂变压器的灭火设施应以水喷雾灭火系统为主。近年来，国内在引进消化国外产品的基础上，有多家企业研制了变压器排油注氮灭火装置，深圳的华香龙公司则推出了具有防爆防火、快速灭火多项功能于一体的新一代产品，获得了许多用户的青睐，我国大型变压器已开始使用（经国家固定灭火系统和耐火构件质量监督检验测试中心检测，其灭火时间小于 2min，注氮时间为 30min）。变压器防爆防火灭火装置的突出特点是可以有效防止火灾的发生，避免重大损失。这种装置在国际上已经广泛采用，单是法国的瑟吉公司就已在 20 多个国家安装了"排油注氮"灭火设备 5000 多台。目前，这项技术已经趋于成熟，相应的标准也在制定中。当业主需要或因其他特殊原因需要时，可以采用这种装置，但要经当地消防部门认可。据调查，需要注意的是，变压器火灾后大部分有箱体开裂现象，一旦火灾发生油从箱体开裂处喷出，在变压器外部燃烧，该装置将不能对其发挥作用，需要采取其他手段防止火灾的蔓延。应用时要注意把握产品的质量，必须使用经国家检测通过且有良好应用业绩的产品。变压器的灭火系统采用水喷雾灭火系统还是其他灭火系统，应经过技术经济比较后确定。

12 回转式空气预热器往往由设备生产厂自行配套温度检测和内部水灭火设施，因此，在设计时要注意设计与制造的联系配合，根据制造厂的水量要求提供消防水管路的接口。

13 为将传统的烟感探测器区别于吸气式感烟探测装置，在表中将各种点型烟感探测器统称为"点型烟感"；此外表中不加限制条件的"感烟"和"感温"是广义的探测形式，可自行选择。

14 针对电缆竖井等处采用的"灭火装置"，系指各种可用的小型灭火装置，其中包括悬挂式超细干粉灭火装置。

7.1.9 新增条文。

《火力发电厂设计规程》规定，与运煤栈桥连接的建筑物应设水幕，为此，本条文作了相应的规定。

7.1.10 新增条文。

运煤系统是燃煤电厂中相对重要的系统。其建筑物为钢结构者愈来愈多。针对钢结构的传统做法是涂刷防火涂料，这样的结果是造价甚高，大机组电厂将达数百万，而且使用效果并不理想。从电厂全局出发，为降低防火措施的造价，采取主动灭火措施（如自动喷水或水喷雾的系统）是必要的，因此根据火电厂消防设计的实践，取消了原规范第 4.3.12 条，提高了灭火设施的标准。本条规定适用于各种容量的电厂，凡采用钢结构的运煤系统各类建筑，如栈桥、转运站、碎煤机室等消防设计均应执行本条规定。

7.1.11 系原规范第 5.8.7 条的修改。

机组容量小于 300MW 的火电厂，其变压器容量可能超过 90MV·A，因此这些变压器也要设置火灾自动报警系统、水喷雾或其他灭火系统。

7.2 室外消防给水

7.2.1 系原规范第 6.2.1 条的修改。

我国发电厂的厂区面积一般都小于 1.0km^2，电厂所属居民区的人口都在 1.5 万人以下，而且电厂以燃煤为主。建国以来电厂的火灾案例表明，一般在同一时间内的火灾次数为一次。然而，近年来，国内大容量电厂逐渐增多，黑龙江鹤岗电厂三期建成后全厂总占地面积可达 127ha，将超出《建筑设计防火规范》限定的 100ha。这种情况下，同一时间的火灾次数如果仍限定在 1 次，显然是不合理的。一旦全厂同一时间火灾次数达到 2 次，室外消防用水量将增大，为避免投资过大，消防设施的规模与系统的布置型式，消防给水系统按机组台数分开设置还是合并设置，应该经技术经济比较确定。

电厂的建设一般分期进行，厂区占地面积也是逐渐扩大的，新厂建设时同时考虑远期规划并配置消防给水系统是不现实的，电厂初建时占地面积小，同一时间火灾次数可为 1 次，随着电厂规模的逐渐扩大，达到一定程度时同一时间火灾次数极可能升为 2 次，于是，扩建厂的消防给水系统往往需要在老厂已有消防设施的基础上增容新建消防给水系统。最终全厂的总消防供水能力应能满足电厂两座最大建筑（包括设备）同时着火需要的室内外用水量之和。为充分利用电厂已有设施，新老厂的消防系统间宜设置联结。

7.2.2 系原规范第 6.2.2 条的修改。

电厂的主厂房体积较大，一般都超过 50000m^3，其火灾的危险性基本属于丁、戊类。

据公安部对我国百余次火灾灭火用水统计，有效扑灭火灾的室外消防用水量的起点流量为 10L/s，平均流量为 39.15L/s。为了保证安全和节省投资，以 10L/s 为基数，45L/s 为上限，每支水枪平均用水量 5L/s 为递增单位，来确定电厂各类建筑物室外消火栓用水量是符合国情的。汽机房外露天布置的变压器，周围通常布置有防火墙，达到一定容量者，将设有固定灭火设施，为其考虑消火栓水量，旨在用于扑救流淌火焰，按照两支水枪计算，一般在 10L/s。

火电厂中，主厂房、煤场、点火油罐区的火灾危险性较大，灭火的主要介质也是水，因此，有必要在这些区域周围布置环状管网，增加供水的可靠性。

根据《石油库设计规范》GB 50074，单罐容量小于 5000m^3 且罐壁高度小于 17m 的油罐，可设移动式消防冷却水系统。火力发电厂点火油罐最大不超过 2000m^3，所以作此规定。

据了解，燃煤电厂煤场的总贮量基本都在 5000t 以上，所以统一规定贮煤场的消防水量为 20L/s。

7.3 室内消火栓与室内消防给水量

7.3.1 系原规范第 6.3.1 条的修改。

火力发电厂为工业建筑，为了便于操作，根据各建筑的内部情况和火灾危险性，明确了设置室内消火栓的建筑物和场所。见表4。在电气控制楼等带电设备区，应配置喷雾水枪，增强消防人员的安全性。

集中控制楼内，消火栓布置往往受到建筑物平面布置的限制，为了保证两股水柱同时到达着火点，允许在封闭楼梯间同一楼层设置两个消火栓或双阀双出口消火栓。

主厂房电梯一般设于锅炉房，因而规定在燃烧器以下各层平台（包括燃烧器各层）应设置室内消火栓。

表4　建(构)筑物室内消火栓设置

建(构)筑物名称	耐火等级	可燃物数量	火灾危险性	室内消火栓	备注
主厂房（包括汽机房和锅炉房的底层、运转层；煤仓间各层；除氧间层；燃烧器及以下各层平台和集中控制楼楼梯间）	二级	多	丁	设置	
脱硫控制楼	二级	多	戊	设置	
脱硫工艺楼	二级	少	戊	不设置	
吸收塔	二级	少	戊	不设置	
增压风机室	二级	少	戊	不设置	
吸风机室	二级	少	丁	不设置	
除尘构筑物	二级	少	丁	不设置	
烟囱	二级	少	丁	不设置	
屋内卸煤装置，翻车机室	二级	多	丙	设置	
碎煤机室，转运站及配煤楼	二级	多	丙	设置	
筒仓皮带层，室内贮煤场	二级	多	丙	设置	
封闭式运煤栈桥，运煤隧道	二级	多	丙	不设置	特殊环境，无法操作
解冻室	二级	多	丙	设置	
卸油泵房	二级	多	丙	设置	
集中控制楼（主控制楼、网络控制楼），微波楼，继电器室	二级	多	戊	设置（配雾状水枪）	
屋内高压配电装置（内有充油设备）	二级	多	丙	设置（配雾状水枪）	
油浸变压器室	一级	多	丙	不设置	无法操作，设置在油浸变压器室外
岸边水泵房、中央水泵房	二级	少	戊	不设置	
灰浆、灰渣泵房	二级	少	戊	不设置	
生活消防水泵房	二级	少	戊	不设置	
稳定剂室、加药设备室	二级	少	戊	不设置	
进水、净水建(构)筑物	二级	少	戊	不设置	
自然通风冷却塔	三级	少	戊	不设置	
化学水处理室、循环水处理室	二级	少	戊	不设置	
启动锅炉房	二级	少	丁	不设置	
油处理室	二级	多	丙	设置	
供氢站，贮氢罐	二级	多	甲	不设置	不适合用水
空气压缩机室（有润滑油）	二级	少	戊	不设置	
柴油发电机房	二级	多	丙	设置	
热工、电气、金属实验室	二级	少	丁	不设置	
天桥	二级	无	戊	不设置	
油浸变压器检修间	二级	多	戊	设置	
排水、污水泵房	二级	少	戊	不设置	
各分场维护间	二级	少	戊	不设置	
污水处理构筑物	二级	少	戊	不设置	
生产、行政办公楼（各层）	二级	少	戊	设置	
一般材料库	二级	少	戊	设置	
特殊材料库	二级	多	乙	设置	
材料库棚	二级	少	戊	不设置	
机车库	二级	少	丁	不设置	
汽车库、推煤机库	二级	少	丁	设置	
消防车库	二级	少	丁	设置	
电缆隧道	二级	多	丙	不设置	无法使用
警卫传达室	二级	少		不设置	
自行车棚	二级	无		不设置	

7.3.2　新增条文。规定了不设置室内消火栓的建筑物和场所。

7.3.3　系原规范第6.3.2条的修改。根据现行国家标准《建筑设计防火规范》，控制楼等建筑比照科研楼考虑，当控制楼与其他行政、生产建筑合建时，亦应按控制楼设计消防水量。

7.4　室内消防给水管道、消火栓和消防水箱

7.4.1　系原规范第6.4.1条的修改。

火电厂主厂房属高层工业厂房，其建筑高度参差不齐，布置竖向环管很困难。为了保证消防供水的安全可靠，规定在厂房内应形成水平环状管网，各消防竖管可以从该环状管网上引接成枝状。

消防水与生活水合并的管网，消防水量可能受生活水的影响，为此，二者合并的，应设水泵结合器。一般而言，水泵结合器的作用是当室内消防水泵出现故障时，通过水泵结合器由室外向室内供水，另一个主要作用，当室内消防水量不足时，由其向室内增加消防水量，前提是消防车从附近的室外消火栓或消防水池吸水（建规对于水泵结合器与室外消火栓的距离有要求）。火电厂的消防，基本上立足于自救，消防水泵房独立于主厂房之外，双电源或双动力，泵有100%的备用，因此，几乎不存在因建筑物室内火灾导致消防泵瘫痪的可能。其次，室外消火栓的消防水，来自于电厂厂区独立的消防给水管网，消防泵的压力按最不利条件设置，系统流量按最大要求计算，只要消防水泵不出故障，系统压力与流量就有保证，不需要采用消防车加压补水，即便消防车从室外消火栓上吸水加压，仍然是从系统上取水再打回系统，没有必要。一旦消防水泵全部故障，室外消火栓也将无水可取，水泵结合器将为虚设。因此，根据火力发电厂的实际情况，主厂房的消防水系统若为独立系统，可不设水泵结合器。

本条第5款，系针对消火栓管网与自动喷水系统合并设置而作出的规定。

7.4.2　系原规范第6.4.2条的修改。

消火栓是我国当前基本的室内灭火设备。因此，应考虑在任何情况下均可使用室内消火栓进行灭火。当相邻一个消火栓受到火灾威胁不能使用时，另一个消火栓仍能保护任何部位，故每个消火栓应按一支水枪计算。为保证建筑物的安全，要求在布置消火栓时，保证相邻消火栓的水枪充实水柱同时到达室内任何部位。600MW机组，主厂房最危险点的高度，大约在50～60m。考虑消防设备的压力及各种损失，消防泵的出口压力可近1.0MPa。如果竖向分区，那么将使系统复杂化，实施难度大。美国NFPA14规定，当每个消火栓出口安装了控制水枪的压力装置时，分区高度可以达到122m，根据我国消防器材、管件、阀门的额定压力情况，自喷报警阀、雨淋阀的工作压力一般为1.2MPa，而普通闸阀、蝶阀、球阀及室内消火栓均能承受1.6MPa的压力。国内的减压阀，也能承受1.6MPa的入口压力。《自动喷水灭火系统设计规范》规定，配水管路的工作压力不超过1.2MPa。国内其他行业也有消防给水管网压力为1.2MPa的标准规定。综上，将压力分区提高到1.2MPa是可行的。这样既可简化系统，减少不安全因素，又可合理降低工程造价。当然，在消防管网上的适当位置需要采取减压措施，使得消火栓入口的动压小于0.5MPa。在低区的一定标高处设置减压阀，是国内一些工程普遍采取的手段。原规范限定

的0.8MPa与0.5MPa是两个概念，前者目的是预防消防设施因水压过大造成损坏，后者是防止水压过大，消防队员操作困难。消火栓静水压力提高到1.2MPa后，系统设计的关键是防止消火栓栓口压力过高，可采用减压孔板、减压阀或减压稳压消火栓。当采用减压阀减压时，应设备用阀，以备检修用。

主厂房内带电设备很多，直流水枪灭火将给消防人员人身安全带来威胁。美国NFPA850规定，在带电设备附近的水龙带上应装设可关闭的且已注册用于电气设备上的水喷雾水枪。我们国内已有经国家权威部门检测过的喷雾水枪，这种水枪多为直流、喷雾两用，可自由切换，机械原理可分为离心式、机械撞击式、簧片式，其工作压力在0.5MPa左右。

本条还根据建规增加了水枪充实水柱的规定。

考虑到火电厂多远离城市，运行人员对于消火栓的使用能力有限，而消防软管易于操作，故本次修订强调消火栓箱应配备消防软管卷盘，这对于控制初期火灾将具有积极而重要的意义。

7.4.3 系原规范第6.4.3条的修改。

消防水箱设置的目的，源于火灾初期由于某种原因消防管网不能正常供水。根据《建筑设计防火规范》，为安全起见，有条件情况下，宜设消防水箱。

管网能否供水，除管路能正常通流外，主要取决于消防水泵能否正常运行。火电厂在动力的提供保障上相对其他行业具有得天独厚的优势。它既能提供双回路电源，又能配备柴油发动机。按照国际上的通行做法，设置了电动泵及柴油发动机驱动泵的，再有双格蓄水池者，可视为双水源；设置了双水源，即可不设置高位水箱。国内近十几年绝大多数电厂设置了俗称为稳高压的消防给水系统（不设高位水箱），运行实践表明该系统在火电厂是适用的。事实上，在火电厂设置高位水箱由于各种原因存在很大难度。鉴于此，当设置高位水箱确有困难时，可以取消，但是，消防给水系统必须符合规范规定的各项要求。这些要求归结起来，很重要的一点是配备有稳压泵。考虑到安全贮备，稳压泵应设备用泵。正常情况下，稳压泵用于弥补管网的漏失水量，因此，稳压泵的出力应通过漏失水量计算确定。但是，对于新建厂，影响漏失量的因素很多，很难计算确定，至少应按不低于满足1支消防水枪的能力选择泵。国内已经投运的部分电厂的经验表明，消防管网漏失量较大，配备更大流量的稳压泵也是可能的，设计时可酌情确定。根据国内消防业的大量实践，稳压泵的额定压力往往高于消防泵的额定压力，约为1.05倍。

煤仓间的运煤皮带头部，通常设有水幕。这里将是主厂房消防设施的最高点。因此，如果设置了高位消防水箱就必须保证该处的消防水压，因此需要设置在煤仓间转运站的上方，才能满足各消防设施的水压要求。

7.5 水喷雾与自动喷水灭火系统

7.5.1 新增条文。

变压器的水喷雾安装，要特别注意灭火系统的喷头、管道与变压器带电部分（包括防雷设施）的安全距离。

7.5.2 新增条文。

寒冷地区，为了防止变压器灭火后水喷雾管管内水结冰，必须迅速放空管路，确保水喷雾系统保持空管状态。其放空阀设置在室内、外可根据管路的敷设形式确定。此外，系统还可利用放空管进行排污。

7.5.3 新增条文。

自动喷水设置场所的火灾危险等级的确定，涉及因素较多，如火灾荷载、空间条件、人员密集程度、灭火的难易以及疏散及增援条件等。

火电厂建筑物内，具有火灾危险性的物质以电缆、润滑油及煤为主。对应于主厂房内自动喷水灭火系统的设置，主要是柴油、润滑油、煤粉、煤及电缆等。

根据近年原国家电力公司的统计，比较大的火灾多属电缆火灾。据统计，1台600MW机组的电缆总长度可达1000km，可见电缆防火的重要性。电厂电缆的防火，历来为电厂运行部门所重视。原国家电力公司曾经专门制定过《防止电力生产重大事故的二十五项重点要求》，其中电缆防火列于首位。目前，普遍采用阻燃电缆，个别地方可能采用耐火电缆，因此电缆的火灾危险性已经有所降低。

在主厂房中，主要的生产用油为汽轮机油（透平油），属润滑油。其闪点（开口）不低于105℃，折合闭杯闪点也在70℃以上，高于国家规定的61℃，属于高闪点油品，不易燃烧，不属于易燃液体。对照国家标准《自动喷水灭火系统设计规范》，它既不属于可燃液体制品，也不属于易燃液体喷雾区。锅炉燃烧器处，虽然可能采用较低闪点的油品，但是往往是少量漏油，构不成严重危险。

运煤系统建筑的火灾危险性为丙类，煤可界定为可燃固体。其中无烟煤的自燃点达280℃以上，褐煤的自燃点为250～450℃。

日本将发电厂定为中危险级。

美国消防协会标准NFPA850建议的自动喷水系统设置场所与喷水强度见表5。

表5 自动喷水系统设置场所与喷水强度[L/(min·m²)]

自喷设置场所	喷水强度值
电缆夹层	12
汽机房油管道	12
锅炉燃烧器	10.2
运煤栈桥	10.2
运煤皮带层	10.2
柴油发电机	10.2

从表5所列数值可看出，美国标准NFPA850略高于我国《自动喷水灭火系统设计规范》。

如何确定自喷设置场所的危险等级，国内没有针对性很强的标准，量化很困难。据调查，国内火电厂的自动喷水设计，绝大部分按照中危险级计算喷水强度。参照《自动喷水灭火系统设计规范》的规定，综合以上因素，确定主厂房内自喷最高危险等级为中Ⅱ级。

7.5.4 新增条文。

运煤栈桥的皮带，行进速度达2m/s以上。一旦发生火灾，在烟囱效应的作用下，蔓延的速度将很快。所以，闭式喷头能否及早动作喷水，对于栈桥的灭火举足轻重。快速响应喷头可以早期探测到火灾并及早动作，有利于火灾的快速扑灭，避免更大损失。国内外均有性能先进的快速响应喷头产品可供选用。

7.5.5 系原规范第6.5.2条的修改。

细水雾灭火系统，具有很好的应用空间。然而，截至目前，尚无细水雾灭火系统设计的国家标准。已经正式颁布执行的地方标准，对于系统的关键性能参数规定不一，多强调要结合工程实际确定具体的性能设计参数。为安全起见，要求细水雾灭火系统的灭火强度和持续时间宜符合现行国家标准《水喷雾灭火系统设计规范》的有关规定。

7.6 消防水泵房与消防水池

7.6.1 系原规范第6.6.1条。

消防水泵房是消防给水系统的核心，在火灾情况下应能保证正常工作。为了在火灾情况下操作人员能坚持工作并利于安全疏散，消防水泵房应设直通室外的出口。

7.6.2 系原规范第6.6.2条的修改。

为了保证消防水泵不间断供水，一组消防工作水泵（两台或两台以上，通常为一台工作泵，一台备用泵）至少应有两条吸水管。当其中一条吸水管发生破坏或检修时，另一条吸水管应仍能通过

100%的用水总量。

独立消防给水系统的消防水泵、生活消防合并的给水系统的消防水泵均应有独立的吸水管从消防水池直接取水，保证火场用水。当消防蓄水池分格设置时，如有一格水池需要清洗时，应能保证消防水泵的正常引水，可设公用吸水井、大口径公用吸水管等。

7.6.3 系原规范第6.6.3条。

为使消防水泵能及时启动，消防水泵泵腔内应经常充满水，因此消防水泵应设计成自灌式引水方式。如果采用自灌式引水方式有困难而改用高位布置时，必须具有迅速可靠的引水装置，但要特别注意水泵的快速出水。国内沈阳耐蚀合金泵厂的同步排吸泵能保证1s内出水，这样既可节约占地又能节省投资，重要的是，还能做到水池任意水位均能启动出水。

7.6.4 系原规范第6.6.4条的修改。

本条规定了消防水泵房应有两条以上的出水管与环状管网直接连接，旨在使环状管网有可靠的水源保证。当采用两条出水管时，每条出水管均应能供应全部用水量。泵房出水管与环状管网连接时，应与环状管网的不同管段连接，以确保安全供水。

为了方便消防泵的检查维护，规定了在出水管上设置放水阀门、压力及流量测量装置。为防水锤对系统的破坏，在出水管上，推荐设置水锤消除装置。近年来国内很多工程（包括市政系统）在泵站设置了多功能控制阀。为了防止系统的超压，本条还规定系统应设置安全泄压装置（如安全阀、卸压阀等）。

7.6.5 系原规范第6.6.5条的修改。

为了保证不间断地向火场供水，消防泵应设有备用泵。当备用泵为电力电源且工作泵为多台时，备用泵的流量和扬程不应小于最大一台消防泵的流量和扬程。

根据电力行业有关规定及火电厂的实际情况，火电厂能够满足双电源或双回路向消防水泵供电的要求。但是，客观上，无论火电厂的机组容量多大，机组数量多少，均存在全厂停电的可能性。火电厂多远离市区，借助城市消防能力极为困难。为了在全厂停电并发生火灾时消防供水不致中断，考虑我国小于125MW机组的电厂严格限制建设的实际，规定125MW机组以上的火电厂宜配备柴油机驱动消防泵，而且其能力应为最大消防供水能力。通常柴油机消防泵的数量为1台。

7.6.6 系原规范第6.2.5条的修改。

《建筑设计防火规范》规定消防水池大于$500m^3$应分格。燃煤电厂消防水池的容积至少为$500m^3$。目前，600MW机组消防水池容量可达$1000m^3$。考虑电厂消防给水供水的重要性，规定容量大于$500m^3$的消防水池应分格，便于水池的清洗维护，增强水池的供水可靠性。为在任何情况下能保证水池的供水，规定两格水池宜设公用吸水设施，使得水池清洗时不间断供水。

7.6.7 新增条文。

据了解，利用冷却塔作为消防水源已有实例。冷却塔内水池容量很大，水质也较好，有条件作为消防蓄水池。但必须保证冷却塔检修放空不间断消防供水。因此，强调当利用冷却塔作为水源时，其数量应至少为两座，并均有管（沟）引向消防水泵吸水井。

7.6.8 系原规范第6.6.6条的修改。文字略有调整。

7.6.9 新增条文。对于消防水泵房的建筑设计要求。

7.7 消防排水

7.7.1 系原规范第6.8.1条。消防排水、电梯井排水与生产、生活排水应统一设计。

消防排水是指消火栓灭火时的排水，可进入生产或生活排水管网。

7.7.2 系原规范第6.8.2条。

关于变压器、油系统等设施消防排水的规定。变压器、油系统的消防给水流量很大，而且消防排水中含有油污，造成污染；此外变压器、油系统发生火灾时有燃油溢（喷）出，油火在水面上燃烧，因此，这种消防排水应单独排放。为了不使火灾蔓延，排水设施上还要加设水封分隔装置。

7.8 泡沫灭火系统

7.8.1 新增条文。

燃煤火电厂点火油均为非水溶性油。按《低倍数泡沫灭火系统设计规范》及《高倍数、中倍数泡沫灭火系统设计规范》，低倍数泡沫、中倍数泡沫灭火系统均适用于点火油罐的灭火。目前，国内电厂的油罐灭火以低倍数泡沫灭火系统居多。其他灭火方式，如烟雾灭火，也适用于油罐，但在电力系统中应用较少，使用时需慎重考虑。

7.8.2 新增条文。根据《石油库设计规范》的要求，结合燃煤电厂的工程实践规定了泡沫灭火系统的型式及适用条件。

7.8.3 新增条文。规定了泡沫灭火系统的计算、布置原则。

7.9 气体灭火系统

7.9.1 新增条文。

虽然火电厂原设置1301系统的场所未被列为非必要性场所，但是，近年来，1301气体灭火系统在电厂的应用已经趋于终止。随着卤代烷在中国停止生产的日期的临近，其替代产品及技术不断涌现，国内电力工程建设也有了大量的实践。公安部2001年“关于进一步加强哈龙替代品及其替代技术管理的通知”列出的哈龙替代品的介质很多，如IG-541、七氟丙烷、二氧化碳、细水雾、气溶胶、三氟甲烷及其他惰性气体等。国内电力行业使用IG-541、七氟丙烷及二氧化碳为最多。这些替代品，各有千秋。七氟丙烷不导电，不破坏臭氧层，灭火后无残留物，可以扑救A（表面火）、B、C类和电气火灾，可用于保护经常有人的场所，但其系统管路长度不宜太长。IG-541为氩气、氮气、二氧化碳三种气体的混合物，不破坏臭氧层，不导电、灭火后不留痕迹，可以扑救A（表面火）、B、C类和电气火灾，可以用于保护经常有人的场所，为很多用户青睐，但该系统为高压系统，对制造、安装要求非常严格。二氧化碳分为高压、低压两种系统，近年来，低压系统应用相对普遍。二氧化碳灭火系统，可以扑救A（表面火）、B、C类和电气火灾，不能用于经常有人的场所。低压系统的制冷及安全阀是关键部件，对其可靠性的要求极高。在二氧化碳的释放中，由于干冰的存在，会使防护区的温度急剧下降，可能对设备产生影响。对释放管路的计算和布置、喷嘴的选型也有严格要求，一旦出现设计施工不合理，会因干冰阻塞管道或喷嘴，造成事故。

气溶胶灭火后有残留物，属于非洁净灭火剂。可用于扑救A（表面火）、部分B类、电气火灾。不能用于经常有人、易燃易爆的场所。使用中要特别注意残留物对于设备的影响。火电厂的电子设备间、继电器室等，属于电气火灾，设备也是昂贵的，因此，灭火介质以气体为首选。各种哈龙替代物系统的灭火性能不同，造价也有较大差别，设计单位、使用单位应该结合工程的实际，经技术经济比较综合确定气体灭火系统的型式。

7.9.2 新增条文。

目前，针对哈龙替代气体的国家标准已经颁布（如《气体灭火系统设计规范》）。过去，气体的备用量如何考虑，各个使用单位很多是参照已有的国家标准比照设定。针对IG-541、七氟丙烷，广东省的地方标准规定，用于需不间断保护的，超过8个防护区的组合分配系统，应设置100%备用量。针对三氟甲烷，北京地方标准（报批稿）规定，用于需不间断保护防护区灭火系统和超过8个防护区组成的组合分系统，应设100%备用量。陕西省地方标准，《洁净气体IG-541灭火系统设计、施工、验收规范》，原则与前述一样。上海市《惰性气体IG-541灭火系统技术规程》规定，当防护区为不间断保护的重要场所，或者在48小时内补充灭火剂有困难者，应设置备用量，备用量应为100%灭火剂设计用量。上述地方标准一致处，均要求有不间断保护需要的，应设备用，多数标准，当保护区数量超过8小时，需设备用。《气体灭火系统设计规范》规定，灭火系统的灭火剂储存装置72小时内不能重新充装恢复工作的，应按原储存量的100%设置备用量。电厂往往远离市区，交通不便，电厂设置气体灭火系统的场所多为电厂控制中枢，在电厂生产安全运行中占有极为重要的位置，没有理由中断保护，考虑灭火气体的备用量具有重要意义，根据我国目前经济实力及一些工程的实践（国内有电厂如定州电厂、沁北电厂采用烟络尽气体，设置了百分之百的备用量），本规范作出了灭火介质宜考虑100%备用的规定，工程中可根据有关国家和地方消防法规、标准和建设单位的要求综合论证确定。

7.9.3 新增条文。

气体灭火系统多为高压系统，为了在尽可能短的时间内将药剂输送到保护区内，以保证喷头的出口压力和流量，要求瓶组间尽量靠近防护区。

低压二氧化碳贮罐罐体较大，高位布置可能给安装、充灌带来不便，实践中，曾有过贮罐设于二层运行平台发生事故的先例，因此推荐将整套贮存装置设置在靠近保护区的零米层以利于安装、维护及灌装。另一方面，该系统允许管路长度范围较大，也为低位安装创造了条件。

7.9.4 新增条文。目前，二氧化碳灭火系统具有国家标准，其他如IG-541、七氟丙烷等常用气体的国家标准也已颁布执行。

7.10 灭 火 器

7.10.1 新增条文。

按《建筑设计防火规范》的要求，建筑物应配置灭火器。本条结合火电厂的建筑物的特点，规定了需要配置灭火器的场所，火灾类别和危险程度。

国家标准《建筑灭火器配置设计规范》对于使用灭火器的场所，划分为6类，火灾危险程度划分为三种，分别为严重、中、轻。

根据《建筑灭火器配置设计规范》，工业建筑灭火器配置的场所的危险等级，应根据其生产、使用、贮存物品的火灾危险性、可燃物数量、火灾蔓延速度以及扑救难易程度，划分为三类，即严重危险级、中危险级、轻危险级。就火电厂总体而言，根据上述原则，将大部分建筑及设备归为中危险级，是适宜的。参照该规范的火灾种类的定义，结合国内电厂消防设计实际，火电厂的大多数场所，定为中危险级。但是，由于火电厂各建筑设备种类繁多，仍有一些场所，不能简单地定为中危险级。

各类控制室，是生产指挥的中心，地位重要，一旦发生火灾，将严重影响电厂的生产运行，将其定为严重危险级，符合《建筑灭火器配置设计规范》的要求。此外，《建筑灭火器配置设计规范》中明确定为严重危险级的还有供氢站。考虑到主厂房内的一些贮存油的装置，一旦发生火灾，后果的严重性，将其定为严重危险级。磨煤机为煤粉碾磨设备，列为严重危险级。消防水泵房内的柴油发动机消防泵组，配备有柴油油箱，又是水消防系统的关键，所以应予特别重视，故将其定为严重危险级。

7.10.2 新增条文。本条基于《石油库设计规范》中的有关规定制定。

7.10.3 新增条文。

鉴于灭火器有环境温度的限制条件，考虑地域差异，南方地区室外气温可能很高，煤场、油区等处的灭火器将考虑设置遮阳设施，保证灭火剂有效使用。

7.10.4 新增条文。

现行国家标准《建筑灭火器配置设计规范》仍将哈龙灭火器作为有条件使用的灭火器。电厂的控制室、电子设备间、继电器室等不属于非必要场所。事实上，二氧化碳灭火器对于A类火不能发挥效用，所以，在这些场所，哈龙灭火器仍然是可以采用的最佳灭火设施。

7.10.5 新增条文。关于灭火器配置的具体要求。

7.11 消 防 车

7.11.1 系原规范第6.7.1条。

关于电厂设置消防车的原则规定。20世纪90年代以来，我国许多大型电厂由于水源、环境、交通运输以及占地等因素而建在远离城镇的地区，并且形成一个居民点及福利设施区域，这样，消防问题便较为突出。由于各地公安部门对电厂区域的消防提出要求，所以有些大厂设置了消防车和消防站。应当指出，我国火力发电厂的消防设计原则一直是以发生火灾时立足自救为基点的。发电厂均有完善的消防供水系统，实践也证明只有依靠发电厂本身的消防系统才可控制和扑灭火灾。我国的消防车绝大多数是解放牌汽车的动力，其水泵流量和扬程很难满足发电厂主厂房发生火灾时的需要，加上没有相应的登高设备，所以，在发电厂主厂房发生火灾时，消防车不起作用。但考虑到发电厂厂区的其他建筑物和电厂区域内居民建筑的火灾防范，制定了本条的规定。本条文解释与电力工业部、公安部联合文件电电规(1994)486号文中"消防站设置方式与管理"的说明和本条文中设置消防车库是一致的。

7.11.2 系原规范第6.7.2条。

7.12 火灾自动报警与消防设备控制

7.12.1 新增条文。

规定了50～135MW机组火电厂的火灾探测报警系统的型式。根据《火灾自动报警系统设计规范》，火灾自动报警系统可以划分为三种，最为简单的是区域报警系统。对于小机组，侧重于预防，可以将其界定为区域报警系统。该系统最为显著的特征，是以火灾探测报警为主要功能，没有火灾联动设备。

7.12.2 新增条文。

按照消防工作"以防为主，防消结合"方针，200MW机组电厂规模较大，其火灾探测报警系统的重要性不容忽视。在工程实践中，随着消防科学技术的进展，200MW机组级别的火电厂的火灾自动报警系统的水平已经有了很大提高。一些辅助监测、报告手段，得以普遍应用，而且投资增加甚微，功能增强。本条规定了报警系统应配有打印机、火灾警报装置、电话插孔等辅助装置。根据当前报警系统技术与产品的应用情况，推荐采用总线制，减少布线提高系统的可靠性。

7.12.3 系原规范第5.8.3条的修改。

从近年的工程实践看，火灾报警区域的划分具有一定灵活性。由于电厂建筑布置的不确定性（如脱硫区域可能距主厂房稍远），不宜对火灾报警区域的划分作硬性规定。

7.12.4 新增条文。

火电厂的单元控制室或主控制室，24小时有人值班，是全厂生产调度的中心。100MW以下机组，一般设主控室（电气为主），另设机炉控制室；125MW以上机组，设单元控制室，机、炉、电按单元集中控制；若为两机一控，两个单元控制室集中设置为集中控制室，中间可能设玻璃墙分隔。一旦电厂发生火灾，不单纯是投入力量实施灭火，还要有一系列的生产运行方面的控制，只有消防控制与生产调度指挥有机结合，值班人员有条件及时了解掌握火灾情况，才能有效灭火并使损失降到最小。要求消防控制与生产控制合为一体，符合火电厂的实际，也是国际上的普遍做法。

7.12.5 系原规范第8.3.1条与第8.3.2条的合并。

当发电厂采用单元控制室控制方式时，火灾自动报警及灭火设备的监测也将按单元制设置。为了及时正确地处理火灾引发的问题，要求各种报警信号、消防设备状态等要在运行值长所在控制室反映，使得运行值长能及时了解火灾发生情况，调度指挥各类人员进行相关处理。

7.12.6 系原规范第5.8.4条的修改。

对于火灾探测器的选型，在本规范表7.1.7和表7.1.8中有具体规定，应该按其执行。

7.12.7 新增条文。

具有金属结构层的感温电缆具有一定抗机械损伤能力，可有效防止误报。

7.2.8 新增条文。

点火油罐区是易燃易爆区，设置在油区内的探测器，尤应注意选择防爆类型的探测器，以避免引起意外损失。

7.12.9 新增条文。

运煤栈桥及转运站等建筑经常采用水力冲洗室内地面。在运行中，探测器的分线盒等进水导致故障的现象时有发生。在设计时，应注意提出防水保护要求。

7.12.10 系原规范第8.3.3条。

由于火灾事故在发电厂中具有危害性大、不易控制且必须及时正确处理的特殊性，要求运行人员能正确判断火灾事故，消除麻痹思想，特规定消防报警的音响应区别于所在处的其他音响。

7.12.11 系原规范第8.3.4条。

7.12.12 系原规范第8.3.5条的修改。

消防供水灭火过程中，管网的压力可能比较稳定地维持在工作压力状态，甚至更高。灭火过程中，管网压力升高到额定值不一定代表已经完全灭掉火灾，应该由现场人员根据实际情况判定。所以，消防水泵应该由人工停运。美国规范NFPA850也有这样规定。

7.12.13 新增条文。

可燃气体在电厂中大量存在，一旦发生爆炸，后果严重。因此，应该将其危险信号纳入火灾报警系统。

7.12.14 系原规范第8.3.6条。

8 燃煤电厂采暖、通风和空气调节

8.1 采　　暖

8.1.1 系原规范第7.1.1条的修改。

火力发电厂的运煤系统在原煤的输送、转运、破碎过程中会产生不同程度的煤粉粉尘，这些粉尘在沉降过程中会逐渐积落在地面、设备和管道外表面上。煤尘积聚到一定程度会引起火灾，所以，运煤系统建(构)筑物地面，设备、管道外表面都要经常进行清扫，采暖系统的散热器更应保持清洁，因此应选用表面光洁易清扫的散热器。限定运煤建筑采暖散热器入口处的热媒温度不应超过160℃的理由如下：

1 受系统形式的制约，运煤系统的建筑围护结构必须采用轻型结构，其传热系数大，冷风渗透严重，围护结构的保温性能差。对于严寒地区来说，如果热媒温度太低，不仅满足不了采暖热负荷的要求，而且容易发生采暖系统冻结的重大事故。从我国几十年来积累的运行经验来看，运煤系统采暖热媒采用压力为0.4～0.5MPa、温度在160℃以下的饱和蒸汽是适宜的。

2 在《建筑设计防火规范》中，输煤廊的采暖系统热媒温度被限定在130℃以下，依据是运行的安全性。但从我国和其他寒带国家(如俄罗斯)的运行实践看，采用160℃以下采暖热媒，没有发生过由采暖散热器表面温度过高而引起的火灾或爆炸事故，这也是编写该条文的重要依据。

3 与其他发达国家的相关防火规范对比，该条文也是适宜的，比如，美国防火规范中规定运煤系统散热器表面温度不超过165℃。

4 界定散热器入口处热媒最高温度主要是考虑使用该规范时的可操作性。

8.1.2 系原规范第7.1.2条的修改。

8.1.3 系原规范第7.1.3条的修改。

蓄电池室如果采用散热器采暖系统，从散热器的选型到系统安装，都必须考虑防漏水措施，不能采用承压能力差的铸铁散热器，管道与散热器的连接以及管道、管件间的连接必须采用焊接。

8.1.4 系原规范第7.1.4条的修改。

采暖管道不应穿过变压器室、配电装置等电气设备间。这些电气设备间装有各种电气设备、仪器、仪表和高压带电的各种电缆，所以在这些房间不允许管道漏水，也不允许采暖管道加热这些设备和电缆，因此，作了本条规定。

8.1.5 系原规范第7.1.5条的修改。

8.2 空 气 调 节

8.2.1 系原规范第7.2.1条的修改。

电子计算机室、电子设备间、集中控制室(包括机炉控制室、单元控制室)等，是电厂正常运行的指挥中心，其建筑物耐火等级属二级，室内都安装有贵重的仪器、仪表，因此当发生火灾时必须尽快扑灭，并彻底排除火灾后的烟气和毒气，让运行人员及时进入室内处理事故，以便尽早恢复生产，因此本节将上述房间的排烟设计界定为以恢复生产为目的。其他空调房间系指以舒适性为目的的空调房间，应按国家标准《建筑设计防火规范》的有关规定设置排烟设施。

8.2.2 系原规范第7.2.2条的修改。

简化了与《建筑设计防火规范》重复的内容，执行过程中可参照《建筑设计防火规范》执行。对于火力发电厂而言，重要房间和火灾危险性大的房间主要指集中控制室(单元控制室、机炉控制室)、电子设备间、计算机室等。

8.2.3 系原规范第7.2.4条的修改。

通风管道是火灾蔓延的通道，不应穿过防火墙和非燃烧体等防火分隔物，以免火灾蔓延和扩大。

在某些情况下，通风管道需要穿过防火墙和非燃烧体楼板时，则应在穿过防火分隔物处设置防火阀，当火灾烟雾穿过防火分隔物处时，该防火阀应能立即关闭。

8.2.4 系原规范第7.2.5条的修改。

当发生火灾时，空气调节系统应立即停运，以免火灾蔓延，因此，空气调节的自动控制应与消防系统连锁。

8.2.5 系原规范第7.2.7条。

8.2.6 系原规范第7.2.8条。

要求电加热器与送风机连锁，是一种保护控制措施。为了防止通风机已停而电加热器继续加热引起过热而起火，必须做到欠风、超温时的断电保护，即风机一旦停止，电加热器的电源即应自动切断。近年来发生多次空调设备因电加热器过热而失火，主要原因是未设置保护控制。

设置工作状态信号是从安全角度提出来的，如果由于控制失灵，风机未启动，先开了电加热器，会造成火灾危险。设显示信号，可以协助管理人员进行监督，以便采取必要的措施。

8.2.7 系原规范第7.2.9条。

8.2.8 系原规范第7.2.10条的修改。

空调系统的风管是连接空调机和空调房间的媒介，因此也是火灾的传播媒介。为了防止火灾通过风管在不同区域间的传播，要求风管的保温材料、空调设备的保温材料、消声材料和黏接剂均采用不燃烧材料，只有通过综合技术经济比较后认为采用难燃保温材料更经济合理时，才允许使用B1级的难燃保温材料。

8.3 电气设备间通风

8.3.1 系原规范第7.3.1条的修改。

当屋内配电装置发生火灾时，通风系统应立即停运，以免火灾蔓延，因此应考虑切断电源的安全性和可操作性。

8.3.2 系原规范第7.3.2条的修改。

当几个屋内配电装置室共设一个送风系统时，为了防止一个房间发生火灾时，火灾蔓延到另外一个房间，应在每个房间的送风支道上设置防火阀。

8.3.3 系原规范第7.3.3条的修改。

变压器室的耐火等级为一级，因此变压器室通风系统不能与其他通风系统合并，各变压器室的通风系统也不应合并。

考虑到实际应用中的可操作性，本条规定了具有火灾自动报警系统的油浸变压器室发生火灾时，通风系统应立即停运，以免火灾蔓延。

8.3.4 系原规范第7.3.4条的修改，使该条文具有更强的可操作性。

8.3.5 系原规范第7.3.5条。

《建筑设计防火规范》规定：甲、乙类厂房用的送风设备和排风设备不应布置在同一通风机房内，且排风设备不应和其他房间的送、排风设备布置在同一通风机房内。蓄电池室的火灾危险性属于甲级，所以送、排风设备不应布置在同一通风机房内，但送风设备采用新风机组并设置在密闭箱体内时，可以看作另外一个房间，其可与排风设备布置在同一个房间内。

8.3.6 系原规范第7.3.7条的修改。

电缆隧道采用机械通风时，火灾时应能立即切断通风机的电源，通风系统应立即停运，以免火灾蔓延，因此，通风系统的风机应与火灾自动报警系统连锁。

8.4 油系统通风

8.4.1 系原规范第7.4.1条。

油泵房属于甲、乙类厂房，根据《建筑设计防火规范》的规定，室内空气不应循环使用，通风设备应采用防爆式。

8.4.2 系原规范第7.4.2条。

8.4.3 系原规范第7.4.3条。

8.4.4 系原规范第7.4.4条。

8.4.5 系原规范第7.4.5条。

8.5 运煤系统通风除尘

8.5.1 新增条文。

运煤建筑设置机械通风系统的目的是排除含有煤尘的污浊空气，保持室内一定的空气环境。由于排除的空气中含有遇火花可爆炸的煤尘，因此通风设备应采用防爆电机。

8.5.2 新增条文。

运煤系统采用电除尘方式已经很普遍，最近又有大量应用的趋势。从电除尘的机理分析，并非所有运煤系统都适合采用电除尘方式，而是应当根据煤尘的性质来确定，目前可参照《火力发电厂运煤系统煤尘防治设计规程》执行。

8.5.3 系原规范第5.1.7条。

8.5.4 系原规范第5.1.8条。

8.5.5 系原规范第5.1.6条的修改。

在转运站和碎煤机室设置的除尘设备，其电气设备主要指配电盘和操作箱，其外壳防护等级应符合现行的国家标准。本次修订进一步明确了室内除尘配套电机外壳所应达到的防护等级。

8.6 其他建筑通风

8.6.1 系原规范第7.5.1条的修改。

氢冷式发电机组的汽机房，发电机组上方应设置排氢风帽，以免泄漏的氢气聚集在汽机房屋顶，发生爆炸事故，因此制定本条文。当排氢装置用通风装置替代，比如双坡屋面的汽机房设计了屋顶自然通风器时，就不再设计专门的排氢装置，而屋顶通风器常常采用电动驱动装置。如果氢冷发电机出现大量泄漏或汽机房屋面下积聚一定浓度的氢气时，遇火花便可能发生爆炸，所以要求电动装置采用直联方式和防爆措施。

8.6.2 系原规范第7.5.2条。

8.6.3 系原规范第7.5.3条的修改。

9 燃煤电厂消防供电及照明

9.1 消防供电

9.1.1 系原规范第8.1.1条的修改。

电厂内部发生火灾时，必须靠电厂自身的消防设施指示人员安全疏散、扑救火灾和排烟等。据调查，多数火灾造成机组停机甚至厂用电消失，而消防控制装置、阀门及电梯等消防设备都离不开用电。火灾案例表明，如无可靠的电源，发生火灾时，上述消防设施由于断电将不能发挥作用，即不能及时报警、有效地排除烟气和扑救火灾，进而造成重大设备损失或人身伤亡。本条所指自动灭火系统系指除消防水泵以外的其他用电负荷，消防水泵的供电见第9.1.2条。保安负荷供电是为保证电厂安全运行和不发生重大人身伤亡事故的供电。

9.1.2 系原规范第8.1.2条的修改。

消防水泵是全厂消防水系统的核心，如果消防水泵因供电中断不能启动，对火灾扑救十分不利。因此本条提出了消防水泵、主厂房电梯的供电要求。电力系统供电负荷等级用罗马字母表述，如Ⅰ、Ⅱ类负荷，基本等同于《建筑设计防火规范》中一、二级负荷。消防水泵泵组的设置见第7.6.5条。

9.1.3 系原规范第8.1.3条。

因消防自动报警系统内有微机，对供电质量要求较高，且报警控制器等火灾自动报警设备，一般都布置在单元控制室内可与热工控制装置联合供电，故作此规定。辅助车间的自动报警装置本身宜带有不停电电源装置。

9.1.4 系原规范第8.1.4条。

造成许多火灾重大伤亡事故的原因虽然是多方面的，但与有无应急照明有着密切关系，这是因为火灾时为防止电气线路和设备损失扩大，并为扑救火灾创造安全条件，常常需要立即切断电源，如果未设置应急照明或者由于断电使应急照明不能发挥作用，在夜间发生火灾时往往是一片漆黑，加上大量烟气充塞，很容易引起混乱造成重大损失。因此，应急照明供电应绝对安全可靠。国外许多规程规范强调采用蓄电池作火灾应急照明的电源。考虑到目前我国电厂的实际情况，一律要求采用蓄电池供电有一定困难，而且也不尽经济合理。单机容量为200MW及以上的发电厂，由于有交流事故保安电源，因此当发生交流厂用电停电事故时，除有蓄电池组对照明负荷供电外，还有条件利用交流事故保安电源供电。为了尽量减少事故照明回路对直流系统的影响，保证大机组的控制、保护、自动装置等回路安全可靠的运行，因此，对200MW及以上机组的应急照明，根据生产场所的重要性和供电的经济合理性，规定了不同的供电方式。

因蓄电池组一般都设置在主厂房或网控楼内，远离主厂房重要场所的应急照明若由主厂房的蓄电池组供电，不仅供电电压质量得不到保证而且增加了电缆费用，同时也增加了直流系统的故障几率。因此，规定其他场所的应急照明由保安段供电。

9.1.5 系原规范第8.1.5条。

单机容量为200MW以下的发电厂，一般不设保安电源，当发生全厂停电事故时，只有蓄电池组可继续对照明负荷供电。因此，规定应急照明宜由蓄电池组供电。

应急灯是一种自带蓄电池的照明灯具，平时蓄电池处于长期浮充状态，当正常照明电源消失时，由蓄电池继续供电保持一段时间的照明。因此，推荐远离主厂房重要车间的应急照明采用应急灯方式。

9.1.6 系原规范第8.1.6条的修改。

由于电厂厂用电系统供电可靠性较高，因此，当消防用电设备采用双电源供电时，可以在厂用配电装置或末级配电箱处进行切换。

9.2 照　　明

9.2.1 系原规范第8.2.1条的修改。

在正常照明因故障熄灭后，供事故情况下暂时继续工作或消防安全疏散用的照明装置为应急照明，本条规定了发电厂应装设应急照明的场所。

9.2.2 系原规范第8.2.2条。

9.2.3 系原规范第8.2.3条。

事故发生时，锅炉汽包水位计、就地热力控制屏、测量仪表屏、(如发电机氢冷装置、给水、热力网、循环水系统等)及除氧器水位计等处仍需监视或操作。因此，需装设局部应急照明。

9.2.4 系原规范第8.2.4条的修改。

火灾发生时，由于控制室、配电间、消防泵房、自备发电机房等场所不能停电也不能离人，还必须坚持工作，因此，应急照明的照度应能满足运行人员操作要求。

消防安全疏散应急照明是为了使人员能够较清楚地看出疏散路线，避免相互碰撞，在主要通道上的照度值应尽量大一些，一般不低于1lx。

9.2.5 系原规范第8.2.5条的修改。

本条规定了照明器表面的高温部位，靠近可燃物时，应采取防火保护措施，其原因是：

1　由于照明器设计、安装位置不当而引起过许多事故。

2　卤灯的石英玻璃表面温度很高部位，如1000W的灯管温度高达500～800℃，当纸、布、干木构件靠近时，很容易被烤燃引起火灾。鉴于配有功率在100W及以上的白炽灯光源的灯具(如：吸顶灯、槽灯、嵌入式灯)使用时间较长时，温度也会上升到100℃甚至更高的温度，规定上述两类灯具的引入线应采用瓷管、矿物棉等不燃烧材料进行隔热保护。

9.2.6 系原规范第8.2.6条的修改。

因为超过60W的白炽灯、卤钨灯、荧光高压汞灯等灯具表面温度高，如安装在木吊顶龙骨、木吊顶板、木墙裙以及其他木构件上，会造成这些可燃装修物起火。一些电气火灾实例说明，由于安装不符合要求，火灾事故多有发生，为防止和减少这类事故，作了本条规定。

9.2.7 新增条文。本条强调了建筑物内设置的安全出口标志灯和火灾应急照明灯具应遵循有关标准设计。

10　燃机电厂

10.1　建(构)筑物的火灾危险性分类及其耐火等级

10.1.1 新增条文。

厂区内各车间的火灾危险性基本上按现行的国家标准《建筑设计防火规范》第3.1.1条分类。建(构)筑物的最低耐火等级按国内外火力发电厂设计和运行的经验确定。汽机房、燃机厂房、余热锅炉房和集中控制室基本布置在主厂房构成一个整体，其火灾危险性绝大部分属丁类。

10.1.2 新增条文。

10.2　厂区总平面布置

10.2.1 新增条文。与电力行业标准《燃气-蒸汽联合循环电厂设计规定》有关条文协调确定。

10.2.2 新增条文。与电力行业标准《燃气-蒸汽联合循环电厂设计规定》有关条文协调确定。

10.3　主厂房的安全疏散

10.3.1 新增条文。

燃机厂房高度一般不超过24m，也只有2～3层。在正常运行情况下人员很少，厂房内可燃的装修材料很少，厂房内除疏散楼梯外，还有很多工作梯，多年来都习惯作敞开式楼梯。在扩建端都布置有室外钢梯。为保证人员的安全疏散和消防人员扑救，要求至少应有一个楼梯间通至各层。

10.4　燃料系统

10.4.1 新增条文。

国家标准《输气管道工程设计规范》GB 50251中第3.1.2条规定："进入输气管道的气体必须清除机械杂质；水露点应比输送条件下最低环境温度低5℃；烃露点应低于或等于最低环境温度；气体中硫化氢含量不应大于20mg/m³。当被输送的气体不符合上述要求时，必须采取相应的保护措施。"该标准的规定主要考虑了管输气体的防止电化学腐蚀、其他形式的腐蚀以及防止气体中凝析出液态烃，以保证天然气管道的安全。同时还增加了燃气轮机制造厂对天然气气质的要求。

10.4.2 新增条文。

1　厂内天然气管道敷设方式常根据工程具体情况而定，国内、外运行电厂有架空、地面布置和地下敷设三种形式。但不应采用管沟敷设，避免气体泄漏在管沟中聚集引起火灾。

2　除需检修拆卸的部位外，天然气管道应采用焊接连接，以防止泄漏。

3　参照国家标准《输气管道工程设计规范》GB 50251第3.4.2条和美国国家标准ANSI B31.8《输气和配气管线系统》846.21条(c)的规定。设置放空管是为了输送系统停运时排除管道内剩余气体。

4　规定了厂内天然气管道吹扫的具体要求。

5　规定了天然气管道应以水作强度试验的具体要求和对天然气管道严密性试验的具体要求，并在严密性试验合格之后进行气密性试验，还规定气密性试验压力为0.6MPa。

6　规定了天然气管道的低点设两道排液阀，第一道(靠近管道侧)阀门为常开阀，第二道阀门为经常操作阀，当发现第二道阀门泄漏时，关闭第一道阀门，更换第二道阀门。

10.4.3 新增条文。

联合循环机组燃油系统采用0#柴油、重油时建(构)筑物(如油处理室等)及油罐火灾危险性按丙类防火要求是和火电厂燃油系统的防火要求一致的。但采用原油时，原油中含有大量的可燃气体和挥发性气体，其闪点小于280℃，故对其所涉及的建(构)筑物(如油处理室等)及油罐等应特殊考虑防火要求，火灾危险性按甲类考虑。《火力发电厂劳动安全和工业卫生设计规程》DL 5053第4.0.9.4条强制性条文要求：贮存闪点低于600℃燃油的油罐，必须设置安全阀、呼吸阀及阻火器，故对原油罐设计时可参照该标准执行。

10.4.4 新增条文。

本条根据美国国家防火协会标准NFPA8506《余热锅炉标准》(1998年版)第5.2.1.1节要求制定，以防在停机时燃油泄漏进燃机。

10.5　燃气轮机的防火要求

10.5.1 新增条文。

本条根据美国国家防火协会标准850《电厂及高压直流变流站消防推荐标准》(2000版)的6.5.2.1节要求制定。安装火焰探测器，旨在探测火焰熄灭或启动时点火失败，如果火焰熄灭，需要迅速切断燃料，以防止气体的快速聚集。

10.5.2 新增条文。

本条根据美国国家标准850《电厂及高压直流交流站消防推

荐标准》的6.5.2.1节要求制定。该标准指出，当燃料未能在3s内被隔离时，系统中曾发生过火灾及爆炸。

10.6 消防给水、固定灭火设施及火灾自动报警

10.6.1 新增条文。

燃机电厂与燃煤电厂有很多相似之处。因此，燃煤电厂的一些规定尤其是系统方面的要求适用于燃机电厂。据调查，国内很多燃气-蒸汽联合循环电站的消防给水系统是独立的。燃气-蒸汽联合循环电站多燃烧油品，消防给水量很大，在条件合适的情况下，应尽可能采用独立的消防给水系统。

10.6.2 新增条文。

10.6.3 新增条文。

我国燃气-蒸汽联合循环电站厂区占地面积一般小于$1km^2$，而且其燃料与燃煤电厂不同，占地更加紧凑。因而规定为同一时间火灾次数为一次。这里的燃气-蒸汽联合循环电站，也包含单循环燃机电站。

10.6.4 新增条文。基于国内的燃机电厂工程实践制定。

燃煤电厂与燃机电厂的区别主要在于燃料不同，前者工艺系统复杂，建筑物多且庞大，危险点不集中；后者占地少，系统简单，建(构)筑物相对较少，危险集中于燃机及油罐，主厂房往往不是消防的关注重点。燃气轮机组的布置有两种形式，其一为独立布置，与汽轮发电机组脱开，常为露天布置，往往对应于多轴配置；其二为联合布置，燃机与汽轮发电机组同轴，置于一个厂房内，也称之为单轴布置。由此，燃机电厂的消防设施便因总体布置的不同而有差别，宜根据对象更为合理地配置消防系统。对于多轴配置，以燃机发电为主，燃机电厂的消防重在油库、燃机本体；主厂房内是汽轮发电机组，与燃煤电厂主厂房内的布置类似，可以以汽轮发电机组容量为基准，对应执行燃煤电厂等同机组容量的消防配置要求，例如，汽轮发电机组容量为200MW，那么就执行本规范第7.1.8条的规定。当燃机电厂为单轴布置时，应以整套机组容量与燃煤电厂机组容量比对执行。例如，单套机组容量(燃机容量与汽轮发电机组容量之和)为350MW，那么就应该执行本规范第7.1.9条的规定。

10.6.5 新增条文。

燃气轮机是广义的称谓，它通常包括燃气轮机、发电机、控制小室等。燃气轮机整体是燃机电厂的核心，也是消防的重点保护对象。根据国内外的实际做法，燃气轮机无论机组容量的大小，基本上都采用气体灭火系统。据调查，近年来多应用二氧化碳灭火系统。

10.6.6 新增条文。

燃气轮机通常具有金属外罩，因而具备了应用全淹没气体灭火系统的可能性。着火时应注意在喷放气体灭火剂之前，关闭燃气轮机内部的门、通风挡板、风机及其他孔口，以使外罩泄漏量最少。关于气体保持时间的原则性规定乃基于美国NFPA850的有关规定。

10.6.7 新增条文。

根据调查，国内燃机电厂之燃气轮机的报警系统与固定灭火系统，均为设备制造厂的成套配备。这样有利于外壳内的消防设施的布置。在技术谈判中尤应注意。燃气轮机通常有独立的控制小间，其内配备了报警装置。燃机配备的火灾自动报警系统及灭火联动信号宜传送至集中控制室，以便全厂的调度指挥。

全厂火灾自动报警系统的消防报警控制器应布置在集中控制室。

10.6.8 新增条文。

对于以气体为燃料的燃机电厂，露天布置的燃机本体内及布置有燃机的主厂房内的气体浓度的测定，是消防安全中的重要一环，有必要强调设置气体泄漏报警装置。

10.6.9 新增条文。

10.6.10 新增条文。

对于以可燃气体为燃料的电厂，其消防车的配备和消防车库设置参照燃煤电厂是适宜的。但是对于以燃油为燃料的电厂，油区消防是突出重要的，消防车的配备应该遵循石油库设计的有关规定。

10.7 其　他

10.7.1 新增条文。关于燃机电厂厂房和天然气调压站通风防爆的规定。

10.7.2 新增条文。关于燃机电厂电缆设计的规定。

10.7.3 新增条文。燃机电厂与燃煤电厂有很多相同之处。本章仅对二者不同之处，即具有自身特点者作出规定。相同处应对应执行本规范燃煤电厂各章的有关规定。

11 变　电　站

11.1 建(构)筑物火灾危险性分类、耐火等级、防火间距及消防道路

11.1.1 系原规范第9.1.1条的修改。

表11.1.1是根据现行的国家标准《建筑设计防火规范》的规定，结合变电站内建筑物的特性确定的，根据当前变电站工程的实际布置，对原规范的部分建筑进行增减，删除了一些不常用的建筑，增加了气体式或干式变压器室、干式电容器室、干式电抗器室等建筑。气体式或干式变压器、干式电容器、干式电抗器等电气设备属无油设备，可燃物大大减少，火灾危险性降低，因此建筑火灾危险性分类确定为丁类。主控通信楼的火灾危险性为戊类，是按照电缆采取了防止火灾蔓延的措施确定的，可以采用下列措施：用防火堵料封堵电缆孔洞，采用防火隔板分隔，电缆局部涂防火涂料，局部用防火带包扎等。如果未采取电缆防止火灾蔓延的措施，主控通信楼的火灾危险性为丙类。

按国家标准《电缆在火焰条件下的燃烧试验第三部分：成束电线和电缆的燃烧试验方法》GB/T 18380.3，A类阻燃电缆的燃烧特性为，成束电缆每米长度非金属材料含量7L，供火时间40min，自熄时间小于等于60min。因此当电缆夹层采用A类阻燃电缆时，火灾危险性降低，火灾危险性分类可为丁类。

11.1.2 系原规范第9.1.2条。

11.1.3 系原规范第9.1.3条。

11.1.4 系原规范第9.1.4条的修改。

对于表11.1.4注3，两座建筑相邻较高一面的外墙如为防火墙时，其防火间距不限。但是当建筑物侧面设置了门窗时，如果门窗之间距离太近，火灾时浓烟和火焰可能通过门窗洞口蔓延扩散，因此规定距离要求。

11.1.5 新增条文。

主控制室是变电站的核心，是人员比较集中的地方，有必要限制其可燃物放烟量，以减少火灾损失。

11.1.6 系原规范第9.1.5条。

11.1.7 系原规范第9.1.10条的修改。

11.1.8 系原规范第9.1.11条的修改。参照《建筑设计防火规范》GB 50016有关消防车道的规定确定。

11.2 变压器及其他带油电气设备

11.2.1 系原规范第9.2.3条。

11.2.2 新增条文。

地下变电站有其自身特点，因其常位于城市市区，相对于地上变电站其危险性更大。变压器事故贮油池的容量系参照燃煤发电

厂部分制定，考虑到地下变电站的特殊性，容量要求从严，要求为100%的最大一台变压器的容量。鉴于该油池应该具有排水设施，兼有油水分离功能，所以不另考虑消防水的容积。

11.3 电缆及电缆敷设

11.3.1 系原规范第9.3.1条。

电缆的火灾事故率在变电站较低，考虑到电缆分布较广，如在变电站内设置固定的灭火装置，则投资太高不现实，又鉴于电缆火灾的蔓延速度很快，仅仅靠灭火器不一定能及时防止火灾蔓延，为了尽量缩小事故范围，缩短修复时间并节约投资，本规范规定在变电站应采用分隔和阻燃作为应对电缆火灾的主要措施。

11.3.2 系原规范第9.3.2条的修改。

11.3.3 新增条文。

地下变电站电缆夹层内敷设的电缆数量多，发生火灾时人员进入开展灭火比较困难，火灾蔓延造成的损失大，阻燃电缆能够减少火灾扩大可能性，降低电缆夹层的火灾危险性，且阻燃电缆应用逐渐增多，比普通电缆费用增加量不大，对地下变电站宜采用阻燃电缆。

11.4 建(构)筑物的安全疏散和建筑构造

11.4.1 系原规范第9.4.3条的修改。

11.4.2 系原规范第9.4.4条的修改。

11.4.3 新增条文。

《建筑设计防火规范》GB 50016对厂房地下室的火灾危险性为丙类的防火分区面积为500m²，丁、戊类的防火分区面积为1000m²。地下变电站内一些房间，如变压器室、蓄电池室、电缆夹层等房间，在本规范中已经要求设置防火墙，使得地下变电站的危险房间对于其他房间的威胁减小，从而提高了整体建筑的安全性。如果将防火分区面积设置较小，那么为了满足疏散的要求，势必将为此设置很多通向地面的竖直通道，这在实际工程中难以实现，况且，地下变电站内值班人员很少，且通常工作在控制室内，设置大量通向地面的出口也无必要。所以，防火分区的大小，既要考虑限制火灾的蔓延，又要结合变电站生产工艺布置的特点和要求。考虑近年来国内地下变电站实践，加之地下变电站的火灾探测报警和灭火设施比较完善，规定防火分区的最大面积为1000m²。

11.4.4 新增条文。

地下变电站因为不能直接采光、通风，火灾时排烟困难，为保证人员安全，要求至少应设置2个出口。地下变电站出口一般应直通地面室外，如果变电站出口上部有多层建筑，地下层和地上层没有有效分隔，容易造成火灾蔓延到地上层，因此规定分隔要求。

11.4.5 新增条文。

地下变电站疏散楼梯是人员逃生的唯一通道，为了保证楼梯间抵御火灾的能力，保障人员疏散的安全，规定楼梯间采用乙级防火门。

11.5 消防给水、灭火设施及火灾自动报警

11.5.1 系原规范第9.5.1条的修改。

根据现行国家标准《建筑设计防火规范》GB 50016，确定变电站消防给水、灭火设施及火灾自动报警系统设计的基本原则。

11.5.2 新增条文。

变电站人员少、占地面积小，根据现行国家标准《建筑设计防火规范》GB 50016，确定其同一时间内的火灾次数为一次。

11.5.3 新增条文。

当变压器采用户外布置时，变压器不属于一般的建筑物，因此不能按建筑物体积确定室外消防水量。对不设固定灭火系统的中、小型变压器，可以采用灭火器灭火。对于按规定设置水喷雾灭火系统的变压器，为了防止火灾扩大，作为一种辅助灭火和保护的措施，考虑不小于10L/s的消火栓水量。

11.5.4 系原规范第9.2.1条的修改。

变压器是变电站内最重要的设备，油浸变压器的油具有良好的绝缘性和导热性，变压器油的闪点一般为130℃，是可燃液体。当变压器内部故障发生电弧闪络，油受热分解产生蒸气形成火灾。变压器灭火试验和应用实践证明水喷雾灭火系统是有效的。但是我国幅员辽阔，各地气候条件差异很大，变压器一般安装在室外，经过几十年的运行实践，在缺水、寒冷、风沙大、运行条件恶劣的地区，水喷雾灭火的使用效果可能不佳。对于中、小型变电站，水喷雾灭火系统费用相对较高，因此中小型变电站的变压器宜采用费用较低的化学灭火器。对于容量125MV·A以上的大型变压器，考虑其重要性，应设置火灾探测报警系统和固定灭火系统。对于地下变电站，火灾的危险性较大，人工灭火比较困难，也应设置火灾探测报警系统和固定灭火系统。固定灭火系统除了可采用水喷雾灭火系统外，排油注氮灭火装置和合成泡沫喷淋灭火系统在变电站中的应用也逐渐增加，这两种灭火方式各有千秋，且均通过了消防检测机构的检测，因此也可作为变压器的消防灭火措施。对于地下和户内等封闭空间内的变压器也可采用气体灭火系统。

11.5.5 新增条文。

11.5.6 新增条文。根据《建筑设计防火规范》GB 50016确定。

11.5.7 新增条文。

11.5.8 新增条文。

地下变电站一般采用水消防。当需要采用消防车向室内消防供水时，为了缩短敷设消防水带的时间，应设置水泵接合器。

11.5.9 系原规范第9.5.4条。

11.5.10 系原规范第9.5.2条的修改。

消防水泵房是消防给水系统的核心，在火灾情况下应能保证正常工作。为了在火灾情况下操作人员能坚持工作并利于安全疏散，消防水泵房应设直通室外的出口，地下变电站的消防水泵房如果需要与变电站合并布置时，其疏散出口应靠近安全出口。

11.5.11 系原规范第9.5.2条的修改。

为了保证消防水泵不间断供水，一组消防工作水泵(两台或两台以上，通常为一台工作泵，一台备用泵)至少应有两条吸水管。当其中一条吸水管发生破坏或检修时，另一条吸水管应仍能通过100%的用水总量。

11.5.12 系原规范第9.5.2条的修改。

消防水泵应能及时启动，确保火场消防用水。因此消防水泵应经常充满水，以保证消防水泵及时启动供水。消防水泵应设计成自灌式引水方式，如果采用自灌式引水方式有困难，应设有可靠迅速的充水设备，也可考虑采用强自吸消防水泵，但要特别注意水泵的快速出水。

11.5.13 系原规范第9.5.2条的修改。

本条规定了消防水泵房应有2条以上的出水管与环状管网直接连接，旨在使环状管网有可靠的水源保证。

为了方便消防泵的检查维护，规定了在出水管上设置放水阀门、压力测量装置。为了防止系统的超压，还规定了设置安全泄压装置，如安全阀、卸压阀等。

11.5.14 新增条文。

为了保证不间断地向火场供水，消防泵应设有备用泵。当备用泵为电力电源且工作泵为多台时，备用泵的流量和扬程不应小于最大一台消防泵的流量和扬程。

11.5.15 系原规范第9.5.2条的修改。

11.5.16 系原规范第9.5.3条。

11.5.17 新增条文。

根据现行国家标准《建筑灭火器配置设计规范》，结合变电站的实际情况，规定了主要建筑物火灾危险类别和危险等级。

11.5.18 新增条文。

11.5.19 新增条文。

地下变电站采用水消防时，大量的消防水进入变电站，排水系统如果不能满足消防排水的要求，将造成水淹、电气设备故障使损失扩大。因此地下变电站应设置消防排水系统。

11.5.20 新增条文。

根据《建筑设计防火规范》GB 50016 和变电站的实际情况，规定火灾探测报警系统设置范围。根据变电站的火灾危险性、人员疏散和扑救难度，地下变电站、户内无人值班变电站对火灾探测报警系统设置要求应高于一般变电站。

变压器布置在室内时，具有更大火灾危险性，必须为所设置的固定灭火系统配备自动报警系统，以及早发现火灾，适时启动灭火系统。

根据近年来的工程实践，提出了 220kV 及以上变电站的电缆夹层及电缆竖井应设置火灾自动报警装置的要求。

变电站中，除变压器外，电缆夹层与电缆竖井相对火灾危险性更大。显而易见，处于地下变电站或无人值班的变电站中的上述场所，其防护等级较地上或有人值班变电站应该提高。

11.5.21 新增条文。根据多年来变电站的实践总结制定。

11.5.22 新增条文。

11.5.23 新增条文。

变电站运行值班人员很少，但在主控室有值班人员 24 小时值班，因此消防报警盘设置在主控室，能够保证火灾报警信号的监控并方便变电站的调度指挥。

11.6 采暖、通风和空气调节

11.6.1 新增条文。地下变电站是一个比较特殊的场所，设计中要充分考虑安全、卫生和维护检修方面的要求。

1 地下变电站很多是无人值守的变电站，同时存在疏散困难等问题，因此所有采暖区域严禁采用明火取暖，防止火灾事故发生。

2 地下变电站的电气配电装置室一般都设计消防系统，一旦发生火灾事故，灭火后需尽快进行排烟，因此应设置机械排烟装置。其他房间可根据其使用功能及房间布置格局而设计自然或机械排烟设施。

3 地下变电站的消防系统设计要比地上变电站严格，因此，送、排风系统、空调系统应具有与消防报警系统连锁的功能。当消防系统采用气体灭火系统时，通风或空调风道上应设置与消防系统相配套的防火阀和隔离阀，以保证灭火系统运行。

11.6.2 新增条文。

常规的地上变电站，其采暖、通风和空气调节系统的设计有多种方式，不同地区都不尽相同。但由于缺少相关规范规定作支持，因此本次修订中可参照本规范第 8 章的有关规定执行。

11.7 消防供电及应急照明

11.7.1 系原规范第 9.6.1 条的修改。

消防电源采用双电源或双回路供电，为了避免一路电源或一路母线故障造成消防电源失去，延误消防灭火的时机，保证消防供电的安全性和消防系统的正常运行，规定两路电源供电至末级配电箱进行自动切换。但是在设置自动切换设备时，要有防止由于消防设备本身故障且开关拒动时造成的全站站用电停电的保护措施，因此应配置必要的控制回路和备用设备，保证可靠的切换。

11.7.2 系原规范第 9.6.2 条的修改。

变电站主控通信室、配电装置室、消防水泵房在发生火灾时应能维持正常工作，疏散通道是人员逃生的途径，应设置火灾事故照明。地下变电站全部靠人工照明，对事故照明的要求更高，因此规定主要的电气设备间、消防水泵房、疏散通道和楼梯间应设置事故照明，同时规定地下变电站的疏散通道和安全出口应设疏散指示标志。

中华人民共和国国家标准

钢铁冶金企业设计防火规范

GB 50414—2007

条 文 说 明

目　次

1 总 则

1.0.1 本条规定了制定本规范的目的。

钢铁工业是国民经济的重要基础产业，是国家经济、社会发展水平和综合实力的重要标志。1996 年我国的钢产量就突破了 1 亿 t，2005 年达到了 3.49 亿 t，占全世界产量的 30%。随着科技进步和钢铁工业的发展，我国正由钢铁大国迈向钢铁强国，钢铁工业对国民经济的发展起到了重要作用。

然而，多起特、大型火灾事故和各类中、小型火灾事故却给企业管理者、工程设计师、消防监督部门等提出了警示，钢铁冶金企业的消防安全形势不容乐观，其防火设计必须引起高度重视。

制订一个能够体现钢铁企业的特点，较好处理生产工艺、成本控制、节约能源与防火安全的关系，实现经济、有效地预防火灾事故发生的防火设计规范是迫切需要的。

1.0.2 本条规定了本规范的适用和不适用范围。

本规范覆盖了钢铁冶金企业的采矿、选矿、综合原料场、焦化、耐火、石灰、烧结、球团、炼铁、炼钢、铁合金、热轧及热加工、冷轧及冷加工、金属加工与检化验等生产工艺过程。

本条规定适用于钢铁冶金企业的新建、扩建和改建工程的防火设计，尤其对于消防改造工程的设计也应遵照本规范进行。

在采矿等工艺中还存在着贮存、分发和使用炸药或爆破器材的场所，而炸药和爆破器材的专业性强、防火要求特殊，且国家已经有专门规范，故本规范不适用于这些场所的防火设计。

设在厂区内的独立公共建筑，如办公楼、研究所、食堂、浴室等应按民用建筑进行防火设计。但为厂房服务而专设的生活间，如车间办公室、工人更衣休息室、浴室（不包括锅炉间）、就餐室（不包括厨房）等可与厂房合并建设，也可独立布置，其防火设计应符合现行国家标准《建筑设计防火规范》GB 50016 的有关规定。

1.0.3 本条规定了钢铁冶金企业的防火设计原则，就是要结合工程实际，确定不同层面的防火设计目标，以实现防火设计的安全适用、技术先进和经济合理。

防火设计的责任重大，因此在采用新技术、新工艺、新材料和新设备时，一定要慎重而积极，必须具备实践总结和科学实验的基础。在钢铁冶金企业的防火设计中，要求设计、建设和消防监督部门的人员密切配合，在工程设计中采用先进的防火技术，做到防患于未然，从积极方面防止火灾的发生和蔓延，对于减少火灾损失、保障人民生命和财产的安全具有重大意义。钢铁冶金企业的防火设计标准应从技术、经济两方面出发，正确处理生产和安全、重点和一般的关系，积极采用行之有效的先进防火技术，切实做到既促进生产、保障安全，又方便实用、经济合理。

1.0.4 钢铁冶金企业由于发展的需要，每年都有大量的新建、改建或扩建项目，这些项目由于建造时间不一，所遵循的建造标准也不统一，导致各工艺系统的防火安全保障能力不一致。对于钢铁冶金企业来说，生产工艺中任一环节的不安全都会导致整个系统不能正常生产，因此钢铁冶金企业应统一消防规划和防火设计。考虑到我国目前的经济水平和企业发展状况，本规范只对大型的钢铁冶金企业，即具有二个及以上工艺厂区的企业提出此要求。

1.0.5 本规范具有很强的针对性，在制定过程中，已经与国家相关标准进行了协调。

《建筑设计防火规范》从上个世纪 50 年代颁布实施以来，几经全面修订，在指导工业与民用建筑的防火设计工作中，发挥着不可估量的作用，是防火设计的基础，因此，凡现行国家标准《建筑设计防火规范》GB 50016 已经规定的内容，本规范原则上就不再重复规定，应执行其有关规定。

总降压变电站（所）、氧（氮）气站、压缩空气站、乙炔站、煤气站、制氢站、锅炉房等动力公用设施的布置应符合现行国家标准《工业企业总平面设计规范》GB 50187 的相关规定。制氧站、制氢站、乙炔站、压缩空气站和锅炉房的设计应分别符合现行国家标准《氧气站设计规范》GB 50030、《氢气站设计规范》GB 50177、《氧气及相关气体安全技术规程》GB 16912、《乙炔站设计规范》GB 50031、《压缩空气站设计规范》GB 50029 及《锅炉房设计规范》GB 50041 的相关规定。液化石油气和天然气储存设施的设计应符合现行国家标准《城镇燃气设计规范》GB 50028 的相关规定。自备发电厂及变（配）电所的设计应符合现行国家标准《火力发电厂与变电所设计防火规范》GB 50229 的相关规定。

随着新工艺的出现，钢铁冶金企业的防火设计中也会出现一些本规范或相关国家规范未规定的防火设计问题，应按国家规定程序报有关部门审定后，方可实施设计。

3 火灾危险性分类、耐火等级及防火分区

3.0.1 本条给出了生产、储存物品的火灾危险性分类的原则，就是应按现行国家标准《建筑设计防火规范》GB 50016 的有关要求进行划分。由于生产、储存物品的火灾危险性分类受到众多因素的影响，实际设计时，需要根据生产工艺、生产过程中使用的原材料以及产品、副产品的火灾危险性等实际情况确定，为了便于使用，表 1 列举了大部分钢铁冶金企业生产、储存物品的火灾危险性分类。

表 1　生产、储存物品的火灾危险性分类举例

工艺(设施)名称		举　例	火灾危险性分类
采矿	地面	木材加工间及木材堆场	丙
		井塔、井口房、提升机房	丁
		通风机房、钢(混凝土)井架、架空索道站房及支架	戊
	井下硐室	铲运机修理室、凿岩设备修理室、电机车(矿车)修理室、装卸矿设备硐室、井下带式输送机驱动站、提升机室	丁
		办公室、调度室、破碎室、通风机硐室等其他辅助生产硐室	戊
选矿		药剂库、药剂制备厂房	丙
		焙烧厂房	丁
		磨矿选别厂房(或称主厂房)、破碎厂房、中间矿仓、磨矿矿仓、筛分厂房、干选厂房、洗矿厂房、过滤厂房及精矿仓、浓缩池、尾矿输送泵站及尾矿库	戊
带式输送设施		运送煤、焦炭等可燃物料的地上及地下的转运站、带式输送机通廊和带式输送机驱动站	丙
		运送矿石等不燃物料的地上及地下的转运站、带式输送机通廊和带式输送机驱动站	戊
综合原料场	原料储存及配备	火车受料槽、火车装卸槽、汽车受料槽、汽车装卸槽、矿槽(含返矿槽)、制取样机房、翻车机室、解冻库(室)、破碎机室、筛分机室、原料仓库、堆场、混匀配矿槽、原料检验站、矿石库、推土机室、装载机室	戊
	固体燃料储存及配备	煤、焦炭的运输、贮存及处理系统的建(构)筑物,如:贮槽、室内堆场、破碎机室、筛分机室、贮焦槽、原煤仓(间)、干煤棚、受煤槽、翻车机室、破冻块室、配煤室(槽)、室内煤库、贮煤塔顶、成型机室	丙
		煤解冻库(室)、煤制样室等	丁
烧　结		燃料库、燃料粗破和细破室	丙
		烧结冷却室	丁
		精矿仓、熔剂破碎筛分室、熔剂-燃料缓冲仓、冷返矿槽、余热利用、混合制粒室、一(二、三)次成品筛分室、成品取样检验室、成品矿槽、除尘系统风机房、主抽风机室、粉尘处理室、粉尘受料槽、粉尘加湿机室、配汽室、热交换站、配料室、受料槽	戊
球　团		煤粉制备室	乙
		链蓖机-回转窑室、精矿干燥室	丁
		受矿槽、精矿缓冲仓、高压辊磨机室、强力混合室、造球、配料室、球磨机室	戊

续表 1

工艺(设施)名称		举　例	火灾危险性分类
焦化	炼焦车间	焦炉煤气管沟和地沟、焦炉集气管直接式仪表室、侧入式焦炉烟道走廊	甲
		高炉煤气及发生炉煤气的管沟和地沟	乙
		干熄焦构架	丁
	筛焦工段	焦台、切焦机室、筛焦楼	丙
		焦制样室	丁
	煤气净化	焦炉煤气鼓风机室、轻吡啶生产厂房、粗苯产品回流泵房、溶剂泵房(轻苯/粗苯作萃取剂)、苯类产品泵房(分开布置)	甲
	煤气净化	氨硫系统尾气洗涤泵房、蒸氨脱酸泵房、硫磺包装设施及硫磺库、硫磺切片机室、硫磺仓库、硫浆离心和过滤及熔硫厂房、硫磺排放冷却厂房、硫泡沫槽和浆液离心机废液浓缩厂房	乙
		冷凝泵房、粗苯洗涤泵房、煤气中间冷却油泵房、洗萘油泵房、溶剂泵房(重苯溶剂油作萃取剂)、焦油洗油泵房(分开布置)、含水焦油输送泵房、焦油氨水输送泵房	丙
		硫酸铵干燥燃烧炉及风机房	丁
		硫酸铵制造厂房、硫酸铵包装设施仓库、试剂仓库及酸泵房、冷凝鼓风循环水泵房、氨-硫洗涤泵房、氨水蒸馏泵房、煤气中间冷却水泵房、黄血盐主厂房及仓库、制酸泵房、硫氰化钠盐类提取厂房、脱硫液洗涤泵房、脱硫液槽及泵房、酸碱泵房、磷铵溶液泵房、烟道气加压机房、制氮机房	戊
	苯精制	油水分离器厂房、精苯蒸馏泵房、精苯硫酸洗涤泵房、精苯油库泵房、苯类产品装桶间、油槽车清洗泵房、加氢泵房、循环气体压缩机房	甲
	古马隆树脂制造	树脂馏分蒸馏闪蒸厂房、树脂馏分油洗涤厂房、树脂聚合装置厂房、树脂制片包装厂房	乙

续表 1

工艺（设施）名称	举　例	火灾危险性分类
焦化　焦油加工	吡啶精制泵房、吡啶产品装桶和仓库、吡啶蒸馏真空泵房	甲
	焦油蒸馏泵房（含轻油系）、氨气法硫酸吡啶分解厂房、工业萘蒸馏泵房、萘结晶室、工业萘包装和仓库、酚产品泵房、酚产品装桶和仓库、酚蒸馏真空泵房、萘精制泵房、萘制片包装室、萘洗涤室、精制萘仓库、精蒽洗涤厂房、溶剂蒸馏法蒽精馏泵房、精蒽包装间、精蒽仓库、精蒽油库泵房、蒽醌主厂房、蒽醌包装间及仓库、萘酐冷却成型、萘酐仓库	乙
	粗蒽结晶、分离室及泵房、粗蒽仓库和装车、连续或馏分脱酚厂房、馏分脱酚泵房、碳酸钠法硫酸吡啶分解厂房、固体沥青装车仓库、沥青烟捕集装置泵房、蒸馏溶剂法蒽精馏泵房、洗油精制厂房、沥青焦油类泵房、改质沥青泵房	丙
	固体碱库	戊
耐火材料和冶金石灰	乙醇仓库及泵房	甲
	煤粉间、木模间、焦油沥青间、导热油系统及库房	丙
	干燥厂房、竖窑厂房、回转窑厂房、烧成厂房、白云石砂加热厂房、添加铝粉、硅粉、镁铝合金粉等易燃易爆物（含量占混合物量5%～12%）的混合厂房	丁
	破粉碎厂房、筛分厂房、火泥厂房、混合成型厂房、困泥厂房、石灰乳厂房、添加铝粉、硅粉、镁铝合金粉等易燃易爆物（含量占混合物量≤5%）的混合厂房	戊
炼　铁	封闭式喷煤制粉站和喷吹站	乙
	敞开式或半敞开式喷煤制粉站和喷吹站	丙
	风口平台及出铁场，高炉矿焦槽，汽动、电动鼓风机站，鱼雷罐车检修及倒渣间，铸铁机及烤罐间等	丁
	出铁场及矿、焦槽除尘风机房	戊

续表 1

工艺（设施）名称	举　例	火灾危险性分类
炼　钢	易燃易爆粉料与直接还原铁（DRI）贮存间、转炉一次除尘风机房	乙
	转炉二次除尘风机房、电炉除尘风机房	丙
	转炉炼钢主厂房、电炉主厂房、精炼车间主厂房、连铸车间主厂房、废钢配料间、汽化冷却间、修罐间、炉渣间	丁
	废钢处理设施（废钢切割、剪切打包、落锤、铁皮干燥）	戊
铁合金	铝粉及硅钙粉工作间、电炉一次除尘风机房	乙
	主厂房	丁
热轧及热加工	渗碳介质（甲烷、丙烯等）储存库、氢保护气体站房	甲
	热处理车间、热轧车间	丁
	精整车间、板坯库、成品库	戊
冷轧及冷加工	使用闪点＜28℃的液体作为原料的彩涂混合间、成品喷涂（涂层）间、溶剂室、硅钢片涂层间、氢保护气体站房	甲
冷轧及冷加工	使用闪点≥28℃至＜60℃的液体作为原料的彩涂混合间、成品喷涂（涂层）间、溶剂室、硅钢片涂层间	乙
	成品涂油间、油封包装间	丙
	冷轧乳化液站、焊管高频室、热处理车间、有热处理的管加工车间、酸再生间、酸再生焙烧间	丁
	冷轧车间、冷拔车间、无热处理的管加工车间、钢材精整车间、拉丝车间	戊
金属加工、机修设施	使用和贮存闪点＜28℃的油料及溶剂间、清洗间	甲
	使用和贮存闪点≥28℃至＜60℃的油料及溶剂间、清洗间、油介质淬火间	乙
	石墨型加工车间、喷漆（沥青）车间、喷锌处理间、树脂间、木模间、聚苯乙烯造型间、地下循环油冷却库、液氮深冷处理间	丙

续表1

工艺(设施)名称		举例	火灾危险性分类
金属加工、机修设施		锻造(锻钎)车间，铸造车间，铆焊车间，机加工车间，金属制品车间，电镀车间，热处理车间，制芯车间，试样加工车间，汽车、机车及重型柴油机械保养及维修间，特种车辆维修间，汽(机)车电瓶充电间	丁
		酸洗车间、机械备品备件库	戊
检化验设施		助燃、可燃气体分析室	丙
		理化分析中心、化学实验室、物理实验室、炉前快速分析室、油分析室	戊
电气设施		电缆夹层、电缆隧道(沟)、电缆竖井、电缆通廊(吊廊)	丙
		电气地下室、计算中心、通讯中心等	丙
		操作室、主电室、控制室等	丁
	变(配)电所	室内配电室(单台设备油重60kg以上)、室外配电装置、油浸变压器室、总事故储油池、有可燃介质的电容器室	丙
		室内配电室(单台设备油重60kg及以下)	丁
		继电器室、全密封免维护蓄电池室	戊
液压润滑系统		润滑油站(系统)、桶装润滑油站、液压站(库)等	丙
动力设施	煤气系统	焦炉煤气加压机厂房、混合煤气(热值>3000×4.18kJ/m³)加压机厂房、水煤气生产厂房及加压机厂房、天然气压缩机厂房、天然气调压站、制氢站	甲
		发生炉生产厂房及加压机厂房，半水煤气生产厂房及加压机厂房，高炉煤气、转炉煤气、混合煤气(热值≤3000×4.18kJ/m³)的加压机厂房，高炉煤气余压发电(TRT)厂房	乙
		干式煤气柜密封油泵房，煤气净化控制、调度、值班室	丙
	液化石油气系统	压缩机间、储瓶库、气化间、调压阀室、液化石油气调压间、瓶装供应站、瓶组间	甲
		独立控制室	丙

续表1

工艺(设施)名称		举例	火灾危险性分类
动力设施	燃气-蒸汽联合循环发电系统(CCPP)	轻柴油泵房(闪点≥60℃)	丙
		燃气轮机主厂房、蒸汽轮机主厂房	丁
		氮气压缩机室	戊
	燃油库	柴油泵房、柴油库(闪点<60℃)	乙
		重油泵房、柴油库(闪点≥60℃)、重油库、井下桶装油库	丙
	锅炉房	天然气调压间	甲
		油箱间、油泵间、油加热器间	丙
		锅炉间、独立控制室	丁
	柴油发电机房		丙
	给排水系统	给(排)水泵房、过滤池(间)、冷轧废水处理站房、其他水处理站房、化水间、污泥脱水间、加氯间、加药间、贮酸间、冷却塔	戊
材料仓库		酚醛树脂仓库、铝粉(镁铝合金粉)仓库、硅粉仓库、电石库	乙
		包装材料库、劳保用品库、橡胶制品库、电气材料库、锯末仓库、有机纤维仓库、油脂库	丙
		工具保管室	丁
		金属材料库、耐火材料库、铁合金库、成品库、镁砂仓库、耐火原料库、机械备品库	戊

生产、储存物品的火灾危险性分类举例的说明：

1 烧结和球团工艺中的烧结冷却室、链蓖机-回转窑室和精矿干燥室是使用气体或固体作为原料进行燃烧的生产过程，其特点是均在固定设备内燃烧，而且所用的燃料量较少。多年的生产实践表明，烧结和球团生产主厂房均未发生过火灾，因此将其定位丁类是合适的。

2 氨硫洗涤泵房是焦炉煤气洗氨和脱除硫化氢(H_2S)装置中的一个泵房，其任务是输送稀氨水或稀碱液等非燃烧液体，故氨硫洗涤泵房的火灾危险为戊类。

3 彩涂车间内大量使用油漆，醇酸油漆可以粗略地认为稀料占一半左右，常用的稀料其闪点大多在28℃以下，试验表明，油漆成品虽然含有树脂、苯酐、颜料，但其闪点仍与纯稀料基本相仿，属于甲类液体。在硝基油漆中还含有硝化棉，硝化棉是非常容易燃烧的物质，它含有很多硝基基团，能放出一氧化氮、二氧化氮，产生酸根和亚酸根，发热引起自燃。故在本规范中以溶剂的闪点来界定使用油漆工段的火灾危险性。

4 耐火工程设计中采用导热油，以融化、保温“中温沥青”，使之有较好的流动性。常用的导热油牌号是上海某牌导热油和盘锦某公司的有机载热体，特性见表2和表3。

表2 上海某牌导热油质量指标

项目	HD-330	HD-320	HD-310	HD-300	试验方法
外观	淡黄色至深黄色，无浑浊，无沉淀				目测
闪点（开口）（℃）	≥200	≥195	≥190	≥180	应符合现行国家标准《石油产品闪点和燃点测定方法》GB 3536的规定

表3 盘锦某公司有机载热体性质

项目	NeoSK-OIL 1400	NeoSK-OIL 1300	NeoSK-OIL 600	NeoSK-OIL 500	NeoSK-OIL 400
化学组成	二苄基甲苯	苄基甲苯	改性三联苯	合成烃	烷烃
闪点（℃）	≥200	≥135	≥195	≥190	≥170

从表中可知，常用导热油的闪点均大于120℃，故导热油的火灾危险性为丙类。

5 近年来钢铁冶金企业开始大量采用阻燃电缆，这往往造成人们的麻痹，实际上阻燃或阻止火焰传播的电缆并不意味着该电缆是非燃的，“在适当的条件下，阻燃电缆会支持自持燃烧”（引自我国《核安全法规》HAF0202附录Ⅷ“电缆绝缘层”）。另外美国的电缆耐火研究也表明，不仅阻燃电缆支持燃烧，而且涉及阻燃电缆的火灾比起非阻燃的含聚氯乙烯的电缆火灾更难扑灭。近年来，钢铁冶金企业发生的电缆火灾也说明了这一点（因为这些区域多已采用了阻燃电缆）。鉴于此，电缆夹层、电缆隧（廊）道等的火灾危险性应为丙类。

6 钢铁冶金企业存在大量的电气地下室，其特点是位于地坪以下且内部敷设有大量的电缆，并集中有大量的电气设备。生产实践和火灾案例的分析都表明，这些场所中曾发生过多起火灾事故，因此该区域的火灾危险性为丙类。

7 焦炉应视为生产装置。

3.0.2 建（构）筑物的耐火等级取决于生产或储存物品的火灾危险性、建筑物层数和防火分区最大允许占地面积，而钢铁冶金企业中建（构）筑物种类繁多，规模不一，因此本条不便于给出所有建（构）筑物的耐火等级。但可以根据火灾危险性分类和实际建筑的占地面积，按照现行国家标准《建筑设计防火规范》GB 50016的有关规定执行。

3.0.3 钢结构这种建筑结构形式以其重量轻、承载力大、施工简便、布局灵活等特点已经广泛应用于钢铁冶金行业的大型厂房建筑中。经过编制组与业主、设计院、消防监督管理部门、科研院（所）等各方面专家的充分研讨，并依据现行国家标准《建筑设计防火规范》GB 50016和其他行业规范的相关规定，确定了本条和第3.0.7条的第2款。

3.0.4 地下液压站、润滑油站（库）往往储油量大，火灾荷载大，一旦发生燃烧，不便于人工施救，火灾危险性和危害性均较大，因此要求较高的耐火等级，并宜采用钢筋混凝土结构或砖混结构。油浸式变压器室可燃油较多，火灾荷载大，且涉及高、低压输变电，危害也很大，因此耐火等级不应低于二级；高压配电装置室可燃物主要是动力电缆、配电装置等，火灾荷载大，易蔓延，因此耐火等级不应低于二级。

3.0.5 电气地下室、电缆夹层中电缆密集，火灾荷载大，火灾危险性较大，且上部一般均为电气或控制室等，发生火灾后会对上部空间造成危害，火灾危害性大，本条规定这些场所的建筑物宜采用钢筋混凝土结构或砖混结构，其耐火等级不应低于二级。对于结构中存在的可能造成火灾蔓延的孔洞等应采取有效措施，如设置防火泥、防火堵料等进行封堵，防止因电缆燃烧而将火源引向控制室等部位。另外，目前也有部分厂房的电缆夹层采用钢结构，为了保证生产安全，本条规定应对建筑构件进行防火保护，保证耐火等级不低于二级。

3.0.6 干煤棚、室内储煤场多采用钢结构形式，考虑其面积大，钢结构构件多，结合多年的工程实践经验，煤场的自燃现象虽然存在，但自燃的火焰高度一般为0.5～1.0m左右，不足以威胁到上部钢结构构件，因此规定对堆煤高度及以上的1.5m范围内的钢结构应采取有效的防火保护措施。

3.0.7

1 钢铁冶金企业的电缆夹层一般位于控制室、操作室的下方，电缆数量多，火灾荷载大，性质重要。火灾案例表明，电缆火灾是钢铁冶金企业中发生次数最多的火灾，而且因电缆夹层发生火灾而发展成为大型、特大型的火灾事故较多。对电缆夹层进行防火分隔，成本较低，施工难度不大，却可以大大提高工艺安全；由于电缆夹层内敷设有大量的电缆，因此将电缆夹层视为存放电缆的仓库进行防火设计更符合实际，因此对其防火分区的最大允许面积在参考现行国家标准《建筑设计防火规范》GB 50016表3.3.1的有关要求的同时，结合钢铁冶金企业的建筑特点，规定“地上电缆夹层的防火分区面积不应大于1000m²”。钢铁冶金企业还存在着大量的地下室，如地下润滑油站（库）、液压站和电气地下室地下部分等，参考现行国家标准《建筑防火设计规范》GB 50016对厂房地下室和半地下室的规定，其防火分区面积不应超过500m^2。

2 如生产工艺需要，不能采用防火墙对防火分区进行防火分隔时，可以采取以下两种措施：第一，可以设置自动消防系统，从而使防火分区面积扩大1倍；第二，可采用防火卷帘或水幕保护分隔。对于面积很大的地下火灾危险场所，则可以采用自动消防系统和防火墙、防火卷帘或水幕保护的综合技术措施。目前而言，采用防火卷帘或水幕保护分隔在技术可靠性、经济性和实用性方面都是比较好的处理措施。

3 受煤坑为地下结构，其建筑长度是由生产需要的火车货位决定的。受煤坑的火灾危险性为丙类。根据实践经验，其防火分区的允许建筑面积均超过现行国家标准《建筑设计防火规范》GB 50016的相关规定，而且由于生产特点也无法采用防火墙进行防火分区隔断。正常生产时，该场所只有1～2名流动操作工。

在现行国家标准《火力发电厂与变电所设计防火规范》GB 50229中也有类似规定，“当屋内卸煤装置的地下部分与地下转运站或运煤隧道连通时，其防火分区的允许建筑面积不应大于3000m^2”。

焦化厂用煤的种类与火电厂不同，在焦化工艺中使用的炼焦煤一般为含水率10%左右的洗精煤，火灾发生的几率比火电小得多。为了保证生产和安全作此规定。

3.0.8 现行国家标准《建筑内部装修设计防火规范》GB 50222适用于民用和工业建筑的内部装修设计。随着经济的发展，钢铁冶金企业的主控制楼（室）、电气室、计算机房等多进行了内部装修。由于目前的装修设计和施工队伍良莠不齐，市场混乱，消防意识相差甚远，因此特别强调应遵守的规范名称。

4 总平面布置

4.1 一 般 规 定

4.1.1 钢铁冶金企业的生产特点是：

1 工艺复杂，涉及技术面广，在生产中大量使用可燃固体（煤、焦炭等）、可燃液体（重油、润滑油等）和可燃气体（煤气、氢气等）。

2 许多生产过程是在高温条件下进行的。

3 厂区总占地面积大，主厂房占地面积也较大。

4 属于流程性原料的生产，上、下游的连续对于保证正常生产非常重要；工艺厂区之间及各工艺厂区内部生产工序的连续性强。

5 水、电、煤气等设施遍布生产的各个工艺过程。

6 自动化程度高，电缆隧（廊）道分布广。

为了保证安全生产，满足各类设施的不同要求，防止或减少火灾的发生并避免和减少对相邻建筑的影响，在进行厂区规划时应同时进行消防规划。厂区规划应结合地形、风向、交通和水源等条件，将工艺装置和各类设施进行合理规划，既有利于防火安全，也便于生产和管理。

4.1.3 地下矿井井口和平硐口（含露天矿采用有井巷工程布置时）必须置于安全地带。由于出入沟口、地面井口是生死攸关的部位，因此井口的防火至关重要。地面井口布置应注意风频、风向，避开火源，不乱设易燃易爆物堆场及加工设施。火源火花工序应距井口20.0m以外设置，以保证安全。木材场、炉渣场及丁类、丙类和丙类以上建筑与进风井的位置关系是根据现行国家标准《金属非金属地下矿山安全规程》GB 16424的有关规定制定的。

本条规定中的“易爆物品”主要指爆破器材、易爆燃料，其存放地点须符合现行国家标准《金属非金属地下矿山安全规程》GB 16424的相关规定。

4.1.5 绿化是工厂的重要组成部分，合理的绿化设计，既可美化环境，改善小气候，又可以防止火灾蔓延，减少空气污染。但绿化设计必须紧密结合各工艺厂区的生产特点，在火灾危险性较大的生产区，应选择含水分较多的树种，以利于防火。例如某化工厂道路一侧的油罐起火，道路另一侧的油罐未加水喷淋冷却保护，只因为有行道树隔离，行道树被大火烤黄烤焦但未起火，油罐未受到威胁，可见绿化的防火作用。假若行道树是含油脂较多的针叶树等，其效果就会完全相反，不仅不能起隔离保护作用，甚至会引燃树木而扩大火势。因此选择有利防火的树种是非常重要的。

在绿化布置形式上还应注意，在可能散发可燃气体的储罐区周围地段不得种植绿篱或茂密的连续式的绿化带，以免可燃气体积聚。一般钢铁企业在可燃液体储罐的防火堤内不采用绿化，即使采用草皮绿化，也会因泄漏的可燃液体污染草皮而导致死亡枯竭成可燃物体。

液化烃罐组一般需设喷淋水对储罐降温，其地面应利于排水。另外，因管道、阀门破损或泄漏时，液化烃可能有少量泄漏，应避免泄漏气体就地聚集。因此，液化烃罐组内严格禁止任何绿化。否则，泄漏的可燃气体越积越多，一旦遇明火引燃，便危及储罐。

4.1.6 钢铁冶金企业占地面积很大，要保证消防车在规定的时间内赶到现场，在进行消防站的选址时就应充分考虑消防站的位置，本条给出了设置原则。

4.2 防 火 间 距

4.2.1 本条为钢铁冶金企业相邻建（构）筑物防火间距的规定。表4和表5是根据现行国家标准《建筑设计防火规范》GB 50016 的相关规定，结合钢铁冶金企业的生产特点以及几十年设计实施的经验，并参照国内外其他行业或专业规范进行综合整理而成的。本表所规定的间距均为最小间距要求。从防火和保障人身安全、减少财产损失角度看，在有条件时，设计者应尽可能采用较大的间距。

表 4 散发可燃气体、可燃蒸气的甲类厂房、仓库、储罐、堆场与铁路、道路的防火间距（m）

名称	厂外铁路中心线	厂内铁路中心线	厂外道路路边	厂内道路路边	
				主要	次要
散发可燃气体、可燃蒸气的甲类厂房	30	20	15	10	5
甲类仓库、乙类（除第 6 项）物品仓库	40	30	20	10	5
甲、乙类液体储罐	35	25	20	15	10
丙类液体储罐	30	20	15	10	5
可燃、助燃气体储罐	25	20	15	10	5

注：1 散发比空气轻的可燃气体、可燃蒸气的甲类厂房与电力牵引机车的厂外铁路线的防火间距可减为 20m。

2 厂内铁路装卸线与设置装卸站台的甲类仓库的防火间距，可不受本表规定的限制。

3 上述甲类厂房所属厂内铁路装卸线当有安全措施时，可不受本表规定的限制。

4 钢铁冶金企业内铁水运输线与散发可燃气体、可燃蒸气的甲类厂房、库房、储罐、堆场的防火间距应按表 5 中明火或散发火花的地点与上述建（构）筑物的要求执行。

对表 5 的说明：

1 两座厂房相邻较高一面的外墙为防火墙时，其防火间距不限，但甲类厂房之间不应小于 4.0m。

2 两座耐火等级为一、二级的厂房，当相邻较低一面外墙为防火墙且较低一座厂房的屋顶耐火极限不低于 1.00h，或相邻较高一面外墙的门窗等开口部位设置耐火极限不低于 1.20h 的防火门或防火分隔水幕或安防火卷帘时，甲、乙类厂房之间的防火间距不应低于 6.0m；丙、丁、戊类厂房之间的防火间距不应小于 4.0m。

3 下列情况，表中防火间距可减少 25%：

1）两座丙、丁、戊类厂房或民用建筑相邻两面的外墙均为不燃烧体，如无外露的燃烧体屋檐，每面外墙上的门窗洞口面积之和各不大于该外墙面积的 5%，且门窗口不正对开设；

2）浮顶储罐区或闪点大于 120℃ 的液体储罐区与建筑物的防火间距。

4 下列情况，表中防火间距可减少：

1）单层、多层戊类生产厂房之间及其与戊类仓库之间的防火间距，可按本表规定减少 2m；

2）一、二级耐火等级的丁、戊类高层厂房与民用建筑的防火间距，可按本表规定减少 3m；

3）为丙、丁、戊类厂房服务而单独设立的生活用房应按民用建筑确定，与所属厂房之间的防火间距不应小于 6m；必须贴邻建造时，应符合本表说明第 1、2 款以及第 3 款第 1 项的规定；

4）为车间服务而独立设置的车间变电所、办公室等，与所属厂房之间的防火间距，可相应减少 25%。

5 储罐防火堤外侧基脚线至建筑物的距离，不应小于 10.0m。

6 直埋地下的甲、乙、丙类液体卧式罐，当单罐容积不大于 $50m^3$，总容积不大于 $200m^3$ 时，与建筑物之间的防火间距可按本表规定减少 50%。

7 固定容积的可燃气体和氧气储罐的总容积按储罐几何容积（m^3）和工作压力（绝对压力，1×10^5Pa）的乘积计算，$1m^3$ 液氧折合标准状态下 $800m^3$ 气态氧。

8 地上甲、乙类液体固定顶储罐区或堆场，与明火或散发火花地点的防火间距，当储量不大于 $500m^3$ 时，其防火间距不应小于 25m。

9 地上浮顶及丙类液体固定顶储罐或堆场与明火或散发火花地点的防火间距，当储量不大于 $500m^3$ 时，其防火间距可适当减小，但不应小于 15m。

10 湿式或干式可燃气体储罐的水封井、油泵房和电梯间等附属设施与该储罐的防火间距，可按工艺要求布置。

11 生产、使用和贮存物品的火灾危险性分类，建（构）筑物耐火等级的确定，建（构）筑物防火分区最大允许占地面积的有关规定，建（构）筑物设防火墙等防火措施，甲、乙、丙类液体的泵房及其装卸设施的防火间距以及本表中未列入的不常用的防火间距等，均按现行国家标准《建筑设计防火规范》GB 50016 的有关规定执行。

12 防火间距从相邻建筑物外墙的最近距离计算；室外变、配电站从距建筑物最近的变压器外壁算起；储罐、堆垛、储罐防火堤，分别从储罐外壁、防火堤外侧基脚线算起。

13 室外变、配电站，对于电力系统是指电压为 35～500kV 且每台变压器容量在 10MV·A 以上的室外变、配电站，对于工业企业指变压器总油量超过 5t

的室外降压变电站。

4.2.2 本条规定依据原冶金工业部颁布的《冶金企业安全卫生设计规定》（冶生〔1996〕204号）第6.4.5条而制定。

4.2.3 地上甲、乙类可燃液体固定顶储罐（区）或堆场及丙类可燃液体固定顶储罐（区）或堆场与明火或散发火花地点的防火间距，是根据现行国家标准《石油化工企业设计防火规范》GB 50160表3.2.11制定的。

4.2.4 钢铁冶金企业中由于工艺的要求，存在大容积的可燃气体储罐。如目前新建和已经建成投入使用的高炉煤气柜的容积达到30万m^3左右，所以在本规范中对可燃气体储罐的容积扩大到了30万m^3。并依据现行国家标准《城镇燃气设计规范》GB 50028表5.4.3“储气罐与站内建（构）筑物的防火间距”进行统一规定。

4.2.5 钢铁冶金企业中有较多常压的煤气柜，而且容积较大，为了管理方便和防止火灾发生，一般采用围墙的形式将其隔离保护。在现行国家标准《建筑设计防火规范》GB 50016中没有对煤气柜和围墙防火间距的相关规定，本规范中依据现行国家标准《城镇燃气设计规范》GB 50028表5.4.3“储气罐与站内建（构）筑物的防火间距”进行统一规定。

4.2.7 烧结厂的电气楼与主厂房之间的距离受多种因素的制约。从生产工艺要求来说，两座建筑需尽可能靠近，否则将造成生产工艺以及供电负荷配置上的不合理，增大投资，增加能耗，总平面布置困难，甚至成为改、扩建厂以及能否建厂的关键（当前烧结厂建设以改、扩建或拆除老厂建新厂的情况居多）。从厂房结构设计合理性考虑，因厂房高度、荷载的不同等因素导致了两者又不宜做成一座建筑；从防火要求来说，两座建筑通常都是采用钢筋混凝土结构，耐火等级可达到一、二级要求，火灾危险性类别（为丁类）较低。五十年来的生产实践表明，未发生过火灾。综合考虑上述因素，作此规定。

4.2.8 带式运输机通廊作为燃料、原料的转输设施大量存在于钢铁冶金企业中，其设置位置、高度和长度等均根据工艺的需要进行布置和建设。带式运输通廊的火灾危险性取决于其运输的物品，输煤和焦炭通廊的火灾危险性为丙类，其余为戊类。总结五十年来的生产实践经验，皮带运输机通廊因皮带跑偏、摩擦等原因有起火的现象，但从未出现过引燃附近建（构）筑物，导致火灾蔓延的情况。为保证生产安全、节约投资、工艺合理和降低能耗，作此规定。

4.2.9、4.2.10 可燃气体、氧气储罐与不可燃气体储罐之间的间距，不可燃气体储罐之间的间距，在现行国家标准《建筑设计防火规范》GB 50016中无明确规定，为了便于设计和消防管理，参照国外工业气体委员会IGC的相关资料（最小为1m）以及现行国家标准《建筑设计防火规范》GB 50016第4.3节和《石油库设计规范》GB 50074的第7.0.7条及《石油化工企业设计防火规范》GB 50160的第4.2.3条而制定。

4.2.11 液氧储罐往槽车（或长管拖车）充装氧气或槽车往用户的液氧储罐充装氧气时，为了减少充装损失，工艺要求储罐与槽车的间距越小越好。现行国家标准《建筑设计防火规范》GB 50016中也明确规定“氧气储罐与其制氧厂房的间距，可按工艺要求确定”。因此，结合钢铁冶金企业的生产特点，规定液氧储罐与道路的防火间距应符合现行国家标准《建筑设计防火规范》GB 50016的要求，如“可燃气体储罐、助燃气体储罐与厂内次要道路边不小于5m，与厂内主要道路边不小于10m”等，但如果在路边设有液氧槽车的停放场地时（如图1所示），该停放场地边距氧气储罐的距离可按工艺要求确定。

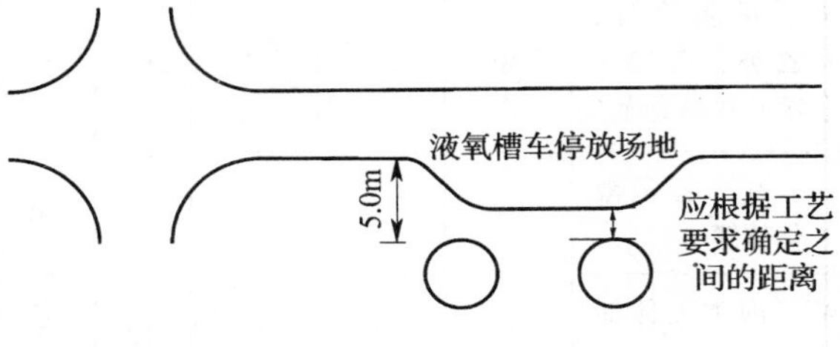

图1 液氧槽车停放场地与储罐间距示意图

4.3 管线布置

4.3.2 本条规定了甲、乙、丙类液体管道和可燃气体管道不得穿过与其无关的建（构）筑物、生产装置及储罐区等是总结了实践中的经验，为防止扩大危害而制定的。

4.3.3 高炉煤气、发生炉煤气、转炉煤气及铁合金电炉煤气中一氧化碳的含量较高，如果采用地下直埋式，一旦泄漏将会造成极大的危害，所以不允许埋地敷设。

4.3.4 由于油质管道泄漏时油品会渗到氧气管道上，有可能引发火灾，电缆线本身也有可能发生火灾，故严禁氧气管道与油管、电缆等在狭小的地沟内同沟敷设。

4.3.5 架空敷设容易早期发现管道泄漏等问题，并便于修复，因此应优先选用架空敷设。

钢铁冶金企业中有大量的燃油管道（丙类管道），无论自流或在压力下流动，在长期的生产过程中都难免会发生介质泄漏，如果采用地下直埋式，出现泄漏等事故不宜发现，而一旦透出地面，事故已非初期，危害较大，同时也不便于检修和维护。如采用管沟，泄漏的可燃液体挥发后容易形成可燃蒸气，特别是比重大的可燃气体或易于挥发的气体，容易在管沟内聚积，酿成火灾或爆炸的潜在危险，所以应该特别注意，防止事故的发生。另外，当管沟进出厂房及生产装置时，应采取可靠的防火隔断，以免外部火灾蔓延造成过大损失。

氧气、乙炔、煤气在不通行的地沟有泄漏时，容易产生积聚，此时如地沟内有油质流入或有水积存，则会发生火灾或者有严重腐蚀破坏管道的可能性，故作出本规定。工艺需要与可燃介质同沟敷设时，沟内填满细砂是为了使发生泄漏的气体不积聚，且在着火时有阻火灭火作用。

4.3.6 架空电力线路的规定。

1 现行国家标准《66千伏及以下架空电力线路设计规范》GB 50061、《电力线路防护规程》及《工业企业通讯设计规范》GB J42等有关规定对相应的架空线的布置均有较详细的规定，管线综合布置时应符合这些规范的规定。

2 根据现行国家标准《民用建筑电气设计规范》JGJ/T 16中第7.2节及《城镇燃气设计规范》GB 50028的第8.3节制定本款内容。

5 安全疏散和建筑构造

5.1 安 全 疏 散

5.1.3 电缆夹层的火灾危险性为丙类且无人值守，根据现行国家标准《建筑设计防火规范》GB 50016的规定执行。

5.1.4 钢铁冶金企业中的电缆隧（廊）道长度往往达数百米，甚至可达千米以上。对于自然通风的电缆隧道，在100.0m左右会设一进一出2个风井，并在井壁上配有爬梯。为了保证火灾发生时的人员安全，本条规定“当电缆隧（廊）道长度超过200.0m时，中间应增设疏散出口”。考虑到电缆隧（廊）道平时无人值守，只有巡检人员熟悉现场情况，所以在这里所指的“疏散口”并不要求为安全出口，如上述的通风井也是可以起到疏散的作用。另外，鉴于电缆隧（廊）道中专门增加中间出口的结构工作量较大，颇费建设资金，在满足疏散出口设置规定的同时，应尽量节省投资，规定其间距不应超过100.0m。

还需要注意的是电缆隧（廊）道的形式是由工艺决定的，一般多分支。因此，在本条中规定应在“端部”设置安全出口，不仅是指主电缆隧（廊）道的两头，电缆隧（廊）道分支的端部也应设置安全出口，如Y形分支的电缆隧（廊）道，其端部即为3个；X形分支的电缆隧（廊）道其端部是4个；另外，考虑到火灾发生时人的疏散行为模式，安全出口的位置距离隧道顶端不宜过大，故本条规定不应大于5.0m。

5.2 建 筑 构 造

5.2.2 依据现行国家标准《建筑设计防火规范》GB 50016的规定和钢铁冶金企业的具体情况，丙类液体管道往往较长，涉及场所多、区域广，一旦发生火灾易于在工厂内传播，所以作此规定。其他管道（如水管以及输送无危险的液化管道等）如因条件限制必须穿过防火墙时，应用水泥砂浆等不燃材料或防火材料将管道周围的缝隙紧密填塞。管道应采用不燃或难燃材质。避免管道遇高温或火焰收缩变形并减少火灾和烟气穿过防火分隔体，应采取措施使该类管道在受火后能被封闭，如设置热膨胀型阻火圈等，保证火灾发生时，可以及时关闭。

5.2.3 防火分隔构件的缝隙会造成防火分隔构件的耐火等级下降，甚至丧失隔断能力。因此，本条规定应采用耐火极限不低于相应防火分隔构件的防火材料封堵，从而保证隔断能力。

5.2.4 钢铁冶金企业由于冶炼工艺的需要，存在高温的铁水、钢水、熔渣、钢锭和钢坯以及运输这些物料的车辆，而这些高温物料引发的灾害也不少，如某钢铁公司炼铁厂的铁水罐经过高炉皮带通廊时，由于水进入罐车内引起铁水喷溅，从而引燃运输皮带，造成较大损失。本条规定了应采取的基本防护措施，对直接受到危害的建（构）筑物，采取耐热和隔热的保护措施；而易受运输车辆高温物料危害的厂房及其柱、楼板和平台柱应保持与运输车辆及运载物一定的安全距离，并对柱、楼板采取必要的防护措施。

5.2.6 油浸变压器室、地上封闭式液压站和润滑油站（库）等均为火灾易发场所，如可燃油油浸变压器发生故障产生电弧时，将使变压器内的绝缘油迅速发生热分解，析出氢气、甲烷、乙烯等可燃气体，压力骤增，造成外壳爆裂，大量喷油；或者析出的可燃气体与空气混合形成爆炸混合物，在电弧或火花的作用下引起燃烧爆炸。变压器爆裂后，火势会随着高温变压器油的流淌而蔓延。充有可燃油的高压电容器、多油开关、地上封闭式液压站和润滑油站（库）等，也有上述类似的火灾危险。为防止其火灾向厂房内蔓延，殃及其他部位，故本条文规定，这类建筑物通向厂房内的门，应采用甲级防火门，并能自行关闭，以确保大厂房的安全。这个规定与现行国家标准《10kV及以下变电所设计规范》GB 50053的规定是一致的。

关于设置在非单层建筑物内底层的装有可燃油的电气设备用的房间设计，在《10kV及以下变电所设计规范》GB 50053和《建筑设计防火规范》GB 50016、《高层民用建筑设计防火规范》GB 50045中都有明确的规定，即在其直通室外或直通安全出口的外墙开口部位的上方应设置宽度不小于1.0m的不燃烧体防火挑檐或高度不小于1.2m的窗槛墙。这是为防止由底层开口喷出的火焰卷入上层房间的开口，使火灾蔓延而采取的预防措施。如果在底层这类房间采用了防火门，即可不设置防火挑檐，但需要设置机械通风，增加了投资。在一般情况下，为了变压器的散热、通风，对外开的门都不采用防火门，这时设置防火挑檐就十分必要。

5.2.7 电缆隧（廊）道是钢铁冶金企业的火灾易发场所，为了有效地避免火灾蔓延，在电缆隧（廊）道进入主厂房、主电室、电气地下室等部位应设置防火墙和常闭的甲级防火门。

5.2.8 电缆隧（廊）道一般要求采用自然或主动送排风两种形式，为了使空气能够在隧道内流动，并方便电缆隧（廊）道的维护维修，防火门应为常开式防火门。当发生火灾时，防火门应能够自行关闭，并应向疏散方向开启。"自行关闭"包括自动控制、机械、手动、温控等各种关闭手段。

5.3 建（构）筑物防爆

5.3.1、5.3.2 对于一般建筑防爆所指的爆炸主要是指可燃气体（如煤气、乙炔气、氢气等）与空气混合形成的爆炸；可燃蒸气（如汽油、酒精等液体的蒸发气）与空气混合形成的爆炸；以及可燃粉尘（如煤粉、铝粉、镁粉等）和可燃纤维（如棉纤维、腈纶纤维等）与空气混合形成的爆炸。而在钢铁冶金企业中的某些厂房除存在上述爆炸危险外，其炼铁、炼钢等有液体金属（铁水、钢水）和液体熔渣运作的厂房内，一旦有一定量的水与液体金属或熔渣相遇，水被突然汽化膨胀，将产生极为猛烈的爆炸，会将大量的液体金属或熔渣抛向空中，破坏力很大。为防止这类爆炸事故的发生，条文中严格规定这类厂房的地面标高应高出厂区地面 0.3m 以上，以防暴雨时厂房进水，同时应确保厂房内不得有存水的坑、沟等，尤其要严防厂房屋面漏雨和天窗飘雨。值得注意的是，当前不少热加工厂房的开敞式通风天窗，在大风雨的情况下多有飘雨现象，因此，设计时应采取更为严密可靠的防飘雨措施。

6 工 艺 系 统

6.1 采矿和选矿

采矿和选矿的工艺组成及范围如下：

1 露天采矿工艺包括开拓运输系统（如铁路、公路、平硐溜井、架空索道、带式运输及联合开拓）、开沟采剥系统、供水系统、排水系统、供配电系统、压气系统。还有机修、仓贮、化验、行政福利等辅助设施。

2 地下采矿工艺包括开拓系统（如平硐、斜井、斜坡道、竖井及联合开拓）、回采系统、运输系统、提升系统、排水系统、供水系统、通风系统、压气系统、供配电系统。地下辅助设施有设备修理、仓贮等。地面生产及辅助设施同露天矿。

3 选矿工艺包括破碎筛分（洗矿）系统、磨矿选别系统、脱水系统、尾矿系统。若采用焙烧工艺时，还有焙烧系统。

针对以上工艺流程，确定重点的防火区域或主要建（构）筑物及设施是井（坑）口建（构）筑物、井下硐室、供配电设施以及选矿焙烧厂、选矿药剂制备厂和药剂库。

6.1.1 井（坑）口建（构）筑物如压缩空气站、多绳提升井塔、提升机房、带式输送机及驱动站、通风机房、钢（钢筋混凝土）井架、架空索道站及支架均宜采用不燃烧体材料建造。

6.1.3 以往矿山发生火灾与木材支护有极大关系，随着工业发展，支护材料越来越多地采用混凝土、钢材等不燃材料，到目前为止，多数矿山已基本不用和少用木材支护。但在小型矿山仍存在用木材作为支护材料的情况。如 2004 年 11 月 20 日，河北省沙河市白塔镇一铁矿，由于电焊引燃用于支护的荆笆上，发生火灾，造成 106 人被困井下，70 名矿工遇难的恶性事故。因此，本规范规定若采用木材支护，应在木材支护段采用阻燃电缆和铺设消防水管，设置消火栓等灭火设施。

6.1.4 根据目前冶金地下矿山规模及采用的柴油设备情况，柴油油耗量在 300～1000kg/d 以内，因此井下桶装油库应布置在距离井底车场 15.0m 以外；有的矿山将桶装油库设在铲运机修理硐室内，这种布置对消防十分不利，应分开设置。

6.1.5 容易自燃的矿山主要指含硫较高的锰矿，含硫高的铁矿及硫铁矿。

1 采用后退式回采，可以在矿山工作面发生火灾时，隔绝火区，更易恢复生产。实践已经证实，采用黄泥灌浆对防火有一定效果，特别是采用充填采矿法可基本杜绝火灾发生。

2 因抽出式通风会使火区有毒气体及高温矿尘更易溢入工作面，严重恶化工作面作业条件，并使主扇遭受酸雾快速腐蚀，故应采用压入式通风。

3 为防止工作面钻孔内炸药自爆，须采取工作面降温，降低孔底温度。

4 及时密闭采空区是防止火灾发生的有效办法。

6.2 综合原料场

综合原料场是指对原料、燃料进行受卸、贮存、处理和运输的设施。综合原料场的范围包括从卸船机下带式输送机或火（汽）车卸车开始，经贮（堆）存及处理后，将原料、燃料输送到高炉矿焦槽、烧结配料槽、球团原料仓、焦化配煤槽、高炉喷煤磨煤机原煤槽（仓）、电厂原煤槽（仓）、石灰焙烧原料槽（仓）顶面的设施。

综合原料场的工艺系统组成包括受卸系统、料（煤）场系统、混匀系统、整粒（破碎筛分）系统、取制样系统、输送系统、干煤棚系统。

针对以上工艺流程，确定重点的防火区域或主要建（构）筑物及设施是带式输送机系统，可燃物的贮存、加工和输送系统。

6.2.1 根据原冶金工业部《烧结球团安全规程》第2.6条和《冶金企业安全卫生设计规定》第4.6.6、6.5.5条的有关规定制定。带式输送机通廊在钢铁冶金生产工艺流程中是联系各生产车间和转运站的通道，数量较多，宽窄、长度、倾角各有不同。发生火灾时，带式输送机通廊也是疏散通道。因此，对其净空高度、宽度及倾角应有明确的设计规定，才能确保火灾发生时人员的疏散安全。

设备自身摩擦升温是导致运煤系统发生火灾的隐患。近年焦化厂发生的运煤通廊火灾事故中，多因带式输送机改向滚筒轴拉断、托辊不转动及胶带跑偏等，致使胶带与钢结构件直接摩擦发热而升温，引起堆积煤粉的燃烧，酿成烧毁胶带及通廊的重大事故。鉴于此，对带式输送机安全防护设施作了规定。

6.2.2

2 焦化炼焦用煤一般为含水10%左右的洗精煤，输送及转运过程中有少量粉尘溢出，贮配煤槽、各转运站及地上、地下通廊应设自然通风装置；粉碎机室的粉碎机运行时，从上部溜槽入口和下部出口有大量粉尘溢出，应设机械除尘装置。

3 本款是对运煤系统承担煤流转运功能的各种形式的煤斗设计，为使其活化率达到100%，避免煤的长期积存引起自燃而作出的规定。

5 备煤系统设置集中控制室统一指挥系统操作，配置的通讯设备具有呼叫、对讲、传呼及会议功能。当发生火灾时，利用本系统及时下达处置命令，因此不宜再单独设消防用通讯系统。

6.3 焦　　化

焦化工艺的组成包括备煤系统、炼焦系统、煤气净化系统及化产品精制系统。由于大量使用煤，产生出焦炭、煤气等可燃物，因此焦化属于防火的重点，应采取有效的防火措施。

6.3.1

1 焦炉生产过程中，炭化室成熟的焦炭由焦炉机侧的推焦机推出，在焦炉焦侧红焦（约1000℃）经拦焦机装入熄焦车后送熄焦塔熄焦。煤气净化车间主要生产可燃气体，甲、乙类液体等，遇火易发生爆炸燃烧引起火灾。因此，煤气净化区应布置在焦炉的机侧或一端。

2 精苯是可燃易挥发的液体，要远离焦炉高温区。

6.3.3

2 每座焦炉的两端都应有上下通道，一旦发生火灾，有利于灭火。

3 近年来的生产实践表明，我国寒冷地区的焦化企业在冬季气温较低时不采用煤气明火保温，难以保证煤塔漏嘴出口处煤不冻结。我国炼焦用煤的水分一般在10%及以上，且煤塔漏嘴出口处的煤处于周期性流动状态，如采用铸铁材质的煤塔漏嘴、控制煤气火焰的大小以及火焰与煤塔漏嘴的距离等安全措施后，可以保证在采用煤气明火烘烤保温时不会发生煤塔内装炉煤的燃烧。装煤车在煤塔下受煤过程中，散发粉尘的时间短，粉尘量不大；且焦炉炉顶至煤塔漏嘴底部不封闭，空间较大，空气流动，不会产生粉尘积聚，故不会发生粉尘爆炸。近年来我国焦化企业的生产实践也证明了这一点。

4 当集气管内压力值达到某一规定值时，集气管放散管自动放散煤气并自动点火燃烧，如不及时放散和自动点火燃烧，将造成整个焦炉冒烟冒火，一片火海。放散煤气的压力值应根据焦炉的状况来决定。

5 操作台下的烟道走廊与地下室和炉间台煤气区直接相通，一旦红焦和火种漏入地下室和炉间台煤气区，可能发生着火和爆炸。

6 机侧、焦侧操作平台工况特殊，炉门、炉框等设施表面温度为200～300℃。若机侧、焦侧的小炉门和炉门密封不严则会冒烟着火。炉门一旦冒火，只能用压缩气体吹灭，若用常温水灭火，设备极易炸裂，因此应设置压缩空气管接头。

7 焦炉结构要求设有地下室且距离明火（装载红焦炭的熄焦车）约3.0m，作为特殊的工业炉装置考虑，焦炉区域为非爆炸危险环境，符合现行国家标准《爆炸和危险环境电力装置设计规范》GB 50058第2.2.2条的规定。这种结构的焦炉在国内已有近六十年的生产运行经验，安全可靠。考虑焦炉地下室及烟道走廊内布置有煤气管道和煤气设备，应设置通风换气装置，使易燃物质的最高浓度不超过爆炸下限的10%，并设置火灾自动报警系统和灭火装置。

8 防止因高温烘烤而引起电气室和液压站内着火。

6.3.4 本条规定的目的在于防止满载红焦的熄焦车通过邻近的建筑物时，烘烤可燃材料而引起火灾。

6.3.6

1 焦侧有熄焦车频繁往来行驶，因而不能在焦侧烟道走廊设置出入口。机侧比焦侧安全，焦炉上操作工人大部分集中在煤塔和端台处，因此出入口设置在这三处较合适，也便于消防人员出入。

2 进煤气管道的地沟应加盖板且盖板应能打开，是为了便于煤气管道检修；能在地沟内进行检查和放水，是为了便于煤气管道安全检查；沟内空气应自然流通，是为了不使漏失的煤气在地沟内积累起来，形成爆炸性气体。

3 焦炉煤气爆炸极限为6%～30%，极易爆炸，以往亦有这种事故，因此很有必要设末端防爆装置，把爆后气体引向室外以防止引起二次火灾。

4　地下室煤气管道的末端放散管是不常用的管道，天长日久易于堵塞，故在易于积尘和液体的部位开设清扫孔，便于使用前清扫。

6.3.7

3　槽罐区一般包括油品的贮存和油品的装卸。机车在该区作业主要是将空槽车送到装卸台区，将装完油品的槽车牵引出去。所谓安全型内燃机车是指在运行过程中不会产生火花等隐患。如用普通的蒸汽机车，采取的安全措施一般是在烟筒上装防火罩、进出油品装卸应关闭炉门和除灰室等。

5　设置阻火器的作用是阻止火（星）进入甲、乙类油品槽里。

对于只设放散管的贮槽，阻火器的安装位置顺序是：贮槽通气管-阻火器-放散管-大气。如贮槽设呼吸阀时，阻火器的安装位置顺序是：贮槽通气管-阻火器-呼吸阀-大气。但贮槽必须同时也设置放散管。放散管的安装仍应符合以上规定的顺序，如图2所示。

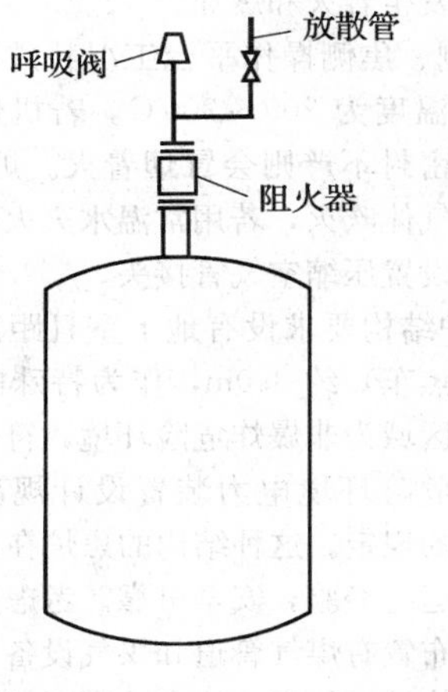

图2　阻火器设置示意图

7　纯二硫化碳（CS_2）的密度为1.292g/mL，沸点是46.25℃，与苯等有机溶剂按任意比例互溶可挥发，极易着火，需存贮在－12℃以下的暗处。生产使用时必须防火、防中毒。一般是向CS_2贮槽内注水，以形成200～300mm以上的水层，进行密封存贮。在该贮槽周围地面上需维持20～30mm以上的水层，以防止因CS_2泄漏、挥发而引起的人员中毒及造成火灾隐患。

轻苯分馏出的初馏分，CS_2含量一般波动在8%～35%范围内，此外还有较多的环戊二烯、苯（一般15%～20%），以及少量的饱和烃、硫化氢、丙酮、乙腈和其他不饱和化合物。经几十年的生产实践表明，初馏分可以在露天贮槽贮存，应布置在油槽（库）区的边缘，四周应设防火堤，堤内地面及堤脚做防水层。

6.4　耐火材料和冶金石灰

耐火材料和冶金石灰的重点防火区域是乙醇仓库及泵房、含乙醇液态酚醛树脂仓库、铝粉（镁铝合金粉）仓库、硅粉仓库、柴油库及泵房、煤气发生炉间、Sialon结合制品车间、金属陶瓷滑板车间、塑性相结合刚玉砖车间。相关的车间主要有长水口车间、镁碳砖车间、不定形车间以及需要采用柴油、煤气的车间。

6.4.1　依据现行国家标准《采暖通风与空气调节设计规范》GB 50019第5.1.12、5.4.2、5.4.3条要求制定。

6.4.2　本条文根据现行国家标准《石油库设计规范》GB 50074第6.0.12条制定。

6.4.3　本条文参考《钢铁厂工业炉设计手册》（1979年5月第一版）第424页四、（四）条：“悬浮在含氧量大的气体介质中的煤粉，可爆性大并爆炸力强，实践表明在氧含量小于16%的气体中，煤粉不会爆炸”而制定。

6.5　烧结和球团

烧结主要工艺组成如下：原燃料接受及制备系统、配料混合系统、烧结冷却系统、主抽风系统、整粒筛分系统、成品输出系统。

球团主要工艺组成如下：原燃料及黏结剂进料系统、精矿干燥及高压辊磨系统、配料混合造球系统、球团焙烧冷却及风流系统、煤粉制备及喷煤系统、燃油贮存输送及供油系统、燃气净化加压及燃烧系统、成品输出系统。

针对以上流程确定烧结和球团的重点防火区域或主要建（构）筑物及设施是：烧结冷却系统、主抽风系统、球团焙烧冷却及风流系统、煤粉制备及喷煤系统、燃油贮存输送及供油系统、燃气净化加压及燃烧系统及其相关建（构）筑物和设施。

6.5.1　烧结冷却系统包括烧结机室和冷却机室，点火器布置在烧结机室，需要24h不间断地使用煤气（焦炉煤气、高炉煤气或混合煤气），是烧结厂发生火灾的高危场所。因此，本规范对点火器的防火设计提出了严格具体的要求。

但点火器只是烧结厂煤气设施的一个重要组成部分，本规范也只是对点火器在烧结工艺中的特殊要求进行了规定，其他涉及煤气的通用规定（如煤气管道的防雷接地、排水、焊接及热膨胀等）和烧结工艺中使用煤气的其他设施都必须遵守现行国家标准《工业企业煤气安全规程》GB 6222的有关规定。

烧结矿冷却后的平均温度对于冷却机卸料胶带是否能正常工作至关重要，很多钢铁冶金企业均发生过因烧结矿冷却不好而导致烧结运料皮带及通廊毁于火灾的案例，严重影响了设备作业率，因此本规范明确规定在冷却机设计时要求冷却后的烧结矿的平均温度应低于150℃。

6.5.2　根据原冶金工业部《烧结球团安全规程》第

3.3.6 条的有关条款制定。机头电除尘器处理的烟气是来自烧结机大烟道的烧结含尘废气，由于烧结配料的不同，烟气和粉尘的性质会有所不同。当机头电除尘器处理烧结配料中加入了可燃含铁杂料（如含油轧钢皮）或因烧结生产固体燃料以无烟煤为主而产生的烟气，都有可能引起机头电除尘器的燃烧或爆炸。因此，为了保证机头电除尘器的安全运行，应严格控制可燃物或气体进入机头电除尘器，同时机头电除尘器的外壳设计应设置防爆门（或防爆阀）。

6.5.4 球团煤粉制备系统与水泥焙烧的煤粉制备系统工况十分相似，而与高炉喷吹烟煤系统的工况相距甚远，本条依据现行国家标准《水泥厂设计规范》GB 50295 的有关规定制定。

1 关于煤粉制备的烘干介质的规定是依据现行国家标准《水泥厂设计规范》GB 50295 第 6.6.5 条的规定，以及某 120 万 t/a 球团厂因燃煤热风炉提供的热风中夹带火星（大颗粒煤灰）引起布袋收尘器燃烧爆炸的火灾案例而制定的。

2 当磨煤机断煤时，利用旁通放散烟囱调节入磨干燥介质温度，需防止出磨气体温度过高引起爆炸；煤磨间为易燃易爆场所，而煤粉制备热风炉属易散发火花地点，从满足生产和防火安全角度考虑，作出专门规定。对磨煤机的出口煤粉和除尘器的煤尘温度的要求是依据原冶金工业部《烧结球团安全规程》的相关规定制定的。

3 对不同煤种在煤仓内的贮存时间要求是依据原冶金工业部《烧结球团安全规程》的相关规定制定的。

6.6 炼　　铁

炼铁的主要工艺组成有供料及上料系统、炉顶装料系统、高炉炉体系统、风口平台及出铁场系统、炉渣处理系统、煤粉制备及喷吹系统、热风炉及煤气系统、鼓风系统、铸铁机室、碾泥机室、铁水罐修理库、倒渣间和混铁车修理间等。

针对以上工艺流程确定的重点防火区域或主要建（构）筑物及设施是煤粉制备及喷吹系统、热风炉系统、高炉运输皮带、炉顶液压系统。

供料及上料系统的带式输送机的防火要求见本规范第 6.2 节。

炼铁厂使用煤气的管道设备的防火要求见本规范第 6.13 节。

炉顶液压站、热风炉液压站的防火要求，见本规范第 6.12 节和第 7、8 章。

6.6.4 国家现行标准《炼铁安全规程》AQ 2002—2004 将炼铁系统分为三类煤气作业区。炉体系统基本上属于一类煤气作业区，易于产生煤气。为防煤气中毒和爆炸，要求风口、渣口及水套和固定冷却设备的进出水管等密封严密，不得泄漏煤气。

6.6.6

3 考虑到当煤粉喷吹设施在热风炉附近时，便于利用热风炉烟道废气，以节约能源。

4 安全防护措施包括自动报警，同时自动充入保护性气体、系统紧急停机等。

9 “应保证风口处氧气压力比热风压力大 0.05MPa；保安用的氮气压力不应小于 0.6MPa”的规定同国家现行标准《炼铁安全规程》AQ 2002—2004 第 10.3.5 条；“应大于热风围管处热风压力 0.1MPa”是根据多年设计高炉的经验和实践验证而确定的。

6.7 炼　　钢

炼钢的重点防火区域或主要建（构）筑物及设施是主厂房、主控楼、液压润滑站（库）、电缆夹层、电缆隧（廊）道、可燃气体的使用和贮存场所。

6.7.2

1 转炉在兑铁水时易发生严重的喷溅事故，若主控室正对炉口，可能造成人员伤亡和引发主控室火灾，故本款规定转炉主控室不宜正对转炉炉口；电炉在吹氧喷碳制造泡沫渣时，如控制不当，易从炉门跑渣；当电炉采用铁水热装工艺时，如前一炉氧化渣过多，兑铁水时也易从炉门喷渣，这些都可能引发主控室火灾事故，故本款规定电炉主控室不得正对电炉炉门。

5 竖井式电弧炉在出钢时，竖井将开至停放位，会流下高温钢渣液滴，若其下方有可燃物质或地面有积水极易引发火灾。例如，某钢厂 150t 竖炉位于竖井停放位下方的阀站就因此而发生过火灾，故本条对此作了规定。

6 在预热段出口处设置烟气成分连续测量装置的目的是保证烟气在进入烟气净化设备前被完全燃烧。

8 2005 年 4 月，某钢铁集团第一炼钢厂的钢包车升降式 RH 装置，因钢包漏钢水流入地下液压提升机构引发火灾，造成人员伤亡，故对这类装置设计时必须采取防止漏钢钢水浸入地下液压装置的可靠措施。

6.7.3 近年来，个别无炼铁生产的电炉钢厂，为实现电炉热装铁水工艺，从邻近地区的炼铁厂购买铁水，通过城市公共道路将铁水运入本厂，铁水运输车与城市公共道路上的各种车辆混行，极易酿成严重的人身安全与火灾事故，故炼钢安全规程已对此作了禁止的规定，本规范从防火角度考虑再次予以规定。

6.7.4 某钢厂曾发生渣罐运输车因在铁路道口前急停造成液渣外抛，引发司机室大火烧死司机的重大事故，所以当采用无轨运输液渣或铁水时，宜设置专用道路。

6.7.6 增碳剂等易燃物料的粉料加工间，必须做好粉尘收集净化工作，其目的在于防止因粉尘逸散酿成爆炸事故。

6.8 铁 合 金

铁合金生产按所使用设备可分为电炉法、炉外法、真空电阻炉法、高炉法及转炉法。主要工艺由原料准备、湿法或火法冶炼、产物处理三大部分组成。

铁合金厂一般与钢铁联合企业相对独立，产品品种多，生产工艺多样，包含原料、选矿、焙烧、浸出、沉淀、烧结、球团、碳素、高炉、转炉、电炉、摇炉、熔炉、电阻炉、浇注、破碎、筛分、精整、称量、包装等工序，涉及化工、有色冶金、黑色冶金等领域。

针对以上工艺流程，确定铁合金的重点防火区域或主要建（构）筑物及设施是易燃物料的粉料加工间及库房、煤气系统、液压站和电气室。

铁合金厂属于化工和有色冶金部分工艺系统的防火设计还应遵从其他相关规定。

6.8.1～6.8.3 铁合金熔体和熔渣与铁水、钢水及液体炉渣类似，锰铁高炉与炼铁高炉类似，中碳锰铁转炉和低碳铬铁转炉与炼钢转炉类似，所以遵从相关规定。

6.8.4 粉料加工间容易发生爆炸，是重点防火部位。

6.9 热轧及热加工

热轧指将原料加热至足够高的温度然后进行轧制加工的工艺过程。热轧宽带钢轧机、中厚板轧机、炉卷轧机、薄板坯连铸连轧机、开坯轧机、大中小型（棒）材轧机、高速线材轧机、各种热轧无缝钢管轧机等均属热轧机。

热加工指将原料加热至足够高的温度进行非轧制的压力加工工艺过程，如锻造（快锻、精锻等）、挤压等。

针对以上工艺流程，确定重点防火区域或主要建（构）筑物及设施是液压润滑系统、电缆夹层、电缆隧（廊）道、地下电气室、油质淬火间和轴承清洗间等可燃油质的使用场所、热轧机架。

6.9.1 主操作室应尽量不设置在输送热坯的辊道上方，但在某些情况下（如需操作工用手动操作的二辊可逆开坯机等），为视线良好，则需将操作室设在辊道上方，其底部会经受热坯烘烤。

为获得良好视线，操作室需设置在距辊道较近的位置，此时就会经常受到热坯烘烤。未经除磷的热钢坯在轧机中轧制时，轧机冷却水进入氧化铁皮与钢坯之间，水汽化就会引起铁皮爆裂、飞溅。采用高压水除磷时，若除磷箱进出口防护不严，也会有铁皮飞溅。在这些类似情况下，操作室需要设置绝热设施。

6.9.2 所谓快速切断的专用阀是指能在瞬时动作关闭油路的阀，平时不用。

6.9.3 可燃介质指可燃气体及甲、乙、丙类液体。这类管道及电缆下禁止温度高于500℃的红钢停留，但允许其通过。

6.9.4 设置安全罩或挡板的目的，在于防止热轧件及热切头窜出设备而引起地面和平台表面上的可燃介质管线及电缆线发生火灾。

6.9.7 安全回路的仪表装置包括加热炉启停联锁装置、风机启停连锁装置、总管煤气切断阀、自动温控系统等。报警主要包括超温报警、断热电偶报警、热电偶温差超限报警。

6.9.8 因轧机润滑系统用油为可燃油，所以需要设置监测和报警装置。

6.10 冷轧及冷加工

冷轧指在常温下对原料进行轧制加工的工艺过程。如冷轧带钢轧机、冷轧钢筋轧机、各种冷轧钢管轧机。

冷加工指在常温下对原料进行非轧制加工的工艺过程。如冷拔、冷弯（焊管）、冷挤压。冷轧的后续加工如涂镀工序也归入冷加工工艺中。

针对以上工艺流程，确定冷轧及冷加工的重点防火区域或主要建（构）筑物及设施是液压润滑系统、电缆夹层、电缆隧（廊）道、电气地下室、镀层与涂层的溶剂室或配制室以及涂层黏合剂配制间、保护气体站、油质淬火间和轴承清洗间等可燃油质的使用场所、轧机区。

6.10.7 冷轧钢带热处理所用保护气为纯氢气或含氢气体，属易燃易爆气体，因此保护气体站宜为独立建筑，并设有围墙保护。

6.11 金属加工与检化验

金属加工和检化验工艺系统重点防火区域及区域内的主要建（构）筑物和设施是高炉、冲天炉、感应电炉等热作业场所；以及可燃气体与燃油的使用和储存场所；大型工件淬火油槽、地下循环油冷却库，木模间、聚苯乙烯造型间；石墨型加工间、石墨电极加工间、化验室、可燃气体化验分析室、电缆隧（廊）道、电缆夹层等。

6.11.3 铸造车间在铁水、钢水等熔液浇注时，易发生高温熔液喷溅事故；感应电炉熔炼时易发生炉体烧穿造成损坏设备事故。故应有容纳漏淌熔液的设施以及保护感应电源的应急措施。

6.11.4 由于大型工件的淬火油槽深达十几米，已有数起淬火过程中因起重机故障，工件不能快速进入油槽，导致火焰顺工件燃烧至驾驶室的事故，为防止此类事故发生，故作此规定。

6.11.5 可燃气体与燃油的使用和储存场所、石墨型加工间、石墨电极加工间是易燃易爆区域，因此应按本规范附录C的要求采用防爆电气设备和照明设备。

6.11.6

1 理化分析中心、燃气化验室、可燃气体分析室内采用管道输送可燃气体时，为防止发生火灾，应设置紧急切断阀并设置火灾自动报警装置。

2 某钢厂炼钢主控制楼近期发生重大火灾事故，火焰顺电缆夹层燃烧至化验室，造成化验室人员死亡。故本款特别进行规定。

6.12 液压润滑系统

6.12.1 液压系统一般工作压力较高，供油系统管道破裂或其他原因引起泄漏，易造成高压喷射油雾，油雾的闪点较低，易于燃烧，因此要求液压系统有完善的安全、减压和闭锁措施。

6.12.2 液压站、润滑油站（库）和电缆隧（廊）道、电气地下室都是钢铁冶金企业的重点防火区域，火灾危险性较大，而油库区域易产生油气，鉴于此要求设计中两类场所不宜连通。如确需连通时，则应做防火隔断，所使用的防火门应为甲级且常闭。

6.12.3 为满足工艺要求，液压润滑油库距离其所属设备或机组的距离不应太远。我国钢铁冶金企业自20世纪60年代以来引进的轧机，均设有地下润滑油库和液压油库，由于外方对该类地下油库的消防、通风及电气设施的设计提出了较为严格的要求，运行至今，未发生过重大事故。故作此规定。

6.12.4 为避免油桶的摔、撞，便于装卸，故规定桶装油品库应为单层建筑。从安全性和经济性考虑，规定当丙类桶装润滑油品与甲、乙类桶装油品储存在同一栋库房内时，两者之间应设防火墙隔开。

为利于发生火灾事故时人员和油桶的疏散，规定应设外开门。丙类桶装润滑油品的危险性较低，所以也可以在墙外侧设推拉门。每个防火隔间的开门数量，与现行国家标准《建筑设计防火规范》GB 50016 的相关规定一致。规定设置斜坡式门槛，主要是为了在发生事故时，防止油品流散到室外而使火灾蔓延。但斜坡式门槛也不宜过高，过高将给平时作业造成不便。

按桶装油品的性质，规定库房建筑应采取相应的防火、防雷和自然通风措施。

6.13 助燃气体和燃气、燃油设施

钢铁冶金企业生产中使用的助燃气体如氧气，可燃气体如氢气、乙炔气、煤气、天然气、液化石油气，可燃液体如柴油、重油等，其生产或储存的火灾危险类别在本规范有关章节已作规定。本规范未规定的，尚需遵循现行的专业设计规范、安全规程，如现行国家标准《氧气站设计规范》GB 50030、《氧气及相关气体安全技术规程》GB 16912、《氢气站设计规范》GB 50177、《氢气使用安全技术规程》GB 4962、《乙炔站设计规范》GB 50031、《工业企业煤气安全规程》GB 6222、《发生炉煤气站设计规范》GB 50195、《汽车加油加气站设计与施工规范》GB 50156、《石油库设计规范》GB 50074、《石油化工企业设计防火规范》GB 50160 等。

6.13.2 当场所内的氧含量体积组分≥23%时，则成易燃空间。因富氧发生燃烧造成人员伤亡事故有多次报道。2002年西北某企业的氧气站控制室，因未设置氧浓度报警，在氧气导压管泄漏后，值班人员没有及时发现，氧气不断富集，直至控制室的电器盘首先冒烟着火，紧接着可燃物全部着火，一片火海，当场烧死值班人员3名。氧含量体积组分＜23%是钢铁企业动火的界限，本规范的氧含量体积组分≥23%，引自现行国家标准《氧气及相关气体安全技术规程》GB 16912。对于氧浓度的报警（缺氧＜18%、富氧≥23%）设置，参照现行国家标准《缺氧危险作业安全规程》GB 8958，且近几年开始大量采用氧浓度的报警，故用“应设置”。对于有人员集中的场所如控制室，若仪表导管内有氧气介质并引入房间者，应设置氧浓度报警。

6.13.4

1 制氢系统、发生炉煤气系统、煤气净化冷却系统中的露天设备是指工艺水冷却塔、制氢的变压吸附器、洗涤塔、除尘器、电扑焦油器、煤气脱硫塔、中间罐、反应槽、脱液器、压缩机等设备。这些设备是钢铁企业公辅设施系统的中间环节，与公辅系统流程的上、下游设备有紧密联系，其安全主要靠工艺流程的各种检测仪表、联锁功能、设备的自身安全设置、管理制度来保证。其间距和与所属厂房的间距不能简单地按照甲、乙类气体容器的防火间距作为一种防火安全措施。间距是根据工艺流程畅通、靠近布置来确定，且不影响检查、操作、维修的要求。

6 现行国家标准《工业企业煤气安全规程》GB 6222第4.3.2条规定，煤气调压放散管必须点燃并有灭火设施，管口高度应高出周围建筑物，一般距离地面不小于30.0m。化工系统的可燃气体点燃放散装置，称为火炬，火炬点燃放散后的热量对周围设备和人员的影响均有计算，现行国家标准《石油化工企业设计防火规范》GB 50160 第4.4.9条和第4.4.13条对可燃气体放散提出了相应要求。相比较而言，化工企业对可燃气体的放散点燃设计更为合理，现行国家标准《石油化工企业设计防火规范》GB 50160 规定：“距燃烧放散装置30.0m内严禁可燃气体放空”，本规范部分采用该规定。“距燃烧放散装置30.0m”是指以煤气放散管顶部的燃烧器为中心，半径为30.0m的球体范围。

8 设置排污水的水封井等隔断设施，是为了防止比空气重的可燃气体、可燃液体随着污水管沟流向系统外，造成意外事故。

9 现行国家标准《石油天然气工程设计防火规范》GB 50183 及《城镇燃气设计规范》GB 50028 中

规定液化石油气储罐钢制支柱的耐火极限为2.00h，故本款按2.00h要求。

6.13.5 高炉煤气干法布袋装置内的温度较高，一般在180～200℃，高炉事故时可能超过300℃，脉冲气源若采用空气，空气中的氧将加入到煤气中，存在发生事故的可能，故应用氮气源。

6.14 其他辅助设施

6.14.3

6 氧气、乙炔、煤气、燃油管道供自身用的电缆，是指管道上的电动阀门用电、仪表用电、操作平台梯子照明用电的电缆。

6.14.4

1 采矿剥岩及矿石运输汽车，一般都采用柴油车辆，只有少量辅助运输汽车是汽油车。国内的矿山设计，过去基本上将其保养车间单独设置。而国外矿山设计，也有将矿用汽车及推土机、装载机等重型柴油机械与采掘机械合建维修车间的。考虑今后发展及国内相关设计防火规范的要求，规定其保养车间一般宜单独建造，但当维修车位在10个及以下时可与采选机械维修间厂房及库房合建。考虑到小部分厂房内的铆焊工部有焊接火花及火焰产生，故规定不得与汽车加油站、桶装润滑油库、氧气瓶及乙炔气瓶库等甲、乙类物品库房组合或贴邻建造。

2 因工艺需要，汽车及重型柴油机械保养车间与电机车定检库需要附设蓄电池（俗称电瓶）充电间。某些电瓶充电时会散发氢气，对该类充电间，参考现行国家标准《汽车库、修车库、停车场设计防火规范》GB 50067的相关规定，充电间应布置在附属厂房靠外墙的位置，并对其与相邻充电机房及厂房之间的防火间隔、安全出口等作出规定。同时设计应采用防火、防爆、防酸腐蚀及机械通风措施。

3 因工艺需要，矿山汽车及重型柴油机械保养车间需要附设喷油泵试验间。由于喷油泵试验时容易产生柴油雾气，因此喷油泵试验间应布置在附属厂房靠外墙的位置，并应设计机械通风和与油品介质相应的防爆措施，如采用轻柴油、煤油、汽油试验时，就应采用防爆措施。

7 火灾自动报警系统

7.0.1、7.0.2 本条是在总结几十年来中国钢铁冶金企业火灾案例分析、消防安全系统运行有效性、可靠性分析等经验的基础上，本着系统安全可靠、先进适用、经济合理的原则对钢铁冶金企业的各类主要的防护区域火灾自动报警作出了明确规定。

1 根据统计，钢铁冶金行业中电缆火灾占了很大的比重，其中有几起造成了巨大损失。钢铁冶金企业内涉及供配电、控制、信号、动力等方面的电缆遍布全厂，尤其在电缆隧（廊）道、电缆夹层、电气地下室、电缆沟和车间内电缆桥架等建筑或区域内电缆密集程度很高，火灾具有发展速度快、扑救困难等特点，另外这些电缆往往贯通全厂，火灾易于蔓延，危害性很大。近年来冶金企业也开始大量采用阻燃电缆，这往往造成人们的麻痹，实际上阻燃或阻止火焰传播的电缆并不意味着该电缆是非可燃的，“在适当的条件下，阻燃电缆会支持自持燃烧”（引自我国《核安全法规》HAF 0202附录Ⅷ“电缆绝缘层”）。另外美国的电缆耐火研究也表明：不仅阻燃电缆支持燃烧，而且涉及阻燃电缆的火灾比起非阻燃含聚氯乙烯的电缆火灾更难扑灭。鉴于此，本条对电缆火灾危险场所作了详尽的规定。

2 钢铁冶金企业电气地下室火灾场景十分复杂，一般包含大量的电缆托架、电气设备，甚至还有油类设备等，一旦发生火灾，危害性很大，因此本规范将其作为重点保护对象，规定应设置火灾自动报警系统。

3 由于冷轧轧机使用轧制油的特点，不锈钢冷轧机组、修磨机组（含机舱、机坑、附属地下油库和烟气排放系统）也很容易发生火灾，因此本规范规定应设置火灾自动报警系统。

4 钢铁冶金企业存在着大量的液压润滑油库，常使用的液压油主要是乳化液、脂肪酸脂、水乙二醇等难燃油类，但根据近几年工艺加工精度的要求，可燃液压油得到了更广泛的使用。润滑油多为石油基，闪点（开口）一般高于120℃。根据油库所处的位置、用油量的大小、发生火灾后的危害程度不同，采取了不同的设置原则：

1）油箱总容积指油箱内储存的油的体积。油液总容积指油管廊中油管内所储存油的总体积。地上的封闭式液压站和润滑油站（库）的设置位置包括在地面和高空平台上的。

2）地下的液压站、润滑油库油罐廊等，由于处于地下，出现问题不易发现，而且扑救困难，火灾危害大，应设置自动探测报警系统。

3）距离地坪标高24.0m及以上的液压润滑站房（如高炉炉顶液压站等），当其油箱总容积大于等于$2m^3$时，火灾危险性较大，而且位于高空，扑救困难，应设置火灾自动报警系统，以便尽早发现火灾，及时扑救，避免或限制火灾蔓延，减少火灾损失。

4）距离地坪标高小于24.0m的，油箱总容量大于$10m^3$的地上封闭液压站、润滑油库，火灾危险性大，这些场所也应设置火灾自动报警系统。

5）对于钢铁冶金企业中大量存在的小型地上液压站、润滑油站，多设置于敞开空间，而且位置分散。另外由于这些场所可燃油少，即使发生火灾影响范围也很小。因此本规范未作规定，但有条件时，宜设置火灾自动报警系统。

5 钢铁冶金企业中存在较多一般性质的电气室、仪表室，其内部可燃物很少，因此本规范依据国家现行标准《冶金企业火灾自动报警系统设计》YB/T 4125的相关规定，对于这些场所中屏、柜数量大于一定数量的电气室和仪表室宜设火灾自动报警系统。

6 矿区车间变电所及井下变电所往往容量较小，火灾危险性小，且发生火灾时对周边影响较小，人员也不便于监控。因此本规范不作规定，但如果条件允许，宜设置火灾自动报警系统。

7.0.3 钢铁冶金企业焦化、耐火、石灰等工艺中均使用煤气等可燃气体，且不同工艺中煤气的成分也会有所不同，例如焦炉煤气含 H_2 约 58.8%、含 CH_4 约 25.6%，仅含约 5.9%的 CO，爆炸性可燃气体成分高，而转炉煤气含 CO 约 58.5%、含 N_2 约 21.5%、含 CO_2 约 15.1%。总体而言，煤气富含 CO、CO_2、H_2、CH_4、O_2 等。总结冶金行业以往的成功做法，并参考国家现行标准《石油化工企业可燃气体和有毒气体检测报警设计规范》SH 3063 和现行国家标准《火灾自动报警系统设计规范》GB 50116的相关规定，本条对可燃气体检测报警系统的设置作了规定。

工艺装置包括各工艺内按本规范附录C所示的爆炸和火灾危险环境区域属于2区以及附加2区内的所有区域，如煤气净化系统的鼓冷、脱硫、粗苯、油库等工段，苯精制，焦炉地下室，煤气烧嘴操作平台等；储运设备包括符合本规范附录C所示的爆炸和火灾危险环境等级属于2区以及附加2区内的储罐区、装卸设备、灌装站等。

可燃气体检测报警装置的设置要求可以参考国家现行标准《石油化工企业可燃气体和有毒气体检测报警设计规范》SH 3063 和现行国家标准《火灾自动报警系统设计规范》GB 50116 的相关规定。

7.0.4 对于只有二个工艺厂区的小型企业，宜采用控制中心报警系统，另外由于许多新建或改、扩建工程中往往建筑面积十分紧张，工厂设专人管理的可能性很小，不能单独设置消防控制室，根据近几十年来冶金企业的成功做法，此时消防控制室可与其他生产过程的主控制室或中央控制室等合并建设。因为中央控制室、主控制室等长期24h有人值守，并且合并建设便于在火灾时结合生产的实际状况进行消防救灾，统一指挥管理。

7.0.5 按照我国目前规定的钢、铁产能100万t以上的即为大型企业，这样的企业往往会包含多条工艺生产线，即多个工艺厂区，工艺复杂，保护对象类型多，火灾的直接和间接危害性较大。为了快速反应，及时处理、控制和扑灭火灾，本条规定对于一定规模以上的企业，应设消防安全监控中心。这样做还有如下好处：第一，实现消防安全系统的集中监控和管理；第二，减少业主的人员和资金投入；第三，便于工厂根据灾害情况进行决策，及时恢复生产。

根据钢铁冶金企业的特点，并结合现行国家标准《消防通信指挥系统设计规范》GB 50313 的相关规定，本条规定了钢铁冶金企业消防安全监控中心应具有的功能。与城市119消防指挥系统不同的是：本系统更强调实时监控功能，要求达到远程的监视和控制，目的在于立足自救，提高系统的应对速度和能力。

8 消防给水和灭火设施

8.1 一 般 规 定

8.1.1 消防系统的规划设计应与全厂的规划设计统一考虑，尤其是消防用水、给水管网等更应该与全厂用水统一规划设计，从而降低消防系统的投资，提高消防管理水平。

8.1.6 凡是生产、使用、贮存可燃物的工业与民用建筑均应配置灭火器。因为有可燃物的场所，就存在着火灾危险性，需要配置灭火器加以保护。反之，对那些确实不生产、使用和贮存可燃物的建筑，则可以不配置灭火器。

8.2 室内和室外消防给水

8.2.1 钢铁冶金企业的炼钢、连铸车间，热轧及热加工车间，冷轧及冷加工车间等丁、戊类厂房，耐火等级多为一、二级，而且可燃物少，根据现行国家标准《建筑设计防火规范》GB 50016 的规定，可不设室内消防给水。但存放甲、乙、丙类设施或物品的区域还应该设置。

8.2.2 以下建筑物和场所可不设置室内消防给水的理由是：

煤储存的火灾危险主要来源于煤炭具有自燃的特性，但煤的自燃是需要经过90d左右聚热的潜伏期才会发生的。焦化厂所使用的煤是经洗煤厂机械加工后，降低了灰分、硫分，去掉了一些杂质，含水率10%左右的洗精煤，而且煤种、煤的运输量也与火力发电厂不同，而且从近五十年的生产实践经验来看，钢铁冶金企业中煤和焦炭的运输、贮存、加工场所火灾发生的几率也很小。

运输煤、焦炭和矿石的地上及地下的带式输送机通廊和带式输送机驱动站、受煤坑，煤塔，切焦机室等，有的是工艺装置高度较高，有的因建筑内生产使用的煤或矿料较难点燃，采用室外消火栓可以解决问题，因此可不设室内消防给水。

对于煤仓，煤在储仓中停留时间一般不超过15d，中转时间短，不会发生自燃；一旦发生火灾，将会在上部或周边产生大量的水煤气，对消防人员的人身安全构成危害，正确的处理方式是将仓内煤卸到仓下部，利用室外消火栓将其扑灭。

电缆隧（廊）道和电气地下室由于位于地下，平时无人值守，一旦发生火灾，人员很难利用设置的室内消火栓进行灭火操作，所以当此类场所设置了自动灭火设施时，可不设置室内消火栓。

在钢铁冶金企业中还存在大量的耐火等级为一、二级且可燃物较少的单层、多层丁、戊类厂房（仓库），如洗矿厂房、选矿主厂房等，以及耐火等级为三、四级且建筑体积小于 $3000m^3$ 的丁类厂房和建筑体积小于等于 $5000m^3$ 的戊类厂房（仓库），应根据现行国家标准《建筑设计防火规范》GB 50016 的相关规定不再设置室内消火栓。

8.2.5 设置箱式消火栓是为了岗位人员及时对设备进行冷却保护，适合在加热炉、可燃气体压缩机、介质温度高于自燃点的可燃液体泵及热油换热等设备的附近设置，并要求配以多用雾化水枪（即可以喷水雾或直流水柱），以免高温设备遇水急冷导致设备破裂。

8.2.7 对于用电设备，普通的水枪会导致漏电、导电等现象发生，故宜采用喷雾水枪。

8.3 自动灭火系统的设置场所

8.3.1 根据钢铁冶金企业几十年的火灾案例分析，自动灭火系统的防护范围主要集中在以下场所：变（配）电系统，电缆隧（廊）道、电缆夹层、电气地下室等电缆类火灾危险场所，液压站和润滑油库等可燃液体火灾危险场所，以及彩涂车间的涂料库、涂层室、涂料预混间等。

1 电缆火灾事故在国内外屡有发生，美国 1965～1975 年间电线电缆火灾共 1000 余起，直接损失上亿美元。我国在各行业的工矿企业和民用建筑中，几乎都有电缆火灾事故的发生。统计表明，电缆火灾事故的几率分布主要在钢铁冶金企业、电厂、石化企业的电缆群密集场所。钢铁冶金企业的电缆密集场所更多，并且二十年来，发生了多次特大火灾，有的损失高达十多亿元，可见其危害性是非常大的。本规范中对电缆火灾危险场所设置的自动灭火系统的制定原则和依据如下：

1）对于易于发生火灾，且发生火灾后会造成对控制室、电气设备室等重要区域有致命损害的，应设自动灭火系统。这些区域包括：电气地下室、厂房内的电缆隧（廊）道、厂房外的连接总降压变电所的电缆隧（廊）道、建筑面积大于 $500m^2$ 的电缆夹层。其中电气地下室较为特殊，布置有密集电缆和电气设备，甚至还有油类设备，火灾危险性很大，一旦发生火灾，其火灾危害也很大。对于电缆夹层，根据几十年来钢铁冶金企业的设计和实践，大于 $500m^2$ 的多为重要建筑、火灾负荷大且火灾危害性大，因此大于 $500m^2$ 的电缆夹层应设定自动灭火系统。

2）对于易于发生火灾，发生火灾后对周边区域有较大损害的，本规范规定宜设自动灭火系统，这些区域包括：建筑面积小于等于 $500m^2$ 的电缆夹层，厂房外非连接总降压变电所，长度≥100.0m 且电缆桥架层数大于等于 4 层的电缆隧（廊）道；与电缆夹层、电气地下室、电缆隧（廊）道连通的，或穿越三个及以上防火分区的电缆竖井。

3）根据我国的标准，阻燃电缆分为 A、B、C 三种类别，它是根据试验时垂直成束布放的电缆根数（即燃烧物的体积）和燃烧时间的不同来分类的。A 类的试样根数应使每米电缆所含的非金属材料的总体积为 7L，B 类为 3.5L，C 类为 1.5L；外火源燃烧时间 A、B 类为 40min，C 类为 20min。当试验结束，外火源撤除后，电缆炭化部分所达到的高度应不超过 2.5m。很显然，A 类的阻燃性能最优。如果用户在购阻燃电缆时不注明类别，通常购的都是 C 类阻燃电缆，其价格大约比普通电缆高 5%～10%。A、B 类阻燃电缆只有在用户明确提出要求时，电缆生产厂才会专门安排生产。不同等级的阻燃电缆，其使用场合有所不同，一般应根据电缆敷设时的密集程度、使用场合、安全性要求等来选用。目前，A、B 类阻燃电缆只有在敷设密集程度高、火灾危险性大的电缆线路，或者比较重要的场所才使用。

阻燃电缆并不意味着该电缆是非可燃的，在适当的条件下，阻燃电缆会支持自持燃烧。我国《核安全法规》HAF 0202 附录Ⅷ“电缆绝缘层”中指出，“不仅阻燃电缆会支持燃烧，而且涉及阻燃电缆的火灾比非阻燃的含聚氯乙烯的电缆火灾更难扑灭，即使采用了阻燃电缆，由于电缆火灾使安全重要物项遭到损坏的可能性依然存在”。

4）《核安全法规》HAF 0202 附录Ⅷ“电缆绝缘层”指出：电缆火灾危险场所往往是成组电缆的深位燃烧火灾。

基于窒息原理的二氧化碳和基于切断燃烧链原理的 Halon 气体对于燃烧热已穿透导体层或温度已达到塑料的燃烧点的火灾的扑救是无效的。美国 FM 公司针对汽轮机房灭火系统研究指出，气体灭火系统的失败率高达 49%，其中 37% 是由于保护场所密闭性差而导致。在钢铁冶金企业中，电缆隧（廊）道纵横贯通，容积大，密闭性差。综合以上两点，气体灭火系统是不适用于电缆区域火灾的扑救的。

水介质有着对灭火十分有利的物理特性。它有高的热容〔4.2J/（g·K)〕和高的汽化潜能（2442J/g)，可以从火焰或可燃物上吸收大量的热量；水汽化时体积膨胀 1680 倍，可以迅速稀释和排挤火灾周边的氧气和可燃蒸气。水的浸润作用可以有效扑救深位燃烧的火灾。

根据钢铁冶金企业成功的火灾扑救案例和专家的多次论证，并参照我国《核安全法规》HAF 0202 附录Ⅷ“电缆绝缘层”的相关论述——“设置自动灭火系统的电缆火灾危险场所，应考虑水基灭火系统为主要灭火手段”进行规定。

2 钢铁冶金企业的液压站、润滑油库等可燃液体火灾危险场所特点也是非常鲜明的，即所使用的油多为可燃介质，防护空间往往较大，有储油箱和不同压力等级的供油设备和系统，存在压力油雾、流淌、平面火灾，同时这些场所内还设有电缆桥架和电气设备。鉴于此，在此类场所设置自动灭火系统是遵循如下原则和方法的：

1）地下液压润滑油库往往储油量大，发生火灾后的破坏性大，可能导致厂房结构的重大损毁或造成火灾的极大蔓延，另外产生的大量烟雾还将对厂房区域的各类设备造成二次损失。因此本规范规定储油量大于等于 $2m^3$ 的应设自动灭火系统。其中 $2m^3$ 的参数确定是根据钢铁冶金企业的特点：储油量大于等于 $2m^3$ 的地下液压润滑油库均属比较重要的场所。

2）地面的液压站及润滑油库在钢铁冶金企业非常多，根据目前设计的实际情况，重要的地上液压站储油量均在 $10m^3$ 以上，一旦发生火灾，不及时扑救控制将严重危害生产和设备，因此规定储油量大于等于 $10m^3$ 的地面封闭式液压润滑油库宜设自动灭火系统。

3）由于地下油管廊往往布置有输油管线、储油间和阀台等工艺设施，发生火灾后易于蔓延扩大，不易控制，因此考虑贮存的油类总容量大于等于 $10m^3$ 的此类场所应设自动灭火系统。

4）地上架空设置的液压润滑站，如高炉炉顶液压站、高炉炉前液压站等，往往其火灾的扑救控制困难，易造成对周边区域设备或建筑的损毁，因此本条规定储油量大于等于 $2m^3$ 的应设自动灭火系统。

3 近年来，彩涂车间建设较多，而彩涂车间的涂料库、涂层室、涂料预混间等大量使用油漆等易挥发可燃液体，火灾危险性大，本条规定这些场所应设自动灭火系统，设计师可根据空间的具体情况选用气体、泡沫等自动灭火系统。

4 控制室、电气室、通讯中心（含交换机室、总配线室和电力室等）、操作室等场所性质重要，一旦发生火灾会造成很大的损失，参考现行国家标准《建筑设计防火规范》GB 50016 的有关规定，结合钢铁冶金企业特点，规定面积大于等于 $140m^2$ 的此类场所应设置固定灭火设施，面积小于 $140m^2$ 的此类场所宜设置固定灭火设施。

5 其他场所虽未作强制要求，但实际设计时也应根据火灾危害性分析的情况确定是否设置自动灭火系统。对于发生火灾后，可能会造成较大损失和影响安全生产的，经火灾危害性评估后，宜设置自动灭火系统。

8.4 消防水池、消防水泵房和消防水箱

8.4.1 本条规定了应设置消防水池的条件。

当厂区给水干管的管道直径小，不能满足消防用水量，即在生产、生活用水量达到最大时，不能保证消防用水量；或引入管的直径太小，不能保证消防用水量要求时，均应设置消防水池储存消防用水。

厂区给水管道为枝状或只有 1 条进水管，在检修时可能停水，影响消防用水的安全，因此，当室外消防用水量超过 25L/s，且由枝状管道供水或仅有 1 条进水管供水，虽能满足流量要求，但考虑枝状管道或 1 条供水管的可靠性仍应设置消防水池。

8.4.2 自动喷水、水喷雾、细水雾等灭火系统的水源可以取自工厂的新水和净循环水，但消防供水系统应增设过滤装置。通常在水泵入口处设置过滤器，并在供水管网中增设过滤器，过滤等级可根据相关灭火系统国家标准的规定确定。

8.4.3 为保证不间断地供应火场用水，消防水泵应设有备用泵。备用泵的流量和扬程应不小于消防泵站内的最大一台泵的流量和扬程。

8.5 消 防 排 水

8.5.1 在以往的工厂设计中，曾出现因未考虑消防排水而造成损失或消防系统使用不便的情况，另外考虑到消防排水往往无污染，可进入生产、生活排水管网，因此宜统一设计，而且排水管网的流量应考虑消防的排水量。

8.5.2 电缆隧（廊）道、电缆夹层、电气地下室等电气空间，如果其墙面和地面出现渗水、漏水的现象，并形成积水，不仅会给经常性的维护工作带来诸多麻烦和不安全，而且在雨季，电缆长时间受到水的浸泡，其绝缘会遭到破坏，尤其当遇有含侵蚀性的地下水时，其遭受的破坏更为严重。因此，条文中规定，对于这类电气防护空间，均应根据地下水位情况对其墙面和地面做必要的防水处理，并设置排水坑。设置排水坑的目的在于一旦防水处理因施工或材质等原因出现局部渗漏时，也可设法及时将水排除，以避免事故的发生。

8.5.3 变压器、油系统的消防水量往往较大，排水中含有油污，易造成污染。另外如果变压器或油系统在燃烧时还有油溢（喷）出，水面上会有油火燃烧，因此消防排水应单独设置排放。同时还应在排水设施中设油、水分隔装置，以避免火灾蔓延。

9 采暖、通风、空气调节和防烟排烟

9.0.1 为防止可燃粉尘、纤维与采暖设备接触引起自燃，应限制采暖设备散热器的表面平均温度。

要求热水采暖时，热媒温度不应超过 130℃；蒸汽采暖时，热媒温度不应超过 110℃，这不能覆盖所有易燃物质的自燃点。例如松香的自燃点为 130℃、

赛璐珞的自燃点为125℃、PS_3 的自燃点为100℃，还有部分粉尘积聚厚度超过5mm时，在上述温度范围会产生融化或焦化，如树脂、小麦、淀粉、糊精粉等。由于易燃物质种类繁多，具体情况颇为繁杂，条文中难以作出明确的规定，故设计时应根据不同情况妥善处理。

运煤通廊等建筑物采暖耗热量很大，采暖散热装置布置困难，需要提高采暖热媒温度。现行国家标准《火力发电厂与变电所设计防火规范》GB 50229 规定，“运煤建筑采暖，应选用光滑易清扫的散热器，散热器表面温度不应超过160℃”，这是符合实际的。因此，作出本条规定。

9.0.4 变压器室、配电装置等电气设备间装有各种电气设备、仪器、仪表和高压带电的电缆，不允许管道漏水、漏气，也不允许采暖管道加热这些设备和电缆。

9.0.6 事故通风是保障安全生产和人民生命安全的一项必要措施。对生产、工艺过程中可能突然散发有害气体的建筑物，在设计中均应设置事故排风系统。有时虽然很少或没有使用，但并不等于可以不设，应以预防为主。

事故排风系统的通风机开关应装在室内、外便于操作的地点，以便发生紧急事故时，能够立即投入运行。

9.0.7 直接布置在有甲、乙类物品产生的场所中的通风、空气调节和热风采暖设备，用于排除有甲、乙类物品的通风设备以及排除含有燃烧或爆炸危险的粉尘、纤维等丙类物质，其含尘浓度高于或等于其爆炸下限的25%时的设备，由于设备内、外的空气中均含有燃烧或爆炸危险性物质，遇火花即可能引起燃烧或爆炸事故，为此，在本规范中规定，其通风机和电动机及调节装置等均应采用防爆型的。同时，当上述设备露天布置时，通风机应采用防爆型的，电动机可采用密闭型的。

9.0.10 根据现行国家标准《建筑防火设计规范》GB 50016 的规定，符合下列规定之一的干式除尘器和过滤器，可布置在厂房内的单独房间内，但应采用耐火极限分别不低于3.00h的隔墙和1.50h的楼板与其他部位分隔：

1 有连续清灰设备。

2 定期清灰的除尘器和过滤器，且其风量不超过15000m^3/h、集尘斗的储尘量小于60kg。

但在钢铁冶金企业中的焦化和铁合金等工艺中存在着可燃气体或有爆炸危险粉尘的除尘器或过滤器需要露天布置，这在现行国家标准《建筑设计防火规范》GB 50016 中是没有规定的，因此本条参考现行国家标准《建筑设计防火规范》GB 50016 的有关规定进行制定，露天布置的间距不应小于10.0m，如图3（a）所示。若露天布置的间距不够10.0m时，应采用防火隔断措施，即与所属主厂房的隔墙应为耐火极限为3.00h的隔墙，隔墙的长度应大于设备本体长度，并应保证与设备的距离大于等于10.0m，如图3（b）所示。同时考虑到防火安全，除尘器或过滤器与所属主厂房的间距不应小于2.0m。

如果除尘器或过滤器需要设置在厂房外的单独建筑物内时，可以与主厂房贴邻建造，但应采用耐火极限不低于3.00h的隔墙和1.50h的楼板与主厂房分隔，如图3（c）所示，值得注意的是，因为该除尘器（过滤器）室是具有爆炸危险的厂房，在设计时应充分考虑。

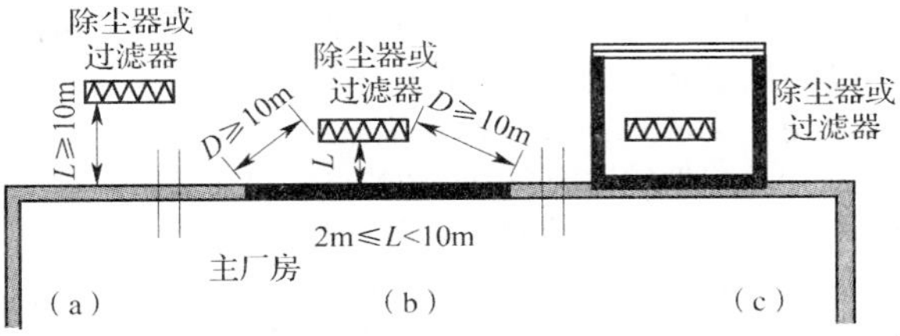

图3 除尘器或过滤器的布置示意图

10 电 气

10.1 消防供配电

10.1.1 本条是对消防设备用电负荷的规定。

消防设备的用电负荷分级，应符合现行国家标准《供配电系统设计规范》GB 50052 的规定。根据该规范要求，一级负荷供电应由2个电源供电，且应满足下述条件：

1 当一个电源发生故障时，另一个电源不应同时受到破坏；

2 一级负荷中特别重要的负荷，除由2个电源供电外，尚应增设应急电源，并严禁将其他负荷接入应急供电系统。应急电源可以是独立于正常电源的发电机组、供电网络中独立于正常电源的专用馈电线路、蓄电池或干电池。

结合消防用电设备（消防控制室、消防电梯、自动灭火系统、火灾自动报警系统、防烟排烟设备、应急照明、疏散指示标志和电动的防火门、窗、卷帘、阀门）的具体情况，具备下列条件之一的供电，可视为一级负荷：

1）电源来自2个不同发电厂；

2）电源来自2个区域变电站（电压一般在35kV及以上）；

3）电源来自一个区域变电站，另一个设有自备发电设备。

二级负荷供电系统原则上要求由两回线路供电。但在负荷较小或地区供电条件困难时，也可由一回6kV及以上专用的架空线路或电缆供电。

从保障消防用电设备的供电和节约投资出发，规定本款的保护对象应按不低于二级负荷要求供电。

10.1.2 消防水泵属于二级负荷中特别重要的负荷，应按一级负荷要求供电。重要的消防用电设备决定着消防的成败，因此供电十分重要，而要达到最可靠的供配电，则根据现行国家标准《建筑防火设计规范》GB 50016 的相关规定，当发生火灾切断生产、生活用电时，应仍能保证消防用电不中断。

从保障消防用电设备的供电和节约投资出发，规定本款的保护对象应按不低于二级负荷要求供电。

10.1.3 重要的消防用电设备决定着消防的成败，因此供电十分重要，而要达到最可靠的供配电，双电源供电的切换应在最末一级配电装置进行，否则会因为供配电线路中存在中间环节而降低可靠度。另外根据现行国家标准《建筑防火设计规范》GB 50016 的相关规定，当发生火灾切断生产、生活用电时，应仍能保证消防用电，因此除供电形式的要求外，还要求配电线路采用耐火电缆或经耐火保护的阻燃电缆。

10.1.4 鉴于工业企业用电设备多、电缆量大等复杂性，在消防系统设计时消防用电设备的供电回路应单独设置，不应与其他系统的供电回路混合。回路敷设、配电设备设置均应独立，且有明显的标志。

10.1.5 消防用电设备的负荷十分重要，应保证其供电的可靠性。钢铁冶金企业的设计采用传统的由上级变电所（该变电所至少有两个电源，两台变压器，二次侧有两段母线）的不同母线段取得两回路供电电源，且该两回供电线路（一般为电缆线路）要求采用耐火电缆或阻燃电缆。若在同一电缆沟或隧道中敷设时，应尽量分别敷设在沟或隧道两侧的电缆桥架（或支架）上。若沟或隧道只单侧有电缆桥架（或支架）时，则该两回路电缆不应敷设在同一层托架中，且两层托架间需设隔火措施，当一条线路故障时，一般不会影响另一条线路的正常供电，且在线路最末一级配电装置处，设有两路电源自动切换装置，可以保证消防电源的正常供电。这样的两路供电电源是可靠的。当然如果有条件，消防泵站可以再取得另一独立于本供电系统的一路相同电压等级的电源（如相邻车间不同电源的变电所、自备电厂、自设柴油发电机、高炉煤气余压发电等），或者采用非电气措施（如柴油水泵），这样更为可靠。

因此本条规定消防供电线路的敷设应符合现行国家标准《建筑防火设计规范》GB 50016 的相关规定。

10.2 变（配）电系统

10.2.1 电抗器安装在主电室内而不采取电磁防护措施时，电抗器的强磁场在厂房钢筋混凝土及钢结构中会因邻近效应及涡流而导致钢筋混凝土基础和钢筋混凝土墙体温度升高，引发火灾，故本条规定安装在室内时，应有强迫散热系统。“电抗器的磁距”应根据生产厂家提供的数据确定。

10.2.2 屋外油浸变压器之间，当防火净距达不到规定值时，应设置防火隔墙。防火隔墙的耐火极限在现行国家标准《火力发电厂与变电所设计规范》GB 50229 第 5.6.3 条中，对油量在 2500kg 及以上发电厂的变压器作了规定。鉴于冶金工厂变电所的重要性，本条参照该条提出了设置防火隔墙，其耐火极限不得小于 4.00h 的要求。

10.2.3、10.2.4 依据现行国家标准《火力发电厂与变电所设计规范》GB 50229 第 5.6.7 和 5.6.8 条制定，主要目的在于保证事故状态下油能排到安全处，以限制事故范围的扩大。

10.2.6 依据现行国家标准《电力工程电缆设计规范》GB 50217 第 5.1.10.3 条制定。根据冶金行业特点，电缆火灾发生的频率较高，往往会通过孔洞蔓延、扩散烧毁电气盘、柜造成重大损失。如根据火灾年鉴中记载，2000 年 2 月 28 日某钢铁集团公司炼钢厂转炉一分厂电缆竖井发生了火灾，进而蔓延至电缆夹层，因无防火分隔和封堵措施，导致过火面积达 1295.4m²，烧红部分电气控制系统、设备，造成转炉停产，直接财产损失 615.7 万元。故作此明确规定是非常必要的。具体的电缆防火措施可以参照以下做法：

1 电缆隧（廊）道的防火分隔宜采用阻火墙或用槽盒设阻火段。电缆隧（廊）道阻火墙可用有机堵料、无机堵料、阻火包、防火隔板等防火阻燃材料构筑，阻火墙两侧电缆涂刷防火涂料或缠绕防火包带，如图 4 和图 5 所示。

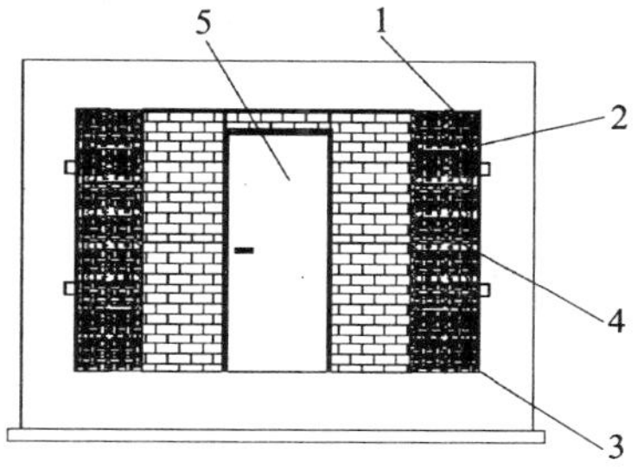

图 4 电缆隧道（双侧桥架）封堵断面图

1—阻火包；2—有机堵料；3—过水钢管；4—电缆；5—防火门

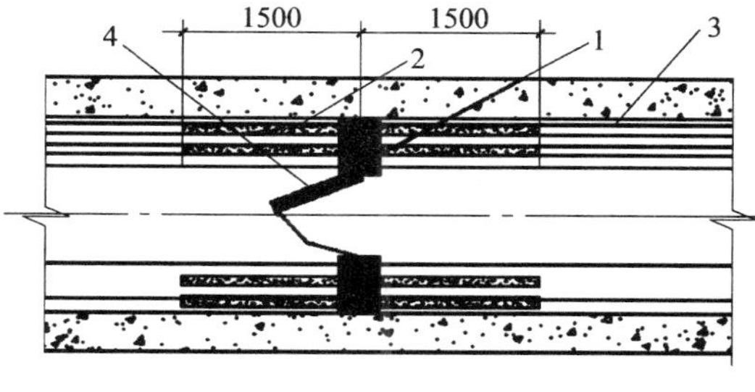

图 5 电缆隧道（双侧桥架布置）阻燃隔断平面图

1—阻火包；2—电缆防火涂料；3—电缆；4—防火门

2 电缆沟防火分隔宜采用阻火墙，电缆沟阻火墙可用有机堵料、无机堵料、阻火包等防火阻燃材料构筑。阻火墙两侧电缆涂刷防火涂料或缠绕防火包带，如图6所示。

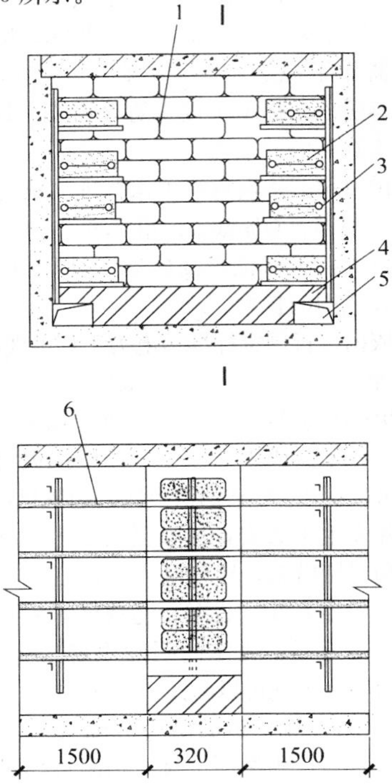

图6 电缆沟阻火墙

1—阻火包；2—有机堵料；3—电缆；4—砖块；5—排水孔；6—防火涂料

3 大型电缆竖井的防火封堵可采用防火隔板、阻火包、有机堵料、无机堵料、防火涂料或防火包带等防火封堵材料构筑，如图7所示。

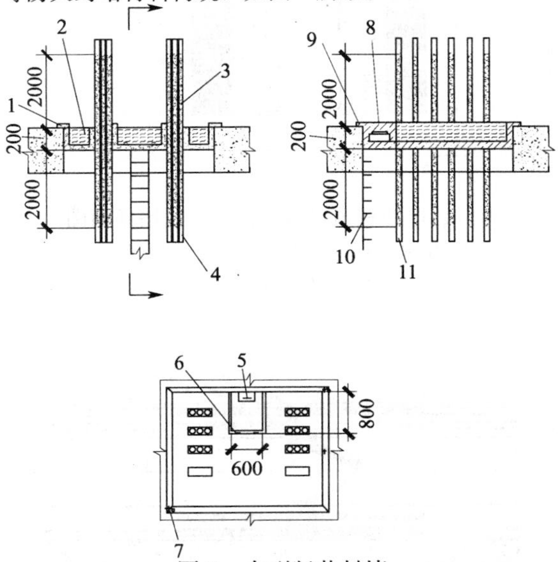

图7 大型竖井封堵

1—无机堵料；2—有机堵料；3—防火涂料；4—电缆；5—爬梯；6—铰链；7—螺栓；8—防火隔板；9—角钢；10—爬梯；11—钢铁架

4 竖井、电缆穿楼板孔洞可采用防火隔板、阻火包、有机堵料和无机堵料等防火封堵材料封堵，如图8所示。

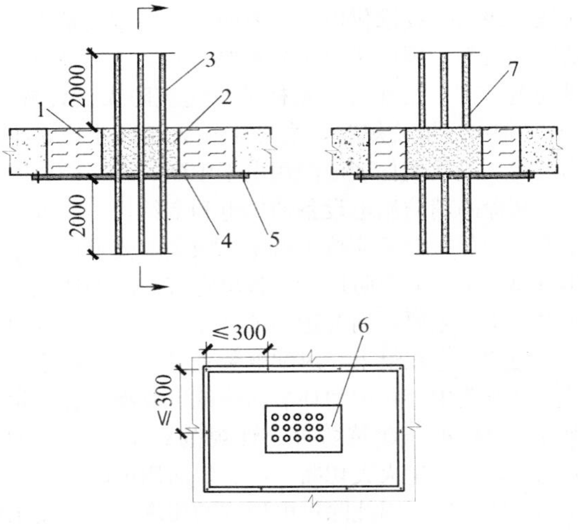

图8 穿楼板孔洞封堵

1—无机堵料；2—有机堵料；3—防火涂料；4—防火隔板；5—膨胀螺栓；6—预留孔洞；7—电缆

5 电缆进入柜、屏、盘、台、箱等的空洞宜采用有机堵料、无机堵料、阻火包、防火隔板等防火阻燃材料进行组合封堵，用有机堵料设预留孔，如图9所示。

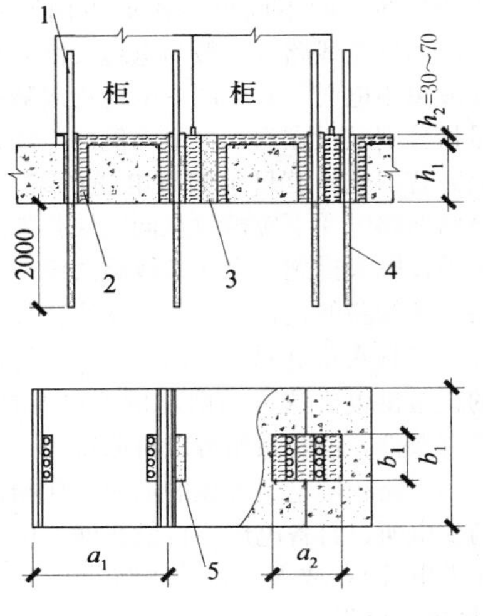

图9 柜、盘孔洞封堵

1—电缆；2—无机堵料；3—有机堵料；4—防火涂料；5—预留孔

10.3 电缆和电缆敷设

10.3.1～10.3.3 钢铁冶金企业内电缆敷设方式种类繁多，主要有：直埋，明敷、暗敷（墙内、埋地），电缆沟内敷设，电缆隧（廊）道内敷设，沿电缆桥架敷设，架空敷设，在电缆夹层、电缆室内敷设等，本节规定了与防火设计有关的电缆敷设要求。

主电缆隧（廊）道是指由总降［或其他变（配）电所］至各主要车间去的主干隧道，一般它有多条分支去有关车间，主电缆隧（廊）道一般在数百米以上，隧道内电缆较多，电缆运行中会产生热量，检查、维护人员也经常出入，特别在事故状态时，会有多人进入处理事故。所以对隧道内人员最小活动空间和通风均有要求，以便于使电缆隧（廊）道降温、延长电缆使用寿命、进行常规检查和事故的处理。

10.3.4 本条规定了电缆隧（廊）道防火分区的划分方法，防火分区的长度可根据电缆隧（廊）道的重要程度、复杂程度、敷设电缆的特性确定，一般在70.0～100.0m之间。各防火分区采用防火墙加常开式防火门隔断，防火门在发生火灾时可自行关闭。对于设置有自动灭火系统的场所，则可将防火分区长度增大1倍，但不应超过150.0m。

10.3.6 在调查中发现确有在电缆沟中同时敷设油管，甚至可燃气体管道的现象，这是十分危险的。若油管漏油，可燃气体漏气，聚集在电缆沟内，一旦电缆绝缘损坏冒火或放炮，必将引燃电缆或可燃油、气，引起火灾甚至爆炸，后果不堪设想，故必须禁止。

10.3.7 地下电缆室、电缆夹层内一般均敷设大量电力电缆及控制电缆，它们在运行中将产生热量并散发在这些空间内，如果有热力管道布置在室内，必将使室内的温度再升高，影响电缆运行，甚至加速电缆绝缘的老化，容易引起火灾，故不宜在上述室内布置热力管道，更不应将可燃油、气管或其他可能引起火灾的管道和非电气设备布置在上述室内。

10.3.8 电缆的选择、敷设及电缆隧（廊）道、电缆沟的设计应按现行国家标准《电力工程电缆设计规范》GB 50217的有关要求执行。另外，中国加入WTO后，铜材的进口渠道多，价格为国际市场价格，铜材的使用范围更加广泛。经大量调查研究统计，铝芯线缆火灾事故要比铜芯线缆高出50倍以上，故条文规定宜采用铜芯线缆。另外，钢铁冶金企业车间温度一般较高，车间内热点、热区多，故靠近高温区的电缆采用铜芯耐高温电缆为宜。

10.3.9 工业企业中控制直流电源、消防电源等的两路电源供电重要回路，对于工艺系统的自动控制，消防系统的正常可靠运行至关重要。本条规定意在保证两路供电电源在火灾等恶劣事故状态下，至少保证一路供电能够继续工作。

10.3.10 本条依据现行国家标准《电力工程电缆设计规范》GB 50217第7.0.4条制定。

10.3.11 厂房内的地下电缆槽沟避开固定明火点或有火花产生的地点，目的在于防止火星、粉尘和油脂掉入或渗入槽沟内，引发火灾。

10.3.13、10.3.14 电缆火灾是钢铁冶金企业中最常发生的，也是可能导致重大损失的火灾。导致电缆火灾的原因不外乎内因和外因，而对于钢铁冶金企业来说，外因导致的电缆火灾次数要高于其他大量使用电缆的工业企业，究其原因，与钢铁冶金企业存在大量的高温物料、高温场所有关。在炼铁、炼钢车间，铁水、钢水的温度在1400℃以上，高温辐射严重，铁水、钢水及热渣还有飞溅的可能，故电气管线的敷设应避开这些热区，无法避开时，应选用耐高温电缆并采用隔热措施。外机械损伤、酸碱腐蚀等情况也会导致电缆绝缘的破损，造成火灾的发生。因此给予规定是非常必要的。

10.4 防雷和防静电

10.4.1 现行国家标准《建筑物防雷设计规范》GB 50057对防雷分类及防雷措施有详细的规定，设计时应参照执行。

10.4.2 本条依据现行国家标准《石油化工企业设计防火规范》GB 50160制定。当露天布置的塔、容器等的顶板厚度等于或大于4mm时，对雷电有自身保护能力，不需要装设避雷针保护。当顶板厚度小于4mm时，则需要装设避雷针保护工艺装置的塔和容器等。

本条的塔、容器是泛指可燃与不可燃介质的设备：塔式设备如空气分馏塔、煤气脱硫塔，氢气、氧气、氮气、氩气、空气压力球罐和立式储罐，燃油罐等。露天设置的不可燃介质的塔和容器不是不用防雷设施，而是根据现行国家标准《建筑物防雷设计规范》GB 50057的要求，防雷级别可较低。钢制的塔和容器，其钢板厚度≥4mm时，对雷电有自身保护能力，不需要装设避雷针（线），但必须有符合规定的防雷接地措施。

10.4.3 露天设置的可燃气体、液体的钢质储罐必须设防雷接地说明如下：

2 甲、乙类液体虽为可燃液体，但装有阻火器的固定顶罐在导电性上是连续的，当顶板厚度大于或等于4mm时，直击雷将无法击穿，因此只要做好接地，雷电流可以顺利导入大地，不会引起火灾。

现行国家标准《立式圆筒型钢制焊接油罐设计规范》GB 50341规定地上固定顶钢制罐的顶板厚度最小为4.5mm。所以新建或改、扩建的这种油罐顶板厚度大于或等于4mm，都可以不装设避雷针（线）保护。但对经检测顶板厚度小于4mm的老油罐，应装设避雷针（线），保护整个储罐。

3 丙类油品属高闪点可燃油品，同样条件下火灾的危险性小于低闪点易燃油品。雷电火花不能点燃钢罐中的丙类油品，所以储存可燃油品的钢油罐也不需要装设避雷针（线），而且接地装置只需按防感应雷装设。压力储罐是密闭的，罐壁钢板厚度都大于4mm，雷电流无法击穿，也不需要装设避雷针（线），但应做好防雷接地，冲击接地电阻不应大于30Ω。

4 对于可燃气体塔、罐容器顶上设有放散管时，因放散管一般高出顶板2.0～3.0m，当在雷电天气时，放散管有引雷效应，故此时应设避雷针。

10.4.4 现行国家标准《建筑物防雷设计规范》GB 50057就建筑物防雷分类及各类防雷建筑物的防雷引下线的根数、布置、间距等都有明确的规定，应遵照执行。

10.4.5 现行国家标准《建筑物防雷设计规范》GB 50057就各类防雷建筑物的防雷接地装置冲击接地电阻都有明确规定，应遵照执行。

10.4.6 本条目的在于采用等电位连接方法，防止弱电系统被雷电过电压损坏，并防止雷电波沿配线电缆传输到控制室。

10.4.7 钢铁冶金企业中爆炸和火灾危险场所，在加工或储运油品、可燃气体时，设备和管道引起摩擦产生大量静电荷，如不通过接地装置导入大地，就会集聚形成高电位，可能产生放电火花，引起爆炸和火灾事故。因此，对其应采取防静电措施。

1、2 使油品装卸站及与其相连的管线、铁道等形成等电位，并导走其中的静电，避免鹤管与运输工具之间产生电火花。

3 导出生产装置、设备、贮罐、管线及其放散管的静电。

4 在钢铁冶金企业中大量使用了易爆的粉状料等，因此对于此类生产装置、设备、贮罐、管线上应设置静电导出装置，如煤粉，在煤粉制备系统、喷吹系统的设备、管道上等均应设置。

10.4.8 本条目的在于更清楚地规定不同贮罐直径情况下接地数量的要求。

10.4.10 由于人们普遍穿着的人造织物服装极易产生静电，它往往聚积在人体上。为防止静电可能产生的火花，需在甲、乙、丙$_A$类油品（原油除外）、液化石油气、天然气凝液作业场所的入口处设置消除人体静电的装置。此类消除静电装置是指用金属管做成的扶手，在进入这些场所前应抚摸此扶手以消除人体静电。扶手应与防静电接地装置相连。

10.4.11 通常静电的电位较高，电流却较小，所以每组专设的防静电接地装置的接地电阻一般不大于100Ω即可。

10.4.13 防静电接地装置要求的接地电阻值较大，当金属导体与防雷（不包括独立避雷针防雷接地系统）等其他接地系统相连接时，其接地电阻值完全可以满足防静电要求，故不需要再设专用的防静电接地装置。

10.5 消防应急照明和消防疏散指示标志

10.5.1 钢铁冶金企业厂区环境和建筑结构较为复杂，有地上、地下和性质、火灾危险等级不同的建筑物，系统工艺也较复杂，因此发生火灾时由于大量烟气的产生，易造成火灾扑救困难，进而引起更大的损失。为了保证厂区火灾危险性较大且重要的区域可以在火灾事故状态下及时疏散人员、财物和进行火灾的扑救，本条特作出规定。

10.5.2 对于地下液压润滑油库、电气地下室等火灾危险性较大且疏散困难的区域，以及工厂内主要的疏散路线，设置疏散指示标志非常重要，可以保障火灾情况下的人员疏散、火灾扑救人员撤离和必要的救援人员撤离等，因此作出本条规定。

10.5.3 在工业企业中消防安全涉及人员安全、生产安全等多个方面，因此许多重要的场所，如各主控制室、主操作室、主电室等主要的工艺场所，应设置在发生事故且正常照明因故障熄灭后可以保证继续工作和人员安全疏散的应急照明。为了保证基本的照明条件，本条规定了应急照明的最低照度要求。

10.5.4 关于灯具、火灾事故照明、消防疏散指示标志的设置位置和要求，在现行国家标准《建筑设计防火规范》GB 50016中有较全面的规定，因此防火设计时应予以执行。

附录A 钢铁冶金企业火灾探测器选型举例和电缆区域火灾报警系统设计

A.0.1 火灾探测方法应根据设置场所的情况选择适宜的方式，它是火灾自动报警系统有效和可靠运行的基础。近十几年来，我国消防安全技术有了快速的发展，研制生产出了许多先进、可靠、经济的产品。为了方便设计，在总结了近几十年钢铁冶金企业的火灾自动报警系统设计、运行和管理经验后，对探测器的选型推荐如表A.0.1所示。

A.0.2 火灾的早期探测是防止火灾蔓延和降低火灾损失的关键。线型定温探测器难以及时探测电缆温度的快速上升或外来火源引发的电缆火灾；光纤、光栅类线型感温探测器由于巡检时间长，并存在对直径小于10cm的火源或热源无法检测等缺陷，不适用于电缆类火灾的探测；缆式线型差定温探测器可以在温度异常升高的初期及时报警。因此，本条规定电缆火灾危险场所应采用缆式线型差定温探测器。依据现行国家标准《火灾自动报警系统设计规范》GB 50116规定，在设置自动灭火系统的场所宜采用同类型或不同类型探测器的组合，结合钢铁冶金企业的特点，本条规定应采用双回路组合探测。

A.0.3 设定探测分区的目的是为了迅速而准确地探测出被保护区内发生火灾的部位，如果线型火灾探测器跨越了探测区域，就无法准确地区分报警位置，甚至当一个分区的火灾报警设备出现故障时，会导致其他区域内的火灾报警系统无法工作，降低了系统的可靠性。尤其是对于设有自动灭火系统的情况，更加要求准确报出发生火灾的部位，以便于启动系统进行火灾扑救。

A.0.4 电缆火灾的发生将经历温度升高→蓄热（受热）→产生可燃气体→产生可燃烟气→产生明火的过程，火灾早期探测的关键在于温度升高阶段。线型感温探测器较好的敷设方式是接触式水平正弦波，但这种敷设方式不利于被保护电缆的维护和检修。采用悬挂敷设方式时，可以避免对被保护电缆的维护检修的影响，但将相对降低对电缆火灾探测的灵敏度。为保证火灾探测的有效性，要求悬挂敷设的线型感温探测器距被保护电缆表面的垂直高度不应大于300mm，同时对报警温度也作出要求，即在悬挂高度为300mm时，探测器的定温报警温度与接触式敷设时的定温报警温度之差不应大于额定报警值的20%。具体试验方法为：若缆式线型感温探测器的额定报警温度为88℃，将1.0m长的线型感温探测器以正弦波水平敷设在一个加热板上，以不超过1℃/min的升温速率缓慢提高加热板温度，测得缆式探测器报警温度值，再将该缆式探测器沿垂直方向提高300mm后，仍按正弦波水平敷设安装，在探测器额定报警温度和其他条件不变的情况下再测得一个报警温度值，两个报警温度的差值不应大于额定报警温度值（88℃）的20%，即17.6℃。该性能应由国家认可的检测机构进行检定。

A.0.5 考虑冶金企业内电磁干扰强度大，且环境恶劣复杂，易受机械损伤，因此推荐采用金属屏蔽型线型感温探测器，金属屏蔽层是指独立于探测信号传输导体，用于屏蔽电磁干扰的金属包裹层。

A.0.6 电缆火灾事故发生原因归纳起来有两个：一个是由于电缆过流、短路、绝缘老化或接头阻抗过大等内部原因引发的火灾；另一个是由于焊接火花、钢水泄漏等外界火源引起的火灾。本规范编制组对钢铁冶金企业发生的26例电缆火灾进行统计分析发现：火灾初期，电缆受热长度在1.0m或以下的案例有24例，如果线型感温探测器不能满足1.0m或以下准确报警的要求，则可能会造成电缆火灾漏报警或晚报警的严重后果。

线型感温探测器的报警温度会受到环境温度和受热长度的影响，线型感温探测器用于电缆火灾危险场所时，所处的局部环境温度可能达到49℃，因此予以明确规定。

以上性能应由国家认可的检测机构进行检定。

附录B 钢铁冶金企业细水雾灭火系统设计

B.0.1 由于细水雾仍然是以水为介质，因此关于细水雾系统不得用于过氧化钾、过氧化钠等过氧化物或金属钾、金属钠、金属钙等遇水燃烧的物质，这些物质遇水后均会造成燃烧或爆炸的恶果。另外，遇水造成剧烈沸溢的可燃液体或液化气体场所也不得采用水基灭火系统。

B.0.2 细水雾灭火系统的系统型式涉及以下几方面：系统的应用方式、喷头的类型、系统的动作方式、系统的介质类型。实际应用中，系统型式应根据被保护场所的火灾性状、点火源、燃烧源、工艺设备运行特点和环境特点进行比较选择。遵循的原则是灭火高效、水渍损失最小、系统动作灵活可靠、介质的保存获取方便可靠。

B.0.3 细水雾可以用于扑灭闪点小于38℃的可燃液体火灾，但存在灭火时间长等问题，尤其是针对水溶性液体灭火时，灭火时间更长，国内外研究表明，加入一定量的添加剂，可以提高30%～70%的灭火效率，因此本条作此规定。

B.0.4 大中型计算机房、主控制室、通信中心等火灾危险场所属弱电设备空间，细水雾对弱电板路的影响较小，国外在这些场所已有大量的应用案例。就这些场所的特点而言，往往房间布置较为集中，便于中、高压系统实施，另外要求在保证快速灭火的同时应尽量减少水渍损失，因此主要采用的是中、高压的细水雾系统，这样可以保证水雾在2级以上。分布全厂的液压润滑油库、电缆隧（廊）道等保护对象具有覆盖范围大、环境相对恶劣，现场环境中存在超细粉尘、油气等污染物，因此要求细水雾灭火系统管网覆盖范围足够广泛，灭火介质输送距离足够远，系统可以承受相对恶劣的环境要求。鉴于此，宜选用中、低压系统。由于高压细水雾系统对水质和环境要求较高，不宜应用于以上场所。

B.0.5 细水雾灭火系统的正常开启通常包括下列几种情况：第一，自动探测报警系统自动探测到火灾，发出启动命令；第二，人员发现火灾通过手动报警按钮进行报警，之后由联动控制系统启动灭火系统；第三，人员发现火灾通过现场机械手动启动灭火系统。以上情况之外发生的系统启动均属于误动作。由于水基灭火系统误动作可能会造成水渍损失，因此本条规定，应采取措施防止系统发生误喷，同时，防误喷措施的采用不应显著降低系统的可靠性。例如，可采用定压喷放式细水雾喷头，并在雨淋控水阀与喷头之间安装溢流阀，用以泄放雨淋控水阀误动作时流过的水，使系统不发生误喷，系统可靠性也不会有明显变化。又如在雨淋控水阀阀前或阀后串联一个或多个定压开启式阀门，虽能起到一定防误喷作用，但由于部件的增加导致系统不能正常打开的概率增加，因而不能将其作为防误喷措施。

B.0.7 研究表明，冲击或溅射式雾化原理的喷头形成的水雾冲量小，不适于扑救深位火灾。

B.0.8 主要依据美国国家防火协会《细水雾灭火系统标准》NFPA 750的相关条文作出规定。目的在于保证喷头能够正常喷出细水雾，确保灭火效果。细水雾系统中，由于喷头孔径往往较小，因此管道设备锈蚀很容易造成喷头堵塞。为了避免这一问题，本条规定过滤器滤芯、专用雨淋控水阀、喷头等设备材料宜选用不锈钢材质。

B.0.9 本条依据美国国家防火协会《细水雾灭火系统标准》NFPA 750 的相关条文作出规定。目的在于保证喷头能够正常喷出细水雾，确保灭火效果。

B.0.11 根据国际细水雾灭火系统检验认证的常规做法，以及国际细水雾检验标准的发展情况，细水雾灭火系统在投入工程应用前，应通过权威检测机构关于被保护场所的实体单元火灾灭火试验检验。例如，对于可燃液体火灾危险场所涉及平面盘面火、喷雾火、流淌火和立体交叉火灾等不同形式、不同火灾荷载和不同位置的火灾灭火问题，实际上较为复杂。鉴于目前国内消防工程实施过程中存在的实际情况，为可靠起见，本条作出明确规定。

附录C 爆炸和火灾危险环境区域划分举例

1 本附录的爆炸和火灾危险区域划分举例是指，按现行国家标准《爆炸和火灾危险环境电力装置设计规范》GB 50058 中的环境区域划分而对电气设施的要求，该规范对环境有不同的分类级别。需要说明的是，这个环境级别不是现行国家标准《建筑设计防火规范》GB 50016 对建筑物爆炸和火灾危险所用的词语。根据现行国家标准《爆炸和火灾危险环境电力装置设计规范》GB 50058 规定的原则，对于生产、加工、处理、转运或贮存过程中出现或可能出现：爆炸性气体混合物环境之时，应进行爆炸性气体环境的电力设计；爆炸性粉尘、可燃性导电粉尘、可燃性非导电粉尘和可燃纤维与空气形成的爆炸性粉尘混合物环境时，应进行爆炸性粉尘环境的电力设计；火灾危险物质时，应进行火灾危险环境的电力设计。

本附录根据现行国家标准《爆炸和火灾危险环境电力装置设计规范》GB 50058 下述的规定进行电器设施的环境区域划分举例：

1）对于爆炸性气体混合物环境，其区域的划分，现行国家标准《爆炸和火灾危险环境电力装置设计规范》GB 50058 是按环境内的情况和气体释放源级别及距离确定。本附录根据钢铁冶金企业的工艺特点和管理实践，并结合各专业规范，以厂房内环境为单位进行划分和举例。但某些专业规范以介质特性、释放源及距离确定者，仍以《爆炸和火灾危险环境电力装置设计规范》GB 50058 为准。现行国家标准《爆炸和火灾危险环境电力装置设计规范》GB 50058 规定：

0 区：连续出现或长期出现爆炸性气体混合物的环境；

1 区：在正常运行时可能出现爆炸性气体混合物的环境；

2 区：在正常运行时不可能出现爆炸性气体混合物的环境，或即使出现也仅是短时存在的爆炸性气体混合物的环境。

注：正常运行是指正常的开车、运转、停车，易燃物质产品的装卸，密闭容器盖的开闭，安全阀、排放阀以及所有工厂设备都在其设计参数范围内工作的状态。

当通风良好时，应降低爆炸危险区域等级，反之亦然。在障碍物、凹坑和死角处，应局部提高爆炸危险区域等级。

符合下列条件之一时，可划为非爆炸危险区域：

①没有释放源并不可能有易燃物质侵入的区域；

②易燃物质可能出现的最高浓度不超过爆炸下限值的 10%；

③在生产过程中使用明火的设备附近，或炽热部件的表面温度超过区域内易燃物质引燃温度的设备附近；

④在生产装置区外，露天或开敞设置的输送易燃物质的架空管道地带，但其阀门处按具体情况定。

对于露天的可燃气体设备的电器区域环境划分，按现行国家标准《爆炸和火灾危险环境电力装置设计规范》GB 50058 规定，按释放源的级别和距离范围划分区域：

①存在连续级释放源的区域可划为 0 区，即预计长期释放或短时频繁释放的释放源；

②存在第一级释放源的区域可划为 1 区，即预计正常运行时周期或偶尔释放的释放源；

③存在第二级释放源的区域可划为 2 区，即预计在正常运行下不会释放，即使释放也仅是偶尔短时释放的释放源。

2）对于粉尘爆炸混合物环境，应根据爆炸性粉尘混合物出现的频繁程度和持续时间，按以下划分：

10 区：连续出现或长期出现爆炸性粉尘环境；

11 区：有时会将积留下的粉尘扬起而偶然出现爆炸性粉尘混合物的环境。

符合下列条件之一时，可划为非爆炸危险区域：

①装有良好除尘效果的除尘装置，当该除尘装置停车时，工艺机组能联锁停车；

②设有为爆炸性粉尘环境服务，并用墙隔绝的送风机室，其通向爆炸性粉尘环境的风道设有能防止爆炸性粉尘混合物侵入的安全装置，如单向流通风道及能阻火的安全装置；

③区域内使用爆炸性粉尘的量不大，且在排风柜内或风罩下进行操作。

3）对于火灾环境应根据火灾事故发生的可能性和后果，以及危险程度及物质状态的不同，按下列规定进行分区：

21 区：具有闪点高于环境温度的可燃液体，在数量和配置上能引起火灾危险的环境。

22 区：具有悬浮状、堆积状的可燃粉尘或可燃纤维，虽不可能形成爆炸混合物，但在数量和配置上能引起火灾危险的环境。

23 区：具有固体状可燃物质，在数量和配置上能引起火灾危险的环境。

2 有屋顶、无围墙的建筑物也按室外考虑。

3 汽油是易挥发物，其蒸气易燃，并具爆炸性。使用汽油的车库不像工业设备那样有严密的密封装置，有可能会出现第一级释放源的情况，故定为 1 区。

4 氢瓶、乙炔瓶、液化石油气瓶间，在切换气瓶时会出现介质泄漏情况，故属正常运行时会周期或偶尔释放的释放源，定为 1 区。

5 氧气不是爆炸性气体，但纯氧是强氧化剂，助燃介质，在压力氧情况下能使一些物质的燃点降低，有发生火灾的危险。现行国家标准《爆炸和危险环境电力装置设计规范》GB 50058 中对于火灾环境区域的电气设施，主要是从其壳体的防固体颗粒、防水性能来采取措施。故本附录依据现行国家标准《氧气及相关气体安全技术规程》GB 16912 的规定，界定其为 21 区火灾危险区。同时现行国家标准《爆炸和危险环境电力装置设计规范》GB 50058 第 4.3.8 条规定，21 区、22 区内的电动起重机不应采用滑触线供电。

6 独立氢气催化炉间爆炸危险环境等级的划分说明：钢铁冶金企业中的制高纯氩、氮气流程中，用加氢催化除去普氩、普氮中氧的工艺设施。由于普氩、普氮纯度一般已≥99.9%，再除氧制得≥99.995%以上的高纯气，使用氢气量较少。并且加氢除氧催化炉非旋转设备。故本规范不按有些规程所规定的为 1 区，而将加氢设施作为正常运行情况下不会释放的第二级释放源，取为 2 区。

7 水电解制氢间爆炸危险环境等级的划分说明：水电解制氢设备是由许多电解小室连接构成，每个小室之间用填片密封。由于小室较多，故定为在正常情况下会偶尔出现氢释放源的第一级释放源，将水电解制氢的设备间定为 1 区。

8 焦炉煤气加压机间、天然气加压机间爆炸危险环境等级的划分说明：焦炉煤气（含 $H_2$59%）、天然气（含 $CH_4$90%）的压缩机，调压阀设备，在施工验收中应规定气密试验合格，正常运行时这些设备的密封结构、阀门、接口的法兰、螺纹接口不会偶尔地或周期性地成为第一级释放源。但一些规范将该类设施区域划为 1 区，故本规范也定为爆炸危险 1 区。氢气压缩机间、氢气调压阀间、氢气充瓶间的爆炸危险环境等级的划分也同样规定为 1 区。

9 乙炔电气设施区域的划分，按照现行国家标准《乙炔站设计规范》GB 50031 的规定。

10 钢铁冶金企业中的高炉副产品——高炉煤气，随着高炉效率提高，焦比降低，煤气中的主要可燃成分为一氧化碳，一般在 21%～24%，而纯一氧化碳的爆炸下限为 12.5%。故高炉煤气与其他燃气介质相比，需泄漏较多的气体才会形成爆炸性气氛。高炉煤气中的一氧化碳又是毒性危害介质，其泄漏的中毒浓度远远低于爆炸下限。从安全出发，本规范对于高炉煤气区域的 TRT 发电装置、加压机电机等电气设施区域定为 2 区。另外，20 世纪 80 年代钢铁企业引进的高炉煤气余压发电装置所配的发电机不是防爆型，目前国产高炉煤气余压发电的发电机也未配防爆型电机，但采取了一定防护措施。故在采取措施后，发电机可采取非防爆电机。

11 钢铁冶金企业中的干式煤气柜：曼型柜或新型柜，主要盛装高炉煤气、焦炉煤气，威金斯柜主要盛装转炉煤气，气柜为封闭结构，内有钢结构活塞，活塞随进出煤气量而上下移动，活塞与气柜内壁之间采用油槽或橡皮膜密封，防止煤气外泄。气柜活塞上部与气柜顶为人员正常检修时活动空间。煤气进气管有的柜设有专门地下室。考虑到活塞与柜顶之间及进气的地下室通风条件不良，故对于无论何种介质的煤气柜，该类区域均按电气设施爆炸危险区 1 区考虑。

12 对于煤气柜周围，依据现行国家标准《爆炸和火灾危险环境电力装置设计规范》GB 50058 第 2.3.9 条的墙壁外 3m 范围、房顶上 4.5m 范围，作为正常运行不会释放的第二级释放源区域，定为爆炸危险 2 区。

13 在煤气及其他可燃气体的净化、储存、输配装置区域外，露天或开敞设置的管道，其阀门等电气设施环境可根据现行国家标准《爆炸和火灾危险环境电力装置设计规范》GB 50058 的规定，按具体情况而定。

14 电容器可能因电击穿等内部故障原因发生着火等现象，故设置电容器的房间按 23 区火灾危险环境划分。

15 关于桶装铝粉库。铝粉的包装形式有 15kg 镀锌铁罐、50kg 塑料桶等。购入后储存于仓库，不可能扬尘形成爆炸性粉尘危险环境，考虑到铝粉有可能泄漏，故按现行国家标准《爆炸和火灾危险环境电力装置设计规范》GB 50058 第 4.1.2 条规定作为火灾危险物质，按火灾危险 22 区考虑。

16 关于分装铝粉间。一般镁碳砖、不定形耐火材料中的加入量为 0.1%～0.3%。每吨泥料中用量为 1～3kg，要求在防尘条件下分装小袋（设计能够控制），如果按 10000t/a 生产规模计算，日分装铝粉

33～100kg，考虑处理量虽少，但操作不当，日积月累，偶然会出现爆炸性粉尘环境，按现行国家标准《爆炸和火灾危险环境电力装置设计规范》GB 50058第3.2.1条之二划分为11区是合适的。

17 含Al、Si或MgAl较高的耐火材料有新开发的金属陶瓷滑板、塑性相结合刚玉砖、Sialon类耐火材料等。这些品种还没有相应标准，从耐火材料最新发展看，应该把铝粉、镁铝合金粉、硅粉等易燃易爆物高含量的耐火制品生产提前纳入防火规范。目前还没有消防试验数据或规模生产经验，考虑到混合机是密封的并采取了通风除尘措施，混合机在混合机厂房中占地小，易燃易爆物添加量较少等原因，可根据加入铝粉、镁铝合金粉、硅粉等易燃易爆物含量来划分危险等级，拟划分为：易燃易爆物含量占混合量不大于5%时，按非易燃易爆考虑；易燃易爆物含量占混合量的5%～12%时，按火灾危险22区考虑。

中华人民共和国国家标准

建筑灭火器配置设计规范

GB 50140—2005

条 文 说 明

目　　次

1 总　　则

1.0.1　本条阐述了制订和修订本规范的意义和目的，强调只有合理、正确地配置灭火器，才能真正加强建筑物内的灭火力量，及时、有效地扑救各类工业与民用建筑的初起火灾。

众所周知，灭火器的应用范围很广，全国各地的各类大、中、小型工业与民用建筑都在使用，到处皆有；灭火器是扑救初起火灾的重要消防器材，轻便灵活，稍经训练即可掌握其操作使用方法，可手提或推拉至着火点附近，及时灭火，确属消防实战灭火过程中较理想的第一线灭火装备。在建筑物内正确地选择灭火器的类型，确定灭火器的配置规格与数量，合理地定位及设置灭火器，保证足够的灭火能力（即需配灭火级别），并注意定期检查和维护灭火器，就能在被保护场所一旦着火时，迅速地用灭火器扑灭初起小火，减少火灾损失，保障人身和财产安全。

1.0.2　本条规定了本规范的适用范围和不适用范围。本规范适用于应配置灭火器的，生产、使用和储存可燃物的，新建、改建、扩建的各类工业与民用建筑工程（包括装修工程），亦即：凡是存在（包括生产、使用和储存）可燃物的工业与民用建筑场所，均应配置灭火器。这是因为有可燃物的场所，就存在着火灾危险，需要配置灭火器加以保护。反之，对那些确实不生产、使用和储存可燃物的建筑场所，当然可以不配置灭火器。这里还需要说明的是：本规范中的可燃物系指广义范围的可燃烧物质，亦即除了不燃物之外，凡可燃固体物质、易燃液体、可燃气体、可燃金属等都归属于可燃物的范畴。因此，即使是耐燃物，由于其仍然还是能够燃烧的，故也属于可燃物。

鉴于目前我国尚无专门用于扑救炸药、弹药、火工品、花炮火灾的定型灭火器，因此，本规范暂定不适用于生产和贮存炸药、弹药、火工品、花炮的厂房和库房。

1.0.3　本条规定系根据国内目前尚有少数地区和单位不同程度地存在着在工程设计阶段不够重视建筑灭火器配置设计的情况和实际需求而提出的。本条要求在建筑消防工程设计时就应当按照本规范的各章规定正确选择和配置灭火器，进行建筑灭火器配置的设计与计算，应将配置灭火器的类型、规格、数量及其设置位置作为建筑消防工程的设计内容，并在工程设计图上标明。建设单位需将新建、改建、扩建的各类工业与民用建筑工程（包括装修工程）的建筑灭火器配置设计图、设计计算书和建筑灭火器配置清单送建筑工程所在地的县级以上公安消防监督部门审核，并将配置灭火器的所需费用计入基建设备概算。各地各级公安消防监督部门根据公安部30号令、61号令和本规范，在审核建筑消防工程设计时就要着手审核建筑灭火器的配置设计情况，把好这重要的第一关。这样做，可避免在建筑灭火器配置的事务上前后脱节，互相推诿，杜绝以往个别单位一直拖延到建筑物竣工后，或开业前，才考虑灭火器的配置事务的情况发生，否则就会完全失去制订本规范的根本意义。各地各级公安消防监督部门在对建筑物进行防火检查时需按照本规范的规定，检查灭火器的实际配置情况，看其是否符合本规范的要求，是否与消防建审时审定的设计图、计算书相吻合，特别要注意有个别单位为应付竣工验收或防火检查，临时购买或挪借几具灭火器凑数，更要防止有个别单位甚至在需配灭火器的建筑场所根本就不配置任何灭火器的异常情况发生。

1.0.4　本规范是一本专业性较强的技术法规，其内容涉及范围较广，故在为各类建筑物配置设计灭火器时，除执行本规范外，尚应符合国家现行的有关规范、标准的规定，且不能与之相抵触，以保证国家各相关规范、标准之间的协调和一致。

2 术语和符号

2.1 术　　语

本节内容是根据建设部关于"工程建设国家标准管理办法"和"工程建设国家标准编写规定"中的有关要求编写的。主要拟定原则是：所列术语是本规范专用的，在其他规范、标准中未出现过的；在具体定义中，根据有关规定，在全面分析的基础上，突出特性，尽量做到定义准确、简明易懂。

本规范现列入4条术语。

2.1.1　灭火器配置场所是指存在可燃物（广义的可燃物范畴，见1.0.2的条文说明），并需要配置灭火器的建筑场所。

灭火器配置场所可能是建筑物内的一个房间，诸如：办公室、会议室、实验室、资料室、阅览室、油漆间、配电室、厨房、餐厅、客房、歌舞厅、更衣室、厂房、库房、观众厅、舞台以及计算机房和网吧等；灭火器配置场所也可以是构筑物所占用的一个区域，如可燃物堆场或油罐区等。

2.1.2　建筑灭火器配置设计的计算单元可分为两大类，即：或指建筑物中的一个独立的灭火器配置场所，一个特殊的房间，例如，某一办公楼层中的电子计算机房，或者是某一宾馆客房楼层中的多功能厅，可称之为独立计算单元；或指若干个相邻的且危险等级和火灾种类均相同的灭火器配置场所的组合部分，例如，办公楼层中除电子计算机房外的所有的办公室房间，或者是某一宾馆客房楼层中除多功能厅外的所有的客房房间，可称之为组合计算单元。

2.1.3　独立计算单元中灭火器的保护距离，系指由灭火器设置点到最不利点（距灭火器设置点最远的地点）的直线行走距离，可忽略该计算单元（即一个房间，一个灭火器配置场所）内桌椅/冰箱等小型家具/家电的影响；组合计算单元中灭火器的保护距离，在有隔墙阻挡的情况下，可按从灭火器设置点出发，通过房门中点，到达最不利点的直线行走路线的各段折线长度之和计算。

灭火器的最大保护距离仅受火灾种类、危险等级和灭火器型式的制约，而与设置点配置灭火器的规格、数量无关。

2.1.4　灭火级别的举例说明：8kg的手提式磷酸铵盐干粉灭火器的灭火级别为4A、144B；其中A表示该灭火器扑灭A类火灾的灭火级别的一个单位值，亦即灭火器扑灭A类火灾效能的基本单位，4A组合表示该灭火器能扑灭4A等级（定量）的A类火试模型火（定性）；B表示该灭火器扑灭B类火灾的灭火级别的一个单位值，亦即灭火器扑灭B类火灾效能的基本单位，144B组合表示该灭火器能扑灭144B等级（定量）的B类火试模型火（定性）。

附录A中的各类灭火器的类型、规格和灭火级别基本参数举例是为方便建筑灭火器的配置设计和等效替代的计算而给出的，是已批准、发布的灭火器产品质量的国家标准和行业标准中规定的，或已通过国家消防装备检测中心定型检验的数据。鉴于我国的灭火器产品质量标准GB 4351（手提式灭火器）和GB 8109（推车式灭火器）现已全面修订，分别与国际标准ISO 7165（手提式灭火器）和ISO 11601（推车式灭火器）接轨，修改采用国际标准，因此，关于各种类型、规格灭火器的型号代码、灭火剂充装量和灭火级别值当以国家标准的最新、有效版本为准。

灭火器产品质量标准GB 4351和GB 8109的2005年版中关于各种类型、规格灭火器的型号代码举例说明：

MPZ/AR6——6L手提贮压式抗溶性泡沫灭火器；

MF/ABC5——5kg手提储气瓶式通用（磷酸铵盐）干粉灭火器；

MPTZ/AR45——45L推车贮压式抗溶性泡沫灭火器；

MFT/ABC20——20kg 推车储气瓶式通用(磷酸铵盐)干粉灭火器。

2.2 符 号

2.2.1 本条系根据本规范第 6、7 章建筑灭火器的配置设计与计算的需求,本着简化和必要的原则,列出了 6 个有关的工程设计参数的符号、名称及量纲,其内含可见本条和相关章节条文的定义和说明。

2.2.2 附录 B 中的 14 个建筑灭火器配置的设计图例均节选自 GB/T 4327《消防技术文件用消防设备图形符号》,修改采用了国际标准 ISO 6790 的规定。具体设计时,应当以国家标准和国际标准的最新、有效版本为准。

与本章条文相关的附录 A 和附录 B 都是为了便于建筑消防工程设计,均系根据建设部和公安部的规范主管部门和各地设计院的要求而编制的。

3 灭火器配置场所的火灾种类和危险等级

3.1 火灾种类

3.1.1 为了便于建筑灭火器配置设计人员能正确判定灭火器配置场所的火灾种类,合理选择与配置灭火器,根据现行国际标准和国家标准《火灾分类》,结合灭火器灭火的特点和灭火器配置设计工作的需求,本条对灭火器配置场所中生产、使用和储存的可燃物有可能发生的火灾种类的分类作了原则规定。

3.1.2 本条将灭火器配置场所的火灾种类划分为以下五类,并作了列举,以方便有关人员的正确理解及合理应用。对于未列举到的场所,可比对本条各款的定义和举例,然后予以确定。

1 A 类火灾:指固体物质火灾。如木材、棉、毛、麻、纸张及其制品等燃烧的火灾。

2 B 类火灾:指液体火灾或可熔化固体物质火灾。如汽油、煤油、柴油、原油、甲醇、乙醇、沥青、石蜡等燃烧的火灾。

3 C 类火灾:指气体火灾。如煤气、天然气、甲烷、乙烷、丙烷、氢气等燃烧的火灾。

4 D 类火灾:指金属火灾。如钾、钠、镁、钛、锆、锂、铝镁合金等燃烧的火灾。

5 E 类(带电)火灾:指带电物体的火灾。如发电机房、变压器室、配电间、仪器仪表间和电子计算机房等在燃烧时不能及时或不宜断电的电气设备带电燃烧的火灾。E 类火灾是建筑灭火器配置设计的专用概念,主要是指发电机、变压器、配电盘、开关箱、仪器仪表和电子计算机等在燃烧时仍旧带电的火灾,必须用能达到电绝缘性能要求的灭火器来扑灭。对于那些仅有常规照明线路和普通照明灯具而且并无上述电气设备的普通建筑场所,可不按 E 类火灾的规定配置灭火器。

3.2 危险等级

3.2.1 英国(BS 5306)、美国(NFPA 10)和澳大利亚(AS 2444)等国家的建筑灭火器配置设计技术法规和国际标准(ISO 11602)都将建筑场所划分为三个危险等级:严重危险级、中危险级和轻危险级。而且上述各国规范、标准划分危险等级的原则是基本相同的,均以建筑物中生产、使用和储存的可燃物为主要保护对象,并且以可燃物的火灾危险性和可燃物数量为主要考虑因素,结合起火后的火灾蔓延速度和扑救难易程度等因素来划分危险等级,它与建筑本身的耐火等级并无直接关系,这是因为扑救建筑物中的大型建筑构件所发生的火灾,并非是仅能用于扑灭初起火灾的灭火器所能承担的任务。

本条将工业建筑的危险等级划分为严重、中、轻三级。工业建筑包括厂房及露天、半露天生产装置区和库房及露天、半露天堆场,划分其危险等级主要考虑以下几个因素:

1 工业建筑场所内生产、使用和储存可燃物的火灾危险性是划分危险等级的主要因素。按照现行国家标准《建筑设计防火规范》对厂房和库房中的可燃物的火灾危险性分类来划分工业建筑场所的危险等级。原则上将甲、乙类生产场所和甲、乙类储存场所列入严重危险级;将丙类生产场所和丙类储存场所列入中危险级;将丁、戊类生产场所和丁、戊类储存场所列入轻危险级。其对应关系如表 1 所示:

表 1 配置场所与危险等级对应关系

配置场所 \ 危险等级	严重危险级	中危险级	轻危险级
厂房	甲、乙类物品生产场所	丙类物品生产场所	丁、戊类物品生产场所
库房	甲、乙类物品储存场所	丙类物品储存场所	丁、戊类物品储存场所

2 工业建筑场所内可燃物的数量越多,火灾荷载增大,使起火后的火灾强度与火灾破坏程度提高,因此应将可燃物数量多的场所划为严重危险级,可燃物数量少的场所定为轻危险级,而居于两者之间的可燃物数量较多的场所则可定为中危险级。

3 对于蔓延迅速的火灾,有可能在短时间内殃成大火,使灭火器失去作用,出现灭火器灭不了火的情况。因此,在灭火器配置场所中,火灾蔓延速度越迅速,相应的危险等级就高。可燃物的火灾蔓延速度,除了同可燃物本身的燃烧特性有关之外,还与场所内的环境条件等情况有关。例如,若采取良好的防火分隔措施和生产工艺密闭操作等安全设施,则可将火灾危险性局限在一定的部位内,减缓火灾蔓延速度;又如将可燃物堆积储存得较高,或松散包装,敞开贮存,则起火后就会增加火灾蔓延速度。

因此,可将起火后火灾蔓延迅速的场所定为严重危险级,起火后火灾蔓延较迅速的场所定为中危险级,起火后火灾蔓延较缓慢的场所定为轻危险级。

4 一般来说,扑救火灾困难的场所,发生特大火灾或重大火灾的可能性就越大,造成的后果就越严重,其危险等级就应提高。因此,可将扑救困难的场所定为严重危险级,扑救较难的场所定为中危险级,扑救较易的场所定为轻危险级。

5 在一旦发生火灾就会容易引起重大损失的某些场所,为了确保在这些场所中有足够的灭火力量,以避免因扑灭不了初起火灾而产生重大损失,应将其定为严重危险级。

在本规范的附录 C 中,根据上述因素,列举了工业建筑三个危险等级的相应场所。对其中没有列举到的场所,可按本条的原则规定和/或附录 C 中的举例,进行类比,以确定其危险等级。

3.2.2 民用建筑大体上可分为公共建筑和居住建筑两大类,在划分危险等级的问题上要比工业建筑复杂,但主要应依据灭火器配置场所的使用性质、人员密集程度、用火用电多少、可燃物数量、火灾蔓延速度、扑救难易程度等因素来划分危险等级。

从使用性质来看:凡使用性质重要,设备与物资贵重的场所,一旦失火社会影响重大,损失严重者系消防重点保护对象,应列入严重危险级;根据 2001 年 11 月发布的第 61 号公安部令第 13 条及其条文说明,本规范附录 D 将公安部 61 号令中界定标准清晰的若干消防安全重点单位的相关场所纳入严重危险级。

从人员密集程度来看:凡人群密集、来往客流众多,且人群有可能聚集、停留一段较长时间的建筑场所,诸如大型商场、超市、网吧、寺庙大殿,以及影剧院、体育馆等歌舞娱乐放映游艺场所,一旦发生火灾，就有可能造成群死群伤的场所，其危险性很大，则应列入严重危险级；

从可燃物数量和用火用电多少来看：凡可燃物数量多、可燃装修多、功能复杂、用火用电多等火险隐患大的场所也应列入严重危险级。

从火灾蔓延速度来看：起火后会迅速蔓延的民用建筑场所，一方面容易引起大火；另一方面，由于火灾蔓延迅速，也会加剧现场人员的恐慌，影响逃生和救援，将会增加人员的伤亡和财产损失，因此应列入严重危险级。

从扑救难度来看：建筑结构和功能复杂的场所，其竖向管井多、隐蔽空间多、火灾蔓延途径也多，起火后扑救难度大；有大量的有毒烟气产生的场所或人群密集的场所，尤其是在地下建筑场所起火时，由于火场混乱，外援困难，也往往会增大扑救火灾的难度；因此应将上述场所划为严重危险级。

同理，按照上述各因素的表现程度的依次降低，可分别定为中危险级和轻危险级场所。

上述因素与危险等级的具体对应关系如表 2 所示。

表 2 危险因素与危险等级对应关系

危险因素 / 危险等级	使用性质	人员密集程度	用电用火设备	可燃物数量	火灾蔓延速度	扑救难度
严重危险级	重要	密集	多	多	迅速	大
中危险级	较重要	较密集	较多	较多	较迅速	较大
轻危险级	一般	不密集	较少	较少	较缓慢	较小

在本规范附录 D 中，根据上述因素，列举了民用建筑三个危险等级的若干场所。对其中没有列举到的场所，可按本条的原则规定和/或附录 C 中的举例，进行类比，以确定其危险等级。

4 灭火器的选择

4.1 一 般 规 定

4.1.1 本条规定的目的是要求设计单位和使用部门能按照下述六个因素来选配适用类型、规格、型式的灭火器。

1 根据灭火器配置场所的火灾种类，可判断出应选哪一种类型的灭火器。如果选择不合适的灭火器不仅有可能灭不了火，而且还有可能引起灭火剂对燃烧的逆化学反应，甚至会发生爆炸伤人事故。目前各地比较普遍存在的问题是在 A 类火灾场所配置不能扑灭 A 类火的 B、C 干粉（碳酸氢钠干粉）灭火器。

另外，对碱金属（如钾、钠）火灾，不能用水型灭火器去灭火。其原因之一是由于水与碱金属作用后，会生成大量的氢气，氢气与空气中的氧气混合后，容易形成爆炸性的气体混合物，从而有可能引起爆炸事故。

2 根据灭火器配置场所的危险等级和火灾种类等因素，可确定灭火器的保护距离和配置基准，这是着手建筑灭火器配置设计和计算的首要步骤。

3 从附录 A 中可以看出：虽然有几种类型的灭火器均适用于扑灭同一种类的火灾，但值得注意的是，他们在灭火有效程度（包括灭火能力即灭火级别的大小，以及扑灭同一灭火级别火试模型的灭火剂用量的多少，和灭火速度的快慢等）方面尚有明显的差异。例如，对于同一等级为 55B 的标准油盘火灾，需用 7kg 的二氧化碳灭火器才能灭火，而且速度较慢；而改用 4kg 的干粉灭火器，不但也能灭火，而且其灭火时间较短，灭火速度也快得多。以上举例充分说明适用于扑救同一种类火灾的不同类型灭火器，在灭火剂用量和灭火速度上有较大的差异，即其灭火有效程度有较大差异。因此，在选择灭火器时应考虑灭火器的灭火效能和通用性。

4 为了保护贵重物资与设备免受不必要的污渍损失，灭火器的选择应考虑其对被保护物品的污损程度。例如，在专用的电子计算机房内，要考虑被保护的对象是电子计算机等精密仪表设备，若使用干粉灭火器灭火，肯定能灭火，但其灭火后所残留的粉末状覆盖物对电子元器件则有一定的腐蚀作用和粉尘污染，而且也难以清洁。水型灭火器和泡沫灭火器也有类同的污损作用。而选用气体灭火器去灭火，则灭火后不仅没有任何残迹，而且对贵重、精密设备也没有污损、腐蚀作用。

5 灭火器设置点的环境温度对灭火器的喷射性能和安全性能均有明显影响。若环境温度过低则灭火器的喷射性能显著降低，若环境温度过高则灭火器的内压剧增，灭火器则会有爆炸伤人的危险。本款要求灭火器设置点的环境温度应在灭火器使用温度范围之内。

6 灭火器是靠人来操作的，要为某建筑场所配置适用的灭火器，也应对该场所中人员的体能（包括年龄、性别、体质和身手敏捷程度等）进行分析，然后正确地选择灭火器的类型、规格、型式。通常，在办公室、会议室、卧室、客房，以及学校、幼儿园、养老院的教室、活动室等民用建筑场所内，中、小规格的手提式灭火器应用较广，而在工业建筑场所的大车间和古建筑场所的大殿内，则可考虑选用大、中规格的手提式灭火器或推车式灭火器。

在上述民用建筑场所内，推荐选配手提式灭火器是为了便于使用和维护，布局美观，而且，这些场所本身及其走道的面积均较小，通常并没有设置推车式灭火器的合适部位。而在多数工业建筑场所的大车间和古建筑的大殿内，都有较大的空间和适当的部位来设置推车式灭火器。当然，有条件时亦可在同一场所内同时选配手提式灭火器和推车式灭火器。

另外，在体质强壮的青年男工人较多的炼钢车间中适当配置大规格的手提式灭火器和推车式灭火器，而在体质较弱的女护士较多的医院病房、女教师较多的小学校、幼儿园内，选择配置小规格的手提式灭火器，也是对本款规定的一种考虑。

4.1.2 本条之所以推荐在同一场所选配类型相同和操作方法也相同的灭火器，一是为培训灭火器使用人员提供方便；二是在灭火实战中灭火人员可方便地用同一种方法连续使用多具灭火器灭火；三是便于灭火器的维修和保养。

当在同一灭火器配置场所内存在不同种类的火灾时，通常应选择配置可扑灭 A、B、C、E 多类火灾的磷酸铵盐干粉（俗称 ABC 干粉）灭火器等通用型灭火器。

4.1.3 本条是为防止在同一场所内选配的各类灭火器的灭火剂之间发生不利于灭火的相互反应而制订的。选择灭火器时应保证不同类型灭火器内充装的灭火剂，如干粉和泡沫，干粉和干粉，泡沫和泡沫之间能够联用，不论是同时使用还是依次（先后）使用，都应防止因灭火剂选择不当而引起干粉与泡沫、干粉与干粉、泡沫与泡沫之间的不利于灭火的相互作用，以避免因发生泡沫消失等不利因素而导致灭火效力明显降低。

4.2 灭火器的类型选择

4.2.1～4.2.5 灭火器的正确选型是建筑灭火器配置设计的关键之一。本节的前 5 条规定主要是依据国际标准、国外标准的有关规定，并根据国内几十年的消防实战经验和实验验证而确定的。根据各种类型灭火器的不同的灭火机理，决定不同类型灭火器可灭 A、B、C、D 和/或 E 类火灾。

从表 3“灭火器的适用性”中可以看出：磷酸铵盐干粉灭火器适用于扑灭 A、B、C 和 E 多类火灾。

表3 灭火器类型适用性

<table>
<tr><th rowspan="2">灭火器类型
火灾场所</th><th rowspan="2">水型灭火器</th><th colspan="2">干粉灭火器</th><th colspan="2">泡沫灭火器</th><th rowspan="2">卤代烷1211灭火器</th><th rowspan="2">二氧化碳灭火器</th></tr>
<tr><th>磷酸铵盐干粉灭火器</th><th>碳酸氢钠干粉灭火器</th><th>机械泡沫灭火器②</th><th>抗溶泡沫灭火器③</th></tr>
<tr><td>A类场所</td><td>适用。水能冷却并穿透固体燃烧物质而灭火，并可有效防止复燃</td><td>适用。粉剂能附着在燃烧物的表面层，起到窒息火焰作用</td><td>不适用。碳酸氢钠对固体可燃物无粘附作用，只能控火，不能灭火</td><td colspan="2">适用。具有冷却和覆盖燃烧物表面及与空气隔绝的作用</td><td>适用。具有扑灭A类火灾的效能</td><td>不适用。灭火器喷出的二氧化碳无液滴，全是气体，对A类火灾基本无效</td></tr>
<tr><td>B类场所</td><td>不适用。①水射流冲击油面，会激溅油火，致使火势蔓延，灭火困难</td><td colspan="2">适用。干粉灭火剂能快速窒息火焰，具有中断燃烧过程的连锁反应的化学活性</td><td>适用于扑救非极性溶剂和油品火灾，覆盖燃烧物表面，使其与空气隔绝</td><td>适用于扑救极性溶剂火灾</td><td>适用。洁净气体灭火剂能快速窒息火焰，抑制燃烧连锁反应，而中止燃烧过程</td><td>适用。二氧化碳靠气体堆积在燃烧物表面，稀释并隔绝空气</td></tr>
<tr><td>C类场所</td><td>不适用。灭火器喷出的细小水流对气体火灾作用很小，基本无效</td><td colspan="2">适用。喷射干粉灭火剂能快速扑灭气体火焰，具有中断燃烧过程的连锁反应的化学活性</td><td colspan="2">不适用。泡沫对可燃液体火灾灭火有效，但扑救可燃气体火灾基本无效</td><td>适用。洁净气体灭火剂能抑制燃烧连锁反应，而中止燃烧</td><td>适用。二氧化碳窒息灭火，不留残迹，不污损设备</td></tr>
<tr><td>E类场所</td><td>不适用</td><td>适用</td><td>适用于带电的B类火灾</td><td colspan="2">不适用</td><td>适用</td><td>适用于带电的B类火灾</td></tr>
</table>

注：①新型的添加了能灭B类火灾的添加剂的水型灭火器具有B类灭火级别，可灭B类火灾。

②化学泡沫灭火器已淘汰。

③目前，抗溶泡沫灭火器常用机械泡沫类型灭火器。

此外，对D类火灾即金属燃烧的火灾，就我国目前情况来说，还没有定型的灭火器产品。目前国外灭D类火灾的灭火器主要有粉状石墨灭火器和灭金属火灾的专用干粉灭火器。在国内尚未生产这类灭火器和灭火剂的情况下，可采用干砂或铸铁屑末来替代。

本规范之所以提出并强调在存在带电物质燃烧的E类火灾场所配置灭火器的要求，是为了防止因选配灭火器不当而造成不必要的电击伤人或设备事故。这一规定同国际标准和英、美等国家规范的要求基本吻合。

4.2.6 为了保护大气臭氧层和人类生态环境，在非必要场所应当停止再配置卤代烷灭火器。本规范附录F中的非必要场所是根据国家消防主管部门和国家环保主管部门的有关文件而列举的。今后，更多的非必要配置卤代烷灭火器的场所需经国家消防主管部门和国家环保主管部门共同确认。

在撤换了卤代烷灭火器的原灭火器设置点的位置上，重新配置的适用灭火器（可选配磷酸铵盐干粉灭火器等）的灭火级别不得低于原配卤代烷灭火器的灭火级别。新配灭火器应按等效替代的原则和本规范的规定，进行建筑灭火器配置的设计和计算。

本条规定必要场所可配置卤代烷灭火器，主要是针对当前国内现状而提出来的，有个别地区和单位，片面地理解必要场所和非必要场所的概念，超前地执行了'彻底'淘汰卤代烷灭火器的'文件精神'，致使在某些必要场所本应配置卤代烷灭火器却没有配置，从而削弱了消防灭火力量。

必要场所和非必要场所的概念与范畴，详见联合国环境署（UNEP）、国家环保总局（CEPA）以及公安部消防局的有关文件和规定。

5 灭火器的设置

5.1 一般规定

5.1.1 本条对灭火器的设置位置主要作了以下两个方面的规定：

一是要求灭火器的设置位置明显、醒目。这是为了在平时和发生火灾时，能让人们一目了然地知道何处可取灭火器，减少因寻找灭火器所花费的时间，从而能及时有效地将火扑灭在初起阶段。通常在建筑场所（室）内的合适部位设置灭火器是及时、就近取得灭火器的可靠保证之一。另外，沿着经常有人路过的建筑场所的通道、楼梯间、电梯间和出入口处设置灭火器，也是及时、就近取得灭火器的可靠保证之一。当然，上述部位的灭火器的设置位置和设置方式均不得影响行人走路，更不能影响在火灾紧急情况时的安全疏散。

二是要求灭火器的设置位置能够便于取用。即当发现火情后，要求人们在没有任何障碍的情况下，就能够跑到灭火器设置点处方便地取得灭火器并进行灭火。这是因为扑灭初起火灾是有一定的时间限度的，而能否及时地取到灭火器，在某种程度上决定了用灭火器灭火的成败。如果取用不便，那么即使灭火器设置点离着火点再近，也有可能因时间的拖延致使火势蔓延而造成大火，从而使灭火器失去扑救初起火灾的最佳时机。因此，便于取用灭火器是值得我们重视的一项要求。

美国、英国、澳大利亚的标准也对此作了类同的规定：

美国标准规定："灭火器应设置在能够迅速接近而且在火灾发生时能立即取用的明显场所。最好放置在正常的通道，包括出口处"。

英国标准规定："一般灭火器应放置在托架或置物架等明显的位置，在这些位置，灭火器将被沿着安全路线撤退的人群看到，在距房间的出口、走廊、门厅及楼梯平台较近的位置设置灭火器是最合适的"。

澳大利亚标准要求："每具灭火器均应设置在醒目的和能很快取得的位置，并用一定的标志来表示；采用橱柜安放灭火器的场所，在使用灭火器时，要求顺利、方便拿取，且橱柜的门打开时，不应占据疏散通道"。

本规范将国外标准和国内经验归纳起来，要求将灭火器设置在那些不易被货物或家具堵塞、平时经常有人路过、明显易见、且便于取用的位置。

灭火器的设置不得影响安全疏散的规定不仅关系到人们在火灾发生时能否及时安全撤离的问题，也涉及到人们取用灭火器时通道是否通畅的问题，故必须作出明确的规定。

5.1.2 对于那些必须设置灭火器而又难以做到明显易见的特殊场所，例如，在有隔墙或屏风的亦即存在视线障碍的大型房间内，设置醒目的指示标志来指出灭火器的设置位置，可使人们能明确方向并及时地取到灭火器。美国标准也规定："在大型房间内或因视线障碍而不能直接看见灭火器的场所，须设置指明灭火器设置位置的标记"。

在大型房间和不能完全避免视线障碍的场所，指示灭火器所在位置的标志不仅应当醒目，而且应能在火灾紧急断电（即在黑暗时）情况下发光。同理灭火器箱的箱体正面和灭火器筒体的铭牌上也有粘贴发光标志的必要。目前，《灭火器箱》产品行业标准拟在修订时增加此项规定，建议国家产品标准《手提式灭火器》也能考虑在修订时补充此项规定。

发光标志应选用经国家检测中心定型检验合格的产品，其所采用的发光材料应无毒、无放射性，亮度等性能指标均须达到国家标准要求。

5.1.3 建筑灭火器的设置方式主要有墙式灭火器箱、落地式灭火器箱、挂钩、托架或直接放置在洁净、干燥的地面上等几种；本规范不提倡将灭火器直接放置在地面上，推荐将灭火器放置在灭火器箱内；其中，设置在墙式灭火器箱内和挂钩、托架上的灭火器的位置是相对固定的；而设置在落地式灭火器箱内和直接放置在地面上的灭火器则亦需设计定位；既要保证灭火器的设置位置能达到本规范关于保护距离的规定，又便于人们在紧急状况下能快速地到熟知的灭火器设置点取得灭火器。

本条规定灭火器的设置应稳固，很有必要。这是因为如果灭火器摆放得不稳固，就有可能发生手提式灭火器跌落或推车式灭火器滑动，从而有可能造成灭火器不能正常使用，甚至伤人事故。美国标准和澳大利亚标准等也有类同的规定。

灭火器在设置时，其铭牌应朝外。这样规定的目的是为了让人们能够经常看到铭牌，了解灭火器的性能，熟悉灭火器的用法。美国标准也规定："灭火器的操作、分类、警告标记应朝外"。另外，澳大利亚标准还规定："灭火器的铭牌应朝外、可见"。

手提式灭火器宜设置在灭火器箱内、挂钩或托架上的规定是根据国外标准和国内情况而作出的。

美国标准规定："灭火器一般不宜放在地上，宜悬挂或放在托架上"；"除推车式灭火器外，灭火器应放置在挂钩或托架上或固定在壁橱（灭火器箱）内或搁架上"。

英国标准规定："一般灭火器应放置在托架或置物架等明显的位置"。

澳大利亚标准规定："每一种灭火器应由坚固、合适的挂钩或托架来支承，固定到墙上或其他合适的结构上"；"灭火器可设置在一个不上锁的壁橱或墙柜内……并用与柜橱表面色差明显的50mm高的字体写成"灭火器"三个字来标志。在灭火器可能受到异常干扰的场所，其柜橱可以上锁，但要求能在需要时可以顺利取出灭火器"。

我国各地一般是要求将灭火器设置在灭火器箱（1998年我国已颁布了行业标准GA 139《灭火器箱》）内、挂钩或托架上。本条规定一方面是为了使灭火器的设置不影响人们的正常生产和生活；另一方面对灭火器的保管、维护、使用和美化环境也有一定的益处。

本条关于灭火器箱不得上锁的规定是吸取了国内外多年来许多惨痛的火灾教训而制定的。例如，2004年2月15日，吉林某4层商厦大火，造成50多人死亡，70多人受伤。其深刻教训之一就是：误将几十具灭火器统统地过于集中地放置在一处（一个铁笼或一个小房间内），而且还上了锁，致使在这次火灾骤然起火之后，现场人员于慌乱之中，根本就不能在其附近找到灭火器。且不讲这些灭火器中的不少是已经过期的应予维修或报废的灭火器，也不讲这些灭火器过于集中地设置在一起从而使其远远达不到本规范关于灭火器保护距离的要求，仅就灭火器室（灭火器箱）的房门（箱门）上锁这一点而言，就有可能因之而失去了扑救初起火灾的最佳时机。

关于灭火器的设置高度（即灭火器顶部离地面的距离和灭火器底部离地面的距离）是综合了国内外的标准与经验而作出规定的。美国标准规定："对于总重不大于40磅（18.14kg）的灭火器，其顶部离地面不应超过5英尺（1.53m）；总重量大于40磅（18.14kg）磅的灭火器（除推车式灭火器外），其顶部离地面不应超过3英尺（1.07m）。在任何情况下，灭火器底部或托架底部离地面距离均不应小于4英寸（0.102m）"。

英国标准规定："灭火器的手柄离地面大约1m左右"。

澳大利亚标准规定："灭火器的顶部应离地面1m到1.5m之间，其底部离地面不得小于0.15m，二氧化碳和干粉灭火器允许较低的安装高度，但其底部离地面也不得小于0.15m"。

国际标准规定灭火器底部离地面高度不宜小于0.03m，《灭火器箱》GA 139标准规定灭火器箱的底脚高度大于等于0.08m。

根据上述情况，编制组认为1.5m这一数据比较适合我国的实际状况，也同大多数国家提出的要求相同，因而是能够接受和执行的。对于较重的灭火器，本规范没有采用有的国家具体规定某一个数据的做法。因为本规范的规定是小于或等于1.5m，只要符合这一要求，将重的灭火器设置得低一些也就包含在其中了。这样规定可使人们因地制宜，比较灵活。在大的方面进行限制，小的方面放开，我们认为这样比较切合实际，也符合标准既要统一，又不要统死的方针。

本条的另一要求是灭火器底部离地面高度不宜小于0.08m，从而规定了灭火器的设置高度不能无限制地低下去，即一般不允许直接放在地面上。当然，对于那些环境条件很好的场所，如洁净室、专用电子计算机房等高档场所，也可以考虑将灭火器直接放在干燥、洁净的地面、地毯之上，但本规范不提倡将灭火器直接放置在地面上，推荐将灭火器放置在灭火器箱内。

5.1.4 由于灭火器是一种常规、备用的灭火器材，一般来说存放时间较长，使用时间较短，使用次数较少。显而易见，灭火器如果长期设置在有强腐蚀性或潮湿的地点，会严重影响灭火器的使用性能和安全性能。因此，在强腐蚀性或潮湿的地点一般是不能设置灭火器的。但考虑到某些工业建筑的特殊情况，如实在无法避免，则本条规定要有相应的保护措施才能设置灭火器。

本条也参照了英国标准的规定，即"灭火器不应放置在可能处于腐蚀性强的大气中，能被腐蚀性液体溅着的地方。除非经过厂商特殊处理过或特殊地装上了外罩的灭火器。"

设置在室外的灭火器也要有保护措施。这是由于灭火器配置的需要，不可避免地要使多数推车式灭火器和部分手提式灭火器设置在室外。对灭火器来说，室外的环境条件比起室内要差得多。因此，为了使灭火器随时都能正常使用，就要有一定的保护措施，例如，给推车式灭火器搭一个既能遮雨水又能挡阳光的棚，可使该灭火器得到一定的保护。

上述保护措施通常具有遮阳防晒、挡雨防潮、保温隔热，以及防止撞击等作用。

5.1.5 正如4.1.1之5的条文说明所述，在环境温度超出灭火器使用温度范围的场所设置灭火器，必然会影响灭火器的喷射性能和安全使用，并有可能爆炸伤人或贻误灭火时机。所以本条规定灭火器不得设置在环境温度超出其使用温度范围的地点。本条也参照了美国标准的规定："灭火器不得安放在温度超出适用温度范围的场所内"和英国标准的要求："灭火器不应被置于标记在灭火器上的温度范围之外的贮藏温度"。

灭火器的使用温度范围举例，如表4所示：

表4 灭火器的使用温度范围

灭火器类型		使用温度范围(℃)
水型灭火器	不加防冻剂	+5～+55
	添加防冻剂	−10～+55
机械泡沫灭火器	不加防冻剂	+5～+55
	添加防冻剂	−10～+55
干粉灭火器	二氧化碳驱动	−10～+55
	氮气驱动	−20～+55
洁净气体（卤代烷）灭火器		−20～+55
二氧化碳灭火器		−10～+55

注：灭火器的使用温度范围应符合现行灭火器产品质量标准GB 4351和GB 8109的有关规定。

5.2 灭火器的最大保护距离

5.2.1 在发生火灾后，及时、有效地用灭火器扑灭初起火灾，取决于多种因素，而灭火器保护距离的远近，显然是其中的一个重要因素。它实际上关系到人们是否能及时取用灭火器，进而是否能够迅速扑灭初起小火，或者是否会使火势失控成灾等一系列问题。

美国、英国、澳大利亚等国的标准和我国有关地方法规对灭火器的保护距离各有如下规定：

美国划分A类、B类火灾场所，对各类场所又划分为轻、中、严重危险级，对A类配置场所各危险等级的灭火器的保护距离要求小于22.7m。

英国划分A类、B类火灾场所，不划分危险等级，对于A类配置场所，要求灭火器的保护距离应小于30m。

澳大利亚划分A类、B类火灾场所，对各类场所划分为轻、中、严重危险级，对A类场所各危险等级的灭火器的保护距离均要求小于15m。

我国以往的部分省、自治区、直辖市的地方法规：不划分火灾场所和危险等级，一般规定灭火器的保护距离15～30m，其中手提式灭火器的保护距离为15～23m。

考虑到国人的身材和体能等各方面因素，参照上述几国的保护距离均值，本条规定了中危险级的A类场所的手提式灭火器的保护距离取20m，而轻危险级和严重危险级显而易见距离应该远些和近些，分别规定为25m和15m。这样，就使这些数据既同各国标准的规定基本吻合，又符合我国的实际情况。

推车式灭火器的保护距离主要是根据我国的国情，并基于上述手提式灭火器保护距离确定的相同思路而作出的规定。通过讨论和征求意见，编制组一致认为推车式灭火器的保护距离应为手提式灭火器的2倍较适宜，而且这一规定已经执行了10多年。

5.2.2 对于B类和C类场所，国外标准大多是一并考虑的，编制组认为这种处理方法在目前国际上均尚无C类灭火定级标准的情况下是可行的。

在具体确定灭火器的最大保护距离时，由于B类火灾的燃烧和蔓延速度通常比A类火灾要快，危险性也较A类火灾大，故B类场所的最大保护距离应比A类小。至于本条其他方面的说明与本规范第5.2.1条的条文说明大体相同。

本条规定参考了两方面的情况：一是国外标准；二是我国以往的地方法规和目前我国的实际情况，然后加以综合、确定。

国外对B类场所的灭火器最大保护距离的规定如表5所示。

表5 国外对B类场所的灭火器最大保护距离

国别	B类危险场所					
	轻危险级		中危险级		严重危险级	
	灭火级别	保护距离	灭火级别	保护距离	灭火级别	保护距离
澳大利亚	5B	2m	20B	5m	40B	10m
	10B	3.5m	30B	7.5m	60B	12.5m
	20B	5m	40B	10m	80B	15m
美国	5B	9.15m	10B	9.15m	40B	9.15m

从表5中可以看出，澳大利亚、美国是在每一危险等级下，对某一灭火级别各规定一个保护距离，但两国数据不相一致，而英国的规定又太笼统，与本规范的编写格式不一样，可比性差。综合这些情况，编制组参照美国标准，规定了手提式灭火器在三个危险等级的B类火灾场所的保护距离分别为9m、12m和15m，并且不考虑灭火级别规格这一因素，而代之以用手提式和推车式的灭火器型式的不同来加以区别，从而使其更为合理，易于理解，便于实施。

5.2.3 D类火灾是实际存在的，但由于目前世界各国和国际标准对适用于扑救该类火灾的灭火器均未明确规定其灭火级别，也未确定其标准火试模型，况且国内至今尚无此类灭火器的定型产品，因而本条只能对其保护距离作原则性的规定。

5.2.4 因为E类火灾通常是伴随着A类或B类火灾而同时存在的，所以设置在E类火灾场所的灭火器，其最大保护距离可按照与之同时存在的A类或B类火灾的规定执行。

6 灭火器的配置

6.1 一般规定

6.1.1 本规范1990年版、1997年版均规定在一个灭火器配置场所内配置的灭火器数量不应少于2具，全面修订时将“配置场所”改为“计算单元”，这样不仅更符合本规范的编制意图，而且比较合理。

本条规定还考虑到在发生火灾时，若能同时使用两具灭火器共同灭火，则对迅速、有效地扑灭初起火灾非常有利。同时，两具灭火器还可起到相互备用的作用，即使其中一具失效，另一具仍可正常使用。英国国家标准也规定对普通楼层，每层灭火器的最少配置数量为2具。

6.1.2 本条规定每个灭火器设置点的灭火器配置数量不宜多于5具，这主要是从消防实战考虑，就是说在失火后可能会有许多人同时参加紧急灭火行动。如果同时到达同一个灭火器设置点来取用灭火器的人员太多。而且许多人都手提1具灭火器到同一个着火点去灭火，则会互相干扰，使得现场非常杂乱，影响灭火，容易贻误战机。况且一个设置点中的灭火器数量太多，亦有灭火器展览之嫌。而且为放置数量过多的灭火器而设计的灭火器箱、挂钩、托架的尺寸则会过大，所占用的空间亦相对较大，对正常办公、生产、生活均不利。

6.1.3 住宅楼的公共部位应当配置灭火器。当住宅楼每层的公共部位的建筑面积超过$100m^2$时，需要配置1具1A的手提式灭火器；这是最低的要求：即目前可按照每$100m^2$配置1具1A手提式灭火器的基准执行。

6.2 灭火器的最低配置基准

6.2.1 随着我国灭火器产品质量标准GB 4351（手提式灭火器）和GB 8109（推车式灭火器）的全面修订，并分别与国际标准ISO 7165（手提式灭火器）和ISO 11601（推车式灭火器）接轨，修改采用国际标准，A类灭火级别体系修订为国际标准的A类灭火级别体系；本规范亦应与时俱进，同步修订。

本规范对A类灭火器的最低配置基准（包括单具灭火器最小配置灭火级别和单位灭火级别最大保护面积的规定）的修订，主要是参照采用国际标准ISO 11602-1：2000《灭火器的选择与配置》，并且结合我国国情，保持规范修订前后的标准定额相当。

6.2.2 随着我国灭火器产品质量标准与国际标准接轨，B类灭火级别体系也修订为国际标准的B类灭火级别体系；本规范亦应与时俱进，同步修订。

本规范对B类灭火器的最低配置基准（包括单具灭火器最小配置灭火级别和单位灭火级别最大保护面积的规定）的修订，主要是参照采用国际标准ISO 11602-1：2000《灭火器的选择与配置》，并且结合我国国情，保持规范修订前后的标准定额相当。

目前世界各国，也包括中国，通过灭火试验的方法，仅就灭火器对A类火灾和B类火灾的灭火效能确定了灭火级别，并规定了灭火器的配置基准，而对于C类火灾（以及D类、E类）。鉴于ISO国际标准尚未确定扑灭C类火灾的标准火试模型，以及C类火灾的灭火级别目前尚难以准确测定等因素，因而至今世界各国和国际标准均无灭火器对C类火灾的灭火级别确认值，也没有关于C类火灾场所灭火器配置基准的规定。因此，灭火器的配置基准值实际上是以A类和B类灭火级别值为根据而制定的。当然，这也符合大多数火灾是A类和B类火灾的客观事实。由于C类火灾的特性与B类火灾比较接近，故按照世界各国的惯例，依据国际标准，本规范规定C类火灾场所的最低配置基准可按照B类火灾场所的最低配置基准执行。

6.2.3 本条是参考了现行国际标准ISO 11602-1：2000《灭火器的选择与配置》和一些国外标准中的有关规定而制定的。对于D类火灾，鉴于其标准火试模型尚未确定且灭火器的灭火效能难以准确测定等因素，至今世界各国和国际标准均无灭火器对D类火灾的灭火级别确认值。因此，本条只能对D类火灾场所的灭火器配置基准作原则性的规定。

6.2.4 因为E类火灾通常总是伴随A类或B类火灾而发生的，所以E类火灾场所灭火器的最低配置基准可按A类或B类火灾场所灭火器的最低配置基准执行。

7 灭火器配置设计计算

7.1 一般规定

7.1.1 按计算单元进行建筑灭火器配置的设计与计算，既可简化设计计算，相同楼层的建筑灭火器配置设计图、计算书和配置清单均可套用，减少设计工作量；也便于监督和管理。灭火器的最少需配数量和最小需配灭火级别的计算值的小数点之后的数字要求只进不舍，并进位成正整数，也是为了保证扑灭初起火灾的最低灭火力量。

7.1.2 为了保证扑灭初起火灾的最低灭火力量，本条规定经建筑灭火器配置的设计与计算后，每个灭火器设置点实配的各具灭火器的灭火级别合计值和灭火器的配置数量不得小于按本章公式计算得出的最小需配灭火级别和最少需配数量的计算值，从而也保证了计算单元实配灭火器的数量不小于最少需配数量。

7.1.3 本条规定的实际含义是要求在计算单元内配置的灭火器能完全保护到该计算单元内的任一可能着火点，不能出现空白区（死角）。也就是说本规范要求计算单元内的任一点，尤其是最不利点（距灭火器设置点的最远点），均应至少得到1具灭火器的保护，即任一可能着火点（包括最不利点）都应在至少1个灭火器设置点的保护圆（以灭火器设置点为圆心，以灭火器的最大保护距离为半径）的范围内。

在计算单元内，灭火器的配置规格和数量应同时满足第6章规定的灭火器最低配置基准和第5章规定的灭火器最大保护距离的要求，而对灭火器最大保护距离的要求又是通过对灭火器设置点的定位和布置来实现的。在每个灭火器设置点上至少应有1具灭火器，最多不超过5具灭火器。美国标准《移动式灭火器标准》NFPA 10-1998第E-3.2条中也规定："对准确判定其危险等级的火灾危险场所，在选择灭火器时，有必要既满足配置数量的要求，又满足保护距离的要求。"

在建筑灭火器配置设计与计算时，如果选择了规格较大的灭火器，则会使计算出的灭火器数量较少，而根据本规范关于保护距离的规定，则需保证足够的灭火器设置点数。这时要维持原定选配的灭火器的规格，则还需再增加几具符合要求的灭火器，以达到灭火器保护距离的要求。

7.2 计算单元

7.2.1 本条从科学、合理、经济、方便的角度对灭火器配置场所规定了计算单元的划分原则。由于防火分区之间的防火墙、防火门或防火卷帘可能会直接阻碍灭火人员携带灭火器走动和通过，并影响灭火器的保护距离；而楼梯则会增加灭火人员携带灭火器上下楼层赶往着火点的反应时间，也有可能因之而失去灭火器扑救初起火灾的最佳时机，故本条规定建筑灭火器配置设计的计算单元不应跨越防火分区和楼层，只能局限在一个楼层或一个水平防火分区之内。此外，在划分计算单元时，按楼层或防火分区进行考虑，也易于为消防工程设计、工程监理和监督审核人员所掌握；同时，相同楼层的建筑灭火器配置设计可套用设计图、计算书和配置清单等，也方便和简化了设计计算和监督管理工作。

对危险等级和火灾种类均相同的各个场所，只要它们是相邻的并同属于一个楼层或一个水平防火分区，那么就可将这些场所组合起来作为一个计算单元来考虑。如办公楼内每层成排的办公室，宾馆内每层成排的客房等。这就是组合计算单元的概念。

某一灭火器配置场所，当其危险等级和火灾种类有一项或二项与相邻的其他场所不相同时，都应将其单独作为一个计算单元来考虑。例如，办公楼内某楼层中有一间专用的计算机房和若干间办公室，则应将计算机房单独作为一个计算单元来配置灭火器，并可将其他若干间办公室组合起来作为一个计算单元（可称之为组合计算单元）来配置灭火器。这时，一间计算机房（即一个灭火器配置场所，一个房间或一个套间）就是一个计算单元，这也是一个计算单元等于一个灭火器配置场所的特例，可称之为独立计算单元。

住宅楼的公用部位包括走廊、通道、楼梯间、电梯间等，所设置的灭火器需要进行有效的管理。

7.2.2 在计算单元确定后，为了进行建筑灭火器配置的设计与计算，首先要确定计算单元内需用灭火器保护的场所面积。保护面积（即7.3.1式中的S）原则上应按建筑场所的净使用面积计算。但是在本规范10多年的执行过程中，发现这种计算使用面积的方法还是比较烦琐的。因为需要从建筑面积中逐一扣除所有外墙、隔墙及柱等建筑构件的占地面积，实际计算起来很不方便。经过本规范全面修订编制组讨论并征求有关专家的意见，决定简化为就以建筑面积作为保护面积，这样做计算起来既快捷又比较准确，所增加的面积不到10%，而增配灭火器的数量也并不多，且有利于加强扑灭初起火灾的灭火力量。

由于广义上的建筑概念中还包括构筑物，例如，可燃物露天堆垛，可燃液体、气体储罐等，所以还不能一概用建筑面积来代表保护面积，需对这些场所单独进行考虑。鉴于可燃物露天堆场或可燃液体、气体储罐区的区域面积可能会很大，配置的灭火器数量也可能会很多，在讨论和征求意见的基础上，编制组决定将其保护面积定为可燃物露天堆垛或可燃液体、气体储罐的占地面积。

7.3 配置设计计算

7.3.1 对于一个计算单元，如何得到其最小需配灭火级别（即7.3.1式中的Q）的计算值呢？为此，本条提出一个算式来解决这个问题。其中，灭火器的最低配置基准（U）可按照第6章第2节的规定取值，修正系数（K）按照本章本节的规定取值。

实际上，通过7.3.1式得到的计算单元的最小需配灭火级别计算值就是本规范规定的该计算单元扑救初起火灾所需灭火器的灭火级别最低值。如果实配灭火器的灭火级别合计值不能正好等于最小需配灭火级别的计算值，那么就应使其大于或等于最小需配灭火级别，这是执行本规范的基本原则。例如，如果某计算单元的最小需配灭火级别的计算值是10A，而选配的且符合表6.2.1规定的各具灭火器的灭火级别均是2A，则灭火器最少需配数量就是5具；如果该计算单元的最小需配灭火级别的计算值为9A，则灭火器最少需配数量仍然是5具，因为2A×5＝10A是大于9A的数值里的最小整数值。

7.3.2 关于灭火器是否需要减配的问题，有部分专家建议：既然灭火器是扑救初起火灾的一线工具，为体现对扑救初起火灾的重视程度，就不应当对灭火器的数量进行减配，即使在安装有消火栓系统和固定灭火系统的情况下也应如此。本规范全面修订编制组认为这个建议是有一定道理的，但考虑到国内外关于灭火器的配置数量与其他灭火设施之间都是存在着一定的减配关系的；同时还要避免增加消防投人，故此项建议未予采纳。

另外，关于如何减配灭火器的问题也一直是争论的话题。在本规范执行10多年的过程中，有一种意见认为消火栓系统和固定灭火系统可完全替代灭火器，即灭火器的减配系数为零，这种意见很值得商榷。现行国际标准ISO 11602-1：2000第1章中讲到："灭火器是用来作为一线的规模有限的灭火工具而使用的。即使在设有自动喷淋设施、立管和软管或其他固定灭火装置保护财产的情况下也是需要配置灭火器的"；在美国国家标准NFPA 10《移动式灭火器标准》、英国国家标准BS 5306《手提式灭火器——选择与配置》和澳大利亚国家标准AS 2444《手提式灭火器——选择与配置》中也都有类似的规定。

本规范全面修订编制组在充分讨论的基础上一致认为：即使在设置有消火栓系统和固定灭火系统的场所，仍需配置灭火器作为一线灭火工具。特别是对那些安装了投资较大的气体灭火系统的场所，尤其需要配置灭火器；因为不可能为一点点小火的发生就启动气体灭火系统，这时首先用灭火器来扑灭初起火灾，则既经济又实用。因此，本规范决定不采纳减配到零的意见。当然那种认为配置灭火器可以完全取代消火栓系统和固定灭火系统的观点更是错误的，这种意见是一种错误的理念，既缺乏工程概念和规范概念，也违背了分规范与主规范之间的逻辑层次及责权关系。

下面简单介绍国外相关标准中关于灭火器减配程度的规定。美国标准 NFPA 10(1998 版)的第 3-2.2 条中规定：所配置的灭火器最多有半数允许用均匀布置的 DN40 室内消火栓来代替，即在设有室内消火栓的场所，其最大减配系数为 $K=0.5$。

澳大利亚国家标准《手提式灭火器——选择和配置》(AS 2444—1995)第 2.3.8 条规定："在安装了符合 AS 2441(澳大利亚国家标准)规定的消防卷盘的场所，主管当局允许减少 A 类灭火器的配置数量。"其第 4.2 节的备注(b)表明：在同时存在 A、B 类火灾的场所，如果按 B 类火灾场所的要求配置了 B 类灭火器，而这些 B 类灭火器兼具 2A 灭火级别，则 A 类灭火器可减少配置数量。其第 4.2 节的备注(c)中规定："在提供了符合 AS 2118(澳大利亚国家标准)规定的自动喷水灭火系统的(A 类火灾)场所，灭火器的最大保护面积可增加 50%"。

英国国家标准中规定："规范中(关于灭火器配置数量的)推荐值是在假设没有提供其他的消防设备或系统而提出来的，如果有别的消防设备时，专家意见是应对手提式灭火器的配置数量按规定适当减少。"

本规范在广泛征求意见的基础上，根据我国的国情，并参考澳大利亚和美、英等国的有关规定，将设有固定灭火系统(包括自动喷水灭火系统、水喷雾灭火系统、气体灭火系统等，但不包括水幕系统)的计算单元、设有室内消火栓系统的计算单元及同时设有室内消火栓和灭火系统的计算单元的修正系数(或称减配系数)K 区分开列。并采纳了"当建筑物中未设室内消火栓和灭火系统时，不应减配灭火器的数量"的专家意见，将仅设有室外消火栓而未设室内消防设施的计算单元的修正系数 K 定为 1.0。

7.3.3 由于地下建筑场所在发生火灾时，灭火和救援均较地面建筑困难，因而本条规定地下建筑场所可比地上建筑相应场所增配 30% 的灭火器，即其增配系数为 1.3。本条未作修订，已经执行了 10 多年。

结合近年来全国各地在人群密集的公共场所，经常发生群死群伤的火灾事故的深刻教训，本条对若干消防安全重点保护场所的灭火器增配系数作了明确规定，将古建筑(例如寺庙的大殿)和歌舞娱乐放映游艺场所(其定义和范畴详见国家标准《建筑设计防火规范》)、网吧等公共场所，以及商场、超市的灭火器增配系数也定为 1.3，即允许增配 30% 的灭火器。这是因为在上述人群密集的消防安全重点保护场所一旦发生火灾，伤亡惨痛，损失严重，影响恶劣，亟需加强第一线的灭火力量。

7.3.4 在得出了计算单元最小需配灭火级别的计算值和确定了计算单元内的灭火器设置点的数目后，接着需计算出每一个设置点的最小需配灭火级别。7.3.4 式体现了在每个灭火器设置点均衡布置灭火器的要求。

例如，某计算单元的最小需配灭火级别 $Q=9A$。在考虑了灭火器的最大保护距离和其他设置因素后，最终确定了 3 个设置点，那么每个设置点的最小需配灭火级别 $Q_e=9/3=3(A)$。本规范要求每个设置点的实配灭火器的灭火级别均至少应等于 3A。

7.3.5 为便于有关人员特别是工程设计人员能更好地理解和掌握本规范，并按照本规范的规定正确地和有条理地进行建筑灭火器配置的设计与计算，本条根据建设部、公安部等国家规范主管部门和各地设计院的要求，专门规定了建筑灭火器配置的设计与计算程序。1997 年版的本规范第 6.0.7 条曾规定了 10 个步骤的配置设计程序，现根据本规范执行 10 余年的经验和专家建议，本条给出了更为简化和便捷的 8 个步骤的设计计算程序。

中华人民共和国国家标准

火灾自动报警系统设计规范

GB 50116—98

条 文 说 明

编 制 说 明

本规范的修订是根据国家计委计综合［1994］240号文的要求，由公安部下达修订任务，具体由公安部沈阳消防科学研究所会同北京市消防局、中国建筑西南设计研究院、华东建筑设计研究院、广东省建筑设计研究院、中国核工业总公司国营二六二厂、上海市松江电子仪器厂等七个单位共同编制的。

在编制过程中，规范编制组遵照国家的有关方针、政策和“预防为主、防消结合”的消防工作方针，进行了调查研究，认真总结了我国火灾自动报警系统工程设计和应用的实践经验，吸取了这方面行之有效的科研成果，参考了国外有关标准规范，并征求了全国各省、自治区、直辖市和有关部、委所属设计、科研、高等院校、生产、使用和公安消防等单位的意见，最后经有关部门会审定稿。

本规范共分十章和五个附录，其主要内容包括：总则、术语、系统保护对象分级及火灾探测器设置部位、报警区域和探测区域的划分、系统设计、消防控制室和消防联动控制、火灾探测器的选择、火灾探测器和手动火灾报警按钮的设置、系统供电、布线等。

为便于广大设计、施工、科研、教学、生产、使用和公安消防监督等有关单位人员在使用本规范时能正确理解和执行条文规定，本规范编制组根据建设部关于《工程建设技术标准编写暂行办法》及《工程建设技术标准编写细则》的要求，按本规范的章、节、条、款顺序，编写了本规范条文说明，供有关部门和单位的有关人员参考。

各单位在执行本规范过程中，请注意总结经验，积累资料。如发现有需要修改和补充之处，请将意见和有关资料寄给公安部沈阳消防科学研究所（沈阳市皇姑区蒲河街7号，邮政编码：110031），供今后修订时考虑。

中华人民共和国公安部

一九九七年七月

目　次

1 总 则

1.0.1 本条说明制订本规范的目的。

火灾自动报警系统是由触发器件、火灾报警装置、火灾警报装置，以及具有其他辅助功能的装置组成的火灾报警系统。它是人们为了早期发现和通报火灾，并及时采取有效措施，控制和扑灭火灾，而设置在建筑中或其他场所的一种自动消防设施，是人们同火灾作斗争的有力工具。在国外，许多发达国家，如美、英、日、德、法、俄和瑞士等国，火灾自动报警设备的生产、应用相当普遍，美、英、日等国，火灾自动报警设备甚至普及到一般家庭。在我国，火灾自动报警设备的研究、生产和应用起步较晚，50～60年代基本上是空白。70年代开始创建，并逐步有所发展。进入80年代以来，随着我国四化建设的迅速发展和消防工作的不断加强，火灾自动报警设备的生产和应用有了较大发展，生产厂家、产品种类和产量，以及应用单位，都不断有所增加。特别是随着《高层民用建筑设计防火规范》、《建筑设计防火规范》等消防技术法规的深入贯彻执行，全国各地许多重要部门、重点单位和要害部位，都装设了火灾自动报警系统。据调查，绝大多数都发挥了重要作用。

本规范的制订适应了消防工作的实际需要，不仅为广大工程设计人员设计火灾自动报警系统提供了一个全国统一的、较为科学合理的技术标准，也为公安消防监督管理部门提供了监督管理的技术依据。这对更好地发挥火灾自动报警系统在建筑防火中的重要作用，防止和减少火灾危害，保护人身和财产安全，保卫社会主义现代化建设，具有十分重要的意义。

1.0.2 本条规定了本规范的适用范围和不适用范围。

工业与民用建筑是火灾自动报警系统最基本的保护对象，最普遍的应用场合。本规范的制订主要是针对工业与民用建筑中设置的火灾自动报警系统，而未涉及其他对象和场合，例如船舶、飞机、火车等。因此本条规定："本规范适用于工业与民用建筑内设置的火灾自动报警系统"。国外同类规范的范围规定，大体上也都类似，主要针对建筑中设置的火灾自动报警系统。例如，英国规范BS5839《建筑内部安装的火灾探测和报警系统》第一部分"安装和使用的实用规程"中规定："本实用规程对建筑内部及其周围安装的火灾探测和报警系统的设计、安装和使用几个方面作了规定"。德国保险商协会（VdS）规范《火灾自动报警装置设计安装规范》规定："本规范适用于由点型火灾探测器组成的火灾自动报警装置在建筑中的安装"。

本规范不适用于生产和贮存火药、炸药、弹药、火工品等场所设置的火灾自动报警系统。这是因为生产和贮存火药、炸药、弹药、火工品等场所属于有爆炸危险的特殊场所，这种场合安装火灾自动报警装置有其特殊要求，应由有关规范另行规定。

1.0.3 本条规定了火灾自动报警系统的设计工作必须遵循的基本原则和应达到的基本要求。

火灾自动报警系统的设计是一项专业性很强的技术工作，同时也具有很强的政策性，在设计工作中必须认真贯彻执行国家有关方针、政策，如必须认真贯彻执行《中华人民共和国消防法》，认真贯彻执行"预防为主，防消结合"的消防工作方针，还有可能涉及到有关基本建设、技术引进、投资、能源等方面的方针政策，都必须认真贯彻执行，不得违反和抵触。

针对保护对象的特点，也是火灾自动报警设计必须遵循的一条重要原则。火灾自动报警系统的保护对象是建筑物（或建筑物的一部分）。不同的建筑物，其使用性质、重要程度、火灾危险性、建筑结构形式、耐火等级、分布状况、环境条件，以及管理形式等等各不相同。作为技术标准，本规范主要是针对各种保护对象的共同特点，提出基本的技术要求，作出原则规定。从总体上说，本规范对各种保护对象具有普遍的指导意义。但是，具体到某一对象如何应用规范，则需要设计人员首先认真分析对象的具体特点，然后根据本规范的原则规定和基本精神，提出具体而切实可行的设计方案，必要时还应通过调查研究，与有关方面协商，并征得当地公安消防监督部门的同意。

必须做到安全适用，技术先进、经济合理，这是对火灾自动报警系统设计的基本要求。这些要求既有区别，又相互联系，不可分割。"安全适用"是对系统设计的首要要求，必须保证系统本身是安全可靠的，设备是适用的，这样才能有效地发挥其对建筑物的保护作用。"技术先进"是要求系统设计时，尽可能采用新的比较成熟的先进技术、先进设备和科学的设计、计算方法。"经济合理"是要求系统设计时，在满足使用要求的前提下，力求简单实用、节省投资、避免浪费。

1.0.4 本条规定了本规范与其他有关规范的关系。条文中规定："火灾自动报警系统的设计，除执行本规范外，尚应符合现行的有关强制性国家标准、规范的规定"。

本规范是一本专业技术规范，其内容涉及范围较广。在设计火灾自动报警系统时，除本专业范围的技术要求应执行本规范规定外，还有一些属于本专业范围以外的涉及其他有关标准、规范的要求，应当执行有关标准、规范，而不能与之相抵触。这就保证了各相关标准、规范之间的协调一致性。条文中所提到的"现行的有关强制性国家标准、规范"，主要有《高层民用建筑设计防火规范》、《建筑设计防火规范》、《人民防空工程设计防火规范》、《汽车库、修车库、停车场设计防火规范》、《供配电系统设计规范》以及《自动喷水灭火系统设计规范》、《低倍数泡沫灭火系统设计规范》、《高倍数、中倍数泡沫灭火系统设计规范》、《二氧化碳灭火系统设计规范》、《水喷雾灭火系统设计规范》等。

2 术 语

本章所列术语是理解和执行本规范所应掌握的几个最基本的术语。解释或定义注重实用性，即着重从系统设计方面给出基本含义的说明，而不涉及更多的技术特征和概念。

2.0.1、2.0.2 报警区域和探测区域划分的实际意义在于便于系统设计和管理。一个报警区域内一般设置一台区域火灾报警控制器（或火灾报警控制器）。一个探测区域的火灾探测器组成一个报警回路，对应于火灾报警控制器上的一个部位号。

2.0.3 本条给出了火灾探测器保护面积的一般定义。

2.0.6～2.0.8 "区域报警系统"、"集中报警系统"、"控制中心报警系统"这三个术语在原规范中已有定义。本次修订时，考虑到随着技术的发展，近年来编码传输总线制火灾探测报警系统产品在自动火灾探测报警系统工程中逐渐应用，原术语的解释已不能确切地表达其实际含义，因此对其释义作了必要的修改补充。但仍保留了这三个术语名称。这主要是考虑到现实情况，传统的火灾探测报警系统和编码传输总线制火灾探测报警系统并存，各有其存在的需要，不可互相取代，也不可互相排斥。规范编制组经过反复认真研究，认为继续沿用这三个术语名称（即继续保留这三个系统基本形式），同时赋予其新的释义，既可以反映出技术的发展，又照顾到当前的现实，并保持了规范的连续性。因此，这三个术语仍具有其合理性和现实性，而不必建立新的概念。

3 系统保护对象分级及火灾探测器设置部位

3.1 系统保护对象分级

《建筑设计防火规范》、《高层民用建筑设计防火规范》、《人民防空工程设计防火规范》、《汽车库、修车库、停车场设计防火规范》对火灾自动报警系统的设置规定仅列出有代表性的部位。经多年实践，有较多的设计及监管部门认为规定不够具体、明确，随意性大，难以贯彻执行，要求具体规定设置部位。因此《火灾自动报警系统设计规范》编制组，在修订中增加了设置部位的内容。由于各类防火规范在建筑物分类问题上表述各有不同的侧重，如《建筑设计防火规范》侧重于建筑物的耐火等级、防火分区、层数、面积、火灾危险性；《高层民用建筑设计防火规范》侧重于建筑物的高度、疏散和扑救难度、使用性质。各种防火规范对火灾自动报警装置设置的阐述不多，仅列举出设置的个别部位，对未列出的，在执行上只能按性质类比参照。本规范力求与有关各种防火规范衔接，采取视建筑物为保护对象，按火灾自动报警系统设计的特点和要求，将各种建筑物归类分级，并对各级保护对象火灾探测器设置部位作出相应规定的办法，使之既与有关各种防火规范协调一致，又起到充实互补的作用。

表 3.1.1 将建筑物视为保护对象，并划分为三级。特级保护对象是建筑高度超过 100m 的高层民用建筑。它属于严重危险级，本表列为特级保护对象。超过 100m 高度的建筑不包括构架式电视塔、纪念性或标志性的构架或塔类，以及工业厂房的烟囱、高炉、冷却塔、化学反应塔、石油裂解塔等构筑物。

一级保护对象包括《高层民用建筑设计防火规范》范围的建筑高度不超过 100m 的一类建筑；《建筑设计防火规范》范围的甲、乙类生产厂房和物品库房，以及面积 1000m^2 及以上的丙类物品库房。在《建筑设计防火规范》中仅规定散发可燃气体、可燃蒸气的甲类厂房和场所，应设置可燃气体检漏报警装置。我们知道闪点低于或等于环境温度的可燃气体、可燃蒸气达到一定浓度与空气混合就形成爆炸性气体混合物。故有部分乙类生产厂房和库房也属该范畴，因而也列入本规范。因工业厂房、库房类名称太多，也会不断发展，而且生产工艺、布局、管理、环境温度、地域气象等因素也是变化的，不可能用同一模式处理，故本表亦不列出具体名称，若遇到难于辨别的工程，需在设计时协同有关部门具体商定。另从此类厂房、库房属严重危险级出发，其附属的或与其有一定防火分隔的房、室也需充分考虑设置火灾探测器。对于丙类物品库房面积问题以《建筑设计防火规范》为准，因《建筑设计防火规范》规定有些是占地面积超过 1000m^2（棉、麻、丝、毛、化纤及其织物库房），有些是总建筑面积超过 1000m^2（卷烟库房）。表列一级保护对象的还有属《建筑设计防火规范》范围的重要民用建筑，属《人民防空工程设计防火规范》的重要的地下工业建筑和地下民用建筑。以其重要性、火灾危险性、疏散和扑救难度等方面综合比较，均较《高层民用建筑设计防火规范》二类建筑高，故与《高层民用建筑设计防火规范》一类建筑同列为一级保护对象。200 床的病房楼，可为 3～4 万人的区域服务，病人行动不便，需人照料，假若发生火灾是很难疏散的。建筑面积 1000m^2 的门诊楼每日门诊病人约 400～500 人次，可为 2.5～3.5 万人的区域服务；每层 1000m^2 三层高的门诊楼每日门诊病人约 1200～1500 人次，可为 7.5～10 万人的区域服务；每层 1000m^2 六层高的门诊楼每日门诊病人约 2400～

3000 人次，可为 15～21 万人的区域服务；如此规模的门诊楼内随时有数百人在看病和工作。重要的科研楼、资料档案楼、省级（含计划单列市）的邮政楼、广播电视楼、电力调度楼、防灾指挥楼，该类建筑特点是性质重要，设备、资料贵重，建筑装修标准高，火灾危险性大。电影院 801～1200 座为大型，1201 座以上为特大型；剧院 1201～1600 座为大型，1601 座以上为特大型。大型以上的电影院、剧院、会堂、礼堂人员密集，可燃物多、疏散难度大。以上均列入一级保护对象。

二级保护对象以《高层民用建筑设计防火规范》的二类建筑为主。由于我国经济发展的步伐加快了，人民生活水平提高了，绝大部分的公共建筑装修豪华，可燃物品多，装了空调设备的也为数不少，用电量猛增，火灾危险性普遍增大，故本规范将《建筑设计防火规范》或《人民防空工程设计防火规范》中未有明确要求设置火灾自动报警装置的某些公共建筑或场所列入二级保护对象。列入二级保护对象的建筑高度不超过 24m 的民用建筑基本是每层建筑面积 2000～3000m^2 的公共建筑及有空调系统的公共建筑。二级保护对象的火灾探测器设置要求也比较宽松，很多情况下设有自动喷水灭火系统的可以不装探测器，具体见附录 D 的内容。

表列保护对象分为三级，分属各级内的建筑侧重于难以定性定量判别危险等级的民用建筑，但也不可能包罗万象。未列入的应类比参照性质相同的建筑要求处理。保护对象分级中，较低级特别列出需设置火灾探测器的部位，如出现在较高级别的建筑中时，当然必须设置火灾探测器。各级保护对象火灾探测器的设置部位有所不同，。特级保护对象基本全面设置，一级保护对象大部分设置，二级保护对象局部设置。对于工业建筑和库房火灾危险等级分类，按《建筑设计防火规范》附录三生产的火灾危险性分类举例和附录四储存物品的火灾危险性分类举例，甲、乙类属严重危险级，丙类属中危险级，丁、戊类属轻危险级。在有爆炸性、可燃性气体和粉尘的场所，其选用的探测报警设备及线路敷设必须符合《爆炸和火灾危险环境电力装置设计规范》的相应要求。地下建筑因其疏散、扑救难度比地面建筑难度大，因而按基本提高一级考虑。

3.2 火灾探测器设置部位

火灾探测器的设置部位应与保护对象的等级相适应，并应符合国家现行有关标准、规范的规定。具体部位可按本规范建议性附录 D 采用。

4 报警区域和探测区域的划分

4.1 报警区域的划分

4.1.1 本条主要是给出报警区域的划分依据。在火灾自动报警系统的工程设计中，只有按照保护对象的保护等级、耐火等级，合理正确地划分报警区域，才能在火灾初期及早地发现火灾发生的部位，尽快扑灭火灾。

目前，国内、外设置火灾自动报警系统的建筑中，较大规模的高层、多层、单层民用建筑及工业建筑等，在实际工程设计中，一般都是将整个保护对象划分为若干个报警区域，并设置相应的报警系统。在国外一些发达国家，如英国、美国、日本、德国等，为了使报警区域划分得比较合理，都在本国的规范中作了明确而具体的规定。如德国 VdS 标准 1992 年版《火灾自动报警装置设计与安装规范》第四章中规定："安全防护区域必须划分为若干报警区域，而报警区域的划分应以能迅速确定报警及火灾发生部位为原则"。在本条中，我们吸收了国外一些先进国家规范中的合理部分，同时考虑到我国目前建筑和产品的实际状况及发展趋势，作了明确规定，且考虑了《高层民用建筑设计防火规范》和《建筑设计防火规范》有关防火分区和防烟分区的规定，及建筑物的用途、设计不同，有的按防火分区划分比较合理，有的则需按楼层划分。因此本条一开始明确规定："报警区域应根据防火分区或楼层划分"。在报警区域的划分中既可将一个防火分区划分为一个报警区域，也可将同层的几个防火分区划为一个报警区域，但这种情况下，不得跨越楼层。

4.2 探测区域的划分

4.2.1 本条主要给出了探测区域的划分依据。为了迅速而准确地探测出被保护区内发生火灾的部位，需将被保护区按顺序划分成若干探测区域。在国内外的工程中都是这样做的。在一些先进国家的规范中，如英国的 BS5839 规范 1988 年版和德国 VdS 规范 1992 年版中都详细地规定了探测区域的划分方法。本条参考国外先进国家规范，结合我国的具体情况，作了规定。

线型光束感烟火灾探测器的探测区域长度，是根据产品标准《线型光束感烟火灾探测器技术要求及试验方法》GB 14003—92 中的该探测器的相对部件间的光路长度为 1～100m 而规定的。

缆式感温火灾探测器的探测区域的长度不宜超过 200m，是参考《电力工程电缆设计规范》GB 50217—94 第七章中关于"长距离沟道中相隔约 200m 或通风区段处"宜设置防火墙的规定，并结合工程实践经验而定的。

空气管差温火灾探测器的探测区域长度是参照日本规范，并根据该产品的特性而定的。由于产品的特性要求，其暴露长度为 20～100m 之间，才能充分发挥作用。

4.2.2 本条是对二级保护对象而定的。特级、一级保护对象，不适用于本条。本条规定参考了德国 VdS

标准1992年版的有关部分。

4.2.3 采用原规范条文。条文中给出的场所都是比较特殊或重要的公共部位。为了保证发生火灾时能使人员安全疏散，就必须确保这些部位所发生的火灾能够及早而准确地发现，并尽快扑灭。所以这些部位应分别单独划分其探测区域，而不能与同楼层的房间（或其他部位）混合。多年来的实际应用也证明了这一规定是必要的、可行的。

5 系统设计

5.1 一般规定

5.1.1 本条对火灾自动报警系统中的手动和自动两种触发装置作了规定。条文指出设计火灾自动报警系统时，自动和手动两套触发装置应同时设置。也就是说在火灾自动报警系统中设置火灾探测器的同时，还应设置一定数量的手动火灾报警按钮。

本条规定的目的是为了进一步提高火灾自动报警系统的可靠性和报警的准确性。

5.1.2 生产火灾报警控制器的厂家，都规定了报警控制器的额定容量或各输出总线回路的地址编码总数量。这一规定应是产品的基本要求，在消防工程中选择火灾报警控制器容量时，宜考虑留有一定余量，以便今后的系统发展和有利于维护工作。该余量可根据工程规模大小和重要程度而定，一般可按火灾报警控制器额定容量或总线回路地址编码总数额定值的80%～85%来选择。即：

$$KQ \geqslant N \tag{1}$$

式中 N——设计时统计火灾探测器数量或探测器编码底座和控制模块或信号模块等的地址编码数量总和；

K——容量备用系数，一般取0.8～0.85；

Q——实际选用火灾报警控制器的额定容量或地址编码总数量。

5.1.3 本条根据公安部、国家标准局、建设部（86）公发39号文件精神，对火灾自动报警系统设备规定应采用经国家有关产品质量监督检测单位检验合格产品。这一规定主要是指经国家消防电子产品质量监督检验中心检验合格的产品。

5.2 系统形式的选择和设计要求

5.2.1 随着电子技术迅速发展和计算机软件技术在现代消防技术中的大量应用，火灾自动报警系统的结构、形式越来越灵活多样，很难精确划分成几种固定的模式。火灾自动报警技术的发展趋向是智能化系统，这种系统可组合成任何形式的火灾自动报警网络结构，它既可以是区域报警系统，也可以是集中报警系统和控制中心报警系统形式，它们无绝对明显的区别，设计人员可任意组合设计成自己需要的系统形式。但在当前，本条列出的三种基本形式，应该说依然是适用的，对设计人员来说，也是必要的。这三种形式在设计中具体要求有所不同。特别是对联动功能要求有简单、较复杂和复杂之分，对报警系统的保护范围要求有小、中、大之分。条文中还规定了设置区域、集中、控制中心等三种报警系统的适用范围。

区域报警系统、集中报警系统、控制中心报警系统的系统结构、形式如图1～5所示。

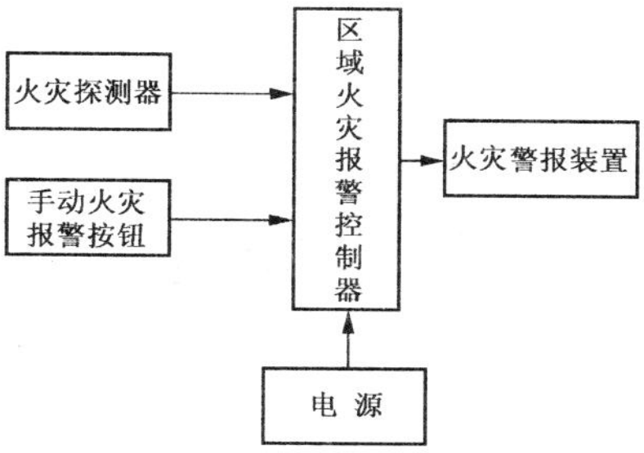

图1 区域报警系统

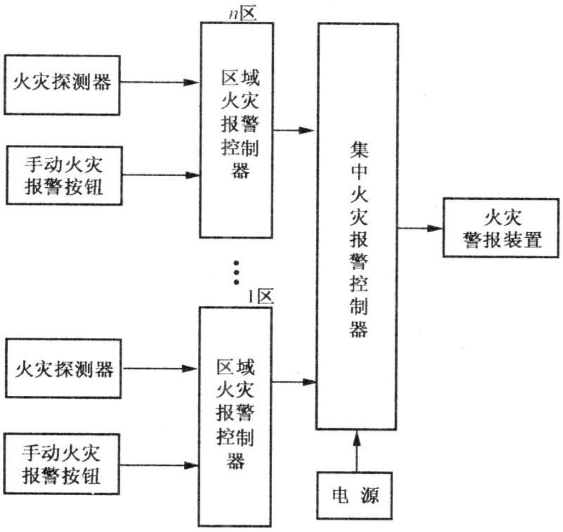

图2 集中报警系统（1）

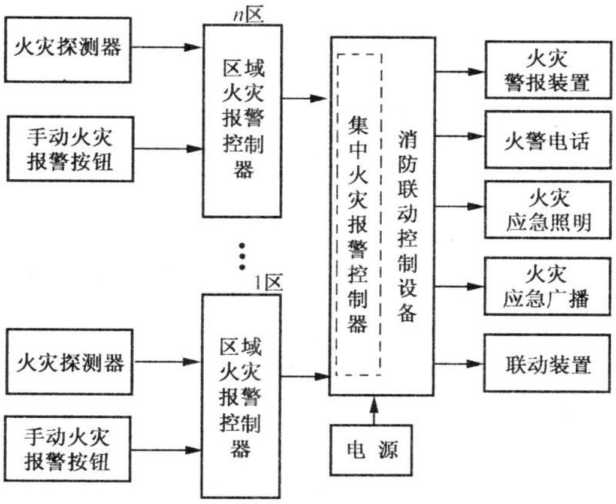

图3 控制中心报警系统（1）

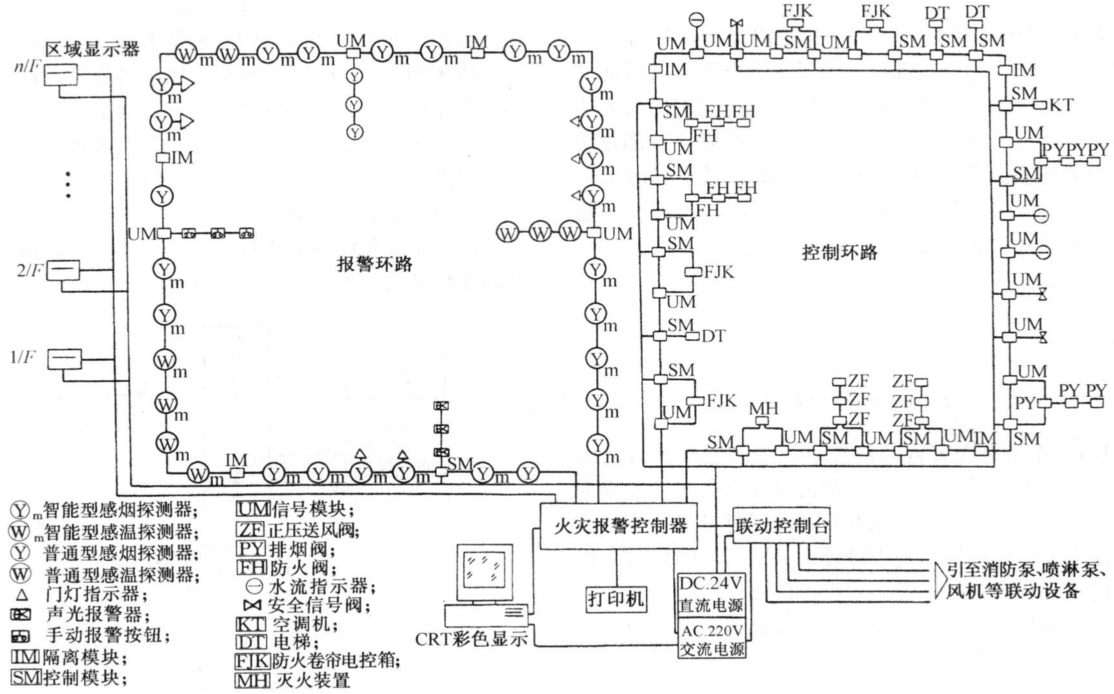

图 4 集中报警系统（2）

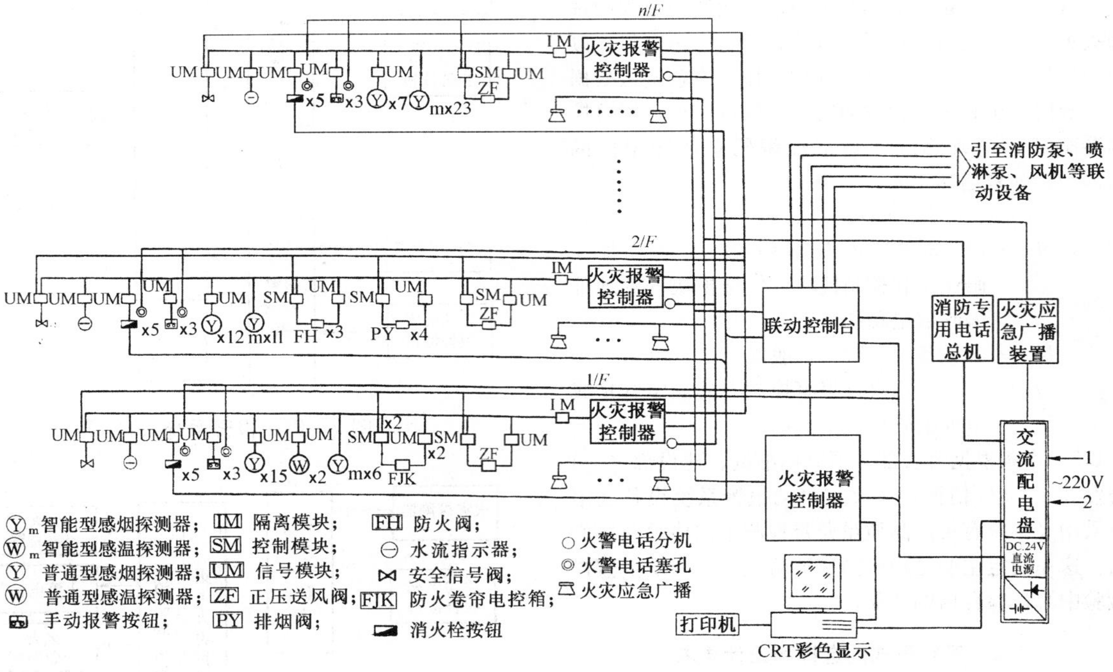

图 5 控制中心报警系统（2）

5.2.2 本条规定采用区域报警系统时，设置火灾报警控制器的总数不应超过两台，这主要是为了限制区域报警系统的规模，以便于管理。一般设置区域报警系统的建筑规模较小，火灾探测区域不多且保护范围不大，多为局部性保护的报警区域，故火灾报警控制器的台数不应设置过多。

区域火灾报警控制器的设置，若受建筑用房面积的限制，可以不专门设置消防值班室，而由有人值班的房间（如保卫部门值班室、配电室、传达室等）代管，但该值班室应昼夜有人值班，并且应由消防、保卫部门直接领导管理。

当用一台区域火灾报警控制器或火灾报警控制器

警戒多个楼层时，每个楼层各楼梯口或消防电梯前室等明显部位，都应装设识别火灾楼层的灯光显示装置，即火警显示灯。这是为了火灾时能明确显示火灾楼层位置，以便于扑救火灾时，能正确引导有关人员寻找着火楼层。

关于区域火灾报警控制器或火灾报警控制器的安装高度，根据实践经验，1.3～1.5m便于工作人员操作使用。

5.2.3 近几年来随着编码传输总线制火灾报警系统的出现，一种新型的火灾报警系统已发展起来了，即由火灾报警控制器配合区域显示器（楼层复示器）和声、光警报装置以及各种类型火灾探测器、控制模块、消防联动控制设备等组成编码传输总线制集中报警系统。在实际工程中，不论选择新型集中报警系统还是传统的集中报警系统（即由火灾探测器、区域火灾报警控制器和集中火灾报警控制器等组成的火灾报警系统），二者都符合本规范的规定。设计人员可以根据具体情况选择。

集中报警控制器应设在专用的消防控制室或消防值班室内，不能安装在其他值班室内由其他值班人员代管，或用其他值班室兼作集中报警控制器值班室，这主要是为了加强管理，保证系统可靠运行。

5.2.4 控制中心报警系统一般适用于规模大的一级以上保护对象，因该类型建筑规模大，建筑防火等级高，消防联动控制功能也多。按本条规定，系统中火灾报警部位信号都应在消防控制室集中报警控制器上集中显示。消防控制室对消防联动设备均应进行联动控制和显示其动作状态。联动控制的方式可以是集中，亦可以是分散或是两种组合。但不论采用什么方式控制，联动控制设备的反馈信号都应送到消防控制室进行监视、显示或检测。

5.3 消防联动控制设计要求

5.3.1 消防联动控制设备的控制信号传输总线，若与火灾探测器报警信号传输总线合用时，应按消防联动控制及警报线路等的布线要求设计才符合规定。因为报警传输线路和联动控制线路在火灾条件下起的作用不同，前者是在火灾初期传输火灾探测报警信号，而后者则是火灾报警后，在扑灭火灾过程中用以传输联动控制信号和联动设备状态信号。因而对二者布线要求是有所区别的，对后者要求显然要严一些。当二者合用时，应首先满足后者的要求，即满足本规范第10.2.2条规定。

5.3.2 消防水泵、防烟和排烟风机等属重要消防设备，它们的可靠性直接关系到消防灭火工作的成败。这些设备除接收火灾探测器发送来的报警信号可自动启动进行工作外，还应能独立控制其启、停，不应因其他非灭火设备故障因素而影响它们的启、停。也就是说，一旦火灾报警系统失灵也不应影响它们启动。故本条规定这类消防联动控制设备不能单一采用火灾报警系统传输总线编码模块控制方式（包括手动操作键盘发出的编码控制启动信号）去控制它们的启动，还应具有手动直接控制功能，建立通过硬件电路直接启动的控制操作线路。国内不少厂家生产的产品已满足这一要求。这条规定对保证系统设备可靠性是必要的。

5.4 火灾应急广播

5.4.1 本条规定了设置火灾应急广播的范围。由于凡设置集中报警系统和控制中心报警系统的建筑，一般都属高层建筑或大型民用建筑，这些建筑物内人员集中又较多，火灾时影响面大，为了便于火灾疏散，统一指挥，故作本条规定。

5.4.2 本条对扬声器容量和安装距离的规定主要参考了日本火灾报警规程中的有关条文。

在环境噪声大的场所，如工业建筑内，设置火灾应急广播扬声器时，考虑到背景噪声大、环境情况复杂，故提出了声压级要求。

客房内如设火灾应急广播专用扬声器，一般都装于床头柜后面墙上，距离客人很近，容量无须过大，故规定为1W即可。这一规定亦应适用于与床头控制柜内客房音响广播合用扬声器时，对其要求的最小功率规定。

5.4.3 本条规定了火灾应急广播与公共广播合用时的技术要求。

火灾时，将公共广播系统扩音机强制转入火灾事故广播状态的控制切换方式一般有二种：

（1）火灾应急广播系统仅利用公共广播系统的扬声器和馈电线路，而火灾应急广播系统的扩音机等装置是专用的。当火灾发生时，由消防控制室切换输出线路，使公共广播系统按照规定的疏散广播顺序的相应层次播送火灾应急广播。

（2）火灾应急广播系统全部利用公共广播系统的扩音机、馈电线路和扬声器等装置，在消防控制室只设紧急播送装置，当发生火灾时可遥控公共广播系统紧急开启，强制投入火灾应急广播。

以上二种控制方式，都应该注意使扬声器不管处于关闭或播放状态时，都应能紧急开启火灾应急广播。特别应注意在扬声器设有开关或音量调节器的公共广播系统中的紧急广播方式，应将扬声器用继电器强制切换到火灾应急广播线路上。

与公共广播系统合用的火灾应急广播系统，如果广播扩音装置不是装在消防控制室内，不论采用哪种遥控播音方式，都应能使消防控制室用话筒直接播音和遥控扩音机的开、关、自动或手动控制相应分区，播送火灾应急广播，并且扩音机的工作状态应能在消防控制室进行监视。

在客房内设有床头控制柜音乐广播时，不论床头控制柜内扬声器在火灾时处于何种工作状态（开、关），都应能紧急切换到火灾应急广播线路上，播放火灾疏散广播。

本条规定的火灾应急广播备用扩音机容量计算方法，是以火灾时，需同时广播的范围内扬声器容量总和 ΣP_i 来计算的容量。这里所说的需同时广播的范围内是指火灾应急广播接通疏散楼层时的控制程序规定范围，如本层着火时则先接通本层和上、下各一层（指首层以上各楼层）。首层着火时先接通本层、二层和地下各层的扬声器。很明显，需同时广播的范围有不同的组合方式，故在选用 ΣP_i 值时（P_i 为某个扬声器容量），应选取需同时广播的范围内，看哪一组合方式楼层内扬声器数量为最多即 ΣP_i 值最大，则取其为计算依据，计算公式 $P=K_1 \cdot K_2 \cdot \Sigma P_i$，其中，$K_1 \cdot K_2$ 取 1.2×1.3=1.56，取近似值 1.5 即可。

还需说明，若设置专用火灾应急广播系统时，主用扩音机容量是否考虑一齐播放容量（即全部楼层扬声器容量总和），本规范未作具体规定，也就是说主用扩音机与备用扩音机容量相同亦可。如条件允许时，主用扩音机宜考虑一齐播放所需容量为最佳。

5.5 火灾警报装置

5.5.1 采用区域报警系统的建筑，本规范中未规定其设置火灾应急广播，故对这类保护对象，本条规定“应设置火灾警报装置”，以满足火灾时的火灾警报信号的发送需要。而采用集中报警系统和控制中心报警系统的建筑中，按本规范第 5.4.1 条规定，都设置有火灾应急广播，故对这类保护对象，设置火灾警报装置与否未作规定。因为这类建筑物在火灾时可用火灾应急广播发送火灾警报信号。

5.5.2 本条规定了在建筑中设置火灾警报装置的数量要求及各楼层装设警报装置时的安装位置。这主要是考虑便于在各楼层楼梯间和走道上都能听到警报信号声，以满足火灾时疏散要求。

5.6 消防专用电话

5.6.1 消防专用电话线路的可靠性关系到火灾时消防通信指挥系统是否灵活畅通，故本条规定消防专用电话网络应为独立的消防通信系统，就是说不能利用一般电话线路或综合布线网络（PDS 系统）代替消防专用电话线路，应独立布线。

5.6.2 本条规定了设置消防专用电话总机的要求。消防专用电话总机与电话分机或塞孔之间呼叫方式应该是直通的，中间不应有交换或转接程序，即应选用共电式直通电话机或对讲电话机为宜。

5.6.3 本条规定了消防专用电话分机和电话塞孔的设置要求。火灾时，条文所列部位是消防作业的主要场所，与这些部位的通信一定要畅通无阻，以确保消防作业的正常进行。

5.6.4 消防控制室应设“119”专用电话分机。

5.7 系统接地

5.7.1 本条规定了对火灾自动报警系统接地装置的接地电阻值的要求。

当采用专用接地装置时，接地电阻值不应大于 4Ω，这一取值是与计算机接地要求有关规范一致的。

当采用共用接地装置时，电阻值不应大于 1Ω，这也是与国家有关接地规范中对与电气防雷接地系统共用接地装置时，接地电阻值的要求一致的。

对于接地装置是专用还是共用（原规范条文中用“联合接地”名称）要依新建工程的情况而定，一般尽量采用专用为好，若无法达到专用亦可共用（见图 6、7）。

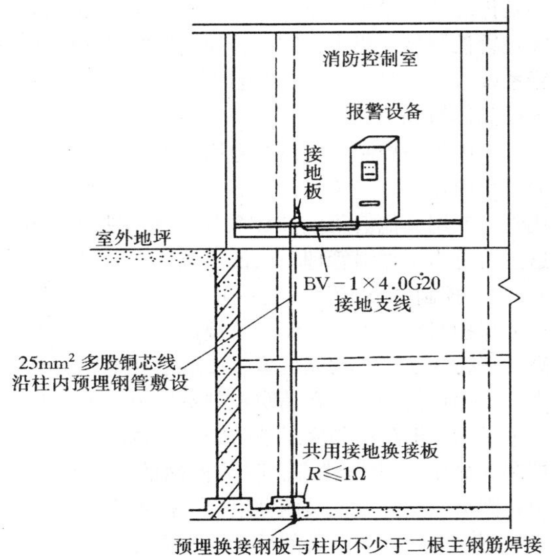

图 6 共用接地装置示意图

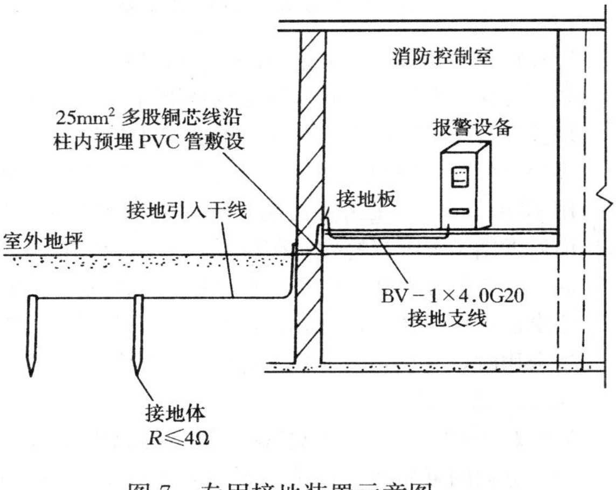

图 7 专用接地装置示意图

5.7.2、5.7.3 规定火灾自动报警系统应在消防控制室设置专用的接地板是必要的，这有利于保证系统正常工作。专用接地干线，是从消防控制室接地板引至接地体这一段，若设专用接地体则是指从接地板引至室外这一段接地干线。计算机及电子设备接地干线的引入段一般不能采用扁钢或裸铜排等方式，主要是为了与防雷接地（建筑构件防雷接地、钢筋混凝土墙体等）分开，需有一定绝缘，以免直接接触，影响消防电子设备接地效果。为此5.7.3条规定专用接地干线应采用铜芯绝缘导线，其线芯截面面积不应小于$25mm^2$。此规定是参考“IEC”标准，这主要是为提高可靠性和尽量减小导线电阻。

采用共用接地装置时，一般接地板引至最底层地下室相应钢筋混凝土柱基础作共用接地点，不宜从消防控制室内柱子上直接焊接钢筋引出，作为专用接地板。

5.7.4 本条规定从接地板引至各消防电子设备的专用接地线线芯截面面积不应小于$4mm^2$，是引用原规范条文规定。

5.7.5 本条规定在消防控制室内，消防电子设备凡采用交流供电时，都应将金属支架作保护接地，接地线是用电气保护地线（PE线），即供电线路应采用单相三线制供电。

6 消防控制室和消防联动控制

6.1 一般规定

6.1.1 本条根据《建筑设计防火规范》以及《高层民用建筑设计防火规范》和《人民防空工程设计防火规范》等规范对消防控制室规定的主要功能，对消防控制室内所应包括的主要控制设备及其功能作了规定。由于每个建筑的使用性质和功能不完全一样，其消防控制设备所包括的控制装置也不尽相同。但作为消防控制室一般应把该建筑内的火灾报警及其他联动控制装置都集中于消防控制室，即使控制设备分散在其他房间，各种设备的操作信号也应反馈到消防控制室。为完成规范所要求的功能，控制设备按其类别分为火灾报警、自动灭火、通风排烟、应急广播、消防电梯等九类控制装置，这样便于生产制造和设计施工。

对于消防控制室控制功能，各国规范规定的繁简程度不同，国际上也无统一规定。日本规范对中央管理室的功能规定得比较细，德国、加拿大等国家规范对控制功能都有明确要求，本规范根据中国的国情作出规定是必要的。

6.1.2 随着国家经济建设的发展，国力不断增强，建筑业迅猛增长。建筑工程形式多样化，情况各异，控制功能繁简不同，设计单位在满足功能的前提下，可按本条所确定的原则，根据建筑的形式、工程规模及管理体制，综合确定消防系统控制方式。对于单体建筑宜采用集中控制方式，即要求在消防控制室集中显示报警点、控制消防设备及设施。而对于占地面积大、较分散的建筑群，由于距离较大、管理单位多等等原因，若采用集中管理方式将会造成系统大、不易使用和管理等诸多不便，因此本条规定可根据实际情况，采取分散与集中相结合的控制方式。信号及控制需集中的，可由消防控制室集中显示和控制；不需集中的，设置在分控室就近显示和控制。

6.1.3 随着火灾自动报警设备及消防控制设备的发展，使消防系统的操作电源及信号回路的电压值趋于统一，国际上在电子技术和工程应用中，操作电源及信号采用直流24V，因此本规范将操作电源和信号电压规定为直流24V。

6.2 消防控制室

6.2.1 消防控制室是火灾扑救时的信息、指挥中心。为了便于消防人员扑救时联系工作，消防控制室门上应设置明显标志。如果消防控制室设在建筑的首层，消防控制室门的上方应设标志牌或标志灯，地下的消防控制室门上的标志必须是带灯光的装置。设标志灯的电源应从消防电源上接入，以保证标志灯电源可靠。

为了防止烟、火危及消防控制室工作人员的安全，对控制室门的开启方向作了规定，同时要求门应有一定的耐火能力。

6.2.2 为了保证消防控制室的安全，控制室的通风管道上设置防火阀是十分必要的。在火灾发生后，烟、火通过空调系统的送、排风管扩大蔓延的实例很多。如1979年，某火车站空调机发生火灾，由于通风管道上没有防火措施，烟火沿通风管蔓延到贵宾室及其他候车室，造成了不良的政治影响。又如某宾馆礼堂着火后，由于通风管上没有安装防火阀门，火灾沿通风管道蔓延，烧毁了通风机房、餐厅及地下仓库。为了确保消防控制室在火灾时免受火灾影响，在通风管道上应设置防火阀门。

我国《高层民用建筑设计防火规范》等建筑设计防火规范对这方面有类似规定。为此，根据消防控制室实际工作的需要，特作此条规定。

6.2.3 根据消防控制室的功能要求，火灾自动报警、固定灭火装置、电动防火门、防火卷帘及消防专用电话、火灾应急广播等系统的信号传输线、控制线路等均必须进入消防控制室，控制室内（包括吊顶上、地板下）的线路管道已经很多，大型工程更多，为保证消防控制设备安全运行，便于检查维修，其他无关电气线路和管网不得穿过消防控制室，以免互相干扰造成混乱或事故。

6.2.4 电磁场干扰对火灾报警控制器及联动控制设备的正常工作影响较大。为保证报警设备正常运行，要求控制室周围不布置干扰场强超过消防控制室设备承受能力的其他设备用房。

6.2.5 本条从使用的角度对消防控制室的设备布置作出了原则规定。根据对重点城市、重点工程消防控制室设置情况的调查，不同地区、不同工程消防控制室的规模差别很大，控制室面积有的大到60～80m^2，有的小到10m^2。面积大了造成一定的浪费，面积小了又影响消防值班人员的工作。为满足消防控制室值班维修人员工作的需要，便于设计部门各专业协调工作，参照建筑电气设计的有关规程，对建筑内消防控制设备的布置及操作、维修所必须的空间作了原则性规定，以便使建设、设计、规划等有关部门有章可循，使消防控制室的设计既满足工作的需要，又避免浪费。

对消防控制室规模大小，各国都是根据自己的国情作规定。本条规定是为了满足消防值班人员的实际工作需要，保证消防值班人员有一个应有的工作场所。在设计中根据实际需要还需考虑到值班人员休息和维修活动的面积。

6.3 消防控制设备的功能

6.3.1 作为消防控制室对消防设备的工作状态、报警情况及被保护建筑的重点部位、消防通道和消防器材放置与位置要全面掌握。要掌握这些情况，可以绘图列表，也可以用模拟盘显示及电视屏幕显示。采用什么方法显示上述情况，可根据消防控制室设备的具体情况来确定，如果消防控制室的总控台上有电视屏幕或模拟盘显示，可不另设置显示装置。

本条规定消防控制室的消防控制设备除自动控制外，还应能手动直接控制消防水泵、防烟和排烟风机的启、停。

根据国外资料和我国实际情况，为了便于消防值班人员工作，对消防控制室应具备的基本资料作了规定。控制室内的图表及显示的图像要简明扼要，一目了然。

火灾发生后，及时向着火区发出火灾警报，有秩序地组织人员疏散，是保证人身安全的重要方面。

本条规定了火灾警报装置与应急广播控制装置的控制程序。按照人员所在位置距火场的远近依顺序发出警报，组织人员有秩序地进行疏散。一般是着火本层和上层的人员危险较大，单层建筑多个防火分区，着火的防火分区和相邻的防火分区危险性较大，也有的是向着火层及上、下层同时发出警报进行广播，组织疏散的。为了避免人为的紧张，造成混乱，影响疏散，应先在最小范围内发出警报信号进行应急广播。除了紧急情况外都应顺序疏散。对于多层建筑中每层有多个防火分区的疏散，除按6.3.1.6款（1）、（2）、（3）项执行外，还应执行第（4）项，即本着火层的相邻防火分区外，还加上着火层上、下层的相邻防火分区。

根据国内情况，一般工程内的火灾警报信号和应急广播的范围都是在消防控制室手动操作。只有在自动化程度比较高的场所是按程序自动进行的。本条规定可作为手动操作的程序或自动控制的程序。

消防控制室设置对内联系、对外报警的电话是我国目前阶段的主要通信手段。消防人员常说："报警早、损失小"，要作到报警早，在目前条件下还是用电话好。我国北方某市某饭店火灾发生后，由于没有设消防控制室，没有可供工作人员向消防机关报警的外线电话，结果报警不及时，贻误了扑救火灾时间，造成重大伤亡和损失。可见，在消防控制室设置一部向119报警的外线电话是消防工作所必需的。为了保证消防控制室同有关设备间的工作联系，规定消防控制室与单位的值班室、消防水泵房等有关房间应设固定的对讲电话，有些技术、经济条件好，管理严的单位可设对讲录音电话。国外，在一些发达和比较发达国家，消防报警和内部联系也还是以电话和对讲电话为主。无线对讲机可作为消防值班人员辅助的通讯设备。

应急照明、疏散标志灯是火灾时人员疏散必备的设备。为了扑救方便，火灾时切断非消防电源是必要的。但是切断非消防电源时应该控制在一定范围之内。有关部位是指着火的那个防火分区或楼层，一旦着火应切断本防火分区或楼层的非消防电源。切断方式可以人工切断，也可以自动切断，切断顺序应考虑按楼层或防火分区的范围，逐个实施，以减少断电带来的不必要的惊慌。

对电梯的控制有两种方式：一种是将电梯的控制显示盘设在消防控制室，消防值班人员在必要时可直接操作。另一种是在人工确认真正是火灾后，消防控制室向电梯控制室发出火灾信号及强制电梯下降的指令，所有电梯下行停位于首层。电梯是纵向通道的主要交通工具，联动控制一定要安全可靠。在对自动化程度要求较高的建筑内，可用消防电梯前室的烟探测器联动控制电梯。

6.3.2 室内消火栓是建筑内最基本的消防设备。消火栓启泵装置及消防水泵等都是室内消火栓必须配套的设备。在消防控制室的控制设备上设置消防水泵的启、停装置，显示消防水泵启动按钮启泵的位置及消防水泵的工作状态，使控制室的值班人员在发生火灾时，对什么地方需要使用消火栓、消防水泵启动没启动都一目了然，这样有利于火灾扑救和平时维修调试工作。

消防水泵的故障，一般是指水泵电机断电、过载及短路。由于消火栓系统都是由主泵和备用泵组成，只有当两台泵都不能启动时，才显示故障。一般按钮启动后，先启动1#泵，1#泵启动失灵，自动转启2#泵，当1#和2#泵均不能启动时，控制盘上显示故障。

6.3.3 自动喷水灭火系统是目前最经济的室内固定灭火设备，使用的面比较广。按照《自动喷水灭火系统设计规范》的要求，最好显示监测以下六方面：

一、系统的控制阀开启状态；

二、消防水泵电源供应和工作情况；

三、水池、水箱的水位；

四、干式喷水灭火系统的最高和最低气温；

五、预作用喷水灭火系统的最低气压；

六、报警阀和水流指示器的动作情况。

同时，要求在消防控制室实行集中监控。按照《自动喷水灭火系统设计规范》所规定的内容，规定消防控制室的控制设备应设置自动喷水灭火系统启、停装置（包括消防水泵等）。并显示管道阀、水流报警阀及水流指示器的工作状态，显示水泵的工作及故障。消防水泵显示故障的内容及显示方法与消火栓系统消防水泵的故障显示相同。

6.3.4 《建筑设计防火规范》以及《高层民用建筑设计防火规范》、《人民防空工程设计防火规范》对建筑物应设置卤代烷、二氧化碳等固定灭火装置的部位或房间作了明确规定。《卤代烷1211灭火系统设计规范》和《卤代烷1301灭火系统设计规范》等对如何设卤代烷、二氧化碳等灭火系统作出了规定。本条对消防控制设备控制卤代烷、二氧化碳等管网气体灭火系统的功能作出了规定。

为了保证卤代烷等固定灭火装置安全可靠运行，应具有手动和自动两种启动方式。而且是在火灾报警后经过设备确认或人工确认方可启动灭火系统。设备确认一般作法是两组探测器同时发出报警后可确认为真正的灭火信号。当第一组探测器发出报警，值班人员应立即赶到现场进行人工确认。人工确认后，由值班人员在现场决定是否启动固定灭火系统。在设计上虽然有自动和手动两种启动方式，有人值班时应以手动启动方式为主。对有管网卤代烷、二氧化碳等灭火系统，为了准确可靠，应以保护区现场的手动启动为主，因为设置灭火系统的场所，都一定设置了火灾报警系统，消防中心的值班人员不可能在未去保护区进行火灾确认的情况下，就在控制室强制手动放气。因此，本条没有要求消防控制室必须控制灭火系统的紧急启动。

管网气体自动灭火装置原理见图8。

6.3.5、6.3.6 在设置泡沫、干粉灭火系统的工程内，消防控制设备有系统的启、停装置，并显示系统的工作状态（包括故障状态）是必要的。

6.3.7 对常开防火门，要求在火灾时应能自动关闭，以起到防火分隔作用，因此常开防火门两侧应设置火灾探测器，任何一侧报警后，防火门应能自动联动关闭，且关闭后应有信号送到消防控制室。

6.3.8 对防火卷帘，一般都以两个探测器的“与”门信号作为控制信号比较安全。

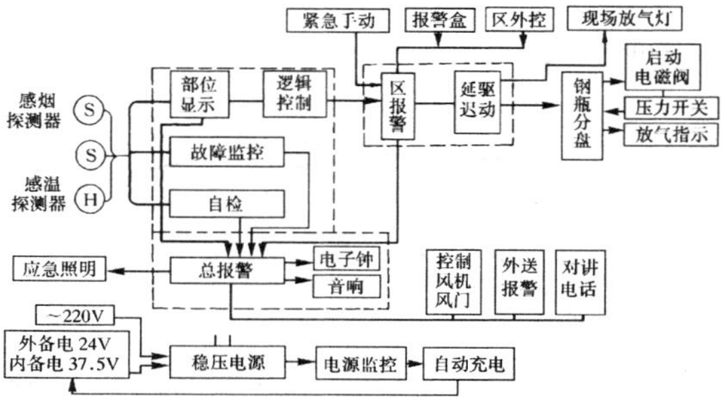

图8 管网气体自动灭火装置原理图

6.3.9 火灾发生后，空调系统对火灾发展影响大，而防排烟设备有利于防止火灾蔓延和人员疏散，因此本条规定了火灾探测器报警后消防控制设备对防排烟设施的控制、显示功能。

7 火灾探测器的选择

7.1 一 般 规 定

7.1.1 本条提出了选择火灾探测器种类的基本原则。在选择火灾探测器种类时，要根据探测区域内可能发生的初期火灾的形成和发展特征、房间高度、环境条件以及可能引起误报的原因等因素来决定。本条依据目前先进国家的有关火警设计安装规范，并根据近几年来我国设计安装火灾自动报警系统的实际情况和经验教训，以及从初期火灾形成和发展过程产生的物理化学现象，提出对火灾探测器选择的原则性要求。

7.2 点型火灾探测器的选择

7.2.1 本条是参考德国（VdS）《火灾自动报警装置设计与安装规范》制定的。在执行中应注意这仅仅是按房间高度对探测器选择的大致划分，具体选择时尚需结合系统的危险度和探测器本身的灵敏度来进行设计。如果判定不准确时，仍需按7.1.1.4款作模拟燃烧试验后最终确定。

7.2.2～7.2.4 规定了宜选择和不宜选择点型离子感烟探测器或点型光电感烟探测器的场所。事实上，感烟探测器的响应行为基本上是由它的工作原理决定的。不同烟粒径、烟的颜色和不同可燃物产生的烟对两种探测器适用性是不一样的。从理论上讲，离子感烟探测器可以探测任何一种烟，对粒子尺寸无特殊限制，只存在响应行为的数值差异。而光电感烟探测器对粒径小于0.4μm的粒子的响应较差。三种感烟探测器对不同烟粒径的响应特性如图9所示。图10给出了两种点型感烟探测器对不同颜色的烟的响应。

图11给出了点型离子感烟探测器和点型散射型光电感烟探测器在标准燃烧实验中，燃烧不同的物质使探测器报警所需的物料消耗。可以看出，对油毡、

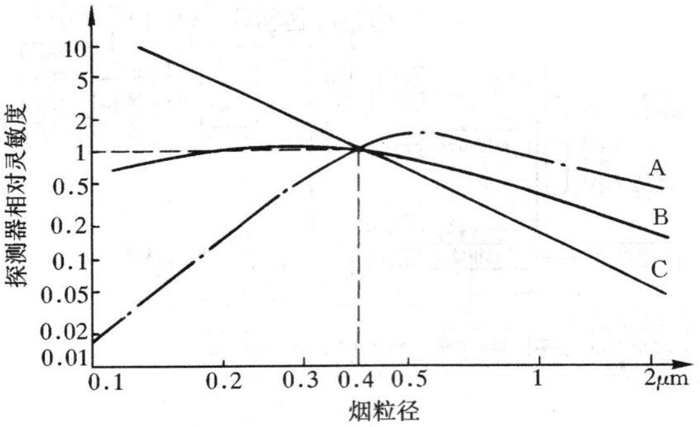

图 9　感烟探测器对不同烟粒径的响应

A—散射型光电感烟探测器；

B—减光型光电感烟探测器；

C—离子感烟探测器

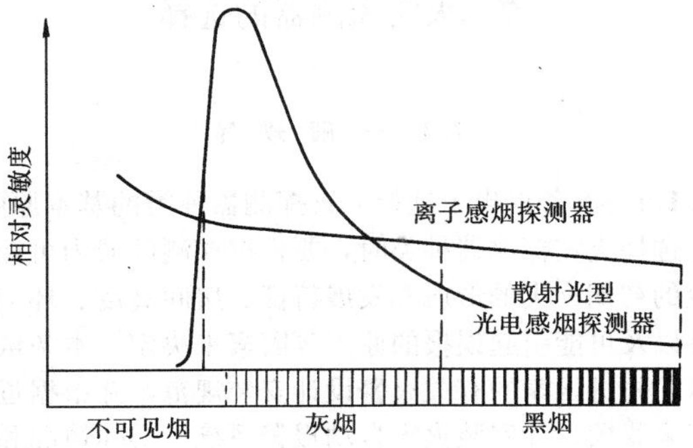

图 10　两种点型感烟探测器对不同颜色烟的响应

棉绳、山毛榉等阴燃火，安装光电感烟探测器比离子感烟探测器更合适。而对于石蜡、乙醇、木材等明火，则用离子感烟探测器比光电感烟探测器更合适。

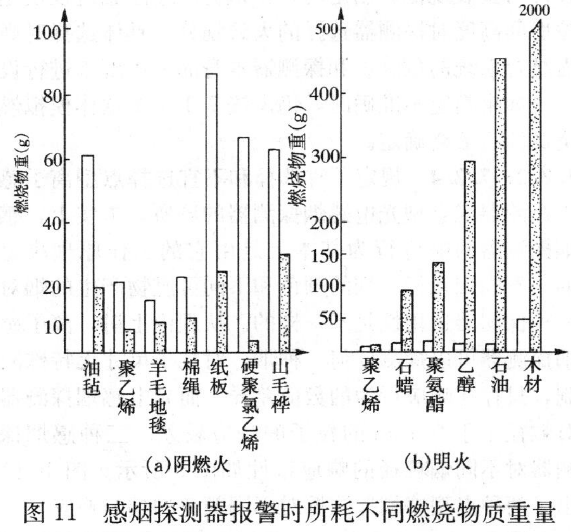

图 11　感烟探测器报警时所耗不同燃烧物质重量

离子感烟探测器；

散射光型光电感烟探测器

7.2.5、7.2.6　规定了感温探测器宜选择和不宜选择的场所。一般说来，感温探测器对火灾的探测不如感烟探测器灵敏，它们对阴燃火不可能响应。并且根据经验，只有当火焰高度达到至顶棚的距离为 1/3 房间净高时，感温探测器才能响应。因此感温探测器不适宜保护可能由小火造成不能允许损失的场所，例如计算机房等。在最后选定探测器类型之前，必须对感温探测器动作前火灾可能造成的损失作出评估。

7.2.7、7.2.8　规定了宜选择和不宜选择火焰探测器的场所。由于火焰探测器不能探测阴燃火，因此火焰探测器只能在特殊的场所使用，或者作为感烟或感温探测器的一种辅助手段，不作为通用型火灾探测器。火焰探测器只靠火焰的辐射就能响应，而无需燃烧产物的对流传输，对明火的响应也比感温和感烟探测器快得多，且又无须安装在顶棚上。所以火焰探测器特别适合仓库和储木场等大的开阔空间或者明火的蔓延可能造成重大危险的场所，如可燃气体的泵站、阀门和管道等。因为从火焰探测器到被探测区域必须有一个清楚的视野，所以如果火灾可能有一个初期阴燃阶段，在此阶段有浓烟扩散则不宜选择火焰探测器。

7.2.9　本条规定了可燃气体探测器的选择场所。近年来，随着可燃气体使用的增加，发生泄漏引起火灾的数量亦增加，国内这方面产品和技术标准也日趋完善，所以必须对其使用场所作出规定。

7.2.10　任何一种探测器对火灾的探测都有局限性，所以对联动或自动灭火等可靠性要求高的场合用感烟探测器、感温探测器、火焰探测器的组合是十分必要的，组合也包括同类型但不同灵敏度的探测器的组合。

7.3　线型火灾探测器的选择

7.3.1　本条规定了适合红外光束感烟探测器的场所。大型库房、博物馆、档案馆、飞机库等经常是无遮挡大空间的情形，发电厂、变配电站、古建筑、文物保护建筑的厅堂馆所，有时也适合安装这种类型探测器。

7.3.2、7.3.3　规定了线型感温探测器适合的场所。缆式线型定温火灾探测器特别适合于保护厂矿或电缆设施。当用于这些场所时，线型探测器应尽可能贴近可能发生燃烧或过热的地点，或者安装在危险部位上，使其与可能过热处接触。

8　火灾探测器和手动火灾报警按钮的设置

8.1　点型火灾探测器的设置数量和布置

8.1.1　本条规定“探测区域内的每个房间至少应设置一只火灾探测器”。这里提到的“每个房间”是指一个探测区域中可相对独立的房间，即使该房间的面积比一只探测器的保护面积小得多，也应设置一只探测器保护。此条规定可避免在探测区域中几个独立房间共用一只探测器。这一条参考了国外先进国家的规范中类似的规定。

8.1.2 本条规定的点型火灾探测器的保护面积，是在一个特定的试验条件下，通过五种典型的试验火试验提供的数据，并参照国外先进国家的规范制订的，用来作为设计人员确定火灾自动报警系统中采用探测器数量的主要依据。

凡经国家消防电子产品质量监督检验中心按现行国家标准《点型感烟火灾探测器技术要求及试验方法》GB 4715 和《点型感温火灾探测器技术要求及试验方法》GB 4716 检验合格的产品，其保护面积均符合本规范的规定。

1. 当探测器装于不同坡度的顶棚上时，随着顶棚坡度的增大，烟雾沿斜顶棚和屋脊聚集，使得安装在屋脊或顶棚的探测器进烟或感受热气流的机会增加。因此，探测器的保护半径可相应地增大。

2. 当探测器监视的地面面积 $S>80m^2$ 时，安装在其顶棚上的感烟探测器受其他环境条件的影响较小。房间越高，火源和顶棚之间的距离越大，则烟均匀扩散的区域越大。因此，随着房间高度增加，探测器保护的地面面积也增大。

3. 随着房间顶棚高度增加，使感温探测器能响应的火灾规模相应增大。因此，探测器需按不同的顶棚高度划分三个灵敏度级别。较灵敏的探测器（例如一级探测器）宜使用于较大的顶棚高度上。参见本规范 7.2.1 条规定。

4. 感烟探测器对各种不同类型火灾的灵敏度有所不同，因此难以规定灵敏度与房间高度的对应关系。但考虑到房间越高烟越稀薄的情况，当房间高度增加时，可将探测器的灵敏度档次相应地调高。

8.1.3 感烟探测器、感温探测器的安装间距 a、b 是指本条文说明图 12 中 1# 探测器和 2# ～5# 相邻探测器之间的距离，不是 1# 探测器与 6# ～9# 探测器之间的距离。

一、本规范附录 A 由探测器的保护面积 A 和保护半径 R 确定探测器的安装间距 a、b 的极限曲线 D_1 ～D_{11}（含 D'_9）是按照下列方程

$$a \cdot b = A$$

$$a^2 + b^2 = (2R)^2 \qquad (2)$$

绘制的，这些极限曲线端点 Y_i 和 Z_i 坐标值（a_i、b_i），即安装间距 a、b 在极限曲线端点的一组数值。如下表所示。

二、极限曲线 D_1～D_4 和 D_6 适宜于保护面积 A 等于 $20m^2$、$30m^2$ 和 $40m^2$ 及其保护半径 R 等于 3.6m、4.4m、4.9m、5.5m、6.3m 的感温探测器；极限曲线 D_5 和 D_7～D_{11}（含 D'_9）适宜于保护面积 A 等于 $60m^2$、$80m^2$、$100m^2$ 和 $120m^2$ 及其保护半径 R 等于 5.8m、6.7m、7.2m、8.0m、9.0m 和 9.9m 的感烟探测器。

表 1 极限曲线端点 Y_i 和 Z_i 坐标值（a_i，b_i）

极限曲线	Y_i（a_i，b_i）点	Z_i（a_i，b_i）点
D_1	Y_1（3.1，6.5）	Z_1（6.5，3.1）
D_2	Y_2（3.8，7.9）	Z_2（7.9，3.8）
D_3	Y_3（3.2，9.2）	Z_3（9.2，3.2）
D_4	Y_4（2.8，10.6）	Z_4（10.6，2.8）
D_5	Y_5（6.1，9.9）	Z_5（9.9，6.1）
D_6	Y_6（3.3，12.2）	Z_6（12.2，3.3）
D_7	Y_7（7.0，11.4）	Z_7（11.4，7.0）
D_8	Y_8（6.1，13.0）	Z_8（13.0，6.1）
D_9	Y_9（5.3，15.1）	Z_9（15.1，5.3）
D'_9	Y'_9（6.9，14.4）	Z'_9（14.4，6.9）
D_{10}	Y_{10}（5.9，17.0）	Z_{10}（17.0，5.9）
D_{11}	Y_{11}（6.4，18.7）	Z_{11}（18.7，6.4）

8.1.4 一个探测区域内所需设置的探测器数量，按本条规定不应小于$\frac{S}{K \cdot A}$的计算值。式中给出的修正系数 K，特级保护对象宜取 0.7～0.8，一级保护对象宜取 0.8～0.9，二级保护对象宜取 0.9～1.0。如果考虑一旦发生火灾，对人身和财产的损失程度、火灾危险度、疏散及扑救火灾的难易程度，以及火灾对社会的影响面大小等多种因素，修正系数可适当严些。

为说明表 8.1.2、附录 A 图 A 及公式（8.1.4）的工程应用，下面给出一个例子。

例：一个地面面积为 30m×40m 的生产车间，其屋顶坡度为 15°，房间高度为 8m，使用感烟探测器保护。试问，应设多少只感烟探测器？应如何布置这些探测器？

解：（1）确定感烟探测器的保护面积 A 和保护半径 R。查表 8.1.2，得感烟探测器保护面积为 $A=80m^2$，保护半径 $R=6.7m$。

（2）计算所需探测器设置数量。

选取 $K=1.0$，按公式（8.1.4）有 $N=\frac{S}{K \cdot A}=\frac{1200}{1.0\times 80}=15$（只）。

（3）确定探测器的安装间距 a、b。

由保护半径 R，确定保护直径 $D=2R=2\times 6.7=13.4$（m），由附录 A 图 A 可确定 $D_i=D_7$，应利用 D_7 极限曲线确定 a 和 b 值。根据现场实际，选取 $a=8m$(极限曲线两端点间值)，得 $b=10m$。其布置方式见图 12。

（4）校核按安装间距 $a=8m$、$b=10m$ 布置后，探测器到最远点水平距离 R' 是否符合保护半径要求。参考图 12，按式

$$R' = \sqrt{\left(\frac{a}{2}\right)^2 + \left(\frac{b}{2}\right)^2} = 6.4(m)$$

即 $R'=6.4m<R=6.7m$，在保护半径之内。

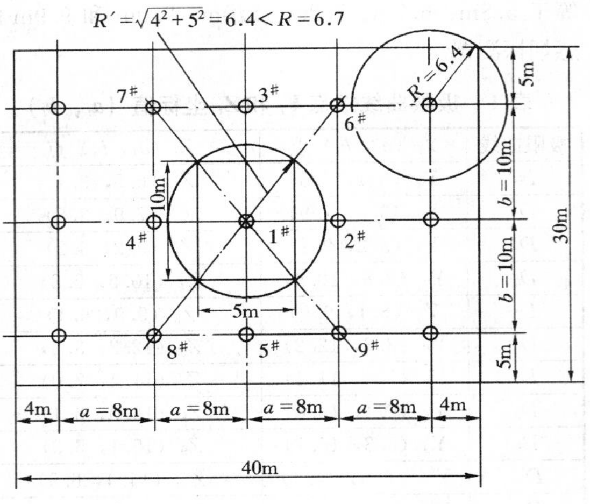

图 12　探测器布置示例

8.1.5　本条主要是对顶棚有梁时安装探测器的原则规定。由于梁对烟的蔓延会产生阻碍，因而使探测器的保护面积受到梁的影响。如果梁间区域(指高度在200mm至600mm之间的梁所包围的区域)的面积较小，梁对热气流(或烟气流)形成障碍，并吸收一部分热量，因而探测器的保护面积必然下降。探测器保护面积验证试验表明，梁对热气流(或烟气流)的影响还与房间高度有关。本条规定参考了德国规范的内容。

1. 当梁突出顶棚的高度小于200mm时，在顶棚上设置感烟、感温探测器，可不计梁对探测器保护面积的影响。

2. 当梁突出顶棚的高度在200～600mm时，应按附录B、附录C确定梁的影响和一只探测器能够保护的梁间区域的个数。

由附录B图B可以看出，房间高度在5m以上，梁高大于200mm时，探测器的保护面积受梁高的影响按房间高度与梁高之间的线性关系考虑。还可看出，三级感温探测器房高极限值为4m，梁高限度为200mm；二级感温探测器房高极限值为6m，梁高限度为225mm；一级感温探测器房高极限值为8m，梁高限度为275mm；感烟探测器（各灵敏度档次）均按房高极限值为12m，梁高限度为375mm。若梁高超过上述限度，即线性曲线右边部分，均须计梁的影响。

3. 当梁突出顶棚的高度超过600mm时，被梁隔断的每个梁间区域应至少设置一只探测器（参考日本规范规定）。

4. 当被梁隔断的区域面积超过一只探测器的保护面积时，则应将被隔断的区域视为一个探测区域，并应按8.1.4条规定计算探测器的设置数量。

5. 当梁间净距小于1m时，可视为平顶棚，不计梁对探测器保护面积的影响。

8.1.6　本条规定参考德国标准制订。

8.1.7　本条规定参考德国标准和英国规范规定。探测器至墙壁、梁边的水平距离，不应小于0.5m。

8.1.8、8.1.9　参考德国标准制订。

8.1.10　在设有空调的房间内，探测器不应安装在靠近空调送风口处。这是因为气流阻碍极小的燃烧粒子扩散到探测器中去，使探测器探测不到烟雾。此外，通过电离室的气流在某种程度上改变电离模型，可能使探测器更灵敏（易误报）。本条规定参考日本规范和英国规范制订。

8.1.11　当屋顶有热屏障时，感烟探测器下表面至顶棚或屋顶的距离，应符合表8.1.11的规定。本条规定参考德国标准制订。

由于屋顶受辐射热作用或因其他因素影响，在顶棚附近可能产生空气滞留层，从而形成热屏障。火灾时，该热屏障将在烟雾和气流通向探测器的道路上形成障碍作用，影响探测器探测烟雾。同样，带有金属屋顶的仓库，夏天，屋顶下边的空气可能被加热而形成热屏障，使得烟在热屏障下边开始分层。而冬天，降温作用也会妨碍烟的扩散。这些都将影响探测器的灵敏度，而这些影响通常还与顶棚或屋顶形状以及安装高度有关。为此，按表8.1.11规定感烟探测器下表面至顶棚或屋顶的必要距离安装探测器，以减少上述影响。

在人字型屋顶和锯齿型屋顶情况下，热屏障的作用特别明显。图13给出探测器在不同形状顶棚或屋顶下，其下表面至顶棚或屋顶的距离 d 的示意图。

感温探测器通常受这种热屏障的影响较小，所以感温探测器总是直接安装在顶棚上（吸顶安装）。

8.1.12　本条参考德国规范制订。在房屋为人字型屋顶的情况下，如果屋顶坡度大于15°，在屋脊（房屋最高部位）的垂直面安装一排探测器有利于烟的探测，因为房屋各处的烟易于集中在屋脊处。在锯齿型屋顶的情况下，按探测器下表面至屋顶或顶棚的距离 d（见第8.1.11条和图13）在每个锯齿型屋顶上安装一排探测器。这是因为，在坡度大于15°的锯齿型屋顶情况下，屋顶有几米高，烟不容易从一个屋顶扩散到另一个屋顶，所以对于这种锯齿型厂房，须按分隔间处理。

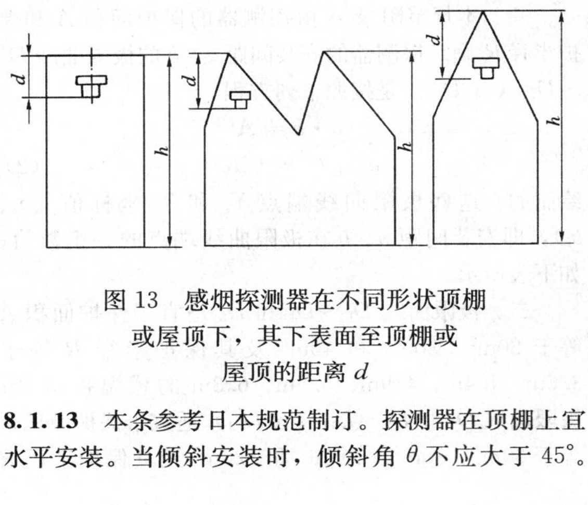

图 13　感烟探测器在不同形状顶棚或屋顶下，其下表面至顶棚或屋顶的距离 d

8.1.13　本条参考日本规范制订。探测器在顶棚上宜水平安装。当倾斜安装时，倾斜角 θ 不应大于45°。

当倾斜角 θ 大于 45°时，应加木台安装探测器。如图 14 所示。

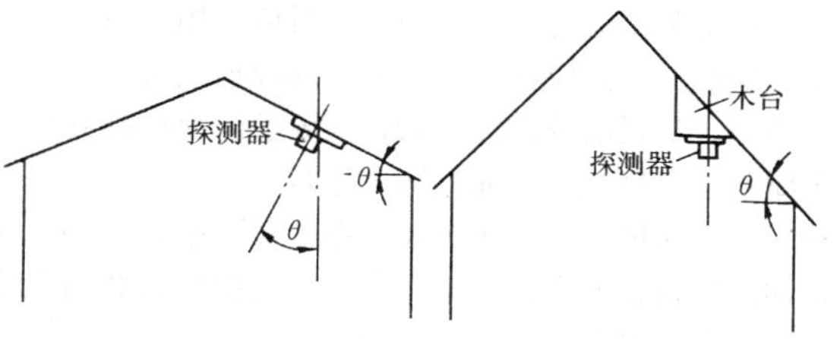

(a) $\theta \leqslant 45°$ 时　　(b) $\theta > 45°$ 时

图 14　探测器的安装角度

θ—屋顶的法线与垂直方向的交角

8.1.14　本条规定有利于探测器探测井道中发生的火灾，且便于平时检修工作进行。

8.2　线型火灾探测器的设置

8.2.1　此条规定根据我国工程实践经验制订。一般情况下，当顶棚高度不大于 5m 时，探测器的红外光束轴线至顶棚的垂直距离为 0.3m；当顶棚高度为 10～20m 时，光束轴线至顶棚的垂直距离可为 1.0m。

8.2.2　相邻两组红外光束感烟探测器的水平距离不应大于 14m。探测器至侧墙水平距离不应大于 7m 且不应小于 0.5m。超过规定距离探测烟的效果很差。为有利于探测烟雾，探测器的发射器和接收器之间的距离不宜超过 100m，见图 15。

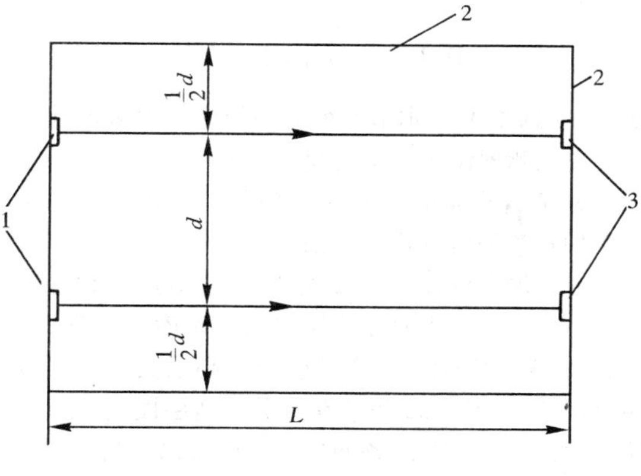

d：max<14m

L：1～100m

图 15　红外光束感烟探测器在相对两面墙壁上安装平面示意图

1—发射器；2—墙壁；3—接收器

8.2.3　缆式线型定温探测器在电缆桥架或支架上设置时，宜采用接触式布置，即敷设于被保护电缆（表层电缆）外护套上面，如图 16 所示。在各种皮带输送装置上设置时，在不影响平时运行和维护的情况下，应根据现场情况而定，宜将探测器设置在装置的过热点附近，如图 17 所示。本条主要依据我国工程实践经验规定。

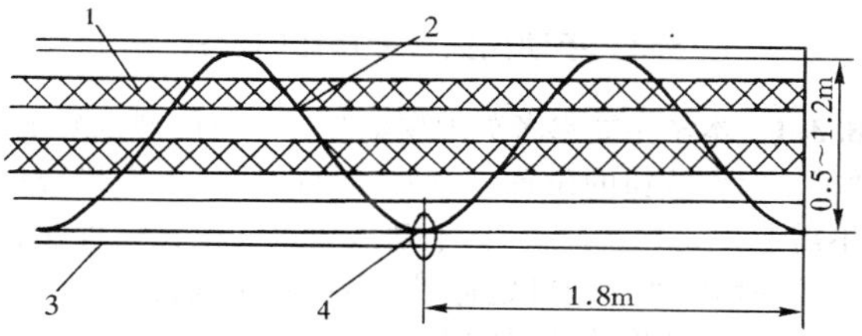

图 16　缆式线型定温探测器在电缆桥架或支架上接触式布置示意图

1—动力电缆；2—探测器热敏电缆；

3—电缆桥架；4—固定卡具

注：固定卡具宜选用阻燃塑料卡具。

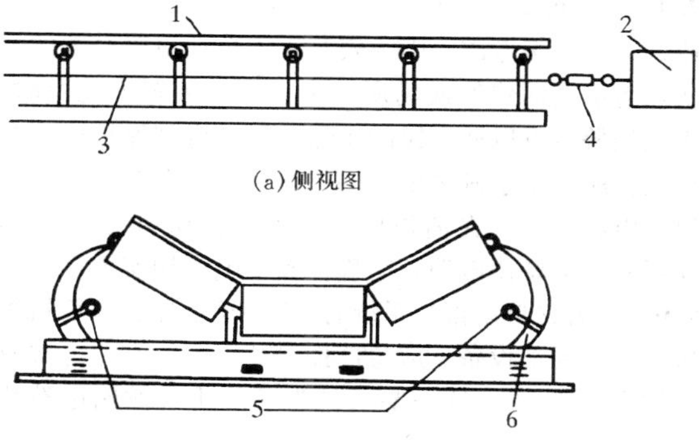

(b) 正视图

图 17　缆式线型定温探测器在皮带输送装置上设置示意图

1—传送带；2—探测器终端电阻；

3、5—探测器热敏电缆；4—拉线螺旋；6—电缆支撑件

8.2.4　本条参考日本规范规定，如图 18 所示。

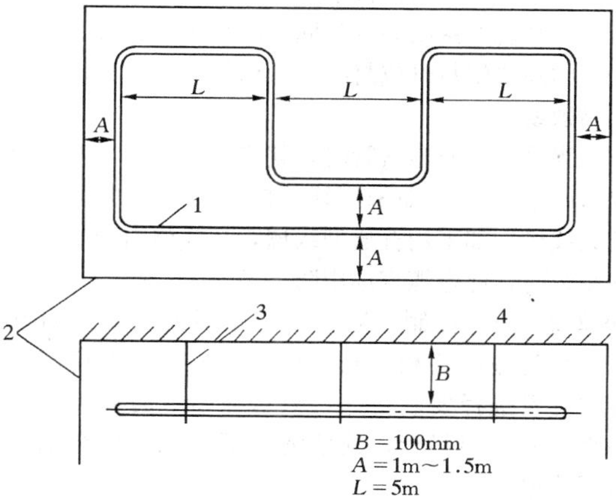

图 18　空气管式线型差温探测器在顶棚下方设置示意图

1—空气管；2—墙壁；

3—固定点；4—顶棚

8.3 手动火灾报警按钮的设置

8.3.1 本条主要参考英国规范制订。英国规范规定："手动报警按钮的位置，应使场所内任何人去报警均不需走 30m 以上距离"。手动火灾报警按钮设置在公共活动场所的出入口处有利于及时报出火警。

8.3.2 手动报警按钮应设置在明显的和便于操作的部位，参考国外先进国家规范。当安装在墙上时，其底边距地高度宜为 1.3～1.5m，且应有明显的标志，以便于识别。

9 系 统 供 电

9.0.1、9.0.2 火灾自动报警系统的主电源宜按一级或二级负荷来考虑。因为安装火灾自动报警系统的场所均为重要的建筑或场所，火灾报警装置如能及时、正确报警，可以使人民的生命、财产得到保护或少受损失。所以要求其主电源的可靠性高，有二个或二个以上电源供电，在消防控制室进行自动切换。同时，还要有直流备用电源，来确保其供电的切实可靠。

9.0.3 火灾自动报警系统有 CRT 显示器、计算机主机、消防通信设备、应急广播等装置时，其主电源宜采用 UPS 电源。这一要求是为了防止突然断电造成以上装置不能正常工作。

9.0.4 火灾自动报警系统主电源不应采用漏电保护开关进行保护。其原因是，漏电与保证装置供电可靠性来比较，后者为第一位。

10 布 线

10.2 屋 内 布 线

10.2.1 火灾自动报警系统的传输线路穿线导管与低压配电系统的穿线导管相同，应采用金属管、经阻燃处理的硬质塑料管或封闭式线槽等几种，敷设方式采用暗敷或明敷。

当采用硬质塑料管时，就应用阻燃型，其氧指数要求不小于 30。如采用线槽配线时，要求用封闭式防火线槽。如采用普通型线槽，其线槽内的电缆为干线系统时，此电缆宜选用防火型。

10.2.2 消防控制、通信和警报线路与火灾自动报警系统传输线路相比较，更加重要，所以这部分的穿线导管选择要求更高，只有在暗敷时才允许采用阻燃型硬质塑料管，其他情况下只能采用金属管或金属线槽。

消防控制、通信和警报线路的穿线导管，一般要求敷设在非燃烧体的结构层内（主要指混凝土层内），其保护层厚度不宜小于 30mm。因管线在混凝土内可以起到保护作用，防止火灾发生时消防控制、通信和警报线路中断，使灭火工作无法进行，造成更大的经济损失。

在本条中规定，当采用明敷时应采用金属管或金属线槽保护，并应在金属管或金属线槽上采取防火保护措施。从目前的情况来看，主要的防火措施就是在金属管、金属线槽表面涂防火涂料。

10.2.3 这里主要是防止强电系统对弱电系统的火灾自动报警设备的干扰。不宜火灾自动报警系统的电缆与高压电力电缆在同一竖井内敷设。

10.2.4 本条规定主要为防止火灾自动报警系统的线路被老鼠等动物咬断。

10.2.5 本条规定主要为便于接线和维修。

10.2.6 目前施工中压接技术已被广泛应用，采用压接可以提高运行的可靠性。

10.2.7 本条按我国目前的实际情况而定。

附录 D 火灾探测器的具体设置部位（建议性）

D.1 特级保护对象

D.1.1 本节对列为特级保护对象的建筑提出火灾探测器设置部位的建议性意见。按现行国家标准《高层民用建筑设计防火规范》的有关规定，特级保护对象除面积小于 $5.00m^2$ 的厕所、卫生间外，均应设火灾探测器。

D.2 一 级 保 护 对 象

D.2.1～D.2.32 本节对列为一级保护对象的建筑提出火灾探测器设置部位的建议性意见。1～19 条是单指所列建筑的部位，20～32 条是共性的，适用于一级保护对象的所有建筑的部位。29 条引自《汽车库、修车库、停车场设计防火规范》，它适用于独立的汽车库，也适用于附属在建筑内的汽车库。本节 1～10 条、23 条、25～27 条全部引自《高层民用建筑设计防火规范》；21、22 条基本转引《高层民用建筑设计防火规范》，其中 21 条增加了防烟楼梯、消防电梯的前室及合用前室，火灾发生时，它是人员逃生和消防扑救的主要竖向通道和出入口，为确保安全，需设置探测器。22 条增加了变压器室，它的火灾危险不比配电室低。11、12、14、15 条引自《建筑设计防火规范》。16、17 条引自《人民防空工程设计防火规范》。13 条高级住宅指建筑装修标准高，有中央空调系统的住宅或公寓。在欧美防火标准都有保护人身安全的条款，火灾报警设施已开始进入家庭。我国国情不同，经济能力、生活水平与发达国家相比尚有较大差距，住宅单元量大面广，普遍设置火灾报警设施承受不了；但对高级住宅或高级公寓来说，设置火灾探测器是必要的。18 条地铁站、厅、行人通道同欧、美、香港地区等的做法一致。19 条是针对一些火灾危险性大和较难疏散的部位而定的。20 条高级办公室、会议室、陈列室、展览室、商场营业厅是指属一级保护对象的所有建筑，属此功能的部位均需装设探测器。24 条可延燃绝缘和外护层电缆常是引起火灾的根源，其通道应设探测器。28 条基本是特别易发多发火灾的商业活动场所。30 条污衣道前室、垃圾道前室、净高超过 0.8m 的具有可燃物的闷顶，部位隐蔽加强防范是必要的，如同易发火灾的商业用或公共厨房，若设有自动喷水灭火系统的可不装探测器。

D.3 二级保护对象

D.3.1～D.3.19 本节对列为二级保护对象的建筑提出火灾探测器设置部位的建议性意见。1～8 条是单指所列建筑的场所，9～19 条是共性的、适用于二级保护对象的所有建筑的场所，9 条适用于独立的汽车库，也适用于附属在建筑内的汽车库。

中华人民共和国国家标准

自动喷水灭火系统设计规范

GB 50084—2001

条 文 说 明

目　录

1 总　则

1.0.1 本条是对原《自动喷水灭火系统设计规范》(GBJ 84—85,以下简称原规范)第1.0.1条的部分修改。本条主要说明制订本规范的意义和目的:为了正确合理地设计自动喷水灭火系统,使之充分发挥保护人身和财产安全的作用。

自动喷水灭火系统,是当今世界上公认的最为有效的自救灭火设施,是应用最广泛、用量最大的自动灭火系统。国内外应用实践证明:该系统具有安全可靠、经济实用、灭火成功率高等优点。

国外应用自动喷水灭火系统已有一百多年的历史。在这长达一个多世纪的时间内,一些经济发达的国家,从研究到应用,从局部应用到普遍推广使用,有过许许多多成功和失败的教训。在总结经验的基础上,制订了本国的自动喷水灭火系统设计安装规范或标准,而且进行了一次又一次的修订(如英国的《自动喷水灭火系统安装规则》、美国《自动喷水灭火系统安装标准》)等。自动喷水灭火系统不仅已经在高层建筑、公共建筑、工业厂房和仓库中推广应用,而且发达国家已在住宅建筑中开始安装使用。

在建筑防火设计中推广应用自动喷水灭火系统,获得了巨大的社会与经济效益。表1为美国1965年统计资料,数据表明:早在技术远不如目前发达的1925～1964年间,在安装喷淋灭火系统的建筑物中,共发生火灾75290次,灭控火的成功率高达96.2%,其中工业厂房和仓库占有的比例高达87.46%。

表1　自动喷水灭火系统灭火成功率统计表

成功次数、概率 / 建筑类型	灭火成功		灭火不成功		累计数	
	次数	%	次数	%	次数	%
学校	204	91.9	18	8.1	222	0.3
公共建筑	259	95.6	12	4.4	271	0.36
办公建筑	403	97.1	12	2.9	415	0.6
住宅	943	95.5	43	4.4	986	1.3
公共集会场所	1321	96.6	47	3.4	1368	1.8
仓库	2957	89.9	334	10.1	3291	4.4
百货小卖市场	5642	97.1	167	2.9	5809	7.7
工业厂房	60383	95.6	2156	3.4	62539	83.0
其他	307	78.9	82	21.1	389	0.51
合计	72419	96.2	2871	3.8	75290	100.0

注:本表根据NFPA"Fire Journal"VOL 59. No. 4—July 1965编制。

美国纽约对1969～1978年10年中1648起高层建筑喷淋灭火案例的统计表明,灭控火成功率为高层办公楼98.4%,其他高层建筑97.7%。又如澳大利亚和新西兰,从1886年到1968年的几十年中,安装这一灭火系统的建筑物,共发生火灾5734次,灭火成功率达99.8%。有些国家和地区,近几年安装这一灭火系统的,有的灭火成功率达100%。

国外安装自动喷水灭火系统的建筑物,将在投保时享受一定的优惠条件,一般在该系统安装后的几年时间内,因优惠而少缴的保险费就够安装系统的费用了。一般在一年半到三年的时间内,就可以抵消建设资金。

推广应用自动喷水灭火系统,不仅可从减少火灾损失中受益,而且可减少消防总开支。如美国加利福尼亚州的费雷斯诺城,在市区制定的建筑条例中,要求在非居住区安装自动喷水灭火系统,结果使这个城市的火灾损失大大减小,从1955年到1975年的20年间,非居住区火灾损失从占该市火灾总损失的61.6%,降低到43.5%。

20世纪30年代我国开始应用自动喷水灭火系统,至今已有70年的历史。首先在外国人开办的纺织厂、烟厂以及高层民用建筑中应用。如上海第十七毛纺厂,是1926年由英国人所建,在厂房、库房和办公室装设了自动喷水灭火系统。1979年,该厂从日本和联邦德国引进生产设备,在新建的厂房也设计安装了国产的湿式系统。又如上海国际饭店是1934年建成投入使用的。该建筑中所有客房、厨房、餐厅、走道、电梯间等部位均装设了喷头,并扑灭过数起初期火灾。50年代,苏联援建的一些纺织厂和我国自行设计的一些工厂中,也装设了自动喷水灭火系统。1956年兴建的上海乒乓球厂,我国自行设计安装了自动喷水灭火系统,并于1978年10月成功地扑救了由于赛璐珞丝缠绕马达引起的火灾。又如1958年建的厦门纺织厂,至80年代曾四次发生火灾,均成功地将火扑灭。时至今日,该系统已经成为国际上公认的最为有效的自动扑救室内火灾的消防设施,在我国的应用范围和使用量也在不断扩展与增长。

原规范自1985年颁布执行以来,对指导系统的设计,发挥了积极、良好的作用。十几年来,国民经济持续快速发展,新技术不断涌现,使该规范面临着不断适应新情况、解决新问题、推广新技术的社会需求。此次修订该规范的目的,是为了总结十几年来自动喷水灭火系统技术发展和工程设计积累的宝贵经验,推广科技成果,借鉴发达国家先进技术,使之更加充实与完善。

1.0.2 本条是对原规范第1.0.3条的修改,规定了本规范的适用与不适用范围。新建、扩建及改建的民用与工业建筑,当设置自动喷水灭火系统时,均要求按本规范的规定设计,但火药、炸药、弹药、火工品工厂,以及核电站、飞机库等性质上超出常规的特殊建筑,属于本规范的不适用范围。上述各类性质特殊的建筑设计自动喷水灭火系统时,按其所属行业的规范设计。

1.0.3 要求按本规范设计自动喷水灭火系统时,必须同时遵循国家基本建设和消防工作的有关法律法规、方针政策,并在设计中密切结合保护对象的使用功能、内部物品燃烧时的发热发烟规律,以及建筑物内部空间条件对火灾热烟气流流动规律的影响,做到使系统的设计,既能为保证安全而可靠地启动操作,又要力求技术上的先进性和经济上的合理性。

自动喷水灭火系统的类型较多,基本类型包括湿式、干式、预作用及雨淋自动喷水灭火系统和水幕系统等。用量最多的是湿式系统。在已安装的自动喷水灭火系统中,有70%以上为湿式系统。

湿式系统由闭式洒水喷头、水流指示器、湿式报警阀组,以及管道和供水设施等组成,并且管道内始终充满有压水。湿式系统必须安装在全年不结冰及不会出现过热危险的场所内,该系统在喷头动作后立即喷水,其灭火成功率高于干式系统。

干式自动喷水灭火系统,处于戒备状态时配水管道内充有压气体,因此使用场所不受环境温度的限制。与湿式系统的区别在于:采用干式报警阀组,并设置保持配水管道内气压的充气设施。该系统适用于有冰冻危险与环境温度有可能超过70℃、使管道内的充水汽化升压的场所。

干式系统的缺点是:发生火灾时,配水管道必须经过排气充水过程,因此推迟了开始喷水的时间,对于可能发生蔓延速度较快火灾的场所,不适合采用此种系统。

预作用系统采用预作用报警阀组,并由火灾自动报警系统启动。系统的配水管道内平时不充水,发生火灾时,由比闭式喷头更灵敏的火灾报警系统联动雨淋阀和供水泵,在闭式喷头开放前完成管道充水过程,转换为湿式系统,使喷头能在开放后立即喷水。预作用系统既兼有湿式、干式系统的优点,又避免了湿式、干式系统的缺点,在不允许出现误喷或管道漏水的重要场所,可替代湿式系统使用;在低温或高温场所中替代干式系统使用,可避免喷头开启后延迟喷水的缺点。

雨淋系统的特点，是采用开式洒水喷头和雨淋报警阀组，并由火灾报警系统或传动管联动雨淋阀和供水泵，使与雨淋阀连接的开式喷头同时喷水。雨淋系统应安装在发生火灾时火势发展迅猛、蔓延迅速的场所，如舞台等。

水幕系统用于挡烟阻火和冷却分隔物。系统组成的特点是采用开式洒水喷头或水幕喷头，控制供水通断的阀门，可根据防火需要采用雨淋报警阀组或人工操作的通用阀门，小型水幕可用感温雨淋阀控制。水幕系统包括防火分隔水幕和防护冷却水幕两种类型。利用密集喷洒形成的水墙或水帘阻火挡烟、起防火分隔作用的，为防火分隔水幕；防护冷却水幕则利用水的冷却作用，配合防火卷帘等分隔物进行防火分隔。

自动喷水灭火系统的一百多年历史，一直在不断研究开发新技术、新设备与新材料，并获得持续发展和水平的不断提高。改革开放以来，我国建筑业迅速发展，兴建了一大批高层建筑、大空间建筑及地下建筑等内部空间条件复杂和功能多样的建筑物，使系统的设计不断遇到新情况、新问题。只有积极合理地吸收新技术、新设备与新材料，才能使系统的设计技术适应社会进步与发展的需求。系统采用的新技术、新设备与新材料，不仅要具备足够的成熟程度，同时还要符合可靠适用、经济合理，并与系统相配套、与规范合理衔接等条件，以避免出现偏差或错误。

表 2　英、美、日、苏、德等国常用的系统类型

国家	常用的系统类型
英国	湿式系统、干式系统、干湿式系统、尾端干湿式或尾端干式系统、预作用系统、雨淋系统等
美国	湿式系统、干式系统、预作用系统、干式一预作用联合系统、闭路循环系统(与非消防用水设施连接，平时利用共用管道供给采暖或冷却用水，水不排出，循环使用)、防冻系统(用防冻液充满系统管网，火灾时，防冻液喷出后，随即喷水)、雨淋系统等
日本	湿式系统、干式系统、预作用系统、干式一预作用联合系统、雨淋系统、限量供水系统(由高压水罐供水的湿式系统)等
德国	湿式系统、干式系统、干湿式系统、预作用系统等
原苏联	湿式系统、干式系统、干湿式系统、雨淋系统、水幕系统等

1.0.4　本条对自动喷水灭火系统采用的组件提出了要求。系统组件属消防专用产品，质量把关至关重要，因此要求设计中采用符合现行的国家或行业标准，并经过国家固定灭火系统质量监督检验测试中心检测合格的产品。未经检测或检测不合格的不能采用。

1.0.5　经过改建后变更使用功能的建筑，当其重要性、房间的空间条件、内部容纳物品的性质或数量及人员密集程度发生较大变化时，要求根据改造后建筑的功能和条件，按本规范对原来已有的系统进行校核。当发现原有系统已经不再适用改造后建筑时，要求按本规范和改造后建筑的条件重新设计。

1.0.6　本规范属于强制性国家标准。本规范的制订，将针对建筑物的具体条件和防火要求，提出合理设计自动喷水灭火系统的有关规定。另外，设置自动喷水灭火系统的场所，还要求同时执行现行国家标准《建筑设计防火规范》GBJ 16—87(1997 年版)、《高层民用建筑设计防火规范》GB 50045—95、《汽车库、修车库、停车场设计防火规范》GB 50067—97、《人民防空工程设计防火规范》GBJ 98—87等规范的相关规定。

3　设置场所火灾危险等级

3.0.1、3.0.2　由强制性条文改为非强制性条文。根据火灾荷载(由可燃物的性质、数量及分布状况决定)、室内空间条件(面积、高度)、人员密集程度、采用自动喷水灭火系统扑救初期火灾的难易程度，以及疏散及外部增援条件等因素，划分设置场所的火灾危险等级。

建筑物内存在物品的性质、数量以及其结构的疏密、包装和分布状况，将决定火灾荷载及发生火灾时的燃烧速度与放热量，是划分自动喷水灭火系统设置场所火灾危险等级的重要依据。

1　可燃物性质对燃烧速度的影响因素，包括制造材料的燃烧性能、制造结构的疏密程度以及堆积摆放的形式等。不同性质的可燃物，火灾时表现的燃烧性能及扑救难度不同，例如纸制品和发泡塑料制品，就具有不同的燃烧性能，造纸及纸制品厂被划归中危险级，发泡塑料及制品按固体易燃物品被划归严重危险级。火灾荷载大，燃烧时蔓延速度快、放热量大、有害气体生成量大的保护对象，需要设置反应速度快、喷水强度大以及作用面积大的系统。火灾荷载的大小，对确定设置场所火灾危险等级是十分重要的依据。表 3 给出了不同火灾荷载密度情况下的火灾放热量数据。火灾荷载密度，是指单位面积占有的可燃物相当于木材的数量，是衡量可燃物密度的指标。

2　物品的摆放形式，包括密集程度及堆积高度，是划分设置场所火灾危险等级的另一个重要依据。松散堆放的可燃物，因与空气的接触面积大，燃烧时的供氧条件比紧密堆放要好，所以燃烧速度快，放热速率高，因此需求的灭火能力强。可燃物的堆积高度大，火焰的竖向蔓延速度快，另外由于高堆物品的遮挡作用，使喷水不易直接送达位于可燃物底部的起火部位，导致灭火的难度增大，容易使火灾得以水平蔓延。为了避免这种情况的发生，要求以较大的喷水强度或具有较强穿透力的喷水，以及开放较多喷头、形成较大的喷水面积控制火势。

表 3　火灾载荷密度与燃烧特性

可燃物数量 (lb/ft^2)(kg/m^2)	热量 (MJ/m^2)	燃烧时间——相当标准温度曲线的时间(h)
5　(24)	454	0.5
10　(49)	909	1.0
15　(73)	1363	1.5
20　(98)	1819	2.0
30　(147)	2727	3.0
40　(195)	3636	4.5
50　(244)	4545	7.0
60　(288)	5454	8.0
70　(342)	6363	9.0

3　建筑物的室内空间条件，也将影响闭式喷头受热开放时间和喷水灭火效果。小面积场所，火灾烟气流因受墙壁阻挡而很快在顶板或吊顶下积聚并淹没喷头，而使喷头热敏元件迅速升温动作；而大面积场所，火灾烟气流则可在顶板或吊顶下不受阻挡的自由流散，喷头热敏元件只受对流传热的影响，升温较慢，动作较迟钝。室内净空高度的增大，使火灾烟气流在上升过程中，与被卷吸的空气混合而逐渐降低温度和流速的作用增大，流经喷头热气流温度与速度的降低将造成喷头推迟动作。喷头开放时间的推迟，将为火灾继续蔓延提供时间，喷头开放时将面临放热速率更大，更难扑救的火势，使系统喷水控灭火的难度增大。对于喷头的洒水，则因与上升热烟气流接触的时间和距离的加大，使被热气流吹离布水轨迹和汽化的水量增大，导致送达到位的灭火水量减少，同样会加大灭火的难度。有些建筑构造，还会影响喷头的布置和均匀布水。上述影响喷头开放和喷水送达灭火的因素，由于影响系统控灭火的效果，将导致设置场所火灾危险等级的改变。

各国规范将自动喷水灭火系统的设置场所划分为三个或四个火灾危险等级。如英国将设置场所划分为三个危险等级，即轻、中、严重(其中又分为生产工艺级和贮存级)危险级。德国分为Ⅰ、Ⅱ、Ⅲ、Ⅳ级，分别为轻、中、严重(其中又分为生产级和堆积级)危险级。美国和日本则划分为轻、中、严重危险级。

本规范参考了发达国家规范，结合我国目前实际情况，在增加仓库危险级的基础上，将设置场所划分为四级，分别为轻、中（其中又分为Ⅰ级和Ⅱ级）、严重（其中又分为Ⅰ级和Ⅱ级）及仓库（其中又分为Ⅰ级、Ⅱ级和Ⅲ级）危险级。

轻危险级，一般是指下述情况的设置场所，即可燃物品较少、可燃性低和火灾发热量较低、外部增援和疏散人员较容易。

中危险级，一般是指下列情况的设置场所，即内部可燃物数量为中等，可燃性也为中等，火灾初期不会引起剧烈燃烧的场所。大部分民用建筑和工业厂房划归中危险级。根据此类场所种类多、范围广的特点，划分中Ⅰ级和中Ⅱ级，并在本规范附录A中举例予以说明。商场内物品密集、人员密集，发生火灾的频率较高，容易酿成大火造成群死群伤和高额财产损失的严重后果，因此将大规模商场列入中Ⅱ级。

严重危险级，一般是指火灾危险性大，且可燃物品数量多，火灾时容易引起猛烈燃烧并可能迅速蔓延的场所。除摄影棚、舞台葡萄架下部外，包括存在较多数量易燃固体、液体物品工厂的备料和生产车间。

仓库火灾危险等级的划分，参考了美国的《一般储存仓库标准》NFPA—231(1995年版)和《货架式储存仓库标准》NFPA—231C(1995年版)。将上述标准中的1、2、3、4类和塑料橡胶类储存货品，结合我国国情，综合归纳并简化为Ⅰ、Ⅱ、Ⅲ级仓库。由于仓库自动喷水灭火系统涉及面广，较为复杂，美国标准NFPA—13(1996年版)没有针对货品堆高超过3.7m(12ft)的仓库提出规定，而是由《一般储存仓库标准》NFPA—231(1995年版)和《货架储存仓库标准》NFPA—231C(1995年版)提出具体规定。此次修订，规定三个仓库危险级，即Ⅰ级、Ⅱ级、Ⅲ级。仓库危险级Ⅰ级与美国标准NFPA—231(1995年版)的1、2类货品相一致，仓库危险级Ⅱ级与3、4类货品一致，仓库危险级Ⅲ级为A组塑料、橡胶制品等。

上述两个美国标准中的储存物品分类：

1类货品　指纸箱包装的不燃货品，例如：

不燃食品和饮料：不燃容器包装的食品；冷冻食品、肉类；非塑料制托盘或容器盛装的新鲜水果和疏菜；无涂蜡层或塑料覆膜的纸容器包装牛奶；不燃容器盛装，但容器外有纸箱包装的酒精含量≤20%的啤酒或葡萄酒；玻璃制品。

金属制品：包括塑料覆面或装饰的桌椅；金属外壳家电；电动机、干电池、空铁罐、金属柜。

其他：包括变压器、袋装水泥、电子绝缘材料、石膏板、惰性颜料、固体农药。

2类货品　包括木箱及多层纸箱或类似可燃材料包装的1类货品，例如：

纸箱包装的漆包线线圈，日光灯泡，木桶包装的酒精含量不超过20%的啤酒和葡萄酒。

3类货品　木材、纸张、天然纤维纺织品或C组塑料及制品，含有限量A组或B组塑料的制品，例如：

皮革制品：鞋、皮衣、手套、旅行袋等。

纸制品：书报杂志、有塑料覆膜的纸制容器等。

纺织品：天然与合成纤维及制品，不含发泡类塑料橡胶的床垫。

木制品：门窗及家具、可燃纤维板等。

其他：纸箱包装的烟草制品及可燃食品，塑料容器包装的不燃液体。

4类货品　纸箱包装的含有一定量A组塑料的1、2、3类货品，小包装采用A组塑料、大包装采用纸箱包装的1、2、3类货品，B组塑料和粉状、颗粒状A组塑料，例如：照相机、电话、塑料家具，含发泡类塑料填充物的床垫，含有一定量塑料的建材、电缆，塑料容器包装的物品。

塑料橡胶类　分为A组、B组和C组。

A组：ABS（丙烯腈-丁二烯-苯乙烯共聚物）、缩醛（聚甲醛）、丙烯酸类（聚甲基丙烯酸甲酯）、丁基橡胶、EPDM（乙丙橡胶）、FRP（玻璃纤维增强聚酯）、发泡类天然橡胶、腈橡胶（丁腈橡胶）、PET（热塑性聚酯）、聚碳酸酯、聚酯合成橡胶、聚乙烯、聚丙烯、聚苯乙烯、聚氨基甲酸酯、PVC（高增塑聚氯乙烯，如人造革、胶片等）、SAN（苯乙烯-丙烯腈）、SBR（丁苯橡胶）。

B组：纤维素类（醋酸纤维素、醋酸丁酸纤维素、乙基纤维素）、氯丁橡胶、氟塑料（ECTFE——乙烯-三氟氯乙烯共聚物、ETFE——乙烯-四氟乙烯共聚物、FEP——四氟乙烯-六氟丙烯共聚物）、不发泡类天然橡胶、锦纶（锦纶6、锦纶66）、硅橡胶。

C组：氟塑料（PCTFE——聚三氟氯乙烯、PTFE——聚四氟乙烯）、三聚氰胺（三聚氰胺甲醛）、酚醛类、PVC（硬聚氯乙烯，如：管道、管件）、PVDC（聚偏二氯乙烯）、PVDF（聚偏氟乙烯）、PVF（聚氟乙烯）、尿素（脲甲醛）。

本规范附录A的举例参考了国内外相关规范标准的有关规定。由于建筑物的使用功能、内部容纳物品和空间条件千差万别，不可能全部列举，设计时可根据设置场所的具体情况类比判断。现将美、英、日、德等国规范的火灾危险等级举例列出（见表4、表5、表6），供有关设计人员、公安消防监督人员参考。

3.0.3　当建筑物内各场所的使用功能、火灾危险性或灭火难度存在较大差异时，要求遵循“实事求是”和“有的放矢”的原则，按各自的实际情况选择适宜的系统和确定其火灾危险等级。

表4　轻危险级

国家	举　　例
德国	办公室，教育机构，旅馆（无食堂），幼儿园，托儿所，医院，监狱，住宅等
美国	教堂，俱乐部，学校，医院，图书馆（大型书库除外），博物馆，疗养院，办公楼，住宅，饭店的餐厅，剧院及礼堂（舞台及前后台口除外），不住人的阁楼等
日本	办事处，医院，住宅，旅馆，图书馆，体育馆，公共集合场所等
英国	医院，旅馆，社会福利机构，图书馆，博物馆，托儿所，办公楼，监狱，学校等

表5　中危险级

国家	举　　例
德国	废油加工厂，废纸加工厂，铝材厂，制药厂，石棉制品厂，汽车车辆装配厂，汽车厂，烧制食品厂，酒吧间，白铁制品加工厂，酿酒厂，书刊装订厂，书库，数据处理室，舞厅，拉丝厂，印刷厂，宝石加工厂，无线电仪器厂，电机厂，电子元件厂，酿醋厂，印染厂，自行车厂，门窗厂（包括铝制结构、木结构、合成材料结构），胶片保管处，光学试验室，照相器材厂，胶合板厂，汽车库，气体制品厂，橡胶制品厂，木材加工厂，电缆厂，咖啡加工厂，可可加工厂，纸板厂，陶瓷厂，电影院，教室，服装厂，罐头食品厂，音乐厅，家用冷却器厂，化肥厂，塑料制品厂，干菜食品厂，皮革厂，轻金属制品厂，机床厂，橡胶气垫厂（无泡沫塑料），交易大厅，奶粉厂，家具厂，摩托车厂，面粉厂，造纸厂，皮革制品厂，衬垫厂（无多孔塑料），瓷器厂，信封厂，饭馆，唱片厂，屠宰场，首饰厂（无合成材料），巧克力制造厂，制鞋厂，丝绸厂（天然和合成丝绸），肥皂厂，苏打厂，木屑板制造厂，纺织厂，加压浇铸厂（合成材料），洗衣机厂，钢制家具厂，烟草厂，面包厂，地毯厂（无橡胶和泡沫塑料），毛巾厂，变压器制造厂，钟表厂，绷带材料厂，制蜡厂，洗涤厂，洗衣房，武器制造厂，车厢制造厂，百货商店，洗涤剂厂，砖瓦厂，制糖厂等
美国	面包房，饮料生产厂，罐头厂，奶制品厂，电子设备厂，玻璃及制品厂，洗衣房，饭店服务区，谷物加工厂，一般危险的化学品工厂，机加工车间，皮革制品厂，糖果厂，酿酒厂，图书馆大型书库区，商店，印刷及出版社，纺织厂，烟草制品厂，木材及制品厂，饲料厂，造纸及纸制品加工厂，码头及栈桥，机动车停车房与修理车间，轮胎生产厂，舞台等
日本	饮食店，公共游艺场，百货商店（超级市场），酒吧间，电影电视制片厂，电影院，剧场，停车场，仓库（严重级的除外），发电所，锅炉房，金属机械器具制造厂（包括油漆部分），面粉厂，造纸厂，纺织厂（包括棉、毛、绢、化纤），织布厂，染色整理工厂，化纤厂（纺纱以后的工序），橡胶制品厂，合成树脂厂（普通的），普通化工厂，木材加工厂（在湿润状态下加工的工厂）

续表 5

国家	举　　例
英国	砂轮及粉磨制造厂，屠宰场，酿酒厂，水泥厂，奶制品厂，宝石加工厂，饭馆及咖啡馆，面包房，饼干厂，一般危险的化学品工厂，食品厂，机械加工厂(包括轻金属加工厂)，洗染房，汽车库，机动车制造及修理厂，陶瓷厂，零售商店，调料、腌菜及罐头食品厂，小五金制造厂，烟草厂，飞机制造厂(不包括飞机库)，印染厂，制鞋厂，播音室及发射台，制刷厂，制毯厂，谷物、面粉及饲料加工厂，纺织厂(不包括准备工序)，玻璃厂，针织厂，花边厂，造纸及纸制品厂，塑料及制品厂(不包括泡沫塑料)，印刷及有关行业，橡胶及制品厂(不包括泡沫塑料)，木材及制品厂，服装厂，肥皂厂，蜡烛厂，糖厂，制革厂，壁纸厂，毛料及毛线厂，剧院，电影电视制片厂

表 6　严重危险级

国家	举　　例
德国	酒精蒸馏厂，棉纱厂，沥青加工厂，陶瓷窑炉，赛璐珞厂，沥青油纸厂，颜料厂，油漆厂，电视摄影棚，亚麻加工厂，饲料厂，木刨花板厂，麻加工厂，炼焦厂，合成橡胶厂，露酒厂，漆布厂，橡胶气垫厂(有泡沫塑料)，粮食、饲料、油料加工厂，衬垫厂(有多孔塑料)，化学净化剂厂，米制品加工厂，泡沫橡胶厂，多孔塑料制品厂，绳索厂，茶叶加工厂，地毯厂(有橡胶和泡沫塑料)，鞋油厂，火柴厂
美国	可燃液体使用区，压铸成型及热挤压作业区，胶合板及木屑板生产车间，印刷车间(油墨闪点低于 37.9℃)，橡胶的再生、混合、干燥、破碎、硫化车间，锯木厂，纺织厂中棉花、合成纤维、再生花纤维、麻等的粗选、松解、配料、梳理前纤维回收、梳理及并纱等车间(工段)，泡沫塑料制品装修的场所，沥青制品加工区，低闪点易燃液体的喷雾作业区，浇淋涂层作业区，拖车住房或预制构件房屋的组装区，清漆及油漆浸涂作业区，塑料加工厂
日本	木材加工厂，胶合板厂，赛璐珞厂，海绵橡胶厂，合成树脂厂(使用或制造普通产品的除外)，合成树脂成型加工厂(使用普通产品的除外)，化学工厂(使用或制造普通产品的除外)，仓库(贮存赛璐珞、海绵橡胶及其他类似物品的仓库)
英国	刨花板加工厂，焰火制造厂，发泡塑料与橡胶及其制品厂，地毯及油毡厂，油漆、颜料及清漆厂，树脂、油墨及松节油厂，橡胶代用品厂，焦油蒸馏厂，硝酸纤维加工厂，火工品工厂，以及贮存以下物品的仓库：地毯、布匹、电气设备、纤维板、玻璃器皿及陶瓷(纸箱装)、食品、金属制品(纸箱装)、纺织品、纸张与成卷纸张、软木、纸箱包装的听装或瓶装的酒精、纸箱包装的听装油漆、木屑板、毛毡制品、涂沥青或蜡的纸张、发泡塑料与橡胶及其制品、橡胶制品、木材堆、木板等
注：德国将生产和贮存类场所(或堆场)列入Ⅲ级和Ⅳ级火灾危险级，本表将其一并列入严重危险级场所举例中，英国的严重危险级分为生产工艺和贮存两组，本表也将其一并列入严重危险级场所举例中。	

4　系 统 选 型

4.1　一 般 规 定

4.1.1　自动喷水灭火系统具有自动探火报警和自动喷水控灭火的优良性能，是当今国际上应用范围最广、用量最多，且造价低廉的自动灭火系统，在我国消防界及建筑防火设计领域中的可信赖程度不断提高。尽管如此，该系统在我国的应用范围，仍与发达国家存在明显差距。

是否需要设置自动喷水灭火系统，决定性的判定因素，是火灾危险性和自动扑救初期火灾的必要性，而不是建筑规模。因此，大力提倡和推广应用自动喷水灭火系统，是很有必要的。

4.1.2　由强制性条文改为非强制性条文。规定了自动喷水灭火系统不适用的范围。凡发生火灾时可以用水灭火的场所，均可采用自动喷水灭火系统。而不能用水灭火的场所，包括遇水产生可燃气体或氧气，并导致加剧燃烧或引起爆炸后果的对象，以及遇水产生有毒有害物质的对象，例如存在较多金属钾、钠、锂、钙、锶、氯化锂、氧化钠、氧化钙、碳化钙、磷化钙等的场所，则不适用。再如存放一定量原油、渣油、重油等的敞口容器(罐、槽、池)，洒水将导致喷溅或沸溢事故。

4.1.3　设置场所的火灾特点和环境条件，是合理选择系统类型和确定火灾危险等级的依据，例如：环境温度是确定选择湿式或干式系统的依据；综合考虑火灾蔓延速度、人员密集程度及疏散条件是确定是否采用快速系统的因素等。室外环境难以使闭式喷头及时感温动作，势必难以保证灭火和控火效果，所以露天场所不适合采用闭式系统。

4.1.4　提出了对设计系统的原则性要求。设置自动喷水灭火系统的目的，无疑是为了有效扑救初期火灾。大量的应用和试验证明，为了保证和提高自动喷水灭火系统的可靠性，离不开四个方面的因素：首先，闭式系统中的喷头，或与预作用和雨淋系统配套使用的火灾自动报警系统，要能有效地探测初期火灾；二是要求湿式、干式系统在开放一只喷头后，预作用和雨淋系统在火灾报警后立即启动系统；三是整个灭火进程中，要保证喷水范围不超出作用面积，以及按设计确定的喷水强度持续喷水；四是要求开放喷头的出水均匀喷洒、覆盖起火范围，并不受严重阻挡。以上四个方面的因素缺一不可，系统的设计只有满足了这四个方面的技术要求，才能确保系统的可靠性。

4.2　系 统 选 型

4.2.1　由强制性条文改为非强制性条文。湿式系统，由闭式洒水喷头、水流指示器、湿式报警阀组，以及管道和供水设施等组成，而且管道内始终充满水并保持一定压力(见图 1)。

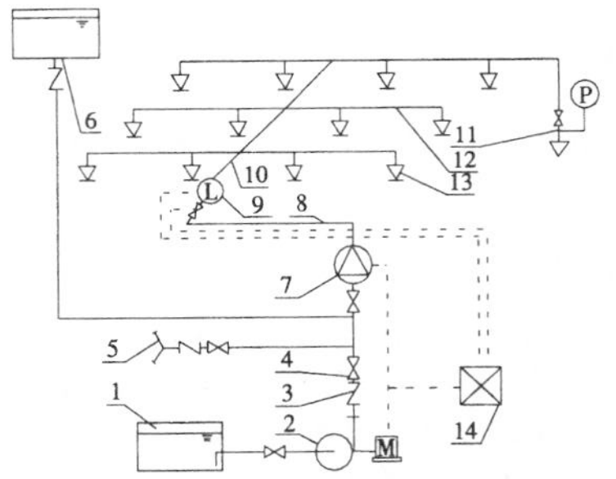

图 1　湿式系统示意图

1—水池；2—水泵；3—止回阀；4—闸阀；5—水泵接合器；6—消防水箱；7—湿式报警阀组；8—配水干管；9—水流指示器；10—配水管；11—末端试水装置；12—配水支管；13—闭式洒水喷头；14—报警控制器；P—压力表；M—驱动电机；L—水流指示器

湿式系统具有以下特点与功能：

1　与其他自动喷水灭火系统相比较，结构相对简单，处于警戒状态时，由消防水箱或稳压泵、气压给水设备等稳压设施维持管道内充水的压力。发生火灾时，由闭式喷头探测火灾，水流指示器报告起火区域，报警阀组或稳压泵的压力开关输出启动供水泵信号，完成系统的启动。系统启动后，由供水泵向开放的喷头供水，开放的喷头将供水按不低于设计规定的喷水强度均匀喷洒，实施灭火。为了保证扑救初期火灾的效果，喷头开放后，要求在持续喷水时间内连续喷水。

2　湿式系统适合在温度不低于 4℃并不高于 70℃的环境中使用，因此绝大多数的常温场所采用此类系统。经常低于 4℃的场所有使管内充水冰冻的危险。高于 70℃的场所管内充水汽化的加剧有破坏管道的危险。

4.2.2　由强制性条文改为非强制性条文。环境温度不适合采用湿式系统的场所，可以采用能够避免充水结冰和高温加剧汽化的干式或预作用系统。

干式系统与湿式系统的区别,在于采用干式报警阀组,警戒状态下配水管道内充压缩空气等有压气体。为保持气压,需要配套设置补气设施(见图 2)。

干式系统配水管道中维持的气压,根据干式报警阀入口前管道需要维持的水压、结合干式报警阀的工作性能确定。

闭式喷头开放后,配水管道有一个排气充水过程。系统开始喷水的时间,将因排气充水过程而产生滞后,因此削弱了系统的灭火能力,这一点是干式系统的固有缺陷。

4.2.3 对适合采用预作用系统的场所提出了规定:在严禁因管道泄漏或误喷造成水渍污染的场所替代湿式系统;为了消除干式系统滞后喷水现象,用于替代干式系统。

预作用系统采用预作用报警阀组,并由配套使用的火灾自动报警系统启动。处于戒备状态时,配水管道为不充水的空管。

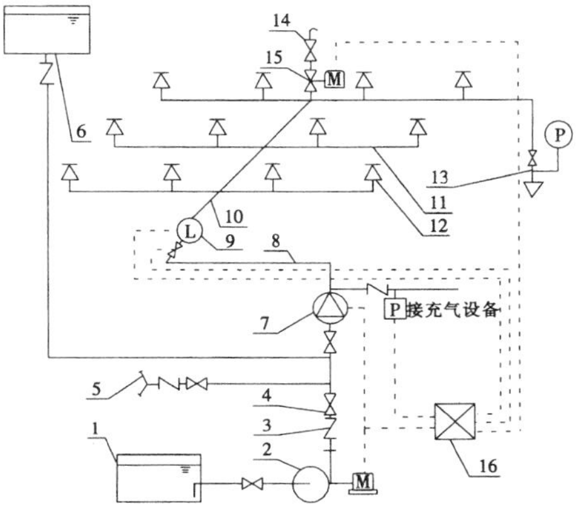

图 2　干式系统示意图

1—水池;2—水泵;3—止回阀;4—闸阀;5—水泵接合器;
6—消防水箱;7—干式报警阀组;8—配水干管;9—水流指示器;
10—配水管;11—配水支管;12—闭式喷头;13—末端试水装置;
14—快速排气阀;15—电动阀;16—报警控制器

利用火灾探测器的热敏性能优于闭式喷头的特点,由火灾报警系统开启雨淋阀后为管道充水,使系统在闭式喷头动作前转换为湿式系统(见图 3)。

戒备状态时配水管道内如果维持一定气压,将有助于监测管道的严密性和寻找泄漏点。

4.2.4 提出了一项自动喷水灭火系统新技术——重复启闭预作用系统。该系统能在扑灭火灾后自动关闭报警阀,发生复燃时又能再次开启报警阀恢复喷水,适用于灭火后必须及时停止喷水,要求减少不必要水渍损失的场所。为了防止误动作,该系统与常规预作用系统的不同之处,则是采用了一种即可输出火警信号,又可在环境恢复常温时输出灭火信号的感温探测器。当其感应到环境温度超出预定值时,报警并启动供水泵和打开具有复位功能的雨淋阀,为配水管道充水,并在喷头动作后喷水灭火。喷水过程中,当火场温度恢复至常温时,探测器发出关停系统的信号,在按设定条件延迟喷水一段时间后,关闭雨淋阀停止喷水。若火灾复燃、温度再次升高时,系统则再次启动,直至彻底灭火。

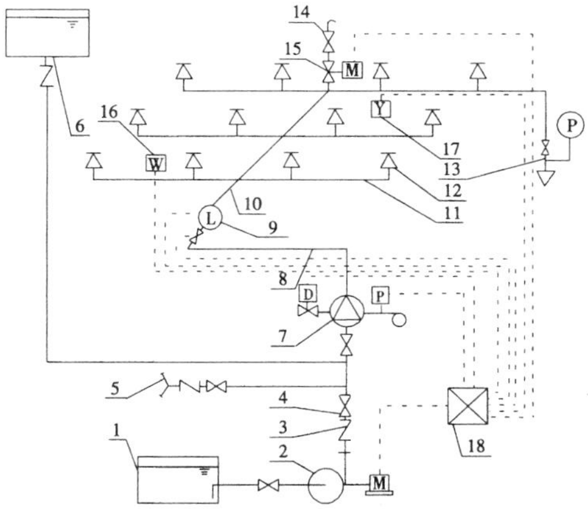

图 3　预作用系统示意图

1—水池;2—水泵;3—止回阀;4—闸阀;5—水泵接合器;6—消防水箱;
7—预作用报警阀组;8—配水干管;9—水流指示器;10—配水管;
11—配水支管;12—闭式喷头;13—末端试水装置;14—快速排气阀;
15—电动阀;16—感温探测器;17—感烟探测器;18—报警控制器

我国目前尚无此种系统的产品,将其纳入本规范,将有利于促进自动喷水灭火系统新技术和新产品的发展和应用。

4.2.5 由强制性条文改为非强制性条文。对适合采用雨淋系统的场所作了规定。包括:火灾水平蔓延速度快的场所和室内净空高度超过本规范 6.1.1 条规定、不适合采用闭式系统的场所。室内物品顶面与顶板或吊顶的距离加大,将使闭式喷头在火场中的开放时间推迟,喷头动作时间的滞后使火灾得以继续蔓延,而使开放喷头的喷水难以有效覆盖火灾范围。上述情况使闭式系统的控火能力下降,而采用雨淋系统则可消除上述不利影响。雨淋系统启动后立即大面积喷水,遏制和扑救火灾的效果更好,但水渍损失大于闭式系统。适用场所包括舞台葡萄架下部、电影摄影棚等。

雨淋系统采用开式洒水喷头、雨淋报警阀组,由配套使用的火灾自动报警系统或传动管联动雨淋阀,由雨淋阀控制其配水管道上的全部开式喷头同时喷水(见图 4、图 5。注:可以作冷喷试验的雨淋系统,应设末端试水装置)。

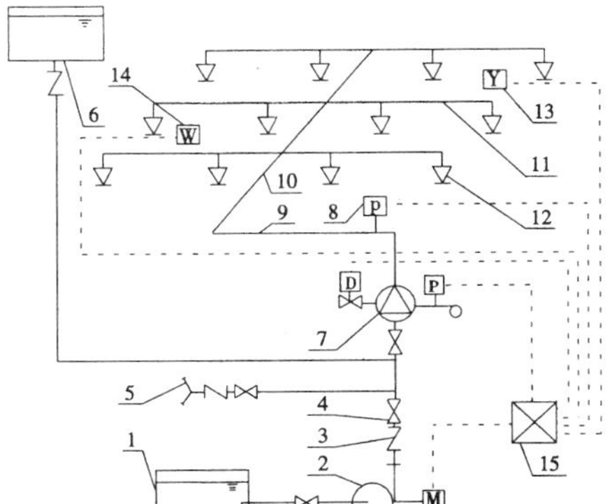

图 4　电动启动雨淋系统示意图

1—水池;2—水泵;3—止回阀;4—闸阀;5—水泵接合器;6—消防水箱;
7—雨淋报警阀组;8—压力开关;9—配水干管;10—配水管;11—配水支管;
12—开式洒水喷头;13—感烟探测器;14—感温探测器;15—报警控制器

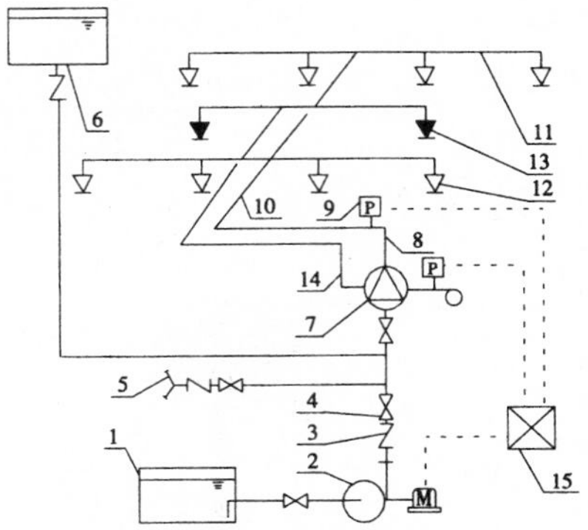

图5　充液（水）传动管启动雨淋系统示意图

1—水池；2—水泵；3—止回阀；4—闸阀；5—水泵接合器；
6—消防水箱；7—雨淋报警阀组；8—配水干管；9—压力开关；
10—配水管；11—配水支管；12—开式洒水喷头；
13—闭式喷头；14—传动管；15—报警控制器

中国建筑西南设计院1981年模拟"舞台幕布燃烧试验"报告指出：四个试验用开式洒水喷头呈正方形布置，间距为2.5m×2.5m，安装高度为22m；幕布尺寸为3m×12m，幕布下端距地面约2m，幕布由地面上的木垛火引燃（木垛的火灾负荷密度为50kg/m²）。幕布引燃后，开始时火焰上升速度约为0.1～0.2m/s，当幕布燃烧到约1/4高度，火焰急剧向上及左右蔓延扩大，不到10s时间幕布几乎全部烧完，但顶部正中安装的闭式喷头没有开放；手动开启雨淋系统时，当喷头处压力为0.1～0.2MPa时，仅10s就扑灭了幕布火灾，又历时1min30s～1min50s扑灭木垛火。试验证实了雨淋系统的灭火效果。

4.2.6　根据发达国家标准不断发展，我国仓库的形式、规模日趋多样化、复杂化以及对系统设计不断提出新的需求等情况，调整本条规定的内容。

自动喷水灭火系统经过长期的实践和不断的改进与创新，其灭火效能已为许多统计资料所证实。但是，也逐渐暴露出常规类型的系统不能有效扑救高堆垛仓库火灾的难点问题。自70年代中期开始，美国工厂联合保险研究所（FMRC）为扑灭和控制高堆垛仓库火灾作了大量的试验和研究工作。从理论上确定了"快速响应、早期抑制"火灾的三要素：一是喷头感应火灾的灵敏程度，二是喷头动作时燃烧物表面需要的灭火喷水强度，三是实际送达燃烧物表面的喷水强度。根据采用早期抑制快速响应喷头自动喷水灭火系统的特点，在条件许可的前提下，应采用湿式系统；如果条件不许可，可采用干式系统或预作用系统，但系统充水时间应符合干式系统或预作用系统的设计要求。

4.2.7　规定此条的目的：

1　强化自动喷水灭火系统的灭火能力。

2　减少系统的运行费用。对于某些对象，如某些水溶性液体火灾，采用喷水和喷泡沫均可达到控灭火目的，但单纯喷水时，虽控火效果好，但灭火时间长，火灾与水渍损失较大；单纯喷泡沫时，系统的运行维护费用较高。另一些对象，如金属设备和构件周围发生的火灾，采用泡沫灭火后，仍需进一步防护冷却，防止泡沫消泡后因金属件的温度高而使火灾复燃。水和泡沫结合，可起到优势互补的作用。

早在50年代，国际上已研制出既可喷水，又可喷蛋白泡沫混合液的自动喷水灭火系统，用于扑救A类火灾或B类火灾，以及二者共存的火灾。

蛋白和氟蛋白类泡沫混合液，形成一定发泡倍数的泡沫后，在燃烧表面形成粘稠的连续泡沫层后，在隔绝空气并封闭挥发性可燃蒸气的作用下实现灭火。水成膜泡沫液可在燃料表面形成可以抑制燃料蒸发的水成膜，同时隔绝空气而实现灭火。

洒水喷头属于非吸气型喷头，所以供给泡沫混合液发泡的空气不足，使喷洒的泡沫混合液与洒水极为相似，虽然没有形成一定倍数的泡沫，但仍具有良好的灭火性能。泡沫灭火剂的选用，按现行国家标准《低倍数泡沫灭火系统设计规范》GB 50151—92的规定执行。

4.2.8　参考美国NFPA—13（1996年版）标准补充的规定。当建筑物内设置多种类型的系统时，按此条规定设计，允许其他系统串联接入湿式系统的配水干管。使各个其他系统从属于湿式系统，既不相互干扰，又简化系统的构成、减少投资（见图6）。

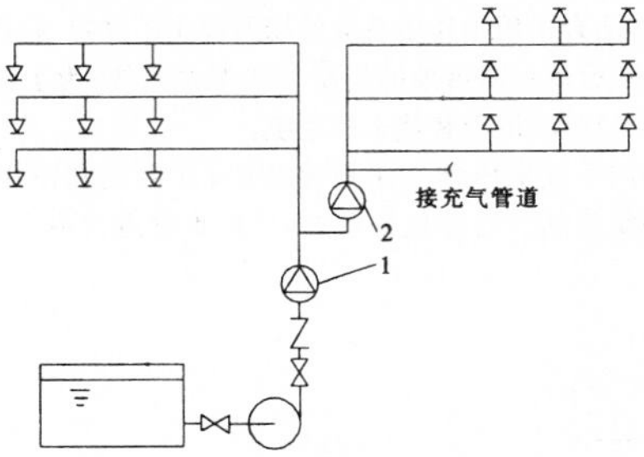

图6　其他系统接入湿式系统示意图

1—湿式报警阀组；2—其他系统报警阀组

4.2.9　由强制性条文改为非强制性条文。规定了系统中包括的组件和必要的配件。

1　提出了自动喷水灭火系统的基本组成。

2　提出了设置减压孔板、节流管降低水流动压，分区供水或采用减压阀降低管道静压等控制管道压力的规定。

3　设置排气阀，是为了使系统的管道充水时不存留空气。设置泄水阀，是为了便于检修。排气阀设在其负责区段管道的最高点，泄水阀设在其负责区段管道的最低点。泄水阀及其连接管的管径可参考表7。

表7　泄水管管径（mm）

供水干管管径	泄水管管径
≥100	≤50
70～80	≤40
<70	25

4　干式系统与预作用系统设置快速排气阀，是为了使配水管道尽快排气充水。干式系统与配水管道充压缩空气的预作用系统，为快速排气阀设置的电动阀，平时常闭，系统开始充水时打开。

4.2.10　由强制性条文改为非强制性条文。本条提出了限制民用建筑中防火分隔水幕规模的规定，意在不推荐采用防火分隔水幕，作民用建筑防火分区的分隔设施。

近年各地在新建大型会展中心、商品市场及条件类似的高大空间建筑时，经常采用防火分隔水幕代替防火墙，作为防火分区的分隔设施，以解决单层或连通层面积超出防火分区规定的问题。为了达到上述目的，防火分隔水幕长度将达几十米，甚至上百米，造成防火分隔水幕系统的用水量很大，室内消防用水量猛增。

此外，储存的大量消防用水，不用于主动灭火，而用于被动防火的做法，不符合火灾中应积极主动灭火的原则，也是一种浪费。

5　设计基本参数

5.0.1　系统的喷水强度、作用面积、喷头工作压力是相互关联的，原表 5.0.1 中对喷头工作压力不应低于 0.10MPa 的规定容易造成误解，实际上系统中喷头的工作压力应经计算确定。

本条规定为依据美国《自动喷水灭火系统安装标准》NFPA—13(1996 年版)的有关规定，对原规范第 2.0.2 条和第7.1.1条的修改。图 7 为美国 NFPA—13(1996 年版)标准中规定的自动喷水灭火系统设计数据表。根据"大强度喷水有利于迅速控灭火，有利于缩小喷水作用面积"的试验与经验的总结，选取该曲线中喷水强度的上限数据，并适当加大作用面积后确定为本规范的设计基本参数。这样的技术处理，既便于设计人员操作，又提高了规范的应变能力和系统的经济性能。因此，对设计安装质量提出了更高的要求。既符合我国经济技术水平已较首次制定本规范时有显著提高的国情及我国消防技术规范的编写习惯，同时又能保证系统可靠地发挥作用。

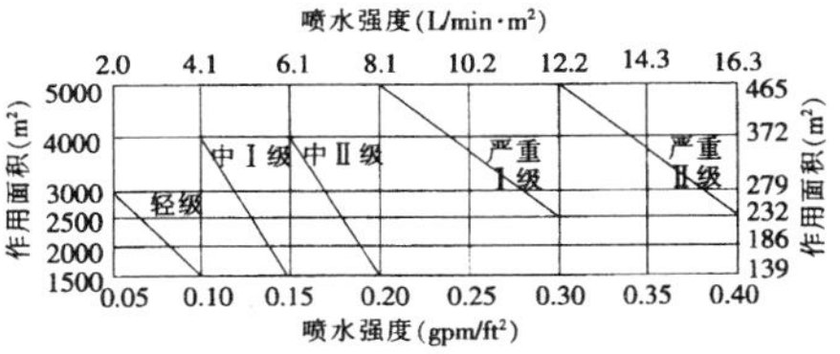

图 7　美国 NFPA—13(1996 年版)标准中的自动喷水灭火系统设计数据表

表 8 为本规范原版本与修订版本中民用建筑和工业厂房自动喷水灭火系统设计基本数据的对照表。不难看出，修订版给出的数据有所增加，增大了设计人员的选择余地。从整体上强化了喷水强度这一体现系统灭火能力的重要参数，因此加强了系统迅速扑救初期火灾的能力。

表 8　本规范原版本与修订版本民用建筑和工业厂房的系统设计基本数据对照表

设置场所危险等级		修订版规范		原规范	
		喷水强度(L/min·m²)	系统作用面积(m²)	喷水强度(L/min·m²)	系统作用面积(m²)
轻危险级		4	160	3	180
中危险级	Ⅰ级	6		6	200
	Ⅱ级	8			
严重危险级	Ⅰ级	12	260	10(生产建筑物)	300
	Ⅱ级	16		15(储存建筑物)	300

表 9 为英国、美国、德国、日本等国的设计基本数据。

本规范表 5.0.1 中"注"，参照美国标准，提出了系统中最不利点处喷头的最低工作压力，允许按不低于 0.05MPa 确定的规定。当发生火灾时，供水泵启动之前，允许由消防水箱或其他辅助供水设施供给系统启动初期的用水量和水压。目前国内采用较多的是高位消防水箱，这样就产生了一个矛盾：如果顶层最不利点处喷头的水压要求为 0.1MPa，则屋顶水箱必须比顶层的喷头高出 10m 以上，将会给建筑造型和结构处理上带来很大困难。根据上述情况和参考国外有关规范，将最不利点处喷头的工作压力确定为 0.05MPa。降低最不利点处喷头最低工作压力而产生的问题，通过其他途径解决。英国、德国、美国等国的规范，最不利点处喷头的最低工作压力也采用 0.05MPa。

表 9　国外自动喷水灭火系统基本设计数据

国家	危险等级		设置场所	喷水强度(L/min·m²)	作用面积(m²)	动作喷头数(个)	每只喷头保护面积(m²)	最不利点处喷头压力(MPa)
美国	轻级		俱乐部、教堂、博物馆、医院、餐厅、办公室、住宅、疗养院	2.8～4.1	279～139	—	20.9	0.05
	中级	Ⅰ类	面包房、电子设备工厂、洗衣房、饮料厂、餐厅服务区	4.1～6.1	372～139	—	12.1	0.05
		Ⅱ类	谷物加工厂、一般危险的化学品工厂、糖果厂、酿酒厂、机加工车间、大型书库	6.1～8.1	372～139	—	12.1	0.05
	严重级	Ⅰ类	可燃液体使用区域、印刷厂、锯木厂、泡沫塑料的制造与装修场所	8.1～12.2	465～232	—	9.3	0.05
		Ⅱ类	沥青浸渍加工厂、易燃液体喷雾作业区、塑料加工厂	12.2～16.3	465～232	—	9.3	0.05
英国	轻级		医院、旅馆、图书馆、博物馆、托儿所、办公室、大专院校、监狱	2.25	84	4	21	0.05
	中级	Ⅰ组	饭馆、宝石加工厂	5.0	72	6	12	0.05
		Ⅱ组	一般危险的化学品工厂	5.0	144	12	12	0.05
		Ⅲ组	玻璃加工厂、肥皂蜡烛加工厂、纸制品厂、百货商店	5.0	216	18	12	0.05
	Ⅲ组特型		剧院、电影电视制片厂	5.0	360	30	12	0.05
英国	严重级	生产	刨花板加工厂、橡胶加工厂	7.5	260	—	9	0.05
			发泡塑料、橡胶及其制品厂、焦油蒸馏厂	7.5	260	—	9	0.05
			硝酸纤维加工厂	7.5	260	—	9	0.05
			火工品工厂	7.5	260	—	9	0.05
		贮存Ⅰ类	地毯、布匹、纤维板、纺织品、电器设备	7.5～12.5	260	—	9	0.05
		贮存Ⅱ类	毛毡制品、胶合板、软木包、打包纸、纸箱包装的听装酒精	7.5～17.5	260	—	9	0.05
		贮存Ⅲ类	硝酸纤维、泡沫塑料和泡沫橡胶制品、可燃物包装的易燃液体	7.5～27.5	260～300	—	9	0.05
		贮存Ⅳ类	散装或成卷包装的发泡塑料与橡胶及制品	7.5～30.0	260～300	—	9	0.05

续表 9

国家	危险等级		设置场所	喷水强度 (L/min·m²)	作用面积 (m²)	动作喷头数 (个)	每只喷头保护面积 (m²)	最不利点处喷头压力 (MPa)
德国	轻级		办公楼、住宅、托儿所、医院、学校、旅馆	2.5	150	7～8	21	0.05
	中级	1组	汽车房、酒吧、电影院、音乐厅、剧院礼堂	5.0	150	12～13	12	0.05
		2组	百货商店、烟厂、胶合板厂	5.0	260	—	12	0.05
		3组	印刷厂、服装厂、交易会大厅、纺织厂、木材加工厂	5.0	375	—	12	0.05
	严重级	生产1组	摄影棚、亚麻加工厂、刨花板厂、火柴厂	7.5	260	29～30	9.0	>0.05
		生产2组	泡沫橡胶厂	10.0	260	30	9.0	>0.05
		生产3组	赛璐珞厂	12.5	260	30	9.0	>0.05
		贮存1～3组		7.5～17.5	260	—	9.0	—
日本	轻级		办公室、医院、体育馆、博物馆、学校	5.0	150	10	15	0.1
	中级	Ⅰ组	礼堂、剧院、电影院、停车厂、旅馆	6.5	240	20	12	0.1
		Ⅱ组	商店、摄影棚、电视演播室、纺织车间、印刷车间、一般仓库	6.5	360	30	12	0.1
	严重级	生产	赛璐珞制品加工车间、合成板制造车间、发泡塑料与橡胶及制品加工车间	10	360	40	9.0	0.1
		贮存Ⅰ类	纤维制品、木制品、橡胶制品	15	260	40	6.5	0.1
		贮存Ⅱ类	发泡塑料与橡胶及制品	25	300	46	6.5	0.1

5.0.1A 本条参考国外试验数据提出。

1 国外模拟试验的意义，在于解决“以往没有闭式系统保护非仓库类高大净空场所的设计准则，少数未经试验、缺乏足够认识的保护方案被广泛应用”的问题。说明了此类问题具有普遍意义和试验的必要性。

2 通过美国FM试验证明：净空高度18m非仓库类场所内，2m左右高度的可燃物品，不论紧密布置、还是间隔1.5m布置2m宽物品，闭式系统均能有效“控火”。根据我国目前试验情况，将自动喷水灭火系统保护的非仓库类高大净空场所的最大净空高度暂定为12m。

3 当现场火灾荷载小于试验火灾荷载时，存在闭式喷头开放时间滞后于火灾水平蔓延的可能性。

4 本条适用于净空高度8～12m非仓库类场所湿式系统。当确定采用湿式系统后，应严格按本条规定确定系统设计参数。

《商店建筑设计规范》JGJ 48—88对商店的分类，包括：百货商店、专业商店、菜市场类、自选商店、联营商店和步行商业街。对自选商场的解释：向顾客开放，可直接挑选商品，按标价付款的（超级市场）营业场所。

内贸部对零售商店的分类：百货店、专业店、专卖店、便利店、超级市场、大型综合超市及仓储式商场。

本条规定中的自选商场，包括超级市场、大型综合超市及仓储式商场。

表中“喷头最大间距”指“同一根配水支管上喷头的间距与相邻配水支管的间距”。

5.0.2 由强制性条文改为非强制性条文。仅在走道安装闭式系统时，系统的作用主要是防止火灾蔓延和保护疏散通道。对此类系统的作用面积，本条提出了按各楼层走道中最大疏散距离所对应的走道面积确定。

美国NFPA规范规定，走道内布置一排喷头时，动作喷头数最大按5只计算。当走廊出口未作保护时，动作喷头数应包括走廊内全部喷头，但最多不应超过7只。

当走道的宽度为1.4m、长度为15m，喷水覆盖全部走道面积时的喷头布置及开放喷头数（见图8）。

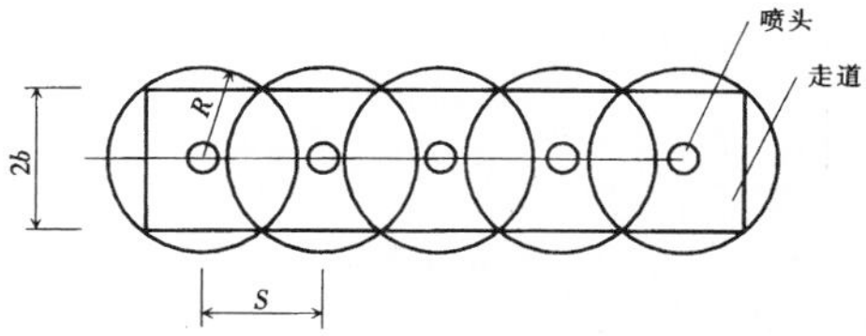

图8 仅在走廊布置喷头的示意图

R—喷头有效保护半径

例1：当喷头最低工作压力为0.05MPa时，喷水量为56.57L/min。为达到6.0L/min·m²平均喷水强度时，圆形保护面积为

9.43m²，故 $R=1.73$m。则喷头间距(S)为：

$$S=2\sqrt{R^2-b^2}=2\sqrt{1.73^2-0.7^2}=3.16(\text{m})$$

袋形走道内布置并开放的喷头数为：$\frac{15}{3.16}=4.8$，确定为 5 只。

例 2：当袋形疏散走道按《建规》规定的最长疏散距离为 22×1.25＝27.5(m)确定时，若走道宽度仍为 1.4m，则喷水覆盖全部走道面积时的开放喷头数为：

$\frac{27.5}{3.16}=8.7$，按本条规定确定为 9 只。

5.0.3 商场等公共建筑，由于内装修的需要，往往装设网格状、条栅状等不挡烟的通透性吊顶。顶板下喷头的洒水分布将受到通透性吊顶的阻挡，影响灭火效果。因此本条提出适当增大喷水强度的规定。若将喷头埋设在通透性吊顶的网格或条栅中间，则喷头将因吊顶不挡烟，且距顶板距离过大而不能保证可靠动作。喷头不能及时动作，系统将形同虚设。

5.0.4 干式系统的配水管道内平时维持一定气压，因此系统启动后将滞后喷水，而滞后喷水无疑将增大灭火难度，等于相对削弱了系统的灭火能力。所以，本规范参照发达国家相关规范，对干式系统作出增大作用面积的规定，用扩大作用面积的办法，补偿滞后喷水对灭火能力的影响。

雨淋系统由雨淋阀控制其连接的开式洒水喷头同时喷水，有利于扑救水平蔓延速度快的火灾。但是，如果一个雨淋阀控制的面积过大，将会使系统的流量过大，总用水量过大，并带来较大的水渍损失，影响系统的经济性能。本规范出于适当控制系统流量与总用水量的考虑，提出了雨淋系统中一个雨淋阀控制的喷水面积按不大于本规范表 5.0.1 规定的作用面积为宜。对大面积场所，可设多台雨淋阀组合控制一次灭火的保护范围。

5.0.5 本条是对国外标准中仓库的系统设计基本参数进行分类、归纳、合并后，充实我国规范对仓库的系统设计基本参数的规定。设计时应按喷水强度与保护面积选用喷头。从国外有关标准提供的数据分析，影响仓库设计参数的因素很多，包括货品的性质、堆放形式、堆积高度及室内净空高度等。各因素的变化，均影响设计参数的改变。例如：货品堆高增大，火灾竖向蔓延速度迅速增长的规律，不仅使灭火难度增大，而且使喷水因货品的阻挡而难以直接送达燃烧面，只能沿货品表面流淌后最终到达燃烧面。其结果，造成送达到位直接灭火的水量锐减。因此，货品堆高增大时，相应提高喷水强度，以保证系统灭火能力的措施是必要的。

随着我国经济的迅速发展，面对不同火灾危险性的各种仓库，仅向设计人员提供一组设计参数显然不够。参照美国《自动喷水灭火系统安装标准》NFPA—13(2002 年版)、《一般储物仓库标准》NFPA—231(1995 年版)、《货架储物仓库标准》NFPA—231C(1995 年版)及工厂联合保险系统标准，在归纳简化的基础上，提出了一组仓库危险级场所的系统设计基本参数。既借鉴了美、英等发达国家标准的先进技术，又使我国规范中保护仓库的系统设计参数得到了充实，符合我国现阶段的具体国情。

每排货架之间均保持 1.2～2.4m 距离的属于单排货架，靠拢放置的两个单排货架属于双排货架，间距小于 1.2m 的单排、双排货架按多排货架设计。

通透性层板是指水或烟气能穿透或通过的货架层板，如网格或格栅型层板。

5.0.6 仓库火灾蔓延迅速、不易扑救，容易造成重大财产损失，因此是自动喷水灭火系统的重要应用对象。而扑救高堆垛、高货架仓库火灾，又一直是自动喷水灭火系统的技术难点。美国耗巨资试验研究，成功开发出"大水滴喷头"、"快速响应早期抑制喷头"等可有效扑救高堆垛、高货架仓库火灾的新技术。本条规定参考美国《自动喷水灭火系统安装标准》NFPA—13(2002 年版)、《一般储物仓库标准》NFPA—231(1995 年版)和《货架储物仓库标准》NFPA—231C(1995 年版)的数据，并经归纳简化后，提出了采用早期抑制快速响应喷头仓库的系统设计参数。

5.0.7 本条为本次修订条文。本条参考美国《货架储物仓库标准》NFPA—231C(1995 年版)、美国工厂联合保险系统标准等国外相关标准，针对我国现状，充实了高货架仓库中采用货架内喷头的条件，以及喷水强度、作用面积等有关规定。

对最大净空高度或最大储物高度超过本规范表 5.0.5-1～表 5.0.5-6 和表 5.0.6 规定的高货架仓库，仅在顶板下设置喷头，将不能满足有效灭控火的需要，而在货架内增设喷头，是对顶喷喷头灭火能力的补充，补偿超出顶板下喷头保护范围部位的灭火能力。

5.0.7A 新增条文。仓库内系统的喷水强度大，持续喷水时间长，为避免不必要的水渍损失和增加建筑荷载，系统喷水强度大的仓库，有必要设置消防排水。

5.0.8 由强制性条文改为非强制性条文。提出了闭式自动喷水—泡沫联用系统的设计基本参数。

以湿式系统为例，处于戒备状态时，管道内充满有压水。喷头动作后，开放喷头开始喷出的是水，只有当开放喷头与泡沫比例混合器之间管道内的充水被置换成泡沫混合液后，才能转换为喷泡沫。因此，开始喷泡沫时间取决于开放喷头与泡沫比例混合器之间的管道长度。

设置场所发生火灾时，湿式系统首批开放的喷头数一般不超过 3 只，其流量按标准喷头计算，约为 4L/s。以此为基础，规定了喷水转换喷泡沫的时间和泡沫比例混合器有效工作的最小流量。利用湿式系统喷洒泡沫混合液的目的，是为了强化灭火能力，所以持续喷水和喷泡沫时间的总和，仍执行本规范 5.0.11 条的规定。持续喷泡沫时间，则依据美国《闭式喷水—泡沫联用灭火系统安装标准》NFPA—16A(2002 年版)，规定按我国现行国家标准《低倍数泡沫灭火系统设计规范》GB 50151—92 执行。

5.0.9 由强制性条文改为非强制性条文。参考了美国《雨淋自动喷水—泡沫联用灭火系统安装标准》NFPA—16(2002 年版)的规定。

前期喷水后期喷泡沫的系统，用于喷水控火效果好，而灭火时间长的火灾。前期喷水的目的，是依靠喷水控火，后期喷洒泡沫混合液，是为了强化系统的灭火能力，缩短灭火时间。喷水—泡沫的强度，仍采用本规范表 5.0.1、表 5.0.5-1 的数据。前期喷泡沫后期喷水的系统，分别发挥泡沫灭火和水冷却的优势，既可有效灭火，又可防止火灾复燃。既可节省泡沫混合液，又可保证可靠性。喷水—泡沫的强度，执行我国现行国家标准《低倍数泡沫灭火系统设计规范》GB 50151—92。此项技术既可充分发挥水和泡沫各自的优点，又可提高系统的经济性能，但设计上有一定难度，要兼顾本规范与《低倍数泡沫灭火系统设计规范》GB 50151—92 的有关规定。

5.0.10 由强制性条文改为非强制性条文。防护冷却水幕用于配合防火卷帘等分隔物使用，以保证防火卷帘等分隔物的完整性与隔热性。某厂曾于 1995 年在"国家固定灭火系统和耐火构件质量监督检验测试中心"进行过洒水防火卷帘抽检测试，90min 耐火试验后，得出"未失去完整性和隔热性"的结论。本条"喷水高度为 4m，喷水强度为 0.5L/s·m"的规定，折算成对卷帘面积的平均喷水强度为 7.5L/min·m²，可以形成水膜并有效保护钢结构不受火灾损害。喷水点的提高，将使卷帘面积的平均喷水强度下降，致使防护冷却的能力下降。所以，提出了喷水点高度每提高 1m，喷水强度相应增加 0.1L/s·m 的规定，以补充冷却水沿分隔物下淌时受热汽化的水量损失，但喷水点高度超过 9m 时喷水强度仍按 1.0 L/s·m 执行。尺寸不超过 15m×8m 的开口，防火分隔水幕的喷水强度仍按原规范规定的2L/s·m确定。

5.0.11 从自动喷水灭火系统的灭火作用看，一般 1h 即能解决问题。从原规范的执行情况，证明按此条规定确定的系统用水量，能够满足控灭火实际需要。

5.0.12 本条是对原规范第6.3.2条的修订。干式系统配水管道内充入有压气体的目的，一是将有压气体作为传递火警信号的介质，二是防止干式报警阀误动作。由于不同生产厂出品的干式报警阀的结构不尽相同，所以，不受报警阀入口水压波动影响、防止误动作的气压值有所不同，因此本条提出了根据报警阀的技术性能确定气压取值范围的规定。

常规的预作用系统，其配水管道维持一定气压的目的，不同于干式系统，是将有压气体作为监测管道严密性的介质。为了便于控制，本规范将规定的气压值调整为0.03～0.05MPa。

国外近年推出的新型预作用系统，利用"配套报警系统动作"和"闭式喷头动作"的"与门"或"或门"关系，作为启动系统的条件。分别为：1 报警系统"与"闭式喷头动作后启动系统，以防止系统不必要的误启动；2 报警系统"或"闭式喷头动作即启动系统，以保证系统启动的可靠性。此类预作用系统有别于常规类型的预作用系统，同时具备预作用系统和干式系统的特点，管道内充入的有压气体，将成为传递火警信号的媒介，所以当采用此种预作用系统时，配水管道内维持的气压值与干式系统相同。报警阀的选型，则要求同时具备雨淋阀和干式阀的特点。相应的系统设计参数，要同时符合预作用系统和干式系统的相关规定。

6 系统组件

6.1 喷 头

6.1.1 闭式喷头的安装高度，要求满足"使喷头及时受热开放，并使开放喷头的洒水有效覆盖起火范围"的条件。超过上述高度，喷头将不能及时受热开放，而且喷头开放后的洒水可能达不到覆盖起火范围的预期目的，出现火灾在喷水范围之外蔓延的现象，使系统不能有效发挥控灭火的作用。本条参考日本《消防法》"对影剧院观众厅安装闭式系统时喷头至地面的距离不得超过8m"的规定和我国现行国家标准《火灾自动报警系统设计规范》GB 50116—98的有关规定，以及国外相关标准对仓库中闭式喷头最大安装高度的规定，分别规定了民用建筑、工业厂房及仓库采用闭式系统的最大净空高度，同时根据表5.0.1A规定了非仓库类高大净空场所采用闭式系统的最大净空高度。并提出了用于保护钢屋架等建筑构件的闭式系统和设有货架内喷头的仓库闭式系统，不受室内净空高度限制的规定。

6.1.3 由强制性条文改为非强制性条文。本条提出了不同使用条件下对喷头选型的规定。实际工程中，由于喷头的选型不当而造成失误的现象比较突出。不同用途和型号的喷头，分别具有不同的使用条件和安装方式。喷头的选型、安装方式、方位合理与否，将直接影响喷头的动作时间和布水效果。当设置场所不设吊顶，且配水管道沿梁下布置时，火灾热气流将在上升至顶板后水平蔓延。此时只有向上安装直立型喷头，才能使热气流尽早接触和加热喷头热敏元件。室内设有吊顶时，喷头将紧贴在吊顶下布置，或埋设在吊顶内，因此适合采用下垂型或吊顶型喷头，否则吊顶将阻挡洒水分布。吊顶型喷头作为一种类型，在国家标准《自动喷水灭火系统洒水喷头的技术要求和试验方法》GB 5135—93中有明确规定，即为"隐蔽安装在吊顶内，分为平齐型、半隐蔽型和隐蔽型三种型式。"不同安装方式的喷头，其洒水分布不同，选型时要予以充分重视。为此，本规范不推荐在吊顶下使用"普通型喷头"，原因是在吊顶下安装此种喷头时，洒水严重受阻，喷水强度将下降约40%，严重削弱系统的灭火能力。

边墙型扩展覆盖喷头的配水管道易于布置，颇受国内设计、施工及使用单位欢迎。但国外对采用边墙型喷头有严格规定：

保护场所应为轻危险级，中危险级系统采用时须经特许；

顶板必须为水平面，喷头附近不得有阻挡喷水的障碍物；

洒水应喷湿一定范围墙面等。

本条根据国内需求，按本规范对设置场所火灾危险等级的分类，以及边墙型喷头性能特点等实际情况，提出了既允许使用此种喷头，又严格使用条件的规定。

6.1.4 为便于系统在灭火或维修后恢复戒备状态之前排尽管道中的积水，同时有利于在系统启动时排气，要求干式、预作用系统的喷头采用直立型喷头或干式下垂型喷头。

6.1.5 提出了水幕系统的喷头选型要求。防火分隔水幕的作用，是阻断烟和火的蔓延。当使水幕形成密集喷洒的水墙时，要求采用洒水喷头；当使水幕形成密集喷洒的水帘时，要求采用开口向下的水幕喷头。防火分隔水幕也可以同时采用上述两种喷头并分排布置。防护冷却水幕则要求采用将水喷向保护对象的水幕喷头。

6.1.6 提出了快速响应喷头的使用条件。大量装饰材料、家电等现代化日用品和办公用品的使用，使火灾出现蔓延速度快、有害气体生成量大、财产损失的价值增长等新特点，对自动喷水灭火系统的工作效能提出了更高的要求。国外于80年代开始生产并推广使用快速响应喷头。快速响应喷头的优势在于：热敏性能明显高于标准响应喷头，可在火场中提前动作，在初起小火阶段开始喷水，使灭火的难度降低，可以做到灭火迅速、灭火用水量少，可最大限度地减少人员伤亡和火灾烧损与水渍污染造成的经济损失。国际标准ISO 6182规定$RTI \leqslant 50(\mathrm{m \cdot s})^{0.5}$的喷头为快速响应喷头，喷头的$RTI$通过标准"插入实验"判定。在"插入实验"给定的标准热环境中，快速响应喷头的动作时间，较8mm玻璃泡标准响应喷头快5倍。为此，提出了在中庭环廊、人员密集的公共娱乐场所，老人、少儿及残疾人集中活动的场所，以及高层建筑中外部增援困难的部位、地下的商业与仓储用房等，推荐采用快速响应喷头的规定。

6.1.7 同一隔间内采用热敏性能、规格及安装方式一致的喷头，是为了防止混装不同喷头对系统的启动与操作造成不良影响。曾经发现某一面积达几千平方米的大型餐厅内混装d=8mm和d=5mm玻璃泡喷头。某些高层建筑同一场所内混装下垂型、普通型喷头等错误做法。

6.1.9 设计自动喷水灭火系统时，要求在设计资料中提出喷头备品的数量，以便在系统投入使用后，因火灾或其他原因损伤喷头时能够及时更换，缩短系统恢复戒备状态的时间。当在一个建筑工程的设计中采用了不同型号的喷头时，除了对备用喷头总量的要求外，不同型号的喷头要有各自的备品。各国规范对喷头备品的规定不尽一致，例如美国NFPA标准的规定：喷头总数不超过300只时，备品数为6只，总数为300～1000个时，备品数不少于12只，超过1000只时不少于24只；英国BS 5306—Part2的规定见表10。

表10 英国BS 5306—Part2规定的喷头备品数

	轻危险级	中危险级	严重危险级
1或2个报警阀	6	24	36
2个报警阀以上	9	36	54

6.2 报警阀组

6.2.1 由强制性条文改为非强制性条文。报警阀在自动喷水灭火系统中有下列作用：

1 湿式与干式报警阀：接通或关断报警水流，喷头动作后报警水流将驱动水力警铃和压力开关报警；防止水倒流。

2 雨淋报警阀：接通或关断向配水管道的供水。

报警阀组中的试验阀，用于检验报警阀、水力警铃和压力开关的可靠性。由于报警阀和水力警铃及压力开关均采用水力驱动的工作原理，因此具有良好的可靠性和稳定性。

为钢屋架等建筑构件建立的闭式系统，功能与用于扑救地面火灾的闭式系统不同，为便于分别管理，规定单独设置报警阀组。水幕系统与上述情况类似，也规定单独设置报警阀组或感温雨淋阀。

6.2.2 根据本规范 4.2.8 条的规定，串联接入湿式系统的干式、预作用、雨淋等其他系统，本条规定单独设置报警阀组，以便虽共用配水干管，但独立报警。

串联接入湿式系统的其他系统，其供水将通过湿式报警阀。湿式系统检修时，将影响串联接入的其他系统，因此规定其他系统所控制的喷头数，计入湿式报警阀组控制喷头的总数内。

6.2.3 第一款规定了一个报警阀组控制的喷头数。一是为了保证维修时，系统的关停部分不致过大；二是为了提高系统的可靠性。为了达到上述目的，美国规范还规定了建筑物中同一层面内一个报警阀组控制的最大喷头数。为此，本条仍维持原规范第 5.2.5 条规定。

美国消防协会的统计资料表明，同样的灭火成功率，干式系统的喷头动作数要大于湿式系统，即前者的控火、灭火率要低一些，其原因主要是喷水滞后造成的。鉴于本规范已提出“干式系统配水管道应设快速排气阀”的规定，故干式报警阀组控制的喷头总数，规定为“不宜超过 500 只”。

当配水支管同时安装保护吊顶下方空间和吊顶上方空间的喷头时，由于吊顶材料的耐火性能要求执行相关规范的规定，因此吊顶一侧发生火灾时，在系统的保护下火势将不会蔓延到吊顶的另一侧。因此，对同时安装保护吊顶两侧空间喷头的共用配水支管，规定只将数量较多一侧的喷头计入报警阀组控制的喷头总数。

6.2.4 参考英国标准，规定了每个报警阀组供水的最高与最低位置喷头之间的最大位差。规定本条的目的，是为了控制高、低位置喷头间的工作压力，防止其压差过大。当满足最不利点处喷头的工作压力时，同一报警阀组向较低有利位置的喷头供水时，系统流量将因喷头的工作压力上升而增大。限制同一报警阀组供水的高、低位置喷头之间的位差，是均衡流量的措施。

6.2.5 由强制性条文改为非强制性条文。雨淋阀配置的电磁阀，其流道的通径很小。在电磁阀入口设置过滤器，是为了防止其流道被堵塞，保证电磁阀的可靠性。

并联设置雨淋阀组的系统启动时，将根据火情开启一部分雨淋阀。当开阀供水时，雨淋阀的入口水压将产生波动，有可能引起其他雨淋阀的误动作。为了稳定控制腔的压力，保证雨淋阀的可靠性，本条规定：并联设置雨淋阀组的雨淋系统，雨淋阀控制腔的入口要求设有止回阀。

6.2.6 规定报警阀的安装高度，是为了方便施工、测试与维修工作。系统启动和功能试验时，报警阀组将排放出一定量的水，故要求在设计时相应设置足够能力的排水设施。

6.2.7 为防止误操作，本条对报警阀进出口设置的控制阀，规定应采用信号阀或配置能够锁定阀板位置的锁具。

6.2.8 由强制性条文改为非强制性条文。规定水力警铃工作压力、安装位置和与报警阀组连接管的直径及长度，目的是为了保证水力警铃发出警报的位置和声强。

6.3 水流指示器

6.3.1 由强制性条文改为非强制性条文。水流指示器的功能，是及时报告发生火灾的部位。本条对系统中要求设置水流指示器的部位提出了规定，即每个防火分区和每个楼层均要求设有水流指示器。同时规定当一个湿式报警阀组仅控制一个防火分区或一个层面的喷头时，由于报警阀组的水力警铃和压力开关已能发挥报告火灾部位的作用，故此种情况允许不设水流指示器。

6.3.2 由强制性条文改为非强制性条文。设置货架内喷头的仓库，顶板下喷头与货架内喷头分别设置水流指示器，有利于判断喷头的状况，故规定此条。

6.3.3 为使系统维修时关停的范围不致过大而在水流指示器入口前设置阀门时，要求该阀门采用信号阀，以便显示阀门的状态，其目的是为了防止因误操作而造成配水管道断水的故障。

6.4 压力开关

6.4.1 雨淋系统和水幕系统采用开式喷头，平时报警阀出口后的管道内没有水，系统启动后的管道充水阶段，管内水的流速较快，容易损伤水流指示器，因此采用压力开关较好。

6.4.2 稳压泵的启停，要求可靠地自动控制，因此规定采用消防压力开关，并要求其能够根据最不利点处喷头的工作压力，调节稳压泵的启停压力。

6.5 末端试水装置

6.5.1 提出了设置末端试水装置的规定。为了检验系统的可靠性，测试系统能否在开放一只喷头的最不利条件下可靠报警并正常启动，要求在每个报警阀的供水最不利点处设置末端试水装置。末端试水装置测试的内容，包括水流指示器、报警阀、压力开关、水力警铃的动作是否正常，配水管道是否畅通，以及最不利点处的喷头工作压力等。其他的防火分区与楼层，则要求在供水最不利点处装设直径 25mm 的试水阀，以便在必要时连接末端试水装置。

6.5.2 由强制性条文改为非强制性条文。规定了末端试水装置的组成、试水接头出水口的流量系数，以及其出水的排放方式（见图 9）。为了使末端试水装置能够模拟实际情况，进行开放 1 只喷头启动系统等试验，其试水接头出水口的流量系数，要求与同楼层或所在防火分区内采用的最小流量系数的喷头一致。例如：某酒店在客房中安装边墙型扩展覆盖喷头，走廊安装下垂型标准喷头，其所在楼层如设置末端试水装置，试水接头出水口的流量系数，要求为 $K=80$。当末端试水装置的出水口直接与管道或软管连接时，将改变试水接头出水口的水力状态，影响测试结果。所以，本条对末端试水装置的出水，提出采取孔口出流的方式排入排水管道的要求。

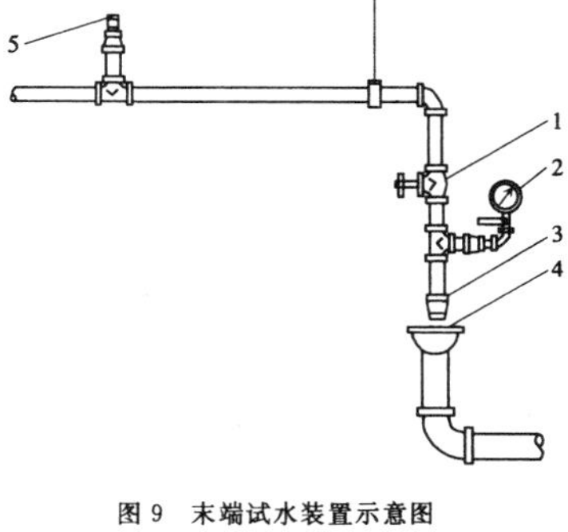

图 9 末端试水装置示意图

1—截止阀；2—压力表；3—试水接头；4—排水漏斗；5—最不利点处喷头

7 喷头布置

7.1 一般规定

7.1.1 由强制性条文改为非强制性条文。闭式喷头是自动喷水灭火系统的关键组件，受火灾热气流加热开放后喷水并启动系统。能否合理地布置喷头，将决定喷头能否及时动作和按规定强度喷水。本条规定了布置喷头所应遵循的原则。

1 将喷头布置在顶板或吊顶下易于接触到火灾热气流的部位，有利于喷头热敏元件的及时受热；

2 使喷头的洒水能够均匀分布。当喷头附近有不可避免的障碍物时，要求按本规范 7.2 节喷头与障碍物的距离的要求布置喷头，或者增设喷头，补偿因喷头的洒水受阻而不能到位灭火的水量。

7.1.2 本条参考美国 NFPA—13(2002 年版)标准的做法，提出同一根配水支管上喷头间和配水支管间最大距离的规定，和一只喷头最大保护面积的规定。同一根配水支管上喷头间的距离及相邻配水支管间的距离，需要根据设计选定的喷水强度、喷头的流量系数和工作压力确定。由于该参数将影响火场中的喷头开放时间，因此提出最大值限制。目的是使喷头既能适时开放，又能按规定的强度喷水。

以喷头 A、B、C、D 为顶点的围合范围为正方形(见图 10)，每只喷头的 25%水量喷洒在正方形 $ABCD$ 内。根据喷头的流量系数、工作压力以及喷水强度，可以求出正方形 $ABCD$ 的面积和喷头之间的距离。

例如中危险级Ⅰ级场所，当选定喷水强度为 6L/min·m²，喷头工作压力为 0.1MPa 时，每只 $K=80$ 喷头的出水量为：

$$q=K\sqrt{10P}=80\text{L/min}$$

$$\therefore\quad 面积\ ABCD=\frac{80}{6}=13.33(\text{m}^2)$$

正方形的边长为：

$$AB=\sqrt{13.33}=3.65(\text{m})$$

依此类推，当喷头工作压力不同时，喷头的出水量不同，因而间距也不同，例如：

若喷头工作压力为 0.05MPa，喷头的出水量 q 为：

$$q=56.57\text{L/min}$$

此时正方形保护面积为：

$$面积\ ABCD=\frac{56.57}{6}=9.43(\text{m}^2)$$

$$边长为：AB=\sqrt{9.43}=3.07(\text{m})$$

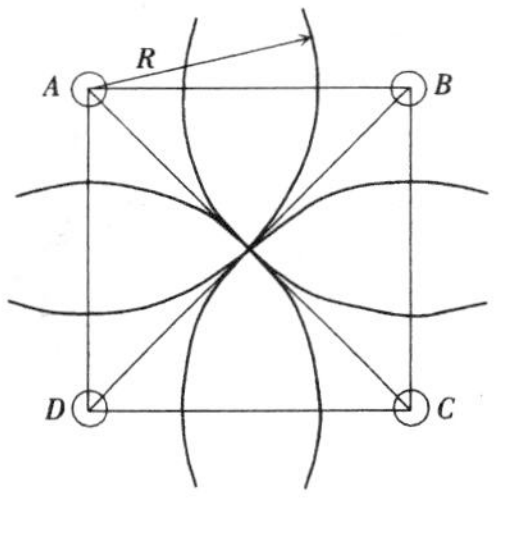

图 10 正方形布置喷头示意图

为了控制喷头与起火点之间的距离，保证喷头开放时间，本规范规定：中危险级Ⅰ级场所采用 $K=80$ 标准喷头时，一只喷头的最大保护面积为 12.5m²，配水支管上喷头间和配水支管间的最大距离，正方形布置时为 3.6m，矩形或平行四边形布置时的长边边长为 4.0m。

规定喷头与端墙最大距离的目的，是为了使喷头的洒水能够喷湿墙根地面并不留漏喷的空白点，而且能够喷湿一定范围的墙面，防止火灾沿墙面的可燃物蔓延。

本规范表 7.1.2 中的“注 1”，对仅在走道布置喷头的闭式系统，提出确定喷头间距的规定；“注 2”说明喷水强度较大的系统，采用较大流量系数的喷头，有利于降低系统的供水压力。“注 3”则对货架内喷头的布置提出了要求。疏散走道内确定喷头间距的举例见本规范条文说明图 8。

7.1.3 本条参考美国标准 NFPA—13(2002 年版)和英国消防协会 BS 5306—Part2 标准，提出了相应的规定。规定直立、下垂型标准喷头溅水盘与顶板的距离，目的是使喷头热敏元件处于“易于接触热气流”的最佳位置。溅水盘距离顶板太近不易安装维护，且洒水易受影响；太远则升温较慢，甚至不能接触到热烟气流，使喷头不能及时开放。吊顶型喷头和吊顶下安装的喷头，其安装位置不存在远离热烟气流的现象，故不受此项规定的限制(见图 11、图 12)。

梁的高度大或间距小，使顶板下布置喷头的困难增大。然而，由于梁同时具有挡烟蓄热作用，有利于位于梁间的喷头受热，为此对复杂情况提出布置喷头的补充规定。

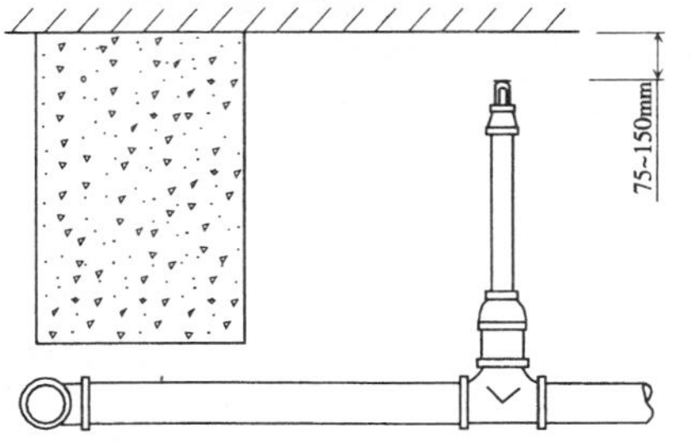

图 11 直立或下垂型标准喷头溅水盘与顶板的距离

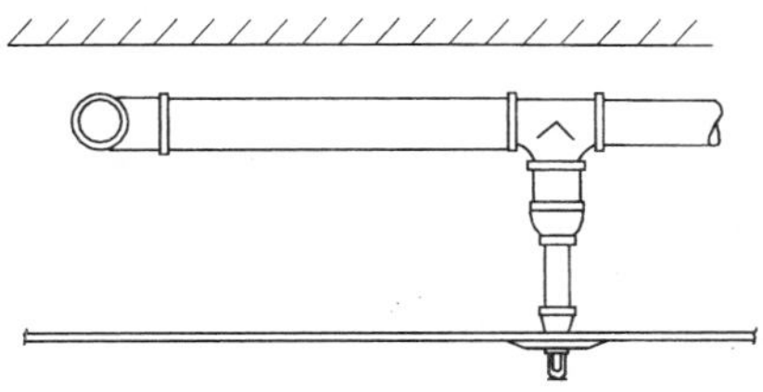

图 12 吊顶下喷头安装示意图

执行第 2 款时，喷头溅水盘不能低于梁的底面。

第 4 款是指允许在间距不超过 4.0×4.0(m)十字梁的梁间布置 1 只喷头，但喷头保护面积内的喷水强度仍要求符合表 5.0.1 的规定。

7.1.4 本条参照美国标准，提出了直立和下垂安装的快速响应早期抑制喷头，喷头溅水盘与顶板距离的规定。

7.1.5 由强制性条文改为非强制性条文。此条规定的适用对象由仓库扩展到包括图书馆、档案馆、商场等堆物较高的场所；由 $K=80$的标准喷头扩展到包括其他大口径非标准喷头(见图 13)。

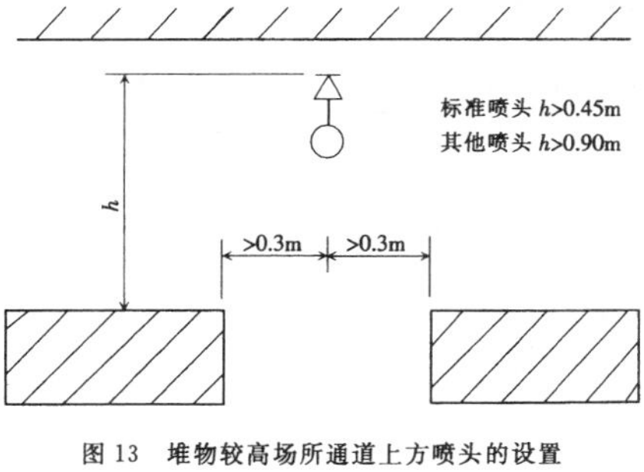

图 13 堆物较高场所通道上方喷头的设置

7.1.6 由强制性条文改为非强制性条文。货架内布置的喷头，如果其溅水盘与货品顶面的间距太小，喷头的洒水将因货品的阻挡而不能达到均匀分布的目的。本条参考美国《货架储物仓库标准》NFPA—231C(1995 年版)和美国工厂联合保险系统标准，提出要求溅水盘与其上方层板的距离符合本规范 7.1.3 条的规定，与其下方货品顶面的垂直距离不小于 150mm 的规定。

7.1.7 规定将货架内置喷头设在能够挡烟的封闭分层隔板下方，如果恰好在喷头的上方有孔洞、缝隙，则要求在喷头的上方安装既能挡烟集热、又能挡水的集热挡水板。对集热挡水板的具体规定是：要求采用金属板制作，形状为圆形或正方形，其平面面积不小于 0.12m^2。为有利于集热，要求焦热挡水板的周边向下弯边，弯边的高度要与喷头溅水盘平齐（见图 14）。

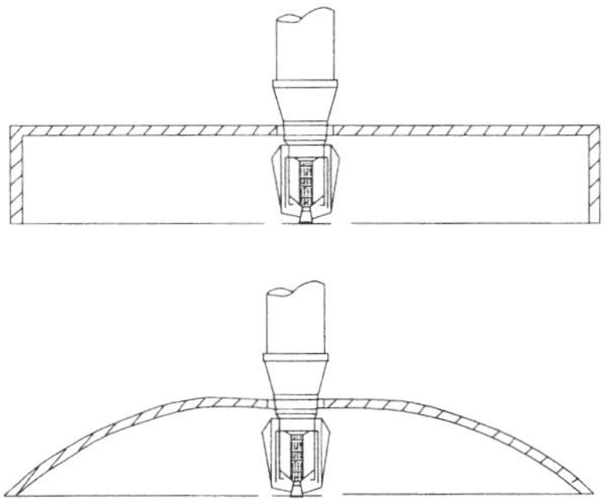

图 14　集热挡水板示意图

7.1.8　由强制性条文改为非强制性条文。当吊顶上方闷顶或技术夹层的净空高度超过 800mm，且其内部有可燃物时，要求设置喷头。如闷顶、技术夹层内部无可燃物，且顶板与吊顶均为非燃烧体时，可不设置喷头。

1983 年冬某宾馆礼堂火灾，就是因为吊顶内电线故障起火，引燃吊顶内的可燃物，致使钢屋架很快坍塌。造成很大损失。又如 1980 年，美国拉斯维加斯市米高梅大饭店（20 层 2000 个床位）的底层游乐场，由于吊顶内电气线路超负荷运转，开始是阴燃，约三四个小时后火焰冒出吊顶外，长 140 多米的大厅在 15min 内成为一片火海。当时在场数千人四处奔跑。事后州消防局长感叹地说：这样的蔓延速度，即使当时有几百名消防队员在场，也是无能为力的。据介绍该建筑在设计时，大厅的上下楼层均装有自动喷水灭火系统，只有游乐大厅未装。设计人员的理由是该厅全天 24h 不断人，如发生火灾能及时扑救。由于起火部位在吊顶上方，而闷顶内又未设喷头，结果未能及时扑救，造成了超过 1 亿美元的火灾损失。

7.1.9　由强制性条文改为非强制性条文。强调了当在建筑物的局部场所设置喷头时，其门、窗、孔洞等开口的外侧及与相邻不设喷头场所连通的走道，要求设置防止火灾从开口处蔓延的喷头。

此种做法可起很大作用。例如 1976 年 5 月上海第一百货公司八层的火灾：同在八层的服装厂与手工艺制品厂植绒车间仅一墙之隔，服装厂装有闭式系统，而植绒车间则未装。植绒车间发生火灾后，火势经隔墙上的连通窗口向服装厂蔓延。服装厂内喷头受热动作后，阻断了火灾向服装厂的扩展（见图 15）。

7.1.10　规定装设通透性不挡烟吊顶的场所，其设置的闭式喷头，要求布置在顶板下，以便易于接触火灾热气流。

7.1.11　由强制性条文改为非强制性条文。本条参考美国 NFPA—13（2002 年版）标准。要求在倾斜的屋面板、吊顶下布置的喷头，垂直于斜面安装，喷头的间距按斜面的距离确定。当房间为尖屋顶时，要求屋脊处布置一排喷头。为利于系统尽快启动和便于安装，按屋顶坡度规定了喷头溅水盘与屋脊的垂直距离：屋顶坡度≥1/3 时，不应大于 0.8m；<1/3 时，不应大于 0.6m（见图 16）。

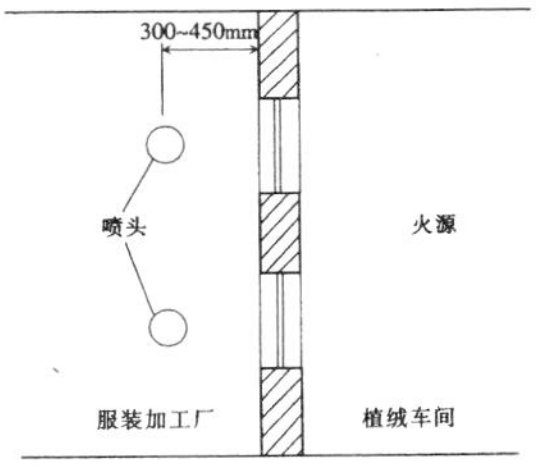

图 15　植绒车间开口外侧设置喷头示意图

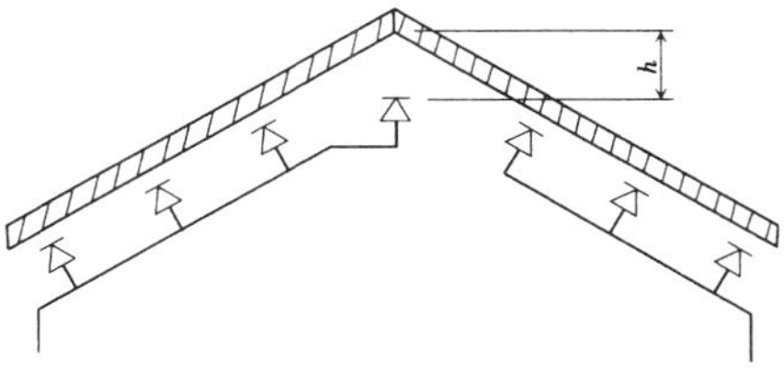

图 16　屋脊处设置喷头示意图

7.1.12　由强制性条文改为非强制性条文。本条参考美国 NFPA—13（2002 年版）标准，并根据边墙型喷头与室内最不利点处火源的距离远、喷头受热条件较差等实际情况，调整了配水支管上喷头间的最大距离和侧喷水量跨越空间的最大保护距离数据。

美国 NFPA—13（2002 年版）标准规定：边墙型喷头仅能在轻危险级场所中使用，只有在经过特别认证后，才允许在中危险级场所按经过特别认证的条件使用。本规范表 7.1.12 中的规定，按边墙型喷头的前喷水量占流量的 70%～80%，喷向背墙的水量占 20%～30%流量的原则作了调整。中危险级Ⅰ级场所，喷头在配水支管上的最大间距确定为 3m，单排布置边墙型喷头时，喷头至对面墙的最大距离为 3m，1 只喷头保护的最大地面面积为 9m^2，并要求符合喷水强度要求。

7.1.13　根据本规范 7.1.12 条条文说明中提出的要求，规定了布置边墙型扩展覆盖喷头时的技术要求。此种喷头的优点是保护面积大，安装简便；其缺点与边墙型标准喷头相同，即喷头与室内最不利处起火点的最大距离更远，影响喷头的受热和灭火效果，所以国外规范对此种喷头的使用条件要求很严。鉴于目前国内对使用边墙型扩展覆盖喷头的呼声很高，而此种喷头又尚未纳人国家标准《自动喷水灭火系统洒水喷头性能要求和试验方法》GB 5135—95 的规定内容之中，因此设计中采用此种喷头时，要求按本条规定并根据生产厂提供的喷头流量特性、洒水分布和喷湿墙面范围等资料，确定喷水强度和喷头的布置。图 17 为边墙型扩展覆盖喷头布水及喷湿墙面示意图。

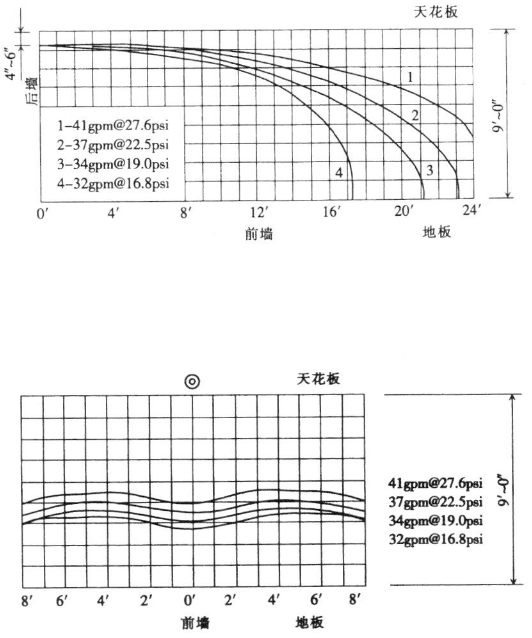

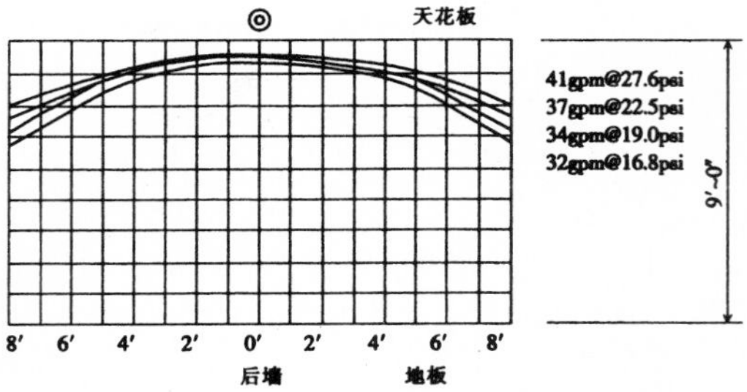

图 17　边墙型扩展覆盖喷头布水及喷湿墙面示意图

注：图中英制单位换算：

1gpm＝0.0758L/s

1psi＝0.0069MPa

7.1.14　直立式边墙喷头安装示意图(图 18)。

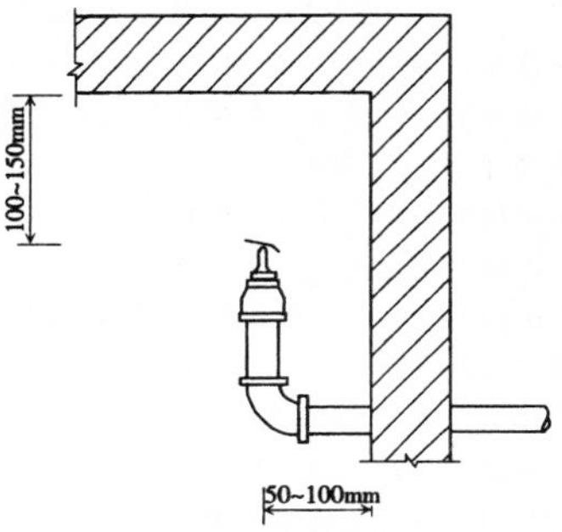

图 18　直立式边墙型喷头的安装示意图

7.1.15　由强制性条文改为非强制性条文。本条按防火分隔水幕和防护冷却水幕，分别规定了布置喷头的排数及排间距。

水幕的喷头布置，应当符合喷水强度和均匀布水的要求。本规范规定水幕的喷水强度，按直线分布衡量，并不能出现空白点。

1　防护冷却水幕与防火卷帘或防火幕等分隔物配套使用时，要求喷头单排布置，并将水喷向防火卷帘或防火幕等保护对象。

2　防火分隔水幕采用开式洒水喷头时按不少于 2 排布置，采用水幕喷头时按不少于 3 排布置。多排布置喷头的目的，是为了形成具有一定厚度的水墙或多层水帘。

7.2　喷头与障碍物的距离

7.2.1　参考了美国 NFPA—13(1996 年版)标准有关规定，提出了当顶板下有梁、通风管道或类似障碍物，且在其附近布置喷头时，避免梁、通风管道等障碍物影响喷头布水的规定(见本规范图 7.2.1)。喷头的定位，应当同时满足本规范 7.1 节中喷头溅水盘与顶板距离的规定，以及喷头与障碍物的水平间距不小于本规范表 7.2.1 的规定。如有困难，则要求增设喷头。

表 11 为美国《自动喷水灭火系统安装标准》NFPA—13(1996 年版)中喷头与梁、通风管道等障碍物的间距规定。

表 11　喷头与梁、通风管道的距离

喷头溅水盘与梁、通风管道底面的最大垂直距离 b(m)		喷头与梁、通风管道的水平距离 a(m)
标准喷头	其他喷头	
0	0	$a<0.3$
0.06	0.04	$0.3\leqslant a<0.6$
0.14	0.14	$0.6\leqslant a<0.9$
0.24	0.25	$0.9\leqslant a<1.2$
0.35	0.38	$1.2\leqslant a<1.5$
0.45	0.55	$1.5\leqslant a<1.8$
＞0.45	＞0.55	$a=1.8$

7.2.2　参考了美国 NFPA—13(1996 年版)标准的规定。喷头附近如有屋架等间断障碍物或管道时，为使障碍物对洒水的影响降至最小，规定喷头与上述障碍物保持一个最小的水平距离。这一水平距离，是由障碍物的最大截面尺寸或管道直径决定的(见本规范图 7.2.2)。

7.2.3　本条参考美国 NFPA—13(2002 年版)标准中的有关规定。针对宽度大于 1.2m 的通风管道、成排布置的管道等水平障碍物对喷头洒水的遮挡作用，提出了增设喷头的规定，以补偿受阻部位的喷水强度(见本规范图 7.2.3)。本次修订针对集热板的设置进行了明确规定。

7.2.4　喷头附近的不到顶隔墙，将可能阻挡喷头的洒水。为了保证喷头的洒水能到达隔墙的另一侧，提出了按喷头溅水盘与不到顶隔墙顶面的垂直距离，确定二者间最大水平间距的规定，参见表 12(见本规范图 7.2.4)。

7.2.5　顶板下靠墙处有障碍物时，将可能影响其邻近喷头的洒水。参照美国 NFPA—13(1996 年版)标准的相关规定，提出了保证洒水免受阻挡的规定(见本规范图 7.2.5)。

7.2.6　参考了美国《自动喷水灭火系统安装标准》NFPA—13(1996 年版)的有关规定(表 12)。规定本条的目的，是为了防止障碍物影响边墙型喷头的洒水分布。

表 12　美国《自动喷水灭火系统安装标准》NFPA—13(1996 年版)中对喷头与不到顶隔墙间距离的规定

喷头溅水盘与不到顶隔墙顶面的最小垂直距离 b(mm)	喷头与不到顶隔墙的水平距离 a(mm)
75(3in)	$a\leqslant150$(6in)
100(4in)	$150<a\leqslant225$(6～9in)
150(6in)	$225<a\leqslant300$(9～12in)
200(8in)	$300<a\leqslant375$(12～15in)
237.5(9½in)	$375<a\leqslant450$(15～18in)
312.5(12½in)	$450<a\leqslant600$(18～24in)
387.5(15½in)	$600<a\leqslant750$(24～30in)
450(18in)	$a>750$(30in)

本节中各种障碍物对喷水形成的阻挡，将削弱系统的灭火能力。根据喷头洒水不留空白点的要求，要求对因遮挡而形成空白点的部位增设喷头。

8　管　　道

8.0.1　由强制性条文改为非强制性条文。为了保证系统的用水量，报警阀出口后的管道上不能设置其他用水设施。

8.0.2　为保证配水管道的质量，避免不必要的检修，要求报警阀出口后的管道采用热镀锌钢管或符合现行国家或行业标准及本规范 1.0.4 条规定的涂覆其他防腐材料的钢管。报警阀入口前的管道，当采用内壁未经防腐涂覆处理的钢管时，要求在这段管道的末端、即报警阀的入口前，设置过滤器，过滤器的规格应符合国家有关标准规范的规定。

8.0.3　本条对镀锌钢管的连接方式作出了规定。要求报警阀出口后的热镀锌钢管，采用沟槽式管道连接件(卡箍)、丝扣或法兰连接，不允许管段之间焊接。对于“沟槽式管道连接件(卡箍)、丝扣或法兰连接”方式，本规范并列推荐，无先后之分。报警阀入口前的管道，因没有强制规定采用镀锌钢管，故管道的连接允许焊接。

8.0.4　为了便于检修，本条提出了要求管道分段采用法兰连接的规定，并对水平、垂直管道中法兰间的管段长度，提出了要求。

8.0.5　本条强调了要求经水力计算确定管径，管道布置力求均衡配水管入口压力的规定。只有经过水力计算确定的管径,才能做到既合理、又经济。在此基础上,提出了在保证喷头工作压力的前提下,限制轻、中危险级场所系统配水管入口压力不宜超过0.40MPa 的规定。

8.0.6 由强制性条文改为非强制性条文。控制系统中配水管两侧每根配水支管设置的喷头数,目的是为了控制配水支管的长度,避免水头损失过大。

8.0.7 由强制性条文改为非强制性条文。本规范表 8.0.7 限制各种直径管道控制的标准喷头数,是为了保证系统的可靠性和尽量均衡系统管道的水力性能。各国规范均有类似规定(见表 13)。

8.0.8 由强制性条文改为非强制性条文。为控制小管径管道的水头损失和防止杂物堵塞管道,提出短立管及末端试水装置的连接管的最小管径,不小于 25mm 的规定。

8.0.9 由强制性条文改为非强制性条文。本条参考美国 NFPA—13(2002 年版)标准的有关规定,对干式、预作用及雨淋系统报警阀出口后配水管道的充水时间提出了新的要求:干式系统不宜超过 1min,预作用和雨淋系统不宜超过 2min。其目的,是为了达到系统启动后立即喷水的要求。

8.0.11 自动喷水灭火系统的管道要求有坡度,并坡向泄水管。按本条规定,充水管道坡度不宜小于 2‰;准工作状态不充水的管道,坡度不宜小于 4‰。规定此条的目的在于:充水时易于排气;维修时易于排尽管内积水。

表 13 各国管道估算表汇总

名 称	英国(BS5306)《自动喷水灭火系统安装规则》			美国(NFPA)《自动喷水灭火系统安装标准》			日本(损保协会)《自动消防灭火设备规则》				原苏联《自动消防设计规范》
计算公式	海登-威廉公式 $\Delta P=\frac{6.05\times Q^{1.85}\times 10^{8}}{C^{1.85}\times d^{4.87}}$(mbar/m) $c=120$										满宁公式 $i=0.001029\times\frac{Q^{2}}{d5.33}$ (mH_2O/m)
建筑物危险等级	轻级	中级	严重级	轻级	中级	严重级	轻级	中级	严重级		—
喷水强度 (L/min·m²)	2.25	5.0	7.5～30	2.8～4.1	4.1～8.1	8.1～16.3	5	6.5	10	15～25	—
作用面积(m²)	84	72～360	260～300	279～139	372～139	465～232	150	240～360	360	260～300	—
最不利点处喷头压力(MPa)	0.05			0.1			0.1				0.05
管道直径	控制喷头数			控制喷头数			控制喷头数				控制喷头数
20	1	—	—	—	—	全部按水力计算	—	—	—	—	—
25	3	—	—	2	2		2	2	1	—	2
32	—	2 或 3	2	3	3		4	3	2	1	3
40	—	4 或 6	4	5	5		7	6	4	2	5
50	—	8 或 9	8	10	10		10	8	6	4	10
70	—	16 或 18	12	30	20		20	16	12	8	20
80	—	—	18	60	40		32	24	18	12	36
100	—	—	48	100	100		＞32	48	48	16	75
150	—	—	—	—	275		—	＞48	＞48	48	140
200	—	—	—	—	—		—	—	—	＞48	—

9 水力计算

9.1 系统的设计流量

9.1.1 喷头流量的计算公式:

$$q=K\sqrt{\frac{P}{9.8\times 10^{4}}} \quad (1)$$

此公式国际通用,当 P 采用 MPa 时约为:

$$q=K\sqrt{10P} \quad (2)$$

式中 P——喷头工作压力[公式(1)取 Pa、公式(2)取 MPa];

K——喷头流量系数;

q——喷头流量(L/min)。

喷头最不利点处最小工作压力本规范已作出明确规定,设计中应按本公式计算最不利点处作用面积内各个喷头的流量,使系统设计符合本规范要求。

9.1.2 参照国外标准,提出了确定作用面积的方法。

1 英国《自动喷水灭火系统安装规则》BS 5306—Part2—1990 规定的计算方法为:应由水力计算确定系统最不利点处作用面积的位置。此作用面积的形状应尽可能接近矩形,并以一根配水支管为长边,其长度应大于或等于作用面积平方根的 1.2 倍。

2 美国《自动喷水灭火系统安装标准》NFPA—13(2002 年版)规定:对于所有按水力计算要求确定的设计面积应是矩形面积,其长边应平行于配水支管,边长等于或大于作用面积平方根的 1.2 倍,喷头数若有小数就进位成整数。当配水支管的实际长度小于边长的计算值,即:实际边长＜$1.2\sqrt{A}$时,作用面积要扩展到该配水管邻近配水支管上的喷头。

举例(见图 19):

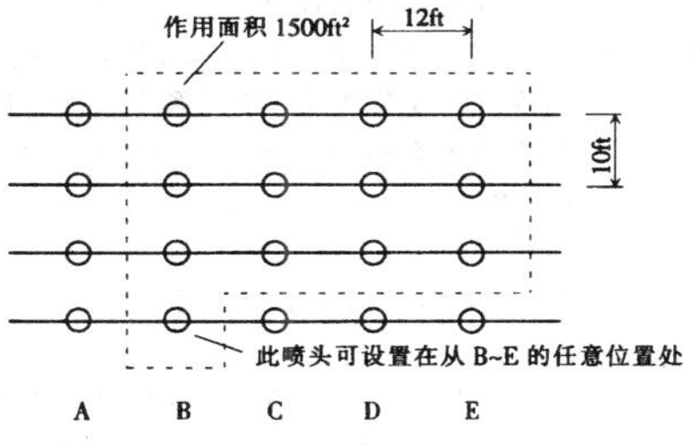

图 19 美国 NFPA—13(1996 年版)标准中作用面积的举例

已知:作用面积 1500ft²

每个喷头保护面积 10×12=120(ft²)

求得：喷头数 $n=\frac{1500}{120}=12.5\approx13$

矩形面积的长边尺寸 $L=1.2\sqrt{1500}=46.48(\mathrm{ft})$

每根配水支管的动作喷头数

$$n'=\frac{46.48}{12}=3.87\approx4(\text{只})$$

注：$1\mathrm{ft}^2=0.0929\mathrm{m}^2$；$1\mathrm{ft}=0.3048\mathrm{m}$。

3 德国《喷水装置规范》(1980年版)规定：首先确定作用面积的位置，要求出作用面积内的喷头数。要求各单独喷头的保护面积与作用面积内所有喷头的平均保护面积的误差不超过20%。

注：相邻四个喷头之间的围合范围为一个喷头的保护面积。

举例：当 $300\mathrm{m}^2$ 的作用面积内有40个喷头时，其平均保护面积为 $300/40=7.5\mathrm{m}^2$。当布置喷头时(见图20)，一只喷头的最大保护面积为 $8.75\mathrm{m}^2$，其误差为17%小于20%，因此允许喷头的间距不做调整。

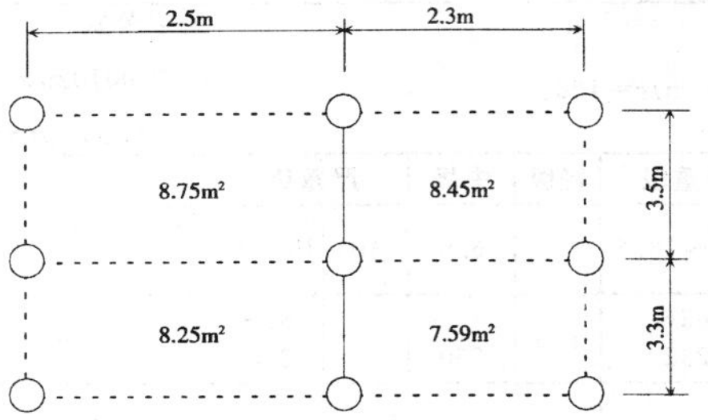

图20 德国规范中作用面积的举例

9.1.3 本条规定提出了系统的设计流量，按最不利点处作用面积内的喷头全部开放喷水时，所有喷头的流量之和确定，并按本规范公式(9.1.3)表述上述含义。

英国标准的规定：应保证最不利点处作用面积内的最小喷水强度符合规定。当喷头按正方形、长方形或平行四边形布置时，喷水强度的计算，取上述四边形顶点上四个喷头的总喷水量并除以4，再除以四边形的面积求得。

美国标准的规定：作用面积内每只喷头在工作压力下的流量，应能保证不小于最小喷水强度与一个喷头保护面积的乘积。水力计算应从最不利点处喷头开始，每个喷头开放时的工作压力不应小于该点的计算压力。

9.1.4 由强制性条文改为非强制性条文。本条规定对任意作用面积内的平均喷水强度，最不利点处作用面积内任意4只喷头围合范围内的平均喷水强度，提出了要求。

9.1.5 由强制性条文改为非强制性条文。规定了设有货架内喷头闭式系统的设计流量计算方法。对设有货架内喷头的仓库，要求分别计算顶板下开放喷头和货架内开放喷头的设计流量后，再取二者之和，确定为系统的设计流量。上述方法是参考美国《货架储物仓库标准》NFPA—231C(1995年版)和美国工厂联合保险系统标准的有关规定确定的。

9.1.6 由强制性条文改为非强制性条文。本条是针对建筑物内设有多种类型系统，或按不同危险等级场所分别选取设计基本参数的系统，提出了出现此种复杂情况时确定系统设计流量的方法。

9.1.7 由强制性条文改为非强制性条文。当建筑物内同时设置自动喷水灭火系统和水幕时，与喷淋系统作用面积交叉或连接的水幕，将可能在火灾中同时工作，因此系统的设计流量，要求按包括与喷淋系统同时工作的水幕的用水量计算，并取二者之和中的最大值确定。

9.1.8 由强制性条文改为非强制性条文。采用多台雨淋阀，并分区逻辑组合控制保护面积的系统，其设计流量的确定，要求首先分别计算每台雨淋阀的流量，然后将需要同时开启的各雨淋阀的流量迭加，计算总流量，并选取不同条件下计算获得的各总流量中的最大值，确定为系统的设计流量。

9.1.9 本条提出了建筑物因扩建、改建或改变使用功能等原因，需要对原有的自动喷水灭火系统延伸管道、扩展保护范围或增设喷头时，要求重新进行水力计算的规定，以便保证系统变化后的水力特性符合本规范的规定。

9.2 管道水力计算

9.2.1 采用经济流速是给水系统设计的基础要素，本条在原规范第7.1.3条基础上调整为宜采用经济流速，必要时可采用较高流速的规定。采用较高的管道流速，不利于均衡系统管道的水力特性并加大能耗；为降低管道摩阻而放大管径、采用低流速的后果，将导致管道重量的增加，使设计的经济性能降低。

原规范中关于"管道内水流速度可以超过5m/s，但不应大于10m/s"的规定，是参考下述资料提出的：

我国《给排水设计手册》(第三册)建议，管内水的平均流速，钢管允许不大于5m/s；铸铁管为3m/s；

原苏联规范中规定，管径超过40mm的管内水流速度，在钢管中不应超过10m/s，在铸铁管中不应超过3～5m/s；

德国规范规定，必须保证在报警阀与喷头之间的管道内，水流速度不超过10m/s，在组件配件内不超过5m/s。

9.2.2 自动喷水灭火系统管道沿程水头损失的计算，国内外采用的公式有以下几种：

我国现行国家标准《自动喷水灭火系统设计规范》GB 50084—2001采用原《建筑给水排水设计规范》GBJ 15—88的公式：

$$i=0.00107\frac{V^2}{d_j^{1.3}} \tag{3}$$

或

$$i=0.001736\frac{Q^2}{d_j^{5.3}} \tag{4}$$

式中 d_j——管道计算内径(m)。

该公式的管道摩阻系数按旧钢管计算，并要求管道内水的平均流速，符合 $V\geqslant1.2\mathrm{m/s}$ 的条件。

我国原兵器工业部五院对计算雨淋系统管道水头损失采用的公式：

$$i=10.293n\frac{Q^2}{d^{5.33}} \tag{5}$$

上式中的粗糙系数 n 值，考虑平时管道内没有水流，采用 $n=0.0106$(生活给水管的 n 值采用0.012)。

公式(5)可换算成：

$$i=0.001157\frac{Q^2}{d^{5.33}} \tag{6}$$

原苏联《自动喷水系统规范》采用公式(5)，但 n 值采用0.010，可换算成：

$$i=0.001029\frac{Q^2}{d^{5.33}} \tag{7}$$

英、美、日、德等国的自动喷水灭火系统规范，采用Hazen-Williams(海登—威廉)公式：

$$\Delta P=\frac{6.05\times Q^{1.85}\times10^8}{C^{1.85}\times d^{4.87}}(\mathrm{mbar/m}) \tag{8}$$

式中 C——管道材质系数，铸铁管 $C=100$，钢管 $C=120$。

美国工业防火手册规定：当自动喷水灭火系统的管道采用钢管或镀锌钢管时，管径为2in或以下时 $C=100$；大于2in时 $C=120$。

日本资料介绍：

当管径大于50mm，管道内平均流速大于1.5m/s时采用Hazen-Williams公式。其中 C 值：干式系统的钢管 $C=100$；湿式系统的钢管 $C=120$，铸铁管 $C=100$。

对管径为50mm及以下者，水头损失按Weston公式计算：

$$\Delta h=\left(0.0126+\frac{0.01739-0.1087d}{\sqrt{V}}\right)\times\frac{V^2}{2gd} \tag{9}$$

上式适用于铜管等相当光滑管道，旧钢管的水头损失按上式增加30%。

选择上述公式计算的水头损失值见表 14。

式中 i——每米管道水头损失(mH_2O/m)；

Q——流量(L/min)；

V——流速(m/s)；

g——重力加速度；

d——管道内径。

表 14 各公式计算水头损失值比较表

喷头(个)	流量 Q(L/min)	管径 D(mm)	水头损失 i(mH_2O/m)			
			公式(4)	公式(6)	公式(7)	公式(8)
1	80	25	0.776	0.577	0.513	0.292
2	160	32	0.667	0.492	0.438	2.274
5	400	50	0.492	0.359	0.319	0.225
10	800	70	0.514	0.372	0.331	0.230
15	1200	80	0.467	0.336	0.299	0.222
20	1600	100	0.190	0.136	0.121	0.104
30	2400	150	0.054	0.0383	0.0340	0.0328

从上表可见，由于各公式本身的局限性或某些缺陷，使计算结果相差较大。其中按我国采用公式计算出的水头损失最高。

考虑下述因素，仍沿用原规范采用的计算公式。

1 自动喷水灭火系统与室内给水系统管道水力计算公式的一致性；

2 目前我国尚无自动喷水灭火系统管道水头损失实测资料；

3 据《美国工业防火手册》介绍："经过实测，自动喷水系统管道在使用 20～25 年后，其水头损失接近设计值"。

9.2.3 局部水头损失的计算，英、美、日、德等国规范均采用当量长度法。原规范规定：自动喷水系统管道的局部水头损失，可按沿程水头损失的 20% 计算。为与国际惯例保持一致，本规范此次修订改为规定采用当量长度法计算。由于我国缺乏实验数据，故仍采用原规范条文说明中推荐的数据。

美国标准的规定见表 15。

日本、德国规范的当量长度表与表 14 相同。表 14 中的数据是按管道材质系数 $C=120$ 计算，当 $C=100$ 时，需乘以修正系数 0.713。

表 15 美国规范当量长度表(m)

管件名称		45°弯管	90°弯管	90°长弯管	三通或四通管	蝶阀	闸阀
管件直径(mm)	25	0.3	0.6	0.3	1.5	—	—
	32	0.3	0.9	0.3	1.8	—	—
	40	0.6	1.2	0.3	2.4	—	—
	50	0.6	1.5	0.9	3.1	1.8	0.3
	70	0.9	1.8	1.2	3.7	2.1	0.3
	80	0.9	2.1	1.5	4.6	3.1	0.3
	100	1.2	3.1	1.8	6.1	3.7	0.6
	125	1.5	3.7	2.4	7.6	2.7	0.6
	150	2.1	4.3	2.7	9.2	3.1	0.9
	200	2.7	5.5	4.0	10.7	3.7	1.2
	250	3.3	6.7	4.9	15.3	5.8	1.5

9.2.4 本条规定了水泵扬程或系统入口供水压力的计算方法。计算中对报警阀、水流指示器局部水头损失的取值，按照相关的现行标准作了规定。其中湿式报警阀局部水头损失的取值，随产品标准修订后的要求进行了修改。要求生产厂在产品样本中说明此项指标是否符合现行标准的规定，当不符合时，要求提出相应的数据。

9.3 减压措施

9.3.1 本条规定了对设置减压孔板管段的要求。要求减压孔板采用不锈钢板制作，按常规确定的孔板厚度：ϕ50～80mm 时，$\delta=3$mm；ϕ100～150mm 时，$\delta=6$mm；ϕ200mm 时，$\delta=9$mm。减压孔板的结构示意图见图 21。

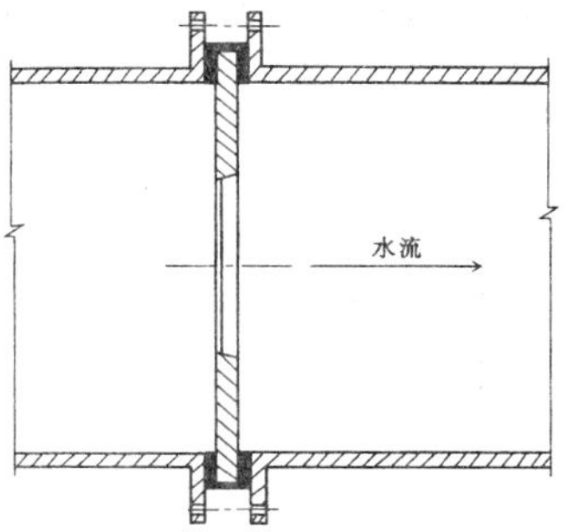

图 21 减压孔板结构示意图

9.3.2 节流管的结构示意图见图 22。

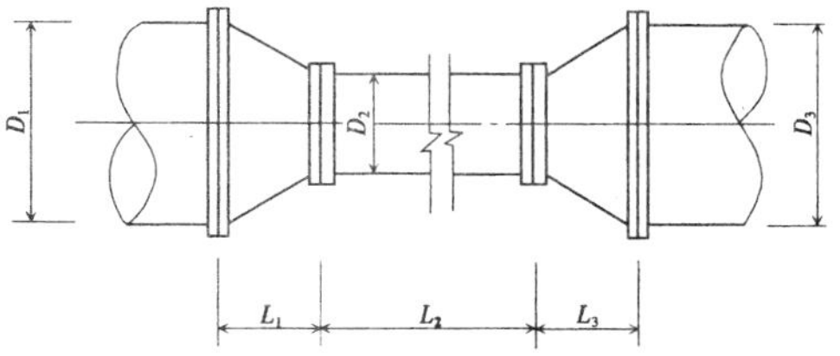

图 22 节流管结构示意图

技术要求：$L_1=D_1$；$L_3=D_3$

9.3.3 规定了减压孔板水头损失的计算公式，标准孔板水头损失的计算，有各种不同的计算公式。经过反复比较，本规范选用 1985 年版《给水排水设计手册》第二册中介绍的公式，此公式与《工程流体力学》(东北工学院李诗久主编)《流体力学及流体机械》(东北工学院李富成主编)、《供暖通风设计手册》及 1985 年版《给水排水设计手册》中介绍的公式计算结果相近。原规范条文说明中介绍的公式，用于规定的孔口直径时有一定局限性，理由是当孔板孔口直径较小时，计算结果误差较大。

9.3.4 规定了节流管水头损失的计算公式。节流管的水头损失包括渐缩管、中间管段与渐扩管的水头损失。即：

$$H_j=H_{j1}+H_{j2} \tag{10}$$

式中 H_j——节流管的水头损失(10^{-2}MPa)；

H_{j1}——渐缩管与渐扩管水头损失之和(10^{-2}MPa)；

H_{j2}——中间管段水头损失(10^{-2}MPa)。

渐缩管与渐扩管水头损失之和的计算公式为：

$$H_{j1}=\zeta\cdot\frac{V_j^2}{2g} \tag{11}$$

中间管段水头损失的计算公式为：

$$H_{j2}=0.00107\cdot L\cdot\frac{V_j^2}{d_j^{1.3}} \tag{12}$$

式中 V_j——节流管中间管段内水的平均流速(m/s)；

ζ——渐缩管与渐扩管的局部阻力系数之和；

d_j——节流管中间管段的计算内径(m)；

L——节流管中间管段的长度(m)。

节流管管径为系统配水管道管径的1/2,渐缩角与渐扩角取$\alpha=30°$。由《建筑给水排水设计手册》(1992年版)查表得出渐缩管与渐扩管的局部阻力系数分别为0.24和0.46。取二者之和$\zeta=0.7$。

9.3.5 提出了系统中设置减压阀的规定。近年来,在设计中采用减压阀作为减压措施的已经较为普遍。本条规定:

1 为了防止堵塞,要求减压阀入口前设过滤器;

2 为有利于减压阀稳定正常的工作,当垂直安装时,要求按水流方向向下安装;

3 与并联安装的报警阀连接的减压阀,为检修时不关停系统,要求设有备用的减压阀(见图23)。

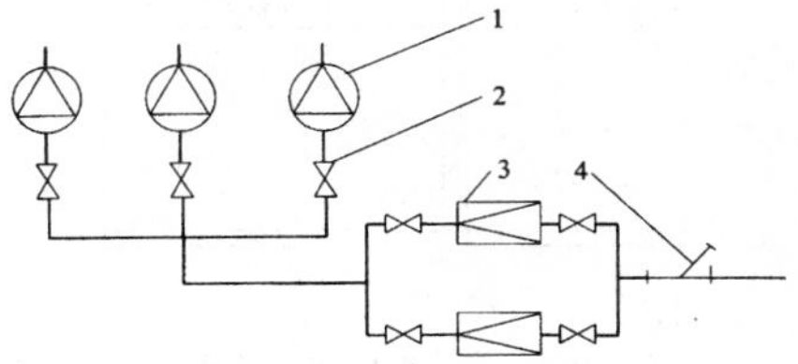

图23 减压阀安装示意图

1—报警阀;2—闸阀;3—减压阀;4—过滤器

10 供 水

10.1 一般规定

10.1.1 由强制性条文改为非强制性条文。本条在相关规范规定的基础上,对水源提出了"无污染、无腐蚀、无悬浮物"的水质要求,以及保证持续供水时间内用水量的补充规定。

目前我国对自动喷水灭火系统采用的水源及其供水方式有:由给水管网供水;采用消防水池;采用天然水源。

国外自动喷水灭火系统规范中也有类似的规定,例如:原苏联《自动消防设计规范》中自动喷水灭火系统的供水可以是:能够经常保证供给系统所需用水量的区域供水管、城市给水管和工业供水管道;河流、湖泊和池塘;井和自流井。

上面所列举水源水量不足时,必须设消防水池。

英国《自动喷水灭火系统安装规则》规定可采用的水源有:城市给水干管、高位专用水池、重力水箱、自动水泵、压力水罐。

除上述规定外,还要求系统的用水中不能含有可堵塞管道的纤维物或其他悬浮物。

10.1.2 由强制性条文改为非强制性条文。对与生活用水合用的消防水池和消防水箱,要求其储水的水质符合饮用水标准,以防止污染生活用水。

10.1.3 由强制性条文改为非强制性条文。为保证供水可靠性,本条提出了在严寒和寒冷地区,要求采取必要的防冻措施,避免因冰冻而造成供水不足或供水中断的现象发生。

我国近年的火灾案例中,仍存在因缺水或供水中断,而使系统失效,造成严重事故的现象,因此要高度重视供水的可靠性。

国外同样存在因缺水或供水中断,而使系统不能成功灭火的现象(见表16)。

表16 自动喷水灭火系统不成功案例的统计表

原因＼行业	学校	公共建筑	办事机构	住宅	公共会场	仓库	百货店小卖部	工厂	其他	合计件数		
										件数	百分率(%)	累计(%)
供水中断	4	3	4	13	23	122	83	791	67	1110	35.4	35.5
作业危险	0	1	1	1	0	38	12	366	5	424	13.6	48.9
供水量不足	1	2	1	5	3	43	4	259	0	311	9.9	58.8
喷水故障	1	0	1	2	4	40	4	207	3	262	8.4	67.2
保护面积不当	0	0	0	3	1	57	11	183	1	256	8.1	75.3
设备不完善	8	3	2	9	10	24	11	187	0	254	8.1	83.4
结构不合防火标准	5	3	2	11	9	10	35	112	2	187	6.0	89.4
装置陈旧	1	1	1	2	0	3	1	56	1	65	2.1	91.5
干式阀不合格	0	0	0	0	1	6	4	45	0	56	1.8	93.3
动作滞后	0	0	1	0	0	0	5	38	0	53	1.7	95.0
火灾蔓延	0	0	0	0	1	11	1	36	3	52	1.7	96.7
管道装置冻结	0	0	0	1	0	5	4	32	2	44	1.4	98.1
其他	0	0	0	1	0	7	1	46	3	60	1.9	100
合计	20	12	13	48	52	375	176	2351	87	3134	100	100

注:上表摘自"NFPA"Fire Journal VOL 64 NO.4——July 1970。

10.1.4 自动喷水灭火系统是有效的自救灭火设施,将在无人操纵的条件下自动启动喷水灭火,扑救初期火灾的功效优于消火栓系统。由于该系统的灭火成功率与供水的可靠性密切相关,因此要求供水的可靠性不低于消火栓系统。出于上述考虑,对于设置两个及以上报警阀组的系统,按室内消火栓供水管道的设置标准,提出"报警阀组前宜设环状供水管道"的规定(见图24)。

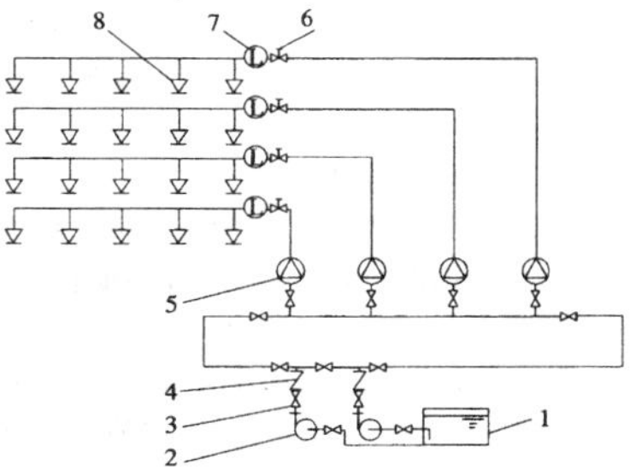

图 24　环状供水示意图

1—水池；2—水泵；3—闸阀；4—止回阀；5—报警阀组；6—信号阀；7—水流指示器；8—闭式喷头

10.2　水　　泵

10.2.1　由强制性条文改为非强制性条文。提出了自动喷水灭火系统独立设置供水泵的规定。规定此条的目的，是为了保证系统供水的可靠性与防止干扰。

按一运一备或二运一备的要求设置备用泵，比例较合理而且便于管理。

10.2.2　可靠的动力保障，也是保证可靠供水的重要措施。因此，提出了按二级负荷供电的系统，要求采用柴油机泵组做备用泵的规定。

10.2.3　由强制性条文改为非强制性条文。在本规范中重申了"系统的供水泵、稳压泵，应采用自灌式吸水方式"，及水泵吸水口要求采取防止杂物堵塞措施的规定。

10.2.4　由强制性条文改为非强制性条文。对系统供水泵进出口管道及其阀门等附件的配置，提出了要求。对有必要控制水泵出口压力的系统，提出了要求采取相应措施的规定。

10.3　消 防 水 箱

10.3.1　本条规定了采用临时高压给水系统的自动喷水灭火系统，要求按现行国家标准《建筑设计防火规范》GBJ 16—87(1997 年版)、《高层民用建筑设计防火规范》GB 50045—95(1997 年版)等相关规范设置高位消防水箱。设置消防水箱的目的在于：

1　利用位差为系统提供准工作状态下所需要的水压，达到使管道内的充水保持一定压力的目的；

2　提供系统启动初期的用水量和水压，在供水泵出现故障的紧急情况下应急供水，确保喷头开放后立即喷水，控制初期火灾和为外援灭火争取时间。

由于位差的限制，消防水箱向建筑物的顶层或距离较远部位供水时会出现水压不足现象，使在消防水箱供水期间，系统的喷水强度不足，因此将削弱系统的控灭火能力。为此，要求消防水箱满足供水不利楼层和部位喷头的最低工作压力和喷水强度。

10.3.2　设置自动喷水灭火系统的建筑，属于相关规范允许不设高位消防水箱时，执行本条规定。

10.3.3　由强制性条文改为非强制性条文。对消防水箱的出水管提出了要求。要求出水管设有止回阀，是为了防止水泵的供水倒流入水箱；要求在报警阀前接入系统管道，是为了保证及时报警；规定采用较大直径的管道，是为了减少水头损失。

10.4　水泵接合器

10.4.1　由强制性条文改为非强制性条文。提出了设置水泵接合器的规定。水泵接合器是用于外部增援供水的措施，当系统供水泵不能正常供水时，由消防车连接水泵接合器向系统的管道供水。美国巴格斯城的 K 商业中心仓库 1981 年 6 月 21 日发生火灾，由于没有设置水泵接合器，在缺水和过早断电的情况下，消防车无法向自动喷水灭火系统供水。上述案例说明了设置水泵接合器的必要性。水泵接合器的设置数量，要求按系统的流量与水泵接合器的选型确定。

10.4.2　由强制性条文改为非强制性条文。受消防车供水压力的限制，超过一定高度的建筑，通过水泵接合器由消防车向建筑物的较高部位供水，将难以实现一步到位。为解决这个问题，根据某些省市消防局的经验，规定在当地消防车供水能力接近极限的部位，设置接力供水设施。接力供水设施由接力水箱和固定的电力泵或柴油机泵、手抬泵等接力泵，以及水泵结合器或其他形式的接口组成。

接力供水设施示意图见图 25。

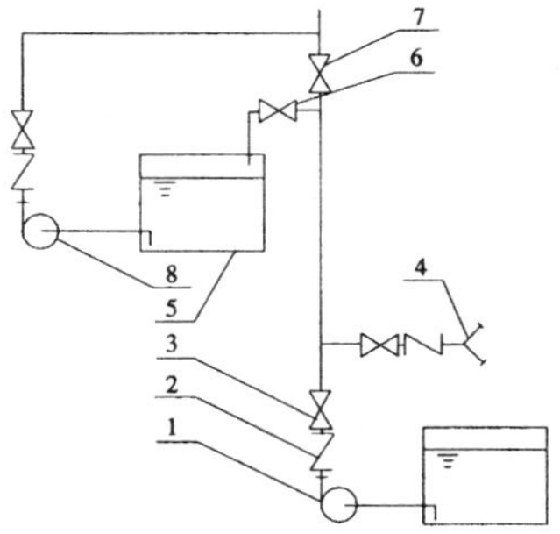

图 25　接力供水设施示意图

1—供水泵；2—止回阀；3—闸阀；4—水泵接合器；5—接力水箱；6—闸阀(常闭)；7—闸阀(常开)；8—接力水泵(固定或移动)

11　操作与控制

11.0.1　对湿式与干式系统，规定采用压力开关信号并直接连锁的方式，在喷头动作后立即自动启动供水泵。

对预作用与雨淋系统及自动控制的水幕系统，则要求在火灾报警系统报警后，立即自动向配水管道供水，并要求符合本规范 8.0.9 条的规定。

采用消防水箱为系统管道稳压的，应由报警阀组的压力开关信号联动供水泵；采用气压给水设备时，应由报警阀组或稳压泵的压力开关信号联动供水泵。

11.0.2　由强制性条文改为非强制性条文。对预作用与雨淋系统及自动控制的水幕系统，提出了要求具有自动、手动远控和现场应急操作三种启动供水泵和开启雨淋阀控制方式的规定。

11.0.3　由强制性条文改为非强制性条文。提出了雨淋系统和自动控制的水幕系统中开启雨淋阀的控制方式，允许采用电动、液(水)动或气动控制。

控制充液(水)传动管上闭式喷头与雨淋阀之间的高程差，是为了控制与雨淋阀连接的充液(水)传动管内的静压，保证传动管上闭式喷头动作后能可靠地开启雨淋阀。

11.0.4　由强制性条文改为非强制性条文。规定了与快速排气阀连接的电动阀的控制要求，是保证干式、预作用系统有压充气管道迅速排气的措施之一。

11.0.5　由强制性条文改为非强制性条文。系统灭火失败的教训，很多是由于维护不当和误操作等原因造成的。加强对系统状态的监视与控制，能有效消除事故隐患。

对系统的监视与控制要求，包括：

1　监视电源及备用动力的状态；

2　监视系统的水源、水箱(罐)及信号阀的状态；

3　可靠控制水泵的启动并显示反馈信号；

4　可靠控制雨淋阀、电磁阀、电动阀的开启并显示反馈信号。

5　监视水流指示器、压力开关的动作和复位状态。

6　可靠控制补气装置，并显示气压。

12 局部应用系统

12.0.1 2001年《建设部工程建设标准局部修订公告》第27、28、30号中，国家标准《建筑设计防火规范》、《高层民用建筑设计防火规范》和《人民防空工程设计防火规范》的局部修订，规定"应设自动喷水灭火系统的歌舞、娱乐、放映、游艺场所"，符合本条规定时可执行本章规定。本章同时适用于《建筑设计防火规范》、《高层民用建筑设计防火规范》和《人民防空工程设计防火规范》等规范规定"应设自动喷水灭火系统部位"范围以外的民用建筑。

我国娱乐场所发生火灾次数多，且此类场所大多未设置自动喷水灭火系统，若按标准配置追加设置自动喷水灭火系统较为困难，考虑到国家实际情况，补充本章规定。但是，局部系统的应用范围应严格限制在本章所列的场所。

12.0.2 娱乐性场所内陈设、装修装饰及悬挂的物品较多，而且多数为木材、塑料、纺织品、皮革等易燃材料制作，点燃时容易酿成火灾；

除可燃物品较多外，此类场所内用电设施较多，因此发生火灾的可能性较大；

发生在此类场所的火灾，蔓延速度较快、放热速率的增长较快；

现场的合成材料多，使火灾的烟气量及毒性较大；

属于人员密集场所，火灾时极易造成拥挤现象。

综上所述，娱乐性公众聚集场所属于火灾危险性较高的民用建筑，当不设自动喷水灭火系统时，由于不具备自救灭火能力，发生火灾时对人的安全威胁大，并且容易很快形成猛烈燃烧状态。

从火灾危险性和扑救难度分析，此类场所符合设置自动喷水灭火系统的条件。虽然有的建筑物仅是局部区域设有此类场所，并仅在此类场所占有的局部区域设置自动喷水灭火系统，但系统的设置仍应遵循现行《自动喷水灭火系统设计规范》的基本要求。

建筑物中局部设置自动喷水灭火系统时，按现行规范原规定条文设置供水设施往往比较困难，为此参照国内外相关规范的最低限度要求，按"保证足够喷水强度，在消防队投入增援灭火之前保证足够喷水面积和持续喷水时间"的原则，提出设计局部应用系统的具体指标，包括：喷水强度按中危险级Ⅰ级确定，适当缩小作用面积以及持续喷水时间不得低于0.5h等。

12.0.3 本规范5.0.1条规定的中危险级Ⅰ级场所的系统设计参数，依据国外相关标准提出的喷水强度与作用面积曲线（见条文说明5.0.1条图7）确定，本章根据"在消防队投入增援灭火之前保证足够喷水面积和持续喷水时间"的原则，确定局部应用系统的作用面积和持续喷水时间。由于局部应用系统的作用面积小于本规范5.0.1条的规定值，所以按本章规定设计的系统，控制火灾的能力偏低于按本规范5.0.1条规定数据设计的系统。

局部应用系统保护区域内的最大厅室，指由符合相关规范规定的隔墙围护的区域。

采用快速响应喷头，是为了控制系统投入喷水、开始灭火的时间，有利于保护现场人员疏散、控制火灾及弥补作用面积的不足。

采用 $K=80$ 喷头可减少洒水受阻的可能性。

采用快速响应扩展覆盖喷头时，要求严格执行本规范1.0.4条的规定。任何不符合现行国家标准的其他喷头，本规范不允许使用。

NFPABD中规定作用面积按 $100m^2$。当小于 $100m^2$ 时，按房间实际面积计算；当采用快速响应扩展覆盖喷头时，计算喷头数不应小于4只；当采用 $K=80$ 喷头时，计算喷头数不小于5只。面积较小房间布置的喷头较少，应将房间外2只喷头计入作用面积，此要求在NFPA中是必须的、基本的要求。

12.0.4 允许局部应用系统与室内消火栓合用消防用水量和稳压设施、消防水泵及供水管道，有利于降低造价，便于推广。

举例说明：按室内消防用水量10L/s、火灾延续时间2h确定室内消防用水量的建筑物，其消防水池除了供给10只开放喷头的用水量外，尚可供2支水枪工作约1.25h。

按室内消防用水量5L/s、火灾延续时间2h确定室内消防用水量的建筑物，其消防水池除了供给10只开放喷头的流量外，尚可供1支水枪工作约0.5h。

12.0.5 本条参考美国标准NFPA13中"喷头数量少于20只的系统可不设报警阀组"的规定，提出小规模系统可省略报警阀组、简化系统构成的规定。

中华人民共和国国家标准

低倍数泡沫灭火系统设计规范

GB 50151—92

（2000 年版）

条 文 说 明

前　言

根据国家计委计综〔1986〕2630号文的通知，由公安部天津消防科学研究所会同有关单位共同编制的《低倍数泡沫灭火系统设计规范》GB 50151—92，经国家技术监督局和建设部以建标〔1992〕30号文发布。

为便于广大设计、施工、科研、教学等有关单位人员在使用本规范时能正确理解和执行条文规定，《低倍数泡沫灭火系统设计规范》编制组根据国家计委关于编制标准、规范条文说明的统一要求，按本规范的章、节、条顺序，编制了本条文说明，供国内有关部门和单位参考。在使用中发现本条文说明有欠妥之处，请将意见直接函寄公安部天津消防科学研究所。

本条文说明，仅供国内有关部门和单位执行本规范时使用，不得外传和翻印。

1991年12月20日

目　录

第一章　总　　则

第 1.0.1 条　本条主要是说明制定本规范的意义和目的，即为了保卫社会主义现代化建设和人身的生命财产安全，合理设计低倍数空气泡沫灭火系统，减少火灾的危害，特制订本规范。

低倍数泡沫灭火系统，是当今世界上对扑救甲（液化烃除外）、乙、丙类液体火灾普遍使用的灭火系统。国内外应用实践证明：该系统具有安全可靠、经济实用、灭火效率高等优点。可以预料，随着我国四化建设的发展，尤其是石油化工工业的发展以及本规范的制订和实施，低倍数泡沫灭火系统将在我国得到进一步的推广应用。从调查中得知，在火灾危险性大的甲、乙、丙类液体的储罐区和其他危险性场所，设计安装这一灭火系统的优越性越来越明显，但调查中也发现国内某些单位在设计、安装中还存在不少问题，使我们认识到制订我国自己的《低倍数泡沫灭火系统设计规范》是当务之急，是保卫四化建设，减少火灾损失的重要措施之一。

第 1.0.2 条　本条说明在进行低倍数泡沫灭火系统设计时，应遵循国家的有关方针政策，针对保护对象的火灾危险性和着火后对国家和人身生命财产造成损失的大小等因素综合考虑，合理选择低倍数泡沫灭火系统的型式，使该系统的设计达到安全可靠，技术先进，经济合理，管理方便。

第 1.0.3 条　本条是指本规范适用和不适用的范围。根据实践经验和国际 ISO/DIS 7076—1990 以及美国消防协会 NFPA11—1983 标准规定，低倍数泡沫适用于下列危险性场所：即提炼、加工生产甲、乙、丙类液体的炼油厂、化工厂、油田、油库、为铁路油槽车装卸油的鹤管栈桥、码头、飞机库、机场以及燃油锅炉房等。

本规范不适用于船舶、海上钻井平台、采油平台、输油平台和交通部门管理的油码头等场所低倍数泡沫灭火系统的设计。因这些场所交通部门另有规范。

本规范也不适用于海军的舰船，这方面部队有专门规范。

根据我国的规范体系，建筑类规范规定低倍数泡沫灭火系统的设置场所，本规范规定低倍数泡沫灭火系统的选型与具体设计。为了更加明确这一点，做此修改。

第 1.0.4 条　本规范是一本专业性的技术规范，只要规定需要设置低倍数泡沫灭火系统的工程，就应根据本规范的要求进行设计。至于哪些部位需要设置该灭火系统，还应按《建筑设计防火规范》、《石油库设计规范》、《原油及天然气工程建设设计防火规范》、《石油化工企业设计防火规范》和《小型石油库及汽车加油站设计规范》等有关规范执行。

第二章　泡沫液和系统型式的选择

第一节　泡沫液的选择、储存和配制

第 2.1.1 条　本条的规定与美国、英国等国家相关标准的规定类似。

液上喷射泡沫，泡沫直接覆盖燃料液面，泡沫中不含油等燃液，所以，可采用蛋白、氟蛋白、水成膜、成膜氟蛋白泡沫液等。

液下喷射泡沫，泡沫要经过油等液体层，普通蛋白泡沫会受到污染，而具有可燃性，根据公安部天津消防科研所 1976 年在 700m^3 和 5000m^3 汽油罐试验报告，得出蛋白泡沫通过汽油浮到油面上来时，含汽油量达到 2%以上就有可燃性，达到 8.5%就可自由燃烧；而氟蛋白泡沫中的汽油含量可高达 23%以上，才能自由燃烧。所以蛋白泡沫液不适合以液下喷射的方式扑救油类火灾。

20 世纪 80 年代初，英国 Angus 公司以水解蛋白为基料，添加适宜的氟碳表面活性剂制成了成膜氟蛋白泡沫液（FFFP），20 世纪 90 年代我国开发了这种泡沫液。该泡沫液不但具有氟蛋白泡沫液的特点，而且还具有水成膜泡沫液和特点，是当今普遍使用的泡沫液种类之一。

从灭火角度，抗溶性氟蛋白泡沫液、抗溶性水成膜泡沫液的抗溶性成膜氟蛋白泡沫液等也适用液下喷射泡沫灭火，但其价格较贵，对单纯的非水溶性甲、乙、丙类液体储罐，本规范不推荐采用上述抗溶泡沫液。

第 2.1.1A 条　本条是新增条文。

水成膜、成膜氟蛋白泡沫混合液施加到非水溶性液体燃料表面上时，能产生一层防护膜。其灭火效力不仅与泡沫性能有关，更重要的是依赖于它的成膜性及其防护膜的坚韧性和牢固性。所以水成膜、成膜氟蛋白泡沫液也适用于水喷头、水枪、水炮等非吸气型喷射装置。

第 2.1.2 条　醇、酯、醚、醛、酮、酸等水溶性液体对普通泡沫有较强的脱水作用，而使之失去灭火能力。抗溶泡沫中含有多糖等抗醇性物质，在水溶性液体表面上能形成一层高分子胶膜，保护上面的泡沫免受脱水而导致的破坏，从而达到灭火的目的。

汽油中的含氧添加剂主要是醚、醇等水溶性液体，对普通泡沫具有很强的破坏作用。无铅汽油中含氧添加剂含量体积比超过 10%时，用普通泡沫液灭火困难，所以也必须选用抗溶性泡沫液。为此，参照 NFPA11—1998《低倍数泡沫灭火系统标准》增加相应规定。

当添加剂为多组分的混合物时，只计算含氧元素的那些组分的净含量。

某些储罐区既有水溶性液体储罐又有非水溶性液体储罐，某些桶装库房同时存有水溶性和非水溶性液体，为了降低工程造价设计一套泡沫灭火系统是可行的，但须选抗溶性泡沫液。用抗溶性泡沫液扑救非水溶性甲、乙、丙类液体时，其设计要求与普通泡沫液相同。

第 2.1.3 条 本条是根据《蛋白泡沫灭火剂和氟蛋白泡沫灭火剂技术条件及试验方法》（GN 13—14—82）制定的。因为蛋白泡沫液的流动点为－5℃，YEKJ-6A 型抗溶泡沫液在 0℃以下就不能流动，所以储存泡沫液的环境温度下限规定为 0℃；环境温度超过 40℃时，各种泡沫液的发泡倍数都下降，析液时间缩短，泡沫灭火性能降低，所以储存泡沫液的环境温度上限为 40℃。

第 2.1.4 条 淡水是配制各类泡沫混合液的最佳水源。某些泡沫液也适宜于用海水配制混合液。一种泡沫液是否适宜于用海水配制混合液，取决于其耐海水（或硬水）的性能。因此，选择水源时，应考虑与所选泡沫液要求的水质是否相适宜。为此，将原规范一、二、三款合并为目前的一款，四款改为二款。

产生泡沫最理想的水温为 20℃左右，各种泡沫对水温的敏感程度也有差异。为使系统可靠，参照有关泡沫灭火剂产品标准规定了配制泡沫混合液用水的水温要求。

第二节 系统型式的选择

第 2.2.1 条 现行国家标准《石油化工企业设计防火规范》、《石油库设计规范》、《原油和天然气工程设计防火规范》分别对各自行业设置固定式、半固定式和移动式泡沫灭火系统的场所进行了规定，全面修订中的《建筑设计防火规范》拟将上述三个规范未包括的使用泡沫灭火系统场所进行规定，设计时应根据上述规范选择泡沫灭火系统类型。所以删除本节原条文，予以重新编制。

第 2.2.2 条 本条是对储罐区泡沫灭火系统的选择做出的规定。

一～三、液上喷射泡沫灭火系统适用于固定顶、外浮顶和内浮顶三种储罐；

液下喷射泡沫灭火系统不适用于外浮顶和内浮顶储罐，其原因是浮顶阻碍泡沫的正常分布，当只对外浮顶或内浮顶储罐的环形密封处设防时，无法将泡沫全部输送到该处。

当以液下喷射的方式将泡沫注入水溶性液体后，由于水溶性液体分子的极性和脱水作用，泡沫会遭到破坏，无法浮升到液面实施灭火。所以液下喷射泡沫灭火系统不适用于水溶性甲、乙、丙液体固定顶储罐的灭火。

半液下喷射是泡沫灭火系统应用形式之一，某些发达国家应用多年。

四、对于外浮顶储罐，其设防区域为环形密封区，泡沫炮难以将泡沫施加到该区域。类似的原因泡沫炮也不适用于内浮顶储罐。泡沫炮为强施放喷射泡沫，由于泡沫会潜入水溶性液体中，使泡沫脱水而遭到破坏，所以不适用于水溶性液体固定顶储罐。直径大于 18m 的固定顶储罐发生火灾时，罐顶一般只撕开一条口子，全掀的案例很少，泡沫炮难以将泡沫施加到储罐内。美、英等国家的相关标准也作了相同或相近的规定。

五、灭火人员操纵泡沫枪难以对罐壁更高、直径更大的储罐实施灭火、美、英等国家的相关标准也作了相近的规定。

第 2.2.3 条 本条是根据多年的试验研究、工程应用的经验及参考发达国家的标准制订的，同时也保留了原规范的内容。所述的缓冲物可以是专门设置的缓冲装置，也可以是非专门设置的固定设备、金属物品或其他固体不燃物。通过公安部天津消防科学研究所的试验，对于厚度超过 25mm 但有金属板或金属桶之类的缓冲物时，灭火是切实可行的。

第 2.2.4 条 本条是参照 NFPA 11—1998《低倍数泡沫灭火系统标准》制定的。在选用栈台泡沫灭火系统时，应综合考虑整个栈台的尺寸规格、所涉及的液体类别、临近的其他危险场所及暴露场所、排水设施、常年风向、环境温度和人员配备等因素。

第 2.2.5 条 本条所述的围堰是指用土或其他不燃结构材料建造，并能将深度大于 25mm 的燃料限定住的护堤。

本条是参照 NFPA 11—1998《低倍数泡沫灭火系统标准》、BS 5306、Part6《低倍数泡沫灭火系统标准》制定的。

第 2.2.6 条 本条所述无围堰的甲、乙、丙类液体室外流淌火灾区域是指发生甲、乙、丙类液体流淌时无路牙、防护堤、房屋墙等结构物限制的场所。该场所的甲、乙、丙类液体流淌厚度限定在 25mm 之内。

本条是参照 NFPA 11—1998《低倍数泡沫灭火系统标准》、BS5306、Part6《低倍数泡沫灭火系统标准》制定的。

第三章 系统设计

第一节 一般规定

第 3.1.1 条 本条第一部分是原规范第 3.1.1 条与条 3.1.2 条的合并与修改。如执行原规范第 3.1.1 条“储罐区泡沫灭火系统设计，其泡沫混合液用量，应满足扑救储罐区内泡沫混合液最大用量的单罐火灾和扑救该储罐流散火灾所设辅助泡沫管枪混合液用量之和的要求”，对于某些多罐种和/或水溶性与非水溶性甲、乙、丙类液体共存的储罐区可能会导致错误设计，且该条语句表达不通顺。修改后的条文规定泡沫灭火系统扑救储罐区一次火灾的泡沫混合液设计用量按罐内用量、该罐辅助管枪用量、管道剩余量三者之和为最大的一个储罐进行设计，避免了上述问题。

用泡沫炮或泡沫枪扑救火灾时，受风等环境因素的影响，喷出的泡沫会有一定的损失。风力愈大、射程愈远，损失愈大。所以确定泡沫炮、泡沫枪流量时，应将其损失计算在内。出于安全，确定了1.2倍的参数。

第3.1.2条 本条为修订条文。

一、本条一款为原规范第3.2.1条的一部分，这一规定同样适用于液下喷射、半液下喷射泡沫灭火系统，所以调整至本节进行一般规定。

二、本条二款由原规范第3.2.2条和第3.2.3条的部分内容归纳而成。

自20世纪80年代初，在发达国家外浮顶储罐泡沫灭火系统的泡沫喷射口（含泡沫产生器），就有罐壁设置和浮顶设置两种方式。近几年我国某些地方采用了浮顶设置形式，本款含采用从浮顶密封上方和金属挡雨板下施放泡沫的泡沫喷射口（含泡沫产生器）浮顶设置方式的保护面积确定。

三、本条引用了现行国家标准《石油库设计规范》的储罐名称，而现行行业标准《石油化工立式圆筒形钢制焊接储罐设计规范》SH 3046—92将内浮顶储罐的浮盘分为单盘、隔舱式单盘、双盘、在浮筒上的金属顶四种，两者名称不一致。本规范所称的浅盘即后者所称的单盘，本规范所称的单、双盘对应后者的隔舱式单盘、双盘。若《石油库设计规范》改变名称，本规范也会相应变更。

第3.1.3条 从地上钢罐火灾案例调查中发现，80%的油罐火灾，罐顶和罐体均易受到不同程度地破坏。例如：上海某厂$400m^3$汽油罐着火，罐周边炸开1/6长；山东某厂$500m^3$渣油罐，因入口管振动打火花引起火灾，罐顶飞出10m；玉门某厂$500m^3$原油罐火灾，罐顶周边炸开19m，两个泡沫产生器中的一个被拉断；黑龙江某厂$5000m^3$原油罐火灾，罐底拉开，着火半小时后相邻面的泡沫混合液管线被拉断。以上情况看出，虽然设有固定式泡沫灭火系统，但还需要配备一定数量的移动泡沫灭火设备。

第3.1.4条 本条有三层含义：一是提出对设置固定式泡沫灭火系统的储罐区，在其防火堤外设置用于扑救液体流散火灾的辅助泡沫枪要求，比原规范明确了；二是提出设置数量及其泡沫混合液连续供给时间根据所保护储罐直径确定的要求，呼应本节第3.1.1条；三是原规范的要求。

原规范规定了辅助泡沫枪型号，其单只流量较BS 5306 Part6和NFPA 11的规定大出1倍以上，为此对其进行了修改。

第3.1.5条 甲、乙、丙类液体储罐区危险程度及火灾后的损失一般均高于其他民用场所，但目前应用于该类场所的泡沫灭火系统，对其控制功能的设计要求一般低于其他灭火系统，为了适当提高泡沫灭火系统的防范能力提出此条要求。

第3.1.6条 为验证安装后的泡沫灭火系统是否满足规范和设计要求，要对安装的系统按有关规范的要求进行检测，为此所作的设计应便于检测设备的安装和取样。

第3.1.7条 出于降低工程造价的考虑，有些设计将储罐区泡沫灭火系统与消防冷却水系统的消防泵合用。但由于两系统的工作状态不同，且多数储罐区的储罐规格也不尽相同，有的相差很大，致使有些系统使用困难。为此提出本条要求，对此类设计加以约束。

第3.1.8条 本条规定布置的泡沫消火栓，其功能是连接泡沫枪扑救储罐区防火堤内流散火灾。泡沫消火栓的设置大致有两种形式：一种是安装在固定系统的泡沫混合液管道上；另一种是由水消火栓、独立泡沫液储罐（桶）和泡沫比例混合器构成。不管哪一种形式，保证一定数量和间距是必要的。现行国家标准《石油化工企业设计防火规范》规定水消火栓的间距不大于60m，为使储罐区消防设施的布置有章法，本条采纳了这一参数。

第3.1.9条 甲、乙、丙类液体储罐发生火灾时，通常会有泡沫消防车等救援。根据有关组织对我国已发生的地上金属固定顶储罐火灾统计表明，容积大于$2000m^3$（直径16m）以上的储罐发生火灾时，多在罐顶与罐壁的弱焊接处局部掀开一条口子，罐顶全掀的几率较小，且直径越大全掀的几率越小，泡沫消防车不能直接有效地将灭火泡沫施加到局部开口子的着火储罐内；浮顶储罐的泡沫灭火系统主要是针对其密封区域火灾而设计的，泡沫消防车不能将泡沫直接有效地喷射到其密封区域，且浮顶也没有考虑其导致的冲击荷载，一旦使用，有击沉浮顶之危险；泡沫消防车也不宜直接向水溶性甲、乙、丙类液体储罐供给泡沫，原因是大部分泡沫会潜入液体中湮灭而不能灭火。所以推荐储罐区固定式泡沫灭火系统具备半固定系统功能，就等于多了一种措施。

当泡沫混合液管道在防火堤外环状布置时，利用环状管道上设置泡沫消火栓就能实现半固定系统功能，但不如在通向泡沫产生器的支管上设置带控制阀的管牙接口方便。如何实现该功能，由设计者与业主协商。

第二节 储罐区液上喷射泡沫灭火系统的设计

第3.2.1条 参照NFPA 11—1998《低倍数泡沫灭火系统标准》、BS 5306 Part6《低倍数泡沫灭火系统标准》等，对表3.2.1-1进行了修改，并将移动式的参数修改后移到了新增的第3.6.1条。将原条文中对固定顶储罐燃烧面积的规定移到第3.1.2条。

一、本款制定、修订的依据如下：

1. 国内外泡沫灭火试验数据。

（1）1974 年 8～9 月，我国分别对容积 100m³（直径 5.3m）、1000m³（直径 12m）、5000m³（直径 22.3m）的全敞口 66# 汽油储罐进行了液上喷射泡沫灭火试验，试验结果见表 3.2.1-1。

表 3.2.1-1 我国地上敞口金属油罐液上喷射泡沫灭火试验数据

储罐容积	100m³							1000m³	5000m³	
泡沫液种类	6%型 YE12 蛋白泡沫液					改进的 6%YE12 蛋白泡沫液				
油液面高度（m）	1.3		4.2	4.23		4.2	4.2	2.5	3.0	3.0
供给强度（L/min·m²）	12.7	8.60	5.42	5.42	2.75	5.73	6.21	8.7	7.5	9.95
混合比（%）	5.9	4.02	3.32	3.2		4.96	4.27	6.3	6.78	4.66
泡沫倍数	5.2	4.9	5.31	4.4	4.8	5.06	4.75	6.0	8.2	5.4
预燃时间（min：s）	3:23	2:04	2:04	2:01	2:10	1:59	2:04	2:04	1:00	2:03
灭火时间（min：s）	3:33	4:29	5:06	5:46	11:51	3:04	2:28	2:50	2:45	3:04

（2）1960 年，在瑞典用高背压泡沫产生器对直径 9m 的汽油罐进行了蛋白泡沫半液下喷射系统灭火试验，试验时罐壁未喷水冷却，试验数据见表 3.2.1-2。

（3）美国 3M 公司用不同的泡沫产生装置液上喷射水成膜泡沫灭火，见表 3.2.1-3。

对上述试验数据分析得，最佳泡沫混合液供给强度在 4～5L/min·m² 范围内。受当时条件限制，我国试验用的蛋白泡沫液性能较差，如果用现在的泡沫液，灭火时间肯定会缩短。

表 3.2.1-2 瑞典半液下喷射泡沫灭火系统试验数据

液面高度（m）	8.65	8.65	5.35
发泡倍数	4.0	5.2	4.2
混合液供给强度（L/min·m²）	4	2	4
预燃时间（min：s）	7：17	5：37	4：57
控火时间（min：s）	0：43	1：00	1：03
灭火时间（min：s）	2：02	8：00	2：13

应当指出，金属油罐有突出的“罐壁升温”现象，灭火难度比非金属油罐要大；油品闪点越低，灭火难度越大；油层厚度太小，灭火难度将大大降低；在一定范围内，预燃时间越长，灭火时间越长，预燃时间越短，灭火难度将大大降低；风速越大，灭火难度越大。

2. 实际火灾案例分析。

（1）广州某厂一台容积 10000m³（直径 31.2m），储存“五七”原油的半地下固定顶储罐，检修时爆炸着火。着火时罐内储有 500～700t 原油，爆炸使罐顶塌落，燃烧约 1h。用移动式泡沫管枪扑救，约 20min 后火被扑灭。灭火共用了 2.5t 泡沫液，折算泡沫混合液供给强度约为 2～4L/min·m²。

表 3.2.1-3 美国 3M 公司水成膜泡沫液上喷射灭火试验数据

储罐直径（m）	2.4	22.9	20×23
试验油品	汽油	辛烷值 72—汽油	API32°原油
泡沫供给方式	产生器	带架泡沫炮	泡沫室
油层厚度（m）	1.2	0.2	0.2
预燃时间（min：s）	10：00	10：25	11：00
供给强度(L/min·m²)	4.1	4.1	4.1
控火时间（min：s）	2：45	2：35	1：00
灭火时间（min：s）	4：15	3：45	2：00

（2）北京某厂容积 5000m³、3000m³ 的重油储罐，因所储存油品超温自然而爆炸着火，爆炸使罐顶与罐壁连接处部分掀开，掀开长度约为储罐周长的 1/3。燃而爆炸并未破坏储罐上的半固定泡沫灭火设备，靠泡沫消防车供给泡沫，泡沫混合液供给强度为 5～6L/min·m²，仅用 2～3min 就把火扑灭。

3. 国外相关标准的规定

（1）NFPA 11—1998《低倍数泡沫灭火系统标准》规定的烃类液体固定顶贮罐液上喷射系统最小泡沫混合液供给强度与连续供给时间见表 3.2.1-4。（将泡沫缓施到液面上的喷射装置为Ⅰ型排放口；经安装在罐内壁上的挡板使泡沫沿罐内壁流到液面上的喷射装置为Ⅱ型排放口。我国使用的基本为Ⅱ型排放口）。

表 3.2.1-4 泡沫混合液最小供给强度和供给时间

烃类液体类型	最小供给强度（L/min·m²）	最小供给时间(min)	
		Ⅰ型排放口	Ⅱ型排放口
闪点 37.8～93.3℃	4.1	20	30
闪点低于 37.8℃，或贮存温度高于其闪点的液体	4.1	30	55
原油	4.1	30	55

注：① 本表中包括氧化添加剂含量不超过 10%（V/V）加醇汽油和无铅汽油。氧化添加剂含量超过 10%（V/V）时，通常应按执行水溶性液体对待。某些非抗溶性泡沫可能适用于氧化添加剂含量超过 10%（V/V）的燃料，生产商应特别注册或批准。

② 沸点低于 37.8℃的易燃液体须用较高的供给强度，适宜供给强度应由试验确定。

③ 被加热到 93.3℃以上的高粘度液体，开始扑救时宜采用较低的供给强度，以便把罐容物的沸腾和喷溅控制在最小限度。对于装有热原油、沥青或加热到水沸点以上的液体着火贮罐，施加泡沫前应准确判断，尽管低强度时泡沫中析的较小水份可能有益于慢慢地降低燃液温度，但也可能导致罐内燃液的沸溢或喷溅。

④ 供给强度高于 4.1L/min·m² 时，可相应减小泡沫连续供给时间，但不得小于表中给定最小连续供给时间的 70%。

（2）BS 5306 Part6《泡沫灭火系统标准》规定的烃类液体固定顶贮罐固定式、半固定式液上与半液下喷射系统最小泡沫混合液供给强度与连续供给时间见表 3.2.1-5。

本款按如下原则采纳上述依据：

（1）灭火试验数据是最直接的依据，但灭火试验基本是在较好的天气条件，并且按准备好的程序进行的，所以应将试验数据乘以足够的安全系数后方能采纳。

表 3.2.1-5　泡沫混合液最小供给强度与连续供给时间

泡沫液类别	混合液供给强度（L/min・m²）	最小供给时间（min）	
		闪点≤40℃	闪点＞40℃
蛋白	4	55	30
氟蛋白、成膜氟蛋白、水成膜	4	45	30

注：当供给强度大于 4L/min・m² 时，最小连续供给时间可相应缩短，但不得小于本表所规定时间的 70%。

（2）工业发达国家的消防基础设施的配套和联防机动消防力量都很强，采用较小的供给强度和较长的连续供给时间，即使固定系统灭不了火，联防机动消防力量可以及时救援。而我国许多地区的消防基础设施的配套情况和联防机动消防力量与发达国家有较大的差距，所以立足自救的我国规范应遵守最小供给强度高于国外标准、最小连续供给时间低于国外标准的原则。

（3）科学合理地促进高性能泡沫液的工程应用。

综上所述，《低倍数泡沫灭火系统设计规范》GB 50151—92（2000 年版）维持蛋白泡沫混合液最小供给强度与连续供给时间不变，适度调整了氟蛋白、成膜氟蛋白、水成膜泡沫最小混合液供给强度与连续供给时间，并补充规定了含氧添加剂体积比含量超过 10% 的无铅汽油之最小泡沫混合液供给强度与连续供给时间。为清晰，将 GB 50151—92（2000 年版）、NFPA 11——1998、BS 5306 Pt6 等三个标准规定的单位面积最小泡沫混合液用量汇表归纳，见表 3.2.1-6。

表 3.2.1-6　液上喷射系统泡沫混合液最小用量对比（单位：L/m²）

标准代号	GB 50151 修订版		NFPA 11 标准		BS 5306 标准	
油品闪点℃	＜60	≥60	＜38	≥38	≤40	＞40
蛋白	240	180	225.5	123	220	120
氟蛋白、水成膜、成膜氟蛋白	225	150	225.5	123	180	120

由表 3.2.1-6 可见 GB 50151—92（2000 年版）与 NFPA 11—1998 规定的泡沫混合液最小用量基本相当。

二、本款制定的依据如下：

1. 国内外灭火试验数据。水溶性液体的种类繁多，各种水溶性液体对泡沫的破坏性也不一样，用抗溶泡沫扑灭它们的火灾，泡沫混合液供给强度会有差异，有的差异可能很大，有的甚至不能灭火。对于水溶性液体，进行大型灭火试验的代价太大。工业发达国家至今也未做过像油品那样的规模和次数的灭火试验。现将我国 YEKJ-6A 型抗溶泡沫、YEDF-6 型多功能氟蛋白泡沫、美国 3M 公司抗溶水成膜泡沫的小型灭火试验数据进行归纳，以了解某些水溶性液体的泡沫灭火强度。

（1）我国的抗溶泡沫灭 10m² 工业乙醇火的试验数据见表 3.2.1-7。试验所用的容器为 10m² 带挡板的燃料盘。

表 3.2.1-7　我国的抗溶泡沫灭 10m² 工业乙醇火的试验数据

乙醇浓度（%）	泡沫液	预燃时间（min：s）	供给强度（L/min・m²）	喷射方式	控火时间（min：s）	灭火时间（min：s）
95.5	YEKJ-6A	2：0	4.8		4：12	4：40
94.0	YEKJ-6A	2：0	4.8	u 型施放器	1：07	1：33
78.0	YEKJ-6A	2：0	4.8	手持管枪	1：15	1：28
95	YEKJ-6A	3：15	18	手持管枪	0：16	0：26
86	YEKJ-6A	2：0	18	手持管枪	0：10	0.16
88	YEKJ-6A	2：0	4.8	手持管枪	0：59	1：22
95	YEDF-6	2：0	4.8	u 型施放器	0：50	1：10
95	YEDF-6	2：0	20	管枪供泡沫	0：16	0：24

（2）美国 3M 公司的抗溶水成膜泡沫（ATC）灭火试验数据见表 3.2.1-8。试验条件：4.6m² 金属燃料盘、燃料厚度 5.1cm、预燃时间 1min、标准泡沫管枪、泡沫倍数 6～8 倍。

表 3.2.1-8　ATC 灭火试验数据

	易燃液体种类	混合液浓度（%）	供给强度（L/min・m²）	控火时间（min：s）	灭火时间（min：s）
UL Ⅱ型供给泡沫	甲　醇	6	4.1	0：55	2：10
	乙　醇	6	4.1	0：35	1：30
	异丙醇	6	4.1	1：03	2：25
	丙　酮	6	4.1	1：25	2：40
	醋酸乙酯	6	2.46	0：38	1：40
	醋酸丁酯	6	2.46	0：45	1：30
	丁　酮	6	4.1	0：32	1：15
	甲基异丁酮	6	2.46	0：35	1：50
	异丙醚	6	2.46	0：55	3：45
	乙撑二胺	6	2.46	0：30	1：20
	四氢呋喃	6	6.5	1：05	2：25
	丙炔醛	6	2.46	0：35	4：35
	丁　醛	6	2.46	0：33	2：30
	1,2-环氧丙烯（1.96m²）	6	10.25	0：32	2：30
	庚　烷	3	1.64	1：30	1：50
	甲　苯	3	1.64	2：00	2：05
	汽　油	3	1.64	1：00	2：30
	10%汽油醇	3	1.64	1：20	3：30

2. 国外相关标准的规定。

(1) NFPA 11—1998《低倍数泡沫灭火系统标准》的规定见表3.2.1-9。

表3.2.1-9 泡沫混合液最小供给强度和连续供给时间

泡沫混合液供给强度	最小供给时间(min)	
	Ⅰ型泡沫排放口	Ⅱ型泡沫排放口
查阅生产商特定产品注册文件	30	55

注:目前许多抗溶性泡沫适用于Ⅱ型固定式泡沫排放口,但是某些老型的抗溶性泡沫要求通过Ⅰ型固定式泡沫排放口将泡沫平缓地施加到液面上。请查阅生产商有关特定产品的注册文件。

(2) BS 5306 Part6《低倍数泡沫灭火系统标准》分别规定最小泡沫混合液供给强度为6.5L/min·m^2,最小连续供给时间为55min。

(3) 美国3M公司按燃液闪点及在水中的溶解度的不同绘出了一区域划分曲线,按液体所在的不同区域给出了推荐的泡沫混合液供给强度,见表3.2.1-10。

表3.2.1-10 美国3M公司推荐的最小泡沫混合液供给强度

可燃液体	供给强度(L/min·m^2)	
	3%ATC	6%ATC
庚烷、石脑油、正丁醇、醛酸丁酯、甲基乙丁酮、异丁烯酸甲酯、醋酸、汽油醇(0~10%醇)、汽油、乙烷	4.1	*
苯、丙酰胺、丙烯酸甲酯、异丁醇、吗啉	4.1	*
二恶烷、醋酸乙酯、乙基溶纤素、乙二胺	—	4.1
丙酮、甲醇、异丙醚、丁酮、异丙醇、乙醚、四氢呋喃、丁-丁醇、乙醇	—	6.9**

注:*可使用6%的,但3%的更好些。

**NFPA Ⅰ型供给时可用4.1L/min·m^{2}的混合液强度。

本款按如下原则采纳上述依据:

(1) 由于水溶性液体的种类繁多,分别规定出各种水溶性液体是不可能的。根据我国的国情,能规定最小泡沫混合液供给强度与连续供给时间的液体,应尽量做出规定;不能规定最小泡沫混合液供给强度与连续供给时间的液体,应规定由试验确定。

未规定最小泡沫混合液供给强度及连续供给时间的水溶性液体。当进行大型灭火试验有困难时,可采用以乙醇为参照在4.52m^{2}标准油盘上进行对比灭火试验的方法,确定最小泡沫混合液供给强度及连续供给时间。当然上述对比试验须由权威部门或权威部门认可的单位进行。

(2) 由于灭火试验规模较小,次数较少,不能找出最佳泡沫混合液供给强度。某些水溶性液体的燃烧产物及挥发物有毒,长时间不能灭火,对人等会造成较大损害,甚至威胁生命。所以按较大强度、较短时间的思路,规定了少部分水溶性液体的最小泡沫混合液供给强度与连续供给时间。

水溶性液体的灭火难度还与其极性有关,美国3M公司推荐的泡沫混合液供给强度还需进一步验证。

第3.2.2条 本条是对原条文的修改和增加。

一、目前泡沫喷射口的设置方式有两种,第一种是设置在罐壁顶部,原规范就是针对这种方式的;第二种是设置在浮顶上,它又分为泡沫喷射口设置在密封或挡雨板上方和泡沫喷射口设置在金属挡雨板下部(见图3.2.2)。表3.2.2中"密封或挡雨板上方"即指前者,"金属挡雨板下部"即指后者。

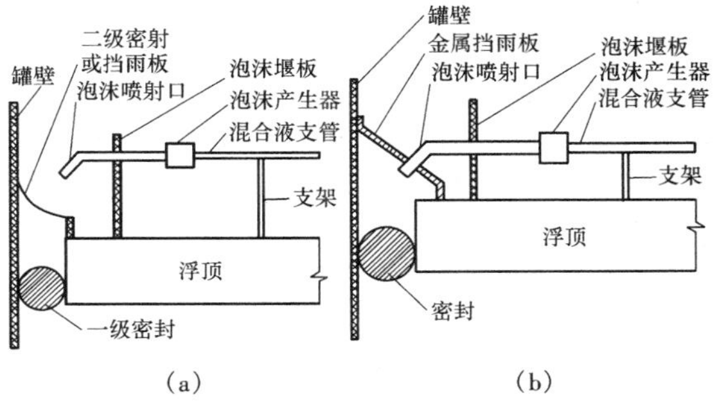

图3.2.2 泡沫喷射口在浮顶上的安装方式

(a) 泡沫喷射口安装在密封或挡雨板上方;

(b) 泡沫喷射口安装在金属挡雨板下部

根据技术分析及有关设计、生产单位反映的意见,认为原条文规定的单个泡沫产生器的最大保护周长偏长,且规定了产品型号,限制了其他产品的使用,不利于与国际标准接轨。参照NFPA11—1998《低倍数泡沫灭火系统标准》、BS5306 Part6《低倍数泡沫灭火系统标准》对表3.2.2进行了修改,并删除了外浮顶储罐保护面积确定的内容。

二、本款由原规范第二款的部分规定与新增对在浮顶上设置泡沫喷射口的规定综合而成的。

三、本款为新增的。根据大庆市某油库的试验,并参照NFPA11—1998《低倍数泡沫灭火系统标准》,泡沫堰板距离罐壁0.6m为宜,故对原规范第二款的部分规定作此修改。从灭火角度,泡沫喷射口浮顶上设置方式的泡沫堰板距离罐壁可进一步减小,但为方便密封检修,故规定不宜小于0.6m。

四、本款是原规范第二款规定的部分内容,为便于表述另列一款。

第3.2.3条 根据国际标准ISO/DIS 7076—1990、美国消防协会标准NFPA 11—1983和美国3M公司工程标准的规定:

一、浅盘式内浮顶罐火灾发生最不利的情况是:罐顶可能全部或部分掀开,浮盘由于受到不平衡的反向力作用而倾斜下沉，产生与固定顶罐火灾一样的全面积燃烧情况，这时候扑救火灾的困难程度以及对邻近罐的影响是与固定顶罐火灾相同的，于是本条规定浅盘式内浮顶罐应遵循与固定顶罐同一标准。

当内浮盘用非钢质材料制作时，例如用易熔材质铝合金或塑料制作时，采用与固定顶罐同一标准。

二、对于单、双盘内浮顶罐，它的安全性与外浮顶罐相似，所以防护面积、空气泡沫混合液供给强度和连续供给时间均与外浮顶罐同一标准。

三、美国 3M 公司工程标准第 5.2.1 条明确规定：当现有的内浮顶罐的浮顶是浅盘式时，应设置固定型泡沫消防设备，系统无论大小，均应按罐的截面积计算。对于浮盘是双盘式或浮船式的内浮顶储罐，一般情况下则不需要固定的消防设施，若设固定消防设施时，其燃烧面积按泡沫堰板至罐壁的环形面积计算。

本规范执行过程中，发现对浅盘式和浮盘采用易熔材料制作的水溶性甲、乙、丙类液体内浮顶储罐的规定欠明确，且有设计单位和消防审建部门询问过此类储罐的泡沫系统如何设计，为此本条将此类内浮顶储罐按是否设置泡沫缓施装置分别规定设计要求。

第 3.2.4 条　条本是对原条文的修改和增加。

一、固定顶储罐着火时通常首先发生爆炸，其中一个泡沫产生器被破坏可能很大。试验证实，泡沫对燃液的最大有效灭火半径约为 25m。为此，一个完好的泡沫产生器所能保护的储罐直径不能超过 25m。沿储罐周均匀布置的两个泡沫产生器完好时，所能保护的储罐最大直径为：

$$D_{MAX} = 25 \times 2^{0.5}(m) \approx 36m$$

当其中一个坏了，剩下的一个泡沫产生器能保护的储罐最大直径为 25m。如图 3.2.4-1 所示，沿储罐周均匀布置的三个泡沫产生器完好时，所能保护的储罐最大直径为：

$$D_{MAX} = 25 \times 2(m) \approx 50m$$

当其中一个坏了，剩下的二个泡沫产生器能保护的储罐最大直径为：

$$D_{MAX} = (2 \times 3^{0.5}/3) \times 25(m) \approx 29m$$

由于泡沫是沿罐壁散射流到液面上的，预计保护的储罐最大直径可达 30m。同理沿罐周均匀布置的四个泡沫产生器完好时，所能保护的储罐最大直径也是 50m，当其中一个坏了，剩下的三个泡沫产生器保护的储罐最大直径约为 36m。

经计算可见，原规范规定的泡沫产生器最小设置数量偏多。本着其中一个泡沫产生器被破坏系统仍能有效灭火的原则，对表 3.2.4 进行了修改。

二、外浮顶罐和单、双盘式内浮顶储罐的安全度是一致的，所以这类的储罐上泡沫产生器的型号和数量按本规范第 3.2.2 条产生器保护周长和泡沫混合液供给强度确定。

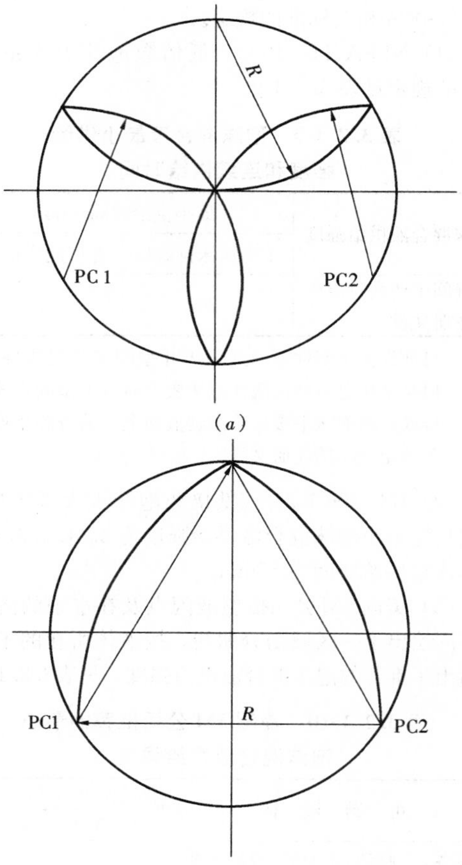

图 3.2.4-1　均匀布置三个泡沫产生器的储罐

(a) 三只泡沫产生器；

(b) 三只中坏了一只泡沫产生器

三、删除了原规范三款的条文。为使各泡沫产生器工作压力和流量的均衡以利于灭火，推荐相同型号的泡沫产生器并要求其均布。

四、对于水溶性甲、乙、丙类液体固定顶储罐不设缓冲装置难以灭火，本规范规定的设计参数是建立在设有缓冲装置基础上的。原规范在条文说明中叙述了设置要求，现予以明确。常用的泡沫缓冲装置见图 3.2.4-2、图 3.2.4-3。

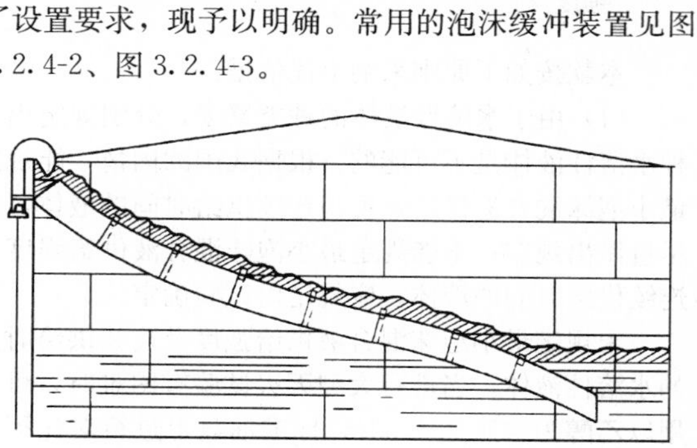

图 3.2.4-2　泡沫溜槽

五、本款要求是为了减少泡沫损失和有利于泡沫的分布，设置泡沫导流罩和泡沫喷射口设置在浮顶上

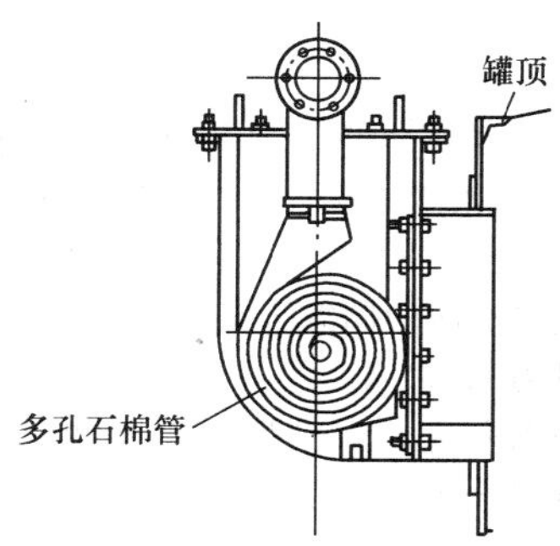

图 3.2.4-3　多孔石棉管

要求 T 型管是行之有效的措施。

第 3.2.5 条　说明如下：

一、据调查，现有的固定顶储罐上，几个泡沫产生器，用一根泡沫混合液管道引出防火堤外时，如果采用半固定式灭火系统，一旦发生火这，就要有足够的消防车同时向泡沫混合液管道输送泡沫混合液，否则混合液的流量不够。另外，如果采用固定式泡沫灭火系统，若一个泡沫产生器损坏，会使泡沫从破坏的产生器处施放出来，不但造成泡沫浪费，甚至会造成整个设施不能灭火的严重后果。大连某厂油罐发生火灾时，就发生过此种现象。因此，本款要求应用独立的混合液管道引出防火堤外。

二、由于浮顶罐结构的特点，外浮顶罐由于浮顶和液面直接接触，没有油气空间。单、双盘式内浮顶罐，虽然有固定顶，但罐壁上部有排气孔，着火时一般不会发生爆炸，而且燃烧面积通常较小，火焰温度和罐壁温度不高（中日试验时，5000m^3 外浮顶汽油罐着火时，罐壁温度 100～140℃，辐射热为 0.001W/cm^2），消防队员能够靠近罐体。因此，外浮顶和单、双盘内浮顶罐发生火灾时，对泡沫产生器及混合液管道损坏的可能性小，故规定本款。

三、工程实践证明，油罐发生着火爆炸或罐基础下沉，往往由于泡沫混合液立管在罐壁固定不牢或供给泡沫混合液的立管与水平管道之间未采用柔性连接，致使泡沫混合液立管发生拉裂破坏，使泡沫不能输送到罐内，影响及时灭火。

据调查，我国引进一些石油化工装置，如：辽阳化纤厂、南京扬子乙烯、天津大港化纤厂等单位不仅油罐上泡沫混合液立管与水平管道之间采用了柔性连接，而且油罐的进出油管线也都安装了一段金属软管。

NFPA 11—1983 第 3-2.5.2 条规定：固定泡沫产生器必须牢固地设置在罐壁上，泡沫混合液立管与水平管道连接处要求柔性连接。

日本有关消防法规，也作了类似规定。

四、外浮顶着火时，火势小，辐射热也小，人可站在梯子平台上或浮顶上，用泡沫管枪扑救局部火灾。此外，还会由于罐体保温不好或密封不好，罐储存含蜡较多的原油，罐壁会出现残油。当温度升高时，残油熔化，淌至罐顶，偶尔也会发生火灾，这时，也需要从梯子顶部平台接出泡沫管枪进行扑救，故制订本款。

由于引入了泡沫喷射口浮顶上设置方式，本条二款加了该定语。三款增加了泡沫喷射口浮顶上设置方式中对耐压软管、管道连接的要求，并将与水平管道宜用金属软管连接的要求移到了第 3.2.6 条一款。

第 3.2.6 条　本条是对原条文的修改和增加。

一　本款是原规范第一款的规定与第 3.2.5 条三款的部分规定综合而成的。

二、将管道埋在地下，突出的优点就是防火堤内整洁，便于防火堤内的日常作业。但也有不利因素，一是控制泡沫产生器的阀门得设置在地下，不利于操作；二是埋地管道的运动受限，对地基的不均匀沉降和储罐爆炸着火时罐体的上冲力敏感；三是不利于管道的维护与更换。为此原规范暗含不推荐将管道埋在地下的做法，但由于国内外均有采用，而规范又不便限制，所以增加了此款。本款的宗旨是保护管道免遭破坏。所述金属转向接头可由铸钢、球墨铸铁或可锻铸铁制成。

三、本款为原规范的第二款。

第 3.2.7 条　本条是对原条文的修改和增加。

一、原第一款表达欠确切，其内容现已归纳到 3.1.8 条。泡沫系统安装完毕后要进行检测，以确定系统设计及安装是否满足相关规范要求，增加的条文就是用于系统检测的。

二、防火堤外的固定式泡沫混合液管道应放空，防止积水，冬季冻裂阀门或管道，故作此规定。

三、泡沫混合液管道上，若不设排气阀，输送泡沫混合液时，将管道内的气体排到储罐内，有助燃作用。

第 3.2.8 条　删除。有关设计计算的内容进行了重新编写，见本章第六节。

第三节　储罐区液下喷射泡沫灭火系统的设计

第 3.3.1 条　删除。该条的内容已归纳到第二章第二节中。

第 3.3.2 条　一、二款的制定、修订依据：

1. 国内外石油储罐泡沫灭火试验数据。

（1）1979 年，我国有关单位在大连对直径 22.7m、高 12.5m 的 5000m^3 敞口原油储罐进行了液下喷射泡沫灭火试验，试验用 6%型氟蛋白泡沫液，泡沫通过油层厚度为 11.3m，油品温度 40℃、粘度 30 厘沱。1987 年 10 月，中日联合在天津对直径 5.4m、高 5.4m 的 100m^3 敞口汽油储罐进行了液下喷射泡沫灭火试验，试验燃料为 70# 车用汽油，油层厚度 3.6m，灭火药剂为 6%型氟蛋白泡沫液。对试验数据分析得，泡沫混合液临界供给强度约为 1.17L/min·m^2、最佳供给强度为4L/min·m²，见表 3.3.2-1。

表 3.3.2-1　我国敞口金属油罐氟蛋白泡沫液下喷射灭火试验数据

泡沫液种类	6%氟蛋白泡沫液		YEF6 氟蛋白泡沫液				
油罐类别	5000m³ 原油储罐		100m³ 汽油储罐				
供给强度 (L/min·m²)	6.14	6.14	9.28	5.76	4.09	2.64	1.17
泡沫倍数	2.59	2.60	2.65	3.16	2.79	2.45	2.91
混合比 (%)	6	6	5.6	5.1	5.3	5.5	6.4
喷射口数量	2*	1**	1	1	1	1	1
喷口泡沫流速 (m/s)	3.5	3.3	3.32	3.27	3.01	2.88	1.50
预燃时间 (min：s)	10：29	10：01	3：18	3：25	3：16	3：16	3：01
灭火时间 (min：s)	2：48	3：44	1：34	1：55	2：03	4：04	10：01

注：*90°弯头伸至罐中心。**45°切口深入罐内 2m。

(2) 1976 年 10 月 26～28 日，日本有关单位在新潟对直径 8.7m、高 8.0m 储有轻原油（比重 25℃ 0.768、黏度 1.0CST）的储罐进行了液下喷射泡沫灭火试验，试验数据见表 3.3.2-2。

表 3.3.2-2　日本轻原油储罐液下喷射泡沫灭火试验数据

泡沫种类	3%型氟蛋白	3%AFFF	3%AFFF	3%AFFF
混合比	4.0	2.0	2.0	2.0
喷射口数	1	1	2	1
供给强度 (L/min·m²)	4.0	4.0	4.0	4.0
泡沫倍数	3.35	3.14	2.99	3.08
预燃时间 (min：s)	10：00	10：00	10：00	20：00
90%控火时间 (min：s)	3：00	2：45	2：30	3：50
泡沫供给时间 (min：s)	8：35	8：20	5：50	7：00
灭火时间 (min：s)	8：50	8：47	6：19	7：22

(3) 美国 3M 公司用水成膜泡沫对不同直径的油品储罐进行了液下喷射灭火试验，试验数据见表 3.3.2-3。

1980 年，美国 3M 公司分别用 3%型氟蛋白泡沫、3%型普通水成膜泡沫（FC—203A）、3%型抗溶水成膜泡沫（FC—600）对直径 7.5m、高 7.5m 储有高级车用无铅汽油的储罐进行了液下喷射灭火试验，试验数据见表 3.3.2-4。

试验数据表明：预燃时间长，灭火时间长。油品的最佳泡沫混合液供给强度约为 4L/min·m²。加有含氧添加剂的无铅汽油比纯汽油灭火难度大，含氧添加剂含量超过一定值后，必须采用抗溶泡沫，且不宜采用液下喷射方式。

表 3.3.2-3　液下喷射泡沫灭火试验数据

储罐直径 (m)	试验油品及深度 (m)	预燃时间 (min：s)	供给强度 (L/min·m²)	控火时间 (min：s)	灭火时间 (min：s)
2.4	汽油—1.2	20：00	4.1	2：30	7：30
2.4	汽油—1.2	20：00	4.1	2：00	9：45
2.4	汽油—1.2	10：00	4.1	2：50	5：45
2.7	汽油—7.6	1：00	1.2	1：25	5：47
2.7	汽油—7.6	1：00	2.4	1：23	3：44
3.8	汽油—3.6	5：00	4.1	0：40	1：55
3.8	汽油—3.6	5：00	2.9	0.35	2：40
6.1	庚烷—1.2	1：00	4.1	1：20	2：55
4.6	汽油—4.9	10：00	4.1	1：00	2：50
8.6	汽油—6	10：30	4.1	1：50	4：40
8.5	轻原油—6	10：00	4.1	2：45	8：40
8.5	轻原油—6	20：00	4.1	2：10	7：22

表 3.3.2-4　高级车用无铅汽液下喷射泡沫灭火试验数据

泡沫液类型	FC—203A	氟蛋白	FC—600	氟蛋白	FC—203A
混合比 (%)	2	4	3	4	2
发泡倍数	2.3～3.2	2.5	3.0	2.4～3.3	3.1
混合液供给强度 (L/min·m²)	4.1	4.1	4.1	4.1	4.1
泡沫供给时间 (min)	30	30	30	30	30
预燃时间 (min)	2.5	2.5	2.5	2.5	2.5
控火时间 (min)	2.0	1.7	1.3	2.0	1.2
灭火时间 (min)	未灭火	未灭火	24.8	未灭火	未灭火

应当说明：液下喷射时，泡沫从浮升区翻腾着向远处流动与扩散，并带动了部分油品的自下而上翻腾。通常只有停止供泡沫后，泡沫才能覆盖升浮区而彻底灭火。何时停止供给泡沫需要有经验的人员判断，试验测得的灭火时间往往稍长。美国与日本的试验表明了这一点。

2. 国外相关标准的规定。

（1）NFPA11—1998《低倍数泡沫灭火系统标准》规定的烃类液体固定顶储罐液下喷射最小泡沫混合液供给强度和连续供给时间见表 3.3.2-5。

表 3.3.2-5 最小泡沫混合液供给强度和连续供给时间

烃类液体类型	供给强度（L/min·m²）	供给时间（min）
闪点 37.8～93.3℃	4.1	30
闪点小于 37.8℃或贮存温度高于其闪点的液体	4.1	55
原油	4.1	55

注：① 最大供给强度不应超过 8.2L/min·m²。
② 加热到 93.3℃以上的高粘度液体，在施加泡沫的初始阶段宜采用较低的供给强度，以使罐容物的沸腾或喷溅降到最低程度。装有热原油、沥青或加热到水沸点以上的液体着火罐，施加泡沫前应准确判断，尽管低强度下较小的泡沫水分有益缓慢冷却其燃液，但也可导致罐内燃液沸溢或喷溅。
③ 含破坏泡沫成分烃类液体可能要求较高供给强度，某些泡沫按通常要求的泡沫混合液供给强度可能灭不了含氧化剂的汽油火灾，在这种情况下，查阅泡沫液生产商依据注册和/或批准文件而提出建议。

（2）BS 5306 Part6《低倍数泡沫灭火系统标准》规定的烃类液体固定顶储罐液下喷射最小泡沫混合液供给强度和连续供给时间见表 3.3.2-6。

表 3.3.2-6 最小泡沫混合液供给强度与连续供给时间

泡沫混合液供给强度（L/min·m²）	供给时间（min）	
	闪点≤40℃	闪点>40℃
4	45	30

与 NFPA11《低倍数泡沫灭火系统标准》的规定相比，原规范规定的最小泡沫混合液用量偏小，为此《低倍数泡沫灭火系统设计规范》GB 50151—92（2000 年版）适度调整了最小泡沫混合液供给强度与连续供给时间。为清晰，将 GB 50151—92（2000 年版）、NFPA 11—1998、BS 5306 Part6 等三个标准规定的单位面积最小泡沫混合液用量汇表归纳，见表 3.3.2-7。

表 3.3.2-7 液下喷射单位面积泡沫混合液最小用量（L/m²）对比

标准代号	GB 50151 修订版		NFPA 11 标准		BS 5306 标准	
油品闪点（℃）	<60	≥60	<38	≥38	≤40	>40
氟蛋白、水成膜、成膜氟蛋白	200	200	225.5	123	180	120

由表 3.3.2-7 可见 GB 50151—92（2000 年版）与 NFPA 11—1998 规定的泡沫混合液最小用量基本相当。

三、四、五款参照 NFPA 11《低倍数泡沫灭火系统标准》、BS 5306 Part6《泡沫灭火系统标准》等进行了修订。

国内多数设计者理解泡沫管道即为泡沫喷射管，所以许多系统设计为从高背压泡沫产生器出口至储罐内的泡沫喷射口，其管道为同一管径，这样给某些工程带来不便。为了给设计以灵活性，同时又考虑流体力学参数的稳定，提出泡沫喷射管长度要求。

第 3.3.3 条 本条是对原条文的修改和增加。

本条原第二款与第三款的修改条文分别归纳到了本章第六节与第四章第四节中。

根据工程中发现的问题及工程检测的需要，提出了现第二款、第三款、第四款的要求。

第 3.3.4 条 根据实践经验，泡沫管线上不宜设置消火栓，因为泡沫不能从消火栓取出，也不能通过消火栓将泡沫输入进去，所以不需设置消火栓。另外泡沫管线内的气体不必排到大气中，用泡沫将气体顶到油罐中去，对液下喷射泡沫灭火更有利。但应设置放空阀，因泡沫析液后，最后要放出来，否则冬季可能冻裂管道和腐蚀管道。

此条新增第三款是出于工程检测与试验的需要；第四款是对原规范的补充。

第 3.3.5 条 删除。原第 3.3.5 条内容已归纳到本章第六节中。

第 3.3.6 条 根据实践经验和试验，液下喷射泡沫混合液管道的设置要求与液上喷射泡沫混合液的管道的设置要求完全相同。

水力计算的要求已归纳到本章第六节。

第 3.3.7 条 实践经验证明，泡沫液下喷射灭火系统，在防火堤内靠近油罐设置钢质控制阀，此阀是为了修理或更换单向阀时用。一般情况下，此阀常开；而向防火堤方向一侧，设置一个单向阀，该阀是为了平时挡住罐内的油品，不使其流到泡沫管线中，但一旦油罐起火，泡沫能顺利通过此阀进入罐内。防火堤外的泡沫管道上，高背压产生器前设置的另一个钢质控制阀，是为了调整背压用，如果着火时液面高，此阀可以开大些；液面低，此阀可以开小些，目的是泡沫形成好些，利于灭火。

目前液下喷射泡沫系统一个较突出的问题就是泡沫喷射管上的逆止阀密封不严，有些系统除关闭了储罐根部的闸阀外，在防火堤外又设置了一道处于关闭状态的闸阀，使该系统处于了半瘫痪状态，即使这样，但还是漏油；有的系统甚至将泡沫喷射管设置成顶部高于液面的 Ω 形，既给安装带来困难，又增加了泡沫管道的阻力，同时又影响美观。目前有采用爆破膜、梭形逆止阀等措施的，为此增加相关要求。

第四节　泡沫喷淋系统

第3.4.2条　本条是在原规范3.4.3条基础上，参照NFPA16—1995《泡沫—水雨淋系统与泡沫—水喷雾系统安装标准》、BS 5306 Part6《低倍数泡沫灭火系统标准》、ISO 7076《泡沫灭火系统标准》等，结合我国国情制订的。

第3.4.3条　保护非水溶性甲、乙、丙类液体当选择蛋白、氟蛋白等非成膜类泡沫液时，要选用传统的吸气型泡沫喷头；当选择水成膜、成膜氟蛋白等成膜类泡沫液时，可选用吸气型喷头，也可选用开式非吸气型喷头。为减轻泡沫对保护液体的冲击，当选择水成膜、成膜氟蛋白等成膜类泡沫液并选用开式非吸气型喷头时，宜选用带溅水盘的开式非吸气型喷头。

保护水溶性甲、乙、丙类液体时，不管选择何种抗溶泡沫液，均无成膜性，所以要选用吸气型泡沫喷头。

第3.4.4条　本条是参照NFPA 13《水喷淋灭火系统安装标准》、NFPA 16《泡沫—水喷淋灭火系统标准》、《自动喷水灭火系统设计规范》GBJ 84—85、《水喷雾灭火系统设计规范》GB 50219—95等标准、规范，结合泡沫喷淋系统特性制订的。

第3.4.5条　泡沫喷淋系统是自动启动灭甲、乙、丙类液体初期火灾的灭火系统，为保证其响应时间短，系统启动后能及时通知有关人员，以及系统控制盘监控要设置雨淋阀、水力警铃、压力开关。需指出，经实践考验，目前采用电磁阀其拒动几率很大。采用电动蝶阀也比采用雨淋阀拒动几率大，且响应时间长。

单区小系统保护的场所火灾负荷小，且其管道较短，响应时间易于保证，为节约投资可不设置雨淋阀与压力开关。

第3.4.6条　自动启动并伴有手动和应急机械启动功能，是自动系统一般要求。响应时间是参照《水喷雾灭火系统设计规范》GB 50219—95，并结合泡沫喷淋系统的特性制订的。

第3.4.7条　系统的火灾探测与报警应符合现行国家标准《火灾自动报警系统设计规范》GB 50116—98的有关规定。

由于某些场所适宜选用带闭式喷头的传动管传递火灾信号，许多工程也是这样做的，为保证其可靠制订了该条文。

第五节　泡沫泵站

第3.5.1条　根据实践经验，泡沫泵站在救火过程中起着心脏作用，这就要求在救火过程中，不受火灾威胁，所以规定其建筑耐火等级不低于二级，而且距保护对象的安全距离不小于30m。

泡沫泵站与消防水泵房都需要水源、电源，为了便于管理和集中控制，并且节省投资，泡沫泵站宜于消防水泵房合建。另外，本条确定，出泡沫时间规定在5min以内，是从救火角度提出的。

第3.5.2条　根据实践经验，泡沫消防泵应能随时启动，保证火场及时供泡沫混合液。因此，泡沫消防泵应经常充满水，故建议采用自灌式引水方式。另外，救火过程中，停泵的现象也是常有的事，此时，水位往往下降，而不能满足自灌式引水要求，为了第二次能够及时启动，还需加以辅助引水措施。

从消防安全可靠角度出发，本条对吸水管的数量、流量也提出了要求。

第3.5.3条　为了检测泡沫性能各项指标及泡沫混合液的混合比和扑救泡沫泵站附近的火灾，故规定泡沫泵站内或站外附近的泡沫混合液管道上设置消火栓；泡沫泵站内并配置泡沫管枪。

第3.5.4条　根据《石油库设计规范》（GBJ 74—84），为保证不间断供给泡沫混合液，故规定设置备用泵，且规定备用泵的能力不小于最大一台泵的能力。

对于甲、乙、丙类液体总储量小于2500m^3、单罐储量小于500m^{3}属于四级油库，可不设置备用泵。

第3.5.5条　设置柴油机比设置柴油发电机要经济，比设置汽油机安全，所以作此规定。关于供电系统的负荷分级与相应要求请参见《供配电系统设计规范》GB 50052—95。

第3.5.6条　根据实践经验，当火灾发生时，值班人员能及时与消防控制室或本单位消防队、消防保卫部门取得联系，故规定泡沫泵站内设置直通的通讯设备。

设置水位指示装置，是为了及时观察水位情况。

第3.5.7条　本条是新增条文。独立的泡沫站设置在系统保护区外，即着火区域以外是最基本要求。有些储罐区较大、罐组较多，如果将泡沫供给源集中到泵站，5min内不能将泡沫混合液或泡沫输送到最远的保护对象，延误灭火。所以遇到此类情况时，可将泡沫站与泵房分建。有的工程甚至设置了两个以上的泡沫站，以满足输送时间的要求。为了安全，作了如上规定。

第六节　泡沫炮、泡沫枪系统

第3.6.1条　本条是由分解原规范第3.2.1第一款中的移动式系统而来的，并参照BS 5306 Part6《低倍数泡沫灭火系统标准》、NFPA 11—1998《低倍数泡沫灭火系统标准》等，对其进行了修改。

第3.6.2条　本条为新增条文。是参照NFPA 11—1998《低倍数泡沫灭火系统标准》等制订的。

第3.6.3条　本条为新增条文。由于围堰的限制，液体会积聚一定的深度，为此泡沫混合液供给强度和连续供给时间借鉴了本规范第3.2.1条一款的规定，同时参考了 NFPA 11—1998《低倍数泡沫灭火系统标准》、BS 5306 Part6《低倍数泡沫灭火系统标准》等国外标准的规定。

第 3.6.4 条 本条为新增条文。是参照 BS 5306 Part6《低倍数泡沫灭火系统标准》、NFPA 11—1998《低倍数泡沫灭火系统标准》等制订的。由于无围堰等限制，流淌液体厚度会较浅，单位面积的灭火难度会比有围堰的流淌火小些。

第七节 水力计算

本节是新增加的。

第 3.7.1 条 原规范第 3.2.4 条三款、第 3.3.3 条三款分别给出“压力—流量”计算式，该计算式更适用于泡沫喷淋系统的泡沫喷头，所以将其综合成一条。该计算式适用于规范中不同的泡沫产生装置。

根据编制规范的原则，给出了上述计算式。但除泡沫喷头外，目前各生产厂商基本都未给出泡沫产生器、高背压泡沫产生器的 k 系统，所以也可按压力—流量曲线确定泡沫混合液流量。

第 3.7.2 条 本条的要求是一般准则，目的是保证实际流量不低于计算流量。

第 3.7.3 条 本条概括了原规范第 3.2.8 条、第 3.3.6 条，同时参照 BS 5306 Part6、《自动喷水灭火系统设计规范》GBJ 84—85 等规定了泡沫灭火系统管道内的泡沫混合液流速和泡沫流速。液下喷射灭火系统管道内的泡沫是一种物理性质很不稳定的流体，其 25%析液时间约 2～3min，如其在管道内的流速过小、流动时间过长，势必造成部分液体析出，影响泡沫的灭火效果。因此，在液下喷射灭火系统设计中，在压力损失允许的情况下应尽量提高泡沫管道内的泡沫流速。较高的泡沫流速，有利于泡沫在流动中的搅拌、混合，减少泡沫流动中的析液。

第 3.7.4 条 本计算式是《室外给水设计规范》GBJ 13—86 第 5.0.8 条和《建筑给水排水设计规范》GBJ 15—88 第 2.6.9 条规定流速大于 1.2m/s 的计算式，并被《自动喷水灭火系统设计规范》GBJ 84—85、《水喷雾灭火系统设计规范》GB 50219—95 所采纳，所以本规范予以采纳。

第 3.7.5 条 本条归纳了原第 4.2.4 条二款的规定，明确了泡沫比例混合器压力损失的确定原则。

第 3.7.6 条 采纳了《水喷雾灭火系统设计规范》GB 50219—95 的规定。本计算式用于采用雨淋阀的泡沫系统。

第 3.7.7 条 《水喷雾灭火系统设计规范》GB 50219—95第 7.2.2 条规定：管道的局部水头损失宜采用当量长度法计算，或按管道沿程水头损失的 20%～30%计算。

《建筑给水排水设计规范》GBJ 15—88 第 2.6.1 条规定：当生活、生产、消防共用给水管网时，局部水头损失为 20%；当为消火栓系统消防给水管网时，局部水头损失为 10%；当为生产、消防共用给水管网是，局部水头损失为 15%。

鉴于低倍数泡沫灭火系统包括储罐区泡沫系统和泡沫喷淋系统，所以采纳了 20%～30%的系数。储罐区泡沫系统可采用下限，设置雨淋阀、过滤器的泡沫喷淋系统要采用上限。

第 3.7.8 条 由原规范第 3.3.5 条与第 3.3.2 条一款的一部分构成。

第四章 系统组件

第一节 一般规定

第 4.1.1 条 低倍数泡沫灭火系统中采用的泵、泡沫比例混合器、泡沫液储罐、泡沫产生器、过滤器、阀门、管道等组件，必须持有国家检测部门的合格证书。从调查中得知，有的消防产品，虽然型号、规格符合国家有关部门的要求，但其质量很差。如，某炼油厂购置 ϕ19mm 水枪，验收时发现，虽然该产品型号、规格符合，但形不成直流水柱，其阻力损失很大，检查结果发现这种产品没有经过国家或省级检验部门的检验。这样，一旦发生火灾，会延误战机，给国家和人民造成不可估量的损失。所以，设计时一定要选用质量达到国家有关标准要求的产品。

第 4.1.2 条 实践证明，泡沫灭火系统的主要组件，涂色应有统一的要求，否则和其他工艺组件容易发生混淆。一旦失火，救火人员思想和行动都比较紧张和忙乱，在忙乱中易开错或关错阀门，造成失误。另外，根据国内、外消防上大多数习惯做法。所以，本条要求，泡沫液泵、泡沫混合液管道、泡沫管道、泡沫液储罐、泡沫比例混合器、泡沫产生器、泵、给水管道等分别提出了涂色的要求。

在实际设计中，若管道较多，出现和工艺管道涂色有矛盾时，也可涂相应的色带或色环。

第二节 泡沫消防泵和泡沫比例混合器

第 4.2.1 条 根据工程实践经验，泡沫消防泵宜选用特性曲线平缓的离心泵，因为消防泵的流量有一定的变化。例如：某个油库有 5000m^3 油罐，也有 2000m^3 油罐，甚至也有几百立方米的油罐。倘如第一次一个容量 5000m^3 的拱顶油罐着火，泡沫混合液强度按 6L/min·m^2 计，这样则需消防泵流量 40L/s；倘若一个容量 2000m^3 拱顶油罐着火，泡沫混合液强度同样按 6L/min·m^2 计，这样则需消防泵流量 18L/s，但要求其扬程变化不大，所以只有特性曲线平缓的离心泵才能符合要求。

还必须指出，当采用环泵比例混合流程时，有 7%～10%的泡沫混合液打回流，所以在选择泵的流量时，按计算的流量再加上10%的回流量，只有这样才能保证足够流量。

水力驱动式平衡压力比例混合器，由于是采用系统自身压力水驱动的，其消耗的水量与所选用的泡沫液类型（3%或6%型）有关，选泵时应根据具体设计将比例混合器消耗的水流量计算在内。

第4.2.2条 泡沫消防泵有的情况为正压进水，如采用水塔或水位高于泵轴心的蓄水池时，则泵的进水管段上应设压力表，可测出水位高低。泡沫消防泵进水管是负压进水，如抽吸地表水源水（河、湖、池、塘或蓄水池），这些水面低于泵的轴心，没有采取高架水罐灌泵而采用抽直空引水，则需要在泵的进水口管段上安装真空表，观测其真空度大小。

泵的出水管段上应设压力表，用来观测泵的扬程。

泡沫消防泵出口管段上设单向阀，其作用是，当消防泵突然停止运转或泡沫炮（枪）突然关闭时，防止管网内的水或泡沫混合液倒流至泵内，造成泵和电机反转或发生水锤。

本条还规定消防泵应设带控制阀的回流管，其作用是为了防止泵超压运转，造成泵过热损坏。

第4.2.2A条 本条为新增加条文。

目前，因对泡沫系统的泡沫混合液混合比无要求，导致一些泡沫系统的泡沫混合液混合比过低，使系统可靠性降低；一些系统泡沫混合液的混合比过高，浪费泡沫液，且对液下喷射系统不利。为此，参考NFPA 11—1988《泡沫灭火系统标准》制订本条。含义，如额定混合比为3%时，实际混合比应为3%～3.9%；额定混合比为6%时，实际混合比应为6%～7%。

第4.2.2B条 本条为新增加条文。

泡沫比例混合器进口工作压力范围由制造商提供，通常标在其产品说明书中。

第4.2.3条

一、环泵比例混合流程是泡沫消防工程上最早的一种流程，其安装见图4.2.3。虽然在一些技术先进的国家已开始由其他流程取代，但在我国目前该流程还是应用较普遍的一种泡沫消防流程。选用环泵比例混合流程，必须采用环泵比例混合器。而采用环泵比例混合器受一定条件限制，因为环泵比例混合器的安装位置必须置于消防水泵进、出口之间的回路管段上，环泵比例混合器的进口与消防水泵的出水管连接，环泵比例混合器的出口（扩散管）则与消防水泵的进水管连接，吸泡沫液的口与泡沫液管连接。其工作原理：当水泵启动后，有压力的水流由阀进入泡沫比例混合器，经过喷嘴喷入扩散管，再由扩散管经水泵进水管吸入水泵内，在这样不断循环中，由于喷嘴口径很小，水流由喷嘴喷出时，流速很快，真空室内造成负压，于是泡沫液罐内的泡沫液在大气压力的作用下，通过吸液管和控制孔被吸进真空室，与水混合形成泡沫混合液，混合液流经扩散管进入泵的进水管。如果泵是正压进水，当比例混合器进口压力为0.7MPa时，其出口背压不大于0.02MPa，当其进口压力大于0.9MPa时，其出口背压不大于0.03MPa，否则泡沫液就不能够按6%的比例混合，甚至水会从环泵比例混合器扩散管倒流入泡沫液罐。环泵比例混合器俗称负压空气泡沫比例混合器。

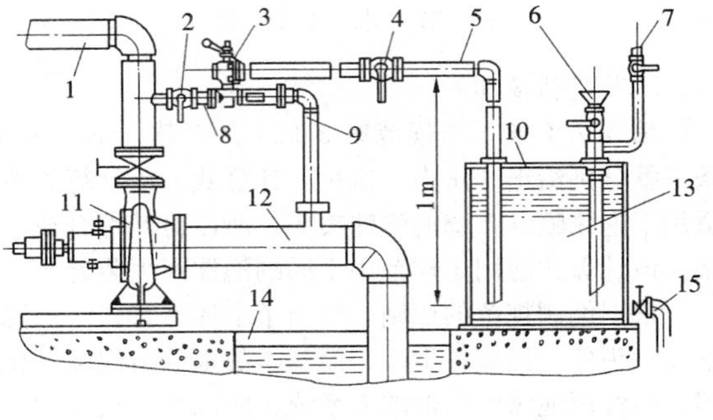

图4.2.3 环泵式比例混合流程安装示意图

1—泵出口管；2—阀门；3—环泵式比例混合器；4—阀门；5—吸液管；6—泡沫液加入口；7—排气口；8—混合器进液管；9—混合器出液管；10—泡沫液储罐；11—消防泵；12—消防泵进水管；13—泡沫液；14—水源；15—排渣口

二、该条第二款规定吸液口与泡沫液储罐的最低液面的高差，不得大于1m。在泵的压力、流量不变条件下，吸液率随泡沫液储罐的液面高低不同而不同，若泡沫液储罐的液面高于环泵比例混合器的吸液口，一方面有吸的作用，另一方面还有液柱的静压作用，所以在压、吸双重作用下吸液率大；若泡沫液储罐的最低液面位于环泵比例混合器吸液口下方，只有吸的作用，没有液柱压的作用，并且在吸的过程中还要克服吸液管的沿程阻力，所以泡沫液的液面越低，即吸液口与泡沫液储罐的最低液面高差越大，吸液率越小。试验证明，高差大于1m时，吸液率达不到要求。

三、泡沫比例混合器的出口管段（即泵的进水管）为2m正压水柱，而环泵比例混合器吸液管上，没有设置防止水倒流入泡沫液储灌的措施，在停泵前又没有采取先关闭泡沫比例混合器上的调节阀，水就会经泵的进水管，通过比例混合器的扩散管流到泡沫液储罐里去。尤其是泡沫液吸管从上方进入泡沫液储罐这种设计方式时，应设置单向阀，如果担心单向阀用时打不开，也可以设一个小的控制阀。

四、泡沫比例混合器应该设有备用量。据调查，1986年天津某炼油厂检修，利用检修时机，对泡沫灭火系统进行了试验。

试验条件是：

用一个PCY 900高背压泡沫产生器，将泡沫比例混合器调到和PCY 900对应的指数上，形不成泡沫，又放到最大的指数上，泡沫还是形成不好。试验后，检查发现泡沫比例混合器被杂质堵塞。通过这一例子说明，如果一旦失火，没有备用的比例混合器，就不能及时扑救，将会给国家造成巨大损失。所以本款规定，设计时应设一个备用量。

第 4.2.4 条 本条为修订条文。

一、工程实践中，压力比例混合器进水、控制阀因口径较大难开、囊渗漏甚至破裂的实例均有发生。某些工程为降低费用，选用一台容积很大的压力比例混合器，有的达 $25m^3$ 以上，一旦其发生故障，所设的泡沫系统就将瘫痪。本着经济、安全可靠、使用方便的原则制订该限制性条款。

二、便于工程检测和平时试验。

第 4.2.5 条 本条为修订条文。

本条前二款是该比例混合器的原理性要求，第三款是考虑到水力驱动泡沫液泵比电动泵可靠则制订的，第四款是保证系统使用或试验后用水冲洗干净，不留残液。

第 4.2.6 条 因为管线式泡沫比例混合器是置于泵的出水管道上，由于其流量变化范围小、压降大，故一般用于移动式泡沫灭火系统中，所以通常连接在消防水带之间，且靠近泡沫发生装置（若泡沫发生装置为泡沫管枪）而设在靠近泡沫管枪的第一盘水带接口处，管线式比例混合器的出口压力必须满足克服管线式泡沫比例混合器出口至泡沫发生装置这段消防水带的摩阻和泡沫发生装置需要的进口压力，只有这样才能形成良好的泡沫。

管线式泡沫比例混合器安装情况见图 4.2.6。

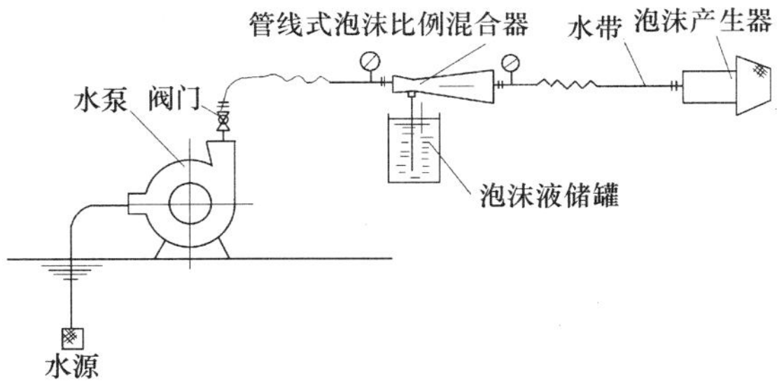

图 4.2.6 管线式泡沫比例混合器安装使用示意图

第三节 泡 沫 液 储 罐

第 4.3.1 条 本条规定采用环泵或平衡压力比例混合器时，应选用常压储罐，因为这两种泡沫流程泡沫液的储罐不受压；而采用压力比例混合流程时，部分压力水（0.6～1.2MPa）进入泡沫液储罐，所以泡沫液储罐选用能承受压力的储罐。

第 4.3.2 条 本条为修订条文。

一、蛋白类泡沫液中含有无机盐、少量碳氢与氟碳表面活性剂及其他添加剂，储存过程中主要对金属有腐蚀作用。水成膜泡沫液含有较大比例的碳氢表面活性剂与氟碳表面活性剂以及有机溶剂，长期储存，碳氢表面活性剂和有机溶剂不但对金属有腐蚀作用，而且对许多非金属材料也有很强的溶解、溶胀和渗透作用，若泡沫液储罐内壁的材质不能满足要求，会大大缩短泡沫液储罐的使用寿命。

二、某些材料或防腐涂层对泡沫液的性能有不利影响，尤其是碳钢对水成膜泡沫液的性能影响最大。水成膜泡沫液长期与碳钢接触时，其铁离子会使氟碳表面活性剂变质，所以不得将泡沫液与碳钢储罐直接接触。碳氢表面活性剂和有机溶剂溶解的许多非金属材料分子或离子进入泡沫液中也会影响其性能。所以在选择泡沫液储罐内壁的材质或防腐涂层时，应特别注意是否与所选泡沫液相适宜，否则，会大大缩短泡沫液的有效储存期，显著降低灭火效果。

第 4.3.3 条 本条规定的是储存泡沫液罐一般情况下应该具有的附件。对于泡沫液储罐的形状原则要求与空气接触面积越小越好，这样防止泡沫液氧化变质，影响泡沫液的使用和储存寿命。对于储存泡沫液罐的形状，一般情况下建议采用卧式或立式圆柱形储罐，在条件不许可时，也可用方形容器。

另外需要说明，出泡沫液的管，可以从泡沫液储罐的上部、中部或下部伸进罐内，但伸进罐内的出泡沫液的管口，应高出泡沫液储罐底最小 15cm，其目的是防止泡沫液中的沉淀物堵塞出液管。

第四节 泡 沫 产 生 器

第 4.4.1 条 本条为修订条文。

一、本条是由原规范第 3.2.4 条三款部分条文修改而成的，目的是保证泡沫产生器在合理的压力下工作。

二、防止堵塞泡沫产生器或泡沫喷射口。

三、有利于泡沫产生器的正常工作，否则会导致泡沫混合液散射。

四、外浮顶储罐不存在爆炸气体空间，泡沫产生器设置密封玻璃不但无用，还可能影响泡沫喷射。

第 4.4.2 条 本条为修订条文。

一款是由原规范第 3.3.3 条三款修改而成的，泡沫产生器进口工作压力范围由制造商提供，通常标在其产品说明书中；二款为原规范第 3.3.3 第二款；三款是根据试验经验和国外工程标准新制订的。

第 4.4.3 条 本条为新增加条文。

压力太低将降低泡沫倍数。

第五节 阀 门 和 管 道

第 4.5.1 条 本条规定消防管道上的阀门口径较大时，如果一个人的力量不能够开启或关闭时，不宜采用手动。因为一旦失火，消防泵要及时启动，如果泵马上启动起来了，而泵出口管道上的阀不能及时开启，一方面影响出水或出泡沫，拖延扑救时间；另一方面易损坏消防泵，所以，在这种情况下，可以采用电动、气动或液动。

阀门应有明显的启闭标志。这里所指暗杆阀门，因为这种阀门若没有明显启闭标志，一旦失火，救火人员心情紧张，容易发生误操作。

第 4.5.2 条 本条规定泡沫和泡沫混合液管道，应采用钢管道。其理由是，因为泡沫或泡沫混合液管道一般压力都在 0.7MPa 左右，另外，这种管道一般都是焊接连接地，能够防止渗漏。

中华人民共和国国家标准

高倍数、中倍数泡沫灭火系统设计规范

GB 50196—93

(2002年版)

条 文 说 明

制 订 说 明

本规范是根据国家计划委员会计综〔1989〕30号文的要求，由公安部负责主编，具体由公安部天津消防科学研究所会同商业部设计院、化学工业部第一设计院、煤炭部河南平顶山矿务局、中国船舶工业总公司上海船舶设计研究院、冶金工业部武汉钢铁设计研究院、浙江乐清消防器材厂等7个单位共同编制而成的，经建设部1993年12月30日以建标［1994］23号文批准，并会同国家技术监督局联合发布。

在编制过程中，规范编制组遵照国家的有关方针、政策和“预防为主、防消结合”的消防工作方针，对我国高倍数、中倍数泡沫灭火系统的科学研究、设计和使用现状进行了调查和研究，在吸收现有科研成果和工程设计的实践经验基础上，参考了国外有关标准规范，并征求了部分省、市和有关部、委所属的科研、设计、高等院校、生产、使用和公安消防等单位的意见，最后经我部会同有关部门共同审查定稿。

本规范共分五章和一个附录，主要内容包括：总则、术语、符号、基本规定、高倍数泡沫灭火系统、中倍数泡沫灭火系统等。

鉴于本规范系初次编制，请各单位在执行过程中，注意总结经验，积累资料，如发现有需要修改和补充之处，请将意见和有关资料寄给公安部天津消防科学研究所（天津市津淄公路92号，邮政编码：300381），以供今后修订时参考。

中华人民共和国公安部

1993年12月

目　次

1 总　　则

1.0.1 本条提出了编制本规范的目的和意义，即为了合理地设计高倍数泡沫灭火系统、中倍数泡沫灭火系统，使其有效地发挥作用，减少火灾损失，保护人民的生命财产安全。

高倍数泡沫灭火系统、中倍数泡沫灭火系统与低倍数泡沫灭火系统相比，具有发泡倍数高、灭火速度快、水渍损失小的特点。它可以全淹没和覆盖的方式扑灭A类和B类火灾，可以有效地控制液化石油气、液化天然气的流淌火灾。

高倍数、中倍数泡沫灭火系统是近年来发展较快的泡沫灭火技术。自50年代初期开始应用以来，在国外已得到越来越广泛的应用。

国外一些工业发达的国家，如美国、德国、英国、日本、丹麦、瑞典、荷兰等国家已普遍应用，其系统中主要装置的种类和规格越来越多，并已经形成标准化、系列化。国际标准化组织消防设备委员会拟定了《低倍数、中倍数和高倍数泡沫灭火系统标准》，美国消防协会制定了《高倍数和中倍数泡沫灭火系统标准》，德国制定了《低、中、高倍数泡沫灭火系统标准》。

我国自60年代应用高倍数、中倍数泡沫灭火技术以来，随着社会主义现代化建设的不断发展，近年来应用范围越来越广泛。

高倍数泡沫液（又称高倍数泡沫灭火剂）、中倍数泡沫液（又称中倍数泡沫灭火剂）、高倍数泡沫发生器、中倍数泡沫发生器、各种配套的比例混合器等产品都是高倍数、中倍数泡沫灭火系统中的主要产品，其品种规格越来越多，已逐渐形成标准化、系列化。

我国不但在煤矿的矿井广泛、普遍地应用高倍数泡沫灭火技术，在大型飞机库、汽车库、地下油库、地下工程、仓库、船舶、工业厂房、油库储油罐等主要场所也应用了高倍数、中倍数泡沫灭火系统。

从我国消防事业的发展看，随着祖国四个现代化建设不断前进，高倍数、中倍数泡沫灭火系统将在我国得到更进一步的推广应用。

从实际消防工程中可以看出，采用高倍数、中倍数泡沫灭火系统的优越性越来越明显。但是，由于高倍数泡沫、中倍数泡沫灭火系统在国内应用起步较晚，有些单位对采用该系统的特点和优越性尚不十分明确，对该系统的设计也不十分清楚，有些消防工程中虽然采用了该系统，但是设计上还不够统一。

本规范的编制，将为设计高倍数、中倍数泡沫灭火系统提供统一合理的技术要求，它将进一步推动该灭火系统在国内的广泛应用，进一步促进我国消防事业的发展，为消防监督管理部门对该灭火系统工程设计进行监督审查提供可靠的依据。

1.0.2 本条根据国内的实际情况，规定了该灭火系统工程设计时所应遵守的原则和达到的要求。

高倍数、中倍数泡沫灭火系统的应用范围较广泛，而且多用于重点要害部位的防护，系统的工程设计势必涉及到许多重要的经济技术问题，所以系统的设计必须遵循国家有关方针政策，严格执行《中华人民共和国消防条例》和其他有关工程建设方针政策的规定。

防护区采用高倍数、中倍数泡沫灭火系统进行保护时，应根据其防火要求、消防设施配置情况以及防护区的结构特点、危险品的种类、火灾类型等的不同，合理地选择全淹没式、局部应用式、移动式灭火系统三种类型，正确地确定泡沫灭火剂、泡沫发生器、配套的比例混合器等主要装置的品种型号，降低灭火系统的成本。

本条规定了系统设计要达到总的要求为“安全可靠、技术先进、经济合理”。这三个方面是互相联系的统一原则。“安全可靠”，要求所设计的系统能确保人员安全，在需要灭火时能立即启动并能及时地喷放泡沫，淹没或覆盖火源，迅速地将火灾完全扑灭；“技术先进”要求系统设计时尽可能采用新的成熟的先进技术、先进设备和科学的设计；“经济合理”要求系统设计时，选用的系统类型及其系统组件，在符合本规范的各项要求的前提下，尽可能简单、可靠，以达到节省投资的目的。

1.0.3 本条规定了本规范的适用范围，即适用于新建、改建、扩建工程中设置的高倍数、中倍数泡沫灭火系统的设计。

高倍数、中倍数泡沫灭火系统作为一种较新的灭火技术，与气体灭火系统、自动喷水灭火系统相比，具有如下优点：

（1）高倍数泡沫能迅速地充满大面积的火灾区域，以淹没或覆盖方式扑灭A类和B类火灾。它不像气体灭火系统那样受到保护面积和空间大小的限制。它适用于扑救发生在各种不同高度的火灾。在高倍数泡沫的保持时间内，它还可以消除任何高度上的固体阴燃火灾，这一特点是其他灭火系统所无法比拟的。

（2）高倍数泡沫对A类火灾具有良好的“渗透性”；对难于接近或难以找到火源的火灾也非常有效。如：堆置了大量的物资、器材和设备的仓库发生了火灾，库内充满了烟雾，找不到火源，这种情况用其他方法灭火是较困难的，即使火灾被扑灭，也会带来较大的经济损失，如使用全淹没式高倍数泡沫灭火系统，则灭火快，损失小。

（3）水渍损失小，灭火效率高，灭火后高倍数泡沫容易清除。对于扑灭同一种火灾，高倍数泡沫灭火剂用量和用水量仅为低倍数泡沫灭火用量的$\frac{1}{20}$。

（4）灭火时被保护区域重量负荷增加极小。由于高倍数泡沫灭火时用水量和灭火剂用量很少，使被保护对象增重很小，故可用于船舶甲板下的机舱、泵舱和锅炉房等处，不致使船舶因灭火时的增重造成倾覆或沉没。国际海事组织对于高倍数泡沫灭火装置在海船上应用已做出了规定。

（5）高倍数泡沫可以隔绝火焰，防止火势蔓延到邻近区域，这对于容易引起爆炸和燃烧等连锁反应的场所尤为合适。如工厂中一个车间（区域）发生火灾，用高倍数泡沫可以隔绝火灾向其他车间（区域）蔓延。

（6）高倍数泡沫绝热性能好，它能保护人员使之避免陷入炽热的火焰包围中。因高倍数泡沫是无毒的，对于为避免火灾危难而躲入其中的人员及现场灭火人员没有伤害作用。故可为火场中的人员提供避难场所。

（7）高倍数泡沫可以排除烟气和有毒气体。需要扑救产生有毒气体和烟气、危及人们生命安全的火灾时（如地下建筑），向其中输入高倍数泡沫，置换掉室内的烟气和有毒气体是很有效的。

中倍数泡沫灭火机理和灭火特点基本与高倍数泡沫相似。

由于高倍数、中倍数泡沫灭火技术具有上述优点，因此在国内该系统已在一些新建、改建、扩建工程中得到应用，同时，由于它的优越性逐步为人们所认识，因此它的推广应用前景是远大的。但是该系统在国内毕竟是一种新技术，设计人员缺乏经验和数据，对一些技术问题又缺乏统一的认识。针对上述问题，在总结国内大量试验数据及应用实例的基础上，参考国外先进国家相关标准及国际标准、规范，制定出本规范，在本条中规定了高倍数、中倍数泡沫灭火系统的适用范围。

1.0.4 本条规定了高倍数、中倍数泡沫灭火系统适用扑救火灾的类型。采用高倍数、中倍数泡沫扑救火灾时，泡沫具有封闭效应、蒸汽效应和冷却效应。其中封闭效应是指大量的高倍数、中倍数泡沫以密集状态封闭了火灾区域，防止新鲜空气流入，使火焰窒息。蒸汽效应是指火焰的辐射热使其附近的高倍数、中倍数泡沫中水分蒸发，变成水蒸气，从而吸收了大量的热量，而且使蒸汽与空气混合体中含氧量降低到7.5%左右，这个数值大大低于维持燃烧所需氧的含量。冷却效应是指燃烧物体附近的高倍数、中倍数泡沫破裂后的水溶液汇集滴落到该物体燥热的表面上，由于这种水溶液的表面张力相当低，使其对燃烧物体的冷却深度远超过了同体积普通水的作用。

国内一些实验已充分证明，高倍数、中倍数泡沫扑救A类和B类火灾、封闭的带电设备火灾及控制液化石油气、液化天然气的流淌火灾是十分有效的。

本条还参照了国外同类标准的有关规定。国际标准化组织ISO/DIS 7076—1990《低倍数、中倍数和高倍数泡沫灭火系统标准》（以下简称ISO/DIS 7076—1990）第33.2条认为，在扑救某种特定火灾时，尽管高倍数泡沫的发泡倍数对泡沫效能会有影响，但是它对于扑救各种A类、B类火灾都是适宜的，对低温的或有正常沸点的水溶性和非水溶性可燃液体火灾都是有效的。该标准第8.3条还规定：高倍数泡沫可用于扑救固体和液体火灾，其覆盖层的高度大于中倍数泡沫。第33.1条规定：高倍数泡沫用于仓库、家具储存库以及其他类似的大空间内。这种系统还可用于人进入会有危险的场所，如冷藏库、矿井、电缆隧道等地下封闭空间。该条文中又列举了一些应用场所，如半地下室、地下室、地板下的空间、发动机试验室、封闭的发电机组等处，在这些地方进行火灾扑救时，难以接近火场，而用高倍数泡沫充满这个空间是有效的灭火方法。第8.1条中规定：高倍数泡沫可用于控制液化气体火灾，由于这类火灾存在着潜在的爆炸危险，故不希望将它完全扑灭。第8.2条规定：中倍数泡沫可用于扑救固体和液体火灾。第32.1条：中倍数低速泡沫流既可以防护A类火灾，又可以防护混合火灾（A类和B类火灾）。美国NFPA11A—1983标准《高倍数和中倍数泡沫灭火系统》（以下简称NFPA11A—1983）、英国BS5306—1989标准《室内灭火装置与设备实施规范》（以下简称BS5306—1989）等对高倍数、中倍数泡沫适宜扑救的火灾种类都有相同的规定。

在上述各国的标准中都列举了高倍数、中倍数泡沫灭火系统的应用场所，结合我国目前已应用的实例，归纳如下：

（1）固体物资仓库。电器设备材料库、高架物资仓库、汽车库、纺织品库、橡胶仓库、烟草及纸张仓库、棉花仓库、飞机库、冷藏库等。

（2）易燃液体仓库。各种油库、苯贮存库等。

（3）有火灾危险的工业厂房（或车间）。如石油化工生产车间、飞机发动机试验车间、锅炉房、电缆夹层、油泵房和油码头等。

（4）地下建筑工程。地下汽车库、地下仓库、地下铁道、人防隧道、地下商场、煤矿矿井、电缆沟和地下液压油泵站等。

（5）各种船舶的机舱、泵舱等处所。

（6）贵重仪器设备和物品。如计算机房、图书档案库、大型邮政楼、贵重仪器设备仓库等。

（7）可燃、易燃液体和液化石油气、液化天然气的流淌火灾。

（8）中倍数泡沫可用于立式钢制储油罐内火灾。

在执行本条文时应注意：由于高倍数、中倍数泡沫是导体，所以不能直接应用于裸露的电器设备，而应对其进行封闭，使泡沫不直接与带电部位接触，否则必须在断电后，才可喷放泡沫。

1.0.5 本条规定了高倍数、中倍数泡沫灭火系统不适用于下述物质的火灾：

第一类是物质本身能释放出氧气及其他强氧化剂而维持燃烧的化学物品，如硝化纤维素、火药等。高倍数、中倍数泡沫即使覆盖、淹没隔绝了空气，也不能扑灭这类物质的火灾。

第二类物质主要是指化学作用活泼的金属和氧化合物，如钠、钾、镁、钛、锆、铀和五氧化二磷等，这些物质非常活泼，遇水起反应，高倍数、中倍数泡沫破裂后是水溶液，所以不能扑灭此类物质火灾。

第三类未封闭的带电设备，是指电气设备的接点或触点暴露于空气中，易与高倍数、中倍数泡沫接触，因高倍数、中倍数泡沫是导体，进入未封闭的带电设备后，会形成短路，击毁电气设备或造成其他事故。

本条文的规定与国际标准化组织 ISO/DIS7076—1990 标准、美国 NFPA11A—1983 标准、英国 BS5306—1989 标准中的规定是一致的。

1.0.6 本规范属于专业性的技术法规，主要说明采用该灭火系统工程设计时应根据本规范规定进行设计。

本条所指的“现行有关国家标准、规范”主要是指《建筑设计防火规范》、《高层建筑防火规范》、《火灾自动报警系统设计规范》等。

3 基本规定

3.1 系统型式的选择

3.1.1 该条规定了设计者确定系统型式的设计原则。首先，设计人员应掌握整个工程的特点、防火要求和各种消防力量、消防设施的配备情况，制定合理的设计方案，正确处理局部和全局的关系；其次，还应考虑防护区的具体情况，包括防护区的位置、大小、形状、开口、通风及围挡或封闭状态等情况，以及防护区内可燃物品的性质、数量、分布情况；可能发生的火灾类型和起火源、起火部位等情况。只有全面分析防护区本身及其内部的各种特点、扑救条件、投资大小等综合因素，才能合理地选择采用何种灭火系统型式。

3.1.2 本条规定高倍数泡沫灭火系统分为全淹没式灭火系统、局部应用式灭火系统和移动式灭火系统三种类型。中倍数泡沫灭火系统分为局部应用式灭火系统和移动式灭火系统两种类型。系统类型之所以如此划分，主要是基于防护区的大小和火灾发生的各种不同形式，即有大型封闭空间的、较小封闭空间的、火灾危险场合变化的、流淌的或非流淌的形式。但无论哪种灭火系统，其灭火机理是相同的。

用泡沫将燃烧物或燃烧区域空间全淹没是高倍数泡沫灭火系统与中倍数泡沫灭火系统的各种系统类型的灭火方式的共同点。

系统类型的划分，还考虑到我国的规范应与国际上有关国家和国际标准化组织 ISO/DIS7076—1990 标准中灭火系统类型划分型式的一致性。

（1）美国 NFPA11A—1993 标准第 1-6.4 条中规定灭火系统有如下几种类型：

①全淹没式系统；

②局部应用式系统；

③便携式“泡沫发生装置”。

（2）英国 BS5306—1989 标准第 19.1 条中规定，高倍数泡沫系统要求适用于全淹没式系统、局部应用式系统以及作为固定系统的补充由系统供给泡沫液的手提式或移动装置。

该标准对中倍数泡沫灭火系统规定，中倍数泡沫能够用在高度可达 3m 左右的可燃固体上，进行直接喷射或进行全淹没，适用于室内外。

（3）国际标准化组织 ISO/DIS7076—1990 标准第 33.1 条规定，高倍数泡沫灭火系统可以概略地分为下列三种类型：

①全淹没式系统；

②局部应用式系统；

③手提式或便携式装置，这些装置由固定系统供应泡沫液。

该标准对中倍数泡沫灭火系统规定，中倍数泡沫可以有效地抑制溢流易燃液体迅速蒸发，宜以全淹没方式在小的封闭空间内及室外使用，并且能在近距离内喷射泡沫。

英国和国际标准中对中倍数泡沫灭火系统类型的划分，不是十分明确。美国标准中虽然规定了中倍数泡沫灭火系统与高倍数泡沫灭火系统一样分为三种类型，但该标准中对全淹没式中倍数泡沫灭火系统的泡沫淹没深度的设计参数规定：泡沫淹没深度应由试验确定。另外，由于我国目前实际应用中仅用了局部应用式中倍数泡沫灭火系统和移动式中倍数泡沫灭火系统，而全淹没式中倍数泡沫灭火系统无应用场所，也未进行过任何试验，因此鉴于国内外皆无泡沫淹没深度参数的数值，故在本条文中只规定中倍数泡沫灭火系统有两种型式，即中倍数泡沫灭火系统可分为局部应用式中倍数泡沫灭火系统和移动式中倍数泡沫灭火系统。

3.1.3 本条提出了可选择全淹没式高倍数泡沫灭火系统的应用场所。

（1）采用全淹没式高倍数泡沫灭火系统进行控火和灭火，就是将高倍数泡沫按规定的高度充满被保护区域，并将泡沫保持到所需要的时间。在保护区内的高倍数泡沫以全淹没的方式封闭火灾区域，阻止连续燃烧所必须的新鲜空气接近火焰，使火焰窒息、冷却，达到控制和扑灭火灾的目的。因此，要使高倍数泡沫在被保护区域内以一定的速度进行有效的堆积，并使其在规定的时间内堆积一定的高度，这就要求保护区域是用难燃烧体或非燃烧体封闭的空间。这个封闭空间愈大，相对于其他灭火手段，高倍数泡沫灭火效能高和成本低等特点愈显著。故全淹没式高倍数泡沫灭火系统最适用于大面积有限空间的A类和B类火灾的防护。

（2）有些被保护区域不可能是全封闭空间，只要被保护对象是用难燃烧体或非燃烧体围挡起来，且可阻止泡沫流失的有限空间即可。墙或围挡设施的高度应大于该保护区域所需要的高倍数泡沫淹没深度。如油储罐区的防火堤是用砖砌成的，当油罐或液化气储罐爆炸起火后罐体破裂，燃油或液化气流淌在防火堤内，立即喷放高倍数泡沫能迅速地控火和灭火。有些易燃固体仓库等场所，如果采用高倍数泡沫灭火系统作为灭火手段，可用钢丝网将被保护对象围起来，一般钢丝网网孔规格在6目/英寸以上即可将高倍数泡沫围住；钢丝网还可将大型物资仓库分隔成若干防护区，可分区进行防护，使消防设施成本降低。又如，某化工厂生产厂房平时需开窗通风，若采用高倍数泡沫灭火系统时，要求在泡沫覆盖深度以下的窗户装上钢丝制纱窗，基本可挡住喷放的高倍数泡沫流出。如不能采用固定围挡设施，可采用阻燃篷布临时将防护区的未被围挡的部分挡住，使高倍数泡沫能迅速堆积至规定的泡沫淹没深度。

（3）对于全淹没式灭火系统的应用场所，美国NFPA11A—1983标准第1～4条规定，高倍数泡沫灭火系统特别适用于有限空间的室内火灾。另外又规定，还可以用于扑灭可能有人处于危险境地的围墙内的火灾。该标准第2.1.1条规定，全淹没系统可把泡沫喷放到一个将火场围住的空间或围墙内，在围墙内聚集起所需数量的泡沫，并能将它保持所需要的时间，以保证将特定的可燃材料或所波及材料的火灾予以控制和扑灭。

国际标准化组织ISO/DIS7076—1990标准中第33.1条规定，全淹没系统可用于仓库、家具储存库以及其他类似的大空间内，这种系统还可用于冷藏库、矿井、电缆隧道等地下封闭空间。

日本消防法第十七条规定，采用全区域喷射方式的高倍数泡沫灭火系统进行防护，是指按照用不燃材料制造的墙壁、梁柱、地板和天棚（没有天棚时为房梁、屋顶）来划分的部分。

英国标准BS5306—1989中也规定了全淹没式高倍数泡沫灭火适用于仓库、飞机库、家具库以及其他类似的大型空间，还可用于派遣人员有危险的场合，例如地下封闭空间、矿井或电缆通道等。

根据高倍数泡沫灭火机理以及参照国际标准和其他国家相关标准，本条确定了可选择全淹没式高倍数泡沫灭火系统进行防护的场所，即大范围的封闭空间；大范围的设有阻止泡沫流失的固定围墙或其他围挡设施的场所。

3.1.4 本条提出了局部应用式高倍数泡沫灭火系统的应用场所。局部应用式高倍数泡沫灭火系统是高倍数泡沫灭火系统的第二种型式，它的灭火机理完全与全淹没式高倍数泡沫灭火系统相同，只是该灭火系统的应用场所和方式以及系统组件的安装方法有所不同。它主要应用于大范围内的局部场所。

对于高倍数泡沫灭火而言，在灭火过程中都是要用高倍数泡沫把保护对象或起火部位“覆盖”（或淹没），才能达到灭火和保护着火邻近部位不被引燃的目的。在这个意义上讲，无论全淹没式、局部应用式以及移动式高倍数泡沫灭火系统都可广义地称为“淹没式高倍数泡沫灭火系统”。移动式灭火系统有它的独特之处，而前两种灭火系统的差别主要在于一个是将防护区全部淹没，另一个是将这种“淹没式灭火系统”在一个大防护区内进行局部应用。

局部应用有两种情况，一种是指在一个大的区域或范围内有一个或几个相对独立的封闭空间，需要用高倍数泡沫灭火系统进行保护，而其他部分则不需进行保护或采用其他的防护系统（如消火栓给水系统或自动喷水灭火系统等）。这一个或几个相对独立的封闭空间就是条文中所称的“局部的封闭空间”。例如需要特殊保护某一个大厂房内的火灾危险性较大的试验间、高层建筑下层的汽车库及地下仓库等场所。另一种是指在大范围内没有完全被封闭的空间，此“空间”是用围墙或其他不燃材料围住的防护区，其围挡高度应大于该防护区所需要的泡沫淹没深度。

对于上表面基本平整的防护对象，采用该种灭火系统，将高倍数泡沫直接喷放到上面是最适宜的，如有限的易燃液体的流淌火灾、敞口罐、油罐防护堤、矿井、沟槽内火灾等。

局部应用式高倍数泡沫灭火系统的组件可采用固定或半固定安装方式，后者可简化系统，因此降低了灭火系统的造价，更利于应用。

美国NFPA11A—1983标准第3.1.2条中规定，凡是没有完全被围住的火险区，可使用局部应用系统扑灭或控制可燃或易燃液体、液化天然气（LNG）以及普通A类可燃物的火灾。这种系统最适合于防护区基本平整的表面。例如有限的溢流火灾，敞口罐、围拦区域、矿井、沟槽等。对于多层次或三维火灾，如果不能够实现使整个建筑淹没，就应对各个危险区分别采取封闭措施，予以保护。

国际标准化组织ISO/DIS7076—1990标准和英国BS5306—1989标准中规定，局部应用系统适用于大范围内的较小封闭空间，如地下室、发动机试验室、封闭的发电机组等场所。

本条文的规定是参照上述国外标准提出的。

3.1.5 本条提出了可选择移动式高倍数泡沫灭火系统的应用场所。移动式高倍数泡沫灭火系统是高倍数泡沫灭火系统的第三种类型，该灭火系统的组件可以是车载式，也可以是便携式，也就是说系统全部组件可以移动，所以该灭火系统使用灵活、方便，而且随机应变性强，因此可用来扑救发生火灾的部位难以确定的场所。如地下工程、矿井等场所，一旦发生火灾，其内充满烟雾或危及人们生命的有毒气体，扑救这种类型的火灾，人员无法靠近，火源难以找到，可使用移动式高倍数泡沫灭火系统，泡沫通过导泡筒从远离火场的安全位置被输送到火灾区域扑灭火灾。1982 年 10 月山西某煤矿运输大巷发生火灾，大火燃烧 30 多个小时，整个矿井充满浓烟，采用高倍数泡沫灭火，二次发泡共用 70min，将明火压住，控制住火势发展，在泡沫排烟降温的条件下，救护人员进入火灾区，直接灭火和封闭火区，保护了所有采面及上百万元的设备。

移动式高倍数泡沫灭火系统对可燃液体泄漏引起的流淌火灾是非常有效的。如油罐防火堤内，没有设置固定式或半固定式高倍数泡沫灭火系统，发生了流淌火灾，可使用移动式高倍数泡沫灭火系统，能迅速有效地实施灭火。河南某汽车运输公司中心站油库发生火灾，库房崩塌，油罐内油流淌，$500m^2$ 的油库形成一片火海，采用移动式高倍数泡沫灭火系统，发射泡沫 10min，即将油库大火扑灭。

对于一些封闭空间的火场，其内烟雾及有毒气体无法排出，火场温度持续上升，会造成更大的损失。如果使用移动式高倍数泡沫灭火系统，发泡后，泡沫置换出封闭空间内的有害气体，也降低了火场的温度，而后可用其他灭火手段扑救火灾。

移动式高倍数泡沫灭火系统，还可作为固定式灭火系统的补充使用。全淹没式或局部应用式灭火系统在使用中出现意外情况时，或为了更快地扑救防护区内火灾，可利用移动式高倍数泡沫灭火装置向防护区喷放高倍数泡沫，弥补或增加高倍数泡沫供给速率，达到更迅速扑救防护区内火灾的目的。

移动式高倍数泡沫灭火系统在世界上工业发达的国家如美国的专业队伍均备有此种装置。目前我国各专业消防队伍均有水罐消防车或泡沫消防车；如配备移动式高倍数泡沫灭火装置，无需增加太大的投资即可办到。典型移动式高倍数泡沫灭火系统工作原理见图 1。

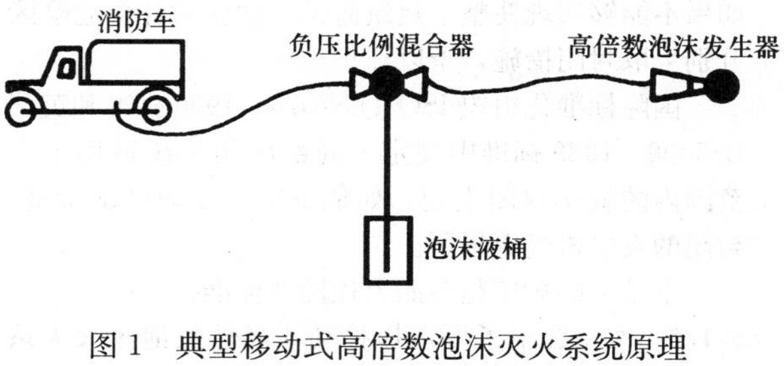

图 1　典型移动式高倍数泡沫灭火系统原理

目前，我国煤矿系统各矿山救护队都普遍配置了移动式高倍数泡沫灭火装置，对扑救矿井火灾、抢险、降温、排烟和清除瓦斯等都起到了很大作用。移动式高倍数泡沫灭火系统用于扑救其他场所的火灾实例也很多，如轮船、橡胶仓库和油库等场所的火灾，灭火效果都很好。

移动式高倍数泡沫灭火系统与全淹没式或局部应用式高倍数泡沫灭火系统的灭火原理相同，即都是以“淹没方式”扑灭火灾。虽然移动式高倍数泡沫灭火系统的组件可以移动，但在任何火灾场所扑救火灾之前，都要求火灾场所有固定的或临时用不燃或难燃材料设置的能阻止泡沫流失的围挡措施，使高倍数泡沫能迅速形成覆盖层，淹没防护区，扑救和控制火灾。

本条的规定是与美国、英国和国际标准一致的。

3.1.6　本条提出可选择局部应用式中倍数泡沫灭火系统的应用场所。

（1）本条规定和国外同类标准的有关规定是一致的。国际标准化组织 ISO/DIS7076—1990 中规定，中倍数泡沫可以有效地抑制溢流易燃液体迅速蒸发，并且能在近距离内喷放泡沫。它宜以全淹没方式在小的封闭空间内使用。美国 NFPA11A—1983 标准中规定，小部分或局部封闭空间可以用中倍数泡沫扑灭固体燃料和液体燃料火灾，可对易燃溢流火灾或某些有毒液体迅速提供有效的泡沫覆盖层。英国标准 BS5306—1989 中规定，中倍数泡沫能够用在高度可达 3m 左右的可燃固体上面，或直接喷洒在固体表面，或进行全淹没。泡沫可以逐渐铺在火的表面上或以射流形式喷射。另外，原苏联石油和石油制品仓库设计标准 СНИП Ⅱ-П3-70 中对中倍数泡沫用于储油罐也作了规定。储油罐就是油罐区内的较小封闭空间，而油罐的防火堤就是局部设有阻止泡沫流失的围挡设施的场所。

（2）局部应用式中倍数泡沫灭火系统在我国已有十几年的试验和应用实例。从 1974 年起一些研究单位曾用中倍数泡沫对不同燃烧面积的油池进行了许多次灭火试验，灭火效果良好，初步得出了泡沫混合液供给强度与灭火时间的关系。80 年代，又对中倍数泡沫液的配方和中倍数泡沫发生器的结构进行了多次改进，促进了中倍数泡沫灭火技术的发展和在油罐上的应用。该阶段的试验结果：

当泡沫混合液供给强度为 $4.4L/min \cdot m^2$ 时，灭火时间为 2min 左右；当泡沫混合液供给强度为 $6L/min \cdot m^2$ 时，灭火时间为 1min 左右；发泡倍数为 25 倍左右。

中倍数泡沫灭火系统自 1976 年以后，已在部分省市的部分单位的油库中应用。这种固定式或半固定式中倍数泡沫灭火系统可节约基建投资，又能提高灭火的可靠性。

中倍数泡沫用于油罐上，在国家标准《石油库设计规范》GBJ 74—84 第 9.5.1 条中也作了相应的规定。

(3) 执行本条时应注意以下几点：

①向较小的封闭空间喷放中倍数泡沫时，也要保证该封闭空间内被泡沫置换了的空气能顺利地排出，即封闭空间要设置排风口，以避免封闭空间内产生过高的压力，影响泡沫的正常喷放。

②大范围内局部设有阻止泡沫流失的围挡设施的场所是指防护区四周用不燃或难燃烧材料围住的防护区，在其内泡沫能迅速形成覆盖层，使之覆盖或淹没燃烧物。如果不能保证在燃烧物上按规定的时间形成一定厚度的泡沫覆盖层，该系统就不能达到扑救火灾的目的。

③油罐区选用中倍数泡沫灭火系统时，如果防火堤内发生油类的流散火灾，可利用固定的中倍数泡沫灭火系统的管网，使用手提式中倍数泡沫发生器扑救，发生器需用数量，由防火堤的规模及火灾的危险程度决定。这就是半固定的局部应用式中倍数泡沫灭火系统。

参照国外一些国家同类标准和国际标准以及国内的试验结果，本条规定了局部应用式中倍数泡沫灭火系统的应用场所。

3.1.7 本条提出了可选择移动式中倍数泡沫灭火系统的应用场所。移动式中倍数泡沫灭火系统工作原理与局部应用式中倍数泡沫灭火系统相同，区别是它的发生器可以手提移动，机动灵活。另外，手提式中倍数泡沫发生器具有一定的射程，一般射程为 10～20m，这样，此系统就特别适用于发生火灾的部位难以确定的场所，也就是说，防护区内，发生火灾前无法确定具体哪一处会发生火灾，配备的手提式中倍数泡沫发生器只有在起火部位确定后，迅速移到现场，喷射泡沫灭火。

移动式中倍数泡沫灭火系统除中倍数泡沫发生器和移动式高倍数泡沫灭火系统的发生器不同外，其余组件基本相同。因此可以这样认为，移动式高倍数泡沫灭火系统可以应用的灭火场所，移动式中倍数泡沫灭火系统原则上均可应用。但是要指出，由于中倍数泡沫发生器和中倍数泡沫液的自身特点，即发泡量和发泡倍数远小于高倍数泡沫，因此，移动式中倍数泡沫灭火系统只能应用于较小火灾场所。

本条规定与国际标准和国外一些国家标准是一致的。

3.2 泡沫液的选择、贮存和泡沫混合液的配制

3.2.1 本条规定了高倍数泡沫灭火系统用泡沫液的选用原则。

高倍数泡沫液按系统采用水源的不同，可划分为淡水型泡沫液和耐海水型泡沫液。淡水型可用江、河、湖水和自来水发泡，耐海水型可用海水发泡，上述两种类型的泡沫液需用新鲜空气发泡。

由于火场内热烟气会降低泡沫液的发泡倍数和泡沫质量，在封闭空间利用火场热烟气发泡时，为确保发泡性能和灭火效果，故将原条文的“应采用”改为“必须采用”。

泡沫液的混合比有 3%型和 6%型。按泡沫液的性能、灭火系统的要求以及经济指标等因素选择泡沫液的类型后，灭火系统的混合比即泡沫液与水的比例关系就确定了。如选用 3%型泡沫液时，其系统混合比为 3%（泡沫液：水＝3：97）；如选用 6%型泡沫液时，其系统混合比为 6%（泡沫液：水＝6：94）。3%或 6%是公称值，它们的变化范围与泡沫液的性能有关。

国外一些工业发达国家和我国在高倍数泡沫灭火系统应用中，基本上都使用混合比为 3%型的高倍数泡沫液，这样可降低灭火系统的造价，所以本条推荐用混合比为 3%型的高倍数泡沫液。选用 3%型耐温耐烟高倍数泡沫液时，应使灭火系统的实测混合比不低于 3%，否则会影响发泡性能。

考虑到国内尚有 6%型高倍数泡沫液的产品，故增加了“也可选用 6%型泡沫液”的规定。

3.2.2 本条规定了中倍数泡沫灭火系统泡沫液的选用原则。

大量的试验证明，高倍数泡沫液可以作为中倍数泡沫灭火系统的泡沫液使用，而且灭火效果很理想。我国研制的中倍数泡沫液，为了提高泡沫的稳定性，减少泡沫的表面张力，增强灭火效果，其混合比宜选大一些。试验证明：当选用中倍数泡沫液的混合比为 4%时，灭火效果不佳；当混合比为 6%时，灭火效果良好；当混合比为 8%时，灭火效果最佳。

原条文没有明确指出油罐区和非油罐区选择泡沫液的区别，修改后的条文既明确了上述区别，又与本规范第 5.1.1 条的内容相互衔接。

3.2.3 本条主要是根据高倍数和中倍数泡沫液的技术性能及确保泡沫液在灭火系统中安全正确的使用提出的。

在各种泡沫液的组成成分中有一部分有机溶剂，如泡沫液不进行密封贮存，其中的有机溶剂会挥发掉，因而影响泡沫液的物理性能和灭火性能。故要求密封贮存。

在《高倍数泡沫灭火剂》GA31—92 标准第 6.3.2 条中规定，高倍数泡沫灭火剂应存放在阴凉、干燥的库房内，防止暴晒，贮存的环境温度应在规定的使用温度范围之内。按 GA31—92 标准的要求进行存放，泡沫液的各种性能要求可以达到规定的各项指标。

美国 NFPA11A—1983 标准中第 1—10.7 条规定：现用或备用的泡沫原液应当贮存在原液注册时注明的温度范围内。贮存泡沫液容器应当密封，并保持在清洁、干燥的场所，以防止污染或变质。

3.2.4 配制高倍数、中倍数泡沫混合液对使用水质

之所以有一定要求，是因为泡沫的产生和泡沫的稳定性受水质影响。如果水中含有油品等杂质性化学组分，将与灭火剂中的某些成分发生化学反应，使灭火剂中有效组分发生变化。因此本条提出了配制泡沫混合液用水的水质应对泡沫的产生和稳定性无有害影响。

ISO/DIS 7076—1990 标准中规定了对水质的要求，只要对泡沫的产生和稳定性无有害影响，无论是硬水或软水、淡水或海水皆可。

美国 NFPA11A—1983 标准中对水质也作了规定，为发生中倍数和高倍数泡沫，应考虑水的适应性。使用盐水、硬质水或水中混有防腐剂、抗凝剂、海洋生物、油或其他杂质，就可能引起泡沫体积或其稳定性降低。

3.2.5 本条对水温指标提出宜为 5～38℃，是因为水温能直接影响混合液的温度，而混合液的温度对发泡倍数和灭火时间都有一定的影响。某研究单位对高倍数泡沫液做了在不同泡沫混合液温度下的灭火试验，结果见表 1。

表 1 泡沫混合液在不同温度下的灭火试验

混合比（%）	水质	混合液温度（℃）	气温（℃）	发生器工作压力（MPa）	发泡倍数（倍）	灭火时间
3	人工海水	5	20	0.1	550	1′51″
3	人工海水	8	21	0.1	649	35″
3	人工海水	11	22	0.1	726	30″
6	人工海水	5.5	22	0.1	660	2′45″
6	人工海水	8	23	0.1	780	1′25″
6	人工海水	11	24	0.1	840	49″

从表中可以看出水温在 5℃时的灭火时间是 11℃时灭火时间的 2.7～3.3 倍，显然水温 11℃时的灭火时间优于水温 5℃时的灭火时间。

国际标准化组织 ISO/DIS 7076—1990 标准中规定，建议发泡用水的温度在 5～38℃之间。超过这个范围，发泡性能会变坏。

美国 NFPA11A—1983 标准中规定，泡沫灭火剂应贮存在温度为 2～38℃之间的地点。

我国《高倍数泡沫灭火剂》GA31—92 标准中规定，灭火剂使用温度最大不超过 40℃。

参照国外及国家专业技术标准对发泡用水或泡沫灭火剂贮存温度的要求，在本条中对配制高倍数、中倍数泡沫混合液的水温提出了要求。这个规定是与国际标准化组织 ISO/DIS7076—1990 标准一致的。

3.2.6 本条是为了在火灾发生后，灭火系统能迅速有效地扑灭火灾而提出的。

3.3 系 统 组 件

3.3.1 为了在工厂企业，特别是化工企业中的厂区或车间内明显标示消防管道布置及走向，又为了发生火灾时和日常维修管理方便，则需将消防系统的各组件进行明显的涂色标记。如将消防系统的重要部件如发生器、比例混合器等涂上消防产品的专用红色。水泵、给水管道一般涂绿色。

3.3.2 本条对贮水设备的有效容积提出了具体参数要求，是设计者在进行储水池（罐）设计时要考虑的最少裕量。

如不设置水位指示装置，一旦出现火警时，储水池（罐）不易发现水位不足，易造成误操作。设立了水位指示装置对战时或平常的安全检查，易于观察贮水设备的完好状态，而且对灭火时水位变化状况也能清晰地了解，可及时补充水源。

3.3.3 选用固定式常压泡沫液储罐，大多用于固定安装的高倍数、中倍数泡沫灭火系统，由于此类灭火系统的泡沫液贮备量较多，而且放置的时间可能较长，因此对泡沫液储罐提出了开口的工艺要求。

3.3.4 铁离子或防腐层所含的某种化学物质，对高倍数泡沫液的性能有一定的影响，此外，考虑到灭火系统中高倍数泡沫液的贮备量较少，泡沫液储罐的容积较小（一般不大于 $2m^3$），储罐即使由不锈钢制作，增加投资也不多。还可根据工作条件选用其他耐腐蚀材料，如聚氯乙烯、聚乙烯等，以确保长期贮存的高倍数泡沫液的性能，故对原条文作了修改。对于中倍数泡沫液储罐的材质要求未作变动，但增加了防腐层不应对泡沫液性能产生不利影响的要求。

3.3.5 发泡网的材质、结构和形状对发泡量和泡沫质量影响很大，防护区内固定安装的泡沫发生器，在火灾条件下，有可能受到火焰或热烟气的威胁，发泡网一旦损坏，泡沫发生器就无法发泡灭火。原规范中虽已提出“发泡网应采用耐腐蚀的金属材料”的要求，但工程中将带有棉线（或尼龙）编织的发泡网的高倍数泡沫发生器安装于防护区内的情况时有发生，这将严重影响或使系统丧失灭火效能。故对此条文作了非这样做不可的严格规定，规定发泡网的材质为不锈钢。

3.3.6 由一套泡沫比例混合装置分别向多个防护区供给泡沫混合液时，由于各防护区的条件不尽相同，所需要的泡沫混合液流量也不相同，故要求共用的泡沫比例混合器具有流量可以变化而混合比基本不变的功能。当前国内可以满足上述条件的比例混合器有两种，即平衡压力比例混合器和罐囊式压力比例混合装置，故本条作了相应的修改。

平衡压力比例混合器是利用压力平衡的原理，控制进口水压和泡沫液压力及两者间压差值，在一定流量范围内自动地保持所要求的混合比。不同规格的平衡压力比例混合器进口压力和流量不同，同一种规格的平衡压力比例混合器最大流量与最小流量比可达 4～5倍。

罐囊式压力比例混合装置是国内近年来开发的产品，包括带胶囊的钢制泡沫液压力储罐和管线式正压比例混合器两个主要部分，其原理是利用水压使胶囊变形，输出泡沫液，见图2。进入管线式压力比例混合器的主水流与泡沫液之间压差值不变，输出的泡沫混合液的混合比不变。不同规格的比例混合装置的进口压力和流量范围不同，其最大流量与最小流量比可达4～5倍。

上述两种比例混合器工作可靠性高，在国外已广泛应用，在国内应用效果良好。

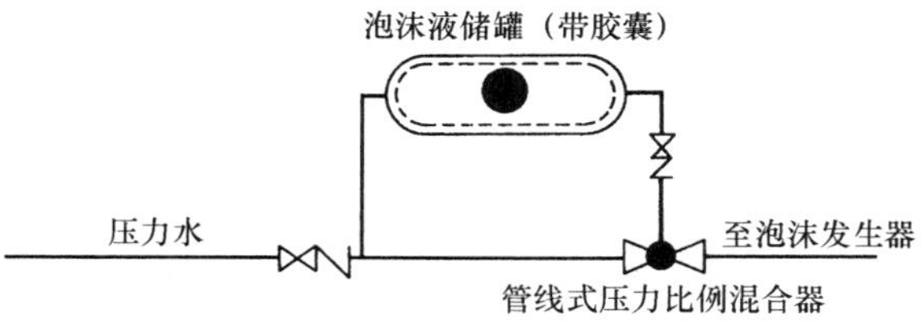

图2 罐囊式压力比例混合装置流程图

3.3.7 原条文推荐的压力比例混合器，是由喷嘴、扩散管、孔板组成的管线式正压比例混合器。影响该种压力比例混合器混合比的因素主要是进入其内的水和泡沫液之间的压差值，此值的变化对混合比的影响较大。由于多种因素（如水和泡沫液的供应情况、灭火系统的维修状态等）的影响，在灭火中很难保持系统在验收时达到的技术指标，如系统混合比改变较大，会影响泡沫质量和灭火效果。从提高灭火系统工作可靠性及确保防火安全角度出发，在本规范修改时不再推荐这种管线式压力比例混合器，而推荐了平衡压力比例混合器和罐囊式压力比例混合装置。

3.3.8 负压比例混合器又称管线式负压比例混合器，是一种可移动使用的便携式比例混合装置。在ISO/DIS7076—1990标准中称为"管道吸入式比例混合器"。

该种比例混合器置于水带或管道上，其位置在消防车（或手抬消防泵）和泡沫发生器之间，一般距后者有一定的距离。因此，可以在距火区有一定距离的地方吸入泡沫液。它的使用流量范围比较小，重量轻，故用于移动式高倍数、中倍数泡沫灭火系统比较合适。使用负压比例混合器时应注意：它必须与相应的泡沫发生器配套使用；它们之间的高差以及水带或管道的长度影响混合比的精度。

3.3.9 原条文删除。环泵式比例混合器是一种早期应用的比例混合器，在使用中暴露出一些问题，如对安装尺寸要求严格，在系统启动初期不能保证规定的混合比等，从而它的应用逐步受到限制。在本规范修订时，将本条修改后的内容分别纳入第3.3.7条和第3.3.8条，删除了原3.3.9条文。在第3.3.7条中对比例混合器的选用采用"宜"字，是为了给中倍数泡沫灭火系统选用环泵式比例混合器留有一定的空间。

3.3.10 对本条文中规定系统管网工作压力不宜超过1.2MPa，说明如下：

（1）泡沫液、泡沫混合液的粘度与水相近，在工程应用中可按水的参数进行阻力损失计算。

（2）高倍数泡沫发生器的工作压力范围为0.3～1.0MPa，系统多台使用时，常用工作压力范围为0.5～0.7MPa；各种类型的比例混合器的工作压力范围为0.5～1.0MPa；再考虑系统中管路沿程和局部阻力损失，系统管网的工作压力是不会超过1.2MPa的。

（3）美国NFPA13A《自动喷水系统安装标准》和我国现行国家标准《自动喷水灭火系统设计规范》中规定，自动喷水灭水系统管网内工作压力不应大于1.17MPa。

因此，参照国内外相关标准和高倍数泡沫灭火系统组件的工作压力范围，本条文的规定是合理的。

3.3.11 泡沫液、泡沫混合液和水在管道内的流速是参考下述资料确定的：

我国《给排水设计手册》中建议，管道内允许流速钢管一般不大于5m/s；

德国相关标准中规定，水流速度在管道内不超过5m/s，在配管内不超过10m/s；

我国现行的《自动喷水灭火系统设计规范》中规定，管道内的水流速度不宜超过5m/s；配水支管内的水流速度在个别情况下不应大于10m/s。

综合上述资料，又因泡沫液、泡沫混合液与水的粘度相近，所以作本条规定。

3.3.12 高倍数泡沫液有一定腐蚀率，经测试其腐蚀率$\Delta g<3$mg/日·20cm^2。高倍数、中倍数泡沫灭火系统是危险场所的重要保护手段，由于系统安装验收后，可能几年甚至更长时间不发生火灾，这就要求设备自身的防止锈蚀能力要比较强，以备在万一使用时不会因设备本身锈蚀而影响灭火系统投入使用，另外铁锈较多亦会影响泡沫液的发泡性能。选用耐腐蚀材料，如不锈钢、铜合金和尼龙等材料制作与泡沫液或泡沫混合液接触的零部件，可满足上述两个要求。

3.3.13 固定安装的消防水泵和泡沫液泵或泡沫混合液泵，应设置备用泵，这是为了保证火灾发生时能及时不间断地供水和供泡沫液或供泡沫混合液，使灭火系统能正常投入使用。

国际标准化组织ISO/DIS7076—1990标准中第16.3条规定，通常择优采用双重水泵装置，以增加工作可靠性，对于单泵装置，应有一个合适的替代水源。该标准第17.3条中还规定，泵的材料应与泡沫液种类和牌号相适应，不应产生腐蚀、起泡和胶结现象。应特别注意密封材料的种类。

参考国外标准，本条提出泡沫液泵宜由耐腐蚀材料制作；如选择普通泵时，其叶轮及泵轴等与泡沫液接触的部件，应选择耐腐蚀材料制作。

3.3.14 此条规定是根据国内高倍数泡沫灭火系统工

程的实际情况和参照国际标准化组织 ISO/DIS7076—1990 和美国 NFPA11A—1983 标准及英国 BS5306—1989 标准制定的。

国际标准化组织 ISO/DIS7076—1990 标准第 18.4 条规定，干式系统的管道可用镀锌钢管，并且应配有清洗装置，供系统工作之后使用，也可在管道内壁覆以适当的涂层。由于泡沫液和泡沫混合液的腐蚀作用，湿式系统管道不宜使用镀锌钢管，可以使用某些塑料或不锈钢等耐腐蚀材料管道。除非对湿式系统进行定期冲洗，否则不能使用无防腐涂层的管线或铸铁管。

美国 NFPA11A—1983 标准中规定，与泡沫原液接触的管道和配件应由适合于所使用的泡沫原液的防腐材料制成。英国标准 BS5306—1989 对此也有相同的规定。

我国某钢铁公司一米七轧机工程中 27 个地下液压油泵站采用的全淹没式高倍数泡沫灭火系统的管道、管件等设计安装，就是遵循上述规定完成的。

这里需要说明的是，所谓干式管道，即在平时无火警时，发生器经比例混合器到水泵、泡沫液泵的这段系统中全部是无液体介质的管路，也就是空管路。

所谓湿式管道，是在发生器前较近处的管路上设置一个液压球阀或电动阀，该阀到发生器之间的管道为干式管道。而液压球阀或电动阀至比例混合器到水泵之间有液体存在，且有一定的静压，静压值的大小，由液压球阀的开启与关闭技术条件确定。如选用电动阀，发生火警后，报警系统启动水泵的同时，电动阀打开，系统立即投入运行，在很短的时间内发生器喷放泡沫，迅速扑救火灾。

在有季节冰冻的地区，为了保证灭火系统在寒冷的气候条件下也能正常发泡灭火，因此要求管道必须采取防冻措施。

国际标准 ISO/DIS7076—1990 中规定，在结冰地区，充满液体的储罐和管道应采取防冻措施。英国 BS5306—1989 标准中规定，通常是湿式管道，可能遭遇 5℃以下的环境温度的地方，必须加以保护，防止管内液体冻结。

3.3.15 在泡沫发生器前设手动阀，是为了系统试验和维修时将该阀关闭，平时该阀处于常开状态。设压力表是为了在系统进行调试和试验时，观察泡沫发生器的进口工作压力是否在规定的范围内。设管道过滤器是为了防止杂物堵塞泡沫发生器的喷嘴。

在本规范修订时，对原条文含义做了更为确切的表述。

3.3.16 高倍数泡沫是发泡倍数为 201～1000 倍的空气泡沫。它的泡沫群体质量很轻，每立方米的高倍数泡沫大约重 1.5～3.5kg，因此容易受风的作用而飞散，造成堆积和流动困难，使泡沫不能尽快地覆盖和淹没着火物质，影响了灭火性能，严重时会使灭火失败。

中倍数泡沫虽然比高倍数泡沫重些，试验证明，风速和风向对泡沫发生器产生泡沫和泡沫的分布同样有不利影响。

故要求发生器在室外或坑道应用时，应采取防风措施。并应注意以下几点：

（1）如在泡沫发生器的发泡网周围增设挡风装置时，其挡板应距发泡网有一定的距离，使之不影响泡沫的发生或损坏泡沫。

（2）如在矿井使用泡沫发生器时，由于发生火灾的部位千变万化，无论是竖井或斜井，发生火灾后，火的风压很大，泡沫较难达到起火物体的根部，因此可在泡沫发生器前增设导泡筒，让泡沫沿导泡筒输送到火灾部位，达到扑灭火灾的目的。河南省某县一个矿井发生火灾后，竖井的火风压很大，在井口安装的移动式高倍数泡沫发生装置向井内发泡，泡沫被“火风压”吹掉，而不能灌进矿井中，后来救护人员使用了用阻燃材料制作的导泡筒，将泡沫由导泡筒顺利地导入矿井中，将火扑灭。

美国、英国和国际标准中都有相同的规定。

3.3.17 本条对防护区内管道用密封垫片提出了材质的要求。如果防护区发生火灾，气温很快上升，管道法兰的垫片，必须由不燃材料制作，否则，法兰垫片会烧坏，造成管道泄漏，使灭火系统达不到设计要求，延长了灭火时间，造成更大的损失，甚至可能造成灭火系统完全失去应有的效能。

国际标准化组织 ISO/DIS7076—1990 及英国、美国标准对防护区内管道垫片的材质也有同样的要求。

3.3.18 本条对采用集中控制的消防泵房内宜设置的系统组件提出了要求，该条主要是根据多年的实际经验提出来的。集中控制的消防泵房有两种情况：

（1）一个防护区域的专用消防泵房；

（2）几个防护区域共用的消防泵房。

这两种情况都可将泡沫混合液泵或水泵和泡沫液泵、泡沫液储罐、比例混合器、控制箱、压力开关、管道过滤器以及阀门等组件安装在消防泵房内，一旦某个防护区域内发生火灾，可分区域控制和扑灭火灾，采用这种集中控制的消防泵房可以节约投资，而且操作和管理都比较方便。

3.3.19 本条规定消防泵房内应设备用动力的目的是为了确保高倍数、中倍数泡沫灭火系统随时都处于正常工作状态。

两台消防水泵的驱动可采用一台水泵由柴油机驱动，一台水泵由电动机驱动；如两台水泵或泡沫液泵都是采用电动机驱动时，应采用双电源供电。

美国、英国、日本等国家有关标准也有相同的规定。

3.3.20 集中控制的消防泵房距防护区及消防控制中心都有一定的距离，在泵房中设置对外联络的通讯设备，当发生火灾时，值班人员可以与消防控制中心、消防队等处取得联系。

3.3.21 防护区内安装高、中倍数泡沫灭火系统后，因为系统调试、喷水试验或定期检修试验而造成防护区内有积水，这些少量的积水会影响防护区的正常工作环境，因此要求设立排水设施，如地漏、排水沟等，可将积水顺利地排走，以维持防护区内的正常工作环境。

3.3.22 系统管道上的控制阀门主要是指用于启动泡沫比例混合装置和控制防护区喷放泡沫的关键阀门，有自动（电动或液动）和手动两种。

控制阀门如设在防护区内，一旦发生火灾，自动阀门本身安全无法保证，手动阀门无法操作，故要求将控制阀门安装在防护区外安全而又操作方便的位置。为了确保灭火系统工作可靠，要求自动控制阀门具有手动启闭功能或设有与该阀门并联的旁通支路，支路上安装手动阀门。

在本规范修订时，对条文内容做了全面表述。

3.3.23 在管道过滤器的进口和出口端设置压力表的目的是，当灭火系统进行系统调试时，记录两端压力表的数值，以确定其压力损失，核对压力损失是否在产品规定的数值范围内。该灭火系统平时需定期进行喷水或喷泡沫试验，在试验时如发现管道过滤器两端压力差即压力损失超过了规定值时，说明其中已有许多杂物，减少了管道过滤器的过流面积，增加了阻力损失。出现这种情况时，应及时清除过滤器中的杂物，使其恢复正常状态。

4 高倍数泡沫灭火系统

4.1 一般规定

4.1.1 高倍数泡沫发生器利用防护区域外部的空气往封闭的防护区域发泡时，向其内输入了大量的高倍数泡沫和空气，如不采取排风措施，被高倍数泡沫置换了的气体无法排出被保护区域，会造成该区域内气压升高，高倍数泡沫发生器无法正常发泡，亦能使门、窗、玻璃等薄弱环节破坏，影响灭火效果，甚至达不到灭火要求。因此，本条规定，利用防护区外部空气发泡的封闭空间，应设排风口，其排风速度不宜超过5m/s。

关于设置通风口的要求，国际上有关标准规定如下：

美国 NFPA11A—1983 标准第 2-2.1.2 条规定，如用外界空气发生泡沫，要提供强力通风，以便排除被泡沫替换出的空气，通风速度不应超过 305m/min。

国际标准化组织 ISO/DIS7076—1990 标准第 13.5 条规定，当向有限的空间喷放泡沫时，重要的是要保证被泡沫置换了的空气能顺畅地排出，以避免产生过高的压力。

德国工业标准 DIN14493 第四部分第五条规定，封闭空间必须注意，要有充分的通风。

英国 BS5306—1989 标准中第 19.2 条规定：

（1）利用被保护的封闭空间以外的空气产生泡沫时，对于喷放泡沫后从封闭空间排出的气体，必须采取措施。

（2）通气口必须是敞口，如果平时关闭，当灭火系统启动时，必须自动打开。通风口的通风速度不大于 300m/min。

（3）用来产生泡沫的空气是来自封闭空间内部时，一般不需要设通风口。

国内的实践也证实了被保护区域是封闭空间时，采用高倍数泡沫灭火系统必须设置通风口。如某飞机检修机库采用了全淹没式高倍数泡沫灭火系统，建筑设计未设计通风口，在机库验收时进行了冷态发泡，当发泡约 3min 后，这时高倍数泡沫已在 7200m^2 的地面上堆积了约 4m 以上，室内气压较高，已经关闭的两扇门被打开（门已用细钢丝拴好），大量的高倍数泡沫流出防护区外面。

该条中的排风速度是参考美国和英国标准中的数值确定的。

通风口的结构型式视防护区的性质决定，通风口可以是常开的，也可以是常闭的，但当发生火灾时应自动开启或手动开启。

执行本条文时应注意：

（1）排风口的设置高度要在设计的泡沫淹没深度以上，避免泡沫流失。

（2）排风口的位置不能影响泡沫的排放和泡沫的堆集，避免延长淹没体积的淹没时间，影响灭火效能。

4.1.2 本条规定防护区内的高倍数泡沫的淹没体积应该保持的时间，是根据以下情况确定的：

（1）高倍数泡沫适用于对 A 类和 B 类火灾的防护。全淹没式高倍数泡沫灭火系统特别适用于有限范围大面积三维空间火灾和可燃、易燃固体的阴燃火灾的扑救，这点是其他灭火系统无法比拟的。

当防护区域发生火灾后，高倍数泡沫灭火系统的发生装置向火灾区域喷放大量的高倍数泡沫，以密集状态封闭火灾区域，并达到规定的淹没体积。当火灾被控制或扑灭后，有一定厚度的泡沫仍留在防护区域的被保护物上面，这部分泡沫需要一定的时间才能消失，这个泡沫覆盖层对燃烧体有抗复燃的能力，另外它还对可燃、易燃固体的深部阴燃火灾有明显的扑救能力。为了有效地控制火势和扑救火灾，防止复燃，必须将高倍数泡沫的全淹没状态保持一定的时间。

国际标准化组织 ISO/DIS 7076—1990 标准第 33.6 条规定，对于可能发生深位火灾的 A 类火灾，最终灭火可能要用几个小时，这种情况下，可以间断地供给泡沫，以维持泡沫淹没深度，直至不再发烟。该标准中未明确规定泡沫淹没深度（即淹没体积）的保持时间，而在美国 NFPA11A—1983 标准第 2—4 条中规定，为了保证适当地控制或扑灭火灾，对于无水喷淋设备的场所，应当将淹没体积至少保持 60min。

本条规定 A 类火灾单独使用高倍数泡沫灭火系统时，淹没体积的保持时间应大于 60min，是与美国 NFPA11A—1983 标准中的规定相一致的。

（2）防护区域的火灾危险程度大，需要对建筑物进行保护时，如采用高倍数泡沫灭火系统与自动喷水灭火系统联用，可缩短淹没体积的保持时间（即一定厚度的泡沫覆盖层的封闭时间），其原因是因为自动喷水系统喷水动作比高倍数泡沫灭火系统喷放泡沫时间早，这样可使火灾的危险程度比仅用高倍数泡沫灭火系统时小些；另外由于喷水系统部分水被汽化变成水蒸气，因此加速了对火焰的冷却和窒息的作用，降低了火灾危险程度，故在防护区域内高倍数泡沫淹没体积的保持时间可减少。

本条规定高倍数泡沫灭火系统与自动喷水灭火系统联合应用时，淹没体积的保持时间应大于 30min，是与美国 NFPA11A—1983 标准中的规定相一致的。

（3）高倍数泡沫控制和扑灭可燃、易燃液体火灾后，对淹没状态在防护区域内的保持时间未作具体规定，其原因说明如下：

①国内对汽油、煤油、柴油、重油和苯等一类易燃液体进行了大量的灭火试验，当高倍数泡沫将燃烧的液面全部覆盖以后，火焰立即熄灭，每次灭火试验后一般继续供给泡沫的时间都不大于 30s，有时甚至继续供给泡沫只有几秒钟的时间，灭火后都不存在复燃现象。

②公安部天津消防科研所在 1990 年冬季用标准高倍数泡沫发生装置，对闪点较低的液化石油气做了多次控火和灭火试验，试验证明，高倍数泡沫可以很快地控制住液化石油气火灾，再继续供给一定时间的泡沫后，火焰被扑灭，但从泡沫覆盖层上面的许多处冒出“白烟”（即液化石油气的蒸汽）。有几次试验，当火焰被控制和扑灭后，不再继续供给泡沫时，火焰又从泡沫层上出现，即复燃。试验结论：利用高倍数泡沫控制和扑灭液化石油气流淌火灾是很有效的，但为控制住火灾，需要继续供给一段时间的泡沫。

从上面的试验证明，不同闪点的易燃、可燃液体的火灾，在防护区域内对泡沫的淹没体积的保持时间要求不同，故在本条款中未作具体规定。

大量的试验证明，高倍数泡沫冷态发泡或灭火后在保护对象上面的泡沫覆盖层，经一段时间后逐步消泡变成水溶液，消泡时间的长短与当时的气温、气压、湿度等有一定的关系。如某飞机库在春季作冷态发泡时，堆积了约 4m 高的高倍数泡沫，平均每小时消泡约有 0.5m。泡沫既然可以自然消失，如需在一定的时间内，保持规定的淹没体积，必须在扑灭火灾后的一段时间，连续或间断地由一个、几个或全部高倍数泡沫发生装置，向防护区域手动或自动地喷放高倍数泡沫，保持封闭状态。

4.1.3 本条对高倍数泡沫控制液化石油气和液化天然气火灾的设计参数作了规定。

随着工业的发展，液化石油气和液化天然气的应用已日益增加，因此液化气火灾事故增多，而且火灾的危险性和危害性都很大，国内外都发生过多起特大火灾事故。故对液化气火灾的扑救都很重视。

液化气火灾多是由于储罐、管道或其他连接处破裂、损坏，使液化气喷出或外溢引起的。

液化气发生火灾有三种因素：

①液化气体在破口处喷出时产生静电，自身引火酿成火灾，形成喷火现象。液化气的燃烧热值很高，辐射热大，特别是当球罐发生火灾时，由于其内液体受热，内压上升，有可能导致储罐破坏，引起更大的灾害。这种火灾的案例很多，有关规范规定用水冷却的方法保护储罐，使之不致于导致罐体破坏，造成更大的灾害。

②液化气因其蒸汽压较高，泄漏后会立即变成蒸汽，这些蒸汽可以扩散到很远的地方。况且这些蒸汽的比重都比空气重，它们很容易被积留在流动时所经过的低凹处，使之随时都存在着火灾和爆炸的危险。

③液化气蒸汽与空气的混合气体，在受热而温度上升时会自动着火或发生爆炸。

在 70 年代以前，国外一些工业发达国家对于控制和扑救液化石油气和液化天然气的流淌火灾有两种观点，一种认为是以干粉灭火剂为主，而另外一种认为是以高倍数泡沫为主。到了 70 年代，美国和日本等国家对液化石油气和液化天然气的流淌火灾的控制和扑救，都进行了大量的试验研究，并取得了较完整的数据与资料，而且结论是一致的，即认为高倍数泡沫对液化石油气和液化天然气火灾的控制和扑救是有效的。如美国在“关于液化石油气的控火和灭火的技术研究报告”中指出，只要供给强度足够，即泡沫混合液供给强度为 4.1～6.1L/min·m^2，发泡倍数为 500 倍以下时，在几分钟内就可以控制住液化石油气火灾。另外，又对液化石油气和液化天然气用上面数据进行了对比试验，控火效果大致相同。日本一些企业及研究单位的资料报道，也与上述参数相近。鉴于一些工业发达国家对控制和扑灭液化气火灾的研究结论，所以国际标准化组织 ISO/DIS 7076—1990 标准中规定，高倍数泡沫可用于控制液化气火灾，由于这种火灾存在着潜在的爆炸危险，故不希望将它扑灭。另外，美国 NFPA11A—1983 标准中也规定，高倍数泡沫还可以用来控制液化天然气和液化石油气火灾。

我国对液化石油气和液化天然气火灾的控制和扑救，尚未进行全面研究，虽然国内也发生过多起重大液化气火灾，但从没有利用干粉灭火剂或高倍数泡沫控火和灭火的例子。公安部天津消防科研所为了验证国际标准和美国等国家标准规定的可控制液化气火灾及推荐的泡沫混合液供给强度和发泡倍数参数的可行性，于1990年2月，用民用液化石油气做燃料，进行了对$0.7m^2$燃烧盘的控火和灭火的多次试验，试验时是用标准高倍数泡沫试验装置和YEGZ型高倍数泡沫液，发泡倍数为400～500倍，泡沫混合液供给强度为$7.14L/min\cdot m^2$。试验结果，90%控制时间是40～45s，灭火时间为100～200s。

参考国外一些工业发达国家对液化石油气和液化天然气的灭火试验时的泡沫混合液供给强度和发泡倍数的数据，并结合我国的试验结果，本条规定泡沫混合液供给强度应大于$7.2L/min\cdot m^2$，发泡倍数宜为300～500倍。

4.1.4 泡沫混合液与水的比重、粘度几乎相同，高倍数泡沫液的比重与水相近，粘度比水的粘度稍大些，但为了简化系统设计计算，本条中规定系统中水、泡沫液和泡沫混合液管道的水力计算，应符合《建筑给水排水设计规范》等国家标准的规定。

4.2 系统设计

4.2.1 高倍数泡沫灭火系统的计算是系统设计的重要环节。它直接影响系统设计的成功与系统投资的多少。本条对高倍数泡沫灭火系统设计计算的重要参数——泡沫淹没深度提出了具体要求。

防护区设计采用高倍数泡沫灭火系统，就是用高倍数泡沫将被保护物全部淹没，且在最高保护物或液面上面有一定的泡沫高度，只有这样才能将火灾危险区域的空气与火焰完全隔绝，充分发挥高倍数泡沫灭火机理的全部效能，达到控火和灭火的目的。

各国有关标准对泡沫淹没深度的规定如下：

美国NFPA11A—1983标准第2—3.2.1条中规定，泡沫的最低淹没深度不应小于最高危险物高度的1.1倍，但是决不能小于此危险物以上2ft（0.6m）。对于可燃或易燃液体，所需要的危险物以上的泡沫淹没深度应更高些，并应通过试验确定。

国际标准化组织ISO/DIS 7076—1990标准第33.4.1条中规定，在被保护的整个面积上泡沫淹没深度未必均匀，故应有裕量，这个深度一般不应小于最高危险物高度的1.1倍，或者在最高危险物以上不小于1m，以其中较大者为准。涉及易燃液体的地方要求的泡沫淹没深度可能更大，应通过试验确定。

英国BS5306—1989标准第19.3条中规定，对于不燃结构的封闭空间里的可燃固体，泡沫淹没深度应足以覆盖最高危险物以上1m或最高危险物高度的1.1倍的泡沫，取其中较大者。对于易燃液体的泡沫淹没深度由试验确定，它可能大大超过可燃固体的泡沫淹没深度。

日本消防法第十七条规定，泡沫深度是在最高危险物以上0.5m。

参照美国等先进工业发达国家的有关泡沫深度的规定，又考虑到“泡沫淹没深度”这一参数对灭火系统投资影响较大，并结合我国的国情，本条对泡沫淹没深度从两方面提出了要求：

（1）对于A类火灾，灭火的泡沫淹没深度采用了美国NF—PA11A—1983标准中规定的数据。本条规定了泡沫淹没深度不应小于最高保护对象高度的1.1倍，且应高于最高保护对象以上0.6m。这个数值是比较先进的，因此可以节约灭火系统的造价。

（2）美国、英国和国际标准中对可燃、易燃液体火灾所需的泡沫淹没深度未作具体数值的规定，但却明确要求，可燃或易燃液体火灾的泡沫淹没深度都需超过A类火灾的泡沫淹没深度，而且其值应通过试验确定。

鉴于我国十几年来对高倍数泡沫灭火剂和设备的研制以及在高倍数泡沫灭火系统的应用中曾对汽油、柴油、煤油和苯等作过大量的试验，积累了灭火试验数据，见表2。

表2 汽油、煤油、柴油、苯灭火试验数据

可燃、易燃液体的种类	可燃、易燃液体的用量（kg）	灭火时间（s）	油池面积（m^2）	液面以上的泡沫高度（m）	试验地点	备注
汽　油	1200	41	105	1.10	天津	未复燃
汽　油	1200	42.5	105	1.13	天津	未复燃
汽　油	800	40	105	1.10	天津	未复燃
汽　油	480	27	63	1.25	乐清	未复燃
汽　油	300	18	25	0.88	常州	未复燃
航空煤油	1000	49	105	1.56	天津	未复燃
航空煤油	1000	54	105	1.71	天津	未复燃
航空煤油	1000	42	105	1.33	天津	未复燃
柴油加汽油	360+40	34	50	1.88	江都	未复燃
工业苯	300	25	36	1.71	乐清	未复燃
工业苯	540	34	55	1.23	鞍山	未复燃
工业苯	450	30	63	1.30	乐清	未复燃
工业苯	450	29	63	1.30	乐清	未复燃

对表2中试验数据进行分析，每次试验是在不同面积的油池中进行的，而且每种易燃液体的种类和标号以及试验条件也不完全相同。考虑到各种因素和全淹没式高倍数泡沫灭火系统在工程应用中可能在更大面积的防护区域使用，本条对汽油、煤油、柴油和苯的泡沫淹没深度规定的数值应大于表2中的最大值。因此，在灭火试验数据的基础上，对于B类火灾灭火的泡沫淹没深度提出了两种规定，说明如下：

①对于汽油、煤油、柴油和苯等类型的火灾，用于灭火的泡沫淹没深度应超过起火部位以上2m。这个数据在国外标准中未作具体规定，皆要求通过试验

确定。

②汽油、煤油、柴油和苯等类型以外的可燃、易燃液本（包括水溶性液体）有数百种，不可能用大量的经费，通过试验规定它们的泡沫淹没深度。因此，本条文采用了美国、英国、德国和国际标准化组织ISO/DIS 7076—1990标准中对可燃或易燃液体（包括水溶性液体）的泡沫淹没深度应由试验确定的规定。

本条是参考了国外标准，同时采用了我国大量的灭火试验数据制定的。

4.2.2 防护区域内采用高倍数泡沫灭火系统时，泡沫的淹没体积就是保护区域的地面至泡沫淹没深度之间的空间体积，在这个空间内充满的高倍数泡沫可以扑救被保护对象的火灾。淹没体积是高倍数泡沫灭火系统设计时的重要性能参数，为使这个参数经济、合理，应对淹没体积作些具体分析。在淹没体积内如有许多由不能燃烧的材料制成的固定机器、设备或其他固定结构，计算淹没体积时应减去这部分体积，这样可以降低全淹没灭火系统的成本。如果在泡沫的淹没空间内，有临时放置的或可移动的由不燃材料制成的设备及由可燃材料制作的物品或堆放的可燃材料所占的体积，均不应由淹没体积中减去，这是为了有效地达到高倍数泡沫灭火效能。

美国NFPA11A—1983标准第2—3.3条规定，淹没体积按下列情况确定：

（1）规定的泡沫淹没深度乘以被防护空间的地面面积；

（2）对于内部有可燃结构或装饰物的，安装水喷淋头的房间，整个体积应包括隐蔽空间。确定淹没体积时，可以减去由容器、机器设备或其他永久固定设备所占有的体积。在确定淹没体积时，不应减去贮存材料所占据的体积，除非得到有管辖权机构的同意。

德国工业标准DIN14493第四部分对淹没体积是这样规定的，防护区总的底面积乘以高度，可扣除不受火灾损害的，固定内部构件的体积。

国际标准化组织ISO/DIS 7076—1990中规定，淹没体积即被保护空间的地面面积与泡沫淹没深度相乘得到的体积。如果封闭空间是无喷淋头的可燃结构，即为封闭空间的总体积。从这个体积中可以扣除永久性安装的设备、容器或机器的体积，但不能扣除可移性储存物及等效物的体积。

英国BS5306—1989标准第19.4条中规定，计算淹没体积时，容器、机器或其他永久性放置设备的体积，需从被保护的总体积中扣除。贮备材料所占的体积不能从被保护区的体积中扣除。

参照国外标准，本条规定，淹没体积的计算应为防护区的地面面积乘以泡沫淹没深度，减去由不燃材料制成的固定设备或其他固定物所占的体积。

4.2.3 本条对高倍数泡沫灭火系统淹没时间的选择作了规定。

（1）淹没时间是指从高倍数泡沫发生器开始喷放泡沫至充满防护区域内规定淹没体积所需要的时间。

高倍数泡沫充满防护区淹没体积的时间长或短，对高倍数泡沫灭火系统的灭火效能及保护对象的损失程度有直接关系。例如同一种被保护对象，泡沫充满淹没体积的时间越长，扑救火灾的速度越慢，损失越大，高倍数泡沫灭火系统的成本就越低。反之，淹没时间短、灭火迅速、火灾损失小而系统成本较高。确定淹没时间的长与短的原则，应该是在发生火灾后，防护区域内的保护对象未出现不允许的损失程度之前，将高倍数泡沫充满淹没体积，扑灭火灾。

高倍数泡沫可以扑救A类和B类火灾。燃烧物可以是可燃、易燃液体和固体，这些物质的燃烧特性各不相同，因此所要求泡沫的淹没时间也不相同。

（2）淹没时间是系统灭火效能的重要参数，而淹没时间的起始时间对灭火效果影响很大。起始时间早，火势小，容易被扑灭；起始时间晚，火势大，灭火难度增大。故在确定淹没时间时，要考虑喷放泡沫起始时间的影响，这对工程应用具有重要意义。参考美国NFPA11A和德国DIN 14493标准中对系统喷放泡沫延时时间的要求，结合我国国情在修订条款中提出自接到确认的火灾信号后，至系统开始喷放泡沫的时间不宜超过1min的要求。

（3）系统开始喷放泡沫是指防护区内任何一台高倍数泡沫发生器开始喷放泡沫。

（4）对表4.2.3中规定的淹没时间的解释：

①表中所给出的时间均指各类防护区域内充满泡沫淹没体积所需的最大淹没时间。即在此时间内，被保护区域的各部位都必须达到最小泡沫淹没深度。

②表中所指的可燃、易燃液体均不包括水溶性液体。所需使用高倍数泡沫对水溶性液体进行控火和灭火时，其淹没时间应由试验确定。

③可燃、易燃液体按闪点高、低划分所需淹没时间的等级，本表是以闪点40℃为划分界线，以此为准，作出了相关的规定。这个划分界线与规定皆是采用国际标准中的相应数据。大量的国内外试验证明，闪点高的液体比闪点低的液体，火灾危险性小，所以闪点高的可燃、易燃液体比闪点低的液体的淹没时间可规定稍长些。对于可燃固体是按物质密度的高或低划分淹没时间的等级，高密度可燃物质，如成卷的纸、纸板箱、橡胶轮胎、捆装物、塑料箱以及胶合板等，比低密度的可燃物质，如发泡橡胶、发泡塑料、成卷的纺织物、皱纹纸等，发生火灾后，用相同的淹没时间去扑救，火灾损失程度稍小些，因此高密度的可燃物质的淹没时间比低密度的可燃物质的淹没时间稍长。

④表中规定了在防护区内高倍数泡沫灭火系统与自动喷水灭火系统联合使用时的淹没时间。两种灭火系统联用时，自动喷水灭火系统主要用于对建筑结构

的保护，高倍数泡沫灭火系统主要用于灭火。喷淋水除对建筑物起保护作用外，还对火场有冷却作用。两种灭火系统联用延长了火灾危害达到不能允许程度的时间，故在规定中延长了高倍数泡沫的淹没时间。

（5）公安部天津消防科学研究所曾对工业酒精、白酒和丙酮等水溶性可燃液体做了小型灭火试验，结论如下：

①高倍数泡沫可以对水溶性易燃液体进行控火和灭火。燃料的浓度较低时火势容易控制和扑救。

②高倍数泡沫控制和扑救水溶性易燃液体时，国内外的试验都证明，选择发泡倍数在500倍以下的高倍数泡沫为宜。

③高倍数泡沫对水溶性液体的火灾，主要作用是对燃料的稀释及逐步形成泡沫覆盖层使火焰冷却和窒息。

国际标准和美、英、德国标准中都规定了水溶性可燃液体的淹没时间应由试验决定，故本条文中也作了相同的规定。

（6）移动式高倍数泡沫灭火系统一般是与水罐消防车配套使用，火灾发生后该系统由消防车运载到现场。由于火灾区域危险品的类别及火势大小等因素难以预测，灭火系统扑救火灾的效果也取决于操作者的技能，因此对于移动式高倍数泡沫灭火系统的淹没时间在本条文中未作具体规定，而是由火灾现场实际情况决定。

4.2.4 对本条规定的泡沫最小供给速率的计算公式，说明如下：

（1）某防护区域内高倍数泡沫的供给速率，是指考虑由于高倍数泡沫破裂、析液、燃烧、干燥表面的浸润等引起的泡沫消失以及封闭空间的泡沫漏损，在淹没时间内充满淹没体积所需的泡沫喷放强度。也可以说是防护区内全部高倍数泡沫发生器在单位时间内喷放高倍数泡沫的总体积。

泡沫供给速率取决于下面几个因素：水喷淋头的供给强度；危险物的性能、排列方式；建筑物以及内部物质的火灾危险性；一旦发生火灾后，对生命、财产损害程度；高倍数泡沫的特性，如发泡倍数、析水性、抗烧性以及水的温度和水中污染物对发泡的影响等。

泡沫供给速率的计算原则是在火灾产生的危害达到不能允许的程度之前，被保护的空间应充满规定深度的高倍数泡沫。由于泡沫胶粘不易流动，在被保护的整个面积上堆集的高倍数泡沫深度未必均匀，故供给速率应当有裕量。

（2）本条规定的泡沫最小供给速率的计算公式与国际标准化组织ISO/DIS7076—1990标准和美国NFPA11A—1983标准完全相同，与英国BS5306—1989标准及德国DIN14493标准基本相同。现分析如下：

①美国和国际标准中规定的泡沫供给速率计算公式完全相同，其参数的含义、代号都一致，如供给速率（R）、淹没体积（V）、淹没时间（T）、洒水喷头造成的破泡率（R_s）、泡沫破裂补偿系数（G_N）和泡沫泄漏补偿系数（C_L）。泡沫破裂补偿系数（C_N）是个经验值，是因溶液排出、火灾性质、表面的湿润、库存品的吸收能力等造成泡沫减少的平均值。泡沫泄漏补偿系数（C_L）是补偿由于门、窗户和不能关闭的开口泄漏引起的泡沫损耗的系数，应由设计人员对结构进行合理估算之后确定。很明显此系数不能小于1.0，即使是对设计的泡沫淹没深度以下完全密封的结构也是一样。

公式中的主参数，淹没时间和淹没体积可按标准中规定的数值选用和计算，而R_s和G_N两个系数已给了定值。对于泡沫泄漏系数（C_L），以上两个标准均未有明确规定。但都注明，泄漏补偿系数应由设计工程师对防护区域的结构进行分析后确定。美国标准中除上述说明外，又对C_L系数作了进一步叙述，即“泄漏系数C_L不能小于1.0，……可高达1.2”。鉴于目前高倍数泡沫灭火系统在我国尚未得到广泛应用，设计人员尚无经验确定泄漏补偿系数的数值，因此本条参考美国标准中推荐的泡沫泄漏系数的范围，确定泡沫泄漏补偿系数一般取1.05～1.20。

高倍数泡沫灭火系统与喷水系统联合应用时，由于水滴对泡沫有一定的破坏作用，所以美国和国际标准规定的供给速率公式中已将洒水喷头造成的破泡率（R_s）加在公式中，增加其供给强度。

②英国标准中规定的泡沫供给速率的计算公式的意义与美国和国际标准中的供给速率计算公式的意义是相同的，如该公式中淹没体积是用泡沫深度（D）与被保护空间的地面面积（A）的乘积来表示；公式中C_N和C_L的含义与美国、国际标准公式中该系数的含义也是一样的，而且给出的经验数值也基本相同。

公式中的泡沫供给速度（F）也是指最小值，实际应用时应大于其计算值。

③德国标准规定的泡沫供给速率公式的主参数淹没时间和淹没体积的含义与美国、英国和国际标准一致。公式中的f_b系数，对A类和B类火灾各规定一个定值，它是将泡沫破坏和泡沫泄漏等因素综合考虑经过大量试验确定的。

曾用前两种形式的公式对同一个防护区域计算其泡沫供给速率，计算结果基本相同。

（3）分析了国外有关标准，确定等效采用国际标准化组织ISO/DIS7076—1990标准和美国NFPA11A—1983标准中规定的泡沫供给速率的计算公式和各参数的含义及符号。

在第4.2.2条文中对防护区的淹没体积的规定和计算都作了说明。对最大淹没时间的选择在第4.2.3条文中也作了叙述，因此按照规定的公式可以计算出防护区域的泡沫供给速率。因为这个公式中的淹没体积是计算出的最小值，而泡沫淹没时间是选择推荐的最大值，故由公式计算的泡沫供给速率应是计算的最小值，实际泡沫供给速率应大于计算值，因此这个泡沫供给速率的计算公式可称为泡沫最小供给速率的计算公式。

（4）执行本条规定时应注意，移动式高倍数泡沫灭火系统与消防车到火灾现场扑救时，因火场形势千变万化，故公式中的各个计算参数难以确定，此公式仅作估算供给速率使用。

4.2.5 本条给出了防护区域需要高倍数泡沫发生器最少台数的计算公式。运用公式的要求说明如下：

（1）按第4.2.4条中的公式计算泡沫最小供给速率。某危险场所可能有一个或几个防护区域都需采用高倍数泡沫灭火系统，在系统设计时首先对每个防护区域分别计算出泡沫最小供给速率，也就是各防护区域内需要高倍数泡沫发生器的总发泡能力的最小值。

（2）选择高倍数泡沫发生器的类型及规格型号：

①目前我国已有电动式和水轮式两种类型的高倍数泡沫发生器。电动式高倍数泡沫发生器的发泡量较大，一般用于被保护区域容积较大的固定式灭火系统，发泡时用的气流是从火灾区域以外引入新鲜空气，否则如使用火灾区域以内的热烟气发泡，会损坏电动机，使之不能正常发泡灭火。如某飞机检修机库，地面面积为7200m^2，选用18台每分钟发泡量为1000m^3 的大型电动式高倍数泡沫发生器，放置在建筑物的墙上10m高的位置，利用室外新鲜空气发泡。水轮式高倍数泡沫发生器的规格比较齐全，有大、中、小型，而且发泡倍数范围较大。对于不同类型的被保护物可选择不同发泡倍数的发生器，扑救户外或闪点较低的易燃液体火灾，如液化气流淌火灾等可以选择发泡倍数较低的发生器，水轮式发生器在室内应用时，不但可以引进室外新鲜空气发泡，而且还可以利用室内热烟气发泡灭火。使用该种发生器需要水源压力较高。如某钢铁公司27个地下润滑油泵站已于1984年应用该种发生器。

②高倍数泡沫发生器类型确定后，可以按防护区域的地面和高度大小、被保护对象的排列形式等因素按产品样本选择发生器的规格型号。

电动式高倍数泡沫发生器每种规格仅有一个标定的压力、发泡量和泡沫混合液流量。而水轮式高倍数泡沫发生器各种规格都有一个压力范围，所以每种规格的泡沫发生器都有在不同压力下的发泡量和泡沫混合液流量等参数。

选择水轮式发生器时应首先设定防护区域内发生器的平均进口压力，由发生器的性能决定这个压力下的发泡量、泡沫混合液流量等参数。

按本条规定的计算公式可计算出一个防护区域需要高倍数泡沫发生器的最少值，实际选用发生器的台数应大于计算值。

4.2.6 对本条规定的防护区的泡沫混合液流量的计算公式说明如下：

按本规范第4.2.5条的计算公式，计算防护区需要的泡沫发生器的最少台数过程中，已选定了泡沫发生器的规格型号，因此，可按产品样本或有关资料查出单台泡沫发生器的泡沫混合液流量。防护区内所需发泡用泡沫混合液流量即是该区内全部泡沫发生器的泡沫混合液流量的总和。

执行本条规定时应注意，多数规格型号的高倍数泡沫发生器的性能指标中给出的是泡沫混合液流量。也有些规格型号是自带比例混合器的泡沫发生器，进入其入口的是压力水，所以性能指标中给出的是水流量，可按选定的混合比计算出泡沫混合液的流量。

4.2.7、4.2.8 对防护区内发泡用泡沫液流量和水流量的计算公式说明如下：

高倍数泡沫灭火系统选择3%型或6%型的泡沫液后，其系统的混合比即是3%（水：泡沫液＝97：3）或6%（水：泡沫液＝94：6），这个比例关系是计算泡沫液流量和水流量的基础。当防护区的泡沫混合液按本规范第4.2.6条的公式计算出来后，即可根据混合比按第4.2.7条和第4.2.8条的计算公式计算防护区内的泡沫液流量和水流量。

值得说明的是，计算出来的泡沫液流量和水流量均是满足防护区内最小泡沫供给速率的用量，即是该防护区每分钟内最少泡沫液量和水量。

4.2.9 对本条中对高倍数泡沫灭火系统中泡沫液和水的储备量提出的要求说明如下：

高倍数泡沫灭火系统分三种型式，其应用范围和条件均不相同，所以泡沫液和水的储备量也应不同。

（1）全淹没式高倍数泡沫灭火系统：

①国际标准化组织ISO/DIS7076—1990标准中规定：对于A类火灾，必须至少在25min内保证连续供应足够的泡沫液。对于B类火灾，必须至少在15min内保证连续供应足够的泡沫液。

②美国NFPA11A—1983标准规定：应当提供充足的高倍数泡沫原液和水，使整个系统能连续操作25min，或者是能够产生4倍淹没体积，可取其中较小的一个值，但决不能低于为使系统完全操作15min所需要的量。

③英国BS5306—1989标准中规定，系统中泡沫液储备量，对于可燃固体至少使系统运行25min，对于易燃液体允许至少使系统运行15min。

我国应用高倍数泡沫灭火系统虽然已有20余年，但70年代以前仅将移动式高倍数泡沫灭火系统应用于煤矿，其他两种系统型式尚未广泛推广应用，因此，对系统的泡沫液和水的贮备量还未积累经验和数据。因此，对于全淹没式高倍数泡沫灭火系统的泡沫液和水的贮备量采用了国际标准化组织

ISO/DIS7076—1990标准和英国 BS5306—1989 标准中的数据，而且也与美国 NF—PA11A—1983 标准中的数据基本一致。

（2）局部应用式高倍数泡沫灭火系统：

①国际标准化组织 ISO/DIS7076—1990 标准和英国 BS5306—1989 标准中规定局部应用式高倍数泡沫灭火系统的泡沫液和水的贮备量与全淹没式高倍数泡沫灭火系统中规定的数据完全相同；而美国 NFPA11A—1983 标准规定：所提供的泡沫原液的数量，应足够整个系统至少连续操作 12min。

本规范中规定的局部应用式高倍数泡沫灭火系统的应用场所与全淹没式高倍数泡沫灭火系统相比，都是较小的防护区域，因此考虑既能保证灭火的实际需要，又能减少系统平时不使用时的经常性投资，故确定泡沫液和水的贮备量可少于全淹没式灭火系统的贮备量。本条文中确定采用美国 NFPA11A—1983 标准中规定的泡沫液和水贮备量的参数，即：当用于扑救 A 类和 B 类火灾时，系统泡沫液和水的连续供应时间应超过 12min。

②国内外试验证明，高倍数泡沫可以有效地扑灭液化天然气和液化石油气流淌火灾，但由于其流淌火灾的特点，一般不要求将火焰很快扑灭，而要求用高倍数泡沫达到迅速控火的目的，然后采用适当的措施达到最后扑灭火灾。这段控火时间可能较长，高倍数泡沫会逐渐消失，因此需要不断地喷放高倍数泡沫控制住火势，所以要求泡沫液的储备量应大些，使液化气液面上的泡沫覆盖层足以有效地降低未燃烧的液化气溢出气体的浓度，并控制其蒸气的挥发，从而使液化气火灾得到充分地控制。故本条规定，当控制液化石油气和液化天然气流淌火灾时，系统泡沫液和水的连续供应时间应超过 40min。

（3）移动式高倍数泡沫灭火系统：

①移动式高倍数泡沫发生装置与水罐消防车配套使用时，可组成移动式高倍数泡沫灭火系统，到火灾现场独立地扑灭火灾时，每套系统需要的泡沫液贮备量是按每台泡沫发生器发泡 1h 需要约 0.5t 的泡沫液提出来的。这个 1h 是按本规范 4.1.2 条中规定淹没体积的保持时间应大于 60min 而计算的。

一套移动式高倍数泡沫灭火系统是指一套高倍数泡沫发生装置，与消防车配套，如果还有另外一套高倍数泡沫发生装置与同一辆消防车配套使用，应算两套移动式高倍数泡沫灭火系统，需贮备 1t 以上的泡沫液，以此类推。

②煤矿系统使用移动式高倍数泡沫灭火系统扑救矿井火灾已积累了许多经验。1987 年煤炭部在《煤矿救护规程》中规定，扑救矿井火灾时，每个矿山救护大队泡沫液的贮备量应超过 2t，本条规定的扑救煤矿火灾时的泡沫液贮备量是参考上述规定提出来的。

4.2.10 对本条说明如下：

（1）当危险场所内有几个不同时出现火情的被保护区，都采用高倍数泡沫灭火系统保护时，可利用一个集中控制的消防给水系统，并将最大一个被保护区的泡沫液和水的贮备量确定为灭火系统的泡沫液和水的贮备量，这样既可以节约投资，又可以对每一个防护区提供可靠的防护。

（2）有较大火灾危险的防护区，而且其他防护区的火势又容易蔓延到该火灾危险区域内，设计时应对这个火灾危险区域与火灾区域同时喷放高倍数泡沫，当火势蔓延到该区时，危险物已被高倍数泡沫全部覆盖，起到保护作用。这种情况，如两个（或几个）防护区的泡沫液和水的贮备量之和超过最大一个防护区的泡沫液和水的贮备量时，该量应定为灭火系统的泡沫液和水的贮备量。

美国 NFPA11A—1983 标准中也有相同的规定。

4.2.11 该条文主要是指水罐消防车与比例混合器及高倍数泡沫发生器组成移动式高倍数泡沫灭火系统时，消防车供水压力的设定原则。其系统工作原理见图 1。

由图 1 可知，为了求出系统供水压力，就必须已知泡沫发生器和比例混合器的进口压力（可从产品样本中查出）以及比例混合器和水带的压力损失。上述参数确定后，可确定出消防车的供水压力。

即：
$$P = P_1 + P_2 + P_3 \tag{1}$$

式中 P——水罐消防车的供水压力（MPa）；

P_1——泡沫发生器进口压力（MPa）；

P_2——比例混合器的压力损失，即进口与出口压力差（MPa）；

P_3——水带的压力损失（MPa）。

本条中的比例混合器是指负压比例混合器，本规范中第 4.3.8 条对其压力损失已有规定，即按负压比例混合器进口压力的 35% 计算。如果负压比例混合器与水罐消防车出口直接连接时，消防车出口压力即是负压比例混合器的进口压力，这样设置是最佳方案。

水轮机驱动式高倍数泡沫发生器的进口工作压力有一个范围，一般为 0.3～1.0MPa，所以水罐消防车的供水压力也有一个范围；而电动式高倍数泡沫发生器的进口工作压力，一般为一定值，因此水罐消防车的供水压力变化不大。

4.2.12 使用移动式高倍数泡沫灭火系统扑救煤矿井下火灾案例很多，积累了许多经验。由于矿井中巷道分布情况复杂，而且通风状况、巷道内瓦斯聚集浓度等均无法预测，因此在矿井使用移动式高倍数泡沫灭火系统扑救火灾时，需考虑矿井的特殊性。目前煤矿使用的可拆且可以移动的电动式高倍数泡沫发生装置，可满足驱动风压大和发泡倍数的要求。在矿井扑救火灾，灭火经验和战训是决定扑救火灾成功的关键。

4.3 系 统 组 件

4.3.1 本条提出了构成全淹没式高倍数泡沫灭火系统及固定安装的局部应用式高倍数泡沫灭火系统在各种工况下所需要的设备与装置。应根据防护区的具体情况选用全部或一部分本条中规定的组件。如某防护区需选用湿式管路系统时，可在高倍数泡沫发生器入口前，采用电动控制阀，无火警时该阀门关闭，使管路中保存液体，当有火警时该阀门立即打开，泡沫发生器很快发泡灭火。如果防护区不允许有电流讯号线引到泡沫发生器附近时，则需要液动控制阀门控制泡沫发生器的启闭。干式管路系统的泡沫发生器前，可取消电动或液动阀门。某钢铁公司的 27 个液压泵站的全淹没式高倍数泡沫灭火系统的管路采用湿式管路，在泡沫发生器前采用了电磁阀来控制泡沫发生器的开关。

高倍数泡沫发生器或泡沫比例混合器都要求具有一定压力的水和泡沫液进入其内，为了达到此目的，灭火系统需设置水泵或泡沫液泵，将水或泡沫液加压到一定值，而为了保证水泵或泡沫液泵正常运行，需设置贮水设备和常压泡沫液储罐。

比例混合器是将水和泡沫液按一定比例进行混合的装置，它是灭火系统的重要组件之一。它的种类和工作原理以及适用场所已在本规范第 3.3.6～3.3.8 条的说明中作了说明。另外，低倍数泡沫灭火系统使用的带胶囊式的压力比例混合器亦适用于本系统。

压力开关是一种将水、泡沫液或泡沫混合液的压力信号转变为电讯号的装置。在高倍数泡沫灭火系统中将它安装在水管线、泡沫液管线或泡沫混合液管线上，当系统动作产生压力时，由它发出电讯号传到控制室，使系统达到自动控制和显示系统的工作状态。

管道过滤器一般装设在比例混合器以前的供水管道和泡沫液管道上，在发生器前的管道上装设管道过滤器，可防止杂质颗粒进入比例混合器和发生器。管道过滤器与比例混合器或发生器配套使用时，管道过滤器与两者的距离越短越好。

控制箱是自动或手动高倍数泡沫灭火系统的组件之一，对于自动灭火系统，当防护区域内火灾探测器发出讯号传至控制箱后，自动开启水泵、泡沫液泵及自动阀门等组件，使系统发泡灭火。对于手动控制系统，当火灾讯号传至控制箱后，值班人员视具体情况，启动系统发泡灭火。

高倍数泡沫发生器是高倍数泡沫灭火系统的关键设备。其工作原理如图 3 所示。

水和高倍数泡沫液按所要求的比例混合后，以一定的压力进入发生器，通过喷嘴以雾化形式均匀喷向发泡网，在网的内表面上形成一层混合液薄膜，由风叶送来的气流将混合液薄膜吹胀成大量的气泡（泡沫聚集体）。

目前，国内水轮机驱动式高倍数泡沫发生器已有 5 种规格的系列产品，可按其发泡量、发泡倍数和外形尺寸进行选择；而电动机驱动式高倍数泡沫发生器只有可用于大范围内的大型泡沫发生器（$1000m^3/min$）和用于煤矿的可移动的高倍数泡沫发生装置。

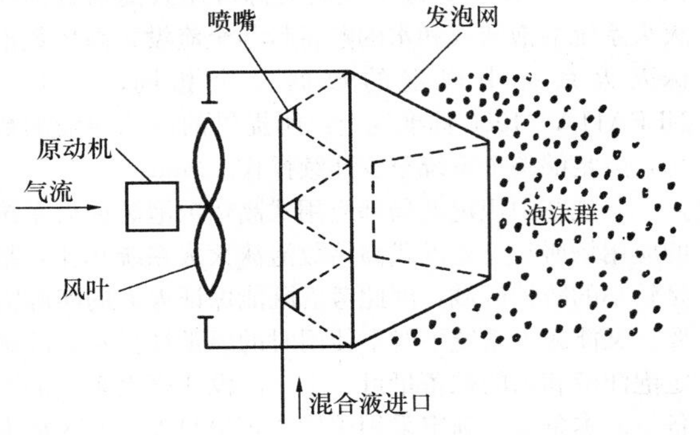

图 3　高倍数泡沫发生器工作原理图

某防护区发生火灾后，由于某种原因发生器不能直接向其内喷放高倍数泡沫时，可利用一定长度的导泡筒输送高倍数泡沫到火灾区域，如煤矿用移动式高倍数泡沫发生器扑救巷道火灾时，都采用导泡筒输送高倍数泡沫。

系统中的阀门是为了启闭系统、试验、维修及排放液体等用途设置的。

高倍数泡沫灭火系统各种组件之间，如水泵、泡沫液泵、比例混合器、泡沫发生器、阀门等都需要由一定管径的管道及其附件连接，组成一套完整的高倍数泡沫灭火系统。

高倍数泡沫灭火系统组件组成的系统典型方块图，如图 4 所示。

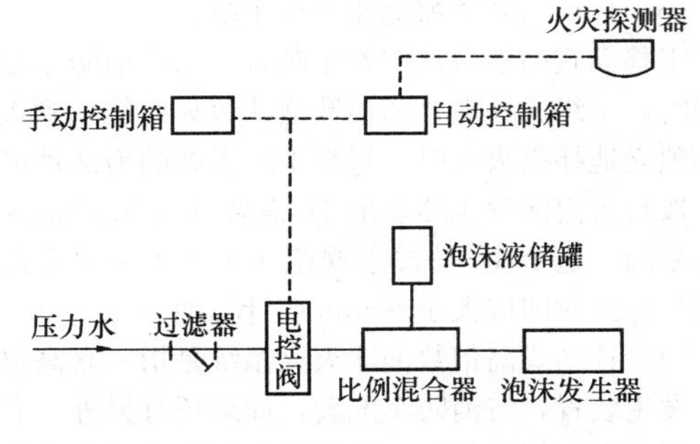

图 4　高倍数泡沫灭火系统典型方块图

4.3.2 半固定设置的局部应用式高倍数泡沫灭火系统是指灭火系统的组件一部分固定而另一部分组件不需要固定。需要固定设置的组件种类视防护区的具体情况决定，但无论何种情况，泡沫发生器必须固定设置，而比例混合器可固定设置或临时组装后使用。不需要固定的组件主要是指水和泡沫液的加压装置，即水泵、泡沫液泵、泡沫液储罐以及贮水设备，这部分组件可用水罐消防车或泡沫消防车及其附件代替。

除上述以外的组件，如压力开关、控制箱及导泡筒等视防护区的具体情况确定。当已设置了专业消防队或有一定压力的给水管线时，可不建立专用消防泵房，而灭火系统的泡沫发生器、管道、管道过滤器、电动或手动操作阀门等应固定安装。如发生火警时，将水罐消防车或专用高倍数泡沫消防车开赴防护区域附近，与设计预留的水带接口连接，即可供压力水或泡沫混合液，发泡灭火。

4.3.3 移动式高倍数泡沫灭火系统的全部组件都是可以移动的，水轮式高倍数泡沫发生器，目前已有几种产品可用于该系统，它的体积小、重量轻，可以一个人或两个人抬赴火灾现场。而煤矿使用的电动式高倍数泡沫发生器，尺寸大、重量较重，需拆卸后随车到火场。

系统使用的压力水可由水罐消防车或手抬机动消防泵供给，水源可由其他水罐消防车或贮水池供应。

4.3.4 本条对防护区内选择泡沫发生器的种类提出了要求。高倍数泡沫发生器的特点是由驱动的原动机带动风叶旋转鼓风发泡，即利用“强风”进行发泡，从而提高泡沫的发泡倍数。水轮机驱动式高倍数泡沫发生器是利用压力水驱动水轮机旋转，因此不受气源温度的限制，所以它的适用范围广泛，不但可以利用新鲜空气发泡，而且还可以利用防护区内热烟气发泡。而电动机驱动式高倍数泡沫发生器，因电动机本身要求环境工作温度有一定限制，所以在防护区内部设置泡沫发生器时，不能利用火场热烟气发泡。故本条规定，在防护区内利用热烟气发泡时，应选用水力驱动式泡沫发生器。如果防护区内的泡沫发生器是利用防护区外部新鲜空气发泡，可选用电动机驱动式泡沫发生器或水力驱动式泡沫发生器，如选用电动式泡沫发生器时，应避免火焰对电动机的损坏，确保其正常运转。

泡沫发生器利用火场热烟气发泡时，需选用耐温耐烟型高倍数泡沫液，该种泡沫液的发泡倍数较普通型泡沫液偏低，而且热烟气的温度越高越明显，因此，要求从系统设计的角度考虑尽量利用防护区外部新鲜空气发泡灭火。

4.3.5 本条对泡沫发生器的设置原则提出了要求。全淹没式高倍数泡沫灭火系统和局部应用式高倍数泡沫灭火系统中的泡沫发生器都需要固定在一定的位置上，使其有效地达到灭火系统的设计要求。

高倍数泡沫发生器在一定的泡沫背压下不能有效地进行发泡，所以为使防护区在淹没时间内达到规定的泡沫淹没深度，发生器必须设在泡沫达到的最大设计高度即泡沫淹没深度以上；为了更有利于泡沫覆盖保护对象，发生器应尽量接近它，其接近的程度要考虑发生火灾时，发生器不应受爆炸或火焰的损坏。

由于泡沫胶粘，不易流动，在被保护的整个面积上泡沫淹没深度未必均匀，通常是在距发生器最远的地方深度较浅，因此防护区内发生器的分布应能使防护区域形成较均匀的泡沫覆盖层。

移动式高倍数泡沫灭火系统的泡沫发生器是可以移动的，但到火灾现场后，仍应当安放在“适当的位置”上，直接向防护区喷放泡沫，这个“适当的位置”应符合上述要求。如果利用导泡筒的出口向防护区喷放泡沫，这个导泡筒的出口位置也要符合上述的规定。

执行本条规定时应注意，利用导泡筒输送高倍数泡沫的高度和距离是由高倍数泡沫发生器的性能决定的，所以不同规格的泡沫发生器与导泡筒在配合使用前应由试验确定其具体输送泡沫的数据，使操作人员能更好地进行扑救。

4.3.6 本条根据国内大量的试验研究数据和实际工程应用的效果，规定了选用平衡压力比例混合器的原则。

平衡压力比例混合器是由平衡压力调节阀和比例混合器两部分组成。当在一定流量范围内变化的压力水进入比例混合器后，平衡压力调节阀能自动地使泡沫液进入混合器的流量随水的流量增减，使混合比基本保持不变。

液体在管道中的流速在本规范第 3.3.11 条中作了规定，系统的管道直径和水的压力决定后，其水的流量范围即已确定了。因此本条中规定了按水流量选用该种比例混合器的规格型号。

计算和试验证明，只要泡沫液进入比例混合器的压力大于水的进口压力，即可达到规定的混合比关系。但考虑泡沫液的压力过高，会增加泡沫液泵的扬程及其他不利因素，因此本条又规定泡沫液进口压力不应超过水进口压力 0.2MPa。一般系统设计计算时，按泡沫液进口压力大于水进口压力 0.1MPa 比较恰当，即使水泵与泡沫液泵的压力差有波动，亦可保证系统混合比的要求。

这种结构先进的、可实现灭火系统自动控制的比例混合器，目前国内已有适用 3 种管径的产品，每种规格的比例混合器各有 3%或 6%的混合比，应按系统用泡沫液的型号确定平衡压力比例混合器的混合比。

4.3.6A 本条文是根据国内已应用产品的数据和灭火系统使用要求规定的。

4.3.7 原条文删除。见本修订规范第 3.3.7 条文说明。

4.3.8 按照国际标准化组织 ISO/DIS7076—1990 标准中推荐的负压比例混合器的结构，我国研制了 4 种规格的负压比例混合器，并参考国外先进国家同类产品的性能参数，经过大量的试验，确定了本条中规定的负压比例混合器的性能指标。

本条中规定的水流量范围是 150～900L/min，在此范围内有4种规格的负压比例混合器，按使用的水流量即配套的高倍数泡沫发生器的数量，选择一种规格的负压比例混合器，与之配套使用。

该种比例混合器的压力损失为水进口压力的35%，与之配套的高倍数泡沫发生器的工作压力范围为0.3～1.0MPa，为了使泡沫发生器能在规定的压力范围内工作，因此将该种比例混合器的水进口压力规定得大些，即0.6～1.2MPa。

每种规格的负压比例混合器都有混合比的调节手柄，混合比的范围是从零至6%，使用时可根据使用泡沫液的型号，将手柄指针指到所需混合比的位置，即可正常工作。

本条规定的压力损失指标，是符合国际标准中的推荐数值的，该种比例混合器的特点是轻便、灵活、便于携带，但压力损失较大。它是移动式高倍数泡沫灭火系统的关键组件，必须与相应的泡沫发生器配套使用。

4.3.9 本条文明确了水管道上过滤器安装的位置，并指明所有类型比例混合器的水和泡沫液入口前都应加设的组件。

水管道上加设管道过滤器是为了保证进入系统的水不含颗粒或片状杂质，防止堵塞系统内的组件。采用天然水源时，水泵入口前应安装管道过滤器；由管网直接供应压力水时，在压力水进入系统处安装管道过滤器。管道过滤器过滤网应选用基本尺寸为2.00mm不锈钢丝编织的方孔筛网。在比例混合器前加设压力开关等组件是根据工程应用实践经验提出的：设置压力开关便于操作人员在消防泵房或控制室内了解压力水和泡沫液是否已经进入比例混合器；设置压力表是为了掌握比例混合器入口前水和泡沫液的压力值是否能够满足比例混合器的要求；设置单向阀是在系统调试或正常工作时，防止水通过比例混合器进入泡沫液储罐，导致泡沫液变质。设置控制阀有两种形式：比例混合器前为湿式管路时，可设电动阀门，反之设手动阀门，该阀检修时关闭，平时为常开状态。

4.3.10 将原规范条文中“泡沫发生器”前冠以“每台高倍数”是为了更确切地表达条文内容。将原规范条文中的“宜”改为“应”是为了提高本条文的严格程度，确保泡沫发生器正常喷放泡沫。

管道过滤器与泡沫发生器之间连接的管道选用耐腐蚀管材可避免普通钢管因长期不使用，管内产生的氧化皮脱落后堵塞泡沫发生器喷嘴以及其他零件，导致发生器不能正常发泡。

4.3.11 本条提出了对系统选用干式管道的要求。干式管道平时管路内应没有液体存在，所以应在水平管道最低处装排液阀门，将管道内全部液体排除。由于该阀仅在系统使用后开启排液，因此排除全部液体后应立即关闭，而且要求它不应有漏失液体现象，故应当采用适当措施，确保排液阀安全可靠，还应将它安装在容易使操作人员便于操作和发现的位置。

4.3.12 本条规定了导泡筒横截面积的尺寸范围。导泡筒的截面积参数是考虑泡沫进入导泡筒后，避免与筒壁大量撞击而过多地破坏，使破泡率增加而提出的截面积尺寸系数。此参数国外也有相类似的报导，一般推荐导泡筒的横截面积尺寸是相互联接的发生器横截面积尺寸的1.05～1.1倍。

4.3.13 原规范编写时，考虑到自带比例混合器的高倍数泡沫发生器（这是一种在其主体结构内有一只微型比例混合器，吸液管可以从其附近泡沫液桶吸人泡沫液的泡沫发生装置）在某些防护区内应用时，可以简化灭火系统，降低工程造价，故提出了第4.3.13条的内容。随着对火灾规律和火场情况认识的深化，工程实践知识的丰富，认识到自带比例混合器的高倍数泡沫发生器的这种应用方式在复杂的火灾情况下很难保证置于防护区内的泡沫液桶（罐）和吸液管不被损坏或其内泡沫液不因火的加热而失去灭火效能。为确保防火安全，删除原条文内容，并做上述修改。

4.3.14 防护区墙中开设玻璃窗，火灾发生时玻璃容易破裂，为减少高倍数泡沫的流失，宜在玻璃窗部位装上钢丝网或钢丝纱窗，故增加此条文。

4.4 探测、报警与控制

4.4.1 防护区采用全淹没式高倍数泡沫灭火系统或局部应用式高倍数泡沫灭火系统时，可根据防护区的重要程度、被保护对象的性质、发生火灾的特性、使用情况以及人员安全等因素，尽量设置自动探测报警系统，以更有效地对防护区进行监控及尽快地使灭火系统投入工作，扑灭火灾。

防护区选用自动探测、报警系统时，可与灭火系统组成自动控制灭火系统。如某防护区发生火灾时，该区域的火灾探测器发出讯号传送至自动控制装置，使报警器发出报警信号，并启动水泵和泡沫液泵，同时打开该防护区的电控阀门，使有一定压力的水和泡沫液进入比例混合器，并在其内按要求的混合比（3%或6%）进行混合后，经管道将一定压力的泡沫混合液送至高倍数泡沫发生器，产生泡沫，淹没火灾区域，扑灭火灾。

4.4.1A 为确保高倍数泡沫灭火系统启动迅速，安全可靠，自动控制的灭火系统应具备自动控制、手动控制和应急操作三种控制方式。

自动控制是指火灾探测和报警与高倍数泡沫灭火系统中的泡沫混合液供应装置、控制阀等组件自动连锁操作的控制方式。

手动控制是指人为远距离操作高倍数泡沫灭火系统中泡沫混合液供应装置、控制阀等组件的控制方式。

应急操作是指人为现场操作高倍数泡沫灭火系统

中泡沫混合液供应装置、控制阀等组件的控制方式。

在原规范编制时，考虑到《火灾自动报警系统设计规范》中对自动灭火系统的控制已提出原则要求，故未详述。在此后编制或修订自动灭火系统设计规范中，皆根据各种自动灭火系统的特点，明确提出了各自的控制要求，故本规范在修订时，根据高倍数泡沫灭火系统的特点，提出了上述要求。

4.4.2 本条规定在消防控制中心（室）和防护区应设置声光报警装置的目的，是为了在火灾发生后，立即通过声和光两种信号向防护区内工作人员报警，提示他们立即撤离，同时使控制中心人员采取相应措施喷放泡沫扑救火灾。

国际标准化组织 ISO/DIS7076—1990 标准和美国 NFPA11A—1983 标准中都有相同的要求。

4.4.3 在防护区内采用自动控制高倍数泡沫灭火系统时，为了保证在规定的喷放时间内达到要求的泡沫淹没深度，防止在喷放泡沫的时间内泡沫的流失，要求在泡沫淹没深度以下的门、窗的关闭机构与自动控制装置联动，即在开始喷放泡沫的同时将门、窗等自动关闭。为了使喷放的泡沫不受干扰，在封闭空间设置的排气口的开启机构应与灭火系统的自动控制部分联动。

由于高倍数泡沫含有水分，具有导电性，因此当高倍数泡沫进入非封闭的未断电的电气设备时，会造成电器短路而烧毁，甚至引起明火，所以规定在喷放高倍数泡沫时，应将生产和照明电源切断，故要求断电机构的操作与灭火系统的控制部分同步进行。

国际标准和美国标准中也对此条的内容提出了相同的要求。

4.4.4 制定本条是为了保证灭火系统的探测、报警部分在火灾发生时能可靠地投入工作，扑灭火灾。

5 中倍数泡沫灭火系统

5.1 系 统 设 计

5.1.1 本条规定中倍数泡沫灭火系统可采用两种计算方法进行设计，是根据以下情况确定的：

（1）我国对中倍数泡沫灭火系统的研究已有近20年的历史，经过上百次的灭火试验都取得了成功，并已在许多油库中推广应用。在油库中应用中倍数泡沫灭火系统都是按系统用泡沫混合液的供给强度计算的，即油罐中每平方米面积上，在单位时间内所需要的泡沫混合液的容积量。所以本条规定了油罐区采用中倍数泡沫灭火系统可按泡沫混合液的供给强度计算，其单位为 L/min·m^2。

（2）对于除油罐区以外的防护区，如果采用中倍数泡沫灭火系统进行防护时，按泡沫供给速率的计算方法进行系统设计，是参照美国 NFPA11A—1983 标准中的规定提出来的。

5.1.2 本条对泡沫最小供给速率和泡沫混合液的供给强度的数值作了规定，说明如下：

（1）美国 NFPA11A—1983 标准中规定，局部应用式中倍数泡沫灭火系统的泡沫供给速度应能在 2min 内控制住至少 0.6m 的火险区深度。根据这个规定，本条在泡沫最小供给速率计算公式中提出了泡沫增高速率的概念，即在防护区内每分钟泡沫至少增高 0.3m，用此数值再乘上防护区面积，就是该防护区所需泡沫最小供给速率，即 $R=Z\cdot S$。

（2）泡沫混合液的供给强度的最小值是根据国际标准 ISO/DIS 7076—1990、现行国家标准《石油库设计规范》的规定及我国有关部门的大量试验提出来的。如国际标准中规定，除水溶性易燃液体以外的溢流烃类火灾的供给强度最小值为 4L/min·m^2。《石油库设计规范》规定，储存汽油、煤油、柴油的固定顶油罐采用中倍数泡沫时，泡沫混合液的供给强度不应小于 4L/min·m^2。

国内有关中倍数泡沫灭火系统的试验数据见表 3。

表 3 灭火试验数据

项目 \ 次数	1	2	3	4	5	6
油罐或油池面积（m^2）	472*	472*	396*	396*	45	75
油层厚度（mm）	69	74	51	48	40	48
泡沫混合液的供给强度（L/min·m^2）	2.5	2.5	4.4	4.4	4	3.3
发泡倍数	35	35	25	25	25	70
发泡量（m^3/min）	41.3	41.3	43.6	43.6	4.5	17.3
灭火时间（s）	230	334	71	90	76	55
油品	66#汽油	66#汽油	70#汽油	70#汽油	70#汽油	70#汽油

注：* 号为油罐。

从表 3 中可得出，当泡沫混合液的供给强度大于 4L/min·m^2 时，其灭火时间均小于本规范第 4.2.3 条中规定的 2min 的淹没时间，所以本条规定除水溶性易燃液体火灾以外的油罐区火灾的泡沫混合液的供给强度应大于 4L/min·m^2。

中倍数泡沫灭火系统是可以扑救水溶性易燃液体火灾的，但其泡沫供给速率和泡沫混合液的供给强度应由试验决定，这个规定与国际标准、美国等国外标准中的规定是一致的。

5.1.3 本条对泡沫的最小喷放时间的规定，是根据以下情况确定的：

（1）当按泡沫供给速率计算时，本规范是依据美国 NFPA11A—1983 标准作出的规定。该标准规定：

所提供的泡沫原液和水应足够整个系统至少连续操作12min。故本规范对中倍数泡沫灭火系统按泡沫供给速率计算时的最小喷放时间应大于12min。

(2) 当按泡沫混合液供给强度计算时，最小喷放时间是依据国际标准和英国标准制定的。国际标准ISO/DIS7076—1990规定：当按供给强度4L/min·m^2计算时，中倍数泡沫最小喷放时间：当用于100m^2及以下室内外溢流的易燃液体火灾时，最小喷放时间为10min；当用于其他室内保护区域及室外防护时，最小喷放时间为15min。英国标准BS5306—1989对此也有相同的规定。由于本规范5.1.1规定：用于油罐区系统设计时，按泡沫混合液的供给强度计算。故本条文将国际标准中“其他室内防护区域以及室外防护”更加具体地归纳为“油罐火灾”，因为它是“室内防护区域”的一个典型的特例。

我国有关部门对油罐上采用中倍数泡沫灭火系统做了大量试验，由灭火试验得出了灭火时间与最小泡沫供给强度的关系。试验证明，当泡沫混合液供给强度小时，其灭火时间长，当泡沫混合液供给强度大时，其灭火时间就短。当供给强度为4L/min·m^2时，其灭火时间为2min。由于一般情况下泡沫连续喷放时间为灭火时间的3～6倍，而本条规定的最小喷放时间为15min，为灭火时间的7.5倍，因此是可靠的。

火灾发生后，开始喷放泡沫的时间，决定火灾的损失程度，喷放泡沫时间早、火势小，容易被扑灭。参考现行国家标准《水喷雾灭火系统设计规范》GB 50219—95，并结合工程应用，在修订本条款时，提出自接到确认的火灾信号至系统开始喷放泡沫的延时时间不宜超过1min规定。

5.1.4 本条对泡沫液的最小贮备量的规定，是根据以下情况确定的：

(1) 按泡沫供给速率计算时，灭火系统用泡沫液的最小贮备量，是中倍数泡沫灭火系统连续在最小的喷放时间内所使用的泡沫液量，这个规定与美国NFPA11A标准中的规定是一致的。

(2) 按泡沫混合液供给强度计算时，系统用泡沫液的最小贮备量应满足扑救油罐区内泡沫液最大用量的单罐火灾和扑救该油罐流散液体火灾所设辅助泡沫液量及尚应增加充满管道的需要量之总和。

本条款规定了单罐灭火用泡沫液最小贮备量的计算方法。并删除了对外浮顶油罐的应用。同时还对混合比作了相应的补充规定。

执行本条时应注意的问题：

①油罐区应用中倍数泡沫灭火系统时，都是采用6%型的中倍数泡沫液，目前该种泡沫液在实际灭火试验中，混合比为8%时，灭火效果最佳，故在中倍数泡沫灭火系统设计计算时，可按8%混合比计算(泡沫液：水=8：92)。

②除油罐区外，按泡沫供给速率对灭火系统进行设计计算时，目前皆采用高倍数泡沫液，计算泡沫液的贮备量时，3%型或6%型的高倍数泡沫液，其混合比按3%或6%计算，不需另外计算管道内的泡沫液量。按最大一个防护区计算的泡沫液的最小贮备量即是系统用泡沫液的最小贮备量。

5.1.5 本条中给出了系统用水最小贮备量的计算公式。在已知灭火系统用的泡沫液最小贮备量和泡沫液的混合比的条件下，即可计算出系统用水的最小贮备量。公式推导如下：

混合比K的物理意义是，泡沫液在泡沫混合液中所占的体积百分比，而泡沫混合液是由水和泡沫液组成的，所以

$$K=\frac{W}{W_s+W} \tag{2}$$

式中 K——混合比；

W——系统用泡沫液最小贮备量(L)；

W_s——系统用水最小贮备量(L)。

将公式(2)展开：

$$K(W_s+W)=W$$

$$KW_s+KW=W$$

$$W_s=\frac{(1-K)}{K}W$$

5.2 系统组件

5.2.1 除油罐区以外的防护区采用局部应用式中倍数泡沫灭火系统与局部应用式高倍数泡沫灭火系统工作原理相似，其系统组件除泡沫发生器不同外，其余系统组件在系统中的作用相同。由这些组件可组成固定安装的局部应用式中倍数泡沫灭火系统和只固定安装一部分组件，而另一部分组件可不固定安装的半固定的局部应用式中倍数泡沫灭火系统。而油罐灭火采用中倍数泡沫灭火系统时，其流程基本与低倍数泡沫灭火系统相似。

该系统的关键设备是中倍数泡沫发生器，它与高倍数泡沫发生器的工作原理不同，后者是吹气型泡沫发生器，而前者是吸气型泡沫发生器，这种发生器可以是固定式或移动式(或称便携式)。它主要由喷嘴、发泡网及筒体等组成，其工作原理见图5。具有一定压力的泡沫混合液进入中倍数泡沫发生器的喷嘴后，均匀地喷向发泡网表面，在其上形成一层薄膜，同时吸入足够量的空气，将液膜吹膨成21～200倍的泡沫群。

除高倍数泡沫灭火系统使用的比例混合器可适用于中倍数泡沫灭火系统外，目前在油罐区采用的中倍数泡沫灭火系统，大多数使用环泵式比例混合器，其流程见图6。

5.2.2 本条规定了移动式中倍数泡沫灭火系统的主要组件。该系统的中倍数泡沫发生器的工作原理与局

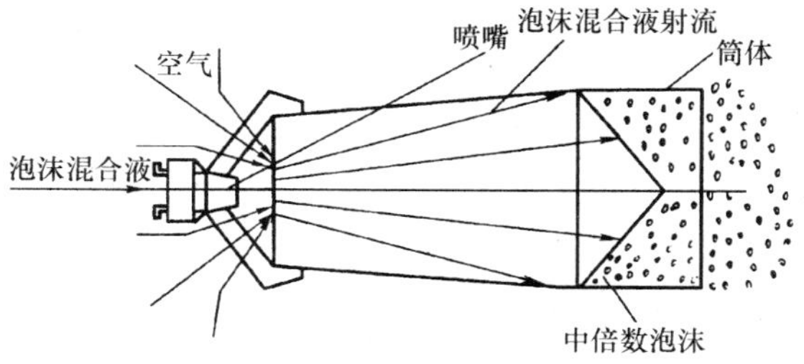

图5　中倍数泡沫发生器工作原理

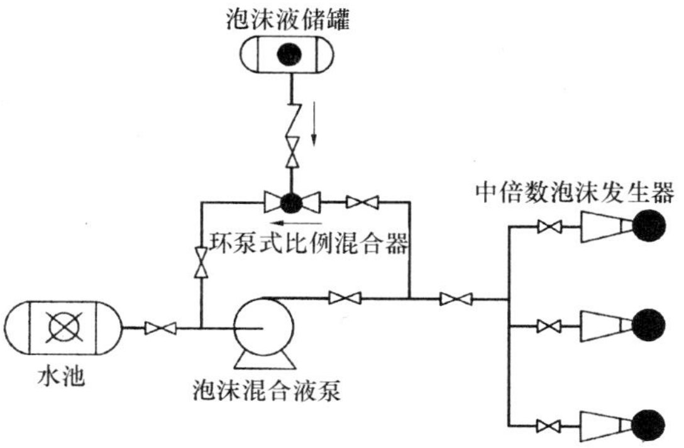

图6　环泵式比例混合器流程图

部应用式中倍数泡沫灭火系统的泡沫发生器相同，区别是它轻便、灵活，可以移动。

移动式中倍数泡沫灭火系统的组件除泡沫发生器外，其他组件在系统中的作用与移动式高倍数泡沫灭火系统相同。

5.2.3　在固定设置的平衡压力比例混合器、环泵式比例混合器前的管道上设置管道过滤器的目的，是为了过滤管道中的水和泡沫液中的杂质，避免堵塞比例混合器中的孔板和喷嘴，造成灭火系统不能正常工作。

5.2.4　在固定设置的比例混合器的水和泡沫液入口处设置压力表的目的，是为了指示水和泡沫液的进口压力，在系统试验、调试时，可判断比例混合器的水和泡沫液的进口压力是否在规定的范围内。如系统选用平衡压力比例混合器时，通过压力表可检查水和泡沫液压力是否符合本规范第4.3.6.2和4.3.6.3款的规定。

在泡沫液进入比例混合器前的管道上设置单向阀的目的，是为了防止水进入泡沫液储罐中。

5.2.5　罐囊式压力比例混合装置已在国内外应用较多，它逐步地替代环泵比例混合器，故增加了此条文。

5.2.6　为了与本规范第4.4.1A条内容衔接，增加此条文。

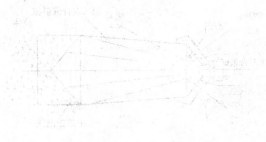

中华人民共和国国家标准

卤代烷1211灭火系统设计规范

GBJ 110—87

条 文 说 明

第一章　总　　则

第 1.0.1 条　本条提出了编制本规范的目的，即为了合理地设计卤代烷 1211 灭火系统，使其能有效地保卫社会主义现代化建设，保护公共财产和公民的生命财产的安全。

卤代烷 1211 灭火剂是一种性能良好，应用范围广泛的灭火剂。它具有抑制燃烧过程中基本化学反应的能力。其灭火机理普遍认为是：它在高温下的分解物能够中断燃烧过程中化学连锁反应的链传递。因而它的灭火能力强、灭火速度快。此外它还有不导电、耐贮存、腐蚀性小、毒性较低等一系列优点。以卤代烷 1211 为灭火介质的固定灭火系统，能够可靠地防护许多具有火灾危险的重要场所，在国际上已获得较为广泛的应用。根据英国帝国化学工业公司统计，卤代烷 1211 灭火剂已得到包括工业发达国家在内的三十多个国家的消防部门的正式认证，也为世界其他一些尚未正式认证的国家所接受。许多国家采用这种灭火系统来保护图书、美术、档案、文物资料等贮存大量珍贵资料的库房；甲、乙、丙类液体库房；各种运输工具。在欧洲还用它来保护像电子计算机房、通讯机房等存有贵重设备和仪表的有人工作的场所。随着我国社会主义现代化建设的迅速发展，采用卤代烷 1211 灭火系统防护的场所日趋增多。我国现行的《高层民用建筑设计防火规范》和《建筑设计防火规范》，对应设置卤代烷灭火系统的场所做出了明确规定，这将大大促进我国卤代烷灭火系统的推广应用。

采用卤代烷 1211 灭火系统保护许多具有火灾危险的重要场所，是否能够达到预期的防护目的，即能有效地保护这些场所内人员的生命、财产免受火灾的危害，其首要条件应保证系统设计是合理的。

我国从六十年代初期开始研制卤代烷 1211 灭火剂，至今已有二十多年的历史。许多要害部位已设计安装了这种系统，并已起到了良好的防护作用。但是，也有部分卤代烷 1211 灭火系统，存在这样或那样问题。从设计角度看，在防护区的划分、灭火剂用量的计算，系统部件的选择和布置、系统的操作和控制、系统的设计计算及安全要求等各方面均存在一些不合理的现象。个别已投入使用的卤代烷 1211 灭火系统还发生了不应有的事故，如设置在某厂喷漆车间的卤代烷 1211 灭火系统，由于某些部件的可靠性差，加之又没有设置必要的机械式应急手动操作机构，在自动控制失灵时无法施放灭火剂将火扑灭，造成数万元经济损失；某轮船采用卤代烷 1211 灭火后，在没有必要的安全防护措施的条件下，人员进入已施放灭火剂的机仓内，而造成伤害。美国杜邦公司曾对 300 多个卤代烷灭火系统进行检查和喷射灭火剂的试验，所提供的分析材料指出，这些系统中 23% 有明显问题。这些问题也包括设计上所存在问题。

本规范的编制，将为设计卤代烷 1211 灭火系统提供统一的较合理的技术要求，这些要求也是消防管理部门对卤代烷 1211 灭火系统工程设计进行监督审查的依据。

第 1.0.2 条　本条根据我国的具体情况，规定了卤代烷 1211 灭火系统工程设计所应遵守的原则和达到的要求。

由于我国目前将卤代烷 1211 灭火系统主要用于一些重点要害部位的防护，而该系统的工程设计涉及的范围较广。因此，系统设计时必须遵循国家有关方针政策，如现行的《中华人民共和国消防条例》等。

卤代烷 1211 灭火系统的工程设计，必须考虑防护区的具体情况，首先设计人员应掌握整个工程的特点、防火要求和各种消防力量、消防设施的配置情况，并根据整体消防方案来划分采用卤代烷 1211 灭火系统防护区，制定合理的设计方案，正确处理局部和全局的关系。英国标准 BS5306—1984《室内灭火装置与设备实施规范》第 5.2 章：（卤代烷 1211 全淹没系统）的引言中明确指出："重要的是把工厂和建筑物的消防问题作为一个整体来考虑。卤代烷 1211 全淹没系统仅仅是现有设备的一部分，然而是重要的一部分。但并不是采用了这种系统就不必考虑辅助措施，例如准备手提式灭火器或其他的移动式灭火装置作为救急或备用；也不是采用了它，就不必处理特殊的危险了"。其次，系统设计时应考虑的防护区的具体情况，还包括防护区的位置、大小、形状、开口和通风等情况；以及防护区内可燃物品的性质、数量、分布情况；可能发生的火灾类型和起火源、起火部位等情况。只有全面分析防护区本身及其内部的各种特点，才能合理地选择不同结构特点的灭火系统，合理地确定灭火剂用量，以及选择系统操作控制方式，选择和布置系统部件等。

本条规定了系统设计要达到的总的要求为"安全可靠、技术先进、经济合理"。这三个方面的要求不仅有各自的含义，也是一个互相联系统一的原则。"安全可靠"则要求所设计的系统能确保人员安全。在平时不得产生误动作，在需要灭火时能立即启动并施放出需要的灭火剂量将火完全扑灭。"经济合理"则要求系统设计时，尽可能采用较少的灭火剂和系统组件，组成比较简单的系统以达到节省投资的目的，同时所设计的系统应符合本规范的各项要求。"技术先进"则要求系统设计时，尽可能采用新的成熟的先进技术，先进的设备和科学的设计、计算方法。

第 1.0.3 条　本条规定了本规范的适应范围及不适用范围。

一、"适用于工业和民用建筑中设置的卤代烷 1211 全淹没灭火系统"的规定，是根据以下情况确定的：

1. 本规范是属于工程建设中的专业规范，其主要任务是规定工业和民用建、构筑物中这一类灭火系统设计的具体技术要求。

2. 本规范所规定的设计原则和基本参数对保护交通运输工具和地下矿井的卤代烷 1211 灭火系统的设计虽然是适合的，但是，扑救交通运输工具及地下矿井所发生的火灾，有其特殊要求。如火车、轮船、飞机等交通运输工具发生火灾时，可燃物可能处在流动的空气中；地下矿井也有特殊的通风要求，人员疏散也是一个必须考虑的重要因素。因此，在这些场所设计卤代烷 1211 灭火系统时，必须充分考虑环境条件的影响。一般应针对具体条件，通过试验取得专用的设计数据和提出相应的技术要求。

3. 参考了国外同类标准中的有关规定。国际标准化组织制定的 ISO/DP7075—1984 年《卤代烷自动灭火系统》标准中规定："正如应用范围所述，这些规则只适合于封闭空间内的固定灭火系统。对于某些特殊用途（例如航海、航空、汽车、地铁等等）必须考虑附加的条件"。

西德标准 DIN14 496—1979《卤代烷灭火剂固定灭火设备》标准中规定："本标准适用于建筑物和工厂的卤代烷灭火剂固定式灭火设备，不适用于航海、航空领域和地下矿井。"

英国标准 BS5306—1984《室内灭火装置与设备实施规范》中也做出了卤代烷灭火系统规范适用于"工厂或建筑物"的规定。

二、本规范只涉及卤代烷 1211 全淹没灭火系统的设计，未对卤代烷 1211 灭火系统中的局部应用系统的设计做出规定，这是根据以下情况确定的：

1. 局部应用系统是由一套卤代烷 1211 灭火剂的贮存装置，直接向燃烧着的可燃物的危险区域喷射一定量的灭火剂的灭火系统。它可用于没有固定封闭的危险区，也可用于防护大型封闭空间中局部的危险区。这一系统有较广泛的应用场所，但是它与全淹没系统的灭火方式有很大的差别。迄今为止，我国对卤代烷 1211 局部应用系统尚未开展全面研究、试验和工程设计。仅在浮顶油罐上进行了初步的试验与应用。我国现行的有关建筑设计防火规范，尚未规定采用这种系统的场所。从国内现在的情况看，尚不具备进行工程设计与应用的条件。

2. 目前，国外对卤代烷 1211 局部应用系统的研究，尚未取得引人注目的成果。美国 NFPA12A 与 NFPA12B 标准的多个版本中，虽然包括了局部应用系统这一部分内容，但它所规定的内容都是一些高度概括的原则，对工程设计没有具体的指导作用。美国 NFPA 所编的《防火手册》中也指出："在全国消防协会卤代烷灭火剂系统标准中关于局部应用系统的最新资料，只是对设备制造商或进行测试的实验室作为指导材料才是有用的。现有的局部应用系统还得通过广泛的和费用昂贵的试验，才能证实它的功效"。

英国对卤代烷 1211 局部应用系统进行了较长时间的广泛与深入的研究，但至今尚未制订出有关的设计规范。英国标准学会制定的编制室内消防设备标准计划中，拟将卤代烷灭火系统的设计规范分成三部分。第一部分是卤代烷 1301 全淹没系统，已于 1982 年颁发。第二部分是卤代烷 1211 全淹没系统，已于 1984 年颁发。第三部分即卤代烷 1211 局部应用系统，尚未制订出。

国际标准化组织在所制订的有关卤代烷灭火系统标准的计划中，将卤代烷 1301 全淹没灭火系统和卤代烷 1211 全淹没系统合在一个标准内，分成两部分，即 ISO/7075/1 与 ISO/7075/2。而将卤代烷 1211 局部应用系统单列一个标准，为 ISO/8475 标准，我国至今尚未收到国际标准化组织有关卤代烷 1211 灭火系统标准的建议草案。

鉴于以上情况，本规范的内容中暂不包括局部应用系统为宜。等条件成熟时，再将其补充到本规范中或单独编制《卤代烷 1211 局部应用系统设计规范》。

三、在执行本条规定时，工业和民用建、构筑物中是否需要设置卤代烷 1211 全淹没灭火系统，可根据以下情况确定：

1. 应按国家现行的《高层民用建筑设计防火规范》和《建筑设计防火规范》等有关规范的规定设置。

《高层民用建筑设计防火规范》（GBJ 145—82）中第 6.6.4 条规定："大、中型电子计算机房，图书馆的珍藏库，一类建筑内的自备发电机房和其他贵重设备室，应设卤代烷或二氧化碳等固定灭火装置"。

现行的《建筑设计防火规范》中第 8.7.5 条规定下列部位应设卤代烷或二氧化碳灭火设备：

（1）省级或超过 100 万人口城市电视发射塔微波室；

（2）超过 50 万人口城市通讯机房；

（3）大、中型电子计算机房或贵重设备室；

（4）省级或藏书超过 100 万册图书馆的珍藏室；

（5）中央及省级的文物资料、档案库。

此外该规范第 8.7.4 条中还规定，设在室内的单台贮油量超过 5 吨的电力变压器，除可采用水喷雾灭火设备外，亦可采用卤代烷或二氧化碳灭火设备。

2. 应根据防护区的具体情况和各种灭火设施的优缺点进行全面分析和综合考虑。

如卤代烷灭火系统与应用较广泛的水喷淋系统比较，灭火速度快，不污染被保护的物体，能够扑救电气火灾，也不会对贵重设备及文物资料造成水渍损失。但是卤代烷灭火系统比水喷淋系统结构复杂，价格较高，难以扑灭可燃固体的深位火灾，且有一定毒性。

又如卤代烷灭火系统比二氧化碳灭火系统灭火速

度快，灭火剂用量及贮存设备较少，故一次性投资较省，系统占地也少。但是二氧化碳具有来源广、灭火剂单价低，有较强的冷却灭火效果，对于一些火灾危险性大、起火频繁，需要经常灌装灭火剂的防护区，二氧化碳灭火系统可能较为经济。

国际上常用的卤代烷灭火系统有“1211”与“1301”两种，这两种灭火剂的应用范围和灭火能力基本上相同。卤代烷1211全淹没系统防护区的环境温度应在0℃以上，卤代烷1301全淹没系统基本上不受低温条件限制；此外卤代烷1211的毒性大于卤代烷1301；但是卤代烷1301的价格比卤代烷1211高。

四、“本规范不适用于卤代烷1211抑爆系统的设计”的规定，是根据以下情况确定的：

1. 我国目前尚未开展抑爆系统的试验、研究和设计，因此制定卤代烷抑爆系统设计规范的条件尚不成熟。

2. 国外同类标准中一般均明确规定不包括抑爆系统的设计。如BS5306标准，ISO/DP7075等标准。一些工业比较先进的国家已制订了单独的《防爆系统标准》，如美国NFPA69，ISO/DP6184等标准，已将卤代烷抑爆系统标准包括进去。

第1.0.4条　本条规定了卤代烷1211灭火系统可用于扑救可燃气体火灾；甲、乙、丙类液体火灾；可燃固体的表面火灾和电气火灾。这些规定主要是根据国外同类标准规范的有关规定，以及国内多年来所进行的一系列实验验证所得出的结论而确定的。

国外同类标准的有关规定如下：

美国NFPA12A—1980《卤代烷1301灭火系统标准》中第1—5.3.2款规定：“用卤代烷1301系统可以令人满意地保护比较重要的危险场所和装置包括：

(a) 气态和液态的易燃物；

(b) 电气危险场所，如变压器、油开关和断路器以及旋转的电气设备；

(c) 使用汽油和其他易燃燃料的发动机；

(d) 普通的可燃物，如纸、木材和纺织品；

(e) 危险的固体物质；

(f) 电子计算机、数学程序装置和控制室。

美国NFPA12B—1980《卤代烷1211灭火系统标准》中第1—5.3.2款规定：“用卤代烷1211系统可以令人满意地保护比较重要的危险场所和装置包括：

(a) 易燃的气体和液体物质；

(b) 电气危险区，如变压器、油开关和断路器，以及旋转电气设备；

(c) 使用汽油或其他易燃性燃料的发动机；

(d) 一般可燃物，如纸张、木材和纺织品；

(e) 危险的固体物质。

英国BS5306—1984标准中有关条文规定：“卤代烷1211全淹没系统可以用以扑救BS4547标准中定义的A类、B类和C类火灾。在发生C类火灾时，由于可燃气体的继续存在，应注意考虑灭火后的爆炸危险”。

国际标准化组织制订的ISO/DP7075/1—1984标准及其他一些国外标准均有类似的规定，这些规定均是从大量试验中总结得出的。

我国曾进行了采用卤代烷1211灭火系统扑救甲、乙、丙类液体火灾，可燃固体的表面火灾及电器设备火灾试验，业已证明采用卤代烷1211灭火剂扑救上述物质和设备的火灾是非常有效的。近年来，国内采用卤代烷1211灭火系统保护油罐、变配电室、电子计算机房、通讯机房、档案馆、图书馆已日趋增加。

在执行本条文规定时，应注意以下几个方面的问题：

一、本条文内容仅仅是规定卤代烷1211灭火系统可以用来扑救的火灾类型，而不是对应设置卤代烷1211灭火系统的场所进行规定。哪些场所设置该系统，本规范1.0.3条的条文说明已经阐明，本规范主要任务是解决如何合理设计该系统的问题。

二、一个具有火灾危险的场所是否需用卤代烷1211灭火系统防护，可根据下述因素考虑：

1. 该处要求使用不污染被保护物品的“清洁”的灭火剂；

2. 该处有电气火灾危险因而要求使用不导电的灭火剂；

3. 该处有贵重的设备和物品，要求使用灭火速度快的高效能灭火剂；

4. 该处不宜或难以使用其他类型的灭火剂。

三、采用卤代烷1211灭火系统保护建、构筑物的一部分时，应把整个建、构筑物的消防问题作为一个整体来考虑；还应考虑采用其他辅助消防设施，例如消防栓供水系统及手提式灭火器等。一般来讲，卤代烷灭火系统只用来保护建、构筑物内部发生的火灾，而建、构筑物本身产生的火灾，宜用水扑救。

四、当防护区内存在能够引起爆炸危险的可燃气体、蒸汽或粉尘时，应按照现行的《建筑设计防火规范》中的有关规定采取防爆措施。

五、对于可燃固体的火灾，本条文中规定可用卤代烷1211灭火系统扑灭其表面火灾。换言之，即不宜用这种灭火系统来扑灭可燃固体的深位火灾。这是因为可燃固体火灾一旦变成深位火灾时，必须用很高的灭火浓度并维持相当长的浸渍时间，才能将火灾完全扑灭。这在经济上是不合算的，在实践上也难以实施。美国NFPA12B—1980标准附录中指出：“迄今为止，还没有可靠的基础去预计灭深位火灾对灭火剂的要求，从实际意义上说，使用卤代烷1211去控制或扑灭深位火灾，一般来说是没有吸引力的。因为灭火剂甚至能从封闭空间的最小缝隙中泄漏出去，因此不延长供给灭火剂的时间，通常就不容易维持较长的浸渍时间，而且又要使用高浓度，这样的灭火系统相对来说费用变得较高。可以使用卤代烷1211，一般限于在那些不能或不允许发展为深位火灾的可燃性固体火灾”。

第1.0.5条 本条文规定不得用卤代烷1211灭火系统扑救的物质火灾，系根据下述情况确定的：

一、卤代烷1211灭火剂不能扑灭的火灾主要包括两类物质的水灾。第一类物质是本身含有氧原子的强氧化剂。这些氧原子可供燃烧之用，在具备燃烧的条件下能与可燃物氧化形成新的分子，而卤代烷1211灭火剂的分子不能很快地渗入到其内部起化学作用而将火熄灭。当卤代烷1211灭火剂去干扰燃烧反应时，由于这些可燃物具有较强的氧化性质而无法取得成效。对于这些自身含有氧原子的可燃物，采用冷却法灭火是较可靠的。第二类物质主要是化学作用活泼的金属和金属的氢化物，在具备燃烧的条件下氧化能力极强，卤代烷1211分解产物与氧结合的能力并不比这些物质的能力强，因而难以干扰燃烧的进程。美国NFRA所编的《防火手册》中指出：卤代烷1301或卤代烷1211的浓度低于20%，这一类物质与灭火剂之间不起化学反应。

二、本条文的规定与国际标准化组织ISO/DP7075标准中的规定是一致的。美国NFPA12A、NFPA12B、英国BS5306等标准的规定也与本规范的规定基本相同。如NFPA12B—1980标准中规定：卤代烷1211灭火剂对下列物品无效：

1. 某些化学药品或混合物，例如硝酸纤维素和火药，它们在无空气的情况下也能迅速氧化；

2. 化学性质活泼的金属，如钠、镁、钛、锆、铀、钚；

3. 金属的氢化物；

4. 能自行热分解的化学药品，如某些有机过氧化物和联氨。

在执行本条文规定时，遇有下述情况，设计人员仍可考虑采用卤代烷1211灭火系统。一是一个建、构筑物中同时存有其他可燃物和上述危险性质；但能断定在用卤代烷1211灭火剂迅速灭火以前不会引燃上述危险物质；二是上述危险物质数量少，即使燃烧起来也不会对建、构筑物或其他需保护的物品造成危害，为了保护建、构筑物内其他可燃物品的安全采用卤代烷灭火系统。

第1.0.6条 本条规定中所指的“国家现行的有关标准、规范”。除在本规范中已指明的外，主要包括以下几个方面的标准、规范：

一、防火基础标准与有关的安全基础标准；

二、有关的工业与民用建筑防火标准、规范；

三、有关的火灾自动报警系统标准、规范；

四、有关的卤代烷灭火系统部件标准；

五、其他有关的标准。

第二章 防护区设置

第2.0.1条 本条规定防护区应以固定的封闭空间划分。这是由于卤代烷1211灭火剂在常温下呈气态，采用全淹没方法灭火时，必须有一个封闭较好的空间，才能建立扑灭被保护物火灾所需的灭火剂设计浓度，并能将该浓度保持一段所需要的浸渍时间，条文中“固定的”一词系指封闭空间的大小、形状和位置均是不可改变的。

在执行本条规定时，关于如何划分防护区，则应根据封闭空间的结构特点和位置确定。考虑到一个防护区包括两个或两个以上封闭空间时，要使设计的系统能恰好同时施放给这些封闭空间各自所要求的灭火剂量是比较困难的，故当一个封闭空间的围护结构是难燃烧体或非燃烧体，且该空间内能建立扑灭被保护物火灾所需要的灭火剂设计浓度和将该浓度保持一段所需要的浸渍时间时，宜将这个封闭空间划为一个防护区。若相邻的两个或两个以上的封闭空间之间的隔断物不能阻止灭火剂流失而影响灭火效果或不能阻止火灾蔓延，应将它们划为一个防护区，并应确保每个封闭空间内的灭火剂浓度以及保持灭火剂浓度的浸渍时间均能达到设计要求；国外同类标准也有类似规定。如美国NFPA12B—1980标准中规定：“如果危险区之间相邻，并有可能同时着火，则每个危险区可以用一个独立的系统来保护，但这些系统必须设计成可以联合同时动作的。也可以设计成一个系统，其规模及布置必须能同时把卤代烷1211喷射到可能发生危险的所有区域”。国际标准ISO/DP7075/1—1984中第5.2条规定：“当两个或两个以上相邻的封闭空间可能同时发生火灾时，这些封闭空间应按下述方法之一防护：

(a) 设计的各个系统可同时工作；

(b) 一个单个的系统的规模和布置使灭火剂能释放到所有可能同时发生危险的封闭空间”。

本条规定：“当采用管网灭火系统时，一个防护区面积不宜大于500m^2，总容量不宜大于2000m^3”。这是根据以下情况提出的：

一、在一个防护区建立需要的卤代烷1211灭火剂量与防护区的容积成正比，防护区大，需要的灭火剂量多。同时防护区大，输送灭火剂的管道通径和管网中离贮存容器最近的喷头与最不利点喷头之间的管道容积增大，使灭火剂在管网中的剩余量增加。故系统所需贮存的灭火剂量也很大，造成系统成本增高。在一个大的防护区内，同时发生多处火灾的可能性极小，不如采用非燃烧体隔墙将其划分成几个较小防护区，采用组合分配系统来保护更为经济。

二、为了保证人身安全，本规范规定在施放卤代烷1211灭火剂之前，应使人员在报警后的30s内撤离防护区，当防护区过大时，人员将难以迅速疏散出去。

三、当防护区过大时，输送灭火剂的管网将相应增长，这将出现两个不利的因素。一是为了保证喷嘴的最低喷射压力，需要较高的贮存压力；二是从贮存容器启动到喷嘴开始喷灭火剂，即灭火剂充满管道的时间增加，这对要求迅速扑灭初期火灾是不利的。本规范已规定灭火剂充满管道的时间不宜大于10s，这也就限制了输送灭火剂管道的最大长度。

四、目前国内采用卤代烷1211灭火系统的防护区，其最大面积和容积都在500m^{2}和2000m^{3}以下，还没有设计更大系统的成熟经验。此外我国目前所生产的系统主要部件尺寸较小，也难以保护更大的防护区。

为了保障安全、节省投资，根据我国目前卤代烷1211灭火系统的生产技术水平等具体情况，对防护区的最大面积与容积给予适当限制是必要的。

本条还对采用无管网灭火装置的防护区面积、总容积，以及一个防护区最多可使用的无管网灭火装置的数目给出了限制，这是根据以下情况确定的。

无管网灭火装置是一种结构较简单的小型轻便式灭火系统，具有工程设计容易、安装方便等优点。但是作为全淹没系统时，要保证在规定的灭火剂喷射时间将全部灭火剂施放到防护区内，并保证其均匀分布，单个卤代烷1211无管网灭火装置不可能设计得很大。我国目前有几个厂试制过能充装50kg卤代烷1211灭火剂的箱式无管网灭火装置，但均未进行过灭火剂浓度分布均匀性的测试。这种灭火装置一般只适合于较小的防护区，按5%的设计浓度计算，50kg卤代烷1211灭火剂仅能保护130m^{3}左右的封闭空间。而目前工程设计上用得较多的球型悬挂式无管网灭火装置，单个充装的灭火剂量为8kg和16kg两种规格，所能保护的空间较小。按5%的设计浓度计算，一个16kg的仅能保护40m^{3}左右。一个防护区内布置的数量越多，可靠性也就越低。这一类灭火装置均布置在防护区内，一旦失火如果有个别装置不能按规定开启，又无法采取机械式应急操作，为了保证防护区的安全，故有必要对无管网灭火装置的应用范围给予限制。根据我国目前需要设置卤代烷防护区的具体情况，认为这一类装置宜设在面积为100m^2，总容积300m^{3}以下的防护区内，且一个防护区设置数不应超过8个。

在工程设计时采用无管网灭火装置应注意的两点是：一是这种装置有各种不同的结构型式和不同的用途，不能任意采用。如目前一些图书、文物库房，采用感温玻璃球控制灭火剂施放的悬挂式无管网灭火装置是不恰当的，难以起到可靠的防护作用，也不符合本规范7.0.3条的规定。二是这一类灭火装置虽然开始安装时费用低，很有吸引力，但是其维修费却比较高。设计人员应根据防护区的具体情况和各种类型灭火设备的特点全面考虑，选择最经济而又安全可靠的类型。

第2.0.2条 本条规定防护区的最低环境温度不应低于0℃，说明如下：

卤代烷1211灭火剂在一个标准大气压下，沸点为－3.4℃。当防护区内的温度低于其沸点时，施放到防护区内的灭火剂将以液态形式存在。卤代烷1211灭火剂的灭火机理，一般解释为它接触483℃以上高温所形成的分解物，能够中断燃烧过程中化学连锁反应的链传递。防护区的温度越低，灭火剂汽化速度越慢，势必延长灭火剂在防护区均匀分布的时间而影响灭火速度，同时也会造成大量的灭火剂流失。因此，本条规定了防护区的环境温度应高于0℃。这一规定，也参考了国外同类标准、规范的有关规定。如美国NFPA12B—1980年标准中第2-1.1.1项中做出了全淹没系统防护区的环境温度应在30℉（－1℃）以上的规定。

第2.0.3条 本条规定了全淹没系统防护区的建筑构件的最低耐火极限，系根据以下情况提出的：

一、为了保证采用卤代烷1211全淹没系统能完全将建筑物内的火灾扑灭，防护区的建筑构件应有足够的耐火极限，以保证卤代烷1211完全灭火所需要的时间。完全灭火所需要的时间，一般包括火灾探测时间，探测出火灾后到施放灭火剂之前的延时时间，施放灭火剂的时间和保持灭火剂浓度的浸渍时间。这几段时间中保持灭火剂浓度的浸渍时间是最长的一段，但是在不考虑扑救固体物质深位火灾的情况下，一般有10min就足够了。因此，完全扑灭火灾所需要的时间一般在15min内。若防护区的建筑构件的耐火极限低于这一值，有可能在火灾尚未完全熄灭前就被烧坏，使防护区的密闭性受到破坏，造成灭火剂的大量流失而导致复燃。

二、卤代烷1211全淹没系统中能用于具有固定封闭空间的防护区，也就是只能用来扑救建筑物内部可燃物的火灾，对建筑物本身的火灾是难以起到有效的保护作用。为了防止护护区外发生的火灾蔓延到防护区内，因此要求防护区的墙和门、窗应有一定的耐火极限。

三、关于防护区建筑构件耐火极限的规定，参考了国外同类标准的有关规定。美国NFPA12B—1980标准中第1-5.4条规定："重要的不仅要形成一个有效的灭火剂浓度，而且要保持一段足够长的时间，以便受过训练的人员能够有效地进行紧急处理工作。……卤代烷灭火系统一般要提供若干分钟的保护时间，这对某些场所已是非常有效的"。该标准第2-1.1条提出："本系统可用于具有固定的封闭空间的危险区。在这个封闭空间内能够建立起所需的浓度，并维持一段所需的时间，以确保有效扑灭规定的可燃材料的火灾”。英国标准BS：5306—1984的5.2章中8.1条规定：“为了保持设计灭火浓度需要一个良好的封闭的空间。依照BS476第8部分，封闭空间墙与门的耐火等级应不少于30min”。

第2.0.4条 本条规定了防护区的门窗及围护构件的允许压强，这是根据以下情况确定的：

一、在一个密闭的防护区内迅速施放大量灭火剂时，空间内的压强也会迅速增加。如果防护区不能承受这个压强，则会被破坏从而造成灭火失败。因此必须规定其最低的耐压强度。美国NFPA12B—1980标准中第2-7.2.4款给出了轻型建筑的允许压强为1200Pa，标准建筑为2400Pa，拱顶建筑为4800Pa的指导数据。本条规定的1200Pa，即要求防护区围护构件的耐压强度应大于轻型建筑的强度。

二、目前国内设置卤代烷1211全淹没系统防护区的门窗上的玻璃，多数采用普通玻璃。有些采用卤代烷灭火系统防护的电子计算机房，甚至整面墙采用大玻璃隔断。这些大块的普通玻璃，抗温度激变性和弯曲强度是难以满足使用要求的，国内用卤代烷1211灭火系统进行全淹没灭火试验时，曾多次出现门窗上的玻璃炸裂现象。如某厂进行卤代烷1211灭火系统鉴定试验时，窗上的玻璃在施放灭火剂时破裂造成数名参加鉴定的人员受伤。如果门、窗上的玻璃耐压强度不够，以致在施放灭火剂时破裂，就有可能使灭火剂大量流失而导致灭火失败，也可能造成其他意外事故。因此，有必要规定门、窗玻璃的最小耐压强度。

在执行本条文规定时，建议防护区门、窗上的玻璃采用工业建筑用钢化玻璃或铅丝玻璃。工业建筑用钢化玻璃比普通平板玻璃有高得多的抗冲击及抗折强度，而且使用的安全性及耐热性也高得多，且与普通玻璃有相同的透明性。铅丝玻璃亦有良好的抗温度激变性和弯曲强度，随着技术的进步，铅丝玻璃的外观质量已有很大提高。

第2.0.5条 本条文中关于防护区不宜开口的规定，是根据以下情况确定的：

一、防护区的开口不仅会造成灭火剂的大量流失，而且可能将防护区内的火灾传播到邻近的建、构筑物中造成火灾的蔓延。要使具有较大开口的防护区在整个需要保护的时间内保持灭火剂的设计浓度，需要增加的灭火剂量是很大的。

例如，按英、美标准中规定的方法计算，一个有1m宽、1.8m高开口的防护区，保持5%的体积浓度，每秒钟需补充0.38kg的卤代烷1211灭火剂，如果要在防护区内保持15分钟浸渍时间，则需增加342kg灭火剂。

又如，在一个一面墙上有一个1m宽、1.8m高开口的1000m^3 的防护区，在开始供给过量的灭火剂，15min后仍要保持5%的体积浓度，按英、美标准中规定的方法计算，初始时需达13%的浓度，即开始时需多喷入600kg多灭火剂。在此例子中开口面积与防护体积之比仅1.8%。虽然开口面积很小，但需要增加的灭火剂却是相当大。

在第一个例子中增加的342kg灭火剂，需要采用延续喷射法。即在15min内，以0.38kg/s的流量向护防区施放灭火剂，且喷射时应使灭火剂和防护区内的空气均匀混合，以达到防护区内灭火剂浓度均匀的目的。这在技术上是较困难的。在第二个例子中增加的600kg灭火剂可采用过量喷射法。但是为使整个浸渍时间内，防护区内的灭火剂浓度均匀，则要采用机械搅拌装置。综上所述，从经济与安全两个方面考虑，不能关闭的开口应尽可能减小到最低限度。

二、关于防护区开口的规定，参考了国际标准和工业发达国家的标准中的有关规定。

英国BS5306—1984标准中规定：“可以关闭的开口，应使它们在喷射开始之前自动关闭，应使不能关闭的开口面积保持到最小限度……”。

美国NFPA12B—80年标准中规定：“对各类火灾来说，不能关闭的开口面积必须保持到最小的程度……”。

英、美两国标准中关于将“不能关闭的开口面积必须保持到最小限度”的含义与本规范中规定的“不宜开口”的含义是一致的。

在执行这一规定时，不能关闭的开口面积不宜过大。要求浸渍时间达10min的，不能关闭的开口面积（m^2）与防护区容积（m^3）的比值不宜大于0.2%，要求浸渍时间为1min的不宜大于1%。上述数值是根据以下情况确定的：

一、采用卤代烷1211全淹没系统扑救可燃固体物质火灾，不仅要使防护区内的灭火剂能够达到设计浓度，而且要使保持灭火剂设计浓度的浸渍时间也达到设计要求。对一般可燃固体物质，例如木材、纸张，织物等的火灾，一般需要10min左右的浸渍时间，才能使这些可燃物质表面的灼热的余烬全部熄灭。如果开口面积与防护区容积之比值过大，要保持10min的浸渍时间，则需要增加大量的灭火剂。

一般防护区内只要灭火剂能够很快达到设计浓度值，则火灾就能迅速扑灭。一般不需要很长的浸渍时间。据英国帝国化学工业公司所编的《卤代烷1211灭火系统设计手册》中介绍，当防护区内灭火剂达到灭火浓度时，灭火过程在小于1s内就可完成。这一点也为国内多次试验时所观察到的情况所证实。因此关于开口的限度可适当放宽。

二、开口面积与防护区容积之比值的确定参考了国外有关标准、规范的规定。

在英、美两国有关的标准仅要求将“不能关闭的开口面积必须保持到最小限度”，而没有给出“最小限度”的数值。然而从这两个标准中所给出的计算开口流失补偿量的公式和图表中，我们可以推导出一个大致的“最小限度”值来。

这两个标准中计算开口流失补偿量的方法是，先计算与开口流失补偿量有关的参数 Y，再通过查表来确定流失补偿量，即确定过量喷射浓度。Y 值由下式计算：

$$Y=\frac{Kb}{3V}\sqrt{2g_{n}h^{3}} \quad (2.0.5\text{-}1)$$

式中 Y——与开口流失补偿量有关的参数；

K——开口流量系数，对矩形开口 K 可取 0.66；

g_n——重力加速度（9.81m/s²）；

b——开口宽度（m）；

h——开口高度（m）；

V——防护区容积（m³）。

上式可以改写成下式：

$$\frac{hb}{V}=\frac{3Y}{K\sqrt{2g_{n}h}} \quad (2.0.5\text{-}2)$$

式中 hb/V 即防护区开口面积与防护区容积的比值。开口流量系数 K 取 0.66，再根据英、美两国有关标准中计算开口流失量的图表中查得的最大 Y 值为 0.002，则上式为：

$$\frac{hb}{V}=0.00205/\sqrt{h} \quad (2.0.5\text{-}3)$$

这里应说明的一点是，采用英、美两国标准中计算开口流失量的方法，Y 值再取大时，防护区内的灭火剂浓度会急剧下降，难以保持 10min 以上的浸渍时间。

根据（2.0.5-3）式可以得出，当开口高度大于 1m 时，防护区开口面积与防护区容积的比值不会大于 0.2%。随着开口高度的增加，这个比值还会减小。当开口高度为 2m 时，这个比值为 1.4%。从以上推导可以看出，英、美等国有关标准中，对防护区不能关闭的开口面积值的限制是较为严格的。

如果不要求防护区内灭火剂的浸渍时间达 10min 之久，例如不会产生复燃危险的防护区，只要求灭火剂能在防护区保持 1min 的浸渍时间，则开口面积与防护区容积的比值则可放宽到 1%左右。

第 2.0.6 条 本条规定防护区的通风机和通风管道的防火阀，应在喷射灭火剂前自动关闭。这是根据以下情况提出的：

一、向一个正在通风的防护区内施放卤代烷 1211 灭火剂，它会很快随着排出的空气一块流出室外。由于通风的影响。还可能造成灭火剂浓度难以达到均匀分布。并且火灾有可能通过风道蔓延开。

处在通风状态下的防护区，若采用延续喷射方法，在规定的灭火剂喷射时间建立起设计灭火浓度，需要增加一定量的灭火剂。为了保持设计浓度，还需要不断地补充流失的灭火剂，这在技术上也存在一定困难。如果采用过量喷射法来补充流失的灭火剂，则需要的过量喷射浓度将大大超过设计浓度。

例如一个 1200m³ 的空间，每分钟换气一次，初始 10s 内喷入过量的灭火剂，喷射结束保持 1min 的浸渍时间后仍要求 5%的浓度。

则 10s 内要求建立的过量喷射浓度为

$$\varphi_0=\frac{\varphi}{e^{-q_v t_v/v}}=\frac{5\%}{e^{-20\times 60/1200}}=13.6\%$$

初始 10s 内应施放的灭火剂量为：

$$m=\frac{\varphi_0 q_v}{\mu(1-\varphi_0)(1-e^{-q_v t_t/v})}t_t=\frac{13.6\%\times 20\times 10}{0.14(1-13.6\%)(1-e^{-20\times 10/1200})}=1465(\mathrm{kg})$$

无通风条件下所需的灭火剂为：

$$m_1=\frac{\varphi}{(1-\varphi)}\frac{v}{\mu}=\frac{5\%\times 1200}{(1-5\%)\times 0.14}=451(\mathrm{kg})$$

二、本条的提出参考了国外有关标准规定

美国 NFPA12B—1980 标准中规定：“对于深部位火灾，在开始喷射药剂时，必须关闭强制通风，或提供附加的补偿气体。”“对于表面火灾，开始喷射药剂时，也可以要求关闭强制通风，或提供附加的补偿气体”。英国 BS5306—1984 标准规定：“处于强制通风处的系统，应在开始施放卤代烷 1211 前或与之同时，停止强制通风或关闭风道，或者供给足以补偿损失的附加的卤代烷 1211”。

英、美两国标准中提出采用附加的灭火剂去补偿通风所流失的灭火剂的方法，主要用于防护密封式的旋转电器设备，如发电机和马达等。我国现行的建筑设计防火规范中规定设置卤代烷灭火系统的场所，还不存在不能中断通风的防护区。我国还未研究和设计过在通风状态下施放灭火剂的卤代烷灭火系统的工程。

在执行本条关于“防护区的通风机和通风管道的防火阀应自动关阀”的规定时，应注意的一点是，当采用全淹没系统保护的防护区，存在闭合回路通风系统，则不需要关闭通风系统。因为存在闭合通风回路系统的防护区，从防护区内排出的含有一定灭火剂浓度的空气仍可流回防护区，不仅不会造成灭火剂的流失，还可进一步促使灭火剂的均匀分布。

本条文中规定的：“影响灭火效果的生产操作应停止进行”。这里所提出的“生产操作”主要是指补充燃料、喷涂油漆一类会增加室内可燃物，电加热等产生点火源，以及能造成灭火剂流失的生产操作。

第 2.0.7 条 本条对防护区的泄压口做了规定，说明如下：

一、将卤代烷 1211 灭火剂施放到一个完全密闭的防护区内，由于室内混合气体量增加，空间内的压强亦随之升高，压强升高值与空间的密闭程度、喷入的灭火剂浓度有关。如向一个完全密闭的空间内喷入5%体积浓度的卤代烷 1211 灭火剂，空间内的压强约增加 5kPa，这个压强将超过轻型或普通建筑物的承载能力，因此本条规定完全密闭的防护区应设置专门的泄压口。

二、为了防止防护区因设置泄压口而造成过多的灭火剂流失，泄压口的位置应尽可能开在防护区的上部。本条文规定了其位置应距地面 2/3 以上的室内净高处。

三、在执行本条文规定时应注意到两点，一是采用全淹没系统保护的大多数防护区，都不是完全密闭的，有门、窗的防护区一般都有缝隙存在。通过门窗四周缝隙所泄漏的灭火剂，将阻止空间内压力的升高。这种防护区一般不需要再开泄压口。此外，已设有防爆泄压孔的防护区，也不需要再开泄压口。

其次是防护区围护结构的最低允许压强，应考虑门、窗玻璃的，如果门、窗玻璃不能承受施放灭火剂时所产生的压强，则应将其作为开口考虑。由于开口会造成大量灭火剂流失，因此建议防护区门、窗上的玻璃的允许压强不要低于建筑物的允许压强。建筑物的最低允许压强的确定，可参照美国 NFPA12B—1980 标准中给出的下表的数据。

表 2.0.7　建筑物的最低允许压强

建筑物类型	最低允许压强（Pa）
轻型建筑	1200
标准建筑	2400
拱顶建筑	4800

第 2.0.8 条　本条规定的计算泄压口面积的公式引自美国 NFPA12B—1980 标准，与英国 BS5306—1984 标准规定的计算公式是一致的。

第三章　灭火剂用量计算

第一节　灭 火 剂 总 用 量

第 3.1.1 条　本条规定灭火剂总用量应为设计用量和备用量之和，其目的是使灭火剂总用量即包括一次灭火所需要的灭火剂量，同时包括系统连续防护所需要的备用灭火剂量。一次灭火所需要的灭火剂量即是设计用量。备用量的设置条件、数量和方法的规定见本规范第 3.1.3 条。

本条还规定了设计用量应包括设计灭火用量、流失补偿量、管网内的剩余量和贮存容器内的剩余量，说明如下：

一、全淹没系统设计的主要目的，是使系统在启动时，能够将防护区所需要的灭火剂量在规定的喷射时间内均匀地喷射到防护区内，并能使防护区内的灭火剂浓度保持一段所需要的时间，将火灾完全扑灭。为此，灭火剂的设计用量必须满足防护区的实际需要。防护区内的设计灭火用量是根据设计浓度确定的，而设计浓度是根据防护区内各种可燃物质的灭火或惰化浓度确定的。对一般可燃气体，甲、乙、丙类液体和可燃固体的表面火灾，通过标准试验装置或模化试验可以测定它们所需要的卤代烷 1211 灭火或惰化浓度的临界值。因此设计灭火用量是防护区起灭火作用的关键一部分灭火剂量。

为了将防护区内的火灾完全扑灭或防止复燃危险，必须使防护区内的设计浓度能够浸渍一段时间。卤代烷 1211 灭火剂喷入防护区内将和里面的空气混合，形成一种比空气比重大的混合气体，这种混合气体将会由防护区的开口流出，若防护区正在通风，也会使灭火剂流失。因此，在系统设计时，必须考虑这一部分流失的灭火剂量。

在施放灭火剂过程中，当贮存容器中液态卤代烷 1211 降到容器阀导液管下端口时，容器内加压用的氮气即进入管网内。由于灭火剂的流速设计得较高，足以防止灭火剂回流，因此，进入管网的氮气将继续推动灭火剂流动，管网内存在气液分界点。当气液分界点移动到管网中某一喷嘴时，氮气将从这一喷嘴迅速喷出，此时整个系统泄压，灭火剂喷射时间结束。系统泄压时，一部分管网内仍剩有液态灭火剂，这一部分灭火剂已无推动压力，只能在管网内逐步汽化流入防护区，而不能以液态形式在规定的灭火剂喷射时间内喷入防护区内。为安全起见，将这一部分灭火剂量作为剩余量考虑，而不将其包括在设计灭火用量之内。同理，容器阀导液管下端口水平面以下容器内的灭火剂量也作为剩余量计算。

二、设计灭火用量按本规范本章第二节的规定计算。

设计流失补偿量包括防护区开口或机械通风等所流失的灭火剂量。开口流失量的补偿按本规范本章第三节的规定处理。本规范第 2.0.6 条已规定：防护区的通风机和通风管道的防火阀，应在喷射灭火剂前自动关闭。当防护区存在不能中断机械通风的特殊情况时，机械通风所引起的灭火剂流失量可按以下公式计算：

1. 在喷射灭火剂结束时，建立设计浓度所需要的灭火剂质量流量：

$$q_{m1}=\frac{\varphi q_v}{\mu(1-\varphi)(1-e^{-q_v t_d/V})} \qquad (3.1.1\text{-}1)$$

式中　q_{m1}——卤代烷 1211 质量流量（kg/s）；

φ——卤代烷 1211 设计浓度；

q_v——机械通风体积流量（m^3/s）；

μ——卤代烷 1211 蒸汽比容积（m^3/kg）；

e——自然对数的底，2.71828；

t_d——卤代烷 1211 的喷射时间（s）；

V——防护区最大净容积（m^3）。

如果按上式计算出的灭火剂质量流量折合成灭火剂蒸汽的体积流量大于机械通风体积流量时，则可忽略机械通风的影响，若灭火剂的设计浓度需要保持一段浸渍时间，则机械通风所引起的灭火剂流失量仍应计算。

2. 在喷射灭火剂后，为使防护区内的设计浓度保持不变，所需要延续喷射的灭火剂质量流量按下式计算：

$$q_{m2} = \frac{\varphi q_v}{\mu(1-\varphi)} \quad (3.1.1\text{-}2)$$

式中 q_{m2}——延续喷射的灭火剂质量流量（kg/s）；

φ——卤代烷 1211 设计浓度；

q_v——机械通风体积流量（m^3/s）；

μ——卤代烷 1211 蒸汽比容积（m^3/kg）。

3. 停止喷射灭火剂后，防护区内灭火剂的浓度与时间的关系用下式计算：

$$\varphi = \varphi_0 e^{q_v t_t / v} \quad (3.1.1\text{-}3)$$

式中 φ——卤代烷 1211 设计浓度；

φ_0——卤代烷 1211 初始浓度；

t_t——卤代烷 1211 的浸渍时间（s）。

式中其余字母含义及单位同（3.1.1-1）式。

机械通风所引起的灭火剂流失量的补偿方法有延续喷射补偿法和过量喷射补偿法。补偿方法不同，其计算方法也不同。

当采用延续喷射法补偿时，根据本规范（3.1.1-1）式计算出喷射灭火剂结束时，建立设计浓度所需要的灭火剂质量流量，然后乘以喷射时间，得出建立设计浓度所需要的灭火剂量，再根据本规范（3.1.1-2）式计算出延续喷射质量流量，乘以浸渍时间，得出延续喷射的灭火剂量。

当采用过量喷射法补偿时，先根据本规范（3.1，1-3）式计算出卤代烷 1211 过量喷射的初始浓度 φ_0，然后根据本规范（3.1.1-1）式计算建立初始浓度 φ_0 所需要的灭火剂质量流量，计算时 φ 取 φ_0 值。再用灭火剂质量流量乘以喷射时间，得出过量喷射法所需要的灭火剂量。

三、管网内灭火剂剩余量，在均衡系统中这部分灭火剂量很少或几乎没有。在非均衡系统中，这部分灭火剂量比较多。然而要准确计算出非均衡系统中灭火剂的剩余量，却是比较困难的。当灭火剂喷射时间结束时，在一些支管中，氮气与液态灭火剂的分界点已达到离贮存容器最近的喷嘴，系统开始泄压。而在另外一些支管中，气态分界点尚未达到这一支管中离贮存容器最近的那个喷嘴；并且，在泄压过程中，这一气液分界点尚可流过一段距离，这段距离的计算是比较困难的。然而，对于工程设计来讲，没有必要计算得那么精确。一般的计算方法是从各支管的汇集点开始，以各支管中灭火剂的平均设计流量为基础进行计算，以确定系统泄压时，各支管中气液分界点的位置，再计算出各支管内剩余的灭火剂量。举例说明如下：

例：一个如图 3.1.1 所示的管网系统，管网终端为喷嘴 5、6、7，要求这三个喷嘴在 10s 内喷射的灭火剂量为：

喷嘴 5：30kg；

喷嘴 6：40kg；

喷嘴 7：20kg；

求管网内灭火剂的剩余量。

解：灭火剂在各支管段中的平均设计质量流量为：

管段 4—7：2kg/s；

管段 4—6：4kg/s；

管段 3—4：6kg/s；

管段 3—5：3kg/s。

灭火剂在上述各管段中的平均设计流速为：

管段 4—7：3.48m/s；

管段 4—6：3.09m/s；

管段 3—4：2.61m/s；

管段 3—5：3.34m/s。

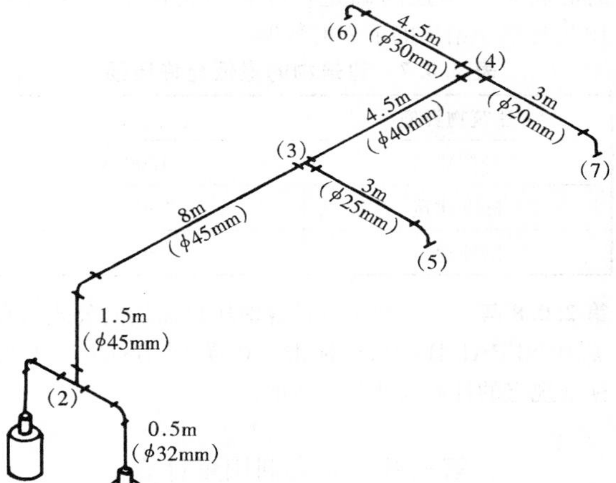

图 3.1.1 非均衡系统管网

当灭火剂喷射时间结束时，喷嘴 5 首先泄压，气液分界点从点 3 移动到点 5 的时间 t 为：

$$t = \frac{3}{3.34} = 0.9(\mathrm{s})$$

同一时间内气液分界点在管段 3—4 中移动的距离 L 为：

$$L = 2.61 \times 0.9 = 2.349(\mathrm{m})$$

即气液分界点在距点 3 为 2.349m 处。

管网内的剩余量 M_1 为从气液分界点开始到各支

管的最末喷嘴之间的各管段容积，乘以卤代烷 1211 液体密度。计算如下：

$$M_1 = [(4.5-2.349)\times 3.14\times 0.02^2 + 4.5\times 3.14\times 0.015^2 + 3\times 3.14\times 0.01^2]\times 1830 = 12.5\ (kg)$$

贮存容器内灭火剂的剩余量一般由生产厂提供。对我国目前常用的 40L 贮存容器，初步计算时，每个贮存容器中灭火剂剩余量可按 1kg 计算。

第 3.1.2 条 本条规定了组合分配系统灭火剂设计用量的确定原则。规定本条的依据是，组合分配系统是用一套灭火剂贮存装置保护多个防护区的系统，由于这一组防护区中每个防护区容积大小、所需的设计浓度、防护区的开口大小及管网内的剩余量不一定相同，容积最大的防护区不一定是需要灭火剂量最多的防护区。因此，组合分配系统灭火剂的设计用量，要按各防护区的实际情况进行计算，将设计用量最多的一个防护区用量，作该系统灭火剂设计用量。

第 3.1.3 条 本条规定了设置备用量的条件、数量和方法的要求。说明如下：

一、备用量的设置条件

用于重点保护对象的卤代烷 1211 灭火系统和防护区数目超过八个的组合分配系统，设置备用量的目的是为了保证防护的连续性。当卤代烷 1211 灭火系统由于贮存的灭火剂已施放或已泄漏、贮存容器的检修等均可造成防护中断。重点保持对象都是性质重要、发生火灾后损失大、影响大的场所，因此要进行连续保护。组合分配系统防护区数目少时，发生火灾缺几率很小，但防护区数目越多，发生火灾的几率就越大，因此也应进行连续保护。

德国 DINL4 496—1979 标准第 8 章中规定："假如多于 5 个的区域连接一个卤代烷灭火设备，则应按最大需要量准备 100%的储备量"。据初步调查，我国一般电子计算机房的防护区数目多在 5～7 个。为了不使卤代烷 1211 组合分配系统造价太高，又保证多个防护区的连续保护，我们规定防护区数目超过八个的组合分配系统设置备用量。

参照《建筑设计防火规范》的有关规定，本条的"重点保护对象"列为以下五条：

1. 中央级电视发射塔微波室；
2. 超过 100 万人口城市的通讯机房；
3. 大型电子计算机房或贵重设备室（大型电子计算机指相当于价值 200 万元以上）；
4. 省级或藏书超过 200 万册图书馆的珍藏室；
5. 中央及省级的重要文物、资料、档案库。

二、备用量的数量

备用量是为了保证系统防护的连续性，其中包括扑救二次火灾，因此备用量不应小于设计用量。关于备用量的数量，国际标准化组织 ISO/DP7075/1—1984 标准第 13.1.4 条；美国 NFPA12B—1980 标准第 1—9.1.2 条；法国 NFS62—101—83 标准第 6.1.4 条都作了如下规定："对于要求进行不间断保护的场所，贮存量必须至少是上述最小需要量（指灭火剂设计用量）的许多倍"。根据我国目前情况，灭火剂价格及设备价格都较贵，因此我们规定备用量不应小于设计用量。

三、备用量的设置方法

本条规定备用量的贮存容器应能与主贮存容器交换使用，是为了起到连续保护的作用，无论是主贮存容器已施放、已泄漏或是其他原因造成主贮存容器不能使用时，备用贮存容器可以立即投入使用。

关于备用量的设置方法，国际标准化组织 ISO/DP7075/1—1984 标准第 10.5.3 条规定："如果有主供应源和备用供应源，它们应固定连接，便于切换使用。只有经有关当局同意方可不连接备用供应源"。美国 NFPA12B—1980 标准第 1—9.1.3 条规定："主供应源的贮罐与备用供应源的贮罐都必须与管道永久性地连接，并必须考虑两个供应源容易进行切换，除非有关当局允许，备用供应源才可不连接"。法国 NFS62—101—83 标准第 3.5.3 条也有相同的规定。

第二节 设计灭火用量

第 3.2.1 条 本条规定了设计灭火用量的计算公式，即（3.2.1）式。说明如下：

$$M = K_0 \cdot \frac{\varphi}{1-\varphi} \cdot \frac{V}{\mu} \qquad (3.2.1)$$

一、影响设计灭火用量有下述主要因素：

1. 灭火剂设计浓度

灭火剂设计浓度要根据防护区内可燃物性质确定，具体规定见本规范第 3.2.2 条至第 3.2.6 条。

2. 防护区的容积

用本规范（3.2.1）式计算设计灭火用量时，防护区的容积应按最大净容积计算。

最大净容积是指防护区的总容积减去空间内永久性建筑构件的体积。防护区净容积越大，全淹没系统灭火剂的设计灭火用量越多。在执行本条规定时，应特别注意容积多变的防护区，如贮藏室、仓库等，其最大容积应包括贮存物所占空间的体积。

3. 防护区的环境温度

当防护区的环境温度变化时，卤代烷 1211 蒸汽比容积也随之变化，从本规范（3.2.1）式可以看出，卤代烷 1211 蒸汽比容积增大，设计灭火用量将减小。为安全起见，当防护区环境温度变化较大时，必须按最低环境温度时卤代烷 1211 蒸汽比容积来计算设计灭火用量。卤代烷 1211 蒸汽比容积按本规范附录二中的（附 2.1）式计算或按附图 2.1 确定。该公式和图是按美国 NFPA12B—1980 标准中图 2-5.2 经单位换算后而来。

本规范第2.0.2条规定："防护区的最低环境温度不应低于0℃"。因此防护区的最低环境温度可按0℃或高于0℃的防护区实际最低温度计算。

按防护区最大净体积和最低环境温度确定设计灭火用量，是以防护区处于最不利条件下，也就是需要灭火剂最多的情况下来确定设计灭火用量。从设计角度考虑是安全的。该规定符合国外同类标准的规定。美国NFPA12B—1980标准第2.5.2条规定："所有1211全淹没系统必须在最大净体积、最大通风量和最低预计环境温度条件下，产生出所要求的灭火剂浓度"。国际标准化组织ISO/DP7075/1—1984标准第13.3.1条、法国NFS62—101—83标准第6.2.1条、英国BS：5306—5.2—1984标准第6.3.1条的规定都基本相同。

4. 海拔高度

在海平面以上的海拔高度，卤代烷1211蒸汽因大气压的下降而膨胀。对于在海平面条件下设计的系统，当被安装在海平面以上的地区时，会形成高于海平面的浓度。海拔高度越高，形成的浓度越高。例如，设计在海平面高度产生5%卤代烷1211体积浓度的系统，如果被安装在海拔高度3000m时，实际上产生7.26%的体积浓度，因此在高于海平面高度时，要产生与海平面高度相同的灭火剂浓度，所需灭火剂量要比海平面高度的灭火剂量小。在计算高于海平面高度所需的设计灭火用量时，用在海平面高度所需的设计灭火用量乘以海拔高度修正系数。

相反，在海平面以下的高度，所需的灭火剂量要比海平面高度时的灭火剂量大。计算时，用在海平面所需的设计灭火用量除以海拔高度修正系数。

海拔高度修正系数可以用本规范附录五的（附5.1）式计算或查附表5.1确定。

国际标准化组织ISO/DP7075/1—1984标准和法国NFS62—101—83标准，关于海拔高度对设计灭火用量影响的修正的规定与本规范相同。美国NFPA12B—1980标准第2-5.3条规定：海拔高于1000m或低于海平面，卤代烷1211的设计需要量必须加以调整和补偿。考虑我国地理条件的实际情况，由于海拔高度变化很大，有必要做此规定。

二、设计灭火用量的计算公式

本规范（3.2.1）式是计算设计灭火用量的公式，用该公式计算出的灭火剂量，包括了因施放灭火剂时，防护区气压增高而可能流失的灭火剂量。卤代烷1211的沸点是−3.4℃，本规范第2.0.2条要求防护区环境温度在0℃以上。卤代烷1211施放前在贮存容器内加压贮存呈液态，当施放出来后立即汽化膨胀，使防护区气压增高，含有卤代烷1211蒸汽的混合气体将从防护区的开口及缝隙中流出，灭火剂浓度越高，流失的灭火剂量就越多。

本规范计算设计灭火用量的公式与国外同类标准的计算公式相同。国际标准化组织ISO/DP7075/1—1984标准、美国NFPA12B—1980标准、法国NFS62—101—83标准及德国DIN14 496—1979都用该公式计算。

为设计方便起见，本条文说明表3.2.1列出了在不同环境温度下，不同设计浓度下，每立方米防护区容积所需要的卤代烷1211的质量。表中的数据是按本规范（3.2.1）式计算出来的。

第3.2.2条 说明如下：

一、本条规定灭火剂设计浓度不应小于灭火浓度的1.2倍或惰化浓度的1.2倍，这是从安全角度出发而做出的规定。如果通过试验测定的灭火浓度或惰化浓度都是临界值，那么用该浓度灭火是不成问题的，但有些物质，例如可燃固体没有标准试验装置，很难测出临界灭火浓度值，而发生实际火灾时，各种影响因素很多，为了安全起见作此规定。此规定和国外同类标准的规定基本一致。仅惰化浓度的安全系数不完全一致。美国NFPA12B—1980标准第2-3.2.4条规定，设计浓度应取惰化浓度的1.1倍，而英国BS：5306—5.2—1984标准第6.2.1条规定，设计浓度应取惰化浓度的1.2倍。我们研究了几个国家测定的一些燃料的惰化浓度数据差别较大。这些实验数据的差别与燃料的浓度、点火能量、实验温度、实验装置、判断"燃烧"、"不燃"及火焰传播距离的评价基准等有关。鉴于以上原因，我们认为设计浓度应取惰化浓度的1.2倍较为安全可靠。

二、本条规定灭火剂设计浓度不应小于5%。因为防护区内发生的真实火灾，可燃物的种类往往是许多种。虽然主要保护物的灭火浓度值或惰化浓度值可能不高，但是防护区还会有一些其他可燃物，例如：桌椅、电气线路等等，一旦火灾发生后，都会互相引燃，因而做此规定。本规定与国外同类标准规定相同。英国BS：5306—5.2—1984标准、美国NFPA12B—1980标准都有些规定。

表3.2.1 卤代烷1211全淹没系统用量

防护区内的最低环境温度（℃）	卤代烷1211蒸汽比容积（m^3/kg）	对空气中的浓度 φ，每立方米防护容积所需要的卤代烷1211用量，以 kg/m^3 为单位							
		3%	4%	5%	6%	7%	8%	9%	10%
0	0.129	0.2403	0.3237	0.4089	0.4959	0.5848	0.6756	0.7684	0.8632
5	0.311	0.2353	0.3169	0.4003	0.4855	0.5725	0.6614	0.7523	0.8452
10	0.134	0.2304	0.3104	0.3921	0.4756	0.5608	0.6479	0.7369	0.8278

续表 3.2.1

防护区内的最低环境温度（℃）	卤代烷1211蒸汽比容积（m^3/kg）	对空气中的浓度 φ，每立方米防护容积所需要的卤代烷1211用量，以 kg/m^3 为单位							
		3%	4%	5%	6%	7%	8%	9%	10%
15	0.137	0.2258	0.3042	0.3842	0.4660	0.5495	0.6348	0.7200	0.8112
20	0.140	0.2213	0.2982	0.3767	0.4568	0.5387	0.6223	0.7078	0.7952
25	0.142	0.2171	0.2924	0.3694	0.4480	0.5283	0.6103	0.6941	0.7798
30	0.145	0.2130	0.2869	0.3624	0.4395	0.5183	0.5987	0.6810	0.7651
35	0.148	0.2090	0.2816	0.3557	0.4313	0.5086	0.5876	0.6683	0.7508
40	0.151	0.2050	0.2764	0.3492	0.4234	0.4993	0.5769	0.6561	0.7371
45	0.153	0.2015	0.2715	0.3429	0.4159	0.4904	0.5665	0.6443	0.7239
50	0.156	0.1979	0.2667	0.3369	0.4085	0.4817	0.5565	0.6330	0.7111
55	0.159	0.1945	0.2621	0.3310	0.4015	0.4734	0.5469	0.6620	0.6988
60	0.162	0.1912	0.2576	0.3254	0.3946	0.4653	0.5376	0.6114	0.6869
65	0.165	0.1880	0.2533	0.3199	0.3880	0.4576	0.5286	0.6012	0.6754
70	0.167	0.1849	0.2491	0.3147	0.3816	0.4500	0.5199	0.5913	0.6643
75	0.170	0.1819	0.2451	0.3096	0.3754	0.4427	0.5115	0.5817	0.6536
80	0.173	0.1790	0.2412	0.3046	0.3695	0.4357	0.5033	0.5725	0.6431
85	0.176	0.1762	0.2374	0.2999	0.3637	0.4288	0.4954	0.5635	0.6331
90	0.178	0.1735	0.2337	0.2952	0.3581	0.4222	0.4878	0.5548	0.6233
95	0.181	0.1709	0.2302	0.2907	0.3526	0.4158	0.4804	0.5463	0.6138

三、本条规定灭火浓度和惰化浓度应通过试验确定。因为灭火浓度和惰化浓度是由可燃物的性质决定的，不同可燃物的灭火浓度和惰化浓度是不同的，例如：甲烷的灭火浓度是2.8%；乙烯的灭火浓度是6.8%；氢气的惰化浓度是37%。

第3.2.3条 本条规定了可燃气体和甲、乙、丙类液体的灭火浓度和惰化浓度的确定原则，说明如下：

本条规定有爆炸危险的防护区应采用惰化浓度；无爆炸危险的防护区可采用灭火浓度。任何一种可燃物的惰化浓度值都高于灭火浓度值。在执行本条规定时注意以下事项：

一、在执行本条规定时，首先应确定防护区在起火前或起火后是否有爆炸危险。确定防护区是否有爆炸危险，主要根据可燃气体或甲、乙、丙类液体的数量、挥发性及防护区的环境温度。当符合下述条件之一时，防护区一般不存在爆炸危险。

1. 防护区内可燃气体或甲、乙、丙类液体蒸汽的最大浓度小于燃烧下限的一半。

当防护区内可燃气体或甲、乙、丙类液体蒸汽数量很少，即使与空气安全均匀混合，也达不到燃烧下限。那么防护区就不存在爆炸的危险。但是考虑到可燃气体或蒸汽可能形成层效应，会引起局部爆炸区，因此规定可燃气体或甲、乙、丙类液体蒸汽的浓度低于燃烧下限的一半。

达到燃烧下限时，可燃气体或甲、乙、丙类液体蒸汽的密度可查本条文说明表3.2.3或按下式计算：

$$\rho = \frac{4.75\varphi_b m}{273+\theta} \qquad (3.2.3)$$

式中 ρ——可燃气体或甲、乙、丙类液体蒸汽的密度（kg/m^3）；

φ_b——可燃气体或甲、乙、丙类液体蒸汽在空气中的燃烧下限（%）；

m——可燃气体或甲、乙、丙类液体蒸汽的克分子量（mol）；

θ——防护区的最低环境温度（℃）。

表3.2.3 在101·325kPa和21℃的空气中，达到燃烧下限一半所要求的可燃气体或蒸汽的密度

名　　称	密　　度　　（kg/m^3）
正丁烷	0.0224
异丁烷	0.0256
二硫化碳	0.0159
一氧化碳	0.0721
乙　　烷	0.0192
乙基乙醇	0.0288
乙　　烯	0.0320
正庚烷	0.0256
氢　　气	0.0018
甲　　烷	0.0176
丙　　烷	0.0208

2. 防护区内甲、乙、丙类液体的闪点超过防护区的最高环境温度。液体的闪点越高，其挥发性越低。在着火前，甲、乙、丙类液体的闪点超过最高环境温度，即使将其点着，燃烧至熄灭也不超过30s。

二、在执行本条规定时要注意以下事项：

1. 将高浓度的燃料和空气混合惰化之后，由于防护区的泄漏或通风，导致新鲜空气进入，而使惰化的混合气体进入爆炸浓度的范围。

2. 当扑灭一个燃烧着的气体火灾时，必须首先切断气源。

3. 施放卤代烷1211灭火剂时，可能产生静电，一般不推荐用它去惰化可能产生爆炸的环境。只有在静电火花不会导致防护区内产生爆炸的情况下，才能执行本条规定的使用惰化浓度的条件。

第3.2.4条 本规范附录四提供了有关可燃气体和甲、乙、丙类液体的灭火浓度值和惰化浓度值。下面分别介绍灭火浓度及惰化浓度的测定方法。

一、可燃气体和甲、乙、丙类液体灭火浓度的测定方法

1982年3月国际标准化组织ISOTC21委员会将《杯状燃烧器实验装置》定为测定卤代烷和二氧化碳气体灭火剂扑灭可燃气体和甲、乙、丙类液体火灾灭火浓度的标准实验装置。

《杯状燃烧器实验装置》可以排除模拟实验时的环境条件，如：通风，开口等对灭火浓度的影响。并可人为地控制环境温度和氧气供应量，达到火焰在理想条件下稳定燃烧状态，这种条件下燃烧火焰最难扑灭。因此用该装置测定的监界灭火浓度值高于用其他方法测定的临界灭火浓度值，且复验性好。《杯状燃烧器实验装置》原理图见本条文说明图3.2.4-1。

1. 可燃液体灭火浓度的测定方法：

（1）将可燃液体置于燃料容器中；

（2）调节燃料容器下的可调支架，使燃烧杯中燃烧的液面距杯口的距离保持在1mm以内；

（3）调节燃烧杯中加热元件的电控电路，使燃料温度为25℃或燃料开口杯闪点以上5℃，在这两个值中取较高者；

（4）点燃燃料；

（5）将空气流量调节到40L/min；

（6）使卤代烷1211开始流入燃烧器并慢慢增加流量，直到火焰熄灭为止。记下灭火时卤代烷1211的流量；

（7）用吸管从燃烧杯的表面吸去约10～20ml的燃料；

（8）重复（4）至（6）的步骤，并取结果的平均值；

（9）按下式计算灭火浓度：

$$\text{灭火浓度}=\frac{q_v}{40+q_v}$$

式中 q_v——卤代烷1211的体积流量（L/min）；

（10）将燃料温度升高到燃料沸点以下5℃或200℃，在这两者中取较低者；

（11）重复（4）至（9）的步骤；

（12）根据燃料在二种温度下测定的浓度值，取较高者作为灭火浓度；

（13）如果在较高温度下需要的浓度超过较低温度下需要浓度值的1.5%，则这种燃料属于“温度敏感燃料”。对温度敏感燃料的灭火浓度，应在特定防护区内的最高温度条件下确定。

2. 可燃气体灭火浓度测试方法。

（1）用玻璃纤维填充燃烧杯，将本条文说明图3.2.4-1的燃料容器换成用燃料标定的转子流量计。将转子流量计通过一个压力调节器接到燃料源上；

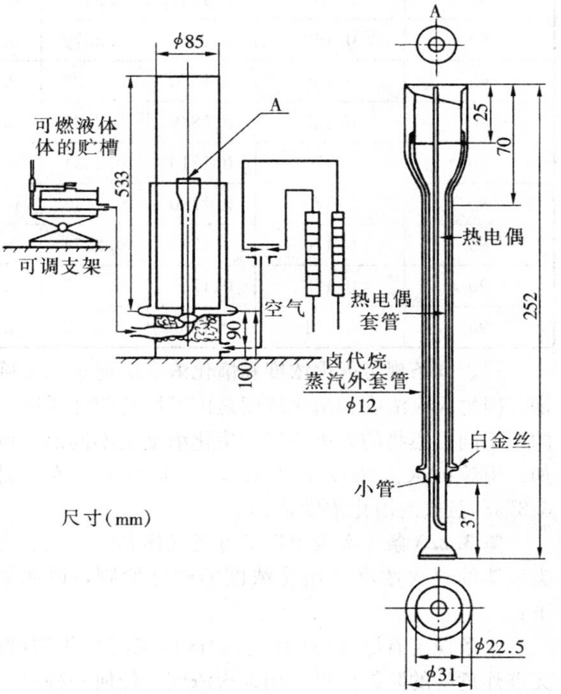

图3.2.4-1 杯状燃烧器实验装置原理图

（2）调节燃料流量使之在杯中产生130mm/s的线速度；

（3）完成可燃液体测试方法中（3）至（9）各步；

（4）将燃料温度增加到150℃；

（5）重复可燃液体测试方法中（4）至（9）各步；

（6）根据燃料在两种温度下测定的浓度值，取较高者作为灭火浓度；

（7）如果在较高温度下需要的浓度超过较低温度下需要浓度值的1.5%，则这种燃料应属于“温度敏感燃料”。对温度敏感燃料的灭火浓度，应在特定防护区内的最高温度条件下确定。

本规范附录四中所给出的有关可燃气体和甲、乙、丙两类液体的灭火浓度值是英国帝国化学工业公司采用《杯状燃燃器实验装置》，经过多年反复实验得出的数据，已被英国 BS—5306—5.2—1984 标准采用。

下表列出几个国家采用《杯状燃烧器实验装置》测定的灭火浓度值。

表 3.2.4-1 卤代烷 1211 灭火浓度（%）

燃料名称	英国 BS—5306—5.2—1984 标准	美国 NFPA12B—1980 标准	天津消防科学研究所 1982 年实验
乙 醇	4.5	4.2	4.4
丙 酮	3.8	3.6	3.5
正庚烷	3.8	4.1	3.7
苯	2.9	2.9	2.9

上表中的数据都是采用杯状燃烧器实验装置测定的。各国测定的数据还有些差异，可能与实验的仪器和装置的精度、燃料的纯度等因素有关。在不同国家，采用各自制造的装置能够测出基本近似的数据，可以说用该装置测定灭火浓度值是可靠的。

二、可燃气体和甲、乙、丙类液体惰化浓度的测定方法

测定惰化浓度的方法，是将可燃气体或蒸汽与空气及灭火剂的混合气体充装在一个实验用的封闭容器内，并以点火源触发，如果火焰不能在混合气体中传播，那么这种混合气体则被认为是不可燃的。曲型实验结果如本条文说明图 3.2.4-2 所示。

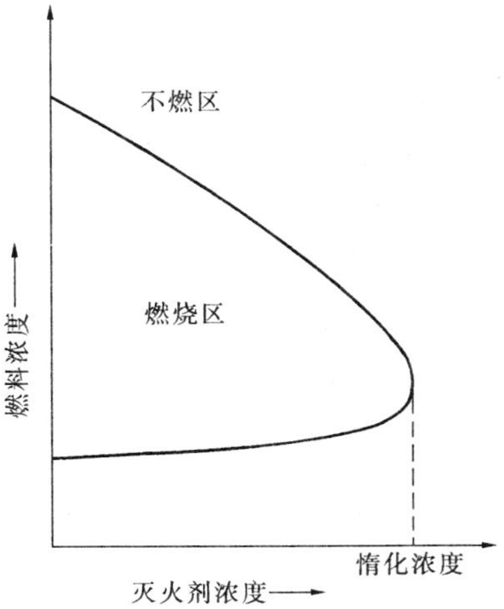

图 3.2.4-2 典型惰化浓度曲线

对某一特定可燃气体或蒸汽，处在燃烧范围内的这种可燃气体或蒸汽的最高浓度称为爆炸上限（或燃烧上限）；燃烧范围内的这种可燃气体的最低浓度称为爆炸下限（或燃烧下限）。加入卤代烷 1211 后，燃烧范围变窄。当灭火剂增加到某一临界浓度时，上限和下限就会聚于一点。如果再增加灭火剂浓度，则该可燃气体或蒸汽与空气以任何比例相混，都不能燃烧爆炸，灭火剂的临界浓度值就是对该可燃气体或蒸汽的惰化浓度。

目前国际上尚没有统一的测定卤代烷 1211 惰化浓度的标准实验装置。但实验方法基本上分为两种：一是美国矿山局最先采用的爆炸量管法，二是球形容器法。

爆炸量管实验装置，主要由一个称为爆炸计量管的玻璃管和配气系统、点火系统、搅拌系统等组成。其特点是可以从玻璃管外直接观察到燃烧情况，操作方便，简单易行。

球形容器实验装置，是由两个半球壳对装起来的不锈钢容器及配气系统、点火系统等组成，在球形容器上装有爆炸泄压盘，可以避免容器内由于压力急剧增加而导致爆炸的危险，用球形容器法测得的数据复验性强、数据可靠。

关于惰化浓度的测定，英国和美国一些公司都做了大量工作。我国也进行了初步测定，表 3.2.4-2 列举部分实验数据。

本规范附录四中列出的惰化浓度是采用英国 BS—5306—5.2—1984 标准的数据。因为该标准规定设计浓度为惰化浓度的 1.2 倍，且实验测定的惰化浓度值也较为偏高，同时灭火浓度已选用英国标准中的数据，虽然灭火浓度和惰化浓度之间没有一定的规律性，但它们之间还是有一定关连的，因此惰化浓度也选用英国标准中的数据。

第 3.2.5 条 本条规定图书、档案和文物资料库，其设计浓度宜采用 7.5%。可燃固体表面火灾用 5%浓度，浸渍 10min 是可以扑灭的，而图书、档案和文物资料库内的可燃物都是纸张、棉、麻、丝织品等可燃固体，这些可燃固体的火灾容易形成表面阴燃，灭火后有复燃危险。而且这些可燃固体的表面火灾都是很容易发展成深位火灾的。表面火灾发展成深位火灾的条件很难确定，如受预燃时间、可燃固体的外形及粉碎程度等条件影响，因此很难控制。而有些图书、档案、文物资料必须采用卤代烷 1211 来保护，在这种条件下，可以采取及时探测发现和迅速扑灭的方法来避免其发展成深位火灾。为安全起见，可适当提高设计浓度。日本《消防预防小六法》（1978 年版）消防法施行规则第二十条规定："贮存和处理棉花类等的防护对象，每立方米防护区体积需要卤代烷 12110.6kg，如按环境温度 20℃ 时计算，相当于 7.7%的浓度。目前我国在图书馆、档案库之类防护区的卤代烷 1211 系统设计时，一般也采用 7%左右的设计浓度。

第 3.2.6 条 具有电器火灾危险的变配电室、通讯机房、电子计算机房等场所，其设计浓度宜采用 5%。这是因为卤代烷 1211 具有不导电、腐蚀性小，灭火速度快的特点，因此扑救电气火灾非常有效。在具有电气火灾危险的防护区内若没有特殊需要更高设

计浓度的可燃物时，设计浓度采用5%是可以的。天津消防科学研究所在0.62m³ 小型燃烧室内对电子计算机房典型燃烧物进行了动态灭火试验，试验数据见本条文说明表3.2.6。

表3.2.4-2　卤代烷1211惰化浓度（%）

可燃材料	天津消防科学研究所爆炸量管法（25℃）	英国帝国化学工业公司爆炸量管法（25℃）	美国工厂联合研究所爆炸量管法		英国BS—5306—5.2—1984标准（25℃）	美国NFPA12B—1980标准球形容器法
			底通风	顶通风		
丙　酮	4.5	4.9			5.9	
苯	2.7	4.0～4.8				5.0
乙　烷	6.5	5.8				
乙　烯	7.2	9.6	7.0	12	11.6	13.2
丙　烯	5.5	6.2				
甲　烷		4.1	3.6	4.3	6.1	10.9
丙　烷		5.9	3.6	7.0	8.4	7.7
氢		27.0	27.0	32.5	37.0	35.7
正丁烷		5.9	6.25	6.3		
正己烷					7.4	

表3.2.6　在0.62m³ 小型燃烧室内用卤代烷1211灭火的实验数据（空气流速3.5cm/s）

燃烧物	燃烧状态	预燃时间（s）	灭火浓度（%）	浸渍时间（min）	结　果
计算机用聚酯磁带	缠绕在转盘上	15	2.1		灭　火
计算机用聚酯磁带	散装在铁丝编篓内	15	2.2		灭　火
聚苯乙烯磁带盒	碎片盛在铁丝编篓中	20	2.2		灭　火
计算机用穿孔卡片	侧向叠放在铁丝网架上	15	3.5	8	灭　火
计算机用打印纸	裁小散装在铁丝编篓内	15	3.4	8	灭　火
聚氯乙烯导线	缠绕在铁架上	20	2.9		灭　火
聚氯乙烯壁纸	散装在铁丝编篓内	20	2.5		灭　火
聚氯乙烯壁纸	粘贴在水泥地板上	30	24		灭　火
小木楞垛	12mm×12mm×14cm 5排×7层	20	3.5～8	8	3.5%时灭明火，6%～8%浸渍7min完全灭火

第3.2.7条　本条规定了不同可燃物火灾所需要的灭火剂浸渍时间。说明如下：

一、本条规定扑救可燃固体表面火灾时，灭火剂的浸渍时间不应小于10min。

1. 可燃固体可以发生下面两种类型的火：一种是由于燃料表面的受热或分解产生的挥发性气体为燃烧源，形成“有焰”燃烧；另一种是燃料表面或内部发生氧化作用，形成“阴燃”或称为“无焰”燃烧。这两种燃烧经常同时发生。有些可燃固体是从有焰燃烧开始，经过一段时间变为阴燃，例如木材。相反，有些可燃固体例如棉花包、含油的碎布等能从内部产生自燃，开始就是无焰燃烧，经过一段时间才产生有焰燃烧。无焰燃烧的特点是燃烧产生的热量从燃烧区散失得慢，因此燃料维持的温度足够继续进行氧化反应。有时无焰燃烧能够持续数周之久。例如锯末堆或棉麻垛等。只有当氧气或燃料消耗尽，或燃料的表面温度降低到不能继续发生氧化反应时，这种燃烧才能停止。灭这种火时，一般不是直接采用吸热介质来降低燃烧温度（如用水），就是用惰性气体覆盖来扑灭。惰性气体将氧化反应的速度减慢到所产生的热量少于扩散到周围空气中的热量，这样，在去掉惰性气体后，温度仍能降到自燃点温度以下。

有焰燃烧是燃料表面受热或分解产生的挥发性气体的燃烧。低浓度的卤代烷1211即可迅速将火扑灭。

阴燃可以分为两种：一，是发生在燃料表面的阴燃；二，是发生在燃料深部位的阴燃，两种的差别只是一个程度问题。当使用5%浓度的卤代烷1211浸渍10min不能扑灭的火灾即被认为是深位火灾。实际上，从大量实验可以看出，这两类火灾有相当明显的界限，深位火灾一般所需的灭火剂浓度要比10%高得多，浸渍时间也要大大超过10min。这与国外同类标准的规定是一致的。国际标准化组织ISO/DP7075/1—1984标准、英国BS—5306—5.2—1984标准、美国NFPA12B—1980标准、法国NFS62—101—83标准都是以“5%浓度浸渍

10min”作为划分可燃固体表面火灾和深位火灾的界限。

2. 可燃固体表面火灾的灭火浓度及浸渍时间，国内外都做了大量实验。其结论是，可燃固体表面火灾用5%浓度的卤代烷1211浸渍10min即可灭火。我国对木楞垛、计算机房用活动地板与吊顶材料、汽车内胎、夹布尼龙管、书籍、杂志等可燃固体进行了灭火实验，实验数据列于表3.2.7：

表3.2.7　卤代烷1211灭火实验数据

燃烧物	燃烧形状（mm）	预燃时间（s）	灭火浓度（%）	结果
木楞垛	40×40×630（10层）	225	2.12	灭火
活动地板（碎木屑胶结）	500×600×25三块竖直放置	225	2.17	灭火
纸浆吊顶	500×500×10三块竖直放置	120	29	灭明火
汽车内胎（橡胶）	切成片状，每片1kg悬挂三片距地1m	100	2.17	灭火
夹布尼龙胶管	ϕ30×8长800三根悬挂距地1m	135	3.23	灭火
书　籍	1/32开本3kg竖直放置	175	5.07	灭明火
杂　志	26×18，2kg竖直散放置	175	2.22	灭火

二、本条还规定扑救可燃气体火灾，甲、乙、丙类液体火灾和电气火灾时，灭火剂浸渍时间不应小于1min。因为可燃气体，甲、乙、丙类液体和电气火灾，只要防护区内达到灭火剂的设计浓度，可以立即将火扑灭。英国帝国化学工业公司设计手册介绍：卤代烷1211灭火过程小于1s。

对于可燃气体，甲、乙、丙类液体火灾，灭火后，如果防护区的环境温度较高、可燃气体及甲、乙、丙类液体蒸汽的浓度较高有产生复燃的危险，在此情况下，应增大灭火剂的浸渍时间或增加其他消防设施，以保证将火灾彻底扑灭。

第三节　开口流失量的补偿

第3.3.1条　本条提出根据防护区内保持灭火剂设计浓度的分界面下降到设计高度的时间，来确定是否需要补偿开口流失量的原则及设计高度的最低限度。

一、根据防护区内保持灭火剂设计浓度的分界面下降到设计高度的时间，来确定是否需要补偿开口流失量的原则。

采用全淹没系统灭火时，喷入防护区内的卤代烷1211将迅速汽化，与空气形成均匀的混合气体。形成这种混合气体中的卤代烷1211蒸汽短时间内不会分离出来。这种混合气体的比重比室外空气的比重大，它将通过防护区的开口或缝隙流出，而室外的空气也将通过防护区的开口或缝隙流进室内。在没有机械搅拌装置的情况下，进入防护区的新鲜空气将向室内顶部聚集，并与室内含有卤代烷1211蒸汽的混合气体形成一个分界面。分界面下部的混合气体可从开口处流出，随时间增加，分界面将逐渐下降，分界面下部空间内的卤代烷1211浓度仍能基本上保持原来的设计值，而上部空间则完全失去保护。

当防护区上部没有可燃物时，由于分界面下部空间灭火剂浓度基本上不变，故只要计算出分界面下降到设计高度的时间是否大于所要求的灭火剂浸渍时间，就可确定是否需要补偿开口流失量。当分界面下降到设计高度的时间大于所要求的灭火剂浸渍时间时，则不必补偿开口流失量。

二、本条规定分界面的设计高度应大于防护区的被保护物的高度，且不应小于防护区净高的1/2。因为分界面的设计高度必须大于被保护物的高度。当被保护物的高度高于防护区净高1/2时，分界面的设计高度应按被保护物的实际高度确定；当被保护物的高度低于防护区净高1/2时，分界面的设计高度可取防护区净高的1/2。

三、开口流失量的补偿方法

当分界面下降到设计高度的时间，小于要求的灭火剂浸渍时间，则可燃物质的一部分将失去保护。因此必须补偿开口流失量，补偿的方法有两种：一种是过量喷射法并设置机械搅拌装置；另一种是延续喷射法。

1. 过量喷射法是在规定的喷射时间内，向防护区施放高于设计浓度的灭火剂量，以补偿预计的流失量，使防护区在灭火剂浸渍时间结束时，仍能保持设计浓度。加机械搅拌装置的目的，是为了在浸渍时间内防护区的灭火剂浓度均匀。因为全部灭火剂在喷射时间内喷完，若不加机械搅拌装置，将会使分界面下降，使防护区上部失去保护。

计算时首先根据防护区容积、开口的尺寸及开口流量系数计算出参数Y值，然后根据防护区的设计浓度、要求的灭火剂浸渍时间、参数Y值查本条文说明图3.3.1-1，或图3.3.1-2。确定过量喷射浓度。此过量喷射浓度值即是设计灭火用量加上开口流失补偿量在防护区内形成的浓度值。

参数Y的计算公式如下：

$$Y=\frac{Kb}{3V}\sqrt{2g_nh^3} \qquad (3.3.1\text{-}1)$$

式中　Y——防护区开口参数；

K——开口流量系数（一般取0.66）；

b——开口宽度（m）；

V——防护区净容积（m^3）；

g_n——重力加速度（$9.81m/s^2$）；

h——开口高度（m）。

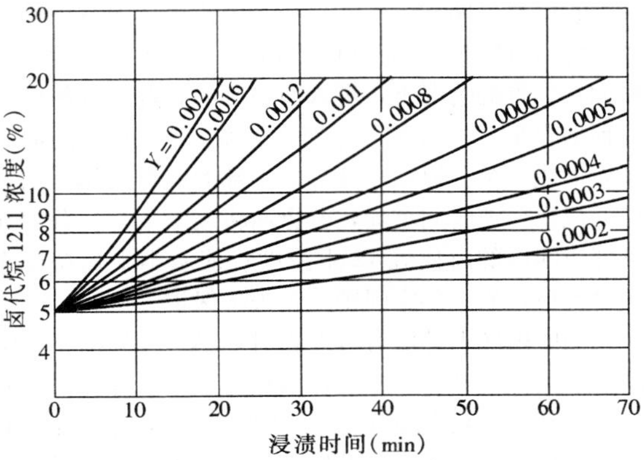

图 3.1.1-1　有机械搅拌装置的防护区内，保持 5%设计浓度所需要的过量喷射浓度

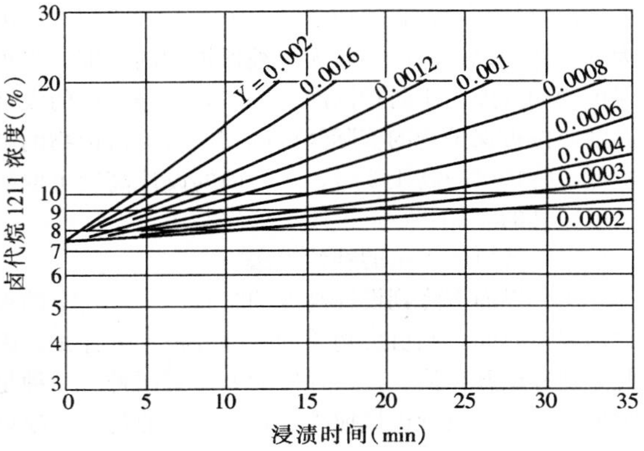

图 3.1.1-2　有机械搅拌装置的防护区内，保持 7.5%设计浓度所需要的过量喷射浓度

例：在 $1000m^3$ 的防护区内，其中一面墙上有 2m 宽，1m 高的开口，要求灭火剂喷射时间结束后 10min 时，防护区仍保持 5%体积浓度，计算所需要的过量喷射浓度和灭火剂用量。

解：

$$Y=\frac{Kb}{3V}\sqrt{2g_nh^3}$$

$$=\frac{0.66\times 2}{3\times 1000}\sqrt{2\times 9.81\times 1}$$

$$\approx 0.002$$

根据本条文说明图 3.3.1-1 可查出：

过量喷射浓度 $\varphi_0=9\%$

$$M_0=\frac{\varphi_0}{1-\varphi_0}\cdot\frac{V}{\mu}=\frac{9\%}{1-9\%}\times\frac{1000}{0.14}$$

$$=706kg$$

灭火剂用量 706kg，包括设计灭火用量和开口流失补偿量。

2. 延续喷射法是在要求的浸渍时间内，以一定的喷射流量向防护区连续喷射灭火剂，以补偿开口流失量，使防护区在需要的浸渍时间内，一直保持设计浓度。延续喷射流量取决于设计浓度、开口高度和宽度。延续喷射流量由下式计算或本条文说明图 3.3.1-3确定。

$$q_{ms}=13.93h^{1.53}\cdot\varphi^{1.51}\cdot b \quad (3.3.1\text{-}2)$$

式中　q_{ms}——延续喷射质量流量（kg/s）；

h——开口高度（m）；

b——开口宽度（m）；

φ——灭火剂设计浓度。

采用延续喷射法必须单独设计一套贮瓶、管路和喷嘴，以保证在要求的浸渍时间内，以正好补偿开口流失的流量向防护区喷射灭火剂。延续喷射法设计起来较复杂。国外采用延续喷射法一般是保护封闭的旋转电器装置，如发电机、电动机、换流机等。采用过量喷射法必须设置机械搅拌装置。如果防护区设有闭合回路的通风系统，且不与其他防护区或房间相通，那么通风系统可作为机械搅拌装置，在计算设计灭火用量时，将风道和容积加到防护区容积中去。如果没有闭合回路的通风系统，则需要设置风扇或风机。风扇或风机的风量要通过试验确定。

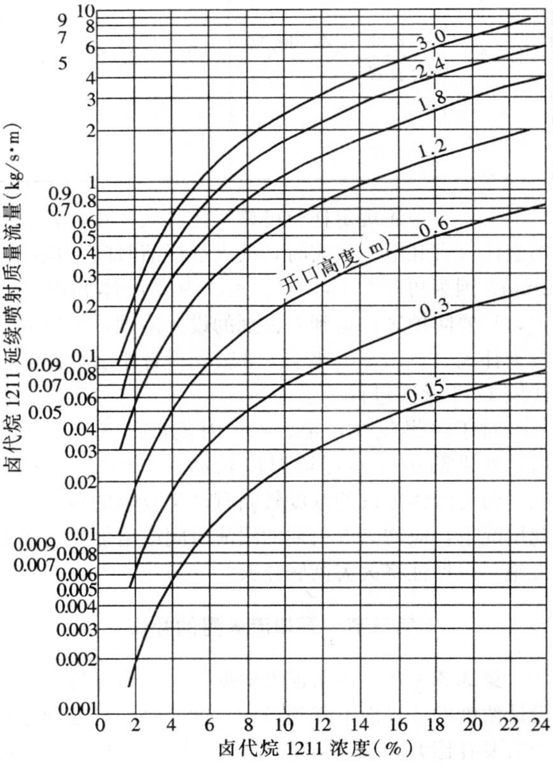

图 3.1.1-3　保持浓度不变需要补偿的卤代烷 1211 延续喷射质量流量

由以上可看出，无论采用哪种方法补偿都给设计

工作带来一定的困难，还要增加设备和灭火剂量。因此，防护区不宜开口，如必须开口，宜设置自动关闭装置，设置自动关闭装置确有困难的开口，应将开口减小到不必补偿灭火剂量的范围内。

第 3.3.2 条 本条规定了分界面下降到设计高度时间的计算公式。

分界面下降的速度与防护区的容积、开口的大小、形状及灭火剂设计浓度有关。当防护区体积不变时，开口越大，分界面下降的速度越快；灭火剂浓度越高，分界面下降的速度也越快。因此不能靠增加灭火剂浓度来增加浸渍时间，只有减小开口面积，才能使分界面下降的速度减慢，以达到增加浸渍时间的目的。

分界面下降到设计高度时间的计算公式即本规范 3.3.2 式，其推导过程如下：

如本条文说明图 3.2.2 所示，在防护区的垂直墙上有高度为 h（m），宽度为 b（m）的矩形开口。在灭火剂喷射完毕后，防护区内的灭火剂与空气混合重度 r_r（N/m^3）大于室外空气重度 r_a（N/m^3）。在等压面 P_0-P_0 以下，混合气体压力大于室外空气压力，混合气体向室外流，等压面以上室外空气向室内流，形成对流现象。在距等压面 l（m）的同一水平面上取开口外侧点 e，设其压强为 P_e（Pa），流速为 V_e（m/s）；内侧点 i，设其压强为 P_i（Pa），流速应

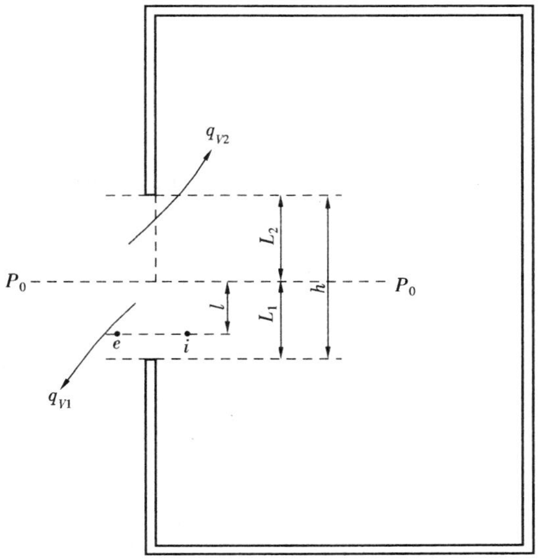

图 3.2.2 在垂直墙上有矩形开口的防护区

为零。根据伯努利方程可得出：

$$P_e + r_r \cdot \frac{V_e^2}{2g} = P_i$$

设开口流量系数为 K，e 点的体积流量为：

$$V_e = \sqrt{2g\frac{P_i - P_e}{r_r}} = \sqrt{2g\frac{r_r - r_a}{r_r} \cdot l}$$

$$dq_{v1} = KV_e b dl$$

$$= Kb\sqrt{2g\frac{r_r - r_a}{r_r}} l^{\frac{1}{2}} dl$$

积分后得出混合气体流出防护区的体积流量 q_{v1}（m^3/s）为：

$$q_{v1} = \frac{2}{3} Kb\sqrt{2g\frac{r_r - r_a}{r_r}} \cdot L_1^{3/2} \quad (3.3.2\text{-}1)$$

同理可推导出流入防护区的空气体积流量 q_{v2}（m^3/s）为：

$$q_{v2} = \frac{2}{3} Kb\sqrt{2g\frac{r_r - r_a}{r_a}} \cdot L_2^{3/2} \quad (3.3.2\text{-}2)$$

设喷入防护区的灭火剂体积浓度为 φ，卤代烷 1211 的重度为 r（N/m^3）。

$$因为 \frac{r}{r_a} = \frac{m(1211分子量)}{m_a(空气分子量)} = \frac{165.4}{29} = 5.7$$

$$所以 r_r/r_a = \frac{1}{r_a}[r_a(1-\varphi) + r\varphi]$$

$$= 1 + \varphi\left(\frac{r}{r_a} - 1\right)$$

$$= 1 + \varphi(5.7 - 1)$$

$$= 1 + 4.7\varphi \quad (3.3.2\text{-}3)$$

因停止喷射后，流入防护区的流量 q_{v2} 与流出防护区的流量 q_{v1} 相等，可推导出下式：

$$q_{v1} = \frac{2}{3} Kb\sqrt{2g\frac{r_r - r_a}{r_r}} \cdot L_1^{3/2}$$

$$q_{v2} = \frac{2}{3} Kb\sqrt{2g\frac{r_r - r_a}{r}} \cdot L_2^{3/2}$$

$$\frac{r_r}{r_a} = \frac{L_1^3}{L_2^3}$$

$$L_1 = \left(\frac{r_r}{r_a}\right)^{\frac{1}{3}} L_2 = (1 + 4.7\varphi)^{\frac{1}{3}} L_2$$

又因为 $h = L_1 + L_2 = [(1+4.7\varphi)^{1/3} + 1]L_2$

$$所以 \quad L_2 = \frac{h}{1 + (1+4.7\varphi)^{\frac{1}{3}}} \quad (3.3.2\text{-}4)$$

将（3.3.2-3）式和（3.3.2-4）式代入（3.3.2-2）式：

$$q_{v2} = \frac{2}{3} Kb\sqrt{2g(1+4.7\varphi-1)} \cdot \left[\frac{H}{1+(1+4.7\varphi)^{\frac{1}{3}}}\right]^{3/2}$$

$$= \frac{2}{3} Kb\sqrt{2gh^3}\left\{\frac{4.7\varphi}{[1+(1+4.7\varphi)^{\frac{1}{3}}]^3}\right\}^{1/2} \quad (3.3.2\text{-}5)$$

在分界面下降到开口上缘之前，对流流量是常数，因而分界面下降的速度为等速。设防护区横截面积为 A（m^2），分界面下降的速度 u（m/s）等于对流流量除以防护区横截面积，公式如下：

$$u = \frac{q_{v2}}{A}$$

$$= \frac{2}{3}\frac{Kb\sqrt{2gh^3}}{A}$$

$$\cdot \left\{\frac{4.7\varphi}{[1+(1+4.7\varphi)^{\frac{1}{3}}]^3}\right\}^{1/2} \quad (3.3.2\text{-}6)$$

设防护区容积为 V（m^3）防护区高度为 H_t（m），分界面的设计高度为 H_d（m），则分界面下降

到设计高度的时间 t_i（s）等于防护区的高度减去设计高度后，除以分界面下降的速度，公式如下：

$$t_i=\frac{H_t-H_d}{u}$$

$$=\frac{2}{3}\ \frac{(H_t-H_d)A}{kb\ \sqrt{2gh^3}}\left\{\frac{\left[1+(1+4.7\varphi)^{\frac{1}{3}}\right]^3}{4.7\varphi}\right\}^{1/2}$$

$$=1.5\ \frac{H_t-H_d}{H_t}\ \frac{V}{Kb\ \sqrt{2gh^3}}\left\{\frac{\left[1+(1+4.7\varphi)^{\frac{1}{3}}\right]^3}{4.7\varphi}\right\}^{1/2} \qquad (3.3.2\text{-}7)$$

为安全起见，将（3.3.2-7）式乘以 0.8 倍的安全系数，即得出本规范的（3.3.2）式，即下式：

$$t=1.2\ \frac{H_t-H_d}{H_t}\ \frac{V}{Kb\ \sqrt{2gh^3}}\left\{\frac{\left[1+(1+4.7\varphi)^{\frac{1}{3}}\right]^3}{4.7\varphi}\right\}^{1/2}$$

该公式与英国帝国化学工业公司设计手册中介绍的计算方法是一致的。用该公式计算出的数据与美国 NFPA12B—1980 标准图 A-2-5.3（e）的数据基本相同。

按该公式计算出分界面下降到设计高度的时间后，再根据本规范第 3.3.1 条的规定，来确定是否需要补偿开口流失量。如不需要补偿时，灭火剂设计用量就等于设计灭火用量加管网内和贮存容器内的剩余量。

本条规定中关于几个高度相等，水平位置相同的开口，可以将开口宽度相加，看成一个开口进行计算。其他情况下的多个开口流失量的计算，较为复杂，首先要用试算法确定气流通过开口的流动方向和室内外压力相等的基准平面位置，然后根据流入的空气流量来计算补偿量。计算时可参考其他专业书籍。

第四章　设 计 计 算

第一节　一 般 规 定

第 4.1.1 条　本条规定在设计时应按 20℃的环境计算。这就规定在设计时所采用卤代烷 1211 液体的密度是 20℃时的值，选用的贮存压力所对应的环境温度也是 20℃，而设计时管道、管道附件及喷嘴的孔口面积都是在这个前提选取的。

规定设计温度是为了设定一个设计基准，以便于施工验收或平时检查。在卤代烷 1211 灭火系统实际使用时，环境温度是一年四季变化的，而在施工验收或平时检查时，环境温度与设计时的环境温度一般不相同。因此，贮存压力也不一样，应等于设计温度所对应的贮存压力加上由于环境温度升高或降低而引起贮存容器的压力变化。设计温度为基准的近似的贮存压力变化可按下式计算：

$$P_{oa}=(P_t-P_{va})\frac{273+\theta}{293}\cdot 1-\frac{\frac{1-R}{R}}{1-\frac{\beta(\theta-20)}{\rho}}+10^{4.047}-\frac{964.9}{243.3+\theta} \qquad (4.1.1)$$

式中　P_{oa}——气相总压力（绝对压力，Pa）；

P_t——设计贮存压力（绝对压力，Pa）；

P_{va}——灭火剂的饱和蒸汽压(绝对压力,Pa)；

θ——环境温度（℃）；

R——充装比；

β——0.0004（kg/L·℃）；

ρ——液体密度（kg/L）。

国外同类标准、规范与本规范的规定基本上是一致的。美国 NFPA12B—1980 标准第 1—10.6.2 条规定："系统必须以环境温度 70℉（21℃）为基础来进行设计。"英国 BS5306 标准第 5.2 章 9.2.2 条中规定："盛装卤代烷 1211 的容器必须用干燥氮气加压，依着 BS4366 的要求在 21℃加压到 1.05±5％MPa 或 2.5 ±5％MPa的压力"。英国和美国采用 21℃温度是以华氏温度 70℉折算得到的。因此，从标准化角度出发，采用摄氏温度还是以 20℃做基准为宜。此外，大部分采用卤代烷 1211 灭火系统的场所，都设有空调系统，其环境温度一般都调至 20℃左右。因此，采用 20℃作为设计温度在经济上也是合理的。

第 4.1.2 条　本条规定贮压式系统灭火剂的贮存压力等级，说明如下：

实验证明，同一结构形式的喷嘴，在不同贮存压力下所得到的压力流量曲线是不同的。喷嘴的流量系数，不仅与喷嘴的结构有关，也是喷嘴工作压力和灭火剂贮存压力的函数。如图 4.1.2-1 的 A 型喷嘴和图 4.1.2-2 的 B 型喷嘴，在 1.05MPa 和 2.5MPa 下的压力流量曲线如图 4.1.2-3 与图 4.1.2-4 所示。目前尚

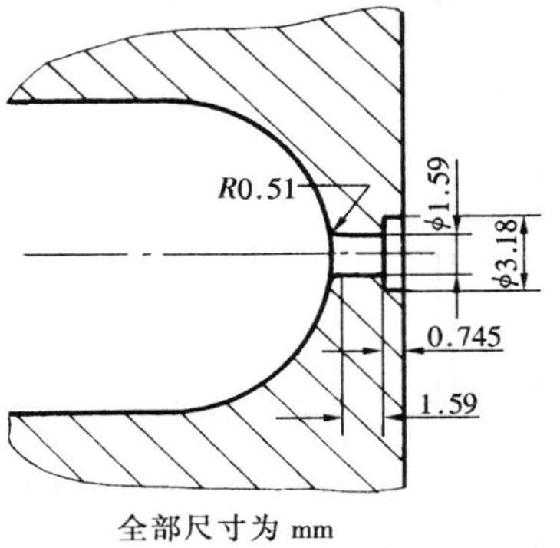

全部尺寸为 mm

图 4.1.2-1　A 型喷嘴

未找到用其他比较经济的介质（例如用水来代替卤代烷 1211）来测定喷嘴压力流量特性曲线的方法，即还没有完全找到以卤代烷 1211 为介质的喷嘴的流量系统和以水为介质的流量系数之间的关系。因此，要得到各种贮存压力下的喷嘴的压力流量特性曲线需要

花费大量的人力物力，而实际设计也不需要。为此，通常确定几个不同的贮存压力，来测定喷嘴的流量系数，供系统设计选用。这是一种满足设计需要的最经济的办法。

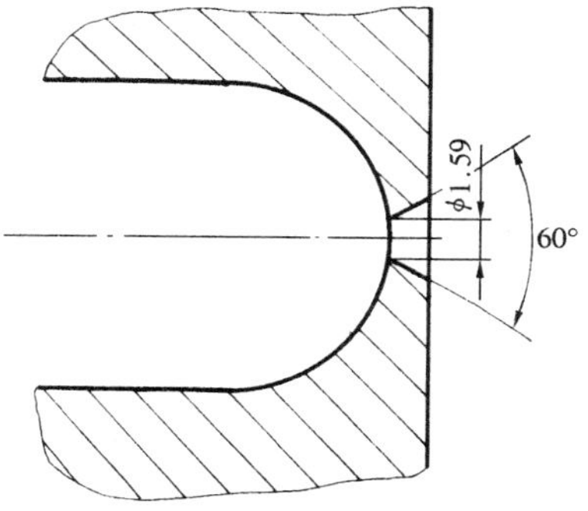

长度尺寸为 mm

图 4.1.2-2　B 型喷嘴

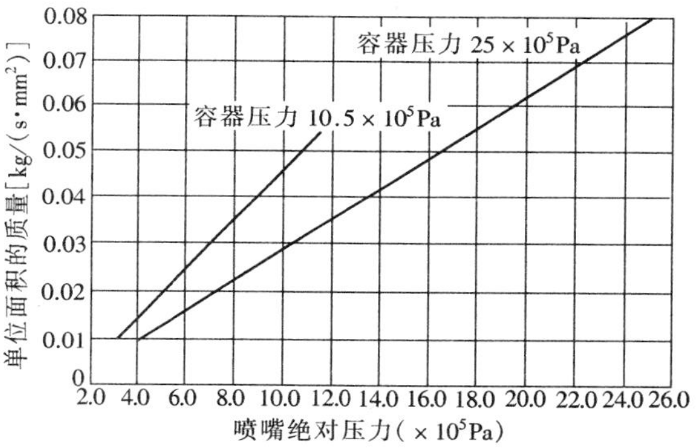

图 4.1.2-3　A 型喷嘴用卤代烷 1211/N_2 时，单位面积的质量流量与喷嘴压力的关系

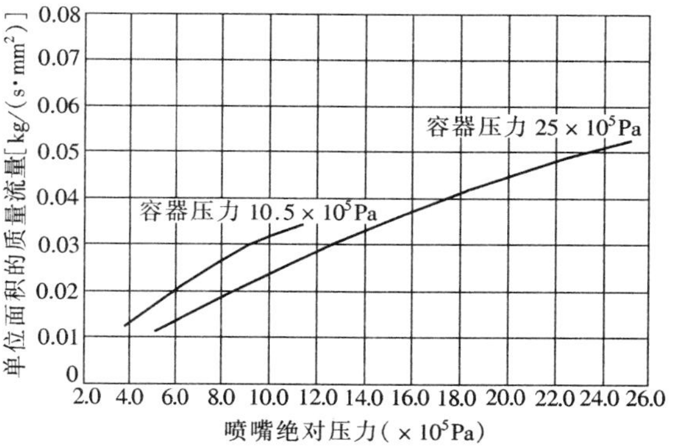

图 4.1.2-4　B 型喷嘴用卤代烷 1211/N_2 时，单位面积的质量流量与喷嘴压力的关系

本规范规定的两种贮存压力，即 1.05MPa 和 2.5MPa，是根据国外有关标准的规定确定的。美国 NFPA12B—1980 标准中第 1.9.5.1 款规定："……容器内必须充以氮气，其压力在 70℉为 150±10 磅/英寸^2（在 21℃为 1.136±0.069MPa），或为 360±20 磅/英寸^2（在 21℃为 2.584±0.138MPa）。在特殊情况下，容器压力可以不是 150 磅/英寸^2（1.136MPa）或 360 磅/英寸^2（2.584MPa），但必须经有关当局批准。"英国 BS5306—1984 标准 9.2.2 条规定："……盛装卤代烷 1211 的容器必须用干燥氮气加压，依照 BS4366 的要求在 21℃时加压到 10.5±5%bar 或 25±5%bar 的压力。"日本消防法施行规则规定，在 20℃时卤代烷 1211 灭火系统的贮存压力应为 11kgf/cm^2 或 25kgf/cm^2。其他有关标准所规定的卤代烷 1211 灭火剂在贮存容器中的压力，一般均和英、美标准的规定相同。据有关资料介绍，美国 NFPA12B—1980 标准之所以选用 360 磅/英寸^2 作为卤代烷 1211 灭火剂的最大贮存压力，是根据美国运输部条例 DOT 的规定。该条例规定 4^B 或 4^{BA} 焊接钢管最大工作压力可达 500 磅/英寸。条例还规定，在 120℉温度下，容器内所盛药剂压力不得超过 1.25 倍容器工作压力，即在 120℉时为 625 磅/英寸^2。对卤代烷 1301 灭火剂，贮存压力为 360 磅/英寸^2，在 120℉下可达 625 磅/英寸^2（包括在 70℉下允差 5%在内）。对卤代烷 1211 灭火剂，则只有 500 磅/英寸^2。美国 NFPA 为了统一这两个标准，选用了 360 磅/英寸^2 的贮存压力。由于各国基本上都选用这两个压力值为卤代烷 1211 的贮存压力，为保持我国的标准规范中主要技术参数与国际上先进国家的标准一致，以便于对外技术交流与贸易工作进行，本规范也选用了这二级贮存压力。

根据我国目前具体情况，为便于系统设计时有更多的选择余地，在规定贮存压力等级时，采用了"宜"的程度用词。当防护区的容积大或输送灭火剂的管道过长时，可以采用更大一些的贮存压力，例如 4.0MPa。悬挂式一类无管网灭火装置也可以采用更小一些的贮存压力。贮存压力的提高，可以提高卤代烷 1211 灭火剂流速，缩小管道尺寸，也可以减少灭火剂喷射时间或提高充装比。当然贮存压力也不宜规定得过高。当贮存压力过高时，氮气在灭火剂中的溶解量增加，从而影响喷嘴的喷射性能，并且需要提高系统所有零部件的耐压强度。我国目前所设计的系统采用 4.0MPa 贮存压力。其贮存容器多借用 40L 氧气瓶的生产工艺、设备与材料制造，投资少、价格低。用这种容器贮存卤代烷 1211 灭火剂，将贮存压力提高到 4.0MPa 不会增加系统的造价，特别是用于一些大型防护区较为经济。

在实际设计系统确定贮存压力时，主要从经济合理性方面来出发。对于保护面积较小，管线距离不太长的灭火系统，一般宜选择较低的贮存压力。这样，在保证规定的灭火剂的喷射时间和贮存容器的充装比不至于太小的前提下，可使组成灭火系统的管道、管道附件及贮存容器的强度要求和瓶头阀的密封性要求降低，使设备投资的安装费用降低。对于防护区面积较大，管线较长，灭火剂用量较大的灭火系统，若采用较小贮存压力的灭火系统时，由于管道系统的阻力损失较大，为了保证喷嘴的最低工作压力不小于0.31MPa，在系统整个喷射过程中贮存容器的压力就不能降低太多，如果选用较大管径的管道，可以降低沿程阻力损失，但由于管径的增加，管网的容积就增加，使初始喷射时，贮存容器的气相膨胀较大，即初始喷射压力降低，同时灭火剂的残存量会增加。而且管网容积增大，会增加施工费用和管网投资。如果减小贮存容器内灭火剂的充装比，这就增加了贮存容器，也会增加设备成本。所以这时应采用较大的贮存压力。可使管道不至于太粗，充装比不至于太小。

第4.1.3条 本条规定“贮压式系统贮存容器内的灭火剂应采用氮气增压”。这是由于常温条件下，卤代烷1211灭火剂液体的饱和蒸汽压较低。卤代烷1211灭火剂液体的饱和蒸汽压可由本规范附录三所给出的（附3.1）式计算，也可由附图3.1查出。从附图3.1可以查得，当温度为20℃时，其饱和蒸汽压（绝对压力）为236kPa；温度为0℃时，其饱和蒸汽压为118kPa；温度为50℃时，其饱和蒸汽压为560kPa。这样低的蒸汽压要克服卤代烷1211灭火系统中管路的阻力损失，保证灭火剂从系统中快速喷出是不可能的。当温度较低时，灭火剂的蒸汽压力几乎为零，如果不用氮气增压，系统就不能正常工作。此外，如果系统只靠灭火剂的蒸汽压力来工作的话，那么液态灭火剂一进入管道就会迅速汽化，使喷射效果不好。一般设计时常要求喷嘴前的工作压力不应低于0.31MPa（绝对压力）。

对于贮压式系统，卤代烷1211灭火剂与增压用的气体是在同一贮存容器内。因此，要求增压用的气体化学性质稳定，且在灭火剂中的溶解度小并不助燃。氮气化学性质稳定。它在卤代烷1211灭火剂中的溶解度可用下式计算：

$$W = 0.34(P_{oa} - P_{va}) \qquad (4.1.3)$$

式中 W——氮气在卤代烷1211液体中的溶解度（重量百分比）；

P_{oa}——灭火剂贮存压力（绝对压力，MPa）；

P_{va}——灭火剂在t℃的饱和蒸汽压（绝对压力，MPa）。

从上式可以得出，氮气在卤代烷1211液体中的溶解度很小。在20℃时，贮存压力为1.05MPa的系统，溶解度约为重量比的0.3%；贮存压力为2.5MPa的系统，溶解度约为重量比的0.8%。氮气还具有易于干燥，对灭火无副作用，价格便宜，来源广泛等优点。因此，氮气是卤代烷1211灭火系统理想的增压气体。而二氧化碳在卤代烷1211灭火剂液体中的溶解度很高；空气不易干燥。故本规范未规定采用这两种气体来作为贮压式系统的增压气体。但在非贮压式卤代烷1211灭火系统中，由于增压用气体和灭火剂接触时间很短，故可采用二氧化碳或空气作为灭火剂推动剂。

本条还规定增压用氮气的含水量不大于0.005%的体积比，这是根据以下情况确定的：

卤代烷1211灭火剂是一种稳定的化合物，贮存于干燥容器中长期不会变质，只有在482℃以上的温度条件下才会分解。但是卤代烷1211灭火剂遇水或水蒸气则会产生部分水解。因此，我国有关卤代烷1211灭火剂标准规定，该灭火剂的含水量不得大于20PPM。如果增压用氮气的含水量大，必然会使灭火剂中的含水量增加，使其质量达不到标准要求。卤代烷1211灭火剂生产厂要降低其含水量，无论从经济角度或工艺上考虑，都是比较困难的，而降低氮气中的含水量是比较容易的。

限制氮气的含水量能够减少卤代烷1211灭火剂中的含水量，从而减小其腐蚀性。试验证明，卤代烷1211对大多数普通金属材料的腐蚀性很小。在无潮湿空气条件下，在25℃时，卤代烷1211与钢、铜、铝、镀锌铜板接触，这些材料的年腐蚀率均小于0.005mm。但在潮湿空气中，卤代烷1211会产生水解，这时灭火剂中的酸度大大增加，对上述金属材料的腐蚀性也急剧增加。

综上所述，为了保证灭火剂的质量，保持其稳定性和降低它的腐蚀性，必须要求使用干燥的氮气增压。国际标准ISO/DP7075/1—1984中第10.5.2.2款规定：“氮气的含水量不大于50PPM。”法国NFS62—101—83标准中第3.5.1.2款也规定：“氮气的温度与含水量按体积算必须在50PPM以下。”英、美两国有关标准也强调，贮存容器中的卤代烷1211必须用干燥氮气增压。因此，本规范也规定氮气的含水量应不大于0.005%的体积比。

第4.1.4条 贮压式系统灭火剂在贮存容器中的充装比或充装密度，是系统设计时应通过计算确定的重要参数之一。它对系统喷嘴的工作压力，灭火剂喷射时间及整个系统的投资都有较大影响。根据本规范关于充装比和充装密度的定义，充装比与温度有关，充装密度与温度无关。本规范第4.1.1条已规定，管网系统的计算按20℃的环境温度进行。在此温度下，它们之间的关系为：

$$充装比 = \frac{充装密度(kg/l)}{1.83(l/kg)} \qquad (4.1.4\text{-}1)$$

对于一定的贮存压力，若以过高的充装比充装卤代烷1211灭火剂，贮存容器内灭火剂上部空间会较小，所以当容器内灭火剂喷完时，氮气的膨胀会很大。把气相膨胀近似看作等温过程估算贮存容器的压力降，则在整个喷射过程中，平均的灭火剂推动压力很小，这样就可能影响在规定的时间喷射灭火剂，甚至不能保证喷嘴的最低工作压力大于0.31MPa。另一方面，从本条文说明图4.1.4-1和图4.1.4-2可知，较大的充装比使贮存压力随温度的变化也很大，在最低使用温度时灭火剂的贮存压力就较小。一般原则是贮存压力越大，充装比可选择越大。反之就小。

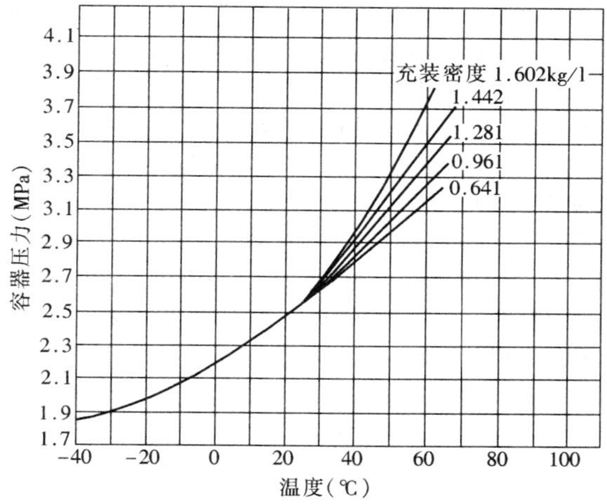

图 4.1.4-1　卤代烷 1211 在 21℃加压到 2.5MPa 的等容积曲线

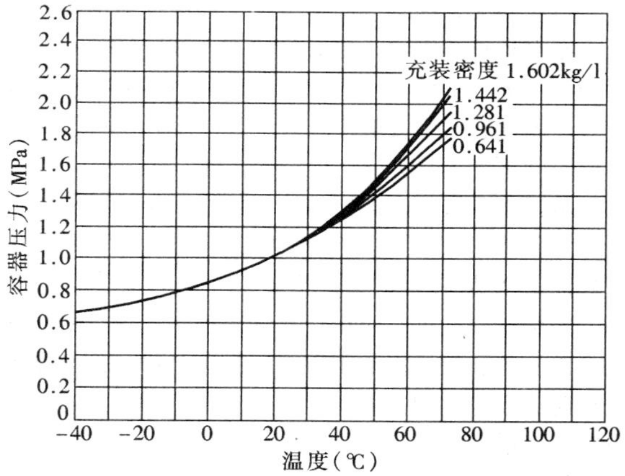

图 4.1.4-2　卤代烷 1211 在 21℃加压到 1.05MPa 的等容积曲线

本条关于灭火剂充装比或充装密度的规定，是参考国外同类标准的有关规定确定的。美国 NFPA12B—1980 标准中第 1-9.5.1 款及有关附录认为：卤代烷 1211 灭火系统最高工作温度远远低于其临界温度。因此，在正常工作温度范围内，液体的密度变化很小，使得有可能将设计的最高充装比达 90%。但这样，若不在灭火剂喷射时间内不断地将氮气输入贮存容器，压力就会显著下降，故通常将充装比设计为 75%或稍低一些是合适的。即该标准认为，采用贮压式系统，充装比设计为 75%左右。而采用外气瓶加压的系统，仅需考虑液态卤代烷 1211 的膨胀超压问题，充装比可设计得高达 90%。

英国 BS5306—5.2—1984 标准第 10.2 条规定：液态卤代烷 1211 的体积与容器容积之比不应超过 0.8。该条中给出了计算最大充装密度的经验公式如下：

$$f = 1.78\left(1 - \frac{0.45}{P_{oa}}\right) = 1.78 - \frac{0.801}{P_{oa}} \qquad (4.1.4\text{-}2)$$

式中　f——充装密度（kg/l）；

P_{oa}——贮存压力（绝对压力，MPa）。

根据上式计算可得当贮存压力为 1.05MPa 时，最大充装密度 1.10kg/l；贮存压力为 2.5MPa 时，最大充装密度为 1.472kg/l。根据充装密度，可以换算成不同温度下的充装比。

本条文所规定的最大充装比与充装密度，与英国 BS5306—5.2—1984 标准的规定是一致的。

在进行具体工程设计时，如何确定卤代烷 1211 灭火剂在贮存容器中的充装比或充装密度，本规范第 4.2.2 条的条文说明中已给出计算实例。在系统设计时，不宜将充装比或充装密度定得过低，以免增加贮存容器数量从而提高系统的造价。一般认为，灭火剂在贮存容器中的充装比不宜小于 0.5。充装比或充装密度与灭火剂的喷射时间及贮存压力之间存在函数关系，必须经过计算，最终确定。还要考虑到设计时可以选择的产品容积。所最终确定的充装比或充装密度，必须保证在所选择的贮存压力下，能够在规定的灭火剂喷射时间内将所贮存的灭火剂施放完。同时，还必须保证灭火剂施放结束时，喷嘴的最低工作压力不得小于 0.31MPa（绝对压力）。

第 4.1.5 条　本条规定喷嘴的最低设计工作压力应大于 0.31MPa，是根据以下情况确定的：

卤代烷 1211 灭火剂在常温常压下是一种气体，在一个标准大气压下，它的沸点是−3.4℃。该灭火剂在不同温度下的饱和蒸汽压用下式计算：

$$\lg P_{va} = 9.038 - \frac{964.9}{\theta - 243.3} \qquad (4.1.5)$$

式中　P_{va}——饱和蒸汽压（绝对压力，MPa）；

θ——温度（℃）。

由上式可得，当灭火剂的温度为 20℃时，它的饱和蒸汽压（绝对压力）为 0.236MPa；25℃时为 0.276MPa。当喷嘴的工作压力低于灭火剂的饱和蒸汽压时，灭火剂就会在管道中汽化，而形成二相流动状态，使喷射效果不好。此外，二相流动计算比较复杂，给设计带来困难，所以要求系统设计时，应保证喷嘴的最低工作压力大于灭火剂的饱和蒸汽压。

美国 NFPA12B—1980 标准第 1-10.6.3 款规定喷嘴的最低设计工作压力不得小于 0.308MPa（绝对压力）。英国 BS5306—5.2—1984 标准 10.2 条规定："对喷嘴至少供给 0.31MPa（绝对压力），以保证卤代烷 1211 保持液态。"日本消防法施行规则第 20 条也要求卤代烷 1211 喷嘴的最低工作压力应在 0.3MPa

（绝对压力）以上。本规范的规定与上述国家的标准、规范的规定是一致的。

我国目前所设计的卤代烷 1211 灭火系统，喷嘴的最低工作压力均设计在 0.31MPa 以上。一部分系统喷嘴的最低工作压力设计得大大超过上述规定值。这势必提高贮存压力或降低灭火剂的充装比，是不经济的。此外，提高贮存压力，将会增加氮气在灭火剂中的溶解量，从而影响喷嘴的流量系数。这就造成喷嘴的工作压力提高了，而喷嘴的质量流量却不一定能提高。这一点从本条文说明的图 4.1.2-3 中可以看出，贮存压力为 1.05MPa，当 A 型喷嘴的工作压力为 0.8MPa 时，单位面积的质量流量为 0.035kg/s·mm^2；贮存压力为 2.5MPa，当喷嘴的工作压力达 1.2MPa，单位面积质量流量仅为 0.034kg/s·mm^2，即喷嘴的工作压力增加了 50%，而单位面积的质量流量反而下降了。以上分析说明，在进行系统设计时，不宜将喷嘴的工作压力设计得过高。这也是执行本条规定所应注意的一个问题。

第 4.1.6 条 本条规定了灭火剂的喷射时间，说明如下：

对于一定的火灾危险场合，灭火剂的喷射时间越短，灭火时间也越短。在全淹没卤代烷 1211 灭火过程中，只要当防护区中的灭火剂浓度达到灭火所需的临界灭火浓度时，可燃物的表面火焰很快熄灭。据英国帝国化学工业公司设计手册介绍，灭火时间将小于 1s。本规范第 3.2.2 条规定：防护区内的灭火剂设计灭火浓度应取灭火浓度的 1.2 倍。因此，只要喷头布置合理，当灭火剂喷完时，防护区内的任意点灭火剂浓度不会低于设计灭火浓度的 80%，即防护区各处的最低浓度不低于灭火浓度，就能将火灾迅速扑灭。而喷射时间越长，形成灭火浓度的时间越长，即灭火时间也越长。我国某研究所曾在一间 216m^2 的计算机房进行一次卤代烷 1211 的实际喷射灭火试验，采用离心雾化喷嘴，灭火剂设计浓度为 5%，在房高 2.7m 的空间里按底层、中层和顶层布置了三个盛无水乙醇的火盘。灭火剂的实际喷射时间为 14.2s，三个高度的无水乙醇火盘分别于 7.5s、7.0s、11.7s 扑灭。即在喷射时间内火均被扑灭。所以喷射时间短，灭火时间就短。

卤代烷 1211 灭火剂的渗透性和冷却效应较差，对于可燃固体深位火灾灭火效率很低。因此，在系统设计时应尽量避免使固体火灾成为深位火灾。由于深位火灾与预燃时间长短有很大的关系，固体火灾的预燃时间越长，越容易成为深位火灾。因此，灭火系统设计时采用较短的喷射时间，就能减少固体火灾成为深位火灾。

从毒性分析来看，卤代烷 1211 灭火系统灭火后所造成的有毒成份主要来自灭火剂的分解产物，而灭火剂本身的毒性较小。灭火剂的分解产物对金属表面也会产生腐蚀，因此对设备就会产生腐蚀。所以分解产物越多对人和设备损害就越大。然而灭火剂的分解产物量与火源范围、超过 482℃热表面面积及与它们接触时间有很大的关系。火源和超过 482℃的热表面面积越大，灭火剂与热源和热表面接触的时间越长，灭火剂分解产物就越多。就拿分解产物之一的氟化氢来说，美国恩索尔公司的纤维素火灾试验表明，灭火时间为 0.5s 的灭火过程，产生氟化氢 12PPm，灭火时间为 2s 的灭火过程，产生氟化氢 15PPm，而灭火时间为 10s 的灭火过程，产生氟化氢 250PPm，美国开达公司的卤代烷 1301 灭火试验表明，灭之时间由 4s 变到 20s 不等的灭火过程，产生的氟化氢为 40PPm 到 520PPm。氟化氢的生成速度为 28PPm/s。美国消防协会、恩索尔公司、大西洋公司和开达公司进行了一系列的灭火试验，这些试验的数据表明，在灭火过程中，氟化氢的产生速度为 3.7PPm/s·m^2 到 8.2PPm/s·m^2，平均为 5.7PPm/s·m^2。而氟化氢在空气中的危险浓度为 50～250PPm。所以 10s 产生的氟化氢就达到了危险浓度，喷射时间长，分解产物就会越多。若灭火剂浓度很快达到灭火浓度，则火灾就会很快扑灭，这一方面是由于早期灭火使火灾的范围限制在较小范围内，使卤代烷灭火剂接触的火灾范围减小；另一方面，灭火剂与火源和热表面接触时间缩短，因此，产生分解产物就大大减小，所以灭火剂喷射时间不能太长。

从减少火灾损失的方面出发，取较小的喷射时间可大大降低火灾损失。由于卤代烷 1211 灭火系统与其他固定灭火系统相比价格较贵，并且有水渍损失小、污染小等优点。应用卤代烷灭火系统保护的场所其经济价值和政治影响都很大。我国已修订的《建筑设计防火规范》规定：省级或超过 100 万人口的城市电视发射塔微波室；超过 50 万人口城市的通讯机房；大中型电子计算机房或贵重设备室、老化室、省级或藏书超过 100 万册图书馆的珍藏室；中央及省级的文物资料、档案库。这些地方都要设卤代烷灭火系统。以上这些地方都具有较大的经济价值和政治影响，并对其他行业有较大的影响。因此，采用较短的灭火剂喷射时间。即用较短的时间灭火，限制火灾的范围，就能大大减少火灾损失和其影响范围。

目前，国际标准化协会及世界上多数工业发达国家所制订的卤代烷灭火系统标准、规范，都采用较短的灭火剂喷射时间。美国 NFPA12A—1980 与 NFPA12B—1980，英国 BS5306—5.1—1982 与 BS5306—5.2—1984，国际标准化组织 ISO/DP7075/1—1984，法国 NFS62—101—1983，西德 DIN14 496—1979 等标准均将灭火剂喷射时间规定为 10s 以内。例如美国和英国标准都一致规定：“灭火剂的喷射时间一般必须在 10s 以内，如果切实可行，应在更短一些的时间内完成。较长的喷射时间必须经有关当局批准。”

日本现行的消防法施行规则中的第20条，将灭火剂的喷射时间规定为30s以内，但是其国内一些厂家正在生产、销售喷射时间为10s的快速灭火系统。例如我国某厂计算机房几年前引进的卤代烷灭火系统，灭火剂喷射时间为30s。其电视机厂老化室引进的卤代烷灭火系统，灭火剂的喷射时间为10s。《1974年国际海上人命安全公约》（1981年修正案）规定卤代烷灭火剂的喷射时间为20s以内。

以上从几个方面分析了缩短灭火剂喷射时间的意义，并介绍了国际标准化协会及一些工业化国家关于灭火剂喷射时间的规定。当然喷射时间也不宜设计得过短，喷射时间短即需要提高灭火剂的施放强度，从而提高了系统的造价。

综上所述，本规范按防护区的性质将灭火剂的喷射时间分别给予规定。对于火灾蔓延快，火灾危险性大的防护区，即具有可燃气体和甲、乙、丙类液体火灾的防护区，为了尽可能减少火灾损失，降低灭火剂分解产物的浓度从而减小毒性作用，同时也为了防止复燃危险和爆炸危险，将灭火剂的喷射时间规定为10s以内。

对于国家级、省级保护的文物资料库、档案库，图书馆的珍藏室，由于这些防护区性质极其重要，一旦失火若不能迅速扑灭，则会造成不可估量的经济损失和重大的政治影响。而这些防护区又容易产生深位火灾，存在复燃危险。因此，本规范将其灭火剂喷射时间规定为10s以内。

本条一、二款规定以外的防所区，一般既不存在爆炸危险，也不会很快形成深位火灾而产生复燃危险。因此，本规范将其灭火剂喷射时间规定为15s以内，以便于系统设计。

第4.1.7条 本条规定全淹没系统灭火剂充满管道的时间不宜大于10s，这是根据以下情况确定的：

灭火剂充满管道的时间过长，也与灭火剂喷射时间过长一样存在着不利于迅速将火扑灭的缺点。这一点，在上面分析灭火剂喷射时间的规定中已予论述。限制灭火剂充满管道的时间，也就间接限制了输送灭火剂管道的长度，因为灭火剂充满管道的时间与管道中灭火剂的平均质量流量存在一定的关系。输送灭火剂的管道过长，使管网阻力损失增加，降低了喷嘴的工作压力，从而减小了灭火剂施放强度。此外，管网内灭火剂的残存量也有可能增加。因此，限制灭火剂充满管道的时间是必要的。

本条关于灭火剂充满管道时间的规定是参考国外有关标准确定的。西德DIN14496—1979标准第6.1.2条规定：从系统贮存容器中开始施放灭火剂到喷嘴开始施放灭火剂的时间不得超过10s。

关于灭火剂充满管道时间的计算，建议用喷嘴开始喷射灭火剂时管道内体积流量作为灭火剂充满管道的平均体积流量进行计算。这是由于灭火剂贮存容器打开后。灭火剂进入管道即急剧加速流动，一部分灭火剂被气化。这是一个十分复杂的过程，无法准确计算出灭火剂充满管道所需要的时间。不过，灭火剂充注管道的流速至少不会小于系统管网全部充满灭火剂时的流速，即不会小于喷嘴开始喷射灭火剂的流速。据此就可以计算出灭火剂充满管道所需时间的最大值来，而实际需要时间不会大于此值的。这是一种较保守的计算方法。

第二节 管网灭火系统

第4.2.1条 本条提出了管网系统的管径和喷嘴孔口面积计算原则。说明如下：

管网系统计算主要是确定灭火剂的贮存压力、灭火剂在贮存容器中的充装比，管网中各管段的管径和喷嘴的孔口面积。这四个参数在设计计算过程中均是可以调整的。确定了这四个参数，也就完成了计算工作。但是，这几个参数是否选择合理，则要以所设计的系统是否满足本规范所规定的灭火剂喷射时间和喷嘴的最低工作压力的要求来判断。从经济角度考虑，则以所确定的贮存压力、充装比、管道直径的大小来衡量。选择最小等级的贮存压力、较高的充装比和较小的管径，则经济性好。当然这几个参数之间存在着函数关系，一个参数值的改变必将引起其他参数值的改变。设计人员必须通过反复计算比较，才能确定较佳的参数值。

国内外卤代烷1211灭火系统工程设计经验表明，在进行系统设计计算时，宜先确定贮存压力和灭火剂的充装比，然后确定管径和喷嘴的孔口面积。本规范给出了计算单位长度管道内的阻力损失计算公式（规范第4.2.6条）和喷嘴孔口面积的计算公式（规范第4.2.3条）。从这确定喷嘴孔口面积则需要确定喷嘴的质量流量和喷嘴的工作压力。要指出的是，在灭火剂施放过程中，贮存容器内的气相压力、管网的阻力损失以及喷嘴的质量流量和工作压力均是随时间而变化的变量。两个计算公式只能用某一瞬间的值进行计算。在确定贮存压力和灭火剂的充装比后，根据经验给出单位管道长度内的阻力损失，则只要确定某一瞬间的喷嘴的质量流量就可以通过一系列的计算来求得管径和喷嘴的孔口面积。喷嘴的质量流量是计算管径和喷嘴孔口面积的基础。美国NFPA12B—1980标准第1-10.6.1款也规定：“管道尺寸和孔口面积必须根据对每个喷嘴所要求的单位时间的流量来进行计算和选择。”

第4.2.2条 本条提出了初选管径和初选喷嘴孔口面积的方法。

按平均设计质量流量来初选管径，这是一种比较简便的方法。由于灭火剂施放过程中，灭火剂的质量流量是变化的，而在系统设计完成前，任何时刻的质量流量均不可能求出，只能求得平均质量流量，故采用这一流量来初选管径，英国 BS5306 标准、国际标准化组织的 ISO/DP7075/1 标准，也是以这一平均设计流量来初选管径。本条提出按灭火剂的平均设计质量流量计算，单位长度管道内的阻力损失可取 3～12kPa/m，是参照 BS5306 标准根据我国工程设计经验确定的。BS5306 标准建议取 7kPa/m 左右，而我国目前一般选用改制的氧气瓶作为灭火剂的贮存容器，可耐较高的压力，贮存压力不少采用 4.0MPa 级的，这样可以适当加大管网的沿程阻力损失以缩小管径。由于管道及其附件产品通径系列的限制，往往一算出管道内灭火剂的平均设计质量流量，在所限定的阻力损失范围内，可选取的管径一般只有一两个。

喷嘴的孔口面积确定，是管网设计中的关键。前条说明中已指出，要确定喷嘴的孔口面积，则必须确定灭火剂施放过程中某一瞬间的喷嘴所需要喷出的质量流量及工作压力，此外还需求得这一工作压力下喷嘴的流量系数。在整个管网系统未设计出来之前，任意瞬间的喷嘴质量流量是计算不出来的。为了解决这一问题，只能假定几个特殊时刻喷嘴的瞬时质量流量和平均设计质量流量存在着近似的关系。目前进行管网系统设计计算，一般以灭火剂充满管网的瞬间的初始状态、灭火剂从贮存容器或喷嘴中喷出 50％瞬间的中期状态，灭火剂从贮存容器全部喷出的终期状态这三个特殊时刻开始计算。本条规定的计算喷嘴孔口面积的方法，系采用中期状态。这种方法步骤简单、设计简便，且和国际标准化组织 ISO/DP7075/.1—1984 标准及英、美、法等国标准推荐的卤代烷 1301 灭火系统采用的计算状态相同。在有关卤代烷 1211 灭火系统的国外标准中，仅英国提出了完整的计算方法和步骤，它是以中期状态展开计算的。

在采用本条规定的初选喷嘴孔口面积的方法时应注意的一点是：条文中提出的贮存容器内的压力按“灭火剂喷出 50％时”的情况确定。这包含有两种情况，一种是灭火剂从贮存容器中喷出 50％，另一种情况是从喷嘴中喷出 50％。两种情况下的贮存容器内的压力是不同的。灭火剂从贮存容器中喷出 50％时的贮存容器内压力可按下式计算：

$$P_{meda}=\frac{1-R}{1-\frac{1}{2}R}\cdot P_{oa} \qquad (4.2.2\text{-}1)$$

式中 P_{meda}——中期工作状态贮存容器内压力（绝对压力 Pa）；

R——灭火剂的充装比；

R_{oa}——贮存压力（绝对压力，Pa）。

灭火剂从喷嘴中喷出 50％时的贮存容器内压力可按下式计算：

$$P_{meda}=\frac{2n(1-R)}{2n+(2-n)R}\cdot P_{oa} \qquad (4.2.2\text{-}2)$$

式中 n——液态灭火剂的体积与全部管网容积之比。

注：式中其余字母的含义和单位与（4.2.2-1）式相同。

在进行实际工程设计时，当管网容积大于灭火剂设计用量体积值的 50％时，贮存容器内的灭火剂的一半还不能充满管网，那么假定的中期工作状态与实际情况有较大差异，即中期工作状态的喷嘴瞬时质量流量将大于平均设计质量流量。按此计算出的喷嘴孔口面积偏小。虽然完整的验算方法将会纠正这一偏差，但是初定的精确性过低增加了计算工作量。在这种情况下，则宜按灭火剂从喷嘴中喷出 50％的贮存容器内的压力为基础来初选喷嘴孔口面积。当管网总容积较小时，一般按灭火剂从贮存容器内喷出 50％时的贮存容器内的压力为基础初选。

在进行管网系统设计时，以中期工作状态来计算，建议采用以下步骤：

一、根据防护区的可燃物质所需设计灭火浓度以及防护区的各种特殊条件来确定灭火剂的设计灭火用量和流失补偿量。

二、根据防护区的尺寸及产品制造厂所提供的喷嘴应用特性，确定喷嘴的类型和数量。喷嘴的类型和数量应确保在规定的灭火剂喷射时间内将需要的灭火剂喷入防护区内，并使其均匀分布。

三、根据贮存容器的位置和喷嘴的位置布置管网，为了便于系统设计计算和减少管道中灭火剂的剩余量，管网布置宜尽可能接近均衡系统的布置。

四、初选管径可按管段中灭火剂的平均设计质量流量计算，使单位长度的管道压力降在 3～12kPa/m 的范围内。

五、确定贮存容器中灭火剂的贮存压力和充装比。防护区的容积大，输送灭火剂的距离较远时，应选用较高等级的贮存压力和较小的充装比。具体选择原则可根据第 4.1.2 条和第 4.1.4 条的条文说明确定。

六、确定喷嘴的孔口面积，初选时可按每个喷嘴所需要的平均设计质量流量和灭火剂从贮存容器中喷出一半时的贮存容器内的压力为基础进行计算，然后根据灭火剂的喷射时间和喷嘴的最低工作压力的验算，再进行修正。

为了更好地说明管网系统计算的方法和步骤，下面给出两个设计计算实例。例一中管网是对称布置，这种布置接近均衡系统，但严格来说不是均衡系统。均衡系统可以简化成单个喷嘴的简单系统进行计算。例二中管网系统是一个典型的不均衡系统。

例一：一个拟用卤代烷 1211 全淹没系统防护的建筑物内存在各种溶剂，溶剂中需要的卤代烷 1211 设计灭火浓度为 9％，建筑物高 3m，面积为 5m×8m。

一、设计选择和假定：

1. 管道和喷嘴的布置如本条文说明图 4.2.2-1 所示；

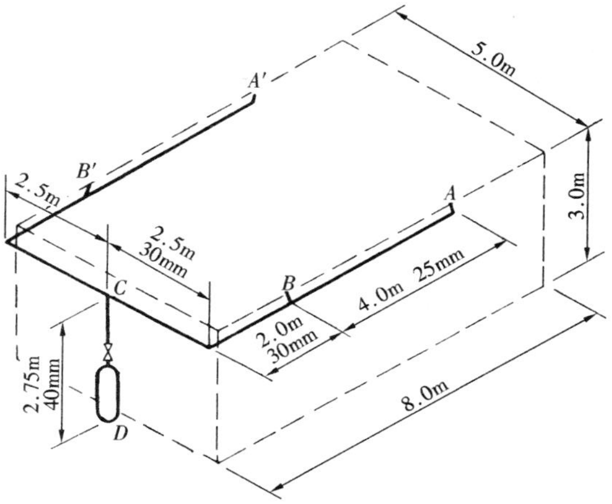

图 4.2.2-1 对称管网系统图

2. 管道选用镀锌钢管；

3. 喷嘴选用本条文说明中图 4.1.2-1 的 A 型喷嘴。通过该类型喷嘴的单位面积质量流量按本条文说明图 4.1.2-3 的曲线确定；

4. 假定当贮存容器中灭火剂液面下降到内浸管底部时，按本条文说明图 4.2.2-1 所示，氮气将继续推动管道内的液态灭火剂直到 B 和 B' 处，在此两处氮气迅速喷出，系统泄压，管道内剩余的灭火剂缓慢流出。

二、设计计算：

1. 建筑物内的设计灭火用量

$$M=\frac{\varphi}{1-\varphi}\cdot\frac{V}{\mu}=\frac{9\%}{1-9\%}\times\frac{5\times8\times3}{0.140}$$

$$=85(\mathrm{kg})$$

2. 建筑物内灭火剂平均设计质量流量

$$q_{\mathrm{mar}}=\frac{M_{\mathrm{ad}}}{t_{\mathrm{d}}}=\frac{85}{10}$$

$$=8.5(\mathrm{kg/s})$$

3. 初选管径，按管段中灭火剂的平均设计质量流量计算，使单位长度的管道压力降在 7kPa/m 左右，得下表：

表 4.2.2-1

管　段	平均设计质量流量	管　径
CD	8.5kg/s	40mm
CB	4.25kg/s	30mm
AB	2.125kg/s	25mm

4. 取贮存容器中灭火剂的贮存压力为 1.15MPa（绝对压力），充装比为 0.6，计算灭火剂从贮存容器中喷出 50%的贮存压力（绝对压力）

得：
$$P_{\mathrm{ta}}=\frac{P_{\mathrm{oa}}\cdot V_{\mathrm{o}}}{V_{\mathrm{o}}+V_{\mathrm{t}}}$$

$$=\frac{1.15\times(1-0.6)}{(1-0.6)+0.6\times50\%}$$

$$=0.657(\mathrm{MPa})$$

5. 灭火剂从贮存容器中喷出 50%时喷嘴工作压力计算：

贮存容器中压力（绝对压力）：

$$P_{\mathrm{i}}=0.657(\mathrm{MPa})$$

管道沿程阻力损失：

$$P_{\mathrm{p}}=11.25\mathrm{m}\times7\mathrm{kPa/m}$$

$$=79\mathrm{kPa}$$

管道局部阻力损失：

$$P_{\mathrm{l}}=12\mathrm{m}\times7\mathrm{kPa/m}$$

$$=84\mathrm{kPa}$$

高程差引起的压力降：

$$P_{\mathrm{h}}=\rho\cdot H_{\mathrm{h}}\cdot g_{\mathrm{n}}=1830\times(-2.75)\times9.81$$

$$=-49369(\mathrm{Pa})$$

$$=-50(\mathrm{kPa})$$

喷嘴工作压力（绝对压力）：

$$P_{\mathrm{n}}=P_{\mathrm{i}}-P_{\mathrm{p}}-P_{\mathrm{l}}-P_{\mathrm{h}}$$

$$=657-79-84-50$$

$$=444(\mathrm{kPa})$$

6. 喷嘴孔口面积计算：

根据本条文说明图 4.1.2-3，A 型喷嘴工作压力（绝对压力）为 444kPa 时，单位孔口面积的质量流量为 $0.016\mathrm{kg/s\cdot mm^2}$。

又每个喷嘴的平均设计质量流量为防护区平均设计质量流量的四分之一，即约 2.1kg/s。故得孔口面积：

$$A=\frac{2.1\mathrm{kg/s}}{0.016\mathrm{kg/s\cdot mm^2}}$$

$$=131.25\mathrm{mm^2}$$

得喷嘴孔口直径

$$d=2\sqrt{131.25/3.14}$$

$$=13(\mathrm{mm})$$

至此，管网系统的初步设计已完成。最后要验算灭火剂的喷射时间。若验算出的喷射时间不符合本规范的规定，则可修正喷嘴孔口直径。

三、喷射时间验算

1. 验算时选取三个在灭火剂喷射过程中可能碰到的喷嘴工作压力，从最远的喷嘴到容器返回计算，算出三组不同的灭火剂总流量及对应的容器中的压力。

喷嘴最低设计工作压力应大于 0.31MPa，在稍高于这个数值的压力下开始计算。本验算选取的三个可能碰到的喷嘴工作压力分别为 0.32MPa、0.4MPa 和 0.6MPa（均为绝对压力），计算结果如表 4.2.2-2：

表 4.2.2-2

假定 A 处的喷嘴压力（绝对压力，MPa）	0.32	0.40	0.60
根据图 4.1.2-3，得 A 处喷嘴的质量流量（kg/s）	131.25×0.01 =1.31	131.25×0.014 =1.84	131.25×0.0245 =3.22
根据本规范图 4.2.6，通过 AB 管段的压力降（MPa）	4×0.0019 =0.0076	4×0.0036 =0.014	4×0.010 =0.04
B 处的喷嘴压力（MPa）	0.32+0.0076 =0.328	0.4+0.014 =0.414	0.6+0.04 =0.64
根据图 4.1.2-3，得喷嘴 B 的质量流量（kg/s）	131.25×0.0105 =1.38	131.25×0.0145 =1.90	131.25×0.0265 =3.48
通过 BC 段的质量流量（kg/s）	1.31+1.38 =2.69	1.84+1.90 =3.74	3.22+3.48 =6.70
根据本规范图 4.2.6，通过 BC 段的压力降=（BC 段管长+弯头的当量长度）×压力降/米=$\left(4.5+\frac{20\times30}{1000}\right)$×压力降/米（MPa） 弯头的当量长度为 20 倍管径	5.1×0.003 =0.0153	5.1×0.0058 =0.030	5.1×0.017 =0.087
三通 C 处的压力（MPa）	0.328+0.0153 =0.343	0.414+0.030 =0.444	0.64+0.087 =0.727
CD 管段的质量流量，等于 $A'C$ 和 AC 管段质量流量之和（kg/s）	2×2.69 =5.38	2×3.74 =7.48	2×6.70 =13.40
根据本规范图 4.2.6，通过 CD 段的压力降=（CD 段管长+阀与三通的当量长度）×压力降/米=$\left(2.75+\frac{300\times40}{1000}+\frac{60\times40}{1000}\right)\times$压力降/米（MPa） 阀和三通的当量长度分别为 300 倍和 60 倍管径	17.15×0.003 =0.051	17.15×0.0056 =0.096	17.15×0.017 =0.292
贮存容器中的压力（MPa）	0.343+0.051 =0.394	0.444+0.096 =0.540	0.727+0.292 =1.019

将上表中的三组计算结果列于下表：

表 4.2.2-3

贮存容器压力（MPa）	0.394	0.540	1.019
质量流量（kg/s）	5.38	7.48	13.40

根据上表中的三组数据绘图 4.2.2-2，以便根据此图查出系统灭火剂质量流量与贮存容器中压力的对应值，再计算喷射时间。

2. 灭火剂设计用量计算：

设计灭火用量为 85kg；

贮存容器内的剩余量设为 1kg；

管网内的剩余量等于 AB 和 $A'B'$ 管段的内容积乘灭火剂密度：

$$8\times3.14\times\frac{(0.025)^2}{4}\times1830=7.2\ (\text{kg})$$

灭火剂设计用量为：

$$85+1+7.2=93.2\ (\text{kg})$$

该灭火剂的体积为：

$$93.2\div1830=0.0509\ (\text{m}^3)$$

3. 灭火剂充装密度计算：

根据表 4.2.2-2，当喷嘴的最低工作压力为 0.32MPa 时，贮存容器中的压力为 0.394MPa。如果贮存容器容积为 V，且其初始贮存压力为 1.15MPa，根据本规范（4.2.5）式得：

$$V=V_o+V_t=\frac{1.15\times(V-0.0509)}{0.394}$$
$$=0.07742\text{m}^3$$

灭火剂充装密度为：

$$\frac{1830\times0.0509}{0.07742}=1204\ (\text{kg/m}^3)$$

根据可供系统设计选择的贮存容器，为确保能在规定的喷射时间内喷完灭火剂，最后确定灭火剂的充装密度取 1100kg/m³，此时容器容积 V 为：

$$V=\frac{0.0509\times1830}{1100}=0.0848\ (\text{m}^3)$$

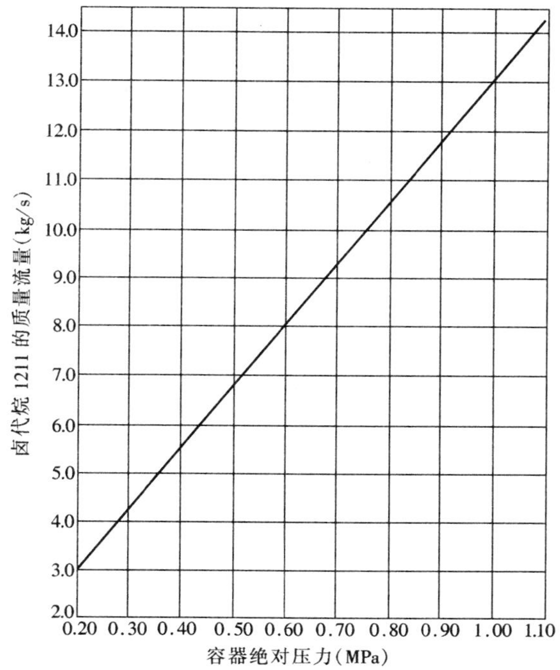

图 4.2.2-2　卤代烷 1211 的质量流量与容器压力关系

4. 喷射时间计算

管网总容积为：0.01375m^3

当灭火剂充满管道时，贮存容器中灭火剂的体积为：

$$0.0509-0.01375=0.0372\ (m^3)$$

贮存容器中气相容积为：

$$0.0848-0.0372=0.0476\ (m^3)$$

故初始喷射灭火剂时，贮存容器中的压力为：

$$\frac{0.0848-0.0509}{0.0476}\times 1.15=0.819\ (MPa)$$

由 0.819MPa 的贮存容器压力根据本条文说明图 4.2.2-2，可查得初始喷射时，灭火剂的质量流量 10.9kg/s。假定以这个质量流量作为最初 1s 的平均质量流量来处理，则最初 1s 内从容器中施放出的灭火剂体积为：

$$\frac{10.9\times 1}{1830}=0.00596\ (m^3)$$

由于贮存容器的气相容积按同一数量增加，因此，容器中的压力将降到 0.727MPa，根据本条文说明图 4.2.2-2，可查得一个 9.7kg/s 的新的质量流量，再假定以这个新的质量流量作为第 2s 的平均质量流量来处理。依此逐步计算下去，直到气相容积增加到贮存容器容积与喷嘴 B 和 B' 以前的管网容积之和为止。该气相容积等于：

贮存容器容积＋CD 管段容积＋BC 管段容积＋$B'C$ 管段容积

$$=0.0848+0.00346+0.00318+0.00318$$

$$=0.00946\ (m^3)$$

将逐步计算结果列于下表。

表 4.2.2-4

时间 (s)	气相容积 (m^3)	贮存容器压力 (MPa)	灭火剂质量流量 (kg/s)	灭火剂体积流量 (m^3/s)
0	0.0476	0.819	10.90	0.00596
1	0.0536	0.727	9.70	0.00530
2	0.0589	0.662	8.90	0.00486
3	0.0638	0.611	8.25	0.00451
4	0.0683	0.571	7.75	0.00423
5	0.0725	0.538	7.30	0.00399
6	0.0765	0.510	7.00	0.00383
7	0.0803	0.486	6.65	0.00363
8	0.0839	0.465	6.40	0.00350
9	0.0874	0.446	6.15	0.00336
10	0.0908	0.429	5.95	0.00325
11	0.0940	0.414		

表 4.2.2-4 中的计算表明大约 11s 的喷射时间能达到 0.0946m^3 的气相容积。同时，也说明了此时贮存容器中的压力为 0.414MPa，此预先计算的最小压力 0.394MPa 高，即喷嘴的最低工作压力仍超过 0.31MPa。

11s 的灭火剂喷射时间已接近系统设计所规定的 10s 喷射时间。当然，另外还可以增大喷嘴孔口直径到 14mm 并按以上方法重复计算，将灭火剂喷射时间缩短到 10s 以内。

四、灭火剂充满管道时间的计算：

灭火剂充满管道的时间可用喷嘴开始喷射灭火剂时管道内的体积流量为充满管道的平均体积流量进行计算。

在本系统中，喷嘴开始喷射灭火剂时的体积流量为 0.00596m^3/s；即此时管段 DO 中的体积流量为 0.00596m^3/s；DC 管段为总体积流量的二分之一，BA 管内为总体积流量的四分之一。

DC 段长 2.75m，直径 0.04m

$$充满时间=2.75\div\frac{0.00596}{3.14\times 0.022^2}$$

$$=0.58\ (s)$$

CD 段长 4.5m，直径 0.03m

$$充满时间=4.5\div\frac{0.00596\div 2}{3.14\times 0.015^2}$$

$$=1.08\ (s)$$

BA 段长 4m，直径 0.025m

$$充满时间=4\div\frac{0.00596\div 4}{3.14\times 0.0125^2}$$

$$=1.32\ (s)$$

$$充满管网时间=0.53+1.03+1.32$$

$$=2.98\ (s)$$

灭火剂充满管网的时间不到 3s，大大小于本规范 4.1.7 条之规定的时间，因而是可行的。

例二：防护区情况与例一完全相同。

一、设计选择和假定：

除系统管网布置按本条文说明图 4.2.2-3 外，其余均与例一相同。本例中的管网系统是典型的非均衡系统。

二、设计计算

非均衡系统的计算步骤与例一中的步骤近似，防护区内灭火剂的设计灭火用量、平均设计质量流量及初选管径等计算与例一相同。按例一取喷嘴 A 的孔口直径为 13mm，计算灭火剂的质量流量与压力的关系，计算结果见本条文说明表 4.2.2-5。

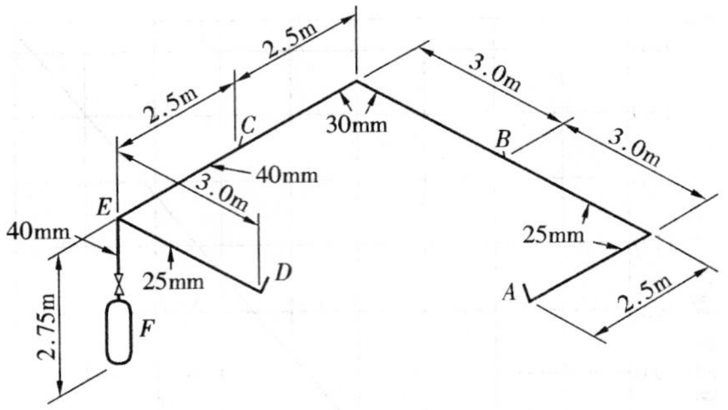

图 4.2.2-3　非均衡系统

表 4.2.2-5

假定 A 处的喷嘴压力（绝对压力，MPa）	0.32	0.40	0.60
根据图 4.1.2-3，得喷嘴 A 的质量流量（kg/s）	131.25×0.01 =1.31	131.25×0.014 =1.84	131.25×0.0245 =3.22
根据本规范图 4.2.6，通过 *AB* 段的压力降＝（*AB* 段管长＋弯头的当量长度）×压力降/米＝$\left(2.5+3+\frac{20\times25}{1000}\right)$×压力降/米（MPa），弯头的当量长度为 20 倍管径	6×0.0019 =0.0114	6×0.0037 =0.0222	6×0.01 =0.06
B 处的喷嘴压力（MPa）	0.32+0.014 =0.331	0.4+0.0222 =0.4222	0.6+0.06 =0.66
根据图 4.1.2-3，得喷嘴 *B* 的质量流量（kg/s）	131.25×0.0105 =1.38	131.25×0.015 =1.97	131.25×0.028 =3.68
BC 管段的质量流量等于喷嘴 *A* 的与喷嘴 *B* 的质量流量之和（kg/s）	1.31+1.38 =2.69	1.84+1.97 =3.81	3.22+3.68 =6.90
根据本规范图 4.2.6，通过 *BC* 段的压力降＝（*BC* 段管长＋弯头的当量长度）×压力降/米＝$\left(2.5+3+\frac{20\times30}{1000}\right)$×压力降/米（MPa）弯头的当量长度为 20 倍管径	6.1×0.003 =0.0183	6.1×0.0058 =0.0354	6.1×0.018 =0.1098
C 处喷嘴压力（MPa）	0.331+0.0183 =0.349	0.422+0.0354 =0.457	0.660+0.1098 =0.770
根据图 4.1.2-3，得喷嘴 *C* 的质量流量（kg/s）	131.25×0.0115 =1.51	131.25×0.017 =2.23	131.25×0.0335 =4.40
由于喷嘴 *C* 的质量流量比喷嘴 *A* 与 *B* 的质量流量高许多，故将其孔口直径从 13mm 减到 12mm，孔口面积为 113.1mm^2，再算其质量流量（kg/s）	113.1×0.0115 =1.30	113.1×0.017 =1.92	113.1×0.0335 =3.73
通过 *EC* 管段的质量流量等于喷嘴 *A*、*B*、*C* 的质量流量之和（kg/s）	2.69+1.30 =3.99	3.81+1.92 =5.73	6.90+3.73 =10.63
根据本规范图 4.2.6，通过 *EC* 段的压力降（MPa）	2.5×0.0017 =0.004	2.5×0.0035 =0.00825	2.5×0.0105 =0.026
E 点压力（MPa）	0.349+0.004 =0.353	0.457+0.00825 =0.465	0.77+0.026 =0.796
假定 *ED* 管段的质量流量（kg/s）	1.33	1.91	3.54

续表 4.2.2-5

假定 A 处的喷嘴压力（绝对压力，MPa）	0.32	0.40	0.60
根据本规范图 4.2.6，通过 *EC* 段的压力降（MPa）	3×0.002 =0.006	3×0.042 =0.0126	3×0.011 =0.033
D 处的喷嘴压力（MPa）	0.353－0.006 =0.347	0.456－0.0126 =0.453	0.796－0.033 =0.763
根据图 4.1.2-3 得喷嘴 *D* 的单位孔口面积的质量流量（kg/s·mm²）	0.0115	0.017	0.033
根据假定的 *ED* 管段质量流量和喷嘴 *D* 的单位孔口面积的质量流量求出喷嘴 *D* 的孔口面积（mm²）	1.33÷0.0115 =115.7	1.91÷0.017 =112.4	3.54÷0.033 =107.3
根据计算出的孔口面积，再算出喷嘴 *D* 的孔口直径，取整值 12mm。根据所取的喷嘴 *D* 的孔口直径，计算喷嘴 *D* 的质量流量（kg/s）	113.1×0.015 =1.30	113.1×0.017 =1.92	113.1×0.033 =3.73
EF 管段的质量流量等于喷嘴 *A*、*B*、*C*、*D* 的质量流量之和（kg/s）	3.99＋1.30 =5.29	5.73＋1.92 =7.65	10.62＋3.73 =14.35
根据本规范图 4.2.6，通过 *EF* 管段的压力降＝（*EF* 段管长＋弯头与阀门的当量长度）×压力降/米＝$\left(2.75+\frac{300\times40}{1000}+\frac{90\times40}{1000}\right)$×压力降/米（MPa），阀门和弯头的当量长度分别为 300 倍和 90 倍管径	18.35×0.0029 =0.0532	18.36×0.0058 =0.106	18.35×0.019 =0.348
贮存容器中的压力（MPa）	0.353＋0.053 =0.406	0.466＋0.106 =0.572	0.796＋0.348 =1.144

将上表中的三组计算结果列于下表。

表 4.2.2-6

贮存容器压力（MPa）	0.406	0.572	1.144
质量流量（kg/s）	5.29	7.65	14.35

根据上表中的三组数据绘图 4.2.2-4，以便根据此图查出系统灭火剂质量流量与贮存容器中压力的对应值，再计算喷射时间。

灭火剂总设计用量计算：

根据例一，设计灭火用量为 85kg，贮存容器内的剩余量设为 1kg。管网内的剩余量取 *AC* 管段的内容积乘灭火剂密度，计 12.04kg。

灭火剂设计用量为：

$$85+1+14.04=97.04\ (\text{kg})$$

该灭火剂的体积为：

$$97.04\div1830=0.0538\ (\text{m}^3)$$

灭火剂充装密度：

根据表 4.2.2-5，当喷嘴最低工作压力为 0.32MPa 时，贮存容器中的压力为 0.406MPa，如果贮存容器容积为 *V*，且其初始贮存压力为 1.15MPa，根据本规范（4.2.5）式得：

$$V=V_o+V_t=\frac{1.15\times(V-0.0538)}{0.406}$$

解之得 $V=0.0832\ (\text{m}^3)$

灭火剂充装密度

$$=\frac{1830\times0.0538}{0.0832}$$

$$=1183\ (\text{kg/m}^3)$$

为确保能在规定的喷射时间内喷完灭火剂采用 1100kg/m³ 的充装密度，得容器容积为：

$$V=\frac{0.0538\times1830}{1100}=0.0895\ (\text{m}^3)$$

初始时贮存容器中的气相容积为：

$$0.0895-0.0538=0.0357\ (\text{m}^3)$$

在开始喷射灭火剂时，即当灭火剂充满全部管网时，容器中气相体积增加到 0.0488m³。

开始喷射灭火剂时，容器中的压力

$$=\frac{0.0895-0.0538}{0.0488}\times1.15$$

$$=0.0841\ (\text{MPa})$$

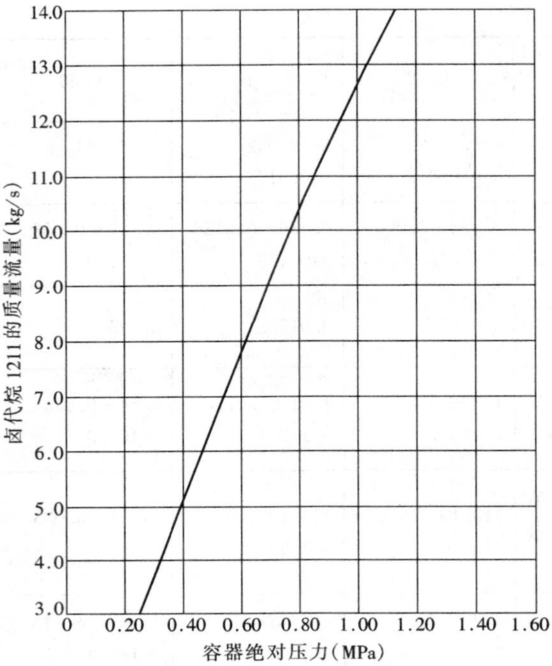

图 4.2.2-4 非均衡系统卤代烷 1211 的质量流量与容器压力的关系

喷射结束时，总的气相容积等于容器容积与到喷嘴 C 和 D 的管道容积之和，计算得 $0.0929m^3$。

按照例一中的计算方法与步骤，依次计算出每秒种内气相容积、贮存容器压力和灭火剂的质量流量，将逐步计算出的结果列于下表。

表 4.2.2-7 中的计算表明，在 10s 的喷射时间内能使气相容积达到 $0.0926m^3$。同时也说明了此时贮存容器中的压力为 0.448MPa，比预先计算的最小压力 0.406MPa 高，即喷嘴的最低工作压力仍超过 0.31MPa。因此该设计是可行的。

表 4.2.2-7

时间 (s)	气相容积 (m^3)	贮存容器压力 (MPa)	卤代烷 1211 的质量流量 (kg/s)	卤代烷 1211 的体积流量 (m^3/s)
0	0.0488	0.0846	11.20	0.00612
1	0.00549	0.752	10.00	0.00546
2	0.0604	0.684	9.15	0.00500
3	0.0654	0.632	8.40	0.00459
4	0.0700	0.500	7.90	0.00432
5	0.0743	0.556	7.35	0.00402
6	0.0783	0.531	7.00	0.00383
7	0.0821	0.506	6.70	0.00366
8	0.0858	0.484	6.40	0.00350
9	0.0893	0.465	6.10	0.00333
10	0.0926	0.448		

续表 4.2.2-7

第 4.2.3 条 本条规定了喷嘴孔口面积的计算公式，说明如下：

卤代烷 1211 灭火剂在一个标准大气压时，当温度低于−3.4℃则为气态；它的临界温度为 153.8℃，临界压力为 4.21MPa（绝对压力）。只要在贮存容器中的灭火剂温度低于其临界温度，就可以用加压的方法使之为液态。本规范规定喷嘴的最低工作压力不低于 0.31MPa（绝对压力），就是要保证灭火剂在喷出前应以液态形式存在。因此，在工程设计时计算卤代烷 1211 喷嘴的流量可以采用水力学中由伯努利方程所推导出的计算喷嘴流量的公式：

$$q_m = A \cdot C_d \sqrt{2\rho \cdot P_n} \tag{4.2.3}$$

式中字母的含义和单位与本规范（4.2.3）式相同。

但是卤代烷 1211 灭火系统灭火剂的施放是靠氮气做动力的。用氮气做动力，即用氮气加压时，一部分氮气溶解在灭火剂内，氮气在灭火剂中的溶解量与氮气的压力有关。由于灭火剂喷射时间短，喷射强度大，因此灭火剂流经管道时压力降很大，一部分溶解于灭火剂中的氮气将会析出，此外流经喷嘴的灭火剂亦有一部分被汽化，这将影响卤代烷 1211 喷嘴的流量系数。本条文说明图 4.1.2-1，图 4.1.2-2 中的 A 型和 B 型喷嘴，其流量和贮存压力和喷嘴工作压力二者间的关系在图 4.1.2-3、图 4.1.2-4 中已给出，从这两个图中可看出卤代烷 1211 喷嘴的流量系数和灭火剂贮存压力、喷嘴工作压力存在函数关系。喷嘴的流量系数应由试验测定。

本条规定与英国 BS5306—5.2—1984 标准中的规定是一致的，该标准第 10.6 条所提出的计算卤代烷 1211 流经喷嘴有效截面的每单位面积上的流量计算公式，与本条文说明 4.2.2 式基本相同。

第 4.2.4 条 本条提出了喷嘴工作压力的计算公式，说明如下：

由于卤代烷 1211 灭火系统灭火剂施放是靠贮存容器中的压缩氮气推动的，因此，施放灭火剂过程中，贮存容器中的压力是变化的，喷嘴工作压力及管网的沿程阻力和局部阻力损失也是随时间变化的。用该式计算出的喷嘴工作压力是一个瞬时值。

管网系统的局部阻力损失用当量长度计算比较方

便。各种阀门及管接件的当量长度通常是用水测定的，测定时应使雷诺数大于1×10^{5}，试验装置如下图所示：

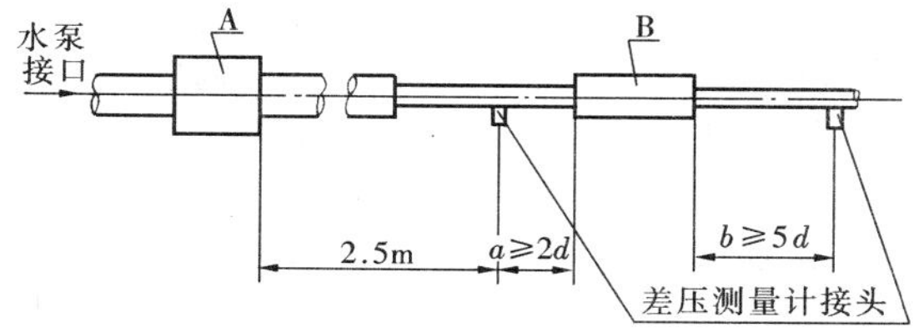

图 4.2.4　当量长度测试装置简图

图中 A 为流量计，B 为被测试件，d 为连接被测试部件的管道内径。

被测试部件的当量长度采用下式计算

$$L=\frac{0.01898P\cdot C^{1.85}\cdot d^{4.87}}{q_{v}^{1.85}}-(a+b)\tag{4.2.4}$$

式中　L——被测试部件当量长度（m）；

P——差压测量计接头间的压力降（Pa）；

C——粗糙度系数，镀锌钢管 C 取 120；

d——管道内径（m）；

q_v——水的体积流量（m^3/min）；

a 与 b——如图 4.2.4 所示（m）。

各种管接件的当量长度和阀门的当量长度可从生产厂的产品样本中得到。

第 4.2.5 条　本条规定在施放灭火剂过程中，贮存容器中的压力计算公式。

贮存容器中灭火剂的初始贮存压力，是根据系统设计计算后确定的，贮存压力为氮气分压与灭火剂饱和蒸汽压之和。在施放灭火剂过程中，由于气相容积的不断增加，容器内的压力将不断下降，目前计算容器施放灭火剂过程中的压力有两种计算公式：

第一种公式是根据理想气体状态方程和气体分压定律推导出来的，它将加压用的氮气看作理想气体，将施放灭火剂时气体体积的变化看成是等温膨胀过程。推导过程如下：

设初始贮存压力为 P_{oa}，施放灭火剂时贮存容器中的压力为 P_{ta}，灭火剂的饱和蒸汽压为 P_{va}，施放灭火剂前气相容积为 P_o，施放灭火剂时气相容积的增加量为 V_t，则：

$$\frac{P_{oa}-P_{va}}{P_{ta}-P_{va}}=\frac{V_o+V_t}{V_o}$$

解之得：

$$P_{ta}=\frac{(P_{oa}-P_{va})V_o}{V_o+V_t}+P_{va}\tag{4.2.5-1}$$

第二种公式是将贮存容器中的氮气和灭火剂的饱和蒸汽这一混合气体作为一种理想气体，在等温变化过程中：

$$P_{oa}\cdot V_o=P_{ta}(V_o+V_t)$$

即：

$$P_{ta}=\frac{P_{oa}V_o}{V_o+V_t}\tag{4.2.5-2}$$

式中的字母含义和（4.2.5-1）式相同。

用（4.2.5-1）式计算出的 P_{ta} 与用（4.2.5-2）式计算出的 P_{ta} 的差 ΔP 为：

$$\Delta P=\frac{(P_{oa}-P_{va})\cdot V_o}{V_o+V_t}+P_{va}-\frac{P_{oa}\cdot V_o}{V_o+V_t}=\frac{P_{va}\cdot V_t}{V_o+V_t}\tag{4.2.5-3}$$

显然 $\Delta P>0$，所以，从工程设计的角度考虑，采用（4.2.5-5）式所计算出的 P_{ta} 是比较保守的，即是较安全的。同时，用（4.2.5-2）式计算也比较简单。

现行的国外标准，美国 NFPA12B—1980 采用（4.2.5-1）式来计算灭火剂充满管网时容器内的压力，而英国 BS5306—5.2—1984 规范中则采用（4.2.5-2）式来计算灭火剂施放过程中的容器中的压力。

灭火剂喷出时将迅速汽化，是一个吸热过程，因此灭火剂施放时贮存容器中混合气体的温度会略有降低，达不到等温膨胀的理想状态；同时，灭火剂施放时间短暂，气相容积增加很快，而灭火剂的蒸汽压要达到饱和时的压力尚有一个过程，因此容器中的实际压力可能会低于按（4.2.5-1）式计算值，从安全和计算方便考虑，本规范采用（4.2.5-2）式来计算施放灭火剂过程中的贮存容器中的压力。

第 4.2.6 条　本条规定了输送灭火剂的镀锌钢管内的阻力损失计算公式。

按流体力学中的达西（H·Darcy）公式，对某一管段中沿程压力损失为：

$$P_p=\lambda\frac{L}{D}\rho\frac{V^2}{2}\tag{4.2.6-1}$$

式中　P_p——管道沿程阻力损失（Pa）；

λ——沿程阻力系数；

L——管道长度（m）；

D——管径（m）；

ρ——流体密度（kg/m^3）；

V——流速（m/s）。

将流速改为质量流量，并以压力降表示，则上式可改写为：

$$\frac{P_p}{L}=\frac{8\lambda}{\pi^2\rho}\cdot\frac{q_m^2}{D^5}\tag{4.2.6-2}$$

式中　q_m——质量流量（kg/s）；其余字母含义及单位同 4.2.6-1 式。

流体力学中实验已证实，沿程阻力系数 λ 是雷诺数 Re 与管壁相对光度 D/ε 的函数。即：

$$\lambda=f\left(\frac{D}{\varepsilon}\cdot R^{n}e\right)$$

式中 n 为负值，以 $n=-m$ 代。对于给定材料的管道，管壁粗糙度 ε 为定值，因此相对光度只是管径 D 的函数；又：

$$R^{n}e=R^{-m}e=\left(\frac{4}{\pi\mu}\cdot\frac{q_m}{D}\right)^{-m}\text{（}\mu\text{ 为液体粘度，Pa/s）}$$

即得：

$$\lambda = f\left[D\left(\frac{D}{q_{\mathrm{m}}}\right)^{\mathrm{m}}\right] \qquad (4.2.6\text{-}3)$$

这表明 λ 只是 D 与 $\left(\frac{D}{q_{\mathrm{m}}}\right)^{\mathrm{m}}$ 的函数，因此（4.2.6-2）式可写成：

$$\frac{P_{\mathrm{p}}}{L} = \frac{8\lambda}{\pi^2\rho} \cdot \frac{q_{\mathrm{m}}^2}{D^5} = \varphi\left[D\left(\frac{D}{q_{\mathrm{m}}}\right)^{\mathrm{m}}\right] \cdot \frac{q^2}{D^5} \qquad (4.2.6\text{-}4)$$

以上导出了沿程压力损失的流体计算以式，其中函数 φ 须经试验测定。

本规范所采用的计算公式系引自英国 BS5306—5.2—1984 年规范，该规范所给出的计算公式是根据试验归纳出来的，测试结果分析表明：

$$\varphi\left[D\left(\frac{D}{q_{\mathrm{m}}}\right)^{\mathrm{m}}\right] = \left[12 + 0.82D + 37.7\left(\frac{D}{q_{\mathrm{m}}}\right)^{0.25}\right] \qquad (4.2.6\text{-}5)$$

由（4.2.6-5）式可以看出，由实际测试得出的函数关系和理论推导是一致的。由该公式计算出的结果和从美国 NFPA12B—1980 标准的图表中查出的数据基本相同。因此，本规范采用了这一计算方式。

第 4.2.7 条 由于灭火剂贮存装置和喷嘴的位置不可能处在同一水平高度上，高度变化必然使管道中灭火剂流动时的压力变化。

高程变化值一般以贮存容器底部与喷嘴之间的高度差计算。当贮存容器的安装位置高于喷嘴的位置时，高程变化值为正值；当贮存容器的安装位置低于喷嘴的位置时，高程变化值为负值。

第五章 系统的组件

第一节 贮存装置

第 5.1.1 条 本条规定采用管网输送灭火剂的卤代烷 1211 灭火系统，其灭火剂贮存装置宜由贮存容器、容器阀、单向阀和集流管等组成。贮存容器是用来贮存灭火剂的；容器阀用于控制灭火剂的施放；单向阀用来控制灭火剂的回流；集流管是起汇集从贮存容器排出的灭火剂并将其输送到需要的地方的作用。

根据美国 NFPA12B—1980 标准第 1—9.5.5.2 项规定："容器充装灭火剂后，如果一直未排放过，则可一直延续使用，但最长为 20 年（自上一次试验和检查日期算起）"。由于贮存容器可能使用时间很长，加之卤代烷 1211 价格较高，因此灭火剂贮存装置必须选用专用的部件。由于我国目前尚未制订这些部件的国家标准，也未建立检验这些部件的国家级检测中心。因此设计所选用的部件必须是经过鉴定的合格产品。

目前国外卤代烷 1211 灭火系统的贮存容器常用的有能贮存几公斤到几百公斤灭火剂的容器，也有能装几吨灭火剂的大型容器。而我国目前只有几种小型的能装几公斤灭火剂的球型容器和 40L 容积的钢瓶。这几种规格的容器虽能满足一般防护区的需要，但对于大型防护区来讲是不经济的。因此，有必要设计更大容积的贮存容器。贮存容器的设计、制造和检验必须符合国务院颁布的《锅炉压力容器安全监察暂行条例》及实施细则。国家劳动总局颁布的《压力容器安全监察规程》，以及第一机械工业部、石油工业部、化学工业部颁布的《钢制石油化工压力容器设计规定》中的有关规定。

在系统设计时，应使卤代烷 1211 灭火剂流经容器阀的流速不要过高，以免局部阻力损失过大，从而难以满足喷嘴喷射压力的要求。灭火剂流经容器阀的流速也不宜过低，而造成灭火剂回流和阀门及管道通径过大，灭火剂流经容器阀的平均流速宜在 5～7m/s 的范围内。

第 5.1.2 条 贮存容器上或容器阀上设安全泄压装置，主要是为了防止由于意外情况出现时，贮存容器的压力超过正常准许的最高压力而引起事故，以确保设备和人身安全。

贮存在容器内的灭火剂的贮存压力，是根据设计需要确定的。由于充装比和 20℃时贮存压力的不同，贮存压力随温度的变化也不相同。充装比越大，温度越高，贮存压力将增加很多。例如，一个贮存容器在 20℃时的贮存压力为 4.0MPa，充装比为 90%，当温度升高到 55℃时，压力将接近 7.0MPa。我国现行的国家劳动总局颁发的《压力容器安全监察规程》中第 83 条规定：盛装液化气体的容器必须装设安全阀（爆破片）和压力指示仪表。

在设计时，对不太大的贮存容器，如 40L 的钢瓶，可在容器阀上设泄压装置；对于专用的大型容器，应在容器上直接设置泄压装置。

设置一个能指示贮存容器内压力的压力表，主要是为了经常检查贮存容器压力的变化。国外同类标准一般均规定，经温度校正后的贮存压力如果损失 10%以上，就必须进行充装或更换。

第 5.1.3 条 在容器阀与集流管之间的管道上设置单向阀，能够保证贮存装置在移去个别容器进行检修等工作时，仍能保持系统的正常工作状态。对于组合分配系统，当一部分贮存容器的灭火剂已施放，剩余的贮存容器仍可能保护其余的防护区，如不设单向阀，则在施放灭火剂时，就可能回流到已放空的贮存容器中去，这将会使施放的灭火剂量不足而达不到灭火作用。

单向阀与容器阀或集流管之间采用软管连接，主要是为了便于系统的安装与维修时更换容器。此外，采用软管连接，也能减缓灭火剂施放时对管网系统的冲击力。

本条还规定，贮存容器和集流管应采用支架固定。这是考虑到贮存容器压力较高，系统启动时，灭火剂的液流产生的冲击力很大。为了防止系统部件的损坏，应采用支架将容器固定。在设计支架时，应考虑到便于单个容器的称重和维护。

上述规定和国外同类标准的有关规定是一致的。如美国 NFPA12B—1980 标准中第 1—9.5.5 款规定："当多个容器连接到一根集流管上时，各个容器必须安装得适当，并用适当的架子支撑住，以便每个容器都能方便地单独使用和对每个容器单独称量其重量。如果系统在使用中有一些容器撤出去维修，必须采用自动的方法来防止药剂从集流管漏出"。又如 ISO/DP7075/1 标准中第 10.5.3.4 款规定："安装多个容器的系统时，容器要安装得当，并妥善的固定在支架上，支架应便于单个容器的维护和称重。如果在再充装和维修时，拆去的容器多于卤代烷充装数的 20%，则应准备一个手动装置以防止系统启动。当为了维护而拆去容器时，如果系统正在运行，则应设置一个自动装置来防止灭火剂从集流管中流失。"

第 5.1.4 条 本条规定主要是为了便于对灭火系统进行验收、检查和维护。由于卤代烷 1211 灭火剂具有腐蚀性小、久贮不变质的优点，灭火剂的贮存装置可以使用相当长的时间，甚至可达几十年之久，因此必须设置一个永久性的固定标志。

第 5.1.5 条 本条规定的目的在于保证保护同一个防护区内的灭火剂贮存容器能够互换，以便于贮存装置的安装、维护与管理。

第 5.1.6 条 本条是参照国外同类标准的有关规定，并结合我国的具体情况确定的。

美国 NFPA12B—1980 标准中规定："贮存容器必须尽可能安装在靠近所保护的危险区或所保护的几个危险区，但不能安装在有火而可能使系统性能遭受损害的地方"。

英国标准 BS5306—1984 有关条文规定："贮存容器和附件的布置和定位，应便于检查、试验、再灌装及其他的维护工作，并应使防护中断的时间最少。

贮存容器应布置得尽可能靠近它们所保护的危险场所或危险物，但不应暴露在火灾中，以免损坏系统的工作性能。

贮存容器不应设置在会受到恶劣气候条件或受到机械的、化学的或其他危害的地方。当预料会受到恶劣气候或机械危害时，应提供适当的保护装置或加以封闭。"

我国现行的《高层民用建筑设计防火规范》和已修订的《建筑设计防火规范》所规定设置卤代烷灭火系统的地方，均为性质重要，经济价值高的场所，且均设在耐火等级不低于二级的建筑物内。为确保灭火剂贮存装置安全，使其能够免受外来火灾的威胁，因此，本条规定采用管网输送的灭火剂贮存装置应设在耐火等级不低于二级的专用的贮瓶间内。"

关于"专用贮瓶间"的含义有两个方面：首先是贮存装置必须设在一个房间内，不能设置在露天场所、走廊过道或暂时性的简陋构物内。第二是该贮存室是专为设置贮存装置的，只可兼作火灾自动报警控制设备室之用，不得兼作其他与消防无关的操作之用，不得放置其他与消防无关的设备或材料。

本条未规定像悬挂式一类无管网灭火装置贮存容器的设置位置。这一类灭火装置一般是布置在防护区内，但应注意设置地点不能在火灾可能蔓延到的地方，即不应将其放置在可燃物之中。

关于贮存容器放置地点的环境温度，美国 NFPA12B—1980 标准第 1—9.5.5.8 项规定："贮存温度不得超过 130℉（55℃），也不得低于 32℉（0℃）。除非这个系统是设计成可以超过这个温度范围使用的"。根据我国具体的条件，本条规定贮瓶间室温应保持在 0～50℃ 的范围。我国的极端最高气温，是 1941 年 7 月 4 日在新疆吐鲁番记录到的 47.6℃。

贮瓶间应尽量靠近防护区，主要是为了减少灭火剂在管道中流动的阻力损失，满足喷嘴的工作压力要求。但贮瓶间不应布置在容易发生火灾或有爆炸危险的地方。如贮瓶间发生火灾，不仅系统会被破坏。而且灭火剂贮存容器及启动用容器等压力容器，也可能因超过临界温度而产生爆炸，危及人员和建筑物的安全。

本条规定贮瓶间的出口直接通向室外或疏散走道，是为了便于在系统需要使用应急操作时，人员能够很快进入，在贮瓶间存在危险时能够迅速撤离

地下贮瓶间设机械排风装置的目的，主要是为了尽快排出因维修或贮瓶的质量问题而泄漏的卤代烷 1211，以保证人员的安全。由于卤代烷 1211 蒸汽的比重比空气约重五倍，容易积聚在低凹处，如果地下室不采用排风装置，是难以将它排出室外。

第二节 阀门和喷嘴

第 5.2.1 条 要求选择阀安装在贮存装置附近，可以减短连接管道的长度，便于集中操作与维修。考虑到灭火系统的自动操作有偶然失灵而需进行应急手动操作，故选择阀的安装位置还应考虑到手动操作的方便且有永久性标志，以便于在防护区发生火灾后且自动操作失灵的紧急情况下，操作人员也能在与贮存装置的同一地点迅速准确无误地进行应急手动操作。

第 5.2.2 条 喷嘴的布置是系统设计中一个较关键的问题，它直接关系到系统能否将火灾扑灭，采用全淹没系统保护的防护区内所布置的喷嘴，应能在规定的时间内将灭火剂施放出，并能使防护区灭火剂均匀分布，这是喷嘴选择和布置的原则。用于全淹没系统的喷嘴是多种多样的，这些不同结构型式的喷嘴有不同的流量特性和保护范围。一般来讲，卤代烷

1211灭火系统喷嘴生产厂家，除提供喷嘴的流量特性外，还应提供经过实际测试得出的经消防主管部门批准的喷嘴的保护范围，即安装高度和保护面积等应用参数供设计选用。

一般要求在开始喷射的一分钟内，防护区内的灭火剂浓度应均匀分布。这一方面取决于喷嘴的选择和布置；此外还取决于防护区的密封性能。因防护区未关闭的开口对灭火剂的均匀分布有重要影响。关于开口的影响及其处理办法，本规范第三章第三节，已予规定。对于喷嘴的布置的影响，只要在系统设计时，按产品制造厂提供的参数进行，就能确保开始喷射的一分钟之内，防护区内灭火剂浓度均匀分布。这是因为，喷嘴的保护范围试验要求和系统设计要求是一致的。

本条规定和国外同类标准、规范是一致的。

如英国BS5306—5.2—1984有关条文规定："全淹没系统的设计，应确保施放开始的一分钟内，整个被保护的空间内卤代烷1211的浓度均匀分布"。该规范的9.5条要求："用于全淹没系统的喷嘴应适合于预期的用途。同时喷嘴的布置应考虑到危险区的范围和封闭空间的几何形状。

选择的喷嘴类型、数量和位置要使危险的封闭空间的任何部分都能达到设计浓度"。

又如美国NFPA12B—1980标准2—6.5条规定："用于全淹没系统的喷嘴必须使用按其用途并经过注册那种类型。其安装位置必须考虑危险区及其封闭间的几何形状。

所选择的喷嘴型号、数目和安装位置必须能够在危险封闭间的各个部分建立设计浓度……喷嘴必须依据其使用场合适当选择，必须按其规定的覆盖面积以及相互协调工作的条件在危险区进行布置"。

本条还规定了安装在有粉尘的防护区内的喷嘴，应采用防尘罩，以免喷嘴被堵塞。这些粉尘罩应在喷射灭火剂时被吹掉或吹碎。

第三节　管道及其附件

第5.3.1条　本条规定了选择卤代烷1211灭火系统管道的原则。说明如下：

卤代烷1211灭火剂用氮气加压后的贮存容器内压力，将随环境温度变化，且与初始贮存压力、充装密度有关。贮存压力为1.05MPa和2.5MPa的系统，在不同充装密度时，贮存容器内的压力与温度的关系见图5.3.1-1与图5.3.1-2。

从这两图可以看出，贮存压力为2.5MPa的系统，当充装密度为1.442kg/l，贮存温度升到55℃时，贮存容器内的压力将升到3.34MPa；贮存压力为1.05MPa的系统，当充装密度为1.442kg/l，贮存温度升到55℃时，贮存容器内的压力将升到1.61MPa。因此，为安全起见本条规定："管道及管道附件应能承受最高环境温度下的贮存压力"。并以此作为选择管道的依据。

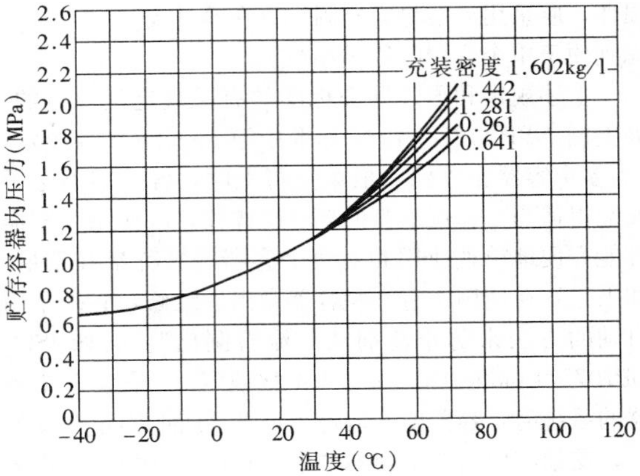

图5.3.1-1　卤代烷1211加压到1.05MPa的等容积曲线

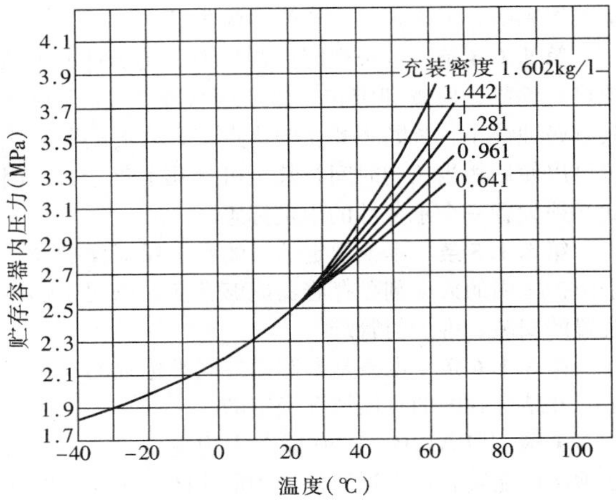

图5.3.1-2　卤代烷1211加压到2.5MPa的等容积曲线

一、对贮存压力为1.05MPa的系统宜采用GB 3091—82《低压流体输送用镀锌焊接钢管》中规定的加厚管。这种管道水压试验达3.0MPa，工作压力可达2.0MPa。对贮存压力为2.5MPa和4.0MPa的系统，只有采用GB 3639—83《冷拔或冷轧精密无缝钢管》和冶标YB231—70《无缝钢管》中规定的无缝钢管才能承受这种系统的压力，但必须对无缝钢管进行双面镀锌处理。

二、当防护区内有腐蚀镀锌层的气体、蒸汽或粉尘存在时，应选用GB 2270—80《不锈钢管》，GB 1528—79《挤制钢管》和GB 1527—79《拉制铜管》中规定的不锈钢管或黄铜管。英国标准BS5306—5.2—1984第9.3.1条规定"螺纹连接的钢制管道工程和接头应内外镀锌，在无另外的防腐措施情况下，可以采用铜管、黄铜管或不锈钢管"；在第9.3.7条中规定"镀锌处理不适于有可以腐蚀镀层的化学蒸汽、尘埃或潮气存在的环境中，……应采用适当的表面防护以对付正常的腐蚀作用，……涂覆层通常应选择铅基合金、装饰锌（冷镀锌）或专用的涂料”。

三、输送启动气体的管道需要承受6.0MPa的压力，管径较小，且需弯曲的地方较多，还需防腐蚀，所以采用GB 1527—79《拉制铜管》和GB 1528—79《挤制铜管》标准中的紫铜管较为适宜。卤代烷1211灭火系统管道壁厚可采用下式计算：

$$\delta=\frac{P_g D}{2[\sigma]} \quad (5.3.1\text{-}1)$$

式中 δ——管道壁厚（mm）；

D——管道内径（mm）；

P_g——管道工作压力（MPa）；

$[\sigma]$——管道材料许用应力（MPa）。

对于钢管 $[\sigma]$ 按下式计算：

$$[\sigma]=\frac{\sigma_n}{n} \quad (5.3.1\text{-}2)$$

式中 σ_n——材料抗拉强度（MPa）；

n——安全系数，当 $P_g\leqslant 7$MPa时，n 取8；当 $7\text{MPa}\leqslant P_g\leqslant 17.5$MPa时，$n$ 取6；

对于铜管，取 $[\sigma]\leqslant 25$MPa。

第5.3.2条 本条规定了管道附件的连接形式和管道附件的材料。对公称直径不大于80mm的管道附件，考虑到安装与维修的方便，规定采用螺纹连接，对公称直径超过80mm的管道附件建议采用法兰连接。

螺纹管接头可采用符合JB 1902～1941—77《扩口式管接头》、JB 1942～1989—77《卡套式管接头》两个标准规定的管接头，并采用符合JB 1002—77《密封垫片》标准中的规定垫片。

在管网系统设计时，不得采用铸铁管接头，铸铁管接头难以满足使用的温度与压力条件的要求。

法兰可采用符合GB 2555—81《一般用途管法兰连接尺寸》、GB 2556—81《一般用途管法兰密封面形状和尺寸》、JB 74—59《管路附件、法兰、类型》、JB 79—59《铸钢法兰》、JB 81—59《平焊钢法兰》、GB 568—65《船用法兰类型》和GB 583—65《船用法兰垫圈》等标准中规定的法兰和法兰垫片。法兰垫片还可根据系统贮存压力选用TJ 30—78《氧气站设计规范》中推荐的垫片。

管网系统所采用的管道附件的防腐要求应与所连接的管道相同。管道附件的材料也应和所连接的管道适应。

固定管网的支、吊架可按《给水排水》图S119制作及安装。支、吊架应进行镀锌处理。固定不锈钢管时，不锈钢管道支与、吊架间应垫入不锈钢板，并垫入石棉垫片，防止不锈钢与碳钢直接接触。以符合GBJ 235—82《工业管道工程施工及验收规范》（金属管道篇）的要求。管道支、吊架间的最大距离，可按英国BS 5306—1984规范中所提供的下表中的数据布置。

表5.3.2 管道支、吊架的最大间距

管道尺寸（mm）	支、吊架最大间距（m）	管道尺寸（mm）	支、吊架最大间距（m）
15	1.5	50	3.4
20	1.8	80	3.7
25	2.1	100	4.3
32	2.4	150	5.2
40	2.7	200	5.8

第5.3.3条 本条规定了管网布置的原则要求。按卤代烷1211灭火系统的一般设计程序，管网布置是在确定喷嘴的布置及贮存容器的位置后进行的。

本条提出“管网宜布置成均衡系统”。这是考虑到将管网布置成均衡系统有以下两方面好处：一是便于系统设计与计算。一个均衡管网系统可以简化成单个喷嘴系统的计算，此外布置成均衡系统，可以大大减少管网内灭火剂的剩余量，从而节省投资。但是，在具体工程设计时，特别是一些较大的防护区，要使管网完全达到均衡系统的三个条件是较困难的，因此，本条规定采用“宜”的程度用词。

本条给出的均衡系统的三个判别条件和英国BS 5306—1984标准、ISO/DP 7075/1—1984标准的有关规定是一致的。

在执行本条规定时要注意的一点是，凡不符合均衡系统三个条件之一的系统，即为不均衡系统，卤代烷1211灭火系统可以设计成任何形式的系统。

第5.3.4条 由于安装阀门而形成的封闭管段，例如安装了选择阀后的集流管，当卤代烷1211灭火剂流入后，如果温度升高，就会产生液胀的可能。一旦液态卤代烷1211受热膨胀，将会产生巨大压力将管网爆破。为了安全起见，故规定设置泄压装置。

泄压装置可以采用安全膜片，也可采用安全阀。对1.05MPa的系统，泄压压力为1.8±10%MPa，对2.5MPa的系统，泄压压力为3.7±10%MPa。泄压装置的位置，应使它在泄压时不会造成人身受伤，如果有必要的话，应该用管道将泄出物排送到安全的地方。

本条规定和国外有关标准、规范的规定是一致的。

第5.3.5条 当卤代烷1211灭火系统施放灭火剂时，不接地的导体会产生静电带电，而这些带静电的导体可能向其他物体放电，产生足够引起爆炸能量的电火花。因此，安装在有能引起爆炸危险的可燃气体、蒸汽或粉尘场所的卤代烷1211灭火系统的管网，应设防静电接地。

本条规定和国外同类标准的有关规定是一致的。

如英国 BS 5306—1984 标准中第 9.3.2 条规定："为了减小由于静电放电、感应电荷和漏电产生的危害。所以卤代烷 1211 的管道工程应适当地接地"。

在进行系统设计时，一般要求管网的对地电阻不大于 10Ω。

各段管子间应导电良好，若两管段之间的电阻值超过 0.03Ω 时，应按 GB 253—82 规范的要求用导线跨接。

第六章 操作和控制

第 6.0.1 条 在我国目前采用卤代烷 1211 灭火系统保护的场所，均是消防保卫的重点要害部门，一旦失火而不能将其迅速扑灭，将会造成难以估计的经济损失和不良的政治影响。为了确保卤代烷 1211 灭火系统在需要时能可靠地施放灭火剂，因此，本条规定采用管网灭火系统应同时具有三种启动方式。

规定应急手动操作应采用机械式，是考虑到设置应急操作的目的，是为了在其他启动方式万一失灵的情况下，也能进行施放灭火剂的操作。自动操作或手动操作（一般通过电动或气动控制）由于各种原因，很难做到万无一失，如果不设置机械式应急手动操作机构，就可能无法施放灭火剂将防护区内火灾扑灭而造成不应有的损失。我国某厂喷漆车间所设置的卤代烷 1211 灭火系统，在进行模拟试验时，由于气动控制系统故障，而灭火剂容器阀上无机械式应急操作机构去施放灭火剂，致使火势失控而造成数万元经济损失。

本条规定了卤代烷 1211 系统应同时设有自动和手动两种操作方式，至于已设计好的系统应处在何种操作状态下，则应根据防护区可能发生的火灾的特性、使用情况，并充分考虑到人员安全等条件确定。对无人占用的防护区，应采用自动操作方式；对间断性有人占用的防护区，可采用自动操作方式，但在防护区有人时应转换为手动操作。对经常有人占用的防护区，应采用手动操作。

本条规定了无管网灭火装置应具有自动操作和手动操作两种操作方式，但未规定其应具有机械式应急操作，这是根据以下情况确定的：

目前无管网灭火装置有三种结构形式。一种是箱式（或称单体式）灭火装置，箱内设有灭火剂的贮存容器及控制阀，用一根短管将喷嘴引到箱外，箱内还装有自动报警控制盘；另一种是壁装式球型灭火装置，喷嘴也是用一根短管与灭火剂的球型贮存容器上的容器阀相连结；另外还有一种是采用感温元件（例如用易熔合金或感温玻璃球）控制灭火剂施放的悬挂式球型灭火装置。后两种形式灭火装置难以采用机械式应急操作。无管网灭火装置一般是设置在防护区内，为保证人员安全，在施放灭火剂时人员必须撤出护护区。因此，即使设置了机械式应急操作，人员进到防护区内去操作也是不安全的。而将其引到防护区外又难以做到。

为了确保卤代烷 1211 灭火系统能够可靠安全地工作，本条规定的手动操作应是独立的手动操作方式。"独立的"含义是手动操作应与自动操作不相关联，即系统处在手动操作时不能进行自动操作，在火灾自动报警系统失灵或被破坏时也能进行施放灭火剂的操作。做出这一规定就能保证人员处在防护区内时，系统不会因误动作而施放灭火剂。同时，这种独立的手动操作也可以作为应急操作使用。这一规定也参考了国外有关标准、规范的规定。如美国 NFPA12B—1980标准第 1—8.3.6 款规定："用以控制灭火剂施放与分配的所有自动操作阀门必须备有经过批准的、独立的供紧急手动操作的方式。如果系统具有按 1—8.1 条要求配备起来的、经过批准的可靠的手动启动方式（1—8.1 条指系统火灾控测、启动和控制要求）并与自动启动不相关联的话，则可以作为紧急的启动方式"。

第 6.0.2 条 本条规定了卤代烷 1211 灭火系统的几种操作和控制方式的要求。

规定"自动控制应在接到两个独立的火灾信号确认后才能启动"。这就是说，防护区内应设置两种不同类型或两组同一类型的火灾探测器。只有当两种不同类型或两组同一类的火灾探测器均检测出防护区内存在着火灾时，才能发出施放灭火剂的指令。

迅速、准确地探测出防护区内具有火灾或火灾危险，对保证卤代烷 1211 灭火系统可靠与有效工作是至关重要的。任何性能良好的探测器，由于本身质量或环境条件的影响，在长期运行中不可避免出现误报的可能性。一旦误报甚至驱动灭火系统施放灭火剂，不仅会损失价格昂贵的灭火剂造成经济上的负担，而且可能出现人员中毒现象并使人们对该系统的作用失去信心。因此，本条规定采用复合探测是完全必要的。

国外同类标准对此也做出了类似规定，例如英国 BS 5306—84 标准中规定："当使用快速响应的火灾探测器时，例如采用那些感烟和火焰探测器，灭火系统应设计成只有在两个独立的火灾信号引发后才能启动"。ISO/DP 7075—1984 标准中也有同样的规定："为了保证操作的迅速与可靠，以尽可能减少误喷射的可能性，应对自动探测装置进行选择并使其互相配合。为此通常使用复合式（dual-Zoned）探测系统（交叉区域'Cross-Zoned'式复合信息'double-Knock'探测系统）"。

在执行本条文的规定时，防护区内火灾探测器种类的选择，应根据可能发生的初期火灾的形成特点、房间高度、环境条件，以及可能引起误报的原因等因素，按《火灾自动报警系统设计规范》确定。

关于将一种类型的探测器，分成两组交叉设置，即是使一组中的一个探测器其周围的探测器属于另一个组。如一个安装了16个感烟探测器的防护区，分组布置可按图6.0.2进行。

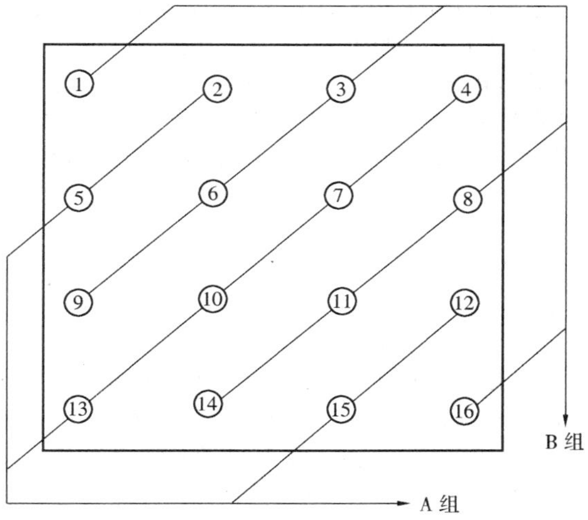

图6.0.2　探测器交叉安装示意图

要求应急手动操作能在一个地点进行，其目的是为了在非常情况下，能够比较迅速地进行操作。“一个地点”的含义是完成施放灭火剂的应急手动操作机构应尽可能的集中，至少应设在一个房间内。要求多个贮存容器启动能够一次完成。但不要求贮存容器阀上的应急手动操作机构去控制选择阀或其他有关设备的开启。

第6.0.3条　卤代烷1211灭火系统的操作与控制，一般是通过电动、气动或机械等方式实现的。要保证系统在正常情况下能处在良好的工作状态，在防护区发生火灾时能可靠地启动系统施放灭火剂及操作需与系统联动的设备。首先要保证操作控制的动力。

《火灾自动报警系统设计规范》对其系统供电要求已作出了规定，完全能满足卤代烷1211灭火系统操作与控制的供电要求。

目前我国所设计生产的卤代烷1211灭火系统，绝大多数是采用气动源来控制灭火剂的施放。无论采用贮存灭火剂容器中的气源或另设的启动气瓶中的气源，在进行系统设计时，均应依据生产厂所提供的阀门开启压力及整个供气系统的容积进行计算。以确保系统可靠地工作。

英、美等国外标准的有关规定与本条规定是一致的。例如，美国NFPA12B—1980标准第1—8.3.3款规定：“在使用系统或供控制用的容器内的气体压力作为释放贮存容器内的灭火剂的方法时，供用量及喷射速度必须设计得能将所有贮存容器内的药剂都能释放出”。

第6.0.4条　本条规定设置卤代烷1211灭火系统的防护区应设置火灾自动报警系统。这是由于我国目前采用卤代烷1211灭火系统保护的场所，如大、中型电子计算机房、通讯机房、档案库、文物库房及通讯机房等，均系消防重点保护对象。采用自动报警系统，能较早发现初起火灾而及时进行扑救。这样，不仅能减轻火灾损失，而且能更好地发挥卤代烷1211的灭火效果。国外有关标准一般也规定了采用卤代烷灭火系统的防护区应使用火灾自动报警系统。

我国正在制订的《火灾自动报警系统设计规范》对报警系统的设计要求已做出明确规定。故本条文中不需要再制定重复的规定。

第七章　安全要求

第7.0.1条　本条从保证人员安全角度出发，规定了人员撤离防护区的时间和迅速撤离的安全措施。

当卤代烷1211全淹没系统向已发生火灾的防护区内施放灭火剂后，防护区可燃物质的燃烧生成物及卤代烷1211接触火焰或温度达482℃以上的热表面而生成的分解物，对人员均会产生危害。

一般来说，卤代烷1211灭火剂本身对人员的危害较小。国内外对这种灭火剂本身的毒性已进行了大量试验和研究，国际标准化组织ISO5923《消防药剂第三部分卤代烷》标准中介绍，已做的卤代烷1211和1301对动物和人的毒性试验表明，短时间接触4%体积浓度的卤代烷1211几乎没有什么有害影响；当卤代烷1211的浓度为4%～5%时开始有轻微的中毒作用，浓度高或接触时间长，中毒作用明显。

美国消防协会NFPA12B—1980标准中指出：“未分解的卤代烷1211对人的危害已做过研究，发现它对人产生的危害虽有，但很小。当人接触4%浓度以下的灭火剂时，持续时间一分钟，才会对人的中枢神经有所影响。如果灭火剂浓度在4%以上，而接触时间长达几分钟，会出现晕眩、共济功能失调和反应迟钝。如果接触灭火剂时间在一分钟之内，则这种影响不会使人丧失工作能力。尤其是接触灭火剂的头30s内，即使吸入的浓度超过4%也几乎没有什么感觉。因此4%的浓度和30s的接触时间，被认为是对人体吸入足够的灭火剂量而开始要产生影响所需要的时间。如果药剂浓度达5%～10%。持续接触时间又过长，就有会失去知觉和可能死亡的危险。

接触卤代烷1211对人造成的影响，可能会持续一个短时间，但很快就会完全恢复正常。即使多次反复接触卤代烷1211也不会在人身积存下来”。

美国保险商实验室根据动物试验，得出一些化学药剂对人员生命危害程度的分类如下，表中6组的毒性最小。

表 7.0.1-1　几种药剂对人员危害程度分类

毒性组别	定　　义	实　例
6	气体或蒸汽浓度为 20%以上体积浓度，连续接触 2 小时，没有产生危险	卤代烷 1301 卤代烷 1211
5	气体或蒸汽的毒性比第四组的毒性小得多，但比第 6 组的毒性大	卤代烷 1211 卤代烷 2402 二氧化碳
4	气体或蒸汽浓度为 2%～2.5%体积浓度，连续接触 2 小时，产生死亡或严重伤害	氯代甲烷 二溴二氟甲烷 溴代乙烷
3	气体或蒸汽浓度为 2%～2.5%体积浓度，连续接触 1 小时，产生死亡或严重伤害	一氯一溴甲烷 四氯化碳 三氯甲烷
2	气体或蒸汽浓度为 0.5%～1%体积浓度，连续接触半小时，产生死亡或严重伤害	溴代甲烷 氨
1	气体或蒸汽浓度为 0.5%～1%体积浓度，连续接触 5 分钟，产生死亡或严重伤害	一氧化碳

我国在 1966 年也曾用老鼠、猫和猴子等动物进行卤代烷 1211 的毒性试验，也得出卤代烷 1211 的毒性与国外的资料基本一致的结论。

卤代烷 1211 灭火剂接触火焰或温度达 482℃以上热表面就会发生分解，分解产物主要是卤酸（HF、HCl、HBr），游离卤素（Cl_2、Br_2）及少量卤代碳酰（COF_2、$COCl_2$、$COBr_2$）。这类分解产物毒性大。美国 NFPA12B 标准中介绍的分解产物的毒性见下表。

表 7.0.1-2　卤代烷 1211 分解产物毒性

分解产物	接触 15 分钟致死的大致浓度，空气中含量 PPm（体积）	短期接触有危险的浓度空气中含量 PPm（体积）
HBr	4750	
HCl	4750	1000～2000
HF	2500	50～250
Br_2	550	
Cl_2	350	50
F_2	370	
$COBr_2$		
$COCl_2$	100～150	50
COF_2	1500	

试验证明，采用卤代烷 1211，灭火剂时，其分解物的数量，在很大程度上取决于火灾的规模，卤代烷 1211 的浓度及其与火焰或高温表面接触的时间长短等因素决定。

1972 年我国用卤代烷 1211 在船舶上进行灭火应用时，用灭火后防护区内的混合气体对鼠、兔、猴等动物进行了一系列毒性试验，亦得出了混合气体中的燃烧产物和卤代烷 1211 的分解物有较大毒性的结论。

根据以上资料说明，人员不得停留或进入已施放卤代烷 1211 灭火剂的防护区内。为了防止火势扩展，火灾蔓延和形成深位火灾以减少损失，同时，也为了减少燃烧生成物与卤代烷 1211 分解产物的浓度以减少其对人员可能造成的毒害和对保护物造成的腐蚀，应尽快将人员撤离出防护区，迅速施放灭火剂将火灾扑灭。

本条规定防护区内必须设有使人员能够在 30s 疏散出去的通道与出口。这既考虑了使用卤代烷 1211 灭火初期火灾的需要，也能满足人员撤出设置卤代烷 1211 灭火系统防护区的要求。本规定和美国 NFPA 12B—1980 标准中的规定是一致的。该标准 2—1.1.4 款规定："卤代烷 1211 全淹没系统只允许在正常情况下未被占用的地区使用。亦即在这个地区，人员能在 30s 内疏散"。西德 DIN14496—1979 标准中规定："当预报警时间为 20s 时，允许使用最大高达 5%体积浓度的卤代烷 1211，如果能确保 20s 的预报警时间内能撤出工作场地，则允许使用大于 5%体积浓度的卤代烷 1211"。日本消防法施行规则中将预报警时间定为 20s。

一般来说，采用卤代烷 1211 灭火系统保护的防护区一旦发出火灾报警讯号，人员应立即开始撤离，到发出施放灭火剂时的报警时人员应全部撤出。这一段预报警时间也就是人员疏散时间，与防护区面积大小、人员疏散距离有关。防护区面积大，人员疏散距离远，则预报警时间也应长。反之则预报警时间短。这一时间是人为规定的，可根据防护区的具体情况确定，但不应大于 30s。当防护区内经常无人时，则可取消预报警时间。

本条文规定：道路与出口应保持通畅系指疏散道路及出口应符合建筑防火规范安全疏散的章节的有关规定。设计疏散通道不能兼作其他功能使用。更不能堆放永久性物品，以保持疏散通畅。

疏散通道与出入口处设置事故照明及疏散路线标志是为了给疏散人员指示出疏散方向，所用照明电源应为火灾时专用电源。

第 7.0.2 条　在每个防护区内设置火灾报警信号和施放灭火剂的报警信息号，在于提醒防护区内的人员迅速撤离出防护区，以免受到火灾或灭火剂的危害。此外这两个报警信号之间一般有 20～30s 的时间间隔，也给防护区内的人员提供一个判断防护区内的火灾是否可用手提式灭火器扑灭，而不必启动卤代烷 1211 灭火系统的时间。如果防护区内的人员发现火灾很小没有必要启动系统，则可将门上的手动操作按钮置于关闭状态，以节约资金。

在防护区的每个入口处设置施放灭火剂的光报警

器，目的在于提醒人们注意防护区内已施放灭火剂，不要进入里面去，以免受到危害。在防护区内和入口处均应设置说明该处已采用卤代烷1211灭火系统的防护标志，是由于在卤代烷1211灭火系统的防护区内进出人员，往往为非1211灭火系统操作的专业人员，对使用1211灭火系统所应注意安全事宜不了解。为提醒进出防护区内的非专业人员对1211灭火系统的注意及促使其了解1211灭火系统所应注意的安全措施，特规定于防护区设置警告标牌，以提醒出入防护区人员关注。

第7.0.3条 本条规定经常有人的防护区内设置的无管网灭火装置应有切断自动控制系统的手动装置。即手动装置应是独立的。

独立的手动操作方式系指与自动操作不相关联，能够独立启动卤代烷1211灭火系统施放灭火剂的手动操作方式，且系统处在手动操作方式时能够截断自动启动。这就能够保证不会因自动操作误动作而将灭火剂施放到有人的防护区内，以确保人员安全。

采用易熔合金或感温玻璃球等感温元件控制灭火剂施放的悬挂式无管网灭火装置。这是一种特殊类型的无管网灭火装置，它本身具有火灾自动报警系统的探测功能。目前我国生产的这类装置，虽然有些已加上了用电爆方式击破感温玻璃球的功能，具有自动操作与手动操作两种操作方式。但是当它处在手动操作时，不能防止感温玻璃球自动引爆，故有必要对其应用场合给予限制。美国NFPA所编的《防火手册》（第十三版）将这种装置（无电引爆启动方式）列入到“专用”系统的范围内，指出它只能用于扑救封闭空间内的B类和C类火灾，并不准在一个封闭空间内同时使用几个这种装置。进行工程设计时必须充分了解这一类无管网灭火装置的特点，注意到它的局限性。由于感温玻璃球实际上也起火灾感温探测器的作用，因此宜用于火灾发展很快、产生大量热的防护区内。目前一些工程设计将其用于图书、档案库及电子计算机房、通讯机房等场所是不适宜的。应按本规范6.0.4条的要求，执行《火灾自动报警系统设计规范》的规定。

第7.0.4条 防护区出口处应设置向疏散方向开，且能自动关闭的门。其目的以防疏散人员拥挤而造成门打不开，影响人员疏散。人员疏散后要求门自动关闭，以利于防护区卤代烷1211气体保护设计浓度。并防止1211气体流向防护区以外地区，污染其他环境。自动关闭门应设计为关闭后，强调在任何情况下都能从防护区内部打开。以防因某种原因，有个别人员未脱离防护区，而防护门从内部打不开造成人身事故发生。

第7.0.5条 根据第7.0.1条的条文说明，一旦向发生火灾后的防护区内施放卤代烷1211灭火剂，防护区内将有各种有害气体存在，其中包括灭火剂本身，燃烧生成物和灭火剂接触高温度后的分解物。这时人员是不能进入防护区内的。为了尽快排出防护区内的有害气体，使人员能进入里面清扫和整理火灾现场，恢复防护区的正常工作条件，本条规定防护区应进行通风换气。

由于卤代烷1211灭火剂与空气所形成的混合气体的重度比空气大，无窗和固定窗扇的地上防护区以及地下防护区难以采用自然通风的方法将这种混合气体排走。因此，应采用机械排风装置。在执行这一规定时应注意的是，由于混合气体重度较大，一般易集聚在防护区的下部。

故排风扇的入口应设在防护区的下部。美国NFPA12C—T标准要求排风扇入口设在离地面高度46厘米以内。

排风量应使防护区每小时能换气四次以上。

在执行本条规定时，换气时间可根据下式计算：

$$t=\frac{V}{E}\ln\frac{\varphi_0}{\varphi} \qquad (7.0.5)$$

式中 t——换气时间（s）；

V——防护区容积（m^3）；

E——排风量（m^3/s）；

φ_0——防护区内施放的灭火剂浓度；

φ——准许人员进入防护区时的灭火剂浓度。

若防护区内施放的灭火剂浓度为5%。要求浓度降到1%以下，根据以上假定，则需要0.4h的换气时间；如果要求灭火剂浓度降至0.5%以下时，则需要0.58h的换气时间。以上计算是以防护区内灭火剂始终是均匀分布的理想状态为基础。由于灭火剂和空气混合物的浓度较重，而排风扇的进口又设在防护区下部，上述计算方法是偏向安全的，因此是可靠的。

第7.0.6条 当防护区内一旦发生火灾而施放卤代烷1211灭火剂。防护区内的混合气体对人员会产生危害，第7.0.1条的条文说明已阐明。此时人员不应留在或进入防护区。但是，由于各种特殊原因，人员必须进去抢救万一被困在里面的人员或去查看灭火情况等。例如我国某轮船由于机仓失火施放卤代烷1211灭火剂后，管理人员急于下仓查看灭火效果，由于没有防护措施，使人员受到严重危害。因此，为了保证人员安全，本条关于设置专用的空气呼吸器或氧气呼吸器是完全必要的。

中华人民共和国国家标准

卤代烷1301灭火系统设计规范

GB 50163—92

条 文 说 明

前　言

根据原国家计委计综［1986］2630号文件的通知，由公安部天津消防科学研究所会同机械电子工业部第十设计研究院、北京市建筑设计研究院、武警学院、上海市崇明县建设局五个单位共同编制的《卤代烷1301灭火系统设计规范》GB 50163—92，经建设部于1992年9月29日以建标［1992］665号文批准发布。

为便于广大设计、施工、科研、学校等有关单位人员在使用本规范时能正确理解和执行条文规定，《卤代烷1301灭火系统设计规范》编制组根据国家计委关于编制标准、规范条文说明的统一要求，按《卤代烷1301灭火系统设计规范》的章、节、条顺序，编制了《卤代烷1301灭火系统设计规范条文说明》，供国内各有关部门和单位参考。在使用中如发现本条文说明有欠妥之处，请将意见直接函寄公安部天津消防科学研究所。

一九九二年九月

目　录

第一章 总 则

第1.0.1条 本条提出了编制本规范的目的，即为了合理地设计和使用卤代烷1301灭火系统，使之有效地保护该系统防护区内的人员生命和财产的安全。

卤代烷1301是一种能够用于扑救多种类型火灾的有效灭火剂。它主要是通过高温分解物对燃烧反应进行抑制，中断燃烧的链式反应，使火焰熄灭，因而具有很高的灭火效力，并且可使灭火过程在瞬间完成。此外，它还具有不导电、耐贮存、腐蚀性小、毒性较低、灭火后不留痕迹等一系列优点。以卤代烷1301为灭火介质的固定灭火系统以及其他移动式灭火设备，在国际上已广泛地应用于许多具有火灾危险的重要场所。美国、英国、法国、日本、前联邦德国等国家都已制定了有关卤代烷1301和卤代烷1211灭火系统的设计、安装、验收规范或标准。使用这些灭火系统保护图书、档案、美术、文物等大量珍贵资料的库房，散装液体库房，电子计算机房、通讯机房、变配电室等存有贵重仪器设备的场所。

我国从60年代开始研制卤代烷灭火剂，并在70～80年代对卤代烷灭火系统的应用技术进行了较全面的研究。80年代以来，根据我国社会主义现代化建设发展的需要，颁布了国家标准《卤代烷1211灭火系统设计规范》，并在现行国家标准《高层民用建筑设计防火规范》和《建筑设计防火规范》中对应设置卤代烷灭火系统的场所做出了明确规定。这对我国卤代烷灭火系统的推广应用起到了积极的促进作用。

近10年来，由于我国卤代烷1301灭火剂生产的工业化和卤代烷1301灭火系统应用技术的日趋成熟，并基于卤代烷1301灭火系统适用环境温度范围宽和对防护区人员危害小等特点，这种灭火系统的应用越来越受到研究、设计、使用和消防监督等部门的重视，采用国内研究成果或国外引进技术设计、安装的卤代烷1301灭火系统日趋增多。卤代烷1301灭火系统能否有效地保护其防护区域内人员生命和财产的安全，首要条件是系统的设计是否正确、合理。因此，建立一个统一的设计标准是至关重要的。

本规范的编制，是在对国外先进标准和国内外研究成果进行综合分析并在广泛征求国内专家意见的基础上完成的。它为卤代烷1301灭火系统的设计提供了一个统一的技术要求，使系统的设计做到正确、合理，有效地达到预期的防护目的。本规范也可以作为消防管理部门对卤代烷1301灭火系统工程设计进行监督审查的依据。

第1.0.2条 本条根据我国的具体情况规定了卤代烷1301灭火系统工程设计所应遵守的基本原则和达到的要求。

卤代烷1301灭火系统主要用于保护一些重点要害部位，系统的工程设计势必涉及到许多重要的经济、技术问题。因此，系统的设计必须遵循国家有关方针政策，严格执行《中华人民共和国消防条例》和其他有关工程建设方针政策的规定。

卤代烷1301灭火系统的工程设计，必须根据防护区的具体情况，选择合理的设计方案。首先应根据工程的防火要求和卤代烷1301灭火系统的应用特点，合理地划分防护区，制定合理的总体设计方案。在制定总体方案时，要把防护区及其所处的同一建筑物或构筑物的消防问题作为一个整体考虑，要考虑到其他各种消防力量和辅助消防设施的配置情况，正确处理局部和全局的关系。第二，应根据防护区的具体情况（如防护区的位置、大小、几何形状、开口通风等情况，防护区内可燃物质的种类、性质、数量和分布等情况，可能发生火灾的类型、起火源和起火部位等情况以及防护区内人员分布情况等），合理地选择采用不同结构形式的灭火系统，进而确定设计灭火剂用量、系统组件的型号和布置以及系统的操作控制形式。

卤代烷1301灭火系统设计达到的总要求是“安全可靠、技术先进、经济合理”。这是三个既独立又统一的原则。“安全可靠”是要求所设计的灭火系统在平时应处于良好的运行状态，无火灾时不得发生误动作，且不得妨碍妨护区内人员的正常活动以及工作或生产的进行；在需要灭火时，系统应能立即启动并施放出必要量的灭火剂，把防护区内的火灾扑灭在初期，确保防护区内人员的安全并尽量减少火灾损失。“技术先进”则要求系统设计时尽可能采用新的成熟的先进设备和科学的设计、计算方法。

第1.0.3条 本条规定了本规范的适用范围和不适用范围。

一、本规范的适用范围有两层含义，即本规范所涉及的灭火系统只限于以全淹没方式灭火的卤代烷1301灭火系统，而且该系统主要用于工业与民用建筑中的火灾防护。

本规范属于工程建设中的防火专业规范，其主要任务是解决工程建设中的消防问题。因此，在本规范中把工业与民用建筑中的一些危险场所作为卤代烷1301全淹没灭火系统的主要防护对象是合情合理的，在技术上是完全可行的。现行国家标准《高层民用建筑设计防火规范》和《建筑设计防火规范》对设置卤代烷灭火系统的场所都作出了明确规定。

现行国家标准《高层民用建筑设计防火规范》规定：大、中型电子计算机房、图书馆的珍藏库，一类建筑内的自备发电机房和其他贵重设备室，应设卤代烷或二氧化碳等固定灭火装置。

现行国家标准《建筑设计防火规范》规定下列部位应设卤代烷或二氧化碳灭火设备：

1. 省级或超过100万人口城市电视发射塔微波室；

2. 超过50万人口城市通讯机房；

3. 大中型电子计算机房或贵重设备室；

4. 省级或藏书量超过100万册的图书馆，以及中央、省、市级文物资料的珍藏室；

5. 中央和省、市级的档案库的重要部位。

虽然本规范规定的设计原则和主要参数基本适用于交通运输设备和地下矿井等危险场所内卤代烷1301灭火系统的设计，但是，执行本规范时，应注意到扑救这些危险场所的火灾有其特殊要求。如火车、汽车、轮船、飞机等交通运输设备发生火灾时，可燃物可能处在流动的空气中；地下矿井也有特殊的通风要求；人员疏散也是一个必须考虑的重要因素。因此，在这些危险场所采用卤代烷1301灭火系统时，必须充分考虑环境条件的影响。在设计前，应针对具体条件，通过试验取得专用的设计参数并提出相应的技术要求。

本规范对卤代烷1301全淹没灭火系统适用场所的规定与国外一些标准的规定基本上是一致的。例如，国际标准ISO/DIS7075/1《消防设备—卤代烷自动灭火系统》第一部分：卤代烷1301全淹没系统中规定，其规则只适合于封闭空间内的固定灭火系统。对于某些特殊用途（例如航海、航空、汽车、地铁等），必须考虑附加的条件。前联邦德国标准DIN14496《固定式卤代烷灭火剂灭火设备》中规定，其标准适用于建筑物和工厂的卤代烷灭火剂固定式灭火设备，而不适用于航海、航空领域和地下矿井的设备。英国标准BS 5306《室内灭火装置与设备实施规范》中也作出了卤代烷全淹没灭火系统标准适用于建筑物或工厂中的规定。

二、本规范中只规定适用于卤代烷1301全淹没灭火系统的设计而未涉及局部应用系统的设计，是根据以下情况确定的。

1. 卤代烷局部应用系统是一种直接向被保护对象或局部危险区域喷射高浓度卤代烷灭火剂的灭火系统。它可用于没有固定封闭空间的危险区，也可用于防护大型封闭空间中的局部危险区。局部应用系统主要用于保护液体贮罐、淬火油槽、雾化室、充油变压器、蒸气通风口等危险部位，它与全淹没系统的灭火方式有很大的差别。按照局部应用系统的灭火要求，具有较低的挥发性和较高液体密度的卤代烷灭火剂（如卤代烷1211和卤代烷2402），更宜于作为局部应用系统的灭火剂，这是因为它们有利于像液体喷雾那样喷向火区，并可较长时间包围火区，有利于灭火。但迄今为止，我国仅对卤代烷1211局部应用系统在浮顶油罐上进行了一些初步试验应用，对卤代烷1301局部应用系统的应用研究试验尚属空白。因此，从国内现在的情况看，卤代烷1301局部应用系统还不具备进行工程设计与应用的条件。

2. 目前国外对卤代烷局部应用系统的研究，尚未取得实用性的成果。英国、法国、前联邦德国等国家和国际标准化组织到目前为止尚未颁布有关卤代烷局部应用系统的标准，尽管英国对卤代烷1211局部应用系统进行了较长时间的研究，英国与国际标准化组织制定了编制卤代烷1211局部应用系统的设计规范计划，但均未正式开始实施，且均未涉及到卤代烷1301局部应用系统的问题。

美国NFPA标准NFPA12A和NFPA12B虽然包括了卤代烷1301和卤代烷1211局部应用系统的内容，但它所规定的内容都是一些理论性的原则和基本知识，不能作为工程设计的规范。正如美国NFPA防火手册中所指出的：在NFPA12A和NFPA12B中给出的有关卤代烷局部应用系统的材料主要是理论性的，这些材料打算提供给设备生产厂和试验室用于设计和评价局部应用系统组件。卤代烷局部应用系统中最关键的部件是喷嘴，特别是它的应用条件，但到目前为止，不论是卤代烷1301局部应用系统的喷嘴，还是卤代烷1211局部应用系统的喷嘴，都没有一个得到注册或被检测试验室批准。

鉴于以上情况，本规范的内容中未将局部应用系统的内容包括进去，视将来条件成熟的情况，再将这部分内容补充到本规范中或单独编制《卤代烷1301局部应用系统设计规范》。

三、本规范规定不适用于卤代烷1301抑爆系统。抑爆系统是一种控制爆炸危险的特殊系统，主要用于密闭的容器或生产设备，如易燃液体贮罐、煤的粉碎加工设备、饲料和粮食加工设备以及塑料研磨设备等。该系统一般由自动探测器和自动抑爆装置（自动高强度喷射灭火器）组成。自动探测器可在爆炸的初始阶段将爆炸检出，并立即启动自动抑爆装置，以高强度迅速向防护空间排放抑爆剂，并使抑爆剂迅速充满整个空间，抑制燃烧反应和爆炸压力的上升，将爆炸压力控制在容器或设备的破坏压力以下。自爆炸开始，至探测器检出和抑爆剂施放完成，整个过程一般在几十毫秒内完成。由此可见，抑爆系统与灭火系统在设计原理和应用技术上有着显著的差别。因此，在国外一般把抑爆系统作为一类特殊系统而制定专门的规范，如美国NFPA69《防爆系统标准》和国际标准化组织在制定的防爆系统标准ISO/DP6184等。这些标准中都包括了卤代烷抑爆系统标准。

我国目前尚未开展卤代烷抑爆系统的研究试验，更未见该系统的设计与应用。因此，不论是将这部分内容纳入本规范，还是制定专门的卤代烷抑爆系统设计规范，都不具备条件。

第1.0.4条 本条规定了卤代烷1301灭火系统适用扑救的火灾类型，即适用扑救气体、液体火灾，固体的表面火灾及带电的设备与电气线路火灾。

我国采用卤代烷1301对可燃液体火灾作过一些试验，结果表明卤代烷1301扑救上述物质火灾迅速有效。

国外的有关试验也证明卤代烷1301对扑救液体火灾及电气设备火灾很有效。对固体物质的表面火灾，一般用5%左右浓度的卤代烷1301就够了，而对其深位火灾，则往往需20%～40%浓度的卤代烷1301且需5～30min或更长的浸渍时间才能完全扑灭。

下面是美国安素尔（ANSUL）公司对固体物质所做的一些灭火试验结果。

1. 扑灭固体物质的表面火灾需用5.1%浓度的卤代烷1301。

2. 用5.1%浓度的卤代烷1301不能完全扑灭固体物质的深位火灾，但能扑灭燃烧火焰并降低其燃烧速度至复燃点以下。

3. 用11.8%浓度的卤代烷1301不能立即扑灭固体物质的深位火灾，但能扑灭燃烧火焰并迅速降低燃烧速度，浸渍大约15min后即可完全扑灭。

4. 用21%浓度的卤代烷1301可立即扑灭固体物质的深位火灾。

5. 灭火试验中可产生0～33ppm的HF和0～26.3ppm的HBr。

6. 卤代烷1301对电气设备的运转无影响。

7. 卤代烷1301对金属或设备无明显腐蚀作用。

以上试验也说明，卤代烷1301灭火系统对扑救本条规定的适用范围内的火灾是有效的。

本条还参照了国外同类标准的有关规定。

美国NFPA12A《卤代烷1301灭火系统标准》中规定：用卤代烷1301系统可以满意地保护下列较重要的危险场所或设备：

（a）易燃液体和气体；

（b）电气设备，如变压器、油开关、断路器和旋转电气装置；

（c）使用汽油和其他易燃燃料的发动机；

（d）普通可燃物，如纸张、木材和纺织品；

（e）危险固体；

（f）电子计算机，数学程序装置和控制室。

英国BS 5306第五部分，5.1章“卤代烷1301全淹没系统”中也有类似规定：卤代烷1301全淹没系统可用于扑救BS4647中定义的固体、可燃性液体和可燃气体火灾。如果发生可燃气体火灾，应注意考虑灭火后的爆炸危险。

国际标准ISO/DIS7075/1之第一部分以及法国标准NFS62—101等规范中都有类似规定。

在执行本条规定时，应注意以下几个方面的问题：

一、本条仅规定了可用卤代烷1301灭火系统来扑救的火灾类型，而不是对应设置卤代烷1301灭火系统的场所进行规定。这些物质的火灾在防护区内应是卤代烷1301灭火系统防护的主要对象。由于卤代烷1301灭火系统的使用主要是为扑救防护区内的初期火灾，而这种火灾用手提式灭火器是很难扑灭的，因此设计中应首先考虑防护区内着火源的火灾危险性大小及首先引燃的可燃物的数量与性质，以此来确定该防护区内的火灾为何种类型。

二、一个具有火灾危险的场所是否应用卤代烷1301灭火系统来防护，主要根据下列因素来考虑：

1. 防护区内的防护对象为精密仪器、设备或其他不宜采用灭火后将残留污染物的灭火剂时，可选用灭火后对防护对象无任何损害而又无需进行清洁的灭火剂。

2. 防护对象为电气、电子设备，要求使用绝缘性好的灭火剂。

3. 防护对象为贵重设备和物品，要求使用灭火效率高、灭火快的灭火剂。

4. 防护区内经常有人工作或防护区的最低环境温度有可能达到0～－30℃时，应用卤代烷1301。

三、采用卤代烷1301灭火系统保护建、构筑物的一部分时，应把整个建、构筑物的消防问题作为一个整体来全面考虑，诸如消防通讯、消防紧急广播，消火栓供水系统及手提式灭火器等辅助消防设施。一般来讲卤代烷1301灭火系统只用来保护建、构筑物内部发生的火灾；而建、构筑物本身发生的火灾，宜用其他灭火剂扑救。对于无法使用其他灭火系统或使用卤代烷1301全淹没灭火系统不经济，而必须使用卤代烷1301局部应用系统时，应参照本规范，并由生产厂进行实际试验后再行使用。考虑到卤代烷1301自身的物理性质，卤代烷局部应用系统主要使用卤代烷1211。

四、当防护区内存在能够引起爆炸危险的可燃气体、蒸气或粉尘时，应按照现行国家标准《建筑设计防火规范》中的有关规定，采取防爆泄压措施，如开泄压口等。

五、对于可燃固体的火灾，本条规定可用卤代烷1301灭火系统扑灭其表面火灾，不宜用于扑救可燃固体的深位火灾。从前述美国安素尔（ANSUL）公司的试验中可明显看出：可燃固体火灾一旦发展成深位火灾或着火源就在可燃固体的内部，则必须使用很高的灭火浓度并维持较长的浸渍时间，才可能将火灾完全扑灭。显然这是不经济的，在实际设计与实施过程中要在长时间内维持高浓度的灭火剂亦较困难。

在设计中，有关人员要确定某种固体可燃物是否将会产生深位火灾，固体火灾燃烧到什么程度才算深位火灾，深位火灾具有哪些特征等诸如此类的问题，国内外虽曾做过大量实际灭火试验，但迄今还没有得出比较明确的答案。对于扑灭深位火灾，也没有找到计算灭火剂用量的可靠依据。

美国NFPA12A《卤代烷1301灭火系统标准》认

为：如果用5%浓度的卤代烷1301在10min的浸渍时间内不能灭火，就认为是深位火灾。英国BS 5306中称深位火灾是指固体可燃物在预燃一段时间后，产生大量的灼热余烬，并不能用通常采用的卤代烷1301浓度完全扑灭的火灾。

产生深位火灾一般有两种可能性。一种是着火源在固体可燃物的内部，通常表现为阴燃，并在无外界条件影响时可持续阴燃很长时间。这种火灾用卤代烷1301一般很难扑灭，而宜用水等以冷却为主要灭火作用的灭火剂。另一种是着火源在固体可燃物的表面或因其他火灾蔓延引起，由于未及时扑灭，燃烧时间较长而发展成的深位火灾。这种情况采用高浓度的卤代烷1301并浸渍较长时间后可扑灭，但不切实可行。深位火灾的形成与灭火前该物质的燃烧时间、材质及堆放方式、周围环境有很大关系。

第1.0.5条 正如其他灭火剂有其局限性一样，卤代烷1301对于某些物质火灾很难扑救或不起灭火作用。

卤代烷1301灭火剂不能扑救的火灾主要包括两类物质的火灾。第一类是本身含有氧原子的强氧化剂。这些氧原子可以供燃烧之用，在具备燃烧的条件下能与可燃物氧化结合成新的分子，反应激烈。但卤代烷1301灭火剂的分子不能很快渗入到其内部起化学作用，将火灾扑灭。当卤代烷1301干扰燃烧反应时，由于其断链作用比这些可燃物的氧化反应弱而无法获得较大效果。因而对于这些强氧化剂的火灾，采用冷却型灭火剂较为可行。这类物质主要包括硝化纤维、炸药等火工品，氧化氮、氟等强氧化剂和过氧化氢、过氧化钠、过氧化钾等能自行分解的化学物质。

第二类主要是化学性质活泼的金属和金属的氢化物，如钠、钾、钠钾合金、镁、钛、锌、锶、钙、锂、铀和钚等以及四氢化锂铝、氢化钠、氢化钾等。这类物质在具备燃烧条件下，还原力极强，遇水有爆炸危险。卤代烷1301的断链反应速度远不及这些物质的氧化反应速度，难以干扰燃烧进程，因而不能用卤代烷1301来扑救，而应视具体情况采用砂子、金属火灾专用灭火剂等来灭火。

在执行本条规定时，遇有下述情况，设计人员仍可考虑采用卤代烷1301灭火系统。一是一座建、构筑物中同时存有其他可燃物和上述危险物，但能断定在用卤代烷1301扑灭其他物质火灾前，不会引燃上述危险物。二是上述危险物质数量少，即使燃烧起来也不会对所保护的建、构筑物及其内部设备产生损害，而该建、构筑物内的其他物质或设备需要保护时，可采用卤代烷1301灭火系统。

第1.0.6条 本条主要根据卤代烷1301的物理性质和国内外气体灭火系统应用情况确定的。卤代烷1301在常压下的沸点很低，为−57.8℃。当把它喷入防护区内后，在较低的环境温度下也能迅速气化，分布较均匀。它的毒性是灭火剂毒性分类中最低的一类，比二氧化碳和卤代烷1211都低。

二氧化碳灭火系统主要依赖窒息作用来灭火，即通过向防护区空间内喷入大量的二氧化碳来稀释和降低空间中的可燃气体和氧气的浓度，从而达到抑制和扑灭火灾的目的。其冷却降温的作用，在灭火过程中是次要的因素。通常二氧化碳的设计灭火浓度为30%～50%（体积比），最高的则达75%（体积比）。因此二氧化碳灭火系统只能用于无人场所，不能在经常有人工作或居住的地方安装使用。再者，二氧化碳的灭火效能较低，灭火浓度较高，相应地，设备较多，占地面积较大，一次投资也较高。故近年来在若干应用场所，如电子计算机房等，已被灭火效能高的卤代烷灭火系统所代替。

卤代烷灭火系统是通过卤代烷灭火剂对燃烧反应的化学抑制作用即负催化作用而迅速灭火的。

卤代烷1301的灭火效能和卤代烷1211差不多，但其毒性低于卤代烷1211。在对人体的实验研究中，当卤代烷1301浓度在14%时，接触几分钟后，出现了心律不齐现象，但转至新鲜空气处后，又恢复正常。而对于卤代烷1211，当人员接触浓度为4%，持续时间为1min左右时，对人员的中枢神经就有影响。因而目前世界各国在电子计算机房、通讯机房、文物图书档案库等场所，以及飞机、轮船、装甲车、坦克，海上平台等处广泛使用的是卤代烷1301灭火系统。

在美、法、日和国际标准化组织的标准中都规定对于经常有人工作或居住的场所，仅允许安装使用卤代烷1301全淹没灭火系统。国内近年来广泛使用的是卤代烷1211灭火系统。但卤代烷1301灭火系统也在逐步推广，并已在不少地方安装使用，如文物库、配电室、图书馆、计算机房、海上平台等场所。目前我国已有一些厂家生产出了卤代烷1301灭火系统的主要组件，并具备安装能力。

为此，本条规定在有关规范中规定应设置卤代烷或二氧化碳自动灭火设备的场所，如其最低环境温度低于0℃或经常有人工作，设计中应优先选用卤代烷1301灭火系统。

本条文中"国家有关建筑设计防火规范"主要指：

1.《建筑设计防火规范》；

2.《高层民用建筑设计防火规范》；

3.《人民防空工程设计防火规范》；

4.《洁净厂房设计规范》等。

第1.0.7条 本条规定是为了保证卤代烷1301灭火系统工程质量而规定的。系统中所采用的产品包括灭火剂和组件，以及操作、控制设备。

第1.0.8条 本条规定中所指的"现行的国家有关标准、规范"，除在本规范中已指明的外，还包括以下几个方面的标准、规范。

1. 防火基础标准与有关的安全基础标准；
2. 有关的工业与民用建筑防火标准、规范；
3. 有关的火灾自动报警系统标准、规范；
4. 有关卤代烷灭火系统部件、灭火剂标准；
5. 其他有关的标准。

第二章 防 护 区

第 2.0.1 条 本条规定防护区应以固定的封闭空间划分，这是由于卤代烷 1301 灭火剂在常温常压下呈气态，采用全淹没方法灭火时，必须有一个封闭性好的空间，才能建立扑灭被保护物火灾所需的灭火剂设计浓度，并能保持一定的浸渍时间。

在执行本条规定时，关于如何划分防护区则应根据封闭空间的结构特点和位置确定。考虑到一个防护区包括两个或两个以上封闭空间时，要使设计的系统能恰好按各自所要求的灭火剂量同时施放给这些封闭空间是比较困难的，故当一个封闭空间的围护结构是难燃烧体或非燃烧体，且在该空间内能建立扑灭被保护物火灾所需要的灭火剂设计浓度和保持一定的浸渍时间时，宜将这个封闭空间划为一个防护区。若相邻的两个或两个以上的封闭空间之间的隔断物不能阻止灭火剂流失而影响灭火效果或不能阻止火灾蔓延时，应将它们划为一个防护区，并应确保每个封闭空间内的灭火剂浓度以及灭火剂的浸渍时间均能达到设计要求。国外同类标准也有类似规定。如美国 NFPA12A 标准中规定：卤代烷 1301 系统可通过选择阀来保护一个或多个危险场所，当两个或多个危险场所由于彼此相邻而可能同时起火时，每个危险场所可以用一个独立的系统来保护，这个系统的规模和布置必须使喷射的灭火剂同时覆盖所有危险场所。国际标准 ISO/DIS7075/1 规定：当两个或两个以上相邻的封闭空间可能同时发生火灾时，这些封闭空间应按下述方法之一保护：(a) 设计的各个系统可同时工作；(b) 一个单元独立系统的规模和布置使灭火剂能释放到所有可能同时发生危险的封闭空间。

本条规定："当采用管网火灾系统时，一个防护区的面积不宜大于 $500m^2$，容积不宜大于 $2000m^3$。"这是根据以下情况提出的：

一、在一个防护区建立需要的卤代烷 1301 灭火剂量与防护区的容积成正比。防护区大，需要的灭火剂量多。同时，输送灭火剂的管道通径和管网中离贮存器最近的喷头与最不利点喷头之间的管道容积增大，使灭火剂在管网中的剩余量增加，故系统所需贮存的灭火剂量也很大，造成系统成本增高。在一个大的防护区内，同时发生多处火灾的可能性极小，不如采用非燃烧体隔墙将其划分成几个较小的防护区，采用组合分配系统来保护更为经济。

二、为了保证人身安全，本规范第 7.0.1 条规定，在施放卤代烷 1301 灭火剂之前应使人员能在 30s 内疏散完毕。当防护区过大时，人员将难以迅速疏散出去。

三、当保护区过大时，输送灭火剂的管网将相应增长，这将出现两个不利因素，一是为了保证喷嘴的正常喷射，需要较高的贮存压力；二是从贮存容器启动到喷嘴开始喷灭火剂的时间，即灭火剂充满管道的时间增加，这对要求迅速扑灭初期火灾是不利的。本规范已规定管网内卤代烷 1301 的百分比不应大于 80%，这也就限制了输送灭火剂管道的最大长度。

四、目前国内采用卤代烷 1301 灭火系统的防护区，其最大面积和容积分别在 $500m^2$ 和 $2000m^3$ 以下，还没有设计更大系统的成熟经验。此外，我国所生产的系统主要部件尺寸较小，也难以保护更大的防护区。

为了保证安全，节省投资，根据我国目前卤代烷 1301 灭火剂的生产技术水平等具体情况，对保护区的最大面积与容积给予适当的限制是必要的。

本条又规定："当采用预制灭火装置时，一个防护区的面积不宜大于 $100m^2$，容积不宜大于 $300m^3$。"这是根据以下情况确定的：预制灭火装置是一种结构较简单的小型轻便式灭火系统，具有工程设计简单、安装方便等优点。作为全淹没系统时，要保证在规定的灭火剂喷射时间将全部灭火剂施放到防护区内，并保证其均匀分布。单个卤代烷 1301，预制灭火装置不可能设计得很大，一个防护区内布置的数量较多，可靠性也就越低。这类灭火装置均布置在防护区内，一旦失火，如果有个别装置不能按规定开启，又无法采取机械式应急操作。为了保证防护区的安全，故有必要对预制灭火装置的应用范围给予限制。根据我国目前需要设置卤代烷防护区的具体情况，这一类装置宜设在面积为 $100m^2$，容积 $300m^3$ 以下的防护区内。

第 2.0.2 条 本条规定了全淹没系统防护区的建筑构件的最低耐火极限，系根据以下情况提出的：

一、为了保证采用卤代烷 1301 全淹没系统能完全将建筑物内的火灾扑灭，防护区的建筑构件应有足够的耐火极限，以保证卤代烷 1301 完全灭火所需要的时间。完全灭火所需要的时间一般包括火灾探测时间、探测出火灾后到施放灭火剂之前的延时时间、施放灭火剂的时间和灭火刘的浸渍时间。这几段时间中灭火剂的浸渍时间是最长的一段，但是在不考虑扑救固体物质深位火灾的情况下，一般有 10min 就足够了。因此，完全扑灭火灾所需要的时间一般在 0.25h 内。若防护区的建筑构件的耐火极限低于这一值，有可能在火灾尚未完全熄灭前就被烧坏，使防护区的密闭性受到破坏，造成灭火剂的大量流失而导致复燃。

二、卤代烷 1301 全淹没系统，只能用于具有固定封闭空间的防护区，也就是只能用来扑救建筑物内部可燃物的火灾，对建筑物本身的火灾难以起到有效的保护作用。为了防止防护区外发生的火灾蔓延到防护区内，因此要求防护区的隔墙和门应有一定的耐火极限。

三、关于防护区的隔墙和门的耐火极限的规定参考了国外同类标准的有关规定。如英国标准 BS5306 标准规定封闭空间墙壁和门的耐火极限不小于 0.5h；美国标准 NFPA12A 规定：不仅要达到一个有效的灭火浓度，而且要维持一段足够的时间，以便受过训练的人员采取有效的应急措施……，卤代烷 1301 灭火系统通常提供数分钟的保护时间，而且对某些应用场所特别有效。该标准还提出：在危险物周围有固定封闭空间的地方，可能使用该类型系统，这个封闭空间足够能建立所需要的浓度，并维持所需时间以保证有效地扑灭危险场所内的特殊易燃品火灾。

第 2.0.3 条 本条规定了防护区的门窗及围护构件的允许压强，这是根据以下情况确定的：在一个密闭的防护区内迅速施放大量灭火剂时，空间内的压强也会迅速增加，如果防护区不能承受这个压强，则会被破坏，从而造成灭火失败。因此，必须规定其最低的耐压强度。美国 NFPA12A 标准中给出了轻型建筑的允许压强为 1.2kPa，标准建筑为 2.4kPa，拱顶建筑为 4.8kPa 的指导数据。本条规定的 1.2kPa，即要求防护区围护构件的耐压强度应大于轻型建筑的强度。

在执行本条规定时应注意的一点是，门、窗上的玻璃也是围护构件。目前所采用的普通玻璃，抗温度激变性和弯曲强度是难以满足使用要求的。如果门、窗上的玻璃耐压强度不够，以致在施放灭火剂时破裂，就有可能使灭火剂大量流失而导致灭火失败。因此，在设计时应对防护区门、窗玻璃的允许压强进行校核。

第 2.0.4 条 本条关于防护区围护构件上不宜设置敞开孔洞的规定是根据以下情况确定的：

一、采用卤代烷全淹没系统应有一个封闭良好的空间，才能使气态卤代烷灭火剂均匀分布并保持一段需要的时间，达到扑灭火灾的目的。防护区有开口存在是非常不利的，首先，开口会造成大量的灭火剂流失；第二，防护区的火灾可能通过开口蔓延到邻近的建筑物中；第三，要使具有较大开口的防护区在规定的浸渍时间内保持灭火剂的灭火浓度，需要增加大量的灭火剂。例如一个有 1m 宽、1.8m 高开口的防护区，保持 5%的灭火剂浓度，采用延续喷射法，每秒需要补充 0.24kg 卤代烷 1301，10min 的浸渍时间则要求补充 144kg 卤代烷 1301。又如开口大小与上例相同的一个 $1000m^3$ 的防护区，采用过量喷射法，要求 15min 浸渍时间后防护区仍能保持 5%的灭火剂浓度，则开始喷入的灭火剂浓度高达 12%，需要多喷入卤代烷 1301 达 527kg。在此例中，开口面积与防护区容积之比仅为 0.018，相对开口面积很小。

采用延续喷射法补偿开口流失，需要另设置一套延续喷射的系统，在技术上较复杂。采用过量喷射法补偿开口流失，为了使防护区在整个浸渍时间内保证卤代烷 1301 均匀分布，需要采用机械搅拌装置，且需补充大量的灭火剂。从经济和安全两方面考虑，防护区围护构件上不宜设置敞开孔洞。

二、关于防护区开口的规定，参考了国际标准和英、美、法等国家有关标准的规定：英国标准 BS5306 标准中规定：可以关闭的开口，应在灭火剂开始释放之前使其自动关闭，应使不能关闭的开口面积保持最小。美国标准 NFPA12A 标准中规定：对各种类型火灾，不能关闭的开口面积必须保持到最小限度。

英、美等有关标准中关于不能关闭的开口面积必须保持到最小限度的含义，与本条规定是一致的。

针对我国设置卤代烷灭火系统防护区的具体情况，在执行这条规定时应注意按以下原则处理防护区的开口问题：

一、防护区尽量不开口。

二、凡能关闭的开口应尽可能采用自动关闭装置。小的开口可以安装防火阀；大的开口可以设用气动、电动或感温元件控制的防火卷帘。

第 2.0.5 条 本条对防护区内的泄压口作了规定。

一、国际标准 ISO/DP7075/1 提出：封闭空间的泄压口对降低由于大量释放卤代烷 1301 而引起的压力升高是必要的。适当的泄压取决于卤代烷 1301 的喷射速率和封闭空间的强度。法国 NFS 62—101 标准中提出：在封闭空间内设有泄压口是必要的，这是为泄降由于卤代烷 1301 大量喷射所造成的超压。泄压口的特性是卤代烷 1301 注入速率和封闭空间强度的函数。

二、为了防止防护区因设置泄压口而造成过多的灭火剂流失，泄压口的位置应尽可能开在防护区的上部。本条规定了其位置宜设在外墙上，其底部距室内地面的高度应大于室内净高的 2/3，系参照日本有关标准的规定确定的。

三、在执行本条规定时应注意两点：一是采用全淹没系统保护的大多数防护区都不是完全密闭。有门窗的防护区，一般都有缝隙存在，通过门窗四周缝隙所泄漏的气体，将阻止空间内压力的升高，这种防护区一般不需要再开泄压口。此外，已设有防爆泄压口的防护区，也不需要再另开泄压口。二是防护区围护结构的最低允许压强应考虑门、窗玻璃。如果门、窗玻璃不能承受施放灭火剂时所产生的压强，则应将其作为开口考虑。由于开口会造成大量灭火剂流失，因此建议防护区门、窗上的玻璃的允许压强不要低于建筑物的允许压强。

第 2.0.6 条 本条规定的计算泄压口面积的公式

是根据英国 BS5306 标准的规定，与国际标准 ISO/DP7075/1 标准规定的计算公式是一致的。该公式的推导如下：

向一个完全密闭的防护区施放卤代烷 1301，空间内的压强亦随之升高，压强的升高程度与空间的密闭性和施放的灭火剂浓度有关，此外灭火剂增压用氮气也将进入防护区引起压力升高，但这一压力升高值较小，一般可忽略不计。

假定防护区施放卤代烷 1301 时温度不变，则空间内的压力升高值可用下式计算：

$$P_v = 10^5 \varphi \qquad (2.0.6\text{-}1)$$

式中 P_v——防护区内的压力升高值（Pa）；

φ——卤代烷 1301 的浓度。

根据美国 NFPA12A 所提供的资料，建筑物的最高允许压强见表 2.0.6。

当向一个完全密闭的防护区内施放 5%体积浓度的卤代烷 1301 时，空间内的压强将增加 5000Pa，超过了建筑物的最高允许压强，如不开泄压口，建筑物将被破坏。

表 2.0.6　建筑物的最高允许压强

建筑物类型	最高允许压强（Pa）
轻型建筑	1200
标准建筑	2400
拱顶建筑	4800

关于计算泄压口面积的公式，系用流体力学的基本理论推导的，分析如下：

当喷入防护区空间内的卤代烷 1301 的体积流量，等于通过泄压口排出的混合气体的体积流量时，空间内的压力就不再升高，防护区只要能承受这一压力就不会破坏。

泄压示意图如下。

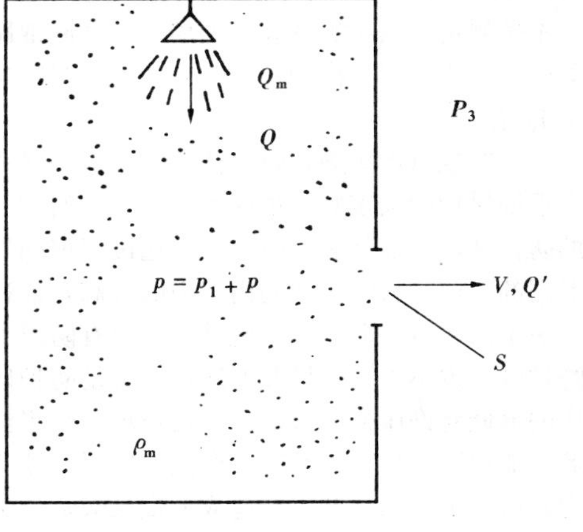

图 2.0.6　泄压示意图

当防护区内压力为 P_1 时，则流出泄压口的混合气体的流速 V 服从伯努力方程，即：

$$P_1 = P_3 + \frac{\rho_m V^2}{2000} \qquad (2.0.6\text{-}2)$$

得：

$$V = \sqrt{2000(P_1 - P_3)/\rho_m}$$

$$= \sqrt{2000P_2/\rho_m} \qquad (2.0.6\text{-}3)$$

经泄压口流出的混合气体体积流量 Q' 又用下式计算：

$$Q' = KSV$$

$$= K \cdot S \cdot \sqrt{2000P_2/\rho_m} \qquad (2.0.6\text{-}4)$$

当空间内的压强不再升高时，通过泄压口流出的混合气体的体积流量与卤代烷 1301 的体积流量相等，即：

$$Q' = Q = \frac{\overline{Q}_m}{\rho}$$

或：

$$KS\sqrt{\frac{2000P_2}{\rho_m}} = \frac{\overline{Q}_m}{\rho} \qquad (2.0.6\text{-}5)$$

因 $\rho = \frac{1}{\mu}, \rho_m = \frac{1}{\mu_m}$，将其代入（2.0.6-5）式中，并整理后，得：

$$S = \frac{\mu \overline{Q}_m}{K \cdot \sqrt{2000\mu_m P_2}} \qquad (2.0.6\text{-}6)$$

取 $K=0.66$，则：

$$S = \frac{\mu \overline{Q}_m}{0.66\sqrt{2000\mu_m \rho}}$$

$$= \frac{0.0339\mu \overline{Q}_m}{\sqrt{\mu_m \rho}} \qquad (2.0.6-7)$$

式中 $\overline{Q}_m$——卤代烷 1301 的质量流量（kg/s）；

Q——卤代烷 1301 的体积流量（m^3/s）；

ρ——卤代烷 1301 蒸气的密度（kg/m^3）；

ρ_m——室内混合气体的密度（kg/m^3）；

P_2——防护区内的压力（绝对压力，kPa）；

P——防护区内的压力升高值（kPa）；

P_3——室外大气压力（绝对压力，kPa）；

S——泄压口面积（m^2）；

K——泄压口流量系数；

V——通过泄压口流出的混合气体的流速(m/s)；

g——重力加速度（$9.81m/s^2$）；

Q'——通过泄压口流出的混合气体的体积流量（m^3/s）；

μ——卤代烷 1301 蒸气比容（m^3/kg）；

μ_m——室内混合气体比容（m^3/kg）。

上面所推导的（2.0.6-7）式与本条中规定的公式是一致的，只是系数略大。若 μ_m 取全部灭火剂喷入防护区时的混合气体比容 μ_m，Q_m 取平均流量（$\overline{Q}_m$），则系数应按本条规定的值取。

第 2.0.7 条　本条主要根据我国经济状况和灭火系统在某些情况下的实际效用制定的。

如果防护区数目较多且大小相近，位置邻近，火灾危险性相似，隔墙耐火性能均符合要求，可采用一个或几个组合分配系统来保护。即用一套灭火剂贮存装置，通过选择阀与各防护区对应的管网连接起来。发生火灾时，由控制装置打开相应的选择阀而把灭火剂向火灾区域施放从而灭火。显然这将会大大减少灭火系统的设备投资，节约资金。但一个组合分配系统保护的防护区个数不宜过多，即防护区面积和容积不能太大，输送管道不宜太长。

第三章　卤代烷 1301 用量计算

第一节　卤代烷 1301 设计用量与备用量

第 3.1.1 条　本条规定了卤代烷 1301 设计用量应包括设计灭火用量或设计惰化用量、剩余量，说明如下：

一、对于全淹没灭火系统，为了保证将火灾扑灭，必须使防护区内卤代烷 1301 达到设计浓度，并且要维持一定的灭火剂浸渍时间。但在喷射时间后残留在系统内的卤代烷 1301 剩余量对迅速形成灭火浓度不起作用，为了保证设计灭火用量，设计时必须考虑这一部分灭火剂量。

二、本条未将防护区围护构件上的敞开孔洞和机械通风可能造成的灭火剂流失量包括在设计用量之中。因为在本规范第 2.0.4 条中已规定不宜设置敞开孔洞，当必须设置敞开孔洞时，应设关闭装置。关于机械通风，本规范第 6.0.3 条中规定：卤代烷 1301 灭火系统的操作和控制，应包括需要与系统联动的设备，如开口自动关闭装置、通风机械和防火阀等。这样做主要考虑两点：一是如果采用补偿的方式来保证有机械通风时的设计灭火用量，所需的卤代烷 1301 补偿量很大，很不经济，不宜采用；再就是从目前的调查情况看，机械通风和通风管道的防火阀在火灾时都可以关闭。这样做也符合我国国民经济的发展水平。

第 3.1.2 条　本条规定了组合分配系统卤代烷 1301 设计用量的确定原则，组合分配系统是由一套卤代烷 1301 灭火系统同时保护多个防护区的系统形式。这些防护区一般不会同时着火，即不需要同时向各个防护区释放灭火剂，但确需要同时保护，即不论哪个防护区着火都能实施灭火。在同一组合中，每个防护区容积大小、所需的设计浓度、防护区开口情况及系统剩余量可能各不相同，必定有一个或几个防护区的卤代烷 1301 设计用量最大，将其作为组合分配系统的卤代烷 1301 设计用量才是可靠的。这里特别指出的是某些情况下防护区容积最大，其设计用量不一定最大，设计时一定要按设计用量最大者考虑。

第 3.1.3 条　本条规定了设置备用量的条件、数量和方法。

一、备用量的设置条件。用于重点保护对象的卤代烷 1301 灭火系统和防护区数目超过八个的组合分配系统，设置备用量的目的是为了确保防护的连续性。系统的喷射释放、灭火剂的泄漏和贮存容器的检修等均可造成防护区中断保护。重点保护对象都是性质重要，发生火灾后损失大、影响大的场所，因此要求实现连续保护；组合分配系统的防护区虽不会同时发生火灾，但防护区数目越多，发生火灾的几率就越大，而且也不能因一个区着火释放而中断多个防护区的保护，因此也应实现连续保护。

德国 DIN14 496 标准中规定：假如多于 5 个的区域连接一个卤代烷灭火设备，则应按最大需要量准备 100%的储备量。据初步调查，我国一般电子计算机房的防护区数目多在 5～7 个。为了不使卤代烷 1301 组合分配系统造价太高，又保证多个防护区的连续保护，我们规定防护区数目超过八个的组合分配系统设置备用量。

本条的“重点防护对象”的规定系参照现行国家标准《建筑设计防火规范》的有关规定确定的。

由于我国生产卤代烷 1301 灭火剂的工厂少，加上交通运输不便，不能在短期内重新灌装灭火剂的防护区，也可考虑设置备用量。

二、备用量的设置数量。备用量是为了保证系统实现连续保护，这其中也包括扑救二次火灾，因此备用量不应小于设计用量。关于备用量的数量，国际标准化组织 ISO/DIS7075/1 标准、美国 NFPA12A 标准和法国 NFS62—101 标准都作了如下规定：对于要求进行不间断保护的场所，贮存量必须至少是上述最小需要量（指灭火剂设计用量）的若干倍。根据我国目前情况，灭火剂费用及设备费用都较贵，因此规定备用量不应小于设计用量。

三、备用量的设置方法。本条规定备用量的贮存容器应能与主贮存容器切换使用，也是为了起到连续保护的作用。无论是主贮存容器已施放、泄漏或是其他原因造成主贮存容器不能使用时，备用贮存容器都可以立即投入使用。

关于备用量的设置方法，国际标准化组织 ISO/DIS7075/1 标准规定：如果有主供应源和备用供应源，它们应固定连接，便于切换使用。只有经有关当局同意方可不连接备用供应源。美国 NFPA12A 标准规定：主供应源的贮罐与备用供应源的贮罐都必须与管道永久性地连接并必须考虑到两个供应源容易进行切换，除非有关当局允许，备用供应源才可不连接。法国 NFS62—101 标准也有相同的规定。

第二节　设计灭火用量与设计惰化用量

第 3.2.1 条　本条给出了设计灭火用量或设计惰化用量的基本计算公式。说明如下：

一、设计灭火用量计算公式与国外同类标准的计算公式相同。国际标准化组织 ISO/DIS7075/1 标准、美国 NFPA12A 标准、法国 NFS62—101 标准及德国 DIN14—496 都用该公式计算。

二、计算公式分析。本规范中的（3.2.1）式可变成下述形式：

$$M_d=\frac{\varphi V}{\mu_{\min}}+\frac{\varphi}{1-\varphi}\cdot\frac{\varphi V}{\mu_{\min}} \quad (3.2.1)$$

式中符号意义同本规范（3.2.1）式。

该公式包括两项内容：一是保证达到设计灭火浓度或设计惰化浓度所需的基本灭火用量 $\frac{\varphi V}{\mu_{\min}}$；二是由于释放灭火剂使得防护区气压升高而造成的灭火剂漏泄量 $\frac{\varphi}{1-\varphi}\cdot\frac{\varphi V}{\mu_{\min}}$，灭火剂浓度越高，漏泄量也就越大，当然，对于绝对密封的房间，这部分量则是多施放的。

三、影响设计灭火用量的因素。

1. 设计灭火浓度或设计惰化浓度。设计灭火浓度或设计惰化浓度是影响设计灭火用量的主要因素，其值的确定要符合本规范第 3.2.2 至第 3.2.4 条的规定。

2. 防护区的容积。按本规范（3.2.1）式计算设计灭火用量时，防护区的容积应按净容积计算。

净容积是指防护区的总容积减去空间内永久性建筑构件的体积。防护区净容积越大，全淹没系统灭火剂的设计灭火用量越大。在执行本条规定时，应特别注意容积多变的防护区，如贮藏室、仓库等，其净容积应包括贮存物所占空间的体积。

3. 防护区的环境温度及海拔高度。卤代烷 1301 蒸气比容大小与温度和压力有关，当防护区的环境温度变化时，卤代烷 1301 蒸气比容也随之变化。从本规范（3.2.1）式可以看出，卤代烷 1301 蒸气比容增大，设计灭火用量将减少。为安全起见，当防护区环境温度可能发生变化时，必须按最低环境温度时卤代烷 1301 蒸气比容来计算设计灭火用量。

在海平面以上的海拔高度，卤代烷 1301 蒸气因大气压的下降而膨胀。对于按海平面条件设计的系统，当被安装在海平面以上的地区时，灭火剂实际浓度将高于设计浓度。海拔高度越高，形成的浓度越高。例如，设计在海平面高度产生 5％卤代烷 1301 体积浓度的系统，如果被安装在海拔高度 3000m，并且防护区条件相同时，实际上产生 7.26％的体积浓度。因此在高于海平面高度时，要产生与海平面高度相同的灭火剂浓度，所需灭火剂量要比海平面高度的灭火剂量小。实质上这是由于海拔高度不同时卤代烷 1301 蒸气比容不同所致。在计算高于海平面高度所需的设计灭火用量时，卤代烷 1301 蒸气比容要除以海拔高度修正系数。

相反，在海平面以下的高度，所需的灭火剂量要比海平面高度时的灭火剂量大。计算时，卤代烷 1301 蒸气比容要乘以海拔高度修正系数。

温度对卤代烷 1301 蒸气比容的影响和卤代烷 1301 蒸气比容的海拔高度修正系数可按本规范附录二确定。

第 3.2.2 条 本条规定了卤代烷 1301 设计浓度的确定原则。

一、防护区是否存在爆炸危险的判定。本条规定有爆炸危险的防护区应采用设计惰化浓度，无爆炸危险的防护区可采用设计灭火浓度。因为任何一种可燃气体或可燃性液体的惰化浓度值都高于灭火浓度值，如果都采用设计惰化浓度，对不存在爆炸危险的防护区是个浪费，并且增加了毒性危害。反过来如果都采用设计灭火浓度，对着火后可能发生爆炸危险的防护区是不安全的。因此从经济和安全两方面看，合理确定设计浓度是必要的。确定防护区是否有爆炸危险，要根据可燃气体或可燃性液体的数量、挥发性及防护区的环境温度，当符合下述条件之一时，防防区一般不存在爆炸危险。

1. 防护区内可燃气体或可燃性液体蒸气的最大浓度小于燃烧下限的一半。当防护区内可燃气体或可燃液体蒸气数量很少，即使全部与空气均匀混合，也达不到燃烧下限，那么防护区就不存在爆炸的危险。但是考虑到可燃气体或可燃性液体蒸气可能形成成层效应，会形成局部爆炸区，因此根据可燃气体或可燃性液体蒸气的浓度是否低于燃烧下限的一半来判定。

2. 防护区内可燃性液体的闪点超过防护区的最高环境温度。液体的闪点越高，其挥发性越低。在着火前，可燃性液体的闪点超过最高环境温度，即使将其点着，燃烧至熄灭也不超过 30s。对于有爆炸危险的防护区，设计及灭火时要注意两点：

（1）要有防止静电的措施；

（2）灭火时必须先切断气源。

二、本条规定了设计灭火浓度和设计惰化浓度的确定原则。说明如下：

1. 本规范表 3.2.2 中所列物质的设计灭火浓度和设计惰化浓度不需重新测定，可直接查得。表 3.2.2 中未列物质的设计灭火浓度和设计惰化浓度应通过实验确定。因为对同一灭火剂来说，不同可燃物质的灭火浓度和惰化浓度不同。对同一可燃物来说，应用不同的灭火剂，其灭火浓度和惰化浓度也不同。例如，采用卤代烷 1301 灭火剂：甲烷的灭火浓度为 2.5％，乙烯的灭火浓度为 6.3％；对于甲醇，采用卤代烷 1301 灭火浓度为 7.8％，采用卤代烷 1211 灭火浓度为 8.2％。

关于灭火浓度的测定，国际标准化组织 ISOTC21 委员会将“杯状燃烧器实验装置”定为测定卤代烷和二氧化碳气体灭火剂扑灭可燃气体和可燃液体火灾灭火浓度的标准实验装置。

“杯状燃烧器实验装置”可以排除模拟实验时的

环境条件，如通风、开口等对灭火浓度的影响，并可人为地控制环境温度和氧气供应量，达到火焰在理想条件下稳定燃烧状态，这种条件下燃烧火焰最难扑灭。因此用该装置测定的临界灭火浓度值高于用其他方法测定的临界灭火浓度值，且复验性好。

表 3.2.2 列出了几个国家采用“杯状燃烧器实验装置”测定卤代烷 1301 的灭火浓度值。

表 3.2.2 卤代烷 1301 灭火浓度（%）

燃料名称	英国 BS5306	美国 NFPA12A	天津消防科学研究所
乙　醇	3.8	3.8	4.0
丙　酮	3.3	3.3	3.6
正庚烷	3.6	4.1	3.4
苯	2.8	3.3	3.1

从表中可见，各国测定的数据有些差异，主要由于实验的仪器和装置的精度、燃料的纯度等因素造成。反过来看，在不同国家，采用各自制造的装置能够测出基本近似的数据，可以说明该装置测定灭火浓度值是可靠的。

惰化浓度的测定方法，是将可燃气体或蒸气与空气及灭火剂的混合气体充装在一个实验用的封闭容器内，并以点火源触发。测定火焰在任何比例的燃料与空气混合气体中都不能传播时所需灭火剂的最低浓度，即灭火剂对该燃料的惰化浓度。典型实验结果见图 3.2.2。

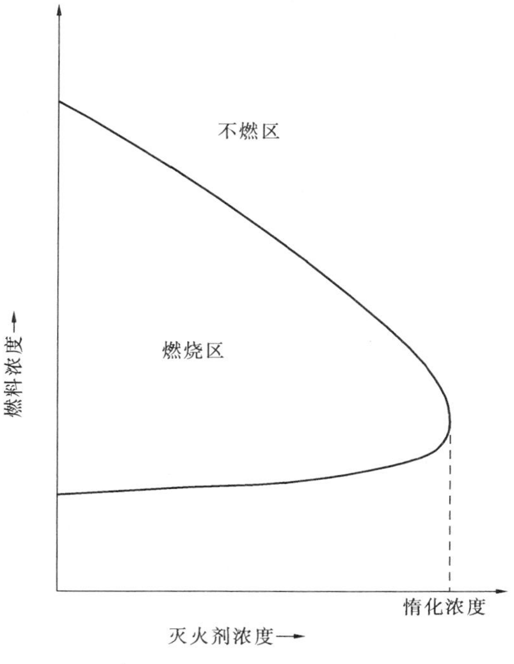

图 3.2.2　典型惰化浓度曲线

2. 本条规定灭火剂设计浓度不应小于灭火浓度的 1.2 倍或惰化浓度的 1.2 倍，这是从安全角度出发而做出的规定。通过试验测定的灭火浓度或惰化浓度都是临界值，那么用该浓度灭火是不成问题的，但有些物质，例如可燃固体没有标准试验装置，很难测出临界灭火浓度值，而发生实际火灾时，各种影响因素很多。另一方面，在防护区灭火剂完全均匀分布很难实现。该规定和国外同类标准的规定基本一致，仅惰化浓度的安全系数不完全一致。美国 NFPA12A 标准规定设计浓度应取惰化浓度的 1.1 倍，而英国 BS5306 标准规定，设计浓度应取惰化浓度的 1.2 倍。我们研究了几个国家测定的一些燃料的惰化浓度数据，差别较大。这些实验数据的差别与燃料的浓度、点火能量、实验温度、实验装置、判断“燃烧”、“不燃”及火焰传播距离的评价基准等有关。鉴于以上原因，我们认为设计浓度应取惰化浓度的 1.2 倍较为安全可靠。

3. 防护区内发生的火灾，可燃物的种类往往是许多种。虽然主要保护物的灭火浓度值或惰化浓度值可能不大，但是防护区内还会有一些其他可燃物，例如：桌椅、电气线路等等，一旦发生火灾后，都会互相引燃，因而规定灭火剂设计浓度不应小于 5%。本规定与国外同类标准规定相同，英国 BS5306 标准，美国 NFPA12A 标准均有此规定。

三、一个防护区是由一套系统来保护的，当其中有几种可燃物时，任何一种可燃物都有火灾危险，并且各种可燃物之间会互相引燃。因此，设计灭火浓度或设计惰化浓度应取最大者。

几种可燃物共存还有另外一种情况，就是几种可燃物是互相混合在一起的，这种情况应按本规范第 3.2.2 条执行，否则按要求最大的设计灭火浓度或设计惰化浓度确定。

第 3.2.3 条　本条规定图书、档案和文物资料库，设计浓度宜采用 7.5%。这主要是依据各国对灭固体火灾的试验结果而确定的。图书、档案和文物资料库内的可燃物都是纸张、棉、麻、丝织品等材料，这些材料的火灾容易形成表面阴燃，灭火后有复燃危险，而且这些材料的表面火灾很容易发展成深位火灾。表面火灾发展成深位火灾的条件较难确定。它受预燃时间、可燃固体的外形及尺寸大小等条件影响，因此较难判断。为安全起见，应适当提高设计浓度。日本《消防预防小六法》消防法施行规则第二十条规定：贮存和处理棉花类等防护对象，每立方米防护区体积需要 0.52kg 卤代烷 1301，如按环境温度 20℃时计算，相当于 7.6%的浓度。目前我国在图书馆、档案库之类的防护区卤代烷 1301 系统设计时，一般也采用 7%以上的设计浓度。从表 3.2.3 中可以看出，木材、纸张的试验灭火浓度均在 5.1%～7.2%范围内。

表 3.2.3 可燃固体灭火浓度及浸渍时间

燃料名称	试验单位	灭火浓度（%）	浸渍时间（min）
木 垛 锯 屑 碎 纸	美国保险商实验室	3.88～6.09 6 7.18	10 10 10
多层纸	美国安素尔公司	5.1	10
穿孔卡片	美国安全第一产品公司	6.5	10
聚苯乙烯 聚 乙 烯	美国芬沃尔公司	2.0	10
聚氯乙烯 装 饰 物	美国威联森	3.3	10
聚氯乙烯管	美国杜邦公司	2.6	10

注：表中数据引自《美国化学学会论文集》第十六集。

第 3.2.4 条 变配电室、通讯机房、电子计算机房等场所，卤代烷 1301 设计灭火浓度宜采用 5%，这也是根据实验确定的。美国芬沃尔公司为了测定在计算机房内可能发生的火灾，用卤代烷 1301 对聚苯乙烯和聚乙烯进行试验，结果表示：卤代烷 1301 灭火浓度的变化范围在 2%～6%之间，浸渍时间为 10min 以内，火被完全扑灭。

美国杜邦公司在 3.7m×4.7m×2.65m 的封闭空间内，用 127mm × 203mm × 25.4mm 的铝盘对 2.27kg 聚氯乙烯管进行了卤代烷 1301 灭火浓度测定，发现 2.6%的卤代烷 1301 浓度在 10min 的浸渍时间内火焰全部熄灭。美国芬沃尔公司和威联森公司的试验结果见表 3.2.3。

第 3.2.5 条 本条规定了不同类型火灾所需要的灭火剂浸渍时间。要求灭火剂维持一段浸渍时间，有两个目的：一是保证火被熄灭；二是防止复燃。当防护区存在有不能关闭的开口，或门窗缝隙太大时，灭火剂浸渍时间的确定就显得非常重要。从安全角度看，灭火剂浸渍时间越长越好，但较长的浸渍时间对防护区及灭火系统本身就提出了更严格的要求。从经济合理、安全可靠的原则出发，本规范对灭火剂浸渍时间分为两个档次。

一、固体表面火灾不应小于 10min。

1. 可燃固体可以发生以下两种类型的火：一种是由于可燃固体表面的受热或分解产生的挥发性气体为燃烧源，形成“有焰”燃烧；另一种是可燃固体表面或内部发生氧化作用，形成“阴燃”或称为“无焰”燃烧。这两种燃烧经常同时发生。有些可燃固体是从有焰燃烧开始，经过一段时间变为阴燃，例如木材。相反，有些可燃固体例如棉花包、含油的碎布等能从内部产生自燃，开始就是无焰燃烧，经过一段时间才产生有焰燃烧。无焰燃烧的特点是燃烧产生的热量从燃烧区散失得慢，因此燃烧维持的温度足够继续进行氧化反应。有时无焰燃烧能够持续数周之久，例如锯末堆和棉麻垛等。只有当氧气或可燃物消耗尽，或可燃物的表面温度降低到不能继续发生氧化反应时，这种燃烧才能停止。灭这种火时，一般是直接采用水一类灭火介质来降低燃料温度或用惰性气体覆盖来扑灭，惰性气体将使氧化反应的速度减慢到所产生的热量少于扩散到周围空气中的热量。这样，当可燃物的温度降到自燃点以下，可去掉覆盖的惰性气体。

有焰燃烧是可燃物表面受热分解产生的挥发性气体的燃烧。用低浓度的卤代烷 1301 即可迅速将火扑灭。

阴燃可以分为两种：一是发生在可燃物表面的阴燃；二是发生在燃料深部位的阴燃，两种的差别只是一个程度问题。当使用 5%浓度的卤代烷 1301、浸渍时间 10min 不能扑灭的火灾即被认为是深位火灾。实际上，从大量实验可以看出，这两类火灾有相当明显的界限。深位火灾一般所需要的灭火剂浓度要比 10%高得多，浸渍时间也要大大超过 10min。这与门外同类标准的规定是一致的。国际标准化组织 ISO/DIS7075/1 标准、英国 BS5306 标准、美国 NFPA12A 标准、法国 NFS62—101 标准都是以“5%浓度浸渍 10min”作为划分可燃固体表面火灾和深位火灾的界限。

2. 对固体表面火灾的灭火浓度及浸渍时间国内外都作了大量实验，其结论是，可燃固体表面火灾用 5%浓度的卤代烷 1301 浸渍 10min 即可灭火。

二、对不存在复燃危险的气体火灾和液体火灾，本规范规定灭火剂浸渍时间必须大于 1min。

因为只要可燃气体、可燃性液体和电气火灾防护区内达到灭火剂的设计浓度，可以立即将火扑灭。但可燃气体、可燃性液体灭火后，如果防护区的环境温度较高、可燃气体及可燃性液体蒸气浓度较高，有产生复燃的危险。在此情况下。应增大灭火剂的浸渍时间或增加其他消防设施，以保证将火灾彻底扑灭。

第三节 剩 余 量

第 3.3.1 条 剩余量是指喷射时间结束时，仍然残留在系统中的卤代烷 1301。按照本规范的要求，必须在喷射时间内建立起灭火剂设计浓度，因此，剩余量对形成设计浓度不起作用。剩余量主要有两部分：一部分是残留在贮存容器内的卤代烷 1301，另一部分是残留在管网中的卤代烷 1301。计算剩余量时必须包括这两部分。

第 3.3.2 条 因为卤代烷 1301 的喷射是靠气体驱动，在有压气体的推动下，液态卤代烷 1301 通过导液管喷出。所以，当卤代烷 1301 液面降低到导液管入口以下时，做为动力用的气体将通过导液管排出，残留在贮存容器内的液态卤代烷 1301 已无推动力，只能靠挥发喷出。因此本条规定贮存容器内的剩余量，应按导液管入口以下容器容积计算。

关于贮存容器内剩余量，一般应由生产厂家提供。

第 3.3.3 条 关于管网内卤代烷 1301 的剩余量有两种情况。对于均衡系统，由于管网的布置较匀称，且任意两个喷嘴到贮存容器的管道长度和当量长度基本相等，每个喷嘴的平均设计流量均相等，因此每个喷嘴的喷射时间、泄压时间也基本相同，管网内少量的灭火剂量不会影响灭火效能，设计时可忽略。这种论述与国际标准和英国标准是一致的。对于只含有一封闭空间防护区的非均衡系统，尽管在卤代烷 1301 喷射时间结束时，管网内有一定量的剩余灭火剂，但由于卤代烷 1301 的蒸气压力较高，剩余的卤代烷 1301 会很快气化，通过各个喷嘴施放到防护区内。因防护区只含一个封闭空间，故该防护区的浓度不会改变，管网内的剩余量可不计算。

对于布置在含两个或两个以上封闭空间防护区的非均衡管网，当卤代烷 1301 喷射时间结束时，管网内所剩余的灭火剂，将不会按原设计的要求施放到每个封闭空间内。如不考虑这一剩余量，将会使一些封闭空间内的灭火剂浓度高于设计值，而另外的封闭空间内的灭火剂浓度将低于设计值，可能影响灭火效果，设计时必须增加这一剩余量。

本规范规定的计算公式（3.3.3）式系理论计算式。由于管网内任一点灭火剂的密度是一个变量，它与初始贮存压力和充装密度等因素有关，采用该式计算时，较难确定的是管网内各管段中卤代烷 1301 的平均密度。因为各个管段的压力及管段内卤代烷 1301 的平均密度不相同，且在喷射末期各管段的压力不易确定。在实际工程计算时，管段内的压力可取平均贮存压力的 50%，管道内卤代烷 1301 的平均密度可按下述步骤确定：

一、按本规范第 4.2.7 条规定估算管网内灭火剂的百分比。

二、确定中期容器压力。根据估算出的管网内灭火剂的百分比，按本规范第 4.2.6 条的规定求出该系统中期容器压力。

三、确定管道内卤代烷 1301 的密度。管道内的压力可取中期容器压力的 50%，且不得高于卤代烷 1301 在 20℃时的饱和蒸气压。卤代烷 1301 的密度可根据本规范第 4.2.13 条规定确定。

四、按本规范（3.3.3）式计算管道内卤代烷 1301 的剩余量。

第四章 管网设计计算

第一节 一般规定

第 4.1.1 条 本条规定进行管网设计计算的环境温度可采用 20℃。本条是借鉴国外标准、规范制定的，如美国 NFPA12A、国际标准化组织 ISO/DIS7075—1 和英国 BS 5306 均规定了流量计算应根据贮存温度 20℃时管网内灭火剂的百分比，所给出的管网设计计算时所需的图表均为 20℃时的数值。这就规定了进行管网设计计算时所必须涉及到的一系列参数，如卤代烷 1301 的密度值、贮存压力、管网内灭火剂的百分比、喷嘴的流量特性曲线、管道内的压力损失等均应取其 20℃的数值。

规定设计所取的环境温度是为了设定一个设计基准，一是便于工程设计计算和施工验收、检查，二是考虑到经济合理的要求。

在未设调温系统的防护区内，环境温度是随时变化的，与设计计算所设定的环境温度不一致，这将影响灭火剂的喷射时间。一般来讲，灭火剂喷射时贮存容器的实际环境温度高于设计温度，灭火剂喷射时间缩短，反之灭火剂喷射时间将会延长。此外，也会影响非均衡系统各个喷嘴实际喷出的灭火剂量。这一温度的影响应引起设计者的注意，一是尽量采用均衡管网系统，另外可适当增加喷嘴的数量。

卤代烷 1301 灭火系统管网流体计算所涉及到的数据，部分是由理论推导得出的，但大部分是由实际试验测定的。例如，喷嘴的流量特性曲线和喷射图形，管道附件的当量长度等，均是在一个基准温度条件下测定的，一般均采用 20℃的基准温度。如果要求给出各种温度条件下的数据，就会大大增加试验工作量和投资，这在目前条件下尚难达到。因此，规定一个设计计算时采用的基准环境温度是经济的。

第 4.1.2 条 本条规定了贮压式系统卤代烷 1301 的贮存压力的选取要求。

实验证明，同一结构形式的卤代烷 1301 喷嘴，其流量系数不仅与喷嘴的结构有关，也与卤代烷 1301 的贮存压力和充装密度有关。目前，设计时使用的喷嘴流量特性曲线均是采用卤代烷 1301 测试得出的，其喷射图形即喷嘴的保护范围一般也要采用灭火介质测定，这需要较大投资。至今尚未找到其他较经济的介质，例如用水来代替卤代烷 1301 以测定喷嘴的流量特性曲线和喷射图形的方法。目前的研究还未得出卤代烷 1301 与其他介质试验所得出的流量特性之间的关系。用卤代烷 122 来测定喷嘴的喷射图形，得出的数据与用卤代烷 1301 测试得出的数据接近，但卤代烷 122 的价格较贵。要测出各种贮存压力在不同充装密度下喷嘴的流量特性曲线，需要花费大量的人力，显然是难以实现的。因此，通常仅确定两种不同的贮存压力和 $1000kg/m^3$ 的固定充装密度值来测定喷嘴的流量特性，供工程设计之用。这是一种既能满足工程设计需要又具有较好经济性的解决方案。

本规范所规定的两种卤代烷 1301 的贮存压力，即 2.50MPa（表压）和 4.20MPa（表压），与国外大多数有关标准、规范的规定是一致的。国际标准化组织 ISO/DIS7075/1 标准规定：贮存容器必须用氮气增压，使总压力在 20℃时为 25±5%bar（表压）或为 42±5%bar（表压）。美国 NFPA12A—1985 标准规定：容器必须使用干燥氮气，在 70℉时总压加到 360±5% psig 或 600±5% psig（在 21℃时，总压加到 25.84±5%或42.38±5%bar）。英国、法国、日本等国有关标准的规定也是如此。为保持我国标准、规范中主要技术参数与国际上先进国家的标准一致，以便于对外技术交流与贸易工作的进行，本规范也选用了这二级贮存压力。

在执行本条规定时应注意以下几个问题：

一、规范所规定的卤代烷 1301 灭火剂的贮存压力，是 20℃时的表压，它包括卤代烷 1301 的饱和蒸气压和加压用氮气分压两部分压力。这两部分压力均是随温度变化的，故贮存压力也是随温度变化的。

二、在进行卤代烷 1301 灭火系统工程计算时，选择贮存压力等级主要从经济合理性方面考虑。对于所保护的区域面积较小，系统管道不太长时，宜选用 2.50MPa 的贮存压力。这样，在保证规定的灭火剂喷射时间和贮存容器内灭火剂充装密度不至于太小的前提下，可以选用耐压较低的部件从而降低工程造价。此外压力越低，越易解决卤代烷 1301 长期贮存而不泄漏的问题。对于所保护的区域面积较大，系统管道较长时，选用 2.50MPa 的贮存压力难以保证要求的灭火剂喷射时间或灭火剂充装密度太小时，可选用 4.20MPa 的贮存压力。在相同的灭火剂充装密度条件下，选用较高的贮存压力，可以允许管道有较大的压力降，从而减小管道直径、降低工程造价。对待具体的工程，选用哪一级贮存压力较合适，应通过计算比较确定，优先选用 2.50MPa 的贮存压力。

三、本条规定贮存压力采用二级压力值时使用了宜”这一规范化的程序用词，这是针对预制灭火装置可以采用其他的贮存压力而确定的。通常设计的卤代烷 1301 灭火系统只能选用这两级贮存压力，本规范中和其他的设计资料中仅给出与这两级贮存压力有关的设计数据。而预制灭火装置是在生产厂预先制成的，并按预先设计的应用条件进行了试验鉴定，它能符合本规范关于灭火剂喷射时间等规定，故可选用其他的贮存压力值。美国 NFPA12A 标准中明确规定：预制系统也可包括异型喷嘴，其流量、应用方法、喷嘴位置和加压水平，都可能与本标准其他部分的规定不同。不限定预制灭火装置必须采用这两级贮存压力，可给设计这一类装置的设计者更大的灵活性。采用较低的贮存压力可能降低产品成本，一个小型的球形无管网灭火装置，采用 2.50MPa 以下的贮存压力完全可以保证灭火剂喷射时间在 10s 以内。

四、本条规定是针对“贮压式系统”而言的，不包括贮气瓶式系统。

贮压式系统是指将作为动力的增压用气体和卤代烷 1301 贮存在同一容器内的灭火系统。贮气瓶式系统是指将作为动力的增压用气体和卤代烷 1301 分别贮存在不同的容器内的灭火系统，当需要施放卤代烷 1301 时，先开启增压用气体的贮存容器，使高压气体通过减压阀后进入到灭火剂的贮存容器中，再使卤代烷 1301 放出。这可以实现卤代烷 1301 在稳定压力下的施放。增压用气体和卤代烷 1301 接触时间很短，可采用普通氮气，也可采用二氧化碳或空气。我国目前尚未生产贮气瓶式系统，故本规范未做出贮气瓶式系统贮存压力的规定。

第 4.1.3 条 本条规定了“贮压式系统贮存容器内的卤代烷 1301，应采用氮气增压”，这是根据以下情况确定的：

一、卤代烷 1301 在常温下具有较高的饱和蒸气压，例如 21℃时其饱和蒸气压达 1.474MPa，这一压力可以排完贮存容器中的卤代烷 1301。但是卤代烷 1301 的饱和蒸气压随温度变化较显著，从图 4.1.3-1 可以看出，在 −18℃ 时，其蒸气压为 0.49MPa，在 −40℃ 时仅 0.17MPa。在温度较低时，仅靠蒸气压力来克服卤代烷 1301 在管道流动中产生的压力损失，以保证其从喷嘴中迅速喷出是不可能的。在常温下，尽管其蒸气压较高，也难以靠这一压力来快速施放贮存容器内的卤代烷 1301。这是因为贮存容器内的纯卤代烷 1301 在饱和蒸气压作用下，处于气、液两相平衡状态，当液态卤代烷 1301 一进入管道，由于要克服阀门和管道的阻力，压力下降，卤代烷 1301 就会迅速气化而膨胀，造成流量迅速减小。此外，卤代烷 1301 迅速气化将吸收大量热量，造成系统部件因温度急剧降低而损坏。

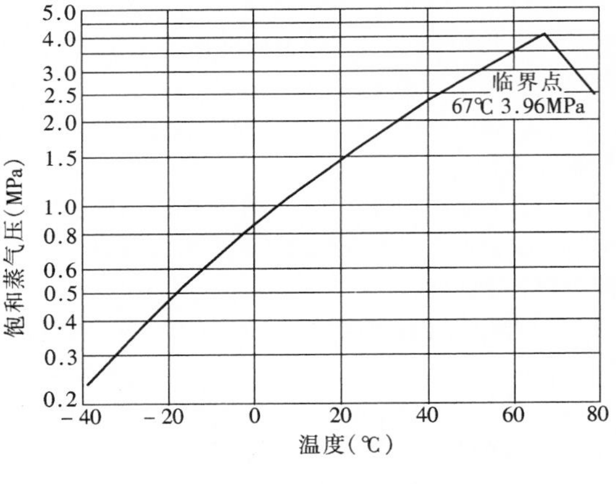

图 4.1.3-1 卤代烷 1301 的饱和蒸气压与温度的关系

二、对于贮压式系统，卤代烷 1301 与增压用气体同存在一个贮存容器内，长期接触。因此，要求采用的增压用气体的化学性质必须稳定，在卤代烷 1301 中的溶解度较低，且为不助燃的气体。氮气是完全符合这些要求的，且其来源较广、价格也较低，故将其规定为增压用的气体。

三、国外同类标准，例如国际标准化组织 ISO/DIS7075/1、美国 NFPA12A、英国 BS 5306 等，均规定贮存容器内的卤代烷 1301 必须选用氮气来增压。

在执行本条规定时应注意的是：用氮气加压将使部分氮气溶解到液体卤代烷 1301 中去；氮气的溶解与其压力和温度有关，压力增高溶解量增加。在施放卤代烷 1301 过程中，由于压力下降，溶于液态卤代烷 1301 中的氮气又会部分分离出来，这是造成卤代烷 1301 在管道中呈两相流的原因之一，在流体计算时应予考虑。

氮气在液态卤代烷 1301 中的溶解量可用下列公式计算：

$$X_n = \frac{P_n}{H_x} \qquad (4.1.3\text{-}1)$$

式中 X_n——氮气在液态卤代烷 1301 中的浓度，摩尔分数；

P_n——溶液上方氮气的分压，10^5 Pa；

H_x——亨利法则常数，10^5 Pa/摩尔分数。

贮存容器内氮气分压可用下式计算：

$$P_n = P - (1 - X_n)P_v \qquad (4.1.3\text{-}2)$$

式中 P——卤代烷 1301 的贮存压力，10^5 Pa；

P_v——卤代烷 1301 的饱和蒸气压力，10^5 Pa。

亨利法则常数 H_x 与温度的关系见图 4.1.3-2。

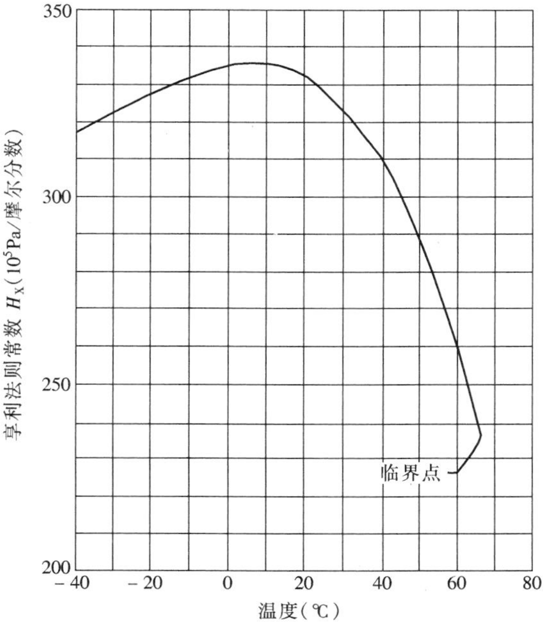

图 4.1.3-2 亨利法则常数与温度的关系

本条还规定了增压用氮气的含水量不应大于 0.005%的体积比，这是根据以下情况确定的。

一、卤代烷 1301 是一种稳定的化合物，长期贮存在干燥容器中不会变质，只有在 480℃以上的高温下才会分解。但是卤代烷 1301 与水或水蒸汽作用则会分解。因此，各国有关卤代烷 1301 产品的标准对含水量都作出了严格规定，限制在 10mg/kg 以下。如果增压用氮气的含水量过大，必然增加卤代烷 1301 中的含水量，使其质量保证不了国家标准的要求。生产厂要降低卤代烷 1301 产品中的含水量，在工艺上难度大，经济上成本过高。而降低氮气中的含水量则比较容易。

二、限制氮气中的含水量能够减少卤代烷 1301 中的含水量，从而减弱其腐蚀性。试验证明质量合格的卤代烷 1301 对大多数普通材料的腐蚀性很小。在无潮湿空气的条件下，卤代烷 1301 对钢、黄铜、铝的平均年腐蚀量均小于 0.0005mm。但在潮湿空气中，卤代烷 1301 会水解、生产氢卤酸，对金属材料的腐蚀性急剧增加，年腐蚀量高达 0.028mm。因此，降低贮存容器内氮气的含水量是降低卤代烷 1301 腐蚀性的主要途径。

三、有关国外标准都对限制增压用氮气的含水量作出了规定。国际标准化组织 ISO/DIS7075/1 规定：氮气的含水量不应大于 50ppm。法国 NFS62—101 标准规定：氮气的湿度与含水量按体积算必须在 50ppm 以下。英、美标准也强调：贮存容器内的卤代烷 1301 必须用干燥氮气增压。因此，本条也规定了增压用氮气的含水量应不大于 0.005%的体积比。

第 4.1.4 条 本条规定了贮压式系统卤代烷 1301 的最大充装密度。

充装密度是指贮存容器内卤代烷 1301 的质量与容器容积之比，单位为 kg/m³。充装密度是设计时应通过计算确定的重要参数之一。充装密度越小，对一定容积的贮存容器所需要的数量越多，工程造价就会增大，显然是不经济的。但是，充装密度过大，贮存容器内气相容积减小，当贮存容器内卤代烷 1301 喷射结束时，气相容积大大增加。把气相膨胀过程近似看作等温过程来估算贮存容器内的压力降，则在整个卤代烷 1301 的喷射过程中，灭火剂的平均推动压力很小，这可能影响规定的灭火剂喷射时间。此外，充装密度越大，贮存容器内的压力随温度的变化也就增大。过量充装卤代烷 1301 甚至可能出现危险，例如在贮存容器内充满卤代烷 1301，使其充装密度达 1566kg/m³，在 21℃时加压至 4.20MPa；当温度升高到 54℃时，容器内的压力可增至 20MPa 以上。

本条规定和国外同类标准的规定是一致的。美国 NFPA12A 标准规定：容器的充装密度不得大于 70lb/ft³（1121kg/m³）。英国 BS 5306 有关条文也规定：容器充装密度不应大于 1.121kg/L。国际标准化组织 ISO/DIS7075/1 标准中也规定：容器的充装密度不得大于 1125kg/m³。

卤代烷 1301 的充装密度为 1125kg/m³，在 20℃时的充装比为 0.71 左右。在此充装密度下，一个贮存压力为4.20MPa，管网内灭火剂的百分比达80%时，根据本规范给出的计算方法计算，中期容器压力仅约1.62MPa，从贮存容器到管网末端的沿程压力损失和高程压力损失之和则不得大于0.81MPa。从这一计算中可以看出，充装密度的确定，与贮存压力等级、管网内灭火剂的百分比、整个管网的压力损失等因素相关连，只能通过管网流体计算与分析比较后，根据所能提供的具体产品尺寸、规格才能最后确定。一般来讲，贮存压力等级高而整个管网容积较小、管道较短，可采用较大的充装密度，反之则应采用较小的充装密度。在具体工程设计中，一般所确定的充装密度不宜小于600kg/m³，否则就不经济了；低于此值时宜调整其他设计参数来解决。

第4.1.5条 本条根据不同防护区对卤代烷1301的喷射时间做出了不同规定，这是根据下列情况确定的。

一、对一个已发生火灾的防护区，卤代烷1301灭火剂的喷射时间越短，喷射强度较高，灭火时间也就越短。采用卤代烷全淹没灭火系统，只要防护区中灭火剂达到临界灭火浓度值时，可燃物的火焰很快就能熄灭，国内外试验均表明灭火时间小于1s。防护区内灭火剂的设计浓度一般均在试验测定的灭火浓度的1.2倍以上，故防护区内达到灭火浓度值的时间，即火灾被扑灭的时间有可能小于灭火剂的喷射时间。公安部天津消防科学研究所曾在一间216m² 的计算机房中进行过一次卤代烷1211的灭火试验，灭火剂设计浓度为5%，在房高2.7m的空间里按底层、中层和顶层分别布置了三个盛无水乙醇的火盘，点火后开始喷射灭火剂。实测灭火剂的喷射时间为14.2s，三个高度火盘里的火分别在开始喷射灭火剂后7.5s、7.0s和11.7s被扑灭。

二、从毒性分析看，卤代烷1301本身的毒性很低，但其分解产物的毒性较高。分解产物越多对设备和材料的腐蚀性越大，对人员可能造成的损害也就越大。而卤代烷1301在灭火时所形成的分解产物数量与它接触火焰的时间有很大关系，接触时间越长，灭火后分解产物就越多。减少有毒生成物浓度的办法之一就是缩短卤代烷1301的喷射时间。

三、缩短卤代烷1301的喷射时间，可以迅速扑灭火灾，减少火灾造成的损失，也能降低固体可燃物成为深位火灾的可能性，以充分利用卤代烷灭火系统灭初期火灾的优势。现行国家标准《建筑设计防火规范》规定，必须设置卤代烷灭火系统的场所，例如省级或超过100万人口的城市电视发射塔微波室；超过50万人口城市的通讯机房；大中型电子计算机房或贵重设备室；省级或藏书超过100万册图书馆的珍藏室；中央及省级的文物资料、档案库。这些场所的经济价值高、政治影响大，均属消防保卫的重点要害部门。因此，更有必要缩短灭火时间。

四、目前世界上多数工业发达国家及国际标准化组织所制订的有关标准规范，都采用较短的灭火剂喷射时间，如美国NFPA12A，英国BS5306，法国NFS 62—101，德国DIN14496，国际标准化组织ISO/DIS7075/1等标准，均将灭火剂喷射时间限制在10s以内。英、美有关标准所作出的限制是：灭火剂的喷射时间一般必须在10s以内；如果切实可行应在更短一些的时间内完成；较长的喷射时间必须经有关当局批准

日本现行的消防法施行规则第20条，将卤代烷灭火剂的喷射时间规定为30s以内。但是日本一些生产厂商正在生产销售喷射时间为10s的快速卤代烷灭火系统。我国早期引进的日本的卤代烷灭火系统，其灭火剂喷射时间多为30s；近几年引进的，例如上海金星电视机厂老化室和某博物馆地下库房的卤代烷1301灭火系统。灭火剂的喷射时间均设计为10s。此外，《1974年国际海上人民安全公约》（1981年修正案）将卤代烷全淹没灭火系统的喷射时间规定为20s。

以上从几个方面分析了缩短灭火剂喷射时间的意义，并介绍了世界上多数工业发达国家有关标准规范对这一参数的规定。本规范的规定是以这些背景材料为基础提出的。当然，灭火剂的喷射时间也不宜规定得过短。灭火剂的喷射时间太短就要提高灭火剂的施放强度，这会提高系统的工程造价。

本条按防护区的性质将灭火剂的喷射时间分别给予规定。对于火灾蔓延速度快、火灾危险性大的防护区，即可能发生气体火灾和液体火灾的防护区，为了尽可能减小火灾损失，降低灭火剂分解产物的浓度从而减小其毒性，同时也为了防止爆炸危险和复燃危险，将灭火剂喷射时间规定为“不应大于10s”。

国家级、省级文物资料库、档案库、图书馆的珍藏库等防护区性质极其重要，一旦失火若不能迅速扑灭，则会造成不可估量的经济损失和重大的政治影响。而这些防护区又容易产生深位火灾，存在复燃危险。因此，本条将其灭火剂喷射时间规定为“不宜大于10s”。

本条一、二款规定以外的防护区，一般既不存在爆炸危险，也不会很快形成深位火灾和产生复燃危险。因此，将灭火剂的喷射时间规定为“不宜大于15s”，以便于卤代烷1301灭火系统的工程设计。

第4.1.6条 本条规定了管网流体计算的基础。

一、卤代烷1301灭火系统在施放灭火剂的短暂过程中的流体计算是比较复杂的。造成计算复杂的原因是灭火剂的施放是以贮存容器内的增压氮气为动力。随着卤代烷1301的喷出，贮存容器内的气相容积增加，压力降低，从而引起喷嘴前的压力降低使喷嘴和管道内卤代烷1301的质量流量变小。此外，氮气在卤代烷1301中有一定的溶解性，溶解于液态卤代烷1301中的氮气随贮存容器内的压力而变化。当

含有氮气的液态卤代烷 1301 在流动过程中产生压力降时，一部分氮气逸出，形成了两相流动。当管网内的压力降到卤代烷 1301 饱和蒸气压以下时，液态卤代烷 1301 还会迅速气化，使两相流体中的含气量迅速增加。含气量的增加使流体在流动过程中的体积流量增加，造成了管道中压力降的非线性变化。从以上分析可以看出，在整个卤代烷 1301 施放的短暂过程中，管网内任一点的压力、卤代烷 1301 的流量和密度均是随时间变化的。管网的流体计算，只能确定某个瞬间状态为基础。

二、卤代烷 1301 灭火系统在施放灭火剂的整个短暂过程中，有三个较特殊的瞬间，一是灭火剂充满整个管网开始喷射灭火剂，二是灭火剂从系统中喷出 50%时，三是灭火剂从系统中全部喷出时，国内外所有卤代烷灭火系统的管网流体计算方法，均是以灭火剂施放过程中这三个特殊瞬间时的工作状态为基础建立起来的，形成了所谓初期工作状态计算法、中期工作状态计算法和终期工作状态计算法。本条规定“管网计算应根据中期容器压力和该压力下的瞬时流量进行”，也就是规定了管网流体计算应采用中期工作状态计算法。

三、采用中期工作状态计算法，步骤简单、计算容易，已为大多数工业发达国家有关标准所采用。美国 NFPA12A 标准规定：流量必须以喷射时的平均容器压力为基础进行计算。国际标准化组织 ISO/DIS7075/1 标准规定：流量计算应以从系统中喷出 50%的灭火剂时的容器压力（中期容器压力）为基础。英国 BS5306、法国 NFS62—101 等标准均采用了同样的计算方法。

本条第一款规定喷嘴的设计压力不应小于中期容器压力的 50%。这里所讲的喷嘴设计压力系指中期容器压力值下喷嘴的工作压力，即施放灭火剂时，系统处在中期工作状态时喷嘴的实际工作压力，也就是管道末端的压力。之所以做出此项规定，是采用中期工作状态计算法时，首先应确定管网内灭火剂的百分比，而计算管网内灭火剂百分比的公式，即本规范（4.2.7-1）式和（4.2.7-2）式是以管道末端压力接近但不小于中期容器压力的 50%为基础导出的，这也是管网流体计算方法建立的基础。

当计算出的喷嘴的设计压力非常接近且不小于中期容器压力的 50%时，不仅表明管网流体计算精确度较高，也说明了所选管网比较经济合理。美国 NFPA12A 标准指出：“当所计算的终点压力等于在喷射过程中中期容器压力的一半时，利用这些方法计算的压力降是最精确的。”当计算出的喷嘴的设计压力显著大于中期容器压力的 50%时，说明管道流量高于平均设计流量，灭火剂的喷射时间将小于设计规定的喷射时间。这时可将管道直径缩小一些，使管道的压力降增加。当计算出的喷嘴设计压力小于中期容器压力的 50%时，说明管道的压力降过大，管道内灭火剂流量小于平均设计流量，灭火剂的喷射时间将大于设计规定的喷射时间，此时，应增大管径，降低压力损失，若调整管径还不能满足需要，则应调整充装密度与贮存压力。

本条第二款规定管网内灭火剂的百分比不应大于 80%。这是根据以下情况确定的。

试验证明当贮存容器内的卤代烷 1301 的 86%～93%排出贮存容器时，贮存容器内几乎已不存液态卤代烷 1301。也就是说当管网内灭火剂的百分比达到 86%～93%时，最后的液态卤代烷 1301 已离开贮存容器进入管道内，随之进入管网的将是卤代烷 1301 蒸气和氮气，这时要计算出管网内实际卤代烷 1301 的百分比将是困难的。

管网内卤代烷 1301 的百分比，是用来计算灭火剂施放时，管网容积对贮存容器内压力的影响的，即中期容器压力是容器内气相容积和相应管网容积的函数，相应的管网容积用卤代烷从喷嘴喷出 50%时管网内灭火剂的百分比来表示。

管网内卤代烷 1301 的百分比大，说明相应的管网容积大，中期容器压力则低。例如一个充装密度为 $1200kg/m^3$，贮存压力为 2.50MPa 的系统，管网内灭火剂的百分比为 10%时，中期容器压力为 1.82MPa，当管网内灭火剂的百分比为 80%时，中期容器压力仅 1.13MPa。因此，在确定卤代烷 1301 灭火系统贮存压力等级和灭火剂充装密度时，必须考虑管网内灭火剂百分比的影响。管网内灭火剂的百分比大，应选用较小的充装密度和较高的贮存压力。

本款规定和国际标准化组织及大多数工业发达国家有关标准规范的规定是一致的。美国 NFPA12A 标准在 1985 年以前的版本中规定管网内灭火剂的百分比不得超过 100%，而 1985 年以后的版本中均改为不得超过 80%。

第 4.1.7 条 本条规定了管网布置的原则要求。按卤代烷 1301 灭火系统的一般设计程序，管网布置是在确定喷嘴的布置和贮存容器的位置以后进行的，设计人员可根据现场具体条件灵活布置管网。将管网均衡布置有以下好处：一是可以简化管网流体计算，采用图表直接计算出管道的压力损失。采用均衡布置的管网，一个多个喷嘴的系统可以简化成单个喷嘴的系统进行流体计算。二是可以提高防护区内卤代烷 1301 均布程度。非均衡布置的管网，各个喷嘴所设计的出流量可能不一致，要使喷嘴实际喷出量和设计量一致是比较困难的，这不仅要求管网流量计算非常精确，还要求产品的档次很多，有足够的选择余地。此外，管网均衡布置，可以大大减少管网内卤代烷 1301 的剩余量，从而节省投资。

本条规定采用了“宜”这一规范化的程度用词，这就是说，在现场条件不具备时，管网可以采用非均衡布置。一些大型多喷嘴的防护区，一些有多个空间的防护区，例如计算机房，要求管网必须均衡布置是难以做到的。在全部管网难以做到均衡布置时，应力求局部的管网的均衡布置。例如一个保护计算机房的卤代烷 1301 灭火系统，可使吊顶内、工作间和地板下的管网分别均衡布置。一个大型多喷嘴的防护区，可以将喷嘴分成数组，每组的管网均采用均衡布置。这也可以减少计算的工作量和减少喷嘴的型号规格。

均衡管网的两个判定条件和国际标准化组织及美、英、法等国家的有关标准规范的规定是一致的。

第 4.1.8 条 本条对管道分流所需采用的管件形式、布置和分流比例给予了限制，其规定和国际标准化组织及美、英、法等国家的有关标准规范的规定相同。

一、由于卤代烷 1301 在管网中已呈两相流动，且压力越低则流体的含气率越大，为了较准确地控制流量分配，必须执行本规范中所规定的几项规定，以避免在各分流支管中灭火剂的密度产生较大的差异。由于四通分流出口多，更易引起出口处各支管的流体密度变化，也难以用试验测定分流时引起的流量偏差，故在卤代烷 1301 灭火系统管网连接时均不采用四通管接头。

二、采用三通管件分流时，分流出口应水平布置，也是为了防止气、液两相流体在三通处的不稳定的分离。流体中液相的密度比气相的大，而三通有一个分流出口垂直布置，则会有较多气相的流体会向上分流，而含液量较高的流体向下分流，使两个出口的实际流量和设计流量产生偏差。

在布置三通管件时，进口可布置在垂线方向。而分流出口只能呈水平方向布置。图 4.1.8-1 的布置法是错误的，应改为按图 4.1.8-2 的布置方法。

三、通过大量试验已得出了水平布置的三通出口处的不同分流流量比时的偏差。分流三通分流所引起的流量偏差校正系数见图 4.1.8-3。直流三通分流所引起的流量偏差校正系数见图 4.1.8-4。

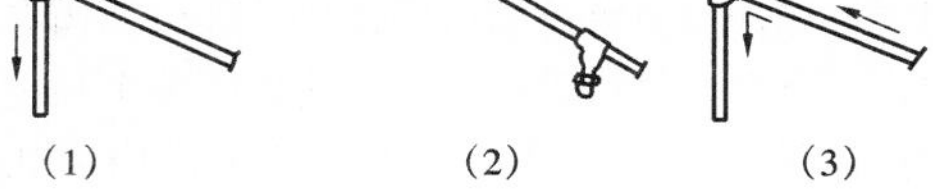

图 4.1.8-1 分流出口错误布置图

从图 4.1.8-3 可以得出，采用分流三通分流时，当任一分流支管的设计分流质量流量小于进口总质量流量的 60%时，其校正系数在 99%～101%的范围内，即两个分流支管的实际流量与设计流量的偏差为±10%，显然是不需要进行校正的。

从图 4.1.8-4 可以看出，采用直流三通分流时，

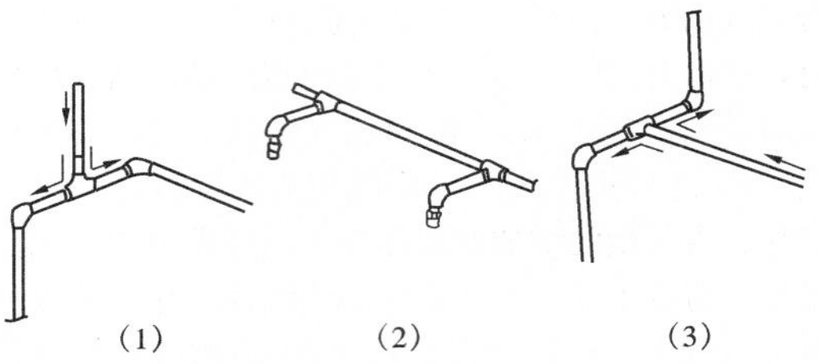

图 4.1.8-2 分流出口正确布置图

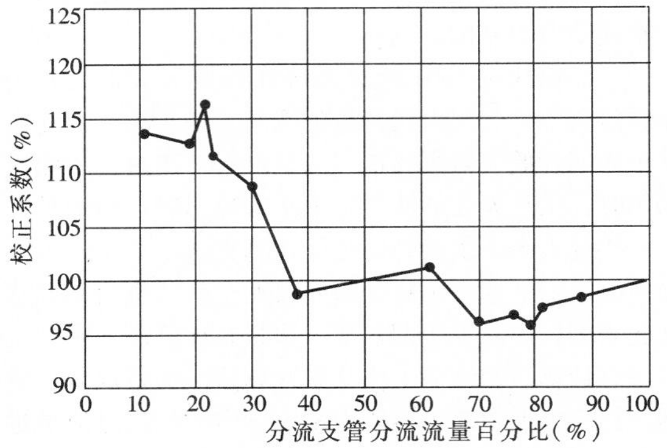

图 4.1.8-3 分流三通分流流量偏差校正系数

当直通支管的设计分流质量流量大于总流量的 60%时，直通支管的校正系数不大于 103%；分流支管的校正系数不大于 95%即两个分流支管的实际流量和设计流量的偏差在 5%以内，显然是不需要校正的。

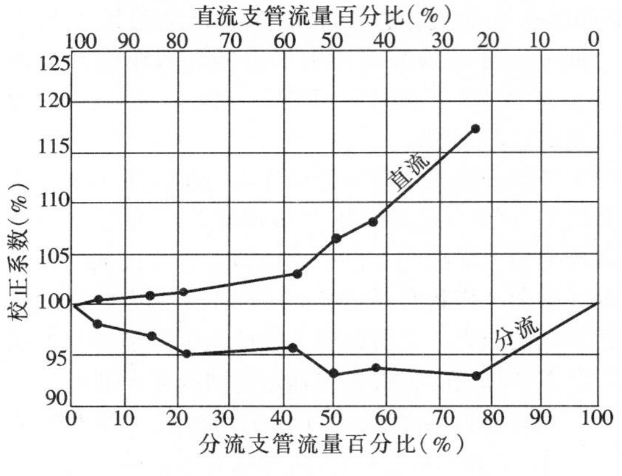

图 4.1.8-4 直流三通分流流量偏差校正系数

四、本条中规定不符合一、二款条件时，应对分流质量流量进行校正。校正方法如下两例所示。

例一：一个质量流量为 26kg/s 的卤代烷 1301 在图 4.1.8-5 所示的节点（2）处分流，喷嘴（3）的设计质量流量为 $q_{(3)}=7.8$kg/s，喷嘴（4）的设计质量流量 $q_{(4)}=18.2$kg/s，试进行流量校正。

解：1. 分流支管分流流量百分比：

管段（2）—（3）：

$$\frac{q_{(3)}}{q_{(3)}+q_{(4)}}=30\%$$

管段（2）—（4）：

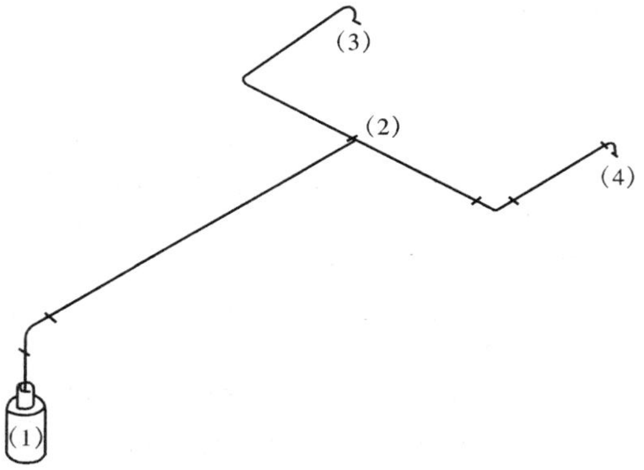

图 4.1.8-5　分流三通分流图

$$\frac{q_{(4)}}{q_{(3)}+q_{(4)}}=70\%$$

2. 查图 4.1.8-3 求出校正系数：当分流支管分流流量百分比为 30%，校正系数为 109%；分流流量百分比为 70%时，校正系数为 96.1%。

3. 求校正后的质量流量。

管段（2）—（3）：

$$q'_{(3)}=109\%q_{(3)}$$
$$=8.5(\text{kg/s})$$

管段（2）—（4）：

$$q'_{(4)}=96.1\%q_{(4)}$$
$$=17.5(\text{kg/s})$$

例二：一个如图 4.1.8-6 所示的卤代烷 1301 灭火系统，灭火剂在节点（3）处直流三通分流，喷嘴（6）、（5）的设计质量流量均为 6kg/s，求校正后的分流流量。

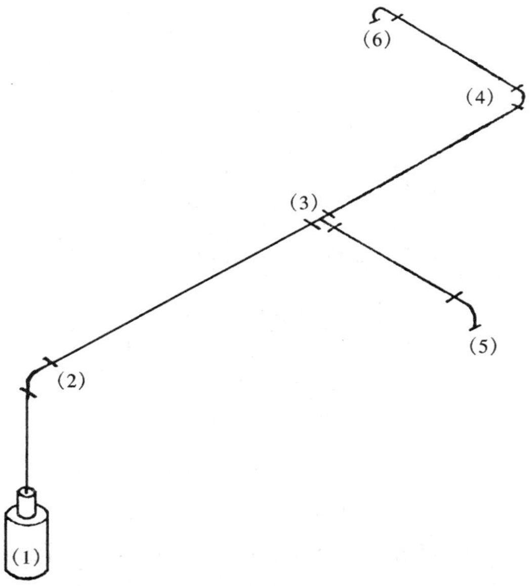

图 4.1.8-6　直流三通分流图

解：1. 直通分流支管流量百分比：

$$\frac{q_{(6)}}{q_{(6)}+q_{(5)}}=50\%$$

2. 分流支管流量百分比：

$$\frac{q_{(5)}}{q_{(5)}+q_{(6)}}=50\%$$

3. 根据图 4.1.8-4 查校正系数。当直流支管流量百分比为 50%时，校正系数为 106.5%；当分流支管流量百分比为 50%时，校正系数为 93.5%。

4. 校正后的分流流量：

$$q'_{(5)}=93.5\%q_{(5)}$$
$$=5.61(\text{kg/s})$$
$$q'_{(6)}=106.5\%q_{(6)}$$
$$=6.39(\text{kg/s})$$

第二节　管网流体计算

第 4.2.1 条　本条提出了管网中各管段的管径和喷嘴孔口面积的计算根据。

本规范第 4.1.6 条已规定了管网流体计算应以中期容器压力和该压力下的瞬时质量流量为基础进行，且瞬时质量流量可采用平均设计质量流量。即该条已规定了卤代烷 1301 管网流体计算采用中期工作状态计算法。

无论是管径或喷嘴孔径的确定均需要先确定其卤代烷 1301 的平均设计流量。每个喷嘴所需要喷出的卤代烷 1301 量和喷射时间是在确定各管段管径和喷嘴孔径前预先确定的，是计算管径和每个喷嘴平均流量的基础。

本条规定和国际标准化组织及英、美、法等国家有关标准的规定是一致的。国际标准 ISO/DIS7075/1 等都规定：管道尺寸和喷嘴孔口面积应进行选择，以便提供每个喷嘴所需要的流量。

第 4.2.2 条　本条规定了管网内气、液两相流体应保持紊流状态，这是为了使气、液两相能均匀混合，以防止两相分离而影响流量计算的正确性。

本条规定和国外有关标准规范的规定是一致的，如美国 NFPA12A 标准中明确规定：设计的流速要足够高，以保证气、液两相在管道内的充分混合。国际标准化组织 ISO/DIS7075/1 标准附录 D 中规定：在两相流动系统中，主要的是两相流体在分离前保持充分地混合。本条中所规定的最大管径应符合（4.2.2-2）式要求，也就是规定保持紊流状态的最大管径的计算公式的要求。该公式系根据国际标准 ISO/DIS7075/1 中所给出的图 4.2.2 中的曲线回归得出的。

本条所提出的初选管径的计算公式，系根据国内工程设计经验总结确定的。

初定管径后，应进行验算。首先计算出中期容器的压力，再求出中期工作状态管道的实际压力损失和末端喷嘴的压力。若末端喷嘴的压力高于中期容器压力的 50%时，说明卤代烷 1301 的喷射时间将小于设

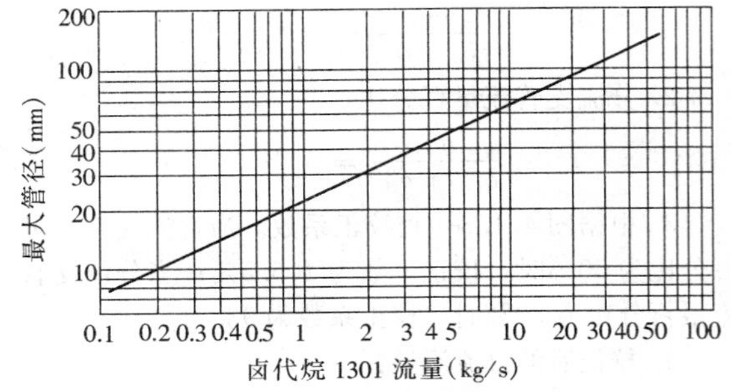

图 4.2.2　保持紊流状态的最大管径

计值，初定的管径是可行的。当然，末端喷嘴压力大大高于中期容器压力的 50%时，则可适当缩小管径，提高整个管道的压力降，使所设计的管网更经济。若末端喷嘴压力达不到中期容器压力的 50%时，则卤代烷 1301 的喷射时间将大于设计值，应适当扩大初选的管径，在难以扩大管径时，则应降低卤代烷 1301 的充装密度，甚至需提高卤代烷 1301 的贮存压力等级。

第 4.2.3 条　本条规定了单个喷嘴的平均设计流量的计算公式。该公式实际上是喷嘴的平均设计流量的定义式。

采用中期工作状态来建立卤代烷 1301 灭火系统管网流体计算方法，需要确定中期容器压力及该压力下各管段及喷嘴的瞬时流量，这在全部设计完成前是无法计算的。因此，本规范规定：该瞬时流量可采用平均设计流量。这是一个近似的数值。喷嘴的平均设计流量是确定各管段平均设计流量的基础。

在执行本条规定时应注意的两点是：第一，对均衡管网系统，系统的平均设计流量等于单个喷嘴的平均设计流量乘以喷嘴数，也等于需喷入防护区的卤代烷 1301 的质量除以灭火剂喷射时间。需喷入防护区的卤代烷 1301 包括设计灭火用量（或设计惰化用量）与流失补偿量之和。对于非均衡管网系统，系统的平均设计流量则等于各喷嘴平均设计流量之和，这是由于各个喷嘴的平均设计流量可能不相等。第二，本条（4.2.3）式中的 M_{sd} 为每个喷嘴所需喷出的卤代烷 1301 的质量，它也包括设计灭火用量（或设计惰化用量）与流失补偿量。每个喷嘴所需喷出的设计灭火用量或设计惰化用量的确定较简单，根据确定的保护范围和设计灭火浓度或惰化浓度计算。至于每个喷嘴需要喷出的流失补偿量的确定则比较复杂，需要根据防护区的具体条件和管网的类型来确定。对均衡管网系统，每个喷嘴所需喷出的流失补偿量是相等的，它等于防护区所需的卤代烷 1301 的流失补偿量除以喷嘴数。对非均衡管网系统，每个喷嘴所需喷出的流失补偿量，可对各个封闭空间内所需要的流失补偿量按每个喷嘴所需喷出的设计灭火用量或设计惰化用量之比值进行分配。

第 4.2.4 条　本条规定了喷嘴孔口面积的计算方法。

一、在贮存容器内，由于采用氮气增压，卤代烷 1301 是以液态形式贮存的。但当卤代烷 1301 施放时，由于管道的沿程和局部阻力使压力下降，部分卤代烷 1301 气化。此外，溶解于卤代烷 1301 液相中的氮气由于压力下降，也有部分逸出。所以，卤代烷 1301 在管道流动时，流体中含有气、液两相，压力降越快，流体中含气量越高。目前尚未找到符合试验结果的喷射这一气、液两相流体喷嘴流量特性的理论计算方法。故卤代烷 1301 灭火系统喷嘴的流量特性仍以试验值为依据。国外同类标准亦规定喷嘴的流量特性应以试验值为依据，如国际标准化组织 ISO/DIS7071/1 标准中规定："喷嘴的流量特性应以试验数据为基础由喷嘴制造商提供。"英、美等有关标准也有类似的规定。

二、本条规定用容器处在中期容器压力下的喷嘴压力与实际比流量的关系表示喷嘴流量特性试验数据，来计算喷嘴孔口面积的公式。

由于卤代烷 1301 灭火系统喷嘴喷出的流体包含气、液两相，喷嘴的流量特性曲线不仅与喷嘴的结构有关，也与其在贮存容器内的压力和充装密度有关。本规范规定了两级贮存压力，但未规定卤代烷 1301 的充装密度，要做出各种充装密度和不同贮存压力下的喷嘴比流量试验曲线是不可能的，甚至要做出两级贮存压力下几种充装密度条件下的比流量试验曲线，在经济上也难以承担。因此，我国现行国家标准《卤代烷灭火系统喷嘴性能要求和试验方法》中规定，喷嘴的流量特性试验只测定卤代烷 1301 充装比为 1000kg/m³ 时两级贮存压力下的比流量试验曲线。图 4.2.4 是经试验测出的径射喷嘴的比流量曲线。

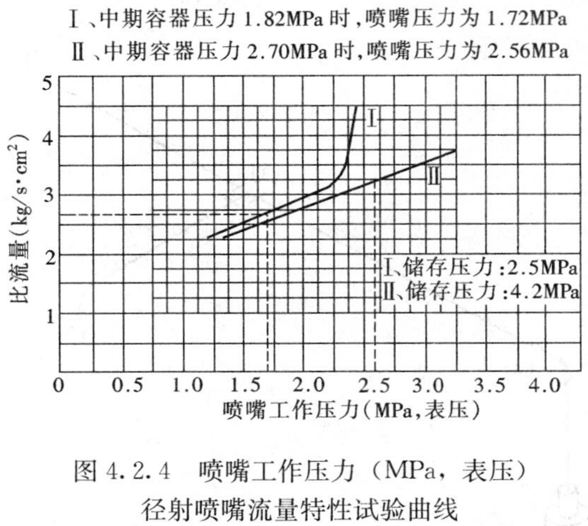

图 4.2.4　喷嘴工作压力（MPa，表压）径射喷嘴流量特性试验曲线

第 4.2.5 条　本条规定的喷嘴设计压力计算公式系借鉴国际标准和英、法等国的同类标准提出的。

一、本条规定的计算公式是一个适用于整个卤代烷 1301 施放过程中任一瞬间喷嘴工作压力的计算式。

但实际上由于本规范规定了管网流体计算采用中期工作状态计算方法，规范中也只给出了中期工作状态卤代烷 1301 中期容器压力、管道压力损失等有关计算公式或计算图表。因此，一般也仅计算中期工作状态下喷嘴的工作压力，即容器压力处于中期容器压力下的喷嘴工作压力。

二、执行本条规定时应注意的是，本规范中（4.2.5）式计算出的喷嘴工作压力只含有比位能和比压能。根据流体力学原理，喷嘴的流量取决于有效能量，除比压能和比位能外还有比动能。比位能即高程压差在计算管道沿程压力损失时应考虑进去。而比动能在一般流体计算中，由于流速较低，比动能小，常常忽略不计。国际标准化组织 ISO/DIS7075/1 标准和法国 NFS62—101 标准在计算喷嘴流量时，均未考虑比动能的影响。而美国 NFPA12A 标准中，建议将比动能加进去。这对与喷嘴相连的管道中卤代烷 1301 质量流量较高，需要精确计算各个喷嘴的流量是必要的。如果需要计算比动能，即通常所指的速度水头时可采用下式计算：

$$P_v = 81.1 \times 10^3 \frac{q_m^2}{\rho \cdot D^4} \qquad (4.2.5)$$

式中 P_v——比动能（kPa）；

q_m——与喷嘴相连管道中卤代烷 1301 的质量流量（kg/s）；

ρ——喷嘴前管道内卤代烷 1301 的密度（kg/m³）；

D——与喷嘴相连管道的内径（cm）。

速度水头一般较小。例如一个平均流量为 10kg/s 的喷嘴，与其相连管道内径为 5cm，卤代烷 1301 的密度为 800kg/m³，其比动能为：

$$P_v = 81.1 \times 10^3 \frac{10^2}{800 \times 5^4} = 16.2(\text{kPa})$$

三、本规范（4.2.5）式中，P_1 包含管道沿程压力损失和局部压力损失两部分。在卤代烷 1301 灭火系统工程设计计算中，局部压力损失一般用当量长度来代替局部阻力系数进行计算。系统中采用的阀门及各种管接件的当量长度在生产厂家提供的产品样本中均可查到。

第 4.2.6 条～第 4.2.8 条 第 4.2.6 条规定了管网内灭火剂百分比的计算方法。第 4.2.7 条中（4.2.7-1）式和（4.2.7-2）式用于估算，而（4.2.6）式是在求出管段内卤代烷 1301 的平均密度后，用来核算管网内灭火剂百分比的。第 4.2.8 条规定了管网内灭火剂百分比计算所允许的误差。

一、管网内灭火剂百分比是用来表示管网的容积对中期容器压力影响大小的一个参数。其定义为按喷嘴喷出卤代烷 1301 设计用量 50%时，管网内的灭火剂质量与灭火剂设计用量之比。管网内的灭火剂质量与管网的容积、管网内灭火剂的密度有关。

根据本规范第 4.2.13 条规定，管网内任一点卤代烷 1301 的密度应根据该点的压力，以及贮存压力与充装密度按表 4.2.13 确定。对一个贮存压力和充装密度已确定的卤代烷 1301 灭火系统，在灭火剂施放过程中，管网内任一点的压力都是随时间变化的，因此，任一点的卤代烷 1301 密度也是随时间变化的。但是，对处于中期工作状态这一瞬间而言，管网内各点的卤代烷 1301 的密度仅和其位置有关。从贮存容器出口开始到管网的末端，由于压力逐步减小，其密度也逐步变小。

二、本规范第 4.2.6 条中（4.2.6）式和国外有关标准如国际标准 ISO/DIS7075/1、美国标准 NFPA12A、英国标准 BS5306 等的规定是一致的，它是管网内灭火剂百分比的定义式。用该公式计算出的结果真实地反映了中期工作状态时管网内灭火剂的百分比。在系统设计未完成前，管段各点的压力是无法确定的，因此，各管段内卤代烷 1301 的平均密度也无法确定。只有在系统设计完成后，才能求出各管段各点的压力，才能确定管网内各管段的卤代烷 1301 的平均密度。这一公式只能起到核算作用。

由于管网管段各点在中期状态的压力是不同的，因此，各点的密度也不相同。一般求其平均密度只需求出管段两端的密度值，再取其平均值即可。当然，管段划分越短，所求的平均密度越准确。但用手工计算则计算工作量太大。从理论上来说，管网内卤代烷 1301 的平均密度可用下式计算：

$$\bar{\rho} = \frac{\int_{P_2}^{P_1} \rho^2 \mathrm{d}P}{\int_{P_1}^{P_2} \rho^2 \mathrm{d}P} \qquad (4.2.6)$$

式中 $\bar{\rho}$——管段内卤代烷 1301 的平均密度(kg/m³)；

ρ——管段内任一点卤代烷 1301 的密度（kg/m³）；

P_1——管段始端的压力（kPa）；

P_2——管段末端的压力（kPa）。

三、本规范第 4.2.7 条中（4.2.7-1）式和（4.2.7-2）式和国际标准化组织 ISO/DIS7075/1、美国标准 NFPA12A、英国标准 BS5036 等有关规定是相似的。这两个公式均是用于初始计算时估算管网内卤代烷 1301 的百分比。在进行管网流体计算时必须先确定中期容器压力，要确定中期容器压力必须先给出管网内灭火剂的百分比。前面已经说明，管网内灭火剂百分比确定必须先求出管段各点的压力。这几个参数的求解是依赖于一组超静定方程。因此，必须先假定一个参数，才能求出其他参数。估算管网内灭火剂百分比的两个计算公式。是在假定管网末端压力等于中期容器压力的一半的基础上确定的。此时，管网内灭火剂的平均密度可用下两式表示。

对 2.50MPa 贮存压力

$$\bar{\rho} = 1229 - 0.07\rho_o - 32C_e - 0.3\rho_e C_e \quad (4.2.7\text{-}1)$$

对 4.20MPa 贮存压力

$$\bar{\rho} = 1123 - 0.04\rho_o - 80C_e - 0.3\rho_e C_e \quad (4.2.7\text{-}2)$$

式中 $\bar{\rho}$——平均密度（kg/m^3）；

ρ_o——初始充装密度（kg/m^3）；

C_e——管网内灭火剂百分比。

将这两个公式分别代入本规范第 4.2.6 条的计算公式，即可得出本规范第 4.2.7 条的两个计算灭火剂百分比的公式。这两个公式也可用下面一个计算式表示：

$$C_e = \frac{K_1}{\dfrac{M_o}{\sum\limits_{i=1}^{n} V_p} + K_2} \times 100\% \quad (4.2.7\text{-}3)$$

（4.2.7-3）式是国际标准和英、美、法等国有关标准中采用的表达式，与本规范第 4.2.7 条给出的两个计算公式实质是相同的，只是表达形式不同，这是为了便于工程设计计算。

四、由于第 4.2.7 条给出的计算管网内灭火剂百分比的公式，是在假定管网末端压力等于中期容器压力一半的条件下建立的，所以以此确定中期容器压力所求出的管网末端压力不可能正好是中期容器压力的一半，故求出的管网内灭火剂百分比有一定的误差，必须用计算管网内灭火剂百分比的定义式来核算。

本规范第 4.2.8 条的规定是为了通过控制管网内灭火剂百分比的计算误差，达到控制中期容器压力计算精度，从而保证各个喷嘴流量的计算精度的目的。

根据本规范第 4.2.9 条所给出的计算中期容器压力的计算公式（4.2.9）式，可以分析出：如果灭火剂百分比的误差在±3%范围内，所计算出的中期容器压力的偏差不会大于 0.045MPa，这在管网流体计算时是允许的。要求的计算精度过高，将会大大增加计算工作量，使较复杂的系统难以采用手工计算。当然，采用计算机进行辅助设计计算，可以将计算精度提高。

管网内灭火剂百分比核算步骤如下：

1. 用本规范（4.2.7-1）式或（4.2.7-2）式估算管网内灭火剂百分比。

2. 利用估算的管网内灭火剂百分比进行管网流体计算，确定管网各管段始端和末端在中期工作状态时的压力，并根据压力确定中期工作状态时的密度值。

3. 求各管段内灭火剂的平均密度和管段的容积。

4. 用本规范（4.2.6）式核算管网内灭火剂百分比。若核算结果与估算结果之差在本规范允许范围内，则可通过。若核算结果超过允差，则应用核算求出的管网内灭火剂百分比重新进行管网流体计算，然后再次进行核算，直到核算得出的管网内灭火剂百分比与上一次核算结果之误差在允许范围内为止。

第 4.2.9 条 本条规定了卤代烷 1301 灭火系统的中期容器压力计算公式。该公式是借鉴日本有关资料确定的。采用该公式计算与国际标准 ISO/DIS7075/1、美国标准 NFPA12A、英国标准 BS5306 等所规定的图表的结果一致。这几个标准所采用的图见图 4.2.9。

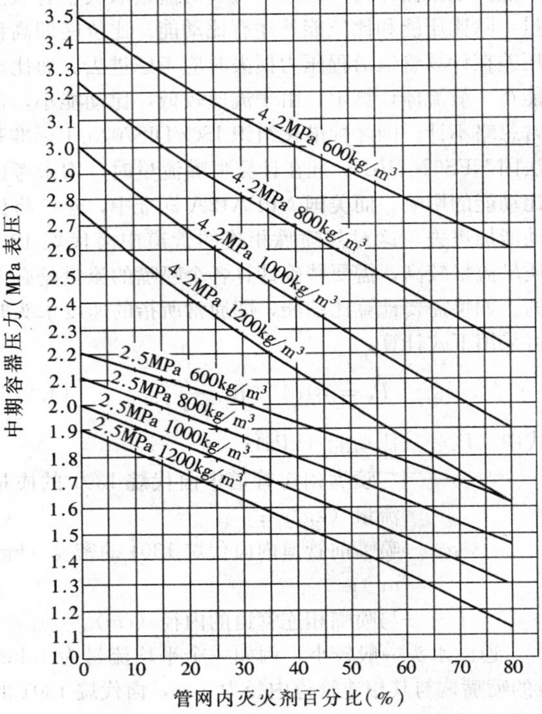

图 4.2.9 中期容器压力与管网内灭火剂百分比的关系

本规范表 4.2.9 中给出了两种贮存压力、四种充装密度条件下的 K_1、K_2、K_3 系数。在实际工程设计时，贮存压力均选用 4.20MPa 或 2.50MPa 两种贮存压力，而充装密度的确定取决于各种因素，本规范第 4.1.4 条的条文说明已经论述。当实际确定的充装密度不是表中给出的值时，则系数 K_1、K_2、K_3 则必须用插入法确定。

第 4.2.10 条 本条规定了管网压力损失计算的原则。这些计算原则与国际标准化组织 ISO/DIS7075/1、美国 NFPA12A、英国 BS5306 等标准的规定是一致的。这些标准所提出的这一套完整的计算方法是以理论推导为基础，并通过试验验证建立的。

管网流体计算的目的是准确地选择灭火剂的贮存压力、灭火剂的充装密度、各管段的管径和各个喷嘴的孔口面积。其中贮存压力、充装密度以及管径的选择，必须同时体现技术与经济性，即应在保证灭火剂喷射时间的前提下，尽可能选择较小的贮存压力、较大的充装密度、较小的管径，以降低工程造价。孔口面积选择的准确性应确保灭火剂在防护区内迅速均化，使防护区内任一点都达到所要求的灭火剂设计浓度。上述参数的确定，主要依靠准确地计算出管道内各点的压力。由于卤代烷1301在管道内的流动是非稳定流，又是气、液两相流，管网内各管段任一点压力的确定均是多变量参数的求解，是比较复杂的。必须通过试验和理论推导才能建立一套完整的计算方法。

第4.2.11条 本条规定了管道内卤代烷1301流量计算公式（4.2.11-1）式，以及与流量相关的压力系数Y、密度系数Z的确定方法。采用本条规定的（4.2.11-1）式是不能直接求解管网内管道任一点的压力的。求任一点的压力，只能先求解与该点压力有关的压力系数和密度系数。

本条提出的卤代烷1301在管道中的流量方程系引自国际标准化组织ISO/DIS7075/1标准，其他工业发达国家有关标准均采用这一计算公式。这一流量方程式不仅适用于非均衡管网，也同样适用于均衡管网。

本条所提出的流量方程式（4.2.11-1）式，是根据气、液两相流体流动特性理论推导得出的。当式中的Y、Z系数用特定的卤代烷1301施放中的压力和密度值为依据计算时，计算公式就适合于卤代烷1301灭火系统的管网计算。在施放卤代烷1301过程中，二相流体中含气量不仅随时间而变化，并且在施放过程的某一瞬间，例如中期工作状态，二相流体中的含气量沿流动距离而增加，使管道内的流速逐步变高，造成了压力降呈非线性变化。理论推导的公式计算和试验均证明了这一点。

采用本规范第4.2.11条中的（4.2.11-1）式计算结果和试验结果基本上是一致的。图4.2.11是试验结果与采用公式计算结果的比较。

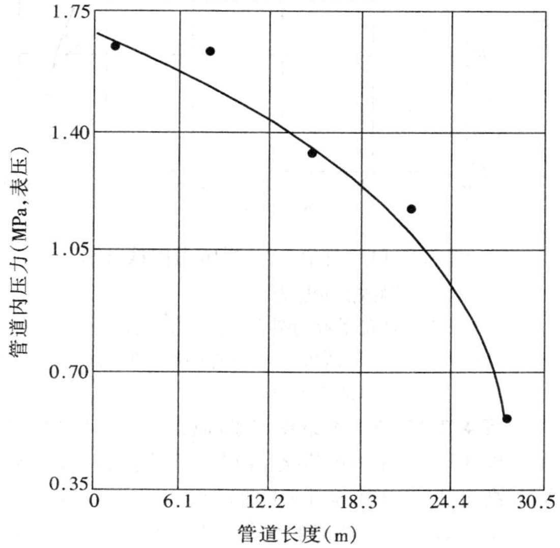

图4.2.11 公式计算与试验测试的压力降

本试验是美国消防器材者协会（FEMA）做的。试验系统的卤代烷1301贮存压力为2.50MPa，充装密度为1120kg/m³，充装量为20.8kg，管道的管径为20mm，管长25.8m。试验时管端敞口，在管道沿途设有压力测点，图中记录了中期工作状态时各点的压力，中期工作状态的流量约2.27kg/s。

图中的五个黑点是试验测得的数据，曲线为计算结果。从图中也可以看出，越接近管道末端，压力下降也就越快，呈非线性变化。

本规范中计算Y、Z值的公式（4.2.11-2）式、（4.2.11-3）式引自美国NFPA12A标准，它是在根据卤代烷1301和氮气混合物的热力学特性推导计算管道压力损失计算公式时给定的具有特定含义的系数。本规范附录三中给出的压力系数Y和密度系数Z是由这两个公式计算出来的。

本规范第4.2.13条已给出了根据管网内任一点的压力确定该点卤代烷1301密度的方法，因此只要给出密度值，即可求出对应的压力；相反，给定任一点的压力，也可确定其密度值，这两者确定其中一个，就可求出对应的压力系数Y和密度系数Z来。

第4.2.12条 本条规定了任一管段末端的压力系数的计算公式，它与国际标准化组织ISO/DIS7075/1标准、英国BS5306标准的规定是一致的。

本规范第4.2.11条中（4.2.11-1）式是卤代烷1301灭火系统管网流体计算的基础公式。它是从管网始点开始到管网内任一点的压力系数Y的求解公式。这里要注意的两点是：一是管网始点的压力即中期容器压力；二是管网内任一点是指从管网始点开始，管网内流量和通径均不变化的任意一点。这是推导建立这一公式的假定条件。

本条提出的（4.2.12）式是在本规范第4.2.11条中（4.2.11-1）式的基础上导出的。

根据本规范（4.2.11-1）式，假定沿管道的流量不变，从管网始点到某一管段始端的管道计算长度为L、压力系数和密度系数分别为Y_1、Z_1，到该管段末端的管道计算长度为$L+1$，压力系数和密度系数分别为Y_2、Z_2。又令：

$$K_1 = 2.424 \times 10^{-8} D^{5.25}$$

$$K_2 = 1.782 \times 10^{6} D^{-4}$$

该管段始端和末端二点处的两相流方程式为：

$$q_{Pm}^2 = \frac{K_1 Y_1}{L + K_1 K_2 Z_1} \quad (4.2.12\text{-}1)$$

$$q_{Pm}^2 = \frac{K_1 Y_2}{L + 1 + K_1 K_2 Z_2} \quad (4.2.12\text{-}2)$$

则：

$$Y_1 = q_{Pm}^2 L/K_1 + q_{Pm}^2 \cdot K_2 Z_1 \quad (4.2.12\text{-}3)$$

$$Y_2 = q_{Pm}^2 L/K_1 + q_{Pm}^2/K_1 + q_{Pm}^2 \cdot K_2 Z_2 \quad (4.2.12\text{-}4)$$

用（4.2.12-4）式减（4.2.12-3）式得：

$$Y_2 = Y_1 + q_{\mathrm{Pm}}^2 L/K_1 + q_{\mathrm{Pm}}^2 K_2(Z_2 - Z_1) \quad (4.2.12\text{-}5)$$

（4.2.12-4）式即本规范第 4.2.12 条规定的公式。关于该公式应用方法及注意事项可按本规范附录五的规定处理。

第 4.2.13 条　本条规定了根据管道内的压力，以及卤代烷 1301 灭火系统贮存压力、充装密度来确定管网内任一点卤代烷 1301 密度的方法。

在卤代烷灭火系统施放卤代烷 1301 的过程中，由于管道沿程阻力和局部阻力，卤代烷 1301 的压力会逐步下降，部分液态卤代烷 1301 气化，此外溶于卤代烷 1301 中的氮气也有一部分逸出，形成气、液两相流动，压力降越大，混合流质中含气量越高，卤代烷 1301 的密度也就越小。管网内卤代烷 1301 的密度与其压力存在以下函数关系：

$$\rho = f(p) \quad (4.2.13)$$

在本规范本条中，这一函数关系采用表 4.2.13 来表示。在国际标准化组织及美、英、法等国标准中则采用图 4.2.13-1 和图 4.2.13-2 来表示这一函数关系。图与表所得出的结果是一致的。

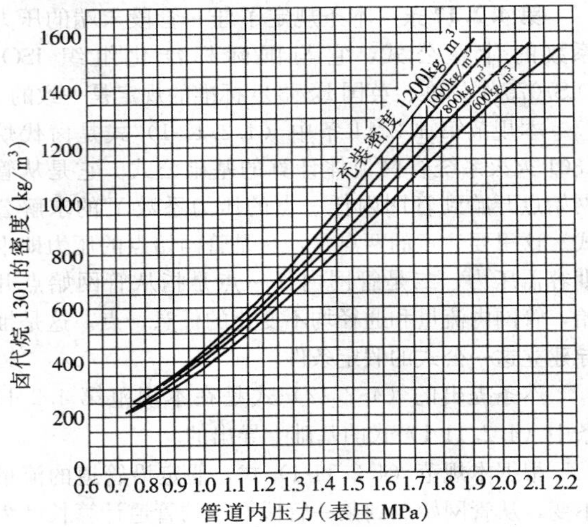

图 4.2.13-1　2.5MPa 系统管道内卤代烷 1301 的密度

第 4.2.14 条　本条规定了均衡管网中各管段压力损失计算可采用的图表计算法。

目前国内外计算卤代烷 1301 灭火系统管道压力损失有两种方法，一种是上面介绍的根据两相流体流动特性推导出的计算公式，另一种则采用图表计算。本条所规定的计算图表系引自 ISO/DIS7075/1 标准，美国、英国等国家的有关标准也采用了相同的图表。第 4.2.11 条条文说明中介绍的美国消防器材者协会（FEMA）所做的试验，其试验结果和采用公式计算与图表计算的比较见图 4.2.14。从图中可以看出，用图表计算但未乘以压力损失修正系数时，管道各点的压力与实测压力的误差较大，乘以压力损失修正系

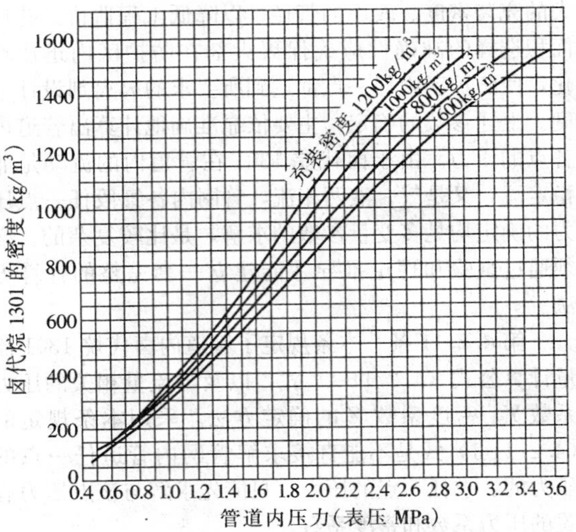

图 4.2.13-2　4.2MPa 系统管道内卤代烷 1301 的密度

数后，管道末端的压力与实测数值接近，但沿途各点的误差则较大。非均衡管网要求管网各节点处压力计算准确，才能保证各个喷嘴的流量能达到设计要求，而均衡管网由于各喷嘴的设计流量是相等的，管网沿程节点处压力计算误差，不会造成各喷嘴实际喷射流量之比出现过大的误差，故可采用图表法来计算。

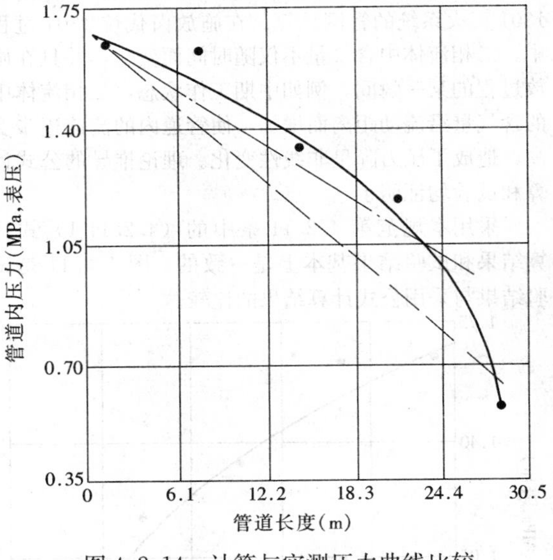

图 4.2.14　计算与实测压力曲线比较

·——实际测试点的压力；

———未乘修正系数的图表计算的压力曲线；

———乘以修正系数的图表计算的压力曲线；

—公式计算的压力曲线。

第 4.2.15 条　本条规定了高程压差的计算公式。

卤代烷 1301 的贮存容器和喷嘴的位置一般不在同一高度上，卤代烷 1301 流动时，由于高度变化，位能也跟着改变。位能的变化值与高度有关，也与流体的密度有关。

管网内卤代烷1301的密度是随压力变化的，为了简化计算，本条规定的计算高程压差的公式中，卤代烷1301的密度取管段高程变化始端的密度值，而不是取该管段内卤代烷1301的平均密度值。当管段内卤代烷1301向上流动时，始端的密度高于平均密度，计算出的高程压力损失较实际值高。当管段内卤代烷1301向下流动时，且管道沿程压力损失小于高程压力变化值时，管段始端的密度将低于平均密度，计算出的高程压力增加量比实际值低。这两种情况下，都使计算出的管段末端的压力比实际压力低。是偏于保守的。

对一个卤代烷1301灭火系统，总的高程变化值一般以贮存容器底部与喷嘴之间的高度差来计算。

本条规定与国际标准化组织以及英、美、法等国家的有关标准的规定是一致的。

第五章 系统组件

第一节 贮存装置

第5.1.1条 本条分别规定了预制灭火装置及管网灭火系统卤代烷1301贮存装置的组成。贮存容器是用以贮存灭火剂的；容器阀用于控制灭火剂的施放；单向阀起防止灭火剂回流的作用；集流管是汇集从贮存容器放出的灭火剂，并将其分配到各防护区的主干管。

卤代烷1301使用的时间很长，根据美国NFPA12A标准规定“钢瓶若处于使用状态而未喷放灭火剂时，(灭火剂)最多可连续使用20年（从最后一次试验和检查算起)”。加之卤代烷1301价格较贵，因此灭火剂贮存装置必须选用专用的部件，而且必须经过国家检测中心的认证。

第5.1.2条 在贮存容器或容器阀上设置安全泄压装置和压力表，目的是为了防止由于意外情况出现时，贮存容器的压力超过允许的最高压力而引起事故，以确保设备和人身安全。

贮存容器内灭火剂的贮存压力是根据设计需要确定的。由于充装比和20℃时充装压力的不同，贮存压力随温度的变化也不相同。充装比越大，温度越高，贮存压力将增加很多。例如一个贮存容器内，在21℃时的贮存压力为4.24MPa，充装密度为1566kg/m^3，当温度升高到54℃时，贮存压力达到20.79MPa。我国现行的《压力容器安全监察规程》规定：盛装液化气体的容器必须设安全阀（爆破片）和压力指示仪表。

进行产品设计时，对于不太大的贮存容器，如40L的钢瓶，可在容器阀上设泄压装置。对于较大的贮存容器，应直接在容器上设泄压装置。

关于泄压装置的动作压力，本规范定为：贮存压力为2.50MPa时，应为6.8±0.34MPa；贮存压力为4.20MPa时，应为8.8±0.44MPa。与国外同类标准关于管道泄压装置的动作压力是一致的。例如英国标准BS5306中规定“在液态卤代烷有可能截留在某些管道（例如在两阀之间）时，应设置一个合适的超压泄荷装置。对于2.50MPa系统，应使设计的装置在6.8±0.34MPa时被打开。对于4.20MPa系统，应使设计的装置在8.8±0.44MPa时被打开”。

在贮存容器或容器阀上设置压力表，是为了指示贮存容器内的压力，以便于经常观察贮存容器的压力变化。国外同类标准一般规定，经温度校正后的贮存压力如果损失10%以上时，就必须重新充装或予以更换。

第5.1.3条 在容器阀与集流管之间的管道上设置单向阀，能够保证贮存装置在移去个别容器进行检修或更换时，仍能保持系统的正常工作状态。对于组合分配系统，当一部分贮存容器的灭火剂已经施放，剩余的贮存容器仍可以保护其余的防护区。如果不设单向阀，则在施放剩余的灭火剂时，就可能回流到已放空的贮存容器中去，这将会使施放到防护区的灭火剂减少，而起不到灭火作用。

对于单元独立系统，如果瓶组数少于5个，在容器阀与集流管之间的管道上，可不设置单向阀。

单向阀与容器阀或集流管之间采用软管连接，主要是为了便于在系统安装与维修时更换容器。此外，采用软管连接也能减缓灭火剂施放时对管网的冲击力。

本条还规定贮存容器或集流管应采用支架固定，这是考虑到贮存容器的压力较高，系统启动时，灭火剂液流产生的冲击力很大，为了防止系统部件的损坏，应采用支架将容器固定。在设计支架时，应考虑到便于单个容器的称重和维修。

第5.1.4条 本条规定在贮存装置上设置耐久的固定标牌，目的是为了便于对灭火系统进行验收、检查和维护。由于卤代烷1301具有腐蚀性小、久贮不变的优点，灭火剂贮存容器可以使用相当长的时间，甚至可达几十年之久。因此，设置一个耐久的固定标牌是必要的。

第5.1.5条 本条规定的目的在于保证保护同一个防护区的灭火剂贮存容器能够互换，便于贮存装置的安装、维护与管理。

第5.1.6条 本条规定了贮存装置设置场所的环境条件、温度范围及对贮瓶间的要求。

为了有效地发挥卤代烷1301灭火装置的作用，贮存装置本身必须设置在安全的环境中。因此，贮存装置应设置在不易受到机械、化学损伤的场所内，以免损害系统的工作性能及寿命。

关于本条提出的要求，在国外同类标准中也都有相应的规定。例如美国NFPA12A规定“贮存容器不应放在易于受到恶劣气候条件或是机械的、化学的或其他危害的地方。当可能会暴露在恶劣气候条件下或受机械损害时，必须提供适当的保护措施或封闭空间”。

卤代烷1301的沸点为－57.8℃，比卤代烷1211低得多，因此，其使用范围也比卤代烷1211宽。本规范规定贮存装置设置场所的环境温度应在－20～55℃范围内，这与国外同类标准是一致的。例如英国标准BS 5306规定“对全淹没系统，贮存温度不应超过55℃，也不应低于－30℃。如果所设计的系统的正常工作温度是在这个范围之外，可以使用外部加热或冷却的办法，使温度保持在要求的范围之内”。美国标准NFPA12A中规定“对于全淹没系统，贮存温度不得超过130℉（55.4℃），且不得低于－20℉（－28.9℃），但该系统设计成适合在此贮存温度范围以外的情况下使用时例外”。

需要强调指出的是，我国所设计的产品最低使用温度一般为－20℃，当环境温度低于－20℃时，贮存装置及选择阀均不能采用常规产品，必须使用低温用钢特别制造。管道及其附件的材料也必须满足低温使用的要求。

现行国家标准《建筑设计防火规范》和《高层民用建筑设计防火规范》中，规定需设置卤代烷灭火系统的地方，均为性质重要、经济价值较高的场所，且均设在耐火等级不低于二级的建筑物内。为确保灭火剂贮存装置的安全，使其能够免受外来火灾的威胁，所以本条规定管网灭火系统的贮存装置应设在耐火等级不应低于二级的专用贮瓶间内。

所谓专用贮瓶间，有两方面的含义：首先，贮存装置必须设在房间内，不能设在露天场所、走廊、过道或临时性的简陋构筑物内。另外，该房间必须是为设置贮存装置专用的，除了可兼作火灾自动报警控制设备室之外，不得兼作与消防无关的其他操作之用，也不得放置其他设备或材料。

规定贮瓶间的出入口直接通向室外或疏散走道，是为了便于在系统需要使用应急操作时，人员能够很快进入，在贮瓶间出现危险时能够迅速撤离。

第5.1.7条 本条为对贮瓶间内设备的布置要求。

规定操作面距墙及两个相对操作面之间的距离不宜小于1m，这是考虑到操作和维修的需要。

第二节 选择阀和喷嘴

第5.2.1条 组合分配系统是用一套灭火剂贮存装置，通过选择阀等控制来保护多个防护区的灭火系统。因此，每个防护区都必须设置一个选择阀。为了便于管网的安装和减小管道的局部压力损失，选择阀的公称直径应与主管道相同。

要求选择阀安装在贮存装置附近，可以减短连接管的长度，便于集中操作与维修。考虑到灭火系统的自动操作可能偶尔失灵而需进行应急手动操作，故选择阀的位置还应考虑到手动操作的方便，并应有标明对应防护区名称或编号的耐久性标牌，以便于操作人员准确无误地进行应急手动操作。目前国内有部分卤代烷灭火系统，将选择阀布置在容器阀以上，其手动操作的高度达2m，是不便于操作的，应引起设计者注意。

第5.2.2条 喷嘴的布置是系统设计中的一个较关键的问题，因其直接关系到系统能否将火灾扑灭。采用全淹没系统保护的防护区内所布置的喷嘴，应能在规定的时间内将灭火剂施放出去，并能使防护区内的灭火剂均匀分布，这是喷嘴选择和布置的原则。为了使灭火剂均匀分布，这就要求在布置喷嘴时，应使防护区平面上的任何部位都在喷嘴的覆盖面积之内，不应出现空白。

用于全淹没系统的喷嘴是多种多样的，这些不同结构形成的喷嘴有不同的流量特性和保护范围。一般来讲，喷嘴生产厂应当提供经过国家质量监督检验测试中心认证的喷嘴流量特性以及经过测试得出的喷嘴保护范围，即保护面积和安装高度等应用参数，供设计选用。

本条规定与国外同类标准是一致的。例如英国标准BS 5306规定：全淹没系统的设计应确保整个防护区的空间内卤代烷1301的均匀分布。用于全淹没系统的喷嘴应达到预期的目的，并且喷嘴的位置确定应考虑到危险区的范围和封闭空间的几何形状，所选择的喷嘴类型、数量和位置要使防护区内各处都能达到设计浓度。又如美国标准NFPA12A规定：用于全淹没系统中的喷嘴必须是满足设计要求并经注册过的型号，并在安装时，必须考虑危险场所封闭空间的几何形状；已选择的喷嘴型号，它们的数量和位置必须能使防护区内各处都能达到设计浓度……喷嘴因设计和喷射特性变化而异，必须根据设计所要求的用途来选择。喷嘴必须按照注册表中的规定考虑间距、地板面积和排列安装在危险场所内。

本条还规定安装在有粉尘的防护区内的喷嘴应采用防尘罩，以防止喷嘴被堵塞。这些防尘罩应能在喷射灭火剂时被吹掉或吹碎。

为便于识别，防止在安装、检修或更换时把喷嘴装错，喷嘴上应有表示其型号、规格的永久性标志。

第三节 管道及其附件

第5.3.1条 本条规定了卤代烷1301灭火系统管道及其附件的选用原则，并规定了不同条件下应采用的管材及其要求。

规定管道及其附件应能承受最高环境温度下的工作压力。此工作压力相当于最高环境温度下，灭火剂施放初期（即从贮存容器出流的灭火剂刚好充满管道容积，尚未从喷嘴喷放的瞬间）管道中的压力。

规定贮存压力为 2.5MPa 和 4.2MPa 的系统，在一般情况下，管材均应选用符合现行国家标准《冷拔或热轧精密无缝钢管》和《无缝钢管》中规定的无缝钢管，而且必须进行双面镀锌处理，以防管道锈蚀。

对于贮存压力为 2.5MPa 的系统，由于在卤代烷 1301 的释放过程中，管道内的实际工作压力并不大，通常在 2.0MPa 以下。因此，当管道的公称通径不大于 50mm 时，管材采用符合现行国家标准《低压流体输送用镀锌焊接钢管》中规定的加厚管是可行的。这样，也为广大施工安装单位带来方便，为建设单位节省部分投资。

本条是根据国际标准 ISO/DIS7075/1 中的有关规定和我国在安装卤代烷 1301 灭火系统及执行《卤代烷 1211 灭火系统设计规范》时的具体情况制定的。

本条规定的内容与国外同类标准的规定是一致的，如英国标准 BS 5306 规定：螺纹连接的钢制管道和管接件应内外镀锌。在没有另外的防腐措施的情况下，可以使用铜、黄铜或不锈钢管。建议在可能情况下，预制管道部分要镀锌。但是，在化学蒸气、尘埃或潮气可以腐蚀镀锌层的那些环境中，镀锌是不合适的。在未采用耐腐蚀的材料作管道、管接件或支撑架和钢结构的地方，由于有可能影响材料使用的环境或局部的化学条件，应给予适当的表面防护以对付正常的腐蚀，涂复层通常应从铅基加装饰锌（冷镀锌）或专用的涂料中选择。

输送启动气体的管道需要承受 6.0MPa 的压力，其管径较小，且弯曲的地方较多，还需防腐蚀，所以采用符合现行国家标准《拉制铜管》和《挤制铜管》中规定的紫铜管。

第 5.3.2 条 本条规定了管道的连接形式。对于公称直径不大于 80mm 的管道，考虑到安装与维修的方便，规定宜采用螺纹连接。公称直径大于 80mm 的管道，采用法兰连接。

在执行本条规定时应注意以下几点：

一、设计时不得采用市场上出售的水煤气管接件，更不得采用铸铁管接件，因其允许的使用压力不能满足卤代烷 1301 灭火系统的使用要求。应采用卤代烷灭火系统专用的管接件。

二、采用法兰连接时，管网应在预安装后进行内外镀锌处理。

第 5.3.3 条 为了使整个管网均能长期可靠使用，故对管道附件规定了防腐要求，其要求与对管道的要求相同。

第 5.3.4 条 规定在通向每个防护区的主管道上设置压力讯号器或流量讯号器，目的为了在施放灭火剂后，能够得到一个反馈信号，以确认已施放灭火剂的防护区是否和发生火灾的防护区一致。同时，这个反馈信号通过控制设备，启动防护区入口处表示正在喷放灭火剂的声光报警信号。

第六章 操 作 和 控 制

第 6.0.1 条 我国目前采用卤代烷 1301 灭火系统保护的场所，均是消防保卫的重点要害部位，一旦失火不能将其迅速扑灭，将会造成难以估计的经济损失和不良的政治影响。为了确保卤代烷 1301 灭火系统在需要时能可靠地施放灭火剂，本条规定采用管网灭火系统应同时具有三种启动方式。

规定管网灭火系统应具有应急操作启动功能，是考虑到在自动控制或手动控制的启动方式万一失灵（或断电）的情况下，也能进行施放灭火剂的操作。应急操作一般采用机械式，如就地启动容器阀（或远距离拉索启动）施放灭火剂。但是对于一个防护区有多个贮存容器防护的情况，要求每个容器都具有机械应急操作启动功能是不必要的，因操作时动作多且费时，有可能延误灭火时机。所以对于一次需打开三个以上贮存容器的，可采取主、从动启动方式，主动容器必须具有机械应急操作启动功能。

本条规定了卤代烷 1301 灭火系统应同时没有自动和手动二种控制方式。系统使用时应处于何种控制状态下，则应根据火灾危险性，灭火剂最大浓度以及防护区内人员停留情况等因素确定。

本条规定了设置在防护区内的预制灭火装置至少应有自动控制和手动控制两种启动方式。也就是说设在防护区外的预制灭火装置（如箱式灭火装置）应同时具有应急操作启动方式。此外对于设在防护区内的预制灭火装置，如有条件的，也应同时具有应急操作启动功能（如采用远距离拉索启动等）。

第 6.0.2 条 本条规定了卤代烷 1301 灭火系统的几种操作和控制方式的要求。

规定“自动控制装置应在接到两个独立的火灾信号后才能启动”，就是说，防护区内应设置两种不同类型或两组同一类型的火灾探测器。只有当两种不同类型或两组同一类型的火灾探测器均检测出防护区内存在火灾时，才能发出施放灭火剂的指令。

任何性能良好的探测器，由于本身质量或环境条件的影响，在长期运行中不可避免地会出现误报的可能性。卤代烷 1301 灭火剂较为昂贵，一旦误报警甚至驱动灭火系统误喷射，就会损失灭火剂并且造成人们心理上的不安。因此，本条规定采用复合探测是完全必要的。英国标准 BS 5306 也有类似的规定：当设计采用检测烟和火焰的高灵敏度火灾探测器组成的灭火系统时，只有在两个独立火灾信号激发后，系统才能启动。

执行本条规定时，防护区内火灾探测器种类的选择，应根据可能发生的初期火灾的形成特点、防护区高度、环境条件以及可能引起误报的原因等因素，按现行国家标准《火灾自动报警系统设计规范》确定。

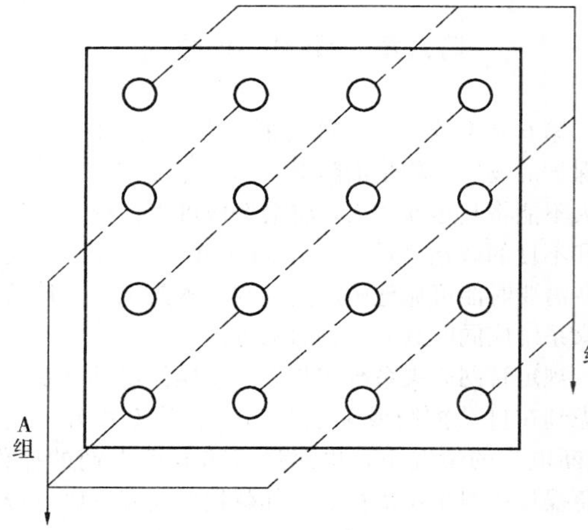

图 6.0.2-1　同种类型探测器的组合

在设计时应注意的是："两个独立的火灾信号"，可以由防护区内设置的同一种类型的火灾探测器分成两组交叉设置来提供，如图 6.0.2-1 所示，也可以由防护区内设置的两种类型的火灾探测器分成两组交叉设置，如图 6.0.2-2 所示。

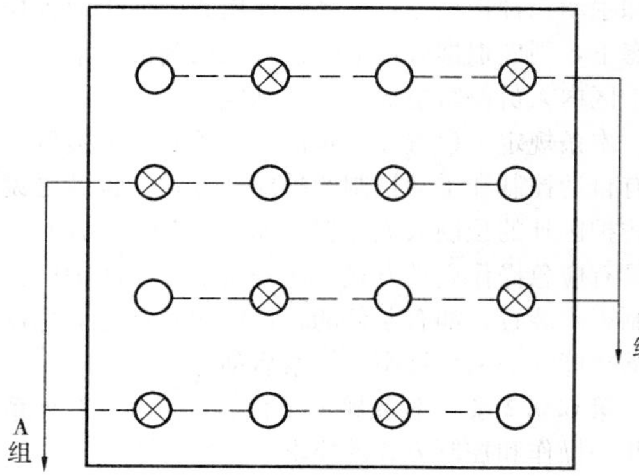

图 6.0.2-2　不同种类型探测器的组合

要求应急手动操作在一个地点进行，其目的是为了在非常情况下，能够比较迅速地进行操作。"一个地点"的含义是指在房间或走道上的某一位置完成全部应急操作过程，但不包括开启选择阀或关闭开口等的操作。这就要求应急手动操作机械尽可能少些，如有多个机械时，应集中设置。

本条规定"手动操作点均应设明显的永久性标志"中的手动操作点包括手动控制按钮和应急操作控制点。手动操作点不应设在防护区内，为便于寻找。操作点应有明显的标志。明显的标志指的是操作机构或按钮应有红色标志，需要时，还应设置操作点的指示牌。此外，手动操作机构或按钮应有防护装置（如安全销、玻璃罩等）。

第 6.0.3 条　本条规定系统的操作与控制包括关闭开口、通风机械和防火阀等设备联动，是为了保证在实施手动和自动控制时，系统动作的连续性和准确性。美国标准 NFPA12A 规定：必须把附加闭锁装置的所有设备看作是该系统的整体部件并与系统操作协调。

在执行本条规定时应注意，在实施应急操作时，开口和防火阀一般需要手动关闭。

第 6.0.4 条　本条规定的目的是要保证操作和控制的动力，以确保系统在正常情况下能处在良好的工作状态，在防护区发生火灾时能可靠地启动系统施放灭火剂及操作需与系统联动的设备。

目前我国设计生产的卤代烷 1301 灭火系统，绝大多数是采用气动源控制灭火剂的施放。无论是以灭火剂为气源还是以启动用气体为气源，在进行系统设计时，均应依据生产厂所提供的阀门开启压力及整个供气系统的容积进行计算，以确保系统可靠地工作。

卤代烷 1301 灭火系统的供电应符合现行国家标准《建筑设计防火规范》和《火灾自动报警系统设计规范》中有关条款的规定。

第 6.0.5 条　本条规定设置卤代烷 1301 灭火系统的防护区应设置火灾自动报警系统，是因为我国目前要求设置卤代烷 1301 灭火系统的场所，均是要害部门或贵重设备间，一旦发生火灾，会产生不良的政治影响和较大的经济损失。采用自动报警系统，能较早地发现初起火灾而及时进行扑救。这样，不仅能减轻火灾损失，并且能更好地发挥卤代烷 1301 的灭火效果。国外有关标准也规定了采用卤代烷 1301 灭火系统的防护区应使用火灾自动报警系统。

第 6.0.6 条　本条规定备用量的贮存容器应能与主贮存容器切换使用，是为了起到连续保护的作用。无论是主贮存容器已施放、泄漏或是其他原因造成主贮存容器不能使用时，备用贮存容器可以立即投入使用。

关于备用量的设置方法，国际标准化组织 ISO/DIS7075/1 标准规定：如果有主供应源和备用供应源，它们应固定连接，便于切换使用。只有经有关当局同意方可不连接备用供应源。美国 NFPA12A 标准规定：主供应源的贮罐与备用供应源的贮罐都必须与管道永久性地连接并必须考虑到两个供应源容易进行切换，除非有关当局允许，备用供应源才可不连接。法国 NFS62—101 标准也有相同的规定。

第七章　安 全 要 求

第 7.0.1 条　本条从保证人员安全角度出发，根据灭火系统的工况要求及国外有关规范、标准，规定了人员在灭火时撤离的时间和对建、构筑物的要求。

作为一个防护区应设置疏散通道与出口，在国内外的有关防灾规定和建筑防火规定中都有相应的要求。本规范主要为工业与民用建筑中设置的卤代烷 1301 全淹没系统而制定，同样也应有这一规定，使人员能在紧急情况下迅速脱离危险区。同时，也为专业消防人员等有关人员提供方便。

本条规定防护区必须设置有使人员能在30s内疏散完毕的通道与出口。这既考虑了卤代烷1301灭初期火灾的需要，也能满足人员撤出设置卤代烷1301灭火系统的防护区的要求。由于采用的是卤代烷1301全淹没灭火系统，人员在灭火剂喷射后进出，会导致灭火剂的流失，从而影响灭火效果，有时甚至可能使灭火失败。卤代烷1301灭火系统，如果是自动启动时，在喷射灭火剂之前，国内目前一般都设置了30s可调的延时预报警时间。预报警时间即人员疏散时间。它的设置与防护区面积、人员疏散距离有关。防护区面积大，人员疏散距离远，则预报警时间也应延长。反之，则可短些。这一时间是人为规定的，但不应大于30s。当防护区内经常无人工作时，可取消预报警时间。因此确定30s的疏散时间可满足这一要求，并与系统的工作相协调。

第7.0.2条 本条规定了有人工作的防护区内的卤代烷1301的最大浓度，以确保人身安全。

一般来说，7%浓度以下的卤代烷1301对人员的危害较小。通常卤代烷1301在大气中是以气态存在，当人接触后，会对呼吸道及鼻粘膜产生刺激性作用。短时间接触，不会发生中毒现象。国际标准化组织用卤代烷1301对人和动物做了大量试验，根据试验，允许人员接触卤代烷1301的时间限值如表7.0.2。

表7.0.2

封闭空间类型	卤代烷1301的浓度（%<V/V>）	安全要求
一般有人占用区	$\varphi \leqslant 7$	应在15min内撤离防护区
	$7 < \varphi \leqslant 10$	应在1min内撤离防护区
一般无人占用区	$10 < \varphi \leqslant 15$	应在30s内撤离防护区或使用自备的呼吸装置
	$\varphi > 15$	应使用自备的呼吸装置

国际标准ISO/DIS7075/1和英、美等国际标准规定，一般有人占用区，卤代烷1301的浓度不应大于10%。

人们普遍认为卤代烷1301抑制燃烧反应以前，灭火剂蒸气必须分解。在活化氢存在时，其主要分解产物是氢卤酸（HF、HBr）和自由卤素（Br_2）以及少量的卤代碳酰（COF_2，$COBr_2$）。这些分解产物在浓度很低时就会对人体产生强烈的刺激作用。同时，分解产物的数量，在很大程度上取决于火灾规模、卤代烷1301的浓度及其与火焰或高温表面接触的时间长短等因素。当卤代烷1301全淹没灭火系统向已发生火灾的防护区内施放灭火剂后，防护区内卤代烷1301接触火焰或高温（482℃以上）的热表面而生成的分解物，以及可燃物质的燃烧生成物，对人员均会产生危害。美国NFPA12A《卤代烷1301灭火系统标准》中规定：灭火剂浓度可能达到10%的区域，喷射灭火剂时，人员必须立即撤离。在经常有人区域，若人员不能在1min内撤出时，卤代烷1301全淹没系统的灭火浓度必须小于7%。

第7.0.3条 本条规定了防护区内卤代烷1301的最大浓度的计算方法。本规范（7.0.3）式是借鉴国际标准化组织及美、英、法等国标准的有关规定提出的。

在执行本条规定时，应注意μ_{max}和V_{min}的计算，μ_{max}是指设置卤代烷1301灭火系统的防护区内可能达到的最高室温时的卤代烷1301蒸气的比容。此最高环境温度不一定是本规范中所规定的最高环境温度+55℃。V_{min}是防护区的最小净容积，即最大净容积减去防护区内永久性建筑构件，如梁、柱等所占的体积，不应减去防护区内贮存物所占用的体积。

第7.0.4条 本条主要规定了防护区及疏散通道口应采取的安全措施。

本条是根据国内外同类系统的有关规范、标准而制定的。如我国现行国家标准《卤代烷1211灭火系统设计规范》规定："防护区内应设有能在30s内使该区人员疏散完毕的通道与出口"，"在疏散通道与出口处，应设置事故照明和疏散指示标志"，"防护区内应设置火灾和灭火剂施放声报警器；在防护区的每个入口处应设置光报警器和采用卤代烷1301灭火系统的防护标志"。

美国NFPA12A标准、英国BS5306和国际标准化组织的有关标准中的规定基本一致。如NFPA12A就明确规定，为防止该区域内的人员出现损伤或死亡，必须采取以下步骤和安全措施：

提供满足人员疏散要求的通道和出口，并保持在任何时候都畅通。

提供必需的应急照明和方向标志，以保证人员迅速、安全地撤离。

在这样的区域入口处或附近提供警报和安装信号。这种信号必须能通知进入安装了卤代烷1301系统的防护区内的人员，该区域可能包含与危险场所的情况有关的附属设施。

疏散通道与出口应符合建筑防火规范有关安全疏散章节中的规定。设计的疏散通道不能兼作其他功能使用，更不能堆放物品。应始终保持疏散道口畅通。

为避免在火灾发生后的紧急情况下，由于正常照明中断，人们心理紧张等因素而产生混乱或发生事故，在防护区的疏散通道和出口处应设置事故照明和疏散指示标志，为疏散人员提供照明并指示方向。

在每个防护区内设置火灾和灭火剂施放的声报警器，在于提醒防护区内的人员迅速撤离防护区，以免延误时间而受到不必要的危害。

在防护区的每个入口处设置施放灭火剂的光报警

器，是为了提醒人们注意防护区内准备施放或已施放灭火剂，不应随意进入，以免受到伤害。

在防护区的入口处还应设置说明该处已采用卤代烷 1301 灭火系统的警告标志。由于进出设有该系统的防护区内的人员，往往不是消防方面的专业人员，对该系统的动作程序及应注意的事项，往往不太了解，因此特作此规定，提醒有关人员关注。标志牌应能耐久并需固定。

此外，在火警与灭火剂施放警报之间一般设有 30s 可调的时间间隔，这给防护区内的人员提供了一个判断防护区内的火灾是否可用其他方式扑灭，而不必启动卤代烷 1301 灭火系统的时间。如果防护区内的人员发现火灾很小，没有必要启动系统，则可采用其他消防手段将火扑灭。

第 7.0.5 条 本条是根据国内生产的卤代烷 1301 预制灭火装置的启动方式，为保证人员安全而制定的。

目前我国生产的卤代烷 1301 预制灭火装置中，很多是采用易熔合金或感温玻璃球等感温元件来控制灭火剂的施放。它本身具备火灾自动探测和启动的功能，是一种特殊类型的无管网灭火装置。这类装置有些虽已加上了用电爆方式击破感温玻璃球的功能，具有自动启动和手动启动两种操作方式，但其处于手动操作状态时，仍不能防止灭火剂的自动释放。因此有必要限制这类灭火装置的应用场所，特别是在经常有人工作的防护区，更应注意这一点。进行工程设计时必须充分了解这一类卤代烷 1301 灭火装置的特点，注意其局限性。这类装置宜用于如变压器室、油浸淬火槽、柴油或汽油发动机房等火灾发展快，热量产生大的经常无人工作的防护区内。

为此，本条规定经常有人的防护区内设置的预制灭火装置应有切断自动控制的手动装置。手动装置应是独立的。它应既能手动无管网灭火装置，又能在灭火装置处于手动方式时切断自动启动。这种手动装置与自动操作可相互转换。这就能防止因自动报警或自动操作误动作而将灭火剂施放出去，危害人员，影响正常工作，并可在火灾报警后，又无必要施放灭火剂时，能紧急关断，确保灭火设备的有效使用和人员的安全。

第 7.0.6 条 防护区出口处应设置向疏散方向开启，并能自行关闭的防火门。本条规定是为防止在紧急情况下门打不开，影响人员疏散。同时，人员疏散后要求门能自动关闭，以利于防护区内卤代烷 1301 气体保持浓度，防止卤代烷 1301 流失，污染其他环境，影响灭火效果。还可避免因某种原因而被困入防护区内的人员，能从防护区内将门打开顺利脱险。防护区自动关闭门的设计，强调当门关闭后，在任何情况下都能从防护区内部打开。

第 7.0.7 条 根据国内外的有关试验，卤代烷 1301 灭火系统一旦向发生火灾的防护区内施放灭火剂后，防护区内将存在各种有害气体，其中包括灭火剂本身，燃烧生成物以及灭火剂接触高温后的分解物。这时人员不能随意进入防护区内。为尽快排出防护区内的有害气体，使人员能进入防护区内进行清扫和整理火灾现场，调查火因，恢复正常工作条件，本条规定灭火后，防护区应通风换气。通风换气可以是自然通风，也可采用机械通风。

由于卤代烷 1301 灭火剂与空气所形成的混合气体密度比空气大，一般易积聚在防护区的下部。无窗和固定窗扇的地上防护区以及地下防护区难以采用自然通风将这些混合气体排除，因此，应设置机械排风装置。机械排风装置宜设在防护区下方，排风口应直接通向建筑物外。对于人防工程、高层建筑等建、构筑物中的地下或半地下防护区，应特别注意这一问题。

第 7.0.8 条 地下贮瓶间设机械排风装置的目的，主要是为了尽快排出因维修或贮存装置出现质量问题而泄漏的灭火剂，以保证人员的安全。由于常温下卤代烷 1301 蒸气的比重比空气重 4 倍多，容易聚积在低洼处，如果地下室不采用排风装置，是难以将其排出室外的。本条规定与国际标准化组织及英、美等国标准的有关规定相同。

第 7.0.9 条 本条从设备与人员的安全出发，规定了系统组件与带电设备间的最小距离。

本条与美国 NFPA12A 标准中的规定一致。

应特别注意的是：本规范表 7.0.9 中的间距是指卤代烷 1301 设备，包括管道和喷嘴，与无绝缘带电部位之间的净距。不能把该距离看成是安装、维护卤代烷 1301 灭火系统过程中所需要的安全距离。事实上，安装设备的安全距离比本条中规定的距离要大。

第 7.0.10 条 当卤代烷 1301 灭火系统施放灭火剂时，不接地的导体会产生静电而带电，这些带电的导体可能会向其他物体放电，产生足够引起爆炸能量的电火花。因此，对于安装在有可能引起爆炸危险的可燃气体、蒸气或粉尘等场所的卤代烷 1301 灭火系统的管网，应设防静电接地装置。

本条规定和国外同类标准的有关规定是一致的。如英国标准 BS5306 规定：为减小静电释放的危险，所有卤代烷管道工程均应适当的接地。

在进行系统设计时，一般要求管网的对地电阻不大于 10Ω。

各管段之间应导电良好。按照国家现行标准《电器装置安装工程施工及验收规范》有关规定的要求，对于爆炸和火灾危险等级属于 Q—1 级（即可燃气体、易燃或可燃液体的蒸气与空气在正常情况下能形成爆炸性混合物的场所）、G_1 级（即悬浮状可燃的粉尘和纤维与空气在正常情况下能形成爆炸性混合物的场所）的场所，管道之间连接法兰的接触电阻大于

0.03Ω时，应用金属线跨接。

第 7.0.11 条 本条与美国 NFPA12A、国际标准化组织 ISO/DIS7075/1 等标准中的有关规定一致。如 NFPA12A 中规定：要有迅速发现和营救该区域内昏迷了的人员的措施。必须考虑诸如人员训练、报警信号、喷射警报和呼吸装置等安全措施。

当防护区内一旦发生火灾而施放卤代烷 1301 时，防护区内的混合气体对人员会产生危害。本规范第 7.0.1 条的条文说明已阐明，此时人员不应进入或滞留在防护区内。但是，由于某种特殊原因，如人员必须进去抢救万一被困入的受难人员或查看火情等情况，人员必须进入时，为保障人员安全与健康，防护区应配置专用的空气呼吸装置或氧气呼吸器。这些装置宜由专人保护，设置在防护区附近或消防控制室内，便于取用。

中华人民共和国国家标准

二氧化碳灭火系统设计规范

GB 50193—93

（1999年版）

条 文 说 明

制　订　说　明

本规范是根据原国家计委计综［1987］2390号文下达的编制《二氧化碳灭火系统设计规范》的任务，由公安部天津消防科学研究所会同机械工业部设计研究院等单位共同编制的。

在编制过程中，编制组遵照国家基本建设的有关方针政策和“预防为主、防消结合”的消防工作方针，对我国二氧化碳灭火系统的研究、设计、生产和使用情况进行了较全面的调查研究，开展了试验验证工作，尤其对局部应用灭火方式进行了系统的专项试验，论证了各项设计参数数据，在总结已有科研成果和工程实践经验的基础上，参考了国际有关标准和国外先进标准而编制的；并广泛征求了有关单位和专家的意见，经反复讨论修改，最后经有关部门会审定稿。

本规范共有七章和七个附录，包括总则、术语、符号、系统设计、管网计算、系统组件、控制与操作、安全要求等内容。

各单位在执行过程中，请结合工程实践注意总结经验、积累资料，发现需要修改和补充之处，请将意见和有关资料寄公安部天津消防科学研究所，以便今后修订时参考。

中华人民共和国公安部

1993年9月

目　次

1 总　　则

1.0.1 本条阐明了编制本规范的目的，即为了合理地设计二氧化碳灭火系统，使之有效地保护人身和财产的安全。

二氧化碳是一种能够用于扑救多种类型火灾的灭火剂。它的灭火作用主要是相对地减少空气中的氧气含量，降低燃烧物的温度，使火焰熄灭。

二氧化碳是一种惰性气体，对绝大多数物质没有破坏作用，灭火后能很快散逸，不留痕迹，又没有毒害。它适用于扑救各种可燃、易燃液体和那些受到水、泡沫、干粉灭火剂的沾污而容易损坏的固体物质的火灾。另外，二氧化碳是一种不导电的物质，可用于扑救带电设备的火灾。目前，在国际上已广泛地应用于许多具有火灾危险的重要场所。国际标准化组织和美国、英国、日本、前苏联等工业发达国家都已制定了有关二氧化碳灭火系统的设计规范或标准。使用二氧化碳灭火系统可保护图书、档案、美术、文物等珍贵资料库房，散装液体库房，电子计算机房，通讯机房，变配电室等场所。也可用于保护贵重仪器、设备。

我国从50年代即开始应用二氧化碳灭火系统。80年代以来，根据我国社会主义建设发展的需要，在现行国家标准《建筑设计防火规范》和《高层民用建筑设计防火规范》中对于应设置二氧化碳灭火系统的场所作出了明确规定，这对我国二氧化碳灭火系统的推广应用起到了积极的促进作用。

近年来，随着国际上对卤代烷的使用限制越来越严，二氧化碳灭火系统的应用将会不断增加。二氧化碳灭火系统能否有效地保护防护区内人员生命和财产的安全，首要条件是系统的设计是否合理。因此，建立一个统一的设计标准是至关重要的。

本规范的编制，是在对国外先进标准和国内研究成果进行综合分析并在广泛征求专家意见的基础上完成的。它为二氧化碳灭火系统的设计提供了一个统一的技术要求，使系统的设计做到正确、合理、有效地达到预期的保护目的。本规范也可以作为消防管理部门对二氧化碳灭火系统工程设计进行监督审查的依据。

1.0.2 本条规定了本规范的适用范围。

本规范所涉及的二氧化碳灭火系统，既包括全淹没灭火系统，也包括局部应用灭火系统，主要适用于新建、改建、扩建工程及生产和储存装置的火灾防护。

本规范的主要任务是解决工程建设中的消防问题。国家标准《高层民用建筑设计防火规范》和《建筑设计防火规范》及其他有关标准规范对设置二氧化碳灭火系统的场所都作出了相应规定。

1.0.3 本条系根据我国的具体情况规定了二氧化碳灭火系统工程设计所应遵守的基本原则和应达到的要求。

二氧化碳灭火系统的工程设计，必须根据防护区或保护对象的具体情况，选择合理的设计方案。首先，应根据工程的防火要求和二氧化碳灭火系统的应用特点，合理地划分防护区，制定合理的总体设计方案。在制定总体方案时，要把防护区及其所处的同一建筑物或建筑物的消防问题作为一个整体考虑，要考虑到其他各种消防力量和辅助消防设施的配置情况，正确处理局部和全局的关系。第二，应根据防护区或保护对象的具体情况，如防护区或保护对象的位置、大小、几何形状，防护区内可燃物质的种类、性质、数量和分布等情况，可能发生火灾的类型、起火源和起火部位以及防护区内人员的分布，针对上述情况合理地选择采用不同结构形式的灭火系统，进而确定设计灭火剂用量、系统组件的型号和布置以及系统的操作控制形式。

二氧化碳灭火系统设计上应达到的总要求是“安全适用、技术先进、经济合理”。“安全适用”是要求所设计的灭火系统在平时应处于良好的运行状态，无火灾时不得发生误动作，且不得妨碍防护区内人员的正常活动与生产的进行；在需要灭火时，系统应能立即启动并施放出必需量的灭火剂，把火灾扑灭在初期。灭火系统本身做到便于维护、保养和操作。“技术先进”则要求系统设计时尽可能采用新的成熟的先进设备和科学的设计、计算方法。“经济合理”则要求在保证安全可靠、技术先进的前提下，尽可能考虑到节省工程的投资费用。

1.0.4 本条规定了二氧化碳灭火系统可用来扑救的火灾种类：气体火灾，液体或可熔化的固体火灾，固体表面火灾及部分固体深位火灾，电气火灾。

制定本条的依据：

（1）二氧化碳灭火系统在我国已应用一段时间并做过一些专项试验。其结果表明，二氧化碳灭火系统扑救上述几类火灾是有效的。

（2）参照或沿用了国际和国外先进标准。

①国际标准 ISO 6183 规定：“二氧化碳适合扑救以下类型的火灾：液体或可熔化的固体火灾；气体火灾，但如灭火后由于继续逸出气体而可能引起爆炸情况的除外；某些条件下的固体物质火灾，它们通常可能是正常燃烧产生炽热余烬的有机物质；带电设备的火灾。”

②英国标准 BS 5306 规定：“二氧化碳可扑救 BS 4547标准中所定义的 A 类火灾和 B 类火灾；并且也可扑救 C 类火灾，但灭火后存在爆炸危险的应慎重考虑。此外，二氧化碳还适用于扑救包含日常电器在内的电气火灾。”

③美国标准 NFPA 12 规定：“适用于二氧化碳保

护的火灾危险和设备有：可燃液体（因为用二氧化碳扑救室内气体火灾有产生爆炸的危险，故不予推荐。如果用来扑救气体火灾时，要注意使用方法，通常应切断气源……）；电气火灾，如变压器、油开关与断路器、旋转设备、电子设备；使用汽油或其他液体燃料的内燃机；普通易燃物，如纸张、木材、纤维制品；易燃固体。”

需要说明的两点是：

（1）对扑救气体火灾的限制。本条文规定：二氧化碳灭火系统可用于扑救灭火之前能切断气源的气体火灾。这一规定同样见于 ISO、BS 及 NFPA 标准。这样规定的原因是：尽管二氧化碳灭气体火灾是有效的，但由于二氧化碳的冷却作用较小，火虽然能扑灭，但难于在短时间内使火场环境温度包括其中设置物的温度降至燃气的燃点以下。如果气源不能关闭，则气体会继续逸出，当逸出量在空间里达到或高过燃烧下限浓度，即有产生爆炸的危险。故强调灭火前必须能切断气源，否则不能采用。

（2）对扑救固体深位火灾的限制。条文规定：可用于扑救棉毛、织物、纸张等部分固体深位火灾。其中所指“部分”的含义，即是本规范附录 A 中可燃物项所列举出的有关内容。换言之，凡未列出者，未经试验认定之前不应作为“部分”之内。如遇有“部分”之外的情况，则需要做专项试验，明确它的可行性以及可供应用的设计数据。

1.0.5 本条规定了不可用二氧化碳灭火系统扑救的物质对象，概括为三大类：含氧化剂的化学制品，活泼金属，金属氢化物。

制定本条内容的依据，主要是参照了国际和国外先进标准。

（1）国际标准 ISO 6183 规定：“二氧化碳不适合扑救下列物质的火灾：自身供氧的化学制品，如硝化纤维，活泼金属和它们的氢化物（如钠、钾、镁、钛、锆等）。”

（2）英国标准 BS 5306 规定：“二氧化碳对金属氢化物，钾、钠、镁、钛、锆之类的活泼金属，以及化学制品含氧能助燃的纤维素等物质的灭火无效。”

（3）美国标准 NFPA 12 规定：“在燃烧过程中，有下列物质的则不能用二氧化碳灭火：

①自身含氧的化学制品，如硝化纤维；

②活泼金属，如钠、钾、镁、钛、锆；

③金属氢化物。”

1.0.6 本条规定中所指的“现行的国家有关标准”，除在本规范中已指明的以外，还包括以下几个方面的标准：

（1）防火基础标准与有关的安全基础标准；

（2）有关的工业与民用建筑防火标准、规范；

（3）有关的火灾自动报警系统标准、规范；

（4）有关的二氧化碳灭火剂标准；

（5）其他有关的标准。

3 系 统 设 计

3.1 一 般 规 定

3.1.1 本条包含两部分内容，其一是规定二氧化碳灭火系统按应用方式分两种类型，即全淹没灭火系统和局部应用灭火系统；其二是规定两种系统的不同应用条件（范围），全淹没灭火系统只能应用在封闭的空间里，而局部应用灭火系统可以应用在开敞的空间。

关于全淹没灭火系统、局部应用灭火系统的应用条件，BS 5306：pt4 指出：“全淹没灭火系统有一个固定的二氧化碳供给源永久地连向装有喷头的管道，用喷头将二氧化碳喷放到封闭的空间里，使得封闭空间内产生足以灭火的二氧化碳浓度”；“局部应用灭火系统……喷头的布置应是直接向指定区域内发生的火灾喷射二氧化碳，这指定区域是无封闭物包围的，或仅有部分被包围着，无需在整个存放被保护物的容积内形成灭火浓度”。此外，ISO 6183 和 NFPA 12 中都有与上述内容大致相同的规定。

3.1.2 本条规定了全淹没灭火系统的应用条件。

3.1.2.1 本款参照 ISO 6183、BS 5306 和 NFPA 12 等标准，规定了全淹没系统防护区的封闭条件。

条文中规定对于表面火灾在灭火过程中不能自行关闭的开口面积不应大于防护区总表面积的 3%，而且 3%的开口不能开在底面。

开口面积的大小，等效采用 ISO 6183 规定：“当比值 A_0/A_v 大于 0.03 时，系统应设计成局部应用灭火系统；但并不是说，比值小于 0.03 时就不能应用局部应用灭火系统”。提出开口不能开在底部的原因是：二氧化碳的密度比空气的密度约大 50%，即二氧化碳比空气重，最容易在底面扩散流失，影响灭火效果。

3.1.2.2 在本款中规定，对深位火灾，除泄压口外，在灭火过程中不能存在不能自动关闭的开口，是根据以下情况确定的。

采用全淹没方式灭深位火灾时，必须是封闭的空间才能建立起规定的设计浓度，并能保持住一定的抑制时间，使燃烧彻底熄灭，不再复燃。否则，就无法达到这一目的。

关于深位火灾防护区开口的规定，参考了下述国际和国外先进标准：

ISO 6183 规定：“当需要一定抑制时间时，不允许存在开口，除非在规定的抑制时间内，另行增加二氧化碳供给量，以维持所要求的浓度”。NFPA 12 规定：“对于深位火灾要求二氧化碳喷放空间是封闭的。在设计浓度达到之后，其浓度必须维持不小于 20min

的时间”。BS 5306 规定：“深位火灾的系统设计以适度的不透气的封闭物为基础，就是说应安装能自行关闭的挡板和门，这些挡板和门平时可以开着，但发生火灾时应自行关闭。这种系统和围护物应设计成使二氧化碳设计浓度保持时间不小于 20min。”

3.1.2.3 本款规定的全淹没灭火系统防护区的建筑构件最低耐火极限，是参照国家标准《建筑设计防火规范》对非燃烧体及吊顶的耐火极限要求，并考虑下述情况提出的：

（1）为了保证采用二氧化碳全淹没灭火系统能完全将建筑物内的火灾扑灭，防护区的建筑构件应该有足够的耐火极限，以保证完全灭火所需时间。完全灭火所需要的时间一般包括火灾探测时间、探测出火灾后到施放二氧化碳之前的延时时间、施放二氧化碳时间和二氧化碳的抑制时间。这几段时间中二氧化碳的抑制时间是最长的一段，固体深位火灾的抑制时间一般需 20min 左右。若防护区的建筑构件的耐火极限低于上述时间要求，则有可能在火灾尚未完全熄灭之前就被烧坏，使防护区的封闭性受到破坏，造成二氧化碳大量流失而导致复燃。

（2）二氧化碳全淹没灭火系统适用于封闭空间的防护区，也就是只能扑救围护结构内部的可燃物火灾。对围护结构本身的火灾是难以起到保护作用的。为了防止防护区外发生的火灾蔓延到防护区内，因此要求防护区的围护构件、门、窗、吊顶等，应有一定的耐火极限。

关于防护区围护结构耐火极限的规定，同时也参考了国际和国外先进标准的有关规定，如：ISO 6183 规定：“利用全淹没二氧化碳灭火系统保护的建筑结构应使二氧化碳不易流散出去。房屋的墙和门窗应该有足够的耐火时间，使得在抑制时间内，二氧化碳能维持在预定的浓度。”BS 5306 规定：“被保护容积应该用耐火构件封闭，该耐火构件按 BS 476 第八部分进行试验，耐火时间不小于 30min。”

3.1.2.4 本款规定防护区的通风系统在喷放二氧化碳之前应自动关闭，是根据下述情况提出的：

向一个正在通风的防护区施放二氧化碳，二氧化碳随着排出的空气很快流出室外，使防护区内达不到二氧化碳设计浓度，影响灭火；另外，火灾有可能通过风道蔓延。

本款的提出参考了国际和国外先进标准规定：

ISO 6183 规定：“开口和通风系统，在喷放二氧化碳之前，至少在喷放的同时，能够自动断电并关闭”。BS 5306 规定：“在有强制通风系统的地方，在开始喷射二氧化碳之前或喷射的同时，应该把通风系统的电源断掉，或把通风孔关闭”。NFPA 12 规定：“在装有空调系统的地方，在喷放二氧化碳之前或同时，把空调系统切断或关闭，或既切断又关闭，或提供附加的补偿气体。”

3.1.3 本条规定了局部应用灭火系统的应用条件。

3.1.3.1 二氧化碳灭火剂属于气体灭火剂，易受风的影响，为了保证灭火效果，必须把风的因素考虑进去。为此，曾经在室外做过喷射试验，发现在风速小于 3m/s 时，喷射效果较好，风对灭火效果影响不大，仍然满足设计要求。依此，规定了保护对象周围的空气流动速度不宜大于 3m/s 的要求。为了对环境风速条件不宜限制过死，有利于设计和应用，故又规定了当风速大于 3m/s 时，可考虑采取挡风措施的做法。

国外有关标准也提到了风的影响，但对风速规定不具体。如 BS 5306 规定：“喷射二氧化碳一定不能让强风或空气流吹跑。”

3.1.3.2 局部应用系统是将二氧化碳直接喷射到被保护对象表面而灭火的，所以在射流的沿程是不允许有障碍物的，否则会影响灭火效果。

3.1.3.3 当被保护对象为可燃液体时，流速很高的液态二氧化碳具有很大的功能，当二氧化碳射流喷到可燃液体表面时，可能引起可燃液体的飞溅，造成流淌火或更大的火灾危险。为了避免这种飞溅的出现，可以在射流速度方面作出限制，同时对容器缘口到液面的距离作出规定。为了和局部应用喷头设计数据的试验条件相一致，故作出液面到容器缘口的距离不得小于 150mm 的规定。

国际标准和国外先进标准也都是这样规定的。如 ISO 6183 规定：对于深层可燃液体火灾，其容器缘口至少应高于液面 150mm；NFPA 12 中规定：当保护深层可燃液体灭火时，必须保证油盘缘口要高出液面至少 6in（150mm）。

3.1.4 喷射二氧化碳前切断可燃、助燃气体气源的目的是防止引起爆炸。同时，也为防止淡化二氧化碳浓度，影响灭火。

3.1.4A 组合分配系统是用一套二氧化碳储存装置同时保护多个防护区或保护对象的灭火系统。各防护区或保护对象同时着火的概率很小，不需考虑同时向各个防护区或保护对象释放二氧化碳灭火剂。但应考虑满足任何二氧化碳用量的防护区或保护对象灭火需要，组合分配系统的二氧化碳储存量，不小于所需储存量最大的一个防护区或保护对象的储存量，能够满足这种需要。

3.1.5 本条规定了备用量的设置条件、数量和方法。

1 备用量的设置条件。这里指出两点，一是组合分配系统防护区或保护对象确定为 5 个及以上时应有备用量，这是等效采用 VdS 2093 制定的；其二是 48h 内不能恢复时应设备用量。这是参照BS 5306：pt4并结合我国国情制定的。应该指出，设置备用量不限于这两点，当防护区或保护对象火灾危险性大或非常重要时，为了不间断保护，也可设置备用量。

2 备用量的数量。备用量是为了保证系统保护的连续性，同时也包含了扑救二次火灾的考虑。因此备用量不应小于系统设计的储存量。

3 备用量的设置方法。对高压系统只能是另设一套备用量储存容器；对低压系统，可以另设一套备用量储存容器，也可以加大主储存容器的容量，本条第二段是针对另设一套储存容器而言的。备用量的储存容器与系统管网相连，与主储存容器切换使用的目的，是为了起到连续保护作用。当主储存容器不能使用时，备用储存容器可立即投入使用。

3.2 全淹没灭火系统

3.2.1 本条中“二氧化碳设计浓度不应小于灭火浓度的1.7倍”的规定是等效采用国际和国外先进标准。ISO 6183规定：“设计浓度取1.7倍的灭火浓度值”。其他一些国家标准也有相同的规定。

本条还规定了设计浓度不得低于34%，这是说，实验得出的灭火浓度乘以1.7以后的值，若小于34%时，也应取34%为设计浓度。这与国际、国外先进标准规定相同。ISO 6183、NFPA 12、BS 5306标准都有此规定。

在本规范附录A中已经给出多种可燃物的二氧化碳设计浓度。附录A中没有给出的可燃物的设计浓度，应通过试验确定。

3.2.2 本条规定了在一个防护区内，如果同时存放着几种不同物质，在选取该防护区二氧化碳设计浓度时，应选各种物质当中设计浓度最大的作为该防护区的设计浓度。只有这样，才能保证灭火条件。在国际标准和国外先进标准中也有同样的规定。

3.2.3 本条给出了设计用量的计算公式。该公式等效采用ISO 6183中的二氧化碳设计用量公式。其中常数30是考虑到开口流失的补偿系数。

该式计算示例：

侧墙上有2m×1m开口（不关闭）的散装乙醇储存库（查附录A，$K_b=1.3$），实际尺寸：长＝16m，宽＝10m，高＝3.5m。

防护区容积：$V_v=16\times10\times3.5=560m^3$

可扣除体积：$V_g=0m^3$

防护区的净容积：$V=V_v-V_g=560-0=560m^3$

总表面积：

$$A_v=(16\times10\times2)+(16\times3.5\times2)+(10\times3.5\times2)=502m^2$$

所有开口的总面积：

$$A_0=2\times1=2m^2$$

折算面积：

$$A=A_v+30A_0=502+60=562m^2$$

设计用量：

$$M=K_b(0.2A+0.7V)=1.3(0.2\times562+0.7\times560)=655.7kg$$

3.2.4、3.2.5 这两条规定了当防护区环境温度超出所规定温度时，二氧化碳设计用量的补偿方法。

当防护区的环境温度在－20～100℃之间时，无须进行二氧化碳用量的补偿。当上限超出100℃时，如105℃时，对超出的5℃就需要增加2%的二氧化碳设计用量。一般能超出100℃以上的异常环境温度的防护区，如烘漆间。当环境温度低于－20℃时，对其低于的部分，每1℃需增加2%的二氧化碳设计用量。如－22℃时，对低于的2℃需增加4%的二氧化碳设计用量。

本条等效采用了国外先进标准的规定：BS 5306规定：“（1）围护物常态温度在100℃以上的地方，对100℃以上的部分，每5℃增加2%的二氧化碳设计用量；（2）围护物常态温度低于－20℃的地方，对－20℃以下的部分，每1℃增加2%的二氧化碳设计用量”。NFPA 12也有相同的规定。

3.2.6 本条规定泄压口宜设在外墙上，其位置应距室内地面2/3以上的净高处。因为二氧化碳比空气重，容易在空气下面扩散。所以为了防止防护区因设置泄压口而造成过多的二氧化碳流失，泄压口的位置应开在防护区的上部。

国际和国外先进标准对防护区内的泄压口也作了类似规定。例如，ISO 6183规定：“对封闭的房屋，必须在其最高点设置自动泄压口，否则当放进二氧化碳时将会导致增加压力的危险”。BS 5306规定：“封闭空间可燃蒸汽的泄放和由于喷射二氧化碳引起的超压的泄放，应该予以考虑，在必要的地方，应作泄放口。”

在执行本条规定时应注意：采用全淹没灭火系统保护的大多数防护区，都不是完全封闭的，有门、窗的防护区一般都有缝隙存在；通过门窗四周缝隙所泄漏的二氧化碳，可防止空间内压力过量升高，这种防护区一般不需要再开泄压口。此外，已设有防爆泄压口的防护区，也不需要再设泄压口。

3.2.7 本条规定的计算泄压口面积公式由ISO 6183中的公式经单位变换得到。公式中最低允许压强值的确定，可参照美国NFPA 12标准给出的数据（见表1）：

表1 建筑物的最低允许压强

类 型	最低允许压强（Pa）
高层建筑	1200
一般建筑	2400
地下建筑	4800

3.2.8 本条对二氧化碳设计用量的喷射时间作了具体规定。该规定等效采用了国际和国外先进标准。ISO 6183规定：“二氧化碳设计用量的喷射时间应在1min以内。对于要求抑制时间的固体物质火灾，其设计用量的喷射时间应在7min以内。但是，其喷放速率要求不得小于在2min内达到30%的体积浓度”。BS 5306也作了同样规定。

3.2.9 本条规定的扑救固体深位火灾的抑制时间，等效采用了 ISO 6183 的规定。

3.2.10 并入 3.1.4A 和 4.0.9A。

3.3 局部应用灭火系统

3.3.1 局部应用灭火系统的设计方法分为面积法和体积法，这是国际标准和国外先进标准比较一致的分类法。前者适用于着火部位为比较平直的表面情况，后者适用于着火对象是不规则物体情况。凡当着火对象形状不规则，用面积法不能做到所有表面被完全覆盖时，都可采用体积法进行设计。当着火部位比较平直，用面积法容易做到所有表面被完全覆盖时，则首先可考虑用面积法进行设计。为使设计人员有所选择，故对面积法采用了"宜"这一要求程度的用词。

3.3.2 本条是根据试验数据和参考国际标准和国外先进标准制定的。BS 5306 规定："二氧化碳总用量的有效液体喷射时间应为 30s"。ISO 6183、NFPA 12、日本和前苏联有关标准也都规定喷射时间为 30s。为了与上述标准一致起来，故本规范规定喷射时间为 0.5min。

燃点温度低于沸点温度的可燃液体和可熔化的固体的喷射时间，BS 5306 规定为 1.5min，国际标准未规定具体数据，故取英国标准 BS 5306 的数据。

3.3.3 本条说明设计局部应用灭火系统的面积法。

3.3.3.1 由于单个喷头的保护面积是按被保护面的垂直投影方向确定的，所以计算保护面积也需取整体保护表面垂直投影的面积。

3.3.3.2 架空型喷头设计流量和相应保护面积的试验方法是参照美国标准 NFPA 12 确定的。该试验方法是：把喷头安装在盛有 70# 汽油的正方形油盘上方，使其轴线与液面垂直。液面到油盘缘口的距离为 150mm，喷射二氧化碳使其产生临界飞溅的流量，该流量称为临界飞溅流量（也称最大允许流量）。以 75%临界飞溅流量在 20s 以内灭火的油盘面积定义为喷头的保护面积，以 90%临界飞溅流量定义为对应保护面积的喷头设计流量。试验表明：保护面积和设计流量都是安装高度（即喷头到油盘液面的距离）的函数，所以在工程设计时也需根据喷头到保护对象表面的距离确定喷头的保护面积和相应的设计流量。只有这样，才能使预定的流量不产生飞溅，预定的保护面积内能可靠地灭火。

槽边型喷头的保护面积是其喷射宽度与射程的函数，喷射宽度和射程是喷头设计流量的函数，所以槽边型喷头的保护面积需根据选定的喷头设计流量确定。

3.3.3.3、3.3.3.4 这两款等效采用了国际标准和国外先进标准。ISO 6183、NFPA 12 和 BS 5306 都作了同样规定。

图 3.3.3 表示了喷头轴线与液面垂直和喷头轴线与液面成 45°锐角两种安装方式。其中油盘缘口至液面距离为 150mm，喷头出口至瞄准点的距离为 S。喷头轴线与液面垂直安装时（B_1 喷头），瞄准点 E_1 在喷头正方形保护面积的中心。喷头轴线与液面成 45°锐角安装时（B_2 喷头），瞄准点 E_2 偏离喷头正方形保护面积中心，其距离为 $0.25L_b$（L_b 是正方形面积的边长）；并且，喷头的设计流量和保护面积与垂直布置的相等。

3.3.3.5 喷头的保护面积，对架空型喷头为正方形面积，对槽边型喷头为矩形（或正方形）面积。为了保证可靠灭火，喷头的布置必须使保护面积被完全覆盖，即按不留空白原则布置喷头。至于等距布置原则，这是从安全可靠、经济合理的观点提出的。

3.3.3.6 二氧化碳设计用量等于把全部被保护表面完全覆盖所用喷头的设计流量数之和与喷射时间的乘积，即：

$$M = t\Sigma Q_i \quad (1)$$

当所用喷头设计流量相同时，则：

$$\Sigma Q_i = N \cdot Q_i \quad (2)$$

把公式(2)代入公式(1)即得出公式(3.3.3)。

上述确定喷头数量和设计用量的方法，也是 ISO 6183、NFPA 12和 BS 5306 等规定的方法。

除此之外，还有以灭火强度为依据确定灭火剂设计用量的计算方法。

$$M = A_1 \cdot q \quad (3)$$

式中 q——灭火强度（kg/m^2）。

这时，喷头数量按下式计算：

$$N = M/(t \cdot Q_i) \quad (4)$$

日本采用了这种方法，规定灭火强度取 $13kg/m^2$。

我们的试验表明：喷头安装高度不同，灭火强度不同，灭火强度随喷头安装高度的增加而增加。为了安全可靠、经济合理起见，本规范不采用这种方法。

3.3.4 本条说明设计局部应用系统的体积法。

（1）本条等效采用国际标准和国外先进标准。

ISO 6183 规定："系统的总喷放速率以假想的围绕火灾危险区的完全封闭罩的容积为基础。这种假想的封闭罩的墙和天花板距火险至少 0.6m 远，除非采用了实际的隔墙，而且这墙能封闭一切可能的泄漏、飞溅或外溢。该容积内的物体所占体积不能被扣除。"

ISO 6183 又规定："一个基本系统的总喷放强度不应小于 $16kg/min \cdot m^3$；如果假想封闭罩有一个封闭的底，并且已分别为高出火险物至少 0.6m 的永久连续的墙所限定（这种墙通常不是火险物的一部分），那么，对于存在这种为实际墙完全包围的封闭罩，其喷放速率可以成比例地减少，但不得低于 $4kg/min \cdot m^3$。"

NFPA 12 和 BS 5306 也作了类似规定。

（2）本条经过了试验验证。

①用火灾模型进行试验验证。火灾模型为 0.8m×0.8m×1.4m 的钢架，用 ϕ18 圆钢焊制，钢架分为三层，距底分别为 0.4m、0.9m 和 1.4m。各层分别放 5 个油盘，油盘里放入 K_b 等于 1 的 70# 汽油。火

灾模型放在外部尺寸为2.08m×2.08m×0.3m的水槽中间，水槽外围竖放高为2.08m，宽为1.04m的钢制屏封。把水槽四周全部围起来共需8块屏封，试验时根据预定A_p/A_t值决定放置屏风块数。二氧化碳喷头布置在模型上方，灭火时间控制在20s以内，求出不同A_p/A_t值下的二氧化碳流量，计算出不同A_p/A_t值时的二氧化碳单位体积的喷射率q_v值。

首先作了同一A_p/A_t值下，不同开口方位的试验。试验表明：单位体积的喷射率与开口方位无关。

接着作了7种不同A_p/A_t值的灭火实验，每种重复3次，经数据处理得：

$$q_v = 15.95 - 11.92 \times (A_p/A_t) \quad (5)$$

该结果与公式（3.3.4-1）非常接近。

②用中间试验进行工程实际验证。中间试验的灭火对象为3150kVA油浸变压器，其外部尺寸为2.5m×2.3m×2.6m，灭火系统设计采用体积法，计算保护体积为：

$$V_1 = (2.5+0.6\times2)(2.3+0.6\times2)(2.6+0.6) = 41.44\text{m}^3$$

环绕变压器四周，沿假想封闭罩分两层设置环状支管。支管上布置喷头，封闭罩无真实墙，取A_p/A_t值等于零，单位体积喷射率q_v取16kg/min·m^3，设计喷射时间取0.5min，计算灭火剂设计用量。试验用汽油引燃变压器油，预燃时间30s，试验结果，实际灭火时间为15s。由此可见，按本条规定的体积法进行局部应用灭火系统设计是安全可靠的。

（3）需要进一步说明的问题。一般设备的布置，从方便维护讲，都会留出离真实墙0.5m以上的距离，就是说实体墙距火险危险物的距离都会接近0.6m或大于0.6m，这时到底利用实体墙与否应通过计算决定。利用了真实墙，体积喷射率q_v值变小了，但计算保护体积V_1值增大了，如果最终灭火剂设计用量增加了许多，那么就没必要利用真实墙。

3.3.5 并入3.1.4A和4.0.9A。

3.3.6 并入4.0.9A。

4 管网计算

4.0.1 原条文规定的管网计算的总原则，已通过后续条文体现，所以删除。本条文新增内容规定指出了二氧化碳灭火系统按灭火剂储存方式的分类，及管网起点计算压力的取值。这和ISO 6183的观点是一致的。国际标准采用了平均储存压力的概念，经征求意见，这里改称为管网起点计算压力。

应该注意：这里所说管网起点是指引升管的下端。

4.0.2、4.0.3 这两条规定了计算管道流量的方法，为管网计算提供管道流量的数据。

仍需指出：计算流量的方法应灵活使用，如对局部应用的面积法，也可先求出支管流量，然后由支管流量相加得干管流量。又如全淹没系统的管网，可按总流量的比例分配支管流量，如对称分配的支管流量即为总流量的1/2。

4.0.3A 本条规定了管道内径的确定方法。所给公式依据附录C得出：设$Q/D^2 = X_1$　则$D = \dfrac{1}{\sqrt{X_1}} \cdot \sqrt{Q}$

因为$X_1 = 0.07 \sim 0.50$　所以$K_d = 1/\sqrt{X_1} = 1.41 \sim 3.78$

4.0.4 这是一般水力计算中确定管段计算长度的常规原则。

4.0.5 本条等效采用了国际标准和国外先进标准。ISO 6183、NFPA 12和BS 5306都作了同样规定。

我国通过灭油浸变压器火中间试验验证了这种方法，故等效采用。

4.0.6 正常敷管坡度引起的管段两端的水头差是可以忽略的，但对管段两端显著高程差所引起的水头是不能忽略的，应计入管段终点压力。水头是高度和密度的函数，二氧化碳的密度是随压力变化的，在计算水头时，应取管段两端压力的平均值。水头是重力作用的结果，方向永远向下，所以当二氧化碳向上流动时应减去该水头，当向下流动时应加上该水头。

本条规定是参照国际标准和国外先进标准制定，其中附录E系等效采用了ISO 6183中的表B6。

执行这一条时应注意两点：管段平均压力是管段两端压力的平均值；高程是管段两端的高度差（位差），不是管段的长度。

4.0.7 本规定等效采用ISO 6183，并经试验验证。

ISO 6183指出：对高压系统，喷嘴入口最低压力应为1.4MPa；对低压系统，喷嘴入口最低压力。

4.0.7A 本条规定等效采用ISO 6183规定。

4.0.9 本条规定等效采用ISO 6183和NFPA 12制定。附录F中的单位等效孔口面积的喷射率是标准喷头（流量系数为0.98）的参数，为进一步强调标准喷头不同于一般喷头，故列出标准喷头的规格。本条新增加的附录H取自NFPA 12。

4.0.9A 本条依据ISO 6183和BS 5306:pt4给出了二氧化碳储存量计算通用公式。综合了以下四种情况：

1 高压全淹没灭火系统

因为　$K_m = 1$　$M_v = 0$　$M_r = 0$

所以　$M_c = M + M_s$

即高压全淹没灭火系统的储存量等于设计用量与储存容器内的二氧化碳剩余量之和。其中储存容器内的二氧化碳剩余量按储存容器生产厂家产品数据取值。

2 高压局部应用灭火系统

因为　$K_m = 1.4$　$M_r = 0$

所以　$M_c = 1.4M + M_v + M_s$

即高压局部应用灭火系统的储存量等于1.4倍设

计用量、二氧化碳在管道中的蒸发量、储存容器内的二氧化碳剩余量之和。其中1.4倍是为保证液相喷射的裕度系数值，是等效采用ISO 6183规定，并经试验验证。

3 低压全淹没灭火系统

因为 $K_m=1$

所以 $M_c=M+M_v+M_s+M_r$

即低压全淹没灭火系统储存量等于设计用量、二氧化碳在管道中的蒸发量、储存容器内的二氧化碳剩余量、管道内的二氧化碳剩余量之和。

4 低压局部应用灭火系统

因为 $K_m=1.1$

所以 $M_c=1.1M+M_v+M_s+M_r$

即低压局部应用灭火系统的储存量等于1.1倍设计用量、二氧化碳在管道中的蒸发量、储存容器内的二氧化碳剩余量、管道内的二氧化碳剩余量之和。其中1.1倍是为保证液相喷射的裕度系数值。

应该指出：对低压系统，在储存量中计及管道内的二氧化碳剩余量是依据ISO 6183和BS 5306：pt4制定。BS5306：pt4指出：对低压装置，在完成喷射之后，残存在储存容器与喷嘴管网之间的管道内的液态二氧化碳量也应予以计算，并加入到所要求的二氧化碳总量之中。但是，ISO 6183和国外标准均没给出管道内的二氧化碳剩余量 M_r 的计算式。这里给出的 M_r 计算式是基于以下认识：假定是低压灭火系统，喷放时间 t 后关闭容器阀，这时储存容器内的二氧化碳剩余量大于或等于 M_s；那么残存在储存容器与喷头之间管道内的二氧化碳剩余量 M_r 的计算式就应该是公式4.0.9A-3。而公式4.0.9A-4和4.0.9A-5是依据附表E-2导出：因为 $K_h=\rho_i \cdot g \cdot 10^{-6}$，所以 $\rho_i=10^6 \cdot K_h/9.81$，而 $K_h=f(P_i)$ 解析式由附表E-2回归求得，其最大相对误差为 $\max(\delta)=f(P_i=1.10)=0.66\%$。

4.0.10 这里考虑到不同规格储存容器和不同充装系数，给出了确定高压系统储存容器数量的通用公式，其中充装系数应按本规范5.1.1条规定取值。

4.0.11 储存液化气体的压力容器的容积可以根据饱和液体密度、设计储存量和装量系数通过计算确定。就低压系统二氧化碳储存容器而言，计算工作已由生产厂家完成。在各生产厂家的产品样本中，直接给出了不同规格储存容器的最大充装量。

5 系统组件

5.1 储存装置

5.1.1 本条规定了高压二氧化碳灭火系统储存装置的组成。储存容器用于储存二氧化碳灭火剂，容器阀用于控制灭火剂释放，单向阀用于防止灭火剂回流，集流管用于汇集从各储存容器放出的灭火剂再送入管网。

在储存容器或容器阀上设置安全泄压装置，是为了防止意外情况出现时，储存容器的压力超过允许的最高压力而引起事故，以确保设备和人身安全。

目前应用的储存容器工作压力为15MPa，强度试验压力为22.5MPa。因此规定泄压装置的动作压力应为19±0.95MPa。

国家现行《气瓶安全监察规程》对充装二氧化碳的气瓶规定了两个工作压力：15MPa和20MPa，各自的充装系数分别为不大于0.60kg/L和0.74kg/L。

ISO 6183规定：如果高压容器的储存温度低于0℃或高于49℃，对变化的流量应采用特殊的补偿办法。本规范依据ISO 6183中的规定确定了储存装置的环境温度。

5.1.1A 本条规定了低压系统储存装置的组成。储存容器用于储存二氧化碳灭火剂，容器阀用于控制灭火剂释放。压力表用于观察储存容器内的压力。压力报警装置用于当储存容器内二氧化碳的压力不在正常范围内时发出警报，提醒人们及时检查和维修。制冷装置用于维持二氧化碳灭火剂的储存温度在－18℃左右。

1 现行国家标准GB 150《钢制压力容器》、《压力容器安全技术监察规程》中要求压力容器设安全泄压装置，且应实行定期检验制度。消防设备需长期不间断地对防护区或保护对象进行保护，安全泄压装置又是容器安全运行必需的部件，设置两套安全泄压装置的目的就是其中一个进行检验或出现故障进行更换时，另一个能对容器的安全运行起到保护作用。

ISO 6183规定：“低压容器的设计应使容器内二氧化碳温度维持在 -18^{+2}_{0}℃。温度下，压力大约在20bar（2.0MPa）……。在低压容器上应安装一个超压报警器。这种报警器应在安全阀动作之前可靠地报警”。在－16℃时，二氧化碳的饱和蒸汽压为2.22MPa，其超压报警压力不会低于此值。NFPA 12中规定：每个压力容器应装设一个高、低压监视装置，其设定值约为315psi（2.172MPa）和250psi（1.724MPa）。BS 5036：pt4要求容器设高、低压监视装置，其高、低压报警设定值为2.2MPa和1.8MPa。综合以上三个国外规范，本规范高、低压报警压力设定值按BS 5306：pt4取值。即高压报警压力设定值为2.2MPa，低压报警压力设定值为1.8MPa。

这样，压力容器上设置的安全泄压装置的动作压力不得低于2.2MPa，为了减少和避免泄压装置频繁启动，当高压报警后，应留有充足的时间进行故障排除和人为泄压，同时考虑到仪表的误差（仪表误差以仪表精度为1.5级，满量程为4.0MPa的仪表为参考），选取安全泄压装置的最低动作压力为2.26MPa。GB 12241《安全阀一般要求》规定安全阀整定压力（开启压力）偏差为±3%。GB 567《拱形金属爆破片技术条件》规定爆破压力允差为标定爆破压力的±5%，取安全泄压装置的允差为动作压力的±5%。这样，确定安全泄压装置的动作压力为2.38±0.12MPa。

GB 150《钢制压力容器》、《压力容器安全技术监察规程》中要求容器的设计压力不得小于安全泄压装置的动作压力与制造范围正偏差之和，所以要求储存容器的设计压力不应小于2.5MPa。

2 国家现行《压力容器安全技术监察规程》是压力容器安全技术监督的法规，其中对充装液化气体的容器的装量系数作出了规定。对于−18℃时的液体二氧化碳，其装量系数一般取0.9，但不大于0.95。

3 低压系统中由于储存容器仅为一个，即使设置备用储存容器的系统，在系统实施灭火时其工作的储存容器也是一个。在保护多个防护区或具体保护对象时，其灭火剂需要量不一定相等，甚至相差很大，如果容器阀开启后不能关闭，不但会造成不必要的浪费，还会引起周围区域二氧化碳浓度过高，带来不安全因素。同时，BS 5306:pt4中对低压系统备用量设置提出可增加容器容量或提供备用储存容器两种方式。这样，容器阀在喷出所要求的二氧化碳量后自动关闭，使增加容器容量这一简便、经济的备用量设置方式就成为可能。再者，ISO 6183中也规定："在低压系统中，其容器阀应自动地打开，并且在喷出所要求的二氧化碳量之后，自动地关闭。"

4 储存装置应采取良好的绝热措施，远离热源是为了防止环境温度和外界因素改变，引起容器内二氧化碳储存温度升高过快，影响储存装置安全经济地运行。

低压系统的储存容器，一经定位一般不再移动，也不便于移动。其再充装不像高压系统，把储存容器卸下运到二氧化碳生产厂家充装，而是用槽车把二氧化碳运来现场充装，所以低压系统储存容器的放置位置应便于再充装。

环境温度长期低于−23℃时，其内部的压力将低于1.8MPa，影响系统正常释放，其容器内部应设加热设备。环境温度过高，使其制冷装置的工作时间加长，其装置的运行将是不经济的。因而规定环境温度在−23～49℃温度范围内，温度越低，其储存装置的运行越安全和比较经济。

5.1.2 本条规定了灭火剂的质量应符合国家标准的规定。

5.1.3 并入5.1.1。

5.1.4 设置检漏装置是为了检查储存容器内灭火剂的泄漏情况，避免因泄漏过多在火灾发生时影响灭火效果。规定储存容器内灭火剂泄漏量达到10%时应及时补充或更换，系等效采用NFPA 12。

NFPA 12规定：如果在某个时候，容器内灭火剂损失超过净重的10%，必须重新灌装或替换。

本条仅把原条款中"称重"二字删除。为的是使现条款既适用于高压系统，也适用于低压系统。高压系统检漏用称重法，低压系统检漏既可用称重法也可用液位计法。

5.1.5 并入5.1.1。

5.1.6 储存容器避免阳光直射，是为了防止容器温度过高，以确保容器安全。

5.1.7 储存装置设置在专用的储存容器间内，是为了便于管理及安全。

1 储存间靠近防火区，可减少管道长度，减少压力损失。为了值班人员、工作人员的安全，要求出口应直接通向室外或疏散通道。

2 储存间的耐火等级不应低于二级防火要求，与《建筑设计防火规范》对消防水泵房的要求等同。

3 储存容器间保持干燥，可避免容器、管道及电气仪表等因潮湿而锈蚀。通风良好则可避免因检修或灭火剂泄漏造成储存间浓度过高而对人身造成危害。

4 对只能设在地下室的储存间，只有设置机械排风装置才能达到上述要求。

此条仅把原条款"室内温度为0～49℃"删除，这是为了使现条款同时适用于高压系统和低压系统。

局部应用系统的储存装置往往就设置在保护对象的附近。为了安全也应将储存装置设置在固定的围栏内，围栏应是防火材料制成。

5.2 选择阀与喷头

5.2.1 在组合分配系统中，每个防护区或保护对象的管道上应设一个选择阀。在火灾发生时，可以有选择地打开出现火情的防护区或保护对象的管道上的选择阀喷射灭火剂灭火。选择阀上设标明防护区或保护对象的铭牌是防止操作时出现差错。

5.2.2 高压系统选择阀的工作压力不应小于12MPa与集流管的工作压力一致。

用于低压系统的阀门，由于系统会出现2.5 MPa的压力，故确定低压系统选择阀的工作压力为2.5MPa这里也参照了VdS 2093的规定，VdS 2093给出低压系统阀门工作压力为2.5MPa。

5.2.3 在灭火系统动作时，如果选择阀滞后打开就会引起选择阀和集流管承受水锤作用而出现超压，所以明确规定选择阀在容器阀动作前或同时打开。

5.2.3A 本条规定了全淹没灭火系统喷头布置原则和方法，等效采用ISO 6183。ISO 6183指出：全淹没灭火系统的设计与安装，应使封闭空间的任何部分都获得同样的二氧化碳浓度，喷嘴应接近天花板安装。

5.2.4 ISO 6183规定："必要时针对影响喷头功能的外部污染，对喷头加以保护"。本条款较原来增加了

"喷漆作业等场所",我们认为喷漆作业场所有必要强调指出。其中"等"字表示不仅仅限于有粉尘和喷漆作业场所,还包括了影响喷头功能的其他外部污染场所。

5.3 管道及其附件

5.3.1 储存容器内压力随温度升高而升高。高压系统中，储存容器内灭火剂的温度即环境温度，故本条规定了高压系统管道及其附件应能承受最高环境温度下的储存压力。低压系统中，灭火剂的温度由制冷装置和绝热层加以控制，低压系统管道及附件应能承受的压力值系等效采用 ISO 6183。ISO 6183 规定："低压系统的管道及其连接件应耐 40bar（4MPa）表压的试验压力"。

1 符合国家标准 GB 8163《输送流体用无缝钢管》规定的管道，其规格按附录 J 取值，可承受所要求的压力，附录 J 中管道规格是参照 BS 5306:pt4 中表 8 和表 9 换算而得的。为了减缓管道的锈蚀，要求内外表面镀锌。

原条款是采用《冷拔或冷轧精密无缝钢管》标准，由于其中有的管材材质不能采用焊接方式，管道规格也不能和法兰等连接件对接，故现条款改为采用《输送流体用无缝钢管》。

2 当防护区内有对镀锌层腐蚀的气体、蒸气或粉尘时，应采取抗腐蚀的材料，如不锈钢管或铜管。

3 采用不锈钢软管可保证软管安全承受所要求的压力和温度，同时又免于锈蚀。

5.3.1A 低压系统的管网应采取防膨胀收缩措施的要求是参照国外同类标准的有关规定制定的。ISO 6183 规定："管网系统应该有膨胀和收缩的预定间隙。"BS 5306:pt4提出："为膨胀和收缩留出适当的裕量，在低压系统中，在喷射期间，由于温度降低而产生的收缩，近似为每 30m 管长收缩 20mm"。

5.3.1B 在可能产生爆炸的场所，管网吊挂安装和采取防晃措施是为了减缓冲击，以免造成管网损伤。ISO 6183 规定：在可能有爆炸的地方，管网应吊挂安装，所用支撑应能吸收可能的冲击效应。

5.3.2 本条规定了管道的连接方式，对于公称直径不大于 80mm 的管道，可采用螺纹连接；对于公称直径超过 80mm 的管道可采用法兰连接，这主要是考虑强度要求和安装与维修的方便。

对于法兰连接，其法兰可按《对焊钢法兰》的标准执行。

采用不锈钢管或铜管并用焊接连接时，可按国家标准《现场设备工业管道焊接工程施工及验收规范》的要求施工。

5.3.3 本条系参照 ISO 6183 和 BS 5306:pt4 制定的。ISO 6183 规定："在系统中，在阀的布置导致封闭管段的地方，应设置压力泄放装置"。BS 5306:pt4 规定："在管道中在可能积聚二氧化碳液体的地方，如阀门之间，应加装适宜的超压泄放装置。对低压系统，这种装置应设计成 2.4±0.12MPa 时动作。对高压系统，这样的装置应设计成在 15±0.75MPa 时动作"。由于本规范确定低压系统中选择阀的工作压力为 2.5MPa，同时考虑到泄放动作压力整定值有±5%的误差，故低压系统中超压泄放装置的动作压力为 2.38±0.12MPa。

6 控制与操作

6.0.1、6.0.3 二氧化碳灭火系统的防护区或保护对象大多是消防保卫的重点要害部位或是有可能无人在场的部位。即使经常有人，但不易发现大型密闭空间深位处的火灾。所以一般应有自动控制，以保证一旦失火便能迅速将其扑灭。但自动控制有可能失灵，故要求系统同时应有手动控制。手动控制应不受火灾影响，一般在防护区外面或远离保护对象的地方进行。为了能迅速启动灭火系统，要求以一个控制动作就能使整个系统动作。考虑到自动控制和手动控制万一同时失灵（包括停电），系统应有应急手动启动方式。应急操作装置通常是机械的，如储存容器瓶头阀上的按钮或操作杆等。应急操作可以是直接手动操作，也可以利用系统压力或钢索装置等进行操作。手动操作的推、拉力不应大于 178N。

考虑到二氧化碳对人体可能产生的危害。在设有自动控制的全淹没防护区外面，必须设有自动/手动转换开关。有人进入防护区时，转换开关处于手动位置，防止灭火剂自动喷放，只有当所有人都离开防护区时，转换开关才转换到自动位置，系统恢复自动控制状态。局部应用灭火系统保护场所情况多种多样。所谓"经常有人"，系指人员不间断的情况，这种情况不宜也不需要设置自动控制。对于"不常有人"的场所，可视火灾危险情况来决定是否需要设自动控制。

6.0.2 本条规定了二氧化碳灭火系统采用火灾探测器进行自动控制时的具体要求。

不论哪种类型的探测器，由于本身的质量和环境的影响，在长期工作中不可避免地将出现误报动作的可能。系统的误动作不仅会损失灭火剂，而且会造成停工、停产，带来不必要的经济损失。为了尽可能减少甚至避免探测器误报引起系统的误动作，通常设置两种类型或两组同一类型的探测器进行复合探测。本条规定的"应接收两个独立的火灾信号后才能启动"，是指只有当两种不同类型或两组同一类型的火灾探测器均检测出保护场所存在火灾时，才能发出施放灭火剂的指令。

6.0.4 二氧化碳灭火系统的施放机构可以是电动、气动、机械或它们的复合形式，要保证系统在正常时处于良好的工作状态，在火灾时能迅速可靠地启动，首先必须保证可靠的动力源。电源应符合《火灾自动报警系统设计规范》中的有关规定。当采用气动动力源时，气源除了保证足够的设计压力以外，还必须保证用气量，必要时，控制气瓶的数量不少于2只。

6.0.5 制冷装置是保证低压系统储存装置和整个系统正常安全运行的关键部件。它的动力源就是电源，所以要求它的电源采用消防电源。它的控制应采用自动控制的原因是由于环境温度不同，制冷装置的启动次数、工作间歇时间都有所变化，不可能有人员随时来手启动和关闭制冷装置。当进行电路检修或停电之前，制冷装置未达到自动启动压力或温度时，可手动启动，使储存装置内压力降低，保证储存装置在停电或检修期间内安全运行。

7 安全要求

7.0.1 本条规定在每个防护区内设置火灾报警信号，其目的在于提醒防护区的人员迅速撤离防护区，以免受到火灾或灭火剂的危害。

二氧化碳灭火系统施放灭火剂有一个延时时间，在火灾报警信号和灭火系统施放之间一般有20～30s的时间间隔，这给防护区内的人员提供了撤离的时间以及判断防护区的火灾是否可以用手提式灭火器扑灭，而不必启动二氧化碳灭火系统。如果防护区内的人员发现火灾很小，就没有必要启动灭火系统，可将灭火系统启动控制部分切断。

在特殊场所增设光报警器，如环境噪音在80dB以上，人们不易分辨出报警声信号的场所。

本条规定必须有手动切除报警信号的操作机构，是为了防止误报，也是为了在人们已获知火灾信号或已投入扑救火灾时，无需报警信号，特别是声报警信号的情况下应能手动切除。

7.0.2 本条是从保证人员的安全角度出发而制定的。规定了人员撤离防护区的时间和迅速撤离的安全措施。

实际上，全淹没灭火系统所使用的二氧化碳设计浓度应为34%或更高一些，在局部灭火系统喷嘴处也可能遇到这样高的浓度。这种浓度对人是非常危险的。

一般来讲，采用二氧化碳灭火系统的防护区一旦发生火灾报警讯号，人员应立即开始撤离，到发出施放灭火剂的报警时，人员应全部撤出。这一段预报警时间也就是人员疏散时间，与防护区面积大小、人员疏散距离有关。防护区面积大，人员疏散距离远，则预报警时间应长。反之则预报警时间可短。这一时间是人为规定的，可根据防护区的具体情况确定，但不应大于30s。当防护区内经常无人时，应取消预报警时间。

疏散通道与出入口处设置事故照明及疏散路线标志是为了给疏散人员指示疏散方向，所用照明电源应为火灾时专用电源。

7.0.3 防护区入口设置二氧化碳喷射指示灯，目的在于提醒人们注意防护区内已施放灭火剂，不要进入里面去，以免受到火灾或灭火剂的危害。也有提醒防护区的人员迅速撤离防护区的作用。

7.0.4 本条规定是为了防止由于静电而引起爆炸事故。

《工业安全技术手册》中对气态物料的静电有如下的论述：纯净的气体是几乎不带静电的，这主要是因为气体分子的间距比液体或固体大得多。但如在气体中含有少量液滴或固体颗粒就会明显带电，这是在管道和喷嘴上摩擦而产生的。通常的高压气体、水蒸气、液化气以及气流输送和滤尘系统都能产生静电。

接地是消除导体上静电的最简单有效的方法，但不能消除绝缘体上的静电。在原理上即使1MΩ的接地电阻，静电仍容易很快泄漏，在实用上接地导线和接地极的总电阻在100Ω以下即可，接地线必须连接可靠，并有足够的强度。因而，设置在有爆炸危险的可燃气体、蒸气或粉尘场所内的管道系统应设防静电接地装置。

《灭火剂》（前东德H.M.施莱别尔、P.鲍尔斯特著）一书，对静电荷也有如下论述：如果二氧化碳以很高的速度通过管道，就会发生静电放电现象。可以确定，1kg二氧化碳的电荷可达0.01～30μV就有形成着火甚至爆炸的危险。作为安全措施，建议把所有喷头的金属部件互相连接起来并接地。这时要特别注意不能让连接处断开。

7.0.5 一旦发生火灾，防护区内施放了二氧化碳灭火剂，这时人员是不能进入防护区的。为了尽快排出防护区内的有害气体，使人员能进入里面清扫和整理火灾现场，恢复正常工作条件，本条规定防护区应进行通风换气。

由于二氧化碳比空气重，往往聚集在防护区低处，无窗和固定窗扇的地上防护区以及地下防护区难以采用自然通风的方法将二氧化碳排走。因此，应采用机械排风装置，并且排风扇的入口应设在防护区的下部。建议参照NFPA 12标准要求排风扇入口设在离地面高度46cm以内。排风量应使防护区每小时换气4次以上。

7.0.6 防护区出口处应设置向疏散方向开启，且能自动关闭的门。其目的是防止门打不开，影响人员疏散。人员疏散后要求门自动关闭，以利于防护区二氧化碳灭火剂保持设计浓度，并防止二氧化碳流向防护区以外地区，污染其他环境。自动关闭门应设计成关闭后在任何情况下都能从防护区内打开，以防因某种原因，有个别人员未能脱离防护区，而门从内部打不开，造成人身伤亡事故发生。

7.0.7 当防护区内一旦发生火灾而施放二氧化碳灭火剂，防护区内的二氧化碳会对人员产生危害。此时人员不应留在或进入防护区。但是，由于各种特殊原因，人员必须进去抢救被困在里面的人员或去查看灭火情况，因此，为了保证人员安全，本条关于设置专用的空气呼吸器或氧气呼吸器是完全必要的。

中华人民共和国国家标准

固定消防炮灭火系统设计规范

GB 50338—2003

条　文　说　明

目 次

1 总　　则

1.0.1 本条提出了制订国家标准《固定消防炮灭火系统设计规范》（以下简称《规范》）的目的，即正确、合理地进行固定消防炮灭火系统的工程设计，使其在发生火灾时能够快速、有效地扑灭火灾。

国产固定消防炮灭火系统的推广应用改变了我国重点工程消防炮设备长期依赖进口的局面，但在推广应用中还存在一些亟待解决的工程设计和监督管理等方面的问题。由于至今尚未发布该系统工程设计的国家规范，造成了该系统的工程设计和消防建审均无章可循，致使一些工程设计不尽合理和完善，直接影响了固定消防炮灭火系统的使用效果。建设部和公安部决定制订本规范的目的，也就是为了解决这些问题，旨在为固定消防炮灭火系统的工程设计提供国家技术法规，同时也为消防监督部门的监督和审查工作提供法律依据。

1.0.2 本条规定了《规范》的适用范围。

对于移动式的消防炮灭火装置，因其通常不属于一个完整的、成套的固定式灭火系统，因此可不按《规范》设计，但并不排除其参照《规范》进行工程设计的可能性。

1.0.3 本条主要规定了固定消防炮灭火系统在工程设计时必须遵循国家的有关方针、政策，针对大面积、大空间及群组设备等保护对象的区域性火灾的特点，合理地配置固定消防炮灭火系统，使该系统的工程设计达到安全可靠、技术先进、经济合理、使用方便。

1.0.4 本条是针对我国的某些已配置使用固定消防炮灭火系统的场所有可能改变使用性质的情况而制订的。例如，某些港口、码头等场所有可能在装卸油品、液化气、散装货物、集装箱等几种情况之间改变，亦可能混杂装卸。当改变其用途时，这些场所中的可燃物的种类、数量、危险性等随之改变，原配置的固定消防炮灭火系统的类型、规格、数量以及水、泡沫液、干粉等灭火剂的存贮量和消防泵组的规模等可能满足不了要求，应校核原设计、安装的固定消防炮灭火系统的适用性。

1.0.5 固定消防炮灭火系统工程设计涉及的专业较多，范围较广，《规范》只能规定固定消防炮灭火系统特有的技术要求。对于其他专业性较强而且已在某些相关的国家标准、规范中作出强制性规定的技术要求，《规范》不再作重复规定。相关的国家标准、规范有：固定消防炮灭火系统的供电电源设计应执行国家标准《建筑设计防火规范》和《供配电系统设计规范》；有爆炸危险的场所分区应执行《爆炸和火灾危险性环境电力装置设计规范》；系统的防雷设计应执行《建筑物防雷设计规范》等等。

2 术语和符号

2.1 术　　语

2.1.1～2.1.9 本节内容是根据国家建设部关于“工程建设国家标准管理办法”和“工程建设国家标准编写规定”中的有关要求编写的。主要拟定原则是：列入《规范》的术语是《规范》专用的，在其他规范、标准中未出现过的。在具体定义中，根据有关规定，在全面分析的基础上，突出特性，尽量做到定义准确、简明易懂。

本规范现列入九条术语，具体说明详见各术语的定义。

2.2 符　　号

本节系根据本规范第4章系统设计的需求，本着简化和必要的原则，删去简单的、常规的计算公式与符号，列出了29个有关的流量参数、压力参数、射程参数、几何参数等的符号、名称及量纲，其内容可见本节和相关章节条文的定义和说明。

3 系统选择

3.0.1 固定消防炮灭火系统选用的灭火剂应能扑灭被保护场所和被保护物有可能发生的火灾。例如，对A类火灾，若配置干粉炮系统，只能选用磷酸铵盐等A、B、C类干粉灭火剂，这是因为磷酸铵盐等干粉灭火剂不仅能扑灭B、C类火灾，而且能有效地扑灭A类火灾；扑救B、C类火灾的干粉炮系统可选用碳酸氢钠等B、C类干粉灭火剂和磷酸铵盐干粉灭火剂，两者均可使用。碳酸氢钠等干粉灭火剂只能扑灭B、C类火灾，不能有效地扑灭A类火灾。

1 国内外扑救甲、乙、丙类液体火灾最常用的是泡沫炮系统，其灭火效果较佳，亦较为经济。泡沫炮系统也适用于扑救固体可燃物质火灾。泡沫灭火剂的选择在国家标准《低倍数泡沫灭火系统设计规范》中已有明确的规定。

2 扑救液化石油气和液化天然气的生产、储运、使用装置或场所的火灾，通常选用干粉炮系统，可迅速、有效地扑灭一般的气体火灾。

3 在生产、储运、使用木材、纸张、棉花及其制品等一般固体可燃物质的场所，其可能发生的火灾基本属于A类火灾，通常选用水炮系统进行灭火。

4 以水和泡沫作为灭火介质的消防设备，当被误用于扑救某些特种危险品或设备火灾时，有可能发生化学反应从而引起燃烧或爆炸。因此，在消防炮灭火系统选型时应特别地加以注意。

3.0.2 在具有爆炸危险性的场所，可能产生大量有毒气体的场所，燃烧猛烈并产生强辐射热可能威胁人身安全的场所，容易造成火灾蔓延面积大且损失严重的场所，高度超过 8m 且火灾危险性较大的室内场所，发生火灾时消防人员难以及时接近或撤离固定消防炮位的场所等，若选用远控炮系统既能及时、有效地扑灭火灾，又可保障灭火人员的自身安全。当然，在上述场所之外的下列场所，诸如火灾规模较小的场所，无爆炸危险性的场所，热辐射强度较小不易威胁人身安全的场所，高度低于 8m 且火灾危险性较小的场所，消防人员容易接近且能及时到达或撤离固定消防炮位的场所等，选用手动炮系统则是可行的。

4 系统设计

4.1 一般规定

4.1.1 本条规定了消防供水管道不得受生产、生活用水的影响，其目的是为了在火灾紧急情况下能保证消防炮的正常供水。

4.1.2 本条规定了消防水炮系统和泡沫炮系统不宜采用共用管道，以保证实现两种不同系统各自的设计要求。本条还规定了在寒冷地区对系统管网的防冻要求，以防止因冰冻而影响系统的正常功能。管道的设计，特别是管径的选定，需满足系统的设计流量、压力及时间的要求。

4.1.3 固定消防水炮系统和泡沫炮系统的消防水源不仅包括河水、江水、湖水和海水，而且还包括消防水池或消防水罐、水箱。本条规定了消防水源的容量需满足系统在规定的灭火时间和冷却时间内各种用水量之和的要求，以保证系统能达到设计规定的供给强度和供给时间的要求。

关于在规定灭火时间和冷却时间内需要“同时使用”消防炮数量的说明：在进行固定消防炮灭火系统的工程设计时，应根据《规范》关于消防炮应使被保护场所及被保护物完全得到保护的基本要求，确定需配置消防炮的型号、流量、数量和位置等。一般情况下，按上述要求配置消防炮的总流量大于实际灭火和冷却所需求的总流量，灭火时可根据发生火灾的不同部位选择开启固定消防炮灭火系统中的部分消防炮。设计时可根据固定消防炮灭火系统防护区内最大的一个保护对象的灭火和冷却需求来确定需要“同时开启”的消防炮的数量。

4.1.4 本条规定了消防炮系统管网设计对消防水泵供水压力的要求。

4.1.5 本条规定了灭火后系统恢复功能的时间上限，旨在使被保护的重点工程和要害场所在很短的时间内能重新处于系统的安全保护状态之下。

4.1.6 泡沫炮和水炮系统从启动至消防炮喷出泡沫、水的时间包括泵组的电机或柴油机启动时间，真空引水时间，阀门开启时间及灭火剂的管道通过时间等。干粉炮系统从启动至干粉炮喷出干粉的时间主要取决于从贮气瓶向干粉罐内充气的时间和干粉的管道通过时间。

本条规定泡沫炮和水炮系统从启动至消防炮喷出泡沫、水的时间不应大于 5min，完全符合我国的消防主规范《建筑设计防火规范》的规定。干式管路和湿式管路的泡沫炮和水炮系统均应满足该要求。

干粉炮系统的驱动气体从高压氮气瓶经减压阀减压后向干粉罐内充气，干粉罐内充满氮气后，氮气驱动干粉罐内的干粉流向干粉管道、阀门，经干粉炮喷出。从系统启动到干粉炮喷出干粉的总的时间间隔大约需要 90～110s，完全可在 2min 内完成喷射。

4.2 消防炮布置

4.2.1 本条规定旨在使消防炮的射流不会受到室内大空间建筑物的上部构件的阻挡，使消防炮的射流能完全覆盖被保护对象。

在人群密集的室内公共场所，需保证至少要有两门水炮的水射流能同时到达室内大空间的任一部位，以达到完全保护该场所的消防实战需求。该布置原则与室内消火栓系统类同。

本条规定室内系统应采用湿式给水系统，且在消防炮位处应设置消防水泵启动按钮是根据《自动喷水灭火系统设计规范》的规定做出的。

设置消防炮平台时，其结构强度需满足承受消防炮喷射反力的要求，其结构设计需满足消防炮正常使用的要求。

4.2.2 作为提供区域性消防保护的室外消防炮系统应具有使其灭火介质的射流完全覆盖整个防护区的能力，并满足该区被保护对象的灭火和冷却要求。美国消防协会 NFPA11 规范 3—6.3.1 也规定了消防炮系统应根据被保护区域的总体范围进行工程设计的概念。

室外布置的消防炮的射流受环境风向的影响较大，应避免在侧风向，特别是逆风向时的喷射。因此，在工程设计时应将消防炮位设置在被保护场所的主导风向的上风方向。

本条同时规定了设置消防炮塔的具体条件。当诸如可燃液体储罐区、石化装置或大型油轮等灭火对象具有较高的高度和较大的面积时，或在消防炮的射流受到较高大的建筑物、构筑物或设备等障碍物阻挡，致使消防炮的射流不能完全覆盖灭火对象，不能满足要求时，应设置消防炮塔，消防炮塔的高度应满足使用要求。当消防炮的射流没有任何建筑物、构筑物或设备等障碍物阻挡，灭火对象的高度较低和面积较小，在地面布置的消防炮能完全满足要求时，可不设置消防炮塔。

4.2.3 某些大型油罐的直径在 50m 以上，高度超过

20m，其罐壁距防护堤的距离较远，在这种情况下，防护堤外布置的消防炮往往难以满足4.2.2条的要求，若强行按照上述4.2.2条的要求进行工程设计时，消防炮的流量和压力将大幅度提高，整个系统的投资将显著增加，用户往往难以承受。此时若将具有防爆功能并采取隔热保护措施的消防炮布置在防护堤内则是可行的。当发生火灾时，及时有效地灭火是第一位的。

4.2.4 液化石油气、天然气码头，甲、乙、丙类液体、油品码头配置的消防炮的主要灭火对象是停靠码头的液化气船、油轮的主气舱、主油舱，本条规定主要是为了保证消防炮的布置数量至少不应少于两门，泡沫炮的射程应满足覆盖设计船型的油气舱范围，水炮的射程应满足覆盖设计船型的全船范围，以达到完全覆盖该场所规定保护范围的消防实战需求。

4.2.5 本条关于消防炮塔的布置要求系为了保证消防炮安装在合适的水平位置和垂直位置。

1 在甲、乙、丙类液体储罐区，液化烃储罐区和石化生产装置等场所室外布置的消防炮塔应有足够的高度，以保证消防炮能对被保护对象实施有效保护。消防炮塔设置得过低将会使消防炮的射流受风向、风速和火灾区热气流以及障碍物等的影响而降低灭火能力。

2 大多数甲、乙、丙类液体、油品码头和液化气码头的宽度均相当有限，消防炮大都距离油轮很近，一般不会超过8m，若消防炮低于油轮甲板的高度，则会形成喷射死角而难以对油轮的整个甲板平面进行消防保护。200L/s流量的泡沫炮，其炮口伸出水平回转中心的长度一般不超过2.3m，所以，本条关于2.5m间距的规定是为了限制泡沫炮的炮口不得伸出码头前沿，以免被停靠的油轮撞坏。

3 在消防炮塔的周围设置通道是为了方便设备维修。

4.3 水炮系统

4.3.1 按本规范第4.2.2条关于消防炮的布置应使其射流完全覆盖被保护场所及被保护物的要求，可初步设定水炮的数量、布置位置和规格型号，然后再根据系统周围环境和动力配套等条件进行校核与调整。

在工程设计中，考虑到室外布置的水炮的射程可能会受到风向、风力等因素的影响，因此，应按产品射程指标值的90%折算其设计射程。另外，在工程设计中，由于动力配套能力、管路附件、炮塔高度等各种因素的影响，水炮的实际工作压力有可能不同于产品的额定工作压力，此时水炮的设计流量与实际射程都会相应变化。其中流量变化与压力变化的平方根成正比。

不同规格的水炮在各种工作压力时的射程的试验数据列表如下：

水炮型号	射程（m）				
	0.6MPa	0.8MPa	1.0MPa	1.2MPa	1.4MPa
PS40	53	62	70	—	—
PS50	59	70	79	86	—
PS60	64	75	84	91	—
PS80	70	80	90	98	104
PS100	—	86	96	104	112

由上表可以看出，水炮工作压力每提高0.2MPa，相应射程提高6～11m。而对同一型号的水炮，在规定的工作压力范围内，其射程的变化呈与压力变化的平方根成正比的变化规律。

4.3.2 用于保护室外的、火势蔓延迅速的区域性场所的消防水炮，需具备足够的灭火流量和射程。流量过小的消防水炮在室外环境中容易受到风向和风力等因素的影响而降低射程，满足不了灭火和冷却的使用要求。

4.3.3 关于水炮系统的灭火和冷却用水连续供给时间：

1 参照《自动喷水灭火系统设计规范》的中危险级民用建筑和厂房的持续喷水时间；

2 参照《建筑设计防火规范》的相关规定；

3 甲、乙、丙类液体贮罐，液化烃储罐，石化生产装置和甲、乙、丙类液体、油品码头冷却用水的连续供给时间需分别按照《石油化工企业设计防火规范》和《装卸油品码头设计防火规范》等的有关规定。

4.3.4 关于水炮系统的灭火和冷却用水供给强度：

1 参照《自动喷水灭火系统设计规范》的中危险级民用建筑和厂房的有关规定，同时规定民用建筑用水量不应小于40L/s，工业厂房等用水量不应小于60L/s；

2 参照《自动喷水灭火系统设计规范》的有关规定；

3 参照《石油化工企业设计防火规范》第七章相应条文的有关规定；

4 参照《自动喷水灭火系统设计规范》严重危险级的相应规定。

4.3.5 关于水炮系统的灭火面积和冷却面积：

1 参照《石油化工企业设计防火规范》第七章相应条文的有关规定；

2 参照《石油化工企业设计防火规范》的相关规定。相邻的石化生产装置的间距根据《建筑设计防火规范》的相关规定；

3 参照《装卸油品码头设计防火规范》第六章的有关条文。

4 对于其他场所，可以按照国内外有关标准、规范或根据实际情况进行工程设计。

4.3.6 本条规定系引用《石油化工企业设计防火规范》的相关规定。

4.4 泡沫炮系统

4.4.1 按本规范第4.2.2条关于消防炮的布置应使其射流完全覆盖被保护场所及被保护物的要求，可初步设定泡沫炮的数量、布置位置和规格型号，然后再根据系统周围环境和动力配套等条件进行校核与调整。

在工程设计中，考虑到室外布置的泡沫炮的射程可能会受到风向、风力等因素的影响，因此，应按产品射程指标值的90%折算其设计射程。另外，在工程设计中，由于动力配套能力、管路附件、炮塔高度等各种因素的影响，泡沫炮的实际工作压力有可能不同于产品的额定工作压力，此时泡沫炮的设计流量与实际射程都会相应变化。其中流量变化与压力变化的平方根成正比。

不同规格的泡沫炮在各种工作压力时的射程的试验数据列表如下：

泡沫炮型号	射　程（m）			
	0.6MPa	0.8MPa	1.0MPa	1.2MPa
PP32	39	47	52	59
PP48	55	65	74	81
PP64	58	68	75	83
PP100	—	73	80	88

由上表可以看出，在泡沫炮规定的工作压力范围内，其射程与压力的平方根呈正比的变化规律。

4.4.2 用于保护室外的、火势蔓延迅速的区域性场所的泡沫炮，需具备足够的灭火流量和射程。流量过小的泡沫炮在室外环境中容易受到风向和风力等因素的影响而降低射程，满足不了灭火和冷却的使用要求。

4.4.3 参照《石油化工企业设计防火规范》第三章和《装卸油品码头设计防火规范》第六章等国家规范相应条文的有关规定。

4.4.4 关于泡沫炮的灭火面积：

1 甲、乙、丙类液体储罐区的灭火面积应按实际保护储罐中最大一个储罐横截面积计算，但泡沫混合液的供给量按两门泡沫炮计算；

2 参照《装卸油品码头设计防火规范》的相关规定；

3 参照《飞机库设计防火规范》的有关规定；

4 对于生产、使用、储运液化石油气、天然气等其他场所，可以按照国内外有关标准、规范或根据实际情况进行工程设计。

4.4.5 各种泡沫液对水质都有具体要求，可根据泡沫液的产品质量标准或参阅其产品的使用说明书。

4.4.6 以往在泡沫炮灭火系统的工程设计中，仅根据6%和3%型泡沫液的混合比计算泡沫液的总贮量。6%型泡沫液的实际应用混合比为6%～7%，3%型泡沫液的实际应用混合比为3%～4%。以实际混合比的下限来计算则不能保证泡沫炮系统的灭火连续供给时间，因此，本条规定以实际应用混合比的平均值来计算泡沫液的总贮量则更具有合理性。

本条关于泡沫混合液设计总流量应满足系统中需同时开启的泡沫炮设计流量总和的规定系参照《低倍数泡沫灭火系统设计规范》的有关规定。

考虑到系统中泡沫液贮罐以及混合液输送管线中部分泡沫液不能完全利用，本条规定了泡沫液设计总量应为计算总量的1.2倍，以保证泡沫混合液的连续供给时间。

4.5 干粉炮系统

4.5.1 在工程设计中，考虑到室外布置的干粉炮的射程可能会受到风向、风力等因素的影响，因此应按产品射程指标值的90%折算其设计射程。

4.5.2 本条对固定干粉炮灭火系统的单位面积干粉灭火剂供给量按干粉的种类不同做出了简单的统一规定，具有一定的可行性和可操作性。本条规定系依据我国多年的实践经验，而且该参数系列在国内使用多年，行之有效。

4.5.3 本条规定了干粉炮系统的灭火面积。大部分灭火对象诸如石化生产装置、液化气罐、液化气装卸臂等场所，应以保护对象的迎炮面的外表面积作为灭火面积。干粉炮系统的其他保护对象或场所的灭火面积可按有关的国家标准、规范的规定以及实际情况来确定。

4.5.4 关于干粉的连续供给时间不小于60s的规定系在保证单位面积干粉灭火剂供给量的前提下，为了达到彻底灭火或有效控火的目的，必须保持一定时间的干粉连续喷射。各种规格的干粉炮的喷射时间大体上在20～145s的范围内，为保证固定安装的干粉炮系统能有效扑灭其适用的区域性火灾，本条规定不小于60s的干粉连续供给时间较为合理；只要保证干粉的充装量即可行。

4.5.5 关于干粉设计用量：

1 关于干粉计算总量满足规定时间内需要同时开启干粉炮所需干粉总量的要求，且不小于单位面积干粉灭火剂供给量与灭火面积的乘积，干粉设计总量应为计算总量的1.2倍等的规定，是为了保证有足够的干粉灭火剂量和设计裕度，以便快速、有效地灭火，并尽量防止复燃。

2 日本保警安第114号“大型油轮及大型油码头的安全防火对策”第二章“大型液化气船及大型液化气码头的安全防火对策”规定：“A. 在装油臂附近应设置能喷洒2t以上干粉的灭火设备；B. 在液化气

船靠近码头前沿进行装卸直到离岸期间，应配备具有能喷洒 2t 以上干粉的灭火设备的消防船”。目前，我国的大连新港油码头等处已设计、安装了能喷洒 2t 以上干粉的固定干粉炮灭火系统。

4.5.6 考虑到驱动气体的压力随温度变化的降压幅度以及安全因素，《规范》排除了使用 CO_2 或燃烧废气作为驱动气体的设计选择，规定仅允许采用 N_2。二氧化碳随着温度的变化其压力升降幅度太大，在高温时的高压可能危及设备和人身的安全，在低温时的低压则会明显降低干粉的有效喷射率，难以灭火；燃烧废气的产生装置需由干粉炮系统本身携带，而且必须有一个打火、反应、发烟的过程，在有爆炸危险的场所是不合适的。关于 N_2 质量的规定，是依据《卤代烷 1301 灭火系统设计规范》GB 50163 第 4.1.3 条的有关规定，美国 NFPA 17《干粉灭火系统》（2—7.2.3）也有类似规定。

干粉炮的喷射压力主要是为了保证干粉的有效喷射率和射程，最终保证及时灭火。根据国内外干粉炮产品技术参数，干粉炮的喷射压力一般为 1.0MPa，只要保证干粉罐的工作压力，并适当限制干粉管道的总长即可满足干粉炮喷射压力的要求。

为保证及时和有效地扑灭较大规模的重点工程和要害场所的区域性火灾，本条推荐采用驱动气体工作压力（常温充 N_2）值分别为 1.4MPa、1.6MPa 和 1.8MPa 的干粉罐。

4.5.7 鉴于干粉的喷射过程是干粉和氮气混流的气-固两相流动，而且其管道摩擦阻力损失和阀件局部阻力损失的压力降均较大，为了保证干粉炮的炮口处具有足够的喷射压力，应限制干粉炮和干粉罐的间距。根据工程实践经验，在完全涵盖国产干粉炮喷射的范围，并适当留有一定的裕度的基础上，《规范》规定干粉炮的干粉管道总长度不应大于 20m，其垂直管段不应大于 10m 是合理、可行的。

4.5.8 干粉炮系统的气-粉比，亦即干粉的配气量，是依据我国多年的实践经验，考虑到干粉的喷射推进力和清扫管道、炮筒内残留干粉的需求而确定的。例如，在 1000L 的干粉罐内充装了 1000kg 干粉，并配置了 8 只 40L、压力为 15MPa 的 N_2 瓶。经计算，其配气量为：

$$\frac{8\times40\times150}{1000}=48\ (\text{L/kg})$$

计算结果接近 50L/kg。据此，《规范》关于在短管（<10m）时，配气量为 40L/kg；在长管（10～20m）时，配气量为 50L/kg 的规定，基本合理、可行，符合干粉的喷射要求。

4.6 水力计算

4.6.1 本条规定了固定消防炮灭火系统供水设计总流量（包括泡沫炮、水炮等供水流量）的计算方法，其设计计算的举例如下：

某油品码头可停靠 5 万 t 级油轮，油品为甲类，油轮甲板在最高潮位时的高度为 20m，油轮的最大宽度为 20m，主油舱长×宽为 50m×18m，供水管道 DN200、长 500m；DN150、长 70m；泡沫混合液管道 DN200、长 500m；DN150、长 60m。

1 泡沫炮选型计算：

主油舱面积：$50\times18=900\ (\text{m}^2)$；

选用 6%型氟蛋白泡沫灭火剂，灭火强度为 8.0（$\text{L/min}\cdot\text{m}^2$）；

灭火用混合液流量：$900\times8/60=120\ (\text{L/s})$；

根据泡沫炮的流量系列，可选 120L/s 的泡沫炮。

2 炮沫液贮存量计算：

灭火时间为 40min，混合比以 6.5%计；

灭火用泡沫液量：$40\times60\times120\times6.5\%=18720\ (\text{L})$；

管道充满所需泡沫液量：$\pi/4\times(2^2\times5000+1.5^2\times600)\times6.5\%=1089.4(\text{L})$；

泡沫液贮存总量：$(18720+1089.4)\times120\%=23771.3(\text{L})$。

3 冷却用水量计算：

冷却用水流量：$(3\times20\times50-50\times18)\times2.5/60=87.5(\text{L/s})$；

根据水炮的流量系列，应选 100L/s 的水炮。

4 消防水罐贮水量计算：

设计保护水幕同时开启 2 组，每组保护水幕喷头 5 只，每只流量 3L/s。

保护水幕流量：$2\times5\times3=30(\text{L/s})$；

泡沫炮系统用水量：$120\times(100-6.5)\%\times40\times60+\pi/4\times(2^2\times5000+1.5^2\times600)=286.04\times10^3(\text{L})$。

冷却供水时间以 6h 计。

水炮和保护水幕用水量：$(100+30)\times6\times3600=2808\times10^3(\text{L})$；

供水管道容积：$\pi/4\times(2^2\times5000+1.5^2\times700)=16.93\times10^3(\text{L})$；

冷却供水量：$(2808+16.93)\times120\%\times10^3=3389.9\times10^3(\text{L})$。

4.6.2 本条给出了系统供水或供泡沫混合液管道总水头损失的计算公式，与我国的其他相关规范一致。

4.6.3 本条给出了系统中消防水泵供水压力的计算公式，与我国的其他相关规范一致。

5 系 统 组 件

5.1 一 般 规 定

5.1.1 固定消防炮灭火系统中采用的消防炮、炮沫比例混合装置、消防泵组等专用系统组件是固定消防炮系统实施区域灭火的主要设备，它们的性能好坏直接关系到灭火的成败。因此，专用系统组件的性能必须通过国家消防装备检测中心检验证明其符合国家产品质量标准。

5.1.2 实践证明，固定消防炮灭火系统的专用系统组件需统一其外表涂色的要求，否则容易和其他工艺设备发生混淆。一旦失火，消防人员的思想和行动都比较紧张，容易造成误操作。根据国内外的消防惯例，本条规定了统一涂色要求。

5.1.3 消防炮等专用系统组件的性能好坏直接关系到灭火的效果和人民生命财产的安全，因此，当其安装在防爆区场所时应满足防爆场所规定的防爆要求。

5.2 消 防 炮

5.2.1 远控消防炮应能在现场操作，因此需同时具有手动功能。

5.2.2 消防炮的安装多数在室外，受日晒雨淋、有害气体、海水和海风等自然环境的影响，对消防炮的腐蚀非常严重，因此消防炮的制作应采用耐腐蚀材料或进行防腐蚀处理。

5.2.3、5.2.4 根据固定消防炮系统大量的国内外工程应用实践，《规范》对消防炮的俯角和水平回转角做出了适当的合理限制。消防炮的俯角过大有可能使炮塔或平台的护栏过低，甚至无法设置护栏，这种情况就会给安装、操作、维修人员的安全造成威胁。

5.2.5 在人群密集的公共场所一旦发生火灾，直流水射流的冲击力可能会对人员和设施造成伤害和损失，直流水炮在消防炮位附近也可能形成喷射死角，因此，推荐选用直流、喷雾两用消防水炮。

5.3 泡沫比例混合装置与泡沫液罐

5.3.1 目前国产贮罐压力式泡沫比例混合装置的生产厂家有震旦消防设备总厂、浙江万安达消防器材厂、上海浦东特种消防设备厂等多家，且都通过了国家检测中心检验，在国内大量使用。根据固定消防炮灭火系统的技术特点和控制要求，《规范》推荐采用贮罐压力式泡沫比例混合装置，并根据泡沫比例混合装置生产厂家共同具有的产品性能，规定其应具有在规定的流量范围内自动控制混合比的功能，以便于操作和控制。

5.3.2 泡沫液罐是贮存泡沫液的压力容器，而泡沫液（蛋白、氟蛋白、水成膜、抗溶性泡沫液等）对金属均有不同程度的腐蚀作用，为了延长贮罐的寿命，使泡沫液在短时间内不会变质，故作此条规定。

5.3.3 由于泡沫液罐属压力容器类，所以应设安全阀和检修用的人孔。为了重复使用，还应设排渣孔、进料孔和取样孔。

5.3.4 本条对有、无皮囊的泡沫比例混合装置的单只泡沫液罐的容积均要求不宜大于 10m³，是依据各厂多年生产和各地多项工程的实践经验，为安全、可靠而做出的规定。皮囊的质量直接关系到泡沫液的有效存贮时间，对固定泡沫炮灭火系统的各项性能亦有较大的影响，本条对皮囊的强度和耐用性作了规定。对于这些规定，我国的相关产品质量国家标准已有明确规定，而且国内各主要生产厂的产品质量均可达标，并有完善的技术措施予以保证。

5.4 干粉罐与氮气瓶

5.4.1 干粉罐为压力容器，灭火介质为干粉，工作介质是 N_2。当系统工作时，容器会承受较大的气体压力，且各类干粉灭火剂对金属均有一定的腐蚀作用。基于以上原因，作本条规定。干粉罐的设计强度应按现行压力容器国家标准设计、制造，并应保证其在最高使用温度条件下的安全强度。

5.4.2 根据干粉的特点，气粉两相流动规律和现有产品的实际性能参数及我国各厂的实践经验，干粉的松密度通常能保证 1L 干粉罐的容积可充装 1kg 干粉，本条关于干粉充装密度不应大于 1.0 kg/L 的规定是合理、可行的。

5.4.3 因干粉罐属压力容器，需重复使用，加料，检修，故作本条规定。

5.4.4 本条要求使用高压 N_2 瓶组，并要求其与干粉罐分开设置，主要依据如下：

1 可避免干粉长时间受压和结块；

2 可避免干粉罐体长期受压而造成损坏或危害；

3 贮压式干粉罐内可不必留有较大的空间安置 N_2 瓶。

5.4.5 氮气瓶系高压容器，有相应的产品质量国家标准，其制造和使用均应符合国家现行有关标准的规定。

5.5 消防泵组与消防泵站

5.5.1 根据工程实践经验，消防泵宜选用特性曲线平缓的离心泵。因为消防泵的流量在实际工作中有一定的变化，但作为系统的动力要求消防泵的工作压力不能变化太大，所以只有特性曲线平缓的离心泵才能满足要求。若采用特性曲线陡降的离心泵，则其流量变化较大，压力变化亦较大，既不能满足使用要求，又容易损伤其管道及配件。选用特性曲线平缓的离心泵，即使在闷泵的情况下，管路系统的压力也不至于变化过大，亦不会损坏管道及配件。

5.5.2 消防泵出口管上的压力表要指示泵的供水压力，其表盘上的压力显示应留有足够的量程；吸水管上要设真空压力表以指示泵的真空压力。考虑到系统调试的需要，在消防泵出口管上应设置泄压阀和回流管。

5.5.3 为防止杂质堵塞水泵，在吸水口处要设过滤网；为防止水泵汽蚀影响水泵性能，吸水管应有向水泵方向上升的坡度。

5.5.4 带有水箱的引水泵也称水环真空泵，它的作用原理是高速旋转的叶轮将水和气同时排出，排出的水靠自重回流到引水泵继续使用，也就是说水是它的工作介质，因而保证水箱的封存功能并在水箱内充有一定量的水是成功引水的前提条件。

5.5.5 系统联动控制时需要有消防泵出口压力信号，压力信号的取出口直接关系到信号的准确性和是否误操作。实践证明，压力信号取出口设置在水泵出口与单向阀之间是可行、有效的。

5.5.6 为了保证当某一台泵出现故障时系统能正常供水，且供水能力不低于任何单台泵的供水能力，故要求设置备用泵组。

5.5.7 柴油机的工作受温度的影响很大，我国地域辽阔，全国各地一年四季的温差变化很大，为了保证在其使用温度变化范围内柴油机均能正常工作，在设备选型时和工程设计时应满足其温度要求，特别是应满足冬季时最低室温的要求。

5.5.8 在消防泵站内安装的电气设备应采取有效的防潮措施，以防止水和水汽可能对电器设备造成的腐蚀、损坏，避免因电器设备发生故障而影响消防泵等消防动力、控制装置的正常使用。

5.6 阀门和管道

5.6.1 当消防管道上的阀门口径较大，仅靠一个人的力量难以开启或关闭阀门时，不宜选用仅能手动的阀门。因为一旦发生火灾，消防泵要及时启动，如果消防泵启动起来后，泵出口管道上的阀门不能及时开启，那么，一方面影响出水，拖延扑救时间；另一方面易损坏消防泵，所以在这种情况下宜采用电动或气动或液动且具有手动启闭功能的阀门。阀门应有明显的启闭标志，否则一旦失火，灭火人员的心情必然紧张，容易发生误操作。远控炮系统的阀门应具有远距离控制功能，且启闭快速，密封可靠。

5.6.2 所有的阀门均应保证在任何开度下都能正常工作，因此，设置锁定装置和指示装置是必要的。

5.6.3 干粉管道内是气粉两相流，管道中的阀门要求启闭迅速，球阀是最理想的阀门。阀门通径与管道内径一致是为了减少两相流的阻力损失，防止干粉堵塞。美国标准 NFPA 17（2—9.1）规定：干粉管道及其管配件应采用钢管或铜管，禁用铸铁管。我国的《灭火手册》介绍：干粉管道上的阀门应采用球阀，并要求阀门的通径与管道内径一致，以防止造成阻粉或堵塞，并保证干粉在管道内的流动畅通无阻。震旦厂的 2t 干粉罐的出粉管内径为 80mm，而其管道上的球阀通径亦为 80mm。美国标准 NFPA 17（2—9.3）规定：干粉管道上的阀门应为快速打开型，以保证干粉无阻力地通过，且规定阀门应避免受到机械、化学或其他损伤。本规范的规定与上述国内外的标准和经验一致。

5.6.4 消防炮系统的管道可采用耐压、耐腐蚀材料制作，也可采用钢管焊接，但应进行防腐蚀处理。

5.6.5 泡沫液和海水对管道均具有较强的腐蚀性，使用后应用淡水冲洗；为了保证在供水（液）管路内不滞留空气，故应设自动排气阀。

5.6.6 在泡沫比例混合装置的下游处设置试验接口，主要是方便系统检测和调试，同时也是为了定期校准混合比，以保证其在原设定范围内。

5.7 消防炮塔

5.7.1 消防炮系统的消防炮塔通常设置在室外，易锈蚀，应具有耐腐蚀性能，并能承受自然环境的风力、雨雪等作用，以及消防炮喷射时的反作用力。

消防炮塔是安装消防炮实施高位喷射灭火剂的主要设备之一，其结构设计应满足消防炮的正常操作使用的要求，不得影响消防炮的左右回转或上下俯仰等常规动作。

5.7.2 消防炮塔上所有的供给管道等配套设施均应满足系统设计和使用要求。

5.7.3 室外安装的消防炮塔一般离火场较近，且易受到自然灾害的影响，为了便于操作使用，保证人员安全，应设置避雷装置和防护栏杆，以减少火灾和雷击等对炮塔本身及安装在炮塔上的设备的损害，同时还需设置自身保护的水幕装置。

5.7.4 在通常情况下，消防炮塔为双平台，上平台安装泡沫炮，下平台安装水炮；也有三平台（或多平台）消防炮塔，上平台安装泡沫炮，中平台安装水炮，下平台安装干粉炮。这主要是根据泡沫、水、干粉等不同灭火剂各自的喷射特性以及泡沫炮的炮筒较长等因素决定的。为保证泡沫炮的喷射效果，将其放置在上平台是有利的、必要的。正是由于泡沫炮的炮筒较长，其仰角和俯角均较大，安装在层高间隔较小的下层平台有困难，故需安装在最上层平台。

5.8 动力源

5.8.1 动力源通常安装在室外现场，受自然环境的影响较大，为了保证消防炮系统的正常使用，要求动力源具有防腐蚀、防雨、密封性能。

5.8.2 因动力源往往离火源较近，其本身及其连接管道（如胶管等）需采取有效防火措施进行防火保护，以保证系统的远控功能。

5.8.3 限制动力源与其控制的消防炮的间距，一方面可保证系统运行的可靠性，另一方面可使动力源的规格不会太大，保证经济合理。

5.8.4 在规定的灭火剂连续供给时间内，动力源应能连续供给动力，满足调试要求和在紧急情况下使用以及远距离联动控制的要求。

6 电　气

6.1 一般规定

6.1.1 可靠的供电是消防炮系统正常工作的重要保证。消防炮系统属消防用电设备，其电负荷等级应按《建筑设计防火规范》、《供配电系统设计规范》等有关标准、规范的规定来划分，并按规定的不同负荷级别要求供电。《建筑设计防火规范》第10.1.3条规定：消防用电设备应采用单独的供电回路，并当发生火灾且已切断生产、生活用电时，应仍能保证消防用电，其配电设备应有明显标志。

6.1.2 消防炮系统不仅应用于火灾危险场所，还大量应用于油码头、气码头、油罐区、飞机库等有爆炸危险性的场所。为了防止电气设备和线路产生电火花而引起燃烧或爆炸事故，系统在该类场所使用时，要求系统的电气设备和安装满足防爆要求，对保证系统的运行安全是十分重要的。本条规定在上述有爆炸危险性的场所设计、使用本系统时，需符合现行国家标准《爆炸和火灾危险性环境电力装置设计规范》的规定。

6.1.3 消防炮系统的电气设备，牵涉的面较广，有低压电机、高压电机、柴油机动力机组等，供电方式有直流供电、交流供电等。为便于系统管理和系统维护，保证系统运行安全，本条规定必须执行国家的有关标准、规范。

6.1.4 系统配电线路的电源线、控制线等，除要求规格合适和连接可靠外，还要考虑发生火灾时系统配电线路的安全，本条规定应采用经阻燃处理的电线、电缆。

6.1.5 本条对消防炮系统的电缆敷设提出了要求，规定其应符合相关的国家标准、规范的要求。

6.1.6 消防炮系统在较多的应用场所需设置消防炮塔，因消防炮塔较高，所以系统需采取有效的防雷措施，以保证系统安全，并避免因雷击而引起人员伤亡和财产损失，这是十分重要的。本条规定系统的防雷设计应执行《建筑物防雷设计规范》。

6.2 控　制

6.2.1、6.2.2 远控炮系统中，消防泵组（包括电动机或柴油机泵组），消防泵进、出水阀门，压力传感器，系统控制阀门，动力源，远控炮等均为被控设备，根据使用要求，被控设备之间存在一定的逻辑关系，若由人工来操作，其操作过程复杂，操作人员的安全会受到一定的威胁，对操作人员的素质要求也较高。发生火灾时，现场操作人员由于心情紧张，容易发生误操作。为使系统具有可靠性高、响应速度快、操作简单、避免发生误操作，采用联动控制方式实行远程控制，既可保证系统开通的可靠性，防止误操作，又可确保操作人员的安全。

联动控制单元操作指示信号的设置，是使操作者能确认其操作的正确与否，同时，还能指示该单元是否已被启动。

6.2.3 目前，感温、感烟、火焰探测器、远红外探测器等报警设备已日趋成熟。消防炮系统宜具有与这些设备相容的接口，以便于接收和处理这些设备发出的火警信号，使系统功能得到进一步的增强和完善。

6.2.4 根据《建筑设计防火规范》及国家其他有关标准、规范的规定，消防炮系统应设置备用泵组，备用泵组的设置使系统的可靠性进一步提高。为了使消防炮系统能迅速地喷射灭火剂，扑灭火灾，备用泵组的自投功能是必不可少的，它既能保证系统工作的可靠性，又能缩短启泵时间。

6.2.5 远控炮系统采用无线控制时，应注意以下问题：

1 当火灾产生的大量烟雾遮挡了控制室操作人员的视线时，操作人员可持无线遥控发射器离开控制室，在上风向操作遥控器，上下、左右控制消防炮，使炮口对准火源灭火，根据需要，也可用无线遥控器切换相应的消防炮灭火。

2 当进行无线控制操作时，消防控制室若认为现场操作不准确，有必要纠正消防炮的回转方向或启用其他消防炮时，在消防控制室应能优先对系统进行控制操作。

3 无线遥控的距离太近时，操作人员离火场太近不利于安全；若太远，其发射功率要加大，有可能影响其他通讯设备。根据若干工程的实践经验，操作人员在100m的距离处能清晰瞭望消防炮塔上的消防炮口的移动情况，安全也有保证。目前，小功率的无线遥控器的发射距离，可达到150m的距离。

4 在同一系统中可能使用多台无线遥控器，采用相同频率和安全码的无线遥控器有可能造成设备误动作。

5 闭锁安全电路能判断不合理的动作输出及零部件故障，进而停止内部直流供电及切断外部控制电源，可防止因外部不特定的干扰及内部零部件故障造成设备误动作。

6.3 消防控制室

6.3.1 《建筑设计防火规范》和《人民防空工程设计防火规范》等现行国家标准、规范，对消防控制室的设置范围、建筑结构、耐火等级、设备位置等均已有明确规定。消防控制室应符合上述的国家规范的要求，并能便于直接瞭望各门消防炮的运作情况，使之操作方便。

1 若因地理位置、建筑物遮挡等客观原因，不便瞭望，可采用辅助瞭望设备，如望远镜、摄像系统、监视器等辅助手段，以便观察各门消防炮的动作。

2 消防控制室是消防炮系统扑救火灾时的控制中心和指挥中心，是整个系统能否正常运作的关键部位，因此，应具有良好的自身保护措施，防火、防尘、防水是最基本的要求。

3 控制室不宜过小，否则将影响值班人员的工作和设备维护，过大将造成浪费。本条从合理使用的角度对室内消防控制设备的布置提出了要求，在布置时应合理布置系统设备，并留有必需的维修空间。

6.3.2 消防控制室可对系统的主要设备进行集中控制与联动控制，因此，各种设备的操作信号均需反馈到消防控制室，并在消防控制室的控制盘上显示其动作信号，以方便火灾时的统一指挥，使消防控制室真正起到防火管理、警卫管理、设备管理、信息管理和灭火控制中心及指挥中心的作用。这样既可方便平时检查设备的运行和系统联动的情况，又能确保发生火灾时在消防控制室内能远程控制操作或自动操作。

中华人民共和国国家标准

干粉灭火系统设计规范

GB 50347—2004

条 文 说 明

目　　次

1 总 则

1.0.1 本条提出了编制本规范的目的。

干粉灭火剂的主要灭火机理是阻断燃烧链式反应，即化学抑制作用。同时，干粉灭火剂的基料在火焰的高温作用下将会发生一系列的分解反应，这些反应都是吸热反应，可吸收火焰的部分热量。而这些分解反应产生的一些非活性气体如二氧化碳、水蒸汽等，对燃烧的氧浓度也具稀释作用。干粉灭火剂具有灭火效率高、灭火速度快、绝缘性能好、腐蚀性小，不会对生态环境产生危害等一系列优点。

干粉灭火系统是传统的四大固定式灭火系统（水、气体、泡沫、干粉）之一，应用广泛。受到了各工业发达国家的重视，如美国、日本、德国、英国都相继制定了干粉灭火系统规范。近年来，由于卤代烷对大气臭氧层的破坏作用，消防界正在探索卤代烷灭火系统的替代技术，而干粉灭火系统正是应用较成熟的该类技术之一。《中国消耗臭氧层物质逐步淘汰国家方案》已将干粉灭火系统的应用技术列为卤代烷系统替代技术的重要组成部分。

本规范的制定，为干粉灭火系统的设计提供了技术依据，将对干粉灭火系统的应用起到良好的推动作用。

1.0.2 本条规定了本规范的适用范围，即适用于新建、扩建、改建工程中设置的干粉灭火系统的设计；目前，更多用于生产或储存场所。

1.0.3 本条规定结合我国国情，规定了干粉灭火系统设计中应遵循的一般原则。

目前，由于我国干粉灭火系统主要用于重点要害部位的保护，而干粉灭火系统工程设计涉及面较广，因此，在设计时应推荐采用新技术、新工艺、新设备。同时，干粉灭火系统的设计应正确处理好以下两点：

首先设计人员应根据整个工程特点、防火要求和各种消防设施的配置情况，制定合理的设计方案，正确处理局部与全局的关系。虽然干粉灭火系统是重要的灭火设施，但是，不是采用了这种灭火手段后，就不必考虑其他辅助手段。例如易燃可燃液体储罐发生火灾，在采用干粉灭火系统扑救火灾的同时，消防冷却水也是不可少的。

其次，在防护区的设置上，应正确确定防护区的位置和划分防护区的范围。根据防护区的大小、形状、开口、通风和防护区内可燃物品的性质、数量、分布，以及可能发生的火灾类型、火源、起火部位等情况，合理选择和布置系统部件，合理选择系统操作控制方式。

1.0.4 本条规定了干粉灭火系统可用于扑救的火灾类型，即可用于扑救可燃气体、可燃液体火灾和可燃固体的表面火灾及带电设备的火灾。

灭火试验的结果表明，采用干粉灭火剂扑灭上述物质火灾迅速而有效。在我国相关规范中，如现行国家标准《石油化工企业设计防火规范》GB 50160—92，对干粉灭火系统的应用都作了相应规定。

1.0.5 同其他灭火剂一样，普通干粉灭火剂扑救的火灾类型也有局限性。也就是说普通干粉灭火剂对有些物质的火灾不起灭火作用。

普通干粉灭火剂不能扑救的火灾主要包括两大类。第一类是本身含有氧原子的强氧化剂，这些氧原子可以供燃烧之用，在具备燃烧的条件下与可燃物氧化结合成新的分子，反应激烈，干粉灭火剂的分子不能很快渗入其内起化学反应。这类物质主要包括硝化纤维、炸药等。第二类主要是化学性质活泼的金属和金属氢化物，如钾、钠、镁、钛、锆等。这类物质的火灾不能用普通干粉灭火剂来扑救。对于活泼金属火灾目前采用的灭火剂通常为干砂、石墨、氯化钠等特种干粉灭火剂。而特种干粉灭火剂目前工程设计数据不足。因此，本规范不涉及此类干粉灭火系统。

1.0.6 本条规定中所指的国家现行的有关强制性标准，除本规范中已指明的外，还包括以下几个方面的标准：

1 防火基础标准中与之有关的安全基础标准。

2 有关的工业与民用建筑防火规范。

3 有关的火灾自动报警系统标准、规范。

4 有关干粉灭火系统部件、灭火剂标准。

5 其他有关标准。

3 系 统 设 计

3.1 一 般 规 定

3.1.1 本条包含两部分内容，一是规定了干粉灭火系统按应用方式分两种类型，即全淹没灭火系统和局部应用灭火系统。国外标准也是这样进行分类，如日本消防法施行令第 18 条 §1：“干粉灭火设备，分为固定式和移动式两种型式；固定式干粉灭火设备又分为全保护区喷放方式和局部喷放方式两种类型”。二是规定了两种系统的选用原则。

关于全淹没灭火系统、局部应用灭火系统的应用，美国标准《干粉灭火系统标准》NFPA 17—1998 §4-1：“全淹没灭火系统只有在环绕火灾危险有永久性密封的空间处采用，这样的空间内能足以构成所要求的浓度，其不可关闭的开口总面积不能超过封闭空间的侧面、顶面和底面总内表面积的 15%。不可关闭开口面积超过封闭空间的总内表面积的 15%时，应采用局部应用系统保护”。英国标准《室内灭火装置和设备·干粉系统规范》BS 5306：pt7—1988 §14：“能用全淹没系统扑灭的火灾是包括可燃液体和固体的表面火灾”；§18：“能用局部应用系统扑灭或控制的火灾是含有可燃液体和固体的表面火灾”。

应该指出，在满足全淹没灭火系统应用条件时也可以采用局部应用灭火系统，具体选型由设计者根据实际情况决定。

3.1.2 本条规定了全淹没灭火系统的应用条件。第1款等效采用国外标准数据（见3.1.1条说明）。第2款等效采用现行国家标准《二氧化碳灭火系统设计规范》GB 50193—93（1999年版）第3.1.2条数据。

规定“不能自动关闭的开口不应设在底面”出于以下考虑：国家标准规定干粉灭火剂的松密度大于或等于0.80g/mL（kg/L），若设计浓度按0.65kg/m^3计算，则体积为0.81L。因目前国内厂家没提供驱动气体系数数据，现按日本消防法施行规则§4数据：1kg干粉灭火剂需要40L标准状态下氮气（标准状态下氮气密度为1.251g/L），那么0.65kg干粉灭火剂需要26L（32.526g）氮气；如是，粉雾的密度为25.5g/L[（650+32.526）g/（26+0.81）L]，显然比空气重（标准状态下空气密度为1.293g/L，常态下空气密度更小）。另外，一般都是从上向下喷射，带有一定动能和势能，很容易在底面扩散流失，影响灭火效果。故作此规定。

干粉灭火系统是依靠驱动气体（惰性气体）驱动干粉的，干粉固体所占体积与驱动气体相比小得多，宏观上类似气体灭火系统，因此，可采用二氧化碳灭火系统设计数据。防护区围护结构具有一定耐火极限和强度是保证灭火的基本条件。

3.1.3 本条规定了局部应用灭火系统的应用条件。参照国内气体灭火系统规范制定。其中空气流动速度不应大于2m/s是引用现行国家标准《干粉灭火系统部件通用技术条件》GB 16668—1996中的数据。

这里容器缘口是指容器的上边沿，它距液面不应小于150mm；150mm是测定喷头保护面积等参数的试验条件。是为了保证高速喷射的粉体流喷到液体表面时，不引起液体的飞溅，避免产生流淌火，带来更大的火灾危险，所以应遵循该试验条件。

3.1.4 喷射干粉前切断气体、液体的供应源的目的是防止引起爆炸。同时，也可防止淡化干粉浓度，影响灭火。

3.1.5 扑灭BC类火灾的干粉中较成熟和经济的是碳酸氢钠干粉，故予推荐；ABC干粉固然也能扑灭BC类火灾，但不经济，故不推荐用ABC干粉扑灭BC类火灾。扑灭A类火灾只能用ABC干粉，其中较成熟和经济的是磷酸铵盐干粉，所以扑灭A类火灾推荐采用磷酸铵盐干粉。

3.1.6 组合分配系统是用一套干粉储存装置同时保护多个防护区或保护对象的灭火系统。各防护区或保护对象同时着火的概率很小，不需考虑同时向各个防护区或保护对象释放干粉灭火剂；但应考虑满足任何干粉用量的防护区或保护对象灭火需要。组合分配系统的干粉储存量，只有不小于所需储存量最多的一个防护区或保护对象的储存量，才能够满足这种需要。提请注意：防护区体积最大，用量不一定最多。

3.1.7 本条规定了组合分配系统保护的防护区与保护对象最大限度、备用灭火剂的设置条件、数量和方法。

1 防护区与保护对象之和不得大于8个是基于我国现状的暂定数据。防护区与保护对象为5个以上时，灭火剂应有备用量是等效采用《固定式灭火系统·干粉系统·pt2：设计、安装与维护》EN 12416—2：2001§7的数据；48h内不能恢复时应有备用量是参照《二氧化碳灭火系统设计规范》GB 50193—93（1999年版）确定的；防护区与保护对象的数量和系统恢复时间是设置备用灭火剂的两个并列条件，只要满足其一，就应设置备用量。

应该指出，设置备用灭火剂不限于这两个条件，当防护区或保护对象火灾危险性大或为重要场所时，为了不间断保护，也可设置备用灭火剂。

2 灭火剂备用量是为了保证系统保护的连续性，同时也包含扑救二次火灾的考虑，因此备用量不应小于系统设计的储存量。

3 备用干粉储存容器与系统管网相连，与主用干粉储存容器切换使用的目的，是为了起到连续保护作用。当主用干粉储存容器不能使用时，备用干粉储存容器能够立即投入使用。

3.2 全淹没灭火系统

3.2.1 全淹没灭火系统灭火剂设计浓度最小值取值等效采用《室内灭火装置和设备·干粉系统规范》BS 5306：pt7—1988§15.2和《固定式灭火系统·干粉系统·pt2：设计、安装与维护》EN 12416—2：2001§10.2数据，因为我国干粉灭火剂标准规定的灭火效能不低于《非D类干粉灭火剂技术条件》BS EN 615—1995规定。另外，我国标准《碳酸氢钠干粉灭火剂》GB 4066和《磷酸铵盐干粉灭火剂》GB 15060分别要求碳酸氢钠干粉和磷酸铵盐干粉扑灭BC类火灾时，灭火效能相同。综合以上数据并考虑到多种火灾并存情况，本规范确定全淹没灭火系统灭火剂设计浓度不得小于0.65kg/m^3。

3.2.2 本条系等效采用《室内灭火装置和设备·干粉系统规范》BS 5306：pt7—1988§15.2和《固定式灭火系统·干粉系统·pt2：设计、安装与维护》EN 12416—2：2001§10.2规定。

3.2.3 本条系等效采用《室内灭火装置和设备·干粉系统规范》BS 5306：pt7—1988§15.3和《固定式灭火系统·干粉系统·pt2：设计、安装与维护》EN 12416—2：2001§10.3规定。

3.2.4 本条规定可有效利用灭火剂，减少系统响应时间，达到快速灭火目的。

3.2.5 国外标准仅《室内灭火装置和设备·干粉系统规范》BS 5306：pt7—1988 § 15.2 提到泄压口，但没给出计算式。为避免防护区内超压导致围护结构破坏，应该设置泄压口；考虑到干粉灭火系统与气体灭火系统存在相似性，本条参照采用《二氧化碳灭火系统设计规范》GB 50193—93（1999 年版）第 3.2.6 条制定。

公式 3.2.5 是参考《二氧化碳灭火系统规范》AS 4214.3—1995 § 4 导出。设：防护区内部压力为 p_1，防护区外部压力为 p_2，泄压口面积为 A_X，泄放混合物质量流量为 Q_X，如图 1：

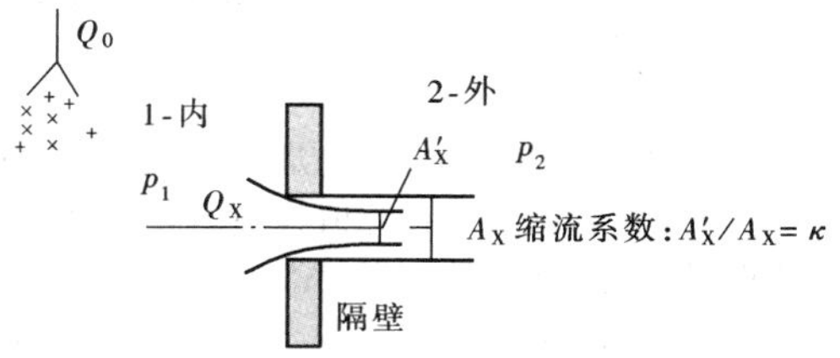

图 1 薄壁孔口

则有薄壁孔口流量公式：

$$Q_X=\kappa A_X\sqrt{2\rho_X\ (p_1-p_2)}=\kappa A_X\sqrt{2\rho_X\times\Delta p}$$
$$=\kappa A_X\sqrt{2p_X/\nu_X}$$

式中 Q_X——泄放混合物质量流量（kg/s）；

κ——泄压口缩流系数；窗式开口取 0.5～0.7；

A_X——泄压口面积（m^2）；

ρ_X——泄放混合物密度（kg/m^3）；

p_X——防护区围护结构的允许压力（Pa）；

ν_X——泄放混合物比容（m^3/kg）。

泄压过程中有防护区内气体被置换过程；为使问题简化，根据从泄压口泄放混合物体积流量等于喷入防护区气-固二相流体积流量数量关系，干粉真实密度 $\rho_s=2.5\rho_f$，防护区内常态空气密度为 1.205（kg/m^3），则有：

$$Q_0\times\nu_H=Q_X\times\nu_X=\kappa A_X\sqrt{2p_X/\nu_X}\times\nu_X$$

$$A_X=\frac{Q_0\times\nu_H}{\kappa\sqrt{2p_X\times\nu_X}}$$

$$\nu_H=\frac{\rho_q+2.5\mu\times\rho_f}{2.5\rho_f\ (1+\mu)\ \rho_q}$$

$$\rho_q=\ (10^{-5}p_X+1)\ \rho_{q0}$$

$$\nu_X=\frac{\dfrac{1}{10^{-5}p_X+1}+\dfrac{K_1}{2.5\rho_f}+\dfrac{K_1\times\mu}{(10^{-5}p_X+1)\ \rho_{q0}}}{1.205+K_1+K_1\times\mu}$$

$$\nu_X=\frac{2.5\rho_f\times\rho_{q0}+K_1\ (10^{-5}p_X+1)\ \rho_{q0}+2.5K_1\times\mu\times\rho_f}{2.5\rho_f\ (10^{-5}p_X+1)\ \rho_{q0}\ (1.205+K_1+K_1\times\mu)}$$

应该指出：当防护区门窗缝隙、不可关闭开口及防爆泄压口面积总和不小于按公式 3.2.5-1 计算值时，可不再另设置泄压口。

3.3 局部应用灭火系统

3.3.1 局部应用灭火系统的设计方法分为面积法和体积法，这是国外标准比较一致的分类法。面积法仅适用于着火部位为比较平直表面情况，体积法适用于着火对象是不规则物体情况。

3.3.2 此条系等效采用《室内灭火装置和设备·干粉系统规范》BS 5306：pt7—1988 § 3.6 规定。

3.3.3 本条各款规定说明如下：

1 由于单个喷头保护面积是按被保护表面的垂直投影方向确定的，所以计算保护面积也需取整体保护表面垂直投影的面积。

2 国内外对干粉灭火系统的研究都不够深入，定性的资料多，定量的资料少。本条借鉴了二氧化碳局部应用系统研究的成果，因二者存在相似性；同时参考了国外一些厂家的资料。

架空型（也称顶部型）喷头是安装在油盘上空一定高度处的喷头；其保护面积应是：在 20s 内，扑灭液面距油盘缘口为 150mm 距离的着火圆形油盘的内接正方形面积；其对应的干粉输送速率即是 Q_i。实践和理论都证明，架空型喷头保护面积和相应干粉输送速率是喷头的出口至保护对象表面的距离的函数。槽边型喷头是安装在油槽侧面的侧向喷射喷头；其保护面积应是在 20s 时间内，扑灭液面距油盘缘口为 150mm 距离的着火扇形油盘的内接矩形面积；试验表明槽边型喷头灭火面积呈扇形，其大小与喷头的射程有关，喷头射程与干粉输送速率有关。基于此，作了第 2 款规定。

3 确定喷头保护面积时取喷射时间为 20s，为安全计，使用喷头时取喷射时间为 30s，当计算保护面积需要 N 个喷头才能完全覆盖时，故其干粉设计用量按公式 3.3.3 计算。

4 为了保证可靠灭火，喷头的布置应按被喷射覆盖面不留空白的原则执行。

3.3.4 本条参照了《干粉灭火装置规范·设计与安装》VdS 2111—1985 § 3.2 和《二氧化碳灭火系统设计规范》GB 50193—93（1999 年版）制定。其中 1.5m 直接采用了《干粉灭火装置规范·设计与安装》VdS 2111—1985 § 3.2 的数据；0.04kg/（s×m^3）是根据《干粉灭火装置规范·设计与安装》VdS 2111—1985 对无围封保护对象供给量取 1.2kg/m^3 按 30s 喷射时间求得，0.006kg/(s×m^3)是根据《干粉灭火装置规范·设计与安装》VdS 2111—1985 对四面有围封保护对象供给量取 1.0kg/m^3 按 30s 喷射时间求得。假定封闭罩是假想的几何体，其侧面围封面面积就是该几何体的侧面面积 A_t，其中包括实体墙面积和无实体墙部分的假想面积。

3.4 预制灭火装置

3.4.1 因为预制灭火装置应按试验条件使用，本条规定的灭火剂储存量和管道长度数据系采用了国内试验数据。本规范不侧重推广应用预制灭火装置，因其只能在试验条件下使用，有局限性。

3.4.2 本条规定出于可靠性考虑。

3.4.3 本条规定基于国内试验数据：用 6 套（本规范规定为 4 套）预制灭火装置作灭火试验，喷射时间为 20s，其动作响应时间差为 3.5s－2s＝1.5s，由此得 $\delta=1.5/20=7.5\%$；取 30s 喷射时间得动作响应时间差 $\Delta=30\times7.5\%=2.25$s（本规范规定为 2s）。

4 管 网 计 算

4.0.1 管网起点是从干粉储存容器输出容器阀出口算起，单元独立系统和组合分配系统均如此计算。管网起点压力是干粉储存容器的输出压力。管网起点压力不应大于 2.5MPa 是依据干粉储存容器的设计压力确定的。管网最不利点所要求的压力是依据喷头工作压力规定的，这里等效采用了日本标准。日本消防法施行规则第 21 条 §1 指出：喷头工作压力不应小于 0.1MPa。

注：本规范压力取值，除特别说明外，均指表压。

4.0.4 为使干粉灭火系统管道内干粉与驱动气体不分离，干粉-驱动气体二相流要维持一定流速，即管道内流量不得小于允许最小流量 Q_{min}，依此等效采用了英国标准推荐数据。《室内灭火装置和设备·干粉系统规范》BS 5306：pt7—1988 §7 给出对应 *DN*25 管子的最小流量 Q_{min} 为 1.5kg/s。*DN*25 管子的内径 d 是 27mm，由此得管径系数 $K_D=d/\sqrt{Q_{min}}=27/\sqrt{1.5}=22$。

其他国外标准没提供管径系数 K_D 数据，主张采用生产厂家提供的数据。在搜集到的资料中，有两组数据所得管径系数 K_D 值与本规定接近，具体如表 1 所示：

表 1 管径系数

公称直径		内径 d	美国数据①		日本数据②	
(mm)	(in)	(mm)	Q_{min}(kg/s)	K_D	Q_{min}(kg/s)	K_D
15	1/2	16	0.45360	23.8	0.5	22.6
20	3/4	21	0.86184	22.6	0.9	22.1
25	1	27	1.40616	22.8	1.5	22.0
32	1¼	35	2.44914	22.4	2.5	22.1
40	1½	41	3.31128	22.5	3.2	22.9
50	2	52	5.48856	22.2	5.7	21.8
65	2½	66	7.80192	23.6	9.6	21.3
80	3	78	12.06576	22.5	13.5	21.2
100	4	102	20.77488	22.4	23.5	21.0
125	5	127	—	—	35.0	21.5
平均管径系数 K_D 值			—	22.8	—	21.9

注：① 取自美国 Ansul 公司《干粉灭火系统》，P41，对应气固比 $\mu=0.058$。

② 取自日本《灭火设备概论》，日本工业出版社，1972 年版，P270；或见《消防设备全书》，陕西科学技术出版社，1990 年版，P1263，对应气固比 $\mu=0.044$。

应该指出：以上计算得到的是最大管径值，根据需要，实际管径值应取比计算值较小的恰当数值。经济流速时管径值随驱动气体系数 μ 而异，当 $\mu=0.044$ 时，经济流速时管径系数 $K_D=10\sim11$，即其最佳管道流量是允许最小流量的 4～5 倍。另外，当厂家以实测数据给出流量（Q）－管径（d）关系时，应该采用厂家提供的数据。实际管径应取系列值。

4.0.5 关于管道附件的当量长度，应该按厂家给出的实测当量长度值取值，但目前实际还做不到，不给出数据又无法设计计算。按周亨达给出的管道附件的当量长度计算式为：$L_J=k\times d$，其中 k 是当量长度系数（m/mm）：90°弯头取 0.040，三通的直通部分取 0.025，三通的侧通部分取 0.075。下面一同给出国外管道附件当量长度数据做比较（见表 2）：

表 2 管道附件当量长度（m）

DN (mm)	15	20	25	32	40	50	65	80	100
日本数据①									
弯头	7.1	5.3	4.2	3.2	2.8	2.2	1.7	1.4	1.1
三通	21.4	16.0	12.5	9.7	8.3	6.5	5.1	4.3	3.3
Ansul 数据②									
弯头	7.34	6.40	5.49	4.57	3.96	3.66	3.35	3.05	2.74
三通	15.24	13.11	11.58	9.75	9.14	7.92	7.32	6.40	5.49
按周亨达计算式计算值③									
弯头	0.64	0.840	1.080	1.400	1.640	2.08	2.64	3.12	4.08
三通直	0.40	0.525	0.675	0.875	1.025	1.30	1.65	1.95	2.55
三通侧	1.20	1.575	2.025	2.625	3.075	3.90	4.95	5.85	7.65

注：① 东京消防厅《预防事务审查·检查基准》，东京防灾指导协会，1984 年出版，P436。

② 美国 Ansul 公司《干粉灭火系统》，图表 7。

③ 周亨达主编《工程流体力学》，冶金工业出版社 1995 年出版，P124～135。

显然，按周亨达计算式计算值误差偏大。而国外数据是在一定驱动气体系数下的测定值，考虑到日本数据比 Ansul 数据通用性更好些，暂时推荐该组日本数据作为参考值。

4.0.6 设计管网时，应尽量设计成结构对称均衡管网，使干粉灭火剂均匀分布于防护区内。但在实践中，不可能做到管网结构绝对精确对称布置，只要对称度在±5%范围内，就可以认为是结构对称均衡管网，可实现喷粉的有效均衡，见图 2。在系统中，可以使用不同喷射率的喷嘴来调整管网的不均衡，见图 3。

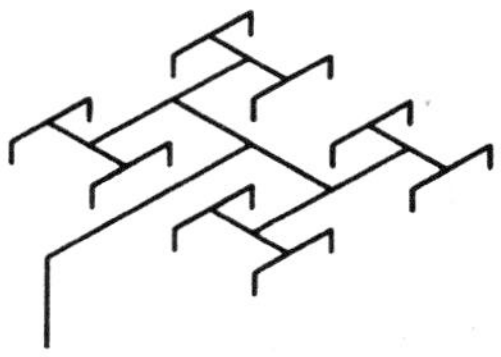

图 2　结构对称均衡系统

注：所有喷嘴均以同一流量喷射。

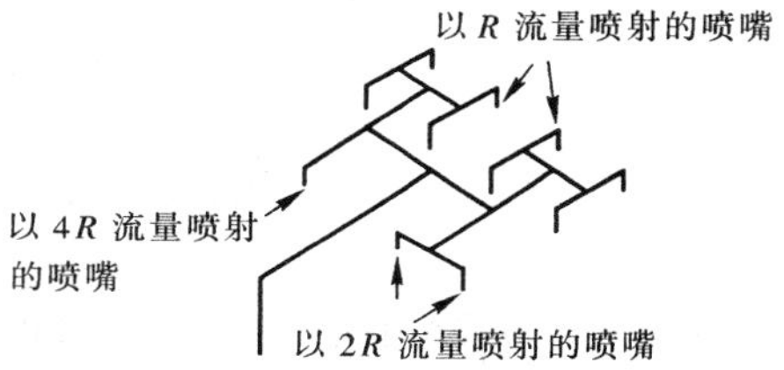

图 3　结构不对称均衡系统

注：喷嘴分别以 R、$2R$ 或 $4R$ 流量喷射。

该计算式系等效采用《室内灭火装置和设备·干粉系统规范》BS 5306：pt7—1988§7.2 规定。

应该指出：在调研中也见到了非均衡系统，但本规范主张管网应尽量设计成对称分流的均衡系统，所以前半句采用“宜”字；均衡系统可以是对称结构，也可以是不对称结构，结构对称与不对称的分界在对称度，所以后半句采用“应”字。

4.0.7 国外标准没提供压力损失系数 $\Delta p/L$ 数据，主张采用生产厂家提供的数据。本计算式是依据沿程阻力的计算导出的，其推导过程如下：

根据周建刚等人就粉体高浓度气体输送进行的试验研究结果（引自周建刚、沈熙身、马恩祥等著《粉体高浓度气体输送控制与分配技术》，北京：冶金工业出版社，1996 年出版，P109～143），管道中的压力损失计算式为：

$$\Delta p=\Delta p_q+\Delta p_f \qquad (1)$$

$$\Delta p_q=\lambda_q\times L\times\rho_Q\times v_q^2/(2d) \qquad (2)$$

$$\Delta p_f=\lambda_f\times L\times\rho_Q\times v_q^2/(2\mu\times d) \qquad (3)$$

式中　Δp——管道中的压力损失（Pa）；

Δp_q——气体流动引起的压力损失（Pa）；

Δp_f——气体携带的粉状物料引起的压力损失（Pa）；

λ_q——驱动气体的摩擦阻力系数；

λ_f——干粉的摩擦阻力系数；

μ——驱动气体系数；

ρ_Q——管道内驱动气体密度（kg/m^3）；

v_q——管道内驱动气体流动速度（m/s）；

d——管道内径（m）；

L——管段计算长度（m）。

把公式（2）和公式（3）代入公式（1）并移项得：

$$\Delta p/L=(\lambda_q+\lambda_f/\mu)\rho_Q\times v_q^2/(2d)$$

式中　$\Delta p/L$——管段单位长度上的压力损失(Pa/m)。

当 $\mu=0.0286\sim0.143$ 时，有：

$$\lambda_f=0.07(g\times d)^{0.7}/v_q^{1.4}$$

式中　g——重力加速度（m/s^2）；取 9.81。

在常温下得管道中驱动气体密度 ρ_Q 的表达式为：

$$\rho_Q=(10p_e+1)\rho_{q0}$$

式中　ρ_{q0}——常态下驱动气体密度（kg/m^3）；

p_e——计算管段末端压力（MPa）（表压）。

驱动气体在管道中的流速 v_q 可由其体积流量 Q_{QV}（$Q_{QV}=\mu\times Q/\rho_Q$）和管道内径 d 表示，即有：

$$v_q=4\mu\times Q/(\pi\times\rho_Q\times d^2)$$
$$=4\mu\times Q/[\pi(10p_e+1)\rho_{q0}\times d^2]$$

将（$\Delta p/L$）以 MPa/m 作单位，p_e 以 MPa 作单位，d 以 mm 作单位，整理上述各式并化简得：

$$\Delta p/L=\frac{10^{-3}}{2d}\times\left\{\lambda_q+\frac{0.07\times10^{-2.1}g^{0.7}d^{0.7}}{\mu}\times\left[\frac{\pi(10p_e+1)\rho_{q0}\times10^{-6}d^2}{4\mu\times Q}\right]^{1.4}\right\}\times(10p_e+1)\rho_{q0}\times\left[\frac{4\mu\times Q}{\pi(10p_e+1)\rho_{q0}\times10^{-6}d^2}\right]^2$$

$$=\frac{10^{-3}}{2d}\times\left[\lambda_q+\frac{0.07\times10^{-2.1}g^{0.7}d^{0.7}}{\mu}\times\frac{\pi^{1.4}(10p_e+1)^{1.4}\rho_{q0}^{\ 1.4}\times10^{-8.4}d^{2.8}}{4^{1.4}\mu^{1.4}\times Q^{1.4}}\right]\times(10p_e+1)\rho_{q0}\times\frac{4^2\mu^2\times Q^2}{\pi^2(10p_e+1)^2\rho_{q0}^{\ 2}\times10^{-12}d^4}$$

$$=8\times10^9\left[\lambda_q+\frac{7\times10^{-12.5}g^{0.7}d^{3.5}\times\pi^{1.4}(10p_e+1)^{1.4}\rho_{q0}^{\ 1.4}}{4^{1.4}\mu^{2.4}\times Q^{1.4}}\right]\times\frac{\mu^2\times Q^2}{\pi^2(10p_e+1)\rho_{q0}\times d^5}$$

$$\Delta p/L=\frac{8\times10^9}{\rho_{q0}(10p_e+1)d}\left(\frac{\mu\times Q}{\pi\times d^2}\right)^2$$

$$\times\left\{\lambda_q+\frac{7\times10^{-12.5}g^{0.7}d^{3.5}}{\mu^{2.4}}\left[\frac{\pi\ (10p_e+1)\ \rho_{q0}}{4Q}\right]^{1.4}\right\}$$

由于气固二相流体在管道中的流速很大，所以沿程阻力损失系数 λ_q 按水力粗糙管的情况计算，即：

$$\lambda_q=[1.14-2\lg(\Delta/d)]^{-2}$$

公式来自周亨达主编《工程流体力学》，北京：冶金工业出版社1995年出版，P120。

应该指出：当厂家以实测曲线图给出 $\Delta p/L$ 之值时，应该采用厂家提供的数据。

4.0.8～4.0.10 在公式（4.0.7-1）中，取常温下管道中驱动气体密度 ρ_Q 的表达式为：$\rho_Q=(10p_e+1)\ \rho_{q0}$，公式中 p_e 为计算管段末端压力。按理说应该取高程校正前管段平均压力 p_P 代替公式(4.0.7-1)中 p_e 计算结果才是 $\Delta p/L$ 的真值，可那时计算管段首端压力 p_b 还是未知数，无法求得高程校正前管段平均压力 p_P。

通过公式（4.0.8）已估算出高程校正前管段首端压力，故可估算出高程校正前管段平均压力 p_P。

为求得高程校正前管段首端压力 p_b 真值，应采用逐步逼近法。逼近误差当然是越小越好，公式（4.0.9-2）已满足工程要求。

管道节点压力计算，有两种计算顺序：一种是从后向前计算顺序——已知管段末端压力 p_e 求管段首端压力 p_b，这种计算顺序的优点是避免能源浪费；另一种是从前向后计算顺序——已知管段首端压力 p_b 求末端压力 p_e，这种计算顺序方便选取干粉储存容器。当采用从前向后计算顺序时，对以上计算式移项处理即可：

$$p_e=p_b-(\Delta p/L)_i\times L_i-9.81\times10^{-6}\rho_H\times L_Y\times\sin\gamma$$

另外注意：当采用上式计算时，求取 $(\Delta p/L)_i$ 时需要用 p_b 代替公式（4.0.7-1）中的 p_e。

为了使设计者掌握该节点压力计算方法，下面举例说明。其中管壁绝对粗糙度 Δ 按镀锌钢管取0.39mm（见周亨达主编《工程流体力学》，北京：冶金工业出版社1995年出版，P253)。

［例1］已知：末端压力 $p_e=0.15$MPa，干粉输送速率 $Q=2$kg/s，d（$DN25$）$=27$mm，管段计算长度 $L=1$m，流向与水平面夹角 $\gamma=-90°$，常态下驱动气体密度 $\rho_{q0}=1.165$kg/m³，干粉松密度 $\rho_f=850$kg/m³，气固比 $\mu=0.044$（如图4所示管段）。

求：管段首端压力 p_b。

解：

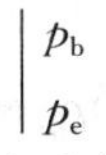

图4　竖直管段

$$\Delta p/L=\frac{8\times10^9}{\rho_{q0}\ (10p_e+1)\ d}\left(\frac{\mu\times Q}{\pi\times d^2}\right)^2$$

$$\times\left\{\left(1.14-2\lg\frac{0.39}{d}\right)^{-2}+\frac{7\times10^{-12.5}g^{0.7}\times d^{3.5}}{\mu^{2.4}}\left[\frac{\pi\ (10p_e+1)\ \rho_{q0}}{4Q}\right]^{1.4}\right\}$$

$$=\left(\frac{0.044\times2}{\pi\times27^2}\right)^2\times\frac{8\times10^9}{1.165\ (10p_e+1)\ 27}$$

$$\times\left\{\left(1.14-2\lg\frac{0.39}{27}\right)^{-2}+\frac{7\times10^{-12.5}\times9.81^{0.7}\times27^{3.5}}{0.044^{2.4}}\times\left[\frac{\pi\ (10p_e+1)\ 1.165}{4\times2}\right]^{1.4}\right\}$$

初次估算得：

$$\Delta p/L\ (1)=f\ (p_e=0.15)=6.8292\times10^{-3}\ (\text{MPa/m})$$

$$p_b'\ (1)=p_e+\Delta p/L\ (1)\times L=0.15+1\times6.8292\times10^{-3}=0.1568$$

一次逼近得：

$$p_P\ (1)=[p_e+p_b'\ (1)]/2=(0.15+0.1568)/2=0.1534$$

$$\Delta p/L\ (2)=f\ [p_P\ (1)=0.1534]=6.74444\times10^{-3}$$

$$p_b'\ (2)=p_e+\Delta p/L\ (2)\times L=0.15+1\times6.74444\times10^{-3}=0.1567$$

$$\delta\ (1-2)=|p_b'\ (1)-p_b'\ (2)|/p_b'\ (2)=(0.1568-0.1567)/0.1567=0.06\%<1\%$$

即：高程校正前管段首端压力 $p_b'=0.1567$MPa。

$$p_P\ (2)=[p_e+p_b'\ (2)]/2=(0.15+0.1567)/2=0.15335$$

$$\rho_Q\ (2)=[10p_P\ (2)+1]\ \rho_{q0}=(10\times0.15335+1)\ 1.165=2.9515$$

$$\rho_H\ (2)=2.5\rho_f\times\rho_Q\ (\mu+1)/(2.5\mu\times\rho_f+\rho_Q)=2.5\times850\times2.9515\ (0.044+1)/(2.5\times0.044\times850+2.9515)=67.8880$$

高程校正后 $p_b=p_b'+9.81\times10^{-6}\rho_H\times L\times\sin\gamma$

$$=0.1567+9.81\times10^{-6}\times67.8880\times1\times(-1)=0.1560\ (\text{MPa})$$

即：管段首端压力 $p_b=0.1560$MPa。

［例2］已知：首端压力 $p_b=0.48$MPa，干粉输送速率 $Q=20$kg/s，d（$DN65$）$=66$mm，管段计算长度 $L=60$m，流向与水平面夹角 $\gamma=0°$，常态下驱动气体密度 $\rho_{q0}=1.165$kg/m³，干粉松密度 $\rho_f=850$kg/m³，气固比 $\mu=0.044$（如图5所示管段）。

求：管段末端压力 p_e。

解：

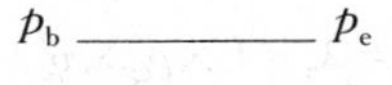

图5　水平管段

$$\Delta p/L=\frac{8\times10^9}{\rho_{q0}(10p_b+1)d}\left(\frac{\mu\times Q}{\pi\times d^2}\right)^2$$

$$\times\left\{\lambda_q+\frac{7\times10^{-12.5}g^{0.7}\times d^{3.5}}{\mu^{2.4}}\left[\frac{\pi(10p_b+1)\rho_{q0}}{4Q}\right]^{1.4}\right\}$$

$$=\left(\frac{0.044\times20}{\pi\times66^2}\right)^2\times\frac{8\times10^9}{1.165(10p_b+1)66}$$

$$\times\left\{\left(1.14-2\lg\frac{0.39}{66}\right)^{-2}+\frac{7\times10^{-12.5}\times9.81^{0.7}\times66^{3.5}}{0.044^{2.4}}\right.$$

$$\left.\times\left[\frac{\pi(10p_b+1)1.165}{4\times20}\right]^{1.4}\right\}$$

初次估算得：

$\Delta p/L(1)=f(p_b=0.48)=2.9013\times10^{-3}(\text{MPa/m})$

$p_e'(1)=p_b-\Delta p/L(1)\times L=0.48-60\times2.9013\times10^{-3}$
$=0.3059$

一次逼近得：

$p_P(1)=[p_b+p_e'(1)]/2=(0.48+0.3059)/2$
$=0.39296$

$\Delta p/L(2)=f[p_P(1)=0.39295]=3.2859\times10^{-3}$

$p_e'(2)=p_b-\Delta p/L(2)\times L=0.48-60$
$\times3.2859\times10^{-3}=0.2828$

$\delta(1-2)=|p_e'(2)-p_e'(1)|/p_e'(2)$
$=(0.3059-0.2828)/0.2828$
$=8.17\%>1\%$

二次逼近得：

$p_P(2)=[p_b+p_e'(2)]/2$
$=(0.48+0.2828)/2=0.3814$

$\Delta p/L(3)=f[p_P(2)=0.3814]=3.3480\times10^{-3}$

$p_e'(3)=p_b-\Delta p/L(3)\times L=0.48-60$
$\times3.3480\times10^{-3}=0.2791$

$\delta(2-3)=|p_e'(2)-p_e'(3)|/p_e'(3)$
$=(0.2828-0.2791)/0.2791=1.3\%>1\%$

三次逼近得：

$p_P(3)=[p_b+p_e'(3)]/2$
$=(0.48+0.2791)/2=0.37955$

$\Delta p/L(4)=f[p_P(3)=0.37955]$
$=3.3583\times10^{-3}$

$p_e'(4)=p_b-\Delta p/L(4)\times L$
$=0.48-60\times3.3583\times10^{-3}$
$=0.2785$

$\delta(3-4)=|p_e'(3)-p_e'(4)|/p_e'(4)$
$=(0.2791-0.2785)/0.2785$
$=0.22\%<1\%$

因为 $\gamma=0$，所以 $L_Y\times\sin\gamma=0$，即不需要高程校正。

即：管段末端压力 $p_e=p_e'+0=0.2785$（MPa）。

4.0.12 管网内干粉的残余量 m_r 的计算式是按管网内残存的驱动气体的质量除以驱动气体系数而推导出来的，管网内残存的驱动气体质量为：$\rho_Q V_D$，当 p_P 以 MPa 作单位时，

$$\rho_Q=(10p_P+1)\rho_{q0}$$

所以有：$m_r=V_D(10p_P+1)\rho_{q0}/\mu$

应该指出：理论上讲，干粉储存容器内干粉剩余量为：

$$m_s=V_c(10p_0+1)\rho_{q0}/\mu$$

式中 V_c——干粉储存容器容积（m^3）。

但此时 V_c 是未知数；另外，驱动气体系数 μ 是理论上的平均值，实际上对单元独立系统和组合分配系统中干粉需要量最多的防护区或保护对象来说，到喷射时间终了时，气固二相流中含粉量已很小，按公式（4.0.12-2）计算得到的管网内干粉残余量已含很大裕度。因此，按 $m+m_r$ 之值初选一干粉储存容器，然后加上厂商提供的 m_s 值作为 m_c 值，可以说够安全。

4.0.14 非液化驱动气体在储瓶内遵从理想气体状态方程，所以可按公式（4.0.14-1）和公式（4.0.14-2）计算驱动气体储存量。液化驱动气体在储瓶内不遵从理想气体状态方程，所以应按公式(4.0.14-3)和公式(4.0.14-4）计算驱动气体储存量。

4.0.15 清扫管道内残存干粉所需清扫气体量取 10 倍管网内驱动气体残余量为经验数据。

当清扫气体采用储瓶盛装时，应单独储存；若单位另有清扫气体气源采用管道供气，则不受此限制。

要求清扫工作在 48h 内完成是依据干粉灭火系统应在 48h 内恢复要求规定的。

5 系统组件

5.1 储存装置

5.1.1 干粉储存容器的工作压力，国外一些标准未加明确规定。考虑到国内干粉灭火系统应用不普遍，系统组件不够标准化，为了规范市场，简化系统组件的压力级别，使其生产标准化、通用化和系列化。根据国内一些生产厂家的实际经验规定了两个设计压力级别，即 1.6MPa 或 2.5MPa。此压力基本上能满足不同场合的使用要求并与各类阀门公称压力一致。平时不加压的干粉储存容器，可根据使用场合不同选择 1.6MPa 或 2.5MPa。之所以规定设计压力而不规定工作压力，是因为在国家现行标准《压力容器安全技术监察规程》中，压力容器是按设计压力分级的。

干粉灭火剂的装量系数不大于 0.85。是为了使干粉储存容器内留有一定净空间，以便在加压或释放时干粉储存容器内的气粉能够充分混合，这是试验所证明的。日本消防法施行规则 §3 也作了类似的规定。

增压时间对于抓住灭火战机来说自然是越快越好。由于驱动气体储瓶输气通径一般为 ϕ10mm，对

于大型装置来讲，用较多气瓶组合来扩大输气速度应考虑减压阀的输送流量及制造成本。《干粉灭火装置规范·设计与安装》VdS 2111—1985 § 9.2 规定不应超过 20s，综合《干粉灭火系统部件通用技术条件》GB 16668—1996 规定和国外数据取增压时间为不大于 30s。

安全泄压装置是对干粉储存容器而言，一般设置在干粉储存容器上。虽然驱动气体先经过减压阀后输进干粉储存容器，从安全角度考虑为防止干粉储存容器超压而设置安全阀，并执行 GB 16668 有关规定。

5.1.2 驱动气体应使用惰性气体，国内外生产厂家多采用氮气和二氧化碳气体。氮气和二氧化碳比较，氮气物理性能稳定，故本规范规定驱动气体宜选用氮气。驱动气体含水率指标等效采用《固定式灭火系统·干粉系统·pt2：设计、安装与维护》EN 12416—2：2001 § 4.2 数据。

驱动压力是输送干粉的压力，此压力不得大于干粉储存容器的最高工作压力，是出于安全考虑的。

这里"最高工作压力"，按国家现行标准《压力容器安全技术监察规程》定义，是指压力容器在正常使用过程中，顶部可能出现的最高压力，它应小于或等于设计压力。

5.1.3 避免阳光直射可防止装置老化和温差积水影响使用功能。环境温度取值等效采用《干粉灭火系统部件通用技术条件》GB 16668—1996 第 10.6.4 条数据。

5.1.4 本条是对储存装置设置的部位提出的要求，是从使用、维护安全角度而考虑的。等效采用《二氧化碳灭火系统设计规范》GB 50193—93（1999 年版）第 5.1.7 条。

5.2 选择阀和喷头

5.2.1 在组合分配系统中，每个防护区或保护对象的管道上应设一个选择阀。在火灾发生时，可以有选择地打开出现火情的防护区或保护对象管道上的选择阀喷放灭火剂灭火。选择阀上应设标明防护区或保护对象的永久性铭牌是防止操作时出现差错。

5.2.2 由于干粉灭火系统本身的特点，要求选择阀使用快开型阀门，如球阀。其通径要求主要考虑干粉系统灭火时，管道内为气固二相流，为使灭火剂与驱动气体无明显分离，避免截留灭火剂。前苏联标准中规定该阀应采用球阀。

5.2.3 这三种驱动方式是目前普遍采用的驱动方式，三种驱动方式可以任选其一；但无论哪种驱动方式，机械应急操作方式是必不可少的，目的是防止电动、气动或液动失灵时可采取有效的应急操作，确保系统的安全可靠。

选择阀的公称压力不应小于储存容器的设计压力是从安全角度考虑的。

5.2.4 灭火系统动作时，如果选择阀滞后于容器阀打开会引起选择阀至储存容器之间的封闭管段承受水锤作用而出现超压，故作此规定。《干粉灭火装置规范·设计与安装》VdS 2111—1985 § 9.4.7 也作了相同规定。

5.2.5 喷头装配防护装置的主要目的是防止喷孔堵塞。此外，干粉需在干燥环境中储存，若接触空气会吸收空气中的水分而潮解，失去灭火作用，而且潮解后的干粉会腐蚀储存容器和管道，所以为了保持储存容器及管道不进入潮气，也需在喷嘴上安装防护罩。《干粉灭火系统标准》NFPA 17—1998 § 2-3.1.4 及其他国外规范也作了类似规定。

5.2.6 此条系等效采用《干粉灭火装置规范·设计与安装》VdS 2111—1985 § 9.6.4 的规定。

5.3 管道及附件

5.3.1 本条各款规定说明如下：

1 采用符合 GB/T 8163 规定的无缝钢管是为了使管道能够承受最高环境温度下的压力。表 A-1 系等效采用《二氧化碳灭火系统设计规范》GB 50193—93（1999 年版）附录 J。为了防止锈蚀和减少阻力损失，要求管道和附件内外表面做防腐处理，热固性镀膜或环氧固化法都是目前能够达到热镀锌性能要求而在环保和使用性能上优之的防腐方式。

2 当防护区或保护对象所在区域内有对防腐层腐蚀的气体、蒸汽或粉尘时，应采取耐腐蚀的材料，如不锈钢管或铜管。

4 灭火后管道中会残留干粉，若不及时吹扫干净会影响下次使用，规定留有吹扫口是为了及时吹出残留于管道内的剩余干粉。

6 由于干粉灭火系统在管道中流动为气固二相流，在弯头处会产生气固分离现象，但在 20 倍管径的管道长度内即可恢复均匀。附录 B 等效采用《干粉灭火系统标准》NFPA 17—1998 § A-3-9.1。

7 干粉灭火系统管网内是气固二相流，为避免流量分配不均造成气固分离，影响灭火效果，宜对称分流；四通管件的出口不能对称分流，故管道分支时不应使用四通管件。

8 此款等效采用《室内灭火装置和设备·干粉系统规范》BS 5306：pt7—1988 § 7.1 规定。管道转弯时，如果空间允许，宜选用弯管代替弯头，不宜使用弯头管件；根据现行国家标准《工业金属管道工程施工及验收规范》GB 50235—97 中第 4.2.2 条规定，弯管的弯曲半径不宜小于管径的 5 倍。若受空间限制，可使用长半径弯头，不宜使用短半径弯头。

9 经国家法定检测机构检验认可的项目包括附件的产品质量及其当量长度等。

5.3.2 本条规定了管道的连接方式，对于公称直径不大于80mm的管道建议采用螺纹连接，也可采用沟槽（卡箍）连接；公称直径大于80mm的管道可采用法兰连接或沟槽（卡箍）连接，主要是考虑强度要求和安装与维修方便。

5.3.3 本条系参照国外相关标准制定，日本消防法施行规则第21条§4规定："当在储存容器至喷嘴之间设置选择阀时，应该在储存容器与选择阀之间设置符合消防厅长官规定的安全装置或爆破膜片"。泄压动作压力取值参照《干粉灭火系统部件通用技术条件》GB 16668—1996第6.1.6条制定。

5.3.4 设置压力信号器或流量信号器的目的是为了将灭火剂释放信号及释放区域及时反馈到控制盘上，便于确认灭火剂是否喷放。

5.3.5 管网需要支撑牢固，如果支撑不牢固，会影响喷放效果，如果喷头安装在装饰板外，会破坏装饰板。表A-3系等效采用《室内灭火装置和设备·干粉系统规范》BS 5306：pt7—1988表4。可能产生爆炸的场所，管网吊挂安装和采取防晃措施是为了减缓冲击，以免造成管网破坏。国外标准也是这样规定的，如BS 5306：pt7—1988§32.2规定："如果管网被装置在潜在的爆炸危险区域，管道系统宜吊挂，其支撑是很少移动的"。

6 控制与操作

6.0.1 本条规定了干粉灭火系统的三种启动方式。干粉灭火系统的防护区或保护对象大多是消防保护的重点部位，需要在任何情况下都能够及时地发现火情和扑灭火灾。干粉灭火系统一般与该部位设置的火灾自动报警系统联动，实现自动控制，以保证在无人值守、操作的情况下也能自动将火扑灭。但自动控制装置有失灵的可能，在防护区内或保护对象有人监控的情况下，往往也不需要将系统置于自动控制状态，故要求系统同时应设有手动控制启动方式。手动控制启动方式在这里是指由操作人员在防护区或保护对象附近采用按动电钮等手段通过灭火控制器启动干粉灭火系统，实施灭火。考虑到在自动控制和手动控制全部失灵的特别情况下也能实施喷放灭火，系统还应设有机械应急操作启动方式。应急操作可以是直接手动操作，也可以利用系统压力或机械传动装置等进行操作。

在实际应用中，有些场所是无须设置火灾自动报警系统的，如局部应用灭火系统的保护对象有的能够做到始终处于专职人员的监控之下；有些工业设备只在人员操作运行时存在火灾危险，而在设备停止运行后，能够引起火灾的条件也随之消失。对这样的场所如果确实允许不设置火灾自动探测与报警装置，也就失去了对灭火系统自动控制的条件。因此，规范对这两种特别情况作了弹性处理，允许其不设置自动控制的启动方式。

6.0.2 本条对采用火灾探测器自动控制灭火系统的要求和延迟时间进行了规定。在实际应用中，不论哪种类型的探测器，由于受其自身的质量和环境的影响，在长期运行中不可避免地存在出现误报的可能。为了提高系统的可靠性，最大限度地避免由于探测器误报引起灭火系统误动作，从而带来不必要的经济损失，通常在保护场所设置两种不同类型或两组同一类型的探测器进行复合探测。本条规定的"应在收到两个独立火灾探测信号后才能启动"，是指只有当两种不同类型或两组同一类型的火灾探测器均检测出保护场所存在火灾时，才能发出启动灭火系统的指令。

即使在自动控制装置接收到两个独立的火灾信号发出启动灭火系统的指令，或操作人员通过手动控制装置启动灭火系统之后，考虑到给有关人员一定的时间对火情确认以判断是否确有必要喷放灭火剂，以及从防护区内或保护对象附近撤离，亦不希望立即喷放灭火剂。当然，干粉灭火系统在喷放灭火剂之前要先对干粉储存容器进行增压，这也决定了它无法立即喷放灭火剂，因此，规范作了延迟喷放的规定。延迟时间控制在30s之内，是为了避免火灾的扩大，也参照了习惯的做法，用户可以根据实际情况减少延迟时间，但要求这一时间不得小于干粉储存容器的增压时间，增压是在接到启动指令后才开始的。

6.0.3 本条对手动启动装置的安装位置作了规定。手动启动装置是防护区内或保护对象附近的人员在发现火险时启动灭火系统的手段之一，故要求它们安装在靠近防护区或保护对象同时又是能够确保操作人员安全的位置。为了避免操作人员在紧急情况下错按其他按钮，故要求所有手动启动装置都应明显地标示出其对应的防护区或保护对象的名称。

6.0.4 手动紧急停止装置是在系统启动后的延迟时段内发现不需要或不能够实施喷放灭火剂的情况时可采用的一种使系统中止的手段。产生这种情况的原因很多，比如有人错按了启动按钮；火情未到非启动灭火系统不可的地步，可改用其他简易灭火手段；区域内还有人员尚未完全撤离等等。一旦系统开始喷放灭火剂，手动紧急停止装置便失去了作用。启用紧急停止装置后，虽然系统控制装置停止了后继动作，但干粉储存容器增压仍然继续，系统处于蓄势待发的状态，这时仍有可能需要重新启动系统，释放灭火剂。比如有人错按了紧急停止按钮，防护区内被困人员已经撤离等，所以，要求做到在使用手动紧急停止装置后，手动启动装置可以再次启动。强调这一点的另一个理由是，目前在用的一些其他的固定灭火系统的手动启动装置不具有这种功能。

6.0.5 在现行国家标准《火灾自动报警系统设计规范》GB 50116—98中，对电源和自动控制装置的有关内容都有明确的规定。干粉灭火系统的电源与自动控制装置除了满足本规范的功能要求之外，还应符合

GB 50116 的规定。

6.0.6 由于预制灭火装置的启动设施一般是直接安装在储存装置上，对于全淹没灭火系统一般设置在防护区内，不具备手动机械启动操作的基本条件，故本规范对这一类装置做了弹性处理。

7 安全要求

7.0.1 每个防护区内设置火灾声光警报器，目的在于向在防护区内人员发出迅速撤离的警告，以免受到火灾或施放的干粉灭火剂的危害。防护区外入口处设置的火灾声光警报器及干粉灭火剂喷放标志灯，旨在提示防护区内正在喷放灭火剂灭火，人员不能进入，以免受到伤害。

防护区内外设置的警报器声响，通常明显区别于上下班铃声或自动喷水灭火系统水力警铃等声响。警报声响度通常比环境噪声高 30dB。设置干粉灭火系统标志牌是提示进入防护区人员，当发生火灾时，应立即撤离。

7.0.2 干粉灭火系统从确认火警至释放灭火剂灭火前有一段延迟时间，该时间不大于 30s。因此通道及出口大小应保证防护区内人员能在该时间内安全疏散。

7.0.3 防护区的门向外开启，是为了防止个别人员因某种原因未能及时撤离时，都能在防护区内将门开启，避免对人员造成伤害。门自行关闭是使防护区内释放的干粉灭火剂不外泄，保持灭火剂设计浓度有利于灭火，并防止污染毗邻的环境。

7.0.4 封闭的防护区内释放大量的干粉灭火剂，会使能见度降低，使人员产生恐慌心理及对人员呼吸系统造成障碍或危害。因此，人员进入防护区工作时，通过将自动、手动开关切换至手动位置，使系统处于手动控制状态，即使控制系统受到干扰或误动作，也能避免系统误喷，保证防护区内人员的安全。

7.0.5 当干粉灭火系统施放了灭火剂扑灭防护区火灾后，防护区内还有很多因火灾而产生的有毒气体，而施放的干粉灭火剂微粒大量悬浮在防护区空间，为了尽快排出防护区内的有毒气体及悬浮的灭火剂微粒，以便尽快清理现场，应使防护区通风换气，但对地下防护区及无窗或设固定窗扇的地上防护区，难以用自然通风的方法换气，因此，要求采用机械排风方法。

7.0.6 设置局部应用灭火系统的场所，一般没有围封结构，因此只设置火灾声光警报器，不设门灯等设施。

7.0.7 有爆炸危险的场所，为防止爆炸，应消除金属导体上的静电，消除静电最有效的方法就是接地。有关标准规定，接地线应连接可靠，接地电阻小于 100Ω。

中华人民共和国国家标准

气体灭火系统设计规范

GB 50370—2005

条 文 说 明

目　次

1 总　　则

1.0.1 本条阐述了编制本规范的目的。

气体灭火系统是传统的四大固定式灭火系统(水、气体、泡沫、干粉)之一，应用广泛。近年来，为保护大气臭氧层，维护人类生态环境，国内外消防界已开发出多种替代卤代烷 1201、1301 的气体灭火剂及哈龙替代气体灭火系统。本规范的制定，旨在为气体灭火系统的设计工作提供技术依据，推动哈龙替代技术的发展，保护人身和财产安全。

1.0.2 本规范属于工程建设规范标准中的一个组成部分，其任务是解决工业和民用建筑中的新建、改建、扩建工程里有关设置气体全淹没灭火系统的消防设计问题。

气体灭火系统的设置部位，应根据国家标准《建筑设计防火规范》、《高层民用建筑设计防火规范》GB 50045 等其他有关国家标准的规定及消防监督部门针对保护场所的火灾特点、财产价值、重要程度等所做的有关要求来确定。

当今，国际上已开发出化学合成类及惰性气体类等多种替代哈龙的气体灭火剂。其中七氟丙烷及 IG541 混合气体灭火剂在我国哈龙替代气体灭火系统中应用较广，且已应用多年，有较好的效果，积累了一定经验。七氟丙烷是目前替代物中效果较好的产品。其对臭氧层的耗损潜能值 ODP＝0，温室效应潜能值 GWP＝0.6，大气中存留寿命 ALT＝31 年，灭火剂无毒性反应浓度 NOAEL＝9％，灭火设计基本浓度 $C=8\%$；具有良好的清洁性(在大气中完全汽化不留残渣)、良好的气相电绝缘性及良好的适用于灭火系统使用的物理性能。20 世纪 90 年代初，工业发达国家首先选用其替代哈龙灭火系统并取得成功。IG541 混合气体灭火剂由 N_2、Ar、CO_2 三种惰性气体按一定比例混合而成，其ODP＝0，使用后以其原有成分回归自然，灭火设计浓度一般在 37％～43％之间，在此浓度内人员短时间停留不会造成生理影响。系统压源高，管网可布置较远。1994 年 1 月，美国消防学会率先制定出《洁净气体灭火剂灭火系统设计规范》NFPA 2001，2000 年，国际标准化组织(ISO)发布了国际标准《气体灭火系统——物理性能和系统设计》ISO 14520。应用实践表明，七氟丙烷灭火系统和 IG541 混合气体灭火系统均能有效地达到预期的保护目的。

热气溶胶灭火技术是由我国消防科研人员于 20 世纪 60 年代首先提出的，自 90 年代中期始，热气溶胶产品作为哈龙替代技术的重要组成部分在我国得到了大量使用。基于以下考虑，将热气溶胶预制灭火系统列入本规范：

1　热气溶胶中 60％以上是由 N_2 等气体组成，其中含有的固体微粒的平均粒径极小(小于 $1\mu m$)，并具有气体的特性(不易降落、可以绕过障碍物等)，故在工程应用上可以把热气溶胶当做气体灭火剂使用。

2　十余年来，热气溶胶技术历经改进已趋成熟。但是，由于国内外各厂家采用的化学配方不同，气溶胶的性质也不尽相同，故一直难以进行规范。2004 年 6 月，公安部发布了公共安全行业标准《气溶胶灭火系统　第 1 部分：热气溶胶灭火装置》GA 499.1—2004，在该标准中，按热气溶胶发生剂的化学配方将热气溶胶分为 K 型、S 型、其他型三类，从而为热气溶胶设计规范的制定提供了基本条件(该标准有关专利的声明见 GA 499.1—2004 第 1 号修改单)；同时，大量的研究成果，工程实践实例和一批地方设计标准的颁布实施也为国家标准的制定提供了可靠的技术依据。

3　美国环保局(EPA)哈龙替代物管理署(SNAP)已正式批准热气溶胶为重要的哈龙替代品。国际标准化组织也于 2005 年初将气溶胶灭火系统纳入《气体灭火系统——物理性能和系统设计》ISO 14520 的修订内容中。

本规范目前将上述三种气体灭火系统列入。其他种类的气体灭火系统，如三氟甲烷、六氟丙烷等，若确实需要并待时机成熟，也可考虑分阶段列入。二氧化碳等气体灭火系统仍执行现有的国家标准，由于本规范中只规定了全淹没灭火系统的设计要求和方法，故本规范的规定不适用于局部应用灭火系统的设计，因二者有着完全不同的技术内涵，特别需要指出的是：二氧化碳灭火系统是目前唯一可进行局部应用的气体灭火系统。

1.0.3 本条规定了根据国家政策进行工程建设应遵守的基本原则。"安全可靠"，是以安全为本，要求必须保证达到预期目的；"技术先进"，则要求火灾报警、灭火控制及灭火系统设计科学，采用设备先进、成熟；"经济合理"，则是在保证安全可靠、技术先进的前提下，做到节省工程投资费用。

2　术语和符号

2.1　术　　语

2.1.7 由于热气溶胶在实施灭火喷放前以固体的气溶胶发生剂形式存在，且热气溶胶的灭火浓度确实难以直接准确测量，故以扑灭单位容积内某种火灾所需固体热气溶胶发生剂的质量来间接表述热气溶胶的灭火浓度。

2.1.11 "过程中点"的概念，是参照《卤代烷 1211 灭火系统设计规范》GBJ 110—87 条文说明中有关"中期状态"的概念提出的，其涵义基本一致。但由于灭火剂喷放 50％的状态仅为一瞬时(时间点)，而不是一个时期，故"过程中点"的概念比"中期状态"的概念更为准确。

2.1.14 依据公安部发布的公共安全行业标准《气溶胶灭火系统　第 1 部分：热气溶胶灭火装置》GA 499.1—2004，对 S 型热气溶胶、K 型热气溶胶和其他型热气溶胶定义如下：

1　S 型热气溶胶(Type S condensed fire extinguishing aerosol)。

由含有硝酸锶[$Sr(NO_3)_2$]和硝酸钾(KNO_3)复合氧化剂的固体气溶胶发生剂经化学反应所产生的灭火气溶胶。其中复合氧化剂的组成(按质量百分比)硝酸锶为 35％～50％，硝酸钾为 10％～20％。

2　K 型热气溶胶(Type K condensed fire extinguishing aerosol)。

由以硝酸钾为主氧化剂的固体气溶胶发生剂经化学反应所产生的灭火气溶胶。固体气溶胶发生剂中硝酸钾的含量(按质量百分比)不小于 30％。

3　其他型热气溶胶(Other types condensed fire extinguishing aerosol)。

非 K 型和 S 型热气溶胶。

3　设 计 要 求

3.1　一 般 规 定

3.1.4 我国是一个发展中国家，搞经济建设应厉行节约，故按照本规范总则中所规定的"经济合理"的原则，对两个或两个以上的防护区，可采用组合分配系统。对于特别重要的场所，在经济条件允许的情况下，可考虑采用单元独立系统。

组合分配系统能减少设备用量及设备占地面积，节省工程投资费用。但是，一个组合分配系统包含的防护区不能太多、太分散。因为各个被组合进来的防护区的灭火系统设计，都必须分别满足各自系统设计的技术要求，而这些要求必然限制了防护区分散程度和防护区的数量，并且，组合多了还应考虑火灾发生几率的问题。此外，灭火设计用量较小且与组合分配系统的设置用量相差太悬殊的防护区，不宜参加组合。

3.1.5 设置组合分配系统的设计原则：对被组合的防护区只按一次火灾考虑；不存在防护区之间火灾蔓延的条件，即可对它们实行共同防护。

共同防护的涵义，是指被组合的任一防护区里发生火灾，都能实行灭火并达到灭火要求。那么，组合分配系统灭火剂的储存量，按其中所需的系统储存量最大的一个防护区的储存量来确定。但须指出，单纯防护区面积、体积最大，或是采用灭火设计浓度最大，其系统储存量不一定最大。

3.1.7 灭火剂的泄漏以及储存容器的检修，还有喷放灭火后的善后和恢复工作，都将会中断对防护区的保护。由于气体灭火系统的防护区一般都为重要场所，由它保护而意外造成中断的时间不允许太长，故规定72小时内不能够恢复工作状态的，就应设备用储存容器和灭火剂备用量。

本条规定备用量应按系统原储存量的100%确定，是按扑救第二次火灾需要来考虑的；同时参照了德国标准《固定式卤代烷灭火剂灭火设备》DIN 14496的规定。

一般来说，依据我国现有情况，绝大多数地方3天内都能够完成重新充装和检修工作。在重新恢复工作状态前，要安排好临时保护措施。

3.1.8 在系统设计和管网计算时，必然会涉及到一些技术参数。例如与灭火剂有关的气相液相密度、蒸气压力等，与系统有关的单位容积充装量、充压压力、流动特性、喷嘴特性、阻力损失等，它们无不与温度有着直接或间接的关系。因此采用同一的温度基准是必要的，国际上大都取20℃为应用计算的基准，本规范中所列公式和数据(除另有指明者外，例如：应按防护区最低环境温度计算灭火设计用量)也是以该基准温度为前提条件的。

3.1.9 必要时，IG541混合气体灭火系统储存容器的大小(容量)允许有差别，但充装压力应相同。

3.1.10 本条所做的规定，是为了尽量避免使用或少使用管道三通的设计，因其设计计算与实际在流量上存在的误差会带来较大的影响，在某些应用情况下它们可能会酿成不良后果(如在一防护区里包含一个以上封闭空间的情况)。所以，本条规定可设计两至三套管网以减少三通的使用。同时，如一防护区采用两套管网设计，还可使本应不均衡的系统变为均衡系统。对一些大防护区、大设计用量的系统来说，采用两套或三套管网设计，可减小管网管径，有利于管道设备的选用和保证管道设备的安全。

3.1.11 在管网上采用四通管件进行分流会影响分流的准确，造成实际分流与设计计算差异较大，故规定不应采用四通进行分流。

3.1.12 本条主要根据《气体灭火系统——物理性能和系统设计》ISO 14520标准中的规定，在标准的覆盖面积灭火试验里，在设定的试验条件下，对喷头的安装高度、覆盖面积、遮挡情况等做出了各项规定；同时，也是参考了公安部天津消防研究所的气体喷头性能试验数据，以及国外知名厂家的产品性能来规定的。

在喷头喷射角一定的情况下，降低喷头安装高度，会减小喷头覆盖面积；并且，当喷头安装高度小于1.5m时，遮挡物对喷头覆盖面积影响加大，故喷头保护半径应随之减小。

3.1.14 本条规定，一个防护区设置的预制灭火系统装置数量不宜多于10台。这是考虑预制灭火系统在技术上和功能上还有不如固定式灭火系统的地方；同时，数量多了会增加失误的几率，故应在数量上对它加以限制。具体考虑到本规范对设置预制灭火系统防护区的规定和对喷头的各项性能要求等，认为限定为“不宜超过10台”为宜。

3.1.15 为确保有效地扑灭火灾，防护区内设置的多台预制灭火系统装置必须同时启动，其动作响应时间差也应有严格的要求，本条规定是经过多次相关试验所证实的。

3.1.16 实验证明，用单台灭火装置保护大于160m³的防护区时，较远的区域内均有在规定时间内达不到灭火浓度的情况，所以本规范将单台灭火装置的保护容积限定在160m³以内。也就是说，对一个容积大于160m³的防护区即使设计一台装药量大的灭火装置能满足防护区设计灭火浓度或设计灭火密度要求，也要尽可能设计为两台装药量小一些的灭火装置，并均匀布置在防护区内。

3.2 系统设置

3.2.1、3.2.2 这两条内容等效采用《气体灭火系统——物理性能和系统设计》ISO 14520和《洁净气体灭火剂灭火系统设计规范》NFPA 2001标准的技术内涵；沿用了我国气体灭火系统国家标准，如《卤代烷1301灭火系统设计规范》GB 50163—92的表述方式。从广义上明确地规定了各类气体灭火剂可用来扑救的火灾与不能扑救的某些物质的火灾，即是对其应用范围进行了划定。

但是，从实际应用角度方面来说，人们愿意接受另外一种更实际的表述方式——气体灭火系统的典型应用场所或对象：

电器和电子设备；

通讯设备；

易燃、可燃的液体和气体；

其他高价值的财产和重要场所(部位)。

这些的确都是气体灭火系统的应用范围，而且是最适宜的。

凡固体类(含木材、纸张、塑料、电器等)火灾，本规范都指扑救表面火灾而言，所做的技术规定和给定的技术数据，都是在此前提下给出的；不仅是七氟丙烷和IG541混合气体灭火系统如此，凡卤代烷气体灭火系统，以及除二氧化碳灭火系统以外的其他混合气体灭火系统概无例外。也就是说，本规范的规定不适用于固体深位火灾。

对于IG541混合气体灭火系统，因其灭火效能较低，以及在高压喷放时可能导致可燃易燃液体飞溅及汽化，有造成火势扩大蔓延的危险，一般不提倡用于扑救主燃料为液体的火灾。

3.2.3 对于热气溶胶灭火系统，其灭火剂采用多元烟火药剂混合制得，从而有别于传统意义的气体灭火剂，特别是在灭火剂的配方选择上，各生产单位相差很大。制造工艺、配方选择不合理等因素均可导致发生严重的产品责任事故。在我国，曾先后发生过热气溶胶产品因误动作引起火灾、储存装置爆炸、喷放后损坏电器设备等多起严重事故，给人民生命财产造成了重大损失。因此，必须在科学、审慎的基础上对热气溶胶灭火技术的生产和应用进行严格的技术、生产和使用管理。多年的基础研究和应用性实验研究，特别是大量的工程实践例证证明：S型热气溶胶灭火系统用于扑救电气火灾后不会造成对电器及电子设备的二次损坏，故可用于扑救电气火灾；K型热气溶胶灭火系统喷放后的产物会对电器和电子设备造成损坏；对于其他型热气溶胶灭火系统，由于目前国内外既无相应的技术标准要求，也没有应用成熟的产品，本着“成熟一项，纳入一项”的基本原则，本规范提出了对K型和其他型热气溶胶灭火系统产品在电气火灾中应用的限制规定。今后，若确有被理论和实践证明不会对电器和电子设备造成二次损坏的其他型热气溶胶产品出现时，本条款可进行有关内容的修改。当然，对于人员密集场所、有爆炸危险性的场所及有超净要求的场所(如制药、芯片加工等处)，不应使用热气溶胶产品。

3.2.4 防护区的划分，是从有利于保证全淹没灭火系统实现灭火条件的要求方面提出来的。

不宜以两个或两个以上封闭空间划分防护区，即使它们所采用的灭火设计浓度相同，甚至有部分联通，也不宜那样去做。这是因为在极短的灭火剂喷放时间里，两个及两个以上空间难于实现灭火剂浓度的均匀分布，会延误灭火时间，或造成灭火失败。

对于含吊顶层或地板下的防护区，各层面相邻，管网分配方便，在设计计算上比较容易保证灭火剂的管网流量分配，为节省设备投资和工程费用，可考虑按一个防护区来设计，但需保证在设计计算上细致、精确。

对采用管网灭火系统的防护区的面积和容积的划定，是在国家标准《卤代烷1301灭火系统设计规范》GB 50163—92相关规定的基础上，通过有关的工程应用实践验证，根据实际需求而稍有扩大；对预制灭火系统，其防护区面积和容积的确定也是通过大量的工程应用实践而得出的。

3.2.5 当防护区的相邻区域设有水喷淋或其他灭火系统时，其隔墙或外墙上的门窗的耐火极限可低于0.5h，但不应低于0.25h。当吊顶层与工作层划为同一防护区时，吊顶的耐火极限不做要求。

3.2.6 该条等同采用了我国国家标准《卤代烷1301灭火系统设计规范》GB 50163—92的规定。

热气溶胶灭火剂在实施灭火时所产生的气体量比七氟丙烷和IG541要少50%以上，再加上喷放相对缓慢，不会造成防护区内压力急速明显上升，所以，当采用热气溶胶灭火系统时可以放宽对围护结构承压的要求。

3.2.7 防护区需要开设泄压口，是因为气体灭火剂喷入防护区内，会显著地增加防护区的内压，如果没有适当的泄压口，防护区的围护结构将可能承受不起增长的压力而遭破坏。

有了泄压口，一定有灭火剂从此流失。在灭火设计用量公式中，对于喷放过程阶段内的流失量已经在设计用量中考虑；而灭火浸渍阶段内的流失量却没有包括。对于浸渍时间要求10min以上，而门、窗缝隙比较大，密封较差的防护区，其泄漏的补偿问题，可通过门风扇试验进行确定。

由于七氟丙烷灭火剂比空气重，为了减少灭火剂从泄压口流失，泄压口应开在防护区净高的2/3以上，即泄压口下沿不低于防护区净高的2/3。

3.2.8 条文中泄压口"宜设在外墙上"，可理解为：防护区存在外墙的，就应该设在外墙上；防护区不存在外墙的，可考虑设在与走廊相隔的内墙上。

3.2.9 对防护区的封闭要求是全淹没灭火的必要技术条件，因此不允许除泄压口之外的开口存在；例如自动生产线上的工艺开口，也应做到在灭火时停止生产、自动关闭开口。

3.2.10 由于固体的气溶胶发生剂在启动、产生热气溶胶速率等方面受温度和压力的影响不显著，通常对使用热气溶胶的防护区环境温度可以放宽到不低于−20℃。但温度低于0℃时会使热气溶胶在防护区的扩散速度降低，此时要对热气溶胶的设计灭火密度进行必要的修正。

3.3 七氟丙烷灭火系统

3.3.1 灭火设计浓度不应小于灭火浓度的1.3倍及惰化设计浓度不应小于惰化浓度1.1倍的规定，是等同采用《气体灭火系统——物理性能和系统设计》ISO 14520及《洁净气体灭火剂灭火系统设计规范》NFPA 2001标准的规定。

有关可燃物的灭火浓度数据及惰化浓度数据，也是采用了《气体灭火系统——物理性能和系统设计》ISO 14520及《洁净气体灭火剂灭火系统设计规范》NFPA 2001标准的数据。

采用惰化设计浓度的，只是对有爆炸危险的气体和液体类的防护区火灾而言。即是说，无爆炸危险的气体、液体类的防护区，仍采用灭火设计浓度进行消防设计。

那么，如何认定有无爆炸危险呢？

首先，应从温度方面去检查。以防护区内存放的可燃、易燃液体或气体的闪点（闭口杯法）温度为标准，检查防护区的最高环境温度及这些物料的储存（或工作）温度，不高过闪点温度的，且防护区灭火后不存在永久性火源、而防护区又经常保持通风良好的，则认为无爆炸危险，可按灭火设计浓度进行设计。还需提请注意的是：对于扑救气体火灾，灭火前应做到切断气源。

当防护区最高环境温度或可燃、易燃液体的储存（或工作）温度高过其闪点（闭口杯法）温度时，可进一步再做检查：如果在该温度下，液体挥发形成的最大蒸气浓度小于它的燃烧下限浓度值的50%时，仍可考虑按无爆炸危险的灭火设计浓度进行设计。

如何在设计时确定被保护对象（可燃、易燃液体）的最大蒸气浓度是否会小于其燃烧下限浓度值的50%呢？这可转换为计算防护区内被保护对象的允许最大储存量，并可参考下式进行计算：

$$W_m = 2.38(C_f \cdot M/K)V$$

式中 W_m——允许的最大储存量（kg）；

C_f——该液体（保护对象）蒸气在空气中燃烧的下限浓度（%，体积比）；

M——该液体的分子量；

K——防护区最高环境温度或该液体工作温度（按其中最大值，绝对温度）；

V——防护区净容积（m^3）。

3.3.3 本条规定了图书、档案、票据及文物资料等防护区的灭火设计浓度宜采用10%。首先应该说明，依据本规范第3.2.1条，七氟丙烷只适用于扑救固体表面火灾，因此上述规定的灭火设计浓度，是扑救表面火灾的灭火设计浓度，不可用该设计浓度去扑救这些防护区的深位火灾。

固体类可燃物大都有从表面火灾发展为深位火灾的危险；并且，在燃烧过程中表面火灾与深位火灾之间无明显的界面可以划分，是一个渐变的过程。为此，在灭火设计上，立足于扑救表面火灾，并顾及到浅度的深位火灾的危险；这也是制定卤代烷灭火系统设计标准时国内外一贯的做法。

如果单纯依据《气体灭火系统——物理性能和系统设计》ISO 14520标准所给出的七氟丙烷灭固体表面火灾的灭火浓度为5.8%的数据，而规定上述防护区的最低灭火设计浓度为7.5%，是不恰当的。因为那只是单纯的表面火灾灭火浓度，《气体灭火系统——物理性能和系统设计》ISO 14520标准所给出的这个数据，是以正庚烷为燃料的动态灭火试验为基础的，它当然是单纯的表面火灾，只能在热释放速率等方面某种程度上代表固体表面火灾，而对浅度的深位火灾的危险性，正庚烷火不可能准确体现。

本条规定了纸张类为主要可燃物防护区的灭火设计浓度，它们在固体类火灾中发生浅度深位火灾的危险，比之其他可能性更大。扑灭深位火灾的灭火浓度要远大于扑灭表面火灾的灭火浓度；且对于不同的灭火浸渍时间，它的灭火浓度会发生变化，浸渍时间长，则灭火浓度会低一些。

制定本条标准应以试验数据为基础，但七氟丙烷扑灭实际固体表面火灾的基本试验迄今未见国内外有相关报道，无法借鉴。所以只能借鉴以往国内外制定其他卤代烷灭火系统设计标准的有关数据，它们对上述保护对象，其灭火设计浓度约取灭火浓度的1.7～2.0倍，浸渍时间大都取10min。故本条规定七氟丙烷在上述防护区的灭火设计浓度为10%，是灭火浓度的1.72倍。

3.3.4 本条对油浸变压器室、带油开关的配电室和燃油发电机房的七氟丙烷灭火设计浓度规定宜采用9%，是依据《气体灭火系统——物理性能和系统设计》ISO 14520标准提供的相关灭火浓度数据，取安全系数约为1.3确定的。

3.3.5 通讯机房、计算机房中的陈设、存放物，主要是电子电器设备、电缆导线和磁盘、纸卡之类，以及桌椅办公器具等，它们应属固体表面火灾的保护。依据《气体灭火系统——物理性能和系统设计》ISO 14520标准的数据，固体表面火灾的七氟丙烷灭火浓度为5.8%，最低灭火设计浓度可取7.5%。但是，由于防护区内陈设、存放物多样，不能单纯按电子电器设备可燃物类考虑；即使同是电缆电线，也分塑胶与橡胶电缆电线，它们灭火难易不同。我国国家标准《卤代烷 1301 灭火系统设计规范》GB 50163—92，对通讯机房、电子计算机房规定的卤代烷 1301 的灭火设计浓度为 5%，而固体表面火灾的卤代烷 1301 的灭火浓度为 3.8%，取的安全系数是 1.32；国外的情况，像美国，计算机房用卤代烷 1301 保护，一般都取 5.5%的灭火设计浓度，安全系数为 1.45。

从另外一个角度来说，七氟丙烷与卤代烷 1301 比较，在火场上比卤代烷 1301 的分解产物多，其中主要成分是 HF，HF 对人体与精密设备是有伤害和浸蚀影响的，但据美国 Fessisa 的试验报告指出，提高七氟丙烷的灭火设计浓度，可以抑制分解产物的生成量，提高 20%就可减少 50%的生成量。

正是考虑上述情况，本规范确定七氟丙烷对通讯机房、电子计算机房的保护，采用灭火设计浓度为 8%，安全系数取的是 1.38。

3.3.6 本条所做规定，目的是限制随意增加灭火使用浓度，同时也为了保证应用时的人身安全和设备安全。

3.3.7 一般来说，采用卤代烷气体灭火的地方都是比较重要的场所，迅速扑灭火灾，减少火灾造成的损失，具有重要意义。因此，卤代烷灭火都规定灭初期火灾，这也正能发挥卤代烷灭火迅速的特点；否则，就会造成卤代烷灭火的困难。对于固体表面火灾，火灾预燃时间长了才实行灭火，有发展成深位火灾的危险，显然是很不利于卤代烷灭火的；对于液体、气体火灾，火灾预燃时间长了，有可能酿成爆炸的危险，卤代烷灭火可能要从灭火设计浓度改换为惰化设计浓度。由此可见，采用卤代烷灭初期火灾，缩短灭火剂的喷放时间是非常重要的。故国际标准及国外一些工业发达国家的标准，都将卤代烷的喷放时间规定不应大于 10s。

另外，七氟丙烷遇热时比卤代烷 1301 的分解产物要多出很多，其中主要成分是 HF，它对人体是有伤害的；与空气中的水蒸气结合形成氢氟酸，还会造成对精密设备的浸蚀损害。根据美国 Fessisa 的试验报告，缩短卤代烷在火场的喷放时间，从 10s 缩短为 5s，分解产物减少将近一半。

为有效防止灭火时 HF 对通讯机房、电子计算机房等防护区的损害，宜将七氟丙烷的喷放时间从一般的 10s 缩短一些，故本条中规定为 8s。这样的喷放时间经试验论证，一般是可以做到的，在一些工业发达国家里也是被提倡的。当然，这会增加系统设计和产品设计上的难度，尤其是对于那些离储瓶间远的防护区和组合分配系统中的个别防护区，它们的难度会大一些。故本规范采用了 5.6MPa 的增压（等级）条件供选用。

3.3.8 本条是对七氟丙烷灭火时在防护区的浸渍时间所做的规定，针对不同的保护对象提出了不同要求。

对扑救木材、纸张、织物类固体表面火灾，规定灭火浸渍时间宜采用 20min。这是借鉴以往卤代烷灭火试验的数据。例如，公安部天津消防研究所以小木楞垛（12mm×12mm×140mm，5 排×7 层）动态灭火试验，求测固体表面火灾的灭火数据（美国也曾做过这类试验）。他们的灭火数据中，以卤代烷 1211 为工质，达到 3.5%的浓度，灭明火；欲继续将木楞垛中的阴燃火完全灭掉，需要提高到 6%～8%的浓度，并保持此浓度 6～7min；若以 3.5%～4%的浓度完全灭掉阴燃火，保持时间要增至 30min 以上。

在第 3.3.3 条中规定本类火灾的灭火设计浓度为 10%，安全系数取 1.72，按惯例该安全系数取的是偏低点。鉴于七氟丙烷市场价较高，不宜将设计浓度取高，而是可以考虑将浸渍时间稍加长些，这样仍然可以达到安全应用的目的。故本条规定了扑救木材、纸张、织物类灭火的浸渍时间为 20min。这样做符合本规范总则中“安全可靠”、“经济合理”的要求；在国外标准中，也有卤代烷灭火浸渍时间采用 20min 的规定。

至于其他类固体火灾，灭火一般要比木材、纸张类容易些（热固性塑料等除外），故灭火浸渍时间规定为宜采用 10min。

通讯机房、电子计算机房的灭火浸渍时间，在本规范里不像其他类固体火灾规定的那么长，是出于以下两方面的考虑：

第一，尽管它们同属固体表面火灾保护，但电子、电器类不像木材、纸张那样容易趋近构成深位火灾，扑救起来要容易得多；同时，国内外对电子计算机房这样的典型应用场所，专门做过一些试验，试验表明，卤代烷灭火时间都是在 1min 内完成的，完成后无复燃现象。

第二，通讯机房、计算机房所采用的是精密设备，通导性和清洁性都要求非常高，应考虑到七氟丙烷在火场所产生的分解物可能会对它们造成危害。所以在保证灭火安全的前提下，尽量缩短浸渍时间是必要的。这有利于灭火之后尽快将七氟丙烷及其分解产物从防护区里清除出去。

但从灭火安全考虑，也不宜将灭火浸渍时间取得过短，故本规范规定，通讯机房、计算机房等防护区的灭火浸渍时间为 5min。

气体、液体火灾都是单纯的表面火灾。所有气体、液体灭火试验表明，当气体灭火剂达到灭火浓度后都能立即灭火。考虑到一般的冷却要求，本规范规定它们的灭火浸渍时间不应小于 1min。如果灭火前的燃烧时间较长，冷却不容易，浸渍时间应适当加长。

3.3.9 七氟丙烷 20℃时的蒸气压为 0.39MPa（绝对压力），七氟丙烷在环境温度下储存，其自身蒸气压不足以将灭火剂从灭火系统中输送喷放到防护区。为此，只有在储存容器中采用其他气体给灭火剂增压。规定采用的增压气体为氮气，并规定了它的允许含水量，以免影响灭火剂质量和保证露点要求。这都等同采用了《气体灭火系统——物理性能和系统设计》ISO 14520 及《洁净气体灭火剂灭火系统设计规范》NFPA 2001 标准的规定。

为什么要对增压压力做出规定，而不可随意选取呢？这其中的主要缘故是七氟丙烷储存的初始压力，是影响喷头流量的一个固有因素。喷头的流量曲线是按初始压力为条件预先决定的，这就要求初始充压压力不能随意选取。

为了设计方便，设定了三个级别：系统管网长、流损大的，可选用 4.2MPa 及 5.6MPa 增压级；管网短、流损小的，可选用2.5MPa 增压级。2.5MPa 及 4.2MPa 是等同采用了《气体灭火系统——物理性能和系统设计》ISO 14520 及《洁净气体灭火剂灭火系统设计标准》NFPA 2001 标准的规定；增加的 5.6MPa 增压级是为了满足我国通常采用的组合分配系统的设计需要，即在一些距离储瓶间较远防护区也能达到喷射时间不大于 8s 的设计条件。

3.3.10 对单位容积充装量上限的规定，是从储存容器使用安全考虑的。因充装量过高时，当储存容器工作温度（即环境温度）上升到某一温度之后，其内压随温度的增加会由缓增变为陡增，这会危及储存容器的使用安全，故而应对单位容积充装量上限做出恰当而又明确的规定。充装量上限由实验得出，所对应的最高设计温度为 50℃，各级的储存容器的设计压力应分别不小于：一级4.0MPa；二级 5.6MPa（焊接容器）和 6.7MPa（无缝容器）；三级8.0MPa。

系统计算过程中初选充装量，建议采用 800～900kg /m^3 左右。

3.3.11 本条所做的规定，是为保证七氟丙烷在管网中的流动性能要求及系统管网计算方法上的要求而设定的。我国国家标准《卤代烷 1301 灭火系统设计规范》GB 50163—92 和美国标准《卤代烷 1301 灭火系统标准》NFPA 12A中都有相同的规定。

3.3.12 管网设计布置为均衡系统有三点好处：一是灭火剂在防护区里容易做到喷放均匀，利于灭火；二是可不考虑灭火剂在管网中的剩余量，做到节省；三是减少设计工作的计算量，可只选用一种规格的喷头，只要计算“最不利点”这一点的阻力损失就可以了。

均衡系统本应是管网中各喷头的实际流量相等，但实际系统大都达不到这一条件。因此，按照惯例，放宽条件，符合一定要求的，仍可按均衡系统设计。这种规定，其实质在于对各喷头间工作压力最大差值容许有多大。过去，对于可液化气体的灭火系统，国内外标准一般都按流程总损失的 10%确定允许最大差值。如果本规范也采用这一规定，在按本规范设计的七氟丙烷灭火系统中，按第二级增压的条件计算，可能出现的最大的流程总损失为1.5MPa(4.2MPa/2－0.6MPa)，允许的最大差值将是0.15MPa。即当“最不利点”喷头工作压力是0.6MPa时，“最利点”喷头工作压力可达0.75 MPa，由此计算得出喷头之间七氟丙烷流量差别接近20%(若按第三级增压条件计算其差别会更大)。差别这么大，对七氟丙烷灭火系统来说，要求喷射时间短、灭火快，仍将其认定是均衡系统，显然是不合理的。

上述制定允许最大差值的方法有值得商榷的地方。管网各喷头工作压力差别，是由系统管网进入防护区后的管网布置所产生的，与储存容器管网、汇流管和系统的主干管没有关系，不应该用它们来规定“允许最大差值”；更何况上述这些管网的损失占流程总损失的大部分，使最终结果误差较大。

本规范从另一个角度——相互间发生的差别用它们自身的长短去比较来考虑，故规定为：“管网的第1分流点至各喷头的管道阻力损失，其相互之间的最大差值不应大于20%”。虽然允许差值放大了，但喷头之间的流量差别却减小了。经测算，当第1分流点至各喷头的管道阻力损失最大差值为20%时，其喷头之间流量最大差别仅为10%左右。

3.3.14 灭火设计用量或惰化设计用量和系统灭火剂储存量的规定。

1 本款是等同采用了《气体灭火系统——物理性能和系统设计》ISO 14520及《洁净气体灭火剂灭火系统设计规范》NFPA 2001标准的规定。公式中C_1值的取用，取百分数中的实数(不带百分号)。公式中K(海拔高度修正系数)值，对于在海拔高度0～1000m以内的防护区灭火设计，可取$K=1$，即可以不修正。对于采用了空调或冬季取暖设施的防护区，公式中的S值，可按20℃进行计算。

2 本款是等同采用了《气体灭火系统——物理性能和系统设计》ISO 14520及《洁净气体灭火剂灭火系统设计规范》NFPA 2001标准的规定。

3 一套七氟丙烷灭火系统需要储存七氟丙烷的量，就是本条规定系统的储存量。式(3.3.14-1)计算出来的“灭火设计用量”，是必须储存起来的，并且在灭火时要全部喷放到防护区里去，否则就难以实现灭火的目的。但是要把容器中的灭火剂全部从系统中喷放出去是不可能的，总会有一些剩留在容器里及部分非均衡管网的管道中。为了保证“灭火设计用量”都能从系统中喷放出去，在系统容器中预先多充装一部分，这多装的量正好等于在喷放时剩留的，即可保证“灭火设计用量”全部喷放到防护区里去。

5 非均衡管网内剩余量的计算，参见图1说明：

从管网第一分支点计算各支管的长度，分别取各长支管与最短支管长度的差值为计算剩余量的长度；各长支管在末段的该长度管道内容积量之和，等量于灭火剂在管网内剩余量的体积量。

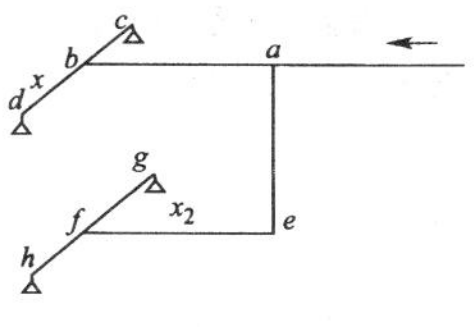

图1 非均衡管网内剩余量的计算

注：其中$bc<bd$，$bx=bc$及$ab+bc=ae+ex_2$。

系统管网里七氟丙烷剩余量(容积量)等于管道xd段、x_2f段、fg段与fh段的管道内容积之和。

3.3.15 管网计算的规定。

4 本款规定了七氟丙烷灭火系统管网的计算方法。由于七氟丙烷灭火系统是采用了氮气增压输送，而氮气增压方法是采用定容积的密封蓄压方式，在七氟丙烷喷放过程中无氮气补充增压。故七氟丙烷灭火系统喷放时，是定容积的蓄压气体在自由膨胀下输送七氟丙烷，形成不定流、不定压的随机流动过程。这样的管流计算是比较复杂的，细致的计算应采用微分的方法，但在工程应用计算上很少采用这种方法。历来的工程应用计算，都是在保证应用精度的条件下力求简单方便。卤代烷灭火系统计算也不例外，以往的卤代烷灭火系统的国际、国外标准都是这样做的(但迄今为止，国际、国外标准尚未提供洁净气体灭火剂灭火系统的管网计算方法)。

对于这类管流的简化计算，常采用的办法是以平均流量取代过程中的不定流量。已知流量还不能进行管流计算，还需知道相对应的压头。寻找简化计算方法，也就是寻找相应于平均流量的压头。在七氟丙烷喷放过程中，必然存在这样的某一瞬时，其流量会正好等于全过程的平均流量，那么该瞬时的压头即是所需寻找的压头。

对于现今工程上通常所建立的卤代烷灭火系统，经过精细计算，卤代烷喷放的流量等于平均流量的那一瞬时，是系统的卤代烷设计用量从喷头喷放出去50%的瞬时(准确地说，是非常接近50%的瞬时)；只要是在规范所设定的条件下进行系统设计，就不会因为系统的某些差异而带来该瞬时点的较大的偏移。将这一瞬时，规定为喷放全过程的“过程中点”。本规范对七氟丙烷灭火系统的管网计算就采用了这个计算方法。它不是独创，也是沿用了以往国际标准和国外标准对卤代烷灭火系统的一贯做法。

5 喷放“过程中点”储存容器内压力的含义，请见上一款的说明。这一压力的计算公式，是按定温过程依据波义耳-马略特定律推导出来的。

6 本款是提供七氟丙烷灭火系统设计进行管流阻力损失计算的方法。该计算公式可以做成图示(图2)，更便于计算使用。

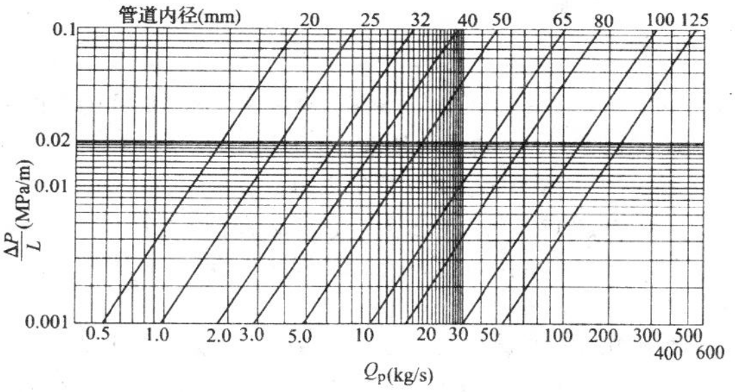

图2 镀锌钢管阻力损失与七氟丙烷流量的关系

七氟丙烷管流阻力损失的计算，现今的《气体灭火系统——物理性能和系统设计》ISO 14520及《洁净气体灭火剂灭火系统设计规范》NFPA 2001都未提供出来。为了建立这一计算方法，首先应该了解七氟丙烷在灭火系统中的管流状态。为此进行了专项实验，对七氟丙烷在20℃条件下，以不同充装率，测得它们在不同压力下七氟丙烷的密度变化，绘成曲线如图3。

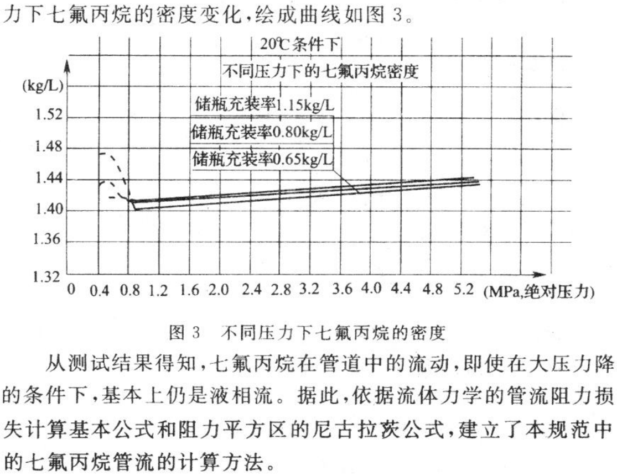

图3 不同压力下七氟丙烷的密度

从测试结果得知，七氟丙烷在管道中的流动，即使在大压力降的条件下，基本上仍是液相流。据此，依据流体力学的管流阻力损失计算基本公式和阻力平方区的尼古拉兹公式，建立了本规范中的七氟丙烷管流的计算方法。

将这一计算方法转换为对卤代烷1211的计算，与美国《卤代烷1211灭火系统标准》NFPA 12B和英国《室内灭火装置与设备实施规范》BS 5306上的计算进行校核，得到基本一致的结果。

本款中所列式(3.3.15-5)和图2用于镀锌钢管七氟丙烷管流的阻力损失计算；当系统管道采用不锈钢管时，其阻力损失计算可参考使用。

有关管件的局部阻力损失当量长度见表1～表3，可供设计参考使用。

表1 螺纹接口弯头局部损失当量长度

规格(mm)	20	25	32	40	50	65	80	法兰100	法兰125
当量长度(m)	0.67	0.85	1.13	1.31	1.68	2.01	2.50	1.70	2.10

表2 螺纹接口三通局部损失当量长度

规格(mm)	20		25		32		40		50	
当量长度(m)	直路	支路	直路	支路	直路	支路	直路	支路	直路	支路
	0.27	0.85	0.34	1.07	0.46	1.4	0.52	1.65	0.67	2.1

规格(mm)	65		80		法兰100		法兰125	
当量长度(m)	直路	支路	直路	支路	直路	支路	直路	支路
	0.82	2.5	1.01	3.11	1.40	4.1	1.76	5.1

表3 螺纹接口缩径接头局部损失当量长度

规格(mm)	25×20	32×25	32×20	40×32	40×25
当量长度(m)	0.2	0.2	0.4	0.3	0.4
规格(mm)	50×40	50×32	65×50	65×40	80×65
当量长度(m)	0.3	0.5	0.4	0.6	0.5
规格(mm)	80×50	法兰100×80	法兰100×65	法兰125×100	法兰125×80
当量长度(m)	0.7	0.6	0.9	0.8	1.1

3.3.16 本条的规定，是为了保证七氟丙烷灭火系统的设计质量，满足七氟丙烷灭火系统灭火技术要求而设定的。

最小 P_c 值是参照实验结果确定的。

$P_c \geq P_m/2$(MPa，绝对压力)，它是对七氟丙烷系统设计通过"简化计算"后精确性的检验；如果不符合，说明设定条件不满足，应该调整重新计算。

下面用一个实例，介绍七氟丙烷灭火系统设计的计算演算：

有一通讯机房，房高3.2m，长14m，宽7m，设七氟丙烷灭火系统进行保护(引入的部件的有关数据是取用某公司的ZYJ-100系列产品)。

1)确定灭火设计浓度。

依据本规范中规定，取 $C_1=8\%$。

2)计算保护空间实际容积。

$V=3.2\times14\times7=313.6(\text{m}^3)$。

3)计算灭火剂设计用量。

依据本规范公式(3.3.14-1)：

$W=K\cdot\frac{V}{S}\cdot\frac{C_1}{(100-C_1)}$，其中，$K=1$；

$S=0.1269+0.000513\cdot T$

$=0.1269+0.000513\times20$

$=0.13716(\text{m}^3/\text{kg})$；

$W=\frac{313.6}{0.13716}\cdot\frac{8}{(100-8)}=198.8(\text{kg})$。

4)设定灭火剂喷放时间。

依据本规范中规定，取 $t=7$s。

5)设定喷头布置与数量。

选用JP型喷头，其保护半径 $R=7.5$m。

故设定喷头为2只；按保护区平面均匀布置喷头。

6)选定灭火剂储存容器规格及数量。

根据 $W=198.8$kg，选用100L的JR-100/54储存容器3只。

7)绘出系统管网计算图(图4)。

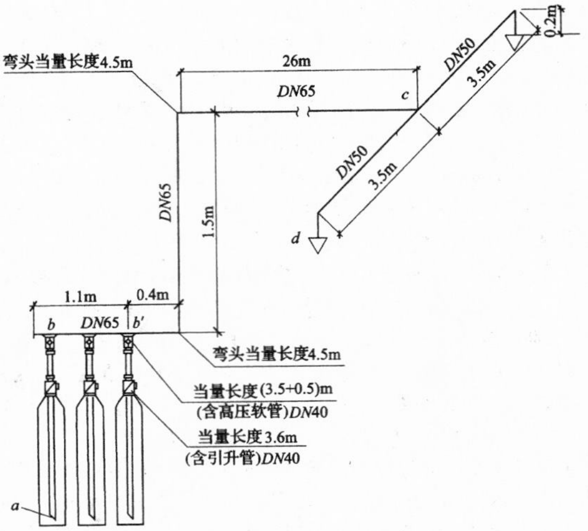

图4 系统管网计算图

8)计算管道平均设计流量。

主干管：$Q_w=\frac{W}{t}=\frac{198.8}{7}=28.4(\text{kg/s})$；

支管：$Q_g=Q_w/2=14.2(\text{kg/s})$；

储存容器出流管：$Q_p=\frac{W}{n\cdot t}=\frac{198.8}{3\times7}=9.47(\text{kg/s})$。

9)选择管网管道通径。

以管道平均设计流量，依据本规范条文说明第3.3.15条第6款中图2选取，其结果，标在管网计算图上。

10)计算充装率。

系统储存量：$W_0=W+\Delta W_1+\Delta W_2$；

管网内剩余量：$\Delta W_2=0$；

储存容器内剩余量：$\Delta W_1=n\times3.5=3\times3.5=10.5(\text{kg})$；

充装率：$\eta=W_0/(n\cdot V_b)=(198.8+10.5)/(3\times0.1)=697.7(\text{kg/m}^3)$。

11)计算管网管道内容积。

先按管道内径求出单位长度的内容积，然后依据管网计算图上管段长度求算：

$V_p=29\times3.42+7.4\times1.96=113.7(\text{m}^3)$。

12)选用额定增压压力。

依据本规范中规定，选用 $P_0=4.3$MPa(绝对压力)。

13)计算全部储存容器气相总容积。

依据本规范中公式(3.3.15-4)：

$V_0=nV_b(1-\frac{\eta}{\gamma})=3\times0.1(1-697.7/1407)=0.1512(\text{m}^3)$。

14)计算"过程中点"储存容器内压力。

依据本规范中公式(3.3.15-3)：

$$P_m=\frac{P_0V_0}{V_0+\frac{W}{2\gamma}+V_p}$$

$=(4.3\times0.1512)/[0.1512+198.8/(2\times1407)+0.1137]$

$=1.938$(MPa，绝对压力)。

15)计算管路损失。

(1)ab 段：

以 $Q_p=9.47$kg/s 及 $DN=40$mm，查图2得：

$(\Delta P/L)_{ab}=0.0103$MPa/m；

计算长度 $L_{ab}=3.6+3.5+0.5=7.6$(m)；

$\Delta P_{ab}=(\Delta P/L)_{ab}\times L_{ab}=0.0103\times7.6=0.0783$(MPa)。

(2)bb' 段：

以 $0.55Q_w=15.6$kg/s 及 $DN=65$mm，查图2得

$(\Delta P/L)_{bb'}=0.0022$MPa/m；

计算长度 $L_{bb'}=0.8$m；

$\Delta P_{bb'}=(\Delta P/L)_{bb'}\times L_{bb'}=0.0022\times 0.8=0.00176$(MPa)。

(3)$b'c$ 段：

以 $Q_w=28.4$kg/s 及 $DN=65$mm，查图 2 得

$(\Delta P/L)_{b'c}=0.008$MPa/m；

计算长度 $L_{b'c}=0.4+4.5+1.5+4.5+26=36.9$(m)；

$\Delta P_{b'c}=(\Delta P/L)_{b'c}\times L_{b'c}=0.008\times 36.9=0.2952$(MPa)。

(4)cd 段：

以 $Q_g=14.2$kg/s 及 $DN=50$mm，查图 2 得

$(\Delta P/L)_{cd}=0.009$MPa/m；

计算长度 $L_{cd}=5+0.4+3.5+3.5+0.2=12.6$(m)；

$\Delta P_{cd}=(\Delta P/L)_{cd}\times L_{cd}=0.009\times 12.6=0.1134$(MPa)。

(5)求得管路总损失：

$$\sum_{1}^{N_d}\Delta P=\Delta P_{ab}+\Delta P_{bb'}+\Delta P_{b'c}+\Delta P_{cd}=0.4887\ (\text{MPa})。$$

16)计算高程压头。

依据本规范中公式(3.3.15-9)：

$P_h=10^{-6}\gamma\cdot H\cdot g$

其中，$H=2.8$m("过程中点"时，喷头高度相对储存容器内液面的位差)，

则 $P_h=10^{-6}\gamma\cdot H\cdot g$

$=10^{-6}\times 1407\times 2.8\times 9.81$

$=0.0386$(MPa)。

17)计算喷头工作压力。

依据本规范中公式(3.3.15-8)：

$$P_c=P_m-\sum_{1}^{N_d}\Delta P\pm P_h$$

$=1.938-0.4887-0.0386$

$=1.411$(MPa，绝对压力)。

18)验算设计计算结果。

依据本规范的规定，应满足下列条件：

$P_c\geqslant 0.7$(MPa，绝对压力)；

$P_c\geqslant\frac{P_m}{2}=1.938/2=0.969$(MPa，绝对压力)。

皆满足，合格。

19)计算喷头等效孔口面积及确定喷头规格。

以 $P_c=1.411$MPa 从本规范附录 C 表 C-2 中查得，

喷头等效孔口单位面积喷射率：$q_c=3.1$[(kg/s)/cm²]；

又，喷头平均设计流量：$Q_c=W/2=14.2$kg/s；

由本规范中公式(3.3.17)求得喷头等效孔口面积：

$F_c=\frac{Q_c}{q_c}=14.2/3.1=4.58(\text{cm}^2)$。

由此，即可依据求得的 F_c 值，从产品规格中选用与该值相等(偏差$^{+9\%}_{-3\%}$)、性能跟设计一致的喷头为 JP-30。

3.3.18 一般喷头的流量系数在工质一定的紊流状态下，只由喷头孔口结构所决定，但七氟丙烷灭火系统的喷头，由于系统采用了氮气增压输送，部分氮气会溶解在七氟丙烷里，在喷放过程中它会影响七氟丙烷流量。氮气在系统工作过程中的溶解量与析出量和储存容器增压压力及喷头工作压力有关，故七氟丙烷灭火系统喷头的流量系数，即各个喷头的实际等效孔口面积值与储存容器的增压压力及喷头孔口结构等因素有关，应经试验测定。

3.4 IG541 混合气体灭火系统

3.4.6 泄压口面积是该防护区采用的灭火剂喷放速率及防护区围护结构承受内压的允许压强的函数。喷放速率小，允许压强大，则泄压口面积小；反之，则泄压口面积大。泄压口面积可通过计算得出。由于 IG541 灭火系统在喷放过程中，初始喷放压力高于平均流量的喷放压力约 1 倍，故推算结果是，初始喷放的峰值流量约是平均流量的$\sqrt{2}$倍。因此，条文中的计算公式是按平均流量的$\sqrt{2}$倍求出的。

建筑物的内压允许压强，应由建筑结构设计给出。表 4 的数据供参考：

表 4 建筑物的内压允许压强

建筑物类型	允许压强(Pa)
轻型和高层建筑	1200
标准建筑	2400
重型和地下建筑	4800

3.4.7 第 3 款中，式(3.4.7-3)按系统设计用量完全释放时，以当时储瓶内温度和管网管道内平均温度计算 IG541 灭火剂密度而求得。

3.4.8 管网计算。

2 式(3.4.8-3)是根据 1.1 倍平均流量对应喷头容许最小压力下，以及释放近 95% 的设计用量，管网末端压力接近 0.5MPa(表压)时，它们的末端流速皆小于临界流速而求得的。

计算选用时，在选用范围内，下游支管宜偏大选用；喷头接管按喷头接口尺寸选用。

4 式(3.4.8-4)是以释放 95% 的设计用量的一半时的系统状况，按绝热过程求出的。

5 减压孔板后的压力，应首选临界落压比进行计算，当由此计算出的喷头工作压力未能满足第 3.4.9 条的规定时，可改选落压比，但应在本款规定范围内选用。

6 式(3.4.8-6)是根据亚临界压差流量计算公式，即

$$Q=\mu FP_1\sqrt{2g\frac{k}{k-1}\cdot\frac{1}{RT_1}\left[\left(\frac{P_2}{P_1}\right)^{\frac{2}{k}}-\left(\frac{P_2}{P_1}\right)^{\frac{k+1}{k}}\right]}$$

其中 T_1 以初始温度代入而求得。

Q 式的推导，是设定 IG541 喷放的系统流程为绝热过程，得

$$C_vT+AP\nu+A\frac{\omega^2}{2g}=\text{常量}$$

求取孔口和孔口前两截面的方程式，并以 $i=C_vT+AP\nu$ 代入，得

$$i_1+A\frac{\omega_1^2}{2g}=i+A\frac{\omega_2^2}{2g}$$

$$\Delta i=i_2-i_1=\frac{A}{2g}(\omega_2^2-\omega_1^2)$$

相对于 ω_2，ω_1 相当小，从而忽略 ω_1^2 项，得

$$\omega_2=\sqrt{\frac{2g}{A}\Delta i}$$

又 $\Delta i=C_p(T_2-T_1)$

$$T_2=T_1\left(\frac{P_2}{P_1}\right)^{\frac{k-1}{k}}$$

最终即可求出 Q 式。

以上各式中，符号的含义如下：

Q——减压孔板气体流量；

μ——减压孔板流量系数；

F——减压孔板孔口面积；

P_1——气体在减压孔板前的绝对压力；

P_2——气体在减压孔板孔口处的绝对压力；

g——重力加速度；

k——绝热指数；

R——气体常数；

T_1——气体初始绝对温度；

T_2——孔口处的气体绝对温度；

C_v——比定容热容；

T——气体绝对温度；

A——功的热当量；

P——气体压力；

ν——气体比热容；

ω——气体流速，角速度；

v——气体流速，线速度；

i_1——减压孔板前的气体状态焓；

i_2——孔口处的气体状态焓；

ω_1——气体在减压孔板前的流速；

ω_2——气体在孔口处的流速；

C_p——比定压热容。

减压孔板可按图 5 设计。其中，d 为孔口直径；D 为孔口前管道内径；d/D 为 0.25～0.55。

当 $d/D \leqslant 0.35$，$\mu_k = 0.6$；

$0.35 < d/D \leqslant 0.45$，$\mu_k = 0.61$；

$0.45 < d/D \leqslant 0.55$，$\mu_k = 0.62$。

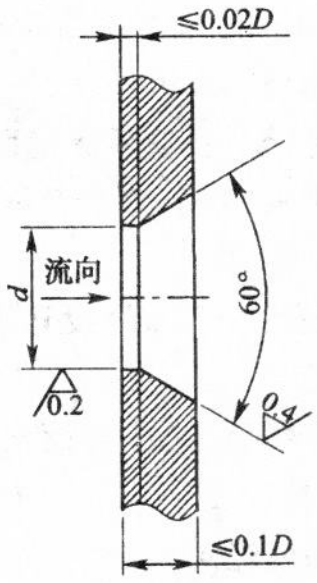

图 5　减压孔板

7　系统流程损失计算，采用了可压缩流体绝热流动计入摩擦损失为计算条件，建立管流的方程式：

$$\frac{dp}{\rho} + \frac{\alpha v dv}{g} + \frac{\lambda v^2 dl}{2gD} = 0$$

最后推算出：

$$Q^2 = \frac{0.242 \times 10^{-8} D^{5.25} Y}{0.04 D^{1.25} Z + L}$$

其中：$Y = -\int_{p_1}^{p_2} \rho dp$

$$Z = -\int_{p_1}^{p_2} \frac{d\rho}{\rho}$$

式中　ρ——气体密度；

α——动能修正系数；

λ——沿程阻力系数；

dl——长度函数的微分；

dp——压力函数的微分；

dv——速度函数的微分；

Y——压力系数；

Z——密度系数；

L——管道计算长度。

由于该式中，压力流量间是隐函数，不便求解，故将计算式改写为条文中形式。

下面用实例介绍 IG541 混合气体灭火系统设计计算：

某机房为 20m×20m×3.5m，最低环境温度 20℃，将管网均衡布置。

图 6 中：减压孔板前管道（a—b）长 15m，减压孔板后主管道（b—c）长 75m，管道连接件当量长度 9m；一级支管（c—d）长 5m，管道连接件当量长度 11.9m；二级支管（d—e）长 5m，管道连接件当量长度 6.3m；三级支管（e—f）长 2.5m，管道连接件当量长度 5.4m；末端支管（f—g）长 2.6m，管道连接件当量长度 7.1m。

1）确定灭火设计浓度。

依据本规范，取 $C_1 = 37.5\%$。

2）计算保护空间实际容积。

$V = 20 \times 20 \times 3.5 = 1400(m^3)$。

3）计算灭火设计用量。

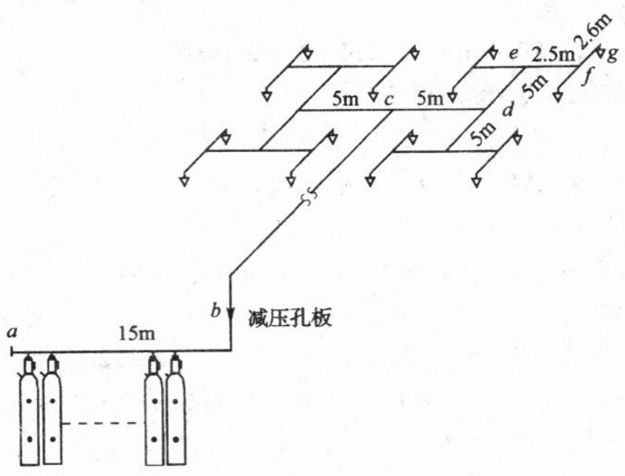

图 6　系统管网计算图

依据本规范公式（3.4.7-1）：$W = K \cdot \frac{V}{S} \cdot \ln\left(\frac{100}{100 - C_1}\right)$，

其中，$K = 1$；

$S = 0.6575 + 0.0024 \times 20(℃) = 0.7055(m^3/kg)$；

$W = \frac{1400}{0.7055} \cdot \ln\left(\frac{37.5}{100 - 37.5}\right) = 932.68(kg)$。

4）设定喷放时间。

依据本规范，取 $t = 55s$。

5）选定灭火剂储存容器规格及储存压力级别。

选用 70L 的 15.0MPa 存储容器，根据 $W = 932.68kg$，充装系数 $\eta = 211.15kg/m^3$，储瓶数 $n = (932.68/211.15)/0.07 = 63.1$，取整后，$n = 64$（只）。

6）计算管道平均设计流量。

主干管：$Q_w = \frac{0.95W}{t} = 0.95 \times 932.68/55 = 16.110(kg/s)$；

一级支管：$Q_{g1} = Q_w/2 = 8.055(kg/s)$；

二级支管：$Q_{g2} = Q_{g1}/2 = 4.028(kg/s)$；

三级支管：$Q_{g3} = Q_{g2}/2 = 2.014(kg/s)$；

末端支管：$Q_{g4} = Q_{g3}/2 = 1.007(kg/s)$，即 $Q_c = 1.007kg/s$。

7）选择管网管道通径。

以管道平均设计流量，依据本规范 $D = (24 \sim 36)\sqrt{Q}$，初选管径为：

主干管：125mm；

一级支管：80mm；

二级支管：65mm；

三级支管：50mm；

末端支管：40mm。

8）计算系统剩余量及其增加的储瓶数量。

$V_1 = 0.1178m^3$，$V_2 = 1.1287m^3$，$V_p = V_1 + V_2 = 1.2465m^3$；$V_0 = 0.07 \times 64 = 4.48m^3$；

依据本规范，$W_s \geqslant 2.7V_0 + 2.0V_p \geqslant 14.589(kg)$，

计入剩余量后的储瓶数：

$n_1 \geqslant [(932.68 + 14.589)/211.15]/0.07 \geqslant 64.089$

取整后，$n_1 = 65$（只）。

9）计算减压孔板前压力。

依据本规范公式（3.4.8-4）：

$P_1 = P_0 \left(\frac{0.525V_0}{V_0 + V_1 + 0.4V_2}\right)^{1.45} = 4.954(MPa)$。

10）计算减压孔板后压力。

依据本规范，$P_2 = \delta \cdot P_1 = 0.52 \times 4.954 = 2.576(MPa)$。

11）计算减压孔板孔口面积

依据本规范公式（3.4.8-6）：$F_k = \frac{Q_k}{0.95\mu_k P_1 \sqrt{\delta^{1.38} - \delta^{1.69}}}$；并初选 $\mu_k = 0.61$，得出 $F_k = 20.570(cm^2)$，$d = 51.177(mm)$。d/D

$=0.4094$；说明 μ_k 选择正确。

12)计算流程损失。

根据 $P_2=2.576$(MPa)，查本规范附录 E 表 E-1，得出 b 点 $Y=566.6$，$Z=0.5855$；

依据本规范公式(3.4.8-7)：

$$Y_2=Y_1+\frac{L \cdot Q^2}{0.242\times10^{-8}\cdot D^{5.25}}+\frac{1.653\times10^7}{D^4}\cdot(Z_2-Z_1)Q^2,$$

代入各管段平均流量及计算长度(含沿程长度及管道连接件当量长度)，并结合本规范附录 E 表 E-1，推算出：

c 点 $Y=656.9$，$Z=0.5855$；该点压力值 $P=2.3317$MPa；

d 点 $Y=705.0$，$Z=0.6583$；

e 点 $Y=728.6$，$Z=0.6987$；

f 点 $Y=744.8$，$Z=0.7266$；

g 点 $Y=760.8$，$Z=0.7598$。

13)计算喷头等效孔口面积。

因 g 点为喷头入口处，根据其 Y、Z 值，查本规范附录 E 表 E-1，推算出该点压力 $P_c=2.011$MPa；查本规范附录 F 表 F-1，推算出喷头等效单位面积喷射率 $q_c=0.4832\text{kg/(s}\cdot\text{cm}^2)$；

依据本规范，$F_c=\frac{Q_c}{q_c}=2.084(\text{cm}^2)$。

查本规范附录 D，可选用规格代号为 22 的喷头(16 只)。

3.5 热气溶胶预制灭火系统

3.5.9 热气溶胶灭火系统由于喷放较慢，因此存在灭火剂在防护区内扩散较慢的问题。在较大的空间内，为了使灭火剂以合理的速度进行扩散，除了合理布置灭火装置外，适当增加灭火剂浓度也是比较有效的办法，所以在设计用量计算中引入了容积修正系数 K_v，K_v 的取值是根据试验和计算得出的。

下面举例说明热气溶胶灭火系统的设计计算：

某通讯传输站作为一单独防护区，其长、宽、高分别为 5.6m、5m、3.5m，其中含建筑实体体积为 $23m^3$。

1) 计算防护区净容积。

$V=(5.6\times5\times3.5)-23=75(\text{m}^3)$。

2)计算灭火剂设计用量。

依据本规范，

$W=C_2\cdot K_v\cdot V$，

C_2 取 0.13kg/m^3，K_v 取 1，则：

$W=0.13\times1\times75=9.75$ (kg)。

3) 产品规格选用。

依据本规范第 3.2.1 条以及产品规格，选用 S 型气溶胶灭火装置 10kg 一台。

4)系统设计图。

依据本规范要求配置控制器、探测器等设备后的灭火系统设计图如下：

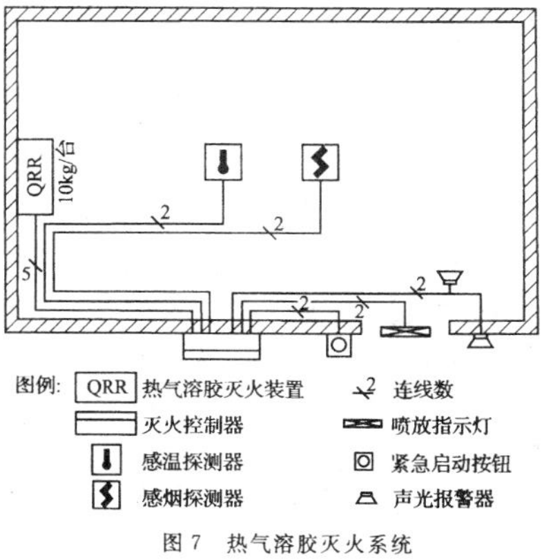

图 7 热气溶胶灭火系统

4 系 统 组 件

4.1 一 般 规 定

4.1.1 第 4 款中，要求气体灭火系统储存装置设在专用的储瓶间内，是考虑它是一套用于安全设施的保护设备，被保护的都是一些存放重要设备物件的场所，所以它自身的安全可靠是做好安全保护的先决条件，故宜将它设在安全的地方，专用的房间里。专用房间，即指不应是走廊里或简陋建筑物内，更不应该露天设置；同时，也不宜与消防无关的设备共同设置在同一个房间里。为了防止外部火灾蔓延进来，其耐火等级要求不应低于二级。要求有直通室外或疏散走道的出口，是考虑火灾事故时安全操作的需要。其室内环境温度的规定，是根据气体灭火剂沸点温度和设备正常工作的要求。

对于 IG541 混合气体灭火系统，其储存装置长期处于高压状态，因而其储瓶间要求(如泄爆要求等)更为严格，除满足一般储瓶间要求外，还应符合国家有关高压容器储存的规定。

4.1.5 要求在灭火系统主管道上安装压力讯号器或流量讯号器，有两个用途：一是确认本系统是否真正启动工作和灭火剂是否喷向起火的保护区；二是用其信号操作保护区的警告指示门灯，禁止人员进入已实施灭火的防护区。

4.1.8 防护区的灭火是以全淹没方式灭火。全淹没方式是以灭火浓度为条件的，所以单个喷头的流量是以单个喷头在防护区所保护的容积为核算基础。故喷头应以其喷射流量和保护半径二者兼顾为原则进行合理配置，满足灭火剂在防护区里均匀分布，达到全淹没灭火的要求。

4.1.9 尽管气体灭火剂本身没有什么腐蚀性，其灭火系统管网平时是干管，但作为安全的保护设备来讲，是“养兵千日，用在一时”。考虑环境条件对管道的腐蚀，应进行防腐处理，防腐处理宜采用符合环保要求的方式。对钢管及钢制管道附件也可考虑采用内外镀锌钝化等防腐方式。镀层应做到完满、均匀、平滑；镀锌层厚度不宜小于 15μm。

本规范没有完全限制管道连接方式，如沟槽式卡箍连接。由于目前还没有通过国家法定检测机构检测并符合要求的耐高压沟槽式卡箍类型，规范不宜列入，如将来出现符合要求的产品，本规范不限制使用。

4.1.11 系统组件的特性参数包括阀门、管件的局部阻力损失，喷嘴流量特性，减压装置减压特性等。

5 操作与控制

5.0.1 化学合成类灭火剂在火场的分解产物是比较多的，对人员和设备都有危害。例如七氟丙烷，据美国 Robin 的试验报告，七氟丙烷接触的燃烧表面积加大，分解产物会随之增加，表面积增加 1 倍，分解产物会增加 2 倍。为此，从减少分解产物的角度缩短火灾的预燃时间，也是很有必要的。对通讯机房、电子计算机房等防护区来说，要求其设置的探测器在火灾规模不大于 1kW 的水准就应该响应。

另外，从减少火灾损失，限制表面火灾向深位火灾发展，限制易燃液体火灾的爆炸危险等角度来说，也都认定它是非常必要的。

故本规范规定，应配置高灵敏度的火灾探测器，做到及早地探明火灾，及早地灭火。探测器灵敏度等级应依照国家标准《火灾自动报警系统设计规范》GB 50116—1998 的有关技术规定。

感温探测器的灵敏度应为一级；感烟探测器等其他类型的火灾探测器，应根据防护区内的火灾燃烧状况，结合具体产品的特性，选择响应时间最短、最灵敏的火灾探测器。

5.0.3 对于平时无人工作的防护区，延迟喷射的延时设置可为0s。这里所说的平时无人工作防护区，对于本灭火系统通常的保护对象来说，可包括：变压器室、开关室、泵房、地下金库、发动机试验台、电缆桥架（隧道）、微波中继站、易燃液体库房和封闭的能源系统等。

对于有人工作的防护区，一般采用手动控制方式较为安全。

5.0.5 本条中的“自动控制装置应在接到两个独立的火灾信号后才能启动”，是等同采用了我国国家标准《火灾自动报警系统设计规范》GB 50116—1998 的规定。

但是，采用哪种火灾探测器组合来提供“两个”独立的火灾信号则必须根据防护区及被保护对象的具体情况来选择。例如，对于通信机房和计算机房，一般用温控系统维持房间温度在一定范围；当发生火灾时，起初防护区温度不会迅速升高，感烟探测器会较快感应。此类防护区在火灾探测器的选择和线路设计上，除考虑采用温-烟的两个独立火灾信号的组合外，更可考虑采用烟-烟的两个独立火灾信号的组合，而提早灭火控制的启动时间。

5.0.7 应向消防控制室传送的信息包括：火灾信息、灭火动作、手动与自动转换和系统设备故障信息等。

6 安全要求

6.0.4 灭火后，防护区应及时进行通风换气，换气次数可根据防护区性质考虑，根据通信机房、计算机机房等场所的特性，本条规定了其每小时最少的换气次数。

6.0.5 排风管不能与通风循环系统相连。

6.0.7 本条规定，在通常有人的防护区所使用的灭火设计浓度限制在安全范围以内，是考虑人身安全。

6.0.8 本条的规定，是防止防护区内发生火灾时，较高充压压力的容器因升温过快而发生危险。同时参考了卤代烷 1211、1301 预制灭火系统的设计应用情况。

6.0.11 空气呼吸器不必按照防护区配置，可按建筑物（栋）或灭火剂储瓶间或楼层酌情配置，宜设两套。

5

建筑设备

（给水排水·电气·防雷·暖通·智能）

中华人民共和国国家标准

建筑给水排水设计规范

GB 50015—2003

条 文 说 明

目　次

1 总 则

1.0.2 本条是原规范条文的修改，明确了本规范的适用范围，增加了居住小区给排水设计内容，居住小区给排水属于建筑给排水范畴。20 世纪 90 年代初，为适应工程建设的急需，由中国工程建设标准化协会组织有关大专院校、设计单位共同制订了中国工程建设标准化协会推荐性标准《居住小区给水排水设计规范》CECS 57：94。本次强制性国家标准《建筑给水排水设计规范》全面修订之际，将居住小区给排水设计主要内容列入本规范。

本次修订，明确了本规范仅适用于工业建筑中生活给水排水和厂房屋面雨水排水，而不适用于工业生产给水排水。工业给排水由生产工艺确定，不属于建筑给水排水范畴。将原规范（1997 年版）的抗震设防烈度为 10 度的建筑物，改成抗震设防烈度超过 9 度的建筑物，表达更为确切。抗震设防烈度在 9 度及 9 度以上时，应按有关专门的规定执行。

鉴于原《建筑中水设计规范》CECS 30：91，由协会标准上升为国家标准 GB 50336—2002。为避免内容重复，本规范不包括其内容。

3 给 水

3.1 用水定额和水压

3.1.1～3.1.8 本次规范修订将小区给水排水的设计纳入了本规范。按《城市居住区规划设计规范》GB 50180—93 对城市居住区规模的划分：人口 1000～3000 人的称为居住组团；人口 7000～15000 人的称为居住小区；人口达 30000～50000 人的称为城市居住区。本规范在条文中只使用了“居住小区”这一术语，它包含了 15000 人以下的居住小区或居住组团。所以本规范涉及居住小区的条文不适用于人口在 15000 人以上的城市居住区。城市居住区的给水排水设计应按现行的国家标准《室外给水设计规范》和《室外排水设计规范》执行。

居住小区内的给水设计用水量应根据小区的实际规划设计的内容，各自独立计算后综合确定。

当居住小区内设有公用游泳池或水上娱乐池及水景池时，应按本规范 3.9.17 条、3.9.18 条和 3.11.2 条的有关规定计算其用水量。

3.1.3 条的居住小区内的公共建筑，指与居住小区配套建设的为居住小区居民服务的公共建筑。对于不属于居住小区管辖的公共建筑，应独立设计，一般不宜与小区给水管网相连接。

3.1.9 住宅生活用水定额作了略微调整，取消了高级住宅这一类别，因为难以确切界定它与普通住宅的差别。别墅与普通住宅存在着明显差别，每户别墅都有大小不等的绿地和自用的停车库，普通住宅就没有私人绿地，私人汽车只能停放在公共车库。因此，保留了普通住宅和别墅两大类别的划分。

高层住宅与多层住宅在用水定额上没有差别，只对室内给水管网的水压竖向分区和加压系统有影响，所以不划分高层住宅、多层住宅。

家用燃气热水机组已开始进入家庭，它既可满足家庭采暖热水的供应，又可满足生活热水的供应。它的推广应用将取代集中采暖的供热和集中热水的供应。因此，表 3.1.9 中将家用燃气热水机组与集中热水供应作为等同的卫生器具设置标准来看待。

住宅的卫生器具设置标准直接反映了社会经济的发展水平，也是决定居民生活用水定额的主要因素。居民的生活习惯、气候条件、缺水区与丰水区的水费政策不同等，都对居民生活用水定额产生影响，所以表 3.1.9 中生活用水定额的幅度较大，设计人应根据当地的实际情况选定。

普通Ⅱ类住宅是目前住宅的典型，其卫生器具的配置标准是小康家庭的代表。

通过住宅用水定额的预测分析，对确定用水定额也是十分重要的，以下的预测分析供参考：

1 Ⅰ类住宅的卫生器具配置标准过低，采用燃气热水器淋浴和洗衣机洗衣是一个普及的趋势，所以只配置有大便器和洗涤盆的住宅在新建的商品房中已极少见。

2 家用洗碗机进入Ⅱ类住宅家庭的速度不会很快；洗碗机进入别墅的可行性大，但即使进入后对别墅的用水定额影响不大。

3 对食用水进行过滤吸附处理的小型净水器进入家庭对用水定额没有影响。采用反渗透处理食用水的净水器进入家庭的比例不会高。反渗透处理有 80%的原水要排放，如不重新利用，会影响用水定额升高。

小区内有分质供水，管道直饮水入户，对住户的用水定额没有影响。

4 净菜上市的政策会使用于食品洗涤用水略有减少。居民在外用餐的比例随着经济发展会比现在提高，这会降低家庭用水量。

5 节水型卫生器具的推广会使家庭用水减少。

6 人口老龄化，老人在家时间多，会多用水。

综合分析以上几点预测，在今后若干年内，住宅的生活用水定额不会出现大的变化。表 3.1.9 的定额不会突破，只会略有减少。

3.1.10 公共建筑的生活用水定额，作一些调整，主要有：

1 宾馆客房用水定额调低，原因是客房的开房率下降，已基本没有加床的情况出现；非旅客在客房内用水（主要是沐浴）的情况已基本没有；卫生器具漏水现象基本杜绝；旅客在客房内逗留时间减少；在浴缸中浸泡洗澡者减少，淋浴者居多。

宾馆的星级与选用用水定额的关系，一般可如下采用：二星、三星级最高取 300L/床·d；四星级最高取 350L/床·d；五星级最高取 400L/床·d。

2 医院住院部的用水定额调高，这是根据医疗条件改善的需要和医疗单位反馈的意见调整的。

3 理发室调高，因顾客烫发、染发的比例增大，用水量增大很多。

4 餐饮业原定额偏低，予以调高。对海鲜酒楼，还应另加海鲜养殖水量。

5 商场用水定额改用以营业面积计，营业员和顾客用水均已包含在内，选取用水定额时，位于城市集中商业区的商场选上限，一般街道的商场选下限。不设对顾客开放的卫生间的小商店，只需计营业员用水。

6 菜市场原定额偏低，予以调高。

7 停车库地面冲洗水，一般不是每天使用，除了独立经营的停车库（场）外，对附属在公用建筑或住宅楼的地下车库，可不另计。

3.1.12 工业企业的淋浴用水定额应在设计时与兴建单位充分协商后确定。本条所定的定额，只适用于一般轻微污染的工业企业，不适用于重污染企业和采矿业。

3.1.13 汽车冲洗用水定额供洗车场设计选用。附设在民用建筑中的停车库，可按 10%～15%轿车车位计抹车用水。

3.1.14 表 3.1.14 中的最低工作压力是指在此压力下卫生器具基本上可以满足使用要求，它与额定流量无对应关系。表中数据是在国家建筑卫生陶瓷质量监督检验中心对国产面盆、浴盆、洗涤盆和洗衣机等陶瓷阀芯水嘴进行测试基础上经分析确定的推荐值。其与传统的螺旋升降式水嘴相比，其出流率小，需要最低工作压力较高。

3.2 水质和防水质污染

3.2.1 生活饮用水是指供生食品的洗涤、烹饪；盥洗、沐浴、衣物洗涤、家具擦洗、地面冲洗的用水，其水质应符合现行的国家标准《生活饮用水卫生标准》的要求。

3.2.2 生活杂用水指用于便器冲洗、绿化浇水、室内车库地面和室外地面冲洗的水，应符合现行国家标准《生活杂用水水质标准》的要求。

海水仅用于便器冲洗。水质应符合现行的《海水水质标准》中第一类的要求。

3.2.3 城市给水管道（即城市自来水管道）严禁与用户的自备水源的供水管道直接连接。这是国际上通用的规定。当用户需要将城市给水作为自备水源的备用水或补充水时，只能将城市给水管道的水放入自备水源的贮水（或调节）池，经自备系统加压后使用。放水口与水池溢流水位之间必须具有有效的空气隔断。

本规定与自备水源水质是否符合或优于城市给水水质无关。

3.2.4 生活饮用水管的虹吸倒流是指已经从配水口流出的水，因生活饮用水水管产生负压而被吸回生活饮用水水管，使生活饮用水水质受到严重污染，这种事故是必须严格防止的。

1 出水口不得被任何液体或杂质所淹没，主要针对配水件出口没有受水容器的取水水嘴和洒水栓而言。在配水件出口套接软管用于洒水或冲洗的连接在美国规范中被严格限定，要采取防止倒流的措施。结合我国目前的国情，以下措施供参考：

1）家用洗衣机的取水水嘴，宜高出地面 1.0～1.2m；

2）公共厕所的连接冲洗软管的水嘴，宜高出地面 1.2m；

3）医院太平间或殡仪馆类似房间的连接冲洗软管的水嘴，宜高出地面 1.2m；

4）绿化洒水的洒水栓应高出地面至少 400mm。并宜在控制阀出口安装吸气阀。

5）带有软管的浴盆混合水嘴，宜高出浴盆溢流边缘 400mm。并宜选用转换开关（水嘴与淋浴器的出水转换）能自动复位的产品。

2 对于出水口下有固定承接用水容器的配水件，出水口应高出承接用水容器溢流边缘的最小空气间隙，不得小于出水口直径的 2.5 倍，这一规定是国际上通用的规定，也是各类卫生器具产品标准中所遵守的规定。

本次规范修订中，将空气间隙的计算由溢流水位改为溢流边缘是因国外规范都是以溢流边缘计，这种计法十分明确而简单。

溢流边缘指：当溢流口为水平时（如大便器冲洗水箱中的溢流口），以管口平面计；当溢流口为侧壁开孔引流时（如洗脸盆等），以孔口顶计，当无溢流口时（如混凝土洗涤池），以受水容器顶面计。

3 不可能设置最小空气间隙时，应在管道上设置管道倒流防止器，现在能预见到的一些情况，在 3.2.5 条中已列出。

本条规定中所指承接水的容器，就是指用水的卫生器具，容器中的水被认为已受污染，而给水系统中的贮水池、调节水箱等容器，其存水是未受污染的，对它们的进水管的虹吸破坏要求见3.2.12条。

3.2.5 国外发达国家对管道连接中可能出现的倒流污染的控制是很严格的，首先要确立一个正确的倒流污染的概念。生活给水管道中的水只允许向前流动，一旦因某种原因倒流时，不论其水质是否已被污染，都称为“倒流污染”。

倒流可分为压力倒流和虹吸倒流两种情况：压力倒流产生在支管的压力因某种原因而高于干管中的压力，如锅炉、水加热器中的水因被加热而体积膨胀后的膨胀压力使其压力高于原来的压力；又如在管道上直接安装泵串联加压，泵的出水管上的压力高于泵进口压力等；还有一种是支管的位置标高高于干管的标高，当干管出现压力波动时，支管压力高于干管压力。压力倒流在目前情况下只有倒流防止器这种产品可以防止。国内已有几个阀门生产厂生产了这种产品，建设部也已制定了该产品的行业标准。

管道倒流防止器是由进口止回阀、自动泄水阀和出口止回阀组成，阀前水压不应小于 0.12MPa，才能保证水能正常通过流动，当管路出现倒流防止器出口端压力高于进口端压力时，只要止回阀无渗漏，泄水阀不会打开泄水。管道中的水也不会出现倒流。当两个止回阀中有一个渗漏时，自动泄水阀就会泄水，防止了倒流的产生。

1 从城市给水管网上直接吸水的水泵，因泵后压力高于泵前，必须防止水的倒流。

2 非淹没出流的出水管、补水管当空气间隙不足时，要防止因管网失压引起的倒流。

3 由市政给水管道直接向锅炉、热水机组、水加热器供水，因水加热后膨胀而压力升高，故应设倒流防止器。本款不含家用的小型燃气热水机组，但该机组的冷水进水管上应装有弹簧的止回阀。

4 垃圾处理站、动物养殖场的冲洗管、动物饮水管口等，被认为已受污染，故应防止其管内水倒流。

5 绿化喷灌系统，当其喷头为地下式或自动升降式时，其喷头被认为不符合 3.2.4 条第 1 款的要求，故应设倒流防止器。

6 居住小区从城市管网不同管段接入供水时，由于城市环网不同管段的水压不可能相同，这样就使小区干管成了城市环网中的一条连通管兼配水管，使水由压力高的接口向压力低的接口流动，造成水表倒转和小区管网内的水污染城市管网内的水的情况，故应设倒流防止器。另一方面，由于设了倒流防止器后小区管网的水不会进入城市管网，城市管网要维修任何一段，都不必人工去关闭连接点处的阀门。

倒流防止器的开启压力需 0.06～0.1MPa，这是因为止回阀阀瓣两面的受压面积差而引起的（所有止回阀都存在一个开启压力），而开启后由于阀瓣两面的受压面积相同，此开启压力就不存在，但水流阻力引起的水头损失就表现出来。倒流防止器，在正常流速下其水头损失在 0.025～0.035 MPa，流速增大时(约大于3.0m/s)，水头损失将增大。

3.2.6 本条是指严禁生活饮用水管道采用普通阀门连接和控制直接冲洗大便器或大便槽。

大便器延时自闭冲洗阀，因产品具备延时自闭和虹吸自动破坏两个功能，故可使用。

普通阀门即使阀门出口段上装有虹吸破坏装置，亦不得用于大便器（槽）的直接冲洗，因为它没有自闭功能，会造成水的大量浪费。

3.2.8 本条是指在民用建筑内生活饮用水贮水池或高位水箱应与消防用水的贮水池或高位水箱完全分开，原因有：

1 依据《二次供水设施卫生规范》GB 17051—1997 的规定；

2 合用水池因要保证消防用水不被动用，且一般存在消防用水存水量大于生活用水存水量的情况，使水在池（箱）中停留时间过长，水在池中的流动性差，有死角，使池（箱）中水的水质一般达不到生活饮用水卫生标准的要求；

3 消防管网中的水，因长期不动而水质恶化，一旦倒流或渗流入合用水池或水箱，使池（箱）中的水质受污染。

工业建筑中，亦应将生活饮用水池与工业用水水池分开独立设置。需合用时必须得到当地疾病控制中心的批准。

3.2.9 本条取消了原条文仅指室内埋地生活饮用水贮水池与化粪池的净距不应小于 10m 的规定，而统指所有的埋地生活饮用水贮水池都应符合此规定，并参照《二次供水设施卫生规范》的规定，增加了对其它污染源的限制。当达不到净间距 10m 以上的要求时，以下措施可供参考采用：

1 提高生活饮用水贮水池池底标高，使池底标高高于化粪池等的池顶标高。

2 在生活饮用水贮水池与化粪池之间设置防渗墙，防渗墙的长度应满足两池之间的折线净间距（化粪池端至墙端与墙端至贮水池端距离之和）大于 10m；防渗墙的墙底标高不应低于贮水池池底标高；防渗墙墙顶标高，不应低于化粪池池顶标高。

3 新建的化粪池，池体应采用钢筋混凝土结构，并做防水处理。

4 新建的生活饮用水贮水池，宜采用双层池体结构，双层池体分层缝隙的渗水，应能自流排走（自流入集水坑抽走）。

3.2.10 本条规定是考虑以下因素：

1 建筑本体结构的外面存在有地下水时，如池体结构与本体结构共用，一旦本体结构出现渗水时，室外的地下水就会渗入水池而污染水质，故要求水池池体结构与建筑本体结构完全脱开，两者之间至少有一条可供渗水自流排出的缝隙。

2 生活饮用水的水中含有氯离子，要防止它渗入建筑本体结构后对钢筋的腐蚀作用而引起的对本体结构强度的损害。所以亦要求池体结构与建筑本体结构完全脱开。两者之间至少有一条可供渗水自流排出的缝隙。

3 生活饮用水水池（箱）不得与其他用水水池（箱）共用分隔池壁，是指它们并列在一起时，两者之间不得只用一幅分隔墙壁，必须各自有独立的池壁，两壁之间的缝隙渗水，应能自流排出。以防止因共用分隔墙壁渗水而造成水质的交叉污染。

3.2.11 位于地下室的生活饮用水池设在专用房间内，有利于水位配管及仪表的保护，防止非管理人员乱动引发事故。位于屋顶的屋顶水箱，不论是结冻地区还是不结冻地区，都宜设置在专用房间，在结冻地区将水箱设置在房间内故然有利于防冻，在非结冻季节，尤其在夏季，如果将水箱在日光下曝晒，箱内水温升高，余氯加速挥发，细菌生长，尤其会引发军团病菌的生长，使用者也不能得到应得的"凉水"，这就是水受到了"热污染"。其次，暴露在屋顶的水箱，其通气管所处的环境空气质量较差，而在室内空气质量将会有较大的改善，尤其是风沙天气。暴露在屋顶的水箱还受到飞鸟的栖息和鸟粪的污染，更有甚者，麻雀会在不规范的溢流管（在侧壁埋一水平短管）中做窝。老建筑几乎水箱都在水箱间内，后来在忽视环保的潮流下片面节约，把水箱间省掉了，所以本条条文只是恢复将水箱放在水箱间。至于一定要将水箱露天设置时，那就必须有保温层，防止水受污染。

生活饮用水贮水池上方，应是洁净且干燥的用房，不应设置厕所、浴室、盥洗室、厨房、污水处理间等需经常冲洗地面的用房，以免楼板产生渗漏时污染水质。

3.2.12 本条从水质保护角度出发，将水池（箱）的构造和配管的有关要求归纳后分别列出。

1 人孔的盖与盖座之间的缝隙是昆虫进入水池（箱）的主要通道，人孔盖与盖座应吻合和紧密，并用富有弹性的无毒发泡材料嵌在接缝处。暴露在外的人孔盖应有锁（外围有围护措施，已能防止非管理人员进入者除外）。

通气管口和溢流管的喇叭口处应有铜丝网网罩或其他耐腐材料做的网罩，网孔为14～18目（25.4mm长度上有14～18条金属丝）。

溢流管出口离池（箱）外地面高度200～300mm，出口上宜装轻质拍门或网罩，以防爬虫。从池壁开孔，接一无任何防护措施的短管，这种溢流管不应使用。

2 进水管应在高出水池（箱）溢流水位以上进入水池（箱），是为了防止进水管出现压力倒流或破坏进水管可能出现虹吸倒流时管内真空的需要。

由于确定溢流水位相当困难，所以本款条文仍以高出溢流边缘的高度来控制。对于管径小于25mm的进水管，空气间隙不能小于25mm；对于管径在25～150mm的进水管，空气间隙等于管径；管径大于150mm的进水管，空气间隙可均取150mm，这是经过测算的，当进水管径为350mm时，喇叭口上的溢流水深约为149mm。而建筑给水中水池（箱）进水管管径大于200mm者已少见。

进水管采用淹没出流可以大大降低进水的噪声，为了防止进水管产生虹吸倒流，美国规范规定要装"真空破坏器"，且其安装高度至少高出溢流水位300mm。国内亦有在水箱内溢流水位之上的进水管弯头内侧开小孔的做法，即可淹没出流降噪，亦可防止虹吸倒流的发生。

本条第1、2、3、6款的规定，同样适用于以城市给水作为水源的消防贮水池（箱）。设置在地下室中的水池，尤其是设置在地下二层或以下的水池，当池中的最高水位比建筑物的给水引入管管底低300mm以上时，此水池可被认为不会产生虹吸倒流。

3.2.13 水池（箱）内的水停留时间超过48h，一般被认为水中的余氯已挥发完了，故应进行再消毒。本规范与《二次供水设施卫生规范》一致。

3.2.14 这是为了防止误饮误用，国际上相关法规中都有此规定。一般做法是挂牌，牌上写上"非饮用水"、"此水不能喝"等字样。如有外国人活动的场所，还应配有英文，如 No Drinking 或 Can't drinking Water。

3.3 系统选择

3.3.1、3.3.2 以住宅的建筑层数划分居住小区，可分为高层住宅区、多层住宅区、低层住宅区；或混合型的住宅区。无论是何种类型的住宅区，都有与城市给水管网连接的居住小区室外给水管网，此管网的水量应满足居住小区全部用水量的要求，并在居住小区发生火警时，此管网上的室外消火栓能向消防车供水。所以居住小区的室外给水管网一般为生活用水与消防用水合用的给水管网。不能与室内给水管网要求生活用水与消防用水分开的规定相混淆。

多层或低区住宅不宜采用分散的各自加压系统，所以当市政水压不足时宜相对集中加压。

3.3.5 高层建筑生活给水系统应竖向分区的原则是必须遵守的，而各分区的最低点的卫生器具配水件处的静水压比原规范的规定有所提高，这是因为原来的分区水压是按高位水箱自流重力供水的方式制定的，已不适应现在采用调速泵组直接供水和采用减压阀调节水压等的多种供水方式。若将竖向分区水压限制过小，会给管道布置带来困难。另一方面卫生器具给水配件质量的提高，在较大压力下已很少渗漏，有的还有自动消能能力。

竖向分区的最大水压决不是卫生器具正常使用的最佳水压，最佳使用水压宜为0.20～0.30MPa，各分区顶层住宅入户管的进口水压不宜小于0.10MPa。而对水压大于0.35MPa的入户管，宜设减压或调压措施。以避免水压过高或过低给用水带来不便。

3.3.6 建筑高度不超过100m的高层建筑，一般低层部分采用市政水压直接供水，中区和高区各采用一组调速泵供水，这就是垂直分区并联供水系统，分区内再用减压阀局部调压。此系统无高位水箱，少了一个水质可能受污染的环节，水压稳定，是目前建筑高度小于100m的高层建筑供水方式的主流。

将水一次加压至屋顶水箱，再自流分区减压供水的方式，由于存在不节能和减压阀减压值（或减压比）大，一旦减压阀失灵对阀后用水存在隐患，以及屋顶水箱存在水质污染的威胁，且固定的屋顶水箱在地震时存在鞭梢效应，对建筑物安全不利等原因，不提倡作为主要的供水方式应用。

对建筑高度超过100m的高层建筑，若仍采用并联供水方式，其输水管道承压过大，存在不安全隐患，而串联供水可化解此矛盾。

垂直串联供水可设中间转输水箱，也可不设中间转输水箱，在采用调速泵组供水的前提下，中间转输水箱已失去调节水量的功能，只剩下防止水压回传的功能，而此功能可用管道倒流防止器替代。不设中间转输水箱，又可减少一个水质污染的环节。

3.4 管材、附件和水表

3.4.1 在工程建设中，不得使用假冒伪劣产品，给水系统中使用的管材、管件，必须符合现行产品行业标准的要求。对新型管材和管件，必须符合经政府主管部门组织专家评估或鉴定通过的企业标准的要求。并经疾病控制部门测定，符合现行国家有关卫生标准的要求。

管件的允许工作压力，除取决于管材、管件的承压能力外，还与管道接口能承受的拉力有关。这三个允许工作压力中的最低者，为管道系统的允许工作压力。

3.4.2 埋地的给水管道，既要承受管内的水压力，又要承受地面荷载的压力。管内壁要耐水的腐蚀，管外壁要耐地下水及土壤的腐蚀。目前使用较多的有塑料给水管、球墨铸铁给水管、有衬里的铸铁给水管。当必须使用钢管时，应特别注意钢管的内外防腐处理，防腐处理常见的有衬塑、涂塑或涂防腐涂料（注意：镀锌层不是防腐层，而是防锈层，所以镀锌钢管亦必须做防腐处理）。

管内壁的防腐材料，必须符合现行的国家有关卫生标准的要求。

3.4.3 室内的给水管道，选用时应考虑它的耐腐蚀性能，连接要方便可靠，接口要耐久不渗漏，管材的温度变形。抗老化性能等因素综合确定。当地主管部门对给水管材的采用有规定时，应予遵守。

可用于室内给水管道的管材品种很多，纯塑料的塑料管和薄壁（或薄层）金属与塑料复合的复合管材均被视为塑料类管材。薄壁铜管、薄壁不锈钢管、衬（涂）塑钢管被视为金属管材。

各种新型的给水管材，大多编制有推荐性技术规程，可为设计、施工安装和验收提供依据。

3.4.4 给水管道上的阀门的工作压力等级，应等于或大于其所在管段的管道工作压力。阀门的材质，必须耐腐蚀，经久耐用。镀铜的铁杆、铁芯阀门，不应使用。

3.4.6 调节阀是专门用于调节流量和压力的阀门。常见需调节流量或水压的配水管段有：公用洗手盆的进水管上；小便器（槽）和大便槽的自动冲洗水箱的进水管上；饮水器的进水管上；妇女净身盆的进水管上；直流喷水水景的进水管上等。

蝶阀，尤其是小口径的蝶阀，其阀瓣占据流道截面的比例较大，故水流阻力较大。且易挂积杂物和纤维。

水泵吸水管的阻力大小对水泵的出水流量影响较大，故宜采用闸板阀。

多功能阀兼有闸阀和止回的功能，故一般装在口径较大的水泵的出水管上。

截止阀内的阀芯，可以自动升降，当水流停止流动时，阀芯跌下盖住流通口，就不会形成反向流动。所以截止阀既有控制并截断水流的功能，又有升降式止回阀的功能，故不能安装在双向流动的管段上。

3.4.7 止回阀只是引导水流单向流动的阀门，不是防止倒流污染的有效装置。此概念是选用止回阀还是选用管道倒流防止器的原则。管道倒流防止器具有止回阀的功能，而止回阀则不具备管道倒流防止器的功能，所以设有管道倒流防止器后，就不需再设止回阀。

水箱、水塔当进出水管为一条时，为防止底部进水，在底部出水的管段上应装止回阀，应注意此止回阀在水箱（塔）进水时，由于三通射流作用，使止回阀处于压力不稳定状态，会引起阀瓣（芯）振动，因此止回阀处应做隔振处理，且不宜选用振动大的旋启式或升降式止回阀。

3.4.8 本条列出了选择止回阀阀型时应综合考虑的因素。

止回阀的开启压力与止回阀关闭状态时的密封性能有关，关闭状态密封性好的，开启压力就大，反之就小。

开启压力一般大于开启后水流正常流动时的局部水头损失。

速闭消声止回阀和阻尼缓闭止回阀都有削弱停泵水锤的作用，但两者削弱停泵水锤的机理不同，一般速闭消声止回阀用于小口径水泵，阻尼缓闭止回阀用于大口径水泵。

止回阀的阀瓣或阀芯，在水流停止流动时，应能在重力或弹簧力作用下自行关闭，也就是说重力或弹簧力的作用方向与阀瓣或阀芯的关闭运动的方向应一致，才能使阀瓣或阀芯关闭。一般来说，卧式升降式止回阀和阻尼缓闭止回阀及多功能阀只能安装在水平管上，立式升降式止回阀不能安装在水平管上，其他的止回阀均可安装在水平管上或水流方向自下而上的立管上。水流方向自上而下的立管，不应安装止回阀，其阀瓣不能自行关闭，起不到止回作用。

3.4.9 本条规定是为了防止给水管网使用减压阀后可能出现的不安全隐患。

1 限制比例式减压阀的减压比和可调式减压阀的减压差，是为了防止阀内产生汽蚀损坏减压阀和减少振动及噪声。

2 应防止减压阀失效时，阀后卫生器具受损坏。

3 阀前水压稳定，阀后水压才能稳定。

4 减压阀并联设置的作用只是为了当一个阀失效时，将其关闭检修，另一阀投入工作，使管路不需停水检修，并不是并联同时工作。减压阀若设旁通管，因旁通管上的阀门渗漏会导致减压阀减压作用失效，故不得设置旁通管。

3.4.11 泄压阀的泄流量大，给水管网超压是因管网的用水量太少，使向管网供水的水泵的工作点上移而引起的，泄压阀的泄压动作压力比供水水泵的最高供水压力小，泄压时水泵仍不断将水供入管网，所以泄压阀动作时是要连续泄水，直到管网用水量等于泄水量时才停止泄水复位。泄压阀的泄水流量应按水泵 H～Q 特性曲线上泄压压力对应的流量确定。

生活给水管网出现超压的情况，只有在管网采用额定转速水泵直接供水时（尤其是直接串联供水时）出现。

泄压水排入非生活用水水池，既可利用水池存水消能，也可避免水的浪费；如直接排入雨水道，应有消能措施，防止冲坏连接管和检查井。

3.4.12 安全阀的泄流量很小，它适用于压力容器因超温引起的超压泄压，容器的进水压力小于安全阀的泄压动作压力，故在泄压时没有补充水进入容器，所以安全阀只要泄走少量的水，容器内的压力即可下降恢复正常。泄压口接管将泄压水（汽）引至安全地点排放，是为了防止高温水（汽）烫伤人。

3.4.18 现行的"水表"国家产品标准 GB/T 778.1—1996 等效采用 ISO 4064—1 的技术内容。其名词术语也与原 GB 778—84 不同。用"常用流量"替代原来"额定流量"；"过载流量"替代"最大流量"。

常用流量是水表在正常工作条件即稳定或间断流动下，最佳使用流量。对于用水量在计算时段时用水量相对均匀的给水系统，如用水量相对集中的工业企业生活间、公共浴室、洗衣房、公共食堂、体育场等建筑物，用水密集，其设计秒流量与最大小时平均流量折算成的秒流量相差不大，应以设计秒流量来选用水表的常用流量；而对于住宅、旅馆、医院……等用水疏散型的建筑物，其设计秒流量是最大日最大时中某几分钟高峰用水时段的平均秒流量，如按此选用水表的常用流量，则水表很多时段均在比常用流量小或小得很多的情况下运行；且水表口径选得很大，为此，这类建筑宜按给水系统的设计秒流量选用水表的过载流量较合理。

居住小区由于人数多、规模大，虽然按设计秒流量计算，但已接近最大用水时的平均秒流量。以此流量选择小区引入管水表的常用流量。如引入管为 2 条及 2 条以上时，则应平均分摊流量。

该生活给水设计流量还应按消防规范的要求叠加区内一次火灾的最大消防流量校核，不应大于水表的过载流量。

3.5 管道布置和敷设

3.5.2 居住小区室外管线应进行管线综合设计，管线与管线之间、管线与建筑物或乔木之间的最小水平净距，以及管线交叉敷设时的最小垂直净距，应符合附录 A 的要求。当小区内的道路宽度小，管线在道路下排列困难时，可将部分管线移至绿地内。

3.5.12 塑料给水管道在室内明装敷设时易受碰撞而损坏，也发生过被人为割伤，尤其是设在公共场所的立管更易受此威胁。因此提倡在室内暗装。另一方面，在室内虽一般不受到阳光直射（除了位置不当），但暴露在光线下和流通的空气中仍比暗装时易老化。立管不在管井或管窿内敷设时，可在管外加套管，或覆盖铁丝网后用水泥砂浆封闭。户内支管可采用直埋在楼（地）面找平层或墙体管槽内。

3.5.13 塑料给水管道不得布置在灶台上边缘，是为了防止炉灶口喷出的火焰及辐射热损坏管道。燃气热水器虽无火焰喷出，但其燃烧部位外面仍有较高的辐射热，所以不应靠近。

塑料给水管道不应与水加热器或热水炉直接连接，以防炉体或加热器的过热温度直接传给管道而损害管道，一般应经不少于 0.4m 的金属管过渡后再连接。

3.5.16 给水管道因温度变化而引起伸缩，必须予以补偿，过去因使用金属管材，其线膨胀系数较小，在管道直线长度不大的情况下，伸缩量不大而不被重视。在给水管道采用塑料管时，塑料管的线膨胀系数是钢管的 7～10 倍，因此必须予以重视。如无妥善的伸缩补偿措施，将会导致塑料管道的不规则拱起弯曲，甚至断裂等质量事故。

除采用伸缩补尝器外，常用的补偿方法就是利用管道自身的折角变形来补偿温度变形。

3.5.17 给水管道的防结露计算是比较复杂的问题，它与水温、管材的导热系数和壁厚，空气的温度和相对湿度，保冷层的材质和导热系数等有关。如资料不足时，可借用当地空调冷冻水小型支管的保冷层做法。

在采用金属给水管出现结露的地区，塑料给水管同样也会出现结露，仍需做保冷层。

3.5.18 给水管道不论管材是金属管还是塑料管（含复合管），均不得直接埋设在建筑结构层内。如一定要埋设时，必须在管外设置套管，这可以解决在套管内敷设和更换管道的技术问题，且应经结构工种的同意，确认埋在结构层内的套管不会降低建筑结构的安全可靠性。

小管径的配水支管，可以直接埋设在楼板面的找平层内，或在非承重墙体上开凿的管槽内（当墙体材料强度低不能开槽时，可将管道贴墙面安装后抹厚墙体）。这种直埋安装的管道外径，受找平层厚度或管槽深度的限制，一般外径不宜大于25mm。

直埋敷设的管道，除管内壁要求具有优良的防腐性能外，其外壁应具有抗水泥腐蚀的能力，以确保管道使用的耐久性。

采用卡套式或卡环式接口的交联聚乙烯管、铝塑复合管，为了避免直埋管因接口渗漏而维修困难，故要求直埋管段不应中途接驳或用三通分水配水，而采用分水器集中配水，管接口均明露在外，以便检修。

为防止直埋管道在进行饰面层施工时，或交付用户使用后，被误钉铁钉或钻孔而导致损坏管道，故要求在管位有临时标识。在交付用户的房屋使用说明书中亦应标出管道位置。

3.5.24 室外明设的管道，在结冻地区无疑要做保温层，在非结冻地区亦宜做保温层，以防止管道受阳光照射后管内水温升高，导致用水时水温忽热忽冷，不舒适，水温升高还给细菌繁殖提供了良好的环境，所以，严格来说是管内的水受到了“热污染”。

室外明设的塑料给水管道不需保温时，亦应有遮光措施，以防塑料老化缩短使用寿命。

3.6 设计流量和管道水力计算

3.6.1 生活给水管道设计秒流量，它是生活给水配水管道中可能出现的最大短时流量，按3.6.4条的计算方法，当卫生器具给水当量数越小时，设计秒流量高出最大用水时平均秒流量就越大，当卫生器具给水当量数越大时，设计秒流量就越逼近最大用水时平均秒流量。3.6.4条的计算公式对住宅而言是从5000人的Ⅱ型普通住宅作为设计秒流量与最大用水时平均秒流量的吻合点来建立的，当居住小区规模达到3000人时，其设计秒流量与最大用水时平均秒流量的差值已不大。另一方面，3.6.4条的设计秒流量计算方法只适用于枝状管网，故本条第1款以规模小于3000人，同时又是枝状管网为条件，应按3.6.4条的方法计算出节点流量和管段流量。

当居住小区的室外给水管网为环状管网，并符合3.5.1条的规定有两条或两条以上的引入管，当其中一条发生故障时，其余的引入管应能通过70%以上的流量，这种环状管网在正常状态下的通水能力是大有富余的，所以不论居住小区的规模大小，住宅均可以最大时平均秒流量作为节点流量。

居住小区内配套的文娱设施、餐饮娱乐设施、商业网点和菜市场，一方面它们的规模与小区规模成正比，另一方面它们的最大用水时时段与住宅的最大用水时时段基本重合，故这部分流量按照住宅小区用水量规定执行。

小区内配套的文教设施（如中小学、幼儿园等）、医疗保健站、社区管理委员会（物业管理）和居民委员会等，它们的用水时间（寄宿学校除外）与住宅的最大用水时并不重合。还有绿化浇水、道路洒水、车库冲洗等用水都与住宅最大用水时不重合，将它们的平均时平均秒流量作为节点流量一部分计算是有安全余量的。

值得注意的是：本条所计算的居住小区室外给水管网的节点流量，并不是从该节点接出引入管的单体建筑的引入管的设计流量，各引入管的设计流量，应以3.6.3条规定计算。

3.6.2 居住小区的室外给水管道，必须按有关设计防火规范，在最大用水时生活用水平均秒流量上叠加消防流量进行复核，复核结果应满足管网末梢的室外消火栓从地面算起的流出水头不低于0.10MPa。

本条规定的消防流量按小区内一次火灾的最大消防流量计，这是根据本规范确定的居住小区人口不大于15000人确定的，与《建筑设计防火规范》GBJ 16—87（1997年版）中规定的，居住人口在2.5万人以下，火灾次数以一次计相对应。

3.6.3 高层建筑的室内给水系统，一般都是低层区由室外给水管网直接供水，室外给水管网水压供不上的楼层，由建筑物内的加压系统供水。加压系统设有调节贮水池，它的补水量经计算确定，一般介于平均用水时流量与最大用水时流量之间。所以建筑物的给水引入管的设计秒流量，就由直接供水部分的设计秒流量加上加压部分的补水流量组成。如尚需通过消防流量时，应加消防流量校核。

3.6.4 生活给水管道设计秒流量计算按用水特点分两种类型：一种为分散型，如住宅、集体宿舍、旅馆、医院、幼儿园、办公楼、学校等。其用水特点是用水时间长，用水设备使用情况不集中，卫生器具的同时出流百分数（出流率）随卫生器具的增加而减少；另一种是密集型，如工业企业的生活间、公共浴室、洗衣房、公共食堂、实验室、影剧院、体育场等。对于密集型，本次规范修订对其设计秒流量的计算方法没有作修改，在3.6.6条予以保留。而对分散型中的住宅的设计秒流量计算方法，本次作了很大的修改，采用了以概率法为基础的计算方法，对原规范计算公式作了修正。对于公建部分，仍采用原规范平方根法计算。

概率法中对概率的定义为：随机试验E中的事件

A，在 n 次重复试验中发生的次数记为 μ，当 n 很大时，如果概率 μ/n 稳定地在某一数值 p 的附近摆动，而且一般说来随着试验次数 n 的增加，其摆动的幅度越来越小，则称 p 为随机事件 A 的概率。

将生活给水管道设计秒流量计算套入概率法中，随机事件就是卫生器具给水当量（或卫生器具数量），当给水管段上的卫生器具给水当量（或卫生器具数量）数量很大很大时，给水管段的设计秒流量就非常接近最大用水时平均秒流量。

随机事件可以采用“卫生器具数量”，也可以采用“卫生器具给水当量”，当采用卫生器具数量时，各种卫生器具就对应有各自的概率——该卫生器具的最大用水时平均出流概率；当采用卫生器具给水当量时，就可以将常用的额定流量相近的卫生器具，折算成给水当量，计算得出一个卫生器具给水当量最大时平均出流概率，即卫生器具给水当量概率。

由于采用卫生器具数量的概率计算法尚需进行很多测试和统计分析，以及采用二项分布（或泊松分布）计算同时出流概率的繁琐性，目前还不能推出一套较完整的成果，故本次规范修订中没有采用。

本次规范修订采用了以卫生器具给水当量作为随机事件，是在对原规范采用给水当量的平方根法的基础上，以概率法的基本概念作了修改和调整，修正了原平方根法的一些明显不合理部分，主要有：对给水当量数小的配水支管，不会再出现“计算值大于该管段上按卫生器具给水额定流量累加所得流量值”的不合理现象，使配水支管的流量分布合理化；对给水当量数足够大的配水干管，不会出现计算值小于最大时平均秒流量的不合理现象，使给水当量数大时，设计秒流量与最大时平均秒流量有了一个较平缓的接轨；而以概率法——卫生器具给水当量用水最大时平均出水概率划分，避免了因我国地域差异，用水定额不同，生活习惯不同等因素引起的计算值的明显差异和不合理，这一点在住宅给水计算中尤为明显。总之，本次修改后的计算方法有待今后不断改进和完善。

下面对使用本计算方法应注意的事项作几点说明：

1 概率计算。即卫生器具给水当量最大用水时平均出流概率 U_o 的计算是关键，而公式 3.6.4-1 中几个参数的取值又是关键中的关键，分述如下：

1）q_o——给水用水定额。本规范表 3.1.9 中列出的用水定额数值范围都较大，这就要求设计人按当地的实际用水情况和预测小康社会的用水定额选用。

2）m——每户用水人数，N_g——每户设置的卫生器具给水当量数。

3）K_h——小时变化系数、应切合实际工况取用。

由于初次接触概率，为了使卫生器具最大用水时平均出流概率计算不致偏差过大，表 1 列出了住宅的卫生器具最大用水时平均出流概率 U_o——供参考。

表 1　住宅的卫生器具给水当量最大用水时平均出流概率参考值

建筑物性质	U_o 参考值（%）
普通住宅Ⅰ型	3.0～4.0
普通住宅Ⅱ型	2.5～3.5
普通住宅Ⅲ型	2.0～2.5
别墅	1.5～2.0

2 公式 3.6.4-2 是在确定了卫生器具给水当量最大用水时平均出流概率后，根据计算管段上的卫生器具给水当量数用来计算该管段上可能出现的最大同时出流的卫生器具给水当量值，在概率论中称为分布函数，概率论中现被认为最合理的分布函数是二项分布，或泊松分布，目前采用条件尚不成熟，因此，本次修改采用了幂函数，从公式的形式上就可以看出它是原平方根法计算公式的改良。

确定“边界条件”就可以对 3.6.4-2 式中的 α_c 系数求解，根据概率法的概念，边界条件之一是 $N_g=1$ 时，$U=1.0$ 即 100%；边界条件之二是当 N_g 足够大时，$U=U_o$，本公式这次所设定的 N_g 足够大值是以普通住宅Ⅱ型，每户配置的卫生器具给水当量为 4，每户平均 3.5 人，用水总人数达 5000 人，U_o 为 3.5，即

$$N_o=\frac{5000\times4}{3.5}=5714$$

$$\alpha_c=\frac{U_o\sqrt{N_o}-1}{(N_o-1)^{0.49}}=\frac{0.035\sqrt{5714}-1}{(5714-1)^{0.49}}=0.02374014$$

为了确定不同 U_o 值时对应的 α 系数值，各 U_o 值应有一个相同的边界条件，又采用了数学中的“相关”概念，即 $U_o\times N_o$ 等于 1 个常数，本次修订采用 $U_o\times N_o=0.035\times5714=200$，这样就得到附录表 C 的 U_o 与 α_c 的对应值。

3.6.4-2 式有它的局限性，它只适用于 $U_o=1.0\%\sim36.0\%$ 的范围，$U_o>36.0\%$ 的给水管道的用水工况被认为属密集型用水，它使用同时用水百分比的概念来计算设计流量，即 3.6.6 条的计算法。$U_o<1.0\%$ 的给水管道在工程中没有见到。饮用净水系统的 $U_o<1$，该系统另有计算方法。

由于概率法中的随机事件应是同一事件，也就是说应是每一种卫生器具分别计算，然后再计算它们的组合的概率，本条的计算法将卫生器具给水当量作为随机事件是运用了“模糊”的概念，要求纳入计算的卫生器具的额定流量基本相等。因此，大便器延时自闭冲洗阀就不能将它的折算给水当量直接纳入计算，而只能将计算结果附加 1.10L/s 流量后作为设计流量。

3 公式 3.6.4-4 是概率法中的一个基本公式，也就是加权平均法的基本公式，使用本公式时应注

意：

1）本公式只适用于各支管的最大用水时发生在同一时段的给水管道。而对最大用水时并不发生在同一时段的给水管道，应将设计秒流量小的支管的平均用水时平均秒流量与设计秒流量大的支管的设计秒流量叠加成干管的设计秒流量。3.6.1条的居住小区室外给水管道设计流量就是采用此原则。

2）本公式只适用于枝状管网的计算，不适用于环状管网的管段设计流量的确定，环状管网应根据情况分配管段设计流量。

生活给水配水管道设计秒流量举例：

例1 生活给水管道计算草图如图1所示。

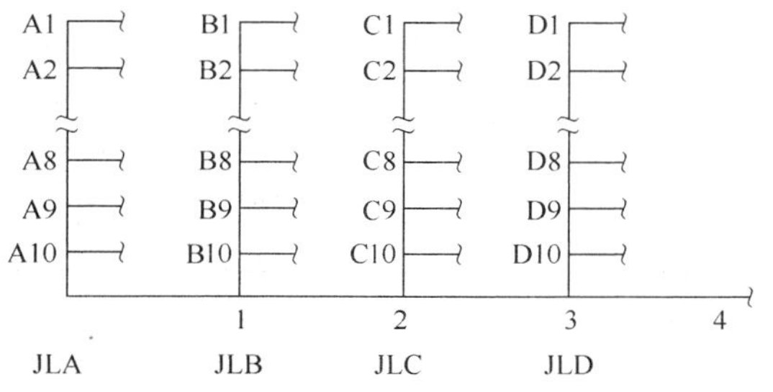

图1 计算草图

立管A和B服务于每层六户的10层普通住宅Ⅱ型，每户一卫一厨，生活热水由家用燃气热水器供应，每户的卫生器具及当量为：洗涤盆1只（$N=1.0$）；坐便器1具（$N=0.5$）；洗脸盆1只（$N=0.75$）；淋浴器1具（$N=0.75$）；洗衣机水嘴1个（$N=1.0$）。

小计：户当量 $N_g=4.0$；

用水定额：250L/人·d；户均人数：3.5人。

用水时数：24h；时变化系数 $K_h=2.8$。

最大用水时卫生器具给水当量平均出流概率为：

$$U_o=\frac{250\times3.5\times2.8}{0.2\times4\times24\times3600}=0.0354\text{ 取}$$

$U_o=3.5\%$查表（附录D）。

立管C和D服务于每层四户的10层普通住宅Ⅲ型，每户两卫一厨，生活热水由家用燃气热水器供应，每户的卫生器具及当量为：洗涤盆1只（$N=1.0$）；坐便器2具（$N=0.5\times2=1.0$）；洗脸盆2只（$N=0.75\times2=1.5$）；浴盆1只（$N=1.2$）；淋浴器1具（$N=0.75$）；洗衣机水嘴1个（$N=1.0$）。

小计：户当量 $N_g=6.45$；

用水定额：280L/人·d；户均人数：4人。

用水时数：24h；时变化系数 $K_h=2.5$。

最大用水时卫生器具给水当量平均出流概率为：

$$U_o=\frac{280\times4\times2.5}{0.2\times6.45\times24\times3600}=0.0251$$

取 $U_o=2.5\%$查表（附录D）。

管段2～3的最大用水时卫生器具给水当量平均出流概率为：

$$\overline{U}_{2\sim3}=\frac{4\times6\times10\times2\times0.0354+6.45\times4\times10\times0.0251}{4\times6\times10\times2+6.45\times4\times10}=0.0318$$

取 $\overline{U}_o=3.18\%$用内插法查表（附录D）。

管段3～4的最大用水时卫生器具给水当量平均出流概率为：

$$\overline{U}_{3\sim4}=\frac{4\times6\times10\times2\times0.0354+6.45\times4\times10\times2\times0.0251}{4\times6\times10\times2+6.45\times4\times10\times2}=0.030$$

取 $\overline{U}_o=3.0\%$查表（附录D）。

根据验算列表如下（见表2）：

表2 管段设计秒流量表

管段编号	N_g	q_g (L/s)	管段编号	N_g	q_g (L/s)	管段编号	N_g	q_g (L/s)
户管A	4.0	0.42	A9～A10	216.0	3.91	C5～C6	129.0	2.64
A1～A2	24.0	1.09	A10～1	240.0	4.17	C6～C7	154.8	2.93
A2～A3	48.0	1.60	1～2	480.0	6.52	C7～C8	180.6	3.21
A3～A4	72.0	2.02				C8～C9	206.4	3.46
A4～A5	96.0	2.39	入户管C	6.45	0.53	C9～C10	232.2	3.71
A5～A6	120.0	2.73	C1～C2	25.8	1.09	C10～2	258.0	3.95
A6～A7	144.0	3.05	C2～C3	51.6	1.59	2～3	738	8.33
A7～A8	168.0	3.35	C3～C4	77.4	1.98	3～4	996	9.91
A8～A9	192.0	3.63	C4～C5	103.2	2.33			

例2 本例的建筑物与例1相同，但有集中热水供应，冷水系统与热水系统，分别计算如下：

冷水系统：

普通住宅Ⅱ型，冷水用水定额 $250\times75\%=187.5$L/人·d；

时变化系数：$K_h=2.8$；户当量：$N_g=3.2$。

$$U_o=\frac{187.5\times3.5\times2.8}{0.2\times3.2\times24\times3600}=0.033$$

近似取 $U_o\approx3.5\%$查表（附录D）。

普通住宅Ⅲ型，冷水用水定额 $280\times75\%=210$L/人·d；

时变化系数：$K_h=2.5$；户当量：$N_g=5.2$。

$$U_o=\frac{210\times4\times2.5}{0.2\times5.2\times24\times3600}=0.0234$$

近似取$U_o\approx2.5\%$查表（附录D）。

$$\overline{U}_{2\sim3}=\frac{3.2\times6\times10\times2\times0.033+5.2\times4\times10\times0.0234}{3.2\times6\times10\times2+5.2\times4\times10}$$
$$=0.0296$$

近似取$U_{2\sim3}\approx3\%$查表（附录D）。

$$\overline{U}_{3\sim4}=\frac{3.2\times6\times10\times2\times0.033+5.2\times4\times10\times2\times0.0234}{3.2\times6\times10\times2+5.2\times4\times10\times2}$$
$$=0.028$$

近似取$U_{3\sim4}\approx3\%$查表（附录D）。

根据验算列表如下（见表3）：

表3　冷水系统管段设计秒流量表

管段编号	N_g	q_g (L/s)	管段编号	N_g	q_g (L/s)	管段编号	N_g	q_g (L/s)
入户管A	3.2	0.37	A9～A10	172.8	3.40	C5～C6	104.0	2.34
A1～A2	19.2	0.96	A10～1	192.0	3.63	C6～C7	124.8	2.59
A2～A3	38.4	1.41	1～2	384.0	5.64	C7～C8	145.6	2.83
A3～A4	57.6	1.78				C8～C9	166.4	3.05
A4～A5	76.8	2.10	入户管C	5.2	0.47	C9～C10	187.2	3.06
A5～A6	96.0	2.39	C1～C2	20.8	0.97	C10～2	208.0	3.48
A6～A7	115.2	2.66	C2～C3	41.6	1.41	2～3	592.0	8.49
A7～A8	134.4	2.93	C3～C4	62.4	1.76	3～4	800.0	10.54
A8～A9	153.6	3.17	C4～C5	83.2	2.06			

热水系统：

普通住宅Ⅱ型，热水用水定额80L/人·d；

时变化系数：$K_h=4.0$；使用热水的卫生器具户当量：$N_g=1.7$。

$$U_o=\frac{80\times3.5\times4.0}{0.2\times1.7\times24\times3600}=0.038$$

近似取$U_o=4.0\%$查表（附录D）。

普通住宅Ⅲ型，热水用水定额100L/人·d；

时变化系数：$K_h=4.0$；使用热水的卫生器具户当量：$N_g=3.2$。

$$U_o=\frac{100\times4\times4}{0.2\times3.2\times24\times3600}=0.029$$

近似值取$U_o=3\%$查表（附录D）。

$$U_{2\sim3}=\frac{204\times0.038+128\times0.029}{204+128}=0.0345$$

取$U_o=3.5\%$查表（附录D）。

$$U_{3\sim4}=\frac{204\times0.038+256\times0.029}{204+256}=0.033$$

取$U_o=3.5\%$查表（附录D）。

根据验算列表如下（见表4）：

表4　热水系统管段设计秒流量表

管段编号	N_g	q_g (L/s)	管段编号	N_g	q_g (L/s)	管段编号	N_g	q_g (L/s)
入户管A	1.7	0.26	A9～A10	91.8	2.41	C5～C6	64.0	1.83
A1～A2	10.2	0.69	A10～1	102.0	2.57	C6～C7	76.8	2.04
A2～A3	20.4	1.01	1～2	204.0	3.94	C7～C8	89.6	2.22
A3～A4	30.6	1.27				C8～C9	102.4	2.40
A4～A5	40.8	1.50	入户管C	3.2	0.37	C9～C10	115.2	2.57
A5～A6	51.0	1.70	C1～C2	12.8	0.76	C10～2	128.0	2.73
A6～A7	61.2	1.89	C2～C3	25.6	1.11	2～3	332.0	5.13
A7～A8	71.4	2.07	C3～C4	38.4	1.38	3～4	460.0	6.34
A8～A9	81.6	2.25	C4～C5	51.2	1.62			

3.6.6　本条基本上保留了原条文，只是将使用工况类似客运站旅客厅的卫生间归入3.6.5条计算。

3.6.7　本条规定了最大用水小时的用水量，按表3.1.9和表3.1.10中用水定额，用小时数和小时变化系数经计算确定，以便确定调节设备的进水管径等。

3.6.8　住宅的入户管径不宜小于20mm，这是根据近年来的住宅户型和卫生器具配置标准经计算而得出的，也是各设计单位的经验积累。当某些地区规定只允许装DN15的水表时，可在水表前后变径。

3.6.9　随着镀锌钢管的淘汰和各种耐腐蚀且表面光滑的新型管材的推广应用，以及用户供水支管水压的提高，对管内水流速度作了相应调整，有所提高。在本条限定的流速下，未发现管道产生水流噪声。

3.6.10　我国建筑给水管道由于过去多使用镀锌钢管和铸铁管，因此，其水力计算采用以旧钢管、旧铸铁管为研究对象建立的舍维列夫公式。近年来，铜管、不锈钢管的使用日趋普遍，各种塑料管的使用也日趋成熟。多种管材的使用，分别采用各自的水力计算公式很不方便。此次规范全面修订中，经分析研究，决定采用海澄-威廉公式作为各种管材水力计算公式。

海澄-威廉公式是目前许多国家用于供水管道水力计算的公式。它的主要特点是，可以利用海澄-威廉系数的调整，适应不同粗糙系数管道的水力计算。

本次公式替换，进行了大量的试算工作，试算结果为：

海澄系数 $C_h=140$ 时，海澄-威廉公式计算值与10℃时塑料管计算公式计算值吻合；

海澄系数 $C_h=130$ 时，海澄-威廉公式计算值与石棉水泥管计算公式计算值吻合；

海澄系数 $C_h=90$ 时，海澄-威廉公式计算值与舍维列夫计算公式计算值吻合。

国外资料将铜管、不锈钢管海澄-威廉系数按 $C_h=140$ 或 $C_h=130$ 计算，本次修订将铜管、不锈钢管的海澄-威廉系数按 $C_h=130$ 计算。国外资料将使用寿命为20年的普通钢管、铸铁管的海澄-威廉系数定为 $C_h=90$；将使用寿命为15年普通钢管、铸铁管和使用寿命为20年的有一定防腐处理的钢管、铸铁管的海澄-威廉系数定为 $C_h=100$，本次修订将钢管、铸铁管的海澄-威廉系数按 $C_h=100$ 计算。

3.6.11 给水管道的局部水头损失，当管件的内径与管道的内径在接口处一致时，水流在接口处流线平滑无突变，其局部水头损失最小。当管件的内径大于或小于管道内径时，水流在接口处的流线都产生突然放大和突然缩小的突变，其局部水头损失约为内径无突变的光滑连接的2倍。所以本条只按连接条件区分，而不按管材区分。

本条提供的按沿程水头损失百分比取值，只适用于配水管，不适用于给水干管。

配水管采用分水器集中配水，既可减少接口及减小局部水头损失，又可削弱减轻卫生器具用水时的相互干扰，获得较稳定的出口水压。

3.7 水塔、水箱、贮水池

3.7.2 本条的居住小区加压泵站，是指多层或低层居住小区的室外给水管网的加压泵站。居住小区加压泵站的贮水池的总容积，除应贮存生活用水的调节容量外，还应贮存消防用水。至于消防用水的贮存量，应根据进水条件而定，一般可按消防时市政管网仍可向贮水池补水进行计算。贮水池一般也不设置消防用水不被动用的措施。

贮水池宜分成容积基本相等的两格，是为了清洗水池时可不停止供水。

3.7.3 建筑物内的生活用水贮水池，不宜毗邻电气用房和居住用房或在其下方，除防止万一水池渗漏造成损害外，还考虑水池产生的噪声对周围房间的影响。所以其他有安静要求的房间，也不应与贮水池毗邻或在其下方。

3.7.6 本条提出高位水箱宜设置在水箱间，不论所在地区冬季是否结冻都宜这样做，目的是为了改善水箱周围的卫生环境，保护水箱水质。在非结冻地区的不保温水箱，存在受阳光照射而水温升高的问题，将导致箱内水的余氯加速挥发，细菌繁殖加快，这就是水质受到"热污染"，一旦引发"军团菌"，就威胁到用户的生命安全。

露天设置的高位水箱，无论结冻于否，都宜做保温层。

3.7.7 高位水箱的进、出水管不宜采用一条管，即进水管不能兼作出水配水管，这种配管会造成水箱内死水区大，尤其是当进水压力基本可满足用户水压要求时，进入水箱的水很少时，箱内的水得不到更新（如利用市政水压供水的调节水箱，夏季水压不足，冬季水压已够），水质恶化；出水口处的止回阀在进水工况时会振动引发噪声。当然这种配管在进水管起端必须安装管道倒流防止器。否则就产生倒流污染，甚至箱内的水会流空，用户没水用。

由于浮球阀出口是进水管断面40%，故需设置2个，且要求进水管标高一致，可避免2个浮球阀受浮力不一致而容易损坏漏水的现象。

由于城市给水管网直接供给调节水池（箱）时，只能利用池（箱）的水位控制其启闭，水位控制阀能实现其启闭自动化。但对于由单台加压设备向单个调节水箱供水时，则由水箱的水位通过液位传感信号控制加压设备的启闭。不应在水箱进水管上设置水位控制阀，否则造成控制阀冲击振动而损坏。特别对于一组水泵同时供给多个水箱时，液位控制阀的损坏几率相当高。在这种情况下，应在每个水箱的进水管上设置电动阀门和水位传感器，通过水位监控仪实现水位自动控制。

溢流管的溢流量是很难确定的，溢流量是随溢流水位升高而增加，一般常规做法是溢流管比进水箱进水管管径大一级，管顶采用喇叭口（1：1.5～1：2.0喇叭口）集水，是有明显的溢流堰的水流特性，然后经一垂直管段后转弯穿池壁出池外。

水池（箱）泄水出路有室外雨水检查井、地下室排水沟（应间接排水）、屋面雨水天沟等，其排泄能力有大小，不能一视同仁。一般情况比进水管小一级管径，至少不应小于50mm。

当水池埋地较深，无法设置泄水管时，应采用潜水给水泵提升泄水。如配有水泵机组时，可利用增加水泵出水管管段接出一泄水管的方法，工程中实为有效的办法。

在工程中由于自动水位控制阀失灵，水池（箱）溢水造成水资源浪费，特别是地下室的贮水池溢水造成财产损失的事故屡见不鲜。贮水构筑物设置水位监视、报警和控制仪器和设备很有必要，目前国内此类产品性能可靠，已广泛应用。

报警水位与最高水位和溢流水位之间的关系：报警水位应高出最高水位50mm左右，小水箱可小一些，大水箱可取大一些。报警水位距溢流水位一般约50mm，如进水管径大，进水流量大，报警后需人工关闭或电动关闭时，应给予紧急关闭的时间，一般报警水位距溢流水位250～300mm。

3.7.8 高层建筑采用垂直串联供水时，传统的做法是设置中途转输水箱。中途转输水箱有两个作用，一是调节初级泵与次级泵的流量差，一般都是初级泵的流量大于或等于次级泵的流量，为了防止初级泵每小时启动次数不大于6次，故中途转输水箱的容积宜取次级泵的5～10min流量；二是防止次级泵停泵时，次级管网的水压回传（只要次级泵出口止回阀渗漏，静水压就回传），中途转输水箱可将回传水压消除，保护初级泵不受损害。

现在有了调速水泵和管道倒流防止器，就可以取消中途转输水箱而直接连接。初、次级泵都采用调速泵，就取代了中途转输水箱的调节功能：在次级泵的吸水管上（该处水压应大于0.1MPa，以保证水能顺利通过管道倒流防止器）或出水管处安装管道倒流防止器，万一发生水压回传时，管道倒流防止器的自动泄水功能就可将回传水压释放而消除倒流。这种垂直串联的供水方式，可避免中间水箱的存在对水质的不利影响，也可节省占用的建筑面积。

3.8 增压设备、泵房

3.8.1 选择生活给水系统的加压水泵时，必须对水泵的Q～H特性曲线进行分析，应选择特性曲线为随流量增大其扬程逐渐下降的水泵，这样的泵工作稳定，并联使用时可靠。Q～H特性曲线存在有上升段（即零流量时的扬程不是最高扬程，随流量增大扬程也升高，扬程升至峰值后，流量再增大扬程又开始下降，Q～H特性曲线的前段就出现一个向上拱起的弓形上升段的水泵）。这种泵单泵工作，且工作点扬程低于零流量扬程时，水泵可稳定工作。若工作点在上升段范围内，水泵工作就不稳定。这种水泵并联时，先启动的水泵工作正常，后启动的水泵往往出现有压无流的空转。因此本条规定，选择的水泵必须要能稳定工作。

生活给水的加压用水泵是长期不停地工作的，水泵产品的效率对节约能耗、降低运行费用起着关键作用。因此，选泵时应选择效率高的泵型，且管网特性曲线所要求的水泵工作点，应位于水泵效率曲线的高效区内。

在通常情况下，一个给水加压系统宜由同一型号的水泵组合并联工作。最大流量时由2～3台（时变化系数为1.5～2.0的系统可用2台；时变化系数2.0～3.0的系统用3台）水泵并联供水。若系统有持续较长的时段处于接近零流量状态时，可另配备小型泵用于此时段的供水。

现在的电气控制水平，都能做到水泵自动切换交替运行，这样就可避免备用泵因长期不运行而泵内的水滞留变质或锈蚀卡死不转的问题。

3.8.2 居住小区的给水加压泵站，当给水管网无调节设施时，应采用由水泵功能来调节，以节约电耗，现在大多采用调速泵组供水方式。当泵站规模较大、供水的时变化系数不大时，或管网有一定容量的调节措施时，亦可采用额定转速水泵编组运行的供水方式。

居住小区的室外给水管网的水量、水压，在消防时应满足消防车从室外消火栓取水灭火的要求。以最大用水时的生活用水量，叠加消防流量，来复核管网末梢的室外消火栓的水压，其水压应达到以地面标高算起的流出水头不小于0.1MPa的要求。如果计算结果为工作泵全部在额定转速下运行还达不到要求时，可采取更改水泵选型或增多水泵台数的办法来达到要求。

3.8.3 建筑物内采用高位水箱调节供水的系统，水泵由高位水箱中的水位控制其启动或停止，当高位水箱的调节容量（启动泵时箱内的存水一般不小于5min用水量）不小于0.5h最大用水时水量的情况下，可按最大用水时的平均流量选择水泵流量；当高位水箱的有效调节容量较小时，应以大于最大用水时的平均流量选泵。

3.8.4 在3.8.1条的说明中已明确生活给水系统的调速泵组在最大供水量时是多台泵并联供水的，本条规定在选泵时，管网水力特性曲线与水泵为额定转速时的并联曲线的交点，即工作点，它所对应的泵组总出水量，应等于或略大于管网的设计秒流量。此总出水量对应的单泵工作点，应处于水泵高效区的末端。这样选泵才能使水泵在调速区处于高效区内工作。

3.8.5 气压给水设备是指由水泵机组、气压水罐和电气控制系统组成的加压给水设备。它是利用气压水罐内气体的可压缩性以达到给水管网保持较稳定的水压和流量调节的变压式气压给水设备。

气压水罐有隔膜式和自动补气式两大类。自动补气式气压水罐，因有空气溶入水中，对供水水质存在水质污染的潜在危险，且可能引起用户水表计量不准确，故应慎用。

气压给水设备的供水系统的规模不宜过大。

气压给水设备的工作水泵的流量、扬程应与气压水罐的容积相匹配，水泵在1h内的启动次数，不应大于8次，否则易使电控装置损坏。

3.8.6 生活给水的加压水泵宜采用自灌吸水，非自灌吸水的水泵给自动控制带来困难，并使加压系统的可靠性差，应尽量避免采用。万一要采用时，应有可靠的自动灌水或引水措施。

生活给水水泵的自灌吸水，是指水泵启动时，卧式水泵的泵壳内应全部充满水；立式水泵至少第一级泵壳内应充满水，并不要求水泵位于贮水池最低水位以下。因此，贮水池应按满足水泵自灌要求设定一个启泵水位，水位在启泵水位以上时，允许启动水泵，水位在启泵水位以下时，不允许启动水泵，但已经在运行的水泵应继续运行，达到贮水池最低水位时自动停泵。

贮水池的启泵水位，在一般情况下，宜取 1/3 贮水池总水深。

贮水池的最低水位是以水泵吸水管喇叭口的最小淹没水深来确定的。淹没水深不足时，就产生空气旋涡漏斗，水面上的空气经旋涡漏斗被吸入水泵，对水泵造成损害。影响最小淹没水深的因素很多，目前尚无确切的计算方法，本条规定的吸水喇叭口的水深不宜小于 0.5m，是以建筑给水系统中使用的水泵均不大，吸水管管径不大于 200mm 而定的。当吸水管管径大于 200mm 时，应相应加深水深，可按管径每增大 100mm，水深加深 0.1m 计。

对于吸水喇叭口上水深达不到 0.5m 的情况，常用的办法是在喇叭口缘加设水平防涡板，防涡板的直径为喇叭口缘直径的 2 倍，即吸水管管径为 $1D$，喇叭口缘直径为 $2D$，防涡板外径为 $4D$。这时最小水深可取 0.3m。

本条中其他有关吸水管的安装尺寸要求，是为水泵工作时能正常吸水，并避免相邻水泵之间的互相干扰。

3.8.7 水泵从吸水总管吸水，吸水总管又伸入水池吸水，这种做法已被普遍采用。尤其是水池有独立的两格时，可增加水泵工作的灵活性，泵房内的管道布置也可简化和规则。

吸水总管伸入水池的引水管不宜少于 2 条，每条引水管能通过全部设计流量，引水管上应设闸门，是从安全角度出发而规定的。

为了水泵能正常自灌，且在运行过程中，吸水总管内不会积聚空气，保证水泵能正常和连续运行，吸水总管管顶应低于水池启动水位，水泵吸水管与吸水总管的连接应采用管顶平接或高出管顶连接。

采用吸水总管，水泵的自灌条件不变，与单独吸水管时的条件相同。

采用吸水总管时，吸水总管喇叭口的最小淹没水深允许为0.3m,是考虑吸水总管的口径比单独吸水管大，喇叭口处的趋近流速就有降低。但若在喇叭口按 3.8.6 条说明中的办法增设防涡板将会更更好。

吸水总管中的流速不宜大，否则会引起水泵互相间的吸水干扰，但也不宜低于 0.8m/s，以免吸水总管过粗。

3.8.8 自吸式水泵或非自灌吸水的水泵，应进行允许安装高度的计算，是为了防止盲目设计引起事故。即使是自灌吸水的水泵，当启泵水位与最低水位相差较大时，也应作安装高度的校核计算。

3.9 游泳池和水上游乐池

游泳运动在我国是一项具有广泛群众基础的体育运动，随着我国游泳运动员在世界大赛取得一系列优异成绩，进一步推动了这项运动的开展，全国各地纷纷兴建游泳池。中国工程建设标准化协会标准《游泳池给水排水设计规范》CECS 14：89 对游泳池的水质、水温、给水系统，游泳池水的循环、净化、消毒、加热，游泳池的附属装置、洗净设施、跳水游泳池制波、水净化机房等方面的规范化和标准化均作了较详细、全面的规定，该规范对我国的游泳池给水排水设计起了十分重要的作用。由于游泳池技术的发展，及我国建设事业的需要，该规范已作了全面的修订。

近年来，随着我国经济的稳定发展与人民生活水平的不断提高，科学性的全民健身运动正在悄然兴起。水上游乐池（亦称“水上娱乐池”、“水上乐园”等）作为一项人民喜闻乐见的休闲型水上游乐健身场所，在我国各地得到迅速发展；水上游乐池的设计、制造和建设，得到较快地提高和完善。兴建水上游乐池既是一项综合型工程技术，又是一门造型艺术，是一项需要管理、设计、制造、施工紧密配合的工程项目，它在我国仅有短短十几年的历史，以往多借鉴国外和香港的经验。为了适应水上游乐池发展的需要，提高设计、制造和施工质量，规范管理，《游泳池给水排水设计规范》在全面修订中新增加了这部分内容，并将该规范更名为《游泳池和水上游乐池给水排水设计规范》CECS 14：2002。

本规范仅对游泳池和水上游乐池的一些主要的设计参数如水质、水温、循环周期等作出一些原则性的规定。

3.9.1 在设计和运行中保证游泳池和水上游乐池的池水，初次充水和补充水，以及饮水、淋浴等生活用水的水质卫生标准是十分重要的，本节 3.9.1 条至 3.9.4 条对这些用水提出了水质卫生标准。

人在游泳池或游乐池中，皮肤、眼、耳、口、鼻等与池水直接接触。因此，池水水质的好坏直接关系到游泳者的健康和游泳运动员水平的发挥；同时，池水的水质也是游泳池池水循环处理的主要依据。《游泳池和水上游乐池给水排水设计规范》分别规定了世界级和国家级竞赛用游泳池、其他游泳池和水上游乐池的水质卫生标准，本规范不再将这些标准具体列出，但强调游泳池的水质必须符合这些标准。

3.9.5 游泳池的池水使用有定期换水、定期补水、直流供水、定期循环供水、连续循环供水等多种方式。由于水资源是十分宝贵的，节约用水是节约能源的一个重要组成部分，通常情况下游泳池池水均应循环使用。

在一定水质标准要求下，影响游泳池和水上游乐池池水循环周期的因素有池的类型（跳水、比赛、训练……）、用途（营业、内部、群众性、专业性……）、池水容积、水深、使用时间、使用对象（运动员、成人、儿童）、使用人数和游泳池的环境（室内、露天……）及经济条件等。在没有大量可靠的累计数据时，一般可按表 3.9.5 采用。

池水的循环周期决定游泳池的循环水量 Q：$Q=V$（池水容积）$\div T$（循环周期）。

3.9.6 一个完善的水上游乐池不仅应具有多种功能的运动休闲项目达到健身目的，还应利用各种特殊装置模拟自然水流形态增加趣味性，而且要根据水上游乐池的艺术特征和特定的环境要求，因势就形，融入自然。要达到各项功能的预定效果，应根据各自的水质、水温和使用功能要求，设计成独立的循环系统和水质净化系统。

3.9.9 水上游乐池滑道的娱乐功能全靠水来润滑。如果断水则不仅滑道游乐功能丧失，而且载人容器设备在无水润滑情况下可能发生事故。故这种功能性循环系统一定要有备用水泵，且应交替运行。

3.9.10 正确选用循环过滤器的滤速是保证过滤效果的一个重要参数。许多给水排水工作者认为我国在以往设计中采用的滤速偏低（一般不大于 10m/h）。近年来国外进口的高速过滤器滤速范围在 25～40m/h，有的甚至高达 50m/h。

滤速主要决定于滤料以及原水水质，我国游泳池过滤采用的滤料主要是石英砂；在游泳池的设计中，过滤器通常采用压力过滤器。过滤速度愈大，过滤效率愈低。在实际使用中，当过滤速度超过 30m/h 时，效率降低更快；且过滤速度过高，必然缩短反冲周期，增加反冲水量。从理论上分析，压力过滤器过滤产水时必然有一个最佳产水效率，评定该效率的标准是过滤器的运行周期及反冲水量两者间的关系。因此，压力过滤器的最佳产水效率应提高过滤效率，而不是盲目地提高过滤速度。国外将砂过滤器的过滤速度划分为三类：低速过滤——滤速不大于 10m/h；中速过滤——滤速为 11～30m/h；高速过滤——滤速为 31～50m/h。低速过滤是我国以往设计中通常采用的；中速过滤在 10～25m/h 范围内时，过滤器的压力损失与过滤速度成正比，所以在人数负荷较高的游泳池（譬如公共游泳池）推荐采用；高速过滤不能有效地截留杂质和胶体，在大中型游泳池内使用是不妥当的，小型家庭游泳池考虑到经济等原因可采用高速过滤，但滤速不宜超过36.5m/h。

3.9.12 消毒杀菌是游泳池水处理中极重要的步骤。游泳池池水因循环使用，水中细菌会不断增加，必须投加消毒剂以减少水中细菌数量，使水质符合卫生要求。

3.9.13 消毒剂选择、消毒方法、投加量等应根据游泳池和水上游乐池的使用性质确定：如公共游泳池与水上游乐池的人员构成复杂，有成人也有儿童，人们的卫生习惯也不相同；而家庭游泳池和家庭及宾馆客房的按摩池人员较单一，使用人数较少。两者在消毒剂选择、消毒方法等方面可能完全不同。

《游泳池和水上游乐池给水排水设计规范》对不同使用性质的游泳池和水上游乐池的消毒剂选择和消毒方法，均作了明确的要求，故本规范仅对消毒剂选择作了原则性的规定。

3.9.14 氯气是很有效的消毒剂。在我国，大型游泳池以往都采用氯气消毒，虽然保证了消毒效果，但也带来了一些难以克服的问题。氯气是有毒气体，在处理、贮存和使用的过程中必须注意安全问题。

氯气投加系统只有处于真空（即负压）状态下，才能保证氯气不会向外泄露，保证人员的安全。

3.9.15 最近几年游泳池、水上游乐池的池水温度设定偏高。但是，当池水水温较高时，助长了细菌大量滋生，因此，过高的水温是不值得推荐的。对一些水温需保持在 38～40℃ 的水力按摩池、高温休闲池等水上游乐池，如何保证水质的卫生指标应该慎重对待。

3.9.22 为保证游泳池和水上游乐池的池水不被污染，防止池水产生传染病菌，必须在游泳池和水上游乐池的入口处设置浸脚消毒池，使每一位游泳者或游乐者在进入池子之前，对脚部进行消毒。浸脚消毒池的具体要求可参见《游泳池和水上游乐池给水排水设计规范》的有关条文。

3.9.24 跳水池的水表面利用人工方法制造一定高度的水波浪，是为了防止跳水池的水表面产生眩光，使跳水运动员从跳台（板）起跳后在空中完成各种动作的过程中，能准确地识别水面位置，从而保证空中动作的完成和不发生被水击伤或摔伤等现象。

3.9.27 本条不属于给水排水设计范畴，属于游泳池和水上游乐池的工艺设计，各种年龄段的池子，其水深都涉及到安全因素，把不同水深的池子用栏杆分隔，也是考虑安全因素，防止溺水事故的发生。

3.10 冷却塔及循环冷却水

3.10.1 目前，民用建筑空调系统循环冷却水的水质尚没有国家标准。在工程设计中，敞开式循环冷却水的水质应满足被冷却设备的水质要求；如无被冷却设备的水质标准时，可参照《工业循环冷却水处理设计规范》中的有关标准执行。

3.10.2 民用建筑空调系统的冷却塔设计计算时所选用的空气干球温度和湿球温度，应与所服务的空调等系统的设计空气干球温度和湿球温度相吻合。《采暖通风与空气调节设计规范》GBJ 19—87第 2.2.7 条“夏季空气调节室外计算干球温度，应采用历年平均不保证 50h 的干球温度”，第 2.2.8 条“夏季空气调节室外计算湿球温度，应采用历年平均不保证 50h 的湿球温度”。

3.10.4 在实际工程设计中，由于受建筑物的约束，冷却塔的布置很可能不能满足3.10.3条的规定。当采用多台塔双排布置时，不仅需考虑湿热空气回流对冷效的影响，还应考虑多台塔及塔排之间的干扰影响（回流是指机械通风冷却塔运行时，从冷却塔排出的湿热空气，一部分又回到进风口，重新进入塔内；干扰是指进塔空气中掺入了一部分从其他冷却塔排出的湿热空气）。这时候，必须对选用的成品冷却塔的热力性能进行校核，并采取相应的技术措施，如提高气水比等。

3.10.8 设计中，通常采用冷却塔、循环水泵的台数与冷冻机组数量相匹配。

循环水泵的流量应按冷却水循环水量确定，水泵的扬程应根据冷冻机组和循环管网的水压损失、冷却塔进水的水压要求、冷却水提升净高度之和确定。

当建筑物高度较高，且冷却塔设置在建筑物的屋顶上，循环水泵设置在地下室内，这时水泵所承受的静水压强远大于所选用的循环水泵的扬程。由于水泵泵壳的耐压能力是根据水泵的扬程作为参数设计的，所以遇到上述情况时，必须复核水泵泵壳的承压能力。

3.10.11 冷却水在循环过程中，共有三部分水量损失，即：蒸发损失水量 q_z、排污损失水量 q_p、风吹损失水量 q_f，在敞开式循环冷却水系统中，为维持系统的水量平衡，补充水量 q_{bc} 应等于上述三部分损失水量之和。

循环冷却水通过冷却塔时水分不断蒸发，因为蒸发掉的水中不含盐分，所以随着蒸发过程的进行，循环水中的溶解盐类不断被浓缩，含盐量不断增加。为了将循环水中含盐量维持在某一个浓度，必须排掉一部分冷却水，同时为维持循环过程中的水量平衡，需不断地向系统内补充新鲜水。补充的新鲜水的含盐量和经过浓缩过程的循环水的含盐量是不相同的，两者的比值称为浓缩倍数 N_n。由于蒸发损失水量 $q_z \neq 0$，则 N_n 值永远大于1，即循环水的含盐量总大于补充新鲜水的含盐量。如果浓缩倍数 N_n 越大，在蒸发损失水量 q_z、风吹损失水量 q_f，排污损失水量 q_p 越小的条件下，补充水量 q_{bc} 就越小。由此看来，提高浓缩倍数，可节约补充水量和减少排污水量；同时，也减少了随排污水量而流失的系统中的水质稳定药剂量。但是浓缩倍数也不能提得过高，如果采用过高的浓缩倍数，不仅水中有害离子氯根或垢离子钙、镁等将产生腐蚀或结垢倾向；而且浓缩倍数高了，会增加水在系统中的停留时间，不利于微生物的控制。因此，浓缩倍数必需控制在一个适当的范围内。

3.10.12 民用建筑空调的敞开式循环冷却水系统中，影响循环水水质稳定的因素有：

1 在循环过程中，水在冷却塔内和空气充分接触，使水中的溶解氧得到补充，达到饱和。水中的溶解氧是造成金属电化学腐蚀的主要因素；

2 水在冷却塔内蒸发，使循环水中含盐量逐渐增加，加上水中二氧化碳在塔中解析逸散，使水中碳酸钙在传热面上结垢析出的倾向增加；

3 冷却水和空气接触，吸收了空气中大量的灰尘、泥砂、微生物及其孢子，使系统的污泥增加。冷却塔内的光照、适宜的温度、充足的氧和养分都有利于细菌和藻类的生长，从而使系统粘泥增加，在换热器内沉积下来，产生了粘泥的危害。

在敞开式循环冷却水系统中，冷却水吸收热量后，经冷却塔与大气直接接触，二氧化碳逸散，溶解氧和浊度增加，水中溶解盐类浓度增加以及工艺介质的泄漏等，使循环冷却水质恶化，给系统带来结垢腐蚀、污泥和菌藻等问题。冷却水的循环对换热器带来的腐蚀、结垢和粘泥影响比采用直流系统严重得多。如果不加以处理，将发生换热设备的水流阻力加大，水泵的电耗增加，传热效率降低，造成换热器腐蚀并泄露……因此，民用建筑空调系统的循环冷却水应该进行水质稳定处理，它主要任务是去除悬浮物、控制泥垢及结垢、控制腐蚀及微生物等四个方面。当循环冷却水系统达到一定规模时，除了必须配置的冷却塔、循环水泵、管网、放空装置、补水装置、温度计等外，还应配置水质稳定处理和杀菌灭藻、旁滤器等装置，以保证系统能够有效和经济地运行。

3.10.13 旁流处理的目的是保持循环水水质，使循环冷却水系统在满足浓缩倍数条件下有效和经济地运行。旁流水就是取部分循环水按要求进行处理后，仍返回系统。旁流处理方法可分去除悬浮固体和溶解固体两类，但在民用建筑空调系统中通常是去除循环水中的悬浮固体，因为从空气中带进系统的悬浮杂质以及微生物繁殖所产生的粘泥，补充水中的泥沙、粘土、难溶盐类，循环水中的腐蚀产物、菌藻、冷冻介质的渗漏等因素使循环水的浊度增加，仅依靠加大排污量是不能彻底解决的，也是不经济的。旁滤处理的方法同一般给水过滤处理的有关方法，旁滤水量需根据去除悬浮物或溶解固体的对象而分别计算确定。当采用过滤处理去除悬浮物时，过滤水量宜为冷却水循环水量的1%～5%。

3.11 水　　景

3.11.1 国家标准《景观娱乐用水水质标准》按照不同的使用功能分为三大类：A类主要适用于天然浴场或其他与人体直接接触的景观、娱乐水体；B类主要适用于国家重点风景游览区及那些与人体非直接接触的景观、娱乐水体；C类主要适用于一般景观用水水体。水景工程设计时应根据水景不同的使用功能采用有关的水质标准。

3.11.2 本条确定了循环式供水的水景工程的补充水

量标准。对于非循环式供水的镜湖、珠泉等静水景观，应考虑每月排空放水1～2次。

3.11.3 水景工程设计应根据具体工程的自然条件、周围环境及建筑艺术的综合要求确定，喷头的选型、数量及位置是实现水景花型构思的重要保证。采用不同造型的喷头分组布置，并配置恰当的水量、水压及控制要求，可使喷水姿态变幻莫测，此起彼伏，有条不紊。

3.11.4 水景工程中喷水池的配管，首先应满足喷头喷出水花的造型美观，不同特性的喷头应分别设置配水管。一般喷水池的管道直接敷设在水池内，为保证每组喷头的喷水高度与流量相近，配水管宜环状布置，流速一般不超过 0.5～0.6m/s，水头损失宜控制在 50～100Pa/m。为保持各喷头的水压基本一致，水池内的管道不宜有急转弯，改变方向处宜采用直管煨弯或大转弯半径的弯头，不宜采用普通的弯头和三通配件。为使喷出的水柱密实性好，喷嘴前应有不小于20 倍喷嘴口直径的直线管段，必要时可在喷头前管段内设整流装置。

3.11.5 水景循环水泵常用的有卧式离心泵及潜水泵。近年来，由于潜水泵的微型化及喷泉花型的复杂化，越来越多的水景工程采用潜水泵直接设置于水池底部或更深的吸水坑内，就地供水。大型水景亦可采用卧式离心泵及潜水泵联合供水，以满足不同的要求。

3.11.7 水景水池设置溢水口的目的是维持一定的水位和进行表面排污、保持水面清洁；大型水景设置一个溢水口不能满足要求时，可设若干个均匀布置在水池内。泄水口是为了水池便于清扫、检修和防止停用时水质腐败或结冰，应尽可能采用重力泄水。由于水在喷射过程中的飞溅和水滴被风速吹失池外是不可能完全避免的，故在喷水池的周围应设排水设施。

3.11.8 为了改善水景的观赏效果，设计中往往采用各种不同的运行控制方法，通常有手动控制、程序控制和音响控制。简单的水景仅单纯变换水流的姿态，一般采用的方法有改变喷头前的进水压力、移动喷头的位置、改变喷头的方向等。随着控制技术的发展，水景不仅可以使水流姿态、照明颜色和照度不断变化，而且可使丰富多彩、变化莫测的水姿、照明随着音乐的旋律、节奏同步变化，这需要采用复杂的自动控制措施。

3.11.10 用于水景工程的管道通常直接敷设在水池内，故应选用耐腐蚀的管材。对于室外水景工程，采用不锈钢管和铜管是比较理想的，唯一的缺点是价格比较昂贵；用于室内水景工程和小型移动式水景可采用塑料给水管。

4 排　水

4.1 系统选择

4.1.1 新建居住小区采用分流制排水系统，是指生活排水与雨水排水系统分成两个排水系统。在城市有污水处理厂时，市政均有污水管道系统和雨水管道系统，居住小区两种排水系统很容易与之衔接。随着我国对水环境保护力度加大，城市污水处理率大大提高，市政污水管道系统亦日趋完善，为居住小区生活排水系统的建立提供了可靠的基础。目前，室外工程设计基本上采用生活排水与雨水的分流制排水系统。但目前我国尚有城市还没有污水处理厂，市政也没有污水管道，居住小区内的污水应自行进行处理后排入城市雨水管道，以保护水体不致受生活污水有机物污染，待今后城市污水处理厂兴建和市政污水管道建造后，再接入之。

4.1.2 在建筑物内宜把生活污水（大小便污水）与生活废水（洗涤废水）分成两个排水系统。由于生活污水特别是大便器排水是属瞬时洪峰流态，在几秒钟内将 9L 冲洗水量形成 1.5～2.0L/s 流量，容易在排水管道中造成较大的压力波动，有可能在水封较为薄弱的环节造成破坏水封；而相对来说，洗涤废水排水是属连续流，排水平稳。为防止窜臭味，故建筑标准较高时，宜生活污水与生活废水分流。

由于粪便污水中的有机物比生活废水中的有机物多得多，生活废水与粪便污水分流的目的是提高粪便污水处理的效果，减小化粪池的容积，化粪池不仅起沉淀污物的作用，而且在厌氧菌的作用下起腐化发酵分解有机物的作用。如将大量生活废水排入化粪池，则不利于有机物厌氧分解的条件。据观察，凡生活废水与粪便污水合并入化粪池，在化粪池中不能形成明显的污泥壳层，污水处理效果就会不佳。如果小区或建筑物要建立中水系统的话，应优先采用优质生活废水，这些生活废水应用单独的排水系统收集作为中水的水源。

4.1.3 本条规定了在设置生活排水系统时，对局部受到油脂、泥沙、致病菌、放射性元素、温度等污染的排水应设置单独排水系统将其收集处理。用作中水水源的生活排水，应设置单独的排水系统排入中水原水集水池。

4.1.4 建筑物雨水管道是按当地暴雨强度公式和设计重现期设计，而生活污废水管道，则按卫生设备的排水流量进行设计。如在建筑物内将雨水与生活废水或生活污水合流，将会影响生活污水管道系统的正常运行。在三北地区（东北、华北、西北）以及某些沿海城市如大连、青岛等由于严重缺水，已影响城市正常生活和生产，如何利用雨水贮存已日益成为人们关注的问题。国外，如新加坡、以色列、西欧等国都有收集贮存雨水的经验。

4.2 卫生器具及存水弯

4.2.2 本条规定的目的是要求设计人员在选用卫生器具及附件时应掌握和了解这些产品的行业标准的要求，以便在工程中把握住产品质量，防止伪劣产品混入工程项目中来，对保证工程质量将有很重要的意义。

4.2.3 大便器的节水是人们普遍关心的问题。国家有关部委已明文规定：在住宅建筑中大力推广6L冲洗水量的大便器。6L节水型大便器不可以机械地理解将原有大便器冲洗水箱由9L或11L减少至6L即可。关键在于便器构造本身适应在6L冲洗量的情况下能顺利地将大便器冲净。

4.2.4 在工业企业和公共建筑的男厕所内，由于小便器使用频繁，如采用手动冲洗阀，往往达不到良好的冲洗效果，日久容易在排水管内积存尿垢而堵塞，此外，手动冲洗阀零件等容易腐蚀漏水，浪费水量，实际上使用者不会去操作手动冲洗阀的。因此，在卫生要求不高的厕所内设置小便槽并采用脚踏冲洗开关或自动冲洗水箱定时冲洗，具有一定的优越性。

小便器采用自闭式冲洗阀既有延时自闭作用，又有调节冲洗水量的功能，对节约用水有很大的意义。

红外感应自动冲洗装置具有冲洗及时、节约用水和卫生的优越性。

4.2.6 本条规定是建筑给排水设计安全卫生的重要保证，必须严格执行。

存水弯、水封盒、水封井等能有效地隔断排水管道内的有害有毒气体窜入室内，从而保证室内环境卫生，保障人民身心健康，防止事故发生。

存水弯水封必须保证一定深度，考虑到水封蒸发损失、自虹吸损失以及管道内气压变化等因素，国外规范均规定卫生器具存水弯水封深度为50～100mm。

水封深度不得小于50mm的规定是国际上对污水、废水、通气的重力流排水管道系统排水时内压波动不致于把存水弯水封破坏的要求。

4.2.7 本条规定的目的是防止两个不同病区或医疗室的空气通过器具排水管的连接互相串通，以致可能产生的病菌传染。

4.3 管道布置和敷设

4.3.1 本条规定了居住小区排水管道布置的原则。

4.3.3～4.3.6 这四条规定了建筑物内排水管布置的要点。其基本原则是不能由于排水管道漏水或结露产生的凝结水造成对安全、卫生、环保和财物产生影响或管道本身受到损害。

4.3.7 本条补充了管道外墙敷设的条件。在南方气温较高地区，如广东、福建、广西、海南等均采用这种敷设方法，既可室内空间整洁，又可做到管道不进入他户的要求。

4.3.8 住宅作为商品进入房地产市场以来，住宅即作为业主的私有空间，有拒绝他人进入的权利，下排式卫生器具一旦堵塞，清通即成问题。为此，住宅排水管道同层布置设计，成为一个研究课题，既要求卫生器具排水管不穿楼层，又要满足重力流排水和排水通畅的要求。各地曾做过许多工程试点，但有成功也有失败。不论如何，这种卫生器具不穿越楼板的管道敷设方法是个方向。

同层排水关键问题是地漏设置。按本规范第4.5.7条的原则，住宅卫生间、厨房内一般不经常从地面排水，即便有少量溅水完全可以用抹布一抹了之。一些不经常从地面排水的地方设置了地漏，由于没有地面排水，造成水封得不到补充而导致水封丧失，有害有毒气体串入室内。为了避免水患，应从给水安全方面考虑：①卫生器具都应有溢流口。②给水管道附件（管道配件阀门、卫生设备软管等）均应符合现行的行业标准的要求，避免爆管、脱节而造成水患。同层排水如需设置地漏，拟将卫生间的整体或局部楼板降低300mm，管道在填层中敷设。此类做法关键在于面层的防水要做好，否则楼板降低部分变成一个污水池，破坏了建筑和环境卫生。故同层排水必须由建筑、结构、给排水、设计、施工密切配合，才能做到完善。

一些单位试图不降低楼板，排水管道布置在楼板结构层中的做法不可取。①破坏了结构层，给房屋结构安全带来隐患。②排水管道采用平坡排水或压力排水，水力条件差，违背了排水管道设计的基本原则，即应有0.26的坡度和最大充满度0.5的要求。③减少水封深度，地漏需人工操作清理等，这种牺牲安全卫生条件达到“同层”排水是不可取的。

4.3.9 本条规定的目的在于改善管道内水力条件，避免管道堵塞，方便使用。污水管道经常发生堵塞的部位一般在管道的拐弯或接口处，故对此连接作了规定。

4.3.10 塑料管伸缩节设置在水流汇合配件（如三通、四通）附近，可使横支管或器具排水管不因为立管或横支管的伸缩而产生错向位移，配件处的剪切应力很小，甚至可忽略不计，保证排水管道长时期运行。

4.3.11 建筑塑料排水管穿越楼层设置阻火装置的目的是防止火灾蔓延，是根据我国模拟火灾试验和塑料管道贯穿孔洞的防火封堵耐火试验成果确定。其设置条件为：

1 高层建筑立管穿越楼层时；

2 管径：外径大于等于110mm时；

3 设置条件：立管明设，或立管虽暗设但管道井内是隔层防火封隔；

4　横管穿越防火墙时；

5　设置位置：明设立管的穿越楼板处的下方，支管接入立管穿越管道井壁处，横管穿越防火墙的两侧。

如管道井内每层楼板有防火分隔，则可不必设置。管窿的楼层分隔如是楼板亦可不装阻火装置。

4.3.12　根据国内外的科研测试证明，污水立管的水流流速大，而污水排出管的水流流速小，在立管底部管道内产生正压值，这个正压区能使靠近立管底部的卫生器具内的水封遭受破坏，卫生器具内发生冒泡、满溢现象，在许多工程中都出现上述情况，严重影响使用。为此，连接于立管的最低横支管或连接在排出管、排水横干管上的排水支管应与立管底部保持一定的距离。本条参照国外规范数据并结合我国工程设计实践确定。表4.3.12仅适用于设置伸顶通气管的排水立管，如果排水立管设置专用通气立管时，情况大为改观，立管底部反压通过专用通气管而释放、平衡。

排水管断面增幅过大，水流速度过于减小，杂物容易沉积。工程实践证明，采用增大一号排出管管径，从而缩小最低横支管与立管底部一档垂直距离的办法是可行的。

最低横支管单独排出是解决立管底部造成正压影响最低层卫生器具使用的最有效的方法，但也存在室内排至室外穿墙管道过多。另外，最低横支管单独排出时，其排水能力受本规范表第4.4.15条第1款的制约。

如果上述方法都无条件实施时，通过测试和工程实践在最低支管上采取设置防反溢装置也是一种办法，但必须保证排水通畅。

“立管底部”系指立管转入排出管的转弯处、立管与横干管连接处。

4.3.13　本条参阅美国、日本规范并结合我国国情的要求对采取间接排水的设备或容器作了规定。所谓间接排水，即卫生设备或容器排出管与排水管道不直接连接，这样卫生器具或容器与排水管道系统不但有存水弯隔气，而且还有一段空气间隔。如存水弯水封可能被破坏的情况下也不致于卫生设备或容器与排水管道连通，而使污蚀气体进入设备或容器。采取这类安全卫生措施，主要针对贮存饮用水、饮料和食品等卫生要求高的设备或容器的排水。空调机冷凝水排水虽排至雨水系统，但雨水系统也存在有害气体和臭气，如排水管道直接与雨水检查井连接，造成臭气窜入卧室，污染室内空气的工程事例还不少。

4.3.18　建筑物排出管如每根与室外排水管管顶平接，则会造成每根排出管的埋设标高和坡度都不一致。如埋深过大，则会给施工带来不便。同时，排出管与室外排水管道平接后，一旦室外排水管道超负荷运行时，就会影响排出管的通水能力，导致室内卫生器具冒泡或满溢。水流偏转角不得小于90°，才能保证畅通的水力条件，避免水流相互干扰。但当落差大于0.3m时，水流转弯角度的影响已不明显，故水流落差大于0.3m时，不受水流转角的影响。

4.3.19　室内排水沟与室外排水管道连接，往往忽视隔绝室外管道中有毒气体通过明沟窜入室内，污染室内环境卫生。有效的方法，就是设置水封井或存水弯。

4.3.22　本条规定排水立管底部架空设置支墩等固定措施。第一种情况下由于立管穿越楼板属非固定支承，层间支承也属活动支承，管道有相当重量作用于直管底部，故必须坚固支承。第二种情况虽每层固定支承，但在地下室立管与排水横管90°转弯，属悬臂管道，立管中污水下落在底部水流方向改变，产生冲击和横向分力，产生抖动，故需支承固定。立管与排水横干管三通连接或立管靠外墙内侧敷设，排出管悬臂段很短时，则不必支承。

4.4　排水管道水力计算

4.4.1　居住小区生活排水系统的排水定额要比其相应的生活给水系统用水定额小，其原因是，蒸发损失，小区埋地管道渗漏，应考虑的因素是：大城市的小区取高值，小区埋地管采用塑料排水管取高值，小区地下水位高取高值。

4.4.5　本条规定了住宅、集体宿舍、旅馆、医院、疗养院、幼儿园、养老院、办公楼、商场、会展中心和中小学教学楼等建筑生活排水设计秒流量公式，该公式源于前苏联斯威史考夫公式。本次修订将α值作调整。α值是与建筑物性质有关。原规范（GBJ 15—88）制订时，将α值与设置专用通气管联系起来，造成排水量集中，使用频率高的集体宿舍、旅馆、公共建筑的公共盥洗卫生间生活排水秒流量偏小，而卫生设备设置完善，使用频率相对小的住宅、宾馆、疗养院、休养所的卫生间生活排水秒流量相对偏大。本规范在通气管章节中增加了对一些卫生标准要求高的建筑增设了专用通气立管的条文。

4.4.10　本条规定了建筑排水塑料管排水横支管、横干管的坡度。横支管的标准坡度是由管件三通和弯头连接的管轴线夹角88.5°所决定的，换算成坡度为0.026。横干管如按配件的轴线夹角而定，势必造成横干管坡度过大，在技术层布置困难，为此可利用横干管伸缩密封圈调整坡度。

4.4.11　本条规定排水立管的最大排水能力。表4.4.11-1是参考国外设计资料和国内对DN100的排水管测试资料综合而成。表4.4.11-2是根据国内实测资料整理而得，塑料管由于内表面光滑，污水下落流速较快，在立管底部产生较大反压，只有正确处理好底部反压，才能使立管的通水能力有所增加。本规范建议立管底部放大一号管径，可缓解此反压。

4.4.14 根据工程经验，在职工住宅厨房排水中含杂物、油腻较多，立管容易堵塞，或通道弯窄，有时发生洗涤盆冒泡现象。适当放大立管管径，有利于排水、通气。

4.4.15 本条根据工程实践经验总结，对一些排水管道管径无需经过计算作适当放大。对底层排水管道单独排出时所能承担的负荷值作了规定。由于排出管埋设深度的限制，排出管距最低横支管不能达到本规范第4.3.12条的要求时，则最低横支管应单独排出室外，可防止底层卫生器具冒泡或满溢。对于底层单独排出的横管，根据设计经验，推荐表4.4.11-4中工作高度小于等于2m的无通气立管负荷值。由于公共食堂厨房内的污水含有大量的油脂及菜叶、泥砂等杂质，容易堵塞管道，故适当放大管径，有利于排水和清通。医院的污洗间内的洗涤盆或污水池的排水管内，往往有一些棉花球、纱布碎块、竹签、玻璃瓶、塑料瓶等杂物落入，堵塞管道严重。故将这些管道容易堵塞部位的排水管道管径适当放大。

据调查，国内使用的小便斗或小便槽，由于没有及时冲洗，使尿垢聚积，管道堵塞。对于建筑物等级低的小便槽或小便器堵塞现象严重；反之，建筑标准高的建筑物管道堵塞现象就少。故本条规定在条件许可的情况下，适当放大小便槽、小便器的排水支管管径。

4.5 管材、附件和检查井

4.5.1 本条规定了排水管材选择要求。小区室外埋地管应根据当地建材供应情况选用。由于埋地塑料管重量轻、运输方便、不渗漏、施工简便，越来越受到欢迎，在有条件的地方应优先采用。在小区有生活污水处理装置时，如采用混凝土管，则由于管道渗漏，污水渗入地层，污染地下水，同时生活污水处理量得不到保证。在地下水位高的地区，雨水渗入污水管道系统，生活污水处理构筑物超负荷运行，影响水质处理效果，故应用埋地塑料管。埋地塑料管种类有实壁管、加筋管、双壁波纹管、芯层发泡管和缠绕管等，其环刚度应符合行业标准中埋地管的要求。

在建筑物内应优先采用塑料排水管。建筑硬聚氯乙烯排水管具有质轻、便于安装、节能、不结垢和不锈蚀等特点。目前市场供应的有实壁管、芯层发泡管、螺旋管等。普通承插式灰口铸铁管属淘汰产品，其原因是管件存水弯水封深度未达标，采用石棉水泥接口，施工人员易患皮肤癌等。故目前使用的是橡胶密封圈柔性接口机制的排水铸铁管，应根据建筑物性质、建筑标准、建筑高度和抗震要求选用。

排水温度大于40℃时，如加热器、开水器的泄水管道仍采用普通塑料管，则会使其寿命大大缩短，甚至会软化损坏。

4.5.7 本条规定了在什么场所要设置地漏，这里很重要的一点就是“经常”两字，对于不经常从地面排水时，就不必设置地漏。因为只有经常从地面排水，才能不断地补充地漏存水弯水封，隔绝管道中有害气体窜入室内，反之，地漏由于得不到补充水，水封就会干涸，结果反而成了一个通气出口，造成对室内环境的污染。实际上，许多高级宾馆卫生间均不设地漏，也有许多住宅设计中厨房间也不设地漏。这里就要求设计人员把握住什么是“经常”从地面排水，从而决定要不要设置地漏。

4.5.8 地漏具有排除地面积水的功能，这虽属于常识，但许多工程实例反映，由于地漏设置不当，反而造成地面积水，形同虚设。地漏设置在靠近溅水的卫生器具附近，能迅速排除地面积水，并使地漏的存水弯的水封得以经常补充水量，防止地漏水封损失而干涸。

4.5.9 本条规定了地漏的水封深度，是根据国外规范条文制定的。50mm水封深度是确定重力流排水系统的通气管管径和排水管管径的基础。

某些地区试图加设吸气阀，降低水封深度的做法是不妥的，其一吸气阀仅平衡负压，而不能消除正压波动。其二吸气阀阀瓣老化，功能丧失后引起室内环境污染。其三地漏减小水封深度势必减小水封水容积，容易蒸发干涸。

4.5.10 据调查，钟罩式地漏，存在水封浅、扣碗易被扔掉之弊病，许多宾馆、旅馆、住宅等居住和公共建筑的卫生间内，地漏变成了通气孔，污水管道内的有害气体窜入室内，污染了室内环境卫生。

虽然某些企业在老式钟罩式地漏基础上加深了水封深度等措施或者开发诸如防返溢等地漏，但是，经工程实践使用证明，这些地漏最大缺点就是水流通道狭窄、弯曲、容易堵，人们不得不将其内芯拆卸，结果造成水封丧失，污染了室内环境。

实践证明，直通式地漏下装存水弯，其排水性能水力条件最好，其堵塞几率最小，工程价位最便宜，应在工程中优先采用。

条文补充了在卫生标准要求高或不经常排水的场所应设置密闭地漏。在不经常使用场所如采用普通型地漏，往往地漏水封干涸，造成污水管道系统中的臭气窜入室内，污染了室内的空气，而密闭地漏具有排水时可打开、不排水时可密闭的功能。可根据使用地漏排水和不使用地漏排水时间间隔和当地气候条件，主要是根据空气干湿度、水封深度确定其蒸发量是否使存水弯水封干涸。

对在食堂、厨房和公共浴室等排水中挟有大块杂物时应设置网框式地漏，在上述场所的洗涤设备的排水多数采用明沟排水，沟内杂物易沉积腐化发酵，日久影响环境卫生，网框式地漏能有效地拦截杂物，并可方便地取出倾倒。

4.6 通 气 管

4.6.1 设置伸顶通气管有两大作用：①排除室外排水管道中污浊的有害气体至大气中；②平衡管道内正负压，保护卫生器具水封。在正常的情况下，每根排水立管应延伸至屋顶之上通大气。故在有条件伸顶通气时一定要设置，个别特殊情况，不能设置伸顶的则设计成汇合通气或不通气立管。有的地区用吸气阀替代伸顶通气管是不对的。吸气阀一旦阀瓣老化，将造成室内环境污染的严重后果。个别特殊场合中应用，也应将吸气阀置于室外。

4.6.2 本条规定了生活排水管设置专用通气管的条件。第一款是按生活排水管最大排水能力决定要否设置专用通气立管。第二款情况虽然生活排水秒流量尚未达到立管的最大通水能力，但为了改善排水管道系统通气条件，也可根据建筑标准、建筑高度等设置专用通气立管，如宾馆、高级公寓等。

4.6.3～4.6.5 环形通气管，曾称辅助通气管，是参照日本、美国、英国规范沿用过来的，一般在公共建筑集中的卫生间或盥洗室内，在横支管上承担的卫生器具数量超过允许负荷时才设置。设置环形通气管时，必须用主通气立管或副通气立管逐层将环形通气管连接。主通气立管与副通气立管原统称辅助通气立管。

器具通气管，曾有“小透气”、“各个通气”之类的名称。器具通气管系指卫生器具存水弯出口端接出的通气管道，这种通气管一般在卫生和防噪要求较高的建筑物的卫生间设置。为明确起见特绘图（图2）说明几种典型的通气形式。

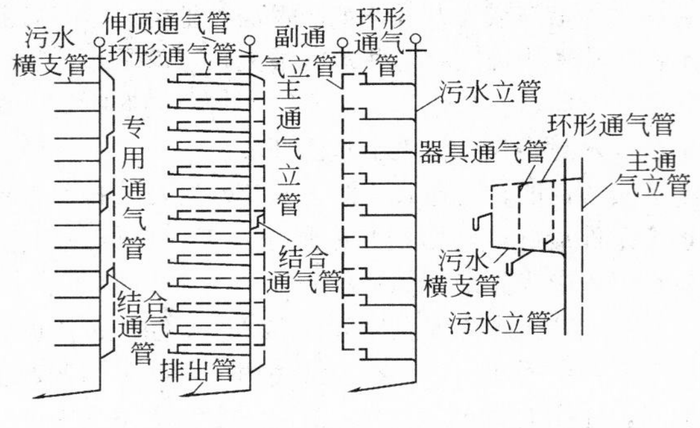

图2 几种典型的通气形式

主通气立管、副通气立管与专用通气立管效果一致，设置了环形通气管、主通气立管或副通气立管，就不必设置专用通气立管。

4.6.6 本条规定了汇合通气管的设置条件，一般屋面作为人们休闲活动场所或其他用途，不允许或不可能伸顶通气管单独伸出屋面时，用汇合通气管逐一把每根排水立管的顶端通气部分连接，最终在一个比较隐蔽的部分伸出室外。

4.6.7 通气管只能作通气用。如接纳其他排水，则会减小通气断面，还会对排水立管内造成新的压力波动。通气管与风道连接，通气管中污浊的气体通过通风管污染室内环境。通气管与烟道连接，将会使高温烟窜入通气管，损坏通气管。

4.6.8 本条为新增条文，通气管有两大作用：①污水管道中的有害有毒气体通过通气管排至屋顶释放。②平衡室内排水管道中的压力波动。当卫生器具排水时，污水在立管下落时形成水团。在水团的上游形成负压，在水团的下游形成正压，在管道中的正负压的作用下卫生器具的水封产生波动，当其值超过水封深度的压力值时水封即被破坏。通气管的作用起到了保护水封的作用，在室内设置吸气阀也只能平衡负压，而不能消除正压，更不能将管道中的有害气体释放至室外大气中，故吸气阀是不能替代通气管的。而吸气阀由于其密封材料采用软塑料、橡胶之类材质，年久老化失灵又无法察觉，将会导致排水管道中的有害气体串入室内，危及人身安全，其后患无穷。

4.6.9 本条规定了通气管与排水管道连接方式。

第1款，规定了器具通气管接在存水弯出口端，以防止排水支管可能产生自虹吸导致破坏器具存水弯的水封。环形通气管之所以在最始端两个卫生器具间的横支管上接出，是因为横支管的尽端要设置清扫口的缘故。同时规定凡通气管从横支管接出时，一定要在横支管中心线以上垂直或成45°范围内接出，目的是防止器具排水时，污废水倒流入通气管。

第2款，规定了通气支管与通气立管的连接处应高于卫生器具上边缘0.15m。即使卫生器具横支管堵塞的情况下也能及时发现，同时不让污水进入通气管。

第3款，规定了通气立管与排水立管最上端和最下端的连接要求。

第4款，规定了结合通气管与通气立管和排水立管连接要求，一般在进人的管道井中，应该按此连接方式。

第5款，一般在空间狭小不进人的管窿内，用H管替代结合通气管，其连接点遵循原则与第2款一致。

4.6.10 住宅有跃层设计，应特别注意通气管口距跃层窗口距离，防止空气污染。

4.6.11～4.6.16 规定了通气管管径的确定。包括伸顶通气管、通气立管、环形通气管、器具通气管、结合通气管和汇合通气管。

4.7 污水泵和集水池

4.7.3 在污水泵台数较多，压出水管至室外构筑物距离较远时，才共用一条出水管。为了检修时不致于影响工作泵正常运行，在并联的每台污水泵的压出水管上应装设阀门和止回阀。

由于大部分污水泵扬程较小，且输送距离较近，故单台工作的污水泵不宜装阀门和止回阀。这类阀门在污水管道中使用容易锈蚀和关闭不严。当压出水管可能浸没在污水中，此时，污水泵停泵时，有可能造成虹吸现象形成倒灌，故应装设止回阀。

4.7.4 水泵机组运转一定时间后应进行检修，一是避免发生运行故障，二是易损零件及时更换，为了不影响建筑排水，应设一台备用机组。备用机组是预先设计安装在泵房间还是置于仓库备用，要视工作水泵的台数、建筑物的重要性、企业或事业单位的维修力量等因素确定。一般应预先设计安装在泵房污水池内为妥。

公共建筑一般在地下室设置污水集水池，且分散设置，故应在每个污水集水池设置提升泵和备用泵。由于地下室地面排水虽然有多个集水池，但均有排水沟连通，故不必在每个集水池中设置备用泵。

4.7.6 备用泵可每隔一定时间与工作泵交替或分段投入运行，防止备用机组由于长期搁置而锈蚀不能运行，失去备用意义。

4.7.8 第1～2款为确定集水池的有效容积。

集水池容积不宜小于最大一台污水泵5min的出水量是下限位，一般设计时应比此值要大些，以策安全。集水池容积还要以水泵自动启闭次数不宜大于6次来校核。水泵启动过于频繁，影响电机电器的寿命。"不大于6次"的规定系原规范的条文。

除了上述外，还要考虑安装检修等方面的要求。

第4款的规定是环保要求。集水池中污水散发大量臭气等有害气体应及时排至高空。强制排风装置不应该造成对有人类活动的场合空气污染。

第6款中冲洗管应利用污水泵出口的压力，返回集水池内进行冲洗；不得用生活饮用水管道接入集水池进行冲洗，否则容易造成污水回流污染饮用水水质。

4.7.9 集水池不是水处理构筑物，只起污水量贮存调节作用。本条规定目的是防止污水在集水池停留时间过长产生沉淀腐化。

4.8 小型生活污水处理

4.8.1、4.8.2 本条仅适用于室外隔油池的设计，不适用于产品化的隔油设备。

公共食堂、饮食业的食用油脂的污水排入下水道时，随着水温下降，污水挟带的油脂颗粒便开始凝固，并附着在管壁上，逐渐缩小管道断面，最后完全堵塞管道。如某大饭店曾发生油脂堵塞管道后污水从卫生器具处外溢的事故，不得不拆换管道。由此可见，设置隔油池是十分必要的。设置隔油池后还可回收废油脂，制造工业用油脂，变害为利。污水在隔油池内的流速控制在0.005m/s之内，有利于油脂颗粒上浮。污水在池内的停留时间的选择，可根据建筑物性质确定，用油量较多者取上限值，用油量少者取下限值。参照实践经验，存油部分的容积不宜小于该池的有效容积的25%；隔油池的有效容积可根据厨房洗涤废水的流量和废水在池内停留时间决定，其有效容积是指隔油池出口管管底标高以下的池容积。存油部分容积是指出水挡板的下端至水面油水分离室的容积。

4.8.3 根据现行的《城市污水排入下水道水质标准》的规定，"工业废水排入城市排水管道的污水温度小于40℃"的要求而制订了本条文。当排水温度高于40℃时，会蒸发大量气体，清理管道的操作劳动条件差，影响工人身体健康，故必须降温后才能排入城市下水道。采用冷却水降温时所需冷水量按热平衡方法计算，即：

$$Q_{冷} \geqslant \frac{Q_{排}\ (t_{排}-40)}{40-t_{冷}}$$

该式为一般热平衡计算公式，故不列于规范。

4.8.4 根据我国现行的《生活饮用水卫生标准》，规定分散式给水水源的卫生防护地带应符合下列要求："……以地下水为水源时，水井周围30m的范围内，不得设置渗水厕所、渗水坑、粪坑、垃圾堆和废渣等污染源……"化粪池的构造中虽采取抹水泥砂浆防渗处理，但不可避免有渗漏现象，故本规范取用《生活饮用水卫生标准》中规定的下限值。

4.8.5 原规范规定，化粪池距建筑物距离不宜小于5m，以保持环境卫生的最低要求。根据各地来函意见，一般都不能达到这一要求，主要原因是由于建筑用地有限，连5m距离都不能达到。考虑在化粪池挖掘土方时，以不影响已建房屋基础为准，应与土建专业协调，保证建筑安全，防止建筑基础产生不均匀沉陷。在一些建筑物沿规划的红线建造，连化粪池设置的位置也没有，在这样情况下只能设于地下室或室内楼梯间底下，但一定要做好通气、防臭、防爆措施。

4.8.6 本条列举了计算化粪池容积的必要的技术数据。

每人每日污水量。对于生活废水和生活污水合流的建筑，生活用水除少量饮用、蒸发外，绝大部分作为污水排泄到下水道，故一般排水量按生活用水量计；对于生活污水单独排入化粪池的污水量，参照国内有关资料确定为20～30L/人·d，相当于每人每日2.2～3.3个大便器冲洗水箱的排水量。

每人每日污泥量。是根据现行的《室外排水设计规范》规定："城市生活污水的SS按35～50g/人·d计算"，折算成95%的含水率的污泥量约为0.7～1.0L/人·d。对于生活污水与生活废水合流的化粪池SS去除率尚无可靠的测定数据时，宜保留原规范规定0.7L/人·d污泥量；对于生活污水单独排入化粪池的每人每日污泥量，是根据《生活污水水质测定报告》中对人粪尿的BOD_5及SS的测定，一般人粪尿的BOD_5与SS分别占生活污水的45.3%和45.5%。

为此，仍保留原规范生活污水单独排入化粪池的每人每日0.4L的污泥量的数据。

污水在化粪池内停留时间，按沉降试验，污水在池内停留时间4h后沉淀效率已显著。但化粪池的进水是十分不均匀的，生活污水单独排入化粪池的排水更不均匀，化粪池在构造形式上水流分布也不均匀，且受沉淀污泥腐化分解上浮的气体、污泥等干扰，沉降效果差，故适当延长其停留时间，规范条文规定12～24h，污水量多的选低值；生活污水单独排入的选高值，反之亦然。

化粪池的清掏周期，主要与污水温度和气温条件有关。一般污泥腐化发酵直至分解成无机物残渣，如冬季污水平均温度为10℃时，污泥发酵腐化时间为120天，因此清掏周期不应小于上述时间，如当地气温和污水温度较高时，可取低值；北方气温较低，可取高值。

清除污泥后需要保留20%的污泥量，以利于为新鲜污泥提供厌氧菌种，保证污泥腐化分解效果。

4.8.7 化粪池的构造尺寸理论上与平流式沉淀池一样，根据水流速度、沉降速度通过水力计算就可以确定沉淀部分的空间，再考虑污泥积存的数量确定污泥占有空间，最终选择长、宽、高三者的比例。从水力沉降效果来说，化粪池浅些、狭长些沉淀效果更好，但这对施工带来不便，且化粪池单位空间材料耗量大。对于某些建筑物污水量少，算出的化粪池尺寸很小，无法施工。实际上污水在化粪池中的水流状态并非按常规沉淀池的沉淀曲线运行，水流非常复杂。故本条除规定化粪池的最小尺寸外，还要有一个长、宽、高的合适的比例。

化粪池入口处设置导流装置，格与格之间设置拦截污泥浮渣的措施，目的是保护污泥浮渣层隔氧功能不被破坏，保证污泥在缺氧的条件下腐化发酵，一般采用三通管件和乙字弯管件。化粪池的通气很重要，因为化粪池内有机物在腐化发酵过程中分解出各种有害气体和可燃性气体，如硫化氢、甲烷等，及时将这些气体通过管道排至室外大气中去，避免发生爆炸、燃烧、中毒和污染环境的事故发生。故本条规定不但化粪池格与格之间应设通气孔洞，而且在化粪池与连接井之间也应设置通气孔洞。

4.8.8 医院（包括传染病医院、综合医院、专科医院、疗养病院）和医疗卫生研究机构等病原体（病毒、细菌、螺旋体和原虫等）污染了污水，如不经过消毒处理，会污染水源、传染疾病、危害很大。为了保护人民身体健康，医院污水必须进行消毒处理后才能排放。

4.8.9 本条规定医院污水选择处理流程的原则。医院污水与普通生活污水主要区别在于前者带有大量致病菌，其BOD_5与SS基本类同。如城市有污水处理厂且有市政污水管道时，除当地环保部门另有要求外，则宜采用一级处理，但医院污水排至地表水体时，从环保要求则应进行二级处理。

4.8.10 医院污水处理构筑物在处理污水过程中有臭味、氯气等有害气体溢出的地方，如靠近病房、住宅等居住建筑的人口密集之处，对人们身心健康有影响，故应有一定防护距离。由于医院一般在城市市区，占地面积有限，有的医院甚至用地十分紧张，故防护距离具体数据不能规定，只作提示。所谓隔离带即为围墙、绿化带等。

4.8.11 传染病房的污水主要指肝炎、痢疾、肺结核病等污水，在现行的《医疗机构污水排放要求》中规定总余氯量、粪便大肠菌群数、采用氯化消毒时的接触时间均不同。如将一般污水与肠道病毒污水一同处理时，则加氯量均应按传染病污水处理的投加量，这样会增加医院污水处理经常运转费用。如果将传染病污水单独处理，这样既能保证传染病污水的消毒效果，又能节省经常运行费用，减轻消毒后产生的二次污染。当然这样也会增加医院污水处理构筑物的基建投资，故要进行经济技术的比较后方能确定。

4.8.13 化粪池已广泛应用于医院污水消毒前的预处理。为改善化粪池出水水质，生活废水、医疗洗涤水，不能排入化粪池中，而应经筛网拦截杂物后直接排入调节池和消毒池消毒。据日本资料介绍：用作医院污水消毒处理的化粪池要比用于一般的生活污水处理的化粪池有效容积大2～3倍，本条规定是参照日本资料。

4.8.14 本条规定推荐医院污水消毒采用加氯法。由于氯的货源充沛、价格低、消毒效果好，且消毒后污水中保持一定的余氯，能抑制和杀灭污水中残留的病菌，已广泛应用于医院污水的消毒。如有成品次氯酸钠供应，则应优先考虑采用，但应为成品次氯酸钠的运输和贮存创造一定的条件。液氯投配要求安全操作，如操作不慎，有泄漏可能，会危及人身安全，但因其成本低、运行费省，已在大中型医院污水处理中广泛采用。漂白粉存在含氯量低、操作条件差、投加后有残渣等缺点，一般用于县级医院及乡镇卫生所的污水污物消毒处理；氯气和漂粉精具有投配方便、操作安全的特点，但价格贵，适用于小型的局部污水消毒处理；电解食盐溶液现场制备次氯酸钠和化学法制备二氧化氯消毒剂的方法与液氯投加法相比，比较安全，但因其消耗电能，经常运行费用比液氯贵，因此，只在某些地区，即液氯或成品次氯酸钠供应或运输有困难，或者消毒构筑物与居住建筑毗邻有安全要求时，才考虑使用。

氯化消毒法处理后的水含有余氯，余氯主要以有机氯化物形式存在，排入水体对生物都有一定的毒害。因此，对于污水排放到要求高的水体时，应采用臭氧消毒法，臭氧是极强的氧化剂，它能杀灭氯所不能杀灭的病毒等致病菌。消毒后的污水臭氧分解还原成氧气，对水体有增氧作用。

4.8.15 医院污水中除含有细菌、病毒、虫卵等致病的病原体外，还含有放射性同位素。如在临床医疗部门使用同位素药杯、注射器，高强度放射性同位素分装时的移液管、试管等器皿清洗的废水，以碘^{131}、碘^{132}为最多，放射性元素一般要经过处理后才能达到排放标准，一般的处理的方法有贮存衰变法、凝聚沉淀法、稀释法等。医院污水中含有的酚，来源于医院消毒剂采用煤酚皂，还有铬、汞、氰甲苯等重金属离子、有毒有害物质，这些物质大都来源于医院的检验室、消毒室废液，其处理方法，将其收集专门处理或委托专门处理机构处理。

4.8.16 医院污水处理系统产生污泥中含有大量细菌和虫卵，必须进行处置，不应随意堆放和填埋，应由城市环卫部门统一集中处置。在城镇无条件集中处置时，采用高温堆肥和石灰消化法，实践证明也是有效的。

4.8.18～4.8.21 对生活污水处理构筑物设置的环保要求。生活污水处理构筑物会产生以下污染：①空气污染；②污水渗透污染地下水池；③噪声污染。

生活污水处理站距给水泵站及清水池水平距离不得小于 10m 的规定，与本规范第 3.2.9 条一致。生活污水处理设施一般设置于建筑物地下室或绿地之下。设置于建筑物地下室的设施有成套产品，也有现浇混凝土构筑物。成套产品一般为封闭式，除设备本身有排气系统时，地下室本身应设置通风装置，换气次数参照污水泵房的通风要求；而现浇式混凝土构筑物一般为敞开式，其换气次数系根据实践运行的工程中应用的参数。

由于生活污水处理设施置于地下室或建筑物邻近的绿地之下，为了保护周围环境的卫生，除臭系统不能缺少，目前既经济又解决问题的方法多数采用：①设置排风机和排风管，将臭气引至屋顶以上高空排放；②将臭气引至土壤层进行吸附除臭。

生活污水处理设施一般采用生物接触氧化，鼓风曝气。鼓风机运行过程中产生的噪声达 100dB 左右，因此，进行隔声降噪措施是必要的，一般安装鼓风机的房间要进行隔声设计。特别是进气口应设消声装置，才能达到现行的国家标准《城市区域环境噪声标准》和《民用建筑隔声设计规范》中规定的数值。

4.9 雨　　水

4.9.1 为了减少屋面承载和渗漏，屋面不应积水。

4.9.5 原规范设计重现期为一年，是因为当时未能解决压力流排水问题，对于大型建筑物屋面排水，当选用的设计重现期超过一年时，工程实施存在困难。目前，压力流排水技术已基本成熟，通过上海浦东国际机场、北京机场四机位机库、上海浦东科技城、江苏昆山科技博览中心等建筑屋面排水工程的实践及参照国外有关标准，提高了各类建筑屋面排水重现期的设计标准。

本次规范修订中，取消了“设计重现期为一年的屋面渲泄能力系数 K_1。”

4.9.7 本条规定雨水汇水面积按屋面的汇水面积投影面积计算，还需考虑高层建筑高出裙房屋面、窗井及高层建筑地下汽车库出入口的侧墙，由于风力吹动，造成侧墙兜水，因此，将此类侧墙面积的二分之一纳入其下方屋面（地面）排水的汇水面积。

4.9.8 受经济条件限制，管系排水能力是相对一定重现期的，因此，不溢是相对的，溢流是绝对的，为建筑安全考虑，超设计重现期的雨水应有出路。

4.9.9 按 4.9.1 条的原则，屋面不应集水，超设计重现期的雨水应由溢流设施排放。本条规定了屋面雨水的排水系统和溢流设施总计应具备的最小排水能力。

4.9.10 檐沟排水常用于多层住宅或建筑体量与之相似的一般民用建筑，其屋顶面积较小，建筑四周排水出路多，立管设置要服从建筑立面美观的要求，故宜采用重力流排水。

长天沟外排水常用于工业厂房，汇水面积大，排水立管设置数量少，只有采用压力流排水，方可利用管系通水能力大的特点，将具有一定重现期的屋面雨水排除。

高层建筑，汇水面积较小，采用重力流排水，增加一根立管，便有可能成倍提高屋面的排水重现期，增大雨水管系的渲泄能力。因此，建议采用重力排水，以便降低对管材的承压能力的要求。

工业厂房、库房、公共建筑通常是汇水面积较大，可敷设立管的地方却较少，只有充分发挥每根立管的作用，方能较好地排除屋面雨水，因此，应积极采用压力流排水。

4.9.11 为杜绝高层建筑屋面雨水从裙房屋面溢出，裙房屋面排水管系应单独设置。

4.9.12 为杜绝屋面雨水从阳台溢出，阳台排水管系应单独设置。同时为了防止阳台地漏泛臭，阳台雨水排水系统应与庭院排水管渠间接排水。

4.9.14～4.9.16 雨水斗是控制屋面排水状态的重要设备，应根据具体情况选择不同形式的雨水斗，设计其排水条件，确定其排水能力。

4.9.22 表 4.9.22 中数据是充水率为 0.35 的水膜重力流理论计算值。

4.9.24 本条是保障压力流排水状态的基本措施。

4.9.25 为防止屋面雨水管道堵塞和淤积，对最小管径和横管最小敷设坡度做出规定。

4.9.26 屋面设计排水能力是相对的，屋面溢流工程不能将超设计重现期的雨水及时排除时，重力流排水管系一定会转为压力流。因此，高层建筑屋面雨水排水管宜采用承压塑料管和金属管。

悬吊管是屋面雨水压力流排水的瓶颈，其排水动力为立管泄流产生的有限负压和雨水斗底与悬吊管的高差之和，选择内壁光滑的承压管，有利于提高排水管系的排水能力。

压力流排水系统抗负压的要求，具体为：

高密度聚乙烯管　　$b \geqslant 0.039D$

聚丙烯管　　$b \geqslant 0.035D$

ABS管　　$b \geqslant 0.032D$

聚氯乙烯管　　$b \geqslant 0.026D$

（b——壁厚，D——管外径）

4.9.27 为避免一根排水立管发生故障，屋面排水系统瘫痪，建议屋面排水立管不宜少于2根。

4.9.28 为使排水流畅，重力流排水管系下游管道管径不宜小于上游管道管径。

4.9.29 在压力屋面排水系统中，立管流速是形成管系压力流排水的重要条件之一，立管管径应经计算确定，并且流速不应小于2.2m/s。

4.9.30 顺水连接有利于重力流排水顺畅、压力流排水阻力损失小，因此，屋面排水管的转向处，宜作顺水连接。

4.9.31 随着屋面排水管材选用范围的增大，屋面排水管道设计也应考虑管道的伸缩问题。

4.9.32、4.9.33 为使管道堵塞时能得到清通，屋面排水管道应设必要的检查口和清扫口。

5 热水及饮水供应

5.1 热水用水定额、水温和水质

5.1.1 本条所列“热水用水定额”同“原规范”《建筑给水排水设计规范》（GBJ 15—88）比较，作了如下方面的修改：

1 与本规范给水章节的表3.1.10的内容相对应，增加了桑拿浴（淋浴、按摩池）、快餐厅、酒吧、咖啡厅、茶座、卡拉OK房、办公楼、健身中心等建筑物的相应热水用水定额。

2 本条表5.1.1-1对住宅、旅馆、医院等使用热水量较大的建筑物使用热水定额作了较大的调整，其理由如下：

1）根据对一些建筑物实际用热水量的调查结果对比“原规范”4.1.2-1中的相应热水用水定额，后者数值明显偏高。如北京市某一集中供应热水的高层住宅，经两年的实测统计资料，平均日热水用量为48L/人·d；北京市另一集中供应热水的住宅，据统计：年平均日用水量为116L/人·d，其中平均日用热水量为24L/人·d。北京××五星级宾馆，设计按旅客180L/床·d，用65℃热水计算，设计最高日用热水量为229.0m^3/d，查1995年4～6月三个月的逐日用水量记录表（注：在此三个月内该宾馆出租率≥90%）：统计整理日平均热水量为168.2m^3/d（供水温度按55℃计），扣除职工、厨房及洗衣房等公用部分的热水外，客人的用热水定额按65℃水计算为131.6L/床·d，折合为60℃的热水量为145.6L/床·d。

2）按“本规范”表“3.1.9”、表“3.1.10”给水量进行比例分配（见表5）：

3）考虑节水这个重要因素，是因为我国是一个缺水的国家，尤其是北方地区严重缺水。因此，在考虑人民生活水平提高的同时，在满足基本使用要求的前提下，必须在本规范热水定额中体现“节水”这个重大原则。由于热水定额的幅度较大，可以根据地区水资源情况，酌情选值，一般缺水地区应选定额的低值。

4）参考国外一些用热水量定额的资料。

近年来我们从国外一些资料上收集到一些数据整理如表6：

表5 给水量比例分配表

类别		给水定额 q（L/人·d）	洗浴用水占给水定额的百分率 b_1（%）	热水量占洗浴用水的百分率 b_2（%）	热水定额 $q_r=q\cdot b_1\cdot b_2$（L/人·d）
住宅	局部	85～150	60	55～63	28.1～56.7 （40～80）
	集中	130～280	60	55～63	42.9～105.8 （60～100）
别墅		200～350	55	55～63	60.5～121.2 （70～110）
旅馆	客人	250～400	89～79	55～63	122.3～199.0 （120～160）
	员工	80～100	89～79	55～63	39.2～49.8 （40～50）

续表 5

类别	给水定额 q（L/人·d）	洗浴用水占给水定额的百分率 b_1（%）	热水量占洗浴用水的百分率 b_2（%）	热水定额 $q_r=q\cdot b_1\cdot b_2$（L/人·d）
医院				
设公用盥洗室	100～200	80	55～63	44～100.8 （60～100）
设公用盥洗室、淋浴室	150～250	80	55～63	66～126 （70～130）
设单独卫生间	250～400	80	55～63	110～201.6 （110～200）
门诊部、诊疗所（每人每次）	15～25	80	55～63	6.6～12.6 （7～13）
疗养院、休养所住房部	200～300	80	55～63	88～151 （100～160）
医务人员	150～250	80	55～63	66～126 （70～130）
餐饮业				
营业餐厅	30～40	80	60～65	14.4～20.8 （15～20）
快餐店职工及学生食堂	15～20	80	60～65	7.2～10.4 （7～10）
酒吧、咖啡座、茶座、卡拉OK房	5～15	80	60～65	2.4～7.8 （3～8）
办公楼	40～60	30	60～65	7.2～11.7 （5～10）

注：1 表中洗浴用水占给水定额的百分率 b_1 值中住宅与旅馆是参照有关资料中的厨房、淋浴、盥洗三项之和的叠加值再考虑洗衣用水等附加因素而定。医院所列不同类型的用水中包含有不用热水的占一定比例的清洁用水。因此，其 b_1 值按旅馆 b_1 低值考虑。办公楼的 b_1 为34%～40%，但其总水量为25～35L/人·d。而本规范中办公楼用水定额为30～50L/人·d，增大部分，其中应含有部分清洁用水量，故将 b_1 值调整为30%。

2 热水量占洗浴用水的百分率 b_2 值是分别按冷水温度为5℃、15℃，热水温度为60℃，使用混合水温度为40℃计算而得的。

3 表中热水定额一栏括号外为计算值，括号内为选定值。

表 6 国外用热水量定额

建筑物类型	美国	英国	日本
住宅	83.3～100.3L/人·d	115～140L/人·d	75～150L/人·d
公寓	189.3～302.8L/户·d	70～140L/人·d	75～150L/人·d
旅馆	56.6～132.5L/床·d （汽车旅馆）	70～140L/人·d	75～150L/人·d
办公楼	7.6L/人·d	15L/人·d	7.5～11.5L/人·d
医院、疗养院	113.6L/人·d	140～230L/人·d	—
餐馆	—	—	3～10L/人·餐

5.1.3 本条将水质处理改写为水质软化或稳定处理，指标亦作了一些调整。

1 将原水总硬度（以碳酸钙计）的指标357mg/L改为300mg/L，300mg/L的水已属极硬水，故以此为界更为确切。

2 明确洗衣房用热水硬度（以碳酸钙计）＞300mg/L时，应进行水质软化处理，150～300mg/L时，宜进行水质软化处理。并强调了水质处理方法是软化处理，因用其他方法不能去除水中影响洗衣质量的钙、镁离子。

3 规定了生活用热水（洗衣房除外），经软化处理后的水质总硬度（以碳酸钙计）为75～150mg/L。一是适用、经济，如将水的硬度降到75mg/L以下，则不但很不经济，且使用不舒服，还会使水呈酸性。加剧对管道和设备的腐蚀。二是国外一水处理公司提供的生活水软化处理的硬度指标亦为75～150mg/L。

工程设计中可按比例将部分水软化，部分水不软化通过混合装置将两者混合后使用。亦可采用生活用水专用软水器进行软化处理。

4 近年来，国内出现的各种物理水处理器，如磁水器、电子水处理器、静电水处理器、碳铝离子水处理器，以及用化学药剂如归丽晶等，使生活热水的水质稳定处理大大简化。这些设备和方法应用在工程实践中已取得了一定的效果。但总体来说，这些处理方法用于生活热水系统时间不长，且缺乏长期的使用效果实测对比，因此，本条文第4款列举了选择这些设备或方法时应注意的因素。

5.1.5 近年来，多次专业学术交流会上就热水供水水温问题进行过研讨，国外一些专业杂志资料上亦有类似报导。大家比较一致的意见，热水供水温度以控制在55～60℃之间为好，因温度＞60℃时，一是将加速设备与管道的结垢和腐蚀，二是系统热损失增大耗能，三是供水的安全性降低，而温度＜55℃时，则不易杀死滋生在温水中的各种细菌，尤其是军团菌之类致病菌。因此，一般推荐设计采用供水温度为55～60℃。表5.1.5中仍将最高温度75℃写入，是考虑一些个别情况下，如专供洗涤用（一般洗涤盆、洗涤池用水温度为50～60℃）的水加热设备的出口温度在原水水质许可或有可靠水质处理措施的条件下为满足特殊使用要求可适当提高。

5.2 热水供应系统选择

5.2.2～5.2.4 这三条规定了集中供应系统热源选择的原则。

这三条的规定是从节约能源的角度出发的。因节约能源是我国的基本国策。因此，在设计中，当选择热源时应对工程基地附近进行调查研究，全面考虑热源的选择：

1 首先应考虑利用工业的余热、废热、地热和太阳能。如广州、福州等地均有利用地热水作为热水供应的水源。太阳能是取之不尽、用之不竭的能源，近年来太阳能的利用已有很大发展，在日照较长的地区如青海、甘肃等地区取得的效果更佳。

以太阳能为热源的集中热水供应系统，由于受日照时间和风雪雨露等气候影响，不能全天候工作，在要求热水供应不间断的场所，应另行增设一套加热装置，用以辅助太阳能热水器的供应工况，使太阳能热水器在不能供热或供热不足时能予以补充。

地热在我国分布较广，是一项极有价值的资源，有条件时，应优先加以考虑。但地热水按其生成条件不同，其水温、水质、水量和水压有很大区别，应采取相应的各不相同的技术措施，如：

当水质对钢材有腐蚀时，应对水泵、管道和贮水装置等采用耐腐蚀材料或采取防腐蚀措施；

当水量不能满足设计秒流量或最大小时流量时，应采用贮存调节装置；

当地热水不能满足用水点水压要求时，应采用水泵将地热水抽吸提升或加压输送至各用水点。

地热水的热、质利用应尽量充分，有条件时，应考虑综合利用，如先将地热水用于发电再用于采暖空调；用于理疗和生活用水，再用作养殖业和农田灌溉等。

2 考虑利用热力网或区域性锅炉房供热，但热力网和区域性锅炉供热在国内尚处在个别城市和地区。热力网和区域性锅炉应是新规划区供热的方向，对节约能源和减少环境污染都有较大的好处，应予推广。

3 当无上述可利用的热源时，才考虑另设专用锅炉房。

5.2.5 本条为新增加的条文。

近年来，为保护环境，消除燃煤锅炉工作时产生的废气、废渣、烟尘对环境的污染，改善司炉工的操作环境，提高设备效率，燃油、燃气常压热水锅炉（又称燃油燃气热水机组）在国内迅速踊现，并已在全国各地许多工程的集中生活热水系统中推广应用，取得了较好的效果。因此，本次修订增加了此条。

利用电能作为制备集中生活热水供应系统的热源，是国内近一二年来才有的做法。主要用于电力供应富裕和能利用夜间低峰用电分时计费，用电畜热的地方。如北京、福建等地最近有相应的奖励利用夜间用电低谷时用电能蓄热供热的政策。用电能制备生活热水，从设计运行使用来说无疑是最方便、最简洁的。但电的热功当量较低，即制备1t生活热水的成本一般远高于其他水加热设备，这样一般用户很难承受得起。另外，我国的发电量按人均计算只有美国的1/20，还是很低的，因此，生活热水用电能来制备虽然是一个方向，但目前大范围应用尚不现实。

5.2.6 局部热水供应系统的热源宜首先考虑无污染

的太阳能热源。在当地日照条件较差或其他条件限制采用太阳能热水器时，可视当地能源供应情况，在经技术经济比较后确定采用电能、燃气或蒸汽为热源。

5.2.8 本条规定了利用烟气、废汽、高温无毒废液等作为热水供应系统的热媒时应采取的技术措施。

第1款是在利用烟气、废汽时（如在烟道内设置水加热器和在烟囱周围设置水套等），为了避免烟气中的 SO_2 结露而腐蚀加热设备而作出的规定，加热设备应防腐。同时为了便于检修和提高加热设备的效率，加热设备的构造应便于清除水垢和烟尘。

第2款的规定，是由于汽锤等用汽设备排出的废汽，具有很大的压力和温度波动，冲击着加热设备的受热面，并挟带有汽缸润滑油，蒸汽或颗粒会降低加热设备的传热效果，因此，应采取相应的措施，才能用于热水供应系统。一般的做法是设置除油器以除油和水，设置储气罐以消除废汽压力和波动。

5.2.9 蒸汽直接通入水中的加热方式，开口的蒸汽管直接插在水中，在加热时，蒸汽压力大于开式加热水箱的水头，蒸汽从开口的蒸汽管进入水箱，在不加热时，蒸汽管内压力骤降，为防止加热水箱内的水倒流至蒸汽管，应采取防止热水倒流的措施，如提高蒸汽管标高、设置止回装置等。

蒸汽直接通入水中的加热方式，会产生较高的噪声，影响人们的工作、生活和休息，如采用消声混合器，可大大降低加热时的噪声，将噪声控制在允许范围内，因此，条文明确提出要求。

本条还增加了采用汽-水混合设备的加热方式。近年来国内一些厂家研制生产了这种设备，也引进了国外同类先进产品进入国内市场，如大连市近年来采用美国产的变声增压节能换热器，将城市管网供给的蒸汽与冷水混合直接供给生活热水，较好地解决了大系统回收凝结水的难题，但采用这种水加热方式，必须保证稳定的蒸汽压力和供水压力，保证安全可靠的温度控制，否则，应在其后加贮热设备，以保证安全供水。

5.2.10 本条对集中热水供应系统设置回水循环管作出规定。

1 强调了凡集中热水供应系统考虑节水的要求均应设热水回水管道，保证热水在管道中循环。

2 所有循环系统均应保证立管和干管中热水的循环。对于要求随时取得合适温度的热水的建筑物，则应保证支管中的热水循环，或有保证支管中热水温度的措施。

此条比原规范条文提高了要求。随着近年来住宅及小区集中热水供应系统的大量推广应用，热水循环系统的完善对于节水节能已显得尤为重要。而且，热水的供水单价往往要比冷水贵得多，如只保证循环系统的干管、立管中热水循环，而户内的支管热水不能循环时，在一户多卫生间即热水支管拉得很长的情况下，往往用一次水要放走很多冷水。因此，本规范修订此条时，对保证循环效果予以强调。

关于保证支管中的热水循环问题，在工程设计中要真正实现支管循环，有很大的难度，一是计量问题，二是循环管的连接问题。解决支管中热水保温问题的另一途径是采用自控电伴热的方式。目前，北京等地已有一些工程采用这种方法。

5.2.11 集中热水供应系统采用管路同程布置的方式对于防止系统中热水短路循环，保证整个系统的循环效果，各用水点能随时取到所需温度的热水，对节水、节能有着重要的作用。从20世纪80年代中期起南海酒店、国际饭店、国际艺苑皇冠饭店、梅地亚中心等工程的实际运行经验都充分证明了这一点。虽然这样设计多敷设管道和增加一次投资，但对于节水有重大意义，并能减少调节维护工作量，使用舒适。

设循环泵，强调采用机械循环，是保证系统中热水循环效果的另一重要措施。本次修订对于第二循环系统中的自然循环已在条文中删除。原因一是自然循环要求水平间距短，且系统简单，绝大部分建筑的集中热水供应系统满足不了自然循环的要求；二是循环水头太小，很难实现同程循环，循环效果差达不到节水节能的目的。

5.2.12 对用水集中、用水量又大的部门，推荐采用设单独热水管网供水或采用局部加热设备。

在大型公共建筑中，一般均设有洗衣房、厨房、集中浴室等，这些部门用水量大，用水时间与其他用水点也不尽一致，且对热水供应系统的稳定性影响很大，故其供水管网宜与其他系统分开设置。

5.2.13 本条对高层建筑热水系统分区作了规定。

1 生活热水主要用于盥洗、淋浴，而这二者均是通过冷、热水混合后调到所需使用温度。因此，热水供水系统应与冷水系统竖向分区一致，保证系统内冷、热水的压力平衡，达到节水、节能、用水舒适的目的。

原则上，高层建筑设集中供应热水系统时应分区设水加热器，其进水均应由相应分区的给水系统设专管供应，以保证热水系统压力的相对稳定。如确有困难时，有的单幢高层住宅的集中热水供应系统，只能采用一个或一组水加热器供整幢楼热水时，可相应地采用质量可靠的减压阀等管道附件来解决系统冷热水压力平衡的问题。

2 减压阀大量应用在给水热水系统上，对于简化给水热水系统起了很大作用，但在应用实践中也出了一些问题。当减压阀用于热水系统分区时，除满足本规范3.4.10条要求之外，其密封部分材质应按热水温度要求选择，尤其要注意保证各区热水的循环效果。

图3～图5分别为减压阀安装在热水系统的三个不同图式。

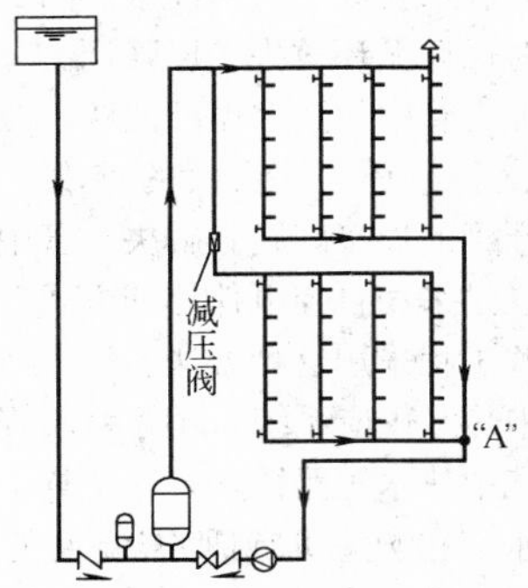

图 3　减压阀设置（一）

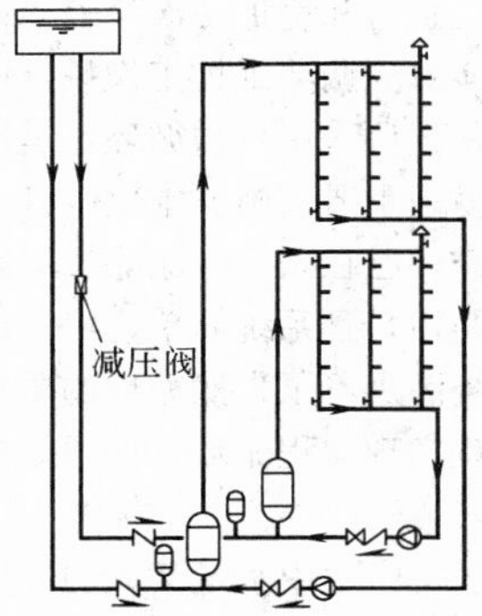

图 4　减压阀设置（二）

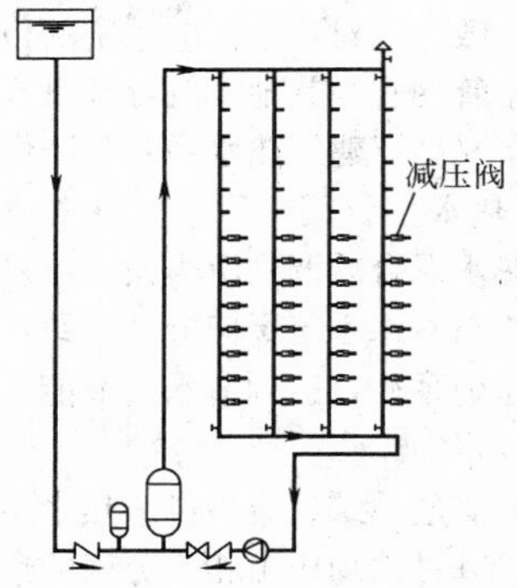

图 5　减压阀设置（三）

图 3 为高低两区共用一加热供热系统，分区减压阀设在低区的热水供水立管上，这样高低区热水回水汇合至图中"A"点时，由于低区系统经过了减压其压力将低于高区，即低区管网中的热水就循环不了。解决的办法只能在高区回水干管上也加一减压阀，减压值与低区供水管上减压阀的减压值相同，然后再把循环泵的扬程加上系统所减掉的压力值。这样做固然可以实现整个系统的循环，但有意加大水泵扬程，既造成耗能不经济，也将引起系统运行的不稳定。

图 4 为高低区分设水加热器的系统，两区水加热器均由高区冷水高位水箱供水，低区热水供水系统的减压阀设在低区水加热器的冷水供水管上。这种系统布置与减压阀设置形式是比较合适的。

图 5 为高低区共用一集中热水供应系统的另一种图式。减压阀均设在分户支管上，不影响立管和干管的循环。这种图式比图 3、图 4 的优点是系统不需要另外采取措施就能保证循环系统正常工作。缺点是低区每个支管均需设减压阀，减压阀数量多，要求质量可靠。

5.2.14　开式热水供应系统即带高位热水箱的供水系统。系统的水压由高位热水箱的水位决定，不受市政给水管网压力变化及水加热设备阻力变化等的影响，可保证系统水压的相对稳定和供水安全可靠。

近年来，国内供水系统上用的减压阀发展很快，有的产品质量已达到较好水平，在工程建设中广为推广应用，将一些质量可靠的减压稳压阀取代高位热水箱应用于集中热水供应系统中，将大大简化热水系统。

5.2.15　本条对热水配水点处水压作出了规定。

对于带有冷热水混合器或混合龙头的卫生器具，从使用节水节能出发希望其冷热水供水压力完全相同。但工程实际中，由于冷水热水管径不一致，管长不同，尤其是当用高位冷水箱通过设在地下室的水加热器再返上供给高区热水时，热水管路要比冷水管长得多。这样相应的阻力损失也就要比冷水管大。另外，热水还需附加通过水加热设备的阻力。因此，要做到冷水热水在同一点压力相同是不可能的。只能达到冷热水水压相近。

"相近"绝不意味着降低要求。因为供水系统内水压的不稳定，将使冷热水混合器或混合龙头的出水温度波动很大，不仅浪费水，使用不方便，有时还会造成烫伤事故。据前苏联赫鲁道夫《热水供应》一书的计算说明，当一种管道内的水压变化 2m 时，水温变化竟达 9℃。从国内一些工程实践看，条文中"相近"的含义一般以冷热水供水压差≤0.01MPa 为宜。在集中热水供应系统的设计中要特别注意两点：一是热水供水管路的阻力损失要与冷水供水阻力损失平衡。二是水加热设备的阻力损失宜≤0.01MPa。

5.2.16　本条规定公共浴室热水供应的设计要求。

公共浴室热水供应设计，普遍存在两个问题：①热水来不及供应，使水温骤降；②淋浴器出水水温忽冷忽热，很难调节。

造成第一个问题的原因是在建筑设计时，设计的淋浴器数量过少，不能满足实际使用需要，因此，一般采用延长淋浴室开放时间和加大淋浴器用水量定额来解决，这样就造成加热设备供热出现供不应求的局面。造成第二个问题的原因是浴室管网设计不够合理。本条仅对集中浴室管网设计的问题提出四项措施，供设计中参照执行。

第 1 款的规定，推荐采用开式热水供应系统，为使冷、热水系统的水压稳定，不受室外给水管网水压变化影响；为了便于调节冷热水混合水嘴的出水温度，避免水压高造成淋浴器实际出水量大于设计水量，既浪费水量，亦造成贮水器容积不够用而影响使用。

第2款的规定，是为了避免因浴盆、浴池、洗涤池等用水量大的卫生器具启闭时。引起淋浴器管网的压力变化过大，以致造成淋浴器出水温度不稳定。据调查，上海、杭州某些浴室由于淋浴器的管网未与其他卫生器具的管网分开，使淋浴器不好调节。而淋浴器管网和浴盆、洗脸盆的管网完全分开的浴室，则反映使用效果良好。

第3款的规定，是为了在较多的淋浴器之间启闭阀门变化时减少相互的影响，要求配水管布置成环状。

第4款的规定，是为了使淋浴器在使用调节时不致造成管道内水头损失有明显的变化，影响淋浴器的使用，经实际工程设计计算，发现按成组淋浴器配水管道每米水头损失采用50～100Pa选管径，则管径过大。如5个淋浴器就要DN50；10个淋浴器就要DN70。经分析研究，对成组淋浴器的配水支管的沿途水头损失，当淋浴器少于等于6个时，可采用每米不大于300Pa；当淋浴器多于6个时，可采用每米不大于350Pa，并规定配水支管的最小管径不得小于25mm，以保证配水支管的稳定供水。

第5款规定，主要是为了从根本上解决淋浴器出水温度忽高忽低难于调节的问题，达到方便使用、节约用水的目的。由于出水温度不能随使用者的习惯自行调节，故不宜用于淋浴时间较长的公共浴室。而对工业企业生活间的淋浴室，由于工作人员下班后淋浴的目的是冲洗汗水、灰尘，淋浴时间较短，采用这种单管供水方式较适宜。

单管热水供应系统的优点是：节约用水，使用方便。但由于使用时在卫生器具给水配件处热水不再与冷水混合，因此，热水水温应控制在使用范围内，即应使热水水温稳定。使热水水温稳定的技术措施有：根据冷热水不同水温自动调节水量比等。

注：淋浴方式一般有盆浴、淋浴和池浴等方式，其中公用浴池方式，由于多人共同使用，水质不易保持清洁，容易造成交叉感染，因此不予推荐。

5.3 耗热量、热水量和加热设备供热量的计算

5.3.1 设计小时耗热量的计算。

1 与给水排水部分内容呼应，增加了居住小区集中热水供应的设计小时耗热量计算条文。该条亦可用如下公式表述：

$$Q_h=\sum K_h\frac{m_1 q_r C\ (t_r-t_l)\ \rho_r}{86400}+\sum\frac{m_2 q_r C\ (t_r-t_l)\ \rho_r}{86400} \tag{1}$$

该公式由两部分组成，前部分表示小区内住宅及最大用水时段与住宅一致的公共建筑的最大小时耗热量。住宅为日平均小时耗热量乘以小时不均匀系数K_h。后部分表示在小区内最大用水时段与住宅不一致的公共建筑如学校、幼儿园、商店、餐饮、娱乐设施等的平均小时耗热量。这样可以避免将居住小区内所有最大小时耗热量叠加，造成水加热设备选型过大、使用效率低、不合理、不经济的后果。

2 本条将原规范4.3.2条、4.3.3条及其相应的公式重新划定适用范围。原规范4.3.2条与4.3.3条在设计计算应用中，存在两个问题：一是定时供应热水的工程没有计算公式。二是同一个全日供应热水的工程按式4.3.2和式4.3.3计算出来的结果相差很大。因此，有必要对原规范4.3.2条和4.3.3条进行修订。这次该两条修订的内容主要是将原公式4.3.2（本规范“5.3.1-1式”）定为全日供应热水的住宅等所有建筑中集中热水供应系统的设计小时耗热量计算公式。原公式4.3.3（本规范“5.3.1-2式”）定为定时供应热水的住宅等所有建筑中集中热水供应系统的设计小时耗热量计算公式。这样修订的理由有如下三点：

1）解决了原规范4.3.2条、4.3.3条及相应计算公式只有全日供应热水的计算内容，没有定时供应热水的计算内容。

2）解决了同一座建筑按两个不同公式计算，其结果误差大的问题。按工程实际用水调查，全日供应热水的建筑其最大小时耗热量按式5.3.1-1（即原规范4.3.2式）算要更接近实际些。

3）工业企业生活间、公共浴室、学校、剧院、体育馆等设集中供应热水系统时，一般均为定时供应热水，很少有全日供应热水的情况，这类建筑确定按定时供应热水比较合理，而定时供热包括定时供应热水的旅馆、住宅等，相对全日制供应热水系统而言，比较集中，按器具同时使用百分数来计算小时耗热量将更符合使用情况。

3 规定了具有多个不同性质的热水用户的单一建筑或具有多种使用功能的综合性建筑共用一集中热水供应系统时的小时耗热量计算方法。具有多个不同性质的热水用户的单一建筑如旅馆内使用热水的地方有客房卫生间、职工公用淋浴间、洗衣房、厨房、游泳池及健身娱乐设施等，这些用水点的高峰用水时间，即计算小时耗热量出现的时间一般都不在同一时间出现。以往不少工程设计计算中往往将这些不同用水处的最大小时耗热量叠加作为整个系统的设计小时耗热量，以此作为选择水加热设备的依据，必然导致设备过大，使用效率过低。

同理，具有多种使用功能的综合性建筑如同一栋建筑内有公寓、办公楼、商业用房、旅馆等使用功能不同，其最大小时耗热量也大多不都在同一时间出

现。针对上述两种情况，当其共用一集中热水供应系统时，其小时耗热量可按同一时间内出现用水高峰的主要用水部位的设计小时耗热量加其他用水部位的平均小时耗热量计算。

5.3.2 此条为新增条文，原规范中只有设计小时耗热量的计算公式而没有设计小时供热水量计算公式。

5.3.3 本条对水加热设备的供热量（间接加热时所需热媒的供热量）作了如下具体规定：

1 容积式水加热器或贮热容积与其相当的水加热器、热水机组，按下式计算：

$$Q_g = Q_h - 1.163\frac{\eta V_r}{T}(t_r - t_l)\rho_r \quad (2)$$

该式是参照《美国1989年管道工程资料手册》（《ASPE DataBook》）的相关公式改写而成的。

原公式为 $Q_t = R + MS_t/d$

式中 Q_t——可提供的热水流量（L/s）；

R——水加热器加热的流量（L/s）；

M——可以使用的热水占罐体容积之比；

S_t——总贮水容积（L）；

d——高峰用水持续时间（h）。

对照美国公式，式5.3.3中的 Q_g、Q_h、T 分别相当于美国公式的 R、Q_t 和 d。而 ηV_r 则相当于美国公式的 MS_t，但5.3.3式均以热量的方式表达，所以有效贮热容积 ηV_r 需乘以 $1.163(t_r - t_l)\rho_r$ 才成为有效贮热量。

5.3.3式的意义：带有相当量贮热容积的水加热设备供热时，系统的设计小时耗热量由两部分组成：一部分是设计小时耗热量时间段内热媒的供热量 Q_g；一部分是供给设计小时耗热量前水加热设备内已贮存好的热量。即5.3.3式的后半部分，即 $1.163\frac{\eta V_r}{T}(t_r - t_l)\rho_r$。

采用这个公式比较合理地解决了热媒供热量，即锅炉容量与水加热贮热设备之间的搭配关系。即前者大，后者可小，或前者小，后者可大。避免了以往设计中不管水加热设备的贮热容积有多大，锅炉均按设计小时耗热量来选择，从而引起锅炉和水加热设备两者均偏大，利用率低，不合理不经济的现象。

2 半容积式水加热器或贮热容积相当的水加热器、热水机组的供热量按设计小时耗热量计算。

由于半容积式水加热器的贮水容积只有容积式水加热器的1/2～1/3，甚至更小些，主要起调节稳定温度的作用，防止设备出水时冷时热。在调节供水量方面，只能调节设计小时耗热量与设计秒流量之间的差值，即保证在2～5min高峰秒流量时不断热水。而这部分贮热水容积对于设计小时耗热量本身的调节作用很小，可以忽略不计。因此，半容积式水加热器的热媒供热量或贮热容积与其相当的水加热机组的供热量即按设计小时耗热量计算。

3 半即热式、快速式水加热器及其他无贮热容积的水加热设备的供热量按设计秒流量计算。

半即热式等水加热设备其贮热容积一般不足2min的设计小时耗热量所需的贮热容积，对于进入设备内的被加热水的温度与水量基本上起不到任何调节平衡作用。因此，其供热量应按设计秒流量所需的耗热量供给。

5.4 水的加热和贮存

5.4.1 该条为新增条文。近年来国内水加热设备技术发展很快，涌现了不少新产品，对于发展国内热水供应技术起了一定的推动作用。但市场上流通的产品良莠不齐，有的甚至违背了一些基本热工原理和使用要求，给用户使用留下隐患，为此特提出下列三点基本要求：

1 热效率高，换热效果好，节能、节省设备用房。

这一款是对水加热设备的主要性能——热工性能提出一个总的要求。作为一个水加热换热设备，其首要条件当然应该是热效率高，换热效果好，节能。具体来说，对于热水机组其燃烧效率一般应在85%以上，烟气出口温度一般应在200℃左右，烟气黑度等应满足消烟除尘的有关要求。对于间接加热的水加热器在保证被加热水温度及设计流量工况下，当汽-水换热，且饱和蒸汽压力为0.2～0.6MPa时，凝结水出水温度为50～70℃的条件下，传热系数 $K=1500\sim3000$W/（$m^2\cdot$K）；当水-水换热，且热媒为80～95℃的热水时，热媒温降约为20～30℃，传热系数 $K=600\sim1200$W/（$m^2\cdot$℃）。

这一款的另一点是提出水加热设备还必须体型小，节省设备用房。

2 生活热水侧阻力损失小，有利于整个系统冷、热水压力的平衡。

生活用热水大部分用于沐浴与盥洗。而沐浴与盥洗都是通过冷热水混合器或混合龙头来实施的。其冷、热水压力需平衡、稳定的问题已在5.2.15条文说明中作了详细说明。以往有不少工程因采用不合适的水加热设备出现过系统冷热水压力波动大的问题，耗水耗能，使用不舒适。个别工程出现了顶层热水上不去的问题。因此，建议水加热设备被加热水侧的阻力损失宜≤0.01MPa。

3 安全可靠、构造简单、操作维修方便。

水加热设备的安全可靠性能包括两方面的内容，一是设备本身的安全，如不能承压的热水机组，承压后就成了锅炉；间接加热设备应按压力容器设计和加工，并有相应的安全装置。二是被加热水的温度必须得到有效可靠的控制，否则容易发生烫伤的事故。

构造简单、操作维修方便、生活热水侧阻力损失小是生活用热水加热设备区别其他形式的换热设备的主要特点。

因为生活热水的源水一般是不经处理的自来水，具有一定硬度，近年来虽有各种物理的、化学的简易稳定处理方法，但均不能保证其真正的使用效果。一些设备自称能自动除垢，即缺乏理论依据，又得不到实践的验证。而目前市场上一些水加热设备安装就位后，已很难有检修的余地，更有甚者，有的水加热设备的换热盘管根本无法拆卸更换，这些都将给使用者带来极大的麻烦。因此，本款特提出此要求。

5.4.2 第1款，当自备热源采用燃油、燃气等燃料的热水机组制备生活用热水时，从提高换热效率、减少热损失和简化换热设备角度考虑，无疑是以采用直接供应热水的加热方式为佳。但热水机组直接供应热水时，一般均配置一调节贮热用的热水箱。加了贮热水箱的热水机组供应热水系统就有可能变得复杂了。一是热水箱要有合适的位置安放。二是当无法在屋顶设热水箱采用重力供水系统时，热水箱一般随热水机组一起放在地下室或底层，这样热水系统无法利用冷水系统的供水压力，需另设热水加压系统，冷水、热水不同压力源，难以保证系统中冷热水压力的平衡。因此，本条后半部分补充了"亦可采用间接供应热水的自带换热器的热水机组或外配容积式、半容积式水加热器的热水机组"的内容。

间接供热的缺点是二次换热，增加了换热设备，增大了热损失，但对于无法设置屋顶热水箱的热水系统比较适用。它能利用冷水系统的供水压力，无需另设热水加压系统。有利于整个系统冷、热水压力的平衡。

第2款从环境保护、消烟除尘、安全保证等方面对燃油、燃气热水机组提出的几点要求。有关燃油、燃气热水机组的一些技术要求等详见《燃油、燃气热水机组生活热水供应设计规程》。

第3款是指选择间接水加热设备时应考虑的因素：

1）用水的均匀性、热媒的供应能力直接影响水加热设备的换热、贮热能力的选择计算。用水较均匀，热媒供应能力充足，一般可选用贮热容积较小的半容积式水加热器。反之，可选用导流型容积式水加热器等贮热容积较大的水加热设备。

2）给水硬度对水加热设备的选择也有较大影响。我国北方地区都以地下水为水源，水质硬度大，而用作生活热水的源水一般不经软化处理。因此，不宜采用板式换热器之类，板与板间隙太小，或其他换热管束之间间距≤10mm的快速水加热设备制备生活热水。否则，阻力太大，且难于清垢。

3）当用水器具主要为淋浴器及冷热水混合龙头时，则系统对冷热水压力的平衡要求高，选用水加热设备时需充分考虑这一因素。

4）设备所带温控、安全装置的灵敏度、可靠性是安全供水、安全使用设备的必要保证。国内曾发生过多次因温控阀质量不好出水温度过高而烫伤人的事故。尤其是在汽-水换热时，贮热容积小的快速水加热设备升温速度往往1min之内能上升20～30℃，没有高灵敏度、高可靠性的温控装置很难想像能将这样的水加热设备用于热水供应系统中。

近年来，国内引进的半即热式加热器，其换热部分实质上是一个快速换热器。但它与普通快速换热器的根本区别在于它有一套完整的灵敏、可靠的温度安全控制装置，可保证安全供水。目前市场上有些同类产品，恰恰是温控这套最关键的装置达不到半即热式水加热器温控装置之要求。因此，设计选用这种占地面积省、换热效果好的水加热设备时需注意如下三个使用条件：

一是热媒供应能满足热水设计秒流量供热量的要求。

二是有灵敏、可靠的温度压力控制装置，保证安全供水。应有验证的方法和保证的措施。

三是被加热水侧的阻力损失不影响系统的冷热水压力平衡和稳定。

第5款，在电源供应充沛的地方可采用电热水器。

此款是补充条款，体现了我国近年来新的能源发展利用趋势。

5.4.3 规定医院的热水供应系统的锅炉或水加热器不得少于2台，当一台检修时，其余各台的总供应能力不得小于设计小时耗热量的50%。

由于医院手术室、产房、器械洗涤等部门要求经常有热水供应，不宜有意外的中断，否则将会影响正常的工作，而其他如盥洗、淋浴、门诊等部门的热水用水时间都比较集中，而且是有规律的，有的是早、中、晚；有的是在白天8h工作时间内。若只选用一台锅炉或加热器，当发生故障时，就无法供应热水，这对手术室、产房等有特殊要求的房间，就将影响工作的进行。如选用2台锅炉或加热器，当其中一台不能供应热水时，另一台仍能继续工作，保证个别有特殊要求的部门不致中断热水供应，故规定选择加热设备时应不得少于2台，主要考虑了互为备用的因素。

对于小型医院（指50床以下），由于热水量较小，如用水量按200L/床计，若仍按总耗热量50%选择2台设备，则设备的制造加工比较复杂，由于体积过小，维修、检测（清除水垢、负荷调节等）均较困难。因此，小型医院（床位数在50床以下）如锅炉或水加热器的计算加热面积不大，则所设置的2台锅炉或水加热器，根据其构造情况，每台的供热能力可按设计小时耗热量计算。

医院建筑不得采用有滞水区的容积式水加热器因为医院是各种致病细菌滋生繁殖最适宜的地方，带有滞水区的容积式水加热器，其滞水区的水温一般在

20～30℃之间，是细菌繁殖生长最适宜的环境，国外早已有从这种带滞水区的容积式水加热器中发现过军团菌等致人体生命危险病菌的报导。

5.4.4 第1款为选择局部加热设备的总原则。首先要因地制宜按太阳能、电能、燃气等热源来选择局部加热设备，另外还要结合建筑物的性质、使用对象、操作管理条件、安装位置、采用燃气与电加热时的安全装置等因素综合考虑。

第2款，当局部水加热器供给多个用水器具同时使用时，宜带有贮热调节容积，以减少热源的瞬时负荷。尤其是电加热器，如果完全按即热即用没有一点贮热容积作用调节时，则供一个$q=0.15$L/s的标准淋浴器的电热水器其功率约为18kW，显然作为局部热水器供多个器具同时用，没有调贮容积是很不合适的。

第3款，当以太阳能作热源时，为保证没有太阳的时候不断热水，应有辅助热源，而以用电热来辅热最为简便可行。

5.4.5 本条为强制性条文，特别强调采用燃气热水器和电热水器的安全问题。近年来，国内已发生过多起燃气热水器漏气中毒致人身亡的事故，因此，选用这些局部加热设备时一定要按其产品标准、相关的安全技术通则、安装及验收规程中的有关要求进行设计。

5.4.6 规定表面式水加热器的加热面积的计算公式。

经查阅《锅炉设备》、《房屋卫生技术设备》等书籍，该公式是计算锅炉和加热器的加热表面的通用公式。

公式中C_r——热水供应系统的热损失系数，设计中可根据设备的功率和系统的大小及保温效果选择，一般取1.1左右。

公式中ε——考虑由于水垢等因素影响传热系数K值的附加系数。从调查资料看，普遍反应热水系统结垢现象严重，如北京饭店快速热交换器采用ϕ32～ϕ50盘管，使用三年被水垢堵塞；又如杭州花港招待所的快速热交换器的盘管是采用铜管，需2～3个月清洗一次。从不少例子中说明，在无简单、行之有效的水处理方法的情况下，在加热中要避免水垢的产生是较困难的，结垢的多少取决于水质及运行情况。由于水垢的导热性能很差［水垢的导热系数为0.6～2.3W/（m^2·℃）］，因而加热器往往受水垢的影响导致加热器传热效率的降低。因此，在计算加热器的传热系数时应附加一个系数。

加热器传热系数K值的ε为0.6～0.8，按加热效率降低推算查证如下：

1）张家口建工学校编的《热网学》为25%～40%；

2）哈尔滨建工学院、西安冶金学院编的《供热学》为20%～40%；

3）列平著《房屋卫生技术设备》为25%～40%；

4）赫鲁道夫著《热水供应》为20%；

5）同济大学编的《房屋卫生技术设备》为25%～40%。

从以上资料可以看到，加热器传热系数K值附加系数0.8～0.6是引用国外的，但当前没有新的测试数据。因此，保留了原规范条文数据。

5.4.7 规定热媒与被加热水的计算温度差的计算公式。

1 容积式水加热器、半容积式水加热器的计算温度差是采用算术平均温度差计算的。因在容积式水加热器里，水温是逐渐、均匀的升高，主要是靠对流传热，即加热盘管设置在加热器的底部，冷水自下部受热上升，对流循环使加热器内的水全部加热，同时在容积式加热器内有一定的调节容积，计算温度差粗略一点影响不大。

2 快速式水加热器、半即热式水加热器的计算温度差是采用平均对数温度差的计算公式。因在快速式水加热器里，水主要是靠传导传热，水在加热器内是不停留的、无调节容积，因此，加热器的计算温差应精确些。

5.4.8 规定热媒的计算温度。

热媒的初温和终温是决定水加热器加热面积大小的主要因素之一，从热工理论上讲，饱和蒸汽温度随蒸汽压力不同而相应改变。

当蒸汽压力小于等于70kPa时，蒸汽压力和蒸汽温度变化情况如表7：

表7 蒸汽压力和蒸汽温度变化表
（蒸汽压力≤70kPa时）

蒸汽压力（kPa）	10	20	30	40	50	60	70
饱和蒸汽温度（℃）	101.7	104.25	106.56	108.74	110.79	112.73	114.57

当蒸汽压力大于70kPa时，蒸汽压力和蒸汽温度变化情况如表8：

表8 蒸汽压力和蒸汽温度变化表（蒸汽压力＞70kPa时）

蒸汽压力（kPa）	80	90	100	120	140	160	180	200
饱和蒸汽温度（℃）	116.33	118.01	119.62	122.65	125.46	128.08	130.55	132.88

从以上数据可知，当蒸汽压力小于 70kPa 时，其温度变化差值不大，而且在实际应用时，为了克服系统阻力将蒸汽送至用汽点并保证一定的压力，一般蒸汽压力都要保持在 30～40kPa 左右，这时的温度为 106.56℃和 108.74℃，基本上与 100℃的差值仅为 6～8℃，也就是说对加热器的影响不大。为了简化计算，故统一按 100℃计算。

当蒸汽压力大于 70kPa 时，蒸汽温度应按饱和蒸汽温度计算，因高压蒸汽效率较高，若也取 100℃为计算蒸汽温度，则造成浪费。

热媒初温与被加热水终温的温差值是决定加热器加热面积的主要因素。当温差减小时，加热面积就要增加，两者成反比例的关系。当热媒为热力网的热水，应按热力网供、回水的最低温度计算的规定，是考虑最不利的情况，如北京市的热力网的供水温度冬季为 70～130℃；夏季为 40～70℃。规定热媒初温与被加热水的终温的温差不得小于 10℃是考虑了技术经济因素。

5.4.9 容积式水加热器、半容积式水加热器与加热水箱等水加热设备设置贮存调节容积的目的，就是为了保证系统达到设计小时流量与设计秒流量用水时均能平稳地供给所需温度的热水，即系统的设计小时流量与设计秒流量是由热媒在这段时间内加热的热水量与贮热容器已贮存的热水量两者联合供给的。不同结构形式的水加热设备其贮热容积部分贮热大致可以分下列三种情况：

1 传统的 U 形管式容积式水加热器，由于设备本身构造要求，加热 U 形盘管离容器底有相当一段高度（如图 6 所示）。当冷水由下进、热水从上出时，U 形盘管以下部分的水不能加热，存在约 20%～25%的冷水滞水区，即计算水加热器容积时应附加 20%～25%的容积。

2 带导流装置的 U 形管式容积式水加热器（如图 7 所示），在 U 形管盘管外有一组导流装置，初始加热时，冷水进入加热器的导流筒内被加热成热水上升，继而迫使加热器上部的冷水返下形成自然循环，逐渐将加热器内的水加热。随着升温时间的延续，当加热器上部充满所需温度的热水时，自然循环即终止。此时，位于 U 形管下部的水虽然经循环已被加热，但达不到所需要的温度，按热量计算，容器的有效贮热容积约为 85%～90%，即计算水加热器容积时应附加 10%～15%的容积。

3 半容积式水加热器实质上是一个经改进的快速水加热器插入一个贮热容器内组成的设备。它与容积式水加热器构造上最大的区别就是：前者的加热与贮热两部分是完全分开的，而后者的加热与贮热是连在一起的。半容积式水加热器的工作过程是：水加热器加热好的水经连通管输送至贮热容器内，因而，贮热容器内贮存的全是所需温度的热水，计算水加热器容积时不需要考虑附加容积。

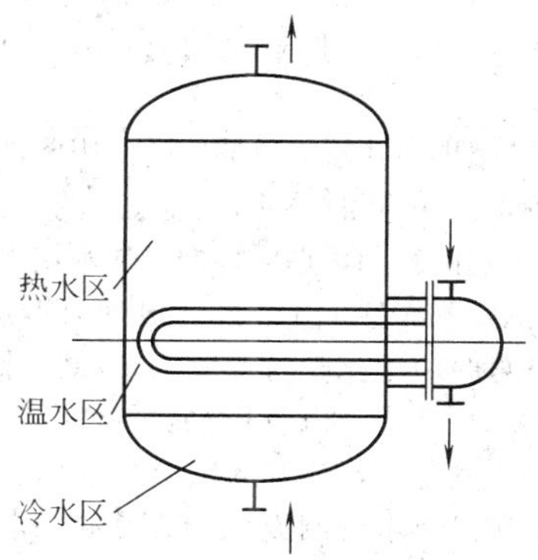

图 6　容积式加热器

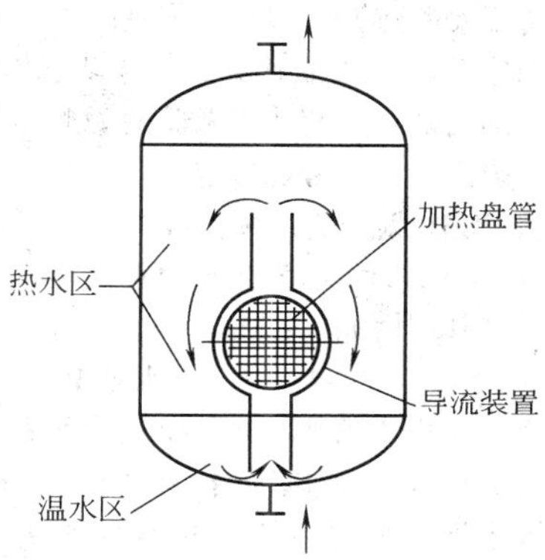

图 7　带导流装置的容积式加热器

有的容积式水加热器为了解决底部存在冷水滞水区的问题，设备自设了一套体外循环泵，如图 8 所示。定时循环借以消除其冷水滞水区达到全部贮存所需温度的热水的目的。

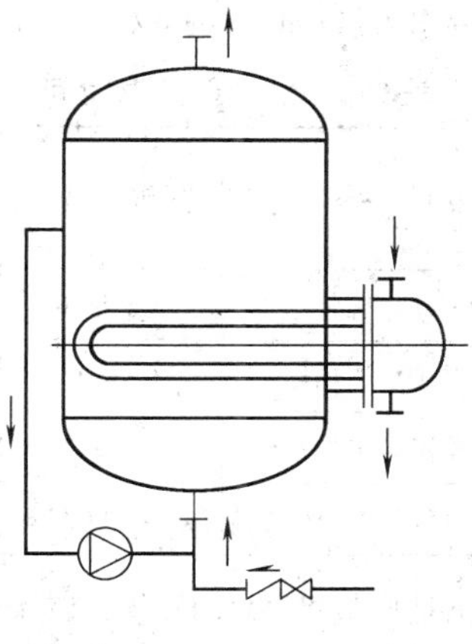

图 8　带外循环的容积式加热器

4 近年来以浮动盘管为换热元件的水加热器发展很快，对于这些产品的容积附加系数，可参照本条第2款的规定加以分析采用。

一般立式浮动盘管型容积式水加热器，盘管靠底布置时，其计算容积可按附加5%～10%考虑。

5.4.10

1 将"半即热式水加热器"的使用条件提到更为重要的位置，以杜绝和减少因此而发生的不安全事故。

2 贮水器的容积，理应根据日热水用水量小时变化曲线设计计算确定。由于目前很难取得这种曲线，所以设计计算时应根据热源品种、热源充沛程度、水加热设备的加热能力，以及用水均匀性、管理情况等因素综合考虑确定。若热源的供给与水加热设备的产热量能完全满足热水管网设计秒流量的要求，而且水加热设备有一套可靠、灵活的安全温度压力控制装置，能确保供水的绝对安全，则无需设贮热容积。

自动温度控制装置的可靠性与灵敏度是能否实现水加热设备不要贮热调节容积的关键附件。据国内外多种产品的实测，真正能达到此要求者甚少。因此，除个别已在国内外经长期使用考验的无贮热的水加热设备外，一般设计仍以考虑一定贮热容积为宜。

3 表5.4.10划分为以蒸汽或95℃以上的高温水为热媒及以≤95℃低温水为热媒两种换热工况，分别计算贮热量。其理由如下：

1）汽-水换热的效果要比水-水换热效果优越得多，相同换热面积的条件下，其换热量前者可为后者的3～9倍。当热媒水温度高时与汽-水换热差距小一点，当热媒水温度低时（如有的热网水夏天供70℃左右的水），则与汽-水换热差距大于10倍。在这种热媒条件差的情况下，目前尚未发现有容积式水加热器、半容积式水加热器其加热能力突破表5.4.10所定数值的产品。

2）从北京市以往一些使用传统型容积式水加热器的升温时间及国内导流型容积式水加热器、半容积式水加热器实测升温时间来看（见表9），表5.4.10中≤95℃低温水为热媒时贮热量数据并不算保守。

表9 水加热器升温时间

加热设备	热媒水温度	升温时间（13～55℃）
容积式水加热器	70～80℃	>2h
导流型容积式水加热器	70～80℃	≈40min
U形管式半容积式水加热器	70～80℃	20～25min
浮动盘管式半容积式水加热器	70～80℃	≈20min

5.4.14 该条是原规范4.4.12条。该条对热水箱配件的设置作了规定。热水箱加盖板是防止受空气中的尘土、杂物污染，并避免热气四溢。泄水管是为了在清洗、检修时泄空，将通气管引至室外是避免热气溢在室内。

在开式热水供应系统中，为防止热水箱的水因受热膨胀而流失，规定热水箱溢流水位超出冷水补给水箱的水位高度应按膨胀量确定（见图9），其高度h按下式计算：

$$h=H\left(\frac{\rho_l}{\rho_r}-1\right) \tag{4}$$

式中 h——热水箱溢流水位超出补给水箱水面的高度（m）；

ρ_l——冷水箱补给水箱内水的平均密度（kg/m³）；

ρ_r——热水箱内热水平均密度（kg/m³）；

H——热水箱箱底至冷水补给水箱水面的高度（m）。

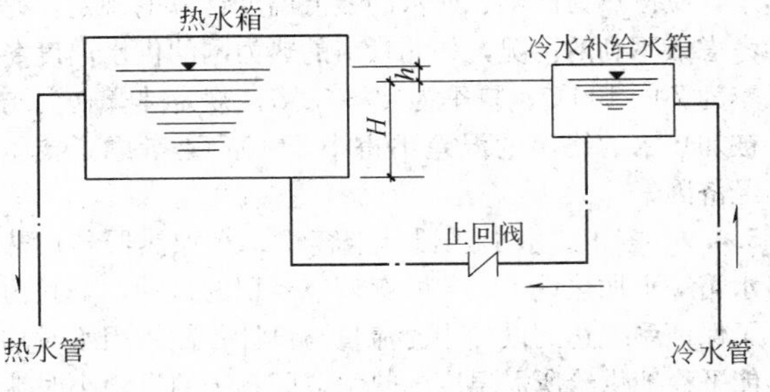

图9 热水箱与冷水补给水箱布置

5.4.15 水加热设备、贮热设备贮存有一定温度的热水，水中溶解氧析出较多，当加热设备、贮热设备采用钢板制作时，氧腐蚀比较严重，易恶化水质和污染卫生器具。这种情况在我国以水质较软的地面水为水源的南方地区更为突出。因此，水加热设备和贮热设备宜根据水质条件采用耐腐蚀材料（如不锈钢、不锈钢复合板）制作或做内表面的衬涂处理。但衬涂处理时应注意两点，一是衬涂材质应符合现行的有关卫生标准的要求；二是衬涂工艺必须符合相关规定。

5.4.16 条文第1款只限定容积式、导流型容积式、半容积式水加热器这三种贮热容积的水加热器的一侧应有净宽不小于0.7m的通道，前端应留有抽出加热盘管的位置。理由是无贮热容积的半即热式、快速式水加热器一般体型比前者小得多，其加热盘管不一定从前端抽出，可以从上从下两头抽出，也可以整体放倒或移出机房外检修（当然机房的布置还需考虑人行道及管道连接等的空间）。而容积式水加热器等带贮热容积的设备，体型一般均较高大，一般设备固定就很难整体移动，而水加热设备的核心部分加热盘管受水质、水温引起的结垢、腐蚀影响传热效果及制造加工不善出现的问题是很难避免的，因此，在水加热器前端，即加热盘管装入水加热器的一侧必须留出能抽出加热盘管的距离，以供加热盘管清理水垢或检修之用。同时本款也提醒设计人员在选用这种带贮热容积的水加热设备时必须考察其加热盘管能否从侧面抽出来，是否具备清垢检修条件。

5.4.17 本条对燃油燃气热水机组的布置作了一些原则规定，详细要求见《燃油、燃气热水机组生活热水供应设计规程》。

5.4.19 本条对膨胀管的设置作了具体规定。

1 设有高位冷水箱供水的热水系统设膨胀管时，不得将膨胀管返至高位冷水箱上空，目的是防止热水系统中的水体升温膨胀时，将膨胀的水量返至生活用冷水箱，引起该水箱内水体的热污染。解决的办法是将膨胀管引至其他非生活饮用水箱的上空。因一般多层、高层建筑大多有消防专用高位水箱，有的还有中水水箱等，这些非生活饮用水箱的上空都可接纳膨胀管。

2 根据一些地方的反馈意见，增设了膨胀水箱的条款。

5.4.21 闭式热水供应系统中所采用的水加热设备均为承压的水加热器，设备上按国家有关规范及国家质量技术监督局有关压力容器的要求应设安全阀等安全装置，以保证设备的安全运行。从以往的运行经验来看，安全阀的工作一般还是可靠的，个别出现的事故大多为安全阀常年缺少维修以致失灵造成的。

由于近年来集中生活热水系统的大幅度普及，为了提高系统的安全可靠性，并尽量减少系统因膨胀引起的排泄水量，节水节能，故增设了本条条款的内容。

第1款，对于日用热水量小于 $10m^3$ 的热水供应系统，因其系统较小，系统因膨胀产生的泄水量也较少，可通过采用泄压阀辅助设备上的安全阀超压放水的方式来解决膨胀问题。

第2款，对于日用热水量大于 $10m^3$ 的热水供应系统可考虑设压力式膨胀罐来吸纳系统的膨胀量。式5.4.21为压力式膨胀罐总容积的计算公式。式中 ρ_f 为加热前水加热器或水贮热器内水的密度（kg/m^3），ρ_f 的计算对膨胀罐总容积的影响很大，为使膨胀罐的设置既达到安全节能之要求，又不致体型过大，造成一次投资大、占地大，本条对 ρ_f 值作如下处理：

1）当只有一台水加热设备且又为定时供应热水的系统，ρ_f 按冷水温度的相应密度计算。这是因为一台设备一个安全阀，即整个系统只有一个安全阀，出事故的几率多，且定时供水，系统需经常从冷水升温至热水，膨胀罐需有足够大的体积来吸纳系统每次从冷水升温至热水温度时的膨胀量，否则，每次系统升温均要泄掉部分水。

2）当有两台及两台以上水加热设备的全日供应热水系统，ρ_f 可按热水回水温度相应的密度计算。这是因为多台设备多个安全阀同时投入工作，系统相对安全。且系统为全日供应热水，开始升温加热时，可由膨胀罐与安全阀联合工作，稍微泄掉小部分膨胀水量。系统投入正常运行后，因系统内水的温度基本上为供水与回水之温差，因此，膨胀罐只需吸纳系统中热水供回水温差相应引起的膨胀量，这样膨胀罐的体型自然就可以小得多了。

第3款，膨胀罐放在冷水进水管上或热水回水管上，目的是保护罐内的橡胶胶囊或隔膜，尽量使其不位于热水供水的高温端，延长其使用寿命。

5.5 管网计算

5.5.1 该条文为新增条文。设有集中热水供应系统的居住小区室外热水干管管径设计流量计算，与小区给水的设计流量计算相一致。而单幢建筑物的引入管需保证其系统的设计秒流量，即引入管应按该建筑物热水供水系统总干管的设计秒流量计算来选择管径。

5.5.5 该条所列5.5.5式中的参数 Q_s 与 Δt 在原规范4.5.4条所列数值的基础上作了如下调整：

配水管道的热损失 Q_s 由原占设计小时耗热量的5%～10%调到3%～5%，配水管道的热水温度差 Δt 由原来的5～15℃调到5～10℃。

近年来热水管道所用保温材料性能有了较大提高，保温效果好，散热损失小，据日本专家介绍：配水管道的水温差一般为3℃。据此，此次修改此条文时，将 Q_s、Δt 作了如上的相应缩减。据此计算，管道的循环流量约为设计小时热水量的25%～30%。

5.5.6 本条对定时供应热水系统的循环流量的计算作了规定。

定时供应热水系统的循环流量是按1h内循环管网中的水循环次数而定的。据调研，一般定时循环热水供应系统的循环泵大都在供应热水前半小时开始运转，直到把水加热至规定温度，循环泵即停止工作。因定时供应热水的情况下，用水较集中，故在供应热水时，不考虑热水循环。循环泵的选择可按每小时将管网中的水循环2～4次计算，其上、下限的选择，可依系统的大小和水泵产品情况等确定。

5.5.7 该条将原规范4.5.6条的锅炉或水加热器出水温度与配水点最低的温度差从不得大于15℃改为10℃。其理由同本规范5.5.5条的说明。降低此温差的另一优点是可以降低水加热设备的出水温度，从而能起到减缓腐蚀和延缓结垢的效果，提高水加热器的效率，并延长其使用寿命。

对于较大的热水系统只要选用较好的保温材料，做好管道及设备的保温，控制水加热器的出水温度与配水点之温差在10℃以内是可行的。

5.5.8 热水管道的流速，在原规范4.5.8条基础上稍有放宽。理由是热水管材的改善。由于镀锌钢管的逐步被淘汰，代用的铜管、不锈钢管及各种塑料热水管材内壁光滑、阻力损失小，因此，可以在避免产生噪声和水击现象的条件下适当提高一点流速，可使管材的设计选用既合理又经济。

5.5.10 本条对循环水泵的选用和设置作了规定。

1 该条为机械循环时，循环水泵流量与扬程的计算。与原规范4.5.9条不同之处在于：水泵流量和扬程计算中均去掉了"附加流量"部分。

关于热水系统设机械循环时，循环水泵的流量是否应加附加流量的问题，已在多次学术会议上争论探讨，尚未取得一致的意见。但总体来看，以赞成不增加附加流量者为多数。为此，本次修订时，暂将附加流量去掉，理由如下：

如图10所示：当循环泵运行时，通过泵的循环流量 q_2 与冷水补给系统少量用水的附加流量 q_1 一起进入水加热器，水加热器出水流量为 q_1+q_2，经配水管网将 q_1 供各用水点流出后余下 q_2 返回至循环水泵。从热水系统运行简图可以看出，流经循环水泵的流量除了循环流量之外，附加流量是不通过循环泵的。

2 第3款规定了循环水泵必须选用热水专用泵。另外，热水循环水泵的扬程只用于克服热水循环时的水头损失，热水循环流量很小，水泵扬程很低。但一般循环水泵和水加热设备一起均位于热水管网系统的最低处（即一般水加热设备机房位于底层或地下室），因此，循环水泵的扬程不大，但它所承受管网的静水压力值较大，尤其是高层建筑的热水系统更为突出。国内曾有一些工程使用的热水循环泵因其未考虑这部分静水压力而发生爆裂事故，所以热水循环水泵泵壳承受的工作压力一定要按其承受的静水压力加水泵扬程两部分加以考虑。

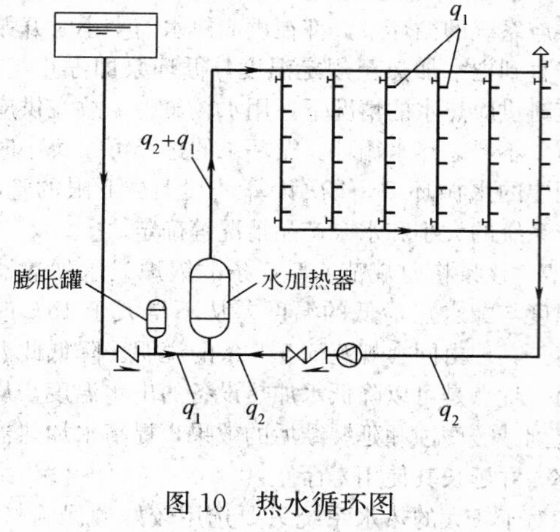

图10 热水循环图

5.6 管材、附件和管道敷设

5.6.2 本条对热水系统选用管材作了规定。

1 根据国家有关部门关于"在城镇新建住宅中，禁止使用冷镀锌钢管用于室内给水管道，并根据当地实际情况逐步限制禁止使用热镀锌钢管，推广应用铝塑复合管、交联聚乙烯（PE-X）管、三型无规共聚聚丙烯（PP-R）管等新型管材，有条件的地方也可推广应用铜管"的规定，本条推荐作为热水管道的管材排列顺序为：薄壁铜管、薄壁不锈钢管、塑料热水管、塑料和金属复合热水管等。推荐理由如下：

1）铜管是国际上应用历史悠久、使用广泛的一种给水管材。近年来，国内一些设有集中热水供应系统的工程亦采用了薄壁铜管。铜管具有抗腐蚀、寿命长、阻力损失小、重量轻、连接方便、美观且保证水质等优点，不足之处是价格偏贵，需明火焊接，一次性投资较大。

2）不锈钢管是近年来国内发展较快的一种管材，尤其是带快速卡压接头的薄壁不锈钢管材的出现，使其在热水管材领域中增加了一种较好的新品种。不锈钢管具有铜管一样的优点，不足之处亦是一次性投资较大。

3）各种塑料热水管或塑料与金属复合的管材，近年来在国内如雨后春笋，发展迅猛。好的塑料热水管材，符合卫生指标、内壁光滑、阻力损失小、安装方便，尤其适合于埋地暗设，且较经济。但近年来塑料管在工程实践中也出现了一些问题，主要是管件与管材的配套及管道伸缩处理不善引发的事故较为突出。因此，本条将其排列在铜管和不锈钢管之后。

2 当选用塑料热水管或塑料和金属复合热水管材时，本条还作了下述规定：

1）第1款中管道的工作压力应按相应温度下的许用工作压力选择。塑料管材不同于钢管，它能承受的压力受相应的温度变化的影响很大。流经管内介质温度升高则其承受的压力骤降，因此，必须按相应介质温度下所需承受的工作压力来选择管材。

2）设备机房内的管道不应采用塑料热水管。

设备机房内的管道安装维修时，可能要经常碰撞，有时可能还要站人，一般塑料管材质脆怕撞击，所以不宜用作机房的连接管道。

此外还有两点需予以注意：

第一点，管件宜采用和管道相同的材质。不同的材料有不同的伸缩变形系数。塑料的伸缩系数一般比金属的伸缩系数要大得多。由于热水系统中水的冷热变化将引起塑料管道的较大伸缩，如采用的管件为金属材质，则由于管件、管道两者伸缩系数不同，而又未采取弥补措施，就可能在使用中出现接头处胀缩漏水的问题。因此，采用塑料管时，管道与管件宜为相同材质。

第二点，定时供应热水不宜选用塑料热水管。定时供应热水不同于全日供应热水的地方，主要是系统内水温经常周期性的冷热变化大，即周期性的引起管道伸缩变化大。这对于伸缩变化大的塑料管是不合适的。

5.6.3 热水管道因膨胀会产生伸长，如管道无自由伸缩的余地，则使管道内承受超过管道所许可的内应力，致使管道弯曲甚至破裂，并对管道两端固定支架产生很大推力。为了减释管道在膨胀时的内应力，设计时应尽量利用管道的自然转弯，当直线管段较长

（含水平与垂直管段）不能依靠自然补偿来解决膨胀伸长量时，应设置伸缩器。铜管、不锈钢管及塑料管的膨胀系数均不相同，设计计算中应分别按不同管材在管道上合理布置伸缩器。

5.6.4 规定热水系统中应装设排气和泄水装置。

在热水系统中，由于热水在管道内不断析出气体（溶解氧及二氧化碳），会使管内积气，如不及时排除，不但阻碍管道内的水流还加速管道内壁的腐蚀。为了使热水供应系统能正常运行，故应在热水管道积聚空气的地方装自动放气阀或带手动放气阀的集气罐。在下行上给式系统中，则只需利用最高配水点放气，不必另设排气装置。

据调查，在上行下给式的系统中管道的腐蚀较严重。管道的腐蚀与系统中不及时排除空气有关。故建议把横干管的坡度增加到1%，以加速使水中析出的空气集中到集气器。若下行上给式系统当最高配水点不经常使用时，空气就由回水立管带到横干管中而引起管道的腐蚀。

由此可见，热水系统的放气装置不但是为了防止气堵影响系统供水，也是防止管道腐蚀的一项措施。

在热水系统的最低点设泄水装置是为了放空系统中的水，以便维修。如在系统的最低处有配水点时，则可利用最低配水点泄水而不另设泄水装置。

5.6.8 本条对止回阀在热水供应系统中设置位置作了规定。

第1款的规定，是为了防止加热设备的升压或由于冷水管网水压降低产生倒流，使设备内热水回流至冷水管网产生热污染和安全事故。

第2款的规定，是为了防止冷水进入热水系统，以保证配水点的供水温度。

第3款的规定，是为了防止冷、热水通过混合器相互串水而影响其它设备的正常使用。如设计成组混合器时，则止回阀可装在冷、热水的干管上。

5.6.9 本条对水加热器设置温度自动控制装置作了规定。

1 规定了所有水加热器均应设自动温度控制装置来控制调节出水温度。理由是为了节能节水，安全供水。以往不少单位为了省钱，水加热器上不装自动温度控制阀，人工控制温度，由于人工控制受人员素质、热媒、用水变化等多种因素的影响，水加热器出水水温得不到有效的控制，尤其是汽-水换热设备，有的加热器内水温长期达80℃以上，设备用不到一年就报废。因此，本条规定，凡水加热器均应装自动温度控制装置。

2 自动温度控制阀的温度探测部分（一般为温包）设置部位应视水加热器本身结构确定。对于容积式、半容积式水加热器，将温包放在出水口处是不合适的，因为当温包反应此处温度的变化时，罐体内的水温早已变了，自动温度控制阀再动作为时已晚。

3 自动温度控制阀应根据水加热器的类型，即有无贮存调节容积及容积的相对大、小来确定相应的温度控制范围。根据半即热水加热器产品标准等的规定，不同水加热器对自动温度控制阀的温度控制级别范围如表10所示：

表10 水加热器温度控制级别范围

水加热设备	自动温度控制阀温级范围
容积式水加热器、导流型容积式水加热器	±5℃
半容积式水加热器	±4℃
半即热式水加热器	±3℃

注：半即热式水加热器除装自动温度控制阀外，还需有配套的其他温度调节与安全装置。

5.6.10 水加热设备的上部，热媒进、出水管上，贮热水罐和冷热水混合器上装温度计、压力表等，是便于操作人员观察设备及系统运行情况，做好运行记录，并可以减少和避免一些偶然的不安全事故。

承压容器上装设安全阀是劳动部门和压力容器有关规定的要求，也是闭式热水系统上一项必要的安全措施。用于热水系统的安全阀可按泄放系统温升膨胀产生的压力来计算，其开启压力一般可为热水系统最高工作压力的1.05倍。安全阀的型式一般可选用微启式弹簧安全阀。

5.6.11 热水系统上装设水表是为了节约用水及运行管理计费和累计用水量的要求。对于集中热水供应系统，为计量系统热水总用水量可用冷水表装在水加热设备的冷水进水管上，这是因为国内生产较大型的热水表的厂家较少，且品种不全，故用冷水表代替。但需在水加热器与冷水表之间装设止回阀，防止热水升温膨胀回流时损坏水表。

分户计量热水用水量时，则可使用热水表。

5.6.13 根据近年来新型管材的迅速推广应用和适应建筑装修的要求，将“塑料热水管宜暗设”提到条文的首位。塑料热水管宜暗装的另一原因是：这些管材材质较脆，怕撞击、怕紫外线照射，且其刚度（硬度）较差，不宜明装。对于外径$D_e \leqslant 25$mm的聚丁烯管，改性聚丙烯管、交联聚乙烯管等一般可以将管道直埋在建筑垫层内，但不允许将管道直接埋在钢筋混凝土结构墙板内。埋在垫层内的管道不应有接头。外径$D_e \geqslant 32$mm的塑料热水管可敷设在管井或吊顶内。

5.6.14 热水系统的设备与管道若不采取保温措施，不仅会造成能源的极大浪费，而且有的较远配水点得不到规定水温的热水。

据前苏联赫鲁道夫著的《热水供应》一书中介绍，普通有隔热措施的热水系统其燃料消耗为无隔热措施系统的一半。这足以说明保温措施之重要性。

保温层的厚度应经计算确定，但在实际工作中往往取决于经验数据或现成绝热材料定型预制品、硬聚氨酯泡沫塑料、水泥珍珠岩制品等。

在选用绝热材料时，除考虑导热系数、方便施工维修、价格适宜等因素外，还应注意有较高的机械强度，以免在运输及施工过程中消耗过大。

为了增加绝热结构的机械强度及防湿功能，一般在绝热层外都应做一保护层，以往的做法一般是用石棉水泥、麻刀灰、油毛毡、玻璃布、铝箔等作保护层。比较讲究的做法是用金属薄板作保护层。

5.6.15 热水管道穿越楼板时应加套管是为了防止管道膨胀伸缩移动造成管外壁四周出现缝隙，引起上层漏水至下层的事故。一般套管内径应比通过热水管的外径大2号，中间填沥青油膏之类的软密封防水填料。套管高出地面大于等于20mm。

5.6.17 本条规定了用蒸汽作热媒的间接式水加热设备的凝结水回水管上应设疏水器。目的是保证热媒管道汽水分离，蒸汽畅通，不产生汽水撞击，延长设备使用寿命。

近年来，不少新型水加热设备，换热充分，汽-水换热时，在设计使用工况下，一般能使凝结水出水温度降到60℃左右，甚至更低。但是生活用水很不均匀，绝大部分时间，水加热器不在设计工况下工作，尤其是在水加热器初始升温或在很少用水的情况下升温时，由于一般温控装置难以根据水加热器内热水温升情况或被加热水流量大小来调节阀门开启度，因而此时的凝结水出水温度可能很高。因此，对于这种用水不均匀又无灵敏可靠温控装置的水加热设备，当以饱和蒸汽为热媒时，均宜在凝结水出水管上装疏水器。

每台设备各自装疏水器是为了防止水加热器、热媒阻力不同即背压不同相互影响疏水器工作的效果。

5.6.18 本条规定了疏水器的口径不能直接按凝结水管管径选择，应按其最大排水量，进、出口最大压差，附加系数三个因素计算确定。

为了保证疏水器的使用效果，应在其前加过滤器。不宜附设旁通管，目的是为了杜绝疏水器该维修时不维修，开启旁通，疏水器形同虚设。但对于只有偶尔情况下才出现≥80℃高温凝结水的管路亦可设旁通，即正常运行时凝结水从旁通管路走，特殊情况下凝结水经疏水器走。

5.7 饮水供应

5.7.2 饮水主要用于人员饮用，也有的将其用于煮饭、淘米、洗涤瓜果蔬菜及冲洗餐具等。个人饮水量的多少与经济水平、生活习惯、水嘴水流特性及当地气候条件等多项因素有关。据一些资料介绍：深圳、宁波、大庆市等设计人均饮水量多为5L/人·d，上海市多为3L/人·d。还有的资料提出，深圳等南方地区5L/人·d的饮水量标准偏低，以8L/人·d为合适。

日本的饮用净水系统的用量为：人员饮水1～3L/人·d，饮用和烹饪用量为3～6L/人·d。德国居民平均日用水量为128L，其中饮用和烹饪占4%，合5.12L/人·d。

根据上述情况，本条推荐住宅饮用净水定额为4～7L/人·d。北方地区可按低限取值，南方经济发达地区可按高限取值。办公楼为2～3L/人·d。

5.7.3 本条对饮用净水系统的水质、水嘴流率、供水系统方式、循环管网的设置及设计秒流量计算等分别作了规定。

第1款，饮用净水一般均以市政给水为原水，经过深度处理方法制备而成，其水质应符合《饮用净水水质标准》CJ 94—1999的要求。

饮用净水系统水量小、水质要求高，目前常采用膜技术对其进行深度处理。膜处理又分成微滤（MF）、超滤（UF）、纳滤（NF）和反渗透膜（RO）四种方法。可视原水水质条件、工作压力、产品水的回收率及出水水质要求等因素进行选择。膜处理前设机械过滤器等前处理，膜处理后应进行消毒灭菌等后处理。

第2款，饮用净水的用水量小，且其价格比一般生活给水贵得多，为了尽量避免饮水的浪费，饮用净水不能采用一般额定流量大的水嘴，而宜采用额定流量为0.04L/s左右的专用水嘴，其最低工作压力相应为0.03MPa。专用水嘴的流量、压力值是“建筑和居住小区优质饮水供应技术”课题组实测市场上一种不锈钢鹅颈龙头后推荐的参数。

第3款，推荐饮用净水系统采用变频给水机组直接供水的方式。其目的是避免采用高位水箱贮水难以保证循环效果和饮用水水质的问题，同时，采用变频给水机组供水，还可使所有设备均集中在设备间，便于管理控制。

第4款，高层建筑饮用净水系统竖向分区，基本同生活给水分区。有条件时分区的范围宜比生活给水分区小一点，这样更有利于节水。

分区的方法可采用减压阀，因饮水水质好，减压阀前可不加截污器。

第5款，饮用净水必须设循环管道，并应保证干管和立管中饮水的有效循环。其目的是防止管网中长时间滞流的饮水在管道接头、阀门等局部不光滑处由于细菌繁殖或微粒集聚等因素而产生水质污染和恶化的后果。循环回水系统一方面把系统中各种污染物及时去掉，控制水质的下降，同时又缩短了水在配水管网中的停留时间（规定循环管网内水的停留时间不宜超过6h），借以抑制水中微生物的繁殖。关于循环流量的确定，近年来国内设置饮用净水系统的地方采用的参数均不相同。如上海浦东东华小区取0.6L/s，常州市某小区取8h循环一次，深圳市梅林一村取停留时间12h，天津市森森公寓小区取设计秒流量的

30%，《水工业设计手册》按最大小时用水流量，且停留时间不超过2h等。

本条规定“循环管网内水的停留时间不宜超过6h”是根据“建筑和居住小区优质水供应技术”课题组的提议：“在管网极小用水的时段深夜12点至清晨6点完成一次循环，以保持水的新鲜”而编写的。

循环管网要尽量做到同程循环，保证整个系统的循环效果。

由于循环系统很难实现支管循环，因此，从立管接至配水龙头的支管管段长度应尽量短，一般不宜超过1m。

第6款，饮用净水系统配水管的设计秒流量公式 $q_g = q_o m$ 是“建筑和居住小区优质水供应技术”研究课题组所推荐的公式。

式中 m 为计算管段上同时使用水嘴的数量。当水嘴数量在12个以下时，m 值可采用表11的经验值。

表11　m 经验值

水嘴数量 n	1	2	3	4～8	9～12
使用数量 m	1	2	3	3	4

当水嘴数量多于12个时，m 按下式计算：

$$\sum_{k=0}^{m} \binom{n}{k} p^{k}(1-p)^{n-k} \geqslant 0.99 \tag{5}$$

式中　k——表示1～m 饮水水嘴数；

n——饮水水嘴总数（个）；

p——饮水水嘴使用概率。

$$p = \alpha q_h / 1800 n q_o \tag{6}$$

式中　α——经验系数，0.6～0.9；

q_h——设计小时流量（L/s）；

n——饮水水嘴总数（个）；

q_o——饮水水嘴额定流量（L/s）。

为简化计算，设计可按附录E表选值。

5.7.6　本款对饮水管的材质提出了具体要求，并首推薄壁不锈钢管作为饮水管管材。其理由是：薄壁不锈钢管具有下列优点：①强度高且受温度变化的影响很小；②热传导率低，只有镀锌钢管的1/4，铜管的1/25；③耐腐蚀性能强；④管壁光滑卫生性能好，且阻力小。当然用不锈钢管材一般比其他管材贵，但据资料分析：薄壁型不锈钢管用于工程中，比PP-R或铝塑管只贵10%左右，比用紫铜管的价格低。因此，对于饮用水这种要求保证水质较严的管网系统，推荐采用薄壁不锈钢管是比较合适的。

中华人民共和国国家标准

建 筑 中 水 设 计 规 范

GB 50336—2002

条 文 说 明

目　次

1 总　　则

1.0.1 本条说明制订本规范的原则、目的和意义。国发［2000］36号关于加强城市供水节水和水污染防治工作的通知中指出：必须坚持开源节流并重、节流优先、治污为本、科学开源、综合利用的原则，做好城市供水、节水和水污染防治工作，保障城市经济社会的可持续发展。随着城市建设和社会经济的发展，城市用水量和排水量不断增长，造成水资源日益不足，水质日趋污染，环境恶化。据统计，全国668个城市中，400个城市常年供水不足，其中有110个城市严重缺水，日缺水量达1600万m^3，年缺水量60亿m^3，由于缺水每年影响工业产值2000多亿元。北方13个省（区、市）有318个县级以上的城市缺水，许多城市被迫限时限量供水。城市缺水问题已经到了非解决不可的地步。另一方面，我国污水排放量逐年增加，从1990年的179亿m^3增到1999年的351亿m^3，其中生活污水80%未经处理直接排放水体，监测表明，有63.8%的城市河段受到中度或严重污染。据调查，全国118座大城市的浅层地下水有97.5%的城市受到不同程度的污染，全国42个城市的44条河流，已有93%受到不同程度的污染，其中32.6%受到严重污染。我国七大水系的断面监测结果表明，63.1%的河段水质为Ⅳ类、Ⅴ类或劣Ⅴ类，有的被迫退出饮用水水源。缺水和水污染的加剧使生态环境恶化，因此，实现污废水、雨水资源化，经处理后回用，即可节省水资源，又使污水无害化，是保护环境、防治水污染、搞好环境建设、缓解水资源不足的重要途径。从我国设有中水系统的旅馆、住区等民用建筑统计，利用中水冲洗厕所便器等杂用，可节水30%～40%，并缓解了城市下水道的超负荷运行。根据《中华人民共和国水污染防治法》，采取综合防治，提高水的重复利用率，在我国缺水地区开展中水工程设计，势在必行。为推动和指导建筑中水工程设计，通过本规范的实施，统一设计中带有普遍性的技术问题，使中水工程做到安全可靠、经济适用、技术先进。

1.0.2 本条规定了本规范的适用范围。建筑中水是指民用建筑或建筑小区使用后的各种排水（生活污水、盥洗排水等），经适当处理后回用于建筑和建筑小区作为杂用的供水系统。因此，工业建筑的生产废水和工艺排水的回用不属此范围，但工业建筑内的生活污水的回用亦属建筑中水，如纺织厂内所设的公共盥洗间、淋浴间排出的轻度污染的优质杂排水，可作为中水水源，处理后可作为厕所冲洗用水和其他杂用，其有关技术规定可按本规范执行。

各类民用建筑是指不同使用性质的建筑，如旅馆、公寓、科研楼、办公楼、住宅、教学楼等，尤其是大中型的旅馆、宾馆、公寓等公共建筑，具有优质杂排水水量大，需要杂用水水量亦大，水量易平衡，处理工艺简易，投资少等特点，最适合建设中水工程；建筑小区是指新（改、扩）建的校园、机关办公区、商住区、居住小区等，用水量较大，环境用水量也大，易于形成规模效益，易于设计不同型式中水系统，实现污水、废水资源化和小区生态环境的建设。

1.0.3 把"充分利用各种污水、废水资源"作为建设中水设施的基本原则要求提出。因为我国是一个水资源贫乏的国家，又是一个水污染严重的国家，不论南方、北方，东部地区、西部地区，缺水和污染的问题都到了非解决不可的地步了。要解决就得从源头抓起，建筑物和建筑小区是生活用水的终端用户，又是点污染、面污染的源头，比起工、农业用水大户，小而分散，但总量很大。节水和治污也必须从端头抓起。凡不符合有关国家排放标准要求的污水、废水，特别是在那些还没有完整下水道和污水处理厂的城镇和地区是决不能允许乱排滥放，必须对不符合环境排放标准的排水进行处理，这是环保和水污染防治的要求。再生利用是污水资源化和节水的要求。长期以来，我们虽一直抓节水、抓治污，但随着用水量的增长，污水的排放量仍在不断增加，而污水处理率、重复使用率却一直上不去，缺水的情况也在不断加剧，如果把造成点污染、面污染的污水作为一种资源，进行处理利用，即治了污又节省了水资源，变害为利，岂不是一举两得。因此在建设一项工程时，首先要考虑的应是各种资源的配置和利用，污废水既然是一种资源，就应该考虑它的处理和利用。污水处理不仅是污染防治的必须，也是污水资源化和污废水处理效益的体现。因此，对建筑和建筑小区的所有污废水资源提出应充分利用的要求作为中水设施建设的基本原则要求，是基于节水和治污两条基本原则的综合认识提出的，是节水优先、治污为本原则的具体体现。当然，贯彻这一要求还要根据当地的水资源情况和经济发展水平确定其具体实施方案。

1.0.4 对规划设计提出要求。在建筑和建筑小区建设时，各种污废水、雨水资源的综合利用和配套中水设施的建设与建筑和建筑小区的水景观和生态环境建设紧密相关，是总体规划设计的重要内容，应引起主体工程设计单位和规划建筑师的足够重视和相关专业的紧密配合。只有在总体规划设计的指导下，才能使这些设施建设合理可行、成功有效，才能把环境建设好，使效益（节水、环境、经济）得以充分的发挥。比如在缺水地区的雨水利用如何与区内的水体景观、绿化和生态环境建设相结合，污水的再生利用如何与绿色生态环境建设相结合，一些典型试点小区如"亚太村"的成功经验已经表明了这一点。

1.0.5 强制性条文。首先，提出设施建设的基本条件"缺水城市和缺水地区……配套建设中水设施"。那么缺水不缺水怎么划定呢？哪些城市和地区缺水？

哪些城市和地区不缺水？按联合国有关机构的标准，人均水资源量3000m³以下为轻度缺水，人均2000m³以下为中度缺水，1750m³为用水紧张警戒线，人均1000m³以下为严重缺水，人均500m³以下为极度缺水。据水利部门统计，我国目前人均水资源量为2202m³，是世界平均量的1/4，是世界13个缺水国家之一，北方地区的人均水资源量，是世界平均量的1/30，是极度缺水的地区。我国的缺水还不只是水资源匮乏，有三种类型：一是资源性缺水如"三北"地区，河北省人均水资源为330m³，北京不足300m³；二是生态缺水地区，西北地区尤为突出；三是水质型缺水地区，如江苏、上海等地。城市缺水严重，668座城市有2/3面临缺水，所以缺水是我国共同面临的问题。当然各地的严重情况不同，有关部门按具体情况掌握，不宜作出统一划定。

其次，提出"适合建设中水设施的工程项目，应按照当地有关规定配套建设中水设施"。适合建设中水设施的工程项目，就是指具有水量较大、水量集中、就地处理利用的技术经济效益较好的工程。为便于理解和施行，结合开展中水设施建设较早城市的经验及其相关规定、办法、科研成果，提出适宜配套建设中水设施的工程举例仅供参考。见表1。

表1 配套建设中水设施工程举例

类别	规模
区域中水设施：	
集中建筑区（院校、机关大院、产业开发区）	建筑面积＞5万m²，或综合污水量＞750m³/d，或分流回收水量＞150m³/d
居住小区（包括别墅区、公寓区等）	建筑面积＞5万m²，或综合污水量＞750m³/d，或分流回收水量＞150m³/d
建筑物中水：	
宾馆、饭店、公寓、高级住宅等	建筑面积＞2万m²，或回收水量＞100m³/d
机关、科研单位、大专院校、大型文体建筑等	建筑面积＞3万m²，或回收水量＞100m³/d

这里强调了"应按照当地有关规定"。我国尽管是缺水国家，但还有地区性、季节性和缺水类型（资源、水质、工程）的不同，应结合具体情况和当地有关规定施行，北方地区（华北、东北、西北）比南方地区面临严重的资源性缺水和生态型缺水，污废水的再生利用应以节水型和环境建设利用为重点；南方地区一些城市的缺水，多为水质污染型缺水，污废水的再生利用，应以治污型的再利用为重点；其他类型的缺水如功能型、设施型则应以增强水资源综合利用的功能和设施建设为重点，总之要结合各地区的不同特点和当地的有关规定施行。这就为充分调动地方的积极性，使中水工程建设既能吸取别人的经验，又能结合自己的实际情况留下了余地。

第三，提出了"中水设施必须与主体工程同时设计，同时施工，同时使用"的"三同时"要求。这是国家有关环境工程建设的成功经验。

1.0.6 本条提出中水工程设计的基本依据和要求，是中水工程设计中的关键问题。确定中水处理工艺和处理规模的基本依据是，中水水源的水质、水量和中水回用目标决定的水质、水量要求。通过水量平衡计算确定处理规模（m³/d）和处理水量（m³/h），通过不同方案的技术经济分析、比选，合理确定中水水源、系统型式，选择中水处理工艺是中水工程设计的基本要求。主要步骤是：①掌握建筑物原排水水质、水量和中水水质、水量情况，一般可通过实际水质、水量检测、调查资料的分析和计算确定，也可参照可靠的类似工程资料确定，中水的水质水量要求，则按使用目标、用途确定；②合理选择中水水源，首先应考虑采用优质杂排水为中水水源，必要时才考虑部分或全部回收厨房排水，甚至厕所排水，对原排水应尽量回收，提高水的重复使用率，避免原水的溢流，扩大中水使用范围，最大限度地节省水资源，提高效益；③进行水量平衡计算，尽力做到处理后的中水水量与杂用水需用量的平衡；④对不同方案进行技术经济分析、比选，合理确定系统型式，即按照技术经济合理、效益好的要求进行系统型式优化；⑤合理确定处理工艺和规模，严格按水质、水量情况选择处理工艺，力求简单有效，避免照搬照套；⑥按要求完成各阶段工程图纸设计。

1.0.7 本条提出了中水工程的设计单位、设计阶段和设计深度的要求。

中水工程的设计应由主体工程设计单位负责，明确设计责任。

设计阶段与主体工程设计阶段相一致。就是说主体工程是方案设计、扩大初步设计、施工图设计三个阶段，中水工程也应按三个阶段做相应的工作；如果主体工程是方案设计、施工图设计两个阶段，那就将方案的设计工作做得深入一些，按两个阶段设计。设计深度则应符合国家有关建筑工程设计文件编制深度规定中相应设计阶段的技术内容和设计深度要求。

《建筑中水设计规范》是对中水工程设计的技术要求，那么为什么还要对设计工作和设计的深度提出要求呢？因为，以前的经验教训，一是有的建筑设计单位对这一项设计工作内容不重视，不设计，甩出去；二是即使设计了也不到位，不合理，大大降低了中水设施建设的经济技术合理性和成功率。有的因水量计算、水量平衡不好，工艺选择不合理，各系统相互配置不当，致使整套设施不能运行，给工程造成较大的经济损失，设计则是主要原因之一。那种认为此项内容不包括在建筑或建筑小区的设计内容之内，不该设计的认识是错误的，中水设施既然是建筑或建筑小区的配套设施，就应由承担主体工程的设计单位进行统一规划、设计，这是责无旁贷的。当然，符合建设部令第65号《建设工程勘察设计市场管理规定》要求，经委托方同意的分委托的再委托也是可以的，但承担工程设计的主委托方仍应对工程的完整性、整体功能和设计质量负责。

1.0.8 本条对中水工程各设计阶段的设计质量提出了要求。各设计阶段的设计质量应符合建设部民用建筑工程设计文件质量特性和质量评定实施细则的要求。按此要求分阶段进行评审，做出“合格”“不合格”的评定。应符合的质量特性有：①功能性；②安全性；③经济性；④可信性（可用性、可靠性、维修性与维修保障性）；⑤可实施性；⑥适应性；⑦时间性。各种质量特性结合到中水工程上的要求则是十分具体的，这里不一一叙述，详见该“细则”。总之，中水工程的方案设计或扩大初步设计，应在可行性、技术经济合理性研究的基础上，进行方案比较、优化，确定经济技术合理的系统型式和处理工艺，使其达到技术先进、可靠，节水效益、环境效益明显，经济效益好。节水效益和环境效益，就是看节约用水和环境建设的效果怎样；经济效益好的具体体现就是基本达到包括设备折旧在内的中水成本价低于当地的自来水价。施工图设计，应满足土建施工、设备安装、调试的要求，确保整个中水设施的试运行、正常运行和达标验收。

1.0.9 凡与主体工程一起建造的土建构筑物如水池、处理构筑物等的设计使用年限一般与主体工程一致，因为这些构筑物不会也不可能因某种原因而被拆除或更换，但中水土建构筑物应采用独立结构形式，不宜利用主体建筑结构作为构筑物的壁、底、顶板；凡安装在主体工程内的设备，其设计合理使用年限应与主体工程设计标准相适应，应考虑设备的维修和更换。

1.0.10 提出安全性要求。中水作为建筑配套设施进入建筑或建筑小区内，安全性保障十分重要：①设施维修、使用的安全，特别是埋地式或地下式设施的使用和维修；②用水安全，因中水是非饮用水，必须严格限制其使用范围，根据不同的水质标准要求，用于不同的使用目标，必须保障使用安全，采取严格的安全防护措施，严禁中水管道与生活饮用水管道任何方式的连接，避免发生误接、误用。

1.0.11 本规范涉及室内、外给排水和水处理的内容，本规范内凡未述及的有关技术规定、计算方法、技术措施及处理设备或构筑物的设计参数等，还应按有关的国家规范执行。关系较密切的规范如《室外给水设计规范》、《室外排水设计规范》、《建筑给水排水设计规范》、《污水再生利用工程设计规范》等。

2 术语、符号

2.1 术　　语

2.1.2 中水系统的释义中“有机结合体”强调了各组成部分功能上的有机结合，与第5章中“系统”的含义是一致的。

2.1.4 小区中水的提出，必然牵涉到“小区”一词的涵义，本规范使用该词与《城市居住区规划设计规范》（GB 50180—93）的用词涵义保持了一致。为便于理解，引入该规范这一用词的释义：“居住小区，一般称小区，是被城市道路或自然分界线所围合，并与居住人口规模（10000～15000人）相对应，配建有一套能满足该区居民基本的物质与文化生活所需的公共服务设施的居住生活聚居地。”

居住区按居住户数或人口规模可分为居住区、小区、组团三级。各级标准控制规模为：居住区：户数10000～16000户，人口30000～50000人；小区：户数3000～5000户，人口10000～15000人；组团：户数300～1000户，人口1000～3000人。小区中水主要指居住小区的中水，根据我国国情，还包括院校、机关大院等统一管理的集中建筑区的中水，通常称为建筑小区，在本词条的释义中也作了明确说明。

3 中 水 水 源

3.1 建筑物中水水源

3.1.1 建筑物的排水，及其他一切可以利用的水源，如空调循环冷却水系统排污水、游泳池排污水、采暖系统排水等，均可作为建筑中水的水源。

3.1.2 选用中水水源是中水工程设计中的一个首要问题。应根据规范规定的中水回用的水质和实际需要的水量以及原排水的水质、水量、排水状况选定中水水源，并应充分考虑水量的平衡。

3.1.3 为了简化中水处理流程，节约工程造价，降低运转费用，建筑物中水水源应尽可能选用污染浓度低、水量稳定的优质杂排水、杂排水，按此原则综合排列顺序如本条，可按此推荐的顺序取舍。

3.1.4 中水原水量的计算，是中水工程设计中的一个关键问题。本条文公式中各参数主要是按下列方法计算得出的。

α（最高日给水量折算成平均日给水量的折减系数）：《建筑给水排水设计规范》中规定的用水定额是指最高日用水，在中水工程设计中如按此直接选用，则处理设施的处理能力偏大，不仅会造成占地面积大、运行成本高，对于常见的生化处理工艺，有时还会降低处理效果。在中水工程设计中，原水量的计算宜按照平均日水量计算。根据《室外给水设计规范》中的规定，不同给水分区的城市综合用水日变化系数取值范围为1.1～1.5，因此，最高日给水量折算成平均日给水量的折减系数取其倒数而求得，即0.67～0.91，可按给水一、二、三分区和特大、大、中小城市的规模取值。

β （建筑物按给水量计算排水量的折减系数）：建筑物的给水量与排水量是两个完全不同的概念。给水量可以由规范、文献资料或实测取得，但排水量的资料取得则较为困难，目前一般按给水量的 80%～90%折算，按用水项目自耗水量多少取值。

b （建筑物分项给水百分率）：表 3.1.4 是以国内实测资料并参考国外资料编制而成。

根据对北京某单位三户家庭连续 6 个月的用水调查，统计出住宅的人均日用水量为 150～190L/d·人左右，其中冲厕、厨房、沐浴（包括浴盆和淋浴）、洗衣等分项用水则是依据对日常用水过程中的实际测算和对耗水设备（如洗衣机等的）的资料调查而获得的，再根据上述数据计算出分项给水百分率。宾馆、饭店、办公楼、教学楼、公共浴室及营业餐厅的用水量及分项给水百分率是参考国内外资料综合得出的。综合结果详见表 2，其中宾馆、饭店包括招待所、度假村等。

由于我国地域辽阔，各地用水标准差异较大，考虑到这一因素，并使规范能够与《建筑给水排水设计规范》接轨，便于设计人员方便使用，因此，在表 3.1.4 中仅保留了分项给水百分率。为表明百分率之由来，将各类建筑物生活用水量及百分率表列出供参考（见表 2）。

表 2 各类建筑物生活用水量及百分率

类别	住宅		宾馆、饭店		办公楼、教学楼		公共浴室		餐饮业、营业餐厅	
	水量（L/人·d）	（%）	水量（L/人·d）	（%）	水量（L/人·d）	（%）	水量（L/人·次）	（%）	水量（L/人·次）	（%）
冲厕	32～40	21.3～21	40～70	10～14	15～20	60～66	2～5	2～5	2	6.7～5
厨房	30～36	20～19	50～70	12.5～14	—	—	—	—	28～38	93.3～95
沐浴	44～60	29.3～32	200	50～40	—	—	98～95	98～95	—	—
盥洗	10～12	6.7～6.0	50～70	12.5～14	10	40～34	—	—	—	—
洗衣	34～42	22.6～22	60～90	15～18	—	—	—	—	—	—
总计	150～190	100	400～500	100	25～30	100	100	100	30～40	100

3.1.5 为了保证中水处理设备安全稳定运转，并考虑处理过程中的自耗水因素，设计中水水源应有 10%～15%的安全系数。

3.1.6 强制性条文。综合医院的污水含有较多病菌，作为中水水源时，应将安全因素放在首位，故要求其应先进行消毒处理，并对其出水应用作出严格限定，由其而产出的中水不得与人体直接接触，如作为不与人直接接触的绿化用水等。冲厕、洗车等用途有可能与人体直接接触，不应作为其出水用途。

3.1.7 强制性条文。传染病和结核病医院的污水中含有多种传染病菌、病毒，虽然医院中有消毒设备，但不可能保证任何时候的绝对安全性，稍有疏忽便会造成严重危害，而放射性废水对人体造成伤害的危险程度更大。考虑到安全因素，因此规定这几种污水和废水不得作为中水水源，并作为强制性条文。

3.1.8 雨水是很好的水资源，但其具有较强的季节性，将雨水作为中水水源在收集储存等方面有一定的难度，我国还缺少这方面成熟的经验，条文中提出雨水的可利用性，设计中应注意到雨水量的冲击负荷问题，解决好雨水的分流和溢流问题，不断积累这方面的经验。另外，设计中应掌握一个原则，就是室外的雨水或污水宜在室外利用，不宜再引入室内，本条规定仅将建筑屋面雨水作为建筑物中水水源或水源补充，主要是考虑这个问题。

3.1.9 生活污水的分项水质相差很大，且国内资料较少，表3.1.9是依据国外有关资料编制而成。在不同的地区，人们的生活习惯不同，污水中的污染物成分也不尽相同，相差较大，但人均排出的污染浓度比较稳定。建筑物排水的污染浓度与用水量有关，用水量越大，其污染浓度越低，反之则越高。选用表 3.1.9 中的数值时应注意按此原则取值。综合污水水质按表内最后一行综合值取用。

3.2 建筑小区中水水源

3.2.1 小区中水水源的合理选用，对处理工艺、处理成本及用户接受程度，都会产生重要影响，水源选用的主要原则是：优先考虑水量充裕稳定、污染物浓度低、处理难度小、安全且居民易接受的中水水源。因此，需通过水量计算、水量平衡和技术经济比较，慎重考虑确定。

3.2.2 建筑小区中水与建筑物中水相比，其用水量大，即对水资源的需求量大，因此开展中水回用的意义较大，为此，本规定扩大了其水源可选择的范围，使小区中水水源的选择呈现出多样性。建筑小区可选用的中水水源有：

1 小区内建筑物杂排水。建筑小区内建筑物杂排水同样是指冲便器污水以外的生活排水，包括居民的盥洗和沐浴排水、洗衣排水以及厨房排水。

优质杂排水是指居民洗浴排水，水质相对干净，水量大，可作为小区中水的优选水源。随着生活水平提高，洗浴用水量增长较快，采用优质杂排水的优点是水质好，处理要求简单，处理后水质的可靠性较高，用户在心理上比较容易接受。其缺点是需要增加一套单独的废水收集系统。由于小区的楼群较之宾馆饭店分散，废水收集系统的造价相对较高，因此，有可能会增加废水处理的成本。但其水质在居民心理上比较易接受，故在小区中水建设的起步阶段，比较倾向采用优质杂排水作为中水水源。

与优质杂排水相比，杂排水的水质污染浓度要高一些，给处理增加了一些难度，但由于增加了洗衣废水和厨房废水，使中水水源水量增加，变化幅度减小。究竟采用优质杂排水还是杂排水，应根据当地缺水程度和水量平衡情况比较选用。

2 小区或城市污水处理厂出水。随着城市污水资源化的发展和再生水厂的建设，这种水源的利用会逐渐增多。城市污水处理厂出水达到中水水质标准，并有管网送到小区，这是小区中水水源的最佳选择。城市污水量大，水源稳定，大规模处理厂的管理水平高，供水的水质、水量保障程度高，而且由于城市污水处理厂的规模大，处理成本远低于小区处理中水。即使城市污水处理厂的出水未达到中水标准，在小区内做进一步的处理也是经济的。对于小区来讲，还可省去废水收集系统的一大笔费用。有分析表明，城市污水集中处理回供，比远距离引水便宜，处理到作杂用水程度的基建投资，只相当于从 30km 外引水。

要想获得城市污水处理厂出水作中水水源，前提是要由地方政府来规划实施。这要求决策者重视，并通过城市规划和建设部门来付之实施。目前，一些城市缺乏这方面的预见，单纯追求处理厂的规模效益，而忽视了污水的回用效益，两者未能兼顾。由于城市污水处理厂规模过大和往往过分集中在城市的下游，回用管路铺设困难重重，使一些城市污水处理只能以排放作为主要目标，很难兼顾回用。这是当前迫切需要关注，并引以为戒的一个大问题。因此，合理布局、规划建设区域（居住区、小区）污水处理厂，将其出水就近利用将是解决处理规模效益和利用效益矛盾的出路。

3 相对洁净的工业排水。在许多工业区或大型工厂外排废水中，有些是相对洁净的废水，如工业冷却水、矿井废水等，其水质、水量相对稳定，保障程度高，并且水中不含有毒、有害物质，经过适当处理可以达到中水标准，甚至可达到生活用水标准。如某市某小区中水工程利用小区附近的彩色显像管厂的废水作为中水水源，工程已经建成，出水水质很好，但由于缺乏利用经验，显像管厂担心废水处理后在居民的使用中出现问题会责怪到厂家的身上，居民也有种种担心，害怕使用废水冲厕会带来一些不良后果。结果，使业已建成的设施被长期废弃不用，并可能最终被拆除，这是很可惜的。可见，工业相对洁净的排水，可作为中水的水源，但水质、水量必须稳定，并要有较高的使用安全性，才易被工厂和居民双方所接受。

4 小区内的雨水。雨水是一种很好的天然水资源，应以植被滞留、吸纳、土壤入渗、河湖蓄存等多种方式充分利用。特别是北方干旱地区，如何将雨季的雨水收集、蓄存，形成天然或人工水体景观，经处理后用于绿化和水环境建设是符合自然水圈循环和生态环境建设的好方式，应予以充分重视，积极推广；南方沿海缺水地区，由于降水地面径流短，大量雨水迅即入海，对于经济发达、人口密度大的城市，周围无大型淡水水体可供取水时，可利用雨水贮存后作为中水水源。日本、新加坡在这方面有较多的经验，我国应充分借鉴，利用好这一天然淡水资源。

5 小区生活污水。如果小区远离市政管道，排水需要处理达到当地的排放标准方可排放，这时在将全部污水集中处理的同时，对所需回用的水量适当地提高处理程度，在小区内就近回用，其余按排放标准处理后外排，既达到了环境保护的目的，又实现水资源的充分利用。

以全部生活污水作为中水水源，其缺点是，污水浓度较高、杂物多，处理设备复杂，管理要求高，处理费用也高。它的优点是，小区生活污水水质相对比较单纯、稳定，水量充裕，是很好的再生水源，以此为中水原水，可省去一套单独的中水原水收集系统，降低管网投资和管网设计的难度。对于环境部门要求生活污水排放前必须处理或处理程度要求较高的小区，采用生活污水作为中水水源也是比较合理的。

市政污水的特点是水量稳定，如果小区附近有城市污水下水道干管经过，水量又较充裕，或是该市政污水内含相对洁净的工业废水较多，比小区污水浓度要低，处理难度小，也可比较选用。

3.2.3、3.2.4 小区中水水源的水量应进行计算和平衡，计算方法与 3.1.4 条同。

4 中水水质标准

4.1 中 水 利 用

4.1.1 建设中水设施，给中水派上合理的用场，提高中水的利用率是中水设施建设效益的体现。效益情况是业主、用户和节水管理部门都关心的问题。设计和管理使用，应按下式计算中水设施的中水利用率：

$$\eta_2=\frac{\sum Q_Z}{\sum Q_{YP}}\times 100\% \qquad (1)$$

式中 η_2——中水设施的中水利用率；

$\sum Q_Z$——中水设施的中水总用量（m^3/d）；

$\sum Q_{YP}$——建设中水设施的建筑物或小区的原排水量（m^3/d）。

4.1.2 建筑中水是建筑物和建筑小区内的污水、废水再生利用，是城市污水再生利用的组成部分，城市污水再生利用按用途分类，按《城市污水再生利用 分类》（GB/T 18919—2002）标准执行。城市污水再生利用分类见表3。

表3 城市污水再生利用类别

序号	分 类	范 围	示 例
1	农、林、牧、渔业用水	农田灌溉	种籽与育种、粮食与饲料作物、经济作物
		造林育苗	种籽、苗木、苗圃、观赏植物
		畜牧养殖	畜牧、家畜、家禽
		水产养殖	淡水养殖
2	城市杂用水	城市绿化	公共绿地、住宅小区绿化
		冲厕	厕所便器冲洗
		道路清扫	城市道路的冲洗及喷洒
		车辆冲洗	各种车辆冲洗
		建筑施工	施工场地清扫、浇洒、灰尘抑制、混凝土制备与养护、施工中的混凝土构件和建筑物冲洗
		消防	消火栓、消防水炮
3	工业用水	冷却用水	直流式、循环式
		洗涤用水	冲渣、冲灰、消烟除尘、清洗
		锅炉用水	中压、低压锅炉
		工艺用水	溶料、水浴、蒸煮、漂洗、水力开采、水力输送、增湿、稀释、搅拌、选矿、油田回注
		产品用水	浆料、化工制剂、涂料
4	环境用水	娱乐性景观环境用水	娱乐性景观河道、景观湖泊及水景
		观赏性景观环境用水	观赏性景观河道、景观湖泊及水景
		湿地环境用水	恢复自然湿地、营造人工湿地
5	补充水源水	补充地表水	河流、湖泊
		补充地下水	水源补给、防止海水入侵、防止地面沉降

4.2 中水水质标准

4.2.1 中水用于冲厕、道路清扫、消防、城市绿化、车辆冲洗、建筑施工等杂用的水质按《城市污水再生利用 分类》（GB/T 18919—2002）中城市杂用水类标准执行。为便于应用，列出《城市污水再生利用 城市杂用水水质》（GB/T 18920—2002）标准中城市杂用水水质标准，见表4。

表4 城市杂用水水质标准

序号	项目 指标	冲厕	道路清扫、消防	城市绿化	车辆冲洗	建筑施工
1	pH	6.0～9.0				
2	色（度） ≤	30				
3	嗅	无不快感				
4	浊度（NTU） ≤	5	10	10	5	20
5	溶解性总固体（mg/L） ≤	1500	1500	1000	1000	—
6	5日生化需氧量 BOD_5（mg/L） ≤	10	15	20	10	15
7	氨氮（mg/L） ≤	10	10	20	10	20
8	阴离子表面活性剂（mg/L） ≤	1.0	1.0	1.0	0.5	1.0
9	铁（mg/L） ≤	0.3	—	—	0.3	—
10	锰（mg/L） ≤	0.1	—	—	0.1	—
11	溶解氧（mg/L） ≥	1.0				
12	总余氯（mg/L）	接触30min后≥1.0，管网末端≥0.2				
13	总大肠菌群（个/L） ≤	3				

注：混凝土拌合用水还应符合JGJ 63的有关规定。

4.2.2 中水用于景观环境用水，其水质应符合国家标准《城市污水再生利用 景观环境用水水质》（GB/T 18921—2002）的规定。为便于应用，将《城市污水再生利用 景观环境用水水质》标准中的景观环境用水的再生水水质指标列出（见表5），其他有关内容见该标准。

表5 景观环境用水的再生水水质指标（mg/L）

序号	项 目	观赏性景观环境用水			娱乐性景观环境用水		
		河道类	湖泊类	水景类	河道类	湖泊类	水景类
1	基本要求	无漂浮物，无令人不愉快的嗅和味					
2	pH值（无量纲）	6～9					
3	5日生化需氧量（BOD_5） ≤	10	6		6		
4	悬浮物（SS） ≤	20	10		—*		
5	浊度（NTU） ≤	—*			5.0		
6	溶解氧 ≥	1.5			2.0		
7	总磷（以P计） ≤	1.0	0.5		1.0	0.5	
8	总氮 ≤	15					
9	氨氮（以N计） ≤	5					
10	粪大肠菌群（个/L） ≤	10000		2000	500		不得检出
11	余氯** ≥	0.05					
12	色度（度） ≤	30					
13	石油类 ≤	1.0					
14	阴离子表面活性剂 ≤	0.5					

注：1 对于需要通过管道输送再生水的非现场回用情况采用加氯消毒方式；而对于现场回用情况不限制消毒方式。

2 若使用未经过除磷脱氮的再生水作为景观环境用水，鼓励使用本标准的各方在回用地点积极探索通过人工培养具有观赏价值水生植物的方法，使景观水的氮磷满足表中的要求，使再生水中的水生植物有经济合理的出路。

* “—”表示对此项无要求。

** 氯接触时间不应低于30min的余氯。对于非加氯方式无此项要求。

5 中 水 系 统

5.1 中水系统型式

5.1.1 本条指出建筑中水系统的组成和设计，应按系统工程特性考虑。系统组成，主要包括原水系统、处理系统和供水系统三个部分，三个部分是以系统的特性组成为一体的系统工程，因此，提出中水工程设计要按系统工程考虑的要求。要理解这条要求，首先必须了解“系统”和“系统工程”的概念和含义。

所谓“系统”就是指由若干既有区别又相互联系、相互影响制约的要素所组成，处在一定的环境中，为实现其预定功能，达到规定目的而存在的有机集合体。它具备系统的四个特征：①集合性，是多要素的集合；②相关性，各要素是相互联系、相互作用的，整个系统性质和功能并不等于其各要素的简单总和，即具有非加和性；③目的性，构成的系统达到预定的目的；④环境适应性，任何系统都存在一定的环境之中，又必须适应外部的环境。中水系统完全具备上述“系统”的基本特征。

所谓“系统工程”是指凡从系统的思想出发，把对象作为系统去研究、开发、设计、制作，使对象的运作技术经济合理、效果好、效率高的工程都称之为系统工程。中水工程是一个系统工程。它是通过给水、排水、水处理和环境工程技术的综合应用，实现建筑或建筑小区的使用功能、节水功能和建筑环境功能的统一。它既不是污水处理场的小型化搬家，也不是给排水工程和水处理设备的简单连接，而是要在工程上形成一个有机的系统。以往中水工程上失败的根本原因就在于对这一点缺乏深刻的认识。因此，在本章首条既提出这一基本要求。

5.1.2 建筑物中水的系统型式宜采用完全分流系统，所谓“完全分流系统”就是中水原水的收集系统和建筑物的原排水系统是完全分开，既为污、废分流，而建筑物的生活给水与中水供水也是完全分开的系统称为“完全系统”，也就是有粪便污水和杂排水两套排水管，给水和中水两套给水管的系统。中水系统型式的选择主要是根据原水量、水质及中水用量的平衡情况及中水处理情况确定。建筑物中水系统型式宜采用完全系统，其理由：①水量可以平衡。一般情况，有洗浴设备的建筑的优质杂排水或杂排水的水量，经处理后可满足杂用水水量；②处理流程可以简化，由于原水水质较好，可不需二段生物处理，减少占地面积，降低造价；③减少污泥处理困难以及产生臭气对建筑环境的影响；④处理设备容易实现设备化，管理方便；⑤中水用户容易接受。条文也不排除特殊条件下生活污水处理回用的合理性，如在水源奇缺、难于分流、污水无处排放、有充裕的处理场地的条件下，需经技术经济比较确定。

5.1.3 建筑小区中水基于其管路系统的特点，可分为如下多种系统：

1 全部完全分流系统。是指原水分流管系和中水供水管系覆盖全区建筑物的系统。全部完全分流系统就是在建筑小区内的主要建筑物都建有污水废水分流管系（两套排水管）和中水自来水供水管系（两套供水管）的系统。“全部”是指分流管道的覆盖面，是全部建筑还是部分建筑，“分流”是指系统管道的敷设型式，是污水、废水分流、合流还是无管道。

采用杂排水作中水水源，必须配置两套上水系统（自来水系统和中水供水管系）和两套下水系统（杂排水收集系统和其他排水收集系统），属于完全分流系统。管线上比较复杂，给设计、施工增加了难度，也增加了管线投资。这种方式在缺水比较严重、水价较高的地区是可行的，尤其在中水建设的起步阶段，居民对优质杂排水处理后的中水比较容易接受，或者是高档住宅区内采用。如果这种分流系统覆盖小区全部建筑物，称为全部完全分流系统，如果只覆盖小区部分建筑物，称为部分完全分流系统。

2 部分完全分流系统。是指原水分流管系和中水供水管系均为区内部分建筑的系统。

3 半完全分流系统。是指无原水分流管系（原水为综合污水或外接水源），只有中水供水管系或只有污水、废水分流管系而无中水供水管的系统。

当采用生活污水为中水水源时，或原水为外接水源，可省去一套污水收集系统，但中水仍然要有单独的供水系统，成为三套管路系统，称为半完全分流系统。当只将建筑内的杂排水分流出来，处理后用于室外杂用的系统也是半完全分流系统。

4 无分流管系的简化系统。是指地面以上建筑物内无污水、废水分流管系和中水供水管系的系统。无原水分流管系，中水用于河道景观、绿化及室外其他杂用的中水不进入居民的住房内，中水只用在地面绿化、喷洒道路、水景观和人工河湖补水、地下车库地面冲洗和汽车清洗等使用的简易系统。由于中水不上楼，使楼内的管路设计更为简化，投资也比较低，居民又易于接受。但限制了中水的使用范围，降低了中水的使用效益。中水的原水是全部生活污水或是外接的，在住宅内的管线仍维持原状，因此，对于已建小区的中水工程较为适合。

5.1.4 本条提出中水系统型式的选择原则。独立建筑和少数几栋大型公共建筑的中水，其系统型式的可选择性较小，往往只能是一种全覆盖的完全分流系统，在管路建设上因有上下直通的管井可供两种上水和两种下水管路敷设条件，这样的建筑或建筑群的档次一般都比较高，中水的投资相对于建筑总投资而言，比例较小，对于开发商并不成为一种负担，是较经济和可行的。而建筑小区由于楼群间距大，楼群多，管路设计和建设费用相对较大，因此从经济上讲，开发商的负担较重，楼价会有所提高，其推行的难度要比单个建筑的中水大。但本规范为建筑小区中水系统推出多种可供选择型式，不同类型的住宅，不同的环境条件，可以选择不同类型的中水系统型式。由于型式的多样性，就为小区中水设施的建设提供了较大的灵活性，为方案的技术经济合理性提供了较大的可比性，也就增加了本规范的可操作性。开发商和设计单位可以从规划布局、建筑型式、档次和建筑环境条件等的现实可能性，以及用户的可接受程度和开发商的经济承受能力等多方面因素考虑、选择。多种系统型式为小区中水的推广和应用，提供更大的现实可能性和更广阔的前景。这些型式的归纳和分类，在国内外还未见到有关报道，本规范是根据我国的国情，对小区中水设施建设提出的新要求，同时，还要在工程实践中不断总结积累经验。

中水型式的选用，主要依据考虑系统的安全可靠、经济适用和技术先进等原则。具体来讲，中水型式的选择应该是分几个步骤来进行：

基础资料收集：首先是水资源情况。当地的水资源紧缺程度，供水部门供水可能性，或地下水自行采集的可能性，以及楼宇、楼群所需水量及其保障程度等需水和供水的有关情况。其次是经济资料。供水的水价，各种中水处理设备的市场价格，以及各种中水管路系统建设可能所需费用的估算，所建楼宇或住宅的价位。第三是政策规定情况。当地政府的有关规定和政策。第四是环境资料。环境部门对楼宇和楼群的污水处理和外排的要求，周边河湖和市政下水道及城市污水处理厂的规范建设和运行情况。第五是用户状况。生活习惯和水平、文化程度及对中水可能的接受程度等。

↓

做成不同的方案：依据楼宇和楼群的建筑布局实际情况和环境条件，确定可能的中水系统设置的几种方案：即可选择的几种水源，可回用的几种场所和回用水量，可考虑的几种管路布置方案，可采用的几种处理工艺流程。在水量平衡的基础上，对上述水源、管路布置、处理工艺和用水点进行系统型式的设计和组合，形成不同的方案。

↓

进行技术分析和经济核算：对每一种组合方案进行技术可行性分析和经济性的概算。列出技术合理性、可行性要点和各项经济指标。

↓

选择确定方案：对每一种组合方案的技术经济进行分析，权衡利弊，确定较为合理的方案。

5.2 原 水 系 统

5.2.2 提出收集率的要求，为的是把可利用的排水都尽量收回。所谓可利用的排水就是经水量平衡计算和技术经济分析，需要与可能回收利用的排水。凡能够回收处理利用的，就应尽量收回，这样才能提高水的综合利用率，提高效益。以往的经验表明，因设计人员怕麻烦，该回收的不回收，大大降低了废水回收利用率和设备能力利用率，更有甚者为了应付要求，做样子工程不求效益。比如，有的饭店职工浴室、公共盥洗间的排水都不回收，一套设施上去了，钱花了，但因水量少，设备效能不能发挥，造成成本高、效益差。要上中水，就不能装样子，要图实效。因此，提出收集率的要求。这个要求并不高，也是能够做到的。在生活用水中，设可回收排水项目的给水量为100%，扣除15%的损耗，其排水为85%，要求收集率不低于75%，还是有充分余量的。

收集率计算公式式中的“回收排水项目”为经水量平衡计算和可行性技术经济分析，决定利用的排水项目。

5.2.3 关于中水原水管道及其附属构筑物的设计要求，做法与建筑物的排水管道设计要求大同小异，本条文强调了管道的防渗漏要求，为的是能够确保中水原水的水量和水质，如渗漏则不能保障本规范5.2.2条的收集率要求，如有污水渗入则会影响中水原水的水质。中水原水管道既不能污染建筑给水，又不能被不符合原水水质要求的污水污染，实践中污染的事故已有发生，主要是把它当成一般的排水管，不予重视而造成的后果。

5.2.4 中水原水系统应设分流、溢流设施和超越管，这是对中水原水系统功能的要求，是由中水系统的特点决定的。在建筑内，中水系统是介于给水系统和排水系统之间的设施，既独立又有联系。原水系统的水取自于排水，多余水量和事故时的原水又需排至排水系统，不能造成水灾，所以分流井（管）的构造应具有如下功能：既能把原水引入处理系统，又能把多余水量或事故停运时的原水排入排水系统，而不影响原建筑的使用。可以采用隔板、网板倒换方式或水位平衡溢流方式，或分流管、阀，最好与格栅井相结合。

5.2.5 厨房的油污排水的排入，会增加整个处理难度，应经局部处理后再排入。

5.2.6 中水原水如不能计量，整个系统就无法进行量化管理，因此提出要求。超声波流量计和沟槽流量计可满足此要求，但为了节省，可采用容量法计算的土法。

5.2.7 本条提出可以采用雨水作为中水原水。屋面和硬性地面的雨水水质较好，是很好的可用水资源，国外已有成功的应用，我国西北地区甘肃省的121工程（农村每户建100m² 集雨水面积、挖2个集水坑、种1亩水浇地），也表明了雨水资源的珍贵和有效，要充分开发利用这一资源。但雨水量因地区不同而大小不同，极不均衡，应用中必须有可靠的调储和超量溢流设施，研制并采取初期雨水剔除措施。雨水在小区内的应用，宜结合河、湖、塘水体景观和生态环境建设，其应用有着美好的前景。

5.3 水量平衡

5.3.1 水量平衡计算是中水设计的重要步骤，它是合理用水的需要，也是中水系统合理运行的需要。建筑中水的原水取于建筑排水，中水用于建筑杂用，上水补其不足，要使其互相协调，必须对各种水量进行计算和调整。要使集水、处理、供水集于一体的中水系统协调地运行，也需要各种水量间保持合理的关系。水量平衡就是将设计的建筑或建筑群的给水量、污水、废水排水量、中水原水量、贮存调节量、处理量、处理设备耗水量、中水调节贮存量、中水用量、自来水补给量等进行计算和协调，使其达到平衡，并把计算和协调的结果用图线和数字表示出来，即水量平衡图。水量平衡图虽无定式，但从中应能明显看出设计范围内各种水量的来龙去脉，水量多少及其相互关系，水的合理分配及综合利用情况，是系统工程设计及量化管理所必须做的工作和必备的资料。实践表明，中水工程不能坚持有效运行的一个重要原因，就是水量不平衡，因此，应充分重视这一项工作。

5.3.2 处理前的调节。中水的原水取自建筑排水，建筑物的排水量随着季节、昼夜、节假日及使用情况的变化，每天每小时的排水量是很不均匀的。处理设备则需要在均匀水量的负荷下运行，才能保障其处理效果和经济效果。这就需要在处理设施前设置中水原水调节池。调节池容积应按原水量逐时变化曲线及处理量逐时变化曲线所围面积之最大部分算出来。一般认为原水变化曲线不易作出，其实只要认真地根据原排水建筑的性质、使用情况以及耗水量统计资料或参照同地区类似建筑的资料即可拟定出来。即使拟定的不十分正确，也比简单的估算符合实际。处理曲线可根据原水曲线、工作制度的要求画出。本规范条文中提出应该这样做的要求，是为了逐渐积累和丰富我国这方面的资料。当确无资料难以计算时，亦可按百分比计算。在计算方法上，国内现有资料也不太一致，有的按最大小时水量的几倍计算或连续几个最大小时的水量估算。对于洗浴废水或其他杂排水，确实存在着高峰排量，但很难准确地确定，如估计时变化系数还不如直接按日处理水量的百分数计算。

1 连续运行时，原水调节池容量按日处理水量的35%～50%计算，即相当于8.4～12.0倍平均时水量。根据国内外资料及医院污水处理的经验，认为这个计算是合理、安全的。中国环境科学研究院的研究也认为，该调节储量是充分而又可靠的，设计中不应片面地追求调节池容积的加大，而应合理调整来水量、处理量及中水用量和其发生时间之间的关系。执行时可根据具体工程原水小时变化情况取其高限或低限值。

2 间歇运行时，原水贮存池按处理设备运行周期计算，如下式：

$$W_1 = 1.5Q_{y1}\ (24 - t_1) \quad (2)$$

式中 W_1——原水储存池有效容积（m³）；

t_1——处理设备连续运行时间（h）；

Q_{y1}——中水原水平均小时进水量（m³/h）；

1.5——系数。

5.3.3 处理后的调节。由于中水处理站的出水量与中水用水量不一致，在处理设施后还必须设中水贮存池。中水贮存池的容积既能满足处理设备运行时的出水量有处存放，又能满足中水的任何用量时均能有水供给。这个调节容积的确定如前条所述理由一样，应按中水处理量曲线和中水用量逐时变化曲线求算。计算时分以下三种情况：

1 连续运行时，中水贮存池（箱）的调节容积可按日中水系统日用水量的25%～35%计算，是参考以市政水为水源的水池、水塔调节贮量的调查结果的上限值确定的。中水贮存池的水源是由处理设备提供的，不如市政水源稳定可靠。这个估算贮量，相当于6.0～8.4倍平均时中水用量。中水使用变化大，若按时变化系数$K=2.5$估算，也相当2.4～3.4倍最大小时的用量。

2 间歇运行时，中水贮存池按处理设备运行周期计算，如下式：

$$W_2=1.2\cdot t_2\cdot(q-q_z)$$

式中 W_2——中水池有效容积（m^3）；

t_2——处理设备设计运行时间（h）；

q——设施处理能力（m^3/h）；

q_z——中水平均小时用水量（m^3/h）；

1.2——系数。

3 由处理设备余压直接送至中水供水箱或中水供水系统需要设置中水供水箱时，中水供水箱的调节容积，本规范条文要求不得小于中水最大小时用水量的50%，将近为2倍的平均小时中水用量。通常说的中水供水箱，指的是设于系统高处的供水调节水箱，一般与中水贮存池组成水位自控的补给关系，它的调节贮量和地面中水贮存池的调节容积，都是调节中水处理出水量与中水用量之间不平衡的调节容积。

5.3.4 自来水的应急补水管设在中水池或中水供水箱处皆可，但要求只能在系统缺水时补水，避免水位浮球阀式的常补水，这就需要将补水控制水位设在低水位启泵水位之下，或称缺水报警水位。

5.4 中水供水系统

5.4.1 这条强调了中水系统的独立性，首先是为了防止对生活供水系统的污染，中水供水系统不能以任何形式与自来水系统连接，单流阀、双阀加泄水等连接都是不允许的。同时也是在强调中水系统的独立性功能，中水系统一经建立，就应保障其使用功能，不能总是依靠自来水补给。自来水的补给只能是应急的，有计量的，并应有确保不污染自来水的措施。

5.4.3 本条规定了中水供水系统的设计秒流量和管道水力计算、供水方式及水泵的选择等的要求。中水供水方式的选择应根据《建筑给水排水设计规范》中给水部分规定的原则，一般采用调速泵组供水方式、水泵-水箱联合供水方式、气压供水设备供水方式等，当采用水泵-水箱联合供水方式和气压供水设备供水方式时，水泵的出水管上应安装多功能水泵控制阀，防止水锤发生。

5.4.4、5.4.5 这两条的提出是基于中水具有一定的腐蚀性危害而提出的。中水对管道和设备究竟有无危害，国内也有较多人员做过研究。北京市环保研究所所做的挂片试验结果详见表6。

表6 挂片结垢、腐蚀试验结果

类型 \ 材质 \ 指标	腐蚀速度（mm/a）			结垢速度（mg/cm^2·月）		
	钢A3	紫铜	镀锌管	钢A3	紫铜	镀锌管
滤池出水	0.27	0.008	0.097	11.75	0.12	3.98
消毒后中水	0.134	0.0084	0.05	0	0	0.04
中水加温循环试验	0.136	0.041	0.064	19.3	4.33	12.78

从表6中可看出：①根据腐蚀判断标准（金属腐蚀速度<0.13mm/a时接近于不腐蚀；腐蚀速度0.13～1.3mm/a时，腐蚀逐渐加重）判断中水对钢材有轻微腐蚀，对镀锌钢管和钢材几乎不腐蚀；②中水系统基本无结垢产生，而对钢材产生的结垢成分分析多为腐蚀垢。北京市政设计研究院的试验装置测得中水年平均腐蚀率为3.1185mpy（$1mpy=2.54\times10^{-2}$ mm/a），即0.08mm/a，而同一地区自来水年平均腐蚀率为0.6563mpy，即0.017mm/a，虽然比自来水腐蚀速度增加将近4倍，但均在标准以内。该所的中水工程使用两年后，卫生器具、管道及配件使用状况良好，无明显变色、结垢现象，管道内壁紧密地附着一层分布均匀的白黄色垢，无生物粘泥，配件内部无明显腐蚀和结垢。

中水与自来水相比，残余有机物和溶解性固体增多，余氯的增多虽有效地防止了生物垢的形成，但氯离子对金属，尤其是钢材具有腐蚀性，实践工程中还必须加以防护和注意选材。

5.4.6 为了实现量化管理，中水的计费和成本核算，应该装表计量。

5.4.7 强制性条文。为了保证中水的使用安全，防止中水的误饮、误用而提出的使用要求。中水管道上不得装设取水龙头，指的是在人员出入较多的公共场所安装易开式水龙头。当根据使用要求需要装设取水接口（或短管）时，如在处理站内安装的供工作人员使用的取水龙头，在其他地方安装浇洒、绿化等用途的取水接口等，应采取严格的技术管理措施，措施包括：明显标示不得饮用，安装供专人使用的带锁龙头等。

5.4.8 为了保证中水的使用安全而提出的要求。

6 处理工艺及设施

6.1 处理工艺

6.1.1 本条提出中水处理工艺确定的依据。处理工艺主要是根据中水原水的水量、水质和要求的中水水量、水质与当地的自然环境条件适应情况，经过技术经济比较确定。

中水处理工艺按组成段可分为预处理、主处理及后处理部分。预处理包括格栅、调节池；主处理包括混凝、沉淀、气浮、活性污泥曝气、生物膜法处理、二次沉淀、过滤、生物活性炭以及土地处理等主要处理工艺单元；后处理为膜滤、活性炭、消毒等深度处理单元；也有将其处理工艺方法分为以物理化学处理方法为主的物化工艺，以生物化学处理为主的生化处理工艺，生化处理与物化处理相结合的处理工艺以及土地处理（如有天然或人工土地生物处理和人工土壤毛管渗滤法等）四类。由于中水回用对有机物、洗涤剂去除要求较高，而去除有机物、洗涤剂有效的方法是生物处理，因而中水的处理常用生物处理作为主体工艺。

中水处理工艺，对原水浓度较高的水宜采用较为复杂的人工处理法，如二段生物法或多种物化法的组合，如原水浓度较低，宜采用较简单的人工处理法。不同浓度的污水均可采用土壤毛管渗滤等自然处理法。

处理工艺的确定除依据上面提到的基本条件和要求外，通常还要参考已经应用成功的处理工艺流程，《建筑中水设计规范》（CECS 30：91）已经介绍了日本应用的8种工艺流程，应用中仍可参考。下面介绍北京城市节约用水办公室组织编写的《北京市中水工程实例选编与评析》中流程总结（见表7）。提出此表一方面供确定流程时参考，另一方面也说明本规范6.1.2、6.1.3、6.1.4条提出的10个流程是有实践依据的，但技术总是不断发展的，规范要求的是在此基础上的新发展。

表7 实践应用中水处理流程

水质类型	处理流程
以优质杂排水为原水的中水工艺流程	(1) 以生物接触氧化为主的工艺流程： 原水→格栅→调节池→生物接触氧化→沉淀→过滤→消毒→中水 (2) 以生物转盘为主的工艺流程： 原水→格栅→调节池→生物转盘→沉淀→过滤→消毒→中水 (3) 以混凝沉淀为主的工艺流程： 原水→格栅→调节池→混凝沉淀→过滤→活性炭→消毒→中水 (4) 以混凝气浮为主的工艺流程： 原水→格栅→调节池→混凝气浮→过滤→消毒→中水 (5) 以微絮凝过滤为主的工艺流程： 原水→格栅→调节池→絮凝过滤→活性炭→消毒→中水 (6) 以过滤—臭氧为主的工艺流程： 原水→格栅→调节池→过滤→臭氧→消毒→中水 (7) 以物化处理—膜分离为主的工艺流程： 原水→格栅→调节池→絮凝沉淀过滤（或微絮凝过滤）→精密过滤→膜分离→消毒→中水
以综合生活污水为原水的中水工艺流程	(1) 以生物接触氧化为主的工艺流程： 原水→格栅→调节池→两段生物接触氧化→沉淀→过滤→消毒→中水 (2) 以水解—生物接触氧化为主的工艺流程： 原水→格栅→水解酸化调节池→两段生物接触氧化→沉淀→过滤→消毒→中水 (3) 以厌氧—土地处理为主的工艺流程： 原水→水解池或化粪池→土地处理→消毒→植物吸收利用
以粪便水为主要原水的中水工程	(1) 以多级沉淀分离—生物接触氧化为主的工艺流程： 原水→沉淀1→沉淀2→接触氧化1→接触氧化2→沉淀3→接触氧化3→沉淀4→过滤→活性炭→消毒→中水 (2) 以膜生物反应器为主的工艺流程： 原水→化粪池→膜生物反应器→中水
以城市污水处理厂出水为原水的中水工程	城市再生水厂的基本处理工艺： 城市污水→一级处理→二级处理→混凝、沉淀（澄清）→过滤→消毒→中水 二级处理厂出水→混凝、沉淀（澄清）→过滤→消毒→中水

6.1.2 当采用优质杂排水和杂排水为中水水源时，可采用较简易的处理工艺。

1 物化处理工艺流程：原水中有机物浓度较低和阴离子表面活性剂（LAS）较低时可采用物化方法，如混凝沉淀或混凝气浮加过滤。物化处理工艺虽然对溶解性有机物去除能力较差，但消毒剂的化学氧化作用对水中耗氧物质的去除有一定的作用，混凝气浮对洗涤剂也有去除作用。因此，对于有机物浓度和LAS较低的原水可采用物化工艺，该工艺具有可间歇运行的特点，适用于客房使用率波动较大、水源水量变化较大或间歇性使用的建筑物。

在已建成的以优质杂排水为原水的一些中水工程中，采用物化处理工艺，运行效果良好的不乏实例。如保定太行集团有限责任公司生产的混凝气浮、过滤和消毒的物化处理流程的设备，应用于北京京西宾馆中水工程，设备运行至今，处理效果良好。北京市政设计研究院的混凝接触过滤加活性炭的处理工艺，最早应用于北京外文印刷厂的洗浴废水处理。

2 生物处理和物化处理相结合的工艺流程：当洗浴废水含有较低的有机污染浓度（BOD_5 在 60mg/L 以下），宜采用生物接触氧化法，生物膜的培养和操作管理方便，但需要较为稳定、连续的运行，当采用一班制或二班制运行时，在停止进水时要采用间断曝气的方法来维持生物活性。当前在北京地区最常采用的是快速一段法生物处理，即反应时间在2h以内的生物接触氧化法加过滤、消毒等物化法或加微絮凝过滤、活性炭和消毒的工艺。

在北京现已建成的中水工程中，大多数是以优质杂排水为原水，并且多数处理流程采用的是生物接触氧化、沉淀、过滤和消毒，北京中航银燕环境工程有限公司曾做过多项上述流程的中水工程，并形成了YZS系列成套设备，应用中处理效果良好，出水水质稳定。

对于杂排水因包括厨房及清洗污水，水质含油，应单独设置有效的隔油装置，然后与优质杂排水混合进入中水处理设备，一般也采用一段生物处理流程，但在生物反应时间上应比优质杂排水适当延长。

3 预处理和膜分离相结合的处理工艺流程：膜法是当今世界上发展较快的一种污水处理的先进技术，日本应用较多，国内也在开始推广应用。但膜滤法是深度处理工艺，必须有可靠水质保障的预处理和方便的膜清洗更换为保障。

6.1.3 当利用生活污水一类的浓度较高的排水作为中水水源时，由于其浓度高，水质成分也相应要复杂些，因此，在处理工艺的选用上要采用较复杂或流程较长的人工处理方法，以便承受较高的冲击负荷，保证处理出水水质，增强工程的可靠性。其处理工艺如下：

1 生物处理和深度处理结合的工艺流程：采用生活污水为水源时，或来水的水质变化较大时，用简单的方法是很难达到要求的，通常说的三级处理是需要的。规模愈小则水质水量的变化愈大，因而，必须有比较大的调节池进行水质水量的平衡，以保证后续处理工序有较稳定的处理效果；或在生化处理时采用较长的反应时间，对污水负荷的变化有较大的缓冲能力；或采用较长的工艺流程来提高处理设施的缓冲能力，如两段生物处理的A/O法加过滤、消毒，或一段生化后加混凝气浮（或沉淀）、过滤（微滤、超滤）和消毒的工艺流程。生化处理可以是活性污泥法，也可以是接触氧化法。当前宾馆饭店已经普及的小型污水处理采用生物接触氧化法的居多，因为生物接触氧化法的操作比较简单。对于小区中水日处理规模达到万吨以上时，接触氧化法就不一定适用。

另外要提醒的是，在生物处理工艺中尽量少采用生物转盘，因为有部分盘面暴露在空气中，对周围的环境带来较大的气味。如北京某饭店的生物转盘因此原因而停用，北京另外两个宾馆的中水已由生物转盘改为生物接触氧化。

2 生物处理和土地处理：氧化塘、土地处理等比较适合小区中水的处理系统。土地处理系统有自然土地处理和人工土地处理之分，人工土地处理中有毛细管渗透土壤净化系统（简称毛管渗滤系统）。它是充分利用在地表下的土壤中栖息的土壤动物、土壤微生物、植物根系以及土壤所具有物理、化学特性将污水净化的工程方法。毛管渗滤系统充分利用了大自然的天然净化能力，因而具有基建费用低、运行费用低、操作简单的优点。该系统不仅能够处理污水减轻污染，而且还能够充分利用其水肥资源，将污水处理与绿化相结合，美化和改造生态环境，在北方缺水地区该系统具有特别的推广意义。毛管渗滤系统同其他污水处理系统相比，具有以下优点：

1）整个系统装置在地表下，不与人直接接触，对环境、景观、卫生安全不仅不造成影响，而且在冬天可使草木长青，延长绿化期；

2）不受外界气温影响，或影响很小，净化出水水质良好、稳定；

3）在去除生物需氧量的同时能去除氮磷；

4）建设容易，维护简单，基建投资少，运行费用低；

5）将污水处理同绿化和污水资源化相结合，在处理污水的同时绿化了环境，节约了水资源。

毛管渗滤系统在国外应用相当普遍。在20世纪60年代，日本开始采用地下土壤净化污水的技术，最后开发了土壤毛管浸润沟污水净化工艺。该系统的处理出水优于二级处理，甚至达到三级处理的效果。在日本已获得专利，迄今已建有20000多套。在美国约有36%的农村及零星分散建造的家庭住宅采用了毛管渗滤系统，在我国则刚起步，北京市环科院在交通部公路交通工程综合试验场建造了一个日处理100t规模的污水毛管渗滤系统，已取得了满意的效果。

一个典型的毛管渗滤系统可以由预处理、提升输送、渗滤场几部分组成。以绿地为回用目标时，就把污水处理和利用结合在一起。其工艺流程如下：

原水→格栅→预处理→提升泵房→渗滤场→消毒→中水

如与绿化结合，流程到渗滤场为止，其中预处理是比较重要的工艺。污水中含有较多的固态粪便、废渣之类，易堵塞管道，影响运行。有几种预处理工艺是：沉淀池、化粪池、水解池、发酵池等，可供选用。此外，在渗滤场的布水管系要有清洗措施，以防堵塞。

渗滤场由单个或多个地下渗滤沟组成。一般情况下，渗滤沟的上部宽度为1m，沟深0.6m，沟与沟的中心间距1.5m。沟组成由下向上为：塑料或粘土防渗层、设有布水管的砂砾层、无纺布的隔离层、用当地土壤和泥炭及炉渣按一定比例搀和的特殊土壤层、由较肥沃的耕作土壤组成的草坪和植物生长的表层。

渗滤场的水力负荷一般为0.03～0.04m^3/（m^2·d），而BOD_5负荷为1～10g/（m^2·d）。按日本的资料，设在绿地下，也可按3～6m^2/（人·d）设置。

宁波德安集团推出的人工绿地生态工程也是土地处理工艺的一种应用形式，使污水流经人工生态处理系统时，经过特殊土壤层的过滤、光合作用、植物根系多种微生物活动（包括好氧和厌氧过程）及植物吸收，将水中的营养物质转化、吸收，从而使生活污水达到回用水标准。这种处理系统具有投资省、运行费用低、无二次污染等特点，已经过工程实验，并在实际工程中推广应用。

3 曝气生物滤池处理工艺流程：曝气生物滤池是一项好氧生物处理新工艺，该工艺同传统的生物滤池相比，采用了人工曝气供氧，与生物接触氧化工艺具有更多的共同点，但比传统的生物接触氧化池填料的尺寸更小，具有处理能力强、处理效果好、占地少等特点。该工艺在国外发展较快，近年来在我国已开始应用。

江苏宜兴市华都绿色工程集团公司研制生产的充氧膜法一体化净水装置，其主要处理环节采用多级复流式曝气生物滤池工艺，它集澄清、生物氧化、生物吸附及截留悬浮物固体等功能于一体，具有处理效率高、占地面积小、耐冲击性能好、操作方便等特点，已在实际工程中应用。

4 膜生物反应器处理工艺流程：膜生物反应器也是一种新的工艺，在国外已有成功的应用，国内正在研究和推广应用。它是在活性污泥法的曝气池内设置超滤膜组件，用超滤膜替代常规的二沉池和后置的过滤消毒工艺，能较大程度上节省处理构筑物的占地和提高活性污泥法的出水水质，膜生物反应器的出水不仅达到了中水的物理化学指标，而且卫生方面的细菌指标也能达标。但在工艺中还需有消毒设施，主要是为了防止管路和清水池内细菌的孳生和使用的卫生安全要求。

北京多元水环保技术产业有限公司生产的新型"中水一体机"，实现了以膜生物反应器为主处理工艺的应用组合，它具有占地少、出水水质稳定、排泥少、自动化程度高等特点，并且，该装置可根据控制面板的负压报警值自动进行化学清洗，也可进行人工清洗，很好地解决膜清洗问题。

6.1.4 城市污水处理厂出水作中水水源，目前采用的较少，但随着城市污水处理厂的建设和污水资源化的发展，它将成为今后污水再生利用的主要水源，处理工艺主要有：

1 物化法深度处理工艺流程：污水处理厂出水要达到回用要求，就必须在二级处理出水的基础上进行三级深度处理，以前建的污水处理厂多是以达到排放水质标准为目标，因此处理工艺多为二级处理，如果考虑利用，则要根据使用要求的水质标准进行三级深度处理。处理工艺主要是混凝沉淀或气浮加过滤和消毒这一较为成熟的深度处理工艺。

2 物化与生化结合的深度处理流程：因处理厂二级处理出水的有机污染BOD_5还达不到回用水的水质要求，需要进一步做含有生化的深度处理。生物炭是近期在工程上应用的一项新的生物深度处理工艺，生物炭处理优质杂排水的控塔流速为4m/h，净水活性炭的规格为：$\phi=1.5$mm，$H=3$mm的柱状炭，炭层高2m，曝气的气水比为4∶1，反冲洗强度为$10L/m^2\cdot s$。

3 微孔过滤处理工艺流程：微孔过滤是一种与常规过滤十分相似的过程。不同的是被处理的水不是通过由分散滤料形成的空隙，而是通过具有微孔结构的滤膜实现净化的微滤膜，具有比较整齐、均匀的多孔结构。微滤的基本原理属于筛网过滤，在静压差作用下，小于微滤膜孔径的物质通过微滤膜，而大于微滤膜孔径的物质则被截留到微滤膜上，使大小不同的组分得以分离。

微孔过滤工艺在国内外许多污水回用工程中得到了实际的应用。例如：澳大利亚悉尼奥运村污水再生回用、新加坡务德区污水厂污水再生回用、日本索尼显示屏污水再生回用、美国West Basin市污水再生回用以及我国天津开发区污水厂污水再生回用等工程都是如此。

由于微滤技术属于高科技集成技术，因此，宜采用经过验证的微滤系统，设备生产商需有不少于3年的制作运行系统经验。

采用微孔过滤处理工艺设计时应符合下列要求：

1）微滤膜孔径应选择0.2μm或0.2μm以下。

2）微滤膜前应根据需要考虑是否采用预处理措施。

3）微滤出水仍然需要经过杀灭细菌处理。

4）在二级处理出水进入微滤装置前，应投加少量抑菌剂。

5）微滤系统宜设置自动气水反冲系统，空气反冲压力宜为600kPa，同时用二级处理出水辅助表面冲洗。

6.1.5 膜滤处理在北京、天津和大连已经进入实用阶段，它具有占地小的优势。经验表明，采用膜法处理时，不仅要有保障其进水水质的可靠预处理工艺，而且要有保障膜滤法能正常运行的膜的清洗工艺。膜的清洗、再生工艺应尽量在操作上简便可行。

6.1.7 中水用于采暖系统的补充水等用途时，其水质要求高于杂用水，因此，应根据水质需要增加深度处理，如活性炭、超滤或离子交换处理等。

6.1.8 污泥脱水前应经过污泥浓缩池，然后再进行机械脱水。小型处理站可将污泥直接排入化粪池处理。

6.2 处理设施

6.2.1 中水设施的处理能力，本规范规定按单位小时处理量计算，因为有的中水设施不是全天运行，而只是运行一班、二班。

6.2.2 本条强调生活污水作为中水水源应经过化粪池处理。当以生活污水作为中水水源时，化粪池可以看作是中水处理的前处理设施。为使含有较多的固体悬浮物质的水不致堵塞原水收集管道，并把它们带入中水处理系统，仍需利用原有或新建化粪池。

6.2.3 《室外排水设计规范》（GBJ 14—87）中规定：人工清除格栅，格栅条间空隙宽度为 25～40mm，机械清除时为 16～25mm。中水工程采用的格栅与污水处理厂用的格栅不同，中水工程一般只采用中、细两种格栅，并且将空隙宽度改小，本规范取中格栅 10～20mm，细格栅 2.5mm。当以生活污水为中水原水时，一般应设计中、细两道格栅；当以杂排水为中水原水时，由于原水中所含的固形颗粒物较小，可只采用一道格栅。工程中多采用不锈钢机械格栅。

6.2.4 洗浴排水中含有较多的毛发纤维，在一些中水工程的调试中发现，仅设有格栅时有毛发穿过，进入后续处理设施。考虑到设备运行的安全性，因此规定在水泵吸水管上设置毛发聚集器。

6.2.5 调节池内设置预曝气管，不仅可以防止污水在储存时腐化发臭，池内不产生沉淀，还对后面的生物处理有利。这里特别强调调节池应设置溢水管，它是确保系统能够安全运行的措施。

6.2.6 一般中、小型污水处理站，设置调节池后而不再设初次沉淀池。较大的污水处理厂则设置一级泵站、沉砂池和初次沉淀池。

6.2.7 采用斜板（管）沉淀池或竖流式沉淀池的目的是为了提高固液分离效率，减少占地。

6.2.8 本条规定的斜板（管）沉淀池设计数据系参照《室外排水设计规范》（GBJ 14—87），并考虑建筑内部地下室的通常高度而确定的。

6.2.9 《室外排水设计规范》（GBJ 14—87）中规定，活性污泥法处理后的沉淀池表面水力负荷为 1～1.5$m^3/m^2 \cdot h$，为保证出水水质并方便设计取值，本条取低限数值，并有一定的取值范围。

6.2.10 采用静水压力排泥时，在保证排泥管静水头的情况下，小型沉淀池的排泥管管径可适当减小。

6.2.11 强调沉淀池应设置出水堰，以保证沉淀池中的水流稳定。

6.2.12 本条指出的这些方法处理效果比较稳定，并可短时间停止运行，污泥量少，易于管理，在近几年建成的中水工程中已被较多地采用，并且运行都较为成功。

6.2.13 中水出水水质标准较一般污水处理厂二级出水要严，所以必须保证生化处理设备有足够的停留时间。根据国内中水处理实践经验，如处理洗浴污水，接触氧化池的设计停留时间为 2h 以上，处理生活污水，停留时间都在 3h 以上。

6.2.14 本条规定的设计数值系根据国内中水处理实践经验而确定的。

6.2.15 接触氧化池曝气量按所需去除的 BOD_5 负荷计算，即进出水 BOD_5 的差值。

6.2.16 机械过滤可采用过滤器或过滤池。滤料除采用无烟煤和石英砂外，也可采用轻质滤料及其他新型滤料。过滤器（池）可按下列要求设计：

进水浊度宜小于 20 度。当采用无烟煤和石英砂作滤料时，滤器（池）过滤速度宜采用 8～10m/h；当采用其他新型滤料时，滤器（池）的过滤速度应根据实验数据确定。

目前，国内采用新型滤料制作的滤器较多，并已推广应用。如宁波德安集团生产的 DA 863 型高效过滤器采用 863 项目攻关成果的新型滤料——自适应滤料，该滤料将纤维滤料截污性能好的特征与颗粒滤料反冲洗效果好的特征相结合，从而使得滤器具有滤速快、过滤精度高、纳污量大等特点，已在工程中应用。

6.2.17 中水处理组合装置，包括各厂家生产的中水处理成套设备、定型装置等，选用时要求设计人员应认真校核其工艺参数、适用范围、设备质量等，以保证用户使用要求。

6.2.18 消毒是保障中水卫生指标的重要环节，它直接影响中水的使用安全，因此，此条作为强制性条文。

6.2.19 液氯作为消毒剂，由于其价格低廉，在城市自来水厂、污水处理厂、医院污水处理站等被广泛使用。出于安全考虑，对于建在建筑物内部的小型中水处理站，采用液氯消毒隐患较多，故不推荐使用。但在规模较大的小区中水处理站中，在保障安全的前提下，也可考虑采用液氯消毒，但必须采用安全性能较高的加氯机。

在已建成的一些中水处理站，次氯酸钠和二氧化氯作为消毒剂应用较多。在一些城市，次氯酸钠成品溶液购置较为方便，将其与计量泵配合使用，具有占地少、投加计量准确、使用安全等优点。

6.2.20 对于较大规模的中水处理站，当运行中有污泥产生时，应参照《室外排水设计规范》（GBJ 14—87）中的有关内容进行设计。

6.2.21 除本规范列举的工艺外，中水处理还可采用其他一些处理方法，本条规定主要是为了不限制其他处理工艺在中水处理中的应用。

7 中水处理站

7.0.1 中水处理过程中产生的不良气味和机电设备噪声会对建筑环境造成危害，如何避免这一危害，是确定处理站位置时应认真考虑的因素，通常地面式处理站要与公共建筑和住宅保持一定的防护距离或采用地下式处理站使其影响降到最底程度。设在建筑内的处理站要尽量靠近中水水源。处理站设在最低层有如下优点：站内水池、设备等荷载较重，给建筑结构专业增加的处理难度可降低；设备的运行不会影响下层房间；中水原水容易实现靠重力进入站内或事故排放。

7.0.2 值班、化验房间的大小应至少能摆得下桌椅及基本的化验器材。

7.0.4 中水处理站内会产生地面排水、构筑物溢流排水、反冲洗排水、沉淀构筑物排污、事故排水等，出于卫生考虑，这些水尽量不要明沟流出处理站，而是在站内收集。当中水站地面低于室外检查井地面时，应设排水泵排水，排水泵一般设置两台，一用一备。排水能力不应小于最大小时来水量。

7.0.5 市场上的处理设备其功能、效果、质量有的名不副实，设计人员对所选择或认可的产品一定要了解，对确保满足工程设计需要负责。

7.0.7 本条强调的是要设置适应处理工艺要求的辅助设施，比如，处理工艺中有臭气产生，除对臭气源采取防护和处理措施外，还应对某些房间进行通风换气。根据臭气散出情况，每小时换气次数可取 8～12 次，排气口应高出人员活动场所 2m 以上。厌氧处理产生可燃气体、液氯消毒可能产生氯气溢散、次氯酸钠发生器产氢等这类易燃易爆气体的场所，配电均应采取防爆措施。给水排水设施包括处理设备的清洗、污水污物的排除等。

7.0.8 条文内所说由采用药剂所产生的危害主要指药剂对设备及房屋五金配件的腐蚀，以及生成的有害气体的扩散而产生的污染、毒害、爆炸等。比如，混凝剂（尤其是铁盐）的腐蚀，液氯投加的溢散氯气、次氯酸钠发生器产氢的排放以及臭氧发生器尾气的排放等。中水处理站多设在地下室，对这些问题尤应注意。

7.0.9 中水处理站的除臭是非常必要的。除臭措施有活性炭吸附、土壤除臭等，但目前尚未形成较规范的设计参数为工程中使用。工程中普遍采用的方式仍是通风换气，把臭气转移到室外。

7.0.10 采取有效的降噪和减振措施主要是：一方面要降低机房内的噪声，采用低噪音的工艺、设备，比如水下曝气、低噪音的曝气鼓风机消声止回阀等，降低机房内的噪声；另一方面，对产生的噪声要采取综合防护措施，如隔音门窗防止空气传声，对机电设备及接出的管道采取减振措施，如设备基础减振、管道设减振接头、减振垫等，防止固体传声，以减小机房内噪声源对周围空间的影响。

8 安全防护和监（检）测控制

8.1 安 全 防 护

8.1.1 中水管道不仅禁止与生活饮用水给水管道直接连接，还包括通过倒流防止器或防污隔断阀连接。

8.1.2 中水管道宜明装，有要求时亦可敷设在管井、吊顶内。若直埋于墙体和楼面内，不但影响检修，而且一旦需改建时，管道外壁标记不清或色标脱落，管道的走向亦不易搞清，容易发生误接。

8.1.3 本条规定是为了防止中水回流污染，是关系人们身心健康的卫生安全要求，故作为强制性条文。生活饮用水补水口的启闭应由中水池的补水液位控制，设计中多采用电磁阀进行水位控制，但由于电磁阀使用寿命较短，设计中亦可采用定水位水力控制阀。如株洲南方阀门制造有限公司生产的遥控阀，其阀板启闭是靠上下腔压差而动作，而控制上下腔压力的附管上设有逆止装置，可解决这一问题。

8.1.4 本条提出中水管道和饮用水管道平行或交叉敷设时的距离要求，为的是防止污染饮用水，除满足条文规定的距离要求，也要求饮用水管在交叉处不要有接口或做特殊的防护处理。

8.1.5 本条文是为了保证中水不受到二次污染而需要采取的技术措施，从而保证中水的出水水质。

8.1.6 强制性条文。防止中水误接、误饮、误用，保证中水的使用安全是中水工程设计中必须特殊考虑的问题，也是采取安全防护措施的主要内容，设计时必须给予高度的重视。

由于我国目前对于给排水管道的外壁尚未作出统一的涂色和标志要求，原协会标准《建筑中水设计规范》（CECS 30：91）规定中水管道外壁的颜色为浅绿色，多年来已约定成俗，因此，当中水管道采用外壁为金属的管材时，其外壁的颜色应涂浅绿色；当采用外壁为塑料的管材时，应采用浅绿色的管道，并应在其外壁模印或打印明显耐久的“中水”标志，避免与其他管道混淆。国家制订出给排水管道外壁涂色的相关标准后，可按其有关规定涂色和标志。

对于设在公共场所的中水取水口，设置带锁装置后，可防止任何人，包括不能认字的人群误用。车库中用于冲洗地面和洗车用的中水龙头也应上锁或明示不得饮用，以防停车人误用。

8.2 临（检）测控制

8.2.1 中水处理系统自动运行，有利于运行和处理质量的稳定、可靠，同时也减少了夜间的管理工作量。

中水处理设备应由中水储存池和调节池的液位共同控制自动运行。当中水池的水位达到满水位，处理设备应自动停止；当中水池中的水位下降，水量减少了，到达设定水位，设备应自动启动。

调节池中的满水位也应自动启动处理设备，其最低水位也应自动停止处理设备。这样，处理设备自动停止的控制水位有两个：中水池的满水位和调节池的最低水位；自动启动的控制水位有两个：中水池中的启动水位和调节池的满水位。

中水池的自来水补水能力是按中水系统的最大时用水量设计的，比中水处理设备的产水率大得多。为了控制中水池的容积尽可能多地存放设备处理出水，而不被自来水补水占用，补水管的自动开启控制水位应设在处理设备启动水位之下，约为下方水量的1/3处；自动关闭的控制水位应在下方水量的1/2处。这样，可确保总有上方1/2以上的池容积用于存放设备处理出水。

8.2.2 中水处理系统对使用对象要求的常用指标包括：水量、主要水位、pH值、浊度、余氯等，常用控制指标的水量计量可用水表，水表装在处理设备出水进中水池的管上。

8.2.3 自来水补水的水位控制见8.2.1条的条文说明。

中华人民共和国国家标准

建筑与小区雨水利用工程技术规范

GB 50400—2006

条 文 说 明

前　　言

《建筑与小区雨水利用工程技术规范》GB 50400-2006，经建设部2006年9月26日以公告485号批准，业已发布。

为便于广大设计、施工、科研、学校等单位的有关人员在使用本规范时能正确理解和执行条文规定，《建筑与小区雨水利用工程技术规范》编写组按章、节、条顺序编写了本规范的条文说明，供使用者参考。在使用中如发现本条文说明有不妥之处，请将意见函寄中国建筑设计研究院机电院给水排水设计研究所（北京市西城区车公庄大街19号2号楼6层，邮编：100044）。

目　次

1 总　　则

1.0.1 说明制定本规范的原则、目的和意义。

1 城市雨水利用的必要性

1） 维护自然界水循环环境的需要

城市化造成的地面硬化（如建筑屋面、路面、广场、停车场等）改变了原地面的水文特性。地面硬化之前正常降雨形成的地面径流量与雨水入渗量之比约为2∶8，地面硬化后二者比例变为8∶2。

地面硬化干扰了自然的水文循环，大量雨水流失，城市地下水从降水中获得的补给量逐年减少。以北京为例，20世纪80年代地下水年均补给量比60～70年代减少了约2.6亿m^3。使得地下水位下降现象加剧。

2） 节水的需要

我国城市缺水问题越来越严重，全国600多个城市中，有300多个缺水，严重缺水的城市有100多个，且均呈递增趋势，以致国家花费巨资搞城市调水工程。

3） 修复城市生态环境的需要

城市化造成的地面硬化还使土壤含水量减少，热岛效应加剧，水分蒸发量下降，空气干燥，这造成了城市生态环境的恶化。比如北京城区年平均气温比郊区偏高1.1～1.4℃，空气明显比郊区干燥。6～9月的降雨量城区比郊区偏大7%～13%。

4） 抑制城市洪涝的需要

城市化使原有植被和土壤为不透水地面替代，加速了雨水向城市各条河道的汇集，使洪峰流量迅速形成。呈现出城市越大、给排水设施越完备、水涝灾害越严重的怪象。

杭州市建国来最主要的12次洪涝灾害中，有4次发生在近10年内。

北京在降雨量和降雨类型相似的条件下，20世纪80年代北京城区的径流洪峰流量是50年代的2倍。70年代前，当降雨量大于60mm时，乐家园水文站测得的洪峰流量才100m^3/s，而近年来城区平均降雨量近30mm时，洪峰流量即高达100m^3/s以上。

雨洪径流量加大还使交通路面频繁积水，影响正常生活。

发达国家城市化导致的水文生态失衡、洪涝灾害频发问题在20世纪50年代就明显化。德国政府有意用各种就地处理雨水的措施取代传统排水系统概念。日本建设省倡议，要求开发区中引入就地雨水处理系统。通过滞留雨水，减少峰值流量与延缓汇流时间达到减少水涝灾害的目的，并利用该雨水作为中水水源。

2 雨水利用的作用

城市雨水利用，是通过雨水入渗调控和地表（包括屋面）径流调控，实现雨水的资源化，使水文循环向着有利于城市生活的方向发展。城市雨水利用有几个方面的功能：一为节水功能。用雨水冲洗厕所、浇洒路面、浇灌草坪、水景补水，甚至用于循环冷却水和消防水，可节省城市自来水。二为水及生态环境修复功能。强化雨水的入渗增加土壤的含水量，甚至利用雨水回灌提升地下水的水位，可改善水环境乃至生态环境。三为雨洪调节功能。土壤的雨水入渗量增加和雨水径流的存储，都会减少进入雨水排除系统的流量，从而提高城市排洪系统的可靠性，减少城市洪涝。

建筑区雨水利用是建筑水综合利用中的一种新的系统工程，具有良好的节水效能和环境生态效益。目前我国城市水荒日益严重，与此同时，健康住宅、生态住区正迅猛发展，建筑区雨水利用系统，以其良好的节水效益和环境生态效益适应了城市的现状与需求，具有广阔的应用前景。

城市雨水利用技术向全国推广后，将：第一，推动我国城市雨水利用技术及其产业的发展，使我国的雨水利用从农业生产供水步入生态供水的高级阶段；第二，为我国的城市节水行业开辟出一个新的领域；第三，实现我国给水排水领域的一个重要转变，把快速排除城市雨洪变为降雨地下渗透、储存调节，修复城市雨水循环途径；第四，促进健康住宅、生态住区的发展，促进我国城市向生态城市转化，增强我国建筑业在世界范围的竞争力。

3 雨水利用的可行性

建筑区占据着城区近70%的面积，并且是城市雨水排水系统的起端。建筑区雨水利用是城市雨洪利用工程的重要组成部分，对城市雨水利用的贡献效果明显，并且相对经济。城市雨洪利用需要首先解决好建筑区的雨水利用。对于一个多年平均降雨量600mm的城市来说，建筑区拥有约300mm的降水可以利用，而以往这部分资源被排走浪费掉了。

雨水利用首先是一项环境工程，城市开发建设的同时需要投资把受损的环境给予修复，这如同任何一个大型建设工程的上马需要同时投资治理环境一样，城市开发需要关注的环境包括水文循环环境。

雨水利用工程中的收集回用系统还能获取直接的经济效益。据测算，回用雨水的运行成本要低于再生污水——中水，总成本低于异地调水的成本。因此，雨水收集回用在经济上是可行的。特别是自来水价高的缺水城市，雨水回用的经济效益比较明显。

城市雨洪利用技术在一些发达国家已开展几十年，如日本、德国、美国等。日本建设省在1980年起就开始在城市中推行储留渗透计划，并于1992年颁布“第二代城市下水总体规划”，规定新建和改建的大型公共建筑群必须设置雨水就地下渗设施。美国的一些州在20世纪70年代就制订了雨水利用方面的条例，规定新开发区必须就地滞洪蓄水，外排的暴雨洪峰流量不能超过开发前的水平。德国 1989 年出台了雨水利用设施标准（DIN1989），规定新建或改建开发区必须考虑雨水利用系统。国外城市雨水利用的开展充分地证明了该技术的必要性和有效性。

1.0.2 规定本规范的适用范围。

建筑与小区是指根据用地性质和使用权属确定的建设工程项目使用场地和场地内的建筑，包括民用项目和工业厂区。新建、扩建和改建的工程，其下垫面都存在着不同程度的人为硬化，加重雨水流失，因此均要求按本规范的规定建设和管理雨水利用系统。

本规范中的雨水回用不包括生活饮用用途，因此不适用于把雨水用于生活饮用水的情况。

1.0.3 规定雨水资源根据当地条件合理利用。

任何一个城市，几乎都会造成不透水地面的增加和雨水的流失。从维护自然水文循环环境的角度出发，所有城市都有必要对因不透水面增加而产生的流失雨水拦蓄，加以间接或直接利用。然而，我国的城市雨水利用是在起步阶段，且经济水平尚处于“发展是硬道理”的时期，现实的方法应该是部分城市或区域首先开展雨水利用。这部分城市或区域应具备以下条件：水文循环环境受损较为突出或具有经济实力。其表现特征如下：

1　水资源缺乏城市。城市水资源缺乏特别是水量缺乏是水文循环环境受损的突出表现。这类城市雨水利用的需求强烈，且较高的自来水水价使雨水利用的经济性优势凸增。

2　地下水位呈现下降趋势的城市。城市地下水位下降表明水文循环环境已受到明显损害，且现有水源已经过度开采，尽管这类城市有时尚未表现出缺水。

3　城市洪涝和排洪负担加剧的城市。城市洪涝和排洪负担加剧，是由城区雨水的大量流失而致。在这里，水循环受到严重干扰的表现方式是城市人的正常生活带来不便甚至损害。

4　新建经济开发区或厂区。这类区域是以发展经济、追逐经济利润为目标而开发的。经济活动获取利润不应以牺牲环境包括雨水自然循环的环境为代价。因此，新建经济开发区，不论是处于缺水地区还是非缺水地区，其经济活动都有必要、有责任维护雨水自然循环的环境不被破坏、通过设置雨水利用工程把开发区内的雨水排放径流量维持在开发前的水平。新建经济开发区或厂区，建设项目是通过招商引资程序进入的，投资商完全有经济实力建设雨水利用工程。即使对投资商给予优惠，也不应优惠在免除雨水利用设施的建设上。

1.0.4 规定有特殊污染源的建筑与小区雨水利用工程应经专题论证。

某些化工厂、制药厂区的雨水容易受人工合成化合物的污染，一些金属冶炼和加工的厂区雨水易受重金属的污染，传染病医院建筑区的雨水易受病菌病毒等有害微生物的污染，等等，这些有特殊污染源的建筑与小区内若建设雨水利用包括渗透设施，都要进行特殊处置，仅按本规范的规定建设是不够的，因此需要专题论证。

1.0.5 对雨水利用工程的建设提出程序上的要求。

雨水利用设施与项目用地建设密不可分，甚至其本身就是场地建设的组成部分。比如景观水体的雨水储存、绿地洼地渗透设施、透水地面、渗透管沟、入渗井、入渗池（塘）以及地面雨水径流的竖向组织等，因此，建设用地内的雨水利用系统在项目建设的规划和设计阶段就需要考虑和包括进去，这样才能保证雨水利用系统的合理和经济，奠定雨水利用系统安全有效运行的基础。同时，该规划和设计也更接近实际，容易落实。

1.0.6 强制性条文，提出安全性要求。

雨水利用系统作为项目配套设施进入建筑区和室内，安全措施十分重要。回用雨水是非饮用水，必须严格限制其使用范围。根据不同的水质标准要求，用于不同的使用目标。必须保证使用安全，采取严格的安全防护措施，严禁雨水管道与生活饮用水管道任何方式的连接，避免发生误接、误用。

1.0.7 对雨水利用系统设计涉及的人身安全和设施维修、使用的安全提出了要求。

第一，人身安全。室外雨水池、入渗井、入渗池塘等雨水利用设施都是在建筑区内，经常有人员活动，必须有足够的安全措施，防止造成人身意外伤害。第二，设施维修、使用的安全，特别是埋地式或地下设施的使用和维护。

1.0.8 对雨水利用系统设计涉及的主要相关专业提出了要求。

雨水利用系统是一个新的建设内容，需要各专业分别设计和配合才能完成。比如雨水的水质处理和输配，需要给水排水专业配合；雨水的地面入渗等，需要总图和园林景观专业配合；集雨面的水质控制和收集效率，需要建筑专业配合等等。

1.0.9 规定雨水利用工程的建设还应符合国家现行的相关标准、规范。

雨水利用工程涉及的相关标准、规范范围较广，包括给水排水、绿化、材料、总图、建筑等。

2　术语、符号

2.1　术　　语

本章英文部分参照了国外有关出版物的相关词条，由于国际标准中没有这方面的统一规定，各个国家的英文使用词汇也不尽相同，故英文部分仅作为推荐英文对应词。

2.1.1 雨水利用包括 3 个方面的内容：入渗利用，增加土壤含水量，有时又称间接利用；收集后净化回用，替代自来水，有时又称直接利用；先蓄存后排放，单纯削减雨水高峰流量。

2.1.3 稳定渗透速率可通俗地理解为土壤饱和状态下的渗透速率，此时土壤的分子力对入渗已不起作用，渗透完全是由于水的重力作用而进行。土壤渗透系数表征水通过土壤的难易程度。

2.1.4、2.1.5 雨量径流系数和流量径流系数是雨水利用工程中涉及的两个不同参数。雨量径流系数用于计算降雨径流总量，流量径流系数用于计算降雨径流高峰流量。目前二者的名称尚不统一，例如有：次暴雨径流系数和暴雨径流系数（清华大学惠士博教授）；洪量径流系数和洪峰径流系数（同济大学邓培德教授）；次洪径流系数和洪峰径流系数（岑国平教授）。本规范的称呼主要考虑通俗易懂。

2.1.13、2.1.14 在水力学中，管道内水的流动分为 3 种状态：无压流态、有压流态和处于二者之间的过渡流态，过渡流态在某些情况下可表现为半有压流态。无压流和有压流都是水的一相流。虹吸式屋面雨水收集系统的设计工况为有压流态，水流运动规律遵从伯努利方程，悬吊管内水流具有虹吸管特征。半有压式屋面雨水收集系统的设计工况为过渡流态（不限定为半有压流态）。半有压式屋面雨水收集系统预留一定过水余量排除超设计重现期雨水，设计参数以实尺模型试验为基础。

2.1.15 初期径流概念主要是因其水质的特殊而提出的。当降雨间隔时间较长时，初期径流污染严重。

3 水量与水质

3.1 降雨量和雨水水质

3.1.1 对降雨量资料的选取作出规定。

在本规范的计算中涉及的降雨资料主要有：当地多年平均（频率为 50%）最大 24h 降雨，近似于 2 年一遇 24h 降雨量；当地 1 年一遇 24h 降雨量；当地暴雨强度公式。前者可在各省（区）《水文手册》中查到，或在附录 A 的雨量等值线图上查出，后者为目前各地正在使用着的雨水排除计算公式，1 年一遇降雨量需要收集当地文献报道的数据加工整理得到。需要参考的降雨资料有：年均降雨量；年均最大 3d、7d 降雨量；年均最大月降雨量。图 1 给出全国年均降雨量等值线图，其余资料需在当地收集。

各雨量数据或公式参数通过近 10 年以上的降雨量资料整理才更具代表性，据此设计的雨水利用工程才更接近实际。附录 A 的降雨资料来源于：《中国主要城市降雨雨强分布和 Ku 波段的降雨衰减》（孙修贵主编，气象出版社出版）和《中国暴雨》（王家祁主编，中国水利水电出版社出版）。

表 1 为北京地区不同典型降雨量数据，资料来源于北京市水利科学研究所。

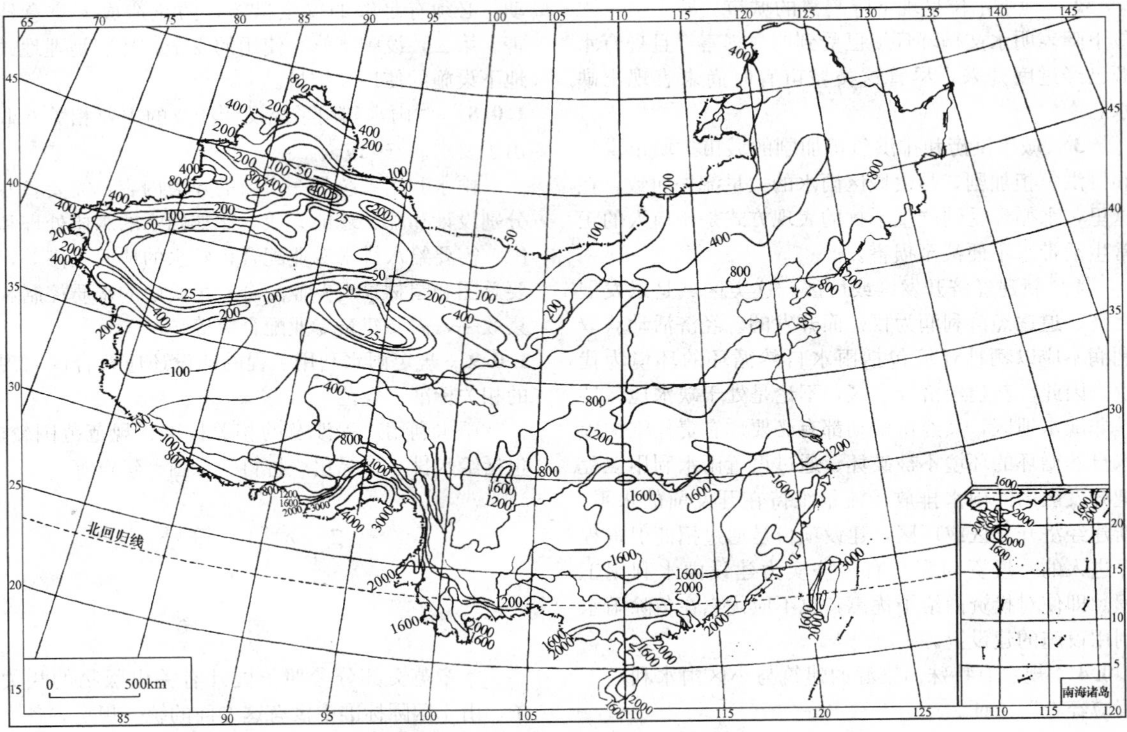

图1 全国年均降雨量等值线图

表1　北京市不同典型降雨量资料（mm）

频率＼历时	最大60min	最大24h	最大3d	最大7d
2年一遇	38	86	110	154
5年一遇	60	144	190	258

3.1.2　提供雨水水质资料。

1　确定雨水径流的水质，需要考虑下列因素：

1）天然雨水

在降落到下垫面前，天然雨水的水质良好，其COD_{Cr}平均为20～60mg/L，SS平均小于20mg/L。但在酸雨地区雨水pH值常小于5.6。

雨水在降落过程中被大气中的污染物污染。一般称pH值小于5.60的降水为酸雨；年平均降水pH值小于5.60的地区为酸雨地区。目前，我国年均降水pH值小于5.60的地区已达全国面积的40％左右。长江以南大部分地区酸雨全年出现几率大于50％。降水酸度有明显的季节性，一般冬季pH值低，夏季高。

2）建筑与小区雨水径流

建筑与小区的雨水径流水质受城市地理位置、下垫面性质及所用建筑材料、下垫面的管理水平、降雨量、降雨强度、降雨时间间隔、气温、日照等诸多因素的综合影响，径流水质波动范围大。

我国地域广阔，不同地区的气候、降雨类型、降雨量和强度、降雨时间间隔等均有较大差异，因此不同地区的径流水质也不相同。如北京市平屋面（坡度＜2.5％）雨水径流的COD_{Cr}和SS变化范围分别为20～2000mg/L和0～800mg/L；而上海市平屋面雨水径流的COD_{Cr}和SS仅为4～90mg/L和0～50mg/L。即便是同一地区，下垫面材料、形式、气温、日照等的差异也会影响径流水质。如上海市坡屋面雨水径流的COD_{Cr}和SS变化范围分别为5～280mg/L和0～80mg/L，与平屋面有较大差别。

目前某些城市的平屋面使用沥青油毡类防水材料。受日照、气温及材料老化等因素的影响，表面离析分解释放出有机物，是径流中COD_{Cr}的主要来源。而瓦质屋面因所使用建筑材料稳定，其径流水质较好。据北京市实测资料，在降雨初期，瓦质屋面径流的COD_{Cr}仅为沥青平屋面的30％～80％。

3）径流水质的污染物

影响径流水质的污染源主要是表面沉积物及表面建筑材料的分解析出物，主要污染物指标为COD_{Cr}、BOD_5、SS、NH_3-N、重金属、磷、石油类物质等。虽然某些城市已对雨水径流进行了一些测试分析并积累了一些数据，但一般历时较短且所研究的径流类型也有限。至今还未建成可供我国各地城市使用并包含各种类型径流的径流水质数据库。

4）水质随降雨历时的变化

建筑物屋面、小区内道路径流的水质随着降雨过程的延续逐渐改善并趋向稳定。可靠的水质指标需作雨水径流的现场测试，并根据当地情况确定所需测定的指标及取样频率。在无测试资料时，可参照经验值选取污染物的浓度。

降雨初期，因径流对下垫面表面污染物的冲刷作用，初期径流水质较差。随着降雨过程延续，表面污染物逐渐减少，后期径流水质得以改善。北京统计资料表明，若降雨量小于10mm，屋面径流污染物总量的70％以上包含于初期降雨所形成的2mm径流中。北京和上海的统计资料均表明，降雨量达2mm径流后水质基本趋向稳定，故建议以初期2～3mm降雨径流为界，将径流区分为初期径流和持续期径流。

2　初期雨水径流弃流后的雨水水质

根据北京建筑工程学院针对北京市降雨的研究成果，屋面雨水水质经初期径流弃流后可达到：COD_{Cr} 100mg/L左右；SS 20～40mg/L；色度10～40度；并且提出北京城区雨水水质分析结果具有一定的代表性。另外根据试验分析得到，雨水径流的可生化性差，BOD_5/COD_{Cr}平均范围为0.1～0.2。

3　不同城市雨水水质参考资料（见表2～表4）

表2　北京城区不同汇水面雨水径流污染物平均浓度

污染物＼汇水面	天然雨水	屋面雨水			路面雨水	
	平均值	平均值		变化系数	平均值	变化系数
		沥青油毡屋面	瓦屋面			
COD(mg/L)	43	328	123	0.5～2	582	0.5～2
SS(mg/L)	＜8	136	136	0.5～2	734	0.5～2
NH_3-N(mg/L)	—	—	—	—	2.4	0.5～1.5
Pb(mg/L)	＜0.05	0.09	0.08	0.5～1	0.1	0.5～2
Zn(mg/L)		0.93	1.11	0.5～1	1.23	0.5～2
TP(mg/L)	—	0.94	—	0.8～1	1.74	0.5～2
TN(mg/L)	—	9.8	—	0.8～1.5	11.2	0.5～2

表3　上海地区各种径流水质主要指标的参考值（mg/L）

指标＼下垫面	屋　面	小区内道路	城市街道
COD_{Cr}	4～280	20～530	270～1420
SS	0～80	10～560	440～2340
NH_3-N	0～14	0～2	0～2
pH	6.1～6.6		

表4　青岛地区径流水质主要指标的参考值（mg/L）

指标＼下垫面	屋　面	小区内道路	城市街道
COD_{Cr}	5～94	6～520	95～988
SS	4～85	4～416	296～1136
NH_3-N		0～17	
pH		6.5～8.5	

南京某居住小区以瓦屋面为主，屋面径流和小区内道路COD_{Cr}分别为30～550mg/L和2200～900mg/L。而在夏初梅雨时，因连续降雨，径流水质较好。屋面径流COD_{Cr}仅为30～70mg/L。

3.2 用水定额和水质

3.2.1 规定绿化、浇洒、冲洗、循环冷却水补水等各项最高日用水定额。

本条的用水定额是按满足最高峰用水日的水量制定的，是对雨水供水设施规模提出的要求。需要注意的是：系统的平日用水量要比本条给出的最高日用水量小，不可用本条文的水量替代，应参考相关资料确定。下面给出草地用水的参考资料，资料来源于郑守林编著的《人工草地灌溉与排水》。

城市中，绿地上的年耗水量在1500L/m^{2}左右。人居工程、道路两侧等的小面积环保区绿地，年需水量约在800～1200mm，如果天然降水量600mm，则补充灌水量400mm左右。冷温带人工绿地植物在春季的灌溉是十分必要的，植物需水主要是在夏季生长期，高耗水量时间大约是2800～3800h，这一阶段的耗水量是全年需水量的75%以上。需水量是一个正态分布曲线，夏季为高峰期，冬季为低谷期，高峰期的需水量为600mm，低谷期为150mm，春季和秋季共为200mm。

足球场全年需水约2400～3000mm，经常运行的场地每天地面耗水量约8～10mm，赛马场绿地耗水约3000mm/年。高尔夫球场绿地耗水约2000mm/年。

3.2.2 规定景观水体的补水量计算资料。

景观水体的水量损失主要有水面蒸发和水体底面及侧面的土壤渗透。

当雨水用于水体补水或水体作为蓄水设施时，水面蒸发量是计算水量平衡时的重要参数。水面蒸发量与降水、纬度等气象因素有关，应根据水文气象部门整理的资料选用。表5列出北京城近郊区1990～1992年陆面、水面的试验研究成果（见《北京水利》1995年第五期“北京市城近郊区蒸发研究分析”）。

表5 北京城近郊区1990～1992年陆面蒸发量、水面蒸发量

名 称	陆面蒸发量（mm）	水面蒸发量（mm）
1月	1.4	29.9
2月	5.5	32.1
3月	19.9	57.1
4月	27.4	125.0
5月	63.1	133.2
6月	67.8	132.7
7月	106.7	99.0
8月	95.4	98.4
9月	56.2	85.8
10月	15.7	78.2
11月	6.5	45.1
12月	1.4	29.3
合计	466.7	946.9

3.2.3 规定冲厕用水定额。

现行的《建筑给水排水设计规范》GB 50015没有规定冲厕用水定额，但利用该规范表3.1.10中的最高日生活用水定额与本条表格中的百分数相乘，即得每人最高日冲厕用水定额。

同3.2.1条一样，冲厕用水定额是对雨水供水设施提出的要求，不能逐日累计用作多日的用水量。

表6列出各类建筑的冲厕用水资料，资料主要来源于日本《雨水利用系统设计与实务》。

表6 各种建筑物冲厕用水量定额及小时变化系数

类别	建筑种类	冲厕用水量［L/(人·d)］	使用时间(h/d)	小时变化系数(K_h)	备 注
1	别墅住宅	40～50	24	2.3～1.8	
	单元住宅	20～40	24	2.5～2.0	
	单身公寓	30～50	16	3.0～2.5	
2	综合医院	20～40	24	2.0～1.5	有住宿
3	宾馆	20～40	24	2.5～2.0	客房部
4	办公	20～30	10	1.5～1.2	
5	营业性餐饮、酒吧场所	5～10	12	1.5～1.2	工作人员按办公楼计
6	百货商店、超市	1～3	12	1.5～1.2	工作人员按办公楼计
7	小学、中学	15～20	8	1.5～1.2	非住宿类学校
8	普通高校	30～40	16	1.5～1.2	住宿类学校，包括大中专及类似学校
9	剧院、电影院	3～5	3	1.5～1.2	工作人员按办公楼计
10	展览馆、博物馆类	1～2	2	1.5～1.2	工作人员按办公楼计
11	车站、码头、机场	1～2	4	1.5～1.2	工作人员按办公楼计
12	图书馆	2～3	6	1.5～1.2	工作人员按办公楼计
13	体育馆类	1～2	2	1.5～1.2	工作人员按办公楼计

注：表中未涉及的建筑物冲厕用水量按实测数值或相关资料确定。

3.2.4 规定用水器具的额定流量。

用水点都是通过各式各样的用水器具取得用水，额定流量是保证用水功能的最低流量，供配水系统必须满足。但考虑到经济因素，允许发生出水流量低于额定流量的情况，但发生概率应非常低，譬如小于1%。

器具用水由雨水替代自来水后，额定流量无特殊要求，故完全执行现有的规范数据。

3.2.5 规定雨水供水应达到的水质。

本条表3.2.5中的COD_{Cr}限定在30mg/L主要引用了《地表水环境质量标准》GB 3838－2002的Ⅳ类水质，其中娱乐水景引用了Ⅲ类水质；SS的限定值主要参考了《城市污水再生利用景观环境用水水质》水景类的指标（10mg/L），并对水质综合要求较高的车辆冲洗和娱乐水景的限额减小到5mg/L。表3.2.5中循环冷却水补水指民用建筑的冷却水。

民用建筑循环冷却水补水的水质标准我国尚未制定，表7给出日本的标准，供设计中参考。

工业循环冷却水补水的水质标准可参考表8，资料来源于《城市污水再生利用　工业用水水质》GB/T 19923－2005。

表7　日本冷却水、冷水、温水及补给水水质标准[5]（jRA-GL-02-1994）

	项　目[1][6]	冷却水系统[4]			冷水系统		温水系统[3]				倾向[2]	
		循　环　式		单线式			低中温温水系统		高温水系统			
		循环水	补给水	单线水	循环水（20℃以下）	补给水	循环水（20～60℃）	补给水	循环水（60～90℃）	补给水	腐蚀	生成结垢水锈
标准项目	pH（25℃）	6.5～8.2	6.0～8.0	6.8～8.0	6.8～8.0	6.8～8.0	7.0～8.0	7.0～8.0	7.0～8.0	7.0～8.0	○	○
	电导率（25℃）[mS/m]	80≥	30≥	40≥	40≥	30≥	30≥	30≥	30≥	30≥	○	○
	（25℃）{μS/cm}[1]	{800≥}	{300≥}	{400≥}	{400≥}	{300≥}	{300≥}	{300≥}	{300≥}	{300≥}		
	氯化物[$mgCl^-$/L]	200≥	50≥	50≥	50≥	50≥	50≥	50≥	30≥	30≥	○	
	硫酸根离子[$mgSO_4^{2-}$/L]	200≥	50≥	50≥	50≥	50≥	50≥	50≥	30≥	30≥	○	
	酸消耗量（pH4.8）[$mgCaCO_3$/L]	100≥	50≥	50≥	50≥	50≥	50≥	50≥	50≥	50≥		○
	总硬度[$mgCaCO_3$/L]	200≥	70≥	70≥	70≥	70≥	70≥	70≥	70≥	70≥		○
	硬度[$mgCaCO_3$/L]	150≥	50≥	50≥	50≥	50≥	50≥	50≥	50≥	50≥		○
	离子状硅[$mgSiO_2$/L]	50≥	30≥	30≥	30≥	30≥	30≥	30≥	30≥	30≥		○
参考项目	铁[mgFe/L]	1.0≥	0.3≥	1.0≥	1.0≥	0.3≥	1.0≥	0.3≥	1.0≥	0.3≥	○	○
	铜[mgCu/L]	0.3≥	0.1≥	1.0≥	1.0≥	0.1≥	1.0≥	0.1≥	1.0≥	0.1≥	○	
	硫化物[mgS^{2-}/L]	不得检出	不得检出	不得检出	不得检出	不得检出	不得检出	不得检出	不得检出	不得检出	○	
	氨离子[$mgNH_4^+$/L]	1.0≥	0.1≥	1.0≥	1.0≥	0.1≥	0.3≥	0.1≥	0.1≥	0.1≥	○	
	余氯[mgCl/L]	0.3≥	0.3≥	0.3≥	0.3≥	0.3≥	0.25≥	0.3≥	0.1≥	0.3≥	○	
	游离碳酸[$mgCO_2$/L]	4.0≥	4.0≥	4.0≥	4.0≥	4.0≥	0.4≥	4.0≥	0.4≥	4.0≥	○	
	稳定度指数	6.0～7.0	—	—	—	—	—	—	—	—	○	○

注　[1]　项目的名称用语定义以及单位参照JISK0101。还有，{}内的单位和数值是参考了以前的单位一并罗列。

[2]　表中的“○”，是表示有腐蚀或者生成结垢水锈倾向的相关因子。

[3]　温度较高（40℃以上）时，一般来说腐蚀较为显著，特别是被任何保护膜保护的钢铁只要和水直接接触时，就希望进行添加防腐药剂、脱气处理等防腐措施。

[4]　密闭式冷却塔使用的冷却水系统中，封闭循环回水以及补给水是温水系统，布水以及补给水是循环式冷却水系统，应该采用各种不同的水质标准。

[5]　供水、补水所用的源水，可以采用自来水、工业用水以及地下水，但不包括纯水、中水、软化处理水等。

[6]　上述15个项目，可以用来表示腐蚀以及结垢水锈危害的影响因子。

表8　工业循环冷却水水质标准

控制项目	pH	SS（mg/L）	浊度（NTU）	色度	COD_{Cr}（mg/L）	BOD_5（mg/L）
循环冷却水补充水	6.5～8.5	—	≤5	≤30	≤60	≤10
直流冷却水	6.5～9.0	≤30	—	≤30	—	≤30

国家现行相关标准主要有：《地表水环境质量标准》GB 3838、《城市污水再生利用　城市杂用水水质》GB/T 18920、《城市污水再生利用　景观环境用水水质》GB/T 18921等。

雨水径流的污染物质及含量同城市污水有很大不同，借用再生污水的标准是不合适的。比如雨水的主要污染物是COD_{Cr}和SS，是雨水处理的主要控制指标，而再生污水水质标准中对COD_{Cr}均未作要求，杂用水质标准甚至对这两个指标都不控制。因此，再生污水的水质标准对雨水的意义不大，雨水利用需要配套相应的水质要求。但制定水质标准显然不是本规范力所能及的。

4 雨水利用系统设置

4.1 一 般 规 定

4.1.1 规定雨水利用系统的种类和构成。

雨水入渗系统或技术是把雨水转化为土壤水，其手段或设施主要有地面入渗、埋地管渠入渗、渗水池井入渗等。除地面雨水就地入渗不需要配置雨水收集设施外，其他渗透设施一般都需要通过雨水收集设施把雨水收集起来并引流到渗透设施中。

收集回用系统或技术是对雨水进行收集、储存、水质净化，把雨水转化为产品水，替代自来水使用或用于观赏水景等。

调蓄排放系统或技术是把雨水排放的流量峰值减缓、排放时间延长，其手段是储存调节。

一个建设项目中，雨水利用系统的可能形式可以是以上三种系统中的一种，也可以是两种系统的组合，组合形式为：雨水入渗；收集回用；调蓄排放；雨水入渗＋收集回用；雨水入渗＋调蓄排放。

4.1.2 规定雨水入渗场所地质勘察资料中应包括的内容。

场地土壤中存在不透水层时可产生上层滞水，详细的水文地质勘察可以判别不透水层是否存在。另外，地质勘察报告资料要求不允许人为增加土壤水的场所也不应进行雨水入渗。

4.1.3 规定各类雨水利用设施的技术应用要求。

雨水利用技术的应用首先需要考虑其条件适应性和对区域生态环境的影响。雨水利用作为一门科学技术，必然有其成立与应用的限定前提和条件。只有在能够获得较好效益的条件下，该技术的应用才是适宜的。城市化过程中自然地面被人为硬化，雨水的自然循环过程受到负面干扰。对这种干扰进行修复，是我们力争的效益和追求的目标，雨水利用技术是实现这一效益和目标的主要手段，因此，该技术对于各种城市的建筑小区都是适用的。

1 雨水渗透设施对涵养地下水、抑制暴雨径流的作用十分显著，日本十多年的运行经验已证明这点。同时，对地下水的连续监测未发现对地下水构成污染。可见，只要科学地运用，雨水入渗技术在我国是可以推广应用的。

雨水自然入渗时，地下水会受到土壤的保护，其水质不会受到影响。土壤的保护作用主要体现在多重的物理、化学、生物的截留与转化，以及输送过程与水文地质因素的影响。在地下水上方的土壤主要提供的作用有：过滤、吸附、离子交换、沉淀及生化作用，这些作用主要发生在表层土壤中。含水层中所发生的溶解、稀释作用也不能低估。这些反应过程会自动调节以适应自然的变化。但这种适应性是有限度的，它会由于水量负荷以及水质负荷长时间的超载而受到影响，表层土壤会由于截留大量固体物而降低其渗透性能，部分溶解物质会进入地下水。

建设雨水渗透设施需要考虑上述因素和经济效益，土壤渗透系数的限定是这种需要的重要体现。雨水入渗技术对土壤的依赖性大。渗透系数小，雨水入渗的效益低，并且当入渗太慢时，在渗透区内会出现厌氧，对于污染物的截留和转化是不利的。在渗透系数大于 10^{-3} m/s 时，入渗太快，雨水在到达地下水时没有足够的停留时间来净化水质。本条限定雨水入渗技术在渗透系数 10^{-6}～10^{-3} m/s 范围，主要是参考了德国的污水行业标准 ATV-DVWK-A138。

地下水位距渗透面大于 1.0m，是指最高地下水位以上的渗水区厚度应保持在 1m 以上，以保证有足够的净化效果。这是参考德国和日本的资料制定的。污染物生物净化的效果与入渗水在地下的停留时间有关，通过地下水位以上的渗透区时，停留时间长或入渗速度小，则净化效果好，因此渗透区的厚度应尽可能大。

水质良好的雨水含污染物较少，可采用渗透区厚度小于 1m 的表面入渗或洼地入渗措施，应该注意的是渗透区厚度小于 1m 时只能截留一些颗粒状物质，当渗透区厚度小于 0.5m 时雨水会直接进入地下水。

雨水入渗技术对土壤的影响性大。湿陷性黄土、膨胀土遇水会毁坏地面。由此，雨水入渗系统不适用于这些土壤。

2 雨水利用中的收集回用系统的应用，宜用于年均降雨量 400mm 以上的地区，主要原因如下：

就雨水收集回用技术本身而言，只要有天然降雨的城市，这种技术都可以应用。但需要权衡的是技术带来的效益与其所投的资金相比是否合理。如果投资很大，而单方水的造价很高，显然不合理；或者投资不大，而汇集的雨水水量很少，所产生的效益很低，这种技术也缺乏生命力。

对于年均降雨量小于 400mm 的城市，不提倡采用雨水收集回用系统，这主要参照了我国农业雨水利用的经验。在农业雨水利用中，对年均降雨量小于 300mm 的地区，不提倡发展人工汇集雨水灌溉农业，而注重发展强化降水就地入渗技术与配套农艺高效用水技术。在城市雨水利用中，雨水只是辅助性供水源，对它的依赖程度远不像农业领域那样强，故可对降雨量的要求提高一些，取为 400mm。

年均降雨量小于 400mm 的城市，雨水利用可采用雨水入渗。

城市中雨水资源的开发回用，会同时减少雨水入渗量和径流雨水量，这是否会减少江河或地下水的原有自然径流，是否会对下游区域的生态环境产生影响，也是一个令人关注的、存有争议的问题，有的地方已经对上游城市开展雨水回用表示出了担心。但雨水资源开发对区域生态环境的影响问题，属于雨水利用基础研究探索中的课题，目前尚无定论。另外，国外的城市雨水利用经验也没有暴露出这方面的环境问题。

3 洪峰调节系统需要先储存雨水，再缓慢排放，对于缺水城市，小区内储存起来的雨水与其白白排放掉，倒不如进行处理后回用以节省自来水来得经济，从这个意义上说，洪峰调节系统不适用于缺水城市。

4.1.4 规定不得采用雨水入渗系统的场所。

自重湿陷性黄土在受水浸湿并在一定压力下土体结构迅速破坏，产生显著附加下沉；高含盐量土壤当土壤水增多时会产生盐结晶；建设用地中发生上层滞水可使地下水位上升，造成管沟进水、墙体裂缝等危害。

4.1.5 规定雨水利用工程的设置规模或标准。

建设用地开发前是指城市化之前的自然状态，一般为自然地面，产生的地面径流很小，径流系数基本上不超过 0.2～0.3。建设用地外排的雨水设计流量应维持在这一水平。对外排雨水设计流量提出控制要求的主要原因如下：

工程用地经建设后地面会硬化，被硬化的受水面不易透水，雨水绝大部分形成地面径流流失，致使雨水排放总量和高峰流量都大幅度增加。如果设置了雨水利用设施，则该设施的储存容积能够吸纳硬化地面上的大量雨水，使整个工程用地向外排放的雨水高峰流量得到削减。土地渗透设施和储存回用设施，还能够把储存的雨水入渗到土壤和回用到杂用和景观等供水系统中，从而又能削减雨水外排的总水量。削减雨水外排的高峰流量从而削减雨水外排的总水量，可保持建设用地内原有的自然雨水径流特征，避免雨水流失，节约自来水或改善水与生态环境，减轻城市排洪的压力和受水河道的洪峰负荷。

建设用地内雨水利用工程的规模或标准按降雨重现期 1～2 年设置的主要根据如下：

1 建设用地内雨水利用工程的规模应与雨水资源的潜力相协调，雨水资源潜力一般按多年平均降雨量计算。

2 建设用地内通过雨水入渗和回用能够把可资源化的雨水都耗用掉，因而用地内雨水消耗能力不对雨水利用规模产生制约作用。

3 城市雨水利用作为节水和环保工程，应尽量维持自然的水文循环环境。

4 规模标准定得过高，会浪费投资；定得过低，又会使雨水资源得不到充分利用。参照农业雨水收集利用工程，降雨重现期一般取 1～2 年。

5 德国和日本的雨水利用工程，收集回用系统基本按多年平均降雨计。

需要指出的是，雨水入渗系统和收集回用系统不仅削减外排雨水总流量，也削减外排雨水总量，而雨水蓄存排放系统并无削减外排雨水总量的功能，它的作用单一，只是快速排干场地地面的雨水，减少地面积水，并削减外排雨水的高峰流量。因此，这种系统一般仅用于一些特定场合。

4.1.6 规定建设用地须设置雨水排除。

项目建设用地内设置雨水利用设施后，遇到较大的降雨，超出其蓄水能力时，多余的雨水会形成径流或溢流，需要排放到用地之外。排放措施有管道排放和地面排放两种方式，方式选择与传统雨水排除时相同。

4.1.7 规定雨水利用系统不应伤害环境。

雨水利用应该是修复、改善环境，而不应恶化环境。然而，雨水利用系统不仔细处理，很容易对环境造成明显伤害。比如停车场的雨水径流往往含油，若进行雨水入渗会污染土壤；绿地蓄水入渗要与植物的品种进行协调，否则会伤害甚至毁坏植物；向渗透设施的集水口内倾倒生活污物会污染土壤；雨水直接向地下含水层回灌可能会污染地下水；冲厕水质标准远低于自来水，居民使用雨水冲厕不配套相应的使用措施，就会污染室内卫生环境，等等。雨水利用设施应避免带来这些损害环境的后果。

对于水质较差的雨水不能采用渗井直接入渗，这样会对地下水带来污染。

在设计、建造和运行雨水渗透设施时，应充分重视对土壤及水源的保护。通常采用的保护措施有：减少污染物质的产生；减少硬化面上的污染物量；入渗前对雨水进行处理；限制进入渗透设施的流量等。

填方区设雨水入渗应避免造成局部塌陷。

4.1.8 规定回用雨水不得产生交叉污染。

雨水的用途有多种：城市杂用水、环境用水、工业与民用冷却用水等。另外，城市雨水不排除用作生活饮用水，我国水利行业在农村的雨水利用工程已经积累了供应生活饮用水的经验。收集回用系统净化雨水目前没有专用的水质标准，借用的水质标准不止一种，互有差异，因此要求低水质系统中的雨水不得进入高水质的回用系统，此外，回用系统的雨水更不得进入生活自来水系统。

4.2 雨水径流计算

4.2.1 分别规定雨水设计总量和设计流量的基本计算公式。

雨水设计总量为汇水面上在设定的降雨时间段内收集的总径流量，雨水设计流量为汇水面上降雨高峰历时内汇集的径流流量。

本条所列公式为我国目前普遍采用的公式。公式（4.2.1-1）中的系数 10 为单位换算系数。

4.2.2 规定径流系数的选用范围。

1 给出雨水收集的径流系数。

根据流量径流系数和雨量径流系数的定义，两个径流系数之间存在差异，后者应比前者小，主要原因是降雨的初期损失对雨水量的折损相对较大。同济大学邓培德、西安空军工程学院岑国平都有论述。鉴于此，本规范采用两个径流系数。

径流系数同降雨强度或降雨重现期关系密切，随降雨重现期的增加（降雨频率的减小）而增大，见表9。表中 $F_{汇}$ 是入渗绿地接纳的客地硬化面汇流面积，$F_{绿}$ 是入渗绿地面积。

表 9　不同频率降雨条件下不同绿地径流系数

降雨频率	草地与地面等高径流系数		草地比地面低 50mm 径流系数		草地比地面低 100mm 径流系数	
	$F_{汇}/F_{绿}=0$	$F_{汇}/F_{绿}=1$	$F_{汇}/F_{绿}=0$	$F_{汇}/F_{绿}=1$	$F_{汇}/F_{绿}=0$	$F_{汇}/F_{绿}=1$
$P=20\%$	0.23	0.40	0.00	0.22	0.00	0.03
$P=10\%$	0.27	0.47	0.02	0.33	0.00	0.20
$P=5\%$	0.34	0.55	0.15	0.45	0.00	0.35

本条文表中的径流系数对应的重现期为 2 年左右。表 4.2.2 中 ψ_c 的上限值为一次降雨系数（雨量 30mm 左右），下限值为年均值。

表 4.2.2 中雨量径流系数的来源主要来自于：现有相关规范、国内实测资料报道、德国雨水利用规范（DIN 1989.01：2002.04 和 ATV-DVWK-A138）。表中流量径流系数比给水排水专业目前使用的数值大，邓培德"论雨水道设计中的误点"一文中认为目前使用的数值是借用的雨量径流系数，偏小。

屋面雨量径流系数取 0.8～0.9 的根据：1）清华大学张思聪、惠士博等在"北京市雨水利用"中指出建筑物、道路等不透水面的次暴雨径流系数（即雨量径流系数）可达 0.85～0.9；2）北京市水利科学研究所种玉麒等在"北京城区雨洪利用的研究报告"中指出：通过几个汛期的观测，取有代表性的降水与相应的屋顶径流进行相关分析，大于 30mm 的降水平均径流系数为 0.94，10～30mm的降水平均径流系数为 0.84；3）西安空军工程学院岑国平在"城市地面产流的试验研究"中表明径流系数特别是次暴雨径流系数是降雨强度的增函数，由此考虑到雨水利用工程的降雨只取 1、2 年一遇，故径流系数偏低取值；4）德国规范《雨水利用设施》（DIN 1989.01：2002.04）取值 0.8。

屋面流量径流系数取 1 的根据：1）建筑给水排水规范一直取 1，新规范改为 0.9 没提供出依据；2）"城市地面产流的试验研究"证明暴雨（流量）径流系数比次暴雨径流（雨量）系数大，另外根据暴雨径流系数和次暴雨径流系数的定义亦知，前者比后者要大；3）屋面排水的降雨强度取值大（因重现期很大），故流量径流系数应取高值。

其他种类屋面雨量径流系数均参考德国规范《雨水利用设施》（DIN 1989.01：2002.04）。

表 10、表 11 列出德国相关规范中的径流系数，供参考。

表 10　德国雨水利用规范（DIN 1989.01：2002.04）集雨量径流系数

汇水面性质	径流系数
硬屋面	0.8
未铺石子的平屋面	0.8
铺石子的平屋面	0.6
绿化屋面（紧凑型）	0.3
绿化屋面（粗放型）	0.5
铺石面	0.5
沥青面	0.8

表 11　德国雨水入渗规范（ATV-DVWK-A138）雨水流量径流系数

表面类型	表面处理形式	径流系数
坡屋面	金属，玻璃，石板瓦，纤维混凝土砖，油毛毡	0.9～1.0 0.8～1.0
平屋面坡度小于 3°，或 5%	金属，玻璃，纤维混凝土 油毛毡 石子	0.9～1.0 0.9 0.7
绿化屋面坡度小于 15°，或 25%	种植层<100mm 种植层≥100mm	0.5 0.3
路面，广场	沥青，无缝混凝土 紧密缝隙的铺石路面 固定石子铺面 有缝隙的沥青 有缝隙的沥青铺面，碎石草地 叠层砌石不勾缝，渗水石 草坪方格石	0.9 0.75 0.6 0.5 0.3 0.25 0.15
斜坡，护坡，公墓（带有雨水排水系统）	陶土 砂质黏土 卵石及砂土	0.5 0.4 0.3
花园，草地及农田	平地 坡地	0.0～0.1 0.1～0.3

2　各类汇水面的雨水进行利用之后，需要（溢流）外排的流量会减小，即相当于径流流量系数变小。本款的流量径流系数即指这个变小了的径流系数，它需要计算确定。扣损法是指扣除平均损失强度的方法，计算公式如下（引自西安冶金建筑学院等主编的《水文学》）：

$$\psi_{m}=1-\frac{\mu}{A}\tau^{n}$$

式中　μ——产流期间内平均损失强度（mm/h）；

A——暴雨雨力（mm/h）；

τ——场地汇流时间（h）；

n——暴雨强度衰减指数。

设有雨水利用设施的场地，雨水利用设施增加了损失强度，计算中应叠加进来。这样，平均损失强度μ应是产流期间内汇水面上的损失强度与雨水利用设施的雨水利用强度之和。而雨水利用设施对雨水的利用强度是可以根据设施的相关设计参数计算的。

ψ_m经验值0.25～0.4的选用：当溢流排水的设计重现期比雨水利用设施的降雨量设计重现期大1年以内时，取用下限值；当前者比后者大2年左右时，取高限值；当前者比后者大5年时，取0.5。径流系数ψ随降雨重现期增加而增大的规律见上面公式，重现期大，则雨力A大，从而ψ大。

经验值0.25～0.4主要是借鉴绿地的径流系数。绿地的流量径流系数一般为0.25，当绿地土壤饱和后，径流系数可达0.4（见姚春敏等“奥运期间北京内洪灾害防范问题探讨”一文）。雨水利用设施遇到超出其设计重现期的降雨，也要饱和，从而使溢流外排的径流系数增大，这类似于绿地的径流情况。

4.2.3　规定了设计降雨厚度的选用。

本规范中设计降雨厚度是设计重现期下的最大日、月或年降雨厚度等。在各雨水利用设施的条款中，对设计时间和重现期都作出了相应的规定，根据这些规定，在3.1.1条中可得到所需的设计降雨厚度。

4.2.4　规定汇水面积的确定方法。

屋面雨水流量计算时，汇水面积的计算原理和方法见图2。当斜坡屋面的竖向投影面积与水平投影面积之比超过10%时，可以认为斜坡较大，附加面积不可忽略。

高出汇水面的侧墙有多面时，应附加有效受水加面积的50%，有效受水面积的计算如图3所示，图中ac面为有效受水面。

雨水总量计算时则只需按水平投影面积计，不附加竖向投影面积和侧墙面积，因总雨量的大小不受这些因素的影响。

4.2.5　规定设计暴雨强度的计算公式。

本条所列的计算公式是国内已普遍采用的公式。在没有当地降雨参数的地区，可参照附近气象条件相似地区的暴雨强度公式采用。

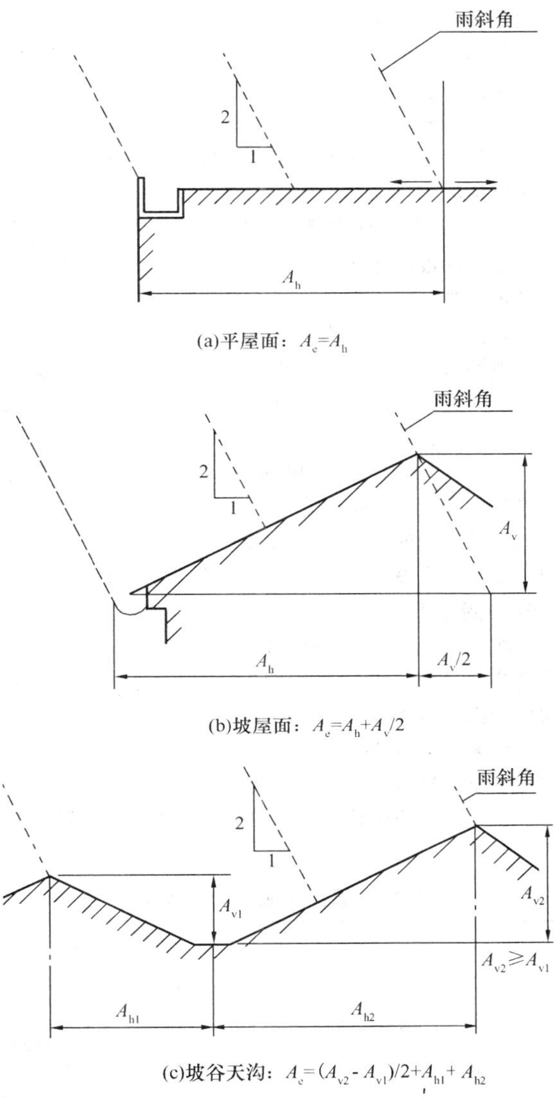

图2　屋面有效集水面积计算

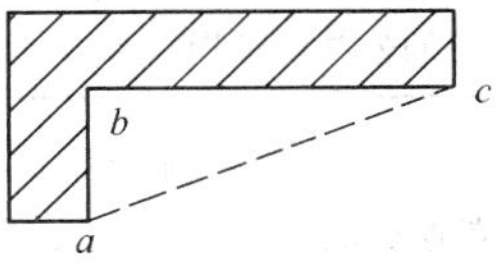

图3　双面侧墙有效受水面图示

条文中要求乘1.5的系数主要基于以下考虑：近几年发现有工程天沟向室内溢水，分析原因可能是由于实际的集水时间比5min小造成流入天沟的雨强比计算值大，而雨水系统的设计排水能力又未留余量，且天沟无调蓄雨量的能力，于是出现冒水。乘1.5的系数，可使计算的暴雨强度不再小于实际发生的暴雨强度。

4.2.6　规定雨水利用工程中三种不同性质的雨水管渠的设计重现期。

1　雨水储存、渗透、处理回用等设施的规模，都是按一定重现期的降雨量设计的。向这些设施输送雨水的管渠，应具备输送这些雨水量的能力，因此，管渠流量的设计重现期当适应此要求。严格讲，按同一重现期计算的流量和雨量之间并没有确定的匹配关系，因为二者的统计取样的样本并不一致，且是各自独立取样。此条的规定是作了简化近似处理，假定二者之间相匹配，由此推荐管渠流量计算重现期随雨水利用设施的雨量计算重现期而变。

2 屋面雨水收集系统担负着双重功能：一方面向雨水利用设施输送雨水，另一方面要将屋面雨水及时排走，维护屋面安全，所以设计重现期按排水要求制定，其中外檐沟排水时出现溢流不会影响建筑物，故重现期取值较小。虹吸式系统无能力排超设计重现期雨水，故应取高限值，以减少溢流事故，半有压流系统留有排超设计重现期雨水的余量，故取低限值。

表12尝试引用安全度对虹吸屋面雨水排水系统的设计重现期作了偏向安全的考虑，供设计参考。降雨设计重现期的大小直接影响到设计安全度和工程费用，是重要的设计参数。《建筑给水排水设计规范》1997年版3.10.23条规定：设计重现期为一年的屋面渲泄能力系数，在屋面坡度小于2.5%时宜为1，坡度等于及大于2.5%的斜屋面系数宜为1.5～3.0。这仅考虑了屋面坡度大小对屋面雨水泄流量的影响，其他因素未能包括在内。2003年修订后的《建筑给水排水设计规范》对设计重现期作了较大的变动，考虑了建筑物的使用功能和重要性，但也存在不够全面的问题。

表12 屋面暴雨设计重现期

屋面类型和安全要求	设计重现期（a）
外檐沟	1～2
一般性建筑物平屋面	2～5
屋面积水使屋面开口或防水层泛水，影响室内使用功能或造成水害	10～20
屋面积水荷载影响屋面结构安全重要的公共建筑物	20～50

3 溢流外排管渠的设计重现期应高于雨水利用设施的设计重现期。若二者重现期相等，雨水几乎全部进入利用设施，则外排量很少，使外排管径过小，遇大雨时场地内的积水时间比无雨水利用时延长。条文中表4.2.6-2引自《建筑给水排水设计规范》GB 50015-2003。

4.2.7 规定雨水管渠设计降雨历时的计算公式。

设计降雨历时的概念是集流时间，集流时间是汇水面集流时间和管渠内雨水流行时间之和。增加折减系数 m 使设计降雨历时等于集流时间的概念发生了变化，由此算得的设计流量也不是集水面最大流量，而是已经被压缩后的流量。雨水利用工程与传统的小区雨水排除工程不同，雨水流量计算不仅是要确定管径，更用于确定水量和调节容积，因此，令 $m=1$，意欲取消其“压缩流量”的作用。

4.3 系统选型

4.3.1 规定雨水利用系统选型原则和多系统组合时各系统规模大小的确定原则。

要实现条款4.1.5所规定的雨水利用规模，可以通过4.1.1条中规定的一种或两种系统型式实现，并且雨水利用由两种系统组合而成时，各系统雨水利用量的比例分配，又有多种选择。不管各利用系统如何组合，其总体的雨水利用规模应达到4.1.5条的要求。

技术经济比较中各影响因素的定性描述如下：

雨量：雨量充沛而且降雨时间分布较均匀的城市，雨水收集回用的效益相对较好。雨量太少的城市，则雨水收集回用的效益差。

下垫面：下垫面的类型有绿地、水面、路面、屋面等，绿地及路面雨水入渗、水面雨水收集回用来得经济，屋面雨水在室外绿地很少、渗透能力不够的情况下，则需要回用，否则可能达不到雨水利用总量的控制目标。

供用水条件：城市供水紧张、水价高，则雨水收集回用的效益提升。用水系统中若杂用水用量小，则雨水回用的规模就受到限制。

4.3.2 推荐入渗为地面雨水的利用方案。

小区中的下垫面主要有：地面、屋面、水面等，地面包括绿地和路面等。地面雨水优先采用入渗的原因如下：绿地雨水入渗利用几乎不用附加额外投资，若收集回用则收集效率非常低，不经济；路面雨水污染程度高，若收集回用则水质处理工艺较复杂，不经济，进行入渗可充分利用土壤的净化能力；根据德国的雨水入渗规范，雨水入渗适用于居住区的屋面、道路和停车场等雨水；保持土壤湿度对改善环境有积极意义。

4.3.3 规定水面雨水的利用方式。

景观水体的水面较大，降落的雨水量大，应考虑利用。水面上的雨水受下垫面的污染最小，水质最好，并且收集容易，成本低，无需另建收集设施，一般只需在水面之上、溢流水位之下预留一定空间即可，因此，水面上的雨水应储存利用。雨水用途可作为水体补水，也可用于绿地浇洒等。

4.3.4 规定屋面雨水利用方式及考虑因素。

屋面雨水的利用方式有三种选择：雨水入渗、收集回用、入渗和收集回用的组合。入渗和收集回用相组合是指屋面雨水一部分雨水入渗，一部分处理回用。组合方式的雨水收集有以下两种形式，其中第一种形式对收集回用设施的利用率较高，有条件时宜优先采用。

形式一，屋面的雨水收集系统设置一套，收集雨量全部进入雨水储罐或雨水蓄水池，多出的雨水经重力溢流进入雨水渗透设施；

形式二，屋面雨水收集系统分开设置，分别与收集回用设施和雨水渗透设施相对应。

对于一个具体项目，屋面雨水是采用入渗，还是收集回用，或是入渗与收集回用相组合，以及组合双方相互间的规模比例，比较科学的决策方法是通过技术经济比较确定。

1 城市缺水，雨水收集回用的社会和经济效益增大。

2 渗水面积和渗透系数决定雨水入渗能力。雨水入渗能力大，则利于雨水入渗方式。屋面绿化是很好的渗透设施，有条件时应尽量采用。覆土层小于100mm的绿化屋面径流系数仍较大，收集的雨水需要回用或在室外空地入渗。

3 净化雨水的需求量大且水质要求不高时，则利于收集回用方式。净化雨水的需求按4.3.10条确定。

4 杂用水量和降雨量季节变化相吻合，是指杂用水在雨季用量大，非雨季用量小，比如空调冷却用水。二者相吻合时，雨水池等回用设施的周转率高，单方雨水的成本降低，有利于收集回用方式。

5 经济性涉及自来水价、当地政府的雨水利用优惠政策、项目建设条件等因素。

需要注意的是，有些项目不具备选择比较的条件。比如，绿地面积很小，屋面面积很大，土壤的入渗能力无法负担来自于屋面的雨水，这就只能进行收集回用。

屋面雨水收集回用的主要优势是雨水的水质较好和集水效率高，收集回用的总成本低于城市调水供水的成本。所以，屋面雨水收集回用有技术经济上的合理性。

4.3.5 推荐屋面雨水优先考虑用于景观水面补水。

景观水体具有较大的景观水面，该水体一般设有水循环等水质保护设施。屋面雨水进入水体蓄存用作补水，可不加设水质处理设施，这是屋面雨水回用中最经济的方式。室外土壤有充足的入渗能力接纳屋面雨水，则屋面雨水选择入渗利用往往来得经济。另外，景观水面本身所受纳的降雨应该蓄存起来利用。

4.3.6 推荐屋面雨水优先选择收集回用方式的条件。

1 当雨水充沛，且时间上分布均匀，则收集回用设施的利用率高，单方回用雨水的投资少，利于收集回用方式；

2 见4.3.4条第3款说明。

4.3.7 推荐屋面收集雨水量多、回用系统用水量少时的处置方法。

回用水量小指回用管网的用水量小。也有工程虽然雨水需用量大，但由于建筑物条件限制蓄水池建不大。在这些情况下，屋面收集来的雨水相对较多。这时可通过蓄水池溢流使多余雨水进入渗透设施。这种方式比把屋面雨水收集分设为两套系统分别服务于入渗和回用来得划算，平时较小些的降雨都优先进入了蓄水池，供雨水管网使用，这相对扩大了平时雨水的回用量，并增大蓄水池、处理设备的利用率，因此使回用水的单方综合造价降低。

收集雨水量多、回用系统用水量少的判别标准按7.1.2条进行。

4.3.8 推荐大型公共建筑和有水体项目的雨水利用方式。

大型屋面建筑收集雨水量大，雨水需求量比例相对高，因而回用雨水的单方造价低。同时，大型屋面公建的室外空地一般较少，可入渗的土壤面积少。故推荐采用收集回用方式。

设有人工水体的项目需要水景补水，用雨水做补水有如下原因：第一，国家《住宅建筑规范》GB 50368－2005不允许使用自来水；第二，水景中一般设有维持水质的处理设施，收集的雨水可直接进入水景，不另设处理设施。

4.3.9 规定雨水蓄存排放系统的选用条件。

蓄存排放系统的主要作用是削减洪峰流量，抑制洪涝，欧洲和日本有不少这类工程实例。此外，有的场地或小区要求不积水，雨水要迅速排干，而下游的雨水排除设施能力有限，这时也需要利用蓄存排放设施调节雨水量。

4.3.10 推荐回用雨水的用途。

循环冷却水系统包括工业和民用，工业用冷却补水的水质要求不高，水质处理简单，比较经济；民用空调冷却塔补水虽然水质要求高，但用水季节和雨季非常吻合且用量大，可提高蓄水池蓄水的周转率。

雨水用于绿化和路面冲洗从水质角度考虑较为理想，但应考虑降雨后绿地或路面的浇洒用水量会减少，使雨水蓄水池里的水积压在池中，设计重现期内的后续（3日内或7日内）雨水进不来，导致减少雨水的利用量。

4.3.11 推荐雨水不宜和中水原水混合。

雨水和中水原水分开处理不宜混合的主要原因如下：

第一，雨水的水量波动太大。降雨间隔的波动和降雨量的波动和中水原水的波动相比不是同一个数量级的。中水原水几乎是每天都有的，围绕着年均日用水量上下波动，高低峰水量的时间间隔为几小时。而雨水来水的时间间隔分布范围是几小时、几天、甚至几个月，雨量波动需要的调节容积比中水要大几倍甚至十多倍，且池内的雨水量时有时无。这对水处理设备的运行和水池的选址都带来了不可调和的矛盾。

第二，水质相差太大。中水原水的最重要污染指标是BOD_5，而雨水污染物中BOD_5几乎可以忽略不计，因此处理工艺的选择大不相同。

另外，日本的资料《雨水利用系统设计与实务》

中雨水储存和处理也是和中水分开，见图4。

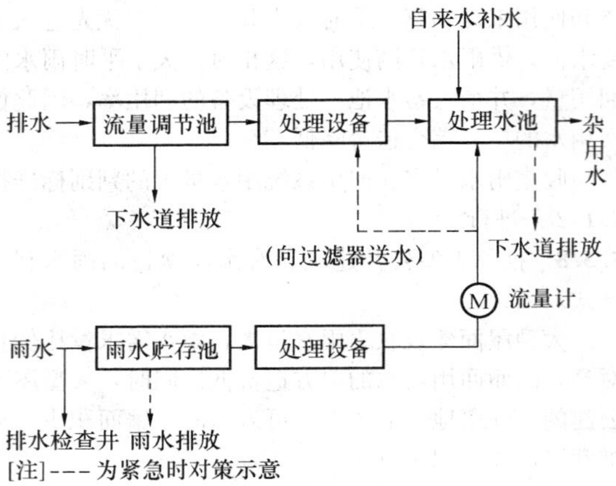

图4 雨水、中水结合的工艺流程图

5 雨 水 收 集

5.1 一 般 规 定

5.1.1 对屋面做法提出防雨水污染的要求。

屋面是雨水的集水面，其做法对雨水的水质有很大影响。雨水水质的恶化，会增加雨水入渗和净化处理的难度或造价。因此屋面的雨水污染需要控制。

屋面做法有普通屋面和倒置式屋面。普通屋面的面层以往多采用沥青或沥青油毡，这类防水材料暴露于最上层，风吹日晒加速其老化，污染雨水。北京建筑工程学院的监测表明，这类屋面初期径流雨水中的COD_{Cr}浓度可高达上千。

倒置式屋面（IRMAROOF）就是"将憎水性保温材料设置在防水层上的屋面"。倒置式屋面与普通保温屋面相比较，具有如下优点：防水层受到保护，避免热应力、紫外线以及其他因素对防水层的破坏，并减少了防水材料对雨水水质的影响。

新型防水材料对雨水的污染也有减少。新型防水材料主要有高聚物改性沥青卷材、合成高分子片材、防水涂料和密封材料以及刚性防水材料和堵漏止水材料等。新型防水材料具有强度高、延性大、高弹性、轻质、耐老化等良好性能，在建筑防水工程中的应用比重日益提高。根据工程实践，屋面防水重点推广中高档的SBS、APP高聚物改性沥青防水卷材、氯化聚乙烯-橡胶共混防水卷材、三元乙丙橡胶防水卷材。

种植屋面可减小雨水径流、提高城市的绿化覆盖率、改善生态环境、美化城市景观。由于各类建筑的屋面、墙体以及道路等均属于性能良好的"大型蓄热器"，它们白天吸收太阳光的辐射能量，夜晚放出热量，造成市区夜间的气温居高不下，导致市区气温比郊区气温升高2～3℃。如能将屋面建造成种植屋面，在屋面上广泛种植花、草、树木，通过屋顶绿化，实现"平改绿"，可以缓解城市的"热岛效应"。据报道，种植屋面顶层室内的气温将比非种植屋面顶层室内的气温要低3～5℃，优于目前国内的任何一种屋面的隔热措施，故应大力提倡和推广。

5.1.2 规定屋面雨水管道系统应设置雨水斗，且雨水斗应符合标准。

管道进水口设置雨水斗的作用主要是：第一，拦截固体杂物；第二，对雨水进入管道进行整流，避免水流在斗前形成过大旋涡而增加屋面水深；第三，满足一定水深条件下的排水流量。

为阻挡固体物进入系统，雨水斗应配有格栅（滤网）；为削弱进水旋涡，雨水斗入水口的上方应设置盲板；雨水斗应经过水力测试，包括流量与水位的关系曲线，最大设计流量和水位，局部阻力系数（虹吸式斗），并经主管检测单位认可。

雨水斗的这些性能通过国家、行业标准进行约束和保障。65型、87型系列雨水斗以国家标准图的形式在全国广泛应用，并经受了20余年的运行实践，成为性能有保障的雨水斗。

本条的规定不排斥建筑师设计外落雨水管时采用简易雨水斗。该雨水斗按建筑专业标准图设计，现场制作。

5.1.3 对雨水管道系统提出均匀布置的要求。

本条主要指在布置立管和雨水斗连向立管的管道时，尽量创造条件使连接管长接近，这是雨水收集的特殊要求。这样做可使各雨水斗来的雨水到达弃流装置的时间相近，提高弃流效率。

5.1.4 规定屋面雨水设计流量的计算公式。

屋面雨水设计流量按（4.2.1-2）式计算，式中的流量径流系数ψ_m按表4.2.2选取；设计暴雨强度q按（4.2.5）式计算，式中的设计重现期、降雨历时按4.2.6条、4.2.7条要求选取；汇水面积F按4.2.4条要求计算。

5.1.5、5.1.6 推荐雨水收集系统的选择。

半有压屋面雨水系统（65、87型雨水斗系列雨水系统属于此范畴）以实验室实尺模型实验和丰富的试验数据为基础，建立起一套系统的设计方法和设计参数，已经历了全国20余年的工程运行。该系统设计安装简单、性能可靠，是我国目前应用最广泛、实践证明安全的雨水系统，设计中宜优先采用。

虹吸式屋面雨水系统根据管网水力计算结果进行设计，系统的尺寸大为减小，各雨水斗的入流量也都能按设计值进行控制，并且横管坡度的有无对设计工况的水流不构成影响。这些优点在大型屋面建筑的应用中凸显出来。但该系统没有余量排除超设计重现期雨水，对屋面的溢流设施依赖性极强。

重力流屋面雨水系统是《建筑给水排水设计规范》GB 50015－2003推出的系统，并规定：不同设计排水流态、排水特征的屋面雨水排水系统应选用相应的雨水斗（4.9.14条），因为“雨水斗是控制屋面排水状态的重要设备”。

本规范没有首推选用重力流系统主要基于以下原因：

1 目前实际工程中仍普遍采用65、87型雨水斗；

2 重力流系统的雨水斗要求自由堰流进水和超设计重现期雨水应由溢流设施排放，在实际工程中难以实现；

3 重力流的设计方法不适用于65型、87（79）型雨水斗。因为65型、87（79）型雨水斗雨水系统要求严格，比如：一个悬吊管上连接的雨斗数量不超过4个、多斗系统的立管顶端不得设置雨水斗、内排水采用密闭系统等。

5.1.7 规定屋面雨水收集的室外输水管的设计方法。

屋面雨水汇入雨水储存设施时，会出现设计降雨重现期的不一致。雨水储存设施的重现期按雨水利用的要求设计，一般1～2年，而屋面雨水的设计重现期按排水安全的要求设计。后者一般大于前者。当屋面雨水管道出户到室外后，室外输水管道的重现期可按雨水储存设施的值设计。由于其重现期比屋面雨水的小，所以屋面雨水管道出建筑外墙处应设雨水检查井或溢流井，并以该井为输水管道的起点。

允许用检查口代替检查井的主要原因是：第一，检查口不会使室外地面的脏雨水进入输水管道；第二，屋面雨水较为清洁，清掏维护简单。检查口、井的设置距离参考了室外雨水排水管道的检查井距离。

5.1.8 规定屋面雨水收集系统独立、密闭设置。

屋面雨水系统独立设置，不与建筑污废水排水连接的意义有：第一，避免雨水被污废水污染；第二，避免雨水通过污废水排水口向建筑内倒灌雨水。

屋面雨水系统属有压排水，在室内管道上设置敞开式开口会造成雨水外溢，淹损室内。

5.1.9 规定阳台雨水不与屋面雨水立管连接。

屋面雨水立管属有压排水管道，在阳台上开口会倒灌雨水。

5.1.10 规定收集系统设置弃流设施。

初期径流雨水污染物浓度高，通过设置雨水弃流设施可有效地降低收集雨水的污染物浓度。雨水收集回用系统包括收集屋面雨水的系统应设初期径流雨水弃流设施，减小净化工艺的负荷。根据北京建筑工程学院的研究结果，北京屋面的径流经初期2mm左右厚度的弃流后，收集的雨水COD_{Cr}浓度可基本控制在100mg/L以内（详见第3.1.2条说明）。植物和土壤对初期径流雨水中的污染物有一定的吸纳作用，在雨水入渗系统中设置初期径流雨水弃流设施可减少堵塞，延长渗透设施的使用寿命。

5.2 屋面集水沟

5.2.1 推荐屋面设集水沟并要求水力计算。

屋面雨水集水沟是屋面雨水系统实现有组织排水的重要组成部分，屋面雨水集水沟的设计应进行优化。在选择屋面雨水系统时，应优先考虑天沟集水。

屋面集水沟包括天沟、边沟和檐沟等，是屋面集水的一种形式。其优点是可减少甚至不设室内雨水悬吊管，是经济可靠的屋面集雨形式。屋面雨水集水沟的排泄量应与雨水斗的出流条件相适应。在集水沟内设置雨水斗时，雨水斗的设计泄流量应与集水沟的设计过水断面相匹配，否则雨水斗的设计泄流量将受到集水沟排水能力的制约和相互影响。因此，不应忽视集水沟排水能力的水力计算。

集水沟的水力计算主要解决如下问题：

1）计算集水沟的泄水能力；

2）确定集水沟的尺寸和坡度。

需要注意：屋面雨水集水沟要求的屋面荷载和最大设计水深应经结构和建筑师的认可。

5.2.3 推荐集水沟的坡度设置，并要求设雨水出口。

在北方寒冷地区，因冻胀问题容易破坏沟的防水层，所以天沟和边沟不宜做平坡。自由出流雨水出口指集水沟的排水量不因雨水出口（包括雨水斗）而受到限制。

5.2.4 规定集水沟的水力计算要求。

屋面集水沟往往采用平坡，即坡度为0，按照现有的计算公式则无法计算。本条推荐的计算方法属经验性质，供计算时参考。

5.2.5～5.2.10 规定平底集水沟的经验计算方法。

屋面集水沟的水力计算采用了欧洲标准EN12056-3（2000年英文版）“室内重力流排水系统”中的有关公式和条文。要求雨水出口能不受限制地排除集水沟的水量。所列公式把长沟和短沟、半圆形沟和矩形沟、天沟和檐沟、平沟和有坡度的沟区分开来计算，应用方便。与其他公式比较，计算结果偏向安全。

当集水沟的坡度大于0.003时，应按现有的公式进行水力计算。

集水沟断面的计算方法：先假定沟断面尺寸、坡度并布置雨水排水口，然后用以上各节的方法计算沟的排水量与设计的雨水量比较，如果差别大则应修改沟的尺寸或增加雨水排水口数量，进行调整计算。

5.2.11 规定集水沟的溢流设置。

集水沟的溢水按薄壁堰计算，见下式：

$$q_e = \frac{L_e \cdot h_e^{\frac{3}{2}}}{2400}$$

式中 q_e——溢流堰流量（L/s）；

L_e——溢流堰锐缘堰宽度（m）；

h_e——溢流高度（m）。

当女儿墙上设溢流口时，溢水按宽顶堰计算，见下式：

$$B_e = \frac{g_e}{M \cdot \frac{2}{3} \cdot \sqrt{2g} \cdot h_e^{\frac{3}{2}} \cdot 1000}$$

式中 B_e——溢流堰宽度（m）；

g_e——溢流水量（L/s）；

g——重力加速度（m/s^2）；

M——收缩系数，取 0.6。

宽顶堰计算公式采用德国工程师协会准则 VD 13806－2000“屋面虹吸排水系统”中的公式。薄壁堰计算公式采用欧洲标准 EN12056-3“室内重力流排水系统”中的公式。

5.3 半有压屋面雨水收集系统

半有压屋面雨水收集系统是在 1997 年版的《建筑给水排水设计规范》GBJ 15－88 的雨水系统基础上改进来的。该系统中的雨水斗可采用 65 型、87 型斗，系统的设计原理及方法是依据 20 世纪 80 年代我国雨水道研究组水气两相混掺流体在重力-压力作用下的运动试验。本规范采用“半有压”称谓取自于《全国民用建筑工程设计技术措施——给水排水》和《建筑给水排水工程》(第五版)。

本规范对原有系统的改进主要是增大了雨水斗、悬吊管及横管、立管的泄水能力，主要依据有两点：

1 该系统已被 20 余年的运行实践证明是安全的，原来的服务屋面面积无理由减小。目前屋面降雨设计重现期从原规范的 1 年放大到了 2～5、10 年，使系统服务面积上的计算雨水流量增大，所以，系统的泄流量需相应调整增大，以保持原服务面积。比如，对坡度小于 2.5％的屋面，北京和上海 5 年重现期的计算雨量是 1 年重现期的 1.57 倍，见表 13，所以系统允许的泄水能力应相应扩大到原来的 1.57 倍，才能使原有的服务面积不变。

表 13 北京和上海不同重现期下的降雨强度两重现期 q_5 之比

重现期 P(年)	$P=5$		$P=3$		$P=1$	
北京 q_5 [$L/(s \cdot hm^2)$]	5.06	1.57 倍	4.48	1.39 倍	3.23	1
上海 q_5 [$L/(s \cdot hm^2)$]	5.29	1.57 倍	4.68	1.39 倍	3.36	1

2 原系统约 20 余年的实践运行经验表明，系统预留的排水余量可适量减小。

5.3.1 规定雨水斗的排水性能。

65 型、87 型属于半有压型雨水斗，该斗具有优良的排水性能，典型标志是排水时掺气量小。半有压屋面雨水系统的设置规则以这些雨水斗为基础建立。

根据表 13，设计重现期从原来的 1 年提高到目前的 3 年之后，为保持雨水斗原有的服务面积能力不变，雨水斗的排水流量应扩大到 1.39 倍（以北京、上海为例），如表 14。但出于保守考虑，本规范表 5.3.1 对多斗悬吊管上的大部分斗并未取如此高的值，这使得雨水斗的服务面积比原规范 GBJ 15－88 有所减少。

表 14 流量对照表

雨水斗口径(mm)	原排水流量(L/s)	1.39 倍流量(L/s)	本规范排水流量(L/s)
*DN*100	12	16.7	12～16
*DN*150	26	36.1	26～36

从我国雨水道研究组的试验数据分析，表 5.3.1 中雨水斗的排水能力也是可行的。图 5 是 *DN*100 雨水斗排水量试验曲线。在该试验条件下，雨水斗的进水流量随斗前水位的缓慢上升而迅速增大。当斗前水位从 0 上升到 100mm，则进水量从 0 增大到 35L/s。之后，水位迅速抬升，但进水量基本不再增加。表 5.3.1 中数据上限值取 16 L/s（斗前水深约 60mm）而未取35L/s（斗前水深约 100mm），预留了足够的安全余量排除超设计重现期雨水。其余口径的雨水斗试验曲线与此相似。

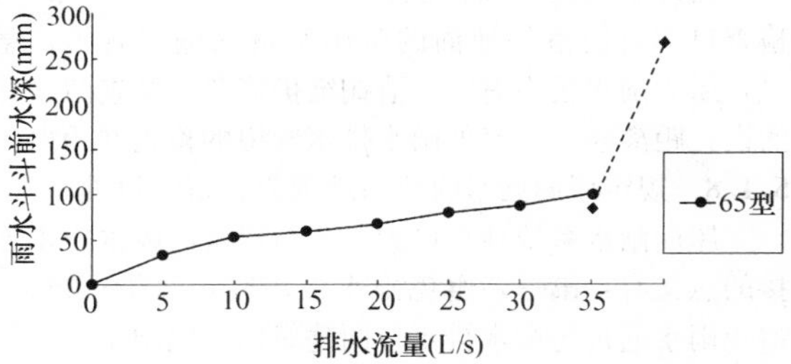

图 5 雨水斗排水流量特性图

测试资料证明，多斗悬吊管系统中的最大负压产生在悬吊管的末端、立管的顶部。近立管的雨水斗受负压抽吸较大，泄流量大，而离立管远的雨水斗受负压抽吸作用较小，泄流量小。这种差异随斗前水深的增加而更明显。表 15 为清华大学等 1973 年《室内雨水架空管系试验报告》中的斗间流量差异资料，表中 L 是两斗之间的距离，h 为斗前水深。

表 15 双斗悬吊管远斗与近斗的流量比值

h (mm) \ L (m)	8	16	24	32
60	0.90	0.90	0.90	0.90
70	0.72	0.70	0.62	0.60
100	0.55	0.45	0.40	0.35

5.3.2 规定雨水斗格栅。

格栅的作用是拦截屋面的固体杂物。格栅进水孔应具有一定面积，以保证雨水斗有足够的通水能力，并控制雨水斗进水孔被堵的几率。根据我国雨水道研究组总结国内外雨水斗的功能，推荐进水孔面积与雨水斗排出口面积之比为2左右。

条文规定格栅便于拆卸，目的是便于清理格栅上的污物等。

5.3.3 规定多斗系统雨水斗的布置方式。

雨水斗对立管作对称布置，包括了管道长度或者阻力的对称，即各斗接至立管的管道长度或阻力尽量相近。

在流体力学规律支配下，距立管近的雨水斗和距立管远的雨水斗至排放口的管道摩阻应保持相同，这就造成近斗与远斗泄流量差异很大。规定雨水斗宜与立管对称布置的目的是使各雨水斗的泄流量均衡，避免屋面积水。

悬吊管上的负压线坡向立管，立管顶端的负压对悬吊管起着抽吸作用。负压的大小将影响到连接管和雨水斗的泄流能力。若在立管顶端设雨水斗，则将大量进气而破坏负压，影响管系的排泄能力。

5.3.5 推荐一根悬吊管连接的雨水斗数量。

实际工程难于实现同程或同阻，故本条控制4个雨水斗。为减小雨水斗之间排水能力的差别，设计时应尽量创造条件使4个斗同程或同阻。

5.3.7 规定雨水悬吊管的清扫口和检修措施。

雨水悬吊管的清扫和检修措施是很重要的，悬吊管上设检查口或带法兰盘的三通管，其间距不大于20m，位置靠近柱、墙，目的是便于维修时清通。

5.3.8 规定悬吊管的敷设坡度和最大排水能力。

我国雨水道研究组的试验表明，悬吊管中的压（力）降比管道的坡降大得多，见图6。图中横坐标为悬吊管上测压点距排水雨水斗的长度，纵坐标为悬吊管内的压力（mm水柱）。悬吊管内的水流运动主要是受水力坡降的影响，而不是管道敷设坡度。条文中推荐0.005的敷设坡度主要是考虑排空要求。

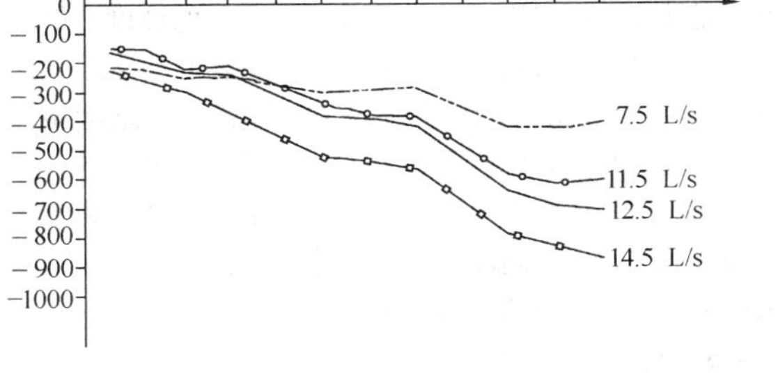

图6 悬吊管中压降

本条多斗悬吊管排水能力表格中的水力坡降指压力坡降，管道敷设坡降很小，可忽略不计。水流的主要作用水头为两部分之和：悬吊管到屋面的几何高差＋立管顶端的负压（速度头忽略）。立管顶端的负压见试验曲线（见图7）。最大负压值随流量的增加和立管高度的增加而变大。条文中偏保守取值－0.5m水柱（0.005MPa），以便流量计算安全。

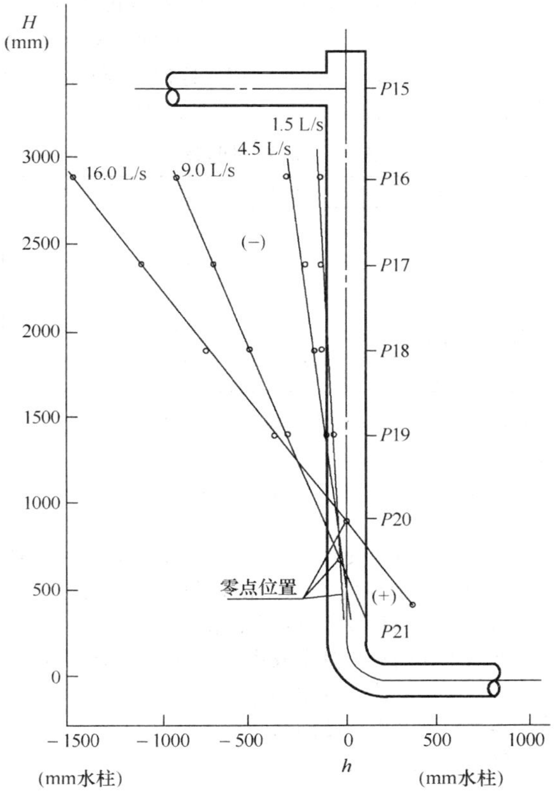

*H*表示高度;*P*表示测压点;*h*表示压强(水柱)

图7 立管压力分布曲线

对于单斗悬吊管，排水能力不必计算，根据雨水斗的口径设置横管和立管管径。

5.3.9 规定雨水立管的排水流量。

根据清华大学等单位对室内雨水管道系统的试验研究报告，雨水立管的泄流能力与立管的高度、管径和管道的粗糙系数有关。雨水在立管中的水流状态是：随着流量增加，流态逐渐从附壁流、掺气流、直至一相流，从无压流（重力流）逐渐过度到有压流。科研组还对工程实践中出现的天沟溢水和检查井冒水现象作了分析，其中有实例按有压流的计算方法设计管道，造成天沟冒水事故。科研组最后结合试验确定，管道的设计要考虑为承受可能出现的超设计重现期暴雨留有一定的余地，以策安全。立管的设计流态应取介于重力流（无压流）和有压流之间的重力-压力流。因此，本条文推荐的雨水立管排水流量约为试验排水流量的60％～70％。

例如，根据历次测试分析，在立管进水高度4.2～6.0m和12m的情况下，100mm管径立管的最大排泄能力Q_{max}为23～33L/s，规范条文中相应地取19～25 L/s。如果立管的高度增加，则排水能力相应增大。

另外根据表14，设计重现期从原来的1年提高到3年之后，为保持雨水立管原有的服务面积能力不变，立管的排水流量应扩大到1.39倍（以北京、上海为例），如表16。但出于保守考虑，条文中表5.3.9的数据并未取如此高的值，这使得雨水立管的服务面积比原规范GBJ 15－88有所减少。

表16　流量对照表

管径（mm）	100	150	200
原排水流量（L/s）	19	42	75
1.39倍流量（L/s）	26.4	58.4	104.3
本规范排水流量（L/s）	19～25	42～55	75～90

5.3.10　规定各种安装高度的雨水斗与立管的连接条件。

在设计流量小于立管最大排水能力的条件下，可将不同高度的雨水斗接入同一立管，这引自1997年版《建筑给水排水设计规范》3.10.13条，其主要依据是我国雨水道研究组的测试资料。但在实际工程中，为了避免当超设计重现期的雨水进入立管时，影响较低雨水斗的正常排水或系统故障对排水能力造成影响，一般高差太大的雨水斗不接入同一立管或系统。本规范条文中推荐的高差是经验值。

5.3.11　规定无溢流口的屋面雨水立管不得少于两根。

屋面一般都要设置雨水溢流口，用于屋面积水时排水，屋面积水可能是降雨过大引起，也可能是系统堵塞引起（比如树叶、塑料布等堵塞雨水斗）。但有时屋面确实难以设置溢流口，这样的屋面就需要布置两个或以上的立管，当然雨水斗也就不会少于两个。

5.3.12　规定立管底部设检查口。

立管底部设检查口可选择设在立管上，也可设在横管的端部。

5.3.13　规定管材和管件的选用要求。

雨水管道特别是立管要有承受正、负两种压力的能力。竣工验收时管道内灌满水形成正压，压力值（以水柱表示）与建筑高度一致；运行中出现大雨时特别是超设计重现期大雨时管道内会产生很大负压。金属管承受正、负压的能力都很大，没有被吸瘪的隐患，故宜优先选用。对非金属管道提出抗负压要求是工程中有的塑料管下雨时被吸瘪的经验总结。

5.4　虹吸式屋面雨水收集系统

在应用虹吸式屋面雨水收集系统时应注意如下事项：

1) 水力计算在虹吸式屋面雨水系统的设计中非常重要，基础数据必须准确，要求具有长期降雨强度重现期的标准气象资料；

2) 屋面雨水集水沟是屋面雨水系统实现有组织排水的重要组成部分，雨水系统专业承包商在系统的设计和计算中应包括屋面集水沟部分；

3) 该系统应能使虹吸效应尽快形成，避免屋面或天沟的水位超过设计水深；

4) 必须考虑雨水斗格栅对集水沟中或平屋面水位的影响。

5) 天沟内不考虑存蓄雨水。

6) 安装在平屋面上的雨水斗，宜采用出口直径不超过*DN*50、流量不超过6L/s的雨水斗。

5.4.1　规定设置溢流设施及其溢流能力。

虹吸式屋面雨水收集系统按水一相满流作为设计工况，无余量排超设计重现期雨水，降雨一旦超过设计重现期便屋面积水，溢流排水设施是该系统不可分割的组成部分，屋面必须设置溢流口。溢流能力和虹吸系统的排水能力之和不小于50年重现期的降雨径流量。

5.4.2　推荐不同高度的雨水分别设置独立的收集系统。

本条含两层意思：1）不同高度的雨水斗分别设置独立的收集系统；2）收集裙房以上侧墙面雨水的斗和收集裙房屋面的斗分别设置独立的收集系统。侧墙面上不是每次降雨都有雨水，其雨水斗若和裙房屋面雨水系统连接，会成为进气孔，破坏虹吸。

5.4.3　规定雨水斗设计流量与产品最大额定流量之间的关系。

雨水斗的最大泄流量由制造商提供，它是根据雨水斗产品标准规定的试验条件取得的数据，设计流量应控制在最大泄流量之内。

5.4.4　规定悬吊管的坡度要求。

虹吸式雨水系统的设计工况是一相满流，系统内包括悬吊管内的雨水流动不受管道坡度的影响，所以横管可以无坡度。但工程设计中，宜考虑一定的坡度，例如0.003，主要原因如下：1）管道工程安装中存在坡度误差，为达到无倒坡的规定，必须有一定的设计坡度做保证；2）压力排水管道设计中，一般都有坡度要求，作用或是泄空，或是减少污物沉积。至于有坡度不利于虹吸的形成之说，目前尚未见到理论上的描述证明，也尚未见到实验室的模拟演示证明。

5.4.5　规定系统的维修方便要求。

管道放置在结构柱内，特别是不允许出现管道漏水的结构柱内，一旦漏水，很难维修，损害结构柱。

5.4.6 规定系统的水力计算公式。

本条的阻力损失公式为国际上普遍采用的公式之一。当管道内的流速控制在3m/s以内时，也可采用Hazen-Willams公式。

5.4.7 规定管道中的设计流速和最小管径。

悬吊管中的设计流速不宜小于1m/s，是为了保证悬吊管的自清作用。根据国外研究资料，当悬吊管内的流速大于1m/s时，可保证沉积在管道底部的固体颗粒被水流冲走（见《虹吸式屋面雨水排水系统技术规程》CECS 183：2005）。设计中需要注意的是，悬吊管内沉积物的清除是靠设计计算的自清流速保证的，不是靠定性描述的间断性虹吸保证的，没有证据证明设计计算流速小于1m/s的降雨，能够在实际工程中使悬吊管内产生1m/s的流速，从而完成自清功能（若此，则没有必要要求设计流速不宜小于1m/s了）。因此，当设计重现期取得很大，则设计计算流速很多年才发生一次，而平时降雨的计算流速都达不到1m/s，悬吊管的自清功能将出现问题，特别是没有排空坡度时。若减小设计重现期，设计流速可出现频繁些了，但溢流口又会频繁溢水，这是建筑物的忌讳。设计中需要仔细把握这类两难问题。

规定最小管径是为防止堵塞。

5.4.8 规定流体计算遵守能量方程。

本条暗含的前提条件是系统的过渡段位置低于或接近于室外地面的高度，不包括系统出口位置比室外地面很高的情况（这类情况工程中也不多见）。以室外地面而不是以系统过渡段为高度计算基准点的原因是：虹吸系统一般是把雨水排入室外雨水检查井，室外雨水管道的设计重现期多是1～2年，检查井积满水是很常见的，由此过渡段被淹没，故排水几何高度应扣除积水水位，从地面算起。有的工程把过渡段降到地面标高以下很深，试图增加排水的计算几何高度，这是不正确的。

5.4.9 规定虹吸系统设置高度的低限值。

当系统的设置高度很低时，可利用的水位位能很小，满足不了低限设计流速的位能要求，此系统不再适用。此处注意：地面和雨水斗的几何高差才是雨水的位能，过渡段放置得再低，也不会增加雨水的位能。

5.4.11 规定管材和管件的选用要求。

雨水系统特别是立管中会产生很大负压，金属管没有被吸瘪的隐患，故宜优先选用金属管。管道系统的抗负压要求是根据水力计算中允许出现0.09MPa的负压制定的。

5.4.12 管内压力低于0.09MPa负压时，水会明显汽化，破坏一相流态。

5.5 硬化地面雨水收集

5.5.1 规定雨水收集地面的土建设置要求。

地面雨水收集主要是收集硬化地面上的雨水和屋面排到地面的雨水。排向下凹绿地、浅沟洼地等地面雨水渗透设施的雨水通过地面组织径流或明沟收集和输送；排向渗透管渠、浅沟渗渠组合入渗等地下渗透设施的雨水通过雨水口、埋地管道收集和输送。这些功能的顺利实现依赖地面平面设计和竖向设计的配合。

5.5.2 规定收集系统的设计流量计算和管道设计要求。

管道收集系统的集（雨）水口和输水管渠（向雨水利用设施输水）需要进行水力计算，其中设计流量计算公式和参数均按4.2节的规定执行，管渠的水力计算方法应按《室外排水设计规范》GB 50014的规定执行。

5.5.3、5.5.4 规定雨水口的设置要求。

本条款的雨水口设置要求基本上沿用现行国家标准《室外排水设计规范》GB 50014。其中顶面标高与地面高差缩小到10～20mm，主要是考虑人员活动方便，因小区中硬地面为人员活动场所。同时小区的地面施工一般比市政道路精细，较小的标高差能够实现。另外，有的小区广场设置的雨水口类似于无水封地漏，密集且精致，其间距仅十几米。成品雨水口的集水能力由生产商提供。

5.5.5 推荐采用成品雨水口，并具有拦污截污功能。

地面雨水一般污染较重，杂质多，为减少雨水渗透设施和蓄存排放设施的堵塞或杂质沉积，需要雨水口具有拦污截污功能。传统雨水口的雨箅可拦截一些较大的固体，但对于雨水利用设施不理想。雨水口的拦污截污功能主要指拦截雨水径流中的绝大部分固体物甚至部分污染物SS，这类雨水口应是车间成型的制成品，井体可采用合成树脂等塑料，构造应使清掏、维护操作简便，并应有固体物、SS等污染物去除率的试验参数。

5.5.6 本条的目的是使不同雨水口收集的初期径流雨水尽量能够同步到达弃流设施，使弃流的雨水浓度高，提高弃流效率。

5.6 雨水弃流

5.6.1 规定屋面雨水的弃流设施设置位置。

雨水收集系统的弃流装置目前可分为成品和非成品两类，成品装置按照安装方式分为管道安装式、屋顶安装式和埋地式。管道安装式弃流装置主要分为累计雨量控制式、流量控制式等；屋顶安装式弃流装置有雨量计式等；埋地式弃流装置有弃流井、渗透弃流装置等。按控制方式又分为自控弃流装置和非自控弃流装置。

小型弃流装置便于分散安装在立管或出户管上，并可实现弃流量集中控制。当相对集中设置在雨水蓄水池进水口前端时，虽然弃流装置安装量减少，但由于通常需要采用较大规格的产品，在一定程度上将提高事故风险。

弃流装置设于室外便于清理维护，当不具备条件必须设置在室内时，为防止弃流装置发生堵塞向室内灌水，应采用密闭装置。

当采用雨水弃流池时，其设置位置宜与雨水储水池靠近建设，便于操作维护。

5.6.3 规定弃流设施的选用。

虹吸式屋面雨水收集系统一般需要对管道流量进行准确的计算，便于弃流装置通过时间或流量进行自动控制。据有关资料，屋面雨水属于水质条件较好的收集雨水水源，因此被弃流的初期径流雨水可通过渗透方式处置，渗透弃流装置对排水管道内流量、流速的控制要求不高，适合于半有压流屋面雨水收集系统。降落到硬化地面的雨水通常受到下垫面不同污染物甚至不同材料的影响，水质条件稍差，通常需要去除的初期径流雨水量也较大，弃流池造价低廉，容易埋地设置，地面雨水收集系统管道汇合后干管管径通常较大，不利于采用成品装置，因此建议以渗透弃流井或弃流池作为地面雨水收集系统的弃流方式。

5.6.4 推荐初期径流雨水弃流量无资料时的建议值。

条文中地面弃流中的地面指硬化地面，径流厚度建议值主要根据北京市雨水径流的污染研究资料。我国北方初期径流雨水比南方污染重，故弃流厚度在南方应小些。

5.6.6 规定弃流装置应具备便于维护的性能。

在管道上安装的初期径流雨水弃流装置在截留雨水过程中，有可能因雨水中携带杂物而堵塞管道，从而影响雨水系统正常排水。这些情况涉及到排水系统安全问题，因此在设计中应特别注意系统维护清理的措施，在施工、管理维护中还应建立对系统及时维护清理的措施、规章制度。

5.6.7 推荐弃流雨水的处置方式。

从大量工程的市政条件来看，向项目用地范围以外排水有雨水、污水两套系统。截留的初期径流雨水是一场降雨中污染物浓度最高的部分，平均水质通常优于污水，劣于雨水。将截留的初期径流雨水排入雨水管道时，可能增加雨水管道的沉积物总量，增加雨水系统的维护成本，排入污水管道时，由于雨污分流的管网设计中污水系统不具备排除雨水的能力，可能导致污水系统跑水、冒水事故。初期弃流雨水排入何种系统应依据工程具体情况确定。

一般情况下，建议将弃流雨水排入市政雨水管道，当条件不具备时，也可排入化粪池以后的污水管道，但污水管道的排水能力应以合流制计算方法复核。

当弃流雨水污染物浓度不高，绿地土壤的渗透能力和植物品种在耐淹方面条件允许时，弃流雨水也可排入绿地。

收集雨水和弃流雨水在弃流装置处存在连通部分，为防止污水通过弃流装置倒灌进入雨水收集系统，要求采取防止污水倒灌的措施。同时应设置防止污水管道内的气体向雨水收集系统返溢的措施。

5.6.8 规定初期径流雨水弃流池做法的基本原则。

图 8 为初期径流雨水弃流池示意。

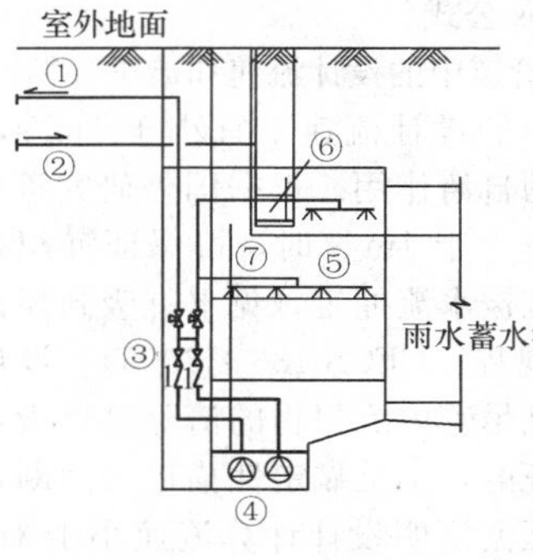

图 8　初期雨水弃流池

①弃流雨水排水管；②进水管；③控制阀门；④弃流雨水排水泵；⑤搅拌冲洗系统；⑥雨停监测装置；⑦液位控制器

1 在条件许可的情况下，弃流池内的弃流雨水宜通过重力排除。

2 当弃流雨水采用水泵排水时，通常采用延时启泵的方式对水泵加以控制，为避免后期雨水与初期雨水掺混，应设置将弃流雨水与后期雨水隔离开的分隔装置。

3 弃流雨水在弃流池内有一定的停留时间，产生沉淀，为使沉泥容易向排水口集中，池底应具有足够的底坡。考虑到建筑物与小区建设的具体情况和便于进人检修维护，底坡不宜过大。

4 弃流池排水泵应在降雨停止后启动排水，在自控系统中需要检测降雨停止、管道不再向蓄水池内进水的装置，即雨停监测装置。两场降雨时间间隔很小时，在水质条件方面可以视同为一场降雨，因此雨停监测装置应能调节两场降雨的间隔时间，以便控制排水泵启动。

5 埋地建设的初期径流雨水弃流池，不便于设置人工观测水位的装置，因此要求设置自动水位监测措施，并在自动监测系统中显示。

6 应在弃流雨水排放前自动冲洗水池池壁和将弃流池内的沉淀物与水搅匀后排放，以免过量沉淀。

5.6.9 规定自动控制弃流装置安装的基本原则。

1 自动控制弃流装置由电动阀、计量装置、控制箱等组成。主控电动阀决定弃流量，主控电动阀发出信号启动其他管道上的电动阀。计量装置一般分流量计量和雨量计量，流量计量是通过累积雨水量计量，雨量计量是通过降雨厚度计量。

电动阀、计量装置可能存在漏水现象，检修时也会造成漏水，因此要求设在室外（一般在检查井内）。控制箱内为电器元件，设在室外易受风吹日晒的影响，因此要求设在室内。控制箱集中设置可有效减少投资，降低造价，每个单体建筑宜集中设一个主控箱。

2 自动控制弃流装置能灵活及时地切换雨水弃流管道和收集管道，保证初期雨水弃流和雨水收集的有效性。由于各地空气污染、屋面设置情况不同和降雨的不均匀性，初期雨水的水质差异较大，因此强调具有控制和调节弃流间隔时间的功能，保证每年雨季初始期的降雨均能做到初期雨水的有效弃流，雨季期间降雨频繁，可延长初期雨水弃流间隔时间，一般宜保证间隔 3～7d 降雨初期雨水的有效弃流，可根据雨水水质和降雨特点确定。

3 流量控制式雨水弃流装置信号取自较小规格的主控电动阀，其造价较低，且能有效保证弃流信号的准确性。

4 雨量控制式雨水弃流装置的雨量计可设在距主控电动阀较近的屋面或室外地面，有可靠的保护措施防止污物进入或人为破坏，并定期检查，以保证其有效工作。

5.6.10 井体渗透层容积指级配石部分容积。

5.7 雨 水 排 除

5.7.1 规定建设用地外排雨水的设计流量计算和管道设计要求。

本规范第 4 章规定设有雨水利用设施的建设用地应有雨水外排措施。当采用管渠外排时，管渠设计流量按本规范 4.2 节中的（4.2.1-2）和（4.2.5）式计算，其中设计重现期应按 4.2.6 条第 3 款取值，流量径流系数 ψ_m 根据 4.2.2 条第 2 款确定。注意 ψ_m 不能取 0，因为外排雨水设计重现期大于雨水利用的设计重现期。

雨水管渠的设计包括确定汇水面积的划分、管径、坡度等，应按现行国家标准《室外排水设计规范》GB 50014 的规定执行。

5.7.2 推荐雨水口的设置位置和顶面设置高度。

绿地低于路面，故推荐雨水口设于路边的绿地内，而不设于路面。低于路面的绿地或下凹绿地一般担负对客地来的雨水进行入渗的功能，因此应有一定容积储存客地雨水。雨水排水口高于绿地面，可防止客地来的雨水流失，在绿地上储存。条文中的 20～50mm，是与 6.1.11 条要求的路面比绿地高 50～100mm 相对应的，这样，保证了雨水口的表面高度比路面低。

5.7.3 推荐雨水口形式和设置距离。

建设用地内的道路宽度一般远小于市政道路，道路做法也不同。设有雨水利用设施后雨水外排径流量较小，一般采用平箅式雨水口均可满足要求。雨水口间距随雨水口的大小变化很大，比如有的成品雨水口很小，间距可减小到 10 多米。

5.7.4 规定渗透管-排放系统替代排水管道系统时的流量要求。

根据日本资料《雨水渗透设施技术指针（草案）》（构造、施工、维护管理篇）介绍，在设有雨水利用的建设用地内，应设雨水排水干管，即传统的雨水排水管道，但设有雨水利用设施的局部场所不再重复设置雨水排水管道，见图 9。设有雨水利用设施的场所地面雨水排水可通过地面溢流或渗透管-排放一体系统排入建设用地内的雨水排水管道，这种做法是符合技术先进、经济合理的设计理念的。

渗透管-排放一体设施的排水能力宜按整体坡度及相应的管道直径以满流工况计算。渗透管-排放一体设施构造断面见图 10。图中（1）地面为平面，（2）地面坡度与排水方向一致，有利于系统排水，推荐采用这种布置形式，需要总图专业与水专业密切配合，有条件时尽量将地面坡度与排水方向一致。

5.7.5 推荐铺装地面采用明渠排水。

渗透地面雨水径流量较小，可尽量沿地面自然坡降在低洼处收集雨水，采用明渠方便管理、节约投资。

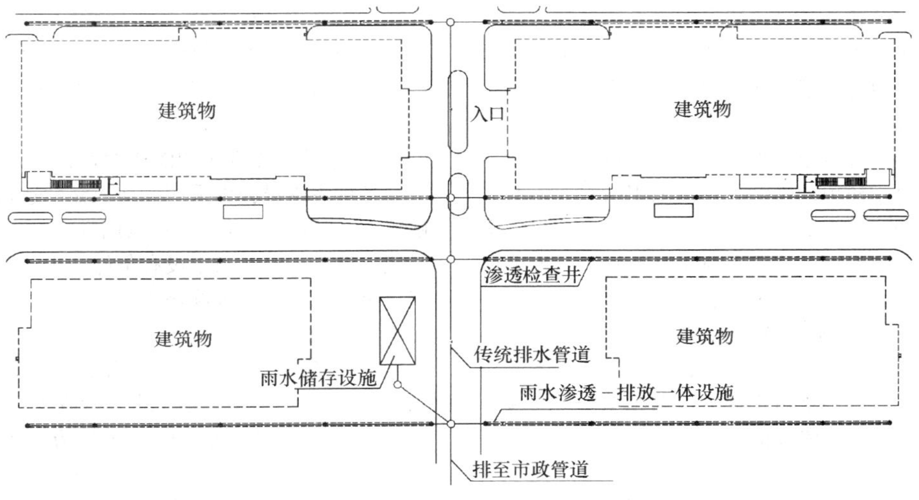

图 9 室外雨水排水管道平面图

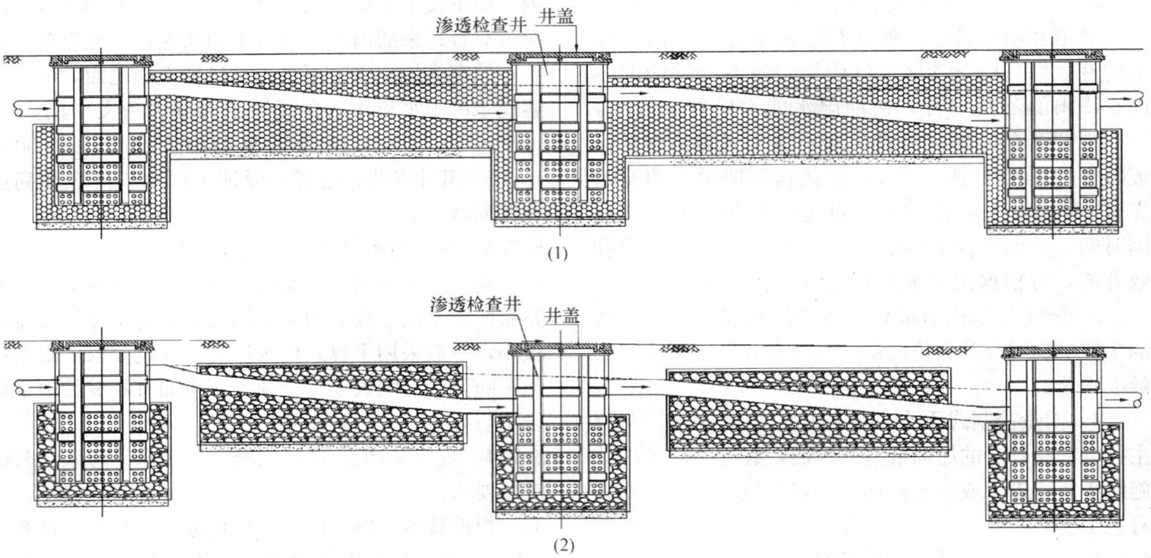

图10　渗透管-排放一体设施构造断面

6　雨 水 入 渗

6.1　一 般 规 定

6.1.1　规定雨水渗透设施的种类。

本条中各雨水渗透设施的技术特性详见6.2节。

绿地和铺砌的透水地面的适用范围广，宜优先采用；当地面入渗所需要的面积不足时采用浅沟入渗；浅沟渗渠组合入渗适用于土壤渗透系数不小于5×10^{-6}m/s的场所。

6.1.2　规定雨水渗透设施不应妨害建筑物及构筑物的正常使用。

雨水渗透设施特别是地面下的入渗使深层土壤的含水量人为增加，土壤的受力性能改变，甚至会影响到建筑物、构筑物的基础。建设雨水渗透设施时，需要对场地的土壤条件进行调查研究，以便正确设置雨水渗透设施，避免对建筑物、构筑物产生不利影响。

6.1.3　规定雨水渗透设施的安全注意事项。

非自重湿陷性黄土场地，由于湿陷量小，且基本不受上覆土自重压力的影响，可以采用雨水入渗的方式。采用下凹绿地入渗须注意水有一定的自重量，会引起湿陷性黄土产生沉陷。而对于其他管道入渗等形式，不会有大面积积水，因此影响会小些。

6.1.4　推荐渗透设施设置的渗透能力。

渗透设施的日渗透能力依据日雨水量当日渗透完的原则而定，设计雨水量重现期根据4.1.5条的规定取2年。入渗池、入渗井的渗透能力参考美国的资料减小到1/3，即：日雨水量可延长为3日内渗完（参见汪慧贞等"浅议城市雨水渗透"一文）。各种渗透设施所需要的渗透面积设计值根据本条的规定经计算确定。

6.1.5　规定渗透设施的储存容积。

进入渗透设施的雨水包括客地雨水和直接的降雨，埋地渗透设施接受不到直接降雨。当雨水流量小于渗透设施的入渗流量（能力）时，渗透设施内不产流、无积水。随着雨水入流量的增大，一旦超过入渗流量，便开始产流积水。之后又随着降雨的渐小，雨水入流量又会变为小于入渗流量，产流终止。产流期间（又称产流历时）累积的雨水量不应流失，需要储存起来延时渗透掉。所以，渗透设施需要储存容积，储存产流历时内累积的雨水量，该雨水量指设计标准内的降雨。

入渗池、入渗井的渗透能力低，只有日雨水设计量的1/3，在计算储存容积时，可忽略雨水入流期间的渗透量，用日雨水设计量近似替代设施内的产流累计量，以简化计算。

此条所要求的计算中涉及的降雨重现期取值均和渗透能力相对应的日雨水设计总量计算中的取值一致。

6.1.6　推荐优先选用的渗透设施。

各种渗透设施中采用绿地入渗的造价最低，各种硬化面上的雨水（包括路面雨水）入渗时宜优先考虑绿地入渗。当路面雨水没有条件利用绿地入渗时，宜铺装透水地面或设置渗透管沟、入渗井。透水铺装地面不宜接纳客地雨水。

6.1.7　规定常见下垫面上的雨水入渗处置要求。

1　绿地雨水指绿地上直接的降雨，应就地入渗。

2　对于屋面雨水而言，入渗方式及选用没有特殊要求。需要注意的是，屋面雨水有很多是由埋地管道引出室外的，这就限制了绿地等地面入渗方式的应用。

6.1.8 推荐地下建筑顶面覆土做渗透设施时的一种处置方法。

地下建筑顶上往往设有一定厚度的覆土做绿化，绿化植物的正常生长需要在建筑顶面设渗排管或渗排片材，把多余的水引流走。这类渗排设施同样也能把入渗下来的雨水引流走，使雨水能源源不断地入渗下来，从而不影响覆土层土壤的渗透能力。

根据中国科学院地理科学与资源研究所李裕元的实验研究报告，质地为粉质壤土的黄绵土试验土槽，初始含水量7%左右，在试验雨强（0.77～1.48mm/min）条件下，60min历时降雨入渗深度一般在200mm左右，90min历时降雨入渗深度一般在250～300mm左右。这意味着，对于300mm厚的地下室覆土层，某时刻的降雨需要90min钟后才能进入土壤下面的渗排系统，明显会延迟雨水径流高峰的时间，同时，土壤层也会存留一部分的雨水，使渗排引流的雨水流量小于降雨流量，由此实现4.1.5条规定的原则要求。

6.1.9 规定雨水渗透设施距建筑物的间距。

间距3m是参照室外排水检查井的参数制定的。

作为参考资料，列出德国的相关规范要求：雨水渗透设施不应造成周围建筑物的损坏，距建筑物基础应根据情况设定最小间距。雨水渗透设施不应建在建筑物回填土区域内，比如分散雨水渗透设施要求距建筑物基础的最小距离不小于建筑物基础深度的1.5倍(非防水基础)，距建筑物基础回填区域的距离不小于0.5m。

6.1.10 推荐雨水入渗系统设置溢流设施。

入渗系统的汇水面上当遇到超过入渗设计标准的降雨时会积水，设置溢流设施可把这些积水排走。当渗透设施为渗透管时宜在下游终端设排水管。

6.1.11 规定小区内路面宜高于绿地。

按传统总平面及竖向设计原则，一般绿地标高高于车行道路标高，道路设有立道牙。雨水利用的设计理念一般要求利用绿化地面入渗，因此道路标高要高于绿地标高。

小区内路面高于路边绿地50～100mm是北京雨水入渗的经验。低于路面的绿地又称下凹绿地，可形成储存容积，截留储存较多的雨水。特别是绿地周围或上游硬化面上的雨水需要进入绿地入渗时，绿地必须下凹才能把这些雨水截留并入渗。当路面和绿地之间有凸起的隔离物时，应留有水道使雨水排向绿地。

6.2 渗 透 设 施

6.2.1 规定绿地渗透设施。

客地雨水指从渗透设施之外引来的雨水。绿地雨水渗透设施应与景观设计结合，边界应低于周围硬化面。在绿地植物品种选择上，根据有关试验，在淹没深度150mm的情况下，大羊胡子、早熟禾能够耐受长达6d的浸泡。

6.2.2 规定铺装地面渗透设施。

图11为透水铺装地面结构示意图。

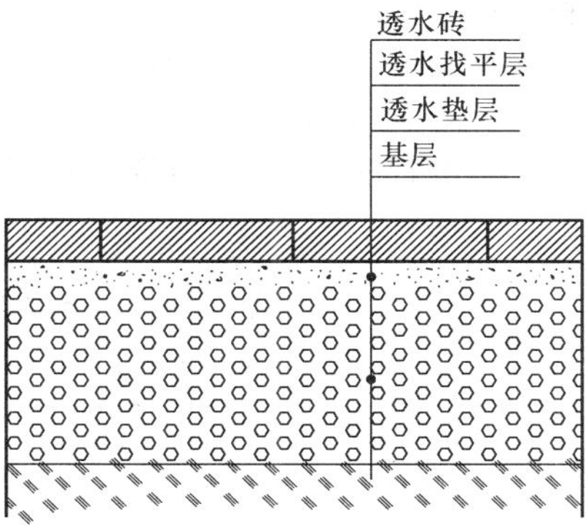

图11 透水铺装地面结构示意图

根据垫层材料的不同，透水地面的结构分为3层(表17)，应根据地面的功能、地基基础、投资规模等因素综合考虑进行选择。

表17 透水铺装地面的结构形式

编号	垫层结构	找平层	面　层	适用范围
1	100～300mm透水混凝土	1）细石透水混凝土 2）干硬性砂浆 3）粗砂、细石厚度20～50mm	透水性水泥混凝土 透水性沥青混凝土 透水性混凝土路面砖 透水性陶瓷路面砖	人行道、轻交通流量路面、停车场
2	150～300mm砂砾料			
3	100～200mm砂砾料 + 50～100mm透水混凝土			

透水路面砖厚度为60mm，孔隙率20%，垫层厚度按200mm，孔隙率按30%计算，则垫层与透水砖可以容纳72mm的降雨量，即使垫层以下的基础为黏土，雨水渗入地下速度忽略不计，透水地面结构可以满足大雨的降雨量要求，而实际工程应用效果和现场试验也证明了这一点。

水质试验结果表明，污染雨水通过透水路面砖渗透后，主要检测指标如NH_3-N、COD_{Cr}、SS都有不同程度的降低，其中NH_3-N降低4.3%～34.4%，COD_{Cr}降低35.4%～53.9%，SS降低44.9%～87.9%，使水质得到不同程度的改善。

另外，根据试验观测，透水路面砖的近地表温度比普通混凝土路面稍低，平均低0.3℃左右，透水路面砖的近地表湿度比普通混凝土路面的近地表湿度稍高1.12%。

6.2.3 规定浅沟与洼地渗透设施。

浅沟与洼地入渗系统是利用天然或人工洼地蓄水

入渗。通常在绿地入渗面积不足，或雨水入渗性太小时采用洼地入渗措施。洼地的积水时间应尽可能短，因为长时间的积水会增加土壤表面的阻塞与淤积。一般最大积水深度不宜超过300mm。进水应沿积水区多点进入，对于较长及具有坡度的积水区应将地面做成梯田形，将积水区分割成多个独立的区域。积水区的进水应尽量采用明渠，多点均匀分散进水。洼地入渗系统如图12所示。

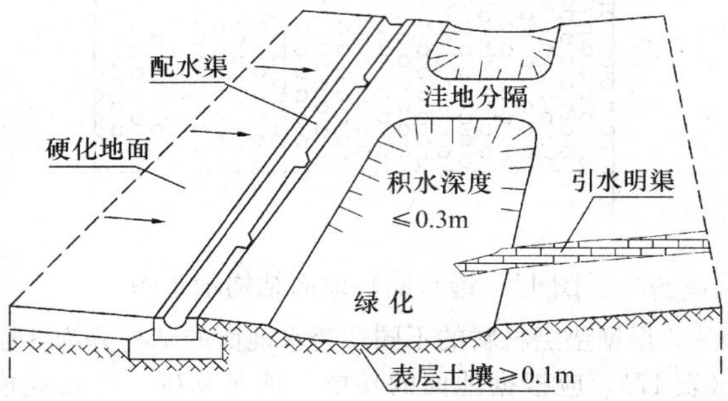

图12 洼地入渗系统

6.2.4 规定浅沟渗渠组合渗透设施。

浅沟—渗渠组合的构造形式见图13。

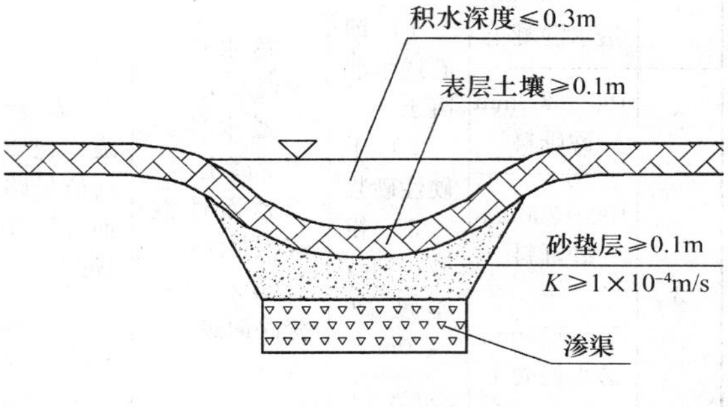

图13 浅沟—渗渠组合

一般在土壤的渗透系数 $K \leqslant 5\times10^{-6}$ m/s 时采用这种浅沟渗渠组合。浅沟渗渠单元由洼地及下部的渗渠组成，这种设施具有两部分独立的蓄水容积，即洼地蓄水容积与渗渠蓄水容积。其渗水速率受洼地及底部渗渠的双重影响。由于地面洼地及底部渗渠双重蓄水容积的叠加，增大了实际蓄水的容积，因而这种设施也可用在土壤渗透系数 $K \geqslant 1\times10^{-6}$ m/s 的土壤。与其他渗透设施相比这种系统具有更长的雨水滞留及渗透排空时间。渗水洼地的进水应尽可能利用明渠与来水相连，应避免直接将水注入渗渠，以防止洼地中的植物受到伤害。洼地中的积水深度应小于300mm。洼地表层至少100mm的土壤的透水性应保持在 $K \geqslant 1\times10^{-5}$ m/s，以便使雨水尽可能快地渗透到下部的渗渠中去。

当底部渗渠的渗透排空时间较长，不能满足浅沟积水渗透排空要求时，应在浅沟及渗渠之间增设泄流措施。

6.2.5 规定渗透管沟的设置要求。

建筑区中的绿地入渗面积不足以承担硬化面上的雨水时，可采用渗水管沟入渗或渗水井入渗。

图14为渗透管沟断面示意图。

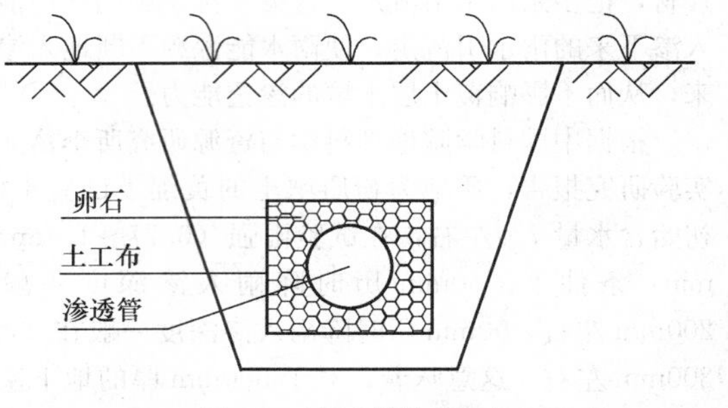

图14 渗透管沟断面

汇集的雨水通过渗透管进入四周的砾石层，砾石层具有一定的储水调节作用，然后再进一步向四周土壤渗透。相对渗透池而言，渗透管沟占地较少，便于在城区及生活小区设置。它可以与雨水管道、入渗池、入渗井等综合使用，也可以单独使用。

渗透管外用砾石填充，具有较大的蓄水空间。在管沟内雨水被储存并向周围土壤渗透。这种系统的蓄水能力取决于渗沟及渗管的断面大小及长度，以及填充物孔隙的大小。对于进入渗沟及渗管的雨水宜在入口处的检查井内进行沉淀处理。渗透管沟的纵断面形状见图10。

6.2.7 规定入渗池（塘）设施。

当不透水面的面积与有效渗水面积的比值大于15时可采用渗水池（塘）。这就要求池底部的渗透性能良好，一般要求其渗透系数 $K \geqslant 1\times10^{-5}$ m/s，当渗透系数太小时会延长其渗水时间与存水时间。应该估计到在使用过程中池（塘）的沉积问题，形成池（塘）沉积的主要原因为雨水中携带的可沉物质，这种沉积效应会影响到池子的渗透性。在池子首端产生的沉积尤其严重。因而在池的进水段设置沉淀区是很有必要的，同时还应通过设置挡板的方法拦截水中的漂浮物。对于不设沉淀区的池（塘）在设计时应考虑1.2的安全系数，以应对由于沉积造成的池底透水性的降低，但池壁不受影响。

保护人身安全的措施包括护拦、警示牌等。平时无水、降雨时才蓄水入渗的池（塘），尤其需要采取比常有水水体更为严格的安全防护措施，防止人员按平时活动习惯误入蓄水时的池（塘）。

6.2.8 规定入渗井。

入渗井一般用成品或混凝土建造，其直径小于1m，井深由地质条件决定。井底距地下水位的距离不能小于1.5m。渗井一般有两种形式。形式A如图15所示，渗井由砂过滤层包裹，井壁周边开孔。雨水经砂层过滤后渗入地下，雨水中的杂质大部被砂滤层截留。

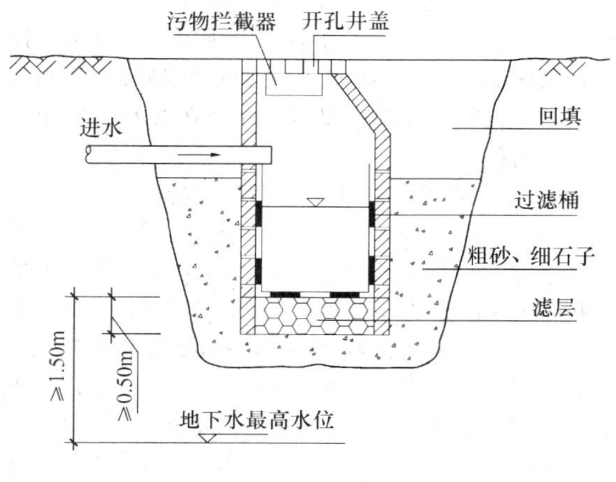

图 15　渗井 A

渗井 B 如图 16 所示，这种渗井在井内设过滤层，在过滤层以下的井壁上开孔，雨水只能通过井内过滤层后才能渗入地下，雨水中的杂质大部被井内滤层截留。过滤层的滤料可采用 0.25～4mm 的石英砂，其透水性应满足 $K \leqslant 1\times10^{-3}$m/s。与渗井 A 相比渗井 B 中的滤料容易更换，更易长期保持良好的渗透性。

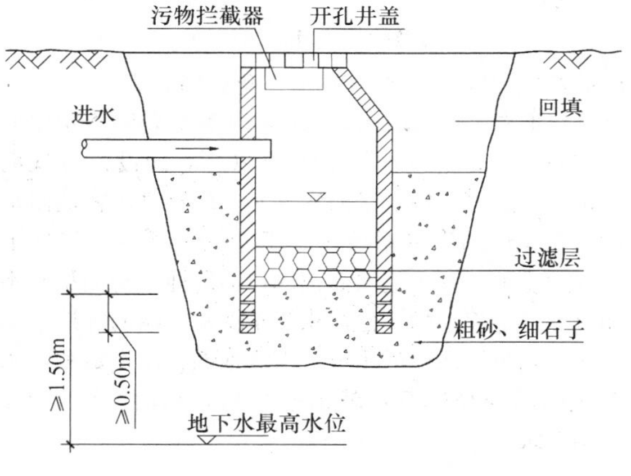

图 16　渗井 B

6.2.10　规定用于保护埋地渗透设施的土工布选用原则。

本条文主要参考了《土工合成材料应用技术规范》GB 50290；《公路土工合成材料应用技术规范》JTJ/T 019 等国家和相关行业标准制定的，详细的技术参数应根据雨水利用的技术特点进一步测试确定。

土工布的水力学性能同样是土壤和土工布互相作用的重要性能，主要为：土工布的有效孔径和渗透系数。土工布的有效孔径（EOS）或表观孔径（AOS）表示能有效通过的最大颗粒直径。目前具体试验方法有 2 种：干筛法（GB/ T 14799）和湿筛法（GB/ T 17634）。干筛法相对较简便但振筛时易产生静电，颗粒容易集结。湿筛法是根据 ISO 标准新制订的，在理论上可消除静电的影响，但因喷水后产生表面张力，集结现象并不能完全消除。两种标准的颗粒准备也不一样，干法标准制备是分档颗粒（从 0.05～0.07mm 至 0.35～0.4mm 分成 9 档），逐档放于振筛上（以土工布作为筛布）得出一系列不同粒径的筛余率，当某一粒径的筛余率等于总量的 90%或 95%时，该粒径即为该土工布的表观孔径或有效孔径，相应用 O90 或 O95 表示。至于湿法则采用混合颗粒（按一定的分布）经筛分后再测粒径，并求出有效孔径。目前国内应用的仍以干法为主。

短纤维针刺土工布是目前应用最广泛的非织造土工布之一。纤维经过开松混合、梳理（或气流）成网、铺网、牵伸及针刺固结最后形成成品，针刺形成的缠结强度足以满足铺放时的抗张应力，不会造成撕破、顶破。由于其厚度较大、结构蓬松，且纤维通道呈三维结构，过滤效率高，排水性能好。其渗透系数达 10^{-2}～10^{-1}，与砂粒滤料的渗透系数相当，但铺起来更方便，价格也不贵，因此用作反滤和排水最为合适。还具有一定的增强和隔离功能，也可以和其他土工合成材料复合，具有防护等多种功能。由于非织造土工布具有反滤和排水的特点，因此在水力学性能方面要特别予以重视，一是有效孔径；二是渗透系数。要利用非织造布多孔的性质，使孔隙分布有利于截留细小颗粒泥土又不至于淤堵，这必须结合工程的具体要求，予以满足。

机织布材料有长丝机织布和扁丝机织布两种，材料以聚丙烯为主。它应用于制作反滤布的土工模袋为多。机织土工布具有强度高、延伸率低的特点，广泛使用在水利工程中，用作防汛抢险、土坡地基加固、坝体加筋、各种防冲工程及堤坝的软基处理等。其缺点是过滤性和水平渗透性差，孔隙易变形，孔隙率低，最小孔径在 0.05～0.08mm，难以阻隔 0.05mm 以下的微细土壤颗粒；当机织布局部破损或纤维断裂时，易造成纱线绽开或脱落，出现的孔洞难以补救，因而应用受到一定限制。

6.3　渗透设施计算

6.3.1　规定渗透设施渗透量计算公式。

本条采用的公式为地下水层流运动的线性渗透定律，又称达西定律。

式中 α 为安全系数，主要考虑渗透设施会逐渐积淀尘土颗粒，使渗透效率降低。北方尘土多，应取低值，南方较洁净，可取高值。

水力坡降 J 是渗透途径长度上的水头损失与渗透途径长度之比，其计算式为：

$$J = \frac{J_s + Z}{J_s + \frac{Z}{2}}$$

式中　J_s——渗透面到地下水位的距离（m）；

Z——渗透面上的存水深度（m）。

当渗透面上的存水深 Z 与该面到地下水位的距离 J_s 相比很小时，则 $J\approx1$。为安全计，当存水深 Z 较大时，一般仍采用 $J=1$。

本条公式的用途有两个：

1 根据需要渗透的雨水设计量求所需要的有效渗透面积；

2 根据设计的有效渗透面积求各时间段对应的渗透雨量。

6.3.2 规定土壤渗透系数的获取。

土壤渗透系数 K 由土壤性质决定。在现场原位实测 K 值时可采用立管注水法、圆环注水法，也可采用简易的土槽注水法等。城区土壤多为受扰动后的回填土，均匀性差，需取大量样土测定才能得到代表性结果。实测中需要注意应取入渗稳定后的数据，开始时快速渗透的水量数据应剔除。

土壤渗透系数表格中的数据取自刘兆昌等主编的《供水水文地质》。

6.3.3 规定各种形式的渗透面有效渗透面积折算方法。

1 水平渗透面是笼统地指平缓面，投影面积指水平投影面积；

2 有效水位指设计水位；

3 实际面积指 1/2 高度下方的部分。

6.3.4 规定渗透设施内蓄积雨水量的确定方法。

渗透设施（或系统）的产流历时概念：一场降雨中，进入渗透设施的雨水径流流量从小变大再逐渐变小直至结束，过程中间存在一个时间段，在该时间段上进入设施的径流流量大于渗透设施的总入渗量。这个时间段即为产流历时。

本条公式中最大值 Max（W_c-W_s）可如下计算：

步骤 1：对 W_c-W_p 求时间（降雨历时）导数；

步骤 2：令导数等于 0，求解时间 t，t 若大于 120min 则取 120；

步骤 3：把 t 值代入 W_c-W_s 中计算即得最大值。

降雨历时 t 高限值取 120min 是因为降雨强度公式的推导资料采用 120min 以内的降雨。

如上计算出的最大值如果大于按条文中（4.2.1-1）式计算的日雨水设计总量，则取小者。根据降雨强度计算的降雨量与日降雨量数据并不完全吻合，所以需作比较。

用（4.2.1-1）式计算日雨水设计总量时注意：汇水面积 F 按（6.3.5）式中的 F_y+F_0 取值。

求解 Max（W_c-W_s）还可按如下列表法计算：

步骤 1：以 10min 为间隔，列表计算 30、40、…、120min 的 W_c-W_s 值；

步骤 2：判断最大值发生的时间区间；

步骤 3：在最大值发生区间细分时间间隔计算 W_c-W_s，即可求出 Max（W_c-W_s）。

6.3.5 规定渗透设施的进水量计算公式。

本条公式（6.3.5）引自《全国民用建筑工程设计技术措施——给水排水》。集水面积指客地汇水面积，需注意集水面积 F_y 的计算中不附加高出集雨面的侧墙面积。

6.3.6 规定渗透设施的存储容积下限值。

存储容积 V_s 中包括填料（当有填料时）的容积。例如渗透管的 V_s 包含两部分：一部分是穿孔管内的容积，另一部分是管周围填料层所占的容积。穿孔管内无填料，孔隙率为 1，但计算中一般简化为按填料层孔隙率统一计算。入渗井存储容积中无填料部分占比例较大，应对井内和填料层的孔隙率分别计算。

存储空间中高于排水水位的那部分容积不计入存储容积 V_s，见图 17。比如小区中传统的雨水管道排除系统，管道中任一点的空间都高于下游端检查井内的排水口标高，雨水无法存储停留，故存储容积 $V_s=0$。

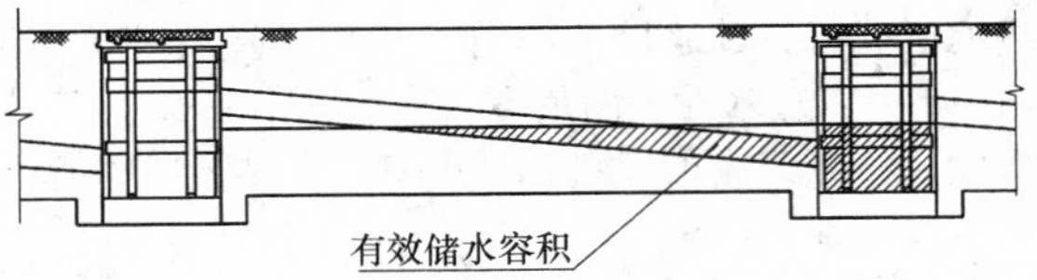

图 17 存储容积

6.3.7 推荐绿地入渗计算的简化处理方法。

根据表 9 可以看出，绿地径流系数随降雨频率的升高而减小，当设计频率大于 20%，即设计重现期小于 5 年时，受纳等量面积（$F_{汇}/F_{绿}=1$）客地雨水的下凹绿地的径流系数应小于 0.22，所以，只要下凹绿地受纳的雨水汇水面积（包括绿地本身面积）不超过该绿地面积的 2 倍，相当于绿地受纳的客地汇水面积不超过该绿地的 1 倍，则绿地的径流系数和汇水面积的综合径流系数就小于 0.22，从而实现 4.1.5 条的要求。

7 雨水储存与回用

7.1 一般规定

7.1.1 规定雨水收集部位。

屋面雨水水质污染较少，并且集水效率高，是雨水收集的首选。广场、路面特别是机动车道雨水相对较脏，不宜收集。绿地上的雨水收集效率非常低，不经济。

图 18 表明了雨水集水面的污染程度与雨水收集回用系统的建设费及维护管理费之间的关系。要特别注意，雨水收集部位不同会给整个系统造成影响。也就是说，从污染较小的地方收集雨水，进行简单的沉淀和过滤就能利用；从高污染地点收集雨水，要设置深度处理系统，这是不经济的。

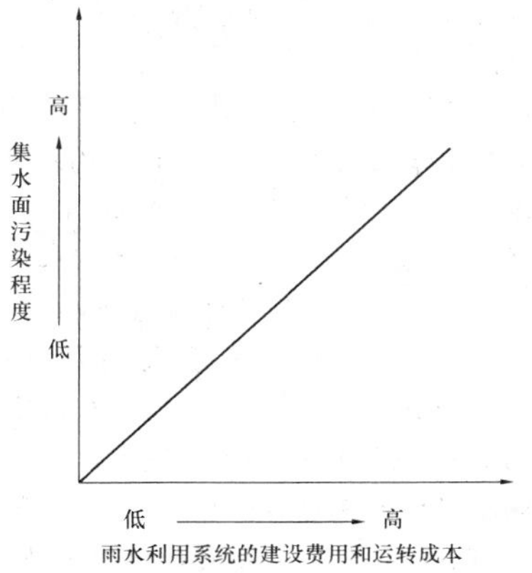

图 18　雨水收集回用系统的费用示意

7.1.2　规定雨水收集回用系统的水量平衡。

1　降雨重现期取 1～2 年是根据 4.1.5 条制定的。

2　回用系统的最高日用水量根据 3.2 节的用水定额计算，计算方法见现行国家标准《建筑给水排水设计规范》GB 50015。集水面日雨水设计总量根据（4.2.1-1）式计算。此款相当于管网系统有能力把日收集雨水量约 3 日内或更短时间用完。对回用管网耗用雨水的能力提出如此高的要求主要基于以下理由：

1） 条件具备。建设用地内雨水的需用量很大，比如公共建筑项目中的水体景观补水、空调冷却补水、绿地和地面浇洒、冲厕等用水，都可利用雨水，而汇集的雨水很有限，千平方米汇水面的日集雨量一般只几十立方米。只要尽量把可用雨水的部位都用雨水供应，则雨水回用管网的设计用水量很容易达到不小于日雨水设计总量 40％的要求。

2） 提高雨水的利用率。管网耗用雨水的能力越大，则蓄水池排空得越快，在不增加池容积的情况下，后续的降雨（比如连续 3d、7d 等）都可收集蓄存进来，提高了水池的周转利用率或雨水的收集效率，或者说所需的储存容积相对较小，使回用雨水相对经济。

雨水利用还有其他的水量平衡方法，比如月平衡法，年平衡法。

3） 雨水量非常充沛足以满足需用量的地区或项目，雨水需用量小于可收集量，这种条件下，回用管网的用水应尽量由雨水供应，不用或少用自来水补水。在降雨最多的一个月，集雨量宜足以满足月用水量，做到不补自来水，而在其他月份，降雨量小从而集雨量减少，再用自来水补充。

7.1.3　规定雨水储存设施的设置规模。

本条规定了两种方法确定雨水储存设施的有效容积。

第一种方法计算简单，需要的数据也少。要求雨水储存设施能够把设计日雨水收集量全部储存起来，进行回用。这里未考虑让部分雨水溢流流失，也未折算雨水池蓄水过程中会有一部分雨水进入处理设施，故池容积偏大偏保守些。

第二种方法需要计算机模拟计算，并需要一年中逐日的降雨量和逐日的管网用水量资料。此方法首先设定大小不同的几个雨水蓄水池容积 V，并分别计算每个容积的年雨水利用率和自来水替代率，然后根据费用数学模型进行经济分析比较，确定其中的一个容积。年雨水利用率和自来水替代率的计算流程见图 19。

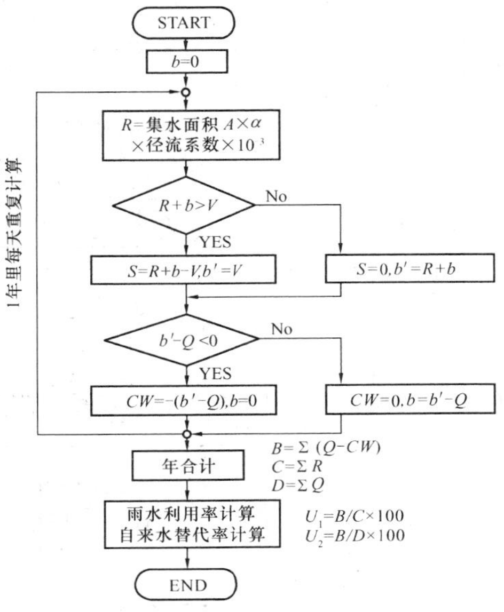

A：集水面积［m^2］

Q：雨水用量［m^3/d］

V：雨水储存池容积［m^3］

a：降水量［mm/d］

b：雨水储水量［m^3］

b'：溢流量计算后的 b［m^3］

CW：自来水补水量［m^3/d］

S：溢流水量［m^3/d］

B：年雨水利用量［m^3/a］

C：年雨水收集量［m^3/a］

D：年用水量［m^3/a］

U_1：雨水利用率［％］

U_2：自来水替代率［％］

图 19　年雨水利用率和自来水替代率计算流程图

计算机模拟计算中，各符号与本规范的符号对应关系为：R—W，A—F，a—h_y

流程图的计算步骤如下：

1) 已知某日降雨资料 a（mm/d），可以推求雨水设计量 R（m³/d）：

R=汇水面积 A（m²）×a×径流系数×10^{-3}

2) 已知雨水设计量 R、雨水蓄水池 V（m³）和雨水蓄水池储水量 b（m³）=0，可以推求雨水蓄水池溢流量 S（m³/d）：

当 $R+b>V$ 时，$S=R+b-V$

当 $R+b<V$ 时，$S=0$

3) 此时的雨水储存量 b'（m³）求解为：

当 $R+b>V$ 时，$b'=V$

当 $R+b<V$ 时，$b'=R+b$

4) 根据蓄水池储水量 b' 和使用水量 Q，可以求出自来水补给量 CW（m³）：

当 $b'-Q<0$ 时，$CW=-(b'-Q)$

当 $b'-Q>0$ 时，$CW=0$

5) 此时的雨水蓄水池储水量 b''（m³）求解为：

当 $b'-Q<0$ 时，$b''=0$

当 $b'-Q>0$ 时，$b''=b'-Q$

6) 把 b'' 作为 b，可以进行第二天的计算。

7) 由一整年的降雨资料，进行 1）～6）重复计算。

8) 由以上计算结果，可以根据下式算出年雨水利用量 B（m³/年），年雨水收集量 C（m³/年）和年使用量 D（m³/年）：

$$B=\sum(Q-CW),C=\sum R,D=\sum Q$$

下面求解雨水利用率（%）和自来水替代率（%），见下式：雨水利用率（%）=B÷C×100=雨水利用量÷雨水收集量×100

自来水替代率（%）=B÷D×100

=雨水利用量÷使用水量×100

=雨水利用率×雨水收集量÷使用水量

注：使用水量=雨水利用量+自来水补给量

模拟计算中水量均衡概念见图 20。

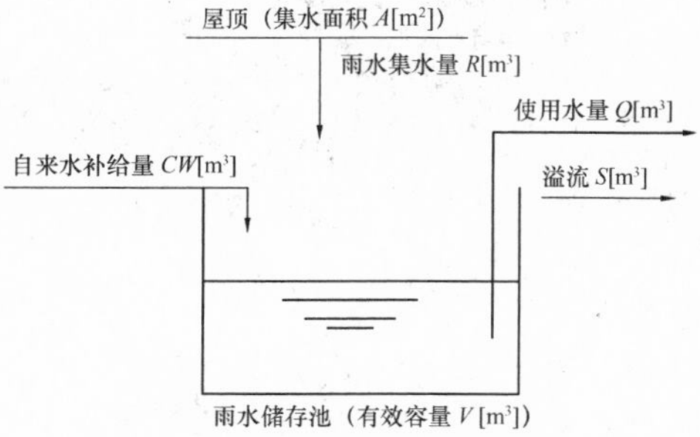

图 20 雨水储存池的水量均衡概念图

上述模拟计算方法的基础数据是逐日降雨量和逐日用水量，而工程设计中，管网中的逐日用水量如何变化是未知的（本规范 3.2 节的用水定额不可作为逐日用水量），这使得计算几乎无法完成，正如给水系统、热水系统中的储存容积计算一样。用最高日用水量或平均日用水量代替逐日用水量都会使计算结果失真。

7.1.4 推荐水面景观水体用于储存雨水。

水面景观水体的面积一般较大，可以储蓄大量雨水，做法是在水面的平时水位和溢流水位之间预留一定空间，如 100～300mm 高度或更大。

7.1.5 雨水设计径流总量中有 10%左右损耗于水质净化过程和初期径流雨水弃流，故可回用量为 90%左右。

7.1.6 规定雨水清水池的容积。

管网的供水曲线在设计阶段无法确定，水池容积一般按经验确定。条文中的数字 25%～35%，是借鉴现行国家标准《建筑中水设计规范》GB 50336。

7.2 储存设施

7.2.1 推荐雨水蓄水池（罐）设置位置。

雨水蓄水池（罐）设在室外地下的益处是排水安全和环境温度低、水质易保持。水池人孔或检查孔设双层井盖的目的是保护人身安全。

雨水蓄水池（罐）也可以设在其他位置，参见表 18。

表 18 雨水蓄水池设置位置

设置地点	图 示	主 要 特 点
设置在屋面上	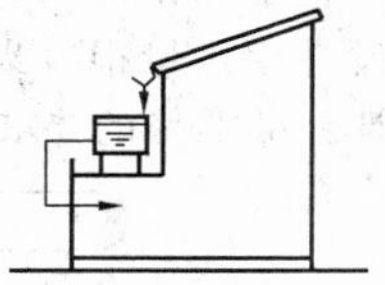	1）节省能量，不需要给水加压 2）维护管理较方便 3）多余雨水由排水系统排除
设置在地面	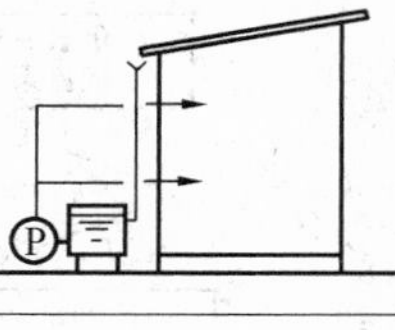	维护管理较方便
设置于地下室内，能重力溢流排水	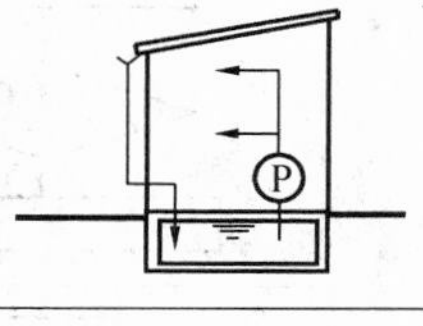	1）适合于大规模建筑 2）充分利用地下空间和基础
设置于地下室内，不能重力溢流排水	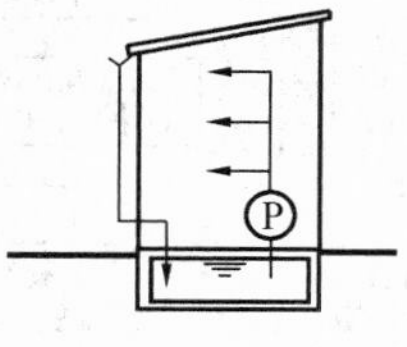	必须设置安全的溢流措施

7.2.2 规定储存设施应有溢流措施。

雨水收集系统的蓄水构筑物在发生超过设计能力降雨、连续降雨或在某种故障状态时，池内水位可能超过溢流水位发生溢流。重力溢流指靠重力作用能把溢流雨水排放到室外，且溢流口高于室外地面。

7.2.3 规定溢流能力要求。

溢流排水能力只有比进水能力大，才能保证系统安全性。通常，溢流管比进水管管径大一级是给水容器中的常规做法。

7.2.4 规定室内蓄水池不能重力溢流时的设置方法。

本条规定的目的是保证建筑物地下室不因降雨受淹。

1 室内蓄水池的溢流口低于室外路面时，可采用两种方式排除溢流雨水，自然溢流或设自动提升设备。当采用自动提升设备排溢流雨水时，可采用图21所示方式设置溢流排水泵。溢流提升设备的排水标准取50年重现期参照的是现行国家标准《建筑给水排水设计规范》GB 50015屋面溢流标准。德国雨水利用规范中取的是100年重现期。

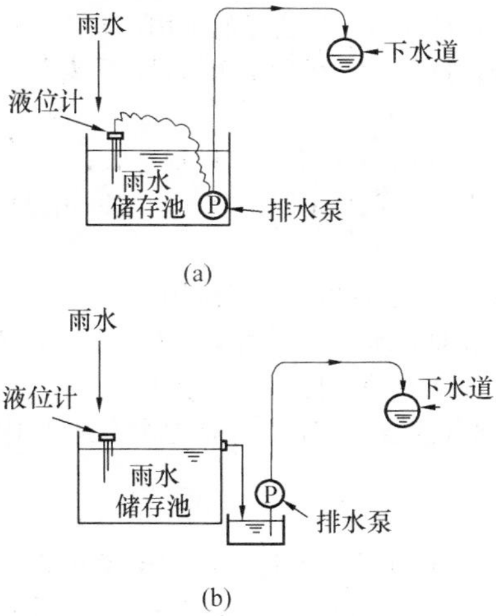

图21 溢流排水方式示意

（a）排水泵设于雨水储存池内；

（b）排水泵设于雨水储存池外

2 当不设溢流提升设备时，可采用雨水自然溢流。但由于溢流口低于室外路面，则路面发生积水时会使雨水溢流不出去，甚至室外雨水倒灌进室内蓄水池。所以采用这种方式处理溢流雨水时应采取防止雨水进入室内的措施。采取的措施有多种，最安全的措施是蓄水池、弃流池与室内地下室空间隔开，使雨水进不到地下室内。另一种措施是地下雨水蓄水池和弃流池密闭设置，当溢流发生时不使溢流雨水进入室内，检查口标高应高于室外自然地面。由于蓄水构筑物可能被全部充满，必须设置的开口、孔洞不可通往室内，这些开口包括人孔、液位控制器或供电电缆的开口等等，采用连通器原理观察液位的液位计亦不可设在建筑物室内。

3 地下室内雨水蓄水池发生的溢流水量有难以预测的特点，出现溢流时特别是需设备提升溢流雨水时应人员到位，应付不测情况，这是设置溢流报警信号的主要目的。

4 设置超越管的作用是蓄水池故障时屋面雨水仍能正常排到室外。

7.2.5 规定蓄水池进、出水的设置要求。

出水和进水都需要避免扰动沉积物。出水的做法有：设浮动式吸水口，保持在水面下几十厘米处吸水；或者在池底吸水，但吸水口端设矮堰与积泥区隔开等。进水的做法是淹没式进水且进水口向上、斜向上或水平。图22所示为浮动式吸水口和上向进水口。

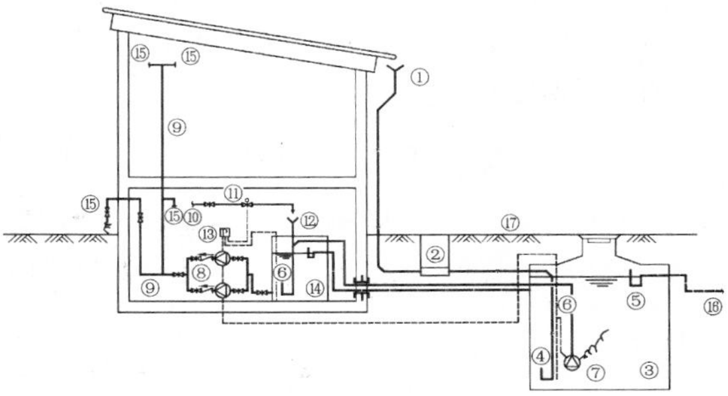

图22 雨水蓄存利用系统示意

①屋面集水与落水管；②滤网；③雨水蓄水池；④稳流进水管；⑤带水封的溢流管；⑥水位计；⑦吸水管与水泵；⑧泵组；⑨回用水供水管；⑩自来水管；⑪电磁阀；⑫自由出流补水口；⑬控制器；⑭补水混合水池；⑮用水点；⑯渗透设施或下水道；⑰室外地面

进水端均匀进水方式包括沿进水边设溢流堰进水或多点分散进水。

7.2.6、7.2.7 规定蓄水池构造方面的部分要求。

检查口或人孔一般设在集泥坑的上方，以便于用移动式水泵排泥。检查口附近的给水栓用于接管冲洗池底。

有的成品装置（型材拼装）把蓄水池和水质处理合并为一体，其中设置分层沉淀板，高效沉淀，自动集泥，故池底板无需集泥，可不再需要坡度。

7.2.8 规定蓄水池无排泥设施时的处置方法。

当不具备设置排泥设施或排泥确有困难时，应在雨水处理前自动冲洗水池池壁和将蓄水池内的沉淀物与水搅匀，随净化系统排水将沉淀物排至污水管道，以免在蓄水池内过量沉淀。可采用图23所示方式利用池水作为冲洗水源，由自动控制系统控制操作。

搅拌系统应确保在工作时间段内将池水与沉淀物充分有效均匀混合。

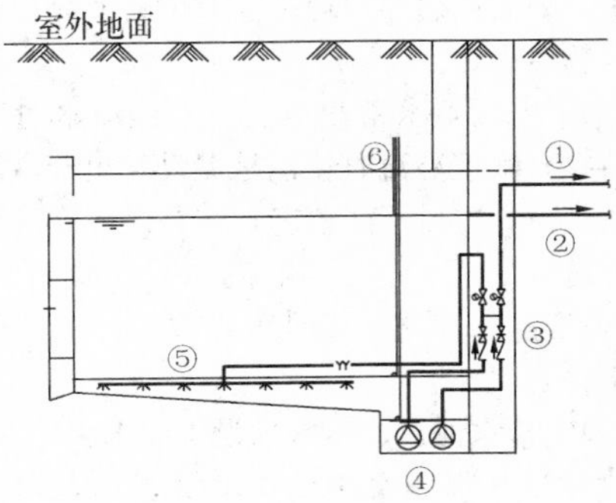

图 23 无排泥设施蓄水池做法示意
①至处理系统；②溢流管；③控制阀门；④雨水处理提升泵；⑤搅拌冲洗系统；⑥液位控制器

7.2.10 国内外资料显示，蓄水池材料可选用塑料、混凝土水池表面涂装涂料、钢板水箱表面涂装防腐涂料等多种方式，在材料选择中应注意选择环保材料，表面应耐腐蚀、易清洁。

7.3 雨水供水系统

7.3.1 强制性条文。此条规定是落实总则中“严禁回用雨水进入生活饮用水给水系统”要求的具体措施之一。

管道分开设置禁止两类管道有任何形式的连接，包括通过倒流防止器等连接。管道包括配水管和水泵吸水管等。

7.3.2 规定雨水回用系统设置自动补水及其要求。

雨水回用系统很难做到连续有雨水可用，因此须设置稳定可靠的补水水源，并应在雨水储罐、雨水清水池或雨水供水箱上设置自动补水装置，对于只设雨水蓄水池的情况，应在蓄水池上设置补水。在非雨季，可采用补水方式，也可关闭雨水设施，转换成其他系统供水。

1 补水可能是生活饮用水，也可能是再生水，要特别注意补充的再生水水质不可低于雨水的水质。

2 雨水供应不足应在如下情况下进行补水：

1) 雨水蓄水池里没有了雨水；

2) 雨水清水池里的雨水已经用完。

发生任何一种情况便应启动补水。

补水水位应满足如下要求：补水结束时的最高水位之上应留有容积，用于储存处理装置的出水，使雨水处理装置的运行不会因补水而被迫中断。

3 补水流量一般不应小于管网系统的最大时水量。

7.3.3 强制性条文。规定生活饮用水做补水的防污染要求。

生活饮用水补水管出口，最好不进入雨水池（箱）之内，即使设有空气隔断措施。补水可在池（箱）外间接进入，特别是向雨水蓄水池补水时。池外补水方式可参见图 22。

7.3.4 规定雨水供水管网的覆盖范围。

雨水供水管网的供应范围应该把水量平衡计算中耗用雨水的用水部位都覆盖进来，才能使收集的雨水及时供应出去，保证雨水利用设施发挥作用。工程中有条件时，雨水供水管网的供水范围应尽量比水量计算的部位扩大一些，以消除计算与实际用水的误差，确保雨水能及时耗用掉，使雨水蓄水池周转出空余容积收集可能的后续雨水。

7.3.5 推荐不同水质的用水分质供水。

这是一种比较特殊的情况。雨水一般可有多种用途，有不同的水质标准，大多采用同一个管网供水，同一套水质处理装置，水质取其中的最高要求标准。但是有这样一种情况：标准要求最高的那种用水的水量很小，这时再采用上述做法可能不经济，宜分开处理和分设管网。

7.3.6 规定雨水系统的供水方式和计算要求。

供水方式包括水泵水箱的设置、系统选择、管网压力分区等。

水泵选择和管道水力计算包括用水点的水量水压确定、设计秒流量计算公式的选用、管道的压力损失计算和管径选择、水泵和水箱水罐的参数计算与选择等。

7.3.7 规定补水管和供水管设置水表。

设置水表的主要作用是核查雨水回用量以及经济核算。

7.3.8 推荐雨水管道的管材选用。

雨水和自来水相比腐蚀性要大，宜优先选用管道内表面为非金属的管材。

7.3.9 强制性条文。规定保证雨水安全使用的措施。

7.4 系统控制

7.4.1 推荐雨水收集回用系统的控制方式。

降雨属于自然现象，降雨的时间、雨量的大小都具有不确定性，雨水收集、处理设施和回用系统应考虑自动运行，采用先进的控制系统降低人工劳动强度、提高雨水利用率，控制回用水水质，保障人民健康。给出的三种控制方式是电气专业的常规做法。

7.4.3 推荐对设备运行状态监控。

对水处理设施的自动监控内容包括各个工艺段的出水水质、净化工艺的工作状态等。回用水系统内设备的运行状态包括蓄水池液位状态、回用水系统的供水状态、雨水系统的可供水状态、设备在非雨季时段内的可用状态等。并能通过液位信号对系统设备运行实施控制。

7.4.4 推荐净化设备自动控制运行。

降雨具有季节性，雨季内的降雨也并非连续均匀。由于雨水回用系统不具备稳定持续的水源，因此雨水净化设备不能连续运转。净化设备开、停等应由雨水蓄水池和清水池的水位进行自动控制。

7.4.5 规定常规监控内容。

水量计量可采用水表，水表应在两个部位设置，一个部位为补水管，另一个部位是净化设备的出水管或者是向回用管网供水的干管上。

7.4.6 规定补水自动进行。

雨水收集、处理系统作为回用水系统供水水源的一个组成部分，本身具有水量不稳定的缺点，回用水系统应具有如生活给水、中水给水等其他供水水源。当采用其他供水水源向雨水清水池补水的方式时，补水系统应由雨水清水池的水位自动控制。清水池在其他水源补水的满水位之上应预留雨水处理系统工作所需要的调节容积。

8 水质处理

8.1 处理工艺

8.1.1 规定确定雨水处理工艺的原则。

影响雨水回用处理工艺的主要因素有：雨水能回收的水量、雨水原水水质、雨水回用部位的水质要求，三者相互联系，影响雨水回用水处理成本和运行费用。在工艺流程选择中还应充分考虑其他因素，如降雨的随机性很大，雨水回收水源不稳定，雨水储蓄和设备时常闲置等，目前一般雨水利用尽可能简化处理工艺，以便满足雨水利用的季节性，节省投资和运行费用。

8.1.2 推荐雨水处理中所采用的常规技术。

雨水的可生化性很差（详见3.1.2条说明），因此推荐雨水处理采用物理、化学处理等便于适应季节间断运行的技术。

雨水处理是将雨水收集到蓄水池中，再集中进行物理、化学处理，去除雨水中的污染物。目前给水与污水处理中的许多工艺可以应用于雨水处理中。

8.1.3 推荐屋面雨水的常规处理工艺。

确定屋面雨水处理工艺的原则是力求简单，主要原因是：第一，屋面雨水经初期径流弃流后水质比较洁净；第二，降雨随机性较大，回收水源不稳定，处理设施经常闲置。

1 此工艺的出水当达不到景观水体的水质要求时，考虑利用景观水体的自然净化能力和水体的处理设施对混有雨水的水体进行净化。当所设的景观水体有确切的水质指标要求时，一般设有水体净化设施。

2 此处理工艺可用于原水较清洁的城市，比如环境质量较好或雨水频繁的城市。

3 根据北京水科所的实际工程运行经验，当原水COD_{cr}在100mg/L左右时，此工艺对于原水的COD_{cr}去除率一般可达到50%左右。

8.1.4 规定较高水质要求时的处理措施。

用户对水质有较高的要求时，应增加相应的深度处理措施，这一条主要是针对用户对水质要求较高的场所，其用水水质应满足国家有关标准规定的水质，比如空调循环冷却水补水、生活用水和其他工业用水等，其水处理工艺应根据用水水质进行深度处理，如混凝、沉淀、过滤后加活性炭过滤或膜过滤等处理单元等。

8.1.5 推荐消毒方法。

本条是根据经验推荐雨水回用水的消毒方式，一般雨水回用水的加氯量可参考给水处理厂的加氯量。依据国外运行经验，加氯量在2～4mg/L左右，出水即可满足城市杂用水水质要求。

8.1.6 雨水处理过程中产生的沉淀污泥多是无机物，且污泥量较少，污泥脱水速度快，一般考虑简单的处置方式即可，可采用堆积脱水后外运等方法，一般不需要单独设置污泥处理构筑物。

8.2 处理设施

8.2.1 规定雨水处理设施的处理能力。

根据7.1.2条第2款，回用系统的日用雨水能力W_y应大于$0.4W$，并且当大于W时，W_y宜取W。

雨水处理设备的运行时间建议取每日12～16h。

8.2.2 规定雨水蓄水池的设计。

雨水在蓄水池中的停留时间较长，一般为1～3d或更长，具有较好的沉淀去除效率，蓄水池的设置应充分发挥其沉淀功能。另外雨水在进入蓄水池之前，应考虑拦截固体杂物。

8.2.3 推荐过滤处理的方式。

石英砂、无烟煤、重质矿石等滤料构成的快速过滤装置，都是建筑给水处理中一些较成熟的处理设备和技术，在雨水处理中可借鉴使用。雨水过滤设备采用新型滤料和新工艺时，设计参数应按实验数据确定。当雨水回用于循环冷却水时，应进行深度处理。深度处理设备可以采用膜过滤和反渗透装置等。

9 调蓄排放

9.0.1、9.0.2 规定调蓄池的设置位置和方式。

随着城市的发展，不透水面积逐渐增加，导致雨水流量不断增大。而利用管道本身的空隙容积来调节流量是有限的。如果在雨水管道设计中利用一些天然洼地、池塘、景观水体等作为调蓄池，把雨水径流的高峰流量暂存在内，待洪峰径流量下降后，再从调节池中将水慢慢排出，由于调蓄池调蓄了洪峰流量，削减了洪峰，这样就可以大大降低下游雨水干管的管径，对降低工程造价和提高系统排水的可靠性很有意义。

此外，当需要设置雨水泵站时，在泵站前如若设置调蓄池，则可降低装机容量，减少泵站的造价。

若没有可供利用的天然洼地、池塘或景观水体作调蓄池，亦可采用人工修建的调蓄池。人工调蓄池的布置，既要考虑充分发挥工程效益，又要考虑降低工程造价。

9.0.3 推荐调蓄池的设置类型。

1 溢流堰式调蓄池

调蓄池通常设置在干管一侧，有进水管和出水管。进水较高，其管顶一般与池内最高水位持平；出水管较低，其管底一般与池内最低水位持平。

2 底部流槽式调蓄池

雨水从池上游干管进入调蓄池，当进水量小于出水量时，雨水经设在池最低部的渐缩断面流槽全部流入下游干管而排走。池内流槽深度等于池下游干管的直径。当进水量大于出水量时，池内逐渐被高峰时的多余水量所充满，池内水位逐渐上升，直到进水量减少至小于池下游干管的通过能力时，池内水位才逐渐下降，至排空为止。

9.0.4 推荐调蓄设施的规模。

推荐调蓄排放系统的降雨设计重现期取2年是执行4.1.5条的规定。

9.0.5 推荐调蓄池容积和排水流量的计算方法。

公式（9.0.5）类似于渗透设施的蓄积雨水量计算式（6.3.4），两式的主要差别是本条公式中用排放水量$Q't_m$取代了渗透量W_s，另外进水量Qt_m（相当于W_c）不再乘系数1.25。

本条两个公式中的Q和W都按4.2.1条公式计算，计算中需注意汇水面积的计算中不附加高出集雨面的侧墙面积。排空时间取6～12h为经验数据。

9.0.6 推荐排空管道直径的确定方法。

向外排水的流量最高值发生在调蓄池中的最高水位之时，根据设计排水流量和调蓄池的设计水位，便可计算确定调蓄池出水管径和向市政排水的管径。

排水管道管径也可以根据排空时间方法确定。调蓄池放空时间按照水力学中变水头下的非稳定出流进行计算，按此原则确定池出水管管径。为方便计算，一般可按照调蓄池容积的大小，先估算出水管管径，然后按照调蓄池放空时间的要求校核选用的出水管管径是否满足。放空时间一般要求控制在12h以内。

10 施工安装

10.1 一般规定

10.1.1、10.1.2 规定施工的设计文件和队伍资质要求。

雨水利用工程包含了雨水收集、水质处理、室内外管道安装等内容，比常规的雨水管道系统涵盖的内容多，系统复杂，施工要求更加严格。施工过程是雨水利用系统的一个关键环节，施工时是否按照经所在地行政主管部门批准的图纸施工、是否采用正确的材料、处理设备安装调试是否达到要求，渗透设施的施工能否满足设计要求的雨水量等都可能对雨水利用系统产生重要影响。因此施工前，施工单位应熟悉设计文件和施工图，深入理解设计意图及要求，严格按照设计文件、相应的技术标准进行施工，不得无图纸擅自施工，施工队伍必须有国家统一颁发的相应资质证书。

10.1.3 规定施工人员的基本要求。

由于设计可能采用不同材质的管道，每种管道有其各自的材料特点，因此施工人员均必须经过相应管道的施工安装技术培训，以确保施工质量。

10.1.5 规定雨水入渗工程施工前的必要工作。

雨水渗透设施在施工前，应根据施工场地的地层构造、地下水、土壤、周边的土地利用以及现场渗透实验所得出的渗透量，校核采用的渗透设施是否满足设计要求。

10.1.6 规定渗透填料的技术要求。

雨水渗透设施采用的粗骨料一般为粒径20～30mm的卵石或碎石，骨料应冲洗干净。

10.1.7 对屋面雨水系统的施工更改提出程序要求。

屋面雨水特别是虹吸式屋面雨水收集系统是设计单位在对系统进行了详细的水力计算的基础上进行的设计，施工单位在施工过程中更改设计，如管材的变化、管径的调整、管道长度的更改等，都会破坏系统的水力平衡，破坏虹吸产生的条件。

10.2 埋地渗透设施

10.2.1 规定渗透设施施工的总体要求。

渗透设施的渗透能力依赖于设置场所土壤的渗透能力和地质条件。因此，在渗透设施施工安装时，不得损害自然土壤的渗透能力是十分重要的，必须予以充分的重视。注意事项如下：

1 事前调查包括设置场所地下埋设构筑物调查；周边地表状况和地形坡度调查；地下管线和排水系统调查，并确定渗透设施的溢流排水方案；分析雨水入渗造成地质危害的可能性；

2 选择施工方法要考虑其可操作性、经济性、安全性。根据用地场所的制约条件确定人力施工或机械施工的施工方案；

3 工程计划要制定出每一天适当的作业量，为了保护渗透面不受影响，应注意开挖面不可隔夜施工。施工应避开多雨季节，降雨时不应施工。

10.2.2～10.2.4 对渗透设施的施工过程提出技术要求。

入渗井、渗透雨水口、渗透管沟、入渗池等渗透设施应保证施工安装的精确度，对成套成品应有可靠的成品保护措施，施工现场应保证清洁，防止泥沙、石料等混入渗透设施内，影响渗透能力和设施的正常使用。

1 土方开挖工作可用人工或小型机械施工，在有滑坡危险的山地区域，应有护坡保土措施。在采用机械挖掘时，挖掘工作从地面向下进行，表面用铁锹等器具剥除。剥落的砂土要予以排除。在用铁锹等进行人工挖掘时，应对侧面做层状剥离，切成光滑面。为了保护挖掘底面的渗透能力，应避免用脚踏实。应尽力避免超挖，在不得已产生超挖时，不得用超挖土回填，应用碎石填充。在挖掘过程中，发现与当初设想的土壤不符时，应从速与设计者商议，采取切实可行的对策。

2 沟槽开挖后，为保护底面应立即铺砂，但是地基为砂砾时可以省略铺砂。铺砂用脚轻轻的踏实，不得用滚轮等机械碾压。砂用人工铺平。

3 为防止砂土进入碎石层影响储存和渗透能力、可能产生的地面沉陷，充填碎石应全面包裹土工布。透水土工布应选用其孔隙率相当的产品，防止砂土侵入。为便于透水土工布的作业，对挖掘面作串形固定。

4 为防止砂土混入碎石，应从底面向上敷设土工布；碎石投放可用人工或机械施工，注意不要造成土工布的陷落；充填碎石时为防止下沉和塌陷进行的碾压应以不影响碎石的透水能力和储留量为原则，碾压的次数和方法要予以充分考虑。

5 成品井体、管沟等应轻拿轻放，宜采用小型机械运输工具搬运，严禁抛落、踩压等野蛮施工。井体的安装应在井室挖掘后快速进行，施工中应协调砾石填充和土工布的敷设，避免造成土工布的陷落和破损。当采用砌筑的井体时，井底和井壁不应采用砂浆垫层或用灰浆勾缝防渗。施工期间井体应做盖板，埋设时防止砂土流入。井体接好后，再接连接管（集水管、排水管、透水管等），最后安装防护筛网。

6 渗透管沟的坡度和接管方向应满足设计要求，当使用底部不穿孔的穿孔管沟时，应注意管道的上下面朝向。

7 渗透管沟施工完毕后，对填埋的回填土宜采用滚轮充分碾压。由于碎石之间相互咬合，可能引起初期下沉，回填后 1～2d 应该注意观察并修补。回填土壤上部应使用优良土壤。

8 工程完工后，进行多余材料整理和清扫工作，泥沙等不可混入渗透设施内。

9 工程完工后应进行渗透能力的确认，在竣工时，选定几个渗透设施，根据注水试验确定其渗透能力。渗透管沟在其长度很长的情况下，注水试验要耗用大量的水，预先选 2～3m 试验区较好。此举便于长年测定渗透能力的变化。注水试验原则上采用定水位法，受条件限制也可以用变水位法。

10.3 透 水 地 面

10.3.2 规定透水地面基层的施工要求。

基层开挖不应扰乱路床，开挖时防止雨水流入路床，施工做好排水。采用人工或小型压路机平整路床，尽量不破坏路床，并保证路基的平整度，做好路面的纵向坡度。路基碾压一般使用小型压实器或者小型压路器，要充分掌握路床土壤的特性，不得推揉和过碾压。火山灰质黏土含水量多，易造成返浆现象，使强度下降，施工中要充分注意排水。

10.3.3 规定透水地面透水垫层的施工要求。

透水垫层除了采用砂石外，还可采用透水性混凝土。透水性混凝土垫层所用水泥宜选用 P.O32.5、P.S32.5 以上标号，不得使用快硬水泥、早强水泥及受潮变质过期的水泥；所用石子应符合《普通混凝土用碎石或卵石质量标准及检验方法》JGJ 53－92 的有关规定，粒径应在 5～10mm 之间，单级配，5mm 以下颗粒含量不应大于 35%（体积比）。透水性混凝土垫层的配合比应根据设计要求，通过试验确定；透水性混凝土摊铺厚度应小于 300mm，应机械或人工方法进行碾压或夯实，使之达到最大密实度的 92% 左右。

10.3.5 规定透水面砖及其敷设要求。

透水面砖可采用透水性混凝土路面砖、透水性陶瓷路面砖、透水性陶土路面砖等透水性好、环保美观的路面砖，并应满足设计要求。透水路面砖应按景观设计图案铺设，铺砖时应轻拿轻放，采用橡胶锤敲打稳定，不得损伤砖的边角；透水砖间应预留 5mm 的缝隙，采用细砂填缝，并用高频小振幅振平机夯平。铺设透水路面砖前应用水湿润透水路基，透水砖铺设后的养护期不得少于 3d。

10.3.6 规定透水性混凝土面层及其施工要求。

为保证透水路面的整体透水效果和强度，混凝土垫层夏季施工要做好洒水养护工作；冬季（日最低气温低于 2℃）应避免无砂混凝土垫层施工。

透水性沥青混凝土按下列要求施工：

1）应使用人力或沥青修整器保证敷设均匀，在混合物温度未冷却时迅速施工。为确保规定的密度，混合材料不能分离。使用沥青修整器敷均时，必须人工修正。在温度降低时，有团块或沥青分离物，在敷均时注意予以剔除。

2）步行道碾压使用夯或小型压路机；车行道使用碎石路面压路机和轮胎压路机，确保路面平坦，特别是接缝处应仔细施工。

透水性水泥混凝土按下列要求施工：

1）在路盘上安好模板后，对路盘面进行清扫；

2）人工操作时用耙子敷均，用压实器压实，用刮板找平。

10.4 管道敷设

10.4.1 规定回用雨水管道在室外埋地敷设时的技术要求。

南方地区与北方地区温度差别较大，冻土层深度不一。一般情况下室外埋地管道均需敷设在冻土层以下。当条件限制必须敷设在冻土层内时，需采取可靠的防冻措施。

10.4.2 规定屋面雨水管道系统的试压要求。

室内的虹吸式屋面雨水收集管道必须有一定的承压能力，灌水实验时，灌水高度必须达到每根立管上部雨水斗，持续时间1h。管道、管件和连接方式要求的负压值，是保证系统正常工作的要求，避免管道被吸瘪。

10.5 设备安装

10.5.1 水处理设备的安装应按照工艺流程要求进行，任何安装顺序、安装方向的错误均会导致出水不合格。检测仪表的安装位置也对检测精度产生影响，应严格按照说明书进行安装。

11 工程验收

雨水利用工程可参照给水排水工程验收等相关规范、规程、规定，按照设计要求，及时逐项验收每道工序，并取样试验。另外，还应结合外形量测和直观检查，并辅以调查了解，使验收的结论定性、定量准确。

11.1 管道水压试验

11.1.1 规定埋地管道的试压要求。

雨水回用管道在回填土前，在检查井间管道安装完毕后，即应做闭水试验。并应符合现行国家标准《给水排水管道工程施工及验收规范》GB 50268中的有关要求。

11.1.2 规定雨水储存设施的试压要求。

敞口雨水蓄水池（罐）应做满水试验：满水试验静置24h观察，应不渗不漏；密闭水箱（罐）应做水压试验：试验压力为系统的工作压力1.5倍，在试验压力下10min压力不降，不渗不漏。

11.2 验　　收

11.2.1 规定须验收的项目内容。

雨水利用工程的验收，应根据有关规范、规程及地方性规定按系统的组成逐项进行。

1 工程布置。

验收应检查各组成部分是否齐全、配套，布置是否合理。验收可采用综合评判法，以能否提高雨水利用效率为前提。

2 雨水入渗工程。

雨水入渗工程的面积可采用量测法，其质量可采用直观检查法。雨水入渗工程雨水入渗性能符合要求、引水沟（管）渠、沟坎及溢流设施布置合理、雨水入渗工程尺寸不得小于设计尺寸。

3 雨水收集传输工程。

雨水收集传输应采用量测法与直观检查法。收集传输管道坡度符合要求，雨水口、雨水管沟、渗透管沟、入渗井以及检查井布置合理，收集传输管道长度与大小不得小于设计值。

4 雨水储存与处理工程。

工程容积检查宜采用量测法，工程质量可采用直观检查和访问相结合的方法，要求工程牢固无损伤，防渗性能好为原则，初期径流池、蓄水池、沉淀池、过滤池及配套设施齐全，质量符合要求。

5 雨水回用工程。

雨水回用工程可采用试运行法，雨水回用符合设计要求。

6 雨水调蓄工程。

雨水调蓄工程宜采用量测法和直观检查法，调蓄工程设施开启正常，工程尺寸和质量符合设计要求。

11.2.3 规定验收的文件内容。

管网、设备安装完毕后，除了外观的验收外，功能性的验收必不可少。管道是否畅通、流量是否满足设计要求、水质是否满足标准等等均须进行验收。不满足要求的部分施工整改后须重新验收，直至验收合格。本条要求的文件可反映系统的功能状况。

11.2.5 竣工资料的收集对工程质量的验收以及日后系统的维护、维修有着重要的指导作用，这一程序必不可少。

12 运行管理

12.0.1 规定设施运行管理的组织和任务。

雨水利用工程的管理应按照“谁建设，谁管理”的原则进行。为争取小区居民对雨水利用的支持，小区应进行雨水宣传，并纳入相关规定，以保障雨水利用设施的运行，对渗透设施实施长期、正确的维护，必须建立相应的管理体制。

为了确保渗透设施的渗透能力，保证公共设施使用人员和通行车辆的安全，应对渗透设施实行正常的维护管理。单一的渗透设施规模很小，而设备的件数又非常多，往往设在居民区、公园及道路等场所。对这些各种各样的设施，保持一定的管理水平，确定适当的管理体制是重要的。渗透设施的维护管理主体是居民和物业管理公司，雨水利用的效果依赖于政府管理机构、技术人员和普通市民的密切联系。单栋住宅的雨水利用设施与渗透设施并用，居民同时也是雨水利用设施的维护管理者，渗透设施的维护管理的必要性从认识上容易被忽视。设置在公共设施中的渗透设施，建设单位有必要通过有效合作，明确各方费用的分担、各自责任及管理方法。

12.0.3 规定雨水利用系统的各组成部分需要清扫和清淤。

特别是在每年汛期前，对渗透雨水口、入渗井、渗透管沟、雨水储罐、蓄水池等雨水滞蓄、渗透设施进行清淤，保障汛期滞蓄设施有足够的滞蓄空间和下渗能力，并保障收集与排水设施通畅、运行安全。

12.0.4 规定不得向雨水收集口排放污染物。

居住小区中向雨水口倾倒生活污废水或污物的现象较普遍，特别是地下室或首层附属空间住有租户的小区。这会严重破坏雨水利用设施的功能，运行管理中必须杜绝这种现象。

12.0.5 规定渗透设施的技术管理内容。

渗透设施的维护管理，着眼于持续的渗透能力和稳定性。渗透设施因空隙堵塞而造成渗透能力下降。在渗透设施接有溢水管时，能直观大体的判断机能下降的情况。

维护管理着重以下几方面：

1）维持渗透能力，防止空隙堵塞的对策，清扫的方法及频率，使用年限的延长。

2）渗透设施的维修、检查频率，井盖移位的修正，破损的修补，地面沉陷的修补。

3）降低维护管理成本，减少清扫次数，便于清扫等。

4）对居民、管理技术人员等进行普及培训。

维护管理的详细内容如下：

1）设施检查。

设施检查包括机能检查和安全检查。机能检查是以核定渗透设施的渗透机能为检查点，安全检查是以保证使用人员、通过人员及通行车辆安全以及排除对用地设施的影响所作的安全方面的检查。定期检查原则上每年一次。另外，在发布暴雨、洪水警报和用户投诉时要进行非常时期的特殊要求检查。年度检查应对渗透设施全部检查，受条件所限时，检查点可选择在砂土、水易于汇集处，减少检查频次和场所，减少人力和经济负担。渗透设施机能检查和安全检查内容见表19。

表19 渗透设施检查的内容

内容	机能检查	安全检查
检查项目	1. 垃圾的堆积状况。 2. 垃圾过滤器的堵塞状况。 3. 周边状况（裸地砂土流入的状况和现状），附近有无落叶树的状况。 4. 有无树根侵入状况	1. 井盖的错位。 2. 设施破损变形状况。 3. 地表下沉、沉陷情况
检查方法	1. 目视垃圾侵入状况。 2. 用量器测量垃圾的堆积量。 3. 确认雨天的渗透状况。 4. 用水桶向设施内注水，确认渗透情况	1. 设施外观目视检查。 2. 用器具敲打确定裂缝等情况
检查重点	1. 排水系统终点附近的设施。 2. 裸地和道路排水直接流入的设施。 3. 设在比周边地面低、雨水汇流区的设施。 4. 上部敞开的设施	1. 使用者和通行车辆多的地方。 2. 过去曾经产生过沉陷的场所
检查时间	1. 定期检查：原则上每年一次以上。 2. 不定期检查： 1）梅雨期和台风季节雨水量多的时期。 2）发布大雨、洪水警报时。 3）周边土方工程完成后。 4）用户投诉时	

2）设施的清扫（机能恢复）。

依据检查结果，进行以恢复渗透设施机能为目的的清扫工作。清扫的内容有清扫砂土、垃圾、落叶，去除防止孔隙堵塞的物质、清扫树根等，同时渗透设施周围进行清扫也是必要的。另外，清扫时的清洗水不得进入设施内。

清扫方法，在场地狭小、个数较少时可用人工清扫；对数量多型号相同的设施宜使用清扫车和高压清洗。渗透设施在正常的维护管理条件下经过20年，其渗透能力应无明显的下降。

各种渗透设施的清扫内容见表20。

3）设施的修补。

设施破损以及地表面沉陷时需要进行修补。不能修补时可以替换或重新设置。地表面发生沉陷和下沉时，必须调查产生的原因和影响范围，采取相应的对策。

表20 清扫内容和方法

设施种类	清扫内容和方法	注意事项
入渗井	1. 清扫方法有人工清扫和清扫车机械清扫。 2. 对呈板结状态的沉淀物，采用高压清扫方法。 3. 当渗透能力大幅度下降时，可采用下列方法恢复： a. 砾石表面负压清洗。 b. 砾石挖出清洗或更换	1. 采用高压清扫时，应注意在喷射压力作用下会使渗透能力下降。 2. 清扫排水，不得向渗透设施内回流

续表 20

设施种类	清扫内容和方法	注意事项
渗透管沟	管口滤网用人工清扫，渗透管用高压机械清扫	采用高压清扫时，应注意在喷射压力作用下会使渗透能力下降
透水铺装	去除透水铺装空隙中的土粒，可采用下列方法： 1. 使用高压清洗机械清洗 2. 洒水冲洗 3. 用压缩空气吹脱	应注意清洗排水中的泥沙含量较高，应采取妥善措施处置

4）设施机能恢复的确认。

设施机能恢复的确认方法，原则上有定水位法和变水位法，应通过试验来确定。各种设施的机能确认方法要点见表 21。

表 21　设施机能恢复确认方法要点

种类	机能恢复确认方法	要点
入渗井 渗透雨水口	当入渗井接有渗透管时，应用气囊封闭渗透管，采用定水位法或变水位法进行测试	试验要大量的水，要做好确保用水的准备

续表 21

种类	机能恢复确认方法	要点
渗透管沟	全部渗透管试验需要大量的水，应在选定的区间内（2～3m）进行试验，在充填砾石中预先设置止水壁，测试时可以减少注水量，详见图 24	确定渗透机能前，选定区间。应注意止水壁的止水效果
透水铺装	在现场用路面渗水仪，用变水位法进行测定	仅能确定表层材料的透水能力，不能确定透水性铺装的透水能力

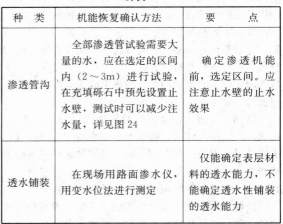

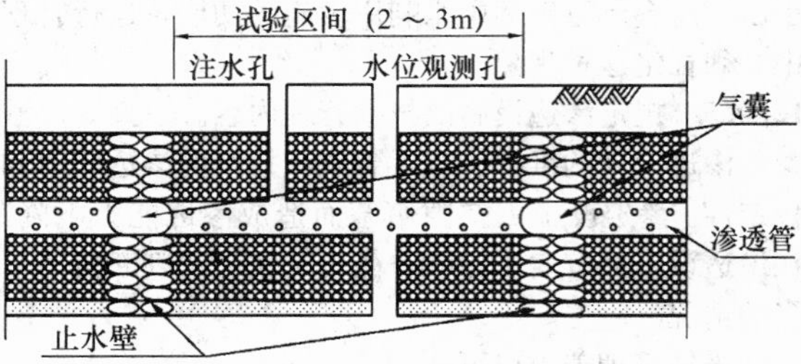

图 24　渗透管沟试验段设置示意

12.0.8　定期检测包括按照回用水水质要求，对处理储存的雨水进行化验，对首场降雨或降雨间隔期较长所发生的径流进行抽检等。

中华人民共和国国家标准

综合布线系统工程设计规范

GB 50311—2007

条 文 说 明

目　次

1 总　　则

1.0.1 随着城市建设及信息通信事业的发展，现代化的商住楼、办公楼、综合楼及园区等各类民用建筑及工业建筑对信息的要求已成为城市建设的发展趋势。在过去设计大楼内的语音及数据业务线路时，常使用各种不同的传输线、配线插座以及连接器件等。例如：用户电话交换机通常使用对绞电话线，而局域网络（LAN）则可能使用对绞线或同轴电缆，这些不同的设备使用不同的传输线来构成各自的网络；同时，连接这些不同布线的插头、插座及配线架均无法互相兼容，相互之间达不到共用的目的。

现在将所有语音、数据、图像及多媒体业务的设备的布线网络组合在一套标准的布线系统上，并且将各种设备终端插头插入标准的插座内已属可能之事。在综合布线系统中，当终端设备的位置需要变动时，只需做一些简单的跳线，这项工作就完成了，而不需要再布放新的电缆以及安装新的插座。

综合布线系统使用一套由共用配件所组成的配线系统，将各个不同制造厂家的各类设备综合在一起同时工作，均可相兼容。其开放的结构可以作为各种不同工业产品标准的基准，使得配线系统将具有更大的适用性、灵活性，而且可以利用最低的成本在最小的干扰下对设于工作地点的终端设备重新安排与规划。大楼智能化建设中的建筑设备、监控、出入口控制等系统的设备在提供满足 TCP/IP 协议接口时，也可使用综合布线系统作为信息的传输介质，为大楼的集中监测、控制与管理打下了良好的基础。

综合布线系统以一套单一的配线系统，综合通信网络、信息网络及控制网络，可以使相互间的信号实现互联互通。

城市数字化建设，需要综合布线系统为之服务，它有着及其广阔的使用前景。

1.0.3 在确定建筑物或建筑群的功能与需求以后，规划能适应智能化发展要求的相应的综合布线系统设施和预埋管线，防止今后增设或改造时造成工程的复杂性和费用的浪费。

1.0.5 综合布线系统作为建筑的公共电信配套设施在建设期应考虑一次性投资建设，能适应多家电信业务经营者提供通信与信息业务服务的需求，保证电信业务在建筑区域内的接入、开通和使用；使得用户可以根据自己的需要，通过对入口设施的管理选择电信业务经营者，避免造成将来建筑物内管线的重复建设而影响到建筑物的安全与环境。因此，在管道与设施安装场地等方面，工程设计中应充分满足电信业务市场竞争机制的要求。

3 系统设计

3.1 系统构成

3.1.2 进线间一般提供给多家电信业务经营者使用，通常设于地下一层。进线间主要作为室外电缆和光缆引入楼内的成端与分支及光缆的盘长空间位置。对于光缆至大楼（FTTB）至用户（FTTH）、至桌面（FTTO）的应用及容量日益增多，进线间就显得尤为重要。由于许多的商用建筑物地下一层环境条件已大大改善，也可以安装配线架设备及通信设施。在不具备设置单独进线间或入楼电缆和光缆数量及入口设施容量较小时，建筑物也可以在入口处采用挖地沟或使用较小的空间完成缆线的成端与盘长，入口设施则可安装在设备间，但宜单独地设置场地，以便功能分区。

3.1.3 设计综合布线系统应采用开放式星型拓扑结构，该结构下的每个分支子系统都是相对独立的单元，对每个分支单元系统改动都不影响其他子系统。只要改变结点连接就可使网络在星型、总线、环形等各种类型间进行转换。综合布线配线设备的典型设置与功能组合见图 1 所示。

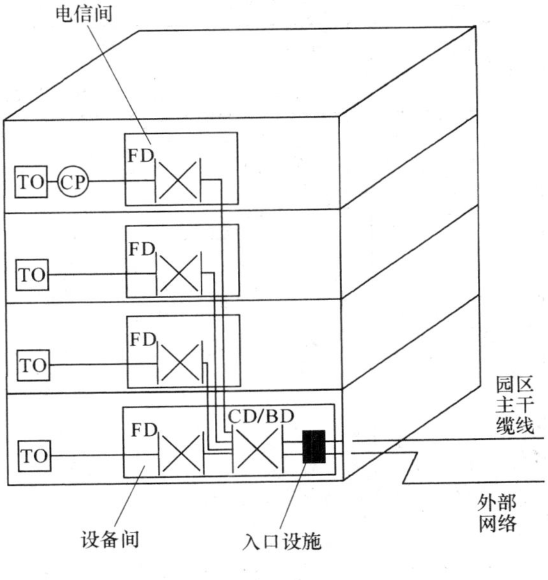

图 1　综合布线配线设备典型设置

3.2 系统分级与组成

3.2.1 在《商业建筑电信布线标准》TIA/EIA 568 A 标准中对于 D 级布线系统，支持应用的器件为 5 类，但在 TIA/EIA 568 B.2-1 中仅提出 5e 类（超 5 类）与 6 类的布线系统，并确定 6 类布线支持带宽为 250MHz。在 TIA/EIA 568 B.2-10 标准中又规定了 6A 类（增强 6 类）布线系统支持的传输带宽为 500MHz。

目前，3类与5类的布线系统只应用于语音主干布线的大对数电缆及相关配线设备。

3.2.3 F级的永久链路仅包括90m水平缆线和2个连接器件（不包括CP连接器件）。

3.3 缆线长度划分

本节按照《用户建筑综合布线》ISO/IEC 11801 2002—09 5.7与7.2条款与TIA/EIA 568 B.1标准的规定，列出了综合布线系统主干缆线及水平缆线等的长度限值。但是综合布线系统在网络的应用中，可选择不同类型的电缆和光缆，因此，在相应的网络中所能支持的传输距离是不相同的。在IEEE 802.3 an标准中，综合布线系统6类布线系统在10G以太网中所支持的长度应不大于55m，但6A类和7类布线系统支持长度仍可达到100m。为了更好地执行本规范，现将相关标准对于布线系统在网络中的应用情况，在表1、表2中分别列出光纤在100M、1G、10G以太网中支持的传输距离，仅供设计者参考。

表1 100M、1G以太网中光纤的应用传输距离

光纤类型	应用网络	光纤直径（μm）	波长（nm）	带宽（MHz）	应用距离（m）
—	100BASE-FX	—	—	—	2000
多模	1000BASE-SX	62.5	850	160	220
	1000BASE-LX			200	275
				500	550
	1000BASE-SX	50		400	500
				500	550
	1000BASE-LX		1300	400	550
				500	550
单模	1000BASE-LX	<10	1310	—	5000

注：上述数据可参见IEEE 802.3—2002。

表2 10G以太网中光纤的应用传输距离

光纤类型	应用网络	光纤直径（μm）	波长（nm）	模式带宽（MHz·km）	应用范围（m）
多模	10GBASE-S	62.5	850	160/150	26
				200/500	33
				400/400	66
		50		500/500	82
				2000/—	300
	10GBASE-LX4	62.5	1300	500/500	300
		50		400/400	240
				500/500	300
单模	10GBASE-L	<10	1310	—	1000
	10GBASE-E		1550	—	30000～40000
	10GBASE-LX4		1300	—	1000

注：上述数据可参见IEEE 802.3ac—2002。

3.3.1 在条款中列出了ISO/IEC 11801 2002—09版中对水平缆线与主干缆线之和的长度规定。为了使工程设计者了解布线系统各部分缆线长度的关系及要求，特依据TIA/EIA 568 B.1标准列出表3和图2，以供工程设计中应用。

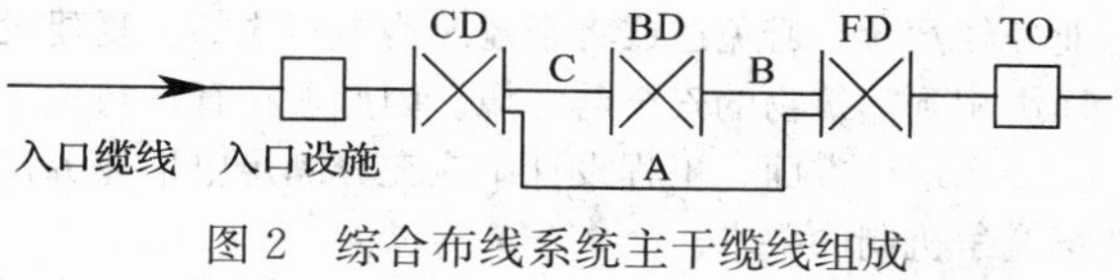

图2 综合布线系统主干缆线组成

表 3　综合布线系统主干缆线长度限值

缆线类型	各线段长度限值（m）		
	A	B	C
100Ω 对绞电缆	800	300	500
62.5m 多模光缆	2000	300	1700
50m 多模光缆	2000	300	1700
单模光缆	3000	300	2700

注：1　如 B 距离小于最大值时，C 为对绞电缆的距离可相应增加，但 A 的总长度不能大于 800m。
2　表中 100Ω 对绞电缆作为语音的传输介质。
3　单模光纤的传输距离在主干链路时允许达 60km，但被认可至本规定以外范围的内容。
4　对于电信业务经营者在主干链路中接入电信设施能满足的传输距离不在本规定之内。
5　在总距离中可以包括入口设施至 CD 之间的缆线长度。
6　建筑群与建筑物配线设备所设置的跳线长度不应大于 20m，如超过 20m 时主干长度应相应减少。
7　建筑群与建筑物配线设备连至设备的缆线不应大于 30m，如超过 30m 时主干长度应相应减少。

3.4　系统应用

综合布线系统工程设计应按照近期和远期的通信业务，计算机网络拓扑结构等需要，选用合适的布线器件与设施。选用产品的各项指标应高于系统指标，才能保证系统指标，得以满足和具有发展的余地，同时也应考虑工程造价及工程要求，对系统产品选用应恰如其分。

3.4.1　对于综合布线系统，电缆和接插件之间的连接应考虑阻抗匹配和平衡与非平衡的转换适配。在工程（D 级至 F 级）中特性阻抗应符合 100Ω 标准。在系统设计时，应保证布线信道和链路在支持相应等级应用中的传输性能，如果选用 6 类布线产品，则缆线、连接硬件、跳线等都应达到 6 类，才能保证系统为 6 类。如果采用屏蔽布线系统，则所有部件都应选用带屏蔽的硬件。

3.4.2　在表 3.4.2 中，其他应用一栏应根据系统对网络的构成、传输缆线的规格、传输距离等要求选用相应等级的综合布线产品。

3.4.5　跳线两端的插头，IDC 指 4 对或多对的扁平模块，主要连接多端子配线模块；RJ45 指 8 位插头，可与 8 位模块通用插座相连；跳线两端如为 ST、SC、SFF 光纤连接器件，则与相应的光纤适配器配套相连。

3.4.6　信息点电端口如为 7 类布线系统时，采用 RJ45 或非 RJ45 型的屏蔽 8 位模块通用插座。

3.4.7　在 ISO/IEC 11801 2002—09 标准中，提出除了维持 SC 光纤连接器件用于工作区信息点以外，同时建议在设备间、电信间、集合点等区域使用 SFF 小型光纤连接器件及适配器。小型光纤连接器件与传统的 ST、SC 光纤连接器件相比体积较小，可以灵活地使用于多种场合。目前 SFF 小型光纤连接器件被布线市场认可的主要有 LC、MT-RJ、VF-45、MU 和 FJ。

电信间和设备间安装的配线设备的选用应与所连接的缆线相适应，具体可参照表 4 内容。

表 4　配线模块产品选用

类　别	产品类型		配线模块安装场地和连接缆线类型		
	配线设备类型	容量与规格	FD（电信间）	BD（设备间）	CD（设备间/进线间）
电缆配线设备	大对数卡接模块	采用 4 对卡接模块	4 对水平电缆/4 对主干电缆	4 对主干电缆	4 对主干电缆
		采用 5 对卡接模块	大对数主干电缆	大对数主干电缆	大对数主干电缆
	25 对卡接模块	25 对	4 对水平电缆/4 对主干电缆/大对数主干电缆	4 对主干电缆/大对数主干电缆	4 对主干电缆/大对数主干电缆
	回线型卡接模块	8 回线	4 对水平电缆/4 对主干电缆	大对数主干电缆	大对数主干电缆
		10 回线	大对数主干电缆	大对数主干电缆	大对数主干电缆
	RJ45 配线模块	一般为 24 口或 48 口	4 对水平电缆/4 对主干电缆	4 对主干电缆	4 对主干电缆
光缆配线设备	ST 光纤连接盘	单工/双工，一般为 24 口	水平/主干光缆	主干光缆	主干光缆
	SC 光纤连接盘	单工/双工，一般为 24 口	水平/主干光缆	主干光缆	主干光缆
	SFF 小型光纤连接盘	单工/双工一般为 24 口、48 口	水平/主干光缆	主干光缆	主干光缆

3.4.8 当集合点（CP）配线设备为8位模块通用插座时，CP电缆宜采用带有单端RJ45插头的产业化产品，以保证布线链路的传输性能。

3.5 屏蔽布线系统

3.5.1 根据电磁兼容通用标准《居住、商业的轻工业环境中的抗扰度试验》GB/T 177991—1999与国际标准草案77/181/FDIS及IEEE 802.3—2002标准中都认可3V/m的指标值，本规范做出相应的规定。

在具体的工程项目的勘察设计过程中，如用户提出要求或现场环境中存在磁场的干扰，则可以采用电磁骚扰测量接收机测试，或使用现场布线测试仪配备相应的测试模块对模拟的布线链路做测试，取得了相应的数据后，进行分析，作为工程实施依据。具体测试方法应符合测试仪表技术内容要求。

3.5.4 屏蔽布线系统电缆的命名可以按照《用户建筑综合布线》ISO/IEC 11801中推荐的方法统一命名。

对于屏蔽电缆根据防护的要求，可分为F/UTP（电缆金属箔屏蔽）、U/FTP（线对金属箔屏蔽）、SF/UTP（电缆金属编织丝网加金属箔屏蔽）、S/FTP（电缆金属箔编织网屏蔽加上线对金属箔屏蔽）几种结构。

不同的屏蔽电缆会产生不同的屏蔽效果。一般认可金属箔对高频、金属编织丝网对低频的电磁屏蔽效果为佳。如果采用双重屏蔽（SF/UTP和S/FTP）则屏蔽效果更为理想，可以同时抵御线对之间和来自外部的电磁辐射干扰，减少线对之间及线对对外部的电磁辐射干扰。因此，屏蔽布线工程有多种形式的电缆可以选择，但为保证良好屏蔽，电缆的屏蔽层与屏蔽连接器件之间必须做好360°的连接。

铜缆命名方法见图3：

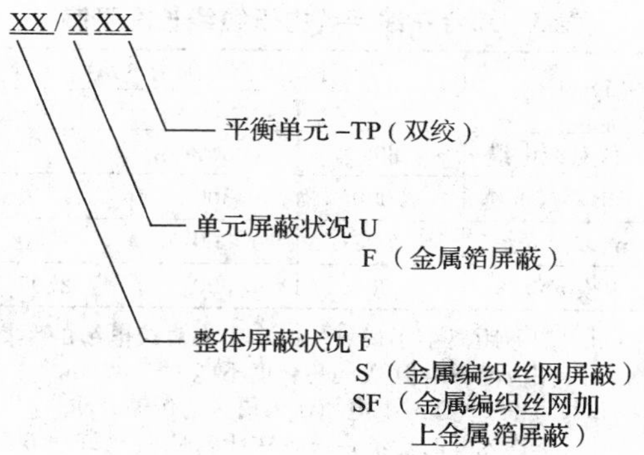

图3 铜缆命名方法

3.6 开放型办公室布线系统

3.6.1 开放型办公室布线系统对配线设备的选用及缆线的长度有不同的要求。

1 计算公式$C=(102-H)/1.2$针对24号线规{24AWG}的非屏蔽和屏蔽布线而言，如应用于26号线规{26AWG}的屏蔽布线系统，公式应为$C=(102-H)/1.5$。工作区设备电缆的最大长度要求，《用户建筑综合布线》ISO/IEC 11801 2002中为20m，但在《商业建筑电信布线标准》TIA/EIA 568 B.1 6.4.1.4中为22m，本规范以TAI/EIA 568 B.1规范内容列出。

2 CP点由无跳线的连接器件组成，在电缆与光缆的永久链路中都可以存在。

集合点配线箱目前没有定型的产品，但箱体的大小应考虑至少满足12个工作区所配置的信息点所连接4对对绞电缆的进、出箱体的布线空间和CP卡接模块的安装空间。

3.7 工业级布线系统

3.7.5 工业级布线系统产品选用应符合IP标准所提出的保护要求，国际防护（IP）定级如表5所示内容要求。

表5 国际防护（IP）定级

级别编号	IP编号定义（二位数）				级别编号
	保护级别		保护级别		
0	没有保护	对于意外接触没有保护，对异物没有防护	对水没有防护	没有防护	0
1	防护大颗粒异物	防止大面积人手接触，防护直径大于50mm的大固体颗粒	防护垂直下降水滴	防水滴	1
2	防护中等颗粒异物	防止手指接触，防护直径大于12mm的中固体颗粒	防止水滴溅射进入（最大15°）	防水滴	2
3	防护小颗粒异物	防止工具、导线或类似物体接触，防护直径大于2.5mm的小固体颗粒	防止水滴（最大60°）	防喷溅	3

续表 5

级别编号	IP 编号定义（二位数）				级别编号
	保护级别		保护级别		
4	防护谷粒状异物	防护直径大于 1mm 的小固体颗粒	防护全方位、泼溅水，允许有限进入	防喷溅	4
5	防护灰尘积垢	有限地防止灰尘	防护全方位泼溅水（来自喷嘴），允许有限进入	防浇水	5
6	防护灰尘吸入	完全阻止灰尘进入，防护灰尘渗透	防护高压喷射或大浪进入，允许有限进入	防水淹	6
—	—	—	可沉浸在水下 0.15～1m 深度	防水浸	7
—	—	—	可长期沉浸在压力较大的水下	密封防水	8

注：1　2 位数用来区别防护等级，第 1 位针对固体物质，第 2 位针对液体。
　　2　如 IP67 级别就等同于防护灰尘吸入和可沉浸在水下 0.15～1m 深度。

4　系统配置设计

综合布线系统在进行系统配置设计时，应充分考虑用户近期与远期的实际需要与发展，使之具有通用性和灵活性，尽量避免布线系统投入正常使用以后，较短的时间又要进行扩建与改建，造成资金浪费。一般来说，布线系统的水平配线应以远期需要为主，垂直干线应以近期实用为主。

为了说明问题，我们以一个工程实例来进行设备与缆线的配置。例如，建筑物的某一层共设置了 200 个信息点，计算机网络与电话各占 50%，即各为 100 个信息点。

1　电话部分：

1）FD 水平侧配线模块按连接 100 根 4 对的水平电缆配置。

2）语音主干的总对数按水平电缆总对数的 25% 计，为 100 对线的需求；如考虑 10% 的备份线对，则语音主干电缆总对数需求量为 110 对。

3）FD 干线侧配线模块可按卡接大对数主干电缆 110 对端子容量配置。

2　数据部分：

1）FD 水平侧配线模块按连接 100 根 4 对的水平电缆配置。

2）数据主干缆线。

a　最少量配置：以每个 HUB/SW 为 24 个端口计，100 个数据信息点需设置 5 个 HUB/SW；以每 4 个 HUB/SW 为一群（96 个端口），组成了 2 个 HUB/SW 群；现以每个 HUB/SW 群设置 1 个主干端口，并考虑 1 个备份端口，则 2 个 HUB/SW 群需设 4 个主干端口。如主干缆线采用对绞电缆，每个主干端口需设 4 对线，则线对的总需求量为 16 对；如主干缆线采用光缆，每个主干光端口按 2 芯光纤考虑，则光纤的需求量为 8 芯。

b　最大量配置：同样以每个 HUB/SW 为 24 端口计，100 个数据信息点需设置 5 个 HUB/SW；以每 1 个 HUB/SW（24 个端口）设置 1 个主干端口，每 4 个 HUB/SW 考虑 1 个备份端口，共需设置 7 个主干端口。如主干缆线采用对绞电缆，以每个主干电端口需要 4 对线，则线对的需求量为 28 对；如主干缆线采用光缆，每个主干光端口按 2 芯光纤考虑，则光纤的需求量为 14 芯。

3）FD 干线侧配线模块可根据主干电缆或主干光缆的总容量加以配置。

配置数量计算得出以后，再根据电缆、光缆、配线模块的类型、规格加以选用，做出合理配置。

上述配置的基本思路，用于计算机网络的主干缆线，可采用光缆；用于电话的主干缆线则采用大对数对绞电缆，并考虑适当的备份，以保证网络安全。由于工程的实际情况比较复杂，不可能按一种模式，设计时还应结合工程的特点和需求加以调整应用。

4.1　工　作　区

4.1.2　目前建筑物的功能类型较多，大体上可以分为商业、文化、媒体、体育、医院、学校、交通、住宅、通用工业等类型，因此，对工作区面积的划分应根据应用的场合做具体的分析后确定，工作区面积需求可参照表 6 所示内容。

表 6　工作区面积划分表

建筑物类型及功能	工作区面积（m）
网管中心、呼叫中心、信息中心等终端设备较为密集的场地	3～5
办公区	5～10
会议、会展	10～60
商场、生产机房、娱乐场所	20～60
体育场馆、候机室、公共设施区	20～100
工业生产区	60～200

注：1　对于应用场合，如终端设备的安装位置和数量无法确定时，或使用场地为大客户租用并考虑自设置计算机网络时，工作区的面积可按区域（租用场地）面积确定。

2　对于 IDC 机房（为数据通信托管业务机房或数据中心机房）可按生产机房每个机架的设置区域考虑工作区面积。对于此类项目，涉及数据通信设备安装工程设计，应单独考虑实施方案。

4.2　配线子系统

4.2.4　每一个工作区信息点数量的确定范围比较大，从现有的工程情况分析，从设置 1 个至 10 个信息点的现象都存在，并预留了电缆和光缆备份的信息插座模块。因为建筑物用户性质不一样，功能要求和实际需求不一样，信息点数量不能仅按办公楼的模式确定，尤其是对于专用建筑（如电信、金融、体育场馆、博物馆等建筑）及计算机网络存在内、外网等多个网络时，更应加强需求分析，做出合理的配置。

每个工作区信息点数量可按用户的性质、网络构成和需求来确定。表 7 做了一些分类，仅提供设计者参考。

表 7　信息点数量配置

建筑物功能区	信息点数量（每一工作区）			备注
	电话	数据	光纤（双工端口）	
办公区（一般）	1 个	1 个	—	—
办公区（重要）	1 个	2 个	1 个	对数据信息有较大的需求
出租或大客户区域	2 个或 2 个以上	2 个或 2 个以上	1 或 1 个以上	指整个区域的配置量
办公区（政务工程）	2～5 个	2～5 个	1 或 1 个以上	涉及内、外网络时

注：大客户区域也可以为公共实施的场地，如商场、会议中心、会展中心等。

4.2.7　1 根 4 对对绞电缆应全部固定终接在 1 个 8 位模块通用插座上。不允许将 1 根 4 对对绞电缆终接在 2 个或 2 个以上 8 位模块通用插座。

4.2.9、4.2.10　根据现有产品情况配线模块可按以下原则选择：

1　多线对端子配线模块可以选用 4 对或 5 对卡接模块，每个卡接模块应卡接 1 根 4 对对绞电缆。一般 100 对卡接端子容量的模块可卡接 24 根（采用 4 对卡接模块）或卡接 20 根（采用 5 对卡接模块）4 对对绞电缆。

2　25 对端子配线模块可卡接 1 根 25 对大对数电缆或 6 根 4 对对绞电缆。

3　回线式配线模块（8 回线或 10 回线）可卡接 2 根 4 对对绞电缆或 8/10 回线。回线式配线模块的每一回线可以卡接 1 对入线和 1 对出线。回线式配线模块的卡接端子可以为连通型、断开型和可插入型三类不同的功能。一般在 CP 处可选用连通型，在需要加装过压过流保护器时采用断开型，可插入型主要使用于断开电路做检修的情况下，布线工程中无此种应用。

4　RJ45 配线模块（由 24 或 48 个 8 位模块通用插座组成）每 1 个 RJ45 插座应可卡接 1 根 4 对对绞电缆。

5　光纤连接器件每个单工端口应支持 1 芯光纤的连接，双工端口则支持 2 芯光纤的连接。

4.2.11　各配线设备跳线可按以下原则选择与配置：

1　电话跳线宜按每根 1 对或 2 对对绞电缆容量配置，跳线两端连接插头采用 IDC 或 RJ45 型。

2　数据跳线宜按每根 4 对对绞电缆配置，跳线两端连接插头采用 IDC 或 RJ45 型。

3　光纤跳线宜按每根 1 芯或 2 芯光纤配置，光跳线连接器件采用 ST、SC 或 SFF 型。

4.3　干线子系统

4.3.2　点对点端接是最简单、最直接的配线方法，电信间的每根干线电缆直接从设备间延伸到指定的楼层电信间。分支递减终接是用 1 根大对数干线电缆来支持若干个电信间的通信容量，经过电缆接头保护箱分出若干根小电缆，它们分别延伸到相应的电信间，并终接于目的地的配线设备。

4.3.5　如语音信息点 8 位模块通用插座连接 ISDN 用户终端设备，并采用 S 接口（4 线接口）时，相应的主干电缆则应按 2 对线配置。

4.7　管　　理

4.7.1　管理是针对设备间、电信间和工作区的配线设备、缆线等设施，按一定的模式进行标识和记录的规定。内容包括：管理方式、标识、色标、连接等。这些内容的实施，将给今后维护和管理带来很大的方便，有利于提高管理水平和工作效率。特别是较为复杂的综合布线系统，如采用计算机进行管理，其效果将十分明显。目前，市场上已有商用的管理软件可供选用。

综合布线的各种配线设备，应用色标区分干线电缆、配线电缆或设备端点，同时，还应采用标签表明端接区域、物理位置、编号、容量、规格等，以便维护人员在现场一目了然地加以识别。

4.7.2 在每个配线区实现线路管理的方式是在各色标区域之间按应用的要求，采用跳线连接。色标用来区分配线设备的性质，分别由按性质划分的配线模块组成，且按垂直或水平结构进行排列。

综合布线系统使用的标签可采用粘贴型和插入型。

电缆和光缆的两端应采用不易脱落和磨损的不干胶条标明相同的编号。

目前，市场上已有配套的打印机和标签纸供应。

4.7.3 电子配线设备目前应用的技术有多种，在工程设计中应考虑到电子配线设备的功能，在管理范围、组网方式、管理软件、工程投资等方面，合理地加以选用。

5 系统指标

5.0.1 综合布线系统的机械性能指标以生产厂家提供的产品资料为依据，它将对布线工程的安装设计，尤其是管线设计产生较大的影响，应引起重视。

本规范列出布线系统信道和链路的指标参数，但6A、7类布线系统在应用时，工程中除了已列出的各项指标参数以外，还应考虑信道电缆（6根对1根4对对绞电缆）的外部串音功率和（PS ANEXT）和2根相邻4对对绞电缆间的外部串音（ANEXT）。

目前只在TIA/EIA 568 B.2-10标准中列出了6A类布线从1～500MHz带宽的范围内信道的插入损耗、NEXT、PS NEXT、FEXT、ELFEXT、PS ELFEXT、回波损耗、ANEXT、PS ANEXT、PS AELFEXT等指标参数值。在工程设计时，可以参照使用。

布线系统各项指标值均在环境温度为20℃时的数据。根据TIA/EIA 568.B.2-1中列表分析，当温度从20～60℃的变化范围内，温度每上升5℃，90m的永久链路长度将减短1～2m，在89～75m（非屏蔽链路）及89.5～83m（屏蔽链路）的范围之内变化。

5.0.3 按照ISO/IEC 11801 2002—09标准列出的布线系统信道指标值，提出了需执行的和建议的两种表格内容。对需要执行的指标参数在其表格内容中列出了在某一频率范围的计算公式，但在建议的表格中仅列出在指定的频率时的具体数值，本规范以建议的表格列出各项指标参数要求，供设计者在对布线产品选择时参考使用。信道的构成可见图3.2.3内容。

指标项目中衰减串音比（ACR）、非平衡衰减和耦合衰减的参数中仍保持使用“衰减”这一术语，但在计算ACR、PS ACR、ELFEXT和PS ELFEXT值时，使用相应的插入损耗值。衰减这一术语在电缆工业生产中被广泛采用，但由于布线系统在较高的频率时阻抗的失配，此特性采用插入损耗来表示。与衰减不同，插入损耗不涉及长度的线性关系。

5.0.5 本条款内容是按照ISO/IEC 11801 2002—09的附录A所列出的永久链路和CP链路的指标参数值提出的，但在附录A中是以需执行的和建议的两种表格列出。在需执行的表格中针对永久链路和CP链路列出指标计算公式，在建议表格中只是针对永久链路某一指定的频率指标而言。本规范以建议表格内容列出永久链路各项指标参数要求。永久链路和CP链路的构成可见图3.2.3内容。

对于等级为F的信道和永久链路（包括5.0.3条中的），只存在两个连接器件时（无CP点）的最小ACR值和PS ACR值应符合表8要求，具体连接方式如图4中所示。

表8 信道和永久链路为F级（包括2个连接点）时，ACR与PS ACR值

频率（MHz）	信道		永久链路	
	最小ACR（dB）	最小PS ACR（dB）	最小ACR（dB）	最小PS ACR（dB）
1	61.0	58.0	61.0	58.0
16	57.1	54.1	58.2	55.2
100	44.6	41.6	47.5	44.5
250	27.3	24.3	31.9	28.9
600	1.1	—1.9	8.6	5.6

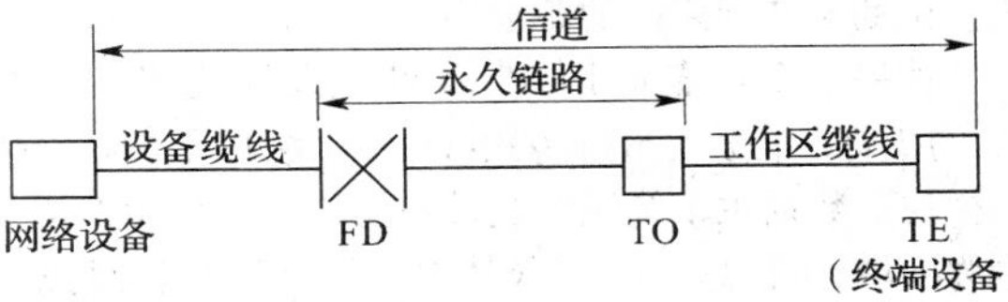

图4 两个连接器件的信道与永久链路

6 安装工艺要求

6.2 电信间

6.2.1 电信间主要为楼层安装配线设备（为机柜、机架、机箱等安装方式）和楼层计算机网络设备（HUB或SW）的场地，并可考虑在该场地设置缆线竖井、等电位接地体、电源插座、UPS配电箱等设施。在场地面积满足的情况下，也可设置建筑物诸如安防、消防、建筑设备监控系统、无线信号覆盖等系统的布缆线槽和功能模块的安装。如果综合布线系统与弱电系统设备合设于同一场地，从建筑的角度出发，称为弱电间。

6.2.3 一般情况下，综合布线系统的配线设备和计算机网络设备采用19″标准机柜安装。机柜尺寸通常为600mm（宽）×900mm（深）×2000mm（高），共有42U的安装空间。机柜内可安装光纤连接盘、RJ45（24口）配线模块、多线对卡接模块（100对）、理线架、计算机 HUB/SW 设备等。如果按建筑物每层电话和数据信息点各为 200 个考虑配置上述设备，大约需要有 2 个 19″（42U）的机柜空间，以此测算电信间面积至少应为 $5m^2$（2.5m×2.0m）。对于涉及布线系统设置内、外网或专用网时，19″机柜应分别设置，并在保持一定间距的情况下预测电信间的面积。

6.2.5 电信间温、湿度按配线设备要求提出，如在机柜中安装计算机网络设备（HUB/SW）时的环境应满足设备提出的要求，温、湿度的保证措施由空调专业负责解决。

本条与 6.3.4 条所述的安装工艺要求，均以总配线设备所需的环境要求为主，适当考虑安装少量计算机网络等设备制定的规定，如果与程控电话交换机、计算机网络等主机和配套设备合装在一起，则安装工艺要求应执行相关规范的规定。

6.3 设 备 间

6.3.2 设备间是大楼的电话交换机设备和计算机网络设备，以及建筑物配线设备（BD）安装的地点，也是进行网络管理的场所。对综合布线工程设计而言，设备间主要安装总配线设备。当信息通信设施与配线设备分别设置时考虑到设备电缆有长度限制的要求，安装总配线架的设备间与安装电话交换机及计算机主机的设备间之间的距离不宜太远。

如果一个设备间以 $10m^2$ 计，大约能安装 5 个 19″的机柜。在机柜中安装电话大对数电缆多对卡接式模块，数据主干缆线配线设备模块，大约能支持总量为 6000 个信息点所需（其中电话和数据信息点各占 50%）的建筑物配线设备安装空间。

6.4 进 线 间

进线间一个建筑物宜设置 1 个，一般位于地下层，外线宜从两个不同的路由引入进线间，有利于与外部管道沟通。进线间与建筑物红外线范围内的人孔或手孔采用管道或通道的方式互连。进线间因涉及因素较多，难以统一提出具体所需面积，可根据建筑物实际情况，并参照通信行业和国家的现行标准要求进行设计，本规范只提出原则要求。

6.5 缆 线 布 放

6.5.2 干线子系统垂直通道有下列三种方式可供选择：

1 电缆孔方式，通常用一根或数根外径 63～102mm 的金属管预埋在楼板内，金属管高出地面25～50mm，也可直接在楼板上预留一个大小适当的长方形孔洞；孔洞一般不小于 600mm×400mm（也可根据工程实际情况确定）。

2 管道方式，包括明管或暗管敷设。

3 电缆竖井方式，在新建工程中，推荐使用电缆竖井的方式。

6.5.6 某些结构（如“十”型等）的 6 类电缆在布放时为减少对绞电缆之间串音对传输信号的影响，不要求完全做到平直和均匀，甚至可以不绑扎，因此对布线系统管线的利用率提出了较高要求。对于综合布线管线可以采用管径利用率和截面利用率的公式加以计算，得出管道缆线的布放根数。

1 管径利用率$=d/D$。d 为缆线外径；D 为管道内径。

2 截面利用率$=A_1/A$。A_1 为穿在管内的缆线总截面积；A 为管子的内截面积。

缆线的类型包括大对数屏蔽与非屏蔽电缆（25 对、50 对、100 对），4 对对绞屏蔽与非屏蔽中缆（5e 类、6 类、7 类）及光缆（2 芯至 24 芯）等。尤其是 6 类与屏蔽缆线因构成的方式较复杂，众多缆线的直径与硬度有较大的差异，在设计管线时应引起足够的重视。为了保证水平电缆的传输性能及成束缆线在电缆线槽中或弯角处布放不会产生溢出的现象，故提出了线槽利用率在 30%～50%的范围。

7 电气防护及接地

7.0.1 随着各种类型的电子信息系统在建筑物内的大量设置，各种干扰源将会影响到综合布线电缆的传输质量与安全。表 9 列出的射频应用设备又称为 ISM 设备，我国目前常用的 ISM 设备大致有 15 种。

表 9 CISPR 推荐设备及我国常见 ISM 设备一览表

序 号	CISPR 推荐设备	我国常见 ISM 设备
1	塑料缝焊机	介质加热设备，如热合机等
2	微波加热器	微波炉
3	超声波焊接与洗涤设备	超声波焊接与洗涤设备
4	非金属干燥器	计算机及数控设备
5	木材胶合干燥器	电子仪器，如信号发生器
6	塑料预热器	超声波探测仪器
7	微波烹饪设备	高频感应加热设备，如高频熔炼炉等
8	医用射频设备	射频溅射设备、医用射频设备

续表 9

序　号	CISPR 推荐设备	我国常见 ISM 设备
9	超声波医疗器械	超声波医疗器械，如超声波诊断仪等
10	电灼器械、透热疗设备	透热疗设备，如超短波理疗机等
11	电火花设备	电火花设备
12	射频引弧弧焊机	射频引弧弧焊机
13	火花透热疗法设备	高频手术刀
14	摄谱仪	摄谱仪用等离子电源
15	塑料表面腐蚀设备	高频电火花真空检漏仪

注：国际无线电干扰特别委员会称 CISPR。

7.0.2 本条中第 1 和第 2 款综合布线系统选择缆线和配线设备时，应根据用户要求，并结合建筑物的环境状况进行考虑。

当建筑物在建或已建成但尚未投入使用时，为确定综合布线系统的选型，应测定建筑物周围环境的干扰场强度。对系统与其他干扰源之间的距离是否符合规范要求进行摸底，根据取得的数据和资料，用规范中规定的各项指标要求进行衡量，选择合适的器件和采取相应的措施。

光缆布线具有最佳的防电磁干扰性能，既能防电磁泄漏，也不受外界电磁干扰影响，在电磁干扰较严重的情况下，是比较理想的防电磁干扰布线系统。本着技术先进、经济合理、安全适用的设计原则在满足电气防护各项指标的前提下，应首选屏蔽缆线和屏蔽配线设备或采用必要的屏蔽措施进行布线，待光缆和光电转换设备价格下降后，也可采用光缆布线。总之应根据工程的具体情况，合理配置。

如果局部地段与电力线等平行敷设，或接近电动机、电力变压器等干扰源，且不能满足最小净距要求时，可采用钢管或金属线槽等局部措施加以屏蔽处理。

7.0.5 综合布线系统接地导线截面积可参考表 10 确定。

表 10　接地导线选择表

名　　称	楼层配线设备至大楼总接地体的距离	
	30m	100m
信息点的数量（个）	75	＞75，450
选用绝缘铜导线的截面（mm^2）	6～16	16～50

7.0.6 对于屏蔽布线系统的接地做法，一般在配线设备（FD、BD、CD）的安装机柜（机架）内设有接地端子，接地端子与屏蔽模块的屏蔽罩相连通，机柜（机架）接地端子则经过接地导体连至大楼等电位接地体。为了保证全程屏蔽效果，终端设备的屏蔽金属罩可通过相应的方式与 TN-S 系统的 PE 线接地，但不属于综合布线系统接地的设计范围。

8　防　　火

8.0.2 对于防火缆线的应用分级，北美、欧洲及国际的相应标准中主要以缆线受火的燃烧程度及着火以后，火焰在缆线上蔓延的距离、燃烧的时间、热量与烟雾的释放、释放气体的毒性等指标，并通过实验室模拟缆线燃烧的现场状况实测取得。表 11～表 13 分别列出缆线防火等级与测试标准，仅供参考。

表 11　通信缆线国际测试标准

IEC 标准（自高向低排列）	
测试标准	缆线分级
IEC 60332-3C-	—
IEC 60332-1	—

注：参考现行 IEC 标准。

表 12　通信电缆欧洲测试标准及分级表

欧盟标准（草案）（自高向低排列）	
测试标准	缆线分级
prEN 50399-2-2 和 EN 50265-2-1	B1
prEN 50399-2-1 和 EN 50265-2-1	B2
	C
	D
EN 50265-2-1	E

注：欧盟 EU CPD 草案。

表 13　通信缆线北美测试标准及分级表

测试标准	NEC 标准(自高向低排列)	
	电缆分级	光缆分级
UL910(NFPA262)	CMP(阻燃级)	OFNP 或 OFCP
UL1666	CMR(主干级)	OFNR 或 OFCR
UL1581	CM、CMG(通用级)	OFN(G)或 OFC(G)
VW-1	CMX(住宅级)	

注:参考现行 NEC 2002 版。

对欧洲、美洲、国际的缆线测试标准进行同等比较以后，建筑物的缆线在不同的场合与安装敷设方式时，建议选用符合相应防火等级的缆线，并按以下几种情况分别列出：

1 在通风空间内（如吊顶内及高架地板下等）采用敞开方式敷设缆线时，可选用CMP级（光缆为OFNP或OFCP）或B1级。

2 在缆线竖井内的主干缆线采用敞开的方式敷设时，可选用CMR级（光缆为OFNR或OFCR）或B2、C级。

3 在使用密封的金属管槽做防火保护的敷设条件下，缆线可选用CM级（光缆为OFN或OFC）或D级。

中华人民共和国行业标准

民用建筑电气设计规范

Code for electrical design of civil buildings

JGJ 16—2008
J 778—2008

条　文　说　明

前　言

《民用建筑电气设计规范》JGJ 16—2008，经建设部2008年1月31日以800号公告批准发布。

本规范第一版的主编单位是中国建筑东北设计研究院，参编单位是北京市建筑设计研究院、建设部建筑设计院、天津市建筑设计院、哈尔滨建筑工程学院、华东建筑设计院、中国建筑西北设计研究院、中南建筑设计院、中国建筑西南设计研究院、辽宁省建筑设计院、吉林省建筑设计院、黑龙江省建筑设计院、广州市设计院、上海电缆研究所。

为便于广大设计、施工、科研、学校等单位有关人员在使用本规范时能正确理解和执行条文规定，《民用建筑电气设计规范》编制组按章、节、条顺序编制了本规范的条文说明，供使用者参考。在使用中如发现本条文说明有不妥之处，请将意见函寄中国建筑东北设计研究院（主编单位）。

目　次

1 总 则

1.0.1 本条阐述了编制本规范的目的，规定了民用建筑电气设计必须遵循的基本原则和应达到的基本要求。

民用建筑电气设计不仅涉及很多领域的专业技术问题，而且要体现国家的基本方针和政策。因此，设计中必须认真贯彻执行国家的方针、政策。

针对不同的工程项目，保证电气设施运行安全可靠、经济合理、技术先进、维护管理方便这些基本要求，是设计中必须遵守的准则；而注意整体美观，则是民用建筑设计的固有特性所决定的，也是不可忽视的重要方面。

1.0.2 本条规定了本规范的适用范围。对于人防工程、燃气加压站、汽车加油站的电气设计，由于工程具有特殊性，涉及的技术内容并非民用建筑电气设计规范所能界定的。因此，将上述工程列入不适用范围。

1.0.3 防治污染、保护生态环境是我国的一项重要国策。随着国家经济快速发展，人们生活水平不断提高，对良好生态环境、人居环境的追求已经成为提高生活水平和生活质量的重要组成部分。本规范倡导以人为本的设计理念，重视电磁污染及声、光污染，采取综合治理措施，确保人居环境的安全，无疑是落实国家政策的重要一环。

1.0.4 民用建筑电气设计涉及的技术标准种类繁多，根据不同的工程对象，恰如其分地采用技术标准和装备水平，使其与工程的功能、性质相适应是建筑电气设计的重要环节，处理好这一问题实属关键。

1.0.5 节能是一项重要的国策。单立此条的目的，在于强调设计中要从各方面积极采用和推广成熟、有效的节能措施，配合国家发展和改革委员会推出《节能中长期专项规划》的落实，努力降低电能消耗。

1.0.6 此条规定是保证设计质量的有效措施。民用建筑电气设计事关人身、财产安全，如果不能杜绝已被国家淘汰的和不符合国家技术标准的劣质产品在工程上应用，无疑将给工程埋下隐患。因此，条文中采用“严禁使用”来确保产品质量。

1.0.7 近年来，建筑电气领域的新产品、新系统层出不穷，从理论到实践都需积累经验，不断去粗取精，尤其向国际标准靠拢更应结合国情，不能一概照搬。因而强调采用经实践证明行之有效的新技术，这是一种科学精神，避免不必要的浪费和损失，提高经济效益、社会效益。

1.0.8 民用建筑电气设计范围很广，有不少方面又与国家标准和其他行业标准交叉，或对专业性较强的内容未在本规范表达，为避免执行中可能出现的矛盾或误解，故作此规定。

3 供配电系统

3.1 一般规定

3.1.1 为适应一般民用建筑工程的常用情况，本规范特规定适用于10kV及以下电压等级的供配电系统。

对于一些民用建筑的规模很大，用电负荷相应增大，个别建筑物内部设有35kV等级的变电所，应按国家有关标准设计。

3.1.2 供配电系统如果未进行全面的统筹规划，将会产生能耗大、资金浪费及配置不合理等问题。因此，在供配电系统设计中，应进行全面规划，确定合理可行的供配电系统方案。

3.2 负荷分级及供电要求

3.2.1 根据电力负荷因事故中断供电造成的损失或影响的程度，区分其对供电可靠性的要求，进行负荷分级。损失或影响越大，对供电可靠性的要求越高。电力负荷分级的意义在于正确地反映它对供电可靠性要求的界限，以便根据负荷等级采取相应的供电方式，提高投资的经济效益和社会效益。

根据民用建筑特点，本条对一级负荷中特别重要负荷作了规定。一级负荷中特别重要的负荷，如大型金融中心的关键电子计算机系统和防盗报警系统、大型国际比赛场馆的计时记分系统以及监控系统等。重要的实时处理计算机及计算机网络一旦中断供电将会丢失重要数据，因此列为一级负荷中特别重要负荷。另外，大多数民用建筑中通常不含有中断供电将发生中毒、爆炸和火灾的负荷，当个别建筑物内含有此类负荷时，应列为一级负荷中特别重要负荷。

3.2.2 由于各类建筑中应列入一级、二级负荷的用电负荷很多，规范中难以将各类建筑中的所有用电负荷全部列出。本规范仅对负荷分级作了原则性规定并给出常用用电负荷分级表，列入附录A中，表中未列出的其他类似的负荷可根据工程的具体情况参照表中的相应负荷分级确定。附录A是根据原规范表3.1.2修改补充而成。

一类和二类高层建筑中的电梯、部分场所的照明、生活水泵等用电负荷如果中断供电将影响全楼的公共秩序和安全，对用电可靠性的要求比多层建筑明显提高，因此对其负荷的级别作了相应的划分。

3.2.8、3.2.9 规定一级负荷应由两个电源供电，而且不能同时损坏。因为只有满足这个基本条件，才可能维持其中一个电源继续供电，这是必须满足的要求。两个电源宜同时工作，也可一用一备。

对一级负荷中特别重要负荷的供电要求作了规定，除应满足本规范第3.2.8条要求的两个电源供电外，还必须增设应急电源。

近年来供电系统的运行实践经验证明，从电力网引接两回路电源进线加备用自投（BZT）的供电方式，不能满足一级负荷中特别重要负荷对供电可靠性及连续性的要求，有的全部停电事故是由内部故障引起的，也有的是由电力网故障引起的。由于地区大电力网在主网电压上部是并网的，所以用电部门无论从电网取几路电源进线，也无法得到严格意义上的两个独立电源。因此，电力网的各种故障，可能引起全部电源进线同时失去电源，造成停电事故。

当电网设有自备发电站时，由于内部故障或继电保护的误动作交织在一起，可能造成自备电站电源和电网均不能向负荷供电的事故。因此，正常与电网并列运行的自备电站，一般不宜作为应急电源使用，对一级负荷中特别重要的负荷，需要由与电网不并列的、独立的应急电源供电。禁止应急电源与工作电源并列运行，目的在于防止工作电源故障时可能拖垮应急电源。

多年来实际运行经验表明，电气故障是无法限制在某个范围内部的，电力企业难以确保供电不中断。因此，应急电源应是与电网在电气上独立的各种电源，例如蓄电池、柴油发电机等。

为了保证对一级负荷中特别重要负荷的供电可靠性，需严格界定负荷等级，并严禁将其他负荷接入应急电源系统。

3.2.10 对二级负荷的供电方式。由于二级负荷停电影响较大，因此宜由两回线路供电，供电变压器也宜选两台（两台变压器可不在同一变电所）。只有当负荷较小或地区供电条件困难时，才允许由一回6kV及以上的专用架空线或电缆供电。当线路自上一级配电所用电缆引出时必须采用两根电缆组成的电缆线路，其每根电缆应能承受二级负荷的100%，且互为热备用。

3.3 电源及供配电系统

3.3.1 电源及供配电系统设计

第1款 供配电线路宜深入负荷中心，将配电所、变电所及变压器靠近负荷中心的位置，可降低电能损耗、提高电压质量、节省线材，这是供配电系统设计时的一条重要原则。

第3款 长期的运行经验表明，用电单位在一个电源检修或事故的同时另一电源又发生事故的情况极少，且这种事故多数是由于误操作造成的，可通过加强维护管理、健全必要的规章制度来解决。

第4款 电力系统所属大型电厂其单位功率的投资少，发电成本低，而用电单位一般的自备中小型电厂则相反，故只有在条文规定的情况下，才宜设置自备电源。

1）此项规定了设置自备电源作为第三电源的条件。按本规范第3.2.9条的规定，一级负荷中特别重要负荷，除两个电源外，还必须增设应急电源，因而需要设置自备电源；

2）此项规定了设置自备电源作为第二电源的条件；

3）此项规定了设置自备电源作为第一电源的条件。

第5款 两回电源线路采用同级电压可以互相备用，提高设备利用率，如能满足一级和二级负荷用电要求时，也可以采用不同电压供电。

第6款 如果供电系统接线复杂，配电层次过多，不仅管理不便，操作繁复，而且由于串联元件过多，因元件故障和操作错误而产生事故的可能性也随之增加。所以复杂的供电系统可靠性并不一定高。配电级数过多，继电保护整定时限的级数也随之增多，而电力系统容许继电保护的时限级数对10kV来说正常情况下也只限于两级，如配电级数出现三级，则中间一级势必要与下一级或上一级之间无选择性。

第7款 配电系统采用放射式则供电可靠性高，便于管理，但线路和开关柜数量增多。而对于供电可靠性要求较低者可采用树干式，线路数量少，可节约投资。负荷较大的高层建筑，多含二级和一级负荷，可用分区树干式或环式，以减少配电电缆线路和开关柜数量，从而相应少占电缆竖井和高压配电室的面积。

3.3.2 应急电源与正常电源之间必须采取可靠措施防止并列运行，目的在于保证应急电源的专用性，防止正常电源系统故障时应急电源向正常电源系统负荷送电而失去作用。例如应急电源原动机的启动命令必须由正常电源主开关的辅助接点发出，而不是由继电器的接点发出，因为继电器有可能误动作而造成与正常电源误并网。

3.3.3 应急电源类型的选择应根据一级负荷中特别重要负荷的容量、允许中断供电的时间以及要求的电源为交流或直流等条件来进行。

由于蓄电池装置供电稳定、可靠、切换时间短，因此对于允许停电时间为毫秒级、容量不大的特别重要负荷且可采用直流电源者，可由蓄电池装置作为应急电源。如果特别重要负荷要求交流电源供电，且容量不大的，可采用UPS静止型不间断供电装置（通常适用于计算机等电容性负载）。

对于应急照明负荷，可采用EPS应急电源（通常适用于电感及阻性负载）供电。

如果特别重要负荷中有需驱动的电动机负荷，启动电流冲击较大，但允许停电时间为30s以内的，可采用快速自启动的柴油发电机组，这是考虑一般快速自启动的柴油发电机组自启动时间一般为10s左右。

对于带有自动投入装置的独立于正常电源的专门

馈电线路，是考虑其自投装置的动作时间，适用于允许中断供电时间大于电源切换时间的供电。

3.4 电压选择和电能质量

3.4.5 各种用电设备对电压偏差都有一定要求。如果电压偏差超过允许值，将导致电动机达不到额定输出功率，增加运行费用，甚至性能变劣、降低寿命。照明器端电压的电压偏差超过允许值时，将使照明器的寿命降低或光通量降低。为使用电设备正常运行和有合理的使用寿命，设计供配电系统时，应验算用电设备的电压偏差。

3.4.6 在供配电系统设计中，正确选择元器件和系统结构，就可在一定程度上减少电压偏差。

第1款 正确选择变压器的变压比和电压分接头，即可将供配电系统的电压调整在合理的水平上。

第2款 供电元器件的电压损失与阻抗成正比，在技术经济合理时，减少变压级数、增加线路截面、采用电缆供电可以减少电压损失，从而缩小电压偏差范围。

第3款 合理补偿无功功率，可以缩小电压偏差范围。

第4款 在三相四线制中，如果三相负荷分布不均（相导体对中性导体），将产生零序电压使零点移位，一相电压降低，另一相电压升高，增大了电压偏差。同样，线间负荷不平衡，则引起线间电压不平衡，增大了电压偏差。

3.4.7 电力系统通常在35kV以上电压的区域变电所中采用有载调压变压器进行调压，大多数用电单位的电压质量能得到满足，所以通常各用电单位不必装设有载调压变压器，既节省投资又减少了维护工作量，提高了供电可靠性。对个别距离区域变电所过远的用电单位，如果在区域变电所采取集中调压方式后，仍不能满足电压质量要求，且对电压要求严格的设备单独设置调压装置技术经济不合理时，也可采用10(6)kV有载调压变压器。

3.4.8 冲击性负荷引起的电压波动和闪变对其他用电设备影响甚大，例如照明闪烁，显像管图像变形，电动机转速不均匀，电子设备、自控设备或某些仪器工作不正常等，因此应采取具体措施加以限制在合理的范围内，电压波动和闪变不包括电动机启动时允许的电压骤降。

3.4.9 为降低三相低压配电系统的不对称度，规定设计低压配电系统时，应采取的措施。

第2款 根据各地的通常做法，原规范规定了由公共低压电网供电的220V照明用户，在线路电流不超过30A时，可采用220V单相供电，否则应以220/380V三相四线供电。考虑到目前各类用户如住宅的用电容量比以前均有较大幅度的增加，大范围采用三相供电也存在检修维护的安全性等问题，目前国内一些地区，在实施过程中已按40A设计。因此将上述30A调整为40A。

3.5 负荷计算

3.5.2 在各类用电负荷尚不够具体或明确的方案设计阶段可采用单位指标法。

需要系数法计算较为简便实用，经过全国各地的设计单位长期和广泛应用证明，需要系数法能够满足需要，所以本规范将需要系数法作为民用建筑电气负荷计算的主要方法。

3.5.3 在实际工程设计中，常遇到消防负荷中含有平时兼作它用的负荷，如消防排烟风机除火灾时排烟外，平时还用于通风（有些情况下排烟和通风状态下的用电容量尚有不同），因此应特别注意除了在计算消防负荷时应计入其消防部分的电量以外，在计算正常情况下的用电负荷时还应计入其平时使用的用电容量。

3.6 无功补偿

3.6.1 在民用建筑中通常包含大量的电力变压器、异步电动机、照明灯具等用电设备。这些用电设备所需的无功功率在电网中的滞后无功负荷中所占比重很大。因此在设计中正确选用变压器等设备的容量，不仅可以提高负荷率，而且对提高自然功率因数也具有实际意义。

当采取合理选择变压器容量、线缆及敷设方式等相应措施进行提高自然功率因数后，仍不能达到电网合理运行的要求时，应采用人工补偿无功功率措施。

由于并联电容器价格便宜，便于安装，维修工作量及损耗都比较小，可以制成不同容量规格，分组容易，扩建方便，既能满足目前运行要求，又能避免由于考虑将来的发展使目前装设的容量过大，因此可采用并联电力电容器作为人工补偿的主要设备。

3.6.2 原规范规定高压供电的用电单位功率因数为0.9以上，低压供电的用电单位功率因数为0.85以上。现行的《国家电网公司电力系统电压质量和无功电力管理规定》规定，100kVA及以上10kV供电的电力用户在用户高峰负荷时变压器高压侧功率因数不宜低于0.95；其他电力用户，功率因数不宜低于0.90。

3.6.3 为了尽量减少线损和电压降，宜采用就地平衡无功负荷的原则来装设电容器。由于低压并联电容器的价格比高压并联电容器低，特别是全膜金属化电容器性能优良，因此低压侧的无功负荷完全由低压电容器补偿是比较合理的。为了防止低压部分过补偿产生的不良后果，因此当有高压感性用电设备或者配电变压器台数较多时，高压部分的无功负荷应由高压电容器补偿。

并联电容器单独就地补偿是将电容器安装在电气

设备附近，可以最大限度地减少线损和释放系统容量，在某些情况下还可以缩小馈电线路的截面积，减少有色金属消耗，但电容器的利用率往往不高，初次投资及维护费用增加。从提高电容器的利用率和避免招致损坏的观点出发，首先选择在容量较大的长期连续运行的用电设备上装设电容器就地补偿。

如果基本无功负荷相当稳定，为便于维护管理，宜在配、变电所内集中补偿。

3.6.4 为了节省投资和减少运行维护工作量，凡可不用自动补偿或采用自动补偿效果不大的地方均不宜装设自动无功功率补偿装置。本条所列的基本无功功率是指当用电设备投入运行时所需的最小无功功率，常年稳定的无功功率及在运行期间恒定的无功功率均不需自动补偿。我国并联电容器国家标准规定，并联电容器允许每年投切次数不超过1000次。所以对于投切次数极少的电容器组宜采用手动投切的无功功率补偿装置。

3.6.5 根据供电部门对功率因数的管理规定，过补偿要罚款，对于有些对电压敏感的用电设备，在轻载时由于电容器的作用，线路电压往往升得很高，会造成这种用电设备（如灯泡）的损坏和严重影响其寿命及使用效能，如经过经济比较认为合理时，宜装设无功自动补偿装置。

由于高压无功自动补偿装置对切换元件的要求比较高，且价格较高，检修维护也较困难，因此当补偿效果相同时，宜优先采用低压无功自动补偿装置。

3.6.6 在民用建筑中采用无功功率补偿，主要是为了满足《供电营业规则》及《国家电网公司电力系统电压质量和无功电力管理规定》对用电单位功率因数的要求，以保证整个电网在合理状态下运行，所以宜采用功率因数调节原则，同时满足电压调整率的要求。

3.6.7 当无功功率补偿的并联电容器容量较大时，应根据补偿无功和调节电压的需要分组投切。

一些民用建筑由于采用晶闸管调光装置或大型整流装置等设备，以致造成电网中高次谐波的百分比很高。当分组投切大容量电容器组时，由于其容抗的变化范围较大，如果系统的谐波感抗与系统的谐波容抗相匹配，就会发生高次谐波谐振，造成过电压和过电流，严重危及系统及设备的安全运行，所以必须防止。

由于投入电容器时合闸涌流很大，而且容量越小，相对的涌流倍数越大。以100kVA变压器低压侧安装的电容器组为例，仅投切一台12kvar电容器则涌流可达其额定电流的56.4倍，如投切一组300kvar电容器，涌流则仅为额定电流的12.4倍，所以电容器在分组时，应考虑配套设备，如接触器或断路器在开断电容器时产生重击穿过电压及电弧重击穿现象。

3.6.8 当对电动机进行就地补偿时，首先应选用长期连续运行，且容量较大的电动机配用电容器。电容器的容量可根据接到电动机控制器负荷侧电容器的总千乏数不超过提高电动机空载功率因数到0.9所需的数值选择。当电动机投入快速反向、重合闸、频繁启动或其他类似操作产生过电压或超转矩影响时，应允许将不超过电动机输入千伏安容量的50%电容器投入运行。在三相异步电动机单独补偿的方式中，为了避免在减速情况下产生自励或过补偿，所安装的电容器容量应为电动机空载功率因数补偿到0.9所需的数值。对于能产生过电压或超转矩的情况，仍可采用50%。当电动机与电容器同时投切，电动机可作放电设备，不需再设其他放电设备。

民用建筑中使用较多的电梯等用电设备，在重物下降时，电机运行于第四象限，为了避免过电压，不宜单独用电容器补偿。对于多速电动机，如不停电进行变压及变速，也容易产生过电压，也不宜单独用电容器补偿。如对这些用电设备需要采用电容器单独补偿，应为电容器单独设置控制设备，操作时先停电再进行切换，避免产生过电压。

当电容器装在电动机控制设备的负荷侧时，流过过电流装置的电流小于电动机本身的电流。设计时应考虑电动机经常在接近实际负荷下使用，所以保护继电器应按加装电容器的电动机—电容器组的电流来选择。

3.6.9 在并联电容器回路中串联电抗器，可以限制合闸涌流和避免谐波放大。

4 配 变 电 所

4.1 一 般 规 定

4.1.1 虽然上海、天津等城市的少数大型民用建筑的供电电源已采用35kV电压等级，但全国绝大部分地区仍为10kV及以下电压。故本次规范修订，配变电所设计仍规定为适用于交流电压10kV及以下。当工程需要采用35kV电压等级时，可按国家标准《35～110kV变电所设计规范》GB 50059的规定执行。

4.1.3 我国是个多地震国家，20世纪我国发生7级以上强震占全球的1/10，再加上地震区面积大以及地震区范围内的大、中型城市多，全国300多个大、中城市中有一半的地震烈度为7度及以上。如地震时电源受到损坏，不能正常供电，对于抗震救灾都是不利的，因此参考相关专业的规定而作此规定。

4.2 所 址 选 择

4.2.1 根据民用建筑的特点，将配变电所位置选择加以具体化。民用建筑配变电所位置选择，与工业建筑除有不少共性点之外，尚有它的个别属性。

4.2.2 根据多年来的经验总结，设置在建筑物地下层的配变电所遭水淹渍、散热不良的干扰确有发生。尤其在施工安装阶段常常出现上层有水漏进配变电所，或地下防水措施未做好，或预留孔未堵塞而造成配变电所进水而遭淹渍，影响配变电所安全运行的情况，这些都不可忽视。

4.2.4 根据调查，在多层住宅小区多设置户外预装式变电所，在高层住宅小区可设置独立式配变电所或建筑物内附设式配变电所。为保障人身和设备安全，杆上变电所及高抬式变电所不应设置在住宅小区内。

4.3 配电变压器选择

4.3.1 节能是一项重要的国策，采用节能型变压器，符合国家的环境保护和可持续发展的方针政策。

4.3.2 在民用建筑中，变压器的季节负载变化很大。变压器制造厂家常推荐将变压器采取强冷措施，允许适当过载运行。使用单位为了减少首次安装容量，往往接受此措施。其实变压器在此情况下运行是不经济的，不宜提倡。长期工作负载率应考虑经济运行，不宜大于 85%。

4.3.4 本条规定民用建筑中的配电变压器接线组别宜选用 D，yn11。该接线组别的变压器比 Y，yn0 接线组别的变压器具有明显优点，限制了三次谐波，降低了零序阻抗，即增大了相零单相短路电流值，对提高单相短路电流动作断路器的灵敏度有较大作用。经多年来我国在民用建筑中的使用情况及现时国际上的使用情况，本规范推荐采用 D，yn11 接线组别的配电变压器。

4.3.5 根据调查，目前在民用建筑中附设式配变电所内的配电变压器，均采用干式变压器。现在国际上已生产非可燃性液体绝缘变压器，虽然国内目前尚无此类产品，但不排除以后试制成功或引进的可能。对于气体绝缘干式变压器，在我国的南方潮湿地区及北方干燥地区的地下层不宜使用，因为当变压器停止运行后，变压器的绝缘水平严重下降，不采取措施很难恢复正常运行。

4.3.6 根据调查，民用建筑使用的配电变压器，虽有的单台容量已达到 1600kVA 及以上，但由于其供电范围和供电半径太大，电能损耗大，对断路器等设备要求严格，故本规范规定不宜大于 1250kVA。户外预装式变电所单台变压器容量，规定不宜大于 800kVA。另外 800kVA 以上的油浸式变压器要装设瓦斯保护，而变压器电源侧往往不在变压器附近，瓦斯保护很难做到。

4.4 主接线及电器选择

4.4.3 条文中的隔离电器，包括隔离开关、隔离触头。一般情况下，分段联络开关宜装设断路器，只有同时满足条文规定的三款要求时，才能只装设隔离电器。

4.4.4、4.4.5 电压为 10(6)kV 的配电装置，现在有手车式和固定式两种。对于手车式，其手车已具有隔离功能。而固定式配电装置出线回路应设线路隔离电器，其隔离电器和相应开关电器应具有连锁功能。

4.4.7 本条中第 1 款规定采用能带负荷操作的电器，是为了在就地，而不需要到总配电所去操作。第 2 款是指与总配电所在同一建筑平面内或相邻的分配变电所，在进线处可不设开关电器，此两款规定的前提条件是放射式供电和无继电保护要求。

4.4.11 条文规定真空断路器应相应附带浪涌吸收器。现在的市场产品有自带浪涌吸收器的，有不带的。条文规定的目的是必须具有浪涌吸收器。

4.4.12 条文规定了低压开关的选择要求。变压器低压侧电源开关宜采用断路器，仅当变压器容量小，且为三级负荷供电时，可使用熔断器开关设备。

当低压母线联络开关，要求自动投切时，应采用断路器，不能使用接触器等开关电器。

4.5 配变电所形式和布置

4.5.2 根据调查，国内各建筑设计单位，在设计室内配变电所时，为保证安全，很少有使用裸露带电导体的情况，参考西欧国家的标准也规定不允许使用裸露带电体。配电变压器应使用带外壳保护式，由配电变压器至低压配电柜的进线线路，现在国内采用保护式母线较多，而国外多使用单芯电缆。鉴于我国地域广、经济发展不均衡的具体情况，部分地区仍存在使用裸露带电导体的可能，所以条文规定为“不宜设置裸露带电导体或装置”。规定“不宜设置带可燃性油的电气设备和变压器”，是根据无油设备的防火性能和经济指标与采用可燃性油设备加上防火措施的费用相比，在民用建筑中也没有使用带可燃性油的设备再采取相应的防火等措施的必要。

4.5.3 独立变电站与其他建筑物之间的防火间距，应符合国家标准《建筑设计防火规范》GB 50016 的规定，否则应按建筑物附设式配变电所的要求进行电气设计。

4.5.5 当一级负荷的容量较大，供电回路数较多时，宜在配变电所内分列设置相应的配电装置。由于大部分工程中不具备分列设置的条件，故要求在母线分段处设置防火隔板或隔墙，以确保一级负荷的供电回路安全。对于供一级负荷的两回路电源电缆（指工作、备用的两回路电源），尽量不敷设在配变电所的同一电缆沟内，但工程中很难做到分沟敷设。故当同沟敷设时，应满足条文规定的要求。

4.5.6 据调查，民用建筑配变电所的高、低压配电装置数量的变更是常有的事。因建筑物的使用性质、对象的变更，而需增加配电装置数量或增加供电容量的情况时有发生。在设计时应留有适当数量的配电装置位置，以方便以后的增加。如何量化，应根据该建筑物的具体情况分析确定。

对于0.4kV系统，为使用方的临时供电或增加某些设备或在使用中某个回路损坏需尽快恢复供电等提供方便，增加一定数量的备用回路是非常必要的。

4.5.8 值班室和低压配电装置室合并，在中小型配变电所中是常见的，应在低压配电室留有适当的位置，供值班人员工作的场所。要求的3m距离，指在配电屏的前面或端头，在此范围内，放置一些必要的储藏柜、桌凳等后，仍可保证配电装置的操作安全距离。

4.5.9 防护外壳防护等级的要求，应符合现行国家标准《外壳防护等级》GB 4208的规定。现在使用的干式变压器防护外壳，很多已达到IP5X的水平，防护等级越高，其散热越差，选择时应根据实际情况合理确定防护等级。

4.8 电力电容器装置

4.8.1 民用建筑中的配变电所，补偿用电力电容器装置的单组容量，不应大于1000kvar，也不可能大于此值。

4.8.3 高次谐波可能引起电容器过载，串联电抗器可以抑制谐波。

4.8.5 考虑民用建筑的防火要求。

4.9 对土建专业的要求

4.9.2 配变电所的所有门，均应采用防火门，条文中规定了对各种情况下对门的防火等级要求，一方面是为了配变电所外部火灾时不应对配变电造成大的影响，另一方面是在配变电所内部火灾时，尽量限制在本范围内。

防火门分为甲、乙、丙三级，其耐火最低极限：甲级应为1.20h；乙级应为0.90h；丙级应为0.60h。

门的开启方向，应本着安全疏散的原则，均向“外”开启，即通向配变电所室外的门向外开启，由较高电压等级通向较低电压等级的房间的门，向较低电压房间开启。

4.9.5 配变电所中的单件最大最重件为配电变压器。据调查，现在设置在建筑物地下层或楼层的配电变压器，因土建设计未考虑其荷载和运输通道的要求，造成很多麻烦，有的在施工时，勉强运到位，但对今后的更换则非常困难。因此在设计时，应向土建专业提出通道、荷载等要求。运输通道可利用车道，垂直运输机械或专设运输通道（或可拆卸通道）。

5 继电保护及电气测量

5.1 一般规定

5.1.1 目前国内民用建筑中的电压等级绝大多数在10(6)kV及以下，10(6)kV以上电压等级的继电保护及电气测量可根据相应的国家标准及规范设计。

5.1.2 可靠性是指保护该动作时应动作，不该动作时不动作。选择性是指首先由故障设备或线路本身的保护切除故障，当故障设备或线路本身的保护或断路器拒动时，才允许由相邻设备、线路的保护或断路器失灵保护切除故障。灵敏性是指在被保护设备或线路范围内金属性短路时，保护装置应具有必要的灵敏系数。速动性是指保护装置应能尽快地切除短路故障。

5.1.3 为保证可靠性，提高设备管理水平，满足节能及安全等诸多需求，对重要或大型的配变电所可根据工程实际需求适当采用智能化保护装置或变电所综合自动化系统。

5.2 继电保护

5.2.1 继电保护设计的规定

第1款 规定了民用建筑中的电力设备和线路应装设的保护。其中主保护是指满足系统稳定和设备安全要求，能以最快速度有选择地切除被保护设备和线路故障的保护。后备保护是指主保护或断路器拒动时，用以切除故障的保护。辅助保护是指为补充主保护和后备保护的性能或当主保护和后备保护退出运行而增设的简单保护。异常运行保护是反映被保护电力设备或线路异常运行状态的保护。

第2款 规定了继电保护装置的接线回路应尽可能简单并且尽量减少所使用的元件和接点的数量。

第3款 本规定是为了保证继电保护装置的选择性。

第4款 保护装置的灵敏系数，应根据不利正常运行方式和不利故障类型进行计算，必要时应计及短路电流衰减的影响。

第5款 保护装置与测量仪表一般不宜共用电流互感器的二次线圈，当必须共用一组二次线圈时，则仪表回路应通过中间电流互感器或试验部件连接，当采用中间电流互感器时，其二次开路情况下，保护用电流互感器的稳态比误差仍不应大于10%。当技术上难以满足要求且不致使保护装置误动作时，可允许有较大的误差。

第8款 本款规定是为了便于分别校验保护装置和提高可靠性。

第9款 本款规定“当用户10(6)kV断路器台数较多、负荷等级较高时，宜采用直流操作”。

经多年的实践证明，弹簧储能交流操动机构也是比较可靠的，而且对中小型配变电所来说也是经济的。

5.2.2 变压器的保护

第1款 气体绝缘变压器如发生故障将造成气体压力升高，气体泄漏将造成气体密度降低，所以应按本节规定装设相应的保护装置。

第2款 油浸式变压器产生大量瓦斯时，应动作于断开变压器各侧断路器，如变压器电源侧采用熔断器保护而无断路器时，可作用于信号。

5.2.3 第2款 1）此项做法主要是保证当发生不在同一处的两点或多点接地时可靠切除短路。

5.2.4 并联电容器的保护

第3款 用熔断器保护电容器，是一种比较理想的保护方式，只要熔断器选择合理，特性配合正确，就能满足安全运行的要求，这就需要熔断器的安秒特性和电容器外壳的爆裂概率曲线相配合。电容器箱壳为密闭容器，当内部故障时，由于电弧高温分解绝缘物质产生气体而使内部压力增高，分解气体的数量与绝缘物质的性质有关，液体绝缘介质分解出的气体较多。在同样介质的情况下，分解出气体数量和电弧的能量大小有关，即和 $I:t$ 有关。当分解出的气体产生的压力大于箱壳的机械强度时，箱壳就可能产生爆裂，箱体发生爆裂时 I 和 t 的关系曲线称为箱壳的爆裂特性曲线。实际上，密闭箱壳发生爆裂和许多随机因素有关。例如：箱壳的原始压力大小，加工质量好坏，钢板厚度是否均匀等等。所以，爆裂特性曲线只能给出以某个概率发生爆裂的 I 和 t 的关系。本应在规范中要求电容器的熔丝保护的特性与电容器的爆裂特性相配合，但目前很多电容器制造企业还给不出爆裂特性曲线，故本规范未做具体规定。

第7款 从电容器本身的特点来看，运行中的电容器如果失去电压，电容器本身并不会损坏，但运行中的电容器突然失压可能产生以下两个后果：其一，如变电所因电源侧瞬时跳开或主变压器断开，而电容器仍接在母线上，当电源重合闸或备用电源自动投入时，母线电压很快恢复，而电容器上的残余电压还未来得及放电降到额定电压的10%以下，这就有可能使电容器承受高于1.1倍的额定电压而造成损坏。其二，当变电所失电后，电压恢复，电容器不切除，就可能造成变压器带电容器合闸，而产生谐振过电压损坏变压器和电容器。此外，当变电所停电后电压恢复的初期，变压器还未带上负荷，母线电压较高，这也可能引起电容器过电压。所以，本款规定了电容器应装设失压保护，该保护的整定值既要保证在失压后，电容器尚有残压时能可靠动作，又要防止在系统瞬间电压下降时误动作。一般电压继电器的动作值可整定为额定电压的50%～60%，动作时限需根据系统接线和电容器结构而定，一般可取0.5～1s。

第8款 在供配电系统中，并联电容器常常受到谐波的影响，特殊情况，还可能在某些高次谐波发生谐振现象，产生很大的谐振电流。谐波电流将使电容器过负荷、过热、振动和发出异声，使串联电抗器过热，产生异声或烧损。谐波对电网的运行是有害的，首先应该对产生谐波的各种来源进行限制，使电网运行电压接近正弦波形，否则应按本款规定装设过负荷保护。

5.2.5 第1款 由于民用建筑中10（6）kV配变电所一般采用单母线分段接线，正常时分段运行，母线的保护仅保证在一个电源工作、分段开关闭合时，一旦发生故障不至使全部负荷断电。

5.3 电 气 测 量

5.3.2 电能计量仪表的设置参考了电力行业标准《电能计量装置技术管理规定》和《电能计量柜》以及《供用电营业规则》等有关规定。

5.4 二次回路及中央信号装置

5.4.1 继电保护的二次回路

第3款 由于铝芯控制电缆和绝缘导线存在的易折断、易腐蚀、易变形，铜铝接触的电腐蚀等问题至今仍未很好解决，各地意见较多，而近年来新建和扩建的工程都采用铜芯控制电缆和绝缘导线，故条文对此作了明确规定。

第4款 本款对控制电缆或绝缘导线最小截面以及选择电流回路、电压回路、操作回路电缆的条件作出了相应规定。

第6款 为保证在二次回路端子排上安全地工作，本款根据二次回路的特点作出了具体规定。

第9款 电压互感器的二次侧中性点或线圈引出端的接地方式分直接接地和通过击穿保险器接地两种。向交流操作的保护装置和自动装置操作回路供电的电压互感器，中性点应通过击穿保险器接地。采用一相直接接地的星形接线的电压互感器，其中性点也应通过击穿保险器接地。

中性点直接接地的系统，当变电所或线路出口发生接地故障，有较大的短路电流流入变电所的接地网时，接地网上每一点的电位是不同的，如果电压互感器二次回路有两处接地，或两个电压互感器各有一处接地，并经二次回路直接连起来时，不同接地点间的电位差将造成继电保护入口电压的异常，使之不能正确反映一次电压的幅值和相位，破坏相应保护的正常工作状态，可能导致严重后果。因此，本款规定电压互感器的二次回路只允许有一处接地。同时为了降低干扰电压，接地的地点宜选在保护控制室内，并应牢固焊接在接地小母线上。

5.4.2 中央信号装置

第9款 目前国内一些民用建筑的变配电所，在采用了保护、报警及显示功能均较为完善和直观的智能化保护装置或变电所综合自动化系统的同时还设有十分复杂的中央信号模拟屏，有些功能重复设置，较为繁琐，可根据具体工程的实际情况确定是否设置中央信号模拟屏或对其进行简化。

5.5 控制方式、所用电源及操作电源

5.5.2 所用电源及操作电源

第1款 重要或规模较大的配变电所，设所用变压器可提高供电可靠性。所用变压器的容量30～50kVA一般已能满足所用电的要求。当有两路所用电源时，为了在故障时能尽快投入备用所用电源，所以规定宜装设自动投入装置。

第4款 采用电磁操动机构，由于进线开关合闸需要电源，因此所用变压器要接在进线开关的进线端。

第5款 民用建筑对环境质量的要求较高，对于重要的配变电所，宜采用体积小、重量轻、占地面积小、安装方便、成套性强、在运行中不散发有害气体的免维护蓄电池组作为操作电源。

第6款 交流操作投资较低，建设周期较短，二次接线简单，运行维护方便。但采用交流操作保护装置时，电流互感器二次负荷增加，有时不能满足要求，同时弹簧机构一般比电磁机构成本高，因此推荐用于能满足继电保护要求、出线回路少的一般小型配变电所。

6 自备应急电源

6.1 自备应急柴油发电机组

机组额定电压为230/400V，单机容量定为2000kW及以下。主要依照国家标准《往复式内燃机驱动的交流发电机组》GB/T 2820、《自动化柴油发电机组分级要求》GB/T 4712以及《交流工频移动电站额定功率、电压及转速（功率自0.75～2000kW）》GB 12699所规定的机组功率和电压而定。

目前我国柴油发电机市场主要分两大类：一是功率100～2000kW进口机组。二是国产机组，大多功率在400kW以下。目前国产柴油发电机组种类很多，按组装形式可分拖车式、移动式（或称滑动式）、固定式三种。冷却方式有风冷式（又称封闭自循环水冷却方式）和水冷式。启动方式有电启动和压缩空气启动，还有带增压器的增压机组和不带增压器的机组等。

本节中所有条文的规定是以国家标准《往复式内燃机驱动的交流发电机组》GB/T 2820中固定式、应急型柴油发电机组的有关技术数据为依据而制定。对于采用进口机组时，也应遵照执行。

6.1.1 一般规定

第1款 **1）** 此项的规定，是按本规范第3.2.1条1款所规定的一级负荷中特别重要负荷，宜设应急柴油发电机组。

2） 此项的规定，需设置自备应急机组时，应进行经济、技术比较后确定。

第2款 机组设置规定

①机组靠近负荷中心，为节省有色金属和电能消耗，确保电压质量；

②机组的设置应遵照有关规范对防火的要求，并防止噪声、振动等对周围环境的影响；

③从保证机组有良好工作环境（如排烟、通风等）考虑，最好将机组布置在建筑物首层，但大型民用建筑的首层，往往是黄金层，难以占用。根据调查，目前国内高层建筑的柴油发电机组已有不少设在地下层，运行效果良好。机组设在地下层最关键的一定要处理好通风、排烟、消声和减振等问题。

第5款 应急柴油发电机组确保的供电范围一般为：

①消防设施用电：消防水泵、消防电梯、防烟排烟设施、火灾自动报警、自动灭火装置、应急照明和电动的防火门、窗、卷帘门等；

②保安设施、通信、航空障碍灯、电钟等设备用电；

③航空港、星级饭店、商业、金融大厦中的中央控制室及计算机管理系统；

④大、中型电子计算机室等用电；

⑤医院手术室、重症监护室等用电；

⑥具有重要意义场所的部分电力和照明用电。

6.1.2 发电机组的选择

第1款 确定机组容量时，除考虑应急负荷总容量之外，应着重考虑启动电动机容量。因单台电动机最大启动容量对确定机组容量有直接关系。决定机组能启动电动机容量大小的因素又很多，它与发电机的技术性能、柴油机的调速性能、电动机的极对数和启动时发电机所带负荷大小和功率因数的高低、发电机的励磁和调压方式以及用电负荷对电压指标的要求等因素有关。因此，设计确定机组容量，应具体分析区别对待。

为了便于设计参考，三相低压柴油发电机组在空载时，能全电压直接启动的空载四极笼型三相异步电动机最大容量可参见表6-1。

表6-1 机组空载能直接启动空载笼型电动机最大容量

序号	柴油发电机功率（kW）	异步电动机额定功率（kW）
1	40	$0.7P$[①]
2	50、64、75	30

续表 6-1

序号	柴油发电机功率（kW）	异步电动机额定功率（kW）
3	90、120	55
4	150、200、250	75
5	400 以上	125

注：① P 为柴油发电机功率。

但应注意，表 6-1 所列数值，没有考虑电动机直接启动对机组母线电压降加以限制，是以全电压直接启动电动机时，电动开关和失压保护不应跳闸为条件。

第 2 款　根据国内外一些高层建筑用电指标统计，应急发电机容量约占供电变压器总容量的 10%～20%。国外建筑物配电变压器容量一般选择得较富裕，因此后一个指标偏差较大。根据我国现实情况，建筑物规模大时取下限，规模小时取上限。

发电机组的容量可分别按下列公式计算：

①按稳定负荷计算发电机容量；

$$S_{C1}=\alpha\frac{P_{\Sigma}}{\eta_{\Sigma}\cos\varphi}\ 或 \tag{6-1}$$

$$S_{C1}=\alpha\left(\frac{P_1}{\eta_1}+\frac{P_2}{\eta_2}+\cdots\cdots+\frac{P_n}{\eta_n}\right)\frac{1}{\cos\varphi}=\frac{\alpha}{\cos\varphi}\sum_{k=1}^{n}\frac{P_k}{\eta_k} \tag{6-2}$$

式中　P_{Σ}——总负荷（kW）；

P_k——每个或每组负荷容量（kW）；

η_k——每个或每组负荷的效率；

η_{Σ}——总负荷的计算效率，一般取 0.82～0.88；

α——负荷率；

$\cos\varphi$——发电机额定功率因数，可取 0.8。

②按最大的单台电动机或成组电动机启动的需要，计算发电机容量；

$$S_{C2}=\left(\frac{P_{\Sigma}-P_m}{\eta_{\Sigma}}+P_m\cdot K\cdot C\cdot\cos\varphi_m\right)\frac{1}{\cos\varphi} \tag{6-3}$$

式中　P_m——启动容量最大的电动机或成组电动机的容量（kW）

$\cos\varphi_m$——电动机的启动功率因数，一般取 0.4；

K——电动机的启动倍数；

C——按电动机启动方式确定的系数；

全压启动：$C=1.0$

Y-△启动 $C=0.67$

自耦变压器启动：

50%抽头 $C=0.25$

65%抽头 $C=0.42$

80%抽头 $C=0.64$

P_{Σ}、η_{Σ}、$\cos\varphi$ 意义同公式（6-2）。

③按启动电动机时母线容许电压降计算发电机容量。

$$S_{C3}=P_n\cdot K\cdot C\cdot X''_d\left(\frac{1}{\Delta E}-1\right) \tag{6-4}$$

式中　P_n——电动机总容量（kW）；

X''_d——发电机的暂态电抗，一般取 0.25；

ΔE——应急负荷中心母线允许的瞬时电压降。一般 ΔE 取 0.25～0.3（有电梯时取 $0.2U_H$）；

K、C——意义同公式（6-3）。

公式（6-4）适用于柴油发电机与应急负荷中心距离很近的情况。

如果外界气压、温度、湿度等条件不同时，则应按照表6-2～表 6-5中所列之校正系数进行校正。

即，实际功率＝额定功率×C

表 6-2　相对湿度 60%非增压柴油机功率修正系数 C

海拔（m）	大气压（kPa）	大气温度（℃） 0	5	10	15	20	25	30	35	40	45
0	101.3	1	1	1	1	1	1	0.98	0.96	0.93	0.90
200	98.9	1	1	1	1	1	0.98	0.95	0.93	0.90	0.87
400	96.7	1	1	1	0.99	0.97	0.95	0.93	0.90	0.88	0.85
600	94.4	1	1	0.98	0.96	0.94	0.92	0.90	0.88	0.85	0.82
800	92.1	0.99	0.97	0.95	0.93	0.91	0.89	0.87	0.85	0.82	0.80
1000	89.9	0.96	0.94	0.92	0.90	0.89	0.87	0.85	0.82	0.80	0.77
1500	84.5	0.89	0.87	0.86	0.84	0.82	0.80	0.78	0.76	0.74	0.71
2000	79.5	0.82	0.81	0.79	0.78	0.76	0.74	0.72	0.70	0.68	0.65

续表 6-2

海拔（m）	大气压（kPa）	大气温度（℃）									
		0	5	10	15	20	25	30	35	40	45
2500	74.6	0.76	0.75	0.73	0.72	0.70	0.68	0.66	0.64	0.62	0.60
3000	70.1	0.70	0.69	0.67	0.66	0.64	0.63	0.61	0.59	0.57	0.54
3500	65.8	0.65	0.63	0.62	0.61	0.59	0.58	0.56	0.54	0.52	0.49
4000	61.5	0.59	0.58	0.57	0.55	0.54	0.52	0.51	0.49	0.47	0.44

表 6-3　相对湿度 100%非增压柴油机功率修正系数 *C*

海拔（m）	大气压（kPa）	大气温度（℃）									
		0	5	10	15	20	25	30	35	40	45
0	101.3	1	1	1	1	1	0.99	0.96	0.93	0.90	0.86
200	98.9	1	1	1	1	0.98	0.96	0.93	0.90	0.87	0.83
400	96.7	1	1	1	0.98	0.96	0.93	0.91	0.88	0.84	0.81
600	94.4	1	0.99	0.97	0.95	0.93	0.91	0.88	0.85	0.82	0.78
800	92.1	0.98	0.96	0.94	0.92	0.90	0.88	0.85	0.82	0.79	0.75
1000	89.9	0.96	0.94	0.92	0.90	0.87	0.85	0.83	0.80	0.76	0.73
1500	84.5	0.89	0.87	0.85	0.83	0.81	0.79	0.76	0.73	0.70	0.66
2000	79.4	0.82	0.80	0.79	0.77	0.75	0.73	0.70	0.67	0.64	0.61
2500	74.6	0.76	0.74	0.72	0.71	0.69	0.67	0.64	0.62	0.59	0.55
3000	70.1	0.70	0.68	0.67	0.65	0.63	0.61	0.59	0.56	0.53	0.50
3500	65.8	0.64	0.63	0.61	0.60	0.58	0.56	0.54	0.51	0.48	0.45
4000	61.5	0.59	0.58	0.57	0.55	0.54	0.52	0.51	0.49	0.47	0.44

表 6-4　相对湿度 60%增压柴油机功率修正系数 *C*

海拔（m）	大气压（kPa）	大气温度（℃）									
		0	5	10	15	20	25	30	35	40	45
0	101.3	1	1	1	1	1	1	0.96	0.92	0.87	0.83
200	98.9	1	1	1	1	1	0.98	0.94	0.90	0.86	0.81
400	96.7	1	1	1	1	1	0.96	0.92	0.88	0.84	0.80
600	94.4	1	1	1	1	0.99	0.95	0.90	0.86	0.82	0.78
800	92.1	1	1	1	1	0.97	0.93	0.88	0.84	0.80	0.78
1000	89.9	1	1	1	0.99	0.95	0.91	0.87	0.83	0.79	0.75
1500	84.5	1	1	0.98	0.94	0.90	0.86	0.82	0.78	0.74	0.70
2000	79.5	1	0.98	0.93	0.89	0.85	0.82	0.78	0.74	0.70	0.66
2500	74.6	0.97	0.93	0.89	0.85	0.81	0.77	0.73	0.70	0.66	0.62
3000	70.1	0.92	0.88	0.84	0.80	0.77	0.73	0.69	0.66	0.62	0.59
3500	65.8	0.87	0.83	0.80	0.76	0.72	0.69	0.66	0.62	0.59	0.55
4000	61.5	0.82	0.79	0 75	0.72	0.68	0.65	0.62	0.58	0.55	0.51

表 6-5 相对湿度 100%增压柴油机功率修正系数 C

海拔 (m)	大气压 (kPa)	大气温度（℃）									
		0	5	10	15	20	25	30	35	40	45
0	101.3	1	1	1	1	1	0.99	0.95	0.90	0.85	0.80
200	98.9	1	1	1	1	1	0.97	0.93	0.88	0.83	0.78
400	96.7	1	1	1	1	1	0.95	0.91	0.86	0.82	0.77
600	94.4	1	1	1	1	0.98	0.93	0.89	0.84	0.80	0.75
800	92.1	1	1	1	1	0.96	0.91	0.87	0.83	0.78	0.73
1000	89.9	1	1	1	0.98	0.94	0.90	0.85	0.81	0.76	0.72
1500	84.5	1	1	0.98	0.93	0.89	0.85	0.81	0.76	0.72	0.67
2000	79.4	1	0.97	0.92	0.88	0.84	0.80	0.76	0.72	0.68	0.63
2500	74.6	0.97	0.92	0.88	0.84	0.80	0.76	0.72	0.68	0.64	0.59
3000	70.1	0.92	0.88	0.84	0.80	0.76	0.72	0.68	0.64	0.60	0.56
3500	65.8	0.87	0.83	0.79	0.75	0.71	0.68	0.64	0.60	0.56	0.52
4000	61.5	0.82	0.78	0.75	0.71	0.67	0.64	0.60	0.56	0.52	0.48

第 3 款 规定母线电压不得低于 80%，基于下列几方面的因素：

①保证电动机有足够的启动转矩，因启动转矩是与电源电压的平方成正比的；

②不致因母线电压过低而影响其他用电设备的正常工作，尤其是对电压比较敏感的设备；

③要保证接触器等开关接触设备的吸引线圈能可靠地工作。

当直接启动大容量的笼型电动机时，发电机母线的电压降落太大，影响应急电力设备启动或正常运行时，不应首先考虑加大发电机组的容量，而应采取其他措施来减少发电机母线的电压波动，例如采用电动机降压启动方式等。

第 5 款 据有关资料介绍，国外高层建筑中所采用的应急柴油发电机组基本上为高速机组。目前国内一些高层建筑用的应急柴油发电机已向高速型转化，此种机组具有体积小、重量轻、启动运行可靠等优点。

当无刷励磁交流同步发电机与自动电压调整装置配套使用时，其静态电压调整率可保证在±(1.0%～2.5%)以内。这种类型机组能适应各种运行方式，易于实现机组自动化或对发电机组的遥控。

目前国产柴油发电机组启动时间可以小于 15s，有的厂产品可在 4～7s，保证值为 15s。

6.1.3 机房设备布置

第 1～3 款 机房内主要设备有柴油发电机组、控制屏、操作台、电力及照明配电箱、启动蓄电池、燃油供给和冷却、进排风系统以及维护检修设备等。机房的布置要根据机组容量大小和台数而定。小容量机组一般机电一体，不用设控制室。机组容量较大，可把机房和控制室分开布置，这样有利于改善工作条件。

机房布置方式及各部位有关最小尺寸，是根据机组运行维护、辅助设备布置、进排风以及施工安装等需要，并结合目前封闭式自循环水冷却方式的应急型机组的外廓尺寸提出的。机房布置主要以横向布置（垂直布置）为主，这种布置机组中心线与机房的轴线相垂直，操作管理方便，管线短，布置紧凑。

第 5 款 机组热风出口位置，应避免经常有自然风顶吹的方向，并应在热风出口设百叶窗，其百叶窗净空不要太小。因散热器的吹风扇风压降一般在 127Pa 以下，以免影响散热效果和机组出力。

机组设在地下层，热风管引出室外最好平直。如要拐弯引出，其弯头不宜超过两处，拐弯应大于或等于 90°，而且内部要平滑，以免阻力过大影响散热。

如机组设在地下层其热风管又无法伸出室外，不应选整体风冷机组，应改选分体式散热机组，即柴油机夹套内的冷却器由水泵送至分体式水箱冷却方式。目前国内有许多厂家也接受订货。

第 6 款 柴油发电机运行时，机房的换气量应等于或大于维持柴油机燃烧所用新风量与维持机房温度所需新风量之和。据国外有关资料介绍，维持机房温度所需新风量可按下式确定：

$$C = \frac{0.078P}{T} \tag{6-5}$$

式中 C——需要新风量（m^3/s）；

P——柴油机额定功率（kW）；

T——柴油发电机房的温升（℃）。

维持柴油机燃烧所需新风量可向柴油机厂家索取，当海拔高度增加时，每增加763m，空气量应增加10%。若无资料，可按每1kW制动功率需要0.1m^3/min估算。

第7款　机组排烟管伸出室外的位置很重要，如调查某一高级饭店，其机房排烟管道正好设在主建筑物客房上风侧，机组运行时烟气正吹向客房，影响很不好。

排烟管系统的作用是将气缸里的废气排放室外，排烟系统应尽量减少背压，因为废气阻力的增加将导致柴油机出力的下降及温升的增加。

排烟系统的压降为管路、消声器、防雨帽等各部分压降之和，总的压降以不超过6720Pa为宜。

排烟管敷设方式有两种：一是水平架空敷设，优点是转弯少、阻力小。其缺点增加室内散热量，使机房内温度升高。二是地沟敷设，优点是在地沟内散热量小，对湿热带尤为适宜。其缺点排烟管转弯多，阻力比架空敷设大。

排烟管温度一般为350～550℃，为防止烫伤和减少辐射热，其排烟管宜进行保温处理，以减少排烟管的热量散到房间内增高机房温度。保温表面温度不应超过50℃，保温措施一般按热力保温方法处理。

排烟噪声在柴油机总噪声中属于最强烈的一种噪声，其频谱是连续的，排烟噪声的强度最高可达110～130dB，而对机房和周围环境有较大的影响。所以应设消声器，以减少噪声。

排烟管的热膨胀可由弯头或来回弯补偿，也可设补偿器、波纹管、套筒伸缩节补偿。

第8款　条文规定的环境噪声标准，引自国家标准《城市区域环境噪声标准》GB 3096的规定。

6.1.5　根据调查，发电机容量较大时，其出线截面大且导线根数多，再加各种控制回路和配出线路，显得机房内管线较多。为了敷线方便及维护安全，在发电机出口、控制屏或控制室以及配电线路出口等各处之间设电缆沟并贯通一起比较适宜。

6.1.7　控制室的电气设备布置

第1款　根据国内调查，应急型机组单机容量在500kW及以下不设控制室为多数，反映尚好。单机容量在500kW以上的及多台机组，考虑运行维护和管理方便，可设控制室宜于集中控制。

第2～5款　控制室的主要设备有发电机控制屏、机组操作台、动力控制屏（台）、低压配电屏及照明配电箱等。其布置与低压配电室的要求相同。主要要求操作人员便于观察控制屏或台上仪表，并能通过观察窗看到机组运行情况。

控制室的控制屏（台）一般数量不多，维护通道为0.8m是可以的，但在具体工程设计中，如条件允许，可适当放大些，配电装置的最高点距房顶不应小于0.5m。

6.1.8　发电机组的自启动

第1款　应急机组是保证建筑物安全的重要设备，它的首要任务必须在应急情况下，能够可靠启动并投入正常运行，以满足使用要求。

与市网不得并列运行，是考虑到一旦机组发生故障时，不要波及到市网，而扩大了故障范围。如市网有故障，因与机组未并网，也易于临机处理，避免发生意外事故。连锁的目的就是防止误并列。

第3款　机房在寒冷地区应采暖，为保证机组应急时顺利启动，机房最低温度应根据产品要求，但一般不应低于5℃，最高温度不应超过35℃，相对湿度应小于75%。

自启动机组的冷却水应能自流供给，若水源不可靠，应设储水箱或储水池。

为了确保机组启动具有足够的能量，除机组具有充电能力外，在备用过程中应具有浮充电装置。

为保证机组在应急时使用，必须储备一定数量的燃料油，还应设两个以上柴油储油箱，便于新油沉淀。

第4款　启动蓄电池由机组随机供给，工作电压为12V或24V。机组启动时启动电流很大，为减少启动电压降，启动蓄电池应设置在机组的启动电动机附近。因机组不经常工作，为了补充蓄电池自放电，应设置充电装置。

6.1.9　发电机组的中性点工作制

第1～3款　三相四线制的中性点是直接接地，它的优点是降低了系统的内部过电压倍数，当一相接地时，相间电压为中性点所固定，基本不会升高。而且电力与照明可以由同一发电机母线供电。

在三相四线制中，当两台或多台机组并列运行时，中性导体就会产生三次谐波环流，环流的大小与下列因素有关：

①三相负载的不平衡度；

②两机有功负载分配的不平衡度；

③两机无功负载分配即功率因数的差异程度。

又因中性点引出导体上的三次谐波电流，徒然使发电机发热，降低其出力，必须加以限制，限制中性导体电流可采用下列方法：

①中性点引出导体上加装刀开关。在每台发电机的中性点引出导体上装刀开关，以切断发电机间谐波电流的环流回路，在运行中根据谐波电流的大小和分布情况，决定断开一台发电机的中性点引出导体。但至少应保持一台发电机的中性点和中性母线接通，以保证对220V设备的供电。但这种方法的缺点是把220V的不平衡（零序）负荷完全加在少数发电机上，加大了这些发电机三相负荷的不平衡程度，而且系统单相接地短路电流也集中在这些发电机上。

②中性点引出导体上装设电抗器。在每台发电机的中性点引出导体上装设电抗器，在保持中性母线电

位偏移不大的条件下，有效地限制了中性点引出导体的谐波电流在允许范围内。

6.1.10 柴油发电机组的自动化

第2款 当机组作为应急电源时，应设自启动装置。当市电中断供电时，机组自动启动，并在30s内向负荷供电。当市电恢复正常后，能自动或手动切换电源停机，其他均为就地操作。

近年来柴油发电机组自动化控制发展很快，在许多工程中已广泛应用，控制系统已从最早的继电器系统，发展至今的计算机控制系统。控制功能已比较完善，可以做到机组无人值守。自动化机组的功能，能自启动、自动调压、自动调频、自动调载、自动并车、按负荷大小自动增减机组、故障自动处理、辅机自动控制等。

根据国家标准《自动化柴油发电机组分级要求》GB/T 4712，其自动化程度分为三级，可依具体工程选定。

第3款 机组并车方法，包括手动准同期及自动同期并车。即在频率相同、电压相位相同时并车。并车时冲击电流小，但操作要求高，特别在负荷波动和事故情况要使待接入的发电机和运行的发电机的频率相同、电压相同、相位相一致会有一定困难，所以自启动发电机组并车应采用自动同期法。

6.1.11 柴油发电机容量大小不同，小时耗油量也有差异。若在主建筑外设储油库，其防火间距应遵照国家标准《高层民用建筑设计防火规范》GB 50045和《建筑设计防火规范》GB 50016中有关规定执行。

中小容量柴油机组出厂时，一般配有日用燃油箱。当机组设在大型民用建筑地下层时，根据应急柴油发电机特殊要求，必须储备一定数量燃油供应急时使用，又考虑建筑防火要求，储油数量不宜过大。综合各种因素，最大储油量不应超过8h的需要量，并应按防火要求处理。

6.1.12 柴油发电机组的230/400V中性点直接接地系统的电气设备的金属外壳、支架等均应接地，在同一配电系统中不应采取两种不同的接地方式。

6.1.13 柴油发电机组运行时，其余热向四周扩散，为了不致引起室温过高，机房内应有良好通风装置。机房里的换气量应等于或大于柴油机燃烧所用新风量与维持机房室温所需新风量之和。

减少暖机功率，对平时利用率较低的应急机组，是不可忽视的。因为应急机组时刻都处在“戒备”状态，而暖机也时刻在运行，成年累月其运行费用甚高。据有关资料介绍，深圳某大厦采用一台320kW的低速柴油发电机组，暖机功率高达20kW。冬季日耗电量有时达200kWh以上，如在北方地区其暖机耗电量就更可观了。

6.2 应急电源装置（EPS）

6.2.1 EPS应急电源装置是由电力变流器、储能装置（蓄电池）和转换开关（电子式或机械式）等组合而成的一种电源设备。这种电源设备在交流输入电源正常时，交流输入电源通过转换开关直接输出。交流输入电源同时通过充电器对蓄电池组进行充电。发生中断时（如电力中断、电压不符合供电要求），EPS装置利用蓄电池组的储能放电经过逆变器变换并且经转换开关切换至应急状态向负荷供电。

由于EPS应急电源装置，目前尚无统一的国家标准，各生产厂家的产品，其技术性能极不一致。为安全、可靠，本规范仅对EPS应急电源装置在建筑物应急照明系统中的应用作了相关规定。

6.2.2 EPS应急电源装置的选择

第2款 根据生产厂家介绍，EPS电源装置适用于阻性、感性负载和混合性负荷，本规范推荐电感性和混合性的照明负荷宜选用交流制式；纯阻性及交直流共用的照明负荷宜选用直流制式。

第4款 EPS电源装置的备用时间为40～90min。条文规定备用时间不应小于90min是考虑到由于对蓄电池的维护、管理不到位，应急时满足不了应急照明所要求供电时间。

第5款 EPS电源装置的应急切换时间，不同厂家的产品各不相同，但不超过0.2s。采用EPS电源装置是完全可以满足条文第1～3项各类应急照明的要求。

6.3 不间断电源装置（UPS）

6.3.1 UPS不间断电源装置是由电力变流器、储能装置（蓄电池）和切换开关（电子式或机械式）等组合而成的一种电源设备。这种电源处理设备能在交流输入电源发生故障（如电力中断、瞬间电压波动、频率波形等不符合供电要求）时，保证负荷供电的电源质量和供电的连续性。

6.3.2 第1款 所述供电对象主要指实时系统，即在事件或数据产生的同时，能以足够快的速度予以处理，其处理结果在时间上又来得及控制被监测或被控制过程的一种处理系统。

在民用建筑电气设计中，UPS多数用于实时性电子数据处理装置系统的计算机设备的电源保障方面。

6.3.3 UPS不间断电源装置的选择

第3款 蓄电池组容量决定了不间断电源UPS装置的储能（蓄电池放电）时间。不间断电源装置UPS与快速自动启动的备用发电机配合使用时，其储能时间应按不少于10min设计。

不间断电源UPS装置与无备用发电设备或手动启动的备用发电设备配合使用时，其工作时间应按不少于1h或按工艺设置安全停车时间考虑。

第4款 绝大部分不间断电源装置UPS的负荷都需要长期连续运行，不间断电源装置UPS的工作制，宜按照连续工作制考虑。

6.3.4 不间断电源装置UPS内的整流器输入电流高次谐波，对于UPS装置上游的配电系统有影响时，应该在采用不间断电源装置UPS的整流器输入侧配置有源滤波器、无源滤波器等降低从UPS装置上游的配电系统向UPS整流器提供的谐波电流的比率。

6.3.6 在TN-S供电系统中，为满足负荷对于UPS输出接地形式的要求，必要时应该配置隔离变压器。这是因为UPS装置的旁路系统输入中性导体与输出中性导体连接在一起，UPS装置的输入端与输出端的中性导体必须是同一个系统。但是，在一些应用中UPS的负荷对于中性导体系统有特别的要求，这时有可能在UPS的旁路输入侧配置隔离变压器，通过隔离变压器使得UPS装置输入端与输出端的中性导体系统是两个不同的中性导体系统。

7 低压配电

7.1 一般规定

7.1.1 根据国家标准《标准电压》GB 156—2003的规定，本章适用范围确定为工频交流1000V及以下的低压配电设计。

7.1.4 低压配电系统的设计

第1款 低压配电级数不宜超过三级，因为低压配电级数太多将给开关的选择性动作整定带来困难，但在民用建筑低压配电系统中，不少情况下难以做到这一点。当向非重要负荷供电时，可适当增加配电级数，但不宜过多。

第2款 在工程建设过程中，经常会增加低压配电回路，因此在设计中应适当预留备用回路，对于向一、二级负荷供电的低压配电屏的备用回路，可为总回路数的25%左右。

7.2 低压配电系统

本节仅对高层、多层公共建筑及住宅的低压配电系统作了规定，其他各类建筑物低压配电系统的要求详见相应的国家标准。

7.3 特低电压配电

7.3.1 民用建筑中主要采用SELV和PELV两种特低电压配电系统。

7.3.2 条文中规定的四种形式包括绝缘试验设备以及虽然出线端子上有较高电压，如用内阻至少为3000Ω的电压表测量时，出线端子电压在特低电压范围以内，可认为符合特低电压电源的要求。

7.3.3 特低电压配电要求

第1款 在1)、2)项中所述导线的基本绝缘需满足它所在回路的标称电压。

第4款 如果SELV回路的外露可导电部分，容易无意或有意地接触其他回路的外露可导电部分，则电击防护不再单纯依靠易接触的其他回路的外露可导电部分所采用的保护措施。

7.4 导体选择

7.4.1 导体选择的一般原则和规定

第1款 对应用铜芯电缆和电线的场所作了原则规定，在这些场所中的配电线路、控制和测量线路均应采用铜芯导体。

第2款 导体绝缘类型选择

①聚氯乙烯绝缘聚氯乙烯护套电缆具有制造工艺简单、价格便宜、耐酸碱等优点，适合于一般工程。但普通聚氯乙烯材料在燃烧时逸出氯化氢气体量达300mg/g，火灾中PVC电缆放出浓烈的毒性烟气，使人中毒窒息，且烟气的沉淀物有导电和腐蚀性。因此对有低毒难燃性防火要求的场所，可采用交联聚乙烯、聚乙烯或乙丙橡胶绝缘不含卤素的电缆。防火有低毒性要求时，不宜采用聚氯乙烯电缆和电线。

②阻燃电线电缆应符合国家标准GB/T 18380.3的要求；耐火电线电缆应符合国家标准GB/T 12666.6的要求；矿物绝缘电缆采用的矿物绝缘材料和金属铜套，在火焰中应具有不燃性能和无烟无毒的性能，还应具有抗喷淋水、抗机械冲击能力，并且其有机材料外护套应满足无卤、低烟、阻燃的要求。

第3款 控制电缆额定电压，不应低于该回路的工作电压，宜选用450/750V。当外部电气干扰影响很小时，可选用较低的额定电压。

7.4.2 为电缆截面选择的基本原则。当电力电缆截面选择不当时，会影响可靠运行和使用寿命乃至危及安全。

导体的动稳定主要是裸导体敷设时应做校验，电力电缆应做热稳定校验。

7.4.3 电缆敷设的环境温度与载流量校正

第1款 原规范规定“配电线路沿不同环境条件敷设时，电线电缆的载流量应按最不利的条件确定，当该条件的线路段不超过5m（穿过道路不超过10m），则应按整条线路一般环境条件确定载流量，……”。按新的国家标准，此条修订为“当沿敷设路径各部分的散热条件不相同时，电缆载流量应按最不利的部分选取”，设计中应尽量避免将线路敷设在最不利条件处。

第2款 气象温度的历年变化有分散性，宜以不少于10年的统计值表征。

直埋敷设时的环境温度，需取电缆埋深处的对应值，因为不同埋深层次的温度差别较大。电缆直埋敷设在干燥或潮湿土中，除实施换土处理等能避免水分迁移的措施外，土壤热阻系数宜选择不小于2.0K·m/W。

7.4.4 电线、电缆载流量的校正

第1款 多回路或多根多芯电缆成束敷设的载流量校正系数：

①电缆束的校正系数适用于具有相同最高运行温度的绝缘导体或电缆束；

②含有不同允许最高运行温度的绝缘导体或电缆束，束中所有绝缘导体或电缆的载流量应根据其中允许最高运行温度最低的那根电缆的温度来选择，并用适当的电缆束校正系数校正；

③假如一根绝缘导体或电缆预计负荷电流不超过它成束电缆敷设时的额定电流的30%，在计算束中其他电缆的校正系数时，此电缆可忽略不计。

第2款 直埋电缆多于一回路，当土壤热阻系数高于2.5K·m/W时，应适当降低载流量或更换电缆周围的土壤。

第3款 谐波电流校正系数应用举例：

设想一具有计算电流39A的三相回路，使用四芯PVC绝缘电缆，固定在墙上。

从载流量表可知$6mm^2$铜芯电缆的载流量为41A。假如回路中不存在谐波电流，选择该电缆是适当的，假如有20%三次谐波，采用0.86的校正系数，计算电流为：39/0.86=45A则应采用$10mm^2$铜芯电缆。

假如有40%三次谐波，则应按中性导体电流选择截面，中性导体电流为：39×0.4×3=46.8A

采用0.86的校正系数，计算电流为：46.8/0.86=54.4A

对于这一负荷采用$10mm^2$铜芯电缆是适当的。

假如有50%三次谐波，仍按中性导体电流选择截面，中性导体电流为：39×0.5×3=58.5A

采用校正系数为1，计算电流为58.5A，对于这一中性导体电流，需要采用$16mm^2$铜芯电缆是适当的。

以上电缆截面的选择，仅考虑电缆的载流量，未考虑其他设计方面的问题。

7.4.5 保护导体可采用多芯电缆的芯线、固定敷设的裸导体或绝缘导体及符合截面积及连接要求的电缆金属外护层和金属套管等。

TN-C、TN-C-S系统中的PEN导体应按可能受到的最高电压进行绝缘，以避免产生杂散电流。

7.5 低压电器的选择

7.5.3 三相四线制系统中，四极开关的选用

第1款 保证电源转换的功能性开关电器应作用于所有带电导体，且不得使这些电源并联，除非该装置是为这种情况特殊设计的。此条引自IEC 60364-4-46。

第2款 TN-C-S、TN-S系统中的电源转换开关应采用同时切断相导体和中性导体的四极开关。在电源转换时切断中性导体可以避免中性导体产生分流（包括在中性导体流过的三次谐波及其他高次谐波），这种分流会使线路上的电流矢量和不为0，以致在线路周围产生电磁场及电磁干扰。采用四极开关可保证中性导体电流只会流经相应的电源开关的中性导体，避免中性导体产生分流和在线路周围产生电磁场及电磁干扰。

第3款 正常供电电源与备用发电机之间，其电源转换开关应采用四极开关，断开所有的带电导体。

第4款 TT系统的电源进线开关应采用四极开关，以避免电源侧故障时，危险电位沿中性导体引入。

7.5.4 近几年，配电系统中采用的双电源转换技术，已经由电器元件组装式双电源自投箱过渡到一体化的自动转换开关电器（ATSE）。由于ATSE的种类和结构形式不同，转换时间也不同，此前国家的设计规范也没有选择自动转换开关电器的相关规定。因此，在选择自动转换开关电器时，难免出现一些混乱。本次规范修订将自动转换开关电器的选择作了基本规定，为设计人员正确选择ATSE提供依据。

第1款 ATSE是根据国家产品标准《低压开关设备和控制设备》GBT 14048.11生产的。该类产品分为PC级和CB级，其特性具有“自投自复”功能。

第2款 ATSE的转换时间取决自身构造，PC级的转换时间一般为100ms，CB级一般为1～3s。当ATSE用于应急照明系统，如：正常照明断电，安全照明投入的时间不应大于0.25s。此时，PC级ATSE能够满足要求，CB级则不能。又如：银行前台照明允许断电时间为1.5s，正常照明断电，备用照明投入的时间不应大于1.5s。此时，PC级ATSE能够满足要求，CB级则不能。所以，选用的ATSE转换动作时间，应满足负荷允许的最大断电时间的要求。

第3款 在选用PC级自动转换开关电器时，其额定电流不应小于回路计算电流的125%，以保证自动转换开关电器有一定的余量。

第4款 为消防负荷供电的配电回路不应采用过负荷断电保护，如装设过负荷保护只能作用于报警。这就是采用CB级ATSE为消防负荷供电时，应采用仅具短路保护的断路器组成的ATSE的原因。同时，还应符合本章7.6.1条2款规定。

第5款 采用ATSE作双电源转换时，从安全着想要求具有检修隔离功能，此处检修隔离指的是AT-SE配出回路的检修应需隔离。如ATSE本体没有检修隔离功能时，设计上应在ATSE的进线端加装具有隔离功能的电器。

第6款 当设计的供配电系统具有自动重合闸功能，或虽无自动重合闸功能但上一级变电所具有此功能时，工作电源突然断电时，ATSE不应立即投到备用电源侧，应有一段躲开自动重合闸时间的延时。避

免刚切换到备用电源侧，又自复至工作电源，这种连续切换是比较危险的。

第7款 由于这类负荷具有高感抗，分合闸时电弧很大。特别是由备用电源侧自复至工作电源时，两个电源同时带电，如果转换过程没有延时，则有弧光短路的危险。如果在先断后合的转换过程中加50～100ms的延时躲过同时产生弧光的时间，则可保证安全可靠切换。

7.6 低压配电线路的保护

7.6.1 低压配电线路保护的一般规定

第1款 本规范修订增加了过电压及欠电压保护，所规定的内容与IEC标准相一致。

第2款 配电线路采用的上下级保护电器应具有选择性动作。随着我国保护电器的性能不断提高，实现保护电器的上下级动作配合已具备一定条件。但考虑到低压配电系统量大面广，达到完善的选择性还有一定困难。因此，对于非重要负荷的保护电器，可采用无选择性切断。

第3款 对供给电动机、电梯等用电设备的末端线路，除符合本章的一般要求外，尚应根据用电设备的特殊要求，按本规范第9章的有关规定执行。

8 配电线路布线系统

8.1 一般规定

8.1.1 由于民用建筑群已较少采用架空线路，修订后的本规范不再包括架空线路，将原规范室外电缆线路部分纳入配电线路布线系统。随着一些新形式配电线路布线方式的普及应用，修订后本章的适用范围和技术内容较修订前均有所拓宽。

8.1.2 布线系统的选择和敷设方式的确定，主要取决于建筑物的构造和环境特征等敷设条件和所选用电线或电缆的类型。当几种布线系统同时能满足要求时，则应根据建筑物使用要求、用电设备的分布等因素综合比较，决定合理的布线系统及敷设方式。

8.1.3 环境温度、外部热源的热效应；进水对绝缘的损害；灰尘聚集对散热和绝缘的不良影响；腐蚀性和污染物质的腐蚀和损坏；撞击、振动和其他应力作用以及因建筑物的变形而引起的危害等，对布线系统的敷设和使用安全都将产生极为不利的影响和危害。因此，在选择布线及敷设方式时，必须多方比较选取合适的方式或采取相应措施，以减少或避免上述不良影响和危害。

8.1.4 穿在同一根导管或敷设在同一根线槽内的所有绝缘电线或电缆，都应具有与最高标称电压回路绝缘相同的绝缘等级的要求，其目的是保障线路的使用安全及低电压回路免受高电压回路的干扰。

国家标准《电气设备的选择和安装》GB 16895.6第52章：布线系统第521.6规定：假如所有导体的绝缘均能耐受可能出现的最高标称电压，则允许在同一管道或槽盒内敷设多个回路。

8.1.5 为保证线路运行安全和防火、阻燃要求，布线用刚性塑料导管（槽）及附件必须选用非火焰蔓延类制品。

8.1.8 电缆、电缆桥架、金属线槽及封闭式母线在穿越不同防火分区的楼板、墙体时，其洞口采取防火封堵，是为防止火灾蔓延扩大灾情。应按布线形式的不同，分别采用经消防部门检测合格的防火包、防火堵料或防火隔板。

8.2 直敷布线

8.2.1 直敷布线主要用于居住及办公建筑室内电气照明及日用电器插座线路的明敷布线。

8.2.2 建筑物顶棚内，人员不易进入，平时不易进行观察和监视。当进入进行维修检查时，明敷线路将可能造成机械损伤，引起绝缘破坏等而引发火灾事故。因此规定：在建筑物顶棚内严禁采用直敷布线。

严禁将护套绝缘电线直接敷设在建筑物墙体及顶棚的抹灰层、保温层及装饰面板内的规定是基于以下几点：

1 常因电线质量不佳或施工粗糙、违反操作规定而造成严重漏电，危及人身安全；

2 不能检修和更换电线；

3 会因从墙面钉入铁件而损坏线路，引发事故；

4 电线因受水泥、石灰等碱性介质的腐蚀而加速老化，严重时会使绝缘层产生龟裂，受潮时可能发生严重漏电。

8.2.3 直敷布线是将电线直接布设在敷设面上，应平直、不松弛和不扭曲。为保证安全，应采用带有绝缘外护套的电线，工程设计中多采用铜芯塑料护套绝缘电线。截面限定在$6mm^2$及以下，是因为$10mm^2$及以上的护套绝缘电线其线芯由多股线构成，其柔性大，施工时难以保证线路的横平竖直，影响工程质量和美观。况且，作为照明和日用电器插座线路$6mm^2$铜芯护套绝缘电线，其载流量已足够，据此也限制此种布线方式的使用范围。

8.3 金属导管布线

8.3.2 金属导管明敷于潮湿场所或埋地敷设时，会受到不同程度的锈蚀，为保障线路安全，应采用厚壁钢导管。

8.3.3 采用导管布线方式，电线总截面积与导管内截面积的比值，除应根据满足电线在通电以后的散热要求外，还要满足线路在施工或维修更换电线时，不损坏电线及其绝缘等要求决定。

8.3.4 条文所规定的“金属导管”系指建筑电气工

程中广泛使用的钢导管等铁磁性管材。此种管材会因管内存在的不平衡交流电流产生的涡流效应使管材温度升高，导管内绝缘电线的绝缘迅速老化，甚至脱落，发生漏电、短路、着火等。所以，应将同一回路的所有相导体和中性导体穿于同一根导管内。

8.3.5 不同回路的线路能否共管敷设，应根据发生故障的危险性和相互之间在运行和维修时的影响决定。一般情况下不同回路的线路不应穿于同一导管内。条文中"除外"的几种情况，是经多年实践证明其危险性不大和相互之间的影响较小，有时是必须共管敷设的。

8.3.7 当线路较长或弯曲较多，如按规定的电线总截面和导管内截面比值选择管径，可能造成穿线困难，在穿线时由于阻力大可能损坏电线绝缘或电线本身被拉断。因此，应加装拉线盒（箱）或加大管径。

8.4 可挠金属电线保护套管布线

8.4.1 可挠金属电线保护套管（普利卡金属套管）是我国上世纪 90 年代初采用先进的设备和技术生产的新型电线保护套管，经国家有关部门鉴定合格，并经各行业广泛采用。

可挠金属电线保护套管，以其优良的抗压、抗拉、防火、阻燃性能，广泛应用于建筑、机电和铁路等行业。在民用建筑中主要用于室内场所明敷设及在墙体、地面、混凝土楼板以及在建筑物吊顶内暗敷设。

全国电气工程标准技术委员会于 1996 年编制了《可挠金属电线保护管配线工程技术规范》CEC87—96，本节的主要技术内容是以此规范为依据的。

8.4.2 民用建筑布线系统所采用的可挠金属电线保护套管，主要为基本型和防水型两类。基本型套管外层为热镀锌钢带，中间层为钢带，里层为电工纸，适用于明敷或暗敷在正常环境的室内场所。防水型套管是用特殊方法在基本型套管表面，包覆一层具有良好耐韧性软质聚氯乙烯，具有优异的耐水性和耐腐蚀性，适用于明敷在潮湿场所或暗敷于墙体、现浇钢筋混凝土内或直埋地下配管。

8.4.3 为满足布线施工及运行的安全，特制定本条文，详见第 8.3.3～8.3.5 条的条文说明。

8.4.5 为确保安全及便于穿线，详见第 8.3.7 条的条文说明。

8.4.8 条文规定是为了保证运行安全，可挠金属电线保护套管与管、盒（箱）必须与保护接地导体（PE）可靠连接。连接应采用可挠金属电线保护套管专用接地夹子，跨线为截面不小于 $4mm^2$ 的多股软铜线。

8.4.10 为保证可挠金属电线保护套管布线质量和运行安全，可挠金属电线保护套管之间及与盒、箱或钢制电线保护导管的连接，必须采用符合标准的专用附件。

8.5 金属线槽布线

8.5.1 一般的国产金属线槽多由厚度为 0.4～1.5mm 的钢板制成，虽表面经镀锌、喷涂等防腐处理，但仍不能使用在有严重腐蚀的场所。

带有槽盖的封闭式金属线槽，具有与金属导管相当的防火性能，故可以敷设在建筑物顶棚内。

8.5.2 参见第 8.3.4 条的条文说明。

8.5.3 同一路径的不同回路可以共槽敷设，是金属线槽布线较金属导管布线的一个突破。金属线槽布线在大型民用建筑，特别是功能要求较高、电气线路种类较多的工程中，愈来愈普遍应用。多个回路可以共槽敷设是基于金属线槽布线，电线电缆填充率小、散热条件好、施工及维护方便及线路间相互影响较小等原因。

金属线槽布线时，电线、电缆的总截面积与线槽内截面及载流导体的根数，应满足散热、敷线和维修更换等安全要求。控制、信号线路等非载流导体，不存在因散热不良而损坏电线绝缘问题，截面积比值可增至 50%。

8.5.4 电线在金属线槽内接头，破坏了电线的原有绝缘，并会因接头不良、包扎绝缘受潮损坏而引起短路故障，因此宜避免在线槽内接头。

8.6 刚性塑料导管（槽）布线

8.6.1 刚性塑料导管（槽）具有较强的耐酸、碱腐蚀性能，且防潮性能良好，应优先在潮湿及有酸、碱腐蚀的场所采用。由于刚性塑料导管材质较脆，高温易变形，故不应在高温和容易遭受机械损伤的场所明敷设。

8.6.2 刚性塑料导管暗敷于墙体或混凝土内，在安装过程中将受到不同程度的外力作用，需要足够的抗压及抗冲击能力。IEC 614 标准将塑料导管按其抗压、抗冲击及弯曲等性能分为重型、中型及轻型三种类型。暗敷线路应选用中型以上的导管是根据国家标准《建筑电气工程施工质量验收规范》GB 50303 的规定。

8.6.7 由于刚性塑料导管材质发脆，抗机械损伤能力差，故在引出地面或楼面的一定高度内，应穿钢管或采取其他防止机械损伤措施。

8.6.9 刚性塑料导管（槽）沿建筑物表面和支架敷设，要求达到"横平竖直"，不应因使用或环境温度的变化而变形或损坏。因此，宜在管路直线段部分每隔 30m 加装伸缩接头或其他温度补偿装置。

8.7 电力电缆布线

8.7.1 电力电缆布线的一般规定

第 1 款 规定了电力电缆布线的选择原则和敷设

方式。

第2款 规定了在选择电缆布线路径时，应符合的要求。在工程实践中，有时往往只注意按电缆路径最短的原则选择路径，而忽视遭受机械外力、过热、腐蚀等危害和场地规划等因素，出现事故隐患或导致故障。

第3款 本规定是为了防止火灾时，火焰沿电缆外皮延燃扩大灾情。

第5款 要求电力电缆布线，在任何敷设方式时都应注意电缆的弯曲半径。敷设时不能满足弯曲半径要求，常因电缆绝缘层或保护套受损而引发故障。电缆最小允许弯曲半径，是根据国家标准《建筑电气工程施工质量验收规范》GB 50303的规定而修订的。

第7款 本规定是为电缆出现故障时，进行维修接头等提供方便。

8.7.2 电缆埋地敷设

第1款 电缆直埋是一种投资少、易实施的电缆布线方式。当沿同一路径敷设的室外电缆不超过8根且场地条件允许时，宜优先采用电缆直埋布线方式。

第2款 规定是考虑埋地敷设电缆，可能由于承受上部车辆通过传递的机械应力和开挖施工对电缆造成损坏而引起故障。据有关资料介绍，在直埋敷设的电缆事故中，属机械性损伤的比例相当高，约占全部故障的40%。

第3款 由于电缆通常以聚氯乙烯或聚乙烯构成的挤塑外套，在酸、碱的腐蚀下会发生化学、物理变化导致龟裂、渗透，应予防止。

土壤存在杂散电流，会使电缆金属外包层因产生的电腐蚀而损坏。

第4款 为了室外直埋电缆不受损伤，要具有一定的埋设深度，0.7m的深度是从防护电缆不受损坏又具有合理的经济性综合考虑的。

8.7.3 电缆在电缆沟或隧道内敷设

第1款 电缆在电缆沟内布线是应用较为普遍的布线方式，当符合条文规定条件时应予采用。但大量事实表明，由于维护不当，运行年久后会出现地沟盖板断裂破损不全，地表水溢入电缆沟内等情况，常使电缆绝缘变坏导致电缆发生短路，引发火灾事故，宜有所限制。

第2～4款 电缆在电缆沟或电缆隧道内敷设，电缆支架层间距离、通道宽度和固定点间距等是保证电缆施工、运行和维护安全所必需的。修订后条文所列数值均根据《电力工程电缆设计规范》GB 50217—94的规定。

第6款 因为电缆沟或电缆隧道很可能位于无渗透性潮湿土壤中或地下水位以下，所以要有可靠的防水层，并将电缆沟及电缆隧道底部做坡度，及时排出积水，以保证电缆线路在良好的环境条件下可靠运行。

第10款 电缆沟内电缆在维修时，一般采用人工开放电缆沟盖板，每块盖板的重量，应以两人能抬起的50kg为宜。

第14款 其他管线横穿电缆隧道，影响电缆线路的运行和维护工作，当开挖翻修其他管线时，将会危及电缆线路的运行安全。

8.7.4 电缆在排管内敷设

第1款 当民用建筑群内，道路狭窄、路径拥挤或道路挖掘困难，电缆数量不过多，在不宜直埋或采用电缆沟或电缆隧道的地段，可采用电缆在排管内布线方式。

第2款 选择电缆排管的材质，应满足埋深下的抗压和耐环境腐蚀要求。条文所指为国家标准图集《35kV及以下电缆敷设》（94D164）所推荐的几种材质。其他材质只要符合抗压及耐环境腐蚀要求，都可用作电缆排管（如陶瓷管、玻纤增强塑料导管等）。

第7款 为使电缆排管内的水，自然流入人孔井的集水坑，要求有倾向人孔井侧不少于0.5%的排水坡度；为避免电缆排管因受外力作用而损坏，要求排管顶部距地面有一定高度；排管沟底垫平夯实并铺混凝土垫层，能避免电缆排管错位变形，保证电缆运行安全和便于维修时电缆的抽出和穿入。

第8款 设置电缆人孔井是为便于检查和敷设电缆，并使穿入或抽出电缆时的拉力不超过电缆的允许值。

8.7.5 电缆在室内敷设

第3款 电缆并列明敷时，电缆之间应保持一定距离是为了保证电缆安全运行和维护、检修的需要；避免电缆在发生故障时，烧毁相邻电缆；电缆靠近会影响散热，降低载流量，影响检修且易造成机械损伤。不同用途、不同电压的电缆间更应保持较大距离。

第5款 电缆明敷时，电缆与管道间的最小允许距离或防护要求，是为了防止热力管道对电缆的热效应和管道在施工和检修时对电缆的损坏。

第6款 塑料护套绝缘电缆的塑料外护套具有较强的耐酸、碱腐蚀能力。

8.8 预制分支电缆布线

8.8.1 预制分支电缆因其具有载流量较大、耐腐蚀、防水性能好、安装方便等优点，已被广泛应用在高层、多层建筑及大型公共建筑中，作为低压树干式系统的配电干线使用。

8.8.2 预制分支电缆是在聚氯乙烯绝缘或交联聚乙烯绝缘聚氯乙烯护套的非阻燃、阻燃或耐火型聚氯乙烯护套或钢带铠装单芯或多芯电力电缆上，由制造厂按设计要求的截面及分支距离，采用全程机械化制作分支接头，具有较优良的供电可靠性。

8.8.5 单芯预制分支电缆在运行时，其周围产生强烈的交变磁场，为防止其产生的涡流效应给布线系统造成的不良影响，对电缆的支承桥架、卡具等的选择，应采取分隔磁路的措施。

8.9 矿物绝缘（MI）电缆布线

8.9.1 由于矿物绝缘（MI）电缆采用无机物氧化镁作为芯线绝缘材料，无缝铜管外套和铜质线芯，宜用于高温或有耐火要求的场所。

8.9.4 矿物绝缘电缆，在不同线芯最高使用温度下，相同截面的电缆可具有不同的载流量。使用温度愈高，载流量愈大。因此，在选择电缆规格时，应根据环境温度、性质、电缆用途合理确定线芯最高使用温度。

在确定合适的线芯最高使用温度后，根据不同使用温度下的电缆允许载流量，合理选择相应的电缆规格。

8.9.5 矿物绝缘电缆中间接头是线路运行和耐火性能的薄弱环节，应设法避免。由于受原材料的限制，矿物绝缘电缆，特别是大截面单芯电缆其成品交货长度都较短。为避免中间接头，应根据制造厂规定的电缆成品交货长度、敷设线路长度合理选择电缆规格。

8.9.6 当遇有大小截面不同的电缆相同走向时，此时应按最大截面电缆的弯曲半径进行弯曲，以达到美观整齐要求。

8.9.7 电缆弯成“S”或“Ω”形弯是对电缆线路经过建筑物变形缝或引入振动源设备所引起的电缆线路的变形补偿。

8.9.9、8.9.10 条文规定，均为防止矿物绝缘电缆线路在运行时产生涡流效应的要求。

8.10 电缆桥架布线

8.10.1 本节适用于电缆梯架和电缆托盘（有孔、无孔）。槽式桥架属金属线槽列于本章8.5节中。

8.10.2 民用建筑电气工程所采用的电缆桥架一般为钢制产品，其防腐措施一般有塑料喷涂、电镀锌（适用于轻防腐环境）、热浸锌（适用于重防腐环境）等多种方式。

8.10.5 采用电缆桥架布线，通常敷设的电缆数量较多而且较为集中。为了散热和维护的需要，桥架层间应留有一定的距离。强电、弱电电缆之间，为避免强电线路对弱电线路的干扰，当没有采取其他屏蔽措施时，桥架层间距离有必要加大一些。

8.10.6 为了便于管理维护，相邻的电缆桥架之间应留有一定的距离，制造厂家推荐数值为600mm。

8.10.8 条文规定是为了保障线路运行安全和避免相互间的干扰和影响。

8.10.13 电缆桥架直线段超过30m设伸缩节和跨越建筑物变形缝设补偿装置，其目的是保证桥架在运行中，不因温度变化和建筑物变形而发生变形、断裂等故障。

8.11 封闭式母线布线

8.11.1 封闭式母线不应使用在潮湿和有腐蚀气体的场所（专用型产品除外），是因为封闭式母线在受到潮湿空气和腐蚀性气体长期侵蚀后，绝缘强度降低，导体的绝缘层老化，甚至被损坏，将可能导致发生线路短路事故。

8.11.7 当封闭式母线运行时，导体会随温度上升而沿长度方向膨胀伸长，伸长多少与电气负荷大小和持续时间等因素有关。为适应膨胀变形，保证封闭式母线正常运行，应按规定设置膨胀节。

8.12 电气竖井内布线

8.12.1 电气竖井内布线是高层民用建筑中强电及弱电垂直干线线路特有的一种布线方式。竖井内常用的布线方式为金属导管、金属线槽、各种电缆或电缆桥架及封闭式母线等布线。

在电气竖井内除敷设干线回路外，还可以设置各层的电力、照明分配电箱及弱电线路的分线箱等电气设备。

8.12.2 电气竖井的数量和位置选择，应保证系统的可靠性和减少电能损耗。

8.12.4 条文是根据建筑物防火要求和防止电气线路在火灾时延燃等要求而规定的。为防止火灾沿电气线路蔓延，封闭式母线等布线在穿过竖井楼板或墙壁时，应以防火隔板、防火堵料等材料做好密封隔离。

8.12.5 电气竖井的大小应根据线路及设备的布置确定，而且必须充分考虑布线施工及设备运行的操作、维护距离。

8.12.8 为保证线路的安全运行，避免相互干扰，方便维护管理，强电和弱电竖井宜分别设置。

9 常用设备电气装置

9.2 电 动 机

9.2.1 本节适用于一般用途的旋转电动机，不适用于控制电动机、直线电动机及其他用途的特殊电动机。

9.2.2 电动机的启动

第1款 电动机启动时电压降的允许值存在三种不同意见，一是电动机端子电压，原规范就是采用“端子电压”；二是电源母线电压；三是电动机配电母线上的电压，国家标准《通用用电设备配电设计规范》GB 50055—93采用的是第三种方法。第一种方法比较准确，但要求较高，不便操作；第二种方法尽管没有第一种方法准确，但便于操作。本规范规定比较折中：“电动机在启动时，其端子电压应保证机械要求的启动转矩，且在配电系统中引起的电压波动不应妨碍其他用电设备的工作”为一般要求，使用“端子电压”合情合理。但是具体数值采用“控制电动机配电母线上的电压降”便于计算。对电源电压有特殊要求的用电设备，应采取必要的稳压措施。

电动机频繁启动是指每小时启动数十次以上。

第2～4款　笼型电动机启动方式的选择，应符合本规范的规定。与现行规范相比，电动机的启动方式增加了软启动。图9-1及图9-2为笼型电动机软启动、直接启动、星-三角启动的特性曲线。

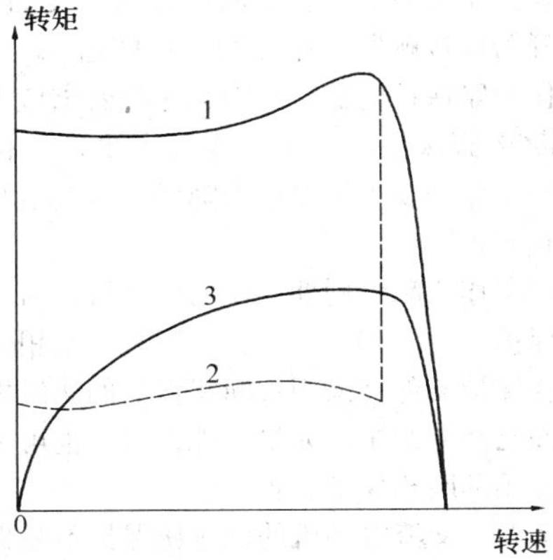

图9-1　电动机启动转矩—转速曲线
曲线1：直接启动；曲线2：星-三角启动；曲线3：软启动

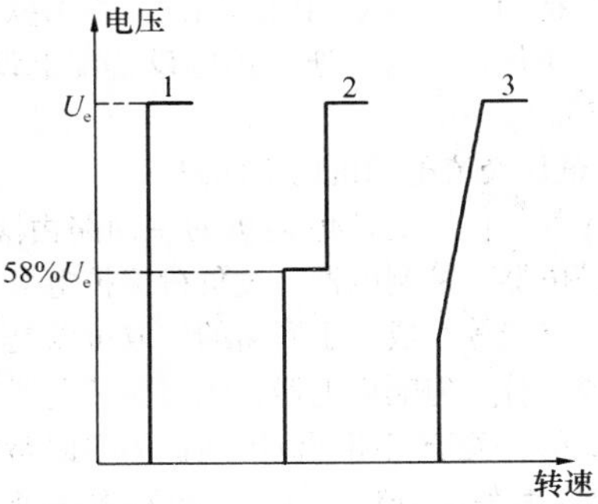

图9-2　电动机启动电压—转速曲线
曲线1：直接启动；曲线2：星-三角启动；曲线3：软启动

从图中可以看出，电动机直接启动，启动转矩大，而启动转矩与启动电流成正比，因此，直接启动时，启动电流也大，在电动机直接启动时，对机械造成冲击，使电网电压波动，影响其他负荷正常使用。星-三角启动方式，启动转矩小，不利于克服静阻转矩，延长电动机的启动时间，造成电动机过载。当星形转换为三角形的瞬间，转矩突然增大，对机械设备有冲击。软启动的特性曲线比较平滑，有利于延长电动机的寿命，对机械造成冲击较小，并且不会使电网电压造成较大的波动。从实际工程中了解到，有些水管管路会造成水泵电动机过载，有烧毁电动机的例子，而使用软启动装置后，过载问题随即得到解决。当然，软启动装置价格高，它还是非线性器件，能产生高次谐波，污染电网，增加能耗。

第5款　绕线转子电动机采用频敏变阻器启动，其特点较为突出，接线简单、启动平滑、成本较低、维护方便。电阻器启动，能耗高，但有些情况下尚在使用，尤其需调速场所，需要电阻器启动。

第6款　直流电动机的启动不仅受机械调速要求和温升的制约，而且还受换向器火花的限制。国家标准《旋转电机　定额和性能》GB 755规定：直流电动机和交流换向器电动机在最高满磁场转速下，电动机应能承受1.5倍的额定电流，历时不小于60s。上述要求比较严格，尤其对小型直流电动机而言，可能允许有较高的偶然过电流，因此对直流电动机启动提出了“启动电流不超过电动机的最大允许电流；启动转矩和调速特性应满足机械的要求”的规定。

9.2.3　低压电动机的保护

第1款　交流电动机应装设相间短路保护、接地故障保护，否则可造成电动机被烧毁等事故。除此之外，其他保护可根据具体情况选择装设。

第2款　数台电动机共用一套相间短路保护电器属于特殊情况，应从严掌握。

第3款　为了确保短路保护器件不误动作，应从保护电器的类型和额定电流两方面确定。

保护电器的类别有多种，根据负荷特点，短路保护电器主要分为低感照明保护型、高感照明保护型、配电型、电动机保护型、电子元器件保护型等。用于电动机回路的短路保护电器宜选用保护电动机型。当选用低压熔断器时，宜选用“gM”型，g为全范围分断能力的熔断器，M为电动机保护型。

熔断体的额定电流应根据其安秒特性曲线计及偏差后略高于电动机启动电流和启动时间的交点来选取，但不得小于电动机的额定电流。熔断器的选择方法事实上沿用了前苏联的计算方法，即电动机的启动电流乘以计算系数。但是此方法在我国现阶段应用存在许多困难，主要是计算系数难以确定。因此，目前趋向于采用表格法选择熔断器。

电动机启动时存在非周期分量，根据上海电器科学研究所的实验表明：启动电流非周期分量主要出现在第一个半波；电动机启动电流第一个半波的有效值通常不超过其周期分量有效值的2倍，个别情况可达2.3倍。因此，瞬动过电流脱扣器或过电流继电器瞬动元件的整定电流应取电动机启动电流的2～2.5倍。

原规范规定：瞬动过电流脱扣器或过电流继电器瞬动元件的整定电流应取电动机启动电流周期分量的1.7～2.0倍。显然该系数偏小，不能满足要求。

第5款　根据美国《电气建设与维护》杂志报道，烧毁电动机的实例中约95%的电动机是由过负荷造成的。这些故障主要有：机械过载、断相运行、三相不平衡、电压过低、频率升高、散热不良、环境温度过高等。因此，除“突然断电将导致比过负荷损失更大的电动机，不宜装设过负荷保护”外，其他电动机尽可能地装设过负荷保护电器。原规范规定额定功率大于 3kW 的连续运行电动机宜装设过负荷保护，根据上述原则和专家审查意见，将此规定取消，使过负荷保护要求更加严格，有利于电动机的保护。

短时工作或断续周期工作的电动机，采用传统的双金属片热继电器整定较困难，效果不好，鉴于目前设备现状，此时可不装设过负荷保护。如果采用电子式热继电器，还是可以选择过负荷保护的。

突然断电将导致比过负荷损失更大的电动机，不宜装设过负荷保护。这些负荷有消火栓水泵、喷洒泵、防排烟风机等，如果装设过负荷保护器，当发生火灾时，过负荷保护器动作，消防类设备不能正常运行，耽误灭火时机，损失可能更惨重。如装设过负荷保护，可使过负荷保护作用于报警信号，提醒值班人员检查、排除故障。

过负荷保护器件宜采用电子式的热继电器。双金属片热继电器缺点很明显——动作误差大，可靠性低，容易误动作和拒动作。相当一部分烧毁电动机的事故是由热继电器起不了保护作用所致。双金属片热继电器目前只有过电流保护和断相保护，而对绕组温度过高、频率升高等非正常现象就不能有效地保护。电子式热继电器有多种保护：过电流保护、断相保护、缺相保护、三相负荷不平衡保护、绕组超高温度保护等。因此，电子式热继电器是名副其实的电动机综合保护器。

表 9.2.3 为过负荷保护器件通电时的动作电流，该表引用 IEC 60947 相关条款。对于不同负荷应选择不同类型的过负荷保护器，即轻载负荷可以选用 10A 或 10 过负荷保护器，而 20 或 30 应用在重载机械。由于双金属片热继电器还广泛使用，IEC 没有涉及到 30 以上及 10A 以下类型，但是，某些场合电动机过负荷保护需要 30 以上和 10A 以下的非标准产品，因此本条款增加了“当电动机启动时间超过 30s 时，应向厂家订购与电动机过负荷特性相配合的非标准过负荷保护器件”。如果采用标准产品不能满足要求，可以采用“在启动过程的一定时限内短接或切除过负荷保护器件”的措施。

电动机所拖动的机械按其启动、运行特性可分为三类，这样分类是相对的，有的文献将负载分为重载和轻载。本规范将其分为三类：

轻载：启动时间短，起始转矩小；

中载：启动时间较长，起始转矩较大；

重载：启动时间长，起始转矩大。

而实际工程中，负载启动特性相差较大。

第 6 款　交流电动机的某一相断路，另两相电流增大，造成电动机过负荷。据资料介绍，在烧毁电动机的事故中，由于断相故障所占的比例较高，美国和日本约占 12%，前苏联约占 30%，我国尚无准确的统计数据，由于管理、维护水平较低，我国这个比例不会太低。因此，电动机的断相保护应严格要求。

连续运行的三相电动机，用熔断器保护时，应装设断相保护。因为熔断器三相一致性比断路器差，连接点多，连接点的可靠性将影响电动机保护的效果。据资料介绍，在发生断相故障的 181 台小型电动机的统计中，由于熔断器一相熔断或接触不良的占 75%，由于刀开关或接触器一相接触不良的占 11%。因此，熔断器作短路保护电器，对断相保护要求应严格。而用低压断路器保护时，由于连接点少，三相一致性好，对断相保护要求可以适当降低，语气上采用“宜装设断相保护”。

短时工作或断续周期工作的电动机，由于可不设过负荷保护，与此相对应，也可不装设断相保护。

断相保护器件宜采用带断相保护的热继电器，其优点上面已经介绍了，如果条件许可，也可采用温度保护或专用的断相保护装置。

第 7 款　交流电动机的低电压保护不是保护电动机本身，而是为了限制自启动。当系统电压降低到临界电压时，电动机将堵转、疲倒。因此，设计人员可根据需要设置低电压保护。

第 8 款　直流电动机的使用情况差别很大，其保护方法与拖动方式各不相同，因此，本条款采用一般性规定。本规定取自《通用用电设备配电设计规范》GB 50055。

9.2.4　低压交流电动机的主回路

第 1 款　低压交流电动机的主回路由隔离电器、短路保护电器、控制电器、过负荷保护电器、附加保护器件、导线等组成。主回路的构成可以是上述器件的全部或部分，但隔离电器、短路保护电器和导线是必不可少的。关于三相交流电动机的主回路构成，国际上都比较统一，IEC、VDE、NEC 等标准均与我国规范一致。

第 2～3 款　实际工程中许多人忽略了隔离电器，认为装设断路器或熔断器就可以不用装设隔离电器。这从安全、维护等方面都是不允许的。因此，本规范较详细地对隔离电器的装设提出要求，有些条款取自 IEC 标准，以引起设计人员的注意。

第 4 款　短路保护电器应与其负荷侧的控制电器和过载保护电器相配合，这些要求引自 IEC 标准。

从表 9-1 中可以看出，一般设备由于供电可靠性要求较低可以用 1 类配合，而 2 类配合强调供电的可靠性和连续性，因此重要负荷如消防类负荷应满足 2 类配合。据有关资料介绍，IEC 正在制定要求更高的 3 类配合标准。

接触器或启动器的限制短路电流不应小于安装处的预期短路电流，就是说，当发生短路时，在短路保护电器切断故障回路之前，接触器或启动器应能承受故障电流，满足1类或2类配合要求。

表 9-1　1类配合和2类配合

配合类别	定　　义	特　　点
1类配合	在短路情况下接触器、热继电器的损坏是可以接受的： 1　不危及操作人员的安全； 2　除接触器、热继电器以外，其他器件不能损坏	允许供电中断，直到维修或更换接触器和热继电器后才可恢复供电
2类配合	短路时，接触器、启动器触点可容许熔化，且能够继续使用。同时，不能危及操作人员的安全和不能损坏其他器件	供电连续性十分重要，而且触点必须被容易地分开

短路保护电器宜采用接触器或启动器产品标准中规定的型号和规格，这一点名牌进口产品做得较好。合格的国产产品也必须通过试验，得出与接触器或启动器相配合的短路保护电器。但是，大部分国产厂家在电动机保护配合方面资料不全，给设计、使用带来不便，不利于推广国产产品。

第6款　根据IEC有关规定，“启动和停止电动机所需要的所有开关电器与适当的过负荷保护电器相结合的组合电器”叫做启动器。因此，控制电器系指电动机的启动器、接触器及其他开关电器，而不是“控制电路电器”。

根据电动机保护配合的要求，堵转电流及以下电流应由控制电器接通和分断。大多数的Y系列电动机堵转电流$\leqslant 7I_e$，最小三相电动机为0.37kW，$I_e \approx$ 1.1A。因此，选择接触器时，应该考虑分合堵转电流，其额定电流一般不应小于7A。

负荷开关分为封闭式和开启式，开启式负荷开关（如胶盖开关）存在安全问题，不能单独作为电动机保护、控制电器。如果条件许可，尽可能不要用封闭式负荷开关；但由于条件所限，当符合保护和控制要求时，封闭式负荷开关（如HH3）可以保护、控制3kW及以下电动机。电动机组合式保护电器（CPS）可以控制、保护电动机，不同型号的组合式保护电器控制、保护最大电动机的容量各不相同，一般在18.5kW及以下。CPS可以对电动机频繁操作，其他形式的组合式保护电器不能对电动机频繁操作。

第7款　电线或电缆（以下简称导线）载流量的国家规范尚在制定中，因此，有关数据没有列入本规定。设计时应考虑下列因素：

①电动机工作制有连续、断续、短时工作制，各种工作制还可细分。因此，按基准工作制的额定电流选择导线比较准确、简单。

②导线与电动机相比，发热时间常数及过载能力较小，设计时应考虑这个问题，也就是说，导线应留有余量。美国NEC法规规定，导线载流量不应小于电动机额定电流的125%；日本《内线工程规定》，当额定电流不大于50A时，导线载流量不应小于电动机额定电流的125%，当额定电流大于50A时，导线载流量不应小于电动机额定电流的111%。

③按照IEC 60947的要求，启动后电刷短路的绕线式电动机，其转子回路导线的载流量按轻载、中载、重载分成三类，比原规范要求有所提高。

9.2.5　低压交流电动机的控制回路

第1款　电动机的控制回路应装设隔离电器和短路保护电器，这一点与一次线路一致。有些设备，如消防类水泵，如果控制回路断电会造成严重后果，是否另设短路保护应根据具体情况决定，设计者可以考虑下列因素（以消防类水泵为例）：

①是否有备用泵；

②各个泵控制电源及控制回路是否独立；

③保护器件的可靠性；

④一次回路保护电器的整定值是否能保护二次回路。

第2款　控制回路的电源和接线的安全、可靠最为关键。以消火栓泵为例，为了提高可靠性，控制回路应采取如下措施：

①工作泵与备用泵控制电源应分开设置；

②工作泵与备用泵控制回路应独立；

③消火栓按钮线路不要直接接到接触器线圈回路。

TN和TT系统中的控制回路发生接地故障时，应避免保护和控制被大地短接，造成电动机意外启动或不能停车。

如图9-3所示，当a点发生对大地短路时，电气通路为：L1—熔断器—接触器线圈—a点—大地，因此，接触器线圈带电，造成电动机不能停车，或电动机意外启动。图9-4控制电源为380V，如果b点发生短路，L1—熔断器—接触器线圈—b点—大地构成电气通路，结果电动机不能停车或意外启动。因此，上面两图都是不可靠的控制接线方案，设计时应引起注意。

如果直流控制回路采用其中一极接地系统，也有可能出现图9-3和图9-4的错误接线，因此，直流控制回路最好采用不接地系统，并装设绝缘监视。

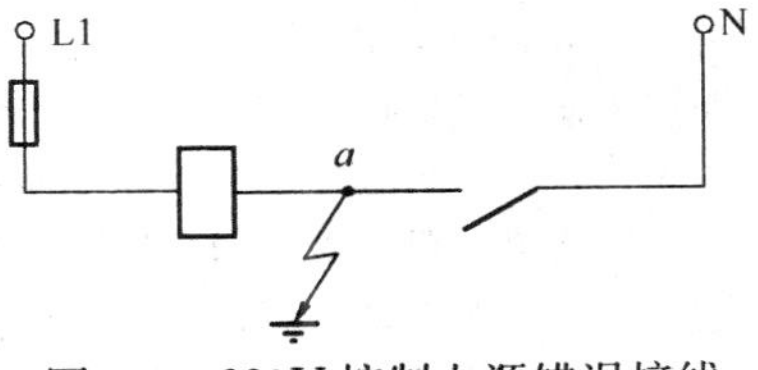

图9-3　220V控制电源错误接线

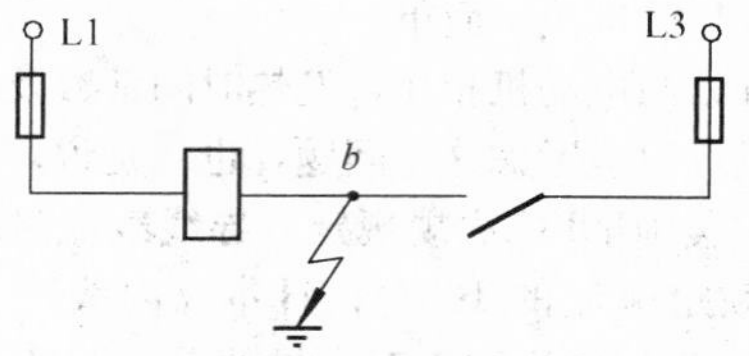

图 9-4　380V 控制电源错误接线

额定电压不超过交流 50V 或直流 120V 的控制回路的接线和布线，应有防止高电位引入措施，主要方法有：短路保护电器设过电压保护、电源侧设浪涌保护器、220V 强电触点不能直接接入交流 50V 或直流 120V 控制箱（柜）等。

第 3 款　本条款说明电动机一地控制和两地控制要求。在控制点不能观察到电动机或所拖动的机械时，在控制点装设指示电动机工作状态的信号和仪表、启动按钮和停止按钮。

第 4 款　从安全性考虑，自动控制、连锁或远方控制的电动机，宜有就地控制和解除远方控制的措施，当突然启动可能危机周围人员时，应在机旁装设启动预告信号和应急断电开关或自锁式按钮。自动控制或连锁控制的电动机，还应有手动控制和解除自动控制或连锁控制的措施。

第 5 款　是从安全性作出的要求。

9.2.6　其他保护电器或启动装置的选择

第 1 款　组合式保护电器是多功能的电动机保护产品，组合式保护电器分为三类：第一类为 CPS，CPS 采用了以接触器为主体的模块式组合结构，以一个具有独立结构形式的单一产品实现隔离电器、断路器、接触器、过负荷继电器等分离元件的主要组合功能。我国自主开发、研制的 CPS 已达到了世界同类产品的先进水平，部分指标优于国外产品。全国统一产品型号为 KBO 系列，其额定电流为 0.2A 至 100A，包括电动机单向控制、可逆控制、双电源（ATS）控制等多种系列产品。并在国内众多工程中得到应用。

第二类为集隔离电器、短路保护电器、过负荷保护电器于一体；第三类包括隔离电器、短路保护电器功能。这两类组合式保护电器可以与同厂的某些接触器插接安装，非常方便。与独立的电动机保护、控制器件相比，组合式保护电器的体积小，可靠性高。

第 2 款　民用建筑中，大功率的水泵如果采用直接启动或星—三角启动等启动方式，可能造成对电网的冲击，对机械设备产生不良的影响（参见图 9-1 和图 9-2）。另一方面，由于水管网络的问题，可能造成电动机长期过负荷，过负荷保护动作，使水泵不能正常工作；如果过负荷保护选择不当，则会缩短电动机的寿命，甚至烧毁电动机。而采用软启动装置则可避免此类问题的发生，对电动机有良好的保护作用。

多大功率的水泵、风机要用软启动装置应根据本规范第 9.2.2 条的要求确定。一般来说，变压器容量越大，软启动的水泵、风机的功率也越大。

每台电动机宜单独装设软启动装置，这主要从可靠性角度考虑，但实际应用中，也有数台电动机共用一套软启动装置的实例，从经济性考虑是可以理解的，但是对重要和比较重要的电动机而言是不恰当的，可靠性大大降低。因此，本条规定了共用一套软启动器的条件。

9.2.7　低压交流电动机的节能要求

第 1 款　电动机类负荷占民用建筑的负荷比例较大，其节能意义重大。根据《中小型三相异步电动机能效限定值及节能评价值》GB 18613—2002 规定，电动机能效限定值是指在标准规定测试条件下，所允许电动机效率最低的保证值，电动机能效限定值是强制性的，必须满足。而电动机节能评价值是在标准规定测试条件下，节能电动机效率应达到的最低保证值。电动机节能评价值比能效限定值要高。节能评价值是推荐性的，当电动机满足节能评价值的要求，就可认为电动机是高效能型的。目前，我国新型的 YX_2 系列电动机为高效能电动机，YX_2 系列电动机效率比 Y 系列平均提高 3%，而总损耗降低 20%～30%。

第 2 款　“当机械工作在不同工况时，在满足工艺要求的情况下，电动机宜采用调速装置”。对风机、设备而言，不同工况往往有不同流量或风量的要求，这是由工艺所决定的。通过调节电动机的转速不仅可以满足调节流量或风量的要求，而且还能达到节能的效果。因为，流量与转速的一次方成正比，而功率与转速的三次方成正比。从表 9-2 可以得出，转速为额定转速的 75%时，功率为额定功率的 42.1875%；转速为额定转速的 25%时，功率为额定功率的 1.5625%。因此，根据需求（如流量、风量等）对电动机调速，节能效果十分明显。

表 9-2　转速与功率的关系

转速 n/n_e	0.25	0.5	0.75	1.0
功率 P/P_e	1.5625%	12.5%	42.1875%	100%

当工艺只有 2～3 个工况时，笼型电动机采用变极对数调速有较多优点：效率高、控制电路简单，易维修，价格低，与定子调压或电磁转差离合器配合可得到效率较高的平滑调速。

当工况较多时，调速变得频繁，采用变频调速比较合适。变频调速无附加转差损耗，效率高，调速范围宽，尤其适合于较长时间处于低负载运行或起停运行较频繁的场合，达到节电和保护电机的目的。

现在国内外对电磁兼容十分重视，我们在推广、普及高效节能产品的同时不能给环境带来电磁污染。

第 3 款　满足控制要求是前提条件，不能因为节能而影响正常控制要求，因此，本款对控制电器使用“宜采用节电型产品”的规定，而且仅对长时间通电的控制电器有效，对短时间通电的控制电器节能意义不大。据对比，LC1-D系列接触器与CJ20系列接触器，63A及以上等级，线圈启动容量减少5%～65%，线圈吸持容量减少64%～75%。

9.3 传 输 系 统

9.3.1 传动多指电气传动，它是以电动机为自动控制对象，以微电子装置为核心，以电力电子装置为执行机构，在自动控制理论的指导下，组成电气传动控制系统，控制电动机的转速按给定的规律进行自动调节，使之既满足生产工艺的最佳要求，又具有提高效率、降低能耗、提高产品质量、降低劳动强度的最佳效果。运输是将物体从一处搬运到另一处。因此，传输系统是用传动技术而进行的运输。

近年来，电气传输系统在民用建筑中的应用也越来越广泛，其系统相对简单，所处的环境也相对较好，主要应用有：病历自动传送系统、图书自动传送系统、邮件自动分检及传送系统、行李自动传送系统、旋转餐厅平台及燃煤锅炉房燃煤传输等。

由于工艺要求不一，本规范仅规定了民用建筑中电气传输系统设计内容和要求，即系统的配电、控制、接地等设计的共性内容和要求。

连锁线有分别单独启动、部分延时启动、按工艺流程反方向顺序启动、同时停止、部分延时停止、从给料方向顺序停止等多种启动与停止方式，因此，传输系统的连锁线应满足使用和安全的要求，并应可靠、简单、经济，并考虑节能。

运行中任何一台连锁机械故障停车时，应使传来方向的连锁机械立即停车，以免物料堆积。

9.3.2 传输系统的控制要求

第1款 条文为传输系统连锁线控制方式的选择原则。运输线的控制方式应结合工艺要求确定。当经济条件允许或工程比较重要，采用计算机自动控制系统控制比较复杂的系统，有利于实现顺序控制和其他较复杂的控制，有利于系统的可靠运行，同时，还可实现控制、监视、报警、信号、记录等功能。

第2款 国家标准《电工成套装置中的指示灯颜色和按钮的颜色》GB/T 2682－81对控制箱（屏、台）面板上的电气元件的颜色有较详细的要求，参见表9-3。

表9-3 信号灯和按钮颜色的含义

信号灯		按钮	
内容	颜色	内容	颜色
事故跳闸、危险	红色	正常分闸、停止	黑色或红色
异常报警指示	黄色	事故紧急操作按钮	红色
开关闭合状态、运行状态	白色	正常停止、事故紧急操作合用按钮	红色
开关断开状态、停止运行状态	绿色	合闸按钮、开机按钮、启动按钮	白色或灰色
电动机启动过程	蓝色	储能按钮	白色
储能完毕指示	绿色	复位按钮	黑色

第3款 使用模拟图和电子显示器，便于观察、操作方便，对复杂和比较复杂的系统很有必要。

第4款 为了防止传输系统发生人身、设备事故，并便于联系，提出几点常用措施：

①启动预告信号，一般采用音响信号，如电铃、电笛、喇叭等；当传输系统传输距离长时，可沿线分段设置启动预告信号；

②在值班控制室（点）设置允许启动信号、运行信号、事故信号，其目的是保障安全、随时了解设备运行状态，以加强管理；

③在控制箱（屏、台）面上设置事故断电开关或自锁式按钮，可根据情况及时断电，便于处理事故、方便维修；

④当传输系统传输距离长时，在巡视通道装设事故断电开关或自锁式按钮，便于巡视人员及时处理事故，以免扩大事故范围。

采用自锁式按钮，主要是为了确保安全，在故障未排除前不允许在别处进行操作。

9.3.3 传输系统的供电要求

第1款 确定传输系统的负荷等级。

第2款 同一系统的电气设备，假如由多个电源供电，当其中一个电源故障，会影响整个系统的使用，扩大了事故面。故规定宜由同一电源供电。

9.3.4 确定控制室和控制点的位置。当采用计算机控制系统时，应采取防止电磁干扰措施。

9.3.5 移动式传输设备，如图书馆运书小车、锅炉房卸料小车等，一般容量不大，速度较慢，每次运行距离小，采用软电缆供电具有装置简单、可靠、安装方便，受环境影响小，宜优先选用。

9.4 电梯、自动扶梯和自动人行道

9.4.2 电梯、自动扶梯和自动人行道的供电容量确定

1 单台交流电梯的计算电流应取曳引机铭牌0.5h或1h工作制额定电流90%及附属电器的负荷电流，或取铭牌连续工作制额定电流的140%及附属电器的负荷电流；

2 单台直流电梯的计算电流应取变流机组或整流器的连续工作制交流额定输入电流的140%；

3 两台及以上电梯电源的计算电流应计入同时系数，见表9-4；

表 9-4　不同电梯台数的同时系数

电梯数量（台）	2	3	4	5	6	7	8
直流电梯	0.91	0.85	0.80	0.76	0.72	0.69	0.67
交流电梯	0.85	0.78	0.72	0.67	0.63	0.59	0.56

4　交流自动扶梯的计算电流应取每级拖动电机的连续工作制额定电流及每级的照明负荷电流；

5　自动人行道取铭牌连续工作制额定电流及照明负荷电流。

9.4.3　电梯配电线路的最小截面应满足温升和允许电压降两个条件，并从中选择较大者作为选择依据。

9.4.4　电梯机房的工作照明和通风装置以及各处用电插座的电源，宜由机房内电源配电箱（柜）单独供电，其电源可以从电梯的主电源开关前取得。厅站指示层照明宜由电梯自身电力电源供电。

9.4.5　第 2 款第 1 项电梯底坑的照明开关可设置在 1m 左右的高度。第 3 款底坑插座安装高度可为 1m 左右，主要作为检修用。

9.4.7　对于载货电梯和病床电梯可采用简易自动式。乘客电梯可采用集选控制方式，但对电梯台数较多的大型公共建筑宜选用群控运行方式。有条件宜使电梯具有节能控制、电源应急控制、灾情（地震、火灾）控制及自动营救控制等功能。

——电梯群控系统主要包括以下内容：

1　轿厢到达各停靠站台前应减速，到达两端站台前强迫减速、停车，避免撞顶和冲底，以保证安全；

2　对轿厢内的乘客所要到达的站台进行登记并通过指示灯作为应答信号，在到达指定站台前减速停车、消号，对候梯的乘客的呼叫进行登记并作出应答信号；

3　满载直驶，只停轿厢内乘客指定的站台；

4　当轿厢到达某一站台而成空载时，另有站台呼叫，该轿厢与另外行驶中同方向的轿厢比较各自至呼叫层的距离，近者抵达呼叫站并消号；

5　端站台乘客呼叫，调用抵端站台轿厢与空载轿厢之近者服务；

6　在各站台设置轿厢位置显示器，对站台乘客进行预报，消除乘客的焦急情绪，同时可使乘客向应答电梯预先移动，缩短候梯时间；

7　站台呼叫被登记应答后，轿厢到达该站台时应有声音提醒候梯乘客；

8　运行中的轿厢扫描各站台的减速点，根据轿厢内或站台有无呼叫决定是否停车；

9　乘客站台呼叫轿厢，同站台能提供服务的所有电梯的应答器均作出应答；

10　控制室将电梯群分类，分单数层站停和双数层站停，所有电梯都以端站为终点，在中间层站，单数层站台呼叫双数层站台的轿厢，控制室不登记，不作应答，反之也一样；

11　中间站台呼叫直达电梯不登记，不作出应答；

12　轿厢完成输送任务，若无呼叫信号或被指示执行其他服务，则电梯停留在该站台，轿厢门打开，等待其他的呼叫信号；

13　控制系统时刻监视电梯的状态，同时扫描各站台的呼叫的状态。

住宅电梯的功能配置可以分为两部分：一部分是基本功能，另一部分是选用功能。

——住宅电梯的基本功能应有：

1　指令信号和召唤信号可任意登记功能；

2　指令信号可实现优先定向功能；

3　当指令信号被登记时，电梯可依次逐一自动截车、减速信号、自动平层、自动开门功能；

4　当指令信号已登记且发现出错时，按一次可消号功能；

5　当召唤信号被登记时，电梯可依次顺向自动截车、减速信号、自动平层、自动开门功能；

6　召唤信号具有最远反向截车、减速信号、自动平层、自动开门功能；

7　当轿厢满载时，召唤信号不执行截车，电梯进行直驶功能；

8　当轿厢满载时，电梯不能关门与行驶，且超载灯亮，报警铃发出嗡声功能；

9　当轿厢位于平层电梯未启动时，则按本层召唤信号时，应能立即开门功能；

10　当电梯停站开门过程结束后，在延时 4～6s 之后，应能立即自动实现关门功能；

11　具有检修操作功能；

12　在正常照明电源被中断情况下，应急照明灯自动燃亮功能；

13　具有紧急报警装置，乘客在需要时能有效地向外求救功能；

14　其他避险、防劫和安全保护功能。

——住宅电梯的选用功能应有：

1　防捣乱功能；

2　消防功能；

3　电梯故障显示监控功能；

4　电梯远程监控功能。

9.5　自动门和电动卷帘门

9.5.1　目前国内用于自动门控制的传感器种类繁多，但常用的是规范规定的三种。由于微波传感器只能对运动体产生反应，而红外线传感器和超声波传感器则对静止或运动体均能反应，所以，在探测对象为动态体的场所，可采用微波、红外线及超声波中任何一种传感器。但考虑到微波传感器的探测范围较后两者大，采用微波传感器更适宜些。而运动体速度比较缓慢的场所，则只能采用红外传感器或超声波传感器。

9.5.2 不同类型的传感器对工作场所的环境温度及湿度都有不同的要求，所以在使用时，应注意传感器是否工作在规定的环境温度下，否则应采取相应的防护措施。当在寒冷地区且在户外使用时，环境温度常低于传感器所要求的工作温度，此时，对传感器应采取防寒措施。

9.5.3 当传感器安装在荧光灯、汞灯、空调器等用电设备及其他磁性物体附近时，传感器会因受到干扰而产生误动作，因此应尽量远离。如确有困难，也可采取适当措施。如在传感器外部加装金属屏蔽罩。

9.5.4 引单独回路供电是为了避免因其他线路发生故障而影响自动门的正常运行。

9.5.6 本条用于一般目的的卷帘门，要求就近引单独回路供电，是为了避免因其他线路故障而影响卷帘门的正常运行。

9.5.8 本条文是从人身和配电系统的安全角度出发而要求的。

9.6 舞台用电设备

9.6.1 调光回路的功率一般是4～6kW，而且从安全角度考虑，一般4kW回路带2kW灯具，6kW回路带4kW灯具，均留有一定的裕度。

9.6.2 关于舞台照明灯光回路分配数量，不同剧场、剧种均有其不同要求，尚未有统一的标准，尤其是一些特大型能够演出多种剧种的舞台，其灯光回路数量及其分配均不统一。而且舞台照明发展趋向于多回路多灯位，这样可适应舞台照明多功能的需求。表9-5及表9-6供设计中参考。

调光回路数量、直通回路数量及天幕灯区电源容量可参照表9-5确定。

表9-5 舞台照明灯光回路及天幕灯区电源容量

剧场规模	调光回路数量	每个灯区直通回路数量	天幕灯区专用电源容量（A）
特大型	≥360	2～8	≥200
大型	180～360	2～6	≥150
中型	120～180	1～3	≥100
小型	45～90	1～3	≥75

天幕灯区应设专用电源线路，其电源开关箱宜设在靠近天幕的墙上。

舞台照明灯光回路的分配可参照表9-6确定。

表9-6 舞台照明灯光回路分配表

剧场规模	小型		中型			大型			特大型		
灯光名称 \ 灯光回路	调光回路	直通回路	调光回路	直通回路	特技回路	调光回路	直通回路	特技回路	调光回路	直通回路	特技回路
二楼前沿光	—	—	—	—	—	6	3	—	12	3	3
面光1	10	2	18	3	1	14	3	3	22	6	3
面光2	—	—	—	—	—	12	—	—	20	—	—
耳光（左）	5	1	9	1	1	15	2	3	23	3	3
耳光（右）	5	1	9	1	1	15	2	3	23	3	3
柱光（左）	3	—	6	1	1	12	2	—	18	3	—
柱光（右）	3	—	6	1	1	12	2	—	18	3	—
侧光（左）	10	—	6	1	1	3	2	1	5	3	2
侧光（右）	10	—	6	1	1	3	2	1	5	3	2
流光（左）	—	—	2	—	—	5	3	—	7	4	—
流光（右）	—	—	2	—	—	5	3	—	7	4	—
顶光1	—	—	8	—	—	15	—	2	27	3	3
顶光2	—	—	4	—	—	9	—	3	12	3	3
顶光3	—	—	8	—	—	15	—	3	21	3	3
顶光4	—	—	7	—	—	6	—	1	12	3	1
顶光5	—	—	9	—	—	12	—	2	15	3	2
顶光6	—	—	—	—	—	6	—	1	11	3	1
脚光	—	—	3	—	—	3	—	3	3	2	3

续表 9-6

剧场规模	小型		中型			大型			特大型		
灯光名称＼灯光回路	调光回路	直通回路	调光回路	直通回路	特技回路	调光回路	直通回路	特技回路	调光回路	直通回路	特技回路
天幕光	14	3	14	2	2	20	6	3	30	8	3
乐池光	—	—	3	—	—	3	2	—	6	3	2
指挥光	—	—	—	—	—	1	—	—	3	—	—
吊笼光	—	—	—	—	—	48	—	8	60	6	8
合计	60	7	120	11	9	240	32	37	360	72	45

9.6.3 舞台照明大部分为专用灯具，其灯具与配电线路的连接均采用专用的接插件或专用的接线端子，这样可以方便地进行灯具调整更换。为了安全可靠起见，对所采用的接插件或接线端子的额定容量应适当地加大留有一定的裕度。

当调光设备运行在完全对称情况下，三次谐波电流对中性导体压降与基波对中性导体压降相等条件下，算出中性导体截面约为相线截面的 1.8 倍。为了可靠并考虑计算和实验产生的误差，因此取中性导体截面不应小于相导体截面的 2 倍。

9.6.4 对于乐池内谱架灯等规定的低于 36V 电源供电的要求，是为保障人身安全避免触电事故的发生。

9.6.5 带预选装置的控制器，较多地用于小型剧场。而带计算机控制的装置，因其功能更加完善，越来越多地用于大中型剧场。

舞台照明控制装置的安装位置，根据不同剧场和舞台，其设置的位置会发生变化，本条提出适宜的一些安装位置和原则，以减少电能损失和节约有色金属。

9.6.7 由于晶闸管调光装置在工作过程中产生谐波干扰，妨碍声像设备正常工作，因此必须抑制。

9.6.8 舞台照明负荷计算，是一个较为复杂的问题。由于我国剧种较多，各剧种的舞台艺术布景对照明的要求各不相同，因而在演出时各场用电负荷相差较大。在设计时对舞台照明负荷计算，没有可靠的计算依据，一般都是进行估算。

K_x 值的大小与剧场的设备容量有关，从新近建成的上海大剧院的情况看，设计时 K_x 选 0.5，但在实际使用中，不同剧种的演出，负荷相差很大。因此在负荷计算时对 K_x 值的选取，要重视舞台设备容量对 K_x 值的影响。

目前，国内对舞台照明计算需要系数尚无统一规定，本规范参照了国外舞台照明负荷系数以及国内一些舞台实际使用情况，以便在设计中参照。

9.6.9 当舞台电动吊杆数量较多时，为实现自动化，减轻工作人员的劳动强度，确保电动吊杆动作的准确性，宜采用带预选装置的控制器（包括微机）进行控制。

9.6.10 采取就地安装，可减少线路长度，而且不影响演出。控制器安装位置主要是从便于直观控制的目的要求的。

9.6.11 舞台设备负荷计算，目前国内尚无统一规定，而且根据不同剧种，不同规模的剧场，其舞台吊杆设置有很大不同，很难作出统一的规定。因此给出的需用系数，其取值范围较大，设计时可根据实际剧种、剧场规模等综合考虑。

9.6.12 本条是从使用方便的角度而考虑的。

9.7 医用设备

9.7.1 医院电气设备工作场所应分为 0 类、1 类和 2 类。具体场所分类，参见本规范第 12 章条文说明表 12-1、表 12-2。

9.7.2 X 射线诊断机，X 射线 CT 机及 ECT 机规定为断续工作用电设备，其最大用电负荷性质是瞬时负荷；

X 射线治疗机，一般其最大负荷可连续扫描 10～30min，从宏观角度上，规定为连续工作用电设备，其最大用电负荷性质确定为长期负荷；

电子加速器，NMR-CT 机规定为连续工作用电设备，其最大用电负荷性质是长期负荷。

9.7.3 一般大型医疗设备设置在放射科，这些设备瞬时压降大，由变电所引出单独回路供电，一方面保证线路的压降控制在一定范围，另一方面减少对其他设备的影响。

大型医疗设备对电源压降均有具体要求，有的体现为电源压降指标，有的则体现为电源内阻指标。

9.7.5 本条是根据使用单位在经济方面的承受能力、设备的使用条件及使用单位的技术条件，对放射线机供电线路所作的一般规定。

按医疗设备的一般分类，400mA 及其以上规格的 X 射线机，规定为大型 X 射线诊断机（有的资料介绍 500mA 及以上规格规定为大型 X 射线诊断机）。该设备用电量大，机器结构复杂，设备完善、用途广、输出量大，不易拆装，但必须在较好的电源条件下使用，为此规定应设专用回路供电。

CT机、电子加速器等医疗装置的附属设备较多，用电量较大，要求供电可靠。为了保证主机部分的供电，规定上述设备应至少采用双回路供电，其中主机部分应采用专用回路供电。根据负荷用电性质，在配电设计上有条件时还宜设备用电源回路，保证事故状态下供电。

9.7.6 X射线诊断机的线路保护电器，应按该机使用时的瞬时最大电流值进行选择。如果使用快速熔断器作线路保护，可直接以计算所得的瞬时最大电流值，选用快速熔断器。但是目前X射线诊断机生产厂，常常选用RL型熔断器，其熔体一般以略大于瞬时电流值的50%选择。X射线诊断机线路计算实例，参见表9-7。

表9-7 X射线诊断机线路计算实例

生产厂提供的技术数据						计算数据
产品型号	X射线管最大工作电流（平均值）（mA）	X射线管最大工作电流（平均值）对应最大工作电压（峰值）（kV）	X射线机整流方式	X射线机电源侧		利用公式计算的X射线机交流侧瞬时最大负荷/瞬时最大电流（kVA/A）
				瞬时最大电流值（有效值）（A）	熔断器选用的熔体（A）	
XG-200	200	80	单相桥式	60		13.53/61.51
F30-IB型	200	80	单相桥式/二相桥式		30/20	13.53/61.51/35.6
XG-500	500	70	二相桥式	80	—	29.6/77.91
东芝KXO-850	800	100	三相12峰	—	（380V）60	87.9/133.6
岛津-800 XHD 1508-10	800	100	三相12峰	—	（200V）操作开关150，配线断路器100	87.9/253.8

9.7.7 供电线路导线截面的选择，受许多因素制约。但是，对X射线机（变压器式），关键要满足电源电压波动这个技术参数的要求。生产厂为了控制电源电压波动这个技术参数，又提出既便于控制电源电压波动，又方便理论计算的电源内阻这个技术参数（电源内阻是X射线机在产品设计时，规定达到正常技术条件的设计依据，也是X射线机保证正常工作状态时的外部条件）。在进行电源内阻计算时，设计者应充分考虑在施工中可能加大的敷设距离，应该给施工中留有足够的距离余量，以保证X射线机充分发挥其设备的使用能力。本条就是从计算电源内阻和验算电源电压波动时的压降等两个方面作的一般规定。这两个方面的规定是X射线机供电线路导线截面选用的条件，缺一不可。

9.7.8～9.7.10 是为保障医用放射线设备安全、可靠运行而作出的规定。

9.8 体育场馆设备

9.8.2 本条文是根据电力负荷因事故中断供电所造成的影响和损失以及体育竞赛不可重复性的特点所决定的。

关于备用电源问题，在国际上有的体育场馆在举行体育赛事时，为了确保供电的可靠性，采取利用备用电源作为主电源使用，达到可靠供电。有的体育场馆自身并未设置备用电源，而是采取租用的方式，从而节省初期投资和运行维护管理费用。

当采用应急电源装置（EPS），作为场地照明高光强气体放电灯（HID）应急电源时，应采用在线式应急电源装置（EPS）。

9.8.3 单独设置变压器，对于运行管理提供方便，并可减少电能损耗。

电源电压的稳定对体育场馆照明灯用电负荷十分重要。设计时应了解当地的供电电源情况再作决定。

9.8.4 此类用电负荷，直接关系到体育赛事过程中的技术和安全。体育赛事的不可重复性，要求对上述负荷供电做到安全可靠。在这些负荷中，大量的电子设备，即使是短暂的停电也将造成运行不正常。这些设备仅考虑采用发电机作备用电源供电不能满足要求，因此应采用UPS作为备用电源。

9.8.5 电源井是为田赛成绩公告牌、径赛成绩公告牌、计圈器等设备供电和连接传输信号之用。井的位置宜靠近竞赛点又不妨碍竞赛为标准。如跳高、跳远、三级跳远、撑杆跳高等项目，宜设在助跳区附近；铅球、铁饼、标枪、链球等项目宜设在起掷区附近。其他竞赛项目需要设电源井可根据体育工艺要求而定。

9.8.6 目前国内外有些体育场采用电力装置与信号装置共井的做法，不同用途线路和装置之间保持一定的距离或采取隔离措施，效果较好。据调查认为井体不宜过大，一则增加投资，二则井面大施工较困难，容易破坏场地。

9.8.7 体育场地内的配电和信号线路，据调查认为采用明敷设或拉临时线，在穿越场地时会影响比赛，而且不安全，不宜采用。若采用电缆直接埋地敷设，由于维护和使用不方便，当线路发生故障时，还要破坏场地，不宜采用。调查认为，采用预埋导管方法较好，使用和维护较为方便。

9.8.10 体育馆除了供篮、排球比赛外，还要供其他体育项目比赛，如体操、乒乓球、羽毛球等，这些体育比赛项目需要电子计时记分装置，所以四周墙壁必须装设一定数量的配电箱和插座供使用。

10 电气照明

10.1 一般规定

10.1.1、10.1.2 民用建筑照明设计的基本原则。

10.1.3 本规范与国家标准的关系。

10.2 照明质量

10.2.1 根据国家标准《建筑照明设计标准》GB 50034的规定。

10.2.2 根据CIE建议而定。一般照明与局部照明共用的房间，一般照明占工作面总照度的1/3～1/5是适宜的，因而作此规定。交通区照度的条文规定与国家标准《建筑照明设计标准》GB 50034相同。

10.2.3 系原规范条文，根据CIE建议而定。其中Ⅰ类是用于住宅或寒冷地区；Ⅱ类适用于办公室等，应用范围较广；Ⅲ类适用于体育场馆等高照度场所或温暖气候地区。

10.2.4 由于国家标准《建筑照明设计标准》GB 50034中根据CIE文件明确规定了不同照明场所的显色性指标，故本规范强调在设计中切实执行。应当说明的是良好的光源显色性具有重要的节能意义，在办公室采用 $Ra>90$ 的灯与使用 $Ra<60$ 的灯相比，在达到同样满意的照明效果时，照度可减少25%。反之，遇特殊情况光源显色性不能达到规定指标时，可考虑采用增加照度的方法来缓解对颜色分辨的困难。

10.2.5 如果室内表面颜色的彩色度较高时，光源的光线将被强烈的选择吸收，使色彩环境发生强烈变化而改变了原设计的色彩意图，从而不能满足功能要求。

10.2.6 参照CIE文件分为六个等级，对应眩光程度的文字描述参考了日本照明标准。在国家标准《建筑照明设计标准》GB 50034中虽没有明确标出级别，但实际上也是按照CIE文件进行区分的。

10.2.7 参照CIE和《建筑照明设计标准》GB 50034而定。统一眩光值UGR适用于下列条件：

1 适用于简单的立体型房间的一般照明装置，不适用于间接照明和发光顶棚；

2 适用于灯具发光部分对眼睛所形成的立体角为 $0.1\text{sr}>\omega>0.0003\text{sr}$ 的情况；

3 同一类灯具为均匀等间距布置；

4 灯具为双对称配光；

5 灯具高出人眼睛的安装高度。

统一眩光值 UGR 应按下式计算：

$$UGR = 8\lg\frac{0.25}{L_b}\sum\frac{L_\alpha^2\cdot\omega}{P^2} \tag{10-1}$$

式中 L_b——背景亮度（cd/m^2）；

L_α——观察者方向每个灯具的亮度（cd/m^2）；

ω——每个灯具发光部分对观察者眼睛所形成的立体角（sr）；

P——每个单独灯具的位置指数。

10.2.8 参照CIE建议和《建筑照明设计标准》GB 50034提出的对反射眩光和光幕反射的防护措施。其主要内容是处理好光源与工作位置的关系，力求避免灯光从作业面向眼睛直接反射。

10.2.9 对于开启型灯具和下部装透明罩的直接型灯具规定了最小遮光角的要求。条文是参照CIE和国家标准《建筑照明设计标准》GB 50034中有关规定。

10.2.10 参照CIE建议而定。根据实验，室内环境与视觉作业相邻近的地方，其亮度应尽可能地低于视觉作业的亮度，但不宜低于作业亮度的1/3。工作房间内为了减少灯具同其周围顶棚之间的对比，尤其是采用嵌入式安装灯具时，顶棚的反射比应尽量提高，避免由于顶棚亮度太低形成“黑洞效应”。当采用亮度系数法计算室内亮度时，可根据理想的无光泽表面上的亮度计算公式求得。

$$L = \frac{\rho E}{\pi} \tag{10-2}$$

式中 ρ——反射比；

E——照度（lx）。

10.2.11 条文规定是为使用被照物体的造型具有立体效果。造型立体感评价指标目前有三种评价方法，即造型指数法 $\overline{E}/E_s$（$\overline{E}$—照度矢量，E_s——标量照度又称平均球面照度）；E_c/E_h 法和 E_v/E_h 法。在上述方法中以 $\overline{E}/E_s$ 法较为完善，但 E 的计算较繁杂，难以得到准确的结果，不利推广应用。E_c/E_h 法实用价值较大，计算问题已基本解决，同时又不必另外规定光的照射方向（因向下直射时 $E_c=0$，$E_c/E_h=0$，当光线来自水平方向时，$E_h=0$，$E_c/E_h—\infty$，所以给出的量值已包含了光线方向因素），但计算仍较繁杂。本规范采用一种简单的表达照明方向性效果指标的方法即 E_v/E_h（垂直照度与水平照度之比）不得小于0.25，当需要获得满意效果时则为0.5。

10.3 照明方式与种类

10.3.1 与国家标准《建筑照明设计标准》GB 50034中的方式分类相同。

10.3.2 基本与国家标准《建筑照明设计标准》GB 50034中的分类方式相同。本规范将景观照明作为单独一类列出，主要是考虑近年来景观照明发展较快，且多作为独立于建筑工程之外的单项工程进行设计和施工。

10.3.3 参照《建筑设计防火规范》GB 50016的有关规定。

10.3.4、10.3.5 本条均依据民航法规中的有关规定。应注意的是，为了减少夜间标志灯对居民的干扰，低于45m的建筑物和其他建筑物低于45m的部分只能使用低光强（小于32.5cd）的障碍标志灯。

10.4 照明光源与灯具

10.4.1 在选择光源时应合理地选择光电参数，本条文的用意是要根据使用对象以某一个或某几个指标作为主要选择依据。

10.4.2 本条文的中心意义是推行节能高效光源和灯具。但是由于白炽灯和卤钨灯有可瞬时点亮、显色性好、易于调光等特点并且频繁开闭对光源寿命的影响较小，也不会产生强烈的电磁干扰，在此情况下可以选用这两种光源。

10.4.3 主要考虑汞灯、钠灯的显色性指标很难满足国家标准《建筑照明设计标准》GB 50034中的规定。

10.4.4 人对光色的爱好同照度水平有相应的关系。1941年Kruithoff首先定量地指出了光色舒适区的范围并得到实践的进一步证实，本条文即采用其研究结果。另外，辅助照明光源应与昼光的颜色一致或接近，同天然色的色表取得协调，以利于创造舒适的光环境。

10.4.5 本条文主要考虑在一般房间内的光色和显色性能指标尽量一致，避免在光源选择上出现复杂化，也不利于维护工作。但在有些场所，由于建筑功能的需要，为避免出现平淡的光环境或是为了区别不同使用性质——如工作区和交通区，也可以采用不同类型的光源。

10.4.6 根据CIE建议而定。这是从转播彩色电视的效果考虑，因为用两种色温相差较大的光源进行混光是难以达到理想效果的。

10.4.7 这是指导性条文。特别是灯具尺度与使用场所需协调而强调了在选择灯具时除了常规指标外，还应重视要有建筑装修整体概念，要有“美”的意识。

10.4.8 这是对装有格栅或光檐、发光顶棚、光梁等照明形式对其材质的规定。

10.4.9 本条文主要是从节能上考虑。即在体育比赛场地或办公、教室等用房的一般照明，尽可能采用直接型开启式或带有格栅的灯具，少采用在出光口上装有透光材料的灯具或间接照明。

10.4.10 在高空间安装的灯具因检修灯具更换光源较麻烦，所以要采用延长光源寿命的措施，以延长光源更换周期。

10.4.11 插拔式单端荧光灯的镇流器可以安装在灯具上，因而当更换光源时不必更换镇流器。

10.4.12 条文是依据《建筑设计防火规范》有关规定制定的。

10.4.13 根据原规范在民用建筑照明设计中，一般照明的布灯当采用有规则的排列在确定灯具间距时，应根据该灯具的最大距高比选择，以保证有适宜的照明均匀度。

10.5 照度水平

10.5.1 与国家标准《建筑照明设计标准》GB 50034中的分级相同。

10.5.2 本表引自原国家标准《工业企业照明设计标准》。考虑到新颁布的国家标准《建筑照明设计标准》GB 50034中照度等级划分，局部进行了调整。

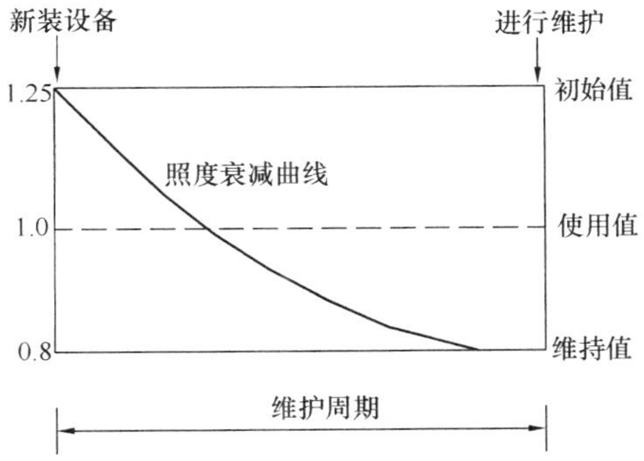

图10-1 照度标准的三个不同数值

10.5.3、10.5.4 由于国家标准《建筑照明设计标准》GB 50034中照明标准值中较全面地覆盖了民用建筑的各类场所，故本规范不再重复，补充的本规范附录B系依据美国、日本、俄罗斯等国家的照明标准和我国目前部分场所实测值进行编制的。

10.5.6 在照明设计中应严格执行照度标准，但在具体工程实践中特别是受室内装修设计的影响，常常不能实现规定的标准值。

10.5.7 平均照度作为民用建筑照明设计标准是国际上常用的方法，同时照度标准中的平均照度值也是维护照度值，所以在计算时尚应计及维护系数。

10.5.8 条文规定了在计算时所允许的偏差，以利控制光源功率。

10.6 照明节能

10.6.1 系指导性条文。主要是强调处理好技术与经济、直接与间接效益的关系。

10.6.2 由于细管径三基色荧光灯和紧凑型单端荧光灯的光电参数较白炽灯和传统粗管径荧光灯有很多优越性，因此在条件允许的情况下应优先采用。高大房间和室外场所由于不易产生眩光，故可采用光效更高的金属卤化物灯、高压钠灯等高光强气体放电光源。

10.6.3 基本参照国家标准《建筑照明设计标准》GB 50034 的规定。结合民用建筑设计的特点，不可能完全不采用热辐射光源，因而规定一个限制范围即可根据装修设计（为显示装修色彩的艺术效果）和建筑功能需要决定采用与否。

10.6.4 直射光通比率高低决定了灯具的光通效率。因此，在无装修要求的场所应优先采用直射光通比高的灯具。控光器的材质优劣对灯具配光的稳定性，保持特有的效率是至关重要的，因此应采用变质速度慢、不易污染的控光器以减少光能衰减率。

10.6.5 创造维护清洁灯具的条件以实现在维护周期内对灯具进行维护。

10.6.6 灯用附件的质量对光源工作稳定性以及节能都具有重要意义，因此规定了镇流器能耗指标并推广产品质量稳定的节能产品。

10.6.7、10.6.8 结合建筑形式进行照明设计应避免片面性，因此在确定照明方案时要综合考虑建筑功能、视觉功效、舒适感和经济节能等因素。照度值应根据规定值选取，提高照度水平对视觉功效只能改善到一定程度，并非照度越高越好，同时水平照度提高还会带来垂直照度要相应提高的后果，实际上照度水平都要受经济水平与能源供应的制约。国家标准《建筑照明设计标准》GB 50034 明确规定了各种照明场所的功率密度值作为考察照明节能效益的方法，应严格执行。

10.6.9 该形式的作用是通过回风系统带走了照明装置产生的大部分热量，而减少了空调设备负荷以达到节能，照明空调组合系统适用于三种空调系统：

①管道送风压力排风；

②压力送风管道回风；

③管道送风管道排风。

应注意的是，目前的 T5 型荧光灯管由于要求工作温度较高，不适于该形式。

10.6.10 在有局部照度要求较高的场所应优先采用分区一般照明，这样就可不必将整个房间照度水平都提高。

10.6.11 室内主要表面的高反射比是对工作面照度的重要补充。

10.6.12 由于气体放电灯配套电感镇流器时通常功率因数很低，一般仅为 0.4～0.5，所以应设置电容补偿，以提高功率因数。有条件时，宜在灯内装设补偿电容，以降低照明线路电流值，降低线路损耗和电压损失。另外，由于照明使用时间上的灵活性，对气体放电光源采取分散补偿，有助于适应照明负荷变化性较大的特点。

10.6.13 当有天然采光条件时应充分利用，以节约人工照明电能，这就要求在照明控制上应很好配合。一般应平行于窗的方向进行控制或适当增加照明开关，以根据需要开、关照明灯具。公用照明、室外照明的控制管理对节电具有重要意义，因此采用集中或自动控制有利于科学管理。

10.6.14 作为节电措施，条文中提出了可供选择的几种办法，当建筑物设有中央监控中心时可将照明纳入自动化管理系统。

10.6.15 从有利节电管理角度出发，在系统设计中应考虑有分室、分组计量要求时安装表计的可能性。

10.6.16 对景观照明的设置应采取慎重态度。因其用电量较大并且安装位置特殊，因此还要特别注意节电原则和维护灯具的可能性。

10.7 照 明 供 电

10.7.1 只有合理地确定负荷等级，正确地选择供电方案才能使照明用电保持在适当水平，照明负荷等级的确定详见本规范第 3.2 节的有关规定。

10.7.3 在工作中需要给定一个分配电盘的最大与最小相负荷电流差值以方便设计。不超过 30%指标系原规范的规定。

10.7.4 重要的照明负荷采用两个专用回路（两个电源）各带一半照明负荷的办法，有利于简化系统，减少自动投切层次。当然对应急照明负荷首先还是要考虑自动切换电源的方式。

10.7.5 条文规定是为了保证备用照明的可靠性而提出的方法，并且根据供电条件提出了相应的供电保证措施。

10.7.6 备用照明配电线路及控制开关分开装设有利于供电安全和方便维修。正常照明断电采用备用照明自动投入工作，是照明系统用电可靠性的需要。

10.7.7 因照明负荷主要为单相设备，因此采用三相断路器时如其中一相发生故障也会三相跳闸，从而扩大了停电范围，因此应当避免出现这种情况。

10.7.8 每一单相回路不超过 16A、25 个灯具是现行规范中的规定，已沿用多年不拟改动。但注意到大型组合灯具和轮廓灯的特点，在参照国外有关规范后作此规定。

10.7.9 限制插座数量主要是从使用和维护的灵活性、方便性上考虑。计算机电源的插座回路选用 A 型剩余电流动作保护装置引自国家标准《剩余电流动作保护装置安装和运行》GB 13955 中的规定。

10.7.10 主要是从控制的灵活性方便性上考虑。在特殊情况下（如安全需要）仍可就地控制。

10.7.12 主要考虑照明负荷使用的不平衡性以及气体放电灯线路的非线性所产生的高次谐波，使三相平衡中性导体中也会流过三的奇次倍谐波电流，有可能达到相电流的数值，故而作此规定。

10.7.13 作为改善频闪效应的一项措施而提出的，在实际安装中应注意同一盏灯具内接线的正确性和可靠性，当然改善措施还有其他方法，如采用超前滞后电路或采用提高电源频率——如电子镇流器件等。

10.7.15 是为保证维护人员能及时地安全地到达维修地点，同时由于检修相对不便以及光源功率较大，如采取每盏灯具加装保护可避免一个光源出现故障不致影响一片。顶棚内检修通道要考虑到能承受住两名维修人员连同工具在内的重量（总重量约300kg）。

10.8 各类建筑照明设计要求

10.8.1 住宅（公寓）电气照明应具有浓厚的生活感，据统计一般人每天几乎有多一半的时间要在自己的家里度过，远远超过了在办公室、学校里停留的时间，因此不断改善住宅的光环境是至关重要的。

住宅照明质量的提高有赖于合理地选择光源和灯具，而灯具造型的多样化又是个人对灯具形式偏爱的需要，在条件允许时应尊重使用者的意愿进行照明设计，以利住宅的商品化、生活化。

随着照明设置和家用电器的普及和增多，要求住宅内必须设置足够数的电源插座，并宜按使用功能分回路供电，以保证安全、方便使用。

在住宅照明设计中，规定在插座回路上设置剩余电流动作保护器，是因为插座回路所连接的家用电器主要是移动式和手持式设备，从防单相接地故障保护角度，这是必要的。

10.8.2 教学用照明应解决好反复地长距离注视黑板或教学模型与近距离记录笔记和阅读教材的视觉功能要求，为此处理好教室照度与亮度分布是很关键的课题。

在正常视野中一些物件表面之间的亮度比，宜限制在下列指标之内：

书本与课桌面和书本与地面　1：1/3；

书本与采光窗　1：5。

同时教室内表面反射比 ρ 宜控制在下述范围：

顶棚 $\rho=50\%\sim70\%$；墙面 $\rho=40\%\sim60\%$；黑板 $\rho\leqslant20\%$；地面 $\rho=30\%\sim50\%$。

并且在一个教室内，从任何正常位置水平视线45°以上高度角所能观察到任何发光体的亮度值不宜超过5000cd/m²。

黑板照明安装位置可按下述原则确定：当黑板照明灯具距地安装高度为2.20～2.40m时，其灯具距黑板的水平距离宜为0.75～0.80m，其他条文系根据国家标准《中小学校建筑设计规范》GBJ 99的有关规定。

10.8.3 办公楼照明设计的主要任务是提高工作效率，减少视觉疲劳和直接眩光，创造舒适的工作环境。为此现代办公室的光环境设计不仅应使亮度分布保持在以下数值：

视觉对象与相邻表面　1：1/3；

视觉对象与远处较暗的表面　1：1/10；

视觉对象与远处较亮的表面　1：10；

灯具与附近表面　20：1。

还应将灯具的亮度限制在2000～10000cd/m² 之间，同时尚应根据办公室朝向以及使用人的年龄因素，有区别地选择照度水平。

办公室照明的布灯方案是关系到限制直接眩光和反射眩光的重要环节，因此应避免将灯具布置在工作台的正前方以免灯光从作业面向眼睛直接反射。所以工作区和工作人员的位置一定要同灯具的排列联系起来考虑，即将一般照明布置在工作区的两侧从而得到较好的效果。

会议室是对外的“窗口”，对会议室的照明设计应重视垂直照度，在有窗的情况下为使背窗而坐的人们显现出清楚的面容，应使脸部垂直照度不低于300lx。

限于目前供电条件，办公楼停电后常常到下班时已记不清是开灯还是关灯状态，为此除了可在配电装置位置的选择上加以考虑外，也可采用“二次开关”（在正常情况下和普通开关一样使用，当市电或本单位停电，不管开关处于是开或关皆自动变为关断状态），以解决人们的担心。

10.8.4 营业厅照明设计应根据商品种类、商品等级、预期的顾客类型等因素，以能把顾客的注意力吸引到商品上为原则，同时应充分注意照明对顾客的心理作用，并突出商品的特征，以提高其价值感。

营业厅照明光源的光色和显色性对厅内气氛、商品质感、顾客的需求心理具有很大影响。在大型商业营业厅中，使用光效高、显色性好、寿命长（在商业建筑中因多数是开灯营业，所以光源寿命尤应予以重视）的陶瓷金属卤化物灯和高显钠灯为主要光源，而在柜台中间的通道上配以三基色荧光灯和小功率金属卤化物灯结合式构图方案已越来越多地被采用，而在一般商业营业厅中较广泛地采用了直管荧光灯或把重点商品布置在设有高显色光源的一个特定位置，以使顾客对商品的本色感到确切从而放心地购买。为了表现典雅的环境，在低于3m高的古玩、地毯、高级布料、服装等商店，可采用低色温光源以得到融合、安定、典雅的气氛。

营业厅一般照明的照度并不一定是指整个商场的平均水平。因为营业厅中通道的照度就可以低些，同时营业厅一般照明不宜追求过高照度，这是由于一般照明的照度提高将使重点照明的照度相应提高，对于有效地控制光热对任何商品所产生的不利影响也是不适宜的。

随着商品布置的改变应配合好重点照明的投射方

向和角度，并应以定向强光突出商品的立体感、质感、光泽感和价值感。

橱窗照明的设计既要起到宣传商品又要有美化环境的作用。而展览橱窗照明的照度取决于人们的步行速度和注视性。

根据人类具有的向光本性，在门厅的设计上应注意照亮入口深处的正面，或将正面的墙体作为橱窗而用重点照明将其照亮。

10.8.5 饭店照明应通过不同的亮度对比努力创造出引人入胜的环境气氛，避免单调的均匀照明。同时高照度有助于活动并增强紧迫感而低照度宜产生轻松、沉静和浪漫的感觉。

饭店照明既有视觉作业要求高的，如总服务台、收款台等场所，又有要求不高的场所如招待会等处。要把不同视觉作业的照明方案结合一起，并且同这些作业在美学和情调方面和谐一致。

客房是饭店的核心，客房照明应考虑短暂的临时性阅读需要，同时还要避免给客人带来烦躁和不安。客房内设置壁灯虽然可点缀房间活跃气氛，但对于客房内的设备更新，调整家具布置等不利因素较多，特别是壁灯位置安装不够准确、灯具选型不当时，更显得与室内装修设计不甚协调，但是客房床头灯为避免占据床头桌上的有限空间，应尽量组合在床头板家具上，并可水平移动。客房隔声问题应给予足够重视，特别是相邻客房的隔墙上各类插座和接线盒对应安装时，必须采取隔声措施。

门厅是饭店的“窗口”。照明灯具的形式应结合吊顶层次的变化使照明效果更加丰富协调，并应特别突出总服务台的功能形象。门厅入口照明的照度选择幅度应当大些，并采用可调光方式以适应白天和傍晚对门厅入口照明照度的不同要求。

餐厅照明灯具宜结合餐厅的性质和装修特点，采取不同的照明手法，有区别地进行选型，以丰富餐厅的内涵。但作为自助餐厅或快餐厅的照度宜选用较高一些，因为明亮的环境有助于快捷服务，加快顾客周转，提高餐厅使用效率。同时餐厅应选用显色指数较高的光源并特别注意要选用高效灯具，因为高级餐厅只要是营业时间，不管用餐客人的数量多少而必须点亮照明。

大宴会厅照明应采用豪华的建筑化照明，以提高饭店的等级观。目前高空间的宴会大厅照明多采用显色性好、光效高的金属卤化物灯配合卤钨灯和荧光灯。当宴会厅作多用途、多功能使用，如设有红外线同声传译系统时，由于热辐射光源的波长靠近红外线区，光热辐射对红外线同声传译系统产生干扰而影响传送效果。有资料建议采用热辐射光源时，照度水平允许值为40fc（约400lx），此处考虑到实际情况而提出不大于500lx，当选用荧光灯时则允许为100～200fc。

10.8.6 医院照明应创造宽敞舒适的气氛、整洁安静的环境。为此光源的光色、显色性和建筑空间配色的相互协调所形成的“颜色气候”的合理性，是构成良好设计非常重要的因素。

医院照明应充分满足医院功能，有利于发挥医疗设备的作用。

医院的门厅照明应使病人产生安定的情绪，因此不宜选用华丽的灯具造型。急诊部照明设计宜按检查室的要求充分注意光源的显色性能并应满足可进行局部小手术照明的需要。

对于诊室的照明灯具布置，还应适应屏风或布帘分隔使用时的情况。病人接受检查或进入手术室前，在很多情况下是仰卧在病床上，因此，应尽量避免在病人仰卧的视线内产生直接眩光。

病房的床头灯设置应尽量减少病人间相互干扰并应防止碰撞病人，目前多采用组装式病房用的多功能控制板，允许有90°～150°范围的横向移动。至于在精神病房内不宜采用荧光灯，主要是由于其具有的频闪效应和不良附件所产生的噪声更易引起精神病人的烦躁与不安，不利于疗养。而手术照明主要采用成套手术无影灯，安装在手术床上1.50m处时其在手术台中心的照明集束光斑应大于15cm，光源的相关色温应在3500～6700K。至于神经外科手术要求限制800～1000nm的辐射能，主要是因为这个光谱区的红外线能量是易于被肌肉和体内水分吸收，它将导致外露的组织变干并将过多的热量射向医生，故应加以限制。

10.8.7 体育建筑的场地照明应创造良好的光环境，以使运动员集中注意力充分发挥竞技水平，使裁判员可以迅速准确地作出判断，使在场的观众得以轻松地欣赏运动员的技术动作，使彩色电视转播的画面清晰逼真。

体育建筑的照明质量主要取决于照度水平、照度均匀度、眩光控制程度以及立体感效果等指标，并据此来评价。对运动员来讲较低的照度就可满足竞赛要求，但对观众而言就要照度高些，才能满足其看清场上活动的视觉需要。由于观众与场地间的距离不同，照度要求也各异。照明对知觉颜色的影响取决于光的显色性能，同时为了使水平照度、垂直照度以及电视转播全景时画面亮度的一致性，保证场地照明的合理的均匀度是很必要的，为了使球体获得造型立体感效果和适当阴影以取得距离感，对于提高可见度水平也是有益的。

为了控制直接眩光和反射眩光防止对运动员、裁判员以及观众产生不利影响，对体育场馆照明通常是通过控制灯具最大光强射线与地面（水池面）的夹角来实现。具体数据可依照国家现行行业标准《体育场馆照明设计及检测标准》JGJ 153中的规定执行。

10.8.8 博展馆照明应满足观赏、教育和学术研究等功能要求。因此创造高质量的光环境和良好的实体感效果，对正确认识精美艺术展品和品位美的感受是非常重要的条件。

陈列厅照明应注意使画面、纤维制品或其他展品获得正确的显色性。一般要求 $Ra>80$，同时还应充分保护展品以防止某些展品颜色材质受到长时间的或强烈的光辐射而变质退色。有资料表明变质程度主要取决于辐射的程度、曝光的时间、辐射光的光谱特性及不同材料吸收辐射能的能力和经受影响的能力等。某些环境因素如高温、高湿和大气中各种活性气体亦可增加变质速度。

光照对展品（藏品）的破坏性尤以紫外线为甚。同时光波越短光作用强度越大。当玻璃厚度大于3mm时可滤去波长小于325nm的紫外线。

有关资料指出，在相同照度的情况下，荧光灯对文物、标本的损坏程度是白炽灯的1.3倍，为此从有利于耐久保存出发，藏品库房的照明以选用白炽灯为宜。

珍品展室应尽可能减少受光时间，宜采用人工照明方式，同时为了防止紫外线二次反射，可在内墙面上涂刷吸收紫外线的氧化锌涂料。

陈列厅的一般照明布灯应注意展板的分隔以及增加重点照明时的协调性，同时应充分重视展示面上的照度均匀度，对于较大的画面在其整个面上最低照度与最高照度之比保持在0.3以上。

对雕刻等立体造型展品，陈列面与主光源轴向光强的夹角，如低于20°时将使展品表面凸凹的阴影变强，因此宜将光源装设在侧前方40°～60°，当展品为暗色——如青铜制品时，其照度宜为一般照明的5～10倍。

对于展示柜台内装设的光源应有遮光板，以防止通过展品的光泽面投射到观众的眼中。

为避免在观赏陈列品时的分心，应使地面的反射比低于10%。

10.8.9 影剧院观众厅照明应根据上演及场间休息的视觉工作变化，创造良好舒适的照明气氛，并应提供基本的阅读需要。因此对观众厅照明的设计原则应是：采用低亮度光源。注意防止对楼层观众产生不舒适眩光，在演出时观众的视野内不应出现光源；观众厅照明灯具的造型和设置位置不应妨碍舞台灯光、放映电影和易于在顶棚内进行维修灯具更换光源。

观众厅和演员化妆室用照明应很好地与舞台灯光进行协调。舞台灯光是表演艺术专用灯光，舞台灯光的设计应当满足照明写实与审美效果，并能渲染创作意图。通常剧场舞台灯光在舞台演出区内的照度宜在1000～2000lx。大型剧场在舞台口附近的适当位置可设置激光系统，通常采用三个通道扫描器产生的红、绿、黄、蓝等多种颜色图案以丰富演出效果。

观众厅照明一般都采用可调光方式。这一方面虽是剧场功能所决定，另一方面也是视觉卫生所需要。但是对于观众厅面积不超过200m² 或观众容量不足300座者可不受此规定限制。

关于观众厅座位排号灯根据《剧场建筑设计规范》中的规定。当主体结构耐久年限在50年以上（即甲、乙等级）的剧场需要设置。排号灯可采用电致发光技术。

目前为扩大经营范围，影剧院还经营舞会、茶会或举办展销等活动。鉴于舞厅灯光的标准等级差异较大，因此对舞厅灯光的设置应按专业要求设计，其照度不应低于5lx。

有关舞台照明的规定见本规范第9.6节“舞台用电设备”。

10.9 建筑景观照明

10.9.1 一个城市或地区的景观含自然景观和人文景观两类，自然景观包括地形、水体、动植物以及气候变化所带来的季节景观。人文景观包括历史建筑与现代建筑、庭园广场、街区商铺以及文化民俗活动等。所有这些构成了城市夜景照明的基本载体，因此必须进行深入合理的评价与分析。同时应认识到其原有灯光系统的客观存在和对整体夜景效果所具有的不可忽略的影响。同时景观照明的设置应与环境及有关专业密切配合，

10.9.2 立面投光（泛光）照明要确定好被照物立面各部位表面的照度或亮度，使照明层次感强，不用把整个景物均匀地照亮，特别是高大建筑物，但是也不能在同一照明区内出现明显的光斑、暗区或扭曲其形象的情况。

轮廓照明的方法是用点光源每隔300～500mm连续安装形成光带，或用串灯、霓虹灯、美耐灯、导光管、通体发光光纤等线性灯饰器材直接勾画景观轮廓。但应注意单独使用这种照明方式时，由于夜间景物是暗的，近距离的观感并不好。因此，一般做法是同时使用投光照明和轮廓照明。在选用轮廓灯时应根据景物的轮廓造型、饰面材料、维修难易程度、能源消耗及造价等具体情况，综合分析后确定。

内透光照明是利用室内光线向外透射形成夜景照明效果。在室内靠窗或需要重点表现其夜景的部位，如玻璃幕墙、廊柱、透空结构或艺术阳台等部位专门设置内透光照明设施，形成透光发光面或发光体来表现建筑物的夜景。也可在室内靠窗或玻璃幕墙处设置专用灯具和具备良好反射效果的窗帘，在夜晚窗帘降下后，利用反射光线形成景观效果。

随着激光、光纤、全息摄影特别是电脑技术等高新科技的发展及其在夜景照明中的推广应用，人们用特殊方法和手段营造特殊夜景照明的方式也应运而生，如使用激光器，通过各种颜色的激光光束在夜空进行激光立体造型表演，使用端头出光的光纤，形成

一个个明亮的光点作为夜景装饰照明，亮点的明暗和颜色变化由电脑控制，有规律地变化形成各种奇特的照明效果。

10.9.3 本条内容基本采用一般照明配电线路的设计原则，考虑到室外安装敷设时的一些特殊措施。

11 民用建筑物防雷

11.1 一 般 规 定

11.1.2 我国地域辽阔，就雷电活动规律而言各地区差别很大。从地理条件来看，湿热地区的雷电活动多于干冷地区，在我国大致是华南、西南、长江流域、华北、东北、西北等依次递减。从地域看是山区多于平原，陆地多于湖海。从地质条件看是有利于很快聚集与雷云相反电荷的地面（如地下埋有导电矿藏的地区、地下水位高的地方、矿泉和小河沟及地下水出口处、土壤电阻率突变的地方、土山的山顶以及岩石山的山脚下土壤厚的地方等）容易落雷。从地形条件看，某些地形可以引起局部气候的变化，造成有利于雷云形成和相遇的条件，如某些山区，山的南坡落雷次数明显多于北坡，靠海的一面山坡明显多于背海的一面山坡，环山中的平地落雷次数明显多于峡谷，风暴走廊与风向一致的地方的风口和顺风的河谷容易落雷。从地物条件看，由于地物的影响，有利于雷云与大地之间建立良好的放电通道，如孤立高耸的地物、排出导电尘埃的排废气管道、建筑物旁的大树、山区和旷野地区的输电线路等落雷次数就多。

当然雷电频繁程度与地面落雷虽是两个不同的概念，但是雷电活动多的地方往往地面落雷次数就多。由于自然界变化较大（植树或开采矿藏等）各地的气候变化很大，因此在设计工作中应因地制宜地调查当地近年来的雷电活动资料，作为设计的依据。

雷击选择性的规律，对于正确考虑防雷措施是一个极其重要的因素。从多年来的运行经验和国内外的模拟试验资料证明，凡建筑物坐落在山谷潮湿地带，河边湖边，土壤结构不同的地质交界处，地下有矿脉及地下水露头处等地方，遭受雷击较多。可见，雷击事故发生除与雷电日的多少有关外，在很大程度上与地形、地貌、建筑物高度、建筑物的结构形式以及建筑地点的地质条件等因素都有密切关系。日本在《雷与避雷》论文中指出，当建筑物周围的土壤是砂砾地（$\rho=10^5\Omega\cdot m$）时，雷击建筑物的几率为11.2%，当建筑物是坐落在砂质黏土（$\rho=10^4\Omega\cdot m$）上时，则建筑物遭受雷击的几率可高达84.5%。综合国内外资料和多年来我国科研设计部门积累的实践经验，在制定防雷措施时，应将调查研究当地的气象、地质等环境条件作为一个重要依据是必要的。

11.1.3 水利电力科学研究院高压所在《放射性避雷针和普通避雷针引雷效果的比较》论文结论中指出："根据以上几项试验结果，如果再考虑到模拟试验中的避雷针头是真型，没有按比例尺作几何尺寸和放射性剂量的缩小，且在实际运行情况下避雷针头的几何形状及尺寸相对于击距来说是完全可以忽略的，那么可以想象既然放射性避雷针在没有缩小比例尺的情况下都没有显示出明显的作用，在实际运行条件下就很难说与普通避雷针有任何差别了。因此，我们认为放射性避雷针能增大保护范围、改善引雷效果的说法是缺乏科学根据的。放射性避雷针在引雷效果上并不比同样尺寸的普通避雷针有更大的效果"。

国外有关研究指出："不仅由放射性辐射源产生的放射电流太小，而且其作用半径是短的，以致辐射源对增大防雷装置迎面放电或从大地出来的主放电的形成无影响。在实验室用直流电压和冲击电压对放电间隙所作的研究得出，放射性防雷装置的射线对预防放电和击穿性不产生影响，研究证实：放射性的射线源对建筑物防雷无实际意义，对富兰克林式的防雷装置的作用没有任何改善"。

11.1.4 建筑物防雷设计应在建筑物设计阶段就开始详细研究防雷装置的设计方案，这样就有可能由于利用建筑物的导电金属物体而得到最大的效益，在使用、安全、经济、可靠的基础上，尽量在体现整个建筑物美观的基础上，能以最小投资保证防雷装置的有效性。

11.1.5 由于气象资料更新较快，应以当地气象台（站）的最新资料为准。

11.1.7 民用建筑多为钢筋混凝土结构，防雷装置与其他设施和人员在雷击过程中很难进行隔离。因此，在无特殊要求的情况下，采取等电位联结是保证安全的有效措施，也易于实现。

11.2 建筑物的防雷分类

11.2.1、11.2.2 民用建筑物的防雷分类，原规范中是按一、二、三级划分的，与国家标准的一、二、三类分类不一致，执行中产生了不协调。此次修订改为按国家标准规定对民用建筑物进行防雷分类。按国家标准的防雷分类规定，民用建筑中无第一类防雷建筑物，其分类应划分为第二类及第三类防雷建筑物。

11.2.3 第5～6款 按年预计雷击次数界定的建筑物的防雷分类是按建筑物的年损坏危险度 R 值（需要防雷的建筑物每年可能遭雷击而损坏的概率）小于或等于可接受的最大损坏危险度 R_C 值。本规范采用每年十万分之一的损坏概率，即 R_C 值为 10^{-5}。

该条文系引用国家标准《建筑物防雷设计规范》GB 50057。说明参见该规范第2.0.3条第8～9款条文说明。

11.2.4 第4～5款 参见《建筑物防雷设计规范》GB 50057第2.0.4条条文说明。

11.3 第二类防雷建筑物的防雷措施

11.3.2 防直击雷的措施

第1款 防直接雷击的接闪器应采用装设在屋角、屋脊、女儿墙及屋檐上的避雷带，并在屋面装设不大于10m×10m或12m×8m的网格，突出屋面的物体应沿其顶部四周装设避雷带，在屋面接闪器保护范围之外的物体应装接闪器，并和屋面防雷装置相连。

第7款 利用钢筋混凝土中的钢筋作为防雷装置的引下线时，其引下线的数量不作规定，但强调四个角易受雷击部位应被利用。间距不应大于18m的规定，完全是加大安全系数，目的是尽量将分流途径增多，使每根柱子分流减至最小，使其结构不易由于雷电流的通过而造成任何损坏。另一方面，引下线多了雷电流通过柱子传到每根梁内钢筋，又由梁内传到板内的钢筋，使整个楼板形成一个电位面，人和设备在同一个电位面上，因此人与设备都是安全的。

11.3.3 由于塔式避雷针和高层建筑物在其顶点以下的侧面有遭到雷击的记载，因此，希望考虑高层建筑物上部侧面的保护。有下列三点理由认为这种雷击事故是轻的：

1 侧击具有短的极限半径（吸引半径），即小的滚球半径，其相应的雷电流也是较小的；

2 高层建筑物的结构是能耐受这些小电流的雷击；

3 建筑物遭受侧击损坏的记载尚不多，这一点证实了前两点理由的真实性。因此，对高层建筑物上部侧面雷击的保护不需另设专门接闪器，而利用建筑物本身的钢构架、钢筋体及其他金属物。

将外墙上的金属栏杆、金属门窗等较大金属物连到建筑物的防雷装置上是首先应采取的防侧击措施。

塑钢门窗在工程中广泛应用，但工程界对塑钢门窗如何作防雷暂无定论，相关部门当前也正在做一些工作，但近期都还未有结论。塑钢门窗的外包塑料层是绝缘的，但塑钢门窗的制造标准也并不要求其耐压值能满足防直击过电压；塑钢门窗的内骨料是金属的，但塑钢门窗的制造标准也并不要求其内骨料有较好的连通导电性。而各个塑钢门窗厂的制造标准也不尽相同，有的厂家的产品能满足外包塑料层能耐受直击雷冲击过电压的要求，有的厂家的产品能满足内骨料连通导电性的要求，因此均需要设计人员根据工程实际情况采取相应的防雷措施。

11.3.4 为了防止雷击周围高大树木或建、构筑物跳击到线路上的高电位或雷直击线路时的高电位侵入建筑物内而造成人身伤亡或设备损坏，低压线路宜全线采用电缆埋地或穿金属导管埋地引入。当难于全线埋设电缆或穿金属导管敷设时，允许从架空线上换接一段有金属铠装的电缆或全塑电缆穿金属导管埋地引入。

但需强调，电缆与架空线交接处必须装设避雷器并与铁横担、绝缘子铁脚、电缆外皮连在一起共同接地，入户端的电缆外皮必须接到防雷和电气保护接地网上才能起到应有的保护作用。

规定埋地电缆长度不小于$2\sqrt{\rho}$(m)是考虑电缆金属外皮、铠装、钢导管等起散流接地体的作用。接地导体在冲击电流下其有效长度为$2\sqrt{\rho}$(m)。又限制埋地电缆长度不应小于15m，是考虑架空线距爆炸危险环境至少为杆高的1.5倍，杆高一般为10m，即是15m。英国防雷法规针对爆炸和火灾危险场所时，电缆长度不小于15m，对民用建筑来说，这一距离更是可靠的。

由于防雷装置直接装在建、构筑物上，要保持防雷装置与各种金属物体之间的安全距离已经很难做到。因此只能将屋内的各种金属管道和金属物体与防雷装置就近接在一起，并进行多处连接，首先是在进出建、构筑物处连接，使防雷装置和邻近的金属物体电位相等或降低其间的电位差，以防反击危险。

11.3.5 为了防止雷击电流流过防雷装置时所产生的高电位对被保护建筑物或与其有联系的金属物体和金属管道发生反击，应使防雷装置与这些物体和管道之间保持一定的安全距离。

关于公式中分流系数K_c值，本规范采用了IEC的系数。通过分析认为，这个系数是合理的，如单根引下线其引下线流散的是全部雷电流，因此$K_c=1$。当为两根引下线时，每根引下线流散的雷电流从宏观上讲是1/2雷电流，但根据不同情况（如雷击点距引下线的远近等因素）又可以说是不相等的。IEC规定两根引下线的$K_c=0.66$，这一规定与我国的规定是近似的，是安全的。多根引下线规定$K_c=0.44$也是相当安全的，引下线越多安全度就越高。

本规范还规定，除满足计算结果外，S_{a1}还不得小于2m，这是沿用了我国民用建筑物安全距离的习惯规定。

11.3.6 条文主要是等电位措施。钢筋混凝土结构的建筑物其均压效果比较好，梁与柱内的钢筋均有贯通性连接，多数楼板与梁的钢筋只隔50mm的混凝土层，只需25kV的电压即可以击穿使楼板均压，在楼板上放置的东西和人将不会损坏和出现安全问题。值得引起重视的是竖向金属管道，它可能带有很高的电位，如处理不当，就可能出现跳闪现象。此时有两种情况，其一是金属管带高电位向周围和金属物跳击，另一种情况是结构中的钢筋带高电位向管子跳击。由于雷电流的数值（经过多次分流）不易计算，因此本条规定每三层连接一次，这一数值是十分可靠的。

11.3.7 利用建筑物钢筋混凝土基础作为接地网的说明见第11.8.8条的说明。当专设接地网时，接地网应围绕建筑物敷设一个闭合环路，其冲击接地电阻不应大于10Ω，其目的是为了使被保护建筑物首层地平电位平滑，减少跨步电压和接触电压，10Ω的规定是沿用现行规范的规定。

11.5 其他防雷保护措施

11.5.1 近年来民用建筑上经常装设微波天线、电视发射天线、卫星接收天线、广播发射和接收天线以及共用电视接收天线等。对于这些弱电系统的防雷问题，弱电行业的行业标准都有明确的规定，但是查阅这些标准后发现都有一个统一的要求："如天线架设在房屋等建筑物顶部，天线的防雷与建筑物的防雷应纳入同一防雷系统……"。对于弱电设备的防雷，主要是以均压为主，建筑物的电源处理，接地方式和选材等都与弱电设备有关。当解决弱电设备的电源与接地、电源接地与前端进行均压诸问题时，不综合考虑是不行的。本条编写的思想基础就是均压，其理由如下：

1 各种天线的同轴电缆的芯线，都是通过匹配器线圈与其屏蔽层相连，所以，芯线实际上与天线支架、保护钢管处于同一电位。当建筑物防雷装置或天线遭雷击时，由于保护管的屏蔽作用和集肤效应，同轴电缆芯线和屏蔽层无雷电流流过。当雷击天线支架时，由于天线支架已与建筑物防雷装置最少有两处连在一起，大部分雷击电流沿建筑物防雷装置数条引下线流入大地，其中少量的雷电流经同轴电缆的保护钢导管流入大地。由于雷电流的频率高达数千赫兹，属于高频范畴，产生集肤效应，所以这部分雷电流被排挤到同轴电缆的保护钢导管上去了，此时电缆芯中产生感应反电势，从理论上讲在有集肤效应作用下，流经芯线的雷电流趋向于零。

2 同轴电缆芯线和屏蔽层与钢管之间的电位差没有横向电位差，而仅有纵向电位差，该值为流经钢管的雷电流与钢导管耦合电阻的乘积，钢导管的耦合电阻比其直流电阻小得多。

3 天线塔不在机房上，而且远离机房，此时要求进出机房的各种金属管道和电缆的金属外皮或穿金属导管的全塑电缆的金属管道应埋地敷设的理由，参见本章第11.3.4条的说明。对于埋地长度不应小于50m的要求，还是沿用了原规范和《工业企业通信接地规范》的规定，我们认为：弱电设备的耐压，一般比强电设备低，尽量使侵入的高电位越小越好，再加上严格的均压措施，就相当可靠了。50m的埋地电缆段或穿金属导管的全塑电缆埋地敷设的措施，已经运行了数十年，实践证明是安全可靠的。因为弱电设备一般比较贵重，而且它的前端设备均处于致高点上，容易受雷击，或者说受雷击的几率比较多，保持50m的电缆段是适宜的。

4 金属管道直接引入建筑物时，即使采取接地措施后，若雷击于入户附近的管道上，高电位侵入仍然很高，对建筑物仍存在危险。因此，如果管道在没有自然屏蔽条件或易遭受雷击的情况下，在入户附近的一段，应与保护接地和防雷接地装置相连。

5 当避雷针装于建筑物上并采取本条各项措施时，即使雷击于入户附近的管道上，对建筑物不会再发生危险。

6 由于机房内的设备大都是较贵重的电子设备，经不起大电流和高电压的冲击，如果首层地面不是钢筋混凝土楼板时，要求安装设备的地面不能出现很大的电位差，为保护设备的安全运行，尽量做到一个均衡电压的电位面，故要求均压网格不大于1.5m×1.5m。如果是将设备安装在钢筋混凝土楼板上时，由于钢筋混凝土楼板内的钢筋足以起到均压作用，就没有必要再作均压网了。

11.5.2 固定在建筑物上的节日彩灯、航空障碍标志灯及各种排风机、正压送风机、风口、冷却水塔等非临时设备的金属外壳或保护网罩，在遭受雷击时，当采取了本条1～4款的措施之后与本规范第11.5.1条的部分情况有些相似，本条新增措施也是基于第11.5.1条有关说明的理由制定的。

对于无金属外壳和无保护网罩的用电设备（如厕所排风扇、风机等），这些用电设备，如果不在接闪器的保护之内，或者根本就不做防雷保护，其带电体（电机和管线等）遭受雷击的可能性是比较大的，所以这些用电设备均应处于接闪器的保护范围以内。

11.6 接 闪 器

11.6.3 避雷针的最小尺寸，是沿用我国数十年的习惯做法确定的。如果按雷击避雷针时的热稳定校验，并不需要所规定这么大的截面，在这里，各种材料的机械强度和腐蚀因素确是考虑避雷针尺寸的主要着眼点。经计算证实，在同样风压和长度下，钢管所产生的挠度比圆钢小。

装在烟囱顶上的避雷针，考虑到烟气温度高，腐蚀性大，而且维修相对比建筑物困难，再加上损坏不严重时也不易及时发现，所以截面要求比一般的大一些。

11.6.4 在同一截面下，圆钢的周长比扁钢的小，因此，它与空气的接触面也小，当然受空气腐蚀相对也就小了，在设计中宜优先采用圆钢。但是，有些民用建筑物，由于美观的要求，避雷带不允许支起很高，采用扁钢直接贴敷在建筑物或构筑物表面上也是允许的。所以，我们也规定了扁钢的最小截面，供设计人员根据具体情况灵活确定。

11.6.5 条文内容是根据IEC防雷标准规定的。主要针对防雷安全而言。条文规定的不需要防金属板雷击穿孔的屋面，是指民用建筑中的一些如自行车棚等无易燃危险的简易棚子。

当工程对屋面金属板有防腐蚀、防渗漏要求时，还应另有相应补充措施。

11.6.6 屋顶上的旗杆、金属栏杆、金属装饰物体等，其尺寸不小于对标准接闪器所规定尺寸时，宜作为接闪器使用的理由是：这些物体在建筑物上处于致高点，它很难处于接闪器的保护范围之内，如果它与建筑物被利用的结构钢筋能连成可靠的电气通路，又符合接闪器的要求，作为本建筑的避雷针（带）利用，既经济又美观。

条文2款中所指的钢管和钢罐，是指在民用建筑物的屋顶上放置的太阳能热水管道和热水箱罐等金属容器，它不会由于被雷击穿而发生危险。所以只要厚度不小于2.5mm就可以利用。

11.6.7 推荐接闪器应热镀锌的理由是热镀锌接闪器比涂漆的接闪器具有防腐效果好、维修量少及安全可靠等优点。多年的运行实践证明，一些解放初期安装的镀锌接闪器，迄今已安全使用50余年仍完好无损，基本无维修工作量。而涂漆的接闪器则必须每一、二年重新涂漆维修，维修量较大且有时要请专业队伍进行，花费很多，相比之下很不经济。

还可以采取其他新型的防腐蚀措施，只要与环境相适应且能达到预期的防腐蚀效果即可。

11.7 引 下 线

11.7.4 为了减少引下线的电感量，引下线应以较短路径接地。

对于建筑艺术要求较高的建筑物，引下线可以采用暗设但截面要加大一级，这主要考虑维修困难。

11.7.7 条文要求钢筋直径为16mm及以上时，应将两根钢筋并在一起使用。此时的截面积为402mm^2，当钢筋直径为10mm及以上时，要求将四根钢筋并在一起使用，此时的截面积为314mm^2，比国外规定最严的日本的300mm^2截面还大。所以是安全可靠的。

利用建筑物钢筋混凝土中的钢筋作为引下线，不仅是节约钢材问题，更重要的是比较安全。因为框架结构的本身，就将梁和柱内的钢筋连成一体形成一个法拉第笼，这对平衡室内的电位和防止侧击都起到了良好的作用。

11.8 接 地 网

11.8.2 条文规定的最小截面，已经考虑了一定的耐腐蚀能力，并结合多年的实际使用尺寸而提出的。经验证明，规定的截面及厚度在一般情况下能得到良好的使用效果，但是，必须指出，在腐蚀性较大的土壤中，还应采取加大截面或采取其他防腐措施。

11.8.4 接地体的长度是沿用原规范的规定。2.5m的长度是合适的，实践证实，这个长度既便于施工，又能取得较好的泄流效果，可以继续使用。

当接地网由多根水平或垂直接地极组成时，为了减少相邻接地极的屏蔽作用，接地极的间距规定为5m，此时，相应的利用系数约为0.75～0.85。当接地网的敷设场所受到限制时，上述距离可以根据实际情况适当减小一些，但一般不应小于接地极的长度。

11.8.5 接地导体埋设深度一般在冻土层以下但不应小于0.6m，同时要求远离高温影响的地方。众所周知，接地导体埋设在较深的土层中，能接触到良导电性的土壤，其释放电流的效果好，接地导体埋得越深，土壤的湿度和温度的变化就越小，接地电阻越稳定。

11.8.8 早在20世纪60年代初期，国内外就开始采用钢筋混凝土基础作为各种接地网。通过近50年的运行和总结，证明是切实可行的，现已普遍采用。利用建筑物的钢筋混凝土基础作为接地网的理由是：

关于钢筋混凝土的导电性能，中国建筑工业出版社出版的《基础接地体及其应用》一书指出，钢筋混凝土在其干燥时，是不良导体，电阻率较大，但当具有一定湿度时，就成了较好的导电物质，电阻率常可达100～200Ω·m。潮湿的混凝土导电性能较好，是因为混凝土中的硅酸盐与水形成导电性盐基性溶液。混凝土在施工过程中加入了较多的水分，成形后结构中密布着很多大大小小的毛细孔洞，因此就有了一些水份储存。当埋入地下后，地下的潮气，又可通过毛细管作用吸入混凝土中，保持一定湿度。

根据我国的具体情况，土壤一般可保持有20%左右的湿度，即使在最不利的情况下，也有5%～6%的湿度。原苏联对安装在湿度不低于5%的土壤中的柱子和基座的钢筋体进行试验，认为可以作为自然接地体。在不损坏它们的电气和机械特性下，能把极大的冲击电流引入大地。

在利用基础内钢筋作为接地极时，有人不管周围环境条件如何，甚至位于岩石上也利用，这是错误的。因此，规定了“周围土壤的含水量不低于4%”。从图11-1可见混凝土的含水量约在3.5%及以上时其电阻率就趋于稳定，当小于3.5%时电阻率随水分的减小而增大。因此，含水量定为不低于4%。该含水量应是当地历史上一年中最早发生雷闪时间以前的含水量，不是夏季的含水量。

图11-1所示，在混凝土的真实湿度的范围内

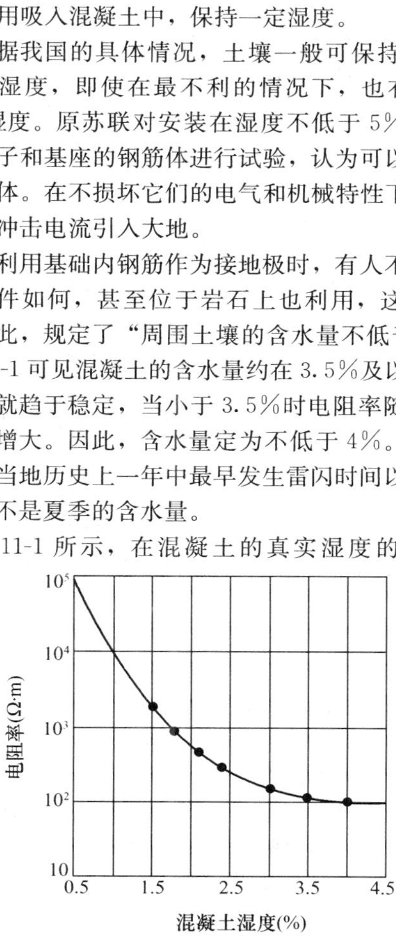

图11-1 混凝土湿度对其电阻率的影响

（从水饱和到干涸）其电阻率的变化约为520倍。在重复饱和和干涸的整个过程中，没有观察到各点的位移，也就是每一湿度有一相应的电阻率。

当基础的外表面有沥青质的防腐层时，以往认为该防腐层是绝缘的，不可利用基础内钢筋作接地极。但是，实践证实并不是这样，国内外都有人作过测试和分析，认为是可利用作为接地极的。《建筑电气》曾刊登一篇译文名称为《利用防侵蚀钢筋混凝土基础作为接地体的可能性》，在其结论中指出："厚度3mm的沥青涂层，对接地极电阻无明显的影响，因此，在计算钢筋混凝土基础接地电阻时，均可不考虑涂层的影响。厚度为6mm的沥青涂层或3mm的乳化沥青涂层或4mm的粘贴沥青卷材，仅当周围土壤的等值电阻率≤100Ω·m和基础面积的平均边长S≤100m时，其基础网电阻约增加33%，在其他情况下这些涂裱层的影响很小，可忽略不计。"

因此，本条规定钢筋混凝土基础的外表面无防腐层或有沥青质的防腐层时，宜利用其作为接地网。

11.8.10 闭合环状接地体，环越小，环内的电位越平，地面的均压效果越好，环内被保护物体越安全。但是考虑到维修方便和疏散雷电流的效果好等因素，规定了沿建筑物外面四周敷设在闭合环状的水平接地网，可埋设在建筑物散水以外的基础槽边。

将接地导体直接敷设在基础坑底与土壤接触是不合适的。由于接地体受土壤的腐蚀早晚是会破损的，被基础压在下边，日后无法维修，因此规定应敷设在散水以外。散水一般距建筑物外墙皮0.5～0.8m，散水以外的地下土壤也有一定的湿度，对电阻率的下降和疏散雷电流的效果好。

11.8.11 防雷装置的接地电阻值，是指每年雨季以前开春以后测量的电阻值。防雷装置每年均应检查和测量一次，有损坏的地方能早日发现修复，否则比不装防雷装置更危险，这是因为装了避雷针的建筑物，受雷击的可能比不装防雷装置的建筑物高的缘故。

11.9 防雷击电磁脉冲

11.9.1 建筑物防雷击电磁脉冲的规定

第2款 当建筑物遭受直接雷击情况下，线路和设备将产生浪涌电流和电压，产生雷击电磁脉冲干扰，当建筑物内电子信息系统需要防雷击电磁脉冲时，应对建筑物采取防直击雷措施。

第3款 有些工程在建设过程中，甚至建成后仍不明确用途，有的是供出租使用。

由于建筑物的自然屏蔽物和各种金属物、电气的保护接地与防雷装置连成共用接地网形成等电位联结，对防雷击电磁脉冲是很重要的。若建筑物施工完成后，再来实现条文所规定的措施是很困难的。

采取上述措施后，如果需要只要合理选用和安装SPD以及做符合要求的等电位联结即可。

第5款 防雷区是根据电磁场的衰减情况划分的，以规定各部分空间不同的雷击电磁脉冲的严格程度和指明各区交界处的等电位联结点的位置。

各区以在其交界处的电磁环境有明显改变作为划分不同防雷区的特征。通常，防雷区设置得越多电磁场强度越小。

第6款 电子信息系统防雷击电磁脉冲工程设计的重要依据是确定工程的防护等级，而防护等级又是依据对工程所处地区的雷电环境进行风险评估，或按信息系统的重要性和使用性质确定的，决定电子信息系统是否需防护和按什么等级防护，以达到安全、适用、经济。

雷电环境的风险评估，是根据当地气象环境、地质地理环境、建筑物的重要性、结构特点和电子信息系统设备的重要性及其抗扰能力等因素综合考虑，是一项复杂的工作。

11.9.2 建筑物及结构的自然屏蔽、线路路径的合理选择及敷设都是电子信息系统防雷击电磁脉冲的最有效的措施之一。但电子设备的供电及信号系统也应为电子设备正常工作提供可靠保证，设置必要的SPD。

11.9.4 第8款 现阶段SPD配套的过电流保护器件宜通过试验确定其适应性，因此，需由厂商配套供应。

12 接地和特殊场所的安全防护

12.1 一般规定

12.1.1 原规范为"接地及安全"章，现改为"接地和特殊场所的安全防护"，并取消了"直流用电设备的接地"的有关内容。

12.1.4 共用接地网，并不是要求接地连接导体全都共用，但接地网必须是共用的。如果接地系统不是共用一个接地网时，会产生高低电位接地网间的反击现象，危及人身及财产安全。有人担心在电气系统中的设备发生故障，通过接地导体将高电位引到PE线上会造成意外事故。对这个问题可以分几方面来考虑：

1 首先是PE导体应有良好接地条件，其所在环境的外露可导电部分不应与PE导体间产生危险电位（即大于50V）的可能；

2 用电设备应有可靠的保护系统，即有过电流、剩余电流动作保护等防直接触及间接接触保护措施，使PE导体上的电压小于50V，电流、时间小于30mA、0.1s等有效措施加以限制；

3 有对过电压要求严格的用电设备时，应用单独的接地导体接到接地网上，接地导体可采用单芯绝缘线，但一定要接到本建筑的公用接地网上。公用接地网避免了各种原因造成的系统反击电压。

条文规定"其他非电力设备"除必须分设接地网

外，尽可能合用接地网。

12.1.5 本条是强调"等电位联结"，是保障人身安全的基本而重要的措施。

12.2 低压配电系统的接地形式和基本要求

12.2.1 三种接地形式引自IEC及国家标准。

12.2.2 TN系统的基本要求

第2款 保护导体应在靠近配电变压器处接地，一般是变压器低压的中性点；保护导体在进入建筑物处再作"重复"接地；TN-C-S或TN-S系统中当PE导体相当长时，保护导体的电位与其附近的地电位会产生位差，需要再设多处接地点，以减小产生位差的可能。条文中没有对多处接地的做法以明确的规定。例如，两重复接地之间的最大距离，原因是每个地域的环境不一样，千差万别，统一规定有困难。设计中保护导体，水平敷设时可按50m，垂直敷设时可按20m。当然在长干线的终端处，PE导体应作接地。

第3款 PE导体不允许有开断的可能，是一条保障人身安全的重要原则。本条与第7章第7.5.2条配合起来要求在TN-C的配电系统中，建筑物采用TN-C-S系统时，在建筑物的进线处设置重复接地，将系统变成TN-S以后才能设置进线隔离开关，这就大大提高了PE线的可靠性。

12.2.3 TN-C-S系统在保护导体与中性导体分开后就不应再合并。否则造成前段的N、PE并联，PE导体可能会有大电流通过，提高PE导体的对地电位，危及人身安全；此外这种接线会造成剩余电流动作保护器误动作。

12.2.5 IT系统的基本要求

第4款 装设绝缘监视及作接地故障报警，是保证单点接地故障的非长时运行的必要措施。绝缘监视器件必须是采用高阻抗接入方式。

12.2.6 IT系统是采用隔离变压器与供电系统的接地系统完全分开，所以其系统中的任何带电部分（包括中性导体）严禁直接接地。单点对地的第一故障，可不切断电源，但不应长时间保持故障状态。

12.3 保护接地范围

12.3.1 与原规范基本一致，取消了有架空线路的保护接地部分。这里要注意的是原规范中，用的"接零"和"接地"的概念，修订后就不再采用了，而是用TN-C-S、TN-S及TT等系统名称代替，而将"接地"作为以上做法的统称。

12.3.2 此条与原规范一致。首先要判断该场所是否对"静电"有参数要求，其二，该场所是否有可能产生"静电"，其三，要采用什么方法来做防"静电"的接地。

12.3.5 此条是新增的规定。其原因在于，照明配电装置的线路，一般没有加PE线，只有在低于2.4m的高度和有其他要求时才加PE线。但在大量的楼房工程中，上楼层的地面就是下楼层的顶板。下层照明装置线路的无保护对上层是一种威胁。

12.4 接地要求和接地电阻

12.4.1 根据10kV供配电系统的常用接地形式，可分为条文中所提的几种接地形式：

1 小电阻接地系统；

2 不接地；

3 经消弧线圈接地。

由于接地形式不一样，接地电阻的要求是不一样的，条文中分别叙述。

变电所的高压侧发生故障，此故障电流经过与变电所外露导体连接的接地体，造成了低压系统的对地电压普遍升高。往往会导致低压系统的绝缘击穿或伤及触及外露导体的人员。

12.4.3 配电装置的接地电阻，条文中对不同的高压接地电阻作了分述。而且对接地方式即高压接地网与低压接地网是否共网作了规定。如果在高、低压共用接地网的系统中，高压产生的接地故障电流在接地网上会有危险的电压产生进入低压系统。此时就应将高、低压接地分网设置。

12.4.7、12.4.8 均参考了IEC 60364-4-41的有关规定。

12.4.9 是对架空线及电缆的接地规定。

12.5 接 地 网

12.5.1 接地极的选择与设置

本条基本为原规范的有关规定。但对人工接地极的最小尺寸，按国家标准《电气设备的选择和安装接地配置、保护导体和保护联结导体》GB 16895.3进行了修订。修订的表12.5.1除对建筑电气工程中常用的人工接地极的直径、截面积和厚度有新的规定外，增加了镀件的镀层厚度，提高抗腐蚀性能。

12.5.3 固定式电力设备的接地导体与保护导体的选择

1 截面要求；

2 材料选择。

条文对埋入土壤中的接地导体最小截面，按国家标准《电气设备的选择和安装接地配置、保护导体和保护联结导体》GB 16895.3进行了修订。对有防腐蚀和防机械损伤保护的接地导体规格，由"按热稳定条件确定"给定了具体数值。

12.5.4 对PEN导体提出了外界可导电部分严禁用作PEN导体。因为PEN导体可能有大电流通过，用外界可导电部分作为N导体和PE导体的共同载体是不适宜的。

12.5.6 水平或竖直井道的接地与保护干线的选择是修订版新增的内容。此条的增加提醒设计者在井道内布置PE干线的截面选择，应满足条文中的规定，从而弥补了以往PE干线偏小，与附近接地导体产生压差的可能。保护干线与接地极的等电位联结大大提高了建筑工程的等电位水平。

12.6 通用电力设备接地及等电位联结

12.6.1 "敷设高电阻率路面结构层或深埋接地网，以降低人体接触电压和跨步电压"，试验证明对减小跨步电压是很有效的措施。此外，在这个结构层的下面还应做好均压措施，这两个方法综合起来效果更佳。

12.6.2～12.6.4 与原规范基本一致。

12.6.6 等电位联结是参照IEC 60364-4-41.2001的第413.1.2编制的。该节是设在该标准的413（间接接触防护）的413.1自动切断供电之中的第2款，是防止带电体发生故障时，不致接触外露可导电部分而发生危险（即间接接触防护）的重要手段。间接接触防护的方法是：自动切断供电；Ⅱ类设备或相当的绝缘；不导电场所；不接地的局部等电位联结及电气分隔。

每栋建筑都应设总等电位联结，而对于来自外部的可导电部分应设在建筑物内距进入点尽可能近的地方连接。

12.7 电子设备、计算机接地

12.7.1 本规范对电子设备的各种接地及防雷接地推荐采用共用接电网；如果将各种接地系统分开，则两接地系统之间的距离应满足本条所规定的距离。

因为两个接地系统在电气上要真正分开，在地下必须满足一定的距离，否则两接地系统形式上是分开了，而实际（指电气上）仍未分开。且由于两个电气系统，通过接地网的相互联系而产生强烈的干扰，严重时甚至造成两个接地系统都不能正常工作。这在实际工程中的例子是相当普遍的。在实际应用中，这样近的距离，发现相互干扰仍相当大，试验证明，在单根接地极情况下，距接地极20m远处才可看成零电位。在接地系统是多根接地极甚至是接地网的情况下，零电位处若按上述20m的规定距离，可能仍偏小，但对一般工程来说，其接地网所处位置，不一定要严格地设在另一接地系统的零电位范围处。因为从理论上来说，真正的零电位处，应在无限远处，这在工程上是没有什么意义的。在实际工程中两接地系统相距20m远时，相互间的影响已十分微弱，只要处理得当，是可正常工作的。

在建筑密度很高的建筑群体内，要将两电气系统的接地，在电气上真正分开，一般较难办到，因为在地下要满足上述的距离往往是不可能的。所以一般还是推荐采用共用接地（即统一接地）形式。这样不但经济上合算，在技术上也是合理的，因为采用统一接地后，各系统的参考电平将是相对稳定的。即使有外来干扰，其参考电平也会跟着浮动。许多工程实际情况已证明采用统一接地体是解决多系统接地的最佳方案。

对要求严格防止空间电磁波干扰的电子设备，采用屏蔽仍是一种十分必要且较普遍的技术措施，当然不同的设备有不同的屏蔽效能要求，这应根据具体设备区别对待。

12.7.2 与原规范基本一致。

12.8 医疗场所的安全防护

12.8.1～12.8.6、12.8.10 是根据国家标准《特殊装置或场所的要求 医疗场所》GB 16895.24的规定。

12.8.7～12.8.9及12.8.11、12.8.12 是原规范规定。

表12-1、表12-2系引自国家标准《特殊装置或场所的要求 医疗场所》GB 16895.24供参考。

表12-1 医疗场所必需的安全设施的分级

0级（不间断）	不间断供电的电源自动切换
0.15级（很短时间的间断）	在0.15s内的电源自动切换
0.5级（短时间的间断）	在0.5s内的电源自动切换
15级（不长时间的间断）	在15s内的电源自动切换
＞15级（长时间的间断）	超过15s的电源自动切换

注：1 通常不必为医疗用电场所提供不间断电源，但某些微机处理机控制的医用电气设备可能需用这类电源供电；
2 对具有不同级别的安全设施的医疗场所，宜按满足供电可靠性要求最高的场所考虑；
3 用语"在……内"意指"≤"。

表12-2 医院电气设备工作场所分类及自动恢复供电时间

医疗场所以及设备	类别			自动恢复供电时间（s）		
	0	1	2	$t \leq 0.5$	$0.5 < t \leq 15$	$15 < t$
门诊诊室、门诊检验	X	—	—	—	—	—
门诊治疗	—	X	—	—	—	—
急诊诊室、急诊检验	X	—	—	—	X	—
抢救室（门诊手术室）	—	—	Xd	Xa	X	—
急诊观察室、处置室	—	X		—	X	—
手术室	—	—	X	Xa	X	—
术前准备室、术后复苏室、麻醉室	—	X	—	Xa	X	—

续表 12-2

医疗场所以及设备	类别			自动恢复供电时间（s）		
	0	1	2	$t \leqslant 0.5$	$0.5 < t \leqslant 15$	$15 < t$
护士站、麻醉师办公室、石膏室、冰冻切片室、敷料制作室、消毒敷料	X	—	—	—	X	—
病房	—	X	—	—	—	—
血液病房的净化室、产房、早产儿室、烧伤病房	—	X	—	Xa	X	—
婴儿室	—	X	—	—	X	—
心脏监护治疗室	—	—	X	Xa	X	—
监护治疗室（心脏以外）	—	X	—	Xa	X	—
血液透析室	—	X	—	Xa	X	—
心电图、脑电图、子宫电图室	—	X	—	—	X	—
内窥镜	—	Xb	—	—	Xb	—
泌尿科	—	Xb	—	—	Xb	—
放射诊断治疗室	—	X	—	—	X	—
导管介入室	—	—	Xd	Xa	X	—
血管照影检查室	—	—	Xd	Xa	X	—
磁共振造影室	—	X	—	—	X	—
物理治疗室	—	X	—	—	—	X
水疗室	—	X	—	—	—	X
大型生化仪器	X		—	X	—	—
一般仪器	X		—	—	X	—
扫描间、γ像机、服药、注射	—	X	—	—	Xa	—
试剂培制、储源室、分装室、功能测试室、实验室、计量室	X	—	—	—	X	—
贮血	X	—	—	—	X	—
配血、发血	X	—	—	—	—	X
取材、制片、镜检、	X	—	—	—	X	—
病理解剖	X	—	—	—	—	X
贵重药品冷库	X	—	—	—	—	Xc
医用气体供应系统	X	—	—	—	X	Xc
消防电梯、排烟系统、中央监控系统、火灾警报以及灭火系统	X	—	—	—	X	

续表 12-2

医疗场所以及设备	类别			自动恢复供电时间（s）		
	0	1	2	$t \leqslant 0.5$	$0.5 < t \leqslant 15$	$15 < t$
中心（消毒）供应室、空气净化机组	X	—	—	—	—	X
太平柜、焚烧炉、锅炉房	X	—	—	—	—	Xc

a：照明及生命支持电气设备；
b：不作为手术室；
c：恢复供电时间可在 15s 以上，但需要持续 3～24h 提供电力；
d：患者 2.5m 范围内的电气设备。

12.9 特殊场所的安全防护

本节仅对浴室、游泳池和喷水池的安全保护作了规定。原因在于人们在这个环境的几率非常之大，可以说是每日都离不开的环境。对这些“特殊”的场所加以规定是非常必要的。何况在措施不力的地点，也确实发生过危及人身安全的事故。

13 火灾自动报警系统

13.1 一 般 规 定

火灾自动报警系统的设计，是一项政策性很强，技术性复杂，同时涉及消防法规，涉及人身和财产安全的工作，其从业人员，应该熟练掌握与消防有关的国家现行规范《火灾自动报警系统设计规范》GB 50116、《高层民用建筑设计防火规范》GB 50045、《建筑设计防火规范》GB 50016 以及各种类型的单项建筑设计规范的规定。

本规范在修订时，凡涉及火灾自动报警系统保护对象分级、报警及探测区域的划分、各类报警系统的设计要求、火灾探测器的选择及火灾探测器的设置等内容，都规定了按相关国家标准执行，未做相关条文的引用，仅在相关部分根据民用建筑的特点，作了相应的补充。

13.2 系统保护对象分级与报警、探测区域的划分

13.2.1 将原规范分为特级、一级、二级、三级的规定，根据国家标准《火灾自动报警系统设计规范》GB 50116 的规定改为特级、一级、二级。

13.2.3 表 13.2.3 为根据民用建筑特点，对国家标准GB 50116表 3.1.1 的补充规定。

13.3 系 统 设 计

火灾自动报警系统，根据国家标准《火灾自动报

警系统设计规范》GB 50116分为区域报警系统、集中报警系统和控制中心报警系统三种形式。各类报警系统的设计要求，按上述国家标准规定执行。

本规范补充了建筑高度超过100m的高层民用建筑的火灾自动报警系统设计要求。

13.4 消防联动控制

13.4.1 消防联动控制，一般分为集中控制和分散控制与集中控制相结合两种方式。

1 集中控制系统：消防联动控制系统中的所有控制对象，都是通过消防控制室进行集中控制和统一管理的。如消防水泵、送排风机、防排烟风机、防火卷帘、防火阀以及其他自动灭火控制装置等的控制和反馈信号，均由消防控制室集中控制和显示；

2 分散控制与集中控制相结合的消防联动控制系统：在一部分消防联动控制系统中，有时控制对象特别多且控制位置也很分散，如有大量的防排烟阀、防火门释放器、水流指示器、安全信号阀（自动喷水灭火管网主、支管上的阀门开闭有电信号的装置）等。为了使控制系统简单，减少控制信号的部位显示编码数和控制传输导线数量，亦可采用将控制对象部分集中控制和部分分散控制方式（反馈信号集中显示）。此种控制方式主要是对建筑物的消防水泵、送排风机、防排烟风机、部分防火卷帘和自动灭火控制装置等，在消防控制室进行集中控制，统一管理。对大量的而又分散的控制对象，如防排烟阀、防火门释放器等，采用现场分散控制，控制反馈信号送消防控制室集中显示，统一管理（若条件允许亦可考虑集中设置手动控制装置）。

13.4.4 灭火设施的联动控制

第1款 设有消火栓按钮的消火栓灭火系统

消火栓按钮的控制电压应采用交流50V的安全电压，这样规定主要是为了人身安全，因为火灾发生时使用消火栓，可能有大量的水从消火栓箱内溢出弄湿整个箱体。若不慎则会使消火栓箱和消防水龙带带电，伤及消防人员。

消火栓按钮发送启动信号后，在消防控制室应有声、光信号显示，联动控制器按相应的灭火程序启动消防水泵（包括喷洒水泵），并能监视水泵的运行状态。消防水泵启动后，消火栓箱内启泵反馈信号灯应燃亮。

消防控制室对消火栓按钮的工作部位应有显示（有条件时按钮工作部位宜对应显示）并应在消防控制室装设直接启、停消防水泵的手动启、停按钮，即使在联动总线出现故障的情况下，仍可启动消防水泵。消防水泵的工作、故障状态显示，系指消防水泵的工作电源和水泵的运行状态显示。当消防控制室发出启动信号后，并未见启泵回答信号返回消防控制室，则为故障状态（包括主回路、控制回路故障）。

第2款 自动喷水灭火系统

装设湿式自动喷水灭火系统场所中，是否装设火灾自动报警装置，本条文中明确作了规定。设置自动喷水灭火喷头的场所同时要设置感烟探测器，这里需要指出的是不能误认为设置了湿式自动喷水灭火喷头（玻璃泡），就等于设置了定温火灾探测器。因为火灾探测器的设置主要是以预防为主，它对火灾起早期预报警作用，报警后离火灾的燃烧阶段和蔓延阶段还有一段时间。因此火灾自动报警系统的设置，是体现了“预防为主”的指导思想。湿式自动喷水灭火喷头的定温玻璃泡的设置若代替火灾探测器还存在着两个问题：一是该定温玻璃泡与火灾自动报警定温探测器（特别是感烟式火灾探测器）相比较，其灵敏度低得多。经现场火灾探测试验证明，在同等温度条件下（与热电偶温度探测器比较）比火灾探测器晚动作近3min，如与感烟探测器比较晚近5min多。因此它不能用作火灾早期报警使用（即使能报警亦无电信号输出）。二是自动喷水灭火喷头的设置主要建立在以消为主的指导思想上，一经喷水灭火就不是报警而是消防。将会使大量水流充满被保护场所。因此我们认为在设有湿式自动喷水灭火喷头的场所，仍然宜装设感烟式火灾探测器。这一设计思想是与消防工作方针“预防为主，防消结合”相吻合的。

自动喷水灭火系统中设置的水流指示器，主要用以显示喷水管网中有无水流通过。这一信号的发生可能有以下几种情况：是自动喷水灭火；或是因管网中有水流压力突变；或受水锤影响；或是在管网末端放水试验和管网检修等，都有可能使水流指示器动作。因此它不应用作启动消防水泵，应该用使管网水压变化（喷水灭火时的水压降低）而动作的水流报警阀压力开关的动作信号启动自动喷洒消防水泵。由气压罐压力开关控制加压泵自动启动。

第3款 二氧化碳气体自动灭火系统

设有二氧化碳气体自动灭火装置的场所设置火灾探测器，主要是用以控制自动灭火系统。系统控制可靠与否，主要决定于火灾探测器的可靠性。若误报则会引起误喷，轻则造成被保护现场环境和人身污染及经济损失，重则直接危害人员生命安全。为此本条规定在控制电路设计时，必须用感温、感烟火灾探测器组合成与门控制电路，以提高灭火控制系统的可靠性。

被保护场所的主要出入口门外，系指被保护房间门口室外墙上，可在该处装设手动紧急启动和停喷按钮，按钮底边距地高度一般为1.2～1.5m。按扭应加装保护外罩，用玻璃面板遮挡按钮操作部位以防操作失误或受人为机械损坏而动作。按钮正面应注明“火警”字样标志（按钮宜暗设安装）。

被保护场所门外的门框上方，指的是门框过梁上方正中位置，在该处安装放气灯箱。在灯箱正面玻璃面板上应标注“放气灯”字样。

声警报器的安装高度一般为底边距地2.2～2.5m。该装置宜暗装于被保护场所内，使室内工作人员喷气前30s内能听到警报声和紧急离开灭火现场。

组合分配系统，系指有喷气管网的气体灭火系统，该系统的控制室宜设置在靠近被保护场所的适当部位。条文规定的中心意思是说明灭火控制方式宜采用现场分散控制。这样能充分发挥人的因素确认火灾，以提高控制系统的可靠性。

独立单元系统一般可不设控制室。若控制功能需要设置控制室时，可设在被保护现场适当部位。但不论是否设置控制室，都应在被保护场所或房间的主要出入口，设手动紧急控制按钮。无管网灭火装置，一般是在被保护现场设控制箱（盘）。该装置宜设于被保护场所（房间）室内或室外墙上。设备安装时底边距地高度一般不小于1.6～1.8m（有操作要求时为1.5m左右）。控制箱（盘）安装时应注意采取保护措施，以防止机械损伤和人为引起的误操作。若控制箱（盘）安装在室内时，要求检修和操作方便。本装置亦应增设手动紧急控制按钮，装设于被保护现场主要出入口门外墙上便于操作的位置。紧急控制按钮亦应加装保护外罩和有明显标志。

对气体灭火的控制与显示，条文中已规定，现场经常无人值班时（如书库、易燃品无人值班库房等场所），若条件许可宜在消防控制室装设手动紧急控制按钮，在确认后手动控制灭火喷气。

13.4.5 在防火卷帘两侧设感烟、感温两种火灾探测器组成与门电路，控制防火卷帘下降。在火灾初期用感烟探测器控制防火卷帘首次下降至距地1.8m处，用以防止烟雾扩散至另一防火分区，感温探测器是控制防火卷帘第二次降落至地，以防止火灾蔓延。

当防火卷帘采用水幕保护时，水幕电磁阀的开启一定要可靠准确地动作，以避免误喷，不然会造成水患，严重污染被保护现场。为此条文规定水幕电磁阀的开启控制，应采用定温探测器和卷帘门落地到底信号组成与门控制电路，开启水幕电磁阀，并用电磁阀开启信号启动水幕泵，这一措施应该是可靠的。

对防火门的控制方法。条文的中心思想是宜在现场就地控制关闭，不宜在消防控制室集中控制关闭防火门（包括手动或自动控制）。因为防火门在建筑物中的设置数量是较多的，安装位置又很分散。因此防火门有自动控制功能时宜由感烟探测器组成控制电路，采用与门控制方法自动关闭。防火门的自动关闭若误动作，是不会造成人员混乱等重大影响的。故可以不采用与门控制电路。

电动防火门释放器的结构和电路类型有两种，一种类型是释放器平时通电产生电磁力，吸引防火门开启，火灾时断电控制关闭，另一种类型是平时释放器不耗电，由电磁挂钩拉着防火门开启，当火灾时释放器瞬时通电，使电磁挂钩脱落而控制关闭防火门。

13.4.6 同一排烟区的多个排烟阀，主要是指在同一排烟区域内装设的排烟管道，安装的数个排烟阀，当火灾时要求数个排烟阀都应同时打开进行排烟。在控制电路中，应防止同时打开排烟阀时动作电流过大，条文中推荐采用接力控制方式满足这一要求。所谓接力控制，是将排烟阀的动作机构输出触头加上控制电压后，采用串行连接控制，以接力方式使其相互串动打开相邻排烟阀，并将最末一个动作的排烟阀输出信号触头，向消防控制室发送反馈信号，这样具有连接线少和动作电流小（每次只有一个排烟阀动作）的特点。

排烟风机入口处的防火阀，是指安装在排烟主管道总出口处的防火阀（一般在280℃时关断）。

设在风管上的防火阀，是指在各个防火分区之间通过的风管内装设的防火阀（一般70℃时关闭）。这些阀是为防止火焰经风管串通而设置的。本条规定以上防火阀仅向消防控制室送动作反馈信号。

消防控制室应设有对防烟、排烟风机（包括正压送风机）的手动启动按钮。

13.5 火灾探测器和手动报警按钮的选择与设置

火灾探测器的选择和设置，应按国家标准《火灾自动报警系统设计规范》GB 50116第7章、第8章的要求进行设计。

13.7 消防专用电话

13.7.1 消防专用通信是指具有一个独立的火警电话通信系统。条文规定的独立通信系统不能用建筑工程中的市话通信系统（市话用户线）或本工程电话站通信系统（小总机用户线）代用。

13.8 火灾应急照明

13.8.1 备用照明为供工作人员在火灾发生时需要继续工作场所的照明，如第13.8.2条所规定的部位和场所。当工作人员继续工作完成并撤离后才熄灭备用照明，故其使用时间均较长。

疏散照明，为供人员疏散而设置在疏散路线上的各种指示标志和照明，故其相对需要时间较短些，要求也高些。

13.9 系 统 供 电

13.9.6 此条指消防负荷等级为一级、二级时的情况，可参见国家标准GB 50045相关规定和条文说明。

13.9.10 公共建筑的屋顶层的消防设备除消防电梯外，一般情况下还设有正压送风机、增压泵等，故明确这类设备的供电要求。

13.10 导线选择及敷设

13.10.3 火灾自动报警系统的传输线路，耐压不低于交流 300/500V。线型采用铜芯绝缘导线或电缆，而不是规定选用耐热线或耐火导线。这是因为火灾报警探测器传输线路主要是作早期报警使用。在火灾初期阻燃阶段是以烟雾为主，不会出现火焰。探测器一旦早期进行报警就完成了使命。火灾要发展到燃烧阶段时，火灾自动报警系统传输线路也就失去了作用。此时若有线路损坏，火灾报警控制器因有火警记忆功能，也不影响其火警部位显示。因此火灾报警线路仅作一般耐压规定即可。

13.10.4 矿物绝缘电缆，不含有机材料，具有不燃、无烟、无毒和耐火的特性，使用在铜的熔点以下的火灾区域是安全的，而铜的熔点为 1060℃，一般民用建筑的火灾现场最高温度均在 1000℃以下。

耐火电线电缆，又称有机绝缘耐火电线电缆，其耐火温度为 750℃，90min，故使用场合相对矿物绝缘电缆要小些。

本条中，根据建筑物的火灾自动报警保护对象分级情况及消防用电设备分级情况而选择线路。

本条中的分支线路和控制线，系指末端双电源自动投切箱后，引至相应设备的线路，这些线路同在一防火分区内，且线路路径较短，当采取一定的防火措施如穿管暗敷等，则可降一级选用。

13.11 消防值班室与消防控制室

13.11.6 消防值班室与消防控制室都应设置于建筑物地下一层和首层距通往室外出入口不超过 20m 的位置。这一规定是为了火灾时的消防控制方便，也便于与室外消防人员联系。消防控制室的出口位置，宜一目了然地看清楚建筑物通往室外出入口，并在通往出入口的路上不宜弯道过多和有障碍物。

13.11.8 消防控制室的室内面积不宜过小，留有适当的室内面积以便于操作和维护工作。在与土建专业商定占用面积时，应尽量从消防安全需要和满足室内工艺布置以及维护等需要出发，并适当增设维修、电源和值班办公及休息用房，这一要求在设有消防控制室或消防控制中心的建筑物内更应加以足够的重视。不能为了单纯节省占用面积而使消防控制室设备布置不合理和维修不方便。

二类防火建筑物的消防控制室或消防值班室所需面积也不宜太小（一般情况不少于 $15m^2$ 为宜）。除应满足设备布置规定所需用的建筑面积外，还应适当增加维修及值班用辅助面积。

13.12 防火剩余电流动作报警系统

13.12.1 本节应用范围是依据《火灾自动报警系统设计规范》GB 50116—98 系统保护对象分级界定的。因为，不管是火灾自动报警系统，还是防火剩余电流动作报警系统，其作用都是对建筑物内火灾进行早期预防和报警，性质是相同的。因此，防火剩余电流动作报警系统的保护对象分级也应根据其使用性质、火灾危险性、疏散和扑救难度等分级。

第 1 款 由于特级保护对象的建筑物，不管发生什么性质的火灾，其危险性、疏散和扑救难度以及造成的损失都是难以估量的。因此，本规范对执行程度用词为“应”设置。

第 2 款 因为一级保护对象较特级保护对象的建筑物从疏散和扑救难度上来讲要容易一些，因此，本规范对执行程度用词为“宜”设置。

13.12.2 由于二级保护对象建筑物的体量相对较小，配电回路不多，剩余电流的检测点较少，如设置防火剩余电流动作报警系统，则投资性价比不高。因此，建议根据本规范第 7.6.5 条的规定装设独立型防火剩余电流动作报警器。

13.12.3 当二级保护对象建筑物采用独立型防火剩余电流动作报警时，如有集中监视要求，可利用火灾自动报警系统的编码模块与其连接组成一个系统。另外，一些产品制造商为了适应市场需求，研发了 16 点的小型防火剩余电流动作集中报警器，也是二级保护对象建筑物如有集中监视要求时的一个选项。

13.12.4 此条规定的目的有两个：一是在大中型系统设计中推广使用总线制技术，简化设计，减少设计难度。二是推广成熟的新技术，避免技术落后和布线复杂的多线制系统再现。

13.12.5、13.12.6 在防火剩余电流动作报警系统设计中，检测点的设置至关重要。如设计得不合理，误报率将很高。通常检测点的设置要考虑两个问题：一是配电回路的自然漏流对测量的影响和自然漏流波动对测量的影响。二是电气火灾易发生的部位。

对自然漏流的影响应采取措施尽量抵消，方法一是将检测点设置在负荷侧，干线部分的自然漏流对测量没有影响。方法二是将检测点设置在电源侧，采用下限连续可调的剩余电流动作报警器抵消自然漏流的影响。但这种方法在容量较大、线路较长及自然漏流波动较大的配电回路中也不宜采用。最好还是将检测点设置在负荷侧。

从电气火灾发生的部位来看，负荷侧发生的火灾概率远大于电源侧，在不能两全的情况下，还是将检测点设置在负荷侧为宜。

防火剩余电流动作报警值 500mA 是现行国际电工委员会 IEC 标准的规定。由于配电线路的分布电容是和线路容量、线路长短、敷设方式与空气湿度等有关，如果自然漏流波动较大，为了减少误报，建议检测点安装在配电系统第二级开关进线处（楼层配电箱进线处）。

防火剩余电流动作报警系统是最近出现的新技术，对于它的设计选用及安装尚无据可依。本规范首次将其列入规范，但可能有不完善之处，还需在实际应用中积累经验，逐步完善。

13.12.7 关于剩余电流火灾报警控制器的安装，国内有两种观点：一是将其安装于消防控制室，二是将其安装于变电所。安装在消防控制室的理由是该系统也是火灾报警系统，且消防控制室在24h内均有人值班，便于维护和管理。安装于变电所内的理由是该系统监测的是配电线路的接地故障，一但出现问题值班人员可以马上处理。

从上述看二者各有其理。但从工程实际情况看，很多变电所无人值班或非24h值班。因此，本规范规定将其安装于消防控制室。

14 安全技术防范系统

14.1 一 般 规 定

14.1.1 本章基于民用建筑中高风险对象不多，而高风险对象的安全技术防范系统的设计国家已另有规范，仅对通用型民用建筑物及建筑群的安全技术防范系统的设计作出规定。

14.1.2 安全技术防范系统不等同于安全防范系统，它只涵盖安全防范（人力防范、物力防范和技术防范）中的技术防范。它也不同于一般的电子系统工程，要求必须安全、可靠，设计时不能盲目追求先进，而应采用经实践证明是先进、稳定、成熟的产品和技术。

14.1.3 安全管理系统是指在安全技术防范系统中，对其各子系统进行管理和控制的集成系统（包括软件和硬件），又称集成式安全技术防范系统。

14.2 入侵报警系统

14.2.1 入侵报警系统设防的区域和部位应根据被保护对象的使用功能和安防管理要求确定。设计人员应根据项目设计任务书的要求，对本条所列的防护区域（目标）进行选择，实施部分或全部的设防。

14.2.3 各类入侵探测器的选择应根据环境和功能需要进行，不能盲目选用高灵敏度、高档次的产品，应以实用为原则。

室外多波束主动红外探测器最远作用距离在产品手册上有指标，但选用时不能直接与设计值等同使用。实际使用中由于雾风雨雪等恶劣气候的影响，其探测指标下降较多（多达30%～40%），故有此条规定。

14.2.5 目前大部分矩阵切换控制主机、数字硬盘录像机、多画面处理器等都带有报警接口，可实现简单的报警及联动功能，但与专业级的可划分多防区的报警主机相比，还有不足之处。工程设计时，应根据建筑物性质、系统规模、功能需求等进行选择。

14.2.6 无线安防报警系统可用作特殊需要场合或作为有线报警系统的一种补充手段。其形式可有多种，如无线报警系统、无线通信机、移动电话等。

14.3 视频安防监控系统

14.3.1 摄像机设置部位应根据被保护对象的使用功能、现场环境及安防管理要求确定。设计人员应根据项目设计任务书的要求，对本条所列的防护区域（目标）进行选择，实施部分或全部的设防。摄像机的安装部位并不仅限于表14.3.1所规定的部位。

14.3.2 视频安防监控系统监视图像质量的主观评价采用五级损伤制评定。

14.3.3 本条对摄像机的技术指标要求略高于国家标准，是考虑到目前CCD摄像机产品市场的实际情况和发展趋势作出的。

第7款 这并不是说具有多功能镜头、云台的摄像机不好，而是因为定焦距、定方向的摄像机造价低、操作简便，有时更实用些。

第8款 适当功能的防护罩，是指能使摄像机在恶劣环境下正常工作的多功能防护罩。

第10款 电梯轿厢内设置摄像机宜安装在电梯厢门的左侧或右侧上角，便于对电梯操作者进行监视。

14.3.6 从监控技术的发展历史来看，大致经历了一代的模拟式、二代的半数字式及三代的全数字网络监控系统。与前两代监控系统相比，第三代监控系统基于TCP/IP网络协议，以分布式的概念出现，将监控模式拓展为分散与集中的相辅相成，无限度地拓展了监控范围。目前在较先进的大、中型监控系统中，多采用多媒体计算机控制技术、网络传输技术，实现信号数字化、设备集成化、控制智能化、传输宽带化。

14.3.7 监视器应根据系统的技术性能指标及使用目的来选择。屏幕的大小应根据控制中心的面积、设备布置及监视人员数量进行选择。监视器数量应根据安防管理需要，与摄像机数量成适当比例。

摄像机与监视器的配置比例应适当：系统部分摄像机配置双工多画面视频处理器时，不宜大于5∶1；50%以上摄像机配置双工多画面视频处理器时，不宜大于9∶1；全部摄像机配置双工多画面视频处理器时，不宜大于16∶1。

监视器的显示方式可分为重点部位的固定监视、一般部位的时序监视或多画面监视，以及报警联动的切换监视。

14.3.8 随着电子技术和计算机技术的成熟与发展，模拟录像机正被数字硬盘录像机逐步取代。网络功能是对数字硬盘录像机的基本要求，也是数字硬盘录像机区别于模拟录像机的重要特征。数字硬盘录像机按系统平台可分为嵌入式和非嵌入式两种。嵌入式硬盘录像机又分为PC平台和脱离PC平台两种。硬盘录像机的选用应根据系统的设计目标，从监控功能、稳定性、每秒处理图像的总帧数、信号压缩方式、图像质量等方面综合考虑。

14.3.9 摄像机距控制端较远，一般指距离在200m以上。此时可根据供电电压、所带设备容量、供电距离等选择导线截面积，导线截面积不宜超过$4mm^2$。

14.4 出入口控制系统

14.4.1 紧急疏散和安全防范是一对矛盾，解决的办法是出入口控制系统与消防报警系统可靠联动，紧急情况时释放相关的门锁，或者选用具有逃生功能的执行机构。

14.4.3 出入口控制系统的识别方式大致分为：密码钥匙、卡片识别、生物识别及前几种的组合等四种。生物识别的方法较多，有掌形识别、指纹识别、语音识别、虹膜识别、视网膜识别等，若再与智能卡组合使用，就可以解决智能卡被非法使用者利用的问题。

14.4.4 防尾随指的是防胁迫尾随和防大意尾随。防返传指的是防止有效识别卡通过回递的方式，被其他人员重复使用。

14.4.6 出入口控制器若设置在控制区域外的公共部位，就可能遭到损坏甚至人为破坏，使门禁作用丧失。

14.4.7 系统管理主机不仅能监视门的开关状态，同时还可控制门的开关。系统可通过管理主机设置每张识别卡的进出权限、时间范围，并可设置各通道门锁的开关时间等。

14.5 电子巡查系统

14.5.1 在线式电子巡查系统较为复杂，需要敷管布线，实时性是它的最大特点。离线式电子巡查系统无需布线，较为灵活、便捷、经济。

14.5.8 无论是在线式电子巡查系统，还是离线式电子巡查系统都应能方便地对巡查路线进行设置、更改，并能记录巡查信息。

14.6 停车库（场）管理系统

14.6.1 停车库（场）管理系统是指基于现代电子与信息技术，在停车库（场）的出入口处设置自动识别装置，通过各式卡片来对出入特定区域的车辆实施识别、准入或拒绝、记录、收费、引导、放行等智能管理。其目的是有效控制车辆的出入，记录所有资料并自动计算收费额度，实现对进出车辆的收费管理和安全管理。

14.6.2 停车库（场）管理系统的设计应基于停车库（场）的建筑布局和对系统需求分析。本条所列功能可根据需要灵活增加或删减，形成各种规模与级别的停车库（场）管理系统。

14.6.4 停车库（场）管理系统可分为总线制单台电脑管理模式和多台电脑局域网管理模式。总线制管理适合固定车主情况，不收费或按固定时间收费，功能简单，只要求验证车主合法与否即可。此种模式是全自动的，无需管理人员参与。局域网管理是针对大型停车场情况，出入口不止一进一出，功能要求较多，对车辆的出入管理要求严格，每个出口应设置一台电脑，与管理中心联网。

14.6.6 摄像机安装在车辆行驶的正前方偏左的位置，是为了监视车辆牌照的同时，对驾驶员的情况也有所监视。

14.6.8 对于较大型、车辆身份复杂的停车场来说，管理的灵活有效性非常重要。一进一出，多进多出组合灵活。多个出入口可以统一管理，也可分散管理。可脱机使用，也可联网使用，可按不同类别识别卡设置多种收费方式等等，都是系统灵活性的体现。

14.7 住宅（小区）安全防范系统

14.7.2 表14.7.2住宅（小区）安全技术防范系统配置标准是根据国家标准《安全防范工程技术规范》GB 50348—2004表5.2.9、表5.2.14、表5.2.19编制的，分为住宅与别墅两类，均为基本要求，设计时可根据实际情况增减。

14.7.3 周界安防系统的设计除符合本条规定外，尚应满足《安全防范工程技术规范》GB 50348—2004第5.2.5条、第5.2.10条、第5.2.15条的规定。

14.7.4 公共区域安防系统的设计除符合本条规定外，尚应满足《安全防范工程技术规范》GB 50348—2004第5.2.6条、第5.2.11条、第5.2.16条的规定。

14.7.5 家庭安防系统的设计除符合本条规定外，尚应满足《安全防范工程技术规范》GB 50348—2004第5.2.7条、第5.2.12条、第5.2.17条的规定。

第1款 访客对讲系统是住宅安全防范的重要设施之一。访客对讲系统除具备交流电源外，还要配备不间断电源装置。住宅入口处主机安装方式一般有两种：防护门上安装及单元门垛墙壁上挂装或墙壁上嵌装。墙壁上安装时，室外主机安装在单元门开启的一侧，同时考虑室外主机电源及控制缆线进出方便。访客对讲系统的室外设备，应能适应当地的气温条件，并要与所处的安装环境相适应（如尽量避开阳光的直射等）。

第2款 紧急求助报警装置一般设在门厅过道墙壁上，也可设在主卧室的床头柜边。考虑老年和未成年人的生理特点，紧急求助报警装置的触发件应醒目、接触面大、机械部件灵活；安装高度适宜；具备防拆卸、防破坏报警功能。

14.7.6 住宅（小区）安防监控中心的设计除符合本

条规定外，尚应满足《安全防范工程技术规范》GB 50348—2004第5.2.8条、第5.2.13条、第5.2.18条的规定。

安防监控中心设置与外界联系的有线通信是指市网有线电话，如当地公安部门有报警联网专线，应按当地要求增设专线。无线通信是指小区内无线对讲传呼系统或无线移动通信公网（手机）。

安防监控中心设置的综合管理主机，除应具有与各门口单元主机相互沟通信息的功能外，还应具有与网上相互联络的功能及报警显示、储存记忆功能，以实现住宅区内各用户与安防监控中心的信息沟通及信息记录。当某家发生紧急状况时，本住户室内分机、综合管理主机会以声、光等形式，提示紧急状态发生的种类及地点。保安管理人员根据实际情况，一面将报警记录在案，一面采取进一步有效措施。

14.8 管线敷设

14.8.1 安全技术防范的管线敷设关键在于安全。隐蔽、防火、防破坏、防干扰是设计中不可忽视的重要问题。

14.8.2 交流220V供电线路应单独穿导管或线槽敷设，50V及以下的供电线路可以与信号线路同管槽敷设。

14.9 监控中心

14.9.2、14.9.3 安全技术防范系统监控中心是系统的中枢，所以其自身的安全、舒适与便捷也同样重要。

重要建筑的监控中心一般不应毗邻重点防护目标，如财务室、重要物品库等，这是防止一并被控制造成更大损失；同时还应考虑设置值班人员卫生间和专用空调设备。

14.9.4 系统控制中心的对外联系非常重要，它是下达指挥命令和向上一级接处警中心报告的必要保证。通信手段可以是有线的，也可以是无线的，有线通信是指市网电话或报警专线，无线通信是指区域无线对讲机或移动电话。

14.10 联动控制和系统集成

14.10.1 安全技术防范系统集成应是不同功能的安防子系统在物理上、逻辑上及功能上有机连接起来，在开放标准的硬件和软件平台上，实现各有关系统之间可互操作和资源共享，形成一个综合安全管理系统。

14.10.2 系统集成设计的根据是多方面的，主要有建筑物的使用功能、工程投资、业主管理要求等综合因素，但使用者的需求是最重要的。同时还应考虑系统的先进性、开放性、安全性、经济性、高效性及可管理性。

14.10.4 在火灾自动报警系统火灾确认后发出联动信号的同时，出入口控制系统应自动打开疏散通道上由其控制的门。此时，逃生是最重要的。

14.10.7 子系统集成、综合安全管理系统集成、BMS集成，是三种不同范围的集成模式。随着信息技术和网络技术的不断发展，安全技术防范系统的规模、集成深度及广度也在不断变化。综合安全管理系统集成方式是目前的主流，BMS集成将是未来系统发展趋势。

15 有线电视和卫星电视接收系统

15.1 一般规定

15.1.1 根据国际上电缆电视综合信息网的使用和发展情况，应以城市区域规划来组合用户群网络，并结合国家和地区广播电视的发展规划，为电缆电视大系统联网预留条件。

15.1.2 场强值的实测数据与理论计算数值虽然会有很大出入，但新建工程实测场强确有很大困难。即使在工程的附近地点实测，与最终在天线安装点的实测值，仍会有出入。故允许进行估算，估算时还需考虑当地干扰场强，并作为设计依据。最终的系统指标，可于工程调试时合理调定。

15.2 有线电视系统设计原则

15.2.3 第3款 双向传输是有线电视传输网络的发展趋势，特别是大中城市的有线电视网络，更应充分考虑其未来的发展。

15.2.6 有线电视系统的信号传输方式

第1款 为保证有线电视系统传输频道的数量及质量，传输系统应选择邻频传输系统。当系统考虑双向传输时，则应考虑750MHz及以上系统。

第4款 根据有线电视的发展及我国目前有线电视系统的构成形式，光纤同轴电缆混合网（HFC）是我国目前较为理想的有线电视传输网络。

15.3 接收天线

15.3.1 泛指接收天线应能满足增益高、方向性好、抗干扰性能强等电气性能，以及机械强度高、适应当地风速和防潮或防盐雾、防酸等抗腐蚀性能。但应理解为是要因地制宜地来选择满足当地使用要求的天线，而不是要求必须具备全部电气、机械及物理化学性能。

15.3.2 第3款 有线电视全系统载噪比指标的满足，最关键的是输入到前端的接收信号，即天线所接收的信号场强。所以必须使接收天线的最小输出信号电平值满足前端（系统）对其输入信号电平的质量指标要求。

15.3.3 条文主要强调是由宽带天线接收的多路频道信号，因为信号质量各不相同，故应在前端分别处理。

15.3.5 即发射天线的高度是已定的，它与接收天线设置点的距离也是可以测得的，电视信号无线电正弦波的传输，在该接收天线设置点的某个高度其场强信号能达到最大值时，即为最佳天线高度。但实际上该计算高度，在 VHF 频段是偏高的，不能直接使用，需根据条件调整。

15.4 自设前端

15.4.8 第 1 款 至各建筑物的传输距离最近，可以保证传输损耗较小且其他传输特性较为一致。

15.4.9 第 2 款 主要考虑高频信号传输时，其信号损失较低频信号大。

15.4.11 强调同频段的各频道信号电平值相一致时才能采用宽带放大器，因其为平均放大。否则，就应将各频道信号分开处理，以保证信号的传输质量。

15.5 传输与分配网络

15.5.2 当采用光纤作为传输网络的干线时，系统具有线路损失小、传输信息量大、抗干扰能力强等优点，并能充分满足系统对带宽、噪声及失真等数据的要求。

15.5.8 光纤及光设备的选择

第 1 款 多模光纤成本较低，但因其传播特性差，不适合大信息量的传输，因此多用于通信传输。单模光纤耦合及连接比较困难，但因其具有频带宽，传播特性好的特点，所以在有线电视传输系统中，应采用单模光纤。

第 2 款 当光节点较少而传输距离不大于 30km 时，采用波长为 1310nm 的光波传输，此时损耗小，色散常数为零，成本较低。

第 3 款 采用 1550nm 波长传输时，由于其损耗更小，且可使用光纤放大器直接放大，因此，更适合远程传输，但应注意控制其色散，以避免产生噪声及组合二次失真。

15.5.11 由于放大器本身受温度、电压等的影响会改变工作点，而传输干线受四季温度变化也会改变其频率衰耗特性。所以，为了确保系统指标在任何情况下都满足要求，必须留有一定的设计余量。

15.5.12 保证干线传输性能指标措施

第 2 款 强调应该采用工作特性稳定性较高、噪声小的放大器，否则易造成电路的不稳定。中低增益的放大器，其线性好，易控制非线性失真。导频控制电路的全电路工作稳定性高，并易监视。

第 4 款 应在经济合理的前提下采用传输性能好的电缆。电缆穿管道，尤其是直埋敷设，受环境温度变化影响较小，整个系统电路的工作比采用架空明敷方式稳定得多。

第 5 款 强调必须采用定向隔离度大的器件向用户群馈送信号，以保证在用户群负载变化时对干线传输不造成不良影响。

第 6 款 强调要充分利用每一分贝的信号电平，尽量避免不必要的电平损耗。

15.5.13 由传输干线分配点的分配放大器至该支路最远端用户群之间，可能设有若干个延长放大器，所以其交扰调制比和载波互调比指标，应均匀地分摊在各个放大器上，而不宜将指标在“桥接放大器”和“延长放大器”两部分之间分摊。

15.5.14 减少延长放大器的级数，可以提高系统的载噪比，保证接收质量。

15.6 卫星电视接收系统

15.6.7 当天线直径较大时，因前馈式天线的高频头前置其焦点处，受环境因素影响，工作温度升高，信噪比下降，而且高频头安装不便，故不宜采用。而后馈式抛物面天线因其具有如下特点，所以对直径较大的抛物面天线更适合：

1 双反射面，便于根据需要，使其几何尺寸的设计比较灵活；

2 可采用短焦距抛物面作为主反射面，缩短其纵向尺寸；

3 由于馈源安装在主反射面后面，避免阳光的直射，使其工作温度降低，有利信噪比的提高，且由于馈源与低噪声放大器之间的传输距离较短，减小了传输噪声；

4 天线效率较高，对大型天线而言，可降低造价。

偏馈式抛物面天线其馈源安装位置与主反射面偏置。因而馈源不会对主反射面接收的电波有遮挡。具有天线噪声电平明显降低、有较佳的驻波系数、安装时仰角较小、受雨雪影响相对较小及效率较高的特点，所以当抛物面天线口径在 1.5～2m 之间，特别是 Ku 波段大功率卫星电视接收天线，多采用偏馈式抛物面天线。

15.8 供电、防雷与接地

15.8.5 天线设施往往是该建筑物的致高点，很容易成为雷击的目标和引雷的途径，所以应使其具备防雷击的能力，而不被雷击所破坏。如若另设避雷针来保护它，其高度和要占的地域在屋面上有较大的困难，因此本条提倡在自身的天线竖杆（架）上装设避雷针。

有条件另设独立避雷针保护天线设施时，其与天线的 3m 间距是为了防止在雷击独立避雷针时，对接收天线可能产生反击的安全距离。

16 广播、扩声与会议系统

16.1 一 般 规 定

16.1.2 公共建筑广播系统设置

第1款 规定了业务性广播的服务对象，任务及其隶属关系。业务性广播对日常工作和宣传都是必要的。

第2款 服务性广播主要用于饭店类建筑及大型公共活动场所。服务性广播的范围是背景音乐和客房节目广播。任务是为人们提供欣赏音乐类节目，以服务为主要宗旨。内容安排应根据服务对象和工程的级别情况确定。星级饭店的广播节目一般为3～6套。

第3款 火灾应急广播主要用于火灾时引导人们迅速撤离危险场所。它的控制方式，鸣响范围与一般广播不同，具体要求见本规范第13章的有关规定。

16.1.3 近年来，随着电声学、电子学和建筑声学的发展，扩声技术发展很快，人们对扩声质量的要求也越来越高。因此本条强调要同期进行，并要重视与其他相关专业的配合。

16.2 广 播 系 统

16.2.2 一般情况下，由于民用建筑工程占地范围不大，建筑物相对集中，广播网负担范围小，采用单环路馈送功率的方式可以满足要求。

16.2.3 公共建筑中除设有线广播控制室外，往往还设有扩声控制室（如多功能厅，宴会厅等公共活动场所）。在这种情况下两个控制室间应采取措施联络成一个整体，既可单独又可联网广播，提高了系统的灵活性和利用率。

16.2.4 广播用户分路十分重要，直接涉及系统的确定和功放设备的配置，应根据工程的具体情况合理确定。在划分分路时应注意火灾应急广播的分路划分问题，特别是与其他广播系统（如服务性广播）合用时，应首先满足火灾应急广播的分路划分要求，满足鸣响范围的特殊控制。

16.2.5 根据国际标准，功放单元（或机柜）的定压输出分为70V、100V和120V。目前，国内生产的功放单元（或机柜）也逐渐采用这样的标准。公共建筑一般规模不大，考虑安全，宜采用定压输出方式。

16.2.9 航空港、客运码头及铁路旅客站等旅客大厅内的有线广播应以语言清晰度要求为主，但很多的旅客大厅（候车、机厅）在广播时听不清楚，其主要原因如下：

1 环境噪声高，广播声压级与其差值不符合要求；

2 建筑声学处理不合适或存在建声缺陷，如室内混响时间太长，存在回声等；

3 扬声器（或扬声器系统）低频量太强。

故本条提出应从建筑声学与广播系统两方面采取措施，保证满足语言清晰度的要求。

1 评价室内语言清晰度的指标为“音节清晰度”；

$$音节清晰度=\frac{听众正确听到的单音节（字音）数}{测定用的全部单音节（字音）数}\times 100\%$$

2 依据室内语言的音节清晰度，可估计理解语言意义的程度。其音节清晰度的评价指标：

1） 85%以上 ——满意；

2） 75%～85%——良好；

3） 65%～75%——需注意听，并容易疲劳；

4） 65%以下——很难听清楚。

16.3 扩 声 系 统

虽然电声设备的发展在不断的变化，但扩声系统设计作为工程设计的基础技术仍是工程设计者必须掌握的，尤其关于扩声系统的设计方法等是提高设计水平和确保系统质量的十分重要的保证。

自然声源（如讲演、歌唱和乐器演奏等）发出的声功率是有限的。在离声源较远的地方，声压级迅速降低，同时由于环境噪声，声音就会听不清楚，甚至完全听不到。因此，在厅堂和广场内要用扩声系统，将信号放大，提高听众区的声压级。

16.3.2 扩声指标的分级是关系到使用和投资的重要环节，选用是否合理影响很大。条文主要提出在确定分级时应考虑的因素。

16.3.3 条文在提出专用会议场所设计要求的同时，还提出除专业使用的视听场所外，应按语言兼音乐的扩声原则设计，目的在于扩大利用率，提高效益，节约投资。事实上，语言和音乐兼用的建筑是较普遍的，在设计时应认真考虑。

16.3.4 扩声指标分级，共分为四级：音乐扩声一级、音乐扩声二级（相当于语言和音乐兼用扩声一级）、语言扩声一级（相当于语言和音乐兼用扩声二级）和语言扩声二级（相当于语言和音乐兼用扩声三级）。对于会议厅、报告厅等专用会议场所，应按语言扩声一级标准设计。语言扩声二级可适用量大面广的基层单位的扩声场所的设计标准。

16.3.5 本条指出了室内、室外扩声设计的声场计算和应注意的问题。

室内声源的声传播受到封闭界面的限制将产生反复反射造成混响效果。因此，场内某一点的声级除有声源直达声外还有室内混响在该点的混响声，是两者在该点的叠加结果，因此带来一些特殊的问题。应尽力减弱声反馈以提高传输增益和增加50ms以前的声能密度，提高语言清晰度。

室外扩声基本上属于自由声场，考虑的重点是以直达声为主。但它的一个重要问题就是声传播遇到障碍物产生反射形成的回声，如果不处理好这个问题，将会影响清晰度甚至造成很坏结果，所以不论在什么情况下都必须使反射声在直达声后 50ms 内到达。如果实现确有困难，应使直达声比回声高 10dB 以上，掩蔽回声干扰。另一方面要注意解决因来自不同扬声器（或扬声器系统）声音路程差大于 17m 而引起类似回声的双重音感觉。

16.3.7 厅堂类建筑的扩声质量要求较高，宜采用定阻输出，避免引入电感类设备，保证频响效果。对体育场类建筑，供声范围大、噪声级高，要用大功率驱动，满足听众区的高声级要求。所以，宜采用定压输出为好。

为保证传输质量，本条提出馈电线路的衰耗应尽量小，不应大于 0.5dB（1000Hz 时）。

16.3.8 在扩声系统中，用一台功放设备负担很多扬声器（或扬声器系统）是不恰当的。因为一个功率单元故障会影响大范围内失声，所以应合理划分功率单元的输出分路，使每分路单独控制以提高可靠性，减少故障影响面。

合理划分功率单元也有利于备用功率单元的设置和调度。

16.4 会议系统

16.4.2 会议讨论系统是一个可供主席和代表分散自动或集中手动控制传声器的单通路扩声系统。在这个系统中，所有参加讨论的人，都能在其座位上方便地使用传声器。通常是分散扩声的，由一些发出低声级的扬声器组成，置于距代表不大于 1m 处。也可以使用集中的扩声，同时应为旁听者提供扩声。

会议讨论系统按其自动化程度不同可有以下三种控制方式：

①手动控制：主席单元和代表单元通过母线连接起来，当某一代表需要发言时，可把自己面前的转换开关扳到“发言”位置，他的话筒即进入工作状态，而其扬声器则同时被切断，以减少声反馈干扰。

②半自动控制：这种方式也称为声音控制方式，它具有收发自动衰耗、背景噪声仰制和自动电平控制等功能。当与会者对着某一个代表单元的话筒讲话时，该单元的接收通路（包括接收放大器和扬声器）自动关断。讲话停止后，该单元的发言通路（包括话筒和话筒放大器）会自动关断。这种半自动工作方式同样具有主席优先的控制功能。由于这种控制方式的结构不太复杂，操作又比较方便，故适于中、小型会议室使用。

③全自动控制：即计算机控制方式。其自动化程度最高，而且往往兼有同声传译和表决功能。发言者可采取即席提出“请求”，经主席允许后发言。也可采取先申请“排队”，然后由计算机控制，按“先入先出”的原则逐个等候发言。此时整个会议程序均交由计算机控制。

16.4.3 会议表决系统是一个与分类表决终端网络连接的中心控制数据处理系统，每个表决终端至少设有同意、反对、弃权三种可能选择的按钮。标准的表决模式是：

①秘密表决：不能逐个识别表决的结果；

②公开表决：能鉴别出每个表决者及其表决结果。

16.4.4 同声传译的信号输出方式分为有线和无线两种。有线利于保密，无线虽然使用灵活但要控制其辐射功率，严防失密。要注意处理好发射天线的敷设和辐射场均匀问题。

16.4.5 同声传译有一、二次翻译的区别，而二次翻译可以节省人力，对译员的水平要求低，多采用这种方式。

同声传译系统的设备及用房宜根据二次翻译的工作方式设置，同声传译应满足语言清晰度的要求。

16.5 设备选择

16.5.1 有线广播设备应根据用户的性质，系统功能的要求选择。大型有线广播系统宜采用计算机控制管理的广播系统设备。功放设备宜选用定电压输出，当功放设备容量小或广播范围较小时，亦可根据情况选用定阻抗输出。

扩声系统的设备选择是扩声设计的重要环节，它要根据设计的标准、投资来源、设备之间的配接要求综合考虑。

16.5.2 传声器在扩声系统中是很重要的设备，本条仅提出选用时应注意的问题。

不同用途、不同场所应选择不同的传声器（如动圈式、电容式等）。传声器的方向性很重要，一则减少干扰，二则提高传声增益。传声器的频响对扩声有直接影响，语言扩声时频响可窄些，而音乐扩声时频响可宽些，以保证音质丰富。

应特别注意传声器与前端控制设备的连接配合以及连接传声器的线路长度的影响。

16.5.3 扩声系统的前端控制设备所处地位十分重要，要根据不同的使用要求选用不同的设备。它的主要功能是接收信号、处理信号并根据需要输出信号，以达到设备之间的最佳配接。

调音台是听觉形象的重要加工环节，除满足功能要求外，应特别注意主通道的等效输入噪声电平和输入动态余量。一般而言这两者是相互矛盾的，应合理兼顾，可根据不同使用要求有所侧重。

16.5.4 有线广播的用户或广播分路虽较多，但不一定都同时使用，应按同时需要广播的用户功率作为选择功放单元（或机柜）的依据之一。如火灾应急广播，实际用户很多，路数也很多，但发生火灾时需要同时广播的范围是有限制的，应以允许鸣响范围内最大用户容量确定。

广播控制分路的划分也直接影响到功放单元（或机柜）的确定。如饭店的服务性广播，它包括背景音乐和客房内的数套节目，它们将会同时使用但又要分设节目类别，应按分路控制要求来确定最大容量，并分别设置分路功放设备。根据调查分析，本规范提出了每路的同时需要系数，供设计时选用。

16.5.5 功放机柜的选择是扩声设计的重要环节，功放机柜的功率单元的容量规格较多，但一个功率单元不能带过多负载，一则不便分组控制，二则一旦故障则影响面太大，所以功率单元的划分应根据负载分组的要求选择。

功放机柜要有一定的功率贮备量，贮备量的大小与扩声的动态范围的要求有关，使瞬态脉冲在放大器中放大而不削波，声音不发“劈”，一般情况下要完全满足也是不经济的。应该允许有一个很短暂的削波而又不影响效果。不要以很少出现的某一动态峰值作为要求的标准，只能考虑大多数情况下能满足要求即可。

16.5.6 民用建筑的有线广播一般都比较重要，功放设备应设置备用单元以保证广播安全。因为各类情况不同，对备用单元的数量不宜规定得太死，仅提出应根据广播的重要程度确定，有的可以是几备一，有的就可能是一备一。备用单元的数量直接涉及投资、用房的建筑面积，应在保证可靠的情况下合理确定备用量。

备用单元应设自动、手动两种投入方式，对重要广播环节（如火灾应急广播）备用单元应处于热备用状态或能立即投入。

16.5.7 民用建筑中扬声器（或扬声器系统）的选用主要应满足播放效果的要求，要在考虑灵敏度、频响、指向性等性能的前提下考虑功率大小。扬声器要有好的音质效果，当选用声柱时要注意广播的服务范围，建筑的室内装修情况及安装条件等。

在民用建筑中高音号筒扬声器可用在地下室、设备机房或潮湿场所，作为火灾应急广播用。因为它声级高，不怕潮湿和灰尘。

16.6 设备布置

16.6.1 条文为传声器的设置要求，主要目的是为了减少声反馈，提高传声增益和防止干扰。

16.6.2 因为传声器和扬声器（或扬声器系统）处在同一声场内，扬声器辐射的声信号会反馈到传声器。这种再生信号会在整个工作频率范围内的某些频率上激发自振，使扩声系统不能充分发挥潜力，严重出现“开不足”。所以减弱或尽量抑制声反馈是扩声系统设计的重要任务，本条提出了抑制声反馈的一般措施。

16.6.4 扬声器的布置原则与布置方式

第1款　对一些公共场所（如剧场等）要求扬声器系统集中布置的主要原因就是要求声相一致，即声音来的方向基本与声源所在方向一致给人们真实亲切的感觉。另外一个好处就是扬声器系统时差可忽略不计，不会造成双重声，使控制电路简单。第2项指的是有些公共建筑（如体育馆）各方向上都有观众。而受观众厅的建筑、结构条件限制，若将扬声器系统分散布置时，声音几乎是从观众头顶甚至从背后而来，使观众感觉不舒服。这种情况也宜采取集中布置方式。

第2款　规定了扬声器分散布置的场所及应注意的问题。

第3款　规定了扬声器采用混合布置的场所及应注意的问题。

16.6.5 背景音乐是在高级旅游饭店等公共建筑的活动场所内设置的一种为掩蔽噪声的欣赏性广播系统，设置的效果与环境情况、设置的标准有关，它直接决定着扬声器的选择、布置形式及间距问题，如扬声器的服务范围间距是轴线与边重叠、边与边重叠、或它们的不同程度的重叠等，因而直接决定着声场的情况，本条仅作了原则性规定。

16.6.6 由于体育场地域大、观众多、噪声高，不但要解决对观众席的供声问题，还要解决对场地的供声。因此，要有足够的声压级和较好的均匀度，特别要求在观众向场地的视线范围内不要有扬声器设备造成的障碍。

随着扬声器设备的性能改进，逐渐由分散向集中设置扬声器系统或分散和集中混合的方式转变。这样就出现了声外溢，给周围环境造成噪声干扰。

本条就是针对这方面提出原则性的要求，对集中布置的扬声器系统应控制声外溢，避免产生扰民的后果。

16.6.7 在厅堂类建筑物中，声源在室内形成的声场中，存在着直达声和混响两部分，并用扩散场距离D_c来表达两者间的关系。

扬声器的供声距离和传声器与扬声器间距都与扩散场距离D_c有关系。扬声器的最大供声距离不大于$3D_c$，而且是在使直达声下降至混响声强12dB为前提的。

要求传声器至任一只扬声器之间的间距尽量大于D_c，其目的是使传声器位于混响声场中，移动传声器不会产生啸叫。

16.6.8 广场类扩声尽量以直达声为主，没有混响声的影响，但却有障碍物的反射会带来回声影响和因不同扬声器（或扬声器系统）的声程差大于17m而引起类似回声的双重声感觉，两者都会影响清晰度。所以在广场类扩声设计时应特别注意直达声压级对回声的掩蔽问题。

广场类扩声，因范围大、噪声高，需要大功率高灵敏度级的扬声器系统，所以应注意对环境噪声的污染控制。

16.7 线 路 敷 设

16.7.1 对导线要求绞合型，是为了减弱节目分路通过导线间的分布电容而造成串音影响。

16.7.2 传声器线路与调音台（或前级控制台）的进出线路都属于低电平信号线路，最易受干扰。所以在采用晶闸管调光设备的场所应特别注意防干扰措施的处理。

16.7.3 由于民用建筑工程的总图规划要求较高，室外广播线路一般采用埋地敷设为主，条文主要提出对埋地敷设线路的几项规定。

民用建筑的室外广播线路，只有在总图规划允许时，方可架空设置。架空线路应考虑与路灯照明线路合杆架设，此时，广播线路宜采用电力控制用电缆而不采用明线。

16.8 控 制 室

16.8.1 建筑物的类别、用途不同，广播控制室的设置位置也不同。

对饭店类建筑，提出将广播、电视合并设置控制室，是因它们的工作任务和制度相同，合并设置可节省用房、减少人员编制和便于更好的管理。

对其他建筑物来说，广播控制室的位置主要可根据工作和使用方便确定。

16.8.5 扩声控制室（简称声控室）的位置确定，也是设计中重要的一环，本条提出了一些位置方案。

剧院类建筑的声控室过去多数都设在舞台侧的2～3层耳光室位置。这个位置不是太理想，其理由如下：

1 不能全面观察到舞台，对调音控制不利；

2 对观众席的观察受限制，声控室的灯光等会对观众有干扰；

3 不能直接听到场内的实际效果；

4 往往与灯光位置矛盾及声控室的面积等受限制。因此近年来出现了将声控室设在观众厅后部，比较好地克服了上述缺点，当然也随之带来线路长的问题，但这可以从技术上得到解决。

16.8.6 扩声控制室内的设备布置原则，主要是避免工作人员为了操作或监视，需要频繁地离开座位或者频繁地起坐，因此要求将需要直接操作和监视的部分都设在操作人员的附近，在不离开座位的情况下迅速操作以提高效率。

本条建议将控制台（或调音台等）与观察窗垂直放置。其理由是使操作人员能尽量靠近观察窗，可直接在座位上通过观察窗较全面地进行观察。

16.8.7 在同声传译的设计中要处理好译音室的技术要求，特别要处理好观察窗的隔声要求和合理选择空调设备，并做好消声处理。

16.9 电 源 与 接 地

16.9.1 民用建筑的有线广播比较重要，因此对交流电源的基本要求是供电可靠。

由于建筑物的重要程度和当地供电条件不同，如何供电也是不同的。本条提出有线广播的供电方案宜与建筑物的供电级别相一致。

民用建筑照明电源的电压偏移值，在一般场所为±5%。广播系统设备接在照明变压器的低压配电系统上是能满足要求的，但应注意防止晶闸管调光设备的干扰影响。

16.9.3 广播终期设备是指规划终期的最大广播设备需要的容量，不包括广播控制室内非广播设备，如控制室内的空调、照明、电力等。

16.9.5 广播、扩声系统的接地有保护接地和功能接地两种。

保护接地可与交流电源有关设备外露可导电部分采取共用接地，以保障人身安全。

功能接地是将传声器线路的屏蔽层、调音台（或控制台）功放机柜等输入插孔接地点均接在一点处，形成一点接地。功能接地主要是解决有效地防止低频干扰问题。

17 呼应信号及信息显示

17.1 一 般 规 定

17.1.2 本条对本章涉及的“呼应信号及信息显示”装置的内容加以定义限制，是将其作为建筑物的设施或附属设施来设置，目的是区别于一般意义上的呼应信号及信息显示。

17.2 呼应信号系统设计

17.2.2. 医院病房护理呼应信号系统

第2款 本款有下列两层含义：

①“按护理区及医护责任体系”是划分子系统（信号管理单元）应遵循的基本原则，也是使系统实用、好用、便于管理的基本保证；

②各子系统（信号管理单元）可以是非联网独立工作的，也可将各子系统联网组成医院护理呼应信号系统，便于总值班掌握各护理区、科室病房的护理服务情况及资源调配。

工程中可根据实际需求确定组成方案。

第3款第1项 强调接受呼叫在时间上的不间断和位置上的准确。“显示床位号或房间号”，并非一定显示字符，也可以模拟盘显示呼叫位置。工程中可根据实际情况选择显示形式。

第3款第2项 所有提示方式的设置，都是为便于医护人员迅速、准确、直观地找到呼叫位置。如病房门口的光提示和走廊提示显示屏，都具有防止医护人员匆忙中遗漏、遗忘患者地址及返回护士站途中接受新的患者呼叫的功能。

第3款第5项　紧急呼叫是指既有优先呼叫权，又有特殊提示方式。

第3款第6项　对具体工程而言，呼叫提示信号的解除装置应设于病房或病床呼叫分机处，医护人员作临床处置，同时将提示信号解除，否则呼叫提示信号将持续保留。护士站不能远程解除呼叫，除非系统关机。

第3款第7项　根据医院建筑设计实践，对病房呼应信号系统是否应具备对讲功能，观点存在分歧。赞成具备对讲功能的观点认为，有了对讲功能，加强了护—患之间的沟通，便于医护人员了解患者的需求及临床情况，使得医疗服务更具针对性，快速、高效，有的呼叫，可以不到现场就可以解决，提高了对整个护理区的工作效率。不赞成具备对讲功能的观点认为，有了对讲功能，有事没事，事大事小成天呼叫不断，有可能影响对真正需要救治的患者的服务，系统投资多，效果还不好。关于“效率”和“服务”的分歧，根本上还是管理和基于管理的营运问题。设计上应根据实际情况向建设方提出建议并按建设方决定的方案执行。

第3款第8项　本项是对第6项解除呼叫方式规定的除外情况。

17.2.3　医院候诊呼应信号系统

第1款　门诊量较大医院的候诊室、检验室、药局、出入院手续办理处，因等候患者多、求诊求药心切，患者局部集中，不利于医疗秩序的管理。候诊、取药等呼应信号因其告示范围相对较大，排序原则公开，便于形成较好的候诊、取药秩序。

第3款第6项　“有特殊医疗工艺要求科室”是指某些检验室、放射科室等。

17.2.4　根据大型医院、中心医院的危、急、疑、难症患者多，会诊多的特点，宜设医护人员寻叫呼应信号。条文中所述“寻叫呼应信号”指有线系统，其造价较低但具有传呼性质。有条件的医院可设置呼叫更迅速、准确的无线系统。

17.2.5　本次修订将无线呼应系统的主要内容归入本规范第20.5节中，本条从应用场所方面提出要求。

17.3　信息显示系统设计

17.3.2　根据使用要求，在充分衡量各类显示器件及显示方案的光和电技术指标、环境适应条件等因素的基础上确定屏面显示方案，是信息显示装置设计的重要工作之一。

信息显示装置可有如下分类：

1　按显示器件可分为：阴极射线管显示(CRT)、真空荧光显示（VFD)、等离子体显示(PDP)、液晶显示（LCD)、发光二极管显示(LED)、电致发光显示（ELD)、场致发光显示(FED)、白炽灯显示、磁翻转显示等；

2　按显示色彩可分为：单色、双基色、三基色(全彩色)；

3　按显示信息可分为：图文显示屏、视频显示屏；

4　按显示方式可分为：主动光显示、被动光显示；

5　按使用场所可分为：室内显示屏、室外显示屏；

6　按技术要求的高低可分为（主要用于LED屏)：

A级——一般显示屏应达到的基本指标；

B级——指标高于A级，目前国内现有技术可以实现的较高指标；

C级——指标高于A级和B级，其中，部分指标是目前国际先进技术和工艺可以实现的最高指标。

目前信息显示领域对显示器件的要求主要集中在四个方面：大屏幕、高分辨率及高清晰度、低功耗、低成本。当前工程中所采用的显示装置主要有以下三类：

1　LED显示屏

LED以其体积小、响应速度快、寿命长、可靠性高、功耗低、易与IC相匹配、可在低电平下工作、易实现固化等优点而广泛受到显示领域的重视。近年来，蓝色LED的开发成功及价格的大幅下降，使LED全彩屏有了很大发展。高亮度LED不断完善，满足了室外全天候显示的需要。

我国LED显示屏产品的技术水平可与国外同类产品抗衡，部分技术还领先于国外。在我国大屏幕显示领域，LED显示屏几乎是一统天下，而国内产品的市场份额几乎是100%（但产品生产制造工艺水平与国外尚有较大差距)。

2　PDP、LCD显示器件

近年来，国外在等离子体显示（PDP)、液晶显示（LCD）的全彩色、高亮度、高对比度方面的研究进展很快，PDP对比度可达300∶1，亮度可达$700cd/m^2$。PDP、LCD具有较大发展潜力，业内应给予足够关注。

17.3.3　本条是对确定显示屏屏面规格设计要素的规定。在这个设计环节上，要合理确定显示屏有效显示区域的尺寸，确定显示区域内构成显示矩阵的像素点的数量及像素点径的大小。屏面规格设置要保证在设计视距（即有效视距）远端的观众能看清满屏最大文字容量情况下的每个字（构成笔画)，并兼顾呈现在有效视距近端观众面前的视频图像不是由一个个清晰的像素点阵构成的。即达到文字要看得清，图像要看得好。二者的统一是矛盾的、是相互制约的。这是信息显示装置设计的难点。

1 怎么样才能看得清。理论上认为，人的标准视力对视物的分辨与距离无关，与视角有关，达到或超过这个视角，人就看得清，分辨得了。一般认为，人的标准视力对物体的可分辨视角为 $1'$。在工程上，考虑到视认群体视力呈非标准分布，可分辨视角可取为 $2'$左右。具体到显示屏设计上，显示屏的最小可分辨细节就是像素点，它体现在像素点的点径或者说体现在两像素点的间距上。如果说，屏幕像素点不允许很多，组字的笔画要由单排、单列或单点像素构成，那么，设计就必须保证使视认群体在有效视距的远端能够可靠地分辨各像素点，否则，就无法看清文字。

2 怎么样才能看得好。图文屏和视频屏对所分别显示的文字、图像的细节在分辨率的要求上是不同的。图文屏要求对组字笔画要辨别清楚甚至笔锋毕现，对细节的分辨率要求较高。视频屏追求质感，如油画效果。近看豆腐渣，远看一朵花，它往往强调图像的整体效果，希望屏幕最小可分辨细节不是单个像素点而是大团的像素点阵。信息显示装置的显示屏通常尺寸较大，由于受造价的限制，不可能把它做成像电视屏幕那样具有几十万个像素点，工程中，几千点和几万点像素的显示屏比比皆是。在设计中，为使有限的像素有效地完成信息传送，组成显示屏的各像素点的矩阵排列及矩阵中各像素点间的距离尤其要处理得当。一般地说，由于信息显示屏大场合远视距的应用特点，在大幅降低图像组成像素的情况下，还是能取得较令人满意的图像效果的。

图文显示屏屏面尺寸通常可按下列步骤确定。首先确定基本组字矩阵。然后根据视认距离和分辨率确定像素点间距，即确定基本文字规格。根据显示文字的排列及满屏最大文字容量，框算显示屏面尺寸。再根据其他制衡因素进行综合调整，最后确定组成屏面的像素点和屏面尺寸。

在处理多功能显示屏的分辨率问题上，必要时可牺牲一部分图像显示的质量要求，否则，就得大量增加像素数量。如果投入资金不受限制，则另当别论。

17.3.4 采用文字单行左移或多行上移显示方式时，文字移动速度宜以中等文化水准读者的阅读速度为参考基点。

17.3.5 设计对显示方案的技术要求

第1款 显示装置的光学性能包括分辨率、亮度、对比度、白场色温、闪烁、视角、组字、均匀性等指标；

①分辨率（视觉分辨率）：医学上用“最小视角”来衡量人的视觉分辨能力，通常认为最小可分辨视角为 $1'$，称为“一分视角”。

在大屏幕显示领域，认为最小可分辨视角为“一分视角”仍嫌稍小，应放大到 $2'$左右，其原因：a. 对观众群体，应强调大多数人的视力而不应强调人的标准视力；b. 事实上存在着由于散射引入的光学效应；c. 在动态显示中，不可能给观众以较长的辨认时间，尤其是文字细节。

视觉分辨率决定着显示矩阵中任意两个基本信元（即独立像素）间的距离，是非常重要的基础指标。

②亮度：由于显示屏使用环境的照度不同，要求主动光显示屏的最大亮度也不同。目前有关规范和检测标准均未对显示屏最大亮度指标作明确规定，而以合同双方约定的最大亮度指标作为验收依据。

③对比度：对比度是信息显示装置一项很重要的光学性能参数，显示系统正是通过规定的信息元的明暗对比来组合信息内容的。

由研究资料可知，人对亮度变化的察觉最小可达1%，但这个最小值受实验条件限制。对于实际应用来说，认为可接受的最小值约为3%，即等价于对比度1.03。为了可靠辨别，对比度应取8～10或更高。

显示屏的最高对比度是一项非常重要的光学性能指标，它不仅反映了显示屏的亮度状况，更反映了环境照度对显示屏亮度的影响状况。目前有关规范和检测标准均未对显示屏最高对比度作明确规定，而应以合同双方约定的对比度指标作为验收依据。

④白场色温：白场色温是全彩屏的重要指标。在用户没有特殊要求的情况下，推荐白场色温在6500～9500K。LED屏的白场色温 T_c 分为A、B、C三级，见表17-1。

表17-1 LED显示屏白场色温 T_c 分级

指标	A级	B级	C级
白场色温 T_c（K）	$5000\leqslant T_c\leqslant 5500$	$5500<T_c\leqslant 6000$	$6000<T_c\leqslant 10000$

⑤闪烁：当亮度变化的速率低于能消除感觉亮度变化的眼睛累积能力的最低更新速率时，观看者就能察觉到亮度上的变化，这个察觉出的亮度变化，就是闪烁。

⑥视角：有水平视角和垂直视角之分。由于显示屏用途不同，要求显示屏的视角也各不相同。目前有关规范和检测标准均未对显示屏规定最小视角。应以合同双方约定的视角作为验收依据。

⑦组字：在应用中，以像素矩阵组成数字、字母、汉字字符。设计中，应对数字、字母、汉字最小组字单元有所规定。数字、字母最小基本组字单元选择5×5或5×7等，汉字最小基本单元选择16×16或24×24等。组字单元的确定是显示屏总像素构成的最基本依据。

⑧均匀性：包括像素光强均匀性、显示矩阵块亮度均匀性和模组亮度均匀性。

LED 显示屏根据均匀性误差范围共分 A、B、C 三级，见表 17-2。

表 17-2　LED 显示屏均匀性分级

指标	A 级	B 级	C 级
像素光强均匀性 A	$25\%<A\leqslant50\%$	$5\%<A\leqslant25\%$	$A\leqslant5\%$
显示矩阵块亮度均匀性 A_{m1}	$25\%<A_{m1}\leqslant50\%$	$10\%<A_{m1}\leqslant30\%$	$A_{m1}\leqslant10\%$
模组亮度均匀性 A_{m^2}	$10\%<A_{m^2}\leqslant20\%$	$5\%<A_{m^2}\leqslant10\%$	$A_{m^2}\leqslant5\%$

使用显示矩阵块的显示屏只考虑显示矩阵块亮度均匀性（A_{m1}），不考虑模组亮度均匀性（A_{m^2}）。

第 2 款　显示装置的电性能包括最大换帧频率、刷新频率、灰度等级、信噪比、像素失控率、伴音功率和耗电指标等。

对 LED 显示屏电性能技术要求的分级见表 17-3。

表 17-3　LED 显示屏电性能分级

指标			A 级	B 级	C 级
最大换帧频率 P_H（Hz）			$P_H<25$	$25\leqslant P_H<50$	$50\leqslant P_H$
刷新频率 P_S（Hz）			$50\leqslant P_S<100$	$100\leqslant P_S<150$	$150\leqslant P_S$
亮度变化率 B_L（%）	静态驱动		$9<B_L\leqslant15$	$3<B_L\leqslant9$	$B_L\leqslant3$
	动态驱动		$20<B_L\leqslant35$	$7<B_L\leqslant20$	$B_L\leqslant7$
信噪比 S/N（dB）			$35\leqslant S/N<43$	$43\leqslant S/N<47$	$47\leqslant S/N$
像素失控率	室内	整屏像素失控率 P_Z	$\frac{2}{10^4}<P_Z\frac{3}{10^4}$	$\frac{1}{10^4}<P_Z\leqslant\frac{2}{10^4}$	$P_Z\leqslant\frac{1}{10^4}$
		区域像素失控率 P_Q	$\frac{6}{10^4}<P_Q\leqslant\frac{9}{10^4}$	$\frac{3}{10^4}<P_Q\leqslant\frac{6}{10^4}$	$P_Q\leqslant\frac{3}{10^4}$
	室外	整屏像素失控率 P_Z	$\frac{4}{10^4}<P_Z\leqslant\frac{2}{10^3}$	$\frac{1}{10^4}<P_Z\leqslant\frac{4}{10^4}$	$P_Z\leqslant\frac{1}{10^4}$
		区域像素失控率 P_Q	$\frac{12}{10^4}<P_Q\leqslant\frac{6}{10^3}$	$\frac{3}{10^4}<P_Q\leqslant\frac{12}{10^4}$	$P_Q\leqslant\frac{3}{10^4}$

灰度等级 HB：标定灰度等级 HB 分为无灰度（1 bit 技术）、4 级（2 bit 技术）、8 级（3 bit 技术）、16 级（4 bit 技术）、32 级（5 bit 技术）、64 级（6 bit 技术）、128 级（7 bit 技术）、256 级（8 bit 技术）共八级。在任何一种级别中，亮度随灰度级数的上升，应呈现单调上升。

第 3 款　环境条件包括照度、温度、相对湿度和气体腐蚀性：

①环境照度：对于主动光显示方案来说，环境照度过高，会使显示对比度降低，当对比度不能达到 8～10时，会破坏显示屏的信息显示效果。因此对于主动光显示方案来说，除了强调显示器件自身的亮度外，还应对环境照度上限提出限制要求。相反，对于被动光显示方案，如果环境照度过低，会缩短有效视看距离，影响显示效果，设计应对环境照度的下限提出要求。

②温度、相对湿度及气体腐蚀性：不同的显示方案对环境的适应情况有所不同，应针对环境选取显示方案。

第 4 款　显示屏的机械结构性能包括外壳防护等级、模组拼接精度：

①外壳防护等级 F：室内显示屏外壳防护等级 F_N 和室外显示屏外壳防护等级 F_W 各分为 A、B、C 三级，见表 17-4；

表 17-4　显示屏外壳防护等级分级

指　标	A 级	B 级	C 级
室内显示屏外壳防护等级 F_N	$IP20\leqslant F_N<IP30$	$IP30\leqslant F_N<IP31$	$IP31\leqslant F_N$
室外显示屏外壳防护等级 F_W	$IP33\leqslant F_W<IP54$	$IP54\leqslant F_W<IP66$	$IP66\leqslant F_W$

②模组拼接精度：模组在拼接过程中存在着一定的拼接误差，造成显示屏平整度下降，像素间距改变，水平和垂直方向错位等四方面问题。

LED 显示屏对模组拼接精度分为 A、B、C 三级，见表 17-5。

表 17-5　LED 显示屏模组拼接精度分级

	指标	A 级	B 级	C 级
模组拼接精度	平整度 P（mm）	$1.5<P\leqslant2.5$	$0.5<P\leqslant1.5$	$P\leqslant0.5$
	像素中心距精度 J_X（%）	$10<J_X\leqslant15$	$5<J_X\leqslant10$	$J_X\leqslant5$
	水平错位精度 C_S（%）	$10<C_S\leqslant15$	$5<C_S\leqslant10$	$C_S\leqslant5$
	垂直错位精度 C_C（%）	$10<C_C\leqslant15$	$5<C_C\leqslant10$	$C_C\leqslant5$

17.3.7　所列体育公告内容，是公告的待选或待组合的内容。设计中，应使公告表格能按照裁判规则容纳公告内容。在做队名显示时，要考虑多字数的队名。

对公告每幅显示容量规定：每幅最低应能显示不少于 3 个道次（名次）的运动员情况，每幅若能显示 8 个道次（名次），则认为容量已满足使用要求。

17.3.9　由于实时计时数字显示直接面对观众，具有成绩发布性质，因此，计时精确度必须符合裁判要求，并须经裁判认可，否则，不可以做大屏幕实时计时显示。

17.3.12 体育场和体育馆除设有大型固定式计时记分显示装置外，还应配置一定数量的移动式小型记分显示装置，以适应小场地比赛使用需求。

体育场田赛场地可按单项比赛设移动式小型记分显示装置，一般同时进行的比赛不超过六个单项。

体育馆体操比赛场地也宜按单项比赛设移动式小型记分显示装置，一般同时进行的比赛不超过四个单项。

17.4 信息显示装置的控制

17.4.2 清屏功能用于阻止屏幕显示及屏幕发生逻辑混乱时。

17.4.3 对比度的取得与显示装置所处环境亮度有关，环境亮度越高，对比度取值应越大。适合于日场显示的对比度，在夜场时会因明暗对比过分强烈而影响视看。

17.4.4 交通港站运营时刻表当采用信息显示屏数页翻屏显示时，应保证每一页发布的信息有足够的停留时间，给旅客查询车（班）次、斟酌需求、记录数据的空档。另外，页数过多，导致循环周期过长，不符合该场所迅速、高效的特点，应分类设屏合理规划每页发布的信息容量，页数控制在 3 页左右。一个在特定场所使用的显示屏，如果技术指标完全合格而设置和控制不合理，也不会是成功的实例。

17.4.5 为保证体育成绩的发布控制程序符合比赛裁判规则，显示装置的计算机控制网络，应以计权接口方式与有关裁判席接通。“计权”的级别，应与裁判规则的规定一致，以保证发布成绩的有效性。

17.4.6 “任意预置”的含义指：可以正计时、倒计时及特定比赛时段的特殊钟形等。

17.5 时 钟 系 统

17.5.1 对有时间统一和准确要求的企事业单位，应设置时钟系统。系统组成的规模和形式可按需求决定。虽然目前分立石英钟使用已较普及且月误差可小于 2s 左右，但设置时钟系统便于维护与管理。

17.5.3 对有设置或准备设置分立石英钟作显示钟的企事业单位，当有组成时钟系统要求时，可采用由母钟向分立石英钟发校正信号方式组成系统，以完成系统准确又统一的计时要求。

鉴于目前生产分立石英钟厂家不少，而生产为分立石英钟配套系统的定型设备却很少，同时也鉴于目前分立时钟的应用也日趋普及的趋势，此条有必要提出作为一种设计方法，一种应用情况供设计人员灵活掌握、处理。

17.5.4 母钟站站址主要应按建设单位的要求并综合维护与管理的方便确定，并应考虑母钟站所需机房面积较少，宜与其他通信设施放在一起或设在相邻位置的可能性。

17.5.6 由于时钟系统配线需要的线对数较少，且与通信网络及低电压广播线路同属低压电通信线路，一般可采用综合线路网传输。

17.5.7 为了减少复接的线对中某些线对产生故障影响了整个复接着的子钟正常运转，故复接的子钟线对不宜太多。在同一路由上有较多的子钟线对时，一般常分为数个分支进行复接，每个分支回路以不超过 4 面单面子钟为宜。

在距母钟较远、子钟数量较多时，为了节省投资及减少有色金属的消耗，根据具体情况也可考虑设立电钟转送设备。

17.6 设备选择、线路敷设及机房

17.6.4 本规定旨在从设备的精确度方面保证在比赛中创造的成绩为国际体育组织所承认。

17.6.5 由于组成信息显示装置显示屏的像素点数量有限，每个像素点的作用尤其显得重要，因此对屏面出现的失控点应及时维修、更换。在屏体构造设计时，应充分考虑这一因素。

17.6.9 在显示装置主控室应能直接或间接观察到显示屏的工作状态，便于控制和意外情况的处置。

17.7 供电、防雷及接地

17.7.4 时钟设备多是用 24V 的直流电源工作的。确定母钟站电源的供电方式除了要考虑安全可靠，还要照顾经济合理和维护方便，并结合其他电信设备的站址布局看是否能合用电源，因时钟系统的耗电量较小，接地系统一般也不单设。

17.7.5 根据考察，多数时钟设备要求时钟系统每一分钟最大负载电流为 0.5A，故定此 0.5A 数据为极限分路负载电流数据。

17.7.6 直流馈电线的总电压损失，即自蓄电池经直流配电盘、控制屏至配线架出线端全程电压损失，对于 24V 电源，一般取 0.8～1.2V。为保证子钟正常工作电压 18～24V，考虑线路上允许一定量的电压降和蓄电池组放电电压等诸多因素，这里仅取下限值。

17.7.9 同步显示屏如两接地系统处理不一致，易造成显示的逻辑误差、计时不同步等问题。

18 建筑设备监控系统

18.1 一 般 规 定

18.1.1 通常认为，智能建筑包含三大基本组成要素：即建筑设备自动化系统 BAS（building automation system）、通信网络系统 CNS（communication network system）和信息网络系统 INS（information network system）。

建筑设备自动化系统的含义是将建筑物或建筑群内的空调、电力、照明、给水排水、运输、防灾、保安等设备以集中监视和管理为目的，构成一个综合系统。一般是一个分布控制系统，即分散控制与集中监视、管理的计算机控制网络。在国外早期（20世纪70年代末）一般称之为“building automation system”，简称“BAS”或“BA系统”，国内早期一般译为建筑物自动化系统或楼宇自动化系统，现在称为建筑设备自动化系统。

BA系统按工作范围有两种定义方法，即广义的BAS和狭义的BAS。广义的BAS即建筑设备自动化系统，它包括建筑设备监控系统、火灾自动报警系统和安全防范系统；狭义的BAS即建筑设备监控系统，它不包括火灾自动报警系统和安全防范系统。从使用方便的角度，可将狭义二字去掉，简称建筑设备监控系统为“BAS”。

18.1.2 建筑设备监控系统的控制对象涉及面很广，很难有一个厂家的相关产品都是性价比最高的。因此，系统由多家产品组成时就存在一个产品开放性的问题。

18.1.4 在确定建筑设备监控系统网络结构、通信方式及控制问题时，系统规模的大小是需要考虑的主要因素之一。因此，不同厂家的集散型计算机控制系统产品说明或综述介绍中，大多数都涉及规模划分问题，其共同点是以监控点的数量作为划分的依据。但是各厂家都是根据各自产品的应用条件来描述规模大小的，有关大小的数量规定差异很大。由上述情况可以看出，表18.1.4的意义在于给出一个明确的量化标准，为后续条款的相关规定提供前提，而不在于其具体的量化值。

18.2 建筑设备监控系统网络结构

18.2.1 目前，BAS的系统结构仍以集散型计算机控制系统DCS结构为主。DCS的通信网络为多层结构，其中分为三层，即管理网络层、控制网络层、现场设备层，并与Web商业活动结合在一起的系统，预计在今后若干年仍将占主导地位。

分布控制系统的主旨是监督、管理和操作集中，控制分散（即危险分散）。由此看来，控制网络层并非必不可少的。目前很多厂家（特别是一些国内厂家）的产品已经只包括管理网络层和现场设备层，网络结构层次的减少可降低造价并简化设计、安装和管理。

18.2.2 如前所述，DCS的通信网络通常采用多层次的结构。各个层次网络之间，甚至同层次网络之间，往往在地域上比较分散且可能不是同构的，因此需要用网络接口设备把它们互联起来。网络接口设备通常包括四种：中继器、网桥、路由器和网关。

网络互联从通信模型的角度也可分为几个层次，在不同的协议层互联就必须选择不同层次的互联设备：中继器通过复制位信号延伸网段长度，中继器仅在网络的物理层起作用，通过中继器连接在一起的两个网段实际上是一个网段；网桥是存储转发设备，用来在数据链路层次上连接同一类型的局域网，可在局域网之间存储或转发数据帧；路由器工作在物理层、数据链路层和网络层，在网络层使用路由器在不同网络间存储转发分组信号；在传输层及传输层以上，使用网关进行协议转换，提供更高层次的接口，用以实现不同通信协议的网络之间、包括使用不同网络操作系统的网络之间的互联。

18.3 管理网络层（中央管理工作站）

18.3.2 现在许多新型系统的操作站主机就是普通PC机，采用Windows NT或Windows2003操作系统，以太网卡插在PC内。在这种情况下，如果操作站的台数比较多，采用客户机/服务器的方式比较合适，一台或多台计算机作为服务器使用，为网络提供资源，其他计算机是客户机（操作站），使用服务器提供的资源。通常服务器和客户机之间可以采用ARCNet、EtherNet连接，但是用以太网连接的比较多。ARCNet、EtherNet所使用的电缆不能互换。EtherNet有较多的网络适配器、网络交换机可供选择，更为重要的是价格便宜。

管理网络层采用EtherNet与TCP/IP通信协议结合的Internet互联方式，也为构成建筑管理系统（BMS）与建筑集成管理系统（IBMS）提供了便利条件。BAS也可在Internet互联的基础上组建一个BACnet网络，从而将各厂商的楼宇自控设备集成为一个高效、统一和具有竞争力的控制网络系统。浏览器/Web服务器也可以在Internet互联的基础上登录、监控现场的实时数据及报警信息，从而实现远程的监视与控制。

18.3.3 当多个建筑设备监控系统采用DSA分布服务器结构时，整个系统成为一个统一的网络，每个建筑设备监控系统的操作站均可以监控整个网络。但是每个建筑设备监控系统服务器的总监控点数不应超过该服务器最大的监控点数。

18.3.4 交换式集线器也称为以太网交换器，以其为核心设备连接站点或者网段。10BASE-T/100BASE-T系统的网络拓扑结构原来要求为共享型以太网及以100BASE-T集线器为中心的星形以太网，10BASE-T/100BASE-T系统使用以太网交换器后，就构成了交换型以太网。在交换型以太网中，交换器的各端口之间同时可以形成多个数据通道，端口之间帧的输入和输出已不再受到媒体访问控制协议CSMA/CD的约束。在交换器上存在的若干数据通道，可以同时存在于站与站、站与网段或者网段与网段之间。既然已不受CSMA/CD的约束，在交换器内又可同时存在多条通道，那么系统总带宽就不再是只有10Mbps（10BASE-T环境）或100Mbps（100BASE-T环境），而是与交换器所具有的端口数有关。可以认为，若每个端口为10Mbps，则整个系统带宽可达10nMbps，其中n为端口数。

交换型以太网与共享型以太网比较有以下优点：

1 每个端口上可以连接站点，也可以连接一个网段，均独占10Mbps（或100Mbps）；

2 系统最大带宽可以达到端口带宽的n倍，其中n为端口数；

3 交换器连接了多个网段，网段上运作都是独立的，被隔离的；

4 被交换器隔离的独立网段上数据流信息不会在其他端口上广播，具有一定的数据安全性；

5 若端口支持全双工传输方式，则端口上媒体的长度不受CSMA/CD制约，可以延伸距离；

6 交换器工作时，实际上允许多组端口间的通道同时工作，它的功能就不仅仅包括一个网桥的功能，而是可以认为具有多个网桥的功能。

18.4 控制网络层（分站）

18.4.2 简单地说，网络是由自主实体（节点）和它们之间相互连接的方式所组成。其中，自主实体（节点）是指能够在网络环境之外独立活动的实体，而网络互联方式决定了自主实体间功能协调的紧密程度。互操作是高等级的网络互联方式，体现了自主实体间在控制功能层次上协调动作的紧密性。

在自动控制网络中，自主实体的互操作主要体现在自主实体对交换信息中用户数据语义进行解释，并产生相应的行为和动作。因此，要实现完全自主实体进行的互操作，自控网络的通信协议不仅要定义与信息网络通信协议有关的内容，还要定义自主实体通信功能之外的互操作内容。

基本计算机的楼宇设备功能可以分为通信功能和楼宇功能两部分。通信功能是指楼宇设备在楼宇自控网络上的收发信息功能，只与通信过程有关。楼宇功能是指楼宇设备对建筑及其环境所起作用的功能，这是楼宇设备的本质功能。BACnet是专用于楼宇自控领域的数据通信协议，其目标是将不同厂商、不同功能的产品集成在一个系统中，并实现各厂商设备的互操作，而BACnet就可以看作是实现楼宇设备通信功能和楼宇功能互操作的一个系列规划或规程，为所有楼宇设备提供互操作的通用接口或“语言”。

BACnet标准“借用”了5种性能/价格比不同的通信网络作为通信工具以实现其通信功能。BACnet标准之所以借用已有的通信网络，一方面可以避免重新开发新通信网络的技术风险，另一方面利用已有的通信网络可以使之更好的应用和扩展，不同的选择可以使BACnet网络具有合理的投资，从而降低成本。

18.4.4 DDC控制器和PLC控制器虽然都能完成控制功能，但两者还是有一些差别。DDC控制器比较适用于以模拟量为主的过程控制，PLC控制器比较适用于以开关量控制为主的工厂自动化控制。由于民用建筑的环境控制（冷热源系统、暖通空调系统等）主要是过程控制，所以除有特殊要求外，建议采用DDC控制器。

18.4.7 控制网络层可由多条并行工作的通信总线组成，其中每条通信总线与管理网络通信的监控点数（硬件点）一般不小于500点，每条通信总线长度（不加中继器）不小于500m，控制器（分站）可与中央管理工作站进行通信，且每条通信总线连接的控制器数量不超过64台，加中继器后，不超过127台。

18.5 现场网络层

18.5.2 Meter Bus主要用于冷量、热量、电量、燃气、自来水等的消耗计量。能耗数据纳入建筑设备监控系统，是建筑物节能管理的重要手段。

Modbus最初由Modicon公司开发，协议支持传统的RS-232、RS-422、RS-485和以太网设备。Modbus协议可以方便地在各种网络体系结构内进行通信，各种设备（PLC、控制面板、变频器、I/O设备）都能使用Modbus协议来启动远程操作，同样的通信能够在串行链路和TCP/IP以太网络上进行，而网关则能够实现各种使用Modbus协议的总线或网络之间的通信。

18.5.3 与控制器（分站）一般为模块化结构不同，微控制器、智能现场仪表、分布式智能输入输出模块均为嵌入式系统网络化现场设备。

18.5.6 当分站为模块化结构的控制器时，其输入输出模块可分为两类，一类是集中式，即控制器各输入输出模块和CPU模块等安装在同一箱体中，另外一类是分布式，把这些输入输出模块分布在不同的地方，使用现场总线连接在一起以后，与控制器CPU模块连通工作。可以把两类模块混合在一个分站中组成应用，也可分别单独应用。

18.6 建筑设备监控系统的软件

18.6.2 不同的两个应用软件之间的数据交换目前有几种不同的方法，它们分别是：

1 应用编程接口（API）——通过访问DLL（Dynamic linking library）或Active X，以语言中的变量形式交换数据；

2 开放数据库连接（ODBC）——适用于与关系数据库交换数据，它是用SQL语言来编写的，对其他场合不适用；

3 微软的动态数据交换（DDE）——应用比较方便，但这是针对交换的数据比较少的场合；

4 OPC——它采用COM、DCOM的技术，是目

前DCS的人机界面数据交换的主要手段。下面介绍这种方法：

OPC是一套基于Windows操作平台的应用程序之间提供高效的信息集成和交互功能的接口标准，采用客户/服务器模式。OPC服务器是数据的供应方，负责为OPC客户提供所需的数据；OPC客户是数据的使用方，处理OPC服务器提供的数据。

在OPC之前，不同的厂商已经提供了大量独立的硬件和与之配套的客户端软件。为了达到不同硬件和软件之间的兼容，通常的做法是针对不同的硬件开发不同的驱动程序，但由于客户端使用的协议不同，想要开发一个兼容所有客户软件的高效的驱动程序是不可能的。这导致了以下问题：

1 重复开发：必须针对不同的硬件重复开发驱动程序；

2 设备不可互换：由于不同硬件的驱动程序与客户端的接口协议不同；

3 无互操作性：一个控制系统只能操作某个厂商的硬件设备；

4 升级困难：硬件的升级有可能导致某些驱动程序产生错误。

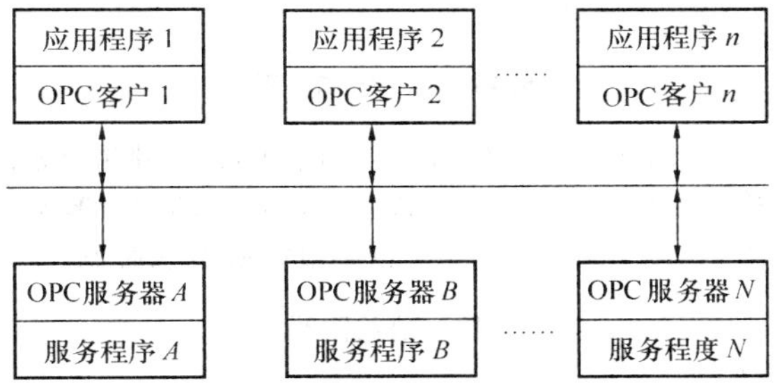

图18-1 OPC接口集成不同制造商的部件

为解决以上问题，让控制系统和人机界面软件能充分运用PC机的各种资源，完成控制现场与计算机之间的信息传递，需要在它们之间建立通道，而OPC正是基于这种目的而开发的一种接口标准，如图18-1所示。使用OPC可以比较方便地把由不同制造商提供的驱动或服务程序与应用程序集成在一起。软硬件制造商、用户都可以从OPC的解决方案中获得益处。OPC的作用就是在控制软件中，为不同类型的服务器与不同类型的客户搭建一座"桥梁"，通过这座桥梁，各客户/服务器间形成即插即用的简单规范的链接关系，不同的客户软件能够访问任意的数据源。从而，开发商可以将开发驱动服务程序的大量人力与资金集中到对单一OPC接口的开发。同时，用户也不再需要讨论关于集成不同部件的接口问题，把精力集中到解决有关自动化功能的实现上。OPC技术的完善与推广，为实现智能建筑整个弱电系统的全面集成创造了良好的软件环境。

18.6.3 不通过中央主站，从一台设备到其他设备的通信方式称为对等式（peer to peer）通信。即使中央站出现故障，采用对等式通信的控制器仍能独立完成对所辖设备的控制。

18.6.4 智能传感器与智能执行器可直接双向传送数字信号，它们都内嵌有PID控制、逻辑运算、算术运算、积算等软件功能模块，用户可通过组态软件对这些功能模块进行任意调用，以实现过程参数的现场控制。使用智能仪表，回路控制功能能够不依赖控制器直接在现场完成，实现了真正的分散控制。而且智能仪表都安装在现场设备附近，这使得信号传输的距离大大缩短，回路的不稳定性降低，还可以节省控制室的空间。

18.7 现场仪表的选择

18.7.1 为满足控制过程的要求，传感器的选择本应同时考虑静态参数和动态参数。但考虑到建筑设备监控系统处理的控制过程响应时间通常比传感器响应时间大得多，本条中只提出影响最大的两项静态参数指标：精度和量程。测量（或传感器）精度必须高于要求的过程控制精度1个等级已为大家熟知，而测量精度同时取决于传感器精度和合适的量程这一点，却容易被忽略。

18.7.2 调节阀理想流量特性的选择是基于改善调节系统品质而确定的，即以调节阀的流量特性去补偿狭义控制过程的非线性特性，从而使广义控制过程近似为线性特性。

18.7.3 为使阀位定位准确和工作稳定，设计时注意选取的电动执行器应带信号反馈。

18.8 冷冻水及冷却水系统

18.8.1 由于冷水机组内部设备（电机、压缩机、蒸发器、冷凝器等）自动保护与控制均由机组自带的控制系统实现，本条主要着眼于冷冻水及冷却水系统的外部水路的参数监测与控制。

18.8.3 冰蓄冷是一种降低空调系统电费支出的技术，它并不一定节电，而是要合理利用峰谷电价差。冰蓄冷技术起源于欧美，主要为了平衡电网的昼夜峰谷差，在夜间电力低谷时段蓄冰设备蓄得冷量，在日间电力高峰时段释放其蓄得的冷量，减少电力高峰时段制冷设备的电力消耗。由于电力部门实行电力峰谷差价，使得用户可以节省一定的运行费用，也是电力网"削峰填谷"的最佳途径。我国从20世纪90年代开始推广这项技术，目前已有一些建成的工程项目。

18.8.4 热泵与制冷机均采用热机循环的逆循环（制冷循环），因而工作原理相同，但用途不同。制冷机从低温热源吸热，克服热负荷干扰，实现低温热源的制冷目的；热泵从低温热源吸热，并将该热量与制冷机作功产生的热量一起传给高温热源，实现高温热源的供热目的。由于热泵从低温热源传送给高温热源的能量大于作为热泵动力的输入能量，因此热泵具有节能意义。热泵的效率与低温热源和高温热源之间的温差有关，温差越小，热泵的效率越高。

水源热泵以水为低温热源，如地下水、地热水、江河湖水、工业废水等，其能效转化比可达到4：1，即消耗1kW的电能可以得到4kW的热量。与空气源热泵相比，水源热泵具有明显的优势。由于水源热泵的热源温度全年较为稳定，一般为10～25℃，其制冷、制热系数可达3.5～4.4，比空气源热泵高出40%左右，其运行费用为普通中央空调的50%～60%。因此，近年来，水源热泵空调系统在北美及中、北欧等国家取得了较快的发展，中国的水源热泵市场也日趋活跃，可以预计，该项技术将成为21世纪最有效的供热和供冷空调技术。

18.10 采暖通风及空气调节系统

18.10.3 串级调节在空调中适用于调节对象纯滞后大、时间常数大或局部扰量大的场合。在单回路控制系统中，所有干扰量统统包含在调节回路中，其影响都反映在室温对给定值的偏差上。但对于纯滞后比较大的系统，单回路PID控制的微分作用对克服扰量影响是无能为力的。这是因为在纯滞后的时间里，参数的变化速度等于零，微分单元没有输出变化，只有等室内给定值偏差出现后才能进行调节，结果使调节品质变坏。如果设一个副控制回路将空调系统的干扰源如室外温度的变化、新风量的变化、冷热水温度的变化等都纳入副控制回路，由于副控制回路对于这些干扰源有较快速的反应，通过主副回路的配合，将会获得较好的控制质量。其次，对调节对象时间常数大的系统，采用单回路的配合，将会获得较好的控制质量。其次，对调节对象时间常数大的系统，采用单回路系统不仅超调量大，而且过渡时间长，同样，合理的组成副回路可使超调量减小，过渡时间缩短。此外，如果系统中有变化剧烈，幅度较大的局部干扰时，系统就不易稳定，如果将这一局部干扰纳入副回路，则可大大增强系统的抗干扰能力。

串级调节系统主回路以回风温度作为主参数构成主环，副回路以送风温度作为副参数构成副环，以回风温度重调送风温度设定值，提高控制系统调节品质，满足精密空调的要求。

定风量系统（Constant Air Volume，简称CAV)。定风量系统为空调机吹出的风量一定，以提供空调区域所需要的冷（暖）气。当空调区域负荷变动时，则以改变送风温度应付室内负荷，并达到维持室内温度于舒适区的要求。常用的中央空调系统为AHU（空调机）与冷水管系统（FCU系统)。这两者一般均以定风量（CAV）来供应空调区，为了应付室内部分负荷的变动，在AHU定风量系统以空调机的变温送风来处理，在一般FCU系统则以冷水阀ON/OFF控制来调节送风温度。

变风量系统（Varlable Air Volume，简称VAV)，即是空调机（AHU或FCU）可以调变风量。定风量系统为了应付室内部分负荷的变动，其AHU系统以空调机的变温送风来处理，其FCU系统则以冷水阀ON/OFF控制来调节送风温度。然而这两者在送风系统上浪费了大量能源。因为在长期低负荷时送风机亦均执行全风量运转而耗电，这不但不易维持稳定的室内温湿条件，也浪费大量的能源。变风量系统就是针对上述缺点而采取的节能对策。变风量系统可分为两种：一种为AHU风管系统中的空调机变风量系统（AHU—VAV系统)；一种为FCU系统中的室内风机变风量系统（FCU—VAV系统)。AHU—VAV系统是在全风管系统中将送风温度固定，而以调节送风机送风量的方式来应付室内空调负荷的变动。FCU—VAV系统则是将冷水供应量固定，而在室内FCU加装无段变功率控制器改变送风量，亦即改变FCU的热交换率来调节室内负荷变动。这两种方式透过风量的调整来减少送风机的耗电量，同时也可增加热源机器的运转效率而节约热源耗电，因此可在送风及热源两方面同时获得节能效果。

18.12 供配电系统

目前在国内，根据电力部门的要求，建筑设备监控系统对供配电系统，以系统和设备的运行监测为主，并辅以相应的事故、故障报警和开/关控制。

18.13 公共照明系统

公共照明系统的控制目前有两种方式。一种是由建筑设备监控系统对照明系统进行监控，监控系统中的DDC控制器对照明系统相关回路按时间程序进行开、关控制。系统中央站可显示照明系统运行状态，打印报警报告、系统运行报表等。

另一种方式是采用智能照明控制系统对建筑物内的各类照明进行控制和管理，并将智能照明系统与建筑设备监测系统进行联网，实现统一管理。智能照明控制系统具有多功能控制、节能、延长灯具寿命、简化布线、便于功能修改和提高管理水平等优点。

18.15 建筑设备监控系统节能设计

18.15.2 暖通空调系统能耗占现代建筑物总能耗的比重很大，而冷热源设备及其水系统的能耗又是暖通空调系统能耗的最主要部分。提高冷热源设备及其水系统的效率，对建筑节能的重要性不言而喻。在控制冷冻水泵、冷却水泵、冷却塔运行台数时，如果能配合这些设备的转速调节，节能效果会更好。当然，这会使系统设备投资增加，应在系统设计阶段作全面的评估与选择。

18.15.4 焓值控制是指在空调系统中利用新风和回风的焓值比较来控制新风量，以最大限度地节约能量。它是通过测量元件测得新风和回风的温度和湿度，在焓值比较器内进行比较，以确定新风的焓值大于还是小于回风的焓值，并结合新风的干球温度高于还是低于回风的干球温度，确定采用全部新风、最小新风或改变新风回风量的比例。

19 计算机网络系统

19.1 一般规定

19.1.2 计算机网络系统的设计和配置

1 网络的根本是实现互相通信，一个网络中使用的软硬件产品可能由多家生产商提供，因此计算机网络系统中使用的软硬件标准应遵循国际标准，如国际标准化组织（ISO）的开放系统互联标准（OSI）、美国电气与电子工程师协会（IEEE）的局域网标准（IEEE 802.x）、Internet工业标准传输控制/网络互联协议栈（TCP/IP）等；

2 网络标准的特性与组织：

标准定义了网络软硬件以下方面的物理和操作特性：个人计算机环境、网络和通信设备、操作系统、软件。目前计算机工业主要来自有数的几个组织，这些组织中的每一家定义了不同网络活动领域中的标准。

3 主要网络标准：

1）OSI参考模型是网络最基本的规范。描述如表19-1所示。

表19-1 OSI参考模型

OSI分层结构	各层主要功能与网络活动
7 应用层	应用层是OSI模型的最高层，该层的服务是直接支持用户应用程序，如用于文件传输、数据库访问和电子邮件的软件
6 表示层	表示层定义了在联网计算机之间交换信息的格式，可将其看作是网络的翻译器。表示层负责协议转换、数据格式翻译、数据加密、字符集的改变或转换；表示层还管理数据压缩
5 会话层	会话层负责管理不同的计算机之间的对话，它完成名称识别及其他两个应用程序网络通信所必需的功能，如安全性。会话层通过在数据流中设置检查点来提供用户间的同步服务

续表19-1

OSI分层结构	各层主要功能与网络活动
4 传输层	传输层确保在发送方与接收方计算机之间正确无误、按顺序、无丢失或无重复地传输数据包，并提供流量控制和错误处理功能
3 网络层	网络层负责处理消息并将逻辑地址翻译成物理地址，网络层还根据网络状况、服务优先级和其他条件决定数据的传输路径，它还管理网络中的数据流问题，如分组交换及路由和数据拥塞控制
2 数据链路层	1 负责将数据帧从网络层发送到物理层，它控制进出网络传输介质的电脉冲； 2 负责将数据帧通过物理层从一台计算机无差错地传输到另一台计算机
1 物理层	物理层是OSI模型的最底层，又称"硬件层"，其上各层的功能相对第一层也可被看作软件活动。 1 负责网络中计算机之间物理链路的建立，还负责运载由其上各层产生的数据信号； 2 定义了传输介质与NIC如何连接，如：定义了连接器有多少针以及每个针的作用，还定义了通过网络传输介质发送数据时所用的传输技术； 3 提供数据编码和位同步功能，因为不同的介质以不同的物理方式传输位，物理层定义每个脉冲周期以及每一位是如何转换成网络传输介质的电或光脉冲的

2）IEEE 802.x主要标准参见表19-2。

表19-2 IEEE802.x主要标准

规 范	描 述
802.1	与网络管理相关的网络标准
802.2	定义用于数据链路层的一般标准。IEEE将该层分为两个子层：LLC和MAC层，MAC层随不同的网络类型而变化，它由IEEE802.3、802.4、802.5分别定义

续表 19-2

规　范	描　　述
802.3	定义使用带冲突检测的载波侦听多路访问的总线型网络的 MAC 层，这是一种传统的以太网标准，在 802.3 标准的基础上，近年又扩展出快速以太网和千兆位以太网标准： 1　802.3u：快速以太网标准，作为 100Base-T4（4 对 3、4 或 5 类 UTP）、100BaseTX（2 对 5 类 UTP 或 STP）和 100BaseFX（2 股光缆）以太网的规范。 2　802.3ab：千兆位以太网标准，作为 1000Base-T（4 对 5 类 UTP）以太网的规范。 3　802.3z：千兆位以太网标准，作为 1000Base-LX（50μm 或 62.5μm 多模光缆或 9μm 单模光缆）、1000Base-SX（50μm 或 62.5μm 多模光缆）以太网的规范。 4　802.3ae：万兆以太网标准，作为 10GBase-S、10GBase-L、10GBase-E、10GBase-LX4 的规范。 5　802.3ak：万兆以太网标准，作为 10GBase-CX4 以太网的规范
802.4	定义使用令牌传送机制（令牌总线局域网）的总线型网络的 MAC 层
802.4	定义使用令牌环网络（令牌环局域网）的 MAC 层
802.9	定义集成语音/数据网络
802.10	定义网络安全性
802.11	定义无线网络标准
802.12	定义需求优先级访问局域网 100BaseVG-AnyLAN
802.15	定义无线个人区域网（WPAN）
802.16	定义宽带无线标准

3）TCP/IP 传输控制/网络互联协议栈。传输控制协议/Internet 协议（TCP/IP）是一种开放式工业标准的协议栈，它已经成为不同类型计算机（由完全不同的元件构成）间互相通信的网际协议标准。此外，TCP/IP 还提供可路由的企业网络协议，可访问 Internet 及其资源。

Internet 协议（IP）是一种包交换协议，它完成寻址和路由选择功能；传输控制协议（TCP）负责数据从某个节点到另一节点的可靠传输，它是一种基于连接的协议。由于 TCP/IP 的开发早于 OSI 模型的开发，它与七层 OSI 模型的各层不完全匹配，TCP/IP 分为四层，各层的功能以及与 OSI 模型的对应关系参见表 19-3。

表 19-3　TCP/IP 各层功能及与 OSI 模型的对应关系

TCP/IP 分层	TCP/IP 各层的功能	TCP/IP 相当于 OSI 模型的分层
网络接口层	提供网络体系结构（如以太网、令牌环）和 Internet 层间的接口，可直接与网络进行通信	物理层和数据链路层
Internet 层	使用几种协议用来路由和传输数据，工作于 Internet 层的协议有：网际协议（IP）、地址解析协议（ARP）、逆向解析协议（RARP）和 Internet 信报控制协议（ICMP）	网络层
传输层	负责建立和维护两台计算机之间端到端的通信，进行接收确认、流量控制和序列数据包。它还处理数据包的重新传输。传输层可根据传输要求使用 TCP 或 UDP。TCP 是基于连接的协议，UDP 是一种无连接协议，UDP 与 TCP 使用不同的端口，它们可使用相同的号码而不会发生冲突	传输层
应用层	应用层将应用程序连接到网络中。两种应用程序编程接口（API）提供对 TCP/IP 传输协议的访问：WinSock 和 NetBIOS	会话层、表示层和应用层

4　创建计算机网络系统时最常见的问题是硬件不兼容和软、硬件之间不兼容或升级后的软件与原有硬件不兼容，因此，兼容性是必须在设计之初就充分考虑的问题。

5　可扩展性是指软硬件的配置应留有适当的裕量，以适应未来网络用户增加的需要，如布线、集线器/交换机端口、机柜和软件容量等。

19.1.3　每个用户都有其特定的网络应用需求，只有对特定用户充分调查了解并进行需求分析后，才能设计出满足用户在网络应用、网络管理、安全性和对未来计划实施等方面的需求。

19.1.4　网络应用和技术的发展日新月异，网络产品不断推陈出新，因此网络的配置既要满足适用性原则，又要有一定的前瞻性，选择网络设备时应充分考虑网络可预见的应用和技术的发展趋势，在一定时期内适应这些网络应用。

19.2　网络设计原则

19.2.1～19.2.3　网络是高度定制化的工具，一个满足特定用户使用需求的网络必须经过规范的设计过程，其中用户调查和需求分析是设计的前提条件。规范设计程序的目的是可对所设计网络的功能、性能和投资寻找最优的交点，做到有依据、有目的地设计。

19.2.4、19.2.5 网络逻辑设计和物理设计密不可分，其目的是一致的，两者不可脱节。

19.2.6 网络的类型分为对等网络或基于服务器的网络两大类。对等网络又称工作组网络，所有计算机既是客户机又是服务器；基于服务器的网络已成为标准的网络模型，民用建筑中应用的计算机网络绝大多数采用基于服务器的网络，在基于服务器的网络中一台或多台计算机作为服务器使用，为网络提供资源。其他计算机是客户机，客户机使用由服务器提供的资源。

19.2.7 网络体系结构选择

1 网络根据介质访问方法的不同分为多种网络体系结构，以太网是当今最流行的网络体系结构，已成为局域网的主流形式，与FDDI和ATM相比，以太网流行的原因是：价格低廉、安装容易、性能可靠、使用/维护和升级方便。

2 以太网可使用多种通信协议，并可连接混合计算机环境，如Windows、UNIX、Netware等。以太网的主要特性参见表19-4。

表19-4 以太网的主要特性

特 性	描 述
传统拓扑结构	直线形总线
其他拓扑结构	星形总线
信号传输方式	基带
介质访问方法	CSMA/CD（10G以太网采用全双工方式）
规范	IEEE802.3
传输速率	10Base-T：10 Mbps 100Base-TX/100Base-FX：100Mbps 1000Base-T/1000Base-SX/1000Base-LX：1000Mbps 10GBase-S/L/E/LX4、10GBase-CX4：10Gbps
传输介质类型	UTP、FTP、光缆、同轴电缆

3 在以太网中可运行大部分流行的网络操作系统，包括：

1）Microsoft Windows95、Windows98、WindowsME；

2）Microsoft WindowsNT Workstation 和 WindowsNT Server；

3）Microsoft Windows2000 Professional 和 Windows 2000 Server；

4）Microsoft LAN Manager；

5）Microsoft Windows for Workgroups；

6）Novell NetWare；

7）IBM LAN Server；

8）AppleShare；

9）UNIX。

4 令牌环网20世纪是80年代中期由IBM开发的，以太网的普及减少了令牌环网的市场份额，但它仍然是网络市场中的重要角色。令牌环网规范是IEEE 802.5标准，令牌环网络的标准与特性参见表19-5。

表19-5 令牌环网络的标准与特性

特 性	描 述
拓扑结构	星形环
信号传输方式	基带
介质访问方法	令牌传送
规范	IEEE802.5
传输速率	4 Mbps和16 Mbps
传输介质类型	UTP、FTP、光缆
网络硬件部件	令牌环网络集线器：多路访问单元（MSAU） 令牌环网络NIC：4 Mbps或16 Mbps 连接器：RJ-45/光纤连接器 补丁线：6类传输介质
最大传输介质段（MSAU与计算机间）距离	补丁线：46m UTP：45m FTP：100m
MSAU之间的最大距离	152m，使用中继器为365m
计算机间的最短距离	2.5m
连接网段的最多数目	33个MSAU
每个网段连接计算机的最大数目	UTP：每个MSAU连接72台计算机 FTP：每个MSAU连接260台计算机 （推荐数目是50～80台计算机）

5 ATM是一种基于信元的快速数据交换技术，具有高带宽（155～622Mbps）和高数据完整性的特征，它还支持同步应用，并具有一定的灵活性和可扩展性。但目前存在交换设备昂贵，使用也不如以太网容易等缺点。

6 10G以太网（即万兆以太网）是最新的以太网技术，与10/100/1000M以太网兼容，实现网络的无缝升级，并可用于广域网，其应用尚处于起步阶段。基于光纤传输的还有10GBase-LX4，10G以太网标准还有基于铜缆传输的IEEE802.3ak和目前正在制定的IEEE802.3an，分别作为10GBase-CX4和10GBase-T的规范。

19.2.8 客户机/服务器（C/S）网络模型是基于服务器网络的标准形式，其工作原理是：客户机（工作站）向服务器提出数据服务请求，服务器将对该请求的数据或数据处理的结果提供给客户机使用并将该结果存储于服务器中，客户机使用自己的 CPU 和软件对服务器提供的数据进一步处理，存储于服务器中的数据处理的结果可被网络中其他客户机访问。

多数数据库管理系统软件都使用结构化查询语言（SQL），SQL 已成为一种数据库管理的行业标准。

服务器的常用类型有：

1 文件和打印服务器：文件和打印服务器是用来存储文件和数据的，管理用户对文件和打印机资源的访问和使用，它将数据或文件下载到请求的计算机中。

2 通信服务器：用于在服务器所在的网络和其他网络、主机或远程用户间处理数据流和电子邮件。如 Internet 服务器、代理服务器等。

3 应用服务器：是客户/服务器应用的服务器端，它将存储的大量数据进行组织整理以便于用户检索，并向用户提供数据。不同于文件和打印服务器的是应用服务器的数据库是驻留于服务器中，它只是将请求结果下载到发出请求的客户机中，而不是整个数据库。

4 邮件服务器：邮件服务器的运作方式与应用服务器类似，它利用不同的服务器和客户机应用程序，有选择地将数据从服务器下载到客户机中。

5 目录服务器：目录服务器使得用户能够定位、存储和保护网络中的信息。

6 传真服务器：通过一个或多个传真调制解调卡来管理进出网络的传真数据流。

19.2.10 分布式服务器：是指按有共同工作性质的工作组或部门而分别设置提供相应服务的服务器，即将服务器分开布置，这样可大大减少通过主干的广播数据流，有效地提高主干的传输速率。这在流量模式中称为“流量本地化”。

集中式服务器：是指网络中各类服务器集中设置。集中设置服务器可以降低投资、提高安全性和易于管理。还有一个很大的原因是，随着网络越来越多基于 Internet 的应用和信息的跨部门传输，数据流量模式由传统的 20/80 模型朝着新的 80/20 转变，即 80%的数据不再驻留在子网中，而是必须在子网和 VLAN 之间传输。分布式服务器方式已不能有效地控制通过主干的数据流。

19.3 网络拓扑结构与传输介质的选择

19.3.2 “拓扑”是指网络中计算机、线缆和其他部件的连接方式，拓扑可分为物理（实际的布线结构）或逻辑的，逻辑上是总线或环形的网络其布线结构也可是星形的。网络的拓扑结构主要分为总线形、星形、环形、网形四类，也常采用其变形或混合型，如星形总线（hub/switch 与计算机星形连接、hub/switch 之间或服务器之间总线形连接）、星形环（hub/switch 与计算机星形连接、hub/switch 之间或服务器之间环形连接）等。局域网最常用的拓扑结构是星形总线。

网络的拓扑结构是网络设计的重点和难点，各种网络拓扑结构的比较如表 19-6 所示（指物理拓扑）。

表 19-6 各种网络拓扑结构的比较

拓扑结构	结构特点	优点	缺点	局域网典型应用
总线形	由一根被称为“主干”（又称为骨干或段）的传输介质组成，网络中所有的计算机连在这根传输介质上。在每条传输介质的两端需设端接器	节省传输介质、介质便宜、易于使用； 系统简单可靠； 总线易于扩展	在网络数据流量大时性能下降； 查找问题困难； 传输介质断开将影响许多用户	对等网络或小型（10 个用户以下）基于服务器的网络
环形	用一根传输介质环接所有的计算机，每台计算机都可作为中继器，用于增强信号传送给下一台计算机	系统为所有计算机提供相同的接入，在用户数据较多时仍能保持适当的性能	一台计算机故障将影响整个网络； 查找问题困难； 网络重新配置时将终止正常操作	令牌环 LAN、FDDI 或 CDDI
星型	计算机通过传输介质连接到被称为“集线器”的中央部件	是最常用的物理拓扑结构，无论逻辑上采用何种网络类型都可采用物理星形，方便预先布线，系统易于变化和扩展； 集中式监视和管理； 某台计算机或某根传输介质故障不会影响其他部分的正常工作	需要安装大量传输介质； 如果中心点出现问题，连接于该中心点（网段）上的所有计算机将瘫痪	是最常用的拓扑结构； 以太网； 星形令牌环； 星形 FDDI

续表 19-6

拓扑结构	结构特点	优点	缺点	局域网典型应用
网型	每台计算机通过分离的传输介质与其他计算机相连	系统提供高冗余性和可靠性，并能方便地诊断故障	需要安装大量传输介质	主要用于城域网，也可用于特别重要的以太网主干网段
变形或混合型	根据网络中计算机的分布、网络的可靠性、网络性能要求（数据流量和通信规律）的特点，选择相应的网络拓扑结构	满足不同网段性能的要求，在可靠性与经济性之间选择最佳交点	具有相应网段拓扑结构的缺点	是实际应用最普遍的拓扑结构

19.3.3 网络传输介质主要有：非屏蔽双绞线（UTP)、屏蔽双绞线（FTP)、粗/细同轴电缆、光缆等，由于在现今流行的快速以太网不支持同轴电缆的使用，在此不作同轴电缆的规定。

19.3.4 无线网具有性价比高、使用灵活的特性，是一种很有前途的网络形式，目前无线网已开始普及应用，并将成为局域网的主流。由于存在抗干扰性、安全性、传输速率等方面的限制，无线网络在多数情况下是用于对有线局域网的拓展，如公共建筑中供流动用户使用的网络段、跨接难以布线的两个（或多个）网段，在某些工作人员流动性较大的办公建筑中也可局部采用无线网作为有线网的拓展。

除了网络接口卡是连接在收发器，而不是连接到传输介质以外，在无线网络中的运行的计算机与在有线网络环境中的相应部件类似。无线网络接口卡所使用的收发器安装在每台计算机中，用于广播和接收周围计算机的信号，它通过安装在墙上的收发器（有线）与有线网络连接。

19.3.5 扩频无线电传输方式在 2400～2483MHz 的频带之间占用 83MHz 的带宽，其标准是 IEEE802.11b 和 IEEE802.11，传输速率有 1Mbps、2Mbps、5.5Mbps、11Mbps，视障碍物和干扰程度不同，通常在室内覆盖半径为 35～100m，室外为 100～300m，可穿透墙壁传输。

正交频分复用（OFDM）技术利用 20MHz 的带宽同时传输 64 个单独的子载波通道，每一个子载波通道的间隔是 0.3125MHz，IEEE802.11a 标准在 5GHz 频段、IEEE802.3g 标准在 2.4GHz 频段采用 OFDM 技术传输数据，速率可达 54Mbps。

红外线通信使用的频率在 850～950nm 范围内，并且只能在墙面有足够的信号漫射或反射的室内环境中，通常仅用于计算机与外围设备（如打印机）间的高速（20Mbps）的通信，传输速率是 1Mbps 和 2Mbps，传输距离为 10～20m。

19.3.6、19.3.7 大多数情况下无线局域网是作为有线网络的一种补充和扩展，在这种配置下多个无线终端通过无线接入点（AP）连接到有线网络上，使无线用户能够访问网络的各个部分。AP 有覆盖范围限制，通常为几十至上百米，当网络环境存在多个 AP 且覆盖区有重叠时，漫游的无线终端能够自动发现附近信号强度大的 AP 并通过这个 AP 收发数据，保持不间断的网络连接。

无线对等式网络也称 Ad-hoc，整个网络不使用 AP，各无线终端之间直接通信，当用户数量较多时网络性能较差。该网络无法接入有线网络中，只能独立使用。

无线局域网的标准与特性参见表 19-7。

表 19-7 无线局域网的标准与特性

特性	描述
网络类型	对等网络，结构化网络
访问方法	CSMA/CA
规范	IEEE802.11、IEEE802.11b、IEEE802.11a、IEEE802.11g
传输速率	IEEE802.11：1 Mbps、2 Mbps IEEE802.11b：1 Mbps、2 Mbps、5.5 Mbps、11 Mbps IEEE802.11a：可达 54 Mbps IEEE802.11g：5 可达 4Mbps
载波调制方式	IEEE802.11、IEEE802.11b：直接序列扩频（DSSS)、跳频扩频（FHSS） IEEE802.11a、IEEE802.11g：正交频分复用（OFDM）
工作频段	IEEE802.11、IEEE802.11b、IEEE802.11g：2.4GHz IEEE802.11a：5 GHz

19.4 网络连接部件的配置

19.4.2 网络接口卡，通常称为 NIC，在网络传输介质与计算机之间作为物理接口或连接，NIC 的作用是：

1 为网络传输介质准备来自计算机的数据；

2 向另一台计算机发送数据；

3 控制计算机与传输介质之间的数据流量；

4 接收来自传输介质的数据，并将其解释为计算机 CPU 能够理解的字节形式。

由于 NIC 是计算机与传输介质之间数据传输的桥

梁，是网络中最脆弱的连接，因此NIC性能对整个网络的性能会产生巨大的影响。NIC的选择应与特定的网络体系结构相匹配，例如以太网络、令牌环网络、ARC-NET等应选择相匹配的NIC。

按个人计算机主板上的扩展总线类型，NIC又可划分为ELSA、ISA、PCI、PCMCIA和USB五种。NIC的选择必须与总线相匹配，目前应用较多的是PCI和PC-MCIA总线，具有性价比高、安装简单等特点。随着网络技术的发展和使用的需求，无线NIC和光纤NIC将日益普及。

19.4.3 由于集线器是共享型网络设备，通过它的端口接收输入信息并通过所有端口转发出去，在共享用户信息量集中的时刻会存在信息阻塞或冲突现象，因此多用于多个末端终端用户共享同一交换机高速端口的场合。因集线器比交换机便宜许多，在数据量不大、投资受限制的中小型网络中也可采用集线器。

19.4.4～19.4.7 路由器的主要作用是在网络层（第3层）上将若干个LAN连接到主干网上，如局域网与广域网的连接，局域网中不同子网（以太网或令牌环）的连接。

路由器与交换机相比，交换机比路由器的运行速率更高、价格更便宜。使用交换机虽然可以消除许多子网，建立一个托管所有计算机的统一网络，但是当工作站生成广播时，广播消息会传遍由交换机连接的整个网络，浪费大量的带宽。用路由器连接的多个子网可将广播消息限制在各个子网中，而且路由器还提供了很好的安全性，因为它使信息只能传输给单个子网。为此，导致了两种新技术的诞生：一是虚拟局域网（VLAN）技术，二是第3层交换机（使用路由器技术与交换机技术相接合的产物），在局域网中使用了有第3层交换功能的交换机时可不再使用路由器。

传统的网络连接部件还有中继器和网桥。由于集线器已经取代了中继器，交换机比网桥有更高的性价比，因此现在的局域网中已基本上不再使用中继器和网桥，但在无线网络中仍常用无线网桥连接两个网段。

交换机目前已成为网络的主流连接部件，绝大多数新建的局域网都是以各种性能的交换机为主，只是少量或局部使用集线器和路由器。

名词解释：

1 第2层交换机：基于硬件的桥接，用于工作组连通和网络分段的交换机；

2 第3层交换机：根据第3层（网络层）信息，通过硬件执行数据包路由交换的交换机；用于高性能地处理局域网络的流量，可放置在网络的任何地方，经济有效地带替传统的路由器；

3 第4层交换机：不仅基于MAC地址或源/目的地址，同时也基于这些第4层参数来作出转发决定的交换机；

4 多层交换机：综合第2层交换和第3层路由功能的交换机；

5 交换机链路：指连接交换机之间的物理介质路径；

6 紧缩核心：当汇接层和核心层功能由同一台设备执行时称为紧缩核心。

19.5 操作系统软件与网络安全

19.5.1、19.5.2 网络操作系统是一种软件，它提供了计算机的应用程序和服务所运行的基础。

Microsoft Windows（包括9x、ME、NT、2000和XP）、Novell NetWare和Unix/Linux是目前市场上占统治地位的网络操作系统，并都支持TCP/IP协议和最流行的Windows客户机操作系统。

网络中所有客户机采用相同的网络操作系统是为了减少软件的安装和维护工作量，便于操作和简化服务器操作系统软件的接口组件。

三种主流操作系统的比较：

1 Windows是从事办公和商务工作的LAN最普遍使用的操作系统软件，容易安装和使用且价格较低；

2 Novell NetWare是个严格的客户机/服务器平台，在三种主流操作系统中具备最强的文件服务和打印服务功能以及目录服务（NDS）功能；

3 Unix/Linux是功能最强大、最灵活和最稳定的多用户、多任务操作系统，其多数软件是免费的，但是使用不如Windows方便。

19.6 广域网连接

19.6.1～19.6.3 广域网连接是指通过公共模拟或数据通信网络，将多个局域网或局域网与Internet之间相互连接的方式。

其他WAN连接技术还有：

1 公共交换数据网（X.25）：帧中继技术以更高的性能、更低的价格已取代X.25；

2 xDSL还有SDSL(3Mbps)、IDSL(144 Kbit/s)、HDSL(768 Kbit/s)和VDSL(13～52Mbps)等技术，这些技术都得不到广泛使用；

3 宽带ISDN（BISDN）：BISDN是一种新的WLAN技术，能够通过同一介质（光缆或铜缆）发送多信道的数据、视频和语音，其应用还不普及；

4 双向CATV：由有线电视公司作为ISP的一种共享带宽式WLAN技术，适用于偏远地区LAN的广域网连接；

5 SMDS：设计用于存在大量突发式通信量的WAN链路，其应用不多；

6 SDH /SONET：即光同步数字传输网（美国称为SONET，其他国家称为SDH），目前中国大部分网络运营商已经拥有了自己的SDH传输网，可为用户提供速率为2～2.5Gbps的WAN连接。ATM可以在SDH上运行。SDH技术的优点是具有端到端远程监控、故障告警、网络恢复和自愈等功能，可以保证数据传输的安全性（SDH已成为公认的未来信息高速公路的主要物理传送平台）；

7 10G以太网：目前10G以太网正逐步扩展为广域网使用，它可与SDH/SONET兼容，可利用现有的SDN/SONET的传输设备以9.58464Gbps的速率（OC-192级）进行传输，是一种新兴的广域网连接方式。

19.7 网 络 应 用

19.7.1 计算机网络系统的设计首先应适应其网络应用的需求，不同使用功能的建筑其网络系统的应用特征各不相同，大致可分为一般办公建筑、重要办公建筑、商业性办公建筑、公共建筑、饭店建筑、校园等几大类，其网络应用的特征如下：

1 一般办公建筑指处理一般办公事务，对数据安全无特殊要求的企事业单位办公楼和区级以下政府行政办公楼。其特征是用于处理一般办公事务，广域网连接主要是Internet的Web和E-mail，局域网内外数据流比例约为8∶2（传统2/8模型）。

2 重要办公建筑指需处理大量办公事务或业务流程，对数据安全性与网络运行稳定性有较高要求的企事业单位行政办公楼和区级及以上政府行政办公楼，如银行、档案、电信、电力、税务等系统或大型企业总部行政办公楼。其网络特征是大多要求分设内、外两个物理隔离的局域网，内网主要用于办公事务的处理与决策或企业机密业务流程处理，外网用于政策、法规的发布与查询或企业总部与外驻分部的广域网连接，如点对多点/点对多点远程视频会议、虚拟专用网等应用。

3 商业性办公建筑指出租或出售给多用户共同使用的办公建筑。其特征是局域网内部各工作组彼此之间无多大的数据流动，只提供网络高速主干通道，为商业团体局域网提供高性能的Internet的Web/E-mail服务和各种广域网连接应用，如点对多点/点对多点远程视频会议、虚拟专用网等应用。局域网内外数据流比例约为2∶8（新2/8模型）。

4 公共建筑指体育场馆、展览馆、大型商场、航站楼、客运站等。其网络应用的特征是服务对象有内部固定用户和外部流动用户两大类。内部固定用户的网络使用特征与重要办公建筑类似。外部用户的网络使用特征与商业性办公建筑类似，并且还具有用户的流动性和数据流的时段性。

5 饭店建筑指三星级及以上的饭店、宾馆、招待所等建筑。其网络应用的特征是服务对象有内部固定用户和外部流动用户两大类。内部固定用户的网络使用特征与一般办公建筑类似，主要用于饭店的计算机经营管理；外部用户的网络使用特征与商业性办公建筑类似，主要是用于Internet的Web和E-mail服务和远程视频会议、虚拟专用网等应用，并且还具有数据流较小的特征和时段性（夜晚高峰）。

6 校园网络指覆盖大、中专院校、企业园区等较大区域的计算机局域网。其网络应用的特征是子网多而分散，用户众多，主干和广域网数据流量大。因此采用网络分段（第3层路由功能的交换机）和子网数据驻留（分布设置服务器）的方式控制流经主干上的数据流，提高主干的传输速率。

19.7.2 在安全性或运行稳定性要求一般的网络中，构建适应多种应用需求的共用网络具有使用灵活、方便，便于网络管理，减少网络投资等优点。

19.7.3 通常指政府行政办公楼或重要企业行政办公楼，如银行、档案、电信、电力、税务等，采取物理隔离措施隔离内部、外部网络是对内部网络安全性与运行稳定性的有效保障。

20 通信网络系统

20.2 数字程控用户电话交换机系统

20.2.1 数字程控用户电话交换设备，应设置在用户终端集中使用场所，如：国家机关、事业单位、商场、饭店以及重要的或大型的公共建筑物等内。

20.2.3 用户终端应能通过数字程控交换机与其他公用通信网络（如IP、帧中继、SDH等网络）相连。

20.2.5 ISDN用户交换机（ISPBX）系统，应具有下列基本功能：

1 具有完成64kbit/s电路交换的功能；

2 能为用户提供全自动直接呼入和呼出的方式；

3 能为用户提供承载业务和用户综合电信业务；

4 能为用户提供各种ISDN补充业务；

5 应具有采用1号数字用户信令（DSS1）协议与用户方和局用方进行配合的能力；

6 具有送出主叫号码、分机号码和主叫类别的功能；

7 具有配合公用综合数字业务网络管理的能力；

8 具有独立的计费功能等。

20.2.6 SIP（Session Initiation Protocol），会话启动协议是由IETF（Internet Engineering Task Force）互联网工程任务组1999年提出的基于纯文本的IP电话信令协议。基于SIP协议标准，独立工作于底层网络传输协议和媒体，是一个建立在IP协议之上，用IP数据包传送的，实现实时多媒体应用的信令标准。

20.2.7 用户交换机的中继线数量的配置，应根据用户实际话务量大小等因素确定。一般可按用户交换机容量的10%～20%考虑。其中普通数字程控用户交换机系统中继线的用户话务量，每线为0.06～0.12 Erl。ISPBX用户交换机系统中继线的用户话务量，每线为0.2～0.25 Erl。ISPBX中继线数量应2～3倍高于普通数字程控用户交换机中继线数量。当用户分机对外公网话务量很大，或用户具有大量直拨分机功能的电话机，以及用户使用大量微机（带 Modem）通过中继线对外拨号上 Internet 方式时，中继线数量宜按用户交换机容量的 15%～30%考虑。

20.2.8 程控用户交换机机房的选址、设计与布置

1 为避免雷击，机房不应设置在建筑物的最高层。当机房有特殊要求必须设置在最高层时，其建筑、结构、电气及通信的机房设计必须符合本建筑最高等级的防雷要求。

2 机房和辅助用房的环境条件要求除应符合本规范第 23.3 节规定外，还应防止二氧化硫、硫化氢、二氧化碳等有害气体侵入。

3 程控用户交换机机房的总使用面积，应按交换机机柜、总配线架或配线机柜、话务台和维护终端台、蓄电池组和交直流配电机柜等配套设备布置以及工作运行特点要求和管理要求确定，并应满足终期及扩展容量的要求和预留相应的附属用房使用面积。一般 1000 门及以下容量的用户交换机机柜、总配线架或配线机柜、话务台和维护终端台、免维护蓄电池组和交直流配电机柜可同设在一间机房内；1000 门以上容量的用户交换机机房可由交换机室、总配线架室、话务员室、电力电池室等组成。

20.2.9 程控用户交换机房的供电

1 机房的主电源不应低于本建筑物的最高供电等级；

2 机房内直流密封式蓄电池组放电小时数，应按机房供电电源负荷等级确定，并符合表 20-1 的要求。

表 20-1 机房供电电源不同负荷等级下蓄电池组放电小时数

机房供电电源负荷等级	一级负荷+独立的应急发电机组	一级负荷	二级负荷	三级负荷
机房通信设备的蓄电池组放电小时数（h）	0.5～1.0	≥2.0	≥6.0	≥10.0

20.2.10 数字程控交换机系统的接地，除符合第 12 章有关规定外，还应符合以下要求：

1 当数字程控交换机系统必须采用功能接地、保护接地单独接地方式时，应将密封蓄电池正极、设备机壳和熔断器告警等三种接地导体分别采用大于或等于 $6mm^2$ 铜芯绝缘导线连接至机房内局部等电位联结板上，其单独接地的电阻值不宜大于 4Ω。

2 当数字程控交换机采用共用接地方式时，应将蓄电池正极、设备机壳和熔断器告警等三种接地导体分别采用不小于 $6mm^2$ 铜芯导线连接至机房内局部等电位联结板上。各局部等电位联结板宜采用不小于 $35mm^2$ 铜芯导线与建筑物弱电总等电位联结板连接，其接地电阻值不应大于 1Ω。

3 通信接地总汇集线（接地主干导体）应从建筑物弱电总等电位联结板上引出，其截面积不宜小于 $100m^2$ 的铜排或相同截面的绝缘（屏蔽）铜缆。

4 机房内各通信设备的接地连接导体应采用铜芯绝缘导线，不得使用铝芯绝缘导线。

20.4 会议电视系统

20.4.1 会议电视系统根据会场的实际需求进行设计，可采用以下方式：

1 大中型会议电视系统，宜用在各分会场会议电视室内，供各方多人开会者使用；

2 小型会议电视系统，宜用在办公室或家庭会议电视场合下使用；

3 桌面型会议电视系统，宜用在个人与个人的通信上。

20.4.2 会议电视系统应支持的相关标准与组成

1 H.320 标准于 1990 年制定，是 ITU-T（国际电联电信委员会）早期发布的视频会议标准协议。该标准主要用于窄带 ISDN 综合业务数据网，是一种基于电路交换网络的多媒体通信标准。H.320 标准的视频会议主要适应于电路交换，被广泛用于 VSAT、DDN、ISDN 等电路交换网络上。

H.320 会议电视系统宜按专业级及以上主摄像机及全景彩色摄像机、专业级辅助摄像机、桌面话筒、会议电视终端设备（可含编解码器）、多点控制设备（MCU）、音视频播放和录制设备、会场扩声调音设备、操作软件等配置。

2 H.323 是 ITU-T 于 1997 年 3 月发布的视频会议标准协议。该标准采用了 TCP/IP 技术，能使音频、视频及数据多媒体通信基于 IP 网络以 IP 包为基础的方式在网络（LAN、EXTRANET 和 Internet）上的通信，是一种基于分组交换网络的多媒体通信标准。

H.323 会议电视系统宜按专业级及以上主摄像机及全景彩色摄像机、专业级辅助摄像机、桌面话筒、会议电视终端设备（可含编解码器）、多点控制设备、音视频播放和录制设备、会场扩声调音设备、操作软件等配置。

3 H.324 是 ITU-T 1996 年颁布的视频会议标准协议。该标准主要用于 PSTN 和无线网络，是一种基于电路交换网络的多媒体通信标准。H.324 是通过普通电话线传送音频及视频信息，并对音频及视频信息进行编码及解码的国际标准，它将电视会议带给非 ISDN 的用户。H.324 是为与 V.34 调制解调器一起使用设计的。它在普通电话网络上两点之间以 28.8kbit/s 或 33.6kbit/s 的速率传输数据。

20.4.4 分会场的画面应能以多画面方式显示于主会场的屏幕。

20.4.6 会议电视终端设备宜采用下列数字通信网进

行组网：

1 采用数字传输专用线路提供E1（2Mbit/s）网络接口的组网方式；

2 采用DDN专线提供128kbit/s、384kbit/s、512kbit/s及以上传输速率网络接口的组网方式；

3 采用ISDN专线提供128kbit/s、384kbit/s、512kbit/s及以上传输速率网络接口的组网方式；

4 采用FR专线提供128kbit/s、384kbit/s、512kbit/s及以上传输速率网络接口的组网方式；

5 采用VSAT系统提供128kbit/s、384kbit/s、512kbit/s及以上传输速率网络接口的组网方式；

6 采用标准的TCP/IP以太网提供10Mbit/s、100Mbit/s、1000Mbit/s及以上传输速率网络接口的组网方式。

20.4.8 会场后排参会人员观看投影机幕布或彩色视频显示器的最远视距，应按看清楚幕布或显示器屏幕上的中西文字设定。

20.4.9 大、中型会议电视室内应设置两台及以上高清晰度、高亮度大屏幕彩色投影机或大屏幕彩色视频显示器，屏幕上应能同时显示各分会场参会人员、会议现场发言方和发言方的文本或电子白板资料。

20.4.10 大、中、小型会议电视室的环境除符合本规范23.3节和建筑围护结构、建筑声学的有关要求外，还应符合以下要求：

1 会议电视室内距地板面0.8m的主席台区域工作面的局部照明垂直照度不宜低于750lx。视频显示屏幕区域的局部照明垂直照度不宜高于75lx，其他区域的局部照明垂直照度宜在500lx。会议电视室应采用多区域调光控制的方式予以增强或减弱。

2 会议电视室室内环境应符合下列要求：

1）应满足室内无回声、颤动回声和声聚焦的建筑声学要求；

2）宜满足室内扩声系统特性达到国家颁布的厅堂扩声一级标准的电声要求，具有较高的语言清晰度、适当混响时间、声场达到最大扩散等声学条件；

3）室内最佳混响时间可参照图20-1；

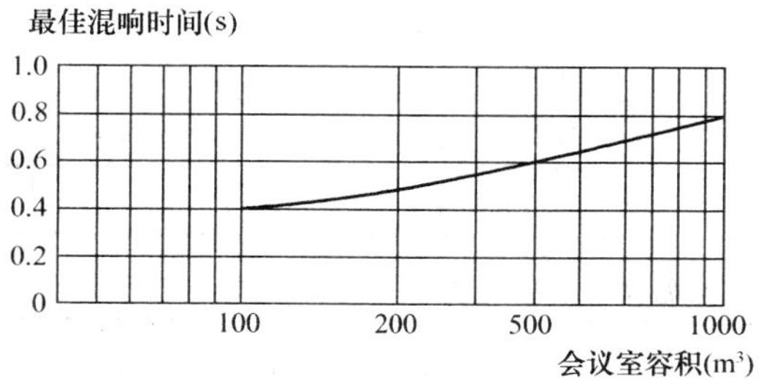

图20-1 室内最佳混响时间

4）房间的围护结构应具有良好的隔声性能，室内的内壁、顶棚、地面应进行吸声处理，通风、空调应采取降噪措施；

5）房间围护结构的隔墙与楼板的空气声、撞击声隔声标准以及室内允许噪声级见表20-2；

6）室内围护装饰、会议桌椅布置、地毯等应采用无反光材料，宜具有浅色舒适的色调。严禁采用黑色或白色作背景。

表20-2 隔声和室内噪声限制标准

房间名称	空气声隔声标准（计权隔声量dB）			撞击声隔声标准（计权标准化撞击声压级dB）			室内允许噪声级（A声级，dB）		
	一级	二级	三级	一级	二级	三级	一级	二级	三级
大会议室	≥50	—	—	≤65	—	—	≤40	—	—
中小会议室	≥50	—	—	≤65	—	—	≤40	—	—
控制室	—	≥45	—	—	≤65	—	—	≤50	—
传输设备室	—	—	≥40	—	≤65	—	—	—	≤55

20.5 无线通信系统

20.5.1 无线通信系统的设计

1 建筑物与建筑群中无线通信系统，应采用现有固定无线接入技术。无线接入技术有蜂窝、数字无绳、点对点或点对多点数字微波、卫星通信、专用无线及宽带无线等接入技术。

2 用户终接设备主要完成与基站的空间接口连接和提供至用户终端的接口。

20.5.2 移动通信信号室内覆盖系统

第1款 国家无线电管理委员会规定CDMA800MHz、GSM900MHz、DCS1800MHz、PHS1900MHz、3G为数字移动通信网的专用频段、WLAN2400MHz为无线局域网民用频段，参见表20-3。

第4款 基站直接耦合信号方式是指从周边已建成基站或在建筑物内新添加的基站中直接用功率器件（功分器、耦合器）提取信号的方式。

空间无线耦合信号方式：这种方式是指利用直放站作为信源接入设备，通过空间耦合的方式引入周边已建成基站信号的方式。

第10款 每个楼层面天线的设置应按无线覆盖的接通率而定。

第11款 系统的室内无线信号覆盖的边缘场强应大于等于－75dBm，并应高于室外无线信号场强8～10dBm，以保证室内信号覆盖的边缘处的移动用户能正常切换接入室内网络。

表 20-3 专用频段及民用频段移动通信信号的频段、信道带宽、多址方式表

运营业务 \ 频段		上行	下行	信道带宽	多址方式
中国联通 CDMA800		825-835MHz	870-880MHz	1.25 MHz	FDMA/TDMA/CDMA
中国移动 GSM900		890-909MHz	935-954MHz	200kHz	FDMA/TDMA
中国联通 GSM900		909-915MHz	954-960 MHz	200kHz	FDMA/TDMA
中国移动 DCS1800		1710-1730MHz	1805-1825MHz	200kHz	FDMA/TDMA
中国联通 DCS1800		1745-1755MHz	1840-1850MHz	200kHz	FDMA/TDMA
中国电信 PHS		1900-1920MHz		288kHz	TDMA
3G 系统	WCDMA	1920－1980	2110-2170	5MHz	FDMA/TDMA/CDMA
	TD-SCDMA	最终以信息产业部发放牌照为准		1.6MHz	TDMA
	CDMA2000			$N\times$ 1.25MHz	FDMA/TDMA/CDMA
WLAN		2410-2484 MHz		22MHz	

第 14 款 建筑物内预测话务量的计算与基站载频数的配置，可参见表 20-4。

第 16 款 室内空间环境中，移动通信信号室内覆盖系统 800～2400MHz 频率无线信号传播距离损耗和室内无线信号穿越阻挡墙体传播损耗可见表 20-5 和表 20-6。

表 20-4 基站载频数的配置

呼损率 2%								
载波数	1	2	3	4	5	6	7	8
信道数	7	14	22	30	37	45	54	61
容量(Erl)	2.28	8.2	14.9	21.9	29.2	36.2	44	51.5
支持用户数	145	410	750	1100	1400	1775	2150	2575
支持用户数(20%拨打率)	725	2050	3250	5500	7000	8875	10750	12875
支持客流(20%手机保有)	7250	20500	32500	55000	70000	88750	107500	128750

表 20-5 800～2400MHz 频率无线信号传播距离损耗表（dB）

损耗（dB） 距离（m） 频率（MHz）	1	5	10	15	20	30
800	30.53	44.49	50.51	54.03	66.53	60.05
900	31.55	45.54	51.53	55.05	57.58	61.07
1800	37.51	51.54	57.56	61.08	63.58	67.10
1900	38.03	52.0	58.03	61.55	64.05	67.57
2400	40.05	54.03	60.05	63.58	66.07	69.60

表 20-6 室内无线信号穿越阻挡墙体传播损耗表

损耗（dB） 墙类 频率（MHz）	轻墙	玻璃	单层墙	砖砌	混凝土
≤2500	≤5～8	≤3～5	≤10	≤15～20	≤20～35

第 23 款 射频电缆、光缆垂直敷设或水平敷设

①射频电缆或光缆垂直敷设时，宜放置在弱电间，不宜放置在电气（强电）间内，不得安置在暖通风管或给水排水管道井内；

②射频电缆或光纤水平敷设时，应以直线为走向，不得扭曲或相互交叉；馈线宜放置在金属线槽内或穿管敷设；

③射频电缆水平敷设确需拐弯走向时，其弯曲应保持圆滑，弯曲半径应符合表 20-7 的要求；

表 20-7 射频电缆水平敷设弯曲半径

线径（cm）	二次弯曲的半径（cm）	一次性弯曲半径（cm）
1.27（1/2 英寸）	21	12.5
2.22（7/8 英寸）	36	25

④射频电缆在电梯井道明敷设时，可沿井道侧壁走线，并用膨胀螺栓、挂钩等材料予以固定；

⑤射频电缆穿越楼板、楼道侧墙及电梯井道侧壁后，应用防火阻燃材料加以封堵。

20.5.3 VSAT 卫星通信系统的设计要求

1 VSAT 通信网设计原则

1） 当业务为传输数据或图像时，宜采用星形网的拓扑结构；

2） 当业务为传输语音时，宜采用网状网的拓扑结构；

3） 当业务为中、远期需建网状网时，宜在初期建网时统一考虑。

2 VSAT 系统地面端站

由雷达系统的谐波或杂散辐射引起的对 VSAT 系统的干扰应满足下式的要求：

$$C/I \geqslant (C/N)_{th} + 10(\text{dB}) \qquad (20\text{-}1)$$

式中 C/I——载干比，VSAT 站接收机输入端的信号功率与雷达干扰功率之比（dB）；

$(C/N)_{th}$——传输不同数字信号时，对应于不同比特率的门限载噪比（dB）。

3 VSAT 系统用户端站的防雷和接地

1） VSAT 站的天线支架及室外单元的外壳应与围绕天线基础的闭合接地环有良好的电气连接，天线口面上沿也应设避雷针，避雷针直接引至天线基础旁的接地体；

2） 馈线波导管与同轴电缆外皮至少应有两处接地，分别在天线附近和机房的引入口处与接地体连接；

3） VSAT 站的供电线路及进站电缆线路上应设置防雷浪涌保护器；

4） VSAT 站的机房内应设置与接地体连接的局部等电位联结端子箱，室内所有设备应与局部等电位联结端子箱可靠连接。

20.6 多媒体现代教学系统

20.6.1 模拟化语言教学系统

1 模拟化语言教学系统，教师授课设备和学生学习设备的功能要求：

1） 教师授课设备应具有下列功能：

——教师电脑应具有 Windows 等系列方式操作及中文导航的界面；

——教师主放机应具有一般录音机以及分轨迹放音的功能；

——应具有标准语言培训、标准语音编辑教学功能；

——应具有 A/B 卷考试功能；

——应具有标准化考试及结果分析功能；

——应具有通过集中控制器对多种示教多媒体设备进行放、进、倒、停、选曲的控制；

——应具有通过外接分控开关对电动大屏幕帘、电动窗帘、照明设备进行控制；

——应具有网络远程遥控功能。

2） 学生学习设备应具有下列功能：

——应具有普通录音机和控制轨迹播放功能；

——应具有标准语音编辑功能；

——应具有自由考试、随机考试、口语考试功能；

——应具有四路节目选择功能。

20.6.2 数字化语言教学系统

1 数字化语言教学系统教师授课设备，应具有以下功能：

1） 具有多路音频教材实时网络广播功能；

2） 具有音频教材播放过程中进行数字刻录制作成课件功能；

3） 具有音频教材播放过程中教师播话、讲解、指定、监听功能；

4） 具有 SP、SPS、SPSP、SSP 语言编辑、播放功能；

5） 具有 A-B 重复播放功能和任意记录多个预留点的书签功能；

6） 具有实时监视、监听和监控学生机，引导学生上课功能；

7） 具有学生学号登录、自动排座的班级管理功能；

8） 具有示范教学、分班分组授课、分组讨论教学功能；

9） 具有电子试卷制作功能；

10） 具有电子试卷自由考试、随机考试、口

语考试和考试分析等功能。

2 数字化语言教学系统学生机设备，应具有以下功能：

1）具有实时点播教师授课的语言教学音频课件功能；

2）具有即时点播和下载网络教学资源中心课件库服务器中音频文件、文本、考试试卷到本机功能；

3）具有点播 WAV、ASF 音频流格式的音频、文本、动画、教学信息课件功能；

4）具有学生自我学习、编辑播放、跟读练习和自我测试等功能。

20.6.3 多媒体交互式数字化语言教学系统

1 教师授课设备应具有与数字化语言教学系统相同的功能；

2 学生学习机设备应具有以下功能：

1）具有实时点播教师授课的音视频课件功能；

2）具有即时点播和下载网络教学资源中心课件库服务器中音视频文件、文本、考试试卷到本机功能；

3）具有无缝接入远程教学点功能；

4）具有点播 MP3、MPEG、WAV 视频流格式的音视频、文本、动画、教学信息课件功能；

5）具有学生自我学习、编辑播放、跟读练习和自我测试等功能。

20.6.4 多媒体双向 CATV 教学网络系统

1 控制中心机房 CATV 教学系统，应具有以下功能：

1）具有对前端音视频节目源进行任意切换输出的功能；

2）具有集中控制学校各分控终端的电视机电源打开和关闭功能；

3）具有控制教室电视机频道转换、锁定音量调节的功能；

4）具有控制机房能与全部教室或单个教室双向对讲的功能；

5）具有录制和监视任何一套播出的电视节目功能；

6）具有接收来自电视演播室和学校会场的实况电视节目、编辑调制后转播的功能；

7）具有接收卫星电视信号和当地有线电视信号的功能；

8）具有接收多媒体电脑链接校园网络、上 Internet 网功能；

9）具有接收各教室上传的远程多功能组合遥控器信号的功能等。

2 教室分控设备应具有以下功能：

1）通过多功能组合遥控器，各教学点能远程对授权的中心机房中，音视频设备操作控制功能；

2）通过多功能组合遥控器和教室智能控制器，各教学点能远程对授权的多媒体电脑全面操作，起到辅助教学的功能；

3）各教学点通过教室智能控制器与中心机房取得双向对讲的功能；

4）通过多功能组合遥控器和教室智能控制器，各教学点能控制教室电视机电源开、关，频道转换、音量调节的功能。

20.6.5 多媒体集中控制与教室分控教学网络系统

多媒体集中控制中心和各多媒体教室分控中心教学系统应符合以下功能：

1 具有基于 TCP/ IP 协议的远程集中控制管理；

2 集中控制中心主控设备能对各分控中心教学设备进行广播式的音视频多媒体信息播放；并具有实时监控、监听各教学教室场景状况，远程对摄像机进行变焦、方位控制和教学实况录像；电源控制和操作管理；

3 分控中心教学设备能对多媒体设备桌面式的集中控制管理；

4 具有基于标准的网络接口和网络控制；

5 具有电子锁功能；

6 系统的网管软件和单机软件宜支持各种嵌入式操作系统；

7 分控中心终端设备可外接红外报警探测器；

8 分控中心终端设备带有投影机延时断电功能；

9 分控中心终端设备可外接音视频扩展矩阵切换器、云台、镜头、解码器等设备；

10 分控中心终端设备可具有在校园集中控制中心授权下实现部分对集中控制中心设备进行远程控制的功能。

20.7 通信配线与管道

20.7.1 通信配线网络设计，除应符合本规范规定外，还应符合国家通信行业现行的《本地电话网用户线路工程设计规范》YD 5006—2003、《通信管道与通道工程设计规范》YD 5007—2003 等规范标准中有关规定。

20.7.2 建筑物内通信配管设计

1 建筑物内通信配管网设计应与其他专业协调配合，以利通信线缆竖井、电缆走线槽（桥架）、配线箱（分线箱）、配线管、通信插座的设计；

2 公共建筑内通信线缆竖井的规格、线缆桥架、楼板预留孔、线缆预埋钢管群的配置，应根据实际需求进行设计，也可参照表 20-8 配置。

表 20-8　通信线缆竖井内规格、电缆桥架、楼板预留孔、线缆预埋钢管群配置

公共建筑类型	建筑物楼层	竖井规格（净宽×净深）m		选用电缆桥架时宽度（mm）	楼板孔洞尺寸宽×深（mm）	选用线缆预埋钢管群（套管）
		挂壁式配线箱	落地式配线柜			
24m以下建筑	地下层	1.2×0.5（1.6×1.0）	1.8×0.9（2.4×0.9）	200	300×300	4×ϕ76
	1～3			200	300×300	4×ϕ76
	4～6			150	250×300	3×ϕ76
100m以下建筑	地下层	1.6×1.0（2.4×1.0）	2.4×1.6（2.4×2.0）	400	500×300	12×ϕ89
	1～7			400	500×300	12×ϕ89
	8～15			400	500×300	8×ϕ89
	16～23			400	500×300	8×ϕ89
	24～30			300	400×300	6×ϕ76
100m以上建筑	地下层	2.0×1.0（2.4×1.0）	2.4×1.6（2.4×2.0）	500	600×300	15×ϕ89
	1～7			500	600×300	15×ϕ89
	8～15			500	600×300	12×ϕ89
	16～23			500	600×300	12×ϕ89
	24～30			400	500×300	12×ϕ76
	30 及以上			300	400×300	8×ϕ76

注：1　竖井内规格中括弧内净宽净深的尺寸为较大的电信交换设备楼、多个无源（有源）配线箱设备而设定；

2　竖井的门应朝外开启，宽度不宜小于 1.0m（1.2 或 1.5m），高度不宜小于 2.10m。并应有良好的自然通风及防水能力；

3　竖井内上升电缆走线槽（桥架）宜采用槽式电缆走线槽，槽深 120mm（150mm），并有线缆的绑扎支架；

4　竖井内上升线缆钢管群（套管）宜采用壁厚为 3～4mm 的钢管，其管口伸出本层顶板下宜为 50mm、上层楼板上为 100mm。

20.7.3　建筑物内通信配线设计

第 3 款　建筑物内光缆宜采用非色散位移单模光纤，通常称为 G.652 光纤。G.652 光纤可进一步分为 G.652A、G.652B、G.652C 三个子类。G.652A 光纤主要适用于 ITU-TG.957 规定的 SDH 传输系统和 G.691 规定的带光放大的单通道直到STM-16的 SDH 传输系统；G.652B 光纤主要适用于 ITU-TG.957 规定的 SDH 传输系统和 G.691 规定的带光放大的单通道 SDH 传输系统及直到 STM-64 的 ITU-TG.692 带光放大的波分复用传输系统；G.652C 光纤即波长段扩展的非色散位移单模光纤，又称低水峰光纤，主要适用于 ITU-TG.957 规定的 SDH 传输系统和 G.691 规定的带光放大的单通道 SDH 传输系统和直到 STM-64 的 ITU-TG.692 带光放大的波分复用传输系统。G.652 光纤的 A、B、C 三个子类有不同的用途，其价格高低也不相同，通常 C 类高、B 类较高、A 类较低。

第 4 款　市内电话通信电缆宜采用 HYA 型 0.4mm 或 0.5mm 铜芯线径的铝塑综合护层塑料绝缘市内电话通信电缆，当通信距离远或有特殊通信要求时可采用 0.6mm 或 0.8mm 铜芯线径的通信电缆。

20.7.4　建筑群内地下通信管道设计

第 1～3 款　建筑群（校园区、住宅小区等）内地下通信管道规划设计应符合建筑总体的规划要求，应与建筑总体中道路、绿化、给水排水、电力管、热力管、燃气管等地下管道设施同步建设。

第 4 款　通信管道与其他管线交越、埋深相互间有冲突，且迁移有困难时，可考虑减少管道所占断面高度（如立敷改为卧敷等），或改变管道埋深。必要时，降低埋深要求，但相应要采取必要的保护措施（如混凝土包封、加混凝土盖板等），且管道顶部距路面不得小于 0.3m。

第 9 款　建筑群内地下通信配线管道设计

①水泥管宜采用管孔径为 90mm 的 3 孔、4 孔、6 孔排列组合方式的砌块；

②金属钢管宜采用管孔外径为 102～114mm 的 3 孔、4 孔、6 孔排列组合方式；

③塑料管宜采用聚氯乙烯（PVC-U）管材和高密度聚乙烯（HDPE）管材。塑料管一般长 6m，设计时宜采用双壁波纹塑料管或普通硬质塑料管，管孔外径为 100～110mm 的 3～8 孔横断面形式；或采用多孔高强度塑料梅花管或蜂窝管，管孔内径为 32mm 的 5 孔、7 孔横断面形式；或采用多孔高强度塑料方形栅格管，管孔内径为 28～50mm 的 2～6 孔、9 孔横

断面形式；

④塑料管道敷设后，其管顶覆土小于 0.8m 时，应采取保护措施，宜用砖砌沟加钢筋混凝土盖板或作钢筋混凝土包封等。

第 10 款　室外引入建筑物的通信与弱电系统的引入管道，宜采用外径 63～102mm 的钢管群，其根数及管径应按中远期引入电缆（光缆）的容量、数量确定，并预留日后发展的余量。建筑物面积小于 $20000m^2$ 时，宜采用一至两处，每处 3～6 根外径 63～102mm 的钢管；面积大于 $20000m^2$ 时，宜采用两至三处，每处 6～9 根外径 63～102mm 的钢管；室外引入的金属钢管内壁应光滑，其管身和管口不得变形和有毛刺。

第 12 款　通信管道的段长按人孔间距位置而定。每段管道应按直线敷设，且应便于线缆的敷设。水泥管和塑料管等管道的段长不宜超过 120m。管道敷设遇道路弯曲或需绕越地上、地下障碍物，宜在弯曲点设置人孔；弯曲管道的段长较短时，可建弯曲管道。弯曲管道的段长应小于直线管道最大允许段长。

水泥管道弯管道的曲率半径应不小于 36m，塑料弯管道的曲率半径不宜小于 20m。弯管道内应尽量减少电缆敷设时的侧压力。同一段管道不应有反向弯曲（即“S”形弯）或弯曲部分的中心夹角大于 90°的弯管道（即“U”形弯）。

20.7.5　建筑群内通信电缆配线设计

第 1 款　进入交接箱内的主干电缆、配线电缆的用户预测阶段和满足年限，均应以电缆开始运营时作为计算起点，近期为 5 年，中期为 10 年，远期为 15～20 年。

第 3 款　建筑群内与通信主干电缆连接的交接设备亦可采用室外落地式、室外架空式或室外挂墙式交接箱。

第 6 款　建筑群内通信管道中主干电缆应采用 HYA 型等非填充型（充气型）市内电话通信电缆，是因为管道及人孔中容易积水，采用充气型电缆实行充气维护，能及时发现电缆故障并及时排除，不致对建筑群内通信网造成大的影响和损失，所以考虑选用充气型电缆较合理。直埋式通信电缆可选用带铠装充油膏填充型电话通信线缆。同时其他敷设方式的线缆可根据具体的使用场合综合选定，参见表 20-9 中有关配置要求。

第 13 款　直埋式电缆需引入建筑物内分线设备时，应换接或采取非铠装方法穿钢管引入。如引至分线设备的距离在 10m 以内时，则可将铠装层脱去后穿钢管引入。

20.7.6　建筑群内通信光缆配线设计

第 2 款　通信光缆可采用最佳使用工作波长在 1310nm 区域，并能在工作波长 1550nm 区域使用的单模光纤线缆，或可采用工作波长在 850nm，并能在工作波长 1300nm 区域使用的多模光纤线缆。光缆结构宜优先选用松套充油膏结构。光缆宜采用无金属线对光缆。在雷击高发地区，光缆中心加强芯应采用非金属构件。

表 20-9　各种主要型号电缆的使用场合

电缆类型	无外护层电缆	自承式	有外护层电缆				
			单层钢带纵包	双层钢带纵包	双层钢带纵包	单层细钢丝绕包	单层粗钢丝绕包
电缆型号代码	HYA	HYAC	—	—	—	—	—
	HYFA	—	—	—	—	—	—
	HYPA	—	—	—	—	—	—
	HYAT	—	HYAT53	HYAT553	HYAT53	HYAT23	HYAT43
	HYFAT	—	HYAT53	HYAT553	HYAT23	—	—
	HYPAT	—	HYAT53	HYAT553	HYAT23	—	—
主要使用场合	管道或架空	架空	直埋	直埋	直埋	水下	水下

第 8 款　直埋式通信光缆宜采用 PE 内护套＋钢-铝-聚乙烯粘接护套＋PE 外护套等光缆结构。

第 9 款　直埋式通信光缆在特殊场合敷设：

①直埋式通信光缆敷设在坡度大于 20 度、坡长大于 30m 的斜坡地段宜采用“S”形敷设；

②直埋式通信光缆不宜敷设在地下水位高、常年积水、车行道以及常有挖掘可能的地方；

③直埋式通信光缆的埋深为 0.7～0.9m。当直埋式通信光缆在石质、半石质地段敷设时，应在沟底和光缆上方各铺 100mm 厚的细土或砂。

第 13 款　通信光缆接续箱（盒）应采用密封防水结构，并具有耐腐蚀、耐压、抗冲击力机械结构性能；光纤接续宜采用熔接法；光纤固定接头的指标应满足链路通信的要求。

21　综合布线系统

21.1　一 般 规 定

21.1.2　综合布线系统采用开放式星形拓扑结构，该结构下的每个分支子系统都是相对独立的单元，对每个分支单元系统改动都不影响其他子系统。只要改变节点连接就可使网络在星形、总线形、环形等各种类型网络间进行转换。

21.1.3 综合布线系统中不同级别的系统支持不同的带宽和网络应用，综合布线链路中选用的配线电缆、连接器件、跳线等性能和类别必须全部满足该系统级别传输性能的要求，考虑终端设备的互换性，允许配线子系统选用的电缆和连接硬件的传输性能高于本系统级别。

21.1.4 综合布线系统作为建筑物的基础设施，应满足多家电信业务经营者提供通信和信息业务的要求。

21.2 系 统 设 计

21.2.1 本规范参照国际标准《信息技术——用户建筑综合布线》ISO/IEC 11801/2002—09，符合现行国家标准《综合布线系统工程设计规范》GB 50311 的规定，将综合布线的设计内容分为七个部分。

进线间一般是提供给多家电信业务经营者使用，通常设于地下一层。进线间主要作为室外电缆、光缆引入楼内的成端与分支及光缆的盘长空间位置。对于光缆至大楼（FTTB）、至用户（FTTH）、至桌面（FTTO）的应用及容量日益增多，进线间就显得尤为重要。由于许多商用建筑物地下一层环境条件已大大改善，也可安装电缆、光缆的配线架设备及通信设施。在不具备单独进线间或入楼电缆、光缆数量及入口设施较少时，建筑物也可以在入口处采用挖地沟或使用较小的空间完成缆线的成端与盘长，入口设施则可安装在设备间，但宜单独的设置场地，以便功能分区。

21.2.3 工作区

第 1 款 工作区是包括办公室、机房、会议室、工作间等需要电话、计算机终端等设施的区域和相应设备的统称。

第 2 款 每一个工作区信息点数量的确定范围比较大，从现有的工程情况分析，从设置 1 个至 10 个信息点的现象都存在。因为建筑物用户性质不一样，功能要求和实际需求不一样，信息点数量不能仅按办公楼的模式确定，尤其是对于专用建筑（如电信、金融、体育场馆、博物馆等）更应加强需求分析，作出合理的配置。

21.2.4 配线子系统中电信间 FD 与电话交换配线及计算机网络设备之间的连接方式应符合图 21-1 和图 21-2 的要求。

1 电话交换配线的连接方式

2 计算机网络设备连接方式

1）经跳线连接

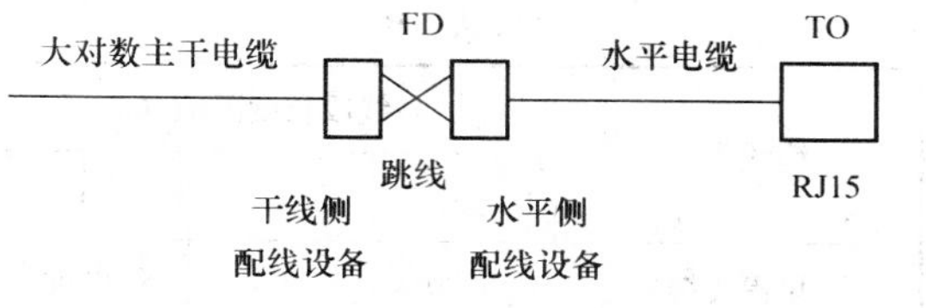

图 21-1 语音系统连接方式

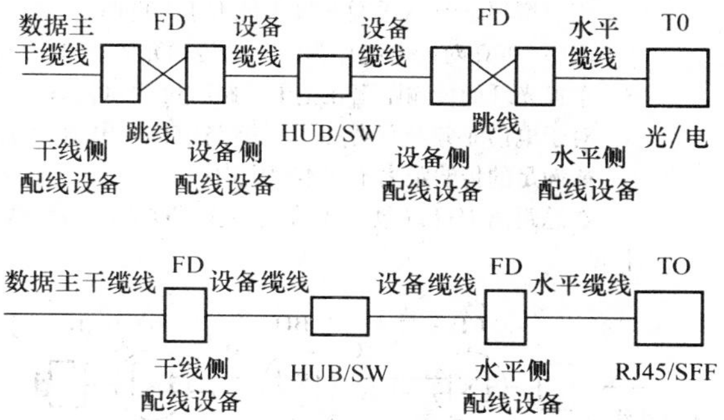

图 21-2 数据系统连接方式

2）经设备缆线连接

21.2.5 第 2 款 点对点端接是最简单、最直接的接合方法，大楼电信间的每根干线电缆直接从设备间延伸到指定的楼层和电信间。

分支递减端接是用一根大对数干线电缆来支持若干个电信间或若干楼层的通信容量，经过电缆接头保护箱分出若干根小电缆，它们分别延伸到电信间，并端接于目的地的连接器件。

21.2.9 综合布线的各种配线设备，应用色标区分干线电缆、配线电缆或设备端接点，同时，还应用标记条标明端接区域、物理位置、编号、容量、规格等，以便维护人员在现场一目了然地加以识别。

21.3 系 统 配 置

21.3.1 2002 年 6 月，TIA/EIA 委员会正式发布六类布线标准。在 TIA/EIA—568B.2—10 标准中规定了 6e 类布线系统支持的传输带宽为 500MHz。

21.3.3 本条文列出了 ISO11801/2002—09 版中对水平缆线与主干缆线之和的长度规定。为了使工程设计人员了解布线系统各部分缆线长度的关系及要求，特依据 TIA/EIA568—B.1 标准列出表 21-1，供工程设计参考。

表 21-1 综合布线系统主干缆线长度限值

缆线类型	各线段长度限值（m）		
	A	B	C
100Ω 对绞电缆	800	300	500
62.5μm 多模光缆	2000	300	1700
50μm 多模光缆	2000	300	1700

续表 21-1

缆线类型	各线段长度限值（m）		
	A	B	C
单模光缆	3000	300	2700

注：1　如B距离小于最大值时，C为对绞电缆的距离可相应增加，但A的总长度不能大于800m；

2　表中100Ω对绞电缆作为语音的传输介质；

3　单模光纤的传输距离在主干链路时可达60km；

4　对于电信业务经营者在主干链路中接入电信设施能满足的传输距离不在本规定内；

5　在总距离中可以包括入口设施至CD之间的缆线长度。

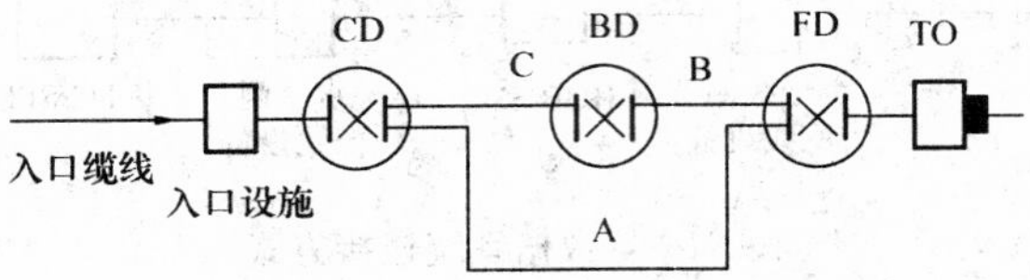

图 21-3　综合布线系统主干缆线组成

21.3.4　综合布线系统的信道、永久链路、CP链路的划分，应符合图21.3.4中的连接方式，通常信道是由90m水平缆线和10m的跳线和设备缆线及4个连接器件组成，而大多数F级的永久链路则由90m水平缆线和2个连接器件组成（不包括CP）。

21.3.5～21.3.8　综合布线系统在进行系统配置设计时，应充分考虑用户近期与远期的实际需要与发展，使之具有通用性和灵活性，尽量避免布线系统投入正常使用以后，较短的时间又要进行扩建与改建，造成资金浪费。一般来说，布线系统的水平配线应以远期需要为主，垂直干线应以近期实用为主。

为了说明问题，以一个工程实例来进行设备与缆线的配置。例如建筑物的某一层共设置了200个信息点，计算机网络与电话各占50%，即各为100个信息点。

——语音部分

1　FD水平配线模块按连接100根4对的水平电缆配置；

2　语音主干的总对数按水平电缆总对数的25%计，为100对线的需求；如考虑10%的备份线对，则语音主干电缆总对数为110对；

3　FD干线侧配线模块可按大对数主干电缆110对卡接端子容量配置。

——数据部分

1　FD水平侧配线模块按连接100根4对的水平电缆配置。

2　数据主干缆线；

1）最小量配置：以每个HUB/SW为24个端口计，100个数据信息点需设置5个HUB/SW；以每4个HUB/SW为一群（96个端口）设置1个主干端口，则需设2个主干端口；如主干缆线采用对绞电缆，每个主干端口需设4对线，则线对的总需求量为16对；如主干缆线采用光缆，每个主干光端口按2芯光纤考虑，则光纤的需求量为8芯；

2）最大量配置：同样以每个HUB/SW为24端口计，100个数据信息点需设置5个HUB/SW；以每一个HUB/SW（24个端口）设置1个主干端口，加上两个备份端口，则共需设置7个主干端口；如主干缆线采用对绞电缆，以每个主干电端口需要4对线，则线对的需求量为28对。

如主干缆线采用光缆，每个主干光端口按2芯光纤考虑，则光纤的需求量为14芯。

3　FD干线侧配线模块可根据主干电缆或光缆的总容量加以配置。

配置数量计算得出以后，再根据电缆、光缆、配线模块的类型、规格加以选用，作出合理配置。

用于计算机网络的主干缆线，推荐采用光缆。用于电话的主干缆线推荐采用对绞电缆，并考虑适当的备份，以保证网络安全。由于工程的实际情况比较复杂，不可能按一种模式，设计时还应结合工程的特点和需求加以调整应用。

21.3.10　各段缆线长度计算公式（21.3.10-1）是采用非屏蔽电缆时的计算公式，当采用屏蔽电缆时，公式应采用

$$C=(102-H)/1.5。$$

21.4　系统指标

21.4.2　新的国际标准中，将术语“衰减”改为“插入损耗”，用于表示链路与信道上的信号损失量。在本规范中衰减串音比（ACR）、不平衡衰减和耦合衰减的指标参数中仍保留“衰减”这一术语，但在计算ACR、RSACR、ELFEXT和PSELFEXT值时，使用相应的插入损耗值。

21.4.3　本规范综合布线系统的各项指标值参照ISO/IEC 11801/2002—09标准中的指标值。ISO/IEC 11801/2002—09标准中列出了不同频率时的计算公式和相对频率对应的具体数值表格两种方式，本规范附录L中仅列出相对频率对应的具体数值表格。

21.5　设备间及电信间

21.5.2　综合布线系统设备间主要安装总配线设备。电话、计算机等各种主机设备及其进线保安设备不属综合布线工程的范围，但可合装在一起。当分别设置时，考虑到设备电缆有长度限制的要求，安装总配线

架的设备间与安装程控电话交换机及计算机主机的设备间的距离不宜太远。

一个 $10m^2$ 的设备间大约能安装 5 个 19″标准机柜，在机柜中安装电话大对数电缆多对卡接式模块和数据主干缆线配线设备模块，大约能支持 6000 个信息点（其中语音和数据信息点各占一半）的配线设备安装空间。

21.5.3 电信间主要为楼层安装配线设备和楼层计算机网络设备的场地。一般情况下，主要用 19″标准机柜安装，机柜尺寸通常为 600mm（宽）×900mm（深）×2000mm（高），共有 42U 的安装空间。

21.7 缆线选择和敷设

21.7.1 关于综合布线系统所处环境允许存在的电磁干扰场强的规定，考虑了下列因素：

1 在国家标准《通常的抗干扰标准》GB/T 17799.1 中，规定居民区、商业区的干扰辐射场强为 3V/m，按《抗辐射干扰标准》GB/18039.1 的等级划分，属于中等 EM 环境；

2 在原邮电部电信总局编制的《通信机房环境安全管理通则》中，规定通信机房的电场强度在频率范围为 0.15～500MHz 时，不应大于 130dBμV/m，相当于 3.16V/m。

参考以上两项规定，对电场强度作出 3V/m 的规定。

21.7.2 铜缆的命名可以按照以下推荐的方法统一命名。

铜缆命名方法如下：

XX / X XX

- XX（第二组）——平衡单元　TP— 双绞
- X ——单元屏蔽状况　U— 非屏蔽；F— 金属箔屏蔽
- XX（第一组）——整体屏蔽状况　F— 金属箔屏蔽；SF— 金属网加箔屏蔽；S— 金属网屏蔽

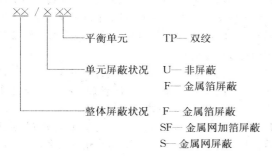

对于屏蔽电缆根据防护的要求，应从 F/UTP（电缆金属箔屏蔽）、U/FTP（线对金属箔屏蔽）、SF/UTP（电缆金属编织网加金属箔屏蔽）、S/FTP（电缆金属箔编织网屏蔽加上线对金属箔屏蔽）中选用。

21.7.6 综合布线缆线的布放方式对于某些生产厂商提供的 6 类电缆不要求完全做到平直和均匀，甚至可以不绑扎，以减少对绞电缆之间串音对传输信号的影响。

21.8 电气防护和接地

21.8.1 综合布线电缆与电力电缆的间距要求，是参考《商用大楼电信通道和间距标准》TIA/EIA569 标准制定的。

当建筑物在建或已建成但尚未投入运行时，为确定综合布线系统的选型，应测定建筑物环境的干扰场强度，根据取得的数据和资料，选择合适的器件和采取相应的措施。

光缆布线具有最佳的防电磁干扰性能，在电磁干扰较严重的情况下，是比较理想的防电磁干扰布线系统。

21.8.5 综合布线应有良好的接地系统，且每一楼层的配线柜都应采用适当截面的导线单独布线至接地体，也可采用竖井内集中用铜排或粗铜线引到接地网。不管采用何种方式，导线或铜导体的截面应符合标准，接地电阻也应符合规定。

22 电磁兼容与电磁环境卫生

22.2.2 医技楼、专业实验室等特殊建筑除应符合本规范的规定外，还应根据项目的特殊性作进一步的考虑。常见的措施有设备屏蔽罩、屏蔽机房等。

22.2.5 本条规定依据国家标准《环境电磁波卫生标准》GB 9175－88，建筑物内部场强的测试应按该标准规定的方法进行。

22.3.1 本条规定引自国家标准《电能质量　公用电网谐波》GB/T 14549－1993。

22.3.2 供配电系统的谐波治理

第 1 款　由二次侧负载产生的三次及其倍数次谐波会在 D，yn11 接线组别变压器的一次侧形成绕组内环流，故可有效地防止此类谐波经变压器传入一次侧的电网中。也正因为如此，这种变压器的一次绕组将可能出现更高的温升，故应适当降低其负载率。有些国家主张采用 K 值变压器，K 值代表变压器对谐波电流所致温升的承受能力。

第 6 款　大功率谐波骚扰源一般可界定为设备功率大于所在变压器容量的 8%，且 THD_i 大于 35%的用电设备。

第 8 款　最简单有效的低阻抗设计方法是将从变压器至大功率谐波骚扰源的馈线截面放大，具体可参照设备样本所供参数进行设计。

第 9 款　功率因数补偿电容器组所配的电抗器应与工程中所针对的谐波数相匹配。

22.5.3 主要指大功率 UPS 等谐波源，最简单有效的低阻抗设计方法为将从变压器至大功率谐波骚扰源的馈线截面放大，具体可参照设备样本所供参数进行设计。

22.7.1 不同电压等级的电力电缆，如 10kV、6kV、0.4kV 的电力电缆应分别穿导管或在不同的电缆桥架内敷设；电力电缆不得与电子信息系统的传输线路合用保护导管和线槽；信号电压明显不同的电子信息系统的传输线路，例如，同为模拟信号的音响广播传输线路与有线电视广播传输线路等，也不得合用保护导管和线槽；不同信号类型的传输线路，例如，模拟信号与数字信号，不宜合用保护导管和线槽。

22.7.2 广播线路的工作电压通常为100V或70V，明显高于其他电子信息系统传输线路的工作电压，且其工作电流也相对较大，容易对其他电子信息系统产生干扰，故也需作一定程度的限制。

22.7.4 为保证保护导管的屏蔽效果，应使保护导管可靠连接并接地。

22.8.3 彼此间采用无金属增强线的光缆连接、设置信号隔离变压器、采用微波传输网络等方法均可阻断高电压的传递途径。

22.8.5 做成封闭环是为消除等电位网络中任意两点间的电位差，确保各点之间的电位相等。

22.8.6 图22-1～图22-4为各种不同的等电位联结网络及其适用范围。

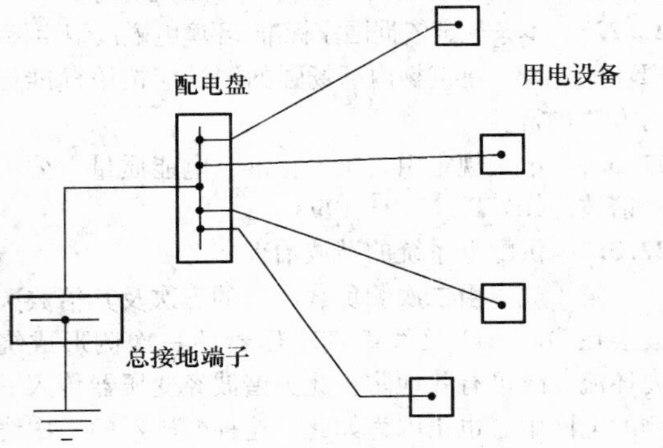

图22-1 星形接地网络

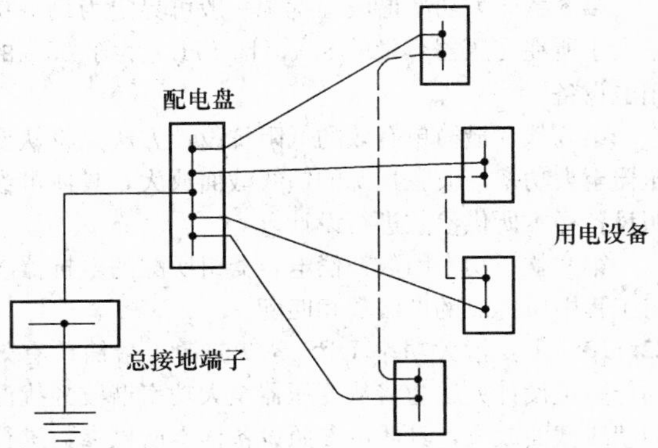

图22-2 星形接地网络

22.8.7 这是为了确保联结导体在高频下仍具有较小的阻抗。

22.8.9 这是为了避免UPS输出端中性点悬浮。

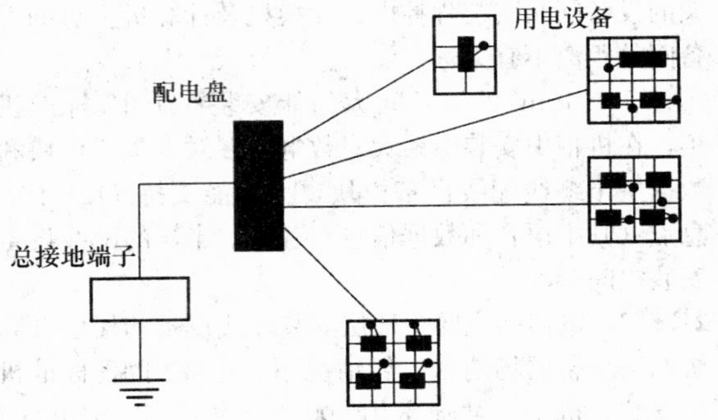

图22-3 多个网状联结的接地网络

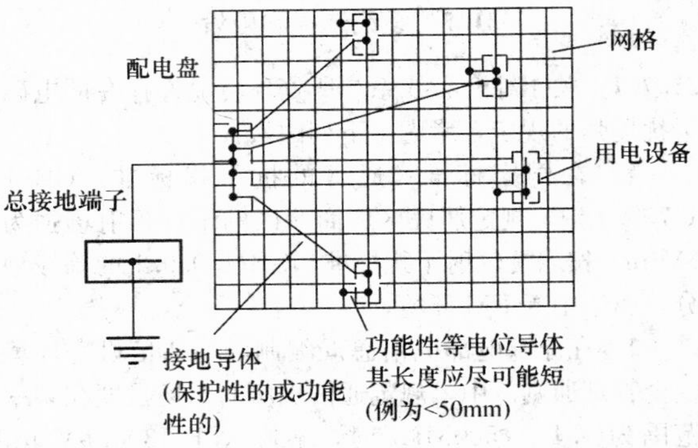

图22-4 公共网状联结的接地网络

23 电子信息设备机房

23.1 一般规定

23.1.1 本章适用于民用建筑物（群）所设的各类电子信息设备机房及电信间，对于主机房建筑面积大于或等于140m^{2}的计算机房与电话交换机房应符合国家相关设计规范的规定。

23.1.2 各类电子信息设备分类合设机房，可节约机房面积，减少值班人员，方便管理，有利于系统集成。

23.1.3 对于高层建筑或电子信息系统较多的多层建筑，其布线种类、设备机柜、接线箱等较多，故应设置电信间。

23.1.5 电子信息技术发展很快，建筑智能化系统的内容在不断增加。因此在设计中，智能化系统设计与建筑设计人员应密切配合，为各智能化系统的运行及其发展留出适度的面积，使机房能满足系统扩容、更新和增加新系统等发展的需要。

23.1.6 地震发生时，机房和设备不应遭到破坏。

23.2 机房的选址、设计与设备布置

23.2.1 漏水、粉尘、有害气体、振动冲击、电磁场干扰等会影响电子信息系统的正常工作，机房位置选择应尽可能远离产生上述影响源的场所或采取必要的

防护措施。

23.2.2 电信间又称弱电间、弱电竖井，既是各系统的布线通道，又是各系统设备机柜、接线箱、端子箱等的安装空间。电信间的位置选择应考虑系统进出线、安装、维护、管理的需要，尽可能远离影响系统正常运行的设施。

23.2.3 机房的组成根据实际情况而定，各类用房可选择组合，但应考虑近期使用和远期发展的合理性。机房面积的计算参照国家标准《电子计算机房设计规范》GB 50174 的规定。电信间要满足各系统的布线、设备机柜等的安装以及维护管理的需要，应保证必要的工作面积。

23.2.4 为了满足运行管理人员操作、监视、维护等的需要，故机房和电信间设备布置应保证足够的通道距离。

23.3 环境条件和对相关专业的要求

23.3.1 粉尘、电磁场干扰等会影响电子信息设备的正常工作，噪声会影响运行管理人员的身心健康。

23.3.2、23.3.3 为了满足设备安装、线缆敷设、系统可靠运行等方面的需要，对机房的建筑、结构、电气、暖通专业提出相关要求。

23.4 机房供电、接地及防静电

为了保证电子信息系统安全、可靠的运行，以及运行管理人员的人身安全，对机房的供电、接地及防静电设计提出相关要求。

23.5 消 防 与 安 全

由于机房在建筑物中的重要性，机房的设计应考虑在正常情况下和非正常情况下的使用需要，还要考虑本身的安全，在非正常情况下尽量减少损失。

24 锅炉房热工检测与控制

24.1 一 般 规 定

24.1.1 本章内容涵盖民用蒸汽锅炉房和住宅小区集中供热热水锅炉房的热工检测与控制。

第 1 款 蒸汽锅炉房主要用于我国北方诸如大型医院等项目。由于医院长年采用蒸汽消毒、食堂蒸饭、夏季制冷（为溴化锂制冷机组供气）及冬季采暖（经过热交换器）供热，炉型统一便于管理。民用蒸汽锅炉额定蒸发量最大为 20t/h，20t/h 以上的蒸锅炉多为工业和热电站用。

第 2 款 近年来，我国长江以北，尤其东北高寒地区为了治理环境污染，许多效率低、污染大的小型热水锅炉被拆除。住宅小区供暖朝着集中供热方向发展，热水锅炉的容量越来越大，出现了多台 58MW 大型热水锅炉并列运行的情况。

24.1.2 本条文的目的是提醒设计人员在作锅炉房仪表设计时，注意与报警系统、计算机监视或各种巡检装置的检测项目综合考虑，不要重复设置检测环节（需要者除外）以减少投资。

24.1.3 在满足锅炉安全、经济运行的前提下，检测仪表要精简，其目的是节约投资和减少运行维护费用。

24.1.4 过程参数的检测控制仪表种类繁多，规格不一，有的仪表价格比较昂贵。因此，在满足工艺要求的前提下，应根据工程大小、投资状况、技术指标要求等综合考虑确定。

24.2 自动化仪表的选择

24.2.1 温度仪表

第 1 款 就地式温度仪表当选用双金属温度计时，通常安装在便于观察的地方，刻度盘直径宜大于 100mm 以满足视觉要求。

第 2 款 压力式温度计量程范围最好在满量程的 1/3～3/4 之间，尤其无蒸发液体的温度计要特别注意，因其饱和蒸汽压力与温度关系为非线性函数，在 1/3 刻度部分的误差将增大一个等级。另外，在量程上限应留一定裕度，可避免产生使弹簧管损坏的现象。

第 3 款 用于测量炉膛、烟道烟气温度的测量元件，由于插入深度较长，在烟气压力的扰动下，测温元件会颤动。在这种情况下，热电偶的耐振性，比热电阻要好。

第 4 款 通常蒸汽、热水温度均为经济考核参数，测量精度要求高，而蒸汽、热水介质的测量情况无机械振动，且在热电阻的测量范围内，故应采用热电阻。

第 5 款 由于管道中心温度和速度变化较小，管道中心的流体温度具有代表性，故热电偶与热电阻的感温体要求尽量插入被测介质的中心。

24.2.2 压力仪表

第 1 款 选择压力仪表时，考虑的重点是测量仪表形式、量程和材质。对于弹性压力表所测压力接近上限时，弹簧的变形力通常很大，容易产生永久变形，缩短使用期限。对于所测压力接近下限时，外力要克服弹性元件初始变形力后才能产生变形，所以越接近下限时，误差越大。为了保证所需精度，且经久耐用作此条文规定。

24.2.3 流量仪表

第 2 款 目前国内锅炉房热工检测与控制系统设计中，流量测量仪表多采用标准节流装置。由于标准节流装置适用面较广、通用程度高、造价相对便宜等优点得到广泛采用。

因此，本条文规定，一般流体（蒸汽、液体）流

量测量仪表应选择标准节流装置配用差压式流量计。当标准节流装置不能满足要求时，才选用其他类型的流量计。

24.2.4 液位仪表

第1款 采用差压计测量密闭容器的液位，通常容器的低水位测量接管设在满量程的10%处，以防止水位波动较大时，克服水枯或水满带来的不利影响。正常水位定在满量程的30%是保证水位在上、下最大的波动范围内仍可测量。

第2款 为消除平衡容量两层套筒内水温不等而使其重度不同所引起的示值误差，双室平衡容器应采用温度补偿型。

24.2.5 分析仪表

第2款 磁导式氧量分析仪用于连续自动分析混合气体中氧气含量，测量过程中不改变被分析气体的形态。对于烟道气体含氧量测量具有反应速度快、稳定性好等优点，在0～100%的范围内均可测量。

氧化锆氧量分析仪测量烟气含氧量具有反应迅速、迟延小、结构简单可用来测量高温烟气（600～800℃）等优点，在燃煤锅炉房中得到广泛应用。

24.2.6 显示、记录、调节仪表

第1款第1项 因数字式显示仪表与动圈式显示仪表相比具有精度高、读数直接方便的优点，故在工程中推荐使用。但对一些小型锅炉或投资少的锅炉房也可采用动圈式显示仪表。

采用色带指示仪测量汽包水位是基于其显示直观、形象，故在工程中大量采用。

第1款第6项 一个调节系统由手动切换到自动，或由自动切换到手动都不应该影响调节器输出的变化。无扰切换是设计一个调节系统时必须考虑的问题，要实现无扰切换必须选择有自动跟踪功能的调节器。

第1款第7项 调节器的上、下限限幅同操作器的上、下限限位都是为了限制执行机构的动作范围，以保证锅炉的安全。具体选用时，如果操作器没有限位功能则调节器就要有限幅功能。当调节系统中调节器和操作器都具有限幅和限位功能时，可将调节器的输出限幅作为Ⅰ限值，操作器的限位作为Ⅱ限值，可提高系统的安全性和可靠性。

24.2.7 电动执行器及调节阀口径的选择

第3款 调节阀阀径是根据计算其流量系数 K_v 值选取的。在公式（24.2.7-1）、（24.2.7-4）中，W_{Lmax}、W_{gmax} 为最大流量，当工艺能够提供该参数的数值时，应以工艺提供的为准。当工艺不能确定时，最大流量的选择应不小于常用流量的1.25倍。

第4款 雷诺数是一个用来证明流体在管道内流动状态的无量纲数。通过雷诺数可判断流体的流动状态是层流还是湍流。因为流量系数是在湍流下测得的，当雷诺数大于3500时，流体为湍流状态可不作低雷诺数修正。当小于3500时，流体逐步进入层流状态。对于计算的 K_v 值，必然会导致较大的误差。因此，对雷诺数偏低的流体在 K_v 值计算时必须进行修正。其修正方法参见相关设计手册。

第6款 在计算调节阀流量系数公式中的常数是在调节阀直径与管道直径相同，而且保证一定直管长度的情况下，通过实验取得的。

但在实际工程中往往不能满足这个条件，特别是调节阀的公称通径小于管道直径，阀两端必然会装有渐缩或渐扩接头等过渡件，因此，加在阀两端的阀压降 Δp 便会小于计算阀压降，使阀的实际流量系数减小。因此，对未考虑附接管件时算得的流量系数要加以修正。其计算可按下式进行：

$$K'_v = \frac{K_v}{K_{Lp}} \quad (24\text{-}1)$$

式中 F_{Lp}——有附接管件时的压力恢复管件形状组合修正系数（其值可根据 D/d 比值，在设计手册中各种调节阀的系数值表中查得）。

第7款 经验法是经过大量的工程计算总结出来的结论。使用经验法的前提是保证工艺管道设计是合理的，否则，仍将采用计算法。

24.3 热工检测与控制

24.3.1～24.3.7 本节条款规定了锅炉机组和水处理系统热工参数需要检测的内容，对于存在安全隐患的参数做了必须装设监测仪表的规定。对于一些用于经济核算和经济运行的参数界定了应装设监测仪表的范围。

24.3.8 由于小于或等于4t/h的蒸汽锅炉，其蒸发量比较小，安装这种小型锅炉的用户往往对蒸汽质量要求不是很高。因此，配备位式给水自动调节装置是比较简单，易于实现，经济实用的控制方案。

对于等于或大于6t/h的蒸汽锅炉，推荐设置连续给水自动调节装置。至于采用单冲量、双冲量、三冲量水位调节尚应根据锅炉的大小和负荷的具体情况选择，本规范未作具体规定。

24.3.9、24.3.10 为保证锅炉安全运行，并能在故障状态下确保锅炉本体不受损坏，制定本条款。

24.3.11 此条规定有两个目的：①提高设备运行的自动化水平，降低运行管理人员的工作强度。②提高蒸汽质量，同时使锅炉运行在最佳风煤比状态，以达到节省能源、降低运行成本。因此，推荐采用燃烧自动调节装置。

24.3.12 对于热力除氧器设置水位调节的主要目的是维持除氧水箱水位稳定，同时，也是维持给水泵吸入口压力稳定。这有利于给水泵的安全运行（水位太低，可能使给水泵入口汽化）和保证除氧效果（水位太高，可能淹没除氧头，影响除氧效果）。

用蒸汽把进入除氧器的水加热到沸点，把水中的氧气排掉以减小锅炉和金属管道的腐蚀。除氧效果与加热时的饱和温度有关，饱和温度稳定，除氧效果就好，一定的饱和温度对应一定的饱和压力。因此，维持除氧器压力稳定，就可以使饱和温度稳定。所以，要设置蒸汽压力自动调节装置。

24.3.13 用喷射器（或真空泵）将除氧器内压力抽成一定的真空度，进入除氧器的水首先加热到与除氧器内相应压力下的饱和温度以上 0.5～1.0℃，然后送入除氧器。由于被除氧的水有过热度，故一部分被汽化，另一部分水处于沸腾状态，水中的气体（主要是氧气）被分解出来，被喷射器排出器外达到除氧的目的。由于进入除氧器的水温度的高、低直接影响到除氧效果的好坏，因此真空除氧器的进水温度应设自动调节装置。

24.3.14 两台及以上除氧器并列运行时，除蒸汽空间用汽平衡管连接外，除氧水箱也用水平衡管连接起来。这对保证锅炉给水泵的安全运行是有利的，但对水位调节、压力调节就不太有利。因为，所有除氧器水箱通过水平衡管连接起来互相干扰，特别是压力控制不好时，水位波动更大。另外，多台除氧器并列运行时，其压力调节对象是一种耦合对象，容易产生振荡。因此，调节系统应重点解决稳定性问题。一台除氧器的水位、压力利用 PI（比例积分）调节规律，其余采用 P（比例）调节规律是提高调节系统稳定性的重要措施之一。

24.4 自动报警与连锁控制

24.4.1、24.4.2 为使锅炉机组及水处理系统设备安全运行，对于一些重要的参数设置了自动报警。当这些参数超出报警阈值，就有可能使设备损坏。因此，对于存在安全隐患的参数设置自动报警装置，一但出现异常现象立即发出警报，提示管理人员及时处理。

24.8 取源部件、导管及防护

24.8.2 本条规定主要是从测量精度方面考虑的。测温元件装设在管道和设备的死角处，因介质不流通，受散热影响，不能反映真实温度。

在有涡流的地方压力波动较大，取压口设在此处，亦不能反映真实压力。

压力取源部件和测温元件在同一管段上邻近安装时，如果测温元件安装在上游，将破坏管道内介质的流场，使测温元件附近的压力产生扰动，对邻近的压力测量非常不利。因此，作出了压力取源部件应安装在测温元件上游的规定。

24.8.3 测量含固体颗粒介质（如烟气）的压力时，取源部件设置在管道（烟道）上方的目的是防止固体颗粒落入测量管路，造成管路堵塞，影响测量。

24.11 锅炉房计算机监控系统

24.11.1 近年来，随着计算机在工控领域的普及及成本不断降低，锅炉机组利用计算机进行监控的工程越来越多，技术上日趋成熟。对于相同吨位的锅炉与采用模拟量组合仪表相比，计算机监控系统具有可靠性高、监控性能强、操作方便等优点，尤其在采用锅炉燃烧自动调节时，更具优势。

因此，本规范推荐在 24.11.1 所述情况下宜采用计算机监控系统。

中华人民共和国国家标准

建筑物防雷设计规范

GB 50057—94

（2000年版）

条 文 说 明

前　言

根据国家计委计综［1989］30号文的要求，由机械工业部负责主编，具体由机械工业部设计研究院修订编制的《建筑物防雷设计规范》GB 50057—94，经建设部1994年4月18日以建标［1994］257号文批准发布。

为便于广大设计、施工、科研、学校等有关单位人员在使用本规范时能够正确理解和执行条文规定，《建筑物防雷设计规范》修订组根据国家计委关于编制标准、规范条文说明的统一要求，按《建筑物防雷设计规范》的章、节、条顺序，编制了《建筑物防雷设计规范条文说明》，供国内各有关部门和单位参考。在使用中如发现本条文说明有欠妥之处，请将意见直接函寄机械工业部设计研究院《建筑物防雷设计规范》国标管理组（北京西三环北路5号，邮政编码100089）。

1994年4月

目　次

第一章　总　　则

第 1.0.1 条　有人认为，建筑物安装防雷装置后就万无一失了。从经济观点出发，要达到这点是太浪费了。因此，特指出“或减少”，以示不是万无一失，因为按照本规范设计的防雷装置的防雷安全度不是100％。

第二章　建筑物的防雷分类

第 2.0.1 条　将工业和民用建筑物合并分类，分为三类。

本规范对第一类防雷建筑物和第二、三类的一部分（如爆炸危险环境、文物）仍沿用以往的做法，不考虑以危险度作为分类的基础。对于第二、三类中一些难于确定的建筑物则根据危险度这一基础来划分。对危险度的分析，见本规范第 2.0.3 条的说明。

第 2.0.2 条

第一款，爆炸物质：

炸药——黑索金、特屈儿、三硝基甲苯、苦味酸、硝铵炸药等；

火药——单基无烟火药、双基无烟火药、黑火药、硝化棉、硝化甘油等；

起爆药——雷汞、氮化铅等；

火工品——引信、雷管、火帽等。

第三款，原规范中有关爆炸火灾危险场所的分类名称按现在新的爆炸火灾危险环境的分区名称修改。其相对应的关系见表 2.1。

表 2.1　爆炸火灾危险环境新旧分类对应关系

原分类级　别	Q—1	Q—2	Q—3	G—1	G—2	H—1	H—2	H—3
新的分区名称	0 区	1 区	2 区	10 区	11 区	21 区	22 区	23 区

因为 1 区跨越 Q—1 和 Q—2 两个级别，因此，1 区建筑物可能划为第一类防雷建筑物，也可能划为第二类防雷建筑物。其区分在于是否会造成巨大破坏和人身伤亡。例如，易燃液体泵房，当布置在地面上时，其爆炸危险环境一般为 2 区，则该泵房可划为第二类防雷建筑物。但当工艺要求布置在地下或半地下时，在易燃液体的蒸汽与空气的混合物的比重重于空气，又无可靠的机械通风设施的情况下，爆炸性混合物就不易扩散，该泵房就要划为 1 区爆炸危险环境。如该泵房系大型石油化工联合企业的原油泵房，当泵房遭雷击就可能会使工厂停产，造成巨大经济损失和人员伤亡，因此，这类泵房应划为第一类防雷建筑物；如该泵房系石油库的卸油泵房，平时间断操作，虽因雷电火花可能引发爆炸造成经济损失和人员伤亡，但相对来说要少得多，则这类泵房可划为第二类防雷建筑物。

第 2.0.3 条

第四款，有些爆炸物质，不易因电火花而引起爆炸，但爆炸后破坏力较大，如小型炮弹库、枪弹库以及硝化棉脱水和包装等均属第二类防雷建筑物。

第五款，见本规范第 2.0.2 条三款的说明。

第八款，选择防雷装置的目的在于将需要防直击雷的建筑物的年损坏危险度 R 值（需要防雷的建筑物每年可能遭雷击而损坏的概率）减到小于或等于可接受的最大损坏危险度 R_c 值（即 $R \leqslant R_c$）。

本章中对于需作计算年雷击次数界限的条文采用每年 10^{-5} 的 R_c 值，即每年十万分之一的损坏概率。

基于建筑物年预计雷击次数（N）和基于防雷装置或建筑物遭雷击一次发生损坏的综合概率（P），对于时间周期 $t=1$ 年，在 $NP_t \ll 1$ 的条件下（所有真实情况都满足这一条件），下面的关系式是适用的：

$$R=1-\exp(-NP_t)=NP,\ 即\ R=NP \quad (2.1)$$

$$P=P_i \cdot P_{id}+P_f \cdot P_{fd} \quad (2.2)$$

式中　P_i——防雷装置截收雷击的概率，或防雷装置的截收效率（也用 E_i 表示），其值与接闪器的布置有关；

P_f——闪电穿过防雷装置击到需要保护的建筑物的概率，也即防雷装置截收雷击失败的概率，等于（$1-P_i$）或（$1-E_i$）；

P_{id}——防雷装置截收雷击后所选用的各种尺寸和规格保护失败而发生损坏的概率；

P_{fd}——防雷装置没有截到雷击而发生损坏的概率。

一次雷击后可能同时在不同地点发生 n 处损坏，每处损坏的分概率为 P_k，这些分概率是并联组成，因此，一次雷击的总损坏概率为：

$$P_d=1-\prod_{k=1}^{n}(1-P_k) \quad (2.3)$$

分损坏概率包含这样一些事件，如爆炸、火灾、生命触电、机械性损坏、敏感电子或电气设备损坏或受到干扰等等。

在确定分损坏概率时，应考虑到同时发生两类事件，即引发损坏的事件（如金属熔化、导体炽热、侧向跳击、不容许的接触电压或跨步电压，等等）和被损坏物体的出现（即人、可燃物、爆炸性混合物等等的存在）这两类事件同时发生。

出现引发损坏的事件的概率直接或间接与闪击参量的分布概率有关，在设计防雷装置和选用其规格尺寸时是依据闪击参量的。

在引发事件的地方出现可能被损坏的周围物体的概率取决于建筑物的特点、存放物和用途。

为简化起见，假定：

1. 在引发事件的地方出现可能被损坏的周围物体的概率对每一类损坏采用相同的值，用共同概率 P_r 代替；

2. 没有被截到的雷击（直击雷）所引发的损坏是肯定的，损坏的出现与可能被损坏的周围物体的出现是同时发生的，因此，$P_{fd}=P_r$；

3. 被截收到的雷击引发损坏的总概率只与防雷装置的尺寸效率 E_s 有关，并假定等于 $(1-E_s)$。E_s 规定为这样一个综合概率，即被截收的雷击在此概率下不应对被保护空间造成损害。E_s 与用来定接闪器、引下线、接地装置的尺寸和规格的闪击参量值有关。

将上述假定代入（2.2）式，即将以下各项代入：P_i 用 E_i 代入，P_f 用 $(1-E_i)$ 代入，P_{fd} 用 P_r 代入，P_{id} 用 P_r $(1-E_s)$ 代入；此外，引入一个附加系数 W_r，它是考虑雷击后果的一个系数，后果越严重，W_r 值越大。因此，（2.2）式转化为：

$$P=P_rW_r(1-E_iE_s) \tag{2.4}$$

概率 P_r 应看作是一个系数，它表示建筑物自身保护的程度或表示考虑这样的真实情况的一个因素，即不是每一个打到需要防雷的建筑物的雷击和不是每一个使防雷装置所选用的规格和尺寸失败的雷击均造成损坏。P_r 值主要取决于建筑物的特点，它的结构、用途、存放物或设备。

$$\eta=E_i\cdot E_s \tag{2.5}$$

η 或 $E_i\cdot E_s$ 为防雷装置的效率。

从（2.1）、（2.4）、（2.5）式得：

$$R=NP_rW_r(1-\eta),\eta=1-\frac{R}{NP_rW_r}$$

如果 R 值采用可接受的最大损坏危险度 $R_c=10^{-5}$，并使

$$N_c=\frac{R_c}{P_rW_r}=\frac{10^{-5}}{P_rW_r} \tag{2.6}$$

式中　N_c——建筑物可接受的年允许遭雷击次数。

因此，防雷装置所需要的效率应符合下式：

$$\eta\geqslant1-\frac{N_c}{N} \tag{2.7}$$

根据 IEC-TC81 的有关资料，第三类防雷建筑物所装设的防雷装置的有关值见表 2.2。

表 2.2　E_i 和 E_s 值

第三类防雷建筑物所装设的防雷装置	E_i	E_s	$\eta=E_i\cdot E_s$
	0.85	0.95	0.80

根据验算和对比（另见本条第九款和本规范第 2.0.4 条二、三、四款说明），本规范对一般建筑物和公共建筑物所采用的 P_rW_r 值见表 2.3。

表 2.3　P_rW_r 值

建筑物 型式	建筑物 特点	P_rW_r	$N_c=\frac{10^{-5}}{P_rW_r}$
一般建筑物	正常危险	$1.6\cdot10^{-4}$	$6\cdot10^{-2}$
公共建筑物	重大危险（引起惊慌、重大损失）	$8\cdot10^{-4}$	$1.2\cdot10^{-2}$

从表 2.2 得保护第三类防雷建筑物的防雷装置的效率 η 值为 0.8。从表 2.3 查得公共建筑物的 N_c 值为 $1.2\cdot10^{-2}$。将这两个数值代入关系式（2.7），得 $0.8\geqslant1-\frac{1.2\cdot10^{-2}}{N}$，所以 $N\leqslant\frac{1.2\cdot10^{-2}}{0.2}=0.06$。这表明对这类建筑物如采用第三类防雷建筑物的防雷措施，只对 $N\leqslant0.06$ 的建筑物保证 R_c 值不大于 10^{-5}。当 $N>0.06$ 时 R_c 值达不到（即大于）10^{-5}，因此，当 $N>0.06$ 时升级采用第二类防雷建筑物的防雷措施。

将部、省级办公建筑物列入，是考虑其所存放的文件和资料的重要性。人员密集的公共建筑物，如集会、展览、博览、体育、商业、影剧院、医院、学校等建筑物。

第九款，从表 2.2 得保护第三类防雷建筑物的防雷装置的 η 值为 0.8。从表 2.3 查得一般建筑物的 N_c 值为 $6\cdot10^{-2}$。将这两个数值代入关系式（2.7），得出 $0.8\geqslant1-\frac{6\cdot10^{-2}}{N}$，所以 $N\leqslant\frac{6\cdot10^{-2}}{0.2}=0.3$。这表明对这类建筑物如采用第三类防雷建筑物的防雷措施，只对 $N\leqslant0.3$ 的建筑物保证 R_c 值不大于 10^{-5}。当 $N>0.3$ 时 R_c 值达不到（即大于）10^{-5}，因此，当 $N>0.3$ 时升级采用第二类防雷建筑物的防雷措施。

第 2.0.4 条

第二款，当没有防雷装置时 $\eta=0$，从表 2.3 查得公共建筑物的 $N_c=1.2\cdot10^{-2}$。将这两个数值代入关系式（2.7），得 $0\geqslant1-\frac{1.2\cdot10^{-2}}{N}$，所以 $N\leqslant0.012$。这表明对这类建筑物当 $N<0.012$ 时可以不设防雷装置；当 $N\geqslant0.012$ 时要设防雷装置。

第三、四款，当没有防雷装置时 $\eta=0$，从表 2.3 查得一般建筑物的 $N_c=6\cdot10^{-2}$。将这两个数值代入关系式（2.7），得 $0\geqslant1-\frac{6\cdot10^{-2}}{N}$，所以 $N\leqslant0.06$。这表明对这类建筑物当 $N<0.06$ 时可以不设防雷装置；当 $N\geqslant0.06$ 时要设防雷装置。

下面用长 60m、宽 13m（即四个单元住宅）的一般建筑物作为例子进行验算对比。其结果列于表 2.4。原规范的建筑物年计算雷击次数的经验公式为原规范的（附 2.1）式。本规范的建筑物年预计雷击次数为（附 1.1）式。k 值均取 1。

表 2.4 计算结果的比较表

地区名称	雷暴日 (d/a)	N 为以下数值时算出的建筑物高度（m）						
		用原规范计算式	用本规范计算式					
		0.01	0.01	0.012	0.05	0.06	0.08	0.3
北 京	36.7	20.1	1.24	1.77	17.7	23.3	36.4	169.8
成 都	36.9	20	1.23	1.75	17.6	23.2	36.2	168.8
昆 明	62.8	13.9	0.23	0.38	7	8.2	12.6	113.1
贵 阳	48.9	16.5	0.55	0.83	10.2	13.4	20.5	136.8
上 海	32.2	21.8	1.73	2.42	22.9	30.3	48.9	186.3
南 宁	88.6	10.7	0.04	0.094	2.95	4	6.4	49.4
湛 江	95.6	10.1	0.023	0.062	2.5	3.4	5.5	41.5
广 州	87.6	10.8	0.045	0.099	3	4.1	6.5	50.8
海 口	113.8	8.7	0.0025	0.017	1.6	2.3	3.8	28.8

要精确计及周围物体对建筑物等效面积的影响，计算起来很繁杂，因此，略去这类影响的精确计算。但在选用一些参数时已适当作了修正。*N* 的计算见本规范附录一。

第三章 建筑物的防雷措施

第一节 一 般 规 定

第 3.1.1 条 本条规定仅对制造、使用或贮存爆炸物质的建筑物和爆炸危险环境采取防雷电感应。其他防雷建筑物可以不防雷电感应。雷电感应可能感应出相当高的电压而发生火花放电引发事故。

在一般性建筑物内，在不带电的金属物上雷电感应所产生的火花放电，由于其能量小、时间极短，通常不会引发火灾危险。在 220/380V 系统的带电体上的雷电感应，由于采取防雷电波侵入和防反击的措施，此问题也跟着得到解决。

关于电子元件的过电压保护分三部分，即 220/380V 电源部分、信息线路、有电子元件的设备本身。信息线路的过电压保护应由信息线路设计者解决。设备本身的应由制造厂解决。电源部分又分两部分，即建筑物的电源进线和接至有电子元件的装置的电源部分（如插座、分配电箱）。本规范仅解决电源进线部分，它与防雷电波侵入和防反击的措施一起解决。至于在装置附近的供电是否设过电压保护器，应根据设备的重要性由信息线路设计者一起解决，或由设备使用者解决或由制造厂提供。此外，设备外壳及其外接金属管线由于电气安全或屏蔽需要已作接地，这也大大地减少了雷电感应的危险性。

本规范现仍采用原来规定的防雷方法，即防直击雷、防雷电感应和防雷电波侵入。国际电工委员会 1990 年版 IEC 1024—1：1990 标准建筑物防雷第一部分通则（以下简称IEC 1024—1)的内容也包括了这些方面的要求，不过叫法不同。有些国家和上述 IEC 的防雷标准将防雷分为外部防雷和内部防雷。所谓外部防雷就是防直击雷（不包括防止防雷装置受到直接雷击时向其他物体的反击)，内部防雷包括防雷电感应、防反击以及防雷电波侵入和防生命危险。本规范的防直击雷包含防反击的内容。

第 3.1.2 条 为说明等电位的作用和一般的做法，下面摘译 IEC 1024—1 的一些有关规定：

3. 内部防雷装置

3.1 等电位连接

3.1.1 通则

为减小在需要防雷的空间内发生火灾、爆炸、生命危险，等电位是一很重要的措施。

等电位是用连接导线或过电压保护器将处在需要防雷的空间内的防雷装置、建筑物的金属构架、金属装置、外来的导体物、电气和电讯装置等连接起来。

当需要防雷的空间设有防雷装置时，处于该空间之外的金属构架可能受到雷电效应。在设计这样的防雷装置时应顾及这种效应。对处于该空间之外的金属构架可能也需要作等电位连接。

当不设防雷装置但需要防从外来管线引来的雷电效应时，也应作等电位连接。

3.1.2 金属装置的等电位连接

应在以下地点做等电位连接：

a）在地下室或在靠近地平面处。连接导线应连到连接板（连接母线）上，连接板的构成和安装要易于接近检查。连接板应与接地装置连接。对于大型建筑物，如果连接板之间有连接，可装设多块连接板；

b）高度超过 20m 的建筑物，在地面以上垂直每隔不大于 20m 处；连接板应与连接各引下线的水平环形导体连接（见 2.2.3 款）；

c）在那些满足不了安全距离的地方（见 3.2 节）。

对有电气贯通钢筋网的钢筋混凝土建筑物、钢构架建筑物、有等效屏蔽作用的建筑物，建筑物内的金属装置通常不需要上述 b）款和 c）款的等电位连接。

……

3.1.3 外来导体的等电位连接

应尽可能在靠近进户点处对外来导体作等电位连接。……

3.1.5 在通常情况下电气和通信装置的等电位连接

电气和通信装置应按 3.1.2 款的要求作等电位连接。应尽量在靠近进户点处作等电位连接。

如果导体有屏蔽层或穿于金属管内，当这类屏蔽物上的电阻压降所形成的电位差不危及电缆和所连接的设备时，通常只将这类屏蔽物作等电位连接就足够了。

线路的所有导体应作直接或非直接连接。相线应仅通过过电压保护器连到防雷装置上。在 TN 系统中，PE 或 PEN 线应直接连到防雷装置上。

……

3.3 防生命危险

在需要防雷的空间内防发生生命危险的最重要措施是采用等电位连接。

第二节 第一类防雷建筑物的防雷措施

第 3.2.1 条

第一款，在原规定的基础上，与独立避雷针、架空避雷线并列，补充采用架空避雷网。

第二款，压力单位用 Pa 及 kPa，它们是法定计量单位。标准大气压力为非法定计量单位，一旦有关国际学术组织宣布废除时，我国也将随着停止使用。因此，表 3.2.1 中的压力单位采用 kPa。一个标准大气压＝1.01325×10^5 Pa＝1.01325×10^2 kPa。

“接闪器与雷闪的接触点应设在上述空间之外”，接触点处于该空间的正上方之外也属于“在上述空间之外”。

第五款，为了防止雷击电流流过防雷装置时所产生的高电位对被保护的建筑物或与其有联系的金属物发生反击，应使防雷装置与这些物体之间保持一定的安全距离。

防雷装置地上高度 h_x 处的电位为：

$$U=U_R+U_L=IR_i+L_0\cdot h_x\cdot\frac{di}{dt}\qquad(3.1)$$

由于没有更合理的方法，与原规范相同，安全距离仍按电阻电压降和电感电压降相应求出的距离相加而得。因此，相应的安全距离为：

$$S_{al}=\frac{IR_i}{E_R}+\frac{L_0\cdot h_x\cdot\frac{di}{dt}}{E_L}\qquad(3.2)$$

式中 U_R——雷电流流过防雷装置时接地装置上的电阻电压降（kV）；

U_L——雷电流流过防雷装置时引下线上的电感电压降（kV）；

R_i——接地装置的冲击接地电阻（Ω）；

$\frac{di}{dt}$——雷电流陡度（kA/μs）；

I——雷电流幅值（kA）；

L_0——引下线的单位长度电感（μH/m），取其等于 1.5μH/m；

E_R——电阻电压降的空气击穿强度（kV/m），取其等于 500kV/m；

E_L——电感电压降的空气击穿强度（kV/m）。

本规范各类防雷建筑物所采用的雷电流参量见附录六的附表 6.1～附表 6.3。

根据对雷电所测量的参数得知，雷电流最大幅值出现于第一次正极性或负极性雷击，雷电流最大陡度出现于第一次雷击以后的负雷击。正极性雷击通常仅出现一次，无重复雷击。

IEC-TC81 的有关文件提出电感电压降的空气击穿强度为 $E_L=600\left(1+\frac{1}{T_1}\right)$（kV/m）。因此，根据附表 6.1，当 $T_1=10\mu s$ 时 $E_L=600\left(1+\frac{1}{10}\right)=660$kV/m；根据附表 6.2，当 $T_1=0.25\mu s$ 时 $E_L=600\left(1+\frac{1}{0.25}\right)=3000$kV/m。

以附表 6.1 的有关参量和上述有关数值代入（3.2）式，其中 $\frac{di}{dt}=\frac{I}{T_1}=\frac{200}{10}=20$kA/μs，得

$$S_{al}=\frac{200R_i}{500}+\frac{1.5\cdot h_x\cdot 20}{660}=0.4R_i+0.0455h_x,$$

考虑计算简化，取作 $S_{al}\geqslant0.4R_i+0.04h_x$。因此，

$$S_{al}\geqslant0.4\ (R_i+0.1h_x)\qquad(3.3)$$

上式即规范（3.2.1-1）式。

同理，改用附表 6.2 及其他有关数值代入（3.2）式，其中 $\frac{di}{dt}=\frac{I}{T_1}=\frac{50}{0.25}=200$kA/μs，得

$$S_{al}=\frac{50R_i}{500}+\frac{1.5\cdot h_x\cdot 200}{3000}=0.1R_i+0.1h_x。$$因此，

$$S_{al}\geqslant0.1\ (R_i+h_x)\qquad(3.4)$$

上式即规范（3.2.1-2）式。

（3.3）式和（3.4）式相等的条件为 $0.4R_i+0.04h_x=0.1R_i+0.1h_x$，即 $h_x=5R_i$。因此，当 $h_x<5R_i$ 时，（3.3）式的计算值大于（3.4）式的计算值；当 $h_x>5R_i$ 时，（3.4）式的计算值大于（3.3）式的计算值；当 $h_x=5R_i$ 时，两值相等。

根据《雷电》一书下卷第 87 页（1983 年，李文

恩等译，水利电力出版社出版，该书译自英文版《Lightning》第2卷，R. H. Golde主编，1977年版）土壤的冲击击穿场强为200～1000kV/m，其平均值为600kV/m，取与空气击穿强度一样的数值，即500kV/m。根据附表6.1，对第一类防雷建筑物取$I=200kA$。因此，地中的安全距离为

$$S_{e1} \geqslant \frac{IR_i}{500} = \frac{200R_i}{500} = 0.4R_i，即$$

$$S_{e1} \geqslant 0.4R_i \qquad (3.5)$$

上式即规范（3.2.1-3）式。

根据计算，在避雷线立杆高度为20m、避雷线长度为50～150m、冲击接地电阻为3～10Ω的条件下，当避雷线立杆顶点受雷击时，流过一根立杆的雷电流为全部雷电流的63%～90%，照理S_{a1}和S_{e1}可相应减小，但计算很繁杂，为了简化计算，故本规范规定S_{a1}和S_{e1}仍按照独立避雷针的方法进行计算。

第六款，按雷击于避雷线档距中央考虑S_{a2}，由于两端分流，对于任一端可近似地将雷电流幅值和陡度减半计算。因此，避雷线中央的电位为：$U=U_R+U_{L1}+U_{L2}$。由此得$S_{a2}=\frac{U_R}{E_R}+\frac{U_{L1}+U_{L2}}{E_L}$，所以

$$S_{a2} = \frac{\frac{I}{2} \cdot R_i}{E_R} + \frac{\left(L_{01} \cdot h + L_{02} \cdot \frac{l}{2}\right)\frac{\frac{di}{dt}}{2}}{E_L} \qquad (3.6)$$

式中 I、U_R、$\frac{di}{dt}$、E_R、E_L——意义及所取的数值同本条第五款的说明；

U_{L1}——雷电流流过防雷装置时引下线上的电感压降（kV）；

U_{L2}——雷电流流过防雷装置时在避雷线上的电感压降（kV）

L_{01}——垂直敷设的引下线的单位长度电感（μH/m）。按引下线直径8mm、高20m时的平均值$L_{01}=1.69\mu H/m$计算；

L_{02}——水平避雷线的单位长度电感（μH/m）。按避雷线截面35mm²、高20m时的值$L_{02}=1.93\mu H/m$计算。

与本条第五款说明类同，以附表6.1和上述有关的数值代入（3.6）式，得

$$S_{a2} = \frac{100R_i}{500} + \frac{\left(1.69h + 1.93\frac{l}{2}\right)10}{660}$$

$$= 0.2R_i + \left(0.0256h + 0.0292\frac{l}{2}\right)$$

$$\approx 0.2R_i + 0.03\left(h + \frac{l}{2}\right)，因此$$

$$S_{a2} \geqslant 0.2R_i + 0.03\left(h + \frac{l}{2}\right) \qquad (3.7)$$

上式即规范（3.2.1-4）式。

再以附表6.2和上述有关的数值代入（3.6）式，得

$$S_{a2} = 0.05R_i + \left(0.0563h + 0.0643\frac{l}{2}\right)$$

$$\approx 0.05R_i + 0.06\left(h + \frac{l}{2}\right)$$

因此

$$S_{a2} \geqslant 0.05R_i + 0.06\left(h + \frac{l}{2}\right) \qquad (3.8)$$

上式即规范（3.2.1-5）式。

以（3.7）式等于（3.8）式，得

$0.2R_i + 0.03\left(h + \frac{l}{2}\right) = 0.05R_i + 0.06\left(h + \frac{l}{2}\right)$，所以$\left(h + \frac{l}{2}\right) = 5R_i$。其余的道理类同于本条第五款。

第七款，将（3.7）式和（3.8）式中的系数以两支路并联还原，即乘以2，并以l_1代$\frac{l}{2}$，再除以有同一距离l_1的个数，则得出规范（3.2.1-6）式和（3.2.1-7）式。

架空避雷网的一个例子见图3.1。

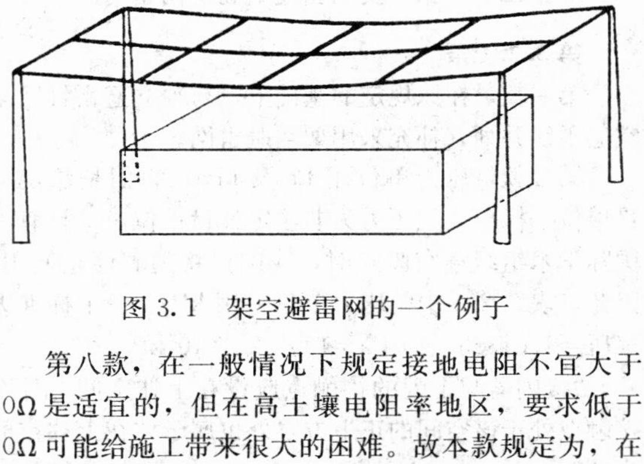

图3.1 架空避雷网的一个例子

第八款，在一般情况下规定接地电阻不宜大于10Ω是适宜的，但在高土壤电阻率地区，要求低于10Ω可能给施工带来很大的困难。故本款规定为，在满足安全距离的前提下，允许提高接地电阻值。此时，虽然支柱距建筑物远一点，接闪器的高度亦相应增加，但可以给施工带来很大方便，而仍保证安全。在高土壤电阻率地区，这是一个因地制宜而定的数值，它应综合接闪器增加的安装费用和可能做到的电阻值来考虑，不宜作硬性的规定。

第3.2.2条

第一款，被保护建筑物内的金属物接地，是防雷电感应的主要措施。本款还规定了不同类型屋面的处理。无疑，金属屋面或钢筋混凝土屋面内的钢筋进行接地，有良好的防雷电感应和一定的屏蔽作用。对于钢筋混凝

土预制构件组成的屋面，要求其钢筋接地有时会遇到困难，但希望施工时密切配合，以达到接地要求。

第二款，本款规定距离小于100mm的平行长金属物，每隔不大于30m互相连接一次，是考虑到电磁感应所造成的电位差只能将几厘米的空隙击穿（计算结果如下）。当管道间距超过100mm时，就不会发生危险。交叉管道亦作同样处理。

两根间距300mm的平行管道，与引下线平行敷设，距引下线3m并与其处于一个平面上。如果将引下线视作无限长，这时在管道环路内的感应电压U（kV）为$U=M\cdot l\cdot\frac{di}{dt}$，它可能击穿的气隙距离$d$为：

$$d=\frac{U}{E_L}=\frac{M\cdot l\cdot\frac{di}{dt}}{E_L} \tag{3.9}$$

式中　l——平行管道成环路的长度（m），取30m计算；

$\frac{di}{dt}$——流经引下线的雷电流的陡度（kA/μs），根据表3.2的参量取200kA/μs计算；

M——1m长两根间距300mm平行管道环路与引下线之间的互感（μH/m），经计算得$M=0.0191$μH/m；

E_L——电感电压的空气击穿强度（kV/m），与本规范第3.2.1条五款说明相同，取3000kV/m计算。

将上述有关数值代入（3.9）式得

$$d=\frac{0.0191\times30\times200}{3000}=0.038\text{m}$$

即使在管道间距大到300mm的情况下，所感应的电压仅可能击穿0.038m的气隙。若间距减到100mm，所感应的电压就更小了（由于M值减小）。

连接处过渡电阻不大于0.03Ω时，以及对有不少于5根螺栓连接的法兰盘可不跨接的规定，是参考国外资料和国内的实践经验确定的。天津某单位安技科做过测试，一些记录如表3.1，这些实测值是在三处罐站测出的。

表3.1　连接处过渡电阻的实测值

序号	被测对象	接触电阻（Ω）	序号	被测对象		接触电阻（Ω）
1	残液罐下法兰，4螺钉齐全，无跨接线	0.0075	10	φ89液相管法兰，8螺钉齐全，有跨接线		0.011
2	残液管道上法兰，4螺钉齐全，无跨接线	0.0075	11	φ57管道法兰，4螺钉齐全	有跨接线时	0.005
			12		拆下跨接线时	0.006
3	3″管道（残液）法兰，4螺钉齐全，有跨接线	0.0088	13	φ89管道新装法兰，8螺钉齐全，无跨接线		0.007
4	2″残液管道上法兰，4螺钉齐全，有跨接线	0.012	14	φ89管道法兰	有跨接线时	0.01
			15		拆下跨接线时	0.01
5	储罐下阀门，8螺钉齐全，无跨接线	0.009	16	球罐下φ150阀门，8螺钉齐全，无跨接线		0.008
6	阀门，8螺钉齐全，无跨接线	0.013				
7	储罐下阀门，8螺钉齐全，有跨接线	0.012	17	临时罐站，2″管道阀门，4螺钉齐全，无跨接线		0.0085
8	工业灌装阀门，无跨接线	0.01				
9	槽车卸油管阀门，无跨接线	0.015	18	临时罐站，4″管道阀门，无跨接线		0.008

第三款，由于已设有独立避雷针（线或网），因此，流过防雷电感应接地装置的只是数值很小的感应电流。在金属物已普遍接地的情况下，电位分布均匀。因此，本款规定为工频接地电阻不大于10Ω。在共用接地装置的场合下，接地电阻只要满足各自要求的阻值就可以，不要求达到更低的接地电阻。

第3.2.3条

第一款，为了防止雷击线路时高电位侵入建筑物造成危险，低压线路宜采用电缆埋地引入，不得将架空线路直接引入屋内；当难于全长采用电缆时，允许从架空线上换接一段有金属铠装的电缆或护套电缆穿钢管埋地引入。这时，需要强调的是，电缆首端必须装设避雷器并与绝缘子铁脚、金具、电缆外皮等共同接地，入户端电缆外皮、钢管必须接到防雷电感应接地装置上，电缆段才能起到应有的保护作用。

当雷电波到达电缆首端时，避雷器被击穿，电缆外导体与芯接通。一部分雷电流经首端接地电阻入地，一部分雷电流流经电缆。由于雷电流属于高频（通常为数千赫兹），产生集肤效应，流经电缆的电流被排挤到外导体上去。此外，流经外导体的雷电流在芯线中产生感应反电势，从理论上分析在没有集肤效应下将使流经芯线的电流趋向于零。

本款规定埋地电缆长度不小于$2\sqrt{\rho}$（m）是考虑电缆金属外皮、铠装、钢管等起散流接地体的作用。接地体在冲击电流下，其有效长度为$2\sqrt{\rho}$（m）。关于采用$2\sqrt{\rho}$的理由参见本规范第4.3.4条的说明。

此外，又限制埋地电缆长度不应小于15m。这是考虑架空线距爆炸危险环境至少为杆高的1.5倍，设杆高一般为10m，1.5倍就是15m。

当土壤电阻率过高，电缆埋地长度过长时，可采用换土措施，使ρ值降低，来缩短埋地电缆的长度。

第3.2.4条 正如规范第3.2.1条所述，第一类防雷建筑物的防直击雷措施，首先应采用独立避雷针或架空避雷线（网）。本条只适用于特殊情况，即由于建筑物太高或其他原因，不能装设独立避雷针或架空避雷线网时，才允许采用附设于建筑物上的防雷装置进行保护。

第二款，从法拉弟笼的观点看，网格尺寸和引下线间距越小，对雷电感应的屏蔽越好，局部区域电位分布较均匀。

雷电流通过引下线入地，当引下线数量较多且间距较小时，雷电流在局部区域分布也就较均匀，引下线上电压降减小，反击危险也相应减小。

对引下线间距，本规范向IEC1024—1防雷标准靠拢。如果完全采用该标准，则本规范的第一类、第二类、第三类防雷建筑物的引下线间距相应应为10、15、25m。但考虑到我国工业建筑物的柱距，一般均为6m，因此，按6m的倍数考虑，故本规范对引下线间距相应定为12、18、25m。

第四款，对于较高的建筑物，引下线很长，雷电流的电感压降将达到很大的数值，需要在每隔不大于12m的高度处，用均压环将各条引下线在同一高度连接起来，并接到同一高度的屋内金属物体上，以减小其间的电位差，避免发生反击。

由于要求将直接安装在建筑物上的防雷装置与各种金属物互相连接，并采取了若干等电位措施，故不必考虑防止反击的距离。

第五款，关于共同接地：由于防雷装置直接装在建、构筑物上，要保持防雷装置与各种金属物体之间的安全距离已成为不可能。此时，只能将屋内各种金属物体及进出建筑物的各种金属管线，进行严格的接地，而且所有接地装置都必须共用，并进行多处连接，使防雷装置和邻近的金属物体电位相等或降低其间的电位差，以防反击危险。

一般说来，接地电阻越低，防雷得到的改善越多。但是，不能由于要达到某一很低的接地电阻而花费过大。出现反击危险可以从基本计算公式$U=IR+L\frac{di}{dt}$来评价，IR项对于建筑物内某一小范围中互相连接在一起的金属物（包括防雷装置）说来都是一样的，它们之间的电位差与防雷装置的接地电阻无关。此外，考虑到已采取严格的各种金属物与防雷装置之间的连接和均压措施，故不必要求很低的接地电阻。

从防雷观点出发，较好是设共用接地装置，它适合供所有接地之用（例如防雷、低压电力系统、电讯系统）。

第六款，为了将雷电流流散入大地而不会产生危险的过电压，接地装置的布置和尺寸比接地电阻的特定值更重要。然而，通常建议有低的接地电阻。

本款的规定完全采用IEC 1024—1防雷标准2.3.3.2的规定（接地体的B型布置）。

图3.2系根据该标准的图2换成本规范的防雷建筑物类别的图。该标准对接地体B型布置的规定是：对于环形接地体（或基础接地体），其所包围的面积的平均几何半径r应不小于l_1，即$r\geqslant l_1$，l_1示于图2

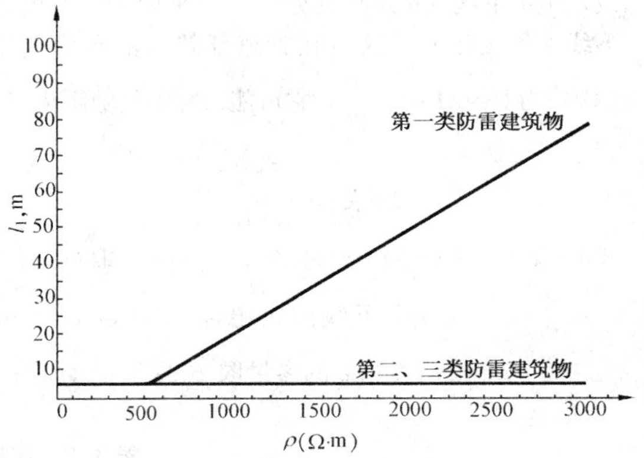

图3.2 按防雷建筑物类别确定的接地体最小长度

（相当于本说明的图3.2）；当l_1大于r时，则必须增加附加的水平放射形或垂直（或斜形）导体，其长度l_r（水平）为$l_r=l_1-r$或其长度l_v（垂直）为$l_v=\frac{l_1-r}{2}$。

环形接地体（或基础接地体），其所包围的面积A的平均几何半径r为：$\pi r^2=A$，所以$r=\sqrt{\frac{A}{\pi}}$。根据图3.2，对于第一类防雷建筑物，当$\rho<500\Omega\cdot m$时l_1为5m，因此，导出本款第1项的规定；当$\rho=500\sim3000\Omega\cdot m$时，$l_1$与$\rho$的关系是一根斜线，从该斜线上找出方便的任两点的坐标，则可求出l_1与ρ的关系式为$l_1=\frac{11\rho-3600}{380}$，所以，导出本款第2项的规定。

由于接地体通常靠近墙、基础敷设，所以补加的水平接地体一般都是从引下线与环形接地体的连接点向外延伸，可为一根，也可为多根。

由于本条采用了若干等电位措施，本款的接地电阻值不是起主要作用，因此，没有提出接地电阻值的具体要求。

本款所要求的环形接地体的工频接地电阻R，在其半径r等于l_1的场合下，当$\rho=500\sim3000\Omega\cdot m$时，大约处于33～13Ω；当$\rho<500\Omega\cdot m$时，$R=0.067\rho$（Ω）。

环形接地体的工频接地电阻的计算式为$R=\frac{2\rho}{3d}$

(Ω)，$d=1.13\sqrt{A}$（m）。式中 ρ 为土壤电阻率（Ω·m），A 为环形接地体所包围的面积（m²）。当 $\rho=500\Omega\cdot m$、$d=10m$ 时，$R=\frac{2\times500}{3\times10}=33\Omega$。当 $\rho=3000\Omega\cdot m$、$d=2\left(\frac{11\rho-3600}{380}\right)$ 时，$R=\frac{2\times3000\times380}{3\times2\ (11\times3000-3600)}=\frac{3000\times380}{3\times29400}=12.9\approx13\Omega$。

第七款，对第一类防雷建筑物，由于滚球半径 h_r 规定为 30m（见本规范的表 5.2.1），所以，30m 以上要考虑防侧击，本款第 1 项的"每隔不大于 6m"是从本条规定屋顶接闪器采用避雷网时其网格尺寸不大于 5m×5m 或 6m×4m 考虑的。由于侧击的概率和雷电流较小，网格的横向距离不采用 4m，而按引下线的位置（其距离不大于 12m）考虑。

第八款，考虑到雷闪直接击于本建筑物的防雷装置时，共用接地装置的电位将升高，可能击穿低压装置或用电设备的绝缘，并参考 IEC 1024—1 防雷标准第 3.1.5 款（见本规范第 3.1.2 条说明），本款补充规定："在电源引入的总配电箱处宜装设过电压保护器"。

根据 IEC 标准，室内低压装置的耐冲击电压最高仅为 6kV。由于本条是将防雷装置直接安装在建筑物上和采用共用接地装置，所以，当防雷装置遭直接雷击时，假设流经靠近低压电气装置处接地装置的雷电流为 20kA，以及接地装置的冲击接地电阻甚至低至 1Ω，这时，在接地装置上电位升高为 20kV。也就是说，低压电气装置接了地的金属外壳的电位比带电体（相导体）也约高 20kV。它比前述的 6kV 耐压高得多。如果在相导体与地之间不装过电压保护器，则在这种情况下，在低压电气装置绝缘较弱处可能被击穿而造成短路、发生火花、损坏设备，这是有危险的。若短路电流小（即长期有较大的漏电流，但又不能使保护设备及时动作切断线路），时间一长则可能引起外壳升温而发生事故或火灾。

第 3.2.5 条 根据原《建筑防雷设计规范》编写组调查的几个例子，雷击树木引起的反击，其距离均未超过 2m，例如，重庆某结核病医院、南宁某矿山机械厂、广东花县某学校及海南岛某中学等由于雷击树木而产生的反击均未超过 2m。考虑安全系数后，现规定净距不应小于 5m。

第三节 第二类防雷建筑物的防雷措施

第 3.3.1 条 接闪器、引下线直接装设在建筑物上，在非金属屋面上装设网格不大于 10m 的金属网，数十年的运行经验证明是可靠的。

中国科学院电工研究所曾对几十个模型做了几万次放电试验，虽然试验的重点放在非爆炸危险建筑物上，而且保护的重点是易受雷击的部位，但对整个建筑物起到了保护作用。如果把避雷带改为避雷网，则保护效果更有提高。根据我国的运行经验和模拟试验，对第二类防雷建筑物采用不大于 10m 的网格是适宜的。IEC 1024—1 防雷标准中相当于本规范第二类防雷建筑物的接闪器，当采用网格时，其尺寸也是不大于 10m×10m，另见本规范第 5.2.1 条说明。与 10m×10m 并列，增加 12m×8m 网格，这与引下线类同，是按 6m 柱距的倍数考虑的。

为了提高可靠性和安全性，便于雷电流的流散以及减小流经引下线的雷电流，故多根避雷针要用避雷带连接起来。

第 3.3.2 条

第一款，虽然对排放有爆炸危险的气体、蒸汽或粉尘的管道的要求同第 3.2.1 条二款，但由于对第一类和第二类防雷建筑物，其接闪器的保护范围是不同的（因 h_r 不同，见表 5.2.1），因此，实际上保护措施的做法是不同的。

第二款，阻火器能阻止火焰传播，因此，在第二类防雷建筑物的防雷措施中补充了这一规定。

以前的调查中发现雷击煤气放散管起火 8 次，均未发生事故。从这些事例中说明煤气放散管始终保持正压，如煤气灶一样，火焰在管口燃烧而不会发生事故，故本规范特作出此规定。

第 3.3.3 条 关于引下线间距见第 3.2.4 条二款的说明。根据实践经验和实际需要补充增加了："当仅利用建筑物四周的钢柱或柱子钢筋作为引下线时，可按跨度设引下线，但引下线的平均间距不应大于 18m"。

第 3.3.4 条 土壤的冲击击穿场强与本规范第 3.2.1 条第五款说明一样，取 500kV/m。雷电流幅值根据附表 6.1 采用 150kA。由于多根引下线，引入分流系数 k_c。因此得 $S_{c2}\geq\frac{k_cIR_i}{500}=\frac{150k_cR_i}{500}=0.3k_cR_i$。

增加"信息系统"，因为信息系统防雷击电磁脉冲时接地必须连接在一起才能起到保护效果，而且应采用共用接地系统。

将分流系数 k_c 选值的规定移至附录五。

第 3.3.5 条 利用钢筋混凝土柱和基础内钢筋作引下线和接地体，国内外在六十年代初期就已经采用了。现已较为普遍。利用屋顶钢筋作为接闪器国内外从七十年代初就逐渐被采用了。

关于利用钢筋体作防雷装置，IEC 1024—1 防雷标准的规定如下：在其 2.1.4 款的规定中，对利用建筑物的自然金属物作为自然接闪器包括"覆盖有非金属物的屋顶结构的金属体（桁架、互相连接的钢筋网等等），当该非金属物处于需要防雷的空间之外时"；在其 2.2.5 款的规定中，对利用建筑物的自然金属物作为自然引下线包括"建筑物的互相连接的钢筋网"；其 2.3.6 款对自然接地体的规定是，"混凝土内互相连接的钢筋网或其他合适的地下金属结构，当其特性满足 2.5 节（译注：即对其材料和尺寸）的要求时可利用作为接地体”。

国际上许多国家的防雷规范、标准也作了类同的规定。

钢筋混凝土建筑物的钢筋体偶尔采用焊接连接，此时，提供了肯定的电气贯通。然而，更多的是，在交叉点采用金属绑线绑扎在一起，但是，不管金属性连接的偶然性，这样一种建筑物具有许许多多钢筋和连接点，它们保证将全部雷电流经过许多次再分流流入大量的并联放电路径。经验表明，这样一种建筑物可容易地被利用作为防雷装置的一部分。

利用屋顶钢筋作接闪器，其前提是允许屋顶遭雷击时混凝土会有一些碎片脱开以及一小块防水、保温层遭破坏。但这对结构无损害，发现时加以修补就可以了。屋顶的防水层本来正常使用一段时期后也要修补或翻修。

另一方面，即使安装了专设接闪器，还是存在一个绕击问题，即比所规定的雷电流小的电流仍有可能穿越专设接闪器而击在屋顶的可能性。

利用建筑物的金属体做防雷装置的其他优点和做法请参见《基础接地体及其应用》一书（林维勇著，1980 年中国建筑工业出版社出版）和全国电气装置标准图集 86SD566《利用建筑物金属体做防雷及接地装置安装》。

钢筋混凝土的导电性能，在其干燥时，是不良导体，电阻率较大，但当具有一定湿度时，就成了较好的导电物质，可达 100～200Ω·m。潮湿的混凝土导电性能较好，是因为混凝土中的硅酸盐与水形成导电性的盐基性溶液。混凝土在施工过程中加入了较多的水分，成形后结构中密布着很多大大小小的毛细孔洞，因此就有了一些水分储存。当埋入地下后，地下的潮气，又可通过毛细管作用吸入混凝土中，保持一定湿度。

图 3.3 示出，在混凝土的真实湿度的范围内（从水饱和到干涸），其电阻率的变化约为 520 倍。在重复饱和和干涸的整个过程中，没有观察到各点的位移，也即每一湿度有一相应的电阻率。

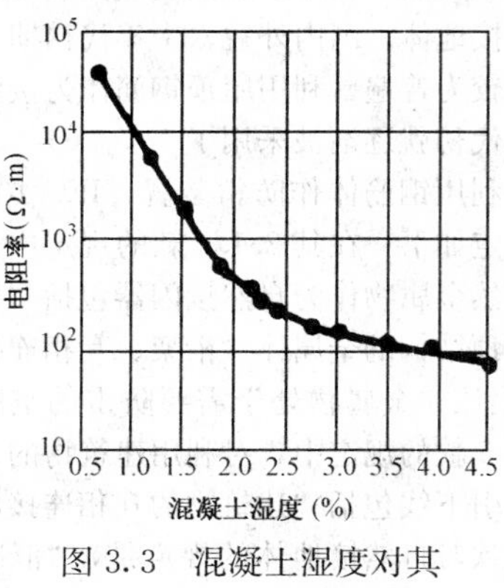

图 3.3　混凝土湿度对其电阻率的影响

建筑物的基础，通常采用 150～200 号混凝土。原苏联 1980 年有人提出一个用于 200 号混凝土的近似计算式，计算混凝土的电阻率 ρ（Ω·m）与其湿度的关系，其关系式如下：

$$\rho=\frac{28000}{W^{2.6}} \tag{3.10}$$

式中　W——混凝土的湿度（%）。

例如，当 $W=6\%$时，$\rho=\frac{28000}{6^{2.6}}=265\Omega\cdot m$；当 $W=7.5\%$时，$\rho=\frac{28000}{(7.5)^{2.6}}=149\Omega\cdot m$。

根据我国的具体情况，土壤一般可保持有 20%左右的湿度，即使在最不利的情况下，也有 5%～6%的湿度。

在利用基础内钢筋作接地体时，有人不管周围环境条件如何，甚至位于岩石上也利用，这是错误的。因此，补充了“周围土壤的含水量不低于 4%”。混凝土的含水量约在 3.5%及以上时，其电阻率就趋于稳定；当小于 3.5%时，电阻率随水分的减小而增大。根据图 3.3，含水量定为不低于 4%。该含水量应是当地历史上一年中最早发生雷闪时间以前的含水量，不是夏季的含水量。

如矿渣水泥、波特兰水泥就是以硅酸盐为基料的水泥。

混凝土的电阻率还与其温度成一定关系的反向作用，即温度升高，电阻率减小；温度降低，电阻率增大。

下面举几个例子说明我国六十年代利用钢筋混凝土构件中钢筋作为接地装置的情况。

一、北京某学院与某公司工程的设计，采用钢筋混凝土构件中的钢筋，作为防雷引下线与接地体，并进行了测定，约 8000m² 的建筑，其接地电阻夏季为 0.2～0.4Ω，冬季则为 0.4～0.6Ω，且几年中基本稳定。

二、上海某广场全部采用了柱子钢筋作为防雷接地引下线，利用钢筋混凝土基桩作为接地极（基桩深达 35m），测定后，接地电阻为 0.2～1.8Ω/基。

三、上海某大学利用钢筋混凝土基桩作为防雷接地装置，并测得接地电阻为 0.28～4Ω（桩深为 26m）。

四、云南某机床厂的约 2000m² 车间，采用钢筋混凝土构件中的钢筋作接地装置，接地电阻为 0.7Ω。

五、1963 年 7 月曾对原北京第二通用机器厂进行了测定，数值如下：

1. 立式沉淀池基础（捣制）4.5～5.5Ω；
2. 四根高烟囱基础（捣制）3～5Ω；
3. 露天行车的一根钢筋混凝土柱子（预制）2Ω；
4. 同一露天行车的另一根柱子（预制）7Ω；
5. 铸钢车间的一根钢筋混凝土柱子（预制）0.5Ω。

以前对基础的外表面涂有沥青质的防腐层时，认为该防腐层是绝缘的，不可利用基础内钢筋作接地体。但是，实践证实并不是这样，国内外都有人作过测试和分析，认为是可利用作为接地体的。

原苏联有若干篇文献论及此问题，国内已有人将其编译为一篇文章，刊登于《建筑电气》1984 年第 4 期，文章名称为“利用防侵蚀钢筋混凝土基础作为接地体的可能性”。在其结论中指出：“厚度 3mm 的沥青涂层，对接地体电阻无明显的影响，因此，在计算钢筋混凝土基础接地电阻时，均可不考虑涂层的影响。厚度为 6mm 的沥青涂层，或 3mm 的乳化沥青涂层，或 4mm 的粘贴沥青卷材时，仅当周围土壤的等值电阻率≤100Ω·m 和基础面积的平均边长 S≤100m 时，其基础网电阻约增加 33%，在其他情况下这些涂裱层的影响很小，可忽略不计”。结论中还有其他的情况，不在这里一一介绍，请参看原译文。上述译文还指出，苏联建筑标准对钢筋混凝土结构防止杂散电流引起腐蚀的规定中，给出防水层的两种状态：“最好的”（无保护部分的面积不大于 1%）和“满足要求的”（无保护部分的面积为 5%～10%）。全苏电气安装工程科学研究所对所测过的、具有防止弱侵蚀介质作用的沥青涂层和防止中等侵蚀介质作用的粘贴沥青卷材的单个基础、桩基、桩群以及基础底板的散流电阻进行了定量分析，说明在很多被测过的基础中，没有一个基础是处于“最好的”绝缘状态。据此，可以作出这样的假设：在强侵蚀介质中，防护层的防水状态也不是“最好的”。上述结论就是在这一前提下作出的。

原东德标准（TGL33373/01/1981 年 2 月，接地、等电位和防雷在建筑技术上的措施）对基础接地体的说明是：“埋设在直接与土地接触或通过含沥青质的外部密封层与土地平面接触的基础内在电气上非绝缘的钢筋、钢埋入件和金属结构”。

原苏联 1987 年版的《建构筑物防雷导则》中也指出，钢筋混凝土基础的沥青涂层和乳化沥青涂层不妨碍利用它作为防雷接地体。

因此，本条规定钢筋混凝土基础的外表面无防腐层或有沥青质的防腐层（如二毡三油或三毡四油）时，基础内的钢筋宜作为接地装置。

规定混凝土中防雷导体的单根钢筋或圆钢的最小直径不应小于 10mm 是根据以下的计算定出的。

《钢筋混凝土结构设计规范》规定构件的最高允许表面温度是：对于需要验算疲劳的构件（如吊车梁等承受重复荷载的构件）不宜超过 60℃；对于屋架、托架、屋面梁等不宜超过 80℃；对于其他构件（如柱子、基础）则没有规定最高允许温度值，对于此类构件可按不宜超过 100℃考虑。

由于建筑物遭雷击时，雷电流流经的路径为屋面、屋架（或托架、或屋面梁）、柱子、基础，流经需要验算疲劳的构件（如吊车梁等承受重复荷载的构件）的雷电流已分流到很小的数值。因此，雷电流流过构件内钢筋或圆钢后，其最高温度值按 80～100℃考虑。现取最终温度 80℃作为计算值。钢筋的起始温度取 40℃，这是一个很安全的数值。

根据 IEC 出版物 364—5—54，钢导体的温升和截面的计算式如下：

$$S=\frac{\sqrt{I^2t}}{k}=\frac{\sqrt{I^2t}}{\sqrt{\dfrac{Q_c\ (B+20)}{\rho_{20}}\cdot\ln\left(1+\dfrac{\theta_f-\theta_i}{B+\theta_i}\right)}}$$

I^2t 用 $k_c^2\int i^2\mathrm{d}t$ 代入，上式即成为

$$S=k_c\sqrt{\frac{\rho_{20}\cdot\int i^2\mathrm{d}t}{Q_c\ (B+20)\ \cdot\ln\left(1+\dfrac{\theta_f-\theta_i}{B+\theta_i}\right)}} \tag{3.11}$$

式中 S——钢导体的截面积（mm^2）；

Q_c——钢导体的体积热容量（J/℃·mm^3），3.8×10^{-3}；

B——钢导体在 0℃时的电阻率温度系数的倒数（℃），202；

ρ_{20}——钢导体在 20℃时的电阻率（Ω·mm），138×10^{-6}；

θ_i——钢导体的起始温度（℃），40℃；

θ_f——钢导体的最终温度（℃），80℃。

将有关已定数值代入（3.11）式，得

$$S=3.27\times10^{-2}k_c\sqrt{\int i^2\mathrm{d}t} \tag{3.12}$$

对于第二类防雷建筑物至少应有两根引下线，同时根据表 3.1 和规范图 3.3.4，因此，得 $\int i^2\mathrm{d}t=5.6\times10^6$ 和 $k_c=0.66$。

对于第三类防雷建筑物，由于可能只有一根引下线，因此，得 $\int i^2\mathrm{d}t=2.5\times10^6$ 和 $k_c=1$。

将上述的 k_c 和 $\int i^2\mathrm{d}t$ 值代入（3.12）式，对于第二类防雷建筑物，$S=51.1mm^2$，其相应直径为 8.06mm；对于第三类防雷建筑物，$S=51.7mm^2$，其相应直径为 8.11mm。

即使对第二类防雷建筑物 k_c 取 1 时，钢导体的截面为 $S=77.38mm^2$，其相应直径为 9.93mm。

对于第二类防雷建筑物（$k_c=0.66$）和第三类防雷建筑物（$k_c=1$），即使最终温度为 60℃，其相应的钢导体截面和直径，第二类防雷建筑物 $S=70.9mm^2$、φ9.5mm，第三类防雷建筑物 $S=71.78mm^2$、φ9.56mm。

上述钢导体的直径均小于 10mm。

埋设在土壤中的混凝土基础的起始温度取 30℃（我国地下 0.8m 处最热月土壤平均温度，除少数地区略超过 30℃外，其余均在 30℃以下）；最终温度取 99℃，以不发生水的沸腾为前提。在此基础上求出的钢筋与混凝土接触的每一平方米表面积允许产生的单位能量不应大于 1.32×10^6 J/Ω·m^2（另见本规范第 3.3.6 条第三款的说明）。因此，对于第二类防雷建

筑物，钢筋表面积总和不应少于$\frac{5.6\times10^{6}k_{c}^{2}}{1.32\times10^{6}}=4.24k_{c}^{2}$（$m^2$）；对于第三类防雷建筑物，钢筋表面积总和不应少于$\frac{2.5\times10^{6}k_{c}^{2}}{1.32\times10^{6}}=1.89k_{c}^{2}$（$m^2$）。

确定环形人工基础接地体尺寸的几条原则：

一、在相同截面（即在同一长度下，所消耗的钢材重量相同）下，扁钢的表面积总是大于圆钢的，所以，建议优先选用扁钢，可节省钢材；

二、在截面积总和相等之下，多根圆钢的表面积总是大于一根的，所以，在满足所要求的表面积的前提下，选用多根或一根圆钢；

三、圆钢直径选用 8、10、12mm 三种规格，选用大于 φ12mm 圆钢一是浪费材料，二是施工时不易于弯曲；

四、混凝土电阻率取 100Ω·m，这样，混凝土内钢筋体有效长度为 $2\sqrt{\rho}=20$m，即从引下线连接点开始，散流作用按各方向 20m 考虑；

五、周长≥60m，按 60m 考虑，设三根引下线，此时，$k_c=0.44$，另外还有 56％的雷电流从另两根引下线流走，每根引下线各占 28％。设这 28％从两个方向流走，每一方向流走 14％。因此，与第一根引下线连接的 40m 长接地体（一个方向 20m，两个方向共计 40m），共计流走总电流的（0.44＋0.14＋0.14＝0.72）72％，即条文上一段所规定的 $4.24k_c^2$ 和 $1.89k_c^2$ 中的 k_c 等于 0.72。

六、≥40m 至＜60m 周长时按 40m 长考虑，k_c 等于 1，即按 40m 长流走全部雷电流考虑。

七、＜40m 周长时无法预先定出规格和尺寸，只能按 $k_c=1$ 由设计者根据具体长度计算，并按以上原则选用。

根据以上原则所计算的结果列于表 3.2。

表 3.2　确定环形人工基础接地体的计算结果

周长（m）	k_c 值	环形人工基础接地体的表面积：第二类防雷建筑物	环形人工基础接地体的表面积：第三类防雷建筑物
≥60	0.72	$4.24k_c^2=2.2m^2$	$1.89k_c^2=0.98m^2$
		4mm×25mm 扁钢 40m 长的表面积＝2.32m^2 2×ϕ10mm 圆钢 40m 长表面积总和＝2.513m^2	1×ϕ10mm 圆钢 40m 长的表面积＝1.257m^2
≥40 至＜60	1	$4.24k_c^2=4.24m^2$	$1.89k_c^2=1.89m^2$
		4mm×50mm 扁钢 40m 长的表面积＝4.32m^2 4×ϕ10mm 的＝5.03m^2 3×ϕ12mm 的＝4.52m^2	4mm×20mm 扁钢 40m 长的表面积＝1.92m^2 2×ϕ8mm 的＝2.01m^2

注：采用一根圆钢时，其直径不应小于 10mm。

整个建筑物的槽形、板形、块形基础的钢筋表面积总是能满足对钢筋表面积的要求。

混凝土内的钢筋借绑扎作为电气连接，当雷电流通过时，在连接处是否可能随此而发生混凝土的爆炸性炸裂。为了澄清这一问题，瑞士高压问题研究委员会进行过研究，认为钢筋之间的普通金属绑丝连接对防雷保护说来是完全足够的，而且确证，在任何情况下，在这样连接附近的混凝土决不会碎裂，甚至出现雷电流本身把绑在一起的钢筋焊接起来，如点焊一样，通过电流以后，一个这样的连接点的电阻下降为几个毫欧的数值。

日本对试样做过试验，其结果是，有一个试样的一个绑扎点通过 48kA 和两个试样的各一个绑扎点通过 61kA 后，采用绑扎连接的这三个钢筋混凝土试样才遭受轻度裂缝的破坏。这说明一个绑扎点可以安全地流过若干万安培的冲击电流。

从以上试验可以认为，在雷电流流过的路径上，有一些并联的绑扎点时，就会是安全的。

许多国家的建筑物防雷规范和标准均允许利用绑扎连接的钢筋体作为防雷装置。

第 3.3.6 条

第一款，根据 IEC 1024—1 防雷标准第 2.3.3.2 款导出本条的规定，见本规范第 3.2.4 条六款的说明。

当环形接地体所包围的面积 A 的平均几何半径 $r=\sqrt{\frac{A}{\pi}}=5$m 和 $\rho\leqslant3000\Omega\cdot$m 时，其工频接地电阻 R 约为 $R=\frac{2\rho}{3d}=0.067\rho$（Ω）。

第二款，根据本条一款的规定，当$\sqrt{\frac{A}{\pi}}\geqslant5$时，得 $A\geqslant78.54m^2$，取整数，故定为 A 大于或等于 80m^2。

第三款，本款系根据实际需要和实践经验补充增加的。第 1 项保证地面电位分布均匀。第 2 项保证雷电流较均匀分配到雷击点附近作为引下线的金属导体和各接地体上。第 3 项保证混凝土基础的安全性。

第 1 项中“绝大多数柱子基础”是指在一些情况下少数柱子基础难于连通的情况，如车间两端在钢筋混凝土端屋架中间（不是屋架的两头）的柱子基础，即挡风柱基础。

地中混凝土的起始温度取 30℃，最高允许温度取 99℃。混凝土的含水量按混凝土重量的 5％计算。边长 1 米的基础混凝土立方体的热容量 Q_1 为：

$$Q_1\ (J/m^3)=(C_1+0.05C_2)\ M_1\cdot\Delta T \tag{3.13}$$

式中　C_1——混凝土的比热容(J/kg·K)，取 8.82×10^2；

C_2——水的比热容（J/kg·K），取 4.19×10^3；

M_1——边长 1 米的混凝土立方体的重量（kg/m^3），取 2.1×10^3；

ΔT——温度差，对于起始温度为 30℃和最终温度为 99℃的场合，$\Delta T=69$℃。

将以上有关数值代入（3.13）式得 $Q_1=1.58\times10^8\text{J/m}^3$。

雷电流从钢筋表面（设钢筋与混凝土的接触表面积为 1m^2）流入混凝土（混凝土折合成边长 1 米的立方体）时所产生的热量按下式计算：

$$Q_2=\int i^2\rho\mathrm{d}t=\rho\int i^2\mathrm{d}t \qquad (3.14)$$

式中 ρ——混凝土在 30～99℃时的平均电阻率，取 $120\Omega\cdot\text{m}$。

使 $Q_2=Q_1$，得 $\rho\int i^2\mathrm{d}t=1.58\times10^8$，所以

$$\int i^2\mathrm{d}t=\frac{1.58\times10^8}{120}=1.32\times10^6\text{J}/\Omega\cdot\text{m}^2=1.32\text{MJ}/\Omega\cdot\text{m}^2$$

上式的计量单位 $\text{MJ}/\Omega\cdot\text{m}^2$ 说明雷电流从 1m^2 钢筋表面积流入混凝土所产生的单位能量应不大于 $1.32\text{MJ}/\Omega$。

从表 3.1 得第二、三类防雷建筑物的单位能量（即 $\int i^2\mathrm{d}t$）分别为 $5.6\text{MJ}/\Omega$ 和 $2.5\text{MJ}/\Omega$。

由于单位能量与雷电流的平方成正比，亦即与分流系数 k_c 的平方成正比。根据本规范图 3.3.4 的（c）取 $k_c=0.44$，因此，分流后流经一根柱子的雷电流，它所产生的单位能量分别为 $5.6\times(0.44)^2=1.084\text{MJ}/\Omega$ 和 $2.5\times(0.44)^2=0.484\text{MJ}/\Omega$。

将这两个数值分别除以 $\int i^2\mathrm{d}t=1.32\text{MJ}/\Omega\cdot\text{m}^2$，则相应所需的基础钢筋表面积分别为 $\frac{1.084}{1.32}=0.82\text{m}^2$ 和 $\frac{0.484}{1.32}=0.37\text{m}^2$。

关于基础钢筋表面积的计算，现举一个实际设计例子。图 3.4 为车间一个柱子基础的结构设计。

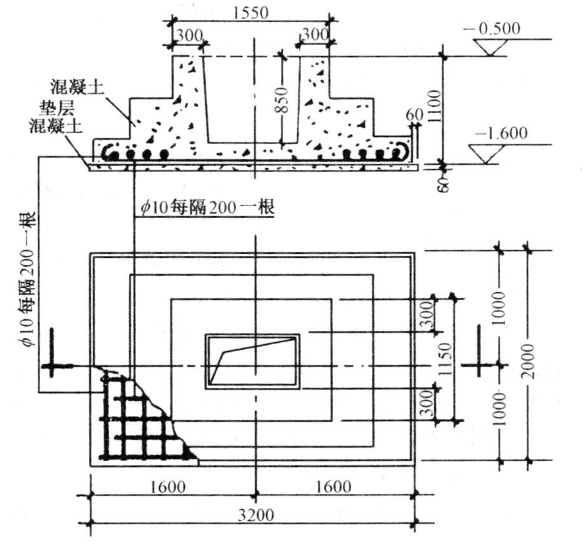

图 3.4　车间的一个柱子基础结构图

$\varphi10$ 钢筋周长为 $0.01\pi\text{m}$，每根长 2m，每根的表面积为 $0.02\pi\text{m}^2$，共计 $\frac{2000}{200}=10$ 根，故 $\varphi10$ 钢筋的总表面积为 $0.2\pi\text{m}^2$。

$\varphi12$ 钢筋周长为 $0.012\pi\text{m}$，每根长 3.2m，每根的表面积为 $3.2\times0.012\pi=0.0384\pi\text{m}^2$，共计 $\frac{3200}{200}=16$ 根，故 $\varphi12$ 钢筋的总表面积为 $16\times0.0384\pi=0.6144\pi\text{m}^2$。

因此，基础钢筋的总表面积为上述两项之和，即 $0.2\pi+0.6144\pi=0.8144\pi=2.56\text{m}^2$。

第 3.3.7 条　建筑物内的主要金属物不包括混凝土构件内的钢筋。

第 3.3.8 条

第一款，以规范（3.2.1-1）式和（3.2.1-2）式为基本式，根据表 3.1 和表 3.2，第二类防雷建筑物和第一类防雷建筑物的雷电流幅值之比为 0.75，即 $\frac{150}{200}=0.75$、$\frac{37.5}{50}=0.75$。因此，以基本式乘上 0.75 和 k_c 值则导出规范（3.3.8-1）式和（3.3.8-2）式。

k_c 值按规范图 3.3.4 确定，它引自 IEC 1024—1 防雷标准的图 3、图 4、图 5。k_c 为考虑分流作用而引入的系数，由于引下线根数不同、接法不同而采用不同的数值。IEC 的 k_c 值适用于引下线间距 20m。本规范第二类和第三类防雷建筑物的引下线间距分别不大于 18m 和 25m。所以，将 IEC 的 k_c 值用于第二类防雷建筑物将会是更安全。而用于第三类则 k_c 值偏小些。但在设计时引下线间距受建筑条件限制，实际上，引下线间距通常都小于 25m，此外，无 IEC 对 k_c 值的推导材料，无法推算出 25m 间距时的 k_c 值。因此，第三类防雷建筑物的 k_c 值与第二类的一样，也采用 IEC 的 k_c 值。

第二款，规范（3.3.8-3）式为（3.3.8-2）式中的电感压降分量部分。

“当利用建筑物的钢筋或钢结构作为引下线，同时建筑物的大部分钢筋、钢结构等金属物与被利用的部分连成整体时，金属物或线路与引下线之间的距离可不受限制”，这段系根据 IEC 1024—1 防雷标准的有关规定补充的，见本规范第 3.1.2 条的说明。

第四款，砖墙的击穿强度为空气击穿强度的 1/2 与 IEC 1024—1 防雷标准的表 9 一致，但规定混凝土墙的击穿强度与空气击穿强度相同系参考德国电工杂志（etz）1986 年 107 卷第 1 期《建筑材料对确定安全距离的影响》一文，在该文献中提到：“混凝土的冲击击穿电压约相当于空气的，所以，混凝土的厚度可按同样的空气厚度看待”；在结束语中指出：“通常，建筑材料的冲击电压强度比空气的小（至多小 1/2）。只有混凝土的击穿强度与空气的相等。尚未发现有介电强度比空气高的建筑材料”。

第五款，前半段的理由参见本规范第 3.2.4 条八款的说明。

当变压器附近的建筑物防雷装置接受雷闪时，接地装置电位升高，变压器外壳电位也升高。由于变压

器高压侧各相绕组是相连的，对外壳的雷击高电位说来，可看作处于同一低电位，外壳的高电位可能击穿高压绕组的绝缘，因此，应在高压侧装设避雷器。当避雷器反击穿时，高压绕组则处于与外壳相近的电位，高压绕组得到保护。另一方面，由于变压器低压绕组的中心点与外壳在电气上是连接在一起的，当外壳电位升高时，该电位加到低压绕组上，低压绕组有电流流过，并通过变压器绕组的电磁感应使高压侧可能产生危险的高电位。若在低压侧装设避雷器，当外壳出现危险的高电位时低压避雷器动作放电，大部分雷电流经避雷器流过，因此，保护了高压绕组。

第 3.3.9 条

第二款第 1 项，见第 3.2.3 条第一款的说明。

第三款第 1 项，仅要求电缆“埋地长度应大于或等于 15m”代替原规范的 50m。其理由为：一、本类建筑物不是爆炸危险类，要求可低些；二、原 50m 埋地电缆的要求不合理，参见本规范第 3.2.3 条第一款的说明。

第四款，架空金属管道在入户处与防雷接地相连或独自接地，当雷直击其上，引入屋内的电位，与雷直击于屋顶接闪器相似。对爆炸危险类，距建筑物约 25m 处还接地一次，再加上附近各管道支架的泄流作用，对建筑物的安全更可靠。

第 3.3.10 条 由于高避雷针和高层建筑物，在其顶点以下的侧面有遭到雷击的记载，因此，希望考虑其他高层建筑物上部侧面的保护。有三点理由认为这种雷击事故是轻的。第一，侧击具有短的极限半径（吸引半径），也即小的滚球半径 h_r，其相应的雷电流也是较小的；第二，高层建筑物的建筑结构通常能耐受这类小电流的侧击；第三，建筑物遭受侧击损坏的记载尚不多，这点真实地证实前两点的实在性。因此，对高层建筑物上部侧面雷击的保护不需另设专门接闪器，而利用建筑物本身的钢构架、钢筋体及其他金属物。

将窗框架、栏杆、表面装饰物等较大的金属物连到建筑物的钢构架或钢筋体进行接地，这是首先应采取的防侧击的预防性措施。

对第二类防雷建筑物，由于滚球半径 h_r 规定为 45m（见本规范表 5.2.1），所以，本条三款规定“45m 及以上”。

竖直管道及类似物在顶端和底端与防雷装置连接，其目的在于等电位。由于两端连接，使其与引下线成了并联路线，因此，必然参与导引一部分雷电流。

第四节　第三类防雷建筑物的防雷措施

第 3.4.1 条 “平屋面的建筑物，当其宽度不大于 20m 时，可仅沿周边敷设一圈避雷带”的规定是根据以往的习惯做法定的。

第 3.4.3 条 见本规范第 3.3.5 条的说明。

第 3.4.4 条 见本规范第 3.3.6 条的说明。

第 3.4.6 条 国内砖烟囱的高度通常都没有超过 60m。国家标准图也只设计到 60m。60m 以上就采用钢筋混凝土烟囱。对第三类防雷建筑物高于 60m 的部分才考虑防侧击。钢筋混凝土烟囱其本身已有相当大的耐雷水平。故在本条文中不提防侧击问题。其他理由见本规范第 3.3.10 条的说明。

金属烟囱铁板的截面积完全足以导引最大的雷电流。关于接闪问题，按本规范第 4.1.4 条的规定，当不需要防金属板遭雷击穿孔时，其厚度不应小于 0.5mm。本条的金属烟囱即属于此类。而实际采用的铁板厚度总是大于 0.5mm。故在本条中对金属烟囱铁板的厚度无需再提及。金属烟囱本身的连接（每段与每段的连接）通常采用螺栓，这对于一般烟囱的防雷已足够，即使雷击时有火花发生，不会有任何危险，故对此问题也无需提出要求。

第 3.4.7 条 见本规范第 3.2.4 条二款和第 3.3.3 条的说明。

第 3.4.8 条 根据表 3.1 和表 3.2，第三类防雷建筑物和第二类防雷建筑物的雷电流幅值之比为 2/3，即 $\frac{100}{150}=\frac{2}{3}$、$\frac{50}{75}=\frac{2}{3}$。因此，以规范（3.3.8-1）式、（3.3.8-2）式和（3.3.8-3）式乘以 2/3 则导出规范（3.4.8-1）式、（3.4.8-2）式和（3.4.8-3）式。另见本规范第 3.2.4 条四款和第 3.3.8 条一、二、四款的说明。

第 3.4.9 条

第二款，根据以前的调查，沿低压架空线路侵入高电位而造成的事故占总雷害事故的 70% 以上，如上海 1956～1963 年的统计资料，74 起雷击起火事故中 71.6% 以上是高电位侵入造成的；北京 1956～1957 年的 224 起雷击建筑物事故中有 120 起是高电位侵入造成的。因此，防直击雷和防高电位侵入的措施必须结合起来考虑。以前在调查中发现，有些建筑物虽然采取了防直击雷措施，但用电设备仍被雷打坏，例如海南岛某农机厂就是在建筑物上装设了避雷针，但车间内的用电设备仍被雷打坏。由于高电位引入而造成的事故，绝大部分为木电杆线路。钢筋混凝土电杆线路由于电杆的自然接地起了作用，发生事故者很少。据以前的调查，进户线绝缘子铁脚采取了接地措施后没有发现雷击死亡事故。

如果只将绝缘子铁脚接地，仅在铁脚与导线之间形成一个放电保护间隙，其放电电压约为 40kV，这对保护人身安全是可靠的，但要保护低压电气设备和线路就不够了，因室内低压电气设备和线路的耐冲击电压 IEC 规定最大为 6kV。那么，在绝缘子放电之前，可能室内的电气设备或线路已被击穿，故要增设避雷器来保护室内的电气设备和线路。

近年来，家电及办公自动化日渐普及，雷害事故每年都有报道，下面举一例子。1990 年 5 月 1 日北京晚报第 2 版刊登："3 月 30 日晚七时半，怀柔城关镇突然雷鸣电闪，暴雨倾盆而下。骤然来临的雷击，使怀柔城关一些电器设备，包括家用电器、配电盘受损。原因是未采取防范措施，没及时拔掉天线、关闭电器、切断电源。据了解，保险公司已收到 50 多保户报案电器受损。经查勘登记后，有部分电器已送到指定家电修理部修理；对证实确属保险责任的损失，保险公司将给予赔偿。"

第 3.4.10 条 对第三类防雷建筑物，由于滚球半径 h_r 规定为 60m（见本规范表 5.2.1），所以，将 45m 改为 60m。另参见本规范第 3.3.10 条的说明。

第五节 其他防雷措施

第 3.5.4 条

第一款，当无金属外壳或保护网罩的用电设备不在接闪器的保护范围内时，其带电体遭雷击的可能性比处在保护范围内的大得多，而带电体遭直接雷击后可能将高电位引入室内。当采用避雷网时，根据避雷网的保护原则，被保护物应处于该网之内并不高出避雷网。

第二款，穿钢管和两端连接的目的在于使其起到屏蔽、分流和集肤作用。由于配电盘外壳已按电气安全要求作了接地，不管该接地与防雷接地是否共用，这保护管实际上与防雷装置的引下线并联，各起到了分流作用。当防雷装置或设备金属外壳遭雷击时，均有一部分雷电流经钢管、配电盘外壳入地。这部分雷电流将对钢管内的线路感应出与其在钢管上所感应出的电压同值，即 $L\frac{\mathrm{d}i}{\mathrm{d}t}=M\frac{\mathrm{d}i}{\mathrm{d}t}$，因 $L=M$。因此，可降低线路与钢管之间的电位差。当雷击中带电体并使带电体与钢管短接时，由于钢管的集肤作用（雷电流的频率达数千赫兹）和上述的互感电压将使雷电流从钢管流走，管内线路无电流。

第三款，由于白天开关处于断开状态，对节日彩灯还有在其不使用的期间内，开关均处于断开状态，当防雷装置或设备金属外壳遭雷击时，开关电源侧的电线、设备与钢管和配电盘外壳之间可能产生危险的电位差，故宜在开关的电源侧装设过电压保护器。

第 3.5.5 条 据以前调查，当粮、棉及易燃物大量集中的露天堆场设置独立避雷针后，雷害事故大大减少。

虽然粮、棉及易燃物大量集中的露天堆场不属于建筑物，但在本条中仍规定"宜采取防直击雷措施"，以策安全。

N 大于或等于 0.06 次/a 是参照第三类防雷建筑物的规定。

考虑到堆场的长、宽、高是设定的，并不一定总是堆满，故其避雷针、线保护范围的滚球半径取比保护第三类防雷建筑物的大，即 $h_r=100$m。$h_r=100$m 相应的接闪最小雷电流约为 34kA，接近雷电流的平均值。附录一在计算与建筑物截收相同雷击次数的等效面积 A_e 时是在 $h_r=100$m 的条件下推算的。

此外，考虑到堆场总不是堆到预定的高度和堆放面积的边沿，因此，实际上，在许多情况下，堆放物受到保护的滚球半径小于 100m，也就是相应受到保护的最小雷电流比平均值小。

第 3.5.6 条 以前在调查中发现，有的单位把电话线、广播线以及低压架空线等悬挂在独立避雷针、架空避雷线立杆以及建筑物的防雷引下线上，这样容易造成高电位侵入，这是非常危险的，故规定本条。

第四章 防雷装置

第一节 接闪器

第 4.1.1 条 本条避雷针所采用的尺寸，沿用习惯数值。按热稳定检验，只要很小的截面就够了。所采用的尺寸主要是考虑机械强度和防腐蚀问题。在同样的风压和长度下，本条采用的钢管所产生的挠度比圆钢的小。经计算，如果允许挠度采用 $\frac{1}{50}$，则各尺寸的允许风压可达表 4.1 所示的数值。

表 4.1 避雷针允许的风压（kN/m²）

1m 长避雷针	ϕ12 圆钢 ϕ20 钢管	2.66 12.32
2m 长避雷针	ϕ16 圆钢 ϕ20 圆钢 ϕ25 钢管 ϕ40 钢管	0.79 1.54 2.43 5.57

第 4.1.2 条 在同一截面下，圆钢的周长比扁钢的小，因此，其与空气的接触面也小，受空气腐蚀相对也小。此外，圆钢易于施工，材料易取得。所以，建议优先采用圆钢。

第 4.1.4 条 本条系参考国际电工委员会 IEC1024—1 建筑物防雷标准的有关规定而定的。

已证实，铁板遭雷击时其与闪击通道接触处由于熔化而烧穿仅当其厚度小于 4mm 时才可能。

金属体与闪击通道接触处的热过程极为复杂，而且不好准确计算。当这一现象用简化的模型表示时可假定，接触区的热分配与固定的电弧类同。电弧在金属电极表面产生数十伏的电压降（U_e，以下计算取其值为 30V），它几乎与雷电流的大小无关。使金属加热的能量为 $W=U_e\cdot Q$，式中 Q 为流经雷击点的电荷（As）。考虑全部能量用于加热金属体时，雷击每库仑（As）电荷能熔化以下的金属体积：

铁（Fe），$\frac{V}{Q}\approx 4.4\ \frac{\text{mm}^3}{\text{As}}$；铜（Cu），$\frac{V}{Q}\approx 5.4\ \frac{\text{mm}^3}{\text{As}}$；铝（Al），$\frac{V}{Q}\approx 12\ \frac{\text{mm}^3}{\text{As}}$。

雷击点加热面积的直径取 50～100mm（相应面积为 1963～7854mm²）。已知电荷 Q 值则可估算金属的熔化深度。如正闪击的全部电荷的平均值（50%概率）为 80As（负闪击的相应值仅为 8As），则熔化深度为 Fe 0.045～0.179mm、Cu 0.055～0.22mm、Al 0.122～0.489mm。

根据表 3.1 的注，对第二、第三类防雷建筑物一次闪击的总电荷量分别为 225As 和 150As，其相应的金属熔化深度分别为 Fe 0.127～0.503mm、Cu 0.155～0.619mm、Al 0.343～1.375mm 和 Fe 0.084～0.336mm、Cu 0.103～0.413mm、Al 0.229～0.917mm。

第 4.1.6 条 敷设在混凝土内的金属体，由于受到混凝土保护，不需要采取防腐措施。

第 4.1.7 条 由于这类共用天线可能改变位置、改型、取消，故规定本条。

第二节 引 下 线

第 4.2.1 条 参见本规范第 4.1.2 条的说明。

第 4.2.2 条 为了减小引下线的电感量，故引下线应沿最短接地路径敷设。

对于建筑艺术要求较高的建筑物，引下线可采用暗敷设，但截面要加大，这主要是考虑维修困难。

第 4.2.5 条 由于引下线在距地面最高为 1.8m 处设断接卡，为便于拆装断接卡以及拆装时不破坏保护设施，故规定“地面上 1.7m”。改性塑料管为耐阳光晒的塑料管。

第三节 接 地 装 置

第 4.3.1 条 所采用的最小截面是考虑一定的耐腐蚀能力并结合实际使用尺寸而提出的。这些截面在一般情况下能得到良好的使用效果，但是腐蚀性较大的土壤中，应采取镀锌等防腐措施或加大截面。

在附录五中已说明接地线为“从引下线断接卡或换线处至接地体的连接导体”。为便于施工和一致性（埋地导体截面相同），故规定“接地线应与水平接地体的截面相同”。

第 4.3.2 条 当接地装置由多根水平或垂直接地体组成时，为了减小相邻接地体的屏蔽作用，接地体的间距一般为 5m，相应的利用系数约为 0.75～0.85。当接地装置的敷设地方受到限制时，上述距离可以根据实际情况适当减小，但一般不小于垂直接地体的长度。

第 4.3.3 条 接地体深埋地下接触良导电性土壤，泄放电流效果好，接地体埋得愈深，土壤湿度和温度的变化愈小，接地电阻愈稳定。根据计算，在均匀土壤电阻率的情况下埋得太深对降低接地电阻值不显著。实际上，接地装置埋设深度一般不小于 0.5～0.8m，这一深度既能避免接地装置遭受机械损坏，同时也减小气候对接地电阻值的影响。

将人工接地体埋设在混凝土基础内（一般位于底部靠室外处，混凝土保护层的厚度≥50mm），因得到混凝土的防腐保护，日后无需维修。但如果将接地体直接放在基础坑底与土壤接触，由于受土壤腐蚀，日后维修困难，甚至无法维修，不推荐采用这种方法。为使日后维修方便，埋地人工接地体距墙和基础应有一定距离，以前有的单位按≥3m 做，无此必要。

第 4.3.4 条

第一款，IEC 的 81（Secretariat）13/1984 年 1 月的文件（TC81 第 4 工作组的进展报告），在其附件（防雷接地体的有效长度）中提及：“由于电脉冲在地中的速度是有限的，而且由于冲击雷电流的陡度是高的，一接地装置仅有一定的最大延伸长度有效地将冲击电流散流入地”。在该附件的附图中画出两条线，其一是接地体延伸长度最大值 l_{max}，它对应于长波头，即对应于闪击对大地的第一次雷击；另一是最小值 l_{min}，它对应于短波头，即对应于闪击对大地在第一次雷击以后的雷击。将 l_{max} 和 l_{min} 这两条线以计算式表示，则可得出：$l_{max}=4\sqrt{\rho}$ 和 $l_{min}=0.7\sqrt{\rho}$，取其平均值，得 $\frac{l_{max}+l_{min}}{2}=2.35\sqrt{\rho}\approx 2\sqrt{\rho}$。

本款参考以上及其他资料，并考虑便于计算，故规定了“外引长度不应大于有效长度”，即 $2\sqrt{\rho}$。

当水平接地体敷设于不同土壤电阻率时，可分段计算。例如，一外引接地体先经 50m 长的 2000Ω·m 土壤电阻率，以后为 1000Ω·m。先按 2000Ω·m 算出有效长度为 $2\sqrt{2000}=89.4$m，减去 50m 余 39.4m，但它是敷设在 1000Ω·m 的而不是 2000Ω·m 的土壤中，故要按下式换算为 1000Ω·m 条件下的长度，即 $l_1=l_2\sqrt{\frac{\rho_1}{\rho_2}}$。将以上数值代入，得 $l_1=39.4\sqrt{\frac{1000}{2000}}=27.9$m。因此，有效长度为 50＋27.9＝77.9m，而不是 89m，其他情况类推。

第五章 接闪器的选择和布置

第二节 接闪器布置

第 5.2.1 条 表 5.2.1 是参考 IEC1024—1 防雷标准的 2.1.2 款及其表 1 并结合我国具体情况和以往的习惯做法而定的。

IEC1024—1 防雷标准有关上述的内容为，“2.1.2 布置：当符合表 1 的要求时，接闪器的布置就是合适的。在设计接闪器时，可单独或任意组合地采用以下方法：a）保护角；b）滚动球体；c）合适的网格。

表1　按照防雷级别布置接闪器

防雷级别	保护角(°) 避雷针高度(m) / 滚球半径(m)	20	30	45	60	避雷网网格宽(m)
Ⅰ	20	25	*	*	*	5
Ⅱ	30	35	25	*	*	10
Ⅲ	45	45	35	25	*	10
Ⅳ	60	55	45	35	25	20

*在这些情况下仅采用滚球法和避雷网。

（注：关于接闪器布置和保护级别之间的关系及确定方法将在以后IEC的出版物，即指南B'防雷装置的建设'中列出）。"

保护角是以滚球法作为基础，以等效法计算而得，使保护角保护的空间等于滚球法保护的空间。但在具体位置上的保护范围有明显的矛盾，为避免以后在应用上的争议，故本规范不采用。

用防雷网格形导体以给定的网格宽度和给定的引下线间距盖住需要防雷的空间。这种方法也是一种老方法，通常被称为法拉弟保护型式。

用许多防雷导体（通常是垂直和水平导体）以下列方法盖住需要防雷的空间，即用一给定半径的球体滚过上述防雷导体时不会触及需要防雷的空间。这种方法通常被称为滚球法。它是基于以下的雷闪数学模型（电气-几何模型）：

$$h_r=2I+30(1-e^{-\frac{I}{6.8}}) \quad (5.1)$$

或简化为：

$$h_r=10\cdot I^{0.65} \quad (5.2)$$

式中　h_r——雷闪的最后闪络距离（击距），也即本章所规定的滚球半径（m）；

I——与 h_r 相对应的得到保护的最小雷电流幅值（kA），即比该电流小的雷电流可能击到被保护的空间。

在电气-几何模型中，雷先导的发展起初是不确定的，直到先导头部电压足以击穿它与地面目标间的间隙时，也即先导与地面目标的距离等于击距时，才受到地面影响而开始定向。

与 h_r 相对应的雷电流按（5.2）式整理后为 $I=\left(\frac{h_r}{10}\right)^{1.54}$，以规范表5.2.1中的 h_r 值代入，得：对第一类防雷建筑物（$h_r=30$m），$I=5.4$kA；对第二类防雷建筑物（$h_r=45$m），$I=10.1$kA；对第三类防雷建筑物（$h_r=60$m），$I=15.8$kA。即雷电流小于上述数值时，雷闪有可能穿过接闪器击于被保护物上，而等于和大于上述数值时，雷闪将击于接闪器上。

本规范所提出的接闪器保护范围是以滚球法为基础，其优点是：

一、除独立避雷针、避雷线受相应的滚球半径限制其高度外，凡安装在建筑物上的避雷针、避雷线（带），不管建筑物的高度如何，都可采用滚球法来确定保护范围。如对第二、三类防雷建筑物，当防侧击按本规范第3.3.10条和第3.4.10条解决外，只要在建筑物屋顶，采用滚球法任意组合避雷针、避雷线（带）。例如，首先在屋顶四周敷设一避雷带，然后在屋顶中部根据其形状任意组合避雷针、避雷带，取相应的滚球半径的一个球体，在屋顶滚动，只要球体只接触到避雷针或避雷带，而没有接触到要保护的部分，就达目的。这是以前的避雷针、线的保护范围方法无法比拟的优点。

二、根据不同类别选用不同的滚球半径，区别对待。它比以前只有一种保护范围合理。

三、对避雷针、避雷线（带）采用同一种保护范围（即同一种滚球半径），这给设计工作带来种种方便之处，使两种形式任意组合成为可能。

规范表5.2.1并列两种方法。它们是各自独立的，不管这两种不同方法所限定的被保护空间可能出现的差别。在同一场合下可以同时出现两种形式的保护方法。例如，在建筑物屋顶上首先已采用避雷网保护方法布置完后，有一突出物高出避雷网，保护该突出物的方法之一是采用避雷针并用滚球法确定其是否处于避雷针的保护范围内，但此时，可以将屋面作为地面看待，因为前面已指出，屋顶已用避雷网方法保护了；反之，也一样。又例如，同前例，屋顶已采用避雷网保护，为保护低于建筑物的物体，可用上述避雷网处于四周的导体作避雷线看待，用滚球法确定其保护范围是否保护到低处的物体。

第六章　防雷击电磁脉冲

第一节　一般规定

第6.1.1条　本章（第六章）全部为新补充内容，主要参考以下国际电工委员会文件编写而成：

1. IEC61312—1：1995，Protection against lightning electromagnetic impulse-Part 1：General principles（防雷击电磁脉冲，第Ⅰ部分：通则）；

2. IEC/TS61312—2：1999，Protection against lightning electromagnetic impulse-Part 2：Shielding of structures，bonding inside structures and earthing（防雷击电磁脉冲，第2部分：接地、建筑物屏蔽、建筑物内部的等电位连接）；

3. IEC60364—4—443：1995，Electrical installations of buildings-Part 4：Protection for safety-Chapter 44：Protection against overvoltages-Section 433：Protection against overvoltages of atmospheric origin or due to switching（建筑物电气装置，第4部分：安全保护，第44章：防过电压，第443节：防大气过电压和操作过电压）；

4. IEC60364—5—534：1997，Electrical installations of buildings-Part 5：Selection and erection of electrical

equipment-Section 534: Devices for protection against overvoltages（建筑物电气装置，第 5 部分：电气设备的选择与安装，第 534 节：防过电压器件）。

第 6.1.3 条 防雷击电磁脉冲是在建筑物遭受直接雷击或附近遭雷击的情况下，线路和设备防过电流和过电压，即防在上述情况下产生的电涌（Surge）。

若建筑物已按防雷分类列入第一、二或三类防雷建筑物，它们已设有防直击雷装置。在不属于第一、二或三类防雷建筑物的情况下，用滚球半径 60m 的球体在所涉及的建筑物四周及上方滚动，当不触及该建筑物时，它即处在其他建筑物或物体的保护范围内；反之，则不处于其保护范围内。

第 6.1.4 条 现在许多建筑物工程，在建设初期甚至建成后，仍不知其用途。许多是供出租用的。由于防雷击电磁脉冲的措施中，建筑物的自然屏蔽物和各种金属物以及其与以后安装的设备之间的等电位连接是很重要的，若建筑物施工完成后，要回过来实现本条所规定的措施是很难的。

这些措施实现后，以后只要合理选用和安装 SPD 以及做符合要求的等电位连接，整个措施就完善了，做起来也较容易。

第二节 防 雷 区（LPZ）

第 6.2.1 条 将需要保护的空间划分为不同的防雷区，以规定各部分空间不同的雷击电磁脉冲的严重程度和指明各区交界处的等电位连接点的位置。

各区以在其交界处的电磁环境有明显改变作为划分不同防雷区的特征。

通常，防雷区的数越高电磁场强度越小。

一建筑物内电磁场受到如窗户这样的洞和金属导体（如等电位连接带、电缆屏蔽层、管子）上电流的影响以及电缆路径的影响。

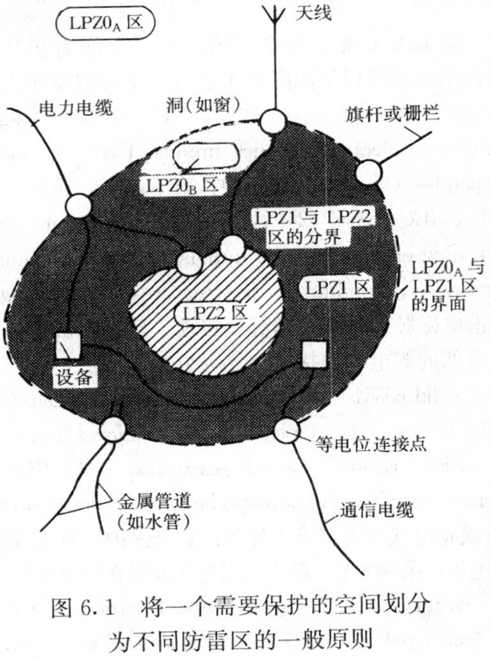

图 6.1 将一个需要保护的空间划分为不同防雷区的一般原则

将需要保护的空间划分成不同防雷区的一般原则见图 6.1。

将一建筑物划分为几个防雷区和做符合要求的等电位连接的例子见图 6.2，此处所有电力线和信号线从同一处进入被保护空间 LPZ1 区，并在设于 $LPZ0_A$ 或 $LPZ0_B$ 与 LPZ1 区界面处的等电位连接带 1 上做等电位连接。这些线路在设于 LPZ1 与 LPZ2 区界面处的内部等电位连接带 2 上再做等电位连接。将建筑物的外屏蔽 1 连接到等电位连接带 1，内屏蔽 2 连接到等电位连接带 2。LPZ2 是这样构成，使雷电流不能导入此空间，也不能穿过此空间。

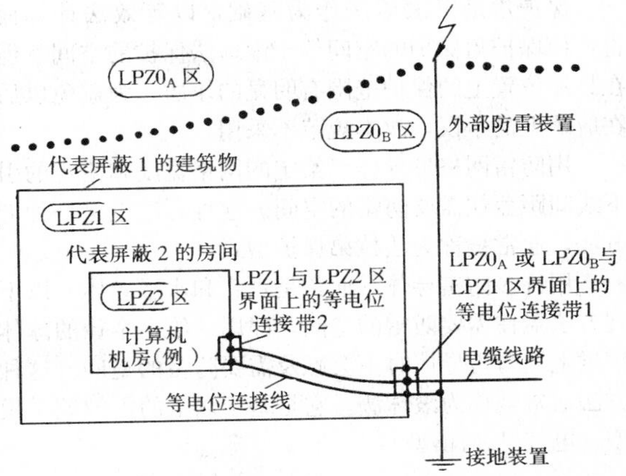

图 6.2 将一建筑物划分为几个防雷区和做符合要求的等电位连接的例子

第三节 屏蔽、接地和等电位连接的要求

第 6.3.1 条 一钢筋混凝土建筑物等电位连接的例子见图 6.3。对一办公建筑物设计防雷区、屏蔽、等电位连接和接地的例子见图 6.4。

屏蔽是减少电磁干扰的基本措施。

屏蔽层仅一端做等电位连接和另一端悬浮时，它只能防静电感应，防不了磁场强度变化所感应的电压。为减少屏蔽芯线的感应电压，在屏蔽层仅一端做等电位连接的情况下，应采用有绝缘隔开的双层屏蔽，外层屏蔽应至少在两端做等电位连接。在这种情况下外屏蔽层与其他同样做了等电位连接的导体构成环路，感应出一电流，因此产生减低源磁场强度的磁通，从而基本上抵消掉无外屏蔽层时所感应的电压。

第 6.3.2 条 形状系数 k_H 中的 $(1/\sqrt{m})$ 为其单位。

第 6.3.4 条 等电位连接的目的在于减小需要防雷的空间内各金属物与各系统之间的电位差。

第四款，当采用 S 型等电位连接网络时，信息系统的所有金属组件应与共用接地系统的各组件有大于 10kV、1.2/50μs 的绝缘的例子见图 6.5。加绝缘的目的是使外来的干扰电流不会进入所涉及的电子装置。

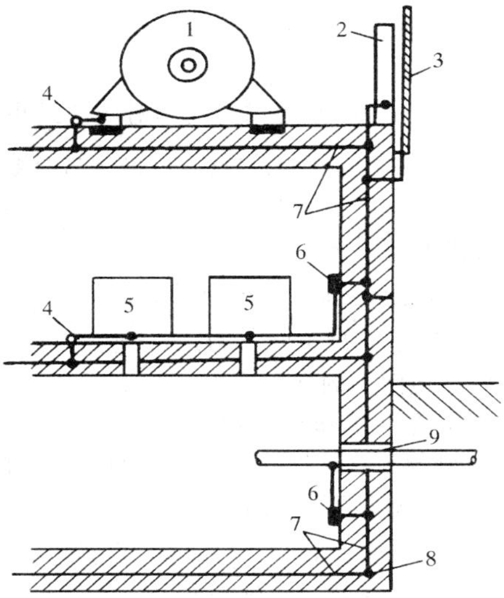

图 6.3　一钢筋混凝土建筑物内等电位连接的例子

1—电力设备；2—钢支柱；3—立面的金属盖板；4—等电位连接点；5—电气设备；6—等电位连接带；7—混凝土内的钢筋；8—基础接地　　体；9—各种管线的共用入口

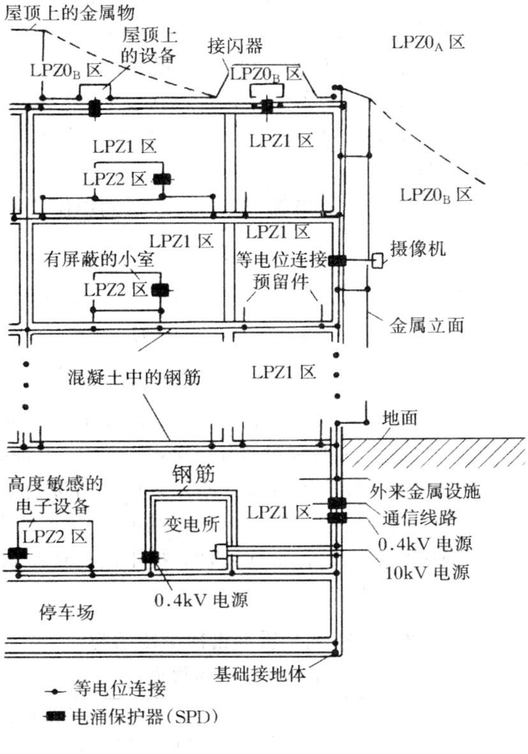

图 6.4　对一办公建筑物设计防雷区、屏蔽、等电位连接和接地的例子

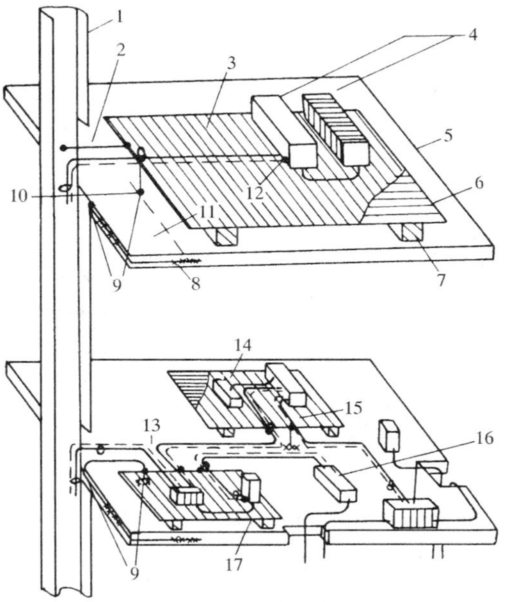

图 6.5　建筑物内混合等电位连接的设计例子

1—低阻抗电缆管道，建筑物共用接地系统的一个组合单元；2—单点连接点与电缆管道之间的连接；3—LPZ2 区；4—LPZ3 区，由设备屏蔽外壳构成，即系统组 1 的机架；5、8—钢筋混凝土地面；6—等电位连接网络 1；7—等电位连接网络 1 与建筑物共用接地系统之间的绝缘物，其绝缘强度大于 10kV、1.2/50μs；9—电缆管道、等电位连接网络 1、系统组 2 与地面钢筋的等电位连接；10—单点连接点 1；11—LPZ1 区；12—连到机架的电缆金属屏蔽层；13—单点连接点 2；14—系统组 2；15—单点连接点 3；16—采用一般等电位连　　接的原有设备和装置；17—系统组 2

第四节　对电涌保护器和其他的要求

第 6.4.4 条　在第二段中“为使最大电涌电压足够低，其两端的引线应做到最短”。见图 6.6 中的 a、b 图所示。当引线长，产生的电压大，可能时，也可采用图中的 c、d 图接线。

第 6.4.5 条　系数 1.15 中 0.1 考虑系统的电压偏差，0.05 考虑电涌保护器的老化。

第 6.4.6 条　U_C 值与产品的使用寿命、电压保护水平有关。U_C 选高了，寿命长了，但电压保护水平，即 SPD 的残压也相应提高。要综合考虑。

第 6.4.7 条　现举一例说明如何在 $LPZ0_A$ 或 $LPZ0_B$ 区与 LPZ1 区交界处选用所安装的 SPD。

一建筑物属于第二类防雷建筑物，从室外引入水管、电力线、信息线。电力线为 TN-C-S，在入口于界面处在电力线路的总配电箱上装设三台 SPD，在此以后改为 TN-S 系统。

因为是第二类防雷建筑物，按附表 6.1 和附表 6.2，雷电流幅值分别为 150kA 和 37.5kA，波头时

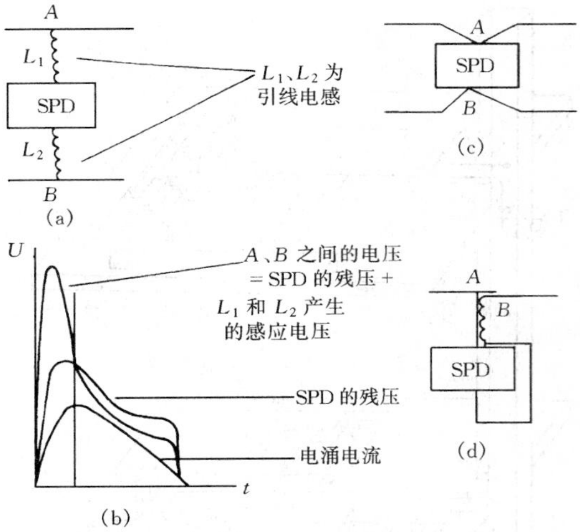

图 6.6 SPD连接引线的影响

间分别为 10μs 和 0.25μs。

按图 6.3.4-1 得 $i_{i1}=150/2/3=25$kA 和 $i_{i2}=37.5/2/3=6.25$kA。

每个 SPD 通过的电流为 $i_{V1}=25/3=8.3$kA 和 $i_{V2}=6.25/3=2.1$kA。

所以，选用Ⅰ级分类试验的 SPD 时，其 $I_{peak}>8.3$kA（10/350μs）。

当电力线有屏蔽层时，所选用的Ⅰ级分类试验的 SPD，其 $I_{peak}>0.3\times8.3$kA$=2.5$kA。

对Ⅰ级分类试验的 SPD，在其电压保护水平为 4kV 的情况下，当 SPD 上、下引线长度为 1m 时（电感为 1μH/m），电流最大平均陡度为 $i_{V2}/T_1=2.1/0.25=8.4$kA/μs（线路无屏蔽层）和 $i_{V2}/T_1=0.3\times2.1/0.25=2.52$kA/μs（线路有屏蔽层）。

因此，最大电涌电压（图 6.6 中 a 图 A、B 之间的电压）为 $U_{AB}=4\text{kV}+8.4\times1=12.4$kV（无屏蔽层）和 $U'_{AB}=4\text{kV}+2.52\times1=6.52$kV（有屏蔽层）。

第 6.4.8 条 SPD 两端引线的电压见第 6.4.7 条说明。根据被保护设备的特性（如高电阻型、电容型）或开路时，反射波效应最大可将侵入的电涌电压加倍。80%是考虑多种安全因素的系数。

第 6.4.12 条 根据 IEC60364-4-443：1995（防大气和操作过电压）的以下内容编写的。其 443.3 条注 2：“在大多数情况下，不需要考虑控制操作过电压，因为统计所测量的数值得出的评价是，操作过电压高于表 6.4.4Ⅱ类耐压水平的危险度是低的”。

附录一 建筑物年预计雷击次数

国际上已确认 N_g 与年平均雷暴日 T_d 为非线性关系。本规范修订组与有关规范修订组口头商定结合我国情况采用 $N_g=0.024T_d^{1.3}$。至本规范定稿时止，IEC—TC81 未通过的文件提出 N_g 与 T_d 的关系式为 $N_g=0.023T_d^{1.3}$。

本附录提出计算 A_e 的方法基于以下原则：

1. 建筑物高度在 100m 以下按滚球半径 100m（即吸引半径 100m）考虑。其相对应的最小雷电流约为 $I=\left(\frac{100}{10}\right)^{1.54}=34.7$kA，接近于按计算式 $\lg P=-\frac{I}{108}$以积累次数 $P=50\%$代入得出的雷电流 $I=32.5$kA。在此基础上，导出计算式（附 1.4），其扩大宽度等于 $\sqrt{H(200-H)}$。该值相当于避雷针针高 H 在地面上的保护宽度（当滚球半径为 100m 时）。扩大宽度将随建筑物高度加高而减小，直至 100m 时则等于建筑物的高度。如 $H=5$m 时，扩大宽度为 $\sqrt{5(200-5)}=31.2$m，它约为 H 的 6 倍；当 $H=10$m 时，扩大宽度为 $\sqrt{10(200-10)}=43.6$m，约为 H 的 4.4 倍；当 $H=20$m 时，扩大宽度为 $\sqrt{20(200-20)}=60$m，为 H 的 3 倍；当 $H=40$m 时，扩大宽度为 $\sqrt{40(200-40)}=80$m，为 H 的 2 倍；当 $H=80$m 时，扩大宽度为 $\sqrt{80(200-80)}=98$m，约为 H 的 1.2 倍。

2. 当建筑物高度超过 100m 时，如按吸引半径 100m 考虑，则不论高度如何扩大宽度总是 100m，有其不合理之处。所以，当高度超过 100m 时，取扩大宽度等于建筑物的高度。

此外，关于周围建筑物对 A_e 的影响，由于周围建筑物的高低、远近都不同，计算很复杂，因此不予考虑。这样，在某些情况下，计算得出的 A_e 值可能比实际情况要大些。

“a”为法定计量单位符号，表示时间单位“年”。

附录三 接地装置冲击接地电阻与工频接地电阻的换算

（附 3.1）式中的 A 值，实际上是冲击系数 α 的倒数。在原规范的编制过程中，曾以表 1 作为基础，经研究提出表 2 作为原规范的附录，供冲击接地电阻与工频接地电阻的换算。但由于存在不足之处（即对于范围延伸大的接地体如何处理，提不出一种有效合理的方法），后来取消了该附录。

表 1 接地装置冲击接地电阻与工频接地电阻换算表

本规范要求的冲击接地电阻值（Ω）	在以下土壤电阻率（Ω·m）下的工频接地电阻允许极限值（Ω）			
	ρ≤100	100～500	500～1000	>1000
5	5	5～7.5	7.5～10	15
10	10	10～15	15～20	30

续表 1

本规范要求的冲击接地电阻值（Ω）	在以下土壤电阻率（Ω·m）下的工频接地电阻允许极限值（Ω）			
	$\rho \leqslant 100$	100～500	500～1000	>1000
20	20	20～30	30～40	60
30	30	30～45	45～60	90
40	40	40～60	60～80	120
50	50	50～75	75～100	150

表 2　接地装置工频接地电阻与冲击接地电阻的比值

土壤电阻率 ρ（Ω·m）	≤100	500	1000	≥2000
工频接地电阻与冲击接地电阻的比值 $R_{\sim}/R_{i}$	1.0	1.5	2.0	3.0

注：① 本表适用于引下线接地点至接地体最远端不大于20m的情况；
② 如土壤电阻率在表列两个数值之间时，用插入法求得相应的比值。

本附录是在表 2 的基础上，引入接地体的有效长度，并参考图 1 提出附图 3.1 的。

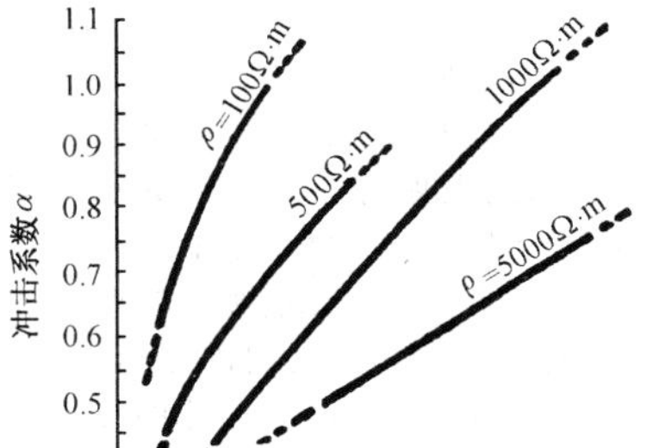

图 1　在 20kA 雷电流的条件下水平接地体（20～40mm 宽扁钢或直径 10～20mm 圆钢）的冲击系数

对附图 3.1 的两点说明：

1. 当接地体达有效长度时 $A=1$（即冲击系数等于 1）；因再长就不合理，$\alpha>1$。

2. 从图 1 可看出，当 $\rho=500\Omega\cdot m$ 时 $\alpha=0.67$（即 $A=1.5$），相对应的接地体长度为 13.5m，其 $l_e=2\sqrt{\rho}=44.7m$。所以 $\frac{l}{l_e}=\frac{13.5}{44.7}=0.3$。从图 1 可看出，$\alpha$ 值几乎随长度的增加而线性增大。所以，其 A 值在 $\frac{l}{l_e}$ 为 0.3 与 1 之间的变化从 1.5 下降到 1 也采用线性变化。$\rho=1000\Omega\cdot m$ 和 $2000\Omega\cdot m$ 时，A 值曲线的取得与上述方法相同。当 $\rho=1000\Omega\cdot m$、$\alpha=0.5$ 即 $A=2$ 时，l 的长度为 13m，$l_e=2\sqrt{1000}=63m$，所以 $\frac{l}{l_e}=\frac{13}{63}=0.2$。当 $\rho=2000\Omega\cdot m$、$\alpha=0.33$ 即 $A=3$ 时，从图 1 估计出 l 值约为 8m，$l_e=2\sqrt{2000}=89m$，所以 $\frac{l}{l_e}=\frac{8}{89}=0.1$。

另参见本规范第 4.3.4 条的说明。

混凝土在土壤中的电阻率取 $100\Omega\cdot m$，接地体在混凝土中的有效长度为 $2\sqrt{\rho}=20m$。所以，对基础接地体取 20m 半球体范围内的钢筋体的工频接地电阻等于冲击接地电阻。

附录四　滚球法确定接闪器的保护范围

本附录系根据本规范第 5.2.1 条的规定，采用滚球法并根据立体几何和平面几何的原理，再用图解法并列出计算式解算而得出的。

双支避雷针之间的保护范围是按两个滚球在地面上从两侧滚向避雷针，并与其接触后两球体的相交线而得出的。

绘制接闪器的保护范围时，将已知的数值代入计算式得出有关的数值后，用一把尺子和一支圆规就可按比例绘出所需要的保护范围。

附图 4.5 的（a）（即当 $2h_r>h>h_r$ 时）仅适用于保护范围最高点到避雷线之间的延长弧线（h_r 为半径的保护范围延长弧线）不触及其他物体的情况；不适用于避雷线设于建筑物外墙上方的屋檐、女儿墙上。

附图 4.5 的（b）（即当 $h\leqslant h_r$ 时）不适用于避雷线设在低于屋面的外墙上。

本附录各计算式的推导见《建筑电气》1993 年第 3 期“用滚球法确定建筑物防雷接闪器的保护范围”一文。

附录五　分 流 系 数 k_c

本规范附图 5.1 适用于单层、多层建筑物和每根引下线有自己的接地体或接于环形接地体以及引下线之间（除屋顶外）在屋顶以下至地面不再互相连接。

本规范附图 5.2 适用于单层到高层，在接地装置符合要求的情况下不论层数多少，当引下线（除层顶外）在屋顶以下至地面不再互相连接时分流系数采用 k_{c_1}。

在钢筋混凝土框架式结构和利用钢筋作为防雷装置的情况下，当接地装置利用整体基础或闭合条形基础或人工环形接地体（此时与周边每根柱子钢筋连接）时，附图 5.2 中的 $h_1 \sim h_m$ 为对应于每层高度，n 为沿周边的柱子根数。

附录六 雷 电 流

对平原和低建筑物典型的向下闪击，其可能的四种组合见图 2。

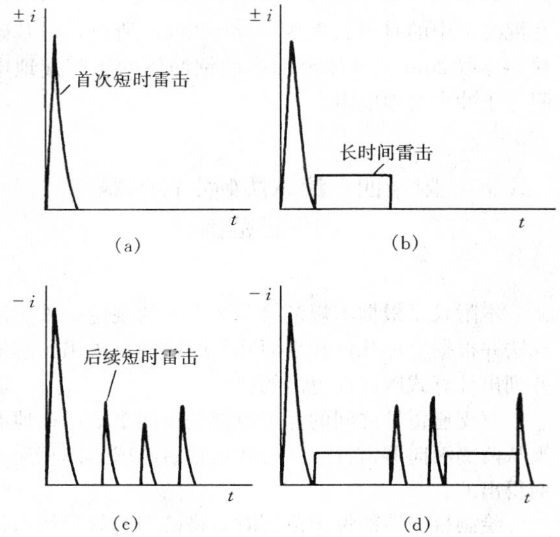

图 2 向下闪击可能的雷击组合

对约高于 100m 的高层建筑物典型的向上闪击，其可能的五种组合见图 3。

从图 2 和图 3 可分析出附图 6.1。

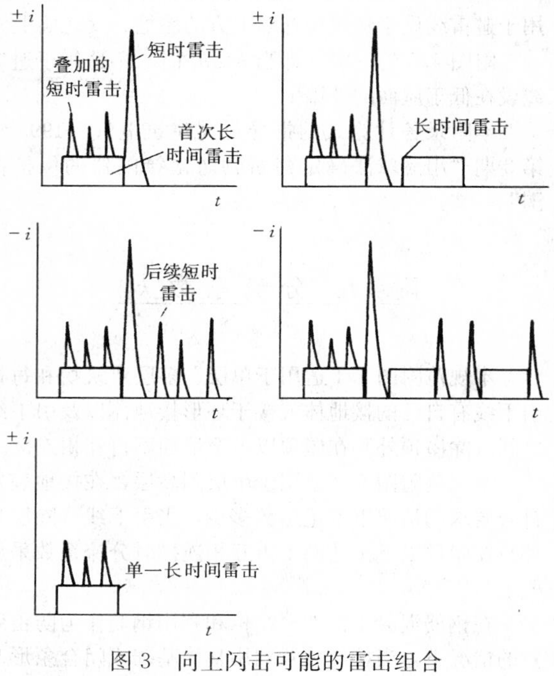

图 3 向上闪击可能的雷击组合

附录七 环路中感应电压、电流和能量的计算

计算举例，以图 4 和图 5 两种装置作为例子。建筑物属于第二类防雷建筑物。以附表 7.1 中给出的计算式为基准，指出其实际的应用。两个例子中的线路敷设均无屏蔽。

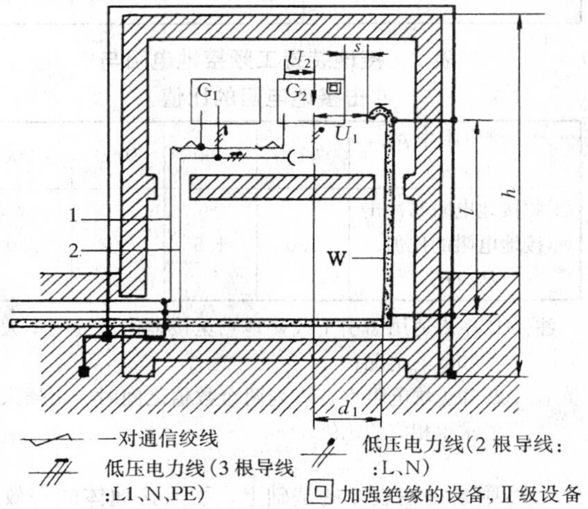

图 4 外墙无钢筋混凝土的建筑物

1—通信系统；2—电力系统；G_1—Ⅰ级设备（有 PE 线）；G_2—Ⅱ级设备（无 PE 线）；U_1—水管与电力系统之间的电压；U_2—通信系统与电力系统之间的电压；d_1—G_2 设备与水管之间的平均距离，$d_1=1\text{m}$；h—建筑物高度，$h=20\text{m}$；l—金属装置与防雷装置引下线平行路径的长度；S—分开距离；W—金属水管或其他金属装置

注：本例设定水管与引下线之间在上端需要连接，因为它们之间的隔开距离小于所要求的安全距离。

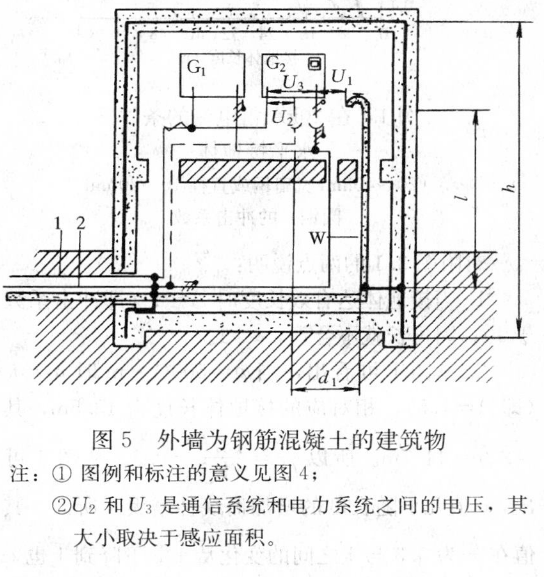

图 5 外墙为钢筋混凝土的建筑物

注：① 图例和标注的意义见图 4；

②U_2 和 U_3 是通信系统和电力系统之间的电压，其大小取决于感应面积。

第Ⅰ种情况：以图 4 所示的装置作为例子。外部防雷装置有四根引下线，它们之间的平均距离 a 设定为 10m。

为评价电压 U_1（它决定水管与设备 G_2 之间最小分开距离 S），采用附表 7.1 的（a）列和附图 7.1 的（a）图。

$$U_1 = 0.75 \times l \times 100 \times \sqrt{a/h} = 0.75 \times 6 \times 100 \times \sqrt{10/20}$$
$$= 318\text{kV}$$

式中 l——从水管至设备的最近点向下至水管水平走向的高（m）。

若由于过大的电压 U_1 而引发的击穿火花，其能量按附表 7.1 的相关计算式评价：

$$W_1 = 0.56 \times l \times 2000 \times a/h$$
$$= 0.56 \times 6 \times 2000 \times 10/20 = 3.36\text{kJ}$$

为评价电压 U_2（信息系统与低压电力装置之间的电压）采用附表 7.1 的（b）列和附图 7.1 的（b）图。

$$U_2 = 0.75 \times l \times 2 \times \sqrt{a/h}$$
$$= 0.75 \times 6 \times 2 \times \sqrt{10/20} = 8.5\text{kV}$$

评价击穿火花的相应能量则采用附表 7.1 第一行的相关计算式：

$$W_2 = 0.56 \times l \times a/h = 0.56 \times 6 \times 10/20 = 1.68\text{J}$$

第Ⅱ种情况：以图 5 的装置为例子。建筑物为无窗钢筋混凝土结构。计算方法与第Ⅰ种情况相似。管线的路径与第Ⅰ种情况相同。所采用的计算式为附表 7.1 的最后一行。

$$U_1 = 0.75 \times l \times 2 \times 1\sqrt{h} = 0.75 \times 6 \times 2 \times 1/\sqrt{20}$$
$$= 2\text{kV}$$

$$W_1 = 0.75 \times l \times 1.5 \times 1/h = 0.75 \times 6 \times 1.5 \times 1/20$$
$$= 0.25\text{J}$$

$$U_2 = 0.75 \times l \times 0.1 \times 1/h = 0.75 \times 6 \times 0.1 \times 1/20$$
$$= 22.5\text{V}$$

$$W_2 = 0.56 \times l \times 0.002 \times 1/h^2$$
$$= 0.56 \times 6 \times 0.002 \times 1/400 = \text{（略去不计）}$$

比较第Ⅰ种和第Ⅱ种情况的 U_1，可清楚地证实外墙采用钢筋混凝土结构所得到的屏蔽效率。

图 4 中的 U_2 电压和图 5 中的 U_3 电压，其大小取决于低压电力线路与通信线路所形成的有效感应面积的大小。

第Ⅱ种情况所示的通信线路路径很明显是不利的，以致感应电压 U_3 大于第Ⅰ种情况采用的路径所产生的电压，即图 5 中虚线所示的线路路径产生的 U_2。

图 5 所示的线路路径的 U_3 电压预期可达到 $U_1 = 2\text{kV}$ 的值。

参照现今实际的一般装置，由于等电位连接的规定，保护线（PE 线）是与水管接触的。所以采用Ⅰ级设备时 U_1 电压可能发生于设备内的电力系统与通信系统之间。因此，采用无保护线的Ⅱ级设备是有利的。

附录八　名 词 解 释

本附录八中从“电涌保护器”至最后的“组合型 SPD”等的名词解释均引自 IEC61643—1：1998（Surge protective devices connected to low-voltage power distribution systems-Part 1：Performance requirements and testing methods，连接至低压配电系统的电涌保护器，第 1 部分：性能要求和试验方法）。

注：原规范附录五改为本附录八。原规范附录六应改为附录九。附录中增加本局部修订条文的附录五、附录六和附录七。第六章为新加条文。

中华人民共和国国家标准

建筑物电子信息系统防雷技术规范

GB 50343—2004

条 文 说 明

目　　次

1 总 则

1.0.1 随着经济建设的高速发展，电子信息设备的应用已深入至国民经济、国防建设和人民生活的各个领域，各种电子、微电子装备已在各行业大量使用。由于这些系统和设备耐过电压能力低，雷电高电压以及雷电电磁脉冲侵入所产生的电磁效应、热效应都会对系统和设备造成干扰或永久性损坏。每年我国电子设备因雷击造成的经济损失相当惊人。因此解决电子信息系统对雷电灾害的防护问题，雷电防护标准的制定工作，十分重要。

由于雷击发生的时间和地点以及雷击强度的随机性，因此对雷击的防范，难度很大，要达到阻止和完全避免雷击的发生是不可能的。国际电工委员会标准IEC—61024和国家标准GB50057均明确指出，建筑物安装防雷装置后，并非万无一失的。所以按照本规范要求安装防雷装置和采取防护措施后，可能将雷电灾害降低到最低限度，减小被保护的电子信息系统设备遭受雷击损害的风险。

1.0.2 对易燃、易爆等危险环境和场所的雷电防护问题，由有关行业标准解决。

1.0.4 雷电防护设计应坚持预防为主、安全第一的原则，这就是说，凡是影响电子信息系统的雷电侵入通道和途径，都必须预先考虑到，采取相应的防护措施，将雷电高电压、大电流堵截消除在电子信息设备之外，不允许雷电电磁脉冲进入设备，即使漏过来的很小一部分，也要采取有效措施将其疏导入大地，这样才能达到对雷电的有效防护。

科学性是指在进行防雷工程设计时，应认真调查建筑物电子信息系统所在地点的地理、地质以及土壤、气象、环境、雷电活动、信息设备的重要性和雷击事故的严重程度等情况，对现场的电磁环境进行风险评估和计算，并根据表4.3.1雷电防护级别的选择确定电子信息系统的防护级别，这样，才能以尽可能低的造价建造一个有效的雷电防护系统，达到合理、科学、经济的效果。

1.0.5 建筑物电子信息系统遭受雷电的影响是多方面的，既有直接雷击，又有从电源线路、信号线路等侵入的雷电电磁脉冲，还有在建筑物附近落雷形成的电磁场感应，以及接闪器接闪后由接地装置引起的地电位反击。在进行防雷设计时，不但要考虑防直接雷击，还要防雷电电磁脉冲、雷电电磁感应和地电位反击等，因此，必须进行综合防护，才能达到预期的防雷效果。

图1.0.5所示外部防雷措施中的屏蔽，主要是指建筑物钢筋混凝土结构金属框架组成的屏蔽笼（即法拉第笼）、屋顶金属表面、立面金属表面和金属门窗框架等，这些措施是内部防雷措施中使雷击产生的电磁场向内递减的第一道防线。

内部防雷措施中等电位连接的“连接”这个词，在有些标准中使用“联结”，实际上它们是同义词，从历史上沿用的习惯，依然采用“连接”。

建筑物综合防雷系统的组成，除外部防雷措施、内部防雷措施外，尚应包含在电子信息系统设备中各种传输线路端口分别安装与之适配的浪涌保护器(SPD)，其中电源SPD不仅具有抑制雷电过电压的功能，同时还具有防止操作过电压的作用。

3 雷电防护分区

3.1 地区雷暴日等级划分

3.1.2 关于地区雷暴日等级划分，国家还没有制定出一个统一的标准，不少行业根据需要，制定出本行业标准，如DL/T620—1997，YD/T5098等，这些标准划分地区雷暴日等级都不统一。本规范主要用于电子信息系统防雷，由于电子信息系统承受雷电电磁脉冲的能力很低，所以对地区雷暴日等级划分较之电力等行业的标准要严。在本标准中，将年平均雷暴日超过60天的地区定为强雷暴等级。

3.2 雷电防护区划分

3.2.2 雷电防护区的分类及定义，引用IEC61312—1规定的分类和定义。

4 雷电防护分级

4.1 一 般 规 定

4.1.2 雷电防护工程设计的依据之一是雷电防护分级，其关键问题是防雷工程按照什么等级进行设计，而雷电防护分级的依据，就是对工程所处地区的雷电环境进行风险评估，按照风险评估的结果确定电子信息系统是否需要防护，需要什么等级的防护。因此，雷电环境的风险评估是雷电防护工程设计必不可少的环节。

雷电环境的风险评估是一项复杂的工作，要考虑当地的气象环境、地质地理环境；还要考虑建筑物的重要性、结构特点和电子信息系统设备的重要性及其抗扰能力。将这些因素综合考虑后，确定一个最佳的防护等级，才能达到安全可靠、经济合理的目的。

4.2 按雷击风险评估确定雷电防护等级

4.2.2 电子信息系统设备因雷击损坏可接受的最大年平均雷击次数N_C值，至今，国内外尚无一个统一的标准。国际电工委员会标准IEC61024—1：“建筑物防雷”指南A和IEC61662：1995—04雷击危害风险评估指出：建筑物允许落闪频率 N_C，在雷击关系到人类、文化和社会损失的地方，N_C 的数值均由 IEC 成员国国家委员会负责确定。在雷击损失仅与私人财产有关联的地方，N_C 的数值可由建筑物所有者或防雷系统的设计者来确定，由此可见，N_C 是一个根据各国具体情况确定的值。

法国标准 NFC—17—102：1995 附录 B：“闪电评估指南及 ECP1 保护级别的选择”中，将 N_C 定为 $5.8\times10^{-3}/C$，C 为各类因子，它是综合考虑了电子设备所处地区的地理、地质环境、气象条件、建筑物特性、设备的抗扰能力等因素进行确定。若按该公式计算出的值为 10^{-4} 数量级，即建筑物允许落闪频率为万分之几，而一般情况下，建筑物遭雷击的频率在强雷区为十分之几或更大，这样一来，几乎所有的雷电防护工程，不管是在少雷区还是在强雷区，都要按最高等级 A 设计，这是不合理的。

在本规范中，将 N_C 值调整为 $N_C=5.8\times10^{-1.5}/C$，这样得出的结果：在少雷区或多雷区，防雷工程按 A 级设计的概率为 10%～20%左右；按 B 级设计的概率为 70%～80%；少数设计为 C 级和 D 级。这样的一个结果我们认为是合乎我国实际情况的，也是科学的。

按雷击风险评估确定雷电防护等级

计算实例

按附录 A 中 N_1 式计算程序如下：

一、建筑物年预计雷击次数

$$N_1=K\times N_g\times A_e \quad (次/年)$$

1. 建筑物所处地区雷击大地的年平均密度

$$N_g=0.024\times T_d^{1.3} \quad (次/km^2\cdot年)$$

附表 1　N_g 按典型雷暴日 T_d 的取值

N_g 值 / T_d 值	$T_d^{1.3}$	$N_g=0.024\times T_d^{1.3}$（次/km²·年）
20	$20^{1.3}=49.129$	1.179
40	$40^{1.3}=120.97$	2.90
60	$60^{1.3}=204.93$	4.918
80	$80^{1.3}=297.86$	7.149

2. 建筑物等效截收面积 A_e 的计算（按附录 A 图 A.1）

建筑物的长（L）、宽（W）、高（H）(m)

1）当 $H<100$m 时，按下式计算

每边扩大宽度

$$D=\sqrt{H(200-H)}$$

建筑物等效截收面积

$$A_e=[L\times W+2\times(L+W)\times\sqrt{H(200-H)}+\pi\times H(200-H)]\times10^{-6}\ (km^2)$$

2）当 $H\geqslant100$m 时

$$A_e=[L\times W+2H(L+W)+\pi H^2]\times10^{-6}\ (km^2)$$

3. 校正系数 K 的取值

1.0、1.5、1.7、2.0（根据建筑物所处的不同地理环境取值）

4. N_1 值计算

$$N_1=K\times N_g\times A_e$$

分别代入不同的 K、N_g、A_e 值，可计算出不同的 N_1 值。

二、建筑物入户设施年预计雷击次数 N_2 计算

1. $N_2=N_g\times A'_e$

$$A'_e=A'_{e1}+A'_{e2}$$

式中　A'_{e1}——电源线入户设施的截收面积（km²），见附表 2

A'_{e2}——信号线入户设施的截收面积（km²）

均按埋地引入方式计算 A'_e 值

附表 2　入户设施的截收面积（km²）

A'_e 参数 / 线缆敷设方式	L（m）	d_s（m） 100	250	500	备　注
低压电源埋地线缆	200	0.04	0.10	0.20	$A'_{e1}=2\times d_s\times L\times10^{-6}$
	500	0.10	0.25	0.50	
	1000	0.20	0.50	1.0	
高压电源埋地电缆	200	0.002	0.005	0.01	$A'_{e1}=0.1\times d_s\times L\times10^{-6}$
	500	0.005	0.0125	0.025	
	1000	0.01	0.025	0.05	
埋地信号线缆	200	0.04	0.10	0.2	$A'_{e2}=2\times d_s\times L\times10^{-6}$
	500	0.10	0.25	0.5	
	1000	0.20	0.5	1.0	

2. A'_e 计算

1）取高压埋地线缆　$L=500$m，$d_s=250$m

埋地信号线缆　$L=500$m，$d_s=250$m

查附表 2：$A'_e=A'_{e1}+A'_{e2}=0.0125+0.25=0.2625km^2$

2）取高压埋地线缆　$L=1000$m，$d_s=500$m

埋地信号线缆　$L=500$m，$d_s=500$m

查附表 2：$A'_e=A'_{e1}+A'_{e2}=0.05+0.5=0.55km^2$

三、建筑物及入户设施年预计雷击次数 N 的计算

$$N=N_1+N_2=K\times N_g\times A_e+N_g\times A'_e=N_g\times(KA_e+A'_e)$$

四、电子信息系统因雷击损坏可接受的最大年平均雷击次数 N_C 的确定。

$$N_C=5.8\times10^{-1.5}/C$$

式中　C——各类因子，取值按附表 3。

附表 3 C 的取值

C值 \ 分项	大	中	小	备注
C_1	2.5	1.5	0.5	
C_2	3.0	2.5	1.0	
C_3	3.0	1.0	0.5	
C_4	2.0	1.0	0.5	
C_5	2.0	1.0	0.5	
C_6	1.4	1.2	0.8	
$\Sigma C_1+C_2+C_3+C_4+C_5+C_6$	13.9	8.2	3.8	

五、雷电电磁脉冲防护分级计算

防雷装置拦截效率的计算公式：$E=1-N_c/N$

$E>0.98$　　定为 A 级

$0.90<E\leqslant0.98$　　定为 B 级

$0.80<E\leqslant0.90$　　定为 C 级

$E\leqslant0.8$　　定为 D 级

1. 取外引高压电源埋地线缆长度为 500m，外引埋地信号线缆长度为 200m，土壤电阻率取 250Ωm，建筑物各类因子 C 值如附表 3 中所列 6 种，计算结果列入附表 4 中。

2. 取外引低压埋地线缆长度为 500m，外引埋地信号线缆长度为 200m，土壤电阻率取 500Ωm，建筑物各类因子 C 值如附表 3 中所列 6 种，计算结果列入附表 5 中。

附表 4 风险评估计算实例

建筑物种类			电信大楼	通信大楼	医科大楼	综合办公楼	高层住宅	宿舍楼
建筑物外形尺寸（m）		L	60	54	74	140	36	60
		W	40	22	52	60	36	13
		H	130	97	145	160	68	24
建筑物等效截收面积 A_e（km^2）			0.0815	0.0478	0.1064	0.1528	0.0431	0.0235
入户设施截收面积 A'_e（km^2）		A'_{e1}	0.0125	0.0125	0.0125	0.0125	0.0125	0.0125
		A'_{e2}	0.1	0.1	0.1	0.1	0.1	0.1
建筑物及入户设施年预计雷击次数（次/年）	T_d（日）	20	0.229	0.189	0.258	0.31	0.184	0.16
		40	0.563	0.465	0.636	0.77	0.45	0.395
		60	0.954	0.79	1.08	1.30	0.76	0.67
		80	1.39	1.15	1.57	1.89	1.11	0.97
电子信息系统设备因雷击损坏可接受的最大年平均雷击次数 N_c（次/年）		各类因子 C	0.0132	0.0132	0.0132	0.0132	0.0132	0.0132
			0.0223	0.0223	0.0223	0.0223	0.0223	0.0223
			0.0482	0.0482	0.0482	0.0482	0.0482	0.0482

注：外引高压埋地电缆长 500m、埋地信号电缆长 200m，$\rho=250\Omega m$，$N_c=5.8\times10^{-1.5}/C$，$C=C_1+C_2+C_3+C_4+C_5+C_6$

电信大楼 E 值（$E=1-N_c/N$）

C \ E \ T_d	20	40	60	80
13.9	0.942	0.977	0.986	0.991
8.2	0.903	0.960	0.977	0.984
3.8	0.790	0.914	0.949	0.965

通信大楼 E 值（$E=1-N_c/N$）

C \ E \ T_d	20	40	60	80
13.9	0.930	0.972	0.983	0.989
8.2	0.882	0.952	0.972	0.981
3.8	0.775	0.896	0.939	0.958

医科大楼 E 值（$E=1-N_c/N$）

C \ E \ T_d	20	40	60	80
13.9	0.949	0.979	0.989	0.992
8.2	0.914	0.965	0.979	0.986
3.8	0.813	0.924	0.955	0.969

综合办公楼 E 值（$E=1-N_c/N$）

C \ E \ T_d	20	40	60	80
13.9	0.956	0.983	0.990	0.993
8.2	0.928	0.971	0.983	0.988
3.8	0.845	0.937	0.963	0.974

高层住宅 E 值（$E=1-N_c/N$）

C \ E \ T_d	20	40	60	80
13.9	0.928	0.971	0.983	0.988
8.2	0.879	0.950	0.971	0.980
3.8	0.738	0.893	0.937	0.957

宿舍楼 E 值（$E=1-N_c/N$）

C \ E \ T_d	20	40	60	80
13.9	0.918	0.967	0.980	0.986
8.2	0.860	0.944	0.967	0.977
3.8	0.699	0.878	0.928	0.950

附表 5 风险评估计算实例

建筑物种类			电信大楼	通信大楼	医科大楼	综合办公楼	高层住宅	宿舍楼
建筑物外形尺寸（m）		L	60	54	74	140	36	60
		W	40	22	52	60	36	13
		H	130	97	145	160	68	24
建筑物截收面积 A_e（km²）			0.0815	0.0478	0.1064	0.1528	0.0431	0.0235
入户设施截收面积 A'_e（km²）		A'_{e1}	0.5	0.5	0.5	0.5	0.5	0.5
		A'_{e2}	0.2	0.2	0.2	0.2	0.2	0.2
建筑物及入户设施年预计雷击次数（次/年）	T_d（日）	20	0.921	0.8816	0.9057	1.005	0.872	0.854
		40	2.264	2.168	2.338	2.473	2.155	2.098
		60	3.843	3.678	3.966	4.194	3.654	3.558
		80	5.586	5.345	5.764	6.095	5.312	5.171
电子信息系统设备因雷击损坏可接受的最大年平均雷击次数 N_c（次/年）		各类因子 C	0.0132	0.0132	0.0132	0.0132	0.0132	0.0132
			0.0223	0.0223	0.0223	0.0223	0.0223	0.0223
			0.0482	0.0482	0.0482	0.0482	0.0482	0.0482

注：外引低压埋地电缆长 500m、埋地信号电缆长 200m，$\rho=500\Omega m$，$N_c=5.8\times10^{-1.5}/C$，$C=C_1+C_2+C_3+C_4+C_5+C_6$

电信大楼 E 值（$E=1-N_c/N$）

C \ E \ T_d	20	40	60	80
13.9	0.9857	0.994	0.996	0.997
8.2	0.976	0.990	0.994	0.996
3.8	0.948	0.978	0.987	0.991

通信大楼 E 值（$E=1-N_c/N$）

C \ E \ T_d	20	40	60	80
13.9	0.985	0.993	0.996	0.997
8.2	0.974	0.984	0.993	0.995
3.8	0.945	0.977	0.986	0.990

医科大楼 E 值（$E=1-N_c/N$）

C \ E \ T_d	20	40	60	80
13.9	0.986	0.994	0.996	0.997
8.2	0.976	0.990	0.994	0.996
3.8	0.949	0.976	0.987	0.991

综合办公楼 E 值（$E=1-N_c/N$）

C \ E \ T_d	20	40	60	80
13.9	0.986	0.994	0.996	0.997
8.2	0.976	0.990	0.994	0.996
3.8	0.952	0.980	0.988	0.992

高层住宅 E 值（$E=1-N_c/N$）

C \ E \ T_d	20	40	60	80
13.9	0.984	0.993	0.996	0.997
8.2	0.974	0.989	0.993	0.995
3.8	0.944	0.977	0.986	0.990

宿舍楼 E 值（$E=1-N_c/N$）

C \ E \ T_d	20	40	60	80
13.9	0.984	0.993	0.996	0.997
8.2	0.973	0.989	0.993	0.995
3.8	0.943	0.977	0.986	0.990

5 防 雷 设 计

5.2 等电位连接与共用接地系统设计

5.2.1 电气和电子设备的金属外壳、机柜、机架、金属管（槽）、屏蔽线缆外层、信息设备防静电接地和安全保护接地及浪涌保护器接地端等均应以最短的距离与等电位连接网络的接地端子连接。其要求“以最短距离”系指连接导线应最短，过长的连接导线将构成较大的环路面积会增大对防雷空间内 LEMP 的耦合机率，从而增大 LEMP 的干扰度。

电子信息系统等电位连接网络结构如图 1、图 2 所示：

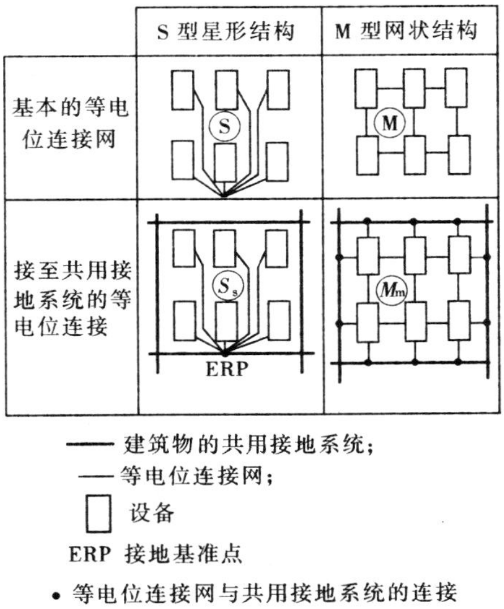

图 1 电子信息系统等电位连接的基本方法

1 S 型结构一般宜用于电子信息设备相对较少或局部的系统中，如消防、建筑设备监控系统、扩声等系统。当采用 S 型结构等电位连接网时，该信息系统的所有金属组件，除等电位连接点 ERP 外，均应与共用接地系统的各部件之间有足够的绝缘（大于 10kV，1.2/50μs）。在这类电子信息系统中的所有信息设施的电缆管线屏蔽层，均必须经该点（ERP）进入该信息系统内。S 型等电位连接网只允许单点接地，接地线可就近接至本机房或本楼层的等电位接地端子板，不必设专用接地线引下至总等电位接地端子板。

2 对于较大的电子信息系统宜采用 M 型网状结构，如计算机房、通信基站、各种网络系统。当采用 M 型网状结构的等电位连接网时，该电子信息系统的所有金属组件，不应与共用接地系统的各组件绝缘。M 型网状等电位连接网应通过多点组合到共用接地系统中去，并形成 M_m 型等电位连接网络。而且在电子信息系统的各分项设备（或分组设备）之间敷设有多

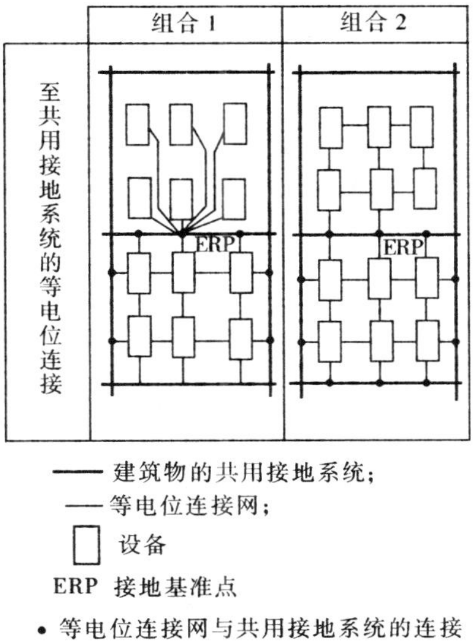

图 2 电子信息系统等电位连接方法的组合

条线路和电缆，这些分项设备和电缆，可以在 M_m 型结构中由各个点进入该系统内。

3 对于更复杂的电子信息系统，宜采用 S 型和 M 型两种结构形式的组合式，如图 2 所示的组合方式。这种等电位连接方法更为方便灵活，接线简便，安全、可靠。

4 电子信息系统的等电位连接网采用 S 型还是 M 型，除考虑系统设备多少和机房面积大小外，还应根据电子信息设备的工作频率来选择等电位连接网络形式及接地形式，从而有效地消除杂讯干扰。

5.2.2 建筑物内应设总等电位接地端子板，每层竖井内设置楼层等电位接地端子板，各设备机房设置局部等电位接地端子板（见图 3）。

当建筑物采取总等电位连接措施后，各等电位连接网络均与共用接地系统有直通大地的可靠连接，每个电子信息系统的等电位连接网络，不宜再设单独的接地引下线接至总等电位接地端子板，而宜将各个等电位连接网络用接地线引至本楼层或电气竖井内的等电位接地端子板。

等电位连接与共用接地系统是内部防雷措施中两种不同而又密切相关的重要措施，其目的都是为了避免在需要防雷的空间内发生生命危险，减小电子信息系统因雷击而中断正常工作、发生火灾等事故。

5.2.3 接地干线，宜采用截面积大于 16mm^2 的铜质导线敷设，在施工中一般宜采用截面积大于 35mm^2 的铜质导线敷设，其目的是使导线阻抗远远小于建筑物结构钢筋阻抗，为楼层、局部等电位接地端子板上可能出现的雷电流提供了一个快速泄放通道。

接地系统的接地干线与各楼层等电位接地端子板及各系统设备机房内局部等电位接地端子板之间的连接关系，可参见图 3、图 4、图 5、图 6。

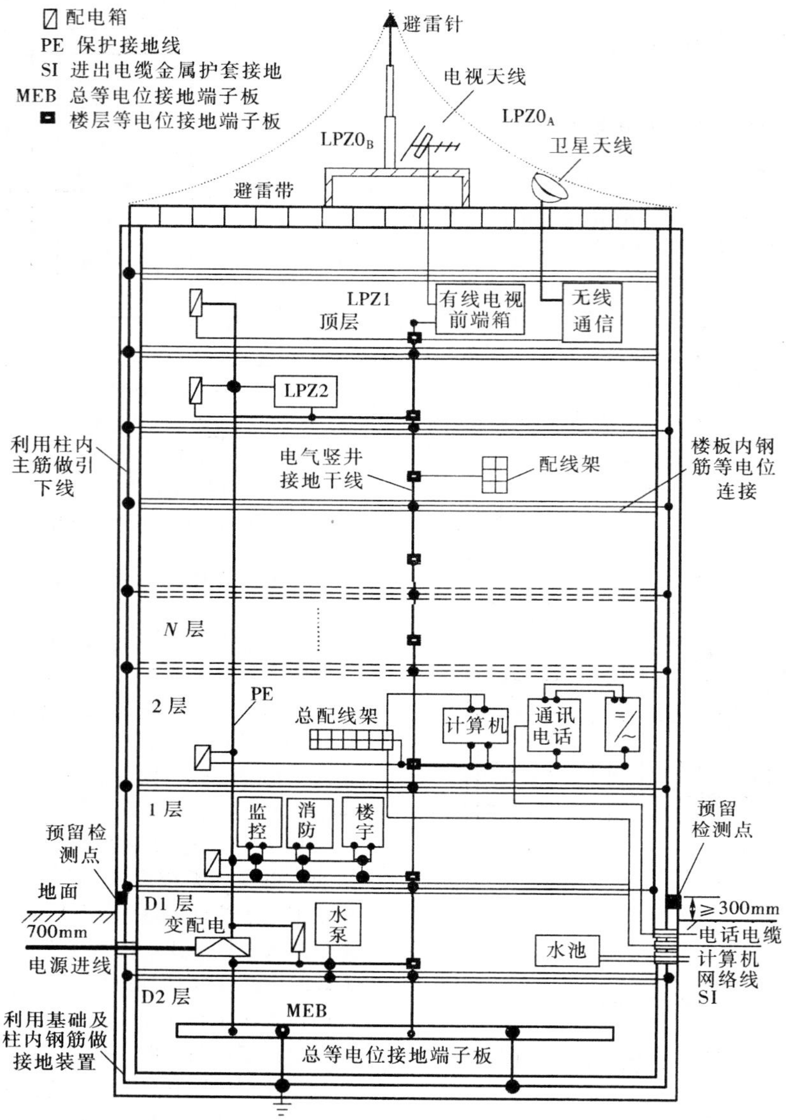

图 3 建筑物防雷区等电位连接及共用接地系统示意图

5.2.4 每一楼层的配线柜的接地线都应采用截面积不小于 16mm² 的绝缘铜导线单独接至局部等电位接地端子板。规定连接导体截面积的范围基于如下根据：

《建筑物防雷设计规范》GB50057—94 表 6.3.4 各种连接导体的最小截面积规定，等电位连接带之间和等电位连接带与接地装置之间的连接导体，铜材最小截面积为 16mm²；

《建筑与建筑群综合布线系统工程设计规范》GB/T50311—2000 表 3 接地导线选择表中规定，楼层配线设备至大楼总等电位接地端子板的距离≤30m 时，接地导线截面积为 6～16mm²；距离≤100m 时，接地导线截面积为 16～50mm²；

考虑到导线本身的电感效应及雷电电磁脉冲在导线上的趋表效应等因素，最后综合起来选用截面积不小于 16mm² 的规定。

5.2.5 共用接地系统是由接地装置和等电位连接网络组成。接地装置是由自然接地体和人工接地体组成。采用共用接地系统的目的是达到均压、等电位以减小各种接地设备间、不同系统之间的电位差。其接地电阻因采取了等电位连接措施，所以按接入设备中要求的最小值确定。没有必要规定共用接地系统的接地电阻要小于 1Ω。

建筑物外部防雷装置是直接安装在建筑物顶面，防雷装置与各种金属物体之间的安全距离不可能得到保证。为防止防雷装置与邻近的金属物体之间出现高电位反击，减小其间的电位差，除了将屋内的金属物体做好等电位连接外，应将各种接地（交流工作接地、安全保护接地、直流工作接地、防雷接地等）共用一组接地装置。上述四种接地的接地引出线可与环形接地体相连形成等电位连接，但防雷接地在环形接

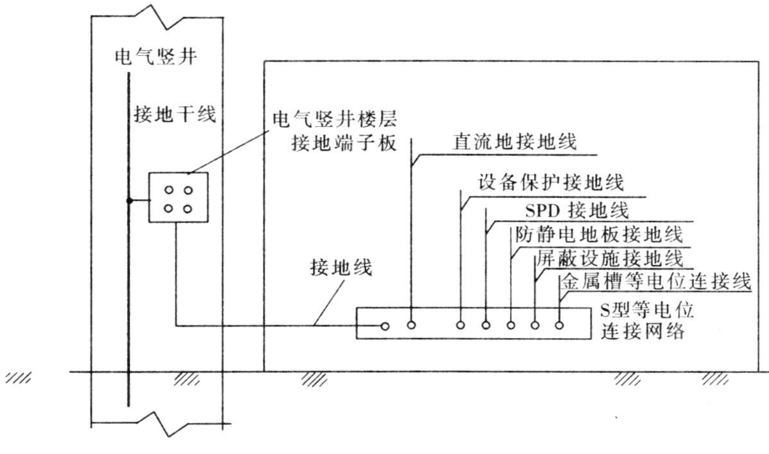

图 4　电子信息系统机房 S 型等电位连接网络示意图

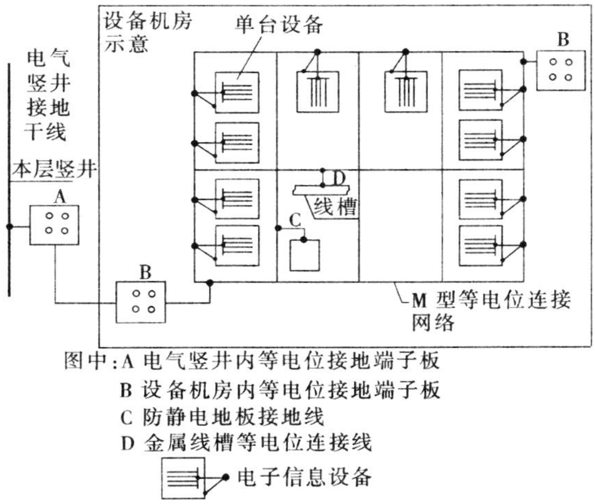

图 5　电子信息系统机房 M 型等电位连接网络示意图

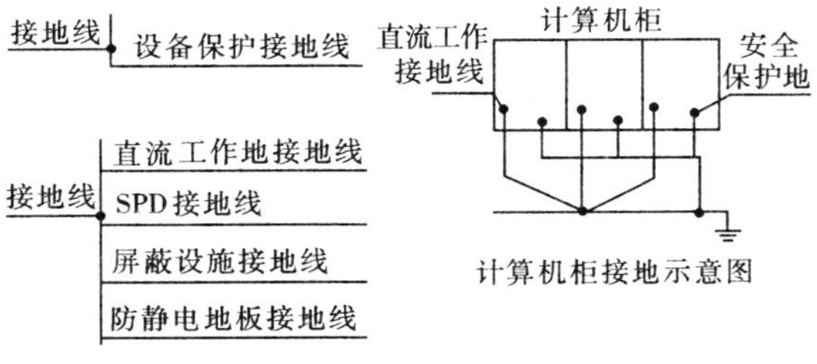

图 6　电子信息系统机房等电位连接示意图

地体上的接地点与其他几种接地的接地点之间的距离宜大于 10m。

5.2.6　接地装置

1　当基础采用硅酸盐水泥和周围土壤的含水量不低于 4%，基础外表面无防水层时，应优先利用基础内的钢筋作为接地装置。但如果基础被塑料、橡胶、油毡等防水材料包裹或涂有沥青质的防水层时，不宜利用在基础内的钢筋作为接地装置。

2　当有防水油毡、防水橡胶或防水沥青层的情况下，宜在建筑物外面四周敷设闭合状的水平接地体。该接地体可埋设在建筑物散水坡及灰土基础 1m 以外的基础槽边。

3　对于设有多种电子信息系统的建筑物，同时又利用基础（筏基或箱基）底板内钢筋构成自然接地体时，无需另设人工闭合环形接地装置。但为了进入建筑物的各种线路、管道作等电位连接的需要，也可以在建筑物四周设置人工闭合环形接地装置。此时基础或地下室地面内的钢筋、室内等电位连接干线，宜每隔 5～10m 引出接地线与闭合环形接地装置连成一体，作为等电位连接的一部分。

4　根据 IEC61024—1 指南 B 中规定，B 型接地装置（即环形接地装置），在建筑物外墙人员流动较多处，为了保证人员生命安全，应对该区域做进一步均衡电位处理。为此，应在距第一个环形接地装置 3m 以外再次敷设一组环形接地装置，距离建筑物较远的接地装置应敷设在地表之下较深的土层中，例如接地装置距建筑物 4m 埋深应为 1m；距建筑物 7m，埋深应为 1.5m，这组环形接地装置应采用放射形导体与第一个环形接地装置相连接，以保证电位均衡的安全效果。

当建筑物基础接地体的接地电阻值满足接地要求时，勿须另设室外环形接地装置。

5.2.7　由于建筑物散水坡一般距建筑外墙坡 0.5～0.8m，散水坡以外的地下土壤也有一定的湿度，对电阻率的下降和疏散雷电流的效果较好，在某些情况下，由于地质条件的要求，建筑物基础放坡脚很大，超过散水坡的宽度，为了施工及今后维修方便，因此规定应敷设在散水坡外大于 1m 的地方。

对于扩建改建工程，当需要敷设周圈式闭合环形接地装置时，该装置必须离开基础有一定的距离（视结构专业要求来决定），必须保证基础安全。

5.3　屏 蔽 及 布 线

5.3.1　为了改善电子信息系统的电磁环境，减少无论来自建筑物上空的云际闪，或是来自邻近的云地闪及建筑物本身遭受直接雷击造成的电磁感应的侵害，电子信息系统机房应避免设在建筑物的高层，宜选择在大楼低层的中心部位，并尽量远离建筑物外墙结构柱子（用作防雷引下线的结构内金属构件），根据电子信息设备的重要程度，设备机房宜设置在 LPZ2 和 LPZ3 区域内。

根据建筑物年预计雷击次数计算公式

$$N=KN_g \cdot A_e$$

可知，它的几率与建筑物截收相同雷击次数的等效面积 A_e 成正比；而 A_e 不仅与建筑物的长（L）、宽（W）有关，尤为与其高（H）关系更紧密，例如当 $H \geqslant 100$m 时，建筑物的等效面积为：

$$A_e=[LW+2H(L+W)+\pi H^2]\cdot 10^{-6}\ (\text{km}^2)$$

所以 A_e 几乎与 H 的平方成正比，也即是说建筑物年预计雷击次数相当于跟 H^2 成正比。

此外，建筑物易受雷击的部位中，主要是屋角。基于上述原因，电子信息系统机房应选择在大楼低层的中心部位的最高级别区域内。

5.3.3 表 5.3.3-1 电子信息系统线缆与其他管线的净距；表 5.3.3-2 电子信息系统线缆与电力电缆的净距，分别引自《建筑与建筑群综合布线系统工程设计规范》GB/T50311—2000。

5.4 防雷与接地

5.4.1 电源线路防雷与接地

1 表 5.4.1-1 数据取自《建筑物防雷设计规范》GB50057—94 表 6.4.4。电子信息系统设备配电线路耐冲击电压的类别及浪涌保护器安装位置示意图是以 TN-S 配电系统为例，如图 5.4.1-1。变压器绕组为△-Y 接法。图中浪涌保护器、退耦器、空气断路器等元件，根据工程的具体要求确定。图 5.4.1-2 电子信息系统电源设备分类，根据工程具体要求确定。

2 电源线路多级 SPD 防护，主要目的是达到分级泄流，避免单级防护随过大的雷击电流而出现损坏概率高和产生高残压。通过合理的多级泄流能量配合，保证 SPD 有较长的使用寿命和设备电源端口的残压低于设备端口耐雷电冲击电压，确保设备安全。

3 SPD 一般并联安装在各级配电柜（箱）开关之后的设备侧，它与负载的大小无关。串联型 SPD 在设计时，必须考虑负载功率不能超过串联型 SPD 的额定功率，并留有一定的余量。

4 SPD 连接导线应平直，导线长度不宜大于 0.5m，其目的是降低引线上的电压，从而提高 SPD 的保护安全性能。

5 对于开关型 SPD1 至限压型 SPD2 之间的线距应大于 10m 和 SPD2 至限压型 SPD3 之间的线距应大于 5m 的规定，其目的主要是在电源线路中安装了多级电源 SPD，由于各级 SPD 的标称导通电压和标称导通电流不同、安装方式及接线长短的差异，在设计和安装时如果能量配合不当，将会出现某级 SPD 不动作，泄流的盲点。为了保证雷电高电压脉冲沿电源线路侵入时，各级 SPD 都能分级启动泄流，避免多级 SPD 间出现盲点，根据 ITU、K20 和 IEC61312—3 的规定，两级 SPD 间必须有一定的线距长度（即一定的感抗或加装退耦元件）来满足避免盲点的要求。同时规定，末级电源 SPD 的保护水平必须低于被保护设备对浪涌电压的耐受能力。各级电源 SPD 能量配合最终目的是，将总的威胁设备安全的电压电流浪涌值减低到被保护设备能耐受的安全范围内，而各级电源 SPD 泄放的浪涌电流不超过自身的标称放电电流。

6 电压开关型和限压型 SPD 间的能量配合：放电间隙（SPD1）的引燃取决于 MOV（SPD2）两端残压（U_{res}）及退耦元件两端（含连接线）的动态压降（U_{DE}）之和。在触发放电之前，SPD 间的电压分配如下：$U_{SG}=U_{res}+U_{DE}$

一旦 U_{SG}（放电间隙两端的电压）超过放电间隙动态放电电压时，SPD1 就击穿放电泄放雷电流，实现了配合。后续防雷区的 SPD 只要线距满足规定要求或加装退耦元件，就能保证从末级到第一级逐级可靠启动泄流，确保多级 SPD 不出现盲点，达到最佳的能量配合效果。

7 供电线路 SPD 标称放电电流参数值表5.4.1-2的说明如下：

SPD 标称放电电流并不是选择得愈高愈好，若选择得太高，这无疑会增大用户的工程费用，同时也是一种资源的浪费，但是也不能选得太低，否则，对设备起不到保护作用，在选定供电线路 SPD 的标称放电电流时，应定得科学、合理。

8 SPD 标称放电电流值应根据雷电威胁的强度和出现的概率来定，国际电工委员会标准 IEC61312 “雷电电磁脉冲防护” 将第 I 级防护的雷电威胁值定为 200kA，波形为 10/350μs。超过该值的概率为 1%，就是说，99%的雷电闪击都包括了。

本规范以国际标准规定的第 I 级防护的雷电威胁值 200kA 作为制定供电线路 SPD 标称放电电流的依据，因此，供电线路 SPD 标称放电电流的参数值如下：

IEC61312—1：1995 雷电流分配的有关条文中已假定：全部雷电流 i 的 50%流入 LPS 的接地装置，i 的另一个 50%分配于进入建筑物的各种设施，并假定进入建筑物的金属设施，只是变压器低压侧的三相五相制供电线路为 TN-S 接地方式。若第 I 级防护雷电威胁值规定为 200kA，10/350μs，则在供电线路中，每线荷载的雷电流为 $I_m=I_s/n=(I/2)/n=(200/2)/5=20$kA。

对于 LPZ0 与 LPZ1 交界处的第 1 级防护所使用的标称放电电流波形问题，目前国际国内都有不同意见，争论较大。对此问题，我们对国内外22个厂家的24个型号的产品做了详细的调查研究，其中作为第一级防护的器件，基本上都规定了10/350μs和8/20μs两种波形的参数值。故此，本标准不作只使用一种波形的规定，宜兼顾各种不同意见，所以推荐等同使用两种波形的参数，不作强制性规定，仅仅作为不同波形条件下的推荐参数而已。

当用8/20μs波形时，每一线路荷载的雷电流值，如下面推算：

计算单位能量的公式是：

$$W/R=(1/2)\times(1/0.7)\times I^2\times T_2(\mathrm{J}/\Omega)$$

（来源于IEC61312）

式中：

W/R 为单位能量；

I 为雷电威胁值，单位为kA；

T_2 为雷电波的半值时间，单位为μs

在单位能量相同的条件下，则有 $I^2_{(20)}\times T_{2(20)}=I^2_{(350)}\times T_{2(350)}$

将上面公式整理得到：

$$I_{(20)}=I_{(350)}\times[T_{2(350)}/T_{2(20)}]^{1/2}$$

则：$I_{(20)}=20\mathrm{kA}\times[350/20]^{1/2}=83.7\mathrm{kA}<100\mathrm{kA}$

第二级标称放电电流的计算：

按照SPD能量配合原理，通过选择SPD2使 i_2 降到合理的值（可接受的值），应考虑到两个SPD之间的阻抗进行较好的协调配合（供电线路一般选用电感器作为两个SPD之间的退耦元件）。

一般情况下，当两个SPD之间的线路长度大于10m时，就不需要安装实体的电感器，而由传输线导体自身的电感来代替。导体自身电感量以最低为每米1μH计，10m长导体的电感量为10μH。

第二级被保护设备的耐冲击电压由图5.4.1-1查得为 $U_P=4\mathrm{kV}$，在SPD2未导通前，电感两端的压降即为第二级被保护设备的耐冲击电压，即 $U_P=U_L=4\mathrm{kV}$。

电感压降的公式为：$U_L=L\times(\mathrm{d}i_2/\mathrm{d}t_2)$

式中：i_2 为流过SPD2的雷电电流，即SPD2承受的标称放电电流。t_2 为对应的雷电流波头时间。

将电感压降公式整理得：

$$i_2=U_L(T_2/L)=4\times10^3[(20\times10^{-6})/(10\times10^{-6})]=8\mathrm{kA}$$

从安全和可靠角度考虑，应增大SPD2的耐雷电冲击电流的裕度，若系数取5，即SPD2的标称放电电流应不小于40kA。

第三级SPD标称放电电流按确定第二级标称放电电流计算的方法确定为不小于20kA。

残压比一般在3～3.5之间，对于380V的工作电压，SPD2的导通电压约为900V，于是SPD2的残压介于2700～3150V之间，小于第二级被保护设备的耐冲击电压值，这样，便取得了良好的能量配合。

本规范建议的SPD的标称放电电流推荐值是：

用作第1级（B级）防护的SPD，标称放电电流≥20kA，波形为10/350μs；如波形为8/20μs时，SPD的标称放电电流值宜取≥80kA。

用作第2级（C级）防护的SPD，标称放电电流值≥40kA，波形为8/20μs

用作第3级（C级）防护的SPD，标称放电电流值≥20kA，波形为8/20μs

鉴于以上所述，我们认为本规范制定的SPD的标称放电电流值是具有科学性、合理性的。

5.4.2 信号线路的防雷与接地

选用的SPD其工作电压、传输速率、带宽、插入损耗、特性阻抗、标称导通电压、标称放电电流、接口等应满足系统要求。

5.4.3 天馈线路的防雷与接地

天馈线路SPD应按表5.4.2-2选择参数。

5.4.4 程控数字交换机线路的防雷与接地

在总配线架模拟信号线路输入端、配线架至交换机（PABX）之间以及交换机（PABX）的模拟信号线路输出端，分别安装信号线路SPD。

在配线架的数字线路输入端、配线架至交换机（PABX）之间以及交换机（PABX）的数字线路的输出端，分别安装信号线路SPD。

5.4.5 计算机网络系统的防雷与接地

1 传输线路上，安装浪涌保护器的数量，视其电子信息系统的重要性和使用性而定。对于重要性很高的系统，安装浪涌保护器的级数要由风险评估确认的级数才能达到安全防护；重要性相对较轻的系统安装级数可以减少，才能达到既安全又经济。

2 适配是指安装浪涌保护器的性能，例如工作频率、工作电平、传输速率、特性阻抗、传输介质及接口形式等应符合传输线路的性质和要求。

5.4.6 安全防范系统的防雷与接地

本条中规定在安全防范系统户外的交流供电线路、视频信号线路、解码器控制信号线路及摄像头供电线路中应装设SPD的具体情况如下：

1 视频信号线路应根据摄像头连接形式、线路特性阻抗、工作电压等参数选择插入损耗小、驻波系数小的SPD。

2 编、解码器控制信号线路应根据编、解码器连接形式、线路特性阻抗、工作电压等参数选择插入损耗小，驻波系数小的SPD。

3 对集中供电的电源线路应根据摄像头工作电压按表5.4.2-2选择适配的SPD

4 在摄像头视频信号输出端和控制室视频切换器输入端应分别安装视频信号线路SPD。

5 在摄像头侧解码控制信号输入端和微机控制室信号输出端应分别安装控制信号SPD。

6 在摄像头侧供电线路输入端应安装电源 SPD。

7 摄像头侧 SPD 的接地端可连接到云台金属外壳的保护接地线上，云台金属外壳保护接地端连接至接地网上；微机控制室一侧的工作机房应设局部等电位连接端子板，各个 SPD 的接地端应分别连接到机房等电位接地端子板上，再从接地端子板引至共用接地装置。工作机房所有设备的金属外壳、金属机架和构件，均应与机房等电位接地端子板或共用接地系统连接。

5.4.7 火灾自动报警及消防联动控制系统的防雷与接地

火灾自动报警及消防联动控制系统的信号电缆、电源线、控制线均应在设备侧装设适配的 SPD。

5.4.8 建筑设备监控系统的防雷与接地

1 对于控制中心内的各个系统宜设置各自的 S 型等电位连接网络，若机房内设有与建筑物结构钢筋相连接的等电位接地端子板时，系统的接地干线，可直接由各基准点（ERP）处引至等电位接地端子板。若只有机房所在楼层电气竖井间内才设有等电位连接端子板时，应将各系统的接地干线接至设在合用机房内的等电位母排箱，再由等电位接地母排箱内用总接地干线接至就近楼层电气竖井间内的等电位接地端子板。总接地干线宜采用截面积不小于 $16mm^2$ 的铜芯绝缘导线穿管敷设。

2 由建筑物外引入（出）中控室内的信号电缆、电源线、控制线、网络总线等，宜在防雷分区界面处装设适配的信号 SPD、电源 SPD。各 SPD 的参数选择参照表 5.4.1-2、5.4.2-1 及表 5.4.2-2 选配。

5.4.9 有线电视系统的防雷与接地

有线电视信号传输线路的防雷与接地应按如下方法实施：

CATV 系统中放大器的输入、输出端应安装适配的干线放大器 SPD；

系统设备机房内各 SPD 的接地端应按 5.2 节的要求处理；室外的 SPD 接地应采用截面积不小于 $16mm^2$ 的多股铜线接地；同时可连接至信号电缆吊线的钢绞绳上，若吊线钢绞绳分段敷设时，在分段处将前、后段连接起来，接头处应做防腐处理。吊线钢绞绳两端均应接地。

5.4.10 通信基站的防雷与接地

此条所指的范围涵盖了移动通信（GSM、CDMA）基站、800MHz 集群通信基站、无线寻呼基站、小灵通、数字微波通信站及其他无线通信站等。

6 防 雷 施 工

6.2 接 地 装 置

6.2.7 由于现代电子信息系统设备种类不同，对利用建筑物基础的接地体、人工接地体两者联合的接地装置的接地电阻值的要求也不同，所以施工安装时，应根据设计文件给出的接地电阻数据及工艺要求实施，施工结束检测结果必须符合要求，如果达不到要求，应检查接地极埋深、间距，回填土质量，夯实程度等。如果仍达不到要求，应由原设计单位提出新的措施，直至符合要求为止。

6.4 等电位接地端子板（等电位连接带）

6.4.3 总等电位接地端子板、楼层等电位接地端子板、局部等电位接地端子板，就是总等电位连接带、楼层等电位连接带、局部等电位连接带的另一种称呼。它们的材料规格、尺寸和固定位置均由具体工程设计确定。

6.5 浪 涌 保 护 器

6.5.1 电源线路浪涌保护器（SPD）安装时，连接线最小截面积推荐值见表 6.5.1。因为电源线路浪涌保护器（SPD）标称放电电流较大，要求连接线截面积也相应加大，这样可减小引线电感量，从而减小其动态阻抗，同时减小线路残压。表中推荐值是防雷工程实践经验的总结。

6.5.3 信号线路浪涌保护器（SPD）与被保护设备的连接端口有串接与并接之分。由 RJ11、RJ45、和其他接口组成的线路应串接安装 SPD，仅有接线柱组成的接口应并接安装 SPD。SPD 的安装连接图如图 7 所示：

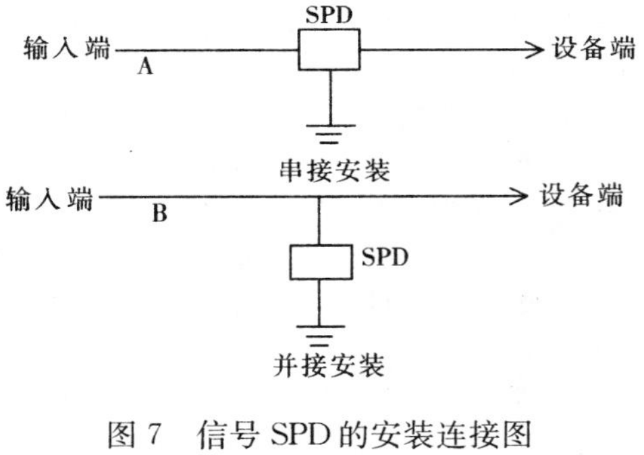

图 7 信号 SPD 的安装连接图

7 施工质量验收

7.2 竣 工 验 收

7.2.2 IEC61024-1-2 指南 B 规定，在施工阶段，应对在竣工后无法进行检测的所有防雷装置关键部位进行检测；在验收阶段，应对防雷装置做最后的测量，并编制最终的测试文件。

根据上述规定，并结合我国防雷与接地工程的实际，将施工检测方法定为随工检测和竣工检测两类。例如将隐蔽工程和高空作业的施工项目，进行随工检测；对接地电阻和其他参数测量等，进行竣工检测。

7.2.3 防雷施工是按照防雷设计和规范要求进行的，对雷电防护做了周密的考虑和计算，哪怕有一个小部位施工质量不合格，都将会形成隐患，遭受严重损失。因此规定本条作为强制性条款，必须执行。凡是验收不合格的项目，应提交施工单位进行整改，直到满足验收要求为止。

8 维护与管理

8.1 维 护

8.1.4 防雷装置在整个使用期限内，应完全保持防雷装置的机械特性和电气特性，使其符合本规范设计要求。

防雷装置的部件，一般而言，完全暴露在空气中或深埋在土壤中，由于不同的自然污染或工业污染，诸如潮湿、温度及电解质移动程度、通风程度、空气中的二氧化硫，溶解的盐分等，防雷部件深受这些污染、天气损害、机械损害及雷击的损坏等众多因素的影响，金属部件将会很快出现腐蚀和锈蚀。金属部件的尺寸不断减小，机械强度不断降低，部件易于失去防雷有效性。

为了保证工作人员的安全，防雷设计的机械强度必须达到1kN（IEC61024 指南 B)。当金属部件损伤、腐蚀的部位超过原截面的三分之一时，要求及时修复和更换。

中华人民共和国国家标准

采暖通风与空气调节设计规范

GB 50019—2003

条 文 说 明

目　次

1 总 则

1.0.1 本规范宗旨。

采暖、通风与空气调节工程是基本建设领域中一个不可缺少的组成部分，它对改善劳动条件、提高生活质量、合理利用和节约能源及资源、保护环境、保证产品质量以及提高劳动生产率，都有着十分重要的意义。本次规范修订从节能、环保、安全、卫生等方面结合了近10年来国内外出现的新技术、新设备、新材料与设计、科研新成果，对有关设计标准、技术要求、设计方法以及其他政策性较强的技术问题等都做了具体的规定。

1.0.2 本规范的适用范围。

为了适应设计工作的需要，本次规范修订充实了民用建筑采暖、通风与空气调节的内容，并根据国家现行有关标准对原规范中防火及通风等的规定做了必要的增减。规定了本规范不仅适用于各种类型的民用建筑，其中包括居住建筑、办公建筑、科教建筑、医疗卫生建筑、交通邮电建筑、文娱集会建筑和其他公共建筑等，也适用于各种规模的工业建筑。对于新建、改建和扩建的民用建筑和工业建筑，其采暖、通风与空气调节设计，均应符合本规范各相关规定。

本规范不适用于有特殊用途、特殊净化与防护要求的建筑物、洁净厂房以及临时性建筑物的设计，是针对设计标准、装备水平以及某些特殊要求、特殊作法或特殊防护而言的，并不意味着本规范的全部内容都不适用于这些建筑物的设计。一些通用性的条文，应参照执行。有特殊要求的设计，应执行国家相关的设计规范。

1.0.3 选择设计方案和设备、材料的原则。

采暖、通风与空气调节工程，不仅在整个工程的全部投资中占有一定的份额，其运行过程中的能耗也是非常可观的。因此，设计中必须贯彻适用、经济、节能、安全等原则，会同有关专业通过多方案的技术经济比较，确定出整体上技术先进、经济合理的设计方案。

1.0.4、1.0.5 采暖、通风与空气调节系统的维护管理要求。

这几条规定，目的是突出在设计中必须考虑维护管理问题，并为其创造必要的安全防护措施的重要性。

多年实践证明，维护管理的好坏，是采暖、通风与空气调节系统能否正常运行和达到应有效果的重要因素，能否在设计中为维护管理创造必要的条件，也是系统能否正常运行和发挥其应有作用的重要因素之一。

1.0.6 地震区或湿陷性黄土地区布置设备和管道的要求。

为了防止和减缓位于地震区或湿陷性黄土地区的建筑物由于地震或土壤下沉而造成的破坏和损失，除应在建筑结构等方面采取相应的预防措施外，布置采暖、通风和空气调节系统的设备和管道时，还应根据不同情况按照国家现行规范的规定分别采取防震或其他有效的防护措施。

1.0.7 本规范同施工验收规范的衔接。新增条文。

为保证设计和施工质量，要求采暖通风与空气调节设计的施工图内容应与国家现行标准《建筑给水排水及采暖工程施工质量验收规范》（GB 50242）、《通风与空气调节工程施工质量验收规范》（GB 50234）等保持一致。有特殊要求及现行施工质量验收规范中没有涉及的内容，在施工图文件中必须有详尽说明，以利施工、监理工作的顺利进行。

1.0.8 本规范同其他标准规范的衔接。

本规范为专业性的全国通用规范。根据国家主管部门有关编制和修订工程建设标准规范的统一规定，为了精简规范内容，凡引用或参照其他全国通用的设计标准规范的内容，除必要之外，本规范不再另设条文。本条强调在设计中除执行本规范外，还应执行与设计内容相关的安全、环保、节能、卫生等方面的国家现行的有关标准、规范等的规定。具体规范名称不一一列出。

2 术 语

2.0.1、2.0.2 预计平均热感觉指数（PMV）和预计不满意者的百分数（PPD）是按国家标准《中等热环境PMV和PPD指数的测定及热舒适条件的规定》（GB/T 18049）测定。国家标准GB/T 18049等同采用国际标准ISO 7730。其中规定了三种测定方法，一是用热舒适方程计算，二是查表，三是用热舒适计测量。

Fanger提出PMV指数在−1和+1之间（此时PPD指数小于27%）的全部评价为“满意”，高于或低于此限值的全部评价为“不满意”。

2.0.3 湿球黑球温度（WBGT）指数是按国家标准《高温作业分级》（GB/T 4200）测定，经计算确定。

2.0.7 在舒适性空气调节中，可用综合温度、风速作用的有效温度差θ值来评价人的舒适性：

$$\theta=(t_i-t_h)-8(v_i-0.15) \quad (1)$$

式中 θ——综合温度（℃）；

t_i——测点温度（℃）；

t_h——室内设计温度（℃）；

v_i——测点风速（m/s）。

根据2001 ASHRAE Handbook中的有关资料，在$\theta=-1.5\sim+1.0$的范围内，多数人感到舒适。空气分布特性指标（ADPI）可通过式（2）确定：

$$ADPI=\frac{(-1.5<\theta<+1.0)\text{ 的测点数}}{\text{总测点数}}\times 100\% \quad (2)$$

3 室内外计算参数

3.1 室内空气计算参数

3.1.1 冬季室内计算温度。

1 根据国内外有关卫生部门的研究结果，当人体衣着适宜、保暖量充分且处于安静状态时，室内温度20℃比较舒适，18℃无冷感，15℃是产生明显冷感的温度界限。本着提高生活质量，满足室温可调的要求，并按照国家现行标准《室内空气质量标准》（GB/T 18883）要求，把民用建筑主要房间的室内温度范围定在16～24℃。

2 工业建筑工作地点的温度，其下限是根据现行国家标准《工业企业设计卫生标准》（GBZ 1）制定的。轻作业时，空气温度15℃尚无明显冷感；中作业和重作业时，空气温度分别不低于16℃和14℃即可基本满足要求。

关于劳动强度分级标准——轻、中、重、过重作业，是按现行国家标准《工业企业设计卫生标准》（GBZ 1）执行的，而卫生部门还制定了《体力劳动强度分级指标》（共分四级），鉴于这两种分级方法对制定相应的室内卫生标准并无实质差别，本条及本规范其他有关条文中仍沿用原来的提法。

3.1.2 采暖建筑物冬季室内风速。

将原条文中"生活地带或作业地带"统称为"活动区"，以下同。将原条文中"集中采暖"改为"采暖"。现今采暖方式的多样化，采暖热源亦多种多样，为使室内获得热量并保持一定温度，以达到适宜的生活或工作条件，不一定必须设置集中采暖。

本条对冬季室内最大允许风速的规定，主要是针对设置热风采暖的建筑而言的，目的是为了防止人体产生直接吹风感，影响舒适性。

3.1.3 空气调节室内计算参数。

1 舒适性空气调节的室内参数，是基于人体对周围环境温度、相对湿度和风速的舒适性要求，并结合我国经济情况和人们的生活习惯及衣着情况等因素，参照国家现行标准《室内空气质量标准》（GB/T 18883）等资料制定。

2 对于设置工艺性空气调节的工业建筑，其室内参数应根据工艺要求，并考虑必要的卫生条件确定。在可能的条件下，应尽量提高夏季室内温度基数，以节省建设投资和运行费用。另外，室温基数过低（如20℃），由于夏季室内外温差太大，工作人员普遍感到不舒适，室温基数提高一些，对改善室内工作人员的卫生条件也是有好处的。

3.1.4 空气调节室内热舒适性评价指标参数及工业建筑夏季工作地点的温度标准。新增条文。

规定本条与国家现行标准《中等热环境PMV和PPD指数的测定及热舒适条件的规定》（GB/T 18049）、《高温作业分级》（GB/T 4200）一致，也做到了与国际接轨。

空气调节系统的能耗与许多因素有关，所以空气调节能耗的许多环节都有节能的潜力。假设空气调节室外计算参数为定值时，夏季空气调节室内空气计算温度和湿度越低，房间的计算冷负荷就越大，系统耗能也越大。因此，宜按照国家现行标准《中等热环境PMV和PPD指数的测定及热舒适条件的规定》（GB/T 18049），等同于国际标准ISO 7730：1994中的PMV-PPD指标，在不降低室内舒适度标准的前提下，通过合理组合室内空气设计参数，可以收到明显的节能效果。

3.1.5 计算通风时工业建筑夏季工作地点的温度标准。

本条是参照《工业企业设计卫生标准》（GBZ 1）有关条款，在工艺无特殊要求时，根据夏季通风室外计算温度与工作地点温度的允许温差制定的。

3.1.6 休息室的室温标准。

炎热季节，根据生产工艺特性，适当调整高温作业工作人员的劳动休息制度，缩短持续劳动的时间，是恢复人员体力和调整生理机能的重要措施之一，尤其是对高温环境下从事间断性的中、重体力劳动者来说，创造良好的休息环境更是十分必要的。

从调整人体生理机能的要求出发，在参照本规范第3.1.3条关于舒适性空气调节夏季室内温度标准规定的前提下，避免高温作业区与休息室的温差过大所引起的骤冷骤热，规定休息室的室温标准为26～30℃。

3.1.7 局部送风工作地点的风速和温度。

设置局部送风的工业建筑，其室内工作地点的允许风速已在本规范第5.5.5条至第5.5.7条中做了明确规定。

3.1.8 对室内空气质量的要求。新增条文。

建筑物室内空气应符合国家现行标准《室内空气质量标准》（GB/T 18883）、《工业企业设计卫生标准》（GBZ 1）、《工作场所有害因素接触限值》（GBZ 2）和《民用建筑工程室内环境污染控制规范》（GB 50325）等相关规范、标准中的规定。表1中摘录了部分国家现行标准中室内污染物容许浓度指标。

表1 室内空气污染物的容许浓度

污染物名称	符号	单位	容许浓度	备注
二氧化硫	SO_2	mg/m^3	0.50	1小时均值
二氧化氮	NO_2	mg/m^3	0.24	1小时均值
一氧化碳	CO	mg/m^3	10	1小时均值
二氧化碳	CO_2	%	0.10	日平均值

续表 1

污染物名称	符号	单位	容许浓度	备注
氨	NH_3	mg/m^3	0.20	1 小时均值
臭　氧	O_3	mg/m^3	0.16	1 小时均值
甲　醛	HCHO	mg/m^3	0.10	1 小时均值
苯	C_6H_6	mg/m^3	0.11	1 小时均值
甲　苯	C_7H_8	mg/m^3	0.20	1 小时均值
二甲苯	C_8H_{10}	mg/m^3	0.20	1 小时均值
苯并（a）芘	B（a）P	ng/m^3	1.0	日平均值
可吸入颗粒物	PM10	mg/m^3	0.15	日平均值
总挥发性有机物	TVOC	mg/m^3	0.60	8 小时均值
菌落总数		CFU/m^3	2500	
氡	^{222}Rn	Bq/m^3	400	年平均值

3.1.9 人员所需最小新风量。新增条文。部分强制条文。

无论是工业建筑还是民用建筑，人员所需新风量都应根据室内空气的卫生要求、人员的活动和工作性质，以及在室内的停留时间等因素确定。卫生要求的最小新风量，民用建筑主要是对 CO_2 的浓度要求（可吸入颗粒物的要求可通过过滤等措施达到），工业建筑和医院等还应考虑室内空气的其他污染物和细菌总数等。

表 2 所示的民用建筑主要房间人员所需最小新风量，是根据国家现行标准《旅游旅馆建筑热工与空气调节节能设计标准》（GB 50189）、《公共场所卫生标准》（GB 9663～GB 9673）、《饭馆（餐厅）卫生标准》（GB 16153）、《室内空气质量标准》（GB/T 18883）和《中、小学校教室换气卫生标准》（GB/T 17226）等摘录的。对于图书馆、博物馆、美术馆、展览馆、医院和公共交通等建筑的人员所需最小新风量第 3.1.9 条未做规定，可按国家现行卫生标准中 CO_2 的容许浓度进行计算确定。设计时尚应满足国家现行专项标准的特殊要求。

表 2　民用建筑主要房间人员所需的最小新风量［m^3/（h·人）］

建筑类型			新风量	依据
旅游旅馆	客　房	一　级	50	GB 50189—93
		二　级	40	GB 50189—93
		三　级	30	GB 50189—93
	餐厅 宴会厅 多功能厅	一　级	30	GB 50189—93
		二　级	25	GB 50189—93
		三　级	20	GB 50189—93
		四　级	15	GB 50189—93
	商业、服务	一级～二级	20	GB 50189—93
		三级～四级	10	GB 50189—93
	大堂、四季厅	一级～二级	10	GB 50189—93
	美容理发室、康乐设施		30	GB 50189—93

续表 2

建筑类型			新风量	依据
旅店	客　房	3～5 星级	30	GB 9663—1996
		1～2 星级	20	GB 9663—1996
文化娱乐场所	影剧院、音乐厅、录像厅（室）		20	GB 9664—1996
	游艺厅、舞厅（包括卡拉 OK 歌厅）		30	GB 9664—1996
	酒吧、茶座、咖啡厅		10	GB 9664—1996
体育馆			20	GB 9668—1996
商场（店）、书店			20	GB 9670—1996
饭馆（餐厅）			20	GB 16153—1996
办公楼			30	GB/T 18883—2002
住　宅			30	GB/T 18883—2002
学校	教　室	小　学	11	GB/T 17226—1998
		初　中	14	GB/T 17226—1998
		高　中	17	GB/T 17226—1998

3.2　室外空气计算参数

3.2.1　采暖室外计算温度。

在采暖热负荷计算中，如何确定室外计算温度是一个相当重要的问题。单纯从技术观点来看，采暖系统的最大出力，恰好等于当地出现最冷天气时所需要的冷负荷，是最理想的，但这往往同采暖系统的经济性相违背。研究一下气象资料就可以看出，最冷的天气并不是每年都会出现。如果采暖设备是根据历年最不利条件选择的，即把室外计算温度定得过低，那么，在采暖运行期的绝大多数时间里，会显得设备能力富裕过多，造成浪费；反之，如果把室外计算温度定得过高，则在较长的时间里不能保持必要的室内温度，达不到采暖的目的和要求。因此，正确地确定和合理地采用采暖室外计算温度是一个技术与经济统一的问题。

在编制原规范的过程中，为了比较合理地确定采暖室外计算温度的统计方法，曾对全国主要城市的气象资料进行了统计、分析，广泛地征求了意见，并以国内外有关资料为借鉴，结合我国国情和气候特点以及建筑物的热工情况等，制定了以日平均温度为统计基础，按照历年室外实际出现的较低的日平均温度低于室外计算温度的时间，平均每年不超过 5 天的原则，确定采暖室外计算温度的方法。实践证明，只要供热情况有保障，即采取连续采暖或间歇时间不长的运行制度，对于一般建筑物来说，就不会因采用这样的室外计算温度而影响采暖效果。即使在20～30年一遇的最冷年内不保证天数多一些（10天左右），与之相对应的室内温度，大部分时间仍可维持在12℃以上，高于人体卫生所限定的最低环境温度。原规范执行10多年中，关于采暖室外计算温度的规定，已经为全国广大设计人员所接受，有关部门和单位还据此制定了各自的标准、规程、规定和技术措施等或将其编入了有关设计手册中。因此，本规范对此未做修订。

"注"中所谓"不保证"，系针对室外温度状况而言的；所谓"历年平均不保证"，系针对累年不保证总天数（或小时数）的历年平均值而言的，以免造成概念上的混淆和因理解上的不同而导致统计方法的错误。

在此必须强调指出，本规范所规定的采暖室外计算温度，适用于连续采暖或间歇时间较短的采暖系统的热负荷计算。只有这样，才能满足室内温度要求，如果间歇时间太长，室内达不到要求的时间自然就会增多。要想保持必要的室内温度，根本的途径是建立合理的运行制度，充分发挥采暖设备的效能。间歇时间的长短应随室外气温的变化而增减。在最不利的气候条件下，即在室外气温低于或等于采暖室外计算温度时，采暖系统必须按设计工况连续运行。如果因燃料不足等原因必须间歇采暖时，那只好暂时降低使用标准，非属设计者所能解决的问题。不要为了迁就目前供热制度的某些不合理现象，而盲目降低室外计算温度或增加某些变相的附加，以免助长不合理的运行制度"合法化"，造成设备和投资的浪费。

确定采暖建筑物围护结构最小传热阻所用的冬季围护结构室外计算温度，根据围护结构热惰性的不同分4挡，在本规范第4.1.9条中另有规定。详见该条文。

3.2.2 冬季通风室外计算温度。

鉴于我国绝大部分地区的累年最冷月虽然出现在1月，但个别地区也有出现在2月或12月的，因此规定以累年最冷月平均温度，作为冬季通风室外计算温度。

本条及本规范其他有关条文中的"累年最冷月"，系指累年逐月平均气温最低的月份。

3.2.3 夏季通风室外计算温度。

由于从1960年开始，全国各气象台（站）统一采用北京时间（即东经120°的地方平均太阳时）进行观测，1965年以来，各台（站）仅有北京时间14时（还有2时、8时和20时）的温度记录整理资料，因此，对于我国大部分地区来说，当地太阳时的14时与北京太阳时的14时，时差达1～2h，相差最多的可达3h。经比较，时差问题对我国华北、华东和中南等地区影响不大，而对气候干燥的西部地区和西南高原影响较大，温差可达1～2℃。也就是说，统一采用北京14时的温度记录，对于我国西部地区来说，并不是真正反映当地最热月逐日逐时气温较高的14时的温度，而是温度不太高的13、12时乃至11时的温度，显然，时差对温度的影响是不可忽视的。但是，考虑到需要进行时差修正的地区，夏季通风室外计算温度多在30℃以下（有的还不到20℃），把通风计算温度规定提高一些，对通风设计（主要是自然通风）效果影响不大，本规范未规定对此进行修正。如需修正，可按以下的时差订正简化方法进行修正：

1 对北京以东地区以及北京以西时差为1h地区，可以不考虑以北京时间14时所确定的夏季通风室外计算温度的时差订正；

2 对北京以西时差为2h的地区，可按以北京时间14时所确定的夏季通风室外计算温度加上2℃来修正。

3.2.4 夏季通风室外计算相对湿度。

如第3.2.3条所述，全国统一采用北京时间最热月14时的平均相对湿度确定这一参数，也存在时差影响的问题，只是由于影响不大，而且大都偏于安全，可不必考虑修正问题。

3.2.5 冬季空气调节室外计算温度。

考虑到设置空气调节的建筑物，室内热环境标准要求较高，如采用平均每年不保证5天的采暖室外计算温度作为新风和围护结构传热的计算温度，则冬季不保证小时数约为200h，比夏季不保证50h多了一些；为了使冬季的不保证小时数与夏季一致，沿用原规范的规定，把平均每年不保证1天的日平均温度作为空气调节设计用的冬季新风和围护结构传热的计算温度。经比较，这一温度值同美国等国家常用的标准比较相近。实践证明，一般情况下，冬季均能保证室内参数，其保证率是较高的，在技术上是可以达到要求的。

由于这个参数对整个空气调节系统的建设投资和经常运行费用影响不大，因此，没有必要将新风和围护结构传热的计算温度分开。

3.2.6 冬季空气调节室外计算相对湿度。

规定本条的目的是为了在不影响空气调节系统经济性的前提下，尽量简化参数的统计方法，同时，采用这一参数计算冬季的热湿负荷也是比较安全的。

3.2.7～3.2.10 夏季空气调节室外计算参数。

在这些条文中，分别规定了夏季空气调节室外计算干球温度、湿球温度、日平均温度和逐时温度的统计和采用方法。

1 保留了原规范第2.2.7条中有关按历年平均不保证50h统计和确定室外计算干球温度的内容。由于国内每天只有4次（2、8、14、20时）的定时温度记录，因此，以每次记录代表6h进行统计，经比较，其所得结果同按逐时温度记录所统计出的温度值相差很小，湿球温度的统计规律亦然。

2 保留了原规范第2.2.8条按历年平均不保证50h确定夏季空气调节室外计算湿球温度的内容。实践证明，在室外干、湿球温度不保证50h的综合作用下，室内不保证时间不会超过50h。

3 保留了原规范第2.2.9条关于按历年不保证5天的日平均温度统计和确定室外计算日平均温度的内容。关于夏季室外计算日平均温度的确定原则是考虑与空气调节室外计算干、湿球温度相对应的，即不保证小时数应为50h左右。统计结果表明，50h的不保证小时数大致分布在15天左右，而在这15天左右的时间内，分布也是不均等的，有些天仅有1～2h，出现较多的不保证小时数的天数一般在5天左右。每天仅有1～2h超过规定温度时，由于围护结构对温度波的衰减，对室内不会有影响，因此取不保证5天的日平均温度，大致与室外计算干湿球温度不保证50h是相对应的。

4 为适应关于按不稳定传热计算空气调节冷负荷的需要，保留了夏季空气调节室外计算逐时温度的内容。

3.2.11 特殊情况下空气调节室外计算参数的确定。

按本规范上述条文确定的室外计算参数设计的空气调节系统，运行时均会出现个别时间达不到室内温湿度要求的现象，但其保证率却是相当高的。为了在特殊情况下保证全年达到既定的室内温、湿度参数（这种情况是很少的），完全确保技术上的要求，必须另行确定适宜的室外计算参数，直至采用累年极端最高或极端最低干、湿球温度等，但它对空气调节系统的初投资影响极大，必须采取极为谨慎的态度。仅在部分时间（如夜间）工作的空气调节系统，如仍按常规参数设计，将会使设备富裕能力过大，造成浪费，因此，设计时可不遵守本规范第3.2.7条至第3.2.10条的有关规定，根据具体情况另行确定适宜的室外计算参数。

3.2.12 室外风速的确定。

本条及本规范其他有关条文中的“累年最冷3个月”，系指累年逐月平均气温最低的3个月；“累年最热3个月”，系指累年逐月平均气温最高的3个月。

3.2.13 最多风向及频率。

条文中的“最多风向”即为“主导风向”（Predominant Wind Direction）。

3.2.14 室外大气压力。

3.2.15 冬季日照百分率。

3.2.16 设计计算用采暖期的确定原则。

本条中所谓“日平均温度稳定低于或等于采暖室外临界温度”，系指室外连续5天的滑动平均温度，低于或等于采暖室外临界温度。

按本条规定统计和确定的设计计算用采暖期，是计算采暖建筑物的能量消耗，进行技术经济分析、比较等不可缺少的数据，是专供设计计算应用的，并不是指具体某一个地方的实际采暖期，各地的实际采暖期应由各地主管部门根据情况自行确定。

3.2.17 室外计算参数的统计年份。

室外计算参数的统计年份长，概率性强，更具有代表性，有助于将各地的气象参数相对地稳定下来，为此有的国家统计年份采用30～50年。目前我国大部分气象台（站）都有30年以上完整的气象资料。统计结果表明，统计10年、20年和30年的数值是有差别的，但一般差别不是太大。如仅统计1年或几年，则偶然性太大、数据可靠性差。因此，条文中推荐采用30年，至少不低于10年，否则应通过调研、测试并与有长期观测记录的邻近台（站）做比较，必要时，应请气象部门进行订正。

3.2.18 山区的室外气象参数。

考虑到山区气候条件的多变性和复杂性，强调了当与邻近台站的气象资料进行比较时，要特别注意小气候的影响，注意气候条件的相似性。

3.3 夏季太阳辐射照度

3.3.1 确定太阳辐射照度的基本原则。

本规范所给出的太阳辐射照度值，是根据地理纬度和7月大气透明度，并按7月21日的太阳赤纬，应用有关太阳辐射的研究成果，通过计算确定的。

关于计算太阳辐射照度的基础数据及其确定方法。这里所说的基础数据，是指垂直于太阳光线的表面上的直接辐射照度 S 和水平面上的总辐射照度 Q。原规范的基础数据是基于观测记录用逐时的 S 和 Q 值，采用近10年中每年6月至9月内舍去15～20个高峰值的较大值的历年平均值。实践证明，这一统计方法虽然较为繁琐，但它所确定的基础数据的量值，已为大家所接受。本规范参照这一量值，根据我国有关太阳辐射的研究中给出的不同大气透明度和不同太阳高度角下的 S 和 Q 值，按照不同纬度、不同时刻（6～18时）的太阳高度角用内插法确定的。

3.3.2 垂直面和水平面的太阳总辐射照度。

建筑物各朝向垂直面与水平面的太阳总辐射照度，是按下列公式计算确定的：

$$J_{zz}=J_z+\frac{D+D_f}{2} \tag{3}$$

$$J_{zp}=J_p+D \tag{4}$$

式中 J_{zz}——各朝向垂直面上的太阳总辐射照度（W/m^2）；

J_{zp}——水平面上的太阳总辐射照度（W/m^2）；

J_z——各朝向垂直面的直接辐射照度（W/m^2）；

J_p——水平面的直接辐射照度（W/m^2）；

D——散射辐射照度（W/m^2）；

D_f——地面反射辐射照度（W/m^2）。

各纬度带和各大气透明度等级的计算结果列于本规范附录C。

3.3.3 透过标准窗玻璃的太阳辐射照度。

根据有关资料，将3mm厚的普通平板玻璃定义为标准玻璃。透过标准窗玻璃的太阳直接辐射照度和散射辐射照度，是按下列公式计算确定的：

$$J_{cz}=\mu_{\theta}J_{z} \quad (5)$$

$$J_{zp}=\mu J_{p} \quad (6)$$

$$D_{cz}=\mu_{d}\left(\frac{D+D_{f}}{2}\right) \quad (7)$$

$$D_{cp}=\mu_{d}D \quad (8)$$

式中 J_{cz}——各朝向垂直面和水平面透过标准窗玻璃的直接辐射照度（W/m^2）；

μ_{θ}——太阳直接辐射入射率；

D_{cz}——透过各朝向垂直面标准窗玻璃的散射辐射照度（W/m^2）；

D_{cp}——透过水平面标准窗玻璃的散射辐射照度（W/m^2）；

μ_{d}——太阳散射辐射入射率；

其他符号意义同前。

各纬度带和各大气透明度等级的计算结果列于本规范附录B。

3.3.4 当地计算大气透明度等级的确定。

为了按本规范附录A和附录B查取当地的太阳辐射照度值，需要确定当地的计算大气透明度等级，为此，本条给出了根据当地大气压力确定大气透明度的等级，并在本规范附录C中给出了夏季空气调节用的计算大气透明度分布图。

4 采 暖

4.1 一 般 规 定

4.1.1 选择采暖方式的原则。新增条文。

随着社会的发展和技术的不断进步，根据当前各城市供热、供气、供电以及所处地区气象条件、生活习惯等的不同情况，采暖可以有很多方式。如何选定合理的采暖方式，达到技术经济最优化，是应通过综合技术经济比较确定的。这是因为各地能源结构、价格均不同，经济实力也存在较大差异，还要受到环保、卫生、安全等多方面的制约。而以上各种因素并非固定不变，是在不断发展和变化的。一个大、中型工程项目一般有几年周期，在这期间随着能源市场的变化而更改原来的采暖方式也是完全可能的。在初步设计时，应予以充分考虑。

4.1.2 宜采用集中采暖的地区。新增条文。

这类地区包括北京、天津、河北、山西、内蒙古、辽宁、吉林、黑龙江、山东、西藏、青海、宁夏、新疆等13个省、直辖市、自治区的全部，河南（许昌以北）、陕西（西安以北）、甘肃（天水以北）等省的大部分，以及江苏（淮阴以北）、安徽（宿县以北）、四川（川西）等省的一小部分，此外还有某些省份的高寒山区，如贵州的威宁、云南的中甸等，其全部面积约占全国陆地面积的70%。

4.1.3 宜设置集中采暖的建筑。新增条文。

本条是根据国家技术经济政策制订的维护公众利益、保障人民生活最基本要求的规范性条文。对条文中规定地区的幼儿园、养老院、中小学校、医疗机构等建筑，宜考虑设置集中采暖。而对于其他地区、其他类型建筑，是否需要采暖、采用什么方式采暖等，可根据当地的具体情况，通过技术经济比较确定。

累年日平均温度稳定低于或等于5℃的日数为60～89天的地区包括上海，江苏的南京、南通、武进、无锡、苏州，浙江的杭州，安徽的合肥、蚌埠、六安、芜湖，河南的平顶山、南阳、驻马店、信阳，湖北的光化、武汉、江陵，贵州的毕节、水城，云南的昭通，陕西的汉中，甘肃的武都等。

累年日平均温度稳定低于或等于5℃的日数不足60天，但累年日平均温度稳定低于或等于8℃的日数大于或等于75天的地区包括浙江的宁波、金华、衢州，安徽的安庆、屯溪，江西的南昌、上饶、萍乡，湖北的宜昌、恩施、黄石，湖南的长沙、岳阳、常德、株州、芷江、邵阳、零陵，四川的成都，贵州的贵阳、遵义、安顺、独山，云南的丽江，陕西的安康等。这两类地区的总面积，约占全国陆地面积的15%。

4.1.4 采暖室外气象参数的确定。新增条文。

采暖的气象参数，不可盲目套用临近城市的气象资料。这是因为我国地域广阔、气候复杂，特别是在山区更不能忽视由于地形、高差等对局部气候造成的影响。因此，应根据本规范第3.2节的有关规定按当地的气象资料进行计算确定。也可参照由国家暖通规范管理组和中国气象科学研究院按本规范有关规定计算整理的《采暖通风与空气调节气象资料集》选用。

4.1.5 设置值班采暖的规定。

规定本条的目的，主要是为了防止在非工作时间或中断使用的时间内，水管及其他用水设备等发生冻结的现象。当然，如果利用房间的蓄热量或采用改变热媒参数的质调节以及间歇运行等方式能使室温达到5℃时，也可不设值班采暖。

4.1.6 设置局部采暖和取暖室的规定。

当每名工人占用的建筑面积超过100m²时，设置使整个房间都达到某一温度要求的全面采暖是不经济的，仅在固定的工作地点设置局部采暖即可满足要求。有时厂房中无固定的工作地点，设置与办公室或休息室相结合的取暖室，对改善劳动条件也会起到一定的作用，因此做了如条文中的有关规定。

4.1.7～4.1.10 关于采暖建筑物围护结构传热阻的规定。第4.1.8条为强制条文。

表4.1.8-1中增加了与有外门窗的不采暖楼梯间相邻的隔墙1～6层及7～30层建筑的温差修正系数。

1 本规范第4.1.7条明确规定，设置全面采暖的建筑物，围护结构（包括外墙、屋顶、地面及门窗等）的传热阻应根据技术经济比较确定，即通过对初投资、运行费用和燃料消耗等的全面分析，按经济传热阻的要求进行围护结构的建筑热工设计。国内有关部门基于建筑节能的要求制定的标准、措施如《民用建筑节能设计标准（采暖居住建筑部分）》（JGJ 26）等，应在设计中贯彻执行。

2 本规范第4.1.8条规定了确定围护结构最小传热阻的计算公式，它是基于下列原则制定的：对围护结构的最小传热阻、最大传热系数及围护结构的耗热量加以限制；使围护结构内表面保持一定的温度，防止产生凝结水，同时保障人体不致因受冷表面影响而产生不舒适感。

3 本规范第4.1.9条规定了根据建筑物围护结构热惰性D值的大小不同，所应分别采用的四种类型冬季围护结构室外计算温度的取值方法。按照这一方法，不仅能保证围护结构内表面不产生结露现象，而且将围护结构的热稳定性与室外气温的变化规律紧密地结合起来，使D值较小（抗室外温度波动能力较差）的围护结构，具有较大的传热阻；使D值较大（抗室外温度波动能力较强）的围护结构，具有较小的传热阻。这些传热阻不同的围护结构，不论D值大小，不仅在各自的室外计算温度条件下，其内表面温度都能满足要求，而且当室外温度偏离计算温度乃至降低到当地最低日平均温度时，围护结构内表面的温降也不会超过1℃。也就是说，这些不同类型的围护结构，其内表面最低温度将达到大体相同的水平。对于热稳定性最差的Ⅳ类围护结构，室外计算温度不是采用累年极端最低温度，而是采用累计最低日平均温度（两者相差5～10℃）；对于热稳定性较好的Ⅰ类围护结构，采用采暖室外计算温度，其值相当于寒冷期连续最冷10天左右的平均温度；对于热稳定性处于Ⅰ、Ⅳ类中间的Ⅱ、Ⅲ类围护结构，则利用Ⅰ、Ⅳ类计算温度即采暖室外计算温度和最低日平均温度并采用调整权值的方式计算确定，不但气象资料的统计工作可以简化而且也便于应用。

条文表4.1.9中t_{wn}和$t_{p.min}$应根据本规范第3.2节的有关规定，按当地气象资料进行计算。也可参照由国家暖通规范管理组和中国气象科学研究院按本规范有关规定计算整理的《采暖通风与空气调节气象资料集》选用。

4.1.11、4.1.12 关于外窗层数和开窗面积的规定。

因《民用建筑节能设计标准（采暖居住建筑部分）》（JGJ 26）对建筑物的保温要求日益提高，且今后还会有所变化，所以第4.1.11条在原条文基础上做了相应补充修改（补充注3、4）。

外窗层数及开窗面积对围护结构的综合传热系数影响很大，为了限制和降低采暖建筑物的能耗，除了设法提高围护结构非透明部分（外墙和屋顶等）的保温性能外，还必须十分重视其透明部分（外窗、阳台门和天窗等）的保温性能，其中包括尽量加大热阻，减小面积，提高气密程度等。从节能的角度考虑，设置全面采暖的建筑物采用双层窗一般是比较合理的，但根据我国目前的情况，尚无条件普遍采用双层窗，因此条文中对各类不同性质的建筑物分别规定了设置单层窗和双层窗的室内外温差界限。就其实质来说，相当于在采暖室外计算温度低于或等于－15℃的地区，一般民用建筑应采用双层窗，这和国内有关标准、规范关于在严寒地区民用建筑应采用双层窗的规定是一致的。对于干燥或正常湿度状况的工业建筑，设双层窗的地区界限相当于采暖室外计算温度低于或等于－20℃。当然，对于高级民用建筑以及其他经技术经济比较设置双层窗合理的建筑物，可不受此规定的限制，条文中已有明确注释。

不论是单层窗还是双层窗，在满足采光面积的前提下，均应尽量减小开窗面积。

4.1.13 采暖热媒的选择。

热水和蒸汽是集中采暖系统最常用的两种热媒。多年的实践证明，热水采暖比蒸汽采暖具有许多优点。从实际使用情况看，热水做热媒不但采暖效果好，而且锅炉设备、燃料消耗和司炉维修人员等比使用蒸汽采暖减少了30%左右。

由于热水采暖比蒸汽采暖具有明显的技术经济效果，用于民用建筑是经济合理的，近年来许多单位是这样做的，因此，条文中明确规定民用建筑的集中采暖系统应采用热水作热媒。工业建筑的情况比较复杂，有时生产工艺是以高压蒸汽为热源，单独搞一套热水系统就不一定合理，因此不宜对蒸汽采暖持绝对否定的态度（但应正视和解决蒸汽采暖存在的问题），条文中规定有一定的灵活性。当厂区只有采暖用热或以采暖用热为主时，推荐采用高温水作热媒；当厂区供热以工艺用蒸汽为主，在不违反卫生、技术和节能的条件下，可采用蒸汽作热媒。

4.1.14 改建和扩建建筑物采暖系统的设计原则。

鉴于按本规范所规定的方法确定的建筑物采暖热负荷时，其耗热量指标一般小于原有建筑物的耗热指标。为了保证与原有建筑物同一热源供热的改建、扩建和新建建筑物达到预期的采暖效果，应采取一些必要的技术措施。例如：设置单独的供热管道，在采暖室外计算温度下连续供热等，在某些情况下，亦可按原有建筑物的耗热量指标确定采暖热负荷。

按本规范所规定的方法进行选择采暖设备、计算管路等设计时，也要充分考虑与原有建筑同一热源供热的情况，采取相应的技术措施。

4.2 热 负 荷

4.2.1 确定采暖通风系统热负荷的因素。

在《民用建筑节能设计标准（采暖居住建筑部分）》（JGJ 26）中规定："单位建筑面积的建筑物内部得热（包括炊事、照明、家电和人体散热），住宅建筑，取 3.80W/m^2。"当前住宅建筑户型面积越来越大，单位建筑面积内部得热量不一，且炊事、照明、家电等散热是间歇性的，这部分自由热可作为安全量，在确定热负荷时不予考虑。

4.2.2、4.2.3 围护结构耗热量的分类及基本耗热量的计算。

式（4.2.3）是按稳定传热计算围护结构耗热量的最基本的公式。在计算围护结构耗热量的时候，不管围护结构的热惰性指标 D 值大小如何，室外计算温度均采用采暖室外计算温度——平均每年不保证 5 天的日平均温度，不再分级。

增加"注"，在已知冷侧温度时或用热平衡法能计算出冷侧的温度时，t_{wn} 一项可直接用冷侧温度代入，不再进行 α 值修正。

4.2.4 计算围护结构耗热量时冬季室内计算温度的选取。

在建筑物采暖耗热量计算中，为考虑室内竖向温度梯度的影响，常用两种不同的计算方法：

1 对房间各部分围护结构均采用同一室内温度计算耗热量，当房间高于 4m 时计入高度附加；

2 对房间各部分围护结构采用不同的室内温度计算耗热量，即使房间高于 4m 时也不计入高度附加。

第一种方法对于某一具体房高只有一个与之对应的高度附加系数，方法比较简单，但无选择余地，不能做到根据建筑物的不同性质区别对待，只适用于室内散热量较小，上部空间温度增高不显著的建筑物，如民用建筑及辅助建筑物等；第二种方法比较麻烦，但可适应各种性质的建筑物，尤其是室内散热量较大、上部空间温度明显升高的工业建筑，因此，条文中规定房高大于 4m 的工业建筑应采用这种方法。

对于不同性质和高度的建筑物，其温度梯度值与很多因素（如采暖方式、工艺设备布置及散热量大小等）有关，难以在规范中给出普遍适用的数据，设计时需根据具体情况确定。

通过分析对比，在某些情况下（如室内散热量不大的机械加工厂房），两种计算方法所得的结果，虽有差异但出入不大，因此在条文的附注中规定："散热量小于 23W/m^3 的工业建筑，当其温度梯度值不能确定时，可用工作地点温度计算围护结构耗热量，但应按本规范第 4.2.7 条的规定进行高度附加。"

4.2.5 相邻房间的温差传热计算原则。

当相邻房间的温差小于 5℃时，为简化计算起见，可不计入通过隔墙和楼板等的传热量。当隔墙或楼板的传热阻太小，且其传热量大于该房间热负荷的 10%时，也应将其传热量计入该房间的热负荷内。

4.2.6 围护结构的附加耗热量。

1 朝向修正率，是基于太阳辐射的有利作用和南北向房间的温度平衡要求，而在耗热量计算中采取的修正系数。本条第一款给出的一组朝向修正率是综合各方面的论述、意见和要求，在考虑某些地区、某些建筑物在太阳辐射得热方面存在的潜力的同时，考虑到我国幅员辽阔，各地实际情况比较复杂，影响因素很多，南北向房间耗热量客观存在一定的差异（10%～30%左右），以及北向房间由于接受不到太阳直射作用而使人们的实感温度低（约差 2℃），而且墙体的干燥程度北向也比南向差，为使南北向房间在整个采暖期均能维持大体均衡的温度，规定了附加（减）的范围值。这样做适应性比较强，并为广大设计人员提供了可供选择的余地，具有一定的灵活性，有利于本规范的贯彻执行。

2 风力附加率，是指在采暖耗热量计算中，基于较大的室外风速会引起围护结构外表面换热系数增大即大于 23W/（m^2·℃）而增加的附加系数。由于我国大部分地区冬季平均风速不大。一般为 2～3m/s，仅个别地区大于 5m/s，影响不大，为简化计算起见，一般建筑物不必考虑风力附加，仅对建筑在不避风的高地、河边、海岸、旷野上的建筑物，以及城镇、厂区内特别高出的建筑物的风力附加系数做了规定。

3 外门附加率，是基于建筑物外门开启的频繁程度以及冲入建筑物中的冷空气导致耗热量增大而打的附加系数。

关于第 3 款外门附加中"一道门附加 65%×n，两道门附加 80%×n"的有关规定，有人提出异议，但该项规定是正确的。因为一道门与两道门的传热系数是不同的：一道门的传热系数是 4.65W/（m^2·℃），两道门的传热系数是 2.33W/（m^2·℃）。

例如：设楼层数 n=6，

一道门的附加 65%×n 为：4.65×65%×6＝18.135

两道门的附加 80%×n 为：2.33×80%×6＝11.184

显然一道门附加的多，而两道门附加的少。

另外，此处所指的外门是建筑物底层入口的门，而不是各层每户的外门。

4.2.7 高度附加率。

高度附加率，是基于房间高度大于 4m 时，由于竖向温度梯度的影响导致上部空间及围护结构的耗热量增大而打的附加系数。由于围护结构耗热作用等影响，房间竖向温度的分布并不总是逐步升高的，因此对高度附加率的上限值做了不应大于 15%的限制。

4.2.8 冷风渗透耗热量。

本条强调了门窗缝隙渗透冷空气耗热量计算的必要性，并明确计算时应考虑的主要因素。

在各类建筑物特别是工业建筑的耗热量中，冷风渗透耗热量所占比例是相当大的，有时高达30%左右。根据现有的资料，本规范附录D分别给出了用缝隙法计算民用建筑及生产辅助建筑物的冷风渗透耗热量和用百分率附加法计算工业建筑的冷风渗透耗热量，并在附录E（沿用原规范附录八）中给出了全国主要城市的冷风渗透量的朝向修正系数n值。

4.3 散热器采暖

4.3.1 选择散热器的规定。

1 近十几年散热器行业发展变化较大，出现了多种新型散热器，并且正在逐渐淘汰陈旧的产品，同时制定了各类型产品标准，而各标准中明确规定了各种热媒下的工作压力，因此，按产品标准中的规定选用散热器的工作压力，会更准确和适应散热器行业发展的需要。

2 社会的进步和生活水平的不断提高，促使人们对居室环境的要求也越来越高。散热器的清扫和装饰要求已引起国内制造厂商的广泛重视。目前，有些生产企业生产的铜管铝翅片对流散热器，以较为完美的外观和可以拆、装的外罩，在保障了散热器的使用效果的同时，又解决了散热器外观和清扫的问题，同时也起到了防护的作用。

3 随着我国能源政策的改变和生活水平的不断提高，传统的铸铁散热器由于生产过程的高污染、低效率、劳动强度大、外观粗糙等原因，使用受到一定的限制。钢制、铝制散热器等由于生产过程污染小、效率高、劳动强度低、散热器承压能力高、表面光滑易于清扫、外形美观且形式多样，既可满足产品的使用要求，又可起到一定的装饰作用。采用钢制散热器时，必须注意防腐问题。

钢制散热器一般由薄钢板冲压、焊接形成。由于其材料的固有特性，如何降低电化学腐蚀速度，是设计的首要问题。造成钢制散热器腐蚀的原因很多，其中电化学腐蚀和应力腐蚀最为严重。

应力腐蚀破裂是金属材料在静拉伸应力和腐蚀介质共同作用下导致破裂的现象，其应力主要来源于加工工序。所以，防止应力腐蚀主要应从合理选材，制定合理的加工工艺两方面采取措施。电化学腐蚀是水中溶解氧与钢的电化学反应：阳极反应：$Fe \rightarrow Fe^{2+} + 2e^-$；阴极反应：$O_2 + 2H_2O + 4e^- \rightarrow 4OH^-$；综合反应：$2Fe + O_2 + 2H_2O \rightarrow 2Fe(OH)_2$。腐蚀反应形成氢氧化亚铁将在热水中进一步分解：$3Fe(OH)_2 = Fe_3O_4 + 2H_2O + H_2$。最终产物四氧化三铁是一层黑色沉淀物，吸附在散热器的内壁上。

降低钢制散热器腐蚀速度可采取以下几个方面措施：

（1）采用闭式系统：由采暖循环泵、管道系统、采暖散热器及相关部件组成的封闭循环系统。必要时，可采用低位胶囊式密闭定压膨胀罐解决系统的定压和膨胀问题。

（2）根据现行国家标准《工业锅炉水质》（GB 1576）的要求，控制系统水质和系统补水水质的溶解氧应小于或等于0.1mg/L；水温25℃时pH值，给水大于或等于7，锅炉应在10～12之间。

（3）采暖系统在非采暖季节应充水湿保养，不仅是使用钢制散热器采暖系统的基本运行条件，也是热水采暖系统的基本运行条件，在设计说明中应加以强调。

蒸汽采暖系统不应使用钢制柱型（指钢板制柱型）、板型及扁管式散热器。因为蒸汽系统的含氧量、pH值不易控制，对散热器的腐蚀几率较高；而且系统压力不稳定，有杂质，运行中噪声较大，散热器表面温度过高，因此，规定蒸汽采暖系统不应采用钢制散热器。

4 铝制散热器的腐蚀问题也日益突出。铝制散热器的腐蚀主要是碱腐蚀。为避免重蹈钢制散热器的覆辙，铝制散热器应选用内防腐型铝制散热器并满足产品对水质的要求。

5 热水采暖系统选用散热器时，钢制散热器与铝制散热器不应在同一热水采暖系统中使用。铝制散热器与热水采暖系统管道应注意采用等电位连接。

在有些安装了热量表和恒温阀的热水采暖系统中，已出现由于散热器内不清洁，而使系统不能正常运行等问题，因此规定：安装热量表和恒温阀的热水采暖系统中，不宜采用水流通道内含有粘砂的铸铁等散热器。

4.3.2 散热器的布置。

1 散热器布置在外墙的窗台下，从散热器上升的对流热气流能阻止从玻璃窗下降的冷气流，使流经生活区和工作区的空气比较暖和，给人以舒适的感觉；如果把散热器布置在内墙，流经人们经常停留地区的是较冷的空气，使人感到不舒适，也会增加墙壁积尘的可能，因此推荐把散热器布置在外墙的窗台下；款1中考虑到分户热计量时，为了有利于户内管道的布置，增加了可靠内墙安装的内容。

2 为了防止把散热器冻裂，因此规定在两道外门之间不应设置散热器。

3 把散热器布置在楼梯间的底层，可以利用热压作用，使加热了的空气自行上升到楼梯间的上部补偿其耗热量，因此规定楼梯间的散热器应尽量布置在底层或按一定比例分配在下部各层。

4.3.3 散热器的安装。

本条是根据建筑物的用途，考虑有利于散热器放热、安全、适应室内装修要求以及维护管理等方面制定的。

近几年散热器的装饰已很普遍，但很多的装饰罩设计不合理，严重影响了散热器的散热效果，因此，强调了暗装时装饰罩的作法应合理，即装饰罩应有合理的气流通道、足够的通道面积，并方便维修。

4.3.4 幼儿园散热器的安装。强制条文。

规定本条的目的，是为了保护儿童安全健康。

4.3.5 散热器的组装片数。

规定本条的目的，主要是从便于施工安装考虑的。

4.3.6、4.3.7 散热器数量的确定。

1 散热器的传热系数，是在特定条件下通过实验测定给出的。在实际工程应用中情况往往是多种多样的，与测试条件下给出的传热系数会有一定的差别，为此设计时除应按不同的传热温差（散热器表面温度与室温之差）选用合适的传热系数外，还应按本规范第4.3.6条的规定考虑其连接方式、安装形式、组装片数、热水流量以及表面涂料等对散热量的影响。

2 明管敷设时，非保温管道的散热量有提高室温的作用，可补偿一部分耗热量，暗管敷设时，由于管道散热导致热媒温度降低，为保持必要的室温应适当增多散热器的数量，因此，在本规范第4.3.7条中做了有关规定。

4.3.8 采暖系统南北向房间分环设置的规定。

为了平衡南北向房间的温差、解决“南热北冷”的问题，除了按本规范第4.2.6条的规定对南北向房间分别采用不同的朝向修正系数外，对民用建筑和工业企业辅助建筑物的采暖系统，必要时采取南北向房间分环布置的方式，也不失为一种行之有效的办法；因此，在条文中推荐。

4.3.9 高层建筑采暖系统的布置。

本条是基于国内的实践经验并参考有关资料制定的，主要目的是为了减小散热器及配件所承受的压力，保证系统安全运行。

4.3.10、4.3.11 散热器的连接及供热。第4.3.11条为强制条文。

本规范第4.3.10条关于同一房间的两组散热器可以串联连接，某些辅助房间如贮藏室、厕所等的散热器可以同邻室连接的规定，主要是考虑在有些情况下单独设置立管有困难或不经济。对于有冻结危险的楼梯间或其他有冻结危险的场所，一般不应将其散热器同邻室连接，以防影响邻室的采暖效果，甚至冻裂散热器。因此，本规范第4.3.11条强制规定在这种情况下应由单独的立、支管供热，且不得装设调节阀门。

随着建筑水平和物业管理水平的提高及采暖区域的扩大，有的楼梯间已经无冻结危险，因此，对楼梯间也不能一概而论。

4.3.12 散热器恒温阀传感器的安装要求。新增条文。

由于恒温阀的特定安装位置，有时不能正确反应房间温度，为了使传感器能正确反应房间温度，强调了传感器的设置位置；对安装在装饰罩内的恒温阀，应采用外置传感器。

4.4 热水辐射采暖

4.4.1 低温热水辐射采暖的设计及要求。

低温热水辐射采暖具有节能、卫生、舒适、不占室内面积等优点，近年来在国内发展迅速。低温热水辐射采暖一般指加热管埋设在建筑构件内的采暖形式，有墙壁式、顶棚式和地板式等3种。目前我国主要采用的是地板式，称为低温热水地板辐射采暖。低温热水地板辐射采暖的设置，不应导致建筑构件产生龟裂和损坏。在具体工程中采用何种做法，要通过计算并进行技术经济比较后确定。

4.4.2 低温热水辐射采暖的要求。

根据国内外技术资料从人体舒适和安全角度考虑，对辐射采暖的辐射体表面平均温度做了具体规定。

4.4.3 低温热水地板辐射采暖的供、回水温度的要求。新增条文。

由国外资料汇集查得，地板辐射采暖的供水温度的上限值有60℃、65℃、70℃、75℃等，本条从对地板辐射采暖的安全与寿命考虑，规定民用建筑的供水温度不应超过60℃。

4.4.4 低温热水地板辐射采暖负荷计算。

根据国内外资料和国内一些工程的实测，低温热水地板辐射采暖用于全面采暖时，在相同热舒适条件下的室内温度可比对流采暖时的室内温度低2～3℃。因此，规定地板辐射采暖的耗热量计算可按本规范第4.2节的有关规定进行，但室内计算温度取值可降低2℃或将计算耗热量乘以0.9～0.95的修正系数（寒冷地区取0.9，严寒地区取0.95）。当地板辐射采暖用于局部采暖时，耗热量还要乘以表4.4.4所规定的附加系数（局部采暖的面积与房间总面积的面积比大于75%时，按全面采暖耗热量计算）。

4.4.5 低温热水地板辐射采暖有效散热量的确定。新增条文。

本条针对目前一些工程不考虑房间朝向、外墙、外窗以及室内设施、地面覆盖物等的不同情况，加热管在整个房间内等间距敷设，而室内设备、家具等地面覆盖物对采暖的有效散热量的影响较大。因此，本条强调了地板辐射采暖的有效散热量应通过计算确定。目前国内尚无统一的计算方法，大多采用国外资料。

在计算有效散热量时，必须重视室内设备、家具等地面覆盖物对有效散热面积的影响。当人均居住面积较小时，家具所占面积相对较大。目前，有以下两种可行方法：

1 室内均匀布置加热管。在计算有效散热量时，应对总面积乘以小于1.0的系数。

2 加热管尽量布置在通道及有门的墙面等处，即通常不布置设备、家具的地方，其他地方少设或不设加热管。

4.4.6 低温热水地板辐射采暖设置绝热层的要求。新增条文。

绝热层的设置主要是考虑热量的有效利用和阻断冷桥。加热管及其覆盖层下部不设绝热层，一部分热量就会向楼板下传，房间会形成地板式加天棚式的复合式辐射采暖形式。这样房间上部温度将会提高，降低了节能效果。同时，由于上下相邻房间热量的供给与获得呈交错状态，增加了管理与计量等方面的复杂性与难度。因此，本条规定加热管及其覆盖层与楼板结构层应设绝热层。绝热层一般用密度大于或等于$20kg/m^3$的聚苯乙烯泡沫板，厚度不宜小于25mm。当地面荷载大于$5kN/m^2$时，应选用与承压能力相适应的绝热层材质。

根据国内一些工程的经验，绝热层上的铝箔层并没有明显的防火防潮及热反射作用，但对于增加绝热层的强度、方便加热管安装还是有一定作用的。因此，本条文未对此做出具体规定。

4.4.7 低温热水地板辐射采暖设置伸缩缝的要求。新增条文。

覆盖层厚度不应过小，否则人站在上面会有颤动感。一般居住、办公建筑覆盖层厚度不宜小于50mm。

伸缩缝的设置间距与宽度应计算确定。一般在面积超过$30m^2$或长度超过6m时，伸缩缝设置间距宜小于或等于6m；伸缩缝的宽度大于或等于5mm。面积较大时，伸缩缝的设置间距可适当增大，但不宜超过10m。

4.4.8 低温热水地板辐射采暖系统阻力计算的要求。新增条文。

低温热水地板辐射采暖系统的阻力应计算确定，否则会由于管路过长或流速过快使系统阻力超过系统供水压力或单元式热水机组水泵的扬程。为了使加热管中的空气能够被水带走，加热管内热水流速不应小于0.25m/s，一般为0.25～0.5m/s。

4.4.9 低温热水地板辐射采暖的工作压力。新增条文。

规定本条的目的，是为了保证低温热水地板辐射采暖系统管材与配件的强度和使用寿命。本条规定系统压力不超过0.8MPa，系统压力过大时，应选择适当的管材并采取相应的措施。

4.4.10 低温热水地板辐射采暖的防潮、防水要求。新增条文。

设置防潮、防水层的目的是为了不降低绝热层的隔热性能。

4.4.11 低温热水地板辐射采暖的管材要求。新增条文。强制条文。

低温热水地板辐射采暖所用的加热管有聚丁烯（PB）、交联聚乙烯（PE-X）、无规共聚聚丙烯（PP-R）及交联铝塑复合管（XPAP）等塑料管材。这些管材的力学特性与钢管等金属管材有较大区别。钢管的使用寿命主要取决于腐蚀速度，使用温度对其影响不大。塑料管材的使用寿命主要取决于不同使用温度和压力对管材的累计破坏作用。在不同的工作压力下，热作用使管壁承受环应力的能力逐渐下降，即发生管材的“蠕变”，以至不能满足使用压力要求而破坏。壁厚计算方法可参照现行国家有关塑料管的标准执行。

4.4.12 热水吊顶辐射板的使用范围。

热水吊顶辐射板为金属辐射板的一种，可用于层高3～30m的建筑物的全面采暖和局部区域或局部工作地点采暖，其使用范围很广泛，几乎涵盖了包括大型船坞、船舶、飞机和汽车的维修大厅、机器、电子和陶瓷工业的生产加工中心，建材市场，购物中心，展览会场，多功能体育馆和娱乐大厅等许多场合，具有节能、舒适、卫生、运行费用低等特点。

4.4.13 热水吊顶辐射板适用的热媒温度范围。

热水吊顶辐射板的供水温度，宜采用40～140℃的热水。与原规范条文的规定相比，热媒参数适用范围更广。既可用低温热水，也可用水温高达140℃的高温热水。但是，热水水质应符合国家现行标准《工业锅炉水质》（GB 1576）的要求。

由于蒸汽腐蚀性较大，不推荐采用。

4.4.14 热水吊顶辐射板的压力要求。新增条文。

规定本条的目的，是为了保证热水吊顶辐射板系统的正常运行。

4.4.15 热水吊顶辐射板采暖耗热量计算。

与对流散热器采暖系统相比，在舒适的条件下达到同样的采暖效果，吊顶辐射板采暖的室内温度要比对流采暖时低2～3℃，因此，建筑物围护结构和门窗渗透耗热量均有所降低；同时由于竖向温度梯度小，也减小了高度附加。所以辐射采暖总耗热量比对流采暖耗热量低。可按照本规范第4.2节的有关规定进行计算，并按第4.5.6条的规定进行修正。当屋顶耗热量大于房间总耗热量的30%时，应对屋顶采取保温措施，也可以用降低辐射板上部绝热层的绝热效果增加辐射板散热量的办法解决。

4.4.16 热水吊顶辐射板的有效散热量。新增条文。

热水吊顶辐射板倾斜安装时，辐射板的有效散热量会随着安装角度的不同而变化。设计时，应根据不同的安装角度，按规范表4.4.16对总散热量进行修正。

由于热水吊顶辐射板的散热量是在管道内流体处于紊流状态下进行测试的，为保证辐射板达到设计散热量，管内流量不得低于保证紊流状态的最小流量。如果流量达不到所要求的最小流量，而且不能采用多块板组成的串联连接方式时，应乘以 1.18 的安全系数。

4.4.17 热水吊顶辐射板的安装高度。

热水吊顶辐射板属于平面辐射体，辐射的范围局限于它所面对的半个空间，辐射的热量正比于开尔文温度的 4 次方，因此辐射体的表面温度对局部的热量分配起决定作用，影响到房间内各部分的热量分布。而采用高温辐射会引起室内温度的不均匀分布，使人体产生不舒适感。当然辐射板的安装位置和高度也同样影响着室内温度的分布。因此，在采暖设计中，应对辐射板的最低安装高度以及在不同安装高度下辐射板内热媒的最高平均温度加以限制。条文中给出了采用热水吊顶辐射板采暖时，人体感到舒适的允许最高平均水温。这个温度值是依据辐射板表面温度计算出来的。对于在通道或附属建筑物内，人们仅短暂停留的区域，可采用较高的允许最高平均水温。

4.4.18 热水吊顶辐射板的采暖制式。

本条是关于热水吊顶辐射板采暖制式的规定。即：热水吊顶辐射板采暖系统的管道布置宜采用同程式。众所周知，由于在异程式采暖系统中，热媒通过各环路的长度不同，阻力损失不同，因而就会引起各环路之间的水力失调现象，产生辐射板不热或者散热不均匀的问题。各组辐射板表面平均温度不均匀，就会引起室内温度分布不均匀。尤其对于作用半径较长的异程式系统，情况更为严重。因此，热水吊顶辐射板采暖系统的管道布置应尽量采取同程式布置。

4.4.19 热水吊顶辐射板连接方式。新增条文。

热水吊顶辐射板可以并联和串联，同侧和异侧等多种连接方式接入采暖系统，可根据建筑物的具体情况确定，设计出最优的管道布置方式，以保证系统各环路阻力平衡和辐射板表面温度均匀。对于较长、高大空间的最佳管线布置，可采用沿长度方向平行的内部板和外部板串联连接，热水同侧进出的连接方式，同时采用流量调节阀来平衡每块板的热水流量，使辐射达到最优分布。这种连接方式所需费用低，辐射照度分布均匀，但设计时应注意能满足各个方向的热膨胀。在屋架或横梁隔断的情况下，也可采用沿外墙长度方向平行的两个或多个辐射板串联成一排，各辐射板排之间并联连接，热水异侧进出的方式。

4.4.20 热水吊顶辐射板的布置。

热水吊顶辐射板的布置对于优化采暖系统设计，保证室内作业区辐射照度的均匀分布是很关键的。通常吊顶辐射板的布置应与最长的外墙平行设置，如果必要，也可垂直于外墙设置。沿墙设置的辐射板排规格应大于室中部设置的辐射板规格，这是由于采暖系统热负荷主要是由围护结构传热耗热量以及通过外门，外窗侵入或渗入的冷空气耗热量来决定的。因此为保证室内作业区辐射照度分布均匀，应考虑室内空间不同区域的不同热需求，如：设置大规格的辐射板在外墙处来补偿外墙处的热损失。房间建筑结构尺寸同样也影响着吊顶辐射板的布置方式。房间高度较低时，宜采用较窄的辐射板，以避免过大的辐射照度；沿外墙布置辐射板且板排较长时，应注意预留长度方向热膨胀的余地。

4.4.21 热水吊顶辐射板局部区域采暖的耗热量计算。

4.5 燃气红外线辐射采暖

4.5.1 燃气红外线辐射采暖的适用范围。

燃气红外线辐射采暖系统可用于建筑物室内全面采暖、局部采暖和室外工作地点的采暖。目前，在许多发达国家已有多种新型的燃气采暖设备，具有高效节能、舒适卫生、运行费用低等特点。该采暖方式尤其适用于有高大空间的建筑物采暖。随着我国石油工业的发展，油气田的开发和利用，这种采暖方式的应用在不断增加。实践证明，在燃气供应许可时，采用红外线辐射采暖系统，从技术上和经济上都具有一定的优越性。

4.5.2 采用燃气红外线辐射采暖的安装措施。强制条文。

燃气红外线辐射采暖通常有炽热的表面，因此，设置煤气红外线辐射采暖时，必须采取相应的防火防爆措施。

燃烧器工作时，需对其供应一定比例的空气量并放散二氧化碳和水蒸气等燃烧产物，当燃烧不完全时，还会生成一氧化碳。为保证燃烧所需的足够空气或将燃烧产物直接排至室内时的二氧化碳和一氧化碳稀释到允许浓度以下，避免水蒸气在围护结构内表面上凝结，必须具有一定的通风换气量。

采用燃气红外线辐射采暖应符合国家现行有关安全、防火规范的要求，以保证安全。

4.5.3 燃气红外线辐射采暖系统的燃料要求。

目前，我国气源已不限于人工煤气，尚有天然气、液化石油气等可供使用，本规范统称为“燃气”。

规定本条的目的是为了防止因燃气成分改变、杂质超标和供气压力不足等引起采暖效果的降低。

4.5.4 燃气红外线辐射器的安装要求。强制条文。

燃气红外线辐射器的表面温度较高，如不对其安装高度加以限制，人体所感受到的辐射照度将会超过人体舒适的要求。舒适度与很多因素有关，如采暖方式、环境温度及风速、空气含尘浓度及相对湿度、作业种类和辐射器的布置及安装方式等。当用于全面采暖时，既要保持一定的室温，又要求辐射照度均匀，保证人体的舒适度，为此，辐射器应安装得高一些；当用于局部区域采暖时，由于空气的对流，采暖区域的空气温度比全面采暖时要低，所要求的辐射照度比全面采暖大，为此辐射器应安装得低一些。由于影响舒适度的因素很多，安装高度仅是其中一个方面；因此，本条只对安装高度做了不应低于3m的限制。

4.5.5 局部采暖时燃气红外线辐射器的安装要求。

为了防止由于单侧辐射而引起人体部分受热、部分受凉的现象，造成不舒适感而规定的。

4.5.6 全面辐射采暖耗热量的计算。

采用燃气红外线辐射采暖，室内温度梯度小，且实感温度比对流采暖室内空气温度高2～3℃，因此，可不计算因温度梯度引起的耗热量附加值。燃气红外线辐射采暖所采用的修正系数，仍沿用原规范规定的0.8～0.9，这是根据实测结果并参考国内外有关资料确定的。

燃气红外线辐射器安装高度过高时，会使辐射照度减小。因此，应根据辐射器的安装高度，对总耗热量进行必要的高度修正。

4.5.7 局部区域辐射采暖耗热量的计算。

4.5.8 全面辐射采暖辐射装置的布置。

采用辐射采暖进行全面采暖时，不但要使人体感受到较理想的舒适度，而且要使整个房间的温度比较均匀。通常建筑四周外墙和外门的耗热量，一般不少于总耗热量的60%，适当增加该处的辐射器的数量，对保持室温均匀有较好的效果。

4.5.9 燃气红外线辐射采暖系统供应空气的安全要求。新增条文。强制条文。

燃气红外线辐射采暖系统的燃烧器工作时，需对其供应一定比例的空气量。当燃烧器每小时所需的空气量超过该房间每小时0.5次换气时，应由室外供应空气，以避免房间内缺氧和燃烧器供应空气量不足而产生故障。

4.5.10 燃气红外线辐射采暖室外进风口的要求。新增条文。

燃气红外线辐射采暖当采用室外供应空气时，可根据具体情况采取自然进风或机械进风。

4.5.11 燃气红外线辐射采暖尾气排放要求及排风口的要求。新增条文。

燃气燃烧后的尾气为二氧化碳和水蒸气。在农作物、蔬菜、花卉温室等特殊场合，采用燃气红外线辐射采暖时，允许其尾气排至室内。

4.5.12 燃气红外线辐射采暖控制要求。新增条文。

当工作区发出火灾报警信号时，应自动关闭采暖系统，同时还应连锁关闭燃气系统入口处的总阀门，以保证安全。当采用机械进风时，为了保证燃烧器所需的空气量，通风机应与采暖系统联锁工作并确保通风机不工作时，采暖系统不能开启。

4.6 热风采暖及热空气幕

4.6.1 热风采暖的适应范围。

1 对于设置机械送风系统的建筑物，采用与送风相结合的热风采暖，一般在技术经济上是比较合理的。通过对某些工程的调查，其设计原则也是凡有机械送风的，其设备能力都考虑了补偿围护结构的部分或全部耗热量，因此，条文中予以推荐。至于公共建筑和一班制的工业建筑，由于在间断使用或非工作时间内须考虑值班采暖问题，以热风采暖补偿围护结构的全部耗热量而不设置散热器采暖是否可行与是否经济合理，则应根据具体情况确定，不能一概而论。

2 对于室内空气允许循环使用的公共建筑和工业建筑，是否采用热风采暖，需要通过技术经济比较确定。

3 有些建筑物和房间，由于防火防爆和卫生等方面的要求，不允许利用循环空气采暖，也不允许设置散热器采暖。如：生产过程中放散二硫化碳气体的工业建筑，当二硫化碳气体同散热器和热管道表面接触时有引起自燃的危险。在这种情况下，必须采用全新风的热风采暖系统。

4.6.2 热风采暖的热媒要求。新增条文。

热风采暖系统的优劣，与热媒温度有很大关系。为了保证其运行效果，条文中对热媒的压力和温度做了必要的限制。

采用燃气、燃油加热或电加热做热风采暖的热源，国内外已有成熟的技术和设备。但是，在选用时应符合国家现行有关规范的要求。

4.6.3 热风采暖时在窗下设置散热器的规定及热风采暖系统数量的规定。

调查表明，在我国北方地区设置热风采暖的工业建筑，在外窗下普遍有设置散热器的情况和要求。这是因为外窗的热阻较小，内表面温度较低，加之冷风渗透和在对流采暖作用下窗户附近下降冷气流的影响，人体的辐射散热量增大会产生不舒适感。南方地区由于室内外温差较小，矛盾不突出。因此本条规定："位于严寒地区或寒冷地区的工业建筑，当采用热风采暖且距外窗2m或2m以内有固定工作地点时，宜在窗下设置散热器"。在可能的情况下，将散热器采暖系统作为值班采暖使用，既可减少热风系统的耗电量，又使系统运行简单化。

本条规定在不设置值班采暖的条件下，热风采暖不宜少于两个系统（两套装置），以保证当其中一个系统因故停止运行或检修时，室内温度仍能满足工艺的最低要求且不致低于5℃，这是从安全角度考虑的。如果整个房间只设一个热风采暖系统，一旦发生故障，采暖效果就会急剧恶化，不但无法达到正常的室温要求，还会使室内供排水管道和其他用水设备有冻结的可能。

4.6.4 选择暖风机或空气加热器时散热量的安全系数。

暖风机和空气加热器产品样本上给出的散热量都是在特定条件下通过对出厂产品进行抽样热工试验得

出的数据，在实际使用过程中，受到一些因素的影响，其散热量会低于产品样本标定的数值。影响散热量的因素主要有以下几点：

1 加热器表面积尘未能定期清扫；

2 加热盘管内壁结垢和锈蚀；

3 绕片和盘管间咬合不紧或因腐蚀而加大了热阻；

4 热媒参数未能达到测试条件下的要求。

为了保证热风采暖效果，在选择暖风机和空气加热器时应采用一定的安全系数。

4.6.5 采用暖风机的有关规定。

设计暖风机台数及位置时，应考虑厂房内部的几何形状，工艺设备布置情况及气流作用范围等因素，做到气流组织合理，室内温度均匀。

本条第2款规定室内换气次数不宜小于每小时1.5次，目的是为了使热射流同周围空气混合的均匀程度达到最起码的要求，保证采暖效果。

增加第3款，主要考虑到：目前蒸汽系统压力普遍不足，使疏水装置背压偏小，影响排水，造成暖风机效果较差。每台暖风机单独装设阀门和疏水装置，既可改善运行状况，也便于维修，不致影响整个系统的供热。

4.6.6 采用集中热风采暖的有关规定。

据调查，有的工业建筑由于集中送风的出风口装得太低或出口射流向下倾斜角太大，使得部分作业区处于射流区，温度不均匀，工人有直接吹风感，不愿使用。另外，射流的扩散区处于下部地区时，射程也比较短，应使生产区或作业区处于回流区。规定最小平均风速，目的是为了防止出现空气停滞的“死区”。

送风口出口风速的范围，是参照国内外有关资料确定的。

送风口的安装高度，同房间高度、要求回流区的分布位置等因素有关，一般为3.5～7.0m。

回风口的底边至地面保持一定的距离，一是为了形成合理的气流组织，使送风设备附近的下部地区的气流不致停滞，以免造成不均匀的温度场，因此，不宜过高；二是为了防止吸入尘土，回风口离地面又不宜过低。

对于出口温度的确定，除考虑减少风量、节省设备投资外，还要考虑热射流在全部射程内向上弯曲的影响。由于射流向上弯曲，必然会使沿房间高度方向的温度梯度增加，从而增加房间的无益耗热量。根据近年来工程实际的信息反馈，对最低送风温度进行修改，从原来规定的最低温度30℃调整到35℃，最高温度不得超过70℃。

4.6.7 设置热空气幕的条件。

把“热风幕”一词改为“热空气幕”。

4.6.8 热空气幕送风方式的要求。

对于公共建筑推荐由上向下送风，是由于公共建筑的外门开启频繁，而且往往向内外两个方向开启，不便采用侧面送风，如采用由下向上送风，卫生条件又难以保证。

允许设置单侧送风的大门宽度界限定为3m，是根据实际调查情况得出的结论。在实际应用中采用单侧送风的很少，而且效果不好保证，离风口远的地方往往有强烈的冷风侵入室内，有些单侧送风已改为双侧送风。当大门宽度超过18m时，双侧送风也难以达到预期效果，推荐由上向下送风。

4.6.9 热空气幕送风温度的要求。

热空气幕送风温度，主要是根据实践经验并参考国内外有关资料制定的。条文中所谓的“工业建筑的外门”系指非高大的外门，而“高大的外门”系指可通行汽车和机车等的大门。

4.6.10 热空气幕出口风速的要求。

热空气幕出口风速的要求，主要是根据人体的感受、噪声对环境的影响、阻隔冷空气效果的实践经验并参考国内外有关资料制定的。

4.7 电 采 暖

4.7.1 采用电采暖的原则。新增条文。

合理利用能源、提高能源利用率、节约能源是我国的基本国策。使用高品位的电能直接转换为低品位的热能进行采暖，在能源的合理利用上存在问题，一般情况下是不适宜的。考虑到当前电力供应的情况和一些地区环境保护的特殊要求，本条对电采暖的应用做了一些规定。总原则是：采暖热源的选择，应符合国家的长远能源政策。

4.7.2～4.7.4 电采暖的适用条件及安全要求。新增条文。第4.7.4条为强制条文。

近年来电采暖在我国东北、北京等地区有了较快的推广应用，并且得到了一些地方电力、环保等部门的推荐。由于某些电采暖技术从国外引进的时间较短，对国外技术的消化和国内技术的开发、经验的总结不多。本规范仅就采用电采暖时的安全性、可靠性等做了原则规定。

采用电采暖时，应根据房间用途、特点和安全防火等要求，分别选用低温加热电缆采暖、踢脚板散热器及低温辐射电热膜采暖等方式。低温加热电缆采暖系统是由可加热电缆和感应器、恒温器等构成，通常采用地板式，将电缆埋设于混凝土中，有直接供热及存储供热等系统形式；踢脚板散热器由不锈钢管子元件构成，外包金属散热叶片，其表面温度较低，并设有自动恒温控制，可直接安装在地板上，外形美观且便于清洁，易与建筑结合布置；低温辐射电热膜采暖方式是以电热膜为发热体，大部分热量以辐射方式散入采暖区域，它是一种通电后能发热的半透明聚酯薄膜，由可导电的特制油墨、金属载流条经印刷、热压在两层绝缘聚酯薄膜之间制成的，电热膜通常布置在顶棚上，同时配以独立的温控装置。

电采暖系统均可根据需要调节室温达到节能的目的，而低温加热电缆和低温辐射电热膜采暖方式，由于隐形安装，即取消了暖气片及其支管，相应增加了使用面积；此外还有节水，节省锅炉房、储煤、堆灰等一系列占地问题，减少了环境污染；使用寿命长，计量方便、准确，管理简便等优点。但是电采暖的使用受到电力资源、经济性等条件的限制。

4.8 采暖管道

4.8.1 采暖管道选择的要求。新增条文。

本条是根据近年来采暖方式多样化和各种非金属管材的有关标准而制定。

4.8.2 关于散热器采暖系统和其他系统分设供、回水管道的规定。

本条是根据常用的设计方法并参照国内外有关资料制定的。因为热风采暖、送风加热、热水供应和生产供热系统等，同散热器采暖系统比较，无论从使用条件、使用时间和系统压力平衡上，大都不是完全一致的，因此，提出对各系统管道宜在热力入口处分开设置。

4.8.3 热水采暖系统的热力入口装置。

强调了在热力入口处“应”设置除污器，并补充“应装设热量表”的规定。

热水采暖系统应在热力入口处的供回水总管上设置温度计、压力表，其目的主要是为调节温度、压力提供方便条件。如果热网供应的范围不大或者建筑物很小，也可不设，只在入口处的供回水总管上预留安装接口即可。为适应热水热量计费的要求，促进采暖系统的节能和科学管理，条文中还规定，必要时，应装设热量表。除污器是保证管道配件及热量表等不堵塞、不磨损的主要措施，因此应当装设。

4.8.4 蒸汽采暖系统的热力入口装置。

补充规定“必要时，应安装计量装置”。减压阀和计量装置前应设除污器。

4.8.5 高压蒸汽采暖系统的压力损失。

规定本条的目的，主要是为了有利于系统各并联环路在设计流量下的压力平衡。过去，国内有的单位对蒸汽系统的计算不够仔细，供热干管单位摩阻选择偏大，加之供汽制度不正常，供汽压力不稳定，严重影响采暖效果，常出现末端不热的现象。为此本条参考国内外有关资料规定，高压蒸汽采暖系统最不利环路的供汽管，其压力损失不应大于起始压力的25%。

4.8.6 热水采暖系统各并联环路的压力平衡。

本条关于热水采暖系统各并联环路之间的计算压力损失允许差额不大于15%的规定，是基于保证采暖系统的运行效果，参考国内外资料规定。

4.8.7 关于采暖系统末端管径的规定。

在考虑到热媒为低压蒸汽时，蒸汽干管末端管径20mm偏小，参考有关资料补充规定低压蒸汽的供汽干管可适当放大。

4.8.8 采暖管道中的热媒流速。

关于采暖管道中的热媒最大允许流速，目前国内尚无专门的试验资料和统一规定，但设计中又很需要这方面的数据，因此，参考前苏联建筑法规的有关篇章并结合我国管材供应等的实际情况，略加调整做出了条文中的有关规定。据分析，我们认为这一规定是可行的。这是因为：第一，最大允许流速与推荐流速不同，它只在极少数公用管段中为消除剩余压力或为了计算平衡压力损失时使用，如果把最大允许流速规定得过小，则不易达到平衡要求，不但管径较大，还需增加调压板等装置。第二，前苏联在关于机械循环采暖系统中噪声的形成和水的极限流速的专门研究中得出的结论表明，适当提高热水采暖系统的热媒流速不致产生明显的噪声，其他国家的研究结果也证实了这一点。

4.8.9 关于机械循环热水采暖系统考虑自然作用压力的规定。

规定本条的目的，是为了防止或减少热水在散热器和管道中冷却产生的自然压力而引起的系统竖向水力失调。

4.8.10 采暖系统计算压力损失的附加值。

规定本条是基于计算误差，施工误差和管道结垢等因素考虑的安全系数。

4.8.11 蒸汽采暖系统的凝结水回收方式。

蒸汽采暖系统的凝结水回收方式，目前设计上经常采用的有三种。即：利用二次蒸汽的闭式满管回水；开式水箱自流或机械回水；地沟或架空敷设的余压回水。这几种回水方式在理论上都是可以应用的，但具体使用有一定的条件和范围。从调查来看，在高压蒸汽系统供汽压力比较正常的情况下，有条件就地利用二次蒸汽时，以闭式满管回水为好；低压蒸汽或供汽压力波动较大的高压蒸汽系统，一般采用开式水箱自流回水，当自流回水有困难时，则采用机械回水；余压回水设备简单，凝结水热量可集中利用，因此，在一般作用半径不大、凝结水量不多、用户分散的中小型厂区，应用的比较广泛。但是，应当特别注意两个问题：一是高压蒸汽的凝结水在管道的输送过程中不断汽化，加上疏水器的漏汽，余压凝结水管中是汽水两相流动，极易产生水击，严重的水击能破坏管件及设备；二是余压凝结水系统中有来自供汽压力相差较大的凝结水合流，在设计与管理不当时会相互干扰，以致使凝结水回流不畅，不能正常工作。

4.8.12 对疏水器出入口凝结水管的要求。

在疏水器入口前的凝结水管中，由于汽水混流，如果向上抬升，容易造成水击或因积水不易排除而导致采暖设备不热，因此，疏水器入口前的凝结水管不应向上抬升；疏水器出口端的凝结水管向上抬升的高度应根据剩余压力的大小经计算确定，但实践经验证明不宜大于5m。

4.8.13 凝结水管的计算原则。

在蒸汽凝结水管内，由于通过疏水器后有二次蒸汽及疏水器本身漏汽存在，因此，自疏水器至回水箱之间的凝结水管段，应按汽水乳状体进行计算。

4.8.14 采暖系统的关闭和调节装置。

采暖系统各并联环路设置关闭和调节装置的目的，是为系统的调节和检修创造必要的条件。当有调节要求时，应设置调节阀，必要时尚应同时装设关闭用的阀门；无调节要求时，只需装设关闭用的阀门。

4.8.15 采暖系统的调节和检修装置。新增条文。

规定本条的目的，是为了便于调节和检修工作。

4.8.16 采暖系统的排气、泄水、排污和疏水装置。

保证系统的正常运行并为维护管理创造必要的条件。

热水和蒸汽采暖系统，根据不同情况设置必要的排气、泄水、排污和疏水装置，是为了保证系统的正常运行并为维护管理创造必要的条件。

不论是热水采暖还是蒸汽采暖都必须妥善解决系统内空气的排除问题。通常的作法是：对于热水采暖系统，在有可能积存空气的高点（高于前后管段）排气，机械循环热水干管尽量抬头走，使空气与水同向流动；下行上给式系统，在最上层散热器上装排气阀或做排气管；水平单管串联系统在每组散热器上装排气阀，如为上进上出式系统，在最后的散热器上装排气阀。对于蒸汽采暖系统，采用干式回水时，由凝结水管的末端（疏水器入口之前）集中排气；采用湿式回水时，如各立管装有排气管时，集中在排气管的末端排气，如无排气管时，则在散热器和蒸汽干管的末端设排气装置。

4.8.17 采暖管道设置补偿器的要求。强制条文。

采暖系统的管道由于热媒温度变化而引起膨胀，不但要考虑干管的热膨胀，也要考虑立管的热膨胀。这个问题很重要，必须重视。在可能情况下，利用管道的自然弯曲补偿是简单易行的，如果这样做不能满足要求时，则应根据不同情况设置补偿器。

4.8.18 采暖管道的坡度。

补充规定立管与散热器相连接的支管的坡度不得小于0.01。

本条是考虑便于排除空气和蒸汽、凝结水分流，参考国外有关资料并结合具体情况制定的。当水流速度达到0.25m/s时，方能把管中的空气裹携走，使之不能浮升；因此，采用无坡度敷设时，管内流速不得小于0.25m/s。

4.8.19 关于采暖管道穿过建筑物基础和变形缝的规定。

将原规范中“镶嵌”一词改为“埋设”，以明确意义。

在布置采暖系统时，若必须穿过建筑物变形缝，应采取预防由于建筑物下沉而损坏管道的措施，如：在管道穿过基础或墙体处埋设大口径套管内填以弹性材料等。

4.8.20 采暖管道穿过防火墙的要求。

将原条文中“密封措施”改为“防火封堵措施”。根据《建筑设计防火规范》（GB 50016）的要求做了原则性规定。具体要求可参照有关规范的规定。

规定本条的目的，是为了保持防火墙墙体的完整性，以防发生火灾时，烟气或火焰等通过管道穿墙处波及其他房间。

4.8.21 采暖管道与其他管道同沟敷设的要求。

规定本条的目的，是为了防止表面温度较高的采暖管道，触发其他管道中燃点低的可燃液体、可燃气体引起燃烧和爆炸或其他管道中的腐蚀性气体腐蚀采暖管道。

4.8.22 采暖管道与其他管道同沟敷设的要求。

本条是基于使热媒保持一定参数、节能和防冻等因素制定的。根据国家新的节能政策，对每米管道保温后的允许热耗，保温材料的导热系数及保温厚度，以及保护壳作法等都必须在原有基础上加以改善和提高，设计中要给予重视。

4.9 热水集中采暖分户热计量

4.9.1 新建住宅热水集中采暖系统分户热计量的要求。新增条文。强制条文。

为贯彻执行《中华人民共和国节约能源法》和建设部第76号令，自2000年10月1日起施行《民用建筑节能管理规定》，在新建住宅建筑中，推行热水集中采暖的分户热计量。本节是为了贯彻上述规定而制订的设计原则。

根据《民用建筑节能管理规定》的第五条“新建居住建筑的集中采暖系统应当使用双管系统，推行温度调节和户用热计量装置，实行供热计量收费”的精神，本条强调了新建住宅建筑采用热水集中采暖系统时，应设置分户热计量和室温控制装置。

对于住宅建筑的底商、门厅、地下室和楼梯间等公共用房和公用空间，其采暖系统应单独设置。对于系统的热计量装置视情况设置。

4.9.2 分户热计量采暖系统热负荷的计算。新增条文。

分户热计量采暖耗热量计算的基本规则和方法，应符合本规范第4.2节的有关规定。在实施分户热计量和室温控制后，将会出现部分房间采暖的间歇使用或较大幅度调节室温等情况，这就必须考虑户间传热负荷的问题。而解决这个问题有许多不同见解：

1 是否对户间隔墙和楼板进行保温，以及保温的最小经济传热阻取值多少，内围护结构保温的经济性如何，需要经过技术经济分析和工程实践加以验证。

2 与热源状况综合考虑的耗热量附加系数的方法。同一热源条件下，对于所有房间采暖热负荷的影响，比例大致相同，可采用同一修正系数；但户间的建筑热工条件不同，不同房间的户间传热负荷，与外围护结构负荷不会形成同一比例，存在着较大差异，不能采用同一修正系数，而应具体计算。

3 与邻户因室温差异而形成的热传递，还可采用提高室内计算温度的方法进行计算。但是，户间传热负荷的温差取值多少，室内计算温度提高多少度为宜等问题，在缺乏足够的设计实践经验之前，进行较为细致的计算是必要的。需要经过较多工程的设计计算及工程实践的验证，才有可能提出相对可靠的简化计算方法。

4 不同地区的热价情况、不同的物业管理模式，会有不同的热费征收方式。可根据热量表计费占总热费的比例不同来确定采暖耗热量的计算方法。

综上所述，分户热计量采暖的户间传热有许多不能确定的因素，它是分户热计量热负荷计算的主要问题，还需要进一步的工程实践和试验研究。因此，计算分户热计量采暖耗热量时，应会同有关专业通过综合技术经济比较确定。

4.9.3 户内采暖设备的容量和户内管道的计算。新增条文。

户间传热不会使采暖总耗热量增加，但由于分户计量和室温控制，会引起间歇使用、居住者外出时降低室温或停止采暖等情况。因此，户间的传热应作为确定采暖设备、采暖管道的因素，不应统计在集中采暖系统的总热负荷内。

4.9.4 分户热计量热水集中采暖系统热力入口的要求。新增条文。

在建筑物热力入口设置热计量装置，便于对整个建筑物用热量进行计量。设置分户热计量和室温控制装置的集中采暖系统，若户内系统为单管跨越式，在热力入口安装流量调节装置，保证系统定流量，满足用户要求；若户内系统为双管系统，在热力入口安装差压控制装置，保证系统流量、压降为设计值。为了使热量表和系统不被污物堵塞，需在建筑物热力入口的热量表前设置过滤器。

4.9.5 采用热量表分户热计量装置的热水集中采暖系统的要求。新增条文。

1 系统要求：按照《民用建筑节能管理规定》推行室温调节和户用热计量装置，实行供热计量收费的要求，本条规定热水集中采暖系统分户热计量装置采用热量表计量时，每户应单独形成一个系统环路；对多层和高层建筑，采用共用立管，实现分户独立系统是一种较好的形式。

2 对户用热量表的安装要求：提倡将热量表的流量计设置在供水管上，可避免人为失水的常见弊病。热媒中的杂质，会堵塞系统构件，因此，应在表前设置过滤器。

3 对系统水质的要求：欧洲的热水采暖系统设计均有软化和除氧处理，对水质有严格要求。尽管如此，在其5年周检时，拆下来的热量表还是锈迹斑斑。因此，必须对水质有严格要求，以保证系统正常使用。热量表同其他计量仪表一样，不应有杂质流过，否则会影响仪表的测量准确度和使用寿命。

4 热量表分户热计量的户内系统形式：通过近几年进行的分户热计量的试点工程，探讨了多种采暖系统形式，总结后普遍认为：单管水平跨越式、双管水平并联式、上供下回式是较适合分户热计量的户内系统，因此，本条做了推荐。

5 对户内系统管道布置的要求：分户热计量后，室内地面的管道增多，给房间面积的有效使用带来诸多不便，国外已有成熟的地面暗埋布置技术，国内也有成功的试点工程，并被认为是较好的布置方式，但是地面的构造层厚度有所增加。为了管道安全运行，不允许暗埋管道有连接头，且暗埋的管道要求外加塑料软性套管。这样既有利于管道的维修更换，也有利于管道的胀缩。

6 对分户热计量热水集中采暖系统共用立管和入户装置的要求：共用立管及户内系统的入户装置应设置在户外，可满足对公共功能管道的设置要求，也利于防止人为破坏、避免入户读表。

7 对热量表的要求：用于测量及显示热载体为水，流过热交换系统所释放或吸收热量的仪表称为热量表。它是采暖分户计量收费不可缺少的装置，由流量传感器、计算器、配对温度传感器等部件组成。鉴于我国当前市场热量表品种较多，市场较为混乱，容易造成计量偏差。为保证热计量的准确性，要求设计时应选用符合国家现行标准《热量表》（CJ 128）要求的热量表。

5 通　　风

5.1 一 般 规 定

5.1.1 保障劳动和环境卫生条件的综合预防和治理措施。

某些工业企业在生产过程中放散大量热、蒸汽、烟尘、粉尘及有毒气体等，如果不采取治理措施，不但直接危害操作工作人员的身体健康，影响职工队伍的稳定和企业经济效益的提高，还会污染工厂周围的自然环境，对农作物和水域造成污染，影响城乡居民的健康。因此，对于工业企业放散的有害物质，必须采取综合有效的预防、治理和控制措施。

经验证明，对工业企业有害物质的治理和控制，必须以预防为主。应强调在总体规划中，从工艺着手，使之不产生或少产生有害物质，然后再采取综合的治理措施，才能收到事半功倍的效果。因此，条文中规定工艺、建筑和通风等有关专业必须密切配合，采取有效的综合预防和治理措施。

5.1.2 对有害物的控制及工艺改革的要求。

对于放散有害物质的生产过程和设备，应采用机械化、自动化，采取密闭、隔离和在负压下操作的措施，避免直接操作，以改善工作人员的工作条件。如：精密铸造的蜡模涂料、撒砂自动线、电缆工件成批生产自动流水线、油漆工件的电泳涂漆自动流水线等，都以自动化代替了人工操作，改善了劳动条件。在工业发达国家生产自动化程度高，采用遥控、电视监视以及用机器人等先进手段代替人工操作生产，如振动落砂机现场无人，因而降低了人员活动区的防尘要求。这些先进手段，可供借鉴。

对生产过程中不可避免放散的有害物质，在排放前必须予以净化，以满足现行国家的《工业企业设计卫生标准》（GBZ 1）、《大气污染物综合排放标准》（GB 16297）、《污水综合排放标准》（GB 8978）、《环境空气质量标准》（GB 3095）等有关大气环境质量和各种污染物排放标准的要求。

5.1.3 关于湿式作业以及防止二次扬尘的规定。

对于产生粉尘的生产过程，当工艺条件允许时，采用湿式作业是经济和有效的防尘措施之一。如在物料破碎或粉碎前喷水、粉碎后润水，铸件清理前在水中浸泡，耐火材料车间和铸造车间地面洒水等，都可以减少粉尘的产生并防止扬尘。采用定向或不定向的风扇喷雾，可使悬浮于空气中的粉尘沉降，从而减少空气中的含尘浓度。

对除尘设备捕集的粉尘，应采用如螺旋输送机、刮板运输机、真空输送、水力输送等不扬尘的运输工具输送。

对放散粉尘的车间，为了消除地面、墙壁和设备等的二次扬尘，采用湿法冲洗是一项行之有效的措施。多年以来一些选矿厂、烧结厂、耐火材料厂均将湿法冲洗列为经常性的重要防尘措施之一，收到了良好的效果。当工艺不允许湿法冲洗，且车间防尘要求严格时，可以采用真空吸尘装置。如：有色冶炼的有毒粉尘用水冲洗会造成污染转移；电石车间以及其他遇水容易发生爆炸的场合，均宜采用真空吸尘装置。

真空吸尘装置主要有集中固定和可移动整体机组等两种形式。集中固定式适用于大面积清除大量积尘的场合。近年来，国内外发展了多种形式和用途的真空清扫机，其中真空度较高的机组可用于真空吸尘。

5.1.4 热源的布置原则及隔热措施。

进行工艺布置时，将散热量大的热源尽可能远离工作人员操作地点或布置在室外，是隔热降温的有效措施。如：将锻压车间的钢锭钢坯加热炉设在边跨或坡屋内，水压机车间高压泵房的乳化液冷却罐设在室外，铸造车间的浇注流水线的冷却走廊尽可能设在室外等。

为了改善劳动条件，除对工艺散热设备本身采取绝缘隔热措施外，还可以采用隔热水箱、隔热水幕、隔热屏等措施或采用远距离控制或计算机控制，使工作人员离开热源操作。

5.1.5 关于厂房方位的确定。

确定建筑物方位时，本专业应与建筑、工艺等专业配合，使建筑尽量避免或减少东西向的日晒。以自然通风为主的厂房，在方位选择时，除考虑避免西向外，还应根据厂房的主要进风面和建筑物的形式，按夏季最多风向布置，即将主要的进风面，置于夏季最多风向的一侧或按与夏季风向频率最多的两个方向的中心线垂直或接近垂直或与厂房纵轴线成60°～90°布置。厂房的平面布置不宜采取封闭的庭院式。如布置成“L”和“Ⅲ”、“Ⅱ”型时，其开口部分应位于夏季最多风向的迎风面，各翼的纵轴应与夏季最多风向平行或呈0°～45°。

5.1.6 建筑物设置通风屋顶及隔热的条件。

过去夏热冬冷或夏热冬暖地区的建筑物大都采用通风屋顶进行隔热，收到了良好效果。近些年来，民用建筑设置通风屋顶的也越来越多，所需费用很少，但效果却很显著。某些存放油漆、橡胶、塑料制品等的仓库，由于受太阳辐射的影响，屋顶内表面及室内温度过高，致使所存放的上述物品变质或损坏，乃至有引起自燃和爆炸的危险，除应加强通风外，设置通风屋顶也是一种有效的隔热措施。

夏热冬冷或夏热冬暖地区散热量小于23W/m^{3}的冷车间，夏季经围护结构传入的热量，占传入车间总热量的85%以上，其中经屋顶传入的热量又占绝大部分，以致造成屋顶对工作区的热辐射。为了减少太阳辐射热，当屋顶离地面平均高度小于或等于8m时，宜采用屋顶隔热措施。

5.1.7 放散热或有害气体的生产设备的布置原则。新增条文。

本条规定了放散热或有害气体的生产设备的布置原则，其目的是有利于采取通风措施，改善车间的卫生条件。

1 放散毒害大的设备与放散毒害小的设备应隔开布置，既防止了交叉污染，又有利于设置局部排风系统。

2 放散热和有害气体的生产设备布置在厂房的天窗下或通风的下风侧，就能充分利用自然通风，将有害气体排出室外，不致污染整个车间。

3 放散热和有害气体的生产设备，当布置在多层厂房内时，宜集中布置在顶层，这能有效地避免由于设在下层可能造成对上层房间空气的污染，也有利于设置排风系统。如必须布置在下层，就应采取有效措施防止污染上层空气。

5.1.8 整体通风与局部通风的配合。

对于放散热、蒸汽或有害物质的车间，为了不使生产过程中产生的有害物质在室内扩散，在工艺设备上或有害物质放散处设置自然或机械的局部排风，予以就地排除是经济有效的措施。有时由于受生产过程、工艺布置及操作等条件限制，不能设置局部排风或者采用了局部排风仍然有部分有害物质扩散在室内，在有害物质的浓度有可能超过国家标准时，则应辅以自然的或机械的全面排风或者采用自然的或机械的全面排风。例如：焊接车间有固定工作台的手工焊接，局部排风罩能将焊接烟尘基本上抽走；如果焊接地点不固定时，则电焊烟尘难以用局部排风排除，此时必须辅以或另行设置全面排风来排除烟尘。

5.1.9 通风方式的选择。

自然通风对改善热车间人员活动区的卫生条件是最经济有效的方法。因此，对同时散发热量和有害物质的车间，在夏季，应尽量采用自然通风；在冬季，当室外空气直接进入室内不致形成雾气和在围护结构内表面不致产生凝结水时，也应考虑采用自然通风。只有当自然通风达不到要求时，才考虑增设机械通风或自然与机械的联合通风。例如：放散大量水分的车间（印染、漂洗、造纸和电解等），冬季由于进入室外空气，车间内可能形成雾，围护结构内表面可能产生凝结水；寒冷地区还会使室温降低，影响生产和人员活动区的卫生条件。在这种情况下，应考虑采取将室外空气加热的机械送风等设施，但此时排风仍可采用自然排风。

5.1.10 室内新风量的要求。新增条文。强制条文。

规定本条是为了使住宅、办公室、餐厅等民用建筑的房间能够达到室内空气质量的要求；无论是采暖房间还是分散式空气调节房间，都应具备通风条件。

通风方式包括自然通风和机械通风。

5.1.11 室内气流组织。

规定本条是为了避免或减轻大量余热、余湿或有害物质对卫生条件较好的人员活动区的影响。

送风气流首先应送入车间污染较小的区域，再进入污染较大的区域，同时应该注意送风系统不应破坏排风系统的正常工作。当送风系统补偿采暖房间的机械排风时，送风可送至走廊或较清洁的邻室、工作部位，但是送风量不应超过房间所需风量的50%，这主要是为了防止送风气流受到一定污染而规定的。

5.1.12 排风系统的划分原则。强制条文。

1 防止不同种类和性质的有害物质混合后引起燃烧或爆炸事故。如：淬火油槽与高温盐浴炉产生的气体混合后有可能引起燃烧，盐浴炉散发的硝酸钾、硝酸钠气体与水蒸气混合时有可能引起爆炸。

2 避免形成毒性更大的混合物或化合物，对人体造成危害或腐蚀设备及管道，如：散发氰化物的电镀槽与酸洗槽散发的气体混合时生成氢氰酸，毒害更大。

3 为防止或减缓蒸汽在风管中凝结聚积粉尘，从而增加风管阻力甚至堵塞风管，影响通风系统的正常运行。

4 避免剧毒物质通过排风管道及风口窜入其他房间，如：将放散铅蒸气、汞蒸气、氰化物和砷化氰等剧毒气体的排风与其他房间的排风设为同一系统时，当系统停止运行，剧毒气体可能通过风管窜入其他房间。

5 根据《建筑设计防火规范》（GB 50016）和《高层民用建筑设计防火规范》（GB 50045）的规定，建筑中存有容易引起火灾或具有爆炸危险的物质的房间（如：放映室、药品库和用甲类液体清洗零配件的房间），所设置的排风装置应是独立的系统，以免使其中容易引起火灾或爆炸的物质窜入其他房间，防止造成火灾蔓延，招致严重后果。

由于建筑物种类繁多，具体情况颇为繁杂，条文中难以做出明确的规定，设计时应根据不同情况妥善处理。

5.1.13 全面通风量的计算。

国家现行标准《工业企业设计卫生标准》（GBZ 1）中规定，当数种溶剂（苯及其同系物或醋酸酯类）蒸气或数种刺激性气体（三氧化硫及二氧化硫或氟化氢及其盐类等）同时放散于空气中时，全面通风换气量应按各种气体分别稀释至接触限值所需要的空气量的总和计算。除上述有害物质的气体及蒸气外，其他有害物质同时放散于空气中时，通风量应仅按需要空气量最大的有害物质计算，无须进行叠加。

5.1.14 换气次数的确定。

由于我国工业企业行业众多，其生产性质和特点差异很大，无法在本规范中予以统一规定换气次数。国家针对不同的行业都制定了行业标准；各个行业部门也根据各自行业的特点，相继编制了有关设计技术规定、技术措施等。各行业设计单位通过多年的实践，在总结本行业经验的基础上，在其设计手册中都列入了有关换气次数的数据可供设计参考。

5.1.15 高层和多层民用建筑的防排烟设计。

近20年来，在我国各大中城市及某些经济开发区的建设中，兴建了许多高层和多层民用建筑，其中包括居住、办公类建筑和大型公共建筑。在某些建筑中，由于执行标准、规范不力和管理不善等原因，仍缺乏必要的或有效的防烟、排烟系统及其他相应的安全、消防设施，在使用过程中一旦发生火灾事故，就会影响楼内人员安全、迅速地进行疏散，也会给消防人员进入室内灭火造成困难，所以设计时必须予以充分重视。在国家现行标准《高层民用建筑设计防火规范》（GB 50045）中，对防烟楼梯间及其前室、合用前室、消防电梯间前室以及中庭、走道、房间等的防烟、排烟设计，已做了具体规定。多年来，国内在这方面也逐渐积累了比较好的设计经验。鉴于各设计部门对防烟、排烟系统的设计，大部分是安排本专业人员会同各有关专业配合进行，为此在本条中予以提示，并指出设计中应执行国家现行标准《高层民用建筑设计防火规范》（GB 50045）和《建筑设计防火规范》（GB 50016）的有关规定。

5.2 自然通风

5.2.1 自然通风的一般规定。新增条文。

规定本条的主要目的是为了节能。此外，建筑物应有外窗。有一些建筑外窗可开启面积很小，有的甚至被固定不可开启，这是不合理的，设计时应充分考虑自然通风换气的要求。

5.2.2 民用建筑的通风要求。

据普遍反映，一般民用居住建筑的厨房、厕所等通风条件很差，寒冷地区的居住建筑和办公类建筑的通风也未受到应有的重视，对室内卫生条件影响很大，因此规定本条内容。

5.2.3 自然通风的设计计算。

放散热量的工业建筑自然通风设计仅考虑热压作用，主要是因为热压比较稳定、可靠，而风压变化较大，即使在同一天内也不稳定。有些地区在炎热的日子里往往风速较低，所以在设计时不计入风压，而把它做为实际使用中的安全因素。热车间自然通风的计算方法见本规范附录 F。

5.2.4 高温厂房的朝向要求。新增条文。

在高温厂房的自然通风设计中主要考虑热压作用。某些地区室外通风计算温度较高，因为室温的限制，热压作用就会有所减小。为此，在确定该地区高温厂房的朝向时，应考虑利用夏季最多风向来增加自然通风的风压作用或对厂房形成穿堂风。因而要求厂房的迎风面与最多风向成 60°～90°。

5.2.5 自然通风进排风口或窗扇的选择。

为了提高自然通风的效果，应采用流量系数较大的进排风口或窗扇，如在工程设计中常采用的性能较好的门、洞、平开窗、上悬窗、中悬窗及隔板或垂直转动窗、板等。

供自然通风用的进排风口或窗扇，一般随季节的变换要进行调节。对于不便于人员开关或需要经常调节的进排风口或窗扇，应考虑设置机械开关装置，否则自然通风效果将不能达到设计要求。总之，设计或选用的机械开关装置应便于维护管理并能防止锈蚀失灵，且有足够的构件强度。

5.2.6 进风口的位置。

夏季由于室内外形成的热压小，为保证足够的进风量，消除余热、提高通风效率，应使室外新鲜空气直接进入人员活动区。自然进风口的位置应尽可能低。参考国内外一些有关资料，本条将夏季自然通风进风口的下缘距室内地坪的上限定为 1.2m。冬季为防止冷空气吹向人员活动区，进风口下缘不宜低于 4m，冷空气经上部侧窗进入，当其下降至工作地点时，已经过了一段混合加热过程，这样就不致使工作区过冷。如进风口下缘低于 4m，则应采取防止冷风吹向人员活动区的措施。

5.2.7 进风口与热源的相互位置。

本条规定是从防止室外新鲜空气流经散热设备被加热和污染考虑的。

5.2.8、5.2.9 设置避风天窗的条件。

我国幅员辽阔，气候复杂，有关避风天窗的设置条件，南北方应区别对待。设置避风天窗与否，取决于当地气象条件（特别是夏季通风室外计算温度的高低）、车间散热量的大小、工艺和室内卫生条件要求以及建筑结构形式等因素。从所调查的部分热车间来看，设置避风天窗和散热量之间的关系大致为：南方炎热地区，车间散热量超过 23W/m^3；其他地区，车间散热量超过 35W/m^3，用于自然排风的天窗均采用避风天窗，因此，做了如条文中的有关规定。

放散有害物质且不允许空气倒灌的车间，如：铝电解车间，在电解过程中产生余热、烟气和粉尘（主要是氟化氢及沥青挥发物）等大量有害物质，采用自然通风的目的是排除车间的余热和有害物质。为使上升气流不致产生倒灌而恶化人员活动区的卫生条件，也应装设避风天窗。

我国南方有少数地区夏季室外平均风速不超过 1m/s，风压很小，经试算对比远不致对天窗的排风形成干扰，实测调查的结果也证实了这一点，因此，规定夏季室外平均风速小于或等于 1m/s 的地区，可不设置避风天窗。

5.2.10 防止天窗或风帽倒灌。

规定本条的目的是为了避免风吹在较高建筑的侧墙上，因风压作用使天窗或风帽处于正压区，引起倒灌现象。

5.2.11 封闭天窗端部的要求及设置横向隔板的条件。

将挡风板与天窗之间，以及作为避风天窗的多跨工业建筑相邻天窗之间的端部加以封闭，并沿天窗长度方向每隔一定距离设置横向隔板，其目的是为了保证避风天窗的排风效果，防止形成气流倒灌。

关于横向隔板的间距，国内各单位采取的数值不尽相同，有的采用 40～50m，有的采用 50～60m。有关单位的试验研究结果表明，当端部挡风板上缘距地坪的高度约 13m 的情况下，沿天窗长度方向的气流下降至挡风板上缘处的位置距端部约 42m，相当于端部高度的 3～3.5 倍。综合各单位的实际经验及研究成果，做了如条文中的有关规定。为了便于清理挡风板与天窗之间的空间，规定在横向隔板或封闭物上应设置检查门。

挡风板下缘距离屋面留有距离是为了排水、清扫污物等。

5.2.12 设置不带窗扇的避风天窗的条件及要求。

有些高温车间的天窗（特别是在南方炎热地区）由于全年厂房内的散热量都比较大，无须按季节调节天窗窗扇的开启角度，可采用不带窗扇的避风天窗，不但能降低造价，还能减小天窗的局部阻力，提高通风效率，但在这种情况下，应采取必要的防雨措施。

5.3 机械通风

5.3.1 关于补风和设置机械送风系统的规定。

设置集中采暖且有排风的建筑物，设计上存在着如何考虑冬季的补风和补热的问题。在排风量一定的情况下，为了保持室内的风量平衡，有两种补风的方式：一是依靠建筑物围护结构的自然渗透；二是利用送风系统人为地予以补偿。无论采取哪一种方式，为了保持室内达到既定的室温标准，都存在着补热的问题，以实现设计工况下的热平衡。

本条规定应考虑利用自然补风，包括利用相邻房间的清洁空气补风的可能性。当自然补风达不到卫生条件和生产要求或在技术经济上不合理时，则以设置机械送风系统为宜。“不能满足室内卫生条件”是指室内环境温度过低或有害物浓度超标，影响操作人员的工作和健康；“生产工艺要求”是指生产工艺对渗入室内的空气含尘量及温度要求；“技术经济不合理”是指为了保持热平衡需设置大量的散热器等，不及设置机械送风系统合理。

设置集中采暖的建筑物，为负担通风所引起的过多的耗热量，会增加室内的散热设备。而在实际使用中通风系统停止运行时，散热设备提供的过多的热量会使建筑物内温度过高。如果仅按围护结构的负荷，不考虑新风负荷而设置散热设备，在通风系统运行时又难以保证建筑物内的采暖温度。因此本条规定在设置机械送风系统时，应进行风量平衡及热平衡计算。

5.3.2 机械送风系统的室外空气计算参数的选取。

5.3.3 室内保持正压的要求。强制条文。

在设置机械通风的民用建筑和工业建筑物中有些比较清洁的房间，为了防止受周围环境和相邻房间的污染，室内应保持正压，一般采用送风量大于排风量来实现；反之，有些工业建筑，如电镀、酸洗和电解等车间放散有害气体，为了防止其扩散形成对周围环境和相邻房间的污染，室内应保持负压，一般采用送风量小于排风量来实现。

5.3.4 机械送风系统进风口的位置。部分强制条文。

关于机械送风系统进风口位置的规定是根据国内外有关资料，并结合国内的实践经验制定的。其基本点为：

1 为了使送入室内的空气免受外界环境的不良影响而保持清洁，因此规定把进风口直接布置在室外空气较清洁的地点。

2 为了防止排风（特别是放散有害物质的工业建筑的排风）对进风的污染，所以规定进风口应低于排风口；对于放散有害物质的工业建筑，其进、排风口的相互位置，当设在屋面上同一高度时，按本条第4款执行。

3 为了防止送风系统把进风口附近的灰尘、碎屑等扬起并吸入，规定进风口下缘距室外地坪不宜小于2m，同时还规定当布置在绿化地带时，不宜小于1m。

5.3.5 进风口的布置及进、排风口的防火防爆要求。强制条文。

对进风口的布置做出规定，是为了防止互相干扰，特别是当甲、乙类物质厂房的送风系统停运时，避免其他类建筑物的送风系统把甲、乙类建筑内的易燃易爆气体吸入并送到室内。

规定进、排风口的防火防爆要求，是为了消除明火引起燃烧或爆炸危险。

5.3.6 对采用循环空气的限制。强制条文。

甲、乙类物质易挥发出可燃蒸气，可燃气体易泄漏，会形成有爆炸危险的气体混合物，随着时间的增长，火灾危险性也越来越大。许多火灾事例说明，含甲、乙类物质的空气再循环使用，不仅卫生上不许可，而且火灾危险性增大。因此，含甲、乙类物质的厂房应有良好的通风换气，室内空气应及时排至室外，不应循环使用。

含丙类物质的房间内的空气以及含有有害物质、容易起火或有爆炸危险物质的粉尘、纤维的房间内的空气，应在通风机前设过滤器，对空气进行净化，使空气中的粉尘、纤维含量低于其爆炸下限的25%，不再有燃烧爆炸的危险并符合卫生条件才能循环使用。

5.3.7 送风方式。

根据有害物质以及所采用的排风方式，本条规定了三种可供设计选择的送风方式：

1 放散热或同时放散热、湿和有害气体的工业建筑，当采用上部全面排风（用以消除余热）或采用上、下部同时全面排风（用以消除余热、余湿和有害气体）时，将新鲜空气送至人员活动区，以使送风气流既不致为房间上部的高温空气所预热，也不致为室内的有害物质所污染，从而有助于改善人员活动区的劳动条件。

2 放散粉尘或比空气重的有害气体和蒸气，而不同时放散热的工业建筑，当主要从下部区域排风时（包括局部排风和全面排风），由于室内不会形成稳定的上升气流，将新鲜空气送至上部区域，以便不使送风气流短路，对保持室内人员活动区温度场分布均匀、防止粉尘飞扬和改善劳动条件都是有好处的。

当有害物质的放散源附近有固定工作地点，但因条件限制不可能安装有效的局部排风装置时，直接向工作地点送风（包括采用系统式局部送风），以便在固定工作地点造成一个有害物浓度符合卫生标准的人工小气候，使操作人员的劳动条件得以改善。在这种情况下，必须妥善地合理地组织排风气流，以免有害物质为送风气流所裹携到处飘逸和飞扬。

5.3.8、5.3.9 置换通风的设计条件。新增条文。

置换通风是将经过处理或未经处理的空气，以低风速、低紊流度、小温差的方式，直接送入室内人员活动区的下部。送入室内的空气先在地板上均匀分布，随后流向热源（人员或设备）形成热气流以热烟羽的形式向上流动，在上部空间形成滞流层，从滞留层将余热和污染物排出室外。

在建筑空间中，人们只在活动区停留。以净高大于等于 2.4m 的民用建筑及层高为 5.5m 的工业建筑为例，人的呼吸带高度与建筑空间高度之比约为 0.46～0.27。将新鲜空气直接送入人员活动区，既满足了室内的卫生要求，也保证了良好的热舒适性，最大限度地保证了通风的有效性。

置换通风的竖向流型是以浮力为基础，室内污染物在热浮力的作用下向上流动。气流在上升的过程中，卷吸周围空气，热烟羽流量不断增大。在热力作用下，建筑物内空气出现分层现象。

置换通风在稳定状态时，室内空气在流态上将形成上下两个不同的区域：即上部紊流混合区和下部单向流动区。下部区域（人员活动区）内没有循环气流（接近置换气流），而上部区域（滞留区）内有循环气流。室内热浊空气滞留在上部区域而下部区域是凉爽的清洁空气。两个区域分层界面的高度取决于送风量、热源特性及其在室内的分布情况。在设计置换通风系统时，该分层界面应控制在人员活动区以上，以确保人员活动区内空气质量及热舒适性。

与通常的混合通风相比，置换通风的设计要求确保人员活动区内的气流掺混程度最小。置换通风的目的是为了在人员活动区内维持接近于送风状态的空气质量。同时，由于置换通风是先在地板上均匀分布，然后再向上流动，为了避免下部送风对人体产生的不舒适性，人员头脚处空气的温差不大于 3℃，置换通风器的出风速度对于工业建筑不大于 0.5m/s，民用建筑不大于 0.2m/s。

5.3.10 对全面排风的要求。

将原规范条文的“注”改为正文。

本条规定了设计全面排风的几点要求。为了防止有害气体在厂房的上部空间聚集，特别是装有吊车时，有害气体的聚积会影响吊车司机的健康和造成安全事故；因此规定，工业建筑上部空间的全面排风量不宜小于全部房间容积的每小时 1 次换气。当房间高度大于 6m 时，换气次数允许稍有减少，仍按 6m 高度时的房间容积计算全面排风量，即可满足要求。

5.3.11 全面排风系统吸风口的布置及风量分配。

采用全面排风消除余热、余湿或其他有害物质时，把吸风口分别布置在室内温度最高、含湿量和有害物质浓度最大的区域，一是为了满足本规范第 5.1.10 条关于合理组织室内气流的要求，避免使含有大量余热、余湿或有害物质的空气流入没有或仅有少量余热、余湿或有害物质的区域；二是为了提高全面排风系统的效果，创造较好的劳动条件。因而考虑了有害气体的密度和室内热气流的诱导作用，所以把排风量分为上、下两个区域不同的排风量。

室内有害物浓度的分布是不均匀的，影响其分布状况的原因有两个方面：第一，由于某种原因（如：热气流或横向气流的影响等）造成含有有害物的空气流动或环流，即对流扩散；第二，有害物分子本身的扩散运动，但在有对流的情况下其影响甚微。对流扩散对有害物的分布起着决定性的作用。只有在没有对流的情况下，才会使一些密度较大的有害气体沉积在房间的下部区域；并使一些比较轻的气体，如汽油、醚等挥发物，由于蒸发而冷却周围空气也有下降的趋势。在有强烈热源的工业建筑内，即使密度较大的有害气体，如氯等，由于受稳定上升气流的影响，最大浓度也会出现在房间的上部。如果不考虑具体情况，只注意有害气体密度的大小（比空气轻或重），有时会得出浓度分布的不正确的结论。因此，参考国内外有关资料，对全面排风量的分配做了如条文中的规定并着重强调了必须考虑是否会形成稳定上升气流的影响问题。

当有害气体分布均匀且其浓度符合卫生标准时，从有害气体与空气混合后与室内空气的相对密度的作用已不会构成分上下区域排风的理由。

5.3.12 系统风量的确定。强制条文。

规定本条是为了保证安全。

5.3.13 设置局部排风罩的要求。

局部排风罩的形式很多，不同形式的排风罩适用于不同的场合，主要取决于工艺设备种类及布置、有害物性质及数量、工作人员的操作方式和便于安装、维护与管理等因素。本条推荐优先采用密闭罩。密闭罩的特点是可以将有害物质的散发源全部罩住，除留有必不可少的操作口外，其他部分都完全封闭起来，把污染的空气控制在罩子里面，不但所需通风量最小，而且能防止横向气流的干扰，效果较好。因此规定在可能的情况下，应采用密闭罩。

除密闭罩外，伞形罩、环形罩、侧吸罩、吹吸式排风罩、槽边排风罩、移动式排风罩等，一般称为开敞式排风罩。这类排风罩和密闭罩不同，罩子本体并不包住污染源，而是设置在污染源附近，适用于因生产操作的限制不允许把污染源全部或部分地封闭起来的地方。伞形罩（固定的和回转的）设在污染源的上部，如用于坩埚炉、浇注流水线上的小型落砂机等设备；侧吸罩设在污染源的一侧，如用于焊接工作台、木工车床等；槽边排风罩设在污染源的一侧或两侧，如用于电镀槽、酸洗槽等；吹吸式排风罩设在污染源的两侧，如用于大型酸洗槽、振动落砂机及炼钢电炉等设备。由于具体情况千差万别，设计时应根据不同条件选择适宜的排风罩，必要时还须进行技术经济比较，而后再决定取舍。

5.3.14 全面排风系统吸风口的布置要求。新增条文。强制条文。

规定建筑物全面排风系统吸风口的位置，在不同情况下应有不同的设计要求，目的是为了保证有效的排除室内余热、余湿及各种有害物质。对于由于建筑结构造成的有爆炸危险气体排出的死角，例如：在生产过程中产生氢气的车间，会出现由于顶棚内无法设置排风口而聚集一定浓度的氢气发生爆炸的情况。在结构允许的情况下，在结构梁上设置连通管进行导流排气，以避免事故发生。

5.3.15 局部排风的排放要求。

规定本条的目的，是为了使局部排风系统排出的剧毒物质、难闻气体或浓度较高的爆炸危险性物质得以在大气中扩散稀释，以免降落到建筑物的空气动力阴影区和正压区内，污染周围空气或导致向车间内倒流。

所谓“建筑物的空气动力阴影区”，系指室外大气气流撞击在建筑物的迎风面上形成的弯曲现象及由此而导致屋顶和背风面等处由于静压减小而形成的负压区；“正压区”系指建筑物迎风面上由于气流的撞击作用而使静压高于大气压力的区域。一般情况下，只有当它和风向的夹角大于 30℃时，才会发生静压增大，即形成正压区。

5.3.16 采用燃气加热的采暖装置、热水器或炉灶时的安全要求。新增条文。

为保证安全，防火防爆，在采用燃气加热的采暖装置、热水器或炉灶时，应符合《城镇燃气设计规范》(GB 50028) 的规定。

5.3.17 民用建筑厨房及卫生间设置机械通风的条件及措施。新增条文。

对民用建筑的厨房、卫生间的竖向排风道，应具有防火、防倒灌并具有均匀排气的功能。为防止污浊气体或油烟处于正压渗入室内，宜在顶部设总排风机。

住宅建筑无外窗的卫生间，在符合本条文规定的条件下，尚应满足国家现行的《住宅设计规范》(GB 50096) 中的要求。

5.4 事故通风

5.4.1～5.4.6 设置事故通风的要求。第 5.4.6 条为强制条文。

在这些条文中分别规定了设置事故通风的条件、系统要求、风量的确定、设备的配备、吸风口和排风口的布置原则以及对事故通风用电器的要求等。

1 事故通风是保证安全生产和保障人民生命安全的一项必要的措施。对生产、工艺过程中可能突然放散有害气体的建筑物，在设计中均应设置事故排风系统。有时虽然很少或没有使用，但并不等于可以不设，应以预防为主。这对防止设备、管道大量逸出有害气体而造成人身事故是至关重要的。

2 第 5.4.2 条指出放散有爆炸危险的可燃气体、蒸气或粉尘气溶胶等物质时，应采用防爆通风设备，也可采用诱导式事故排风系统。诱导式排风系统可采用一般的通风机等设备。具有自然通风的单层厂房，当所放散的可燃气体或蒸气密度小于室内空气密度时，宜设事故送风系统，而较轻的可燃气体、蒸气经天窗或排风帽排出室外。

3 关于事故通风的通风量，考虑到各行业具体情况相距甚远，为安全起见本规范根据国家现行标准《工业企业设计卫生标准》(GBZ 1) 中的规定，把换气次数的下限定为每小时 12 次。有特殊要求的部门可不受此条件限制，允许取得大一些。

4 第 5.4.4 条关于布置事故排风吸风口的规定，其理由可参见本规范第 5.3.14 条的说明。

5 第 5.4.5 条所规定的事故排风口的布置是从安全角度考虑的，为的是防止系统投入运行时排出的有毒及爆炸性气体危及人身安全和由于气流短路时送风空气质量造成影响。

6 第 5.4.6 条规定事故排风系统（包括兼作事故排风用的基本排风系统）的通风机，其开关装置应装在室内、外便于操作的地点，以便一旦发生紧急事故时，使其立即投入运行。事故排风系统其供电系统的可靠等级应由工艺设计确定，并应符合国家现行标准《工业与民用供电系统设计规范》以及其他规范的要求。

5.5 隔热降温

5.5.1 采取隔热措施的界限。

工作人员较长时间内直接受到辐射热影响的工作地点，在多大辐射照度下设置隔热措施，一般是以人体所能接受的辐射照度及时间确定的。本条参照国外有关资料，确定了设置隔热的辐射照度界限。

由于隔热措施投资少、收效大，我国高温车间较普遍采用。实践证明，只要设计人员密切结合工艺操作条件，因地制宜地进行设计，都能取得较好的效果。

另外，通过调查，高温车间内装有冷风机的吊车司机室、操纵室等，由于小室位于高温、强辐射热的环境中，为了提高降温效果，节约电能，这些小室应采取良好的隔热、密封措施。

5.5.2 隔热方式的选择。

据调查，水幕隔热大多数用于高温炉的操作口处，一般系定点采用。但是，水幕的采用受到工艺条件和供水条件等的约束，所以设计时要根据工艺、供水和室内风速等条件，有选择地分别采用水幕、隔热水箱和隔热屏等隔热方式。

5.5.3 隔热标准。

隔热水箱和串水地板常用在高温炉壁、轧钢车间操纵室的外墙或底部以及铸锭车间底板四周等处。以轧钢车间为例，地面常用钢板铺成，当600℃以上的红热钢件经常沿操纵室地面运输时，钢板地面温度能逐渐升高到120～150℃甚至更高，在这种情况下，往往利用隔热水箱做成串水地板。其表面平均温度不应高于40℃。

当采用隔热水箱或串水地板时，为了防止水中悬浮物结垢，规定排水温度不宜高于45℃。

5.5.4 设置局部送风（空气淋浴）的条件。

局部送风是工作地点通风降温的一项措施，它能改变局部范围内的空气参数，在工作地点或局部工作区造成一个小气候。当工作地点固定或相对固定时，在条文中所规定的情况下，设置局部送风是合适的。

设置局部送风的目的，既要保证《工业企业设计卫生标准》（GBZ 1）对工作地点的温度要求，又要消除辐射热对人体的影响。因为人体在较长时间内受到照度较大的辐射热作用时，会造成皮肤蓄热，影响人体的正常生理机能。一般情况下，高温工作地点的辐射热和对流热是同时存在的，但在冶金炉或炼钢、轧钢车间等是以辐射热为主的，这都需要设置局部送风。

局部送风的方式分两种：一种是单体式局部送风，借助于轴流风机或喷雾风扇，利用室内循环空气直接向工作地点送风，适用于工作地点单一或分散的场合；另一种是系统式局部送风，用通风机将室外新鲜空气（经处理或未经处理的）通过风管送至工作地点，适用于工作地点较多且比较集中的场合。

5.5.5、5.5.6 采用单体式局部送风时工作地点的风速。

1 采用不带喷雾的轴流风机进行局部送风时，由于不能改变工作地点的温湿度参数，只能依靠保持一定的风速达到改善劳动条件的目的，因此本规范的第5.5.5条根据现行《工业企业设计卫生标准》（GBZ 1）的有关规定（可用风速范围为2～6m/s），并按作业强度的不同，把工作地点的风速分为三挡：轻作业时，2～3m/s；中作业时，3～5m/s；重作业时，4～6m/s。

2 采用喷雾风扇进行局部送风时，由于借助于细小雾滴能够起到一定的隔热作用，具有显著的降温效果，本规范的第5.5.6条针对其适用对象，把工作地点的风速控制在3～5m/s。

鉴于多年来国内有关单位研制和使用喷雾风扇的经验，为避免对生产操作人员的健康造成不良影响，因此，把使用范围限制在工作地点温度高于35℃（高于人体皮肤温度），热辐射强调大于1400W/m²，且工艺不忌细小雾滴的中、重作业的工作地点，并规定喷雾雾滴直径不应大于100μm。

5.5.7 采用系统式局部送风时工作地点的温度和风速。

采用系统式局部送风时，工作地点所应保持的温度和风速，与操作人员的劳动强度、工作地点周围的辐射照度等因素有关。鉴于到目前为止，我国尚无适用于设计系统式局部送风方面的卫生标准，为适应设计工作需要，本条参考国内外有关资料并结合我国情况，给出了如条文中所列的数据。

5.5.8 局部送风空气处理计算参数的确定。

5.5.9 设置系统式局部送风的要求。

据调查，以前有些地方采用的系统式局部送风，气流大多是从背后倾斜吹到人体上部躯干的。在受辐射热影响的工作地点，工作人员反映“前烤后寒”，效果不好。这主要是因为受热面吹不到风的缘故。因此认为最好是从人体的前侧上方倾斜吹风。医学卫生界认为，头部直接受辐射热作用，会使辐射能作用于大脑皮质，产生过热；胸背受辐射热作用，会使肺部的大量血液受热；颈部受辐射热作用，会使流经大脑的血液受热；而手足等其他部位受辐射热作用，影响则较小。气流自上而下或由一边吹向人体时，人体前部和背部都能均匀地受到降温作用。综合上述情况，对气流方向做了规定。

送到人体上的气流宽度，宜使操作人员处于气流作用的范围内，这样效果较好。在满足送风速度要求的情况下，较大的气流宽度对提高局部送风的效果有利。一般情况下，以1m作为设计宽度是合适的。但是，对于某些工作地点较固定的轻作业，为减少送风量，节约投资，气流宽度可适当减少至0.6m。

5.5.10 特殊高温工作小室的降温措施。

在特殊高温工作地点，由于气温高、辐射照度大，采用一般水冷式降温机组，如用蒸发冷却方式处理空气，仍不能满足降温要求，尤其是南方炎热、潮湿地区。据调查，某钢厂吊车司机室，当室外空气温度为31.5℃，车间空气温度为37.7℃时，司机室内气温达43.2℃，采用循环水蒸发冷却后，司机室内气温所降无几，而使用冷风机组时，司机室内可降低至25℃左右，效果很好。因此，特殊高温工作地点的降温应采用冷风机组或空气调节机组，并符合国家现行标准《工业企业设计卫生标准》（GBZ 1）的要求。同时，为保证降温效果，节省能量消耗，必须采用很好的密闭和隔热措施。

5.6 除尘与有害气体净化

5.6.1 有害气体的净化要求。

保护环境，防止污染，是我国实行的重大技术政策之一。为此国家颁布了环境保护法，有关部门还相继颁布了一系列有害物排放标准，例如《环境空气质量标准》（GB 3095）和《大气污染物综合排放标准》（GB 16297）。为了达到排放标准的要求，排除有害气体的局部排风系统，有时必须设置净化设备。净化设备的种类繁多，本条指出应采取有效的净化措施。净化设备的选择原则及考虑的因素，同本规范第 5.6.9 条规定的除尘器选择原则相类似，只是与有害物的物理化学性质关系更为密切。设计时，应该根据不同情况，分别选择洗涤（包括吸收）、吸附、过滤、燃烧、电子束、生化、激光等净化措施，有回收价值的应加以回收。

5.6.2 除尘方式的选择。

湿法除尘包括采用喷嘴向扬尘点喷水促使粉尘凝聚，减少扬尘的水力除尘和采用喷雾设施向工业建筑含尘空气中喷雾以促使浮游粉尘加速沉降，防止二次扬尘的喷雾降尘等。在某些情况下，湿法除尘是较为经济的一种方法，又可达到较好的除尘效果。

因此，对于放散粉尘的生产过程，当湿法除尘不致影响生产和改变物料性质时，应采用湿法除尘；当采用湿法除尘不能满足环保、卫生要求时，应采用机械除尘、机械与湿法的联合除尘或静电除尘。某些放散粉尘的生产过程，虽允许加湿，但对加湿量有一定限制，如冶金企业的破碎、筛分等，过量加湿会使产量下降，采用湿法除尘就受到一些限制。至于加湿后会影响产品质量，引起物质的水解或发生化学反应，从而产生有害、有毒或爆炸性气体的生产过程，如食品、纺织、化工、耐火和建筑材料工厂的某些生产过程。生产上不允许或不宜加湿物料时，则应采用其他的除尘方式。

5.6.3 密闭形式的选择。

密闭是综合防尘措施的关键环节之一。水力除尘、机械除尘和联合除尘的效果好坏，首先取决于扬尘地点的密闭程度。密闭得好，机械除尘的排风量就可大为减少；反之，即使增大机械除尘系统的排风量，也难以取得良好的效果。据调查，有的厂过去密闭不严，排风后粉尘仍大量外逸；加强密闭后，风量为原风量的 1/8 时，罩内仍有 10Pa 负压，满足了除尘要求；有些厂的某些生产过程，在采用同样机械除尘的条件下，采取较严格的密闭措施与未采取密闭措施，对车间内空气含尘浓度影响很大，有的差 8～9 倍，有的差 10 倍以上，甚至有的差 100 多倍。

至于密闭形式，对于集中、连续的扬尘点（如胶带机受料点），且瞬时增压不大的尘源，多在设备扬尘处采用局部密闭；对于全面扬尘或机械振动力大的设备，多采用留有观察孔和操作门并将设备（除电动机、减速箱外）大部封闭在罩内的整体密闭，特点是密闭罩本身为独立整体，易于密闭；对于大面积扬尘且操作和检修频繁，采用整体密闭不便者，多采用留有观察孔和操作门并将扬尘设备全部密闭在罩内的大容积密闭。一般说来，大容积密闭罩比小容积密闭罩效果要好，特点是罩内容积大，可缓冲含尘气流，减小局部正压，这种密闭罩适用于多点扬尘、阵发性扬尘和含尘气流速度大的设备或地点，如多卸料点的胶带机转运点等。但是，具体情况不同，不能一律对待，应根据设备特点、生产要求以及便于操作、维修等，分别采用不同的密闭形式。

5.6.4 吸风点排风量的确定。

在机械除尘系统的设计中，如何确定吸风点的排风量是一个重要的问题。排风量过小会使含尘空气逸入室内达不到除尘的目的；排风量过大会使除尘系统复杂，设备庞大，造价和运行费用高。所以，在保证粉尘不外逸的情况下，排风量愈小愈好。为此，设计时必须通过计算或采用实测与经验数据正确确定吸风点的排风量。

吸风点的排风量主要包括以下几部分：工艺过程本身产生的烟尘量（包括处理热物料时，由于热压作用和体积膨胀等而增加的空气量）；物料输送过程中所带入的诱导风量和保持罩内负压（包括有时消除罩内正压）所需的空气量等。

5.6.5 吸风口的位置及风速。

在密闭罩上装设位置和开口面积适宜的吸风罩同除尘风管连接，使罩口断面风速均匀，为了防止排风把物料带走，还应对吸风口的风速加以控制。在吸风点的排风量一定的情况下（见本规范第 5.6.4 条），吸风口风速主要取决于物料的密度和粒径大小以及吸风口与扬尘点之间的距离远近等。本条参照国内外有关资料，针对破碎筛分工艺特点规定：对于细粉料的筛分过程，采用不大于 0.6m/s；对于物料的粉碎过程，采用不大于 2m/s；对于粗粒径物料的破碎过程，采用不大于 3m/s，由于各行业的具体情况不同，难以做出更为详尽的规定。

5.6.6 除尘系统的排风量。

为保证除尘系统的除尘效果和便于生产操作，对于一般除尘系统，设备能力应按其所联接的全部吸风点同时工作计算，而不考虑个别吸风口的间歇修正。

当一个除尘系统的非同时工作吸风点的排风量较大时，为节省除尘设施的投资和运行费用，则该系统的排风量可按同时工作的吸风点的排风量加上各非同时工作的吸风点的排风量的 15%～20%的总合计算。后者 15%～20%的漏风量为由于阀门关闭不严的漏风量。如某厂的 4 个除尘系统，按 15%漏风量附加，间歇点用蝶阀关闭，阀板周围用软橡胶垫密封，使用效果良好。

5.6.7 附录 G 的引文。

为了防止粉尘因速度过小在风管中沉降、聚积甚至堵塞风管，因此本规范附录 G 中根据不同物料给出了除尘系统风管中的最小风速。

5.6.8 除尘系统的划分原则。

除尘系统的划分原则，除了应遵循本规范第5.1.11条的规定外，尚应考虑吸风点作用半径不宜过大，便于粉尘的回收利用以及由于不同性质的粉尘混合后会引起的不良影响因素或导致风机功率过大的浪费电能现象。这些因素对有爆炸危险性粉尘的除尘系统正常运行有重要意义。

5.6.9 选择除尘器应考虑的因素。

除尘器也称除尘设备，是用于分离空气中的粉尘达到除尘目的的设备。除尘器的种类繁多，构造各异，由于其除尘机理不同，各自具有不同的特点；因此，其技术性能和适用范围也就有所不同。根据是否用水作除尘媒介，除尘器分为两大类：干式除尘器和湿式除尘器。干式除尘器可分为重力沉降室、惰性除尘器、旋风除尘器、袋式除尘器和干式电除尘器等；湿式除尘器可分为喷淋式除尘器、填料式除尘器、泡沫除尘器、自激式除尘器、文氏管除尘器和湿式电除尘器等。

选择除尘器时，除考虑所处理含尘气体的理化性质之外，还应考虑能否达到排放标准、使用寿命、场地布置条件、水电条件、运行费、设备费以及维护管理等进行全面分析。

5.6.10 设置泄压装置以及净化有爆炸危险粉尘的干式除尘器和过滤器的设置要求。强制条文。

有爆炸危险的粉尘和碎屑，包括铝粉、镁粉、硫矿粉、煤粉、木屑、人造纤维和面粉等。由于上述物质爆炸下限较低，容易在除尘器和过滤器等处发生爆炸，为减轻爆炸时的破坏力，应设置泄压装置。泄压面积应根据粉尘等的危险程度通过计算确定。泄压装置的布置应考虑防止产生次生灾害的可能性。

对于处理净化上述易爆粉尘所用的干式除尘器和过滤器，为缩短输送含有爆炸危险粉尘的风管长度，减少风管内积尘，减少粉尘在风机中摩擦起火的机会，避免因把干式除尘器布置在系统的正压段上引起漏风等，本条规定干式除尘器和过滤器应设置在系统的负压段上，并可以选用高效风机代替低效除尘风机。

5.6.11 净化有爆炸危险粉尘的干式除尘器和过滤器的布置要求。

在国家现行标准《建筑设计防火规范》（GB 50016）中，对用于净化有爆炸危险粉尘的干式除尘器的布置位置、与其他建筑的间距等均有明确的安全规定，本规范不再罗列。

5.6.12、5.6.13 粉尘和污水的回收处理方式。

这两条是从保障除尘系统的正常运行，便于维护管理，减少二次扬尘，保护环境和提高经济效益等方面出发，并结合国内各厂矿、企业的实践经验制定的。据调查，对粉尘的处理回收方式主要有以下几种：

1 对于干式除尘器，有人工清灰、机械清灰和除尘器的排灰管直接接至工艺流程等三种。人工清灰多用于粉尘量少，不直接回收利用或无回收价值的粉尘；机械清灰包括机械输送、水力输送和气力输送等，其处理方式一般是将收集的粉尘纳入工艺流程回收处理。机械清灰的输送灰尘设施较复杂，但操作简单、可靠。排灰管直接接至工艺流程（如接到溜槽、漏斗、料仓），用于有回收价值且能直接回收的粉尘，是一种较经济有效的方式。

2 对于湿式除尘器，污水处理方式一般有单独小型沉淀池、集中沉淀池和接至就近湿式作业的工艺流程的3种，沉淀池的污泥采用人工定期清理或采用机械化、半机械化清理。

除尘器收集的粉尘或排出的含尘污水的回收与处理方式，直接关系到系统的正常运行、除尘效果和综合利用等方面。因此，须根据具体情况采取妥善的回收处理措施。工艺允许时，纳入工艺流程回收处理，则对于保证除尘系统的正常运行和操作维护等方面都有好处，而且往往也是经济的。

5.6.14 卸尘管和排污管的防漏风要求。

防止卸尘管和排污管漏风的措施，是在干式除尘器的卸尘管和湿式除尘器的污水排出管上，装设有效的卸尘装置。卸尘装置（包括集尘斗、卸尘阀或水封等）是除尘设备的一个不可忽视的重要组成部分，它对除尘器的运行及除尘效率有相当大的影响。如果卸尘装置装设不好，就会使大量空气从排尘口或排污口吸入，破坏除尘器内部的气流运动，大大降低除尘效率。例如，当旋风除尘器卸尘口漏风达15%时，就会使除尘器完全失去作用。其他种类的除尘器漏风对除尘效率的影响也是非常显著的。

5.6.15 除尘系统设调节阀的要求。

对于吸风点较多的机械除尘系统，虽然在设计时进行了各并联环路的压力平衡计算，但是由于设计、施工和使用过程中的种种原因，出现压力不平衡的情况实际上是难以避免的。为适应这种情况，保障除尘系统的各吸风点都能达到预期效果，因此，条文规定在各分支管段上应设置调节阀门。

在吸入段风管上，一般不容许采用直插板阀，因为它容易引起堵塞。作为调节用的阀门，无论是蝶阀、调节瓣或斜插板阀，都必须装设在垂直管段上。如果把这类阀门装在倾斜或水平风管上，由于阀板前后产生强烈涡流，粉尘容易沉积，妨碍阀门的开关，有时还会堵塞风管。

5.6.16 除尘器的布置及通风机的选择。

在设计机械除尘系统时，大都把除尘器布置在系统的负压段，其最大优点是保护通风机壳体和叶片免受或减缓粉尘的磨损，延长通风机的使用寿命。由于某种需要也有把除尘器置于系统正压段的，例如，采用袋式除尘器时，为了节省外部壳体的金属耗量，避免因考虑漏风问题而增加除尘器的负荷，延长布袋的使用期限及便于在工作状况下进行检修等，有时把除尘器安装在正压段就具有一定的优点。在这种情况下，应选择排尘通风机。由于同普通通风机相比，排尘通风机价格较贵，效率较低，能量消耗约增加25％以上；因此，设计时应根据具体情况进行技术经济比较确定。

5.6.17 湿式除尘器的防冻措施。

为了保证湿式除尘器在冬季的时候还能够正常工作，在设计上应该采取的防冻措施有：把湿式除尘器安装在采暖房间内，对除尘器壳体进行保温，对水池进行保温、加热等。

5.6.18 对湿法除尘和湿式除尘器的限制。

有些物质遇水或水蒸气时，将有燃烧或爆炸危险，如活泼金属锂、钠、钾以及氢化物、电石、碳化铝等，这类物质又称为忌水物质。有些忌水物质，如生石灰、无水氯化铝、苛性钠等，与水接触时所发生的热能将其附近可燃物质引燃着火。

遇水燃烧物质根据其性质和危险性大小，可分为两极：一级遇水燃烧物质，遇水后立即发生剧烈的化学反应，单位时间内放出大量可燃气体和热量，容易引起猛烈燃烧或爆炸。例如，铝粉与镁粉混合物就是这样；二级遇水燃烧物质，遇水后反应速度比较缓慢，同时产生可燃气体，若遇点火源，即能引起燃烧，如：金属钙、锌及其某些化合物氢化钙、磷化锌等。因此规定遇水后产生可燃或有爆炸危险混合物的生产过程，不得采用湿法除尘或湿式除尘器。

5.6.19 高温烟气的降温要求。新增条文。

高温烟气进入除尘净化设备前，由于设备材料和结构对温度的限制，必须予以冷却降温。一般可分为水冷和风冷。水冷又可分为直接水冷的喷雾冷却，间接水冷的水冷式换热器等；直接风冷俗称掺冷风，间接风冷系借管外常温空气将管内烟气的热量带走而降温的冷却方式。

5.6.20 民用建筑中厨房排烟净化要求。新增条文。

规定本条是为了保证环保及室内卫生要求。对于旅馆、饭店及餐饮业建筑物以及大、中型公共食堂的厨房，应设有净化油烟的机械排风，以达到国家现行标准《饮食业油烟排放标准》(GWPB 5)的规定：排放浓度不超过2mg/m³。

5.7 设备选择与布置

5.7.1、5.7.2 选择通风设备时附加漏风量的规定。

在通风和空气调节系统运行过程中，由于风管和设备的漏风会导致送风口和排风口处的风量达不到设计值，甚至会引起室内参数（其中包括温度、相对湿度、风速和有害物浓度等）达不到设计和卫生标准的要求。为了弥补系统漏风可能产生的不利影响，选择通风机时，应根据系统的类别（低压、中压或高压系统）以及风管内的工作压力等因素，按本规范第5.8.2条的规定附加风管的漏风量，并应根据加热器、冷却器和除尘器的布置情况及系统特点等，计入设备的漏风量，如：把袋式或静电除尘器布置在除尘系统的负压段时，就应考虑除尘器本身的漏风量。由于系统的漏风量有时需要进行处理，如加热、冷却或净化等，因此在选择空气加热器、冷却器和除尘器时，应附加风管漏风量。某些除尘设备，如袋式除尘器和静电除尘器等，当布置在系统的负压段时，尚应计入通过检查孔等不严密处的渗漏风量。

当系统的设计风量和计算阻力确定以后，选择通风机时，应考虑的主要问题之一是通风机的效率。在满足给定的风量和风压要求的条件下，通风机在最高效率点工作时，其轴功率最小。在具体选用中由于通风机的规格所限，不可能在任何情况下都能保证通风机在最高效率点工作，因此条文中规定通风机的设计工况效率不应低于最高效率的90％。一般认为在最高效率的90％以上范围内均属于通风机的高效率区。根据我国目前通风机的生产及供应情况来看，做到这一点是不难的。

5.7.3 输送非标准状态空气时选择通风机及电动机的有关规定。

从流体力学原理可知，当所输送的空气密度改变时，通风系统的通风机特性和风管特性曲线也将随之改变。对于离心式和轴流式通风机，容积风量保持不变，而风压和电动机轴功率与空气密度成正比变化。

目前，常用的通风管道计算表和通风机性能图表，都是按标准状态下的空气即温度一般为20℃，大气压力为1010hPa而编制的。当所输送的空气为非标准状态时，以实际风量借助于标准状态下的风管计算表所算得的系统压力损失，并不是系统的实际压力损失，两者有如下关系：

$$H'\frac{\rho}{1.2}=H\frac{B}{1010}\cdot\frac{273+20}{273+t} \quad (9)$$

式中 H'——非标准状态下系统的实际压力损失（Pa）；

H——以实际风量用标准状态下的风管计算表所算得的系统压力损失（Pa）；

ρ——所输送空气的实际密度（kg/m³）；

B——当地大气压力（hPa）；

t——风管中的空气温度（℃）。

同样，非标准状态时通风机产生的实际风压也不是通风机性能图表上所标定的风压，两者也有如式(9)的关系。在通风空气调节系统中的通风机的风压等于系统的压力损失。在非标准状态下系统压力损失或大或小的变化，同通风机风压或大或小的变化不但趋势一致，而且大小相等。也就是说，在实际的容积风量一定的情况下，按标准状态下的风管计算表算得的压力损失以及据此选择的通风机，也能够适应空气状态变化了的条件。为了避免不必要的反复运算，选择通风机时不必再对风管的计算压力损失和通风机的风压进行修正。但是，对电动机的轴功率应进行验算，核对所配用的电动机能否满足非标准状态下的功率要求，其式如下：

$$P_z = \frac{LH'}{3600 \cdot 1000 \cdot \eta_1 \cdot \eta_2} \tag{10}$$

式中 P_z——电动机的轴功率（kW）；

L——通风机的风量（m^3/h）；

H'——非标准状态下，系统的实际压力损失（Pa）；

η_1——通风机的效率；

η_2——通风机的传动效率。

上述道理虽然不难理解，但鉴于多年来有的设计人员在选择通风机时却存在着随意附加的现象，为此，条文中特加以规定。

5.7.4 通风机的并联与串联。

通风机的并联与串联安装，均属于通风机联合工作。采用通风机联合工作的场合主要有两种：一是系统的风量或阻力过大，无法选到合适的单台通风机；二是系统的风量或阻力变化较大，选用单台通风机无法适应系统工况的变化或运行不经济。并联工作的目的，是在同一风压下获得较大的风量；串联工作的目的，是在同一风量下获得较大的风压。在系统阻力即通风机风压一定的情况下，并联后的风量等于各台并联通风机的风量之和。当并联的通风机不同时运行时，系统阻力变小，每台运行的通风机之风量，比同时工作时的相应风量大；每台运行的通风机之风压，则比同时运行的相应风压小。通风机并联或串联工作时，布置是否得当是至关重要的。有时由于布置和使用不当，并联工作不但不能增加风量，而且适得其反，会比一台通风机的风量还小；串联工作也会出现类似的情况，不但不能增加风压，而且会比单台通风机的风压小，这是必须避免的。

由于通风机并联或串联工作比较复杂，尤其是对具有峰值特性的不稳定区在多台通风机并联工作时易受到扰动而恶化其工作性能；因此设计时必须慎重对待，否则不但达不到预期目的，还会无谓地增加能量消耗。为简化设计和便于运行管理，条文中规定，在通风机联合工作的情况下，应尽量选用相同型号、相同性能的通风机并联或串联。当不同型号、不同性能的通风机并联或串联安装时，必须根据通风机和系统的风管特性曲线，确定通风机的合理组合方案，并采取相应的技术措施，以保证通风机联合工作的正常运行。

5.7.5～5.7.9 通风设备的选择与布置。第5.7.5条、第5.7.8条为强制条文。

这些条文都是从保证安全的角度制定的。

1 直接布置在有甲、乙物质产生的场所中的通风、空气调节和热风采暖的设备，用于排除有甲、乙类物质的通风设备以及排除含有燃烧或爆炸危险的粉尘、纤维等丙类物质，其含尘浓度高于或等于其爆炸下限的25%时的设备，由于设备内外的空气中均含有燃烧或爆炸危险性物质，遇火花即可能引起燃烧或爆炸事故，为此，本规范规定，其通风机和电动机及调节装置等均应采用防爆型的。

同时，当上述设备露天布置时，通风机应采用防爆型的，电动机可采用密闭型的。

2 空气中含有易燃易爆危险物质的房间中的送风、排风设备，当其布置在单独隔开的送风机室内时，由于所输送的空气比较清洁，如果在送风干管上设有止回阀门时，可避免有燃烧或爆炸危险性物质窜入送风机室，本规范规定通风机可采用普通型的。

3 因为甲、乙类物质场所的排风系统有可能在通风机室内泄漏，如果将通风、空气调节和热风采暖的送风设备同排风设备布置在一起，就有可能把排风设备及风管的漏风吸入系统再次被送入有甲、乙物质的场所中，因此，第5.7.8条规定用于甲、乙类物质的场所的送、排风设备不应布置在同一通风机室内。

用于排除有甲、乙类物质的排风设备，不应与其他系统的通风设备布置在同一通风机室内，但可与排除有爆炸危险的局部排风的设备布置在同一通风机室内。因为排出的气体混合物均具有燃烧或爆炸危险，只是浓度大小不同，所以排风设备可布置在一起。

4 对于甲、乙类工业建筑全面和局部送风、排风系统，以及其他类排除有爆炸危险物的局部排风系统的设备，不应布置在地下室、半地下室内。这主要从安全出发，一旦发生事故便于扑救。

5.7.10 通风设备及管道的防静电接地等要求。

当静电积聚到一定程度时，就会产生静电放电，即产生静电火花，使可燃或爆炸危险物质有引起燃烧或爆炸的可能；管内沉积不易导电的物质和会妨碍静电导出接地，有在管内产生火花的可能。防止静电引起灾害的最有效办法是防止其积聚，采用导电性能良好（电阻率小于$10^6\Omega \cdot cm$）的材料接地。因此做了如条文中的有关规定。

法兰跨接系指风管法兰连接时，两法兰之间须用金属线搭接。

5.7.11 通风设备和风管的保温、防冻。

通风设备和风管的保温、防冻具有一定的技术经济意义，有时还是安全生产的必要条件。条文中所列的五款是应采取保温或防冻措施的主要方面。例如，某些降温用的局部送风系统和兼作热风采暖的送风系统，如果通风机和风管不保温，不仅冷热耗量大不经济，而且会因冷热损失使系统内所输送的空气温度显著升高或降低，从而达不到既定的室内参数要求。又如，苯蒸气或锅炉烟气等可能被冷却而形成凝结物堵塞或腐蚀风管。位于严寒地区和寒冷地区的湿式除尘器，如果不采取保温、防冻措施，冬季就可能冻结而不能发挥应有的作用。此外，某些高温风管如不采取保温的办法加以防护，也有烫伤人体的危险。

5.8 风管及其他

5.8.1 选用风管截面及规格的要求。

规定本条的目的，是为了使设计中选用的风管截面尺寸标准化，为施工、安装和维护管理提供方便，为风管及零部件加工工厂化创造条件。据了解，在《全国通用通风管道计算表》中，圆形风管的统一规格，是根据R20系列的优先数制定的，相邻管径之间具有固定的公比（$\sqrt[20]{10}\approx1.12$），在直径100～1000mm范围内只推荐20种可供选择的规格，各种直径间隔的疏密程度均匀合理，比以前国内常采用的圆形风管规格减少了许多；矩形风管的统一规格，是根据标准长度20系列的数值确定的，把以前常用的300多种规格缩减到50种左右。经有关单位试算对比，按上述圆形和矩形风管系列进行设计，基本上能满足系统压力平衡计算的要求。对于要求较严格的除尘系统，除以R20作为基本系列外，还有辅助系列可供选用，因此是足以满足设计要求的。另外，还根据《通风与空气调节工程施工质量验收规范》（GB 50243）做了风管尺寸计量的规定。

5.8.2 风管漏风量的确定。

风管漏风量的大小取决于很多因素，如风管材料、加工及安装质量、阀门的设置情况和管内的正负压大小等。风管的漏风量（包括负压段渗入的风量和正压段泄漏的风量），是上述诸因素综合作用的结果。由于具体条件不同，很难把漏风量标准制定得十分细致、确切。为了便于计算，条文中根据我国常用的金属和非金属材料风管的实际加工水平及运行条件，规定一般送排风系统附加5%～10%，除尘系统附加10%～15%。需要指出，这样的附加百分率适用于最长正压管段总长度不大于50m的送风系统，和最长负压管段总长度不大于50m的排风及除尘系统。对于比这更大的系统，其漏风百分率可适当增加。有的全面排风系统直接布置在使用房间内，则不必考虑漏风的影响。

5.8.3 系统中并联管路的阻力平衡。

把通风、除尘和空气调节系统各并联管段间的压力损失差额控制在一定范围内，是保障系统运行效果的重要条件之一。在设计计算时，应用调整管径的办法使系统各并联管段间的压力损失达到所要求的平衡状态，不仅能保证各并联支管的风量要求，而且可不装设调节阀门，对减少漏风量和降低系统造价也较为有利。特别是对除尘系统，设置调节阀害多利少，不仅会增大系统的阻力，而且会增加管内积尘，甚至有导致风管堵塞的可能。根据国内的习惯做法，本条规定一般送排风系统各并联管段的压力损失相对差额不大于15%，除尘系统不大于10%，相当于风量相差不大于5%。这样做既能保证通风效果，设计上也是能办到的，如在设计时难于利用调整管径达到平衡要求时，则以装设调节阀门为宜。

5.8.4 除尘系统的风管。

1 强调了风管宜明设，且其接头和接缝处应严密、平滑，以减少漏风量、防止尘埃堵塞风管。

2 除尘风管直径，根据所输送的含尘粒径的大小，做了最小直径的补充规定，以防产生堵塞问题。

3 除尘风管以垂直或倾斜敷设为好，但考虑到客观条件的限制，有些场合不得不水平敷设，尤其大管径的风管倾斜敷设就比较困难。倾斜敷设时，与水平面的夹角越大越好，因此，规定应大于45°，为了减少积尘的可能，本款强调了应尽量缩短小坡度或水平敷设的管段。

4 支管从主管的上面连接比较有利。但是施工安装不方便，鉴于具体设计中支管从主管底部连接的情况也不少，所以本款规定为“宜”。对于三通管夹角，考虑到大风管常采用45°夹角的三通，除尘风管的三通夹角也可以用到45°，因此，本款规定三通夹角宜采用15°～45°。

5.8.5 输送高温气体风管的热补偿。新增条文。强制条文。

5.8.6 机械通风风管的风速。

本条表中所给出的通风系统风管内的风速，是基于经济流速和防止在风管中产生空气动力噪声等因素，参照国内外有关资料制定的。对于一般工业建筑的机械通风系统，因背景噪声较大、系统本身无消声要求，即使按表中较大的经济流速取值，也能达到允许噪声标准的要求。对于某些有消声要求的通风、空气调节系统，风管内的风速尚应符合本规范第9.1节中的相关规定。

5.8.7 通风设备和风管的防腐。

规定本条的目的，是为了防止或延缓通风设备和风管的腐蚀，延长使用寿命。据调查，有些输送强烈腐蚀性气体的通风系统，由于防腐措施不力，通风机和风管等使用很短一段时间就报废了，不但影响生产，恶化工作条件，而且很浪费，给维护管理也增加了负担。在这种情况下，应尽量采用塑料、玻璃钢、不锈钢等防腐材料制作的通风机和风管。如因条件限制，则应根据具体情况采取有效的防腐措施，如涂防腐油漆、衬橡胶、喷涂防腐层等。

5.8.8 风管布置、防火阀、排烟阀等的设置要求。

在国家现行标准《建筑设计防火规范》（GB 50016）及《高层民用建筑设计防火规范》（GB 50045）中，对风管的布置、防火阀、排烟阀的设置要求均有详细的规定，本规范不再另行规定。

5.8.9 甲、乙、丙类工业建筑送排风管道的布置。

本条文是根据《建筑设计防火规范》（GB 50016）中的有关条文规定的，目的是为了防止一旦发生火灾时火势沿风管蔓延，扩大灾害范围。

5.8.10 风管材料。

规定本条的目的，是为了防止火灾蔓延。有些工业建筑所排出的气体腐蚀性较大，需要用硬聚氯乙烯塑料等材料制作风管以及风管的柔性接头处难以采用不燃材料制作，因此规定在这些情况下，风管及挠性接头可用难燃材料制作。

5.8.11 甲、乙类工业建筑排风管道的布置。

规定本条的目的，是防止一旦风管爆炸时破坏建筑物并为了便于检修。

5.8.12、5.8.13 有爆炸危险物质和含有剧毒物质的排风系统管道设置要求。

通过式风管穿过建筑物的墙、隔断和楼板处应用防火材料密封，是为了保证被穿越的围护结构具有规定的耐火极限。对排除剧毒物质排风系统的正压管段长度加以限制，并规定该系统的正压管段不得穿过其他房间，目的是为了防止因剧毒物质漏出而污染其他房间和毒害人体。

排除有爆炸危险物质的排风管各支管节点处不应设置调节阀，以免在间歇使用时关闭阀门处聚集有爆炸危险的气体浓度达到爆炸浓度，一旦开机运行时引起爆炸。

5.8.14 风管的敷设。

规定本条的目的，是为了尽量缩小灾害事故的涉及范围。

5.8.15～5.8.19 风管敷设安全事宜。第5.8.15条为强制条文。

1 可燃气体（煤气等）、可燃液体（甲、乙、丙类液体）、排风管道和电线等，由于某种原因常引起火灾事故。为防止火势通过风管蔓延，因此规定：这类管道及电线不得穿过风管的内腔，也不得沿风管的外壁敷设；可燃气体或可燃液体管道不应穿过通风机室。

2 为防止某些可燃物质同热表面接触引起自燃起火及爆炸事故，因此规定，热媒温度高于110℃的供热管道不应穿过排除有燃烧或爆炸危险物质的风管，也不得沿其外壁敷设。有些物质自燃点较低，如二硼烷、磷化氢、二硫化碳和硝酸乙酯等，为安全规定同这些物质接触的供热管道和热媒温度不应高于相应物质自燃点的80%。

3 为防止外表面温度超过80℃的风管，由于辐射热及对流热的作用导致输送有燃烧或爆炸危险物质的风管及管道表面温度升高而发生事故，规定两者的外表面之间应保持一定的安全距离（以外表面温度稍高于80℃为例，其间距不宜小于0.3m）；互为上下布置时，表面温度较高者应布置在上面。

4 为防止高温风管长期烘烤建筑物的可燃或难燃结构发生火灾事故，因此规定：当输送温度高于80℃的空气或气体混合物时，风管穿过建筑物的可燃或难燃烧体结构处，应设置不燃材料隔热层，保持隔热层外表面温度不高于80℃；非保温的高温金属风管或烟道沿可燃或难燃烧体结构敷设时，应设遮热防护措施或保持必要的安全距离。

5.8.20 关于风管坡向的规定。

为防止比空气轻的可燃气体混合物在风管内局部积存，使浓度增高发生事故，因此规定水平风管应顺气流方向有一定的向上坡度。

5.8.21 通风系统排除凝结水的措施。

排除潮湿气体或含水蒸气的通风系统，风管内表面有时会因其温度低于露点温度而产生凝结水。为了防止在系统内积水腐蚀设备及风管影响通风机的正常运行，因此条文中规定水平敷设的风管应有一定的坡度并在风管的最低点和通风机的底部排除凝结水。

5.8.22 电加热器的安全要求。

规定本条是为了减少发生火灾的因素，防止或减缓火灾通过风管蔓延。

5.8.23 通风机启动阀门的设置。

此规定依据两点：一是把通风机的范围局限于通风、空气调节系统常用的中、低压离心式通风机；二是强调供电条件是否允许。一般情况下，电动机的直接启动与供电系统的电源和线路有直接关系。电动机的启动电流约为正常运行电流的6～7倍，这样的电流波动一般对大型变电站影响不大，对负荷小的变电站有时会造成一定的影响。如供电变压器的容量为180kV·A时，允许直接启动的鼠笼型异步电动机的最大功率为40kW（启动时允许电压降为10%）和55kW（启动时允许电压降为15%）。一台75kW的电动机，需要具有320kV·A的变压器方可直接启动，对于大、中型工厂来说，这当然是没有问题的。由于我国在城市供电设计上要求较高，电压降允许值一般为5%～6%，其他如供电线路的长短、启动方式等均与供电设计有密切关系，因此本条规定了“供电条件允许”这样的前提。

5.8.24 对通风设备接管的要求。

与通风机、空气调节器及其他振动设备连接的风管，其荷载应由风管的支吊架承担。一般情况下风管和振动设备间应装设挠性接头，目的是保证其荷载不传到通风机等设备上，使其呈非刚性连接。这样既便于通风机等振动设备安装隔振器，有利于风管伸缩，又可防止因振动产生固体噪声，对通风机等的维护、检修也有好处。

5.8.25 对排除有害气体或含尘系统的排风口要求。新增条文。

对于排除有害气体或含有粉尘的通风系统的排风口，宜采用锥形风帽或防雨风管，目的是把这些有害物排入高空，以利于稀释。

6 空气调节

6.1 一般规定

6.1.1 设置空气调节的条件。

随着经济建设的发展和人民生活水平的日益提高，当设置空气调节后，提高了人员的劳动生产率和工作效率，从而增加了经济效益；在医疗、高温作业等方面，设置空气调节后有益于疾病的康复和恢复疲劳等作用；对于诸如发热量较大的地下室设备用房采用通风方式降温，通风系统投资多，进排风口设置困难，而如采用简单的空气调节设备实现降温目的，往往更经济。因此本条增加了后三款设置空气调节的条件。

6.1.2 对空气调节区的面积、散热散湿设备和设置全室性空气调节的要求。

本次修订将“空气调节房间”均改称“空气调节区”。以下同。

本条是从减少空气调节区的面积，以节约投资和运行费用为目的。

对于工艺性空气调节，宜采取经济有效的局部工艺措施或局部区域的空气调节代替全室性空气调节，以达到节能降耗的目的。如储存受潮后易生锈的金属零件，若采用全室性空气调节保持低温要求是不经济的，而在工艺上采用干燥箱储存这些零件是行之有效的好办法；又如，电表厂的标准电阻要求温度波动小，而将标准电阻放在油箱内用半导体制冷，保持油箱内的温度就可不设全室性空气调节；再如，对于厂房内个别设备或工艺生产线有空气调节要求，采用罩子等将其隔开，在此局部区域内进行空气调节，既可满足工艺要求又较整个区域空气调节节约投资。

空气调节区的散热散湿设备越少越容易达到温湿度的要求，同时也比较经济，因此规定宜减少空气调节区的散热散湿设备。

对于高大空间，取消了层高大于 10m 的限制。当工艺或使用要求允许仅在下部区域进行空气调节时，采用分层式送风或下部送风的气流组织方式，以达到节能的目的。

6.1.3 有压差要求的空气调节区的压差要求。

保持正压，能防止室外空气渗入，有利于保证房间清洁度和室内参数少受外界干扰。

舒适性空气调节室内正压值不宜过小，也不宜过大。当室内正压为 5Pa 时，相当于由门窗缝隙压出的风速为 2.85m/s。也就是说，当室外平均风速小于 2.85m/s 时，采用 5Pa 的正压值，一般就可以满足要求。当室内正压值为 10Pa 时，保持室内正压所需的风量，每小时约为 1.0～1.5 次换气，舒适性空气调节的新风量一般都能满足此要求。室内正压值超过 50Pa 时，会使人体感到不舒适，而且需加大新风量，增加能耗，同时开门也较困难。因此规定不应大于 50Pa。

对于工艺性空气调节，因与其相通房间的压力差有特殊要求，其压差值应按工艺要求确定。

6.1.4 空气调节区的布置要求。

空气调节区集中布置是为了减少空气调节区的外墙、与非空气调节区相邻的内墙及楼板的保温隔热工程量，减少系统的冷热负荷，以降低空气调节系统投资及建筑造价，便于维护管理。

6.1.5 围护结构的传热系数。

提高围护结构传热系数要求的严格程度，由“不宜”改为“不应”，以满足节能要求。

建筑物围护结构的传热系数 K 值的大小是能否保证空气调节区正常生产条件，影响空气调节工程综合造价高低，维护费用多少的主要因素之一。K 值愈小，则耗冷量愈小，空气调节系统愈经济。K 值又受建筑结构与材料等投资影响，不能无限制地减小。K 值的选择与保温材料价格及导热系数、室内外计算温差、初投资费用系数、年维护费用系数以及保温材料的投资回收年限等各项因素有关。不同地区的热价、电价、水价、保温材料价格及系统工作时间等也不是不变的。因此，很难给出一个固定不变的经济 K 值。本条除强调应通过技术经济比较确定合理的 K 值外，对工艺性空气调节，给出了围护结构最大 K 值。目前的公共建筑（尤其商业建筑）围护结构热工参数往往达不到严寒、寒冷地区《民用建筑节能设计标准（采暖居住建筑部分）》（JGJ 26）、《夏热冬冷地区居住建筑节能设计标准》（JGJ 134）、《旅游旅馆建筑热工及空气调节节能设计标准》（GB 50189）中有关的规定。为了节约能源、降低能耗，在《公共建筑节能设计标准》未颁布之前，舒适性空气调节围护结构 K 值应参照执行现行节能设计标准确定。

6.1.6 围护结构的热惰性指标。

提高围护结构热惰性指标 D 值要求的严格程度，由“不宜”改为“不应”，以满足热稳定要求。

热惰性指标 D 值直接影响室内温度波动范围，其值大则室温波动范围就小，其值小则相反。热惰性指标 D 值直接影响室内温度波动范围，其值大则室温波动范围就小，其值小则相反。

6.1.7 关于空气调节区外墙、外墙朝向及其所在层次的规定。

根据实测表明，对于空气调节区西向外墙，当其传热系数为 0.34～0.40W/（m^2·℃），室内外温差为 10.5～24.5℃时，距墙面 100mm 以内的空气温度不稳定，变化在±0.3℃以内；距墙面 100mm 以外时，温度就比较稳定了。因此，对于室温允许波动范围大于或等于±1.0℃的空气调节区来说，有西向外墙，也是可以的，对人员活动区的温度波动不会有什么影响。从减少室内冷负荷出发，则宜减少西向外墙以及其他朝向的外墙；如有外墙时，最好为北向，且应避免将空气调节区设置在顶层。

为了保持室温的稳定性和不减少人员活动区的范围，对于室温允许波动范围为±0.5℃的空气调节区，不宜有外墙，如有外墙，应北向；对于室温允许波动范围为±0.1～0.2℃的空气调节区，不应有外墙。

屋顶受太阳辐射热的作用后，能使屋顶表面温度升高35～40℃，屋顶温度的波幅可达±28℃。为了减少太阳辐射热对室温波动要求小于或等于±0.5℃空气调节区的影响，所以规定当其在单层建筑物内时，宜设通风屋顶。

在北纬23.5°及其以南的地区，北向与南向的太阳辐射照度相差不大，且均较其他朝向小，可采用南向或北向外墙。对于本规范第6.1.9条来说，则可采用南向或北向外窗。

6.1.8 空气调节建筑的外窗要求。

外窗面积的大小不仅影响空气调节区的负荷大小，而且影响到空气调节区温湿度波动范围。普通窗户的保温隔热性能比外墙差很多，夏季白天通过窗户进入的太阳辐射热也比外墙多得多，窗面积比越大，则空气调节的能耗也越大。因此，从节能的角度考虑应限制外窗的传热系数。为了节约能源、降低能耗，在《公共建筑节能设计标准》未颁布之前，应参照国家现行的有关节能设计标准执行。

条文中还对外窗玻璃的遮阳系数做了规定，此数据是参考了《旅游旅馆建筑热工与空气调节节能设计标准》(GB 50189)，本条文作“宜”考虑。

6.1.9 工艺性空气调节区的外窗朝向。

根据调查、实测和分析：当室温允许波动范围大于±1.0℃时，从技术上来看，可以不限制外窗朝向，但从降低空气调节系统造价考虑，应尽量采用北向外窗；室温允许波动范围为±1.0℃的空气调节区，由于东、西向外窗的太阳辐射热可以直接进入人员活动区，不应有东、西向外窗；据实测，室温允许波动范围为±0.5℃的空气调节区，对于双层毛玻璃的北向外窗，室内外温差为9.4℃时，窗对室温波动的影响范围在200mm以内，如果有外窗，应北向。

6.1.10 设置门斗的要求。

从调查来看，一般空气调节区的外门均设有门斗，内门（指空气调节区与非空气调节区或走廊相通的门）一般也设有门斗（走廊两边都是空气调节区的除外，在这种情况下，门斗设在走廊的两端）。与邻室温差较大的空气调节区，设计中也有未设门斗的，但在使用过程中，由于门的开启对室温波动影响较大，因此在后来也采取了一定的措施。按北京、上海、南京、广州等地空气调节区的实际使用情况，规定门两侧温差大于或等于7℃时，应采用保温门；同时对工艺性（即对室内温度波动范围要求较严格的）空气调节区的内门和门斗，做了如条文中表6.1.10的有关规定。

对舒适性空气调节区开启频繁的外门也做了宜设门斗，必要时设置空气幕的规定，并增加了宜设置旋转门、弹簧门等要求。旋转门或弹簧门在现在的建筑物中被广泛应用，它能有效地阻挡通过外门的冷、热空气渗透。

6.1.11 空气调节全年能耗分析的要求。新增条文。

对规模较大、要求较高或功能复杂的建筑物，在确定空气调节方案时，原则上宜对各种可行的方案及运行模式进行全年能量分析，才能使系统的配置最合理，运行模式及控制策略最优化。

6.2 负荷计算

6.2.1 逐时冷负荷计算的要求。新增条文。强制条文。

近些年来，全国各地暖通工程设计过程中滥用单位冷负荷指标的现象十分普遍。估算的结果当然总是偏大，并由此造成“一大三大”的后果，即总负荷偏大，从而导致主机偏大、管道输送系统偏大、末端设备偏大。由此给国家和投资者带来巨大损失，给节能和环保带来的潜在问题也是显而易见的。因此，规范必须对这个问题有个明确的规定。

6.2.2 空气调节区的夏季得热量。

在计算得热量时，只能计算空气调节区域得到的热量（包括空气调节区自身的得热量和由空气调节区外传入的得热量，例如：分层空气调节中的对流热转移和辐射热转移等），处于空气调节区域之外的得热量不应计算。因此取消原条文中的“室内”二字。明确指出食品的散热量应予以考虑，因为该项散热量对于若干民用建筑（如饭店、宴会厅等）的空气调节负荷影响颇大。

6.2.3 空气调节区的夏季冷负荷。

提升条文的严格程度，将“宜”改为“应”。得热量与冷负荷是两个不同的概念，不能再留混淆余地。

本条从现代负荷计算方法的基本原理出发，规定了计算夏季冷负荷所应考虑的基本因素；强调指出得热量与冷负荷是两个不同的概念；明确规定了应按非稳态传热方法进行负荷计算的各种得热项目。

以空气调节房间为例，通过围护结构进入房间的，以及房间内部散出的各种热量，称为房间得热量。为保持所要求的室内温度必须由空气调节系统从房间带走的热量称为房间冷负荷。两者在数值上不一定相等，这取决于得热中是否含有时变的辐射成分。当时变的得热量中含有辐射成分时或者虽然时变得热曲线相同但所含的辐射百分比不同时，由于进入房间的辐射成分不能被空气调节系统的送风消除，只能被房间内表面及室内各种陈设所吸收、反射、放热、再吸收，再反射、再放热……在多次放热过程中，由于房间及陈设的蓄热——放热作用，得热当中的辐射成分逐渐转化为对流成分，即转化为冷负荷。显然，此时得热曲线与负荷曲线不再一致。比起前者，后者线型将产生峰值上的衰减和时间上的延迟，这对于削减空气调节设计负荷有重要意义。

6.2.4 室外或邻室计算温度。

6.2.5～6.2.7 外墙、屋顶和外窗传热形成的逐时冷负荷。

6.2.5条对于原条款增加“注”，提醒设计人员在进行局部区域空气调节负荷计算时，不要把不处于空气调节区的屋顶形成的负荷全部考虑进去。

冷负荷计算温度的确定过程比较复杂，而且有不同的计算方法，国内一些技术手册中均有现成的表格可查。在此必须说明，本条用冷负荷计算温度计算冷负荷的公式，是基于国内各种计算方法的一种综合的表达形式，并不是特指某一种具体计算方法。

对于一般要求的空气调节区，由于室外扰动因素经历了围护结构和空气调节区的双重衰减作用，负荷曲线已相当平缓。为减少计算工作量，对非轻型外墙，室外计算温度可采用平均综合温度代替冷负荷计算温度。

6.2.8 内围护结构传热形成的冷负荷。

当相邻空气调节区的温差大于3℃时，通过隔墙或楼板等传热形成的冷负荷，在空气调节区的冷负荷中占有一定比重，在某些情况下是不宜忽略的，因此做了本条规定。

6.2.9 地面传热形成的冷负荷。

对于工艺性空气调节区，当有外墙时，距外墙2m范围内的地面，受室外气温和太阳辐射热的影响较大。测定结果表明，例如对西外墙，当其为 $K=0.34\text{W}/(\text{m}^2\cdot℃)$ 的混凝土地面时，距地面1.2m高处测得西外墙的内表面温度比室温高0.77～0.95℃，距西外墙内表面0.7m处，测得地面的表面温度比室温高1.2～1.26℃，即地面温度比西外墙的内表面温度还高。分析其原因，可能是混凝土地面的 K 值比西外墙的要大一些的缘故，所以规定距外墙2m范围内的地面须计算传热形成的冷负荷。

对于舒适性空气调节区，夏季通过地面传热形成的冷负荷所占的比例很小，可以忽略不计。

6.2.10 透过玻璃窗进入的太阳辐射热量。

对于有外窗的空气调节区，透过玻璃窗进入室内的太阳辐射热形成的冷负荷，在空气调节区总负荷中占有举足轻重的地位。因此，正确计算透过窗户进入室内的太阳辐射热量十分重要。本规范附录B所列夏季透过标准窗玻璃的太阳辐射照度，是针对裸露的单位净面积标准窗玻璃给出的。对于实际使用的玻璃窗，当计算其透过太阳辐射热量时，则不但要考虑窗框、窗玻璃种类及窗户层数的影响，更重要的是要考虑各种遮阳物的影响，其中包括内遮阳设施、外遮阳设施（包括窗洞、窗套的遮阳作用）以及位于空气调节建筑物附近的高大建筑物和构筑物的影响。一些遮阳设施的遮阳作用，则应通过建筑光学中关于阴影的计算方法加以考虑。

6.2.11 透过玻璃窗进入的太阳辐射热形成的冷负荷。

提升严格程度，将“宜”改为“应”，并使表述更确切。

本规范第6.2.3条的说明所述，由于透过玻璃窗进入空气调节区的太阳辐射热量随时间变化，而且其中的辐射成分又随着遮阳设施类型和窗面送风状况的不同而异，因此，这项得热量形成的冷负荷，应根据实际采用的遮阳方法、窗内表面空气流动状态以及空气调节区的蓄热特性计算确定。由于计算过程比较复杂，可直接使用专门的计算表格或计算机程序求解。

6.2.12 人体、照明和设备等散热形成的冷负荷。

非全天工作的照明、设备、器具以及人员等室内热源散热量，因具有时变性质，且包含辐射成分，所以这些散热曲线与它们所形成的负荷曲线是不一致的。根据散热的特点和空气调节区的热工状况，按照负荷计算理论，依据给出的散热曲线可计算出相应的负荷曲线。在进行具体的工程计算时，可直接查计算表或使用计算机程序求解。

人员“群集系数”，系指人员的年龄构成、性别构成以及密集程度等情况的不同而考虑的折减系数。年龄不同和性别不同，人员的小时散热量就不同。例如成年女子的散热量约为成年男子散热量的85%，儿童散热量相当于成年男子散热量的75%。

设备的“功率系数”，系指设备小时平均实耗功率与其安装功率之比。

设备的“通风保温系数”，系指考虑设备有无局部排风设施以及设备热表面是否保温而采取的散热量折减系数。

6.2.13 空气调节区的夏季散湿量。

空气调节区的计算散湿量，直接关系到空气处理过程和空气调节系统的冷负荷。把散湿量的各个项目一一列出，单独形成一条，是为了把湿量问题提得更加明确，并且与本规范6.2.2条8款相呼应，强调了与显热得热量性质不同的各项有关的潜热得热量。

6.2.14 散湿量的计算。

本条所说的人员“群集系数”，指的是集中在空气调节区内的各类人员的年龄构成、性别构成和密集程度不同而使人均小时散湿量发生变化的折减系数。例如儿童和成年女子的散湿量约为成年男子相应散湿量的75%和85%。考虑人员群集的实际情况，将会把以往计算偏大的湿负荷减低下来。

“通风系数”，系指考虑散湿设备有无排风设施而采用的散湿量折减系数。当按照本规范第6.2.12条从有关工具书中查找通风保温系数时，"设备无保温"情况下的通风保温系数值，即为本条文的通风系数值。

6.2.15 空气调节区和空气调节系统的夏季冷负荷。强制条文。

根据空气调节区的同时使用情况、空气调节系统类型及控制方式等各种情况的不同，在确定空气调节系统夏季冷负荷时，主要有两种不同算法：一个是取同时使用的各空气调节区逐时冷负荷的综合最大值，即从各空气调节区逐时冷负荷相加之后得出的数列中找出的最大值；一个是取同时使用的各空气调节区夏季冷负荷的累计值，即找出各空气调节区逐时冷负荷的最大值并将它们相加在一起，而不考虑它们是否同时发生。后一种方法的计算结果显然比前一种方法的结果要大。例如：当采用变风量集中式空气调节系统时，由于系统本身具有适应各空气调节区冷负荷变化的调节能力，此时即应采用各空气调节区逐时冷负荷的综合最大值；当末端设备没有室温控制装置时，由于系统本身不能适应各空气调节区冷负荷的变化，为了保证最不利情况下达到空气调节区的温湿度要求，即应采用各空气调节区夏季冷负荷的累计值。

所谓附加冷负荷，系指新风冷负荷，空气通过风机、风管的温升引起的冷负荷，冷水通过水泵、水管、水箱的温升引起的冷负荷以及空气处理过程产生冷热抵消现象引起的附加冷负荷等。

6.2.16 空气调节系统的冬季热负荷。

空气调节区的冬季热负荷和采暖房间的热负荷，计算方法是一样的，只是当空气调节区有足够的正压时，不必计算经由门窗缝隙渗入室内冷空气的耗热量。但是，考虑到空气调节区内热环境条件要求较高，区内温度的不保证时间应少于一般采暖房间，因此，在选取室外计算温度时，规定采用平均每年不保证1天的温度值，即应采用冬季空气调节室外计算温度。

6.3 空气调节系统

6.3.1 选择空气调节系统的原则。

本条是选择空气调节系统的总原则，其目的是为了在满足使用要求的前提下，尽量做到一次投资省、系统运行经济、减少能耗。

6.3.2 空气调节风系统的划分。

1 将原规范中对工艺性空气调节系统的要求扩展到一般的空气调节系统。考虑到设计中经常将不同要求的空气调节区放置在一个空气调节系统中，难以控制，影响使用，所以不强调室内参数及要求相近的空气调节区可划为同一系统，而强调不同要求的空气调节区宜分别设置空气调节风系统，但不包括变风量空气调节系统。

2 增加了第3款对空气的洁净要求不同的空气调节区的要求。

3 增加第5款，强调了对空气中含有易燃易爆物质的空气调节区的要求，具体做法应遵循有关的防火设计规范。

4 第6款同一时段需供冷和供热的空气调节区，是指不同朝向空气调节区、周边区与内区等。进深较大的开敞式办公用房、大型商场等，内外区负荷特性相差很大，尤其是冬季或过渡季，常常外区需送热时，内区因过热需全年送冷；过渡季节朝向不同的空气调节区也常需要不同的送风参数，推荐按不同区域分别设置空气调节风系统，易于调节及满足使用要求。

6.3.3 全空气定风量空气调节系统的选择设计。

1 全空气系统存在风管占用空间较大的缺点，但人员较多的空气调节区新风比例较大，与风机盘管加新风等空气-水系统相比，多占用空间不明显；人员较多的大空间空气调节负荷和风量较大，便于独立设置空气调节风系统，因而不存在多空气调节区共用全空气定风量系统难以分别控制的问题；全空气定风量系统易于改变新回风比例，必要时可实现全新风送风，能够获得较大的节能效果；全空气系统的设备集中，便于维修管理。因此，推荐在剧院、体育馆等人员较多的大空间建筑中采用。

2 全空气定风量系统易于消除噪声、过滤净化和控制空气调节区温湿度，且气流组织稳定，因此，推荐用于要求较高的工艺性空气调节系统。

3 一般情况下，在全空气空气调节系统（包括定风量和变风量系统）中不应采用分别送冷热风的双风管系统，因该系统热量互相抵消，不符合节能原则。

6.3.4 多空气调节区共用全空气定风量空气调节系统的选择设计。

由于集中设置各空气调节区共用的全空气定风量系统，难以分别控制室内参数，采用末端再加热又会使冷热相互抵消，不节能；因此，推荐在负荷变化情况相似的多空气调节区共用系统中采用。当各空气调节区需分别控制，对室内参数，尤其是湿度的波动范围要求不高的舒适性空气调节，宜采用变风量或风机盘管等空气调节系统，不推荐采用再热。

6.3.5 一次回风系统的选择。

目前，定风量系统多采用改变冷热水水量控制送风温度，而不常采用变动一、二次回风比的复杂控制系统，且变动一、二次回风比会影响室内相对湿度的稳定，也不适用于散湿量大、温湿度要求严格的空气调节区；因此，在不使用再热的前提下，一般工程推荐系统简单、易于控制的一次回风系统。

采用下送风方式的空气调节风系统以及洁净室的空气调节风系统（按洁净要求确定的风量，往往大于以负荷和允许送风温差计算出的风量），其允许送风温差都较小，为避免再热量的损失，也可以使用二次回风系统。

6.3.6 变风量空气调节系统的选择。

1 变风量空气调节系统具有控制灵活、卫生、节约电能等特点，在国外已得到广泛的应用，近年来在我国研制和使用也有所发展，因此，本规范对其适用条件和要求做出了规定。尤其是常年需送冷的内区，由于没有多变的建筑围护结构负荷，靠送风量的变化，以相对恒定的送风温度，基本上可满足其负荷变化；而空气调节外区房间就较复杂，一些季节为满足各房间和各区域的不同要求，常送入较低温度的一次风，需要供热的空气调节区靠末端装置上的再热盘管加热，当送入的冷空气靠制冷机冷却时，再热盘管将形成冷热抵消；因此，需全年送冷的内区更适宜变风量系统。

2 变风量系统比其他空气调节系统造价高，比风机盘管加新风系统占据空间大，是采用的限制条件。

3 由于变风量系统的风量变化范围有一定的限制，且湿度不易控制，因此，规定不宜用在温湿度精度要求高的工艺性空气调节区；变风量系统末端装置由于控制等需要较高的风速风压，末端阀门的节流及设小风机等，都会产生较高噪声；因此，不适用于播音室等噪声要求严格的空气调节区。

6.3.7 变风量空气调节系统的设计。新增条文。

1 对变风量空气调节系统，要求采用风机调速改变系统风量，以达到节能的目的；不应采用恒速风机通过改变送风阀和回风阀的开度实现变风量等简易方法。

2 当送风量减少时，新风量也随之减少，会产生新风不满足卫生要求的后果；因此，强调应采取保证最小新风量的措施。

3 变风量的末端装置是指送风口处的风量是变化的，不包括送风口处风量恒定的串联式风机驱动型等末端装置。当送风口处风量变化时，如果送风口选择不当，会影响到室内空气分布。但是，采用串联式风机驱动型等末端装置时，则不存在上述问题。

6.3.8 设置送风机、回风机的双风机空气调节系统的选择。

仅有送风机的单风机空气调节系统简单、占地少、一次投资省、运转耗电量少，因此，常被采用。在需要变换新风、回风和排风量时，单风机空气调节系统存在调节困难、空气调节处理机组容易漏风等缺点：在系统阻力大时，风机风压高，耗电量大，噪声也较大。因此，宜采用双风机空气调节系统。

6.3.9 风机盘管加新风系统的选择设计。

1 风机盘管系统具有各空气调节区可单独调节，比全空气系统节省空间，比带冷源的分散设置的空气调节器和变风量系统造价低廉等优点；目前，仍在宾馆客房、办公室等建筑中大量采用；因此，推荐使用。

2 “加新风系统”是指新风需经过处理，达到一定的参数要求，有组织地送入室内。如果新风与风机盘管吸入口相接或只送到风机盘管的回风吊顶处，将减少室内的通风量，当风机盘管风机停止运行时，新风有可能从带有过滤器的回风口吹出，不利于室内卫生；新风和风机盘管的送风混合后再送入室内的情况，送风和新风的压力难以平衡，有可能影响新风量的送入；因此，推荐新风直接送入室内。

3 风机盘管加新风系统存在着不能严格控制室内温湿度，常年使用时，冷却盘管外部因冷凝水而滋生微生物和病菌，恶化室内空气等缺点。因此，对温湿度和卫生等要求较高的空气调节区限制使用。

4 由于风机盘管对空气进行循环处理，一般不做特殊的过滤，所以不应安装在厨房等油烟较多的空气调节区，否则会增加盘管风阻力及影响传热。

6.3.10 变制冷剂流量分体式空气调节系统的选择。新增条文。

1 变制冷剂流量分体式空气调节系统是日本首先研制推出的。其主要工作原理是：室内温度传感器控制室内机制冷剂管道上的电子膨胀阀，通过制冷剂压力的变化，对室外机的制冷压缩机进行变频调速控制或改变压缩机的运行台数、工作气缸数、节流阀开度等，使系统的制冷剂流量变化，达到制冷或制热量随负荷变化的目的。日本大金工业株式会社将这种空气调节方式注册为“VRV（Variable Refrigerant Volume）系统”。

2 由于该空气调节方式没有空气调节水系统和冷却水系统，系统简单、不需机房面积，管理灵活，可以热回收，且自动化程度较高，近年已在国内一些工程中采用。条文中的中小型空气调节系统，是指中小型建筑物采用集中空气调节方式或较大型的建筑物由于管理等方面的要求，需要按建筑物用途分成若干中小型集中空气调节系统等情况。

3 该系统一次投资较高，空气净化、加湿，以及大量使用新风等比较困难；因此，应经过技术经济比较后采用。制冷剂管道长度、室内外机位置有一定限制等，是采用该系统的限制条件。由于制冷剂直接进入空气调节区，且室内有电子控制设备，当用于有振动、有油污蒸汽、有产生电磁波或高频波设备的场所时，易引起制冷剂泄漏、设备损坏、控制器失灵等事故，不宜采用该系统。

4 近年来，国外一些生产厂新推出了能同时进行制冷和制热的热回收机组。室外机为双压缩机和双换热器，并增加了一根制冷剂连通管道；当同时需供冷和供热时，需供冷区域蒸发器吸收的热量，通过制冷剂向需供热区域的冷凝器借热，达到了全热回收的目的；室外机的两个换热器、需供冷区域室内机和需供热区域室内机换热器，根据负荷的变化，按不同的组合作为蒸发器或冷凝器使用，系统控制灵活，供热供冷一体化，符合节能的原则，所以推荐采用这种热回收式机组。

6.3.11 低温送风系统的选择。新增条文。

低温送风系统具有以下优点：

1 比常规系统送风温差和冷水温升大，送风量和循环水量小，减小了空气处理设备、水泵、风道等的初投资，节省了机房面积和风道所占空间高度。

2 由于冷水温度低，制冷能耗比常规系统要高，但采用蓄冷系统时，制冷能耗发生在非用电高峰，而用电高峰期使用的风机和冷水循环泵的能耗却有显著的降低；因此，与冰蓄冷结合使用的低温送风系统明显地减少了用电高峰期的电力需求和运行费用。

3 特别适用于负荷增加而又不允许加大管道、降低层高的改造工程。

4 加大了空气的除湿量，降低了室内湿度，增强了室内的热舒适性。

蓄冰空气调节冷源需要较高的初投资，实际用电量也较大，利用蓄冰设备提供的低温冷水，与低温送风系统结合，则可有效地减少初投资和用电量，且更能够发挥减小电力需求和运行费用的优点，所以特别推荐使用；其他能够提供低温冷媒的冷源设备，例如干式蒸发或利用乙烯乙二醇水溶液做冷媒的空气处理机组，也可采用低温送风系统；常规冷水机组提供的5～7℃的冷水，也可用于空气冷却器的出风温度为8～10℃的空气调节系统。

低温送风系统的空气调节区相对湿度较低，送风量较小，因此，要求湿度较高及送风量较大的空气调节区不宜采用。

6.3.12 低温送风系统的设计。新增条文。

1 空气冷却器的出风温度：制约空气冷却器出风温度的条件是冷媒温度，如果冷却盘管的出风温度与冷媒的进口温度之间的温差（接近度）过小，必然导致盘管传热面积过大而不经济，以致选择盘管困难。送风温度过低还会带来以下问题：

(1) 易引起风口结露；

(2) 不利于风口处空气的混合扩散；

(3) 当冷却盘管出风温度低于7℃时，可能导致直接膨胀系统的盘管结霜和液态制冷剂带入压缩机。

2 送风温升：低温送风系统不能忽视的还有风机、风道及末端装置的温升（一般可达3℃左右），并考虑风口结露等因素，才能够最后确定室内送风温度及送风量。

3 室内设计等感温度：常规系统的室内相对湿度为50%～60%，而低温送风系统的室内相对湿度为40%左右，根据ASHRAE1981—55标准，室内相对湿度从50%下降到35%时，干球温度可提高0.56℃而热舒适度不变，近年的研究证明提高的数值可达1℃或更高。如果不提高设计干球温度，系统将增加潜热负荷，夏季人穿衣少时会感觉偏冷；设计负荷如果过大，在部分负荷时，冷媒在管内流速和传热过分降低，使出风温度不稳定，采用变风量系统时，送风量过小易引起冷空气下跌，如果达到变风量下限时仍然过冷，再热量将增加。因此，推荐将室内干球温度提高1℃设计，以免设计负荷过大。

4 空气处理机组的选型：空气冷却器的迎风面风速低于常规系统，是为了减少风侧阻力和冷凝水吹出的可能性，并使出风温度接近冷媒的进口温度；为了获得低出风温度，冷却器盘管的排数和翅片密度也高于常规系统，但翅片过密或排数过多会增加风或水侧阻力、不便于清洗、凝水易被吹出盘管等，应对翅片密度和盘管排数两者权衡取舍，进行设备费和运行费的经济比较，确定其数值；为了取得风水之间更大的接近度和温升及解决部分负荷时流速过低的问题，应使冷媒流过盘管的路径较长，温升较高，并提高冷媒流速与扰动，以改善传热。因此，冷却盘管的回路布置常采用管程数较多的分回路的布置方式，但增加了盘管阻力。基于上述诸多因素，低温送风系统不能采用常规空气调节系统的空气处理机组，必须通过技术经济分析比较，严格计算，进行设计选型。本规范参考《低温送风系统设计指南》(美国 Allan T. Kirkpatrick and James S. Elleson 编著 汪训昌译）一书，它给出了有关推荐数据。

5 低温送风系统的软启动：空气调节送风系统开始运行或长时间停止工作后启动，室内相对湿度和露点温度较高，经过降温处理的送风若直接进入室内，风口表面如果降至周围空气的露点以下，会出现结露现象，低温送风时尤为严重。因此，强调低温送风时不能很快地降低送风温度，可采用调节冷媒流量或温度、逐步减小末端加热量等“软启动方式”，使送风温度随室内相对湿度的降低而逐渐降低。当末端采用小风机串联等混合箱装置，混合后的出风温度接近常规系统时，有可能不存在上述问题。

6 低温送风系统的保冷：由于送风温度比常规系统低，为减少系统冷量损失和防止结露，应保证系统设备、管道及附件、末端送风装置的正确保冷与密封，保冷层应比常规系统厚，见本规范第7.9.4条的规定。

7 低温送风系统的末端送风装置：因送风温度低，为防止低温空气直接进入人员活动区，尤其是采用变风量空气调节系统，当低负荷低送风量时，对末端送风装置的扩散性或空气混合性有更高的要求，见本规范第6.5.2条的规定。

6.3.13 直流式系统的选择。新增条文。

直流系统不包括设置了回风，但过渡季可通过阀门转换，采用全新风直流运行的全空气系统。此条是考虑节能、卫生、安全而规定的，一般全空气空气调节系统不宜采用冬夏季能耗较大的直流式（全新风）空气调节系统，而宜采用有回风的混风系统。

6.3.14 空气调节系统的新风量。

1 空气调节系统新风量的要求，包括风机盘管、变制冷剂流量分体式空气调节、水环热泵的新风系统等所有空气调节系统。

2 补偿排风和保持室内正压的要求不仅限于生产厂房，因此将此要求扩展到所有空气调节建筑。

3 有资料规定空气调节系统的新风量占送风量的百分数不应低于10%，但温湿度波动范围要求很小或洁净度要求很高的空气调节区送风量都很大，如果要求最小新风量达到送风量的10%，新风量也很大，不仅不节能，大量室外空气还影响了室内温湿度的稳定，增加了过滤器的负担；一般舒适性空气调节系统，按人员和正压要求确定的新风量达不到10%时，由于人员较少，室内CO_2浓度也较低（氧气含量相对较高），也没必要加大新风量。因此本规范没有规定新风量的最小比例（即最小新风比）。民用建筑物主要空气调节区新风量的具体数值可参照本规范第3.1.9条说明中表3.1.9。

6.3.15 用新风作冷源。

1 规定此条的目的主要是为了节约能源。此外，遇有特殊情况，需要加大房间的新风换气量时，这种空气调节系统可方便地转换为直流式通风。

2 除过渡季可使用全新风外，还有冬季不采用最小新风量的特例：冬季发热量较大的内区，如果采用最小新风量，仍需要对空气进行冷却，此时可加大新风量作为冷源。

全空气系统不能最大限度使用新风的限制条件，是指室内温湿度允许波动范围小或需保持正压稳定的空气调节区以及洁净室等，应减少过滤器负担，不宜改变或增加新风量的情况。

6.3.16 新风进风口。

1 新风进风口的面积，应适应新风量变化的需要，是指在过渡季大量使用新风时，可设置最小新风口和最大新风口或按最大新风量设置新风进风口，并设调节装置，以分别适应冬夏和过渡季节新风量变化的需要。

2 系统停止运行时，进风口如果不能严密关闭，夏季热湿空气侵入，会造成金属表面和室内墙面结露；冬季冷空气侵入，将使室温降低，甚至使加热排管冻结。所以规定进风口处应设有严密关闭的阀门，寒冷和严寒地区宜设保温阀门。

6.3.17 空气调节系统的排风出路和风量平衡。

考虑空气调节系统的排风出路（包括机械排风和自然排风）及进行空气调节系统的风量平衡计算，是为了使室内正压不要过大，造成新风无法正常送入。

机械排风设施可采用设回风机的双风机系统或设置专用排风机；排风量还应随新风量变化，例如采取控制双风机系统各风阀的开度或排风机与新风机联锁控制风量等自控措施。

6.3.18 热回收。新增条文。

规定此条的目的是为了节能。空气调节系统中处理新风的冷热负荷占总冷热负荷的比例很大，根据北京、上海、广州地区5座高层饭店客房区的空气调节负荷统计计算，处理新风全年冷热负荷大约为传热负荷的1～4倍，为有效地减少新风冷热负荷，除规定合理的新风量标准之外，还宜采用热回收装置回收空气调节排风中的热量和冷量，用来预热和预冷新风。

6.3.19 空气调节系统风管的风速。

空气调节区大都有一定的消声要求，因此将空气调节系统风管列入本规范第9章“消声与隔振”中，另作统一规定。

6.4 空气调节冷热水及冷凝水系统

6.4.1 空气调节水参数。新增条文。

1 空气调节冷热水参数数值的一般情况是指以水为冷媒、一般建筑的空气调节制冷系统，有特殊工艺要求和采用乙烯乙二醇水溶液等蓄冰空气调节制冷系统的情况除外。

2 根据空气调节冷水机组蒸发温度的要求，空气调节冷水供水温度不得低于5℃，一般采用7℃；考虑到高层建筑竖向分区采用板式换热器等情况，二次水会升高1～2℃，因此规定供水温度采用5～9℃。空气调节热水供水温度一般采用60℃，但热泵机组的产热水温度一般为45℃左右，考虑换热器温降等因素，规定为40～65℃。

3 我国空气调节冷热水供回水温差一般采用5℃和10℃，但吸收式冷热水机组的热水供回水温差常为4.2℃。其他国家和地区也常采用较大设计温差，并在国内一些工程中使用，例如建筑物空气调节冷水设计温差取6～9℃，区域供冷为8～10℃，空气调节热水取15℃。大温差设计可减小水泵耗电量和管网管径，但为保证末端设备的平均水温不变，要求冷水机组的出水温度降低，使冷水机组效率有所下降，所以应综合考虑确定。考虑以上因素，本条规定了温差范围（不包括喷水室系统），并考虑到我国目前制冷空气调节设备常用冷热量的名义工况，推荐了常用数值。

6.4.2 开式与闭式空气调节水系统的选择设计。

提倡采用一次投资比较经济的闭式循环水系统，其中也包括开式膨胀水箱定压的系统。必须采用开式系统的情况是指用喷水室处理空气的系统，以及设置蓄冷水池的空气调节系统等。

开式系统设蓄水箱是为了调节和均衡用户对水量的需要。采用沉浸式（水箱型）蒸发器时，因设备本身起到蓄水箱的作用，虽可不设或减少蓄水箱容积，但目前这种形式的蒸发器已基本不再采用，因此本规范仅对一般开式系统做出设置蓄水箱的规定。蓄水箱的蓄水量原规范规定为循环水量的10%～25%，此次修订为系统循环水量的5%～10%，相当于循环水泵3～5min的流量，完全可以满足要求（蓄水箱不包括蓄冷水池）。

6.4.3 两管制与四管制空气调节水管路系统的选择。

1 将原规范风机盘管水系统扩大到所有空气调节水系统的范围。

2 分区两管制水系统，是指按建筑物的负荷特性，在冷热源机房内将整个空气调节水路分为冷水和冷热水合用的两个两管制系统；不包括四管制水系统在某些分路、立管或末端设备的支管处合并成冷热水合用的两管，在多处靠阀门转换，控制供热或供冷的空气调节水系统。进深较大的空气调节区，由于内区和周边区的负荷特点，往往存在同时需要分别供冷和供热的情况，采用一般的两管制系统是无法解决的，采用分区两管制系统，在冬季或过渡季可根据需要，向不同区域分别供冷或供热，又比四管制系统节省投资和空间尺寸，因此，推荐采用。内外区集中送新风的风机盘管加新风的分区两管制系统的系统形式，举例如图1。

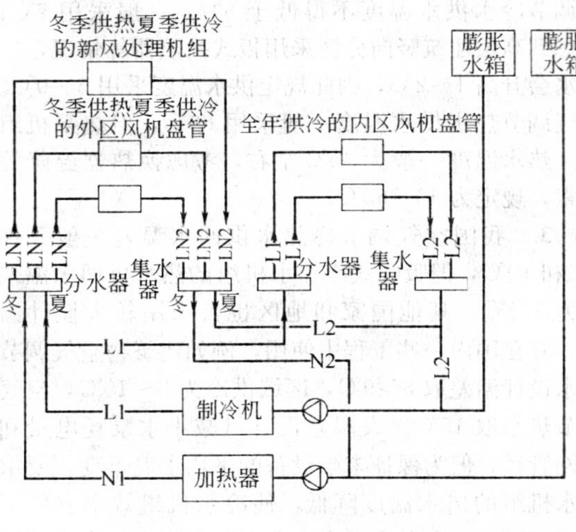

图1 分区两管制风机盘管加新风系统

6.4.4 一次泵与二次泵系统的选择原则。新增条文。

1 一次泵系统简单、一次投资较低，因此提倡在中小型工程中采用。

2 系统较大、阻力较高，且各环路负荷特性相差较大（例如不同时使用或负荷高峰出现的时间不同）或阻力相差悬殊时（阻力相差100kPa以上），如果采用一次泵系统，水泵流量、扬程及功率较大，能耗较高。因此，在上述系统中提倡采用二次泵系统，可以取得较显著的节能效果，并可保证在供冷量减少时，流经冷水机组的水流量恒定。而且，二次泵流量的应变范围较大，还易适应冬季供热时水力工况的变化。

6.4.5 变流量系统的设置。新增条文。

完全的定流量系统，即使一些冷水机组停止运行，水泵也全部运行，造成空气调节冷水的供水温度升高，空气调节设备除湿能力降低，且浪费水泵能量，因此，一般不应采用。条文中规定除设置一台循环泵的空气调节水系统之外，应能改变系统流量。从提高控制水平和节能的目的出发，宜采用自动控制，不推荐手动控制。

对于系统末端设备、水泵、冷源等，所采取的变流量的具体控制措施，见本规范第8.5.6条规定。

6.4.6 空气调节水管路系统的分区。

1 规定水系统的竖向分区应根据设备、管道及附件的承压能力确定的目的，一是为了避免因压力过大造成系统泄漏，二是规定在设备等的承压能力范围内不应分区，以免造成浪费。

2 增加了按内外区布置两管制风机盘管水系统的内容。按负荷特性分区布置水系统管路，便于集中调节，所以推荐采用，但不做硬性规定。例如当所有风机盘管均设有自动温控装置时，可相对灵活的布置管路。

6.4.7 空气调节水循环泵的设置。

1 冷热水泵是否合用：由于冬、夏季空气调节水系统流量及系统阻力相差很大，两管制系统如果冬夏季合用循环水泵，一般按系统的供冷运行工况选择循环泵，供热时系统和水泵工况不吻合，往往水泵不在高效率区运行或系统为小温差大流量运行等，造成电能浪费，因此，不宜采用。如果用电量较小的小型系统必须采用时，需校核供热工况时水泵的工作特性是否在高效率区，并确定水泵合适的冬季运行台数，必要时，可调节水泵转速以适应冬季供热工况对流量和扬程的要求。分区两管制和四管制系统的冷热水为独立的系统，所以循环泵必然分别设置。

2 一次冷水泵：为保证流经冷水机组蒸发器的水量恒定，并随冷水机组的运行台数向用户提供适应负荷变化的空气调节冷水流量，要求按与冷水机组"一对一"地设置一次循环泵；一般不要求设备用泵，但对于全年连续运行等特殊性质的工程，不做硬性规定。

3 二次冷水泵：二次冷水泵的流量调节，可通过台数调节或水泵变速调节实现；即使是流量较小的系统，也不宜少于2台水泵，是考虑到在小流量运行时，水泵可以轮流检修，一般工程可不设备用泵。

4 热水循环泵：空气调节热水循环泵的流量调节和水泵设置原则与二次冷水循环泵相似，一般为流量调节，多数时间在小于设计流量状态下运行，只要水泵不少于2台，即可做到轮流检修，但考虑到严寒及寒冷地区对供暖的可靠性要求较高，而且设备管道等有冻结的危险，强调水泵设置台数不超过3台时，宜设置备用泵，以免水泵检修时，流量减少过多。上述规定与《锅炉房设计规范》（GB 50041）中“供热热水制备”一章的有关规定相符。

6.4.8 冷水机组和冷水泵之间的连接方式和保证蒸发器水流量恒定的措施。新增条文。

多台冷水机组和一次冷水泵之间可以一对一地连接管道，机组与水泵之间的水流量一一对应，连锁关系也简单；但设备台数较少时，考虑机组和水泵检修时的交叉组合互为备用，也有将机组和水泵之间通过共用集管连接的。

随负荷变化，一些冷水机组和对应冷水泵停机，系统总水流量减少。机组和水泵之间通过共用集管连接时，如果不关闭通向冷水机组的水路阀门，水流将均分流经各台冷水机组，因此，当空气调节水系统设置自控设施时，应设电动阀随制冷机开闭，以保证蒸发器水量。对应运行的冷水机组和冷水泵之间存在着联锁关系，而且冷水泵应提前启动和延迟关闭，因此，电动阀开闭应与对应水泵联锁。

6.4.9 空气调节水系统阻力平衡的措施。新增条文。

强调空气调节水系统设计时，首先应通过系统布置和选定管径减少压力损失的相对差额，但实际工程中常常较难通过管径选择计算取得管路平衡，因此，没有规定计算时各环路压力损失相对差额的允许数值，只规定达不到15%的平衡要求时，可通过调节手段达到空气调节水管道的水力平衡。

目前调节系统管路平衡的阀门装置发展很快，有静态的调节阀、平衡阀，动态的流量平衡阀、压差控制阀，具有流量平衡功能的自控调节阀等，应根据系统特性（定流量或变流量系统）正确选用，并在适当的位置正确设置。

6.4.10 空气调节水系统的泄漏量。新增条文。

系统泄漏量是确定用水量、补水管管径、补水泵流量的依据，应按空气调节系统的规模和不同系统形式计算水容量后确定，而与循环水量无关，两者相差很大。条文中数据是参照《锅炉房设计规范》（GB 50041）供热热水系统的小时泄漏量数据确定的，工程实践中证明是适宜的。

工程中系统水容量可参照表3估算，室外管线较长时取较大值。

表3 空气调节水系统的单位水容量（L/m^2 建筑面积）

空气调节方式	全空气系统	水/空气系统
供冷和采用换热器供热	0.40～0.55	0.70～1.30

6.4.11 空气调节水补水泵的选择及设置。新增条文。

1 补水点设在循环水泵吸入口，是为了减小补水点处压力及补水泵扬程。

2 补水泵扬程是根据补水点压力确定的，但还应注意计算水泵至补水点的管道阻力。

3 补水泵流量规定不宜小于系统水容量的5%（即空气调节系统的5倍小时泄漏量），是考虑工程中常设置1台补水泵间歇运行，以及初期上水和事故补水时补水时间不要太长（小于20小时）。推荐补水泵流量的上限值，是为了防止水泵流量过大而导致膨胀水箱的调节容积过大等问题。

4 补水泵间歇运行，有检修时间，一般可不设备用泵；但考虑到严寒及寒冷地区冬季运行应有更高的可靠性，因此规定宜设备用泵。

6.4.12 空气调节系统补水箱的设置和调节容积。新增条文。

空气调节冷水直接从城市管网补水时，不允许补水泵直接抽取；当空气调节水需补充软化水时，水处理设备供水与补水泵补水不同步，且软化设备常间断运行；因此，需设置水箱储存一部分调节水量。

6.4.13 空气调节系统膨胀水箱的设置要求。新增条文。

1 定压点宜设在循环水泵的吸入口处，是为了使系统运行时各点压力均高于静止时压力，定压点压力或膨胀水箱高度可以低一些；由于空气调节水温度较采暖系统水温低，要求高度也比采暖系统的1m低，定为0.5m（5kPa）。当定压点远离循环水泵吸入口时，应按水压图校核，最高点不应出现负压。

2 高位膨胀水箱具有定压简单、可靠、稳定、省电等优点，是目前最常用的定压方式，因此推荐优先采用。

3 为避免因误操作造成系统超压事故，规定膨胀管上不应设置阀门。

4 从节能节水的目的出发，膨胀水量应回收，例如膨胀水箱应预留出膨胀容积或采用其他定压方式时，将系统的膨胀水量引至补水箱回收等。

6.4.14 空气调节水软化要求。新增条文。

空气调节热水的供水平均温度一般为60℃左右，已经达到结垢水温，且直接与高温一次热源接触的换热器表面附近的水温则更高，结垢危险更大；因此，空气调节热水的水质硬度要求应等同于供暖系统，当给水硬度较高时，为不影响系统传热、延长设备的检修时间和使用寿命，宜对补水进行化学软化处理或采用对循环水进行阻垢处理。目前一般换热器尚没有对补水要求的统一标准，吸收式制冷的冷热水机组则要求补水硬度在50mg$CaCO_3$/L以下。

6.4.15 空气调节水管的坡度和伸缩。新增条文。

6.4.16 空气调节水系统的排气和泄水。

原规范规定闭式冷水系统应设置排气和泄水装置，实际开式系统和空气调节热水系统也需在系统最高处排除空气，管道上下拐弯及立管的底部排除存水，因此，将规定扩充到空气调节水系统。

6.4.17 设备入口的除污。新增条文。

设备入口需除污，应根据系统大小和设备的需要，确定除污装置的设置位置。例如：系统较大、产生污垢的管道较长时，除系统冷热源、水泵等设备的入口需设置外，各分环路或末端设备、自控阀前也应根据需要设置，但距离较近的设备可不重复串联设置除污装置。

6.4.18 冷凝水管道设置。

1 正压段和负压段的冷凝水盘出水口处设水封，是为了防止漏风及负压段的冷凝水排不出去。

2 原规范规定：风机盘管冷凝水盘泄水管坡度不宜小于0.01。本规范增加了对冷凝水干管的坡度要求，有困难时，应减少水平干管长度或中途加设提升泵。

3 为便于定期冲洗、检修，干管始端应设扫除口。

4 冷凝水管处于非满流状态，内壁接触水和空气，不应采用无防锈功能的焊接钢管；冷凝水为无压自流排放，当软塑料管中间下垂时，影响排放；因此，推荐强度较大和不易生锈的排水塑料管或热镀锌钢管。热镀锌钢管防结露保温可参照本规范第7.9节中的规定。

5 冷凝水管不应与污水系统和室内雨水系统直接连接，以防臭味和雨水从空气处理机组冷凝水盘外溢。

6 1kW冷负荷每小时约产生0.4～0.8kg的冷凝水，在此范围内管道最小坡度为0.003时的冷凝水管径可按表4进行估算。

表4 冷凝水管管径选择表

冷负荷（kW）	≤42	43～230	231～400	401～1100
管道公称直径（mm）	*DN* 25	*DN* 32	*DN* 40	*DN* 50
冷负荷（kW）	1101～2000	2001～3500	3501～15000	＞15000
管道公称直径（mm）	*DN* 80	*DN* 100	*DN* 125	*DN* 150

6.5 气流组织

6.5.1 空气调节区的气流组织。

本条强调了进行空气调节系统末端装置的选择和布置时，应与建筑装修相协调，对于民用建筑来说，更应注意风口的选型与布置对内部装修美观的影响问题。同时应考虑室内空气质量等的要求。

6.5.2 空气调节区的送风方式。

空气调节区内良好的气流组织需要通过合理的送、回风方式以及送、回风口的正确选型和布置来实现。

侧送时宜使气流贴附以增加送风的射程，改善室内气流分布。工程实践中发现风机盘管送风如果不贴附则室内温度分布不均匀。空气分布方式增加了置换通风器及地板送风口等方式，这有利于提高人员活动区的空气质量或采用分层空气调节，以优化室内能量分配。对高大空间建筑更具有明显节能效果。

1 侧送是目前几种送风方式中，比较简单经济的一种。在一般空气调节区中，大都可以采用侧送。当采用较大送风温差时，侧送贴附射流有助于增加气流的射程长度，使气流混合均匀，既能保证舒适性要求，又能保证人员活动区温度波动小的要求。侧送气流宜贴附顶棚。

2 圆形、方形和条缝型散流器平送，均能形成贴附射流，对室内高度较低的空气调节区，既能满足使用要求，又比较美观，因此，当有吊顶可利用或建筑上有设置吊顶的可能时，采用这种送风方式是比较合适的。对于室内高度较高的空气调节区（如影剧院等），以及室内散热量较大的生产空气调节区，当采用散流器时，应采用向下送风，但布置风口时，应考虑气流的均布性。

在一些室温允许波动范围小的工艺性空气调节区中，采用孔板送风的较多。根据测定可知，在距孔板100～250mm的汇合段内，射流的温度、速度均已衰减，可达到±0.1℃的要求，且区域温差小，在较大的换气次数下（每小时达32次），人员活动区风速一般均在0.09～0.12m/s范围内。所以，在单位面积送风量大，且人员活动区要求风速小或区域温差要求严格的情况下，应采用孔板向下送风。

3 对于空间较大的公共建筑和室温允许波动范围要求不太严格的高大厂房，采用上述几种送风方式，布置风管困难，难以达到均匀送风的目的，因此，规定在上述建筑物中，宜采用喷口或旋流风口送风方式。由于喷口送风的喷口截面大，出口风速高，气流射程长，与室内空气强烈掺混，能在室内形成较大的回流区，达到布置少量风口即可满足气流均布的要求，同时具有风管布置简单、便于安装、经济等特点。此外，向下送风时，采用旋流风口，亦可达到满意的效果。

经过处理或未经处理的空气，以略低于室内人员活动区的温度，直接以较低的速度送入室内。送风口置于地板附近，排风口置于屋顶附近。送入室内的空气先在地板上均匀分布，然后被热源（人员、设备等）加热以热烟羽的形式形成向上的对流气流，将余热和污染物排出人员活动区。

4 变风量空气调节系统的送风参数是保持不变的，它是通过改变风量来平衡负荷变化以保持室内参数不变的。这就要求，在送风量变化时，为保持室内空气质量的设计要求以及噪声要求。所选用的送风末端装置或送风口应能满足室内空气温度及风速的要求。用于变风量空气调节系统的送风末端装置，应具有与室内空气充分混合的性能，如果在低送风量时，应能防止产生空气滞留，在整个空气调节区内具有均匀的温度和风速，而不能产生吹风感，尤其在组织热气流时，要保证气流能够进入人员活动区，而不至于在上部区域滞留。

5 低温送风的送风口所采用的散流器与常规散流器相似。两者的主要差别是：低温送风散流器所适用的温度和风量范围较常规散流器广。在这种较广的温度与风量范围下，必须解决好充分与空气调节区空气混合、贴附长度及噪声等问题。选择低温送风散流器就是通过比较散流器的射程、散流器的贴附长度与空气调节区特征长度等三个参数，确定最优的性能参数。选择低温送风散流器时，一般与常规方法相同，但应对低温送风射流的贴附长度予以重视。在考虑散流器射程的同时，应使散流器的贴附长度大于空气调节区的特征长度，以避免人员活动区吹冷风现象。

6.5.3 贴附侧送的要求。

贴附射流的贴附长度主要取决于侧送气流的阿基米德数。为了使射流在整个射程中都贴附在顶棚上而不致中途下落，就需要控制阿基米德数小于一定的数值。

侧送风口安装位置距顶棚愈近，愈容易贴附。如果送风口上缘离顶棚距离较大时，为了达到贴附目的，规定送风口处应设置向上倾斜 10°～20°的导流片。

6.5.4 孔板送风的要求。

本条规定的稳压层最小净高不应小于 0.2m，主要是从满足施工安装的要求上考虑的。

在一般面积不大的空气调节区中，稳压层内可以不设送风分布支管。根据实测，在 6×9m 的空气调节区内（室温允许波动范围为±0.1℃和±0.5℃），采用孔板送风，测试过程中将送风分布支管装上或拆下，在室内均未曾发现任何明显的影响。因此，除送风射程较长的以外，稳压层内可不设送风分布支管。

当稳压层高度较低时，向稳压层送风的送风口，一般需要设置导流板或挡板以免送风气流直接吹向孔板。

6.5.5 喷口送风的要求。

1 将人员活动区置于气流回流区是从满足卫生标准的要求而制定的。

2 喷口直径由设计人员根据实际情况确定，在规范中不必加以限定，因此，取消原规范中要求喷口直径在 0.2～0.8m 的规定。

3 喷口送风的气流组织形式和侧送是相似的，都是受限射流。受限射流的气流分布与建筑物的几何形状、尺寸和送风口安装高度等因素有关。送风口安装高度太低，则射流易直接进入人员活动区；太高则使回流区厚度增加，回流速度过小，两者均影响舒适感。根据模型实验，当空气调节区宽度为高度的 3 倍时，为使回流区处于空气调节区的下部，送风口安装高度不宜低于空气调节区高度的 0.5 倍。

4 对于兼作热风采暖的喷口送风系统，为防止热射流上翘，设计时应考虑使喷口有改变射流角度的可能性。

6.5.6 分层空气调节的空气分布。

在高大公共建筑和高大厂房中，利用合理的气流组织，仅对下部空间（空气调节区域）进行空气调节，对上部较大空间（非空气调节区域）不设空气调节而采用通风排热，这种空气调节方式称为分层空气调节。分层空气调节都具有较好的节能效果，一般可达 30%左右。

1 着重阐明空气调节区域的气流组织形式。实践证明，对于高度大于 10m，容积大于 10000m^3 的高大空间，采用双侧对送、下部回风的气流组织方式是合适的，能够达到分层空气调节的要求。当空气调节区跨度小于 18m 时，采用单侧送风也可以满足要求。

2 强调必须实现分层，即能形成空气调节区和非空气调节区。为了保证这一重要原则而提出“侧送多股平行气流应互相搭接”，以便形成覆盖。双侧对送射流末端不需要搭接，按相对喷口中点距离的 90%计算射程即可。送风口的构造，应能满足改变射流出口角度的要求。送风口可选用圆喷口、扁喷口和百叶风口，实践证明，都是可以达到分层效果的。

3 为保证空气调节区达到设计要求，应减少非空气调节区向空气调节区的热转移。为此，应设法消除非空气调节区的散热量。实验结果表明，当非空气调节区的散热量大于 4.2W/m^3 时，在非空气调节区适当部位设置送排风装置，可以达到较好的效果。

6.5.7 空气调节系统上送风方式的夏季送风温差。

空气调节系统夏季送风温差，对室内温湿度效果有一定影响，是决定空气调节系统经济性的主要因素之一。在保证既定的技术要求的前提下，加大送风温差有突出的经济意义。送风温差加大一倍，系统送风量可减少一半，系统的材料消耗和投资（不包括制冷系统）约减少 40%，而动力消耗则可减少 50%；送风温差在 4～8℃之间每增加 1℃，风量可以减少 10%～15%。所以在空气调节设计中，正确地决定送风温差是一个相当重要的问题。

送风温差的大小与送风方式关系很大，对于不同送风方式的送风温差不能规定一个数字。所以确定空气调节系统的送风温差时，必须和送风方式联系起来考虑。对混合式通风可加大送风温差，但对置换通风就不宜加大送风温差。

表 6.5.7 中所列的数值，适用于贴附侧送、散流器平送和孔板送风等方式。多年的实践证明，对于采用上述送风方式的工艺性空气调节区来说，应用这样较大的送风温差是能够满足室内温、湿度要求，也是

比较经济的。人员活动区处于下送气流的扩散区时，送风温差应通过计算确定。条文中给出的舒适性空气调节的送风温差是参照室温允许波动范围大于±1.0℃的工艺性空气调节的送风温差，并考虑空气调节区高度等因素确定的。

6.5.8 空气调节区的换气次数。

空气调节区的换气次数系指该空气调节区的总送风量与空气调节区体积的比值。换气次数和送风温差之间有一定的关系。对于空气调节区来说，送风温差加大，换气次数即随之减少，本条所规定的换气次数是和本规范第6.5.7条所规定的送风温差相适应的。

实践证明，在一般舒适性空气调节和室温允许波动范围大于±1.0℃工艺性空气调节区中，换气次数的多少，不是一个需要严格控制的指标，只要按照所取的送风温差计算风量，一般都能满足室温要求，当室温允许波动范围小于或等于±1.0℃时，换气次数的多少对室温的均匀程度和自控系统的调节品质的影响就需考虑了。据实测结果，在保证室温的一定均匀度和自控系统的一定调节品质的前提下，归纳了如条文中所规定的在不同室温允许波动范围时的最小换气次数。

对于通常所遇到的室内散热量较小的空气调节区来说，换气次数采用条文中规定的数值就已经够了，不必把换气次数再增多，不过对于室内散热量较大的空气调节区来说，换气次数的多少应根据室内负荷和送风温差大小通过计算确定，其数值一般都大于条文中所规定的数值。

6.5.9 送风口的出口风速。

送风口的出口风速，应根据不同情况通过计算确定，条文中推荐的风速范围，是基于常用的送风方式制定的：

1 侧送和散流器平送的出口风速，受两个因素的限制，一是回流区风速的上限，二是风口处的允许噪声。回流区风速的上限与射流的自由度$\sqrt{F}/d_o$有关，根据实验，两者有以下关系：

$$v_h=\frac{0.65v_0}{\sqrt{F}/d_o} \tag{11}$$

式中 v_h——回流区的最大平均风速（m/s）；

v_0——送风口出口风速（m/s）；

d_o——送风口当量直径（m）；

F——每个送风口所管辖的空气调节区断面面积（m^2）。

当v_h=0.25m/s时，根据上式得出的计算结果列于表5。

因此，侧送和散流器平送的出口风速采用2～5m/s是合适的。

2 孔板下送风的出口风速，从理论上讲可以采用较高的数值。因为在一定条件下，出口风速高，相应的稳压层内的静压也可高一些，送风会比较均匀，同时由于速度衰减快，提高出口风速后，不致影响人员活动区的风速。稳压层内静压过高，会使漏风量增加；当出口风速高达7～8m/s时，会有一定的噪声，一般采用3～5m/s为宜。

表5 出口风速（m/s）

射流自由度 $\sqrt{F}/d_o$	最大允许出口风速（m/s）	采用的出口风速（m/s）
5	2.0	2.0
6	2.3	
7	2.7	
8	3.1	
9	3.5	3.5
10	3.9	
11	4.2	3.5
12	4.6	
13	5.0	5.0
15	5.7	
20	7.3	
25	9.6	

3 条缝型风口下送多用于纺织厂。当空气调节区层高为4～6m人员活动区风速不大于0.5m/s时，出口风速宜为2～4m/s。

4 喷口送风的出口风速是根据射流末端到达人员活动区的轴心风速与平均风速经计算确定。

6.5.10 回风口的布置方式。

按照射流理论，送风射流引射着大量的室内空气与之混合，使射流流量随着射程的增加而不断增大。而回风量小于（最多等于）送风量，同时回风口的速度场图形呈半球状，其速度与作用半径的平方成反比，吸风气流速度的衰减很快。所以在空气调节区内的气流流型主要取决于送风射流，而回风口的位置对室内气流流型及温度、速度的均匀性影响均很小。设计时，应考虑尽量避免射流短路和产生"死区"等现象。采用侧送时，把回风口布置在送风口同侧，效果会更好些。

关于走廊回风，其横断面风速不宜过大，以免引起扬尘和造成不舒适感。

6.5.11 回风口的吸风速度。

确定回风口的吸风速度（即面风速）时，主要考虑了三个因素：一是避免靠近回风口处的风速过大，防止对回风口附近经常停留的人员造成不舒适的感觉；二是不要因为风速过大而扬起灰尘及增加噪声；三是尽可能缩小风口断面，以节约投资。

回风口的面风速，一般按式（12）计算：

$$\frac{v}{v_x}=0.75\frac{10x^2+F}{F} \tag{12}$$

式中 v——回风口的面风速（m/s）；

v_x——距回风口x米处的气流中心速度（m/s）；

x——距回风口的距离（m）；

F——回风口有效截面面积（m^2）。

当回风口处于空气调节区上部，人员活动区风速不超过0.25m/s，在一般常用回风口面积的条件下，从式（12）中可以得出回风口面风速为4～5m/s，当回风口处于空气调节区下部时，用同样的方法可得出条文中所列的有关面风速。

利用走廊回风时，为避免在走廊内扬起灰尘等，实际使用经验表明，装在门或墙下部的回风口面风速，采用1～1.5m/s为宜。

6.6 空 气 处 理

6.6.1 空气处理机的安装位置。新增条文。

如今在设计过程中往往疏于考虑空气处理机组的安装位置，以致造成日后维修的诸多麻烦。因此，本次修订增加此规定。

6.6.2 空气冷却方式。

将原条文注并入正文，并用更常见的“江水、湖水”代替了“深井回灌水和山涧水”。

1 空气的蒸发冷却有直接蒸发冷却和间接蒸发冷却之分。直接蒸发冷却是利用喷淋水（循环水）的喷淋雾化或淋水填料层直接与待处理的空气接触。这时由于喷淋水的温度一般都低于待处理空气（即准备送入室内的空气）的温度。空气将会因不断地把自身的显热传递给水而得以降温；与此同时，喷淋水（循环水）也会因不断吸收空气中的热量作为自身蒸发所耗，而蒸发后的水蒸气随后又会被气流带走。于是，空气既得以降温，又实现了加湿。所以，这种用空气的显热换得潜热的处理过程，既可称为空气的直接蒸发冷却，又可称为空气的绝热降温加湿。

但是，在某些情况下，当对待处理空气有进一步的要求，如果要求较低含湿或焓时，就不得不采用间接蒸发冷却技术。间接蒸发冷却是利用一股辅助气流先经喷淋水（循环水）直接蒸发冷却，温度降低后，再通过空气-空气换热器来冷却待处理空气（即准备送入室内的空气），并使之降低温度。由此可见，待处理空气通过间接蒸发冷却所实现的便不再是等焓加湿降温过程，而是减焓等湿降温过程，从而得以避免由于加湿，而把过多的湿量带入室内。如果将上述两种过程放在一个设备内同时完成，这样的设备便称为间接蒸发空气冷却器。

由于空气的蒸发冷却不需要人工冷源，只是利用水喷淋以降低空气温度并增加相对湿度，所以是最节能的一种空气降温处理方式，常常用在纺织车间或干热气候条件下的空气调节中。但是，随着对空气调节节能要求的提高和蒸发冷却空气处理技术的发展，空气的蒸发冷却在空气调节工程中的应用，必将得到进一步的推广。特别是我国幅员广阔，各地气候条件相差很大，这种空气冷却方式在有些地区（如甘肃、新疆、内蒙、宁夏等省区）是很适用的。

2 对于温度较低的江、河、湖水，如新疆地区的某些河流，由于上游流域终年积雪的融化，夏季河水温度在10℃左右，完全可以作为空气调节的冷源。对于地下水资源丰富并有合适的水温、水质的地区或适宜深井回灌的地方，应尽量利用这一天然冷源。当采用地下水作冷源时，应征得地区主管部门的同意。

3 经过喷雾后的空气调节回水，应作梯级利用。可先作为制冷设备或工艺设备冷却之用，然后再作其他乃至生活之用。

6.6.3 天然冷源的使用限制条件。新增条文。强制条文。

用作天然冷源的水，涉及到室内空气品质和空气处理设备的使用效果和使用寿命。比如直接和空气接触的水有异味、不卫生会影响室内空气品质，水的硬度过高会加速传递热管结垢。在采用地表水作天然冷源时，强调再利用是对资源的保护。地表水的回灌可以防止地面沉降，保护环境并不得造成污染。

6.6.4 空气冷却装置的选择。

将“水冷式表面冷却器”和“氟利昂直接蒸发式表面冷却器”合并，改为“空气冷却器”。在《采暖通风与空气调节术语标准》（GB 50155）中“空气冷却器”定义为：“在空气调节装置中，对空气进行冷却和减湿的设备。也称表面式冷却器，冷盘管。”所以，在这里“空气冷却器”应理解为已涵盖了原“水冷式表面冷却器”、“氟利昂直接蒸发式表面冷却器”以及“载冷剂空气冷却器”等。以下同。

蒸发冷却是绝热加湿过程，实现这一过程是喷水室特有的功能，是其他空气冷却处理装置所不能代替的。当用地下水、江水、湖水等作冷源时，其水温相对地说是比较高的，此时，若采用间接冷却方式处理空气，一般不易满足要求。采用直接接触冷却的双级喷水室比较容易满足要求，还可以节省水资源。

采用人工冷源时，原则上选用空气冷却器和喷水室都是可行的。由于空气冷却器具有占地面积小，水的管路简单，特别是可采用闭式水系统，可减少水泵安装数量，节省水的输送能耗，空气出口参数可调性好等原因，它得到了较其他形式的冷却器更加广泛的应用。尤其是带喷水装置的空气冷却器，其处理功能可获得进一步的改善，从而使这种空气处理装置的应用范围得到了进一步的拓宽。空气冷却器的缺点是消耗有色金属较多。因此，价格也相应地较贵。

喷水室空气处理装置具有多种热工处理功能，尤其在要求保证较严格的露点温度控制时，具有较大的优越性。因此，在纺织厂的空气调节中，喷水室空气处理方式仍占着主导地位。此外，由于其采用的是水和空气直接接触进行热、质交换的工作原理，在要求的空气出口露点温度相等情况下，其所需冷水的供水温度显然要比间接式冷却器高得多。另外，喷水室设备制造比较容易，金属材料消耗量少，造价便宜。这些都是它的优点。但是，在采用喷水室的情况下，水系统不得不做成开式系统，回水得靠重力回水。于是，不可避免地要设置中间水箱，增加水泵，使水系统变得复杂化，既会增加输送能耗，又会加大维修工作量。所以，其应用受到一定的影响。

6.6.5 采用空气冷却器的注意事项。

空气冷却器迎风面的空气流速大小，会直接影响外表面的放热系数。据测定，当风速在 1.5～3.0m/s 范围内，风速每增加0.5m/s，相应的放热系数的递增率在 10%左右。但是，考虑到提高风速不仅会使空气侧的阻力增加，而且会把凝结水吹走，增加带水量。所以，一般当质量流速大于 3.0kg/（m^2 · s）时，应设挡水板。在采用带喷水装置的空气冷却器情况下，一般都应当装设挡水板。

6.6.6 制冷剂直接膨胀式空气冷却器的蒸发温度。

之所以将原规范中的“直接蒸发”改为“直接膨胀”，是考虑到“直接蒸发”这一术语已经在第 6.6.2 条关于空气冷却方式的表述中得到了适当的采用，不应再把它用在别处，以免混淆。在很多外文资料中对应的英文是“direct-expansion”（DX）或“dry-expansion”。而“direct evaporative cooling”是指空气与水直接接触，因水的蒸发而得以冷却的“直接蒸发冷却”。而“干式蒸发”在《采暖通风与空气调节术语标准》（GB 50155）中第 6.4.22 条已有“干式蒸发器”的术语，其定义为：“冷水在壳体内流动，制冷剂在管内全部蒸发的蒸发器”。不过那指的是水冷却器，与“dry-expansion”意义不符。因此，本次修订将原规范中的“直接蒸发”改为“直接膨胀”。

制冷剂蒸发温度与空气出口干球温度之差，和冷却器的单位负荷、冷却器结构形式、蒸发温度的高低、空气质量流速和制冷剂中的含油量大小等因素有关。根据国内空气冷却器产品设计中采用的单位负荷值、管内壁的制冷剂换热系数和冷却器肋化系数的大小，可以算出制冷剂蒸发温度应比空气的出口干球温度至少低 3.5℃。这一温差值也可以说是在技术上可能达到的最小值。目前，国产蒸发器的这一温差值，实测为 8～10℃。随着今后蒸发器在结构设计上的改进，这一温差值必将会有所降低。

系统的设计冷负荷很大时，若蒸发温度过低，则在低负荷的情况下，由于冷却器的冷却能力明显大于系统实时所需的供冷量，冷却器表面易于结霜，影响制冷机的正常运行。因此，在设计上应采取防止表面结霜的措施。

6.6.7 采用空气冷却器的原则。

“冷水”改为“冷媒”，意在表示，其可涵盖的不仅有冷水，还可能会有其他载冷剂，如乙烯乙二醇水溶液等。

规定空气冷却器的冷媒进口温度应比空气的出口干球温度至少低 3.5℃，是从保证空气冷却器有一定的热质交换能力提出来的。在空气冷却器中，空气与冷媒的流动方向主要为逆交叉流。一般认为，冷却器的排数大于或等于 4 排时，可将逆交叉流看成逆流。按逆流理论推导，空气的终温是逐渐趋近冷媒初温。

冷媒温升原规范规定为 2.5～6.5℃，现改为 5～10℃。这是从减小流量，降低输送能耗的经济角度考虑确定的。

流速原规范规定为 0.6～1.8m/s，现改为 0.6～1.5m/s。据实测，冷水流速在 2m/s 以上时，空气冷却器的传热系数 K 值几乎没有什么变化，但却增加了供水的电能消耗。冷水流速只有在1.5m/s以下时，K 值才会随冷水流速的提高而增加。其主要原因是水侧热阻对冷却器换热的总热阻影响不大。加大水侧放热系数，K 值并不会得到多大提高。所以，从冷却器传热效果和水流阻力两者综合考虑，冷水流速以取 0.6～1.5m/s 为宜。

6.6.8 制冷剂直接膨胀式空气冷却器的制冷剂。强制条文。

对原规范条文的文字做了适当的调整，并删去“如无特殊情况，不得用盐水作冷媒”。因为如今虽然很少有采用盐水作冷媒的情况，但采用乙烯乙二醇水溶液作冷媒的情况却日渐增多。

为防止氨制冷剂外漏时，经送风机直接将氨送至空气调节区，危害人体或造成其他事故，所以采用制冷剂干式蒸发空气冷却器时，不得用氨作制冷剂。

6.6.9 喷水室。

冷水温升主要取决于水气比。在相同条件下，水气比越大，冷水温升越小。水气比取大了，由于冷水温升小，冷水系统的水泵容量就需相应增大，水的输送能耗也会增大。这显然是不经济的。根据经验总结，采用人工冷源时，冷水温升取 3～5℃为宜；采用天然冷源时，应根据当地的实际水温情况，通过计算确定。

6.6.10 挡水板的过水量。

挡水板后气流中的带水现象，会引起空气调节区的湿度增大。要消除带水量的影响，则需额外降低喷水室内的机器露点温度，但这样，耗冷量会随之增加。实际运行经验表明，当带水量为0.7g/kg时，机器露点温度需相应降低 1℃，这将导致耗冷量的显著增大。因此，在设计计算中，考虑带水量的影响，是一个很重要的问题。

挡水板的过水量大小与挡水板的材料、形式、折角、折数、间距、喷水室截面的空气流速以及喷嘴压力等有关。许多单位对挡水板过水量做过测定，但因具体条件不同，也略有差异。因此，设计时可根据具体情况参照有关的设计手册确定。

6.6.11 空气调节系统的热媒及加热器选型。

取消原条文中有关蒸汽热媒的有关内容。

合理地选用空气调节系统的热媒是为了满足空气

调节控制精确度和稳定性要求。对于室内温度要求控制的允许波动范围等于或大于±1.0℃的场合，采用其他热媒，也是可以满足要求的。

6.6.12 过滤器的选择。

空气调节区一般都有一定的清洁要求，因此，送入室内的空气都应通过必要的过滤处理。另一方面，为防止空气冷却器表面积尘后，严重影响热湿交换性能，进入的空气也需预先进行过滤处理。

对于清洁度没有特别要求的空气调节区，只需对空气进行一般的过滤处理，设置一道粗效过滤器即可。粗效过滤器主要用于过滤 10～100μm 的灰尘；在个别情况下当要求控制空气中含尘粒度不大于10μm 时，可再增设一道中效过滤器，中效过滤器可过滤1～10μm 的灰尘。

过滤器的滤料应选用效率高、阻力低和容尘量大的材料。

过滤器的阻力会随着积尘量的增大而增大。为防止因系统阻力增加而风量减少，过滤器的阻力，应按过滤器的终阻力计算。

6.6.13 恒温恒湿空气调节系统。新增条文。

对相对湿度有上限控制要求的空气调节工程，现在越来越多。这类工程虽然只要求全年室内相对湿度不超过某一限度，比如 60%，并不要求对相对湿度进行严格控制，但实际设计中对夏季的空气处理过程，却往往不得不采取与恒温恒湿型空气调节系统相类似的做法。所以，在这里有必要特别提出，并把它们归并于一起讨论。

过去对恒温恒湿型或对相对湿度有上限控制要求的空气调节系统，几乎都是千篇一律地采用新风和回风先混合，然后经降温去湿处理，实行露点温度控制加再热式控制。这必然会带来大量的冷热抵消，导致能量的大量浪费。新的条文旨在从根本上改变这种状态。近年来不少新建集成电路洁净厂房的恒温恒湿空气调节系统采用新的空气处理方式，成功地取消了再热，而相对湿度的控制允许波动范围可达±5%。这表明新条文的规定是必要的、现实的。

本条文的规定不仅旨在避免采用上述耗能的再热方式，而且也意在限制采用一般二次回风或旁通方式。因采用一般二次回风或旁通，尽管理论上说可起到减轻由于再热引起的冷热抵消的效应，但经实践证明，其控制难以实现，很少有成功的实例。这里所提倡的实质上是采取简易的解耦手段，把温度和相对湿度的控制分开进行。譬如，采用单独的新风处理机组专门对新风空气中的湿负荷进行处理，使之一直处理到相应于室内要求参数的露点温度，然后再与回风相混合，经干冷，降温到所需的送风温度即可。再如，采用带除湿转轮的新风处理机组也能达到与上述做法类似的效果。这一系统的组成、空气处理过程、自动控制原理及其相应的夏季空气焓图见图 2 和图 3。

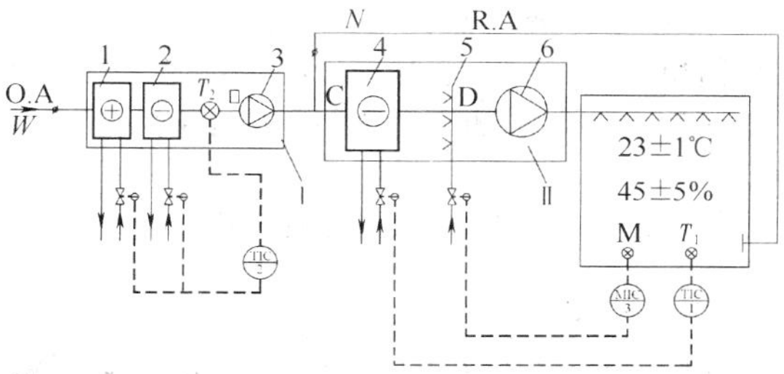

图 2 中大型精密恒温恒湿空调系统的空气热湿处理和自控原理

Ⅰ—新风处理机组；Ⅱ—主空气处理机组

1—新风预加热器；2—新风空气冷却器；3—新风风机；4—空气干冷冷却器；5—加湿器；6—送风机

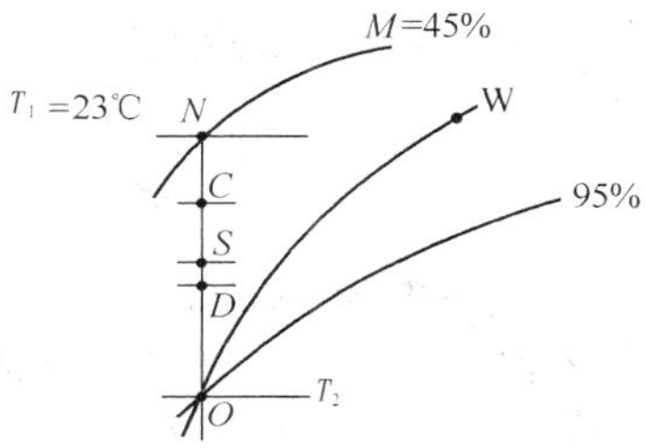

图 3 相应系统的夏季空气处理焓湿图

条文中所用的“一般”限定词，是指三种常见情况：一是恒温恒湿系统并非直流式系统或新风量比例并不很大的情况；二是指当室内除少量工作人员呼吸产生的湿负荷，以至在工程计算中可以略而不计外，并无其他诸如敞开的水槽之类显著散湿设备的情况；三是指对室内相对湿度控制允许波动范围不是特别严格，如果允许偏差等于或大于 5%时。

如果系统是直流式系统或新风量比例很大，那么，新风空气经过处理后与回风空气混合后的温度有可能低于所需的送风温度。在这种情况下再热便成为不可避免，否则，相对湿度便会控制不住。

至于当相对湿度控制允许波动范围很小，比如±2%～3%时，情况可能会不同。因为在所述的空气调节控制系统中，夏季湿度控制环节采用的恒定露点温度控制，对室内相对湿度参数而言，终究还是低级别的开环性质的控制。

至于条文中的“中、大型”限定词，则是从实际出发，把小型系统视作例外。这是因为：

1 再热损失也即冷热抵消量的多少与送风量的大小也即系统的大小成正比例关系。系统规模越大，改进节能的潜力越大。小型系统规模小，即使用再热，有一些冷热抵消，数量有限。

2 小型系统常采用整体式恒温恒湿机组，使用方便、占地面积小，在实用中确实有一定的优势，因此不应限制使用。况且对于小型系统，如果再另外加设一套新风处理机组，也不现实。

这里“中大型”意在定位于通常高度为3m左右，面积在$300m^2$以上的恒温恒湿空气调节区对象。对于这类对象适用的恒温恒湿机组的容量大致为：风量$10000m^3/h$，冷量约56kW。现在也有将恒温恒湿机组越做越大的现象。这是不节能、不经济、不合理的。因为：

（1）恒温恒湿机本身难以对温度和相对湿度实现解耦控制，难以避免因再热而引起大量的冷热抵消；

（2）系统容量大，其因冷热抵消而引起的能耗量更会令人难以容忍；

（3）其冬季运行全靠电加热供暖，与电炉取暖并无不同。系统容量大，这种能源不能优质优用的损失也必然随着增大。

7 空气调节冷热源

7.1 一般规定

7.1.1 选择空气调节冷热源的总原则。

冷热源设计方案一直是需要供冷、供热空气调节设计的首要难题，根据中国当前各城市供电、供热、供气的不同情况，空气调节冷热源及设备的选择可以有以下多种方案组合：

（1）电制冷、城市或小区热网（蒸汽、热水）供热；

（2）电制冷、人工煤气或天然气供热；

（3）电制冷、燃油炉供热；

（4）电制冷、电热水机（炉）供热；

（5）空气源热泵、水源（地源）热泵冷（热）水机组供冷、供热；

（6）直燃型溴化锂吸收式冷（温）水机组供冷、供热；

（7）蒸汽（热水）溴化锂吸收式冷水机组供冷、城市或小区蒸汽（热水）热网供热。

如何选定合理的冷热源组合方案，达到技术经济最优化，是比较困难的。因为国内各城市能源结构、价格均不相同，经济实力也存在较大差异，还受到环保和消防等多方面的制约。以上各种因素并非固定不变，而是在不断发展和变化。近些年来由于供电紧缺使直燃机销量上升或因为供电充裕、油价上涨又使直燃机销量下跌的情况，都说明了冷热源的选择与能源、经济是密切相关的。一个大、中型工程项目一般有几年建设周期，在这期间随着能源市场的变化而更改原来的冷热源方案也完全可能。在初步设计时应有所考虑，以免措手不及。

1 具有城市、区域供热或工厂余热时，应优先采用。这是国家能源政策、节能标准一贯的指导方针。发展城市热源是我国城市供热的基本政策，北方城市发展较快，夏热冬冷地区的部分城市已在规划中，有的已在逐步实施。我国工矿企业余热资源潜力很大，化工、建材企业在生产过程中也产生大量余热，这些余热都可能转化为供冷供热的热源，从而减少重复建设，节约一次能源。

2 1996年建设部在《市政公用事业节能技术政策》中提出发展城市燃气事业，搞好城市燃气发展规划、贯彻多种气源、合理利用能源的方针。目前，除城市煤气发展较快以外，西部天然气迅速开发，西气东输工程已在实施，输气管起自新疆塔里木的轮南地区，途经甘肃、宁夏、山西、河南、安徽、江苏、上海等地，2004年贯通，可稳定供气30年。四川天然气也将往东敷设管道，2004年送气到湖北、湖南等地。同时，中俄将共设管道引进俄国天然气，深圳正在建设液化天然气码头，用于广东南部地区。

天然气燃烧转化效率高、污染少是较好的清洁能源，而且可以通过管道长距离输送，这些优点正是其他发达国家迅速发展的主要原因。用于空气调节冷热源关键在于气源成本，推广采用燃气型直燃机或燃气锅炉具有如下优点：

（1）有利于环境质量的改善；

（2）解决燃气季节调峰；

（3）平衡电力负荷；

（4）提高能源利用率。

3 在没有任何城市热源和气源的地区，空气调节冷热源可在压缩式和燃油吸收式机组中通过技术经济比较后确定。

4 当具有电、城市供热、天然气、城市煤气、油等其中两种以上能源时，为提高一次能源利用率及热效率，可按冷热负荷要求采用几种能源合理搭配作为空气调节冷热源。如电＋气（天然气、人工煤气）、电＋蒸汽、电＋油等。实际上很多工程都通过技术经济比较后采用了这种复合能源方式，取得了较好的经济效益。城市的能源结构应该是电力、热、燃气同时发展并存，同样，空气调节也应适应城市的多元化能源结构，用能源的峰谷、季节差价进行设备选型，提高能源的一次能效，使用户得到实惠。

5 根据多年设计运行的实践，空气源热泵在夏热冬冷地区得到较好的应用，在写字楼、银行、商店等以日间使用为主的建筑中应用广泛，如上海约占高层建筑的25%，武汉、南京等地也大量采用，其原因如下：

（1）我国夏热冬冷地区一般无城市热源；

（2）空气源热泵冷热量比例较适合该地区建筑物的冷热负荷，不会因为冷热负荷比例不当而导致机组的不适当选型；

（3）该地区冬季相对湿度较高，为避免夜间低温高湿造成热泵机组化霜停机的影响，所以用于以日间使用为主的建筑；

（4）机组安装方便，不占机房面积，管理维护简单，更适合于城区建筑。

必须指出：由于热泵机组价格较高，耗电较多，采用时应进行全方位比较，一般适用于中小建筑。

6 水源热泵是一种以低位热能做能源的中小型热泵机组，具有以下优点：

(1) 可利用地下水、江、河、湖水或工业余热作为热源，供采暖和空气调节系统用，采暖运行时的性能系数（COP）一般大于4，节能效果明显；

(2) 与电制冷中央空气调节相比，投资相近；

(3) 调节、运转灵活方便，便于管理和计量收费。

7 水环热泵系统是利用水源热泵机组进行供冷和供热的系统形式之一，20世纪60年代首先由美国提出，国内从20世纪90年代开始，已在一些工程中采用。系统按负荷特性在各房间或区域分散布置水源热泵机组，根据房间各自的需要，控制机组制冷或制热，将房间余热传向水侧换热器（冷凝器）或从水侧吸收热量（蒸发器）；以双管封闭式循环水系统将水侧换热器连接成并联环路，以辅助加热和排热设备供给系统热量的不足和排除多余热量。

水环热泵系统的主要优点是：机组分散布置，减少风道占据的空间，设计施工简便灵活、便于独立调节；能进行制冷工况和制热工况机组之间的热回收，节能效益明显；比空气源热泵机组效率高，受室外环境温度的影响小。因此，推荐（宜）在全年空气调节且同时需要供热和供冷的建筑物内使用。

水环热泵系统没有新风补给功能，需设单独的新风系统，且不易大量使用新风；压缩机分散布置在室内，维修、消除噪声、空气净化、加湿等也较集中式空气调节复杂。因此，应经过经济技术比较后采用。

水环热泵系统的节能潜力主要表现在冬季供热时。有研究表明，由于水源热泵机组夏季制冷COP值比集中式空气调节的冷水机组低，冬暖夏热的我国南方地区（例如福建、广东等）使用水环热泵系统，比集中式空气调节反而不节能。因此，上述地区不宜采用。

8 蓄冷（热）空气调节系统近几年在中国发展较快，其意义在于可均衡当前的用电负荷，缩小峰谷用电差，减少电厂投资，提高发电输配电效率，对国家和电力部门具有重要的意义和经济效益。对用户来说，有多大的实惠，主要看当地供电部门能够给出的优惠政策，包括分时电价和奖励。经过几年国内较多工程实践说明，双工况螺杆主机和蓄冷设备的质量一般都较好，在设计上关键是搞好系统设计和系统控制以及合理的设备选型。经过技术经济论证，当用户能在可以接受的年份内回收所增加的初投资时，宜采用蓄冷（热）空气调节系统。

7.1.2 采用电锅炉，电热水器的原则。新增条文。

电锅炉、电热水器采用高品位的电能，热效率又低、运行费用又高，用于空气调节热源是不合适的。这在国家现行标准《旅游旅馆建筑热工与空气调节节能设计标准》（GB 50189）中以及较多的设计技术措施中早有规定。在20世纪90年代全国供电紧张时，国家电力局也曾发文严禁采用电锅炉的使用。

近几年来，随着我国电力建设的快速发展、经济结构调整和人民生活质量的提高，各地用电结构发生了很大的变化，高峰需求增加，低谷电大量减少，电网峰谷差加大，负荷逐年下降，电网运行日趋困难，资源利用不合理，为此国家电力公司发文推广蓄热式电热锅炉的应用。一些省市的经贸委、环保局、电力公司也联合发文推广应用电热锅炉，鼓励电热消费，并给予优惠，如免收供配电贴费并实行分时电价等政策。

由于供电政策及环保等因素，电热锅炉的采用日趋增多，全国已有数百台电锅炉在设计、安装或运行中。上海被调查的200幢高层建筑中约占21%，北京、杭州、武汉等城市也在逐渐增多，如武汉会展中心（12万m^2）、图书城（11万m^2）等都采用了冰蓄冷和全蓄热。利用低谷电蓄热必然采用电锅炉，由于电力公司给予了较优惠的政策，对没有集中热源的武汉，既起到移峰填谷的作用，也没有污染，业主得到了实惠。

考虑到当前电力供应的实际情况及以前对电锅炉的限制使用，本条对采用电锅炉供热做了限制使用的规定。虽然当前电力有些富裕，但合理利用能源，提高能源利用率，节约能源还是我国的基本国策。

应该指出电锅炉的使用费是很高的，以武汉2000年电价为例，日间使用时，用平价电的费用比油锅炉高一倍，高峰时电价还要贵，晚间用低谷价的费用是油锅炉的85%。所以电锅炉在日间使用是不经济、不合理的。

符合2、3款时采用电锅炉，也应做详细的技术、经济比较后确定。

7.1.3 热、电、冷联产与建筑群集中供冷、供热。新增条文。

《中华人民共和国节约能源法》中明确提出：推广热电联产、集中供热，提高热电机组的利用率，发展热能梯级利用技术，热、电、冷联产技术和热、电、煤气三联技术，提高热源综合利用率。

我国有50多万台中小型工业锅炉，平均运行热效率仅50%左右，浪费能源，污染环境。热电联产集中供热的运行效率一般在80%以上。同样是集中供热，逐步淘汰低效的、分散的中、小型锅炉，实现热电联产是提高供热效率的根本出路。同样，我国各大城市商业密集区的建筑都各自设制冷站、设备闲置率高、效率低、管理落后、造成极大的浪费。

热电冷联产就是利用现有的热电系统发展供热、供电和供冷为一体的能源综合利用系统。冬季用热电厂的热源供热，夏季采用溴化锂吸收式冷水机组供冷，可使热电厂冬夏负荷平衡，高效经济运行。

国外在上世纪末大力发展区域供冷、供热系统，这有利于对能源的高效利用，并可减少用户的初投资和管理开支，值得注意。但是，实施这项工程要统筹安排与规划，并需相当的经济实力。所以条文提出“有条件时……”的用语。

因此，具有热电条件的商业或公共建筑群，应积极创造条件实施热、电联产或热、电、冷联产系统。

7.1.4 分散设置整体或分体式空气调节机的原则。新增条文。

本条指出某些需空气调节的建筑或房间，采用分散设置的空气调节机比设集中空气调节更经济合理的几种情况。风冷小型空气调节机组品种繁多，有单冷（热泵）空气调节机组、冷（热）水机组等。当台数较多且室外机难以布置时，也可采用水冷型机组，但但需设置冷却塔，在冷却水管的设置及运行管理上都比较麻烦，因此，较少采用。蒸发冷却式机组采用蒸发式冷凝器，制冷性能系数比风冷式高，节能性好。目前际高制冷空调设备有限公司开发生产的蒸发冷却式机组，是一种小型冷水机组。其系列产品中制冷性能系数（COP）最高的可达到 3.85，比现行国家标准《蒸汽压缩循环冷水（热泵）机组户用或类似用途的冷水（热泵）机组》（GB/T 18430.2）中的 COP 规定值高出近 40%，节能效果显著，对于高档、大户型多室住宅或商住楼较为适用。

7.1.5 总装机容量问题。强制条文。

对装机容量问题，1990 年在编制《游旅馆建筑热工与空气调节节能设计标准》（GB 50189）时，曾进行过详细的调查和测试。结果表明：制冷设备装机容量普遍选大，这些大马拉小车或机组闲置的情况，浪费了冷暖设备和变配电设备和大量资金。事隔十年，对国内空气调节工程的总结和运转实践说明，装机容量偏大的现象虽有所好转，但在一些工程中仍有存在，主要原因是：

1 负荷计算方法不够准确；

2 不切实际地套用负荷指标；

3 设备选型的附加系数过大。

为此本条规定冷暖设备选择应以正确的负荷计算为准。不附加设备选型系数的理由是：当前设备性能质量大大提高，冷热量均能达到产品样本所列数值。另外，管道保温材料性能好、构造完善，冷、热损失较少。

目前采用的计算方法虽然比较科学、完善，但其结果和运转实践仍有一定的偏离，一般均可补足上述较少的冷、热损失。

上述情况是针对单幢建筑的系统而言。对于管线较长的小区管网，应按具体情况确定。

7.1.6 机组台数选择。

机组台数的选择应按工程大小、负荷运行规律而定，一般不宜少于 2 台；大工程台数也不宜过多。为保证运转的安全可靠性，小型工程选用一台机组时应选择多台压缩机分路联控的机组即多机头联控型机组。虽然目前冷水机组质量都比较好，有的公司承诺几万小时或 10 年不大修，但电控及零部件故障是难以避免的。

7.1.7 关于电动压缩式机组制冷剂的选择。新增条文。强制条文。

1991 年我国政府签署了《关于消耗臭氧层物质的蒙特利尔协议书》伦敦修正案，成为按该协议书第五条第一款行事的缔约国。我国编制的《中国消耗臭氧层物质逐步淘汰国家方案》由国务院批准。该方案规定，对臭氧层有破坏作用的 CFC-11、CFC-12 制冷剂最终禁用时间为 2010 年 1 月 1 日。对于当前广泛用于空气调节制冷设备的 HCFC-22 以及 HCFC-123 制冷剂，则按国际公约的规定执行。我国的禁用年限为 2040 年。

目前，在中国市场上供货的合资、进口及国产压缩式机组已没有采用 CFCs 制冷剂。HCFC-22 属过渡制冷剂，至今全球都在寻求替代物，但还没有理想的结论。压缩式冷水机组的使用年限较长，一般在 20 年以上，当选用过渡制冷剂时应考虑禁用年限。

7.2 电动压缩式冷水机组

7.2.1 水冷式冷水机组制冷量范围划分。新增条文。

本条对目前生产的水冷式冷水机组的单机制冷量做了大致的划分，提供选型时的参考。

1 表中对几种机型制冷范围的划分，主要是推荐采用较高性能系数的机组，以实现节能。

2 往复式和螺杆式、螺杆式和离心式之间有制冷量相近的型号，可经过性能价格比，选择合适的机型。

7.2.2 水冷、风冷式冷水机组的选型原则。新增条文。

冷水机组名义工况制冷性能系数（COP）是指在表 6 温度条件下，机组以同一单位标准的制冷量除以总输入电功率的比值。

表 6 名义工况时的温度条件

机组形式	进水温度（℃）	出水温度（℃）	冷却水进水温度（℃）	空气干球温度（℃）
水冷式	12	7	30	—
风冷式	12	7	—	35

本条提出在机组选型时，除考虑满负荷运行时性能系数外，还应考虑部分负荷时的性能系数。实践证明，冷水机组满负荷运行率极少，大部分时间是在部

分负荷下运行。因此部分负荷时的性能系数更能体现机组的性能优势。

7.2.3 氨制冷机做空气调节的设计原则。新增条文。

氨作为制冷剂具有良好的热物性，标准沸腾温度低（−33.4℃），单位容积制冷量大，价格低廉，但是氨有毒性和潜在的爆炸危险，所以在使用上特别是在民用建筑中受到了限制。在我国也仅用于冷库和工业建筑上，但氨对环境无害，它的臭氧层消耗潜能（ODP）和全球变暖潜能（GWP）均为零，是一种极好的环保型制冷剂，是R11、R12以及过渡替代制冷剂R22、R123a和R134a无法相比的。为此，世界制冷工程界对氨的扩大使用正在研究之中，主要解决将氨致命缺点的影响降低以及安全保护措施。只有解决了上述安全问题，氨制冷机才能在民用建筑中使用。所以，当前只有在已经使用氨制冷的冷库中需空气调节的房间可采用氨冷水机组为冷源。必须满足本条所规定的两个条件。

7.2.4 氨制冷的安全措施。

目前我国还没有生产整体式氨冷水机组，国外有这类产品，如果有特殊情况采用这种机型时，必须满足本条的规定，主要目的也是为了安全。

7.3 热 泵

7.3.1 空气源热泵冷（热）水机组选型原则。新增条文。

本条提出选用空气源热泵冷（热）水机组时应注意的问题：

1 空气源热泵机组的耗电量较大，价格也高，选型时应优选机组性能系数较高的产品，以降低投资和运行成本。此外，先进科学的融霜技术是机组冬季运行的可靠保障。机组冬季运行时，换热盘管温度低于露点温度时，表面产生冷凝水，冷凝水低于0℃就会结霜，严重时就会堵塞盘管，明显降低机组效率，为此必须除霜。除霜方法有多种，包括原始的定时控制、温度传感器控制和近几年发展的智能控制，最佳的除霜控制应是判断正确，除霜时间短，做到完美是很难的。设计选型时应进一步了解机组的除霜方式、通过比较判断后确定。

2 机组多数安装在屋面，应考虑机组噪声对周边建筑环境的影响，尤其是夜间运行，若噪声超标不但会遭到投诉，还会被勒令停止运行。

3 在北方寒冷地区采用空气源热泵机组是否合适，根据一些文献分析和对北京、西安、郑州等地实际使用单位的调查。归纳意见如下：

（1）日间使用，对室温要求不太高的建筑可以采用；

（2）室外计算温度低于−10℃的地区，不宜采用；

（3）当室外温度低于空气源热泵平衡点温度（即空气源热泵供热量等于建筑耗热量时的室外计算温度）时，应设置辅助热源。在辅助热源使用后，应注意防止冷凝温度和蒸发温度超出机组的使用范围。

以上仅从技术角度指出了空气源热泵在寒冷地区的使用，设计时还需从经济角度全面分析。在有集中供热的地区，就不宜采用。

国外一些公司已推出适用于低温环境（−10～−15℃）运行的机组，为在寒冷地区推广应用空气源热泵创造了条件。同时，空气源热泵还可以拓宽现有的应用途径，例如和水源热泵串级应用，为低温热水辐射采暖系统提供热源等等。

我国幅员辽阔、气温差异较大，对空气源热泵的应用应按可靠性与经济性为原则因地制宜地结合当地的综合条件而确定。

7.3.2 空气源热泵冷（热）水机组制热量计算。新增条文。

热泵制热量的标准工况是按干球温度7℃、湿球温度6℃制定的。在相同出水温度的情况下，热泵机组的制热量随空气干球温度的降低而减小。不同温度和相对湿度对工况下的实际制热量修正系数在各品牌的热泵样本中已列出，选型时应按所在地区空气调节室外计算温度选取。在产品样本中，热泵的制热量仅是瞬时热量。当盘管表面温度低于0℃时，盘管上的凝结水就会结霜、结冰、机组效率迅速下降，达到规定限度时，进行一个融霜循环。机组融霜过程中，停止供热，水温已经下降，这其间机组又从水系统中吸收热量用于除霜，又进一步降低水温。一般除霜周期为3min，等于停机6min，即为1/10h，所以一次除霜时机组应乘以0.9的系数。

7.3.3 水源热泵设计选型时应注意的原则。新增条文。

水源热泵空气调节系统的应用在北美及北欧等国家已相当普遍与成熟，但我国还处于起步阶段。虽然已有一些工程在使用，据调查，存在不少问题，原因在于搞好水源热泵空气调节系统设计不完全取决于设备的质量与系统的设计，更关键的是要水文地质资料的正确性，机组运行时水源的可靠性与稳定性。

1 在工程方案设计时，通常可假设所使用的水源温度计算出机组所需的总水量，然后进行技术经济比较。在确定采用水源热泵系统后，应按以下步骤进行：用地下水为水源时，应首先在工程所在地盘完成试验井、测出水量、水温及水质资料，然后按工程冷、热负荷及所选的机组性能、板换的设计温差确定需要水源的总水流量，最后决定地下井的数量和位置。采用地表水时，还应注意冬夏水温的变化及水位涨落的变化。

2　充足稳定的水量、合适的水温、合格的水质是水源热泵系统正常运行的重要因素。机组冬、夏季运行时对水源温度的要求不同，一般冬季不宜低于10℃、夏季不宜高于30℃，采用地表水时应特别注意。有些机组在冬季可采用低于10℃的水源，但使用时应进行技术经济比较。关于水质，在目前还未设有机组产品标准的情况下，可参照下列要求：pH值为6.5～8.5，CaO含量＜200mg/L，矿化度＜3g/L，Cl^-＜100mg/L，SO_4^{2-}＜200mg/L，Fe^{2+}＜1mg/L，H_2S＜0.5mg/L，含砂量＜1/200000。

3　水源的供给分直接供水和间接供水（即通过板式换热器换热）。采用间接供水，可保证机组不受水源水质不好的影响，减少维修费用和延长使用寿命，尤其是采用小型分散式系统时，必须采用间接式供水。当采用大、中型机组，集中设置在机房时，可视水源水质情况确定。如果水质符合标准，不需采取处理措施时，可采用直接供水。

7.3.4　水源热泵使用水资源的要求。新增条文。强制条文。

关于采用地下水，国家早有严格的规定，除《中华人民共和国水法》、《城市地下水开发利用保护管理规定》等法规外，2000年国务院发布了《要求加强城市供水节水和水污染防治工作的通知》，要求加强地下水资源开发利用的统一管理；保护地下水资源，防止因抽水造成地面下沉，应采取人工回灌工程等。由于几十年的大范围抽取地下水，对水资源管理不规范，回灌技术差，已造成我国地下水资源严重破坏。因此，在设计时，应把回灌措施视为重点工程，这项工作不做好，有朝一日，采用地下水的水源热泵也就会在国内寿终正寝。

7.3.5　地下埋管换热器和地表水盘管换热器时的设计要素。新增条文。

地下埋管换热器的水源热泵，因为节能、对建筑环境热污染和噪声污染小，所以在欧美国家受到重视并作为研究重点。这种系统避免了地下水、地表水系统所必须的水质处理和设置板式换热器以及回灌等一系列装置。

一般设计方法为先根据建筑周边土地确定布置方案，地下埋管换热器可以为立式（U形单、双管，并联或串联）和卧式（单、双管和四管），然后计算流量、管径和长度。

这种系统的设计和计算是比较复杂的，土壤的热物性（密度、含水率、空隙比、饱和度、比热容、导热系数等）是设计的基本参数。土壤传热特性、温度及其变化、冻结与解冻规律等是计算的重要依据。这些数据可通过计算和测试解决。在美国已有较系统完整的设计手册、计算方法及计算软件、还有各城市地下土壤温度选择数据，使地下埋管换热器的设计和计算既方便又准确。我国对这一新技术还处于开发研究阶段，当前设计上还缺乏可靠的土壤热物性有关数据和正确的计算方法。在工程实施中宜由小型建筑起步，不断总结完善设计与施工的经验。

关于地表水换热器就是在水体中放入盘管的闭式环路水源热泵系统，在国内还未应用过，投资比开式系统要高，设计计算的关键是掌握水体不同深度全年温度的变化曲线。

地下埋管换热器和水下盘管换热器一般采用高密度聚乙烯管和聚丁烯管。

7.3.6　水环热泵空气调节系统的设计要求。新增条文。

1　循环水的温度范围，是根据热泵机组的正常工作范围、冷却塔的处理能力和使用板式换热器时的水温升确定的。为使水温保持在这个范围内，需设置温度控制装置，用水温控制辅助加热装置和排热装置的运行。

2　由于热泵机组换热器对循环水水质有较高的要求，一般不允许直接采用与大气直接接触的开式冷却塔。采用闭式冷却塔能够保证水质且系统简单，但价格较高（为开式冷却塔的2～3倍）、重量较大（为开式冷却塔的4倍左右），我国目前产品较少；采用换热器和开式冷却塔的系统，也可以保证流经热泵机组的水质，但多一套循环水系统，系统较复杂且增加了水泵能耗；因此需经技术经济比较后确定循环水系统方案，一般认为系统较小时可采用闭式冷却塔。

3　水环热泵空气调节系统的最大优势是冬季可减少热源供热量，但要考虑白天和夜间等不同时段的需热和余热之间的热平衡关系，经分析计算确定其数值。

7.4　溴化锂吸收式机组

7.4.1　溴化锂吸收式机组的选型。新增条文。

采用饱和水蒸气和热水为热源的溴化锂吸收式冷水机组有单效机组、双效机组和热水机组三种形式，其蒸汽单、双效机组的蒸汽耗量指标见本规范第7.4.3条。

7.4.2　直燃型溴化锂吸收式冷（温）水机组的燃料选择。新增条文。

天然气是直燃机的最佳能源，在无天然气的地区宜采用人工煤气或液化石油气。用油时，目前都采用0号轻柴油而不用重柴油，因为重柴油黏度大，必须加热输送。在温暖地区可在重柴油中加入20%～40%轻柴油，输送时可不加热。重柴油对设计、管理都带来不便，因此不宜采用。

7.4.3　溴化锂吸收式机组名义工况下的性能参数。新增条文。

设计选择溴化锂吸收式机组时，其性能参数应符合国家标准《蒸汽和热水型溴化锂吸收式冷水机组》（GB/T 18431）和《直燃型溴化锂吸收式冷（温）水机组》（GB/T 18362）的规定值，见表7。

表 7　溴化锂吸收式冷（温）水机组的性能参数

机型	名义工况		性能参数			
	冷(温)水进出口温度(℃)	冷却水进出口温度(℃)	蒸汽压力(MPa)	单位制冷量蒸汽耗量 kg/(kW·h)	性能系数	
					制冷	供热
蒸汽单效	12～7	30～35	0.1	2.35	—	—
蒸汽双效	18～13	30～35	0.25	1.40	—	—
			0.4		—	—
	12～7		0.6	1.31	—	—
			0.8	1.28	—	—
直燃	12～7 出口 60	30～35	—	—	≥1.10	—
			—	—	—	≥0.90

注：直燃机的性能系数为：制冷量（供热量）/加热源消耗量（以低位热值计）＋电力消耗量。

从表 7 中可见，双效机组的耗汽量比单效少很多。目前，国内主要生产厂家提供的产品均为双效机组。而热水机组也仅是单效机组，单效机组存在体积大、效率低的缺点，所以一般采用较少，如果有合适的废汽余热时，也可采用单效机组。

7.4.4　选用直燃型溴化锂吸收式冷（温）水机组的原则。新增条文。

直燃机组的供热量一般为供冷量的 80%（按各生产厂及型号不同大致在 75%～85%），这是标准的配置，也是较经济合理的配置，选择标准型当然是最经济合理的，我国多数地区（需要供应生活热水除外）都能满足要求。当热负荷大于机组供热量时，用加大机组型号的方法是不可取的，因为要增加投资、降低机组效率。加大高压发生器和燃烧器虽然可行，但也应有限制，否则会影响机组高、低压发生器的匹配，同样造成低效，导致能耗增加。

7.4.5　溴化锂吸收式冷（温）水机组的冷（热）量修正。

虽然近年来溴化锂吸收式机组在保持真空度、防结垢、防腐等方面采取了多方位有效措施，产品质量大为提高，但真正做好、管理好还是有一定难度的。因为溴化锂吸收式机组都是由换热器组成，结垢和腐蚀的影响很大。从某些工程运行的情况看，因结垢、腐蚀造成的冷量衰减现象仍然存在。至于如何修正，可根据水质及水处理的实际状况确定。

7.4.6　溴化锂吸收式三用直燃机的选型要求。新增条文。

三用机可以有以下几种用途：

1　夏季：单供冷、供冷及供生活热水。

2　春秋季：供生活热水。

3　冬季：采暖、采暖及供生活热水。

有如此多的用途，三用机受到业主的欢迎。由于在设计选型中存在一些问题，致使在实际工程使用中出现不尽如人意之处。分析原因是：

1　对供冷（温）和生活热水未进行日负荷分析与平衡，由于机组能量不足，造成不能同时满足各方面的要求。

2　未进行各季节的使用分析，造成不经济、不合理运行、效率低、能耗大。

3　在供冷（温）及生活热水系统内未设必要的控制与调节装置，管理无法优化，造成运行混乱，达不到使用要求，以致运行成本提高。

直燃机是价格昂贵的设备，尤其是三用机，要搞好合理匹配，系统控制，提高能源利用率是设计选型的关键。当难以满足生活热水供应要求、又影响供冷（温）质量时，即不符合本条和本规范第 7.4.3 条的要求时，应另设专用热水机组提供生活热水。

7.4.7　溴化锂吸收式机组的水质要求及直燃型机组的储油、供油、燃气系统的设计要求。新增条文。

吸收式机组对水质的要求较高，必须满足国家现行有关标准的要求，对热水、生活用水及冷却水都应进行处理。以防止和减少对机组换热管的结垢和腐蚀。

直燃型溴化锂吸收式冷（温）水机组储油、供油、燃气供应及烟道的设计，应符合国家现行标准、规范《锅炉房设计规范》（GB 50041）、《高层民用建筑设计防火规范》（GB 50045）、《建筑设计防火规范》（GB 50016）、《城镇燃气设计规范》（GB 50028）、《工业企业煤气安全规程》等的要求。

7.5　蓄冷、蓄热

7.5.1　蓄冷（热）空气调节系统的选择。新增条文。

不少建筑的空气调节系统都是间歇运行（一般间歇时间均在夜间）。尤其负荷量大又常发生突变的建筑，如比赛场馆、商场、剧场等。若使用常规空气调节系统，制冷机容量过大而且闲置现象严重。为了解决这个普遍存在的问题，又同时照顾到最大负荷的要求。采用蓄能空气调节系统是很好的办法，既可为电网运行削峰填谷，又可为用户节约可观的运行费。冰蓄存的冷量不但可以调节稳定供水温度，而且可以起到备用应急冷源的作用。

7.5.2　蓄冷、蓄热系统的负荷计算。新增条文。

与常规空气调节系统不同，一个蓄冷、蓄热系统，必须以一个蓄能用能周期（一般为一个典型设计日 24h 的逐时负荷）为依据，以确定各种蓄冷、蓄热方案中的制冷机、蓄能装置、加热装置、换热器、水泵等设备的容量。这就需要逐时平衡各项蓄能与供能的数量，以确保空气调节系统的逐时要求。同时，通过充分利用电网低谷时段的电力，为用户尽可能节约运行费用。

全天逐时负荷计算方法与空气调节典型设计日逐时负荷计算方法相同，可以根据国内有关研究单位或厂家提供的负荷计算程序和能量分析程序进行计算，也可用以下估算法进行计算：

1 平均法：日总冷负荷可按下式计算：

$$Q' = \sum_{i=1}^{24} q_i = n \cdot m \cdot q_{\max} = n \cdot q_{\mathrm{p}} \tag{13}$$

$$Q = (1+k)Q' \tag{14}$$

式中 Q——设备选用日总负荷（kW·h）；

Q'——设备计算日总负荷（kW·h）；

q_i——i 时刻空气调节冷负荷（kW）；

$q_{\max}$——设计日最大小时冷负荷（kW）；

q_{p}——设计日平均小时冷负荷（kW）；

n——设计日空气调节运行小时数（h）；

m——平均负荷系数，等于设计日平均小时冷负荷与最大小时冷负荷之比，宜取 0.7～0.8；

k——考虑水泵，管道及蓄冷装置等温升引起的附加冷负荷系数，可取为 0.05～0.08。

2 系数法：以最大小时负荷为依据，乘以各逐时负荷所占的比例系数，从而计算出各逐时空气调节负荷。

7.5.3 冰蓄冷系统形式的选择。新增条文。

根据制冷机和蓄冰装置在系统中的相互关系，蓄冷系统形式，分为并联系统和串联系统。采用串联系统，取冷时载冷剂在系统中经两次换热，可以取得较大温差，节省输送能耗，如果蓄冰装置取冷温度稳定，宜将冷机置于上游，可以提高出液温度，则更为经济。

7.5.4 选择载冷剂的要求。新增条文。

蓄冰系统中常用的载冷剂是乙烯乙二醇水溶液，其浓度愈大凝固点愈低（见表 8）。一般制冰出液温度为－6～－7℃，蓄冰需要其蒸发温度为－10～－11℃，因此希望乙烯乙二醇水溶液的凝固温度在－11～－14℃之间。所以常选用乙烯乙二醇水溶液体积浓度为 25%左右。

表 8 乙烯乙二醇水溶液浓度与相应凝固点及沸点

乙二醇	质量（%）	0	5	10	15	20	25	30	35	40	45	50	55	60
	体积（%）	0	4.4	8.9	13.6	18.1	22.9	27.7	32.6	37.5	42.5	47.5	52.7	57.8
沸 点（100.7kPa）（℃）			100	100.6	101.1	101.7	102.2	103.3	104.4	105.0	105.6	—	—	—
凝固点（℃）		0	－1.4	－3.2	－5.4	－7.8	－10.7	－14.1	－17.9	－22.3	－27.5	－33.8	－41.1	－48.3

7.5.5 乙烯乙二醇水溶液膨胀箱及其补液设备。新增条文。

乙烯乙二醇水溶液系统的溶液膨胀箱，容量计算原则与水系统中的膨胀水箱相同，存液和补液设备一般由存液箱和补液泵组成，存液箱兼做配液箱使用。补液泵扬程、存液箱容积按本规范第 6.4.11、第 6.4.12 条的有关规定计算确定。对冰球式系统尚应考虑冰球结冰后的膨胀量。

7.5.6 乙烯乙二醇水溶液管路的水力计算。新增条文。

由于乙烯乙二醇水溶液的物理特性与水不同，与水相比，其密度和黏度均较大，而热容量较小，故对一般水力计算得出的水管阻力、溶液流量均应进行修正。

7.5.7 载冷剂管路系统的设计要求。新增条文。

1 蓄冷系统的载冷剂一般选用乙烯乙二醇水溶液，遇锌会产生絮状沉淀物。

2 由载冷剂乙烯乙二醇水溶液直接进入空气调节系统末端设备时，要求空气调节水管路系统安装后确保清洁、严密，而且管材不得选用镀锌管材。

3 载冷剂乙烯乙二醇水溶液管高处，与水系统一样会有空气集存，应予以即时排除。

4 载冷剂乙烯乙二醇水溶液远比水的投资高，应随时予以收集再利用。

5 多台并联的蓄冰装置采用并联连接时设置流量平衡阀是为了保证每台蓄冰装置流量分配均衡，从而实现均匀蓄冷和取冷。

6 开式系统应防止回液（水）倒灌，以免造成大量回液从开式槽溢流损失。可在回液上安装压力传感器，当循环泵停止运行时，压力传感器会令电动阀立即关闭，防止高处溶液下流，循环泵开始运行时，系统高处空气全部排出，压力恢复正常会令电动阀打开保证正常运行。

7 载冷剂系统中的阀门性能非常重要，它们直接影响系统中各种运行工况之间的正确转换，而且要确保在制冰工况下，防止低温溶液进入板式换热器，引起用户侧不流动的水冻结，破坏板式换热器的结构。

8 一个冰蓄冷系统，常用的运行工况有：蓄冰、蓄冰装置单独供冷、制冷机单独供冷、制冷机与蓄冰装置联合供冷等。实现工况转换宜配合自动控制。

7.5.8 蓄冰装置的蓄冷特性。新增条文。

蓄冷装置种类很多，蓄冷与取冷的机理也各不相同，因而其性能特征不同。

蓄冷特征包括两个内容，即为保证在电网的低谷时段，一般约为7～9时，完成全部冷量的蓄存，应能提供出的两个必要条件：

1 确定制冷机在制冰工况下的最低运行温度（一般为-4～-8℃），用以计算制冷机的运行效率。

2 根据最低运行温度及保证制冷机安全运行的原则，确定载冷剂的浓度（一般为体积浓度25%～30%）。

7.5.9 蓄冰装置的取冷特性。新增条文。

对用户及设计单位来说，蓄冰装置的取冷特性是非常重要的，因为所选蓄冰装置在融冰取冷时，冷水温度能否保持、逐时取冷量能否保证，是一个空气调节系统稳定运行的前提条件之一。所以，蓄冰装置的完整取冷特性曲线中，应能明确给出装置逐时可取出的冷量（常用取冷速率来表示和计算）及其相应的溶液温度。

对取冷速率，通常有两种定义法：

其一，取冷速率是单位时间可取出的冷量与蓄冰装置名义总蓄冷量的比值，以百分数表示（一般冰盘管式蓄冰装置，均按此种方法给出）；

其二，取冷速率是某单位时间取出的冷量与该时刻蓄冰装置内实际蓄存的冷量的比值，以百分数表示（一般封装式蓄冰装置，均按此种方法给出）。

由于定义不同，在相同取冷速率时，实际上取出的冷量并不相等。因此，在选择产品时，务必首先了解清楚其定义方法。

7.5.10 设备容量的确定。附录H的引文。新增条文。

全负荷蓄冰系统初投资最大，占地面积大、但运行费最节省。部分负荷蓄冰系统则既减少了装机容量，又有一定蓄能效果，相应减少了运行费用。附录H中所指一般空气调节系统运行周期为1天24h，实际工程（如教堂）使用周期可能是一周或其他。

一般产品规格和工程说明书中，常用蓄冷量量纲为（RT·h）冷吨时，它与标准量纲的关系为：

$$1RT\cdot h=3.517kW\cdot h$$

7.5.11 蓄冰和少量连续空气调节负荷。新增条文。

由于空气调节系统较小，其中少量连续空气调节负荷，不易选出合适的冷机来负担，同时考虑到整个系统的简化，因此宜选用在大系统制冰工况下，在环路中增设小循环泵取冷管路，保证少量连续空气调节负荷用冷需求。当然，制冰机出力应将之考虑在内。

7.5.12 加装基载制冷机。新增条文。

一般制冷机在制冰工况下效率比较低，连续空气调节负荷可以让冷机在空气调节工况下连续运行解决供冷，以保证制冷机的运行效率永远最高。即在系统中增设基载制冷机按空气调节工况运行来负担这部分负荷，以保证系统运行更为节能与节省运行费。当然，制冰冷机和蓄冰装置容量计算中不需考虑这部分负荷。

7.5.13 蓄冰空气调节系统供回水参数。新增条文。

1 一般封装冰或盘管式内融冰蓄冰设备提供的载冷剂温度均可达到4～6℃，经过板式换热可为常规空气调节系统提供7～12℃的冷水。

2 若空气调节系统需要的水温较低或需要大温差供水时，蓄冰系统宜采用串联形式。载冷剂在系统中可经过两次换热，以保证取得系统所需要的较大温差。

3 商业建筑密集的地区，采用区域供冷更为经济、方便。

7.5.14 共晶盐相变材料蓄冷。新增条文。

作为蓄冰装置，不论其发生相变的材料是水或其他共晶盐，要求蓄冷和取冷特性应同样满足本规范要求。

水最适于作首选的相变材料，但其相变结冰温度有限，只能在0℃时进行，因此要求制冷机必须在双工况下工作。制冰时蒸发器出液温度需降至-5～-8℃，致使制冷效率大幅度下降。如果制冷机不便于实现双工况下工作，而又想利用蓄冷系统，则必须利用相变材料。为配合一般制冷机工作，常选相变温度为4～8℃。若为特殊工艺服务，如食品、制药等行业，可根据要求选用不同相变温度。

7.5.15 水蓄能系统设计。新增条文。

1 为防止蒸发器内水的冻结，一般制冷机出水温度不宜低于4℃，而且4℃水密度最大，便于利用温度分层蓄存。通常可利用温差为6～7℃，特殊情况利用温差可达8～10℃。

2 水池蓄冷、蓄热系统的设计，关键是要尽量提高水池的蓄能效率，因此，蓄冷、蓄热水池容积不宜过小，以免传热损失所占比例过大，并应尽量减少水池内冷热水的渗混。如水池保温和内壁的处理，进出水口的布置等。形式可以多种多样，结构可以是钢结构或混凝土结构。

3 一般开式蓄热的水池，蓄热温度应低于95℃，以免汽化。热水不能用于消防，故不应与消防水池合用。

4 由于一般蓄能槽均为开式系统，管路设计一定要配合自动控制，防止水倒灌和管内出现真空（尤其对蓄热水系统）。

5 当以蒸汽或高压过热水蓄热时，应与锅炉厂配合，选用特制闭式钢结构蓄热罐。

7.6 换热装置

7.6.1 换热器的设置。新增条文。

空气调节系统的供水温度一般在45～60℃之间，城市或区域性热源都是中、高温水或高压蒸汽，所以必须设换热器进行二次供热，才能满足空气调节系统供水水温及压力的要求。

7.6.2 换热器选型原则。新增条文。

目前可选用的换热器，品种繁多，某些产品样本所列参数，选型表格所列数据并非真实可靠，以样本中的传热系数来区别产品的先进与否也较困难，因为传热系数计算极其复杂，变化因素很多，与一、二次热源的温度、流速及诸多热工系数的取值有关。在一些换热器样本中，对传热系数的标注均不相同，如3000W/（m^2 ·℃）、4000W/（m^2 ·℃）、3000～7000W/（m^2·℃）等等，从这些数据，难以判断产品的先进性，因此，在选型时，应按生产厂的技术实力、生产装备、样本资料的科技含量、市场占有率、用户反应等情况综合考虑。

7.6.3 换热器容量计算。新增条文。

换热器的容量必须根据计算的热负荷进行选择，其台数与单台的供热能力应满足热负荷的使用需求、分期增长的计划及考虑热源可靠稳定性等因素。

7.6.4 凝结水的回收。新增条文。

采用汽水换热器时，回收凝结水是国家节能政策和规范的一贯要求，一些单位由于凝结水回收装置设计或管理上存在问题，造成能源的大量浪费。一般蒸汽热网用户宜采用闭式凝结水回收系统，热力站应采用闭式凝结水箱。当凝结水量小于10t/h或距热源小于500m时，可用开式凝结水回收系统。

7.7 冷却水系统

7.7.1 冷却水的循环使用和热回收。新增条文。

随着空气调节冷源技术的发展和节水的要求，冷却水系统已不允许直流。冷水机组的冷凝废热也应通过冷却水尽量得到利用，例如，夏季可作为生活热水的预热热源，并宜在冷季充分利用冷却塔冷却功能进行制冷等。

7.7.2 冷却水水温。

1 冷却水最高温度限制应根据压缩式冷水机组冷凝器的允许工作压力和溴化锂吸收式冷（温）水机组的运行效率等因素，并考虑湿球温度较高的炎热地区冷却塔的处理能力，经技术经济比较确定。本规范参考有关标准提供的数值，并针对目前空气调节常用设备的要求进行了简化和统一，规定不宜高于33℃。

2 冷却水水温不稳定或过低，会造成制冷系统运行不稳定、影响节流过程的正常进行、吸收式冷（温）水机组出现结晶事故等，所以增加了对一般冷水机组冷却水最低水温的限制（不包括水源热泵等特殊系统的冷却水），本规范参照了有关标准中提供的数值。随着冷水机组技术配置的提高，对冷却水进口最低水温的要求也会有所降低，必要时可参考生产厂具体要求。调节水温的措施包括控制冷却塔风机、控制供回水旁通水量等。

3 第3款是修改原规范第6.2.3条内容，主要是增加了溴化锂吸收式冷（温）水机组的数据。电动压缩式冷水机组的冷却水进出口温差，是综合考虑了设备投资和运行费用、大部分地区的室外气候条件等因素，推荐了我国工程和产品的常用数据。吸收式冷（温）水机组的冷却水因为经过吸收器和冷凝器两次温升，进出口温差比压缩式冷水机组大，推荐的数据是按照我国目前常用产品要求确定的。当考虑室外气候条件可采用较大温差时，应与设备生产厂配合选用非标准工况冷却水流量的设备。

4 本规范参照的是现行国家产品标准《蒸汽压缩循环冷水（热泵）机组工商业用和类似用途的冷水（热泵）机组》（GB/T 18430.1）、《直燃型溴化锂吸收式冷（温）水机组》（GB/T 18362）、《蒸汽和热水型溴化锂吸收式冷水机组》（GB/T 18431）中，关于冷水机组的正常使用范围的规定，见表9。

表9 国家标准推荐的使用范围的有关数据

冷水机组类型	冷却水进口最低温度（℃）	冷却水进口最高温度（℃）	冷却水流量范围（%）	名义工况冷却水进出口温度（℃）	标准号
电动压缩式	15.5	33	—	5	GB/T 18430.1
直燃型吸收式	—	—	—	5～5.5	GB/T 18362
蒸汽单效型吸收式	24	34	60～120	5～8	GB/T 18431
蒸汽双效和热水型吸收式				5～6	

7.7.3 冷却水水质。

1 由于补充水的水质和系统内的机械杂质等因素，不能保证冷却水系统水质，尤其是开式冷却水系统与空气大量接触，造成水质不稳定，产生和积累大量水垢、污垢、微生物等，使冷却塔和冷凝器的传热效率降低，水流阻力增加，卫生环境恶化，对设备造成腐蚀。因此，为稳定水质，规定应采取相应措施。

2 办公楼各电算机房专用水冷整体式空气调节器、分户或分区设置的水源热泵机组等，这些设备内换热器要求冷却水洁净，一般不能将开式系统的冷却水直接送入机组。

7.7.4 冷却水循环泵的选择。新增条文。

为保证流经冷水机组冷凝器的水量恒定，要求冷却水循环泵台数和流量应与冷水机组相对应，但小型分散的水冷柜式空气调节器、小型户式冷水机组等可以合用冷却水系统；除全年要求冷水机组连续运行的重要工程外，不要求设备用泵。

冷却塔的进水压力要求，包括系统阻力、系统所需扬水高差、有布水器的冷却塔和喷射式冷却塔等进水口要求的压力。

7.7.5 冷水机组和冷却水泵之间的连接方式和保证冷凝器水流量恒定的措施。新增条文。

冷却水泵和冷水泵相同，与冷水机组之间都有一对一连接和通过共用集管连接两种接管方式；为使正常运行的冷水机组所需水量不分流，冷凝温度稳定，冷水机组正常工作，共用集管接管时宜设电动阀且与冷水机组和冷却水泵联锁。参见本规范6.4.8的条文说明。

7.7.6 冷却塔的设置要求。新增条文。

1 同一型号的冷却塔，在不同的室外湿球温度条件和冷水机组进出口温差要求的情况下，散热量和冷却水量也不同，因此，选用时需按照工程实际，对冷却塔的标准气温和标准水温降下的名义工况下冷却水量进行修正，使其满足冷水机组的要求，但不要求备用。

2 有旋转式布水器或喷射式等对进口水压有要求的冷却塔需保证其进水量，所以应和循环水泵相对应设置，详见本规范第7.7.8条的条文说明。

3 为防止冷却塔在0℃以下，尤其是间断运行时结冰，应选用防冻型冷却塔，并采用在冷却塔底盘和室外管道设电加热设施等防冻措施。

4 冷却塔的设置位置不当，直接影响冷却塔散热量，且对周围环境产生影响；另外由冷却塔产生火灾，也是工程中经常发生的事故。因此做出相应规定。

7.7.7 并联冷却塔管路的流量平衡。新增条文。

在并联冷却塔之间设置平衡管或公用连通水槽，是为了避免各台冷却塔补水和溢水不均衡，造成浪费。另外，冷却塔进出水管道设计时，也应注意管道阻力平衡，以保证各台冷却塔要求的水量。

7.7.8 并联冷却塔的水量控制。新增条文。

冷却塔的旋转式布水器靠出水的反作用力推动运转，因此，需要足够的水量和约0.1MPa水压，才能够正常布水；喷射式冷却塔的喷嘴也要求约0.1～0.2MPa的压力。当并联冷却水系统中一部分冷水机组和冷却水泵停机时，系统总循环水量减少，如果平均进入所有冷却塔，每台冷却塔进水量过少，会使布水器或喷嘴不能正常运转，影响散热；冷却塔一般远离冷却水泵，如采用手动阀门控制十分不便；因此，要求共用集管连接的系统应设置能够随冷却水泵频繁动作的自控阀门，在水泵停机时关断对应冷却塔的进水阀，保证正在工作的冷却塔的进水量。为防止无用的补水和溢水或冷却塔底抽空。无集水箱或连通管、连通水槽时，并联冷却塔出水管上也应设电动阀。而一般横流式冷却塔只要回水进入布水槽就可靠重力均匀下流，进水所需水压很小（≤0.05MPa），且常常以冷却塔的多单元组合成一台大塔，共用布水槽和集水盘，因此没有水量控制的要求。

7.7.9 冷却水的补水量和补水点。新增条文。

1 开式冷却水损失量占系统循环水量的比例计算或估算值：蒸发损失为每℃水温降0.185%；飘逸损失可按生产厂提供数据确定，无资料时可取0.3%～0.35%；排污损失（包括泄漏损失）与补水水质、冷却水浓缩倍数的要求、飘逸损失量等因素有关，应经计算确定，一般可按0.3%估算。计算冷却水补水量的目的是为了确定补水管管径、补水泵、补水箱等设施，可以采用以上估算数值。

2 补水点位置应按是否设置集水箱确定。

集水箱的作用如下：

（1）可连通多台并联运行的冷却塔，使各台冷却塔水位平衡；

（2）可减少冷却塔底部存水盘容积及塔的运行重量；

（3）冬季使用的系统，停止运行时，冷却塔底部无存水，可以防止静止的存水冻结；

（4）可方便地增加系统间歇运行时所需存水容积，使冷却水循环泵能够稳定工作，详见本规范第7.7.10条的条文说明；

（5）为多台冷却塔统一补水、排污、加药等提供了方便操作的条件等。

设置水箱也存在占据机房面积、水箱和冷却塔高差过大时浪费电能等缺点。因此，是否设置集水箱应根据工程具体情况确定，这里不做规定。

7.7.10 间歇运行的冷却水系统的存水量。新增条文。

间歇运行的冷却水系统，在系统停机后，冷却塔填料的淋水表面附着的水滴落下来，一些管道内的水容量由于重力作用，也从系统开口部位下落，系统内如没有足够的容纳这些水量的容积，就会造成大量溢水浪费；当系统重新开机时，首先需要一定的存水量，以湿润冷却塔干燥的填料表面和充满停机时流空的管道空间，否则会造成水泵缺水进气空蚀，不能稳定运行。

不设集水箱采用冷却塔底盘存水时，底盘补水水位以上的存水量应不小于冷却塔布水槽以上供水水平管道内的水容量，以及湿润冷却塔填料等部件所需水量；当冷却塔下方设置集水箱时，水箱补水水位以上的存水容积除满足上述水量外，还应容纳冷却塔底盘至水箱之间管道等的水容量。

湿润冷却塔填料等部件所需水量应由冷却塔生产厂提供，根据资料介绍，经测试，逆流塔约为冷却塔标称循环水量的1.2%，横流塔约为1.5%。

7.7.11 集水箱的设置位置。新增条文。

当冷却塔设置在多层或高层建筑的屋顶时，集水箱如设置在底层，不能利用高位冷却塔的位能，过多地增加循环水泵的扬水高度和电力消耗，不符合节能原则。

7.8 制冷和供热机房

7.8.1 制冷和供热机房（不含锅炉房、包含无压热水机房及换热间）的布置和要求。

1 主要从当前使用的设备和21世纪现代建筑出发，提出应有现代化机房的要求。机房的位置可按本条要求并结合实际情况确定，但应符合尽量靠近负荷中心的要求（尤其是建筑群），主要是避免环路长短不均，难以平衡，造成供冷（热）质量不良，增加投资和能耗。

2 水泵是否和主机分室设置，应视水泵的质量和噪声决定，若选用1450r/min及以下的水泵或新型低噪声水泵可不另设水泵间。经调查，近几年国产优质水泵噪声较低，与进口主机设在同一机房内时，主机噪声大于水泵噪声。

3 空气调节系统控制应设控制室，室内设控制柜，用于控制机房及末端设备系统的中央（微机）工作站。这是机房控制的发展方向，目前不少工程已经实现和正在实施，是提高设备与系统管理水平、保障空气调节质量、节能运转，现代化管理的必然方向。

4 机房内设备先进，同样机房也应是清洁、明亮的，应彻底改变过去机房形象差的现状。为此，提出了机房对地面材料、照明、给排水等方面的要求。

7.8.2 机房设备布置要求。

按当前常用的机型做了最小间距的规定。在设计布置时还是应尽量紧凑、不应宽打窄用、浪费面积，根据实践经验、设计图面上因重叠的管道摊平绘制，管道甚多，看似机房很挤，完工后却较宽松。所以，按本条规定的间距设计一般不会拥挤。

7.8.3 氨制冷机房的要求。强制条文。

本条从安全角度考虑，当采用氨制冷时，是机房必需考虑的内容。

7.8.4 直燃机房设计。新增条文。

直燃机房的设计除机房布置和管路系统外，还包括室外储油罐、供回油系统、室内日用油箱及油路系统（或燃气系统）、排烟管道系统、消防及通风等方面，较为复杂，关键是处理好安全、环保问题。银川燃油锅炉房爆炸就是因设计差错和管理失职造成的，所以必须非常重视安全问题。以上各项设计涉及到的规范较多，应按国家现行标准《建筑设计防火规范》（GB 50016）、《高层民用建筑设计防火规范》（GB 50045）、《城镇燃气设计规范》（GB 50028）等的有关规定综合考虑协调解决。设计图应报消防部门审查通过。

7.9 设备、管道的保冷和保温

7.9.1、7.9.2 设备和管道的保冷和保温。

由于空气调节系统需要保冷、保温的设备和管道种类很多，本条仅原则性地提出应该保冷、保温的部位和要求。

特别需要指出的是，水源热泵系统的水源环路应根据当地气象参数做好保冷（温）或防凝露措施。

7.9.3 对设备和管道保冷、保温材料的选择要求。新增条文。

本条重点强调对用在空气调节及制冷系统保冷材料的性能，应符合《设备及管道保冷设计导则》（GB 15586）的要求。保冷与保温的要求不同，保冷特别强调材料的湿阻因子μ要大，吸水性要小的特性。国家标准《柔性泡沫橡塑绝热制品》（GB/T 17794）中说明：湿阻因子是用以衡量保冷材料的抗水渗透能力，即空气的水蒸气扩散系数D与材料的透湿系数δ之比。

对于低温管道，保冷材料的内外壁两侧始终存在着温差和湿度差，在水汽分压差的持续作用下，水汽会不可避免地渗入保冷材料内部，因水的导热系数［0.56W/（m·K）］十数倍于材料的初始导热系数，故材料的导热系数会逐渐增高，致使原有按初始导热系数选定的保冷层厚度变得不足而产生结露。

可见，保冷材料的湿阻因子μ，即抗水汽渗透能力至关重要，它直接关系到保冷材料的使用寿命。

如湿阻因子$\mu=4500$的隔热材料，使用4年后，导热系数增加幅度为9.4%，而湿阻因子$\mu=3000$的隔热材料，使用4年后，导热系数增加幅度为14.2%。随着使用时间的延长，渗入材料内部的水汽不断积累，材料的导热系数相应增加。而湿阻因子μ值越高，导热系数增加越慢，使用寿命越长。因此初始选用保温层厚度时就应考虑到使用寿命；而湿阻因子较高的材料，初始可选用较薄的厚度即可达到同样的使用寿命。

表10是柔性泡沫橡塑材料（环境温度30℃，相对湿度80%，7℃冷冻水，ϕ219管用25mm厚材料保温时）不同μ值或δ值材料随使用年限的增加其导热系数的变化。

表10 不同使用年限不同μ值或δ值材料的导热系数λ表［W/（m·K）］

使用年限（年）	不同μ值或δ值材料的导热系数λ				
	$\mu=1000$ $\delta=1.96\times10^{-10}$	$\mu=2000$ $\delta=9.81\times10^{-11}$	$\mu=3000$ $\delta=6.54\times10^{-11}$	$\mu=4500$ $\delta=4.36\times10^{-11}$	$\mu=7000$ $\delta=2.80\times10^{-11}$
0	0.0360	0.0360	0.0360	0.0360	0.0360
2	0.0436	0.0398	0.0385	0.0377	0.0371
4	0.0513	0.0436	0.0411	0.0394	0.0382
6	0.0589	0.0474	0.0436	0.0411	0.0393
8	0.0665	0.0513	0.0462	0.0428	0.0404
10	0.0742	0.0551	0.0487	0.0445	0.0415

注：本表由阿乐斯绝热材料（广州）有限公司提供。

7.9.4 设备和管道保温保冷的计算原则，附录J的引文。新增条文。

本规范附录J，是对目前空气调节工程中最常用的几种性能较好的保冷材料，按不同的介质温度、不同的系统分别给出保冷厚度表，以方便设计人员选用。在选用柔性泡沫橡塑管壳时，为了能在保证保冷效果的同时相应节省材料的用量，也可按生产厂家提供的工程厚度规则进行选择，这也会给设计选型带来很大方便。例如，设计条件确定后，经过一次计算选定管材中某一系列，则该系列中各种管径所需的不同防结露厚度即相应确定，无须再对其他管径进行计算。

8 监测与控制

8.1 一般规定

8.1.1 应设置的监测和控制的内容。

本次修订将本章标题“自动控制”改为“监测与控制”，内涵不变，只是为了便于理解。目前国内外有关标准、规范，两种提法都有，意义上无太大差别。

1 参数检测：包括参数的就地检测及遥测两类。就地参数检测是现场运行人员管理运行设备或系统的依据；参数的遥测是监控或就地控制系统制定监控或控制策略的依据。

2 参数和设备状态显示：通过集中监控系统主机系统的显示或打印单元以及就地控制系统的光、声响等器件显示某一参数是否达到规定值或超差；或显示某一设备运行状态。

3 自动调节：使某些运行参数自动的保持规定值或按预定的规律变动。

4 自动控制：使系统中的设备及元件按规定的程序启停。

5 工况自动转换：指在节能多工况运行的系统中，根据节能及参数运行要求实时从某一运行工况转到另一运行工况。

6 设备联锁：使相关设备按某一指定程序顺序启停。

7 自动保护：指设备运行状况异常或某些参数超过允许值时，发出报警信号或使系统中某些设备及元件自动停止工作。

8 能量计量：包括计量系统的冷热量、水流量及其累计值等，它是实现系统以优化方式运行，更好地进行能量管理的重要条件。

9 中央监控与管理：是指以微型计算机为基础的中央监控与管理系统，是在满足使用要求的前提下，按既考虑局部，更着重总体的节能原则，使各类设备在耗能低效率高状态下运行。中央监控与管理系统是一个包括管理功能、监视功能和实现总体运行优化的多功能系统。

设计时究竟采用哪些监测与控制内容，应根据建筑物的功能和标准、系统的类型、运行时间和工艺对管理的要求等因素，经技术经济比较确定。

8.1.2 采用集中监控系统的条件。

本规范所涉及的集中监控系统主要指集散型控制系统及全分散控制系统等一类系统。所谓集散型控制系统是一种基于计算机的分布式控制系统，其特征是“集中管理，分散控制”。即以分布在现场所控设备或系统附近的多台计算机控制器（又称下位机）完成对设备或系统的实时监测、保护和控制任务，克服了计算机集中控制带来的危险性高度集中和常规仪表控制功能单一的局限性；由于采用了安装于中央监控室的具有通讯、显示、打印及其丰富的管理软件的计算机系统，实行集中优化管理与控制，避免了常规仪表控制分散所造成的人机联系困难及无法统一管理的缺点。

全分散控制系统是系统的末端，例如包括传感器、执行器等部件具有通讯及智能功能，真正实现了点到点的连接，比集散型控制系统控制的灵活性更大，就中央主机部分设置、功能而言，全分散控制系统与集散型控制系统所要求的是完全相同的。

1 由于集中监控系统管理级中央主机统一监控与管理的功能及其功能性强的管理软件，因而可减少运行维护工作量，提高管理水平。

2 由于集中监控系统能方便的实现点到点通讯连接，因而比常规控制实现工况转换和调节更容易。

3 由于集中监控系统管理级中央主机所关心的不仅是设备的正常运行和维护，更着重于总体的运行状况和效率，因而更有利于实现系统的节能运行。

4 由于集中监控系统可实现下位机间或点到点通讯连接，因而系统之间的联锁保护控制更便于实现。

8.1.3 采用就地控制系统的条件。新增条文。

本条主要是指不适合采用集中监控系统的小型采暖、通风和空气调节系统。

1 工艺或使用条件有一定要求的采暖、通风和空气调节系统，采用手动控制尽管可以满足运行要求，但维护管理困难，而采用就地控制不仅提高了运行质量，也给维护管理带来了很大方便，因此条文规定应设就地控制。

2 防止事故保证安全的自动控制，主要是指系统和设备的各类保护控制，如通风和空气调节系统中电加热器与通风机的连锁和无风断电保护等。

3 采用就地控制系统能根据室内外条件实时投入节能控制方式，因而有利于节能。

8.1.4 连锁、连动等保护措施的设置。新增条文。

1 采用集中监控系统时，设备连动、连锁等保护措施应直接通过监控系统的下位机的控制程序或点到点的连接实现，尤其联动、连锁分布在不同控制区域时优越性更大。

2 采用就地控制系统时，设备连动、连锁等保护措施应为就地控制系统的一部分或分开设置成两个独立的系统。

3 对于不采用集中监控与就地控制的系统，出于安全目的时，连动、连锁应独立设置。

8.1.5 就地检测仪表。

设置就地检测仪表的目的，是通过仪表随时向操作人员提供各工况点和室内控制点的情况，以便进行必要的操作，因而应设在便于观察的位置。另一方面集中监控或就地控制系统基于实现监控与控制等目的所设置的遥测仪表当具有就地显示环节时，则可不必再设就地检测仪表。

8.1.6 手动控制装置的设置。

为使动力设备安全运行及便于维修，采用集中监控系统时，应在动力设备附近的动力柜上设置手动控制装置及远动/手动转换开关，并要求能监视远动/手动转换开关状态。

8.1.7 控制室的设置。

为便于系统初调试及运行管理，通常做法是将控制器或集中监控系统的下位机放在被控设备或系统附近；当采用集中监控系统时，为便于管理及提高系统运行质量，应设专门控制室；当就地控制的环节或仪表较多时，为便于统一管理，宜设专门控制室。

8.1.8 与防火和防排烟有关的监控内容。新增条文。

规定本条是为了采暖、通风与空气调节设计能够符合防火规范以及向消防监控设计提出正确的监控要求，使系统能正常运行。

与防排烟合用的空气调节通风系统（例如送风机兼作排烟补风机用，利用平时风道作为排烟风道时阀门的转换，火灾时气体灭火房间通风管道的隔绝等），平时风机运行一般由楼宇自控监控，火灾时设备、风阀等应立即转入火灾控制状态，由消防控制室监控。

要求风道上防火阀带位置反馈可用来监视防火阀工作状态，防止防火阀平时运行的非正常关闭及了解火灾时的阀位情况，以便及时准确地复位，以免影响空气调节通风系统的正常工作。通风系统干管上的防火阀如处于关闭状态，对通风系统影响较大且不易判断部位，因此一定要求监控防火阀的工作状态；当干管上的防水阀只影响个别房间时，例如宾馆客房的竖井排风或新风管道，垂直立管与水平支管交接处的防火阀只影响一个房间，是否设防火阀工作状态监视，则不做强行规定。防火阀工作状态首先在消防控制室显示，如有必要也可在楼宇中央控制室显示。

8.2 传感器和执行器

8.2.1～8.2.4 温度、湿度、压力（压差）流量传感器的设置。新增条文。

本规范给出了温度、湿度、压力（压差）流量传感器设置应满足的一些条件，实际工程中，由于忽视条文中指出的有关条款，致使以上所述参数测量不准确或根本测不出参数值的实例屡见不鲜。条文中所指的本安型仪表应符合国家现行有关自动化仪表的相关规范的要求。

8.2.5 开关量传感器使用的条件。新增条文。

8.2.6 自动调节阀的选择。

为了调节系统正常工作，保证在负荷全部变化范围内的调节质量和稳定性，提高设备的利用率和经济性，正确选择调节阀的特性十分重要。

调节阀的选择原则，应以调节阀的工作流量特性即调节阀的放大系数来补偿对象放大系数的变化，以保证系统总开环放大系数不变，进而使系统达到较好的控制效果。但是，实际上由于影响对象特性的因素很多，用分析法难以求解，多数是通过经验法粗定，并以此来选用不同特性的调节阀。

此外，在系统中由于配管阻力的存在，压力损失比 S 值的不同，调节阀的工作流量特性并不同于理想的流量特性。如理想线性流量特性，当 $S<0.3$ 时，工作流量特性近似为快开特性，等百分比特性也畸变为接近线性特性，可调比显著减小，因此，通常是不希望 $S<0.3$ 的。

关于水两通阀流量特性的选择，由试验可知，空气加热器和空气冷却器的放大系数是随流量的增大而变小，而等百分比特性阀门的放大系数是随开度的加大而增大，同时由于水系统管道压力损失往往较大，$S<0.6$ 的情况居多，因而选用等百分比特性阀门具有较强的适应性。

关于三通阀的选择，总的原则是要求通过三通阀的总流量保持不变，抛物线特性的三通阀当 $S=0.3\sim0.5$ 时，其总流量变化较小，在设计上一般常使三通阀的压力损失与热交换器和管道的总压力损失相同，即 $S=0.5$，此时无论从总流量变化角度，还是从三通阀的工作流量特性补偿热交换器的静态特性考虑，均以抛物线特性的三通阀为宜，在系统压力损失较小，通过三通阀的压力损失较大时，亦可选用线性三通阀。

关于蒸汽两通阀的选择，如果蒸汽加热中的蒸汽作自由冷凝，那么加热器每小时所放出的热量等于蒸汽冷凝潜热和进入加热器蒸汽量的乘积。当通过加热器的空气量一定时，经推导可以证明，蒸汽加热器的静态特性是一条直线，但实际上蒸汽在加热器中不能实现自由冷凝，有一部分蒸汽冷凝后再冷却使加热器的实际特性有微量的弯曲，但这种弯曲可以忽略不计。从对象特性考虑可以选用线性调节阀，但根据配管状态当 $S<0.6$ 时工作流量特性发生畸变，此时宜选用等百分比特性的阀。

调节阀的口径应根据使用对象要求的流通能力来定。口径选用过大或过小或满足不了调节质量或不经济。

8.2.7 三通阀和两通阀的应用。

由于三通混合阀和分流阀的内部结构不同，为了使流体沿流动方向使阀芯处于流开状态，阀的运行稳定，两者不能互为代用。但是，对于公称直径小于80mm的阀，由于不平衡力小，混合阀亦可用做分流。

双座阀不易保证上下两阀芯同时关闭，因而泄漏量大。尤其用在高温场合，阀芯和阀座两种材料的膨胀系数不同，泄漏会更大。因此，规定蒸汽的流量控制用单座阀。

8.2.8 水路切换应选用通断阀。新增条文。

8.2.9 必须使用气动执行器的条件。新增条文。强制条文。

8.3 采暖、通风系统的监测与控制

8.3.1 采暖、通风系统的监测点。

本条给出了应设置的采暖、通风系统监测点，设计时应根据系统设置加以确定。

8.3.2 暖风机热风采暖系统控制。

对于间歇供热的暖风机热风采暖系统，当停止供热或热媒温度、压力过低时，暖风机不停会使送风温度过低即出现吹冷风现象，此时应关闭暖风机。当再次供热，并且热媒的温度达到给定值，暖风机应接通。一般做法是采用位式控制。对于蒸汽是控制入口压力，高于压力整定值时控制触点闭合，低于压力整定值时控制触点断开。对于热水，在供水侧设控制触点，用供水温度和给定值比较来控制暖风机的启停。

8.3.3 排风系统工作状态信号。

条文中所指的这一类排风系统，其通风机通常设在远离工作地点处，为了在工作地点处能监督通风机运行，防止由于停机导致工作地点产生剧毒或爆炸危险性物质超过允许浓度，发生火灾或爆炸及其他人身事故，应在工作地点设通风机运行状态显示信号，以确保工作现场及人身的安全。

8.4 空气调节系统的监测与控制

8.4.1 空气调节系统监测点。

本条给出了应设置的空气调节系统监测点，设计时应根据系统设置加以确定。

8.4.2 多工况运行方式。

本条中“变结构多工况”的含义是，在不同的工况时，其调节系统（调节对象和执行机构等）的组成是变化的。以适应室内外热湿条件变化大的特点，达到节能的目的。工况的划分也要因系统的组成及处理方式的不同而改变，但总的原则是节能，尽量避免空气处理过程中的冷热抵消，充分利用新风和回风，缩短制冷机、加热器及加湿器的时间等，并根据各工况在一年中运行的累计小时数简化设计，以减少投资。多工况同常规系统运行区别，在于不仅要进行参数的控制，还要进行工况的转换。多工况的控制、转换可采用就地的逻辑控制系统或集中监控系统等方式实现，工况少时可采用手动转换实现。

利用执行机构的极限位置，空气参数的超限信号以及分程控制方式等自动转换方式，在运行多工况控制及转换程序时交替使用，可达到实时转换的目的。

8.4.3 优先控制和分程控制。

水冷式空气冷却器采用室内温湿度的高（低）值选择器控制冷水量，在国外是较常用的控制方案，国内也有工程采用。

所谓高（低）值选择控制，就是在水冷式空气冷却器工作的季节，根据室内温湿度的超差情况，将温湿度调节器的输出信号分别输入到信号选择器内进行比较，选择器将根据比较后的高（低）值信号（只接受偏差大的为高值或只接受偏差小的为低值），自动控制调节阀改变进入水冷式空气冷却器的冷水量。

高（低）值选择器在以最不利的参数为基准，采用较大水量调节的时候，对另一个超差较小的参数，就会出现不是过冷就是过于干燥，也就是说如果冷水量是以温度为基准进行调节的，对于相对湿度调节来讲必然是调节过量，即相对湿度比给定值小；如果冷水量是以相对湿度为基准进行调节的，则温度就会出现比给定值低，要保证温湿度参数都满足要求，还需要对加热器或加湿器进行分程控制。

所谓对加热器或加湿器进行分程控制，以电动温湿度调节器为例，就是将其输出信号分为0～5mA和6～10mA两段，当采用高值选择时，其中6～10mA的信号控制空气冷却器的冷水量，而0～5mA一段信号去控制加热器和加湿器阀门，也就是说用一个调节器通过对两个执行器的零位调整进行分段控制，即温度调节器既可控制空气冷却器的阀门也可控制加热器的阀门，湿度调节器既可控制冷却器的阀门也可控制加湿器的阀门。

这里选择控制和分程控制是同时进行的，互为补充的，如果只进行高（低）值选择而不进行分程控制，其结果必然出现一个参数满足要求，另一个参数存在偏差。

8.4.4 室内相对湿度的控制。

空气调节房间热湿负荷变化较小时，用恒定机器露点温度的方法可以使室内相对湿度稳定在某一范围内，如室内热湿负荷稳定，可达到相当高的控制精度。但是，对于室内热湿负荷或相对湿度变化大的场合，宜采用不恒定机器露点温度或不达到机器露点温度的方式，即用直接装在室内工作区、回风口或总回风管中的湿度敏感元件来测量和调节系统中的相应的执行调节机构达到控制室内相对湿度的目的。系统在

运行中不恒定机器露点温度或不达到机器露点温度的程度是随室内热湿负荷的变化而变化的，对室内相对湿度是直接控制的，因此，室内散湿量变化较大时，其控制精度较高。然而对于多区系统这一方法仍不能满足各房间的不同条件，因此，在具体设计中应根据不同的实际要求，确定是否应按各房间的不同要求单独控制。

8.4.5 串级调节或送风补偿调节。

本条给出了串级调节或送风补偿调节系统的应用范围，说明如下：

串级调节系统采用两个调节回路：一是由副调节器、调节机构、对象 2、变送器 2 等组成的副调节回路；二是由副调节回路以外的其余部分组成的主调节回路。主调节器为恒值调节。副调节器的给定值由主调节器输入，并随输入而变化，为随动调节。主副两个调节器相串联，组成串级调节系统。这一调节系统如图 4 所示。

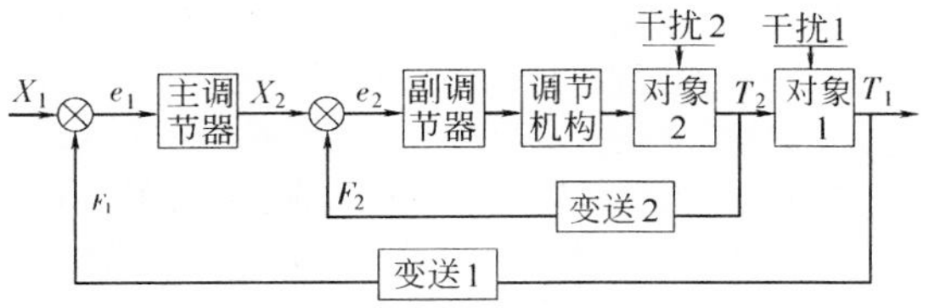

图 4 串级调节系统框图

图中 T_1、T_2 分别为对象 1 及对象 2 调节参数；X_1、X_2 分别为主副调节器的给定值；F_1、F_2 分别为对象反馈信号对主副调节器的输入；e_1、e_2 分别为调节偏差信号对主副调节器的输入。

串级调节系统由于副回路具有快速的调节作用，它可以减少主控制参数的波动幅值，改善调节系统的动态偏差，并且由于副回路的补偿作用，又允许使用窄比例带的调节器，静差可减少，因而提高了控制参数的精度。

下面以室温调节系统为例，分析采用这一方式的优点。假定采用冷热盘管，其热容大，送风管又相当长，采用单回路的反馈恒值调节系统时，由于调节滞后大，调节参数 T_1 必然超调大。尤其是来自送风的干扰（干扰 2）会较长时间作用在空气调节系统上，由于不能实时地调节，调节参数必然超调大。采用串级调节，将送风干扰 2 纳入副回路，在未对室温产生影响前，副回路已将送风温度调节到原给定值，干扰 2 则对室温不会带来什么影响；而由干扰 1 引起的室温波动又通过主调节器的输入变化，改变副调节器的给定值，使送风温度变化而得到补偿。送风温度的变化，副回路的调节是有利于减小室温波动的。

其次，进一步分析采用副回路的快速性。例如，干扰 1、干扰 2 同时为室温减小的信号，由框图分析，主调节器输出 X_2 增大（即提高副调节器的给定值），副调节器的输入 F_2 又减小，而（X_2-F_2）的输出将比只采用一个室温调节器的输出增大的快，可加速提高送风温度，有利于室温的恢复。同理分析两信号反相时，送风温度调节器感受的变化相反，因而送风温度变化小，有利于调节的稳定，可见采用两个调节器会更大地改善调节品质。

综合以上理由，本条规定串级调节适用于调节对象纯滞后大、时间常数大或热湿扰量大的场合。

8.4.6 变风量系统送风温度设定值。

在单管变风量系统中，冷却工况和加热工况是不能同时出现的。当系统处于冷却工况时，送风温度一直保持接近于冷却工况的设计设定值，末端装置的控制器按照需要调节进入房间的送风量。当转换到加热工况时，送风温度的设定值当应改变，并且要求改变所有房间末端装置控制器的作用方向。例如：在冷却工况下，当房间的温度降低时，末端装置控制器操纵末端装置的风阀向关小的位置调节；当房间温度升高时，再向开大的位置调节。在加热工况下将产生相反的调节过程。

8.4.7 变风量系统机组送风量的调节。新增条文。

变风量系统，当末端风量减少后，特别在多数房间的负荷同时减少时，风管静压增加了，造成能量多余消耗；过量的节流还会引起噪声的增加或使风机处在不稳定区工作。因此，在低负荷时，应对静压进行控制以改变机组的送风量。

风机变转数是最节能的运行方式，随着目前变频控制技术的成熟，推荐改变变频风机转数这一方式来改变机组送风量。

8.4.8 电加热器的联锁与保护。强制条文。

要求电加热器与送风机联锁，是一种保护控制，可避免系统中因无风电加热器单独工作导致的火灾。为了进一步提高安全可靠性，还要求设无风断电、超温断电保护措施，例如，用监视风机运行的风压差开关信号及在电加热器后面设超温断电信号与风机启停联锁等方式，来保证电加热器的安全运行。

联接电加热器的金属风管接地，可避免因漏电造成触电类的事故。

8.4.9 热水盘管的防冻保护控制。

位于冬季有冻结可能地区的新风或空气调节机组，应防止因某种原因热水盘管或其局部水流断流而造成冰冻的可能。通常的做法是在机组盘管的背风侧加设感温测头（通常为毛细管或其他类型测头），当其检测到盘管的背风侧温度低于某一设定值时，与该测头相联的防冻开关发出信号，机组即通过集中监控系统的控制器程序或电气设备的联动、联锁等方式运行防冻保护程序，例如：关新风门、停风机、开大热水阀、防止热水盘管冰冻面积进一步扩大。

8.4.10 送风风口转换装置设置的条件。新增条文。

8.4.11 采用风机盘管控制宜具备的条件。新增条文。

8.5 空气调节冷热源和空气调节水系统的监测与控制

8.5.1 空气调节冷热源和空气调节水系统的监测点。新增条文。

冷热源和空气调节水系统应设置的监测点，设计时应根据系统设置加以确定。

8.5.2 蓄冷、蓄热系统的监测点。新增条文。

蓄冷（热）系统宜设置的监测点，设计时应根据系统设置加以确定。

8.5.3 冷水机组水系统的联锁。新增条文。

规定本条的目的是为了保护制冷机安全运行，由于制冷机运行时，一定要保证它的蒸发器和冷凝器有足够的水量流过。为达到这一目的，制冷机水系统中其他设备，包括电动水阀、冷冻水泵、冷却水泵、冷却塔风机等应先于制冷机开机运行，停机则应按相反顺序进行。通常通过水流开关检测与制冷机相联锁的水泵状态，即确认水流开关接通后才允许制冷机启动。

8.5.4 冰蓄冷系统二次冷媒侧换热器的防冻保护。新增条文。

一般空气调节系统夜间负荷往往很小，甚至处在停运状态，而冰蓄冷系统主要在夜间电网低谷期进行蓄冰。因此，在两者进行换热的板热处，由于空气调节系统的水侧冷水基本不流动，如果乙二醇侧的制冰低温传递过来，必然引起另一侧水的冻结，造成板热的冻裂破坏。因此，必需随时观察板热处的乙二醇侧的溶液温度，调节好有关电动调节阀的开度，防止事故发生。

8.5.5 旁通调节阀的设置要求。新增条文。

设置旁通调节阀的目的，可控制进入冷水机组冷却水温度在设定范围内，是一种冷水机组保护措施。

8.5.6 闭式变水量空气调节水系统控制。

设置二次泵系统的目的是改变水泵流量，从而达到节能，因此规定应设置能够使系统变流量的二通阀，一次泵系统则不做硬性规定。

由于冷量与流量并不成线性关系，显然用冷水系统的负荷量大小确定制冷机台数更为合理，与冷机相配套的一次泵通常采用一机对一泵，因此一次泵运行台数也由负荷变化确定。

对于并联运行的二次泵，可采用压差（二次泵供回水集管间压差）控制二次泵运行台数或转数。但是，要解决转换的稳定性。

一次泵系统设压差控制环节是为了保证在系统末端水量变化时流经蒸发器的流量不变，满足制冷机运行的要求。二次泵系统设压差控制环节是为了保证末端装置水系统压力稳定，温湿度参数控制效果好。

8.5.7 集中监控系统与冷水机组控制器之间的通讯要求。新增条文。

冷水机组控制器通讯接口的设立，可使集中监控系统的中央主机系统能够监控冷水机组的运行参数以及使冷水系统能量管理更加合理。

8.6 中央级监控管理系统

8.6.1～8.6.8 中央级监控管理系统的设置要求。新增条文。

指出了中央级监控管理系统应具有的基本操作功能。包括监视功能、显示功能、操作功能、控制功能、数据管理辅助功能、安全保障管理功能等。它是由监控系统的软件包实现的，各厂家的软件包虽各有特点，但软件包功能类似。实际工程中，由于不能以条文中的要求去做，致使所安装的集中监控系统管理不善的例子屡见不鲜。如果不设立安全机制，任何人都可进入修改程序的级别，就会造成系统运行故障；不定期统计系统的能量消耗并加以改进，就达不到节能的目标；不记录系统运行参数并保存，就缺少改进系统运行性能的依据等。

8.6.9 中央级监控管理系统的数据共享。新增条文。

随着智能建筑技术的发展，主要以管理暖通空气调节系统为主的集中监控系统只是大厦弱电子系统之一。为了实现大厦各弱电子系统数据共享，就要求各子系统间（例如消防子系统、安全防范子系统等）有统一的通讯平台，因而必须预留与统一的通讯平台相连接的接口。

9 消声与隔振

9.1 一般规定

9.1.1 消声与隔振的设计原则。

采暖、通风与空气调节系统产生的噪声与振动，只是建筑中噪声和振动源的一部分。当系统产生的噪声和振动影响到工艺和使用的要求时，就应根据工艺和使用要求，各自的允许噪声标准及对振动的限制、系统的噪声和振动的频率特性及其传播方式（空气传播或固体传播）等方面进行消声与隔振设计，并应做到技术经济合理。

9.1.2 室内及环境噪声标准。

室内和环境噪声标准是消声设计的重要依据。因此，本条规定由采暖、通风和空气调节系统产生的噪声传播至使用房间和周围环境的噪声级，应满足国家现行标准《工业企业噪声控制设计规范》（GBJ 87）、《民用建筑隔声设计规范》（GBJ 118）、《城市区域环境噪声标准》（GB 3096）和《工业企业厂界噪声标准》（GB 12348）等的要求。

9.1.3 振动控制设计标准。新增条文。

振动对人体健康的危害是很严重的，在采暖、通风与空气调节系统中振动问题也是相当严重的。因此，本条规定了振动控制设计应满足国家现行标准《城市区域环境振动标准》（GB 10070）等的要求。

9.1.4 降低风系统噪声的措施。

本条规定了降低风系统噪声应注意的事项。系统设计安装了消声器，其消声效果也很好，但经消声处理后的风管又穿过高噪声房间，再次被污染，又回复到了原来的噪声水平，最终不能起到消声作用，这个问题，过去往往被人们忽视。同样道理，噪声高的风管穿过要求噪声低的房间时，它也会污染低噪声房间，使其达不到要求。因此，对这两种情况必须引起重视。当然，必须穿过时还是允许的，但应对风管进行良好的隔声处理，以避免上述两种情况发生。

9.1.5 风管内的风速。

通风机与消声装置之间的风管，其风道无特殊要求时，可按经济流速采用即可，根据国内外有关资料介绍，经济流速 6～13m/s，本条推荐采用的 8～10m/s在经济流速的范围内。

消声装置与房间之间的风管，其空气流速不宜过大，因为风速增大，会引起系统内气流噪声和管壁振动加大，风速增加到一定值后，产生的气流再生噪声甚至会超过消声装置后的计算声压级；风管内的风速也不宜过小，否则会使风管的截面积增大，既耗费材料又占用较大的建筑空间，这也是不合理的。因此，本条给出了适应四种室内允许噪声级的主管和支管的风速范围。

9.1.6 机房位置及噪声源的控制。

通风、空气调节与制冷机房是产生噪声和振动的地方，是噪声和振动的发源处，其位置应尽量不靠近有较高防振和消声要求的房间，否则对周围环境影响颇大。

通风、空气调节与制冷系统运行时，机房内会产生相当高的噪声，一般为 80～100dB（A），甚至更高，远远超过环境噪声标准的要求。为了防止对相邻房间和周围环境的干扰，本条规定了噪声源位置在靠近有较高隔振和消声要求的房间时，必须采取有效措施。这些措施是在噪声和振动传播的途径上对其加以控制。为了防止机房内噪声源通过空气传声和固体传声对周围环境的影响，设计中应首先考虑采取把声源和振源控制在局部范围内的隔声与隔振措施，如采用实心墙体、密封门窗、堵塞空洞和设置隔振器等，这样做仍达不到要求时，再辅以降低声源噪声的吸声措施。大量实践证明，这样做是简单易行、经济合理的。

9.1.7 室外设备噪声控制。新增条文。

对露天布置的通风、空气调节和制冷设备及其附属设备如冷却塔、空气源冷（热）水机组等，其噪声达不到环境噪声标准要求时，亦应采取有效的降噪措施，如在其进、排风口设置消声设备或在其周围设置隔声屏障等。

9.2 消声与隔声

9.2.1 噪声源声功率级的确定。

进行采暖、通风与空气调节系统消声与隔声设计时，首先必须知道其设备，如通风机、空气调节机组、制冷压缩机和水泵等声功率级，再与室内外允许的噪声标准相比较，通过计算最终确定是否需要设置消声装置。

9.2.2 再生噪声与自然衰减量的确定。

当气流以一定速度通过直风管、弯头、三通、变径管、阀门和送、回风口等部件时，由于部件受气流的冲击湍振或因气流发生偏斜和涡流，从而产生气流再生噪声。随着气流速度的增加，再生噪声的影响也随之加大，以至成为系统中的一个新噪声源。所以，应通过计算确定所产生的再生噪声级，以便采取适当措施来降低或消除。

本条规定了在噪声要求不高，风速较低的情况下，对于直风管可不计算气流再生噪声和噪声自然衰减量。气流再生噪声和噪声自然衰减量是风速的函数。

9.2.3 设置消声装置的条件及消声量的确定。

通风与空气调节系统产生的噪声量，应尽量用风管、弯头和三通等部件以及房间的自然衰减降低或消除。当这样做不能满足消声要求时，则应设置消声装置或采取其他消声措施，如采用消声弯头等。消声装置所需的消声量，应根据室内所允许的噪声标准和系统的噪声功率级分频带通过计算确定。

9.2.4 选择消声设备的原则。

选择消声设备时，首先应了解消声设备的声学特性，使其在各频带的消声能力与噪声源的频率特性及各频带所需消声量相适应。如对中、高频噪声源，宜采用阻性或阻抗复合式消声设备；对于低、中频噪声源，宜采用共振式或其他抗性消声设备；对于脉动低频噪声源，宜采用抗性或微穿孔板阻抗复合式消声设备；对于变频带噪声源，宜采用阻抗复合式或微穿孔板消声设备。其次，还应兼顾消声设备的空气动力特性，消声设备的阻力不宜过大。

9.2.5 消声设备的布置原则。

为了减少和防止机房噪声源对其他房间的影响，并尽量发挥消声设备应有的消声作用，消声设备一般应布置在靠近机房的气流稳定的管段上。当消声器直接布置在机房内时，消声器、检查门及消声器后至机房隔墙的那段风管必须有良好的隔声措施；当消声器布置在机房外时，其位置应尽量临近机房隔墙，而且消声器前至隔墙的那段风管（包括拐弯静压箱或弯头）也应有良好的隔声措施，以免机房内的噪声通过消声设备本体、检查门及风管的不严密处再次传入系统中，使消声设备输出端的噪声增高。

在有些情况下，如系统所需的消声量较大或不同房间的允许噪声标准不同时，可在总管和支管上分段设置消声设备。在支管或风口上设置消声设备，还可适当提高风管风速，相应减小风管尺寸。

9.2.6 管道穿过围护结构的处理。

管道本身会由于液体或气体的流动而产生振动，当与墙壁硬接触时，会产生固体传声，因此应使之与弹性材料接触，同时也为防止噪声通过孔洞缝隙泄露出去而影响相邻房间及周围环境。

9.3 隔 振

9.3.1 设置隔振的条件。

通风、空气调节和制冷装置运行过程中产生的强烈振动，如不予以妥善处理，将会对工艺设备、精密仪器等的工作造成影响，并且有害于人体健康，严重时，还会危及建筑物的安全。因此，本条规定当通风、空气调节和制冷装置的振动靠自然衰减不能达到允许程度时，应设置隔振器或采取其他隔振措施，这样做还能起到降低固体传声的作用。

9.3.2～9.3.4 选择隔振器的原则。

1 从隔振器的一般原理可知，工作区的固有频率或者说包括振动设备、支座和隔振器在内的整个隔振体系的固有频率，与隔振体系的质量成反比，与隔振器的刚度成正比，也可以借助于隔振器的静态压缩量用下式计算：

$$f_0=\frac{1}{2\pi}\sqrt{\frac{k}{m}}\approx\frac{5}{\sqrt{x}} \tag{15}$$

式中 f_0——隔振器的固有频率（Hz）；

k——隔振器的刚度（kg/cm^2）；

m——隔振体系的质量（kg）；

x——隔振器的静态压缩量（cm）；

π——圆周率。

振动设备的扰动频率取决于振动设备本身的转速，即：

$$f=\frac{n}{60} \tag{16}$$

式中 f——振动设备的扰动频率（Hz）；

n——振动设备的转速（r/min）。

隔振器的隔振效果一般以传递率表示，它主要取决于振动设备的扰动频率与隔振器的固有频率之比，如忽略系统的阻尼作用，其关系式为：

$$T=\left|\frac{1}{1-\left(\frac{f}{f_0}\right)^2}\right| \tag{17}$$

式中 T——振动传递率（Hz）；

其他符号意义同前。

由式（17）可以看出，当 f/f_0 趋近于0时，振动传递率接近于1，此时隔振器不起隔振作用；当 $f=f_0$ 时，传递率趋于无穷大，表示系统发生共振，这时不仅没有隔振作用，反而使系统的振动急剧增加，这是隔振设计必须避免的；只有当 $f/f_0>\sqrt{2}$ 时，亦即振动传递率小于1，隔振器才能起作用，其比值愈大，隔振效果愈好。虽然在理论上，f/f_0 愈大愈好，但因设计很低的 f_0，不但有困难、造价高，而且当 $f/f_0>5$ 时，隔振效果提高得也很缓慢，通常在工程设计上选用 $f/f_0=2.5\sim5$，因此规定设备运转频率（即扰动频率或驱动频率）与隔振器的固有频率之比，应大于或等于2.5。

弹簧隔振器的固有频率较低（一般为2～5Hz），橡胶隔振器的固有频率较高（一般为5～10Hz），为了发挥其应有的隔振作用，使 $f/f_0=2.5\sim5$，因此，本规范规定当设备转速小于或等于1500r/min时，宜选用弹簧隔振器；设备转速大于1500r/min时，宜选用橡胶等弹性材料垫块或橡胶隔振器。对弹簧隔振器适用范围的限制，并不意味着它不能用于高转速的振动设备，而是因为采用橡胶等弹性材料已能满足隔振要求，而且做法简单，比较经济。

原规范规定设备运转频率与弹簧隔振器或橡胶隔振器垂直方向的固有频率之比，应大于或等于2，此次修订改为2.5，这意味着隔振效率由67%提高到80%。各类建筑由于允许噪声的标准不同，因而对隔振的要求也不尽相同。由设备隔振而使与机房毗邻房间内的噪声降低量 NR 可由经验公式（18）得出：

$$NR=12.5\lg(1/T) \tag{18}$$

允许振动传递率 T 随着建筑和设备的不同而不同，具体建议值见表11。

表11 不同建筑类别允许的振动传递率 T 的建议值

建筑类别	振动传递率 T
音乐厅、歌剧院	0.01～0.05
办公室、会议室、医院、住宅、学校、图书馆	0.05～0.2
多功能体育馆、餐厅	0.2～0.4
工厂、车库、仓库	0.8～1.5

2 为了保证隔振器的隔振效果并考虑某些安全因素，橡胶隔振器的计算压缩变形量，一般按制造厂提供的极限压缩量的1/3～1/2采用；橡胶隔振器和弹簧隔振器所承受的荷载，均不应超过允许工作荷载；由于弹簧隔振器的压缩变形量大，阻尼作用小，其振幅也较大，当设备启动与停止运行通过共振区其共振振幅达到最大时，有可能对设备及基础起破坏作用。因此，条文中规定，当共振振幅较大时，弹簧隔振器宜与阻尼大的材料联合使用。

3 当设备的运转频率与弹簧隔振器或橡胶隔振器垂直方向的固有频率之比为2.5时，隔振效率约为80%，自振频率之比为4～5时，隔振效率大于93%，此时的隔振效果才比较明显。在保证稳定性的条件下，应尽量增大这个比值。根据固体声的特性，低频声域的隔声设计应遵循隔振设计的原则，即仍遵循单自由度系统的强迫振动理论，高频声域的隔声设计不再遵循单自由度系统的强迫振动理论，此时必须考虑到声波沿着不同介质传播所发生的现象，这种现象的原理是十分复杂的，它既包括在不同介质中介面上的能量反射，也包括在介质中被吸收的声波能量。根据上述现象及工程实践，在隔振器与基础之间再设置一定厚度的弹性隔振垫，能够减弱固体声的传播。

9.3.5 对隔振台座的要求。

加大隔振台座的质量及尺寸等，是为了加强隔振基础的稳定性和降低隔振器的固有频率，提高隔振效果。设计安装时，要使设备的重心尽量落在各隔振器的几何中心上，整个振动体系的重心要尽量低，以保证其稳定性。同时应使隔振器的自由高度尽量一致，基础底面也应平整，使各隔振器在平面上均匀对称，受压均匀。

9.3.6、9.3.7 减缓固体传振和传声的措施。

为了减缓通风机和水泵设备运行时，通过刚性连接的管道产生的固体传振和传声，同时防止这些设备设置隔振器后，由于振动加剧而导致管道破裂或设备损坏，其进出口宜采用软管与管道连接。这样做还能加大隔振体系的阻尼作用，降低通过共振时的振幅。同样道理，为了防止管道将振动设备的振动和噪声传播出去，支吊架与管道间应设弹性材料垫层。管道穿过机房围护结构处，其与孔洞之间的缝隙，应使用具备隔声能力的弹性材料填充密实。

附录A 夏季太阳总辐射照度
附录B 夏季透过标准窗玻璃的太阳辐射照度

本规范附录A和附录B分7个纬度（北纬20°、25°、30°、35°、40°、45°和50°），6种大气透明度等级给出了太阳辐射照度值，表达形式比较简捷，而且概括了全国情况，便于设计应用。在附录B中，分别给出了直接辐射和散射辐射值（直接辐射与散射辐射值之和，即为相应时刻透过标准窗玻璃进入室内的太阳总辐射照度），为空气调节负荷计算方法的应用和研究提供了条件。根据当地的地理纬度和计算大气透明度等级，即可直接从附录A、附录B中查到当地的太阳辐射照度值，从设计应用的角度看，还是比较方便的。

附录C 夏季空气调节大气透明度分布图

夏季空气调节用的计算大气透明度等级分布图，其制定条件是在标准大气压力下，大气质量$M=2$。（$M=\frac{1}{\sin\beta}$，β——太阳高度角，这里取$\beta=30°$）

根据附录C所标定的计算大气透明度等级，再按本规范第3.3.4条表3.3.4进行大气压力订正，即可确定出当地的计算大气透明度等级。这一附录是根据我国气象部门有关科研成果中给出的我国七月大气透明度分布图，并参照全国日照率等值线图改制的。

附录D 加热由门窗缝隙渗入室内的冷空气的耗热量

本附录根据近年来冷风渗透的研究成果及其工程应用情况，在修改原规范附录七的基础上，给出了采用缝隙法确定多层和高层民用建筑渗透冷空气量的计算方法，并增加了多层建筑渗透冷空气量的换气次数法计算公式，因工业建筑的冷风渗透过程受到大门及孔口冷空气侵入等诸多复杂因素的影响，其冷风渗透量难以计算确定，本附录沿用原规范中估算生产厂房渗透耗热量的百分率附加法。

在采用缝隙法进行计算时，本附录沿用原规范以单纯风压作用下的理论渗透冷空气量L_0为基础的模式，但在以下方面进行了修改和完善。

1 在确定L_0时，本附录取消原规范附表7.1，而应用通用性公式（D.0.2-2）进行计算。原因是规范难以涵盖目前出现的多种门窗类型，且同一类型门窗的渗风特性也有不同，而因计算条件的改变，以风速分级的计算列表也已无必要。式（D.0.2-2）中的外门窗缝隙渗风系数α_1值可由供货方提供或根据现行国家标准《建筑外窗空气渗透性能分级及其检测方法》，按表D.0.2-1采用。

2 根据朝向修正系数n的定义和统计方法，v_0应当与$n=1$的朝向对应，而该朝向往往是冬季室外最多风向；若n值以一月平均风速为基准进行统计，v_0应当取为一月室外最多风向的平均风速。考虑一月室外最多风向的平均风速与冬季室外最多风向的平均风速相差不大，且后者可较为方便地应用《采暖通风与空气调节气象资料集》，本附录式（D.0.2-2）中的v_0取为冬季室外最多风向的平均风速，而非原规范的冬季室外平均风速。

3 本附录采用冷风渗透压差综合修正系数m的概念，取代原规范中渗透冷空气量的综合修正系数m。本附录中m值的计算式（D.0.2-3）对原规范中风压与热压共同作用时的压差叠加方式进行了修改，并引入热压系数C_r和风压差系数ΔC_f，使其成为反映综合压差的物理量。当$m>0$时，冷空气渗入。

4 当渗透冷空气流通路径确定时，热压系数C_r仅与建筑内部隔断情况及缝隙渗风特性有关。因建筑日趋多样化，且确定 C_r 的解析值需求解非线性方程，获取 C_r 的理论值非常困难。本附录根据典型建筑门窗设置情况及其缝隙特性，通过对有关参数的数量级分析，提供了热压系数 C_r 的推荐值。一般认为，渗透冷空气经外窗、内（房）门、前室门和楼梯间（电梯间）门进入气流竖井。本规范表 D.0.2-2 中，若前室门或楼梯间（电梯间）设门，则 $0.2 \leqslant C_r \leqslant 0.6$；否则，$C_r \geqslant 0.6$。对于内（房）门也是如此。所谓密闭性好与差是相对于外窗气密性而言的。C_r 的幅值范围应为 0～1.0，但为便于计算且偏安全，可取下限为 0.2。有条件时，应进行理论分析与实测。

5 风压差系数 ΔC_f 不仅与建筑表面风压系数 C_f 有关，而且与建筑内部隔断情况及缝隙渗风特性有关。当建筑迎风面与背风面内部隔断等情况相同时，ΔC_f 仅与 C_f 有关；当迎风面与背风面 C_f 分别取绝对值最大，即 1.0 和 −0.4 时，$\Delta C_f = 0.7$，可见该值偏安全。有条件时，应进行理论分析与实测。

6 因热压系数 C_r 对热压差与风压差均有作用，本附录中有效热压差与有效风压差之比 C 值的计算式（D.0.2-5）中不包括 C_r，且以风压差系数 ΔC_f 取代原规范中建筑表面风压系数 C_f。

7 竖井计算温度 t'_n，应根据楼梯间等竖井是否采暖等情况经分析确定。

附录 E　渗透冷空气量的朝向修正系数 n 值

本规范附录 E 给出的全国 104 个城市的渗透冷空气量的朝向修正系数 n 值，是参照国内有关资料提出的方法，通过具体地统计气象资料得出的。所谓渗透冷空气量的朝向修正数系数，乃是 1971～1980 年累年一月份各朝向的平均风速、风向频率和室内外温差三者的乘积与其最大值的比值，即以渗透冷空气量最大的某一朝向 $n=1$，其他朝向分别采取 $n<1$ 的修正系数。在附录中所列的 104 个城市中，有一小部分城市 $n=1$ 的朝向不是采暖问题比较突出的北、东北或西北，而是南、西南或东南等。如乌鲁木齐南向 $n=1$，北向 $n=0.35$；哈尔滨南向 $n=1$，北向 $n=0.30$。有的单位反映这样规定不尽合理，有待进一步研究解决。考虑到各地区的实际情况及小气候等因素的影响，为了给设计人员留有选择的余地，在附录的表述中给予一定灵活性。

附录 F　自然通风的计算

本规范附录 F 列出的自然通风计算方法是适用于热车间自然通风的比较常用的计算方法。这里仅做一点说明。

本附录公式附 F.0.3 中的散热量有效系数 m 值，其影响因素较多。例如热源的布置情况、热源的高度和辐射强度等，一个热车间当热源的布置、保温等情况一定时，就有一个客观存在的 m 值，它可以通过实测得到比较符合实际的数值。其他相同或类似布置的热车间，就可以沿用这个实测数据进行设计计算。不是每种类型的热车间都有实测数据，这样就会给热车间的自然通风计算带来困难。经过对一些资料的分析对比，本附录给出了式 F.0.3 的计算方法，该计算公式除考虑了热设备占地面积的因素外，还考虑了热设备的高度和辐射强度对 m 值的影响，比较全面，计算结果也比较切合实际，具体内容可参见原规范参考资料《关于夏季自然通风计算中的排风温度和 m 值的分析》。

附录 G　除尘风管的最小风速

本规范附录 G 给出的除尘风管最小风速，是根据国内外有关资料归纳整理的。由于所依据的资料较多，所载数据不尽相同。取舍的原则是：凡数据有出入的，按与其关系最直接的部门的数据采用。

中华人民共和国国家标准

智能建筑设计标准

GB/T 50314—2006

条 文 说 明

目　次

1 总　　则

1.0.1 为了适应建筑智能化工程技术发展和智能建筑工程建设的需要，更有效地规范智能建筑工程设计，提高智能建筑工程设计质量，并且使本标准具有适时、适用和可操作性。
1.0.2 修订版以办公、商业、文化、媒体、体育、医院、学校、交通、住宅和通用工业等功能建筑类别的设计标准分别引出，向使用者展示了为实现各类建筑的建设目标，智能建筑所应实现的应用功能和智能化设计所需配置的系统，使本标准具有显著的指导意义。
1.0.6 现行国家和行业有关智能建筑工程的标准、规范和规程是本标准在实施中必须遵守的技术依据。所被引用的应是该文件的最新版本。

《数字程控自动电话交换机技术要求》GB/T 15542；
《建筑与建筑群综合布线系统工程设计规范》GB/T 50311；
《国家环境电磁卫生标准》GB 9175；
《无线通信工程建设标准》YD 2007；
《移动通信基站规范》YD/T 883；
《有线电视系统工程技术规范》GB 50200；
《民用建筑电气设计规范》JGJ/T 16；
《火灾自动报警系统设计规范》GB 50116；
《高层民用建筑设计防火规范》GB 50045；
《建筑设计防火规范》GB 50016；
《安全防范工程技术规范》GB 50348；
《建筑照明设计标准》GB 50034；
《环境电磁波卫生标准》GB 9175；
《电子计算机机房设计规范》GB 50174；
《建筑物电子信息系统防雷技术规范》GB 50343；
《公共建筑节能设计标准》GB 50189；
《城市电力规划规范》GB 50293。

3 设 计 要 素

3.1 一 般 规 定

3.1.1 智能建筑的智能化系统工程是由若干设计要素进行技术搭建构成，本章对智能化集成系统、信息设施系统、信息化应用系统、建筑设备管理系统、公共安全系统、机房工程和建筑环境等各要素，分别从系统的功能及系统的配置等方面提出了进行工程设计所需的基本要求，可提供使用者在进行具体工程设计中作为基础性依据。
3.1.2 设计要素具有通用性和广泛性，适用于办公建筑、商业建筑、文化建筑、媒体建筑、体育建筑、医院建筑、学校建筑、交通建筑、住宅建筑和通用工业建筑等功能建筑或多类别功能组合的综合型建筑的设计需求。

3.2 智能化集成系统

3.2.1 关于智能化集成系统功能的要求，应以满足建筑物的使用功能，确保信息资源共享和优化管理及实施综合管理功能等为系统建设的目标。
3.2.2 本节对智能化集成系统予以更为具体的内容，本条文对其构成的两个方面的界定，是对该系统关于工程技术理论和工程实施都提出了明确的要求，其中智能化信息共享平台建设和信息化应用系统功能实施界面的确立，对工程建设具有可操作性。

3.3 信息设施系统

3.3.2 对建筑物内外的各类信息提供信息化应用功能需要的信息设备系统一般包括通信接入系统、电话交换系统、信息网络系统、综合布线系统、室内移动通信覆盖系统、卫星通信系统、有线电视及卫星电视接收系统、广播系统、会议系统、信息导引及发布系统、时钟系统和各类业务功能所需要的其他相关的通信系统，本节分别对各子系统作出满足工程设计所需的基本要求。
3.3.3～3.3.13 各系统除按本标准所明确的规定外，均必须符合相关的各单项系统的技术标准、规范和规程。

3.4 信息化应用系统

3.4.2 建筑物内提供信息化应用功能需要的各种类信息设备系统组合的系统，一般包括工作业务系统、物业运营管理系统、公共服务管理系统、公众信息服务系统、智能卡应用系统、信息网络安全管理系统及其他建筑物业务功能所需要的相关系统等。
3.4.3～3.4.8 这几条分别是对各子系统配置提出应达到的基本要求。

3.5 建筑设备管理系统

3.5.1 本条文是对建筑设备管理系统的总体功能要求。
3.5.2 本条文列举了建筑设备管理系统的监测、监视、控制等管理功能，在实际工程设计中宜根据工程项目的建筑设备的实际情况选择配置相关管理功能。

对建筑物的热力系统、制冷系统、空调系统、给排水系统、电力系统、照明控制系统、电梯管理系统等可采用分别自成体系的专业监控系统，这是趋于广泛的应用发展趋势，在工程设计中宜根据具体情况予以重视。

3.6 公共安全系统

3.6.3 火灾自动报警系统的配置除按现行国家规范执行外，尚应遵循安全第一，预防为主的原则，应严格保证系统及设备的可靠性，避免误报。同时系统应具有先进性和适用性，系统的技术性能和质量指标应符合现行技术的水平，系统应能适合智能建筑的特点，达到最佳的性能价格比。

本条第1款，有预警功能的线型光纤感温探测器可在电缆沟/隧道、电缆竖井、电线桥架、电缆夹层等；地铁隧道、输油气管道、油罐、油库等；配电装置、开关设备、变压器；控制室、计算机室的吊顶内、地板下及重要设施隐蔽处设置。

本条第4款，因火灾自动报警系统的特殊性要求，建筑设备管理系统应能对火灾自动报警系统进行监视，但不作控制。

本条第5款，在发生火灾情况下，视频安防监控系统可自动将显示内容切换成火警现场图像供消防监控中心室控制机房确认并记录，在线式电子巡查系统的巡查点可作为火灾手动报警的备份。

本条第6款，电磁场干扰对火灾自动报警系统设备的正常工作影响较大，因此系统应具有电磁兼容性保护，以保证系统的可靠性。
3.6.5 应急指挥系统是目前在大中城市和大型公共建筑建设中需建立的项目，本条文列举了较完整功能的系统配置，设计者宜根据工程项目的建筑类别、建设规模、使用性质及管理要求等实际情况，确定选择配置相关的功能及相应的系统，并且能满足使用的需要。

3.7 机 房 工 程

为了满足建筑智能化的整体功能要求，本节对建筑环境从物理空间环境、光环境、电磁环境、空气质量环境等提出相适应的若干要求。
3.7.2 在建筑物内，各智能化系统的控制、管理室或设备装置机房，一般包括信息中心设备机房、数字程控交换机系统设备机房、通信系统总配线设备机房、消防监控中心机房、安防监控中心机房、智能化系统设备总控室、通信接入系统设备机房、有线电视前端设备机房、弱电间(电信间)、应急指挥中心机房及其他智能化系统的设备机房等。该类设备机房，在工程中宜根据具体情况独立配置或组合配置，弱电间(电信间)是楼层或区域智能化系统设备安装间，包括各智能化系统的设备。

3.8 建筑环境

3.8.5 建筑物内空气质量指标，宜根据各工程项目具体情况确定。

4 办公建筑

4.2 商务办公建筑

4.2.1 商务办公建筑一般由多家商务单位共同使用，因此，应能适应不同对象的使用需要进行整个办公建筑的信息系统规划。

4.3 行政办公建筑

4.3.8 涉及国家秘密的通信、办公自动化和计算机信息系统的规划与设计，应符合“涉及国家秘密的通信、办公自动化和计算机信息系统审批和暂行办法的通知(中保办[1998]6号)”规定及应严格按照现行各项报批程序及管理的规定执行，系统保密设施的建设应做到与工程项目同步立项、同步规划、同步实施、同步验收。

4.4 金融办公建筑

4.4.5 金融办公建筑的安全技术防范系统应符合相关功能建筑的规定要求。

5 商业建筑

5.2 商场

5.2.3 根据商场建筑的面积大且使用对象变化的特点，宜优先配置无线接入的方式。

6 文化建筑

6.2 图书馆

6.2.2 图书馆的图书资料储存环境包括新风、温度、湿度、有害气体和光照等进行监控，其控制范围和精度等要求应符合现行标准《图书馆建筑设计规范》JGJ 38 等有关规范的要求。

6.3 博物馆

6.3.8 展柜及库房等存放文物库房的温、湿度应符合现行标准《博物馆建筑设计规范》JGJ 66 有关温湿度的要求。

6.5 档案馆

6.5.2 档案馆建筑设备管理系统应确保对档案资料的防护，并满足现行标准《档案馆建筑设计规范》JGJ 25 有关规定。

7 媒体建筑

7.1 一般规定

7.1.3 本条对媒体建筑智能化系统工程的基本配置作了规定。

本条第5款，舞台调光照明供电与扩声系统的供电应分别设置电源变压器或电声系统采用1∶1隔离变压器及交流电子稳压电源供电。

本条第6款，对于剧场，电影院，演播室等人员密集场所公共广播强制转入消防紧急广播应采用二次确认的方式，这样可以使人员的疏散更加有组织，有秩序，避免慌乱。

本条第12款，建筑设备管理系统满足室内空气质量、温湿度、新风量等要求，并符合国家现行标准《剧场建筑设计规范》JGJ 57、《电影院建筑设计规范》JGJ 58、《广播电视中心技术用房室内环境要求》GYJ 43 等标准相关的要求。

7.2 剧(影)院

7.2.3 大型演播室、剧场及其配套机房的布线可采用区域布线的形式。

7.2.4 电视业务建筑有线电视信号节目源包括当地有线电视信号、卫星电视信号、总控机房引来的公众电视信号和演播厅信号。

7.3 广播电视业务建筑

7.3.18 当综合布线系统水平线缆与电视工艺视、音频线缆布置在同一条地沟内，应采用各自独立的线槽或在共用线槽的中间加金属隔板。

8 体育建筑

8.1 一般规定

8.1.2 综合性应用是体育建筑智能化系统工程应首先要重视的问题。应符合体育场(馆)多功能应用的要求，确保所配置的智能化系统既能服务于赛事又能为场(馆)的其他多功能应用服务。

8.1.3 本条第6款规定，因体育场(馆)的面积较大，因此，广播系统的分路必须与区域覆盖相适应，在满足使用功能的同时，应不大于消防系统的防火分区。

9 医院建筑

9.1 一般规定

综合性医院、专科医院、特殊病医院等医院建筑智能化系统配置详见本标准附录F。

9.1.1 专科医院，如儿科、妇产科、胸科、骨科、眼科 、耳鼻喉科、口腔科、皮肤科医院等，特殊病院，如传染病院、精神病院、结核病院、肿瘤医院等均应参照使用；街道和村镇级医院因规模较小，可选择部分内容或适当降低配置标准。

9.1.2 医院建筑是为社会特殊弱势群体服务的，其智能化系统的功能应充分体现人性化服务的原则；医院建筑的智能化系统除具有一般智能建筑的功能外，还应支持以患者医疗信息记录为中心的整个医疗、教学、科研活动，同时应能为患者的就医、住院患者的日常生活提供广泛的帮助。

9.2 综合性医院

9.2.2 设置无线数字寻呼系统或其他寻呼系统是考虑目前医院发生抢救或其他紧急事务时人员联络的需要。

9.2.4 关于覆盖范围和覆盖功率的限制应考虑医院应用环境的特殊性和安全性。

9.2.5 多人病房应提供耳机音频信号，如有条件，也可将电视终端设置在设备带上，每床一组，患者可使用小型电视机在床头观看，并采用耳机收听音频信号。

9.2.10 考虑到技术的发展和提供多样性的实施方法，该系统仅提出基本的功能性要求，不作详细规定。系统要求提供远程服务是进一步的要求，提供接口是基本的要求。系统要求设有操作权限是考虑到患者的隐私权保护。

9.2.11 医院信息化应用系统由医院建筑使用部门根据实际情况自行实施。

10 学校建筑

10.1 一般规定

10.1.3 学校应采用标准化业务程序流程设计的应用管理系统，并可根据学校建筑的不同规模和管理模式配置教学、科研、办公和学习业务相对应的系统软件管理功能模块。

数字化教学系统应具有对教学资源能在全校共享，访问快捷，网上分布式教学等功能，及对直播教学的数据采集与控制和具有多媒体教学的直播、录制与编辑，并能通过多个后台服务程序，为学生和教师提供课件点播和直播的教学服务，为教学评估提供便捷的评估窗口，为管理员提供完善的系统管理服务。

数字化图书馆系统应建有电子信息资源库和图书馆数字化信息生产服务网络平台。系统基于以太网技术，并以信息生产、采集、整合、检索、发布、管理等过程，实现信息共享与信息服务的目的。

门户网站具有学校公众信息服务窗口、学校各部门的信息窗口和个人工作平台功能，能向师生或用户提供个性化信息与服务。

校园资源规划管理系统应能提供全校性的各种管理信息系统的共享机制，建立各数据共享库，实现各信息系统之间可互相访问，并通过对各管理信息系统和业务系统的整合与分析，为学校领导提供管理、分析的决策支持。

11 交通建筑

11.2 空港航站楼

11.2.17 航站楼的建筑空间大，功能复杂，设备众多且可靠性要求高，相应能耗亦较大，因此，根据各机电设备的特点进行集中优化控制与管理尤为必要，这样做可使各类机电设备发挥出最佳的状态，同时可较大幅度地节省能耗，起到良好的效果。航站楼内各场所的建筑空间较高，人流变化大，而且具有一定的时间性，因此，这些区域场所的空气品质、空调设计应针对这些区域场所的特点，可通过对场所空气品质、人流多少的探测，利用经过处理的新风来稀释空气中的 CO_2 等废气通过回排风机排出，从而改善室内的综合空气品质及提高人的舒适性，体现人性化服务质量。

11.4 城市公共轨道交通站

11.4.1 智能化建筑各系统应按线路划分、配置分线的中央级和车站级二级监控系统。中央级主控系统负责全线的运营操作，车站级主控系统负责监控车站内的运营操作机电设备。

11.4.2 智能化集成系统应集成或互联下列系统：变电所综合自动化子系统、环境与设备监控子系统、火灾自动报警系统、门禁系统、屏蔽门、防淹门、信号系统、自动售检票系统；广播系统；闭路电视系统；车辆在线安全检测系统；公共信息发布系统；调度电话系统；通信集中告警系统；时钟系统等。

11.4.7 城市公共轨道交通建筑的无线通信系统的工作方式为：车站固定台为双频双工方式和双频单工方式，机车台为双频双工方式和双频单工方式，便携台为双频单工方式。网管应能监测系统各级设备如基站、电源、接口模块、光纤射频直放站等的运行状态信息，可完成自动检测、遥控检测、故障报警等，出现故障时能够发出声光报警。控制中心各调度员呼叫车站值班员时应单呼、组呼、全呼并显示，车站值班员呼叫控制中心调度员时应进行一般呼叫和紧急呼叫，控制中心调度台应显示呼叫分机号码及用户名。调度员可以方便的召开电话会议，会议的参加方应由调度台灵活的设置。控制中心各调度员与车站值班员之间的通话应在控制中心以数字方式自动记录在多信道录音设备上。录音内容应包括通话起止时间、时长、通话对象等。

11.4.12 中央级监控方式应具备如下功能：接收由车站级设备传送的各探测点的火灾报警信号，显示报警部位及自动记录；图形控制中心控制台通过无线发射台及时向当地消防局 119 报警台进行火灾报警；接收地铁主时钟信息，使火灾报警系统时钟与主时钟同步。车站级监控方式应具备如下功能：监视车站消防设备的运行状态；接收车站火灾报警或重要系统、设备的报警，并显示报警部位；与消防广播系统和视频监控系统联动，对乘客进行安全疏散引导；向中央级报告灾情，接收中央级发出的消防救灾指令和安全疏散命令。

11.5 社会停车库(场)

11.5.5 当中央管理计算机或通讯中断时，各出入口、中央收费站要能够独立工作，完成临时、长期、储值客户车辆进、出场程序，且具有本地资料收集、储存功能，待故障消除后自动上传。

11.5.7 当车辆入场后，停放时间超过某一设定值或超过某一设定时刻，此车辆作为过夜车处理。当这类车辆的车主向车场经营方表示入场票券丢失时，经营方可根据车牌调出该车辆进场时间、图档等资料，根据系统认定的入场时间结算金额。

根据现场情况对现场设备进行合理设计、配置，使摄像机具有最佳的安装位置和角度，保证在各种光线(所有情况下的自然环境光、车灯、反光等)、气候等环境下，借助辅助光源，确保在不出现非正常情况条件，如：摄像机有效视角范围内拍摄不到完整的车牌；车牌严重污、损；车牌被遮挡等，车牌号码正确识别率达95%。

12 住宅建筑

12.1 一般规定

12.1.1 本标准所述的住宅建筑工程，为设有智能化系统的住宅建筑，对于普通住宅区，智能化系统配置详见本标准条文 12.1.3。

12.1.3 本条第 1 款，住宅建筑的智能化集成系统应根据工程规模、建筑标准、配套设施、住户需求、维护管理条件等实际情况配置。

12.1.3 本条第 9 款，住宅建筑的建筑设备管理系统有别于办公建筑、文化建筑等公共建筑，所以在系统设计、设备选用等方面都应符合实际需要。

12.1.3 本条第 12 款，智能化系统的核心设备一般均设置住宅区管理中心内，因此应充分考虑其位置、面积及环境等条件，具体要求详见本标准第 3.7 节。

12.2 住　　宅

12.2.1 住户配置应配置家居配线箱，这是确保电话、电视、信息网络等系统功能、规范住户内线路敷设的重要措施，家居配线箱的功能和元器件配置应符合有关规定。住户内配置的信息端口类别和数量根据工程项目实际情况确定。

12.2.1 住宅(区)设置的水、电、燃气、热能表的计量、抄收及远传系统，在设计阶段即应与当地公用事业管理部门联系，以便与其联网管理，提高使用价值。为住户提供方便。

12.2.3 为住户建立小区物业管理综合信息平台，是住宅小区智能化的重要体现，宜根据实际情况，逐步建立、扩展、完善信息平台，应考虑开放性和可扩展性。对暂时不具备条件的系统应留有接口。

12.2.4 本标准中住宅安全防范系统的配置标准为智能化住宅小区的配置标准，是属于现行国家标准《安全防范工程技术规范》GB 50348 第 5.2 节的提高型。该标准中的住宅区包括一般住宅区，对于一般住宅区，其安全技术防范系统相对应于该规范的基本型。

12.3 别　　墅

12.3.2 由于别墅(区)建筑一般比住宅区布置分散，标准高，以及其居住人群的特点，因此，对所述系统的集成能有效地进行管理，提高建筑功能。

12.3.7 别墅应配置家居配线箱和家庭控制器。家居配线箱能有效解决智能化系统进户线的接入点和户内分配点，规范住户内部的线路敷设；家庭控制器实现信息化控制，满足别墅建筑中众多设备控制的需要。信息端口的数量和位置应根据实际需要设置。

12.3.9 别墅小区的安全防范技术系统配置标准相对应于现行国家标准《安全防范工程技术规范》GB 50348—2004 第 5.2 节的先进型标准。燃气进户管的自动阀门，应确保在泄漏时报警，并选用可靠的自动阀门，切断气源。

13 通用工业建筑

本章仅对加工类(或装配类)通用性工业建筑提出基本的设计标准。

6

建筑环境

（热工·声学·采光与照明）

中华人民共和国国家标准

建筑气候区划标准

GB 50178—93

条 文 说 明

前　言

根据原国家计委计综［1986］第 2630 号文的通知要求，由建设部会同有关单位共同编制的《建筑气候区划标准》GB 50178—93，经建设部 1993 年 7 月 5 日以建标［1993］462 号文批准发布。

为便于广大规划、设计、施工、科研、学校等有关单位人员在使用本标准时能正确理解和执行条文规定，《建筑气候区划标准》编制组根据原国家计委关于编制标准、规范条文说明的统一要求，按《建筑气候区划标准》的章、节、条顺序，编制了本条文说明，供国内各有关部门和单位参考。在使用中如发现本条文说明有欠妥之处，请将意见函寄中国建筑科学研究院建筑物理研究所《建筑气候区划标准》国标管理组（邮编 100044，北京车公庄大街 19 号）。

本条文说明由建设部标准定额研究所组织出版印刷，仅供有关部门和单位执行本标准时使用，不得外传和翻印。

目　录

第一章　总　　则

第 1.0.1 条　编制目的。建筑与气候的关系十分密切，建筑的规划、设计、施工等无不受气候的巨大影响，世界各国都很重视建筑气候和建筑气候区划的研究，国外建筑气候区划的有关情况详见《建筑气候区划标准》研究报告之一《国外建筑气候区划简介》一文。

我国幅员辽阔，地形复杂，各地气候差异悬殊，为了适应各地不同的气候条件，建筑上反映出不同的特点和要求。寒冷的北方，建筑需防寒和保温，建筑布局紧凑，体态封闭、厚重；炎热多雨的南方，建筑要通风、遮阳、隔热，以降温除湿，建筑讲究防晒，内外通透；沿海地区的建筑还需防台风和暴雨；高原之上的建筑要注意强烈的日照、气候干燥和多风沙等。因此，研究我国建筑与气候的关系，按照各地建筑气候的相似性和差异性进行科学合理的建筑气候区划，概括出各区气候特征，明确各区建筑的基本要求，提供建筑设计所需的气候参数，合理利用当地气候资源，改善环境功能和使用条件，提高建筑技术水平，加快建设速度，发挥建设投资的经济效益和社会效益都有重要的意义。

我国 50 年代就开展了建筑气候区划的研究，并于 1964 年提出了《全国建筑气候分区草案（修订稿）》，由国家科学技术委员会内部出版，但是由于种种原因，该草案未能得到实际应用。有关我国建筑气候区划的情况详见《建筑气候区划标准》研究报告之二《我国建筑气候区划概述》一文。

近几年来，随着建筑业的发展，特别是有关建筑专业标准规范的制订和修订，迫切要求有一个全国统一的建筑气候区划标准作为基础。本标准的区划是在总结我国以往的区划经验的基础上，并与《民用建筑热工规范》、《采暖通风与空气调节设计规范》、《城市居住区规划设计规范》等标准规范协调制订的。本标准对区划分级、各区区划指标、各区建筑气候特征和建筑的基本要求等问题作了原则规定。应该特别说明的是，有关采暖区的划分问题是一个涉及面很广、原则性很强的问题，根据审查会议的讨论，由于采暖区划涉及面广，目前制订该项区划条件尚未成熟，暂将采暖区划与建筑气候区划标准脱钩，所以，本标准中有关采暖的指标、气候参数和要求等有关内容均不涉及。

第 1.0.2 条　标准适用范围。建筑按用途分为工业与民用两大类。民用建筑因等级不同，工业建筑因工艺要求各异，其室内温湿度等条件要求不一样，如高级宾馆、档案馆、文物历史博物馆、办公楼等均要求较高，建设投资和管理费用都高于一般民用建筑。有特殊工艺要求的工厂，如精密仪器、仪表工厂，纺织厂，电子工业车间等要求恒温恒湿，而钢铁厂的热车间散热量很大，要求尽快散热。据统计，高级民用建筑和有特殊工艺要求的工业建筑约占全国总建筑面积的 10%，一般工业与民用建筑是大量的，约占 90%，本标准在拟订建筑气候区划指标和建筑基本要求时，都是针对一般工业与民用建筑的。另外，从收集到的国外建筑气候区划资料中也可看到，建筑气候区划都是针对某一类建筑的，如苏联的“居住建筑气候区划”，日本的“住宅节能度日值区划”和“办公楼节能建筑气候区划”等。道理很简单，只有室内外条件相近，才能有建筑的相似性，才可将相同的建筑要求列入一个建筑气候区，所以本条规定，本标准适用于一般工业与民用建筑的规划、设计与施工。

第 1.0.3 条　本标准与其他标准的关系。本标准是一个综合性很强的基础标准，主要对建筑的规划、设计与施工起宏观控制和指导作用。所以，本标准规定的内容是各有关标准规范的共性部分，对于各个专业标准规范中特有的内容，本标准未作规定，仅规定达到某一专业技术方面的基本要求，而不代替相关专业的标准规范。因此，本条规定，在执行本标准时，尚应符合国家现行有关标准规范的规定。

第二章　建筑气候区划

第一节　一 般 规 定

第 2.1.1 条　区划原则。气候区划原则，一般有主导因素原则、综合性原则及综合分析和主导因素相结合原则等三种不同的原则。

主导因素原则强调进行某一级分区时，必须采用统一的指标，综合性原则强调区内气候的相似性，而不必用统一的指标去划分某一级分区，两者各有利弊，目前常用的区划原则是将上述二者结合起来的第三种原则。本标准采用综合分析和主导因素相结合原则。

第 2.1.2 条　区划的分级。建筑气候区划是反映我国建筑与气候关系的区域划分，由于影响建筑气候区划的因素很多，各气候要素的时空分布不一，各气候要素对建筑气候区划的作用也不相同，因此，区划必须分级，这样可使各级分区中，突出各级区内建筑的相似性和差异性。本标准作为全国性的区划标准，主要用于宏观控制，是高层次的，必须有较大的概括性，为了便于应用，目前的区划系统以避繁就简为宜。本标准在分析各气候要素对建筑影响的大小和气候要素在全国的分布状况之后，决定先按二级区划系统划分，至于更低级的划分，各省、市、地区可根据上述原则，在所辖范围内进一步划分。但各级区的划分原则必须有一定的建筑气候特征和相应的建筑基本要求为依据，假使仅有某一气候要素在程度上的较小差别，而目前建筑技术经济上无明显的反应，在这样的地区范围内就没有必要再划区。据此，全国划分为 7 个一级区，20 个二级区。一级区反映全国建筑气候上大的差异，二级区反映各大区内建筑气候上小的不同。图 2.1.2 表示中国建筑气候区划的全貌，一级区以大写罗马字 Ⅰ、Ⅱ、Ⅲ……代表其区号，二级区则在一级区号的右侧注以大写英文字母 A、B、C……代表其二级区号。在本标准制订过程中，曾对我国各建筑气候区的名称作过多次讨论，意见不能完全统一，主要问题在于区名很难与国际上有关气候学和地理学中通用的名称相一致，而用上述编号作为区名，则能为大家所接受。有关区划的原则与分级的说明详见《建筑气候区划标准》研究报告之四《关于建筑气候区划的若干问题》一文。

第 2.1.3 条　全国气候要素分布图。本标准附录一中给出 21 幅全国气候要素分布图，其中除年总光照度和年扩散光照度两幅是中国建筑科学研究院物理所和中国气象科学研究院联合研究的成果外，其余均是根据国家气象部门 1951～1980 年整编资料绘制的。

气候要素分布图的作用有三个：一是为划分一级区提供依据，如 1 月平均气温等，二是为划分二级区提供依据，三是对建筑气候特征和建筑气候参数的不足作补充。例如最大积雪深度，冬、夏及全年风向玫瑰分布，日照时数分布，太阳辐射照度分布以及各种天气状况分布、光照度、太阳辐射照度等图均具有一定科学价值。

第 2.1.4 条　全国主要城镇气候参数表。本标准附录二给出全国 203 个气象台站的气候参数。为了满足区划和当前建设的需要，气象台站的选点除全国主要城市和新开放的港口城市（如深圳、秦皇岛）、新能源基地（如陕西韩城、甘肃窑街、云南芒市、内蒙东胜）外，还照顾到布点的均匀性和某些气象上的极值点。我国城镇分布的规律是东南沿海密集，而西部沙漠及西南高原极为稀疏，考虑到布点的均匀性，故将东南沿海城镇数量压缩，如江苏的无锡邻近南京，广东的佛山邻近广州，虽其工农业产值和人口数量均为重点城镇也未列入，而西部城镇的布点则适当增加，如青海的茫崖、大柴旦虽非县级以上城镇，而其所处地区空白较大，却也被列入。此外，还有一些具有建筑气象要素极值点的气象台站，如黑龙江的漠河（最低气温记录-52.3℃）、新疆的吐鲁番（最高气温记录47.6℃）、甘肃的夏河（沙暴日数110d）也被列入。

鉴于本标准是基础标准，建筑气候参数的选取应以各有关专业共同的常用的参数为准，凡是专业性标准规范中所必需具备的参数，如采暖计算温度等，已由各专业标准解决，本标准一律不列，避免重复。

考虑到本标准的气候参数作为有关建筑专业的基础参数，其统计方法仍以原中央气象局1979年颁布的《全国地面基本气象资料统计方法》中有关规定为准。

气象参数统计年代长，所得的气候参数值就比较稳定，概率性更强，也更有代表性，世界气象组织规定，30年记录为得出气象特征的最短年限，我国许多气象台站是50年代中后期建立的，如果选用1951～1980年的气象记录资料，则不足30年的台站为数不少，为使统计年份接近30年，并尽量靠近最近的年份，本标准选用1951～1985年的气象记录资料整理，能够较好地反映全国各地气候的近况。但仍有个别台站建站较晚，只有8年资料，其代表性就差一些，但其差别不大，还是可用的，所有气象台站的资料统计年代均在表末注明，供参考。

使用本标准参数时，建设地点与本标准所列气象台站的地势、地形差异不大，且水平距离在50km以内及海拔高度差在100m以内可直接引用。因为气候受地形影响很大，如气温随海拔高度上升而下降，在我国夏季，高度每升高100m，平均气温降低0.6℃，冬季稍小些，地形使降雨量分布不均，而风随地形的变化更为明显。所以，气象部门规定，在地势平坦的地区，一个台站可以覆盖50km的范围，只要某地与气象台站海拔高度差在100m以内，水平距离在50km以内，气候具有相似性，参数使用比较可靠，而地势崎岖的地区则由于气候垂直变化比较复杂，不可直接引用。有关建筑气候参数的更详细的说明见《建筑气候区划标准》研究报告之七《关于建筑气候参数及气候要素分布图的概述》。

第二节　区划的指标

第2.2.1条　一级区划指标。一级区划主要根据全国范围内对建筑有决定性影响的气候因素来拟定。

气温、湿度、降水、积雪、太阳辐射、风、冻土、日照等气候要素对建筑有很大影响，其中积雪、风、冻土等只在局部地区才呈现出较大的梯度；日照和太阳辐射照度多呈纬向分布，梯度一般也不大；积雪主要影响建筑屋面荷载、形式和构造，但又不是唯一的因素；风速产生水平荷载，对结构产生影响，但也不是结构设计的唯一因素；风向及频率对城市规划产生较大影响，但城市规划也是要综合其他许多因素的，冻土影响到地基及地下管道埋深，但地基及地下管道的埋深受多种因素的控制，且冻土在全国的分布是局部性的；日照主要影响城市规划和居住建筑的日照标准，但城市规划和日照标准也取决于多种因素；太阳辐射对热工、采暖、空调有影响，但它与温度的作用相比还是次要的，且其随机性较大。从上面的分析可知积雪、风、冻土、日照和太阳辐射并不是在全国范围对建筑具有决定性影响的气候要素，不能作为主要指标。

气温、降水、相对湿度在空间和时间分布上差异很大，它形成我国各地气候特征的主要差异，即为冷、热、干、湿之不同。这三种气候要素对建筑产生的影响也是最大的，一是它们几乎影响到建筑行业的各个专业，如热工、暖通、规划、设计、结构、地基、给排水、建材、施工等专业都与温度、湿度、降水有关；二是它们对建筑的规划、设计、施工起主要作用，如建筑围护结构的热阻要求和采暖能耗核算主要决定于温度和湿度条件。所以一级区划应以气温、相对湿度和降水量作为指标是有道理的，是能全面反映建筑气候特点的。

然而气温作为指标，可有年平均气温、月平均气温、月平均最高与最低气温、高于或低于某一界线温度的天数等，选取的指标既要有明确的建筑意义，又要符合习惯，使用方便，为大家所接受，经过反复征求意见，认为月平均温度能较好地反映一地的冷热程度，有关专业使用的一些计算参数大多是以月平均气温为基础统计的，工程界乐于接受。故本标准选用1月平均气温和7月平均气温为主要指标，年日平均气温小于等于5℃的日数能反映一地寒冷期的长短，年日平均气温大于等于25℃的日数能反映一地炎热期的长短，故将此二项指标作为辅助指标。

对建筑起决定作用的是最热月（7月个别地区为5月、6月）和最冷月（1月）气温。1月由于受西北寒流的影响，东部南北温差达50℃，而西部南北则温差较小，因此，选用1月平均气温作为东部季风区的划分指标。7月由于受东南季风暖流的影响，全国普遍增温，东部南北温差仅10℃，青藏高原温度仍然很低。因此，选用7月平均气温作为青藏高原与其他地区的界限指标。

相对湿度在气温适中时，对人的热作用并不明显，只在气温高时才有明显影响。我国相对湿度分布一般在7月份最大，东部季风区相对湿度大多在70%以上，而西北部只有30%～70%。所以选用7月平均相对湿度作为Ⅰ、Ⅶ区区划的主要指标。

降水量是确定区域雨水排水和屋面排水系统的主要设计参数，同时降水量也反映了一个地方的干湿程度，降水也给施工带来影响。此外，降水还可能使某些黄土及膨胀土产生湿陷或膨胀。排水工程一般不以年降水量为指标，而以暴雨强度为设计指标，即以10min和1h的最大降水量为指标。考虑到10min和1h最大降水量与年降水量分布规律大致相近，以及年降水量对建筑的其他方面影响，本标准仍然用年降水量作为指标。由于我国年降水量的分布与湿度分布一样，东南部大，西北部小，东部各区内降水量的差别在建筑上的反映不明显，所以年降水量仅作为Ⅰ、Ⅶ区划分的辅助指标。

确定划区指标的详细依据见《建筑气候区划标准》研究报告之三《建筑气候区划指标的确定》和研究报告之四《关于中国建筑气候区划的若干问题》。

下面对表2.2.1中的区界划分指标作简单说明。

一、Ⅰ、Ⅶ区与Ⅱ区的分界。主要指标为1月平均气温-10℃，低于或等于-10℃为Ⅰ、Ⅶ区，高于-10℃为Ⅱ区（Ⅶ区的部分地区，1月平均气温高于-10℃，但综合考虑地理位置和其他气候因素，仍然划归Ⅶ区）。从建筑意义上说，Ⅰ、Ⅶ区只要考虑防寒，自然就满足了夏季隔热要求，故不考虑夏季防热，且从我国目前技术经济发展水平来看，对于门窗的设置，在Ⅰ、Ⅶ区一般用双层，而在Ⅱ区则仍为单层，分界线东起丹东北，向西经锦州、承德、北京、大同、榆林、中宁附近，止于西宁东北与Ⅵ区相连，基本上平行于长城，所以又称这条线为长城线。

二、Ⅱ区与Ⅲ区的分界。主要指标为1月平均气温0℃，低于或等于0℃为Ⅱ区，高于0℃为Ⅲ区，从建筑意义上说Ⅱ区冬季寒冷干燥而且寒冷期长，但夏季亦较炎热。所以建筑应以冬季防寒为主，适当兼顾夏季防热，Ⅲ区十分炎热、潮湿，炎热时间长，而冬季湿冷，但寒冷期较短，与Ⅱ区相反，建筑以夏季防热降温为主，兼顾冬季防寒。另外，因为气温低于0℃，建筑围护结构易产生凝结水的冻结，凝融对建筑的耐久性将会产生很大的危害，有冻结危险的地区就是1月平均气温低于0℃的地区，0℃线向来是我国南北方的分界线，分界线东起江苏的盐城北，向西经淮阴、蚌埠、阜阳、山阳、略阳、武都附近，止于Ⅵ区的马尔康以东，分界线大致经过秦岭、淮河，所以又称这条线为秦

（岭）淮（河）线。

三、Ⅲ区与Ⅳ区的分界。主要指标为1月平均气温10℃，低于或等于10℃为Ⅲ区，高于10℃为Ⅳ区。从建筑意义上说，Ⅳ区建筑只要考虑夏季防热而不考虑冬季防寒，因为从人体生理角度看，室温低于12℃时，人体会感到很冷，影响人的正常活动，所以维持室温在12℃以上，是最起码的要求。实地观测表明，不采暖房间如不通风，室温可比室外平均气温高2～3℃，即当室外平均气温为10℃时，室温可维持在12℃以上，能满足人们正常活动的起码要求。所以，1月平均气温高于10℃的地区可以不考虑防寒问题。分界线东起福州北，向西经龙岩、寻乌、连平、连县、柳州、兴仁附近，与Ⅴ区相连，分界线大致经过南岭，所以又称这条线为南岭线。

以上三条线，也是我国自然地理学上公认的气候分界线。

四、Ⅴ区与Ⅲ、Ⅳ区的分界。主要指标为7月平均气温25℃，低于25℃为Ⅴ区，高于25℃为Ⅲ、Ⅳ区。从建筑意义上说，Ⅴ区最热月平均气温低于25℃，建筑一般可不考虑夏季防热，而Ⅲ、Ⅳ区建筑则主要考虑夏季防热。国内外的研究表明，在夏季对人体的适宜温度上限为28～30℃；在有良好的自然通风情况下，室内外气温是接近相等的，在我国湿热地区，7月平均气温日较差大致为6～10℃，所以当7月平均气温在25℃以上时，最高气温可达28～30℃以上，室温也达29℃以上，已经超过人体适宜温度上限，建筑上应当采取防热的措施，分界线分三段：第一段南起云南和广西在国境线上的交界，向北往兴仁、罗甸、独山、凯里、遵义至雅安与Ⅵ区相连，第二段在云南元江河谷，第三段在云南西南边界。

五、Ⅵ区与Ⅶ、Ⅱ、Ⅲ、Ⅴ区的分界。主要指标为7月平均气温18℃，低于18℃为Ⅵ区，高于18℃为Ⅶ、Ⅱ、Ⅲ、Ⅴ区，18℃指标的确定主要是考虑青藏高原气候独特，该区气温常年偏低，风大而空气干燥，太阳辐射强烈，日照时间长，在光气候的研究中把它划分为单独的光气候区。本区建筑上只需考虑防寒，而且区内建筑可充分利用太阳能。分界线西起国境线，向东经和田、且末、敦煌、酒泉，向南经张掖、兰州、武都、平武、雅安，向西经中甸、察隅、波密、林芝，再向西南至国境线。

另外，Ⅵ区与Ⅲ区之间，由于山势很陡，存在一条18～25℃的很窄地带，区划时作了技术处理，这一窄带划归Ⅲ区。

六、Ⅶ区与Ⅰ区的分界。主要指标为7月平均相对湿度50%，大于50%为Ⅰ区，小于50%为Ⅶ区。确定区界时，参考年降水量200mm等值线。但Ⅶ区的西北部由于受北冰洋水系的影响，相对湿度大于50%，年降水量也大于200mm。从建筑意义上说，Ⅶ区建筑应兼顾防寒与隔热，而对防雨、防潮要求不高，而Ⅰ区建筑需考虑防寒、防雨、防潮，可不考虑隔热。分界线北起中蒙边界，经二连浩特以东，向西经百灵庙、石嘴山、银川附近，向西南与Ⅱ区相连。

表2.2.1内扼要列出各一级区划的主要指标和辅助指标，表内还附带列出所辖行政区的大致范围。

第2.2.2条 二级区划指标。二级区划主要应考虑各二级区内建筑气候上小的不同，且按各区不同的特点，选取不同的指标。各二级区的分界线如下：

一、第Ⅰ建筑气候区。本区1月南北温差达20℃，冬季长9个月至6个月，相差3个月。从永冻土到季节冻土，最大冻土深度从4m以上到1.2m，编制组在东北调查中了解到，多数意见认为本区应按寒冷程度划分二级区为宜，所以选取1月平均气温和冻土性质作为二级区划指标，区分建筑围护结构保温性能、防寒、防冻等要求的不同。

1. ⅠA与ⅠB区的分界。主要指标为1月平均气温-28℃，高于或等于-28℃为ⅠB区，低于-28℃为ⅠA区，ⅠA区同时又为永冻土区。

2. ⅠB与ⅠC区的分界。主要指标为1月平均气温-22℃，高于或等于-22℃为ⅠC区，低于-22℃为ⅠB区，ⅠB区同时又为岛状冻土区。

3. ⅠC与ⅠD区的分界。主要指标为1月平均气温-16℃，高于或等于-16℃为ⅠD区，低于-16℃为ⅠC区，ⅠC与ⅠD两个二级区均为季节性冻土区。

二、第Ⅱ建筑气候区。本区气候主要差别是冬季西部比东部冷，夏季东部比西部炎热。按7月平均气温25℃划分为ⅡA和ⅡB区，区分建筑夏季隔热和冬季防寒要求的不同，高于或等于25℃为ⅡA区，低于25℃为ⅡB区。

三、第Ⅲ建筑气候区。本区气候主要差别是沿海易受热带风暴和台风暴雨的袭击，夏季东部比西部炎热。按30年一遇的最大风速和7月平均气温的不同划分为3个二级区，区分建筑抗风压和防热等要求的不同。

1. ⅢA与ⅢB区的分界。主要指标为30年一遇的最大风速25m/s，大于或等于25m/s为ⅢA区，小于25m/s为ⅢB区。

2. ⅢB与ⅢC区的分界。主要指标为7月平均气温28℃，高于或等于28℃为ⅢB区，低于28℃为ⅢC区。

四、第Ⅳ建筑气候区。本区气候主要差别是沿海一带和海岛上易受热带风暴和台风暴雨的袭击，按30年一遇的最大风速25m/s划分为2个二级区，区分建筑抗风压等要求的不同。ⅣA区30年一遇的最大风速大于或等于25m/s；ⅣB区30年一遇的最大风速小于25m/s。

五、第Ⅴ建筑气候区。本区气候主要差别是冬季北部比南部冷，按1月平均气温5℃划分为2个二级区，区分建筑冬季防寒要求的不同，ⅤA区1月平均气温低于或等于5℃，ⅤB区高于5℃。

六、第Ⅵ建筑气候区。本区气候主要差别是各地气温的温差大，寒冷期长短不同，按1月平均气温和7月平均气温的不同划分为3个二级区，区分建筑防寒等要求的不同。

1. ⅥB与ⅥA、ⅥC区的分界。主要指标为7月平均气温10℃，ⅥA和ⅥC区高于或等于10℃，ⅥB区低于10℃。

2. ⅥA区与ⅥC区的分界。主要指标为1月平均气温-10℃，ⅥA区低于或等于-10℃，ⅥC区高于-10℃。

七、第Ⅶ建筑气候区。根据本区气候各地干湿、寒冷和炎热程度不同，以年降水量、1月和7月平均气温为指标，划分为四个二级区。

1. ⅦA与ⅦB区的分界。主要指标为年降水量200mm，ⅦA区小于200mm，ⅦB区大于或等于200mm，确定区界时参考7月平均气温25℃和1月平均气温-10℃。

2. ⅦB区与ⅦD区的分界。主要指标为年降水量200mm，ⅦB区大于或等于200mm，ⅦD区小于200mm，确定区界时参考7月平均气温25℃和1月平均气温-10℃。

3. ⅦC区与ⅦD区的分界。主要指标为1月平均气温-10℃，ⅦD区高于-10℃，ⅦC区低于或等于-10℃，确定区界时参考7月平均气温25℃。

表2.2.2列出各二级区区划指标，区划指标及数量在各二级区是不相同的。

第三章 建筑气候特征和建筑基本要求

第一节 第Ⅰ建筑气候区

第3.1.1条 此条与第3.2.1、3.3.1、3.4.1、3.5.1、3.6.1、3.7.1条分别给出各一级区的建筑气候特征，都是以1951～1985年《中国地面气候资料》的数据为基础，参考《中国气候总论》（1986年版）及《中国气候图集》给出的。本条条文先叙述本区气候特征，而后再分五款给予定量描述。这样可以满足不同层次的需要，并为宏观控制提供依据。

第一款给定气温，包括1月平均气温和7月平均气温，极端最高和极端最低气温、年平均气温日较差等特征值；

第二款给定降水和湿度，年平均相对湿度、年降水量及降水日数等特征值；

第三款给定日照时数、日照百分率、太阳总辐射照度等特征值；

第四款给定风向及风速等特征值；

第五款给定其他天气现象，如风频、大风日数、降雪日数、积雪日数、最大积雪深度、沙暴、雷暴、冰雹日数等特征值。这些特征值是指一般的统计平均值范围，但并不排除少数地区中极少数气候要素超过这些特征值范围的可能，在使用本标准时应予注意。

第3.1.2条 此条与第3.2.2、3.3.2、3.4.2、3.5.2、3.6.2、3.7.2条分别给出各二级区对建筑气候有重大影响的建筑气候特征值。这七条描述各二级区的气候特征值是该二级区中特有，且对建筑有重大影响的特征值，在建筑的规划、设计、施工中应当予以特别的重视，也是规定各一级区和各二级区建筑基本要求的主要依据。

第3.1.3条 第Ⅰ区建筑的基本要求。

一、本区地处我国东北部，属地理学的中温带气候和北温带气候，冬季气候严寒且持续时间长，1月平均气温为−31～−10℃，按候平均气温10℃为冬季，则冬季长达6个月以上，为保证室内基本的热环境功能和节约采暖能耗，建筑设计上必须充分满足防寒保温要求。本区冰冻期长，冻土深，最大冻土深度为1～4m，为了防止房屋破坏和道路及地下管道折断等一系列冻害现象发生，建筑工程设计还必须充分满足防冻要求。

本区夏季短促凉爽，按候平均气温高于或等于22℃为夏季，只在松辽平原有2个月的夏天，但7月平均气温也低于25℃，可不考虑夏季的防热设计要求。

二、本区有半年以上的冬季，且冬半年多大风，人们在室内活动的时间长，为了增进人们的健康和节约能源，从总体规划、单体设计和构造处理上使建筑物满足冬季日照要求和防御寒风的侵袭，提高房屋内热环境质量是很必要的。

建筑物的采暖能耗与室内外温差、采暖期长短、外表面积和冷风渗透量等有关，为了节约采暖能耗并保证室内热环境功能要求，减少外露面积，加强房屋的密闭性是至关重要的。

本区太阳能丰富，冬季日照率偏高，可达60%～70%，但本区大多在北纬40°以北，其太阳高度角较小，因此日照间距比纬度低的南方地区大得多，在居住小区及城市道路的规划上，要做到充分利用太阳能的困难较多，因此提出合理利用太阳能。

本区气温年较差很大，可达30～50℃。建筑物由于常年受温度变化的影响而产生热胀冷缩，在结构内部产生过度的温度应力而使建筑产生开裂，为了预防这种情况发生，结构上应设伸缩缝或附加应力储备。区内冬半年多大风，为保证结构有足够的刚度和强度，结构设计和门窗构造处理应考虑大风的不利影响。

区内冬季积雪厚，积雪时间长，基本雪压较大，屋面应注意有较大的雪荷载与积雪分布的变化对结构荷载的影响，雪融时易对女儿墙根部造成局部冻害，因而应提高泛水的高度，并严密处理泛水与女儿墙的接缝或挑檐收头，以防融雪渗入墙身或屋檐板，还应注意产生檐口挂冰等。

本区冰冻期长，冬半年施工应着重考虑低温条件下的各种冬季施工技术措施。

三、ⅠA区位于北纬50°以北，为我国最北部的地区，最大冻土深度4m左右，为永冻土地区，建筑物的基础和地下管道多埋在冻土层内，为防止冻结地基融化塌陷，应当隔绝地坪、墙身、墙基及管道对冻结地基的传热；ⅠB区包括黑龙江省西北部和内蒙古海拉尔以南大兴安岭以西地区，最大冻土深度2～4m，为岛状冻土地区，同ⅠA区一样，基础和管道多埋在冻土层内，为了防止冻结地基的融化塌陷，也应隔绝地坪、墙身、墙基及地下管道对冻结地基的传热。

四、ⅠB、ⅠC和ⅠD区的西部多沙暴和冰雹，为使建筑物内不受风沙的侵袭，玻璃幕墙和玻璃屋顶不被冰块砸坏，建筑设计应采取防冰雹和防风沙的措施。

第二节 第Ⅱ建筑气候区

第3.2.3条 第Ⅱ区建筑的基本要求。

一、本区位于我国华北地区，属地理学的南温带气候，区内冬季气候寒冷且持续期长，1月平均气温为−10～0℃，按候平均气温低于10℃为冬季，冬季长5～6个月，建筑上的主要问题仍然是防寒，只不过比第Ⅰ区的要求偏低，建筑物应满足防寒、保温、防冻等要求，在这里比第Ⅰ区少用“充分”二字，以示在程度上的差别。夏季，区内平原地区气候湿润炎热，7月平均气温在25～28℃之间，而高原地区气候凉爽，气温在18～25℃之间，热工计算表明，区内的平原地区采用轻型墙体和屋顶时，如果按冬季保温要求设计，则不能满足夏季隔热要求，部分地区（即平原地区）的建筑应兼顾夏季防热。

本区属季节性冻土地区，最大冻土深度一般小于1.2m，同第Ⅰ区一样，建筑上也应防冻，只是在程度上可略轻些，在防冻的要求上比第Ⅰ区少用“充分”二字，以示区别。

二、本区冬季寒冷，持续时间较长，多大风风沙天气，夏季也较炎热，建筑的总体规划、单体设计和构造处理要满足冬季日照和防寒要求，还应防止大风和风沙的侵袭，但在夏季又要兼顾夏季通风降温需要，区内平原地区夏季气温较高，太阳辐射强烈，西晒易造成室内过热，在房间安排上，主要房间应避西晒。

本区年降雨量虽然不甚多，但降雨期相对集中，暴雨强度大，日最大降水量大都在200～300mm，个别地方可超过500mm，易造成积水危害，建筑屋面设计应注意防暴雨要求。

本区冬季较长，居民较多，室内生活和工作均需采暖，室内外温差较大，为了降低采暖能耗，同第Ⅰ区一样建筑设计也应减少外露面积和冷风渗透，但与第Ⅰ区相比，程度有些差别，所以提“宜”减少外露面积，注意冬季房屋的密闭性，以示区别。

本区太阳能较丰富，年太阳辐射照度为150～190w／m^2，当地居民有不少利用太阳能的经验，近年来我国科技界在本区开展的太阳房研究，取得很大成果，可以节省燃料，减少污染，值得推广应用，所以提出宜考虑利用太阳能，注意节能。

本区气温年较差为26～34℃，比第Ⅰ区稍小些，但其变化范围仍然较大，热胀冷缩仍然可给建筑物造成危害，结构设计上应考虑其影响。本区年大风日数为5～25d，局部地区可达25d以上，结构荷载也应考虑大风的作用。

本区夏秋多冰雹和雷暴，宜有防冰雹和雷暴的措施，对不同建筑类型、不同建筑档次作出不同处理。

本区冬季施工期较长，夏季多暴雨，施工应考虑冬季寒冷期较长和夏季多暴雨的特点，以保证建筑施工工程质量与安全。

三、ⅡA区与ⅡB区相比，夏季炎热湿润，暴雨强度更大，ⅡA区建筑尚应注意防热、防潮、防暴雨，沿海地区4～9月多盐雾，对建筑物外露面积易产生腐蚀作用，应注意防盐雾的侵蚀。

四、ⅡB区的大部分地区地处黄土高原，夏季气候凉爽，气温不高，建筑物可不考虑夏季防热。

第三节 第Ⅲ建筑气候区

第3.3.3条 第Ⅲ区建筑的基本要求。

一、本区位于我国长江中、下游地区，属地理学中北亚热带和中亚热带气候，四季较明显，但各季长短较均匀，夏季闷热，冬季湿冷是其主要特点。7月平均气温为25～30℃，相对湿度为70%～80%，1月平均气温为0～10℃，建筑既要考虑夏季防热，又要考虑冬季防寒，以夏季防热为主兼顾冬季防寒。本款规定建筑物必须满足夏季防热，适当兼顾防寒。

二、建筑物中如不用设备降温，利用自然通风是建筑防热的有效措施之一，它可以保证房间内空气新鲜洁净，排除室内热湿空气，且建筑物中空气有一定的流速，可以加强体表对流蒸发散热，对改善人们的工作和休息条件十分有利，提高自然通风的效果，首先应从合理布置群体建筑，合理确定门、窗进出口面积的大小、位置、开启方式以及房屋平面、剖面形式等方面入手，总之要使通风流畅，力避阻塞，总体规划、单体设计和构造处理应有利于自然通风。

对本区建筑朝向分析表明，东西向是房屋的最不利朝向，东西向虽然太阳辐射照度相同，但西向时下午日晒，此时的室外气温也很高，形成西向的综合温度远高于东向，容易造成西向室内过热，建筑设计应使主要使用房间避免西晒，西向房间设置遮阳是必要的建筑措施。

本区雨量大且雨日多，相对湿度高，雷暴日数多，建筑物应满足防雨、防潮、防洪、防雷击等要求，尤其是长江中、下游地区，春末夏初的梅雨期，地面及墙基很易泛潮，甚至出现结露，建筑设计上应予注意。

本区高温多雨，沿江、湖、河地区，建筑物易被洪水淤渍，在城镇规划时应予重视，在建筑施工中，也应采取防高温和防暴雨的措施。

三、ⅢA区地处沿海一带，夏秋常有热带风暴和台风暴雨袭击，建筑设计上应考虑抗风压和防暴雨的措施，沿海地区的建筑应考虑防盐雾的措施。

四、ⅢB区的北部（安徽、湖北）冬季积雪较深，最大可达51cm，雪荷载较大，建筑结构荷载应加以考虑。

第四节 第Ⅳ建筑气候区

第3.4.3条 第Ⅳ区建筑的基本要求。

一、本区位于我国南部，包括海南、台湾全境，福建南部，广东、广西大部以及云南西南部和元江河谷地区，北回归线横贯其北部，属地理学中南亚热带至热带气候，长夏无冬，温高湿重，气温年较差和日较差均小，由于有海陆风的调节，居民已习惯该地气候，不感到闷热。7月平均气温为25～29℃，1月平均气温亦高于10℃。相对湿度为80%左右，各季变化不大，本区年降水量为1500～2000mm，是我国降水最多的地区，建筑主要解决防热和防雨问题，建筑必须充分满足夏季防热、通风和防雨要求，可不考虑冬季防寒保温。

二、本区气温高，湿度大，气温日较差小，建筑的总体规划、单体设计和构造处理应使建筑物开敞通透，充分利用自然通风，以加快人体汗液的蒸发，降低体温。

同第Ⅲ区一样，房屋西晒也是最不利的，所以建筑物应力避西晒，必要时应设不阻挡自然通风的建筑遮阳，或采取水平和垂直绿化等遮阳措施。

本区降雨量大，相对湿度高，雷暴强度大，雷暴日数多，建筑物应注意防暴雨、防潮、防洪、防雷击等要求，在建筑小区和城镇道路两旁设置骑楼或形成中庭也不失为一项有益的传统作法。

本区夏季高温且多暴雨，为保证施工质量和安全，在施工中，应有相应的措施。

三、ⅣA区包括台湾、海南、福建、两广沿海地区，易受热带风暴和台风暴雨、盐雾的袭击，30年一遇的最大风速超过25m／s，建筑设计和施工都应注意采取相应的措施。

四、ⅣB区内云南河谷地区，气温日较差较大，有时可达20～30℃，温度变化大，可造成墙身和屋面开裂等，因此应注意屋面及墙身抗裂。

第五节 第Ⅴ建筑气候区

第3.5.3条 第Ⅴ区建筑的基本要求。

一、本区位于我国云贵高原及青藏高原南部，海拔高度1000～3000m，地形错综复杂，立体气候明显，属地理学中亚热带和南亚热带气候，区内大部分地区冬温夏凉，自然气候舒适宜人，建筑上一般无需特别考虑防寒隔热问题，部分地区冬季较冷，建筑设计上应满足防寒要求，区内干湿季分明，湿季在5～10月，长达半年，雨量相对集中，湿度偏高，可达80%左右，建筑上应满足湿季防雨和通风要求。

二、本区湿季多雨，潮湿，冬季较冷，夏季不热，建筑的总体规划、单体设计和构造处理应以满足自然通风为主，适当争取冬季日照。

本区为我国雷暴多发地区，各月均可发生，建筑设计应注意防雷击。

本区雨季较长，施工中应有防雨措施。

三、ⅤA区冬季气温偏低，1月平均气温低于5℃，日照较少，建筑设计应注意防寒。

四、ⅤB区年雷暴日数多，南部部分地区可超过120d，建筑设计应特别注意防雷。

第六节 第Ⅵ建筑气候区

第3.6.3条 第Ⅵ区建筑的基本要求。

一、本区位于青藏高原，海拔高度在3000m以上，属地理学中高原寒带、亚寒带和高原温带气候，气候寒冷干燥，1月平均气温为0～-22℃，7月平均气温为2～18℃，按候平均气温低于10℃为冬天，则冬季长达8～12个月，按候平均气温高于或等于22℃为夏天，则本区无夏季可言，由于气温偏低，区内有大量冻土存在，最大冻土深度为2.5m左右，建筑设计应充分满足防寒、保温、防冻要求，而不必考虑夏季的防热。

二、本区多大风天气，年大风日数为10～100d，最多可超过200d，年平均风速为2～4m／s，极大风速可超过40m／s，由于气候干燥，区内多沙暴，建筑的总体规划、单体设计和构造处理应注意防寒风与风沙。

本区与第Ⅰ区气候特点的最大差别是空气稀薄，大气透明度高，太阳辐射强烈，日照丰富，太阳辐射照度为180～260w／m^2，日照时数最高达3600h，年日照率高达80%以上，均是全国最高的，充分利用太阳能采光、取暖，对节能和减少环境污染，增进居民的健康都很有意义，以往的民居在适应当地气候方面有很好的经验，如藏族的碉房，取背风向阳、开小窗的方式，青海民居叫做"庄窠"，房子外面是高厚的土筑墙，黄土屋面，坡度平缓，房间绕内庭布置，窗户向内庭开，这种建筑具有防寒保温和防风沙的特点，极适应干寒的气候，值得借鉴。

本区冬季长，室内外温差大，减少外露面积和加强密闭性，对保证室内热环境功能和节能是十分必要的。施工时应注意采取干寒气候低温下的技术措施，以保证工程质量。

三、ⅥA区和ⅥB区为高原永冻区，最大冻土深度为1～3m，设计地基及地下管道时应注意冻土的影响。

四、ⅥC区位于青藏高原南部，多雷暴且雷击强度大，应注意防雷击。

第七节 第Ⅶ建筑气候区

第3.7.3条 第Ⅶ区建筑的基本要求。

一、本区位于我国西北部，地形复杂，属地理学中干旱中温带和干旱南温带气候。冬季除南疆盆地气候寒冷，1月平均气温高于-10℃外，其余地方，大多气候严寒，1月平均气温为-5～-20℃；夏季除山地凉爽，7月平均气温低于25℃外，其余地方呈干热气候，7月平均气温高于25℃；区内著名的吐鲁番则呈酷热气候，7月平均气温高达33℃，夏季长达3个月，本区气温年较差和日较差均大，建筑应充分满足防寒保温要求，部分地区应兼顾夏季防热，还应满足房屋的热稳定性要求。

本区大部分地区冻土深，最大冻土深度为0.5～4.0m，建筑应满足防冻要求。

二、本区冬季寒冷，气候干燥，多大风与风沙，建筑的总体规划、单体设计和构造处理应注意满足防寒风与风沙的要求，本区冬季长而寒冷，为了节约采暖能耗，保证室内热环境功能，建筑应减少外露面积和加强密闭性。

本区气温年较差和日较差均大，建筑物因受温度变化的影响产生热胀冷缩，在结构内部产生温度应力，建筑物长度超过一定限度时，建筑平面变化较多或结构类型变化较大时，建筑物会因热胀冷缩变形而产生开裂，结构设计应采取措施，防止建筑物开裂。

本区低温、干燥、多风沙，应考虑低温、干燥气候对施工的不利影响和防风沙的措施。

三、除ⅦD区外，其余各区冻土较深，设计地基和地下管道时应考虑冻土的影响。

四、ⅦB区积雪深达30～80cm，基本雪压为0.3～1.2kPa，结构荷载应考虑雪载的影响。

五、ⅦC区空气干燥，多大风风沙天气，风速偏大，夏季较热，建筑应满足防风沙和隔热的要求。

六、ⅦD区夏季干热，特别是吐鲁番盆地夏季酷热，日平均气温高于25℃的日数达100d，气温高于35℃的日数多达98d，建筑设计应特别注意防热。本地由于气候干燥，气温日较差大，为了保持建筑物的热稳定性，建筑应较厚重，并利用白天闭窗遮阳，减少日晒和热空气进入室内，夜间通风，让低温进入室内降低室内温度，民居中利用屋顶，夜间可以在屋顶上纳凉、休息，也是经济有效的措施。

有关本章的详细说明可见《建筑气候区划标准》研究报告之五《建筑气候特征编写报告》和研究报告之六《建筑基本要求概述》。

中华人民共和国国家标准

民用建筑热工设计规范

GB 50176—93

条 文 说 明

前　言

根据国家计委计综［1984］305号文的要求，由中国建筑科学研究院负责主编，具体由中国建筑科学研究院建筑物理研究所会同有关单位共同编制的《民用建筑热工设计规范》GB 50176—93，经建设部1993年3月17日以建设部建标［1993］196号文批准发布。

为便于广大设计、施工、科研、学校等有关单位人员在使用本规范时能正确理解和执行条文规定，《民用建筑热工设计规范》编制组根据国家计委关于编制标准、规范条文说明的统一要求，按《民用建筑热工设计规范》的章、节、条的顺序，编制了《民用建筑热工设计规范条文说明》，供国内各有关部门和单位参考。在使用中如发现本条文说明有欠妥之处，请将意见函寄中国建筑科学研究院建筑物理研究所（地址：北京车公庄大街19号，邮政编码：100044）《民用建筑热工设计规范》国标管理组。

1993年1月

目　　次

主要符号

本规范中一些名词术语的基本符号，原则上采用国际通用符号，如以 t 代表温度，p 代表压力，λ 代表导热系数，a 代表导温系数，c 代表比热容等；如无国际通用符号，则采用国内常用符号，如以 S 代表材料蓄热系数，Y 代表表面蓄热系数，D 代表热惰性指标等。关于符号的角标，原则上采用国际通用的，如以 max 代表最大，min 代表最小，i 代表内侧，e 代表外侧等。极少数角标采用汉语拼音，如采暖室外计算温度 t_w 的下角标 w。基本符号的排列，分别以拉丁文和希腊文的字母先后为序，拉丁字母在先，希腊字母在后；基本符号相同者，按角标字母先后为序。

第一章　总　　则

第 1.0.1 条　本规范制定的目的。

我国基本建设投资以民用建筑所占比重最大，涉及面最广。制订本规范的主要目的就在于使这些民用建筑的热工设计与地区气候相适应，保证室内基本的热环境要求，符合国家节约能源的方针，发挥投资的经济和社会效益。

建筑热工设计主要包括建筑物及其围护结构的保温、隔热和防潮设计。

室内基本的热环境要求系指为人们生活和工作所需的最低限度的热环境要求。例如，室内的温度、湿度、气流和环境热辐射应在允许范围之内，冬季采暖房屋围护结构内表面温度不应低于室内空气露点温度，夏季自然通风房屋围护结构内表面最高温度不应高于当地夏季室外计算温度最高值等。这些基本的热环境要求得到保证，建筑物的使用质量才能得到保证。

我国 60 年代至 70 年代中期，由于片面强调降低基本建设造价和减轻结构自重，在设计中缺乏全面的技术经济观点和节能意识，导致一再削弱围护结构保温隔热水平，使得大量民用建筑冬冷夏热，采暖和空调能耗大大增加，经济和社会效益都很差。直至 70 年代中期能源危机以后，特别是改革开放以来，这种情况才引起重视并逐步改变。在制订本规范时，除了达到本规范的主要目的之外，还注意在一定程度上节约采暖和空调能耗，所采取的主要措施有：控制窗户面积，提高窗户气密性，围护结构实际采用的传热阻尽量接近经济传热阻，以及在严寒和寒冷地区，避免设置开敞式外廊和开敞式楼梯间，入口处设置门斗，加强阳台门下部保温等。采取这些措施后，将在一定程度上降低采暖和空调能耗，提高投资的经济和社会效益。

第 1.0.2 条　本规范的适用范围。

根据工程建设标准规范主管部门下达任务的要求，本规范的适用范围应是民用建筑的热工设计。民用建筑的范围很广，但主要包括居住建筑和公共建筑。考虑到建筑热工设计与使用要求和室内温湿度状况密切相关，因此可按使用要求和室内温湿度状况把民用建筑分成下列三类：

第一类：居住建筑（主要包括住宅、宿舍、旅馆等）、托幼建筑、疗养院、医院、病房等。这类建筑大多数连续使用，对室内温湿度有较高要求。

第二类：办公楼、学校、门诊部等。这类建筑大多数间歇使用，对室内温湿度要求一般低于第一类。

第三类：礼堂、食堂、体育馆、影剧院、车站、机场、港口建筑等。这类建筑中除部分建筑对室内温湿度有较高要求外，一般是间歇使用，对室内温湿度要求一般低于第二类。

公共建筑中的图书馆、档案馆、博物馆等，有些建筑或有些房间对温湿度有特殊要求，建筑热工设计上应考虑这些要求，但一般来说，对室内温湿度的要求与第二类接近，因此可按第二类进行设计。

地下建筑、室内温湿度有特殊要求和特殊用途的建筑，以及简易的临时性建筑，因其使用条件和建筑标准与一般民用建筑有较大差别，故本规范不适用于这些建筑。

第 1.0.3 条　本规范与其他标准规范的衔接。

根据国家计委对编制和修订工程建设标准规范的统一规定，为了精简规范内容，凡引用或参照其他全国通用的设计标准规范内容，除必要的以外，本规范一般不再另立条文，故在本条中统一作一说明。本规范引用或参照的主要标准规范有：《采暖通风与空气调节设计规范》GBJ 19—87、《建筑外窗空气渗透性能分级及其检测方法》GB 7107—86、《建筑外窗保温性能分级及其检测方法》GB 8484—87 等。

第二章　室外计算参数

第 2.0.1 条　围护结构冬季室外计算温度的确定。

本规范提出的确定围护结构冬季室外计算温度的原则和方法，是在吸取原苏联《建筑热工规范》关于确定围护结构冬季室外计算温度规定的合理部分，并综合国内近年来对这一问题研究成果的基础上提出的。确定围护结构冬季室外计算温度的基本原则是：根据围护结构的热惰性指标 D 值不同，取不同的室外计算温度，以保证不同 D 值的围护结构，在室内温度保持稳定，室外温度从各自的计算温度降至当地最低一个日平均温度条件下，在围护结构内表面上引起的温降都不超过 1℃，内表面最低温度都不低于露点温度。确定围护结构冬季室外计算温度的具体方法是：根据围护结构 D 值不同，将围护结构分成四种类型，然后按本规范第二章表 2.0.1 的规定取不同的室外计算温度。

第 2.0.2 条 围护结构夏季室外计算温度的确定。

围护结构夏季室外计算温度用于计算确定围护结构的隔热厚度。这一隔热厚度应能满足在夏季较热的天气条件下，其内表面温度不致过高，内表面与人体之间的辐射换热不致过量，并能被大多数的人们所接受。本规范根据我国 30 多年的气象资料，取历年（连续 25 年中的每一年）最热一天（日平均温度最高的一天）来代表夏季较热天气。具体的取值方法是：夏季室外计算温度平均值按历年最热一天的日平均温度的平均值确定；夏季室外计算温度最高值按历年最热一天的最高温度的平均值确定；夏季室外计算温度波幅值按室外计算温度最高值与室外计算温度平均值的差值确定。

第 2.0.3 条 夏季太阳辐射照度的取值。

夏季太阳辐射照度用于围护结构隔热计算，其取值原则上应与夏季室外计算温度的取值相配合，亦即取历年最热一天的太阳辐射资料的累年平均值作为基础来统计。但考虑到这样统计比较麻烦，因此取各地历年七月份最大直射辐射日总量和相应日期总辐射日总量的累年平均值，然后通过计算分别确定东、南、西、北垂直面和水平面上地方太阳时逐时的太阳辐射照度及昼夜平均值。全国 15 个城市夏季太阳辐射照度已列入本规范附录三附表 3.3，在进行围护结构隔热计算时可以直接采用。

第三章 建筑热工设计要求

第一节 建筑热工设计分区及设计要求

第 3.1.1 条 关于建筑热工设计分区及相应的设计要求。

由于这一分区适用于建筑热工设计，故称建筑热工设计分区。这一分区是根据建筑热工设计的实际需要，以及与现行有关标准规范相协调，分区名称要直观贴切等要求制订的。由于目前建筑热工设计主要涉及冬季保温和夏季隔热，主要与冬季和夏季的温度状况有关，因此，用累年最冷月（即一月）和最热月（即七月）平均温度作为分区主要指标，累年日平均温度≤5℃和≥25℃的天数作为辅助指标，将全国划分成五个区，即严寒、寒冷、夏热冬冷、夏热冬暖和温和地区（见本规范附录八），并提出相应的设计要求。《建筑气候区划标准》GB 50178—93 中的建筑气候区划，适用于一般工业与民用建筑的规划、设计与施工，适用范围更广，涉及的气侯参数更多。该标准以累年一月和七月平均气温、七月平均相对湿度等作为主要指标，以年降水量、年日平均气温≤5℃和≥25℃的天数等作为辅助指标，将全国划分成七个一级区，即Ⅰ、Ⅱ、Ⅲ、Ⅳ、Ⅴ、Ⅵ、Ⅶ区，在一级区内，又以一月、七月平均气温、冻土性质、最大风速、年降水量等指标，划分成若干二级区，并提出相应的建筑基本要求。由于建筑热工设计分区和建筑气候区划（一级区划）的划分主要指标一致，因此，两者的区划是相互兼容、基本一致的。建筑热工设计分区中的严寒地区，包含建筑气候区划图中的全部Ⅰ区，以及Ⅵ区中的ⅥA、ⅥB，Ⅶ区中的ⅦA、ⅦB、ⅦC；建筑热工设计分区中的寒冷地区，包含建筑气候区划图中的全部Ⅱ区，以及Ⅵ区中的ⅥC，Ⅶ区中的ⅦD；建筑热工设计分区中的夏热冬冷、夏热冬暖、温和地区，与建筑气候区划图中的Ⅲ、Ⅳ、Ⅴ区完全一致。

第二节 冬季保温设计要求

第 3.2.1 条 对建筑物设置的地段和主要房间的布局提出的原则性要求。

建筑物设在避风和向阳地段，可以减少冷风渗透并争取较多的日照，但在实践中由于规划上的限制，不可能全部做到，故在用词上采用“宜”。

第 3.2.2 条 对建筑物体形设计的要求。

建筑物外表面积减少，对节约采暖能耗有较大意义。建筑物外表面积与其所包围的体积之比称为体形系数。体形系数愈小，对节约采暖能耗愈有利。据调查统计，目前我国普遍采用的单元式多层住宅，当为 4 个单元 6 层楼时，体形系数一般在 0.28～0.30 左右；当为 4 个单元 3 层楼时，体形系数将增至 0.34 左右，采暖能耗将增加 11%左右；当为点式平面 6 层楼时，体形系数将为 0.36 左右，采暖能耗将增加 20%左右；3 层楼时，体形系数将为 0.42 左右，采暖能耗将增加 33%左右。可见采暖能耗随体形系数的增加而急剧增加。对于在民用建筑中占 70%以上的居住建筑来说，适当限制其体形系数是必要的。但是，为了避免建筑物外形千篇一律，就不能对建筑物的体形系数作出硬性规定。本条规定仅对建筑师起提示作用。

第 3.2.3 条 对严寒和寒冷地区居住和公共建筑楼梯间、外廊和入口处设计的要求。

在严寒和寒冷地区居住建筑中，采用开敞式楼梯间和开敞式外廊，公共建筑入口处不设门斗或热风幕等避风设施，对保证室内热环境要求和节约采暖能耗都十分不利，但影响的程度有所不同，故对严寒和寒冷地区采用了不同的用词。

第 3.2.4 条 对建筑物外部窗户面积和密闭性提出的原则性要求。

通过建筑物外部窗户既有太阳辐射得热，也有传热和冷风渗透热损失，但就整个采暖期来说，窗户仍是一个失热构件，即使南窗也是如此。此外，窗户与外墙相比，其单位面积热损失也要大得多。计算表明，在北京地区采用单层钢窗的情况下，窗户单位面积传热热损失为同一朝向 37cm 砖墙的倍数：南向约为 2.2 倍，东、西向约为 3.2 倍，北向约为 3.7 倍。在哈尔滨地区采用双层钢窗的情况下，窗户单位面积传热热损失为同一朝向 49cm 砖墙的倍数：南向约为 1.5 倍，东、西向约为 2 倍，北向约为 2.3 倍。如果窗户有邻近建筑物或上部阳台遮挡，并考虑冷风渗透的影响，则窗户与外墙相比就更为不利。此外，在冬季大风天气，通过窗户缝隙的冷风渗透，还会造成室温的急剧下降和波动。因此，本条提出窗户面积不宜过大，并尽量减少窗户缝隙长度，加强窗户的密闭性，是十分必要的。对窗户面积具体的限制性规定见本规范第四章第 4.4.5 条。

第 3.2.5 条 本条规定是为了保证外墙、屋顶、直接接触室外空气的楼板和不采暖楼梯间的隔墙等围护结构满足最低限度的保温要求。

第 3.2.6 条 外墙中嵌入散热器、管道、壁龛等，削弱了这部分墙体的保温能力，使热损失大大增加，散热器不能发挥应有的效能，因此本条作出了限制性规定。

第 3.2.7 条 对热桥部位保温的原则性要求。

外墙和屋顶中的各种接缝和混凝土或金属嵌入体构成的热桥，在建筑构造上往往难以避免，如果不作适当的保温处理，不但使房间热损失增加，而且这些部位可能出现结露、长霉，影响使用。因此，本条规定对这些部位应进行保温验算，并采取保温措施。

第三节 夏季防热设计要求

第 3.3.1 条 在我国目前的技术经济条件下，建筑物内部不可能普遍设置空调设备，而是采取各种建筑措施来达到夏季防热的目的。实践证明，只有采取综合性的建筑措施，主要包括自然通风、窗户遮阳、围护结构隔热和环境绿化，才能取得较好的防热效果。

第 3.3.2 条 建筑物的总体布置，单体的平、剖面设计和门窗的设置，应有利于自然通风，并尽量避免主要房间受东、西向的日晒，这些是夏季防热措施中的主要措施，因此作出了本条规定。

第 3.3.3 条 直射阳光通过向阳面，特别是东、西向窗户进入室内，是造成室内过热的主要原因。为了有效地遮挡直射阳光，并尽量兼顾采光、通风、视野等功能，遮阳的形式和材料要适当。例如，南向和北向（在北回归线以南的地区），宜采用水平式遮阳；东北、北和西北向，宜采用垂直式遮阳；东南和西南向，宜采用综合式遮阳；东、西向，宜采用挡板式遮阳。固定式遮阳往往具有挡风、挡光、挡视线、造价高和维修困难等不利影响，因此，在建筑设计中应谨慎对待，宜结合外廊、阳台、挑檐等处理达到遮阳目的。此外，活动百叶窗帘、反射阳光涂膜和热反射玻璃等，也是近年来被日益广泛采用的遮阳材料。

第 3.3.4 条 建筑物夏季隔热的关键部位在屋顶和东、西外墙。保证这些部位的内表面温度满足隔热设计标准的要求，是围护结构隔热设计的主要任务。

第 3.3.5 条 在夏热冬暖地区和夏热冬冷地区的建筑中，潮霉季节地面冷凝泛潮现象普遍存在，底层地面特别严重。地面下部采取保温措施，以及传统的架空做法，可使地面保持较高的温度，从而减少冷凝现象。地面面层材料的选择也十分重要，光滑而密实的面层，如水磨石和水泥地面等，虽然耐磨和便于清洁，但容易冷凝泛潮。相反，采用微孔吸湿材料，如微孔地面砖、大阶砖等作面层时，则效果较好。医院、病房等场所，从防止地面冷凝泛潮的角度考虑，也宜采用微孔吸湿材料，但对清洗和消毒不利，故一般仍采用水磨石等地面。居室和托幼等场所的地面面层，则宜采用微孔吸湿材料。

第四节 空调建筑热工设计要求

第 3.4.1 条 本节中的空调建筑系指一般民用，亦即舒适性空调建筑或空调房间。对于这类空调建筑或空调房间，为了降低空调负荷及改善室内热环境条件，应尽量避免东 西朝向和东、西向窗户。计算机动态模拟试验结果表明，当窗墙面积比为 0.30 时，东、西向房间与南、北向房间相比，设计日冷负荷（系指在空调设计条件下，逐时冷负荷的峰值）要大 37%～67%，运行负荷（系指在夏季空调期间，为维持恒定室温而必须从房间中除去的热量）要大 22%～46%。此外，通过窗户进入室内的直射阳光也将使室内热环境条件大大恶化。

第 3.4.2 条 空调房间集中布置、上下对齐，温湿度要求相近的房间相邻布置，可以减少传热面积，有利于降低空调负荷、节约设备投资和建造费用，并便于维护管理。

第 3.4.3 条 本条规定有利于空调房间室温稳定，并有利于降低空调负荷。

第 3.4.4 条 顶层房间因屋顶接受的太阳辐射热较多而使空调负荷大大增加。例如，同样的南北向房间，窗墙面积比为 0.30，顶层与非顶层相比，设计日冷负荷要大 22%～93%，运行负荷要大 23%～96%。为了降低空调负荷，应避免在顶层布置空调房间；如必须在顶层布置，则屋顶应有良好的隔热措施，如加大热阻或设置通风间层等。

第 3.4.5 条 在满足使用要求的前提下，降低空调房间的层高，实质上是减少外墙和窗户这些传热面积，对节约建筑和设备投资，降低空调负荷和运行费用都有利。

第 3.4.6 条 减少空调建筑的外表面积，可以降低空调负荷。外表面采用浅色饰面，可以减少外表面对太阳辐射热的吸收量。例如，浅黄或浅绿色表面比深色表面要少吸收30%左右的太阳辐射热。

第3.4.7条 建筑物外部窗户面积对空调负荷的影响很大，基本上呈线性递增关系。目前国内存在着为追求建筑物外表美观而采用大面积玻璃窗的倾向，这对节约空调能耗十分不利。动态模拟试验结果表明，在采用单层窗的情况下，窗墙面积比从0.30增至0.50，各朝向房间的设计日冷负荷要增加25%～42%，运行负荷要增加17%～25%。事实上，窗墙面积比为0.30，对于房间开间为3.3m，层高为2.8m的墙面，窗户尺寸已达1.5m×1.8m；对于开间为3.9m，层高为2.8m的墙面，窗户尺寸已达1.5m×2.1m。这样的窗户面积已不算小了。当采用双层窗或单框双玻窗时，由于窗框遮阳面积增加，窗户传热系数变小，对降低空调负荷有利。在这种情况下，窗墙面积比从0.30增至0.40，空调负荷不致增加，或增加很少，但若窗墙面积比进一步加大，则空调负荷将逐步上升。

本条规定主要适用于居住建筑，如住宅、集体宿舍，旅馆、宾馆、招待所的客房，以及医院和病房等场所。对于特殊的公共建筑，在窗户采取良好的保温隔热和遮阳措施的情况下，窗墙面积比可不受本条规定的限制。

第3.4.8条 向阳面，特别是东、西向窗户，采取有效的遮阳措施，如热反射玻璃、反射阳光涂膜、各种固定式或活动式遮阳等，是减少太阳辐射得热，降低空调负荷，改善室内热环境条件的重要措施。

第3.4.9条 建筑物外部门窗的气密性对空调负荷和室温的稳定有显著影响。例如，当房间的换气次数由每小时0.5次增至1.5次时，设计日冷负荷将增加41%，运行负荷将增加27%。《建筑外窗空气渗透性能分级及其检测方法》GB 7107—86规定，当窗户试件两侧空气压力差为10Pa，窗户每米缝长的空气渗透量$q_0 \leqslant 2.5m^3/(m \cdot h)$时，其气密性等级属于Ⅲ级。国产标准型气密钢窗、推拉铝窗以及平开铝窗等，均能满足这一要求。

第3.4.10条 舒适性空调房间，部分或全部窗扇可以开启，便于夜间利用自然通风降温，从而达到节约空调能耗和改善室内卫生条件的目的。这是一种简便易行的措施。舒适性空调房间如有频繁开启的外门，将使空调负荷大幅度增加，而且室温也难以保持在允许的范围内。因此作出了本条规定。

第3.4.12条 间歇使用的空调建筑，如办公楼、商业建筑等，其外围护结构内侧及内围护结构采用轻质材料，有利于在较短的时间内达到要求的室温；相反，在连续使用的空调建筑，特别是室温允许波动范围较小的空调建筑，其外围护结构内侧及内围护结构采用重质材料较为有利。

在进行夏季空调建筑围护结构防潮设计时，应注意蒸汽渗透的方向是由外向内，因此，蒸汽渗透阻大的材料层或隔汽层应设在外侧。

第四章 围护结构保温设计

第一节 围护结构最小传热阻的确定

第4.1.1条 围护结构最小传热阻的确定方法。

设置集中采暖建筑物围护结构的传热阻应根据技术经济比较确定，且应符合国家有关节能标准的要求，其最小传热阻应按本规范第4.1.1条式（4.1.1）计算确定。

最小传热阻系指围护结构在规定的室外计算温度和室内计算温湿度条件下，为保证围护结构内表面温度不低于室内空气露点，从而避免结露，同时避免人体与内表面之间的辐射换热过多而引起的不舒适感所必需的传热阻。

确定围护结构最小传热阻的计算式如下：

$$R_{o\cdot\min} = \frac{(t_i - t_e)n}{[\Delta t]}R_i \tag{4.1.1}$$

从形式上看，式（4.1.1）是稳定传热计算式。但是，实际上已考虑了室外温度波动对内表面温度的影响。因为式中的冬季室外计算温度t_e是根据围护结构的热惰性指标D值不同而采取不同的值，以便使D值较小，亦即抗室外温度波动能力较小的围护结构，能求得较大的传热阻；反之亦然。这些具有不同传热阻的围护结构，不论D值大小，不仅在各自的室外计算温度条件下，其内表面温度都能满足要求，而且当室外温度偏离其计算温度降至当地最低一个日平均温度时，其内表面温度偏离其平均值向下的温降也不会超过1℃，也就是说，这些不同类型围护结构的内表面最低温度将达到大体相同的水平（参见第2.0.1条说明）。

式中的t_i为冬季室内计算温度。按式（4.1.1）计算时，假定室温保持稳定不变。

式中的n为室内外温差修正系数，是考虑围护结构受室外冷空气的影响程度不同而采取的修正系数。

式中的$[\Delta t]$为室内空气与内表面之间的允许温差。在这一温差条件下，对于居住建筑和公共建筑的外墙，其内表面温度不仅能够满足卫生要求，而且也能满足不结露要求，但室温必须保持稳定，相对湿度不能超过60%；对于平屋顶和坡屋顶顶棚，由于规定的允许温差$[\Delta t]$值较小，内表面温度较高（在计算条件下，内表面温度可达12.5～14℃），因此，室温若在允许范围内波动，内表面一般是不会出现结露的。

第4.1.2条 轻质外墙最小传热阻附加值的规定。

如上条所述，按式（4.1.1）计算确定围护结构最小传热阻时，假定室内计算温度保持稳定不变，但在我国目前的供暖条件下，无论是连续供暖，还是间歇供暖，室温总是有某种程度的波动的。据调查，在连续供暖条件下，在砖混等重型结构和陶粒混凝土等中型结构建筑中，室温的波幅值为1～2℃；在加气混凝土等轻型结构建筑中，室温的波幅值为2～2.5℃。在间歇供暖条件下，在重型和中型结构建筑中，室温的波幅值为2～3℃；在轻型结构建筑中，室温的波幅值为2.5～3.5℃。室温的波动必然引起内表面温度的波动。在室温波动条件下，保证内表面最低温度不低于室内空气的露点温度，这就是确定围护结构最小传热阻附加值的基本出发点。计算中应考虑不利情况，即取较大的室温波幅值作为允许波幅值。在连续供暖条件下，在重型和中型结构建筑中，取室温允许波幅 $A_{ti}=2.0$℃；在轻型结构建筑中，取室温允许波幅 $A_{ti}=2.5$℃。在间歇供暖条件下，在重型和中型结构建筑中，取室温允许波幅 $A_{ti}=3.0$℃；在轻型结构建筑中，取室温允许波幅 $A_{ti}=3.5$℃。

对于平屋顶和坡屋顶顶棚，由于本规范第4.1.1条表4.1.1-2规定的室内空气与内表面之间的允许温度［Δt］值较小，其内表面温度已能达到12.5～14℃。在上述的室温允许波幅条件下，已能保证内表面最低温度不低于室内空气露点，因此，其最小传热阻可直接按式（4.1.1）求得，而不再需要附加。但对于外墙，由于规定的允许温差［Δt］值较大，其内表面温度只能达到11～12℃。在上述的室温允许波幅条件下，其内表面最低温度有可能低于室内空气露点温度，因此，其最小传热阻应在按式（4.1.1）求得值的基础上进行附加。由于砖墙等重型结构外墙其内侧抵抗温度波动的能力较强，在上述的室温允许波幅条件下，其内表面最低温度也不致低于室内空气露点温度，因此，其最小传热阻也不必进行附加。但是，在采用轻质外墙情况下，其内侧抵抗温度波动的能力较弱，在上述的室温波幅条件下，为了保证其内表面最低温度不低于室内空气露点温度，其最小传热阻有必要在按式（4.1.1）求得值的基础上进行附加。

表4.1.2轻质外墙最小传热阻的附加值，是分别按连续供暖和间歇供暖两种情况下，为保证内表面最低温度不低于室内空气露点温度而求得的。考虑到这些轻质外墙的密度或平均密度在一定范围内变化，故附加值也允许在一定范围内取值。密度或平均密度较小的，应取较大的附加值。

现以北京地区居住建筑中采用轻质外墙为例，来说明最小传热阻附加的必要性和现实性。当外墙采用 $\rho_0=1100\mathrm{kg/m^3}$，$\lambda=0.44\mathrm{W/(m\cdot K)}$ 的粉煤灰陶粒混凝土墙板时，若最小传热阻不附加，则墙板厚度为0.19m，在 $A_{ti}=2.0$℃条件下，其内表面最低温度为9.5℃（室内空气露点温度为10.1℃）；若最小传热阻附加20%，则墙板厚度为0.23m，在 $A_{ti}=2.0$℃条件下，其内表面最低温度为10.2℃；若附加40%，则墙板厚度为0.29m，在 $A_{ti}=3.0$℃条件下，其内表面最低温度为10.6℃。当外墙采用 $\rho_0=500\mathrm{kg/m^3}$，$\lambda=0.24\mathrm{W/(m\cdot K)}$ 的加气混凝土墙板时，若最小传热阻不附加，则墙板厚度为0.10m，在 $A_{ti}=2.5$℃条件下，其内表面最低温度为8.6℃；若附加30%，则墙板厚度为0.14m，在 $A_{ti}=2.5$℃条件下，其内表面最低温度为10.1℃；若附加60%，则墙板厚度为0.19m，在 $A_{ti}=3.5$℃条件下，其内表面最低温度为10.1℃。当外墙采用石膏板、矿棉、石膏板、空气间层、钢筋混凝土薄板构成的轻质复合墙板时，若最小传热阻不附加，则矿棉层的厚度为0.011m，在 $A_{ti}=2.5$℃条件下，其内表面最低温度为9.0℃；若附加40%，则矿棉层厚度为0.024m，在 $A_{ti}=2.5$℃条件下，其内表面最低温度为10.4℃；若附加80%，则矿棉层厚度为0.038m，在 $A_{ti}=3.5$℃条件下，其内表面最低温度为10.7℃。可见，当采用轻质外墙时，最小传热阻不附加，其厚度不足以满足最低限度的保温要求；按表4.1.2的规定附加，内表面最低温度均已高于室内空气露点温度，墙板或保温层的厚度并不大，在实践中是完全可行的。

第4.1.3条 处在寒冷和夏热冬冷地区，且设置集中采暖的居住建筑和医院、幼儿园、办公楼、学校、门诊部等公共建筑，当采用Ⅲ、Ⅳ型围护结构时，要满足冬季保温要求并不困难，但要满足夏季隔热要求就比较困难。例如在北京地区，当采用加气混凝土外墙时，其传热阻达到 $0.77\mathrm{m^2\cdot K/W}$，厚度为0.14m，即可满足冬季保温要求，但要满足夏季隔热要求，其传热阻至少应达到 $0.88\mathrm{m^2\cdot K/W}$，厚度为0.175m；当采用加气混凝土条板屋顶时，其传热阻达到 $0.88\mathrm{m^2\cdot K/W}$，厚度为0.175m，即可满足冬季保温要求，但要满足夏季隔热要求，其传热阻至少应达到 $1.29\mathrm{m^2\cdot K/W}$，厚度为0.25m。这是因为Ⅲ、Ⅳ型围护结构的热稳定性较差，特别是作为屋顶和东、西外墙时，在夏季室内外温度波作用下，内表面温度容易升得较高，因此有必要对它们进行夏季隔热验算。如经验算按夏季隔热要求的传热阻大于按冬季保温要求的最小传热阻，则应按夏季隔热要求采用。

第二节　围护结构保温措施

第4.2.1条　提高围护结构热阻值的措施。

提高热阻值是提高围护结构保温性能的主要措施。这里列出的几条措施经国内外实践证明行之有效，但构造设计和施工方法要适当。例如，构造设计上应避免贯通的热桥，空气间层应封闭，复合结构中的保温材料应避免施工水、雨水和冷凝水的浸湿等。

第4.2.2条　提高围护结构热稳定性的措施。

提高围护结构的热稳定性是提高其保温性能的另一措施。对于居住建筑和要求室温比较稳定的公共建筑，在采用轻型结构和复合结构时，特别要注意提高其热稳定性。这里提出的两条措施，有利于提高轻型结构和复合结构的热稳定性，从而可以充分发挥轻质和重质材料各自的优点，用较薄的保温材料取得较好的保温效果。此外，提高围护结构的热稳定性对改善房间的热稳定性也是有益的。

第三节　热桥部位内表面温度验算及保温措施

第 4.3.1 条　围护结构的热桥部位系指嵌入墙体的混凝土或金属梁、柱，墙体和屋面板中的混凝土肋或金属件，装配式建筑中的板材接缝以及墙角、屋顶檐口、墙体勒脚、楼板与外墙、内隔墙与外墙联接处等部位。这些部位保温薄弱，热流密集，内表面温度较低，可能产生程度不同的结露和长霉现象，影响使用和耐久性。在进行保温设计时，应对这些部位的内表面温度进行验算，以便确定其是否低于室内空气露点温度。

第 4.3.2 条　为了确定室内空气露点温度，有必要对室内空气相对湿度的取值作出规定。

第 4.3.3 条　所列的围护结构中常见五种形式热桥的内表面温度验算公式引自原苏联《建筑热工规范》СНИПⅡ-3-79，并经国内用导电纸热电模拟试验验证，认为修正系数 η 值是合适的，故本规范予以采用。

第 4.3.4 条　在我国的墙体改革中，曾采用陶粒混凝土等轻骨料混凝土单一材料墙体。在外墙角处，由于吸热面小，散热面大，热流由内向外扩散，形成热桥，其内表面温度较正常部位低，容易出现结露。因此，本规范提出要求验算这一部位的内表面温度。验算的程序是，先根据外墙热阻 R 值的大小，确定比例系数 ξ，然后计算外墙角处内表面温度 θ'_i，再根据 θ'_i 计算内侧最小附加热阻 $R_{ad \cdot min}$。计算中，不论围护结构轻重程度如何，室外计算温度 t_e 均按Ⅰ型围护结构采用。也就是说，这一计算结果能保证在当地室外采暖计算温度条件下，外墙角处内表面不会出现结露。

第 4.3.5 条　围护结构中热桥的形式多种多样，本规范不可能一一列举。如遇其他形式的热桥，则应通过模拟试验或解温度场的方法，验算其内表面温度。当内表面温度低于室内空气露点温度时，应在热桥部位的外侧或内侧采取保温措施。

第四节　窗户保温性能、气密性和面积的规定

第 4.4.1 条　关于窗户（包括一般窗户、天窗和阳台门上部带玻璃部分）传热系数的取值。

《民用建筑热工设计规程》JGJ 24—86 中表 4.4.1 窗户总热阻（现改称传热阻）和总传热系数（现改称传热系数）是根据《采暖通风设计手册》1973 年修订第二版的数据编制的。这些数据是 50 年代从苏联引进的，在我国已沿用多年。80 年代初期，我国开始建立标定热箱法窗户保温性能试验装置，并于 1987 年颁布了国家标准《建筑外窗保温性能分级及其检测方法》GB 8484—87。按这一标准，对我国常用单、双层钢窗和木窗，以及近年来大量涌现的铝窗、塑料窗、单框双玻窗等 100 多樘窗户进行测定的结果表明，这些窗户的传热系数与《规程》值相比，对于金属单层窗和单框双玻窗，测定值与《规程》值接近；对于双层金属窗和木窗，测定值比《规程》值要小 16%～39%。我国的测定值与国外一些国家（如美国、英国、德国、日本等国家）的数据相比，单层窗的测定值与国外数据接近；单框双玻窗和双层窗的测定值比国外数据要小一些。这是由于我国标准试验方法（GB 8484—87）中，试件热侧采用接近实际情况的自然对流，表面换热系数较小所致；而国外一些国家的标准试验方法中，热侧一般采用强迫对流，表面换热系数偏大。因此，按我国标准试验方法测定的窗户传热系数是切合实际因而是比较合理的。我国国家建筑工程质量监督检测中心门窗检测部已于 1987 年成立，并通过国家计量认证。有些地方也已成立门窗质检机构。因此，本条规定：窗户的传热系数应按经国家计量认证的质检机构提供的测定值采用；当无上述质检机构提供的测定值时，可按表 4.4.1 采用。表 4.4.1 中的数据是根据近年来国家建筑工程质量监督检测中心门窗检测部积累的 100 多樘窗户传热系数测定值归类统计的结果。这些数据在同类窗户中具有代表性。

第 4.4.2 条　关于严寒和寒冷地区居住建筑和公共建筑窗户（包括阳台门上部带玻璃部分）保温水平的规定。窗户是当前建筑保温中的一个薄弱环节。在国外发达国家的采暖建筑中，一般都不用单层窗，但在我国目前的经济条件下，要把采暖建筑中的单层窗全部改为双层窗或单框双玻窗是难以做到的。根据这一实际情况，本规范对居住建筑和公共建筑窗户的保温性能作出如下规定：严寒地区各向窗户，不应低于《建筑外窗保温性能及其检测方法》GB 8484—87 规定的Ⅱ级水平［$K>2.00$，$\leqslant 3.00$W/（$m^2 \cdot K$）］；寒冷地区各向窗户，不应低于Ⅴ级水平［$K>5.00$，$\leqslant 6.40$W/（$m^2 \cdot K$）］，北向窗户宜达到Ⅳ级水平［$K>4.00$，$\leqslant 5.00$W/（$m^2 \cdot K$）］。

第 4.4.3 条　关于阳台门下部门肚板部分传热系数的规定：严寒地区，$K\leqslant 1.35$W/（$m^2 \cdot K$）；寒冷地区，$K\leqslant 1.72$W/（$m^2 \cdot K$）。这实际上相当于在双层阳台门内层门下部及单层阳台门下部加 20mm 左右的聚苯乙烯泡沫塑料或岩棉板的保温水平。

第 4.4.4 条　关于居住建筑和公共建筑窗户气密性的规定。

我国从 60 年代中期开始，逐步采用空腹和实腹钢窗代替木窗。由于窗型设计上的缺陷，以及制作和安装质量较差，使得窗户的气密性质量普遍较差。在

采暖建筑中，通过窗户缝隙的空气渗透热损失约占建筑物全部热损失的25%以上。在大风降温天气，特别是在中高层和高层建筑中，室温将急剧下降或波动。在多风沙地区，室内有大量尘土进入。为了节约采暖能耗、改善室内热环境和卫生条件，迫切需要提高窗户的气密性。但是，提高窗户气密性又与保持室内空气适当的洁净度和相对湿度有矛盾。窗户过于密闭，将导致室内空气混浊，相对湿度过高。在我国目前建筑物内尚不能普遍设置机械换气设备和热压换气系统的条件下，采用具有适当气密性的窗户是经济合理的。

通过窗户缝隙的空气渗透是由风压和热压共同作用引起的。室外风速越大，建筑物越高，风压和热压的作用越强。因此，本条对窗户气密性的规定，按冬季室外平均风速大于或等于3.0m/s和小于3.0m/s两类地区及建筑物1～6层和7～30层两种高度分别作出规定。实际上，建筑物的遮挡情况，建筑物的平面布置、朝向、高度、室内外温差的波动，以及风的随机性等等因素，都会对热压和风压产生影响，因此，本条规定实际上只能起到某种宏观控制作用。

通过近年来的努力，我国已制订了国家标准《建筑外窗空气渗透性能分级及其检测方法》GB 7107—86，对窗户空气渗透性能分级作出了规定（表4.4.4），并已建立了国家建筑工程质量监督检测中心门窗检测部，具备了窗户气密性检测条件，特别是我国实行改革开放以来，从国外引进了门窗生产先进技术和设备，科研与生产结合，节能与质量意识的提高，促使门窗行业蓬勃发展，新型气密窗和改进型气密窗得到了重视和发展，门窗气密性质量有了显著提高。测试结果表明，改型空腹钢窗的空气渗透性能等级已达到Ⅳ级水平，标准型气密钢窗、推拉铝窗等已达到Ⅲ级水平，国标气密条密封窗、平开铝窗、塑料窗、单框双玻钢塑复合窗等已达到Ⅰ、Ⅱ级水平。因此，在我国采暖建筑中采用气密性质量较好的窗户不但需要，而且已有可能。

表4.4.4　国标GB 7107—86对窗户空气渗透性能的分级

空气渗透性能等级	Ⅰ	Ⅱ	Ⅲ	Ⅳ	Ⅴ
空气渗透量下限值［$m^3/(m\cdot h\cdot 10Pa)$］	0.5	1.5	2.5	4.0	5.5

第4.4.5条　关于居住建筑各朝向窗墙面积比的规定。

窗墙面积比系指窗户洞口面积与房间立面单元面积（即房间层高与开间定位线围成的面积）的比值。据调查，北京市和东北三省居住建筑的窗墙面积比已从建国初期的0.19增至目前的0.35左右，并有进一步增大的趋势，这种情况需要具体分析。在我国传统民居中，南向开窗面积较大，北向往往不开窗或开小窗。这是利用日照，改善热环境，节约采暖能耗的有效办法。传热计算和分析表明，南向窗户的太阳辐射得热量是不容忽视的。在北京地区采用单层钢窗情况下，南向窗户的太阳辐射得热量约占通过窗户向外热损失的52%～59%，东西向窗户的太阳辐射得热量约占通过窗户向外热损失的10%～13%。在沈阳地区采用双层钢窗情况下，即使在最冷的一月份，南向窗户的太阳辐射得热量约占通过窗户向外热损失的61%，就整个采暖期平均来说，所占比例可达77%。因此，不同朝向窗户应有不同的窗墙面积比，以便使不同朝向房间的热损失达到大体相同的水平。居住建筑各朝向的窗墙面积比是这样确定的：

1. 首先假定一个基准居室：开间×进深×层高＝3.3×4.8×2.8m。朝向为北向。窗墙面积比按采光要求确定，取0.2。外墙按其热惰性指标D值分四种类型给出最小传热阻。窗户按本规范第4.4.2条规定采用。这一居室窗户和外墙采暖期平均热损失按下式计算：

$$Q_{om(G+W)}=0.2K_G\cdot\Delta t_{meG}+0.8K_W\cdot\Delta t_{meW}$$

式中　$Q_{om(G+W)}$——基准居室窗户和外墙采暖期平均热损失，即基准热损失；

K_G——窗户传热系数，$W/(m^2\cdot K)$；

K_W——外墙传热系数，$W/(m^2\cdot K)$取$K_W=1/R_{o\cdot min}$，$R_{o\cdot min}$为最小传热阻；

Δt_{meG}——窗户采暖期室内外空气平均当量温差（℃）；

Δt_{meW}——外墙采暖期室内外空气平均当量温差（℃）；

这一基准热损失因地区、窗户类型和层数、外墙热惰性指标不同而有不同的值。

2. 其他朝向居室窗户和外墙采暖期平均热损失按下式计算：

$$Q_{m(G+W)}=K_G\cdot\Delta t_{meG}\cdot X+K_W\cdot\Delta t_{meW}(1-X)$$

式中　X——窗户在整个立面单元中所占的比例，即窗墙面积比；

$(1-X)$——外墙在整个立面单元中所占的比例。

3. 为了控制其他朝向居室的热损失，使之达到与基准居室大体相同的水平，则应按下式计算：

$$Q_{m(G+W)}\leqslant Q_{om(G+W)}$$

整理上式即得：

$$X\leqslant\frac{Q_{om(G+W)}-K_W\cdot\Delta t_{meW}}{K_G\cdot\Delta t_{meG}-K_W\cdot\Delta t_{meW}}$$

这就是不同朝向窗墙面积比的计算式。计算中采用了“当量温差”这一概念，即考虑了窗户和外墙的太阳辐射得热。当给出采暖期不同朝向的太阳辐射照度、窗户传热系数、太阳辐射透过系数和结霜系数，以及四种类型外墙的最小传热阻等参数，即可按上式求得不同朝向的窗墙面积比。

本条一、当外墙传热阻按式（4.1.1）计算确定，即达到最小传热阻时，不同朝向允许达到的窗墙面积比。

本条二、当建筑设计上需要增大窗墙面积比时，则应采用比最小传热阻大一些的传热阻（在本规范附录五附表5.1和附表5.2中粗实线以下可以找到这些数值）；当实际采用的外墙传热阻大于最小传热阻时，则窗墙面积比可以相应加大（即在本规范附录五附表5.1和附表5.2中取与粗实线以下数值相对应的窗墙面积比）。

由于木窗的传热系数小于钢窗，太阳辐射的透过系数也与钢窗有所不同，因此，不同朝向的窗墙面积比的数值也会有所差别，但总的来看差别不大。为简化起见，木窗也按钢窗考虑。这样做对节约采暖能耗也是有利的。

第五节　采暖建筑地面热工要求

第4.5.1条　关于采暖建筑地面热工性能类别划分的规定。

采暖建筑地面热工性能直接影响在其中生活和工作的人们的健康与舒适。地面的热工性能用其吸热指数B值来反映。B值大的地面，表明其从人体脚部吸走的热量较多，脚部感觉较冷；反之亦然。保证地面必要的热工性能，减少地面对人体脚部的吸热，是当前严寒和寒冷地区采暖建筑中急待解决的问题。本规范从我国的实际需要和经济水平出发，并根据调查测定和计算分析资料，对采暖建筑地面热工性能的类别和要求作出了规定。本条提出按地面吸热指数B值，将采暖建筑地面热工性能划分成三个类别（本规范表4.5.1)。地面吸热指数B值的计算方法见本规范附录二中的（三)。

第4.5.2条　关于不同类型采暖建筑对地面热工性能要求的规定。

考虑到我国目前的经济水平，本条未作硬性规定，在用词上采用“宜”和“可”两种。“宜”表示在条件许可时首先应这样做；“可”与“允许”同义。

第4.5.3条　关于严寒地区采暖建筑底层地面周边设置保温层的规定。

在严寒地区，当建筑物周边无采暖管沟时，在外墙内侧0.5～1.0m范围内，地面温度往往很低，不但增加采暖能耗，而且有碍卫生，影响使用和耐久性。因此，本条对这部分地面的保温作出了规定。

第五章　围护结构隔热设计

第一节　围护结构隔热设计要求

第5.1.1条　关于围护结构隔热设计标准的规定。

在我国夏热冬暖、夏热冬冷地区，以及部分寒冷地区的民用建筑中，夏季大都利用自然通风来改善室内热环境。在自然通风情况下，建筑物的屋顶和东、西外墙夏季的隔热设计究竟应采用什么样的标准，这是一个十分复杂而又急待解决的问题。通过对近年来有关这一问题研究成果的比较分析和反复讨论，大多数人认为，采用本规范式（5.1.1）作为隔热设计标准较为合理。因为用内表面最高温度作为评价指标，既能反映围护结构隔热的本质，又便于实际应用。内表面最高温度满足式（5.1.1）的要求，实际上就是大体上达到24砖墙（清水墙，内侧抹2cm石灰砂浆）的隔热水平。应该指出，由于各地夏季气候类型的不同（气温日较差及太阳辐射照度等的不同)，同样的24砖墙（西墙)，在当地夏季室外计算条件下，其内表面最高温度并不正好等于当地夏季室外计算温度最高值。一般来说，夏季室外计算温度波幅值较大的地区（例如重庆地区，$A_{te}=5.7℃$)，24砖墙（西墙）内表面最高温度要比当地夏季室外计算温度最高值约低1℃；夏季室外计算温度波幅值较小的地区（例如广州地区，$A_{te}=4.5℃$)，24砖墙（西墙）内表面最高温度要比当地夏季室外计算温度最高值约低0.5℃。因此，按式（5.1.1）验算时，若取$\theta_{i\cdot max}=t_{e\cdot max}$，则实际上并未完全达到24砖墙的隔热水平。考虑到这一情况，在实际执行本标准时，一般来说，应尽量使所设计的屋顶和外墙的内表面最高温度低于当地夏季室外计算温度最高值。

第二节　围护结构隔热措施

第5.2.1条　关于围护结构的隔热措施。

所提出的七种隔热措施，经测试和实际应用证明行之有效，有些措施隔热效果显著，但应注意因地制宜，适当采用，如通风屋顶中的兜风檐口，宜在夏季多风地区采用，蓄水屋顶和植被屋顶，使用时应加强管理等。

第六章　采暖建筑围护结构防潮设计

第一节　围护结构内部冷凝受潮验算

第6.1.1条　关于何种类型的结构应进行内部冷凝受潮验算的规定。

根据现场实测资料判明，单层结构和外侧透气性较好的围护结构，其内部的施工湿度，经若干时间后即能达到正常平衡湿度。对于这类结构不需进行内部冷凝受潮验算。对于外侧有卷材或其他密闭防水层的平屋顶结构，以及保温层外侧有密实保护层的多层墙体结构，当内侧结构层为加气混凝土和粘土砖等多孔材料时，由于采暖期间存在着由室内向室外的水蒸气分压力差，在结构内部可能出现冷凝受潮，故应进行验算；当内侧结构层为密实混凝土或钢筋混凝土时，在室内温湿度正常条件下，一般不需进行内部冷凝受潮验算。

第 6.1.2 条 关于采暖期间，围护结构中保温材料重量湿度允许增量的规定。

材料的耐久性和保温性与其潮湿状况密切相关。湿度过高会明显地降低其机械强度，产生破坏性变形，有机材料会遭致腐朽。湿度过高会使其保温性能显著降低。因此，对于一般采暖建筑，虽然允许结构内部产生一定量的冷凝水，但是为了保证结构的耐久性和保温性，材料的湿度不得超过一定限度。允许增量系指经过一个采暖期，保温材料重量湿度的增量在允许范围之内，以便采暖期过后，保温材料中的冷凝水逐渐向内侧和外侧散发，而不致在内部逐年积聚，导致湿度过高。关于保温材料重量湿度允许增量值的规定，本规范暂引用原苏联《建筑热工规范》СНИП Ⅱ-A7-62 的规定。原苏联《建筑热工规范》СНИП Ⅱ-3-79 规定的重量湿度允许增量值有所提高，但考虑到其冷凝计算时间与本规范的不同，并为偏于安全起见，故仍沿用原苏联《建筑热工规范》СНИП Ⅱ-A7-62 中偏小的规定值。至于未列入本规范表 6.1.2 中的保温材料，可参照耐湿性与其相近的材料，根据体积湿度增量相同的原则确定其重量湿度的允许增量。例如表中的水泥膨胀珍珠岩和水泥膨胀蛭石，其重量湿度的允许增量即是参照多孔混凝土推算而得的。

第 6.1.3 条 关于围护结构中冷凝计算界面内侧所需蒸汽渗透阻的计算方法。

在本规范编制过程中，曾提出一种考虑液相水分迁移的实用分析计算方法，但因缺乏必要的材料湿物理性能计算参数，故仍沿用目前国内外工程中通行的方法。这是以稳定条件下纯蒸汽扩散过程为基础提出的冷凝受潮分析方法。此法应用上虽很简便，但没有正确地反映材料内部的湿迁移机理。从理论上讲，此法是不尽合理的，然而按此法计算分析的结果是充分偏于安全方面的，所以在尚未提出一种理想的方法以前，从设计应用的角度考虑，采用此法较为妥当。

第二节 围护结构防潮措施

第 6.2.1 条 关于围护结构防潮的基本原则和措施。

第 6.2.2 条 关于经验算必须设置隔汽层的围护结构应采取的施工措施和构造措施。

设置隔汽层是防止结构内部冷凝受潮的一种措施，但有其副作用，即影响结构的干燥速度。因此，可能不设隔汽层的就不设置；当必须设置隔汽层时，对保温层的施工湿度要严加控制，避免湿法施工。在墙体结构中，在保温层和外侧密实层之间留有间隙，以切断液态水的毛细迁移，对改善保温层的湿度状况是十分有利的。对于卷材屋面，采取与室外空气相连通的排汽措施，一方面有利于湿气的外逸，对保温层起到干燥作用，另一方面也可以防止卷材屋面的起鼓。

附录一 名 词 解 释

为便于正确理解和执行本规范条文，本附录给出了 39 个主要名词的解释。其中大多数沿用习惯名称；有些名词为了规范之间的协调统一，已改换名称，如总传热系数改称传热系数，总热阻改称传热阻等；有些名词为了符合现行国家标准的规定，已改换名称，如容重改称密度，比热改称比热容，太阳辐射强度改称太阳辐射照度等；有些名词要给出一个确切的定义十分困难，这里只能给出一个近似的名词解释，如蓄热系数、热惰性指标、热稳定性等。

附录二 建筑热工设计计算公式及参数

建筑热工设计涉及的计算公式及参数多而繁杂。虽然有些常规的计算公式及参数，在有关的教科书和手册中可以找到，但因来源不同，往往多有差别，使设计人员无所适从。为使设计人员有所遵循，使计算结果具有可比性，并尽量接近实际，有必要对本规范涉及的计算公式及参数作出统一规定。由于所涉及的计算公式及参数较多，如都列入正文，则将使正文显得臃肿而不得要领，因此，将大部分计算公式及参数列入本附录，以便设计人员查用。

附录三 室 外 计 算 参 数

本附录是根据本规范第二章的有关规定，为设计人员提供在建筑热工设计中必需的室外计算参数而编制的。本附录附表 3.1 涉及全国各省、市、自治区（包括台湾省）以及香港等 139 个主要城市的围护结构冬季室外计算参数及最冷最热月平均温度。其中设计计算用采暖期天数（日平均温度≤5℃的天数）、平均温度、度日数、冬季室外平均风速、最冷和最热月平均温度等取自国家标准《建筑气候区划标准》。这样做的主要原因是，考虑到该标准是一项综合性基础标准，气候参数的统计年份取近期 35 年，年份较长，参数较稳定；同时考虑到国家标准之间应相互协调一致，特别是各项有关的专业标准应向基础标准靠拢。本附录附表 3.1 中的采暖期前特别冠以“设计计算用”字样，意在特别指出这里的采暖期仅供建筑热工设计计算用，而各地实际采用的采暖期应按当地行政或主管部门的规定执行。在附表3.1设计计算用采暖期天数一栏中，不带括号的数值系指累年日平均温度低于或等于5℃的天数；带括号的数值系指累年日平均温度稳定低于或等于5℃的天数。在设计计算中，这两种采暖期天数均可采用。

本附录附表3.2，围护结构夏季室外计算温度，包括夏热冬暖、夏热冬冷、温和和部分寒冷地区60个城市的计算参数。附表3.3“全国主要城市夏季太阳辐射照度”，包括夏热冬暖、夏热冬冷和部分寒冷地区15个城市的夏季太阳辐射照度。这些数据是根据当地观测台站建站起到1980年的观测资料统计确定的。目前全国已有40个城市的数据，限于篇幅，附表3.3仅列15个城市的数据。在进行围护结构夏季隔热计算，确定隔热厚度时，没有太阳辐射照度数据的城市，可按就近城市采用。

附录四　建筑材料热物理性能计算参数

本附录给出了我国常用的70多种建筑材料（包括保温材料）的热物理性能计算参数，并规定了不同使用情况下这些材料导热系数和蓄热系数的修正系数取值，以便使计算结果具有可比性，并尽量接近实际。附表4.1中的数据，绝大部分是根据我国多年来的试验研究结果归纳而成，一小部分采取或参考原苏联和原东德建筑热工规范中的数据。附表4.1中的数据已考虑了围护结构在正确设计和正常使用条件下，材料中的正常含水率和材料的不均匀性和密度波动等的影响，因而在一般情况下可以直接采用。如遇附表4.2中所列的情况，则材料的导热系数和蓄热系数应按本附表规定进行修正。建筑材料热物理性能计算参数按本附录规定取值，计算结果将比较接近实际，并且安全可靠。

附录五　窗墙面积比与外墙允许最小传热阻的对应关系

本附录给出北京、沈阳、呼和浩特、哈尔滨和乌鲁木齐等5个城市采暖居住建筑窗墙面积比与外墙允许最小传热阻之间的对应关系。当外墙采用按本规范式（4.1.1）计算确定的最小传热阻时，窗墙面积比应按第4.4.3条一款的规定采用。当窗墙面积比超过这一规定时，外墙采用的传热阻不应小于附表中粗实线以下的数值，亦即窗墙面积比增大，外墙允许采用的最小传热阻应相应增大。木窗的传热阻大于金属窗，当窗墙面积比相同时，采用木窗的居住建筑，外墙允许采用的最小传热阻可以稍小一些，但是为了方便应用并偏于安全起见，木窗和金属窗采用同一个对应关系（即同一个表格）。

本附录附表5.1和附表5.2中外墙的最小传热阻未考虑按本规范第4.1.2条规定的附加值。

附录六　围护结构保温的经济评价

本附录给出了围护结构保温的经济评价方法，包括围护结构经济传热阻、保温层的经济热阻和经济厚度，以及围护结构单位热阻造价的计算方法。围护结构的经济传热阻系指其建造费用（初次投资的折旧费）与使用费用（采暖运行费及设备折旧费）之和达到最小值时的传热阻。因此，经济传热阻是围护结构保温达到经济合理的标志。一些欧美国家在围护结构热工设计中早已采用经济传热阻这一概念。有些国家已将经济传热阻的计算列入建筑热工规范。例如原苏联《建筑热工规范》СНиП Ⅱ-3-79，规定了围护结构保温层经济热阻和围护结构经济传热阻的计算方法；原东德1982年开始使用的《建筑热工规范》TGL35424列出了经济的建筑保温一节，并给出了围护结构经济传热阻的计算方法。随着我国改革开放方针的实施，在各项建设中越来越重视经济效益，经济热阻问题也开始受到重视。近年来国内出现了几种经济热阻的计算方法。本规范推荐采用的方法是以其中的一种方法为主，吸收其他方法的优点归纳而成的。如果其中的计算参数取值合理，则计算结果可用来评价围护结构保温的技术经济效果。

围护结构热工设计采用的热阻值，除了应满足保温隔热要求之外，还应经济合理；而采用经济传热阻，则意味着能取得最佳的技术经济效果。由于我国建材，特别是保温材料价格偏高，回收年限定得较短，由计算所得的经济传热阻并不很大。例如，砖墙的经济厚度与实际采用的接近；岩棉复合墙体中岩棉保温板的经济厚度也不大，在实践中也是可以接受的。由于各地材料、设备和能源价格常有差异和变动，因此，一些计算参数的取值应按当时当地的具体情况确定。

附录七　法定计量单位与习用非法定计量单位换算表

我国已从1986年起在全国实行以国际单位制为基础的法定计量单位。本规范遵照国家计委《关于在工程建设标准规范中采用法定计量单位的通知》要求，一律用法定计量单位作为各章节中出现的有关物理量的计量单位。为便于单位之间的对照和换算，本附录给出了法定计量单位与习用非法定计量单位换算表。

中华人民共和国行业标准

建筑门窗玻璃幕墙热工计算规程

JGJ/T 151—2008

条 文 说 明

前　言

《建筑门窗玻璃幕墙热工计算规程》JGJ/T 151－2008，经住房和城乡建设部2008年11月13日以第143号公告批准、发布。

为便于广大勘察、设计、施工、管理和科研院校等单位的有关人员在使用本规程时能正确理解和执行条文规定，《建筑门窗玻璃幕墙热工计算规程》编制组按章、节、条顺序编制了本规程的条文说明，供使用者参考。在使用中如发现有不妥之处，请将意见函寄广东省建筑科学研究院（地址：广州市先烈东路121号；邮政编码：510500）。

目　　次

1 总　　则

1.0.1 在建筑围护结构的节能中，建筑门窗、玻璃幕墙的能耗均比较大，是节能的重点之一。已经颁布的《公共建筑节能设计标准》GB 50189－2005、《民用建筑节能设计标准（采暖居住建筑部分）》JGJ 26－95、《夏热冬冷地区居住建筑节能设计标准》JGJ 134－2001、《夏热冬暖地区居住建筑节能设计标准》JGJ 75－2003 均对门窗的热工性能提出了明确的要求。

由于我国一直没有门窗的热工计算规程，所以在实际工程中，门窗的传热系数都是由实验室测试得到的。即使这样，由于测试的条件并不是实际工程所在的环境条件，测试的数据用于实际工程也不完全正确。而且，由于实际工程的窗的大小、分格往往与测试样品不一致，所以传热系数与测试值也不一样，无法对测试数据进行修正。

要在建筑门窗和幕墙工程中贯彻执行国家的建筑节能标准，只有测试方法是不够的。而且，随着南方建筑节能标准的出台，遮阳系数成为非常重要的指标，而遮阳系数很难在实验室进行测试，这样，实验室的测试更加无法满足广大建筑工程的节能设计需要。

本规程的编制，规定了门窗和玻璃幕墙的传热系数、遮阳系数、可见光透射比等热工参数的有关计算方法，并给出了详细的计算公式，这对于门窗、幕墙工程的节能设计非常方便。因为产品设计过程中不需要实际产品生产出来，也不需要进行大量的物理测试，仅仅由计算机模拟计算就可以预知产品的性能，这将大大加快产品设计的速度。对于建筑节能工程设计，选择、设计门窗或者幕墙都很方便。设计人员可以预先进行玻璃、型材、配件的选择，选择的范围可以很宽，速度也可以大大加快。

本规程还规定了门窗的结露性能的评价方法，这对于满足《公共建筑节能设计标准》GB 50189－2005 的要求和《民用建筑节能设计标准（采暖居住建筑部分）》JGJ 26－95 的要求都是非常重要的。

1.0.2 本规程主要以规则的玻璃门窗和玻璃幕墙为计算对象，适当地考虑非透明的面板采用本规程的方法计算的可能性。对于复杂的建筑幕墙、门窗，本规程不完全适用。而且，本规程也只能适用于门窗和玻璃幕墙自身的计算，并不适用于门窗、玻璃幕墙与周边墙体复杂连接边界的计算。

本规程参照国际标准 ISO 15099、ISO 10077、ISO 9050 等系列标准，结合我国现行的相关标准制定。本规程以下列标准为参照标准：

ISO 15099：Thermal performance of windows, doors and shading devices-Detailed calculations；

ISO 10077-1：Thermal performance of windows, doors and shutters-Calculation of thermal transmittance-Part 1：Simplified method；

ISO 10077-2：Thermal performance of windows, doors and shutters-Calculation of thermal transmittance-Part 2：Numerical method for frames；

ISO 10292：Glass in building-Calculation of steady state U-values（thermal transmittance）of multiple glazing；

ISO 9050：Glass in building-Determination of light transmittance, solar direct transmittance, total solar energy transmittance, ultraviolet transmittance and related glazing factors.

1.0.3 门窗的热惰性不大，因而采用稳态的方法进行有关计算。在 ISO 系列标准和各个发达国家的相关标准中均是如此。例如 ISO 10077-1、ISO 10077-2、ISO 15099 等。

空气渗透会影响门窗和幕墙的传热和结露的性能。由于空气渗透与门窗的质量有关，一般在计算中很难知道渗漏的部位，因而传热的计算不考虑空气渗透的影响。实际使用时应考虑空气渗透对热工性能和节能计算的影响。

1.0.4 为了各种产品之间的性能对比，条件相同才有可比性，本规程规定了计算门窗和玻璃幕墙热工性能参数的标准计算条件。但标准计算条件并不能反映工程的实际情况，虽然计算条件的一般变化对热工性能参数的影响不太大，但若需要详细计算，计算条件仍应该按照实际工程所使用的计算条件，因而实际工程并不能使用标准计算条件。

实际的工程节能设计标准中都会规定室内计算条件，室外计算条件可以通过当地的建筑气象数据来确定。

1.0.5 本规程给出了部分建筑门窗、玻璃幕墙计算所用的材料热工参数，但这些参数还应符合其他国家现行有关标准的规定要求。实际工程中所使用的材料热工参数如果与本规程没有冲突，可以使用本规程的数据。

对于本规程没有列入的材料，应该进行测试，按照测试结果选取。

2 术语、符号

2.1 术　　语

本规程所列出的术语是本规程所特有的。给出的术语尽可能考虑了与其他标准的一致性和协调性，但可能与其他标准不一致，有本规程特殊的涵义，应用时应该注意。

每个术语均给出了英文翻译，但该翻译不一定与国际上的标准术语一致，仅供参考。

2.2 符　号

本规程的符号采用ISO系列标准的符号，与我国的标准所采用的符号可能不一致，采用时应根据其物理意义进行对应。

3 整樘窗热工性能计算

3.1 一般规定

3.1.1 本节的有关规定主要参照ISO 10077的相应规定。窗由多个部分组成，窗框、玻璃（或其他面板）等部分的光学性能和传热特性各不一样，在计算整窗的传热系数、遮阳系数以及可见光透射比时采用各部分按面积加权平均的方式，可以简化计算，而且物理概念清晰。这种方法也都是ISO系列标准所普遍采用的。

3.1.2 关于玻璃（或其他面板）边缘与窗框组合产生的传热效应，采用附加传热系数的方式表示。这样的做法与ISO 10077相同。

窗框与玻璃结合处的线传热系数ψ主要描述了在窗框、玻璃和间隔层之间相互作用下附加的热传递，附加线传热系数ψ主要受玻璃间隔层材料导热系数的影响。在没有精确计算的情况下，可采用附录B中线传热系数ψ的参考值。

3.1.3 关于窗框的传热系数、太阳能总透射比的计算，在第7章有详细的规定。

3.1.4 关于窗户玻璃的传热系数、太阳光总透射比、可见光透射比的计算方法，在第6章有详细的规定。

3.2 整樘窗几何描述

3.2.1 本节的有关规定采用ISO 10077的相应规定。

每条窗框的传热系数按第7章规定进行计算。为了简化计算，在两条框相交处的传热不作三维传热现象考虑，简化为其中的一条框来处理，且忽略建筑与窗框之间的热桥效应，即窗框与墙相接边界作绝热处理。

如图1所示的窗，应计算1-1、2-2、3-3、4-4、5-5、6-6六个框段的框传热系数及对应的框和玻璃接缝线传热系数。两条框相交部分简化为其中的一条框来处理。

计算1-1、2-2、4-4截面的二维传热时，与墙面相接的边界作为绝热边界处理。

计算3-3、5-5、6-6截面的二维传热时，与相邻框相接的边界作为绝热边界处理。

如图2所示的推拉窗，应计算1-1、2-2、3-3、4-4、5-5五个框的框传热系数和对应的框和玻璃接缝线传热系数。两扇窗框叠加部分5-5作为一个截面进行计算。

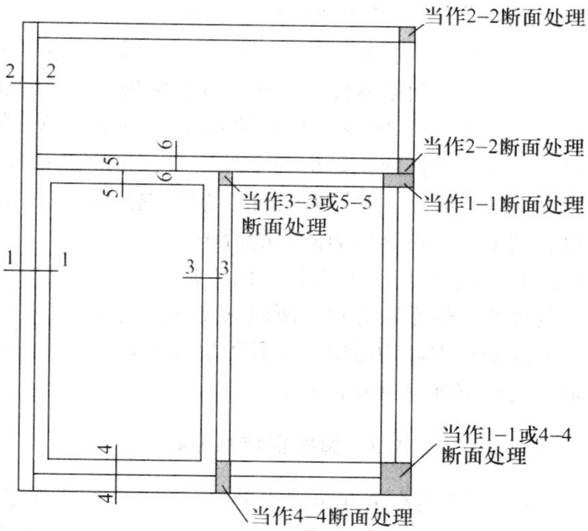

图1　窗的几何分段

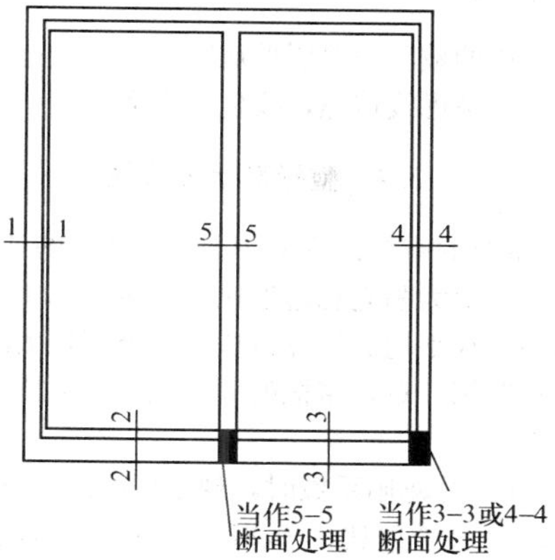

图2　推拉窗几何分段

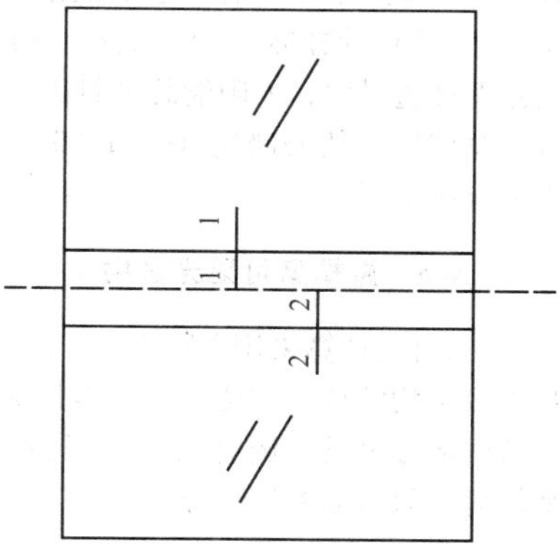

图3　窗横隔几何分段

一个框两边均有玻璃的情况，可以分别附加框两边的附加线传热系数。如图3所示窗框两边均有玻璃，框的传热系数为框两侧均镶嵌保温材料时的传热系数，框1-1和2-2的宽度可以分别是框宽度的1/2。框1-1和2-2的附加线传热系数可分别将其换成玻璃进行计算。如果对称，则两边的附加线传热系数应该是相同的。

3.2.2 关于窗户各部分面积划分规定。

参照本条中窗各部件面积划分示意图，注意区分窗框的内外表面暴露部分面积和投影面积。内部暴露框面积是框与室内空气接触的面积，为图中 $A_{d,i}$ 部分；外部暴露框面积是框与室外空气接触框的面积，为图中 $A_{d,e}$ 部分。内外两侧凸出的框的投影面积是指投影到平行于玻璃板面的框的面积。

3.2.3 关于玻璃区域周长，由于玻璃的边缘传热均以附加线传热系数表示，所以只要见到边缘，不论是室外还是室内，均需要考虑其附加传热效应，所以应取室内或室外可见周长的最大值。

3.3 整樘窗传热系数

3.3.1 本节的有关规定采用 ISO 10077 的相应规定。

该计算式为单层窗整窗传热系数计算公式。按第 3.1.1 条规定，采用面积加权平均的计算方法计算整窗的传热系数。

当所用的玻璃为单层玻璃时，由于没有空气间层的影响，不考虑线传热，线传热系数 $\psi=0$。

3.4 整樘窗遮阳系数

3.4.1 本节的有关计算采用 ISO 15099 的计算方法。

整体门窗太阳光总透射比计算按第 3.1.1 条规定采用面积加权平均的计算方法。玻璃区域太阳光透射比计算按照第 6 章，窗框的太阳光总透射比计算方法按照第 7 章。

3.4.2 在计算遮阳系数时，规定标准的 3mm 透明玻璃的太阳光总透射比为 0.87，这主要是为了与国际方法接轨，使得我国的玻璃遮阳系数与国际上惯用的遮阳系数一致，不至于在工程中引起混淆。但这样规定与我国的玻璃测试计算标准《建筑玻璃　可见光透射比、太阳光直接透射比、太阳能总透射比、紫外线透射比及有关窗玻璃参数的测定》GB/T 2680 有关遮蔽系数的规定有所不同。

3.5 整樘窗可见光透射比

3.5.1 本节的有关计算采用 ISO 15099 的计算方法。采用面积加权平均的计算方法计算整体门窗的可见光透射比。窗框部分可见光透射比为 0，所以在进行面积加权平均时，只考虑玻璃部分。

整樘窗热工性能计算实例

整窗热工性能可按照以下参考步骤计算。以 PVC 窗为例：

1 窗的有关参数

尺寸：1500mm×1800mm，如图 4 所示；

框型材：PVC 两腔体构造；

玻璃：Low-E 中空玻璃，玻璃厚度 4mm，空气层厚度 12mm；

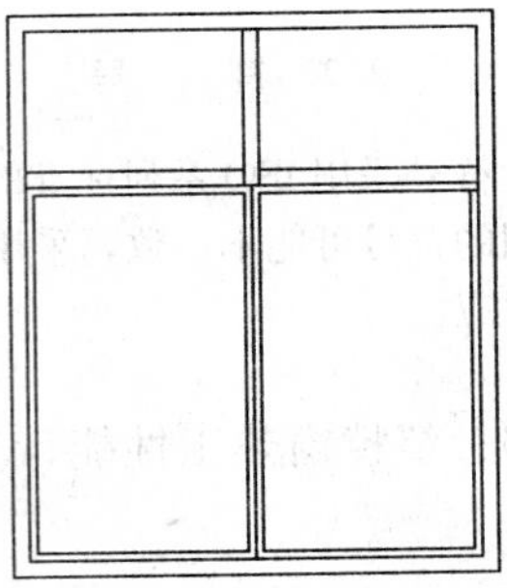

图 4　窗户示意

玻璃面积：$2.22m^2$；

窗框面积：$0.48m^2$；

玻璃区域周长：12m。

2 窗框传热系数

根据附录 B 查得，窗框的传热系数 U_f 为 $2.2W/(m^2\cdot K)$，线传热系数 ψ 为 $0.06W/(m\cdot K)$。

3 玻璃参数

计算玻璃的传热系数 U_g 为 $1.896W/(m^2\cdot K)$，太阳光总透射比 g_g 为 0.758，可见光透射比 τ_v 为 0.755。

4 整窗传热系数计算

由第 3 章公式计算窗传热系数 U_t：

$$U_t=\frac{\sum A_g U_g+\sum A_f U_f+\sum l_\psi \psi}{A_t}$$

$$=\frac{2.22\times 1.896+0.48\times 2.2+12\times 0.06}{2.7}$$

$$=2.217[W/(m^2\cdot K)]$$

5 太阳光透射比及遮阳系数计算

按第 7.6 节计算框的太阳光总透射比，窗框表面太阳辐射吸收系数 α_f 取 0.4：

$$g_f=\alpha_f\cdot\frac{U_f}{\frac{A_{surf}}{A_f}h_{out}}$$

$$=0.4\times\frac{2.2}{\frac{0.57}{0.48}\times 19}=0.039$$

由公式（3.4.1）计算整窗太阳能总透过比：

$$g_t=\frac{\sum g_g A_g+\sum g_f A_f}{A_t}$$

$$=\frac{0.758\times 2.22+0.039\times 0.48}{2.7}=0.63$$

由公式（3.4.2）计算整窗遮阳系数 SC：

$$SC=\frac{g_t}{0.87}$$

$$=\frac{0.63}{0.87}=0.72$$

6 可见光透射比计算

由公式（3.5.1）计算整窗可见光透射比

$$\tau_t=\frac{\sum \tau_v A_g}{A_t}$$

$$=\frac{0.755\times 2.2}{2.7}=0.62$$

4 玻璃幕墙热工计算

4.1 一 般 规 定

4.1.1 本节的有关规定与整窗的计算一样，也主要参照 ISO 10077 的有关规定进行相应的规定。采用按面积加权平均的方法计算幕墙的传热系数、遮阳系数以及可见光透射比。

4.1.2 关于玻璃（或其他面板）边缘与窗框组合产生的传热效应，采用附加线传热系数的方式表示。这样的做法与 ISO 10077 相同。

4.1.3 关于框的传热系数、太阳光总透射比的计算，在第 7 章有详细的规定。

4.1.4 关于玻璃传热系数、太阳光总透射比、可见光透射比的计算方法，在第 6 章有详细的规定。

4.1.6 对于幕墙水平和垂直转角部位的传热，其简化方法可见图 5 所示。

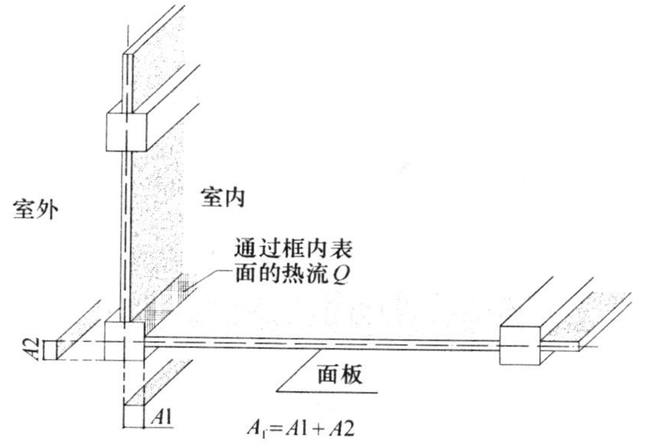

图 5 幕墙转角部位简化处理示意

框的投影面积可近似为 $A_f=A1+A2$；

框的传热系数可近似为 $U_f=\frac{Q}{A_f}$。

4.2 幕墙几何描述

4.2.1 本节的有关规定主要参考了欧洲标准 prEN 13947。根据幕墙框截面的不同将幕墙框进行分段，对不同的框截面均应计算其传热系数及对应框和玻璃接缝的线传热系数，这样才能保证幕墙的各光学热工性能可按面积加权平均的方式简化计算。

4.2.2 幕墙在进行热工计算时面积的划分与整窗的计算基本相同，采用了相同的原则。

4.2.4 幕墙计算的边界和单元的划分应根据幕墙形式的不同而采用不同的方式。单元式幕墙和构件式幕墙的立柱和横梁的结构是不同的。单元式幕墙是由一个一个的单元拼接而成，所以单元边缘的立柱和横梁是拼接的。而构件式幕墙的立柱和横梁则是一个完整的。

由于幕墙是连续的，单元边缘的立柱和横梁一般是两边对称的，所以边缘的立柱和横梁需要进行对称划分，面积只能计算一半。

4.2.5 为了保证幕墙的各光学热工性能可按面积加权平均的方式简化计算，幕墙计算的节点应该包括幕墙所有典型的节点。复杂的节点可能由多个型材拼接而成，所以应拆分计算。

4.3 幕墙传热系数

4.3.1 本节的有关计算主要采用 ISO 10077 的计算方法。

计算式（4.3.1）根据规定，采用面积加权平均的计算方法计算幕墙的传热系数。

4.3.2 当幕墙背后有实体墙时，幕墙的计算比较复杂。这里只针对幕墙与实体墙之间为封闭空气层的情况，这样可以简化计算。实际上，由于幕墙金属热桥的存在，当幕墙背后有实体墙时，幕墙的计算比较复杂。为了计算有实体墙的情况，简化是有必要的。

简化的方法是将实体墙部分和幕墙部分看成是两层幕墙，中间隔一个空气间层。由于幕墙的空气层一般超过 30mm，所以根据《民用建筑热工设计规范》GB 50176－93 的计算数据表，30mm，40mm，50mm 及以上厚度封闭空气间层的热阻分别取 0.17m^2·K/W，0.18m^2·K/W，0.18m^2·K/W。

4.3.5 若幕墙与实体墙之间存在明显的冷桥（热桥），应计算冷桥（热桥）的影响。具体的计算方法是采用加权平均的办法。

4.4 幕墙遮阳系数

4.4.1 本节的有关计算采用 ISO 15099 的计算方法。

幕墙太阳光总透射比计算按第 4.1.1 条规定采用面积加权平均的计算方法。

玻璃的太阳光透射比计算按照第 6 章，窗框的太阳光透射比计算方法按照第 7 章。

4.4.2 在计算遮阳系数时，也规定标准的 3mm 透明玻璃的太阳光总透射比为 0.87。

4.5 幕墙可见光透射比

4.5.1 本节的有关计算采用 ISO 15099 的计算方法。幕墙可见光透射比计算采用按面积加权平均的计算方法。

幕墙热工性能计算实例

幕墙热工性能计算可按照以下参考步骤计算。以一个单元式横明竖隐框玻璃幕墙为例：

幕墙热工性能计算需先确定计算单元，计算每种计算单元的热工性能参数，然后按照每种计算单元所占面积比例，进行加权平均计算整幅幕墙的热工性能参数。此处只做示范，故假设一个尺寸宽 4768mm×

高 2856mm 的幕墙，如图 6 所示。

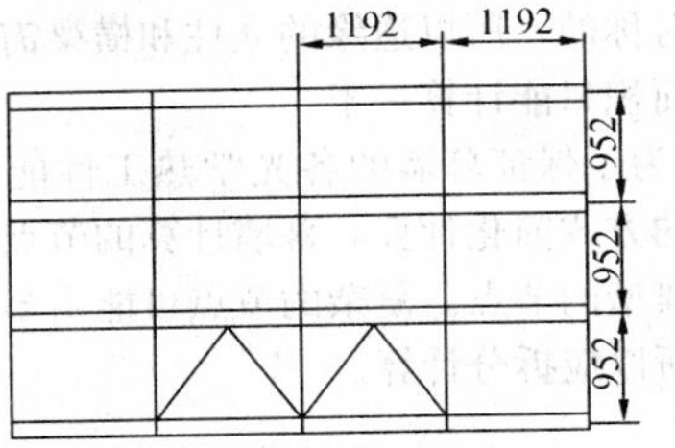

图 6　幕墙示意

1　幕墙的有关参数

尺寸：固定玻璃分格宽 1192mm×高 952mm，开启扇分格宽 1192mm×高 952mm；

框型材：立柱为普通铝合金构造，横梁为断热铝合金构造，截面尺寸见图 7～图 11；

只采用玻璃面板：厚度为（6＋12A＋6）mm 的 Low-E 中空玻璃，外片为 Low-E 玻璃，内片为普通透明玻璃。

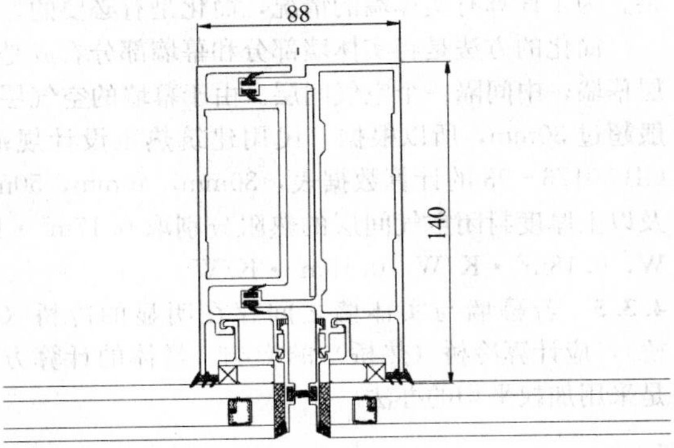

图 7　固定分格立柱截面示意

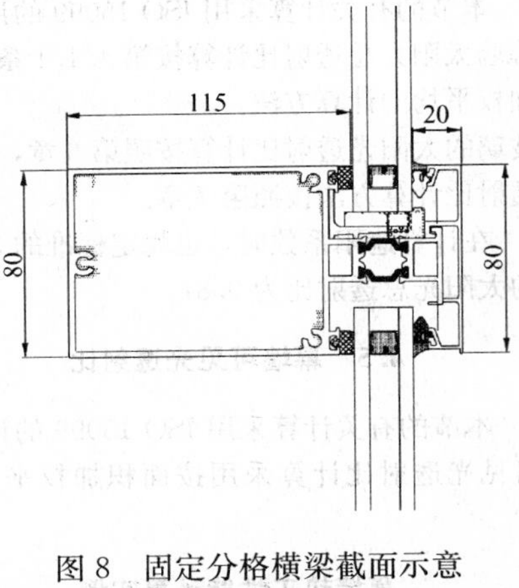

图 8　固定分格横梁截面示意

根据幕墙分格图，可以选择 2 个幕墙计算单元：竖向 3 块固定分格作为计算单元 D1，竖向 2 块固定分格＋1 块开启扇分格作为计算单元 D2。

2　幕墙单元 D1（竖向 3 块固定分格）

1）单元几何参数：

计算单元：宽 1192mm×高 2856mm；

立柱面积：0.250m^2；横梁面积：0.265m^2；

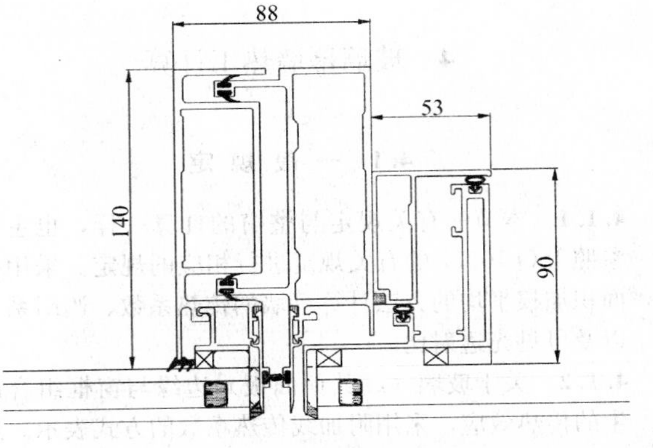

图 9　开启扇分格立柱截面示意

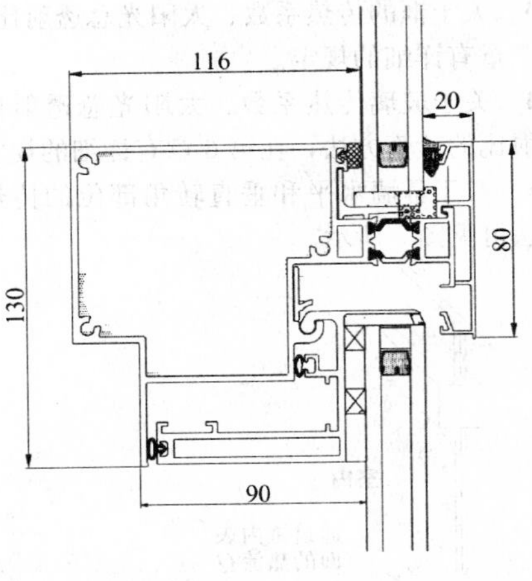

图 10　开启扇分格上横梁截面示意

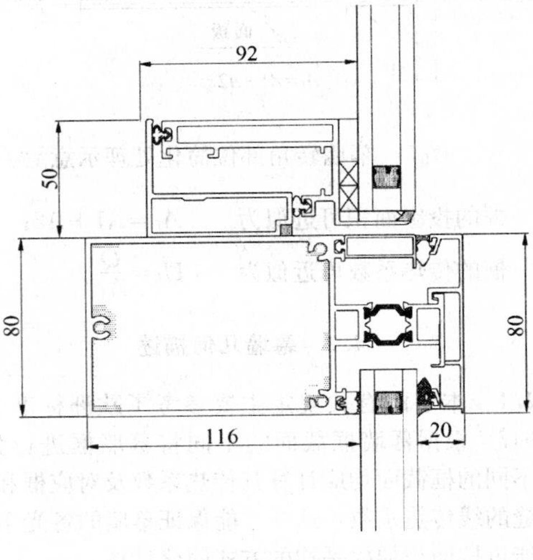

图 11　开启扇分格下横梁截面示意

玻璃面积：2.889m^2；

玻璃区域周长：5.232m（竖直方向），6.624m（水平方向）。

2）计算框传热系数 U_f：

按照第 7.1.2 条，用一块导热系数 $\lambda=0.03$W/(m·K)的板材替代实际的玻璃，板材的厚度等于替代面板的厚度，嵌入框的深度按照实际尺寸，可见板宽应超过190mm。采用二维稳态热传导计算软件进行框的传热计算，分别对立柱节点(图7)、横梁节点(图8)进行计算，计算结果为：

立柱节点：$U_f = 10.07W/(m^2 \cdot K)$；

横梁节点：$U_f = 3.97W/(m^2 \cdot K)$。

3） 计算附加线传热系数 ψ：

按照第7.1.3条，在 U_f 计算模型中，用实际的玻璃系统替代导热系数 $\lambda = 0.03W/(m \cdot K)$ 的板材，采用二维稳态热传导计算软件进行框的传热计算，分别对立柱节点（图7）、横梁节点（图8）进行计算，计算结果为：

立柱节点：$\psi = 0.017W/(m \cdot K)$；

横梁节点：$\psi = 0.072W/(m \cdot K)$。

4） 计算玻璃光学热工参数：

按照第6章，采用多层玻璃的光学热工计算模型进行玻璃的光学热工计算，计算结果为：

玻璃传热系数：$U_g = 1.896W/(m^2 \cdot K)$；

太阳光总透射比：$g_g = 0.758$；

可见光透射比：$\tau_v = 0.755$。

5） 计算幕墙单元传热系数 U_{CW}：

由第4章公式计算幕墙单元传热系数，计算结果为：

$$U_{CW} = \frac{\sum A_g U_g + \sum A_f U_f + \sum l_\psi \psi}{A_t}$$

$$= \frac{2.889 \times 1.896 + (0.250 \times 10.07 + 0.265 \times 3.97) + (5.232 \times 0.017 + 6.624 \times 0.072)}{1.192 \times 2.856}$$

$$= 2.824[W/(m^2 \cdot K)]$$

6） 计算幕墙单元太阳光总透射比 g_f：

按7.6节计算框的太阳光总透射比，窗框表面太阳辐射吸收系数 α_f 取0.6。

$$g_f = \alpha_f \cdot \frac{U_f}{\frac{A_{surf}}{A_f} h_{out}}$$

$$= 0.6 \times \frac{5.9}{\frac{0.397}{0.515} \times 19} = 0.241$$

7） 计算太阳光总透过比 g_{CW}：

由公式（4.4.1）计算太阳光总透过比，计算结果为：

$$g_{CW} = \frac{\sum g_g A_g + \sum g_f A_f}{A_t}$$

$$= \frac{0.758 \times 2.889 + 0.241 \times 0.515}{3.4} = 0.681$$

8） 计算可见光透射比 τ_{CW}：

由公式（4.5.1）计算幕墙单元的可见光透射比 τ_{CW}，计算结果为：

$$\tau_{CW} = \frac{\sum \tau_v A_g}{A_t}$$

$$= \frac{0.755 \times 2.889}{3.4} = 0.642$$

3 幕墙单元D2（竖向2块固定分格＋1块开启扇分格）

1） 单元几何参数：

计算单元：宽1192mm×高2856mm；

固定立柱面积：$0.152m^2$；固定横梁面积：$0.133m^2$；

开启扇竖框面积：$0.127m^2$；开启扇上横框面积：$0.069m^2$；开启扇下横框面积：$0.069m^2$；

玻璃面积：$2.810m^2$；

玻璃区域周长：3.438m（固定分格竖直方向），3.336m（固定分格水平方向）；1.644m（开启扇分格竖直方向），1.059m（开启扇分格上水平方向），1.059m（开启扇分格上水平方向）。

2） 计算框传热系数 U_f：

按照第7.1.2条，用一块导热系数 $\lambda = 0.03W/(m \cdot K)$ 的板材替代实际的玻璃，板材的厚度等于替代面板的厚度，嵌入框的深度按照实际尺寸，可见板宽应超过190mm。采用二维稳态热传导计算软件进行框的传热计算，分别对开启扇竖框节点(图9)、开启扇上横框节点(图10)、开启扇下横框节点(图11)进行计算，固定分格立柱节点、横梁节点可采用计算单元D2的计算结果，计算结果为：

固定分格立柱节点：$U_f = 10.07W/(m^2 \cdot K)$；

固定分格横梁节点：$U_f = 3.97W/(m^2 \cdot K)$；

开启扇竖框节点：$U_f = 10.72W/(m^2 \cdot K)$；

开启扇上横框节点：$U_f = 5.90W/(m^2 \cdot K)$；

开启扇下横框节点：$U_f = 5.59W/(m^2 \cdot K)$。

3） 计算附加线传热系数 ψ：

按照第7.1.3条，在 U_f 计算模型中，用实际的玻璃系统替代导热系数 $\lambda = 0.03W/(m \cdot K)$ 的板材，采用二维稳态热传导计算软件进行框的传热计算，分别对开启扇竖框节点（图9）、开启扇上横框节点（图10）、开启扇下横框节点（图11）进行计算，固定分格立柱节点、横梁节点可采用计算单元D2的计算结果，计算结果为：

固定分格立柱节点：$\psi = 0.017W/(m \cdot K)$；

固定分格横梁节点：$\psi = 0.072W/(m \cdot K)$；

开启扇竖框节点：$\psi = 0.016W/(m \cdot K)$；

开启扇上横框节点：$\psi = 0.055W/(m \cdot K)$；

开启扇下横框节点：$\psi = 0.067W/(m \cdot K)$。

4） 计算玻璃光学热工参数：

玻璃的光学热工参数可采用计算单元D2的计算结果：

玻璃传热系数：$U_g = 1.896W/(m^2 \cdot K)$；

太阳光总透射比：$g_g = 0.758$；

可见光透射比：$\tau_v = 0.755$。

5） 计算幕墙单元传热系数 U_{CW}：

由第4章公式计算幕墙单元传热系数，计算结果为：

$$\sum A_g U_g = 2.810 \times 1.896 = 5.328$$

$$\sum A_f U_f = 0.152 \times 10.07 + 0.133 \times 3.97 + 0.127 \times 10.72 + 0.069 \times 5.90 + 0.069 \times 5.59 = 4.213$$

$$\sum l_\psi \psi = 3.438 \times 0.017 + 3.336 \times 0.072 + 1.644 \times 0.016 + 1.059 \times 0.055 + 1.059 \times 0.067 = 0.454$$

$$U_{CW} = \frac{\sum A_g U_g + \sum A_f U_f + \sum l_\psi \psi}{A_t} = \frac{5.328 + 4.213 + 0.454}{1.192 \times 2.856} = 2.936[\mathrm{W/(m^2 \cdot K)}]$$

6）计算幕墙单元太阳光总透射比 g_f：

按 7.6 节计算框的太阳光总透射比，窗框表面太阳辐射吸收系数 α_f 取 0.6。

$$g_f = \alpha_f \cdot \frac{U_f}{\frac{A_{surf}}{A_f} h_{out}} = 0.6 \times \frac{5.9}{\frac{0.397}{0.55} \times 19} = 0.258$$

7）计算太阳光总透过比 g_{CW}：

由公式（4.4.1）计算太阳光总透过比，计算结果为：

$$g_{CW} = \frac{\sum g_g A_g + \sum g_f A_f}{A_t} = \frac{0.758 \times 2.889 + 0.241 \times 0.55}{3.4} = 0.683$$

8）计算可见光透射比 τ_{CW}：

由公式（4.5.1）计算幕墙单元的可见光透射比 τ_{CW}，计算结果为：

$$\tau_{CW} = \frac{\sum \tau_v A_g}{A_t} = \frac{0.755 \times 2.810}{3.4} = 0.624$$

4 整幅幕墙

根据计算单元 D1、D2 的计算结果，按照面积加权平均，可计算整幅幕墙的传热系数、遮阳系数及可见光透射比。

1）计算传热系数：

$$U = \frac{\sum A_{CW} U_{CW}}{A} = \frac{(3.4+3.4) \times 2.824 + (3.4+3.4) \times 2.936}{3.4+3.4+3.4+3.4} = 2.88[\mathrm{W/(m^2 \cdot K)}]$$

2）计算遮阳系数：

$$SC = \frac{\sum A_{CW} g_{CW}}{A} = \frac{(3.4+3.4) \times 0.681 + (3.4+3.4) \times 0.683}{3.4+3.4+3.4+3.4} = 0.682$$

3）计算可见光透射比：

$$\tau = \frac{\sum A_{CW} \tau_{CW}}{A} = \frac{(3.4+3.4) \times 0.642 + (3.4+3.4) \times 0.624}{3.4+3.4+3.4+3.4} = 0.633$$

5 结露性能评价

5.1 一 般 规 定

5.1.1、5.1.2 计算实际工程的建筑门窗、玻璃幕墙的结露时，所采用的计算条件应按照工程设计的要求取值。

评价产品的结露性能时，为了统一条件，便于应用，应采用第 10 章规定的计算标准条件。由于结露性能计算的标准条件包括了多个室外温度，所以在给出产品性能时，应该注明计算的条件。

5.1.3 空气渗透和其他热源等均会影响结露，实际应用时应予以考虑。空气渗透会降低门窗或幕墙内表面的温度，可能使得结露更加严重。但对于多层构造而言，外层构造的空气渗透有可能降低内部结露的风险。

热源可能会造成较高的温度和较大的绝对湿度，使得结露加剧。当门窗或幕墙附近有热源时，抗结露性能要求更高。

另外，湿热的风也会使得结露加剧。如果室内有湿热的风吹到门窗或幕墙上，应考虑换热系数的变化、湿度的变化等问题对结露的影响。

5.1.4、5.1.5 结露性能与每个节点均有关系，所以每个节点均需要计算。

由于结露是个比较长时间的效果，所以典型节点的温度场仍可以按照第 7 章的稳态方法进行计算。由于门窗、幕墙的面板相对比较大，所以典型节点的计算可以采用二维传热计算程序进行计算。

为了评价每一个二维截面的结露性能，统计结露的面积，在二维计算的情况下，将室内表面的展开边界细分为许多尺寸不大的小段，来计算截面各个分段长度的温度，这些分段的长度不大于计算软件程序中使用的网格尺寸。

5.2 露点温度的计算

5.2.1 水（冰）表面的饱和水蒸气压采用国际上通用的计算公式。

5.2.2 饱和水蒸气压的计算采用 Magnus 公式。

相对湿度的定义：

$$f = \left(\frac{e}{e_{sw}}\right)_{P,T} \times 100\%$$

式中　e——水蒸气压，hPa；

e_{sw}——水面饱和水蒸气压，hPa。

露点温度，即对于一定质量、温度 T、相对湿度为 f 的湿空气，维持水蒸气压 P 不变，冷却降温达到水面饱和时的温度。

参考文献：[1] 刘树华. 环境物理学. 北京：化学工业出版社，2004.

5.2.3 空气的露点温度即是达到 100%相对湿度时的温度，如果门窗、幕墙的内表面温度低于这一温度，内表面就会结露。

5.3 结露的计算与评价

5.3.1～5.3.3 为了评价产品性能和便于进行结露验算，定义了结露性能评价指标 T_{10}。T_{10} 的物理意义是指在规定的条件下门窗或幕墙的各个部件（如框、面板中部及面板边缘区域）有且只有 10%的面积出现低于某个温度的温度值。

门窗、幕墙的各个部件划分示意见图 12。

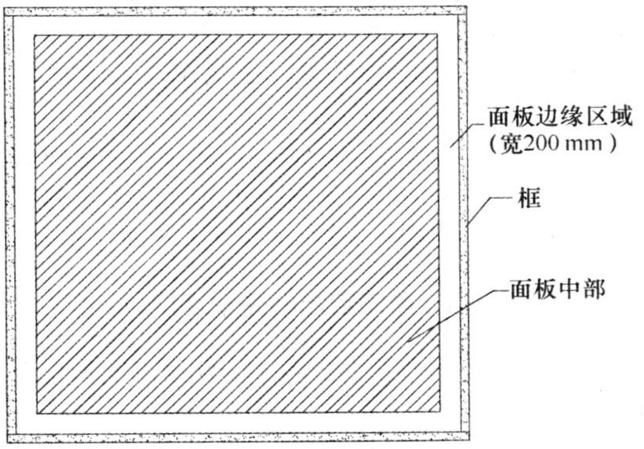

图 12　门窗、幕墙各部件划分示意

可采用二维稳态传热程序计算门窗或幕墙各个框、面板及面板边缘区域各自对应的 T_{10}。在规定的条件下计算出门窗、幕墙内表面的温度场，再按照由低到高对每个分段排序，刚好达到 10%面积时，所对应分段的温度就是该部件所对应的 T_{10}。

为了评价产品的结露性能，所有的部件均应进行计算。计算的部件包括所有的框、面板边缘以及面板中部。

5.3.4 在工程设计或评价时，门窗、幕墙某个部件出现 10%低于露点温度的情况，说明门窗、幕墙的结露性能不满足要求，反之为满足要求。

5.3.5、5.3.6 进行产品性能分级或评价时，按各个部分最低的评价指标 $T_{10,min}$ 进行分级或评价。在实际工程中，按公式（5.3.6）进行计算，来保证内表面所有的温度均不低于 $T_{10,min}$。

在已知产品的结露性能评价指标 $T_{10,min}$ 的情况下，按照标准计算条件对应的室内外温差进行计算，计算出实际条件下的室内表面和室外的温差，则可以得到实际条件下的内表面最低的温度（只有某个部件的 10%可能低于这一温度）。只要计算出来的温度高于实际条件下室内的露点温度，则可以判断产品的结露性能满足实际的要求。

6　玻璃光学热工性能计算

6.1 单片玻璃的光学热工性能

6.1.1～6.1.7 单片玻璃的光学、热工性能是按照 ISO 9050 的有关规定进行计算的。单层玻璃（包括其他透明材料）的光学性能根据单片玻璃的测定光谱数据进行计算。

在我国的标准《建筑玻璃　可见光透射比、太阳光直接透射比、太阳能总透射比、紫外线透射比及有关窗玻璃参数的测定》GB/T 2680－1994中虽然也给出了玻璃的光学性能计算，其方法与 ISO 9050 一致，但其光谱范围略有不同。为了与国际 ISO 系列标准一致，所以本规程采用 ISO 9050 进行计算。

6.1.8 "遮阳系数"是本规程在 ISO 9050 基础上的增加条款，这主要是因为遮阳系数是我国空调规范已经习用的参数。

在计算遮阳系数时，规定标准的 3mm 透明玻璃的太阳光总透射比为 0.87，而没有采用《建筑玻璃　可见光透射比、太阳光直接透射比、太阳能总透射比、紫外线透射比及有关窗玻璃参数的测定》GB/T 2680－1994 中的 0.889，这主要是为了与国际上通用的数据接轨，使得我国的玻璃遮阳系数与国际上惯用的遮阳系数一致，不至于在工程使用中引起混淆。

6.2 多层玻璃的光学热工性能

6.2.1～6.2.4 多层玻璃的光学热工性能是按照 ISO 15099 的通用方法进行计算的。本规程将这一方法进行了归纳，将ISO 15099的多层玻璃计算方法进行了整合，计算公式更加明确。

这一方法也可以适用于多层窗、多层幕墙等的光学性能计算。只是计算时将窗、幕墙、遮阳装置按照玻璃来处理。

6.3 玻璃气体间层的热传递

6.3.1～6.3.6 玻璃气体间层的热传递计算按照 ISO 15099 的计算方法进行。本节规定了气体间层的热平衡方程，给出了对流换热和辐射换热两方面的计算，并且给出了混合气体的气体间层对流换热计算。

6.3.7 当气体间层两侧全部为玻璃时，由于普通玻璃的红外透射比为零，所以可以将透过玻璃的红外热辐射忽略，这样就可视为无限大板之间的热辐射。

6.4 玻璃系统的热工参数

6.4.1 本条给出了玻璃系统的总热阻和传热系数的计算方法。在玻璃气体间层的传热和内外层换热计算完成之后，玻璃系统传热就可以采用本条的公式直接进行计算了。

6.4.2 本条给出太阳光总透射比和遮阳系数的计算方法。

7 框的传热计算

7.1 框的传热系数及框与面板接缝的线传热系数

7.1.1～7.1.3 框的传热系数及框与面板接缝的线传热系数采用了 ISO 10077 给出的计算方法。

7.2 传热控制方程

7.2.1～7.2.3 本节采用了 ISO 15099 的有关规定。

7.2.4 热桥的计算采用了平均的等效传热系数，这对于计算传热系数是合适的。如果计算结露性能，尤其是对于木窗、塑料窗等，可能会有些不同，但一般也允许有 10%的面积结露，所以影响也不大。

7.3 玻璃气体间层的传热

7.3.1 玻璃空气层采用当量导热系数来代替空气层导热系数，这主要是为了统一计算，方便编程。

7.4 封闭空腔的传热

7.4.1～7.4.10 本节按照 ISO 15099 给出的计算方法和公式。为了简化框内部封闭空腔传热的计算，也采用当量传热系数的处理办法。

7.5 敞口空腔、槽的传热

7.5.1、7.5.2 本节按照 ISO 15099 给出的计算方法和公式。

7.6 框的太阳光总透射比

7.6.1 本条按照 ISO 15099 给出的计算公式。

8 遮阳系统计算

8.1 一 般 规 定

8.1.1～8.1.3 遮阳装置有很多种，其计算也是非常复杂的。但仅仅给出平行或近似平行于玻璃面的平板型遮阳装置，已经能够解决很多门窗和幕墙的遮阳计算问题。而且，这类遮阳装置可以简化为一维计算，计算方法可以统一。

遮阳可分为 3 种基本形式：内遮阳、外遮阳和中间遮阳。这三类遮阳有共同的特点：平行于玻璃面，与玻璃有紧密的热光接触。这样，遮阳装置可以简化为一层玻璃来计算，从而大大简化计算过程。这样的遮阳装置如幕帘、软百页帘等。

正是以上的遮阳装置，在计算时才能将二维或三维的特性简化为一维模型处理。这样，计算时只要确定了遮阳装置的光学性能、传热系数，即可以把遮阳装置作为一层玻璃参与到门窗或幕墙的热工计算中。

8.1.4 如果窗和幕墙系统加入了遮阳装置，系统的传热系数、遮阳系数、可见光透射比都会改变。在把遮阳装置作为一层玻璃来进行处理时，许多的计算公式会发生相应的改变。第 8.4 节给出了加入遮阳装置后的简化计算方法，第 8.5 节则说明了详细的计算所采用的方法。

8.2 光 学 性 能

8.2.1～8.2.3 要将遮阳装置作为一层玻璃处理，则需要给出这层玻璃的有关性能。由于遮阳设施的材料表面往往是以漫反射材料为主，所以，散射对于遮阳装置是必须应对的问题。直射光入射到一种材料的表面，往往会有镜面的反射、透射和散射的反射、透射。

对于一种遮阳装置，涉及到的光学性能参数就有 6 个。规程的第 8.3 节中给出了百叶类遮阳装置的光学性能计算方法。

8.3 遮阳百叶的光学性能

8.3.1～8.3.9 本节按照 ISO 15099 给出的计算方法和公式。

计算光在遮阳装置上透射或反射是一个比较复杂的过程。光在通过百叶后分解为直射和散射部分，直射是直接透射的或是镜面的反射，而散射则比较复杂。

为了将问题简单化，在计算时将采用以下模型和假设：

1）将板条假设为全部的非镜面反射，并忽略窗户边缘的作用；

2）将板条视为无限重复，所以模型可以只考虑两个邻近的板条，而且采用二维光学计算；

3）为了进一步简化计算，将每条分为 5 个相等部分，而且忽略板条的轻微挠曲影响。

由于计算的结果与板条的光学性能、几何形状和位置等因素均有关系，所以计算平行板条构成的百叶遮阳装置的光学性能时均应予以考虑。板条的远红外反射率的透射特性对传热系数的精确计算有很大影响，所以应详细计算。

8.4 遮阳帘与门窗或幕墙组合系统的简化计算

8.4.1～8.4.6 遮阳装置与门窗、幕墙组合系统的简化计算主要按照 prEN 13363－1：1998 给出的计算方法。

计算遮阳帘一类的遮阳装置统一用太阳辐射透射比和反射比，以及可见光透射比和反射比表示。这些值都可以采用适当的方法在垂直入射辐射下计算或测定。百叶类遮阳窗帘可以在辐射以某一入射角入射的条件下，依据本规程第 8.2、8.3 节的方法计算。

8.5 遮阳帘与门窗或幕墙组合系统的详细计算

8.5.1～8.5.5 详细计算遮阳装置是比较繁琐的。为了简化，可以将遮阳装置简化为一层玻璃，门窗或幕墙则是另一层玻璃。这样，就可以采用第 6 章多层玻璃和第 9 章通风空气间层的计算方法，对门窗、幕墙与遮阳装置的相互光热作用进行计算。

当遮阳装置是透空的装置时，如百叶、挡板、窗帘等，遮阳装置有不同的通风情况，可以采用第 9 章的方法计算通风空气间层的热传递。

9 通风空气间层的传热计算

9.1 热平衡方程

本节按照 ISO 15099 给出的计算方法和公式。

9.2 通风空气间层的温度分布

本节按照 ISO 15099 给出的计算方法和公式。

9.3 通风空气间层的气流速度

本节规定的气流量和速度的关系，给出的是一个平均效果。这样处理对于传热计算也是一个平均的效果，应用于第 6.3 节是比较合适的，符合第 6.3 节的计算模型条件。

空气间层的空气流量计算是一个复杂的问题。强制通风可以比较准确地预知空气的流量，但自然条件下的对流、烟囱效应对流等均比较复杂。在各种情况下，进、出口的阻力和通风间层的阻力都是未知数，很难估计。对于这些复杂的情况，采用数字流体模拟计算软件进行分析是一个可行的途径。

10 计算边界条件

10.1 计算环境边界条件

10.1.1、10.1.2 本规程规定了计算门窗和玻璃幕墙节能指标的标准计算条件，但这些条件并不能在实际工程使用，仅用于建筑门窗、玻璃幕墙产品的设计、评价。

实际的工程节能设计标准中都会规定室内计算条件，室外计算条件可以通过当地的建筑气象数据来确定。

10.1.3～10.1.6 规定了用于建筑门窗、玻璃幕墙产品的设计、评价的标准计算条件。这些条件是参照 ISO 15099 确定的。其中，为与门窗保温性能检测标准一致，冬季的室外气温改为－20℃；为与我国现行的《民用建筑热工设计规范》GB 50176－93 相一致，夏季室外的外表面换热系数适当增大，取为16W/(m^2·K)。

计算传热系数之所以采用冬季计算标准条件，并取 I_s＝0W/m^2，主要是因为传热系数对于冬季节能计算很重要。夏季传热系数虽然与冬季不同，但传热系数随计算条件的变化不是很大，对夏季的节能和负荷计算所带来的影响也不大。

计算遮阳系数、太阳能总透射比采用夏季计算标准条件，这样规定是因为遮阳系数对于夏季节能和空调负荷的计算是非常重要的。冬季的遮阳系数的不同对采暖负荷所带来的变化不大。

以上这样规定与美国 NFRC 的规定是类似的，也与欧洲标准的规定接近。

10.1.7 结露性能计算的条件参照了美国 NFRC 的计算标准。

10.2 对 流 换 热

本节等同于 ISO 15099 的计算方法，所采用的公式均与ISO 15099相同。在写法和格式方面符合工程建设标准的规定。

本节主要规定了窗和幕墙室内和室外表面对流换热计算的有关方法和具体公式。这些公式主要用于实际工程的设计、计算。设计或评价建筑门窗、玻璃幕墙定型产品的热工参数时，门窗或幕墙室内、外表面的对流换热系数应符合第 10.1 节的规定。

10.3 长波辐射换热

本节参照采用 ISO 15099 的计算方法。产品的辐射换热系数参考了欧洲标准和 ISO 10292。

10.4 综合对流和辐射换热

本节等同于 ISO 15099 的计算方法，所采用的公式均与ISO 15099相同。

中华人民共和国行业标准

民用建筑能耗数据采集标准

JGJ/T 154—2007

条 文 说 明

前　言

《民用建筑能耗数据采集标准》JGJ/T 154－2007经建设部2007年7月23日以第676号公告批准发布。

为便于广大设计、施工、科研、学校等单位有关人员在使用本标准时能正确理解和执行条文规定，《民用建筑能耗数据采集标准》编制组按章、节、条顺序编写了本标准的条文说明，供使用者参考。在使用中如发现本条文说明有不妥之处，请将意见函寄深圳市建筑科学研究院（地址：深圳市福田区振华路8号设计大厦5楼；邮政编码：518031）。

目　次

1 总　　则

1.0.1《中华人民共和国节约能源法》规定：用能单位应当加强能源计量管理，健全能源消费统计和能源利用状况分析制度；重点用能单位应当按照国家有关规定定期报送能源利用状况报告。能源利用状况包括能源消费情况、用能效率和节能效益分析、节能措施等内容。

在我国建国初期，工业统计中就建立了原煤、原油、电力、天然气的产量统计；随后，又在物资统计里建立了以反映各种能源在生产、销售平衡和能源收入、拨出、消费为主要内容的以实物为主的单项能源统计。20世纪80年代以来，由于能源在国民经济建设中的战略地位日益突出，在工业统计和物资统计的基础上分离出能源统计。但目前我国的能源统计主要是工业能源的统计，建筑能耗长期被分割混杂在能源消耗的各个领域，比如住宅的能耗归入城乡人民生活能源消费，而其他各类建筑能耗归入非物质生产部门的能源消费。

我国目前建筑能耗数据采集体系尚不完善，尚未形成一套成熟的建筑能耗数据采集、处理与分析方法。因此，建立建筑能耗数据采集制度，有利于全面了解我国的建筑能耗水平、建筑终端商品能耗结构和建筑用能模式，积累建筑能耗基础数据，为国家制定节能降耗政策提供数据支持。

1.0.2 本标准规定的建筑能耗数据采集范围是城镇民用建筑，数据采集对象是建筑在使用过程中所消耗的各类能源。工业建筑的能耗主要取决于工业建筑内部生产过程中设备的能耗，因此工业建筑的能耗应计入能源消费端的工业能耗统计；由于在农村秸秆、薪柴的用量比较大，煤炭、电力等常规商品能源使用量较小，因此本标准暂不采集农村建筑能耗。

1.0.3 本标准旨在掌握我国城镇民用建筑能耗的具体数据，对与建筑节能相关的内容，如建筑围护结构的性能、建筑内部设备的使用情况和耗能特点等没有作详细的信息采集，如果国家有这方面的标准，尚应符合有关标准的规定。

2 术　　语

2.0.1～2.0.5 建筑划分为民用建筑和工业建筑。民用建筑又分为居住建筑和公共建筑。本标准将公共建筑又进一步分为中小型公共建筑和大型公共建筑（单栋建筑面积大于2万m^2的公共建筑）。对这两类公共建筑分开进行能耗数据采集，是因为：据统计，我国目前有5亿m^2左右的大型公共建筑，这些大型公共建筑的用能设备包括空调、照明、办公设备、电梯等多个系统，其每年单位建筑面积耗电量为70～300kWh/m^2，是住宅的10～20倍。大型公共建筑成为建筑能源消耗的高密度领域，具有巨大的节能潜力。

2.0.6 本标准在采集建筑能耗数据时，是以整栋建筑为对象，采集进入整栋建筑的各类能源，并入电网中的可再生能源由于无法拆分，因此把并入电网中的水力发电、太阳能发电等可再生能源称为建筑间接使用的可再生能源，对这部分可再生能源直接并入电的采集；而将由建筑或建筑群独立产生并使用的可再生能源称为建筑直接使用的可再生能源，本标准把这部分可再生能源单独作为一种能源形式进行能耗数据采集。

2.0.7 统计学术语。本标准对居住建筑和中小型公共建筑采用了分类随机抽样。

2.0.8 本标准是采集进入建筑的各类能源，因此对以供热输配管道为建筑提供热量的供热形式单独进行能耗数据采集，并把这种能源形式称为集中供热。集中供热包括：区域集中供热（为整个城市或城区进行供热）和局部集中供热（为小区或几栋建筑供热）。

2.0.9 以供冷输配管道为建筑提供冷量的供冷形式称为集中供冷，对这种能源形式也单独进行能耗数据采集。冷源设于建筑内部，并为建筑提供冷量的供冷形式不属于本标准所规定的集中供冷形式。

3 民用建筑能耗数据采集对象与指标

3.1 民用建筑能耗数据采集对象与分类

3.1.1 居住建筑主要包括住宅、集体宿舍、公寓、招待所、养老院、托幼建筑等。公共建筑主要包括办公建筑（包括写字楼、政府部门办公楼等）、商场建筑、宾馆饭店建筑、文化场馆（包括展览馆、博物馆、图书馆等）、影剧院建筑、科研教育建筑、医疗卫生建筑、体育建筑、通信建筑（如邮电、通信、广播用房等）以及交通建筑（如机场、车站建筑等）。本标准对居住建筑和公共建筑分别进行能耗数据采集，而对于综合性的建筑，如商住楼，即建筑的下部为商场或办公区域，上部为商品房的建筑，由于其具有不同的能源消费特点，应将它们分开进行能耗数据采集，居住建筑部分应纳入居住建筑的能耗数据采集体系，公共建筑部分应纳入公共建筑的能耗数据采集体系。

3.1.2 与发达国家相比，我国大型公共建筑的平均能耗值高于欧洲水平，与美国、日本的平均值大体接近。由于不同气候条件和经济发展水平的差异，我国不同城市和地区的建筑能耗特点各不相同，但存在相同的规律，即在能耗水平上，大型公共建筑、中小型公共建筑和居住建筑之间存在相对清晰的分界线，并且大型公共建筑的能耗都远高于中小型公共建筑和居住建筑。虽然大型公共建筑的数量不多，但由于电耗指标高，大型公共建筑在民用建筑总能耗中占有很大比重。由于能耗指标高，改造 $1m^2$ 的大型公共建筑所能取得的节能效果相当于改造 10～$15m^2$ 的居住建筑，同时对大型公共建筑进行节能改造远比对涉及居民在内的居住建筑进行节能改造要容易得多。特别是实施政府机构办公建筑节能改造，不仅可以减少公共财政支出，同时可通过政府机构率先垂范，起到示范作用。本标准分别对中小型公共建筑和大型公共建筑进行能耗数据采集，确定建筑节能工作的重点，指导我国建筑节能工作的深入开展。

3.1.3 低层、多层、中高层和高层居住建筑的建筑能耗及使用人群等差异性较大，为了更准确地估算整个社会居住建筑的能耗，本标准将居住建筑分为低层、多层、中高层和高层 3 类进行能耗数据采集。这里将中高层居住建筑和高层居住建筑合为一类，是考虑到 7 层至 9 层的中高层居住建筑和 10 层及以上的高层居住建筑的能耗差异不是很明显。居住建筑的层数分类划分方法是参考《住宅设计规范》GB 50096－1999 中对住宅按层数的划分方法。

3.1.4 在公共建筑中，办公楼、商场和宾馆饭店所占的数量比例大，同时能耗差异也较大。据有关单位的初步统计，办公建筑的能耗约为 80～150kWh/(m^2·年)，而高档商场建筑能耗则高达 300～400kWh/(m^2·年)，因此本标准选择了这三类公共建筑作为主要的能耗数据采集对象，并将其余的公共建筑类型都归入“其他建筑”，共分 4 类进行能耗数据采集，既能减少工作量，又能较准确地估算全社会公共建筑的能耗。

3.2 民用建筑能耗数据采集指标

3.2.1 民用建筑使用的能源包括：电、煤、气、油、集中供热、集中供冷、建筑独立产生并使用的可再生能源等各种能源形式，归纳为四类：电、燃料（煤、气、油等）、集中供热（冷）、建筑直接使用的可再生能源。本标准对各种能源形式单独进行能耗数据采集。对建筑自备热源（建筑自备小型电炉，燃气/油炉）和分户独立采暖的情况，以及对单栋建筑自备冷源（制冷机、热泵机组）和每户独立制冷（窗式空调器、分体空调器、户式中央空调等）的情况，由于是直接采集进入建筑的电量或燃料消耗量，因此集中供热（冷）量中不再重复采集这部分能耗。集中供热（冷）量的采集仅是指针对依靠供热管道（或供冷管道）为建筑提供热量（或冷量）的采集。

3.2.2 在采集城镇民用建筑能耗的同时，可以掌握我国各地城镇民用建筑的具体栋数和建筑面积，为政府部门制定能源领域的政策提供依据，比如既有建筑节能改造的范围和节能潜力分析等。

3.2.3 能耗数据采集除了得到城镇民用建筑的能源消耗总量外，还需要得到单位建筑面积的能耗量，从而既可以与我国的建筑节能设计标准能耗指标进行对比，也可以与其他国家的建筑能耗指标进行对比。

4 民用建筑能耗数据采集样本量和样本的确定方法

4.1 一般规定

4.1.1 在我国现有的行政分区范围内进行民用建筑能耗数据采集，可以利用现有的行政职能进行监督和管理，从而规范与有效地实施民用建筑能耗数据采集工作。

4.1.3 民用建筑能耗数据是在我国现有的行政分区范围内进行逐级上报的，因此基层单位在整个能耗数据采集体系中占据着非常重要的地位，关系到数据的可靠性与准确性，本标准规定县级行政区域（县、县级市、县级区、旗）为民用建筑能耗数据采集的基层单位。

4.1.5 统计调查方法有统计报表、普查、抽样调查、重点调查、典型调查等几种形式。

统计报表是由国家统一颁发表格，由企事业单位根据一定的原始记录和核算资料，按规定的时间和程序，定期提供统计资料的一种调查方式。

普查是为了某一特定目的而专门组织的一次性全面调查。其特点是：调查单位多、内容全面、工作量大、所需费用高，主要在全国范围内进行。

抽样调查是按随机原则，从总体调查对象中抽取一部分单位作为样本来进行观察，并根据其观察结果，从局部推断总体的一种非全面调查。抽样调查与其他调查方式比较，既能节省人力、物力、财力，提高资料的时效性，又能推断出比较准确的全面资料，还因其原理和方法以数学理论为依据，有较高的科学性，所以这种调查方式在产品质量检验、产品质量控制以及市场调查等方面应用非常广泛。

重点调查是在总体调查对象中选取一部分对全局具有决定性作用的重点单位进行调查的一种调查方法。一般情况下，重点调查的目的主要是为了掌握调查对象的基本情况，不需要利用重点调查的综合指标来推断总体的数量，但在某些情况下，也可以利用重点调查所得的数据资料，对总体的数据做出大致的估算。

典型调查是根据调查的目的和要求，在对被研究对象进行全面分析的基础上，有意识地选取若干具有典型意义的或有代表性的单位进行调查。由于典型单位的选择是有意识的，不是随机抽样，所以对总体推断无法计算误差，而且推断的结果是较粗略的估计。

鉴于以上几种调查方式的特点，本标准对城镇民用建筑的基本情况（建筑面积、建筑层数、建筑功能等）进行普查，即逐一调查；但对于居住建筑和中小型公共建筑的建筑能耗，由于其数量巨大，如果进行全面调查，要消耗很大的人力和物力，因此采用抽样调查的方法进行能耗数据采集；而对于大型公共建筑的建筑能耗，由于其数量较少、但单位建筑面积耗能量巨大的特点，对这类建筑的能耗数据采集采用逐栋建筑调查的方式，深入了解每栋建筑物内的能源消耗情况。

抽样法是在抽样调查的基础上，利用样本的实际资料计算样本指标并据以推算总体相应数量特征的一种统计分析方法。抽样法是建立在随机抽样的基础上的。

随机抽样法：设要调查的总体有 N 个个体，从这 N 个个体中机会均等地抽取第一个样，然后在剩下的（$N-1$）个个体中机会均等地抽取第二个样，……，最后，在所剩 $N-$（$n-1$）个个体中机会均等地抽取第 n 个样，调查得到每个样的指标，这种抽样法称为随机抽样法。

分类抽样法：将有 N 个个体的总体先分成 K 个互不重叠的子总体，设第 j 个子总体有 N_j（$j=1$，…，K）个个体，则有 $\sum_{j=1}^{K} N_j = N$，这些子总体就称为类。从每类中独立进行随机抽样，这 K 组样本合成为总体的分类样本。分类抽样具有如下优点：

第一能提高样本的代表性。因为在抽样前经过分类，可以把总体中标志值比较接近的单位归为一类，将差异较大的分开，使各类的分布比较均匀，而且各类都有中选的机会，使样本更接近于总体的分布，从而提高样本的代表性。

第二能降低总体方差对抽样误差的影响。由于分类抽样是针对各类中抽选的样本单位，因而影响抽样误差的只是各类的类内方差，排除了各类间方差的影响，所以，在总体各单位标志值大小悬殊的情况下，运用分类抽样比纯随机抽样可以得到更准确的结果。

因此，本标准对居住建筑和中小型公共建筑采用了分类随机抽样的方法进行建筑能耗数据采集。

4.1.6 由于大型公共建筑的数量占建筑总量的比例小，但单位建筑面积耗能量巨大，因此采用逐一调查的方法进行能耗数据采集。

4.1.7 建筑基本信息可以从以下途径获取：

1 建设行业主管部门，如地区建设系统主管部门、房地产管理部门等；

2 到城市建设档案馆进行资料文案统计；

3 组织专人进行现场调查和统计；

4 物业管理部门配合填写。

具体操作的时候可以几种途径相结合，由建设行政主管部门牵头，联合房地产管理、物业管理、档案管理等多方面的力量完成数据与信息采集工作。

4.2 居住建筑能耗数据采集样本量和样本的确定方法

4.2.1 由于居住建筑数量庞大，为了减轻统计工作量，需要对居住建筑进行分类随机抽样统计，而分类随机抽样的前提是建立各类居住建筑的基本信息表。

4.2.2 在居住建筑的各分类基本信息表中，按相同的比例确定样本量，可以保证建筑栋数多的组样本量多，建筑栋数少的组样本量少。

4.2.3 在各类居住建筑基本信息表中进行随机抽样是从分类总体 N 中随机抽取一个容量为 n 的样本，每次从总体中抽取一个样，连续进行 n 次抽选，但每次抽选的那一栋楼不再参与下一次的抽选。因此，每随机抽选一次，总体的数量就少一个，因而每栋建筑的中选机会在各次随机抽样中是不相同的。

4.2.4 每次建筑能耗数据采集样本是在保留上一次样本（上一次统计后拆除的样本建筑需去除）的基础上，同时增加上一次数据采集后新建建筑的样本，一方面是考虑对既有的样本建筑进行持续的能耗数据采集，由于建筑的采集途径、采集人员及采集方法等相对固定，可减少能耗数据采集工作的难度，同时通过持续的能耗数据对比，可以找出影响能耗变化的关键因素，为节能改造和节能运行创造条件；另一方面，对上一次数据采集后竣工的新建建筑独立进行分类随机抽样，并将抽选的样本增加到既有的对应分类样本组中，这样可以确保样本建筑具有广泛的代表性。

4.3 公共建筑能耗数据采集样本量和样本的确定方法

4.3.1 由于中小型公共建筑数量庞大，为了减轻数据采集的工作量，需要对中小型公共建筑进行分类随机抽样调查，而分类随机抽样的前提是建立各类中小型公共建筑的基本信息表。

4.3.5 虽然本标准对大型公共建筑是采用逐一调查的方法进行建筑能耗数据采集，但也需要了解不同类型大型公共建筑能耗的差异情况，为制定不同类型大型公共建筑的节能策略提供参考。因此，在进行大型公共建筑能耗数据采集前，应先建立各类大型公共建筑的基本信息表，然后分类逐一进行能耗数据采集。

5 样本建筑的能耗数据采集方法

5.1 一 般 规 定

5.1.1 样本建筑的能耗数据是否可靠直接关系到整体能耗数据的可靠性，而基层单位是最有途径也是最能准确获得辖区内样本建筑的基本信息及能耗数据的，因此对样本建筑能耗数据的采集应由基层单位负责进行。

5.1.2 目前我国的电、天然气等能源消费基本上是逐月进行计量和收费的，同时，建筑能耗的大小与气候特征关系较大，为了确保数据的准确性，并为初步估算建筑中空调和采暖能耗的大小，需要进行逐月能耗数据采集。

5.2 居住建筑的样本建筑能耗数据采集方法

5.2.1 本条主要是基于采暖计量现状情况考虑的。对于设有楼栋热表的部分居住建筑样本，应直接从热表中获取样本建筑供热量。但由于大量的既有居住建筑在建筑引入口处没有安装热表，因此对这类居住建筑样本的集中供热量数据的采集宜在样本建筑所处的管网中有热量（或流量）计量的地点（换热站或锅炉房等热源处）进行，根据供热面积做近似比例换算，即调查热源（换热站或锅炉房）处的计量数据计算其能耗值，根据所调查样本建筑的建筑面积占热源所负担的总建筑面积的比例折算得到样本建筑的采暖耗能。一般蒸汽管网在建筑引入口处可直接读取流量数据，如果蒸汽在单幢建筑引入口处无计量装置，也可采取类似热水管网计量调查的处理办法。对集中供冷的情况与集中供热类似。

5.2.2 除集中供热、供冷量外的居住建筑能耗数据的采集方法有3种：

1 从能源供应端获得整栋楼的能耗数据。能源供应端主要是指电力和燃气等供应部门。

2 为样本建筑设置楼栋能耗计量总表，从楼栋能耗计量总表获得整栋楼的能耗数据。

3 逐户调查每户能耗和公用能耗，然后累加获得整栋楼的能耗数据。

三种方法可以结合在一起使用，比如电力和管道燃气等的消耗量可以从电力和燃气供应部门获得，而对分户购买的能源种类，如罐装煤气、煤等能源则要进行逐户调查。

5.3 公共建筑的样本建筑能耗数据采集方法

5.3.1、5.3.2 中小型公共建筑的样本建筑和每栋大型公共建筑的能耗数据采集方法有两种：

1 从楼栋能耗计量总表采集整栋楼的能耗数据；

2 逐户调查各用户的能耗和公用能耗，然后累加获得整栋楼的能耗数据。

公共建筑一般均设置了楼栋能耗计量总表，因此宜直接从楼栋能耗计量总表中获得能耗数据，对没有设置楼栋能耗计量总表的公共建筑，为了减少每次数据采集时的工作量，宜设置楼栋能耗计量总表。

以上两种方法可以结合在一起使用，主要是以能方便地获得准确的能耗数据为原则。

各用户能耗和公用能耗之和等于该栋公共建筑的总能耗，对于政府机构办公楼、文卫体育建筑等公共设施类的建筑，能直接进行总能耗数据采集的，就不必分别采集用户能耗数据和公用能耗数据。

6 民用建筑能耗数据报表生成与报送方法

6.1 民用建筑能耗数据报表生成方法

6.1.1、6.1.2 由于本标准规定的民用建筑能耗数据采集方法对居住建筑和中小型公共建筑是按照分类随机抽样的方法进行，因此，需要通过样本建筑的能耗数据来估算总体建筑的能耗数据。基层单位，市级、省级和国家级建筑能耗数据采集部门都要对数据进行处理。

对居住建筑和中小型公共建筑进行建筑能耗数据处理时，除了计算得出全年单位建筑面积能耗和全年总能耗外，还应计算这些能耗值所对应的方差。随机变量的方差反映了随机变量取值的分散程度这一特征。随机变量X的方差为：

$$\sigma^2 = E[X - E(X)]^2 \qquad (1)$$

并称σ为随机变量X的标准差。

由样本估算总体，两者之间总是要出现差距的，这种由样本得到的估计值与被估计的总体未知真实值之差，就是误差。由于造成误差的原因不同，所以，误差又分为登记性误差和代表性误差两种。

1 登记性误差，是指在调查过程中，由于各种主、客观原因的影响而引起的诸如测量错误、记录错误、计算错误、抄录错误，以及被调查者所报不实、指标涵义不清、口径不一致、遗漏或重复调查等原因而造成的误差。登记性误差也称为调查误差或工作误差。登记性误差可以通过提高调查人员的思想和业务水平，改进调查方法和组织工作，建立严格的工作责任制加以避免，使这类误差降到最低的限度。

2 代表性误差，是指用部分代表总体，推算全面时所产生的误差。只有在抽取部分样本单位来代表总体推算全面时，才有这种误差。代表性误差有两种，即系统偏差和随机误差。

系统偏差是指没有严格遵守随机原则而产生的系统性误差。例如，在抽取样本单位时，调查者有意识地挑选较好的或较差的作为样本单位进行调查，据此计算的抽样指标数值，必然要比全及指标数值偏高或偏低，从而影响了调查的质量。因此，在抽样调查中应尽可能避免系统偏差。

随机误差是指遵守了随机原则，可能抽到各种不同的样本，只要样本单位的构成比例与总体有出入，就会出现或大或小的误差，这种随机误差是不可避免的，是偶然的代表性误差。

抽样误差属于随机性误差范畴，也就是按随机原则抽样时，在没有登记性误差和系统偏差情况下，单纯由于不同的随机样本得出不同的估计量而产生的误差。抽样误差越小，表示样本的代表性越高；反之，样本的代表性越低。同样，抽样误差还说明样本指标与总体指标的相差范围，因此它也是推算总体的依据。

抽样误差是抽样调查自身所固有的不可避免的误差，虽然不能消除这种误差，但可以用数理统计方法进行计算，确定其数量界限并加以控制，把它控制在所允许的范围以内。

按本标准附录C规定的方差计算公式求出各类建筑能耗数据值的方差后，应用下式就可以求出各类建筑能耗数据值的置信区间：

$$(e-t\sigma, e+t\sigma) \quad (2)$$

式中 e——能耗数据值；

t——概率度，表1给出了概率度与置信度的关系。

σ——能耗数据值的标准差，其值等于$\sqrt{\sigma^2}$。

表1 概率度与置信度分布表

概率度(t)	1	1.28	1.5	1.64	1.96	2	2.58	3	4
置信度$F(t)$	68.27%	80%	86.64%	90%	95%	95.45%	99%	99.73%	99.99%

因此，对各类建筑能耗数据值，只要求出了数据值的方差σ^2，然后根据想要的置信度，应用式（2）就可以计算出建筑能耗统计值的置信区间。

6.1.3 由于上一级数据报表的数据来源于下一级的数据报表，因此，本标准规定必须按照统一的报表格式进行数据的填写和报送。

6.2 民用建筑能耗数据报表报送方法

6.2.1 本条规定了基层单位向市级建筑能耗数据采集部门报送的材料种类。由于数据报表中仅是计算结果，为了上一级建筑能耗数据采集部门核验数据计算是否正确、统计过程是否合理，基层单位除了向市级建筑能耗数据采集部门报送数据报表外，还应同时报送城镇民用建筑基本信息总表和所有的样本建筑能耗数据采集表，这样也有利于数据的存档，供以后分析使用。

6.2.2 本条规定了市级建筑能耗数据采集部门和省级建筑能耗数据采集部门向上一级建筑能耗数据采集部门报送的材料种类。同样，除了报送本级建筑能耗数据报表外，还应同时报送下一级上报的所有材料。必要时，可以对全国城镇民用建筑能耗数据进行重新计算，也可以进行更详细的研究与分析。

7 民用建筑能耗数据发布

7.0.1 国家建筑能耗数据采集部门可以根据需要确定发布哪一级的建筑能耗数据，因此本条采用“宜”。

7.0.2 为了使发布的民用建筑能耗数据具有可比较性，本条规定了民用建筑能耗数据发布表的统一格式。

中华人民共和国国家标准

石油化工设计能耗计算标准

GB/T 50441—2007

条 文 说 明

目　次

1 总 则

1.0.3 执行本标准时还涉及下列标准：

《综合能耗计算通则》GB 2589；

《炼油厂用电负荷设计计算方法》SH/T 3116。

2 术 语

2.0.1 常见的耗能工质有新鲜水、循环水、软化水、除盐水、除氧水、蒸汽、压缩空气、氮气、氧气、冷量介质、导热油等，污水作为能耗工质的特例。

2.0.3 电的统一能源折算值根据全国平均用能水平确定，其他统一能源折算值根据石化行业平均用能水平确定。

2.0.6 耗能体系在生产过程中消耗的燃料按低发热值直接折算为标准一次能源，但对消耗的电及各种耗能工质，不能只计算本身所含有的能量（如电的热当量、蒸汽的焓）所折算的标准一次能源量，还应计算生产和输送过程所消耗的全部能量并折算成标准一次能源量。

规定的计算方法在本标准中系指选用或计算燃料、电及耗能工质的能源折算值，可根据能耗计算及对比的需要选用统一能源折算值、实际能源折算值或设计能源折算值。

2.0.7 凡以单一原料生产多种产品的装置或石油化工厂均以原料进料量为基准。

凡以多种原料生产一种或几种目的产品的装置或石油化工厂均以一种主要目的产品的合格品产量为基准。

有些耗能体系的单位能耗计算采用按惯例的方式处理，如炼油企业的储运系统采用原料加工量。

2.0.8 设计能耗计算使用对应的设计消耗量。如果某装置的公称处理量与设计进料量不同，则设计能耗计算使用设计的进料量及相应的实物消耗量。

2.0.9 实测能耗计算使用实际测试的消耗量，包括了设计标定和生产管理两个方面，可用于考核评价工程设计能耗或分析生产管理对能耗的影响。

3 一 般 规 定

3.0.1 石油化工主要以石油及产品为原料，且以油、气为燃料，这些原料的低发热量均约为 10000kcal/kg。长期以来，石油化工的能耗以每吨原料或产品的 kg 标准油表示。考虑到上述两方面，能耗单位采用 kg 标准油，而不采用 kg 标准煤，否则数据不直观，难于使用。但考虑到 GB 2589 采用 kg 或 t 标准煤的规定，故本标准规定，在上报国家或地方政府的能耗统计数据时，仍遵守GB 2589的规定。

3.0.2 本条规定，主要是考虑原料与产品的性质差异和目前的能耗计算习惯。通常，炼油、石油化工、化纤企业的原料不计入能耗，这些原料主要指石油或其产品。如果是作为原料的耗能介质，如制氢装置转化过程中所消耗的水蒸气，则计入能耗。习惯上，化肥企业的原料计入能耗。对于在炼油和化肥企业中的同类工艺装置，分别按各自的习惯处理。如炼油企业中制氢装置的原料不计入能耗，而化肥企业中的制氢装置原料计入能耗。

3.0.3 以单位原料或单位产品为基准的能耗单位为 kg/t，表示处理每吨原料或生产每吨合格产品的 kg 标准油数量，不能将分子分母约去 kg，变成一个无单位数据。

3.0.5 虽然各种气体能耗占总能耗的比例不大，但生产装置之间和公用工程之间存在相互计量和成本核算问题，如果气体消耗不计入能耗，会引起设计单位取消相应的计量单元或降低计量精度，导致较大的浪费。计算污水能耗的目的是将污水处理场的能耗按污水量分摊到生产污水的装置或单元，这对压缩污染源、改善环境和污水回用等有促进作用。

3.0.6 为了提高能耗计算的科学合理性，深刻反映能耗指标的系统特性，以利于全面提高工艺装置和公用工程的用能水平，本标准规定，应优先计算出设计能源折算值或实际能源折算值，并由此计算各能耗指标。本条规定是与现行能耗计算方法的一个重大不同。

设计能源折算值或实际能源折算值的计算主要涉及锅炉房或动力站，以下简单示例说明计算方法。

设某动力站只有 1 台锅炉和 1 台背压式汽轮机，锅炉自耗电 1000kW，消耗自产的除盐水 120t/h，每吨除盐水耗电 6kW·h。锅炉所产的 3.5MPa 中压蒸汽直接供出 10t/h，供出 1.0MPa 蒸汽 100t/h，其他有关数据见图 1。试求电、3.5MPa 蒸汽、1.0MPa 蒸汽的实际能源折算值 $\Phi_{电}$、$\Phi_{3.5}$、$\Phi_{1.0}$。

在计算之前，先将锅炉所耗的除盐水折算为电耗 720kW。

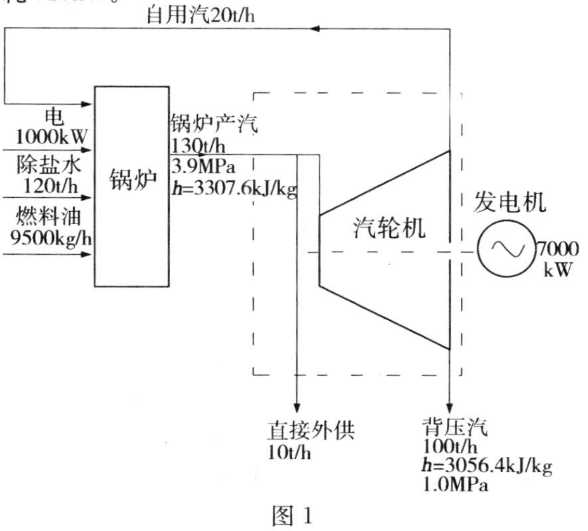

图 1

以汽轮机为体系按热量法求出供热比 A：

$130000\times3307.6\times A$

$=10000\times3307.6+100000\times3056.4+20000\times3056.4\times A$

可求出供热比 $A=0.9183$，供电比 0.0817。

用供热比、供电比将产电和蒸汽的消耗分开。

发电 7000kW 的消耗：

1.0MPa 蒸汽为 $20\times0.0817=1.634$t/h，电为 $(1000+720)\times0.0817=140.5$kW，燃料油为 $9500\times0.0817=776.15$kg/h。

并由此消耗，可列出产电能耗的关系式

$\Phi_{电}=(1.634\Phi_{1.0}+140.5\Phi_{电}+776.15)/7000$

同理可求出供出 3.5MPa 蒸汽 10t/h、1.0MPa 蒸汽 120t/h 的消耗：

1.0MPa 蒸汽为 18.366t/h，电 1579.5kW，燃料油8723.85kg/h。这些消耗折一次能源消耗 B：

$$B=18.366\Phi_{1.0}+1579.5\Phi_{电}+8723.85$$

在供出蒸汽中，仍以热量法求出供出 3.5MPa 蒸汽的用热比例（也即一次能源比例），$10000\times3307.6/(10000\times3307.6+120000\times3056.4)=0.0827$，供出 1.0MPa 蒸汽的比例为 0.9173。

分别列出供 3.5MPa、1.0MPa 蒸汽能耗的关系式：

$$B\times0.0827/10=\Phi_{3.5}$$

$$B\times0.9173/120=\Phi_{1.0}$$

联合求解上述关系式，可求出电、3.5MPa 蒸汽、1.0MPa 蒸汽的实际能源折算值（或设计能源折算值）为 0.1321kg/kW·h，85.93kg/t，79.43kg/t。

3.0.8 关于燃料、电及耗能工质的统一能源折算值的取值，说明如下：

1 统一能源折算值均按当前国内平均水平或常规条件取值（包括输送过程的能量损失）。

2 在《石油化工设计能量消耗计算方法》SH/T 3110 标准中，电的能源折算值由原来的四个行业不统一，统一调整取值为 0.2828kg/kW·h。根据目前的统计数据，全国 2002 年的供电标准煤耗为 381g/kW·h，2005 年的供电煤耗为 374g/kW·h，折合标准燃料油消耗为 0.2618kg，因此将该值取整作为电的统一能源折算值。

3 新鲜水的能源折算值，是按提升、净化等过程的总扬程约为 150m 计算的电耗折算的能耗。

4 循环水的能源折算值，是按一般提升扬程和凉水塔风机每年运行 5500h，并包括损失在内的能耗。

5 随着节水工作的深入开展，污水处理深度增加，污水处理的能耗增大。因此，根据有关资料将处理每吨污水的统一能源折算值确定为 1.1kg 标准油。

6 软化水、除盐水、除氧水的能源折算值都是以进水温度 20℃为基准计算的。

7 凝结水的能源折算值是以除盐水能源折算值为基准，加上回收的凝结水热量（以 20℃为基准）并扣除回收过程消耗的能源。

8 燃料油（气）的能源折算值是根据标准燃料油的低发热值确定的。

9 工业焦炭的能源折算值取自《石油化工设计能量消耗计算方法》SH/T 3110。催化烧焦的能源折算值系根据 2001～2002 年国内 18 套催化裂化装置的焦炭平均氢含量 6.67%计算所确定。

10 石化企业蒸汽管网通常有 10.0MPa、3.5MPa、1.0MPa、0.3MPa 四个压力等级，但部分企业还有其他等级，为扩大适用范围，故全面设置了 9 个压力等级。从应用的角度，对于常用等级之外的压力等级，如果能源折算值与常用某一等级的折算值差别不大（±3kg/t），尽量不用非常用压力等级。装置自产蒸汽或背压蒸汽轮机排出蒸汽均采用统一能源折算值。

11 可对电和耗能工质的生产单元，如电、各等级蒸汽、水、冷量和气体等，按耗能体系的能耗计算方法计算设计能源折算值或实际能源折算值。

12 在 13 个冷量等级中，10～16℃冷量为空调级，它是由溴化锂制冷机以工艺装置的低温余热（80～100℃）为热源所生产的显热冷量。其余等级的冷量均由压缩制冷生产，制冷机由电机驱动，冷量为相变冷量。至于其他温度更低的冷量统一能源折算值，本标准暂不作统一规定，在设计中视具体情况而定。

4 能 耗 计 算

4.1 计 算 通 式

4.1.1 能耗计算通式的耗能体系可以分为工艺装置、能耗转换单元（如循环水场）、辅助系统（储运、污水处理场等）和全厂等任何体系。如体系为装置，则为装置能耗；如体系为储运系统，则为储运系统的能耗；如为能源转换单元的循环水场，则可计算出循环水的实际能源折算值；如为全厂，则为全厂能耗。

装置与外界交换的热量仅在装置外有接收单位且有效利用时方可计入能耗。

在统计燃料的消耗量时，应根据实际低发热量折算为标准燃料的消耗量。

燃料油包括各种液体燃料，如重油、渣油、裂解渣油、原油等。燃料气包括天然气、干气、液化石油气等各种气体燃料。

对于化肥等需要计算原料能耗的装置，式（4.1.1）中 G_i 和 C_i 含原料能耗。

4.1.2 在设计阶段，装置进料量或产品量是根据全厂工艺流程所确定的物料平衡中的进料量或产品量，在生产阶段是实际的进料量或产品量，不同于装置的公称生产能力。

4.2 计 算 规 定

4.2.1 在进行能耗计算结果汇总时，应注意以下几点：

1 各装置用汽和自产蒸汽（或背压蒸汽输出）、用电和自发电等应分别填写，并应注明正负号，不可互相抵消合并为一个数值。

2 燃料油和燃料气分别填写。

3 热进料、热出料、中高温位热量交换、低温热的“实物消耗量”表栏填写所交换的热量，根据交换热量的温度和数值以及本标准的有关规定，计算出能源折算值，且应在备注栏中注明各物流名称、流量和温度范围。

4 消耗量均应按连续操作折算。

4.2.2 燃料消耗是生产过程消耗的各种燃料之和。如果原料的一部分或产品的一部分作为燃料在生产过程中提供能量，均应作为燃料消耗计算（如PSA尾气、分馏塔顶油气、侧线产品等）。但化肥等计入原料能耗的装置，有所不同，需加以注意。

4.2.3 不同耗能体系之间交换的热量有第4.2.3条所述的两大类。为使装置之间热进料、热出料热量合理地计入能耗，将目前通行的规定温度适当降低（目前汽油、柴油、蜡油和渣油的规定温度分别为60℃，80℃，90℃，130℃），且取规定温度与120℃之间的热量折半计入能耗以提高能耗的对比合理性，提高热用户的积极性；为防止出现中高温位热源热量传递给温度较低热阱所引起的不合理用能问题，规定热用户物流得到高于120℃的交换热量才全部计入能耗。低温余热利用的方式很多，节能效果不同，因此综合考虑我国工业用能水平的提高（相当于降低了低温余热回收利用的节能效果）、各种低温余热回收利用的节能效果以及低温余热的能源折算值对能耗对比带来的影响等各种因素，热用户物流得到60～120℃的低温位热量折半计入能耗。

当热用户物流的温度在120℃以上时，若不由热进料、热交换提供热量，则至少需要0.3MPa等级的蒸汽来提供，因此规定热用户物流的温度在120℃以上，所得到的热量全部计入能耗。

4.2.5 在设计能耗计算中，为了确定还未投产的全厂能耗，需要计算供电过程中的损耗，此时可按《炼油厂用电负荷设计计算方法》SH/T 3116计算。对于实际运行的企业，应实测出供电损耗。

中华人民共和国国家标准

建筑隔声评价标准

GB/T 50121—2005

条 文 说 明

目　次

1 总　　则

1.0.1 建筑物和建筑构件的隔声测量方法在 GBJ 75－84《建筑隔声测量规范》和 ISO 140《声学－建筑和建筑构件隔声测量》中已作了规定。但由于测量结果是一组随频率变化的数值，既不方便使用也很难进行比较。因此有必要规定一种方法，将这一组数值转换成一个能代表所测对象隔声性能的单值量，使得不同建筑物和建筑构件的隔声性能可以相互比较。国际标准ISO 717-1：1996和 ISO 717-2：1996 内已对这种转换方法作了规定，本标准的大部分技术内容来自 ISO 717-1：1996 和 ISO 717-2：1996。

1.0.2 考虑到一个建筑物或一个建筑构件除了用一个单值评价量来表征其具体隔声量外，还应对其基本的隔声性能有一个评定，所以本次修编增加了对建筑物和建筑构件隔声性能的分级，为编制其他与隔声有关的设计标准、产品标准时的引用提供了方便，也为对建筑物综合隔声性能的评价打下了基础。

1.0.3 我国现行的建筑隔声测量标准为 GBJ 75－84《建筑隔声测量规范》，即将颁布的标准为《声学－建筑物和建筑构件隔声测量》，使用者应按使用时国家当时现行的隔声测量标准执行。

3 空气声隔声

3.1 空气声隔声的单值评价量与频谱修正量

3.1.1 根据相关建筑隔声测量规范的规定，在不同的条件下，按不同的测量方法可以得到不同的测量量，在表 3.1.1-1 和表 3.1.1-2 中列出了各种测量量的名称、符号以及对应单值评价量的名称和符号。这些测量量的具体含义在本标准中未作说明，请查阅上述规范和标准。为了方便查阅，在表中给出了各测量量的出处。

在原标准正文中只规定了 1/3 倍频程测量量的评价方法，而将倍频程测量量的评价方法放在附录中，其原因是在 ISO 717-1：1996 中没有倍频程测量量的评价方法，但考虑到在现场测量时，由于条件的限制经常会使用倍频程来进行测量，所以倍频程测量量的评价方法还是十分必要的，因此在原标准附录中增加了倍频程测量量的单值评价方法。ISO 717-1：1996 在正文中同时给出了1/3倍频程和倍频程测量量的单值评价方法，但明确规定了在进行单值评价时哪些量只能使用 1/3 倍频程测量数据，哪些量可以使用倍频程测量数据，在本次修编中采用了 ISO 717-1：1996 的方法，表 3.1.1-1 列出了只能使用 1/3 倍频程测量数据的量，表 3.3.1-2 列出了可以使用 1/3 倍频程测量数据，也可以使用倍频程测量数据的量。

3.1.2 空气声隔声基准值和基准曲线的频率特性采用了 ISO 717-1：1996 的规定。原标准和世界上绝大多数国家的隔声评价标准都直接或间接地采用了此曲线。在 ISO 标准中参考曲线有一个绝对的位置，其 500Hz 的基准值为 52dB，这主要是因为在以前的版本中计算隔声余量需要，同时也隐含了 52dB 为合格的意思。在 717-1：1996 中已经取消了隔声余量，而在本标准中也没有使用隔声余量这一评价方法。另外在我国的空气声隔声标准中也没有 52dB 为合格的规定，所以曲线的绝对位置就失去了意义。在修编中空气声隔声基准值和基准曲线采用了原标准中的形式，即规定 500Hz 的值为 0dB，然后再按照 ISO 717-1：1996 规定的空气声隔声参考值和参考曲线的频率特性确定其他频带的值，使得这组数值更为简单明了，具有基准的作用，因此在本标准中称其为基准值和基准曲线，以便和 ISO 717-1：1996 中的参考值和参考曲线相区别。这样规定也便于进行数值计算法的表述。

在原标准中倍频程与 1/3 倍频程采用了同一条基准曲线，本次修编中按照 ISO 717-1：1996 的规定分别规定了 1/3 倍频程和倍频程的基准值和基准曲线。

3.1.3 原标准中只有单值评价量，该单值评价量未考虑噪声源对建筑物和建筑构件实际隔声效果的影响。在本标准中根据 ISO 717-1：1996 的有关规定，引入了频谱修正量，以评价同一建筑物或建筑构件在不同声源的情况下的实际隔声效果。

频谱修正量 C 和 C_{tr} 分别考虑了以生活噪声为代表的中高频成分较多的噪声源和以交通噪声为代表的中低频成分较多的噪声源对建筑物和建筑构件实际隔声性能的影响。通常室内和室外遇到的绝大部分噪声源的频谱特性在频谱 1 和频谱 2 之间，因此，频谱修正量 C 和 C_{tr} 可用来表征许多种类的噪声特性。关于频谱修正量使用的指导性规则在附录 A 给出。

3.2 确定空气声隔声单值评价量的数值计算法

3.2.1 在原标准中和 ISO 717-1：1996 中只规定了曲线比较法。但在原标准第 2.0.5 条规定："空气声隔声的评价，也可采用与本标准所规定的比较法相等价的其他措施"，在条文说明中指出"其他措施主要即指计算法"。现在，计算机的使用非常普遍，在计算单值评价量时绝大多数是使用计算程序计算，而很少使用曲线比较法。但在编制计算程序时，首先要将曲线比较法转换成数学语言，这需要增加不少的工作量，同时也可能在转换的过程中出现不必要的错误。为了解决这个问题，在本次修编中增加了数值计算法，用数学语言表述了确定单值评价量的方法，为使用者编制计算程序提供了方便。同时用数学语言来表述确定单值评价量的方法，更为严谨，不容易产生歧义和误解。数值计算法和曲线比较法是完全等效的，对于同一组测量量，得出的单值评价量应该是完全相同的。

在按本条规定的数值计算法计算单值评价量时，可先选取一个较大的整数值（根据经验可取测量量的平均值加5dB）作为X_w，计算16个1/3倍频程的不利偏差P_i之和，若大于32.0dB，则将该值减1，再计算不利偏差P_i之和，直到小于或等于32.0dB为止。也可以根据本条的计算方法编制计算程序，采用循环语句，确定单值评价量的值。

3.2.2 在按本条规定的数值计算法计算单值评价量时，可先选取一个较大的整数值（根据经验可取测量量的平均值加5dB）作为X_w，计算5个倍频程的不利偏差P_i之和，若大于10.0dB，则将该值减1，再计算不利偏差P_i之和，直到小于或等于10.0dB为止。也可以根据本计算方法编制计算程序，采用循环语句，确定单值评价量的值。

3.3 确定空气声隔声单值评价量的曲线比较法

3.3.1～3.3.2 虽然在本次修编中增加了数值计算法，但作为原始的确定方法，还保留了曲线比较法。

在原标准中有对单个频带不利偏差不得大于8dB（1/3倍频程）和5dB（倍频程）的限制，而在ISO标准中则没有这个限制。原标准保留这个限制的主要目的是对轻墙、门提出更严格的要求。在ISO 717-1：1996中增加了频谱修正量，用频谱修正量来考虑噪声源对实际隔声性能的影响，同时也可以控制个别频带的隔声低谷，经过大量计算验证，这种方法对隔声低谷的限制更为严格。因此本次修编中采用了ISO 717-1：1996的规定，取消了对单个频带不利偏差不得大于8dB（1/3倍频程）和5dB（倍频程）的限制，在数值计算法中也是按没有这个限制进行规定的。

在原标准中要求测量量精确至0.5dB，而ISO 717-1：1996规定精确至0.1dB。由于本次修编增加了数值计算法，0.1dB的精度不会在计算时产生任何麻烦，而曲线比较法又必须和数值计算法完全一致，所以采用了ISO 717-1：1996中的规定，要求将测量量精确至0.1dB，同时在语言表述时也进行了相应的修改。

3.4 频谱修正量计算方法

3.4.1 在ISO 717-1：1996中将式（3.4.1）中右边的第一项定义为X_{Aj}，而频谱修正量表示为$C_j=X_{Aj}-X_w$，在本标准中为了避免在公式中引用公式，将X_{Aj}直接表示出来。

3.4.2 数值修约规则见GB 8170－87。

3.5 结 果 表 述

3.5.1 原标准中由于没有频谱修正量，所以只需要用一个单值评价量就可以评价隔声效果。而在本次修编中引进了频谱修正量的概念，需要用单值评价量和一个频谱修正量才能对隔声效果进行评价，所以在结果表述中应包括单值评价量和频谱修正量。

3.5.2 例如当测量量为隔声量R时，其相应的单值评价量为计权隔声量R_w；当测量量为标准化声压级差D_{nT}时，其相应的单值评价量为计权标准化声压级差$D_{nT,w}$。

3.5.3 由于建筑构件在出厂时不可能确定其在实际使用时的噪声源的情况，也就无法确定使用哪一个频谱修正量合适，所以要求在结果表述中同时给出两个频谱修正量，在实际使用时可根据不同噪声源的特性选择一个频谱修正量对构件的空气声隔声性能进行评价。

3.5.4 对于建筑隔声来说，建筑构件的隔声性能是根本，因此对建筑构件的隔声性能应该有更严格的要求，另外，建筑构件的隔声测量一般是在实验室内进行的，有条件使用1/3倍频程测量，所以作了此条规定。

3.5.5 例如表示围护构件隔声性能时：$R'_w+C_{tr}>45$dB

表示内部分隔构件隔声性能时：$D_{nT,w}+C=54$dB

3.5.6 频谱修正量的选用主要是根据噪声源的特性，因此在附录A中给出了噪声源与频谱修正量的对应关系。

3.5.7 根据大量测量计算，使用1/3倍频程测量量与使用倍频程测量量计算得出的空气声隔声单值评价量之间约有±1dB的差值，因此应该予以说明。在原标准中要求用倍频程测量量得出的单值评价量必须在名称前冠以“倍频程”三字，在符号后缀以“（oct）”以示区别。在本此修编中考虑到许多量的名称和符号已经很长，如果再加上这些冠词和后缀后会很繁琐，难以辨识，所以没有采用上述规定，只要求在结果表述中加以说明即可。

4 撞击声隔声

4.1 撞击声隔声的单值评价量

4.1.1 见条文说明3.1.1条。

4.1.2 撞击声隔声基准值和基准曲线的频率特性采用了ISO 717-2：1996的规定，其理由同空气声隔声基准值和基准曲线的频率特性采用了ISO 717-1：1996的规定一样。见条文说明第3.1.2条。

4.2 确定撞击声隔声单值评价量的数值计算法

4.2.1 增加撞击声隔声单值评价量的数值计算法的理由与增加空气声隔声单值评价量的数值计算法的理由相同，见条文说明3.2.1条。

计算撞击声隔声单值评价量时可先选取一个较小

的整数值（根据经验可取测量量的平均值减 5dB）作为 X_w，计算 16 个 1/3 倍频程的不利偏差 P_i 之和，若大于 32.0dB，则将该值加 1，再计算不利偏差 P_i 之和，直到小于或等于 32.0dB 为止。也可以根据本条的计算方法编制计算程序，采用循环语句，确定单值评价量的值。

4.2.2 计算单值评价量时可先选取一个较小的整数值（根据经验可取测量量的平均值减 5dB）作为 X_w，计算 5 个倍频程的不利偏差 P_i 之和，若大于 10.0dB，则将该值加 1，再计算不利偏差 P_i 之和，直到小于或等于 10.0dB 为止，然后再将该值再减 5dB，即可求出单值评价量。也可以根据本条的计算方法编制计算程序，采用循环语句，确定单值评价量的值。

4.3 确定撞击声隔声单值评价量的曲线比较法

4.3.1 虽然在本次修编中增加了数值计算法，但作为原始的确定方法，还保留了曲线比较法。

在原标准中有对单个频带不利偏差不得大于 8dB（1/3 倍频程）和 5dB（倍频程）的限制，而在 ISO 717-2：1996 中则没有这个限制。为了和国际标准保持一致，因此本次修编中采用了 ISO 717-2：1996 的规定，取消了对单个频带不利偏差不得大于 8dB（1/3 倍频程）和 5dB（倍频程）的限制，在数值计算法中也是按没有这个限制进行规定的。

在原标准中要求测量量精确至 0.5dB。而 ISO 717-2：1996 规定精确至 0.1dB。由于本次修编增加了数值计算法，0.1dB 的精度不会在计算时产生任何麻烦，而曲线比较法又必须和数值计算法完全一致，所以采用了 ISO 717-2：1996 中的规定，要求将测量量精确至 0.1dB，同时在语言表述时也进行了相应的修改。

4.3.2 根据大量测量计算，使用 1/3 倍频程测量量与使用倍频程测量量计算得出的撞击声隔声单值评价量之间约有 5dB 左右的差值，所以 ISO 717-2：1996 规定，基准曲线上 500Hz 所对应的测量量频谱曲线的分贝数再减去 5dB 为单值评价量的值，在原标准中没有减去 5dB 的规定，为了和国际标准保持一致，采用了 ISO 717-2：1996 的规定，在数值计算法中也按这个规定进行的表述。

4.4 撞击声改善量的单值评价量

4.4.1 在符合 GBJ 75－84 和 ISO 140－8 规定的均匀混凝土楼板上测量面层的撞击声改善量时，其撞击声压级降低量（撞击声改善量）ΔL 与光裸楼板的规范化撞击声压级 $L_{n,0}$ 无关。然而，楼板在铺设和未铺设面层情况下的计权规范化撞击声压级的差值却在一定程度上与 $L_{n,0}$ 有关。为得到可在各实验室之间进行相互比较的计权撞击声压级降低量 ΔL_w 值，应将 ΔL 的测量值与基准楼板联系起来。

4.4.2 表 4.4.2 的值表征一个 120mm 厚均匀混凝土楼板在理想化条件下的规范化撞击声压级，但在实际情况下，频率高于 1000Hz 以后，声压级会下降。

表 4.4.2 中的数值精确到 0.5dB，而不是 0.1dB。

4.4.3 （4.4.3-2）式的原始形式应为

$$\Delta L_w = L_{n,r,0,w} - L_{n,r,w}$$

式中 $L_{n,r,0,w}$ 为表 4.4.2 所规定基准楼板的计权规范化撞击声压级，按 4.2 或 4.3 节规定的方法确定的基准楼板计权规范化撞击声压级 $L_{n,r,0,w}$ 为 78dB，所以该式的最终形式为

$$\Delta L_w = 78 - L_{n,r,w}$$

在 ISO 140－8 中定义的标准混凝土楼板上测得的面层撞击声压级降低量以及单值评价量 ΔL_w，仅可用在类似的重质楼板（混凝土板、空心混凝土板及类似板）上，而不适用于其他构造类型的楼板。

4.5 结果表述

4.5.1 例如当测量量为规范化撞击声压级 L_{pn} 时，其相应的单值评价量为计权规范化撞击声压级 $L_{pn,w}$；

4.5.2 对于面层来说，撞击声改善量的频谱特性在实际应用时很重要，因此要求在结果表述时在给出单值评价量的同时，还应给出各频带的撞击声改善量。

5 建筑构件和建筑物隔声性能的评价分级

5.1 空气声隔声性能分级

5.1.1 为了实际应用时方便准确，不致引起歧义或混乱，本标准在进行建筑构件的空气声隔声性能分级时考虑到与已发布执行的有关标准保持必要的一致性。在 GB/T 8485－2002《建筑外窗空气声隔声性能分级及检测方法》中将建筑外窗空气声隔声性能分为 6 个等级，见表 1。

表 1 建筑外窗空气声隔声性能分级

等　　级	范　　围
1 级	$20dB \leqslant R_w < 25dB$
2 级	$25dB \leqslant R_w < 30dB$
3 级	$30dB \leqslant R_w < 35dB$
4 级	$35dB \leqslant R_w < 40dB$
5 级	$40dB \leqslant R_w < 45dB$
6 级	$45dB \leqslant R_w$

由于建筑构件包括门、窗、墙体、楼板等，而墙体和楼板等建筑构件比门窗的隔声量要高，为了使分级具有比较普遍的意义，所以在表 1 的基础上又增加

了3个等级。

又因为在本标准中引入了表征噪声源影响的两个频谱修正量，所以在本标准中是按照3.5节规定的结果表述方法来进行分级。按照本标准进行分级时，同一建筑构件可能因为使用的环境不同（噪声源不同）而引入不同的频谱修正量，从而得到不同的空气声隔声性能等级。

5.1.2 根据大量的实验证明，一般建筑构件的隔声性能在实验室测量的数据与现场测量数据大约有5dB的差别，所以本标准中建筑物空气声隔声性能分级是在建筑构件空气声隔声性能分级的基础上在相同级别减少了5dB，这样既考虑了现场测量与实验室测量结果的差别，又考虑与建筑构件空气声隔声性能的分级保持一致性，以便于实际应用。

因为在一般建筑物中，内部两个空间之间的干扰噪声主要为生活噪声，一般用频谱修正量C来表征，而内部与外部之间的干扰噪声主要为交通噪声，一般用频谱修正量C_{tr}来表征，所以本标准中建筑物空气声隔声分级分为内部两个空间和内外两个空间两部分。

5.2 撞击声隔声性能分级

5.2.1 本标准撞击声隔声性能分级在级别的顺序和级差与空气声隔声性能分级保持相对的一致性，以便于应用。

5.2.2 根据大量的实验证明，一般建筑构件的撞击声隔声性能在实验室测量的数据与现场测量数据大约有5dB的差别，所以本标准中建筑物撞击声隔声性能分级是在建筑构件撞击声隔声性能分级的基础上在相同级别增加了5dB，这样既考虑了现场测量与实验室测量结果的差别，又考虑与建筑构件撞击声隔声性能的分级保持一致性，以便于实际应用。

附录A 空气声隔声频谱修正量的使用

A.0.1 表A.0.1可作为指导性规则使用，指导使用者在进行隔声评价时根据噪声源来选用频谱修正量。如果某种噪声的A计权声压级谱已知，那么可将它与表3.1.3中的数据及图3.1.3-1和图3.1.3-2作一比较，从而选定相应的频谱修正量。

通常，C近似为－1，但当隔声曲线在个别频带存在低谷时，C将小于－1。因此，在描述建筑构件的隔声性能时，应该同时给出单值评价量X_w和频谱修正量C的值。

一般说来，构造基本相同而制造厂商不同的窗，其C_{tr}的数值几乎相同，此时，可以单独用X_w来评价并比较其隔声性能。但是，在比较构造差别很大的窗时，X_w和C_{tr}都应予以考虑。

附录B 空气声隔声扩展频率范围的频谱修正量

B.0.1 如果空气声隔声是在扩展频率范围内测量的，采用本附录规定的频谱修正量可以更准确地说明建筑或建筑构件在扩展频率范围内的隔声性能。

B.0.2 表B.0.2规定的声压级频谱与表3.1.3规定的频谱一样，是A计权的，并且总声压谱级已归一为0dB。

B.0.4 测量的频率范围是50～3150Hz、50～5000Hz或100～5000Hz时，其频谱1的修正量应分别表示成$C_{50\text{-}3150}$、$C_{50\text{-}5000}$或$C_{100\text{-}5000}$，频谱2的修正量应分别表示成$C_{tr,50\text{-}3150}$或$C_{tr,50\text{-}5000}$或$C_{tr,100\text{-}5000}$。

B.0.5 在此条中给出了计权隔声量R_w的表述形式，其他扩展频率范围的单值评价量的表述形式相同。

附录C 撞击声隔声频谱修正量的计算

C.1 撞击声隔声的频谱修正量

C.1.1 在进行撞击声隔声测量时，声源为标准撞击器与试件撞击时产生的噪声。在实际生活中，许多撞击声噪声与标准撞击器产生的噪声的频率特性有很大的不同，所以仅用单值评价量来描述其隔声性能与实际的隔声效果有一定的差别。为了解决这个问题，引入了撞击声隔声频谱修正量。

C.1.2 公式（C.1.2）中第一项的物理意义是各频带撞击声压级按能量叠加后得到的值，可用L_{sum}表示。

C.1.3 数值修约规则见GB 8170－87。

C.1.5 与空气声隔声频谱修正量不同，撞击声隔声频谱修正量不是必须计算的。撞击声隔声单值评价量是表征建筑和建筑构件撞击声隔声性能的最基本的量，而频谱修正量起到重要的参考作用，所以在结果表述时必须分别明确地表示出其单值评价量和频谱修正量的具体数值。

C.2 楼板面层撞击声改善量的频谱修正量

C.2.2 在ISO 717-1：1996中，计算$C_{I,\Delta}$的公式为

$$C_{I,\Delta}=C_{I,r,0}-C_{I,r}$$

其中$C_{I,r,0}$是符合4.4.2要求的基准楼板的撞击声改善量的频谱修正量，根据（C.1.2）式计算，其值为－10，所以在本标准中写成（C.2.2）式的形式。对于一个撞击声改善量为ΔL_p的面层，公式（C.2.2）中$C_{I,r}$可按以下步骤计算：

（1）根据（4.4.3-1）式计算出$L_{n,r}$；

（2）根据4.2或4.3规定的方法确定$L_{n,r,w}$；

（3）根据（C.1.2）式计算出$C_{I,r}$。

附录D 光裸重质楼板铺设面层后计权规范化撞击声压级的计算方法

D.0.1 当在一个楼板上铺设了一个面层时，如果已知楼板的规范化撞击声压级和面层的计权撞击声压级改善量，则可以通过计算得到其总的计权规范化撞击声压级，本附录就给出了这种计算方法。但本计算方法只适用于用混凝土等重质材料构筑的楼板，而不适用于轻型楼板。

D.0.2 基准面层是为了计算而提出的一个假想面层，并不是实际存在的面层。

D.0.3 $L_{n,1}$是根据假想面层的数据和实际测量数据计算得出的，而不是完全根据实际测量数据计算得出的，因此称其为计算值。

中华人民共和国国家标准

民用建筑隔声设计规范

GBJ 118—88

条　文　说　明

前　言

根据原国家建委（81）建发设字第546号文的要求，由中国建筑科学研究院负责并会同有关单位共同编制的《民用建筑隔声设计规范》GBJ 118—88，经国家计委于1988年3月16日以计标［1988］389号文批准发布。

为便于广大设计、施工、科研、学校等有关单位人员在使用本规范时能正确理解和执行条文规定，《民用建筑隔声设计规范》编制组根据国家计委关于编制标准、规范条文说明的统一要求，按《民用建筑隔声设计规范》的章、节、条顺序，编制了《民用建筑隔声设计规范条文说明》，供国内各有关部门和单位参考。在使用中如发现本“条文说明”有欠妥之处，请将意见直接函寄中国建筑科学研究院建筑物理研究所（北京市车公庄大街）。

本《条文说明》不得外传和翻印。

1988年12月

目　录

第一章　总　　则

第 1.0.1 条、第 1.0.2 条　编制住宅、学校、医院、旅馆四类建筑的隔声设计规范是（81）建发设字 546 号文件下达任务中明确规定的。

世界各国均有大量的噪声干扰的民事诉讼，而日本公害诉讼中噪声占第一位，在我国噪声扰民诉讼逐年增加（1979 年占环境污染总数 29.7%，1980 年占 34.6%，1981 年占 44.8%）。

每个人每天的绝大部分时间是在民用建筑中度过的。因此，民用建筑中有一个良好的声环境是人民生活中不可缺少的。

住宅、学校、医院、旅馆是民用建筑中量大面广，与人民生活关系十分密切，且对声学功能有一定要求的建筑（为民用建筑中有声学要求的主要部分）。其中住宅、医院、旅馆是有昼夜安静要求供居住的建筑，而学校则为白天数学用，以听闻与语言清晰度等要求为主。

其中住宅建筑的内容是针对多层或高层的单元式住宅而制订的。单身宿舍因其使用特点，楼内本底噪声较单元住宅高，且平面布置一般为内廊式，由于间接传声的影响，使两室间的隔声较同样结构的单元住宅差，故单身宿舍的声学设计标准应较住宅降低一级。

医院建筑则以综合医院为对象进行编制。因综合医院量大面广，设有内科、外科、小儿科，妇产科、五官科、皮肤科、传染病科，中医科等，因此对综合医院各主要科室的声学设计规范确定后，专科医院和其他各类医院都可找到相应的部分而参照执行。

第 1.0.3 条　声学设计指标中设有不同的等级，来源于现实中实际使用的需要，其理由有：

1. 人对安静的要求，从理想状态到最低要求有一个范围，设了不同的等级，反映建筑物不同的声学质量，日本建筑学会划分的声学指标，给出了等级的意义，见表 1.1。

表 1.1　日本声学标准等级的意义

特　级	特殊用途	超越一般的特别隔声性能	根据特殊情况的要求
一级（标准级）	推荐标准	隔声性能很好	通常使用状态下决不会对隔声不满
二级（允许值）	允许标准	隔声性能满足一般要求	隔声能满足一般要求
三级（最低限）	—	隔声性能为最低限度	使用者不满，但由于社会及经济等原因允许的最低限

2. 室内的安静状况与外在环境的可能条件有关。例如在南方炎热地区，因开窗季节长，长期的生活习惯，使当地居民对安静的要求较北方地区略低，若对某些住宅有较高的安静要求，在选址时就必须考虑尽量设在特殊住宅区。否则就需要在建筑上作特殊处理。

本规范中的等级是根据声学上的使用要求划分的，不与建筑等级直接对应挂勾，声学等级可按本条规范的附注选用。

日本建筑学会制定的声学指标划分为四个等级，含意如表 1.1。

第 1.0.4 条　本规范中允许噪声级的单位用 A 声级的分贝值。但当噪声有起伏与间歇时，A 声级的分贝值究竟应选用何种测量方法加以确定，涉及到噪声评价参量的问题，这个问题相当复杂，世界各国声学专家有不同的意见，因此采用的噪声评价参量也不同。现按照 ISOR1996《公众对噪声反应的评价》① 中的评价声级 Lr 的方法确定。即测得的 A 声级的分贝数取决于有关峰值因素、频谱特性、持续时间和起伏的噪声，按照规范附录一中附表 1.2 进行修正。苏联与日本规范中也都依据这一方法进行修正两者不同在于苏联是按照不同噪声特性修改标准，而日本为修改（测量值），因此室内允许噪声级的值应该考虑影响主要来自何种噪声源，倘若户外交通噪声是主要干扰源，便应以测定 L_{Aeq}（等效［连续 A］声级）作为评价参量，以便与国家现行标准 GB 3096—82《城市区域环境噪声标准》相呼应，具体测量方法与数据处理见本规范附录二，可参考现行国家标准《城市环境噪声测量方法》GB 3222—82。

对允许噪声的频谱有一定要求时，参照了苏联与日本规范的方法，采用 ISOR1996 附录 Y 频率分析，列出与 A 声级相应的 NR 曲线及倍频带声压级，作为选用某些空调、电气设备的限制值。一般情况 NR 曲线数要比 A 声级分贝数低 5dB，如苏联及日本的规范。苏联规范见表 1.2。

本规范的允许噪声标准数值均为昼间开窗条件下的标准值，夜间的标准应再减 10dB，而苏联的允许噪声级是夜间标准，昼间标准应加 10dB。

表 1.2　苏联建筑法规中允许噪声级与频带声级

房间	倍频带中心频率（Hz）								允许噪声级（A 声级，dB）
	63	125	250	500	1000	2000	4000	8000	
	声　压　级								
户型住宅	55	44	35	29	25	22	20	18	30
公共宿舍	59	48	40	34	30	27	25	28	35

① 参见表 1.3 的注②。

日本规范中室内允许噪声级见表 1.3。

第 1.0.5 条 进行声学设计时必须注意与其他规范有何种联系与矛盾。诸如建筑、结构、防火、通风、采光等，应在设计中统一解决。

本规范在制订过程中，曾与住宅建筑、中小学建筑、医院建筑等有关的设计规范编制组密切联系，或相互参加会议。讨论提出修改意见。

表 1.3 室内噪声的适用等级（昼间标准）

建筑物	房间名称	噪声评价数			噪声级(A 声级,dB)		
		特级	一级	二级	特级	一级	二级
集体住宅	居室	N-25	N-30	N-35	30	35	40
旅馆	客房	N-30	N-35	N-40	35	40	45
学校	普通教室	N-30	N-35	N-40	35	40	45
医院	病房	N-30	N-35	N-40	35	40	45
办公楼	一般办公室	N-35	N-40	N-45	40	45	50

注：①日本、苏联标准与我国标准的比较，详见第三章第一节中的表 3.2。

②ISO 1996 已有新的国际标准（1984 年表决通过），基本内容未变。考虑到我国城市环境噪声测量方法尚未作相应的更改，同时国外不少允许噪声级的评价方法未变，因此仍将 ISOR1996 作为主要依据。

本规范与现行国家标准 GB 3096—82《城市区域环境噪声标准》关系密切。GB 3096—82 中的功能区划分与环境噪声的要求实际上已为民用建筑的选址作了规定，即室外环境噪声（建筑物窗外 1m 处的噪声级）只能高于室内允许噪声标准 10dB，这是国际上按一般开窗条件时所作的统一规定。表 1.4 为北京地区一实例，当窗面积为 1m^2 时，室内外噪声声压级的测量资料。

表 1.4 实测开窗时噪声衰减（L_{Aeq}，dB）

测 点	1	2	3	4	5
室 外	65.7	66.3	65.2	70.6	69.2
室 内	56.9	56.4	55.6	58.2	59.0
差 值	8.8	9.9	9.6	12.4	10.2

注：测量条件为窗面积 1m^2，室内吸声量 15m^2。五个点的平均差值为 10.18dBA。

以上测量结果符合《城市区域环境噪声标准》中，"室内标准值低于所在区域 10dBA"。上述各方面由于充分考虑了 GB3096—82 的一些规定。因此我们根据实测与调查所制订各室内允许噪声级的值，基本上能与环境标准相呼应。

第二章 总平面防噪设计

第 2.0.1 条 在英国建筑法规第三章《隔声与噪声控制》中，着重提出"周密细致的平面设计是防噪最有效的措施，如果对这方面忽略了，要用隔声或其他噪声衰减措施来补救，代价将是十分昂贵的"。因此英国规范中将《总平面防噪设计》一节放在其他各节之前，同时又提出总平面防噪设计的两个原则是：(1) 在平面设计中将噪声源置于一定距离之外，采取缓冲带将交通噪声与居住建筑隔开，用绿化地带、公园、高尔夫球场来保证学校、医院免受噪声干扰；(2) 遮挡与屏蔽的原则，全面地考虑如何使对噪声较不敏感的建筑屏蔽对噪声敏感的建筑。因此，要求在城市规划中能体现这些防噪原则，这将是从根本上治理城市噪声的方法。

第 2.0.2 条 许多国家的调查研究表明，城市噪声的 70% 来自交通噪声（公路交通、铁路、飞机、航运）。在我国，公路交通噪声是城市环境噪声的主要来源，许多城市调查后绘出的城市噪声分布图证明最高噪声带都分布在交通线上，至少有 20% 的城市居民受交通噪声的干扰，睡觉不得安眠，沿街建筑中有些教师白天甚至须带耳罩备课。极大部分城市都未处理好沿街居住建筑的防噪问题，而事后在已有建筑上进行补救就相当困难。当前我国城镇建设方兴未艾，不断涌现出新的居住小区，因此应接受这一教训，在新小区设计开始便能贯彻防噪布局的原则，倘小区能从外部防止交通噪声的入侵，内部处理好各种噪声源，则兴建完成后的小区将是一个比较安静的小区。

噪声不敏感建筑占着相当大的比例，例如商业建筑、饮食服务行业建筑、文化娱乐建筑、体育场地等，而且这些建筑本身要求方便群众，交通便利，均匀地分布在城市中，以减少城市交通的压力；旅馆虽为居住建筑，但亦有交通便利的要求，并有较大的停车场地，因此只要有高隔声的门窗与空调设备，也属于噪声不敏感建筑；甚至医院的门诊部也要求临近交通线，以方便病人就医；某些低噪声的精密仪器工厂、进出货品繁忙的仓库，展览等公共建筑也可作为屏蔽建筑。

第 2.0.3 条 对于小区内部的噪声控制，在各类民用建筑设计时，应注意其附属设施的噪声源，不仅需要考虑防止对自身的噪声干扰，还需考虑防止对邻近建筑的噪声干扰，而后者常被忽视而引起纠纷。在南方已开始注意到这些问题，采取相应的治理措施后，将能有效地降低小区内的噪声水平。

第 2.0.4 条 无论设计独立的或群体的建筑，都需要对环境与建筑物内外的噪声源进行调查测定，然后作防噪设计的综合考虑。加大距离固然是防噪的有效措施，根据日本资料，交通噪声的衰减一般为－17lgs，s代表距离。即距离增加一倍，噪声衰减sdB。但在一定距离之外效果将逐渐减少，见图2.1，因此在城市用地紧张情况下，以加大距离，使噪声减低往往难以实现。

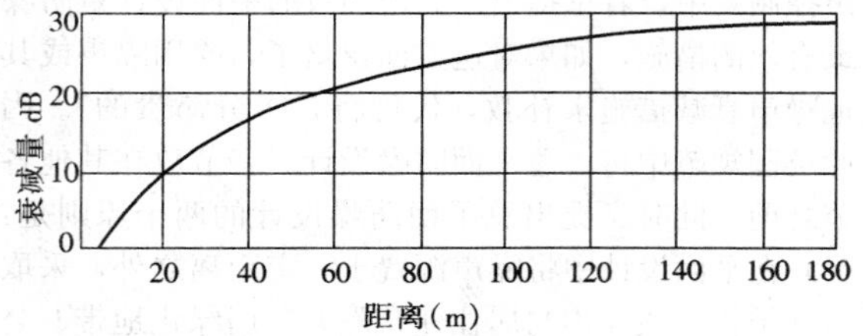

图2.1　噪声随距离增加的衰减

从建筑平面布置上将安静要求较低的房间安置在噪声高的一侧是很有效的，前后室的噪声衰减量可以达到16dB，即使在前后室门打开有穿堂风的情况下，声衰减也可以达到9～10dB，但有时受到建筑物的朝向限制，因此必要时就需要采取建筑上的防噪措施。

第2.0.5条　实践证明噪声源设置在地下时，对噪声控制有较好的效果，但必须注意设置在建筑物地下室内时，对结构声的隔离十分重要，不然将对整个建筑物有严重干扰，过去已有教训。如当锅炉房设于住宅楼的地下室时，与锅炉房仅一楼板之隔的一层居室内测得的噪声级大大地超过了室内允许噪声级，见表2.1。因此，当噪声源设在主体建筑下或毗邻主体建筑时必须采取可靠的隔声、隔振措施。

表2.1　锅炉房上一层室内的噪声级

频率(Hz)	125	250	500	1000	2000	4000	A声级	C声级
噪声级	69	71	63	60	55	50	65	80
(dB)	69	78	72	60	64	55	68	81

第2.0.6条　考虑夏季民用建筑多数为开窗使用，较其他季节易受室外噪声的影响，因此对于有安静要求的民用建筑应尽可能设于本区域主要噪声源夏季主导风向的上风侧。进行调查时对夜间噪声源应特别加以注意，昼间由于本底噪声高，噪声干扰不突出，但在夜间可能成为影响睡眠的主要因素。各类建筑倘在选址时即能满足《城市区域环境噪声标准》的要求，则相应地就能达到室内允许噪声标准，要比从建筑上采取其他措施经济合理。

第三章　住 宅 建 筑

第一节　允 许 噪 声 级

第3.1.1条　为了确定住宅的允许噪声级，我们在北京、广州、上海、南京、成都、武昌、西安、苏州、太原、沈阳等地进行了大量测量调查。根据北京120个住户的测量、调查资料整理得到等效［连续A］声级与住户反映的关系曲线，见图3.1。在拟订住宅室内允许噪声级时，应同时考虑到住户的反应和经济投资两方面的因素。权衡利弊，我们觉得应将标准订在安静与吵之间的一档（即住户反应的第二等）为合适。从住户对噪声反应的回归方程计算得到对应于第二等的噪声级为44.32dB，因此将室内允许噪声级订为A声级45dB。从北京调查的资料看，当噪声在45dBA以下时，有95%以上的住户觉得比较安静，而从华南、华东、西南等地的调查材料分析，则室内允许噪声级的数值还可略高于北京地区，可能与这些地区气候温和，开窗生活季节较长有关，故住户对噪声评价的要求略低一些。由此，我们考虑住宅室内允许噪声级以A声级45dB为中值。分40、45、50dBA三个等级，以适用于各种不同标准的建筑及不同地区的气候特点与生活习惯。

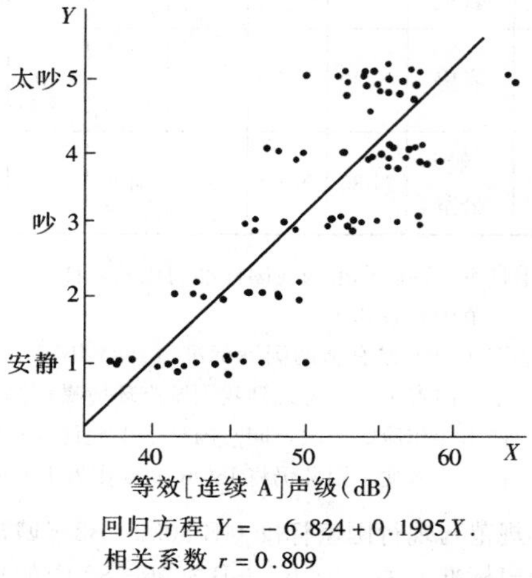

图3.1　住户对噪声的反应

在制订本标准时，还考虑了与其他规范及国外标准的联系。

1. 与《城市区域环境噪声标准》的关系，本标准所规定的是昼间室内的噪声级，经过实测，一般情况下噪声由室外到室内有10dB左右的衰减量，因此相应的室外标准为50、55、60dBA，即相当于《城市区域环境标准》中，居民文教区；一类混合区；二类混合区的标准。

2. 根据国内外声学专家所提，为保障健康与环境安静的噪声标准见表3.1。

表3.1　安静的噪声标准

	理想值 L_{Aeq}，dB	极大值 L_{Aeq}，dB
睡　眠	30	50
交谈、思考	40	60

本规范所订允许噪声级 A 声级为 40dB、45dB、50dB。夜间应比昼间低 10dB，故相应夜间的允许噪声级 A 声级为 30dB、35dB、40dB，与表 3.1 中所提的要求相符。

3. 与国外标准比较，我们收集的国外标准见表 3.2。

表 3.2　日本、苏联等国外允许噪声级

	标　　准	颁布时间	备　　注
日　　本	A 声级 30～40dB	1979 年	建筑学会标准
苏联建筑法规	A 声级 40dB	1978 年	
ISOR1996	A 声级 35～45dB	1971 年	
经互会文件	N—30	1962 年	

由于测量与评价方法的不同，在标准的数值上会有一定差别。对一般建筑来说外部噪声远较内部噪声的干扰严重，尤其是沿交通干道的住宅建筑。因此本标准实际是以测得的等效［连续 A］声级（L_{Aeq}）的值为依据而制订的。对各种不同的计算方法习惯上用下面的公式换算。

L_{Aeq}的数值＝dBA 的数值＋5＝NR（或 N）的数值＋10，因此，表 3.2 中所列的标准范围约在 35～50dB 之间，我们所订的标准与之很接近。

本节中的允许噪声级是按昼间的要求制订的，并按稳定噪声考虑，为适用各种不同的情况，因此必须对标准的数值及噪声测量值进行修正，这些修正值主要参考了日本、苏联的规范，而苏联、日本都是按 ISOR1996 的建议采用的。

第二节　隔 声 标 准

隔声标准采用已颁布的《住宅隔声标准》JGJ11—82 的等级。为促进楼板隔声材料与隔声构造的发展，本标准中取消了楼板等外级的提法。然而考虑到我国目前楼板隔声材料为数很少，价格较贵的实际情况，暂时允许楼板计权标准化撞击声压级可小于或等于 85dB，但应在楼板构造上预留改造的可能条件，以附注说明。

第三节　隔声减噪设计

第 3.3.1 条　住宅院子里的噪声主要是儿童玩耍吵闹产生，为了减少这类噪声干扰，要求住宅楼群内的儿童游戏场地，尽量不设于住宅迎窗面，并结合绿化，以减小其噪声的影响。

第 3.3.2 条　目前在交通干线两侧布置住宅比较普遍，今后也难于避免，近年临街建筑以高层为多，受噪声干扰的住户很多。这类住宅在车辆高峰时室内噪声可达 60dB 以上，远超过标准值，限于我国目前的经济条件，对这类量大面广的住宅尚不能考虑将窗密封后设置空调，夏季因通风需敞开门窗，这时最有效的方法是在建筑平面设计时，避免将卧室布置于受噪声干扰的一侧。从图 3.2 中可看到，临街的卧室内噪声的衰减量，仅 11dBA，而背向街道的房间内噪声可达 30 多 dBA 的衰减量。但有时设计难于将全部卧室布置于背街的一侧，为保证每户有一定的安静条件，规范中规定每户至少应有一主要卧室背向吵闹的干道。如以上要求也难以满足，则需利用沿街的阳台做成有大面积玻璃窗的封闭阳台，对高层住宅可结合平面设计，将楼内交通用的公共走廊设于沿街一侧，用封闭走廊来隔绝噪声（目前高层住宅由于水平交通的需要，都有长短不一的公共走廊），封闭外廊的隔声效果见表 3.3。

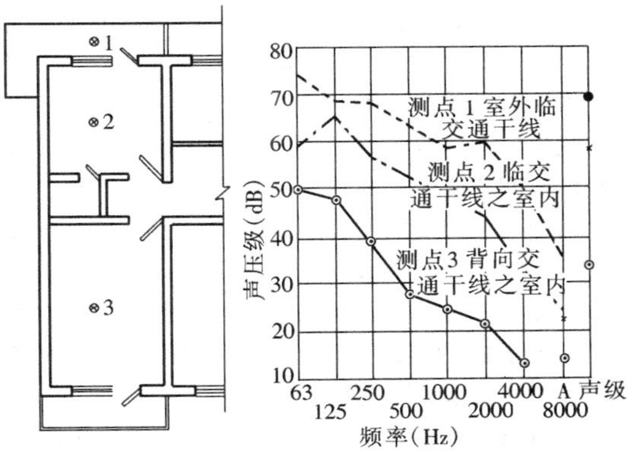

图 3.2

表 3.3　临街面设封闭走廊（有大面积玻璃窗）的隔声效果（dB）

	窗　全　开			窗　全　关		
	户外一米	房间内	衰减量	户外一米	房间内	衰减量
无廊	67.0	61.5	5.5*	68	49	19
有廊	70.5	58.5	12.0	68	38	30

注：* 本例由于窗面积较大，房间吸声量小（空室），开窗时衰减量小于 10dB。

封闭阳台所需增加的投资费用，主要是增加 9.55m^2 窗的费用，约需增加 562 元/户，但建筑物与交通干道的距离可减少。

规范中未规定住宅楼与交通干道的距离。因按防噪要求，住宅与干道间距离，不能一概而论，需视交通量而定，对交通繁忙的干道，用距离来减噪，从节约用地与经济的角度考虑是不合理的，如要使交通噪声降低 19dB（相当于表 3.3 中单玻窗关闭时的隔声量），干道与建筑物间应有 45m 以上的距离，在城市用地非常紧张的形势下，用加大距离来减噪是很难实现的。

第 3.3.4 条　本条是对住宅内设备噪声的处理。厨房、厕所，电梯等，均是住宅内影响较大的噪声源。由于管道或机械振动而产生的噪声均属固体声，受其影响的不仅是在其上下或相邻的房间，而且可沿建筑结构传得很远，尤其在深夜环境比较安静时。因此必须控制这些噪声源，不得设于卧室或起居室上方，如相邻布置时，则要求将一切有振动的物体设于非共同墙上，防止引起墙的振动而直接向卧室或起居室辐射噪声。固定于墙上凡能传递噪声的物件应有隔振措施，以减弱噪声的传递。电梯井在《民用建筑设计通则》中已有规定"不得贴邻居室布置"与本规范一致。

第 3.3.5 条 关于垃圾道的噪声。倒垃圾时倒入口的金属碰撞声及垃圾与井壁的碰撞也属固体声。因此垃圾道最好不要与卧室、起居室相邻，如相邻时，必须有防止固体声传播的措施。对倒入口应有防止金属直接碰撞的处理。

第 3.3.6 条 楼梯间或公共封闭走廊的空间比较空旷，四周均为硬墙面，故在楼梯间及走廊内声音衰减很慢。在调查中普遍反映公共走廊内儿童戏耍及楼梯间内的动静对各户都有影响，或把邻居家的敲门声误听为敲自己家门。因此规范中提出在安静要求较高的住宅楼梯间，或公共走廊内可作些吸声处理（布置在楼梯段的背面或走廊顶棚、墙裙以上的墙面上）我们曾利用一办公楼的楼梯间做试验，于梯段上布置吸声材料后，噪声的衰减量较无吸声材料时增加2.5dB/层。但考虑到目前实际情况，各类住宅均按此办理则难于做到，因此规范中仅作建议性的减噪手段，供安静要求最高的住宅选用。

目前在住宅设计中户门与户内房间往往用同一种门，因此，户门的隔声性能很差，隔声量都在 20dB 以下，不少户门不设门槛，门下有 1～2cm 的门缝，有的为了通风，门上还有百叶，这些门的隔声性能更差。因此规范有必要对户门的隔声量提出要求。据我们的测量数据可知，一般的户门，只要门缝严密，隔声量达到 20dB 以上是能做到的。

第 3.3.10 条 由于抗震的要求，住宅建筑的整体性加强了，但随之而来的是固体传声也较严重。不少住户反映能听到邻室的拉线开关或拉窗帘等声音，而敲击声（如厨房内剁馅，桌椅的拖动等）可传得更远，影响面更大，因此设计时应考虑一些构造措施，如门可设定位器，以减少门的猛烈抨击。在厨房工作台的面板与支架连接处加隔振垫（如软塑料板、橡胶、毛毡等），以防止固体声传播。

第四章 学 校 建 筑

第一节 允 许 噪 声 级

第 4.1.1 条 允许噪声级是参照《民用建筑等级标准》① 的要求而制定的。一般教室按中级集会建筑和科教建筑规定的 50dB。

有特殊安静要求的房间按中级和普通文娱建筑的音乐厅、剧场等规定的 35～40dB。无特殊安静要求的教学用房按该表中所列最高噪声级 55dB，即属普通级的集会和科教建筑考虑。

考虑教学的特点，学校允许噪声的等级，不按学校类划分，而以教室用途（即各类教室对听闻不同要求）而划分。

对特别容易分散学生听课注意力的干扰噪声，因考虑学校教学的特点，学生需要听清老师讲课的每一句话，故对此类噪声的允许值，应要求再降低 5dBA。

第二节 隔 声 标 准

第 4.2.1 条 教室与教室之间往往有门和走廊间接传声，使隔墙的隔声受到很大限制，因此对隔墙提出过高隔声要求不切实际。为此按我国住宅隔声标准中空气声计权声隔声量的最低要求 40dB 来考虑。

教室与一些产生噪声的活动房间之间，由于干扰声源比一般教室为大，因此把计权隔声量提高 5dB。这类房间为数不多，适当采取一些隔声改善措施在经济上也属可能。至于一些有特殊安静要求的房间如与教室毗连时，则计权隔声量应再提高 5dB，而达 50dB，即达到住宅隔声标准中的一级标准，或相当于无严重侧向传声时的一砖墙隔声效果。

对于楼板撞击声，由于上下教室同时上下课，而学生上课时在地板上发出噪声机会不多，因此按住宅隔声标准的最低要求，计权标准化撞击声压级小于或等于 75dB 是合理的。但目前国内常用的各种楼板与面层做法，其计权标准化撞击声压级均达不到小于或等于 75dB 的要求，故从我国实际情况出发，允许教室间的楼板计权标准化撞击声压级不得超过 85dB，但在楼板构造上应预留改造的可能条件，以附注说明。

对于有特殊安静要求房间的上层楼板，或下面为教室的其他活动室楼板，则均应提高隔声性能，计权标准化撞击声压级应小于或等于 65dB。相当于住宅隔声标准中的高标准要求。

第三节 隔 声 减 噪 设 计

第 4.3.1 条 当学校位于交通干道旁时，如将运动场沿街设置，教学楼设于运动场的另一侧，这时教学楼至少离开交通干道 45m 以上，运动场可作为噪声隔离带，使交通干道噪声衰减 15dB 以上。中小学一般在居住区内，上述布置又可使教学楼置于运动场与住宅楼之间，这时教学楼可作为屏障，防止运动场噪声对住宅的干扰。

但教学楼邻运动场布置时，也受其噪声干扰，教室门窗朝运动场时，要求应有 25m 防护距离。

第 4.3.3 条 走廊是一个传声通道，走廊内的噪声会影响走廊两侧所有房间，走廊又是联系室内外的交通枢纽，安静的走廊使人一进入建筑便有安静的感觉。走廊作吸声处理有下列四个作用：

1. 大大增加走廊内噪声衰减量。一般顶棚作吸声处理后，15m 的距离便可以增加约 8dBA 的噪声衰

---

①《民用建筑等级标准》尚未颁布。

减量。

2. 由于增加了走廊噪声衰减，也就提高了邻室之间的隔声效果。

3. 减少走廊内的混响，一般可使混响时间缩短一半。

4. 可以消除走廊内某些情况下产生的颤动回声。

走廊作吸声处理面积不大，而有上述好处，因此是十分必要的。

第 4.3.4 条 各类教学用房的混响时间是根据我们调查测量中使用人员满意的数据整理，并参照国内有关建筑声学设计手册或书籍中提供的数据而制定的（见图 4.1）由于各类学校教室的体积相差不大，为使用方便，按表 4.3.1 根据房间使用性质即可确定混响时间。

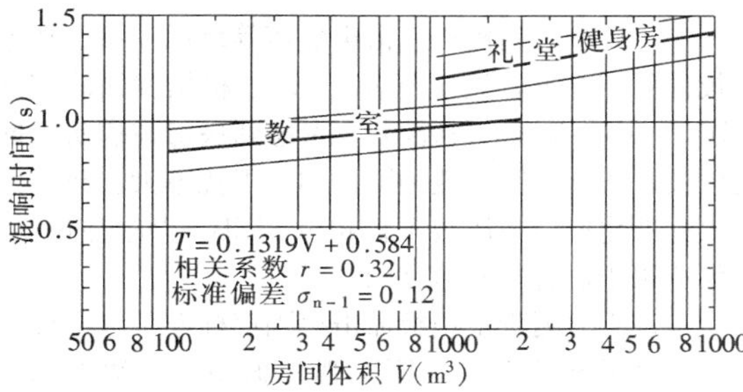

图 4.1 调查所得最佳混响时间的数据

第五章 医院建筑

第一节 允许噪声级

第 5.1.1 条 根据《综合医院建筑设计规范》，综合医院的分级如表 5.1。

表 5.1 综合医院等级划分

综合医院的等级划分	声学等级的划分	大、中城市医院	省(自治区)医院
三 级	一 级	市级（包括综合教学医院）	省级（包括综合教学医院）
二 级 一 级	二 级 三 级	区、县中心医院 街道医院	地区、县级中心医院 乡卫生院

医院与住宅一样均有昼夜安静的要求，以满足治疗与休息的需要。室内噪声标准的编制依据如下：

一、保护健康与安宁的环境噪声标准见表 3.1。

二、根据国内对 3 万多人进行的噪声引起烦恼的主观评价调查（筛选后为 1500 多人）得出的结果见表 5.2。

表 5.2 烦恼阈值（A 声级，dB）

	北 京		天 津		上 海	
	昼	夜	昼	夜	昼	夜
实际调查	48	43	48.7	44.4	58.8	48.2
限 值	50	45	50	45	55	48

表中数字说明昼间影响睡眠的烦恼阈值为 50dB。

三、编制组对病人进行了病室安静度的主观评价调查。取得 800 多个数据（筛选后为 504 人），整理见表 5.3。

表 5.3 病人对病室安静程度主观反映汇总

室内声级（A 声级，dB） ╲ % 分类	主 观 反 映		
	一般和安静	安静	吵闹
40.5	90	29	10
42.8	76.5	23.5	23.5
50.4	71.0	12.0	29.0
56.0	18.5	0	81.5

注：此表根据西安与武汉地区调查材料汇总而成。

表 5.3 说明当室内噪声级在 50dB 以下时，大部分病人认为还可以，但超过 50dB 时，大部分病人认为吵闹，无法午睡。与表 5.2 所得烦脑阈限值大致相同。

四、日本医院病室内噪声等级标准见表 5.4。

表 5.4 日本医院病室的允许噪声级

房间名称	噪声级（A 声级，dB）			噪声评价数 N		
	特 级	一 级	二 级	特 级	一 级	二 级
病 室	35	40	45	N30	N35	N40

五、编制组对国内 26 家综合医院进行实测调查，得到的室内噪声级见表 5.5。

表 5.5 医院室内噪声实测（A 声级，dB）

测量地区	病 室（午睡时）	病 室（上午治疗，下午探视）	门诊室（上午门诊时）
上 海	48.5	57.5	64.5
武 汉	48.5	58.6	66.9
西 安	44.1	57.6	61.2
广 西	40.0	55.4	61.0
平 均	45.3	57.3	63.4

表 5.5 中数据为夏天开窗时所测得。病人午睡时病室内实测噪声级平均值为 A 声级 45.3dB，最大的一般也不超过 50dB。病室上午治疗和下午探视时，由于人员来回走动及高声讲话，故噪声级较高，其平均值为 A 声级 57.3dB。门诊室在上午门诊高峰时，实测室内噪声级平均值为 A 声级 63.4dB，最高一般

不超过 70dB。

六、按我国《综合医院建筑设计规范》规定："医院必须设置在交通方便之处，医院总入口离开车站、码头不宜超过 250m"。"医院的病房楼、门诊楼、医技楼和科研楼应与城市交通干道中心保持 60m 以上的距离，与铁路干线保持 400m 以上的距离"。"在扩建、改建工程中，要求可略低些，但不应降低于上述距离的 75％。"亦即为 45m、300m。考虑城市交通干道宽为 40m，则病房楼、门诊楼距道路边缘为 40m。

我国城市由于居民密集、布局不合理，因此环境噪声，特别是交通噪声严重，表 5.5 为几个主要城市数据。

七、根据人们对噪声引起烦恼的反映，及我国目前医院室内噪声的调查，并考虑到我国目前城市环境噪声特别是交通噪声的实况，参考了国外及国内的有关标准，提出我国医院室内噪声等级标准，如规范中表 5.1.1 所述。就病室而言，以 A 声级 45dB 为二级（实为标准级），50dB 为三级（实为最低限），从而兼顾到如上海这样的大城市的实际状况，是切实可行的。

听力测听室要求绝对安静，根据听力学概论一书提出听力测听室安静标准为不大于 30dBA，日本国规定听力测听室安静标准为 25dBA，我国声学专家提出如用一般耳机罩时，室内安静标准在 25dBA 以下，如用新式耳机罩，则室内允许噪声级可提高些。因此我们提出听力测听室室内噪声的等级标准如规范中表 5.1.1 所述。

第二节 隔声标准

第 5.2.1 条 病室及诊疗室围护结构空气声隔声等级标准编制依据。

一、参照住宅隔声标准，我国住宅隔声标准见表 5.6。

表 5.6 住宅隔声等级标准（dB）

	一级	二级	三级（最低限）
空气声计权隔声量	≥50	≥45	≥40
计权标准化撞击声压级	≤65	≤75	

但病室与住宅不同，一般住宅均为独门独户，而病室大多为内走廊式，使用的门皆为普通木门（六人以上的病室，需用双扇门），且门上均有观察窗（玻璃厚 3～5mm）。由于侧向传声的影响，因此同样墙体用于病室之间其隔声性能比用于独门独户的住宅间低 5～10dB。

二、我们实测了部分病室的隔声性能见表5.7。

表 5.7 医院隔声性能实测值（dB）

病室围护结构	计权隔声量	计权标准化撞击声压级
240mm 砖墙	42.5	
115mm 砖墙	37.5	
100mm 双面抹灰墙	36.5	
120mm 空心楼板		75.5
110mm 空心楼板		79.0

从表 5.7 可知，一般医院中病室之间空气声隔声性能实测值在 35dB 以上，故我们提出病室之间的隔声标准如规范中表 5.2.1 所述。二级（即一般标准）为 40dB，三级（最低限）为 35dB。

第 5.2.2 条 楼板撞击声隔声等级标准的编制依据：

一、病室之间楼板撞击声隔声等级标准参照住宅楼板的隔声标准，见规范表 5.2.2。根据我国的实际情况，（见第 4.2.1 条说明）。考虑到病房与病房之间的楼板，作息时间大致相同，相互干扰不大。故暂定计权标准化撞击声压级不得超过 85dB。以附注说明，且仅适用于病房与病房之间。

二、听力测听室楼板撞击声隔声标准只考虑楼板上人走动的噪声，如周围有强烈振源，必须做隔振设计。

第三节 隔声减噪设计

第 5.3.1 条 医院建筑的总平面设计

一、综合医院选址要求近交通干道，但切忌将病房楼、门诊楼、科研楼与交通干道平行一字展开，上海市某医院（平面布置如图 5.1）病房楼距交通干道中心线不超过 40m。实测病室外 1m 处噪声级如图 5.3 所示。从图 5.3 可看，从上午 8 时到下午 19 时，噪声等级 A 声级均在 70dB 以上，最高时达 78dB，病人无法休息。

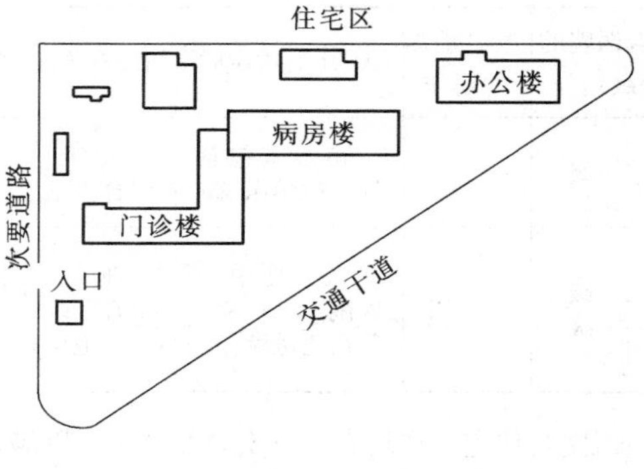

图 5.1 上海某医院总平面图

可将门诊楼沿交通干道布置病房楼设在其后院内，利用门诊楼的屏障隔声，使病房楼室内的噪声得到降低，一般有 10dB 以上的降噪效果。

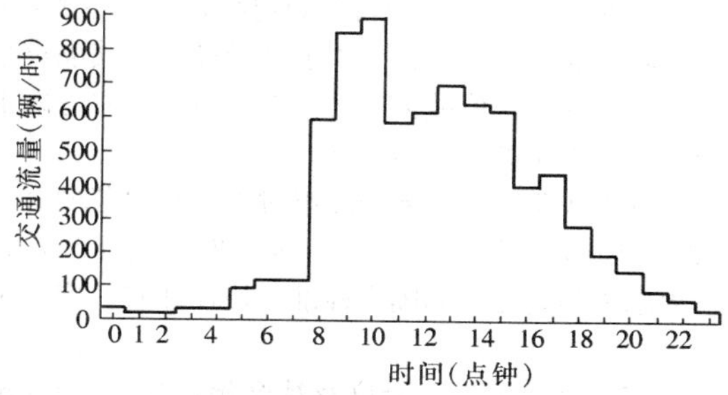

图 5.2　某医院外交通干道上的车流量

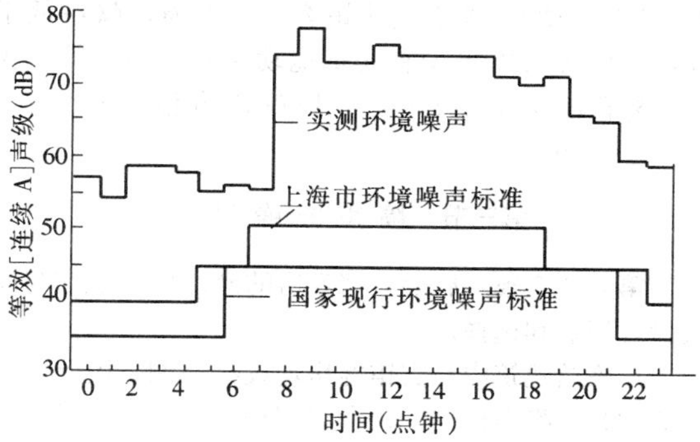

图 5.3　上海某医院病房楼外 1m 环境噪声级

或将病房楼外廊改为玻璃廊，其隔声效果见第3.2.2条的说明。

二、锅炉房、水泵房不应设置在病房大楼内，并应与病房楼保持 10m 以上的距离。上海华山医院水泵房靠病房楼，经实测靠近水泵立管的病室内，噪声比其他病室（不受水泵噪声影响）高 10dB 左右。上海长宁区中心医院锅炉房距病房楼不超过 3m，实测靠近锅炉房病室噪声级比其他病室高 5～10dB。但有时由于用地紧张等原因，设计确有困难，锅炉房、水泵房等不得不与病房楼设在一起时，则应将这些噪声，振动源集中布置，自成一区与病房区分割，并有可靠的隔声、隔振措施。

第 5.3.2 条　为了保证病室间的隔声性能，其隔墙应用 120mm 以上的砖墙。使用轻质墙板，如石膏板、TK 板等复合板，必须增加提高隔声性能措施。

病室间穿越管道的缝隙及脚灯箱必须密封好，否则会降低病室之间隔声性能。

第 5.3.3 条　门诊楼的挂号大厅及分科候诊厅噪声较高。实测挂号大厅噪声为 A 声级 75.5dB，分科候诊厅 A 声级 69dB。

实测挂号大厅混响时间如表 5.8（大厅体积 $74m^3$，总表面积 $266m^2$）。

表 5.8　某医院挂号大厅的混响时间 (s)

	倍频程中心频率					
	125	250	500	1000	2000	4000
混响时间	2.3	2.4	2.7	2.6	2.3	2.0

因此挂号大厅及分科候诊厅应做吸声吊平顶，吸声平顶的吸声系数不小于 0.30～0.40，则可使厅内噪声级降低 3～5dB（A 声级）。

第 5.3.4 条　手术室置于设备机房下时，特别注意隔绝固体声。上海市某医院手术室置于冷冻机房下，实测楼下手术室及医生办公室内 A 声级达 64dB（无空调噪声时）总声级 80dB，低频噪声达 75dB（63Hz），78dB（31.5Hz），医生反映强烈，如果对冷冻机作隔振处理，问题即可解决。

手术室皆设人工空调系统。为防止相互感染，每间手术室空调系统需相互独立，实测手术室室内空调噪声 A 声级在 70dB 以上，因此应考虑选用低噪声空调设备或采取安消声器等消声控制措施。

第 5.3.5 条　由于听力测听室的安静要求高，对围护结构有较高的隔声要求。因此规范中提出听力测听室应作悬室设计。规定有振动与强噪声的房间不应与之贴邻，否则将给隔声、隔振带来技术上的复杂性，并增加建设投资。

第六章　旅馆建筑

第一节　允许噪声级

第 6.1.1 条　旅馆的客房，由于建筑标准不同，噪声控制措施有较大的差别，为此，将旅馆客房按建筑标准和噪声的干扰情形分如下四个等级：

特等——旅游宾馆 } 有空调
一等——一般旅游旅馆 }
二等——会议旅馆　有、无空调
招待所 } 没有空调
三等——社会旅馆 }

以人防工程改建的社会旅馆因素复杂，很难以正规旅馆的标准加以控制，故本规范中未予考虑。

旅馆建筑中的客房与住宅建筑中的卧室有共同之处，即确保睡眠所必须的安静条件，因此，客房内的允许噪声级可参照住宅允许噪声级而定；但旅馆建筑中的客房与当前住宅中的卧室也有其不同之处：

表 6.1　客房空调系统噪声标准
(A 声级，dB)

客房空调系统部位	允许噪声级
送　风	30～35
排　风	45～50 (排气设在卫生间内时)
风机盘管	高　档　<35
	低　档　<30

注：当风机盘管噪声超过允许标准时，应另选低噪声风机盘管或改变风机盘管的配置方式。

1. 旅馆客房的标准差别很大；

2. 噪声干扰的噪声源不同，住宅卧室噪声干扰主要来自户外，而旅馆除受环境噪声影响外，对设有空调的旅馆客房则主要是空调噪声。因此有空调设施的客房，必须对空调系统的噪声加以控制，要求离出风口 1.5m 处的噪声不高于上表 5.1 所列数字。

客房允许噪声标准的编制依据：

1. 根据睡眠所必须的安静程度：

理想值为 30dBA，最大不超过 50dBA（见表 3.1）；

2. 根据我国已制定的环境噪声标准（见 GB3096—82《城市区域环境噪声标准》），确定有可能实现的标准；

3. 根据国内旅客调查结果表明，室内噪声级与旅馆反应如下：

30～35dBA 满意（在设有空调系统的条件下，可以达到）；

35～40dBA 比较满意（设有空调或选择安静的地址）；

40～45dBA 没有较多的抱怨；

＞45dBA 有各种不同的反映，多数不太满意。

4. 参考了国外 12 个国家的住宅①、旅馆、客房的允许噪声级在 30～40dBA 范围内变化。

5. 国内 12 个城市的调查表明（包括北京、上海、桂林、南京、广州等），沿街（交通繁忙的街道）旅馆客房噪声级的测定值，多数大于 50dBA。在编制允许噪声标准时，将社会旅馆的标准定为 55dBA。即考虑夜间的标准为 45dBA，而没有迁就大于 50dBA 的现状。因夜间噪声大于 50dBA 是不符合卫生要求的。

旅馆的其他用房，如会议室、多功能厅、舞厅、餐厅、办公室等的允许噪声级，在这次调查中，仅作一般了解，主要参照有关建筑的噪声标准，包括国外标准和调查并引用国内工程实践的经验而定。

在我国东北地区，夏季较短，夜间室温并不太高，一些宾馆不设空调，受环境噪声影响较大，在这种情况下，要达到本规范宾馆标准是有困难的，因此，必须在选址上作周密的考虑。

第二节 隔声标准

第 6.2.1 条 围护结构隔声量标准的编制依据：

1. 参考了我国已制定的住宅隔声标准；

2. 根据客房允许噪声所必须的围护结构隔声量（客房内噪声源的统计值与允许噪声级之差）；

3. 隔声量与主观感觉的关系；

4. 窗的隔声量；

设有空调的客房：24 小时，窗外 1.0m 处的噪声级（最大值）与允许噪声级之差。

没有空调的客房：户外噪声级减去 10dB（开窗时）；

5. 门的隔声量，根据目前测定结果为 20～25dB，因此，宾馆和一般旅游馆需单独进行设计，其隔声量为走廊噪声的统计值减去客房允许噪声级，并考虑由门至床和书桌距离间的声衰减；

第 6.2.2 条 楼板撞击隔声对于设有地毯的客房（宾馆、旅游旅馆）都能超过标准，但我们还是根据安静要求来确定楼板的隔声标准，使设计有一定的灵活性。

没有地毯的客房（会议及社会旅馆），参照住宅撞击隔声标准确定，但考虑到我国实际情况（见第 4.2.1 条说明），考虑到旅馆客房内的撞击噪声低于住宅（如客房内很少有儿童拖动家具、剁馅等）噪声，故暂定客房三级的楼板计权标准化撞击声压级不得超过 85dB。

第三节 隔声减噪设计

第 6.3.2 条 旅游宾馆客房的允许噪声标准与风机盘管配置和选择。

在旅馆建筑中，宾馆客房均设有空调，因此，为了达到允许噪声标准，仅考虑围护结构的隔声量是不够的，还必须考虑如下问题：

1. 控制空调系统送风的消声与减振；

2. 选择低噪声的风机盘管；

3. 确定风机盘管的配置方式，因为它对客房的噪声级有重要的作用；

4. 防止送风、排气管道的“传声”，以免降低隔断墙的隔声量。

此外，允许噪声级的制定，也必须根据空调噪声可能控制的程度来决定，否则制定的标准无法付诸实现。

在确定标准的同时，根据调查，列出了切实可行的、实现标准要求的风机盘管的配置方式，或消声处理。关于其他消声、减振要求，另作说明。

有关旅馆声学设计的规范，几乎涉及到建筑声学的全部内容。因为近代旅馆除客房外，还包括：高标准的俱乐部（音乐厅、舞厅、会议厅）、各种健身房，背景音乐（扩声系统），共享大厅或多功能大厅、餐厅兼宴会厅等，这类房间都有音质设计问题，本规范侧重于隔声设计。关于音质问题可参看有关专门资料。

附录一 旅馆内的声学测量数据

1. 客房内实测噪声级：

（1）旅游宾馆 实测值② 反映③

---

① 项端祈：《北京饭店隔声设计总结》。

② 客房内空调低档时的噪声级（一般睡眠时开低档）

③ 根据饭店管理人员反映

和平宾馆　33.5（dBA）　满意
广州华侨酒家　34.0（dBA）　满意
友谊宾馆　40.0（dBA）不满意（意见很大）
长城饭店　36.5（dBA）比较满意
香山饭店　38.5（dBA）比较满意
民族饭店　46.5（dBA）不满意（反映不强烈）
西苑饭店　33.5（dBA）　满意
京伦饭店　40.0（dBA）　不满意
北京饭店西楼　32.0（dBA）　满意
华都饭店　34.5（dBA）　比较满意
漓江饭店　33.5（dBA）　比较满意
长白山宾馆　35.0（dBA）　比较满意
北京饭店东楼（新）28～30（dBA）很满意
乌鲁木齐昆仑宾馆　34.5(开窗44)(dBA)很满意
乌鲁木齐延安宾馆　28（dBA）　很满意

（2）会议及社会旅馆　实测值
桂林饭店（广西）　42～50（dBA）
崇文旅馆（北京）　54.6～58.3（dBA）
新街口旅馆（北京）　52～57（dBA）
吉林大学招待所（长春）　32～34（dBA）
乌鲁木齐鸿春园旅社　38～49.6（dBA）
乌鲁木齐红山饭店　36.6～47.1（dBA）
乌鲁木齐新疆饭店　36.6～45.6（dBA）
乌鲁木齐新华饭店　38.7～50.3（dBA）
徐州（江苏）淮海饭店　40.2～57.8（dBA）
徐州（江苏）南郊宾馆　36.1～38.4（dBA）
徐州（江苏）第二招待所　43.6～51.6（dBA）

2. 围护结构隔声测定
（1）客房隔断墙

隔声量（dB）　频率 Hz / 构件	125	250	500	1000	2000	4000
新街口（半砖墙）	18.5	28.4	32	36	47	44
崇文门旅馆（半砖墙）	21	33	31	40	42	44
桂林饭店（砖　墙）	23.2	28.5	32.2	33.7	34.2	36

（2）门的隔声量

隔声量（dB）　频率 Hz / 旅馆	125	250	500	1000	2000	4000
新街口	17	21	22	24	28.5	23.5
崇文门旅馆	15.8	18.3	18.5	21.6	21.0	21.3

附录二　日本声学设计指标的等级划分与相应的主观感觉

	隔声等级	D—65	D—60	D—55	D—50	D—45	D—40	D—35	D—30	D—25	D—20	D—15
空气声	钢琴等的特大声声音	经常听不到	几乎听不到	室内安静时可以听到	听到较轻	正常听觉	较清楚地听到曲子	相当清楚地听到	十分清楚地听到	厌　烦	相当厌烦	十分厌烦
	电视、收音机谈话等的声音	同　右	同　右	完全听不到	经常听不到	几乎听不到	听到较轻	正常听闻	听到谈话内容	清楚听到内容	十分清楚内容	洞悉一切
	其他生活情况觉察	狂热立体声不觉察	大声唱歌不觉察	夫妻争吵不觉察	日常生活情况不觉察	能觉察邻室有人	觉察电话铃声	听到电话活动情况	听到邻室活动情况	清楚地听到活动	一切活动能了解到	听到很轻的活动情况
	隔声等级	L—30	L—35	L—40	L—45	L—50	L—55	L—60	L—65	L—70	L—75	L—80
楼板撞击声	来回走动的脚步声	几乎听不到	安静时听到	听到很远的感觉	必须注意方能听到	稍加注意就能听到	一般听到	经常听到	听得相当清楚	听得十分清楚厌烦	十分厌烦	厌烦无法忍耐
	椅推动、物下落声	完全听不到	大体上听到	几乎听不到	听到女凉鞋声	听到切物声	听到拖鞋声	听到筷子下落声	10圆币落地声	1圆币落地声	同　上	同　上
	其他生活情况觉察	孩子大跑跳无影响	一般活动无影响	生活上无须注意	生活上须稍加注意	生活上须注意	生活上倘注意便无问题	相互忍耐的限度	倘有小孩便易有意见	楼上小孩必须十分注意	即使注意亦难免有意见	已到生活忍耐限度

续表

	允许噪声等级	N—20	N—25	N—30	N—35	N—40	N—45	N—50	N—55	N—60	N—65	N—70
外部噪声	街道噪声等起伏噪声	经常听不到	几乎听不到	完全不感觉	偶有感觉	稍有感觉	相当有些感觉	稍有厌烦	有些厌烦	厌 烦	相当厌烦	十分厌烦
	工厂噪声等稳态噪声	经常听不到	几乎听不到	完全不感觉	偶有感觉	稍有感觉	相当有些感觉	稍有厌烦	有些厌烦	厌 烦	相当厌烦	十分厌烦
内部噪声	本室内机器噪声	经常听不到	几乎听不到	完全不感觉	偶有感觉	稍有感觉	相当有些感觉	稍有厌烦	有些厌烦	厌 烦	相当厌烦	十分厌烦
	公共机器噪声	经常听不到	几乎听不到	完全不感觉	偶有感觉	稍有感觉	相当有些感觉	稍有厌烦	有些厌烦	厌 烦	相当厌烦	十分厌烦

附录三 建筑构件的隔声性能及材料吸声性能资料

1. 隔声测量资料

本资料所列构件的隔声性能，以多年来各地住宅现场隔声测量与调查所得的数据为主整理而成。由于各地构件的施工条件不一和测量的误差，所以，有些构件的隔声性能数据有一个幅度，可供设计时参考，但不能作为验收的依据。具体隔声指数和结构示意参见附表及附图。

附表 3.1 墙板的隔声性能

编号	构件名称	面密度(kg/m²)	空气声隔声指数(dB)
1	24cm 砖墙双面抹灰	500	48～53
2	14cm 振动砖墙板	300	48～50
3	14～18cm 钢筋混凝土大板	250～400	46～50
4	25cm 加气混凝土双面抹灰	220	47～48
5	3～4 层纸面石膏板组合墙	60	45～49
6	2×9cm 双层碳化石灰板喷浆	130	45
7	板条墙	90	45～47

续表附表 3.1

编号	构件名称	面密度(kg/m²)	空气声隔声指数(dB)
8	14～16cm 钢筋混凝土空心大板	200～240	43～47
9	石膏板与其他板材的组合墙体	65～69	44～47
10	20～24cm 煤渣砖或粉煤灰砖墙双面抹灰		44～47
11	12cm 砖墙，双面抹灰	280	43～47
12	20cm 混凝土空心砌块，双面抹灰	220～285	43～47
13	石膏龙骨四层石膏板：板竖向排列	60	45～47
	板横向排列		41
14	抽空石膏条板双面抹灰	110	42
15	12～15cm 加气混凝土双面抹灰	150～165	40～45
16	8～9cm 石膏复合板填棉	32	37～41
17	石膏板与加气混凝土组合墙体	70	38～39
18	10cm 石膏峰窝板加贴石膏板一层	44	35
19	2×6cm 双层珍珠岩石膏板	70	30～35
20	8～9cm 双层纸面石膏板（木龙骨）	25	31～34
21	9cm 单层碳化石灰板	65	32
22	8cm 双层水泥刨花板	45	30
23	6cm 单层珍珠岩石膏板	35	24

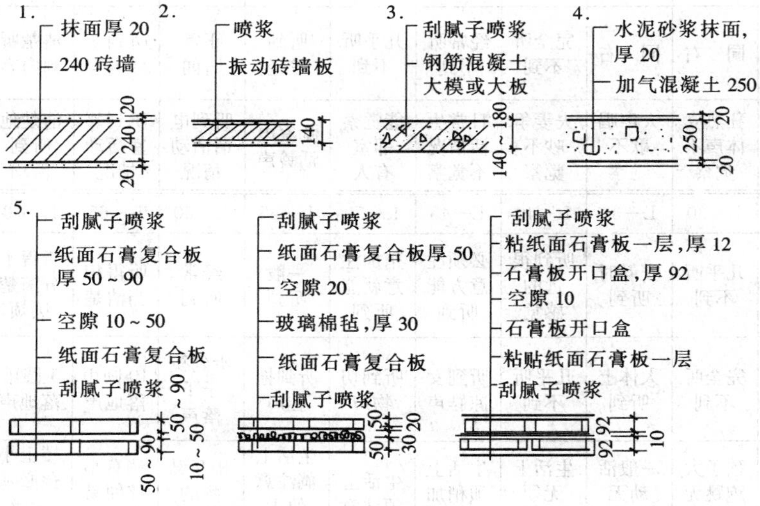

附表 3.1 构造图

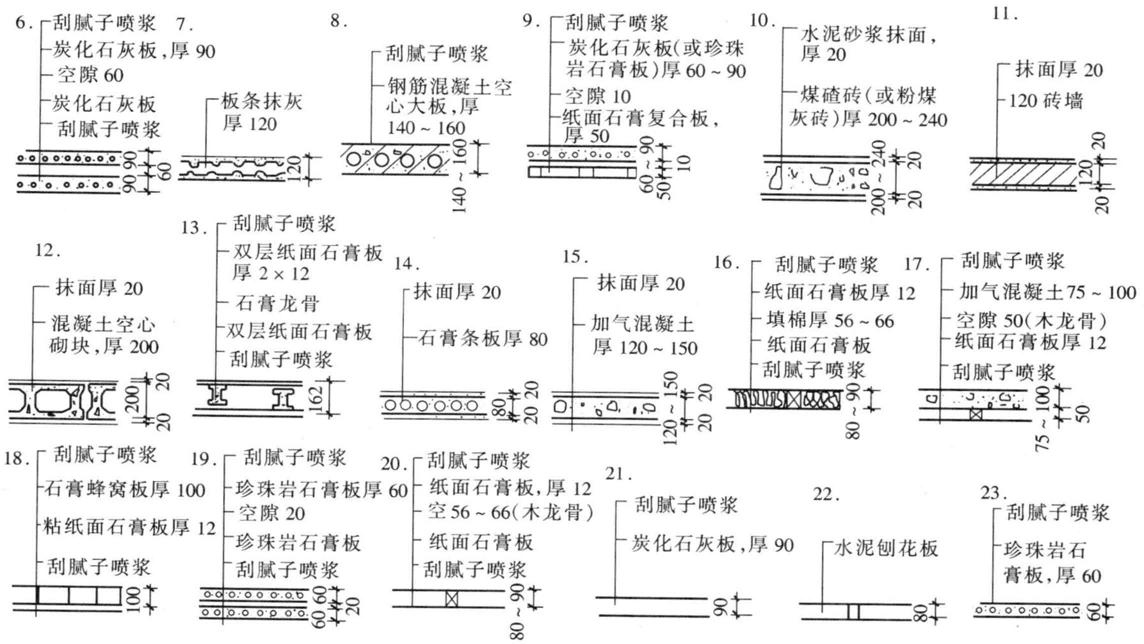

附图 3.1 构造图

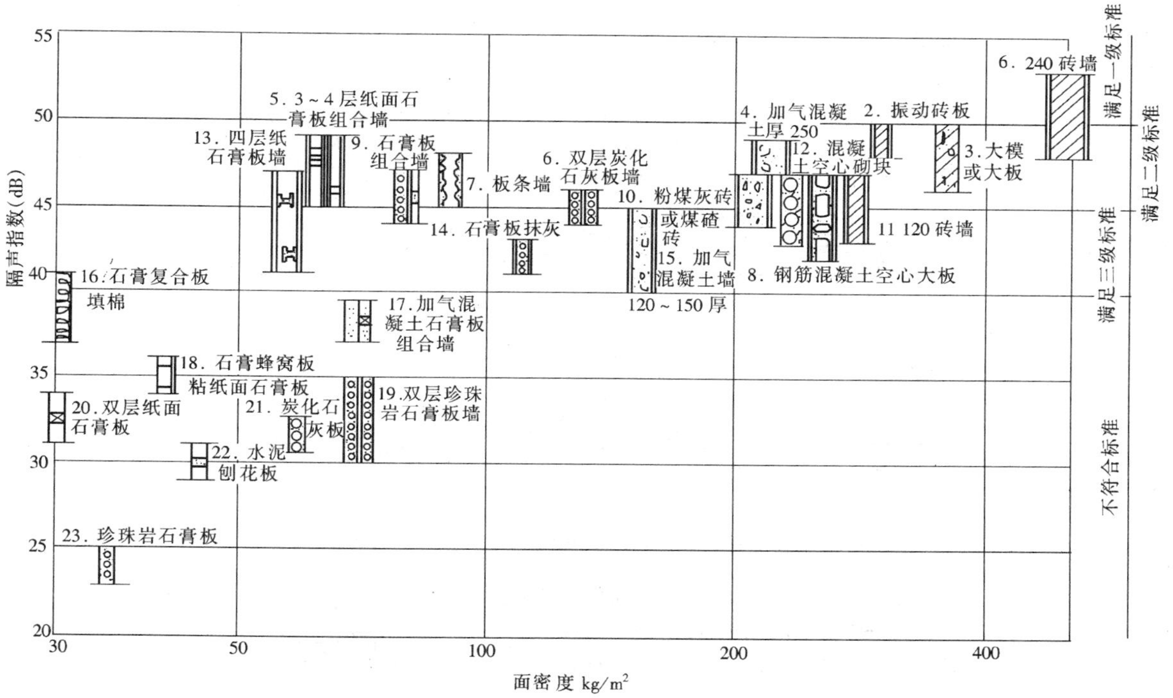

附图 3.1 墙板隔声性能

附表 3.2　楼板的隔声性能

编号	构　件　名　称	计权标准化声压级撞击声指数 (dB)
1	钢筋混凝土楼板上有木搁栅与焦渣垫层的木楼板	58～65
2	钢筋混凝土楼板上设水泥焦渣及锯末白灰垫层	65～66
3	钢筋混凝土槽形板，板条吊顶	66
4	钢筋混凝土圆孔板，砂子垫层，铺预制混凝土夹心块	66～67
5	钢筋混凝土圆孔板上实贴木地板或复合再生胶面层	69～72
6	钢筋混凝土楼板上设水泥焦渣及砂子烟灰垫层	71～72
7	钢丝网水泥楼板，纤维板吊顶，复合再生胶面层	73～75
8	钢筋混凝土圆孔板水泥焦渣及砂子烟灰垫层	75～78
9	11～12cm 厚钢筋混凝土大楼板	77
10	钢筋混凝土楼板上设水泥焦渣垫层	81～83
11	钢筋混凝土圆孔板水泥砂浆或豆石混凝土面层	82～84
12	密肋楼板松散矿渣填芯	82
13	钢丝网水泥楼板纤维板吊顶	83～87
14	钢丝网水泥楼板石膏板吊顶	86～90
15	密肋楼板珍珠岩或陶粒粉煤灰填芯	85～89
16	密肋楼板加气混凝土或纸蜂窝填芯	92～96
17	钢丝网水泥楼板	101

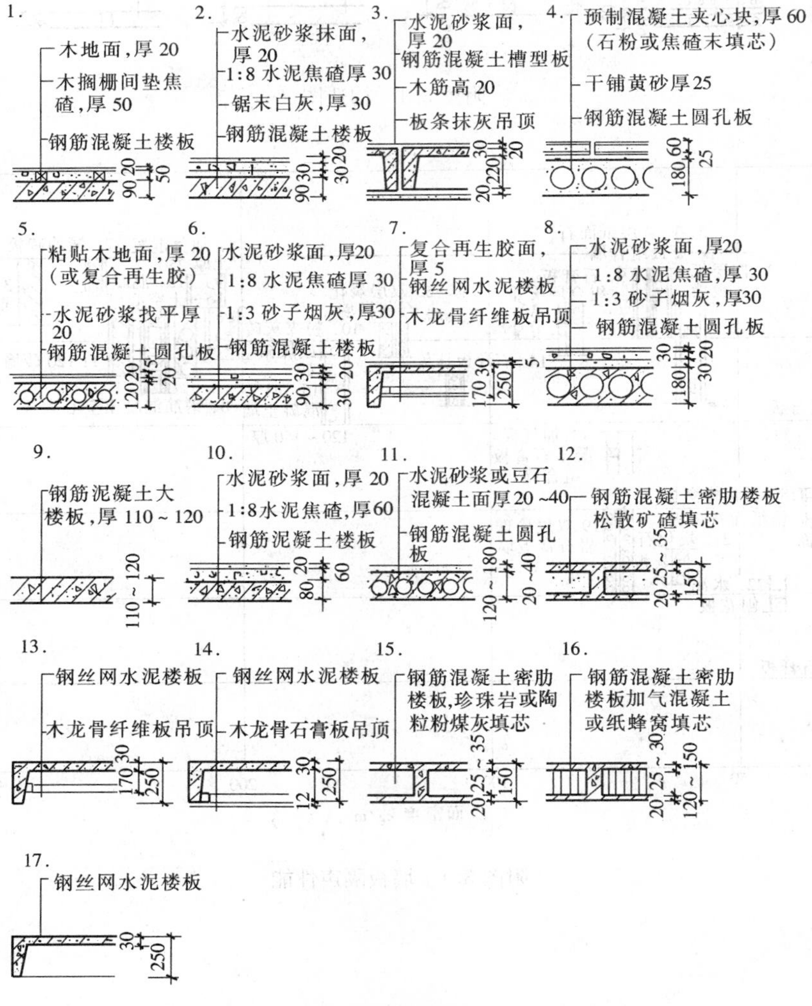

附表 3.2　构造图

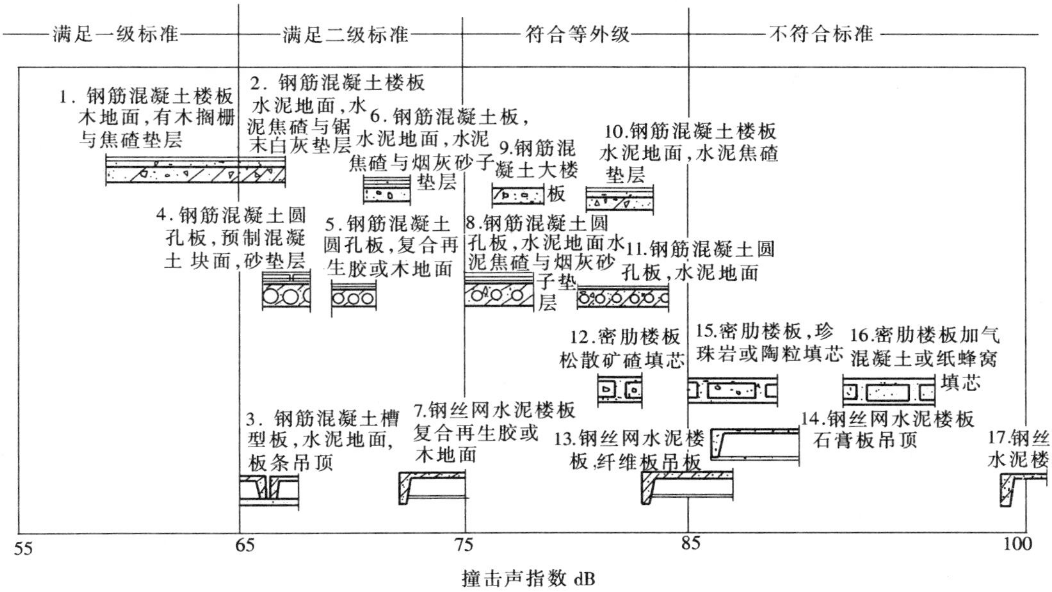

附图 3.2　楼板隔声性能

附表 3.3　吸声材料与制品吸声系数表（混响室测定）

材料（结构）名称	厚度（cm）	容重 kg/m³	吸声系数 125	250	500	1000	2000	4000	平均吸声系数 α
甘蔗板 上海 （吸声材料厂）	1.3	200	0.12	0.19	0.28	0.54	0.49	0.70	0.39
半穿孔甘蔗吸声板 钛白纸面	1.3		0.06	0.18	0.43	0.39	0.39	0.44	0.30
半穿孔软质纤维板 （上海东方红胶合板厂）	1.3	380	0.04	0.28	0.45	0.46	0.47	0.54	0.37
软质木纤维板 （贴钛白纸）									
ϕ6 洞深 9 中距 20mm	1.3	320	0.25	0.35	0.30	0.40	0.45	0.60	0.39
ϕB 洞深 9 中距 20mm	1.3	320	0.25	0.35	0.35	0.35	0.35	0.40	0.34
（上海建设人造板厂）									
珍珠岩穿孔复合板 （穿孔板加吸声板一次	2		0.20	0.11	0.26	0.65	0.74	0.72	0.39
加工成型）	3		0.05	0.19	0.48	0.82	0.62	0.74	0.46
（江苏宜兴吸声材料厂）	4		0.16	0.28	0.81	0.65	0.74	0.72	0.55
膨胀珍珠岩装饰 复合板 辽宁凌源县保温材料厂			0.07	0.29	0.58	0.81	0.83	0.92	0.64
矿棉吸声板 （饰面毛毛虫） 北京水泥砖瓦厂	1.2		0.09	0.25	0.59	0.53	0.50	0.64	0.43
石棉穿孔板（厚 0.4） 硬质纤维板 穿孔率 14% 后放玻璃棉毡 4cm			0.10	0.35	0.77	0.70	0.59	0.39	0.48

中华人民共和国国家标准

工业企业噪声测量规范

GBJ 122—88

条 文 说 明

前　言

根据国家计委计综［1985］1号通知的要求，全国声学标准化技术委员会归口组织，具体由北京市劳动保护科学研究所会同有关单位编制的《工业企业噪声测量规范》GBJ122—88，已经国家计委1988年4月13日以计标［1988］563号文批准发布。

为便于广大设计、施工、科研、学校等有关单位人员在使用本规范时能正确理解和执行条文规定，《工业企业噪声测量规范》编制组根据国家计委关于编制标准、规范条文说明的统一要求，按本规范的章、节、条顺序，编制了《工业企业噪声测量规范条文说明》，供国内各有关部门和单位参考。在使用中如发现本条文说明有欠妥之处，请将意见直接函寄北京市陶然亭路儒福里41号北京市劳动保护科学研究所《工业企业噪声测量规范》管理组。

本《条文说明》由中国计划出版社出版，系统征订，不得外传和翻印。

1988年4月

目　　次

第一章 总　　则

第 1.0.1 条　近 20 年来各工业企业部门以及劳动保护、劳动卫生和环境保护等部门为调查研究、评价及控制工业企业噪声，先后制订或采用了相应的噪声测量方法。由于各部门的工作侧重面不同，工业企业噪声测量的内容存在相当大的差距：如有的着重测量工业噪声源特性，有的则重点测量生产车间内生产岗位的噪声，还有的测量工业噪声对社会环境的干扰。为了统一工业企业噪声测量方法，便于贯彻执行现行国家标准《工业企业噪声标准设计规范》，特制订本规范。

第 1.0.2 条　鉴于评价脉冲噪声职业暴露对工人的影响尚缺少公认一致性的资料，并且脉冲噪声的测量方法正待完善，为此本标准不适用于脉冲噪声。

第 1.0.3 条　规定工业企业噪声测量除应执行本规范外，尚应遵守国家现行有关标准，如以下标准规范：

工业企业噪声控制设计规范

城市区域环境噪声标准

城市环境噪声测量方法

声学名词术语

声级计的电声性能与测试方法

标准噪声源

JTG176—84《声压级校准器试行检定规程》

第二章 噪声测量条件

第一节 测量仪器

第 2.1.1 条　规定了噪声测量应使用的仪器及其性能、噪声测量使用声级计一般情况已足够了，其他声学仪器如频率分析仪、声级记录仪、磁带记录仪等虽没有一一列入本规定，但是这并不意味着不可以使用这些仪器，只要这些仪器的性能符合本标准的规定，则可以选用。

第 2.1.2 条　声级计是一种计量仪表，为确保噪声测量的准确，本款规定了噪声测量前后对声级计进行声校准、噪声测量及校准仪器的规定要求。关于“若前、后两次校准值相差等于或大于 3dB，测量值无效”的规定是依照现行国家标准《城市环境噪声测量方法》的相应条款而定。

第二节 测量的量

第 2.2.1 条　稳态噪声应测量 A 声级是根据工业企业噪声评价的要求而规定的；而需要时，可以测量 C 声级。这是考虑到有时需要了解和掌握低频噪声的影响，以积累和应用 A 与 C 声级的资料，这将是有价值的。

第三节 读取测量值的方法

第 2.3.1 条　规定测量稳态噪声应使用的“时间”特性。规定一次测量应取 5s 内的平均读数是参照 ISO2204 和 ISO2923 等文件的相应条款而定的。

第 2.3.2 条　规定测量非稳态噪声应使用的“时间”特性和确定测量时间长短的原则，该原则就是应根据噪声变化特性确定测量时间，在测量时间内测得的数据应能代表日等效 A 声级。如对无任何规律可循的变化噪声应测量一个工作日（即 8 小时）的等效 A 声级，而对有规律变化的噪声只测量其一个变化周期的等效 A 声级，对于变化周期较短的噪声：如注塑机噪声和缝纫车间噪声，则可以多测量几个变化周期，即可获得日等效 A 声级。

第四节 环境条件

第 2.4.1 条　规定室外测量时，传声器应加防风罩以及风速限制是为了防止风噪声对测量精度的影响。关于 6m/s 的风速限制，是参照现行国家标准《城市环境噪声测量方法》有关条款规定的。

第三章 生产环境的噪声测量

第一节 设备运行情况

第 3.1.1 条　生产设备的运行状态与其辐射噪声的大小关系十分密切，为了准确测量和正确评价工业企业噪声，生产设备必须处于正常工作状态。所谓正常工作状态：一是，生产车间内的生产设备，必须按照常规开启一定的台数，不许任意增开或少开动生产设备；二是，每台生产设备，必须依照生产规定的负荷运转，不准超载或空载运转。

第二节 测点位置

第 3.2.1 条　规定测点的总原则。由于本章规定生产环境的噪声测量，所以选择测点的总原则就是测点上测得的 A 声级能确切反映生产车间的噪声对生产工人的影响。具体测点位置又根据不同情况和需要在第 3.2.2、第 3.2.3、第 3.2.4 和第 3.2.5 条分别作出规定。

第 3.2.2 条　规定按工艺流程设计的车间内，选择测点的方法。一般新建的厂房多是按生产的工艺流程设计的，车间或工种分区明显，如纺织厂、汽车制造厂、手表厂等。这种情况下，应选定各个工种的操作岗位作为测点。测点选择以确切反映工人实际噪声暴露为准，而不考虑测点周围的声学环境（如反射声和背景噪声）如何。

第 3.2.3 条　规定工种分区不明显的车间内，选择测点的方法，有的工厂的确存在着车间或工种分区不明显的问题，有的一个车间（或厂房）内容纳多工种，如铸造厂、金属结构厂、木材厂等。这种情况下原则上应选择每个工种的操作岗位为测点，如有困难则应根据车间的生产性质，选择主要生产工种操作岗位为测点。

第3.2.5条 规定生产环境噪声测量时，传声器在测点上的高度及传声器的指向，传声器置于人耳位置的规定是根据工业企业噪声对生产工人的影响主要来自于人耳的反应。一般声级计多是采用场型传声器竖直向上的规定是参考国际标准制定的。如ISO2923，ISO3381。

第三节 噪声测量记录

第3.3.1条 规定生产环境噪声测量的记录要求。由于附录一附表1.1基本上是按本规范第二、三章所规定的内容设计的，所以按此表所列内容进行填写可以避免测量中出现的各种纰漏和误差，从而保障测量的质量。

第四章 非生产场所的噪声测量

第一节 非生产场所室外噪声的测量

第4.1.1条 规定非生产场所室外噪声测点的位置。在生产车间和非生产性建筑物外侧测量噪声是为了了解车间向外辐射噪声的情况，以及掌握工厂噪声对非生产场所的影响程度。如此积累的测量资料不仅对工厂生产安排以及建筑布局的改进有益，更重要的是为同类工厂的重新设计提供更丰富准确的资料。

对于生产车间测点应距车间外侧3.5m，对于非生产性建筑物应距建筑物外侧1m的规定，是分别根据ISO1996和现行国家标准《城市环境噪声测量方法》而定的。

第4.1.2条 规定非生产场所室外噪声测量时传声器的高度和指向。关于传声器距地面1.2m的规定是参照现行国家标准《城市环境噪声测量方法》有关条款规定的。

第二节 非生产场所室内噪声的测量

第4.2.3条 室内噪声一般是指由室外传入室内的工业企业生产噪声，所以开关门窗对室内噪声的大小影响显著，为确切评价室外噪声的影响状况，应按正常条件关或开门窗。

有的办公室或会议室具有辐射噪声的设备，如打字机、空调器等。有时这些设备是室内噪声的主要来源，所以要求具有室内噪声源的房间，必须根据常规使用条件来确定噪声测量时是否开动这些设备。

第三节 厂界的噪声测量

第4.3.1条 如果将工厂看作向外辐射噪声的场地，那么厂界噪声就应按ISO1996的有关规定在距厂界（墙外侧）3.5m处进行测量，然而不少城市内的工厂其厂界之外不足3.5m的范围内已有居民住宅，甚至有的工厂与居民居室仅一墙之隔，为了克服厂界噪声测量上的困难，并与相应的现行国家标准不产生矛盾，特规定厂界噪声应按现行国家标准《城市环境噪声测量方法》进行测量。

第四节 噪声测量的记录

第4.4.1条 规定非生产场所噪声测量的记录要求。由于附录一附表1.2基本上是按本规范第二、四章所规定的内容设计的，所以按此表所列内容进行填写可以避免测量中出现纰漏和误差，从而保证测量质量。

中华人民共和国国家标准

厅堂扩声系统设计规范

GB 50371—2006

条 文 说 明

目　次

1 总 则

1.0.1 本规范根据厅堂建设时所针对的主要用途规范扩声工程设计。本规范是专业性的国家标准，编制过程中参考了以下相关标准：

1 《声级计的电声性能及测试方法》GB 3785—83。

2 《厅堂扩声系统声学特性指标》GYJ 25—86。

3 《声频放大器测量方法》GB 9001—88。

4 《调音台基本特性测量方法》GB 9003—88。

5 《声系统设备一般术语解释和计算方法》GB 12060—89。

6 《声系统设备互连的优选配接值》GB/T 14197—93。

7 《声系统设备互连用连接器的应用》GB/T 14947—94。

8 《会议系统电及音频的性能要求》GB/T 15381—94。

9 《厅堂扩声特性测量方法》GB 4959—95。

10 《声学名词术语》GB/T 3947—1996。

11 《扬声器主要性能测试方法》GB/T 9396—1996。

12 《剧场建筑设计规范》JGJ 57—2000。

13 《多通路音频数字串行接口》GY/T 187—2002。

14 《演出场所扩声系统的声学特性指标》WH/T 18—2003。

15 《剧场、电影院和多用途礼堂建筑声学设计规范》GB/T 50356—2005。

1.0.2 新建、扩建和改建均在适用范围之列。扩建和改建虽受一定的客观限制，但系统的合理性和技术指标不应降低。

本规范中扩声系统指相对固定安装的设备系统，即针对厅堂的具体情况而进行的系统设计。非固定安装是指临时的、外来的流动系统，但其系统构成还是可参考本规范的。

电影的还音系统（即B环），已有相关的国家标准规定。

1.0.3 本规范从设计扩声系统功能及制定分类特性指标两方面来保证其使用方便和听音效果良好，并在特性指标的制定中尽可能体现相对统一的标准，为使用者提供一个平台，在这个平台上调音者可以根据节目性质及要求保障听音效果良好。

1.0.4 本条规范的目的在于杜绝新建厅堂扩声系统设计与土建等专业脱节，避免工程建设的随意性，造成不必要的资源浪费。

1.0.5 完成系统的调试应是设计者的职责。为了达到电气、声学各项特性指标及各种使用上的功能要求，做到系统可靠且投资比较合理，投资者宜优先选择有国家设计资质的单位按使用功能和投资额提出系统方案设计。

2 术 语

本规范中有关声学方面的术语，只是为了说明本规范中有关项目的物理意义，而不追求该术语的全部完整定义。其中，部分按《声学名词术语》GB/T 3947—1996 给出。有关建筑与设备方面的名词术语，参考《声系统设备一般术语解释和计算方法》GB 12060—89及相关的设计规范和习惯上常用的词汇编写。

3 扩声系统设计

3.1 一般规定

3.1.1 目前，仍然有相当一部分厅堂扩声系统设计待到厅堂的内部格局、体型确定以后才进行，或由供销商提供设计安装（即先进行设备采购，后设计作为捷径）。由于没有与其他相关工程设计专业密切配合，影响扩声系统的质量。

3.1.2 扩声系统首要任务是为观众席服务，其听音效果的好坏与工程设计直接有关。足够的声压级和声音清晰、声场均匀是最基本的要求；具有演出功能的厅堂还应达到声像一致。

除了观众席以外，舞台（主席台）也是重要的设计关注点，只有演职员或发言者监听良好，其演出或演讲才能顺利进行。

此外，大量出现的会议扩声系统与视频及网络等系统构成一体，宜将会议扩声与声音重放分开设置。有时要对发言进行录音等，因此，设置扩声系统就不限场所了。

3.1.3 扩声系统的组成并不只有观众厅和舞台（主席台）的扩声，扩声系统还应有其他的各项子系统，才能保障厅堂的使用功能。

3.1.4 扩声系统信号传输有模拟、模拟数字结合及数字传输三种形式。

模拟系统设备之间均宜采用平衡传输方式，不管其距离的远近，最大限度地减少外界噪声的干扰。数字信号的传输接口有相应的国家标准，其传输线路也从五类线向光缆发展。

3.1.5 既然是工程设计，就应提供可施工的完整图纸及文件。对于扩声系统工程，应包括各层平面的管道路由图、设备布置图和系统原理方框图等（含设备间的接线图）。

3.1.6 目前作为辅助设计手段，运用计算机软件分析声场已相当普遍，对扬声器系统的选型和布置能起到一定程度的辅助作用，但其计算机软件分析仍然存在局限性，不能作为唯一的设计手段。此外，相当多的国产产品还不能提供计算机模拟所需之扬声器系统重要参数，而其相应的产品用于完成会议厅室以至多功能厅堂的工程不成为问题。

3.1.7 作为强制性条文，本条的目的在于强化设计者的环保意识。

3.2 传 声 器

3.2.2 不同类型声源信号的拾音主要用于演出或会议的不同需要。具有演出功能的厅堂，除了有线传声器以外，目前主要的无线传声器形式包括：手持式、领夹式和头戴式。

3.2.3 选用有利于抑制声反馈且具有一定指向特性的传声器，相应地提高了系统的传声增益。为保证厅堂之间在技术指标上具有可比性，传声增益的测量仍然以使用心型传声器为基准。

3.2.4 方便于工作人员就近连接。

3.2.5 这样能有效地避免各工作点之间的相互干扰和一个传声器多路输出时的阻抗失配。

3.2.6 这样能有效地降低传声器信号受到的干扰，提高信噪比。

3.3 扬声器系统

3.3.1 扬声器系统布置应满足扩声功能要求：

1 厅堂的扬声器系统布置条件常受扩声系统设计者介入整体工程设计的早晚的影响。因其他专业，特别是建筑结构往往不会为扩声系统预留合适的扬声器系统安装位置，所以应及早介入整体工程的设计，选用较佳的扬声器系统布置方案。集中式的主扬声器系统宜设在舞台（主席台）与观众席之间的上部位置。

2 单声道：适用于语言为主的扩声；双声道（左/右）：适用于文艺演出为主且体型较窄或小型场所的扩声；三声道（左/中/右）：适用于文艺演出为主的大、中型场所扩声。

4 主扬声器系统无法提供足够的直达声的观众席主要出现在后排或挑台下方。剧场一类对扩声系统要求较高的厅堂，宜根据实际清况，在台口两侧较低位置或观众厅首排前方位置安装补充扬声器系统，以拉低声像的高度，改善听感。

5 配合舞台演出获得更好的效果，有仅设于观众厅的，也有包含舞台区的。效果声扬声器系统的设置以及通道数目前国内外未有一致的结论。在相当长的一段时期，还只是设计者根据使用要求和实际情况设置的一个系统平台，有待于音响艺术创作者在这些系统平台上进行更多的实践。

6 舞台（主席台）的扩声扬声器系统是为舞台上的演职员监听一些重放的节目或会议时主席台就坐者的听音而设置。扬声器系统大多布置在上部，信号相对单一。系统的指标在设计时应选定适当的指标等级。

7 具有演出功能的厅堂，演职员还需监听同台演出者彼此之间的声音，因此，设置于舞台的监听扬声器信号应具有选择性。满足演职人员对演出监听的要求。

本规范中的厅堂扩声系统特性指标是以服务于听众的主扩声系统特性指标规定的。对于厅堂中其他子系统的声学特性指标可参考“表 4.2.1～表 4.2.3 扩声系统声学特性指标”中的相应规定，如最大声压级、传输频率特性等，指标等级对应于主扩声系统可适当降低。

3.3.2 基于安全的要求，扬声器系统的安装在设计时必须考虑，所以列为强制性条文。

3.3.3 扬声器系统的安装方式不同，其影响会不同：

1 扬声器系统明装，声辐射性能受影响较小，在国际上应用较多。

2 采用暗装，所用透声材料的控制往往也是工程配合的难点。所用饰面格栅的尺寸（宽度和深度）小于等于 20mm 并不是目标，有条件的应更小。

3 指控制扬声器系统与传声器距离及其相对应的指向性。具有演出功能的厅堂，同一声道扬声器系统的数量及位置应考虑对听众区造成的声波干涉问题：到达听众区的声能——频率、幅度、时间、空间构成，应尽可能使声音自然，声像一致。必要时，应用信号处理设备调整声音的时间关系，改善声波干涉问题。

3.3.4 一方面功率放大器与主扩声扬声器之间的连线太细，会造成功率损耗太大，直接影响到音质效果等；另一方面连线太粗，对于施工安装等也会带来不便。因此设定一个适当的百分比。

3.4 调音及信号处理设备

调音台及信号处理设备已逐步向数字式设备过渡。目前的代表产品是数字信号处理器。设计者应从设备和系统两方面考虑安全可靠、使用方便为主。

扩声系统的组成设备还包括信号交换塞孔板、监听监测等。一般信号通道的类型和数量由系统的信号分线器分配确定。

3.5 舞台监督及辅助系统

在声控室、灯光控制机房及舞台机械控制机房等其他需要现场扩声信号的技术用房设置小型扬声器系统，以满足有关工作人员工作时的需要；在前厅及有关的户外场所设置广播用扬声器，以播出有关通知及背景音乐信号。

具有演出功能的厅堂，主舞台区域摄像机位很重要，其功能一是供舞台监督及各技术用房内的相关人员观察舞台演出的情况，二是用作剧院录制演出实况视频资料之用，建议设计时，摄像机档次应高一些，并可适当增加简单的编录设备。主控设备也可考虑放在声控室或视频机房，各观察点根据需要，通过视频分配的方式选择一个或几个相对固定的观察画面为好。

此外，乐池里的摄像机位，不但要供舞台监督等人员观察指挥和演奏者的演出情况，而且需要供给舞台两侧等区域设置的流动监视器送指挥的固定画面信号。因此，在设计时设置视频插座和电源插座等。

3.6 调音控制工位

预留多种类型和足够数量的管线，还需考虑适当扩容。

4 扩声系统特性指标

4.1 电气系统特性指标

扩声系统中的电气系统指标是基本要求。

4.2 声学特性指标

本规范以当前国际电声设备达到的使用特性为基础，综合调查了北京、上海、杭州、济南、广州等城市近几年建成部分厅堂的扩声系统测量数据、使用效果和一些实验结果，参考相关行业制定的一些标准，以及我国经济现状。

在厅堂扩声系统声学特性中，最大声压级、传输频率特性、传声增益、声场不均匀度、系统总噪声级等参数，已是常规的测量项目。早后期声能比由于测量仪器并不普及，也是为了利用现有测量 C_{80} 的设备，建议作为可选项。

列入本规范的电、声特性指标，虽然是鉴定厅堂扩声系统电、声性能的必要条件，但不是充分条件。例如，关于客观方法评定与清晰度有关的语言传输质量，IEC 60268—16：2003 中这样描述：“3.3，扩声系统语言传输指数（STIPA）法是 STI 法的简化形式，适用于评价包括扩声系统的房间声学的语言传输质量；3.4，房间语言传输指数（RASTI）法是 STI 法的简化形式，适用于评价发话人位置和听音人位置之间不用通信系统的直接语言传输质量。RASTI 法涉及噪声干扰和时域上的失真（回声，混响时间）。”

在调试扩声系统指标时，应结合主观听音进行。

由于有扩声时，语言和演出的听音效果，不仅与厅堂扩声系统的电、声性能有关，而且还与建筑声学性能有关。因此，在鉴定厅堂声学特性时，除按本规范所规定的电、声特性指标进行测量外，还应按《剧场、电影院和多用途礼堂建筑声学设计规范》或所选用的设计值（如混响时间）来进行考核，测量方法按《厅堂扩声特性测量方法》GB 4959—95 中的有关条款进行。其中，“混响时间 T_{60}”测量声源的位置含主扬声器系统。但建筑声学特性不属于本规范范围，故未列入。

各项声学特性指标进一步说明如下：

1 最大声压级决定重放声动态范围的上限，而系统总噪声级决定其下限。实际上扩声系统所产生的噪声一般低于厅堂运行时的背景噪声，故听音动态范围的下限绝大多数情况下是受背景噪声所限制的。

对演出性扩声系统规定的最大声压级是以国内一些厅堂的实测值和使用效果作为依据。国内近年的实践表明是适宜的。某些特别的演出形式要求更高的最大声压级，应由业主与设计者根据工程的具体情况商定，不宜作为规范。

2 根据一些厅堂传输频率特性的实测值及其对扩声系统的使用效果的反映，并参考有关资料，提出了传输频率特性的要求，为调音操作员提供一个系统平台，调音员可以在这个平台上调整适用各种用途的特性。同时，为了简化条件，便于比较，“平台”特性的测试方法统一按《厅堂扩声特性测量方法》GB 4959—95 中 6.1.1.2 执行。

3 传声增益：国内外的实践证明，扩声系统在产生声反馈自激临界啸叫点以下 6dB 运行，系统基本稳定，即系统的稳定度至少为 6dB。因此，本规范取值可以认为是合适的。扩声系统在使用传声器时，对传声器拾取的声音的放大量，是考察扩声反馈程度的重要指标，传声增益越高，扩声系统的声音放大量越大。

4 本规范中规定扩声系统的稳态声场不均匀度，目的是便于检测。其数值是现场调查测量的总结归纳，基本上反映扬声器系统的覆盖是否合理。

5　系统总噪声级：扩声系统在最大可用增益，且无有用声信号输入时，厅堂内各听众席处的噪声，该指标目的在于限制交流电噪声、扬声器系统或设备安装不当在服务区域引起的二次噪声等。

目前，厅堂的种类与称呼很多，规模大到几千座的会堂，小到几十座的会议厅。剧场主要以演出歌舞、戏曲和话剧为主；多用途礼堂主要指多功能厅、礼堂、会堂（会议厅）或大型讲堂，有时可兼作一般表演。因此，我们将厅堂进行规范性的分类：文艺演出类、多用途类和会议类。

根据厅堂的投资规模和不同用途的需要，可选取不同类型的扩声系统声学特性指标及等级。文艺演出类：适用于大型文艺演出的厅堂；多用途类：适用于戏曲演出场所或多用途礼堂；会议类：适用于会议扩声为主的场所。

音乐厅一般是指靠自然声来表现演出效果的场所，但音乐厅不局限于单一使用功能。音乐厅安装扩声系统，目的不尽相同，除某些音乐节目源需使用外，还考虑弱音器乐的补充扩声，如报幕，也有为电声器乐而准备的。因此，特性指标就要有所选择。

厅堂的建设常常被要求满足多任务功能。如一个剧场，需满足演出、放电影和开会等需要；多用途礼堂常常要求能满足演出、放电影和开会等需要。所以，扩声系统声学特性指标类型的选择不在于厅堂建筑本身的模式，而在于建设者的宏观选择。

考虑到一些厅堂的建设中由于投资总额及客观的原因，各类型的扩声系统声学特性指标均分为一、二两个等级，供业主及设计者选择。

5　系统调试

系统调试是工程的重要环节，完成系统的调试是设计者应承担的责任。本规范扩声系统特性指标的测量方法和所使用的测量仪器，选用《厅堂扩声特性测量方法》GB 4959—95 中的有关条款进行。系统调试在工程安装基本完成之后进行。

依据测试的扩声系统声学特性指标中间数值对系统各个部分的设备参数进行调整，结合主观音质听感，直至系统处于最佳设定状态。“扩声系统特性指标”是调试完成后实测的特性指标。

测量最大声压级时，为避免满功率情况下声级太高或损坏扬声器系统，功率放大器的输出宜以扬声器系统额定最大功率的 1/10～1/20 馈送。

目前进行满场测量相当困难，故所规定的厅堂特性指标均指在无观众情况下空场测试而言。

系统调试结束后，设备主要参数（含传声器及扬声器系统）的设定结果宜标注于调试报告中。

中华人民共和国国家标准

剧场、电影院和多用途厅堂建筑声学设计规范

GB/T 50356—2005

条　文　说　明

目　次

1 总　　则

1.0.1 观演类建筑包括的范围相当广泛。本规范主要考虑常用的三种类型，即剧场、电影院和多用途厅堂，不包括体育馆和交响乐音乐厅。至于其他场所有类似用途的，可参照本规范执行。

1.0.2 本规范中对各类大厅的音质要求，提出合适的范围，必要时给出最低限值。对建筑声学设计不设分等分级标准。鉴于目前建筑分等分级中或以耐久年限，或以观众厅容量大小来划分，这些都不能作为音质要求分等分级的依据，而且会非常繁琐，故不予考虑。

根据规范的编写规则，规范中只写明设计要求，不作任何解释。设计要求亦以较成熟的内容为限。有些内容不能定量规定，但又很重要，则只能作定性描述。一些新技术的采用可由设计人员自行决定，有待积累了相当经验，在修订本规范时可作出补充或修改。有关规范内容的解释则列在本条文说明中。

建设部、文化部、广电部过去公布的部标或行业标准，都是制定本规范时的参考文献。鉴于本规范是专业性的国家标准，因此规定内容较为详细具体。

观众厅的音质要求不应因为是扩建或改建而有所降低，因此本规范所提出的各项声学指标完全适用。

1.0.3 本规范规定的三类观众厅的具体解释如下：

1 剧场这一名称原本无规范化定义，其规模和使用范围也是多种多样的，不少地方还出现影剧院建筑，把电影和戏剧合在一起，哪个为主说不清。这是国内的普遍实际情况。从声学设计要求来说，对于音乐、歌舞和戏曲、话剧是有所不同的，而且不同剧种之间对音乐要求也会有差异，所以本规范不打算过细地加以分门别类定出要求，实际上也无此必要。本规范中对剧场只分为以歌剧、舞剧为主和以戏曲、话剧为主两种类型。前者对音质丰满度考虑多一些，后者对语言清晰度较为注重。

本规范考虑的剧场建筑声学设计是以自然声为出发点的。如果演出活动都使用扩声系统，其音质效果在很大程度上将依赖扩声系统设计，例如扬声器的选用和布局，而所选传声器的性能、扩大系统和周边设备的设计和配置等等，属于另一个专业的设计。当然，建筑声学设计上的密切配合也很重要，可参考执行本规范中的一些基本内容。

2 近20年来，电影技术发展迅速，除单声道电影院外，立体声电影院已很普遍。两者在大厅音质要求上是有差别的。可以放映立体声电影的大厅能适应单声道的音质要求，但反之则不然。考虑到内地中小城镇，在相当时间内单声道电影院还会单独存在，所以本规范仍然把这两类电影院的音质要求分别列出。

至于近年发展的巨幕电影院、球幕电影院等，由于其放映和放声系统的特殊性，将按照有关专业公司提供的资料进行声学设计，本规范暂未包含在内。

3 “多用途”一词在本规范中是指在较大范围的分类，即语言(会议)、演剧和电影三个方面。作为多用途厅堂，主要指一般的礼堂、会堂和大型报告厅，其首要任务是会议，对于演出和电影是兼顾性的。兼顾到什么程度可以有各种理解。但是从目前国家的经济、文化和管理水平来看，在规范中过分强调可变混响设计是不合适的。若有条件(指声学设计能力和经济技术条件允许)时，本规范并不限制各种新技术的发展和应用，但不作具体规定。因此，本规范中对多用途厅堂提出的首要任务是集会和报告。在满足语言清晰前提下兼顾一般性演出和(或)电影等其他用途。离开了这个主次关系，设计者拟作另外的考虑则又另当别论。

1.0.4 鉴于过去国内对大厅音质设计的经验，往往在建筑设计后期阶段才介入，使许多基本音质考虑难以实现，一些音质缺陷亦难以纠正，造成声学设计上的先天性不足。为此强调音质设计和建筑设计同步进行的重要性。要求设计单位具备声学设计计算书和说明文件，其目的是使工作更正规化。

完工后大厅的声学测试和验收，是积累声学设计经验的重要环节，但主要判别音质效果的是听众和演员。有关测试验收工作应另订规程，不属本设计规范内容。

为了使声学设计更好地进行，对于所选用的材料和构造进行实验室测试可提供较确切的资料，对于一些新材料和特殊构造则更有必要。座椅的吸声性能往往对大厅音质有较大影响，因此在选用时，除考虑它的舒适性、美观、色调等以外，应该把吸声性能放在重要地位。

现有声学测量规范如下：

《混响室法吸声系数测量规范》GBJ 47—83；

《建筑隔声测量规范》GBJ 75—84；

《厅堂混响时间测量规范》GBJ 76—84。

上述规范目前均在修订之中，估计在2005至2006年将有新的测量规范颁布，希望使用者注意。

2 术语、符号

本规范中有关声学方面的术语符号，按《声学名词术语》GB/T 3947—1996给出。个别该规范未给出者由本规范编制组编写。有关观众厅建筑方面的名词术语，参考相关建筑设计规范和习惯上常用的编写。

3 剧　　场

3.1 一 般 要 求

3.1.1 目前又有回复到数十年前演出以自然声为主的倾向，即演出时不使用扩声系统。自然声演出的音质效果取决于演员和乐器的发声条件(声源的声功率及其指向特性等)，厅堂的体积和容座规模，以及观众厅内演出时的噪声水平(包括各种设备噪声和观众噪声以及户外环境噪声的影响等)。根据已有经验，对于戏曲和话剧容座以不超过1000座为宜，对于歌剧和舞剧以不超过1400座为宜。如果观众厅的噪声限值不能保证，这个限值就要大大缩小。

3.1.2 观众厅的音质是综合性的，并带有一定的主观性，有些方面目前还缺乏定量指标，只作定性描述。所谓综合效果就是由各评价量组合而成。例如音质清晰有余，丰满不足，或者是反之，都不能认为是最佳效果。因此要做到恰到好处并不容易，也是声学设计者努力的方向。有些评价量是不能相互替代的，尤其象一些起负面影响的指标，如噪声和回声等的干扰，不能因为均匀度、丰满度良好而得到补偿，即它们的破坏性由自身指标所决定。这里还要说明的是回声和声聚焦等现象以可识别为界限，如不明显就无妨碍。通常认为实验结果中90%以上的人不可识别即认为无影响。

3.1.3 目前国内对大厅室内装修设计往往与建筑设计分别进行，而且装修设计人员对美观特别看重，相关的专业技术问题有所忽视，本规范列出此条以引起注意。再者，一些业主往往以为室内音质问题在建筑设计中已解决，而不知室内装修设计与之关系也非常密切。故本条特别指出在材料和构造方面应考虑声学设计的要求，以免产生声学缺陷。另外，装修设计不能妨碍扩声系统的扬声器布局，包括它们所在位置和扬声器辐射口的装饰，不要为了美观而牺牲听音效果。两者的协调很重要。

3.2 观众厅体型设计

3.2.1 从声学上看，观众厅每座容积的确定取决于合适混响时间和观众吸声量，且以不用或少用吸声处理为原则。所以本条对于歌剧、舞剧场和话剧及戏曲剧场的每座容积给出的范围分别为：4.5～7.5m^3/座，4.0～6.0m^3/座。这些数值来自经验资料。所取幅度较宽是因为实际条件变化较多。如果超出此建议范围，则要注意，并采用相应措施。故对一般厅堂设计不推荐。

鉴于国内过去的经验大多来自镜框式舞台，对于伸出式和岛式舞台的观众厅音质经验积累较少，本条所提每座容积要求对后两者而言就不一定适用。

3.2.2 本条的实施主要依靠观众厅平面、剖面上几何声学作图来判断。如今有了CAD声学设计软件，可提供更确切的资料。声源位置通常取大幕中心线的中点，离舞台面高1.5m处。

3.2.3 设有楼座的观众厅，如果楼座眺台下的座席太深（通常以开口净高度 H 与深度 D 之比来衡量，该部分座席就有可能分离成为观众大厅的一个耦合空间，而且这一空间的混响时间往往比观众大厅短。而且，在自然声条件下受声源高度和指向特性等的限制，不易把声音有效地传送进入这一空间，故而对开口的净高度 H 和深度 D 之比控制得比用扩声时为大，即不宜太深。在使用扩声条件下的限值可以放宽，其限度为1：1.5（见图1）。

观众厅的长度这里未作限定，因为剧场视线设计中规定观众席对视点的最远距离不宜超过33m，话剧和戏剧场不宜超过28m。见《剧场建筑设计规范》JGJ 57—2000第5章5.1.5条。

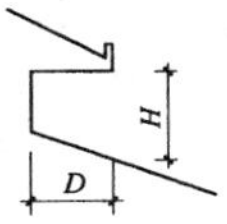

$$\frac{H}{D} \geqslant \frac{1}{1.2}$$

$$\left(\text{限度}: \frac{H}{D} \geqslant \frac{1}{1.5}\right)$$

图1 眺台下开口净高度 H 与深度 D 的比值

3.2.4 对这部分观众席的高度作出限制不是严格的，因为有些包厢不深，容座又很少，可以适当降低。

3.2.5 从自然声演出效果来看，每排座位多升高一点对于接收直达声有利。但考虑走道坡度的行走安全（如果不是踏步）和经济原因，取视线升高差"C"值要求12cm，在声学上看来是最低的要求了。我们鼓励在尽可能的条件下采用较大的每排升起高度。例如后排池座每排升起40cm，后排楼座每排升起45cm的实例在国内已出现，对听音确有好处。至于采用扩声系统时，声源位置很高，情况完全不同，可不受此限制。

3.2.6 剧场作音乐演出而不用扩声设备时，为了使声音不向高大的舞台上空散逸，并使声音尽量反射至观众厅内，舞台反射措施就成为必要条件之一。考虑舞台的多用途，这种反射板或反射罩宜做成便于收藏和安装的活动设施，但决不能仅仅考虑吊装和拆卸方便而使用轻薄壁板，应充分考虑对各频率的有效反射效果，不致影响反射板（罩）的作用。此外，每块反射板的有效尺度应与声波波长相适应，通常不宜小于1～1.5m，厚度不宜小于2cm。反射板如采用钢木结构时，重量约不小于15kg/m^2 为宜，以达到有效的声反射效果。

3.3 观众厅混响时间

3.3.1 不同用途观众厅的合适混响时间在文献上曾有过许许多多的推荐值，它们之间有相当大的差异，而且它们与观众厅容积关系曲线的斜率也各不相同。这些推荐值大多来自经验，有的据称还是按音质满意的厅堂的统计结果，但往往缺乏这方面的原始记录。

L. Cremer 和 H. A. Muller，在其近著《室内声学的原理和应用》（中译本，同济大学出版社，1995年）中，曾对这个问题有全面探讨，并提出了不同用途观众厅的合适混响时间及其与容积关系曲线的斜率，是迄今最有根据的资料。歌舞剧院直接引用其推荐值，会堂和礼堂（多用途厅堂）引用其对语言用大厅的推荐值。对于戏曲和话剧取两者之间，电影则取低于会堂和礼堂的推荐值。

该书推荐的混响时间与体积关系曲线的斜率为：

它相当于体积 V 增加到10倍，混响时间 T 约增加到1.4倍。这里 V 以 m^3 计，T 以s计。图3.3.1-1和3.3.1-2是指500～1000Hz的合适混响时间。

至于不同频率下的合适混响时间相对于500～1000Hz的比值，则根据国内多年来的经验给定。低频的比值容许大于1是考虑到音质温暖和大厅内低频吸收受限制的实际情况。高频的比值容许小于1是考虑厅内高频吸收（包括空气吸收）总是比中频为大的原因。

3.3.2 混响时间计算通常采用125Hz到4000Hz的六个频率，考虑到人耳辨别阈，观众厅内比0.1s更小的混响时间变化已无实用意义。至于估算值，竣工后的实测值与选定的合适混响时间是允许有些偏差的。由于推荐值本身已有相当的容差范围，如果按通常规定估算值和实测值都允许在选定值的某个百分率（例如±10%）范围，则必然把推荐的合适混响时间上、下限又扩大了许多。所以本规范不再沿用过去的这种规定办法，而只是规定凡落在图3.3.1-1和3.3.1-2中容许范围的均称满意。至于估算值与完工后的实测值出现±10%的偏差，也属正常情况。

3.3.3 舞台的声学处理往往被忽略，结果舞台上混响时间常大大超过观众厅而影响到观众席的听音效果。舞台上的布景装置并非固定，这里要求对舞台空间及其固定装置（如大幕、侧幕、天幕等）作一估计，希望不要比空场观众厅的混响时间更长。这样，舞台有了一些布景装置后可望混响时间更短一些，可不至出现与观众厅满场混响时间相差悬殊的情况。这里只提舞台中频混响时间是因为低频部分较难达到，而高频往往因空气吸收很大，不会有多大问题。

3.3.4 乐池的声学设计应包括改善乐队人员之间相互听闻条件和防止过强反射声而对乐队人员进行听力保护。乐池内壁面做适当扩散措施往往是必要的。本规范不对具体设计方法作出规定。

4 电 影 院

4.1 一 般 要 求

4.1.1 电影院的音质由观众厅的建筑声学设计和还音设计两方面因素决定。电影还音设备的性能对于观众听到的音质最有影响。目前电影还音设备已定型配套，并有相应标准，其设备选型和性能指标的提出不属于建筑声学设计者的职责。建筑声学设计者主要为电影放声提供良好的声学空间。

4.1.2 目前电影院趋向中小型化，一般采用多厅化来扩大容量，而不宜设置楼座。

4.2 观众厅体型设计

4.2.1 声波在空气中的传播速度约为340m/s，如果电影院的观众厅长度过长，后座观众对银幕上的动作和听到的声音之间会感到明显脱节，即出现所谓视听的不一致。因此观众厅长度应有所限制。

4.2.2 每座容积规定为6.0～8.0m^3/座，是考虑到设置银幕和扬声器的空间在一般电影院中与观众厅成为一个整体，在此情况下每座容积就相应地增大。电影院的混响时间要求较短，从经济角度出发，每座容积选用低的限值有利。

4.2.3 电影放映的还音声源扬声器是在舞台银幕之后，而立体声电影院观众厅侧墙上还装有许多个环绕扬声器，所以侧墙的声学处理包括不平行墙面和(或)吸声等措施，对于防止颤动回声显得特别重要。

4.2.4 观众厅内回声主要来自后墙。为了防止回声，后墙可有多种处理，如扩散形墙面和(或)吸声处理。后者更为常用和有效，但应采用吸声系数较大的吸声处理。

4.2.5 扬声器组后面的端墙(有时还包括这部分的平顶和地面)因反射而引起的混响声会影响到观众厅音质的清晰度，因此应做强吸声处理，这一点不可忽视。

4.2.6 通常，电影院观众厅扬声器组的高频扬声器置于银幕高度2/3处，高频扬声器轴线指向观众席的1/2～3/4处；环绕扬声器的间距为2.4～3.0m，第一个环绕扬声器从厅长的1/3处开始。

4.3 观众厅混响时间

4.3.1 观众厅中频(500～1000Hz)合适混响时间的确定是根据一般经验，对于体积为4000m³的单声道普通电影院(容座在700人左右)取0.8～1.0s是合适的。放映立体声电影的观众厅可短至0.6～0.8s。

目前微型电影院大多是豪华型立体声的，很少是单声道。对容积小于500m³的立体声微型电影院，不论其大小，合适混响时间均与500m³者相同，即取0.5s左右。这是基于两方面的考虑：一是没有必要取更短的混响时间，二是太短混响时间的大厅也不舒适。

5 多用途厅堂

5.1 一 般 要 求

5.1.2 采用自然声讲话的观众厅容积限度通常是1000～1500m³。考虑到讲话者嗓门有大有小，这里取1000m³的限值，这个限值还在很大程度上取决于室内噪声。同济大学文远楼大讲堂容积为1300m³，容座362座。在20世纪50年代使用中，从未采取扩声设备，音质效果良好(见王季卿：文远楼大讲堂的音质分析及改建设计，同济大学学报，1957年1期，18～32页)。后来户外环境噪声日益增大，为了通风，大片玻璃窗又经常开启，有时就显得音量不够，但对自然声取1000m³的限值应属可行，国内不少声学设计良好的大型教室即可佐证。

5.2 观众厅体型设计

5.2.3 设有楼座的观众厅容积一般比较大，因此通常都要使用扩声系统，对楼座下眺台口净高度 H 与深度 D 之比就可比其他类型的观众厅放宽一些，但 D 不应大于 H 的两倍。

5.2.4 以自然声为主的厅堂，平面和剖面设计是更重要的。每排座位的升高按视线升高差“C”值12cm考虑是最低的要求。国外一些音质良好的讲堂，每排升高往往在15～30cm左右，后排升高甚至达到每排40cm，虽远超出视线要求，对于听好则非常有利。

另外观众厅内各个界面的布置要有利于各个座位上获得合理均匀的早期反射声。考虑到低频的波长，有效反射面的尺度一般不宜小于1～1.5m。如考虑以扩声为主，对每座座位升高从声学上不作要求。

5.3 观众厅混响时间

5.3.1 以语言为主的厅堂，其合适混响时间的选定引自《室内声学的原理和应用》一书(详见第3.3.1条说明)。虽然汉语与西方语言的要求会有些不同，但从其推荐值范围与我们的经验结果相比较，没有多大出入。

对于自然声讲话来说，声源的功率很有限(长时间平均声功率通常不过数十微瓦)，长的混响有助于提高室内声音的相对(声)强感 G(有时可用声能密度 E 来表示)，但是过长的混响会妨碍语言清晰度。另外，容积大的观众厅会使室内声能密度减小，同时带来混响长的后果。对于稳态声来说，它们之间大致有下列关系：

$$E=WT/13.8V$$

式中 E——声能密度；

W——声源功率；

T——混响时间；

V——观众厅容积。

但是语言是具有脉冲性质的，实际听众的响度感受主要取决于早期声的强度。上式的估计值就偏高，有时偏高还很多，是设计者必须注意的。

图5.3.1所示合适混响时间的上限是既考虑到对提高声强的效果，又保证具有满意的语言清晰度。该图中曲线的下限则适用于扩声条件下的观众厅。因为声源的功率大大提高了，不必依赖混响的帮助，反之长的混响不利于传声增益的提高和语言清晰度。

有关中频(500～1000Hz)合适混响时间 T 与容积 V 关系曲线的斜率，见本说明第3.3.1条的解释。

不同频率下的合适混响时间相对于500～1000Hz的比值，原则上宜保持为1，即低频不必提升，高频不必下降。但考虑实际工程室内装修及空气吸声(在体积较大时起作用)等因素，本条提出比值范围是适当的。

5.3.2 有关说明参见第3.3.2条说明。

5.3.3 以自然声为主的厅堂，来自声源(发言者)附近的反射声有助于加强到达听众席的早期声，因此声源附近不宜做吸声处理。对扩声为主的厅堂，情况往往相反，传声器(声源)附近如有来自周围壁面的强反射声将给扩声系统带来声反馈，容易引起啸叫等缺陷，亦影响到扩声系统的传声增益，故一般在舞台上不宜有强反射表面。

6 噪 声 控 制

6.1 一 般 要 求

6.1.1 厅堂音质设计离不开噪声控制问题。这里既有房屋隔声问题，也不可忽略相关设施的噪声控制。小至座椅翻动噪声和门碰撞噪声，大至空调系统噪声，都应考虑。过去建筑设计人员往往只把注意力集中在观众厅体型、混响时间估算及吸声处理的布置等方面，而忽视噪声控制，其所造成的听音不良后果，更为严重和普遍。

就空调系统噪声控制而言，不只限于消声和隔振等措施。当观众厅内安静要求较高时(例如达到 NR-25限值时)，控制送、回风口的风速和防止在风口处的再生噪声也将起到重要作用。从声学上考虑，控制风口风速不能按全厅所有风口的平均风速来考核，而是任何一个风口的风速都要有所限制，才能保证厅内达到安静要求。

6.1.2 由于采用了空调设备或采暖设备，这些机房以及它们的附属设备(例如冷却塔、锅炉引风机等)会对周围环境产生干扰。因此在设计时必须同时考虑解决，否则带来的后患会使工作被动，改造又给经济上带来损失，技术措施上也增加困难。这方面的教训不胜枚举。

6.2 观众厅内噪声限值

6.2.1 观众厅和舞台无人占用时(即空场)的噪声限值分自然声和采用扩声系统两种情况。前者要求噪声更低一些,因为自然声的功率较小,否则不能保证听众席上有足够的信号噪声比。这里的噪声限值均采用ISO国际标准协会噪声评价 *NR*(Noise Rating)曲线族,有利于工程设计中按频率(1倍频程的中心频率)来控制噪声。

实用中还经常以A计权声级作为室内允许噪声的标准。鉴于噪声评价数 *NR* 与A计权声级 *L* 之间的关系,取决于噪声的频谱和声级,因此很难同时列出两项数值。作为工程设计,必然要考虑频率因素,所以本规范中不采用A计权声级作为限值标准。

6.3 噪声控制及其他相关用房的声学要求

6.3.1 利用观众厅周围的空间作为隔绝外界噪声的措施时,同时要考虑这些空间内活动噪声会给观众厅带来干扰。因此这些空间内的吸声降噪也很重要。这些空间至观众厅的出入,既要方便安全,又要隔声遮光,因此设置声闸比较妥当。声闸内的强吸声处理是提高隔声性能的重要措施,不可疏忽。

6.3.2 声控室的观察窗在演出时往往敞开,但必须关闭时应有一定的隔声量,以防止相互干扰。

6.3.3 同声传译室声学要求的国家标准尚未制定,本规范是参考《同声传译室一般特性及设备》ISO/2603(1998年)标准而制定的。

6.3.5 考虑到舞台机械设施在演出的幕间运转,故对其噪声作出限值规定。

6.3.6 音乐练习室面积一般较小,故应注意房间的比例和形状。加装帘幕是为了适应不同混响要求。

6.3.8 要求建筑机房设备尽量远离观众厅和舞台,可减轻噪声和振动影响。本条是提请建筑布局时考虑的问题。

6.3.9 放映机房与观众厅之间的隔墙的隔声量要求,不包括有了放映孔后的组合效果。放映孔周壁的吸声处理有助于提高其组合隔声量。

6.3.10 多厅式电影院各相邻厅的隔声非常重要。这里参考美国THX和IMAX所提出的要求,也是国内已建多厅式电影院所能达到的指标。

中华人民共和国行业标准

体育馆声学设计及测量规程

JGJ/T 131—2000

条 文 说 明

前　　言

《体育馆声学设计及测量规程》（JGJ/T131—2000）经建设部2000年10月11日以建标（2000）第222号文批准，业已发布。

为便于广大设计、施工、科研、学校等单位的有关人员在使用本规程时能正确地理解和执行条文规定，《体育馆声学设计及测量规程》编制组按章、节、条顺序编制了本规程的条文说明，供国内使用者参考。在使用中，如发现本条文说明有欠妥之处，请将意见函寄中国建筑科学研究院。

目　次

1 总　　则

1.0.2 能够进行球类、体操（技巧）、武术、拳击、击剑、举重、摔跤、柔道等体育项目，还有集会、杂技（马戏）、音乐、文艺演出等多种用途的体育馆为综合体育馆。只能进行单独一类体育项目的体育馆为专项体育馆，如：游泳馆、溜冰馆、网球馆、田径馆等。综合体育馆对音质要求较高，需要对声学方面有较多投资。专项体育馆对音质要求不高，主要是保证语言清晰、控制噪声和声缺陷。由于综合体育馆、专项体育馆对声学方面的不同要求，设计上也应有所区别。

1.0.3 为避免在建筑设计或建筑声学设计已定局，才进行声学设计或扩声设计，致使出现难以补救的缺陷或虽可补救但花费较大或即使经补救效果仍不理想的局面，特制定本条。体育馆的声学环境是建筑声学、扩声系统、噪声水平三者综合的结果，只有相互配合、统一考虑，并得到其他有关工种的支持，才能达到良好的效果。

2 建筑声学设计

2.1 一般要求

2.1.1 建造体育馆的主要目的是为了举行体育比赛，一般体育比赛对声学方面的要求是：保证语言清晰即可。而体育馆的一些多用途使用目的和部分体育项目对声学方面的要求可通过扩声系统加以实现。

2.1.2 不论举行体育比赛还是多用途使用，均要求体育馆不能出现声缺陷。而有的体育馆的建筑形式却容易出现声缺陷，因此应注意消除。

2.2 混响时间

2.2.1 综合体育馆比赛大厅满场混响时间及各频率混响时间相对于500～1000Hz混响时间的比值是通过对音质效果反映较好的综合体育馆的满场混响时间测量结果进行统计分析后得到的。

比赛大厅内80%以上的座席上有观众即可认为是满场。

体育馆按容量分类，建筑界较为一致的意见是：大于7000座为大型；4000～7000座为中型；小于4000座为小型。近年来建造体育馆往往采用暴露屋架、不设吊顶的形式，使得比赛大厅容积剧增，每座容积达$10m^3$以上，这就可能出现中型体育馆的容积大于大型体育馆、小型体育馆的容积大于中型体育馆的情况，而混响时间与容积成正比关系，所以按比赛大厅容积大小给出混响时间值，使得在比赛大厅容量不大而容积过大的情况下，也能确定较为合适的混响时间。

综合考虑区分大、中、小型体育馆（按容量分类时）的容量数以及容量虽小但容积大的体育馆的每座容积数这两个因素，我们提出按比赛大厅容积大于$80000m^3$、$40000～80000m^3$、小于$40000m^3$这三档给出比赛大厅混响时间值。

2.2.2 游泳馆比赛厅混响时间是根据近年来国内、外新建的几座符合国际比赛标准的游泳馆的混响时间提出的。

2.2.3 花样滑冰项目要求有优美的音乐播放效果，同时要表现音乐的力度和节奏感，因而混响时间不能太长。另外，能进行花样滑冰项目的溜冰馆往往还有进行冰球、速滑的使用功能，因而比赛厅容积较大，若要求比赛厅混响时间过短，花费将会很多。混响时间过短还会影响音乐的丰满度。综合以上两方面原因，设计具有花样滑冰功能的溜冰馆时，提出混响时间的要求。

冰球馆、速滑馆、网球馆、田径馆等专项体育馆对音质要求不高，以能听清简短致词、通报运动员成绩和人名即可。并且专项体育馆一般容积较大，观众人数相对较少，因此按游泳馆混响时间值设计可满足使用要求。

2.2.4 对于计算出的混响时间数值，小数点后第二位数字按数字修约规则处理。

2.3 吸声与反射处理

2.3.1 比赛大厅的每座容积值一般都较高，可做吸声的墙面又有限，为了降低比赛大厅的混响时间，需充分利用比赛大厅的上空做吸声。有顶棚的比赛大厅应在顶棚铺吸声材料，暴露顶部网架的比赛大厅可在网架上设置空间吸声体及其他吸声构造。

2.3.2 有些比赛大厅采用大面积玻璃窗作为比赛大厅与室外的分隔构造或者在观众席后部的墙上设玻璃窗，这些玻璃窗一般面积都比较大并且玻璃的吸声系数又较低，因此在这些窗前设有吸声效果的窗帘（如：厚重织物窗帘），对增加吸声量、防止出现声缺陷都是有益的。同时窗帘还能起到调节比赛大厅内光线、保温的作用。另外比赛大厅内还会有控制室、电视评论员室等房间的观察窗，这些窗在使用时窗前不能有遮挡物，并且面积一般不大，所以这些窗可不设窗帘。如一定要对这些窗进行声学处理，可将窗玻璃倾斜，把声音反射到无害之处去。

2.3.3 比赛大厅内设有记分牌的墙面及部分其他墙面面积较大，无吸声处理易产生强反射或回声，同时比赛大厅内可布置吸声材料的墙面也有限，因此应对比赛大厅的这些墙做吸声处理。

2.3.4 比赛场地周围矮墙、看台栏板一般为平行、坚硬平面，容易出现回声、颤动回声，在比赛场地周围的矮墙、看台栏板上设置吸声构造可消除可能出现的声缺陷。

3 噪声控制

3.1 一般要求和室内背景噪声限值

3.1.1 为了有效而经济地控制噪声，须在建筑物的用地确定后，就将对声环境质量的要求作为总图布置、单体建筑设计的重要依据之一。在此基础上再考虑必要的隔声、吸声、消声、隔振等措施。

3.1.3 由于大、中型体育馆采用了空调设备，这些机房及其附属设备（例如冷却塔等）的噪声会对周围环境产生干扰，因此在设计时必须按照国家的有关环境噪声标准同时考虑解决。

3.1.4 这里的噪声限值采用国际标准化组织（ISO）噪声评价 NR（Noise Rating）曲线族，有利于工程设计中按频率（倍频带中心频率）来处理噪声。

在实际中，还经常以 A 计权声级作为室内允许噪声的标准，有些厂商给出的设备噪声也只是一个 A 计权声级，而不给设备噪声频谱。A 计权声级的数值与噪声评价曲线 NR 数之间有大致上的对应关系，即 $NR=L_A-5$。

通过对国内部分体育馆比赛大厅噪声情况的调查，其噪声分别低于 NR－27～NR－37（或 32dBA～44dBA），平均为 NR－33（或 39dBA），因而将比赛大厅的背景噪声限值定为 NR－35。

贵宾休息室的噪声限值是依据现行国家标准《民用建筑隔声设计规范》GBJ118 中的有关规定而确定的。

虽然本规程第 4.3.1 条提出了“宜设置设备室”的要求，但因各种原因，仍会有一些体育馆只设置扩声控制室不设置设备室。参考《有线广播录音、播音室声学设计规范和技术用房技术要求》GYJ26 中的有关规定，将体育馆扩声控制室的噪声限值定为 NR－35。

电视评论员室、扩声播音室的噪声限值是参考《同声传译室的一般特性和装置》ISO2603 中的相关规定而确定的。

3.2 噪声控制和其他声学要求

3.2.1 利用比赛大厅周围的条件作为隔绝外界噪声的措施时，应同时考虑这些空间内的活动也会给比赛大厅带来干扰，因此这些空间的吸声降噪处理也很重要。

3.2.3 电视评论员室与同声传译室有许多相似之处，故电视评论员室的混响时间依据 ISO2603 中的相关标准确定。电视评论员室内表面做吸声处理既是为了降低混响时间，也是为了消除较强声反射。

3.2.4 空调系统的消声、降噪处理，应首先考虑用土建方式解决大风量通风的消声。实践证明这种方式不仅可以充分利用空间、消声频带较宽、花费较少，而且隔声效果又好。

3.2.5 系指因用地条件所限，在建筑群总体布置、单体建筑设计都作了充分的考虑后而无法完全避免设备用房与主体建筑相连的情况，须考虑采取特殊的降噪、减振措施。

4 扩声设计

4.1 一般要求

4.1.2 在实际活动中，有时各子系统同时独立工作，向不同的听众扩声；有时需合并为一个系统，同一节目扩声。

4.1.3 体育馆内观众噪声较高（经常可达 65～70dB），为保障扩声可懂度，第三级的最大声压级应高于一般语言扩声用的厅堂的指标。由于扩声传声器所处的声场条件与听众处无大差别，提高传声增益受到更大的限制，因而只能规定一个可能达到的数值。系统噪声取决于系统电指标信噪比，在系统正常工作时，电噪声远低于馆内背景噪声，故不需对系统噪声作定量规定。如因系统工作不正常引起的交流声及啸声，则应排除故障。

4.1.4 固定系统永久性地安装于馆内，供日常活动使用，流动系统可按特殊活动需要临时安放。体育馆举行一些非经常性的活动（如有特殊艺术效果要求的文艺演出、表演活动等），这些活动使用要求变化大，质量要求高，但次数少。无论从技术考虑还是从经济上考虑，这类活动的扩声设施以部分或全部临时安装为宜。

4.1.5 这类场所主要是语言扩声。

4.2 传声器与扬声器系统的设置

4.2.1 体育馆扩声传声器的指向性特性严重地影响系统的传声增益，故强调之。在馆中，一般传声器线很长，故以低阻平衡为宜。

4.2.2 本条规定为了提高传声增益，同时为避免声场的强度—时间结构不合理而造成声缺陷，影响清晰度的提高。

4.2.3 表 4.1.3 规定的特性指标是必要的，但不够充分，其他影响音质和清晰度的因素，目前尚没有成熟到可以定量规范设计的程度，故作了一些定性限制，供设计时掌握。

4.2.4 暗装扬声器组外面的装饰会影响扬声器组的辐射特性（频响、指向性等），因此推荐明装。但有时不可避免暗装扬声器系统。在设计时，格条尺寸（宽和深）可按小于控制频率范围的上限频率波长的 1/2 考虑，以尽可能减少不利的影响。

4.3 扩声控制室

4.3.1 目前不少扩声设备和设备机柜带有冷却用的排风扇，运转时产生噪声，影响工作，因此建议在可能条件下做设备室。

体育馆比赛大厅中有活动时，经常需要在扩声控制室对场内播讲一些通知、注意事项等，为避免播音人员与扩声系统操作人员之间互相干扰，建议在条件允许的情况下做扩声播音室。

4.3.3 可控硅调光设备干扰扩声系统的主要途径之一就是通过电源，因此应尽可能将扩声设备的电源与可控硅调光设备的电源分开。

4.3.4 此管线是供流动设备与扩声控制室之间讯号连接用。

5 声学测量

5.1 一般要求

5.1.1 体育馆竣工后的声学测试对检验体育馆是否达到声学设计要求和清楚了解体育馆的声学状况便于日后使用都是必要的。对总结声学设计的经验教训，提高声学设计水平也是十分有益的。

5.1.3 本规程第4.1.3条中规定允许比赛场地扩声特性指标比观众席降低一级。为便于分别考核观众席、比赛场地的声学状况，允许对测得的数据分别加以处理。

5.1.4 当多个声压级的差值都在9dB以内时，其代数平均值与能量平均值之差小于2dB。此时代数平均值可近似看作是能量平均值。

5.1.5 如第4.1.3条说明，本规范所列的必测声特性指标还不够充分地决定音质和清晰度。而在一般工程中，不可能进行繁复的、带有探索性的项目测试。为保证听感符合使用要求，规定作主观试听是必要的。

5.3 测量条件

5.3.3 调音台的音调调节是用来根据不同需要对声音信号进行不同处理，不是声系统的固定音调补偿，所以测量时需排除这一因素。

5.3.4 依据现行国家标准《厅堂扩声特性测量方法》GB 4959及《厅堂混响时间测量规范》GBJ 76中的相关规定确定。

5.3.6

1）为避免墙面、地面等反射面对测量数据的影响，测点与墙面、地面的距离应大于所测1/3或1/1倍频带中心频率的1/4波长。体育馆测量项目的下限中心频率为63～125Hz，其1/4波长为1m左右。观众坐在椅子上，观众耳朵的实际平均高度为1.2m。中国男子站立时，耳朵平均高度为1.55m，加上鞋底厚度，耳朵平均高度近1.6m。测点距地面的高度是综合考虑以上因素而规定的。

2）根据体育馆座位多，声场常具对称性的特点，强调选点的代表性，以减少测量工作量。在对称轴线上往往声场干涉较厉害，有时这里是走道，这样测量意义就不大。因此在对称轴线附近测量，应偏离对称轴线一定的范围。为使测点分布均匀，可在测量区域内每隔几个座位选一列，再每隔几排选一点。

3）～5）根据体育馆的使用功能，其声学要求不如剧院、音乐厅那样高，为对体育馆的声学状况有一基本了解并减少测量工作量，故如此规定测点数目。

5.4 测量方法

5.4.1 用测试扬声器放出噪声信号并施加于扩声系统传声器上的方法也可测量传输频率特性，但此方法比规程第5.4.1条中给出的方法复杂一些。

5.4.2 在体育馆中举行的各种活动（集会、比赛、演出等），使用扩声系统时，传声器一般均距使用者较近，很少有远距离拾声的情况出现，所以只规定测试声源置于传声器前0.5m。

当设计所定的传声器使用点不明确时，将传声器置于主席台一排中点及主席台中线上、距主席台2/3比赛场地宽度处是基于以下几点考虑：

在体育馆举行的大多数活动，一般都要在主席台一排设置、使用传声器；

在进行羽毛球决赛、乒乓球决赛等比赛时，主裁判的话筒位置大约在主席台中线上，距主席台2/3比赛场地宽度处；

在比赛场地上设置演出区时，一般都设在主席台对面的比赛场地上。传声器的使用范围大致为从比赛场地中部至远离主席台一侧的比赛场地。

因此当设计所定的使用点不明确时，按本条规定确定传声器使用点就能基本了解大多数使用情况下的传声增益。

5.4.3 本条给出了两种将电信号直接馈入扩声系统调音台输入端来测量最大声压级的方法。

窄带噪声法使得测量最大声压级与测量传输频率特性可以同时进行（只要测量最大声压级时，测出每一个1/3 oct或1/1 oct频带噪声信号输入扬声器系统的输入电压；测量传输频率特性时，调节噪声输出除满足第5.3.4条的规定外，同时满足本条规定）。

在测量及数据处理工作量方面，宽带噪声法比窄带噪声要少很多，故给出宽带噪声法供测量时选择。

测量最大声压级时，声级太低对声场激发不够，但信号太强，容易损坏扩声系统高音扬声器音头，因此规定用1/10～1/4功率，当声压级接近90dB时还可用小于1/10的功率。

中华人民共和国国家标准

建筑采光设计标准

GB/T 50033—2001

条　文　说　明

目　次

1 总 则

1.0.1 采光设计必须贯彻国家的技术经济政策，充分利用天然光，创造良好的光环境，这是因为天然光环境是人们长期习惯和喜爱的工作环境。各种光源的视觉试验结果表明，在同样照度条件下，天然光的辨认能力优于人工光，从而有利于工作、生活、保护视力和提高劳动生产率。此外，我国大部分地区处于温带，天然光充足，为利用天然光提供了有利条件，在白天的大部分时间内能满足视觉工作要求。这在我国电力紧张的情况下，对于节约能源有重要的意义。

1.0.2 在新建工程中，采光设计应执行本标准，但对于改建、扩建工程，有时因建筑、结构等条件的限制，执行本标准有困难时，视具体情况，允许有一定的灵活性，因此本标准规定，对于改建、扩建工程的采光设计，一般亦适用。

1.0.3 建筑的天然采光设计必须采用成熟并行之有效的先进技术，经济上也是合理的，并能提高工作效率，改善工作、学习和生活的环境质量。

1.0.4 采光设计应符合本标准的规定，但是窗不仅起采光作用，有时还起通风和泄爆等作用，同时还要考虑建筑、结构等方面的要求，因此在采光设计时，应综合考虑现行有关标准的要求。

3 采 光 系 数

3.1 一 般 规 定

3.1.1 采光标准的数量评价指标以采光系数 C 表示。因室外天然光受各种气象条件的影响，在一天中的变化很大，因而影响室内光线的变化，所以不能用一绝对值来衡量室内的采光效果。采用采光系数这一相对值来评价采光效果较为合适。目前国际上一般也采用此系数来评价采光。

3.1.2 本条规定侧面采光和顶部采光分别取不同的标准值，侧面采光取采光系数最低值，顶部采光取采光系数平均值。因为两种采光形式在典型剖面上的采光系数值变化曲线截然不同，侧面采光系数值的曲线随距窗距离的增加而迅速下降，用最低值衡量比较合适；而顶部采光系数值曲线趋向均匀，通常窗下采光系数较高，两侧采光系数较低，曲线变化比较平缓，取平均值较合适。两种采光形式取不同的系数值不仅能反映建筑上的特点，更主要的是能较客观地反映一个房间采光的好坏。在采光检验时，对于一个大房间，不会因某一点的数值而影响到对整个场所的采光效果评价，特别是在室内有遮挡的情况下，很难确定采光系数最低值。

在兼有侧面采光和顶部采光的建筑中，应在假定工作面上分别求出侧窗和顶窗各计算点的采光系数值。按本标准推荐的侧窗和顶部采光计算图表计算时，顶部采光最低点的位置难以确定，而且侧窗和顶窗采光的最低值往往不在同一点上。如果两值相加，将造成较大的误差。为简化计算，本标准将有侧面采光和顶部采光的房间划分为侧面采光区和顶部采光区，一方面因为最低值和平均值不能相加。另一方面因侧面采光对满足侧面采光区以外的区域影响较小，在计算中可不予考虑。

3.1.3 本条规定了按识别对象的最小尺寸划分视觉工作分类、采光等级、各级相应的采光系数标准值和室内天然光临界照度值。

视觉工作分类和采光等级：

根据天然光视觉试验得出，随照度的增加，能看清的识别对象尺寸越小。两者之间为非线性关系，随识别尺寸的减小，能看清识别对象所需的照度增量大。如识别对象尺寸从 0.104mm 减小到 0.089mm 和识别对象尺寸从 0.089mm 减小到 0.074mm，虽然均减小 0.015mm，但大尺寸增加的照度仅有 70lx，而小尺寸需要增加的照度却有 910lx，相差 13 倍（见图 1）。因此，本标准的视觉工作分级，将小尺寸的工作划分细一些，而大尺寸的工作划分粗一些。

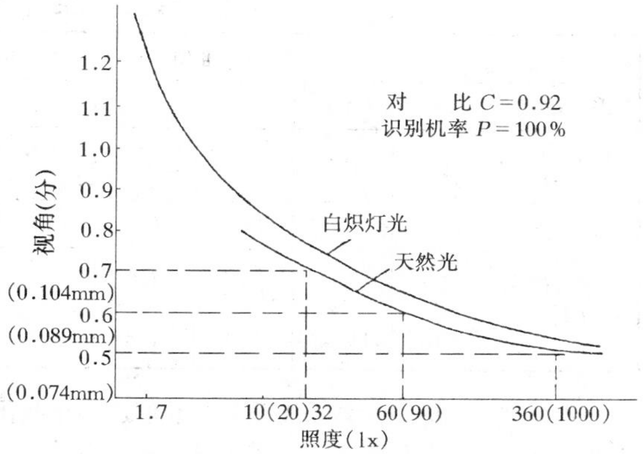

图 1 视角、照度关系曲线

另一方面，由于采光口的大小和位置受建筑条件的限制，不能任意变化。如在同一房间内，不能按不同识别对象尺寸和不同的对比来分别布置大小不同的采光口，故视觉工作的分级也不能过细。与照明设计标准比较，将级数减少，保留精密工作的Ⅰ、Ⅱ等，较大的识别尺寸，则分级更粗一些。本标准表 3.1.3 中各级识别对象尺寸的差别为：Ⅰ级与Ⅱ级相差 1 倍；Ⅱ级与Ⅲ级相差 3 倍；Ⅲ级与Ⅳ级相差 5 倍，Ⅳ级与Ⅴ级相差 5 倍以上，这样既符合视觉工作的特征，也适应天然采光的建筑条件。

室内天然光临界照度值和采光系数最低值：

根据对现场各种有代表性工作所需要的天然光照度临界最低值进行的实测和调查，并征求主观评价的意见，侧面采光时，确定各级视觉工作所需要的天然光照度最低（临界）值为250、150、100、50、25lx。又根据在实验室内进行的天然光视觉试验，得出了识别对象大小、对比和照度三者之间关系的视功能曲线，由实测调查所确定的各级照度值从视功能上进行分析论证表明，规定的各级照度值均能满足对比值为0.4以上的视觉工作。随着视角的增大，能满足的对比值减小。如果各级工作的对比值均为0.4，利用视功能曲线可得到，对应于各级工作的可见度为1、2.2、3.6、8、25。1表示刚好能满足视觉工作的可见度水平，即Ⅰ级工作规定的照度刚好能满足视觉工作的要求，识别对象的尺寸越大，从视功能上分析，所规定的照度的余量也越大。

根据所确定的工作场所工作面上的天然光照度临界值和室外临界照度值5000lx，算出采光系数最低值为5%、3%、2%、1%、0.5%。若按顶部采光规定的采光均匀度0.7计算，平均采光系数近似为：7%、4.5%、3%、1.5%、0.7%。

但某些情况下，由于侧窗房间进深过大或选用的窗透光折减系数过低，采光系数最低值往往达不到标准规定的要求。此时，可采用表1的值来控制计算点的位置或窗的透光折减系数值，使之达到采光标准规定值。

表1　侧面采光设计控制值

采光等级	C_{min}点至窗的距离/窗高（B/h_c）	窗的透光折减系数（T_r）
Ⅰ	<1.5	—
Ⅱ	$\leqslant 1.5$	$0.60\leqslant T_r<0.70$
Ⅲ	$\leqslant 2$	$0.50\leqslant T_r<0.60$
Ⅳ	$\leqslant 3$	$0.40\leqslant T_r<0.50$

注：令$x=B/h_c$，则单侧采光的房屋进深控制值为：$B+1$（m）$=x\cdot h_c+1$（m）。

在制订标准过程中，对标准中所规定的采光系数标准进行了实测论证。采光实测结果列于表2。在实测的135个场所中，合格者89个，占总数的66%，不合格者占34%。其中侧面采光的工作场所45个，合格者28个，占总数的62%，不合格者占38%。不合格的原因多数为室外环境的遮挡或室内污染和高大设备的遮挡，少数是属于窗地面积比不够。为此，仍采用原《工业企业采光设计标准》中规定的侧窗采光系数最低值：5%、3%、2%、1%、0.5%。实测中有90个顶部采光的工作场所，合格者61个，占总数的68%，不合格者占32%。大多数工作场所都能达到平均采光系数7%、4.5%、3%、1.5%、0.7%的要求，达不到标准的原因大致与上述原因相同。

表2　135个作业场所实测汇总表

	采光系数≥标准值						采光系数≤标准值					
采光等级	Ⅲ		Ⅳ		Ⅴ		Ⅲ		Ⅳ		Ⅴ	
作业场所（个）	14	42	14	16		3	11	12	3	14	3	3
采光系数值（%）	C_{min}	C_{av}	C_{min}	C_{av}	C_{min}	C_{av}	C_{min}	C_{av}	C_{min}	C_{av}	C_{min}	C_{av}
	2.0～7.07	3.0～11.41	1.10～2.9	2.0～4.8		1.41～1.63	0.4～1.5	2.41～0.85	0.67～0.75	0.47～1.75	0.04～0.4	0.09～0.47

本标准3.1.3中所列采光系数标准值适合于我国Ⅲ类光气候区，其他光气候区采用时，采光系数标准值应作相应调整。

室外天然光临界照度：

采光系数和室内天然光照度值是通过室外临界照度来联系的。室外天然光临界照度是指室内天然光照度等于各级视觉工作室内天然光临界照度时的室外照度值，即室内需开（关）灯时的室外照度值。

室内天然光临界照度是根据视觉工作而定的，而室外临界照度是可变的，它的变化又影响采光系数的取值，以及开关灯的时间。因为取较高的室外临界照度，意味着采光系数值降低，窗口可开小一些，这样要早一点开灯，晚一点关灯，即延长人工照明使用时间，增加照明费用。反之，如取较低的室外临界照度值，则要求较高的采光系数值，使窗口开大，增加采暖费，但减少照明费用。室外天然光临界照度的取值应根据我国的光气候条件和国民经济发展状况等因素，综合分析而定。

根据对五个代表城市实测得到的辐射光当量值，从日辐射多年平均值换算出该地的平均总照度值。利用这些资料再计算出各城市的天然光利用时数（见表3）。

表3　室外不同临界照度值时的全年天然光利用时数

地点	纬度（度）	室外天然光临界照度值（lx）		
		3000	5000	10000
		全年天然光利用时数（h）		
北京	40	4013	3707	2892
西安	34	3812	3614	2880
上海	31	4004	3723	3064
重庆	30	3543	3139	2035
广州	24	3806	3559	3039

从表3可看出，当室外临界照度取5000lx时，Ⅲ类区城市的采光可满足每天平均10h工作的需要。

根据按常用建筑尺寸进行的采光计算和现场实测调查的结果表明，因采光窗的开窗面积受各种条件的限制，窗不能开得过大，因此，临界照度也不能定得太低。

考虑一些国家也多采用5000lx作为室外临界照度，本标准规定Ⅲ类区室外临界照度取5000lx。

表3还表明，我国几个光气候区的天然光利用时数不同，由Ⅲ类区室外临界照度和光气候系数推算出各区的室外临界照度为6000lx、5500lx、5000lx、4500lx、4000lx。

亮度对比：

本标准对Ⅱ、Ⅲ级亮度对比小的视觉作业，规定其采光等级可提高一级，主要是根据在实验室内进行的对比辨认实验结果确定的。实验结果表明，对比对视觉工作要求的照度有很大影响，大对比要求低照度，小对比要求高照度。如4分（视角）的物件，对比为0.14时，看清物件所需的照度为10lx；而对比为0.06时，所需照度为360lx，故本标准规定对亮度对比不同的视觉作业，其采光等级应有所区别。当识别对象的亮度与其背景的亮度近似时，即识别对象的亮度与其背景亮度的差同背景亮度的比值小时，称为小对比；亮度差较大时，称为大对比。

3.1.4 我国地域广大，天然光状况相差甚远，若以相同的采光系数规定采光标准不尽合理，即意味着室外取相同的临界照度。我国天然光丰富区较之天然光不足区全年室外平均总照度相差约为50%。西南广大高原地区年平均室外总照度（从日出后半小时到日落前半小时全年日平均）高达31.46（klx），四川盆地及东北北部地区则只有21.18（klx）。为了充分利用天然光资源，取得更多的利用时数，对不同的光气候区应取不同的室外临界照度，即在保证一定室内照度的情况下，各地区规定不同的采光系数。

本标准的光气候分区和系数值的确定是根据我国30年的气象资料取得的135个站的年平均总照度制定的。135个站年平均室外总照度的平均值为24.925（klx），按不同照度范围将全国划分为5个区（见表4）。根据3.1.3条所述，按每天平均利用10小时考虑，Ⅲ类区室外临界照度取值为5000lx，其余各区的室外临界照度可用5000lx除以各区的光气候系数K得到。在Ⅳ、Ⅴ类光气候区取较低的临界照度，说明在这些地区要求尽量延长天然光的利用时间，即在保证室内天然光照度一定值的情况下，要求将窗口开大一点。但对高寒的Ⅳ、Ⅴ类地区，考虑到冬季耗热量过大，可适当减少开窗面积。按Ⅰ区平均照度求得的K值应为0.80，相当于室外临界照度6250lx，最后确定K值为0.85，意味着临界照度有所降低，这样可以增加Ⅰ类地区天然光利用时数。

表4 光气候系数取值

区类	照度范围（klx）	站数	平均照度（klx）	K	K取整	K取值
Ⅰ	＞28	17	31.46	0.79	0.80	0.85
Ⅱ	28～26	19	27.17	0.91	0.90	0.90
Ⅲ	26～24	41	24.76	1.00	1.00	1.00
Ⅳ	24～22	41	23.00	1.08	1.10	1.10
Ⅴ	＜22	17	21.08	1.17	1.20	1.20

3.1.5 Ⅰ级视觉工作的房间，常为多层建筑，用侧窗采光，开窗面积往往受到层高的限制。有的房间的生产工艺要求恒温、恒湿和防尘，采光口也不宜过大，从而使采光系数达不到规定的标准值。但由于Ⅰ级视觉工作对光线有比较高的要求，因此，在允许的情况下，应尽可能地开窗。如仍不能达到采光标准要求，采光系数标准值允许降级使用。Ⅱ级视觉工作也有一部分房间因某些条件的限制使采光系数达不到标准值。由于Ⅱ级视觉工作的房间数量较多，且多数房间都设有局部照明，考虑到经济合理，故采光系数标准值允许降低一级。但因采光系数降低所减少的天然光照度应用人工照明补充。根据CIE（29/2）《室内照明指南》的推荐，补充的数量为天然采光和人工照明形成的总照度不宜超过原等级规定的照度标准值的1.5倍。

3.1.6 为了提高建筑外窗的采光效率，在采光设计时应尽量选择采光性能好的窗，采光性能的好坏用透光折减系数T_r表示。由《建筑外窗采光性能分级及其检测方法》（GB 11976—89）标准订出的采光性能分级列于表5。

表5 窗的采光性能分级

等　　级	透光折减系数T_r
Ⅰ	$T_r \geq 0.70$
Ⅱ	$0.70 > T_r \geq 0.60$
Ⅲ	$0.60 > T_r \geq 0.50$
Ⅳ	$0.50 > T_r \geq 0.40$
Ⅴ	$0.40 > T_r \geq 0.30$
Ⅵ	$0.30 > T_r \geq 0.20$

为提高采光效率，外窗的透光折减系数应大于0.45。在调查中，有的建筑窗地面积比并不小，如上海某大厦11层办公室，窗地面积比为1/5.44，最低采光系数为0.04%，又如上海另一大厦9层办公室窗地面积比为1/6.35，最低采光系数为0.12%。由于追求立面效果采用有色玻璃，窗的透光折减系数在20%以下，此种窗已不宜作为建筑采光用窗，因此窗的采光效率是影响采光效果的重要因素。

通过对近几年生产的110樘各类实际窗的检测，证实绝大部分窗的透光折减系数（T_r）都大于45%（见表6）。

表6 透光折减系数

窗种类	钢 窗（22个）		铝 窗（23个）		塑料窗（40个）		钢塑、铝塑窗（15个）		采光罩（10个）	
透光折减系数（%）	数量	百分比（%）	数量	百分比（%）	数量	百分比（%）	数量	百分比（%）	数量	百分数（%）
$T_r \geqslant 60$	3	13.6	5	21.7	7	17.5	1	6.7	10	100
$60 > T_r \geqslant 50$	3	13.6	14	60.9	20	50	8	53.3	—	—
$50 > T_r \geqslant 45$	11	50	0	0	10	25	4	26.7	—	—
$T_r < 45$	5	22.8	4	17.4	3	7.5	2	13.3	—	—

采光窗的透光折减系数 $T_r \geqslant 45\%$，各类窗的比例为：钢窗77.2%、铝窗82.6%、塑料窗95%、钢塑、铝塑窗86.7%、采光罩100%，部分窗的采光效率低于45%，是因为透光材料着色或窗分隔设计得不合理造成的，在设计中应根据需要合理选用。

3.1.7 根据对现有建筑采光的实际调查结果表明，多数房间开窗面积并不小，但采光条件差，其主要原因是，对采光口未进行定期的擦洗和维修，以致窗玻璃污染严重，透光率很低，个别房间的窗子甚至不透光，以致很大的采光面积仍不能满足采光要求，白天都要开灯工作，浪费电能，影响视力健康。以北京地区为例，某车间采用矩形天窗，窗地比为1∶4.2，按计算应达到的采光系数为2.5%。由于污染等原因，实际只有0.61%，从而使室外临界照度从5000lx提高到20800lx，才能保证车间内达到同样的天然光照度值。此时，全年天然光利用时数由3707小时减少到1173小时，即多用2534小时的照明，白天大部分时间需要开灯工作。如以5000m^{2}的车间面积来计算，全年仅照明就多耗电达19万kW·h，这种浪费电现象如不克服并作适当规定，是不合理的。

根据对车间污染的实验和调查得出的窗玻璃污染折减系数，是按6个月擦洗一次确定的，从附录D表D-8中可看出，透光系数已下降很多，证明适时擦窗是必要的。

在调查中还发现，有的单位虽对窗也进行维修和擦洗，但由于缺少必要设备和有效方法，工作效率很低，而且不安全。因此，在设计中应考虑设置相应的设备，以保证擦洗的方便和安全，尽可能地为擦窗和维修创造便利的条件。

3.1.8 为了检验采光设计的实际效果，需要在工程竣工后，或在使用期内进行现场实测。在同一房间内，采用不同的实测方法或在不同的天空条件下进行采光系数测定，其结果差别很大。因此需统一实测方法，便于对实测数据进行分析比较。实测方法可按现行国家标准执行。

3.2 各类建筑的采光系数

3.2.1 居住建筑的采光标准的制订依据如下：

住宅建筑与人们的生活密切相关，而天然采光又是必不可少的。新的住宅建设标准规定：每户住宅至少应有一间卧室或起居室（厅）能获得有效的日照；卧室、起居室（厅）、厨房应直接采光，卫生间和小于10m^{2}的厅则可间接采光或人工照明。

一、采光实测调查

1. 起居室、卧室、书房

实测调查了36个场所，分布在北京、上海、广州、深圳、青岛、重庆，包括多层住宅和高层住宅，含一、二、三居室，进深从3m到5.4m，多数住宅的开窗面积较大，采光效果普遍较好。实测调查结果见表7、8和9。

表7 起居室、卧室、书房实测调查结果

采光效果评价	数量（个）	窗地面积比（A_c/A_d）	采光系数最低值 C_{min}（%）	占总数百分比（%）
好	24	1/3.06～1/7.78	0.42～3.47	67
中	9	1/4.06～1/7.92	0.24～0.51	25
差	3	1/5.33～1/5.87	0.08～0.18	8

表8 起居室、卧室、书房窗地面积比调查结果

窗地面积比（A_c/A_d）	数 量（个）	占总数百分比（%）
1/3～1/4	7	19.5
1/4～1/5	9	25
1/5～1/6	13	36
1/6～1/7	3	8.5
1/7～1/8	4	11

表9 起居室、卧室、书房采光系数实测结果

采光系数最低值 C_{min}（%）	数 量（个）	占总数百分比（%）
<0.5	12	33
0.5～1.0	14	39
>1.0	10	28

起居室、卧室、书房调查结果：

（1）开窗面积普遍较大，窗地面积比大于1/7的占调查总数的89%。

（2）采光系数最低值在0.5%以上的占67%，主观评价较好，进深在4.5m以下的占多数，基本上都可达到最低采光系数值1%的要求。

2. 厅

目前居住建筑中的厅有明厅和暗厅两种。明厅采用直接采光，厅内明亮；暗厅多采用大玻璃窗，间接采光，采光效果较差。实测调查结果见表10。

表10　厅的实测调查结果

采光效果评价	数量（个）	窗地面积比（A_c/A_d）	采光系数最低值 C_{min}（%）	占总数百分比（%）
好	4	1/4.03～1/5.71	0.76～1.16	44.5
中	4	1/3.92～1/4.80	0.42～0.53	44.5
差	1	1/3.7	0.11	11

根据住宅建设标准的规定大于10m^{2}的厅应直接采光，调查中直接采光的客厅基本上都能达到采光系数最低值1%的要求。

3. 厨房

实测调查的厨房全部直接采光，厨房面积大多数在4m^{2}左右，开窗面积均较大，只是个别厨房建筑遮挡严重，采光效果较差。实测调查结果见表11。

表11　厨房采光实测调查结果

采光效果评价	数量（个）	窗地面积比（A_c/A_d）	采光系数最低值 C_{min}（%）	占总数百分比（%）
好	6	1/1.92～1/3.54	0.92～1.03	75
差	2	1/4.03～1/4.80	0.19～0.25	25

随着住宅标准的提高，厨房的现代化占有重要地位，这就要求有好的采光照明条件，这也是国内外厨房的发展趋势。调查结果，采光系数最低值基本上都在1%左右，窗地面积比大于1/7。

二、参考国内外住宅采光标准

国内外的住宅采光标准如表12所示。

表12　国内外居住建筑采光标准比较

房间名称	日　本	英　国	前苏联	日本建筑标准法	住宅建筑设计规范	本　标　准	
	采光系数（%）	采光系数（%）	采光系数（%）	窗地面积比（A_c/A_d）	窗地面积比（A_c/A_d）	采光系数（%）	窗地面积比（A_c/A_d）
起居室	0.7	1	—	1/7	1/7	1	1/7
卧室	1	0.5	0.5	1/7	1/7	1	1/7
厨房	1	2	0.5	—	1/7	1	1/7
卫生间	0.5	—	0.3	1/10	1/10	0.5	1/12
走道	0.3	0.5	0.2	1/10	1/14	0.5	1/12
楼梯间	0.3	1	0.1	1/10	1/14	0.5	1/12

根据实测调查结果并参照国内外的住宅采光标准，规定起居室、卧室、厅和厨房的采光系数最低值 C_{min} 为1%，窗地面积比为1/7。卫生间、过厅和楼梯间、餐厅的采光系数最低值为0.5%，其窗地面积比为1/12。

3.2.2　办公建筑的采光标准制订依据如下：

对北京、哈尔滨、上海、深圳等43个场所进行了采光实测，调查结果见表13、14、15。

一、实测调查结果

1. 设计室、绘图室

此类办公室对采光要求较高，而且这类办公用房将有所增加。对本类14个场所进行的采光实测调查结果见表13。

表13　设计室、绘图室实测调查结果

采光效果评价	数量	窗地面积比（A_c/A_d）	采光系数最低值 C_{min}（%）	占总数的百分比（%）
好	4	1/2.3～1/5.1	0.92～3.56	28.6
中	2	1/3.9～1/4.9	0.53～0.72	14.3
差	8	1/4～1/6.4	0.03～0.36	57.1

实测中发现当窗地面积比小于1/5时，尚无一例采光系数最低值达到1.5%，采光系数最低值达到3%以上者有一例，多是因窗地面积比值小，和室外遮挡或有色玻璃透光能力低等原因造成的。

根据《工业企业采光设计标准》和日本采光标准采光系数最低值均为3%，前苏联为2%，（因前苏联地理纬度比我国高）考虑到我国Ⅰ、Ⅱ、Ⅲ类光气候区的光资源丰富，一年之中，约有半年左右时间，在9时到16时间可达到3%的要求，故本标准采光系数最低值定为3%，窗地面积比为1/3.5。

2. 办公室、会议室、视屏工作室

对此类房间的21个场所的实测调查结果见表14。

表14　办公室、视屏工作室、会议室实测调查结果

采光效果评价	数量（个）	窗地面积比（A_c/A_d）	采光系数最低值 C_{min}（%）	占总数的百分比（%）
好	8	1/2.9～1/4.4	1.26～3.05	38.1
中	4	1/5.3～1/7.3	0.45～0.93	19
差	9	1/2.3～1/8.7	0.02～0.47	42.9

从办公室采光实测资料中可以看出，采光效果评为好者，单侧采光最低采光系数多数在1.56%～2.49%之间，窗地比在1/3.17～1/3.9之间，应属3级采光等级。

我国《工业企业采光设计标准》、英国和日本采光标准都将办公室采光系数最低值定为2%；前苏联为1%。实测中发现按窗地面积比1/6考虑的办公室，时有晴好天气上班开灯现象。综合考虑各种因素，本标准将办公室采光系数最低值定为2%，侧面采光窗地面积比定为1/5。

3. 复印室、档案室

本类型8个场所的实测调查，其结果见表15。

表15　复印室、档案室实测调查结果

采光效果评价	数量（个）	窗地面积比（A_c/A_d）	采光系数最低值 C_{min}（%）	占总数的百分比（%）
好	3	1/3.2～1/5.8	1.08～2.48	37.5
差	5	1/3.4～1/8.3	0.10～0.26	62.5

本标准规定采光系数最低值为1%，窗地面积比为1/7。与现有的国内外标准基本上一致。

二、国内外办公建筑采光标准

国内外办公建筑采光标准见表16和17。

表16　国外办公建筑采光标准

房间名称	日　本	英　国	前苏联
	采光系数（%）	采光系数（%）	采光系数（%）
办公室	2	2	1
视屏工作室	—	—	1.5
设计室、绘图室	3	—	2
复印室、档案室	—	—	0.5

3.2.3　学校建筑的采光标准制订的依据如下：

一、实测调查结果

1. 教室、实验室

对16个教室的实测调查结果见表18和19。

表17　国内办公建筑采光标准

房间名称	办公建筑设计规范	中小学校建筑设计规范		图书馆建筑设计规范	
	窗地面积比（A_c/A_d）	采光系数最低值 C_{min}（%）	窗地面积比（A_c/A_d）	采光系数最低值 C_{min}（%）	窗地面积比（A_c/A_d）
办公室	1/6	1.5	1/6	1.5	1/6
视屏工作室	—	1.5	1/6	1.5	1/6
设计室、绘图室	1/5	—	—	—	—
复印室	1/6	—	—	—	—

房间名称	综合医院建筑设计规范	工业企业采光设计标准		本　标　准	
	窗地面积比（A_c/A_d）	采光系数最低值 C_{min}（%）	窗地面积比（A_c/A_d）	采光系数最低值 C_{min}（%）	窗地面积比（A_c/A_d）
办公室	1/6	2	1/4	2	1/5
视屏工作室	—	—	—	2	1/5
设计室、绘图室	—	3	1/3	3	1/3.5
复印室	—	—	—	1	1/7

本标准与国内外采光标准基本一致。

表18　教室、实验室窗地面积比调查结果

窗地面积比（A_c/A_d）	数量（个）	占总数百分比（%）
1/3～1/4	12	75
1/4～1/5	2	12.5
1/5～1/6	2	12.5

表19　教室、实验室采光系数实测结果

采光系数最低值 C_{min}（%）	数量（个）	占总数百分比（%）
0.5～1.0	7	44
1.0～2.0	9	56

除一所教室为双侧采光外，其余均为单侧采光，其中窗地面积比在1/5以上为14所，占总数的87.5%以上，采光系数超过1%的占56%，采光效果：全部评价为好和较好。因实验室与教室开窗大小大都相同，视觉工作无大的差异，故采用与教室相同的采光标准，即采光系数最低值为2%和窗地面积比为1/5。

2. 阶梯教室、报告厅

阶梯教室、报告厅实测调查结果见表20、21和22。

表20　阶段教室、报告厅实测调查结果

采光效果评价	数量（个）	窗地面积比（A_c/A_d）	采光系数最低值 C_{min}（%）	占总数百分比（%）
好	6	1/2.4～1/4.36	0.72～1.91	67
中	3	1/3.02～1/5.0	0.46～0.69	33

表 21　阶梯教室、报告厅窗地面积比调查结果

窗地面积比 (A_c/A_d)	数量（个）	占总数百分比 (%)
1/2～1/3	3	33.3
1/3～1/4	3	33.3
1/4～1/5	3	33.3

表 22　阶梯教室、报告厅采光系数实测结果

采光系数最低值 C_{min} (%)	数量（个）	占总数百分比 (%)
＜0.5	1	11
0.5～1.0	3	33
1.0～2.0	5	56

因此类房间的进深和开间均较大，以视听为主，兼作记录，采光不能满足区域可用人工照明补充采光的不足，且其采光要求与教室相同，故本标准规定采光系数最低值为 2%，其窗地面积比为 1/5。

3. 走道、楼梯间

学校的走道、楼梯间人流大，跑动速度快，必须保证有一定的天然光照度，测量结果表明，20lx 较为合适，故定为采光系数为 0.5%，窗地面积比为 1/12。

二、参考国内外标准

国内外学校建筑标准见表 23。

教室、实验室采光系数标准值与《中小学校建筑设计规范》比较略有提高，因本标准无 1.5% 这一档，同时为了保护学生视力，故提高到 2%。

表 23　国内外学校建筑采光标准

房间名称	日本		英国	前苏联	中小学校建筑设计规范		本标准	
	采光系数 (%)	窗地面积比 (A_c/A_d)	采光系数 (%)	采光系数 (%)	采光系数最低值 C_{min} (%)	玻地比	采光系数最低值 C_{min} (%)	窗地面积比 (A_c/A_d)
教室、实验室	1.5～2	1/5	2	1.5	1.5	1/6	2	1/5
阶梯教室报告厅	—	—	2	—	—	—	2	1/5
走道楼梯间	—	1/10	—	0.2	0.5	—	0.5	1/12

3.2.4　图书馆建筑的采光标准制订依据如下：

一、实测调查结果

1. 阅览室、开架书库

对北京、上海、青岛、重庆、长春等 23 个场所的采光进行了实测，实测调查结果见表 24、25 和26。

表 24　阅览室、开架书库实测调查结果

采光效果评价	数量（个）	窗地面积比 (A_c/A_d)	采光系数最低值 C_{min} (%)	占总数百分比 (%)
好	14	1/2.8～1/5.6	0.58～1.30	61
中	6	1/3.6～1/6.4	0.22～0.71	26
差	3	1/5.7～1/8.3	0.02～0.19	13

表 25　阅览室、开架书库窗地面积比调查结果

窗地面积比 (A_c/A_d)	数量（个）	占总数百分比 (%)
1/2～1/3	1	4.5
1/3～1/4	10	43.5
1/4～1/6	6	26
1/6～1/9	6	26

表 26　阅览室、开架书库采光系数实测结果

采光系数最低值 C_{min} (%)	数量（个）	占总数百分比 (%)
＜0.5	10	43
0.5～1.0	8	35
1.0～1.5	5	22

根据实测调查结果采光系数的满意值为 2%，其窗地面积比为不小于 1/5。

2. 目录室

目录室的采光实测调查结果见表 27、28 和 29。

表 27　目录室采光实测调查结果

采光效果评价	数量（个）	窗地面积比 (A_c/A_d)	采光系数最低值 C_{min} (%)	占总数百分比 (%)
好	3	1/2.9～1/3.6	0.12～2.15	43
中	2	1/3.1～1/5.6	0.06～0.28	28.5
差	2	1/6.9～1/9.1	0.03～0.04	28.5

表 28　目录室窗地面积比调查结果

窗地面积比 (A_c/A_d)	数量（个）	占总数百分比 (%)
1/3～1/4	4	57
1/5～1/6	1	14.5
1/6～1/10	2	28.5

表 29　目录室采光系数实测调查结果

采光系数最低值 C_{min}（%）	数量（个）	占总数百分比（%）
<0.5	5	71
0.5～1.0	1	14.5
>2.0	1	14.5

由调查结果可知，较满意的采光系数在1%左右，而窗地面积比在1/7以上，但多数调查场所均达不到上述要求，主要是其进深和开间较大，因此常用人工照明加以补充。

3. 书库

书库的采光实测调查结果见表30、31和32。

表 30　书库采光实测调查结果

采光效果评价	数量（个）	窗地面积比（A_c/A_d）	采光系数最低值 C_{min}（%）	占总数百分比（%）
好	5	1/2.5～1/5	0.15～0.53	43
中	3	1/3.8～1/5.7	0.03～0.06	25
差	4	1/7.4～1/8.3	0.01～0.02	33

表 31　书库窗地面积比调查结果

窗地面积比（A_c/A_d）	数量（个）	占总数百分比（%）
1/3～1/4	4	33
1/4～1/6	3	25
1/6～1/9	5	42

表 32　书库采光系数实测结果

采光系数最低值 C_{min}（%）	数量（个）	占总数百分比（%）
<0.5	10	83
0.5～1.0	2	17

根据实测调查结果，书库的采光效果普遍差，主要是书架高而密，而且进深大，影响采光效果，采光系数均难达到0.5%的要求，多用人工照明补充，为保证一定采光要求，故规定其采光系数为0.5%，其窗地面积比为1/12。

二、参考国内外采光标准

国内外采光标准见表33。

表 33　国内外图书馆建筑采光标准

房间名称	日　本	英　国	前苏联	图书馆建筑设计规范		本标准	
	采光系数（%）	采光系数（%）	采光系数（%）	采光系数（%）	窗地面积比（A_c/A_d）	采光系数最低值 C_{min}（%）	窗地面积比（A_c/A_d）
阅览室、开架书库	2.0	1.0	1.0	2.0～1.5	1/4～1/6	2	1/5
目录室	—	—	0.5	1.5	1/6	1	1/7
书　库	1.0	—	—	0.5	1/10	0.5	1/12

最后，根据实测调查结果及参考国内、外采光标准，制订了图书馆采光标准。

3.2.5　旅馆建筑的采光标准制订依据如下：

一、实测调查结果

1. 会议厅

会议厅和多功能厅（以会议为主）的采光实测调查结果见表34、35。

表 34　会议厅、多功能厅（会议为主）窗地面积比调查结果

窗地面积比（A_c/A_d）	数量（个）	占总数百分比（%）
1/3～1/4	1	14.4
1/4～1/5	3	57
1/5～1/6	1	14.3
1/7～1/8	1	14.3

表 35　会议厅、多功能厅（会议为主）采光系数实测结果

采光系数最低值 C_{min}（%）	数量（个）	占总数百分比（%）
<0.5	6	86
2.0～3.0	1	14

鉴于多功能厅在实际使用中有多种用途，一般多功能厅进深较大，难以达到较高的采光等级，故从实际可能性出发定为Ⅳ级采光等级。如以会议为主的多功能厅，宜按照会议厅的采光标准。

在对会议厅等7例实测中，窗地面积比多在1/3.6～1/7之间，其中采光系数大于2%者有一例。因会议兼有记录和阅读，故将采光系数标准定为2%。

2. 大堂、客房和餐厅

大堂的采光实测调查结果见表36、37。

表 36　大堂窗地面积比调查结果

窗地面积比 (A_c/A_d)	数量（个）	占总数百分比 (%)
1/0.9～1/2	3	37.5
1/2～1/3	3	37.5
1/3～1/4	1	12.5
1/6～1/7	1	12.5

表 37　大堂采光系数实测结果

采光系数最低值 C_{min} (%)	数量（个）		占总数百分比（%）	
	侧　面	顶　部	侧　面	顶　部
<0.5	2	—	50	—
0.5～1.0	1	1	25	25
1.0～2.0	1	2	25	50
>2.0	—	1	—	25

表 38　客房窗地面积比调查结果

窗地面积比 (A_c/A_d)	数量（个）	占总数百分比 (%)
1/2～1/3	9	39
1/3～1/4	4	17.5
1/4～1/5	6	26
<1/5	4	17.5

表 39　客房采光系数实测结果

采光系数最低值 C_{min} (%)	数量（个）	占总数百分比 (%)
<0.5	12	52
0.5～1.0	6	26
1～2	3	13
>2	2	9

表 40　餐厅窗地面积比调查结果

窗地面积比 (A_c/A_d)	数量（个）	占总数百分比 (%)
>1/4	3	37.5
1/4～1/5	2	25
1/5～1/6	2	25
1/7～1/8	1	12.5

表 41　餐厅采光系数实测结果

采光系数最低值 C_{min} (%)	数量（个）	占总数百分比 (%)
<0.5	5	62.5
0.5～1.0	2	25
1.0～2.0	1	12.5

客房和餐厅的采光实测调查结果见表 38、39、40 和 41。

在对大堂的实测中，采光系数小于 1% 者为 4 例；大于 1% 者为 4 例。窗地面积比大于 1/4 者 7 例；小于 1/4 者 1 例。按视觉功能要求大堂的采光系数标准定为 1%。

根据实测调查中的客观评价，客房的照度以 50lx 以上为感觉良好，其所对应的采光系数最低值为 1%，其窗地面积比为1/7。认为餐厅的照度为 50lx 以上，适合普通旅馆的餐厅。

二、参照国内外标准

国内外旅馆建筑采光标准见表 42。

英国客房的采光系数为 1%，而我国的现行旅馆的设计规范规定客房的窗地面积比为 1/8，似乎这样的窗地比小了，而实际调查中的客房的窗地面积比均大于 1/8，故本标准规定为 1/7，而将采光系数定为 1%是合适的。日本的会议厅为 1.5%，前苏联会议厅为 2%（顶部采光）和 0.5%（侧面采光），本标准规定会议室采光系数最低值为 2%、窗地面积比为 1/5。

表 42　国内外旅馆建筑采光标准

房间名称	日本	英国	前苏联		旅馆建筑设计规范	日本采光标准	本标准	
	采光系数 (%)	采光系数 (%)	采光系数 (%)		窗地面积比 (A_c/A_d)	窗地面积比 (A_c/A_d)	采光系数最低值 C_{min} (%)	窗地面积比 (A_c/A_d)
			侧面	顶部				
客房 大堂	—	1	0.5	—	1/8	1/7	1	1/7
会议厅	1.5	—	0.5	2	—	—	2	1/5

3.2.6 医院建筑的采光标准制订依据如下：

一、实测调查

医院建筑采光实测调查结果见表 43。

表 43　医院建筑采光实测调查结果

房间名称	数量（个）	最满意的照度 (lx)	窗地面积比 (A_c/A_d)	采光系数最低值 C_{min} (%)
诊疗室	70	70	1/2.8	1.4

续表 43

房间名称	数量（个）	最满意的照度 (lx)	窗地面积比 (A_c/A_d)	采光系数最低值 C_{min} (%)
治疗室、化验室	67	64	1/3.1	1.3
病　房	28	31	1/4.2	0.6
药　房	2	45	1/2.8	0.9
候诊室	9	24	1/2.0	0.5
医生办公室（护士室）	25	30	1/3.8	0.6

二、参考国内外医院建筑的采光标准

国内外医院建筑的采光标准见表44。

根据实测调查结果和参考已有的国内外采光标准，诊室满意照度为70lx，按工业企业采光标准的分级，提高到100lx，此时的采光系数为2%，与日本的标准相一致，其窗地面积比为1/5，因为药房有较高的视觉工作，故与诊室采取同一标准。

病房及医生办公室的满意照度为64lx，可按50lx选取，此时其采光系数为1%，其窗地面积比为1/7，走道、楼梯间、卫生间取采光系数为0.5%，其窗地面积比为1/12。

3.2.7 博物馆和美术馆的采光标准的制订依据如下：

一、实测调查结果

对北京、上海、杭州、南京、深圳等16所美术馆和博物馆的实测调查结果如表45所示。

二、参照国内外标准

国际博物馆协会（ICOM）和国际照明委员会（CIE），根据展品特点推荐的照度标准见表46，我国的规范和标准推荐的标准与国际大体一致。

表44 国内外医院建筑采光标准

房间名称	日本		英国	前苏联	综合医院建筑设计规范	本标准	
	采光系数（%）	窗地面积比（A_c/A_d）	采光系数（%）	采光系数（%）	窗地面积比（A_c/A_d）	采光系数最低值 C_{min}（%）	窗地面积比（A_c/A_d）
药房	—	—	3	—	—	2	1/5
检查室	1.5	1/6	—	—	1/6	—	—
候诊室	1	1/7	2	0.5	1/7	1	1/7
病房	1.5	1/7	1	—	1/7	1	1/7
诊疗室	2	1/6	—	1.0	1/6	2	1/5
治疗室	—	—	—	0.5	—	2	1/5

表45 博物馆和美术馆采光实测调查结果

房间名称	数量（个）	采光方式	窗地面积比（A_c/A_d）	采光系数最低值 C_{min}（%）			采光系数平均值 C_{av}（%）		
				最高	最低	平均	最高	最低	平均
展览厅陈列室	18	侧面采光（15）	1/2.1～1/23	5.1	0.5	0.93	—	—	—
		顶部采光（3）	1/3.2～1/7.5	—	—	—	8.6	1.4	1.6
工作室	12	侧面采光（12）	1/2～1/20	2.0	0.40	1.13	—	—	—
库房	3	侧面采光（3）	1/8～1/58	0.4	0.10	0.24	—	—	—

表46 国内外博物馆和美术馆的照度标准

展示对象	ICOM	CIE	JGJ66—91	JGJ/T 16—92
金属、石头、玻璃、陶瓷、珠宝、搪瓷	不限制，但一般不超过300（色温4000～6500K）	不限制，但实际上要考虑陈列和辐射问题	≤300lx 色温≤6500K	300lx 色温≤6500K
油画、壁画、天然皮革、角制品、骨制品、象牙、木制品、漆器	150～180lx（色温4000K左右）	150lx	≤180lx 色温≤4000K	200lx
纺织品、服装、水彩画、图片、素描、邮票、手稿、水彩画、墙纸、缩微画、树胶、染色皮革、织锦	＜50lx（色温2900K左右）	50lx	≤50lx 色温≤2900K	75lx 色温≤2900K

注：1. JGJ 66—91——《博物馆建筑设计规范》。
2. JGJ/T 16—92——《民用建筑电气设计规范》。

日本和美国美术馆展厅采光系数标准为1%，在我国Ⅲ类光气候区，室外临界照度为5000lx时，最低照度50lx与室外临界照度之比也是1%，因此以1%作为展厅一般照明的采光系数最低值是适宜的。

由于博物馆和美术馆对光线的控制要求严格，采光口多设计成复式的，利用窗口的遮光百叶等装置调节光线，以保证室内天然光的稳定。调光装置因其复杂程度不同，造成天然光透过采光口的损失不同，在确定采光口面积时，要充分考虑此损失。

博物馆的工作室主要用于文物的整理、修复、装裱等，属精细视觉作业，按Ⅲ级采光标准，C_{min}应为2%，C_{av}为3%。

库房主要是保存文物，应尽量减小光线的损害，照度不应太高，采用最低的Ⅴ级采光标准，C_{min}为0.5%。

3.2.8 原《工业企业采光设计标准》生产车间和作业场所的采光标准较为详细，考虑到所列场所与民用的场所相协调，在本标准中作了些归纳整理较为综合和通用的场所，并取消辅助建筑的采光标准，因其中部分房间的标准已在民用建筑部分作了规定，故不再重复。

本标准提出的根据是：

对各工业系统272个生产车间的采光系数和135例作业场所所需的天然光照度进行实测调查的结果。

参考全国44个专业设计院对330个生产车间的采光等级提出的书面意见，此外还参照了照明设计标准的一般生产车间和作业场所的工作面上的最低照度值。

4 采光质量

4.0.1 视野范围内照度分布不均匀可使人眼产生疲劳，视功能降低，影响工作效率。因此，要求房间内照度有一定的采光均匀度。采光均匀度过去用采光系数最小值与最大值之比来表示。这是二个极限值之比，没有代表性。本标准是以最低值与平均值之比来表示。试验结果表明，对于顶部采光（矩形、锯齿形、平天窗），如在设计时，保持天窗中线间距小于工作面至天窗下沿高度的2倍时，则均匀度均能达到0.7的要求。此时，可不必进行均匀度的计算。根据目前常用的天窗采光形式有可能达到0.7的要求，且照度越均匀对视看越有利。考虑到采光均匀度与一般照明的照度均匀度情况相同，而照明标准根据主观评价及理论计算结果定为0.7，故本标准确定采光均匀度为0.7。如果用其他采光形式，可用其他方法进行逐点计算，以确定其均匀度。侧面采光由于照度变化太大，不可能做到均匀；而Ⅴ级视觉工作系粗糙工作，开窗面积小，较难照顾均匀度，故对均匀度未做规定。

4.0.2 本条为减少和避免窗眩光的措施。

4.0.3 本条是参考《民用建筑照明设计标准》和《工业企业照明设计标准》制订的。

4.0.4 采光设计时，应很好考虑光的方向，以避免产生遮挡和不利的阴影，影响工作效率和视觉功效。

4.0.5 天然光不足时所补充的人工光源的色温要尽量接近天然光的色温，以防止由于光源颜色差异而产生的颜色视觉的不适应。

4.0.6 光透过有色玻璃进入室内，造成光的光谱成分改变，从而改变了光的颜色，产生不良的光色效果，对需要识别颜色的场所，宜采用不改变天然光光谱成分的采光材料。

4.0.7 在博物馆和美术馆中，消除紫外辐射，限制天然光照度值和减少曝光时间，都是为了保护展品不受损害。

4.0.8 当观看目标为镜面时，应处理好观看目标的位置和入射光的方向，以避免产生反射眩光和映像。

5 采光计算

5.0.1 为便于在方案设计阶段估算各类采光口面积，按民用建筑和工业建筑的实际条件，分别计算并规定了表5.0.1的窗地面积比。此窗地面积比值只适用于规定的计算条件。如不符合规定的条件，需按实际条件进行计算。

当不考虑各种计算条件，估算窗地面积比时，可参照附录C中列出的建筑尺寸对应的窗地面积比。建筑师在进行方案设计时，可用窗地面积比估算开窗面积，这是一种简便、有效的方法，但是窗地面积比是根据有代表性的典型计算条件下计算出来的，适合于一般情况。如果实际情况与典型条件相差较大，用窗地面积比估算的开窗面积就会有较大的误差。因此，本标准规定以采光系数作为采光标准的数量评价指标，即按照视觉作业的难度，不同房间的功能特征及不同的采光形式确定各视觉等级的采光系数标准值。在进行采光设计时，宜按采光计算方法和提供的各项参数进行采光系数计算，而不能把窗地面积比作为标准。

本《标准》鉴于民用建筑的建筑条件和采光设计要求与工业建筑差别较大，《工业企业采光设计标准》GB 50033—91中给出的窗地面积比不适合民用建筑，为此，我们重新选择了适于民用建筑的计算条件组合，进行了各种采光形式和采光等级的窗地面积比计算。

将计算结果与我国已颁布的各类建筑设计规范中推荐的窗地面积比进行比较，除Ⅱ级采光标准（$C_{min}=3\%$）的设计、绘图室按我们的计算需要较大的开窗面积外，Ⅲ～Ⅴ级采光标准两者推荐的窗地面积比比较接近（见表47）。

《工业企业采光设计标准》中列出的窗地面积比所依据的计算参数也有若干不合理之处，如对Ⅰ级采光选用室内平均反射比 $\rho_j=0.5$，而对Ⅱ～Ⅴ级采光则一律选用 $\rho_j=0.3$。这次一并作了调整。

表 47　窗地面积比的比较

建筑物及房间名称	采光标准 C_{min}（%）	窗地面积比（A_c/A_d）	
		本标准	建筑设计规范
住宅：起居室、卧室、	1	1/7	1/7
卫生间、过厅、楼梯间	0.5	1/12	1/10～1/14
办公建筑：办公室、会议室、	2	1/5	1/6
设计室、绘图室	3	1/3.5	1/5
学校：教室、实验室	2	1/5	1/6
图书馆：阅览室、	2	1/5	1/5
开架书库	2	1/5	1/6
旅馆：客房	1	1/7	1/8
医院：诊室、药房、	2	1/5	1/6
候诊室、病房	1	1/7	1/7

5.0.2　本条给出了矩形　锯齿形　平天窗和侧窗的采光系数计算公式。为便于采光计算，根据对国内外各种计算方法的优缺点的分析，征求设计单位对计算方法的意见，通过在模拟全阴天条件下进行的模型实验，推荐了一种较为简单的计算图表，此图表按房间实际建筑条件，用查图表的办法，求出窗洞口的采光系数。如在设计中需要了解房间内各点的采光系数值，或者采用本计算图表不能计算或不易计算时，则可采用其他计算方法。

采光计算点的确定及采光分区的原则，可按附录B的方法进行。

5.0.3　计算总透射比所引用的各个参数均通过测试和实验取得。考虑到屋架、吊车梁等对侧面采光影响不大，故在计算侧面采光的总透射比时不包括室内构件挡光折减系数。

5.0.4　计算室内平均反射比时需考虑窗玻璃反射比的影响，因开窗面积占室内表面积的比例较大，对计算结果有较大影响。

5.0.5　为执行采光标准，需要有一个简便可靠的采光计算方法。过去国内常用前苏联的达尼留克图表及前苏联采光规范中的计算参数。这种计算方法繁琐，参数不尽符合我国实际情况。国内曾陆续提出一些新的采光计算方法，在简化计算或提高计算精度方面有所改进。但是，这些方法都由理论推导而得，缺少实验的依据和实测的验证，而且都局限于天空直接光的计算，室内反射光增量等计算参数仍沿用前苏联的数据。

1970年国际照明委员会发表了该会推荐的采光计算方法，该方法比较简明易懂，便于使用，对改进采光计算有一定的参考价值，但因其图表过多，使用范围有限，仍有不少缺点。

在分析国内已有计算方法的基础上，通过在人工天空中进行的模型实验研究，推荐一种采光计算图表。模型比例为1/20～1/50，人工天空亮度分布符合全阴天天空的亮度分布，模拟地平面的照度达2000lx。

分别对矩形天窗、平天窗、锯齿形天窗及侧窗等进行试验。找出采光系数与窗洞口位置和大小的关系以及均匀度等。

通过各种类型不同项目的上千组试验，共取得约14000个数据，将数据进行统计整理和回归计算后，得出了计算曲线。

本方法采用图解法，简明易懂，使用方便，适合于常用的采光形式，既能按窗洞口的位置和大小核算采光系数，也能按采光系数求出需要的开窗面积。

本方法具有一定的精度。过去采用采光面积与地板面积比和经验值法来确定采光窗面积，而不考虑采光形式及房屋几何尺寸的差别，误差较大。但是，由于房屋建成后，随着生产的发展，使用情况复杂，各种因素对采光的影响，在设计阶段无法考虑。因此，指望采光计算有很高的精度也是不现实的。采光计算误差宜控制在±20%以内。

为了检验试验结果和本计算图表的可靠性，对不同类型40多个厂房做了采光实测，并选其中较为典型的6个车间，将计算结果与实测结果进行比较表明（表48），根据本计算表所得的计算值与实测值相差甚少。

此外，还收集了10余种国外的采光计算方法，选其中5种，通过典型例题与本计算方法进行了比较，其结果见表49。

表 48　本计算方法与实测结果的比较

序号	车间名称	采光形式	跨数	建造年代	C_{min}或C_{av}（%）			备　注
					实测	计算	相对误差	
1	北京印染厂印花车间	锯齿形天窗	多	1958	0.64	0.66	+0.03	$\tau \cdot \tau_w=0.15$
2	北京特殊钢厂小型轧钢车间	平天窗（屋脊采光带）	2	1969	2.73	2.99	+0.09	$\tau \cdot \tau_w=0.40$
3	北京内燃机总厂汽油机车间	矩形天窗	多	1959	1.16	1.01	−0.15	$\tau \cdot \tau_w=0.40$

续表 48

序号	车间名称	采光形式	跨数	建造年代	C_{min}或C_{av}（%）			备　注
					实测	计算	相对误差	
4	北京照相机厂快门组装车间	双侧采光	—	1975	0.85	0.83	−0.02	双侧钢窗 $\tau \cdot \tau_w=0.75$
5	北京照相机厂成品库	单侧采光	—	1975	1.32	1.12	−0.18	双侧钢窗 $\tau \cdot \tau_w=0.75$
6	清华大学机械厂机加工车间	双侧采光（高侧窗）	3	1974	0.71	0.73	−0.03	$\tau \cdot \tau_w=0.73$

注：除北京内燃机总厂外，其余均为阴天实测值。

表 49　本计算方法与国外计算方法的比较

采光形式	室内平均反射比 ρ_j	本计算方法	CIE 法	达尼留克图表法（苏）	BRS 法（英）	关原图表法（日）	DIN 5034 法（德）
矩形天窗（C_{av}）	0	2.1	1.9	2.7	2.5	—	3.6
	0.3	2.9	2.6	3.0	3.3	—	3.6
	0.5	3.6	3.1	3.5	4.4	—	3.6
锯齿形天窗（C_{av}）	0	2.8	2.5	3.8	3.6	3.3	3.8
	0.3	3.9	3.5	5.0	4.3	3.9	3.8
	0.5	5.3	4.1	5.9	5.3	4.8	3.8
平天窗（C_{av}）	0	9.2	7.0	9.9	—	9.2	9.4
	0.3	10.6	9.7	10.9	—	11.3	9.4
	0.5	11.9	11.4	12.9	—	14.2	9.4
单侧采光（C_{min}）	0	1.0	—	1.1	1.1	1.2	1.2
	0.3	1.8	—	2.2	1.5	1.9	1.9
	0.4	2.6	2.9	3.3	2.1	2.5	2.4
	0.5	3.3	—	4.3	3.1	3.4	3.4

注：1. 本表中的数字，天窗为采光系数平均值（C_{av}），侧窗为最低值（C_{min}）。
2. 天窗计算条件：$A_c/A_d=0.1$，多跨，$h_x/l=1/8$，$l/b=0.5$，窗洞口，不考虑室内外结构遮挡和污染。
3. 侧窗计算条件：$h=3h_c$，$l=b$，带形窗，窗洞口，不考虑室外遮挡及污染。

附录 A　中国光气候分区

光气候分区是根据我国 1983 年 1 月 1 日至 1984 年 12 月 31 日在全国 14 个代表性测站（北京、黑河、长春、乌鲁木齐、二连浩特、西安、西宁、玉树、上海、重庆、长沙、福州、昆明、广州）进行的每日逐时的照度与辐射的对比观测结果，通过回归分析的方法求得辐射光当量 K 与各种气象因素之间的关系，然后利用各地区多年的气象资料获得了各地区的总照度和散射照度。总辐射光当量 K_q 和散射辐射光当量 K_d 用式（1）、（2）表示：

$$K_q=E_q/Q\ (\mathrm{lx/W\cdot M^{-2}}) \tag{1}$$

$$K_d=E_d/D\ (\mathrm{lx/W\cdot M^{-2}}) \tag{2}$$

式中　E_q、E_d 分别为总照度和散射照度，Q、D 分别为总辐射和散射辐射。

辐射光当量 K 与各气象因素的回归式用（3）式表示：

$$K=B_0+B_1\times N+B_2\times H+B_3\times M+B_4\times S+B_5\times C \tag{3}$$

式中　N——地理纬度（°）；
H——海拔高度（m）；
M——年平均绝对湿度（MPa）；
S——年平均日照时数（h）；
C——年平均总云量；
B_0,B_1,B_2,B_3,B_4,B_5——方程待定系数。

利用 14 个站测得的 K 值及各地区的气象参数可求得回归方程中的待定系数。回归分析表明辐射光当量与气象因素 N、H、M、S、C 有较好的相关性，年复相关系数为 0.84。在我国缺少多年照度观测资料的情况下，可以利用多年辐射观测资料及各地的气象参数求得各地区的辐射光当量值，再通过辐射光当量来求得各地的总照度和散射照度，即 $E_q=K_q\times Q$；$E_d=K_d\times D$，本标准是根据总照度进行光气候分区的。总照度分布图（图 2）是根据我国 30 年的气象数据计算出 135 个站的照度资料制订的。从气候特点分

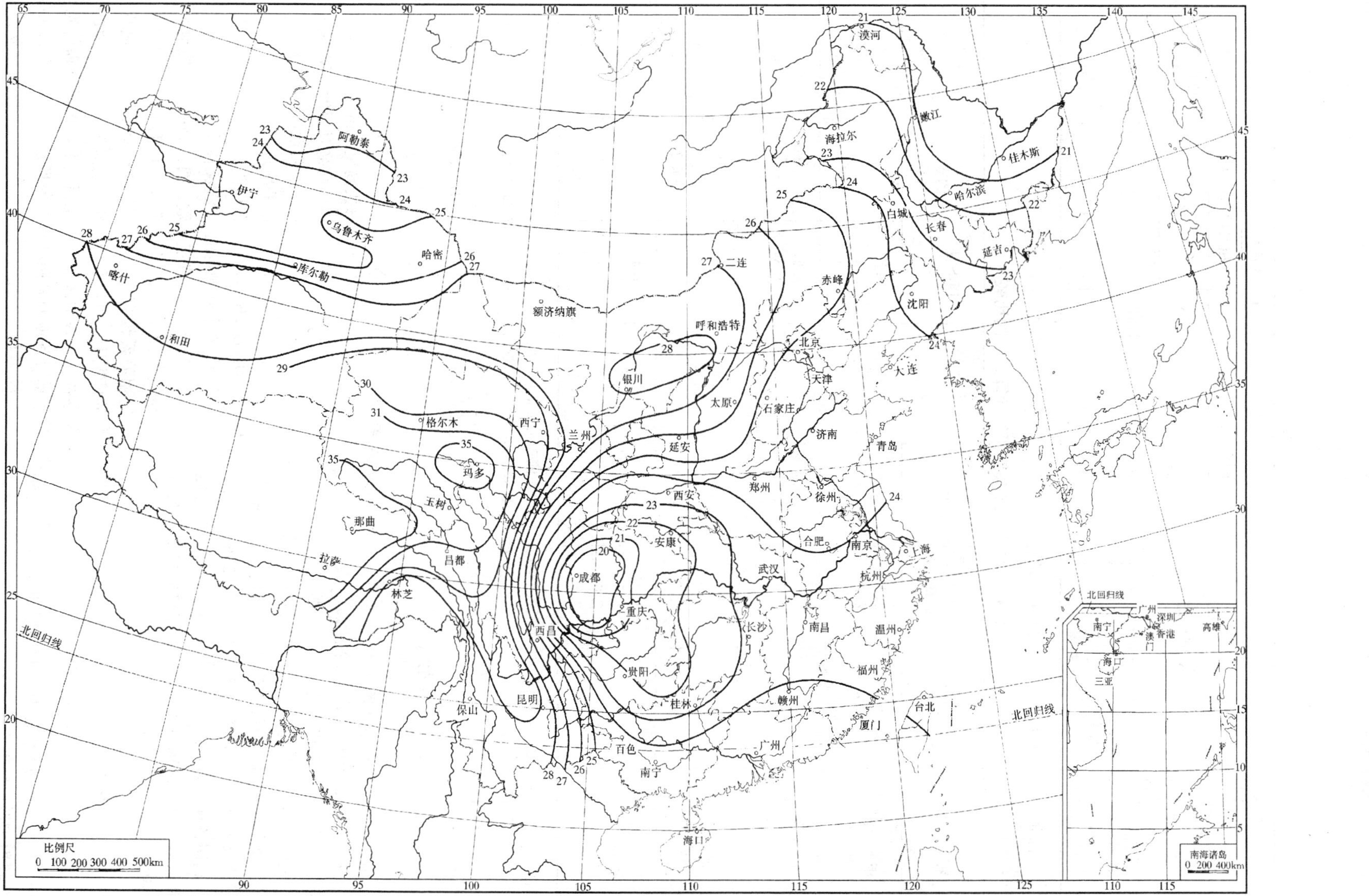

图 2　中国年平均总照度分布（klx）　本图上中国国界线系按照中国地图出版社 1989 年出版的《中华人民共和国地图》绘制

析，它与我国气候分布状况也是吻合的。天然光照度随着海拔高度和日照时数的增加而增加，如拉萨、西宁地区照度较高；随着湿度的增加而减少，如宜宾、重庆地区。

附录B 计算点的确定

采光设计中应根据实际的建筑条件，选择有代表性的单元剖面，可按表5.0.1确定相应采光等级的窗地面积比，再用附录B中求 B_1 和 B_2 公式，通过计算求出侧面采光计算点以及侧面和顶部的分区界线和范围。

一般侧面和顶部采光分区范围，可概略地按下述原则确定：

一、侧面采光

1. 单侧采光。计算点应定在距侧窗对面内墙面1m处；当在三跨以上的厂房中，边跨为侧窗采光时，计算点可定在边跨与邻近中间跨的交界处。

2. 双侧采光。对称双侧采光时计算点应定在房间进深的中点上，非对称双侧采光时，由于建筑物两侧的开窗高度和面积的不同，计算点应按主要采光面的侧窗求出计算点 P，并由此推算另一面侧窗的洞口尺寸，当与设计基本相符时，则 P 点即为非对称双侧采光的计算点。（本标准附录B求 B_1 公式中，窗地面积比 $\frac{A_c}{A_d}$ 取值：当实际工程满足本标准窗地面积比要求时，其取值应按实际工程窗地面积比取值；当实际工程不满足本标准窗地面积比要求时，其取值应按本标准规定的同等级窗地面积比取值。）

二、顶部采光

为满足采光均匀度不小于0.7的要求，对矩形和锯齿形天窗中线间距，应小于工作面至天窗下沿高度的2倍，平天窗可按表D-4推荐的采光罩距高比确定。

1. 矩形天窗采光。当多跨连续时，天窗采光分区计算点（界线上的点）可定在两跨交界的轴线上；当为单跨或边跨时，计算点可定在距外墙内面1m处。

2. 锯齿形天窗采光。多跨连续时，天窗采光分区计算点可定在两相邻天窗相交的界线上。

3. 平天窗采光。中间跨的屋脊两侧设平天窗时，其采光分区计算点，可定在跨中或两跨交界的轴线上。当中间跨屋脊处设平天窗时，其计算点可定在两跨交界的轴线上。

三、兼有侧面采光和顶部采光

可先求出侧面采光分区计算点和顶部采光分区计算点，计算点以外部分为采光不满足区。当以侧面采光为主时，采光分区计算点应以侧面采光计算点来控制，而侧面采光不满足区，可用平天窗来补光，其所需的窗洞面积可按表5.0.1确定。

用上述方法确定采光分区及计算点之后，即可分别计算侧面采光和顶部采光的系数值。

求采光分区范围及计算点举例：

例1 已知：某会议室南北向布置，采光等级为Ⅲ级，柱距为4m，进深为9m，采用非对称双侧采光方式，顶棚高度为4m，柱间南向窗高为2.4m，窗宽为1.8m；柱间北向窗高为2.1m，窗宽为1.5m。剖面简图如图3，求采光分区界线计算点位置。

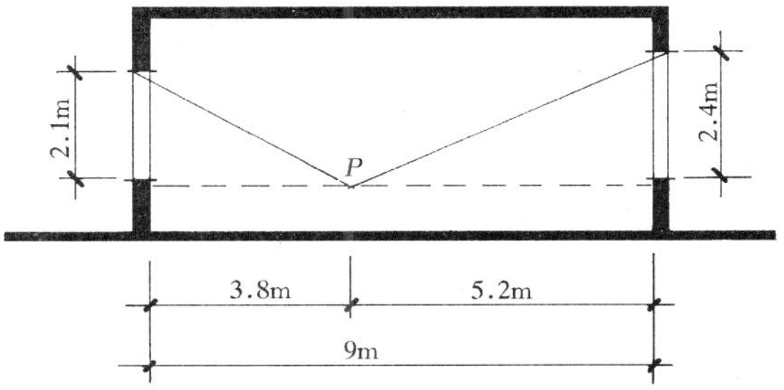

图3 某会议室剖面简图

解1

1）查标准的表5.0.1，侧面采光、Ⅲ级民用建筑所需要的窗地面积比为1/5。

2）实际工程（窗洞）窗地面积比：

$(A_{c1}+A_{c2})/A_d=(2.1\times1.5+2.4\times1.8)/4\times9\approx1/4.8>1/5$ 满足本标准窗地面积比1/5的要求。

3）依据附录B非对称双侧采光计算公式

$$B_1=\frac{A_{c1}}{\frac{A_c}{A_d}\times l}=\frac{2.1\times1.5}{\frac{1}{4.8}\times4}=3.78 \quad 取3.8m$$

4）$B_2=b-B_1=9-3.8=5.2m$

例2 已知某机加工厂房，采光标准为Ⅲ级，柱距为6m，跨度为（18.0＋18.0＋24.0）m，下弦高度分别为10m和8m，中跨设矩形天窗，天窗高1.8m；18m的边跨侧窗高为4.8＋1.8＝6.6m，侧窗宽为3.6m；24m的边跨侧窗高为4.8＋1.2＝6m，侧窗宽为3.6m。剖面简图如图4。求采光分区界线计算点的位置。

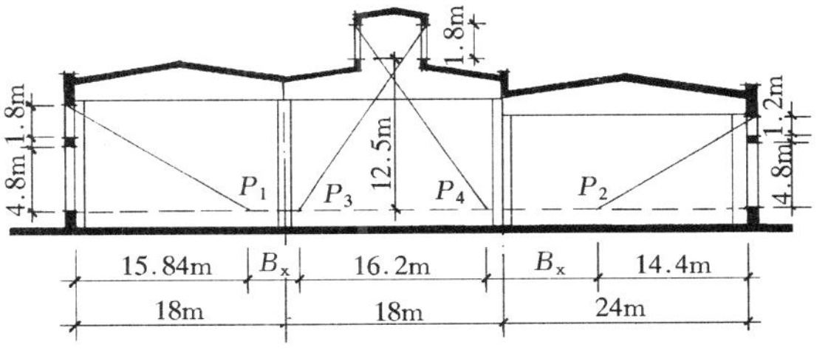

图4 某机加工厂房剖面简图

解2

查标准的表5.0.1，工业建筑单侧采光，Ⅲ级所需要的窗地面积比为1/4。

a. 左边跨侧窗采光分区界线计算点：

已知：侧窗总高：4.8＋1.8＝6.6m

单元窗洞总面积：6.6×3.6＝23.76m^2

单元地面面积：6×18＝108m^2

1）实际工程窗洞面积是否满足本标准窗地面积比要求？23.76/108≈1/4.5＜1/4，不满足本标准所需窗地面积比要求，会出现采光不满足区 B_x，故 A_c/A_d 值只能按本标准规定的窗地面积比 1/4 取值。

2）依据附录 B 中的计算公式：

$$B_1=\frac{A_{c1}}{\frac{A_c}{A_d}\times l}=\frac{23.76}{\frac{1}{4}\times 6}=15.84\text{m}$$（其余部分为采光不满足区）

b. 右边跨侧窗采光分区界线计算点：

已知：侧窗总高：4.8＋1.2＝6m

单元窗洞总面积：6×3.6＝21.6m^2

单元地面面积：6×24＝144m^2

1）实际工程窗洞面积是否满足本标准窗地面积比要求？21.6/144≈1/6.7＜1/4 不满足本标准所需窗地面积比要求，会出现采光不满足区 B_x，故 A_c/A_d 值只能按本标准规定的窗地面积比 1/4 取值。

2）依据附录 B 中的计算公式：

$$B_2=\frac{A_{c2}}{\frac{A_c}{A_d}\times l}=\frac{21.6}{\frac{1}{4}\times 6}=14.4\text{m}$$（其余部分为采光不满足区）

c. 矩形天窗采光分区界线计算点：

查标准的表 5.0.1，工业建筑、矩形天窗、Ⅲ级所需要的窗地面积比为 1/4.5。

矩形天窗可视为对称的双侧采光形式，故仍可用附录 B 中的公式求采光分区界线的计算点。

已知：天窗总高度：2×1.8＝3.6m

单元窗洞总面积：2×1.8×6＝21.6m^2

单元地面面积：6×18＝108m^2

1）实际工程窗洞面积是否满足本标准窗地面积比要求？21.6/108＝1/5＜1/4.5 不满足本标准窗地面积比要求，会出现采光不满足区 B_x，故 A_c/A_d 值只能按本标准规定的窗地面积比 1/4.5 取值。

2）依据附录 B 中的计算公式：

$$B_3=\frac{A_{c3}}{\frac{A_c}{A_d}\times l}=\frac{21.6}{\frac{1}{4.5}\times 6}=16.2\text{m}$$（其余部分为采光不满足区）

从以上计算得知（图 4）左边跨 P_1 及右边跨 P_2 为侧窗采光分区界线计算点；P_3 和 P_4 为矩形天窗采光分区界线计算点。该厂房采光方案应考虑采光不满足区 B_x 的采光照度的补充。

例 3 某位于北京地区的会议室，房间长 30m，进深 15m，柱距 6m，南北向布置，顶棚高 4.2m。拟采用非对称双侧采光方式，北向用双层铝合金窗；南向用单层中空普通玻璃窗，室外无建筑物遮挡，也无外挑构件挡光，室内各表面反射比加权平均值 ρ_j＝0.5。试作采光设计。

解 3

a. 采光计算：

1）确认采光等级标准：

查表 3.2.2，会议室应为Ⅲ级采光等级，采光标准为采光系数最低值 2%；查表 5.0.1，窗地面积比估算值为 1/5。

2）估算窗洞口面积：

A_d＝30×15＝450m^2

A'_c ＝A_d×1/5＝450×1/5＝90m^2

3）窗洞口面积分配：

综合采光朝向及冬季保暖需要，宜增大南向窗面积，北向与南向窗面积比拟采用 1∶1.5，即为：北向窗面积 36m^2，南向窗面积 54m^2。

4）确定窗洞高与洞宽尺寸：

由于顶棚高为 4.2m，故窗高最高只能用到 3.0m。为此，南北向窗高均用 3m。此时，进深与窗高之比，即：B/h_c＝15÷2÷3＝2.5，此值已偏大，故利用朝向系数适当加大南向窗面积对采光和保暖均是有利的。为了便于计算，按 6m 柱距为一个单元，计算两面窗宽：

北向窗宽：36÷5÷3＝2.4m

南向窗宽：54÷5÷3＝3.6m

5）校验窗地面积比是否满足标准的要求：

（A_{c1}＋A_{c2}）/A_d＝（2.4×3＋3.6×3）/6×15＝1/5

满足标准对窗地面积比 1/5 的要求。

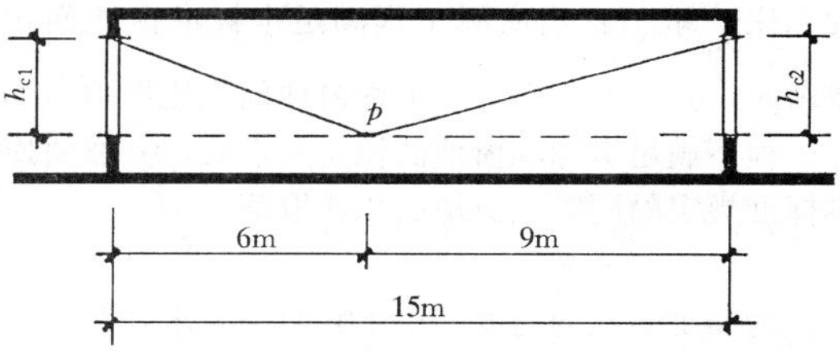

图 5　北京某会议室剖面简图

6）确定采光计算点 P：

$$B_1=\frac{A_{c1}}{\frac{A_c}{A_d}\times l}=\frac{2.4\times 3}{\frac{1}{5}\times 6}=6\text{m}$$

$$B_2=15-6=9\text{m}$$

7）求北向窗洞口采光系数：

查图 5.0.5-4，$l\geqslant 4b$ 曲线，当 B_1/h_{c1}＝6/3＝2 时，C'_{d1} ＝3.4%。

8）求北向窗对点的采光系数最低值：

依据 $C_{min}=C'_{d1}\cdot K'_\tau\cdot K'_\rho\cdot K_w\cdot K_c$ 公式

C'_{d1} ＝3.4%

K'_τ ＝$\tau\cdot\tau_c\cdot\tau_w$＝0.64×0.60×0.9＝0.3456

式中　τ——查附录 D-7，按双层隔热玻璃取 0.64；

τ_c——查附录 D-8，双层铝窗，取 0.60；

τ_w——查附录 D-9，清洁，取 0.90；

K'_ρ ——室内反射增量，查附录 D-5，当 ρ_j＝0.5 时，双侧采光 B_1/h_{c1}＝2 时，K'_ρ＝1.65；

K_w——室外无遮挡，取值为 1；

K_c——2.4/6=0.4。

故北向窗对 P 点的采光系数最低值为：

$C_{min}=3.4\%\times0.3456\times1.65\times1\times0.4=0.776\%$

9）求南向窗洞口采光系数：

查图 5.0.4-4，$l=3.3b$（内插），当 $B_2/h_{c2}=9/3=3$ 时，$C'_{d2}=1.4\%$

10）求南向窗对 P 点的采光系数最低值：

依据 $C_{min}=C'_{d2}\cdot K'_\tau\cdot K'_\rho\cdot K_c\cdot K_f$ 公式

$$C'_{d2}=1.4\%$$

$$K'_\tau=\tau\cdot\tau_c\cdot\tau_w=0.81\times0.75\times0.90=0.547$$

式中 τ——查附录 D-7，中空玻璃为 0.81；

τ_c——查附录 D-8，单层铝窗为 0.75；

τ_w——查附录 D-9，垂直，清洁为 0.90；

K'_ρ——室内反射增量、查附录 D-5，当 $\rho_j=0.5$ 时，双侧采光 $B_2/h_{c2}=3$ 时，$K'_\rho=2.10$。

$K_c=3.6/6=0.6$；

K_f——晴天方向系数、北纬 40°、南向 1.55；

把数据代入上述公式得：

$C_{min}=1.4\%\times0.547\times2.1\times0.6\times1.55=1.496\%$

全阴天时：$C_{min}=1.4\%\times0.547\times2.1\times0.6=0.965\%$

11）南北向窗共同对 P 点起作用的采光系数最低值：

$C_{min}=0.776\%+0.965\%=1.741\%$（全阴天时）

12）结论：晴天时满足本标准采光系数最低值2%的要求；阴天时，不满足本标准采光系数最低值要求。

b. 平面及剖面图设计：

根据上述采光计算结果，适当调整设计（如调整室内反射增量等）绘制平面及剖面图（略）。

附录C 建筑尺寸对应的窗地面积比

附录C是通过列出窗地面积比的比值来反映出建筑进深、开间、窗口尺寸与窗地面积比的关系。为便于在设计中用简捷的方法调整建筑尺寸，以达到或接近相应的采光等级标准，给出本附录。本附录根据规定的窗地面积比（表 5.0.1），在已知进深（跨度）、开间（柱距）、窗高的条件下，可方便地求得所需窗宽；根据已知房间平面尺寸和窗洞口尺寸，可求出窗地面积比；当各因素之间需相互协调时，可通过本表协调相互关系。

各表中所列数值，均依据《厂房建筑模数协调标准》(GBJ 6—86）中规定的模数和一般工程设计中常用的柱网尺寸确定。

单侧窗窗地面积比（表 C-1）中所列开间窗宽系数，包含有开间（柱距）和窗洞口宽度两个因素。当开间窗宽系数为 1.0 时，系指房间开间（柱距）与窗洞口宽度同宽。如房间柱距为 6.0m 时，窗洞口宽度也为 6.0m；如开间窗宽系数为 0.5 时，其窗洞口宽度为 6.0×0.5=3.0m。

开间（柱距）内有数个窗洞口时，窗洞口宽度为数个窗洞口宽度之和，当有上下两排窗相同宽度的窗洞口时，窗高为上、下两排窗洞口高度之和。各表中所列范围内未包括的数值可用插入法计算求得。所列范围以外的柱网尺寸可利用本表数值推算，如 18、24、30m 跨度的房间可分别用 9、12、15m 跨的窗地面积比推算。

附录D 采光计算参数

本附录所列采光计算参数适用于各种天然采光计算方法，各系数值是通过调查研究和科学实验，经分析汇总确定的。

采光材料透射比和饰面材料的反射比是根据实验室和现场测量确定的。透光材料中的玻璃是由上海、秦皇岛、大连、株洲、沈阳等主要玻璃厂提供，共有 12 个品种、35 个规格、116 件。塑料制品由北京、上海等地提供，共有近 10 个品种几十种规格 160 余件。饰面材料共有 30 余个品种 400 余件。利用国产 TFK-1 型光电光度计测定各系数，共取得 1600 余个数据。按材料的品种、规格分别加权平均后得到样品各参数的平均值。此外，部分墙、地面材料的反射比是通过对全国几十个工厂 101 个车间的现场调查测定数据，经归类加权平均后整理得出的。如混凝土地面的反射比，就是由 58 个车间的测定值加权平均后得出的。所有数据只取二位有效值。

窗结构挡光折减系数和室内结构挡光折减系数是根据我国现行的建筑标准设计图，选择具有代表性的钢窗、木窗、桁架、吊车梁等构件，在人工天空内进行模型试验后得出的。模型比例为 1/4～1/30。

窗玻璃污染折减系数主要是通过现场调查、结合模型试验确定的。现场调查了 95 个不同类型的房间。根据现场测出的污染玻璃的总透射比，用下式算出污染折减系数：

$$\tau_w=\frac{\tau_0}{\tau}$$

式中 τ——未污染玻璃的透射比。

分析各种房间污染情况，将房间按污染程度分为三大类，以工业建筑为例（见表 50）。

表 50 房间污染程度分类

环境污染特征	举 例
清 洁	仪器仪表装配车间、毛纺检验间、实验室等
一般污染	机械加工、装配车间、织布车间等
污染严重	铸工车间、锻工车间、轧钢车间、水泥厂等

窗玻璃不同装置角度的污染折减系数的试验是在北京第一机床厂进行的，这个试验用装有三种不同角度（水平、45°倾斜和垂直）玻璃的模型箱放置在污染程度不同的两个厂房内和室外屋顶，经过9个月时间测出其污染折减系数。结果是水平玻璃污染最严重，而45°倾斜次之。

南方多雨地区，水平天窗污染不是特别严重，所以暂将南方多雨地区（一般指长江以南）水平天窗污染折减系数按倾斜天窗的数值选取。

室内反射光增量系数的试验方法，是将模型内表面分别涂以不同反射比的颜色，从灰到白，由浅到深。使 ρ 分别为 0.2、0.3、0.4、0.5 的情况下，经实验得出。

侧面采光室外建筑物挡光折减系数选 $\rho=0.24$，相当于轻度污染的红砖墙或混凝土表面的反射比进行模型试验。同时确定 $D=5h_c$，这符合一般的遮挡情况。选遮挡物对侧窗的遮挡角 α 分别为 10°、20°、45°进行试验，将其采光系数与相应的无遮挡的采光系数进行比较，求出不同遮挡情况下的挡光折减系数。

随着近年来各种新材料的大量采用和建筑结构的新发展，在采光计算参数中补充了一些新的材料参数。复合玻璃和镀膜玻璃的透射比，镀膜玻璃、浅色彩色涂料、不锈钢板和彩色钢板的反射比，铝窗、塑料窗的挡光折减系数，网架结构的挡光折减系数。这些数据均是通过试件或模型在实验室内经测试取得的。

此外，还增加了平天窗采光罩的井壁挡光折减系数和侧面采光口上部外挑结构遮挡系数。

挡风板折减系数是根据机械工业部第六设计研究院与中国建筑科学研究院物理所的“矩形避风天窗的试验研究”中所做各种矩形天窗有无挡风板模拟试验数据对比得出的，其系数值在 0.57～0.64 之间。为简化计算，均取 0.60 的系数，此系数适用于带挡风板的矩形天窗。

晴天方向系数：

光气候分区中的Ⅰ、Ⅱ区和Ⅲ区中北纬 40°上下的地区，全年中晴天占很大比例。年日照率在 60%以上。这些地方的采光设计应考虑晴天特点：有太阳光存在，不但照度高，而且各朝向的垂直面照度不同。

我们利用修改“建筑工程软件包晴天采光计算程序”的程序和按玉树阴天照度实测数据回归公式，计算出晴、阴天北纬 30°、40°、50°地区；不同季节（春分、秋分、夏至、冬至）；不同时间（8点至16点）；不同朝向、垂直面和水平面的散射照度（天空光）和总照度（天空光加太阳直射光），由此求出全年平均值（见表51）。

从表中数值可以看出：在两种天气条件下，建筑各朝向的照度有很大差别。这意味着在同一窗口条件下，阴、晴天时室内采光效果不一样。为此。在计算中增加晴天方向系数 K_f 来考虑这种区别。

表51　阴、晴天时各表面照度全年平均值（klx）

纬度	计算面	阴天	晴天		
			朝向	散射照度	总照度
30°	垂直面	10.64	东（西） 南 北	11.67 13.61 6.38（10.35）	52.93 45.19 6.93
	水平面	26.86		19.37	77.19
40°	垂直面	9.39	东（西） 南 北	11.34 14.59 5.70（10.19）	49.46 55.09 5.70
	水平面	23.74		18.05	63.37
50°	垂直面	8.35	东（西） 南 北	10.99 15.48 5.27（10.33）	46.01 57.55 5.29
	水平面	21.08	—	17.02	58.96

鉴于在房间采光中，常采用一些措施将直射阳光排除于房间之外，故在考虑 K_f 值时，对于垂直窗口（侧窗、矩形和锯齿形天窗）常用外遮阳构件挡去直射阳光；故用阴、晴天的天空光照度来进行比较，而水平窗较难用外部建筑构件将直射阳光排除，故用总照度来进行比较，考虑到这时常采取内格片、百叶、扩散材料等手段将直射阳光挡住或使之扩散。这就减少进入室内的光通量，故将晴天总照度乘以 0.5 的折减系数后进行比较。

由于光气候分区是以Ⅲ区为基础（$K=1$），而Ⅲ区主要位于北纬 40°上下，故 K_f 是以北纬 40°的阴天照度全年平均值为基础与晴天各表面照度全年平均值进行比较。

北向垂直窗的 K_f 值考虑了对面南向建筑的反射光。因南向墙面在晴天条件下接收天空光和太阳光，照度很高，亮度很大。这对于对面的北向窗来说，是一个不可忽视的第二光源。上表北墙照度值一栏中括号内数值就是考虑了南墙反光后的照度值。

附表 5.2 未列入的朝向，在选择 K_f 值时，可用相邻朝向的 K_f 插入值。如东南向窗用东和南向窗 K_f 值的插入法。

当房间具有几个不同朝向窗口时，可按主要朝向来选取 K_f 值，或取各朝向中 K_f 最低值来进行计算。

中华人民共和国行业标准

建筑照明术语标准

JGJ/T 119—2008

条 文 说 明

前　　言

根据建设部［2005］建标［2005］84号文的要求，由中国建筑科学研究院主编，与中国航空工业规划设计研究院等单位共同修订的《建筑照明术语标准》JGJ/T 119－2008经建设部2008年11月13日以第144号公告批准、发布。

为便于广大设计、施工、科研、学校等单位的有关人员在使用本标准时能正确理解和执行条文规定，《建筑照明术语标准》修订组按章、节、条顺序编制了本标准的条文说明，供使用者参考。在使用中如发现条文说明中有欠妥之处，请将意见函寄中国建筑科学研究院建筑物理研究所（北京市西城区车公庄大街19号；邮政编码：100044）。

目　　次

1 总 则

本术语标准适用于工业与民用建筑照明、道路照明、室外场地照明（如广场、码头、货场、运动场地等的照明），同时也适用于其他与照明有关的领域。

本标准包括建筑的人工照明（简称照明）和天然采光（简称采光）两个方面的内容，其中包括辐射和光、视觉和颜色、照明技术、电光源及其附件、灯具及其附件、建筑采光和日照、材料的光学特性和照明测量等方面的术语条目。

制订本标准的目的是将有关照明的术语加以合理统一，使之规范化，以利于照明技术的发展和国内外交流。

本标准参照采用了已有的相关国家标准，同时也积极采用了国际权威机构国际电工委员会（IEC）和国际照明委员会（CIE）所推荐的最新照明术语。

各术语的定义力求通俗易懂，对于含混和产生不同理解的条目以及有多种不同的定义的条目将在本条文说明中加以解释。

2 辐射和光、视觉和颜色

2.1 辐 射 和 光

2.1.1 电磁辐射

这一术语有两种含义，其定义如条文所述。

2.1.2 光学辐射

常简称光辐射。

2.1.3 可见辐射

可见辐射的光谱范围，设有一个明确的界限，因为它既与到达视网膜的辐射功率有关，也与观察者的响应度有关。在一般情况下，可见辐射的下限取在360nm到400nm之间，而上限在760nm到830nm之间。通常把它们分别限定在380nm和780nm之间。

2.1.5 紫外辐射

在某些应用场合，也可将条文中三种紫外辐射称为近紫外、远紫外和极紫外（真空紫外）辐射。100～200nm之间的紫外辐射在空气中易被吸收。

2.1.6 光

在光度学和色度学中，光被赋予两种含义。照明是通过光来实现的，在照明中所指的光为可见辐射，而可见辐射属光学辐射，而光学辐射属电磁辐射。

2.1.13 光谱光（视）效率

人眼在看同样功率的辐射时，在不同波长时，感觉到的亮度不同，人眼的这种特性称为光谱光（视）效率。

明视觉的光谱光（视）效率是CIE于1924年取得同意，然后通过内插与外推方法加以完善。最后，由国际计量委员会（CIPM）于1976年加以推荐的值，由它确定了$V(\lambda)$函数或曲线。

暗视觉的光谱光（视）效率是CIE于1951年采用青年观察者的光谱光（视）效率值，然后由CIPM于1976年认可，由它确定$V'(\lambda)$函数或曲线。

2.1.15 光通量

由于人眼睛对不同波长的光具有不同的灵敏度，我们不能直接用辐射功率和辐射通量来衡量光能量，因此必须采用以人眼睛对光的感觉量为基准的基本量——光通量来衡量。

2.1.17 发光强度

简称光强，它表征光通量的空间分布的特性。

2.1.18 （光）亮度

为区别于辐亮度，又称光亮度，在照明工程中常称为亮度。

2.1.19 （光）照度

为区别于辐照度，又称光照度，在照明工程中常称为照度。

2.2 视 觉

2.2.2 明视觉

主要是由视网膜的锥状细胞起作用的视觉。明视觉能够辨认很小的细节，并有颜色感觉。指背景亮度约$2cd/m^2$以上的情况。

2.2.3 暗视觉

主要是由视网膜的柱状细胞起作用的视觉。暗视觉只有明暗感觉而无颜色感觉。指背景亮度在0.01～$0.005cd/m^2$以下的情况。

2.2.4 中间视觉

由视网膜的锥状细胞和柱状细胞同时起作用的视觉。指背景亮度在0.01～$2cd/m^2$之间的情况。

2.2.9 视角

视角可近似地由下式求出：

$$\alpha = 3440d/l \quad (\text{弧分})$$

式中 α——视角，识别对象对人眼所形成的张角；

d——识别对象的尺寸大小；

l——识别对象对人眼的距离。

2.2.10 视觉敏锐度，视力

视力V在数量上等于人眼刚能区分物体的最小视角α_{min}（以分为单位）的倒数。

当α_{min}为$1'$时，则视为1.0；当α_{min}为$2'$时，则视力为0.5。

2.2.11 亮度对比

CIE定义为与感知的视亮度对比有关的量，在亮度阈附近时用$\Delta L/L$表示，在更高亮度时，则用L_1/L_2表示，而在我国的标准和书刊中常用本条所用的公式，这样可以表示出是正对比，还是负对比，因为对比正负不同，其视觉功效是不同的。

2.2.12 可见度

可见度在定量上等于物体的实际亮度对比与刚能识别物体的阈限亮度对比之比。

2.2.14 视觉功效

过去习惯常称“视觉功能”，而本标准用“视觉功效”词名更符合定义。

2.2.16 频闪效应

气体放电灯点燃后，由于交流电的频率影响，使发射出的光线产生相应的频率效应。

2.2.21 失能眩光

我国现有的照明标准中均采用失能眩光这一术语，然而从定义上理解称失能，似乎眩光太严重了。因此，我国有人主张称“碍视眩光”或“减视眩光”，日本称“减能眩光”。考虑到在我国此术语已沿用多年，故仍采用本条的称谓。

2.2.24 视亮度

人眼对物体明亮程度的主观感觉，它与亮度的物理量不相符，它受视觉感受性、适应亮度水平和过去经验的影响。

2.2.25 统一眩光值

来源于 CIE 第 117 号（1995）出版物《室内照明的不舒适眩光》。

2.2.26 眩光值

来源于 CIE 第 112 号（1994）出版物《室外体育场和区域照明的眩光评价系统》。

2.2.27～2.2.30 显色性；显色指数；特殊显色指数；一般显色指数

来源于 CIE 第 150 号（2003）出版物《限制室外照明设施产生的干扰光影响指南》。

2.3 颜 色

2.3.1 颜色，色

人眼的基本特性之一，不同波长的可见光引起人眼不同的颜色感觉，在明视觉条件下，感知色取决于色刺激的光谱分布、刺激面大小、形状、构成、周边、观测者的视觉适应状态以及观测者的观测经验等。它用三刺激值计算式所规定的色刺激值来表征。

2.3.11 （感知的）有彩色

在日常生活中所用的色的意思，是白、灰、黑的对立词。

2.3.12 色调，色相

在我国现有标准中均将 hue 译为“色调”，实际上色调的英文名称为 tone，而 hue 应译为色相，严格讲色调和色相的含义是不同的。考虑到与现行国家标准《颜色术语》GB/T 5698 的名词相一致，故用本条的两种称谓。色调是彩色相互区分的特性，可见光谱中各个不同波长的辐射，在视觉上表现为各种色调，例如红、黄、绿、蓝等。

2.3.13 饱和度

指色彩的纯洁性，可见光谱中的各种单色光是最饱和的色彩，物体色的饱和度决定该物体表面反射光谱辐射的选择性。在给定的观察条件下，除非视亮度很高，色品一定的色刺激在产生明视觉的光亮度范围内呈现大体不变的饱和度。

2.3.14 彩度

在给定的观察条件下，除非视亮度很高，来自亮度因素确定的表面且色品确定的相关色刺激，在产生明视觉的光亮度范围内呈现大体不变的彩度；在同样环境和给定照度下，若亮度因素增加，彩度通常也增大。

2.3.17 色品坐标

1 因为三个色品坐标之和等于 1，所以只用其中两个色品坐标就足以定义色品，并在色品图上标定其位置。

2 在 CIE 标准色度系统中，色品坐标分别用符号 x、y、z 和 x_0、y_0、z_0 表示。前一组为 2°视场的，后一组为 10°视场的。

2.3.18 色品

色品或色度是用 CIE1931 标准色度系统所表示的颜色性质。利用 CIE1931 采纳的三个色匹配函数 $X(\lambda)$,$Y(\lambda)$,$Z(\lambda)$ 和参比色刺激$[X]$,$[Y]$,$[Z]$ 确定任意光谱功率分布三刺激值的系统。三刺激值是在给定的三色系统中，所考虑刺激的色匹配所需要的三参比色刺激量。

2.3.19 色品图

在 CIE 标准色度系统中，通常把 y 画成垂直坐标和把 x 画成水平坐标来得到 x，y 色品图。它是用平面坐标表示颜色位置的图。

2.3.22 相关色温度

计算色刺激相关色温度的方法是在色品图上确定出含刺激点约定的等温线与普朗克轨迹的相交点对应的温度。

2.3.23 色表，色貌

色表是与色刺激和材料质地有关的颜色的主观印象，它有冷色表、暖色表和介于前两种之间的中间色表之分。对于光源色用光源的色温来划分色表，对于物体色用色调或色相来划分色表。

2.3.29 CIE 特殊显色指数

特殊显色指数 R_i 是指光源对 CIE 规定的 14 种中的某一选定的标准颜色样品的显色指数，其计算式如下：

$$R_i = 100 - 4.6\Delta E_i$$

ΔE_i 是在被测光源照射下和在参照标准光源照射下第 i 个检验色样的色表。

2.3.30 CIE 一般显色指数

一般显色指数 R_a 是指被测光源对 CIE 规定的 1～8号为一组的检验色样的特殊显色指数 R_i 的平均值，其计算式如下：

$$R_a = 1/8\sum_{i=1}^{8}R_i$$

CIE 规定参照标准光源的显色指数 R_a 为 100。

3 照明技术

3.1 一般术语

3.1.1 照明

日常中，“照明”一词也含有“照明系统”或“照明装置”的意思。

3.1.4 绿色照明

绿色照明是指通过科学的照明设计，采用效率高、寿命长、安全和性能稳定的照明电器产品（电光源、灯用电器附件、灯具、配线器材，以及调光控制调和控光器件），改善提高人们工作、学习、生活的条件和质量，从而创造一个高效、舒适、安全、经济、有益的环境并充分体现现代文明的照明。

3.1.5 夜间景观

本条术语中的自然光指月光、星光和黄道光等；灯光指夜景照明用的各种人造光源。

3.1.7 （亮或暗）环境区域

来源于 CIE 第 150 号（2003）出版物《限制室外照明设施产生的干扰光影响指南》。根据环境亮度状况按规划或活动的内容，对限制干扰光的光污染提出相应要求的区域。区域划分为 E1 至 E4 共 4 个区域：

E1 区为天然暗环境区，如国家公园、自然保护区和天文观象台等；

E2 区为低亮度环境区，如乡村的工业区或居住区等；

E3 区为中等亮度环境区，如城郊工业区或居住区等；

E4 区为高亮度环境区，如城市中心区和商业区等。

3.2 照明评价指标

3.2.1 平均照度

指近似于表面上有代表性的多点照度的平均值。这些点的数量和位置应在有关应用指南和测量方法标准中规定。这一规定必须包含明确指明各点的何种平均照度，如水平的、垂直的、柱面的或是半柱面的照度。

3.2.2 平均亮度

指近似于表面上有代表性的多点亮度的平均值，这些点的数量和位置应在有关应用指南和测量方法标准中规定。

3.2.22 路面维持平均亮度（照度）

道路照明标准中，规定的是平均亮度、平均照度的维持值，以确保灯具和光源在维护前，平均亮度和平均照度值均能符合标准要求。

3.2.23 阈值增量

阈值增量是度量失能眩光的量，用它来评价道路照明的眩光控制程度。由于存在眩光源时，在视网膜上形成一种光幕，降低了视网膜上物象的对比使人眼的可见度阈提高。这个增加的量与视线垂直面上的照度以及各表面的平均亮度有关。

3.2.24 （道路照明）环境比

环境比是 CIE 新增加的道路照明评价指标，它影响到驾驶员的视觉适应，因而和安全驾驶紧密相关。

3.3 照明方式和种类

3.3.1 一般照明

不考虑局部特殊要求，为照亮整个场所而设置的均匀照明。

3.3.2 局部照明

局部照明是作为对一般照明的补充并单独控制的照明。房间中不能只装局部照明（宾馆客房除外）。

3.3.3 分区一般照明

对某一特定区域设计成不同照度是指较高的或较低的照度。

3.3.5 常设辅助人工照明

当单独利用天然光照明不充足和不适宜时，为补充天然光而日常固定使用的照明，这是一种天然采光和人工照明相结合的辅助照明系统，常设人工辅助照明通常设在进深较大的建筑物中。

3.3.7 应急照明

过去常称为事故照明，应急照明是在正常照明系统失效时，为保证人员疏散继续工作和人身安全而设置的照明，因此，应急照明又细分为疏散照明、备用照明和安全照明。

3.3.19 定向照明

光源主要从优选方向投射到工作面上和物体上的照明，在定向照明下，物体有清晰的轮廓和阴影。

3.3.20 漫射照明

投射到工作面和物体上的光，在任何方向均无明显差别的照明。在漫射光照明下，光线柔和，物体几乎无阴影。

3.3.21 泛光照明

为照亮某一场地或目标，使其视亮度明显高于周围环境的照明，主要用于建筑夜景照明和各种场馆照明。

3.3.22 重点照明

为突出特定的目标或引起对视野中某一部分注意而设置的照明，它加强光的表现效果，造成生动活泼的光气氛。

3.3.29 栏杆照明

栏杆照明是桥梁照明的一种方式，它有许多难于克服的缺点，一般不宜采用。

3.3.30～3.3.33 轮廓照明；内透光照明；剪影照明；动态照明

是几个常用的夜景照明方式。术语的英文名称和定义是参考 CIE 第 94 号（1993）出版物等确定的。

3.4 照明设计计算

3.4.1 光强分布，配光

严格讲只用光强分布这一术语即可，考虑到配光这一术语在我国已沿用多年，而且日本也称配光，故增加配光的称谓。配光曲线场统一按光通量为 1000lm 绘制。

3.4.9 参考平面

是假定的工作面，用在室内照明时，一般指距地面 0.75m 高的水平面；在天然采光情况下，一般指距地面 1m 高的水平面。

3.4.10 工作面

通常为在其上进行工作的实际工作面，其高度由实际情况而定，工作面也可以是水平的、倾斜的和垂直的。一般工作面指距地面 0.75m 或 1m 的水平面。

3.4.13 室空间比

美国照度计算用带腔法求取利用系数时采用室空间比，我国的灯具计算图表也均采用室空间比，它与室形指数相比较，为十个简单连续整数，利用插入法计算简便，不易同利用系数混淆，可用来校核利用系数。

3.4.15 维护系数

过去有的称减光系数，在现有的国家标准中均采用本条的称谓，它是小于 1 的系数。

3.4.16 点光源

通常当光源的尺寸 d 与它至被照面的距离 l 相比较小于 1/5（即 $5d<l$）时，可视为点光源。

3.4.17 线光源

若光源到被照面的距离为 l，灯具的长度为 a，宽度为 b，当 $5a>l$，且 $5b\leqslant l$ 时，可视为线光源。

3.4.18 面光源

若光源到被照面的距离为 l，灯具的长度为 a，宽度为 b，当 $5a>l$，且 $5b>l$ 时，可视为面光源。

3.4.29～3.4.31 仰角；悬挑长度；灯臂长度

灯具仰角、悬挑长度和灯臂长度等一起是道路照明中设计计算的几何参数，它们影响到照明的数量和质量。

3.4.32 路面的有效宽度

路面的有效宽度，是在道路照明设计中为了确保路面的亮度、照度达到一定的均匀度而确定灯具安装高度时要用到的一个参数。

当灯具采用单侧布置方式时，道路有效宽度为实际路宽减去 1 个悬挑长度；当灯具采用双侧（包括交错和相对）布置方式时，道路有效宽度为实际路宽减去 2 个悬挑长度；当灯具在双幅路中间分车带上采用中心对称布置方式时，道路有效宽度就是道路实际宽度。

3.4.33～3.4.35

亮度系数、简化亮度系数、平均亮度系数为描述路面反光性能的参数，道路照明亮度及其均匀度计算时需用这些系数。

4 电光源及其附件

4.1 电　光　源

4.1.1 电光源

是电能转换成光辐射能器件的总称，包括固体发光光源和气体放电光源两大类，而固体发光光源又包括热辐射光源（白炽灯、卤钨灯）和电致发光光源（如发光二极管）。

4.1.2 白炽灯

将发光元件（通常为钨丝）通电流加热而发光的灯。按灯泡内是否充惰性气体可分为真空灯和充气灯；按玻壳材料不同，有透明灯泡，也有磨砂灯泡、乳白灯泡、涂白灯泡等；按光束分散分为反射型灯泡、封闭型光束灯泡、聚光灯泡等；玻壳制成不同颜色的，有装饰灯泡。各种白炽灯分别见 4.1.4 条至 4.1.14 条。

4.1.3 钨丝灯

灯丝所耗电能，只有一小部分转换为可见光，故其发光效能很低。

4.1.4 真空灯

一般为 15W 和 25W 的灯泡，其优点是没有气体造成的热损耗；但是钨丝蒸发，使泡壳内壁有沉积发黑的缺点。

4.1.5 充气灯

充气能降低钨蒸发，但在泡壳内引起热对流，增加热损耗。

4.1.11 封闭型光束灯泡

灯丝位于泡壳内抛物面的焦点上，将光束集中投射，主要用作投光灯和泛光灯。

4.1.15 卤钨灯

充入卤族元素，并保持某个温度和采取一定的设计条件后，可形成卤钨循环。其光效和寿命都比钨丝灯有一定提高，外形尺寸也大为缩小。碘钨灯、溴钨灯均属于此类。

4.1.16 低压卤钨灯

通常用 12V 电压供电的小型卤钨灯。

4.1.17 放电灯

气体放电灯包括辉光放电灯（有氖灯、霓虹灯）和弧光放电灯两类；用于建筑照明的主要是弧光放电灯，又包括高强度气体放电灯和低压气体放电灯。由于所充气体的不同，所发出的辐射谱线范围也不同。

4.1.22 高压钠（蒸气）灯

这种灯色温约为2100K，显色指数约为23～25，光效可达70～130lm/W，是道路照明的主要光源，也可用于显色要求不高的工业场所。

另外，为了改善显色性能，研制了中显色高压钠灯（显色指数为60）和高显色高压钠灯（显色指数达80以上），但其光效有不同程度下降。

4.1.23 低压钠（蒸气）灯

属低压气体放电灯的一种，是高光效、低色温、低显色性的光源。其辐射近乎单色，集中在580.0nm和589.6nm的黄色谱线，可用于不需分辨颜色的场合。

4.1.24 金属卤化物灯

充金属卤化物用来提高灯的光效和显色性，发光的颜色由添加的金属元素决定。

4.1.25 氙灯

氙灯发射连续光谱，其光色接近太阳光，其光效不很高，约20～50lm/W，其控制装置大而重，成本高，故使用较少。

4.1.26 霓虹灯

也可以是由汞蒸气放电产生紫外辐射激发荧光粉涂层的细长状低气压放电霓虹灯。可以制成各种形状，充入不同惰性气体，发出各种彩色光，用于广告、标识和装饰照明。

4.1.27 荧光灯

荧光灯包含多种形式和品种。从启动方式可分为预热启动式、快速启动式、瞬时启动式；按使用的荧光粉可分为普通卤粉荧光灯和三基色荧光灯；按灯管形状可分为直管形、环形、紧凑型等。

各种荧光灯分别见4.1.28条至4.1.36条。荧光灯的结构适宜于大批量生产，因而价格较低廉，加之光效高，显色性好（三基色荧光灯），具有多种光色，从而是使用最广泛的光源。

4.1.33 三基色荧光灯

这种灯光色好，寿命更长，显色性大大提高，其显色指数大于80以上，最高的可达96。

4.1.39 无极感应灯

这种灯由于取消了电极，故寿命很长是其主要优点。

4.1.40 弧光灯

弧光灯具有强烈的辐射能，通常作强光源使用，如探照灯、电影放映灯等。

4.1.44 紫外灯

这种灯辐射的波长很重要，如用于杀菌的其最小波长为260nm；用于一般保健的约为297nm；不同用途的灯管要求有不同功率和不同尺寸。

4.1.46 发光二极管（LED）

是一种具有多种彩色和白色的新型光源。当前主要用于交通信号灯、建筑标志灯、汽车标志灯、建筑物夜景照明等。根据所用半导体材料的不同，发出的光的颜色不同，其效率也不同。

4.2 附　　件

4.2.1 灯头

灯头有多种形式，以适应不同种类和不同功率光源的需要，从结构上分有螺口式、卡口式、插脚式等，并且有不同的尺寸。

4.2.9 镇流器

镇流器可以是电感式、电容式、电阻式或它们的组合方式，也可以是电子式的。照明工程中较普遍应用的是电感镇流器，又包括普通电感镇流器和节能电感镇流器，后者的自身功耗低于一定数值。

4.2.10 电子镇流器

由电子器件和稳定性元件组成，将工频（50～60Hz）变换成高频（通常为20～100kHz）电流（有时也变换成低频电流）供给放电灯的镇流器。它同时兼有启动器和补偿电容器的作用。

4.3 光源特性参数

4.3.4 （灯的）线路功率

有的称（灯的）输入功率和（灯的）线路输入功率，指灯的额定功率加镇流器消耗功率之和，即电源端输入功率值。

5 灯具及其附件

5.1 灯　　具

5.1.1 灯具

本条按CIE的术语给出了灯具的定义，而与美国的定义差别在于不包括光源。美国的定义包括光源，有时还包括镇流器和光电池。

5.1.2～5.1.7 对称配光型（非对称）灯具；直接型灯具；半直接型灯具；漫射型灯具；半间接型灯具；间接型灯具。

将室内照明灯具按照它们的光分布进行分类。这种分类是根据灯具上、下半球光通量比来确定的。这种分类对正确选择灯具大有好处。

5.1.8～5.1.10 广照型灯具；中照型灯具；深照型灯具

这种分类与灯具外形和灯具光分布有关。

5.1.12 防护型灯具

表示防护等级的代号通常由特征字母IP和两个特征数字组成。即IP××。

特征字母Ⅰ的数字是防止人体触及或接近外壳内部的带电部分，防止固体异物进入灯具外壳内部的保护等级，它分为7个等级，每级有规定的含义。本标准中仅列入防尘灯具（其Ⅰ为5）和尘密型灯具（其Ⅰ

为6）的词条。还有无防护（I为0）到防大于1mm的固体异物（I为4）。

特征字母P的数字是指防止水进入外壳内部造成的有害程度的防护等级，它分为9个等级，每级有规定的含义，本标准中仅列入水密型防浸水灯具（其P为7）和水下防潜水灯具（其P为8）的词条。此外，还有无防护（P为0）、防滴水（P为1）、15°防滴（P为2）、防淋水（P为3）、防溅水（P为4）、防喷水（P为5）、防猛烈海浪（P为6）、防浸水影响（P为7）、防潜水影响（P为8）等灯具。

5.1.18 防爆灯具

在本标准中仅列入常用的隔爆型灯具和增安型灯具的词条。

5.1.21 可调式灯具

通过铰链、升降装置、套筒或类似装置可使灯具主要部件回转或移动的灯具。可调式灯具可以是固定式的，也可以是可移动式的。

5.1.22 可移式灯具

备有不可拆卸的软缆或软线和供电电源的插头，安装在墙上的灯具，以及用蝶形螺丝、钢夹、钓钩等将灯具固定，而使得可以很方便地用手搬离支撑物的灯具，均称作可移式灯具。

5.1.32～5.1.35 投光灯；探照灯；泛光灯；聚光灯，射灯

投光灯是泛光灯、探照灯和聚光灯的总称。光束角大于10°的投光灯称泛光灯；光束角小于10°的包括探照灯和聚光灯。这两种灯主要区别在于出光口的大小。

5.1.40～5.1.43 道路照明灯具；截光型灯具；半截光型灯具；非截光型灯具

1965年CIE将道路照明灯具按光强分布分成截光、半截光、非截光三类。有利于道路照明按照眩光限制的不同要求选择不同的灯具。

5.1.44 Ⅰ类灯具

来源于《灯具一般安全要求与试验》IEC 60598-1：2003。IEC对该类灯具尚有3点附加说明：

1 对于使用软缆或软线的灯具，这种预防措施包括保护导体，是软缆或软线的一部分。

2 Ⅰ类灯具可以有双重绝缘或加强绝缘的部件。

3 Ⅰ类灯具可能含有依靠在安全特低电压（SELV）进行防触电保护的部件。

5.1.45 Ⅱ类灯具

来源于《灯具一般安全要求与试验》IEC 60598-1：2003。IEC对该类灯具尚有5点附加说明：

1 这样的灯具可以具有下列基本形式之一：

1） 具有耐用和坚固的完整绝缘材料外壳的灯具，该外壳包住除诸如铭牌、螺钉和铆钉之类小的部件以外的所有金属部件，这些小的部件用至少相当于加强绝缘的绝缘材料与带电部件隔离。这样的灯具称为绝缘外壳式Ⅱ类灯具。

2） 有坚固的全金属外壳的灯具，除了那些使用双重绝缘明显不行的部件采用加强绝缘外，其内部全部采用双重绝缘。这样的灯具称为金属外壳式Ⅱ类灯具。

3） 上述1）和2）的组合形成的灯具。

2 绝缘外壳式Ⅱ类灯具的外壳可以成为附加绝缘或加强绝缘的一部分或全部。

3 如接地是为了帮助启动，而不接到易触及金属部件，该灯具仍然被认为是Ⅱ类灯具。灯头、外壳和光源的启动并不被看作易触及金属部件，但经试验确定为带电部件的除外。

4 如果一个全部是双重绝缘或加强绝缘的灯具有接地接线端子或接地触点，该灯具为Ⅰ类结构。然而，一个Ⅱ类固定式灯具打算环路安装的话，为使接地导体的电气连续性不在该灯具内终止，在灯具内可以有一个内部接线端子，该灯具提供Ⅱ类绝缘使这个内部接线端子与容易触及的金属部件隔离。

5 Ⅱ类灯具内可以有依靠在安全特低电压（SELV）下工作来达到防触电保护的部件。

5.1.46 Ⅲ类灯具

来源于《灯具一般安全要求与试验》IEC 60598-1：2003。IEC对于该类灯具不应提供保护接地措施。

5.1.48 墙面布光灯，洗墙灯

注意洗墙灯和掠射灯的区别。洗墙灯因为距墙面较远，光线可均匀分布在墙面上，墙面在视觉上浑为一体。而掠射灯距墙面较近，光线射到墙面上能凸现墙面的纹理。

5.1.49 矮柱灯

这种灯的英文为叫bollard，在室外照明中应用很多，室内照明也有使用，国内至今无明确的译名。把它称为草坪灯肯定是不妥的，而本标准的称谓符合实际。

5.1.50 埋地灯

广泛用于室外景观照明，有时也兼作功能照明。应根据不同场所对照明的不同要求，分别选择带或不带防眩光板或格栅、不同光束角、不同防护（IP）等级以及不同的耐压性能的埋地灯。

5.2 附　　件

5.2.3 遮光格栅

遮光格栅包括在灯具底部的长和宽两个方向有格片，也可能只在一个方向有格片。

5.3 灯具特性参数

5.3.2 截光角

即灯丝（或发光体）最边缘的一点和灯具出光口的连线与灯丝（或发光体）中心的垂线之间的夹角。

5.3.3 遮光角

过去常称保护角，因词名与定义不太符合，故现均改用遮光角这一词名。它是截光角的余角。

6 建筑采光和日照

6.1 光 气 候

6.1.1 光气候

泛指室外光线变化的规律。影响室外光线的因素有：太阳高度角、云状、云量、日照率、大气透明度、地球位置和季节等。它是随时间、地点、气候条件变化的，需长时间观测积累而成的。

6.1.13 CIE 标准一般天空

CIE 自 1955 年提出 CIE 标准全阴天空亮度分布的数字模型后，1973 年又提出了 CIE 标准全晴天空的亮度分布数字模型，国际标准化组织和国际照明委员会于 1997 年将以上二种天空亮度分布的数学模型集中在一起提出了《全阴天空和全晴天空的天然光亮度的空间分布》。

由于世界各地的绝大部分实际天空亮度分布，既不属于全阴天空，也不属于全晴天空。为了便于确定天然采光计算所需的实际天空状况，人们先后提出了中间天空和平均天空等各种不同的天空亮度分布的数字模型。1994 年公布了 CIE 第 110 号（1994）出版物《CIE 的各种参考天空的天然光亮度的空间分布》。

随后 CIE 和国际标准化组织 ISO 联合将各种不同天空的亮度分布的数学模型进行了系统的整理，最后归纳为 15 种不同的一般天空，见表 1，并形成 ISO 第 15469 号、CIE S 011 号出版物《一般天空的天然采光亮度的空间分布》ISO 15469：2004/CIE S 011：2003。本条术语就是根据 ISO/CIE 的这一标准文件编写的。

若任意天空要素的天顶角为 Z（rad），方位角为 α（rad），亮度为 L_α（cd/m^2），太阳的天顶角为 Z_s（rad），方位角为 d_s（rad），则 15 种天空亮度分布表示如式（1）所示：

$$\frac{L_\alpha}{L_z} = \frac{f(\chi)\cdot\varphi(Z)}{f(Z_s)\cdot\varphi(0)} \quad (1)$$

$\varphi(Z)$ 被称为亮度渐变函数，表示公式如式（2）所示：

$$\varphi(Z) = 1 + a\cdot\exp\left(\frac{b}{\cos Z}\right) \quad (2)$$

式中，系数 a 与 b 根据不同天空分类取值。天顶处的数值为：

$$\varphi\left(\frac{\pi}{2}\right) = 1 \quad (3)$$

$f(\chi)$ 为相对散射指数，按下式计算

$$f(\chi) = 1 + c\left[\exp(d\chi) - \exp\left(d\,\frac{\pi}{2}\right)\right] + e\cdot\cos^2\chi \quad (4)$$

式中，系数 c，d，e 的取值与系数 a，b 一样。天顶处的数值为：

$$f(Z_s) = 1 + c\left[\exp(dZ_s) - \exp\left(d\,\frac{\pi}{2}\right)\right] + e\cdot\cos^2 Z_s \quad (5)$$

表 1 CIE 标准一般天空的参数

分类	系数 a	系数 b	系数 c	系数 d	系数 e	天空亮度分布
1	4.0	−0.70	0	−1.0	0	全阴天空（近似值），朝向天顶亮度发生急剧渐变，但各方位相同
2	4.0	−0.70	2	−1.5	0.15	全阴天空的亮度发生急剧的渐变，朝向太阳的一侧稍亮
3	1.1	−0.8	0	−1.0	0	全阴天空的亮度发生平缓的渐变，但各方位相同
4	1.1	−0.8	2	−1.5	0.15	全阴天空的亮度发生平缓的渐变，朝向太阳的一侧稍亮
5	0	−1.0	0	−1.0	0	均匀天空
6	0	−1.0	2	−1.5	0.15	部分存在云的天空，朝向天顶无渐变
7	0	−1.0	5	−2.5	0.30	部分存在云的天空，太阳的周边较亮
8	0	−1.0	10	−3.0	0.45	部分存在云的天空，朝向天顶无渐变，但有明显的光环
9	−1.0	−0.55	2	−1.5	0.15	部分存在云的天空，看不见太阳
10	−1.0	−0.55	5	−2.5	0.30	部分存在云的天空，太阳的周边亮
11	−1.0	−0.55	10	−3.0	0.45	白色晴天空，有明显的光环
12	−1.0	−0.32	10	−3.0	0.45	全晴天空，清澄大气
13	−1.0	−0.32	16	−3.0	0.30	全晴天空，浑浊大气
14	−1.0	−0.15	16	−3.0	0.30	无云浑浊天空，大范围光环
15	−1.0	−0.15	24	−2.8	0.15	白色混浊晴天空，大范围光环

注：引自 ISO 第 15469 号、CIE S 011 号出版物《一般天空的天然采光亮度的空间分布》

6.1.14 天顶亮度

CIE 标准全阴天空、CIE 标准全晴天空和 CIE 标准一般天空的天空亮度分布都是用天顶亮度的相对值表示的。如果想知道天空亮度的实际值，就必须先求出天顶亮度。为了便于采光设计时，计算天空的实际亮度，增加了这一术语。本术语中的式（6）来源于 1986 年国际天然光会议论文集的 61～66 页。式（7）来源 1990 年日本建筑学会研究报告第 169～172 页。

式（8）来源于 ISO 第 15469 号、CIE S 011 号出版物《一般天空的天然采光亮度的空间分布》。

天顶亮度的绝对数值为：

全阴天空天顶亮度 L_{zo}（kcd/m^2），可按式（6）计算。

$$L_{zo} = 15.0 \cdot \sin^{1.68}\gamma_s + 0.07 \tag{6}$$

一般天空天顶亮度 L_{zi}（kcd/m^2），可按式（7）计算。

$$L_{zi} = 9.90 \cdot \sin^{1.68}\gamma_s + 3.01 \cdot \tan^{1.18}(0.84b \cdot \gamma_s) + 0.112 \tag{7}$$

晴天天空天顶亮度 L_{zc}（kcd/m^2），可按式（8）计算。

$$L_{zc} = 6.4 \cdot \tan^{1.18}(0.84b \cdot \gamma_s) + 0.14 \tag{8}$$

式中，γ_s 为太阳高度角。

6.1.15 室外临界照度

采光系数和室内天然光照度值是通过室外临界照度来联系的。室外临界照度是室内天然光照度等于各级视觉工作的室内天然光照度时的室外照度值，即室内需要开或关灯时的室外照度值。它指一个地区可以利用天然光时间内，室外水平面在无遮挡情况下，受无云全阴天空漫射光照射下的室外最低照度值。室外临界照度决定各地区的光气候。我国分为 5 个光气候区，它们的临界照度分别为：4000lx、4500lx、5000lx、5500lx、6000lx，其天然光的利用时数平均每天达 10 小时。

6.2 采 光 方 式

考虑到近年来各种新型采光方式的出现，新增了采光方式一节。本节术语的来源是国际照明委员会（CIE）第 17.4 号（1987）出版物《国际照明词典》。

6.3 采 光 计 算

6.3.2 采光系数

采光系数的英文原义应译为采光因数，鉴于采光系数这一术语在我国已使用几十年，故仍保留采光系数的称谓。

6.3.6 天空遮挡物

这里主要指建筑物、构筑物以及树木等挡住光线从窗户进入室内的物体。

6.3.9 光气候系数

根据我国 5 个光气候区的年平均总照度值确定的系数值。用于确定该地区的采光系数标准值。规定Ⅲ类地区（如北京地区）为 1，Ⅰ类地区（如西藏地区）、Ⅱ类地区（如新疆地区）的系数小于 1，而Ⅳ类地区（如华中、华南地区）、Ⅴ类地区（如成都、重庆等西南地区）的系数大于 1。在采光计算时，各类地区的采光系数标准值应乘以相应的光气候系数。

6.4 建 筑 日 照

6.4.4、6.4.5 冬至日；大寒日

冬至日和大寒日为新增术语，原因是根据现行国家标准《城市居住区规划设计规范》GB 50180 的规定，将过去全国各地一律以冬至日为日照标准日，改为采用冬至日和大寒日两级标准日。

6.4.7 日照时数

指在一定的时间段内，太阳光不被其他建筑物、山丘、树木等遮挡直接照在被照建筑物上的累计时间，其中原标准的直接日辐射量为 $120W/m^2$，按现行国家标准《电工术语　照明》GB/T 2900.65－2004 的定义，改为 $200W/m^2$。

7　材料的光学特性和照明测量

7.1　材料的光学特性

7.1.1 反射

落在媒质上的一部分辐射在介质的表面上被反射，称此反射为表面反射；另一部分辐射可能被介质的内部散射回去，称此反射为体反射。只有当折回辐射的材料不存在多普勒效应时，才不改变辐射的频率。

7.1.4 漫射，散射

漫射分为选择性漫射和非选择性漫射，它有无漫射性质的变化取决于入射辐射的波长。

7.1.18 反射比

反射比为规则反射比和漫反射比之和。

7.1.19 透射比

透射比为规则透射比和漫透射比之和。

7.2 照 明 测 量

7.2.6 分布光度计，变角光度计

过去习惯上常称分布光度计，也称配光曲线仪，只用于测定光源和灯具的光的方向分布特性，而变角光度计除用于测光源和灯具的光的方向分布特性外，还用于测介质和表面的光的方向分布特性。

7.2.16 光电池

在两个半导体间的 P-N 结附近，或在半导体与金属触点附近吸收辐射而产生电动势的光电探测器。

中华人民共和国国家标准

建 筑 照 明 设 计 标 准

GB 50034—2004

条 文 说 明

目　次

1 总　　则

1.0.1 制订本标准的目的和原则。
1.0.2 本标准的适用范围。
1.0.3 本标准与其他标准和规范的关系。

2 术　　语

本章编列了本标准引用的术语，共47条，绝大多数术语引自行业标准——《建筑照明术语标准》JGJ/T 119—98。

3 一 般 规 定

3.1 照明方式和照明种类

3.1.1 本条规定了确定照明方式的原则。

1 为照亮整个场所，除旅馆客房外，均应设一般照明。

2 同一场所的不同区域有不同照度要求时，为节约能源，贯彻照度该高则高和该低则低的原则，应采用分区一般照明。

3 对于部分作业面照度要求高，但作业面密度又不大的场所，若只装设一般照明，会大大增加安装功率，因而是不合理的，应采用混合照明方式，即增加局部照明来提高作业面照度，以节约能源，这样做在技术经济方面是合理的。

4 在一个工作场所内，如果只设局部照明往往形成亮度分布不均匀，从而影响视觉作业，故不应只设局部照明。

3.1.2 本条规定了确定照明种类的原则。

1 所有工作场所均应设置在正常情况下使用的室内外照明。

2 本条规定了应急照明的种类和设计要求。

1）备用照明是在当正常照明因故障熄灭后，可能会造成爆炸、火灾和人身伤亡等严重事故的场所，或停止工作将造成很大影响或经济损失的场所而设的继续工作用的照明，或在发生火灾时为了保证消防能正常进行而设置的照明。

2）安全照明是在正常照明发生故障，为确保处于潜在危险状态下的人员安全而设置的照明，如使用圆盘锯等作业场所。

3）疏散照明是在正常照明因故障熄灭后，为了避免发生意外事故，而需要对人员进行安全疏散时，在出口和通道设置的指示出口位置及方向的疏散标志灯和照亮疏散通道而设置的照明。

3 值班照明是在非工作时间里，为需要值班的车间、商店营业厅、展厅等大面积场所提供的照明。它对照度要求不高，可以利用工作照明中能单独控制的一部分，也可利用应急照明，对其电源没有特殊要求。

4 在重要的厂区、库区等有警戒任务的场所，为了防范的需要，应根据警戒范围的要求设置警卫照明。

5 在飞机场周围建设的高楼、烟囱、水塔等，对飞机的安全起降可能构成威胁，应按民航部门的规定，装设障碍标志灯。

船舶在夜间航行时航道两侧或中间的建筑物、构筑物或其他障碍物，可能危及航行安全，应按交通部门有关规定，在有关建筑物、构筑物或障碍物上装设障碍标志灯。

3.2 照明光源选择

3.2.2 在选择光源时，不单是比较光源价格，更应进行全寿命期的综合经济分析比较，因为一些高效、长寿命光源，虽价格较高，但使用数量减少，运行维护费用降低，经济上和技术上可能是合理的。

3.2.3 本条是选择光源的一般原则。

1 细管径（≤26mm）直管形荧光灯光效高、寿命长、显色性较好，适用于高度较低的房间，如办公室、教室、会议室及仪表、电子等生产场所。

2 商店营业厅宜用细管径（≤26mm）直管形荧光灯代替较粗管径（>26mm）荧光灯，以紧凑型荧光灯取代白炽灯，以节约能源。小功率的金属卤化物灯因其光效高、寿命长和显色性好，可用于商店照明。

3 高大的工业厂房应采用金属卤化物灯或高压钠灯。金属卤化物灯具有光效高、寿命长等优点，因而得到普遍应用，而高压钠灯光效更高，寿命更长，价格较低，但其显色性差，可用于辨色要求不高的场所，如锻工车间、炼铁车间、材料库、成品库等。

4 和其他高强气体放电灯相比，荧光高压汞灯光效较低，寿命也不长，显色指数也不高，故不宜采用。自镇流荧光高压汞灯光效更低，故不应采用。

5 因白炽灯光效低和寿命短，为节约能源，一般情况下，不应采用普通照明白炽灯，如普通白炽灯泡或卤钨灯等；在特殊情况下需采用时，应采用100W及以下的白炽灯。

3.2.4 本条规定可使用白炽灯的场所：

1 要求瞬时启动和连续调光的场所。除了白炽灯，其他光源要做到瞬时启动和连续调光较困难，成本较高。

2 防止电磁干扰要求严格的场所。因为气体放电灯有高次谐波，会产生电磁干扰。

3 开关灯频繁的场所。因为气体放电灯开关频繁时会缩短寿命。

4 照度要求不高、点燃时间短的场所。因为在这种场所使用白炽灯也不会造成大量电耗。

5 对装饰有特殊要求的场所。如使用紧凑型荧光灯不合适时，可以采用白炽灯。

3.2.5 应急照明采用白炽灯、卤钨灯、荧光灯，因在正常照明断电时可在几秒内达到标准流明值；对于疏散标志灯还可采用发光二极管（LED）。而采用高强度气体放电灯达不到上述的要求。

3.2.6 显色要求高的场所，应采用显色指数高的光源，如采用 Ra 大于 80 的三基色稀土荧光灯；显色指数要求低的场所，可采用显色指数较低而光效更高、寿命更长的光源。

3.3 照明灯具及其附属装置选择

3.3.2 本条规定了荧光灯灯具和高强度气体放电灯灯具的最低效率值，以利于节能。这些值是根据我国现有灯具效率制定的。在调查的荧光灯灯具中，带反射器开敞式的灯具效率大于 75%的占 84.6%；带透明罩的效率大于 65%的占 80%；带磨砂棱镜罩的灯具效率大于 55%的占 86%；带格栅的效率大于 60%的占 58%。对于高强气体放电灯灯具，带反射器开敞式的效率大于 75%的占 80%；带透光罩的效率大于 60%的占 62%。

3.3.3 本条为几种照明场所，分别规定了应采用的灯具，其依据是：

1 在有蒸汽场所当灯泡点燃时由于温度升高，在灯具内产生正压，而灯泡熄灭后，由于灯具冷却，内部产生负压，将潮气吸入，容易使灯具内积水。因此，规定在潮湿场所应采用相应等级的防水灯具，至少也应采用带防水灯头的开敞式灯具。

2 在有腐蚀性气体和蒸汽的场所，因各种介质的危害程度不同，所以对灯具要求不同。若采用密闭式灯具，应采用耐腐蚀材料制作，若采用带防水灯头的开敞式灯具，各部件应有防腐蚀或防水措施。

3 在高温场所，宜采用带散热构造和措施的灯具，或带散热孔的开敞式灯具。

4 在有尘埃的场所，应按防尘等级选择适宜的灯具。

5 在振动和摆动较大的场所，由于振动对光源寿命影响较大，甚至可能使灯泡自动松脱掉下，既不安全，又增加了维修工作量和费用，因此，在此种场所应采用防振型软性连接的灯具或防振的安装措施，并在灯具上加保护网，以防止灯泡掉下。

6 光源可能受到机械损伤或自行脱落，而导致人员伤害和财物损失的，应采用有保护网的灯具。如在生产贵重产品的高大工业厂房等场所。

7 在有爆炸和火灾危险的场所使用的灯具，应符合国家现行相关标准和规范等的有关规定。如《爆炸和火灾危险环境电力设计规范》。

8 在有洁净要求的场所，应安装不易积尘和易于擦拭的洁净灯具，以有利于保持场所的洁净度，并减少维护工作量和费用。

9 在博物馆展室或陈列柜等场所，对于需防止紫外线作用的彩绘、织品等展品，需采用能隔紫外线的灯具或无紫光源。

3.3.4 直接安装在可燃材料表面上的灯具，当灯具发热部件紧贴在安装表面上时，必须采用带有▽F标志的灯具，以免一般灯具的发热导致可燃材料的燃烧。

3.3.5 本条说明选择镇流器的原则：

1 采用电子镇流器，使灯管在高频条件下工作，可提高灯管光效和降低镇流器的自身功耗，有利于节能，并且发光稳定，消除了频闪和噪声，有利于提高灯管的寿命，目前我国的自镇流荧光灯大部分采用电子镇流器。

2 T8 直管形荧光灯应配用电子镇流器或节能电感镇流器，不应配用功耗大的传统电感镇流器，以提高能效；T5 直管形荧光灯（>14W）应采用电子镇流器，因电感镇流器不能可靠起动 T5 灯管。

3 当采用高压钠灯和金属卤化物灯时，宜配用节能型电感镇流器，它比普通电感镇流器节能；这类光源的电子镇流器尚不够稳定，暂不宜普遍推广应用，对于功率较小的高压钠灯和金属卤化物灯，可配用电子镇流器，目前市场上有这种产品。在电压偏差大的场所，采用高压钠灯和金属卤化物灯时，为了节能和保持光输出稳定，延长光源寿命，宜配用恒功率镇流器。

4 采用的镇流器应符合该镇流器的国家能效标准的规定。

3.3.6 高强度气体放电灯的触发器，一般是与灯具装在一起的，但有时由于安装、维修上的需要或其他原因，也有分开设置的。此时，触发器与灯具的间距越小越好。当两者间距大时，触发器不能保证气体放电灯正常启动，这主要是由于线路加长后，导线间分布电容增大，从而触发脉冲电压衰减而造成的，故触发器与光源的安装距离应符合制造厂家对产品的要求。

3.4 照明节能评价

3.4.1 目前美国、日本、俄罗斯等国家均采用照明功率密度（LPD）作为建筑照明节能评价指标，其单位为 W/m^2，本标准也采用此评价指标。其值应符合第 6 章的规定。

3.4.2 本标准规定了两种照明功率密度值，即现行值和目标值。现行值是根据对国内各类建筑的照明能耗现状调研结果、我国建筑照明设计标准以及光源、灯具等照明产品的现有水平并参考国内外有关照明节能标准，经综合分析研究后制订的。而目标值则是预测到几年后随着照明科学技术的进步、光源灯具等照明产品性能水平的提高，从而照明能耗会有一定程度的下降而制订的。目标值比现行值降低约为10%～20%。目标值执行日期由标准主管部门决定。

4 照明数量和质量

4.1 照 度

4.1.1 本条规定了常用照度标准值分级，该分级与CIE标准《室内工作场所照明》S 008/E—2001的分级大体一致。在主观效果上明显感觉到照度的最小变化，照度差大约为1.5倍。为了适合我国情况，照度分级向低延伸到0.5lx，与原照明设计标准的分级一致。

4.1.2 本条规定照度标准值是指维持平均照度值，即规定表面上的平均照度不得低于此数值。它是在照明装置必须进行维护的时刻，在规定表面上的平均照度，这是为确保工作时视觉安全和视觉功效所需要的照度。

4.1.3～4.1.4 本标准修改了原标准的低、中、高的三种照度标准值，只规定一种标准值，与CIE新标准一致，但凡符合这两条所列的条件之一，作业面或参考平面的照度，可按照度标准值分级提高或降低一级。但不论符合几个条件，只能提高或降低一级。

4.1.5 作业面邻近周围（指作业面外0.5m范围之内）的照度与作业面的照度有关，若作业面周围照度分布迅速下降，会引起视觉困难和不舒适，为了提供视野内亮度（照度）分布的良好平衡，邻近周围的照度不得低于表4.1.5的数值。此表与CIE标准《室内工作场所照明》S 008/E—2001的规定完全一致。

4.1.6 为使照明场所的实际照度水平不低于规定的维持平均照度值，照明设计计算时，应考虑因光源光通量的衰减、灯具和房间表面污染引起的照度降低，为此应计入表4.1.6的维护系数。

1 因光源光通量衰减的维护系数，按照光源实际使用寿命达到其平均寿命70%时来确定。

2 灯具污染的维护系数的取值与灯具擦拭周期有关。美国、俄罗斯等国家规定擦拭周期为1～4次/年，本标准规定了2～3次/年。

3 维护系数是根据对50个照明场所的实测结果并综合以上因素而确定的，同时也和原标准规定的维护系数值相同。

4.1.7 考虑到照明设计时布灯的需要和光源功率及光通量的变化不是连续的这一实际情况，根据我国国情，规定了设计照度值与照度标准值比较，可有－10%～＋10%的偏差。此偏差只适用于装10个灯具以上的照明场所；当小于10个灯具时，允许适当超过此偏差。

4.2 照度均匀度

4.2.1 作业面应尽可能地均匀照亮，根据现场的重点调研和设计普查，照度均匀度多数在0.7以上，人们感到满意。CIE标准《室内工作场所照明》S 008/E—2001中也规定了0.7，因此本标准规定一般照明的照度均匀度不应小于0.7。参照CIE标准规定，增加了作业面邻近周围的照度均匀度不应小于0.5的规定。

4.2.2 房间内的通道和其他非作业区域的一般照明的照度不宜低于作业区域一般照明照度的1/3的规定是参照原CIE标准29/2号出版物《室内照明指南》（1986）制订的。

4.2.3 有电视转播要求的体育场馆的照度均匀度是根据CIE出版物《体育比赛用的彩色电视和摄影系统的照明指南》No.83（1989）制订的。观众席前排的垂直照度一般是指主席台前各排坐席的照度。

4.3 眩光限制

4.3.1 为限制视野内过高亮度或对比引起的直接眩光，规定了直接型灯具的遮光角，其角度值等同采用CIE标准《室内工作场所照明》S 008/E—2001的规定。适用于常时间有人工作的房间或场所内。

4.3.2 各类照明场所的统一眩光值（UGR）是参照CIE标准《室内工作场所照明》S 008/E—2001的规定制订的。UGR最大允许值应符合第5章的规定，照明场所的统一眩光值根据附录A计算。此计算方法采用CIE 117号出版物《室内照明的不舒适眩光》（1995）的公式。

4.3.3 室外体育场的眩光采用眩光值（GR）评价，GR最大允许值应符合5.2.11的规定，GR值按附录B计算，此计算方法采用CIE 112号出版物《室外体育和区域照明的眩光评价系统》（1994）的公式。

4.3.4 由特定表面产生的反射而引起的眩光，通常称为光幕反射和反射眩光。它将会改变作业面的可见度，往往是有害的，可采取以下的措施来减少光幕反射和反射眩光。

1 从灯具和作业面的布置方面考虑，避免将灯具安装在干扰区内，如灯安装在工作位置的正前上方40°以外区域。

2 从房间表面装饰方面考虑，采用低光泽度的表面装饰材料。

3 从灯具亮度方面考虑，应限制灯具表面亮度不宜过高。

4 从周围亮度考虑，应照亮顶棚和墙，以降低亮度对比，但避免出现光斑。

4.3.5 本条等同采用CIE标准《室内工作场所照明》S 008/E—2001的规定。

4.4 光源颜色

4.4.1 本条是根据 CIE 标准《室内工作场所照明》S 008/E—2001 的规定制订的。光源的颜色外貌是指灯发射的光的表观颜色（灯的色品），即光源的色表，它用光源的相关色温来表示。色表的选择是心理学、美学问题，它取决于照度、室内和家具的颜色、气候环境和应用场所条件等因素。通常在低照度场所宜用暖色表，中等照度用中间色表，高照度用冷色表；另外在温暖气候条件下喜欢冷色表；而在寒冷条件下喜欢暖色表；一般情况下，采用中间色表。

4.4.2 本条是根据 CIE 标准《室内工作场所照明》S 008/E—2001 的规定制订的。该标准的 Ra 取值为 90、80、60、40 和 20。随着人们对颜色显现质量要求的提高，根据 CIE 标准的规定，在长期工作或停留的室内照明光源显色指数不宜低于 80。但对于工业建筑部分生产场所的照明（安装高度大于 6m 的直接型灯具）可以例外，Ra 可低于 80，但最低限度必须能够辨认安全色。常用房间或场所的显色指数的最小允许值在第 5 章中规定。

4.5 反射比

4.5.1 本条规定的房间各个表面反射比是完全按照 CIE 标准《室内工作场所照明》S 008/E—2001 的规定制订的。制订本规定的目的在于使视野内亮度分布控制在眼睛能适应的水平上，良好平衡的适应亮度可以提高视觉敏锐度、对比灵敏度和眼睛的视功能效率。视野内不同亮度分布也影响视觉舒适度，应当避免由于眼睛不断地适应调节引起视疲劳的过高或过低的亮度对比。

5 照明标准值

5.1 居住建筑

5.1.1 居住建筑的照明标准值是根据对我国六大区的 35 户新建住宅照明调研结果，并参考原国家标准《民用建筑照明设计标准》GBJ 133—90 以及一些国家的照明标准，经综合分析研究后制订的。居住建筑的国内外照度标准值对比见表 1。

表 1 居住建筑国内外照度标准值对比 单位：lx

房间或场所		本调查			原标准 GBJ 133—90	美国 IESNA—2000	日本 JIS Z 9110—1979	俄罗斯 СНиП 23-05-95	本标准
		重点		普查					
		照度范围	平均照度						
起居室	一般活动	100～200 (84%)	152	—	20～30～50 (一般) 150～200～300 (阅读)	300 (偶尔阅读) 500 (认真阅读)	30～75（一般） 150～300（重点）	100	100
	书写、阅读								300*
卧　室	一般活动	100 (80.64%)	71	—	75～100～150 (床头阅读) 200～300～500 (精细作业)	300 (偶尔阅读) 500 (认真阅读)	10～30 (一般) 300～750 (读书、化妆)	100	75
	书写、阅读								150*
餐　厅		50～150 100 (73.9%)	86	—	20～30～50	50	50～100（一般） 200～500（餐桌）	—	150
厨房	一般活动	100 62.2%	93	—	20～30～50	300（一般） 500（困难）	50～100 (一般) 200～500 (烹调、水槽)	100	100
	操作台								150*
卫生间		100 (61.3%)	121	—	10～15～20	300	75～150 (一般) 200～500 (洗脸、化妆)	50	100

注：* 宜用混合照明。

1 根据实测调研结果，绝大多数起居室，在灯全开时，照度在 100～200lx 之间，平均照度可达 152lx，而原标准一般活动为 20～30～50lx，照度太低，美国标准又太高，日本最低，只有 75lx，俄罗斯为 100lx，根据我国实际情况，本标准定为 100lx。而起居室的书写、阅读，参照美、日和原标准，本标准定为 300lx，这可用混合照明来达到。

2 根据实测调研结果，绝大多数卧室的照度在 100lx 以下，平均照度为 71lx，美国标准太高，日本标准一般活动太低，阅读太高，俄罗斯为 100lx。根据我国实际情况，卧室的一般活动照度略低于起居室，取 75lx 为宜。床头阅读比起居室的书写阅读降低，取 150lx。一般活动照明由一般照明来达到，床头阅读照明可由混合照明来达到。

3 原标准的餐厅照度太低，最高只有 50lx，美国较低，而日本在 200～500lx 之间，根据我国的实测调查结果，多数在 100lx 左右，本标准定为 150lx。

4 目前我国的厨房照明较暗，大多数只设一般照明，操作台未设局部照明。根据实际调研结果，一般活动多数在 100lx 以下，平均照度为 93lx，而国外多在 100～300lx 之间，根据我国实际情况，本标准定为 100lx。而国外在操作台上的照度均较高，在 200～500lx 之间，这是为了操作安全和便于识别之故。本标准根据我国实际情况，定为 150lx，可由混合照明来达到。

5 原标准的卫生间一般照明照度太低，最高只有 20lx，而国外标准在 50～150lx 之间，根据调查结果，多数为 100lx 左右，平均照度为 121lx，故本标准定为 100lx。至于洗脸、化妆、刮脸，可用镜前灯照明，照度可在 200～500lx 之间。

6 显色指数（Ra）值是参照 CIE 标准《室内工作场所照明》S 008/E—2001 制订的，符合我国经济发展和生活水平提高的需要，同时，当前光源产品也具备这种条件。

5.2 公 共 建 筑

5.2.1 图书馆建筑照明标准值是根据对我国六大区的 46 所图书馆照明调研结果，并参考原国家标准、CIE 标准以及一些国家的照明标准经综合分析研究后制订的。图书馆建筑国内外照度标准值对比见表 2。

1 所调查的阅览室大部分为省市图书馆和部分大学图书馆，半数以上阅览室照度在 200～300lx 之间，平均照度在 339lx，而原标准高档照度为 300lx，CIE 标准为 500lx，美国和俄罗斯均为 300lx。根据视觉满意度实验，对荧光灯在 300lx 时，其满意度基本可以。又据现场评价，150～250lx 基本满足视觉要求。根据我国现有情况，本标准一般阅览室定为 300lx，国家、省市及重要图书馆的阅览室、老年阅览室、珍善本、舆图阅览室定为500lx。

表 2　图书馆建筑国内外照度标准值对比　　单位：lx

<table>
<tr><td rowspan="3" colspan="2">房间或场所</td><td colspan="3">本 调 查</td><td rowspan="3">原标准
GBJ 133—90</td><td rowspan="3">CIE
S 008/E—2001</td><td rowspan="3">美 国
IESNA—2000</td><td rowspan="3">俄罗斯
СНиП23-05-95</td><td rowspan="3">本标准</td></tr>
<tr><td colspan="2">重 点</td><td rowspan="2">普查</td></tr>
<tr><td>照度范围</td><td>平均照度</td></tr>
<tr><td rowspan="2">阅览室</td><td>一般图书馆</td><td rowspan="2">200～300
(50%)</td><td rowspan="2">339</td><td rowspan="2">200～300
(74.9%)</td><td rowspan="2">150～200～300</td><td rowspan="2">500</td><td rowspan="2">300</td><td rowspan="2">300
(一般)</td><td>300</td></tr>
<tr><td>国家、省市及其他重要图书馆</td><td>500</td></tr>
<tr><td colspan="2">老年阅览室、珍善本、舆图阅览室</td><td>—</td><td>—</td><td>—</td><td>200～300～500</td><td>—</td><td>300</td><td>—</td><td>500</td></tr>
<tr><td colspan="2">目录厅（室）、陈列室</td><td>—</td><td>390</td><td>150～250
(57.2%)</td><td>75～100～150</td><td>200
(个人书架)</td><td>300
(阅读架)</td><td>200</td><td>300</td></tr>
<tr><td rowspan="2" colspan="2">书 库</td><td rowspan="2"><150
(92.3%)</td><td>72
(h=0.5)</td><td rowspan="2"><150
(35.7%)</td><td rowspan="2">20～30～50
(垂直)</td><td rowspan="2">200
(书架)</td><td rowspan="2">50
(不活动)</td><td rowspan="2">75</td><td rowspan="2">50</td></tr>
<tr><td>208
(h=0.75)</td></tr>
<tr><td colspan="2">工作间</td><td>—</td><td>—</td><td>150～250
(47.1%)</td><td>150～200～300</td><td>—</td><td>—</td><td>200</td><td>300</td></tr>
</table>

2　根据陈列室、目录厅（室）、出纳厅的照度普查结果，半数以上平均为 200lx，原标准高档为 150lx，而国外标准在 200～300lx 之间，本标准定为 300lx。

3　根据书库的调查结果，多数照度在 150lx 以下，除美国照度较高外，日本和俄罗斯在 50～75lx 之间。本标准定为 50lx。

4　工作间的照度，调查结果多数平均在 200～300lx 之间，而原标准高档为 300lx，考虑图书的修复工作需要，本标准定为 300lx。

5　各房间统一眩光值（UGR）和显色指数（Ra）是参照 CIE 标准《室内工作场所照明》S 008/E—2001 制订的。

5.2.2　办公建筑的照明标准值是根据对我国六大区的 187 所办公建筑照明调研结果，并参考原国家标准、CIE 标准以及一些国家的照明标准经综合分析研究后制订的。办公建筑的国内外照度标准值对比见表 3。

表 3　办公建筑国内外照度标准值对比　　单位：lx

房间或场所	本调查			原标准 GBJ 133—90	CIE S 008/E—2001	美国 IESNA—2000	日本 JIS Z 9110—1079	德国 DIN 5035—1990	俄罗斯 СНиП 23-05-95	本标准
	重点		普查							
	照度范围	平均照度								
普通办公室	200～400（57.1%）	429	200～300（75.4%）	100～150～200	500	500	300～750	300 500	300 —	300
高档办公室										500
会议室、接待室、前台	200～400（59.3%）	358	200～300（88.1%）	100～150～200	500 300 （接待）	300 500 （重要）	300～750 200～500 （接待）	300	200 300 （前台）	300
营业厅	—	—	200～300（69.2%）	100～150～200	—	300 500 （书写）	750～1500	—	—	300
设计室	—	—	—	200～300～500	750	750	750～1500	750	500	500
文件整理、复印、发行室	250～350（66.7%）	324	200（72.7%）	50～75～100	300	100	300～750	—	400	300
资料、档案室	—	—	<150	50～75～100	200	—	150～300	—	75	200

1　办公室分普通和高档两类，分别制订照度标准，这样做比较适应我国不同建筑等级以及不同地区差别的需要。根据调研结果，办公室的平均照度多数在 200～400lx 之间，平均照度为 429lx，而原标准高档为 200lx。从目前我国实际情况看，原标准值明显偏低，需提高照度标准。CIE、美国、日本、德国办公室照度均为 500lx，只有俄罗斯为 300lx，根据我国情况，本标准将普通办公室定为 300lx，高档办公室定为 500lx。

2　根据会议室、接待室、前台的照度调查结果，多数平均在 200～400lx 之间，平均照度为 358lx，原标准高档为 200lx，而 CIE 标准及一些国家多在 300～500lx 之间，本标准定为 300lx。

3　根据营业厅的照度调查结果，多数为 200～300lx 之间，而美国为 300～500lx，日本高达 750～1500lx，本标准定为 300lx。

4　设计室的照度与高档办公室的照度一致，本标准定为 500lx。

5　根据文件整理、复印、发行室的照度调查结果，重点调查照度在 250～350lx 之间，平均为 324lx。普查照度平均为 200lx，而原标准高档为 100lx，CIE 标准为 300lx，美国标准稍低为 100lx，日本为 300～750lx，本标准定为 300lx。

6　资料、档案室的照度普查结果均小于 150lx，CIE 标准为 200lx，日本为 150～300lx，本标准定为 200lx。

7　办公建筑各房间的统一眩光值（UGR）和显色指数（Ra）是参照 CIE 标准《室内工作场所照明》S 008/E—2001 制订的。

5.2.3　商业建筑照明标准值是根据对我国六大区的 90 所商业建筑的照明调研结果，并参考原国家标准、CIE 标准以及一些国家的照明标准经综合分析研究后制订的。商业建筑国内外照度标准值对比见表 4。

表 4 商业建筑国内外照度标准值对比 单位：lx

房间或场所	本调查			原标准 GBJ 133—90	CIE S 008/E—2001	美国 IESNA—2000	日本 JIS Z 9110—1979	德国 DIN 5035—1990	俄罗斯 СНиП 23-05-95	本标准
	重点		普查							
	照度范围	平均照度								
一般商店营业厅	>500（70.2%）	678	<500（90.6%）	75～100～150	300（小）500（大）	300	500～750	300	300	300
高档商店营业厅										500
一般超市营业厅	300～500（75%）	567	<500（91.7%）	150～200～300	—	500	750～1000（市内）300～750（郊外）	—	400	300
高档超市营业厅										500
收款台	—	—	—	150～200～300	500	—	750～1000	500	—	500

1 由于商业建筑等级和地区的不同，将商店分为一般和高档两类，比较符合中国的实际情况。重点调研结果是多数商店照度均大于500lx，平均照度达678lx，因为调研的商店均为大型高档商店，而普查的照度多数小于500lx。CIE标准将营业厅按大小分类，大营业厅照度为500lx，小营业厅为300lx，而美、德、俄等国均为300lx，日本稍高，达500～750lx。据此，本标准将一般商店营业厅定为300lx，高档商店营业厅定为500lx。

2 根据中国实际情况，将超市分为二类，一类是一般超市营业厅，另一类是高档超市营业厅。根据调研结果，照度大多数在300～500lx，平均照度达567lx。而美国不分何种超市均定为500lx，日本在市内超市为750～1000lx，而在市郊超市为300～750lx，俄罗斯为400lx。本标准将一般超市营业厅定为300lx，而高档超市营业厅定为500lx。

3 收款台要进行大量现金及票据工作，精神集中，避免差错，照度要求较高，本标准定为500lx。

4 商店各营业厅的统一眩光值（UGR）和显色指数（Ra）是参照CIE标准《室内工作场所照明》S 008/E—2001制订的。

5.2.4 影剧院建筑照明标准值是根据对我国10所影剧院建筑照明调查结果，并参考原国家标准、CIE标准以及一些国家的照明标准经综合分析研究后制订的。影剧院建筑国内外照度标准值对比见表5。

表 5 影剧院建筑国内外照度标准值对比 单位：lx

房间或场所		本调查	原标准 GBJ 133—90	CIE S 008/E—2001	美国 IESNA—2000	日本 JIS Z 9110—1979	俄罗斯 СНиП23-05-95	本标准
门厅		10～133	100～150～200	100	—	300～750	500	200
观众厅	影院	103	30～50～75	—	100	150～300	75	100
	剧场		50～75～100	200	—	150～300	300～500	200
观众休息厅	影院	40～200	50～75～100	—	—	150～300	150	150
	剧场		75～100～150	—	—		—	200
排演厅		310	100～150～200	300	—	—	—	300
化妆室	一般活动区	509	75～100～150 150～200～300	—	—	300～750	—	150
	化妆							500

1 影剧院建筑门厅反映一个影剧院风格和档次，且是观众的主要入口，其照度要求较高。根据调查结果，门厅照度在10～133lx之间，而CIE标准为100lx，日本为300～750lx，俄罗斯为500lx，照度差异较大，根据我国实际情况，本标准定为200lx。

2 影院和剧场观众厅照度稍有不同，剧场需看剧目单及说明书等，故需照度高些，影院比剧场稍低。根据调查，现有影剧场观众厅平均照度为103lx，CIE标准剧场为200lx，本标准对观众厅，剧场定为200lx，影院定为100lx。

3 影院和剧场的观众休息厅，根据调查结果，照度在40～200lx之间。原标准高档照度，影院为100lx，剧场为150lx。日本为150～300lx，俄罗斯为150lx。本标准将影院定为150lx，剧场定为200lx，以满足观众休息的需要。

4 排演厅的实测照度为310lx，原标准高档为200lx，照度较低。CIE标准为300lx，参照CIE标准的规定，本标准定为300lx。

5 化妆室的实测照度为509lx，原标准一般区域高档为150lx，化妆台高档为300lx，日本为300～750lx。本标准将一般活动区照度定为150lx，而将化妆台照度提高到500lx。

6 影剧院的统一眩光值（UGR）和显色指数（Ra）是参照CIE标准《室内工作场所照明》S 008/E—2001制订的。

5.2.5 旅馆建筑照明标准值是根据对我国六大区的62所旅馆建筑照明调查结果，并参考原国家标准、CIE标准以及一些国家的照明标准经综合分析研究后制订的。旅馆建筑国内外照度标准值对比见表6。

表6 旅馆建筑国内外照度标准值对比 单位：lx

房间或场所		本调查：重点：照度范围	本调查：重点：平均照度	本调查：普查	原标准 GBJ 133—90	CIE S 008/E—2001	美国 IESNA—2000	日本 JIS Z 9110—1979	德国 DIN 5035—1990	俄罗斯 СНиП 23—05—95	本标准
客房	一般活动区	<50（78.9%）	37	100～200（94%）	20～30～50	—	100	100～150	—	100	75
	床头	100（57.9%）	110		50～75～100		—	—		—	150
	写字台	100～200（100%）	208	100～200（64.6%）	100～150～200	—	300	300～750		—	300
	卫生间	100～200（66.4%）	173（水平） 84（垂直）	100～200（100%）	50～75～100		300	100～200		—	150
中餐厅		100～200（83.2%）	186	200～300（75%）	50～75～100	200	—	200～300	200	—	200
西餐厅、酒吧间		<100（82.5%）	69	—	20～30～50	—	—	—	—	—	100
多功能厅		100～200（76%）	149	300～400（100%）	150～200～300	200	500	200～500	200	200	300
门厅、总服务台		50～100（62.6%）	121	200～300（83.4%）	75～100～150	300	100 300（阅读处）	100～200	—	—	300
休息厅											200
客房层走廊		<50（75%）	43	—	—	100	50	75～100	—	—	50
厨房		—	—	—	150	—	200～500	—	500	200	200
洗衣房		—	—	—	150	—	—	100～200	—	200	200

1 目前绝大多数宾馆客房无一般照明，按一般活动区、床头、写字台、卫生间四项制订标准。根据实测调查结果，绝大多数一般活动区照度小于50lx，平均照度只有37lx，原标准高档为50lx，而美国等一些国家为100～150lx，根据我国情况本标准定为75lx。床头的实测照度多数为100lx左右，平均照度为110lx，而原标准最高为100lx，稍低，本标准提高到150lx。写字台的实测照度多在100～200lx之间，而原标准高档为200lx，美国为300lx，日本为300～750lx；本标准定为300lx。卫生间的实测照度多数在100～200lx之间，原标准高档为100lx，而美国为300lx，日本为100～200lx，本标准定为150lx。

2 中餐厅重点实测照度多数在100～200lx之间，平均照度为186lx，而普查设计照度多数在200～300lx之间，原标准高档照度为100lx，照度偏低，CIE标准和德国为200lx，日本为200～300lx，本标准定为200lx。

3 西餐厅、酒吧间、咖啡厅照度，不宜太高，以创造宁静、优雅的气氛。实测照度均小于100lx。原标准高档为50lx，照度偏低，本标准定为100lx。

4 多功能厅重点实测照度多数在 100～250lx 之间，平均照度为 149lx，而普查照度均在 300～400lx 之间，CIE 标准、德国、俄罗斯均为 200lx，而美国为 500lx，日本为 200～500lx，本标准取各国标准的中间值，定为 300lx。

5 门厅、总服务台、休息厅是旅馆的重要枢纽，是人流集中分散的场所，重点调查照度约 100lx 左右，平均为 121lx，而普查多数在 200～300lx 之间，原标准高档为 150lx，而国外标准在 100～300lx 之间，结合我国实际情况，本标准将门厅、总服务台定为 300lx，将休息厅定为 200lx。

6 客房层走道实测照度多数小于 50lx，平均为 43lx，而国外多为 50～100lx 之间，本标准定为 50lx。

7 旅馆建筑各房间的统一眩光值（UGR）和显色指数（Ra）是参照 CIE 标准《室内工作场所照明》S 008/E—2001 制订的。

5.2.6 医院建筑照明标准值是根据对我国六大区的 64 所医院建筑照明调查结果，并参考《综合医院建筑设计规范》JGJ 49—88、CIE 标准和一些国家的照明标准经综合分析研究后制订的。医院建筑的国内外照度标准值对比见表 7。原标准无此项标准，为新增项目。

表 7 医院建筑国内外照度标准值对比 单位：lx

房间或场所	本调查			行业标准 JGJ 49—88	CIE S 008/E—2001	美国 IESNA—2000	日本 JIS Z 9110—1979	德国 DIN 5035—1990	本标准
	重点		普查						
	照度范围	平均照度							
治疗室	100～200 (77.8%)	180	100～200 (85.2%)	50～100	1000 500（一般）	300	300～750	300	300
化验室	200～300 (71.6%)	260	100～200 (93.8%)	75～150	500	500	200～500	500	500
手术室	＞300 (100%)	417	200～300 (72.2%)	100～200	1000	3000～10000	750～1500	1000	750
诊　室	100～200 (82.4%)	173	100～200 (91.7%)	75～150	500	300（一般） 500（工作台）	300～750	500 1000	300
候诊室	100～200 (75.2%)	177	100 (100%)	50～100	200	100（一般） 300（阅读）	150～300	—	200
病　房	100～200 (80%)	120	100 (60%)	15～30	100（一般） 300(检查、阅读)	50（一般） 300（阅读） 500（诊断）	100～200	100（一般） 200（阅读） 300（检查）	100
护士站	100～200 (82.3%)	154	100～200 (100%)	75～150	—	300（一般） 500（桌面）	300～750	300	300
药　房	100～200 (94.1%)	211	100～200 (95.2%)	—	—	500	300～750	—	500
重症监护室	—	—	—	—	500	—	—	300	300

1 治疗室的实测照度大多数在 100～200lx 之间，平均照度为 180lx，我国行标高档为 100lx，而国际及国外的照度标准均在 300～500lx 之间，高的可达 1000lx。考虑我国实际情况，提高到 300lx，还是现实可行的，故本标准定为 300lx。

2 化验室的实测照度大多数在 200～300lx 之间，平均照度为 260lx，而国外标准多在 500lx，考虑到化验的视觉工作精细，参照国外标准，本标准也定为 500lx。

3 手术室一般照明实测照度多在 200～300lx 之间，我国行标高档为 200lx，而国外平均在 1000lx 左右，美国高达 3000lx 以上，而本标准是采用国外的最低标准，定为 750lx。

4 诊室的实测照度在 100～200lx 之间，平均为 173lx，我国行标最高为 150lx，而国外多数在 300～500lx 之间。对现有诊室照度水平，医生反映均偏低，故本标准提高到 300lx。

5 候诊室的实测照度多数在 100～200lx 之间，平均为 177lx，我国行标高档为 100lx，而 CIE 标准为 200lx，美国和日本为 100～300lx 之间，考虑候诊室可比诊室照度低一级，本标准定为 200lx。挂号厅的照度与候诊室的照度相同。

6 病房的实测照度多数在 100～200lx 之间，平均为 120lx，我国行标最高为 100lx，而国外一般照明为 100lx，只有在检查和阅读时要求照度为 200～500lx，此时多可用局部照明来实现，本标准定为 100lx。

7 护士站的实测照度多在 100～200lx 之间，平均为154lx，我国行标高档为150lx，护士人员反映偏低，医护人员多在此处书写记录，而国外多在300～500lx之间，本标准将照度提高到300lx。

8 药房的实测照度多在100～200lx之间，美国为500lx，日本为300～750lx，考虑到药房视觉工作要求较高，需较高的照度，才能识别药品名，本标准定为500lx。

9 重症监护室是医疗抢救重地，要求有很高的照度，以满足精细的医疗救护工作的需要，参照CIE标准，本标准定为500lx。

10 医院各房间的统一眩光值（UGR）和显色指数（Ra）是参照CIE标准《室内工作场所照明》S 008/E—2001制订的。

5.2.7 学校建筑照明标准值是根据对我国六大区的99所学校建筑的照明调查结果，并参考我国《中小学校建筑设计规范》GBJ 99—86、CIE标准以及一些国家的照明标准经综合分析研究后制订的。学校建筑的国内外照度标准值对比见表8。原标准无此项标准，为新增项目。

表8 学校建筑国内外照度标准值对比 单位：lx

房间或场所	本调查			国标 GBJ 99—86	CIE S 008/E—2001	美国 IESNA—2000	日本 JISZ 9110—1979	德国 DIN 5035—1990	俄罗斯 СНиП23—05—95	本标准
	重点		普查							
	照度范围	平均照度								
教室	200～300 (66.6%)	232	200～300 (94%)	150	300 500（夜校、成人教育）	500	200～750	300 500	300	300
实验室	200～300 (70%)	295	200～300 (94.8%)	150	500	500	200～750	500	300	300
美术教室	—	196	200～300 (94.1%)	200	500 750	500	—	500	—	500
多媒体教室	—	300	200～300 (90.7%)	200	500	—	—	500	400	300
教室黑板	<150 (55%)	170	—	200（黑板面）	500	—	—	—	500	500

1 教室的实测照度多数在200～300lx之间，平均照度为232lx，实际照度和设计照度均较低，国标GBJ 99—86为150lx。而CIE标准规定普通教室为300lx，夜间使用的教室，如成人教育教室等，照度为500lx。美国为500lx，德国与CIE标准相同，日本教室为200～750lx。本标准参照CIE标准的规定，教室定为300lx，包括夜间使用的教室。

2 实验室的实测照度大多数在200～300lx之间，平均照度为294lx，国标GBJ 99—86为150lx，偏低，多数国家为300～500lx，本标准定为300lx。

3 美术教室的普查照度多在200～300lx之间，国标GBJ 99—86为200lx，国外标准多为500lx，因美术教室视觉工作精细，本标准定为500lx。

4 多媒体教室的普查照度多在200～300lx之间，国标GBJ 99—86为200lx，国外照度标准为400～500lx之间，考虑因有视屏视觉作业，照度不宜太高，本标准定为300lx。

5 目前还有部分教室无专用的黑板照明灯，必须专门设置。黑板垂直面的照度至少应与桌面照度相同，为保护学生视力，本标准将原国标GBJ 99—86的200lx，提高到500lx。

6 学校建筑各种教室的统一眩光值（UGR）和显色指数（Ra）是根据CIE标准《室内工作场所照明》S 008/E—2001制订的。

5.2.8 博物馆照明标准值是在对27所博物馆照明实测基础上，参照CIE标准和一些国家博物馆照明标准，以及采用我国行业标准《博物馆照明设计标准》而制订的。博物馆的国内外照度标准值对比见表9。原标准无此项标准，为新增项目。

1 博物馆行业标准，将对光特别敏感展品、对光敏感展品和对光不敏感展品的照度分别定为不超过50lx、150lx和300lx，此标准与CIE 1984年博物馆照明标准一致。本标准采用此照度值。

2 根据陈列室一般照明的照度低于展品照度的原则，一般照明的照度按展品照度的20%～30%选取。

3 根据CIE标准的规定，统一眩光值（UGR）应为19，对辨色要求高的展品，其显色指数（Ra）不应低于90，对于显色要求一般的展品显色指数（Ra）为80。

5.2.9 展览馆展厅的国内外照度标准值对比见表10。

表 9　博物馆陈列室展品国内外照度标准值对比

单位：lx

类　别	本调查 重点 最高照度	本调查 重点 最低照度	本调查 重点 平均照度	本调查 普查	博物馆行业标准	CIE 博物馆标准 1984	美国 IESNA —2000	英国 CIBS —1984	日本 IJS Z 9110—1979	俄罗斯 СНиП 23—05 —95	本标准
对光特别敏感的展品	654	299	513	—	≤50	50	—	50	75～150	50～75	50
对光敏感的展品	300	85	179	—	≤150	150	—	150	300～750	150	150
对光不敏感的展品	370	339	355	—	≤300	300	无限制	无限制	750～1500	200～500	300

表 10　展览馆展厅国内外照度标准值对比

单位：lx

房间或场所		本调查 重点 最高照度	本调查 重点 最低照度	本调查 重点 平均照度	本调查 普查 最高照度	本调查 普查 最低照度	本调查 普查 平均照度	美　国 IESNA —2000	日本 JIS Z 9110—1979	俄罗斯 СНиП 23—05 —95	本标准
展厅	一般	619	610	615	500	150	207	100	200～500	200	200
	高档										300

1　展览馆展厅的照度，本次调查展厅数量少，调查结果说明不了普遍性问题。展厅照明标准，主要是参考日本、俄罗斯的照度标准制订的。根据不同建筑等级以及不同地区的差别，将展厅分为一般和高档二类。一般展厅定为 200lx，而高档展厅定为 300lx，至于本次实测的展厅是新建的属亚洲最大的广东省展览馆展厅，一般照明初始平均照度为 615lx，维护系数按 0.8 计算，则维持平均照度约为 492lx。该展览馆由日本公司设计执行的是日本标准，照度太高。目前，我国不宜采用此照度值。

2　根据 CIE 标准的规定展厅的统一眩光值（UGR）为 22，而显色指数（Ra）为 80。

5.2.10　交通建筑照明标准值是根据对我国六大区的 28 座机场、车站、汽车客运交通站的照明调查结果，并参考原国家标准、CIE 标准以及一些国家照明标准经综合分析研究后制订的。本标准中机场建筑照明系新增加项目。交通建筑的国内外照度标准值对比见表 11。

表 11　交通建筑（火车站、汽车站、机场、码头）国内外照度标准对比

单位：lx

房间或场所		本调查 重点 照度范围	本调查 重点 平均照度	本调查 普查	原标准 GBJ 133—90	CIE S 008/E —2001	美国 IESNA —2000	日　本 JIS Z 9110—1979	本标准
售票台		—	—	—	200	—	—	—	500
问讯处		—	—	—	150	500（台面）	—	—	200
候车（机、船）室	普通	100～200（35.7%）>200（42.9%）	177	169（火）255（机）	50～75～100 150	200	50	300～750(A) 150～300(B) 75～150(C)	150
	高档								200
中央大厅		453～473	463	—	—	200	30	—	200
售票大厅		≥200（61.5%）	241	125	75～100～150	200	500	300～750(A) 150～300(B)	200
海关、护照检查		—		—	100～150～200	500	—	—	500
安全检查		≥200（75%）	321	—	—	300	300	—	300
换票、行李托运		273	—	—	50～75～100	300	300	—	300
行李认领、到达大厅、出发大厅		197	—	193	50～75～100	200	50	—	200

续表 11

房间或场所	本调查			原标准 GBJ 133—90	CIE S 008/E —2001	美国 IESNA —2000	日本 JIS Z 9110—1979	本标准
	重点		普查					
	照度范围	平均照度						
通道、连接区、扶梯	130(火车) 575(机场) 平均 391	—	175～190	15～20～30	150	—	150～300(A) 75～150(B) 50～150(C)	150
站台(有棚) 站台(无棚)		—	20～30	15～20～30 10～15～20	—	—	150～300(A) 75～150(B)	75 50

1 售票台台面，原标准为 200lx，照度偏低，因工作精神集中，收现金、发票，本标准定为 500lx。

2 问讯处的原标准高档为 150lx，而 CIE 问讯处台面为 500lx，根据我国情况，定为 200lx。

3 候车(机、船)室的实测照度多数在 150lx 以上，原标准高档为 150lx。CIE 标准规定为 200lx，而日本分为三级，A 级为 300～750lx，B 级为 150～300lx，C 级为 75～150lx。本标准将候车(机、船)室(厅)分为普通和高档二类，普通定为 150lx，高档定为 200lx。

4 中央大厅的实测照度较高，平均照度为 463lx，而原标准最高为 100lx。CIE 标准规定为 200lx，参照 CIE 标准规定，本标准定为 200lx。

5 售票厅的重点实测照度半数大于 200lx，平均照度为 241lx，而普查只有 125lx。原标准高档为 150lx，CIE 标准规定为 200lx，美国为 500lx，而日本分不同等级车站定照度标准，A 级为 300～750lx，B 级为 150～300lx。根据我国情况，参照 CIE 标准，本标准定为 200lx。

6 海关、护照检查，原标准为 200lx，参照 CIE 标准规定，本标准定为 500lx。

7 安全检查的实测照度多数大于 200lx，平均照度为 321lx，CIE 标准和美国均规定为 300lx，本标准定为 300lx。

8 换票和行李托运的实测照度为 273lx，原标准高档为 100lx，而 CIE 标准和美国规定均为 300lx，本标准定为 300lx。

9 行李认领、到达大厅和出发大厅的实测照度为 197lx，而 CIE 标准为 200lx，本标准参照 CIE 标准，定为 200lx。

10 通道、连接区、扶梯的普查平均照度为 175～190lx，原标准高档为 30lx，照度太低，而 CIE 标准规定为 150lx，日本 150lx 是三级中的中间值，本标准定为 150lx。

11 本标准有棚站台定为 75lx，无棚站台定为 50lx，符合现今的实际情况。

12 交通建筑房间或场所的统一眩光值(UGR)和显色指数(Ra)是根据 CIE 标准《室内工作场所照明》S 008/E—2001 制订的。

5.2.11 体育建筑的照明标准值是根据对我国一些主要城市的 29 座体育场馆的照明调查结果，并参考原国家标准、CIE 标准以及一些国家的照明标准经综合分析研究后制订的。体育场馆的国内外照度标准值对比见表 12。

表 12 体育建筑照度国内外照度标准值对比 单位：lx

房间或场所	本调查			原标准 GBJ 133—90	CIE No. 83 —1989	美国 IESNA —2000	日本 JISZ 9110—1979	本标准
	重点		普查					
	照度范围	平均照度						
体育场	1000～2000 (83.3%)	1870	1000～2000 (100%)	300～500～750	500～750～1000(A)	1000～1500	750～1500 (正式) 300～750 (一般)	500～750～1000(A)
体育馆	2000 (63.6%)	2387	1000～2000 (100%)	300～500～750	750～1000～1400(B)	1500～2000	750～1500 (正式) 300～7500 (一般)	750～1000～1500(B)
游泳馆	1000～2000 (100%)	1462	1000～2000 (75%)	300～500～750	1000～1400 (C)	300～750	750～1500 (正式) 300～750 (一般)	1000～1500(C)
训练馆	1000～2000 (100%)	1416	—	200～750	—	—	—	—

注：CIE 标准的(A)、(B)和(C)为三组比赛项目的彩电转播照度值，而原标准为非彩电转播照度值。

本标准的表 5.2.11-1 和表 5.2.11-2 规定了各种运动项目所对应的照度标准值，实际上这些运动项目是在综合体育场馆进行的。我们测试的场馆是在全部开灯情况下进行。在实际设计时，均考虑了通过控制提供各种运动项目各种级别所需的照度值。在表 5.2.11-1 中所列的照度值是在参考原标准的高档值基础上做了小的调整。表 5.2.11-2 仍然采用原标准的照度值，这与 CIE 标准所规定的彩电转播时照度值一致。

1 根据调查结果，体育场的实测照度大多数在 1000～2000lx 之间，平均照度为 1870lx。

2 体育馆实测照度半数以上为 2000lx，平均照度为 2387lx。

3 游泳馆实测照度多数在 1000～2000lx 之间，平均照度为 1462lx。

4 训练馆实测照度全在 1000～2000lx 之间，平均照度为 1416lx。

根据以上调查分析，我国现有的体育场馆照度均高于 CIE 彩电转播时标准规定的照度值，而本标准仍然采用 CIE 标准规定的彩电转播时的照度值，因为此值已可以满足各种运动项目比赛和训练所要求的照度。

本标准的表 5.2.11-3 规定了有无彩电转播的眩光值（GR）和显色指数（Ra）。

目前对室外体育场的眩光评价可按 CIE 出版物《室外体育场和广场照明的眩光评价系统》No.112（1994）的额定眩光值（GR）执行，眩光值（GR）应小于 50。而对体育馆的室内眩光评价尚无规定。

关于显色指数，彩电转播的比赛场馆要求显色指数(Ra)不小于 80，当今大型国际和国内比赛要求显色指数(Ra)甚至不宜小于 90。而对于非彩电转播的场馆的显色指数(Ra)不应小于 65。

5.3 工 业 建 筑

5.3.1 工业建筑的照明标准值是根据对全国六大区的机械、电子、纺织、制药等 16 大类工业建筑 645 个房间或场所的照明调查结果，并参考原国家标准《工业企业照明设计标准》GB 50034—92、CIE 标准以及一些国家的照明标准经综合分析研究后制订的。

1 各类工业场所调查数据和国内外标准

各类工业场所调查照度值和国内外标准值对比见表 13。

表 13 工业建筑国内外照度标准值对比 单位：lx

<table>
<tr><th colspan="2" rowspan="2">房间或场所</th><th colspan="2">本调查</th><th rowspan="2">原标准
GB
50034
—92</th><th rowspan="2">CIE
S 008/E
—2001</th><th rowspan="2">德国
DIN 5035
—1990</th><th rowspan="2">美国
IESNA
—2000</th><th rowspan="2">日本
JIS Z
9110
—1979</th><th rowspan="2">俄罗斯
CHиП
23-05
-95</th><th rowspan="2">本标准</th></tr>
<tr><th>重点</th><th>普查</th></tr>
<tr><td colspan="11">**1 通用房间或场所**</td></tr>
<tr><td rowspan="2">试验室</td><td>一般</td><td>771</td><td>313</td><td>150</td><td>500</td><td>300</td><td>—</td><td>300</td><td>—</td><td>300</td></tr>
<tr><td>精细</td><td>—</td><td>—</td><td>—</td><td>—</td><td>—</td><td>—</td><td>3000</td><td>—</td><td>500</td></tr>
<tr><td rowspan="2">检验</td><td>一般</td><td>—</td><td rowspan="2">408</td><td>—</td><td rowspan="2">750～
1000</td><td>750</td><td>300
1000</td><td>300～
3000</td><td>200</td><td>300</td></tr>
<tr><td>精细、有颜色要求</td><td>—</td><td>—</td><td>—</td><td>3000～
10000</td><td>—</td><td>—</td><td>750</td></tr>
<tr><td colspan="2">计量室、测量室</td><td>—</td><td>400</td><td>200</td><td>500</td><td>—</td><td>—</td><td>—</td><td>—</td><td>500</td></tr>
<tr><td rowspan="2">变、配电站</td><td>配电装置室</td><td rowspan="2">131</td><td>219</td><td>50</td><td>200～
500</td><td rowspan="2">100</td><td rowspan="2">500，
300，
100</td><td rowspan="2">150～
300</td><td>150，
200</td><td>200</td></tr>
<tr><td>变压器室</td><td>131</td><td>30</td><td>—</td><td>75</td><td>100</td></tr>
<tr><td colspan="2">电源设备室、发电机室</td><td>—</td><td>220</td><td>50</td><td>200</td><td>100</td><td>500，
300，
100</td><td>150～
300</td><td>150，
200</td><td>200</td></tr>
<tr><td rowspan="2">控制室</td><td>一般控制室</td><td rowspan="2">332</td><td>267</td><td>100</td><td>300</td><td>—</td><td>100</td><td>300</td><td>150
(300)</td><td>300</td></tr>
<tr><td>主控制室</td><td>381</td><td>200，
150</td><td>500</td><td>—</td><td>—</td><td>750</td><td>—</td><td>500</td></tr>
</table>

续表 13

房间或场所		本调查 重点	本调查 普查	原标准 GB 50034—92	CIE S 008/E—2001	德国 DIN 5035—1990	美国 IESNA—2000	日本 JIS Z 9110—1979	俄罗斯 СНиП 23-05-95	本标准
电话站、网络中心		—	400	150	—	300	500，300，100	—	150，200	500
计算机站		—	400	—	500	—	500，300，100	—	—	500
动力站	风机房、空调机房	—	120	30	200	100	500，300，100	150～300	50	100
	泵房	130	175	30	200	100		—	150，200	100
	冷冻站	130	175	50	200	100		—	—	150
	压缩空气站	—	150	50	—	—		—	150，200	150
	锅炉房、煤气站的操作层	—	99	30	100	100		—	50～150	100
仓库	大件库	158	91	10	100	50	50	30	50	50
	一般件库		156	15		100	100	50	75	100
	精细件库		217	30		200	300	75	200	200
车辆加油站		—	—	—	—	100	—	—	—	100
2 机、电工业										
机械加工	粗加工	443	208	50 (500)	—	—	300	300	200 (1000)	200
	一般加工 公差≥0.1mm		300	75 (750)	300	300	500	750	200 (1500)	300
	精密加工 公差<0.1mm		392	150 (1500)	500	500	3000～10000	1500～3000	200 (2000)	500
机电、仪表装配	大件	376	250	75	200	200	300	300	200 (500)	200
	一般件		340	100 (750)	300	300	500	—	300 (750)	300
	精密		574	150 (1500)	500	500	3000～10000	3000	—	500
	特精密									750
电线、电缆制造		—	—	—	300	300	—	—	—	300
线圈绕制	大线圈	—	—	—	300	300	—	—	—	300
	中等线圈	—	—	—	500	500	—	—	—	500
	精细线圈	—	—	—	750	1000	—	—	—	750
线圈浇注		—	—	—	300	300	—	—	—	300
焊接	一般	—	310	75	300	300	300	200	200	200
	精密	—		100	300	300	3000～10000	200	200	300
钣金		—	270	75	300	300	—	—	—	300
冲压、剪切		507		50 (300)	300	200	300，500，1000	—	—	300

续表 13

房间或场所	本调查 重点	本调查 普查	原标准 GB 50034—92	CIE S 008/E—2001	德国 DIN 5035—1990	美国 IESNA—2000	日本 JIS Z 9110—1979	俄罗斯 CHиП 23-05-95	本标准
热处理	—	338	50	—	—	—	—	—	200
铸造 熔化、浇铸	—	192	50	300 200	300 200	—	—	—	200
铸造 造型	—		50 (500)	500	500	—	—	—	300
精密铸造的制模、脱壳	—	330	—	—	—	—	—	—	500
锻工	—	200	50	300, 200	200	—	—	200	200
电镀	652	350	75	300	300	—	—	200 (500)	300
喷漆 一般	171	242	75	750	500	300, 500, 1000	—	200	300
喷漆 精细							—	300	500
酸洗、腐蚀、清洗	431	296	50	—	—	—	—	—	300
抛光 一般装饰性		313	200 (750)	—	500	300, 500, 1000	—	—	300
抛光 精细									500
复合材料加工、铺叠、装饰	440	—	—	—	—	—	—	—	500
机电修理 一般	291	225	50 (500)	—	200	500	—	300 (750)	200
机电修理 精密		300	75 (750)	—	500		—		300
3 电子工业									
电子元器件	387	380	—	1500	1000	—	1500～3000	—	500
电子零部件		375	—	1500	1000	—		—	500
电子材料		228	—	—	—	—	—	—	300
酸、碱、药液及粉配制		300	—	—	—	—	—	—	300
4 纺织、化纤工业									
纺织	—	225	—	200～1000	200～1000	—	—	—	150～300
化纤	—	132	—			—	—	—	75～200
5 制药工业									
制药生产	—	334	—	500	—	—	—	—	300
生产流转通道	—	125	—		—	—	—	—	200
6 橡胶工业									
炼胶车间	—	300	—	500	—	—	—	—	300
压延压出工段	—	320	—		—	—	—	—	300
成型裁断工段	—	320	—		—	—	—	—	300
硫化工段	—	230	—		—	—	—	—	300
7 电力工业									
锅炉房	—	70	—	100	100	—	—	75	100
发电机房	—	158	—	200	100	—	—	—	200
主控制室	—	328	—	500	300	—	—	150～300	500

续表 13

<table>
<tr><th rowspan="2">房间或场所</th><th colspan="2">本调查</th><th rowspan="2">原标准
GB
50034
—92</th><th rowspan="2">CIE
S 008/E
—2001</th><th rowspan="2">德国
DIN 5035
—1990</th><th rowspan="2">美国
IESNA
—2000</th><th rowspan="2">日本
JIS Z
9110
—1979</th><th rowspan="2">俄罗斯
СНиП
23-05
-95</th><th rowspan="2">本标准</th></tr>
<tr><th>重点</th><th>普查</th></tr>
<tr><td colspan="10">8　钢铁工业</td></tr>
<tr><td>炼铁</td><td>—</td><td>142</td><td>—</td><td>200</td><td>50～200</td><td>—</td><td>—</td><td>—</td><td>30～100</td></tr>
<tr><td>炼钢</td><td>—</td><td>200</td><td>—</td><td>50～200</td><td>50～200</td><td>—</td><td>—</td><td>—</td><td>150～200</td></tr>
<tr><td>连铸</td><td>—</td><td>200</td><td>—</td><td>50～200</td><td>50～200</td><td>—</td><td>—</td><td>—</td><td>150～200</td></tr>
<tr><td>轧钢</td><td>—</td><td>150</td><td>—</td><td>300</td><td>50～200</td><td>—</td><td>—</td><td>—</td><td>50～200</td></tr>
<tr><td>9　造纸工业</td><td>—</td><td>160</td><td>—</td><td>200～500</td><td>200～500</td><td>—</td><td>—</td><td>—</td><td>150～500</td></tr>
<tr><td colspan="10">10　食品及饮料工业</td></tr>
<tr><td>食品　糕点、糖果</td><td>—</td><td>136</td><td>—</td><td>200～300</td><td>—</td><td>—</td><td>—</td><td>—</td><td>200</td></tr>
<tr><td>食品　乳制品、肉制品</td><td>—</td><td>143</td><td>—</td><td>200～500</td><td>—</td><td>—</td><td>—</td><td>—</td><td>300</td></tr>
<tr><td>饮料</td><td>—</td><td>120</td><td>—</td><td>—</td><td>—</td><td>—</td><td>—</td><td>—</td><td>300</td></tr>
<tr><td>啤酒　糖化</td><td>—</td><td>120</td><td>200</td><td>200</td><td>—</td><td>—</td><td>—</td><td>—</td><td>200</td></tr>
<tr><td>啤酒　发酵</td><td>—</td><td>120</td><td>200</td><td>200</td><td>—</td><td>—</td><td>—</td><td>—</td><td>150</td></tr>
<tr><td>啤酒　包装</td><td>—</td><td>120</td><td>200</td><td>200</td><td>—</td><td>—</td><td>—</td><td>—</td><td>150</td></tr>
<tr><td colspan="10">11　玻璃工业</td></tr>
<tr><td>熔制、备料、退火</td><td>—</td><td>160</td><td>—</td><td>300</td><td>300</td><td>—</td><td>—</td><td>—</td><td>150</td></tr>
<tr><td>窑炉</td><td>—</td><td>160</td><td>—</td><td>50</td><td>200</td><td>—</td><td>—</td><td>—</td><td>100</td></tr>
<tr><td colspan="10">12　水泥工业</td></tr>
<tr><td>主要生产车间（破碎、原料粉磨、烧成、水泥粉磨、包装）</td><td>—</td><td>—</td><td>—</td><td>200～300</td><td>200</td><td>—</td><td>—</td><td>—</td><td>100</td></tr>
<tr><td>储存</td><td>—</td><td>—</td><td>—</td><td>—</td><td>—</td><td>—</td><td>—</td><td>—</td><td>75</td></tr>
<tr><td>输送走廊</td><td>—</td><td>—</td><td>—</td><td>—</td><td>—</td><td>—</td><td>—</td><td>—</td><td>30</td></tr>
<tr><td>粗坯成型</td><td>—</td><td>—</td><td>—</td><td>300</td><td>200</td><td>—</td><td>—</td><td>—</td><td>300</td></tr>
<tr><td colspan="10">13　皮革工业</td></tr>
<tr><td>原皮、水浴</td><td>—</td><td>250</td><td>—</td><td>200</td><td>200</td><td>—</td><td>—</td><td>—</td><td>200</td></tr>
<tr><td>转毂、整理、成品</td><td>—</td><td>250</td><td>—</td><td>300</td><td>300</td><td>—</td><td>—</td><td>—</td><td>200</td></tr>
<tr><td>干燥</td><td>—</td><td></td><td>—</td><td>—</td><td>—</td><td>—</td><td>—</td><td>—</td><td>100</td></tr>
<tr><td colspan="10">14　卷烟工业</td></tr>
<tr><td>制丝车间</td><td>—</td><td>—</td><td>—</td><td>200～300</td><td>200～300</td><td>—</td><td>—</td><td>—</td><td>200</td></tr>
<tr><td>卷烟、接过滤嘴、包装</td><td>—</td><td>—</td><td>—</td><td>500</td><td>500</td><td>—</td><td>—</td><td>—</td><td>300</td></tr>
<tr><td colspan="10">15　化学、石油工业</td></tr>
<tr><td>生产场所</td><td>—</td><td>96</td><td>—</td><td rowspan="2">50～300</td><td rowspan="2">50～200</td><td>—</td><td>—</td><td>—</td><td rowspan="2">30～100</td></tr>
<tr><td>生产辅助场所</td><td>—</td><td>30</td><td>—</td><td>—</td><td>—</td><td>—</td></tr>
</table>

续表 13

房间或场所	本调查 重点	本调查 普查	原标准 GB 50034—92	CIE S 008/E—2001	德国 DIN 5035—1990	美国 IESNA—2000	日本 JIS Z 9110—1979	俄罗斯 СНиП 23-05-95	本标准
16 木业和家具制造									
一般机器加工	—	40	500 (500)	—	300	300	—	200 (1000)	200
精细机器加工	—		50 (500)	500	500	500，1000	—		500
锯木区	—		75	300	200	—	—		300
模型区 一般	—	40	75 (500)	750	500	—	—	200 (1000)	300
模型区 精细	—								750
胶合、组装	—	40	—	300	300	—	—	200 (1000)	300
磨光、异形细木工	—		—	750	—	—	—		750

注：1 本节工业建筑场所规定的照度都是一般照明的平均照度值，部分场所需要另外增设局部照明，其照度值按作业的精细程度不同，可按一般照明照度的 1.0～3.0 倍选取。

2 表中数值后带“（ ）”中的数值，系指包括局部照明在内的混合照明照度值。

3 表中 GB 50034—92 的照度值系取该标准三档照度值的中间值。

4 表中 CIE 标准及各国标准数值有一部分系参照同类车间的相同工作场所的照度值，而不是标准实际规定的数值。

2 主要修订原则

1）近十多年来我国国民经济持续发展，当前有需要也有条件适当提高照度水平。

2）根据标准制订的原则，有条件的尽量向国际标准靠近。国际照明委员会（CIE）于 2001 年新颁布的《室内照明工作场所的照明》CIE S 008/E—2001 比较符合或接近我国当前的实际状况，可以作为参考。

3 主要依据

1）根据本次标准修订中进行的普查和重点调查取得的资料；

2）参照 CIE《室内工作场所照明》S 008/E—2001 国际标准；

3）考虑原标准 GB 50034—92 的状况，适当参考德、美、日、俄等国的标准。

4 本标准主要变化和特点

1）取消 GB 50034—92 按视觉作业特性划分十个等级的方法，改为直接规定作业场所或房间的照度值，比较直观，便于应用。

2）变更了原标准规定一般照明照度值和混合照明照度值的办法，本标准只规定一般照明照度值，对需要增设局部照明的场所，按需要另增加照度，并规定需要局部照明时，其增加照度按一般照明照度的 1.0～3.0 倍选取。原因：一是按 CIE 新标准的方式；二是考虑工程设计中主要是设计和计算一般照明，而局部照明很少计算，通常是按作业需要配置和调整，或者由生产设备配套，所以规定一般照明照度更为实用。

3）将原标准规定的每个场所给出三档照度值，统一定为一个照度值，是按 CIE 新标准的方式。同时，规定了按一定条件可以提高或降低一级照度的条款。

4）原标准规定了视觉作业十个等级的照度，在附录中列出了机械工业和通用场所的具体照度标准。本标准由于取消了十个等级的照度标准，将我国工业较常见的机电、电子及信息产业、纺织、钢铁、化工石油、造纸、制药等 15 个代表性行业及通用工业场所，共 16 类的代表性房间或场所制订了照度标准值。其他未涉及的工业和已列入的 15 个行业的其他房间则由行业照明标准确定。

5）部分作业场所，由于其作业精细程度和其对照明要求差异很大，本标准规定了两档或多档不同精度的照度值，以适应不同行业、不同作业精度和不同企业规模的需要，供工程设计时按实际要求确定。

5 关于质量标准

UGR 和 Ra 标准值与原标准的方式不同，按不同房间或场所规定了 UGR 和 Ra 质量标准值。UGR 和 Ra 值主要是参考 CIE 标准《室内工作场所照明》S 008/E—2001 制订的。

5.4 公 用 场 所

5.4.1 本条所指的公用场所是指公共建筑和工业建筑的公用场所，它们的照度标准值是参考原国家标准、CIE 标准以及一些国家标准经综合分析研究后制订的。除公用楼梯、厕所、盥洗室、浴室的照度比 CIE 标准的照度值有所降低外，其他均与 CIE 标准的规定照度相同，电梯前厅是参照 CIE 标准自动扶梯的照度值制订的。此外，将门厅、走廊、流动区域、楼梯、厕所、盥洗室、浴室、电梯前厅，根据不同要求，分为普通和高档二类，便于应用和节约能源。公用场所国内外照度标准值对比见表14。

表14 公用场所国内外照度标准值对比　　单位：lx

房间或场所		原标准 GBJ 133—90	CIE S 008/E —2001	美国 IESNA —2000	日本 JIS Z 9110 —1979	德国 DIN 5035 —1990	俄罗斯 СНиП 23-05 -95	本标准
门厅		—	100	100	200～500	相邻房间照度的2倍	30～150	100(普通) 200(高档)
走廊、流动区域		15～20～30	100	100	100～200	50	20～75	50(普通) 100(高档)
楼梯、平台		20～30～50	150	50	100～300	100	10～100	30(普通) 75(高档)
自动扶梯		—	150	50	500～750（商店）	100	—	150
厕所、盥洗室、浴室		20～30～50	200	50	100～200	100	50～75	75(普通) 150(高档)
电梯前厅		20～50～75	—	—	200～500	—	—	75(普通) 150(高档)
休息室		30～50～75（吸烟室）	100	100	75～150	100	50～75	100
储藏室、仓库		20～30～50	100	100	75～150	50～200	75	100
车库	停车间 检修间	15	75	—	—	—	—	75 200

5.4.2 备用照明、安全照明和疏散照明的照度标准值是参照原《工业企业照明设计标准》GB 50034—92和《建筑防火设计规范》制订的。

6 照明节能

6.1 照明功率密度值

6.1.1 本条规定了居住建筑的照明功率密度值。当符合第4.1.3和第4.1.4条的规定，照度标准值进行提高或降低时，照明功率密度值应按比例提高或折减。居住建筑的照明功率密度值是按每户来计算的。居住建筑国内外照明功率密度值对比见表15。

根据调查结果，约半数住户LPD在5～10W/m^{2}之间，户平均为8.93W/m^2，北京市《绿色照明工程技术规程》DBJ 01—607—2001（以下简称北京市绿照规程）为7W/m^2，台湾的调查结果为7W/m^2，本标准现行值定为7W/m^2，目标值定为6W/m^2。

表15 居住建筑国内外照明功率密度值对比　　单位：W/m^2

房间或场所	本调查		北京市绿照规程 DBJ 01—607—2001	俄罗斯 МГСН 2.01—98	本标准		
	重点	普查			照明功率密度		对应照度(lx)
					现行值	目标值	
起居室 卧室 餐厅 厨房 卫生间	LPD<5 (20.6%) 5～10 (44.1%) 10～15 (23.5%) 户平均8.93	—	7	20	7	6	100 75 150 100 100

6.1.2 本条为强制性条文，规定了办公建筑照明的功率密度值。当符合第4.1.3和第4.1.4条的规定，照度标准值进行提高或降低时，照明功率密度值应按比例提高或折减。办公建筑国内外照明功率密度值对比见表16。

表 16 办公建筑国内外照明功率密度值对比 单位：W/m²

房间或场所	本调查		北京市绿照规程DBJ 01—607—2001	美国ASHRAE/IESNA—90.1—1999	日本节能法1999	俄罗斯МГСН 2.01—98	本标准		
	重点	普查					照明功率密度		对应照度(lx)
							现行值	目标值	
普通办公室	10～18(47.6%) 18～22(11.9%) 平均20	10～18(61.7%) 18～22(9.9%)	13	11.84(封闭) 13.99(开敞)	20	25	11	9	300
高档办公室			20				18	15	500
会议室	10～18(44.8%) 18～22(10.3%) 平均20.1	10～18(54.1%) 18～22(16.4%)	—	16.14	20	—	11	9	300
营业厅	—	10～18(30.8%) <10(58.5%)	—	15.07	30	55	13	11	300
文件整理、复印、发行室	平均17.9	10～18(45.5%) 18～22(45.5%)	—	—	—	25	11	9	300
档案室	—	10～18(75%)	—	—	—	—	8	7	200

由表 16 可知：

1 将办公室分为普通办公室和高档办公室两种类型是符合我国国情的，而且更加有利于节能。重点调查对象多为高档办公室，其平均照明功率密度为 20W/m²，本标准为了节能，将高档办公室定为 18W/m²，目标值定为 15W/m²。从调查结果看，半数被调查办公室在 10～18W/m² 之间，本标准将普通办公室定为 11W/m²，目标值定为 9W/m²。

2 从调查结果看，半数的会议室在 10～18W/m² 之间，而美国接近 17W/m²，日本为 20W/m²，根据我国的照度水平及调查结果，本标准定为 11W/m²，目标值定为 9W/m²。

3 国外营业厅的照明功率密度均较高，在 26～35W/m² 之间，而我国的调查结果多数小于 10W/m²，考虑到我国的照度水平及调查结果，本标准定为 13W/m²，目标值定为 11W/m²。

4 文件整理、复印和发行室，只有俄罗斯有相应标准，且其值较高为 25W/m²，本标准和我国的照度水平相对应，定为 11W/m²，目标值定为 9W/m²。

5 档案室多数在 10～18W/m² 之间，根据所规定照度，本标准定为 8W/m²，目标值定为 7W/m²。

6.1.3 本条为强制性条文，规定了商业建筑的照明功率密度值。当符合第 4.1.3 和第 4.1.4 条的规定，照度标准值进行提高或降低时，照明功率密度值应按比例提高或折减。商业建筑国内外照明功率密度值对比见表 17。

表 17 商业建筑国内外照明功率密度值对比 单位：W/m²

房间或场所	本调查		北京市绿照规程DBJ 01—607—2001	美国ASHRAE/IESNA—90.1—1999	日本节能法1999	俄罗斯МГСН 2.01—98	本标准		
	重点	普查					照明功率密度		对应照度(lx)
							现行值	目标值	
一般商店营业厅	18～26(18.2%) 26～34(28.6%) 平均30.7	10～18(47.2%) 18～26(22.2%) 平均26.7	30	22.6	20	25	12	10	300
高档商店营业厅							19	16	500
一般超市营业厅	26～42(50%) 80～90(25%) 平均39.0	10～26(66.7%) 26～42(16.6%) 平均19.0	—	19.4	—	35	13	11	300
高档超市营业厅							20	17	500

由表 17 可知，商业建筑照明重点调查的照明功率密度平均为 30.7W/m²，日本为 20W/m²，美国为 22.6W/m²，俄罗斯为 25W/m²，北京市为 30W/m²。本标准结合我国情况，为节约能源，高档商店营业厅定为 19W/m²，目标值定为 16W/m²；一般商店营业厅定为 12W/m²，目标值定为 10W/m²；因超市净高较高，一般超市营业厅定为 13W/m²，目标值为 11W/m²；高档超市营业厅定为 20W/m²，而目标值定为 17W/m²。

6.1.4 本条为强制性条文，规定了旅馆建筑的照明功率密度值。当符合第 4.1.3 和第 4.1.4 条的规定，照度标准值进行提高或降低时，照明功率密度值应按比例提高或折减。旅馆建筑国内外照明功率密度值对比见表 18。

表 18 旅馆建筑国内外照明功率密度值对比 单位：W/m²

房间或场所	本调查		北京市绿照规程 DBJ 01—607—2001	美国 ASHRAE/IESNA—90.1—1999	日本节能法 1999	本标准		
	重点	普查				照明功率密度		对应照度(lx)
						现行值	目标值	
客房	5～10(29.6%) 10～15(44.4%) 平均 11.66	10～15(53.3%) 10～15(20%) 平均 12.53	15	26.9	15	15	13	—
中餐厅	10～15(37.5%) 15～20(12.5%) 平均 17.48	10～15(38.1%) 15～20(23.8%) 平均 20.46	13	—	30	13	11	200
多功能厅	20～25(40%) >25(40%) 平均 23.3	平均 22.4	25	—	30	18	15	300
客房层走廊	平均 5.8	—	6	—	10	5	4	50
门厅	—	—	—	18.3	20	15	13	300

由表 18 可知：

1 客房照明功率密度平均约为 12W/m²，日本和北京标准均为 15W/m²，只有美国很高，约为 27W/m²，根我国实际情况，本标准定为 15W/m²，而目标值定为 13W/m²。

2 中餐厅调查结果平均为 17～20W/m² 之间，而多数在10～15W/m²之间，根据我国实际情况，本标准定为 13W/m²，而目标值定为 11W/m²。

3 多功能厅调查结果平均为 23W/m²，因只考虑一般照明，本标准定为 18W/m²，而目标值定为 15W/m²。

4 客房层走廊调查结果为平均 5.8W/m²，日本为 10W/m²，而北京为 6W/m²，本标准定为 5W/m²，而目标值定为 4W/m²。

5 门厅参考国外标准，本标准定为 15W/m²，而目标值定为 13W/m²。

6.1.5 本条为强制性条文，规定了医院建筑的照明功率密度值。当符合第 4.1.3 和第 4.1.4 条的规定，照度标准值进行提高或降低时，照明功率密度值应按比例提高或折减。医院建筑国内外照明功率密度值对比见表 19。

由表 19 可知：

1 治疗室和诊室的照明功率密度重点调查结果约半数在 5～10W/m² 之间，而普查约半数在 10～15W/m² 之间，平均值约为 12W/m²，北京市定为 15W/m²，美国稍高些为 17W/m²；日本诊室最高为 30W/m²，治疗室为 20W/m²，根据我国实际情况定为 11W/m² 是可行的。目前多数低于此水平，照度水平较低，而目标值定 9W/m²。

2 化验室重点调查结果平均为 11W/m²，而普查平均为 15W/m²，多数医疗人员反映较暗，应提高照度到 500lx，故相应的功率密度，定为 18W/m²，而目标值定为 15W/m²。

3 手术室调查结果平均为 20W/m²，日本、美国及北京市的标准均很高，考虑到本标准所对应的照度及所规定的功率密度均为一般照明，故定为 30W/m²，而目标值定为 25W/m²。

表 19 医院建筑国内外照明功率密度值对比 单位：W/m²

房间或场所	本调查		北京市绿照规程 DBJ 01—607—2001	美国 ASHRAE/IESNA—90.1—1999	日本节能法 1999	俄罗斯 МГСН 2.01—98	本标准		
	重点	普查					照明功率密度		对应照度(lx)
							现行值	目标值	
治疗室、诊室	5～10 (44.5%) 10～15 (22.2%) 平均 11.18	5～10 (16.7%) 10～15 (44.4%) 平均 12.45	15	17.22 —	30 (诊室) 20 (治疗)	— —	11	9	300
化验室	5～10 (50%) 10～15 (28.5%) 平均 11	10～15 (29.5%) 15～20 (23.5%) 平均 15	—	—	—	—	18	15	500
手术室	15～20 (66.7%) 平均 19.58	10～25 平均 20.02	48	81.8	55	—	30	25	750
候诊室	5～10 (46.7%) 平均 13.81	5～10 (50%) 10～15 (40%) 平均 8.58	15	19.38	15	—	8	7	200
病房	<5 (39.1%) 5～10 (43.6%) 平均 6.75	<5 (50%) 5～10 (42.9%) 平均 5.75	10	12.9	10	—	6	5	100
护士站	5～10 (46.7%) 10～15 (33.3%) 平均 9.02	5～10 (29.4%) 10～15 (41.2%) 平均 10.6	—	—	20	—	11	9	300
药房	10～15 (33.2%) 15～20 (16.7%) 平均 21.24	5～10 (36.4%) 10～15 (36.4%) 平均 11.91	15	24.75	30	14	20	17	500
重症监护室	—	—	—	—	—	—	11	9	300

4 候诊室调查结果多数在 10W/m² 以下，平均值约 9～14W/m² 之间，考虑其照度应低于诊室照度，本标准定为 8W/m²，而目标值定为 7W/m²。

5 病房的照明功率密度多数在 10W/m² 以下，平均值为 6～7W/m²，美国、日本和北京市的标准稍高些，本标准定为 6 W/m²，而目标值定为 5W/m²。

6 护士站大多数的照明功率密度在 15W/m² 以下，平均值为 9～11W/m²，本标准定为 11W/m²，而目标值定为 9W/m²。

7 药房多数的照明功率密度在 20W/m² 以下，而美国和日本分别为 25W/m² 和 30W/m²，考虑到药房需有 500lx 的水平照度，从而提供较高的垂直照度，故本标准定为 20W/m²，而目标值定为 17W/m²。

8 重症监护室的照度为 300lx，本标准定为 11W/m²，而目标值定为 9W/m²。

6.1.6 本条为强制性条文，规定了学校建筑的照明功率密度值。当符合第 4.1.3 和第 4.1.4 条的规定，照度标准值进行提高或降低时，照明功率密度值应按比例提高或折减。学校建筑国内外照明功率密度值对比见表 20。

表 20 学校建筑国内外照明功率密度值对比 单位：W/m^2

房间或场所	本调查		北京市绿照规程 DBJ 01—607—2001	美国 ASHRAE/IESNA—90.1—1999	日本节能法 1999	俄罗斯 МГСН 2.01—98	本标准		
	重点	普查					照明功率密度		对应照度(lx)
							现行值	目标值	
教室、阅览室	5～10(25.1%) 10～15(33.3%) 平均 10.5	10～15(47.8%) 15～20(29%) 平均 14.1	13	17.22	20	20	11	9	300
实验室	5～10(50%) 10～15(30%) 平均 10.7	10～15(58.5%) 平均 13.0	—	19.38	20	25	11	9	300
美术教室	—	10～15(44.4%) 15～20(16.7%) 平均 15.1	—	—	—	—	18	15	500
多媒体教室	—	10～15(52.3%) 平均 15.1	—	—	30	25	11	9	300

由表 20 可知：

1 根据调查，我国大多数教室照明功率密度均在 $15W/m^2$ 以下。多数教室照度较低，达到 300lx 的教室很少。美国为 $17W/m^2$、日本为 $20W/m^2$、俄罗斯为 $20W/m^2$，这些国家教室的照度约为 500lx，考虑到我国照度为 300lx，将教室定为 $11W/m^2$，目标值定为 $9W/m^2$。阅览室照明功率密度与教室相同。

2 实验室的照明功率密度调查结果，多数在 $15W/m^2$ 以下，平均为 10.7～$13W/m^2$，而美国、日本及俄罗斯在 20～$30W/m^2$ 之间，本标准考虑到实验室与普通教室照度标准相同，故定为 $11W/m^2$，目标值定为 $9W/m^2$。

3 美术教室的照明功率密度调查结果多数在 $20W/m^2$ 以下，实际照度应为 500lx，故本标准定为 $18W/m^2$，目标值定为 $15W/m^2$。

4 多媒体教室的照度要求较低，功率密度多数在 $15W/m^2$ 以下，故功率密度定为 $11W/m^2$，目标值定为 $9W/m^2$。

6.1.7 本条为强制性条文，规定了工业建筑的通用房间或场所、机电工业、电子和信息产业的房间或场所的照明功率密度（LPD）值。当符合第 4.1.3 和第 4.1.4 条的规定，照度标准值进行提高或降低时，照明功率密度值应按比例提高或折减。制订的主要依据是：

1 对全国六大区，各类工业建筑共计 645 个房间或场所普查和重点实测调查的数据，进行平均值计算和分析，折算到对应照度作为主要依据。

2 对原国标 GB 50034—92 中附录六"室内照明目标能效值（建议性）"的数据，设定了相应条件，经计算求出与本标准相应照度的 LPD 值作为主要参考。

3 参考了美、俄等国的相关标准。

在制订各类场所的 LPD 值时，进行了典型的计算分析，考虑了合理使用的光源、灯具及场所防护要求、维护系数等状况，并留有适当的余地。

鉴于典型计算分析中，房间的室形指数按 1 或大于 1 取值；当室形指数小于 1 时，利用系数将有所下降，因此可将规定的 LPD 值适当增加。

工业建筑各类场所国内外照明功率密度值对比见表 21。

6.1.8 有些场所为了加强装饰效果，安装了枝形花灯、壁灯、艺术吊灯等装饰性灯具，这种场所可以增加照明安装功率。增加的数值按实际采用的装饰性灯具总功率的 50%计算 LPD 值，这是考虑到装饰性灯具的利用系数较低，所以假定它有一半左右的光通量起到提高作业面照度的效果。设计应用举例如下：

设某场所的面积为 $100m^2$，照明灯具总安装功率为 2000W（含镇流器功耗），其中装饰性灯具的安装功率为 800W，其他灯具安装功率为 1200W。按本条规定，装饰性灯具的安装功率按 50%计入 LPD 值的计算则该场所的实际 LPD 值应为：

$$LPD = \frac{1200 + 800 \times 50\%}{100} = 16W/m^2$$

6.1.9 商店营业厅设有重点照明的，应增加其 LPD 允许值，可按该层营业厅全面积增加 $5W/m^2$，以便于实施。

表 21　工业建筑国内外照明功率密度值对比　　单位：W/m^2

房间或场所		本调查		原标准 GB 50034—92	美国 ASHRAE/IESNA—90.1—1999	俄罗斯 СНиП 23-05-95	本标准		
		重点	普查				照明功率密度		对应照度(lx)
							现行值	目标值	
1　通用房间或场所									
试验室	一般	25.1	15	16	—	16	11	9	300
	精细			26	—	27	18	15	500
检验	一般	—	19.1	16	—	16	11	9	300
	精细	—		40	—	41	27	23	750
计量室、测量室		—	15.7	26	—	27	18	15	500
变、配电站	配电装置室	11.2	10.7	10	14	11	8	7	200
	变压器室	—	8	8	14	7.0	5	4	100
电源设备室、发电机室		—	10.9	10	14	11	8	7	200
控制室	一般控制室	18.2	13.3	10	5.4	11	11	9	200
	主控制室		18.2	15		16	18	15	300
电话站、网络中心、计算机站		—	19.3	25	—	27	18	15	500
动力站	泵房、风机房、空调机房	7.4	10.3	7	8.6	6.7	5	4	100
	冷冻站、压缩空气站		8.9	10		9.8	8	7	150
	锅炉房、煤气站的操作层	—	6.6	8		7.8	6	5	100
仓库	大件库	8.2	6.1	3.3	3.2	2.6	3	3	50
	一般件库		9.1	6.6	—	5.2	5	4	100
	精细件库		11.4	13	11.8	10.4	8	7	200
车辆加油站		—	—	8	—	8	6	5	100
2　机、电工业									
机械加工	粗加工	17.6	10	9	—	9	8	7	200
	一般加工公差≥0.1mm		11.2	13	—	14	12	11	300
	精密加工公差<0.1mm		18	21	66.7	23	19	17	500
机电、仪表装配	大件	18.2	12.8	9	22.6	10	8	7	200
	一般件		15.7	13		14	12	11	300
	精细		24.7	22		23	19	17	500
	特精密装配		—	33		34	27	24	750
电线、电缆制造		—	—	14	—	14	12	11	300
绕线	大线圈	—	—	14	—	14	12	11	300
	中等线圈	—	—	22	—	23	19	17	500
	精细线圈	—	—	32	—	34	27	24	750
线圈浇制		—	—	14	—	14	12	11	300

续表 21

房间或场所		本调查		原标准 GB 50034—92	美国 ASHRAE/IESNA—90.1—1999	俄罗斯 СНиП 23-05-95	本标准		
		重点	普查				照明功率密度		对应照度(lx)
							现行值	目标值	
焊接	一般	—	12.8	9	32.3	11	8	7	200
	精密	—		13		17	12	11	300
钣金、冲压、剪切		—	13.1	13		17	12	11	300
热处理		—	14.5	10		11	8	7	200
铸造	熔化、浇铸	—	10.6	10	—	11	9	8	200
	造型	—		16	—	17	13	12	300
精密铸造的制模、脱壳		—	15.4	25	—	27	19	17	500
锻工		—	8.6	11	—	11	9	8	200
电镀		21.6	13.9	17	—	—	13	12	300
喷漆	一般	5.1	12.8	18	—	—	15	14	300
	精细			43	—	—	25	23	500
酸洗、腐蚀、清洗		13.9	18	18	—	—	15	14	300
抛光	一般装饰性	—	13.9	16	—	17	13	12	300
	精细	—		26	—	27	20	18	500
复合材料加工、铺叠、装饰		—	16.8	26	—	26	19	17	500
机电修理	一般	14.5	11.7	8	15.1	9	8	7	200
	精密		15.3	12		14	12	11	300
3 电子工业									
电子元器件		13.3	16.4	26.7	22.6	26	20	18	500
电子零部件			16.4	26.7		26	20	18	500
电子材料			10.8	16	—	15.6	12	10	300
酸、碱、药液及粉配制			15.9	16	—	15.6	14	12	300

注：1 原标准 GB 50034—92 的 LPD 值是按该标准附录六“室内照明目标效能值（建议性）”的数据，在设定了相应的条件（如 RI 值、K_1、K_2 等的平均值）后经计算获得的结果，仅供参考。

2 美国标准的 LPD 值是类比相同条件获得的数值，由于其照度不同，仅供参考。

3 俄罗斯标准的 LPD 值是按设计的房间条件的平均值经计算获得的结果，仅供参考。

6.2 充分利用天然光

6.2.1 本条指明房间的天然采光应符合《建筑采光设计标准》GB/T 50033的规定。

6.2.2 室内天然采光随室外天然光的强弱变化，当室外光线强时，室内的人工照明应按照人工照明的照度标准，自动关掉一部分灯，这样做有利于节约能源和照明电费。

6.2.3 在技术经济条件允许条件下，宜采用各种导光装置，如导光管、光导纤维等，将光引入室内进行照明。或采用各种反光装置，如利用安装在窗上的反光板和棱镜等使光折向房间的深处，提高照度，节约电能。

6.2.4 太阳能是取之不尽、用之不竭的能源，虽一次性投资大，但维护和运行费用很低，符合节能和环保要求。经核算证明技术经济合理时，宜利用太阳能作为照明能源。

7 照明配电及控制

7.1 照明电压

7.1.1 按我国电力网的标准电压，一般照明光源采用220V电压：对于大功率（1500W及以上）的高强度气体放电灯有220V及380V两种电压者，采用380V电压，以降低损耗。

7.1.2 按国际电工委员会（IEC）关于安全特低电压（SELV）的规定。

7.1.3 对照明器具实际端电压的规定。这个规定是为了避免电压偏差过大，因为过高的电压会导致光源使用寿命的降低和能耗的过分增加；过低的电压将使照度过分降低，影响照明质量。本条规定的电压偏差值与国标《供配电系统设计规范》GB 50052—95的规定一致。

7.2 照明配电系统

7.2.1 照明安装功率不大，电力设备又没有大功率冲击性负荷，共用变压器比较经济：但照明最好由独立馈电线供电，以保持相对稳定的电压。照明安装功率大，采用专用变压器，有利于电压稳定，以保证照度的稳定和光源的使用寿命。

7.2.2 本条规定的几类电源符合应急照明的可靠性要求。应根据建筑物的使用要求和实际电源条件选取。在具备有接自电网的第二电源时，优先采用此方式，比较经济，且持续时间长；当为消防和（或）生产、使用需要，设置应急发电机组时，宜采用此电源，持续时间可以较长，但转换时间较长，不能作为安全照明电源；当不具备以上两种电源条件时，应采用蓄电池组，其可靠性高，转换快，但持续时间较短。

蓄电池组，可以是灯具内装（或灯具旁），也可以是集中或分区集中设置的蓄电池装置，包括EPS或UPS等装置。

对于重要场所，也可采用以上三种方式中任意两种的组合。

7.2.3 用蓄电池作疏散标志的电源，能保证其可靠性。安全照明要求转换时间快，应采用电力网线路或蓄电池，而不应接自发电机组；接自电力网时，至少应和需要安全照明地点的电力设备分开。备用照明通常需要较长的持续工作时间，其电源接自电力网或发电机组为宜。

7.2.4 配电系统的常规接线方式。

7.2.5 使三相负荷比较均衡，以使各相电压偏差不致差别太大。

7.2.6 为了减少分支线路长度，以降低电压损失。

7.2.7 限制每分支回路的电流值和所接灯数，是为了使分支线路或灯内发生短路或过负载等故障时，断开电路影响的范围不致太大，故障发生后检查维修较方便。

7.2.8 插座回路应装设剩余电流动作保护器，所以和照明灯分接于不同分支回路，以避免不必要的停电。

7.2.9 保持灯的电压稳定，可以使光源的使用寿命比较长，同时使照度相对稳定。

7.2.10 由于气体放电灯配电感镇流器时，通常其功率因数很低，一般仅为0.4～0.5，所以应设置电容补偿，以提高功率因数。有条件时，宜在灯具内装设补偿电容，以降低照明线路电流值，降低线路能耗和电压损失。

7.2.11 气体放电灯在工频电流下工作，将产生频闪效应，对某些视觉作业带来不良影响。通常将邻近灯分接在三相，至少分接于两相，可以降低频闪效应。对于采用高频电子镇流器的气体放电灯，则消除了频闪效应。

7.2.12 按灯具分类标准的规定。

7.2.13 用安全特低电压（SELV）时，其降压变压器的初级和次级应予隔离。二次侧不作保护接地，以免高电压侵入到特低电压（50V及以下）侧，而导致不安全。

7.2.14 分户计算电量，有利于节电。

7.2.15 配电系统的接地、等电位联结，以及配电线路的保护等要求，均应符合国标《低压配电设计规范》GB 50054的有关规定。

7.3 导体选择

7.3.1 照明线路采用铜芯，有利于保证用电安全、提高可靠性，同时可降低线路电能损耗。

7.3.2 选择导线截面的基本条件。

7.3.3 气体放电灯及其镇流器均含有一定量的谐波，特别是使用电子镇流器，或者使用电感镇流器配置有补偿电容时，有可能使谐波含量较大，从而使线路电流加大，特别是3次谐波以及3的奇倍数次谐波在三相四线制线路的中性线上叠加，使中性线电流大大增加，所以规定中性线导体截面不应小于相线截面，并且还应按谐波含量大小进行计算。

7.3.4 常规要求。

7.4 照明控制

7.4.1 在白天自然光较强，或在深夜人员很少时，可以方便地用手动或自动方式关闭一部分或大部分照明，有利于节电。分组控制的目的，是为了将天然采光充足或不充足的场所分别开关。

7.4.2 体育场馆等公共场所应有集中控制，以便由工作人员专管或兼管，用手动或自动开关灯；可以采用分组开关方式或调光方式控制，按需要降低照度，有利于节电。

7.4.3 保证旅客离开客房后能自动切断电源，以满足节电的需要。

7.4.4 这类场所在夜间走过的人员不多，深夜更少，但又需要有灯光，采用声光控制等类似的开关方式，有利于节电。本条和国标《住宅设计规范》

GB 50096—1999 的规定一致。

7.4.5 每个开关控制的灯数宜少一些，有利于节能，也便于维修。一般说，较小房间每开关可控 1～2 支灯泡（管）；中等房间每开关可控 3～4 支灯泡，大房间每开关可控 4～6 支灯泡。

7.4.6 控制灯列与窗平行，有利于利用天然光；按车间、工序分组控制，方便使用，可以关闭不需要的灯光；报告厅、会议厅等场所，是为了在使用投影仪等类设备时，关闭讲台和邻近区段的灯光。

7.4.7 对于一些高档次建筑和智能建筑或其中某些场所，有条件时，可采用调光、调压或其他自控措施，以节约电能。

8 照明管理与监督

8.1 维护与管理

8.1.1 以用户为单位分别计量和考核用电，这是一项有效的节能措施。

8.1.2 建立照明运行维护和管理制度，是有效的节能措施。有专人负责，按照标准规定清扫光源和灯具。按原设计或实际安装的光源参数定期更换。

8.1.3 大型、重要建筑的物业管理部门，对重点场所，应定期巡视、测试或检查照度，以确保使用效果和各项节能措施的落实。

8.2 实施与监督

8.2.1～8.2.4 设计单位自审自查、指定机构按本标准审查设计、施工监理和竣工验收是贯彻实施本标准的四个重要环节。首先设计单位的设计图由本单位指定技术负责人自审；照明施工图提交专门的审图机构审查；施工阶段，由工程监理机构监理；竣工验收阶段，由法定检测部门按本标准规定检测后，予以验收。

附录A 统一眩光值（UGR）

室内照明的不舒适眩光评价指标是根据国际照明委员会（CIE）的 117 号出版物《室内照明的不舒适眩光》（1995）编制的。其技术报告的英文名称为“Discomfort Glare in Interior Lighting”。本附录引用了该出版物的 UGR 计算公式。

附录B 眩光值（GR）

室外体育场的眩光评价指标是根据国际照明委员会（CIE）的 112 号出版物《室外体育和区域照明的眩光评价系统》（1994）编制的。该出版物的英文名称为“Glare Evaluation System for Use Within Outdoor Sports and Area Lighting”。本附录引用该出版物的 GR 计算公式。

中华人民共和国行业标准

体育场馆照明设计及检测标准

JGJ 153—2007

条　文　说　明

前　　言

《体育场馆照明设计及检测标准》JGJ 153—2007经建设部 2007 年 7 月 20 日以第 675 号公告批准、发布。

为便于广大设计、施工、科研、学校等单位有关人员在使用本标准时能正确理解和执行条文规定，《体育场馆照明设计及检测标准》编制组按章、节、条顺序编制了本标准条文说明，供使用者参考。在使用中如发现本条文说明有不妥之处，请将意见函寄中国建筑科学研究院建筑物理研究所。

目　　次

1 总　　则

1.0.1 制定本标准的目的和原则，是在总结我国体育场馆照明设计与建设经验的基础上，吸收国际先进标准内容，统一体育场馆的照明设计标准和检测方法，提高体育场馆照明设计质量，确保体育场馆的使用功能，并做到安全适用、技术先进、经济合理、节约能源制定的。

1.0.2 本条规定了本标准的适用范围。根据实际应用的需要，本标准适用于主要运动项目的体育场馆，包括新建、改建和扩建的体育场馆照明的设计及检测。

1.0.3 有关体育场馆建设的标准、规范随着大量体育场馆的兴建逐步得到完善，在场馆建设时应根据实际需要进行照明设计，兼顾赛时与赛后照明设施的充分利用，达到既经济又实用的目的。

1.0.4 体育场馆照明的设计及检测除应符合本标准外，尚应符合国家现行有关标准《建筑照明设计标准》GB 50034、《体育建筑设计规范》JGJ 31 等的规定。

2 术语和符号

本章术语、符号部分引自《建筑照明术语标准》JGJ/T 119，同时也参照了国际上相关体育照明标准的术语定义，并加以统一和赋予新的含义。如增加了使用照度、均匀度梯度、主赛区、总赛区术语，结合体育照明的特点，对水平照度、垂直照度、照度均匀度等术语增添了新的内容。为方便使用本章将术语和符号分列为两节。

3 基本规定

3.0.1 本条使用功能分级是在参考国际和国外照明标准分级并结合国内实际使用要求制定的，见表1～表4。

表1　国际足球联合会（FIFA）比赛分级

有电视转播的比赛		无电视转播的比赛	
等　级	比赛类型	等　级	比赛类型
Ⅴ级	国际比赛	Ⅲ级	国家比赛
Ⅳ级	国家比赛	Ⅱ级	联赛、俱乐部比赛
		Ⅰ级	训练、娱乐

表2　国际单项体育联合会总会（GAISF）比赛分级

业余水平	专业水平
体能训练	体能训练
非比赛、娱乐活动	国家比赛
国家比赛	TV 转播国家比赛
—	TV 转播国际比赛
—	HDTV 转播比赛
—	应急电视

表3　欧洲 CEN 照明标准照明分级

比赛等级	照明分级		
	Ⅰ	Ⅱ	Ⅲ
国际和国家	○	—	—
地　区	○	○	—
地　方	○	○	○
训　练	—	○	○
娱乐/学校运动（体育教育）	—	—	○

注：表中“○”表示各比赛等级所对应的照明分级。

表4　北美 IES 照明标准比赛级别与设施分级

设　施	照明分级			
	Ⅰ	Ⅱ	Ⅲ	Ⅳ
专　业	○	—	—	—
学　院	○	○	—	—
半专业	○	○	—	—
运动俱乐部	○	○	○	—
业余团体	—	○	○	○
高　中	—	○	○	○
训练设施	—	—	○	○
初级学校	—	—	—	○
休闲运动	—	—	—	○
社会活动	—	—	—	○

注：1　Ⅰ级—观众人数超过 5000 人的设施；Ⅱ级—观众人数 5000 人或少于 5000 人的设施；Ⅲ级—有少数观众席位；Ⅳ—无观众席位。
　　2　表中“○”表示各比赛设施所对应的照明分级。

3.0.2 本标准规定的照明标准值、照明计算、照明测量等除加以说明外场地范围均指比赛场地。标准中规定的照度值为使用照度值，国际照明委员会（CIE）技术报告《体育赛事中用于彩电和摄影照明的实用设计准则》CIE 169：2005 给出照明装置与维护的关系如图1所示。

图1中使用照度与维持照度的关系可用下式计算：

$$E_{使用}=0.8\times E_{初始}$$

$$E_{维持}=0.8\times E_{使用}=0.64\times E_{初始}$$

附录A中参考平面的高度，其中水平照度参考平面的高度主要是按照 CIE 169：2005 和各运动项目的实际高度确定的，垂直照度参考平面的高度主要是按照国际各体育组织和电视广播机构的规定确定的。

3.0.3 体育运动和竞赛项目日趋发展和普及，参与

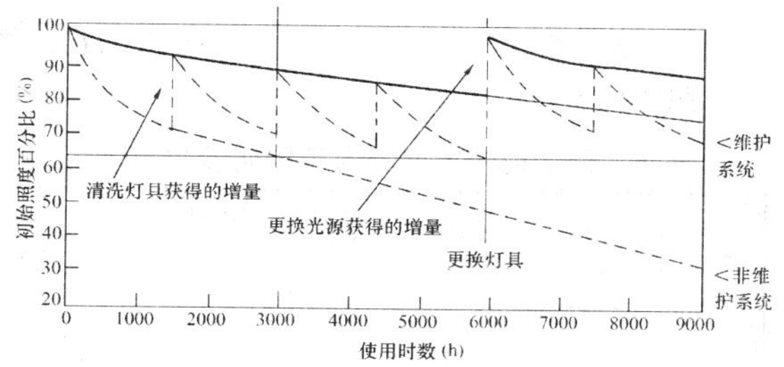

图1 照明装置与维护的关系

者和观看比赛的人越来越多，对照明的要求也就越来越高，照明设施必须保证运动员和教练员能够看清比赛场地上所发生的一切活动和场景，这样他们才能达到最佳表现，观众也必须在宜人环境和舒适条件下紧随运动员和比赛的进行。体育场馆照明设计除应满足现场各类人员的需求外还应为观看比赛的广大电视观众提供高质量的电视转播场景。运动员和观众的照明要求可能与电视转播的要求不一致，此时应通过调整摄像机或其他手段予以解决。如射击场除目标照度要求比较高外，其他位置的照度都不是要求很高，色温也不宜过高，这与摄像的要求会有矛盾，此时应对摄像机进行调整。

3.0.4 HDTV转播照明的各项技术指标明显高于其他照明模式的要求，特别是HDTV转播照明主摄像机方向的垂直照度高达2000～2500lx，均匀度U_1和U_2分别达到0.6和0.7。单从运动员、裁判员来说并非需要这样高的标准。针对目前体育场馆建设状况，实测调查表明，有些体育场馆不可能进行HDTV转播重大国际比赛也按高标准设计，这不仅是一种资源上的浪费，而且也没有必要；从另一方面来看，HDTV转播在我国尚未开始使用，即使投入使用短时间内也只限于举行国际重大比赛的体育场馆，这里重大国际比赛一般指奥运会、世锦赛、世界杯等。对于每项重大国际比赛国际相关体育组织和机构还会对照明提出具体的要求，如满足国际照明委员会(CIE)，国际各体育组织（如GAISF、FIFA、IAAF）及电视广播机构（如OBS、BOB）等的技术要求。

3.0.5 在重要的体育赛事中，当电源断电和电源瞬间突变需继续进行比赛和电视转播时，场地照明应设置电视转播应急照明。因电压瞬间突变的时间超过0.01s时，气体放电灯就会熄灭，而等待5～10min后才能再启动。这时可以把系统连接到至少两个独立的电源，使主摄像机在两个系统之一中断时获得最低的照明要求。尽管UPS、EPS不间断电源费用较高，但根据需要也可考虑用于部分照明装置，此外，有时也用金卤灯热启动解决，但热触发装置很贵。为了节约成本，本标准规定TV应急照明适用于国际和重大国际比赛，并应符合国际相关体育组织和机构的技术要求。

3.0.6 为了提高体育场馆的使用效率，大多数体育场馆都是多功能、多用途的，除用于各项体育运动外，也能用于非体育运动，如音乐会和其他文化活动。大型体育设施可为大批人群的各项活动提供服务，这样可使它们在经济上受益。对于综合性体育场馆，由于它的多用途性，照明设计首先要满足体育运动的特殊要求，如篮球、排球、手球、乒乓球等，但同时也要为娱乐、训练、竞赛、维护和清洗提供服务，按照不同用途和不同运动项目要求设计和编排相应的照明场景，不仅能降低照明系统运行成本，还能保证各项活动有更好的照明质量。

3.0.7 体育场馆照明除比赛场地照明外，还应考虑观众席照明和应急照明。观众席照明的目的除一般地满足看清座位的需要外，更重要地是为了满足电视转播摄像要求，包括对一些重要官员和著名人物的特写和慢镜头回放。体育场馆的特点往往是建筑体量比较大，可容纳数千人甚至数万人，人多密度大，保证大批人群安全出入体育场馆极其重要，特别是在发生紧急情况下，应急照明就更必不可少。

3.0.8 因为体育场馆对照明的要求很高，照明指标控制很严格，照明模式多、数据量大，在照明设计时应该进行照明计算，只有通过照明计算才能更好地符合照明标准中对具体技术指标的要求。

3.0.9 在照明设计时应根据不同的运动项目，运动场地的大小，实际使用中最高应用级别等情况选择相对应的照明标准值，出于照明节能的考虑，不宜进行超级别设计。照明设计标准未给出上限值时，在设计时一般不应高出上一级标准值，对于最高一级标准在考虑维护系数的情况下能达到标准就可以了，并非越亮越好。目前体育场馆照明设计指标普遍偏高，应加以适当控制，出于经济的原因，国际上还提出了使用非对称的照明系统，如体育场，在主摄像机侧照明设施提供规定的垂直照度值，而在相对一侧的垂直照度可为该值的60%，这与全对称照明系统相比较可节省总的照明投资费用。但在田径赛事中摄像机的位置极其灵活，与这种照明系统会有矛盾，还应考虑实际应用的需要。

体育场馆照明设计时除了选用高效节能的照明设备外，提高光束利用率也是节省能源的重要手段，由于场地和观众席的照明标准相差很多，光束应尽量投向场地，最大限度地减少溢散光。

在照明设计时，首先应考虑满足各项运动的照明标准推荐值，如果照明水平高于标准值，可能会增加潜在的溢散光。改善照明质量，提高设计区域的照度均匀度和控制灯具眩光对改善视觉状况会更有效。此外，应考虑灯具的选择，所选用的灯具应有合理的配光。当按照明设计灯具准确定位和瞄准时，控制灯具瞄准角和安装高度可以限制溢散光，以利于节约能源。

3.0.10 为检验照明计算与照明设施安装完成后的符合情况应进行照明检测。对于那些正在使用中的体育场馆如果用来举行重大国际比赛，在正式比赛前也应进行照明检测。为保证检测数据的准确性，应委托国家授权的权威检测机构进行照明检测。

3.0.11 在某些情况下，投光灯具由于体育设施的客观限制不能安装于最佳位置，以致造成照明设施很难达到既定的照明标准值或产生不能容忍的眩光。此时最重要的是建筑师和照明设计师的密切配合，这种合作需要从方案设计阶段开始直到新的体育场馆最后完成，在整个建筑物建造中，无论在室内（如顶棚系统）或室外（如赛场屋顶）对构造与设施进行整合尤为重要，其结果会获得满意的效果。

3.0.12 在室内体育馆，应避免太阳光和天空光穿透到室内，因太阳光和天空光在体育大厅和游泳馆中光泽的地面和水面上产生的高亮度及阴影会特别明显，在设计时选用遮阳窗可以有效地避免这种现象。在室外体育场，直接太阳光会产生刺眼的阴影，其结果使电视摄像机从赛场明亮被照区移动到阴影区时形成无法接受的对比。这在设计阶段通过选择最佳朝向和合适的比赛时间可以改善这种状况，同时还可使用透明屋顶材料降低赛场强烈的亮度对比。

4 照 明 标 准

4.1 照明标准值

本标准的照明标准值是根据国外体育照明标准和现场实测调查制定的。

1 国外体育照明标准

表中所列照明标准值是参考国际照明委员会（CIE）标准，国际体育组织（如 GAISF，FIFA，IAAF）标准和广播电视机构对体育场馆的照明要求，在大量的实例调查结果以及总结设计和使用中的实践经验的基础上制定的。特别是在编写本标准的过程中将 CIE 最新技术报告《体育赛事中用于彩电和摄影照明的实用设计准则》CIE 169：2005 内容搜集进来，充实了标准的内容，使之更具科学性和实用性。国外体育照明标准见表 5～表 11。

表 5 CIE 照度分级

最大摄像距离		25m	75m	150m
项目分组	A 组：田径、柔道、游泳、摔跤等项目	500lx	700lx	1000lx
	B 组：篮球、排球、羽毛球、网球、手球、体操、花样滑冰、速滑、垒球、足球等项目	700lx	1000lx	1400lx
	C 组：拳击、击剑、跳水、乒乓球、冰球等项目	1000lx	1400lx	—

国际足球联合会（FIFA）2002 年颁布的足球场人工照明标准。

表 6 无电视转播赛场人工照明参数推荐值

比赛分级	水平照度（lx）	照度均匀度	眩光指数	光源相关色温（K）	光源一般显色指数
	E_{have}	U_2	GR	T_{cp}	R_a
Ⅲ级	500*	0.7	≤50	>4000	≥80
Ⅱ级	200*	0.6	≤50	>4000	≥65
Ⅰ级	75*	0.5	≤50	>4000	≥20

注：*数值为考虑了灯具维护系数后的照度值，即表中数值乘以 1.25 等于初始照度值。

表 7 有电视转播赛场人工照明参数推荐值

<table>
<tr><td rowspan="3">比赛分级</td><td rowspan="3">摄像类型</td><td colspan="3">垂直照度</td><td colspan="3">水平照度</td><td rowspan="3">光源相关色温 T_{cp}（K）</td><td rowspan="3">光源一般显色指数 R_a</td></tr>
<tr><td rowspan="2">E_{vave}（lx）</td><td colspan="2">照度均匀度</td><td rowspan="2">E_{have}（lx）</td><td colspan="2">照度均匀度</td></tr>
<tr><td>U_1</td><td>U_2</td><td>U_1</td><td>U_2</td></tr>
<tr><td rowspan="3">Ⅴ级</td><td>慢动摄像机</td><td>1800</td><td>0.5</td><td>0.7</td><td rowspan="3">1500～3000</td><td rowspan="3">0.6</td><td rowspan="3">0.8</td><td rowspan="3">>5500</td><td rowspan="3">≥80（最好≥90）</td></tr>
<tr><td>固定摄像机</td><td>1400</td><td>0.5</td><td>0.7</td></tr>
<tr><td>移动摄像机</td><td>1000</td><td>0.3</td><td>0.5</td></tr>
<tr><td>Ⅳ级</td><td>固定摄像</td><td>1000</td><td>0.4</td><td>0.6</td><td>1000～2000</td><td>0.6</td><td>0.8</td><td>>4000</td><td>≥80</td></tr>
</table>

注：1 垂直照度值与每台摄像机有关。
2 照度值应考虑维护系数，推荐灯具维护系数为 0.80，照度的初始数值应为表中数值的 1.25 倍。
3 每 5m 的照度梯度不应超过 20%。
4 眩光指数 $GR \leqslant 50$。

国际单项体育联合会总会（GAISF）1995 年颁布的多功能室内体育场馆人工照明标准。

表 8 室内比赛场地最小平均水平照度 E_h（lx）

场馆类型	运动类型				
	业余水平			专业水平	
	体能训练	非比赛、娱乐活动	国家比赛	体能训练	国家比赛
技巧	150	300	500	300	750
田径	150	300	500	300	750
羽毛球	150	300/250	750/600	300	1000/800
篮球	150	300	600	300	750
拳击	150	500	1000	500	2000
自行车	150	300	600	300	750

续表 8

场馆类型		业余水平 体能训练	业余水平 非比赛、娱乐活动	业余水平 国家比赛	专业水平 体能训练	专业水平 国家比赛
冰壶		150	300	600	300	1000
体育舞蹈		150	300	500	300	750
马术		150	300	500	300	750
击剑		150	300	600	300	1000
足球		150	300	500	300	750
体操		150	300	500	300	750
手球		150	300	600	300	750
曲棍球		150	300	600	300	750
冰球		150	300	600	300	1000
柔道		150	500	1000	500	2000
空手道		150	500	1000	500	2000
滑冰	短道	150	300	600	300	1000
滑冰	花样	150	300	600	300	1000
台球		150	300	750	300	1000
跆拳道		150	500	1000	500	2000
网球		150	500/400	750/600	500/400	1000/800
排球		150	300	600	300	750
举重		150	300	750	300	1000
摔跤		150	500	1000	500	2000

注：1 表中数据考虑了灯具维护系数。
2 表中同一格有两个值时，“/”前的值适用于主要比赛区域，“/”后的值适用于整个场地。

表 9 摄像机移动式、固定式时与比赛场地四个边线平行的垂直照度（lx）

场馆类型		主摄像机方向上的垂直照度 国家比赛TV转播	主摄像机方向上的垂直照度 国际比赛TV转播	主摄像机方向上的垂直照度 HDTV转播	主摄像机方向上的垂直照度 TV应急	辅摄像机方向上的垂直照度 国家比赛TV转播	辅摄像机方向上的垂直照度 国际比赛TV转播	辅摄像机方向上的垂直照度 HDTV转播
技巧		750	1000	2000	750	500	750	1500
田径		750	1000	2000	750	500	750	1500
羽毛球		1000/700	1250/900	2000/1400	1000/700	750/500	1000/500	1500/1050
篮球		750	1000	2000	750	500	750	1500
拳击		1000	2000	2500	1000	1000	2000	2500
自行车		750	1000	2000	750	500	750	1500
冰壶		750	1400	2500	1000	750	1000	2000
体育舞蹈		750	1000	2000	750	500	750	1500
马术		750	1000	2000	750	500	750	1500
击剑		750	1000	2000	750	500	750	1500
足球		1000	1400	2000	1000	700	1000	1500
体操		750	1000	2000	750	500	750	1500
手球		1000	1400	2000	1000	700	1000	1500
曲棍球		1000	1400	2000	1000	700	1000	1500
冰球		1000	1400	2500	750	750	1000	2000
柔道		1000	2000	2500	1000	1000	2000	2500
空手道		1000	2000	2500	1000	1000	2000	2500
滑冰	短道	1000	1400	2500	1000	750	1000	2000
滑冰	花样	1000	1400	2500	1000	750	1000	2000
跆拳道		1000	2000	2500	1000	1000	2000	2500
网球		1000/700	1250/1000	2500/1750	1000/700	750/500	1000/750	1750/1250
排球		750	1000	2000	750	500	750	1500
举重		750	1000	2000	750	—	—	—
摔跤		1000	2000	2500	1000	1000	2000	2500

注：1 表中同一格有两个值时，“/”前的值适用于主要比赛区域，“/”后的值适用于整个场地；
2 测量高度为赛场地面上方 1.5m；
3 标准编制时，HDTV 尚在开发阶段，没有投入商业运营，表中的数值基于当时的资料制定的，目前国际上 HDTV 还没有统一标准。

表 10 照度均匀度

运动类型		水平照度 U_1	垂直照度 U_1	水平照度 U_2	垂直照度 U_2
		照度均匀度 $U_1=E_{min}/E_{max}$		$U_2=E_{min}/E_{ave}$	
业余水平	训练	0.3	—	0.5	—
业余水平	非比赛、娱乐活动	0.4	—	0.6	—
业余水平	国家比赛	0.5	—	0.7	—

续表 10

运动类型		照度均匀度 $U_1=E_{min}/E_{max}$ 水平照度 U_1	垂直照度 U_1	$U_2=E_{min}/E_{ave}$ 水平照度 U_2	垂直照度 U_2
专业水平	训练	0.4	—	0.6	—
	国家比赛	0.5	—	0.7	—
	TV 转播国家比赛	0.5	0.3	0.7	0.5
	TV 转播国际比赛	0.6	0.4	0.7	0.6
	HDTV 转播	0.7	0.6	0.8	0.7
	TV 应急	0.5	0.4	0.7	0.4

注：HDTV 尚在开发阶段，表中的数值基于当时的资料制定。

表 11　最小显色指数

运动类型		一般显色指数 R_a
业余水平	体能训练	≥20
	非比赛、娱乐活动	≥20（最好 65）
	国家比赛	≥65（最好 80）

续表 11

运动类型		一般显色指数 R_a
专业水平	体能训练	≥65
	国家比赛	≥65（最好 80）
	TV 转播国家比赛、国际比赛	≥65（最好 80）
	HDTV 转播	≥80（最好 90）
	TV 应急	≥65（最好 80）

2　体育场馆现场实测调查

为编制我国《体育场馆照明设计及检测标准》提供参考数据，编制组总结了近年来的体育场馆照明实测结果并开展了广泛的调查研究工作。

调研工作主要以现场实测为主，选取有代表性的体育场馆进行照明测量，以下汇总了北京、上海、广州、南京、重庆、福州、深圳、青岛、秦皇岛、烟台、大庆、沈阳、杭州、宁波、慈溪、义乌、海宁、建德、常州、芜湖等 37 个体育场和 45 个体育馆共计 82 个体育场馆的照明测量数据。包括的照明参数有照度、显色指数、色温、眩光指数、光源功率等。照明实测结果见表 12 和表 13。

表 12　体育馆照明实测结果

等级	使用功能	水平照度 E_h（lx）	垂直照度 E_{vmai}（lx）	照度均匀度 水平 U_1	照度均匀度 垂直 U_1	一般显色指数 R_a	相关色温 T_{cp}（K）	眩光指数 GR
1　篮球								
Ⅱ	业余比赛、专业训练	1368～2260（训练馆）	516～769	0.39～073	0.41～0.55	71～84	4084～5308	29.6～35
Ⅲ	专业比赛	1931	596	0.64	0.31	66	3831	
Ⅳ	TV 转播国家、国际比赛	2103～2105	750～968	0.67～0.84	0.40～0.48	75～92	5983～6315	
Ⅴ	TV 转播重大国际比赛	2376～3438	1225～1694	0.55～0.84	0.36～0.78	74～85	4285～7100	
Ⅵ	HDTV 转播重大国际比赛	2069～2915	2183～2226	0.63	0.41	91	6310～6328	
2　排球								
Ⅲ	专业比赛	1931	596	0.64	0.31	66	3831	17.6～35
Ⅳ	TV 转播国家、国际比赛	1599	750	0.84	0.48	92	5985	
Ⅴ	TV 转播重大国际比赛	2435～3322	1397～1874	0.66～0.87	0.35～0.52	65～76	5980～5995	
Ⅵ	HDTV 转播重大国际比赛	2244	0.77	2439	0.54	91	6328	
3　体操								
Ⅱ	业余比赛、专业训练	1153（训练馆）	—	0.45	—	81	5882	26.1～29.6
Ⅳ	TV 转播国家、国际比赛	2103～2380	938～968	0.72～0.87	0.40～0.53	75～83	5552～6315	
Ⅴ	TV 转播重大国际比赛	2093～3212	1076～1701	0.55～0.87	0.26～0.67	62～91	3822～7100	
Ⅵ	HDTV 转播重大国际比赛	2822～3500	2115～2226	0.55～0.68	0.41～0.50	86～91	6083～6310	

续表 12

等级	使用功能	水平照度 E_h（lx）	垂直照度 E_{vmai}（lx）	照度均匀度		一般显色指数 R_a	相关色温 T_{cp}（K）	眩光指数 GR
				水平 U_1	垂直 U_1			
4 手球、室内足球								
Ⅲ	专业比赛	2380	938	0.87	0.53	83	5552	22.8～29.6
Ⅳ	TV 转播国家、国际比赛	1507～3212	1086～1454	0.57～0.84	0.44～0.67	66～91	3901～7100	
Ⅴ	TV 转播重大国际比赛	2418～2691	1560～1701	0.50～0.70	0.43～0.57	83～90	5325～5812	
Ⅵ	HDTV 转播重大国际比赛	2822～4570	2226～2947	0.55～0.60	0.41～0.59	91～93	5824～6310	
5 网球								
Ⅴ	TV 转播重大国际比赛	2920～3847	1550～1793	0.71～0.77	0.62～0.75	66.6～80	4891～6174	35.3
6 乒乓球								
Ⅲ	专业比赛	1354～1712	556～731	0.52～0.74	0.32～0.46	61～65	4569	26.7
Ⅳ	TV 转播国家、国际比赛	2523～3506	1397～1441	0.71～0.87	0.35～0.44	65～83	4406～5870	
7 冰球								
Ⅳ	TV 转播国家、国际比赛	2636	1220	0.70	0.50	85	4285	25
8 拳击								
Ⅴ	TV 转播重大国际比赛	2916～3137	1614～2084	0.62～0.72	0.76～0.33	66～81	5928	28
9 举重								
Ⅴ	TV 转播重大国际比赛	2404	1209	0.63	0.88	55	4150	—
10 游泳、跳水								
Ⅲ	专业比赛	1415	—	0.50	—	94	5847	—
Ⅳ	TV 转播国家、国际比赛	1509	996	0.53	0.71	65	485	—
Ⅴ	TV 转播重大国际比赛	2081～2450	1489～1774	0.53～0.69	0.41～60	80～85	5621～6276	—
		3014(跳水池)	1743～2061	0.51～0.68	0.48	80～85	5621～6279	—
Ⅵ	HDTV 转播重大国际比赛	2780	2060	0.57	0.51	63	4200	—
11 射击								
Ⅴ	TV 转播重大国际比赛 靶心　射击区	283～497 （射击区）	1125 （靶心）	0.79 （射击区）	0.52 （靶心）	72	6034	—
12 柔道、跆拳道								
Ⅴ	TV 转播重大国际比赛	2781	1830	0.80	0.89	65	4444	23

表 13　体育场照明实测结果

等级	使用功能	水平照度 E_h（lx）	垂直照度 E_{vmai}（lx）	照度均匀度		一般显色指数 R_a	相关色温 T_{cp}（K）	眩光指数 GR
				水平 U_1	垂直 U_1			
1 足球								
Ⅱ	业余比赛、专业训练	1286～1556 （训练场）	—	0.60～0.61	—	80	6190	51.5
Ⅲ	专业比赛	988～1189	713～951	0.50～0.62	0.27～0.35	62	3500	40～49.8
Ⅳ	TV 转播国家、国际比赛	1138～1376	1005～1269	0.55～0.66	0.41～0.45	69～93	4481～6750	
Ⅴ	TV 转播重大国际比赛	1270～2370	1542～1943	0.54～0.82	0.41～0.65	61～92	4400～6152	
Ⅵ	HDTV 转播重大国际比赛	1916～2370	2088～2445	0.57～0.74	0.35～0.71	60～90	4500～5828	

续表 13

等级	使用功能	水平照度 E_h（lx）	垂直照度 E_{vmai}（lx）	照度均匀度		一般显色指数 R_a	相关色温 T_{cp}（K）	眩光指数 GR
				水平 U_1	垂直 U_1			
2 田径								
Ⅱ	业余比赛、专业训练	744（训练场）	—	0.40	—	80	6190	51.5
Ⅲ	专业比赛	888～898	—	—	—	76	4400～6300	40～49.9
Ⅴ	TV 转播重大国际比赛	1423～2108	1288～1711	0.50～0.58	0.34～0.53	61～92	4000～6494	
3 网球								
Ⅲ	专业比赛	1076～1407	800	0.51～0.61	0.35	81	6555	—
Ⅵ	HDTV 转播重大国际比赛	4620	3721	0.76	0.72	81	6106	
4 曲棍球								
Ⅱ	业余比赛、专业训练	900（训练场）	—	0.56	—	—	—	—
Ⅴ	TV 转播重大国际比赛	1722	1520	0.69	0.61	85	5460	48.2
5 棒、垒球								
Ⅱ	业余比赛、专业训练	1150	—	0.41	—	79	6009	—
Ⅵ	HDTV 转播重大国际比赛 1	2726	1874	0.60	0.70	82	5574	39
Ⅵ	HDTV 转播重大国际比赛 2	2955	2129	0.61	0.70	83	5568	36.7

实测调查结果表明：

1）照度水平　在调查的 82 个体育场馆中按不同等级使用功能的要求都能达到本标准的规定，其中还有个别场馆的照度值偏高。

2）照度均匀度　有不少体育场馆达不到标准规定的要求，特别是垂直照度均匀度较难达到，这往往是由于灯具配光不合理或设计上的问题造成的，如经过调试均匀度还达不到要求，那就有可能是因建筑马道预留灯位不恰当引起的。只要以上问题能处理好，满足标准规定的均匀度是没有问题的。

3）光源的显色性和色温　最近几年新建的体育场馆所采用的照明光源具有良好的显色性，只要按需要对光源提出这方面的具体要求，光源的显色性和色温都能达到标准的规定。

4）眩光指数　在实测的体育场馆中，有少数体育场馆有明显的眩光感觉。通常是由于灯具的安装高度不够或灯具布置不合理及光的投射角度没有控制好引起的，眩光指数是照明质量中的重要指标，在设计中应给予足够重视。

关于体育场馆照明眩光问题编制组专门进行了研究，结论如下：

本标准眩光指数值是参照《关于室外体育设施和区域照明的眩光评价系统》CIE 112－1994 制订的。该评价系统仅对室外场所的眩光做出了具体规定，到目前为止，室内体育馆的眩光还没有合适的评价方法。从国内外研究资料及现场实测结果来看，CIE 112－1994 中提出的室外场所眩光评价系统可以应用于室内场馆的眩光评价，但由于室外和室内场所的照明系统和环境特点不相同，使得眩光评价等级和最大眩光限制值也不相同。

室内体育馆的眩光评价方法和评价等级主要是通过实测调查、分析计算和主观评价制定的。为了验证测量结果与设计计算结果的一致性，我们选择了几个场地对眩光测量值与设计值进行了对比，结果表明，经眩光测试仪测量计算得到的眩光指数 GR 与设计值符合得较好。因而在评价室内眩光时，我们选择了 8 个具有代表性的室内体育馆，对其照明眩光进行了现场测量和主观评价，分析整理结果如表 14 所示。

表 14　室内体育馆眩光测试及主观评价结果

体育馆	布灯方式	GR_{max} 计算值	评价人数	对应 GF_{ave}	主观感受
1	两侧布灯/顶部布灯	38.1	8	3.4	有干扰
2	两侧布灯	34.6	23	3.7	有干扰

续表 14

体育馆	布灯方式	GR_{max} 计算值	评价人数	对应 GF_{ave}	主观感受
3	两侧布灯	29.6	11	4.8	刚可接受
4	两侧布灯	29.9	17	4.8	刚可接受
5	两侧布灯	28.8	10	5.9	介于可察觉与刚可接受之间
6	两侧布灯	26.1	10	5.9	介于可察觉与刚可接受之间
7	两侧布灯	23.4	13	6.5	介于可察觉与刚可接受之间
8	两侧布灯	17.5	9	7.2	介于可察觉与无察觉之间

根据现场测试及主观评价的结果，得出了室内体育馆眩光评价等级 GF 与眩光指数 GR 之间的关系曲线，如图 2 所示。

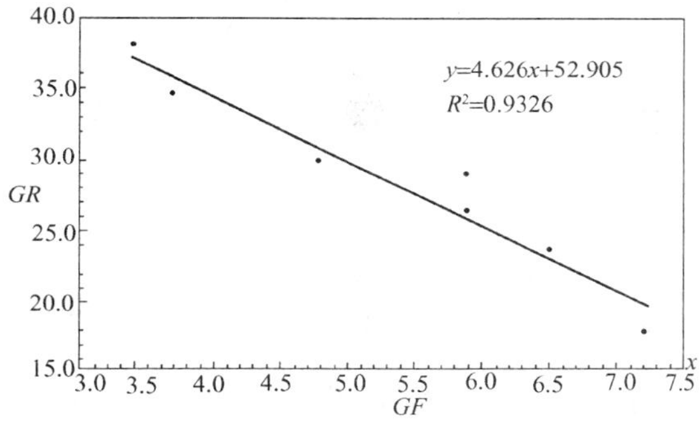

图 2　室内体育馆眩光评价尺度

经过回归分析，可得到 GR 与 GF 有如下关系：即 $GR=-4.626GF+52.905$，其标准差为 0.9326。所有数据的相关系数 r 为−0.779。

主观评价结果表明，眩光评价等级 GF 与眩光指数测量计算值 GR 之间有较好的相关性，室外场所眩光评价系统可以应用于室内场馆的眩光评价。推荐的室内体育馆眩光评价等级和推荐的眩光指数值如表 15 和表 16 所示。

表 15　眩光评价分级

眩光评价等级 GF	眩光感受	眩光指数 GR	
		室　外	室　内
1	不可接受	90	50
2	—	80	45
3	有干扰	70	40
4	—	60	35
5	刚刚可接受	50	30

续表 15

眩光评价等级 GF	眩光感受	眩光指数 GR	
		室　外	室　内
6	—	40	25
7	可察觉	30	20
8	—	20	15
9	不可察觉	10	10

表 16　推荐的体育照明眩光指数

应　用　类　型	GR_{max}	
	室　外	室　内
业余训练和娱乐照明	55	35
比赛照明（包括彩色电视转播）	50	30

本标准室内体育馆眩光指数是根据以上研究结果制定的。

4.2　相　关　规　定

4.2.1　在目前所收集到的照明标准中，总的趋势是体育场馆无电视转播只规定水平照度，有电视转播一般只规定垂直照度或对水平照度值规定一个范围。因为垂直照度的取值主要由摄像机类型和电视转播的要求决定，所以垂直照度的取值相对于每个使用功能较固定，保持水平照度与垂直照度之比在一定范围之内很重要。国际照明委员会《关于彩色电视和电影系统用体育比赛照明指南》CIE 83－1989 中规定 E_{have}：E_{vave}＝0.5～2，国际单项体育联合会总会《多功能室内体育场馆人工照明指南》明确规定平均水平照度和平均垂直照度的比值在 0.5～2.0 之间，奥林匹克广播服务公司（OBS）对体育场馆人工照明的要求中规定主赛区（PA）E_{have}：E_{vave}＝0.75～1.5，总赛区（TA）E_{vave}：E_{vave}＝0.5～2.0，根据编制组对我国体育场馆的实测调查统计结果表明，比赛场地（主赛区）的平均水平照度与平均垂直照度之比值一般都在 0.75～2.0 之间。

4.2.2　本标准维护系数的取值主要是参考相关标准制定的，在国际足球联合会（FIFA）2002 年颁布的《足球场人工照明指南》中规定维护系数为 0.8，即初始值应为标准值的 1.25 倍，国际单项体育联合会总会（GAISF）《多功能室内体育馆人工照明指南》规定照度的初始值应为比赛场地平均照度值的 1.25 倍，国际照明委员会《关于彩色电视和电影系统用体育比赛照明指南》CIE 83－1989 和《体育赛事中用于彩电和摄影照明的实用设计准则》CIE 169：2005 中维护系数取值也为 0.8。维护系数是由光源光通衰减、灯具光学系统和发光表面污染以及环境造成的光衰减所组成，而其中光源光通的衰减是主要因素，一般情况下室内外维护系数可取同一值。

光源光通量衰减参数通常由生产厂家提供。对于密封性能好（活性炭和涤纶毡）的灯具，因灯具积尘引起的光衰较小。光源的光衰参数用百分比表示，光衰举例见图 3。

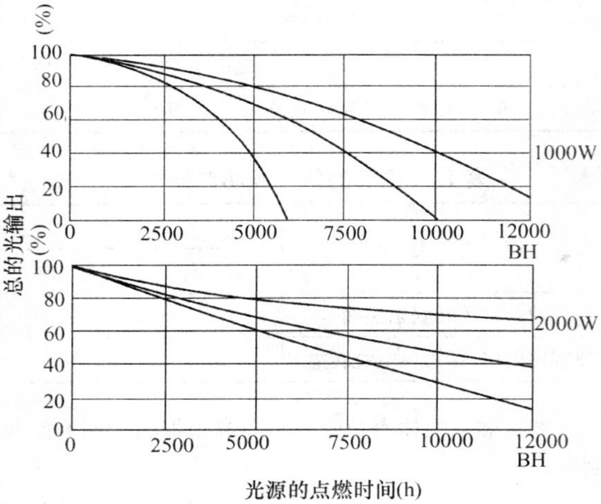

图 3　光输出与点燃时间的关系举例

室外体育场由于光源到达被照面的距离比较长，光辐射在传输过程中会被大气中的介质吸收、散射和反射，因而造成光辐射量的衰减，在照明设计时也应考虑这一因素的影响。室外体育场光在大气中的衰减系数是根据实测和实验研究得出的，在确定室外体育场维护系数时可作为参考，各地区光在大气中的衰减系数见表 17。

表 17　各地区室外体育场光衰减系数

太阳辐射等级	地　　区	光衰减系数 K_a
最好	宁夏北部、甘肃北部、新疆东部、青海西部和西藏西部等	＜6%
好	河北西北部、山西北部、内蒙古南部、宁夏南部、甘肃中部、青海东部、西藏东南部和新疆南部等	6%～8%
一般	山东、河北、山西南部、新疆北部、吉林、辽宁、云南、陕西北部、甘肃东南部、广东南部、福建南部、台湾西南部等地	8%～11%
较差	湖南、湖北、广西、江西、浙江、福建北部、广东北部、陕南、苏北、皖南以及黑龙江、台湾东北部等地	11%～14%
差	四川、重庆、贵州	＞14%

4.2.3　标准中规定辅摄像机方向的垂直照度均比主摄像机方向的垂直照度低一个等级，如果将其定为面向场地四条边线垂直面上的照度，在一般情况下很难达到（主要受灯具安装位置的限制），除非提供特别好的马道条件，往往只有在 HDTV 转播重大国际比赛时，场馆建设中预留的马道才做成闭合形式，面向场地四条边线垂直面上的照度才能达到所要求的照度值。

4.2.4　在体育比赛中，为了保证电视转播画面的质量，特别是对摇动摄像机还要避免图像丢失，不仅对照度均匀度有要求，而且对均匀度梯度也有要求。本标准均匀度梯度是参照国际单项体育联合会总会《多功能室内体育馆人工照明指南》和国际足球联合会《足球场人工照明指南》制定的。奥林匹克广播服务公司（OBS）规定：有电视转播时，当照度计算与测量网格＜5m 时，每 2m 不应大于 10%；当照度计算与测量网格≥5m 时，每 4m 不应大于 20%。均匀度梯度计算点如图 4 所示。

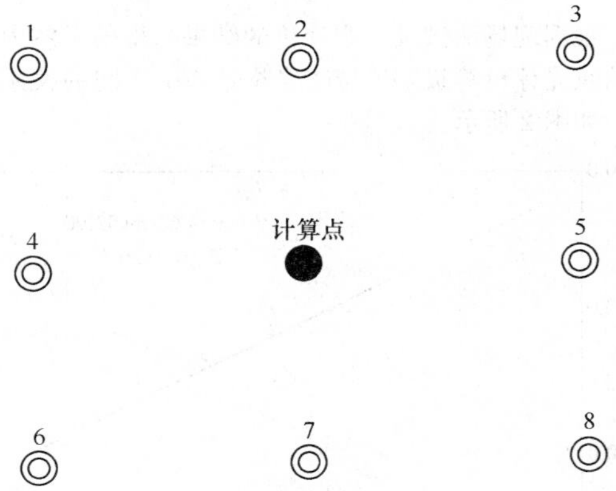

图 4　均匀度梯度计算点

4.2.5　本条是参照国际照明委员会《体育赛事中用于彩电和摄影照明的实用设计准则》CIE 169：2005 和《关于彩色电视和电影系统用体育比赛照明指南》CIE 83-1989 规定该比值为 0.3 制定的。奥林匹克广播服务公司（OBS）规定比赛场地每个计算点四个方向上的最小垂直照度和最大垂直照度之比应≥0.6。

4.2.6　观众席照度主要参照《建筑照明设计标准》GB 50034 和依据 32 个体育馆和 30 个体育场实测调查结果制定，见表 18 和表 19。同时也参照了国际上的一些相关规定，奥林匹克广播服务公司（OBS）对观众席照明指的是前 12 排座位，其垂直照度与比赛场地垂直照度之比应大于 20%；国际单项体育联合会总会《多功能室内体育馆人工照明指南》也指明看台和观众是转播的一部分，规定看台的垂直照度应为比赛场地垂直照度的 15%。

4.2.7　《建筑照明设计标准》GB 50034 规定安全照明的照度值不宜低于该场所一般照明照度值的 5%。国际单项体育联合会总会《多功能室内体育馆人工照明指南》规定在主电源停电或紧急情况时，看台上应急照明应至少保持在 25lx 的水平照度。体育场馆，特别是大型体育场馆，体量大、人数多，在紧急情况下保证所有人员在短时间内安全撤离现场尤为重要。此外，应急照明的照度值还和正常照明的照度值有关，比赛用体育场馆的照度值一般都比较高，当电源断电的过程就是照度由高到低的转换过程，也是人眼的暗适应过程，应急照明的照度值越高，暗适应过程就越短。在实测调查的15个体育馆和15个体育场的应急照明中，观众席和运动场地应急照明的平均水平照度都在30lx（见表18～表20），说明观众席和运动场地应急照明（安全照明）的平均水平照度20lx是可以达到的。按照安全照明的照度值不宜低于该场所一般照明照度值的5%的规定，观众席安全照明的照度值高出此比值较多，主要因为体育场馆观众席人多密度大，为了安全的目的将这一照度提高，而对于运动场地虽然人少密度小，但一般照明的照度值往往都比较高，同样要保证必要的安全照明。对于非比赛的运动场地此规定值可适当降低，但不应小于10lx。

表18　体育场馆应急照明平均照度

场　　地		照度值范围（lx）	平均照度（lx）
1	比赛场地	2.1～110	30.4
2	观众席	1.3～118.8	30.2
3	通道、出入口	1.4～100.6	29.2

表19　观众席应急照明

平均照度范围（lx）		照度值范围（lx）	所占比例（%）
1	0<E≤10	1.3～8.1	25
2	10<E≤30	10.6～28.6	25
3	30<E≤50	30.3～43.5	35
4	E>50	54.2～118.8	15

表20　比赛场地应急照明

平均照度范围（lx）		照度值范围（lx）	所占比例（%）
1	0<E≤10	2.1～6.1	31.6
2	10<E≤30	15.5～21.9	31.6
3	30<E≤50	38.5～48.7	21.1
4	E>50	54.6～110	15.8

4.2.8　根据体育场馆的特点，供人员疏散的应急照明的照度应相应提高。经过对15个体育馆和15个体育场的应急照明实测调查表明，通道和出入口疏散照明的平均照度值接近30lx，最小照度均不小于1lx，最小照度大于5lx的体育场馆占总数的70%（见表21、表22）。说明规定的这一照度值对多数体育场馆都比较合适，而且出口及其通道的照射面积并非很大，达到规定照度值并不困难。

表21　通道、出入口应急照明

平均照度范围（lx）		照度值范围（lx）	所占比例（%）
1	0<E≤10	1.4～9.2	30
2	10<E≤30	12.4～24.5	15
3	30<E≤50	33.9～43.3	45
4	E>50	61.5～100.6	10

表22　通道、出入口应急照明最小照度

最小照度范围（lx）		场馆数量（个）	所占比例（%）	平均最小照度（lx）
1	0<E≤1	1	3	12.2
2	1<E≤3	5	17	
3	3<E≤5	3	10	
4	E>5	21	70	

5　照明设备及附属设施

5.1　光源选择

5.1.1　在建筑高度大于4m的体育场馆宜采用金属卤化物灯。无论在室外或室内金属卤化物灯均是体育照明彩电转播宜优先考虑的最主要光源。

5.1.2　在建筑高度小于6m的体育场馆宜选用荧光灯和小功率金属卤化物灯。

5.1.3　卤素灯仅有限地用于特殊体育项目，如照明范围相对小的运动项目，如射击、射箭等，有时也可作临时照明。

5.1.4　光源功率的选择关系到灯具和光源的使用数量，同时也会对照明质量中的照度均匀度、眩光指数等参数造成影响。因此根据现场条件选择光源功率能够使照明方案获得较高性价比。本标准对气体放电灯光源功率作以下分类：1000W以上（不含1000W）为大功率；1000～250W（不含250W）为中功率；250W以下为小功率。

5.1.5　应急照明有一般供人员疏散的照明和供继续比赛用照明。前者要求的照度低可采用卤素灯，因其能瞬时点燃，且初始投资低和显色性能好，但它的发光效率低、寿命短。供继续比赛用应急照明要求的照度高，当采用金属卤化物灯时，宜采用不间断电源或热触发装置，如UPS和EPS等。

5.1.6 各品种不同功率的金属卤化物灯其发光效率为60～100lm/W，显色指数为65～90，金属卤化物灯的色温随其种类和成分不同为3000～6000K。对于室外体育设施一般要求4000K或更高，尤其在黄昏时能与日光有较好地匹配。对于室内体育设施通常要求4500K或更低。金属卤化物灯的寿命也有很大差异。就大型室外体育设施而言，寿命并不是主要的因素，因其点燃时间较少，但应注意最初几百个小时内灯烧坏可能出现的暗点。对于室内照明装置，应采用长寿命的灯，因为通常每年有大量的点燃时间。

5.1.7 光源的颜色特性用色表和显色性表示。色表是被照亮环境的颜色表现；显色性是光源真实显现物体颜色的特性。光源的色表现象可以用相关色温 T_{cp} 来描述，对于电视/高清晰度电视和电影转播，照明灯的相关色温为2000～6000K时，不存在色彩匹配和色彩平衡问题，但各个灯的相关色温不能相差太大。光源的显色性指标可用一般显色指数 R_a 来表示。R_a 理论上最大值是100，R_a 越高物体颜色显现得越真实，电视画面越清晰。

在气体放电光源制造过程中所使用的汞元素和其他稀土金属元素如果处理不当会对土地、水源等环境因素造成污染。在照明设计中选择光效高、寿命长的光源，不仅是为了节约能源，减少光源使用量、降低维护费用，还有保护环境方面的考虑。在照明设计中，光源显色性和色温并非越高越好，设计师应该结合电视转播的要求、地区人员偏好等多种因素来选用恰当的光源。

5.2 灯具及附件要求

5.2.1 灯具安全性能应符合下列标准的规定：《灯具一般安全要求与试验》GB 7000.1、《投光灯具安全要求》GB 7000.7、《游泳池和类似场所用灯具安全要求》GB 7000.8。

5.2.2 本条规定了在体育场馆中使用的灯具防触电保护等级的类别，灯具防触电保护等级分类见《灯具一般安全要求与试验》GB 7000.1。

5.2.3 高强度气体放电灯、格栅式荧光灯、透明保护罩荧光灯的灯具效率参照《建筑照明设计标准》GB 50034制定。

5.2.4 由于体育场馆，特别是室外体育场，照明光源照射的距离相差很大，而且对照度均匀度有很高的要求，因此同一场地需要多种配光的灯具配合使用，才能达到照明设计所要求的技术指标。

为便于设计者选用需对灯具产品进行光束分类。本标准的投光灯灯具光束分类参照了北美IES和荷兰的投光灯具光束分类方法（见表23、表24），采用的光束分布范围为1/10最大光强的张角。

表23 北美IES灯具光束分类

光束类型	光束张角范围（°）	光束分类
1 2 3	10～18 18～29 29～46	窄光束 （长距离）
4 5	46～70 70～100	中光束 （中等距离）
6 7	100～130 130及以上	宽光束 （近距离）

注：按光束分布范围1/10最大光强的张角分类。

表24 荷兰投光灯具光束分类

光束角（°）	光束分类
10～25	窄光束
25～40	中光束
40及以上	宽光束

注：按光束分布范围1/2最大光强的张角分类。

5.2.5 在灯具安装位置和安装高度已确定的情况下，高效率的照明灯具与安装位置及安装高度相对应的灯具配光是进一步做好照明设计的根本保证。

5.2.6 眩光在体育场馆中是照明的重要质量指标，为减少眩光，照明设计时应选用防眩灯具和采取有效的防眩措施。

5.2.7 本条主要是对灯具及其附件提出需要满足强度和使用环境的要求。

5.2.8 本条是根据体育场馆的特点对灯具提出防护等级的要求。如灯具安装高度较低且环境清洁的场所灯具的防护等级可为IP55，灯具安装高度较高且环境污染严重的场所灯具的防护等级可为IP65。

5.2.9 本条规定主要考虑体育场馆灯具的安装高度一般都比较高，灯具应便于维护，本标准推荐采用后开盖灯具。

5.2.10 体育场馆用金属卤化物灯具的重量一般都比较重，且安装高度较高，特别是室外体育场灯具安装高度通常达数十米，为了降低造价和维护方便，因此对灯具提出这些要求。

5.2.11 体育场馆照明对照度均匀度的要求很高，因此必须严格控制灯具的瞄准角度，由于场地大，距离远，灯具数量多，有时一个场地需用几种配光的灯具，只有借助于角度指示装置才能将灯具准确定位瞄准。

5.2.12 灯具及其附件的重量大，安装高度较高，为安全考虑，应设有防坠落措施。

5.3 灯杆及设置要求

5.3.1 体育场四塔式或塔带式照明方式，要选用照明高杆作为灯具的承载体，根据建筑设计的要求，照明高杆在满足照明技术条件要求的情况下，可以采用同建筑物相结合的结构形式，本节重点界定的是较为普遍采用的单独设置的高杆照明形式。

照明高杆是照明设备的重要组成部分，特别是照明高杆的结构形式对所选用灯具有特殊的要求。如维修更换光源要求后开启、灯具重量轻、强度高、带有远距离触发装置（镇流器等与灯具分置）等，照明高杆从设计、制造、安装均应按照相关规范进行。该种结构的照明高杆应设计为多边形截面、插接式结构。截面的边数宜为空气动力学性能最佳的正二十边形，钢材选用应根据所使用地区的气象条件和荷载情况经设计确定，在满足设计强度情况下，可选用Q235；要求结构强度高时，可选用Q345或根据需要选用更高强度的钢材，但应将结构的挠度控制在相关规范要求的范围内。灯盘按照设计选型的灯具尺寸和外型考虑结构和实现的要求确定，灯盘、灯杆全部经热浸锌工艺处理，安装时不能造成镀锌层的损坏。

5.3.2 照明高杆的设计应符合相关设计规范的规定，主要有：

《英国照明工程师协会（ILE）第7号技术报告》

《高耸结构设计规范》GBJ 50135

《钢结构设计规范》GB 50017

《建筑结构荷载规范》GB 50009

《建筑地基基础设计规范》GB 50007

《升降式高杆照明装置技术条件》JT/T 312

5.3.3 照明高杆的维修有升降、爬梯等形式。结合体育照明高杆的特殊要求和国内外照明高杆选型和使用的情况，主要是参照《英国照明工程师协会（ILE）第7号技术报告》关于吊篮维修系统在高杆上应用的规定提出的。20m以下的灯杆大多用于训练场，一般不作为正式比赛场地高杆，考虑到提供基本照明条件和节省建设费用的需要，对灯杆提出可采用爬梯的方式，要按照维修人员上下的条件制作爬梯，符合相关安全规范，爬梯要设置护身栏圈并在每隔10m的高度设置休息平台。由于灯杆设置爬梯后，外形美观受到较大影响，所以在有正式比赛的场地中较少采用。正式比赛场地的照明高杆高度多为20m以上，如果使用爬梯会使维修工作产生安全隐患，国内外均出现过因为爬梯造成的使维修人员伤亡的安全事故，结合国内外体育场照明高杆的应用选型情况，参照已有国际标准规范，从安全、实用、美观等条件出发，提出应采用电动升降吊篮进行维护工作。电动升降吊篮维修系统是一种专业设备，采用在灯杆内设置双卷筒卷扬设备，高杆顶部设有免维修设计的驱动盘，配套专用的高柔性不锈钢钢丝绳，国内外均有专业化厂家生产此种设备。

5.3.4 根据民用航空管理的规定要求编制此条款，结合体育照明高杆的制造条件，要求在每个照明高杆顶部装置2只红色障碍灯，在有特殊要求的航站航道附近或供电控制等不方便的地方，可安装频闪障碍灯或太阳能障碍灯。

5.4 马道及设置要求

5.4.1 马道的定义是设置在建筑物、构造物内，用于承载设备安装、线缆敷设和用于工作人员通行的构件。合理设置马道布局和数量，不仅可以为专业照明提供良好的安装位置和合理的投射角度，同时还可以充分发挥灯具对场地照明的贡献，降低照明灯具的安装数量，并能突出表现体育场馆的建筑风格。

5.4.2 马道上应为照明灯具、电器箱和电缆线槽等设备预留安装条件。同时还应为工作人员提供必要的安全保护措施。

5.4.3 在建筑物、构造物顶部的结构杆件、吸声板、遮光板、风道和电缆线槽等都会对照明光线造成不同程度的遮挡，在场馆设计之初应引起建筑、结构专业的重视。

6 灯具布置

6.1 一般规定

6.1.1 由于不同的运动项目会在不同大小、不同形状的运动场地上进行，同时会用不同的方式来利用运动场地。运动员的活动范围以及在运动中视野所覆盖的范围也不尽相同。因此，体育场馆场地照明灯具应在综合考虑运动项目特点、运动场地特征的基础上合理布置，避免对运动员和电视转播造成不利影响。

6.1.2 灯具安装位置、高度、仰角应满足降低眩光和控制干扰光的要求。在体育场馆的照明设计中，眩光和干扰光是影响运动员发挥竞技水平的首要不利因素，同时也是影响电视转播质量的重要因素。从体育场馆建筑设计阶段开始，就应综合考虑各种可能降低眩光和控制干扰光的手段，最终结合场地照明设计，在满足其他照明指标的同时，解决眩光和干扰光问题。

6.1.3 考虑到摄像机的工作特性，在有电视转播要求时，应考虑场地垂直照度及均匀度的情况，无电视转播要求时主要考察场地的水平照度及均匀度情况，但应根据运动项目的不同综合考虑空间光分布要求。

6.2 室外体育场

6.2.1 在实测调查的37个比赛场和训练场中，四角照明所占比例为40.5%，两侧光带与四角混合照明所占比例为10.8%，两侧光带照明所占比例为48.6%。说明这几种布灯方式在室外体育场都经常采用。

1 两侧布置

这种方式为目前常用的照明方式，可提供较好的照度均匀度并降低阴影，照明效果较好，但整体投资较高。

2 四角布置

这种方式目前主要应用于训练场地、小型场地或改造场地，投资较低。但照明阴影比较严重。

3 混合布置

相对以上两种方式，这种照明方式的性价比较高。

6.2.2 足球场灯具布置：

1 无电视转播的室外足球场可采用场地两侧布置或场地四角布置方式。灯具的位置、高度及灯杆要求均参照国际足球联合会 2002 年版的《足球场人工照明指南》制定。

2 有电视转播的室外足球场可采用场地两侧布置、场地四角布置或混合布置方式。灯具的位置、高度及灯杆要求均参照国际足球联合会 2002 年版的《足球场人工照明指南》制定。

采用场地两侧布置时，灯具的位置及高度应满足本标准的要求，φ 角增大照明效果会更好，但同时还要考虑建造成本。在国际足球联合会的文件中，要求采用单侧两条马道的设计，并对高度有要求，考虑到实际实施的可行性并依据照明实测，为降低眩光，对单条马道上灯具的高度及 φ 角有明确要求。

采用场地四角布置时，灯具的位置及高度应满足本标准的要求，当条件受到限制或成本过高时应考虑更合理的解决方案。根据国际足球联合会 2002 年版的《足球场人工照明指南》的要求，灯具的最大仰角应小于 70°，并且灯杆上的灯排应有 15°倾斜角（见图 5），以消除上下排灯具间的遮挡。

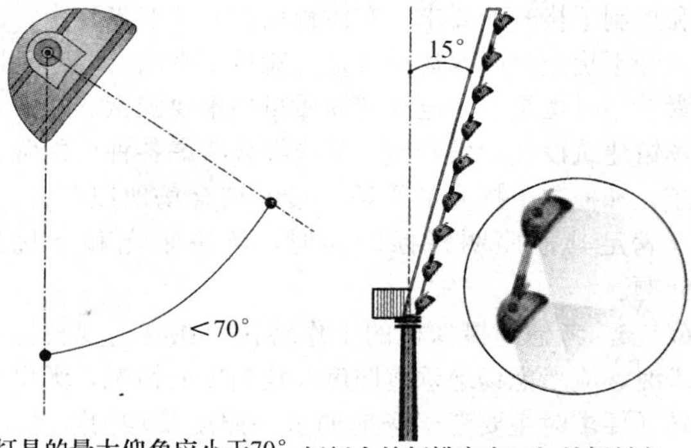

灯具的最大仰角应小于70°　灯杆上的灯排应有15° 的倾斜角

图 5　灯具仰角和灯排倾斜角

6.2.3 田径场灯具布置：

室外内含足球场的田径场，其灯具布置应首先采用满足足球场照明的照明系统，然后综合考虑田径场的照明，并增加对跑道和足球场以外的内场的照明要求。

参考国际照明委员会《体育赛事中用于彩电和摄影照明的实用设计准则》CIE 169：2005。

6.2.4 网球场灯具布置：

灯具高度主要参考国际网球协会《网球场人工照明指南》及国际照明委员会《网球场照明》CIE 42－1978 制定。

采用两侧灯杆布置时的灯具位置主要参考国际网球协会《网球场人工照明指南》。

对大型赛事设置马道的中心网球场照明未作规定。

6.2.5 曲棍球场灯具布置：

室外曲棍球场的照明规定均参考国际曲棍球协会的《曲棍球场人工照明指南》。

有电视转播的曲棍球场地，照明可采用四角布置、两侧布置或混合布置方式。

采用四角布置方式时，照明灯具的高度应满足图 6.2.5-2 的要求。根据照明实测及体育照明眩光评价，有电视转播时，适当增大 φ 角，对控制眩光更有利。

6.2.6 棒球场灯具布置：

参考北美照明学会（IESNA）《照明手册》（第 9 版）及国际照明委员会《体育赛事中用于彩电和摄影照明的实用设计准则》CIE 169：2005 制定。

6.2.7 垒球场照明设计：

参考北美照明学会（IESNA）《照明手册》（第 9 版）及国际照明委员会《体育赛事中用于彩电和摄影照明的实用设计准则》CIE 169：2005 制定。

6.3　室内体育馆

6.3.1 体育比赛场馆由于受地理位置及场地大小的限制可选择不同的照明灯具布置方式。在实测调查的 45 个比赛馆和训练馆中顶部布置所占比例为 4.4％、顶部和两侧混合布置所占比例为 17.8％，沿马道两侧光带布置所占比例为 77.8％。

6.3.2 本条列出了体育馆照明灯具的几种常用布灯方式，是在实践经验的基础上综合各体育运动联合会以及国际体育照明标准制定的。在进行体育馆建筑、结构、电气设计时宜参考本条所列的灯具布置方式为体育馆照明设计师预留灯位；在进行体育馆照明设计时，宜根据运动项目情况、建筑及结构特点、体育馆级别等情况选用合适的布灯方式和能够满足要求的灯具。

6.3.3 表 6.3.3 所列各类体育馆灯具布置规定主要参考了国际照明委员会《体育赛事中用于彩电和摄影照明的实用设计准则》CIE 169：2005 制定。对于不同运动项目提出了具体要求。这些要求充分考虑了各运动项目的特点、场地特征等因素。在进行专项运动照明设计时，宜满足表中对灯具布置提出的要求。

在调研中发现，由于比赛场馆前期的建筑设计没有很好的考虑照明功能的需求，所设计的马道位置及灯具安装高度不到位，给照明设计师在设计方案时造成很大的困难，设计方案难以实施，使得比赛场地达不到良好的照明效果，直接影响到运动员比赛。因此本标准规定在体育场馆建筑设计时，不但要考虑到建筑造型的美观，更要注重照明功能的需求。在前期建筑设计马道设置时要充分考虑到照明功能的要求，要与照明设计师沟通，听取他们的意见及建议。在进行体育场馆照明设计时，要根据体育馆建筑结构可能安装灯具的高度和部位确定布灯方案，既要达到照度标准，又要满足照明质量要求。使得体育场馆照明达到最佳的效果，满足比赛要求。

7 照明配电与控制

7.1 照 明 配 电

7.1.1 本条是根据国家有关规范，并结合体育建筑的特殊用电要求提出的。

7.1.2 由于目前比赛场地照明采用的气体放电光源因电源失电导致熄灭后，即便电源迅速恢复，仍需要3～8min的再启动时间，而在举行重要比赛或进行电视转播时，发生这样的故障将导致比赛组织者、转播公司和场地运营者遭受在名誉和经济双方面的重大损害，因此通常采用的解决方案有以下几种：

1 采用两路或多路电源（包括自备电源）分别直接供电，避免供电电源和线路受到外界因素的干扰。即便发生某路电源失电或设备故障，也能保证大部分照明系统正常工作，同时有利于简化系统，减少自动投切层次。

2 采用热触发装置，可强迫气体放电光源在几十秒内恢复到正常工作状态，从而保证比赛和转播的迅速恢复，有效地减少停电造成的后果和损失。

3 采用不中断供电逆变电源作为正常电源失电时的临时后备电源，其持续供电时间应满足备用电源正常投入，这类设备包括在线式UPS、飞轮发电式UPS等。目前正在研制开发采用电子静态转换开关的后备式EPS，通过技术手段在电源切换时维持灯具的供电电压，试验效果良好。

7.1.3 独立设置比赛照明变压器的目的主要是为了保持电压稳定，提高照明质量，保证光源寿命，同时减小非比赛时的系统运行损耗。

7.1.4 考虑到当前我国电力系统供电能力仍相当紧张，部分地区经常出现较大的电压偏移情况，可通过技术经济比较适当采用调压措施。

7.1.5 参照《游泳池和类似场所用灯具安全要求》GB 7000.8制定，并规定灯具外部和内部线路的工作电压应不超过12V。

7.1.6 气体放电光源配用电感镇流器时功率因数通常较低，一般仅为0.4～0.5，所以应设置无功补偿。有条件时，宜在灯具内设置补偿电容，以降低照明线路的能耗和电压损失。

7.1.7 保证三相负荷比较均衡，以使各相电压偏差不致产生较大的差别，同时减少中性线电流。

7.1.8 TV应急照明配电线路及控制开关分开装设有利于供电安全和方便维修。正常照明断电采用备用照明自动投入工作，是照明系统用电可靠性的需要。

7.1.9 因照明负荷主要为单相设备，当采用三相断路器时，若其中一相发生故障时会导致三相断路器跳闸，从而扩大了停电范围，因此应当避免出现这种情况。

7.1.10 高强度气体放电灯的触发器一般是与灯具装在一起的，但有时由于安装、维修上的需要或其他原因，也有分开设置的。此时，触发器与灯具的间距越小越好。当两者间距较大时，导线间分布电容增大，触发器脉冲电压衰减有可能造成气体放电灯不能正常启动，因此其间距应满足制造厂家对产品的要求。

7.1.11 主要考虑照明负荷使用的不平衡性以及气体放电灯线路由于电流波形畸变产生高次谐波，即使三相平衡中性线中也会流过三的倍数的奇次谐波电流，有可能达到相电流的数值，故而作此规定。

7.1.12 作为改善频闪效应的一项措施而提出的。当然改善措施还有其他方法如采用超前滞后电路或采用提高电源频率——如电子镇流器件等。

7.1.13 为保证维护人员能及时安全地到达维修地点，同时由于检修相对不便以及光源功率较大，如采取每盏灯具加装保护可避免一个光源出现故障不致影响一片。顶棚内检修通道要考虑到能承受住两名维修人员连同工具在内的重量（总重量约300kg）。

7.2 照 明 控 制

7.2.1 本条规定与《体育建筑设计规范》JGJ 31中的要求基本相同。

7.2.2 本条是有电视转播要求的比赛场地的照明控制系统所应具备的基本功能。其预置的照明场景编组方案应包括：

1 经常进行的运动项目的照明编组方案，至少分为有电视转播要求的比赛、无电视转播要求的比赛、专业训练三个级别；

2 场地清扫时的照明编组方案。

7.2.3 由中央计算机管理的总线制控制网络相对于传统照明控制网络具有以下优点：

1 分布式的系统结构大大降低了系统自身的风险。当部分系统元件故障时，受影响的仅仅是与其相关联的设备，而系统的其他部分仍可正常工作。

2 总线制的系统从主控中心到末端各个配电箱只需一根标准通信总线，大大节省了控制线路，且不受供电半径的限制，施工安装极为简单。

3 通过时序控制方式，可以使成组灯具在一定时间内顺序启动，有效避免多台大功率照明负荷同时接通对配电系统产生的电流冲击。

4 系统允许随时任意增减控制范围和控制对象的数量，任意增减和改变控制方案，为使用者带来极大的方便。

7.2.4 考虑到控制分路应满足使用要求，同时避免产生较大的故障影响面，减小对配电系统的电流冲击，作出本条规定。

8 照明检测

8.1 一般规定

8.1.1 照明检测主要参照国际照明委员会《关于体育照明装置的光度规定和照度测量指南》CIE 67－1986 和《体育赛事中用于彩电和摄影照明的实用设计准则》CIE 169：2005 制定。照明检测主要用以检验体育场馆照明设计能否达到标准规定的各项技术指标，能否满足不同运动项目不同级别的使用功能要求。

8.1.2 检测用仪器设备必须送法定检测机构依据相关检定规程进行检定，以保证检测数据的有效性。

8.1.3 测量时的环境条件对测量结果会产生不利影响，因此应避免在阴雨天、多雾天、沙尘天和有来自外部光线影响情况下进行测量，使用荧光灯的场所还要考虑温度的影响。体育场馆所用光源，特别是金属卤化物灯经过一段时间的点燃才能达到稳定，每次开灯后也需要经过一段时间光通才能达到稳定，因此对照明装置的运行时间和开灯后的点燃时间都要有所规定。电压也是影响检测结果的重要因素，必要时应进行电压修正。测量时应避免操作者身影或别的物体对接收器的遮挡，同时也要避免浅色物体上反射光的影响。本条规定的目的是在满足规定的测量条件下进行照明检测才能保证测量数据的准确性。

8.1.4 检测的照明参数应是标准中所规定的参数，其中部分参数是在测量后通过计算取得的。

8.2 照度测量

8.2.1 测量场地一般指标准中规定的主赛场和总赛场，此外也包括对观众席和应急照明等的测量。为了减少测量的工作量，对大型运动场地，在照明装置布置完全对称的条件下，当照明参数呈对称分布时，可只测 1/2 或 1/4 场地。

8.2.2 关于照度测量的测点，在《关于体育照明装置的光度规定和照度测量指南》CIE 67－1986 中已作出规定，在《体育赛事中用于彩电和摄影照明的实用设计准则》CIE 169：2005 中又增加了更详细、更全面的规定，把运动场地划分为矩形场地和几种典型场地。

由于大多数运动场地都属于矩形场地，如足球、篮球、排球、网球、羽毛球等，因此在对测量与计算网格点进行规定时采用了统一的方法，同时还规定计算网格应包含测量网格，测量网格的间距是计算网格间距的 2 倍。

按照《体育赛事中用于彩电和摄影照明的实用设计准则》CIE 169：2005 中新的规定，与《关于体育照明装置的光度规定和照度测量指南》CIE 67－1986 的规定相比，标准有所提高。如足球场地 CIE 67－1986 规定的测量点为 7×11，而 CIE 169：2005 规定的测量点为 8×12，这意味着测量场地范围有所扩大，为了使计算与测量范围更接近于比赛场地边线，照度计算与测量网格点间距应尽可能小，在附录 A 规定中已有调整。

图 8.2.2-1～图 8.2.2-6 给出的几种典型运动场地的计算、测量网格划分方法，是参照《体育赛事中用于彩电和摄影照明的实用设计准则》CIE 169：2005 制定的。

8.2.3、8.2.4 关于水平照度测量、垂直照度测量和照度均匀度的计算，参考《关于体育照明装置的光度规定和照度测量指南》CIE 67－1986 的相关内容制定。

照度测量结果会受到电源电压波动的影响，编制组选取几种目前体育场馆常用的金属卤化物灯光源在试验室内进行试验，得出光源光通与电源电压的变化曲线，见图 6 和图 7，同时电源电压的变化也对显色指数和色温有影响。

各种金属卤化物灯的标称发光效能为 60～100lm/W，标称一般显色指数的范围 R_a 为 65～93，标称色温的范围为 3000～6000K。金属卤化物灯由于选用的镇流器不同和电源电压的变化会引起金属卤化物灯光、色参数发生变化。

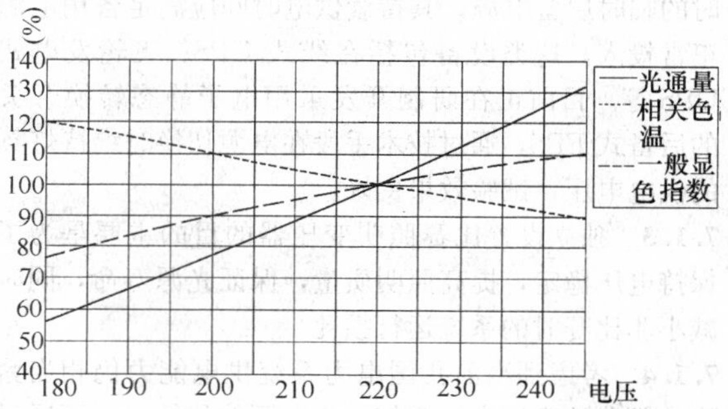

图 6 金属卤化物灯光、色参数与电压的关系(220V)

图 6 和图 7 中的曲线是金属卤化物灯的试验结果。从图中可以看到，采用普通电感镇流器的光通量和显色指数均正比于电源电压的变化，只有色温反比于电源电压的变化。当供电标称电压为 220V，电源电压的变化－10%～＋10%时，其上述参数变化范围

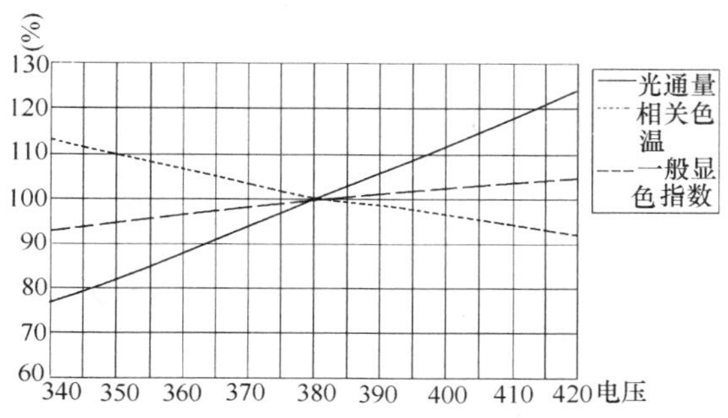

图 7　金属卤化物灯光、色参数与电压的关系(380V)

为，光通量：－25%～＋28%，显色指数：－11%～＋9%，色温：＋11%～－9%。供电标称电压为380V，电源电压的变化－10%～＋10%时，其上述参数变化范围为，光通量：－22%～＋23%，显色指数：－7%～＋5%，色温：＋12%～－7%。

由于测试的样品数量、品种、型号、厂家有限，不能完全代表这类光源的一致特性，因为气体放电灯的光、色、电参数本身就有一个变动范围，所以此组数据的变化范围仅作为定性参考。

为了确保体育设施电视转播的质量，因此要求体育场馆在比赛期间的电源电压变化应在－5%～＋10%之间，同时从电源配电盘到（末端）灯端的线路电压降应小于15V，整个照明系统的功率因数应大于0.85，最好在0.9以上，因功率因数越低其供电系统的电压调整性就越差，即在同样的有功负荷下，电源（变压器）输出电压越低，线路压降越高，占用电源容量越多，负荷端（光源）电压就越低。

8.3　眩光测量

8.3.1　本条规定了确定眩光测量点的原则和典型场地的眩光测量点的位置。

1　眩光是评价照明质量的重要指标，在CIE文件中也提出在照明测量中除测量水平照度和垂直照度外还要核实眩光指数，为了减少眩光测量的工作量，眩光测量点只能按各场地最重要的位置选取。

2　眩光测量点的位置主要参照《关于室外体育设施和区域照明的眩光评价系统》CIE 112－1994、国际足球联合会《关于足球场人工照明指南》等制定。

8.3.2　眩光测量至今尚无统一的测量仪器，一般可通过测量观察者眼睛上的照度来计算光幕亮度，最后求出眩光指数 *GR*，见附录B。

8.4　现场显色指数和色温测量

8.4.1　根据对大量体育场馆现场显色指数和色温的测量表明，所选测量点测得的颜色参数可代表整个场地的颜色参数测量结果。

8.4.2　现场显色指数和色温受环境因素如电压波动、场地和周围建筑及座位的颜色影响较大，所制定标准值是根据实测统计结果确定的。R_a、T_{cp} 与V的变化曲线见图6和图7。

8.5　检测报告

检测报告是对全部检测内容的记录和总结。报告编写的内容和格式应符合有关部门对检测机构关于检测报告编写的规定。对检测结果应依据相关标准作出结论，判定是否合格。检测报告应由技术负责人审核，检测机构主管部门批准。

附录A　照度计算和测量网格及摄像机位置

本附录参照《关于体育照明装置的光度规定和照度测量指南》CIE 83－1989和《体育赛事中用于彩电和摄影照明的实用设计准则》CIE 169：2005等制定。

1　表中场地尺寸未标明PA、TA时，均为比赛场地PA的尺寸，按照本标准所规定的计算点和测量点测量场地覆盖的范围比《关于体育照明装置的光度规定和照度测量指南》CIE 83－1989规定的测量范围要大一些，说明对照明的要求更高了，网格间距应尽可能小，这样周边测点就更接近场地边线。

2　照度计算和测量的参考高度，水平照度一般取1m，为了测量上的方便，同时对测量值无明显影响，测量四个方向的垂直照度时也取1m，摄像机方向的垂直照度均取1.5m。

3　本标准摄像机位置为其中一些主要摄像机位置，在实际使用中可按赛事要求计算和测量某些位置摄像机方向的垂直照度。

附录B　眩光计算

室外体育场眩光计算公式引自《关于室外体育设施和区域照明的眩光评价系统》CIE 112－1994，经实测验证此公式不论是对室外体育场或是室内体育馆计算值和测量值均吻合较好。主观评价与测量计算值之间有较好的线性关系。编制组对体育场馆照明室内眩光评价系统经研究得出结论，该公式也可用于室内体育馆眩光评价系统，对眩光指数进行计算，但通过实验研究证实，当室外体育场眩光评价系统用于室内体育馆眩光评价系统时，需采用适用于室内体育馆的眩光评价分级及眩光指数限制值，而且在室内体育馆眩光指数计算时其反射比宜取0.35～0.40。

中华人民共和国国家标准

民用建筑工程室内环境污染控制规范

GB 50325—2001

条 文 说 明

目　次

1 总　　则

1.0.1　本规范对建筑材料和装修材料用于民用建筑工程时，为控制由其产生的室内环境污染，从工程勘察设计、工程施工、工程检测及工程验收等各阶段提出了规范性要求。

1.0.2　规范适用于民用建筑工程（土建或装修）的室内环境污染控制，不适用于室外，也不适用于诸如墙体、水塔、蓄水池等构筑物，以及医院手术室等有特殊卫生净化要求的房间。

关于建筑装修，目前有几种习惯说法，如建筑装饰、建筑装饰装修、建筑装潢等，唯建筑装修与实际工程内容更为符合。另外，国务院发布的《建筑工程质量管理条例》所采用的词语为"装修"，因此，本规范决定采用"装修"一词，即本规范中所说的建筑装修，既包括建筑装饰，也包括建筑装潢。

本规范所称室内环境污染系指由建筑材料和装修材料产生的室内环境污染。至于工程交付使用后的生活环境、工作环境等室内环境污染问题，如由燃烧、烹调、吸烟、外购家具及家电等所造成的污染，不属本规范控制之列。

1.0.3　近年来，国内外对室内环境污染进行了大量研究，已经检测到的有毒有害物质达数百种，常见的也有 10 种以上，其中绝大部分为有机物，另外还有氨、氡气等。非放射性污染主要来源于各种人造木板、涂料、胶粘剂、处理剂等化学建材类建筑材料产品，这些材料会在常温下释放出许多种有毒有害物质，从而造成空气污染；放射性污染（氡）主要来自无机建筑材料，还与工程地点的地质情况有关系。

在拟订本"规范"过程中，我们在参考国内外大量研究成果的基础上，进行了大量验证性测试。测试结果表明，在我国目前的发展水平下，工程建设阶段对氡、甲醛、氨、苯及总挥发性有机化合物(TVOC)、游离甲苯二异氰酸酯（TDI，在材料中）等环境污染物进行控制是适宜的。理由是：①这几种污染物对身体危害较大，如甲醛、氨对人有强烈刺激性，对人的肺功能、肝功能及免疫功能等都会产生一定的影响；游离甲苯二异氰酸酯会引起肺损伤；氡、苯及挥发性有机化合物中的多种成分都具有一定的致癌性等等；②由于挥发性较强，空气中挥发量较多，在我们组织的验证性调查中也时常检出，且社会上各方面反响比较大。作为我国第一部民用建筑室内环境污染控制规范，将这几种污染物首先列为控制对象，与国内已开展此类研究的专家学者的意见相一致。

规范主要通过限制材料中长寿命天然放射性同位素镭-226、钍-232、钾-40 的比活度，来实现对室内放射性污染物氡的控制。

自然界中任何天然的岩石、砂子、土壤以及各种矿石，无不含有天然放射性核素，主要是铀、钍、镭、钾等长寿命放射性同位素。一般来讲，室内的放射性污染主要是来自这些长寿命的放射性核素。

居室内对人体危害最大的，是这些长寿命的放射性核素放射的 γ 射线和氡。人类每年所受到的天然放射性的照射剂量大约 2.5～3mSv，其中氡的内照射危害大约占了一半，因此控制氡对人的危害，对于控制天然放射性照射具有很大的意义。

氡主要有 4 个放射性同位素：氡-222、氡-220、氡-219、氡-218，因为氡-220、氡-219、氡-218 三个同位素在自然界中的含量比氡-222 少得多（低 3 个量级），所以氡-222 对人体的危害最大。

氡对人的危害主要是氡衰变过程中产生的半衰期比较短的、具有 α、β 放射性的子体产物：钋-218、铅-214、铋-214、钋-214，这些子体粒子吸附在空气中飘尘上形成气溶胶，被人体吸入后，沉积于体内，它们放射出的 α、β 粒子对人体，尤其是上呼吸道、肺部产生很强的内照射。

放射理论计算和国内外大量实际测试研究结果表明，只要控制了镭-226、钍-232、钾-40 这三种放射性同位素在建筑材料中的比活度，也就可以控制放射性同位素对室内环境带来的内、外照射危害。

住房内的氡浓度控制标准，国家已经发布《住房内氡浓度控制标准》GB/T 16146—1995，国家对地下建筑中的氡及其子体控制标准也已有规定（《地下建筑氡及其子体控制标准》GB 16356—1996）。只要建筑物所使用的建筑材料和装修材料符合国家限值要求，由建筑材料和装修材料释放出来的氡，就不会使室内的氡含量超过规定限值。

1.0.4　本条是将建筑物本身的功能与现行国家标准中已有的化学指标综合考虑后作出的分类。一方面，根据甲醛指标形成自然分类，见表 1。另一方面，根据人们在其中停留时间的长短，同时考虑到建筑物内污染积聚的可能性（与空间大小有关），将民用建筑分为两类，分别提出不同要求。住宅、医院、老年建筑、幼儿园和学校教室等，人们在其中停留的时间较长，且老幼体弱者居多，是我们首先应当关注的，一定要严格要求，定为Ⅰ类。其他如旅馆、办公楼、文化娱乐场所、商场、公共交通等候室、餐厅、理发店等，一般人们在其中停留的时间较少，或在其中停留（工作）的以健康人群居多，因此，定为Ⅱ类。分类既有利于减少污染物对人体健康的影响，又有利于建筑材料的合理利用，降低工程成本，促进建筑材料工业的健康发展。

表 1　根据甲醛指标形成的自然分类

标准名称	标准号	甲醛指标	适用的民用建筑	类别
《旅店业卫生标准》	GB 9663	≤0.12mg/m³	各类旅店客房	Ⅱ
《文化娱乐场所卫生标准》	GB 9664	≤0.12mg/m³	影剧院（俱乐部）、音乐厅、录像厅、游艺厅、舞厅（包括卡拉 OK 歌厅）、酒吧、茶座、咖啡厅及多功能文化娱乐场所等	Ⅱ
《理发店、美容店卫生标准》	GB 9666	≤0.12mg/m³	理发店、美容店	Ⅱ
《体育馆卫生标准》	GB 9668	≤0.12mg/m³	观众座位在 1000 个以上的体育馆	Ⅱ
《图书馆、博物馆、美术馆和展览馆卫生标准》	GB 9669	≤0.12mg/m³	图书馆、博物馆、美术馆和展览馆	Ⅱ
《商场、书店卫生标准》	GB 9670	≤0.12mg/m³	城市营业面积在 300m² 以上和县、乡、镇营业面积在 200m² 以上的室内商场、书店	Ⅱ
《医院候诊室卫生标准》	GB 9671	≤0.12mg/m³	区、县级以上的候诊室（包括挂号、取药等候室）	Ⅱ
《公共交通等候室卫生标准》	GB 9672	≤0.12mg/m³	特等和一、二等站的火车候车室，二等以上的候船室，机场候机室和二等以上的长途汽车站候车室	Ⅱ
《饭馆（餐厅）卫生标准》	GB 16153	≤0.12mg/m³	有空调装置的饭馆（餐厅）	Ⅱ
《居室空气中甲醛的卫生标准》	GB/T 16127	≤0.08mg/m³	各类城乡住宅	Ⅰ

1.0.5　建筑材料和装修材料是在民用建筑工程中造成室内环境污染的重要污染源，因此是否采用符合本规范环境指标要求的建筑材料和装修材料，也是执行本规范的关键所在，本条特对此加以强调。

1.0.6　本条属一般规定。

2 术　　语

2.0.2　环境测试舱是目前欧美国家普遍采用的一种测试设备，主要是在模拟室内温度、湿度和换气的条件下，用于建筑材料有害物释放量测试。例如，木制板材、地毯、壁纸等的甲醛释放量测试，可以直接提供甲醛释放量数据。舱容积有1～40m³不等。大舱的舱体接近于房间大小,可进行整块板材的测试,模拟程度高,测试结果接近实际,但造价较高,运行成本也较高;小舱只能进行小样品测试,代表性差,但造价较低,运行成本也较低。

3 材　料

3.1 无机非金属建筑主体材料和装修材料

3.1.1 建筑材料中所含的长寿命天然放射性核素,会放射γ射线,直接对室内构成外照射危害。γ射线外照射危害的大小与建筑材料中所含的放射性同位素的比活度直接相关,还与建筑物空间大小、几何形状、放射性同位素在建筑材料中的分布均匀性等相关。

目前,国内外普遍认同的意见是:将建筑材料的内、外照射问题一并考虑,经过理论推导、简化计算,提出了一个控制内、外照射的统一数学模式,即:

$$I_{Ra} \leqslant 1 \quad (1)$$

$$I_{\gamma} \leqslant 1 \quad (2)$$

本条文说明参考了如下文献:

[1] OECD, NEA. Exposure to Radiation from the Natural Radioactivity in Building Materials. Report by an NEA, Group of Experts. 1979, 1-34.

[2] Karpov V1, et al. Estimation of Indoor Gamma Dose Rate. Healthphys. 1980, 38(5).

[3] Krisiuk ZM, et al. Study and Standardization of the Radioactivity of Building Materials. In ERDA-tr 250, 1976, 1-62.

民用建筑工程中使用的无机非金属建筑主体材料制品(如商品混凝土、预制构件等),如所使用的原材料(水泥、沙石等)的放射性指标合格,制品可不再进行放射性指标检验。

凡能同时满足公式(1)、(2)要求的建筑材料,即为控制氡-222的内照射危害及γ外照射危害达到了"可以合理达到的尽可能低水平",亦即在长期连续的照射中,公众个人所受到的电离辐射照射的年有效剂量当量不超过1mSv。我国早在1986年已经接受了这一概念,并依此形成了我国的《建筑材料放射卫生防护标准》GB 6566、《掺工业废渣建筑材料产品放射性物质限制标准》GB 9196、《建筑材料用工业废渣放射性物质限制标准》GB 6763等国家标准。

3.1.2 无机非金属建筑装修材料制品(包括石材),连同无机粘接剂一起,主要用于贴面材料,由于材料使用总量(以质量计)比较少,因而适当放宽了对该类材料的放射性环境指标的限制。不满足A类装修材料要求,而同时满足内照射指数(I_{Ra})不大于1.3和外照射指数(I_{γ})不大于1.9要求的为B类装修材料。

3.1.3 空心率(孔隙率)大于25%的空心(孔隙)建筑材料,同体积的材料中,放射性物质减少约25%,内照射指数(I_{Ra})不大于1.0和外照射指数(I_{γ})不大于1.3时,使用范围不受限制。

3.2 人造木板及饰面人造木板

3.2.1 民用建筑工程使用的人造木板及饰面人造木板是造成室内环境中甲醛污染的主要来源之一。目前国内生产的板材大多采用廉价的脲醛树脂胶粘剂,这类胶粘剂粘接强度较低,加入过量的甲醛可提高粘接强度。以往,由于胶合板、细木工板等人造木板国家标准没有甲醛释放量限制,许多人造木板生产厂就是采用多加甲醛这种低成本方法使粘接强度达标的。有关部门对市场销售的人造木板抽查发现,甲醛释放量超过欧洲EMB工业标准A级品几十倍。由于人造木板中甲醛释放持续时间长、释放量大,对室内环境中甲醛超标起着决定作用,如果不从材料上严加控制,要使室内甲醛浓度达标是不可能的。因此,必须测定游离甲醛含量或释放量,便于控制和选用。

3.2.2～3.2.8 环境测试舱法可以直接测得各类板材释放到空气中的游离甲醛浓度。"穿孔法"可以测试板材中所含的游离甲醛的总量,"干燥器"法可以测试板材释放到空气中游离甲醛浓度。环境测试舱法提供的数据更接近实际一些,因而,美国规定采用环境测试舱法,已不再采用"穿孔法",但环境测试舱法的测试周期长,运行费用高,目前在板材生产过程中,各类板材均采用环境测试舱法进行分类难以做到。故本规范优先在进口量很大的饰面人造木板上采用环境测试舱法测定游离甲醛释放量,有利于和国际接轨。

"穿孔法"测定人造木板中的游离甲醛含量是国内外的传统方法,欧洲标准EN 622-1:1997《纤维板标准》和欧洲EMB工业标准规定的游离甲醛分级和指标均采用欧洲标准EN 120《穿孔法板材甲醛释放量测定》,即A级板甲醛释放量不大于9.0mg/100g;B级板甲醛释放量大于9.0mg/100g,但不大于40.0mg/100g;我国国家标准《中密度板》GB/T 18103—2000规定A级板甲醛释放量不大于9.0mg/100g;B级板甲醛释放量大于9.0mg/100g,但不大于40.0mg/100g,考虑到我国生产厂家较普遍采用"穿孔法"的实际情况,本规范保留刨花板、中密度纤维板采用"穿孔法"测定游离甲醛含量,"穿孔法"按《人造板及饰面人造板理化性能试验方法》GB/T 17657—1999第4.11节"甲醛释放量穿孔法测定"进行,该方法等同于欧洲标准EN 120—1982《穿孔法板材甲醛释放量测定》。

饰面人造木板是预先在工厂对人造木板表面进行涂饰或复合面层,不但可避免现场涂饰产生大量有害气体,而且可有效地封闭人造木板中的甲醛向外释放,是欧美国家鼓励采用的材料。但是如果用"穿孔法"测定饰面人造木板中的游离甲醛含量,则封闭甲醛向外释放的作用体现不出来,不利于能有效降低室内环境污染的饰面人造木板发展。而环境测试舱法可以接近实际地测得饰面人造木板的甲醛释放量,故规定饰面人造木板用环境测试舱法测定游离甲醛释放量。环境测试舱法测定饰面人造板材的E_1类限值,与德国标准的E_1级和中国环境标志产品技术要求《人造木质板材》HJBZ 37—1999规定的木地板甲醛释放量相同,为不大于0.12mg/m³。由于饰面人造木板在施工时除断面外不再会采取降低甲醛释放量的措施,所以不设E_2类饰面人造木板。

胶合板、细木工板采用"穿孔法"测定游离甲醛含量时,因在溶剂中浸泡不完全,而影响测试结果。采用"干燥器"法可以解决这个问题,且该方法操作简单易行,测试时间短,所得数据为游离甲醛释放量。E_1类和E_2类限值是参考日本标准制定的。"干燥器"法按《人造板及饰面人造板理化性能试验方法》GB/T 17657—1999"甲醛释放量干燥器法测定"进行,试样四边用不含甲醛的铝胶带密封。

3.3 涂　料

3.3.1 水性涂料挥发性有害物质较少,尤其是北京市和建设部等部门淘汰以聚乙烯醇缩甲醛为胶结材料的水性涂料后,污染室内环境的游离甲醛有可能大幅度降低。

欧共体生态标准(1999/10/EC)规定:光泽值≤45($\alpha=60°$)的涂料,VOC≤30g/L;光泽值>45($\alpha=60°$)的涂料,VOC≤200g/L(涂布量大于15m²/L的,VOC≤250g/L)。

重金属属于接触污染,与本规范这次要控制的五种有害气体污染没有直接的关系,故在产品标准中规定控制指标比较合适。

因此,本规范规定室内用水性涂料VOC_S含量不大于200g/L、游离甲醛含量不大于0.1g/kg,与有关标准基本一致。

3.3.2 室内用溶剂型涂料含有大量挥发性有机化合物,现场施工时对室内环境污染很大,但数小时后即可挥发90%以上,1周后就很少挥发了。因此，在避开居民休息时间进行涂饰施工、增加与室外通风换气、加强施工防护措施的前提下，目前仍可使用符合现行标准的室内用溶剂型涂料。随着新材料、新技术的发展，将逐步采用低毒性、低挥发量的涂料。现行溶剂型涂料标准大多有固含量指标，本规范在考虑稀释和密度的因素后，换算成 VOC_S 指标，与有关标准一致，便于生产质量管理。有关内容见表 2。

室内溶剂涂料中苯含量指标按《涂装企业安全管理规则》GB 7691 规定的涂料中混入苯的数量不得超过 1%(V/V)，定为不大于 5g/kg。

表 2 溶剂型涂料固含量与 VOC_S 含量换算表

涂料种类	标准	固含量(%)	VOCs(g/L)
醇酸清漆	HG 2453—93	≥40	≤550
醇酸调和漆	HG 2455—93	≥50	≤550
醇酸磁漆	HG 2576—94	≥42	≤550
硝基清漆	HG 2592—94	≥30	≤750
聚氨酯漆	HG/T 3608—99	≥45	≤700
酚醛清漆	HG/T 2238—91	≥50	≤500
酚醛磁漆	HG/T 3349—87	≥64	≤380
酚醛防锈漆	ZBG 51005—87	≥77	≤270
其他溶剂型涂料	……	……	≤600

3.3.3 聚氨酯漆中含有毒性较大的甲苯二异氰酸酯(TDI)，本规范参考《聚酯聚氨酯木器漆》HG/T 3608—1999 一等品固化剂中游离 TDI 含量不大于 2.0%的规定，规定聚酯聚氨酯漆在产品规定的最小稀释比例下游离 TDI 含量应不大于 7g/kg。试验方法按国家标准《气相色谱测定氨基甲酸酯预聚物和涂料溶液中未反应的甲苯二异氰酸酯(TDI)单体》GB/T 18446—2001 进行。

3.5 水性处理剂

3.5.1、3.5.2 水性阻燃剂主要有溴系有机化合物织物阻燃整理剂(含固量不小于 55%)、聚磷酸铵阻燃剂和氨基树脂木材防火浸渍剂等，其中氨基树脂木材防火浸渍剂含有大量甲醛和氨水，不适合室内用。防水剂、防腐朽剂、防虫剂等处理中也有可能出现甲醛过量的情况，要对室内用水性处理剂加以控制。由于水性处理剂与水性涂料接近，故 VOC_S 指标也为不大于 200g/L，游离甲醛含量定为不大于 0.5g/kg。测定方法与水性涂料相同。

4 工程勘察设计

4.1 一般规定

4.1.1 "国家氡监测与防治领导小组"的调查和国内外进行的住宅内氡浓度水平调查结果表明：建筑物室内氡主要源于地下土壤、岩石和建筑材料，有地质构造断层的区域也会出现土壤氡浓度高的情况，因此，民用建筑在设计前应了解土壤氡水平。通过工程开始前的调查，可以知道建筑工程所在城市区域是否已进行过土壤氡测定，及测定的结果如何。目前已初步完成了全国 18 个城市的土壤氡浓度测定，并算出了土壤氡浓度平均值。其他绝大多数城市未进行过土壤氡测定，当地的土壤氡实际情况不清楚，因此，工程设计勘察阶段应进行土壤氡现场测定。

4.1.2 本规范中对不同类型的民用建筑物，所选用的建筑材料及装修材料有不同规定，因此，在此强调。

4.2 工程地点土壤中氡浓度调查及防氡

4.2.1 目前我国尚未在全国范围内进行地表土壤中氡水平的普查。据部分地区的调查报告称，不同地方的地表土壤氡水平相差悬殊。就同一个城市而言，在有地下地质构造断层的区域，其地表土壤氡水平往往要比非地质构造断层的区域高出几倍，因此，设计前的工程地质勘察报告，应提供工程地点的地质构造断裂情况资料。

全国国土面积内 25km×25km 网格布点的土壤天然放射性本底调查工作(其中包括土壤天然放射性本底数值)，已于 20 世纪 80 年代末完成(该项工作由国家环保局组织)，数据较为齐全，相当一部分城市已做到 2km×2km 网格布点取样，并建有数据库，这些数据可以作为区域性土壤天然放射性背景资料。

4.2.2～4.2.8 2003 年至 2004 年建设部出面组织了全国土壤氡概况调查，利用国内几十年积累的放射性航空遥测资料，进行了约 500 万平方公里的国土面积的土壤氡浓度推算，得出全国土壤氡浓度的平均值为 $7300Bq/m^3$。并粗略推算出了全国 144 个重点城市的平均土壤氡浓度(注：由于多方面原因，这些推算结果不可作为工程勘察设计阶段，在决定是否进行工地土壤氡浓度测定时，判定该城市土壤氡浓度平均值的依据)，首次编制了中国土壤氡浓度背景概略图(1∶800 万)。与此同时，在统一方案下，运用了多种检测方法，严格质量保证措施，开展了 18 个城市的土壤氡实地调查(连同过去的共 20 个城市)，所取得的数据具有较高的可信度，并与航测研究结果进行了比较研究，两方面结果大体一致。全国土壤氡水平调查结果表明，大于 $10000Bq/m^3$ 的城市约占被调查城市总数的 20%。

民用建筑工程在工程勘察设计阶段可根据建筑工程所在城市区域土壤氡调查资料，结合本规范的要求，确定是否采取防氡措施。当地土壤氡浓度实测平均值较低(不大于 $10000Bq/m^3$)、且工程地点无地质断裂构造时，土壤氡对工程的影响不大，工程可不进行土壤氡浓度测定。当已知当地土壤氡浓度实测平均值较高(大于 $10000Bq/m^3$)或工程地点有地质断裂构造时，工程仍需要进行土壤氡浓度测定。土壤氡浓度不大于 $20000Bq/m^3$ 时或土壤表面氡析出率不大于 $0.05Bq/m^2 \cdot s$ 时，工程设计中可不采取防氡工程措施。

一般情况下，民用建筑工程地点的土壤氡测定目的在于发现土壤氡浓度的异常点。本规范中所提出的几个档次土壤氡浓度限量值($10000Bq/m^3$、$20000Bq/m^3$、$30000Bq/m^3$、$50000Bq/m^3$)考虑了以下因素：

1 从郑州市 1996 年所做的土壤氡调查中，发现土壤氡浓度达到 $15000Bq/m^3$ 上下时，该地点地面建筑物室内氡浓度接近国家标准限量值；土壤氡浓度达到 $25000Bq/m^3$ 上下时，该地点地面建筑物室内氡浓度明显超过国家标准限量值。我国部分地方的调查资料显示，当土壤氡浓度达到 $50000Bq/m^3$ 上下时，室内氡超标问题已经突出。从这些材料出发，考虑到不同防氡措施的不同难度，将采取不同防氡措施的土壤氡浓度极限值分别定在 $20000Bq/m^3$、$30000Bq/m^3$、$50000Bq/m^3$。

2 在一般数理统计中，可以认为偏离平均值($7300Bq/m^3$) 2 倍(即 $14600Bq/m^3$，取整数 $10000Bq/m^3$)为超常，3 倍(即 $21900Bq/m^3$，取整数 $20000Bq/m^3$)为更超常，作为确认土壤氡明显高出的临界点，符合数据处理的惯例。

3 参考了美国对土壤氡潜在危害性的分级：1 级为小于 $9250Bq/m^3$，2 级为 9250～$18500Bq/m^3$，3 级为 18500～$27750Bq/m^3$，4 级为大于 $27750Bq/m^3$。

4 参考了瑞典的经验：高于 $50000Bq/m^3$ 的地区定为"高危险地区"，并要求加厚加固混凝土地基和地基下通风结构。本规范将必须采取严格防氡措施的土壤氡浓度极限值定为 $50000Bq/m^3$。

5 参考了俄罗斯的经验：他们将 45 年内积累的 1 亿 8 千万个氡测量原始数据，以 $50000Bq/m^3$ 为基线，圈出全国氡危害草图。经比例尺逐步放大后发现，几乎所有大范围的室内高氡均落在 $50000Bq/m^3$ 等值线内，说明 $50000Bq/m^3$ 应是土壤(岩石)气氡可能造成室内超标氡的限量值。

大量资料表明，土壤氡来自土壤本身和深层的地质断裂构造两方面，因此，当土壤氡浓度高到一定程度时，须分清两者的作用大小，此时进行土壤天然放射性核素测定是必要的。对于Ⅰ类民用建筑工程而言，当土壤的放射性内照射指数（I_{Ra}）大于1.0或外照射指数（I_γ）大于1.3时，原土再作为回填土已不合适，也没有必要继续使用，而采取更换回填土的办法，简便易行，有利于降低工程成本。也就是说，Ⅰ类民用建筑工程要求采用放射性内照射指数（I_{Ra}）不大于1.0、外照射指数（I_γ）不大于1.3的土壤作为回填土使用。

土壤氡水平高时，为阻止氡气通道，可以采取多种工程措施，但比较起来，采取地下防水工程的处理方式最好，因为这样既可以防氡，又可以防止地下水，事半功倍，降低成本。况且，地下防水工程措施有成熟的经验，可以做得很好。只是土壤氡浓度特别高时，才要求采取综合的防氡工程措施。在实施防氡基础工程措施时，要加强土壤氡泄露监督，保证工程质量。

我国南方部分地区地下水位浅（特别是多雨季节）难以进行土壤氡浓度测量。有些地方土壤层很薄，基层全为石头，同样难以进行土壤氡浓度测量。这种情况下，可以使用测量氡析出率的办法了解地下氡的析出情况。实际上，对室内影响的大小决定于土壤氡的析出率。

我国目前缺少土壤表面氡析出率方面的深入研究，本规范中所列氡析出率方面的限量值及与土壤氡浓度值的对应关系均是粗略研究结果。待今后积累更多资料后，将进一步修改完善。

本规范第4.2.2条所说"区域性测定"，系指某城市、某开发区等城市区域性土壤氡水平实测调查，由于这项工作涉及建设、规划、国土等部门，是一项基础性科研工作，因此，宜专门立项，组织相关技术人员参加，最后调查成果应经过科技鉴定并发表，以保证其权威性。

本规范所说："民用建筑工程场地土壤氡测定"系指建筑物单体所在建筑场地的土壤氡浓度测定。

4.3 材料选择

4.3.1 按照本规范3.1.1条的规定，无论是Ⅰ类或Ⅱ类民用建筑工程，使用的无机非金属建筑主体材料均必须符合表3.1.1的要求。对Ⅰ类民用建筑工程严格要求是必要的，因此，Ⅰ类民用建筑只允许采用A类无机非金属建筑装修材料。

4.3.2 提倡Ⅱ类民用建筑也使用A类材料。当A类材料和B类材料混合使用时（实际中很可能发生），应按公式计算的B类材料用量掌握使用，不得超过，以便保证总体效果等同于全部使用A类材料。

4.3.3 Ⅰ类民用建筑室内装修工程中只能使用E_1级人造木板及饰面人造木板，否则室内甲醛浓度很难达到验收要求。

4.3.4 Ⅱ类民用建筑室内装修工程中提倡使用E_1级人造木板及饰面人造木板，当使用E_2级人造木板时，直接暴露于空气的部位要用涂饰等表面覆盖处理的方法进行处理，以减缓甲醛释放。

4.3.6 聚乙烯醇水玻璃内墙涂料、聚乙烯醇缩甲醛内墙涂料或以硝化纤维素为主的树脂，以二甲苯为主溶剂的O/W多彩内墙涂料，施工时挥发大量甲醛和苯等有害物，对室内环境造成严重污染。我国已将其列为淘汰产品，可以用低污染的水性内墙涂料替代。

4.3.7 聚乙烯醇缩甲醛胶粘剂甲醛含量较高，若用于粘贴壁纸等材料，释放出大量的甲醛迟迟不能散尽，市场上已经有低污染的胶可以替代。

4.3.8 粘合木结构所采用的胶粘剂可能会释放出甲醛，游离甲醛释放量应不大于$0.12mg/m^3$，其测定方法应按本规范附录A环境测试舱法进行测定。

4.3.9 壁布、帷幕等经粘合、定形、阻燃处理后，可能会释放出甲醛，游离甲醛释放量应不大于$0.12mg/m^3$，其测定方法应按本规范附录A环境测试舱法进行测定。

4.3.10 沥青类防腐、防潮处理剂会持续释放出污染严重的有害气体，故严禁用于室内木地板及其他木质材料的处理。

4.3.11 混凝土外加剂中的防冻剂采用能挥发氨气的氨水、尿素、硝铵等之后，建筑物内氨气严重污染的情况将会发生，有关部门已规定不允许使用这类防冻剂。但同样可能释放出氨气的织物和木材用阻燃剂却未引起大家足够重视，随着室内建筑装修防火水平的提高，有必要预防可能出现的室内阻燃剂挥发氨气造成的污染。

在市场调查中发现，许多混凝土外加剂（减水剂）的主要成分是芳香族磺酸盐与甲醛的缩合物，若合成工艺控制不当，产品很容易大量释放甲醛，造成室内空气中甲醛的污染。因此，能释放甲醛的混凝土外加剂（减水剂）应对其游离甲醛含量进行控制。

4.3.12、4.3.13 溶剂型胶粘剂粘贴塑料地板时，胶粘剂中的有机溶剂会被封在塑料地板与楼（地）面之间，有害气体迟迟散发不尽。Ⅰ类民用建筑工程室内地面承受负荷不大，粘贴塑料地板时可选用水性胶粘剂。Ⅱ类民用建筑工程中地下室及不与室外直接自然通风的房间，难以排放溶剂型胶粘剂中的有害溶剂，故在能保证塑料地板粘结强度的条件下，尽可能采用水性胶粘剂。

4.3.14 脲醛树脂泡沫塑料价格低廉，但作为室内保温、隔热、吸声材料时会持续释放出甲醛气体，故应尽量采用其他类型的材料。

5 工程施工

5.1 一般规定

5.1.4 民用建筑工程室内装修多次重复使用同一设计，为避免由于设计不适当造成大批量装修工程超标，宜先做样板间，并对其室内环境污染物浓度进行检测。

5.2 材料进场检验

5.2.2 目前，从全国调查的情况看，天然花岗岩石材的放射性含量较高，并且不同产地、不同花色的产品放射性含量各不相同，因此，民用建筑工程室内饰面采用的天然花岗岩石材，应对放射性指标加强监督，当同种材料使用总面积大于$200m^2$时，应进行复检。

5.2.3、5.2.4 每种人造木板及饰面人造木板均应有能代表该批产品甲醛释放量的检验报告。当同种板材使用总面积大于$500m^2$时，应进行复检。具体复检用样品数量，由检测方法的需要决定。

5.2.6 建筑材料或装修材料的环境检验报告中项目不全或有疑问时，应送有资质的检测机构进行检验，检验合格后方可使用。

5.3 施工要求

5.3.1 地下工程的变形缝、施工缝、穿墙管（盒）、埋设件、预留孔洞等特殊部位是氡气进入室内的通道，因此严格要求。

5.3.2 当异地土壤的内照射指数（I_{Ra}）不大于1.0，外照射指数（I_γ）不大于1.3时，可以使用。此种回填土指标虽比A类建筑材料有所放松，但毕竟是天然的土壤，因此，回填土指标未按A类材料标准严格要求。

5.3.3 民用建筑室内装修工程中采用稀释剂和溶剂按国家标准《涂装作业安全规程》GB 7691第2.1节的规定"禁止使用含苯（包括工业苯、石油苯、重质苯，不包括甲苯、二甲苯）的涂料、稀释剂和溶剂。"混苯中含有大量苯，故也严禁使用。

5.3.4 本条根据国家标准《涂装作业安全规程：涂漆前处理工艺安全及其通风净化》GB 7692—1999第5.2.8条"涂漆前处理作业中严禁使用苯"和第5.2.9条"大面积除油和清除旧漆作业中，禁止使用甲苯、二甲苯和汽油"制定。

5.3.5、5.3.6 涂料、胶粘剂、处理剂、稀释剂和溶剂使用后及时封闭存放，不但可以减轻有害气体对室内环境的污染，而且可以保证材料的品质。使用剩余的废料及时清出室内，不在室内用溶剂清洗施工用具，是施工人员必须具备的保护室内环境起码的素质。

5.3.7 采暖地区的民用建筑工程在采暖期施工时，难以保证通风换气，不利于室内有害气体的向外排放，对邻居或同楼的用户污染危害大，也危害施工人员的健康，因此，以避开采暖期施工为好。

5.3.8 民用建筑室内装修工程进行饰面人造木板拼接施工时，为防止 E_1 级以外的芯板向外释放过量甲醛，要对断面及边缘进行封闭处理，防止甲醛释放量大的芯板污染室内环境。

6 验　　收

6.0.1 因油漆的保养期一般为 7d，所以强调在工程完工至少 7d 以后，对室内环境质量进行验收。

6.0.4 表中室内环境指标（除氡外）均为在扣除室外空气空白值的基础上制定的，是工程建设阶段能够实实在在有效控制的范围，室外空气污染程度不是工程建设单位能够控制的。扣除室外空气空白值可以突出控制建筑材料和装修材料所产生的污染。室外空气空白样品的采集应注意选择在上风向，并与室内样品同步采集。

表 6.0.4 中的氡浓度，系指现场检测的实测氡浓度值，不再进行平衡氡子体换算，与国际接轨。

Ⅰ类民用建筑工程室内氡指标根据国家标准《住房内氡浓度控制标准》GB/T 16146—1995 实测值定为不大于 200Bq/m³；Ⅱ类民用建筑工程室内氡指标是参考国家标准《住房内氡浓度控制标准》GB/T 16146—1995，并参考国家标准《人防工程平时使用环境卫生标准》GB/T 17216—1998 确定的，实测值不大于400Bq/m³。以往《住房内氡浓度控制标准》等均采用实测氡浓度后，再换算成平衡氡子体浓度，再进行评价的做法，这样做需进行平衡因子换算。根据联合国原子辐射效应科学委员会 1994 年出版的报告《电离辐射辐射源与生物效应报告》（UNSCEAR1994REPORT）介绍，在正常通风使用情况下，室内空气中氡平衡因子的平均值一般不会超过 0.5，因此，在计算室内平衡等效氡浓度时，平衡因子一般选取 0.5。在本标准中，不再进行平衡因子换算，而是用氡浓度的实测值作为标准值进行评价。

Ⅰ类民用建筑工程室内甲醛浓度指标，系根据国家标准《居室空气中甲醛的卫生标准》GB/T 16127—1995 的确定值，定为不大于 0.08mg/m³；Ⅱ类民用建筑工程室内甲醛浓度指标，系根据国家有关公共场所卫生标准，如 GB 9663～9673—1996、GB 16153—1996 和国家标准《人防工程平时使用环境卫生标准》GB/T 17216—1998 的确定值，定为不大于 0.12mg/m³。

由于民用建筑工程禁止在室内使用以苯为溶剂的涂料、胶粘剂、处理剂、稀释剂及溶剂，因此，室内空气中苯污染将得到相应控制。空气中苯污染现场测试结果在扣除室外本底值后，限值定为不大于 0.09mg/m³。室内空气中苯的测定方法按国家标准《居住区大气中苯、甲苯和二甲苯卫生检验方法——气相色谱法》GB 11737—89进行。

Ⅰ类民用建筑工程室内氨指标，系根据《工业企业设计卫生标准》TJ 36—79 和现场测试结果定为不大于 0.2mg/m³；Ⅱ类民用建筑工程室内氨指标根据《理发店、美容店卫生标准》GB 9666—1996 的限值，定为不大于0.5mg/m³。

Ⅱ类民用建筑工程室内总挥发性有机化合物（TVOC）指标取自香港公共场所规定的不大于 0.6mg/m³。Ⅰ类定为不大于 0.5mg/m³。

6.0.5 对于民用建筑工程的验收检测来说，目的在于发现室内氡浓度的异常值，即发现是否有超标情况，因此，当发现检测值接近或超过国家规定的限量值时，有必要进一步确认，以便准确的作出结论。例如，在实际验收检测工作中，出于方法灵敏度原因，《环境空气中氡的标准测量方法》GB/T 14582—93 要求，径迹刻蚀法的布放时间应不少于 30d，活性炭盒法的样品布放时间 3～7d，并应进行湿度修正等。对于使用连续氡检测仪的情况，在被测房间对外门窗已关闭 24h 后，取样检测时间保证大于仪器的读数响应时间是需要的（一般连续氡检测仪的读数响应时间在 45min 左右）。如发现检测值接近或超过国家规定的限量值时，为进一步确认，保证测量结果的不确定度不大于 25%，检测时间可根据情况延长，例如，设定为断续或连续 24h、48h 或更长。其他瞬时检测方法（如闪烁瓶法、双滤膜法、气球法等）在进行确认时，检测时间也可根据情况设定为断续 24h、48h 或更长。人员进出房间取样时，开关门的时间要尽可能短，取样点离开门窗的距离要适当远一点。

6.0.7 本规范要求，民用建筑工程室内空气中甲醛检测，也可采用现场检测方法，测量结果在 0～0.60mg/m³ 测量范围内的不确定度应小于或等于 25%。这里所说的“不确定度应小于或等于 25%”指仪器的测定值与标准值（标准气体定值或标准方法测定值）相比较，总不确定度≤25%。

6.0.8 参照国家标准 GB/T 11737—89《居住区大气中苯、甲苯和二甲苯卫生检验标准方法　气相色谱法》，并进行了改进，设立附录 B。

6.0.11、6.0.12 民用建筑工程及装修工程现场检测点的数量、位置，应参照《环境空气中氡的标准测量方法》GB/T 14582—1993 中附录 A“室内标准采样条件”和《公共场所监测技术规范》GB 17220—1998，并结合建筑工程特点确定。条文中的房间指“自然间”，在概念上可以理解为建筑物内形成的独立封闭、使用中人们会在其中停留的空间单元。计算抽检房间数量时，一般住宅建筑的有门卧室、用门厨房、有门卫生间及厅等均可理解为“自然间”，作为基数参与抽检比例计算。条文中“抽检有代表性的房间”指不同的楼层和不同的房间类型（如住宅中的卧室、厅、厨房、卫生间等）。对于室内氡浓度测量来说，考虑到土壤氡对建筑物低层室内产生的影响较大，因此，一般情况下，建筑物的低层应增加抽检数量，向上可以减少。按照本规范 1.0.2 条，在计算抽检房间数量时，底层停车场不列入范围。

6.0.13 本规范修改前，房间使用面积大于 100m² 时，笼统要求设 3～5 个测量点，可操作性差。随着房间面积增加，测量点数适当增加是必要的，但不宜无限增加，据此对条文进行了修改，增加了可操作性。

6.0.16 室内通风换气是建筑正常使用的必要条件，欧洲、美国标准和本规范均规定模拟室内环境测试舱测定人造木板等挥发有机化合物时标准舱内换气次数为 1.0 次/h，国家行业标准《夏热冬冷地区居住建筑节能设计规范》JGJ 134—2001 规定居住建筑冬季采暖和夏季空调室内换气次数为 1.0 次/h，并以此来设计确定室内温度和其他指标。由于采用自然通风换气的民用建筑工程受门窗开闭大小、天气等影响变化很大，换气率难以确定，因此本规范规定将充分换气的敞开门窗关闭 1h 后进行检测，1h 甲醛等挥发性有机化合物的累积浓度接近每小时换气 1 次的平衡浓度，而且在关闭门窗的条件下检测可避免室外环境变化的影响。采用集中空调的民用建筑工程，其通风换气设计有相应的规定，通风换气在空调正常运转的条件下才能实现，在此平衡条件下检测，才能得到真实的室内氡浓度及甲醛等挥发性有机化合物浓度的数据。

门窗的关闭指自然关闭状态，不是指刻意采取的严格密封措施。当发生争议时，对外门窗关闭时间以 1h 为准。在对甲醛、氨、苯、TVOC 取样检测时，装饰装修工程中完成的固定式家具（如固定壁柜、台、床等），应保持正常使用状态（如家具门正常关闭等）。

6.0.17 采用自然通风换气的民用建筑工程室内进行氡浓度检测时，不能采用甲醛等挥发性有机化合物检测时门窗关闭 1h 后进行检测的方法，原因是氡浓度在室内累积过程较慢，且氡释放到室内空气中之后一部分会衰减，因此，条文规定应在房间的对外门窗关闭 24h 以后进行检测。

6.0.18 “当室内环境污染物浓度的全部检测结果符合本规范的

规定时，可判定该工程室内环境质量合格”，系指各种污染物检测结果要全部符合本规范的规定，各房间检测点检测值的平均值也要全部符合本规范的规定，否则，不能判定为室内环境质量合格。

6.0.19 在进行工程竣工验收时，一次检测不合格的，可再次进行抽样检测，但检测数量要加倍。

附录A 环境测试舱法测定材料中游离甲醛释放量

环境测试舱法测试板材游离甲醛释放量，舱容积可以有大有小。从理论上讲，容积小于 $1m^3$ 的测试舱也可以使用，但考虑到测试舱进行测试的具体条件，即小舱使用的板材量太少，代表性差，所以，本附录A中规定的舱容积为 $1\sim40m^3$，最好使用大舱。欧盟国家称 $12m^3$ 以上容积的舱为大舱，美国称 $5m^3$ 以上为大舱。

正常情况下，板材释放游离甲醛的数量随时间呈指数衰减趋势，开始时释放量较大，后逐渐减少。因此，理论上讲，在有限的测试时间内，板材中的游离甲醛不可能达到平衡释放。实际上，从工程实践角度看，相邻几天内甲醛释放量相差不大时，即可认为已进入平衡释放状态，这样做，对室内环境污染评价影响不大。这就是文中所规定的，连续2d测试，浓度下降不大于5%时，可认为达到了平衡状态。

如果测试进行28d仍然达不到平衡，继续测试下去所用的时间太长，因此，不必继续进行测试，此时，严格来讲，可通过公式计算确定甲醛平衡释放量。在欧盟标准中，列出了所使用的计算公式 $C=A/(1+Bt^{D})$，式中，A、B、D 均为正的常数。C 是实测值，不同板材的 A 值不同。经验表明，B 值取0.1，D 值取0.5，较为合适。这样取值后，给 A 值带来的误差在20%以内。虽然作此简化，计算甲醛平衡释放浓度值仍然比较麻烦，因为要使用最小二乘法进行反复计算。因此，为进一步简化起见，在本规范附录A中，未再提出进行公式计算的要求，仅以第28d的测试结果作为最后的平衡测试值。

附录B 室内空气中苯的测定

本附录参考了GB/T 11737—89《居住区大气中苯、甲苯和二甲苯卫生检验标准方法 气相色谱法》，但有所修改：

1 可以使用毛细柱或填充柱。

2 可以热解吸后手工进样或热解吸后直接进样。与热解吸后手工进样的气相色谱法和二硫化碳提取气相色谱法相比，直接进样简化了操作步骤，降低了系统误差，大大提高了方法的灵敏度，同时可以减少操作过程中空气污染对实验人员的危害。

3 所做标准曲线（标准系列）所涵盖的苯浓度范围适中（标准曲线范围相当于取样10L所对应的空气中苯浓度范围：$0.01\sim0.20mg/m^3$，“规范”规定的空气中苯浓度限量为 $0.09mg/m^3$）。

附录C 溶剂型涂料、溶剂型胶粘剂中挥发性有机化合物（VOC_S）、苯含量测定

C.1 溶剂型涂料、溶剂型胶粘剂中挥发性有机化合物（VOC_S）含量测定

本附录参考了ISO 11890—1《Paints and varnishes-Determination of volatile organic compound（VOC）content-Part 1：Difference method》的原理及方法。

原理是：当样品准备后，先测定不挥发物质含量及密度，再通过公式计算出样品中 VOC_S 的含量。

不挥发物质含量测定，采用了国家标准《色漆和清漆挥发物和不挥发物的测定》GB/T 6751—86，该标准所采用方法与ISO 11890—1所推荐的方法相一致。

密度测定采用国家标准《色漆和清漆——密度的测定》GB 6750—86，与ISO 11890—1推荐的方法相一致。

C.2 溶剂型涂料、溶剂型胶粘剂中苯含量测定

溶剂型涂料、溶剂型胶粘剂中苯含量测定采用顶空气相色谱法，此法样品前处理简便易行。

附录D 土壤中氡浓度及土壤表面氡析出率测定

本附录参照了原核工业部地质探矿时的有关规定。

通过测量土壤中的氡气探知地下矿床，是一种经典的探矿方法。土壤中氡测量仪器，需在野外作业，对温湿度环境条件要求较高。

由于土壤中氡含量一般较高，数量级一般在数千 Bq/m^3 水平，因此，对仪器灵敏度不必提出过高要求（实际上不大于 $400Bq/m^3$ 的灵敏度已经够了）。

取样器深入建筑场地地表土壤的深度太深，将加大测试工作的难度，也不太必要；太浅，土壤中氡含量易受大气环境影响，不足以反映深部情况。参照地质探矿的经验，一般情况下，取500～800mm较为适宜。考虑到采样气体体积的需要，采样孔径的直径也不宜太大，以20～40mm较为适宜。

土壤表面氡析出率的测定方法，通常采用聚集罩积累被测介质析出的氡，然后进行氡浓度测量。将聚集罩罩在地面上，土壤中析出的氡即在罩内积累，氡的半衰期较长（3.82d），在数小时内氡的衰减量很少，因而在较短的时间段内，罩内氡积累量与时间成正比。

氡积累的时间段内的任意两个时刻测定罩内的氡量（即氡析出量），可用下述公式计算：

$$R=\frac{(N_{t2}-N_{t1})}{A\cdot\Delta t}\times V \qquad (1)$$

式中 R——氡析出率（$Bq/m^2\cdot s$）；

N_{t1}、N_{t2}——分别为 t_1、t_2 时刻测得的罩内氡浓度（Bq/m^3）；

V——聚集罩与介质表面所围住的空气体积（m^3）；

A——聚集罩所罩住的介质表面的面积（m^2）；

Δt——两个测量时刻之间的时间间隔，即 t_2-t_1（s）。

对土壤表面氡析出率测量来说，在聚集罩开始罩着被测地面时，罩内空气的氡浓度可忽略不计（可视为零），这是因为野外空气中的氡浓度一般为几个 Bq/m^3，因此，可以将上面的公式中的 N_{t1} 设为零，不会给测量结果带来明显影响。

这样，公式可简化为：

$$R=\frac{N_{t2}}{A\cdot\Delta t}\times V \qquad (2)$$

关于本规范中提出的氡析出率限值（即 $0.05Bq/m^2\cdot s$、$0.1Bq/m^2\cdot s$、$0.3Bq/m^2\cdot s$ 等），主要基于以下因素和推算：

1 根据有关资料，不同土壤的地表氡析出率平均值约为 $0.016Bq/m^2\cdot s$，它是地面以上空气中氡的来源。

2 100m以下的低空空气中的氡浓度变化范围在 $1\sim10Bq/m^3$ 之间，约为 $6Bq/m^3$ 左右。

3 在建筑物中，土壤的地表析出的氡主要影响建筑物内的低层（如1、2、3楼，即10m以下）。

据此可以估计出，在无建筑物地基阻挡的情况下，当土壤表面氡析出率为 $0.016Bq/m^2\cdot s$ 时，室内氡浓度可能达到 $60Bq/m^3$。

本规范对Ⅰ类民用建筑工程规定的室内氡浓度限量为

200Bq/m^3，也就是说，当土壤表面氡析出率大于0.05Bq/m^2·s时（即0.016Bq/m^2·s的3倍以上），可能发生室内氡超标。

其他土壤表面氡析出率限量值（0.1Bq/m^2·s、0.3Bq/m^2·s）基本参照土壤氡浓度限量值，成比例扩大。

附录E 室内空气中总挥发性有机化合物（TVOC）的测定

本附录参考了ISO 16017－1《Indoor, ambient and workplace air-Sampling and analysis of volatile organic compounds by sorbent tube / thermal desorption / capillary gas chromatography-Part 1: Pumped sampling》的原理和方法，还参考了ISO 16000-6:2004《Indoor air—Part 6: Determination of volatile organic compounds in indoor and test chamber air by active sampling on Tenax TA ® sorbent, thermal desorption and gas chromatography using MS/FID》的原理和方法，并结合了几年来开展TVOC检测的实际情况。

在E.0.3中明确对Tenax-TA吸附剂用量、颗粒粗细及活化吸附管的具体要求，以保证吸附剂本身对空气中TVOC的吸附能力的一致性，提高检测结果的准确度。考虑到空气中挥发性有机化合物品种繁多，不可能一一定性，在国内调查资料的基础上，仅就目前我国建筑材料和装修材料中时常出现的部分有机化合物作为应识别组分（其他未识别组分均以甲苯计），我们选择了标准品的苯、甲苯、对（间）二甲苯、邻二甲苯、苯乙烯、乙苯、乙酸丁酯、十一烷作为计量溯源依据。

在E.0.6中引入了热解吸直接进样的气相色谱法（方法一），与热解吸后手工进样的气相色谱法（方法二）相比，简化了操作步骤，降低了系统误差，大大提高了方法的灵敏度。

中华人民共和国国家标准

住宅建筑室内振动限值及其测量方法标准

GB/T 50355—2005

条 文 说 明

目　次

1 总　　则

1.0.1 我国颁布的《城市区域环境振动标准》GB 10070－1988与《城市区域环境振动测量方法》GB 10071－1988，从环境保护的角度，规定了位于住宅建筑物外部各种振动源（如机械设备、公路交通、铁路交通以及施工现场等）对住宅建筑物的容许振动限值标准。

本标准则规定了安装在住宅建筑物内部的各种振动源（如电梯、水泵、风机等）对住宅建筑内部的容许振动限值标准，以确保居住者有一个良好而又必备的居住条件。同时，本标准也为住宅建筑内各种振动源的振动控制提供了可靠的依据。

1.0.2 国际标准化组织（ISO）以及欧美国家，均开展了建筑物振动对人们工作、学习与生活影响方面的研究工作，并已编制出如《建筑物中的连续和冲击振动（1～80Hz）》（ISO 2631）；《建筑物中的振动评价》（ANSI S3.29）；《建筑物内的振动：对人的影响评价》（DIN 4150/2）等有关的评价标准与相应的测试方法。由于住宅建筑是人们生活、学习与休息的主要场所，本标准仅限于住宅建筑（含商住楼），适用于住宅建筑室内振动的评价和测量。

1.0.3 目前国内外表征振动对人体影响的主要物理量为加速度。为测量与表示方便，一般采用加速度级 L_a 来表示其大小，基准加速度值定为 $10^{-6}\,m/s^2$（见《声学量的级及其基准值》GB 3238－82）。

1.0.4 根据《人体全身振动暴露的舒适性降低界限和评价准则》GB/T 13442－92有关条款，振动对人体影响（属于全身振动范畴）的主要频率范围在1～80Hz，其间以1/3倍频程来划分。

振动的重要特征之一就是有方向之别，我国城市区域环境振动标准中采用以大地作为参考坐标，并以铅垂向为主要方向。其主要依据是，通过对我国城市环境振动普查结果的分析，表明铅垂方向的环境振动是影响居民日常生活的主要因素。我们考虑到居民日常起居生活主要是在住宅建筑室内地面（楼面）上，其振动方向特征与环境振动中相似，为简化标准和测量方法，从室内振动的实际影响出发，并保持与相关国家标准的一致性，本标准在住宅建筑室内采用以铅垂方向作为振动的测量方向。

1.0.5 规定此条，是为了与《城市区域环境振动标准》等国家现行有关标准协调。

本标准采用的分频多值评价量（L_a）与《城市区域环境振动标准》所采用的单值计权评价量（铅垂向Z振级，VL_Z）之间可按下式换算：

$$VL_Z = 10\lg\Big[\sum_{i=1}^{20} 10^{(L_{a,i}-W_i)/10}\Big] \quad (dB)$$

式中 $L_{a,i}$ 是第 i 个中心频率上所测得的振动加速度级（dB）；W_i 是该频率上Z方向的计权因子（dB）。其数值如下表所示：

序号(i)	1	2	3	4	5	6	7	8	9	10
1/3倍频程中心频率(Hz)	1	1.25	1.6	2	2.5	3.15	4	5	6.3	8
计权因子(W_i)(dB)	6	5	4	3	2	1	0	0	0	0
序号(i)	11	12	13	14	15	16	17	18	19	20
1/3倍频程中心频率(Hz)	10	12.5	16	20	25	31.5	40	50	63	80
计权因子(W_i)(dB)	2	4	6	8	10	12	14	16	18	20

2 术　　语

2.0.1 振动加速度级 L_a 的定义。

2.0.2 对铅垂向振动加速度级的具体解释。

3 住宅建筑室内振动限值

3.0.1 我们在确定住宅建筑（包括商住楼）室内振动标准限值时，主要是以住宅室内振动对人居环境的影响为前提，采用的振动频率为1～80Hz，其中心频率以1/3倍频程来划分，2003年ISO 2631/2对频率计权因子作了一些调整，并希望各国提供相关的数据，以继续积累研究资料。但我国有关人体振动感受的基础性标准（如GB/T 13442－92；GB 10070－88等）并未修改。因此，本标准中1～80Hz各中心频率上的计权因子仍采用GB/T 13442－92《人体全身振动暴露的舒适性降低界限和评价准则》中所规定的Z向频率计权因子。由于人对振动的容忍值的变化范围较大，在确定该数值时，还必须考虑社会、文化和心理状态等诸因素。限制住宅建筑外部环境振动的《城市区域环境振动标准》GB 10070－88中的振动限值比某些国家的标准，在4～8Hz的敏感频率范围内，要严10dB左右。由于《城市区域环境振动标准》GB 10070－88系通过采取客观测量与主观反应相结合的方法来确定的，即对我国五个典型城市的区域环境振动状况作广泛调查后，以克拉夫科夫分析方法结果为依据，并以S形曲线分析方法结果为参考，进行常规环境物理参数分析而得出的结论，因此其标准限值具有较好的科学性，比较符合我国的实际情况。

虽然本标准只是限制住宅建筑内部振动源的干扰，但人们对振动的主观感受反应应该是相同的。因此本标准在4～8Hz的敏感频率范围内，不同类别住宅建筑室内的振动限值，采用了《城市区域环境振动标准》GB 10070－88中相关区域室外铅垂向Z振级的限值。而在其他非敏感频率的限值，则仍按ISO

2631/2 的基本曲线中所规定的 Z 计权曲线增减。这也符合相关国标之间应满足一致性的要求。

在编制中，我们在北京、上海等城市，有选择地对一些住宅建筑（重点为多层与高层住宅）的内部振动源所引起的室内振动现状作了实地测量与调研。结果表明，由于住宅建筑内部振动源的种类与数量均较少，室内地面（楼面）振动频谱多呈窄带型，最大振动加速度往往在住宅地面（楼面）的谐振频率范围内。这与欧美有关标准中的相关论点是一致的。此外，实测表明，在谐振频率或振动敏感频率上，大多数住宅建筑室内地面（楼面）的振动加速度级低于表 3.0.1 中相应的限值。对少数局部超标值，只要设计者对振源（如电梯、水泵等）的安装加以隔振控制，从技术上，达标是可能的；而经济上，为隔振控制所增加的费用通常低于一般噪声控制的费用。这些为本标准执行的可行性，提供了可靠的依据。

3.0.2 由于住宅建筑类型较多，如单纯住宅楼；底层为商用的住宅楼等，其居住条件和要求也有所不同。为确保居住者有较好的居住环境，本标准中将限值定为两级，1 级为适宜达到的限值；2 级为在任何条件下都不得超过的限值。

3.0.3 规定了昼夜时间适用的范围。由于地区差别、季节变化等特殊情况，昼夜时间适用范围也可按当地人民政府的规定而划分。

4 测量方法

4.1 测量仪器

4.1.1 规定了测量住宅建筑室内振动的仪器，只要符合现行国家标准《城市区域环境振动测量方法》GB 10071 和《声和振动分析用 1/1 和 1/3 倍频程滤波器》GB 3241 中规定的测量仪器有关技术性能（与 ISO8041 规定的有关技术性能相同），如具备在 1～80Hz 的频率范围内，可测量 1/3 倍频程振动加速度级的频率分析的测振仪器系统、磁带测量记录仪等，均可选用。

4.1.2 为确保测量的可靠、准确和数据的统一性，测量系统必须定期检定。

4.2 测量量

4.2.1 参见第 1.0.3 条条文说明。

4.3 测量位置及拾振器的安置

4.3.1 规定了选择测点的方法。在住宅建筑中振动敏感处一般均在室内地面中央，但也有可能出现例外，因此不规定一定置于室内地面中央，也可置于室内振动敏感处。

4.3.2 对拾振器安置的规定。要求它平稳地安放在测点，并避免置于如地毯等之类的松软地面上，以减少不必要的测量误差。

4.3.3 规定拾振器灵敏度主轴方向应与铅垂方向一致，主要是为了避免拾振器安置位置方向与测量方向不一致而可能引起的误差。

4.4 测量条件

4.4.1 规定测量时仪器的动态特性、采样时间间隔和测量平均时间，是为避免测量时可能产生的误差。

4.4.2 避免足以影响住宅建筑室内振动测量准确的振源工作状态和其他环境因素，如室外振动、室内走动和敲击等引起的人为振动，可以减少测量误差；测量时保持住宅建筑物内部的振源处于正常工作状态，是为了真实地反映当时、当地的振动实际情况。

7

建筑节能

中华人民共和国国家标准

绿色建筑评价标准

GB/T 50378—2006

条 文 说 明

目　次

1 总 则

1.0.1 建筑活动是人类对自然资源、环境影响最大的活动之一。我国正处于经济快速发展阶段，年建筑量世界排名第一，资源消耗总量逐年迅速增长。因此，必须牢固树立和认真落实科学发展观，坚持可持续发展理念，大力发展绿色建筑。发展绿色建筑应贯彻执行节约资源和保护环境的国家技术经济政策。制定本标准的目的是规范绿色建筑的评价，推动绿色建筑的发展。

1.0.2 不同类型的建筑因使用功能的不同，其消耗资源和影响环境的情况存在较大差异。本标准考虑到我国目前建设市场的情况，侧重评价总量大的住宅建筑和公共建筑中消耗能源资源较多的办公建筑、商场建筑、旅馆建筑。其他建筑的评价可参考本标准。

1.0.3 建筑从最初的规划设计到随后的施工、运营及最终的拆除，形成一个全寿命周期。关注建筑的全寿命周期，意味着不仅在规划设计阶段充分考虑并利用环境因素，而且确保施工过程中对环境的影响最低，运营阶段能为人们提供健康、舒适、低耗、无害的活动空间，拆除后又对环境危害降到最低。绿色建筑要求在建筑全寿命周期内，最大限度地节能、节地、节水、节材与保护环境，同时满足建筑功能。这几者有时是彼此矛盾的，如为片面追求小区景观而过多地用水，为达到节能单项指标而过多地消耗材料，这些都是不符合绿色建筑要求的；而降低建筑的功能要求、降低适用性，虽然消耗资源少，也不是绿色建筑所提倡的。节能、节地、节水、节材、保护环境五者之间的矛盾必须放在建筑全寿命周期内统筹考虑与正确处理，同时还应重视信息技术、智能技术和绿色建筑的新技术、新产品、新材料与新工艺的应用。

1.0.4 我国不同地区的气候、地理环境、自然资源、经济发展与社会习俗等都有着很大的差异，评价绿色建筑时，应注重地域性，因地制宜、实事求是，充分考虑建筑所在地域的气候、资源、自然环境、经济、文化等特点。

1.0.5 符合国家的法律法规与相关的标准是参与绿色建筑评价的前提条件。本标准未全部涵盖通常建筑物所应有的功能和性能要求，而是着重评价与绿色建筑性能相关的内容，主要包括节能、节地、节水、节材与保护环境等方面。因此建筑的基本要求，如结构安全、防火安全等要求不列入本标准。发展绿色建筑，建设节约型社会，必须倡导城乡统筹、循环经济的理念，全社会参与，挖掘建筑节能、节地、节水、节材的潜力。注重经济性，从建筑的全寿命周期核算效益和成本，顺应市场发展需求及地方经济状况，提倡朴实简约，反对浮华铺张，实现经济效益、社会效益和环境效益的统一。

3 基本规定

3.1 基本要求

3.1.2 本标准适用于对既有住宅建筑和公共建筑中的办公建筑、商场建筑和旅馆建筑的评价。对新建、扩建与改建的住宅建筑和公共建筑中的办公建筑、商场建筑和旅馆建筑的评价，应在交付业主使用一年后进行。

3.1.3 绿色建筑是在全寿命周期内兼顾资源节约与环境保护的建筑，而单项技术的过度采用虽可提高某一方面的性能，但很可能造成新的浪费，为此，需从建筑全寿命周期的各个阶段综合评估建筑规模、建筑技术与投资之间的互相影响，以节约资源和保护环境为主要目标，综合考虑安全、耐久、经济、美观等因素，比较、确定最优的技术、材料和设备。

3.1.4 绿色建筑的建设应对规划、设计、施工与竣工阶段进行过程控制。各责任方应按本标准评价指标的要求，制定目标、明确责任、进行过程控制，并最终形成规划、设计、施工与竣工阶段的过程控制报告。申请评价方应按绿色建筑评价机构的要求，提交评价所需的过程控制基础资料。绿色建筑评价机构对基础资料进行分析，并结合项目现场勘察情况，提出评价报告。

3.2 评价与等级划分

3.2.1 绿色建筑评价指标体系是按定义对绿色建筑性能的一种完整的表述，它可用于评价已建成的建筑物与按定义的绿色建筑相比在性能上的差异。借鉴国际上绿色建筑评价体系的经验，针对我国的地域、经济、社会情况，强调节能、节地、节水、节材与保护环境，建立有中国特色的绿色建筑评价指标体系。

绿色建筑评价指标体系由节地与室外环境、节能与能源利用、节水与水资源利用、节材与材料资源利用、室内环境质量和运营管理六类指标组成。目前我国绿色建筑评价所需基础数据较为缺乏，例如我国各种建筑材料生产过程中的能源消耗数据、CO_2 排放量，各种不同植被和树种的 CO_2 固定量等缺少相应的数据库，这就使得定量评价的标准难以科学地确定。因此目前尚不成熟或无条件定量化的条款暂不纳入，随着有关的基础性研究工作的深入，再逐渐改进评价的内容。

每类指标包括控制项、一般项与优选项。控制项为绿色建筑的必备条件；一般项和优选项为划分绿色建筑等级的可选条件，其中优选项是难度大、综合性强、绿色度较高的可选项。

3.2.2 住宅建筑控制项、一般项与优选项共有 76 项，其中控制项 27 项，一般项 40 项，优选项 9 项。

公共建筑控制项、一般项与优选项共83项，其中控制项26项、一般项43项、优选项14项。

除控制项应全部满足外，一星级、二星级、三星级还应满足表中对一般项和优选项的要求。

当标准中某条文不适应建筑所在地区、气候与建筑类型等条件时，该条文可不参与评价，这时，参评的总项数会相应减少，表中对项数的要求可按原比例调整。

设表中某指标一般项数共计为 a，某星级要求的一般项数为 b，则比例为 $p=b/a$。存在不参与评价的条文时，参评的一般项数减少，这种情况下，可按表中规定的比例 p 调整，一般项数的要求调整为［参评的一般项数 $\times p$］。例如，住宅建筑在节能与能源利用指标中一般项共6项，一星级要求的一般项数为2项，$p=1/3$；由于没有采用集中采暖和集中空调系统，导致参评的一般项数减少为4项，这种情况下对一星级要求的一般项数减少为［$4\times(1/3)$］，计算结果舍尾取整为1项。

4 住 宅 建 筑

4.1 节地与室外环境

4.1.1 在建设过程中应尽可能维持原有场地的地形地貌，这样既可以减少用于场地平整所带来建设投资的增加，减少施工的工程量，也避免了因场地建设对原有生态环境景观的破坏。场地内有价值的树木、水塘、水系不但具有较高的生态价值，而且是传承场地所在区域历史文脉的重要载体，也是该区域重要的景观标志。因此，应根据《城市绿化条例》（1992年国务院令第100号）等国家相关规定予以保护。当因建设开发确需改造场地内地形、地貌、水系、植被等环境状况时，在工程结束后，鼓励建设方采取相应的场地环境恢复措施，减少对原有场地环境的改变，避免因土地过度开发而造成对城市整体环境的破坏。

本条的评价方法为审核场地地形图和相关文件。

4.1.2 绿色建筑建设地点的确定，是决定绿色建筑外部大环境是否安全的重要前提。本条主要对绿色建筑的选址和危险源的避让提出要求。

众所周知，洪灾、泥石流等自然灾害，对建筑场地会造成毁灭性破坏。据有关资料显示，主要存在于土壤和石材中的氡是无色无味的致癌物质，会对人体产生极大伤害。电磁辐射对人体有两种影响：一是电磁波的热效应，当人体吸收到一定量的时候就会出现高温生理反应，最后导致神经衰弱、白细胞减少等病变；二是电磁波的非热效应，当电磁波长时间作用于人体时，就会出现如心率、血压等生理改变和失眠、健忘等生理反应，对孕妇及胎儿的影响较大，后果严重者可以导致胎儿畸形或者流产。电磁辐射无色无味无形，可以穿透包括人体在内的多种物质，人体如果长期暴露在超过安全的辐射剂量下，细胞就会被大面积杀伤或杀死，并产生多种疾病。能制造电磁辐射污染的污染源很多，如电视广播发射塔、雷达站、通信发射台、变电站，高压电线等。此外，如油库、煤气站、有毒物质车间等均有发生火灾、爆炸和毒气泄漏的可能。为此，在绿色建筑选址阶段必须符合国家相关的安全规定。

本条的评价方法为审核场址检测报告及应对措施的合理性。

4.1.3 目前，常出现居住用地人均用地指标突破国家相关标准的问题，与节地要求相悖。为此，提出控制人均用地的上限指标。

本条的评价方法为审核相关设计文件。

4.1.4 住区建筑（包括住宅建筑和配套公共建筑）的室内外日照环境、自然采光和通风条件与室内的空气质量和室外环境质量的优劣密切相关，并直接影响居住者的身心健康和居住生活质量。为保证住宅建筑基本的日照、采光和通风条件，本条提出应满足《城市居住区规划设计规范》GB 50180中有关住宅建筑日照标准要求。

在执行本条时应准确理解《城市居住区规划设计规范》GB 50180关于日照标准要求的以下几项内容：

1 明确大中小城市的涵义。《中华人民共和国城市规划法》第四条规定：大城市是指市区和近郊区非农业人口五十万以上的城市；中等城市是指市区和近郊区非农业人口二十万以上、不满五十万的城市；小城市是指市区和近郊区非农业人口二十万以下的城市。

2 老年人居住建筑系指专为老年人设计，供其起居生活使用，符合老年人生理、心理要求的居住建筑，包括老年人住宅、老年公寓、托老所等。由于老年人的生理机能、生活规律及其健康需求决定了其活动范围的局限性和对环境的特殊要求，因此为老年人所设的各项设施应有更高的标准。同时，在执行本规定时不附带任何条件。

3 针对建筑装饰和城市商业活动常出现的问题，在已批准的原规划设计中没有涉及的室外固定设施，如建设中增设的空调机、建筑小品、雕塑、户外广告牌等均不能使相邻住宅楼、相邻住户的日照标准降低。

4 旧区改建项目内的新建住宅日照标准可酌情降低，系指在旧区改建时确实难以达到规定的标准时才能这样做。与此同时，为保障居民的切身利益，无论在什么情况下，降低后的住宅日照标准均“不得低于大寒日日照1小时的标准。”此外，可酌情降低的规定只适用于各申请建设项目内的新建住宅本身。任何其他情况下的住宅建筑日照标准仍须符合相应规定。

在低于北纬25°的地区，宜考虑视觉卫生要求。根据国外经验，当两幢住宅楼居住空间的水平视线距离不低于18m时即能基本满足要求。

本条的评价方法为审核设计图纸和日照模拟分析报告。

4.1.5 乡土植物具有很强的适应能力，种植乡土植物可确保植物的存活，减少病虫害，能有效降低维护费用。

本条的评价方法为审核规划设计方案，及其植物配植报告，并现场核实。

4.1.6 “绿地率”是衡量住区环境质量的重要标志之一。根据我国居住区规划实践，当绿地率达30%时可达较好的空间环境效果。该指标经综合分析居住区建筑层数、密度、房屋间距的相关指标及可行性后确定。

绿地率系指住区范围内各类绿地面积的总和占住区用地面积的比率（%）。各类绿地面积包括公共绿地、宅旁绿地、公共服务设施所属绿地和道路绿地（道路红线内的绿地），其中包括满足当地植树绿化覆土要求、方便居民出入的地下或半地下建筑的屋顶建筑的屋顶绿化，不包括其他屋顶、晒台的人工绿地。

“人均公共绿地指标”是住区内构建适应不同居住对象游憩活动空间的前提条件，也是适应居民日常不同层次的游憩活动需要、优化住区空间环境、提升环境质量的基本条件。为此，根据《城市居住区规划设计规范》GB 50180的相关规定及住区规模一般以居住小区居多的情况，提出“人均公共绿地指标不低于1m²”的要求。

公共绿地应采用集中与分散、大小相结合的布局方式，以适应不同居住对象的要求。应满足集中绿地的基本要求：宽度不小于8m，面积不小于400m²，以利于绿地内基本设施的设置和游憩要求。公共绿地应满足日照环境要求：应有不少于1/3的绿地在标准的建筑日照阴影线范围之外，以利于人们的户外活动。

本条的评价方法为审核规划设计或建成后的绿地率、人均公共绿地指标是否达标，以及绿地布置是否符合《城市居住区规划设计规范》GB 50180中有关“绿地”的相关规定。

4.1.7 本条中污染源主要指：易产生噪声的学校和运动场地，易产生烟、气、尘、声的饮食店、修理铺、锅炉房和垃圾转运站等。在规划设计时，应主要根据项目性质合理布局或利用绿化进行隔离。

本条的评价方法为审核规划设计的布局或应对措施的合理性，或检测投入使用后噪声、空气质量、水质、光污染等各项环境指标。

4.1.8 施工过程中可能产生各类影响室外大气环境质量的污染物质，主要包括施工扬尘和废气排放两大方面。施工单位提交的施工组织设计中，必须提出行之有效的控制扬尘的技术路线和方案，并切实履行，以减少施工活动对大气环境的污染。

为减少施工过程对土壤环境的破坏，应根据建设项目的特征和施工场地土壤环境条件，识别各种污染和破坏因素对土壤可能产生的影响，提出避免、消除、减轻土壤侵蚀和污染的对策与措施。

施工工地污水如未经妥善处理排放，将对市政排污系统及水生态系统造成不良影响。因此，必须严格执行国家标准《污水综合排放标准》GB 8978的要求。

建筑施工噪声，是指在建筑施工过程中产生的干扰周围生活环境的声音。施工现场应制定降噪措施，使噪声排放达到或优于《建筑施工场界噪声限值》GB 12523的要求。

施工场地电焊操作以及夜间作业时所使用的强照明灯光等所产生的眩光，是施工过程光污染的主要来源。施工单位应选择适当的照明方式和技术，尽量减少夜间对非照明区、周边区域环境的光污染。

施工现场设置围挡，其高度、用材必须达到地方有关规定的要求。应采取措施保障施工场地周边人群、设施的安全。

本条的评价方法为审核施工过程控制的有关文档，包括提交项目组编写的环境保护计划书、实施记录文件（包括照片、录像等）、环境保护结果自评报告以及当地环保局或建委等有关职能部门对环境影响因子如扬尘、噪声、污水排放评价的达标证明。

4.1.9 根据《城市居住区规划设计规范》GB 50180相关规定，居住区配套公共服务设施（也称配套公建）应包括：教育、医疗卫生、文化、体育、商业服务、金融邮电、社区服务、市政公用和行政管理等九类设施。住区配套公共服务设施，是满足居民基本的物质与精神生活所需的设施，也是保证居民居住生活品质的不可缺少的重要组成部分。为此，本条提出相应要求，其主要意义在于：

1 配套公共服务设施相关项目建综合楼集中设置，既可节约土地，也能为居民提供选择和使用的便利，并提高设施的使用率。

2 中学、门诊所、商业设施和会所等配套公共设施，可打破住区范围，与周边地区共同使用。这样既节约用地，又方便使用，还节省投资。

本条的评价方法为审核规划设计中，公共服务设施的配置是否满足居民需求，与周边相关城市设施是否协调互补，以及是否将相关项目合理集中设置。

4.1.10 充分利用尚可使用的旧建筑，既是节地的重要措施之一，也是防止大拆乱建的控制条件。“尚可使用的旧建筑”系指建筑质量能保证使用安全的旧建筑，或通过少量改造加固后能保证使用安全的旧建筑。对旧建筑的利用，可根据规划要求保留或改变其原有使用性质，并纳入规划建设项目。

本条的评价方法为审核相关设计文件。

4.1.11 环境噪声是绿色住宅的评价重点之一。根据不同类别的居住区，要求对场地周边的噪声现状进行检测，并对规划实施后的环境噪声进行预测，使之符合国家标准《城市区域环境噪声标准》GB 3096 中对于不同类别住宅区环境噪声标准的规定。对于交通干线两侧的住宅建筑，需要在临街外窗和围护结构等方面采取有效的隔声措施。

本条的评价方法为审核环境影响评价报告以及运行后的现场测试报告。

4.1.12 热岛效应是指一个地区（主要指城市内）的气温高于周边郊区的现象，可以用两个代表性测点的气温差值（城市中某地温度与郊区气象测点温度的差值）即热岛强度表示。"热岛"现象在夏季的出现，不仅会使人们高温中暑的机率变大，同时还形成光化学烟雾污染，并增加建筑的空调能耗，给人们的工作生活带来严重的负面影响。对于住区而言，由于受规划设计中建筑密度、建筑材料、建筑布局、绿地率和水景设施、空调排热、交通排热及炊事排热等因素的影响，住区室外也有可能出现"热岛"现象。

热岛强度的特征是冬季最强，夏季最弱，春秋居中。年均气温的城乡差值约 1℃。本标准采用夏季典型日的室外热岛强度（居住区室外气温与郊区气温的差值，即 8：00～18：00 之间的气温差别平均值）作为评价指标。以 1.5℃作为控制值，是基于多年来对北京、上海、深圳等地夏季气温状况的测试结果的平均值。

本条的评价方法为审核居住区规划设计中的热岛模拟预测分析报告，或运行后的现场测试报告。

4.1.13 近年来，再生风和二次风环境问题逐渐凸现。由于建筑单体设计和群体布局不当而导致行人举步维艰或强风卷刮物体撞碎玻璃等的事例很多。研究结果表明，建筑物周围人行区距地 1.5m 高处风速 $v<5$m/s 是不影响人们正常室外活动的基本要求。此外，通风不畅还会严重地阻碍空气的流动，在某些区域形成无风区或涡旋区，这对于室外散热和污染物消散是非常不利的，应尽量避免。以冬季作为主要评价季节，是由于对多数城市而言，冬季风速约为 5m/s 的情况较多。

夏季、过渡季自然通风对于建筑节能十分重要，此外，还涉及室外环境的舒适度问题。夏季大型室外场所恶劣的热环境，不仅会影响人的舒适感，当超过极限值时，长时间停留还会引发高比例人群的生理不适直至中暑。

本条的评价方法为审核居住区规划设计中的风环境模拟预测分析报告，或运行后的现场测试报告。

4.1.14 植物的栽植应能体现地方特色。乔木是复层绿化不可缺少的植物树种，不但可为居民提供遮阳、游憩的良好条件，还可以改善住区的生态环境。如果采用单一的、大面积的草坪，不但维护费用昂贵，生态效果也不理想。

本条的评价方法为审核规划设计或实际栽种后，是否采用复层绿化，及乔木种植数量是否达标。

4.1.15 优先发展公共交通是解决城市交通问题的重要对策。为便于居民选择公共交通工具出行，在场地规划中应重视住区主要出入口的设置方位及与城市交通网络的有机联系。

本条的评价方法为审核场地到达公交站点的步行距离是否达标，及其与周边道路交通的有机联系。

4.1.16 增强地面透水能力，可缓解城市及住区气温逐渐升高和气候干燥状况，降低热岛效应，调节微小气候，增加场地雨水与地下水涵养，改善生态环境及强化天然降水的地下渗透能力，补充地下水量，减少因地下水位下降造成的地面下陷，减轻排水系统负荷，以及减少雨水的尖峰径流量，改善排水状况。本条提出了透水面积的相关规定。本条所指透水地面包括自然裸露地面、公共绿地、绿化地面和镂空面积大于等于 40%的镂空铺地（如植草砖）。透水地面面积比指透水地面面积占室外地面总面积的比例。

本条的评价方法为审核规划设计方案中透水地面面积是否达标及采用的措施是否合理。

4.1.17 开发利用地下空间，是城市节约用地的主要措施之一。应注意的是，利用地下空间应结合当地实际情况（如地下水位的高低等），处理好地下室入口与地面的有机联系、通风、防火及防渗漏等问题。

本条的评价方法为审核规划设计方案地下空间利用的合理性。

4.1.18 城市的废弃地包括不可建设用地（由于各种原因未能使用或尚不能使用的土地，如裸岩、石砾地、陡坡地、塌陷地、盐碱地、沙荒地、沼泽地、废窑坑等）、仓库与工厂弃置地等。这些用地对城市而言，应是节地的首选措施，它既可变废为利改善城市环境，又基本无拆迁与安置问题。因此，绿色建筑场地选择时可优先考虑废弃场地，但应对原有场地进行检测或处理。例如，对坡度很大的场地，应做分台、加固等处理；对仓库与工厂的弃置地，应对土壤中是否含有有毒物质进行检测，并做相应处理后方可使用。

本条的评价方法为审核场址检测报告及规划设计应对措施的合理性。

4.2 节能与能源利用

4.2.1 住宅建筑热工设计和暖通空调设计的优劣对建筑能耗的影响很大。

根据 1 月份和 7 月份的平均温度，我国 960 万平方公里的辽阔国土被分为严寒、寒冷、夏热冬冷、夏热冬暖和温和 5 个不同的建筑气候区，除温和地区外，建设部已经颁布实施了分别针对各个建筑气候区居住建筑的节能设计标准。建设部所颁布的居住建筑节能设计标准的节能率为50%，即在保持相同室内热环境条件的前提下，要求新建和改扩建的居住建筑的采暖或空调能耗降低一半。节能50%并非建筑节能的最终目标，近几年来已经有一些省、市根据当地建筑节能工作开展的程度和经济技术发展水平，制定了节能率高于50%的住宅建筑节能设计标准。因此将本条作为必须达标的项目。

围护结构热工性能要求是居住建筑节能设计标准的最主要的内容。住宅围护结构热工性能主要是指外墙、屋顶、地面的传热系数，外窗的传热系数和/或遮阳系数，窗墙面积比，建筑体形系数。

本条的评价方法为审核有关设计文档和现场核实。

4.2.2 对于用电驱动的集中空调系统，冷源（主要指冷水机组和单元式空调机）的能耗是空调系统能耗的主体，因此，冷源的能源效率对节省能源至关重要。性能系数、能效比是反映冷源能源效率的主要指标之一，为此，将冷源的性能系数、能效比作为必须达标的项目。

随着建筑业的持续增长，空调的进一步普及，中国已成为空调设备的制造大国，大部分世界级品牌都已在中国成立合资或独资企业，大大提高了机组的质量水平，产品已广泛应用于各类建筑。国家质量监督检验检疫总局和国家标准化管理委员会已于2004年8月23日发布了国家标准《冷水机组能效限定值及能源效率等级》GB 19577，《单元式空气调节机能效限定值及能源效率等级》GB 19576等三个产品的强制性国家能效标准，规定2005年3月1日实施。将产品根据能源效率划分为5个等级，目的是配合我国能效标识制度的实施。能效等级的含义：1等级是企业努力的目标；2等级代表节能型产品的门槛（按最小寿命周期成本确定）；3、4等级代表我国的平均水平；5等级产品是未来淘汰的产品。目的是能够为消费者提供明确的信息，帮助其选择购买，促进高效产品的市场。

国家标准《公共建筑节能设计标准》GB 50189（2005年7月1日实施）中5.4.5和5.4.8条强制性条文规定了冷水（热泵）机组制冷性能系数（COP）限值和单元式空气调节机能效比（EER）限值，对于采用集中空调系统的居民小区，或者设计阶段已完成户式中央空调系统设计的住宅，其冷源能效的要求应该等同于公共建筑的规定。具体来说，对照“能效限定值及能源效率等级”标准，冷水（热泵）机组取用标准“表2能源效率等级指标”中的规定值为：活塞/涡旋式采用第5级，水冷离心式采用第3级，螺杆机则采用第4级；单元式空气调节机中，取用标准“表2能源效率等级指标”中的第4级。

本条的评价方法为检查设计图纸及说明书，核对所安装设备的能效值。

4.2.3 如果采用集中采暖或集中空调机组向住宅供热（冷），这会涉及用户支付采暖、空调费用问题。作为收费服务项目，用户能自主调节室温是必须的，因此应该设置室温可由用户自主调节的装置；然而，收费与用户使用的热（冷）量多少有关联，作为收费的一个主要依据，计量用户用热（冷）量的相关测量装置和制定费用分摊的计算方法是必不可少的。

本条的评价方法为检查图纸及说明书中有关室（户）温调节设施及按户热量分摊的技术措施内容。

4.2.4 住宅建筑的体形、朝向、楼距、窗墙面积比、窗户的遮阳措施不仅影响住宅的外在质量，同时也影响住宅的通风、采光和节能等方面的内在质量。作为绿色建筑应该提倡建筑师充分利用场地的有利条件，尽量避免不利因素，在这些方面进行精心设计。

本条的评价方法为审核有关设计文档和现场核实。

4.2.5 需要对所有用能系统和设备进行节能设计和选择。如对于集中采暖或空调系统的住宅，冷、热水（风）是靠水泵和风机输送到用户，如果水泵和风机的选型不当，其能耗在整个采暖空调系统中占有相当的比例。在国家标准《公共建筑节能设计标准》GB 50189（2005年7月1日实施）中5.2.8，5.3.26，5.3.27条已作了规定，可以参照执行。其评价方法为检查图纸及说明书中所选水泵和风机计算的输送能耗限值。

又如给水系统节能要求：

1 高层建筑生活给水系统分区合理，低区充分利用市政供水压力，高区采用减压分区时，不得多于一区，每区供水压力不大于0.45MPa。

2 设有集中热水供应的住宅小区，系统设计合理并采取有效的保温措施减少热水输送和循环过程中的热量损失，要求水加热站供水温度与最不利用水点处出水温度差小于10℃。

4.2.6 在本节控制项4.2.2条已说明了冷源能源效率是机组运行节能的关键指标。作为一般项要求，冷源能源效率应比4.2.2条中规定的、对照《冷水机组能效限定值及能源效率等级》GB 19577、《单元式空气调节机能效限定值及能源效率等级》GB 19576更高一个等级。

本条的评价方法为检查设计图纸及说明书，核对所安装设备的能效值。

4.2.7 在住宅建筑的建筑能耗中，照明能耗也占了相当大的比例，因此要注意照明节能。考虑到住宅建筑的特殊性，套内空间的照明受居住者个人行为的控制，不易干预，因此本条文不涉及套内空间的照明。住宅公共场所和部位的照明主要受设计和物业管理的控制，作为绿色建筑必须强调公共场所和部位的照明节能问题，因此本条文明确提出采用高效光源和灯具并采取节能控制措施的要求。

住宅建筑的公共场所和部位有许多是有自然采光的，例如大部分住宅的楼梯间都有外窗。在自然采光的区域为照明系统配置定时或光电控制设施，可以合理控制照明系统的开关，在保证使用的前提下同时达到节能的目的。

本条的评价方法为审核有关设计文档和现场核实。

4.2.8 设置集中采暖或集中空调系统的住宅，如设置集中新风和排风的系统，由于采暖空调区域（或房间）排风中所含的能量十分可观，在技术经济分析合理时，集中加以回收利用可以取得很好的节能效益和环境效益。对于不设置集中新风和排风的系统，可以采用带热回收功能的新风与排风的双向换气装置，它既能满足人员对新风量的卫生要求，又能大量减少在新风处理上的能源消耗。这一类换气装置通常是将换热器、新风机和排风机组合在一起。有的可以直接安装在外墙上，由于风量不大，只适用于不大的单间房间，对建筑立面的设计也会带来一些困难，但独立性很强，适用于单独的房间；另一种需要再接风管，设计时同样需要注意取排风口的位置布置问题，同时也要注意该装置送排风的机外余压与风道的阻力要求，不够时，应采取措施。由于存在技术经济分析是否合理问题，所以作为一般项。

本条的评价方法为审核有关设计文档和现场核实。

4.2.9 中华人民共和国《可再生能源法》第二条："本法所称可再生能源，是指风能、太阳能、水能、生物质能、地热能、海洋能等非化石能源"。第十七条："国家鼓励单位和个人安装太阳能热水系统、太阳能供热采暖和制冷系统、太阳能光伏发电系统等太阳能利用系统。"

根据目前我国可再生能源在建筑中的应用情况，比较成熟的是太阳能热利用，即应用太阳能热水器供生活热水、采暖等；以及应用地热能直接采暖，或者应用地源热泵系统进行采暖和空调。

开发60～90℃的地热水用于北方城镇集中供热是很有希望的事业。这意味着用低温地热替代一部分有高品位化学能的燃煤，同时减少了燃煤对环境的污染，是既节能又环保的工作。规划研究和设计这种供热系统时，首先应注意地热资源的特点。地热资源是在长久的地质年代中形成的，它像矿产一样，是不能在较短时间再生的，这和一般地下水不同。应当用分阶段开发、探采结合的方法，在开发利用过程中逐步摸清地热田的潜力；地热如利用得当或回灌安排得好，可以认为是无污染能源；与其他矿产不同，由于热会散失，90℃以下地热水不能长期贮存、不能长距离输送。地热是分散能源，只能就近利用；开发地热由于深浅不同，打井投资差异很大；影响利用的水量、水温、水质三个因素也会有很大差异。即使在同一地点，取不同地层的水，三个因素也会有大的差别。

近年来，国内在应用地源热泵方面发展较快。根据国家标准《地源热泵系统工程技术规范》GB 50366，地源热泵系统定义为：以土壤或地下水、地表水为低温热源，由水源热泵机组、地能采集系统、室内系统和控制系统组成的供热空调系统。根据地能采集系统的不同，地源热泵系统分地埋管、地下水和地表水三种形式。

我国可再生能源在建筑中的利用起步不久，同时各地气候、经济发展均不相同，目前我国住宅建筑中采暖、空调、降温、电气、照明、炊事、热水供应等所消耗的能源各占多少百分比的数据还没有比较详细的调查统计资料，因此，要确定可再生能源的使用量占建筑总能耗的比例也有不少困难。但凡事总有开头，这里根据有关专家对2001年按终端用途分的建筑能耗资料，其中城镇采暖占37.4%，农村采暖占6.44%，空调制冷占11.5%，照明、家电占7.0%，炊事、热水占37.7%。可以得出的结论是热水和采暖空调占到建筑能耗的大部分。

因此，条文中提出的5%可以用以下指标来判断：(1)如果小区中有25%以上的住户采用太阳能热水器提供住户大部分生活热水，判定满足该条文要求；或（2）小区中有25%的住户采用地源热泵系统，判定满足该条文要求；或（3）小区中50%的住户采用地热水直接采暖，判定满足该条文要求。

要说明的是在应用地源热泵系统（也应包括地热水直接采暖系统）时，不能破坏地下水资源。这里引用《地源热泵系统工程技术规范》GB 50366的强制性条文，即：3.1.1 地源热泵系统方案设计前，应进行工程场地状况调查，并对浅层地热能资源进行勘察。5.1.1 地下水换热系统应根据水文地质勘察资料进行设计，并必须采取可靠回灌措施，确保置换冷量或热量后的地下水全部回灌到同一含水层，不得对地下水资源造成浪费及污染。系统投入运行后，应对抽水量、回灌量及其水质进行监测。另外，如果地源热泵系统采用地下埋管式换热器的话，要注意并进行长期应用后土壤温度变化趋势的预测。由于应用地区采暖和空调使用时间不同，对于以采暖为主地区，抽取土壤热量（冬季）会大于向地下土壤排热量（夏季），结果长期使用后（比如5年，10年，15年后），土壤温度会逐渐下降，以至冬季机组运行效率下降，出力下降，甚至不能正常运行。对于以空调为主地区，向地下土壤排热量（夏季）会大于抽取土壤热量（冬季），结果长期使用后，土壤温度会逐渐上升，同样，机组夏季运行效率下降和出力下降。因此，在设计阶段，应进行长期应用后（比如25年后）土壤温度变化趋势平衡模拟计算。或者，要考虑如果地下土壤温度出现下降或上升变化时的应对措施，比如，有可能设冷却塔，有可能设地下埋管式地源热泵产生热水；有可能设辅助热源；或者设计复合式系统等等。

本条的评价方法为依据设计文档计算和现场核实。

4.2.10 在第4.2.1条规定的前提下，根据相应的居住建筑节能标准规定采暖或空调能耗计算方法可以计算出一个采暖或空调能耗限值，有些建筑节能设计标准已经明确给出了采暖或空调能耗限值。利用标准中规定的同样的能耗计算方法，对当前评价的实际住宅的采暖或空调能耗进行计算，如果计算得出的这个能耗低于相应居住建筑节能标准规定限值的80%，则表明参评的住宅节能性能优越，满足本优选项的要求。如果能够通过检测，直接得到实际住宅的采暖或空调能耗，也可以用实测的能耗与标准规定的限值比较，根据比较结果判定是否满足本优选项的要求。

本条的评价方法为依据设计文档计算或实测。

4.2.11 根据4.2.9条的说明，条文中提出的10%可以用以下指标来判断：(1) 如果小区中有50%以上的住户采用太阳能热水器提供住户大部分生活热水，判定满足该条文要求；或 (2) 小区中有50%的住户采用地源热泵系统，判定满足该条文要求；或 (3) 小区中全部用户采用地热水直接采暖，判定满足该条文要求。

本条的评价方法为审核有关设计文档和现场核实。

4.3 节水与水资源利用

4.3.1 对住宅建筑，除涉及到室内水资源利用、给水排水系统外，还涉及到室外雨、污水的排放、再生水利用以及绿化、景观用水等与城市宏观水环境直接相关的问题。结合城市水环境专项规划以及当地水资源状况，考虑建筑周边环境，对建筑水环境进行统筹规划，是建设绿色住宅建筑的必要条件。因此在进行绿色建筑设计前应结合区域的给水排水、水资源、气候特点等客观环境状况对建筑水环境进行系统规划，制定水系统规划方案，增加水资源循环利用率，减少市政供水量和污水排放量。

水系统规划方案包括用水定额的确定、用水量估算及水量平衡、给水排水系统设计、节水器具、污水处理、再生水利用等内容。根据所在地区水资源状况和气候特征的不同，水系统规划方案涉及的内容可能有所不同，如不缺水地区，不一定考虑污水再生利用的内容。因此，水系统规划方案的具体内容要因地制宜。

用水定额、水量平衡及用水量的确定要从住区区域用水整体上来考虑，应参照《城市居民生活用水量标准》GB/T 50331和其他相关用水标准规定的用水定额，并结合当地经济状况、气候条件、用水习惯和区域水专项规划等，根据实际情况科学、合理地确定。

雨水、再生水等水源的利用是重要的节水措施，但应根据具体情况进行分析，多雨地区应加强雨水利用，内陆缺水地区加强再生水利用，而淡水资源丰富地区不宜强制实施污水再生利用，但所有地区均应考虑采用节水器具。

本条的评价方法为审核建筑水（环境）系统规划方案报告并现场核实。

4.3.2 为避免管网漏损，可采取以下措施：

1 给水系统中使用的管材、管件，必须符合现行产品行业标准的要求。对新型管材和管件应符合企业标准的要求，并必须符合有关行政和政府主管部门的文件规定组织专家评估或鉴定通过的企业标准的要求。

2 选用性能高的阀门、零泄漏阀门等，如在冲洗排水阀、消火栓、通气阀阀前增设软密封闭阀或蝶阀。

3 合理设计供水压力，避免供水压力持续高压或压力骤变。

4 选用高灵敏度计量水表，而且根据水平衡测试标准安装分级计量水表，计量水表安装率达100%。

5 做好管道基础处理和覆土，控制管道埋深，加强管道工程施工监督，把好施工质量关。

小区管网漏失水量包括：室内卫生器具漏水量、屋顶水箱漏水量和管网漏水量。

本条的评价方法为查阅相关防止管网漏损措施的设计文件，并现场查阅用水量计量情况的报告。

4.3.3 本着“节流为先”的原则，优先选用中华人民共和国国家经济贸易委员会2001年第5号公告《当前国家鼓励发展的节水设备》（产品）目录中公布的设备、器材和器具。根据用水场合的不同，合理选用节水水龙头、节水便器、节水淋浴装置等。对采用产业化装修的住宅建筑，住宅套内均应采用节水器具。所有用水器具应满足《节水型生活用水器具》CJ 164及《节水型产品技术条件与管理通则》GB/T 18870的要求。

可选用以下节水器具：

1 节水龙头：加气节水龙头、陶瓷阀芯水龙头、停水自动关闭水龙头等；

2 坐便器：压力流防臭、压力流冲击式6L直排便器、3L/6L两挡节水型虹吸式排水坐便器、6L以下直排式节水型坐便器或感应式节水型坐便器，缺水地区可选用带洗手水龙头的水箱坐便器，极度缺水地区可试用无水真空抽吸坐便器；

3 节水淋浴器：水温调节器、节水型淋浴喷嘴等；

4 节水型电器：节水洗衣机，洗碗机等。

另外采用给水系统减压限流措施也能取得可观的节水效果，如使得生活给水系统入户管表前供水压力不大于 0.2MPa。设有集中供应生活热水系统的建筑，应设完善的热水循环系统，用水点开启后 10 秒钟内出热水。

采用非传统水源、高效节水灌溉方式等其他手段也可达到节水的目的。

本条款的节水率指的是采用包括利用节水设施、非传统水源在内的节水手段实际节约的水量占设计总用水量的百分比，即总节水率，可通过下列公式进行计算：

$$R_{WR}=\frac{W_n-W_m}{W_n}$$

式中 R_{WR}——节水率，%；

W_n——总用水量定额值，按照定额标准，根据实际人口或用途估算的建筑用水总量，m^3/a；

W_m——实际市政供水用水总量，按照住区各用水途径测算出的总量，m^3/a。

本条的评价方法为查阅产品说明书、产品检测报告、运行数据报告（用水量计量报告）。

4.3.4 住区景观环境用水及补水属城市景观环境用水的一部分。应结合城市水环境规划、周边环境、地形地貌及气候特点，提出合理的住区水景面积规划比例，避免为美化环境而大量浪费水资源。景观用水应优先考虑采用雨水、再生水，而不应采用市政供水和自备地下水井供水。另外，也可设置循环水处理设备，循环处理利用景观用水。

本条的评价方法为查阅竣工图纸、设计说明书及现场核查。

4.3.5 雨水、再生水等非传统水源在储存、输配等过程中要有足够的消毒杀菌能力，且水质不会被污染，以保障水质安全。供水系统应设有备用水源、溢流装置及相关切换设施等，以保障水量安全。雨水、再生水等在整个处理、储存、输配等环节中要采取一定的安全防护和监（检）测控制措施，符合《污水再生利用工程设计规范》GB 50335 及《建筑中水设计规范》GB 50336 的相关要求，以保证卫生安全，不对人体健康和周围环境产生不利影响。对于海水，由于盐分含量较高，还要考虑管材和设备的防腐问题，以及使用后的排放问题。

住区景观水体采用雨水、再生水时，在水景规划及设计阶段应将水景设计和水质安全保障措施结合起来考虑。安全保障措施包括：采取湿地工艺进行景观用水的预处理；景观水体内采用机械设施，加强水体的水力循环，增强水面扰动，破坏藻类的生长环境；采用生物措施，培养水生动植物吸收水中营养盐，并及时消除富营养化及水体腐败的潜在因素。

本条的评价方法为查阅竣工图纸、设计说明书及现场核查。

4.3.6 在规划设计阶段，要结合住区的地形特点规划设计好雨水（包括地面雨水、建筑屋面雨水）径流途径，减少雨水受污染机率。雨水渗透措施包括：小区或住区中公共活动场地、人行道、露天停车场的铺地材质，采用渗水材质，以利于雨水入渗，如采用多孔沥青地面、多孔混凝土地面等；将雨水排放的非渗透管改为渗透管或穿孔管，兼具渗透和排放两种功能；另外，还可采用景观贮留渗透水池、屋顶花园及中庭花园、渗井、绿地等增加渗透量。

本条的评价方法为查阅竣工图纸、设计说明书、产品说明及现场核查。

4.3.7 绿化、洗车、道路冲洗、垃圾间冲洗等非饮用水采用雨水、再生水等非传统水源是减少市政供水量很重要的一方面。绿化节水很有潜力，如果绿化用水全部或部分采用雨水、再生水，则节约的市政供水量是很可观的。因此，不缺水地区也应尽量利用雨水进行绿化灌溉；缺水地区应优先考虑采用雨水或再生水进行灌溉。采用雨水、再生水等作为绿化用水时，水质应达到相应的水质标准，且不应对公共卫生造成威胁。

本条的评价方法为查阅竣工图纸、设计说明书等。

4.3.8 绿化灌溉鼓励采用喷灌、微灌、渗灌、低压管灌等节水灌溉方式；鼓励采用湿度传感器或根据气候变化的调节控制器；为增加雨水渗透量和减少灌溉量，对绿地来说，鼓励选用兼具渗透和排放两种功能的渗透性排水管；采用再生水作为绿化用水时，应尽量避免采用易形成气溶胶的喷灌方式。

目前普遍采用的绿化灌溉方式是，利用专门的设备（动力机、水泵、管道等）把水加压，或利用水的自然落差将有压水送到灌溉地段，通过喷洒器（喷头）将水喷射到空中散成细小的水滴，均匀地散布，比地面漫灌要省水 30%～50%。喷灌时要在风力小时进行。当采用再生水灌溉时，因水中微生物在空气中极易传播，应避免采用喷灌方式。

微灌包括滴灌、微喷灌、涌流灌和地下渗灌，它是通过低压管道和滴头或其他灌水器，以持续、均匀和受控的方式向植物根系输送所需水分，比地面漫灌省水 50%～70%，比喷灌省水 15%～20%。微灌的灌水器孔径很小，易堵塞。微灌的用水一般都应进行净化处理，先经过沉淀除去大颗粒泥沙，再进行过滤，除去细小颗粒的杂质等，特殊情况还需进行化学处理。

本条的评价方法为查阅竣工图纸、设计说明书、产品说明及现场核查。

4.3.9 本着“开源节流”的原则，缺水地区在规划设计阶段还应考虑将污水处理后合理再利用，作为室内冲厕用水以及室外绿化、景观、道路浇洒、洗车等用水。再生水包括市政再生水（以城市污水处理厂出水或城市污水为水源）、建筑再生水（以生活排水、杂排水、优质杂排水为水源），其选择应结合城市规划、住区区域环境、城市中水设施建设管理办法、水量平衡等，从经济、技术和水源水质、水量稳定性等各方面综合考虑而定。

住区周围有集中再生水厂的，首先应采用本地区市政再生水或上游地区市政再生水；没有集中再生水厂的，要根据本建筑所在省、市的中水设施建设管理办法或其他相关规定，确定是否建设建筑再生水处理设施，并依次考虑建筑优质杂排水、杂排水、生活排水等的再生利用。总之，再生水水源的选择及再生水利用应从区域统筹和城市规划的层面上整体考虑。

再生处理工艺应根据处理规模、水质特性和利用、回用用途及当地的实际情况和要求，经全面技术经济比较后优选确定。在保证满足再生利用要求、运行稳定可靠的前提下，要使基建投资和运行成本的综合费用最为经济节省，运行管理简单，控制调节方便，同时要求具有良好的安全、卫生条件。所有的再生处理工艺都应有消毒处理这个环节，以确保出水水质的安全。

本条的评价方法为查阅竣工图纸、设计说明书等。

4.3.10 对年平均降雨量在800mm以上的多雨但缺水地区，应结合当地气候条件和住区地形、地貌等特点，除采取措施增加雨水渗透量外，还应建立完善的雨水收集、处理、储存、利用等配套设施，对屋顶雨水和其他非渗透地面地表径流雨水进行收集、利用。雨水收集利用系统应设置雨水初期弃流装置和雨水调节池，收集利用系统可与小区或住区水景设计相结合。可优先选用暗渠收集雨水，根据用水对象，对所收集的雨水进行单独人工处理或进入住区中水处理系统，处理后的雨水水质应达到相应用途的水质标准，宜优先考虑用于室外的绿化、景观用水。

雨水处理方案及技术应根据当地实际情况，经多方案比较后确定。雨水单独处理宜采用渗水槽系统，渗水槽内宜装填砾石或其他滤料；南方气候适宜地区可选用氧化塘、人工湿地等自然净化系统，并结合当地的气候特点等，选用本地生的一些水生植物或挺水类植物。

本条的评价方法为查阅竣工图纸、设计说明书等。

4.3.11、4.3.12 非传统水源利用率指的是采用再生水、雨水等非传统水源代替市政自来水或地下水供给景观、绿化、冲厕等杂用的水量占总用水量的百分比。根据《建筑中水设计规范》GB 50336等标准规范，住宅冲厕用水占20%以上。这部分用水若全部采用再生水和（或）雨水（沿海严重缺水地区还可采用海水），而且只考虑室内冲厕采用再生水等非传统水源，则非传统水源利用率在20%以上；若考虑绿化、道路浇洒、洗车用水等，居住区应有10%以上的室外用水能用再生水等非传统水源来替代。因此，对无论只有冲厕或只有室外用水采用非传统水源的住宅建筑，若不考虑非传统水源的原水的量，其非传统水源利用率都能达到10%；若室内与室外均采用，则利用率会更高，可以不低于30%。

若非传统水源采用集中再生水厂的再生水或采用海水，利用率达到10%和30%是没有问题的；若非传统水源采用居住小区的建筑再生水，因为住宅建筑的沐浴、盥洗用水占到40%以上，只收集优质杂排水作为再生水源，经处理后能满足10%的利用率要求。若也考虑到冲厕，收集杂排水经处理再生后，能满足30%的利用率要求；若非传统水源只采用雨水，雨水的利用量与降雨量相关，具体利用率不能确定。但对于住宅建筑而言，从经济角度考虑，若收集、处理、利用雨水，将其作为非传统水源利用，一般与建筑优质杂排水或杂排水等一起考虑，这种情况下若只考虑室外杂用，则只收集雨水和部分优质杂排水就能满足10%的利用率要求，若也考虑冲厕等室内杂用，收集雨水和优质杂排水或杂排水就能满足30%的利用率要求。

因此，无论从非传统水源利用的途径，还是从非传统水源的原水的量来考虑，住宅建筑采用非传统水源时，非传统水源利用率不低于10%、30%是能达到的。

非传统水源利用率可通过下列公式计算：

$$R_u = \frac{W_u}{W_t} \times 100\%$$

$$W_u = W_R + W_r + W_s + W_o$$

式中 R_u——非传统水源利用率，%；

W_u——非传统水源设计使用量（规划设计阶段）或实际使用量（运行阶段），m^3/a；

W_t——设计用水总量（规划设计阶段）或实际用水总量（运行阶段），m^3/a；

W_R——再生水设计利用量（规划设计阶段）或实际利用量（运行阶段），m^3/a；

W_r——雨水设计利用量（规划设计阶段）或实际利用量（运行阶段），m^3/a；

W_s——海水设计利用量（规划设计阶段）或实际利用量（运行阶段），m^3/a；

W_o——其他非传统水源利用量（规划设计阶段）或实际利用量（运行阶段），m^3/a。

本条的评价方法为查阅设计说明书以及运行数据报告（用水量记录报告）等。

4.4 节材与材料资源利用

4.4.1 室内有害物质的释放规律非常复杂。本条可定量评价装饰装修过程中建筑材料对室内环境的污染程度。选用有害物质含量达标、环保效果好的建筑材料，可以防止由于选材不当造成室内空气污染。

装饰装修材料主要包括石材、人造板及其制品、建筑涂料、溶剂型木器涂料、胶粘剂、木制家具、壁纸、聚氯乙烯卷材地板、地毯、地毯衬垫及地毯胶粘剂等。装饰装修材料中的有害物质是指甲醛、挥发性有机物（VOC）、苯、甲苯和二甲苯以及游离甲苯二异氰酸酯及放射性核素等。装饰装修材料中的有害物质以及石材和用工业废渣生产的建筑装饰材料中的放射性物质会对人体健康造成损害。绿色建筑选用的装饰装修材料和建筑材料中的有害物质含量必须符合下列标准的要求：

《室内装饰装修材料人造板及其制品中甲醛释放限量》GB 18580

《室内装饰装修材料溶剂型木器涂料中有害物质限量》GB 18581

《室内装饰装修材料内墙涂料中有害物质限量》GB 18582

《室内装饰装修材料胶粘剂中有害物质限量》GB 18583

《室内装饰装修材料木家具中有害物质限量》GB 18584

《室内装饰装修材料壁纸中有害物质限量》GB 18585

《室内装饰装修材料聚氯乙烯卷材地板中有害物质限量》GB 18586

《室内装饰装修材料地毯、地毯衬垫及地毯用胶粘剂中有害物质释放限量》GB 18587

《混凝土外加剂中释放氨限量》GB 18588

《建筑材料放射性核素限量》GB 6566

本条的评价方法为查阅由国家认证认可监督管理委员会授权的具有资质的第三方检验机构出具的产品检验报告。

4.4.2 为片面追求美观而以巨大的资源消耗为代价，不符合绿色建筑的基本理念。在设计中应控制造型要素中没有功能作用的装饰构件的应用。应用没有功能作用的装饰构件主要指：(1) 不具备遮阳、导光、导风、载物、辅助绿化等作用的飘板、格栅和构架等，且作为构成要素在建筑中大量使用；(2) 单纯为追求标志性效果，在屋顶等处设立塔、球、曲面等异形构件；(3) 女儿墙高度超过规范要求 2 倍以上；(4) 不符合当地气候条件，并非有利于节能的双层外墙（含幕墙）的面积超过外墙总建筑面积的 20%。

本条的评价方法为查阅竣工图纸及现场核实。

4.4.3 本条款鼓励使用当地生产的建筑材料，提高就地取材制成的建筑产品所占的比例。建材本地化是减少运输过程的资源和能源消耗、降低环境污染的重要手段之一。提高本地材料使用率还可促进当地经济发展。

本条的评价方法为查阅工程决算材料清单，清单中要标明材料生产厂家的名称、地址，以此清单计算工程所用建筑材料中 500km 范围内生产的建筑材料的重量以及建筑材料总重量，两者比值要求不小于 70%。

4.4.4 目前我国建筑结构材料仍以烧结实心黏土砖及混凝土为主。烧结黏土砖以消耗大量土地资源而被国家列为禁止和限制使用的产品。在今后相当长时间内，我国建筑结构形式主要为钢筋混凝土结构。我国现阶段大力提倡和推广使用预拌混凝土，其应用技术已较为成熟。国家有关部门发布了一系列关于限期禁止在城市城区现场搅拌混凝土的文件，明确规定“北京等 124 个城市城区从 2003 年 12 月 31 日起禁止现场搅拌混凝土，其他省（自治区）辖市从 2005 年 12 月 31 日起禁止现场搅拌混凝土”。与现场搅拌混凝土相比，采用预拌混凝土能够减少施工现场噪声和粉尘污染，并节约能源、资源，减少材料损耗。

本条的评价方法为查阅施工单位提供的混凝土工程总用量清单及混凝土搅拌站提供的预拌混凝土供货单中预拌混凝土使用量。

4.4.5 在绿色建筑中应采用耐久性和节材效果好的建筑结构材料。高性能混凝土、高强度钢等结构材料在耐久性和节材方面具有明显优势。对于建筑工程而言，使用耐久性好的材料是最大的节约措施。使用高性能混凝土、高强度钢可以解决建筑结构中肥梁胖柱问题，增加建筑使用面积。在钢筋混凝土主体结构中使用 HRB400 级钢筋和（或）满足设计要求的高性能混凝土，可认为满足本条文要求。

本条的评价方法为查阅材料决算清单中钢筋使用情况和施工记录中有关混凝土配合比报告单和具有资质的第三方检验机构出具的混凝土检验报告（必须有耐久性指标）。

4.4.6 在施工过程中，应最大限度利用建设用地内拆除的或其他渠道收集得到的旧建筑的材料，以及建筑施工和场地清理时产生的废弃物等，延长其使用期，达到节约原材料、减少废物、降低由于更新所需材料的生产及运输对环境的影响的目的。

施工所产生的垃圾、废弃物，应在现场进行分类处理，这是回收利用废弃物的关键和前提。可再利用材料在建筑中重新利用，可再循环材料通过再生利用企业进行回收、加工，最大限度地避免废弃物污染、随意遗弃。施工单位需编制专门的建筑施工废物管理规划，包括寻找折价处理物品的市场销路；制定设计拆毁、废品与折价处理和回收的计划和方法，包括废物统计；提供废物回收、折价处理和再利用的费用等内容。规划中需确认的回收物包括纸板、金属、混凝土砌块、沥青、现场垃圾、饮料罐、塑料、玻璃、石膏板、木制品等。

本条的评价方法为查阅建筑施工废物管理规划和

施工现场废弃物回收利用记录。

4.4.7 建筑中可再循环材料包含两部分内容，一是使用的材料本身就是可再循环材料；二是建筑拆除时能够被再循环利用的材料。可再循环材料主要包括：金属材料（钢材、铜）、玻璃、铝合金型材、石膏制品、木材等。不可降解的建筑材料如聚氯乙烯（PVC）等材料不属于可循环材料范围。充分使用可再循环材料可以减少生产加工新材料带来的资源、能源消耗和环境污染，对于建筑的可持续性具有非常重要的意义。

本条的评价方法为查阅工程决算材料清单中有关材料的使用数量。

4.4.8 土建和装修一体化设计施工，要求建筑师对土建和装修统一设计，施工单位对土建和装修统一施工。土建和装修一体化设计施工，可以事先统一进行建筑构件上的孔洞预留和装修面层固定件的预埋，避免在装修施工阶段对已有建筑构件打凿、穿孔，既保证了结构的安全性，又减少了噪声和建筑垃圾；一体化设计施工还可减少扰民，减少材料消耗，并降低装修成本。土建与装修工程一体化设计施工需要业主、设计方以及施工方的通力合作。

本条的评价方法为查阅土建与装修一体化证明材料（必要时应该核查施工图以及施工的实际工作量清单）和现场核查。

4.4.9 废弃物主要包括建筑废弃物、工业废弃物和生活废弃物，可作为原材料用于生产绿色建材产品。在满足使用性能的前提下，鼓励使用利用建筑废弃物再生骨料制作的混凝土砌块、水泥制品和配制再生混凝土；鼓励使用利用工业废弃物、农作物秸秆、建筑垃圾、淤泥为原料制作的水泥、混凝土、墙体材料、保温材料等建筑材料；鼓励使用生活废弃物经处理后制成的建筑材料。

为保证废弃物使用达到一定的数量要求，本条规定使用以废弃物生产的建筑材料的重量占同类建筑材料的总重量比例不低于30%。例如，建筑中使用石膏砌块作内隔墙材料，其中以工业副产石膏（脱硫石膏、磷石膏等）制作的工业副产石膏砌块的使用重量占到建筑中使用石膏砌块总重量的30%以上，则该条款满足要求。

本条的评价方法为查阅工程决算材料清单中有关材料的使用数量。

4.4.10 不同类型与功能特点的建筑，采用不同的结构体系和材料，对资源、能源耗用量及其对环境的冲击存在显著差异。目前我国住宅建筑结构体系主要有砖-混凝土预制板混合结构、现浇混凝土框架剪力墙结构和混凝土框架结构。近年来，轻钢结构也有一定发展。就全国范围而言，砖-混凝土预制板混合结构仍占主要地位，约占整个建筑结构体系的70%左右。目前我国的钢结构建筑所占的比重还不到5%。绿色建筑应从节约资源和环境保护的要求出发，在保证安全、耐久的前提下，尽量选用资源消耗和环境影响小的建筑结构体系，主要包括钢结构体系、砌体结构体系及木结构体系。砖混结构、钢筋混凝土结构体系所用材料在生产过程中大量使用黏土、石灰石等不可再生资源，对资源的消耗极大，同时会排放大量二氧化碳等污染物。钢铁、铝材的循环利用性好，而且回收处理后仍可再利用。含工业废弃物制作的建筑砌块本身自重轻，不可再生资源消耗小，同时可形成工业废弃物的资源化循环利用体系。木材是一种可持续的建材，但是需要以森林的良性循环为支撑，在技术经济允许的条件下，利用从森林资源已形成良性循环的国家进口的木材是可以鼓励的。因此，因地制宜地采用轻钢结构体系、砌体结构体系和木结构体系等建筑结构体系，则此项条款满足要求。

本条的评价方法为查阅设计文件。

4.4.11 可再利用材料指在不改变所回收物质形态的前提下进行材料的直接再利用，或经过再组合、再修复后再利用的材料。可再利用材料的使用可延长还具有使用价值的建筑材料的使用周期，降低材料生产的资源、能源消耗和材料运输对环境造成的影响。可再利用材料包括从旧建筑拆除的材料以及从其他场所回收的旧建筑材料。可再利用材料包括砌块、砖石、管道、板材、木地板、木制品（门窗）、钢材、钢筋、部分装饰材料等。评价时，需提供工程决算材料清单，计算使用可再利用材料的重量以及工程建筑材料的总重量，二者比值即为可再利用材料的使用率。

本条的评价方法为查阅工程决算材料清单中有关材料的使用数量。

4.5 室内环境质量

4.5.1 日照对人的生理和心理健康都是非常重要的，但是住宅的日照又受地理位置、朝向、外部遮挡等许多外部条件的限制，不是很容易达到理想的状态的。尤其是在冬季，太阳的高度角比较小，楼与楼之间的相互遮挡更加严重。

设计绿色住宅时，应注意楼的朝向、楼与楼之间的距离和相对位置、楼内平面的布置，通过精心的计算调整，使居住空间能够获得充足的日照。

评价方法为审核设计图纸和日照模拟计算报告。

4.5.2 充足的天然采光和自然通风有利于居住者的生理和心理健康，同时也有利于降低人工照明能耗。用采光系数评价住宅是否获取了足够的天然采光比较科学，《建筑采光设计标准》GB/T 50033明确规定了居住建筑各类房间的采光系数最低值。对于绿色建筑本条文的规定是必须满足的。

评价方法为审核设计图纸和日照模拟计算报告。

4.5.3 住宅应该给居住者提供一个安静的环境，但是在现代城市中绝大部分住宅均处于比较嘈杂的外部环境中，尤其是临主要街道的住宅，交通噪声的影响比较严重，因此需要设计者在住宅的建筑围护构造上采取有效的隔声、降噪措施，例如尽可能使卧室和起居室远离噪声源，沿街的窗户使用隔声性能好的窗户等等。

本条文提出的卧室、起居室的允许噪声级相当于现行《民用建筑隔声设计规范》GBJ 118中较高的水平。楼板、分户墙、外窗和户门的声学性能要求均是为满足卧室、起居室的允许噪声级要求所必要的水平。作为绿色建筑既要考虑创造一个良好的室内环境，又要考虑资源的节约，不可片面地追求高性能。

本条的评价方法为查阅设计图纸或检测报告。

4.5.4 自然通风可以提高居住者的舒适感，有助于健康。在室外气象条件良好的条件下，加强自然通风还有助于缩短空调设备的运行时间，降低空调能耗，绿色建筑应特别强调自然通风。

住宅能否获取足够的自然通风与通风开口面积的大小密切相关，本条文规定了住宅居住空间通风开口面积与地板最小面积比。一般情况下，当通风开口面积与地板面积之比不小于5%时，房间可以获得比较好的自然通风。由于气候和生活习惯的不同，南方更注重房间的自然通风，因此本条文规定在夏热冬暖和夏热冬冷地区，通风开口面积与地板面积之比不小于8%。

自然通风的效果不仅与开口面积与地板面积之比有关，事实上还与通风开口之间的相对位置密切相关。在设计过程中，应考虑通风开口的位置，尽量使之能有利于形成“穿堂风”。

本条的评价方法为审核通风模拟计算报告、设计图纸和现场核实。

4.5.5 《民用建筑室内环境污染控制规范》GB 50325列出了危害人体健康的游离甲醛、苯、氨、氡和TVOC五类空气污染物，并对它们的活度、浓度提出了控制要求和措施。对于绿色建筑本条文的规定是必须满足的。

本条的评价方法为查阅检测报告。

4.5.6 住宅的窗户除了有自然通风和自然采光的功能外，还具有从视觉上起到沟通内外的作用，良好的视野有助于居住者心情舒畅。现代城市中的住宅大都是成排成片建造，住宅之间的距离一般不会很大，因此应该精心设计，尽量避免前后左右不同住户之间的居住空间的视线干扰。

卫生间是住宅内部的一个空气污染源，卫生间开设外窗有利于污浊空气的排放，但是套内空间的平面布置常常又很难保证卫生间一定能靠外墙。因此，本条文规定在一套住宅有多个卫生间的情况下，应至少有1个卫生间开设外窗。

本条的评价方法为查阅设计图纸和现场核实。

4.5.7 《民用建筑热工设计规范》GB 50176对建筑围护结构的热工设计提出了很多基本的要求，其中规定外围护结构的内表面不能结露，绿色住宅应满足此要求。外围护结构的内表面结露会造成居民生活不便，严重时会导致霉菌的滋生，影响室内的卫生条件。绿色建筑应为居住者提供一个良好的室内环境，因此在室内温、湿度设计条件下不应产生结露现象。导致结露除空气过分潮湿外，表面温度过低是直接的原因。一般说来，住宅外围护结构的内表面大面积结露的可能性不大，结露大都出现在金属窗框、窗玻璃表面、墙角、墙面上可能出现的热桥附近，作为绿色建筑在设计和建造过程中，应核算可能结露部位的内表面温度是否高于露点温度，采取措施防止在室内温、湿度设计条件下产生结露现象。

本条的评价方法为查阅设计图纸、计算书和现场核实。

4.5.8 《民用建筑热工设计规范》GB 50176对建筑围护结构的热工设计提出了很多基本的要求，其中规定在自然通风条件下屋顶和东、西外墙内表面的温度不能过高。屋顶和外墙内表面温度的高低直接影响到室内人员的舒适，控制屋顶和外墙内表面温度不至于过高，可使住户少开空调多通风，有利于提高室内的热舒适水平，同时降低空调能耗。《民用建筑热工设计规范》详细规定了在自然通风条件下计算屋顶和东、西外墙内表面温度的方法。

本条的评价方法为审核设计图纸和计算书。

4.5.9 从舒适和节能角度，以及收费服务角度，设采暖或空调系统（设备）的住宅，用户应能自主调节室温。

本条的评价方法为查阅设计图纸和现场核实。

4.5.10 夏季强烈的阳光透过窗户玻璃照到室内会引起居住者的不舒适感，同时还会大幅增大空调负荷。窗户的内侧设置窗帘在住宅建筑中是非常普遍的，但内窗帘在遮挡直射阳光的同时常常也遮挡了散射的光线，影响室内的自然采光，而且内窗帘对减小由阳光直接进入室内而产生的空调负荷作用不大。在窗户的外面设置一种可调节的遮阳装置，可以根据需要调节遮阳装置的位置，防止夏季强烈的阳光透过窗户玻璃直接进入室内，提高居住者的舒适感。

可调节外遮阳装置对于建筑夏季的节能作用也非常明显。许多住宅在周一至周五工作日的白天室内是没有人的，如果窗户有可靠的可调节外遮阳（例如活动卷帘），白天可以借助外遮阳将绝大部分太阳辐射阻挡在室外，可以大大缩短晚上空调器运行的时间。

外遮阳之所以要强调可调节的，是因为无论是从生理还是从心理的角度出发，冬季和夏季居住者对透过窗户进入室内的阳光的需求是截然相反的，而固定的外遮阳（例如窗口上沿的遮阳板）无法很好地适应这种相反的需求。

可调节外遮阳应注重可靠、耐久和美观。

本条的评价方法为查阅设计图纸和现场核实。

4.5.11 通风换气是降低室内空气污染的有效措施，设置新风换气系统有利于引入室外新鲜空气，排出室内混浊气体，保证室内空气质量，满足人体的健康要求。为满足人体正常生理需求，要求新风量达到每人每小时 $30m^3$。室内空气质量监测装置能自动监测室内空气质量，主要是测定二氧化碳浓度，具有报警提示功能。

本条的评价方法为查阅有关设计文件和现场核实。

4.5.12 卧室、起居室（厅）使用蓄能、调湿或改善室内空气质量的功能材料有利于降低采暖空调能耗，改善室内环境。虽然目前建筑市场上还少有可以大规模使用的这类功能材料，但作为绿色建筑应该鼓励开发和使用这类功能材料。目前较为成熟的这类功能材料包括空气净化功能纳米复相涂覆材料、产生负离子功能材料、稀土激活保健抗菌材料、湿度调节材料、温度调节材料等等。

本条的评价方法为查阅有关设计文件、产品检测报告和现场核实。

4.6 运营管理

4.6.1 物业管理公司应提交节能、节水、节材与绿化管理制度，并说明实施效果。节能管理制度主要包括：业主和物业共同制定节能管理模式；分户、分类的计量与收费；建立物业内部的节能管理机制；节能指标达到设计要求。节水管理制度主要包括：按照高质高用、低质低用的梯级用水原则，制定节水方案；采用分户、分类的计量与收费；建立物业内部的节水管理机制；节水指标达到设计要求。耗材管理制度主要包括：建立建筑、设备、系统的维护制度，减少因维修带来的材料消耗；建立物业耗材管理制度，选用绿色材料。绿化管理制度主要包括：对绿化用水进行计量，建立并完善节水型灌溉系统；规范杀虫剂、除草剂、化肥、农药等化学药品的使用，有效避免对土壤和地下水环境的损害。

本条的评价方法为查阅物业管理公司节能、节水、节材与绿化管理文档、日常管理记录，进行现场考察和用户抽样调查。

4.6.3 首先要考虑垃圾收集、运输等整体系统的合理规划，如果设置小型有机厨余垃圾处理设施，应考虑其布置的合理性。其次则是物业管理公司应提交垃圾管理制度，并说明实施效果。垃圾管理制度包括垃圾管理运行操作手册、管理设施、管理经费、人员配备及机构分工、监督机制、定期的岗位业务培训和突发事件的应急反应处理系统等。

本条的评价方法为查阅垃圾管理制度与垃圾收集、运输等整体规划和现场核实。

4.6.4 垃圾容器一般设在居住单元出入口附近隐蔽的位置，其数量、外观色彩及标志应符合垃圾分类收集的要求。垃圾容器分为固定式和移动式两种，其规格应符合国家有关标准。垃圾容器应选择美观与功能兼备、并且与周围景观相协调的产品，要求坚固耐用，不易倾倒。一般可采用不锈钢、木材、石材、混凝土、GRC、陶瓷材料制作。

本条的评价方法为现场核实。

4.6.5 重视垃圾站（间）的景观美化及环境卫生问题，用以提升生活环境的品质。垃圾站（间）设冲洗和排水设施，存放垃圾能及时清运、不污染环境、不散发臭味。

本条评价方法为现场考察和用户抽样调查。

4.6.6 应根据小区实际情况，按《居住区智能化系统配置与技术要求》CJ/T 174 中所列举的基本配置，进行安全防范子系统、管理与设备监控子系统和信息网络子系统的建设。

本条的评价方法为查阅智能化系统验收报告，现场考察各系统和进行用户抽样调查。

4.6.7 本条要求采用无公害病虫害防治技术，规范杀虫剂、除草剂、化肥、农药等化学药品的使用。病虫害的发生和蔓延，将直接导致树木生长质量下降，破坏生态环境和生物多样性，应加强预测预报，严格控制病虫害的传播和蔓延。增强病虫害防治工作的科学性，要坚持生物防治和化学防治相结合的方法，科学使用化学农药，大力推行生物制剂、仿生制剂等无公害防治技术，提高生物防治和无公害防治比例，保证人畜安全，保护有益生物，防止环境污染，促进生态可持续发展。

本条的评价方法为查阅化学药品的进货清单与使用记录和现场核实。

4.6.8 对行道树、花灌木、绿篱定期修剪，草坪及时修剪。及时做好树木病虫害预测、防治工作，做到树木无暴发性病虫害，保持草坪、地被的完整，保证树木有较高的成活率，老树成活率达 98%，新栽树木成活率达 85%以上。发现危树、枯死树木及时处理。

本条的评价方法为现场核实和用户调查。

4.6.9 ISO 14001 是环境管理标准，它包括了环境管理体系、环境审核、环境标志、全寿命周期分析等内容，旨在指导各类组织取得表现正确的环境行为。物业管理部门通过 ISO 14001 环境管理体系认证，是提高环境管理水平的需要。达到节约能源，降低消耗，减少环保支出，降低成本的目的，可以减少由于污染事故或违反法律、法规所造成的环境风险。

本条的评价方法为查阅证书。

4.6.10 垃圾分类收集就是在源头将垃圾分类投放，并通过分类的清运和回收使之分类处理或重新变成资源。垃圾分类收集有利于资源回收利用，同时便于处理有毒有害的物质，减少垃圾的处理量，减少运输和处理过程中的成本。在许多发达国家，垃圾资源回收产业在产业结构中占有重要的位置，甚至利用法律来约束人们必须分类放置垃圾。垃圾分类收集率是指实行垃圾分类收集的住户占总住户数的比例。本条要求垃圾分类收集率达90%以上。

本条的评价方法为现场核实和用户抽样调查。

4.6.11 建筑中设备、管道的使用寿命普遍短于建筑结构的寿命，因此各种设备、管道的布置应方便将来的维修、改造和更换。可通过将管井设置在公共部位等措施，减少对住户的干扰。属公共使用功能的设备、管道应设置在公共部位，以便于日常维修与更换。

本条的评价方法为查阅有关设备、管道的设计文件并现场核实。

4.6.12 处理生活垃圾的方法很多，主要有卫生填埋、焚烧、生物处理等。由于有机厨余垃圾的生物处理具有减量化、资源化效果好等特点，因而得到一定的推广应用。有机厨余垃圾生物降解是多种微生物共同协同作用的结果，将筛选到的有效微生物菌群，接种到有机厨余垃圾中，通过好氧与厌氧联合处理工艺降解生活垃圾，是垃圾生物处理的发展趋势之一。但其前提条件是实行垃圾分类，以提高生物处理垃圾中有机物的含量。

本条的评价方法为查阅有关垃圾处理间的设计文件并现场核实。

5 公 共 建 筑

5.1 节地与室外环境

5.1.1 在建设过程中尽可能维持原有场地的地形地貌，这样既可以减少用于场地平整所带来建设投资的增加，减少施工的工程量，也避免了因场地建设造成对原有生态环境景观的破坏。场地内有价值的树木、水塘、水系不但具有较高的生态价值，而且是传承场地所在区域历史文脉的重要载体，也是该区域重要的景观标志。因此，应根据《城市绿化条例》（1992年国务院100号令）等国家相关规定予以保护。对于因建设开发确需改造的场地内现有地形、地貌、水系、植被等环境状况，在工程结束后，鼓励建设方采取相应的场地环境恢复措施，减少对原有场地环境的改变，避免因土地过度开发而造成对城市整体环境的破坏。

本条的评价方法为审核场地地形图和相关文件。

5.1.2 洪灾、泥石流等自然灾害，会造成对建筑场地毁灭性破坏；氡为主要存在于土壤和石材中的无色无味的致癌物质，将对人体产生极大危害；人体如果长期暴露在超过安全剂量的电磁辐射下，细胞就会被大面积杀伤或杀死，并产生多种疾病。能制造电磁辐射污染的污染源如电视广播发射塔、雷达站、通信发射台、变电站，高压电线等；其他如油库、煤气站、有毒物质车间等均有发生火灾、爆炸和毒气泄漏的可能。为此，在绿色建筑选址阶段必须按国家相关安全规定，满足本条要求。

本条的评价方法为审核场址检测报告及应对措施的合理性。

5.1.3 项目建设中不对周围环境产生影响，是绿色建筑的基本原则之一。对于公建而言，要避免其建筑布局或体形不能对周围环境产生不利影响，特别需避免对周围环境的光污染及对周围居住建筑的日照遮挡。近来有公共建筑幕墙上采用镜面玻璃，当直射日光和天空光照射其上时，会产生反射光及眩光，进而可能造成道路安全的隐患；而沿街两侧的高层建筑同时采用玻璃幕墙时，由于大面积玻璃出现多次镜面反射，从多方面射出，造成光的混乱和干扰，对居民住宅、行人和车辆行驶都有害，应加以避免。此外，公共建筑周边如有居住建筑，应避免过多遮挡，以保证其满足日照标准的要求。

本条的评价方法为图纸审查及运行后的现场核查。

5.1.4 建设项目场地周围不应存在污染物排放超标的污染源，包括油烟未达标排放的厨房、车库、超标排放的燃煤锅炉房、垃圾站、垃圾处理场及其他工业项目等；否则会污染场地范围内大气环境，影响人们的室内外工作生活，与绿色建筑理念相悖。

本条的评价方法为审核环评报告，并在运行后进行现场核实。

5.1.5 施工单位向建设单位（监理单位）提交的施工组织设计中，必须提出行之有效的控制扬尘的技术路线和方案，并积极履行，以减少施工活动对大气环境的污染。

为减少施工过程对土壤环境的破坏，应根据建设项目的特征和施工场地土壤环境条件，识别各种污染和破坏因素对土壤可能的影响，提出避免、消除、减轻土壤侵蚀和污染的对策与措施。

施工工地污水一般含沙量和酸碱值较高，如未经妥善处理，将对公共排污系统及水生态系统造成不良影响。因此，必须严格执行国家标准《污水综合排放标准》GB 8978的要求。

建筑施工噪声，是指在建筑施工过程中产生的干扰周围生活环境的声音。施工现场应制定降噪措施，使噪声排放达到或优于《建筑施工场界噪声限值》GB 12523的要求。

施工场地电焊操作以及夜间作业时所使用的强照明灯光等所产生的眩光，是施工过程光污染的主要来源。施工单位应选择适当的照明方式和技术，尽量减少夜间对非照明区、周边区域环境的光污染。

施工现场设置围挡，其高度、用材必须达到地方有关规定的要求。采取措施保障施工场地周边人群、设施的安全。

本条的评价方法为审核施工过程控制的有关文档。

5.1.6 对于公共建筑而言，应根据其类型划分，分别满足国家的《城市区域环境噪声标准》GB 3096 规定的环境噪声标准。要求对场地周边的噪声现状进行检测，并对规划实施后的环境噪声进行预测。当拟建噪声敏感建筑不能避免临近交通干线，或不能远离固定的设备噪声源时，就需要采取措施来降低噪声干扰。对于交通干线两侧区域，尽管满足了区域环境噪声的要求：白天 $L_{Aeq} \leqslant 70dB$ (A)，夜间 $L_{Aeq} \leqslant 55dB$ (A)，并不意味着临街的公共建筑的室内就安静了，仍需要在围护结构如临街外窗方面采取隔声措施。

本条的评价方法为审查环评报告及运行后的现场检测报告。

5.1.7 高层建筑和超高层建筑的出现使得再生风和环境二次风环境问题逐渐凸现出来。在鳞次栉比的高低层建筑中，由于建筑单体设计和群体布局不当而有可能导致行人举步维艰或强风卷刮物体撞碎玻璃等事故。

研究结果表明，建筑物周围人行区 1.5m 高处风速宜低于 5m/s，以保证人们在室外的正常活动。此外，通风不畅还会严重地阻碍风的流动，在某些区域形成无风区和涡旋区，不利于室外散热和污染物消散，因此也应尽量避免。以冬季作为评价季节，是基于多数城市冬季来流风速在 5m/s 的情况较多。

夏季、过渡季自然通风对于建筑节能十分重要，此外，还涉及室外环境的舒适度问题。大型室外场所的夏季室外热环境恶劣，不仅会影响人的舒适程度；当环境的热舒适度超过极限值时，长时间停留还会引发高比例人群的生理不适直至中暑。对于大型公建，可以结合通风评价室外热舒适情况。

本条的评价方法为审核规划设计中的风环境模拟预测报告或运行后的现场测试报告。

5.1.8 绿化是城市环境建设的重要内容，是改善生态环境和提高生活质量的重要内容。为了大力改善城市生态质量，提高城市绿化景观环境质量，建设用地内的绿化应避免大面积的纯草地，鼓励进行屋顶绿化和墙面绿化等方式。这样既能切实地增加绿化面积，提高绿化在二氧化碳固定方面的作用，改善屋顶和墙壁的保温隔热效果，又可以节约土地。

本条的评价方法为审核建筑设计和景观设计文档并现场核实。

5.1.9 植物的配置应能体现本地区植物资源的丰富程度和特色植物景观等方面的特点，以保证绿化植物的地方特色。同时，要采用包含乔、灌木的复层绿化，可以形成富有层次的城市绿化体系，不但可为使用者提供遮阳、游憩的良好条件，还可以吸引各种动物和鸟类筑巢，改善建筑周边良好的生态环境。而大面积的单纯草坪绿化不但维护费用高，生态效果也不及复层绿化，应尽量减少采用。

本条的评价方法为审核规划设计或景观设计文档并现场核实。

5.1.10 机动车，特别是小汽车的迅速增长，给城市带来行车拥堵、停车难的大问题。对具有大量人流和短时间集散特性的建筑，为了保证各类人员顺畅方便地进出，要求将大量人群与少量使用专用车辆的特殊人群按照人车分行的原则组织各自的交通系统。同时，倡导以步行、公交为主的出行模式，在公共建筑的规划设计阶段应重视其主要出入口的设置方位，接近公交站点。

本条的评价方法为审核场地的道路组织和到达公交站点的步行距离是否达标。

5.1.11 随着我国城市发展的速度加快，土地资源的减少成为必然。开发利用地下空间，是城市节约用地的主要措施，也是节地倡导的措施之一。但在利用地下空间的同时应结合地质情况，处理好地下入口与地上的有机联系、通风及防渗漏等问题，同时采用适当的手段实现节能。

本条的评价方法为审核规划设计方案中地下空间的规模和功能的合理性。

5.1.12 城市的废弃地包括不可建设用地（由于各种原因未能使用或尚不能使用的土地，如裸岩、石砾地、陡坡地、塌陷地、盐碱地、沙荒地、沼泽地、废窑坑等）、仓库与工厂弃置地等。这些用地对城市而言，应是节地的首选措施，理由是既可变废为利改善城市环境，又基本无拆迁与安置问题，征地比较容易。为此，首先考虑这类场地的合理再利用是节地的重要措施，但必须对原有场地进行检测或处理，如对坡度很大的场地应做分台、加固等处理；对仓库与工厂的弃置地，则须对土壤是否含有有毒物质进行检测和相关处理后方可使用。

本条的评价方法为审核环评报告及规划设计应对措施的合理性。

5.1.13 充分利用尚可使用的旧建筑，既是节地、节材的重要措施之一，也是防止大拆乱建的控制条件。“尚可使用的旧建筑”系指建筑质量能保证使用安全的旧建筑；“纳入规划项目”，系指对旧建筑的利用，可根据规划要求保留或改变其原有使用性质，并纳入规划建设项目。

本条的评价方法为审核原旧建筑的评价分析报告。

5.1.14 为减少城市及住区气温逐渐升高和气候干燥状况，降低热岛效应，调节微气候；增加场地雨水与地下水涵养，改善生态环境及强化天然降水的地下渗透能力，补充地下水量，减少因地下水位下降造成的地面下陷；减轻排水系统负荷，以及减少雨水的尖峰径流量，改善排水状况，本条提出了透水面积的相关规定。

本条对透水地面的界定是：自然裸露地、公共绿地、绿化地面和面积大于等于40%的镂空铺地（如植草砖）；透水地面面积比指透水地面面积占室外地面总面积的比例。

本条的评价方法为审核场址设计方案中透水地面设计及现场核实。

5.2 节能与能源利用

5.2.1 在公共建筑（特别是大型商场、高档旅馆酒店、高档办公楼等）的全年能耗中，大约50%～60%消耗于空调制冷与采暖系统，20%～30%用于照明。而在空调采暖这部分能耗中，大约20%～50%由外围护结构传热所消耗（夏热冬暖地区约20%，夏热冬冷地区约35%，寒冷地区约40%，严寒地区约50%），因此本标准对绿色建筑围护结构提出了节能要求。

为了鼓励建筑师的创造，本标准中围护结构的热工性能评判不对单个部件（如体形系数、外墙传热系数、窗墙比、幕墙遮阳系数、遮阳方式等）进行强制性规定，仅考虑其整体热工性能，即采用《公共建筑节能设计标准》GB 50189中的围护结构热工性能权衡判断法进行评判。当所设计的建筑不能同时满足公共建筑节能设计围护结构热工性能的所有规定性指标时，可通过调整设计参数并计算能耗，最终实现所设计建筑全年的空气调节和采暖能耗不大于参照建筑的能耗的目的。其中参考建筑的体形系数应与实际建筑完全相同，而热工性能要求（包括围护结构热工要求、各朝向窗墙比设定等）、各类热扰（通风换气次数、室内发热量等）和作息设定按照国家《公共建筑节能设计标准》GB 50189中第4.3节的要求进行设定，且参考建筑与所设计建筑的空气调节和采暖能耗应采用同一个动态计算软件计算。

如果地方公共建筑节能标准的相关条款要求高于GB 50189中的节能要求，则应以地方标准对建筑物围护结构热工性能进行评判。

本条评价方法为审核有关设计文档和现场核实。

5.2.2 本条来源于《公共建筑节能设计标准》GB 50189-2005第5.4.3条对锅炉额定热效率的规定以及第5.4.5、5.4.8及5.4.9条对冷热源机组能效比的规定。该标准在制定时参照了强制性国家能效标准《冷水机组能效限定值及能源效率等级》GB 19577和《单元式空气调节机能效限定值及能源效率等级》GB 19576，并综合考虑了国家的节能政策及我国产品的发展水平，从科学合理的角度出发，制定冷热源机组的能效标准。

本条的评价方法为审核有关设计文档。

5.2.3 合理利用能源、提高能源利用率、节约能源是我国的基本国策。高品位的电能直接用于转换为低品位的热能进行采暖或空调，热效率低，运行费用高，对绿色建筑而言应严格限制这种“高质低用”的能源转换利用方式。考虑到一些采用太阳能供热的建筑，夜间利用低谷电进行蓄热补充，且蓄热式电锅炉不在日间用电高峰和平段时间启用，这种做法有利于减小昼夜峰谷，平衡能源利用，因此是一种宏观节能。此情况作为特例，不在本条的限制范围内。

本条的评价需审核有关设计文档并现场核实。

5.2.4 参照《建筑照明设计标准》GB 50034的第6.1.2～6.1.4条规定，本条采用房间或场所一般照明的照明功率密度（LPD）作为照明节能的评价指标。设计者应选用发光效率高、显色性好、使用寿命长、色温适宜并符合环保要求的光源。在满足眩光限制和配光要求条件下，应采用效率高的灯具，灯具效率满足《建筑照明设计标准》GB 50034表3.3.2的规定。此外应尽可能采用分区域分时段控制等节能手段。

本条的评价方法为审核建筑照明相关的设计文档。

5.2.5 公共建筑的能源消耗情况较复杂，以空调系统为例，其组成包括冷冻机、冷冻水泵、冷却水泵、冷却塔、空调箱、风机盘管等多个环节。目前各类公共建筑基本上都是一块总电表，不利于建筑各类系统设备的能耗分布，难以发现能耗不合理之处。

对新建的公共建筑，要求在系统设计时必须考虑，使建筑内各耗能环节如冷热源、输配系统、照明、办公设备和热水能耗等都能实现独立分项计量，有助于分析公共建筑各项能耗水平和能耗结构是否合理，发现问题并提出改进措施，从而有效地实施建筑节能。

本条的评价方法为审核有关设计文档并现场核实。

5.2.6 建筑总平面设计的原则是冬季能获得足够的日照并避开主导风向，夏季则能利用自然通风并防止太阳辐射与暴风雨的袭击。虽然建筑总平面设计应考虑多方面的因素，会受到社会历史文化、地形、城市规划、道路、环境等条件的制约，但在设计之初仍需权衡各因素之间的相互关系，通过多方面分析、优化建筑的规划设计，尽可能提高建筑物在夏天的自然通风和冬季的采光效果。

本条的评价方法为审核有关设计文档。

5.2.7 房间有良好、合理的自然通风，一是可以显著地降低夏季房间自然室温，改善室内热环境，提高热舒适；二是可充分利用过渡季节较低的室外空气，减少房间空调设备的运行时间，节约能源。

无论在北方地区还是在南方地区，在春、秋季和冬、夏季的某些时段普遍有开窗加强房间通风的习惯，而外窗的可开启面积过小会严重影响建筑室内的自然通风效果。本条规定是为了使室内人员在较好的室外气象条件下，可通过开启外窗通风来获得热舒适性和良好的室内空气品质。

在我国南方地区，通过实测调查与计算机模拟：当室外干球温度不高于28℃，相对湿度80%以下，室外风速在1.5m/s左右时，如果外窗的可开启面积不小于所在房间地面面积的8%，室内大部分区域基本能达到热舒适性水平；而当室内通风不畅或关闭外窗，室内干球温度26℃，相对湿度80%左右时，室内人员仍然感到有些闷热。人们曾对夏热冬暖地区典型城市的气象数据进行分析，从5月到10月，室外平均温度不高于28℃的天数占每月总天数，有的地区高达60%～70%，最热月也能达到10%左右，对应时间段的室外风速大多能达到1.5m/s左右。因此，做好自然通风气流组织设计，保证一定的外窗可开启面积，可以减少房间空调设备的运行时间，节约能源，提高舒适性。

同样，对建筑的幕墙部分提出应有可开启部分或设有通风换气设备也是为了提高幕墙建筑物室内的舒适性。

本条的评价方法为审核有关设计文档。

5.2.8 为了保证建筑的节能，抵御夏季和冬季室外空气过多地向室内渗漏，对外窗的气密性能有较高的要求。

本标准规定绿色建筑外窗的气密性不低于现行国家标准《建筑外窗气密性分级及其检测方法》GB/T 7107规定的4级要求，即在10Pa压差下，每小时每米缝隙的空气渗透量在0.5～1.5m^3之间和每小时每平方米面积的空气渗透量在1.5～4.5m^3之间。

本条评价方法为依据设计文档审核外窗产品的检测检验报告。

5.2.9 蓄冷蓄热技术虽然从能源转换和利用本身来讲并不节约，但是其对于昼夜电力峰谷差异的调节具有积极的作用，满足城市能源结构调整和环境保护的要求，具有一定的政策性鼓励。为此，宜根据当地能源政策、峰谷电价、能源紧缺状况和设备系统特点等比较选择。

本条的评价方法为审核有关设计文档，并对系统实际运行情况进行调查。

5.2.10 对空调区域排风中的能量加以回收利用可以取得很好的节能效益和环境效益。因此，设计时可优先考虑回收排风中的能量，尤其是当新风与排风采用专门独立的管道输送时，有利于设置集中的热回收装置。

本条的评价方法为审核有关设计文档，并对系统实际运行情况进行调查。

5.2.11 空调系统设计时不仅要考虑到设计工况，而且应考虑全年运行模式。在过渡季，空调系统采用全新风或增大新风比运行，都可以有效地改善空调区内空气的品质，大量节省空气处理所需消耗的能量，应该大力推广应用。但要实现全新风运行，设计时必须认真考虑新风取风口和新风管所需的截面积，妥善安排好排风出路，并应确保室内合理的正压值。

本条的评价方法为审核有关设计文档和使用说明。

5.2.12 大多数公共建筑的空调系统都是按照最不利情况（满负荷）进行系统设计和设备选型的，而建筑在绝大部分时间内是处于部分负荷状况的，或者同一时间仅有一部分空间处于使用状态。面对这种部分负荷、部分空间使用条件的情况，如何采取有效的措施以节约能源，就显得至关重要。系统设计应能保证在建筑物处于部分冷热负荷时和仅部分建筑使用时，能根据实际需要提供恰当的能源供给，同时不降低能源转换效率。要实现这一目的，就必须以节约能源为出发点，区分房间的朝向，细化空调区域，分别进行空调系统的设计。同时，冷热源、输配系统在部分负荷下的调控措施也是十分必要的。

本条的评价方法为审核有关设计文档，并对系统实际运行情况进行调查。

5.2.13 根据《公共建筑节能设计标准》GB 50189－2005第5.3.26、5.3.27条的规定，审核有关设计文档进行本条的评价。

5.2.14 生活用能系统的能耗在整个建筑总能耗中占有不容忽视的比例。自备锅炉房来满足建筑蒸汽或生活热水，如天然气热水锅炉等，不仅对环境造成了较大污染，而且从能源转换和利用的角度而言也不符合“高质高用”的原则，不宜采用。鼓励采用市政热网、热泵、空调余热、其他废热等节能方式供应生活热水，在没有余热或废热可用时，对于蒸汽洗衣、消毒、炊事等应采用其他替代方法（例如紫外线消毒等）。此外，如果设计方案中很好地实现了回收排水中的热量，以及利用如空调凝结水或其他余热废热来作为预热，可降低能源的消耗，同样也能够提高生活热水系统的用能效率。

本条的评价方法为审核有关设计文档，并对系统实际运行情况进行调查。

5.2.15 公共建筑各部分能耗的独立分项计量对于了解和掌握各项能耗水平和能耗结构是否合理，及时发现存在的问题并提出改进措施等具有积极的意义。但对于改建和扩建的公共建筑，有可能受到建筑原有状况和实际条件的限制，增加了分项计量实施的难度。因此本条对于改建和扩建的公共建筑作为一般项，目的是为了鼓励在建筑改建和扩建时尽量考虑能耗分项计量的实施，如对原有线路进行改造等。

本条的评价方法为审核有关设计文档。

5.2.16 设计建筑总能耗是指包括建筑围护结构以及采暖、通风、空调和照明用能源的总消耗。

大量的调查与实测结果表明，通过建筑外窗的能耗损失是建筑能源消耗的主要途径。对于我国北方地区，外窗的传热系数与气密性对建筑采暖能耗影响很大，而在南方地区，外窗的综合遮阳系数则对建筑空调能耗具有明显的影响。

本条通过对设计建筑总能耗的限制，旨在鼓励采用新型建筑构件和其他节能技术，并改善建筑用能系统效率，提高节能效果。

本条的评价方法为审核有关设计文档。

5.2.17 分布式热电冷联供系统为建筑或区域提供电力、供冷、供热（包括供热水）三种需求，实现能源的梯级利用，能源利用效率可达到80%以上，大大减少固体废弃物、温室气体、氮氧化物、硫氧化物和粉尘的排放，还可应对突发事件，确保安全供电，在国际上已经得到广泛应用。我国已有少量项目应用了分布式热电冷联供技术，取得较好的社会和经济效益。

发展分布式热电冷联供技术可降低电网夏季高峰负荷，填补夏季燃气的低谷，平衡能源利用，实现资源的优化配置，是科学合理地利用能源的双赢措施。在应用分布式热电冷联供技术时，必须进行科学论证，从负荷预测、系统配置、运行模式、经济和环保效益等多方面对方案做可行性分析。

本条的评价方法为审核有关设计文档。

5.2.18 绿色建筑的特征之一是合理使用可再生能源与新能源技术。中华人民共和国《可再生能源法》第二条："本法所称可再生能源，是指风能、太阳能、水能、生物质能、地热能、海洋能等非化石能源"。第十七条："国家鼓励单位和个人安装太阳能热水系统、太阳能供热采暖和制冷系统、太阳能光伏发电系统等太阳能利用系统。"中华人民共和国建设部令第143号《民用建筑节能管理规定》第八条，国家鼓励发展下列节能技术和产品：（五）太阳能、地热等可再生能源应用技术及设备。所以在绿色建筑的设计过程中应对可再生能源的利用加以考虑。

中国有较丰富的太阳能资源，年太阳辐照时数超过2200小时的太阳能利用条件较好的地区占国土的2/3，故开发太阳能利用是实现中国可持续发展战略的有效措施之一。我国从20世纪80年代起，对城镇多层住宅应用被动太阳能进行采暖及降温技术已有研究。证明了从合理建筑及热工设计着手，在增加有限的建设投资下，利用被动太阳能是有可能达到改善室内冬夏热环境舒适条件的。

太阳热水器经过近20年的研究和开发，其技术已趋成熟，是目前我国新能源和可再生能源行业中最具发展潜力的产品之一。近几年来，太阳热水器市场年增长率达到20%～30%。随着城乡居民生活水平的提高，对生活热水需求量将大大增加。太阳热水器使用范围也将逐步由提供生活用热水向商业用和工农业生产用热水方向发展。太阳能热利用与建筑一体化技术的发展使得太阳能热水供应、空调、采暖工程成本逐渐降低，也将是太阳热水器潜在的巨大市场。

太阳光电转换技术中太阳电池的生产和光伏发电系统的应用水平不断提高。在我国已能商品化生产的单晶硅、非晶硅太阳电池的效率分别为12%～13%和4%～6%，多晶硅太阳电池也有少量的中试生产，效率为10%～12%。1998年我国太阳电池的生产能力为4.5兆瓦，实际生产为2.1兆瓦。国家发改委颁布了《可再生能源上网管理规定》等多项政策，鼓励太阳能发电。

地热的利用方式目前主要有两种：一是采用地源热泵系统加以利用，一种是以地道风的形式加以利用。地源热泵系统的工作原理主要是通过工作介质流过埋设在土壤或地下水、地表水（含污水、海水等）中的、一种传热效果较好的管材来吸取土壤或水中的热量（制热时）及排出热量（制冷时）到土壤中或水中。与空气源热泵相比，它的优点是出力稳定，效率高，当然也没有除霜问题，可大大降低运行费用。如果在该建筑附近有一定面积的土壤可以埋设专门的塑料管道（水平开槽埋设或垂直钻孔埋设），可采用地热源热泵机组。

为了防止可再生能源利用出现"表面文章"的现象，比如象征性地摆设一两盏太阳能灯，装设一两块太阳能光伏玻璃等用以炒作，却不重视建筑方案的节能与高效产品的选用。为此，若采用太阳能热水技术时，由太阳能直接供应的热水量应达到建筑全年总热水供应量的10%以上；若采用太阳能或风力发电技术，发电量应达到建筑全年总用电量的2%以上；而对地源热泵系统的使用则不加以定量控制。

本条的评价方法为审核设计文档、产品型式检验报告和现场调查。

5.2.19 《建筑照明设计标准》GB 50034规定的照明功率密度目标值标准较高，故本条作为优选项。除了在保证照明质量的前提下尽量减小照明功率密度（LPD）外，建议采用自动控制照明方式，如：随室外天然光的变化自动调节人工照明照度；办公室采用人体感应或动静感应等方式自动开关灯；旅馆的门厅、电梯大堂和客房层走廊等场所，采用夜间定时降低照度的自动调光装置；中大型建筑，按具体条件采用集中或集散的、多功能或单一功能的照明自动控制系统。

本条的评价方法为审核有关设计文档并现场核实。

5.3 节水与水资源利用

5.3.1 对公共建筑除涉及到室内水资源利用、给水排水系统外，还涉及到室外雨、污水的排放、非传统水源利用以及绿化、景观用水等与城市宏观水环境直接相关的问题。绿色建筑的水资源利用设计应结合区域的给水排水、水资源、气候特点等客观环境状况对水环境进行系统规划，制定水系统规划方案，合理提高水资源循环利用率，减少市政供水量和污水排放量。

水系统规划方案包括用水定额的确定、用水量估算及水量平衡、给水排水系统设计、节水器具与非传统水源利用等内容。对于不同水资源状况、气候特征的地区和不同的建筑类型，水系统规划方案涉及的内容会有所不同，如不缺水地区，不一定考虑污水再生利用的内容；餐饮类公共建筑用水较单一，约 90% 以上的水耗用在厨房，冲厕用水很少，因此这类建筑可不考虑再生水利用。因此，水系统规划方案的具体内容要因地制宜。

公共建筑用水定额应参照国标用水定额和其他相关的用水标准规定的用水定额，并结合当地经济状况、气候条件、用水习惯、建筑类型和区域水专项规划等，根据实际情况科学、合理地确定，一般而言北方地区用水定额要比南方地区低。

雨水、再生水等利用是重要的节水措施，但宜具体情况具体分析：多雨地区应加强雨水利用，沿海缺水地区加强海水利用，内陆缺水地区加强再生水利用，而淡水资源丰富地区不宜强制实施污水再生利用，但所有地区均应考虑采用节水器具。

本条的评价方法为审核建筑水（环境）系统规划方案或报告。

5.3.2 公共建筑给水排水系统的规划设计要符合《建筑给水排水设计规范》GB 50015 等的规定。管材、管道附件及设备等供水设施的选取和运行不对供水造成二次污染，而且要优先采用节能的供水系统，如采用变频供水、叠压供水（利用市政余压）系统等；高层建筑生活给水系统分区合理，低区充分利用市政供水压力，高区采用减压分区时不多于一区，每区供水压力不大于 0.45MPa；要采取减压限流的节水措施，如生活给水系统入户管表前供水压力不大于 0.2 MPa；供水系统选用高效低耗的设备如变频供水设备、高效水泵等。

应设有完善的污水收集和污水排放等设施，靠近或在市政排水管网的公共建筑，其生活污水可排入市政污水管网与城市污水集中处理；远离或不能接入市政排水系统的污水，应进行单独处理（分散处理），还要设有完善的污水处理设施。处理后排放附近受纳水体，其水质应达到国家相关排放标准，缺水地区还应考虑回用。污水处理率应达到 100%，达标排放率必须达到 100%。

要根据地形、地貌等特点合理规划雨水排放渠道、渗透途径或收集回用途径，保证排水渠道畅通，实行雨污分流，减少雨水受污染的几率以及尽可能地合理利用雨水资源。无论雨、污水如何收集、处理、排放，其收集、处理及排放系统都不应对周围人与环境产生负面影响。

本条的评价方法为查阅设计文档，并针对供水、排水水质查阅监测报告或运行数据报告。

5.3.3 在规划设计阶段，选用管材、管道附件及设备等供水设施时要考虑在运行中不会对供水造成二次污染，鼓励选用高效低耗的设备如变频供水设备、高效水泵等。采取管道涂衬、管内衬软管、管内套管道等以及选用性能高的阀门、零泄漏阀门等措施避免管道渗漏。采用水平衡测试法检测建筑/建筑群管道漏损量，其漏损率应小于自身高日用水量的 2%。

本条的评价方法为查阅图纸、设计说明书等并现场核实。

5.3.4 应选用《当前国家鼓励发展的节水设备》（产品）目录中公布的设备、器材和器具，根据用水场合的不同，合理选用节水水龙头、节水便器、节水淋浴装置等，所有器具应满足《节水型生活用水器具》CJ 164 及《节水型产品技术条件与管理通则》GB/T 18870 的要求。

对办公、商场类公共建筑可选用以下节水器具：

（1）可选用光电感应式等延时自动关闭水龙头、停水自动关闭水龙头；

（2）可选用感应式或脚踏式高效节水型小便器和两档式坐便器，缺水地区可选用免冲洗水小便器；

（3）极度缺水地区可选用真空节水技术。

对宾馆类公共建筑可选用以下节水器具：

（1）客房可选用陶瓷阀芯、停水自动关闭水龙头；两档式节水型坐便器；水温调节器、节水型淋浴头等节水淋浴装置；

（2）公用洗手间可选用延时自动关闭、停水自动关闭水龙头；感应式或脚踏式高效节水型小便器和蹲便器，缺水地区可选用免冲洗水小便器；

（3）厨房可选用加气式节水龙头、节水型洗碗机等节水器具；

（4）洗衣房可选用高效节水洗衣机。

本条的评价方法为查阅设计文档、产品说明及现场核实。

5.3.5 雨水、再生水等非传统水源在储存、输配等过程中要有足够的消毒杀菌能力，且水质不会被污染，以保障水质安全；供水系统应设有备用水源、溢流装置及相关切换设施等，以保障水量安全。雨水、再生水在整个处理、储存、输配等环节中要采取安全防护和监（检）测控制措施，要符合《污水再生利用工程设计规范》GB 50335 及《建筑中水设计规范》GB 50336 的相关规定和要求，以保证雨水、再生水在处理、储存、输配和使用过程中的卫生安全，不对人体健康和周围环境产生影响。对采用海水的，海水由于盐分含量较高，还要考虑到对管材和设备的防腐问题，以及后排放问题。公共建筑建设有景观水体的，采用雨水、再生水，在水景规划及设计时要考虑到水质的保障问题，将水景设计和水质安全保障措施结合起来考虑。

本条的评价方法为查阅图纸、设计说明书及现场核实。

5.3.6 在规划设计阶段要结合场地的地形特点规划设计好雨水径流途径，包括地面雨水以及建筑屋面雨水，减少雨水受污染机率。公共活动场地、人行道、露天停车场的铺地材质，采用多孔材质，以利于雨水入渗；将雨水排放的非渗透管改为渗透管或穿孔管，兼具渗透和排放两种功能；另外，还可采用景观贮留渗透水池、屋顶花园及中庭花园、渗井、绿地等增加渗透量。

雨水处理方案及技术应根据当地实际情况，因地制宜地经多方案比较后确定。在南方多雨且缺水地区，应结合当地气候条件和建筑的地形、地貌等特点，建立完善的雨水收集、积蓄、处理、利用等配套设施，对屋顶雨水和其他非渗透地表径流雨水进行收集、利用。雨水收集利用系统应设置雨水初期弃流装置和雨水调节池，收集利用系统可与建筑群水景设计相结合。可优先选用暗渠收集雨水，处理后的雨水水质应达到相应用途的水质标准，宜用于绿化、景观、空调等用水。

本条的评价方法为查阅设计图纸及现场核实。

5.3.7 绿化用水采用雨水、再生水等非传统水源是节约市政供水很重要的一方面，不缺水地区宜优先考虑采用雨水进行绿化灌溉；缺水地区应优先考虑采用雨水或再生水进行灌溉。景观环境用水应结合水环境规划、周边环境、地形地貌及气候特点，提出合理的建筑水景规划方案，水景用水优先考虑采用雨水、再生水。其他非饮用用水如洗车用水、消防用水、浇洒道路用水等均可合理采用雨水等非传统水源。采用雨水、再生水等作为绿化、景观用水时，水质应达到相应标准要求，且不应对公共卫生造成威胁。

本条的评价方法为查阅设计说明，并现场核实。

5.3.8 绿化灌溉鼓励采用喷灌、微灌、渗灌、低压管灌等节水灌溉方式；鼓励采用湿度传感器或根据气候变化的调节控制器；为增加雨水渗透量和减少灌溉量，对绿地来说，鼓励选用兼具渗透和排放两种功能的渗透性排水管。

目前普遍采用的绿化灌溉方式是喷灌，即利用专门的设备（动力机、水泵、管道等）把水加压，或利用水的自然落差将有压水送到灌溉地段，通过喷洒器（喷头）喷射到空中散成细小的水滴，均匀地散布，比地面漫灌要省水30%～50%。喷灌时要在风力小时进行。当采用再生水灌溉时，因水中微生物在空气中易传播，应避免采用喷灌方式。

微灌包括滴灌、微喷灌、涌流灌和地下渗灌，它是通过低压管道和滴头或其他灌水器，以持续、均匀和受控的方式向植物根系输送所需水分，比地面漫灌省水50%～70%，比喷灌省水15%～20%。微灌的灌水器孔径很小，易堵塞。微灌的用水一般都应进行净化处理，先经过沉淀除去大颗粒泥沙，再进行过滤，除去细小颗粒的杂质等，特殊情况还需进行化学处理。

本条的评价方法为现场核实。

5.3.9 本着“开源节流”的原则，缺水地区在规划设计阶段还应考虑将污水再生后合理利用，用作室内冲厕用水以及室外绿化、景观、道路浇洒、洗车等用水。再生水包括市政再生水（以城市污水处理厂出水或城市污水为水源）、建筑再生水（以生活排水、杂排水、优质杂排水为水源），其选择应结合城市规划、建筑区域环境、城市中水设施建设管理办法、水量平衡等从经济、技术、水源水质或水量稳定性等各方面综合考虑而定。

建筑周围有集中再生水厂的，首先应采用本地区市政再生水或上游地区市政再生水，没有集中再生水厂的，要根据本建筑所在地的中水设施建设管理办法或其他相关规定等，确定是否建设建筑再生水处理设施，并依次考虑建筑优质杂排水、杂排水、生活排水等的再生利用。总之，再生水水源的选择及再生水利用应从区域统筹和城市规划的层面上整体考虑。

再生处理工艺应根据处理规模、水质特性、利用或回用用途及当地的实际情况和要求，经全面技术经济比较后优选确定。在保证满足再生利用要求、运行稳定可靠的前提下，要使基建投资和运行成本的综合费用最为经济节省，运行管理简单，控制调节方便，同时要求具有良好的安全、卫生条件。所有的再生处理工艺都应有消毒处理这个环节，以确保出水水质的安全。

本条的评价方法为查阅规划设计图纸、设计说明书等。

5.3.10 按照使用用途和水平衡测试标准要求设置水表，对厨卫用水、绿化景观用水等分别统计用水量，以便于统计每种用途的用水量和漏水量。

本条的评价方法为审核设计图纸并现场核实。

5.3.11、5.3.12 办公、商场这类公共建筑耗水特点是较单一，大部分用水用于冲厕，其余的用于盥洗。根据高质高用、低质低用的用水原则，对这类建筑较适宜采用分质供水，将再生水、雨水等用于冲厕。根据《建筑中水设计规范》GB 50336等标准、规范，冲厕用水占办公建筑用水量的60%以上，考虑这部分建筑可利用的循环水量较少，若冲厕、清洗中三分之一采用雨水或再生水替代，则雨水或再生水利用率可在20%以上。

宾馆一般都采用集中空调，其冷却水可采用再生水、雨水，沿海地区还可考虑采用海水。因此这类公共建筑宜结合区域水资源情况及利用情况，在缺水地区可将再生水等非传统水源用在冲厕和空调冷却。根据《建筑中水设计规范》GB 50336 等标准、规范，这类建筑冲厕用水至少占总用水量的 10%以上，若再考虑空调冷却水也采用非传统水源，则非传统水源利用率不低于 15%。

非传统水源利用率可通过下列公式计算：

$$R_u = \frac{W_u}{W_t} \times 100\%$$

$$W_u = W_R + W_r + W_s + W_o$$

式中 R_u——非传统水源利用率，%；

W_u——非传统水源设计使用量（规划设计阶段）或实际使用量（运行阶段），m^3/a；

W_t——设计用水总量（规划设计阶段）或实际用水总量（运行阶段），m^3/a；

W_R——再生水设计利用量（规划设计阶段）或实际利用量（运行阶段），m^3/a；

W_r——雨水设计利用量（规划设计阶段）或实际利用量（运行阶段），m^3/a；

W_s——海水设计利用量（规划设计阶段）或实际利用量（运行阶段），m^3/a；

W_o——其他非传统水源利用量（规划设计阶段）或实际利用量（运行阶段），m^3/a。

本条的评价方法为查阅设计说明书以及运行数据报告（用水量记录报告）等。

5.4 节材与材料资源利用

5.4.1 由于过度装修以及劣质材料有可能造成室内污染，本条从控制室内污染源角度出发，提出在装修阶段应选用有害物质含量达标的装饰装修材料，防止由于选材不当造成室内空气污染。

装饰装修材料主要包括石材、人造板及其制品、建筑涂料、溶剂型木器涂料、胶粘剂、木制家具、壁纸、聚氯乙烯卷材地板、地毯、地毯衬垫及地毯胶粘剂等。装饰装修材料中的有害物质是指甲醛、挥发性有机物（VOC）、苯、甲苯和二甲苯以及游离甲苯二异氰酸酯及放射性核素等。国家颁布了九项建筑材料有害物质限量的标准（GB 18580～GB 18588）和建筑材料放射性核素限量标准（GB 6566）。绿色建筑选用的建筑材料中的有害物质含量必须符合下列国家标准。

《室内装饰装修材料人造板及其制品中甲醛释放限量》GB 18580

《室内装饰装修材料溶剂型木器涂料中有害物质限量》GB 18581

《室内装饰装修材料内墙涂料中有害物质限量》GB 18582

《室内装饰装修材料胶粘剂中有害物质限量》GB 18583

《室内装饰装修材料木家具中有害物质限量》GB 18584

《室内装饰装修材料壁纸中有害物质限量》GB 18585

《室内装饰装修材料聚氯乙烯卷材地板中有害物质限量》GB 18586

《室内装饰装修材料地毯、地毯衬垫及地毯用胶粘剂中有害物质释放限量》GB 18587

《混凝土外加剂中释放氨限量》GB 18588

《建筑材料放射性核素限量》GB 6566

本条的评价方法为查阅由具有资质的第三方检验机构出具的产品检验报告。

5.4.2 建筑是艺术和技术的综合体，但为了片面追求美观而以巨大的资源消耗为代价，不符合绿色建筑的基本理念。因此要在设计中控制造型要素中没有功能作用的装饰构件的大量应用。没有功能作用的装饰构件主要指：（1）不具备遮阳、导光、导风、载物、辅助绿化等作用的飘板、格栅和构架等，且作为构成要素在建筑中大量使用。（2）单纯为追求标志性效果在屋顶等处设立的大型塔、球、曲面等异形构件。（3）女儿墙高度超过规范要求 2 倍以上。

本条的评价方法为查阅设计图纸及现场核实。

5.4.3 本条鼓励使用当地生产的建筑材料，提高就地取材制成的建筑产品所占的比例。建材本地化是减少运输过程的资源、能源消耗，降低环境污染的重要手段之一。根据工程所用建筑材料中 500km 范围内生产的建筑材料的重量以及建筑材料总重量，要求两者比值不小于 60%。

本条的评价方法为查阅工程决算材料清单（包含材料生产厂家的名称、地址）。

5.4.4 绿色建筑提倡和推广使用预拌混凝土，其应用技术目前已较为成熟。国家有关部门发布了一系列关于限期禁止在城市城区现场搅拌混凝土的政策并明确规定“北京等 124 个城市城区从 2003 年 12 月 31 日起禁止现场搅拌混凝土，其他省（自治区）辖市从 2005 年 12 月 31 日起禁止现场搅拌混凝土”。与现场搅拌混凝土相比，预拌混凝土能够保证混凝土质量，强度保证率可以达到 95%以上；能够减少施工现场噪声和粉尘污染；能够减少材料损耗和节约水泥的包装纸袋对森林资源的消耗，保护生态环境。

本条的评价方法为查阅施工单位提供的混凝土工程总用量清单及混凝土搅拌站提供的预拌混凝土供货单中预拌混凝土使用量。

5.4.5 本条鼓励在绿色建筑中合理采用耐久性和节材效果好的建筑结构材料。高性能混凝土、高强度钢等结构材料的上述功能显著优于同类建筑材料。对于建筑工程而言，使用耐久性好的材料是最大的节约措施。高强度钢和高性能混凝土本身具有显著的节材效果。如果将钢筋混凝土的主导受力钢筋强度提高到 400～500N/mm²，则可以在目前用钢量的水平上节约10%左右，混凝土若能以C30～C40强度等级，部分建筑达到C80，则可以在目前混凝土消耗量的水平上节约30%左右。同时使用高性能混凝土、高强度钢还可以解决建筑结构中肥梁胖柱问题，增加建筑使用面积。在钢筋混凝土主体结构中使用强度在400N/mm^2以上的钢筋和强度满足设计要求的高性能混凝土就满足本条文要求。

本条的评价方法为查阅材料决算清单、施工记录以及混凝土检验报告（含耐久性指标）。

5.4.6 本条鼓励施工过程最大限度利用建设用地内拆除或其他渠道收集得到的旧建筑材料，以及建筑施工和场地清理时产生的废弃物等资源，延长其使用周期。达到节约原材料、减少废物的产生，并降低由于更新所需材料的生产及运输对环境的影响的目的。

对于施工所产生的垃圾、废弃物，应现场进行分类处理，这是回收利用废弃物的关键和前提。可直接再利用的材料在建筑中重新利用，不可直接再利用的材料通过再生利用企业进行回收、加工，最大限度地避免废弃物污染、随意遗弃。

本条的评价方法为查阅建筑施工废弃物管理规划和施工现场废弃物回收利用记录。

5.4.7 建筑中可再循环材料包含两部分内容，一是用于建筑的材料本身就是可再循环材料；二是建筑拆除时能够被再循环的材料。如金属材料（钢材、铜）、玻璃、铝合金型材、石膏制品、木材等，而不可降解的建筑材料如聚氯乙烯（PVC）等材料不属于可循环材料范围。充分使用可再循环材料可以减少生产加工新材料带来的对资源、能源消耗和对环境的污染，对于建筑的可持续发展具有非常重要的意义。

本条的评价方法为查阅工程决算材料清单中有关材料的使用量。

5.4.8 土建和装修一体化设计施工，首先要求建筑师进行土建和装修的一体化设计，土建和装修一体化设计、施工，可以完整地体现设计师的设计意图，加强建筑物内涵和表现的协调统一，加强建筑物的完整性。同时，由于土建和装修一体化设计、施工，可以事先统一进行建筑构件上的孔洞预留和装修面层固定件的预埋，避免了在装修施工阶段对已有建筑构件的打凿、穿孔，既保证了结构的安全性，又减少了建筑垃圾；可以保证建筑师在建筑设计阶段，尽可能依据最终装修面层材料的尺寸调整建筑物的尺度，最大限度的保证装修面层材料使用整料，减少边角部分的材料浪费，节约材料，减少装修施工中的噪声污染，节省装修施工时间和能量消耗，并降低装修施工的劳动强度。

土建与装修工程一体化设计施工需要业主、设计方以及施工方的通力合作。

本条的评价方法为查阅施工监理方出具的土建与装修一体化证明材料，必要时应该核查施工图以及施工的实际工作量清单。

5.4.9 对于办公、商场类建筑，使用者经常发生变动，室内办公设备、商品布置等相应也会发生改变，这会对建筑室内空间格局提出新的要求。为避免空间布局改变带来的多次装修和废弃物产生，此类建筑应在保证室内工作、商业环境不受影响的前提下，较多采用灵活的隔断，以减少空间重新布置时重复装修对建筑构件的破坏，节约材料。

本条的评价方法为现场核实。

5.4.10 废弃物主要包括建筑废弃物、工业废弃物和生活废弃物，可作为原材料用于生产绿色建材产品。在满足使用性能的前提下，鼓励使用利用建筑废弃物再生骨料制作的混凝土砌块、水泥制品和配制再生混凝土；提倡使用利用工业废弃物、农作物秸秆、建筑垃圾、淤泥为原料制作的水泥、混凝土、墙体材料、保温材料等建筑材料；提倡使用生活废弃物经处理后制成的建筑材料。

为保证废弃物使用达到一定的数量要求，本条规定：使用以废弃物生产的建筑材料的重量占同类建筑材料的总重量比例不低于30%。例如：建筑中使用石膏砌块作内隔墙材料，其中以工业副产石膏（脱硫石膏、磷石膏等）制作的工业副产石膏砌块的使用重量占到建筑中使用石膏砌块总重量的30%以上，则该项条款满足要求。

本条的评价方法为查阅工程决算材料清单中有关材料的使用数量。

5.4.11 不同类型与功能特点的建筑，采用不同的结构体系和材料，对资源、能源耗用量及其对环境的冲击存在显著差异。目前我国建筑结构体系主要有砖-混凝土预制板混合结构、现浇混凝土框架剪力墙结构和混凝土框架结构，近年来，轻钢结构也有一定发展。就全国范围而言，砖-混凝土预制板混合结构仍占主要地位，约占整个建筑结构体系的70%左右，目前我国的钢结构建筑所占的比重还不到5%。绿色建筑应从节约资源和环境保护的要求出发，在保证安全、耐久的前提下，尽量选用资源消耗和环境影响小的建筑结构体系，主要包括轻钢结构体系、砌体结构体系及木结构体系。

本条的评价方法为查阅设计文件。

5.4.12 绿色建筑应延长还具有使用价值的建筑材料的使用周期，重复使用材料，降低材料生产的资源、能源消耗和材料运输对环境造成的影响。可再利用材料包括从旧建筑拆除的材料以及从其他场所回收的旧建筑材料，包括砌块、砖石、管道、板材、木地板、木制品（门窗）、钢材、钢筋、部分装饰材料等。开发商需提供工程决算材料清单，计算使用可再利用材料的重量以及工程建筑材料的总重量，二者比值即为可再利用材料的使用率。

本条的评价方法为查阅工程决算材料清单中有关

材料的使用数量。

5.5 室内环境质量

5.5.1 室内热环境是指影响人体冷热感觉的环境因素。"热舒适"是指人体对热环境的主观热反应，是人们对周围热环境感到满意的一种主观感觉，它是多种因素综合作用的结果。舒适的室内环境有助于人的身心健康，进而提高学习、工作效率；而当人处于过冷、过热环境中，则会引起疾病，影响健康乃至危及生命。

一般而言，室内温度、室内湿度和气流速度对人体热舒适感产生的影响最为显著，也最容易被人体所感知和认识；而环境辐射对人体的冷热感产生的影响很容易被人们所忽视；除此之外，围护结构辐射也会对室内空气温度产生直接的影响，因此本标准只引用室内温度、室内湿度、气流速度三个参数评判室内环境的人体热舒适性。根据《公共建筑节能设计标准》中的设计计算要求，上述参数在冬夏季分别控制在相应区间内。

本条的评价方法为查阅建筑房间内温度、湿度、风速的检测报告。

5.5.2 由于围护结构中窗过梁、圈梁、钢筋混凝土抗震柱、钢筋混凝土剪力墙、梁、柱等部位的传热系数远大于主体部位的传热系数，形成热流密集通道，即为热桥。本条规定的目的主要是防止冬季采暖期间热桥内外表面温差小，内表面温度容易低于室内空气露点温度，造成围护结构热桥部位内表面产生结露；同时也避免夏季空调期间这些部位传热过大增加空调能耗。

内表面结露，会造成围护结构内表面材料受潮，在通风不畅的情况下易产生霉菌，影响室内人员的身体健康。因此，应采取合理的保温、隔热措施，减少围护结构热桥部位的传热损失，防止外墙和外窗等外围护结构内表面温度过低。

另外在室内使用辐射型空调末端时，需密切注意水温的控制，避免表面结露。

本条的评价方法为审核建筑节能设计和系统设计资料，并现场观察。

5.5.3 公共建筑所需要的最小新风量应根据室内空气的卫生要求、人员的活动和工作性质，以及在室内停留时间等因素确定。卫生要求的最小新风量，公共建筑主要是对二氧化碳的浓度要求（可吸入颗粒物的要求可通过过滤等措施达到）。此外，为确保引入室内的为室外新鲜空气，新风采气口的上风向不能有污染源；提倡新风直接入室，缩短新风风管的长度，减少途径污染。

公共建筑主要房间人员所需的最小新风量，应根据建筑类型和功能要求，参考国家标准《旅游旅馆建筑热工与空气调节节能设计标准》GB 50189、《公共场所卫生标准》GB 9663～GB 9673、《饭馆（餐厅）卫生标准》GB 16153、《室内空气质量标准》GB/T 18883 等标准规范文件确定。

本条的评价方法为查阅设计说明及现场检测报告。

5.5.4 室内空气污染造成的健康问题近年来得到广泛关注。轻微的反应包括眼睛、鼻子及呼吸道刺激和头疼、头昏眼花及身体疲乏；严重的有可能导致呼吸器官疾病，甚至心脏疾病及癌症等。

为此，应根据《民用建筑工程室内环境污染控制规范》GB 50325 的规定，严格控制室内的污染物浓度，从而保证人们的身体健康。

本条的评价方法为审核检测报告。

5.5.5 室内背景噪声水平是影响室内环境质量的重要因素之一。尽管室内噪声通常与室内空气质量和热舒适度相比对人体的影响不那么显著，但其危害是多方面的，包括引起耳部不适、降低工作效率、损害心血管、引起神经系统紊乱，甚至影响视力等。

影响室内噪声的因素包括室内噪声源和室外环境影响。室内噪声主要来自室内电器，而室外环境对室内噪声的影响时间更长，影响程度更大，主要是交通噪声、建筑施工噪声、商业噪声、工业噪声、邻居噪声等。

《民用建筑隔声设计规范》GBJ 118 中对宾馆和办公类建筑室内允许噪声级提出了标准要求；《商场（店）、书店卫生标准》GB 9670 中规定商场内背景噪声级不超过 60dB（A），而出售音响的柜台背景噪声级不能超过 85dB（A）。

本条的评价方法为审核现场检测报告。

5.5.6 室内照明质量是影响室内环境质量的重要因素之一，良好的照明不但有利于提升人们的工作和学习效率，更有利于人们的身心健康，减少各种职业疾病。

良好、舒适的照明首先要求在参考平面上具有适当的照度水平，不但要满足视觉工作要求，而且要在整个建筑空间创造出舒适、健康的光环境气氛；强烈的眩光会使室内光线不和谐，使人感到不舒适，容易增加人体疲劳，严重时会觉得昏眩，甚至短暂失明眩光问题。室内照明质量的另一个重要因素是光源的显色性，人工光源对物体真实颜色的呈现程度称为光源的显色性，为了对光源的显色性进行定量的评价，引入显色指数的概念，以标准光源为准，将其显色指数定为 100，其余光源的显色指数均低于 100。人工光和天然光的光谱组成不同，因而显色效果也有差别。如果灯光的光色和空间色调不配合，就会造成很不相宜的环境气氛；而室内外光源的显色性相差过大也会引起人眼的不舒适、疲劳等，甚至会造成物体色判断失误等。

公共建筑的室内照度、统一眩光值、一般显色指数要满足《建筑照明设计标准》GB 50034 中 5.2 节的有关规定。

本条的评价方法为审核现场检测报告。

5.5.7 自然通风是在风压或热压推动下的空气流动。自然通风是实现节能和改善室内空气品质的重要手段，提高室内热舒适的重要途径。因此，在建筑设计和构造设计中鼓励采取诱导气流、促进自然通风的主动措施，如导风墙、拔风井等等，以促进室内自然通风的效率。

本条的评价方法为审核设计图纸和通风模拟报告。

5.5.8 公共建筑空调末端是提供室内使用者舒适性的重要保证手段。本条款的目的是杜绝不良的空调末端设计，如未充分考虑除湿的情况下采用辐射吊顶末端、宾馆类建筑采用不可调节的全空气系统等。而个性化送风末端、干式风机盘管、地板采暖等末端，用户可通过手动或自动调节来满足要求，有助于提高使用舒适性。

本条的评价方法为审核设计图纸和现场核实。

5.5.9 为了从使用功能上提高宾馆类建筑的建设质量，在该类建筑中提供安静的室内环境，并避免不同房间之间的声音干扰以及保护人们室内活动的隐私性，要求建筑围护结构的隔声性能满足一定的要求是通常使用的办法。

宾馆类建筑的围护结构分类主要包括客房与客房间隔墙、客房与走廊间隔墙（包括门）、客房外墙（包含窗），以及客房层间楼板、客房与各种有振动的房间之间的楼板，本标准要求相关类型的围护结构的空气声隔声性能和撞击声隔声性能须分别满足《民用建筑隔声设计规范》GBJ 118－88 中 6.2.1 和 6.2.2 条的一级以上要求。

本条的评价方法为审核现场检测报告。

5.5.10 公共建筑要按照有关的卫生标准要求控制室内的噪声水平，保护劳动者的健康和安全，还应创造一个能够最大限度提高员工效率的工作环境，包括声环境。

这就要求在建筑设计、建造和设备系统设计、安装的过程中全程考虑建筑平面和空间功能的合理安排，并在设备系统设计、安装时就考虑其引起的噪声与振动控制手段和措施，从建筑设计上将对噪声敏感的房间远离噪声源、从噪声源开始实施控制，往往是最有效和经济的方法。

本条的评价方法为审核设计图纸和现场考核。

5.5.11 天然光环境是人们长期习惯和喜爱的工作环境。各种光源的视觉试验结果表明，在同样照度的条件下，天然光的辨认能力优于人工光，从而有利于人们工作、生活、保护视力和提高劳动生产率。公共建筑自然采光的意义不仅在于照明节能，而且为室内的视觉作业提供舒适、健康的光环境，是良好的室内环境质量不可缺少的重要组成部分。

自然采光的最大缺点就是不稳定和难以达到所要求的室内照度均匀度。在建筑的高窗位置采取反光板、折光棱镜玻璃等措施不仅可以将更多的自然光线引入室内，而且可以改善室内自然采光形成照度的均匀性和稳定性。我国大部分地区处于温带，天然光充足，为利用天然光提供了有利条件，在白天的大部分时间内都能具有充分的天然光资源可以利用。这对照明节能也具有非常重要的意义。

本条强调的主要功能空间是指公共建筑内除室内交通、卫浴等之外的主要使用空间。本标准要求75%以上的主要功能空间室内采光系数满足《建筑采光设计标准》GB/T 50033 中 3.2.2～3.2.7 条的要求。

本条的评价方法为审核设计图纸和相关分析或检测报告。

5.5.12 为了不断提高设计人员执行规范的自觉性，保证残疾人、老年人和儿童进出的方便，体现建筑整体环境的人性化，鼓励在建筑入口、电梯、卫生间等主要活动空间有无障碍设施。

本条的评价方法为现场考核。

5.5.13 可结合建筑的外立面造型采取合理的外遮阳措施，形成整体有效的外遮阳系统，可以有效地减少建筑因太阳辐射和室外空气温度通过建筑围护结构的传导得热以及通过窗户的辐射得热，对于改善夏季室内热舒适性具有重要作用。

本条的评价方法为现场核实。

5.5.14 为保护人体健康，预防和控制室内空气污染，可在主要功能房间设计和安装室内污染监控系统，利用传感器对室内主要位置进行温湿度、二氧化碳、空气污染物浓度等进行数据采集和分析；也可同时检测进、排风设备的工作状态，并与室内空气污染监控系统关联，实现自动通风调节，保证室内始终处于健康的空气环境。

室内污染监控系统应能够将所采集的有关信息传输至计算机或监控平台，实现对公共场所空气质量的采集、数据存储、实时报警，历史数据的分析、统计，处理和调节控制等功能，保障场所良好的空气质量。

本条的评价方法为审核设计资料并现场核实。

5.5.15 为了改善地上空间的自然采光效果，除可以在建筑设计手法上采取反光板、棱镜玻璃窗等简单措施，还可以采用导光管、光纤等先进的自然采光技术将室外的自然光引入室内的进深处，改善室内照明质量和自然光利用效果。

地下空间的自然采光不仅有利于照明节能，而且充足的自然光还有利于改善地下空间卫生环境。由于地下空间的封闭性，自然采光可以增加室内外的自然信息交流，减少人们的压抑心理等；同时，自然采光也可以作为日间地下空间应急照明的可靠光源。地下空间的自然采光方法很多，可以是简单的天窗、采光通道等，也可以是棱镜玻璃窗、导光管等技术成熟、容易维护的措施。

本条的评价方法为审核设计图纸并进行现场核实。

5.6 运营管理

5.6.1 物业管理公司应提交节能、节水、节材与绿化管理制度，并说明实施效果。节能管理制度主要包括节能管理模式、收费模式等；节水管理制度主要包括梯级用水原则和节水方案；耗材管理制度主要包括建筑、设备、系统的维护制度和耗材管理制度等；绿化管理制度主要包括绿化用水的使用及计量、各种杀虫剂、除草剂、化肥、农药等化学药品的规范使用等。

本条的评价方法为查阅物业管理公司的管理文档、日常管理记录并现场考察。

5.6.2 建筑运营过程中会产生大量的废水和废气，为此需要通过选用先进的设备和材料或其他方式，通过合理技术措施和排放管理手段，杜绝建筑运营过程中废水和废气的不达标排放。

本条的评价方法为校对项目的环评报告并现场考察。

5.6.3 在建筑运行过程中会产生大量的垃圾，包括建筑装修、维护过程中出现的土、渣土、散落的砂浆和混凝土、剔凿产生的砖石和混凝土碎块，还包括金属、竹木材、装饰装修产生的废料、各种包装材料、废旧纸张等，对于宾馆类建筑还包括其餐厅产生的厨余垃圾等。这些众多种类的垃圾，如果弃之不用或不合理处理将会对城市环境产生极大的影响。

为此，在建筑运行过程中需要根据建筑垃圾的来源、可否回用性质、处理难易度等进行分类，将其中可再利用或可再生的材料进行有效回收处理，重新用于生产。

本条的评价方法为审核物业的废弃物管理措施并现场核实。

5.6.4 应对施工场地所在地区的土壤环境现状进行调查，并提出场地规划使用对策，防止土壤侵蚀、退化；施工所需占用的场地，应首先考虑利用荒地、劣地、废地。

施工中挖出的弃土堆置时，应避免流失，并应回填利用，做到土方量挖填平衡；有条件时应考虑邻近施工场地间的土方资源调配。施工场地内良好的表面耕植土应进行收集和利用。

规划中考虑施工道路和建成后运营道路系统的延续性，考虑临时设施在建筑运营中的应用，避免重复建设。

本条的评价方法是审核施工报告，并现场考察。

5.6.5 ISO 14001是环境管理标准，它包括了环境管理体系、环境审核、环境标志、全寿命周期分析等内容，旨在指导各类组织取得表现正确的环境行为。物业管理部门通过ISO 14001环境管理体系认证，是提高环境管理水平的需要。同时物业管理具有完善的管理措施，定期进行物业管理人员的培训。

本条的评价方法是查看物业管理公司的资质证书。

5.6.6 建筑中设备、管道的使用寿命普遍短于建筑结构的寿命，因此各种设备、管道的布置应方便将来的维修、改造和更换。可通过将管井设置在公共部位等措施，减少对用户的干扰。属公共使用功能的设备、管道应设置在公共部位，以便于日常维修与更换。

本条的评价方法为查阅有关设备、管道的设计文件并现场核实。

5.6.7 空调系统开启前，应对系统的过滤器、表冷器、加热器、加湿器、冷凝水盘进行全面检查、清洗或更换，保证空调送风风质符合《室内空气中细菌总数卫生标准》GB 17093的要求。空调系统清洗的具体方法和要求参见《空调通风系统清洗规范》GB 19210。

本条的评价方法是审核物业管理措施和维护记录。

5.6.8 为保证建筑的安全、高效运营，要求根据国家标准《智能建筑设计标准》GB/T 50314和国家标准《智能建筑工程质量验收规范》，设置合理、完善的建筑信息网络系统，能顺利支持通信和计算机网络的应用，并运行安全可靠。

本条的评价方法为审查建筑信息网络系统设计文档及运行记录。

5.6.9 公共建筑的空调、通风和照明系统是建筑运行中主要能耗去处。为此，绿色建筑内的空调通风系统冷热源、风机、水泵等设备应进行有效监测，对关键数据进行实时采集并记录；对上述设备系统按照设计要求进行可靠的自动化控制。对照明系统，除了在保证照明质量的前提下尽量减小照明功率密度设计外，可采用感应式或延时的自动控制方式实现建筑的照明节能运行。

本条的评价方法是查阅设备自控系统设计文档并现场核实。

5.6.10 以往在公建中按面积收取水、电、天然气、热等的费用，往往容易导致用户不注意节能，长明灯、长流水现象处处可见，是浪费能源、资源的主要缺口之一。因此应作为考查重点之一。要求在硬件方面，应该能够做到耗电和冷热量的分项、分级记录与计量，了解分析公共建筑各项能耗大小，发现问题所在和提出节能措施的必备手段。同时能实现按能量计量收费，这样有利于业主和用户重视节能。

本条的评价方法为审核物业管理措施，并抽查物业管理合同。

5.6.11 管理是运行节能的重要手段，然而过去往往管理业绩不与节能、节约资源情况挂钩。因此要求物业在保证建筑的使用性能要求、投诉率要低于规定值的前提下，实现物业的经济效益与建筑用能系统的耗能状况、水和办公用品等的使用情况直接挂钩。

本条的评价方法为运行阶段审查业主和租用者以及管理企业之间的合同。

中华人民共和国国家标准

公共建筑节能设计标准

GB 50189—2005

条 文 说 明

目　次

1 总 则

1.0.1 我国建筑用能已超过全国能源消费总量的1/4，并将随着人民生活水平的提高逐步增加到1/3以上。公共建筑用能数量巨大，浪费严重。制定并实施公共建筑节能设计标准，有利于改善公共建筑的热环境，提高暖通空调系统的能源利用效率，从根本上扭转公共建筑用能严重浪费的状况，为实现国家节约能源和保护环境的战略，贯彻有关政策和法规作出贡献。

我国已经编制了北方严寒和寒冷地区、中部夏热冬冷地区和南方夏热冬暖地区的居住建筑节能设计标准，并已先后发布实施。按照节能工作从居住建筑向公共建筑发展的部署，编制出公共建筑节能设计标准，以适应节能工作不断进展的需要。

1.0.2 建筑划分为民用建筑和工业建筑。民用建筑又分为居住建筑和公共建筑。公共建筑则包含办公建筑（包括写字楼、政府部门办公楼等），商业建筑（如商场、金融建筑等），旅游建筑（如旅馆饭店、娱乐场所等），科教文卫建筑（包括文化、教育、科研、医疗、卫生、体育建筑等），通信建筑（如邮电、通讯、广播用房）以及交通运输用房（如机场、车站建筑等）。目前中国每年竣工建筑面积约为20亿m^2，其中公共建筑约有4亿m^2。在公共建筑中，尤以办公建筑、大中型商场，以及高档旅馆饭店等几类建筑，在建筑的标准、功能及设置全年空调采暖系统等方面有许多共性，而且其采暖空调能耗特别高，采暖空调节能潜力也最大。

在公共建筑（特别是大型商场、高档旅馆酒店、高档办公楼等）的全年能耗中，大约50%～60%消耗于空调制冷与采暖系统，20%～30%用于照明。而在空调采暖这部分能耗中，大约20%～50%由外围护结构传热所消耗（夏热冬暖地区大约20%，夏热冬冷地区大约35%，寒冷地区大约40%，严寒地区大约50%）。从目前情况分析，这些建筑在围护结构、采暖空调系统，以及照明方面，共有节约能源50%的潜力。

对全国新建、扩建和改建的公共建筑，本标准提出了节能要求，并从建筑、热工以及暖通空调设计方面提出控制指标和节能措施。

1.0.3 各类公共建筑的节能设计，必须根据当地的具体气候条件，首先保证室内热环境质量，提高人民的生活水平；与此同时，还要提高采暖、通风、空调和照明系统的能源利用效率，实现国家的可持续发展战略和能源发展战略，完成本阶段节能50%的任务。

公共建筑能耗应该包括建筑围护结构以及采暖、通风、空调和照明用能源消耗。本标准所要求的50%的节能率也同样包含上述范围的节能成效。由于已发布《建筑照明设计标准》GB 50034—2004，建筑照明节能的具体指标及技术措施执行该标准的规定。

本标准提出的50%节能目标，是有其比较基准的。即以20世纪80年代改革开放初期建造的公共建筑作为比较能耗的基础，称为“基准建筑（Baseline）”。“基准建筑”围护结构、暖通空调设备及系统、照明设备的参数，都按当时情况选取。在保持与目前标准约定的室内环境参数的条件下，计算“基准建筑”全年的暖通空调和照明能耗，将它作为100%。我们再将这“基准建筑”按本标准的规定进行参数调整，即围护结构、暖通空调、照明参数均按本标准规定设定，计算其全年的暖通空调和照明能耗，应该相当于50%。这就是节能50%的内涵。

“基准建筑”围护结构的构成、传热系数、遮阳系数，按照以往20世纪80年代传统做法，即外墙K值取1.28W/(m^2·K)(哈尔滨)；1.70W/(m^2·K)(北京)；2.00W/(m^2·K)(上海)；2.35W/(m^2·K)(广州)。屋顶K值取0.77W/(m^2·K)(哈尔滨)；1.26W/(m^2·K)(北京)；1.50W/(m^2·K)(上海)；1.55W/(m^2·K)(广州)。外窗K值取3.26W/(m^2·K)(哈尔滨)；6.40W/(m^2·K)(北京)；6.40W/(m^2·K)(上海)；6.40W/(m^2·K)(广州)，遮阳系数SC均取0.80。采暖热源设定燃煤锅炉，其效率为0.55；空调冷源设定为水冷机组，离心机能效比4.2，螺杆机能效比3.8；照明参数取25W/m^2。

本标准节能目标50%由改善围护结构热工性能，提高空调采暖设备和照明设备效率来分担。照明设备效率节能目标参数按《建筑照明设计标准》GB 50034—2004确定。本标准中对围护结构、暖通空调方面的规定值，就是在设定“基准建筑”全年采暖空调和照明的能耗为100%情况下，调整围护结构热工参数，以及采暖空调设备能效比等设计要素，直至按这些参数设计建筑的全年采暖空调和照明的能耗下降到50%，即定为标准规定值。

当然，这种全年采暖空调和照明的能耗计算，只可能按照典型模式运算，而实际情况是极为复杂的。因此，不能认为所有公共建筑都在这样的模式下运行。

通过编制标准过程中的计算、分析，按本标准进行建筑设计，由于改善了围护结构热工性能，提高了空调采暖设备和照明设备效率，从北方至南方，围护结构分担节能率约25%～13%；空调采暖系统分担节能率约20%～16%；照明设备分担节能率约7%～18%。由此可见，执行本标准后，全国总体节能率可达到50%。

1.0.4 本标准对公共建筑的建筑、热工以及采暖、通风和空调设计中应该控制的、与能耗有关的指标和应采取的节能措施作出了规定。但公共建筑节能涉及的专业较多，相关专业均制定有相应的标准，并作出了节能规定。在进行公共建筑节能设计时，除应符合本标准外，尚应符合国家现行的有关标准的规定。

2 术　语

2.0.1 透明幕墙专指可见光可以直接透过它而进入室内的幕墙。除玻璃外透明幕墙的材料也可以是其他透明材料。在本标准中，设置在常规的墙体外侧的玻璃幕墙不作为透明幕墙处理。

2.0.3 空调系统运行时，除了通过运行台数组合来适应建筑冷量需求和节能外，在相当多的情况下，冷水机组处于部分负荷运行状态，为了控制机组部分负荷运行时的能耗，有必要对冷水机组的部分负荷时的性能系数作出一定的要求。参照国外的一些情况，本标准提出了用综合部分负荷性能系数（IPLV）来评价。它用一个单一数值表示的空气调节用冷水机组的部分负荷效率指标，基于机组部分负荷时的性能系数值、按照机组在各种负荷下运行时间的加权因素，通过计算获得。根据国家标准《蒸气压缩循环冷水（热泵）机组工商业用和类似用途的冷水（热泵）机组》GB/T 18430.1—2001 确定部分负荷下运行的测试工况；根据建筑类型、我国气候特征确定部分负荷下运行时间的加权值。

2.0.4 围护结构热工性能权衡判断是一种性能化的设计方法。为了降低空气调节和采暖能耗，本标准对建筑物的体形系数、窗墙比以及围护结构的热工性能规定了许多刚性的指标。所设计的建筑有时不能同时满足所有这些规定的指标，在这种情况下，可以通过不断调整设计参数并计算能耗，最终达到所设计建筑全年的空气调节和采暖能耗不大于参照建筑的能耗的目的。这种过程在本标准中称之为权衡判断。

2.0.5 参照建筑是进行围护结构热工性能权衡判断时，作为计算全年采暖和空调能耗用的假想建筑，参照建筑的形状、大小、朝向以及内部的空间划分和使用功能与所设计建筑完全一致，但围护结构热工参数和体形系数、窗墙比等重要参数应符合本标准的刚性规定。

3 室内环境节能设计计算参数

3.0.1 目前，业主、设计人员往往在取用室内设计参数时选用过高的标准，要知道，温湿度取值的高低，与能耗多少有密切关系，在加热工况下，室内计算温度每降低1℃，能耗可减少5%～10%；在冷却工况下，室内计算温度每升高1℃，能耗可减少8%～10%。为了节省能源，应避免冬季采用过高的室内温度，夏季采用过低的室内温度，特规定了建议的室内设计参数值，供设计人员参考。

本条文中列出的参数用于提醒设计人员取用合适的设计计算参数，并应用于冷（热）负荷计算。至于在应用权衡判断法计算参照建筑和所设计建筑的全年能耗时，可以应用此设计计算参数。如果计算资料不全，也可以应用附录C中约定的参数于参照建筑和所设计建筑中，因为权衡判断法计算只是用于获得围护结构的热工限值，并不表示建筑使用时的实际运行情况。

本条文中的参数参考《采暖通风与空气调节设计规范》GB 50019—2003 和《全国民用建筑工程设计技术措施——暖通空调·动力》中有关内容，并根据工程实际应用情况提出的建议性意见，目的是从确保室内舒适环境的前提下，选取合理设计计算参数，达到节能的效果。

3.0.2 空调系统需要的新风主要有两个用途：一是稀释室内有害物质的浓度，满足人员的卫生要求；二是补充室内排风和保持室内正压。前者的指示性物质是CO_2，使其日平均值保持在0.1%以内；后者通常根据风平衡计算确定。

参考美国采暖制冷空调工程师学会标准ASHRAE 62—2001《Ventilation for acceptable indoor air quality》第6.1.3.4条，对于出现最多人数的持续时间少于3h的房间，所需新风量可按室内的平均人数确定，该平均人数不应少于最多人数的1/2。例如，一个设计最多容纳人数为100人的会议室，开会时间不超过3h，假设平均人数为60人，则该会议室的新风量可取：$30m^3/(h\cdot p)\times 60p=1800m^3/h$，而不是按$30m^3/(h\cdot p)\times 100p=3000m^3/h$计算。另外假设平均人数为40人，则该会议室的新风量可取：$30m^3/(h\cdot p)\times 50p=1500m^3/h$。

由于新风量的大小不仅与能耗、初投资和运行费用密切相关，而且关系到保证人体的健康。本标准给出的新风量，汇总了国内现行有关规范和标准的数据，并综合考虑了众多因素，一般不应随意增加或减少。

4 建筑与建筑热工设计

4.1 一 般 规 定

4.1.1 建筑的规划设计是建筑节能设计的重要内容之一，要对建筑的总平面布置、建筑平、立、剖面形式、太阳辐射、自然通风等气候参数对建筑能耗的影响进行分析。也就是说在冬季最大限度地利用自然能来取暖，多获得热量和减少热损失；夏季最大限度地减少得热并利用自然能来降温冷却，以达到节能的目的。

朝向选择的原则是冬季能获得足够的日照并避开主导风向，夏季能利用自然通风并防止太阳辐射。然而建筑的朝向、方位以及建筑总平面设计应考虑多方面的因素，尤其是公共建筑受到社会历史文化、地形、城市规划、道路、环境等条件的制约，要想使建筑物的朝向对夏季防热、冬季保温都很理想是有困难的，因此，只能权衡各个因素之间的得失轻重，选择出这一地区建筑的最佳朝向和较好的朝向。通过多方面的因素分析、优化建筑的规划设计，采用本地区建筑最佳朝向或适宜的朝向，尽量避免东西向日晒。

4.1.2 强制性条文。严寒和寒冷地区建筑体形的变化直接影响建筑采暖能耗的大小。建筑体形系数越大，单位建筑面积对应的外表面面积越大，传热损失就越大。但是，体形系数的确定还与建筑造型、平面布局、采光通风等条件相关。体形系数限值规定过小，将制约建筑师的创造性，可能使建筑造型呆板，平面布局困难，甚至损害建筑功能。因此，如何合理地确定建筑形状，必须考虑本地区气候条件，冬、夏季太阳辐射强度、风环境、围护结构构造形式等各方面的因素。应权衡利弊，兼顾不同类型的建筑造型，尽可能地减少房间的外围护面积，使体形不要太复杂，凹凸面不要过多，以达到节能的目的。

在严寒和寒冷地区，如果所设计建筑的体形系数不能满足规定的要求，突破了0.40这个限值，则必须按本标准第4.3节的规定对该建筑进行权衡判断。进行权衡判断时，参照建筑的体形系数必须符合本条文的规定。

在夏热冬冷和夏热冬暖地区，建筑体形系数对空调和采暖能耗也有一定的影响，但由于室内外的温差远不如严寒和寒冷地区大，尤其是对部分内部发热量很大的商场类建筑，还有个夜间散热问题，所以不对体形系数提出具体的要求。

4.2 围护结构热工设计

4.2.1 本标准采用《民用建筑热工设计规范》GB 50176—93的气候分区，其中又将严寒地区细分成A、B两个区。

4.2.2 强制性条文。由于我国幅员辽阔，各地气候差异很大。为了使建筑物适应各地不同的气候条件，满足节能要求，应根据建筑物所处的建筑气候分区，确定建筑围护结构合理的热工性能参数。编制本标准时，建筑围护结构的传热系数限值系按如下方法确定的：采用DOE-2程序，将“基准”建筑模型置于我国不同地区进行能耗分析，以现有的建筑能耗基数上再节约50%作为节能标准的目标，不断降低建筑围护结构的传热系数（同时也考虑采暖空调系统的效率提高和照明系统的节能），直至能耗指标的降低达到上述目标为止，这时的传热系数就是建筑围护结构传热系数的限值。确定建筑围护结构传热系数的限值时也从工程实践的角度考虑了可行性、合理性。

外墙的传热系数采用平均传热系数，即按面积加权法求得的传热系数，主要是必须考虑围护结构周边混凝土梁、柱、剪力墙等“热桥”的影响，以保证建筑在冬季采暖和夏季空调时，通过围护结构的传热量不超过标准的要求，不至于造成建筑耗热量或耗冷量的计算值偏小，使设计的建筑物达不到预期的节能效果。

北方严寒、寒冷地区主要考虑建筑的冬季防寒保温，建筑围护结构传热系数对建筑的采暖能耗影响很大。因此，在严寒、寒冷地区对围护结构传热系数的限值要求较高，同时为了便于操作，按气候条件细分成三片，以规定性指标作为节能设计的主要依据。

夏热冬冷地区既要满足冬季保温又要考虑夏季的隔热，不同于北方采暖建筑主要考虑单向的传热过程。上海、南京、武汉、重庆、成都等地节能居住建筑试点工程的实际测试数据和DOE-2程序能耗分析的结果都表明，在这一地区当改变围护结构传热系数时，随着K值的减少，能耗指标的降低并非按线性规律变化，对于公共建筑（办公楼、商场、宾馆等）当屋面K值降为0.8W/（m²·K），外墙平均K值降为1.1W/（m²·K）时，再减小K值对降低建筑能耗已不明显，如图4.2.2所示。因此，本标准考虑到以上因素，认为屋面K值定为0.7W/（m²·K），外墙K值为1.0W/（m²·K），在目前情况下对整个地区都是比较适合的。

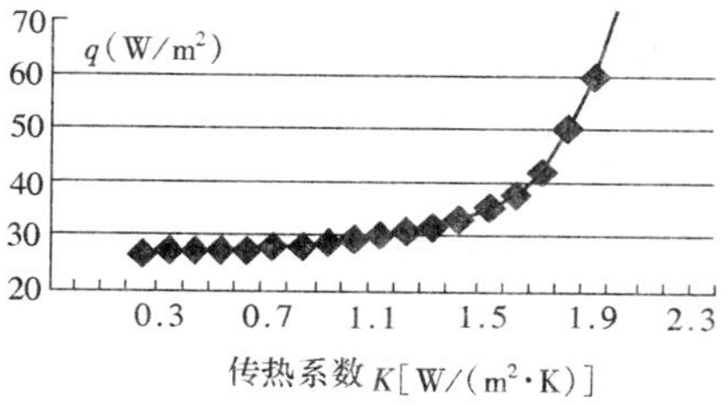

图4.2.2 外墙传热系数变化对能耗指标的影响

夏热冬暖地区主要考虑建筑的夏季隔热，太阳辐射对建筑能耗的影响很大。太阳辐射通过窗进入室内的热量是造成夏季室内过热的主要原因，同时还要考虑在自然通风条件下建筑热湿过程的双向传递，不能简单地采用降低墙体、屋面、窗户的传热系数，增加保温隔热材料厚度来达到节约能耗的目的，因此，在围护结构传热系数的限值要求上也就有所不同。

对于非透明幕墙，如金属幕墙、石材幕墙等幕墙，没有透明玻璃幕墙所要求的自然采光、视觉通透等功能要求，从节能的角度考虑，应该作为实墙对待。此类幕墙采取保温隔热措施也较容易实现。

在表4.2.2-6中对地面和地下室外墙的热阻R作出了规定。

在北方严寒和寒冷地区，如果建筑物地下室外墙的热阻过小，墙的传热量会很大，内表面尤其是墙角部位容易结露。同样，如果与土壤接触的地面热阻过小，地面的传热量也会很大，地表面也容易结露或产生冻脚现象。因此，从节能和卫生的角度出发，要求这些部位必须达到防止结露或产生冻脚的热阻值。

在夏热冬冷、夏热冬暖地区，由于空气湿度大，墙面和地面容易返潮。在地面和地下室外墙做保温层增加地面和地下室外墙的热阻，提高这些部位内表面温度，可减少地表面和地下室外墙内表面温度与室内空气温度间的温差，有利于控制和防止地面和墙面的返潮。因此对地面和地下室外墙的热阻作出了规定。

4.2.3 由于围护结构中窗过梁、圈梁、钢筋混凝土抗震柱、钢筋混凝土剪力墙、梁、柱等部位的传热系数远大于主体部位的传热系数，形成热流密集通道，即为热桥。本条规定的目的主要是防止冬季采暖期间热桥内外表面温差小，内表面温度容易低于室内空气露点温度，造成围护结构热桥部位内表面产生结露；同时也避免夏季空调期间这些部位传热过大增加空调能耗。内表面结露，会造成围护结构内表面材料受潮，影响室内环境。因此，应采取保温措施，减少围护结构热桥部位的传热损失。

4.2.4 **强制性条文。**每个朝向窗墙面积比是指每个朝向外墙面上的窗、阳台门及幕墙的透明部分的总面积与所在朝向建筑的外墙面的总面积（包括该朝向上的窗、阳台门及幕墙的透明部分的总面积）之比。

窗墙面积比的确定要综合考虑多方面的因素，其中最主要的是不同地区冬、夏季日照情况（日照时间长短、太阳总辐射强度、阳光入射角大小）、季风影响、室外空气温度、室内采光设计标准以及外窗开窗面积与建筑能耗等因素。一般普通窗户（包括阳台门的透明部分）的保温隔热性能比外墙差很多，窗墙面积比越大，采暖和空调能耗也越大。因此，从降低建筑能耗的角度出发，必须限制窗墙面积比。

由于我国幅员辽阔，南北方、东西部地区气候差异很大。窗、透明幕墙对建筑能耗高低的影响主要有两个方面，一是窗和透明幕墙的热工性能影响到冬季采暖、夏季空调室内外温差传热；另外就是窗和幕墙的透明材料（如玻璃）受太阳辐射影响而造成的建筑室内的得热。冬季，通过窗口和透明幕墙进入室内的太阳辐射有利于建筑的节能，因此，减小窗和透明幕墙的传热系数抑制温差传热是降低窗口和透明幕墙热损失的主要途径之一；夏季，通过窗口透明幕墙进入室内的太阳辐射成为空调降温的负荷，因此，减少进入室内的太阳辐射以及减小窗或透明幕墙的温差传热都是降低空调能耗的途径。由于不同纬度、不同朝向的墙面太阳辐射的变化很复杂，墙面日辐射强度和峰值出现的时间是不同的，因此，不同纬度地区窗墙面积比也应有所差别。

在严寒和寒冷地区，采暖期室内外温差传热的热量损失占主导地位。因此，对窗和幕墙的传热系数的要求高于南方地区。反之，在夏热冬暖和夏热冬冷地区，空调期太阳辐射得热所引起的负荷可能成为了主要矛盾，因此，对窗和幕墙的玻璃（或其他透明材料）的遮阳系数的要求高于北方地区。

近年来公共建筑的窗墙面积比有越来越大的趋势，这是由于人们希望公共建筑更加通透明亮，建筑立面更加美观，建筑形态更为丰富。本条文把窗墙面积比的上限定为0.7已经是充分考虑了这种趋势。某个立面即使是采用全玻璃幕墙，扣除掉各层楼板以及楼板下面梁的面积（楼板和梁与幕墙之间的间隙必须放置保温隔热材料），窗墙比一般不会再超过0.7。

但是，与非透明的外墙相比，在可接受的造价范围内，透明幕墙的热工性能相差得较多。因此，不宜提倡在建筑立面上大面积应用玻璃（或其他透明材料的）幕墙。如果希望建筑的立面有玻璃的质感，提倡使用非透明的玻璃幕墙，即玻璃的后面仍然是保温隔热材料和普通墙体。

当建筑师追求通透、大面积使用透明幕墙时，要根据建筑所处的气候区和窗墙比选择玻璃（或其他透明材料），使幕墙的传热系数和玻璃（或其他透明材料）的遮阳系数符合本标准第4.2.2条的几个表的规定。虽然玻璃等透明材料本身的热工性能很差，但近年来这些行业的技术发展很快，镀膜玻璃（包括Low-E玻璃）、中空玻璃等产品丰富多彩，用这些高性能玻璃组成幕墙的技术也已经很成熟，如采用Low-E中空玻璃、填充惰性气体、暖边间隔技术和“断热桥”型材龙骨或双层皮通风式幕墙完全可以把玻璃幕墙的传热系数由普通单层玻璃的6.0W/（m^2·K）以上降到1.5W/（m^2·K）。在玻璃间层中设百叶或格栅则可使玻璃幕墙具有良好的遮阳隔热性能。

在第4.2.2条的几个表中对严寒地区的窗户（或透明幕墙）和寒冷地区北向的窗户（或透明幕墙），未提出遮阳系数的限制值，此时应选用遮阳系数大的玻璃（或其他透明材料），以利于冬季充分利用太阳辐射热。对窗墙比比较小的情况，也未提出遮阳系数的限制，此时选用玻璃（或其他透明材料）应更多地考虑室内的采光效果。

第4.2.2条的几个表对幕墙的热工性能的要求是按窗墙面积比的增加而逐步提高的，当窗墙面积比较大时，对幕墙的热工性能的要求比目前实际应用的幕墙要高，这当然会造成幕墙造价有所增加，但这是既要建筑物具有通透感又要保证节约采暖空调系统消耗的能源所必须付出的代价。

本标准允许采用“面积加权”的原则，使某朝向整个玻璃（或其他透明材料）幕墙的热工性能达到第4.2.2条的几个表中的要求。例如某宾馆大厅的玻璃幕墙没有达到要求，可以通过提高该朝向墙面上其他玻璃（或其他透明材料）热工性能的方法，使该朝向整个墙面的玻璃（或其他透明材料）幕墙达标。

本条规定对公共建筑达到节能的目标是关键性的、非常重要的。如果所设计的建筑满足不了规定性指标的要求，突破了限值，则必须按本标准第 4.3 节的规定对该建筑进行权衡判断。权衡判断时，参照建筑的窗墙面积比、窗的传热系数等必须遵守本条规定。

4.2.5 公共建筑的窗墙面积比较大，因而太阳辐射对建筑能耗的影响很大。为了节约能源，应对窗口和透明幕墙采取外遮阳措施，尤其是南方办公建筑和宾馆更要重视遮阳。

大量的调查和测试表明，太阳辐射通过窗进入室内的热量是造成夏季室内过热的主要原因。日本、美国、欧洲以及香港等国家和地区都把提高窗的热工性能和阳光控制作为夏季防热以及建筑节能的重点，窗外普遍安装有遮阳设施。我国现有的窗户传热系数普遍偏大，空气渗透严重，而且大多数建筑无遮阳设施。因此，在第 4.2.2 条的几个表中对外窗和透明幕墙的遮阳系数应作出明确的规定。当窗和透明幕墙设有外部遮阳时，表中的遮阳系数应该是外部遮阳系数和玻璃（或其他透明材料）遮阳系数的乘积。

以夏热冬冷地区 6 层砖混结构试验建筑为例，南向四层一房间大小为 6.1m（进深）×3.9m（宽）×2.8m（高），采用1.5m×1.8m 单框铝合金窗在夏季连续空调时，计算不同负荷逐时变化曲线，可以看出通过实体墙的传热量仅占整个墙面传热量的 30%，通过窗的传热量所占比例最大，而且在通过窗的传热中，主要是太阳辐射得热，温差传热部分并不大，如图 4.2.5-1、图 4.2.5-2 所示。因此，应该把窗的遮阳作为夏季节能措施一个重点来考虑。

由于我国幅员辽阔，南北方如广州、武汉、北京等地区、东西部如上海、重庆、西安、兰州、乌鲁木齐等地气候条件各不相同，因此在附录 B 中对外窗和透明幕墙遮阳系数的要求也有所不同。

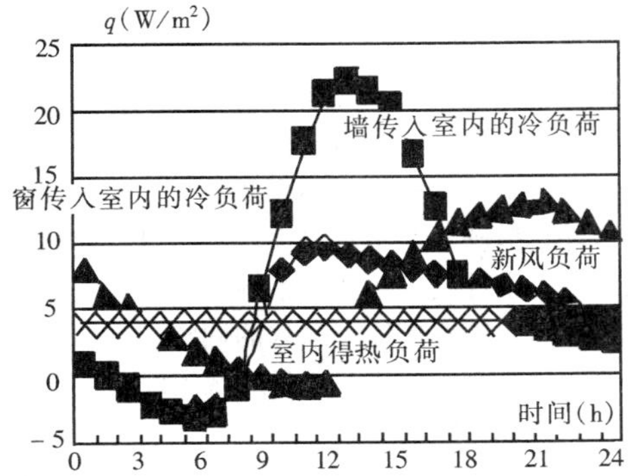

图 4.2.5-1 不同负荷变化曲线

夏季，南方水平面太阳辐射强度可高达 1000 W/m² 以上，在这种强烈的太阳辐射条件下，阳光直射到室内，将严重地影响建筑室内热环境，增加建筑空调能耗。因此，减少窗的辐射传热是建筑节能中降低窗口得热的主要途径。应采取适当遮阳措施，防止直射阳光的不利影响。而且夏季不同朝向墙面辐射日

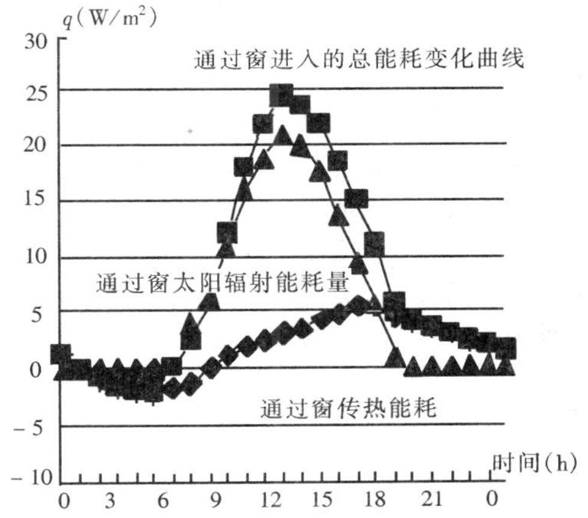

图 4.2.5-2 窗的能耗指标变化曲线

变化很复杂，不同朝向墙面日辐射强度和峰值出现的时间不同，因此，不同的遮阳方式直接影响到建筑能耗的大小。

在严寒地区，阳光充分进入室内，有利于降低冬季采暖能耗。这一地区采暖能耗在全年建筑总能耗中占主导地位，如果遮阳设施阻挡了冬季阳光进入室内，对自然能源的利用和节能是不利的。因此，遮阳措施一般不适用于北方严寒地区。

在夏热冬冷地区，窗和透明幕墙的太阳辐射得热在夏季增大了空调负荷，冬季则减小了采暖负荷，应根据负荷分析确定采取何种形式的遮阳。一般而言，外卷帘或外百叶式的活动遮阳实际效果比较好。

4.2.6 **强制性条文。**夏季屋顶水平面太阳辐射强度最大，屋顶的透明面积越大，相应建筑的能耗也越大，因此对屋顶透明部分的面积和热工性能应予以严格的限制。

由于公共建筑形式的多样化和建筑功能的需要，许多公共建筑设计有室内中庭，希望在建筑的内区有一个通透明亮，具有良好的微气候及人工生态环境的公共空间。但从目前已经建成工程来看，大量的建筑中庭的热环境不理想且能耗很大，主要原因是中庭透明材料的热工性能较差，传热损失和太阳辐射得热过大。1988 年 8 月深圳建筑科学研究所对深圳一公共建筑中庭进行现场测试，中庭四层内走廊气温达到 40℃以上，平均热舒适值 $PMV \geqslant 2.63$，即使采用空调室内也无法达到人们所要求的舒适温度。

对于那些需要视觉、采光效果而加大屋顶透明面积的建筑，如果所设计的建筑满足不了规定性指标的要求，突破了限值，则必须按本标准第 4.3 节的规定对该建筑进行权衡判断。权衡判断时，参照建筑的屋顶透明部分面积和热工性能必须符合本条的规定。

4.2.7 建筑中庭空间高大，在炎热的夏季，中庭内的温度很高。应考虑在中庭上部的侧面开设一些窗户或其他形式的通风口，充分利用自然通风，达到降低

中庭温度的目的。必要时，应考虑在中庭上部的侧面设置排风机加强通风，改善中庭热环境。

4.2.8 公共建筑一般室内人员密度比较大，建筑室内空气流动，特别是自然、新鲜空气的流动，是保证建筑室内空气质量符合国家有关标准的关键。无论在北方地区还是在南方地区，在春、秋季节和冬、夏季的某些时段普遍有开窗加强房间通风的习惯，这也是节能和提高室内热舒适性的重要手段。外窗的可开启面积过小会严重影响建筑室内的自然通风效果，本条规定是为了使室内人员在较好的室外气象条件下，可以通过开启外窗通风来获得热舒适性和良好的室内空气品质。

近来有些建筑为了追求外窗的视觉效果和建筑立面的设计风格，外窗的可开启率有逐渐下降的趋势，有的甚至使外窗完全封闭，导致房间自然通风不足，不利于室内空气流通和散热，不利于节能。例如在我国南方地区通过实测调查与计算机模拟：当室外干球温度不高于28℃，相对湿度80%以下，室外风速在1.5m/s左右时，如果外窗的可开启面积不小于所在房间地面面积的8%，室内大部分区域基本能达到热舒适性水平；而当室内通风不畅或关闭外窗，室内干球温度26℃，相对湿度80%左右时，室内人员仍然感到有些闷热。人们曾对夏热冬暖地区典型城市的气象数据进行分析，从5月到10月，室外平均温度不高于28℃的天数占每月总天数，有的地区高达60%～70%，最热月也能达到10%左右，对应时间段的室外风速大多能达到1.5m/s左右。所以做好自然通风气流组织设计，保证一定的外窗可开启面积，可以减少房间空调设备的运行时间，节约能源，提高舒适性。为了保证室内有良好的自然通风，明确规定外窗的可开启面积不应小于窗面积的30%是必要的。

4.2.9 公共建筑的性质决定了它的外门开启频繁。在严寒和寒冷地区的冬季，外门的频繁开启造成室外冷空气大量进入室内，导致采暖能耗增加。设置门斗可以避免冷风直接进入室内，在节能的同时，也提高门厅的热舒适性。除了严寒和寒冷地区之外，其他气候区也存在着相类似的现象，因此也应该采取各种可行的节能措施。

4.2.10 公共建筑一般室内热环境条件比较好，为了保证建筑的节能，要求外窗具有良好的气密性能，以抵御夏季和冬季室外空气过多地向室内渗漏，因此对外窗的气密性能要有较高的要求。

4.2.11 目前国内的幕墙工程，主要考虑幕墙围护结构的结构安全性、日光照射的光环境、隔绝噪声、防止雨水渗透以及防火安全等方面的问题，较少考虑幕墙围护结构的保温隔热、冷凝等热工节能问题。为了节约能源，必须对幕墙的热工性能有明确的规定。这些规定已经体现在条文4.2.2中。

由于透明幕墙的气密性能对建筑能耗也有较大的影响，为了达到节能目标，本条文对透明幕墙的气密性也作了明确的规定。

4.3 围护结构热工性能的权衡判断

4.3.1 公共建筑的设计往往着重考虑建筑外形立面和使用功能，有时难以完全满足第4章条款的要求，尤其是玻璃幕墙建筑的"窗墙比"和对应的玻璃热工性能很可能突破第4.2.2条的限制。为了尊重建筑师的创造性工作，同时又使所设计的建筑能够符合节能设计标准的要求，引入建筑围护结构的总体热工性能是否达到要求的权衡判断。权衡判断不拘泥于建筑围护结构各个局部的热工性能，而是着眼于总体热工性能是否满足节能标准的要求。

4.3.2 权衡判断是一种性能化的设计方法，具体做法就是先构想出一栋虚拟的建筑，称之为参照建筑，然后分别计算参照建筑和实际设计的建筑的全年采暖和空调能耗，并依照这两个能耗的比较结果作出判断。当实际设计的建筑的能耗大于参照建筑的能耗时，调整部分设计参数（例如提高窗户的保温隔热性能，缩小窗户面积等等），重新计算所设计建筑的能耗，直至设计建筑的能耗不大于参照建筑的能耗为止。

每一栋实际设计的建筑都对应一栋参照建筑。与实际设计的建筑相比，参照建筑除了在实际设计建筑不满足本标准的一些重要规定之处作了调整外，其他方面都相同。参照建筑在建筑围护结构的各个方面均应完全符合本节能设计标准的规定。

4.3.3 建筑形状、大小、朝向以及内部的空间划分和使用功能都与采暖和空调能耗直接相关，因此在这些方面参照建筑必须与所设计建筑完全一致。在形状、朝向、内部空间划分和使用功能等都确定的条件下，建筑的体形系数和外立面的窗墙面积比对采暖和空调能耗影响很大，因此参照建筑的体形系数和窗墙面积比分别符合第4.1.2条和第4.2.4条的规定是非常重要的。当所设计建筑的体形系数大于第4.1.2条的规定时，本条规定要缩小参照建筑每面外墙尺寸只是一种计算措施，并不真正去调整所设计建筑的体形系数。当所设计建筑的体形系数小于第4.1.2条的规定时，参照建筑不作体形系数的调整。当所设计建筑的窗墙面积比小于第4.2.4条的规定时，参照建筑也不作窗墙面积比的调整。

4.3.4 权衡判断的核心是对参照建筑和实际所设计的建筑的采暖和空调能耗进行比较并作出判断。用动态方法计算建筑的采暖和空调能耗是一个非常复杂的过程，很多细节都会影响能耗的计算结果。因此，为了保证计算的准确性，必须作出许多具体的规定。

需要指出的是，实施权衡判断时，计算出的并非是实际的采暖和空调能耗，而是某种"标准"工况下的能耗。本标准在规定这种"标准"工况时尽量使它接近实际工况。

5 采暖、通风和空气调节节能设计

5.1 一般规定

5.1.1 强制性条文。目前，有些设计人员错误地利用设计手册中供方案设计或初步设计时估算冷、热负荷用的单位建筑面积冷、热负荷指标，直接作为施工图设计阶段确定空调的冷、热负荷的依据。由于总负荷偏大，从而导致了装机容量偏大、管道直径偏大、水泵配置偏大、末端设备偏大的“四大”现象。其结果是初投资增高、能量消耗增加，给国家和投资人造成巨大损失，因此必须作出严格规定。国家标准《采暖通风与空气调节设计规范》GB 50019—2003 中 6.2.1 条已经对空调冷负荷必须进行逐时计算列为强制性条文，这里再重复列出，是为了要求设计人员必须执行。

5.1.2 严寒地区，由于采暖期长，不论是从节省能耗或节省运行费用来看，通常都是采用热水集中采暖系统更为合适。

寒冷地区公共建筑的冬季采暖问题，关系到很多因素，因此要求结合实际工程通过具体的分析比较、优选确定。

5.2 采暖

5.2.1 国家节能指令第四号明确规定：“新建采暖系统应采用热水采暖”。实践证明，采用热水作为热媒，不仅对采暖质量有明显的提高，而且便于进行节能调节。因此，明确规定应以热水为热媒。

5.2.2 在采暖系统南、北向分环布置的基础上，各向选择 2～3 个房间作为标准间，取其平均温度作为控制温度，通过温度调控调节流经各向的热媒流量或供水温度，不仅具有显著的节能效果，而且，还可以有效的平衡南、北向房间因太阳辐射导致的温度差异，从根本上克服“南热北冷”的问题。

5.2.3 选择供暖系统制式的原则，是在保持散热器有较高散热效率的前提下，保证系统中除楼梯间以外的各个房间（供暖区），能独立进行温度调节。

由于公共建筑往往分区出售或出租，由不同单位使用；因此，在设计和划分系统时，应充分考虑实现分区热量计量的灵活性、方便性和可能性，确保实现按用热量多少进行收费。

5.2.4 散热器暗装在罩内时，不但散热器的散热量会大幅度减少；而且，由于罩内空气温度远远高于室内空气温度，从而使罩内墙体的温差传热损失大大增加。为此，应避免这种错误做法。

散热器暗装时，还会影响温控阀的正常工作。如工程确实需要暗装时（如幼儿园），则必须采用带外置式温度传感器的温控阀，以保证温控阀能根据室内温度进行工作。

实验证明：散热器外表面涂刷非金属性涂料时，其散热量比涂刷金属性涂料时能增加 10%左右。

另外，散热器的单位散热量、金属热强度指标（散热器在热媒平均温度与室内空气温度差为 1℃时，每 1kg 重散热器每小时所放散的热量）和单位散热量的价格这三项指标，是评价和选择散热器的主要依据，特别是金属热强度指标，是衡量同一材质散热器节能性和经济性的重要标志。

5.2.5 散热器的安装数量，应与设计负荷相适应，不应盲目增加。有些人以为散热器装得越多就越安全，殊不知实际效果并非如此；盲目增加散热器数量，不但浪费能源，还很容易造成系统热力失匀和水力失调，使系统不能正常供暖。

扣除室内明装管道的散热量，也是防止供热过多的措施之一。

5.2.6 公共建筑内的高大空间，如大堂、候车（机）厅、展厅等处的采暖，如果采用常规的对流采暖方式供暖时，室内沿高度方向会形成很大的温度梯度，不但建筑热损耗增大，而且人员活动区的温度往往偏低，很难保持设计温度。采用辐射供暖时，室内高度方向的温度梯度很小；同时，由于有温度和辐射照度的综合作用，既可以创造比较理想的热舒适环境，又可以比对流采暖时减少 15%左右的能耗，因此，应该提倡。

5.2.7 量化管理是节约能源的重要手段，按照用热量的多少来计收采暖费用，既公平合理，更有利于提高用户的节能意识。设置水力平衡配件后，可以通过对系统水力分布的调整与设定，保持系统的水力平衡，保证获得预期的供暖效果。

5.2.8 本条的来源为《民用建筑节能设计标准》JGJ 26—95。但根据实际情况做了如下改动：

1 从实际情况来看，水泵功率采用在设计工况点的轴功率对公式的使用更为方便、合理，因此，将《民用建筑节能设计标准》JGJ 26—95 中“水泵铭牌轴功率”修改为“水泵在设计工况点的轴功率”。

2 《民用建筑节能设计标准》JGJ 26—95 中采用的是典型设计日的平均值指标。考虑到设计时确定供热水泵的全日运行小时数和供热负荷逐时计算存在较大的难度，因此在这里采用了设计状态下的指标。

3 规定了设计供/回水温度差 Δt 的取值要求，防止在设计过程中由于 Δt 区值偏小而影响节能效果。通常采暖系统宜采用 95/70℃的热水；由于目前常用的几种采暖用塑料管对水温的要求通常不能高于 80℃，因此对于系统中采用了塑料管时，系统的供/回水温度一般为 80/60℃。考虑到地板辐射采暖系统的 Δt 不宜大于 10℃，且地板辐射采暖系统在公共建筑中采用得不是很普遍，因此本条不针对地板辐射采暖系统。

5.3 通风与空气调节

5.3.1 温、湿度要求不同的空调区不应划分在同一个空调风系统中是空调风系统设计的一个基本要求，这也是多数设计人员都能够理解和考虑到的。但在实际工程设计中，一些设计人员有时忽视了不同空调区在使用时间等要求上的区别，出现把使用要求不同（比如明显地不同时使用）的空调区划分在同一空调风系统中的情况，不仅给运行与调节造成困难，同时也增大了能耗，为此强调应根据使用要求来划分空调风系统。

5.3.2 全空气空调系统具有易于改变新、回风比例，必要时可实现全新风运行从而获得较大的节能效益和环境效益，且易于集中处理噪声、过滤净化和控制空调区的温、湿度，设备集中，便于维修和管理等优点。并且在商场、影剧院、营业式餐厅、展厅、候机（车）楼、多功能厅、体育馆等建筑中，其主体功能房间空间较大、人员较多，通常也不需要再去分区控制各区域温度，因此宜采用全空气空调系统。

5.3.3 单风管送风方式与双风管送风方式相比，不仅占用建筑空间少、初投资省，而且不会像双风管方式那样因为有冷、热风混合过程而造成能量损失，因此，当功能上无特殊要求时，应采用单风管送风方式。

5.3.4 变风量空调系统具有控制灵活、节能等特点，它能根据空调区负荷的变化，自动改变送风量；随着系统送风量的减少，风机的输送能耗相应减少。当全年内区需要送冷风时，它还可以通过直接采用低温全新风冷却的方式来节能。

5.3.5 风机的变风量途径和方法很多，考虑到变频调节通风机转速时的节能效果最好，所以推荐采用。本条文提到的风机是指空调机组内的系统送风机（也可能包括回风机）而不是变风量末端装置内设置的风机。对于末端装置所采用的风机来说，若采用变频方式时，应采取可靠的防止对电网造成电磁污染的技术措施。变风量空调系统在运行过程中，随着送风量的变化，送至空调区的新风量也相应改变。为了确保新风量能符合卫生标准的要求，同时为了使初调试能够顺利进行，根据满足最小新风量的原则，规定应在提供给甲方的设计文件中标明每个变风量末端装置必需的最小送风量。

5.3.6 空调系统设计时不仅要考虑到设计工况，而且应考虑全年运行模式。在过渡季，空调系统采用全新风或增大新风比运行，都可以有效地改善空调区内空气的品质，大量节省空气处理所需消耗的能量，应该大力推广应用。但要实现全新风运行，设计时必须认真考虑新风取风口和新风管所需的截面积，妥善安排好排风出路，并应确保室内必须保持的正压值。

应明确的是："过渡季"指的是与室内、外空气参数相关的一个空调工况分区范围，其确定的依据是通过室内、外空气参数的比较而定的。由于空调系统全年运行过程中，室外参数总是处于一个不断变化的动态过程之中，即使是夏天，在每天的早晚也有可能出现"过渡季"工况（尤其是全天24h使用的空调系统），因此，不要将"过渡季"理解为一年中自然的春、秋季节。

5.3.7 本条文系参考美国采暖制冷空调工程师学会标准 ASHRAE 62—2001 "Ventilation for Acceptable Indoor Air Quality" 中第 6.3.1.1 条的内容。考虑到一些设计采用新风比最大的房间的新风比作为整个空调系统的新风比，这将导致系统新风比过大，浪费能源。采用上述计算公式将使得各房间在满足要求的新风量的前提下，系统的新风比最小，因此本条规定可以节约空调风系统的能耗。

举例说明式（5.3.7）的用法：

假定一个全空气空调系统为下表中的几个房间送风：

房间用途	在室人数	新风量 (m^3/h)	总风量 (m^3/h)	新风比 (%)
办公室	20	680	3400	20
办公室	4	136	1940	7
会议室	50	1700	5100	33
接待室	6	156	3120	5
合 计	80	2672	13560	20

如果为了满足新风量需求最大的会议室，则须按该会议室的新风比设计空调风系统。其需要的总新风量变成：13560×33%＝4475（m^3/h），比实际需要的新风量（2672m^3/h）增加了67%。

现用式（5.3.7）计算，在上面的例子中，V_{ot}＝未知；$V_{st}=13560m^3/h$；$V_{on}=2672m^3/h$；$V_{oc}=1700m^3/h$；$V_{sc}=5100m^3/h$。因此可以计算得到：

$$Y=V_{ot}/V_{st}=V_{ot}/13560$$

$$X=V_{on}/V_{st}=2672/13560=19.7\%$$

$$Z=V_{oc}/V_{sc}=1700/5100=33.3\%$$

代入方程 $Y=\dfrac{X}{1+X-Z}$ 中，得到

$$V_{ot}/13560=0.197/(1+0.197-0.333)=0.228$$

可以得出 $V_{ot}=3092m^3/h$。

5.3.8 二氧化碳并不是污染物，但可以作为室内空气品质的一个指标值。ASHRAE 62—2001 标准的第 6.2.1 条中阐述了"如果通风能够使室内 CO_2 浓度高出室外在 $7\times10^{-4}m^3/m^3$ 以内，人体生物散发方面的舒适性（气味）标准是可以满足的。"考虑到我国室内空气品质标准中没有采纳"室外 CO_2 浓度＋$7\times10^{-4}m^3/m^3$＝室内允许浓度"的定义方法，因此参照

ASHRAE 62—2001的条文作了调整。当房间内人员密度变化较大时，如果一直按照设计的较大的人员密度供应新风，将浪费较多的新风处理用冷、热量。我国有的建筑已采用了新风需求控制（如上海浦东国际机场候机大厅）。要注意的是，如果只变新风量、不变排风量，有可能造成部分时间室内负压，反而增加能耗，因此排风量也应适应新风量的变化以保持房间的正压。

5.3.9 采用人工冷、热源进行预热或预冷运行时新风系统应能关闭，其目的在于减少处理新风的冷、热负荷，节省能量消耗；在夏季的夜间或室外温度较低的时段，直接采用室外温度较低的空气对建筑进行预冷，是节省能耗的一个有效方法，应该推广应用。

5.3.10 建筑物外区和内区的负荷特性不同。外区由于与室外空气相邻，围护结构的负荷随季节改变有较大的变化；内区则由于远离围护结构，室外气候条件的变化对它几乎没有影响，常年需要供冷。冬季内、外区对空调的需求存在很大的差异，因此宜分别设计和配置空调系统。这样，不仅可以方便运行管理，获得最佳的空调效果，而且还可以避免冷热抵消，节省能源的消耗，减少运行费用。

对于办公建筑来说，办公室内、外区的划分标准与许多因素有关，其中房间分隔是一个重要的因素，设计中需要灵活处理。例如，如果在进深方向有明确的分隔，则分隔处一般为内、外区的分界线；房间开窗的大小、房间朝向等因素也对划分有一定影响。在设计没有明确分隔的大开间办公室时，根据国外有关资料介绍，通常可将距外围护结构 3～5m 的范围内划为外区，其所包容的为内区。为了设计尽可能满足不同的使用需求，也可以将上述从 3～5m 的范围作为过渡区，在空调负荷计算时，内、外区都计算此部分负荷，这样只要分隔线在 3～5m 之间变动，都是能够满足要求的。

5.3.11 水环热泵空调系统具有在建筑物内部进行冷热量转移的特点。对于冬季的建筑供热来说实际上是利用了建筑内部的发热量，从而减少了外部供给建筑的供热量需求，是一种节能的系统形式。但其运行节能的必要条件是在冬季建筑内部有较为稳定、可观的余热。在实际设计中，应进行供冷、余热和供热需求的热平衡计算，以确定是否设置辅助热源及其大小，并通过适当的经济技术比较后确定是否采用此系统。

5.3.12 如果新风经过风机盘管后送出，风机盘管的运行与否对新风量的变化有较大影响，易造成浪费或新风不足。

5.3.13 由于屋顶传热量较大，或者当吊顶内发热量较大以及高大吊顶空间（吊顶至楼板底的高度超过 1.0m）时，若采用吊顶内回风，使空调区域加大、空调能耗上升，不利于节能。

5.3.14 空调区域（或房间）排风中所含的能量十分可观，加以回收利用可以取得很好的节能效益和环境效益。长期以来，业内人士往往单纯地从经济效益方面来权衡热回收装置的设置与否，若热回收装置投资的回收期稍长一些，就认为不值得采用。时至今日，人们考虑问题的出发点已提高到了保护全球环境这个高度，而节省能耗就意味着保护环境，这是人类面临的头等大事。在考虑其经济效益的同时，更重要的是必须考虑节能效益和环境效益。因此，设计时应优先考虑，尤其是当新风与排风采用专门独立的管道输送时，非常有利于设置集中的热回收装置。

除了考虑设计状态下新风与排风的温度差之外，过渡季使用空调的时间占全年空调总时间的比例也是影响排风热回收装置设置与否的重要因素之一。过渡季时间越长，相对来说全年回收的冷、热量越小。因此，还应根据当地气象条件，通过技术经济的合理分析来决定。

根据国内对一些热回收装置的实测，质量较好的热回收装置的效率普遍在 60%以上。

5.3.15 采用双向换气装置，让新风与排风在装置中进行显热或全热交换，可以从排出空气中回收 55%以上的热量和冷量，有较大的节能效果，因此应该提倡。人员长期停留的房间一般是指连续使用超过 3h 的房间。

5.3.16 粗、中效空气过滤器的参数引自国家标准《空气过滤器》GB/T 14295—1993。

由于全空气空调系统要考虑到空调过渡季全新风运行的节能要求，因此对其过滤器应有同样的要求——满足全新风运行的需要。

5.3.17 在现有的许多空调工程设计中，由于种种原因一些工程采用了土建风道（指用砖、混凝土、石膏板等材料构成的风道）。从实际调查结果来看，这种方式带来了相当多的隐患，其中最突出的问题就是漏风严重，而且由于大部分是隐蔽工程无法检查，导致系统调试不能正常进行，处理过的空气无法送到设计要求的地点，能量浪费严重。因此作出较严格的规定。

在工程设计中，也会因受条件限制或为了结合建筑的需求，存在一些用砖、混凝土、石膏板等材料构成的土建风道、回风竖井的情况；此外，在一些下送风方式（如剧场等）的设计中，为了管道的连接及与室内设计配合，有时也需要采用一些局部的土建式封闭空腔作为送风静压箱。因此本条文对这些情况不作严格限制。

同时由于混凝土等墙体的蓄热量大，没有绝热层的土建风道会吸收大量的送风能量，会严重影响空调效果，因此对这类土建风道或送风静压箱提出严格的防漏风和绝热要求。

5.3.18 闭式循环系统不仅初投资比开式系统少，输送能耗也低，所以推荐采用。

在季节变化时只是要求相应作供冷/采暖空调工况转换的空调系统，采用两管制水系统，工程实践已充分证明完全可以满足使用要求，因此予以推荐。

规模（进深）大的建筑，由于存在负荷特性不同的外区和内区，往往存在需要同时分别供冷和供暖的情况，常规的两管制显然无法同时满足以上要求。这时，若采用分区两管制系统（分区两管制水系统，是一种根据建筑物的负荷特性，在冷热源机房内预先将空调水系统分为专供冷水和冷热合用的两个两管制系统的空调水系统制式），就可以在同一时刻分别对不同区域进行供冷和供热，这种系统的初投资比四管制低，管道占用空间也少，因此推荐采用。

采用一次泵方式时，管路比较简单，初投资也低，因此推荐采用。过去，一次泵与冷水机组之间都采用定流量循环，节能效果不大。近年来，随着制冷机的改进和控制技术的发展，通过冷水机组的水量已经允许在较大幅度范围内变化，从而为一次泵变流量运行创造了条件。为了节省更多的能量，也可采用一次泵变流量调节方式。但为了确保系统及设备的运行安全可靠，必须针对设计的系统进行充分的论证，尤其要注意的是设备（冷水机组）的变水量运行要求和所采用的控制方案及相关参数的控制策略。

当系统较大、阻力较高，且各环路负荷特性相差较大，或压力损失相差悬殊（差额大于 50kPa）时，如果采用一次泵方式，水泵流量和扬程要根据主机流量和最不利环路的水阻力进行选择，配置功率都比较大；部分负荷运行时，无论流量和水流阻力有多小，水泵（一台或多台）也要满负荷配合运行，管路上多余流量与压头只能采用旁通和加大阀门阻力予以消耗，因此输送能量的利用率较低，能耗较高。若采用二次泵方式，二次水泵的流量与扬程可以根据不同负荷特性的环路分别配置，对于阻力较小的环路来说可以降低二次泵的设置扬程（举例来说，在空调冷、热水泵中，扬程差值超过 50kPa 时，通常来说其配电机的安装容量会变化一档；同时，对于水阻力相差 50kPa 的环路来说，相当于输送距离 100m 或送回管道长度在 200m 左右），做到“量体裁衣”，极大地避免了无谓的浪费。而且二次泵的设置不影响制冷主机规定流量的要求，可方便地采用变流量控制和各环路的自由启停控制，负荷侧的流量调节范围也可以更大；尤其当二次泵采用变频控制时，其节能效果更好。

冷水机组的冷水供、回水设计温差通常为 5℃。近年来许多研究结果表明：加大冷水供、回水设计温差对输送系统减少的能耗，大于由此导致的设备传热效率下降所增加的能耗，因此对于整个空调系统来说具有一定的节能效益，目前有的实际工程已用到 8℃温差，从其运行情况看也反映良好的节能效果。由于加大冷水供、回水温差需要设备的运行参数发生变化（不能按通常的 5℃温差选择），因此采用此方法时，应进行技术经济的分析比较后确定。

采用高位膨胀水箱定压，具有安全、可靠、消耗电力相对较少、初投资低等优点，因此推荐优先采用。

5.3.19 通常，空调系统冬季和夏季的循环水量和系统的压力损失相差很大，如果勉强合用，往往使水泵不能在高效率区运行，或使系统工作在小温差、大流量工况之下，导致能耗增大，所以一般不宜合用。但若冬、夏季循环水泵的运行台数及单台水泵的流量、扬程与冬、夏系统工况相吻合，冷水循环泵可以兼作热水循环泵使用。

5.3.20 做好冷却水系统的水处理，对于保证冷却水系统尤其是冷凝器的传热，提高传热效率有重要意义。

在目前的一些工程设计中，只片面考虑建筑外立面美观等原因，将冷却塔安装区域用建筑外装修进行遮挡，忽视了冷却塔通风散热的基本安装要求，对冷却效果产生了非常不利的影响，由此导致了冷却能力下降，冷水机组不能达到设计的制冷能力，只能靠增加冷水机组的运行台数等非节能方式来满足建筑空调的需求，加大了空调系统的运行能耗。因此，强调冷却塔的工作环境应在空气流通条件好的场所。

冷却塔的“飘水”问题是目前一个较为普遍的现象，过多的“飘水”导致补水量的增大，增加了补水能耗。在补水总管上设置水流量计量装置的目的就是要通过对补水量的计量，让管理者主动地建立节能意识，同时为政府管理部门监督管理提供一定的依据。

5.3.21 空调系统的送风温度通常应以 h-d 图的计算为准。对于湿度要求不高的舒适性空调而言，降低一些湿度要求，加大送风温差，可以达到很好的节能效果。送风温差加大一倍，送风量可减少一半左右，风系统的材料消耗和投资相应可减 40%左右，动力消耗则下降 50%左右。送风温差在 4～8℃之间时，每增加 1℃，送风量约可减少 10%～15%。而且上送风气流在到达人员活动区域时已与房间空气进行了比较充分的混合，温差减小，可形成较舒适环境，该气流组织形式有利于大温差送风。由此可见，采用上送风气流组织形式空调系统时，夏季的送风温差可以适当加大。

采用置换通风方式时，由于要求的送风温差较小，故不受本条文限制。

5.3.22 分层空调是一种仅对室内下部空间进行空调、而对上部空间不进行空调的特殊空调方式，与全室性空调方式相比，分层空调夏季可节省冷量 30%左右，因此，能节省运行能耗和初投资。但在冬季供暖工况下运行时并不节能，此点特别提请设计人员注意。

5.3.23 研究表明：置换通风系统是一种通风效率高，既带来较高的空气品质，又有利于节能的有效通风方式。置换通风是将经过处理或未经过处理的空气，以低风速、低紊流度、小温差的方式直接送入室内人员活动区的下部。置换通风型送风模式比混合式通风模式节能，根据有关资料统计，对于高大空间来说，其节约制冷能耗费20%～50%。

置换通风在北欧已经普遍采用。最早是用于工业厂房解决室内的污染控制问题，然后转向民用，如办公室、会议厅、剧院等，目前我国在一些建筑中已有所应用。

5.3.24 空气进行蒸发冷却时，一般都是利用循环水进行喷淋，由于不需要人工冷源，所以能耗较少，是一种节能的空调方式。在新疆、甘肃、宁夏、内蒙等地区，夏季空调室外计算湿球温度普遍较低，温度的日较差大，适宜采用蒸发冷却。

近几年，此项技术在西北地区得到了广泛应用，且取得了良好的节能效果；同时，在技术上已由单独直接蒸发冷却的一级系统，发展到间接与直接蒸发冷却相结合的二级系统，以及两级间接蒸发与直接蒸发冷却结合的三级系统，都取得了很好的效果。

5.3.25 在空气处理过程中，同时有冷却和加热过程出现，肯定是既不经济，也不节能的，设计中应尽量避免。对于夏季具有高温高湿特征的地区来说，若仅用冷却过程处理，有时会使相对湿度超出设定值，如果时间不长，一般是可以允许的；如果对相对湿度的要求很严格，则宜采用二次回风或淋水旁通等措施，尽量减少加热用量。但对于一些散湿量较大、热湿比很小的房间等特殊情况，如室内游泳池等，冷却后再热可能是需要的方式之一。

对于置换通风方式，由于要求送风温差较小，当采用一次回风系统时，如果系统的热湿比较小，有可能会使处理后的送风温度过低，若采用再加热显然不利于充分利用置换通风方式所带来的节能的优点。因此，置换通风方式适用于热湿比较大的空调系统，或者可采用二次回风的处理方式。

5.3.26 考虑到目前国产风机的总效率都能达到52%以上，同时考虑目前许多空调机组已开始配带中效过滤器的因素，根据办公建筑中的两管制定风量空调系统、四管制定风量空调系统、两管制变风量空调系统、四管制变风量空调系统的最高全压标准分别为900Pa、1000Pa、1200Pa、1300Pa，商业、旅馆建筑中分别为980Pa、1080Pa、1280Pa、1380Pa，以及普通机械通风系统600Pa，计算出上述W_s的限值。但考虑到许多地区目前在空调系统中还是采用粗效过滤的实际情况，所以同时也列出这类空调送风系统的单位风量耗功率的数值要求。在实际工程中，风系统的全压不应超过前述要求，实际上是要求通风系统的作用半径不宜过大，如果超过，则应对风机的效率应提出更高的要求。

对于规格较小的风机，虽然风机效率与电机效率有所下降，但由于系统管道较短和噪声处理设备的减少，风机压头可以适当减少。据计算，由于这个原因，小规格风机同样可以满足大风机所要求的W_s值。

由于空调机组中湿膜加湿器以及严寒地区空调机组中通常设有的预热盘管，风阻力都会大一些，因此给出了的单位风量耗功率（W_s）的增加值。

需要注意的是，为了确保单位风量耗功率设计值的确定，要求设计人员在图纸设备表上都注明空调机组采用的风机全压与要求的风机最低总效率。

5.3.27

1 本条引自《旅游旅馆建筑热工与空气调节节能设计标准》GB 50189—93，转引时，将原条文中的“水输送系数”（*WTF*），改用输送能效比（*ER*）表示，两者的关系为：$ER=1/WTF$。

2 本条文适用于独立建筑物内的空调水系统，最远环路总长度一般在200～500m范围内。区域管道或总长度过长的水系统可参照执行，目的是为了降低管道的输配能耗。

3 考虑到在多台泵并联的系统中，单台泵运行时往往会超流量，水泵电机的配置功率会适当放大的情况，在输送能效比（*ER*）的计算公式中，采用水泵电机铭牌功率显然不能准确地反映出设计的合理性，因此这里采用水泵轴功率计算，公式中的效率亦采用水泵在设计工作点的效率。

4 考虑到冷水泵的扬程一般不超过36m，其效率为70%以上，供回水温差为5℃时，计算出冷水的$ER=0.0241$。

5 考虑在两管制系统中，为了使自控阀门对供热时的控制性能有所保证，自控阀门的冷、热水设计流量值之比以不超过3：1为宜。热水供回水温差最大为15℃。

6 严寒地区按设计冷/热量之比平均为1：2考虑；寒冷地区和夏热冬冷地区按设计冷/热量之比平均为1：1考虑；夏热冬暖地区按设计冷/热量之比平均为2：1考虑。

7 在由于直燃机的水温差较小（与冷水温差差不多），因此这里明确两管制热水管道系统中的输送能效比值计算“不适用于采用直燃式冷热水机组作为热源的空调热水系统”。

5.3.28 本条文为空调冷热水管道绝热计算的基本原则，也作为附录C的引文。

附录C是建筑物内的空调冷热水管道绝热厚度表。该表是从节能角度出发，按经济厚度的原则制定的；但由于全国各地的气候条件差异很大，对于保冷管道防结露厚度的计算结果也会相差较大，因此除了经济厚度外，还必须对冷管道进行防结露厚度的核算，对比后取其大值。

为了方便设计人员选用，附录C针对目前空调水管道常使用的介质温度和最常用的两种绝热材料制定的，直接给出了厚度。如使用条件不同或绝热材料不同，设计人员应自行计算或按供应厂家提供的技术资料确定。

按照附录C的绝热厚度的要求，每100m冷水管的平均温升可控制在0.06℃以内；每100m热水管的平均温降也控制在0.12℃以内，相当于一个500m长的供回水管路，控制管内介质的温升不超过0.3℃（或温降不超过0.6℃），也就是不超过常用的供、回水温差的6%左右。如果实际管道超过500m，设计人员应按照空调管道（或管网）能量损失不大于6%的原则，通过计算采用更好（或更厚）的保温材料以保证达到减少管道冷（热）损失的效果。

5.3.29 风管表面积比水管道大得多，其管壁传热引起的冷热量的损失十分可观，往往会占空调送风冷量的5%以上，因此空调风管的绝热是节能工作中非常重要的一项内容。

由于离心玻璃棉是目前空调风管绝热最常用的材料，因此这里将它用作为制定空调风管绝热最小热阻时的计算材料。按国家玻璃棉标准，离心玻璃棉属2b号，密度在32～48kg/m^3 时，70℃时的导热系数≤0.046W/（m·K），一般空调风管绝热材料使用的平均温度为20℃，可以推算得到20℃时的导热系数为0.0377W/（m·K）。按管内温度15℃时，计算经济厚度为28mm，计算热阻是0.74（m^2·K/W）；低温空调风管管内温度按5℃计算，得到导热系数为0.0366W/（m·K），计算经济厚度为39mm，计算热阻是1.08（m^2·K/W）。如果离心玻璃棉导热系数性能好的话，导热系数可以达到0.033和0.031，厚度为24和33mm。

5.3.30 保冷管道的绝热层外的隔汽层是防止凝露的有效手段，保证绝热效果，保护层是用来保护隔汽层的。如果绝热材料本身就是具有隔汽性的闭孔材料，就可认为是隔汽层和保护层。

5.4 空气调节与采暖系统的冷热源

5.4.1 空调采暖系统在公共建筑中是能耗大户，而空调冷热源机组的能耗又占整个空调，采暖系统的大部分。当前各种机组、设备品种繁多，电制冷机组、溴化锂吸收式机组及蓄冷蓄热设备等各具特色。但采用这些机组和设备时都受到能源、环境、工程状况使用时间及要求等多种因素的影响和制约，为此必须客观全面地对冷热源方案进行分析比较后合理确定。

1 发展城市热源是我国城市供热的基本政策，北方城市发展较快，较为普遍，夏热冬冷地区少部分城市也在规划中，有的已在实施，具有城市或区域热源时应优先采用。我国工业余热的资源也存在潜力，应充分利用。

2 《中华人民共和国节约能源法》明确提出：“推广热电联产，集中供热，提高热电机组的利用率，发展热能梯级利用技术，热、电、冷联产技术和热、电、煤气三联供技术，提高热能综合利用率”。大型热电冷联产是利用热电系统发展供热、供电和供冷为一体的能源综合利用系统。冬季用热电厂的热源供热，夏季采用溴化锂吸收式制冷机供冷，使热电厂冬夏负荷平衡，高效经济运行。

3 原国家计委、原国家经贸委、建设部、国家环保总局联合发布的《关于发展热电联产的规定》（计基础［2000］1268号文）中指出：“以小型燃气发电机组和余热锅炉等设备组成的小型热电联产系统，适用于厂矿企业、写字楼、宾馆、商场、医院、银行、学校等分散的公用建筑。它具有效率高、占地小、保护环境、减少供电线路损和应急突发事件等综合功能，在有条件的地区应逐步推广”。分布式热电冷联供系统以天然气为燃料，为建筑或区域提供电力、供冷、供热（包括供热水）三种需求，实现天然气能源的梯级利用，能源利用效率可达到80%以上，大大减少SO_2、固体废弃物、温室气体、NO_x和TSP的排放，减少占地面积和耗水量，还可应对突发事件确保安全供电，在国际上已经得到广泛应用。我国已有少量项目应用了分布式热电冷联供技术，取得较好的社会和经济效益。目前国家正在制定的《国家十一五规划》、《国家中长期能源规划》、《国家中长期科技规划》，都把分布式燃气热电冷联供作为发展的重点。

大量电力驱动空调的使用是导致高峰期电力超负荷的主要原因之一。同时由于空调负荷分布极不均衡、全年工作时间短、平均负荷率低，如果为满足高峰期电力需求大规模建设电厂，将会导致发输配电设备的利用率低、电网的技术和经济指标差、供电的成本提高。随着国家西气东输等天然气工程的建设，夏季天然气出现大量富余，北京冬季供气高峰和夏季低谷的供气量相差7～8倍。为平衡负荷，不得不投巨资建设调峰储气库，天然气输配管网和设施也必须按最大供应能力建设，在夏季供气低谷时，造成管网资源的闲置和浪费。可见燃气与电力都存在峰谷差的难题。但是燃气峰谷与电力峰谷有极大的互补性。发展燃气空调和楼宇冷热电三联供可降低电网夏季高峰负荷，填补夏季燃气的低谷，同时降低电力和燃气的峰谷差，平衡能源利用负荷，实现资源的优化配置，是科学合理地利用能源的双赢措施。

在应用分布式热电冷联供技术时，必须进行科学论证，从负荷预测、技术、经济、环保等多方面对方案做可行性分析。

4 当具有电、城市供热、天然气，城市煤气等能源中两种以上能源时，可采用几种能源合理搭配作为空调冷热源。如“电＋气”、“电＋蒸汽”等，实际上很多工程都通过技术经济比较后采用了这种复合能源方式，投资和运行费用都降低，取得了较好的经济效益。城市的能源结构若是几种共存，空调也可适应城市的多元化能源结构，用能源的峰谷季节差价进行设备选型，提高能源的一次能效，使用户得到实惠。

5 水源热泵是一种以低位热能作能源的中小型热泵机组，具有可利用地下水、地表水或工业废水作为热源供暖和供冷，采暖运行时的性能系数 *COP* 一般大于 4，优于空气源热泵，并能确保采暖质量。水源热泵需要稳定的水量，合适的水温和水质，在取水这一关键问题上还存在一些技术难点，目前也没有合适的规范、标准可参照，在设计上应特别注意。采用地下水时，必须确保有回灌措施和确保水源不被污染，并应符合当地的有关保护水资源的规定。

采用地下埋管换热器的地源热泵可省去水质处理、回灌和设置板式换热器等装置。埋管换热器可以分为立式和卧式。我国对这一新技术还处于开发研究阶段，当前设计上还缺乏可靠的土壤热物性有关数据和正确的计算方法。在工程实施中宜由小型建筑起步，不断总结完善设计与施工的经验。

5.4.2 强制性条文。合理利用能源、提高能源利用率、节约能源是我国的基本国策。用高品位的电能直接用于转换为低品位的热能进行采暖或空调，热效率低，运行费用高，是不合适的。国家有关强制性标准中早有“不得采用直接电加热的空调设备或系统”的规定。近些年来由于空调，采暖用电所占比例逐年上升，致使一些省市冬夏季尖峰负荷迅速增长，电网运行日趋困难，造成电力紧缺。2003 年夏季，全国 20 多个省、市不同程度出现了拉闸限电；入冬以后，全国大范围缺电现象愈演愈烈。而盲目推广电锅炉、电采暖，将进一步劣化电力负荷特性，影响民众日常用电，制约国民经济发展，为此必须严格限制。考虑到国内各地区的具体情况，在只有符合本条所指的特殊情况时方可采用。但前提条件是：该地区确实电力充足且电价优惠或者利用如太阳能、风能等装置发电的建筑。

要说明的是，对于内、外区合一的变风量系统，作了放宽。目前在一些南方地区，采用变风量系统时，可能存在个别情况下需要对个别的局部外区进行加热，如果为此单独设置空调热水系统可能难度较大或者条件受到限制或者投入较高。

5.4.3 强制性条文。本条中各款提出的是选择锅炉时应注意的问题，以便能在满足全年变化的热负荷前提下，达到高效节能要求。当前，我国多数燃煤锅炉运行效率低、热损失大。为此，在设计中要选用机械化、自动化程度高的锅炉设备，配套优质高效的辅机，减少炉膛未完全燃烧和排烟系统热损失，杜绝热力管网中的“跑、冒、滴、漏”，使锅炉在额定工况下产生最大热量而且平稳运行。利用锅炉余热的途径有：在炉尾烟道设置省煤器或空气预热器，充分利用排烟余热；尽量使用锅炉连续排污器，利用“二次汽”再生热量；重视分汽缸凝结水回收余压汽热量，接至给水箱以提高锅炉给水温度。燃气燃油锅炉由于新技术和智能化管理，效率较高，余热利用相对减少。

5.4.4 本条中各款提出的是选择锅炉时应注意的问题，以便能在满足全年变化的热负荷前提下，达到高效节能运行的要求。

5.4.5 强制性条文。随着建筑业的持续增长，空调的进一步普及，我国已成为冷水机组的制造大国。大部分世界级品牌都已在中国成立合资或独资企业，大大提高了机组的质量水平，产品已广泛应用于各类公共建筑。而我国的行业标准已显落后，成为高能耗机组的保护伞，影响部分国内机组的技术进步和市场竞争力，为此提出额定制冷量时最低限度的制冷性能系数（*COP*）值。由国家标准化管理委员会、国家发展和改革委员会主办，中国标准化研究院承办，全国能源基础与管理标准化技术委员会、中国家用电器协会、中国制冷空调工业协会和全国冷冻设备标准化技术委员会协办的“空调能效国家标准新闻发布会”已于 2004 年 9 月 16 日在北京召开，会议发布了国家标准《冷水机组能效限定值及能源效率等级》GB 19577—2004，《单元式空气调节机能效限定值及能源效率等级》GB 19576—2004 等三个产品的强制性国家能效标准，这给本标准在确定能效最低值时提供了依据。能源效率等级判定方法，目的是配合我国能效标识制度的实施。能源效率等级划分的依据：一是拉开档次，鼓励先进，二是兼顾国情，以及对市场产生的影响，三是逐步与国际接轨。根据我国能效标识管理办法（征求意见稿）和消费者调查结果，建议依据能效等级的大小，将产品分成 1、2、3、4、5 五个等级。能效等级的含义 1 等级是企业努力的目标；2 等级代表节能型产品的门槛（最小寿命周期成本）；3、4 等级代表我国的平均水平；5 等级产品是未来淘汰的产品。目的是能够为消费者提供明确的信息，帮助其购买的选择，促进高效产品的市场。以下摘录国家标准《冷水机组能效限定值及能源效率等级》GB 19577—2004中“表 2 能源效率等级指标”。

类　型	额定制冷量 *CC* (kW)	能效等级（*COP*，W/W）				
		1	2	3	4	5
风冷式或蒸发冷却式	$CC \leq 50$	3.20	3.00	2.80	2.60	2.40
	$50 < CC$	3.40	3.20	3.00	2.80	2.60
水冷式	$CC \leq 528$	5.00	4.70	4.40	4.10	3.80
	$528 < CC \leq 1163$	5.50	5.10	4.70	4.30	4.00
	$1163 < CC$	6.10	5.60	5.10	4.60	4.20

本标准确定表 5.4.5 中制冷性能系数（*COP*）值考虑了以下因素：国家的节能政策；我国产品现有与发展水平；鼓励国产机组尽快提高技术水平。同时，

从科学合理的角度出发，考虑到不同压缩方式的技术特点，对其制冷性能系数分别作了不同要求。活塞/涡旋式采用第5级，水冷离心式采用第3级，螺杆机则采用第4级。至于确定名义工况时的参数，则根据国家标准《蒸气压缩循环冷水（热泵）机组工商业用和类似用途的冷水（热泵）机组》GB/T 18430.1—2001中的规定，即：1. 使用侧：制冷进/出口水温12/7℃；2. 热源侧（或放热侧）：水冷式冷却水进出口水温30/35℃，风冷式制冷空气干球温度35℃，蒸发冷却式空气湿球温度24℃；3. 使用侧和水冷式热源侧污垢系数0.086m^2·C/kW。

5.4.6、5.4.7 空调系统运行时，除了通过运行台数组合来适应建筑冷量需求和节能外，在相当多的情况下，冷水机组处于部分负荷运行状态，为了控制机组部分负荷运行时的能耗，有必要对冷水机组的部分负荷时的性能系数作出一定的要求。参照国外的一些情况，本标准提出了用*IPLV*来评价的方法。

蒸气压缩循环冷水（热泵）机组综合部分负荷性能系数计算的根据：取我国典型公共建筑模型，计算出我国19个城市气候条件下，典型建筑的空调系统供冷负荷以及各负荷段的机组运行小时数，参照美国空调制冷协会ARI 550/590—1998《采用蒸气压缩循环的冷水机组》标准中综合部分负荷性能*IPLV*系数的计算方法，对我国4个气候区分别统计平均，得到全国统一的*IPLV*系数值。

建议的部分负荷检测条件：水冷式蒸气压缩循环冷水（热泵）机组属制冷量可调节系统，机组应在100%负荷、75%负荷、50%负荷、25%负荷的卸载级下进行标定，这些标定点用于计算*IPLV*系数。

部分负荷额定性能工况条件应符合GB/T 18430.1—2001《蒸气压缩循环冷水（热泵）机组工商业用和类似用途的冷水（热泵）机组》标准中第4.6节、5.3.5条的规定。

当冷水机组无法依要求做出100%、75%、50%、25%冷量时，参见ARI 550/590—1998标准采取间接法，将该机部分负荷下的效率值描点绘图，点跟点之间再连成直线，再在线上用内插法求出标准负荷点。要注意的是，不宜将直线作外插延伸。

5.4.8 强制性条文。近几年单元式空调机竞争激烈，主要表现在价格上而不是在提高产品质量上。当前，中国市场上空调机产品的能效比值高低相差达40%，落后的产品标准已阻碍了空调行业的健康发展，本条规定了单元式空调机最低性能系数（*COP*）限值，就是为了引导技术进步，鼓励设计师和业主选择高效产品，同时促进生产厂家生产节能产品，尽快与国际接轨。表5.4.8中名义制冷量时能效比（*EER*）值，相当于国家标准《单元式空气调节机能效限定值及能源效率等级》GB 19576—2004中“表2能源效率等级指标”的第4级（见下表）。按照国家标准《单元式空气调节机能效限定值及能源效率等级》GB 19576—2004所定义的机组范围，此表暂不适用多联式空调（热泵）机组和变频空调机。

类型		能效等级（*EER*，W/W）				
		1	2	3	4	5
风冷式	不接风管	3.20	3.00	2.80	2.60	2.40
	接风管	2.90	2.70	2.50	2.30	2.10
水冷式	不接风管	3.60	3.40	3.20	3.00	2.80
	接风管	3.30	3.10	2.90	2.70	2.50

5.4.9 强制性条文。表5.4.9中的参数取自国家标准《蒸气和热水型溴化锂吸收式冷水机组》GB/T 18431和《直燃型溴化锂吸收式冷（温）水机组》GB/T 18362，在设计选择溴化锂吸收式机组时，其性能参数应优于其规定值。

5.4.10 本条提出了空气源热泵经济合理应用，节能运行的基本原则：

1 和水冷机组相比，空气源热泵耗电较高，价格也高。但其具备供热功能，对不具备集中热源的夏热冬冷地区来说较为适合，尤其是机组的供冷、供热量和该地区建筑空调夏、冬冷热负荷的需求量较匹配，冬季运行效率较高。从技术经济、合理使用电力方面考虑，日间使用的中、小型公共建筑最为合适；

2 在夏热冬暖地区使用时，因需热量小和供热时间短，以需热量选择空气源热泵冬季供热，夏季不足冷量可采用投资低、效率高的水冷式冷水机组补足，可节约投资和运行费用。

3 寒冷地区使用时必须考虑机组的经济性与可靠性，当在室外温度较低的工况下运行，致使机组制热*COP*太低，失去热泵机组节能优势时就不宜采用。

5.4.11 在大中型公共建筑中，冷水（热泵）机组的台数和容量的选择，应根据冷（热）负荷大小及变化规律而定，单台机组制冷量的大小应合理搭配，当单机容量调节下限的制冷量大于建筑物的最小负荷时，可选1台适合最小负荷的冷水机组，在最小负荷时开启小型制冷系统满足使用要求，这已在许多工程中取得很好的节能效果。提出空调冷负荷大于528kW以上的公共建筑（一般为3000～6000m^2）时机组设置不宜少于2台，除可提高安全可靠性外，也可达到经济运行的目的。当特殊原因仅能设置1台时，应采用多台压缩机分路联控的机型。

5.4.12 目前一些采暖，空调用汽设备的凝结水未采取回收措施或由于设计不合理和管理不善，造成大量的热量损失。为此应认真设计凝结水回收系统，做到技术先进，设备可靠，经济合理。凝结水回收系统一般分为重力、背压和压力凝结水回收系统，可按工程的具体情况确定。从节能和提高回收率考虑，应优先采用闭式系统即凝结水与大气不直接相接触的系统。

5.4.13 一些冬季或过渡季需要供冷的建筑，当室外条件许可时，采用冷却塔直接提供空调冷水的方式，减少了全年运行冷水机组的时间，是一种值得推广的节能措施。通常的系统做法是：当采用开式冷却塔时，用被冷却塔冷却后的水作为一次水，通过板式换热器提供二次空调冷水（如果是闭式冷却塔，则不通过板式换热器，直接提供），再由阀门切换到空调冷水系统之中向空调机组供冷水，同时停止冷水机组的运行。不管采用何种形式的冷却塔，都应按当地过渡季或冬季的气候条件，计算空调末端需求的供水温度及冷却水能够提供的水温，并得出增加投资和回收期等数据，当技术经济合理时可以采用。

5.5 监测与控制

5.5.1 为了节省运行中的能耗，供热与空调系统应配置必要的监测与控制。但实际情况错综复杂，作为一个总的原则，设计时要求结合具体工程情况通过技术经济比较确定具体的控制内容。

5.5.2 对于间歇运行的空调系统，在保证使用期间满足要求的前提下，应尽量提前系统运行的停止时间和推迟系统运行的启动时间，这是节能的重要手段。

5.5.3 DDC控制系统从20世纪80年代后期开始进入我国，已经经过约20年的实践，证明其在设备及系统控制、运行管理等方面具有较大的优越性且能够较大的节约能源，大多数工程项目的实际应用过程中都取得了较好的效果。就目前来看，多数大、中型工程也是以此为基本的控制系统形式的。

5.5.4

1 目前许多工程采用的是总回水温度来控制，但由于冷水机组的最高效率点通常位于该机组的某一部分负荷区域，因此采用冷量控制的方式比采用温度控制的方式更有利于冷水机组在高效率区域运行而节能，是目前最合理和节能的控制方式。但是，由于计量冷量的元器件和设备价格较高，因此规定在有条件时（如采用了DDC控制系统时），优先采用此方式。同时，台数控制的基本原则是：(1) 让设备尽可能处于高效运行；(2) 让相同型号的设备的运行时间尽量接近以保持其同样的运行寿命（通常优先启动累计运行小时数最少的设备）；(3) 满足用户侧低负荷运行的需求。

2 设备的连锁启停主要是保证设备的运行安全性。

3 目前绝大多数空调水系统控制是建立在变流量系统的基础上的，冷热源的供、回水温度及压差控制在一个合理的范围内是确保采暖空调系统的正常运行的前提，当供、回水温度过小或压差过大的话，将会造成能源浪费，甚至系统不能正常工作，必须对它们加以控制与监测。回水温度主要是用于监测（回水温度的高低由用户侧决定）和高（低）限报警。对于冷冻水而言，其供水温度通常是由冷水机组自身所带的控制系统进行控制，对于热水系统来说，当采用换热器供热时，供水温度应在自动控制系统中进行控制；如果采用其他热源装置供热，则要求该装置应自带供水温度控制系统。在冷却水系统中，冷却水的供水温度对制冷机组的运行效率影响很大，同时也会影响到机组的正常运行，故必须加以控制。机组冷却水总供水温度可以采用：(1) 控制冷却塔风机的运行台数（对于单塔多风机设备）；(2) 控制冷却塔风机转速（特别适用于单塔单风机设备）；(3) 通过在冷却水供、回水总管设置旁通电动阀等方式进行控制。其中方法 (1) 节能效果明显，应优先采用。如环境噪声要求较高（如夜间）时，可优先采用方法 (2)，它在降低运行噪声的同时，同样具有很好的节能效果，但投资稍大。在气候越来越凉，风机全部关闭后，冷却水温仍然下降时，可采用方法 (3) 进行旁通控制。在气候逐渐变热时，则反向进行控制。

4 设备运行状态的监测及故障报警是冷、热源系统监控的一个基本内容。

5 当楼宇自控系统与冷冻机控制系统可实施集成的条件时，可以根据室外空气的状态，在一定范围内对冷水机组的出水温度进行再设定优化控制。

由于工程的情况不同，上述内容可能无法完全包含一个具体的工程中的监控内容（如一次水供回水温度及压差、定压补水装置、软化装置等等），因此设计人还要根据具体情况确定一些应监控的参数和设备。

5.5.5 机房群控是冷、热源设备节能运行的一种有效方式。例如：离心式、螺杆式冷水机组在某些部分负荷范围运行时的效率高于设计工作点的效率，因此简单地按容量大小来确定运行台数并不一定是最节能的方式；在许多工程中，采用了冷、热源设备大、小搭配的设计方案，这时采用群控方式，合理确定运行模式对节能是非常有利的。又如，在冰蓄冷系统中，根据负荷预测调整制冷机和系统的运行策略，达到最佳移峰、节省运行费用的效果，这些均需要进行机房群控才能实现。

由于工程情况的不同，这里只是原则上提出群控的要求和条件。具体设计时，应根据负荷特性、设备容量、设备的部分负荷效率、自控系统功能以及投资等多方面进行经济技术分析后确定群控方案。同时，也应该将冷水机组、水泵、冷却塔等相关设备综合考虑。

5.5.6 从节能的观点来看，较低的冷却水进水温度有利于提高冷水机组的能效比，因此尽可能降低冷却水温对于节能是有利的。但为了保证冷水机组能够正常运行，提高系统运行的可靠性，通常冷却水进水温度有最低水温限制的要求。为此，必须采取一定的冷却水水温控制措施。通常有三种做法：(1) 调节冷却塔风机运行台数；（2）调节冷却塔风机转速；（3）供、回水总管上设置旁通电动阀，通过调节旁通流量保证进入冷水机组的冷却水温高于最低限值。在（1）、（2）两种方式中，冷却塔风机的运行总能耗也得以降低。

在停止冷水机组运行期间，当采用冷却塔供应空调冷水时，为了保证空调末端所必需的冷水供水温度，应对冷却塔出水温度进行控制。

冷却水系统在使用时，由于水分的不断蒸发，水中的离子浓度会越来越大。为了防止由于高离子浓度带来的结垢等种种弊病，必须及时排污。排污方法通常有定期排污和控制离子浓度排污。这两种方法都可以采用自动控制方法，其中控制离子浓度排污方法在使用效果与节能方面具有明显优点。

5.5.7

1 空气温、湿度控制和监测是空调风系统控制的一个基本要求。在新风系统中，通常控制送风温度和送风（或典型房间——取决于新风系统的加湿控制方式）的相对湿度。在带回风的系统中，通常控制回风（或室内）温度和相对湿度，如不具备湿度控制条件（如夏季使用两管制供水系统）时，舒适性空调的相对湿度可不作控制。在温、湿度同时控制的过程中，应考虑到人体的舒适性范围，防止由于单纯追求某一项指标而发生冷、热相互抵消的情况。当技术可靠时，可考虑夜间（或节假日）对室内温度进行自动再设定控制。

2 在大多数民用建筑中，如果采用双风机系统（设有回风机），其目的通常是为了节能而更多的利用新风（直至全新风）。因此，系统应采用变新风比焓值控制方式。其主要内容是：根据室内、外焓值的比较，通过调节新风、回风和排风阀的开度，最大限度的利用新风来节能。技术可靠时，可考虑夜间对室内温度进行自动再设定控制。目前也有一些工程采用“单风机空调机组加上排风机”的系统形式，通过对新风、排风阀的控制以及排风机的转速控制也可以实现变新风比控制的要求。

3 变风量采用风机变速是最节能的方式。尽管风机变速的做法投资有一定增加，但对于采用变风量系统的工程而言，这点投资应该是有保证的，其节能所带来的效益能够较快地回收投资。风机变速可以采用的方法有定静压控制法、变静压控制法和总风量控制法，第一种方法的控制最简单，运行最稳定，但节能效果不如后两种；第二种方法是最节能的办法，但需要较强的技术和控制软件的支持；第三种介于第一、二种之间。就一般情况来说，采用第一种方法已经能够节省较大的能源。但如果为了进一步节能，在经过充分论证控制方案和技术可靠时，可采用变静压控制模式。

5.5.8 设计二次泵系统的条件在前面已经有所要求，通常是一个规模较大的系统。二次泵采用变速控制方式比采用水泵台数控制的方法更节能，但没有自动控制系统是不可能按设计意图实现的。在此情况下，配备一套较为完善的水泵变速控制系统是非常必要的。通常采用的变频调速控制方法所增加的费用对于整个工程而言是微不足道的，而且回收周期也非常短，值得推广。

一般情况下，二次泵转速可采用定压差方式进行控制。压差信号的取得方法通常有两种：（1）取二次水泵环路中主供、回水管道的压力信号。由于信号点的距离近，该方法易于实施。（2）取二次水泵环路中各个远端支管上有代表性的压差信号。如有一个压差信号未能达到设定要求时，提高二次泵的转速，直到满足为止；反之，如所有的压差信号都超过设定值，则降低转速。显然，方法（2）所得到的供回水压差更接近空调末端设备的使用要求，因此在保证使用效果的前提下，它的运行节能效果较前一种更好，但信号传输距离远，要有可靠的技术保证。

当技术可靠时，也可采用变压差方式——根据空调机组（或其他末端设备）的水阀开度情况，对控制压差进行再设定，尽可能在满足要求的情况下降低二次泵的转速以达到节能的目的。

5.5.9 风机盘管采用温控阀是为了保证各末端能够“按需供水”，以实现整个水系统为变水量系统。因此，直接采用风速开关对室内温度进行控制的方式是不合适的。至于其温控阀是采用双位式还是可调式（前者投资较少，后者控制精度较高），应根据工程的实际要求确定。一般来说，普通的舒适性空调要求情况下采用双位阀即可，只有对室温控制精度要求特别高时，才采用可调式温控阀。

5.5.10 在以排除房间发热量为主的通风系统中，根据房间温度控制通风设备运行台数或转速，可避免在气候凉爽或房间发热量不大的情况下通风设备满负荷运行的状况发生，既可节约电能，又能延长设备的使用年限。

5.5.11 对于居住区、办公楼等每日车辆出入明显有高峰时段的地下车库，采用每日、每周时间程序控制风机启停的方法，节能效果明显。在有多台风机的情况下，也可以根据不同的时间启停不同的运行台数的方式进行控制。

采用CO浓度自动控制风机的启停（或运行台数），有利于在保持车库内空气质量的前提下节约能源，但由于CO浓度探测设备比较贵，因此适用于高峰时段不确定的地下车库在汽车开、停过程中，通过对其主要排放污染物CO浓度的监测来控制通风设备的运行。由于目前还没有关于地库空气质量的相关标准，因此建议采用CO浓度控制方式时，CO浓度取（3～5）$\times10^{-6}m^3/m^3$。

5.5.12 集中空调系统的冷量和热量计量和我国北方

地区的采暖热计量一样，是一项重要的建筑节能措施。设置能量计量装置不仅有利于管理与收费，用户也能及时了解和分析用能情况，加强管理，提高节能意识和节能的积极性，自觉采取节能措施。目前在我国出租型公共建筑中，集中空调费用多按照用户承租建筑面积的大小，用面积分摊方法收取，这种收费方法的效果是用与不用一个样、用多用少一个样，使用户产生“不用白不用”的心理，使室内过热或过冷，造成能源浪费，不利于用户健康，还会引起用户与管理者之间的矛盾。公共建筑集中空调系统，冷、热量的计量也可作为收取空调使用费的依据之一，空调按用户实际用量收费是今后的一个发展趋势。它不仅能够降低空调运行能耗，也能够有效地提高公共建筑的能源管理水平。

我国已有不少单位和企业，对集中空调系统的冷热量计量原理和装置进行了广泛的研究和开发，并与建筑自动化（BA）系统和合理的收费制度结合，开发了一些可用于实际工程的产品。当系统负担有多栋建筑时，应针对每栋建筑设置能量计量装置；同时，为了加强对系统的运行管理，要求在能源站房（如冷冻机房、热交换站或锅炉房等）应同样设置能量计量装置。但如果空调系统只是负担一栋独立的建筑，则能量计量装置可以只设于能源站房内。

当实际情况要求并且具备相应的条件时，推荐按不同楼层、不同室内区域、不同用户或房间设置冷、热量计量装置的做法。

中华人民共和国行业标准

民用建筑节能设计标准（采暖居住建筑部分）

JGJ 26—95

条 文 说 明

前　　言

根据建设部建标［1991］718号的要求，由中国建筑科学研究院主编，中国建筑技术研究院、北京市建筑设计研究院、哈尔滨建筑大学、辽宁省建筑材料科学研究所等单位参加，在部标准《民用建筑节能设计标准（采暖居住建筑部分）》（JGJ 26—86）基础上，共同修订而成的《民用建筑节能设计标准（采暖居住建筑部分）》（JGJ 26—95）经建设部1995年12月7日以建标［1995］第708号文批准，业已发布。

为便于广大设计、施工、科研、学校等单位的有关人员在使用本标准时能正确地理解和执行条文规定，《民用建筑节能设计标准（采暖居住建筑部分）》编制组按章、节、条顺序编制了本标准的条文说明，供国内使用者参考。在使用中，如发现本条文说明有欠妥之处，请将意见函寄中国建筑科学研究院。

1995年12月15日

目　　次

1　总　　则

1.0.1　本标准的宗旨（修改原标准第1.0.1条）

我国严寒和寒冷地区，主要包括东北、华北和西北地区（简称三北地区），累年日平均温度低于或等于5℃的天数，一般都在90天以上，最长的满洲里达211天。这一地区习惯上称为采暖地区，其面积约占我国国土面积的70%。到1990年底为止，这一地区城镇共有房屋建筑面积30.7亿m^2，其中住宅建筑16.5亿m^2，占53.8%，再加上集体宿舍、招待所、旅馆、托幼等建筑约1.5亿m^2，共计有采暖居住建筑18亿m^2，占58.6%。在这些采暖居住建筑中，从总体来看，平房及低层建筑仍占大多数；愈是城镇和中小城市，平房及低层建筑愈多，愈是大城市，多层建筑相对多些，近年来新建中高层和高层建筑也多些。平房及低层建筑，在围护结构保温水平大体相同条件下，其耗热量指标要比多层建筑高10%～30%，有的甚至更高。我国长期以来，因片面强调降低建筑造价，加之没有建筑热工和建筑节能方面的标准规范可供依据，导致建筑围护结构过于单薄，门窗缝隙过大，采暖能耗过高。就供暖方式来看，我国三北地区城镇，仍以火炉采暖为主，在采暖住宅建筑中约占3/4，而火炉采暖的热效率平均只有15%～25%；在大中城市，分散锅炉房供热所占比例最大。据北京、哈尔滨等29个大中城市共3.7亿m^2建筑面积统计，锅炉房供热平均占84%；在大中城市调查，供热面积小于5万m^2的锅炉房占90.2%，锅炉容量小于4t/h的占91.5%。这些锅炉平均有72%沿用间歇供热方式，普遍在低负荷、低效率状态下运行，实际的供热面积平均只达到锅炉出力能够提供的供热面积的40%左右。

近年来，随着我国国民经济的迅速发展，国家对环境保护、节约能源、改善居住条件等问题的高度重视，法制逐步健全，相应制定了一批技术法规和标准规范，如：1986年颁布实施的部标《民用建筑热工设计规程》JGJ 24—86（以下简称原规程），部标《民用建筑节能设计标准（采暖居住建筑部分）》JGJ 26—86（以下简称原标准，1987年颁布实施的国标《采暖通风与空气调节设计规范》（GBJ 19—87），以及1993年颁布实施的国标《民用建筑热工设计规范》（GB 50176—93）等等。这些标准规范的颁布实施，对于改善环境、节约能源、提高投资的经济和社会效益，起到了重要作用。但是，原规程仅对围护结构保温隔热的最低要求作出规定；原标准是我国建筑节能起步阶段的标准，节能率为30%，围护结构保温水平提高的幅度并不大，而且由于种种原因，在我国三北地区并未全面实施，迄今只有北京、天津、哈尔滨、西安、兰州、沈阳等几个先行城市实施约3000万m^2。近年来，我国城市集中供热，区域联合供热和小区锅炉房供热正在逐步扩大，火炉采暖的比例正在逐步缩小，但就总体来看，热效率低、供热成本高的供热方式，目前仍占主导地位，因此在目前，我国采暖居住建筑围护结构保温水平低、热环境差、采暖能耗大的状况仍然普遍存在这种状况亟待改变。表1为国内外建筑围护结构保温水平的比较。由表1可见，我国采暖建筑围护结构保温水平与发达国家相比，仍有较大差距，但若按本标准执行，则差距将明显缩小，不仅采暖能耗有较大幅度降低，而且热环境也有明显改善。

表1　国内外建筑围护结构传热系数的比较

国　别			屋　顶	外　墙	窗户
中国	北京	按原规程	1.26	1.70	6.40
		按原标准	0.91	1.28	6.40
		按本标准	0.80，0.60	1.16，0.82	4.00
	哈尔滨	按原规程	0.77	1.28	3.26
		按原标准	0.64	0.73	3.26
		按本标准	0.50，0.30	0.52，0.40	2.50
瑞典，南部地区（含斯德哥尔摩）			0.12	0.17	2.00
加拿大	度日数相当于哈尔滨地区		0.17(可燃的) 0.31(不燃的)	0.27	2.22
	度日数相当于北京地区		0.23(可燃的) 0.40(不燃的)	0.38	2.86
丹　麦			0.20	0.30 （重量≤100kg/m^2） 0.35 （重量>100kg/m^2）	2.90
英　国			0.45	0.45	
日本	北海道		0.23	0.42	2.33
	青森、岩手县等		0.51	0.77	3.49
	宫城、山形县等		0.66	0.77	4.65
	东京都		0.66	0.87	6.51
德　国			0.22	0.50	1.50

注：①表中传热系数的单位是W/（m^2·K）；
②国外数据为该国现行标准规定的限值；
③瑞典、加拿大、丹麦、英国资料据建设部《建筑节能技术政策大纲背景材料》1992年9月，日本资料据日本《住宅新节能标准与指南》1992年2月。德国资料据德国《新节能规范》1995年1月。

修订本标准的基本目标是，通过在建筑设计和采暖设计中采用有效的技术措施，将采暖能耗从当地1980到1981年住宅通用设计的基础上节能50%（其中建筑物约承担30%，采暖系统的承担20%），但用于加强建筑保温和提高门窗气密性的投资，不超过土建工程造价的10%，投资回收期不超过10年；在采暖系统中采取节能措施而节约吨标准煤的投资不超过开发吨标准煤的投资。对北京、沈阳、哈尔滨三地区节能50%的多层砖混结构住宅的测算结果表明：当建筑物体形系数小于等于0.30时，无论是采用内保温还是外保温墙体，都能实现上述目标；当体形系数大于 0.30 而达到 0.35 时，采用外保温墙体能够实现上述目标，而采用内保温墙体，节能投资占工程造价的百分比将接近 10%。因此，在实施本标准时，如能根据地区气候条件和建筑物体形系数，选择适当的墙体构造，则上述目标是能够实现的。如果这一目标在我国三北地区全面实施，则从 1996～2000 年期间，累计节能量可达 1000 万 t 标准煤。

1.0.2 本标准的适用范围（修改原标准第 1.0.3 条）。

明确规定本标准适用于集中采暖的新建和扩建居住建筑建筑热工与采暖节能设计。居住建筑主要包括住宅建筑（约占 92%）和集体宿舍、招待所、旅馆、托幼建筑等。集中采暖系指由分散锅炉房、小区锅炉房和城市热网等热源，通过管道向建筑物供热的采暖方式。改建的居住建筑如有节能要求，应按国家现行有关标准规范的规定执行。至于使用功能与居住建筑相近的其他民用建筑，工业企业辅助建筑，究竟包括哪些建筑，如何参照使用也不够明确，故都不列入本标准适用范围。暂无条件设置集中采暖的居住建筑，其围护结构按本标准执行，一则有利于节能和改善室内热环境，二则为将来条件许可时设置集中采暖创造有利条件。

1.0.3 本标准同其他标准规范的衔接（合并原标准第 1.0.2 条和第 1.0.4）。

居住建筑设计涉及许多方面，节能设计仅仅是其中一个方面，因此，按本标准进行节能设计时，尚应符合国家现行有关标准、规范的规定。

2 术语、符号

2.0.1～2.0.17 对本标准中术语、符号的规定（合并和修改原标准主要符号和附录六）。

将原标准中的主要符号和附录六名词解释合并和修改后形成本标准第 2.0.1～2.0.17 条。这些术语、符号中的绝大部分是本标准常用的术语、符号，少量与其他专业共用的则从现行标准、规范中引用。

3 建筑物耗热量指标和采暖耗煤量指标

3.0.1～3.0.4 对建筑物耗热量指标和采暖耗煤量指标计算方法的规定（修改原标准第 3.0.2、3.0.3 条）。

为了实现第二阶段节能目标，本标准除了对不同地区采暖住宅建筑的耗热量指标作出规定外，还对这两个指标的计算方法作出规定，以便使计算结果具有可比性和一定的准确性，以及必要时对设计对象的能耗水平作出评价，对围护结构的传热系数进行调整。

本标准中这两个指标的计算方法，本质上与原标准第三章的计算方法是一致的，只不过是在原标准计算方法的基础上进行修改和简化的结果。修改之处在于：某些符号有变动，如 Q_H 变成 q_H，Q_C 变成 q_C，q_C 变成 H_C，γ 变成 ρ 等等；某些单位有变动，如 Q_H 的单位 kW/m^2 变成 q_H 的单位 W/m^2 等；此外，还有采取节能措施后，锅炉运行效率 η_2 由原标准的 0.60 提高到本标准的 0.68，而室外网管的输送效率 η_2 仍保持 0.90。简化之处在于：将原标准的 $D_{di}=(18-t_e)Z$，$\Delta t=16-18=-2$℃，代入原标准式（2）、（3），并经简化后得到：

$$q_H=q_{H\cdot T}+q_{INF}-q_{I\cdot H}$$

$$q_{H\cdot T}=(t_i-t_e)\left(\sum_{i=1}^{m}\varepsilon i\cdot K_i\cdot F_i\right)/A_o$$

$$q_{INF}=(t_i-t_e)(C_p\cdot\rho\cdot N\cdot V)/A_o$$

$$q_{I\cdot H}=3.80$$

这样，建筑物耗热量指标 q_H 即可与采暖期室外平均温度 t_e 直接挂钩，而不必与采暖期度日数 D_{di} 挂钩，从而使计算工作简化，便于本标准的贯彻执行。

3.0.5～3.0.6 不同地区采暖住宅建筑耗热量指标和采暖耗煤量指标的规定（修改原标准第 2.0.1、3.0.1 条，取消第 4.3.1 和 4.3.2 条）。

建筑物耗热量指标和采暖耗煤量指标是评价建筑物能耗水平的两个重要指标。这两个指标的按单位建筑面积，也可按单位建筑体积来规定。考虑到居住建筑，特别是住宅建筑的层高差别不大，故本标准这两个指标仍按单位建筑面积来规定。考虑到原标准中建筑物耗热量指标的计算式经简化后，耗热量指标与采暖期室外平均温度有关，而与采暖期天数无关，而且也不必采用采暖期度日数进行计算，为了简化起见，本标准将建筑物耗热量指标与采暖期室外平均温度直接挂钩，由于建筑物耗热量指标可以通过控制建筑物传热耗热量和空气渗透耗热量，亦即通过规定建筑物各部分围护结构传热系数限值和门窗气密性来达到，而不必通过规定建筑物围护结构平均传热系数限值来达到，为了简化起见，本标准取消了围护结构平均传热系数限值的规定。

在采暖居住建筑中，住宅建筑约占 92%，集体宿舍，招待所、旅馆、托幼建筑等共计占 8%左右，后面这些居住建筑，人居密度较大，其换气次数和换气耗热量一般都高于住宅，但目前对此还缺乏调研和测试数据，难以作出定量分析，故本标准只对采暖住宅建筑的耗热量指标作出规定，而对集体宿舍等居住建筑的耗热量指标不作规定，但它们的围护结构保温应达到当地采暖住宅建筑相同的水平。

图 1 为不同地区、不同阶段采暖住宅建筑耗热量指标。图中最上一条线是根据各地 1980 年～1981 年住宅通用设计，4 个单元 6 层楼，体形系数为 0.30 左右的建筑物的耗热量指标计算值，经过线性处理后获

得的，这是耗热量指标的基准水平；中间一条线为原标准要求水平，它是根据耗热量指标在基准水平的基础上降低20%确定的；最下面一条线为本标准要求水平，它是根据耗热量指标在基准水平的基础上降低35%确定的。本标准附录A附表A中耗热量指标即取自这一条线。

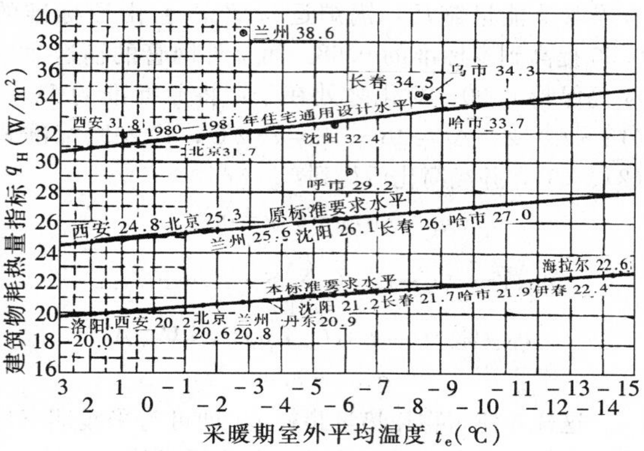

图1　不同地区、不同阶段采暖住宅建筑耗热量指标

研究结果表明，在围护结构保温水平（主要指围护结构传热系数和窗墙面积比等）不变条件下，建筑物耗热量指标随体形系数的增长而增长，也就是说，不同体形系数的建筑，其耗热量指标是不同的，但是，原标准的耗热量指标是以体形系数为0.30左右的多层住宅建筑为基准而制订的，某一地区，只有一个耗热量指标，对于新设计的节能住宅，不论其体形系数大小，均应达到这一指标。这一规定，对于占绝大多数体形系数小于或等于0.30的多层和中高层住宅来说是完全可行的；对于占少数的体形系数在0.31～0.35的多层住宅来说是基本可行的，因为外墙和屋顶要求的保温厚度不大；对于占极少数的体形系数大于0.35的低层和点式住宅来说，由于外墙和屋顶要求的保温厚度过大，在实施中就发生了困难。考虑到这种情况，以及近年来有些地区新建住宅建筑体形系数有增大的趋势（如北京地区近年来新建多层住宅建筑体形系数已增至0.35左右），但有些地区（如沈阳、哈尔滨等地区）新建多层住宅建筑平、立面仍比较规正，绝大多数体形系数仍保持0.30左右，因此，在本标准的耗热量指标仍以体形系数为0.30左右的多层住宅建筑为基准来制订。为了从总体上实现节能50%这一目标，不仅要求体形系数小于或等于0.30的多层和中高层住宅建筑的耗热量指标达到规定要求，而且要求体形系数大于0.30，小于或等于0.35的多层住宅建筑的耗热量指标也达到规定要求。鉴于节能和节地的需要，我国今后城市新建住宅，绝大多数将是多层多单元建筑，中高层和高层建筑也将日益增多，预计体形系数小于或等于0.35的住宅建筑将占绝大多数，保证这些住宅建筑的耗热量指标达到规定要求，就能从总体上实现节能50%这一目标。至于占极少数体形系数大于0.35的低层和点式住宅，允许其耗热量指标稍有增加，但其围护结构的保温水平应符合本标准表4.2.1的规定。

在我国，节约采暖能耗主要是指节约采暖用煤。为了将采暖能耗控制在规定水平并便于各地执行，本标准附录A附表A对不同地区采暖住宅建筑采暖耗煤量指标作出了规定。节能住宅建筑采暖耗煤量指标的数值应按本标准式（3.0.4）计算。计算所得的耗煤量指标不应超过规定的数值。

虽然本标准规定的建筑物耗热量指标、采暖耗煤量指标、以及各部分围护结构传热系数限值系指低限值，但在实际执行时，鼓励采取更好的节能措施，取得更大的节能效果。

4　建筑热工设计

4.1　一般规定

4.1.1　对建筑物朝向的规定（修改原标准第4.1.1条）。

建筑物朝向对太阳辐射得热量和空气渗透耗热量都有影响。在其他条件相同情况下，东西向板式多层住宅建筑的传热耗热量要比南北向的高5%左右。建筑物的主立面朝向冬季主导风向，会使空气渗透耗热量增加。从有利于节能出发，作出了本条规定。但是，建筑物的朝向是由多种因素决定的，并不仅仅取决于采暖能耗。因此，在规定的用词上用“宜”。

4.1.2　对建筑物体形系数的规定（修改原标准第4.1.2条）

在其他条件相同情况下，建筑物耗热量指标随体形系数的增长而增长。从有利于节能出发，体形系数应尽可能地小。对于绝大多数的多层板式住宅建筑，当层数达到6层，单元数达到4个以上，体形系数控制在0.30以下是不难做到的，中高层和高层住宅建筑更容易做到。但是，由于近年来要求住宅建筑多样化和房间尽量多争取对外窗口等原因，建筑物的体形变得复杂，平、立面出现过多的凹凸面。这样的多层建筑，其体形系数容易超过0.30。从有利于节能并从实际情况出发，作出了本条规定。在用词上采用“宜”，表示在条件许可时首先应这样做，但并非硬性规定都要达到。对于体形系数超过0.30的住宅建筑，采取加强屋顶和外墙保温的做法，以便将建筑物耗热量指标控制在规定水平，总体上实现节能50%的目标。

4.1.3　对采暖居住建筑楼梯间，外廊和出入口的规定（修改原标准第4.1.3条）。

目前，在沈阳以南地区，住宅建筑的楼梯间一般都不采暖，入口处也不设门斗。在北京以南地区，住宅建筑的楼梯间不但不采暖，有些没有单元门，有些甚至是开敞式的，有些居住建筑的外廊也不设门窗，对节能很不利。计算表明，一栋多层住宅，楼梯间采暖比不采暖，耗热量要减少5%左右；楼梯间开敞比设置门窗，耗热量要增加10%左右，因此，从有利于节能并从实际情况出发，作出了本条规定。

4.2 围护结构设计

4.2.1 对不同地区采暖居住建筑各部分围护结构传热系数限值的规定（合并和修改原标准第4.2.1、4.2.2、4.2.3条，取消第4.3.1、4.3.2条）。

本条规定的基本出发点是保证占绝大多数的采暖住宅建筑，其耗热量指标小于或等于本标准规定的数值（即图1本标准要求水平）；允许占极少数的采暖住宅建筑，其耗热量指标大于本标准规定的数值。这样，就能从总体上保证实现节能50%这一目标。目前，我国城市新建的多层和中高层住宅建筑，其体形系数一般小于或等于0.30，但近年来有些地区住宅建筑的体形系数有增大的趋势，多层住宅建筑的体形系数突破0.30，达到0.35左右，在制定各部分围护结构传热系数限值时，考虑了这种情况，表4.2.1各部分围护结构传热系数限值，是分别针对体形系数等于0.30和0.35的住宅建筑，其耗热量指标均满足本标准规定要求，并按本标准规定的计算方法确定的。表中，屋顶和外墙分别列出两列数据，一列数据适用于体形系数小于或等于0.30的建筑物，另一列数据适用与体形系数大于0.30的建筑物。实际上，按表4.2.1执行，当体形系数小于或等于0.30时，耗热量指标将小于或等于本标准规定的数值；当体形系数大于0.30，小于或等于0.35时，耗热量指标也将小于或等于本标准规定的数值；当体形系数大于0.35时，耗热量指标将大于本标准规定的数值。由于在体形系数小于或等于0.35的建筑物中，有相当大一部分的耗热量指标小于本标准规定的数值，因此，虽然有一小部分体形系数大于0.35的建筑物，其耗热量指标大于本标准规定的数值，但就总体而言，耗热量指标是不会超过本标准规定数值的。

由于本标准要求集体宿舍等采暖居住建筑围护结构保温达到当地采暖住宅建筑相同的水平，因此，表4.2.1不仅适用于采暖住宅建筑，同时也适用其他采暖居住建筑。

4.2.2 关于在满足本标准耗热量指标条件下，对窗户、外墙和屋顶传热系数作出适当调整的规定（新增条文）。

本标准表4.2.1中规定了窗户传热系数限值，但实际采用的窗户传热系数可能比规定限值要低得多。例如，在采暖期室外平均温度$t_e \geqslant -4.0$℃地区，表中规定的窗户传热系数限值为4.0（单框双玻钢窗）和4.7（单层塑料窗），但实际采用的窗户传热系数可能为3.5（单框双玻钢塑复合窗）和2.6（单框双玻塑料窗），在这种情况下，允许对窗户、外墙和屋顶的传热系数作出调整。调整的方法是，在满足本标准规定的耗热量指标条件下，按本标准规定的方法，重新计算确定外墙和屋顶所需的传热系数。

4.2.3 对外墙传热系数应考虑周边热桥影响的规定（新增条文）。

建筑物因抗震的需要，每间外墙周边往往需要设置混凝土圈梁和抗震柱。这些部位与主体部位构造不同，形成热流密集的通道，故称为“热桥”。这些热桥部位必然增加传热热损失，如不加考虑，则耗热量的计算结果将会偏小，或是所设计的建筑物将达不到预期的节能效果。近年来，国外一些国家已开始考虑这一影响，做法主要有两种：一种是，考虑周边热桥的影响，用外墙的平均传热系数来代替主体部位的传热系数；另一种是，将周边热桥部位与主体部位分开考虑，周边热桥部位另行确定其传热系数。根据我国的实际情况和原有工作基础，决定采用前一种做法。具体做法是，外墙因受周边热桥影响，其平均传热系数按面积加权平均法求得（参见本标准附录C说明）。本标准表4.2.1中规定的外墙传热系数实际上系指外墙平均传热系数。也就是说，按面积加权平均法求得的外墙传热系数值，应小于或等于表4.2.1中规定的外墙传热系数限值，采取这种做法，将使通过外墙的传热热损失的计算结果与实际接近一步。考虑到平屋顶等一般都是外保温结构，受混凝土圈梁等周边热桥的影响较小，故不予考虑。

4.2.4 关于窗墙面积比的规定（修改原标准第4.2.4条）。

东、西向和南向的窗墙面积比保持不变。北向的窗墙面积比由原来的0.20改变为0.25。主要原因是，对于开间为3.3m，层高2.7m的墙面，窗墙面积比为0.20时，窗户面积约为1.2m×1.4m，这种大小的窗户，对于北向稍大面积的房间来说常嫌太小，在实践中容易突破；此外，由于本标准围护结构的保温水平已有较大幅度的提高，寒冷地区一般也将采用双玻窗，因此，北向窗户稍稍开大一些也是合理的。

4.2.5 关于窗户气密性的规定（修改原标准第4.2.5条）。

我国曾经大量采用，目前有些地方仍在采用的普通钢窗，其气密性较差，窗户每米缝长的空气渗透量，单层钢窗一般都在5.0m^3/（m·h）以上；双层钢窗一般都在3.5m^3/（m·h）以上。近年来，由于改善居住环境和保温节能的需要，在主管部门，门窗质量监督检测机构，有关科研、设计、厂家和施工单位的共同努力下，各种类型的保温节能门窗开始大量涌现，门窗的保温和气密性质量得到显著提高，因此，在节能建筑中采用气密性较好的门窗，已经具备了物质基础。本条对窗户气密性等级的要求，按建筑层数分两档来规定：在 1～6 层建筑中，不应低于国标《建筑外窗空气渗透性能分级及其检测方法》（GB7107）规定的Ⅲ级水平，相当于窗户每米缝长的空气渗透量：$q_L \leqslant 2.5m^3/(m \cdot h)$；在 7～30 层建筑中，不应低于上述标准规定的Ⅱ级水平，相当于窗户每米缝长的空气渗透量 $q_L \leqslant 1.5m^3/(m \cdot h)$。

4.2.6 关于房间应具备适当通风换气条件的规定（将原标准第 4.2.5 条的注另立一条）。

在建筑物采用气密窗或窗户加设密封条的情况下，从卫生要求出发，房间设置可以调节的换气装置或其他可行的换气设施（如设在窗户上的换气小窗或换气孔，设在墙上的换气设施等）是必要的。为了引起重视，故另立一条。

4.2.7 关于热桥部位应采取保温措施的规定（修改原标准第 4.2.6 条）。

本条规定主要是从防止热桥部位内表面结露出发的，但热桥部位采取保温措施也有利于减少传热热损失。

4.2.8 关于在严寒地区，建筑物周边直接接触土壤的外墙和地面应采取保温措施的规定（修改原标准第 4.2.7 条）。

在采暖期室外平均温度低于－5.0℃的严寒地区，建筑物外墙在室内地坪以下的垂直墙面，以及周边直接接触土壤的地面，如不采取保温措施，则外墙内侧墙面，以及室内墙角部位易出现结露，墙角附近地面有冻脚现象，并使地面传热热损失增加。鉴于卫生和节能的需要，作出了本条规定。执行本条规定，相当于在垂直墙面外侧加 50～70mm 厚，以及从外墙内侧算起 2.0m 范围内，地面下部加铺 70mm 厚聚苯乙烯泡沫塑料等具有一定抗压强度，吸湿性较小的保温层。

5 采暖设计

5.1 一般规定

5.1.1 关于供热热源的原则性规定（修改原标准第 5.1.1 条）。

根据国务院国发［1986］22 号文件精神，大力发展集中供热是我国城市供热的基本方针。本标准明确规定，我国居住建筑的采暖供热应以热电厂和区域锅炉房为主要热源，这是符合国家政策方针的。关于利用工业余热和废热，我国工矿企业余热资源潜力很大。据了解，仅钢铁工业可利用的余热资源折合标准煤每年约 500 万 t，目前的回收率仅为 25%左右。化工、建材等部门在生产过程中也产生大量余热。这些余热都有可能转化为采暖热源，从而节约一次能源。

5.1.2 对城市新建住宅区的集中供热方式、规模和发展余地等的规定（修改原标准第 5.1.2 条）

我国能源政策实行开发与节约并重的方针，近期应将节能放在主要地位。不论是近期还是中期，节能降耗的一个重要方面是加速发展城市集中供热。1980 年“三北”地区只有 10 个城市有集中供热设施，1984 年增加到 22 个城市，1989 年发展到 89 个城市，约占“三北”地区 13 个省市 165 个城市的一半，供热面积达到 1.89 亿 m^2，集中供热普及率达到 12.08%。从“三北”地区大城市看，分散锅炉房供热所占比重最大。据北京、哈尔滨等 29 个大中城市共 3.7 亿 m^2 建筑面积统计，锅炉房供热平均占 84%，因此，当前除了有计划逐步发展热电联产外，配合城市住宅区的建设，应建以集中锅炉房为热源的供热系统。从集中供热的规模要求出发，本标准规定了集中锅炉房的最小单台容量和最小供热面积。新建锅炉房应按照城市供热规划，考虑与城市热网相连接的可能性，以减少重复投资。锅炉房建在靠近热负荷密度大的地区，可减少管网投资和输配热损失，但要考虑环保要求。

5.1.3 关于采暖热媒与供热方式的规定（修改原标准第 5.1.3 条）。

本条规定新建住宅建筑的采暖供热系统应按热水连续采暖进行设计。在国家节能指令第四号文件中已明确规定“新建采暖系统采用热水采暖”，并在实践中取得了显著的经济效益，热水采暖同蒸汽采暖相比，不仅采暖质量有明显提高，而且对锅炉设备、节省燃料都是有利的。蒸汽采暖虽然在某些条件下具有节省投资和采暖设备的优点，但在运行中都存在着维修工作量大、漏气量大、凝结水回收率低等问题。强调按连续采暖设计，主要是针对如何选用采暖设备。在设计条件下，连续采暖的热负荷，每小时都是均匀的，按正常条件所选的设备可以满足使用要求。所谓连续采暖，即当室外达到采暖设计温度时，为使室内达到日平均设计温度，要求锅炉按照设计的供回水温度 95℃/70℃，昼夜连续运行。当室外温度高于采暖设计温度时，可以采用质调节或量调节以及间歇调节等运行方式，以减少供热量。为了进一步节能，夜间允许室内温度适当下降。需要指出间歇调节运行与间歇采暖的概念不同。间歇调节运行只是在供暖过程中减少系统供热量的一种方法；而间歇采暖系指在室外温度达到采暖设计温度时，也采用缩短供暖时间的方法。有些建筑物，如办公楼、教学楼、礼堂、影剧院等，要求在使用时间内保持室内设计温度，而在非使用时间内，允许室温自然下降。对于这类建筑物，采用间歇供暖不仅是经济的，而且也是适当的。但在新建住宅区内的非住宅建筑采用蒸汽为热媒可能不合实际。为了便于管理，统一采用热水锅炉比较简单，这时只有通过调节供热量的方法才是可行的。对于工厂生活区的采暖可根据上述原则进行技术经济比较后确定。

5.2 采暖供热系统

5.2.1 对确定系统规模和供热半径等的原则性要求（新增条文）。

本标准强调，在设计采暖供热系统时，应详细进行热负荷的调查和计算，合理确定系统规模和供热半径，主要目的是避免出现“大马拉小车”的现象。有些设计人员从安全考虑，片面加大设备容量和散热器面积，使得每吨锅炉的供热面积仅在 5000～6000m^2 左右，最低仅 2000m^2，造成投资浪费，锅炉运行效率很低。考虑到集中供热的要求和我国锅炉的生产状况，锅炉房的单台容量宜控制在 7.0～28.0MW 范围内。系统规模较大时，建议采用间接连接，并将一次水设计供水温度取为 115～130℃，设计回水温度取为 70～80℃，主要是为了提高热源的运行效率，减少输配能耗，便于运行管理和控制。

5.2.2 关于室内采暖系统合理设计的原则性要求（修改原标准第 5.2.1 条）。

在进行室内采暖系统设计时，要求考虑按户热表计量和分室温度控制的可能性，是为了从按供热面积计费逐步过渡到按用热量计费，提高住户的节能意识。按用热量计费是建筑节能的关键措施。房间散热器面积的选取是否与热负荷相匹配，直接关系到系统是否出现垂直和水平失调。系统垂直和水平失调都会造成各房间冷热不均，不能保证采暖质量并造成能量浪费。对室内采暖系统按南北朝向分开环路设置，不仅有利于系统的调节与平衡，更便于朝向附加的修正。

5.2.3 对系统达到水力平衡应采取的措施的规定（修改原标准第 5.2.2 条）

设计人员在设计采暖供热的水系统时，尽管进行了必要的水力平衡计算，但是如果缺乏定量调节流量的手段，系统仍会出现水力失调，导致室温冷热不均，近端过热，末端过冷，这种现象在现有小区热网中相当普遍。有些设计人员常选用大容量锅炉和水泵来缓解这一矛盾，但收效甚微，使系统在“大流量、小温差”条件下运行，反而造成能量浪费。目前国内已有若干技术措施可以实现水力平衡，例如安装平衡阀，应用等温降原理法等。只要水力平衡有保障，就应选配容量合适的锅炉和水泵，使锅炉运行效率及热水输送效率达标，消除室温冷热不均的现象。

5.2.4 对热力站的技术要求（新增条文）。

当供热规模较大，采用间接换热时，热力站是一、二次热网的连接纽带。它的设计是否合理直接关系到系统能否正常运行。从现有热力站的使用情况来看，螺旋板换热器目前多为手工操作，容易形成点腐蚀，质量得不到保证。推荐采用结构紧凑，传热系数高的板式换热器。由于板式换热器的介质流速、传热系数与流通面积、换热器面积关系密切，片面加大换热面积有时会降低总传热量，设计时应给予足够注意。由于供热网一、二次流量相差较大，为保证换热器两侧流速接近，建议采用不等流导截面的板式换热器。本标准提出换热器传热系数的最低要求，其目的在于鼓励采用节能新产品。热力站设置必要的自动或手动调节装置，主要是便于量化管理和运行调节。

5.2.5 对锅炉选型的要求（修改原标准第 5.2.4 条）

本条旨在提醒设计者，锅炉选型要合适。由于我国采暖地域辽阔，各地供应的煤质差别很大，一般每种炉型都有适用煤种，因此在选炉前一定要掌握当地供应的煤种，选择与煤种相适应的炉型，在此基础上选用高效锅炉。目前我国各种炉型对煤种的要求如下：

手烧炉：适应性广。

抛煤机炉：适应性广，但不适应水分大的煤。

链条炉：不宜单纯烧无烟煤及结焦性强和高灰分的低质煤。

振动炉：燃用无烟煤及劣质煤效率下降。

往复炉：不宜燃烧挥发分低的贫煤和无烟煤，不宜烧灰熔点低的优质煤。

沸腾炉：适应各种煤种，多用于烧煤干石等劣质煤。

国务院于 1982 年发布了节约工业锅炉用煤的四号令，规定了在燃烧Ⅱ，Ⅲ类烟煤条件下锅炉运行效率的最低要求如下：

锅炉容量 MW（t/h）	运行效率％
2.8～4.2（4～6）	65
≥7.0（10）	72

为了保证达到上述要求，所选锅炉额定效率应高于运行效率。本标准表 5.2.5 提出的锅炉最低额定效率，是根据第一机械工业部标准 JB2816—80（代替 JB637—639—65）工业产品的技术条件中对锅炉效率的要求而制定的。

5.2.6 关于锅炉房总装机容量确定方法的规定（保持原标准第 5.2.5 条）。

锅炉房总装机容量要适当，容量过大不仅造成投资增大，而且造成设备利用率和运行效率降低；相反，如果容量小不仅造成锅炉超负荷运行而降低效率，而且还会导致环境污染加重。一般锅炉房总容量是根据其负担的建筑物的计算热负荷，并考虑管网输送效率，即考虑管网输送热损失，漏损损失以及管网不平衡所造成的损失等因素而确定的，一般管网输送效率为 90％。由于锅炉实际运行有别于设计条件，锅炉实际出力往往低于设计出力，因此在设计中应考虑锅炉出力率的安全系数。但考虑到我国目前采用的采暖热负荷计算方法的计算结果与实际供热量相比稍有偏高，且锅炉有一定的超负荷能力，因此锅炉出力率的安全系数不予考虑。

5.2.7 关于新建锅炉房采用锅炉台数等的规定（保

持原标准第5.2.6条）。

由于采暖锅炉运行是季节性的，在非采暖期间可进行维修，因此可不备用。但考虑到便于运行时随室外温度的变化调节供热量，使锅炉单台运行的负荷率能保持在50%以上以及便于管理，因此建议一般采用2～3台，尽量避免采用一台。

5.2.8 关于锅炉辅助设备与锅炉相匹配的规定（修改原标准第5.2.7条）。

锅炉辅助设备与锅炉相匹相，不仅有利于节电，也便于调节。为使锅炉燃料充分燃烧，必须保证适量的空气，并要及时排走燃烧后产生的烟气，因此要保证鼓风机与引风机所需的动力。所采用的鼓风机和引风机的风量和风压不能过大，否则，不仅耗电量大，而且还将恶化炉内燃烧条件而浪费燃料和污染环境。锅炉的热效率永远达不到100%，不可避免存在各种热损失。在各种热损失中，排烟和固体不完全燃烧损失所占比重较大，尤其是排烟热损失，约占10%左右。在锅炉房设计中应考虑如何利用这些热量，提高热利用率。

5.2.9 对循环水泵和水系统的技术要求（修改原标准第5.2.8条）。

循环水泵和补给水泵的选择要与锅炉房的总容量相匹配。为了便于调节和节省动力，设置循环水泵时要考虑分阶段改变流量质调节的可能性。根据室外空气温度和负荷变化，分阶段改变流量质调节，可以大大减少输配电耗。锅炉房应设置符合国家标准《热水锅炉水质标准》（GB1576）规定的水处理设备，保证锅炉受热面内部不结垢，从而保证锅炉安全运行，延长使用寿命，而且有利于锅炉高效率运行。

5.2.10 对锅炉房、热力站和建筑物入口处设置监测与计量仪表的规定（修改原标准第5.2.9条）。

锅炉房总管、热力站和每个独立建筑物入口处设置热表或热水流量计、供回水温度计、压力表。这是供热系统量化管理和运行调节的需要，有人估算，现有锅炉房只要加强量化管理并配置必要仪表，就会使运行效率和能量利用率明显提高，因此，必要的计量仪表是量化管理的基本前提。对于大型锅炉房，采用计算机监测管理，可以逐步提高我国的供热管理水平，促进技术进步。

5.2.11 关于控制输送单位热量的动力电耗的规定（修改原标准第5.2.11条）。

热水采暖供热系统的一、二次水泵的动力电耗十分可观。据调查，北京地区每年每m^2供热面积的热水输配电耗达2.75kW·h。造成这种现象的主要原因是水泵选取型号偏大以及“大流量、小温差”的不合理运行方式。本条针对热水采暖系统合理设计选用水泵，控制动力消耗，在原来使用的水输送系数的概念基础上，提出用耗电输热化，即在设计条件下输送单位热量的耗电量作为控制指标，旨在使控制指标的物理概念更加清晰明确。耗电输热比*EHR*值是原水输送系数的倒数。

5.3 管道敷设与保温

5.3.1 对采暖供热管网敷设方式的规定（新增条文）。

一、二次热水管网的敷设方式，直接影响供热系统的总投资及运行费用，应合理选取。对于庭院管网或二次网，管径一般较小，采用直埋管敷设，投资较小，运行管理也较方便。对于一次管网，可根据管径大小经过经济比较确定采用直埋或地沟敷设。

5.3.2 对采暖供热管道保温厚度确定方法的规定（保持原标准第5.3.1条）。

在全国能源基础与管理标准化技术委员会主持下，已制定了《设备和管道保温技术通则》（GB4272），并已发布实施，该《通则》适用于动力、采暖，供热及一般工业部门的设备和管道，并明确规定：“为减少保温结构散热损失的保温材料层厚度应按“经济厚度”的方法计算。

根据《通则》的原则精神，已编制并发布了《设备和管道保温设计导则》（GB8175）。在《导则》中给出了计算保温层经济厚度的公式。民用建筑采暖管道的保温应贯彻《通则》的原则精神，采用《导则》中给出的经济厚度计算公式确定保温层厚度。

5.3.3 对采暖供热管道保温厚度的规定（修改原标准第5.3.2条）。

采暖供热管道所用保温材料，本标准推荐采用岩棉或矿棉管壳　玻璃棉壳及聚氨酯硬质泡沫保温管（直埋管）等三种保温管壳，它们都有较好的保温性能。我国保温材料工业发展迅速，岩棉和玻璃棉保温材料生产量已有较大规模。聚氨酯硬质泡沫塑料保温管（直埋管）近几年发展很快。它保温性能优良，虽然目前价格较高，但随着技术进步和产量增加，必将在工程实践中得到广泛应用。表5.3.3中推荐的最小保温厚度，是以北京地区全年采暖小时数3000及93年原煤价格和热价进行计算得到的，供其他地区参考，所得经济保温厚度是最小的保温厚度。

5.3.4 对最小保温厚度进行修正的规定（将原标准表中注列入正文）。

本条给出了采用其他保温材料或导热系数与介质温度和表中规定不同时的最小保温厚度的修正公式。

5.3.5 关于管道保温厚度随管网供热面积增大而增大的规定（保持原标准第5.3.3条）。

管道经济保温厚度是从控制单位管长热损失的角度而制定的，但在供热量一定的前提下，随着管道长度增加，管网总热损失也将增加。从合理利用能源和保证距热源最远点的供暖质量来说，除了应控制单位管长热损失之外，还应控制管网输送时的总热损失，因此提出采暖建筑面积大于或等于5万m^2时，应将200～

300mm 管径的保温厚度在表 5.3.3 最小保温厚度的基础上再增加 10mm，使输送效率提高到规定的水平。

附录 A　全国主要城镇采暖期有关参数及建筑物耗热量、采暖耗煤量指标

对全国主要城镇采暖期有关参数及建筑物耗热量、采暖耗煤量指标的规定（修改原标准附录一）。

本附录列出了我国累年日平均温度小于等于 5℃ 在 90 天以上地区主要城镇的采暖期天数、采暖期室外平均温度、采暖期度日数及建筑物耗热量、采暖耗煤量指标，供执行本标准、进行采暖能耗计算时采用。附表 A 中的采暖期天数，采暖期室外平均温度和采暖期度日数，与国标《建筑气候区划标准》（GB50187—93）是一致的。

附录 B　围护结构传热系数的修正系数 ε_i 值

对不同地区、不同朝向围护结构传热系数修正系数的规定（修改原标准附录二）。

附录 B 中围护结构传热系数的修正系数 ε_i 值的数据，除西安地区双玻窗及双层窗的数据是新补充之外，其余均保留原标准附录二附表 2.1 的数据。附表 B 中单层窗系指单层窗框镶嵌单层玻璃的窗户；双玻窗系指单层窗框镶嵌双层玻璃的窗户；双层窗系指两樘单层窗的组合；三玻窗系指单层窗框镶嵌三层玻璃的窗户。

附录 C　外墙平均传热系数的计算

在外墙受周边热桥影响条件下，对其平均传热系数计算方法的规定（新增附录）。

外墙周边的混凝土圈梁、抗震柱等构成的热桥，对其传热系数的影响较大，特别是在内保温度条件下，影响更大。二维温度场模拟计算结果表明，在 37 砖墙条件下，混凝土梁、柱等周边热桥，能使墙体的平均传热系数比主体部位的传热系数增加 10% 左右；在内保温条件下，混凝土梁、柱等周边热桥，能使墙体的平均传热系数比主体部位的传热系数增加 51%～59%（保温层愈厚，增加愈大）；在外保温条件下，这种影响仅 2%～5%（保温层愈厚，影响愈小）。平屋顶一般都是外保温结构，而且保温层较厚，故不考虑这种影响。但对于内保温和夹芯保温墙体，如不考虑这种影响，则传热耗热量计算结果与实际差距较大。为使计算结果与实际接近一步，并为使用方便起见，本附录对外墙平均传热系数规定了一种简化计算方法。这一方法是将二维温度场简化为一维温度场，然后按面积加权平均法求得外墙的平均传热系数。用这一方法求得的外墙平均传热系数，一般要比二维温度场模拟计算结果稍小一些（约小 2%～6%），考虑到两者差别不大，并为使用方便起见，故采用这一简化计算方法。这一简化计算方法与国际标准 ISO6946/2 中提出的方法是类似的。

附录 D　关于面积和体积的计算

对面积和体积计算方法的规定（修改和补充原标准附录四）。

为使采暖能耗的计算结果具有可比性，本附录对面积和体积的计算方法作出了规定。与原标准附录四相比，本附录只对少数条文作了修改和补充，如 D.0.9 地面面积的计算方法中，将原来的端头地面和非端头地面，修改为周边地面和非周边地面，以便与通常的地面传热计算方法更接近。D.0.10 地板面积的计算是新增条文。原标准中的楼梯间内墙改为楼梯间隔墙。其余条文未变。

中华人民共和国行业标准

夏热冬暖地区居住建筑节能设计标准

JGJ 75—2003

条 文 说 明

前　言

《夏热冬暖地区居住建筑节能设计标准》JGJ 75—2003经建设部2003年7月11日以第165号公告批准，业已发布。

为了便于广大设计、施工、科研、学校等有关人员在使用本标准时能正确理解和执行条文规定，《夏热冬暖地区居住建筑节能设计标准》编制组按章、节、条顺序编制了本标准的条文说明，供使用者参考。在使用中如发现本条文说明有不妥之处，请将意见函寄中国建筑科学研究院。

目　次

1　总　　则

1.0.1　《中华人民共和国节约能源法》规定："建筑物的设计和建造应当依照有关法律、行政法规的规定，采用节能型的建筑结构、材料、器具和产品，提高保温隔热性能，减少采暖、制冷、照明的能耗。"建设部《建筑节能"十五"计划纲要》要求："加快夏热冬冷和夏热冬暖地区居住建筑节能工作步伐"，并规定："夏热冬暖地区各省和自治区2002年制定当地的建筑节能规划和政策，组织建筑节能试点工程，2003年大中城市开始执行夏热冬暖地区居住建筑节能设计标准，2005年小城市普遍执行，2007年各县城均予执行。"

夏热冬暖地区位于我国南部，在北纬27°以南，东经97°以东，包括海南全境，广东大部，广西大部，福建南部，云南小部分，以及香港、澳门与台湾。其确切范围由现行《民用建筑热工设计规范》GB 51076—93规定。

该地区处于我国改革开放的最前沿。改革开放以来，经济快速发展，人民生活水平显著提高。该地区人口约1.5亿，国内生产总值占全国国内生产总值的17.4%，进出口总额占全国进出口总额的38.6%。该地区经济的发展，以沿海一带中心城市及其周边地区最为迅速，其中特别以珠江三角洲地区更为发达。

该地区为亚热带湿润季风气候（湿热型气候），其特征表现为夏季漫长，冬季寒冷时间很短，甚至几乎没有冬季，长年气温高而且湿度大，气温的年较差和日较差都小。太阳辐射强烈，雨量充沛。

近十几年来，该地区建筑空调发展极为迅速，其中经济发达城市如广州市，空调器早已超过户均1台，而且一户3台以上的也为数不少。冬季比较寒冷的福州等地区，已有越来越多的家庭用电采暖。在空调及采暖使用快速增加、建筑规模宏大的情况下，建筑围护结构热工性能仍然普遍很差，空调采暖设备能效比很低，电能浪费严重，室内热舒适状况不好，也是造成广州等大城市空气污染的一个重要因素，并导致温室气体CO_2排放量的增加。

由此可见，在夏热冬暖地区开展建筑节能工作已势在必行，刻不容缓。该地区正在大规模建造居住建筑，有必要通过居住建筑节能设计标准的制定和执行，改善居住建筑的热舒适程度，提高空调和采暖设备的能源利用效率，以节约能源，保护环境，贯彻国家建筑节能的方针政策。

1.0.2　本标准适用于夏热冬暖地区的各类新建、扩建和改建的居住建筑。居住建筑主要包括住宅建筑（约占92%）和集体宿舍、招待所、旅馆以及托幼建筑等。在夏热冬暖地区居住建筑的节能设计中，应按本标准的规定控制建筑能耗，并采取相应的建筑、热工和空调、采暖节能措施。

1.0.3　过去，夏热冬暖地区居住建筑的设计，不考虑空调、采暖的要求，建筑围护结构的热工性能差，炎夏和寒冬室内热环境恶劣，空调、采暖能源利用效率低。本标准首先要保证建筑室内热环境质量，提高人民居住舒适水平，以此作为前提条件；与此同时，还要提高空调、采暖的能源利用效率，以实现节能50%的目标。

1.0.4　本标准对夏热冬暖地区居住建筑的建筑、热工、空调、采暖和通风设计中所采取的节能措施和应该控制的建筑能耗作出了规定，但建筑节能所涉及的专业较多，相关的专业还制定有相应的标准。因此，夏热冬暖地区居住建筑的节能设计，除应执行本标准外，还应符合国家现行的有关强制性标准、规范的规定。

2　术　　语

2.0.1　窗口外面各种形式的建筑外遮阳在南方的建筑中是很常见的。建筑外遮阳对建筑能耗，尤其是对建筑的空调能耗有很大的影响。因此在考虑外窗的遮阳时，将窗本身的遮阳效果和窗外遮阳设施的遮阳效果结合起来一起考虑。

窗本身的遮阳系数SC可近似地取为窗玻璃的遮蔽系数乘以窗玻璃面积与整窗面积之比。

当窗口外面没有任何形式的建筑外遮阳时，外窗的遮阳系数S_W就是窗本身的遮阳系数SC。

2.0.3　建筑物的大小、形状，围护结构的热工性能等情况是复杂多变的，判断所设计的建筑是否符合节能要求常常不太容易。对比评定法是一种很灵活的方法，它将所设计的实际建筑物与一个作为能耗基准的节能参照建筑物作比较，当实际建筑物的能耗不超过参照建筑物时，就判定实际建筑物符合节能要求。

2.0.4　参照建筑的概念是对比评定法的一个非常重要的概念，它是一个符合节能要求的假想建筑。该建筑与所设计的实际建筑在大小、形状等方面完全一致，它的围护结构满足本标准第4章基本节能要求，因此它是符合节能要求的建筑，并为所设计的实际建筑定下了空调采暖能耗的限值。

2.0.5　建筑物实际消耗的空调采暖能耗除了与建筑设计有关外，还与许多其他的因素有密切关系。这里的空调采暖年耗电量并非建筑物的实际空调采暖耗电量，而是在统一规定的标准条件下计算出来的理论值。从设计的角度出发，可以用这个理论值来评判建筑物能耗性能的优劣。

2.0.6　实施对比评定法时可以用来进行对比评定的一个无量纲指数，也是所设计的建筑物是否符合节能要求的一个判断依据，其值与空调采暖年耗电量基本成正比。

3 建筑节能设计计算指标

3.0.1 本标准以一月份的平均温度11.5℃为分界线，将夏热冬暖地区进一步细分为两个区，等温线的北部为北区，区内建筑要兼顾冬季采暖。南部为南区，区内建筑可不考虑冬季采暖。在标准编制过程中，对整个区内的若干个城市进行了全年能耗模拟计算，模拟时设定的室内温度是16～26℃。从模拟结果中发现，处在南区的建筑采暖能耗占全年采暖空调总能耗的20%以下，考虑到模拟计算时内热源取为0（即没有考虑室内人员、电气、炊事的发热量），同时考虑到当地居民的生活习惯，所以规定南区内的建筑设计时可不考虑冬季采暖。处在北区的建筑的采暖能耗占全年采暖空调总能耗的20%以上，福州市更是占到45%左右，可见北区内的建筑冬季确实有采暖的需求。图1中的虚线为南北区的分界线，表1列出了夏热冬暖地区中划入北区的主要城市。

表1 夏热冬暖地区中划入北区的主要地区

省份	划入北区的主要地区
福建	福州市、莆田市、龙岩市
广东	梅州市、兴宁市、龙川县、新丰县、英德市、怀集县
广西	河池市、柳州市、贺州市

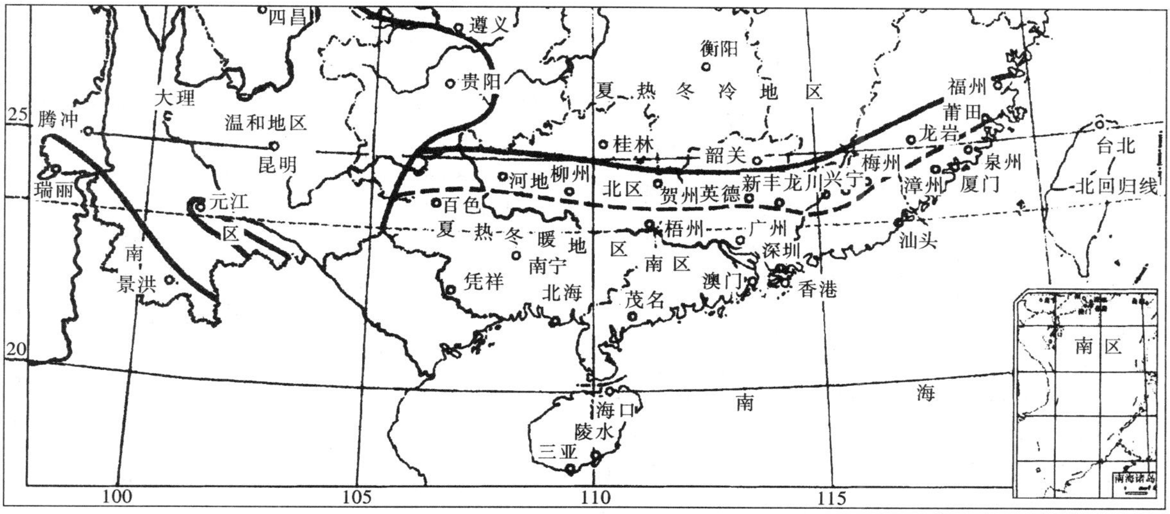

图1 夏热冬暖地区分区图

3.0.2～3.0.3 居住建筑要实现节能，必须在保持室内热舒适环境的前提下进行。因此，首先应提出室内设计计算指标。本标准提出了两项室内设计计算指标，即室内空气（干球）温度和换气次数，其根据是经济的发展，以及居住者在舒适、卫生方面的要求；从另一个角度来看，这两项设计计算指标也是空调采暖能耗计算必不可少的参数，是作为进行围护结构隔热、保温性能限值计算时的依据。

室内热环境质量的指标体系包括温度、湿度、风速、壁面温度等多项指标。标准中只规定了温度指标和换气次数指标，这是由于当前一般住宅较少配备户式中央空调系统，室内空气湿度、风速等参数实际上难以控制。另一方面，在室内热环境的诸多指标中，温度指标是一个最重要的指标，而换气次数指标则是从人体卫生角度考虑必不可少的指标，所以只提出空气温度指标和换气次数指标。

居住空间夏季设计计算温度规定为26℃，北区冬季居住空间设计计算温度规定为16℃，这和该地区原来恶劣的室内热环境相比，提高幅度比较大，基本上达到了热舒适的水平。要说明的是北区室内采暖设计计算温度规定为16℃，而国家标准《住宅设计规范》GB 50096—1999中表6.2.2规定室内采暖计算温度为：卧室、起居室（厅）和卫生间为18℃，厨房为15℃。本标准在讨论北区采暖设计计算温度时，当地居民反映冬季室内保持16℃比较舒适。因此，根据当前现实情况，规定设计计算温度为16℃，当然，这并不影响居民冬季保持室内温度18℃，或其他适宜的温度。

换气次数是室内热环境的另外一个重要的设计指标，夏、冬季室外的新鲜空气进入空调、采暖的建筑内，一方面有利于确保室内的卫生条件，另一方面又要消耗大量的能源，因此要确定一个合理的计算换气次数。由于人均住房面积增加，1小时换气1次，人均占有新风量应能达到卫生标准要求。比如，当前居住建筑的净高一般大于2.5m，按人均居住面积15m^2计算，1小时换气1次，相当于人均占有新风会超过37.5m^3/h。那么，人均占有新风会超过37.5m^3/h意味着什么呢？目前，《住宅设计规范》中还没有涉及居住建筑的换气次数问题，表2为民用建筑主要房间人员所需最小新风量参考数值，是根据国家现行《公共场所卫生标准》GB 9663～GB 9673、《室内空气质量标准》和《旅游旅馆建筑热工与空气调节节能设计标准》GB 50189等标准摘录的，可供比较、参考。应该说，每小时换气1次已达到卫生要求。

表2　部分民用建筑主要房间人员所需的最小新风量参考值［m^3/（h·人）］

房间类型			新风量	参考依据
旅游旅馆、饭店	客房	3～5星级	≥30	GB 9663—1996
		2星级以下	≥20	GB 9663—1996
	餐厅、宴会厅、多功能厅	3～5星级	≥30	GB 9663—1996
		2星级以下	≥20	GB 9663—1996
	会议室、办公室、接待室	3～5星级	≥50	GB 9663—1996
		2星级以下	≥20	GB 9663—1996
办公楼	办公室（无烟）	高　级	35～50	室内空气质量标准
		一　般	20～30	室内空气质量标准
	会议室（无烟）		30～50	室内空气质量标准
中、小学	教室	小　学	≥11	GB/T 17226—1998
		初　中	≥14	GB/T 17226—1998
		高　中	≥17	GB/T 17226—1998

潮湿是夏热冬暖地区气候的一大特点。在室内热环境主要设计指标中虽然没有明确提出相对湿度设计指标，但并非完全没有考虑潮湿问题。实际上，在空调设备运行的状态下，室内同时在进行除湿。因此在大部分时间内，室内的潮湿问题也已经得到了解决。

3.0.4　以往，由于经济上的原因，夏热冬暖地区的居住建筑，夏冬两季室内的热环境质量很差。实施本标准可以大大改善夏冬两季的室内热环境质量，提高人民的居住舒适水平。但是，为了满足我国相关标准提出的室内热环境要求，居住建筑需要采取空调和采暖措施，而空调和采暖措施就必然要消耗能源。以往夏热冬暖地区传统居住建筑的围护结构热工设计，一般都不考虑室内设置空调、采暖设备及节能的需要，以致建筑围护结构的热工性能很差。有条件的部分住户夏季使用空调器降温，而冬季需要采暖的北区，往往采用电暖器采暖。如果不从根本上改变建筑围护结构热工性能差的这种状况，要保证主要居室冬天和夏天舒适的室内空气温度参数，空调和采暖的能源消耗量将会非常巨大。因此必须从合理建筑设计、改善建筑围护结构热工性能和提高空调、采暖设备能效比几方面入手，采取一定的节能技术措施，提高空调、采暖能源利用效率。只有这样才能做到一方面大大提高人民的居住舒适水平，另一方面也贯彻执行了国家相关建筑节能的方针政策。

根据气候状况，北区需要采暖和空调才能保持室内热环境条件，而南区则对采暖基本上没有需求。随着经济发展、生活水平提高，空调采暖能耗必然急剧增加，这是必然的趋势，《标准》是为了控制这部分能耗的无节制增长。当然，节能目标值50％是有比较对象的。我们采用"基准住宅空调采暖能耗"值作为比较对象。"基准住宅"围护结构的构成、传热系数以及换气次数，按照以往传统做法，即外墙、屋顶及外窗的传热系数分别为，外墙 K＝2.47W/（m^2·K），屋顶 K＝1.8W/（m^2·K），外窗 K＝6.4W/（m^2·K）和遮阳系数 SC＝0.9；换气次数考虑1.5次/h。在这样的"基准住宅"中要确定空调采暖能耗，必须要确定室内保持的温度。我们约定的计算参数为：冬天室温16℃、夏天室温26℃；冬季采用能效比为1.0的电暖器采暖（直接电热式），夏季采用额定制冷工况时的能效比为2.2的空调器降温（根据国标《房间空气调节器》GB/T 7725—1996，分体空调器规定能效比的下限值），由动态模拟计算软件计算出全年空调采暖能耗，将它定义为"基准住宅空调采暖能耗"。当然，这只是一个计算的基础值，并不表示该地区所有居住建筑实际发生的能耗，但是，如果没有定义"基准住宅空调采暖能耗"，50％节能率就没有对比根据。

《标准》中节能目标由改善围护结构热工性能和提高空调采暖设备效率来分担。由于目前居住建筑内所采用的空调采暖设备（或系统）通常由住户自行确定、购置，何况还涉及能源种类、供应、价格等问题，不可能由《标准》进行硬性规定。在《标准》中主要强调设备的能效比，以引导选用能效比高、环保性能好的产品（或系统）。在计算、确定《标准》中对围护结构热工性能限值时，对空调采暖设备的能效比作如下规定，空调：EER＝2.7。这是根据国家标准"房间空气调节器能源效率限定值及节能评价值"表2，分体式：额定制冷量≤4500，冷风型与热泵型 EER＝2.70（2.60～2.85平均）。采暖：COP＝1.5。这是考虑70％采用直接电采暖（即 COP＝1.0）；30％采用分体热泵型空调器（即 EER＝2.7）；所以 COP＝1.0×70％＋2.7×30％＝1.5。由此计算出全年"空调采暖能耗"。为了使"空调采暖能耗"比"基准住宅空调采暖能耗"减少50％，围护结构热工性能的改善当然是必需的。《标准》也就是按照这样的原则来确定第4、5章围护结构热工性能的限值。

所以，50％节能率要这样来理解，从发展的角度来看，夏热冬暖地区的居民会对夏冬季室内热环境提出更高的要求，按节能标准设计的居住建筑的能耗，在保持全年舒适环境的前提下，将比维持同样室内热环境的"基准"（既有传统）居住建筑节能50％。

4 建筑和建筑热工节能设计

4.0.1 夏热冬暖地区的主要气候特征之一表现在夏热季节的4～9月盛行东南风和西南风，该地区内陆地区的地面平均风速为1.1～3.0m/s，沿海及岛屿风速更大。充分地利用这一风力资源自然降温，就可以相对地缩短居住建筑使用空调降温的时间，达到节能目的。

强调居住区良好的自然通风主要有两个目的，一是为了改善居住区热环境，增加热舒适感，体现以人为本的设计思想；二是为了提高空调设备的效率，因为居住区良好的通风和热岛强度的下降可以提高空调设备的冷凝器的工作效率，有利于节省设备的运行能耗。为此居住区建筑物的平面布局应优先考虑采用错列式或斜列式布置，对于连排式建筑应注意主导风向的投射角不宜大于45°。

房间有良好的自然通风，一是可以显著地降低房间自然室温，为居住者提供有更多时间生活在自然室温环境的可能性，从而体现健康建筑的设计理念；二是能够有效地缩短房间空调器开启的时间，节能效果明显。为此，房间的自然进风设计应使窗口开启朝向和窗扇的开启方式有利于向房间导入室外风，房间的自然排风设计应能保证利用常开的房门、户门、外窗、专用通风口等，直接或间接地通过和室外连通的走道、楼梯间、天井等向室外顺畅地排风。

4.0.2 夏热冬暖地区地处沿海，4～9月大多盛行东南风和西南风，居住建筑南北向和接近南北向布局，有利于自然通风，增加居住舒适度。太阳辐射得热对建筑能耗的影响很大，夏季太阳辐射得热增加空调制冷能耗，冬季太阳辐射得热降低采暖能耗。南北朝向的建筑物夏季可以减少太阳辐射得热，对本地区全年只考虑制冷降温的南区是十分有利的；对冬季要考虑采暖的北区，冬季可以增加太阳辐射得热，减少采暖消耗，也是十分有利的。因此南北朝向是最有利的建筑朝向。但随着社会经济的发展，建筑物风格也多样化，不可能都做到南北朝向，所以本条文严格程度用词采用“宜”。

4.0.3 建筑物体形系数是指建筑物的外表面积和外表面积所包围的体积之比。体形系数的大小影响建筑能耗，体形系数越大，单位建筑面积对应的外表面积越大，外围护结构的传热损失也越大。因此从降低建筑能耗的角度出发，应该要考虑体形系数这个因素。

但是，体形系数不只是影响外围护结构的传热损失，它也影响建筑造型，平面布局，采光通风等。体形系数过小，将制约建筑师的创作思维，造成建筑造型呆板，甚至损害建筑功能。在夏热冬暖地区，北区和南区气候仍有所差异，南区纬度比北区低，冬季南区建筑室内外温差比北区小，而夏季南区和北区建筑室内外温差相差不大，因此，南区体形系数大小引起的外围护结构传热损失影响小于北区。本条文只对北区建筑物体形系数作出规定，而对经济相对发达，建筑形式多样的南区建筑体形系数不作具体要求。

4.0.4 普通窗户的保温隔热性能比外墙差很多，而且夏季白天太阳辐射还可以通过窗户直接进入室内。一般说来，窗墙面积比越大，建筑物的能耗也越大。

编制组通过计算机模拟分析表明，通过窗户进入室内的热量（包括温差传热和辐射得热），占室内总得热量的相当大部分，成为影响夏季空调负荷的主要因素。编制组用DOE-2软件作了以下计算：广州市无外窗常规居住建筑物采暖空调年耗电量为30.6kW·h/m²，当装上铝合金窗，综合窗墙面积比C_M＝0.3时，年耗电量是53.02kW·h/m²，当C_M＝0.47时，年耗电量为67.19kW·h/m²，能耗分别增加了73.3％和119.6％。说明在夏热冬暖地区，外窗成为建筑节能很关键的因素。

参考国家有关标准，兼顾到建筑师创作和住宅住户的愿望，从节能角度出发，对本地区居住建筑各朝向窗墙面积比作了限制。

本条文是强制性条文，对保证居住建筑达到第3.0.4条的节能50％的目标是非常关键的。如果所设计建筑的窗墙比不能完全符合本条的规定，则必须采用第5章的对比评定法来判定该建筑是否满足节能要求。采用对比评定法时，参照建筑的各朝向窗墙比必须符合本条文的规定。

4.0.5 天窗面积越大，或天窗热工性能越差，建筑物能耗也越大，对节能是不利的。随着居住建筑形式多样化和居住者需求的提高，在平屋面和斜屋面上开天窗的建筑越来越多。编制组用DOE-2软件，对建筑物开天窗时的能耗作了计算，当天窗面积占整个屋顶面积4％，天窗传热系数K＝4.0W/(m²·K)，遮阳系数SC＝0.5时，其能耗只比不开天窗建筑物能耗多1.6％左右，对节能总体效果影响不大。但对开天窗的房间热环境影响较大，因此对天窗的面积和热工性能要予以控制。

本条文是强制性条文，对保证居住建筑达到第3.0.4条的节能50％的目标是非常关键的。对于那些需要增加观瞻效果而加大天窗面积，或采用性能差的天窗的建筑，本条文的限制很可能被突破。如果所设计建筑的天窗不能完全符合本条的规定，则必须采用第5章的对比评定法来判定该建筑是否满足节能要求。采用对比评定法时，参照建筑的天窗面积和天窗热工性能必须符合本条文的规定。

4.0.6 本条文是强制性条文，对保证居住建筑达到第3.0.4条的节能50％的目标是非常关键的。如果所设计建筑的屋顶和外墙不能完全符合本条的规定，则必须采用第5章的对比评定法来判定该建筑是否满足节能要求。采用对比评定法时，参照建筑的屋顶和外墙必须符合本条文的规定。

目前夏热冬暖地区居住建筑屋顶和外墙采用重质材料居多，如以混凝土板为主要结构层的架空通风屋面、在混凝土板上铺设保温隔热板屋面、粘土实心砖墙和粘土空心砖墙等。随着新型建筑材料的发展，采用轻质高效保温隔热材料作为屋顶和墙体材料的建筑日益增多。使用轻质材料的外墙可分两类，一类为复合墙体，如外侧为砖或混凝土，内侧复合轻质材料（如岩棉、矿棉等）；另一类为使用单一轻质材料的墙体，如使用聚苯乙烯泡沫塑料、聚氨酯泡沫塑料、轻集料混凝土等。

目前，夏热冬暖地区屋顶结构形式和隔热性能亟待改善。编制组曾在福州对屋顶热工性能做过测试，如 $K=3.0$ 的传统架空通风屋顶，在夏季炎热气候条件下，屋顶内外表面最高温度差值只有5℃左右，居住者有明显烘烤感。而使用挤塑泡沫板铺设的重质屋顶，$K=1.13$，屋顶内外表面最高温度差值达到15℃左右，居住者没有烘烤感，感觉较舒适。本条文规定使用重质材料屋顶，传热系数 $K\leqslant1.0$，$D\geqslant2.5$。

夏热冬暖地区相当多的地方，目前仍长期使用180mm粘土实心砖（$K=2.32$）和190mm的粘土空心砖（$K=1.85$），隔热性能比较差。粘土实心砖和粘土空心砖要使用粘土烧制，挤占耕地，不符合国家墙改政策。这种状况要逐步改变，首先要把墙体传热系数降下来。本条文根据各地特点和经济发展不同程度，提出使用重质材料作外墙时，按三个级别予以控制，即 $K\leqslant2.0$，$D\geqslant3.0$ 和 $K\leqslant1.5$，$D\geqslant3.0$ 和 $K\leqslant1.0$，$D\geqslant2.5$。若对墙体 K 值提更高的要求，则要增加外墙厚度，墙体超过一定厚度后，隔热性能不会有明显改善，同时也不经济。

围护结构 K、D 值直接影响建筑采暖空调房间冷热负荷的大小，也直接影响到建筑能耗。围护结构采用重质材料，K、D 值比较容易达到表4.0.6的要求。采用轻质材料，对达到所需 K 值比较容易，要达到较大的 D 值就很困难。如果围护结构要达到较大的 D 值，只有采用自重较大的材料，因此完全以 D 值和相关热容量的大小，来评定围护结构的热稳定性是不全面的，会阻碍轻质保温材料的使用，不利于围护结构的政策。本条文对轻质围护结构只限定传热系数 K 值，而不对 D 值作相应限定，主要是上述原因。实践证明，按一般规定选择 K 值的情况下，D 值小一些，对于一般舒适度的采暖空调房间也能满足要求。编制组使用DOE-2软件对福州和广州地区采用轻质材料屋顶（$K=0.46$，相当8cm厚聚苯乙烯泡沫塑料隔热水平）和采用轻质材料外墙（$K=0.7$，相当5.5cm厚聚苯乙烯泡沫塑料隔热水平）的建筑物作了能耗计算分析，与采用重质屋顶（$K=1.0$）和重质外墙（$K=1.0$）的建筑物能耗相比，分别下降了1.8%和6.0%左右，说明围护结构采用一定厚度轻质材料，对节能是有利的。

4.0.7 本条文是强制性条文，对保证居住建筑达到第3.0.4条的节能50%的目标是非常关键的。如果所设计建筑的外窗不能完全符合本条的规定，则必须采用第5章的对比评定法来判定该建筑是否满足节能要求。采用对比评定法时，参照建筑外窗的传热系数和遮阳系数必须符合本条文的规定。

窗户的传热系数越小，通过窗户的温差传热就越小，对降低采暖负荷和空调负荷都是有利的。窗的遮阳系数越小，透过窗户进入室内的太阳辐射热就越小，对降低空调负荷有利，但对降低采暖负荷却是不利的。

本条文表4.0.7-1和表4.0.7-2对建筑外窗传热系数和综合遮阳系数的规定，是基于使用DOE-2软件对建筑能耗和节能率作了大量计算分析提出的。

1. 屋顶、外墙热工性能和设备性能的提高及室内换气次数的降低，达到的节能率，北区约为35%，南区约为30%。因此对于节能目标50%来说，外窗的节能将占相当大的比例，北区约15%，南区约20%。在夏热冬暖地区，居住建筑所处的纬度越低，对外窗的节能要求也越高。

2. 本条文引入居住建筑平均窗墙面积比 C_M 参数，用平均窗墙面积比与外窗 K、S_W 及外墙 K、D 等参数形成对应关系，使建筑设计简单化，给建筑师选择窗型带来方便。C_M 即居住建筑各朝向外窗总面积与外墙总面积（含窗面积）的比值，C_M 与通常说的各朝向窗墙面积比概念有所不同。

建筑平均窗墙面积比 C_M 计算公式为：

$$C_M=\frac{\sum_{i=1}^{n}C_{M.i}\times S_i}{\sum_{i=1}^{n}S_i}=\frac{C_{M.1}\times S_1+C_{M.2}\times S_2+\cdots+C_{M.n}\times S_n}{S_1+S_2+\cdots+S_n}$$

式中 $C_{M.i}$——第 i 面外墙窗墙面积比；

S_i——第 i 面外墙面积（包括窗面积）。

C_M 也可以用下式计算：

$$C_M=\frac{外窗总面积}{外墙总面积(包括窗面积)}$$

当外窗是凸窗时，窗面积则按实际带玻璃的窗面积计算。

如编制组计算对象——基础住宅，南墙窗墙面积比 $C_{M.S}=0.42$，北墙 $C_{M.N}=0.3$，东墙 $C_{M.E}=0.5$ 和西墙 $C_{M.W}=0.15$，通过计算，它的平均窗墙面积比 $C_M=0.3$。

3. 外窗的综合遮阳系数为窗本身的遮阳系数和窗口的建筑外遮阳系数的乘积，即 $S_W=SC\cdot SD$。在北区和南区，窗口的建筑外遮阳措施对建筑能耗和节能影响是不同的：(1) 在北区，采用窗口建筑固定外遮阳措施，对建筑节能影响甚小，甚至是不利的。因为北区全年建筑总能耗中采暖能耗占了一定的比例，建筑固定外遮阳措施阻挡了冬季阳光进入室内，导致采暖负荷升高，其增加值可能会超过夏季空调负荷的减小值。因此在北区不宜采用窗口建筑固定外遮阳措施。当外窗无建筑固定外遮阳设施时，$SD=1$，即 $S_W=SC$。（2）在南区，采用窗口建筑固定外遮阳措施，对建筑节能是有利的。南区冬季采暖能耗占全年建筑总能耗不足 20%，主要是夏季空调能耗，建筑固定外遮阳将使空调能耗大幅度下降，因此是重要的建筑节能措施之一，应积极提倡。*SD* 值可依据外遮阳位置情况，在表 4.0.8 中查到，或者参照本标准的附录 B 计算。*SD* 值确定后与 *SC* 相乘，即为 S_W 值。

4. 表 4.0.7-1 和表 4.0.7-2 使用了“虚拟”窗替代具体的窗户。所谓“虚拟”窗即不代表具体型式的外窗（如我们常用的铝合金窗和 PVC 窗等），它是由任意 *K* 值和 *SC* 值组合的抽象窗户。本标准“虚拟”窗性能取值范围如下：

窗的传热系数 K＝6.5、6.0、5.5、5.0、4.5、4.0、3.5、3.0、2.5、2.0［W/（m^2·K)］

窗本身的遮阳系数 SC＝0.9、0.8、0.7、0.6、0.5、0.4、0.3、0.2

编制组使用“虚拟”窗的原因是，目前我国检测外窗热工性能的手段，尤其是检测遮阳系数的手段还不完善，使得我们对具体窗户的热工性能数值掌握得很少。我们依据表 4.0.7-1 和表 4.0.7-2 数据选择窗型时，可根据市场上的具体窗户的性能数据进行“对号入座”。当然，今后随着计算和检测手段不断完善，随着窗户性能标识制度的建立，人们对具体使用的窗性能数据掌握将会越来越多，越来越全面。

常用窗户玻璃和外窗性能参数参见表 3、表 4。

表 3 常见玻璃热工参数（参考）

名 称	传热系数［W/（m^2·K)］	遮蔽系数
5～6mm 无色透明玻璃	6.3	0.96～0.99
6mm 热反射镀膜玻璃	6.2	0.25～0.90
无色透明中空玻璃	3.5	0.86～0.88
热反射镀膜中空玻璃	3.4	0.20～0.80
Low-E 中空玻璃	2.5	0.25～0.70

注：1. 中空玻璃的传热系数值与玻璃厚度、气体间隔层厚度有关，表中列出的 *K* 值为上限值。
2. 由于不同厂家生产的玻璃有差异，不同的玻璃种类中又有不同的品种，因此同种类玻璃的遮蔽系数（*Se*）差异很大，表中列出了其大致范围。
3. 玻璃遮蔽系数是行业专有术语，与通常说的玻璃遮阳系数含义相同。

表 4 常见外窗热工参数（参考）

玻璃	普通铝合金窗		断热铝合金窗		PVC 塑料窗	
	K W/(m^2·K)	*SC*	*K* W/(m^2·K)	*SC*	*K* W/(m^2·K)	*SC*
无色透明玻璃(5～6mm)	6.5～6.0	0.9～0.8	6.0～5.5	0.9～0.8	5.0～4.5	0.9～0.8
热反射镀膜玻璃	6.5～6.0	0.55～0.45	6.0～5.0	0.55～0.45	5.0～4.5	0.55～0.45
无色透明中空玻璃	4.0～3.5	0.85～0.75	3.5～3.0	0.85～0.75	3.0～2.5	0.85～0.75
Low-E 中空玻璃	3.5～3.0	0.55～0.40	3.0～2.5	0.55～0.40	2.5～2.0	0.55～0.40

注：1. 以上仅是部分玻璃与不同型材的组合数据。
2. 表中热工参数为各种窗型中较有代表性的数值，不同厂家、玻璃种类以及型材系列品种都可能有较大浮动，具体数值应以法定检测机构的实际检测值为准。
3. 窗本身的遮阳系数 *SC* 可近似地取为窗玻璃的遮蔽系数乘以窗玻璃面积除以整窗面积，即 $SC=Se\times A_{玻}/A_{窗}$。

5. 表 4.0.7-1 和表 4.0.7-2 主要差别在于：表 4.0.7-1 对外窗的传热系数值有具体规定，而表 4.0.7-2 对外窗 *K* 值没有具体规定，也就是说外窗传热系数对南区建筑能耗和节能率影响很小。编制组选取了 9 种“虚拟”窗组合（性能见表 5 所列），应用 DOE-2 软件，分别对福州（北区）和广州（南区）不同围护结构、不同窗墙比共 3000 多个建筑节能方案的建筑能耗和节能率作了计算，通过整理，得出不同节能方案下的建筑节能率 η 与平均窗墙比 C_M 关系曲线和关系图，图 2、图 3 分别代表福州和广州重质墙体 $K=1.5$ 条件时的 ηC_M 关系曲线图。

表 5 9 种“虚拟”窗性能表

窗型编号	传热系数［W/（m^2·K)］	遮阳系数
No. 1	6.0	0.9
No. 2	4.5	0.9
No. 3	6.0	0.5
No. 4	4.5	0.5
No. 5	4.0	0.8
No. 6	3.0	0.8
No. 7	2.5	0.8
No. 8	3.5	0.3
No. 9	2.5	0.3

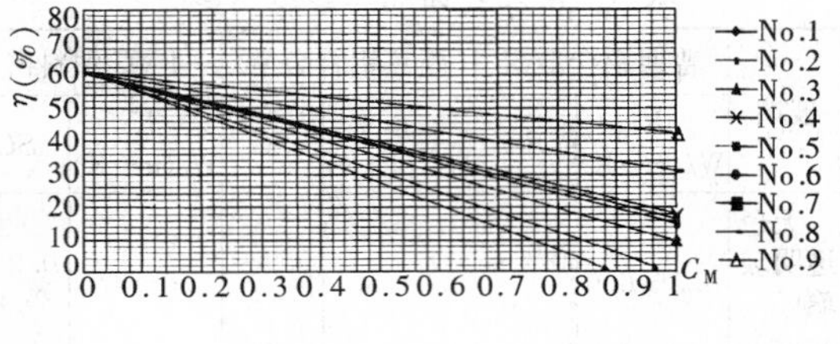

图 2　福州（北区）η-C_M 关系曲线
（重质墙体 $K=1.5$，$D\geqslant3.0$）

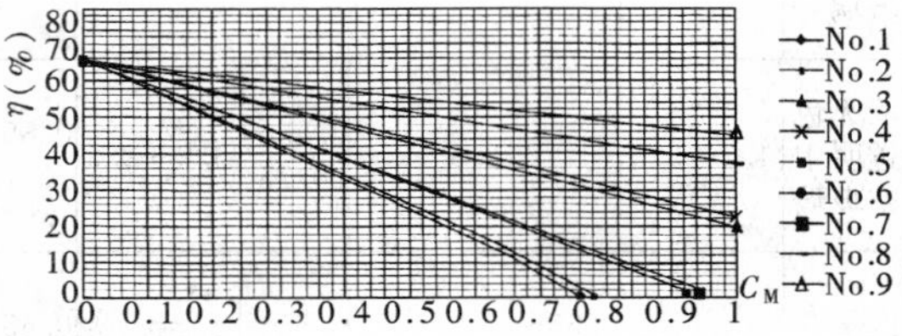

图 3　广州（南区）η-C_M 关系曲线
（重质墙体 $K=1.5$，$D\geqslant3.0$）

两图的明显区别在于：福州各窗型 η-C_M 关系曲线分散，而广州各窗型 η-C_M 关系曲线按外窗遮阳系数（SC）形成相互靠拢的直线簇，说明南区建筑节能率仅与外窗的遮阳性能密切相关，而与外窗传热性能关系甚小，而北区建筑节能率与外窗传热性能和遮阳性能均有关系。这是因为南区全年建筑总能耗以夏季空调能耗为主，夏季空调能耗中太阳辐射得热引起的空调能耗又占相当大的比例，而窗的温差传热引起的空调能耗只占小部分，因此南区建筑节能外窗遮阳系数起了主要作用。

6. 建筑外墙面色泽，决定了外墙面太阳辐射吸收系数 ρ 的大小。外墙采用浅色表面，ρ 值小，夏季能反射较多的太阳辐射热，从而降低房间的得热量和外墙内表面温度，但在冬季会使采暖耗电量增大。编制组在用 DOE-2 软件作建筑物能耗和节能分析时，基础建筑物和节能方案分析设定的外墙面太阳辐射吸收系数 $\rho=0.7$。经进一步计算分析，北区建筑外墙表面太阳辐射吸收系数 ρ 的改变，对建筑全年总能耗影响不大，而南区 $\rho=0.6$ 和 0.8 时，与 $\rho=0.7$ 的建筑总能耗差别不大，而 $\rho<0.6$ 和 $\rho>0.8$ 时，建筑能耗总差别较大。当 $\rho<0.6$ 时，建筑总能耗平均降低 5.4%；当 $\rho>0.8$ 时，建筑总能耗平均增加 4.7%。因此表 4.0.7-1 对 ρ 使用范围不作限制，而表 4.0.7-2 规定 ρ 取值 $\leqslant0.8$。当 $\rho>0.8$ 时，则应采用第 5 章对比评定法来判定建筑物是否满足节能要求；当 $\rho<0.6$时，将降低建筑物总能耗，提高节能率，对节能是有利的，它对节能率的贡献，可以通过第 5 章对比评定法来调整其他构件热工参数，因此当 $\rho<0.6$ 时，是否需要使用对比评定法，由设计人员决定。建筑外表面的太阳辐射吸收系数 ρ 值参见《民用建筑热工设计规范》GB 50176—93 附录二附表 2.6。

4.0.8　建筑外遮阳系数的计算是比较复杂的问题，本标准附录 A 给出了较为简化的计算方法。

根据附录 A 计算的外遮阳系数，冬季和夏季有着不同的值，而本章中北区应用的外遮阳系数为同一数值，为此，将冬季和夏季的外遮阳系数进行平均，从而得到单一的建筑外遮阳系数。这样取值是保守的，因为对于许多外遮阳设施而言，夏季的遮阳比冬季的好，冬季的遮阳系数比夏季的大，而遮阳系数大，总体上讲能耗是增加的。

4.0.9　建筑外遮阳起到遮挡直接日射的作用，合适的外遮阳措施可以减少日射得热量。居住建筑的外窗，在可能的情况下，应优先采用活动或固定的建筑外遮阳设施，以达到比窗户本身遮阳和窗户内遮阳更好的遮阳隔热效果。

设置固定的外遮阳构件对减少太阳辐射热进入室内降低空调能耗的效果显著，因此在新加坡、马来西亚、泰国、日本及我国的台湾省等一些纬度相近的国家和地区，把固定的外遮阳作为夏季建筑节能的重点措施加以考虑。我国夏热冬暖地区的住宅建筑尚缺乏有组织的外遮阳设计，近年来居民自行大量安装简易的遮阳篷架也反映出固定的外遮阳是一项符合实际需要的合理措施。在纬度相近的国家和地区及国内一些重视节能的住宅建筑中，以百叶等挡板遮阳方式正在代替完全不透光的传统挡板方式，从而很好地解决了遮阳与通风、采光、观瞻的矛盾。

活动的外遮阳设施，夏季能抵御阳光进入室内，而冬季能让阳光进入室内，它通常是采用可动的百叶窗，如在别墅或低层集合住宅的窗口上，欧美喜欢平开式百叶窗；在多层住宅上，澳洲、日本等喜欢推拉式百叶窗。近年来我国南方有的房地产商家也逐渐开始引进和运用类似的遮阳方法，在今后的住宅中将得到一定的普及。

活动的外遮阳和固定的外遮阳一样，是把太阳直射辐射能挡在窗外，直接降低房间得热，从而降低夏季房间空调冷负荷的峰值。东、西朝向的外窗受到太阳直接辐射，太阳的高角度比较低，方位角正对窗口，因此东、西朝向外窗尤其要重视采用活动或固定外遮阳措施。

如本章 4.0.7 条条文说明所述，固定外遮阳措施适用于以空调能耗为主的南区，它有利于降低夏季空调能耗。活动外遮措施适用于北区，它同时有利于降低冬季采暖能耗和夏季空调能耗。

建筑物外窗采用外遮阳设施时，设施与建筑连接要牢靠，保证安全，尤其在高层建筑上使用时，应更注意安全措施。

4.0.10　本条文为强制性条文，对缩短空调器的实际运行时间以及保持室内良好的卫生条件都是非常重要的。

外窗的可开启面积过小会严重影响房间的自然通风效果。近年来，为了片面追求外窗的视觉效果和建筑立面的简约设计风格，外窗的可开启率有逐渐下降的趋势，有的甚至于不足外窗面积的25%，导致房间自然通风量不足，不利于室内空气流通和散热，也不利于保持室内良好的卫生条件。居住者只有被迫选择开启空调器降温，以达到室内的热舒适性水平。本条款的目的，是为了保证居住者在室外气象条件较好的情况下，可以通过开启外窗通风来保持室内良好的卫生条件和热舒适水平。

通过实测调查与计算机模拟：当室外干球温度不高于28℃，相对湿度80℃，室外风速在1.5m/s左右时，外窗的可开启面积不小于所在房间地面面积的8%时，室内大部分区域基本能达到热舒适性水平；而当室内通风不畅或关闭外窗，室内干球温度26℃，相对湿度80%左右时，室内人员仍然感到有些闷热。通过对夏热冬暖地区典型城市的气象数据进行分析，从5月到10月，室外平均温度不高于28℃的天数占每月总天数，有的地区高达60%到70%，最热月也能达到10%左右，对应时间段的室外风速大多能达到1.5m/s左右。所以作好自然通风气流组织设计，保证一定的外窗可开启面积，可以减少房间空调设备的运行时间，节约能源。

根据住宅建筑现状调查，住宅建筑的窗地面积比一般在15%～20%之间，而根据《住宅设计规范》GB 50096—1999的规定：为保证住宅侧面采光，窗地面积比值不得小于1/7（即14.3%）。考虑到我国夏热冬暖地区居住建筑普遍使用推拉窗和平开窗，推拉窗的最大可开启面积接近50%，平开窗接近100%。所以本条文的规定是容易实现的。

4.0.11 本条文为强制性条文。

为了保证居住建筑的节能，要求外窗及阳台门具有良好的气密性能，以抵御夏季和冬季室外空气过多的向室内渗漏。夏热冬暖地区，地处沿海，雨量充沛，多热带风暴和台风袭击，多有大风、暴雨天气，因此对外窗和阳台门气密性能要有较高的要求。

现行国家标准《建筑外窗气密性分级及其检测方法》GB/T 7107—2002规定的3级对应的空气渗透数据是：在10Pa压差下，每小时每米缝隙的空气渗透量在1.5～2.5m^3之间和每小时每平方米面积的空气渗透量在4.5～7.5m^3之间；4级对应的空气渗透数据是：在10Pa压差下，每小时每米缝隙的空气渗透量在0.5～1.5m^3之间和每小时每平米面积的空气渗透量在1.5～4.5m^3之间。因此本条文的规定相当于1～9层的外窗的气密性等级不低于3级，10层及10层以上的外窗的气密性等级不低于4级。

4.0.12 本条文所提出的这几种屋顶和外墙的节能措施，是基于华南地区的气候特点，考虑充分利用气候资源达到节能目的而提出的，同时也是为了鼓励推行绿色建筑和生态建筑的设计思想。这些措施经测试、模拟和实际应用证明是行之有效的，其中有些措施的节能效果显著。

采用浅色饰面材料的屋顶外表面和外墙面，在夏季能反射较多的太阳辐射热，从而能降低室内的太阳辐射得热量和围护结构内表面温度。当白天无太阳时和在夜晚，浅色围护结构外表面又能把围护结构的热量向外界辐射，从而降低室内温度。在厦门地区做过这样测试：有两间位于顶层的房间，屋顶外表面两年前均经保温涂料刷白，其中一间两年后重新刷白，经测试，重新刷白房间由于外表的颜色浅，屋顶外表面、内表面和室内温度比未重新刷白房间分别低了4.8℃、1.7℃和1.1℃，说明浅色外表面能有效地改善室内热环境。

仍有些地区习惯采用带有空气间层的屋顶和外墙，如华南地区普遍采用的五脚隔热砖屋顶等，均可视为普通的空气间层。考虑到华南地区居住建筑屋顶设计形式的普遍性，架空大阶砖通风屋顶受女儿墙遮挡影响效果较差，且习惯上也逐渐被成品的带脚隔热砖所取代，故本条文未对其做特别推荐，其隔热效果也可以近似为封闭空气间层。研究表明封闭空气间层的传热量中辐射换热比例约占70%。本条文提出采用带铝箔的空气间层目的在于提高其热阻，贴敷单面铝箔的封闭空气间层热阻值提高3.6倍，节能效果显著，目前国内铝箔的生产量已经能够满足建筑市场的需要，因此，这项节能措施更有继续推广的价值。值得注意的是，当采用单面铝箔空气间层时，铝箔应设置在室外侧的一面。

蓄水、含水屋面是适应本气候区多雨气候特点的节能措施，国外如日本、印度、马来西亚等和我国长江流域省份及台湾省都有普遍应用，也有一些地区如四川省等颁布了相关的地方标准。这类屋顶是依靠水分的蒸发消耗屋顶接收到的太阳辐射热量，水的主要来源是蓄存的天然降水，补充以自来水。实测表明，夏季采用上述措施屋顶内表面温度下降3～5℃，其中蓄水屋面下降3.3℃，含水屋面下降3.6℃。含水屋面由于含水材料在含水状态下也具有一定的热阻故表现为这种屋面的隔热作用优于蓄水屋面。当采用蓄水屋面时，储水深度应大于等于200mm，水面宜有浮生植物或浅色漂浮物；含水屋面的含水层宜采用加气混凝土块等固体建筑材料，厚度应大于等于100mm。

遮阳屋面是现代建筑设计中利用屋面作为活动空间所采取的一项有效的防热措施，也是一项建筑围护结构的节能措施。本标准建议两种做法：采用百叶板遮阳棚的屋面和采用爬藤植物遮阳棚的屋面。测试表明，夏季顶层空调房间屋面做有效的遮阳构架，屋顶热流强度可以降低约50%，如果热流强度相同时，做有效遮阳的屋顶热阻值可以减少60%。同时屋面活动空间的热环境会得到改善。强调屋面遮阳百叶板的坡向在于，夏热冬暖地区位于北回归线两侧，夏季太阳高度角大，坡向正北向的遮阳百叶片可以有效地遮挡太阳辐射，而在冬季由于太阳高度角较低时太阳辐射也能够通过百叶片间隙照到屋面，从而达到夏季防热冬季得热的热工设计效果，屋面采用植物遮阳棚遮阳时，选择冬季落叶类爬藤植物的目的也是如此。屋面采用百叶遮阳棚的百叶片宜坡向北向45°；植物遮阳棚宜选择冬季落叶类爬藤植物。遮阳屋顶、隔热板屋顶、大阶砖通风屋顶热流强度比较见图4。

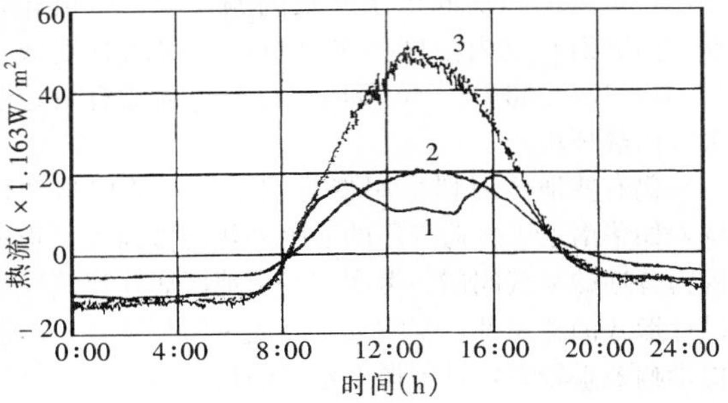

图4　遮阳屋顶、隔热板屋顶、大阶砖通风屋顶热流强度比较

1—加气块屋顶设百叶遮阳 $R_0=0.45$；2—隔热板屋顶 $R_0=1.13$；3—架空大阶砖屋顶 $R_0=0.36$

5　建筑节能设计的综合评价

5.0.1　本标准第4章“建筑和建筑热工节能设计”和本章“建筑节能设计的综合评价”是并列的关系。如果所设计的建筑已经符合第4章的规定，则不必再依据第5章对它进行节能设计的综合评价。反之，也可以依据第5章对所设计的建筑直接进行节能设计的综合评价。

必须指出的是，如果所设计的建筑不能完全满足本标准的第4.0.4、4.0.5、4.0.6和4.0.7条的规定，则必须通过综合评价来证明它能够达到节能目标。

本标准的节能设计综合评价采用“对比评定法”。

“对比评定法”是一种灵活的、切合实际的方法。采用这一方法的理由是：既然达到第4章的最低要求，建筑就可以满足节能设计标准，那么将所设计的建筑与满足第4章要求的参照建筑进行能耗对比计算，若所设计建筑物的能耗并不高出按第4章的要求设计的节能参照建筑，则同样应该判定所设计建筑满足节能设计标准。这种方法在美国的一些建筑节能标准中已经被广泛采用。

“对比评定法”是先按所设计的建筑物的大小和形状设计一个节能建筑（即满足第4章的要求的建筑），称之为“参照建筑”。将所设计建筑物与“参照建筑”进行对比计算，若所设计建筑的能耗不比“参照建筑”高，则认为它满足本节能设计标准的要求。若所设计建筑的能耗高于对比的“参照建筑”，则必须对所设计建筑物的有关参数进行调整，再进行计算，直到满足要求为止。

采用对比评定法与采用单位建筑面积的能耗指标的方法相比有明显的优点。采用单位建筑面积的能耗指标，对不同形式的建筑物有着不同的节能要求；为了达到相同的单位建筑面积能耗指标，对于高层建筑、多层建筑和低层建筑所要采取的节能措施显然有非常大的差别。实际上，第4章的有关要求是采用本地区的一个“基准”的多层建筑，按其达到节能50%而计算得到的。将这一“基准”建筑物节能50%后的单位建筑面积能耗作为标准用于所有种类的居住建筑节能设计，是不妥当的。因为高层建筑和多层建筑比较容易达到，而低层建筑和别墅建筑则较难达到。采用“对比评定法”则是采用了一个相对标准，不同的建筑有着不同的单位建筑面积能耗，但有着基本相同的节能率。

本标准引入“空调采暖年耗电指数”作为对比计算的参数。这一指数为无量纲数，它与本标准规定的计算条件下计算的空调采暖年耗电量基本成正比。

本标准的“对比评定法”既可以直接采用空调采暖年耗电量进行对比，也可以采用空调采暖年耗电指数进行对比。采用空调采暖年耗电指数进行计算对比，计算上更加简单一些。

本标准允许使用空调采暖年耗电指数或空调采暖年耗电量作为节能综合评价的判据。

在采用空调采暖年耗电量进行对比计算时由于有多种计算方法可以采用，因而规定在进行对比计算时必须采用相同的计算方法。同样的理由需采用相同的计算条件。本条也为“对比评定法”专门列出了判定的公式。

本条特别规定天窗、屋面和轻质墙体必须满足第4章的规定，这是因为天窗、屋面的节能措施虽然对整栋建筑的节能贡献不大，但对顶层房间的室内热环境而言却是非常重要的。在自然通风的条件下，轻质墙体的内表面最高温度是控制值，这与节能计算的关系虽然不大，但对人体的舒适度有很大的关系。人不舒适时会采取降低空调温度的办法，或者在本不需要开空调的天气多开空调。因而规定轻质墙体必须满足第4章的要求，而且轻质墙体也较容易达到要求。

5.0.2　“参照建筑”是用来进行对比评定的节能建筑。首先，参照建筑必须在大小、形状、朝向等各个方面与所设计的实际建筑物相同，才可以作为对比之用。由于参照建筑是节能建筑，因而它必须满足第4章几条重要条款的最低要求。当所设计的建筑在某些方面不能满足节能要求时，参照建筑必须在这些方面进行调整。本条规定参照建筑各个朝向的窗墙比应符合第4章的规定。

非常重要的是，参照建筑围护结构的各项性能指标应为第4章规定性指标的限值。这样参照建筑是一个刚好满足节能要求的建筑。把所设计的建筑与之相比，即是要求所设计的建筑可以满足节能设计的最低要求。与参照建筑所不同的是，所设计的建筑会在某些围护结构的参数方面不满足第4章规定性指标的要求。

5.0.3 本标准第5章的目的是审查那些不完全符合第4章规定的居住建筑是否也能满足节能要求。为了在不同的建筑之间建立起一个公平合理的可比性，并简化审查工作量，本条特意规定了计算的标准条件。

计算时取卧室和起居室室内温度，冬季全天为不低于16℃，夏季全天为不高于26℃，换气次数为1.0次/h。本标准在进行对比计算时之所以取冬季室内不低于16℃，主要是因为本地区的居民生活中已经习惯了在冬天多穿衣服而不采暖。而且，由于本地区的冬季不太冷，因而只要冬季关好门窗，室内空气的温度已经足够高，所以大多数人在冬季不采暖。为了使采暖能耗在计算中所占的比例不会太大，使得计算的结果与实际情况更加接近，因而调低了室内的冬季最低计算温度。

采暖设备的额定能效比取1.5，主要是考虑冬季采暖设备部分使用家用冷暖型（风冷热泵）空调器，部分仍使用电热型采暖器；空调设备额定能效比取2.7，主要是考虑家用空调器国家标准规定的最低能效比已有所提高，目前已经完全可以满足这一水平。本标准附录中的空调采暖年耗电指数简化计算公式中已经包括了空调、采暖能效比参数。

在计算中取比较低的设备额定能效比，有利于突出建筑围护结构在建筑节能中的作用。由于本地区室内采暖、空调设备的配置是居民个人的行为，本标准实际上能控制的主要是建筑围护结构，所以在计算中适当降低设备的额定能效比对居住建筑实际达到节能50%的目标是有利的。

居住建筑的内部得热比较复杂，在冬季可以减小采暖负荷，在夏季则增大空调负荷。在计算时不考虑室内得热可以简化计算。

对于南区，由于采暖可以不考虑，因而本标准规定可不进行采暖部分的计算。这样规定与夏热冬暖地区的划定原则是一致的。对于北区，由于其靠近夏热冬冷地区，还会有一定的采暖，因而采暖部分不可忽略。

5.0.4 本标准规定，计算空调采暖年耗电量采用动态的能耗模拟计算软件。夏热冬暖地区室内外温差比较小，一天之内温度波动对围护结构传热的影响比较大。尤其是夏季，白天室外气温很高，又有很强的太阳辐射，热量通过围护结构从室外传入室内；夜里室外温度下降比室内温度快，热量有可能通过围护结构从室内传向室外。由于这个原因，为了比较准确地计算采暖、空调负荷，并与现行国标《采暖通风与空气调节设计规范》GBJ 19保持一致，需要采用动态计算方法。

动态的计算方法有很多，暖通空调设计手册里冷负荷计算法就是一种常用的动态计算方法。本标准采用了反应系数计算方法，并采用美国劳伦斯伯克力国家实验室开发的DOE-2软件作为计算工具。

DOE-2用反应系数法来计算建筑围护结构的传热量。反应系数法是先计算围护结构内外表面温度和热流对一个单位三角波温度扰量的反应，计算出围护结构的吸热、放热和传热反应系数，然后将任意变化的室外温度分解成一个个可叠加的三角波，利用导热微分方程可叠加的性质，将围护结构对每一个温度三角波的反应叠加起来，得到任意一个时期围护结构表面的温度和热流。

DOE-2软件可以模拟建筑物采暖、空调的热过程。用户可以输入建筑物的几何形状和尺寸，可以输入室内人员、电器、炊事、照明等的作息时间，可以输入一年8760个小时的气象数据，可以选择空调系统的类型和容量等等参数。DOE-2根据用户输入的数据进行计算，计算结果以各种各样的报告形式来提供。

鉴于DOE-2软件的输入比较麻烦，不容易掌握，中国建筑科学研究院建筑物理研究所开发了与之配套的输入输出软件。美国劳伦斯伯克力国家实验室还特意将本地区的几个典型城市的气象数据转换成DOE-2软件的标准格式，以用于能耗分析计算。

另外，清华大学开发的DeST动态模拟能耗计算软件也可以用于能耗分析。该软件也给出了全国许多城市的逐时气象数据，有着较好的输入输出界面，采用该软件进行能耗分析计算也是比较合适的。

采用动态模拟软件计算的能耗是比较直观的，直接采用软件计算的采暖、空调年耗电量进行对比分析比较方便。

5.0.5 尽管动态模拟软件均有了很好的输入输出界面，计算也不算太复杂，但对于一般的建筑设计人员来说，采用这些软件计算还有不少困难。为了使得节能的对比计算更加方便，本标准给出了根据DOE-2软件拟合的简化计算公式，以使建筑节能工作推广起来更加方便和迅速。

6 空调采暖和通风节能设计

6.0.1 夏热冬暖地区夏季酷热，北区冬季也比较湿冷。随着经济发展，人民生活水平的不断提高，对空调、采暖的需求逐年上升。对于居住建筑选择设计集中空调（采暖）系统方式，还是分户空调（采暖）方式，应根据当地能源、环保等因素，通过仔细的技术经济分析来确定。同时，该地区居民空调（采暖）所需设备及运行费用全部由居民自行支付，因此，还要考虑用户对设备及运行费用的承担能力。

6.0.2 建设部 2000 年 2 月 18 日颁布了第 76 号令《民用建筑节能管理规定》，其中第五条规定“新建居住建筑的集中采暖系统应当使用双管系统，推行温度调节和户用热量计量装置，实行供热计量收费”。根据 76 号令的精神，对于夏热冬暖地区采取集中式空调（采暖）方式时，也应计量收费，增强居民节能意识。在涉及具体空调（采暖）节能设计时，可以参考执行现行国家标准《旅游旅馆建筑热工与空气调节节能设计标准》GB 50189—93 中第 5 章“空调”及第 6 章“监测与计量”的有关规定；和现行国家标准《民用建筑节能设计标准（采暖居住建筑部分）》JGJ 26—95中第 5 章“采暖设计”的有关规定。

6.0.3 当居住区采用集中供冷（热）方式时，冷（热）源的选择，对于合理使用能源及节约能源是至关重要的。从目前的情况来看，不外乎采用电驱动的冷水机组制冷，电驱动的热泵机组制冷及采暖；直燃型溴化锂吸收式冷（温）水机组制冷及采暖，蒸汽（热水）溴化锂吸收式冷热水机组制冷及采暖；热、电、冷联产方式，以及城市热网供热；燃气、燃油、电热水机（炉）供热等。当然，选择哪种方式为好，要经过技术经济分析比较后确定。

涉及到电驱动的冷水机组制冷及热泵机组，现行标准《蒸汽压缩循环冷水（热泵）机组——工商业用或类似用途的冷水（热泵）机组》GB/T 18430.1—2000 列出了规定的名义工况时最低制冷性能系数（能效比）值。涉及到直燃型溴化锂吸收式冷（温）水机组，蒸汽（热水）溴化锂吸收式冷热水机组，现行标准《直燃型溴化锂吸收式冷（温）水机组》GB/T 18362—2001 和《蒸汽和热水型溴化锂吸收式冷水机组》GB/T 18431—2001，列出了规定的名义工况时最低性能系数（能效比）。

尽管以上现行标准都是近年颁布的，但与世界同类产品的能效比相比，我国机组规定的能效比要显得低，因此，在条件许可的情况下，应优先选用能效比高的产品。

6.0.4 目前，房间空调器，尤其分体式机组仍然是该地区居住建筑广泛采用的空调（采暖）设备。由于它易于安装，使用方便灵活，噪声低，对建筑没有特殊要求，故得到广泛应用。热泵型房间空调器冬季供热工况运行时，采暖的能效比远高于直接电热式采暖，应鼓励推荐应用。尽管每一台房间空调器的电耗量不是太高，但目前我国居民采用空调器的普及率大幅度在增加，房间空调器的产量巨大，每年有一千几百万台房间空调器安装及投入运行，相当于每年增加一千几百万千瓦的电容量；而且空调器运行时间往往为高峰电，加大了峰谷差，大大地加剧了电力供应的紧张程度。所以，房间空调器节能是十分重要的。

能效比是空调器最重要的经济性能指标，能效比高，说明该空调器具有节能、省电的先决条件。国家质量技术监督局于 2000 年 9 月 17 日发布了国家标准《房间空气调节器能源效率限定值及节能评价值》GB 12021.3—2000，其中表 2“节能评价值”内所列房间空气调节器的能效比要高于现行标准《房间空气调节器》GB/T 7725—1996 中有关规定值。中国节能产品认证中心已于 2000 年 6 月 1 日对房间空气调节器产品按上述标准中有关规定值进行节能产品认证。所以应鼓励优先采用符合国家现行标准规定的节能型采暖、空调产品。GB 12021.3—2000 规定的能效比要高于 GB/T 7725—1996 的规定值。能效比符合 GB 12021.3—2000 规定值的房间空调器产品，经中国节能产品认证中心认证，可获得节能型产品证书及标志，获证产品的平均耗电量要比普通产品的平均耗电量约少 10%以上。所以要鼓励选用符合现行国家标准《房间空气调节器能源效率限定值及节能评价值》GB 12021.3 的节能型空调器。

现行标准《蒸汽压缩循环冷水（热泵）机组——户用和类似用途冷水（热泵）机组》GB/T 18430.2—2000，列出了规定的名义工况时最低制冷性能系数（能效比）值。

多联式空调（热泵）机组通常称为“一拖几”，它是一种采用变频技术或机械能量控制技术来改变制冷剂流量，由一台室外机连接多台室内机的空调（热泵）系统。该系统可根据室内负荷变化（即开启不同室内机台数），瞬间进行变制冷剂流量的容量调整，调节室外机组的出力，使供需之间达到平衡，运行效率较高。多联分体热泵空调器可以连接多个各种款式的室内机。这种空调器的主要优点是：各房间有独立的空气调节控制手段，可使每个房间得到各自满意的舒适温度；变制冷剂流量控制，节约能量。

现行标准《多联式空调（热泵）机组》GB/T 18837—2002 和《风管送风式空调（热泵）机组》GB/T 18836—2002，列出了规定的名义工况时最低制冷性能系数（能效比）值。

6.0.5 部分夏热冬暖地区冬季比较温和，需要采暖的时间很短，而且热负荷也很低。特别是当地环保要求较高时，可以考虑直接用电来进行采暖。比如电散热器采暖；电红外线辐射器采暖；低温电热膜辐射采暖；低温加热电缆辐射采暖，甚至电锅炉热水采暖等等。要说明的是，采用这类方式时，特别是电红外线辐射器采暖，低温电热膜辐射采暖，低温加热电缆辐射采暖时，一定要符合有关标准中建筑防火要求，也要分析用电量的供应保证及用户运行费用承担的能力。但毕竟火力发电厂的发电效率只有 30%多，而且这种用高品位的电能直接转换为低品位的热能进行采暖，在能源利用上并不合理。

6.0.6 水源热泵（地表水、地下水、封闭水环路式水源热泵）应用水作为机组的冷（热）源，可以应用河、湖及海水，地下水，废水等。至于地热源（大地耦合式）热泵，从原理上看，其实也是水源热泵的一种，只是将水通过埋设在土壤中的、一种传热效果较好的塑料管来吸取土壤热量（制热时）及排出热量（制冷时）到土壤中。与空气源热泵相比，它的优点是出力稳定，效率高，当然也没有除霜问题。当有地下水、河湖水及其他水资源或土壤热源可利用时，可大大降低运行费用。但水源热泵必须有一个水系统，如果采取打井取用地下水，必须确保有（真正的）回灌措施以及确保水源不被污染，并必须符合当地环保部门有关规定。否则，会引起水资源保护及环境问题。如果在该建筑附近有一定面积的土壤可以埋设专门的塑料管道（水平开槽埋设或垂直钻孔埋设），可以采用地热源热泵机组，它利用土壤作热源和热汇，通过在管道里流动的水进行热交换，有较高的能效比，并有利于环保。

6.0.7 《中华人民共和国节约能源法》中第39条，国家鼓励发展下列通用节能技术：（一）推广热电联产、集中供热，提高热电机组的利用率，发展热能梯级利用技术，热、电、冷联产技术和热、电、煤气三联供技术，提高热能综合利用率；……。中华人民共和国建设部令第76号《民用建筑节能管理规定》中第四条，国家鼓励发展下列节能技术（产品）：（三）集中供热和热、电、冷联产联供技术；（五）太阳能、地热等可再生能源应用技术及设备。所以在有条件时应鼓励采用。

热电联产是利用燃料的高品位热能发电后，将其低品位热能供热的综合利用能源的技术。目前我国大型火力电厂的平均发电效率为33%左右，其余能量被冷却水排走；而热电厂供热时根据供热负荷，调整发电效率，使效率稍有下降（比如20%），但剩下的80%热量中的70%以上可用于供热，从总体上看是比较经济的。从这个意义上讲，热电厂供热的效率约为中小型锅炉房供热效率的2倍。在夏季还可以配合吸收式冷水机组进行集中供冷，实现三联供。

另外一种型式为建筑（或小区）冷热电联产(Building Cooling Heating and Power-BCHP)，这是指能给小区提供制冷、制热和电力的能源供给系统，它应用燃气为能源，将小型（微型）燃气涡轮发电机与直燃机相组合，实现小区冷热电联供。由于该系统设备的低能耗、能源效率高、高可靠性和低排放，具备相当有利的竞争优势。该系统可设置在小区或小区附近，减少了冷、热、电长途输送过程的损耗；如果配套了直燃机，能同时提供制冷、采暖和卫生热水，一机多用，BCHP系统比传统的热电联产系统增加了制冷的功能，提高了系统全年设备的负荷率和利用率，有利于全年能源均衡有效利用。

中国政府十分关注国家的人口、资源和环境的可持续发展，并积极采取对策。国务院于1994年讨论通过了关于中国可持续发展战略与对策的白皮书——《中国21世纪议程》，在该文件中指出："把开发可再生能源放到国家能源发展战略的优先地位……"，并"要加强太阳能直接和间接利用技术的开发"。中国有较丰富的太阳能资源，年太阳辐照时数超过2200小时的太阳能利用条件较好的地区占国土的2/3，故开发太阳能利用是实现中国可持续发展战略的有效措施之一。我国从1980年代起，对城镇多层住宅应用被动太阳能进行采暖及降温技术已有研究。证明了从合理建筑及热工设计着手，在增加有限的建设投资下，利用被动太阳能是有可能达到改善室内冬夏热环境舒适条件的。

6.0.8 房间空调器的主要属性仍然为家用电器产品，今后相当长的时期里还是主要依靠居住者的自主行为购置安装房间空调器。为了避免空调器的安装位置不合理或装饰设计、安装方式不当而导致建筑立面艺术效果差、空调器效率下降等问题，本标准明确了房间空调器安装位置和搁板的设计工作归属于建筑师完成，即建筑师在建筑平面和立面设计阶段应统一考虑房间空调器的安放位置和搁板构造。本条款规定的内容包括三个方面内容：（1）统一设计空调器的安放位置和搁板做法，是为了确保建筑室内外艺术效果，达到设备和建筑造型的和谐统一；（2）在建筑平面设计阶段布置室外机时，保证相邻的多台室外机吹出的气流射程互不干扰，避免空调器效率下降，对于居住建筑开放式天井来说，天井内两个相对的主要立面一般不小于6m，这对于一般的房间空调器的室外机吹出气流射程不至于相互干扰，但在天井两个立面距离小于6m时，应考虑室外机偏转一定的角度，使其吹出射流方向朝向天井开口方向；对于封闭内天井来说，当天井底部无架空且顶部不开敞时，天井内侧不宜布置空调室外机；（3）对室内机和室外机进行隐蔽装饰设计有两个主要目的，一是提高建筑立面的艺术效果，二是对室外机有一定的遮阳和防护作用。有的商住楼用百叶窗将室外机封起来，这样会不利于夏季排放热量，大大降低能效比。装饰的构造形式不应对空调器室内机和室外机的进气和排气通道形成阻碍，从而避免室内气流组织不良和设备效率下降，建筑师应根据所选房间空调器的构造特征合理设计其搁板构造。

当前居住建筑中广为应用的空调（采暖）设备是分体型、单冷或热泵型空调器。以前，由于整体式（窗式）空调器噪声较高，安装时与窗的尺寸不协调，应用较少。但整体式（窗式）空调器可以方便地引入室外新风，如果采用这类空调器，在建筑设计时应考虑安装位置。

6.0.9 居住建筑应用空调设备保持室内舒适的热环境条件要耗费能量，比如，对于广州地区的基准住宅

（即未按节能标准设计的居住建筑），据2001年对居住建筑空调耗电量调查统计，平均为3kWh/m^2·月。此外，应用空调设备还会有一定的噪声。而自然通风无能耗、无噪声，当室外空气品质好的情况下，人体舒适感好（空气新鲜、风速风向随机变化、风力柔和），因此，应重视采用自然通风。欧洲国家在建筑节能和改善室内空气品质方面极为重视研究和应用自然通风，我国国家住宅与居住环境工程中心2001年编制的《健康住宅建设技术要点》中规定："住宅的居住空间应能自然通风，无通风死角"。当然，自然通风在应用上存在不易控制、受气象条件制约、要求室外空气无污染等局限，因此，条文中明确规定："当室外热环境参数优于室内热环境时，优先采用自然通风使室内满足热舒适及空气环境质量要求"，例如据气象资料统计，广州地区标准年室外干球温度分布在18.5～26.5℃的时数为3991小时，近半年的时间里可利用自然通风。对于某些居住建筑，由于客观原因使在气象条件符合利用自然通风的时间里而单纯靠自然通风又不能满足室内热环境要求时，可以设计机械通风（一般是机械排风），作为自然通风的辅助技术措施。只有各种通风技术措施都不能满足室内热舒适环境要求时，才开启空调设备或系统。

目前，居住建筑的机械排风有分散式无管道系统，集中式排风竖井和有管道系统。随着经济的发展和人们生活水平的提高，集中式机械排风竖井或集中式有管道机械排风系统会得到较多的应用。

6.0.10 居住建筑中由于人（及宠物）的新陈代谢和人的活动会产生污染物，室内装修材料及家具设备也会散发污染物，因此，居住建筑的通风换气是创造舒适、健康、安全、环保的室内环境，提高室内环境质量水平的技术措施之一。通风分为自然通风和机械通风，传统的居住建筑自然通风方法是打开门窗，靠风压作用和热压作用形成"穿堂风"或"烟囱风"；机械通风则需要应用风机为动力。有效的技术措施是居住建筑通风设计采用机械排风、自然进风。机械排风的排风口一般设在厨房和卫生间，排风量应满足室内环境质量要求，排风机应选用符合标准（GB 10080，ZBJ—72046，ZBJ—72047，ZBJ 72048等）的产品，并应优先选用高效节能低噪声风机。《中国节能技术政策大纲》提出节能型通用风机的效率平均达到84%；选用风机的噪声应满足居住建筑环境质量标准的要求。

6.0.11 近年来，建筑室内空气品质问题已经越来越引起人们的关注，建筑材料，建筑装饰材料及胶粘剂会散发出各种污染物如挥发性有机化合物（VOC），对人体健康造成很大的威胁。VOC中对室内空气污染影响最大的是甲醛。它们能够对人体的呼吸系统、心血管系统及神经系统产生较大的影响，甚至有些还会致癌，VOC还是造成病态建筑综合症（Sick Building Syndrome）的主要原因。当然，最根本的解决是从源头上采用绿色建材，并加强自然通风。机械通风装置可以有组织地进行通风，大大降低污染物的浓度，使之符合卫生标准。

然而，考虑到我国目前居住建筑实际情况，还没有条件在标准中规定居住建筑要普遍采用有组织的全面机械通风系统。《标准》要求在居住建筑的通风设计中要处理好室内气流组织，即应该在厨房、无外窗卫生间安装局部机械排风装置，以防止厨房、卫生间的污浊空气进入居室。如果当地夏季白天与晚上的气温相差较大，应充分利用夜间通风，即达到换气通风、改善室内空气品质的目的，又可以被动降温，从而减少空调运行时间，降低能源消耗。

6.0.12 居住建筑采用集中式空调采暖系统时，无论小区供冷、供热方式，或者户用空调（采暖）机组方式，大都为档次较高的建筑，并且全年性空调（采暖）。为了减小新风冷（热）负荷，建议在技术经济分析后，如果采用热回收装置在经济上合理、技术上可行，应该采用质量好、效率高的全热或显热热量回收装置，使得在引入室外新风满足室内空气环境质量要求的同时，能实现对排风中冷（热）量的回收，达到节约能源的目的。

附录A　夏季和冬季建筑外遮阳系数的简化计算方法

建筑外遮阳系数 *SD* 的计算方法

国内外均习惯把建筑窗口的遮阳形式按水平遮阳、垂直遮阳、综合遮阳和挡板遮阳进行分类，《中国土木建筑百科辞典》中载入了关于这几种遮阳形式的准确定义。故本计算方法按国内外建筑设计行业和建筑热工领域的习惯分类，依窗口的水平遮阳、垂直遮阳、综合遮阳和挡板遮阳的顺序给出各自的外遮阳系数的定量确定方法。而挡板遮阳方式又按不透光的材料和可透光的材料分别给出了相应的透光比的计算方法，使用透光比对与其组合的其他遮阳方式的外遮阳系数进行修正，从而得到挡板遮阳方式的外遮阳系数。尽管这种方法不够十分精确，透光比的计算是一种几何形体的投光分析结果，与挡板特别是格子式遮阳挡板的能量透过比例在小比例范围上存在误差，但考虑到该方法易于建筑师理解和使用，本标准予以采用。

1　窗口水平遮阳和垂直遮阳的外遮阳系数

窗口水平遮阳和垂直遮阳的外遮阳系数是通过DOE-2的计算拟合得到的。在进行遮阳板的计算过程中，本标准采用了一个比较简单的建筑进行拟合计算，见图5。其外窗为单层透明玻璃铝合金窗，传热系数5.61，遮阳系数0.9，单窗面积为4m^2。为了使计算的遮阳系数有较广的适应性，故将窗定为正方形。

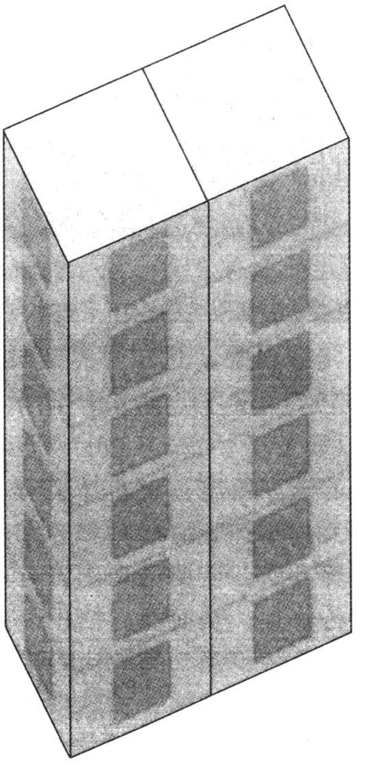

图 5

采用这一建筑进行各个朝向的拟合计算。方法是在不同的朝向加不同的遮阳板，拟合出当量的遮阳板遮阳系数。然后通过将遮阳板遮阳系数与遮阳板外挑量和窗尺寸之比挂钩，拟合出一个二次多项式的公式。这一方法与美国的一些节能标准采用的方法是一样的。

2　挡板遮阳的遮阳系数

挡板遮阳分析的关键问题是挡板的材料和构造形式对外遮阳系数的影响。因当前现代建筑材料类型和构造技术的多样化，挡板的材料和构造形式变化万千，如果均要求建筑设计时按太阳位置角度逐时计算挡板的能量比例显然是不现实的。但作为挡板构造形式之一的建筑花格、漏花、百叶等遮阳构件，在原理上存在统一性，都可以看作是窗口外的一块竖板，通过这块板则有两个性能影响光线到达窗面，一个是挡板的轮廓形状和与窗面的相对位置，另一个是挡板本身构造的透光性能。两者综合在一起才能判断挡板的遮阳效果。因此本标准采用两个参数确定挡板的遮阳系数，一个是挡板轮廓透光比 η，另一个是挡板构造透光比 η^*。

国内外的有关标准把花格、漏花、百叶等统称之为格子式遮阳构件，反映有关内容的相关标准有《ISO/FDIS15099》、日本《建筑省能基准》、台湾《建筑节约能源设计技术规范》等。建筑格子式遮阳在我国南方的传统建筑中是比较普遍的。如广州出口商品交易会的混凝土水平百叶、垂直百叶及漏花遮阳，广州国际电信楼的漏花遮阳等，反映有关内容的标准为《中南五省建筑设计标准图集 88ZJ951》。一般认为建筑的花格或百叶是不透明的，因而遮阳系数与透光系数有很好的对应关系。尽管阳光射到格子或百叶上之后仍然会反射到室内，但一般会弱很多，大部分还是反射到室外或被吸收，即使被遮阳构造吸收的部分也会被室外风力带走。

在本气候区，6、7、8 三个月份东、西向阳光的高度角较小，方位角在 90°左右变化，取西（东）偏南 15°（即太阳方位角为 75°）是考虑到夏季的开始和结束时太阳主要偏向南面。

南北朝向有很大的不同。在夏季初或末，南面在中午有太阳直射光，而在夏至，南面无阳光直射；在冬季，南面一直会有阳光。北面在夏至附近是早晚有太阳直射，冬季则没有太阳直射。总体上讲，南北在多数情况下会以散射辐射为主，这样对百叶遮阳就会比较复杂。

对于由复杂的几何图案构成的花格遮阳构件，用计算的方法困难时，可以采用投光实验的方法，依据本标准给出的几个典型的太阳位置角度确定其透光比。

按上述方法计算或实验确定格子式遮阳的外遮阳系数是取几个典型的太阳位置计算的透光比的平均值。原因在于，采用透光面积比代替能量透过比，因未考虑太阳辐射的散射部分的透过量，会在小比例范围发生透光比小于能量投射比的情况，直至透光比为 0 时能量透过比为 15%左右。而对于某些格子如薄铝板条制作的格子遮阳构件，板条的宽度和格子间距相等，铝板条均垂直于窗面，当太阳高度角为 0 时则透光比几乎为 100%，高度角为 45°时透光比则为 0，于是它的遮阳系数既不能取 0 也不应取 100%，为了使确定的遮阳系数值较准确地反映实际情况，故取按 4 个典型的太阳位置确定的透光比的平均值作为格子式遮阳的外遮阳系数较为合理。

附录 B　建筑物空调采暖年耗电指数的简化计算方法

建筑物的空调采暖年耗电指数的简化计算方法

1　简化计算公式的确定

在制定标准时，确定了用于夏热冬暖地区能耗分析的基准能耗住宅（见图 6）。这一住宅的各项参数为：

建筑体形：一梯两户平面布局，高 6 层，每户 80m²，矩形建筑；

建筑外墙：相当于 180mm 砖墙，传热系数为 2.17，太阳辐射吸收系数 0.7；

楼板：100mm 钢筋混凝土楼板；

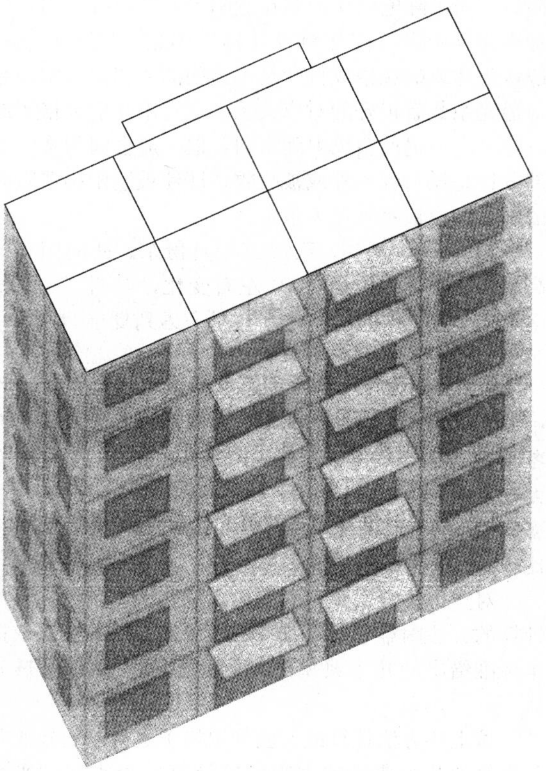

图 6　基准能耗住宅外形

内隔墙：120mm 砖墙；

屋面：100mm 钢筋混凝土楼板加 10mm 聚苯乙烯泡沫塑料外保温隔热，太阳辐射吸收系数 0.7；

窗墙比：南 43%，北 30%，东 15%，西 15%；

遮阳：南阳台门 1.5m 阳台遮阳，北阳台门 1.2m 阳台遮阳，窗外洞口深 100mm；

外窗：铝合金窗，传热系数 5.61，遮阳系数 0.9，无天窗；

室内环境：温度为冬天 16℃以上、夏天 26℃以下，换气次数 1.5 次/h，24 小时空调；

室内负荷：无；

设备效率：空调为 2.2，采暖为 1.0。

把这一建筑置于不同城市，采用 DOE-2 能耗计算分析软件进行计算，计算的各个地区基准能耗建筑的年耗电量见表 6。

表 6　基准能耗建筑在不同城市的单位建筑面积年耗电量表

城　市	总耗电量 q_y (kW·h/m²·a)	采暖耗电量 $q_{y,H}$ (kW·h/m²·a)	空调耗电量 $q_{y,C}$ (kW·h/m²·a)
广　州	88.85	15.52	73.33
福　州	90.94	39.58	51.35
厦　门	62.19	8.23	53.96
南　宁	84.58	15.83	68.75
湛　江	95.73	3.65	92.08
龙　州	101.67	11.04	90.63

在此建筑的基础上，改变其围护结构的各项性能参数，用 DOE-2 进行大量的计算，并对结果进行拟合，得到了空调采暖年耗电量的计算公式：

$$AEC = AEC_C + AEC_H$$

$$AEC_C = \left[\frac{(ECE_{C.R} + ECF_{C.WL} + ECF_{C.WD})}{A} + C_{C.N} \cdot h \cdot N + C_{C.0}\right] \cdot \frac{q_{y.C} \cdot C_{FA}^{-0.147}}{3267 \cdot EER}$$

$$AEC_H = \left[\frac{(ECF_{H.R} + ECF_{H.WL} + ECF_{H.WD})}{A} + C_{H.N} \cdot h \cdot N + C_{H.0}\right] \cdot \frac{q_{y.H} \cdot C_{FA}^{0.37}}{41.64 \cdot COP}$$

式中　AEC——空调采暖年耗电量。

采用这一计算公式计算的各地区基准能耗建筑的年耗电量见表 7：

表 7　采用拟合公式和 DOE-2 计算的基准能耗建筑在不同城市年耗电量的比较

城　市	总耗电量 (kW·h/m²·a)		采暖耗电量 (kW·h/m²·a)		空调耗电量 (kW·h/m²·a)	
	DOE-2	公　式	DOE-2	公　式	DOE-2	公　式
广　州	88.85	90.47	15.52	16.13	73.33	74.34
福　州	90.94	93.19	39.58	41.13	51.35	52.06
厦　门	62.19	63.26	8.23	8.55	53.96	54.71
南　宁	84.58	86.15	15.83	16.45	68.75	69.70
湛　江	95.73	97.15	3.65	3.79	92.08	93.35
龙　州	101.67	103.35	11.04	11.47	90.63	91.88

2　简化计算公式的验证

将这一建筑进行节能设计后，有关参数变为：

建筑外墙：传热系数为 1.87，太阳辐射吸收系数 0.6；

屋面：100mm 钢筋混凝土楼板加 25mm 聚苯乙烯泡沫塑料外保温隔热，太阳辐射吸收系数 0.6；

窗户：镀膜中空玻璃铝合金窗，传热系数 4.0，遮阳系数 0.5；

设备效率：空调为 2.7，采暖为 1.5；

换气次数：1.0 次/h。

经过这些调整后，采用近似计算公式计算的节能基准能耗建筑在各地区的年耗电量见表 8。

表 8　采用拟合公式和 DOE-2 计算的节能基准能耗建筑在不同城市年耗电量的比较

城市	总　能　耗			采　　暖			空　　调		
	DOE-2	公式	误差	DOE-2	公式	误差	DOE-2	公式	误差
广州	44.9	44.1	−1.8%	8.9	9.1		35.9	35.0	−2.5%
福州	47.7	47.7	0.0%	23.4	23.2	−0.9%	24.3	24.5	0.8%
厦门	30.9	30.6	−1.0%	6.5	4.8		24.5	25.7	4.9%
南宁	42.3	42.1	−0.5%	8.9	9.3		33.4	32.8	−1.8%

续表 8

城市	总能耗			采暖			空调		
	DOE-2	公式	误差	DOE-2	公式	误差	DOE-2	公式	误差
湛江	48.7	46.1	−5.3%	1.9	2.1		46.9	43.9	−6.4%
龙州	51.2	49.7	−3.0%	6.4	6.5		44.8	43.2	−3.6%
桂林	60.5	60.9	0.7%	30.9	31.3	1.3%	29.6	29.7	0.3%
柳州	58.6	56.7	−3.2%	13.6	12.9	−5.1%	45.0	43.8	−2.7%

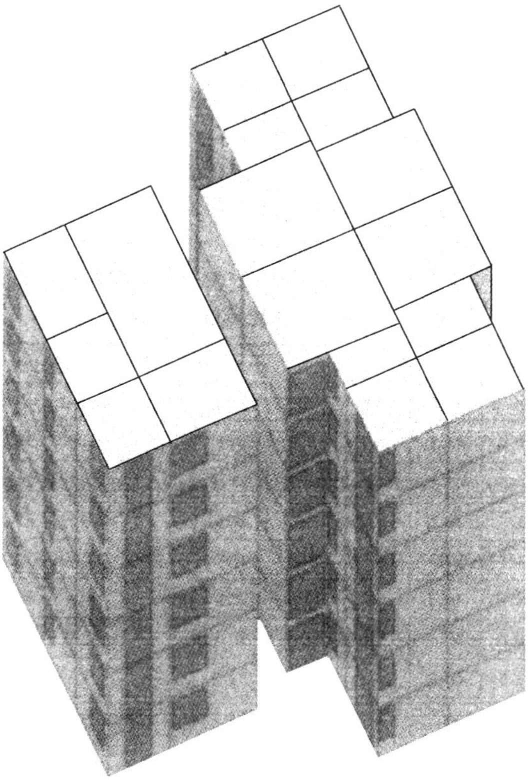

图 7 "计算住宅"外形图

由上面的计算可以看到，上面的计算公式与 DOE-2 计算的结果很接近。

为了进一步验证以上计算公式的广泛适应性，随意选择了一个实际工程的住宅（见图 7）。这一住宅有较大的体形系数，而且有两个墙面靠得很近。此建筑的参数如下：

外墙面积：1380.78m²；

外墙传热系数：1.872W/（m²·K）；

屋顶面积：354.63m²；

屋顶传热系数：1.086W/（m²·K）；

外窗面积：554.58m²；

外窗传热系数：4.0W/（m²·K）；

外窗遮阳系数：0.5；

建筑面积：2127.78m²。

把这一建筑放在不同的地区进行计算，得到其空调采暖年耗电量。将按以上公式计算的这一建筑年空调、采暖耗电量与 DOE-2 计算的结果列于表 9 中。

由以上计算可以看到，采暖年耗电量受体形及建筑相互遮蔽的影响比较大，公式的误差也相对大一些，而空调年耗电量的计算则比较精确。由于本地区主要考虑空调，因而以上公式具有较广泛的适应性。

表 9 采用拟合公式和 DOE-2 计算的"计算住宅"在不同城市年耗电量的比较

城市	总能耗			采暖			空调		
	DOE-2	公式	误差	DOE-2	公式	误差	DOE-2	公式	误差
广州	46.1	44.6	−3.3%	10.2	8.8		35.9	35.7	−0.6%
福州	49.3	47.6	−3.4%	24.7	22.6	−8.5%	24.5	25.0	2.0%
厦门	33.8	31.0	−8.3%	8.8	4.7		25.1	26.3	4.8%
南宁	43.7	42.6	−2.5%	10.3	9.0		33.5	33.5	0.0%
湛江	47.2	47.0	−0.4%	2.5	2.1		44.7	44.9	0.6%
龙州	51.6	50.5	−2.1%	7.4	6.3		44.2	44.2	0.0%
柳州	59.0	57.4	−2.7%	14.8	12.6	−14.9%	44.2	44.8	1.6%

3 空调采暖年耗电指数计算公式的确定

由于能耗的绝对值意义不大，而且简化计算公式也会有一定的误差，为了不给使用者以错误概念，这里规定了一个无量钢的空调采暖年耗电指数 *ECF*，作为对比评定法简化计算对比所用的参数。

对于北区，将空调采暖年耗电量除以基准能耗建筑的空调采暖年耗电量（q_y），然后乘以 100；对于南区，将空调采暖年耗电量除以基准能耗建筑的空调年耗电量（$q_{y,C}$），然后乘以 100。这样，采用附录 B 中的计算公式得出的空调采暖年耗电指数为无量纲数，采用这一公式计算的基准能耗建筑在进行节能设计后的空调采暖年耗电指数约为 50。

由于这一系列公式直接用 DOE-2 进行能耗计算分析得出，因而计算结果与 DOE-2 计算的年耗电量基本成正比。对于南区，由于采暖耗电量很低，所以本标准不再考虑采暖，这样，该公式中将采暖部分定为零。这样，公式计算的数值与空调的年耗电量基本成正比。北区内的有关参数本来是各个城市有所不同的，但考虑到第 4 章的北区数据是以福州市计算结果确定的，所以北区统一采用了福州的参数。

在公式 B.0.2-1、B.0.2-5 以及 B.0.3-1、B.0.3-5 中出现了许多下标，在这些下标中"C"表示空调，"WL"表示墙体，"WD"表示门窗，"E"表示"东"，"S"表示"南"，"W"表示"西"，"N"表示"北"，"SK"表示"天窗"。

中华人民共和国行业标准

夏热冬冷地区居住建筑节能设计标准

Design Standard for Energy Efficiency of Residential Buildings in Hot Summer and Cold Winter Zone

JGJ 134—2001

条 文 说 明

前　言

《夏热冬冷地区居住建筑节能设计标准》（JGJ 134—2001），经建设部 2001 年 7 月 5 日以建标［2001］139 号文批准，业已发布。

为便于广大设计、施工、科研、学校等有关人员在使用本标准时能正确理解和执行条文规定，《夏热冬冷地区居住建筑节能设计标准》编制组按章、节、条顺序编制了本标准的条文说明，供使用者参考。在使用中如发现本条文说明有不妥之处，请将意见函寄中国建筑科学研究院。

目　次

1 总　　则

1.0.1 中华人民共和国节约能源法已于 1998 年 1 月 1 日起实行。其中第三十七条专门规定“建筑物的设计和建造应当依照有关法律、行政法规的规定，采用节能型的建筑结构、材料、器具和产品，提高保温隔热性能，减少采暖、制冷、照明的能耗”。建设部《建筑节能“九五”计划和 2010 年规划》、《建筑节能技术政策》规定“夏热冬冷地区新建民用建筑 2000 年起开始执行建筑热环境及节能标准”。

夏热冬冷地区是指长江中下游及其周围地区（其确切范围由现行《民用建筑热工设计规范》GB 50176 规定，下图是该规范的附录八“全国建筑热工设计分区图”中的夏热冬冷地区部分）。该地区的范围大致为陇海线以南，南岭以北，四川盆地以东，包括上海、重庆二直辖市，湖北、湖南、江西、安徽、浙江五省全部，四川、贵州二省东半部，江苏、河南二省南半部，福建省北半部，陕西、甘肃二省南端，广东、广西二省区北端，涉及 16 个省、市、自治区。该地区面积约 180 万平方公里，人口 5.5 亿左右，国内生产总值约占全国的 48%，是一个人口密集、经济发达的地区。

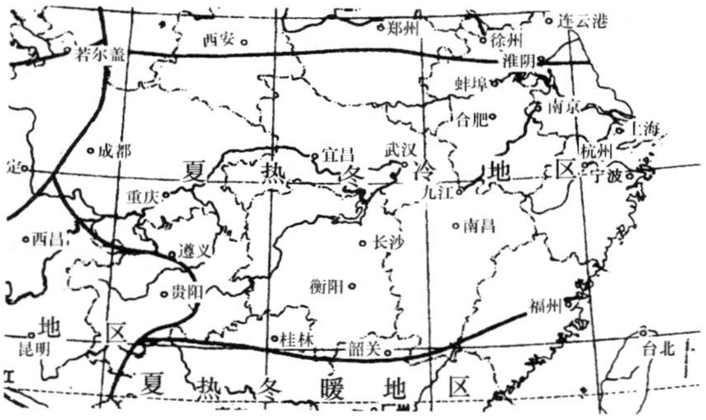

夏热冬冷地区区域范围

该地区夏季炎热，冬季寒冷。近年来，随着我国经济的高速增长，该地区的城镇居民纷纷采取措施，自行解决住宅冬夏季的室内热环境问题，夏季空调冬季采暖成了一种很普遍的现象。由于该地区过去不采暖、不空调，居住建筑的设计对保温隔热问题不够重视，围护结构的热工性能普遍很差。主要采暖设备是电暖器和暖风机，能效比很低，电能浪费很大。这种状况如不改变，该地区的采暖、空调能源消耗必然急剧上升，将会阻碍社会经济的发展，且不利于环境保护。因此，该地区建筑节能工作刻不容缓、势在必行。该地区正在大规模建设居住建筑，有必要制定居住建筑节能设计标准，更好地贯彻国家有关建筑节能的方针、政策和法规制度，节约能源，保护环境，改善居住建筑热环境，提高采暖和空调的能源利用效率。

1.0.2 本标准的内容主要是对夏热冬冷地区居住建筑从建筑、热工和暖通空调设计方面提出节能措施，对采暖和空调能耗规定控制指标。

1.0.3 夏热冬冷地区过去是个非采暖地区，建筑设计不考虑采暖的要求，更谈不上夏季空调降温。建筑围护结构的热工性能差，室内热环境质量恶劣，采暖、空调能源利用效率低。本标准具有双重意义，首先是要保证室内热环境质量，提高人民的居住水平；同时要提高采暖、空调能源利用效率，贯彻执行国家可持续发展战略，实现节能 50%的目标。

1.0.4 本标准对夏热冬冷地区居住建筑的有关建筑、热工、采暖、通风和空调设计中所采取的节能措施和应该控制的能耗指标作出了规定，但建筑节能涉及的专业较多，相关专业均制定了相应的标准，也规定了节能规定。所以，该地区居住建筑节能设计，除符合本标准外，尚应符合国家现行的有关强制性标准。

2 术　　语

2.0.1 建筑物耗冷量指标用符号 q_c 表示，单位 W/m^2。如果用稳态的方法计算，q_c 是一个固定的值。本标准采用的是动态计算方法，所以不同时间的建筑物耗冷量指标是变化的。为了使用上的方便，这里的建筑物耗冷量指标是将建筑物在一年中最热月份一个月的耗冷量（kWh）除以该月的小时数和建筑面积所获得的值。在实际使用中，这个指标主要用来衡量建筑围护结构热工性能的优劣。将建筑耗冷量指标乘以一个月的小时数和建筑面积，再除以所用空调设备的最热月平均能效比，就可以得出该建筑物最热月份的空调耗电量。

2.0.2 建筑物耗热量指标用符号 q_h 表示，单位 W/m^2。由于采用了动态计算方法与上述建筑物耗冷量指标一样，不同时间的建筑物耗热量指标 q_h 也是变化的。这里的建筑物耗热量指标是将建筑物在一年中最冷月份一个月的耗热量（kWh）除以该月的小时数和建筑面积所获得的值。在实际使用中，这个指标主要用来衡量建筑围护结构热工性能的优劣。将建筑耗热量指标乘以一个月的小时数和建筑面积，再除以所用采暖设备的最冷月平均能效比，就可以得出该建筑物最冷月的采暖耗电量。

2.0.3 为了将夏季卧室和起居室的空气温度控制在设计指标 26℃并保持每小时一次的通风换气量，空调设备或系统要消耗一定量的电能，将空调设备或系统消耗的电量除以建筑面积，就得到空调年耗电量 E_c，E_c 的单位 $kW \cdot h/m^2$。

2.0.4 为了将冬季卧室和起居室的温度控制在设计指标 18℃并保持每小时一次的通风换气量，采暖设备或系统要消耗一定量的电能，将采暖设备或系统消耗的电量除以建筑面积，就得到采暖年耗电量 E_h，E_h 的单位 $kW \cdot h/m^2$。

2.0.6 室外空气温度是随时变化的，每天都有一个不同的日平均温度。一年 365 个日平均温度中，有些高于 18℃，有些低于 18℃。将每一个低于 18℃的日平均温度与 18℃之间的差乘以 1 天，然后累加起来，就得到了以 18℃为基准的采暖度日数 HDD18。

一个地方的采暖度日数 HDD18 大致反映了该地气候的寒冷程度。本标准根据 HDD18 来确定当地居住建筑的建筑物耗热量指标 q_h 和采暖年耗电量 E_h。

2.0.7 一年 365 个日平均温度中，有些高于 26℃，有些低于 26℃。将每一个高于 26℃的日平均温度与 26℃之间的差乘以 1 天，然后累加起来，就得到了以 26℃为基准的空调度日数 CDD26。

一个地方的空调度日数 CDD26 大致反映了该地气候的炎热程度。本标准根据 CDD26 来确定当地居住建筑的建筑物耗冷量指标 q_c 和空调年耗电量 E_c。

2.0.8 热惰性指标（D）是表征围护结构抵抗热流波和温度波在材料层中传播的一个无量纲数，其值等于各材料层热阻与其蓄热系数的乘积之和，即 $D=\Sigma R \cdot S$，R 为围护结构材料层的热阻，S 为对应材料层的蓄热系数。

2.0.9 对建筑物进行全年动态能量模拟分析时，要输入气象资料。一般应用典型气象年、能量计算气象年（Weather Year for Energy Calculations - WYEC）等。本标准应用典型气象年进行分析计算。

3 室内热环境和建筑节能设计指标

3.0.1～3.0.2 改善居住建筑室内热环境质量，同时提高能源利用效率，实现建筑节能，是本标准的两大基本目标之一，因此单列一章确定室内热环境和建筑节能设计指标。

室内热环境质量的指标体系包括温度、湿度、风速、壁面温度等多项指标。本标准只提了温度指标和换气指标，原因是考虑到一般住宅极少配备集中空调系统，湿度、风速等参数实际上无法控制。另一方面，在室内热环境的诸多指标中，最起作用的是温度指标，换气指标则是从人体卫生角度考虑必不可少的指标。所以只提了空气温度指标和换气指标。

居室温度夏季控制在 26～28℃，冬季控制在 16～18℃，和该地区原来恶劣的室内热环境相比，要求是比较高的，基本达到了热舒适的水平，与目前该地区住宅的夏热冬冷状况比，提高幅度比较大，实现了跨越式的发展。这是考虑到该地区经济发展比较快，居民对改善居住条件的要求很迫切，而建筑物的设计基准期为 50 年，因此居室温度指标定得适度超前。调查表明，目前使用空调器的家庭，空调运行的设定温度大多数为 26℃左右，也有一些青年家庭空调设定温度为 24℃。冬季采暖的室温还少有 18℃那么高的要求，但在以坐姿为主的室内活动情况下，维持室内冬季的热舒适，18℃是必要的。

换气次数是室内热环境的另外一个重要的设计指标，冬、夏季室外的新鲜空气进入室内一方面有利于确保室内的卫生条件，但另一方面又要消耗大量的能量，因此要确定一个合理的换气次数。

在《旅游旅馆建筑热工与空气调节节能设计标准》GB50198 中，规定的不同等级旅游旅馆客房换气量为：一级客房每人每小时 $50m^3$；二级客房 $40m^3$；三级客房 $30m^3$。美国 ASHRE 标准（62—1989）推荐的住宅居室换气量为每人每小时 $45.5m^3$。住宅建筑的层高为 2.5m 以上，按人均居住面积 $15m^2$ 计算，1 小时换气 1 次，人均占有新风 $37.5m^3$。接近二级客房的水平。

根据通风方程，$L=\dfrac{x}{C_N-C_W}$，其中 L 为通风量，x 为室内空气污染源散发的污染物量，C_N 是室内空气卫生标准所允许的污染物浓度，C_W 是室外空气中的污染物浓度。由于住宅内的物品、人员活动比宾馆客房复杂，室内空气污染源散发的污染物量明显大于客房。因此，尽管人均新风量接近二级客房，但室内空气品质会明显不及二级客房。夏热冬冷地区湿热的特点，使细菌繁殖速度比干燥的北方快得多。要达到相当的室内卫生条件，夏热冬冷地区居住建筑的通风换气量必须比北方多。另外，夏热冬冷地区冬季的室内外温差比北方小得多，采暖期间由通风换气带来的热损失也比北方小得多。

潮湿是夏热冬冷地区气候的一大特点。在室内热环境主要设计指标中虽然没有明确提出相对湿度设计指标，但并非完全没有考虑潮湿问题。实际上，在空调机运行的状态下，室内很少会出现感觉潮湿的情况。本标准夏季室内温度定得比较低，这意味着空调机运行的时间较长，因此在大部分时间内，室内的潮湿问题也已经得到了解决。

3.0.3 夏热冬冷地区过去的居住建筑，冬夏两季室内的热环境质量很差。实施本标准可以大大改善冬夏两季的室内热环境质量，提高人民的居住水平。为了满足本标准提出的室内热环境要求，居住建筑必须采取采暖和空调措施，而采取采暖和空调措施就必然要消耗能源。以往夏热冬冷地区居住建筑的设计，不考虑采暖、空调的需要，建筑围护结构的热工性能很差。传统的建筑围护结构是 240 普通粘土砖墙、简单架空屋面和单层玻璃的钢窗，它们的传热系数 K 分别为 1.96、1.66 和 6.6W/（$m^2 \cdot K$）。居民冬季常用电暖器采暖，夏季使用的空调器能效比也不高。如果这种状况不从根本上改变，要保证主要居室冬天 16～18℃、夏天 26～28℃，采暖和空调的能源消耗量将是非常大的。因此必须从建筑围护结构和采暖、空调设备两方面入手，采取一定的节能措施，提高采暖、空调能源利用效率。只有这样才能做到一方面大大提高人民的居住水平，另一方面也贯彻执行了国家可持续发展战略。

本标准提出节能 50%的目标，与我国采暖地区当前的节能目标一致，是一个比较合理的目标。制定北方采暖地区的居住建筑建筑节能标准时，有一个比较实在的基础能耗，而制定夏热冬冷地区居住建筑建筑节能标准时，缺乏这样一个实实在在的基础能耗。本标准按该地区居住建筑传统的建筑围护结构，在保证主要居室冬天 18℃、夏天 26℃的条件下，冬季用能效比为 1 的电暖器采暖，夏季用额定制冷工况时的能效比为 2.2 的空调器降温，计算出一个全年采暖、空调能耗，将这个采暖、空调能耗作为基础能耗。在这个基础上确定节能居住建筑全年采暖、空调能耗降低 50%的节能目标，再按这一节能目标对建筑、热工、采暖和空调设计提出节能的措施要求。

实施建筑节能一方面可以节省建筑的采暖、空调运行费用，但另一方面也确实要增加建筑的造价。因此在确定节能目标和提出具体措施时要综合考虑两方面的因素。夏热冬冷地区地域辽阔，地区间的经济发展水平，城镇建设水平相差很大。有些地区建筑节能工作已经开展得很有成绩，建造节能建筑的经验已经比较丰富。而有些地区建筑节能工作则刚刚起步，情况差异很大。本标准只是从建筑围护结构和采暖、空调设备两方面提出了节能指标要求，并不规定达到这些指标的具体技术措施，因此各地要根据当地的实际情况，采取经济合理的技术措施，在保证达到节能目标的同时，尽可能地降低建筑造价。

节能 50%住宅的节能投资增长率一般可控制在 10%左右。例如，重庆市天奇花园为国家级节能示范工程，该工程采用 KP1 页岩多孔砖、高性能保温砂浆外保温、塑钢双玻窗、覆土种殖屋面、有组织的通风换气等节能措施。该工程已通过建设部组织的鉴定验收，其节能率超过 50%，经测算其节能投资增长率为 7.5%。又如，南京金墙花苑 02 栋是江苏省较早期的节能试点建筑，外围护结构构造如下：塑钢窗，南向单玻，北向双玻；窗墙面积比南、西、北向分别接近 0.35、0.30、0.25；墙体传热阻在 0.67～0.72 之间（$K=1.39\sim1.49$）；屋面传热阻 1.26（$K=0.79$）；屋面、墙体 D 值均符合国家标准，总建筑面积 $3553m^2$。与面积 $2856m^2$ 的同类型普通建筑清江小区 2—12 栋相比，土建单方造价高 25.12 元，折合 5.49%。具体分析见下表：

表 1　节能建筑与普通建筑造价对比

	金墙花苑 02 栋		清江小区 2—12 栋		对比结果	
	决算造价	单方造价	决算造价	单方造价	单位价差	%
土建	1741274.17	490.11	1328279.48	464.99	25.12	5.5
定额基价	655755.92	184.57	442313.03	154.84	29.73	19.2
基础工程直接费	80062.59	22.54	66898.03	23.42	−0.88	−3.76
墙体工程直接费	193128.03	54.36	132346.68	46.33	8.03	17.33
梁柱工程直接费	45948.86	12.93	39581.57	13.86	−0.93	−6.71
楼地面工程直接费	105601.21	29.72	96680.27	33.84	−4.12	−12.17
屋面工程直接费	48190.40	13.85	24701.71	8.65	5.20	60.12
门窗工程直接费	116161.33	32.70	45608.79	15.97	16.73	104.76
地材价差	154868.70	43.60	106436.70	37.26	6.34	17.02
综合间接费	219854.78	61.88	138477.52	48.48	13.40	27.64
计划利润	57283.34	16.12	58422.77	20.45	−4.33	−21.17
独立费	175477.90	49.39	105658.10	36.99	12.40	33.52

按本标准第四章规定的围护结构节能设计指标，某些单项措施的费用情况大致如下：塑料单玻窗传热系数可达到 4.7，单价为 250 元/m^2 左右；塑料双玻窗传热系数可达到 3.2，单价为 350 元/m^2 左右（断热铝合金型材双玻窗的传热系数也可达到 3.2，价格比塑料双玻窗高）；传热系数达到 2.5 的塑料中空玻璃窗，单价在 450 元/m^2 左右。外墙采用水泥砂浆＋矩形多孔空心砖＋保温砂浆的构造，传热系数可达到 1.4 左右，节能增加费用约 15 元/m^2 墙面面积；如采用聚苯乙烯泡沫塑料作外墙外保温，墙体的传热系数可以降得很低，每平方米墙面面积的保温造价 120 元左右。屋面采用 3cm 厚的聚苯板做保温层，传热系数可达到 1.0 左右，节能增加费用 50 元/m^2 屋面面积。

建筑围护结构的节能技术措施多种多样，各地都会有各自的地方材料、产品和技术。随着建筑节能工作的广泛开展，本标准规定的节能 50%的目标完全可能被突破，因节能而增加的投资也可以得到控制。

4　建筑和建筑热工节能设计

4.0.1　组织好建筑物室内外春秋季和夏季凉爽时间

的自然通风，不仅有利于改善室内的热舒适程度，而且可减少开空调的时间有利于降低建筑物的实际使用能耗，因此在建筑单体设计和群体总平面布置时，考虑自然通风是十分必要的。

4.0.2 太阳辐射得热对建筑能耗的影响很大，夏季太阳辐射得热增加制冷负荷，冬季太阳辐射得热降低采暖负荷。由于太阳高度角和方位角的变化规律，南北朝向的建筑夏季可以减少太阳辐射得热，冬季可以增加太阳辐射得热，是最有利的建筑朝向。但由于建筑物的朝向还要受到许多其他因素的制约，不可能都做到南北朝向，所以本条用了"宜"字。

4.0.3 建筑物体形系数是指建筑物的外表面积和外表面积所包的体积之比。

体形系数的大小对建筑能耗的影响非常显著。体形系数越小，单位建筑面积对应的外表面积越小，外围护结构的传热损失越小。从降低建筑能耗的角度出发，应该将体形系数控制在一个较低的水平上。

但是，体形系数不只是影响外围护结构的传热损失，它还与建筑造型，平面布局，采光通风等紧密相关。体形系数过小，将制约建筑师的创造性，造成建筑造型呆板，平面布局困难，甚至损害建筑功能。因此权衡利弊，兼顾不同类型的建筑造型，将条式建筑的体形系数定在 0.35，点式建筑定在 0.40。超过规定的体形系数时，则要求提高建筑围护结构的保温隔热性能，并按照本标准第五章的规定计算建筑物的节能综合指标，审查建筑物的采暖和空调年耗电量是否能控制在规定的范围内，确保实现现阶段节能 50% 的目标。

4.0.4 普通窗户（包括阳台门的透明部分）的保温隔热性能比外墙差很多，夏季白天通过窗户进入室内的太阳辐射热也比外墙多得多，窗墙面积比越大，则采暖和空调的能耗也越大。因此，从节能的角度出发，必须限制窗墙面积比。在一般情况下，应以满足室内采光要求作为窗墙面积比的确定原则，表 4.0.4 中规定的数值能满足较大进深房间的采光要求。

在北方地区《民用建筑节能设计标准（采暖居住建筑部分）》JGJ26 规定北向窗墙比不大于 0.25，南向不大于 0.35。但在夏热冬冷地区人们无论是过渡季节还是冬、夏两季普遍有开窗加强房间通风的习惯。一是自然通风改善了室内空气品质；二是夏季在两个连晴高温期间的阴雨降温过程或降雨后连晴高温开始升温过程的夜间，室外气候凉爽宜人，加强房间通风能带走室内余热和积蓄冷量，可以减少空调运行时的能耗。这都需要较大的开窗面积。此外，南窗大有利于冬季日照，可以通过窗口直接获得太阳辐射热。参考近年小康住宅小区的调查情况和重庆、江苏、上海等地方标准的规定，窗墙面积比一般宜控制在 0.35 以内，如窗的热工性能好，窗墙面积比可适当提高。这样也给建筑设计以更大的灵活性。考虑到上海、南京、合肥、武汉等地冬季一般室外平均风速都大于 2.5m/s，西部重庆、成都地区冬、夏季室外平均风速一般在 1.5m/s 左右，且西部冬季室外气温比上海、南京、合肥、武汉等地偏高 3～7℃，因此，北向将窗墙面积比分为二个等级。东、中部地区北向窗墙面积比规定为不超过 0.25，而西部地区由于室外风速小，尤其是夜间静风率高，如果南北向窗墙面积比相差过大，则不利于夏季穿堂风的形成。另外窗口面积过小，容易造成室内采光不足，象西南这一地区冬季平均日照率≤25%，全年阴雨天很多，在纬度低的这一地区增大南窗的冬季太阳辐射所提供的热量对室内采暖的作用有限，而且经过 DOE—2 程序计算和工程实测，由于冬季北向季风小，单位面积的北窗热损失并不明显大于南窗。另外，窗口面积太小，所增加的室内照明用电能耗，将超过节约的采暖能耗。因此，西南地区在进行围护结构节能设计时，不宜过分依靠减少窗墙面积比，应重点是提高窗的热工性能。

近年来居住建筑的窗墙面积比有越来越大的趋势，这是因为商品住宅的购买者大都希望自己的住宅更加通透明亮。考虑到临街建筑立面美观的需要，窗墙面积比适当大些是可以的。但当窗墙面积比超过规定数值时，应首先考虑减小窗户（含阳台透明部分）的传热系数，如采用单框双玻或中空玻璃窗，并加强夏季活动遮阳；其次可考虑减小外墙的传热系数。大量的调查和测试表明，太阳辐射通过窗户直接进入室内的热量是造成夏季室内过热的主要原因，日本、美国、欧洲以及香港等国家和地区都把提高窗的热工性能和遮阳控制作为夏季防热，降低住宅空调负荷的重点，居住建筑普遍在窗外安装有遮阳设施。因此，应该把窗的遮阳作为夏季节能的一个重点措施来考虑。

条文中对西（东）向窗墙面积比限制较严，因为夏季太阳辐射在西（东）向最大。不同朝向墙面太阳辐射强度的峰值，以西（东）向墙面为最高，西南（东南）向墙面次之，西北（东北）向又次之，南向墙更次之，北向墙为最小。因此，严格控制西（东）向窗墙面积比限值是合理的，对南向窗墙面积比限值放得比较松，也符合这一地区居住建筑的实际情况和人们的生活习惯。

表 4.0.4 对外窗的传热系数和窗户的遮阳太阳辐射透过率作严格的限制，是夏热冬冷地区建筑节能设计的特点之一。在放宽窗墙面积比限值的情况下，必须提高对外窗热工性能的要求，才能真正做到住宅的节能。技术经济分析也表明，提高外窗热工性能，所需资金不多，每平方米建筑面积约 10～20 元，比提高外墙热工性能的资金效益高 3 倍以上。同时，放宽窗墙面积比，提高外窗热工性能，给建筑师和开发商提供了更大的灵活性，以满足这一地区人们提高居住建筑水平的要求。

4.0.5 平开窗的开启面积大，有利于自然通风。同时为了保证采暖、空调时住宅的换气次数得以控制，要求窗户及阳台门具有良好的气密性，一般而言平开窗的气密性比推拉窗好。

4.0.6 夏季透过窗户进入室内的太阳辐射热构成了空调负荷的主要部分，设置外遮阳是减少太阳辐射热进入室内的一个有效措施。冬季透过窗户进入室内的太阳辐射热可以减小采暖负荷，所以设置活动式外遮阳是比较合理的。

常用遮阳设施的太阳辐射热透过率可参见下表。

表 2 常用遮阳设施的太阳辐射热透过率（%）

外窗类型	窗帘内遮阳		活动外遮阳	
	浅色较紧密织物	浅色紧密织物	铝制百叶卷帘（浅色）	金属或木制百叶卷帘（浅色）
单层普通玻璃窗：3～6mm 厚玻璃	45	35	9	12
单框双层普通玻璃窗：3＋3mm 厚玻璃	42	35	9	13
6＋6mm 厚玻璃	42	35	13	15

4.0.7 为了保证采暖、空调时住宅的换气次数得以控制，要求外窗及阳台门具有良好的气密性。现行国家标准《建筑外窗空气渗透性能分级及其检测方法》GB7107—86 规定的Ⅲ级所对应的空气渗透数据是：在 10Pa 压差下，每小时每米缝隙的空气渗透量在 1.5～2.5m^3 之间；Ⅱ级所对应的空气渗透数据是：在 10Pa 压差下，每小时每米缝隙的空气渗透量在 0.5～1.5m^3 之间。

4.0.8 对一般的居住建筑，体形系数符合 4.0.3 条规定，当窗墙比和外窗的热工性能满足表 4.0.4 的规定，墙和屋顶等的热工性能满足表 4.0.8 的规定时，编制标准过程中大量的动态计算结果表明，此类量大面广居住建筑采暖、空调年耗电量能满足节能 50% 的要求，对这些建筑无需再用动态方法进行计算。

当外墙和屋顶采用含有轻质的绝热材料的复合结构时，会出现热惰性指标值很低的情况。这样，在夏季不开启空调机的自然通风条件下，屋顶和外墙的内表面最高计算温度有可能高于《民用建筑热工设计规范》GB50176—93 的规定。为了避免出现这种情况，并提高采暖和空调时室内温度的稳定性，在表 4.0.8 中，根据不同的传热系数，规定屋顶和外墙的热惰性指标不应低于 3.0 和 2.5。

但是，不是所有的采用含有轻质的绝热材料的复合结构的外墙和屋顶都能满足热惰性指标值高于 2.5 的，出现这种情况时，屋顶和外墙的内表面温度应按照《民用建筑热工设计规范》GB50176—93 的规定核算一下。《民用建筑热工设计规范》GB50176—93 的关于屋顶和外墙的内表面温度的规定是最低要求，各地可以根据实际情况，适当提高要求。

表 4.0.8 中外窗的传热系数限值按照表 4.0.4 的规定取值，即根据不同的朝向和窗墙比，确定不同的传热系数限值。

单框单玻 PVC 塑料窗的传热系数可满足规定的 4.7 W/（m^2·K）。

单框（PVC 塑料和断热铝合金等）双玻窗的传热系数可满足规定的 3.2 W/（m^2·K）。使用双玻窗是一种发展的方向，是夏热冬冷地区节能居住建筑兼顾通透明亮和节能，放宽窗墙面积比，提高外窗热工性能的主要技术途径。因为外窗是围护结构各部分中热工性能最差的部分，提高外窗的热工性能，常常是大幅度提高整个围护结构热工性能的捷径。另外，提高外窗的热工性能的节能投资回收期也是最短的。之所以还允许使用传热系数为 4.7 W/（m^2·K）的单框单玻窗，主要是考虑到该地区地域辽阔，经济和技术发展不平衡，本标准要考虑到在整个地区的可行性。

夏热冬冷地区是一个相当大的地区，区内各地的气候差异仍然很大。在进行节能建筑围护结构热工设计时，既要满足冬季保温，又要满足夏季隔热的要求。采用平均传热系数，即按面积加权法求得外墙的传热系数，考虑了围护结构周边混凝土梁、柱、剪力墙等“热桥”的影响，以保证建筑在夏季空调和冬季采暖时通过围护结构的传热损失与传热量小于标准的要求，不至于造成建筑耗热量或耗冷量的计算值偏小，使设计的建筑物达不到预期的节能效果。

将这一地区屋面和外墙的传热系数值统一定为 1.0(或 0.8) W/(m^2·K)和 1.5（或 1.0)W/(m^2·K)，并不是没有考虑这一地区的气候差异。重庆、成都、湖北（武汉）、江苏（南京）、上海等的地方节能标准反映了这一地区的气候差异，这些标准对屋面和外墙的传热系数的规定与本标准基本上是一致的。

无锡、重庆、成都等地节能居住建筑几个试点工程的实际测试数据和 DOE-2 程序能耗分析的结果都表明，在这一地区当改变围护结构传热系数时，随着 K 值的减小，能耗指标的降低并非按线性规律变化，当屋面 K 值降为 1.0W/（m^2·K），外墙平均 K 值降为 1.5 W/（m^2·K）时，再减小 K 值对降低建筑能耗的作用已不明显。因此，本标准考虑到以上因素和降低围护结构的 K 值所增加的建筑造价，认为屋面 K 值定为 1.0（或 0.8） W/（m^2·K），外墙 K 值为 1.5（或 1.0）W/（m^2·K），在目前情况下对整个地区都是比较适合的。

本标准对墙体和屋顶传热系数的要求是不太高的。主要原因是要考虑整个地区的经济发展的不平衡性。某些经济不太发达的省区，节能墙体主要靠使用空心砖和保温砂浆等材料，使用这类材料，进一步降低 K 值就要显著增加墙体的厚度，造价会随之大幅度增长，节能投资的回收期延长。但对于某些经济发达的省区，可能会使用高效保温材料来提高墙体的保温性能，例如采取聚苯乙烯泡沫塑料做墙体外保温。采用这样的技术，进一步降低墙体的 K 值，只要增加保温层的厚度即可，造价不会成比例增加，所以进一步降低 K 值是可行的，也是经济的。屋顶的情况也是如此。如果采用聚苯乙烯泡沫塑料做屋顶的保温层，保温层适当增厚，不会大幅度增加屋面的总造价，而屋面的 K 值则会明显降低，也是经济合理的。

建筑物的使用寿命比较长，从长远来看，应鼓励围护结构采用较高档的节能技术和产品，热工性能指标突破本标准的规定。经济发达的地区，建筑节能工作开展得比较早的地区，应该往这个方向努力。

规定热惰性指标不小于 3.0 或 2.5 是考虑了夏热冬冷地区的特点。这一地区夏季外围护结构严重地受到不稳定温度波作用，例如夏季实测屋面外表面最高温度南京可达 62℃，武汉 64℃，重庆 61℃以上，西墙外表面温度南京可达 51℃，武汉 55℃，重庆 56℃以上，夜间围护结构外表面温度可降至 25℃以下，对处于这种温度波幅很大的非稳态传热条件下的建筑围护结构来说，只采用传热系数这个指标不能全面地评价围护结构的热工性能。传热系数只是描述围护结构传热能力的一个性能参数，是在稳态传热条件下建筑围护结构的评价指标。在非稳态传热的条件下，围护结构的热工性能除了用传热系数这个参数之外，还应该用抵抗温度波和热流波在建筑围护结构中传播能力的热惰性指标 D 来评价。

本标准规定 D 不小于 3.0 或 2.5 是因为目前围护结构采用轻质材料越来越普遍。当采用轻质材料时，虽然其传热系数满足标准的规定值，但热惰性指标 D 可能达不到标准的要求，从而导致围护结构内表面温度波幅过大。武汉、成都、重庆荣昌、上海径南小区等节能建筑试点工程建筑围护结构热工性能实测数据表明，夏季无论是自然通风、连续空调还是间歇空调，砖混等厚重结构与加气混凝土砌块、混凝土空心砌块中型结构以及 3D 板等轻型结构相比，外围护结构内表面温度波幅差别很大。在满足传热系数规定的条件下，连续空调时，空心砖加保温材料的厚重结构外墙内表面温度波幅值为 1～1.5℃，加气混凝土外墙内表面温度波幅为 1.5～2.2℃，空心混凝土砌块加保温材料外墙内表面温度波幅为 1.5～2.5℃，3D 板外墙内表面温度波幅为 2.0～3.0℃。在间歇空调时，内表面温度波幅比连续空调要增加 1℃。自然通风时，轻型结构外墙和屋顶的内表面使人明显地感到一种烘烤感。例如在重庆荣昌节能试点工程，采用加气混凝土 175mm 作为屋面隔热层，屋面总热阻达到 1.07 $m^2 \cdot K/W$，但因屋面的热稳定性差，其内表面温度达 37.3℃，空调时内表面温度最高达 31℃，波幅大于 3℃。因此，本条目规定屋面和外墙的 D 值不应小于 3.0 或 2.5，是为了防止因采用轻型结构 D 值减小后，室内温度波幅过大以及在自然通风条件下，屋面和东西外墙在夏季内表面温度可能高于夏季室外计算温度最高值，不能满足《民用建筑热工设计规范》GB50176—93 的规定。

本标准对楼板和分户墙提出了保温性能的要求。这是因为在夏热冬冷地区，采暖、空调是居民的个人行为，如果相邻的住户不采暖、空调，而楼板和分户墙的保温性能又太差，对采暖、空调户是不太公平合理的。在楼板和分户墙上采取一些措施，达到表 4.0.8 的要求是不困难的，而且增加造价不多。

4.0.9 采用浅色饰面材料的围护结构外墙面，在夏季有太阳直射时，能反射较多的太阳辐射热，从而能降低空调时的得热量和自然通风时的内表面温度，当无太阳直射时，它又能把围护结构内部在白天所积蓄的太阳辐射热较快地向外天空辐射出去，因此，无论是对降低空调耗电量还是对改善无空调时的室内热环境都有重要意义。采用浅色饰面外表面建筑物的采暖耗电量虽然会有所增大，但夏热冬冷地区冬季的日照率普遍较低，两者综合比较，突出矛盾仍是夏季。

水平屋顶的日照时间最长，太阳辐射照度最大，由屋顶传给屋内的热量最多，是建筑物夏季的最不利朝向。绿化屋顶是解决屋顶隔热问题非常有效的方法，它的内表面温度低且昼夜稳定。当然绿化屋顶在结构设计上要采取一些特别的措施。

5 建筑物的节能综合指标

5.0.1 本标准为居住建筑提供了两条节能设计达标的途径，一条途径是符合第四章的规定，另一条途径是满足第五章的要求。

第四章列出的是居住建筑节能设计的规定性指标。对大量的居住建筑，它们围护结构的热工性能、窗墙面积比和体形系数等都能符合第四章的有关规定，这样的居住建筑属于所谓的“典型”居住建筑，它们的采暖、空调能耗已经在编制本标准的过程中经过了大量的计算，节能 50%的目标是有保证的，不必再进行本章所规定的计算。

本章列出的是居住建筑节能设计的性能性指标。对于那些在某些方面不符合第四章有关规定的居住建筑，本标准具有一定的灵活性。这类居住建筑可以采取在其他方面增强措施的方法，仍然达到节能 50%的目标。例如一栋建筑的体形系数超过了第四章的规定，它可以采取提高围护结构热工性能的方法，仍然达到节能 50%的目标。但是对这一类建筑就必须经过计算证明它达到了本章规定的性能性指标要求，才能判定其能满足节能 50%的要求。

5.0.2 建筑物的耗热量、耗冷量指标综合反映了建筑设计和围护结构热工性能的优劣，因此是节能建筑的重要控制指标。

围护结构热工性能好的居住建筑，在不配备采暖、空调设备的条件下，冬夏季的室内温度情况也要比一般居住建筑好。

建筑节能除了改善建筑围护结构的热工性能之外，提高空调、采暖设备的效率也是一个很重要的方面。

夏热冬冷地区冬季室内外温差比北方严寒和寒冷地区小得多，改善建筑围护结构的热工性能所发挥的节能作用不如严寒和寒冷地区大，因此提高空调、采暖设备的效率显得更加重要。

按照本标准设定的计算条件，在计算出来全年采暖和空调所节约的50%能耗中，建筑围护结构的贡献略低于25%，采暖空调系统略高于25%。因此要控制空调和采暖年耗电量，真正达到节能50%的目的，必须使用高效率的空调和采暖设备或系统。

本标准没有明确划定采暖期和空调期，而是用空调和采暖年耗电量作为控制指标，主要原因是夏热冬冷地区的居住建筑目前极少配备集中供热和供冷系统，降温和采暖基本上是居民的个人行为，春、秋两季，气温突降或骤升时，不论是否已到了所谓的采暖期或空调期，居民都有可能开启冷暖型空调器采暖或降温。

空调、采暖设备的运行时间很集中，用电的峰值负荷对电网的压力很大，除了耗电量之外，空调、采暖的用电负荷也是一个重要指标，设计时应予以足够的重视。

5.0.3 由于夏热冬冷地区的气候特性，室内外温差比较小，一天之内温度波动对围护结构传热的影响比较大，尤其是夏季，白天室外气温很高，又有很强的太阳辐射，热量通过围护结构从室外传入室内；夜里室外温度下降比室内温度快，热量有可能通过围护结构从室内传向室外。由于这个原因，为了比较准确地计算采暖、空调负荷，并与现行国标《采暖通风与空气调节设计规范》GBJ19保持一致，需要采用动态计算方法。

动态的计算方法有很多，暖通空调设计手册里的冷负荷计算法就是一种常用的动态的计算方法。

本标准采用了反应系数计算方法，并采用美国劳伦斯伯克力国家实验室开发的DOE-2软件作为计算工具。

DOE-2用反应系数法来计算建筑围护结构的传热量。反应系数法是先计算围护结构内外表面温度和热流对一个单位三角波温度扰量的反应，计算出围护结构的吸热、放热和传热反应系数，然后将任意变化的室外温度分解成一个个可迭加的三角波，利用导热微分方程可迭加的性质，将围护结构对每一个温度三角波的反应迭加起来，得到任意一个时刻围护结构表面的温度和热流。

DOE-2用反应系数法来计算建筑围护结构的传热量。反应系数的基本原理如下：

参照右图，当室内温度恒为零，室外侧有一个单位等腰三角波形温度扰量作用时，从作用时刻算起，单位面积壁体外表面逐时所吸收的热量，称为壁体外表面的吸热反应系数，用符号 $X(j)$ 表示；通过单位面积壁体逐时传入室内的热量，称为壁体传热反应系数，用符号 $Y(j)$ 表示；与上述情况相反，当室外温度恒为零，室内侧有一个单位等腰三角波形温度扰量作用时，从作用时刻算起，单位面积壁体内表面逐时所吸收的热量，称为壁体内表面的吸热反应系数，用符号 $Z(j)$ 表示；通过单位面积壁体逐时传至室外的热量，仍称为壁体传热反应系数，数值与前一种情况相等，固仍用符号 $Y(j)$ 表示；

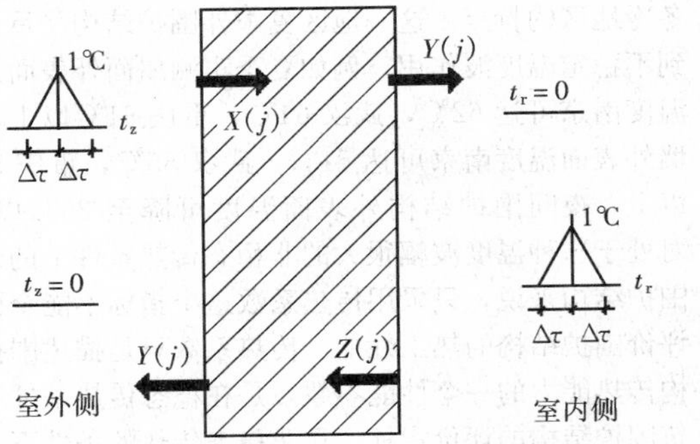

板壁的反应系数

传热反应系数和内外壁面的吸热反应系数的单位均为W/（m²·℃），符号括号中的 $j=0$，1，2……，表示单位扰量作用时刻以后 $j\Delta\tau$ 小时。一般情况 $\Delta\tau$ 均取1小时，所以 $X(5)$ 就表示单位扰量作用时刻以后5小时的外壁面吸热反应系数。

反应系数的计算可以参考专门的资料或使用专门的计算机程序，有了反应系数后就可以利用下式计算第 n 个时刻，室内从室外通过板壁围护结构的传热得热量 $HG(n)$

$$HG(n)=\sum_{j=0}^{\infty}Y(j)t_z(n-j)-\sum_{j=0}^{\infty}Z(j)t_r(n-j)$$

式中：$t_z(n-j)$ 是第 $n-j$ 时刻室外综合温度；

$t_r(n-j)$ 是第 $n-j$ 时刻室内温度；

特别地当室内温度 t_r 不变时，此式还可以简化成：

$$HG(n)=\sum_{j=0}^{\infty}Y(j)t_z(n-j)-K\cdot t_r$$

式中的 K 就是板壁的传热系数。

DOE-2软件可以模拟建筑物采暖、空调的热过程。用户可以输入建筑物的几何形状和尺寸，可以输入建筑围护结构的细节，可以输入室内人员、电器、炊事、照明等的作息时间，可以输入一年8760个小时的气象数据，可以选择空调系统的类型和容量等等参数。DOE-2根据用户输入的数据进行计算，计算结果以各种各样的报告形式来提供。

5.0.4 本标准第五章的目的是审查那些不完全符合第四章规定的居住建筑是否也能满足节能50%的要求。为了在不同的建筑之间建立起一个公平合理的可比性，并简化审查工作量，本条特意规定了计算的标准条件。

计算时取卧室和起居室室内温度，冬季全天为18℃，夏季全天为26℃，换气次数为1.0次/小时，其他房间不控温。

采暖设备的额定能效比取1.9，主要是考虑冬季采暖设备部分使用家用冷暖型（风冷热泵）空调器，部分仍使用电热型采暖器；空调设备额定能效比取2.3，主要是考虑家用空调器国家标准规定的最低能效比。

在计算中取比较低的设备额定能效比，有利于突出建筑围护结构在建筑节能中的作用。由于夏热冬冷地区室内采暖、空调设备的配置实际上是居民个人的行为，本标准实际上能控制的主要是建筑围护结构，所以在计算中适当降低设备的额定能效比对居住建筑实际达到节能50%的目标是有利的。

居住建筑的内部得热在冬季可以减小采暖负荷，在夏季则增大空调负荷。在计算时将内部得热分为照明和其他（人员、家电、炊事等）两类来考虑。对人员、炊事和家电得热还分别考虑采暖空调和非采暖空调房间的情况。

室内得热的多少随机性很强，在计算中取定值，与实际情况是有出入的。但是为了使不同的建筑之间具有可比性，本标准规定在计算中取定值。

在计算中室内照明得热按每平米每天耗电0.0141 kWh取值。

室内人员、炊事和视听设备等的其他得热，分为显热和潜热两部分。对卧室和起居室，显热按每天4.33 kWh，潜热按每天1.69 kWh取值。对厨房和卫生间，显热按每天2.9 kWh，潜热按每天1.76 kWh取值。

这组数据大致反映了80m^2 3口之家的一般情况。折合到每小时的平均值约为4.3W/m^2。

5.0.5 表5.0.5中所列的数据就是用DOE-2计算出来的，计算中严格按照5.0.4规定的计算条件。计算所依据的建筑模型是两个比较典型的六层建筑，这两栋建筑的建筑面积各2200m^2左右，体形系数0.31和0.35，南北朝向，每层两个单元四户，每户建筑面积稍小于100m^2，分为2～3个卧室，1个起居室，1个厨房，1～2个卫生间。卧室和起居室控制温度和换气次数，卫生间和厨房不控温。东西山墙上不开窗，南北墙上的窗户上都有水平遮阳。外墙的传热系数为1.54W/（m^2·K），屋顶的传热系数为0.93 W/（m^2·K），窗户的传热系数为3.1 W/（m^2·K）。将这两栋典型建筑放到夏热冬冷地区的合肥、南京、上海、杭州、武汉、长沙、南昌、成都、重庆9个大城市的逐时气象条件下计算，把计算出来的一些结果按采暖度日数HDD18和空调度日数CDD26回归，得到与HDD18（CDD26）相对应的建筑物耗热量（耗冷量）指标和采暖（空调）年耗电量关系式。根据回归得到的关系式计算出了表5.0.5中所列的数据。

表5.0.5中所列的建筑物耗热量（耗冷量）指标和采暖（空调）年耗电量，是对应若干个采暖度日数HDD18和空调度日数CDD26的数据。当计算的建筑所在地的采暖度日数HDD18和空调度日数CDD26不与表中所列数据相同时，应用线性内插法确定建筑物耗热量（耗冷量）指标和采暖（空调）年耗电量的限值。

计算得到的建筑物的采暖年耗电量或空调年耗电量单独超过限值是可以的，但两者之和不应超过两个限值之和。

下表列出了夏热冬冷地区主要城市的采暖度日数HDD18和空调度日数CDD26。

表3 夏热冬冷地区主要城市
采暖度日数和空调度日数

城市名称	东经（度）	北纬（度）	HDD18	CDD26
合肥	117.23	31.87	1825	116
蚌埠	117.38	32.95	2064	158
安庆	117.05	30.53	1730	204
南京	118.80	32.00	1967	175
上海	121.43	31.17	1691	164
杭州	120.17	30.23	1647	196
温州	120.67	28.00	1226	143
定海	122.10	30.03	1563	78
武汉	114.13	30.62	1792	195
恩施	109.47	30.28	1606	105
长沙	113.08	28.20	1557	275
常德	111.68	29.05	1601	181
零陵	111.62	26.23	1448	222
南昌	115.92	28.60	1468	254
景德镇	117.20	29.30	1549	193
赣州	114.95	25.85	1131	299
成都	104.02	30.67	1454	27
宜宾	104.60	28.80	1150	77
南充	106.10	30.78	1359	152
重庆	106.48	29.52	1073	241
遵义	106.88	27.70	1749	20
桂林	110.30	25.32	1139	182
韶关	113.58	24.80	835	290

DOE-2的计算是逐时动态的，所以建筑物耗冷量指标、耗热量指标都不是一个固定的数值，而是每小时都变化的。为了使用上的方便，表5.0.5中所列的建筑物耗冷量指标 q_c 是将建筑物在一年中最热月份（一般是七月或八月）一个月的耗冷量除以该月的小时数和建筑面积所获得的值。所列的建筑物耗热量指标 q_h 是将建筑物在一年中最冷月份（一般是一月）

一个月的耗热量除以该月的小时数和建筑面积所获得的值。计算耗冷量和耗热量指标时所用的建筑面积系指整栋建筑的建筑面积。

表5.0.5所列的空调年耗电量，不包括气温低而潮湿季节的除湿的耗电量。这是因为除湿与否主要取决与气象条件，与建筑物的设计基本无关，与围护结构热工性能也关系较少。而作为性能性指标之一的空调年耗电量指标主要是针对建筑和热工节能设计的综合评价提出的。

6 采暖、空调和通风节能设计

6.0.1 夏热冬冷地区冬季湿冷夏季酷热，随着经济发展，人民生活水平的不断提高，对采暖、空调的需求逐年上升。对于居住建筑选择设计集中采暖、空调系统方式，还是分户采暖、空调方式，应根据当地能源、环保等因素，通过仔细的技术经济分析来确定。同时，该地区居民采暖空调所需设备及运行费用全部由居民自行支付，因此，还要考虑用户对设备及运行费用的承担能力。对于一些特殊的居住建筑，如幼儿园、养老院等，可根据具体情况设置集中采暖、空调设施。

6.0.2 建设部2000年2月18日颁布了第76号令《民用建筑节能管理规定》，其中第五条规定“新建居住建筑的集中采暖系统应当使用双管系统，推行温度调节和户用热量计量装置，实行供热计量收费”。其中第八条规定：“设计单位应当依据建设单位的委托以及节能的标准和规范进行设计，保证建筑节能设计质量。（一）严寒和寒冷地区设置集中采暖的新建、扩建和改建的居住建筑设计，应当执行中华人民共和国《民用建筑节能设计标准（采暖居住建筑部分）》。（二）新建、扩建和改建的旅游旅馆的热工与空气调节设计，应当执行中华人民共和国《旅游旅馆建筑热工与空气调节节能设计标准》。因此，该地区采用集中采暖、空调方式时，应设置分室（户）温度控制及分户计量设施，其他采暖、空调设计技术规定应执行或参照执行上述标准中有关条款。

6.0.3 当前，夏热冬冷地区居住建筑的采暖、空调方式多为分户形式，即自行购买安装使用采暖器及空调器。由于直接电热的电散热器，电红外线采暖器等类产品价格低廉、使用方便，仍然是居民常选用的采暖设备。这类产品直接用电阻元件发热供暖，能效比不超过1.0，不宜大量使用。近年来市场上出现直接用电进行采暖的电热膜、电热电缆管以及以电锅炉作为供热源的设备，在应用时要做仔细的分析。如果当地对环境要求严格，采用其他采暖方式不能符合环保要求，电资源又较为丰富，电价较低，当地采暖期较短，采暖面积较小或者用于局部采暖；并且建筑的保温及气密性达到或超过节能标准规定值，这意味着采暖负荷低，用户能承担支付采暖的电费，在这种情况下，可以采用这类电热膜、电热电缆管方式采暖。但在应用时还要特别注意防火要求，以及不能用于厨房、卫生间等潮湿房间。如果当地电力峰谷差较大，在有条件蓄热时，可采用电锅炉作为供热的设备，以利用夜间低谷电运行电锅炉。但是，在电力供应紧张的地区，室内装修复杂，且有特殊要求的场所，以及有集中供热或有余热资源的地区，不应采用直接电热方式。

6.0.4 要积极推行应用能效比高的电动热泵型空调器，或燃气（油）、蒸汽或热水驱动的吸收式冷（热）水机组进行冬季采暖、夏季空调。当地有余热、废热或区域性热源可利用时，可用热水驱动的吸收式冷（热）水机组为冷（热）源。此外，低温地板辐射采暖也是一种效率较高和舒适的采暖方式。至于选用何种方式采暖、空调，应由建筑条件，能源、环保、技术经济分析，以及用户对设备及运行费用的承担能力等因素来确定。

6.0.5 当以燃气为能源提供采暖热源时，可以直接向房间送热风，或经由风管系统送入；也可以产生热水，通过散热器、风机盘管进行采暖，或通过地下埋管进行低温地板辐射采暖。所应用的燃气机组的热效率要符合现行有关标准《家用燃气取暖器》（CJ/T 113—2000）第5.2条规定值；《家用燃气快速热水器》（GB 6932—94）第5.1条规定值；以及《常压容积式燃气热水器》（CJ/T 3031—95）第5.2.5条的规定值。

6.0.6 居住建筑采用房间空气调节器、单元式空气调节机，以及采用按户设置的供暖、供冷设备分散（分户）进行采暖空调时，其能效比（性能系数）要符合现行有关标准《房间空气调节器》（GB/T 7725—1996）第5.2.22，5.2.23条规定值；《单元式空气调节机》（GB/T 17758—1999）第4.2.1，4.2.3，4.2.5，4.2.6条规定值；以及目前已报批的国家标准《蒸汽压缩循环冷水（热泵）机组——户用和类似用途冷水（热泵）机组》中有关能效比的规定值。居住建筑小区采用电或燃气（油、蒸汽、热水）驱动的冷（热）水机组作为集中供冷热源时，其能效比（性能系数）要符合目前已报批的国家标准《蒸汽压缩循环冷水（热泵）机组——工商业用或类似用途的冷水（热泵）机组》，《直燃型溴化锂吸收式冷热水机组》，以及《蒸汽和热水型溴化锂吸收式冷水机组》中有关能效比的规定值。

6.0.7 风冷热泵机组可以利用环境空气作为热泵机组的热源与热汇，取之不尽、用之不竭。但是，它也有二个主要的缺点。当冬季环境空气温度在4℃左右时，室外侧热交换器盘管表面温度将低于冰点，会出现结霜。霜层会减小蒸发器的传热能力，增大蒸发器的空气阻力，严重时会使热泵无法工作。所以要采取除霜措施，这会影响到室内热环境品质及多耗能量；另一个缺点便是它的出力正好与需求量（冷、热负荷）以及性能系数、能效比值呈反比。尤其在冬季为了保持室内需要的室温，往往需要设置辅助加热装置（一般为直接电热）。我国冬冷夏热地区冬季湿冷夏季酷热，在有一些气候区域风冷热泵机组的缺点会影响这类热泵的应用。水源热泵机组则克服了上述二个缺点，不存在除霜问题，出力稳定，性能系数、能效比大幅度高于风冷热泵。它应用水作为热泵机组的热源及热汇，可以应用河、湖及海水，废水等，以及打井取用的地下水。但应用地下井水时，必须确保有（真正的）回灌措施以及确保水源不被污染，并必须符合当地有关规定。否则，会引起水资源保护及环境问题。如果没有合适的水源可以利用，也可以采用封闭水循环系统，但需要在水循环系统中设置冷却塔及加热装置，以便保持水循环系统中的水温在一定的范围内。如果在该建筑附近有一定面积的土壤可以埋设专门的塑料管道（水平开槽埋设或垂直钻孔埋设），可以采用地热源热泵机组，它利用土壤作热源和热汇，通过在管道里流动的水进行热交换，有很高的能效比，并有利于环保。

6.0.8 目前，国家质量技术监督局发布了国家标准《房间空气调节器能源效率限值及节能评价值》（GB12021.3—2000），其中表2“节能评价值”内所列房间空气调节器的能效比要高于现行标准《房间空气调节器》（GB/T 7725）中有关规定值。中国节能产品认证中心已于2000年6月1日对房间空气调节器产品按上述标准中有关规定值进行节能产品认证，获证产品的平均耗电量要比普通产品的平均耗电量少10%以上。所以应鼓励优先采用符合国家现行标准规定、颁布的节能型采暖、空调产品。

6.0.9 《中华人民共和国节约能源法》中“第39条国家鼓励发展下列通用节能技术：（一）推广热电联产、集中供热，提高热电机组的利用率，发展热能梯级利用技术，热、电、冷联产技术和热、电、煤气三联供技术，提高热能综合利用率；......”。中华人民共和国建设部令第76号《民用建筑节能管理规定》中“第四条，国家鼓励发展下列节能技术（产品）：（三）集中供热和热、电、冷联产联供技术”；（五）太阳能、地热等可再生能源应用技术及设备。所以在有条件时应鼓励采用。

6.0.10 目前居住建筑中广为应用的空调（采暖）设备仍然是分体型、单冷或热泵型空调器。为了防止安装不当使空调器能效比下降，并影响环境及小区（街区）美观和冷凝水（及融霜水）引流不当、热污染及噪声污染等问题，制定此条。

6.0.11 目前居住建筑还没有条件普遍采用有组织的全面机械通风系统，但为了防止厨房、卫生间的污浊空气进入居室，应当在厨房、卫生间安装局部机械排风装置。如果当地夏季白天与晚上的气温相差较大，应充分利用夜间通风，达到被动降温目的。在安设采暖空调设备的居住建筑中，往往围护结构密闭性较好，为了改善室内空气质量需要引入室外新鲜空气（换气）。如果直接引入，将会带来很高的冷热负荷，大大增加能源消耗。经技术经济分析，如果当地采用热回收装置在经济上合理，建议采用质量好、效率高的机械换气装置（热量回收装置），使得同时达到热量回收、节约能源的目的。

附录A　外墙平均传热系数的计算

本附录提出的外墙平均传热系数的计算方法是最简单的一种考虑热桥效应的方法，这种方法的最大好处是可以进行手工计算。

附录B　建筑面积和体积的计算

B.0.3 在夏热冬冷地区，有些城市的建筑流行底层架空，用作过街楼或有人值班看守的自行车、摩托车、汽车停放点的做法。因此此条特意指出在计算建筑物外表面积应包括底部直接接触室外空气的楼板面积。

中华人民共和国行业标准

采暖居住建筑节能检验标准

Standard for Energy Efficiency Inspection
of Heating Residential Buildings

JGJ 132—2001

条 文 说 明

前　言

《采暖居住建筑节能检验标准》JGJ 132—2001，经建设部2001年2月9日以建标［2001］33号文批准，业已发布。

为便于广大设计、施工、科研、质检、教学等单位的有关人员在使用本标准时能正确地理解和执行条文规定，《采暖居住建筑节能检验标准》编制组按章、节、条顺序编制了本标准的条文说明，供国内使用者参考。在使用中，如发现本条文说明有不妥之处，请将意见函寄中国建筑科学研究院（地址：北京市朝阳区北三环东路30号，邮政编码：100013）。

目　次

1 总　　则

1.0.1 随着我国经济体制改革的深入和对外开放领域的扩大，各行各业的发展日新月异，建筑业也不例外。据中国建筑业协会建筑节能专业委员会编著的《建筑节能技术》记载：截止1995年底，我国三北地区城镇共有房屋建筑面积37.4亿平方米，其中住宅20.2亿平方米，占54%。另据有关资料记载：仅1996、1997和1998年共三年内，全国城镇新建住宅达11.1亿平方米；从投资的比例上看，该三年全国用于城乡住宅上的投资平均约占全社会固定资产总投资的22.2%。由此可见，住宅产业已经成为我国国民经济的主要增长点。

住宅竣工面积的增加，势必会带来建筑能耗的加大。目前每年全社会的能耗约为13亿吨标准煤，其中城市建筑的建造与使用的能耗一般占13%以上，若考虑墙体材料的生产能耗则约占25%左右。我国北方严寒和寒冷地区建筑采暖能耗已占当地全社会总能耗的20%以上。如果按照国家宏观发展目标确定的中等发达国家水平来推算，我国经济发展速度在一定时期内都将维持在7%左右，那么，到2010年就将需要一次性能源为30亿吨标准煤，而实际可供能源仅为18亿吨标准煤，约有12亿吨标准煤的能源缺口。如果再考虑在未来10年内人口的增加和人民生活水平的提高，建筑能耗占全社会总能耗的比例也将增大，我国能源的生产和供应的缺口也将会增大，必将严重影响我国经济和社会发展战略目标的实现。

为了实施党中央提出的"可持续发展"战略，我国自1998年1月1日起实施了《中华人民共和国节约能源法》。该法的实施对建筑节能行业的立法、推广和执法工作都起到了极大的促进作用。

为了节约采暖能耗，早在1986年建设部就颁布了《民用建筑节能设计标准（采暖居住建筑部分）》(JGJ26—86)（以下简称旧《节能设计标准》）；1987年建设部、国家计委、国家经委和国家建材局联合印发了"关于实施《民用建筑节能设计标准（采暖居住建筑部分）》的通知"[(87)城设字第514号]；随后国家相继颁布了《建筑外窗保温性能分级及其检测方法》(GB8484)、《钢窗建筑物理性能分级》(GB13684)，《建筑外门空气渗透性能和渗漏性能及其检测方法》(GB13606)，《民用建筑热工设计规范》(GB50176)，1996年建设部又颁布了《民用建筑节能设计标准（采暖居住建筑部分）》的修订本(JGJ26—95)（以下简称新《节能设计标准》）；1997年，建设部、国家计委、国家经贸委和国家税务总局又联合印发了"关于实施《民用建筑节能设计标准（采暖居住建筑部分）》的通知"[建科[1997]31号]；为了加大对建筑节能工作的管理力度，建设部根据国家有关的法律法规，组织制定了建设部部长令《民用建筑节能管理规定》，并于2000年10月1日起实施。该规定对不按新《节能设计标准》设计、建造、达不到节能要求或违反规定的，最高将给予50万元的经济处罚，必要时还需停业整顿、降低其设计施工资质。与此同时，国家各部委及地方政府颁布的与建筑节能有关的标准、规范还有：《采暖与卫生工程施工及验收规范》(GBJ242)，《城市供热管网工程施工及验收规范》(CJJ28)，《工业设备管道绝热工程施工及验收规范》(GBJ126)，《聚氨酯泡沫塑料预制保温管》(CJ/T3002)，《建筑地面工程施工及验收规范》(GB50209)，《屋面工程技术规范》(GB50207)，《城市供热管网工程质量检验评定标准》(CJJ38)，《工业设备及管道绝热工程质量检验评定标准》(GB50185)，《建筑安装工程质量检验评定统一标准》(GBJ300)，《建筑工程质量检验评定标准》(GBJ301)，《建筑采暖卫生与煤气工程质量检验评定标准》(GBJ302)，《设备及管道保温效果的测试与评价》(GB8174)，《黑龙江省外保温岩棉复合墙体施工及验收规程》(DBJ07—210)，《黑龙江省内保温岩棉复合墙体施工及验收规程》(DBJ07—211)，《节能墙体EPS外保温工程施工及验收规范》(MT/T5011)《节能墙体EPS外保温工程质量检验评定标准》(MT/T5012)，所有这些标准规范和行政法规的颁布和实施，均有力地推动着我国建筑节能向前发展。

与气候条件相近的发达国家相比，我国单位居住建筑面积的能耗仍是发达国家的3～5倍左右。另从新《节能设计标准》的实施效果来看，也存在着巨大差异。1986年8月1日，建设部颁布的旧《节能设计标准》规定采暖设计能耗应在1980～1981年当地通用设计能耗的基础上节能30%（第一阶段）；1996年7月1日，建设部经修订颁布的新《节能设计标准》则要求采暖设计能耗降至1980～1981年的50%（第二阶段）。节能设计标准颁布至今已逾10年，但具体的实施效果并不理想。大多数省市连第一阶段的目标尚未达到，更谈不上实现第二阶段的目标了。1996至1998年（三年间），全国城镇新建住宅11.1亿平方米，但节能建筑仅为4530万平方米，占4.08%。那么，为什么会出现这种局面呢？除有关部门对建筑节能的重要性认识不足、建筑节能技术应用推广进展缓慢外，配套的技术立法不及时，也是一个不可忽视的原因。为了在建筑节能领域，实施跨越式发展战略，切实保证新《节能设计标准》和《民用建筑节能管理规定》在具体工程上的贯彻落实，编制一本与新《节能设计标准》配套的《采暖居住建筑节能检验标准》就显得越发必要和重要。

编制本标准，就是为了通过实施对采暖居住建筑节能效果的检验，保证新《节能设计标准》提出的各项指标真正落实在居住建筑的设计、施工和运行管理全过程中。

1.0.2 由于本标准是和新《节能设计标准》相配套

的，所以，在适用范围上和新《节能设计标准》一致。

1.0.3 采暖居住建筑节能检验仅仅是建筑产品质量检验的一个方面，因此，在按本标准进行节能检验时，尚应符合国家现行有关强制性标准的规定。

2 术　　语

2.0.1～2.0.3 本章所列术语属本标准首次使用，其他术语与符号力求和行业标准《民用建筑节能设计标准（采暖居住建筑部分）》（JGJ26）等相关标准一致。

3 一 般 规 定

3.0.1 由于试点小区包括供热锅炉或热力站、室外输送管网和热用户三部分，所以本条规定了共九项检验内容，其中前三项（即建筑物单位采暖耗热量、小区单位采暖耗煤量和建筑物室内平均温度）是建筑物热工性能和供热系统运行质量的综合体现；中三项（即建筑物围护结构传热系数、建筑物围护结构热桥部位内表面温度和建筑物围护结构热工缺陷）是针对建筑物本身的热工特性而言的；后三项（即室外管网水力平衡度、供热系统补水率和室外管网输送效率）是针对采暖供热系统而言的。本条中的"建筑物单位采暖耗热量"是指在采暖期室外平均温度条件下，为保持室内计算温度，单位建筑面积在单位时间内消耗的、需由室内采暖设备供给的热量。"小区单位采暖耗煤量"是指在采暖期室外平均温度条件下，为保持室内计算温度，单位建筑面积在一个采暖期内消耗的标准煤量。"本标准在"单位采暖耗煤量"前面冠以"小区"，主要是要明确指出"采暖耗煤量"是相对于整个供热系统（供热锅炉、室外输送管网和热用户）而言的。

3.0.2 对于试点建筑，由于不含供热锅炉或热力站、室外输送管网，所以，本条仅规定了五项检验内容。

3.0.3 对于非试点小区，本条规定了四项检验内容（即建筑物单位采暖耗热量、建筑物室内平均温度、室外管网水力平衡度、供热系统补水率），这样规定可操作性强。

3.0.4 对于非试点建筑仅规定了建筑物单位采暖耗热量、建筑物室内平均温度共两项检验内容，这样规定可操作性强。

3.0.5 本条主要规定了四方面的文件。第1款是为了把住节能建筑的设计关；第2、3款是为了控制住用于建筑建造过程中的材料、设备的质量；第4款是为了防止与节能有关的隐蔽工程出现施工质量问题。

3.0.7 在新《节能设计标准》中将采暖居住建筑物大致分为体形系数小于等于0.3和大于0.3两类。据此，本条以0.3为界规定了两类。

3.0.8 新《节能设计标准》中第4.2.4条规定各朝向容许的窗墙面积比分别为：北向0.25；东、西向0.3；南向0.35。可视平均值为0.3。所以，本标准以0.3为界进行了规定。本标准所采用的窗墙面积比是相对单栋建筑物整体而言的，并不要求各个朝向分别考虑。这样规定的目的，主要在于简化操作程序，减少工作量而原则上又不影响检验结果。

3.0.9 本条规定了同一类采暖居住建筑物必须具有的三个特征。该三个特征对采暖能耗影响较大，为了增强检测数据的可比性，作了如此规定。

4 检 测 方 法

4.1 建筑物单位采暖耗热量

4.1.1 在供热系统运行不正常（包括系统排气未尽、循环不正常、补水率超标等）时，不能进行检测。因为在这种情况下进行的检测，常常会使检测结果不确定。为了得到稳定可靠的数据，规定其检测持续时间不应少于168h。这里的"检测持续时间"是指连续的检测时间，而不是指几段不连续的检测时间的累计值。

4.1.2 本条规定的热量计量装置既包括由温度传感器、流量计和相应的二次仪表集约而成的一体化热表和非一体化的热表，也包括流量和温度分别测量，最后人工计算热量的测量方式。

本条规定供回水温度计宜安装在外墙外侧且距建筑物外墙轴线2.5m以内的位置是根据1996年《北京市建设工程概算定额》中有关供热系统室内外工程划界的原则确定的。按规定建筑物外墙轴线外2.5m以内属于室内系统，而2.5m以外属于室外管网系统。

4.1.4 在布置室外空气温度计时，必须防止太阳辐射对检测结果的影响，所以，本条规定室外温度计应设在百叶箱内，在无百叶箱的情况下，应采取适当的防辐射的措施。

4.2 小区单位采暖耗煤量

4.2.1 关于"检测持续时间应为整个采暖期"的规定是因为：其一，由于我国采暖供热锅炉房的技术装备差，缺乏有效的调控手段，所以，使得锅炉的日常运行质量几乎完全取决于司炉工的实际操作经验、责任心、工作态度和节能意识。其二，由于采暖期气候的不规则变化，使得锅炉房内所有锅炉的整体运行效果会因季节、司炉工、锅炉配置、运行制度的不同而异，所以，在现有条件下，企图通过几天、十几天的测试结果来推定采暖期住宅小区单位采暖耗煤量是不可能的。其三，国内尚未开展对燃煤锅炉采暖期期间实际平均运行效率简便测试方法的系统研究，更无成熟的成果以资引用。基于以上客观背景条件，并考虑到住宅小区单位采暖耗煤量的检测在实际推广中的困难，所以，本标准在第3章中便规定仅对试点小区进行该项检测。

4.2.2 因为供热锅炉房的给煤系统随锅炉房的规模大小而异，且在一个采暖期煤场的进煤批数往往不止一次，所以在本条的规定中，仅规定"耗煤量应按批逐日计量和统计"，而对采用的计量方式和计量仪表的种类并未作具体规定。"按批"的意思是要求每批煤的燃用量应分开计量和统计，不能混计在一起。这样规定是为了更准确地计算燃用煤的热值。煤耗量计量的总误差必须满足本标准附录A的要求。

4.2.3 为了减少测量误差，本标准规定，煤样应用基低位发热值的化验批数应与供热锅炉房进煤批数相一致，也就是说煤场每购入一批煤，就应送检一次该批煤的煤样。这样规定是为了防止在检测期间，当每批煤煤质之间存在较大差异时而可能导致的粗大误差。

4.2.4 住宅小区平均室内温度的测量是以小区内"代表性建筑物"的平均室内温度的测量为基础的。在小区供热系统中，由于或多或少存在着不同程度的水力失调问题，所以，"代表性建筑物"应按距离热源的远近来综合选取，也就是在距离热源的近端，中间和末端均宜有"代表性建筑物"，且近、中、末端的"代表性建筑物"应着重考虑其朝向，层数和采暖系统形式等。在进行室温测量时，本标准规定"代表性 建筑物"的采暖建筑面积应占同一类采暖建筑物总采暖建筑面积的10%以上，这一要求总的目标是想把实际测温面积与总采暖建筑面积之比控制在1%～3%左右。

4.2.7 尽管新《节能设计标准》是针对燃煤锅炉采暖系统而言的，但随着经济的发展和人们环保意识的加强，在经济发达和天然气供应充足的地区，燃气采暖锅炉正在逐步取代燃煤采暖锅炉。在这种客观背景下，为了与本标准衔接，在计算方法上作了如是规定。

4.3 建筑物室内平均温度

4.3.1 在建筑节能的检验过程中，在许多情况下均要求对建筑物的室内平均温度进行检测。这里主要分为两类情况：其一，供热公司为了监测供热质量或为了解决供热质量纠纷的需要，要求对建筑物室内平均温度进行检测。在这种情况下，检测的时间选在采暖期最冷月要恰当些，因为如果供热系统运行不良，最冷月的问题会更加突出。当然，这种检测的时间不宜过长。本标准规定为168h（即7d)。其二，在检测建筑物单位采暖耗热量、住宅小区单位采暖耗煤量等过程中，都要求对建筑物的平均室内温度进行检测，在这种情况下检测时间应和建筑物单位采暖耗热量或住宅小区单位采暖耗煤量等的检测起止时间一致。

4.4 建筑物围护结构传热系数

4.4.1 热流计法是目前国内外常用的现场测试方法。国际标准《建筑构件热阻和传热系数的现场测量》(ISO 9869)，美国ASTM标准《建筑围护结构构件热流和温度的现场测量》（ASTM C1046—95）和《由现场数据确定建筑围护结构 构件热阻》（ASTM C1155—95)都对热流计法做了详细规定。另外，国内外也有关于用热箱法现场测试围护结构热阻和传热系数的研究报告或资料，但尚未发现有关热箱法的国际标准或国外先进国家或权威机构的标准。

本节主要依据国际标准ISO 9869编写而成，因篇幅关系做了若干删减。个别条款参考了国家标准《建筑构件稳态热传递性质的测定标定和防护热箱法》(GB/T 13475)。ISO 9869正文中只对热阻测量做了具体规定，传热系数的测量是放在附录中的。本节对围护结构主体部位热阻的现场检测方法和传热系数的计算方法进行了规定。

4.4.4 测量仪表的附加误差参照了《建筑构件稳态热传递性质的测定标定和防护热箱法》（GB/T 13475）的有关规定。

4.4.5～4.4.8 这几条规定的目的在于缩短测量时间和减小测量误差。测量误差取决于下列因素：

1 热流计和温度传感器的标定误差。如果标定得好，该项误差约为5%；

2 数据采集系统的误差；

3 由传感器与被测表面间热接触的轻微差别引起的随机误差。如果细心安装传感器，这种误差约为平均值的5%。该项误差可通过多使用几个热流计来减小；

4 热流计的存在引起的附加误差。热流计的存在改变了原来的等温线分布。如果用适当的方法（例如有限元法）对该项误差进行估计并对测量数据进行修正，则误差可降为2%至3%；

5 温度和热流随时间变化引起的误差，这种误差可能很大。减小室内温度波动，采用动态分析方法，保证测量持续时间足够长，可使该项误差小于10%。

如果以上条件得到满足，则总的误差估计可控制在14%的均方差和28%的算术误差之间。

下列情况可能使误差增大：

1）在测量之前或测量期间，与构件内外表面温差相比，温度（尤其是室内温度）波动较大；

2）构件厚重而测量持续时间又过短；

3）构件受到太阳辐射或其他强烈的热影响；

4）对热流计的存在引起的附加误差未做估算(在某些情况下可高达30%)。

进一步的误差分析可参见ISO 9869正文和附录。

4.4.9 在温度和热流变化较大的情况下，采用动态分析方法可从对热流计测量数据的分析，求得建筑物围护结构的稳态热性能。动态分析方法是利用热平衡方程对热性能的变化进行分析计算的。在数学模型中围护结构的热工性能是用热阻 R 和一系列时间常数 τ 表示的。未知参数（R，τ_1，τ_2，$\tau_3\cdots$）是通过一种识别技术利用所测得的热流密度和温度求得的。

动态分析方法基本步骤如下：

测量给出在时刻 t_i（i 从 1 至 N）测得的 N 组数据，其中包括热流密度（q_i），内表面温度（θ_{Ii}）和外表面温度（θ_{Ei}）。

两次测量的时间间隔为 Δt，定义为：

$$\Delta t = t_{i+1} - t_i \tag{1}$$

在 t_i 时的热流密度是在该时刻以及此前所有时刻下温度的函数：

$$q_i = \frac{1}{R}(\theta_{Ii} - \theta_{Ei}) + K_1\dot{\theta}_{Ii} - K_2\dot{\theta}_{Ei} + \sum_n P_n \sum_{j=i-p}^{i-1}\dot{\theta}_{Ij}(1-\beta_n)\beta_n(i-j) + \sum_n Q_n \sum_{j=i-p}^{i-1}\dot{\theta}_{Ej}(1-\beta_n)\beta_n(i-j) \tag{2}$$

式中，内表面温度的导数为

$$\dot{\theta}_{Ii} = (\theta_{Ii} - \theta_{I,i-1})/\Delta t \tag{3}$$

外表面温度的导数 $\dot{\theta}_{Ei}$ 与上式类似。

K_1，K_2 以及 P_n 和 Q_n 是围护结构的特性参数，没有任何特定意义，它们与时间常数 τ_n 有关。变量 β_n 是时间常数 τ_n 的指数函数

$$\beta_n = \exp(-\Delta t/\tau_n) \tag{4}$$

公式（2）中的 n 项求和是对所有时间常数的，理论上是一个无限数。然而，这些时间常数（τ_n）和 β_n 一样，随着 n 的增加而迅速减小。因而只需几个时间常数（实际上有 1 至 3 个就够了）就足以正确地表示 q，θ_E 和 θ_I 之间的关系。

假定选取的时间常数为 m 个($\tau_1,\tau_2,\cdots,\tau_m$)，公式(2)将包含 $2m+3$ 个未知参数，它们是

$$R, K_1, K_2, P_1, Q_1, P_2, Q_2, \cdots, P_m, Q_m \tag{5}$$

对于 $2m+3$ 个不同时刻下的（$2m+3$ 组）数据将公式（2）写 $2m+3$ 次就得到一个线性方程组。对该方程组求解，就可确定这些参数，特别是热阻 R。然而为了完成公式（2）中的 j 项求和，尚需附加 p 组数据（图 1）。最后，为了估计随机变化，还需要更多组测量数据。这样就形成了一个超定的线性方程组，该方程组可采用经典的最小二乘拟合法求解。

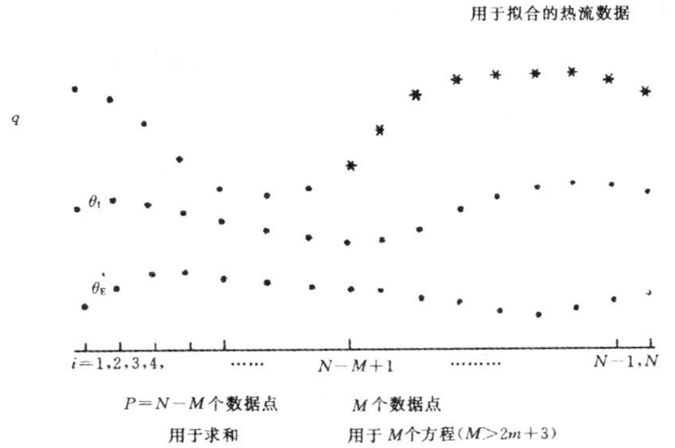

图 1　动态分析方法中的数据利用

这个多于 $2m+3$ 个方程的方程组可以写成矩阵形式

$$\vec{q} = (X)\vec{Z} \tag{6}$$

式中　$\vec{q}$——向量，其 M 个分量是最后的 M 个热流密度数据 q_i。这样，M 的值大于 $2m+3$，并且 i 取 $N-M+1$ 至 N；

$\vec{Z}$——向量，它的 $2m+3$ 个分量是公式（5）中所列的未知参数；

(X)——一个M行（$i=N-M+1$ 至 N），$2m+3$ 列（1 至 $2m+3$）的矩形矩阵。矩阵的元素是

$$X_{i1} = \theta_{Ii} - \theta_{Ei}$$

$$X_{i2} = \dot{\theta}_I = (\theta_{Ii} - \theta_{I,i-1})/\Delta t$$

$$X_{i3} = \dot{\theta}_E = (\theta_{Ei} - \theta_{E,i-1})/\Delta t$$

$$X_{i4} = \sum_{j=i-p}^{i-1}\dot{\theta}_{Ij}(1-\beta_1)\beta_1(i-j)$$

$$X_{i5} = \sum_{j=i-p}^{i-1}\dot{\theta}_{Ej}(1-\beta_1)\beta_1(i-j)$$

$$X_{i6} = \sum_{j=i-p}^{i-1}\dot{\theta}_{Ij}(1-\beta_2)\beta_2(i-j)$$

$$X_{i7} = \sum_{j=i-p}^{i-1}\dot{\theta}_{Ej}(1-\beta_2)\beta_2(i-j)$$

$$\vdots$$

$$X_{i,2m+2} = \sum_{j=i-p}^{i-1}\dot{\theta}_{Ij}(1-\beta_m)\beta_m(i-j)$$

$$X_{i,2m+3} = \sum_{j=i-p}^{i-1}\dot{\theta}_{Ej}(1-\beta_m)\beta_m(i-j) \tag{7}$$

在 j 项求和中，p 足够大，使缺省项之和可以忽略不计。于是数据组的数目 N 必须大于 $M+p$，实际上 $p=N-M$，式中 N 足够大。

方程组给出向量$\vec{Z}$的估计值$\vec{Z}^*$

$$\vec{Z}^* = [(X)'(X)]^{-1}(X)'\vec{q} \tag{8}$$

式中，$(X)'$是矩阵（X）的转置矩阵。

事实上，时间常数 τ_n 是未知的。它们可通过改变时间常数来寻找$\vec{Z}$的最佳估计值的方法来确定。这可按以下方式进行：

1　选取时间常数的个数（m），通常不大于 3；

2 选取时间常数间的不变比率 r（通常在 3～10 之间），使满足

$$\tau_1 = r\tau_2 = r^2\tau_3 \tag{9}$$

3 选取方程组（7）的方程个数 M。该值必须大于 $2m+3$，但要小于数据组的个数。通常 15 至 40 个方程就足够了。这就意味着至少需要 30 至 100 个数据点。

4 选取时间常数的最小值和最大值。因为计算机的精度是有限的，所以处理比 $\Delta t/10$ 还小的时间常数是没有意义的。另外，求和需要 $p=N-M$ 个点，如果时间常数大于 $p\Delta t$，求和将不会终止。最大时间常数最好在以下范围内选取

$$\Delta t/10 < \tau_1 < p\Delta t/2 \tag{10}$$

5 在该区间内利用公式（8）用若干个时间常数值计算向量$\vec{Z}$的估计值$\vec{Z}^*$。对于$\vec{Z}^*$的每一个值，热流向量的估计值$\vec{q}$，将通过下式计算出来：

$$\vec{q}^* = (X)\vec{Z}^* \tag{11}$$

6 这些估计值与测量值间的总方差按下式计算：

$$S^2 = (\vec{q}-\vec{q}^*)^2 = \Sigma(q_i - q_i^*)^2 \tag{12}$$

7 能给出最小方差的时间常数组就是最佳时间常数组，这可由重复上述步骤 5 和 6 获得。

8 用此方法就可求得向量$\vec{Z}$的最佳估计值$\vec{Z}^*$。它的第一个分量 Z_1 就是热阻的倒数（$1/R$）的最佳估计值。如果最佳估计值所对应的最大时间常数等于或大于其最大值（即 $p\Delta t/2$）的话，则说明方程个数太少或检测持续时间不足。同时说明利用该组数据和该时间常数比率是无法得到可靠的结果的。这一问题可以通过改变方程组中方程的个数或使时间常数间的不变比率值（r）变大或变小来加以解决。

当用单个测量值来估算热阻 R 值时，应有一个能给出其结果置信度的判定标准。即对于某个给定的单一测量值，当其满足该标准时，便存在某个好的置信度（比如说概率 90%），结果将逼近实际值（比如说在±10%之内）。

在经典分析方法的情况下，唯一的判定标准就是要求有足够长的检测时间。但如果所记录的数据表明该传热过程处于准稳态，则测量结果的可靠度高。然而，如果在测量开始之前，与热流相关的温度变化显著，在这种情况下，如果测量时间太短以至于不能消除这一温度变化所带来的影响的话，那么最终的检测结果是不可信的。

在动态分析方法的情况下也存在这样一个判定标准。对于上述热阻的估计值，置信区间为

$$I = \sqrt{\frac{S^2Y(1,1)}{M-2m-4}}F(P, M-2m-5) \tag{13}$$

$$(Y) = [(X)'(X)]^{-1} \tag{14}$$

式中 S^2——由公式（12）得出的总方差；

$Y(1,1)$——由公式（14）转换的矩阵的第一个元素；

M——方程组（6）中方程的个数，而 m 是时间常数的个数；

F——t 分布的显著限，式中 P 是概率，而 $M-2m-5$ 是自由度。

如果对于 $P=0.9$，该置信区间小于热阻的 5%，则该热阻计算值通常是与实际值很接近的。在良好的测量条件（例如，对于轻型围护结构在夜间稳定状态下进行检测；而对于重型围护结构经过长时间的检测）下会出现这样的结果。对于一个给定的检测持续时间，置信区间越小，则若干次测量结果的分布就越窄。然而当检测持续时间较短时，测量结果的分布范围大且平均值可能不正确（一般是偏低）。因此，该判定标准是不充分的。

第二个要满足的条件是，检测持续时间不应少于 96h。

本条文是根据国际标准 ISO 9869 附录 B 写成的。

4.4.12 在新《节能设计标准》中，传热系数是由热阻按国家标准《民用建筑热工设计规范》（GB50176）（以下简称《规范》）中有关规定计算出来的。《规范》中规定了内表面换热阻和外表面换热阻的取值。为了和新《节能设计标准》中传热系数的计算方法相统一，增加数据的可比性，所以，本条对围护结构内外表面换热阻的取值依据进行了规定。

4.5 建筑物围护结构热桥部位内表面温度

4.5.1 由于热电偶反应灵敏、成本低、易制作和适用性强，在表面温度的测量中应用最广，所以，本标准优先推荐使用热电偶。随着测量技术的进步，新型的测温方法层出不穷，红外摄像仪便是一例。但由于这种设备售价高，且对操作人员的素质要求高，在短期内不易全面推广，所以，本标准规定，在有条件许可的情况下，也可采用红外摄像仪测量热桥部位的内表面温度。

4.5.5 新《节能设计标准》中规定热桥部位内表面温度不应低于室内空气露点温度，这是相对于室内外冬季计算温度条件而言的。因此需将实际室内外温度条件下的测量值换算成室内外计算温度下的表面温度值。

4.6 建筑物围护结构热工缺陷

4.6.1 本节依据国际标准《建筑围护结构中热工性能异常的定性检验》（ISO 6781—1983（E））编写而成。编写时内容的顺序及章节划分与国际标准有所不同。因篇幅所限，本节只摘要收编了国际标准中的主要内容。用红外摄像法进行热工缺陷的定性检验，要

求检验人员具有红外摄像和建筑热工方面的专业知识和丰富的实践经验并掌握大量的参考热像图。

ISO 6781—1983（E）中对检验时的气候条件要求和环境状况、热工缺陷的三种类型的典型特征及参考热像图等都做了举例说明，需要时可自行参考。

4.6.2～4.6.3 由于在室内外温差较大且基本稳定的条件下，可使测得的热像图中热工缺陷部位更加明显和易于辨认，所以，这种方法特别适用于冬季现场测量。此外，因为直射阳光下的表面温度不能反映围护结构正常的传热性能，所以，在这种情况下，不应检测。

4.6.5 热工缺陷包括缺少保温材料、保温材料受潮和空气渗透三种情况。此外，参考热像图是对各种典型建筑构造在实验室条件下或对实际建筑物在现场实际条件下测得的各种热像图，可表征有热工缺陷和无热工缺陷的各种建筑构造，用于在分析检测结果时做对比参考。

4.6.6 工程实践中，采用示踪气体浓度测定法来测量房间的换气次数，采用鼓风门法来检测房间的空气渗透性能，上述两种方法均是针对房间或建筑物的整体特性的检测而言的。1986 年我国颁布实施了适用于试验室检测外窗性能的《建筑外窗空气渗透性能分级及其检测方法》（GB7107），1991 年美国 ASTM 协会颁布了供现场检测外窗及门本身空气渗透性能的《已安装外窗和门空气渗透的现场测量》（ASTM E 783-91）。但越来越多的工程实践表明：除外门窗本身的气密性能外，外门窗的安装质量，即外门窗外框和门窗洞口连接处的气密性能，也是一个不可低估的重要因素。对于如何检测外门窗的现场综合空气渗透性能（含安装质量），国内外尚无完整成熟的检测方法。

4.7 室外管网水力平衡度

4.7.1 在实施水力平衡度的检测时，首先系统应运行稳定，其次应处于热态。因为在热态时，易于确认系统中空气是否排尽，从而，有利于增加检测结果的可信性。

4.7.2 循环水泵出口总流量应稳定维持为设计值的 100%～110%。这样规定的目的在于力求遏制“大马拉小车”运行模式的继续存在。中国建筑科学研究院空调所从 1991 年开始，一直致力于平衡供暖的实践工作。在实践中发现：在供热系统中，“大马拉小车”的现象十分普遍。如北京蒲黄榆某小区供热系统水力平衡调试前实测总循环水量为设计值 1.36 倍；北京安贞里某小区二次管网水力平衡调试前实测循环水量为设计值的 1.57 倍。尽管采用“大马拉小车”的运行模式能解决让运行人员头痛的由于“末端用户不热”而带来的居民投诉问题，然而，这是以浪费能源为前提的。为了全面地推广平衡供暖，本条规定循环水量应稳定维持为设计值的 100%～110%。

4.8 供热系统补水率

4.8.4 在工程界关于补水率的定义有两种。一种以系统的水容量为基础，另一种则以系统的循环水量为基础。《锅炉房设计规范》（GB 50041）第 4.1.7 条规定：“热水系统的小时泄漏量，应根据系统的规模和供水温度等条件确定，宜为系统水容量的 1%。”而《城市热力网设计规范》（CJJ34）第 3.4.1 条规定：“闭式热水热力网的补水率，不宜大于总循环水量的 1%。”在本标准中，究竟采用何种定义来限定补水率的大小呢？从理论上看，应按系统水容量的某一个比例来限定补水率的大小，这样更直观。但在检测实际补水率的过程中，便会遇到困难。首要的问题是热水采暖系统的水容量如何计算或测量？当然，在整个系统首次上水时，可以采用流量计测得其总上水量，通过该上水量即可求得系统的水容量。但由于所有供热系统的上水时间都相对集中，所以，按照此法执行起来十分困难，再加上，为了减少管网系统的腐蚀，在系统的运行管理中大力提倡湿保养，这样，将会使“上水量实测法”变得越发无计可施。除实测外，尚可以通过计算。显然，企图通过系统管材设计用量的统计计算来计算系统水容量理论上是可行的，但实际上是不可能的。因为设计和施工往往相差甚远；另一种计算方法，即是根据《供热通风设计手册》（陆耀庆主编）P468 页上表 11-59“供给每 1kW 热量所需设备的水容量”来计算。该表推荐的数据对于采暖系统膨胀水箱容积的设计计算是适用的，但并不能适用于本检验。首先，表 11-59 中的有关数据是基于某一特定温度工况下的值；其次，表中所列数据均是概略值，而数据的误差限又无从考证。因为该表中的数据引自原苏联有关手册，而苏联手册中也未对数据的来源和误差限给予说明。若采用以系统的实际循环水量为基础来计算系统补水率，则对按“大流量，小温差”运行模式运行的系统似乎有网开一面之嫌。基于上述理由，本标准采用“以系统的设计循环水量为基础”来计算系统的补水率。但应注意的是：设计循环水量并不是指循环水泵的额定流量，而是指设计人员根据系统设计热负荷和设计水温差确定的理论循环水量。这种规定，既便于实际操作，又有利于收到实效。

4.9 室外管网输送效率

4.9.1 一般来说，在最冷月采暖供水温度相应较高，也最接近设计工况，所以，在最冷月进行输送效率的检测，检测结果最具有代表性。

4.9.2 “供热系统应处于正常运行状态”是指室外管网应水力平衡且系统的补水率应正常。对“锅炉或换热器热力工况应保持稳定”的规定是为了提高检测结果的可比性。本条采用了《工业锅炉热工试验规范》（GB 10180）中的有关规定，并对进出水温度和设计值之差进行了调整。GB 10180 第 3.3.5 条规定："热水锅炉的进水温度和出水温度与设计值之差不得大于 5℃。"本标准放宽为"10℃"。这是因为：GB10180 的侧重点和本标准不同。GB10180 的侧重点是锅炉热工性能的试验，而本标准的应用重点在于室外管网热力输送效率的检验。所以，本标准在此基础上作适当的放宽是恰当的。

5 检验规则

5.1 检验对象的确定

5.1.1～5.1.8 本节的宗旨是既要对有关项目进行检验，又要切实可行、便于本标准的执行。

5.2 合格判据

5.2.1 对建筑物单位采暖耗热量或住宅小区单位采暖耗煤量的限值进行了规定。该限值详见行业标准《民用建筑节能设计标准（采暖居住建筑部分）》（JGJ26）附录 A 附表 A。

5.2.2 《采暖通风与空气调节设计规范》（GBJ19）第 2.1.1 条规定："民用建筑的主要房间的设计温度宜采用16～20℃"，所以，据此本条规定建筑物逐时室内温度值最低不应低于 16℃。与此同时，为了节约采暖能耗以及适度地控制建筑物室温的不均匀分布，本条亦对建筑物逐时室内温度的最高值做出了规定。最高值（24℃）的具体确定一方面参照了国家标准《旅游旅馆建筑热工与空气调节节能设计标准》（GB 50189）中对客房设计温度的有关规定，另一方面考虑了随着社会的发展和人民生活水平的提高，居民对室内热舒适的要求也在逐渐提高这一客观现实。

5.2.4 本规定是根据《民用建筑节能设计标准（采暖居住建筑部分）》（JGJ26）第 4.2.7 条和《民用建筑热工设计规范》（GB50176）第 4.3.1 条和第 4.3.2 条而确定的。

5.2.6 规定了各个热力入口处的水力平衡度的具体控制指标。这里的热力入口不含锅炉房或热力站循环水泵出口总管。由于水力平衡度是相对于设计工况而言的，因此水力平衡度控制在0.9～1.2的意义为在设计工况下，通过平衡调试后的供热系统，其各个热力入口（不含热源出入口）的实际循环流量应保持在其相应设计流量的 90%～120%之间。这个指标的确定基于两方面的考虑。其一，使各热力入口的循环水量严格和设计一致，是不现实的，也是不可能的，尤其是对规模庞大的系统；其二，循环水量的允许偏差既不能牺牲居民太多的室内舒适度，又要注意节能。因此结合北京地区的实际情况，编程进行了模拟计算。计算中，取采暖设计热指标为 52.4W/m² （45kcal/m²·h），采暖供水温度为 95℃（恒定），设计回水温度为 70℃，设计供回水温差为 25℃（恒定），室外设计采暖计算干球温度为－9℃（恒定），室内采暖设计温度为 18℃时，采用程序对水力平衡度分别取 0.9，1.0，1.1 和 1.2 时，采暖系统回水温度和室内温度进行了预测计算，其结果如表 1 所示。

表 1 水力平衡度对室温的影响

序号	项目	内容			
1	水力平衡度	0.9	1.0	1.1	1.2
2	采暖供水温度(℃)	95	95	95	95
3	采暖回水温度(℃)	67.7	70	72	73.7
4	实际循环水量(kg/m²·h)	1.62	1.80	1.98	2.16
5	实际热指标(W/m²)	51.6	52.4	53.1	53.7
6	实际室温(℃)	17.6	18	18.4	18.7

从表 1 可以看出，当各个热力入口的水力平衡度为 0.9～1.2 时，在供水温度和室外设计条件不变的情况下，室温将在 17.6～18.7 之间变化，而处于该温度范围内的室温完全能满足《采暖通风与空气调节设计规范》（GBJ19）中的有关规定。

5.2.7 对供热系统补水率的限值进行了规定。《城市热力网设计规范》（CJJ34）第 3.4.1 条规定："闭式热水热力网的补水率，不宜大于总循环水量的 1%"；而据刊登在《暖通空调》（1995.2）上的《嵩山小区的综合节能规划和设计运行》一文载明：嵩山小区供热系统的补水率最后达到了设计循环水量的 0.48%，为了将补水率控制在 0.5%以下，起初，他们拟采取三方面的措施：①所有阀门直接从工厂订购；②要求阀门采用膨胀石墨盘根；③选用质量上乘的自动跑风。但在实际操作中，仅控制住了第一项措施，其它两项措施因种种原因未能如愿。即使是这样，系统的补水率仍达到了小于等于 0.5%的标准。实践证明：只要严把工程质量关，供热系统的补水率控制在设计循环水量的 0.5%以下是能做到的。

5.2.8 规定了室外管网输送效率的控制指标。本条是根据行业标准《民用建筑节能设计标准（采暖居住建筑部分）》（JGJ26）第 3.0.3 条而提出的。

附录 A 仪器仪表的性能要求

A.0.1 该条的宗旨有两条：其一是保证测量数据的准确度能满足工程应用；其二是积极采用新技术，努力提高检测仪表的自动化程度。

1. 用于检测空气温度的二次仪表

80 年代以前，要想对空气温度进行连续的检测，常采用双金属片温度计，或铜-康铜热电偶、铜电阻和热敏电阻配合手动或半自动的二次仪表进行测试，甚至使用棒状水银温度计。这些测温方法或手段都有各自的致命缺点。双金属片温度计测量误差大，尚需要定期更换记录纸，且数据需要人工抄录；热电偶、铜电阻和热敏电阻测温时，不但要设仪表间，而且还要布置导线，可操作性差；棒状水银温度计需要人工读数，可操作性更差。随着计算机技术的进步，智能型的数据巡检仪得到了快速的发展，而且体积越来越小。在国外这种数据采集技术已用于空气温度、湿度、CO_2 气体浓度等参数的检测中。一个单点的温度采集器的体积仅如火柴盒大小，使用前，首先通过计算机进行设定，然后将其放在室内合适的地方进行自动数据采集和存储，待一个采暖期结束后，再将采集器收回，通过计算机便可以将存储在采集器中数据传输至计算机的硬盘中，所以，使用起来十分方便。在国内，清华同方和哈尔滨工业大学也在生产功能类似的产品。正基于此，在本标准的附录A附表A中规定："二次仪表应具有自动采集和存储数据的功能，并可以和计算机接口"。这种温度巡检仪也能用于水温测量中。

2. 温度传感器

在节能检验中，温度传感器用的场合很多，例如：室内外温度的检测、采暖系统供回水温度的检测、外围护结构构件表面温度的检测等。在温度的连续测定中，常采用的温度传感器有铂电阻、铜电阻、热敏电阻和热电偶。其各自的测温范围及不确定度如表1所示。

表1　温度传感器测温范围及不确定度

种类	分级	测温范围 t(℃)	不确定度 Δt(℃)
铂电阻	Ⅰ级	0～500	$\pm(0.15+3.0\times10^{-3}\cdot t)$
	Ⅱ级	0～500	$\pm(0.30+4.5\times10^{-3}\cdot t)$
铜电阻	Ⅱ级	−50～100	$\pm(0.30+3.5\times10^{-3}\cdot t)$
	Ⅲ级	−50～100	$\pm(0.30+6.0\times10^{-3}\cdot t)$
热敏电阻		0～150	±1.5%t
热电偶	Ⅰ级	−40～+350	±0.5℃或±0.4%t
	Ⅱ级	−40～+350	±1.0℃或±0.75%t

在室温测试中，人们常采用的温度传感器有铜电阻，热敏电阻和热电偶。由于居住建筑实际室温的变化范围为16～24℃，所以，我们取16℃和24℃分别对温度传感器自身的绝对不确定度、相对不确定度以及和二次仪表组合在一起后的总不确定度进行了计算。计算中二次仪表自身的不确定度取为0.5%（数字式仪表的精度一般均高于0.05级），采用算术方法合成。其计算结果列于表2中。

由表2可以看出：除Ⅱ级热电偶作为温度传感器时系统的总不确定度大于附录A表A中相应的规定值外，其余的传感器均能满足有关要求，所以，在附录A表A中对检测空气温度和空气温差的测量系统的测头的不确定度和总不确定度作了如是规定。在进行空气温差的检测过程中，通过选择误差特性一致的温度传感器可以进一步降低系统的总不确定度。

表2　温度传感器的不确定度以及和二次仪表组合在一起后的总不确定度

种类	分级	16℃时温度传感器的绝对不确定度（℃）/相对不确定度（%）	16℃时温度传感器加上二次仪表不确定度后的总不确定度（%）	24℃时温度传感器的绝对不确定度（℃）/相对不确定度（%）	24℃时温度传感器加上二次仪表不确定度后的总不确定度（%）
铜电阻	Ⅱ级	±0.36/2.2	2.7	±0.38/1.6	2.1
	Ⅲ级	±0.40/2.5	3.0	±0.44/1.8	2.3
热敏电阻		±0.24/1.5	2.0	±0.36/1.5	2.0
热电偶	Ⅰ级	±0.50/3.1	3.6	±0.50/2.1	2.6
	Ⅱ级	±1.00/6.3	6.8	±1.00/4.2	4.7

在采暖供热系统供回水温差的检测工程中，人们常采用的温度传感器有铂电阻、铜电阻，热敏电阻和热电偶。由于对于低温热水系统，供水温度一般最高为95℃，回水温度最低不会低于40℃；而对于高温热水系统，供水温度一般最高为130℃，最低不会低于70℃，所以，我们取40/95℃和70/130℃分别对温度传感器自身的绝对不确定度、相对不确定度以及和二次仪表组合在一起后的总不确定度进行了计算。计算中二次仪表自身的不确定度仍取为0.5%，采用算术方法合成。其计算结果分别列于表3和表4中。

表3　温度传感器的不确定度以及和二次仪表组合在一起后的总不确定度（低温水系统）

种类	分级	40℃时温度传感器的绝对不确定度（℃）/相对不确定度（%）	40℃时温度传感器加上二次仪表不确定度后的总不确定度（%）	95℃时温度传感器的绝对不确定度（℃）/相对不确定度（%）	95℃时温度传感器加上二次仪表不确定度后的总不确定度（%）
铂电阻	Ⅰ级	±0.27/0.68	1.18	±0.44/0.46	0.96
	Ⅱ级	±0.48/1.20	1.70	±0.73/0.76	1.26
铜电阻	Ⅱ级	±0.44/1.10	1.60	±0.63/0.66	1.16
	Ⅲ级	±0.54/1.35	1.85	±0.87/0.92	1.42
热敏电阻		±0.60/1.50	2.00	±1.42/1.50	2.00
热电偶	Ⅰ级	±0.50/1.25	1.75	±0.50/0.53	1.03
	Ⅱ级	±1.00/2.50	3.00	±1.00/1.05	1.55

从表3"总不确定度"一栏可以看出：在用于水温的测量时，在40℃和95℃两种温度条件下，由所有温度传感器和相应的二次仪表构成的测温系统的总不确定度均能满足本标准规定的"5%"的要求，从测头的不确定度看，所有测头均能满足"≤2℃"的要求；而Ⅰ级铂电阻和Ⅰ级热电偶在整个温区范围内均能满足本标准对水温度和水温差的测量所提出的不确定度的要求。

表 4　温度传感器的不确定度以及和二次仪表组合在一起后的总不确定度（高温热水系统）

种类	分级	70℃时温度传感器的绝对不确定度（℃）/相对不确定度（%）	70℃时温度传感器加上二次仪表不确定度后的总不确定度（%）	130℃时温度传感器的绝对不确定度（℃）/相对不确定度（%）	130℃时温度传感器加上二次仪表不确定度后的总不确定度（%）
铂电阻	Ⅰ级	±0.36/0.51	1.01	±0.54/0.40	0.90
	Ⅱ级	±0.62/0.88	1.38	±0.89/0.68	1.18
热敏电阻		±1.05/1.50	2.00	±1.95/1.50	2.00
热电偶	Ⅰ级	±0.50/0.71	1.21	±0.52/0.40	0.90
	Ⅱ级	±1.00/1.43	1.93	±1.00/0.76	1.26

同理，从表 4“总不确定度”一栏可以看出：在 70℃和 130℃两种温度条件下，所有温度传感器和相应的二次仪表所构成的测温系统的总不确定度均能满足本标准“5%”的要求。用于水温测量时，所有温度传感器均能满足本标准附录 A 表 A 的要求，但用于水温差测量时热敏电阻除外。

综上所述，利用常规的温度传感器配合相应的二次仪表能够满足本标准的要求。

3. 流量计量装置

在暖通领域常用的流量计有涡轮流量计、涡街流量计、电磁流量计、超声波流量计和水表等。涡轮流量计的精度，在正常流量范围内一般可达 0.2～0.5 级，在扩大量程范围内，精度可达 1 级。涡街流量计在正常流量范围内，精度可达 1 级。电磁流量计的精度为 1 级；超声波流量计在安装条件满足要求的情况下，精度能达到 1.5 级。水表在正常使用流量范围内（10%～100%特性流量），其精度可达到 2 级。

由此可见，测量流量的仪表种类多，而且各有特点，但在正常使用条件下和正常流量范围内，总精度均优于 2.0 级，总不确定度均能满足本标准附录 A 表 A 的要求。因此，在本标准中，并没有具体指定流量计的种类，仅对流量计量装置的总允许误差做出了规定。这样，在具体执行过程中，可以因地制宜。当然，在使用各类流量计进行测量时，均应按使用说明书的要求进行操作，以便降低测量不确定度。

4. 热量计量装置

从现阶段的技术条件来看，测量热量的手段有两种。一种是高度集成化的热表。该热表设计精巧、紧凑、自动化程度高、能自动采集并存储有关数据，可以和计算机通讯。为了推进检测仪器仪表的技术进步，本标准要求热表应具有上述功能。

另一种是分别测量流量和温差，然后根据有关公式计算得出热量。这种办法经济适用，特别适合于我国现阶段的实际情况。

但无论采用何种方法，其测量系统的总不确定度应不超过测试值的 10%。

5. 煤量计量装置

据有关智能型核子皮带秤的性能数据表明：在正常负荷条件下，其总不确定度≤1%FS，而据可移动全电子汽车衡的资料表明：其准确度可达 0.1%FS；无线传输电子吊钩秤的准确度亦可达 0.1%FS；电子皮带秤的不确定度可控制在 0.5%FS。但考虑到我国三北地区经济发展不平衡，所以，对煤量计的具体功能未作规定，同时，从使用的角度出发，适当将煤量计的精度等级放宽到 2 级。

中华人民共和国国家标准

民用建筑太阳能热水系统应用技术规范

GB 50364—2005

条 文 说 明

前　言

《民用建筑太阳能热水系统应用技术规范》GB 50364—2005经建设部2005年12月5日以建设部第394号公告批准、发布。

为便于广大设计、施工、科研、学校等单位有关人员在使用本标准时能正确理解和执行条文规定，《民用建筑太阳能热水系统应用技术规范》编制组按章、节、条顺序编制了本标准的条文说明，供使用者参考。在使用中如发现本条文说明有不妥之处，请将意见函寄中国建筑设计研究院（地址：北京市西外车公庄大街19号;邮政编码：100044)。

目　次

1 总　　则

1.0.1 随着我国经济的发展，能源需求出现了一个持续增长的态势。以煤炭为主的能源结构产生大量的污染物，给我国整体环境造成了巨大的污染。一次性能源为主的能源开发利用模式与生态环境矛盾的日益激化，使人类社会的可持续发展受到严峻挑战，迫使人们转向极具开发前景的可再生能源。大力开发利用新能源和可再生能源，是优化能源结构、改善环境、促进经济社会可持续发展的战略措施之一。

太阳能作为清洁能源，世界各国无不对太阳能利用予以相当的重视，以减少对煤、石油、天然气等不可再生能源的依赖。我国有丰富的太阳能资源，有2/3以上地区的年太阳辐照量超过5000MJ/m^2，年日照时数在2200h以上。开发和利用丰富、广阔的太阳能，既是近期急需的能源补充，又是未来能源的基础。

近年来，太阳能热水器的推广和普及，取得了很好的节能效益。但是太阳能热水器的规格、尺寸、安装位置均属随意确定，在建筑上安装极为混乱，排列无序，管道无位置，承载防风、避雷等安全措施不健全，给城市景观、建筑的安全性带来不利影响。同时，太阳能热水系统绝大部分是季节使用，尚未真正成为稳定的建筑供热水设备，所有这些都限制了太阳能热水器在建筑上的使用。太阳能热水系统与建筑结合，促进产业进步和产品更新，以适应建筑对太阳能热水器的需求，已成为未来太阳能产业发展的关键。太阳能产业界已越来越认识到太阳能热水系统与建筑结合是构架中国太阳能热水器市场的重要举措。

太阳能热水系统与建筑结合，就是把太阳能热水系统产品作为建筑构件安装，使其与建筑有机结合。不仅是外观、形式上的结合，重要的是技术质量的结合。同时要有相关的设计、安装、施工与验收标准，从技术标准的高度解决太阳能热水系统与建筑结合问题，这是太阳能热水系统在建筑领域得到广泛应用、促进太阳能产业快速发展的关键。

随着太阳能热水系统与建筑结合技术的发展，人们需要的是不论是外观上还是整体上都能同建筑与周围环境协调、风格统一、安全可靠、性能稳定、布局合理的太阳能热水系统。

1.0.2 本条规定了本规范的适用范围。

民用建筑是供人们居住和进行公共活动的建筑总称。民用建筑按使用功能分为两大类：居住建筑和公共建筑，其分类和举例见表1。

表1　民用建筑分类

分类	建筑类别	建筑物举例
居住建筑	住宅建筑	住宅、公寓、老年公寓、别墅等
	宿舍建筑	职工宿舍、职工公寓、学生宿舍、学生公寓等
公共建筑	教育建筑	托儿所、幼儿园、中小学校、中等专业学校、高等院校、职业学校、特殊教育学校等
	办公建筑	行政办公楼、专业办公楼、商务办公楼等
	科学研究建筑	实验室、科研楼、天文台（站）等
	文化娱乐建筑	图书馆、博物馆、档案馆、文化馆、展览馆、剧院、电影院、音乐厅、海洋馆、游乐场、歌舞厅等
	商业服务建筑	商场、超级市场、菜市场、旅馆、餐馆、洗浴中心、美容中心、银行、邮政、电信、殡仪馆等
	体育建筑	体育场、体育馆、游泳馆、健身房等
	医疗建筑	综合医院、专科医院、社区医疗所、康复中心、急救中心、疗养院等
	交通建筑	汽车客运站、港口客运站、铁路旅客站、空港航站楼、城市轨道客运站、停车库等
	政法建筑	公安局、检察院、法院、派出所、监狱、看守所、海关、检查站等
	纪念建筑	纪念碑、纪念馆、纪念塔、故居等
	园林景观建筑	公园、动物园、植物园、旅游景点建筑、城市和居民区建筑小品等
	宗教建筑	教堂、清真寺、寺庙等

对于城镇中新建、扩建和改建的民用建筑要解决太阳能热水系统与建筑结合的问题。无论采用分散的太阳能集热器和分散的贮水箱向各个用户提供热水的分散供热水系统，或采用集中的太阳能集热器和集中的贮水箱向多个用户提供热水的集中供热水系统，还是采用集中的太阳能集热器和分散的贮水箱向部分建筑或单个用户提供热水的集中-分散供热水系统，都需要从建筑设计开始，考虑设计、安装太阳能热水系统，包括外观上的协调、结构集成、布局和管线系统等方面做到同时设计，同时施工安装。

我国人口众多，多层和高层建筑是住宅发展的主流，要使太阳能热水系统与建筑真正结合必须逐步改变现在为每家每户单独安装太阳能热水系统的做法，代之以在每栋建筑上安装大型、综合的太阳能热水系统，统一向各家各户供应热水，并实行计量收费。该综合系统包括太阳集热系统和热水供应系统。

从发展趋势看，新建建筑集成太阳能热水系统，太阳能集热器的成本也会降低，建筑结构也会更好，太阳能热水系统与建筑结合将成为安装太阳能热水系统的标准。

本规范正是从技术的角度解决太阳能热水系统产品符合与建筑结合的问题及建筑设计适合太阳能热水系统设备和部件在建筑上应用的问题。这些技术内容同样也适用于既有建筑中要增设太阳能热水系统及对既有建筑中已安装太阳能热水系统进行更换、改造。

1.0.3 虽然国家颁布了有关太阳能热水器产品的技术条件和试验方法以及太阳能热水系统的设计、安装、验收的国家标准和行业标准，但这些标准主要针对热水器本身的效率、性能进行评价，而缺少建筑对热水器设计、生产和安装的技术要求，致使当前太阳能热水器的设计、生产与建筑脱节，太阳能热水器产品往往自成系统，作为后置设备在建筑上安装和使用，即便是新建建筑物考虑了太阳能热水器，也是简单的叠加安装，必然对本来是完整的建筑形象和构件造成一定程度的损害，同时其设置位置和管线布置也难以与建筑平面功能及空间布局相协调，安全性也受到影响。

没有建筑师的积极参与，不能从建筑设计之初就考虑太阳能热水系统应用，并为设备安装提供方便，使得太阳能热水系统在建筑上不能得到有效的应用，为此必须将太阳能热水系统纳入民用建筑规划和建筑设计中，统一规划、同步设计、同步施工验收，与建筑工程同时投入使用。

太阳能热水系统与建筑结合应包括以下四个方面：

在外观上，实现太阳能热水系统与建筑完美结合，合理布置太阳能集热器。无论在屋顶、阳台或在墙面都要使太阳能集热器成为建筑的一部分，实现两者的协调和统一。

在结构上，妥善解决太阳能热水系统的安装问题，确保建筑物的承重、防水等功能不受影响，还应充分考虑太阳能集热器抵御强风、暴雪、冰雹等的能力。

在管路布置上，合理布置太阳能循环管路以及冷热水供应管路，尽量减少热水管路的长度，建筑上事先留出所有管路的接口、通道。

在系统运行上，要求系统可靠、稳定、安全，易于安装、检修、维护，合理解决太阳能与辅助能源加热设备的匹配，尽可能实现系统的智能化和自动控制。

以上四方面均需要将太阳能热水系统纳入到建筑设计中，统一规划、同步设计、合理布局。

1.0.4 改造既有建筑上安装的太阳能热水系统和在既有建筑上增设太阳能热水系统，首先房屋必须经结构复核或法定的房屋检测单位检测确定可以实施后，再由有资质的建筑设计单位进行太阳能热水系统设计。

在既有建筑上增设太阳能热水系统，可结合建筑的平屋面改坡屋面同时进行。

1.0.5 太阳能热水系统由集热器、贮水箱、连接管线、控制系统以及使用的辅助能源组成。太阳能集热器有真空管（全玻璃真空管和热管真空管）和平板型两种类型。在材料、技术要求以及设计、安装、验收方面，均有产品的国家标准，因此，太阳能热水系统产品应符合这些标准要求。

太阳能热水系统在民用建筑上应用是综合技术，其设计、安装、验收涉及到太阳能和建筑两个行业，与之密切相关的还有下列国家标准：《住宅设计规范》、《屋面工程质量验收规范》、《建筑给水排水设计规范》、《建筑物防雷设计规范》等，其相关的规定也应遵守，尤其是强制性条文。

2 术　　语

本规范中的术语包括建筑工程和太阳能热利用两方面。主要引自《民用建筑设计通则》GB 50352—2005 和《太阳能热利用术语》GB/T 12936—1991。虽然在上述标准中都出现过这类术语，考虑到太阳能热水系统在建筑上应用并与建筑结合是一项系统工程，需要建筑界与太阳能界密切配合，共同完成，这就需要建筑设计人员认识掌握太阳能热利用方面的知识，而太阳能热水系统研发、设计和生产人员也要了解建筑知识。为方便各方能更好地理解和使用本规范，规范编制组做了集中归纳和整理，编入规范中。

2.0.4、2.0.5 排水坡度一般小于 10%的屋面为平屋面，大于等于 10%的屋面为坡屋面。坡屋面的形式和坡度主要取决于建筑平面、结构形式、屋面材料、气候环境、风俗习惯和建筑造型等因素。一般坡屋面坡度小于等于45°，也有大于45°的陡坡屋面。常见的坡屋面形式有单坡屋面、双坡屋面、四坡屋面、曼莎屋面等。

2.0.17 集热器总面积是指整个集热器的最大投影面积。对平板型集热器而言，集热器总面积是集热器外壳的最大投影面积；对真空管集热器而言，集热器总面积是包括所有真空管、联集管、底托架、反射板等在内的最大投影面积。在计算集热器总面积时，不包括那些突出在集热器外壳或联集管之外的连接管道部分。

3 基本规定

3.0.1 我国的太阳能资源非常丰富，全年太阳能辐照量在3500MJ/m² 和日照时数在2200h以上的地区，占国土面积的76％。即使在资源缺乏地区，也有一部分日照时数在1200h以上，因此，基本上都适合使用太阳能热水系统，而不必使用大量的燃气、燃煤和电力来提供生活热水。在提倡环境保护和节约能源的今天，应充分利用太阳能，即便是仅利用一部分。

在进行太阳能热水系统和建筑设计时，应根据建筑类型和使用要求，结合当地的太阳能资源和管理等要求，为使用者提供高品质的生活条件。

3.0.2 本条提出了太阳能热水系统设计要满足用户的使用要求和系统的安装、维护和局部更换的要求。根据太阳能热水系统的安装地点纬度、月均日辐照量、日照时间、环境温度等环境条件及日均用水量、用水方式、用水位置等用水情况确定。

3.0.3 太阳能集热器的类型与系统选用应与当地的太阳能资源、气候条件相适应，在保证系统全年安全稳定运行的前提下，应使所选太阳能集热器的性能价格比最优。

太阳能集热器的构造、形式应利于在建筑围护结构上安装并便于拆卸、维护、维修。

现阶段我国太阳能热水系统中主要使用全玻璃真空管集热器、热管真空管集热器和平板型集热器几种类型。集热器是太阳能热水系统中最关键的部件。平板型太阳能集热器具有集热效率高、使用寿命长、承压能力好、耐候性好、水质清洁、平整美观等特点。若就集热性能来说，真空管集热器在冬季要优于平板型集热器，春秋两季大体相同，而夏季平板型集热器占优。在我国目前的真空管集热器性价比基本与平板型集热器不相上下，而随着太阳能热水系统与建筑结合技术的发展，人们需要一种不论是外观上还是整体上都能与建筑和周围环境协调的，易于与建筑形成一体的太阳能集热器。

3.0.4 此条的规定是确保建筑结构安全。既有建筑情况复杂，结构类型多样，使用年限和建筑本身承载能力以及维护情况各不相同，改造和增设太阳能热水系统前，一定要经过结构复核，确定是否可改造或增设太阳能热水系统。结构复核可以由原建筑设计单位（或根据原施工图、竣工图、计算书等由其他有资质的建筑设计单位）进行或经法定的检测机构检测，确认能实施后，才可进行。否则，不能改建或增设。改造和增设太阳能热水系统的前提是不影响建筑物的质量和安全，安装符合技术规范和产品标准的太阳能热水系统。

3.0.5 建筑间距分正面间距和侧面间距两个方面。凡泛称的建筑间距，系指正面间距。决定建筑间距的因素很多，根据我国所处地理位置与气候条件，绝大部分地区只要满足日照要求，其他要求基本都能达到。仅少数地区如纬度低于北纬25°的地区，则将通风、视线干扰等问题作为主要因素，因此，本规范所说的建筑间距，仍以满足日照要求为基础，综合考虑采光、通风、消防、管线埋设和视觉卫生与空间环境等要求为原则，这符合我国大多数地区的情况，也考虑了局部地区的其他制约因素。

根据这一原则，居住建筑和公共建筑如托幼、学校、医院病房等建筑的正面间距均以日照标准的要求为基本依据。

相邻建筑的日照间距是以建筑高度计算的。见《城市居住区规划设计规范》GB 50180—93（2002年版）。平屋面是按室外地面至其屋面或女儿墙顶点的高度计算。坡屋面按室外地面至屋檐和屋脊的平均高度计算。下列突出物不计入建筑高度内：

1 局部突出屋面的楼梯间、电梯机房、水箱间等辅助用房占屋顶平面面积不超过1/4者；

2 突出屋面的通风道、烟囱、装饰构件、花架、通信设施等；

3 空调冷却塔等设备。

当在平屋面上安装较大面积的太阳能集热器时，要考虑影响相邻建筑的日照标准问题。

此条中的建筑物包括新建、扩建、改建的建筑物，即新建建筑和既有建筑。是指在新建建筑上安装太阳能热水系统和在既有建筑上增设或改造已安装的太阳能热水系统，不得降低相邻建筑的日照标准。

3.0.6 太阳能是间歇能源，受天气影响较大，到达某一地面的太阳辐射强度，因受地区、气候、季节和昼夜变化等因素影响，时强时弱，时有时无。因此，太阳能热水系统应配置辅助能源加热设备，在阴天时，用其将水加热补充太阳热水的不足，这样即使在太阳能资源不十分丰富的地区，系统一年四季都可提供热水。辅助能源加热设备应根据当地普遍使用的常规能源的价格、对环境的影响、使用的方便性以及节能等多项因素，做技术经济比较后确定，应优先考虑节能和环保因素。

辅助能源一般为电、燃气等常规能源。国外更多的用智能控制、带热交换和辅助加热系统，使之节省能源。对已设有集中供热、空调系统的建筑，辅助能源宜与供热、空调系统热源相同或匹配；宜重视废热、余热的利用。

3.0.7 本条是对太阳能热水系统管线的布置、安装提出要求，要做到安全、隐蔽、集中布置，便于安装维护。

3.0.8 在太阳能热水系统上安装计量装置是为了节约用水及运行管理计费和累计用水量的要求。对于集中热水供应系统，为计量系统热水总用量可将冷水表装在水加热设备的冷水进水管上，这是因为国内生产较大型的热水表的厂家较少，且品种不全，故用冷水表代替。但需在水加热器与冷水表之间装设止回阀。防止热水升温膨胀回流时损坏水表。

分户计量热水用量时，则可使用热水表。

对于电、燃气辅助能源的计量，则可使用原有的电表、燃气表，不必另设。

3.0.9 本条是为了控制每道工序的质量，进而保证整个工程质量。太阳能热水系统是在建筑上安装，建筑主体结构符合施工质量验收标准，太阳能热水系统安装、验收合格后，才能确保太阳能热水系统的质量。

4 太阳能热水系统设计

4.1 一 般 规 定

4.1.1 太阳能热水系统是由建筑给水排水专业人员设计，并符合《建筑给水排水设计规范》GB 50015的要求。在热源选择上是太阳能集热器加辅助能源。集热器的位置、色泽及数量要与建筑师配合设计，在承载、控制等方面要与结构专业、电气专业配合设计，使太阳能热水系统真正纳入到建筑设计当中来。

4.1.2 本条从太阳能热水系统与建筑相结合的基本要求出发，规定了在选择太阳能热水系统类型、安装位置和色泽时应考虑的因素，其中强调要充分考虑建筑物的使用功能、地理位置、气候条件和安装条件等综合因素。

4.1.3 现有太阳能热水器产品的尺寸规格不一定满足建筑设计的要求，因而本条强调了太阳能集热器的规格要与建筑模数相协调。

4.1.4 对于安装在民用建筑的太阳能热水系统，本条规定系统的太阳能集热器、支架等部件无论安装在建筑物的哪个部位，都应与建筑功能和建筑造型一并设计。

4.1.5 本条强调了太阳能热水系统应满足的各项要求，其中包括：安全、实用、美观，便于安装、清洁、维护和局部更换。

4.2 系统分类与选择

4.2.1 安装在民用建筑的太阳能热水系统，若按供热水范围分类，可分为：集中供热水系统、集中-分散供热水系统和分散供热水系统等三大类。

集中供热水系统，是指采用集中的太阳能集热器和集中的贮水箱供给一幢或几幢建筑物所需热水的系统。

集中-分散供热水系统，是指采用集中的太阳能集热器和分散的贮水箱供给一幢建筑物所需热水的系统。

分散供热水系统，是指采用分散的太阳能集热器和分散的贮水箱供给各个用户所需热水的小型系统，也就是通常所说的家用太阳能热水器。

4.2.2 根据国家标准《太阳能热水系统设计、安装及工程验收技术规范》GB/T 18713中的规定，太阳能热水系统若按系统运行方式分类，可分为：自然循环系统、强制循环系统和直流式系统等三类。

自然循环系统是仅利用传热工质内部的温度梯度产生的密度差进行循环的太阳能热水系统。在自然循环系统中，为了保证必要的热虹吸压头，贮水箱的下循环管应高于集热器的上循环管。这种系统结构简单，不需要附加动力。

强制循环系统是利用机械设备等外部动力迫使传热工质通过集热器（或换热器）进行循环的太阳能热水系统。强制循环系统通常采用温差控制、光电控制及定时器控制等方式。

直流式系统是传热工质一次流过集热器加热后，进入贮水箱或用热水处的非循环太阳能热水系统。直流式系统一般可采用非电控温控阀控制方式及温控器控制方式。直流式系统通常也可称为定温放水系统。

实际上，某些太阳能热水系统有时是一种复合系统，即是上述几种运行方式组合在一起的系统，例如由强制循环与定温放水组合而成的复合系统。

4.2.3 太阳能热水系统按生活热水与集热器内传热工质的关系可分为下列两种系统：

直接系统是指在太阳能集热器中直接加热水给用户的太阳能热水系统。直接系统又称为单回路系统，或单循环系统。

间接系统是指在太阳能集热器中加热某种传热工质，再使该传热工质通过换热器加热水给用户的太阳能热水系统。间接系统又称为双回路系统，或双循环系统。

4.2.4 为保证民用建筑的太阳能热水系统可以全天候运行，通常将太阳能热水系统与使用辅助能源的加热设备联合使用，共同构成带辅助能源的太阳能热水系统。

太阳能热水系统若按辅助能源加热设备的安装位置分类，可分为：内置加热系统和外置加热系统两大类。

内置加热系统，是指辅助能源加热设备安装在太阳能热水系统的贮水箱内。

外置加热系统，是指辅助能源加热设备不是安装在贮水箱内，而是安装在太阳能热水系统的贮水箱附近或安装在供热水管路（包括主管、干管和支管）上。所以，外置加热系统又可分为：贮水箱加热系统、主管加热系统、干管加热系统和支管加热系统等。

4.2.5 根据用户对热水供应的不同需求，辅助能源可以有不同的启动方式。

太阳能热水系统若按辅助能源启动方式分类，可分为：全日自动启动系统、定时自动启动系统和按需手动启动系统。

全日自动启动系统，是指始终自动启动辅助能源水加热设备，确保可以全天24h供应热水。

定时自动启动系统，是指定时自动启动辅助能源水加热设备，从而可以定时供应热水。

按需手动启动系统，是指根据用户需要，随时手动启动辅助能源水加热设备。

4.2.6 公共建筑包括多种建筑。表4.2.6中的公共建筑只给出了宾馆、医院、游泳馆和公共浴室等几种实例，因为这些公共建筑都是用热水量较大的建筑。

4.3 技术要求

4.3.1 本条规定了太阳能热水系统在热工性能和耐久性能方面的技术要求。

热工性能强调了应满足相关太阳能产品国家标准中规定的热性能要求。太阳能产品的现有国家标准包括：

GB/T 6424 《平板型太阳集热器技术条件》

GB/T 17049 《全玻璃真空太阳集热管》

GB/T 17581 《真空管太阳集热器》

GB/T 18713 《太阳热水系统设计、安装及工程验收技术规范》

GB/T 19141 《家用太阳热水系统技术条件》

耐久性能强调了系统中主要部件的正常使用寿命应不少于10年。这里，系统的主要部件包括集热器、贮水箱、支架等。在正常使用寿命期间，允许有主要部件的局部更换以及易损件的更换。

4.3.2 本条规定了太阳能热水系统在安全性能和可靠性能方面的技术要求。

安全性能是太阳能热水系统各项技术性能中最重要的一项，其中特别强调了内置加热系统必须带有保证使用安全的装置，并作为本规范的强制性条款。

可靠性能强调了太阳能热水系统应有抗击各种自然条件的能力，根据太阳能系统所处的不同地区，其中包括应有可靠的防冻、防结露、防过热、防雷、抗雹、抗风、抗震等技术措施。

4.3.3 辅助能源指太阳能热水系统中的非太阳能热源，一般为电、燃气等常规能源。对使用辅助能源加热设备的技术要求，在国家标准《建筑给水排水设计规范》GB 50015中已有明确的规定，主要是应根据使用特点、热水量、能源供应、维护管理及卫生防菌等因素来选择辅助能源水加热设备。

4.3.5 对供热水系统的技术要求，除了应符合国家标准《建筑给水排水设计规范》GB 50015中有关规定之外，还根据集中供热水系统、集中-分散供热水系统和分散供热水系统的特点，分别提出了相应的要求。

4.4 系统设计

4.4.1 太阳能热水系统类型的选择是系统设计的首要步骤。只有正确选择了太阳能热水系统的类型，才能使系统设计有可靠的基础。

表4.2.6"太阳能热水系统设计选用表"是在强调系统设计应本着节水节能、经济实用、安全简便、利于计量等原则的基础上，根据建筑类型、屋面形式和热水用途等条件，选择不同的太阳能热水系统类型。选择内容包括：供热水范围、集热器在建筑上安装位置、系统运行方式、辅助能源加热设备的安装位置及启动方式等。

在建筑类型中，本条就民用建筑包括的居住建筑和公共建筑两类民用建筑分别列出，其中，居住建筑包括：低层、多层和高层；公共建筑给出了几种实例，如：宾馆、医院、游泳馆和公共浴室等，就是为了便于正确地选择太阳能热水系统类型。

4.4.2 太阳能热水系统集热器面积的确定是一个十分重要的问题，而集热器面积的精确计算又是一个比较复杂的问题。

在欧美等发达国家，集热器面积的精确计算一般采用F-Chart软件、Trnsys软件或其他类似的软件来进行，它们是根据系统所选太阳能集热器的瞬时效率方程（通过试验测定）及安装位置（方位角和倾角），再输入太阳能热水系统，使用当地的地理纬度、平均太阳辐照量、平均环境温度、平均热水温度、平均热水用量、贮水箱和管路平均热损失率、太阳能保证率等数据，按一定的计算机程序计算出来的。

然而，我国目前还没有将这种计算软件列入国家标准内容。本条在国家标准《太阳能热水系统设计、安装及工程验收技术规范》GB/T 18713的基础上，提出了确定集热器总面积的计算方法，其中分别规定了在直接系统和间接系统两种情况下集热器总面积的计算方法。

本规范之所以计算集热器总面积，而不计算集热器采光面积或集热器吸热体面积，是因为在民用建筑安装太阳能热水系统的情况下，建筑师关心的是在有限的建筑围护结构中太阳能集热器究竟占据多大的空间。

在确定直接系统的集热器总面积时，日太阳辐照量 J_T 取当地集热器采光面上的年平均日太阳辐照量；

集热器的年平均集热效率 η_{cd} 宜取 0.25～0.50，但强调具体取值要根据集热器产品的实际测试结果而定；贮水箱和管路的热损失率 η_L 宜取 0.20～0.30，不同系统类型及不同保温状况的 η_L 值不同。以上所有这些数值都是根据我国长期使用太阳能热水系统所积累的经验而选取的，都能基本满足实际系统设计的要求。至于太阳能保证率 f 的取值，则是根据系统使用期内的太阳能辐照条件、系统的经济性及用户的具体要求等因素综合考虑后确定，本规范推荐在 30%～80%范围内。

在确定间接系统的集热器总面积时，由于间接系统的换热器内外存在传热温差，使得在获得相同温度的热水情况下，间接系统比直接系统的集热器运行温度稍高，造成集热器效率略为降低。本条用换热器传热系数 U_{hx}、换热器换热面积 A_{hx} 和集热器总热损系数 F_RU_L 等来表示换热器对于集热器效率的影响。对平板型集热器，F_RU_L 宜取 4～6W/(m² · ℃)；对于真空管集热器，F_RU_L 宜取 1～2W/(m² · ℃)；但本规范强调 F_RU_L 的具体数值要根据集热器产品的实际测试结果而定。至于换热器传热系数 U_{hx} 和换热器换热面积 A_{hx} 的数值，则可以从选定的换热器产品说明书中查得。在实际计算过程中，当确定了直接系统的集热器总面积 A_c 之后，就可以根据上述这些数值，确定出间接系统的集热器总面积 A_{IN}。

通常在采用第 4.4.2 条所述方法确定集热器总面积之前，也就是在方案设计阶段，可以根据建筑建设地区太阳能条件来估算集热器总面积。表 2 列出了每产生 100L 热水量所需系统集热器总面积的推荐值。

表 2　每 100L 热水量的系统集热器总面积推荐选用值

等级	太阳能条件	年日照时数（h）	水平面上年太阳辐照量［MJ/（m²•a)］	地　区	集热面积（m²）
一	资源丰富区	3200～3300	＞6700	宁夏北、甘肃西、新疆东南、青海西、西藏西	1.2
二	资源较富区	3000～3200	5400～6700	冀西北、京、津、晋北、内蒙古及宁夏南、甘肃中东、青海东、西藏南、新疆南	1.4
三	资源一般区	2200～3000	5000～5400	鲁、豫、冀东南、晋南、新疆北、吉林、辽宁、云南、陕北、甘肃东南、粤南	1.6
		1400～2200	4200～5000	湘、桂、赣、江、浙、沪、皖、鄂、闽北、粤北、陕南、黑龙江	1.8
四	资源贫乏区	1000～1400	＜4200	川、黔、渝	2.0

此处列出的“每 100L 热水量的系统集热器总面积推荐选用值”是将我国各地太阳能条件分为四个等级：资源丰富区、资源较丰富区、资源一般区和资源贫乏区，不同等级地区有不同的年日照时数和不同的年太阳辐照量，再按每产生 100L 热水量分别估算出不同等级地区所需要的集热器总面积，其结果一般在 1.2～2.0m²/100L 之间。

4.4.3　根据国家标准《太阳能热水系统设计、安装及工程验收技术规范》GB/T 18713 的要求，本条规定了集热器的最佳安装倾角，其数值等于当地纬度±10°。这条要求对于一般情况下的平板型集热器和真空管集热器都是适用的。

当然，对于东西向水平放置的全玻璃真空管集热器，安装倾角可适当减少；对于墙面上安装的各种太阳能集热器，更是一种特例了。

4.4.4　在有些情况下，由于集热器朝向或倾角受到条件限制，按 4.4.2 条所述方法计算出的集热器总面积是不够的，这时就需要按补偿方式适当增加面积，但本条规定补偿面积不得超过 4.4.2 条计算所得面积的一倍。

4.4.5　在有些情况下，当建筑围护结构表面不够安装按 4.4.2 条计算所得的集热器总面积时，也可以按围护结构表面最大容许安装面积来确定集热器总面积。

4.4.6　本条规定了贮水箱容积的确定原则，并提出了“贮水箱的贮热量”。表中，贮热量的最小值是分别按大于等于 95℃高温水和小于等于 95℃高温水这两种不同情况，分别对公共建筑和居住建筑提出了指标。

4.4.7　本条较为具体地规定了太阳能集热器设置在平屋面上的技术要求，有关集热器的间距、分组及相互连接等内容都是根据现行国家标准《太阳能热水系统设计、安装及工程验收技术规范》GB/T 18713 的规定，其中有关集热器并联、串联和串并联等方式连接成集热器组时的具体数据也都是引自 GB/T 18713。

本条规定全玻璃真空管东西向放置的集热器，在同一斜面上多层布置时，串联的集热器不宜超过 3 个。实际上，各种集热器都应尽量减少串联的集热器数目。

本条规定集热器之间的连接应使每个集热器的传热介质流入路径与回流路径的长度相同，这实质上是规定集热器应按“同程原则”并联，其目的是使各集热器内的流量分配均匀。

4.4.8 本条强调了作为屋面板的集热器应安装在建筑承重结构上，这实际上已构成建筑集热坡屋面。

4.4.11 本条强调了嵌入建筑屋面、阳台、墙面或建筑其他部位的太阳能集热器，应具有建筑围护结构的承载、保温、隔热、隔声、防水等防护功能。

4.4.12 本条强调了架空在建筑屋面和附着在阳台上或在墙面上的太阳能集热器，应具有足够的承载能力、刚度、稳定性和相对于主体结构的位移能力。

4.4.13 为了保障太阳能热水系统的使用安全，本条特别强调了安装在建筑上或直接构成建筑围护结构的太阳能集热器，应有防止热水渗漏的安全保障设施，防止因热水渗漏到屋内而危及人身安全，并作为本规范的强制性条款。

4.4.15 在使用平板型集热器的自然循环系统中，系统是仅利用传热工质内部的温度梯度产生的密度差进行循环的，因此为了保证系统有足够的热虹吸压头，规定贮水箱的下循环管比集热器的上循环管至少高 0.3m 是必要的。

4.4.17 对于系统计量的问题，本条要求按照国家标准《建筑给水排水设计规范》GB 50015 中的有关规定，并推荐按具体工程设置冷、热水表。

4.4.18 对于系统控制，可以有各种不同的控制方式，但根据我国长期使用太阳能热水系统所积累的经验，本条推荐：强制循环系统宜采用温差控制方式；直流式系统宜采用定温控制方式。

4.4.19 本条强调了太阳能集热器支架的刚度、强度、防腐蚀性能等，均应满足安全要求，并与建筑牢固连接。当采用钢结构材料制作支架时，应符合现行国家标准《碳素结构钢》GB/T 700 的要求。在不影响支架承载力的情况下，所有钢结构支架材料（如角钢、方管、槽钢等）应选择利于排水的方式组装。当由于结构或其他原因造成不易排水时，应采取合理的排水措施，确保排水通畅。

4.4.20 本条强调了太阳能热水系统使用的金属管道、配件、贮水箱及其他过水设备等的材质，均应与建筑给水管道材质相容，以避免在不相容材料之间产生电化学腐蚀。

4.4.21 本条强调了对太阳能热水系统所用泵、阀运行可能产生的振动和噪声，均应采取减振和隔声措施。

5 规划和建筑设计

5.1 一 般 规 定

5.1.1 本条是民用建筑规划设计应遵循的基本原则。

规划设计是在一定的规划用地范围内进行，对其各种规划要素的考虑和确定要结合太阳能热水系统设计确定建筑物朝向、日照标准、房屋间距、密度、建筑布局、道路、绿化和空间环境及其组成有机整体。而这些均与建筑物所处建筑气候分区、规划用地范围内的现状条件及社会经济发展水平密切相关。在规划设计中应充分考虑、利用和强化已有特点和条件，为整体提高规划设计水平创造条件。

太阳能热水系统设计应由建筑设计单位和太阳能热水系统产品供应商相互配合共同完成。

首先，建筑师要根据建筑类型、使用要求确定太阳能热水系统类型、安装位置、色调、构图要求，向建筑给水排水工程师提出对热水的使用要求；给水排水工程师进行太阳能热水系统设计、布置管线、确定管线走向；结构工程师在建筑结构设计时，考虑太阳能集热器和贮水箱的荷载，以保证结构的安全性，并埋设预埋件，为太阳能集热器的锚固、安装提供安全牢靠的条件；电气工程师满足系统用电负荷和运行安全要求，进行防雷设计。

建筑设计要满足太阳能热水系统的承重、抗风、抗震、防水、防雷等安全要求及维护检修的要求。

太阳能热水系统产品供应商需向建筑设计单位提供太阳能集热器的规格、尺寸、荷载，预埋件的规格、尺寸、安装位置及安装要求；提供太阳能热水系统的热性能等技术指标及其检测报告；保证产品质量和使用性能。

5.1.2 太阳能热水系统的选型是建筑设计的重点内容，设计者不仅要创造新颖美观的建筑立面、设计集热器安装的位置，还要结合建筑功能及其对热水供应方式的需求，综合考虑环境、气候、太阳能资源、能耗、施工条件等诸因素，比较太阳能热水系统的性能、造价，进行经济技术分析。太阳能集热器的类型应与系统使用所在地的太阳能资源、气候条件相适应，在保证系统全年安全、稳定运行的前提下，应使所选太阳能集热器的性能价格比最优。另外，就热水供应方式可分为分户供热水系统和集中供热水系统，分户系统由住户自已管理，各户之间用热水量不平衡，使得分户系统不能充分利用太阳能集热设施而造成浪费，同时还有布置分散、零乱、造价较高的缺点。集中供热水系统相对于分户供热水系统，有节约投资，用户间用水量可以平衡，集热器布置较易整齐有序，但需有集中管理维护及分户计量的措施，因此，建筑设计应综合比较，酌情选定。

5.1.3 太阳能集热器是太阳能热水系统中重要的组成部分，一般设置在建筑屋面（平、坡屋面）、阳台栏板、外墙面上，或设置在建筑的其他部位，如女儿墙、建筑屋顶的披檐上，甚至设置在建筑的遮阳板、建筑物的飘顶等能充分接收阳光的位置。建筑设计需将所设置的太阳能集热器作为建筑的组成元素，与建筑整体有机结合，保持建筑统一和谐的外观，并与周围环境相协调，包括建筑风格、色彩。当太阳能集热器作为屋面板、墙板或阳台栏板时，应具有该部位的承载、保温、隔热、防水及防护功能。

5.1.4 安装在建筑上的太阳能集热器正常使用寿命一般不超过15年，而建筑的寿命是50年以上。太阳能集热器及系统其他部件在构造、形式上应利于在建筑围护结构上安装，便于维护、修理、局部更换。为此建筑设计不仅考虑地震、风荷载、雪荷载、冰雹等自然破坏因素，还应为太阳能热水系统的日常维护，尤其是太阳能集热器的安装、维护、日常保养、更换提供必要的安全便利条件。

建筑设计应为太阳能热水系统的安装、维护提供安全的操作条件。如平屋面设有屋面出口或人孔，便于安装、检修人员出入；坡屋面屋脊的适当位置可预留金属钢架或挂钩，方便固定安装检修人员系在身上的安全带，确保人员安全。

5.1.5 太阳能热水系统管线应布置于公共空间且不得穿越其他用户室内空间，以免管线渗漏影响其他用户使用，同时也便于管线维修。

5.2 规划设计

5.2.1、5.2.2 在规划设计时，建筑物的朝向宜为南北向或接近南北向，以及建筑的体形和空间组合考虑太阳能热水系统，均为使集热器接收更多的阳光。

5.2.3 本条提出在进行景观设计和绿化种植时，要避免对投射到太阳能集热器上的阳光造成遮挡，从而保证太阳能集热器的集热效率。

5.3 建筑设计

5.3.1 建筑设计应与太阳能热水系统设计同步进行，建筑设计根据选定的太阳能热水系统类型，确定集热器形式、安装面积、尺寸大小、安装位置与方式，明确贮水箱容积重量、体积尺寸、给水排水设施的要求；了解连接管线走向；考虑辅助能源及辅助设施条件；明确太阳能热水系统各部分的相对关系。然后，合理安排确定太阳能热水系统各组成部分在建筑中的空间位置，并满足其他所在部位防水、排水等技术要求。建筑设计应为系统各部分的安全检修提供便利条件。

5.3.2 太阳能集热器安装在建筑屋面、阳台、墙面或其他部位，不应有任何障碍物遮挡阳光。太阳能集热器总面积根据热水用量、建筑上可能允许的安装面积、当地的气候条件、供水水温等因素确定。无论安装在何位置，要满足全天有不少于4h日照时数的要求。

为争取更多的采光面积，建筑设计时平面往往凹凸不规则，容易造成建筑自身对阳光的遮挡，这点要特别注意。除此以外，对于体形为L形、凵形的平面，也要避免自身的遮挡。

5.3.3 建筑设计时应考虑在安装太阳能集热器的墙面、阳台或挑檐等部位，为防止集热器损坏而掉下伤人，应采取必要的技术措施，如设置挑檐、入口处设雨篷或进行绿化种植等，使人不易靠近。

5.3.4 太阳能集热器可以直接作为屋面板、阳台栏板或墙板，除满足热水供应要求外，首先要满足屋面板、阳台栏板、墙板的保温、隔热、防水、安全防护等要求。

5.3.5 主体结构在伸缩缝、沉降缝、抗震缝的变形缝两侧会发生相对位移，太阳能集热器跨越变形缝时容易破坏，所以太阳能集热器不应跨越主体结构的变形缝，否则应采用与主体建筑的变形缝相适应的构造措施。

5.3.6 本条是对太阳能集热器安装在平屋面上的要求。太阳能集热器在平屋面上安装需通过支架和基座固定在屋面上。集热器可以选择适当的方位和倾角。除太阳能集热器的定向、安装倾角、设置间距等符合现行国家标准《太阳能热水系统设计、安装及工程验收技术规范》GB/T 18713的规定外，还应做好太阳能集热器支架基座的防水，该部位应做附加防水层。附加层宜空铺，空铺宽度不应小于200mm。为防止卷材防水层收头翘边，避免雨水从开口处渗入防水层下部，应按设计要求做好收头处理。卷材防水层应用压条钉压固定，或用密封材料封严。

对于需经常维修的集热器周围和检修通道，以及屋面出入口和人行通道之间做刚性保护层以保护防水层，一般可铺设水泥砖。

伸出屋面的管线，应在屋面结构层施工时预埋穿屋面套管，可采用钢管或PVC管材。套管四周的找平层应预留凹槽用密封材料封严，并增设附加层。上翻至管壁的防水层应用金属箍或镀锌钢丝紧固，再用密封材料封严。避免在已做好防水保温的屋面上凿孔打洞。

5.3.7 本条是对太阳能集热器安装在坡屋面时的要求。

太阳能集热器无论是嵌入屋面还是架空在屋面之上，为使与屋面统一，其坡度宜与屋面坡度一致。而屋面坡度又取决于太阳能集热器接收阳光的最佳倾角。集热器安装倾角等于当地纬度；如系统侧重在夏季使用，其安装倾角，应等于当地纬度减10°；如系统侧重在冬季使用，其安装倾角，应等于当地纬度加10°，故提出集热器安装倾角在当地纬度+10°～−10°

的范围要求。

目前，太阳能热水系统多为全天候使用，太阳能集热器安装倾角在当地纬度+10°～-10°范围内也使建筑师通过调整集热器倾角来确定屋面的坡度，如有檩体系用彩色混凝土瓦屋面适用坡度为1:5～1:2（即20%～50%），沥青油毡瓦大于等于1:5（即大于等于20%），压型钢板瓦和夹心板为1:20～1:0.35（即5%～35%）；无檩体系屋面坡度宜为1:3（即18.5°）～1:0.58（即60°）。这样，据此调整建筑物各部分比例，也给建筑师带来很大的灵活性。

太阳能集热器在坡屋面上安装，要保证安装人员的安全。安装人员为专业人员，应严格遵守生产厂家的说明，太阳能热水器生产厂一般会提供所需的安装人员（或经过培训考核合格的施工人员）和安装工具。在建筑设计时，应为安装人员提供安全的工作环境。一般可在屋脊处设钢架或挂钩用以支撑连接系在安装人员腰部的安全带。钢架或挂钩应能承受两个安装人员、集热器和安装工具的重量。

还应在坡屋面安装太阳能集热器附近的适当位置设置出屋面人孔，作为检修出口。

架空设置的太阳能集热器宜与屋面同坡，且有一定架空高度，一般不大于100mm，以保证屋面排水。

嵌入屋面设置的太阳能集热器与四周屋面及伸出屋面管道都应做好防水，防止雨水进入屋面。集热器与屋面交接处要设置挡水盖板。

设置在坡屋面的太阳能集热器采用支架与预埋在屋面结构层的预埋件固定应牢固可靠，要能承受风荷载和雪荷载。

当太阳能集热器作为屋面板时，应满足屋面的承重、保温、隔热和防水等要求。

5.3.8 本条提出了对太阳能集热器放置在阳台栏板上的要求。

太阳能集热器可放置在阳台栏板上或直接构成阳台栏板。低纬度地区，由于太阳高度角较大，因此，低纬度地区放置在阳台栏板上或直接构成阳台栏板的太阳能集热器应有适当的倾角，以接收到较多的日照。

作为阳台栏板与墙面不同的是还有强度及高度的防护要求。阳台栏杆应随建筑高度而增高，如低层、多层住宅的阳台栏杆净高不应低于1.05m，中、高层，高层住宅的阳台栏杆不应低于1.10m，这是根据人体重心和心理因素而定的。安装太阳能集热器的阳台栏板宜采用实体栏板。

挂在阳台或附在外墙上的太阳能集热器，为防止其金属支架、金属锚固构件生锈对建筑墙面，特别是浅色的阳台和外墙造成污染，建筑设计应在该部位加强防锈的技术处理或采取有效的技术措施，防止金属锈水在墙面阳台上造成不易清理的污染。

5.3.9 本条提出了对太阳能集热器放置在墙面上的要求。

太阳能集热器可安装在墙面上，尤其是高层建筑，在低纬度地区集热器要有较大倾角。在太阳能资源丰富的地区，太阳能保证率高，太阳能集热器安装在墙面在某些国家越来越流行。

太阳能集热器通过墙面上的预埋件与主体结构连接。墙面在结构设计时，要考虑集热器的荷载且墙面要有一定宽度保证集热器能放置得下。

5.3.10 太阳能热水系统贮水箱参照现行国家标准《太阳能热水系统设计、安装及工程验收技术规范》GB/T 18713相关要求具体设计，确定其容积、尺寸、大小及重量。建筑设计应为贮水箱安排合理的位置，满足贮水箱所需要的空间（包括检修空间）。设置贮水箱的位置应具有相应的排水、防水设施。太阳能热水系统贮水箱及其有关部件宜靠近太阳能集热器设置，尽量减少由于管道过长而产生的热损耗。

贮水箱的容积要满足日用水量需要，符合太阳能热水系统安全、节能及稳定运行要求，并能承受水的重量及保证系统最高工作压力相匹配的结构强度要求。一个核心家庭，一般可用100～200L的贮水箱，当然，精确的容量应通过计算确定。贮水箱的防腐、保温等应符合现行国家标准《太阳能热水系统设计、安装及工程验收技术规范》GB/T 18713的要求。

贮水箱可根据要求从制造厂商购置，或在现场制作，宜优先选择专业制造公司的定型产品。安装现场不具备搬运、吊装条件时，可进行现场制作。

贮水箱的放置位置宜选择室内，可放置在地下室、半地下室、储藏室、阁楼或技术夹层中的设备间，室外可放置在建筑平台或阳台上。放置在室外的贮水箱应有防雨雪、防雷击等保护措施，以延长其运行寿命。

贮水箱应尽量靠近太阳能集热器以缩短管线。贮水箱上方及周围要留有不小于600mm的空间，以满足安装、检修要求。

5.4 结构设计

5.4.1 太阳能热水系统中的太阳能集热器和贮水箱与主体结构的连接和锚固必须牢固可靠，主体结构的承载力必须经过计算或实物试验予以确认，并要留有余地，防止偶然因素产生突然破坏。真空管集热器的重量约15～20kg/m^2，平板集热器的重量约20～25kg/m^2。

安装太阳能热水器系统的主体结构必须具备承受太阳能集热器、贮水箱等传递的各种作用的能力（包括检修荷载），主体结构设计时应充分加以考虑。

主体结构为混凝土结构时，为了保证与主体结构的连接可靠性，连接部位主体结构混凝土强度等级不应低于C20。

5.4.2 连接件与主体结构的锚固承载力应大于连接

本身的承载力，任何情况不允许发生锚固破坏。采用锚栓连接时，应有可靠的防松、防滑措施；采用挂接或插接时，应有可靠的防脱、防滑措施。

由于太阳能集热器安装在室外，以及各地区气候条件及工人技术水平的差异，为安全起见建议对结构件和连接件的最小截面予以限制，如型钢（钢管、槽钢、扁钢）的最小厚度宜大于等于 3mm，圆钢直径宜大于等于 10mm，焊接角钢不宜小于 L45×4 或 L56×36×4，螺栓连接用角钢不宜小于 L50×5。对于沿海地区，由于空气中大量氯离子存在，会对金属结构造成比较严重的腐蚀，因此，对金属材料应采取防腐蚀措施。

太阳能集热器由玻璃真空管（或面板）和金属框架组成，其本身变形能力是较小的。在水平地震或风荷载作用下，集热器本身结构会产生侧移。由于太阳能集热器本身不能承受过大的位移，只能通过弹性连接件来避免主体结构过大侧移影响。

为防止主体结构水平位移使太阳能集热器或贮水箱损坏，连接件必须有一定的适应位移能力，使太阳能集热器和贮水箱与主体结构之间有活动的余地。

5.4.3 太阳能热水系统（主要是太阳能集热器和贮水箱）与建筑主体结构的连接，多数情况应通过预埋件实现，预埋件的锚固钢筋是锚固作用的主要来源，混凝土对锚固钢筋的粘结力是决定性的。固此预埋件必须在混凝土浇筑时埋入，施工时混凝土必须密实振捣。目前实际工程中，往往由于未采取有效措施来固定预埋件，混凝土浇筑时使预埋件偏离设计位置，影响与主体结构的准确连接，甚至无法使用。因此预埋件的设计和施工应引起足够的重视。

为了保证太阳能热水系统与主体结构连接牢固的可靠性，与主体结构连接的预埋件应在主体结构施工时按设计要求的位置和方法进行埋设。

5.4.4 轻质填充墙承载力和变形能力低，不应作为太阳能热水系统中主要是太阳能集热器和贮水箱的支承结构考虑。同样，砌体结构平面外承载能力低，难以直接进行连接，所以宜增设混凝土结构或钢结构连接构件。

5.4.5 当土建施工中未设预埋件、预埋件漏放、预埋件偏离设计位置太远、设计变更，或既有建筑增设太阳能热水系统时，往往要使用后锚固螺栓进行连接。采用后锚固螺栓（机械膨胀螺栓或化学锚栓）时，应采取多种措施，保证连接的可靠性及安全性。

5.4.6 太阳能热水系统结构设计应区分是否抗震。对非抗震设防的地区，只需考虑风荷载、重力荷载以及温度作用；对抗震设防的地区，还应考虑地震作用。

经验表明，对于安装在建筑屋面、阳台、墙面或其他部位的太阳能集热器主要受风荷载作用，抗风设计是主要考虑因素。但是地震是动力作用，对连接节点会产生较大影响，使连接处发生破坏甚至使太阳能集热器脱落，所以除计算地震作用外，还必须加强构造措施。

5.5 给水排水设计

5.5.1 太阳能热水系统与建筑结合是把太阳能热水系统纳入到建筑设计当中来统一设计，因此热水供水系统设计中无论是水量、水温、水质还是设备管路、管材、管件都应符合《建筑给水排水设计规范》GB 50015 的要求。

5.5.2 集热器总面积是根据公式计算出来的（见本规范 4.4.2 条），但是在实际工程中由于建筑所能提供摆放集热器的面积有限，无法满足集热器计算面积的要求，因此最终太阳能集热器的面积要各专业相互配合来确定。

5.5.3 当日用水量（按 60℃计）大于或等于 $10m^3$ 且原水总硬度（以碳酸钙计）大于 300mg/L 时，宜进行水质软化或稳定处理。经软化处理后的水质硬度宜为 75～150mg/L。

水质稳定处理应根据水的硬度、适用流速、温度、作用时间或有效长度及工作电压等选择合适的物理处理或化学稳定剂处理。

5.5.4 这一条主要是指用太阳能集热器里的水作为热媒水时，保证补水能够补进去。

5.5.5 由于一般情况下集热器摆放所需的面积，建筑都不容易满足，同时也考虑太阳能的不稳定性，尽可能地去利用太阳能，所以在选择设计水温时，尽量选用下限温度。

5.5.6、5.5.7 这二条是在新建建筑与既有建筑中，太阳能与建筑相结合时供热水系统中应注重考虑的问题。

5.5.8 集热器表面应定时清洗，否则会影响集热效率，这条主要是为清洗提供方便而作的规定。

5.6 电 气 设 计

5.6.1～5.6.3 这是对太阳能热水系统中使用电器设备的安全要求。

如果系统中含有电器设备，其电器安全应符合现行国家标准《家用和类似用途电器的安全》（第一部分 通用要求）GB 4706.1 和（贮水式电热水器的特殊要求）GB 4706.12 的要求。

5.6.4 系统的电气管线应与建筑物的电气管线统一布置，集中隐蔽。

6 太阳能热水系统安装

6.1 一 般 规 定

6.1.1 本条强调了太阳能热水系统的安装应按设计

要求进行安装。

6.1.2 目前，太阳能热水系统一般作为一个独立的工程由专门的太阳能公司负责安装。本条对施工组织设计进行了强调。

6.1.3 本条是针对目前施工安装人员的技术水平差别较大而制定的。目的在于规范太阳能热水系统的施工安装。提倡先设计后施工，禁止无设计而盲目施工。

6.1.4 为保证太阳能热水器产品质量和规范市场，制定了一系列产品标准，包括国家标准和行业标准，涉及基础标准、测试方法标准、产品标准和系统设计安装标准四个方面。

产品的性能包括太阳能集热器的承压、防冻等安全性能，得热量、供热水温度、供热水量等指标。太阳能热水系统必须满足相关的设计标准、建筑构件标准、产品标准和安装、施工规范要求。

为保证太阳能热水系统尤其是太阳能集热器的耐久性，本条提出太阳能热水系统各部分应符合相应国家产品标准的有关规定。

6.1.5 鉴于目前太阳能热水系统安装比较混乱，部分太阳能热水系统安装破坏了建筑结构或放置位置不合理，存在安全隐患。本条对此问题加以规范。

6.1.6 鉴于太阳能热水系统的安装一般在土建工程完工后进行，而土建部位的施工多由其他施工单位完成，本条强调了对土建部位的保护。

6.1.7 本条强调了产品在搬运、存放、吊装等过程的质量保护。

6.1.8 本条强调了分散供热水系统的安装不得影响其他住户的使用功能要求。

6.1.9 本条对太阳能热水系统安装人员的素质进行强调和规范。

6.2 基　　座

6.2.1 基座是很关键的部位，关系到太阳能热水系统的稳定和安全，应与主体结构连接牢固。尤其是在既有建筑上增设的基座，由于不是同时施工，更要采取技术措施，与主体结构可靠地连接。本条对此加以强调。

6.2.2 当贮水箱注满水后，其自重将超过建筑楼板的承载能力，因此贮水箱基座必须设在建筑物承重墙（梁）上。因此应对贮水箱基座的放置位置和制作要求加以强调，以确保安全。

6.2.3 一般情况下，太阳能热水系统的承重基座都是在屋面结构层上现场砌（浇）筑。对于在既有建筑上安装的太阳能热水系统，需要刨开屋面面层做基座，因此将破坏原有的防水结构。基座完工后，被破坏的部位重做防水。本条对此加以强调。

6.2.4 不少太阳能热水系统采用预制集热器支架基座，放置在建筑屋面上。本条对此加以规范。

6.2.5 实际施工中，基座顶面预埋件的防腐多被忽视，本条对此加以强调。

6.3 支　　架

6.3.1 本条强调了太阳能热水系统的支架应按图纸要求制作，并应注意整体美观。支架制作应符合相关规范的要求。

6.3.2 支架在承重基础上的安装位置不正确将造成支架偏移，本条对此加以强调。

6.3.3 太阳能热水系统的防风主要是通过支架实现的，且由于现场条件不同，防风措施也不同。本条对太阳能热水系统防风加以强调。

6.3.4 为防止雷电伤人，本条强调钢结构支架应与建筑物接地系统可靠连接。

6.3.5 本条强调了钢结构支架的防腐质量。

6.4 集 热 器

6.4.1 本条强调了集热器摆放位置以及与支架的固定，以防止集热器滑脱。

6.4.2 不同厂家生产的集热器，集热器与集热器之间的连接方式可能不同。本条对此加以强调，以防止连接方式不正确出现漏水。

6.4.3 为便于日后集热器的维护和更换，本条对此加以强调。

6.4.4 为防止集热器漏水，本条对此加以强调。

6.4.5 本条强调应先检漏，后保温，且应保证保温质量。

6.5 贮 水 箱

6.5.1 为了确保安全，防止滑脱，本条强调贮水箱安装位置应正确，并与底座固定牢靠。

6.5.2 贮水箱贮存的是热水，因此对水箱的材质、规格作出要求，并规范了水箱的制作质量。

6.5.3 实际应用中，不少贮水箱采用钢板焊接。因此对内外壁尤其是内壁的防腐提出要求，以确保不危及人体健康和能承受热水温度。

6.5.4 为防止触电事故，本条对贮水箱内箱接地作特别强调。

6.5.5 为防止贮水箱漏水，本条对此加以强调。

6.5.6 本条强调应先检漏，后保温，且应保证保温质量。

6.6 管　　路

6.6.1 《建筑给水排水及采暖工程施工质量验收规范》GB 50242规范了各种管路施工要求。太阳能热水系统的管路施工与 GB 50242 相同。限于篇幅，这里引用 GB 50242 的规定，对太阳能热水系统管路的施工加以规范。

6.6.2 本条强调水泵安装的质量要求。

6.6.3 本条强调水泵的防雨和防冻。

6.6.4 本条强调了电磁阀安装的质量要求。

6.6.5 实际安装中，容易出现水泵、电磁阀、阀门的安装方向不正确的现象，本条对此加以强调。

6.6.6 为防止管路漏水，本条对此加以强调。

6.6.7 本条强调应先检漏，后保温，且应保证保温质量。

6.7 辅助能源加热设备

6.7.1 《建筑电气工程施工质量验收规范》GB 50303中规范了电加热器的安装。限于篇幅，这里引用以上标准。

6.7.2 《建筑给水排水及采暖工程施工质量验收规范》GB 50242规范了额定工作压力不大于 1.25MPa、热水温度不超过 130℃的整装蒸汽和热水锅炉及辅助设备的安装，规范了直接加热和热交换器及辅助设备的安装。本条引用上述标准。

6.8 电气与自动控制系统

6.8.1 《电气装置安装工程电缆线路施工及验收规范》GB 50168规范了各种电缆线路的施工，限于篇幅，这里引用该标准。

6.8.2 《建筑电气工程施工质量验收规范》GB 50303规范了各种电气工程的施工，限于篇幅，这里引用该标准的相关规定。

6.8.3 从安全角度考虑，本条强调所有电气设备和与电气设备相连接的金属部件应做接地处理。本条强调了电气接地装置施工的质量。

6.8.4 在实际应用中，太阳能热水系统常常会进行温度、温差、压力、水位、时间、流量等控制，本条强调了上述传感器安装的质量和注意事项。

6.9 水压试验与冲洗

6.9.1 为防止系统漏水，本条对此加以强调。

6.9.2 本条规定了管路和设备的检漏试验。对于各种管路和承压设备，试验压力应符合设计要求。当设计未注明时，应按现行国家标准《建筑给水排水及采暖工程施工质量验收规范》GB 50242的相关要求进行。非承压设备做满水灌水试验，满水灌水检验方法：满水试验静置 24h，观察不漏不渗。

6.9.3 为防止系统结冰冻裂，本条特作强调。

6.9.4 本条强调了系统安装完毕应进行冲洗，并规定了冲洗方法。

6.10 系 统 调 试

6.10.1 太阳能热水系统是一个比较专业的工程，需由专业人员才能完成系统调试。本条强调必须进行系统调试，以确保系统正常运行。

6.10.2 太阳能热水系统包含水泵、电磁阀、电气及控制系统等，应先做部件调试，后作系统调试。本条对此加以规范。

6.10.3 本条规定了设备单机调试应包括的部件，以防遗漏。

6.10.4 系统联动调试主要指按照实际运行工况进行系统调试。本条解释了系统联动调试内容，以防遗漏。

6.10.5 本条强调系统联动调试完成后，应进行 3d 试运转，以观察实际运行是否正常。

7 太阳能热水系统验收

7.1 一 般 规 定

7.1.1 本条规定了太阳热水工程验收应分分项工程验收和竣工验收。

7.1.2 太阳能热水系统，必须在安装前完成隐蔽工程验收，并对其工程验收文件进行认真的审核与验收。本条对此加以强调。

7.1.3 本条强调了太阳能热水系统验收前应清理工程现场。

7.1.4 根据《建筑工程施工质量验收统一标准》GB 50300的要求，分项工程验收应由监理工程师（建设单位技术负责人）组织施工单位项目专业质量（技术）负责人等进行验收。

7.1.5 本条强调了施工单位应先进行自检，自检合格后再申请竣工验收。

7.1.6 根据《建筑工程施工质量验收统一标准》GB 50300的要求，应由建设单位(项目)负责人组织施工单位、设计、监理等单位(项目)负责人进行竣工验收。

7.1.7 本条强调了应对太阳能热水系统的资料立卷归档。

7.2 分项工程验收

7.2.1 由于太阳能热水系统的施工受多种条件的制约，因此本条强调了分项工程验收可根据工程施工特点分期进行。

7.2.2 太阳能热水系统一些工序的施工必须在前一道工序完成且质量合格后才能进行本道工序，否则将较难返工。本条对此加以强调。

7.2.3 本条强调了太阳能热水系统产生的热水不应有碍人体健康。

7.2.4 本条强调了太阳能热水系统性能应符合相关标准。在本标准制定的同时，有关部门正在制定《太阳能热水系统性能评定规范》的国家产品标准。

7.3 竣 工 验 收

7.3.1 本条强调工程移交用户前，应进行竣工验收。

7.3.2 本条强调了竣工验收应提交的资料。实际应用中，部分施工单位对施工资料不够重视，本条对此加以强调。

中华人民共和国国家标准

太阳能供热采暖工程技术规范

GB 50495—2009

条 文 说 明

制　订　说　明

《太阳能供热采暖工程技术规范》GB 50495—2009经住房和城乡建设部2009年3月19日以第262号公告批准、发布。

为便于广大设计、施工、科研、学校等单位有关人员在使用本规范时能正确理解和执行条文的规定，《太阳能供热采暖工程技术规范》编制组按章、节、条顺序编制了本规范的条文说明，供使用者参考。在使用中如发现本条文说明有不妥之处，请将意见函寄中国建筑科学研究院（地址：北京北三环东路30号；邮编100013）。

目　次

1 总　　则

1.0.1 本条说明了制定本规范的宗旨。随着我国国民经济的持续发展，城乡人民居住条件的改善和生活水平的不断提高，建筑能耗快速增长，建筑用能占全社会能源消费量的比例已接近30%，从而加剧了能源供应的紧张形势。在建筑能耗中，供热采暖用能约占45%，是建筑节能的重点领域。为降低建筑能耗，既要节约，又要开源，所以，应努力增加可再生能源在建筑中的应用范围。

太阳能是永不枯竭的清洁能源，是人类可以长期依赖的重要能源之一，利用太阳热能为建筑物供热采暖可以获得非常良好的节能和环境效益，长期以来，一直受到世界各国的普遍重视。近十余年来，欧洲、北美发达国家的太阳能供热采暖规模化利用技术快速发展，建成了大批利用太阳能的区域供热采暖工程，并编写出版了相应的技术指南和设计手册；我国的太阳能供热采暖技术近几年来也成为可再生能源建筑应用的热点，各地陆续建成一批试点示范工程，并已形成进一步推广应用的发展趋势。

国内目前完成的太阳能供热采暖工程，基本上是依据太阳能企业过去做太阳能热水系统的经验，系统设计的科学性、合理性较差，更做不到优化设计，使系统建成后不能发挥应有的效益；太阳能供热采暖系统需要的太阳能集热器面积较多，与建筑围护结构结合安装时，既要保证尽可能多地接收太阳光照，又要保证其安全性；这些问题都需要通过技术规范加以解决。因此，为了规范太阳能供热采暖工程的设计、施工和验收，确保太阳能供热采暖系统安全可靠运行并更好地发挥节能效益，特制定本规范。

本规范侧重于为实现太阳能供热采暖而设置的太阳能集热、蓄热系统部分的规定，对建筑物内系统仅作简要规定。

1.0.2 本条规定了本规范的适用范围。太阳能供热采暖的工程应用并不只限于城市，也适用于乡镇、农村的民用建筑；工厂车间等工业建筑一般具有较大的屋顶面积，要求的供暖室温低，同样适合太阳能供热采暖，并具有良好的节能效益。因此，对凡使用太阳能供热采暖系统的民用和部分工业建筑物，无论新建、扩建、改建或既有建筑，无论位于城市、乡镇还是农村，本规范均适用。规范中涉及系统设计方面的内容，针对新建、扩建、改建和既有建筑同等有效；但对系统设置安装、工程施工的要求规定，针对新建和既有建筑扩建、改建有所不同。

1.0.3 目前我国太阳能热水器的安装使用总量居世界第一，但大多作为建筑的后置部件在房屋建成后才购买安装，由此造成了对建筑安全和城市景观的不利影响，为解决这一问题，国家建设行政主管部门提出了太阳能热水器与建筑结合的发展方向，并在已发布实施的国家标准《民用建筑太阳能热水系统应用技术规范》GB 50364中对系统与建筑结合作出了规定。与太阳能热水系统相比，太阳能供热采暖系统的集热器面积更大，技术的综合性更强，因此，更需要严格纳入工程建设的规定程序，按照工程建设的要求，统一规划、设计、施工、验收和投入使用。

1.0.4 由于建筑物的供暖负荷远大于热水负荷，为满足建筑物的供暖需求，太阳能供热采暖系统的集热器面积较大，如果在设计时没有考虑全年综合利用，就会导致非采暖季产生的热水无法使用，从而浪费投资、浪费资源，以及因系统过热而产生安全隐患；所以，必须强调太阳能供热采暖系统的全年综合利用。可采用的措施有：适当降低系统的太阳能保证率，合理匹配供暖和供热水的建筑面积（同一系统供热水的建筑面积应大于供暖的建筑面积），以及用于夏季的空调制冷等。

1.0.5 本条为强制性条文，目的是确保建筑物的结构安全。由于既有建筑建成的年代参差不齐，有的建筑已使用多年，过去我国在抗震设计等结构安全方面的要求也比较低，而太阳能供热采暖系统的太阳能集热器需要安装在建筑物的外围护结构表面上，如屋面、阳台或墙面等，从而加重了安装部位的结构承载负荷量，如果不进行结构安全复核计算，就会对建筑结构的安全性带来隐患；特别是太阳能供热采暖系统中的太阳能集热器面积较大，对结构安全影响的矛盾更加突出。

结构复核可以由原建筑设计单位或其他有资质的建筑设计单位根据原施工图、竣工图、计算书进行，或经法定检测机构检测，确认不会影响结构安全后，才能够实施增设或改造太阳能供热采暖系统，否则，不能进行增设或改造。

1.0.6 鉴于目前我国节能减排工作的严峻形势，各级建设行政主管部门已严格要求新建、改建和扩建建筑物执行建筑节能设计标准，所以，设置了太阳能供热采暖系统的建筑物，必须首先满足节能设计标准的规定。在此基础上，有条件的工程项目应适当提高标准，特别是要提高围护结构的保温性能；太阳能的特点是在单位面积上的能量密度较低，要降低太阳能供热采暖系统的增投资，提高系统的太阳能保证率，首先就必须从改善围护结构的保温措施着手，只有大幅度降低建筑物的采暖耗热量，才能有效降低系统的初投资；所以，提高对设置太阳能供热采暖系统新建、改建和扩建供暖建筑物的节能设计要求，能够更好发挥太阳能供热采暖系统的节能效益，有利于太阳能供热采暖技术的推广应用，同时也可以为今后进一步提高建筑节能设计标准的规定指标积累经验。

我国过去建成的大量建筑物都不符合建筑节能设计标准的要求，随着建筑节能水平的进一步发展和提高，将开展对既有建筑进行大规模的节能改造，包括增加对围护结构的保温措施等；因此，对设置太阳能供热采暖系统的既有建筑进行围护结构热工性能复核，增加相应节能措施，既符合形势要求，又是保证太阳能供热采暖系统节能效益的必要措施。如果设置太阳能供热采暖系统的既有建筑，不符合相关的建筑节能标准要求时，宜按照所在气候区国家、行业和地方建筑节能设计标准和实施细则的要求采取相应措施，否则，建筑物的采暖耗热量过大，将造成太阳能供热采暖系统完全不能发挥应有的节能作用。

1.0.7 太阳能供热采暖工程应用是建筑和太阳能应用领域多项技术的综合利用，在建筑领域，涉及建筑、结构、暖通空调、给排水等多个专业，本规范只能针对太阳能供热采暖工程本身具有的特点进行规定和要求，不可能把所有相关的专业技术规定都涉及，所以，与太阳能供热采暖工程应用相关的其他标准都应遵守执行，尤其是强制性条文。

2 术　　语

2.0.2 本条术语所说的短期，一般指贮热周期不超过15天的蓄热系统。根据我国大部分采暖地区的气候特点，冬季连阴、雨、雪天的时段均在一周以内，因此，短期蓄热太阳能供热采暖系统通常具有一周的贮热设备容量；条件许可时，也可根据当地气象条件、特点适当加大贮热设备容量，延长蓄热时间。

2.0.18 该参数在国外文献资料中称之为太阳能热价(Solarcost)，是评价系统经济性的重要参数；为能够更直观地反映其实际含义，通俗易懂，将其中文名称定为系统费效比，该定义名称已在评价国内实施的示范工程时使用。其中的常规能源是指具体工程项目的辅助能源加热设备所使用的能源种类（天然气、标准煤或电）。

2.0.19 该条术语由行业标准《严寒和寒冷地区居住建筑节能设计标准》JGJ 26中“建筑物耗热量指标”的术语定义改写。在本标准中特别提出该条术语定义，是为更清楚地说明由太阳能集热系统负担的采暖负荷量。

2.0.20 该条术语参照国家标准《采暖通风与空气调节术语标准》GB 50155中“热负荷”和行业标准《严寒和寒冷地区居住建筑节能设计标准》JGJ 26中“建筑物耗热量指标”的术语定义改写。在本标准中特别提出该条术语定义，是为更清楚地说明由其他能源加热/换热设备负担的采暖负荷量。

2.0.21 太阳能集热器总面积A_G的计算公式如下：

$$A_G = L_1 \times W_1$$

式中　L_1——最大长度(不包括固定支架和连接管道)；

W_1——最大宽度(不包括固定支架和连接管道)。

2.0.22 各种类型的太阳能集热器采光面积A_a的计算如下：

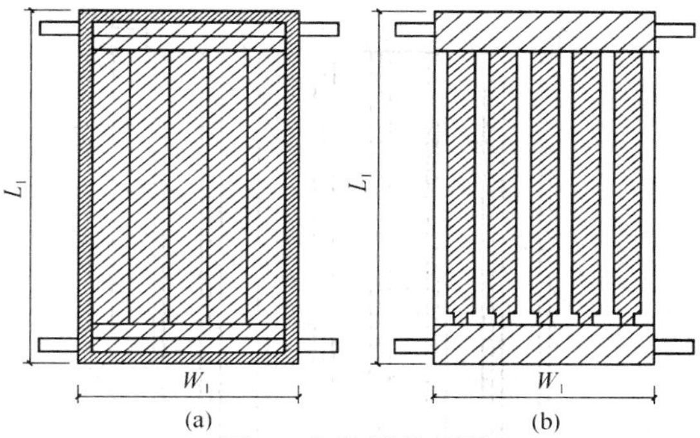

图1　集热器总面积

(a) 平板型集热器；(b) 真空管集热器

$$A_a = L_2 \times W_2$$

式中　L_2——采光口的长度；

W_2——采光口的宽度。

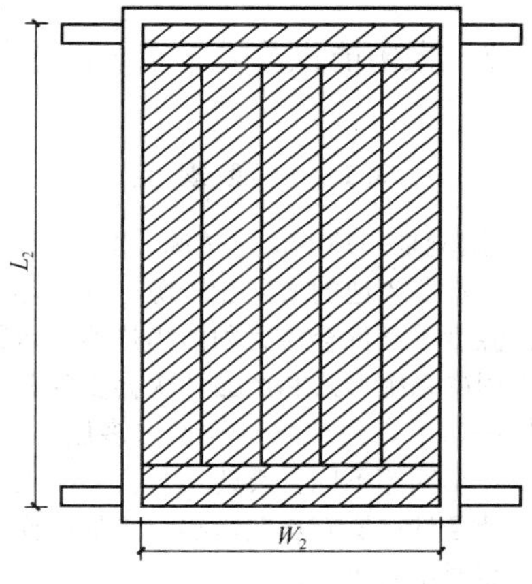

图2　平板型集热器的采光面积

$$A_a = L_2 \times d \times N$$

式中　L_2——真空管未被遮挡的平行和透明部分的长度；

d——罩玻璃管外径；

N——真空管数量。

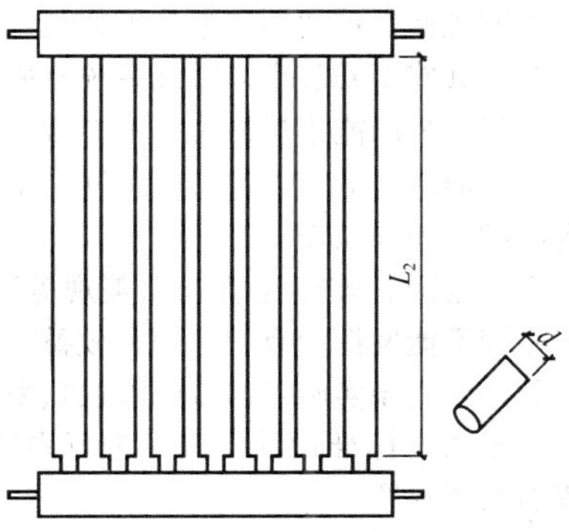

图3　无反射器的真空管集热器的采光面积

$$A_a = L_2 \times W_2$$

式中　L_2——外露反射器长度；

W_2——外露反射器宽度。

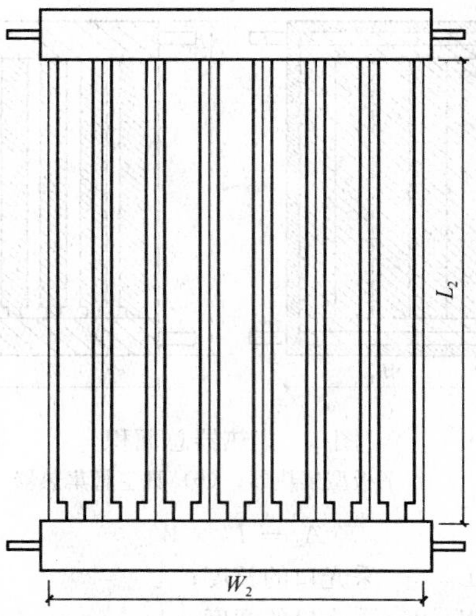

图 4 有反射器的真空管集热器的采光面积

3 太阳能供热采暖系统设计

3.1 一 般 规 定

3.1.1 太阳能是一种不稳定热源，会受到阴天和雨、雪天气的影响。当地的太阳能资源、室外环境气温和系统工作温度等条件会对太阳能集热器的运行效率有影响；选用的系统形式和产品档次会受到业主要求和投资规模的影响；建筑物的类型（多层、高层住宅，公共建筑，车间等不同种类建筑）会影响太阳能集热系统的安装条件；所有这些影响因素都需要在进行系统设计选型时统筹考虑。

选择的系统类型应与当地的太阳能资源和气候条件、建筑物类型和投资规模相适应，在保证系统使用功能的前提下，使系统的性价比最优。

3.1.2 由于太阳能供热采暖系统中的太阳能集热器是安装在建筑物的外围护结构表面上，会给系统投入使用后的运行管理维护和部件更换带来一定难度；太阳能集热器的规格、尺寸须和建筑模数相匹配，做到与建筑结合，其施工安装也与常规系统有所不同；在既有建筑上安装太阳能集热系统，不能破坏原有的房屋功能，如屋面防水等，以及如何保证施工维修人员的安全等问题；如果在设计时没有予以充分重视，不但带来了安全隐患、破坏建筑立面美观等系列问题，还会影响系统不能发挥应有的作用和效益。

目前国内已发布实施了与太阳能供热采暖技术相关的各类国家建筑标准设计图集，进行系统设计时，可以直接引用和参照执行。

3.1.3 本条为强制性条文，目的是确保太阳能供热采暖系统投入实际运行使用后的安全性。大部分使用太阳能供热采暖系统的地区，冬季最低温度低于0℃，安装在室外的集热系统可能发生冻结，使系统不能运行甚至破坏管路、部件；即使考虑了系统的全年综合利用，也有可能因其他偶发因素，如住户外出度长假等造成用热负荷量大幅度减少，从而发生系统的过热现象。过热现象分为水箱过热和集热系统过热两种：水箱过热是当用户负荷突然减少，例如长期无人用水时，贮热水箱中热水温度会过高，甚至沸腾而有烫伤危险，产生的蒸汽会堵塞管道或将水箱和管道挤裂；集热系统过热是系统循环泵发生故障、关闭或停电时导致集热系统中的温度过高，而对集热器和管路系统造成损坏，例如集热系统中防冻液的温度高于115℃后具有强烈腐蚀性，对系统部件会造成损坏等。因此，在太阳能集热系统中应设置防过热安全防护措施和防冻措施。强风、冰雹、雷击、地震等恶劣自然条件也可能对室外安装的太阳能集热系统造成破坏；如果用电作为辅助热源，还会有电气安全问题；所有这些可能危及人身安全的因素，都必须在设计之初就认真对待，设置相应的技术措施加以防范。

3.1.4 太阳能是间歇性能源，在系统中设置其他能源辅助加热/换热设备，其目的是既要保证太阳能供热采暖系统稳定可靠运行，又要降低系统的规模和投资，否则将造成集热和蓄热设备、设施过大，初投资过高，在经济性上是不合理的。

辅助热源应根据当地条件，选择城市热网、电、燃气、燃油、工业余热或生物质燃料等。加热/换热设备选择各类锅炉、换热器和热泵等，做到因地制宜、经济适用。对选用辅助热源的种类没有限制，但应和当地使用的实际能源种类相匹配，特别是要与设置太阳能供热采暖系统建筑物用于其他用途的常规能源类型和设备相匹配或相一致，比如配有管道燃气供应的建筑物，其太阳能供热采暖系统的辅助热源就不应再使用电。应特别重视城市中工业余热的利用，以及乡镇、农村中的生物质燃料应用。

3.1.5 为保证太阳能供热采暖系统能够安全、稳定、高效地工作运行，并维持一定的使用寿命，必须保证系统中所采用设备和产品的性能质量。太阳能集热器是太阳能供热采暖系统中的关键设备，其性能、质量直接影响着系统的效益；我国目前有两大类太阳能集热器产品——平板型太阳能集热器和真空管型太阳能集热器，已发布实施的两个国家标准：《平板型太阳能集热器》GB/T 6424 和《真空管型太阳能集热器》GB/T 17581，分别对其产品性能质量作出了合格性指标规定；其中对热性能的要求，凡是合格产品，在我国大部分采暖地区环境资源条件和冬季供暖运行工况时的集热效率可以达到40%左右，从而保证系统能够获得较好的预期效益，标准对太阳能集热器产品的安全性等重要指标也有合格限的规定；因此，要求在太阳能供热采暖系统中必须使用合格产品。

太阳能集热器的性能质量是由具有相应资质的国家级产品质量监督检验中心检测得出，在进行系统设计时，应根据供货企业提供的太阳能集热器全性能检测报告，作为评价产品是否合格的依据。

太阳能集热器安装在建筑的外围护结构上，进行维修更换比较麻烦，正常使用寿命不能太低，目前我国较好企业生产的产品，已经有使用10年仍正常工作的实例，因此，规定产品的正常使用寿命不应少于10年。

3.1.6 我国正在加快推进供暖热计量和供暖收费改革，太阳能供热采暖作为一项节能新技术进入供暖市场，更应积极响应国家政策要求，所以，凡是有条件的工程，宜在系统中设计安装用于系统能耗监测的计量装置。

3.1.7 太阳能供热采暖系统最显著的特点是能够充分利用太阳能，替代常规能源，从而节约供热采暖系统的能耗，减轻环境污染。因此，在系统设计完成后，进行系统节能、环保效益预评估非常重要，预评估结果是系统方案选择和开发投资的重要依据，当业主或开发商对评估结果不满意时，可以调整设计方案、参数，进行重新设计，所以，效益预评估是不可缺少的设计程序。

3.2 供热采暖系统选型

3.2.1 本条规定了构成太阳能供热采暖系统的分系统和关键设备。其中，太阳能集热系统由太阳能集热器、循环管路、泵或风机等动力设备和相关附件组成；蓄热系统主要包括贮热水箱、蓄热水池或卵石蓄热堆等蓄热装置和管路、附件；末端供热采暖系统主要包括热媒配送管网、散热器等设备和附件；其他能源辅助加热/换热设备是指使用电、燃气等常规能源的锅炉和换热器等设备。

3.2.2 虽然在太阳能供热采暖系统中可以使用的太阳能集热器种类很多，但按集热器的工作介质划分，均可归到空气和液体工质两大类中，这两大类集热器在太阳能供热采暖系统中所使用的末端供热采暖系统类型、蓄热方式和主要设计参数等有较大差别，适用的场合也有所不同，在进行太阳能供热采暖系统选型时，需要根据使用要求和具体条件选用适宜类型的太阳能集热器。当然，工作介质相同的太阳能集热器，其材质、结构、构造和规格、尺寸等参数不同时，其性能参数也会有所不同，但不同点只是在参数的量值上有差别，不会影响到供热采暖系统的选型，因此，按选用的太阳能集热器种类划分系统类型时，将现有的各类太阳能集热器归于空气和液体工质两大类型。

3.2.3 太阳能集热系统的运行方式和系统安装使用地点的气候、水质等条件以及系统的初投资等经济因素密切相关，由于太阳能供热采暖系统的功能是兼有供暖和供热水，所以通常采用的运行方式是间接式太阳能集热系统；但我国是发展中国家，为降低系统造价，在气候相对温暖和软水质的地区，也可以采用直接式太阳能集热系统。

3.2.4 太阳能供热采暖系统与常规供热采暖系统的主要不同点是使用的热源不同，太阳能供热采暖系统的热源部分是收集利用太阳能的太阳能集热系统，常规供热采暖系统的热源是使用煤、天然气等常规能源的锅炉、换热器等设备；两种系统使用的末端采暖系统并无不同，目前常规供热采暖系统使用的末端采暖系统都能在太阳能供热采暖系统中使用，所以，在按末端采暖系统分类时，这些常规末端采暖系统均包括在内。但从提高系统运行效率、性能和适用合理性的角度分析，太阳能集热系统与末端采暖系统的配比组合对系统的工作性能、质量有较大影响，应在系统选型时予以充分重视。

由于目前市场上的液体工质太阳能集热器多是低温热水地板辐射为供生活热水而设计生产，冬季的工作温度较低——一般在40℃左右，所以现阶段最适宜的末端采暖系统是低温热水地板辐射采暖系统；但随着高效太阳能集热器新产品的开发和工作温度的不断提高，今后与其他类型的末端采暖系统相匹配也是适宜的。

3.2.5 太阳能的不稳定性决定了太阳能供热采暖系统必须设置相应的蓄热装置，具有一定的蓄热能力，从而保证系统稳定运行，并提高系统节能效益；虽然目前国内基本上是应用短期蓄热系统，但国外已有大量的季节蓄热太阳能供热采暖系统工程实践，和十多年的工程应用经验，技术成熟，太阳能可替代的常规能源量更大，可以作为我们的借鉴。因此，将短期蓄热和季节蓄热两种太阳能供热采暖系统都包括在本规范中。

应根据系统的投资规模和工程应用地区的气候特点选择蓄热系统，一般来说，气候干燥，阴、雨、雪天较少和冬季气温较高地区可用短期蓄热系统，选择蓄热能力较低和蓄热周期较短的蓄热设备；而冬季寒冷、夏季凉爽、不需设空调系统的地区，更适宜选择季节蓄热太阳能供热采暖系统，以利于系统全年的综合利用。

3.2.6 按不同分类方式划分的太阳能供热采暖系统，对应于不同的建筑气候分区和不同的建筑物类型使用时，其适用性是不同的，需在系统选型时综合考虑。设计太阳能供热采暖系统的主要目的是供暖，建筑物的使用功能——公共建筑、居住建筑或车间等，对系统选型的影响不大，而建筑物的层数对系统选型的影响相对较高，因此，表3.2.6中的建筑物类型是按低层、多层和高层来进行划分。

空气集热器太阳能供热采暖系统主要用于建筑物内需要局部热风采暖的部位，有庞大的风管、风机等系统设备，占据较大空间，而且，目前空气集热器的热性能相对较差，为减少热损失，提高系统效益，空气集热器离送热风点的距离不能太远，所以，空气集热器太阳能供热采暖系统不适宜用于多层和高层建筑。

太阳能集热器的工作温度越低，室外环境温度越高，其热效率越高，严寒地区冬季的室外温度较低，对集热器的实际工作热效率有较大影响，为提高系统效益，应使用低温热水地板辐射采暖末端供暖系统，如因供水温度低，出现地板可铺面积不够的情况，可将地板辐射扩展为顶棚辐射、墙面辐射等，以保证室内的设计温度；寒冷地区冬季的室外温度稍高，但对集热器的工作效率还是有影响，所以仍应采用低温供水采暖，选用地板辐射采暖末端供暖系统或散热器均可，但应适当加大散热器面积以满足室温设计要求；而在夏热冬冷和温和地区，冬季的室外环境温度较高，对集热器的实际工作热效率影响不大，可以选用工作温度稍高的末端供暖系统，如散热器等，以降低投资；在夏热冬冷地区，夏季普遍有空调需求，系统的全年综合利用可以冬季供暖、夏季空调，冬夏季使用相同的水—空气处理设备，从而降低造价，提高系统的经济性。夏热冬冷和温和地区的供暖需求不高，供暖负荷较小，短期蓄热即可满足要求；夏热冬冷地区的系统全年综合利用可以用夏季空调来解决，所以，在这两个气候区，不需要设置投资较高的季节蓄热系统。

3.2.7 液体工质集热器太阳能供暖系统的热媒是水，与热水辐射采暖、空气调节系统采暖和散热器采暖的热媒相同，所以，可用于现行国家标准《采暖通风与空气调节设计规范》GB 50019 中规定采用这些采暖方式的各类建筑。空气集热器太阳能供暖系统的热媒是空气，可以直接供给建筑物内需热风采暖的区域。

3.3 供热采暖系统负荷计算

3.3.1 由于太阳能供热采暖系统要做到全年综合利用，系统负担的负荷有两类：采暖热负荷和生活热水负荷；规定用两者中较大的负荷作为最后确定的系统负荷，是为保证系统的运行效果。太阳能是不稳定热源，所以系统负荷是由太阳能集热系统和其他能源辅助加热/换热设备共同负担，而两者负担的负荷量是不同的；因此，在后面条文中分别规定了不同类型负荷的计算原则，给出了计算公式。

3.3.2 规定了由太阳能集热系统负担的采暖热负荷是在采暖期室外平均气温条件下的建筑物耗热量。即：太阳能集热系统所负担的只是建筑物在采暖期的平均采暖负荷，而不是建筑物的最大采暖负荷。这样做的好处是降低系统投资，提高系统效益；否则会造成系统的集热器面积过大，增加系统过热隐患，降低系统费效比。

1 本款公式由行业标准《严寒和寒冷地区居住建筑节能设计标准》JGJ 26 中给出的建筑物耗热量指标公式改写，将耗热量指标公式中的各项乘以建筑面积即为本款公式。建筑物内部得热量的选取，针对居住建筑和公共建筑有所区别，居住建筑可按《严寒和寒冷地区居住建筑节能设计标准》JGJ 26 的规定选值，公共建筑则按照建筑物的功能具体计算确定。

2 在使用本款公式进行围护结构传热耗热量计算时，室内空气计算温度按现行国家标准《采暖通风与空气调节设计规范》GB 50019 规定的低限取值。例如，民用建筑的主要房间，可选 16～18℃（规范规定范围为 16～24℃）；采暖期室外平均温度和围护结构传热系数的修正系数 ε 按《严寒和寒冷地区居住建筑节能设计标准》JGJ 26、《夏热冬冷地区居住建筑节能设计标准》JGJ 134 和本规范附录 B 选取。

3 在使用本款公式进行空气渗透耗热量计算时，换气次数的选取，针对居住建筑和公共建筑有所区别，居住建筑可按《严寒和寒冷地区居住建筑节能设计标准》JGJ26 的规定选值，公共建筑则按照建筑物的功能具体计算确定。

3.3.3 在不利的阴、雨、雪天气条件下，太阳能集热系统完全不能工作，这时，建筑物的全部采暖负荷都需依靠其他能源加热/换热设备供给，所以，其他能源加热/换热设备的供热能力和供热量应能满足建筑物的全部采暖热负荷。

1 本款规定了由其他能源加热/换热设备负担的采暖热负荷应按现行国家标准《采暖通风与空气调节设计规范》GB 50019 规定的采暖热负荷计算方法和公式得出。即：这部分的负荷计算与进行常规采暖系统设计时的原则、方法完全相同。

2 在现行国家标准《采暖通风与空气调节设计规范》GB 50019规定可不设置集中采暖的地区或建筑，例如在夏热冬冷、温和地区的居住建筑，目前当地居民对冬季室内环境温度的要求普遍不高，一般居室温度达到 14～16℃就已足够满意，并不一定要求达到规范要求的 16～24℃，对这些地区或建筑，就可以根据当地的实际情况，适当降低室内空气设计计算温度，从而减小常规能源加热/换热设备容量，降低系统投资，提高系统效益。

今后，当该地区居民对室内环境舒适度的要求提高时，再在本规范进行修订时，提高冬季室内计算温度至国家标准《采暖通风与空气调节设计规范》GB 50019 的规定值。

3.3.4 规定了由太阳能供热采暖系统负担的供热水负荷是建筑物的生活热水日平均耗热量。这是世界各国普遍遵循的设计原则，也与我国的国家标准《民用建筑太阳能热水系统应用技术规范》GB 50364 的规定相一致。否则系统设计会偏大，使某些时段热水过剩造成浪费，或系统过热造成安全隐患。

本条的计算公式中，热水用水定额应选取《建筑给水排水设计规范》GB 50015 中给出的定额范围的下限值。

3.4 太阳能集热系统设计

3.4.1 本条规定了太阳能集热系统设计的基本要求。

1 本款为强制性条文。目前我国的实际情况，开发商为充分利用所购买的土地获取利润，在进行规划时确定的容积率普遍偏高，从而影响到建筑物的底层房间只能刚刚达到规范要求的日照标准；所以，虽然在屋顶上安装的太阳能集热系统本身高度并不高，但也有可能影响到相邻建筑的底层房间不能满足日照标准要求；此外，在阳台或墙面上安装有一定倾角的太阳能集热器时，也有可能会影响下层房间不能满足日照标准要求，必须在进行太阳能集热系统设计时予以充分重视。

2 直接式太阳能集热系统中的工作介质是水，冬季气温低于0℃时容易发生冻结现象，如果温度不是过低，处于低温状态的时间也不长，系统还可能再恢复正常工作，否则系统就可能被冻坏。因此，以冬季最低环境温度－5℃为界，在低于－5℃的地区，采用间接式太阳能集热系统，可使用防冻液工作介质，从而满足防冻要求。

3.4.2 本条是太阳能集热器设置和定位的基本规定。

1 太阳能集热器采光面上能够接收到的太阳光照会受到集热器安装方位和安装倾角的影响，根据集热器安装地点的地理位置，对应有一个可接收最多的全年太阳光照辐射热量的最佳安装方位和倾角范围，该最佳范围的方位是正南，或南偏东、偏西10°，倾角为当地纬度±10°，但该范围太窄，对建筑规划设计的限制过于严格，不利于太阳能供热采暖的推广应用；为此，编制组利用 Meteo Norm V4.0 软件进行了不同方位、倾角表面接收太阳光照的模拟计算，结果显示：当安装方位偏离正南向的角度再扩大到南偏东、偏西30°时，集热器表面接收的全年太阳光照辐射热量只减少了不到5%，所以，本条将推荐的集热器最佳安装方位扩大至正南，或南偏东、偏西30°；倾角为当地纬度－10°～＋20°，是因为太阳能供热采暖系统的主要功能是冬季采暖，倾角适当加大有利于提高冬季集热器的太阳能得热量。

对于受实际条件限制，集热器的朝向不可能在正南，或南偏东、偏西30°的朝向范围内，安装倾角与当地纬度偏差较大时，本条也给出了解决方法，即按附录A进行面积补偿，合理增加集热器面积；从而放宽了对应用太阳能供热采暖系统建筑物朝向、屋面坡度的限制，使建筑师的设计有了更大的灵活性，同时又能保证太阳能供热采暖系统设计的合理性。

在根据附录A进行面积补偿时，应针对不同的蓄热系统，选用不同的表格；表A.0.2-1根据12月的太阳辐照计算，适用于短期蓄热系统；表A.0.2-2根据全年的太阳辐照计算，适用于季节蓄热系统。

2 如果系统中太阳能集热器的位置设置不当，受到前方障碍物或前排集热器的遮挡，不能保证太阳能集热器采光面上的太阳光照的话，系统的实际运行效果和经济性都会大受影响，所以，需要对放置在建筑外围护结构上太阳能集热器采光面上的日照时间作出规定，冬至日太阳高度角最低，接收太阳光照的条件最不利，规定此时集热器采光面上的日照时数不少于4h，是综合考虑系统运行效果和围护结构实际条件而提出的；由于冬至前后在早上10点之前和下午2点之后的太阳高度角较低，对应照射到集热器采光面上的太阳辐照度也较低，即该时段系统能够接收到的太阳能热量较少，对系统全天运行的工作效果影响不大；如果增加对日照时数的要求，则安装集热器的屋面面积要加大，在很多情况下不可行，所以，取冬至日日照时间4h为最低要求。

除了保证太阳能集热器采光面上有足够的日照时间外，前、后排集热器之间还应留有足够的间距，以便于施工安装和维护操作；集热器应排列整齐有序，以免影响建筑立面的美观。

3 本款给出了某一时刻太阳能集热器不被前方障碍物遮挡阳光的日照间距计算公式。公式中的计算时刻应选冬至日（此时赤纬角 $\delta=-23°57'$）的10：00或14：00；公式中的角 γ_0 和太阳方位角 α 及集热器的方位角 γ（集热器表面法线在水平面上的投影线与正南方向线之间的夹角，偏东为负，偏西为正）有如下关系，见图5。

4 建筑物的变形缝是为避免因材料的热胀冷缩而破坏建筑物结构而设置，主体结构在伸缩缝、沉降缝、防震缝等变形缝两侧会发生相对位移，太阳能集热器如跨越建筑物变形缝易受到破坏，所以不应跨越变形缝设置。

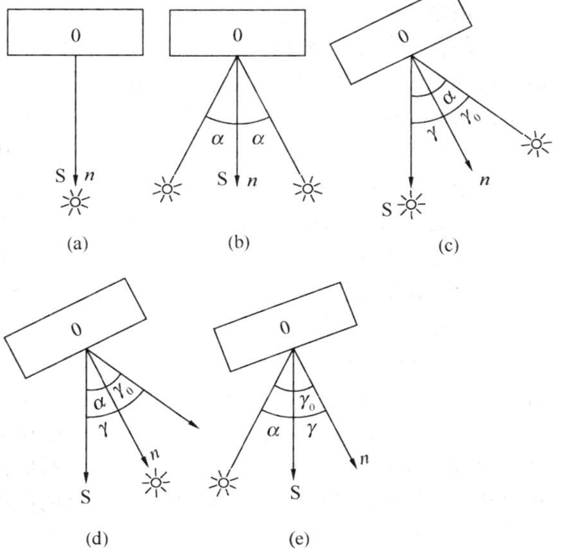

图5 集热器朝向与太阳方位的关系

(a) $\gamma_0=0,\gamma=0,\alpha=0$；(b) $\gamma_0=\alpha,\gamma=0$；(c) $\gamma_0=\alpha-\gamma$；(d) $\gamma_0=\gamma-\alpha$；(e) $\gamma_0=\alpha+\gamma$

3.4.3 本条规定了系统设计中确定太阳能集热器总面积的计算方法。

1 本款规定了直接系统太阳能集热器总面积的计算公式。一般情况下，太阳能集热器的安装倾角是在当地纬度$-10^{\circ}\sim+20^{\circ}$的范围内，所以，公式中的$J_T$可按附录B选取；选取时，针对短期蓄热和季节蓄热系统应选用不同值；短期蓄热系统应选用H_{Lt}：当地纬度倾角平面12月的月平均日辐照量，季节蓄热系统应选用；H_{La}：当地纬度倾角平面年平均日辐照量；其原因是季节蓄热系统可蓄存全年的太阳能得热量用于冬季采暖，太阳能集热器面积可以选得小一些，而短期蓄热系统的太阳能集热器面积应稍大，以保证系统的供暖效果。

2 本款规定了间接系统太阳能集热器总面积的计算方法。由于间接系统换热器内外需保持一定的换热温差，与直接系统相比，间接系统的集热器工作温度较高，使得集热器效率稍有降低，所以，确定的间接系统集热器面积要大于直接系统。其中的计算参数A_c用公式（3.4.3-1）计算得出，U_L和U_{hx}可由生产企业提供的产品样本或产品检测报告得出，A_{hx}则用附录E给出的方法计算。

3.4.4 本条规定了太阳能集热系统设计流量的计算方法。

1 本款规定了太阳能集热系统设计流量的计算公式。其中的计算参数A是将用式（3.4.3-1）或式（3.4.3-2）计算的总面积换算得出的采光面积，而优化系统设计流量的关键是要合理确定太阳能集热器的单位面积流量。

2 太阳能集热器的单位面积流量g与太阳能集热器的特性和用途有关，对应集热器本身的热性能和不同的用途，单位面积流量g的选取值是不同的。国外企业的普遍做法是根据其产品的不同用途——供暖、供热水或加热泳池等，委托相关的权威性检测机构给出与产品热性能相对应、在不同用途运行工况下单位面积流量的合理选值，并列入企业产品样本，供用户使用；而我国企业目前对产品优化和性能检测的认识水平还不高，大部分企业的产品都缺乏该项检测数据；因此，表3.4.4中给出的是根据国外企业产品性能，由《太阳能住宅供热综合系统设计手册》（Solar Heating Systems for Houses，A Design Handbook for Solar Combisystems）等国外资料总结的推荐值，可能并不完全与我国产品的性能相匹配，但目前国内较好企业的产品性能和国外产品的差别不大，引用国外推荐值应该不会产生太大的偏差。当然，今后应积极引导企业关注产品检测，逐渐积累我国自己的优化设计参数。

3.4.5 太阳能的特点之一是其不稳定性，太阳能集热器采光面上接收的太阳辐照度是随天气条件不同而发生变化的，所以在投资条件许可时，应积极提倡采用自动控制变流量运行太阳能集热系统，提高系统效益。

3.4.6 本条规定了太阳能集热系统防冻设计的要求和防冻措施的选择。

1 在冬季室外环境温度可能低于0℃的地区，因系统工质冻结会造成对系统的破坏，因此，在这些地区使用的太阳能集热系统，应进行防冻设计。

2 本款给出了太阳能集热系统可采用的防冻措施类型和根据集热系统类型、使用地区选择防冻措施的参照选择表。防冻措施包括：排空系统、排回系统、防冻液系统、循环防冻系统。严寒地区的防冻要求高，所以只能使用间接式太阳能集热系统和严格的防冻措施——排回系统和防冻液系统。鉴于我国目前的消费水平和投资能力较低，表3.4.6中将直接式太阳能集热系统和相应的排空和循环防冻系统列入了寒冷地区的推荐项，但如果从严要求，仅寒冷地区中冬季环境温度相对较高，如山东、河北南部、河南等省区，可以使用直接式太阳能集热系统和相应的排空和循环防冻系统。所以，只要有投资条件，寒冷地区仍应优先选用间接式太阳能集热系统和相应的防冻措施。

3 为保证太阳能集热系统的防冻措施能正常工作，规定防冻系统应采用自动控制运行。

3.5 蓄热系统设计

3.5.1 本条对太阳能供热采暖系统中蓄热系统的设计作出了基本规定。

1 目前在太阳能供热采暖系统中主要应用三种蓄热系统：液体工质集热器短期蓄热系统、液体工质集热器季节蓄热系统和空气集热器短期蓄热系统，太阳能集热系统形式、系统性能、系统投资、供热采暖负荷和太阳能保证率是影响蓄热系统选型的主要影响因素，在进行蓄热系统选型时，应通过对上述影响因素的综合技术经济分析，合理选取与工程具体条件最为适宜的系统。

2 目前太阳能供热采暖系统的蓄热方式共有5种——贮热水箱、地下水池、土壤埋管、卵石堆和相变材料。表3.5.1给出了与蓄热系统相对应和匹配的蓄热方式，决定该对应关系的主要因素是系统的工作介质和蓄热周期；其中，相变材料蓄热方式目前的实际应用较少，但考虑到这是太阳能应用长期以来一直关注的一种重要蓄热方式，近年来也不断有运用相变原理的新型材料被开发应用，所以，仍将其列入选项，但因其投资相对较大，不宜用于季节蓄热系统。

对应于同一蓄热系统形式，有两种以上可选择项目的蓄热方式时，应根据实际工程的投资规模和当地的地质、水文、土壤条件及使用要求综合分析选择；一般来说，地下水池的蓄热量大、施工简便、初投资低，是性能价格比最优的季节蓄热系统；土壤埋管蓄热施工较复杂，初投资高，但优点是能与地源热泵供暖空调系统联合工作，特别是在冬季从土壤的取热量远大于夏季向土壤放热量的地区，可以通过向土壤蓄热来弥补负荷的不平衡。

国外还有几种已应用于实际工程的蓄热方式，如利用地下的砂砾石含水层蓄热和利用地下的封闭水体蓄热，因适用条件过于特殊，故本规范中没有列入，但如当地恰好有这种适宜的水文地质条件，也可以参照国外相关工程经验，利用来进行季节蓄热。

3 季节蓄热液体工质集热器太阳能供暖系统的设备容量较大，需要较大的机房面积，投资比较高，只应用于单体建筑的综合效益较差，所以更适用于较大建筑面积的区域供暖；为提高系统的经济性，对单体建筑的供暖，采用短期蓄热液态工质集热器太阳能供暖系统较为适宜；但对某些地区或特定建筑，比如常规能源缺乏的边远地区，或高投资成本建设的高档别墅，也不排除采用季节蓄热系统。

4 蓄热水池中的水温较高，会发生烫伤等安全隐患，不能同时用作灭火的消防用水。

3.5.2 本条规定了液体工质蓄热系统的设计原则和相关设计参数。

1 短期蓄热液体工质集热器太阳能供暖系统的蓄热量是为满足在连续阴、雨、雪天时的供暖需求，加大蓄热量会增加蓄热设备容量和集热器面积，同时增加投资，所以需要在蓄热量和设备投资之间作权衡，选取适宜的蓄热周期。我国冬季大部分地区的连续阴、雨、雪天一般不超过一周，有些地区则可能会延长至半个月左右，如果要求蓄热量能够完全满足全部连续阴、雨、雪天时的供暖需求，则系统设备会过于庞大，系统投资过高，所以，规定短期蓄热液体工质集热器太阳能供暖系统的蓄热量只需满足建筑物1～5天的供暖需求，当地的太阳能资源好、环境气温高、工程投资大，可取高值，否则，取低值。如果投资许可，条件适宜，也不排除增加蓄热容量，延长蓄热周期，但蓄热周期应不超过15天。

2 太阳能供热采暖系统对应每平方米太阳能集热器采光面积的贮热水箱、水池容积与当地的太阳能资源条件、集热器的性能特性有关，我国目前只有针对热水系统的经验数据，所以表3.5.2中给出的短期和季节蓄热太阳能供热采暖系统的贮热水箱容积配比范围，是参照《太阳能住宅供热综合系统设计手册》(Solar Heating Systems for Houses，A Design Handbook For Solar Combisystems》等国外资料提出；在具体取值时，当地的太阳能资源好、环境气温高、工程投资高，可取高值，否则，取低值。

由于影响因素复杂，给出的推荐值范围较宽，选取某一具体数值确定水箱、水池容积完成系统设计后，可利用相关软件模拟系统在运行工况下的贮水温度，进行校核计算，验证取值是否合理。随着我国太阳能供热采暖工程的推广应用，在积累了较多工程经验和实测数据后，才有可能提出更加细化的适配参数。

3 贮热水箱内的热水存在温度梯度，水箱顶部的水温高于底部水温；为提高太阳能集热系统的效率，从贮热水箱向太阳能集热系统的供水温度应较低，所以，该条供水管的接管位置应在水箱底部；根据具体工程条件，生活热水和供暖系统对供水温度的要求是不同的，也应在贮热水箱相对应适宜的温度层位置接管，以实现系统对不同温度的供热/换热需求，提高系统的总效率。

4 如果贮热水箱接管处的流速过高，会对水箱中的水造成扰动，影响水箱的水温分层，所以，水箱进、出口处的流速应尽量降低；国外的部分工程经验，该处的流速远低于0.04m/s，但太低的流速会过分加大接管管径，特别对循环流量较大的大系统，在具体取值时需要综合考虑权衡；这里规定的0.04m/s是最高限值，必须在接管处采取措施使流速低于限值。

5 季节蓄热系统地下水池的水池容量将直接影响水池内热水的蓄热温度，对应于一定的水池保温措施、周围土壤的全年温度分布、集热系统供水温度和水池容量等，有一个可能达到的最高水温。设计容量过大，池内水温低，既浪费了投资，又不能满足系统的功能要求；设计容量偏小，则池内水温可能过高，甚至超过水池内压力相对应的沸点温度而蒸发汽化，形成安全隐患；因此，必须对水池内可能达到的最高水温做校核计算。进行校核计算时，选用动态传热计算模型准确度最高，所以，有条件时，应优先利用计算软件做系统的全年运行性能动态模拟计算，得出蓄热水池内可能达到的最高水温预测值；为确保安全，该最高水温预测值应比与水池内压力相对应的水的沸点低5℃。

6 地下水池的槽体结构、保温结构和防水结构的设计在相关国家标准、规范中已有规定，参照执行即可。

7 季节蓄热地下水池一般容量较大，容易形成池内水温分布不均匀的现象，影响系统的供暖效果，所以，应采取相应的技术措施，例如设计迷宫式水池或设布水器等方法，避免池内水温分布不均匀。

8 保温设计在相关国家标准中已有规定，可参照执行。

9 工程建设当地的土壤地质条件是能否应用土壤埋管季节蓄热的基础，对土壤埋管季节蓄热系统的性能和实际运行效果有很大影响，因此，在进行设计前，应进行地质勘察，从而确定当地的土壤地质条件是否适宜埋管，同时又可对系统设计提出土壤温度等相关基础参数。土壤埋管季节蓄热系统的投资较大，其蓄热装置——地下埋管部分与地源热泵系统的地埋管换热系统完全相同，在特定条件（夏季气候凉爽、完全不需空调）的地区，用地源热泵机组作辅助热源，与地埋管热泵系统配合使用，可以提高系统的运行效率和经济效益。

3.5.3 本条规定了卵石堆蓄热方式的设计原则和设计参数。

1 规定了空气蓄热系统的蓄热装置——卵石堆蓄热器（卵石箱）的基本尺寸和容量。推荐参数参照国外工程经验。

2 放入卵石箱内的卵石应清洗干净，以免热风通过时吹起灰尘。卵石大小如果不均匀，或使用易破碎或可与水和二氧化碳起反应的石头，如石灰石、砂石、大理石、白云石等，因会减小卵石之间的空隙，降低卵石箱内的空隙率，使阻力加大，影响系统效率。卵石堆的热分层可提高蓄热性能，所以，宜优先选用有热分层的垂直卵石堆；当高度受限时，只能采用水平卵石堆，但水平卵石堆无热分层。

3.5.4 本条规定了相变材料蓄热方式的设计原则和设计参数。

1 液体工质与相变材料直接接触换热，使相变材料发生相变时，相变材料有可能与液体换热工质混合，而使本身的成分、浓度等产生变化，从而改变相变温度等关键设计参数，并影响系统的总体运行效果，所以，液体工质不能直接与相变材料接触，而必须通过换热器间接换热。

2 使太阳能供热采暖系统的工作温度范围与相变材料的相变温度相匹配，是相变材料蓄热系统能够运行工作的基础，必须严格遵守。

3.6 控制系统设计

3.6.1 本条规定了太阳能供热采暖系统自动控制设计的基本原则。

1 太阳能供热采暖系统的热源是不稳定的太阳能，系统中又设有常规能源辅助加热设备，为保证系统的节能效益，系统运行最重要的原则是优先使用太阳能，这就需要通过相应的控制手段来实现。太阳辐照和天气条件在短时间内发生的剧烈变化，几乎不可能通过手动控制来实现调节；因此，应设置自动控制系统，保证系统的安全、稳定运行，以达到预期的节能效益。同时，规定了自动控制的功能应包括对太阳能集热系统的运行控制和安全防护控制、集热系统和辅助热源设备的工作切换控制、太阳能集热系统安全防护控制的功能应包括防冻保护和防过热保护。

2 为保证自动控制系统能长久、稳定、正常工作，必须确保系统部件、元件的产品质量，性能、质量符合相关产品标准是最低要求，进行系统设计时，应予以充分重视。目前我国大部分物业管理公司的设备运行和管理人员，其技能普遍不高，如果控制方式过于复杂，使设备运行管理人员不易掌握，就会严重影响系统的运行效果，所以，自动控制系统的设计应简便、可靠、利于操作。

3 温度传感器的测量不确定度不能太大，否则将会导致控制精度降低，进而影响系统的合理运行，因此，必须规定温度传感器应达到的测量不确定度。对工程应用来说，小于等于0.5℃的测量不确定度已足够准确，可以满足控制精度要求。

3.6.2 本条规定了系统运行和设备工作切换的自动控制设计的基本原则。

1 根据集热系统工质出口和贮热装置底部介质的温差，控制太阳能集热系统的运行循环，是最常使用的系统运行控制方式。其依据的原理是：只有当集热系统工质出口温度高于贮热装置底部温度（贮热装置底部的工作介质通过管路被送回集热系统重新加热，该温度可视为是返回集热系统的工质温度）时，工作介质才可能在集热系统中获取有用热量；否则，说明由于太阳辐照过低，工质不能通过集热系统得到热量，如果此时系统仍然继续循环工作，则可能发生工质反而通过集热系统散热，使贮热装置内的工质温度降低。

温差循环的运行控制方式是：在集热系统工质出口和贮热装置底部分别设置温度传感器S1和S2，当二者温差大于设定值（宜取5～10℃）时，通过控制器启动循环泵或风机，系统运行，将热量从集热系统传输到贮热装置；当二者温差小于设定值（宜取2～5℃）时，循环泵或风机关闭，系统停止运行。

2 本款提出了太阳能集热系统变流量运行的具体控制方式。可以根据太阳辐照条件的变化直接改变系统流量，或因太阳辐照不同引起的温差变化间接改变系统流量，从而实现系统的优化运行。

3 为保证太阳能供热采暖系统的稳定运行，当太阳辐照较差，通过太阳能集热系统的工作介质不能获取相应的有用热量，使工质温度达到设计要求时，辅助热源加热设备应启动工作；而太阳辐照较好，工质通过太阳能集热系统可以被加热到设计温度时，辅助热源加热设备应立即停止工作，以实现优先使用太阳能，提高系统的太阳能保证率；所以，应采用定温（工质温度是否达到设计温度）自动控制，来完成太阳能集热系统和辅助热源加热设备的相互工作切换。

3.6.3 本条规定了系统安全和防护控制的基本设计原则。

1 使用水作工作介质的直接和间接式太阳能集热系统，常采用排空和排回措施，将全部工作介质排空或从安装在室外的太阳能集热系统排至设于室内的贮水箱内，以防止冻结现象发生；所以，当水温降低到某一定值——防冻执行温度时，就应通过自动控制启动排空和排回措施，防止水温继续下降至0℃产生冻结，影响系统安全。防冻执行温度的范围通常取3～5℃，视当地的气候条件和系统大小确定具体选值，气温偏低地区取高值，否则，取低值。

2 系统循环防冻的技术相对简便，是目前较常使用的防冻措施，但因系统循环会有水泵能耗，设计时应结合当地条件作经济分析，考虑是否采用；如水泵运行时间过长或频繁起停，则不适用。

3 贮热水箱中的水一般是直接供给供暖末端系统或热水用户的，所以，防过热措施应更严格。过热防护系统的工作思路是：当发生水箱过热时，不允许集热系统采集的热量再进入水箱，避免供给末端系统或用户的水过热，此时多余的热量由集热系统承担；集热系统安装在户外，当集热系统也发生过热时，因集热系统中的工质沸腾造成人身伤害的危险稍小，而且容易采取其他措施散热。

因此，水箱防过热执行温度的设定更严格，应设在80℃以内，水箱顶部温度最高，防过热温度传感器应设置在贮热水箱顶部；而集热系统中的防过热执行温度则根据系统的常规工作压力，设定较为宽泛的范围，一般常用的范围是95～120℃，当介质温度超过了安全上限，可能发生危险时，用开启安全阀泄压的方式保证安全。

4 本款为强制性条文。当发生系统过热安全阀必须开启时，系统中的高温水或蒸汽会通过安全阀外泄，安全阀的设置位置不当，或没有配备相应措施，有可能会危及周围人员的人身安全，必须在设计时着重考虑。例如，可将安全阀设置在已引入设备机房的系统管路上，并通过管路将外泄高温水或蒸汽排至机房地漏；安全阀只能在室外系统管路上设置时，通过管路将外泄高温水或蒸汽排至就近的雨水口等。

如果安全阀的开启压力大于与系统可耐受的最高工作温度对应的饱和蒸汽压力，系统可能会因工作压力过高受到破坏；而开启压力小于与系统可耐受的最高工作温度对应的饱和蒸汽压力，则使本来仍可正常运行的系统停止工作，所以，安全阀的开启压力应与系统可耐受的最高工作温度对应的饱和蒸汽压力一致，既保证了系统的安全性，又保证系统的稳定正常运行。

3.7 末端供暖系统设计

3.7.1 本条规定了太阳能供热采暖系统中可以和液体工质集热器配合工作的末端供暖系统。可用于常规采暖、空调系统的末端设备、系统（低温热水地板辐射、水-空气处理设备和散热器等）均可用于太阳能供热采暖系统；需根据具体工程的条件选用。只设置采暖系统的建筑，应优先选用低温热水地板辐射；拟设置集中空调系统的建筑，应选用水-空气处理设备；在温和地区只设置采暖系统的建筑，或使用高效集热器的单纯采暖系统，也可选用散热器采暖，以降低工程初投资，提高系统效益。

3.7.2 本条规定了太阳能供热采暖系统中可以和空气集热器配合工作的末端供暖系统。空气集热器太阳能供热采暖系统的工质为空气，所以末端供暖系统是在常规采暖、空调系统中通常采用的热风采暖系统。部分新风加回风循环的风管送风系统中，应由太阳能提供新风部分的热负荷，从而提高系统效率，得到更好的节能效益。

3.7.3 太阳能供热采暖系统的末端供暖系统与常规采暖、空调系统的末端设备、系统完全相同，其系统设计在国家现行标准、规范中已作详细规定，遵照执行即可，不需再作另行规定。

3.8 热水系统设计

3.8.1 太阳能供热采暖系统是根据采暖热负荷确定太阳能集热器面积从而进行系统设计的，所以，系统在非采暖季可提供生活热水的建筑面积会大于冬季采暖的建筑面积，即热水系统的供热水范围必定大于冬季采暖的范围。

以在一个由若干栋住宅组成的小区内设计太阳能供热采暖系统为例，如果系统设计是冬季为其中的2栋住宅供暖，那么在非采暖季生活热水的供应范围是选4栋、6栋还是更多栋住宅，就需要根据所在地区气候、太阳能资源条件、用水负荷，综合业主要求、投资规模、安装等条件，通过计算合理确定适宜的供水范围。是否适宜，需要遵循的一个重要原则是保证系统在非采暖季正常运行的条件下不会产生过热。

3.8.2 太阳能供热采暖系统中的热水系统与常规热水供应系统完全相同，其系统设计在现行国家标准、规范中已作详细规定，遵照执行即可，不需再作另行规定。

3.8.3 本条规定是为强调设计人员应重视太阳能供热采暖系统中的生活热水系统的水质，因为洗浴热水会直接接触使用人员的皮肤，所以要求水质必须符合卫生指标。

3.9 其他能源辅助加热/换热设备设计选型

3.9.1 在国家标准《采暖通风与空气调节设计规范》GB 50019和《公共建筑节能设计标准》GB 50189中，均对采暖热源的适用条件和使用的常规能源种类作出了规定，其目的除了保证技术上的合理性之外，另一重要的原因是为满足建筑节能的要求。例如，《公共建筑节能设计标准》中的强制性条文：“除了符合下列情况之一外，不得采用电热锅炉、电热水器作为直接采暖和空气调节系统的热源：（6种情况略）”，对采用电热锅炉作出了限制规定；太阳能供热采暖系统是以节能为目标，因此，更应该严格遵守。

3.9.2 太阳能供热采暖系统中使用的其他能源加热/换热设备和常规采暖系统中的热源设备没有区别，为满足建筑节能的要求，国家标准《公共建筑节能设计标准》GB 50189中对采暖系统的热源性能——例如锅炉额定热效率等作出了规定。太阳能供热采暖系统在选择其他能源加热/换热设备时，同样应该遵守。

3.9.3 其他能源加热/换热设备和常规采暖系统中的热源设备完全相同，其设计选型在现行国家标准、规范中已作详细规定，遵照执行即可，不需再作另行规定。

4 太阳能供热采暖系统施工

4.1 一般规定

4.1.1 本条为强制性条文。进行太阳能供热采暖系统的施工安装，保证建筑物的结构和功能设施安全是第一位的；特别在既有建筑上安装系统时，如果不能严格按照相关规范进行土建、防水、管道等部位的施工安装，很容易造成对建筑物的结构、屋面、地面防水层和附属设施的破坏，削弱建筑物在寿命期内承受荷载的能力，所以，必须作为强制性条文提出，予以充分重视。

4.1.2 目前国内现状，太阳能供热采暖系统的施工安装通常由专门的太阳能工程公司承担，作为一个独立工程实施完成，而太阳能供热采暖系统的安装与土建、装修等相关施工作业有很强的关联性，所以，必须强调施工组织设计，以避免差错，提高施工效率。

4.1.3 本条的提出是由于目前太阳能供热采暖系统施工安装人员的技术水平参差不齐，不进行规范施工的现象时有发生。所以，着重强调必要的施工条件，严禁不满足条件的盲目施工。

4.1.4 本条规定了太阳能供热采暖系统连接管线、部件、阀门等配件选用的材料应能耐受温度，以防止系统破坏，提高系统部件的耐久性和系统工作寿命。

4.1.5 本条对进场安装的太阳能供热采暖系统产品、配件、材料及其性能提出了要求，针对目前国内企业普遍不重视太阳能集热器性能检测的现状，规定了应提供集热器进场产品的性能检测报告。

4.2 太阳能集热系统施工

4.2.1 太阳能集热器的安装方位对采光面上可以接收到的太阳辐射有很大影响，进而影响系统的运行效果，因此，应保证按照设计要求的方位进行安装；推荐使用罗盘仪确定方位，罗盘仪操作方便，是简便易行的定位工具。

4.2.2 太阳能集热器的种类繁多，不同企业产品设计的相互连接方式以及真空管与联箱的密封方式有较大差别，其连接、密封的具体操作方法通常都在产品说明书中详细说明，所以，在本条规定中予以强调，要求按照具体产品所设计的连接和密封方式安装，并严格按产品说明书进行具体操作。

4.2.3 平屋面上用于安装太阳能集热器的专用基座，其强度是为保证集热器防风、抗震及今后运行安全，通过设计计算提出的关键指标，施工时应严格按照设计要求，否则，基座强度就得不到保证；基座的防水处理做不好，会引发屋面漏水，影响顶层住户的切身利益，在既有建筑屋面上安装时，需要刨开屋面面层做基座，会破坏原有防水结构，基座完工后，被破坏部位需重做防水，所以，都应严格按国家标准《屋面工程质量验收规范》GB 50207的规定进行防水制作。

4.2.4 本条是对埋设在坡屋面结构层预埋件的施工工序的规定，对新建建筑和既有建筑改造同样适用。

4.2.5 在部分围护结构表面，如平屋面上安装太阳能集热器时，集热器需安装在支架上，支架通常由同一生产企业提供，本条对集热器支架提出要求。根据集热器所安装地区的气候特点，支架的强度、抗风能力、防腐处理和热补偿措施等必须符合设计要求，部分指标在设计未作规定时，则应符合国家现行标准的要求。

4.2.6 本条是防止因太阳能集热系统管线穿过屋面、露台时造成这些部位漏水的重要措施，应严格执行。

4.2.7 管道的施工安装在国家标准《建筑给水排水及采暖工程施工质量验收规范》GB 50242、《通风与空调工程施工质量验收规范》GB 50243 中已有详细的规定，严格执行即可。

4.3 太阳能蓄热系统施工

4.3.1 贮热水箱内贮存的是热水，设计时会根据贮水温度提出对材质、规格的要求，因此，要求施工单位在购买或现场制作安装时，应严格遵照设计要求。钢板焊接的贮热水箱容易被腐蚀，所以，特别强调按设计要求对水箱内、外壁做防腐处理；为确保人身健康，同时要求内壁防腐涂料应卫生、无毒，能长期耐受所贮存热水的最高温度。

4.3.2 本条规定了贮热水箱制作的程序和应遵照执行的标准，以保证水箱质量。

4.3.3 本条规定是为减少贮热水箱的热损失。

4.3.4 本条规定了蓄热地下水池现场施工制作时的要求，以保证水池质量和施工安全。

1 地下水池施工时，除必须按照设计规定，满足系统的承压和承受土壤等荷载的要求外，还应在施工过程中，严格施工程序，防止因土壤等荷载造成安全事故。

2 应严格按设计要求和相关标准规定的施工工法，进行地下水池的防水渗漏施工，保证水池的防水渗漏性能质量。

3 为保证地下水池的工作寿命，减轻日常维护工作量，避免危及人员健康、安全，应严格按设计要求和相关标准规定的施工工法，选择内壁防腐涂料，进行地下水池及内部部件的抗腐蚀处理。

4 地下水池需要长期贮存热水，为尽可能延长水池的工作寿命，选用的保温材料和保温构造做法应能长期耐受所贮存热水的最高温度，所以，除现场条件不允许，如利用现有水池等特殊情况外，一般应采用外保温构造做法。

4.3.5 管道的施工安装在国家标准《建筑给水排水及采暖工程施工质量验收规范》GB50242、《通风与空调工程施工质量验收规范》GB 50243 中已有详细的规定，严格执行即可。

4.4 控制系统施工

4.4.1 系统的电缆线路施工和电气设施的安装在国家标准《电气装置安装工程电缆线路施工及验收规范》GB 50168 和《建筑电气工程施工质量验收规范》GB 50303 中已有详细规定，遵照执行即可。

4.4.2 为保证系统运行的电气安全，系统中的全部电气设备和与电气设备相连接的金属部件应做接地处理。而电气接地装置的施工在国家标准《电气装置安装工程接地装置施工及验收规范》GB 50169 中均有规定，遵照执行即可。

4.5 末端供暖系统施工

4.5.1 末端供暖系统的施工安装在国家标准《建筑给水排水及采暖工程施工质量验收规范》GB 50242、《通风与空调工程施工质量验收规范》GB 50243 中均有规定，遵照执行即可。

4.5.2 低温热水地板辐射供暖是太阳能供热采暖中使用最广泛的末端供暖系统，其施工安装在行业标准《地面辐射供暖技术规程》JGJ 142 中已有详细规定，应遵照执行。

5 太阳能供热采暖工程的调试、验收与效益评估

5.1 一 般 规 定

5.1.1 本条根据太阳能供热采暖工程的特点和需要，明确规定在系统安装完毕投入使用前，应进行系统调试。系统调试是使系统功能正常发挥的调整过程，也是对工程质量进行检验的过程。根据调研，凡施工结束进行系统调试的项目，效果较好，发现问题可进行改进；未作系统调试的工程，往往存在质量问题，使用效果不好，而且互相推诿、不予解决，影响工程效能的发挥。所以，作出本条规定，以严格施工管理。一般情况下，系统调试应在竣工验收阶段进行；不具备使用条件，是指气候条件等不合适时，比如，竣工时间在夏季，不利于进行冬季供暖工况调试等，但延期进行调试需经建设单位同意。

5.1.2 本条规定了系统调试需要包括的项目和连续试运行的天数，以使工程能达到预期效果。

5.1.3 本条为《建筑工程施工质量验收统一标准》GB 50300 中的规定，在此提出予以强调。

5.1.4 太阳能供热采暖系统的施工受多种条件制约，因此，本条提出分项工程验收可根据工程施工特点分期进行，但强调对于影响工程安全和系统性能的工序，必须在本工序验收合格后才能进入下一道工序的施工。

5.1.5 本条规定了竣工验收的时间及竣工验收应提交的资料。实际工程中，部分施工单位对施工资料不够重视，所以，在此加以强调。

5.1.6 本条参照了相关国家标准对常规暖通空调工程质量保修期限的规定。太阳能供热采暖工程比常规暖通空调工程更加复杂，技术要求更多；因此，对施工质量的保修期限应至少与常规暖通空调工程相同，负担的责任方也应相同。

5.2 系 统 调 试

5.2.1 本条规定了进行太阳能供热采暖工程系统调试的相关责任方。由于施工单位可能不具备系统调试能力，所以规定可以由施工企业委托有调试能力的其他单位进行系统调试。

5.2.2 本条规定了太阳能供热采暖工程系统设备单机、部件调试和系统联动调试的执行顺序，应首先进行设备单机和部件的调试和试运转，设备单机、部件调试合格后才能进行系统联动调试。

5.2.3 本条规定了设备单机、部件调试应包括的内容，以为系统联动调试做好准备。

5.2.4 为使工程达到预期效果，本条规定了系统联动调试应包括的内容。

5.2.5 为使工程达到预期效果，本条规定了系统联动调试结果与系统设计值之间的容许偏差。

1 现行国家标准《通风与空调工程施工质量验收规范》GB 50243 对供热采暖系统的流量、供水温度等参数的联动调试结果与系统设计值之间的容许偏差有详细规定，应严格执行，以保证系统投入使用后能正常运行。

2 本条的额定工况指太阳能集热系统在系统流量或风量等于系统的设计流量或设计风量的条件下工作。

3 针对短期蓄热系统和季节蓄热系统，本条太阳能集热系统的额定工况是不相同的，具体的集热系统工作条件如下：

1）短期蓄热系统：日太阳辐照量接近于当地纬度倾角平面 12 月的月平均日太阳辐照量，日平均室外温度接近于当地 12 月的月平均环境温度；

2）季节蓄热系统：日太阳辐照量接近于当地纬度倾角平面的年平均日太阳辐照量，日平均室外温度接近于当地的年平均环

境温度；通常情况下以3月、9月（春分、秋分节气所在月）的条件最为接近。

集热系统进出口工质的设计温差 Δt 可用下式计算得出：

$$\Delta t=\frac{Q_{H}f}{\rho cG}$$

式中 Q_{H}——建筑物耗热量，W；

f——系统的设计太阳能保证率，%；

c——水的比热容，4187J/(kg·℃)；

ρ——热水密度，kg/L；

G——系统设计流量，L/s。

5.3 工程验收

5.3.1 本条划分了太阳能供热采暖工程的分部、分项工程，以及分项工程所包括的基本施工安装工序和项目，分项工程验收应能涵盖这些基本施工安装工序和项目。

5.3.2 太阳能供热采暖系统中的隐蔽工程，一旦在隐蔽后出现问题，需要返工的部位涉及面广、施工难度和经济损失大，因此，必须在隐蔽前经监理人员验收及认可签证，以明确界定出现问题后的责任。

5.3.3 本条规定了在太阳能供热采暖系统的土建工程验收前，应完成现场验收的隐蔽项目内容。进行现场验收时，按设计要求和规定的质量标准进行检验，并填写中间验收记录表。

5.3.4 本条规定了太阳能集热器的安装方位角和倾角与设计要求的容许安装误差。检验安装方位角时，应先使用罗盘仪确定正南向，再使用经纬仪测量出方位角。检验安装倾角，则可使用量角器测量。

5.3.5 为保证工程质量和达到工程的预期效果，本条规定了对太阳能供热采暖系统工程进行检验和检测的主要内容。

5.3.6 本条规定了太阳能供热采暖系统管道的水压试验压力取值。一般情况下，设计会提出对系统的工作压力要求，此时，可按国家标准《建筑给水排水及采暖工程施工质量验收规范》GB 50242的规定，取1.5倍的工作压力作为水压试验压力；而对可能出现的设计未注明的情况，则分不同系统提出了规定要求。开式太阳能集热系统虽然可以看作无压系统，但为保证系统不会因突发的压力波动造成漏水或损坏，仍要求应以系统顶点工作压力加0.1MPa做水压试验；闭式太阳能集热系统和供暖系统均为有压力系统，所以应按《建筑给水排水及采暖工程施工质量验收规范》GB 50242的规定进行水压试验。

5.4 工程效益评估

5.4.1 发达国家通常都对太阳能供热采暖工程进行系统效益的长期监测，以作为对使用太阳能供热采暖工程用户提供税收优惠或补贴的依据；我国今后也有可能出台类似政策，所以，本条建议有条件的工程，宜在系统工作运行后，进行系统能耗的定期监测，以确定系统的节能、环保效益。

5.4.2 本条规定了对太阳能供热采暖工程做节能、环保效益分析的评定指标内容。所包括的评定指标能够有效反映系统的节能、环保效益，而且计算相对简单、方便，可操作性强。

5.4.3 本条规定了计算太阳能供热采暖系统的年节能量、系统寿命期内的总节能费用、费效比和二氧化碳减排量的计算方法——本规范附录F中的推荐公式。

附录A 不同地区太阳能集热器的补偿面积比

A.0.1 当太阳能集热器受实际条件限制，不能按照给出的最佳方位范围和接近当地纬度的倾角安装时，需要使用本附录方法进行面积补偿，本条规定了计算公式，其中的 A_{C} 是按假设安装倾角为当地纬度、安装方位角为正南，用式(3.4.3-1)和式(3.4.3-2)计算得出的太阳能集热器面积；R_{S} 是从A.0.2条给出的表中选取的补偿面积比，应选取与实际安装倾角和方位角最为接近角度对应的 R_{S}。

附录B 代表城市气象参数及不同地区太阳能保证率推荐值

B.0.1 本条给出了我国代表城市的设计用气象参数。

表B.0.1给出的气象参数根据国家气象中心信息中心气象资料室提供的1971～2000年相关参数的月平均值统计；其中，计算采暖期平均环境温度的部分取值引自行业标准《严寒和寒冷地区居住建筑节能设计标准》JGJ 26和《夏热冬冷地区居住建筑节能设计标准》JGJ 134。

B.0.2 本条给出了我国4个太阳能资源区的太阳能保证率取值的推荐范围。太阳能保证率 f 是确定太阳能集热器面积的一个关键性因素，也是影响太阳能供热采暖系统经济性能的重要参数。实际选用的太阳能保证率 f 与系统使用期内的太阳辐照、气候条件、产品与系统的热性能、供热采暖负荷、末端设备特点、系统成本和开发商的预期投资规模等因素有关。

表B.0.2是根据不同地区的太阳能辐射资源和气候条件，取合格产品的性能参数，设定合理的投资成本，针对不同末端设备模拟计算得出；具体选值时，需按当地的辐射资源和投资规模确定，太阳辐照好、投资大的工程可选相对较高的太阳能保证率，反之，取低值。

附录C 太阳能集热器平均集热效率计算方法

C.0.1 强调太阳能集热器的集热效率应根据选用产品的实际测试效率方程计算得出。因为不同企业生产的产品热性能差别很大，如果不按具体产品的测试方程选取效率，将会直接影响系统的正常工作和预期效益。

太阳能集热器产品的国家标准规定，太阳能集热器实测的效率方程可根据实测参数拟合为一次方程或二次方程，无论是一次还是二次方程，均可用于设计计算。

标准中对合格产品相关参数(一次方程中的 η_0 和 U)应达到的要求作出了规定，该规定值是：平板型集热器：$\eta_0 \geqslant 0.72$，$U \leqslant 6.0\text{W/(m}^2\cdot\text{K)}$；无反射器真空管集热器：$\eta_0 \geqslant 0.62$，$U \leqslant 2.5\text{W/(m}^2\cdot\text{K)}$。以下给出一个计算实例。

如一个合格真空管集热器经测试得出的效率方程分别为：

一次方程：$\eta = 0.742 - 2.480T^*$

二次方程：$\eta = 0.743 - 2.604T^* - 0.003G(T^*)^2$

该集热器将用于北京市一个短期蓄热、地板辐射采暖的太阳能供热采暖系统，采暖回水温度 t_i 取35℃，t_a 取北京12月的平均环境温度−2.7℃，北京12月集热器采光面上的太阳总辐射月平均日辐照量 H_d 为13709kJ/(m²·d)，12月的月平均每日的日照小时数 S_d 为6.0h；

则 $G = H_d/(3.6S_d) = 13709/(3.6\times6) = 635\text{W/m}^2$，

$T^* = (t_i - t_a)/G = (35+2.7)/635 = 0.06$，

选用一次方程：

$$\eta = 0.742 - 2.480T^* = 0.742 - 2.480\times0.06 = 0.593$$

选用二次方程：

$$\begin{aligned}\eta &= 0.743 - 2.604T^* - 0.003G(T^*)^2 \\ &= 0.743 - 2.604\times0.06 - 0.003\times635\times0.06^2 \\ &= 0.580\end{aligned}$$

C.0.2 在我国大部分地区，基本上可以用12月的气象条件代表冬季气候的平均水平，所以，短期蓄热太阳能供热采暖系统的设计选用12月的平均气象参数进行计算。

C.0.3 季节蓄热太阳能供热采暖系统是将全年收集的太阳能都贮存起来用于供暖，所以其系统设计是选用全年的平均气象参数进行计算。

附录D 太阳能集热系统管路、水箱热损失率计算方法

D.0.1 本条给出了管路、水箱热损失率 η_L 的推荐取值范围，该取值范围是在参考暖通空调、热力专业相关设计技术措施、手册、标准图等资料的基础上，选取典型系统，以代表城市哈尔滨、北京、郑州的气象参数进行校核计算后确定的。应按照当地的气象、太阳能资源条件合理取值；12月和全年的环境温度较低、太阳辐照较差的地区应取较高值，反之，可取较低值。

D.0.2 本条给出了需要准确计算 η_L 的方法原则，即按本附录D.0.3～D.0.5给出的公式迭代计算。具体迭代计算的步骤是：

1) 按D.0.1给出的推荐范围选取 η_L 的初始值；
2) 利用本规范第3.4.3条中的公式计算太阳能集热器总面积；
3) 根据实际工程要求进行系统设计，确定管路长度、尺寸、水箱容积等；
4) 利用D.0.3～D.0.5给出的公式，根据系统设计和设备选型计算 η_L 的实际值；
5) η_L 初始值和实际值的差别小于5%时，说明 η_L 初始值选择合理，系统设计完成；否则，改变 η_L 取值按上述过程重新设计计算。

中华人民共和国行业标准

既有采暖居住建筑节能改造技术规程

JGJ 129—2000

条 文 说 明

前　言

《既有采暖居住建筑节能改造技术规程》（JGJ 129—2000），经建设部2000年10月11日以建标［2000］224号文批准，业已发布。

为便于广大设计、施工、科研、学校等单位的有关人员在使用本规程时能正确理解和执行条文规定，《既有采暖居住建筑节能改造技术规程》编制组按章、节、条顺序编制了本规程的条文说明，供国内使用者参考。在使用中如发现本条文说明有不妥之处，请将意见函寄北京中建建筑设计院。

目　次

1 总 则

1.0.1 我国严寒和寒冷地区，主要包括东北、华北和西北地区（简称三北地区），习惯上称为采暖地区，其面积约占我国国土面积的70%。这些地区的既有居住建筑，绝大部分不符合《民用建筑节能设计标准（采暖居住建筑部分）》（JGJ 26）规定的要求，即使是近年来新建成的建筑，情况也大致如此。据统计，1979年至1996年，全国城乡共建住宅130亿m^2，而建成的节能住宅仅为4000多万m^2。因此在目前，我国采暖居住建筑围护结构保温水平低、热环境差、采暖能耗大的状况仍然普遍存在，这种状况亟待改变。大张旗鼓地开展既有建筑节能改造，达到既节约能源又改善居住热环境的目的是十分迫切的战略任务。

1.0.2 明确规定本规程适用于集中采暖的既有居住建筑的节能改造。居住建筑主要包括住宅建筑（占90%以上）和集体宿舍、招待所、旅馆、托幼建筑等。集中采暖系指由分散锅炉房、小区锅炉房和城市热网等热源，通过管道向建筑物供热的采暖方式。暂无条件设置集中采暖的居住建筑，其围护结构按本规程执行，既有利于节能和改善室内热环境，又为将来条件许可时设置集中采暖创造有利条件。

1.0.3 既有居住建筑节能改造技术涉及许多方面，节能改造设计与施工仅仅是其中一个方面，因此按本规程进行节能改造设计与施工时，尚应符合国家现行有关强制性标准的规定，例如《民用建筑节能设计标准（采暖居住建筑部分）》（JGJ 26）等。

2 建筑节能改造的判定原则及方法

2.1 判 定 原 则

2.1.1 对既有建筑是否需要进行节能改造做出的原则性规定。一般来说，凡耗热量指标，围护结构保温和门窗气密性等方面不符合《民用建筑节能设计标准（采暖居住建筑部分）》（JGJ 26）要求的既有居住建筑，均需要进行节能改造。根据《建设部建筑节能“九五”计划和2010年规划》，首先应进行节能改造的是热环境很差的结露建筑和危旧建筑，其次是其他保温隔热条件不良的建筑。

2.1.2 对现有采暖供热系统节能改造判定作出的原则性规定。本条选定锅炉运行效率及室外管网的输送效率这两条作为控制点，因为这两条是衡量采暖供热系统是否节能的十分重要的因素。

2.1.3 对室内系统节能改造判定所做的规定。只有实现分室控温及分户计量用热量，才能使建筑节能工作深入到千家万户。

2.1.4 对公共采暖居住建筑节能改造判定所作的规定。这类建筑在整个采暖居住建筑中所占比例不到一成，但人居密度较大，其换气次数及换气耗热量一般都高于住宅，建筑节能相当重要，故要求其围护结构保温应达到当地采暖住宅建筑相当的水平。

2.2 判 定 方 法

2.2.1 对室内热环境的观察和建筑物节能的检测评价做出的一般性规定。建设部行业标准《采暖居住建筑节能检测与评定标准》正在编制之中。此标准颁布实施后，建筑物采暖能耗、围护结构各部分热损失、房间气密性能等方面的检测和评定就有了统一的方法，既有建筑节能改造前的能耗情况及室内热环境状况就可以做出明确的评价。在此标准正式实施前，对既有建筑室内热环境和建筑物各部位的保温、气密性状况只能部分地进行仪器检测及计算，更多地是靠实地查勘分析，以做出主客观的评价。

2.2.2 采暖耗煤量的多少是衡量建筑物是否节能最直接的指标。在保证室内温度符合要求的前提下，采暖耗热量确实降低了，说明建筑节能取得了实效。

2.3 既有建筑节能改造后的验收

2.3.2 除要求节能改造有关技术资料完整齐全外，对所用的保温材料、门窗件及施工方面的质量均要进行认真检查验收，填写必要的表格。对于建筑的节能检测，有些地方已制定了地方标准或企业标准，由于经济上的原因，目前仅能做到对典型建筑进行抽样检测，尚难以做到普遍进行检测。

3 围护结构保温改造

3.1 一 般 规 定

3.1.1 查勘时，房屋设计图纸、使用情况资料、历年修缮资料等收集齐全，对搞好节能改造设计是十分必要的。

3.1.2 建筑物结构的安全可靠性始终是第一位的，所以在查勘时，要重点掌握荷载及使用条件的变化，对重要结构构件进行检测评价。对既有建筑的屋顶、墙面及门窗等部分是否有缺陷及损坏也应查勘清楚，以便结合节能改造进行修缮处理。

3.1.3 本条列出两项控制指标。第1款从采暖居住建筑各部分围护结构传热系数的限值来进行控制，当传热系数超过表3.1.3的限值时，则建筑能耗往往会超过规定的标准。第2款要求直接计算单位建筑面积通过围护结构的耗热量，若该耗热量指标超标，则建筑能耗势必超过规定的标准。

3.1.4 目前，在沈阳以南地区，住宅建筑的楼梯间一般都不采暖，入口处也不设门斗。在北京以南地区，住宅建筑的楼梯间有些没有单元门，有些甚至是开敞式的，有些居住建筑的外廊也不设门窗，这样耗能量明显增加。因此，从有利于节能并从实际情况出发，做出了本条规定。

3.2 墙　　体

3.2.1 本条强调在墙体内外保温技术的选择上，应优先考虑外保温技术。因为该技术在扰民程度方面远较内保温做法为低，同时不减少用户的使用面积，容易为用户所接受。为保证外保温的施工质量，对操作人员应有严格的考核要求。

3.2.2 除进行必要的计算、验算外，墙体改造的构造措施及细部节点设计是该项工作的重点内容，是保证节能改造质量的重要前提。

3.2.5 本条阐明在采用外保温技术时对基本组成部分及其质量性能要求。基本组成部分是从现有较为成熟的技术中筛选后归纳而来的。基本要求有两条：一是安全耐久，二是满足使用要求。对不同的部分，其要求各有侧重。表 3.2.5－1 至 3.2.5－4 中的各项指标，基本上是参照欧美一些公司的企业标准，结合我国标准，对个别指标进行了调整。

3.2.7 对外保温施工前的准备工作所作的具体要求。

施工前要考虑周到，准备工作要过细，措施及方法要具体，为正式施工打好基础。

3.2.8 对聚苯板外保温施工所作的具体要求。

1. 对保温板的固定所作的规定。

保温板的固定是施工中的关键环节之一。本款对其施工操作程序，应注意的事项做出了具体要求。其中提到“保温板安设时及安设后至少 24h 之内，空气温度及外墙表面温度不应低于 5℃”，这是根据试验结果所作的规定。一般来说，专用胶粘剂在不低于 5℃的情况下，经 24h 的固化及强度增长就能满足施工时保温板固定的要求，气温低于 5℃，要么大大延长胶粘剂固化及施工等待时间，要么是胶粘剂的强度增长满足不了施工要求。

2. 对抹灰及增强网布铺设工序所作的规定。

3. 为增强保温板与墙体连接的牢靠性，本款提出了在用胶粘剂粘结聚苯板的基础上，再钉一枚膨胀螺栓的办法。

4. 本款强调了外装修宜采用薄涂层，是为了减少饰面层的厚度与质量，保证外保温做法的安全可靠性。

3.2.9 对岩棉外保温施工所作的规定。

1. 对岩棉板的密度要求。密度过低，材质过于松软，制作的板材易产生弯曲变形，不易平整地铺设在墙面上。

2. 如何使保温板与墙体结构层牢固地连接在一起，是外保温施工的关键问题之一。本规程规定岩棉保温板靠金属固定件固定在墙体上。固定件必须采用防锈金属材料，自身才能保持耐久；并且必须固定在强度足够高的墙身基体上，才能保证牢靠。因此，规定施工时必须按设计要求进行固定件的固定。

4. 窗口、檐口及墙角等部位是应力集中的地方，只有采取局部加强措施，才能防止外保温施工出现裂缝及空鼓、脱落现象。

5. 对饰面层施工所作的具体要求。

要求在保护层硬化、有了一定强度后，方可进行饰面层的施工。这样做，有利于保证饰面层的施工质量。

3.2.10 本条阐明墙体内保温的基本组成部分及对其基本组成部分的质量和性能要求。这些组成部分是从现有较为成熟的技术中经筛选归纳而来的。

3.2.12 对内保温施工所作的规定。

1. 对施工准备工作所做的规定。

施工前查清墙面状况，处理好原墙面的缺陷，为正式施工创造条件，这是保证施工质量的重要前提。

2. 对保温板的固定所作的具体要求。

保温板的固定是施工中的关键环节之一。本款针对两种内保温做法提出了不同的固定方法要求。

3.2.14 目前，我国寒冷地区住宅建筑的楼梯间一般都不采暖，而且多数楼梯间墙面保温均需加强。这部分墙面的保温改造与墙体内保温的做法要求是相同的。

3.3 门　　窗

3.3.1 对外门密闭性能的检查判定及改善办法所作的规定。

3.3.2 对传热系数不符合要求的户门进行保温改造的方法要求。

3.3.4 本条对窗户气密性等级的要求，按建筑层数分两档来规定：在 1～6 层建筑中，不应低于国家标准《建筑外窗空气渗透性能分级及其检测方法》（GB 7107）规定的Ⅲ级水平，相当于窗户每米缝长的空气渗透量：$q_1 \leqslant 2.5m^3/(m \cdot h)$；在 7～30 层建筑中，不应低于上述标准中规定的Ⅱ级水平，相当于窗户每米缝长的空气渗透量 $q_1 \leqslant 1.5m^3/(m \cdot h)$。对于不符合此项规定的窗户，需进行更新或改造。

3.3.7 本条所规定的方法都遵循简便有效、经济适用的原则，并且保持窗户开启方便。

3.3.8 在房间的气密性显著提高的情况下，从符合卫生要求的角度出发，房间设置可以调节的换气设施（如在窗户上设换气孔等）是必要的。

3.4 屋面和地面

3.4.1 既有建筑屋面和地面的情况复杂，有的原设计图纸资料保留完整，有的资料残缺不全，有的则资料全无。屋面和地面的现状也是千差万别。因此，在对现有屋面和地面的保温状况进行考察判定时，就要针对具体情况灵活掌握，有的需要进行实地考察加计算，有的则要通过仪器检测进行判定。当其传热系数明显超过表3.1.3规定的限值时，则要对屋面和地面实施改造。

3.4.2 需要节能改造的既有建筑，有的属于危旧建筑，首先应对结构进行加固；有的屋面进行改造时需增加荷载，原有结构满足不了，也应进行结构加强。

3.4.3 平屋顶改造的方法很多，可根据实际情况，选择一种：

1. 直接铺设保温层。系在原屋面上重新铺一层保温屋面，保温材料选用岩棉板（经过憎水处理的），否则岩棉板吸收较多水分后，会大大降低其保温效果。

2. 设架空保温层。此方法适用于女儿墙高度较低，且房间进深较小的建筑。采用廉价的保温材料（膨胀珍珠岩等）作保温层，上铺预制圆孔板作保护层并支承防水层。

3. 采用倒铺屋面。此方法适用于原有屋面保存良好、防水层不需重做的情况。采用挤塑聚苯乙烯硬性泡沫板或现场发泡聚氨酯等（其耐压程度较高）做保温材料，上面覆盖保护层。

4. 加设坡屋顶。此方法与方法2大体相同，只是保护层及防水层用挂瓦尖屋顶来代替。

3.4.5 对楼面地面节能改造设计方面的要求。

1. 当首层下方为不采暖地下室时，其情况不尽相同，有不少差别。有的地下室通透性强，冬季室内气温很低，有的地下室密闭性强，室内保温效果好。但从节能的要求出发，对首层地面（地下室顶板）进行保温设计验算，保证其传热系数符合表3.1.3的要求是必要的。

2. 对于楼板下方直接暴露在大气中的楼面，其所处环境与屋面情况相类似（在表3.1.3中，这种楼板的传热系数限值与屋顶的传热系数限值大体一致），但也应进行保温设计验算，保证其传热系数符合表3.1.3的要求。

4 采暖供热系统改造

4.1 一般规定

4.1.1 对采暖供热系统改造前查勘工作所做的规定。

既有居住建筑的采暖供热系统情况十分复杂，有的系统刚建成不久，有的系统则于很早前建成，甚至经过多次维修改造。因此，查勘设计图纸、历年维修改造资料等是否齐全，是搞好节能改造的必要条件。

4.1.2 单位锅炉容量的供暖面积、单位建筑面积的耗煤量以及系统的运行效率都是衡量系统是否节能的重要指标。这些内容在查勘时必须摸清，以便在节能改造时有针对性地进行设计，采取有效措施。

4.2 采暖锅炉房（换热站）

4.2.1 住宅区以及其他居住建筑的供暖锅炉房，应采取连续供暖运行制度。居住建筑属全天24h使用性质，要求全天的室内温度保持在舒适范围内，但夜间允许住宅室温适当下降。连续供暖的锅炉，可避免或减少频繁的压火和挑火，以及由此引起的锅炉运行效率的降低和燃煤的浪费。

按连续供暖设计的室内采暖系统，其散热器的散热面积不考虑间歇因素的影响，管道流量亦相应减少，因而可以节约初投资和运行费。

采用连续供暖运行制度，可以避免远端建筑（和远端房间）的暖气“迟到现象”，保持远近建筑（和房间）受益时间的均衡。

为实现保暖节煤，根据室外温度变化合理地确定和调整供回水温度也是十分必要的。

4.2.2 锅炉房烟气余热的利用是提高锅炉效率的有效途径。使用热管省煤器是许多单位节煤的成熟经验，因此，对未设置省煤器的老式锅炉在改造时需增设省煤器。

4.2.5 热水采暖供热系统的一、二次水泵的动力电耗十分可观。据调查，北京地区每年每平方米供热面积的热水输配电耗达2.75kW·h。造成这种现象的主要原因是水泵选取型号偏大以及“大流量、小温差”的不合理运行方式。本条针对热水采暖系统合理设计选用水泵，控制动力消耗，提出用耗电输热比，即在设计条件下输送单位热量的耗电量作为控制指标，旨在使控制指标的物理概念更加清晰明确。

4.2.6 循环水泵的选择要与锅炉房的总容量和建筑热负荷相匹配。为了便于调节和节省动力，设置循环水泵时要考虑分阶段调节流量的可能性。

考虑到初寒期及末寒期的供暖热负荷远低于寒冬期间的供暖热负荷，所需循环流量相应减少，为便于进行量调节，采用大小循环水泵相结合的配套方案是适宜的。即在选用1台寒冬期运行的大泵（流量为G）的同时，配套另1台初寒期及末寒期运行的小泵（流量为$0.75G$）。以大泵的扬程为H，则小泵的扬程为$0.56H$。以大泵的轴功率为N，则小泵的轴功率为$0.42N$，即可以节约58%的电耗。

4.2.7 使燃料在炉内正常燃烧所配用的鼓风机和引风机，应与锅炉容量以及除尘器类型等相匹配。当风机的风量或风压过大时，会在增加电耗的同时造成炉膛温度的降低，排烟热损失的上升和炉渣含碳量超标等不利后果。对于锅炉配套供应之鼓风机和引风机，应掌握其风量，风压及功率不致过大。

4.2.8 由于设备及管网有“跑、冒、滴、漏”等失水现象，系统需经常补水定压。以往老的补水方式由于水泵型号过大，不能与经常变化的失水量相匹配，且每启动一次水泵，消耗的电量也过大，产生浪费。若采用变频调速的补水定压方式，可根据失水量的多少，启动流量不同的泵，从而达到节能效果。

4.2.10 以往小型分散的锅炉房不仅工作效率低，而且污染环境。若将其联片改造为集中锅炉房，可以大大提高锅炉的工作效率，环境污染也得到改善。

4.2.11 为了使供暖锅炉房的运行管理走向科学化，设计中应考虑锅炉房装设必要的计量与监测仪表。这是供暖系统量化管理和运行调节的需要。有人估算，现有锅炉房只要加强量化管理并配置必要仪表，就会使运行效率和能量利用率明显提高。因此，必要的计量仪表是量化管理的基本前提。对于大型锅炉房，采用计算机监测管理，可以逐步提高我国的供热管理水平，促进技术进步。

4.3 室内采暖系统

4.3.1～4.3.3 采暖建筑中实际温度完全符合设计温度是十分困难的。室外气象条件的变化，计算和实际施工中的种种偏差，都会造成室内实际温度和设计温度之间的差别。如采用带温控阀或手动调节阀的双管系统，或带三通阀的单管系统，就可以起到良好的调节及弥补作用，有助于节约能源。

在采暖期间，室温可用安在各个散热器入口或出口处的恒温调节阀控制，有的则可通过安在墙上的温度感应器和程序控制器控制。它能根据室温需要自动调节热水流量，使能耗处于最低状态。有的室温是在夜间调低，有的是人不在时调低，有的是空屋子时调低，这样就能实现分室控制温度。

对于集中供暖的房屋，在暖气散热器上安设小型热量分配计，供热单位可在采暖结束后查验耗热量，为按实际耗热量收费提供了条件。

为减少住宅建筑小区中的丢水，建议改变建筑物高点集气罐的手动排气方式，推广采用合格的自动排气阀。在自动排气阀的上游管道上，常配有关闭阀和Y型过滤器，以减少排气阀故障，并方便检修。

4.3.4 室内采暖系统中通过各散热器的并联环路之间的水力平衡，是各采暖房间达到室温基本平衡的必要条件。任何不利环路的流量偏低时，其室内温度的偏低现象将要求提高管网的运行水温，从而往往造成其他环路的室温超过设计温度和形成热能的浪费。

为了使室内采暖系统中通过各并联环路达到水力平衡，其主要手段是在干管、立管和支管的管径计算中进行较详细的阻力计算，而不是依靠阀门的手动调节来达到水力平衡。在一幢中型的建筑物内，其室内采暖系统中往往有几十个并联环路，用手动调节众多阀门以取得系统的水力平衡，是极为困难和不现实的。

附录A 全国主要城镇采暖期有关参数及建筑物耗热量、采暖耗煤量指标

对全国主要城镇采暖期有关参数及建筑物耗热量、采暖耗煤量指标的规定。

本附录列出了我国累年日平均温度小于5℃在90天以上地区主要城镇的采暖期天数、采暖期室外平均温度、采暖期度日数及建筑物耗热量、采暖耗煤量指标，供执行本规程、进行采暖能耗计算时采用。附表A中的采暖期天数，采暖期室外平均温度和采暖期度日数，与国标《建筑气候区划标准》（GB 50187）是一致的。

附录B 墙体外保温常见做法

对既有采暖居住建筑的节能改造来说，采用墙体外保温做法在技术上已经成熟。国内外已大规模推广。在欧美等发达国家，墙体外保温技术已成功应用了三十余年，在国内的应用也有了十多年的历史。国外的外墙外保温系统已引入我国，并开始了试生产及成功的试点应用，国内一些单位开发的EC胶粘剂与耐碱玻纤网布、聚苯板相配套应用于外墙外保温，在我国三北地区的试点工程已达到相当的规模；钢丝网水泥砂浆复合岩棉板外保温技术也在一些省市得到推广。此外，加气混凝土等轻质材料保温技术在华北、西北地区也有数量可观的应用面。这些成熟的技术及成功的经验为因地制宜地开展既有建筑墙体节能改造提供了有效的技术途径。

附录C 墙体内保温常见做法

在我国墙体内保温技术的应用远较墙体外保温技术为早，因为内保温做法不会遇到外保温那样严酷的环境条件（风吹、日晒、雨淋等），因此，技术难度相对较小；同时，内保温做法可以一家一户的单独实施，不一定要像外保温那样整幢建筑同步进行。所以说，内保温做法有其自身的优势及实施的灵活性。附录C.0.1～C.0.4几项做法系从现有成熟的墙体内保温技术筛选而来的，为各地开展既有建筑墙体内保温节能改造提供了可供选择的技术途径。

附录D 围护结构热桥部位保温做法

围护结构常见的热桥部位为嵌入墙体的混凝土或金属梁、柱，墙体和屋面板中的混凝土肋或金属件等等。这些部位保温薄弱、热流密集，内表面温度较低，容易产生不同程度的结露和长霉现象，是保温节能的薄弱环节。考虑到既有采暖居住建筑量大面广的是砖混结构，采用金属梁、柱及金属件甚少，所以D.0.1～D.0.3选择了混凝土柱及过梁等作为常见的热桥部位，并对其保温改造构造做法作出了要求。一般来说，砖混结构采用内保温做法，考虑热桥影响时，平均传热系数为主要部位传热系数的1.25～1.72倍。因此，D.0.1～D.0.3附图中保温层的厚度应按《民用建筑热工设计规范》（GB 50176）的有关规定进行计算复核。

附录F 保温地面构造做法

F.0.1 对下面为不采暖地下室的地面（楼板）的构造做法要求。

在楼板的下表面敷设一层聚苯板做保温层。对于保护层的做法，根据地下室相对湿度的不同而有所区别，相对湿度较高的，刷一道专用浸渍剂，表面罩上防潮性能较好的聚合物砂浆。

F.0.2 对于下面直接暴露在大气中的楼面（地面），可采用耐压性好的挤塑聚苯乙烯硬性泡沫板做保温层，做在原楼板上面，也可采用聚苯板做在原楼板的下面。由于大气相对湿度有时偏高，故应在保温层外侧做保护层加以防护。

中华人民共和国行业标准

公共建筑节能改造技术规范

JGJ 176—2009

条 文 说 明

制　订　说　明

《公共建筑节能改造技术规范》JGJ 176—2009 经住房和城乡建设部 2009 年 5 月 19 日以第 313 号公告批准发布。

为便于广大设计、施工、科研、学校等单位的有关人员在使用本规程时能正确理解和执行条文规定，《公共建筑节能改造技术规范》编制组按章、节、条顺序编制了本规程的条文说明，供使用时参考。在使用中如发现本条文说明有不妥之处，请将意见函寄中国建筑科学研究院。

目　次

1 总 则

1.0.1 据推算，我国现有公共建筑面积约45亿m^2，为城镇建筑面积的27%，占城乡房屋建筑总面积的10.7%，但公共建筑能耗约占建筑总能耗的20%。公共建筑单位能耗较居住建筑高很多，以北京市为例，普通居民住宅每年的用电能耗仅为10～20kWh/m^2，而大型公共建筑平均每年的耗电量约为150kWh/m^2，是普通居民住宅用电能耗的7.5～15倍，因此公共建筑节能潜力巨大。

对公共建筑，过去在节能降耗方面重视不够，规范也不健全，2005年才正式颁布《公共建筑节能设计标准》GB 50189，对新建或改、扩建公共建筑节能设计进行了规范，而对于大量的没有达到现行国家标准《公共建筑节能设计标准》GB 50189的既有公共建筑，如何进行节能改造，目前还没有标准可依。制定并实施公共建筑节能改造标准，将改善既有公共建筑用能浪费的状况，推进建筑节能工作的开展，为实现国家节约能源和保护环境的战略作出贡献。

1.0.2 公共建筑包括办公、旅游、商业、科教文卫、通信及交通运输用房等。在公共建筑中，尤以办公建筑、高档旅馆及大中型商场等几类建筑，在建筑标准、功能及空调系统等方面有许多共性，而且能耗高、节能潜力大。因此，办公建筑、旅游建筑、商业建筑是公共建筑节能改造的重点领域。

在公共建筑（特别是高档办公楼、高档旅馆建筑及大型商场）的全年能耗中，大约50%～60%消耗于采暖、通风、空调、生活热水，20%～30%用于照明。而在采暖、通风、空调、生活热水这部分能耗中，大约20%～50%由外围护结构传热所消耗（夏热冬暖地区大约20%，夏热冬冷地区大约35%，寒冷地区大约40%，严寒地区大约50%），30%～40%为处理新风所消耗。从目前情况分析，公共建筑在外围护结构、采暖通风空调生活热水及照明方面有较大的节能潜力。所以本规范节能改造的主要目标是降低采暖、通风、空调、生活热水及照明方面的能源消耗。电梯节能也是公共建筑节能的重要组成部分，但由于电梯设备在应用及管理上的特殊性，电器设备的节能主要取决于产品，因此本规范不包括电梯、电器设备、炊事等方面的内容。

电器设备是指办公设备（电脑、打印机、复印件、传真机等）、饮水机、电视机、监控器等与采暖、通风、空调、生活热水及照明无关的用电设备。

本规范仅涉及建筑外围护结构、用能设备及系统等方面的节能改造。改造完毕后，运行管理节能至关重要。但由于运行方面的节能不单纯是技术问题，很大程度上取决于运行管理的水平，因此，本规范未包括运行管理方面的内容。

1.0.3 公共建筑节能改造的目的是节约能源消耗和改善室内热环境，但节约能源不能以降低室内热舒适度作为代价，所以要在保证室内热舒适环境的基础上进行节能改造。室内热舒适环境应该满足现行国家标准《采暖通风与空气调节设计规范》GB 50019和《公共建筑节能设计标准》GB 50189的相关规定。

1.0.4 节能改造的原则是最大限度挖掘现有设备和系统的节能潜力，通过节能改造，降低高能耗环节，提高系统的实际运行能效。

1.0.5 本规范对公共建筑进行节能改造时的节能诊断、节能改造判定原则与方法、进行节能改造的具体措施和方法及节能改造评估等内容进行了规定，但公共建筑节能改造涉及的专业较多，相关专业均制定有相应的标准及规定，特别是进行节能改造时，应保证改造建筑在结构、防火等方面符合相关标准的规定。因此在进行公共建筑节能改造时，除应符合本规范外，尚应符合国家现行的有关标准的规定。

3 节 能 诊 断

3.1 一 般 规 定

3.1.2 建筑物的竣工图、设备的技术参数和运行记录、室内温湿度状况、能源消费账单等是进行公共建筑节能诊断的重要依据，节能诊断前应予以提供。室内温湿度状况指建筑使用或管理人员对房间室内温湿度的概括性评价，如舒适、不舒适、偏热、偏冷等。

3.1.3 子系统节能诊断报告中系统概况是对子系统工程（建筑外围护结构、采暖通风空调及生活热水供应系统、供配电与照明系统、监测与控制系统）的系统形式、设备配置等情况进行文字或图表说明；检测结果为子系统工程测试结果；节能诊断与节能分析是依据节能改造判定原则与方法，在检测结果的基础上发现子系统工程存在节能潜力的环节并计算节能潜力；改造方案与经济性分析要提出子系统工程进行节能改造的具体措施并进行静态投资回收期计算。项目节能诊断报告是对各子系统节能诊断报告内容的综合、汇总。

3.1.5 为确保节能诊断结果科学、准确、公正，要求从事公共建筑节能检测的机构需要通过计量认证，且通过计量认证项目中应包括现行行业标准《公共建筑节能检验标准》JGJ 177中规定的项目。

3.2 外围护结构热工性能

3.2.1 我国幅员辽阔，不同地区气候差异很大，公共建筑外围护结构节能改造时应考虑气候的差异。严寒、寒冷地区公共建筑外围护结构节能改造的重点应关注建筑本身的保温性能，而夏热冬暖地区应重点关注建筑本身的隔热与通风性能，夏热冬冷地区则二者均需兼顾。因此不同地区公共建筑外围护结构节能诊断的重点应有所差异。外围护结构的检测项目可根据建筑物所处气候区、外围护结构类型有所侧重，对上述检测项目进行选择性节能诊断。检测方法参照国家现行标准《建筑节能工程施工质量验收规范》GB 50411和《公共建筑节能检验标准》JGJ 177的有关规定。

建筑物外围护结构主体部位主要是指外围护结构中不受热桥、裂缝和空气渗漏影响的部位。外围护结构主体部位传热系数测试时测点位置应不受加热、制冷装置和风扇的直接影响，被测区域的外表面也应避免雨雪侵袭和阳光直射。

3.3 采暖通风空调及生活热水供应系统

3.3.1 由于不同公共建筑采暖通风空调及生活热水供应系统形式不同，存在问题不同，相应节能潜力也不同，节能诊断项目应根据具体情况选择确定。节能诊断相关参数的测试参见现行行业标准《公共建筑节能检验标准》JGJ 177。由于冷源及其水系统的节能诊断是在运行工况下进行的，而现行国家标准《公共建筑节能设计标准》GB 50189—2005中规定的集中热水采暖系统热水循环水泵的耗电输热比（*EHR*）和空调冷热水系统循环水泵的输送能效比（*ER*）是设计工况的数据，不便作为判定的依据，故在检测项目中不包含该两项指标，而是以水系统供回水温差、水泵效率及冷源系统能效系数代替此项性能。能量回收装置性能测试可参考现行国家标准《空气—空气能量回收装置》GB/T 21087的规定。

3.4 供配电系统

3.4.1 供配电系统是为建筑内所有用电设备提供动力的系统，因此用电设备是否运行合理、节能均从消耗电量来反映，因此其系统状况及合理性直接影响了建筑节能用电的水平。

3.4.2 根据有关部门规定应淘汰能耗高、落后的机电产品，检查是否有淘汰产品存在。

3.4.3 根据观察每台变压器所带常用设备一个工作周期耗电量，或根据目前正在运行的用电设备铭牌功率总和，核算变压器负载率，当变压器平均负载率在60%～70%时，为合理节能运行状况。

3.4.4 常用供电主回路一般包括：

1 变压器进出线回路；

2 制冷机组主供电回路；

3 单独供电的冷热源系统附泵回路；

4 集中供电的分体空调回路；

5 给水排水系统供电回路；

6 照明插座主回路；

7 电子信息系统机房；

8 单独计量的外供电回路；

9 特殊区供电回路；

10 电梯回路；

11 其他需要单独计量的用电回路。

以上这些回路设置是根据常规电气设计而定的，一般是指低压配电室内的配电柜的馈出线，分项计量原则上不在楼层配电柜（箱）处设置表计。基于这条原则，照明插座主回路就是指配电室内配电柜中的出线，而不包括层照明配电箱的出线。

对变压器进出线进行计量是为了实时监视变压器的损耗，因为负载损耗是随着建筑物内用电设备用电量的大小而变化的。

特殊区供电回路负载特性是指餐饮，厨房，信息中心，多功能区，洗浴，健身房等混合负载。

外供电是指出租部分的用电，也是混合负载，如一栋办公楼的一层出租给商场，包括照明、自备集中空调、地下超市的冷冻保鲜设备等，这部分供电费用需要与大厦物业进行结算，涉及内部的收费管理。

分项计量电能回路用电量校核检验采用现行行业标准《公共建筑节能检验标准》JGJ 177规定的方法。

3.4.5 建筑物内低压配电系统的功率因数补偿应满足设计要求，或满足当地供电部门的要求。要求核查调节方式主要是为了保证任何时候无功补偿均能达到要求，若建筑内用电设备出现周期性负荷变化很大的情况，如果未采用正确的补偿方式很容易造成电压水平不稳定的现象。

3.4.6 随着建筑物内大量使用的计算机、各种电子设备、变频电器、节能灯具及其他新型办公电器等，使供配电网的非线性（谐波）、非对称性（负序）和波动性日趋严重，产生大量的谐波污染和其他电能质量问题。这些电能质量问题会引起中性线电流超过相线电流、电容器爆炸、电机的烧损、电能计量不准、变压器过热、无功补偿系统不能正常投运、继电器保护和自动装置误动跳闸等危害。同时许多网络中心，广播电视台，大型展览馆和体育场馆，急救中心和医院的手术室等大量使用的敏感设备对供配电系统的电能质量也提出了更高和更严格的要求，因此应重视电能质量问题。三相电压不平衡度、功率因数、谐波电压及谐波电流、电压偏差检验均采用现行行业标准《公共建筑节能检验标准》JGJ 177规定的方法。

3.5 照明系统

3.5.1 灯具类型诊断方法为核查光源和附件型号，是否采用节能灯具，其能效等级是否满足国家相关标准。

荧光灯具包括光源部分、反光罩部分和灯具配件部分，灯具配件耗电部分主要是镇流器，国家对光源和镇流器部分的能效限定值都有相关标准，而我们使用灯具一般都配有反光罩，对于反光罩的反射效率国家目前没有相关规定，因此需要对灯具的整体效率有一个评判。照度值是测评照明是否符合使用要求的一个重要指标，防止有人为了达到规定的照明功率密度而使用照度水平低劣的产品，虽然可以满足功率密度指标而不能满足使用功能的需要。

照明功率密度值是衡量照明耗电是否符合要求的重要指标，需要根据改造前的实际功率密度值判断是否需要进行改造。

照明控制诊断方法为核查是否采用分区控制，公共区控制是否采用感应、声音等合理有效控制方式。目前公共区照明是能耗浪费的重灾区，经常出现长明灯现象，单靠人为的管理很难做到合理利用，因此需要对这部分照明加强控制和管理。

照明系统诊断还应检查有效利用自然光情况，有效利用自然光诊断方法为核查在靠近采光窗处的灯具能否在满足照度要求时手动或自动关闭。其采光系数和采光窗的面积比应符合规范要求。

照明灯具效率、照度值、功率密度值、公共区照明控制检验均采用《公共建筑节能检验标准》JGJ 177 中规定的检验方法。

3.5.2 照明系统节电率是衡量照明系统改造后节能效果的重要量化指标，它比照明功率密度指标更直接更准确地反映了改造后照明实际节省的电能。

3.6 监测与控制系统

3.6.1 现行国家标准《公共建筑节能设计标准》GB 50189—2005 中规定集中采暖与空气调节系统监测与控制的基本要求：

1 对于冷、热源系统，控制系统应满足下列基本要求：

1）冷、热量瞬时值和累计值的监测，冷水机组优先采用由冷量优化控制运行台数的方式；

2）冷水机组或热交换器、水泵、冷却塔等设备连锁启停；

3）供、回水温度及压差的控制或监测；

4）设备运行状态的监测及故障报警；

5）技术可靠时，宜考虑冷水机组出水温度优化设定。

2 对于空气调节冷却水系统，应满足下列基本控制要求：

1）冷水机组运行时，冷却水最低回水温度的控制；

2）冷却塔风机的运行台数控制或风机调速控制；

3）采用冷却塔供应空气调节冷水时的供水温度控制；

4）排污控制。

3 对于空气调节风系统（包括空气调节机组），应满足下列基本控制要求：

1）空气温、湿度的监测和控制；

2）采用定风量全空气空调系统时，宜采用变新风比焓值控制方式；

3）采用变风量系统时，风机宜采用变速控制方式；

4）设备运行状态的监测及故障报警；

5）需要时，设置盘管防冻保护；

6）过滤器超压报警或显示。

对间歇运行的空调系统，宜设自动启停控制装置；控制装置应具备按照预定时间进行最优启停的功能。

采用二次泵系统的空气调节水系统，其二次泵应采用自动变速控制方式。

对末端变水量系统中的风机盘管，应采用电动温控阀和三档风速结合的控制方式。

其中，空气温、湿度的监测和控制、供、回水压差的控制及末端变水量系统中的风机盘管控制性能检测均采用现行行业标准《公共建筑节能检验标准》JGJ 177 中规定的检验方法。

通常，生活热水系统监测与控制的基本要求包括：

1 供水量瞬时值和累计值的监测；

2 热源及水泵等设备连锁启停；

3 供水温度控制或监测；

4 设备运行状态的监测及故障报警。

照明、动力设备监测与控制应具有对照明或动力主回路的电压、电流、有功功率、功率因数、有功电度（kW/h）等电气参数进行监测记录的功能，以及对供电回路电器元件工作状态进行监测、报警的功能。检测方法采用现行行业标准《公共建筑节能检验标准》JGJ 177 中规定的检验方法。

3.6.2 阀门型号和执行器应配套，参数应符合设计要求，其安装位置、阀前后直管段长度、流体方向等应符合产品安装要求；执行器的安装位置、方向应符合产品要求。变频器型号和参数应符合设计要求及国家有关规定；流量仪表的型号和参数、仪表前后的直管段长度等应符合产品要求；压力和差压仪表的取压点、仪表配套的阀门安装应符合产品要求；温度传感器精度、量程应符合设计要求；安装位置、插入深度应符合产品要求等。传感器（包括温湿度、风速、流量、压力等）数据是否准确，量程是否合理，阀门执行器与阀门旋转方向是否一致，阀门开闭是否灵活，手动操作是否有效；变频器、节电器等设备是否处于自控状态，现场控制器是否工作正常（包括通信、输入输出点，电池等）等。监测与控制系统中安装了大量的传感器、阀门及配套执行器、变频器等现场设备，这些现场设备的安装直接影响控制功能和控制精度，因此应特别注意这些设备的安装和线路敷设方式，严格按照产品说明书的要求安装，产品说明中没有注明安装方式的应按照现行国家标准《自动化仪表工程施工及验收规范》GB 50093 的规定执行。

3.7 综合诊断

3.7.1 综合诊断的目的是为了在外围护结构热工性能、采暖通风空调及生活热水供应系统、供配电与照明系统、监测与控制系统分项诊断的基础上，对建筑物整体节能性能进行综合诊断，并给出建筑物的整体能源利用状况和节能潜力。

3.7.2 节能诊断总报告是在外围护结构、采暖通风空调及生活热水供应系统、供配电与照明系统、监测与控制系统各分报告的基础上，对建筑物的整体能耗量及其变化规律、能耗构成和分项能耗进行汇总与分析；针对各分报告中确定的主要问题、重点节能环节及其节能潜力，通过技术经济分析，提出建筑物综合节能改造方案。

4 节能改造判定原则与方法

4.1 一般规定

4.1.1 节能诊断涉及公共建筑外围护结构的热工性能、采暖通风空调及生活热水供应系统、供配电与照明系统以及监测与控制系统等方面的内容。节能改造内容的确定应根据目前系统的实际运行能效、节能改造的潜力以及节能改造的经济性综合确定。

4.1.2 单项判定是针对某一单项指标是否进行节能改造的判定；分项判定是针对外围护结构或采暖通风空调及生活热水供应系统或照明系统是否进行节能改造的判定；综合判定是综合考虑外围护结构、采暖通风空调及生活热水供应系统及照明系统是否进行节能改造的判定。

分项判定方法及综合判定方法是通过计算节能率及静态投资回收期进行判定，可以预测公共建筑进行节能改造时的节能潜力。

单项判定、分项判定、综合判定之间是并列的关系，满足任何一种判定原则，都可进行相应节能改造。

本规范提供了单项、分项、综合三种判定方法，业主可以根据需要选择采取一种或多种判定方法以及改造方案。

4.2 外围护结构单项判定

4.2.1 公共建筑在进行结构、防火等改造时，如涉及外围护结构保温隔热方面时，可考虑同步进行外围护结构方面的节能改造。但外围护结构是否需要节能改造，需结合公共建筑节能改造判定原则与方法确定。

4.2.2 严寒、寒冷地区主要考虑建筑的冬季防寒保温，建筑外围护结构传热系数对建筑的采暖能耗影响很大，提高这一地区的外围护结构传热系数，有利于提高改造对象的节能潜力，并满足节能改造的经济性综合要求。未设保温或保温破损面积过大的建筑，当进入冬季供暖期时，外墙内表面易产生结露现象，会造成外围护结构内表面材料受潮，严重影响室内环境。因此，对此类公共建筑节能改造时，应强化其外围护结构的保温要求。

夏热冬冷、夏热冬暖地区太阳辐射得热是造成夏季室内过热的主要原因，对建筑能耗的影响很大。这一地区应主要关注建筑外围护结构的夏季隔热，当公共建筑采用轻质结构和复合结构时，应提高其外围护结构的热稳定性，不能简单采用增加墙体、屋面保温隔热材料厚度的方式来达到降低能耗的目的。

外围护结构节能改造的单项判定中，外墙、屋面的热工性能考虑了现行国家标准《民用建筑热工设计规范》GB 50176 的设计要求，确定了判定的最低限值。

4.2.3 外窗、透明幕墙对建筑能耗高低的影响主要有两个方面，一是外窗和透明幕墙的热工性能影响冬季采暖、夏季空调室内外温差传热；另外就是窗和幕墙的透明材料（如玻璃）受太阳辐射影响而造成的建筑室内的得热。冬季，通过窗口和透明幕墙进入室内的太阳辐射有利于建筑的节能，因此，减小窗和透明幕墙的传热系数，抑制温差传热是降低窗口和透明幕墙热损失的主要途径之一；夏季，通过窗口透明幕墙进入室内的太阳辐射成为空调降温的负荷，因此，减少进入室内的太阳辐射以及减小窗或透明幕墙的温差传热都是降低空调能耗的途径。

外窗及透明幕墙的传热系数及综合遮阳系数的判定综合考虑了现行国家标准《采暖通风与空气调节设计规范》GB 50019 和原有《旅游旅馆建筑及空气调节节能设计标准》GB 50189—93（现已废止）的设计要求，并进行相应的补充，确定了判定外围护结构节能改造的最低限值。

许多公共建筑外窗的可开启率有逐渐下降的趋势，有的甚至使外窗完全封闭。在春、秋季节和冬、夏季的某些时段，开窗通风是减少空调设备的运行时间、改善室内空气质量和提高室内热舒适性的重要手段。对于有很多内区的公共建筑，扩大外窗的可开启面积，会显著增强建筑室内的自然通风降温效果。参考北京市《公共建筑节能设计标准》DBJ 01—621，采用占外墙总面积比例来控制外窗的可开启面积。而12%的外墙总面积，相当于窗墙比为 0.40 时，30%的窗面积。超高层建筑外窗的开启判定不执行本条规定。对于特别设计的透明幕墙，如双层幕墙，透明幕墙的可开启面积应按照双层幕墙的内侧立面上的可开启面积计算。

实际改造工程判定中，当遇到外窗及透明幕墙的热工性能优于条文规定的最低限值时，而业主有能力进行外立面节能改造的，也应在根据分项判定和综合判定后，确定节能改造的内容。

4.2.4 夏季屋面水平面太阳辐射强度最大，屋面的透明面积越大，相应建筑的能耗也越大，而屋面透明部分冬季天空辐射的散热量也很大，因此对屋面透明部分的热工性能改造应予以重视。

4.3 采暖通风空调及生活热水供应系统单项判定

4.3.1 按中国目前的制造水平和运行管理水平，冷、热源设备的使用年限一般为15年，但由于南北地域、气候差异等因素导致设备使用时间不同，在具体改造过程中，要根据设备实际运行状况来判定是否需要改造或更换。冷、热源设备所使用的燃料或工质要符合国家的相关政策。1991年我国政府签署了《关于消耗臭氧层物质的蒙特利尔协议书》伦敦修正案，成为按该协议书第五条第一款行事的缔约国。我国编制的《中国消耗臭氧层物质逐步淘汰国家方案》由国务院批准，其中规定，对臭氧层有破坏作用的CFC-11、CFC-12制冷剂最终禁用时间为2010年1月1日。同时，我国政府在《蒙特利尔议定书》多边基金执委会上申请并获批准加速淘汰CFC计划，定于2007年7月1日起完全停止CFC的生产和消费，比原规定提前了两年半。对于目前广泛用于空气调节制冷设备的HCFC-22以及HCFC-123制冷剂，按"蒙特利尔议定书缔约方第十九次会议"对第五条缔约方的规定，我国将于2030年完成其生产与消费的加速淘汰，至2030年削减至2.5%。

4.3.2 本条文中锅炉的运行效率是指锅炉日平均运行效率，其数值是根据现有锅炉实际运行状况确定的，且其值低于现行行业标准《居住建筑节能检测标准》JGJ 132-2009中规定的节能合格指标值，如表1所示。锅炉日平均运行效率测试条件和方法见现行行业标准《居住建筑节能检测标准》JGJ 132。

表1 采暖锅炉日平均运行效率

锅炉类型、燃料种类			在下列锅炉额定容量（MW）下的日平均运行效率（%）						
			0.7	1.4	2.8	4.2	7.0	14.0	>28.0
燃煤	烟煤	Ⅱ	—	—	65	66	70	70	71
		Ⅲ	—	—	66	68	70	71	73
燃油、燃气			77	78	78	79	80	81	81

4.3.3 现行国家标准《冷水机组能效限定值及能源效率等级》GB 19577—2004中，5级产品是未来淘汰的产品，所以本条文对冷水机组或热泵机组制冷性能系数的规定以5级或低于5级作为进行改造或更换的依据。其中，水冷螺杆式、水冷离心式、风冷或蒸发冷却螺杆式机组以5级作为进行改造或更换的依据；水冷活塞式/涡旋式、风冷或蒸发冷却活塞式/涡旋式机组以5级标准的90%作为进行改造或更换的依据。冷水机组或热泵机组实际性能系数的测试工况和方法见现行行业标准《公共建筑节能检验标准》JGJ 177。

4.3.4 现行国家标准《单元式空气调节机能效限定值及能源效率等级》GB 19576—2004中，5级产品是未来淘汰的产品，所以本条文对机组能效比的规定以5级作为进行改造或更换的依据。单元式空气调节机、风管送风式和屋顶式空调机组需进行送检，以测定其能效比。

4.3.5 本条文中溴化锂吸收式冷水机组实际性能系数（*COP*）约为《公共建筑节能设计标准》GB 50189—2005中规定数值的90%，其测试工况和方法见现行行业标准《公共建筑节能检验标准》JGJ 177。

4.3.6 用高品位的电能直接转换为低品位的热能进行采暖或空调的方式，能源利用率低，是不合适的。

4.3.7 当公共建筑采暖空调系统的热源设备无随室外气温变化进行供热量调节的自动控制装置时，容易造成冬季室温过高，无法调节，浪费能源。

4.3.8 本条文冷源系统能效系数的测试工况和方法见现行行业标准《公共建筑节能检验标准》JGJ 177。表4.3.8中的数值是综合考虑目前公共建筑中冷源系统的实际情况确定的，其值约为现行行业标准《公共建筑节能检验标准》JGJ 177中规定数值的80%左右。

4.3.9 在过去的30年内，冷水机组的效率提高很快，使其占空调水系统能耗的比例已降低了20%以上，而水泵的能耗比例却相应提高了。在实际工程中，由于设计选型偏大而造成的系统大流量运行的现象非常普遍，因此以减少水泵能耗为目的的空调水系统改造方案，值得推荐。

4.3.10 由于受气象条件等因素变化的影响，空调系统的冷热负荷在全年是不断变化的，因此要求空调水系统具有随负荷变化的调节功能。长时间小温差运行是造成运行能耗高的主要原因之一。本条中的总运行时间是指一年中供暖季或制冷季空调系统的实际运行时间。

4.3.11 本条文的规定是为了降低输配能耗，并且二次泵变流量的设置不影响制冷主机对流量的要求。但为了系统的稳定性，变流量调节的最大幅度不宜超过设计流量的50%。空调冷水系统改造为变流量调节方式后，应对系统进行调试，使得变流量的调节方式与末端的控制相匹配。

4.3.12 本条文风机的单位风量耗功率为风机实际耗电量与风机实际风量的比值。测试工况和方法见现行行业标准《公共建筑节能检验标准》JGJ 177。表4.3.12中的数值是综合考虑目前公共建筑中风机的单位风量耗功率的实际情况确定的，其值为现行国家标准《公共建筑节能设计标准》GB 50189—2005中规定数值的1.1倍左右。根据本条文进行改造的空调风系统服务的区域不宜过大，在办公建筑中，空调风管道通常不应超过 90m，商业与旅游建筑中，空调风管不宜超过 120m。

4.3.13 在冬季需要制冷时，若启用人工冷源，势必会造成能源的大量浪费，不符合国家的能源政策，所以需要采用天然冷源。天然冷源包括：室外的空气、地下水、地表水等。

4.3.14 在过渡季，当室外空气焓值低于室内焓值时，为节约能源，应充分利用室外的新风。本条文适合于全空气空调系统，不适合于风机盘管加新风系统。

4.3.15 空调系统需要的新风主要有两个用途：一是稀释室内有害物质的浓度，满足人员的卫生要求；二是补充室内排风和保持室内正压。2003 年中国经历了 SARS 事件，使得人们意识到建筑内良好通风的重要性。现行国家标准《公共建筑节能设计标准》GB 50189—2005 中明确规定了公共建筑主要空间的设计新风量的要求。鉴于新风量的重要性，本条文对不满足现行国家标准《公共建筑节能设计标准》GB 50189—2005 中规定的新风量指标的公共建筑，提出了进行新风系统改造或增设新风系统的要求。现行国家标准《公共建筑节能设计标准》GB 50189—2005 中对主要空间的设计新风量的规定如表 2 所示。

表 2 公共建筑主要空间的设计新风量

建筑类型与房间名称			新风量 [$m^3/(h \cdot p)$]
旅游旅馆	客房	5 星级	50
		4 星级	40
		3 星级	30
	餐厅、宴会厅、多功能厅	5 星级	30
		4 星级	25
		3 星级	20
		2 星级	15
	大堂、四季厅	4～5 星级	10
	商业、服务	4～5 星级	20
		2～3 星级	10
	美容、理发、康乐设施		30
旅店	客房	1～3 星级	30
		4 级	20
文化娱乐	影剧院、音乐厅、录像厅		20
	游艺厅、舞厅(包括卡拉 OK 歌厅)		30
	酒吧、茶座、咖啡厅		10
体育馆			20
商场（店）、书店			20
饭馆（餐厅）			20
办公			30
学校	教室	小学	11
		初中	14
		高中	17

4.3.16 各主支管路回水温度最大差值即主支管路回水温度的一致性反映了水系统的水力平衡状况。主支管路回水温度的一致性测试工况和方法见现行行业标准《公共建筑节能检验标准》JGJ 177。

4.3.17 从卫生及节能的角度，不结露是冷水管保温的基本要求。

4.3.19 《中华人民共和国节约能源法》第三十七条规定："使用空调采暖、制冷的公共建筑应当实行室内温度控制制度。"第三十八条规定："新建建筑或者对既有建筑进行节能改造，应当按照规定安装用热计量装置、室内温度调控装置和供热系统调控装置。"为满足此要求，公共建筑必须具有室温调控手段。

4.3.20 集中空调系统的冷热量计量和我国北方地区的采暖热计量一样，是一项重要的节能措施。设置热量计量装置有利于管理与收费，用户也能及时了解和分析用能情况，及时采取节能措施。

4.4 供配电系统单项判定

4.4.1 当确定的改造方案中，涉及各系统的用电设备时，其配电柜（箱）、配电回路等均应根据更换的用电设备参数，进行改造。这首先是为了保证用电安全，其次是保证改造后系统功能的合理运行。

4.4.2 一般变压器容量是按照用电负荷确定的，但有些建筑建成后使用功能发生了变化，这样就造成了变压器容量偏大，造成低效率运行，变压器的固有损耗占全部电耗的比例会较大，用户消耗的电费中有很大一部分是变压器的固有损耗，如果建筑物的用电负荷在建筑的生命周期内可以确定不会发生变化，则应当更换合适容量的变压器。变压器平均负载率的周期应根据春夏秋冬四个季节的用电负荷计算。

4.4.3 设置电能分项计量可以使管理者清楚了解各种用电设备的耗电情况，进行准确的分类统计，制定科学的用电管理规定，从而节约电能。

4.4.4 在进行建筑供配电设计时设计单位均按照当地供电部门的要求设计了无功补偿，但随着建筑功能的扩展或变更，大量先进用电设备的投入，使原有无功补偿设备或调节方式不能满足要求，这时应制定详细的改造方案，应包含集中补偿或就地补偿的分析内容，并进行投资效益分析。

4.4.5 对于建筑电气节能要求，供用电电能质量只包含了三相电压不平衡度、功率因数、谐波和电压偏差。三相电压不平衡一般出现在照明和混合负载回路，初步判定不平衡可以根据 A、B、C 三相电流表示值，当某相电流值与其他相的偏差为 15%左右时可以初步判定为不平衡回路。功率因数需要核查基波功率因数和总功率因数两个指标，一般我们所说的功率因数是指总功率因数。谐波的核查比较复杂，需要电气专业工程师来完成。电压偏差检验是为了考察是否具有节能潜力，当系统电压偏高时可以采取合理的改造措施实现节能。

4.5 照明系统单项判定

4.5.1 现行国家标准《建筑照明设计标准》GB 50034中对各类建筑、各类使用功能的照明功率密度都有明确的要求，但由于此标准是2004年才公布的，对于很多既有公共建筑照明照度值和功率密度都可能达不到要求，有些建筑的功率密度值很低但实际上其照度没有达到要求的值，如果业主对不达标的照度指标可以接受，其功率密度低于标准要求，则可以不改造；如果大于标准要求则必须改造。

4.5.2 公共区的照明容易产生长明灯现象，尤其是既有公共建筑的公共区，一般都没有采用合理的控制方式。对于不同使用功能的公共照明应采用合理的控制方式，例如办公楼的公共区可以采用定时与感应控制相结合的控制方式，上班时间采用定时方式，下班时间采用声控方式，总之不要因为采用不合理的控制方式影响使用功能。

4.5.3 对于办公建筑，可核查靠近窗户附近的照明灯具是否可以单独开关，若不能则需要分析照明配电回路的设置是否可以进行相应的改造，改造应选择在非办公时间进行。

4.6 监测与控制系统单项判定

4.6.1 目前很多公共建筑没有设置监测控制系统，全部依靠人力对建筑设备进行简单的启停操作，人为操作有很大的随意性，尤其是耗能在建筑中占很大比例的空调系统，这种人为操作会造成能源的浪费或不能满足人们工作环境的要求，不利于设备运行管理和节能考核。

4.6.2 当对既有公共建筑的集中采暖与空气调节系统，生活热水系统，照明、动力系统进行节能改造时，原有的监测与控制系统应尽量保留，新增的控制功能应在原监测与控制系统平台上添加，如果原有监测与控制系统已不能满足改造后系统要求，且升级原系统的性价比已明显不合理时，应更换原系统。

4.6.3 有些既有公共建筑的监测与控制系统由于各种原因不能正常运行，造成人力、物力等资源的浪费，没有发挥监测与控制系统的先进控制管理功能；还有一些系统虽然控制功能比较完善，但没有数据存储功能，不能利用数据对运行能耗进行分析，无法满足节能管理要求。这些现象比较普遍，因此应查明原因，尽量恢复原系统的监测与控制功能，增加数据存储功能，如果恢复成本过高性价比已明显不合理时，则建议更换原监测与控制系统。

4.6.4 监测与控制系统配置的现场传感器及仪表等安装方式正确与否直接影响系统的控制功能和控制精度，有些系统不能正常运行的原因就是现场设备安装不合理，造成控制失灵。因此应严格按照产品要求和国家有关规范执行，这样才能确保监测与控制系统的正常运行。

4.6.5 用电分项计量是实施节能改造前后节能效果对比的基本条件。

4.7 分 项 判 定

4.7.1 公共建筑外围护结构的节能改造，应采取现场考察与能耗模拟计算相结合的方式，应按以下步骤进行判定：

1 通过节能诊断，取得外围护结构各部分实际参数。首先进行复核检验，确定外围护结构保温隔热性能是否达到设计要求，对节能改造重点部位初步判断。

2 利用建筑能耗模拟软件，建立计算模型。对节能改造前后的能耗分别进行计算，判断能耗是否降低10%以上。

3 综合考虑每种改造方案的节能量、技术措施成熟度、一次性工程投资、维护费用以及静态投资回收期等因素，进行方案可行性优化分析，确定改造方案。

公共建筑节能改造技术方案的可行性，不但要从技术观点评价，还必须用经济观点评价，只有那些技术上先进，经济上合理的方案才能在实际中得到应用和推广。

在工程中，评价项目的经济性通常用投资回收期法。投资回收期是指项目投资的净收益回收项目投资所需要的时间，一般以年为单位。投资回收期分为静态投资回收期和动态投资回收期，两者的区别为静态投资回收期不考虑资金的时间价值，而动态投资回收期考虑资金的时间价值。

静态投资回收期虽然不考虑资金的时间价值，但在一定程度上反映了投资效果的优劣，经济意义明确、直观，计算简便。动态投资回收期虽然考虑了资金的时间价值，计算结果符合实际情况，但计算过程繁琐，非经济类专业人员难以掌握，因此，本标准中的投资回收期均采用静态投资回收期。本标准中，静态投资回收期的计算公式如下：

$$T=\frac{K}{M} \tag{1}$$

式中 T——静态投资回收期，年；

K——进行节能改造时用于节能的总投资，万元；

M——节能改造产生的年效益，万元/年。

在编制现行国家标准《公共建筑节能设计标准》时曾有过节能率分担比例的计算分析，以20世纪80年代为基准，通过改善围护结构热工性能，从北方至南方，围护结构可分担的节能率约25%～13%。而对既有公共建筑外围护结构节能改造，经估算，改造前后建筑采暖空调能耗可降低5%～8%。而从工程技术经济的角度，外围护结构改造的投资回收期一般为15～20年。另外，本规范编制时参考了国外能源服务公司的实际经验，为规避投资风险性和提高收益率，能源服务公司一般也都将外围护结构节能改造合同的投资回收期签订在8年以内。综上分析，本规范采用两项指标控制外围护结构节能改造的范围，指标要求是比较严格的。

4.7.2 本条文对采暖通风空调及生活热水供应系统分项判定方法作了规定。当进行两项以上的单项改造时，可以采用本条文进行判定。分项判定主要是根据节能量和静态投资回收期进行判定。对一些投资少，简单易行的改造项目可仅用静态投资回收期进行判定。系统的能耗降低20%是指由于采暖通风空调及生活热水供应系统采取一系列节能措施后，直接导致采暖通风空调及生活热水供应系统的能源消耗（电、燃煤、燃油、燃气）降低了20%，不包括由于外围护结构的节能改造而间接导致采暖通风空调及生活热水供应系统的能源消耗的降低量。根据对现有公共建筑的调查情况，结合公共建筑节能改造经验，通过调节冷水机组的运行策略、变流量控制等节能措施，系统能耗可降低20%左右，静态投资回收期基本可控制在5年以内。同时大多数业主比较能接受的静态投资回收期在5～8年的范围内。对一些投资少，简单易行的改造项目，静态投资回收期基本可控制在3年以内。

4.7.3 目前国家对灯具的能耗有明确规定，现行国家标准有：《管形荧光灯镇流器能效限定值及节能评价值》GB 17896，《普通照明用双端荧光灯能效限定值及能效等级》GB 19043，《普通照明用自镇流荧光灯能效限定值及能效等级》GB 19044，《单端荧光灯能效限定值及节能评价值》GB 19415，《高压钠灯能效限定值及能效等级》GB 19573等。这些标准规定了荧光灯和镇流器的能耗限定值等参数。如果建筑物中采用的灯具不是节能灯具或不符合能效限定值的要求，就应该进行更换。

4.8 综 合 判 定

4.8.1 综合判定的目的是为了预测公共建筑进行节能改造的综合节能潜力。本规范中全年能耗仅包括采暖、通风、空调、生活热水、照明方面的能源消耗，不包括其他方面的能源消耗。

本规范中，进行节能改造的判定方法有单项判定、分项判定、综合判定，各判定方法之间是并列的关系，满足任何一种判定，都宜进行相应节能改造。综合判定涉及了外围护结构、采暖通风空调及生活热水供应系统、照明系统三方面的改造。

全年能耗降低30%是通过如下方法估算的：

以某一办公建筑为例，在分项判定中，通过进行外围护结构的改造，大概可以节约10%的能耗；通过采暖通风空调及生活热水供应系统的改造，可以节约20%的能耗；通过照明系统的改造，可以节约20%的照明能耗。而在上述全年能耗中，约有80%通过采暖通风空调及生活热水供应系统消耗，约有20%通过照明系统消耗。经过加权计算，通过进行外围护结构、采暖通风空调及生活热水供应系统、照明系统三方面的改造，大概可以节约28%以上的能耗。

静态投资回收期通过如下方法估算：在分项判定中，进行外围护结构的改造，静态投资回收期为8年；进行采暖通风空调及生活热水供应系统的改造，静态投资回收期为5年；进行照明系统的改造，静态投资回收期为2年。假定外围护结构、采暖通风空调及生活热水供应系统改造时，投资方面的比例约为4：6。采暖通风空调及生活热水供应系统的能耗与照明系统的能耗比例约为4：1。

根据以上条件，经过加权计算，进行外围护结构、采暖通风空调及生活热水供应系统、照明系统三方面的改造时，静态投资回收期为5.36年。

根据以上计算，若节约30%的能耗，则静态投资回收期为5.74年，取整后，规定为6年。

5 外围护结构热工性能改造

5.1 一 般 规 定

5.1.1 公共建筑的外围护结构节能改造是一项复杂的系统工程，一般情况下，其难度大于新建建筑。其难点在于需要在原有建筑基础上进行完善和改造，而既有公共建筑体系复杂、外围护结构的状况千差万别，出现问题的原因也多种多样，改造难度、改造成本都很大。但经确认需要进行节能改造的建筑，要求外围护结构进行节能改造后，所改部位的热工性能需至少达到新建公共建筑节能水平。

现行国家标准《公共建筑节能设计标准》GB 50189对外围护结构的性能要求有两种方法：一是规定性指标要求，即不同窗墙比条件下的限值要求；二是性能性指标要求，即当不满足规定性指标要求时，需要通过权衡判断法进行计算确定建筑物整体节能性能是否满足要求。第二种方法相对复杂，不便于实施和监督。

为了便于判断改造后的公共建筑外围护结构是否满足要求，本规范要求公共建筑外围护结构经节能改造后，其热工性能限值需满足现行国家标准《公共建筑节能设计标准》GB 50189的规定性指标要求，而不能通过权衡判断法进行判断。

5.1.2 节能改造对结构安全影响，主要是施工荷载、施工工艺对原结构安全影响，以及改造后增加的荷载或荷载重分布等对结构的影响，应分别复核、验算。

5.1.3 根据建筑防火设计多年实践，以及发生火灾的经验教训，完善外保温系统的防火构造技术措施，并在公共建筑节能改造中贯彻这些防火要求，这对于防止和减少公共建筑火灾的危害，保护人身和财产的安全，是十分必要的。

建筑外墙、幕墙、屋顶等部位的节能改造时，所采用的保温材料和建筑构造的防火性能应符合现行国家标准《建筑内部装修设计防火规范》GB 50222、《建筑设计防火规范》GB 50016 和《高层民用建筑设计防火规范》GB 50045 等的规定和设计要求。

公共建筑的外墙外保温系统、幕墙保温系统、屋顶保温系统等应具有一定的防火攻击能力和防止火焰蔓延能力。

5.1.4 外围护结构节能改造要求根据工程的实际情况，具体问题具体分析。虽然不可能存在一种固定的、普遍适用的方法，但公共建筑的外围护结构节能改造施工应遵循“扰民少、速度快、安全度高、环境污染少”的基本原则。建筑自身特点包括：建筑的历史、文化背景、建筑的类型、使用功能，建筑现有立面形式、外装饰材料、建筑结构形式、建筑层数、窗墙比、墙体材料性能、门窗形式等因素。严寒、寒冷地区宜优先选用外保温技术。对于那些有保留外部造型价值的建筑物可采用内保温技术，但必须处理好冷热桥和结露。目前国内可选择的保温系统和构造形式很多，无论采用哪种，保温系统的基本要求必须满足。保温系统有 7 项要求：力学安全性、防火性能、节能性能、耐久性、卫生健康和环保性、使用安全性、抗噪声性能。针对既有公共建筑节能改造的特点，在保证节能要求的基础上，保温系统的其他性能要求也应关注。

5.1.5 热桥是外墙和屋面等外围护结构中的钢筋混凝土或金属梁、柱、肋等部位，因其传热能力强，热流较密集，内表面温度较低，故容易造成结露。常见的热桥有外墙周转的钢筋混凝土抗震柱、圈梁、门窗过梁，钢筋混凝土或钢框架梁、柱，钢筋混凝土或金属屋面板中的边肋或小肋，以及金属玻璃窗幕墙中和金属窗中的金属框和框料等。冬季采暖期时，这些部位容易产生结露现象，影响人们生活。因此节能改造过程中应对冷热桥采取合理措施。

5.1.6 外围护结构节能改造的施工组织设计应遵循下列几方面原则：

1 做好对现状的保护，包括道路、绿化、停车场、通信、电力、照明等设施的现状；

2 做好场地规划，安全措施：

1）通道安全及分流，包括施工人员通道、职工通道、施工车道；

2）施工安装中的安全；

3）室内工作人员的安全。

3 注意材料物品等堆放：

1）材料和施工工具的堆放；

2）拆除材料的堆放。

4 施工组织：

1）原有墙面的处理；

2）宜采用干作业施工，减少对环境的污染；

3）拆除材料。

5.2 外墙、屋面及非透明幕墙

5.2.1 公共建筑中常见的旧墙面基层一般分为旧涂层表面和旧瓷砖表面等。对于旧涂层表面，常见的问题有：墙面污染、涂层起皮剥落、空鼓、裂缝、钢筋锈蚀等；对于旧瓷砖表面，常见的问题有：渗水、空鼓、脱落等。因此，旧墙面的诊断工作应按不同旧基层墙面（混凝土墙面、混凝土小砌块墙面、加气混凝土砌块墙面等）、不同旧基层饰面材料（旧陶瓷锦砖、瓷砖墙面、旧涂层墙面、旧水刷石墙面、湿贴石材等）、不同“病变”情况（裂缝、脱落、空鼓、发霉等），分门别类进行诊断分析。

既有公共建筑外墙表面满足条件时，方可采用可粘结工艺的外保温改造方案。可粘结工艺的外保温系统包括：聚苯板薄抹灰、聚苯板外墙挂板、胶粉聚苯颗粒保温浆料、硬质聚氨酯外墙外保温系统。

5.2.4 公共建筑节能改造中外墙外保温的技术要求应符合现行行业标准《外墙外保温工程技术规程》JGJ 144 的规定。另外，公共建筑室内温湿度状况复杂，特别对于游泳馆、浴室等室内散湿量较大的场所，外墙外保温改造时还应考虑室内湿度的影响。

5.2.5 幕墙节能改造工程使用的保温材料，其厚度应符合设计要求，保温系统安装应牢固，不得松脱。当外围护结构改造为非透明幕墙时，其龙骨支撑体系的后加锚固埋件应与原主体结构有效连接，并应满足现行行业标准《金属与石材幕墙技术规范》JGJ 133 的相关规定。非透明幕墙的主体平均传热系数应符合现行国家标准《公共建筑节能设计标准》GB 50189 的相关规定。

5.2.8 公共建筑屋面节能改造比较复杂，应注意保温和防水两方面处理方式。

平屋面节能改造前，应对原屋面面层进行处理，清理表面、修补裂缝、铲去空鼓部位。根据实际现场诊断勘查，确定保温层含水率和屋面传热系数。

屋面节能改造基本可以分为四种情况：

1 保温层不符合节能标准要求，防水层破损；

2 保温层破损，防水层完好；

3 保温层符合节能标准要求，防水层破损；

4 保温层、防水层均完好，但保温隔热效果达不到要求。

上述四种情况可按下列措施进行处理：

情况 1，这是屋面改造中最难的情况。可加设坡屋面。如仍保持平屋面，则需彻底翻修。应清除原有保温层、防水层，重新铺设保温及防水构造。施工中要做到上要防雨、下要防水。

情况2，当建筑原屋面保温层含水率较低时，可采用直接加铺保温层的方式进行倒置式屋面改造或架空屋面做法。倒置式屋面的保温层宜采用挤塑聚苯板（XPS）等吸湿率极低的材料。

情况3，需要重新翻修防水层。对传统屋面，宜在屋面板上加铺隔汽层。

情况4，可设置架空通风间层或加设坡屋面。

改造中保温材料的选用不应选用低密度EPS板、高密度的多孔砖，宜选用低密度、高强度的保温材料或复合材料。

如条件允许，可将平屋面改造为绿化屋面。也可根据屋面结构条件和设计要求加装太阳能设施。

屋面节能改造时，应根据工程特点、地区自然条件，按照屋面防水等级的设防要求，进行防水构造设计。应注意天沟、檐口、檐沟、泛水等部位的防水处理。

5.3 门窗、透明幕墙及采光顶

5.3.1 在北方严寒、寒冷地区，采取必要的改造措施，加强外窗的保温性能有利于提高公共建筑节能潜力。而在南方夏热冬暖地区，加强外窗的遮阳性能是外围护结构节能改造的重点之一。

既有公共建筑的门窗节能改造，可采用只换窗扇、换整窗或加窗的方法。只换窗扇：当既有公共建筑门窗的热工性能经诊断达不到本规程4.2节的要求时，可根据现场实际情况只进行更换窗扇的改造。整窗拆换：当既有公共建筑中门窗的热工性能经诊断达不到本规程4.2节的要求，且无法继续利用原窗框时，可实施整窗拆换的改造。加窗改造：当不想改变原外窗，而窗台又有足够宽度时，可以考虑加窗改造方案。

更新外窗可根据设计要求，选择节能铝合金窗、未增塑聚氯乙烯塑料窗、玻璃钢窗、隔热钢窗和铝木复合窗。

为了提高窗框与墙、窗框与窗扇之间的密封性能，应采用性能好的橡塑密封条来改善其气密性，对窗框与墙体之间的缝隙，宜采用高效保温气密材料加弹性密封胶封堵。

室内可安装手动卷帘式百叶外遮阳、电动式百叶外遮阳，也可安装有热反射和绝热功能的布窗帘。

为了保证建筑节能，要求外窗具有良好的气密性能，以避免冬季室外空气过多地向室内渗漏。现行国家标准《建筑外门窗气密、水密、抗风压性能分级及检测方法》GB/T 7106中规定的6级对应的性能是：在10Pa压差下，每小时每米缝隙的空气渗透量不大于$1.5m^3$，且每小时每平方米面积的空气渗透量不大于$4.5m^3$。

5.3.2 由于现代公共建筑透明玻璃窗面积较大，因而相当大部分的室内冷负荷是由透过玻璃的日射得热引起的。为了减少进入室内的日射得热，采用各种类型的遮阳设施是必要的。从降低空调冷负荷角度，外遮阳设施的遮阳效果明显。因此，对外窗的遮阳设施进行改造时，宜采用外遮阳措施。可设置水平或小幅倾斜简易固定外遮阳，其挑檐宽度按节能设计要求。室外可使用软质篷布可伸缩外遮阳。东西向外窗宜采用卷帘式百叶外遮阳。南向外窗若无简易外遮阳，也可安装手动卷帘式百叶外遮阳。

遮阳设施的安装应满足设计和使用要求，且牢固、安全。采用外遮阳措施时应对原结构的安全性进行复核、验算；当结构安全不能满足节能改造要求时，应采取结构加固措施或采取玻璃贴膜等其他遮阳措施。

遮阳设施的设计和安装宜与外窗或幕墙的改造进行一体化设计，同步实施。

5.3.3 为了保证建筑节能，要求外门、楼梯间门具有良好的气密性能，以避免冬季室外空气过多地向室内渗漏。严寒地区若设电子感应式自动门，门外宜增设门斗。

5.3.4 提高保温性能可增加中空玻璃的中空层数，对重要或特殊建筑，可采用双层幕墙或装饰性幕墙进行节能改造。

更换幕墙玻璃可采用充惰性气体中空玻璃、三中空玻璃、真空玻璃、中空玻璃暖边等技术，提高玻璃幕墙的保温性能。

提高幕墙玻璃的遮阳性能采用在原有玻璃的表面贴膜工艺时，可优先选择可见光透射比与遮阳系数之比大于1的高效节能型窗膜。

宜优先采用隔热铝合金型材，对有外露、直接参与传热过程的铝合金型材应采用隔热铝合金型材或其他隔热措施。

6 采暖通风空调及生活热水供应系统改造

6.1 一般规定

6.1.1 考虑到节能改造过程中的设备更换、管路重新铺设等，可能会对建筑物装修造成一定程度的破坏并影响建筑物的正常使用，因此建议节能改造与系统主要设备的更新换代和建筑物的功能升级结合进行，以减低改造的成本，提高改造的可行性。

6.1.3 空调系统是由冷热源、输配和末端设备组成的复杂系统，各设备和系统之间的性能相互影响和制约。因此在节能改造时，应充分考虑各系统之间的匹配问题。

6.1.4 通过设置采暖通风空调系统分项计量装置，用户可及时了解和分析目前空调系统的实际用能情况，并根据分析结果，自觉采取相应的节能措施，提高节能意识和节能的积极性。因此在某种意义上说，实现用能系统的分项计量，是培养用户节能意识、提高我国公共建筑能源管理水平的前提条件。

6.1.6 室温调控是建筑节能的前提及手段，《中华人民共和国节约能源法》要求，“使用空调采暖、制冷的公共建筑应当实行室内温度控制制度。”因此，节能改造后，公共建筑采暖空调系统应具有室温调控手段。

对于全空气空调系统可采用电动两通阀变水量和风机变速的控制方式；风机盘管系统可采用电动温控阀和三挡风速相结合的控制方式。采用散热器采暖时，在每组散热器的进水支管上，应安装散热器恒温控制阀或手动散热器调节阀。采用地板辐射采暖系统时，房间的室内温度也应有相应控制措施。

6.2 冷热源系统

6.2.1 与新建建筑相比，既有公共建筑更换冷热源设备的难度和成本相对较高，因此公共建筑的冷热源系统节能改造应以挖掘现有设备的节能潜力为主。压缩机的运行磨损，易损件的损坏，管路的脏堵，换热器表面的结垢，制冷剂的泄漏，电气系统的损耗等都会导致机组运行效率降低。以换热器表面结垢，污垢系数增加为例，可能影响换热效率5%～10%，结垢情况严重则甚至更多。不注意冷、热源设备的日常维护保养是机组效率衰减的主要原因，建议定期（每月）检查机组运行情况，至少每年进行一次保养，使机组在最佳状态下运行。

在充分挖掘现有设备的节能潜力基础上，仍不能满足需求时，再考虑更换设备。设备更换之前，应对目前冷热源设备的实际性能进行测试和评估，并根据测评结果，对设备更换后系统运行的节能性和经济性进行分析，同时还要考虑更换设备的可实施性。只有同时具备技术可行性、改造可实施性和经济可行性时才考虑对设备进行更换。

6.2.2 运行记录是反映空调系统负荷变化情况、系统运行状态、设备运行性能和空调实际使用效果的重要数据，是了解和分析目前空调系统实际用能情况的主要技术依据。改造设计应建立在系统实际需求的基础上，保证改造后的设备容量和配置满足使用要求，且冷热源设备在不同负荷工况下，保持高效运行。目前由于我国空调系统运行人员的技术水平相对较低、管理制度不够完善，运行记录的重要性并未得到足够重视。运行记录过于简单、记录的数据误差较大、运行人员只是简单的记录数据，不具备基本的分析能力、不能根据记录结果对设备的运行状态进行调整是目前普遍存在的问题。针对上述情况，各用能单位应根据系统的具体配置情况制订详细的运行记录，通过对运行人员的培训或聘请相关技术人员加强对运行记录的分析能力，定期对空调系统的运行状态进行分析和评价，保证空调系统始终处于高效运行的状态。

6.2.3 冷热源更新改造确定原则可参照现行国家标准《公共建筑节能设计标准》GB 50189—2005 第5.4.1条的规定。

6.2.5 在对原有冷水机组或热泵机组进行变频改造时，应充分考虑变频后冷水机组或热泵机组运行的安全性问题。目前并不是所有冷水机组或热泵机组均可通过增设变频装置，来实现机组的变频运行。因此建议在确定冷水机组或热泵机组变频方案时，应充分听取原设备厂家的意见。另外，变频冷水机组或热泵机组的价格要高于普通的机组，所以改造前，要进行经济分析，保证改造方案的合理性。

6.2.6 由于所处内外区和使用功能的不同，可能导致部分区域出现需要提前供冷或供热的现象，对于上述区域宜单独设置冷热源系统，以避免由于小范围的供冷或供热需求，导致集中冷热源提前开启现象的发生。

6.2.7 附录A中部分冷热源设备的性能要求高于现行国家标准《公共建筑节能设计标准》GB 50189 中的相关规定。这主要是考虑到更换冷热源设备的难度较大、成本较高，因此在选择设备时，应具有一定的超前性，应优先选择高于现行国家标准《公共建筑节能设计标准》GB 50189 规定的产品。

6.2.9 冷却塔直接供冷是指在常规空调水系统基础上适当增设部分管路及设备，当室外湿球温度低至某个值以下时，关闭制冷机组，以流经冷却塔的循环冷却水直接或间接向空调系统供冷，提供建筑所需的冷负荷。由于减少了冷水机组的运行时间，因此节能效果明显。冷却塔供冷技术特别适用于需全年供冷或有需常年供冷内区的建筑如大型办公建筑内区、大型百货商场等。

冷却塔供冷可分为间接供冷系统和直接供冷系统两种形式，间接供冷系统是指系统中冷却水环路与冷水环路相互独立，不相连接，能量传递主要依靠中间换热设备来进行。其最大优点是保证了冷水系统环路的完整性，保证环路的卫生条件，但由于其存在中间换热损失，使供冷效果有所下降。直接供冷系统是指在原有空调水系统中设置旁通管道，将冷水环路与冷却水环路连接在一起的系统形式。夏季按常规空调水系统运行，转入冷却塔供冷时，将制冷机组关闭，通过阀门打开旁通，使冷却水直接进入用户末端。对于直接供冷系统，当采用开式冷却塔时，冷却水与外界空气直接接触易被污染，污物易随冷却水进入室内空调水管路，从而造成盘管被污物阻塞。采用闭式冷却塔虽可满足卫生要求，但由于其靠间接蒸发冷却原理降温，传热效果会受到影响。目前在工程中通常采用冷却塔间接供冷的方式。对于同时需要供冷和供热的建筑，需要考虑系统分区和管路设置是否满足同时供冷和供热的要求。另外由于冷却塔供冷主要在过渡季节和冬季运行，因此如果在冬季温度较低地区应用，冷却水系统应采取相应的防冻设施。

6.2.11 水环热泵空调系统是指用水环路将小型的水/空气热泵机组并联在一起，构成一个以回收建筑物内部余热为主要特点的热泵供暖、供冷的空调系统。与普通空调系统相比，水环热泵空调系统具有建筑物余热回收、节省冷热源设备和机房、便于分户计量、便于安装、管理等特点。实际设计中，应进行供冷、供热需求的平衡计算，以确定是否设置辅助热源或冷源及其容量。

6.2.12 当更换生活热水供应系统的锅炉及加热设备时，机组的供水温度应符合以下要求：生活热水水温低于60℃；间接加热热媒水水温低于90℃。

6.2.13 对于常年需要生活热水的建筑，如旅游宾馆、医院等，宜优先采用太阳能、热泵供热水技术和冷水机组或热泵机组热回收技术；特别对于夏季有供冷需求，同时有生活热水需求的公共建筑，应充分利用冷水机组或热泵机组的冷凝热。

6.2.15 水冷冷水机组或热泵机组应考虑实际运行过程中机组换热器结垢对换热效果的影响，冷水机组或热泵机组在实际运行使用过程中，换热管管壁所产生的水垢、污垢及细菌、微生物膜会逐渐堵塞腐蚀管道，降低热交换效率，增加运行能耗。相关研究成果表明1mm污垢，可多导致30%左右的耗电量。污垢严重时还会影响设备正常安全运行，同时也产生军团菌等细菌病毒，危害公共环境卫生安全。目前解决的方法主要是采用人工化学清洗，通过平时加药进行水处理，停机人工清洗的方式。该方式存在随意性大、效果不稳定、需要停机、不能实现实时在线清污、对设备腐蚀磨损等问题，而且会产生大量的化学污水，严重污染环境。所以建议使用实时在线清洗技术。目前实时在线清洗技术有两种，一种是橡胶球清洗技术，一种是清洗刷清洗技术。

6.2.16 燃气锅炉和燃油锅炉的排烟温度一般在120～250℃，烟气中大量热量未被利用就被直接排放到大气中，这不仅造成大量的能源浪费同时也加剧了环境的热污染。通过增设烟气热回收装置可降低锅炉的排烟温度，提高锅炉效率。

6.2.17 室外温度的变化很大程度上决定了建筑物需热量的大小，也决定了能耗的高低。运行参数（供暖水温、水量）应随室外温度的变化时刻进行调整，始终保持供热量与建筑物的需热量相一致，实现按需供热。

6.2.18 冷热源运行策略是指冷热源系统在整个制冷季或供热季的运行方式，是影响空调系统能耗的重要因素。应根据历年冷热源系统运行的记录，对建筑物在不同季节、不同月份和不同时间的冷热负荷进行分析，并根据建筑物负荷的变化情况，确定合理的冷热源运行策略。冷热源运行策略既应体现设备随建筑负荷的变化进行调节的性能，也应保证冷热源系统在较高的效率下运行。

6.3 输 配 系 统

6.3.4 通风机的节能评价值按表3～表5确定。

表3 离心通风机节能评价值

<table>
<tr><th rowspan="2">压力系数</th><th rowspan="2" colspan="2">比转速 n_s</th><th colspan="4">使用区最高通风机效率 η_r（%）</th></tr>
<tr><th colspan="2">2<机号<5</th><th>5≤机号<10</th><th>机号≥10</th></tr>
<tr><td>1.4～1.5</td><td colspan="2">45<n_s≤65</td><td colspan="2">61</td><td>65</td><td>—</td></tr>
<tr><td>1.1～1.3</td><td colspan="2">35<n_s≤55</td><td colspan="2">65</td><td>69</td><td>—</td></tr>
<tr><td rowspan="2">1.0</td><td colspan="2">10≤n_s<20</td><td colspan="2">69</td><td>72</td><td>75</td></tr>
<tr><td colspan="2">20≤n_s<30</td><td colspan="2">71</td><td>74</td><td>77</td></tr>
<tr><td rowspan="3">0.9</td><td colspan="2">5≤n_s<15</td><td colspan="2">72</td><td>75</td><td>78</td></tr>
<tr><td colspan="2">15≤n_s<30</td><td colspan="2">74</td><td>77</td><td>80</td></tr>
<tr><td colspan="2">30≤n_s<45</td><td colspan="2">76</td><td>79</td><td>82</td></tr>
<tr><td rowspan="3">0.8</td><td colspan="2">5≤n_s<15</td><td colspan="2">72</td><td>75</td><td>78</td></tr>
<tr><td colspan="2">15≤n_s<30</td><td colspan="2">75</td><td>78</td><td>81</td></tr>
<tr><td colspan="2">30≤n_s<45</td><td colspan="2">77</td><td>80</td><td>82</td></tr>
<tr><td rowspan="2">0.7</td><td colspan="2">10≤n_s<30</td><td colspan="2">74</td><td>76</td><td>78</td></tr>
<tr><td colspan="2">30≤n_s<50</td><td colspan="2">76</td><td>78</td><td>80</td></tr>
<tr><td rowspan="4">0.6</td><td rowspan="2">20≤n_s<45</td><td>翼型</td><td colspan="2">77</td><td>79</td><td>81</td></tr>
<tr><td>板型</td><td colspan="2">74</td><td>76</td><td>78</td></tr>
<tr><td rowspan="2">45≤n_s<70</td><td>翼型</td><td colspan="2">78</td><td>80</td><td>82</td></tr>
<tr><td>板型</td><td colspan="2">75</td><td>77</td><td>79</td></tr>
<tr><td rowspan="6">0.5</td><td rowspan="2">10≤n_s<30</td><td>翼型</td><td colspan="2">76</td><td>78</td><td>80</td></tr>
<tr><td>板型</td><td colspan="2">73</td><td>75</td><td>77</td></tr>
<tr><td rowspan="2">30≤n_s<50</td><td>翼型</td><td colspan="2">79</td><td>81</td><td>83</td></tr>
<tr><td>板型</td><td colspan="2">76</td><td>77</td><td>80</td></tr>
<tr><td rowspan="2">50≤n_s<70</td><td>翼型</td><td colspan="2">80</td><td>82</td><td>84</td></tr>
<tr><td>板型</td><td colspan="2">77</td><td>79</td><td>81</td></tr>
<tr><td rowspan="5">0.4</td><td rowspan="2">50≤n_s<65</td><td>翼型</td><td colspan="2">81</td><td>83</td><td>85</td></tr>
<tr><td>板型</td><td colspan="2">78</td><td>80</td><td>82</td></tr>
<tr><td rowspan="3">65≤n_s<80</td><td>/</td><td>机号<3.5</td><td>3.5≤机号<5</td><td>—</td><td>—</td></tr>
<tr><td>翼型</td><td>75</td><td>80</td><td>84</td><td>86</td></tr>
<tr><td>板型</td><td>72</td><td>77</td><td>81</td><td>83</td></tr>
<tr><td rowspan="2">0.3</td><td rowspan="2">65≤n_s<85</td><td>翼型</td><td colspan="2">—</td><td>81</td><td>83</td></tr>
<tr><td>板型</td><td colspan="2">—</td><td>78</td><td>80</td></tr>
</table>

表 4　轴流通风机节能评价值

毂比 γ	使用区最高通风机效率 η_r（%）		
	2.5≤机号＜5	5≤机号＜10	机号≥10
γ＜0.3	66	69	72
0.3≤γ＜0.4	68	71	74
0.4≤γ＜0.55	70	73	76
0.55≤γ＜0.75	72	75	78

注：1　$\gamma=d/D$，γ——轴流通风机毂比；d——叶轮的轮毂外径；D——叶轮的叶片外径。

2　子午加速轴流通风机毂比按轮毂出口直径计算。

3　轴流通风机出口面积按圆面积计算。

表 5　采用外转子电动机的空调离心通风机节能评价值

压力系数	比转数 n_s	使用区最高总效率 η_e（%）				
		机号≤2	2＜机号≤2.5	2.5＜机号＜3.5	3.5≤机号≤4.5	机号≥4.5
1.0～1.4	40＜n_s≤65	43	—	—	—	—
1.1～1.3	40＜n_s≤65	—	49	—	—	—
1.0～1.2	40＜n_s≤65	—	—	50	—	—
1.3～1.5	40＜n_s≤65	—	—	48	—	—
1.2～1.4	40＜n_s≤65	—	—	—	55	59
1.0～1.4	40＜n_s≤65	—	—	—	—	—

水泵的节能评价值按现行国家标准《清水离心泵能效限定值及节能评价值》GB 19762 中规定的方法确定。

6.3.5　变风量空调系统是通过改变进入房间的风量来满足室内变化的负荷，当房间低于设计额定负荷时，系统随之减少送风量，亦即降低了风机的能耗。当全年需要送冷风时，它还可以通过直接采用低温全新风冷却的方式来实现节能。故变风量系统比较适合多房间且负荷有一定变化和全年需要送冷风的场合，如办公、会议、展厅等；对于大堂公共空间、影剧院等负荷变化较小的场合，采用变风量系统的意义不大。

变风量系统的形式和控制方式较多，系统的运行状态复杂，设计和调试的难度较大。因此在选择设计和调试单位时应慎重。另外，在变风量空调系统的实际运行过程中，随着送风量的变化，送至空调区域的新风量也相应改变。为了确保新风量能符合卫生标准的要求，应采取必要的措施，确保室内的最小新风量。

6.3.6　水泵的配用功率过大，是目前空调系统中普遍存在的问题。通过叶轮切削技术和水泵变速技术，可有效地降低水泵的实际运行能耗，因此推荐采用。在水泵变速改造，特别是对多台水泵并联运行进行变速改造时，应根据管路特性曲线和水泵特性曲线，对不同状态下的水泵实际运行参数进行分析，确定合理的变速控制方案，保证水泵变速的节能效果，否则如果盲目使用，可能会事与愿违。而且变速调节不可能无限制调速，应结合水泵本身的运行特性，确定合理的调速范围。更换设备与增设变速装置，比较后选取。对于上述技术措施难以解决或经过经济分析，改造成本过高时，可考虑直接更换水泵。

6.3.7　一次泵变流量系统利用变速装置，根据末端负荷调节系统水流量，最大限度地降低了水泵的能耗，与传统的一次泵定流量系统和二次泵系统相比具有很大的节能优势。在进行系统变水量改造设计时，应同时考虑末端空调设备的水量调节方式和冷水机组对变水量系统的适应性，确保变水量系统的可行性和安全性。另外，目前大部分空调系统均存在不同程度的水力失调现象，在实际运行中，为了满足所有用户的使用要求，许多使用方不是采取调节系统平衡的措施，而是采用增大系统的循环水量来克服自身的水力失调，造成大量的空调系统处于“大流量、小温差”的运行状态。系统采用变水量后，由于在低负荷状态下，系统水量降低，系统自身的水力失调现象将会表现得更加明显，会导致不利端用户的空调使用效果无法保证。因此在进行变水量系统改造时，应采取必要的措施，保证末端空调系统的水力平衡特性。

6.3.8　二次泵系统冷源侧采用一次泵，定流量运行；负荷侧采用二次泵，变流量运行，既可保证冷水机组定水量运行的要求，同时也能满足各环路不同的负荷需求，因此适用于系统较大、阻力较高且各环路负荷特性和阻力相差悬殊的场合。但是由于需要增加耗能设备，因此建议在改造前，应根据系统历年来的运行记录，进行系统全年运行能耗的分析和对比，否则可能造成改造后系统的能耗反而增加。

6.3.9　对冷却水系统采取的节能控制方式有：

1　冷却塔风机根据冷却水温度进行台数或变速控制；

2　冷却水泵台数或变速控制。

冷却水系统改造时应考虑对主机性能的影响，确保水系统能耗的节省大于冷机增加的耗能，达到节能改造的效果。

6.3.10　为了适应建筑负荷的变化，目前大多数建筑物制冷系统都采用多台冷水机组、冷水泵、冷却水泵和冷却塔并联运行，并联系统的最大优势是可根据建筑负荷的变化情况，确定冷水机组开启的台数，保证冷水机组在较高的效率下运行，以达到节能运行的目的。对于并联系统，一般要求冷水机组与冷水泵、冷却水泵和冷却塔采用一对一运行，即开启一台冷水机组时，只需开启与其对应的冷水泵、冷却水泵和冷却塔。而目前大多数建筑的实际运行情况是冷水机组与冷水泵、冷却水泵和冷却塔采用一对多运行，即开启一台冷水机组时，同时开启多台冷水泵、冷却水泵和冷却塔，冷水和冷却水旁通导致的能耗浪费比较严重。造成冷水、冷却水旁通的主要原因是未开启冷水机组的进出口阀门未关闭或空调水系统未进行平衡调试，系统水量分配不平衡，开启单台水泵时，末端散热设备水量降低，系统水力失调现象加重，部分区域空调效果无法保证。因此在改造设计时，应采取连锁控制和水量平衡等必要的手段，防止系统在运行过程中发生冷水和冷却水旁通现象。

6.3.11 系统的平衡装置一般采用静态平衡阀。

6.3.12 大温差、小流量是相对于冬季采暖空调为10℃温差，夏季空调为5℃温差的系统而言的。该技术通过提高供、回水温差、降低系统循环水量，可以达到降低输送水泵能耗的目的。但是由于加大供、回温差会导致主机、水泵和末端设备的运行参数发生变化，因此采用该方案时，应在技术可靠、经济合理的前提下进行。

6.4 末 端 系 统

6.4.1 在过渡季，空调系统采用全新风或增大新风比的运行方式，既可以节省空气处理所消耗的能量，也可有效地改善空调区域内的空气品质。但要实现全新风运行，必须在设备的选择、新风口和新风管的设置、新风和排风之间的相互匹配等方面进行全面的考虑，以保证系统全新风和可调新风比的运行能够真正实现。

6.4.2 公共建筑，特别是大型公共建筑，由于其外围护结构负荷所占比例较小，因此其内外区和不同使用功能的区域之间冷热负荷需求相差较大。对于人员、设备和灯光较为密集的内区存在过渡季或供暖季节需要供冷的情况，为了节约能源，推迟或减少人工冷源的使用时间，对于过渡季节或供暖季节局部房间需要供冷时，宜优先采用直接利用室外空气进行降温的方式。

6.4.3 空调区域排风中所含的能量十分可观，排风热回收装置通过回收排风中的冷热量来对新风进行预处理，具有很好的节能效益和环境效益。目前常用的排风热回收装置主要有转轮式热回收、板翅式热回收和热管式热回收等几种方式。在进行热回收系统的设计时，应根据当地的气候条件、使用环境等选用不同的热回收方式。不同热回收装置的主要优缺点详见表6。

表6 不同热回收装置的主要优缺点

热回收方式	优　　点	缺　　点
转轮式热回收	1 能同时回收潜热和显热； 2 排风和新风逆向交替过程中具有一定的自净作用； 3 通过转速控制，能适应不同室内外空气参数； 4 回收效率高，可达到70%～80%； 5 能适用于较高温度的排风系统	1 接管位置固定，配管的灵活性差； 2 有传动设备，自身需要消耗动力； 3 压力损失较大，易脏堵，维护成本高； 4 有渗漏，无法完全避免交叉污染
板翅式热回收	1 传热效率高； 2 结构紧凑； 3 没有传动设备，不需要消耗电力； 4 设备初投资低，经济性好	1 换热效率低于转轮式热回收； 2 设备体积较大，占用建筑面积和空间多； 3 压力损失较大，易脏堵，维护成本高
热管式热回收	1 结构紧凑，单位面积的传热面积大； 2 没有传动设备，不需要消耗电力； 3 不易脏堵，便于更换，维护成本低； 4 使用寿命长	1 只能回收显热，不能回收潜热； 2 接管位置固定，配管的灵活性差

由于使用排风热回收装置时，装置自身要消耗能量，因此应本着回收能量高于其自身消耗能量的原则进行选择计算，表7和表8给出了我国不同气候分区代表城市办公建筑中排风热回收装置回收能量与装置自身消耗能量相等时热回收效率的限定值，只有排风热回收装置的效率高于限定值时，集中空调系统使用该装置才能实现节能。

表7 代表城市显热效率限定值

状态	哈尔滨	乌鲁木齐	北京	上海	广州	昆明
制热	0.09	0.10	0.14	0.20	0.44	0.26

表8 代表城市全热效率限定值

状态	哈尔滨	乌鲁木齐	北京	上海	广州	昆明
制热	0.06	0.09	0.11	0.18	0.42	0.18
制冷	—	0.31	0.30	0.26	0.21	—

注：表中“—”表示不建议采用。

6.4.4 新风直接送入吊顶或新风与回风混合后再进入风机盘管是目前风机盘管加新风系统普遍采用的设置方式。前者会导致新风的再次污染、新风利用率降低、不同房间和区域互相串味等问题；后者风机盘管的运行与否对新风量的变化有较大影响，易造成浪费或新风不足；并且采用这种方式增加了风机盘管中风机的风量，不利于节能。因此建议将处理后的新风直接送入空调区域。

6.4.5 与普通空调区域相比，餐厅、食堂和会议室等功能性用房，具有冷热负荷指标高、新风量大、使用时间不连续等特点。而且在过渡季，当其他区域需要供热时，上述区域由于设备、人员和灯光的负荷较大，可能存在需要供冷的情况。近年的调查发现，在大型公共建筑中，上述区域虽然所占的面积不大，但其能耗较高，属高耗能区域。因此在进行空调通风系统改造设计时，应充分考虑上述区域的使用特点，采用调节性强、运行灵活、具有排风热回收功能的系统形式，在条件允许的情况下，应考虑系统在过渡季全新风运行的可能性。

7 供配电与照明系统改造

7.1 一般规定

7.1.1 进行改造之前，施工方要提前制定详细的施工方案，方案中应包括进度计划、应急方案等。

7.1.2 尤其是配电系统改造，当变压器、配电柜中元器件等仍然使用国家淘汰产品时，要考虑更换。

7.1.3 应采用国家有关部门推荐的绿色节能产品和设备。照明灯具的选择应符合现行国家标准《建筑节能工程施工质量验收规范》GB 50411 中规定的光源和灯具。

7.1.4 此条规定了改造施工应满足的质量标准。

7.2 供配电系统

7.2.1 配电系统改造设计要认真核查负荷增减情况，避免因用电设备功率变化引起断路器、继电器及保护元件参数的不匹配。

7.2.2 供配电系统改造线路敷设非常重要，一定要进行现场踏勘，对原有路由需要仔细考虑，一些老建筑的配电线路很多都经过二次以上的改造，有些图纸与实际情况根本不符，如果不认真进行现场踏勘会严重影响改造施工的顺利进行。

7.2.3 目前建筑供配电设计容量是一个比较矛盾的问题，既需要考虑长久用电负荷的增长又要考虑变压器容量的合理性，如果没有充分考虑负荷的增长就会造成运行一段时间后变压器容量不能满足用电要求，而如果变压器容量选择太大又会造成变压器损耗的增加，不利于建筑节能，这两者之间应该有一个比较合理的平衡点，需要电气设计人员与业主充分讨论并对未来用电设备发展有较深入的了解。随着可再生能源的运用和节能型用电设备的推广，变压器容量的预留应合理。若变压器改造后，变压器容量有所改变，则需按照国家规定的要求重新进行报审。

7.2.4 设置电能分项计量可以使管理者清楚了解各种用电设备的耗电情况，进行准确的分类统计，制定科学的用电管理规定，从而节约电能。建筑面积超过 2 万 m^2 的为大型公共建筑，这类建筑的用电分项计量应采用具有远传功能的监测系统，合理设置用电分项计量是指采用直接计量和间接计量相结合的方式，在满足分项计量要求的基础上尽量减少安装表计的回路，以最少的投资获取数据。电能分项计量监测系统应包括下列回路的分项计量：

1 变压器进出线回路；

2 制冷机组主供电回路；

3 单独供电的冷热源系统附泵回路；

4 集中供电的分体空调回路；

5 给水排水系统供电回路；

6 照明插座主回路；

7 电子信息系统机房；

8 单独计量的外供电回路；

9 特殊区供电回路；

10 电梯回路；

11 其他需要单独计量的用电回路。

安装表计回路设置应根据常规电气设计而定。需要注意的是对变压器损耗的计量，但是否能在变压器进线回路上增加计量需要确定变配电室产权是属于业主还是属于供电部门，并与当地供电部门协商，是否具有增加表计的可能，需要特别注意的是在供电局计量柜中只能取其电压互感器的值，不能改动计量柜内的电流互感器，电流值需要取自变压器进线柜内单独设置 10kV 电流互感器，不要与原电流互感器串接。

7.2.5 无功补偿是电气系统节能和合理运行的重要因素，有些建筑虽然设计了无功补偿设备但不投入运行，或运行方式不合理，若补偿设备确实无法达到要求时，经过投资回收分析后可更换设备。

7.2.6 一般对谐波的治理可采用滤波器、增加电抗器等方法，采用何种方法需要对谐波源进行分析，最可靠的方法是首先对谐波源进行治理，例如节能灯是谐波源时，可对比直接改造灯具和增加各种谐波治理装置方案的优劣，最终确定改造方案。当照明回路的电压偏高时，有些节电设备的节能原理是利用智能化技术降低供电电压，既达到节电的目的又可延长灯管的使用寿命。

7.3 照明系统

7.3.1 照明回路配电设计应重新根据现行国家标准《建筑照明设计标准》GB 50034 中规定的功率密度值进行负荷计算，并核查原配电回路的断路器、电线电缆等技术参数。

7.3.2 面积较小且要求不高的公共区照明一般采用就地控制方式，这种控制方式价格便宜，能起到事半功倍的效果；大面积且要求较高公共区可根据需要设置集中监控系统，如已经具备楼宇自控系统的建筑可将此部分纳入其监控系统。

7.3.3 照明配电系统改造设计时要预留足够的接口，如果接口预留数量不足或不符合监测与控制系统要求，就无法实施对照明系统的控制，照明配电箱做成后若再增加接口，一是位置空间可能不合适，二是需要现场更改增加很多麻烦。在大型建筑内，照明控制系统应采用分支配电方式。在这种情况下，可以在过道内分布若干个同样类型的分支配电装置，由楼层配电箱负责分支配电装置的供电。由此可以使线路敷设简单而且层次分明。

7.3.4 除对靠近窗户附近的照明灯具单独设置开关外，还可以在条件具备的情况下，通过光导管技术，将太阳光直接导入室内。

8 监测与控制系统改造

8.1 一 般 规 定

8.1.1 此条规定了监测与控制系统改造的总原则。

8.1.2 节能改造时最重要的是根据改造前后的数据对比，判断节能量，因此涉及节能运行的关键数据必须经过1个供暖季、供冷季和过渡季，所以至少需要12个月的时间。由于数据的重要性，本条文规定，无论系统停电与否，与节能相关的数据应都能至少保存12个月。

8.1.3 此条分别规定了改造时需遵循的原则。尤其是当进行节能优化控制时需要修改其他机电设备运行参数，如进行变冷水量调节等，尤其需要做好保护措施，避免冷机出现故障。

8.1.4 监测与控制系统的节能调试不同于其他系统，调试和验收是非常重要的环节，且这个系统是否能够合理运行并起到节能作用与其涉及的空调、照明、配电等系统密切相关，因此必须在这些系统手动运行正常的情况下才能投入自控运行，否则会使原系统运行更加混乱，反而造成系统振荡。当工艺达到要求时，方可进行自控调试。

8.2 采暖通风空调及生活热水供应系统的监测与控制

8.2.3 主要考虑公共区人员复杂，每个人要求的温度不尽相同，温控器容易被人频繁改动，例如医院就诊等候区等，曾发现病人频繁改变温度设定值，造成温度较大波动，温控器损坏，因此在公共区设置联网控制有利于系统的稳定运行和延长设备使用寿命。

8.2.4 此条给出生活热水的基本监控要求，但不限于此种监控。

8.3 供配电与照明系统的监测与控制

8.3.1 一般供配电系统会单独设置其监测系统，可采用数据网关的形式和监测与控制系统相连，此方法已在很多项目上实施，具有安全可靠、使用方便等优点。以往在监测与控制系统中再设置低压配电系统传感器采集数据的方式，费时费力，不可能在所有重要回路设置传感器，造成数据不全，不能满足用电分项计量的要求。

8.3.2 照明系统有两种控制方式，一种是照明系统单独设置的监控系统，一般用于大型照明调光系统，如体育场馆等，这种系统以满足照明功能需求为主要条件，这种系统一般不和监测与控制系统相连。另一种照明系统只是单纯满足照度要求，不进行调光控制，这种系统一般应用于办公楼、酒店等一般建筑，这类建筑的公共区照明宜纳入监测与控制系统。

9 可再生能源利用

9.1 一 般 规 定

9.1.1 在《中华人民共和国可再生能源法》中，国家将可再生能源的开发利用列为能源发展的优先领域，因此，本条文规定了公共建筑进行节能改造时，有条件的场所应优先利用可再生能源。可再生能源包括风能、太阳能、水能、生物质能、地热能、海洋能等非化石能源，其中与建筑用能紧密关联的主要有地热能和太阳能。目前，利用地热能的技术主要有地源热泵供热、制冷技术；利用太阳能的技术主要有被动式太阳房、太阳能热水、太阳能采暖与制冷、太阳能光伏发电及光导管技术等。

9.1.2 可再生能源的应用与其他常规能源相比，初投资较高，因此在利用可再生能源时，围护结构达到节能标准要求，可降低建筑物本身的冷、热负荷值，从而降低初投资及减少运行费用。可再生能源的应用与建筑外围护结构的节能改造相结合，可以最大限度地发挥可再生能源的节能、环保优势。

9.2 地源热泵系统

9.2.1 地源热泵系统包括地埋管、地下水及地表水地源热泵系统。工程场地状况调查及浅层地热能资源勘察的内容应符合现行国家标准《地源热泵系统工程技术规范》GB 50366的相关规定。地源热泵系统技术可行性主要包括：

1 地埋管地源热泵系统：当地岩土体温度适宜，热物性参数适合地埋管换热器换热，冬、夏取热量和排热量基本平衡；

2 地下水地源热泵系统：当地政策法规允许抽灌地下水、水温适宜、地下水量丰富、取水稳定充足、水质符合热泵机组或换热设备使用要求、可实现同层回灌；

3 地表水地源热泵系统：地表水源水温适宜、水量充足、水质符合热泵机组或换热设备使用要求。

改造的可实施性应综合考虑各类地源热泵系统的性能特点进行分析：

1 地埋管地源热泵系统：是否具备足够的地埋管换热器设置空间、项目所在地地质条件是否适合地埋管换热器钻孔、成孔的施工；

2 地下水地源热泵系统：是否具备进行地下水钻井的条件、取排水管道的位置、钻井是否会对建筑基础结构或防水造成影响、是否会破坏地下管道或构筑物；

3 地表水地源热泵系统：调查当地水务部门是否允许建造取水和排水设施，是否具备设置取排水管道和取水泵站的位置；

4 进行改造可实施性分析时，还应同时考虑建筑物现有系统（如既有空调末端系统是否适应地源热泵系统的改造、供配电是否可以满足要求、机房面积和高度是否足够放置改造设备、穿墙孔洞及设备入口是否具备等）能否与改造后的地源热泵系统相适应。

改造的经济性分析应以全年为周期的动态负荷计算为基础，以建筑规模和功能适宜采用的常规空调的冷热源方式和当地能源价格为计算依据，综合考虑改造前后能源、电力、水资源、占地面积和管理人员的需求变化。

9.2.3 原有空调系统的冷热源设备，当与地源热泵系统可以较高的效率联合运行时，可以予以保留，构成复合式系统。在复合式系统中，地源热泵系统宜承担基础负荷，原有设备作为调峰或备用措施。另外，原有机房内补水定压设备和管道接口等能够满足改造后系统使用要求的也宜予以保留和再利用。

9.2.4 由于建筑节能改造，建筑物的空调负荷降低。因此，在进行地源热泵系统设计时，冬季可以适当降低供水温度，夏季可以适当提高供水温度，以提高地源热泵机组效率，减少主机电耗。供水温度提高或降低的程度应通过末端设备性能衰减情况和改造后空调负荷情况综合确定。

9.2.5 在有生活热水需求的项目中可将夏季供冷、冬季供暖和供应生活热水结合起来改造，并积极采用热回收技术在供冷季利用热泵机组的排热提供或预热生活热水。

9.2.6 当地埋管换热器的出水温度、地下水或地表水的温度可以满足末端需求时，应优先采用上述低位冷（热）源直接供冷（供热），而不应启动热泵机组，以降低系统的运行费用，当负荷增大，水温不能满足末端进水温度需求时，再启动热泵机组供冷（供热）。

9.3 太阳能利用

9.3.1 在太阳能资源丰富或较丰富的地区应充分利用太阳能；在太阳能资源一般的地区，宜结合建筑实际情况确定是否利用太阳能；在太阳能资源贫乏的地区，不推荐利用太阳能。各地区太阳能资源情况如表9所示。

表9 太阳能资源表

等级	太阳能条件	年日照时数(h)	水平面上年太阳辐照量[MJ/(m²·a)]	地区
一	资源丰富区	3200～3300	＞6700	宁夏北、甘肃西、新疆东南、青海西、西藏西
二	资源较丰富区	3000～3200	5400～6700	冀西北、京、津、晋北、内蒙古及宁夏南、甘肃中东、青海东、西藏南、新疆南
三	资源一般区	2200～3000	5000～5400	鲁、豫、冀东南、晋南、新疆北、吉林、辽宁、云南、陕北、甘肃东南、粤南
		1400～2200	4200～5000	湘、桂、赣、苏、浙、沪、皖、鄂、闽北、粤北、陕南、黑龙江
四	资源贫乏区	1000～1400	＜4200	川、黔、渝

9.3.2 目前，利用太阳能的技术主要有被动式太阳房、太阳能热水、太阳能采暖与制冷、太阳能光伏发电及光导管技术等。为了最大限度发挥太阳能的节能作用，太阳能应能实现全年综合利用。

9.3.3 太阳能热水系统设计、安装与验收等方面要符合现行国家标准《民用建筑太阳能热水系统应用技术规范》GB 50364 的规定。

9.3.5 电能质量包括电压偏差、频率、谐波和波形畸变、功率因数、电压不平衡度及直流分量等。

10 节能改造综合评估

10.1 一 般 规 定

10.1.1 建筑物室内环境检测的内容包括室内温度、相对湿度和风速。检测方法参见《公共建筑节能检验标准》JGJ 177。

10.1.2 这样做便于发现改造前后运行工况或建筑使用等的变化。一旦发生变化，应对改造前或改造后的能耗进行调整。

10.1.3 被改造系统或设备的检测方法参见现行行业标准《公共建筑节能检验标准》JGJ 177，评估方法按本规范10.2节的规定进行。在相同的运行工况下采取相同的检测方法进行检测主要是为了保证测试结果的一致性。

10.1.4 定期对节能效果进行评估，是为了保证节能量的持续性，定期评估的时间一般为1年。节能效果不应是短期的，而应至少在回收期内保持同样的节能效果。

10.2 节能改造效果检测与评估

10.2.1 调整量的产生是因为测量基准能耗和当前能耗时，两者的外部条件不同造成的。外部条件包括：天气、入住率、设备容量或运行时间等，这些因素的变化跟节能措施无关，但却会影响建筑的能耗。为了公正科学地评价节能措施的节能效果，应把两个时间段的能耗量放到“同等条件”下考察，而将这些非节能措施因素造成的影响作为“调整量”。调整量可正可负。

“同等条件”是指一套标准条件或工况，可以是改造前的工况、改造后的工况或典型年的工况。通常把改造后的工况作为标准工况，这样将改造前的能耗调整至改造后工况下，即为不采取节能措施时建筑当前状况下的能耗（图1中调整后的基准能耗），通过比较该值与改造后实际能耗即可得到节能量，见图1。

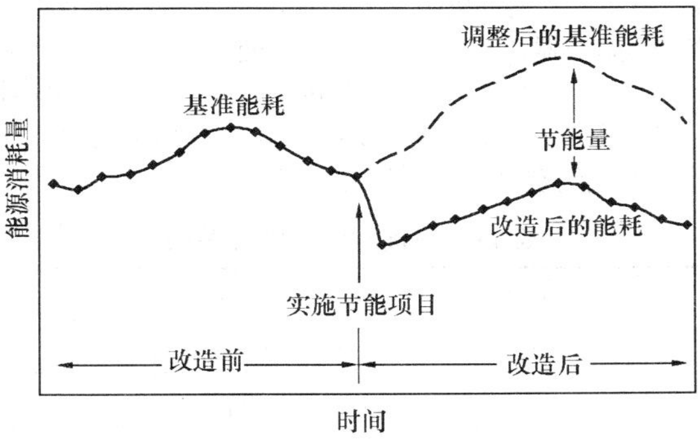

图1 节能量的确定方法

10.2.2 节能改造项目实施前应编写节能效果检测与评估方案，节能检测和评估方案应精确、透明，具有可重复性。主要包括下列内容：

1 节能目标；

2 节能改造项目概况；

3 确定测量边界；

4 测量的参数、测点的布置、测量时间的长短、测量仪器的精度等；

5 采用的评估方法；

6 基准能耗及运行工况；

7 改造后的能耗及其运行工况；

8 建立标准工况；

9 明确影响能耗的各个因素的来源、说明调整情况；

10 能耗的计算方法和步骤、相关的假设等；

11 规定节能量的计算精度，建立不确定性控制目标。

10.2.3 测量法是将被改造的系统或设备的能耗与建筑其他部分的能耗隔离开，设定一个测量边界，然后用仪表或其他测量装置分别测量改造前后该系统或设备与能耗相关的参数，以计算得到改造前后的能耗从而确定节能量。可根据节能项目实际需要测量部分参数或者对所有的参数进行测量。

一般来说，对运行负荷恒定或变化较小的设备进行节能改造可以只测量某些关键参数，其他的参数可进行估算，如，对定速水泵改造，可以只测量改造前后的功率，而对水泵的运行时间进行估算，假定改造前后运行时间不变。对运行负荷变化较大的设备改造，如冷机改造，则要对所有与能耗相关的参数进行测量。参数的测量方法参见《公共建筑节能检验标准》JGJ 177。

账单分析法是用电力公司或燃气公司的计量表及建筑内的分项计量表等对改造前后整幢大楼的能耗数据进行采集，通过分析账单和表计数据，计算得到改造前后整幢大楼的能耗，从而确定改造措施的节能量。

校准化模拟法是对采取节能改造措施的建筑，用能耗模拟软件建立模型（模型的输入参数应通过现场调研和测量得到），并对其改造前后的能耗和运行状况进行校准化模拟，对模拟结果进行分析从而计算得到改造措施的节能量。

测量法主要测量建筑中受节能措施影响部分的能耗量，因此该法侧重于评估具体节能措施的节能效果；账单分析法的研究对象是整幢建筑，主要用来评估建筑水平的节能效果。校准化模拟法既可以用来评估具体系统或设备的改造效果，也可用来评估建筑综合改造的节能效果，一般在前两种方法不适用的情况下才使用。

10.2.6 一般当测量法和账单分析法不适用时才使用校准化模拟法来计算节能效果。这主要是考虑到能耗模拟软件的局限性，目前很多建筑结构、空调系统形式、节能措施都无法进行模拟，如具有复杂外部形状的建筑、新型的空调系统形式等。

10.2.7 当设备的运行负荷较稳定或变化较小时（如照明灯具或定速水泵改造），可只测量影响能耗的关键参数，对其他参数进行估算，估算值可以基于历史数据、厂家样本或工程实际情况来判定。应确保估算值符合实际情况，估算的参数值及其对节能效果的影响程度应包含在节能效果评估报告中。如果参数估算导致误差较大，则应根据项目需要对其进行测量或采用账单分析法和校准化模拟法。对被改造的设备进行抽样测量时，抽样应能够代表总体情况，且测量结果具备统计意义的精确度。

10.2.8 校准化模拟方案应包括：采用的模拟软件的名称及版本、模拟结果与实际能耗数据的比对方法、比对误差。

“相同的输入条件”主要指改造前后的建筑模型、气象参数、运行时间、人员密度等参数应一致，这些数据应通过调研收集。此外，还应对主要用能系统和设备进行调研和测试。

校准化模拟法的模拟过程和节能量的计算过程应进行记录并以文件的形式保存。文件应详细记录建模和校准化的过程，包括输入数据和气象数据，以便其他人可以核查模拟过程和结果。

10.2.9 三种评估方法都涉及一些不确定因素，如测量法中对某些参数进行估算、抽样测量等会给计算结果引入误差，账单分析法用账单或表计数据对综合节能改造效果进行评估时，非节能措施的影响是主要的误差，一般会对主要影响因素（天气、入住率、运行时间等）进行分析和调整。以天气为例，可以根据采暖能耗与采暖度日数之间的线性关系，见式（2），将改造前的采暖能耗调整至改造后的气象工况下、或将改造前和改造后的采暖能耗均调整至典型气象年工况下：

$$E_{(h)ajusted} = \frac{HDD}{HDD_0} \times E_{h0} \quad (2)$$

式中 E_{h0} ——改造前的采暖能耗；

$E_{(h)ajusted}$——调整后的改造前的采暖能耗；

HDD_0 ——改造前的采暖度日数；

HDD ——改造后的采暖度日数。

相应地，也可以建立能耗与入住率和运行时间等参数的关系式，对非节能措施的影响进行调整。这些关系式本身存在一定的误差，而且被忽略的影响因素也是账单分析法的误差来源之一。校准化模拟法的误差主要来源于模拟软件、输入数据与实际情况不一致等因素。因此，对节能量进行计算和评估时，必须考虑到计算过程存在的不确定性并建立正确、合理的不确定性控制目标。

附录A 冷热源设备性能参数选择

A.0.1 现行国家标准《冷水机组能效限定值及能源效率等级》GB 19577—2004 中，将产品分成 1、2、3、4、5 五个等级。能效等级的含义，1 级是企业努力的目标；2 级代表节能型产品的门槛；3、4 级代表我国的平均水平，5 级产品是未来淘汰的产品。本条文对冷水或热泵机组制冷性能系数的规定高于现行国家标准《公共建筑节能设计标准》GB 50189—2005 的规定，其中，水冷离心式机组以 2 级作为选择的依据；水冷螺杆式、风冷或蒸发冷却螺杆式机组以 3 级作为选择的依据；水冷活塞式/涡旋式、风冷或蒸发冷却活塞式/涡旋式机组以 4 级作为选择的依据。

A.0.3 本条文采用现行国家标准《单元式空气调节机能效限定值及能源效率等级》GB 19576—2004 中规定的 3 级产品的能效比。

A.0.5 本条文采用现行国家标准《多联式空调（热泵）机组能效限定值及能源效率等级》GB 21454—2008 中的 3 级标准，其他级别具体指标如表 10 所示。

表 10 多联式空调（热泵）机组的制冷综合性能系数

名义制冷量 CC（W）	能效等级				
	5	4	3	2	1
CC≤28000	2.80	3.00	3.20	3.40	3.60
28000<CC≤84000	2.75	2.95	3.15	3.35	3.55
CC>84000	2.70	2.90	3.10	3.30	3.50

A.0.6 本条文的房间空调器适用于采用空气冷却冷凝器、全封闭型电动机-压缩机，制冷量在 14000W 及以下的空气调节器，不适用于移动式、变频式、多联式空调机组。本条文采用现行国家标准《房间空气调节器能效限定值及能源效率等级》GB 12021.3—2004中的 2 级标准。其他级别具体指标如表 11 所示。

表 11 房间空调器能效等级

类型	额定制冷量 CC（W）	能效等级				
		5	4	3	2	1
整体式	—	2.30	2.50	2.70	2.90	3.10
分体式	CC≤4500	2.60	2.80	3.00	3.20	3.40
	4500<CC≤7100	2.50	2.70	2.90	3.10	3.30
	7100<CC≤14000	2.40	2.60	2.80	3.00	3.20

A.0.7 本条文采用现行国家标准《转速可控型房间空气调节器能效限定值及能源效率等级》GB 21455—2008 中的 3 级标准，其他级别具体指标如表 12 所示。

表 12 转速可控型房间空调器能效等级

类型	额定制冷量 CC（W）	能效等级				
		5	4	3	2	1
分体式	CC≤4500	3.00	3.40	3.90	4.50	5.20
	4500<CC≤7100	2.90	3.20	3.60	4.10	4.70
	7100<CC≤14000	2.80	3.00	3.30	3.70	4.20

中华人民共和国国家标准

橡胶工厂节能设计规范

GB 50376—2006

条 文 说 明

目　次

1 总　　则

1.0.1 根据《中华人民共和国节约能源法》，制定了《橡胶工厂节能设计规范》GB 50376—2006。制定本规范的目的是在正确设计思想的指导下，对橡胶工厂从外到内的设计进行控制，从而保证工程节能效果。大量工程设计实践表明，加强对设计的控制，可有效减少损失，避免资源与能源的浪费。

1.0.3～1.0.5 本规范是各专业设计采取行之有效的节能措施的依据，应把节约能源放在重要位置考虑。特别是对主要耗能设备，例如轮胎硫化工段是耗能最大的，应采取有效措施，最大限度节能。各专业设计人员应进行多方案比较，最后加以选定。

1.0.6 目前，在可研和初步设计阶段中仍可使用吨三胶作为单位产品综合能耗的单位，今后宜按吨产品来计算。

2 术　　语

本章是根据《工程建设标准编写规定》建标[1996]626 号的要求，针对橡胶工厂节能设计工作的实际情况新增加的内容。

随着科学技术的进步，很多新用语、名词和概念不断出现，并反映在设计过程中，若不进行统一而明确的定义、不规范其正确应用，势必对设计造成概念混淆。

3 总图、建筑与建筑热工节能设计

3.1 一 般 规 定

3.1.1 必须满足橡胶工厂生产工艺流程要求，使物流流线短捷，运输总量最少；在符合各种防护间距的条件下，合理用地，紧凑布置。近期应相对集中，并按主次、按期次配套建设。

3.1.2 本条是根据节能原则，对橡胶工厂建筑环境设计提出的一般原则。建筑群的布置和建筑物的平面设计合理与否，对冬季获得太阳辐射热和夏季通风降温是十分重要的，建筑设计对此必须引起足够重视。通过多方面分析，优化总图和建筑设计，采用本地区建筑最佳朝向或最适宜的朝向。

3.1.3 橡胶工厂建筑群总图布置方式合理，线路布置顺畅，内外适应，尽量避免人货交叉，靠近最大用户或负荷中心，管线布置要短捷。各种动力设施应留有发展余地，既避免扩大生产时造成困难，又达到节能目的。

3.1.4 体形系数是表征建筑热工特性的一个重要指标。与建筑物的层数、体量、形状等因素有关。建筑物的采暖耗热量中围护结构的传热耗热量占有很大比例。建筑物体形系数越大则发生向外传热的围护结构面积越大。因此，在满足工艺条件下合理确定建筑形状时，必须考虑本地区气候条件，冬、夏太阳辐射强度，风环境，围护结构构造形式等各种因素，要求建筑体形简洁，以降低建筑物体形系数。

由于橡胶工厂的工艺要求，为节省能耗，以集中布置为主，其体形系数一般较低。经橡胶工厂统计，多数不超过 0.4。

3.1.7 对于不同气候条件下的建筑物，应根据建筑物所处的建筑气候分区，确定建筑围护结构合理的热工性能参数，满足节能要求。

3.1.8 围护结构传热系数推荐限值。本规范是根据《公共建筑节能设计标准》GB 50189 的规定进行编制的，根据橡胶工厂的实际，考虑其可行性和合理性，将建筑围护结构传热系数限值放宽。

由于橡胶工业建筑本身功能单一、墙体材料单一，因此没有划分周边和非周边地面的热阻。

根据橡胶工厂所处城市的建筑气候分区，围护结构的热工性能可采用表 1～5 的数值。

表 1 严寒地区(A、B 区)围护结构传热系数推荐限值

围护结构部位	传热系数 K[W/(m²·K)]	
	钢结构	钢筋混凝土结构
屋面	≤0.45	≤0.45
外墙	≤0.50	≤0.77
底面接触室外空气的架空或外挑楼板	≤0.50	≤0.77
非采暖房间与采暖房间的隔墙或楼板	≤0.80	≤0.80
外窗	≤3.20	≤3.20
屋顶天窗透明部位	≤2.60	≤2.60

表 2 寒冷地区围护结构传热系数推荐限值

围护结构部位	传热系数 K[W/(m²·K)]	
	钢结构	钢筋混凝土结构
屋面	≤0.55	≤0.55
外墙	≤0.60	≤1.00
底面接触室外空气的架空或外挑楼板	≤0.60	≤1.00
非采暖房间与采暖房间的隔墙或楼板	≤1.50	≤1.50
外窗	≤3.50	≤3.50
屋顶天窗透明部位	≤2.70	≤2.70

表 3 夏热冬冷地区围护结构传热系数推荐限值

围护结构部位	传热系数 K[W/(m²·K)]	
	钢结构	钢筋混凝土结构
屋面	≤0.70	≤0.70
外墙	≤1.00	≤1.20
底面接触室外空气的架空或外挑楼板	≤1.00	≤1.20
非采暖房间与采暖房间的隔墙或楼板	≤4.70	≤4.70
外窗	≤3.00	≤3.00
屋顶天窗透明部位	≤3.00	≤3.00

表 4 夏热冬暖地区围护结构传热系数推荐限值

围护结构部位	传热系数 K[W/(m²·K)]	
	钢结构	钢筋混凝土结构
屋面	≤0.90	≤0.90
外墙	≤1.50	≤1.50
底面接触室外空气的架空或外挑楼板	≤1.50	≤1.50
非采暖房间与采暖房间的隔墙或楼板	≤4.70	≤4.70
外窗	≤3.50	≤3.50
屋顶天窗透明部位	≤3.50	≤3.50

表 5 不同气候区地面热阻推荐限值

气候分区	围护结构部位	热阻 R[(m²·K)/W]
严寒地区	地面	≥1.80
寒冷地区	地面	≥1.50
夏热冬冷地区	地面	≥1.20
夏热冬暖地区	地面	≥1.00

3.2 外门和外窗

3.2.1 根据《公共建筑节能设计标准》GB 50189—2005 规定，窗墙面积比小于 0.7，这是考虑了即使建筑方面用全玻璃幕墙，扣除掉各层楼板以及楼板下面梁的面积，窗墙比一般不会超过 0.7。

根据多年来橡胶工厂的建筑设计，很少采用全玻璃幕墙，经同类建筑设计统计，一般不会超过0.5。因此，本规范要求不超过0.5。

3.2.2 根据橡胶工厂设计特点，按成品库的消防防烟规定，取上限10%，既满足消防要求，也达到节能目的。

3.2.4 为了保证建筑的节能，要求外窗具有良好的气密性能，以抵御夏季和冬季室外空气过多地向室内渗透，因此对外窗的气密性能要有较高的要求。

3.2.5 目前国内的幕墙工程，主要考虑幕墙围护结构的结构安全性、日光照射的光环境、隔绝噪声、防止雨水渗透以及安全等方面的问题。较少考虑幕墙围护结构的保温隔热、冷凝等热工节能问题。为了节约能源，必须对幕墙的热工性能有明确的规定。由于透明幕墙的气密性能对建筑能耗也有较大的影响，本条文对透明幕墙的气密性也作了明确的规定。

4 工艺节能设计

4.1 生产规模

4.1.1 对于新建轮胎工厂，若载重子午胎的生产规模在60万条/年以下，乘用及轻卡子午胎的生产规模在300万条/年以下，则生产规模较小，有些设备利用率过低，综合能耗偏高。

4.2 工艺设备的选择

4.2.1 大规格的无级调速密炼机能提高生产效率，减少设备占地面积，降低能源消耗。

4.2.2 冷喂料挤出机能减少设备的台数和占地面积，减少排烟系统，降低能源消耗。

4.2.3、4.2.4 所列设备能提高生产效率，减少设备台数和占地面积，降低能源消耗。

4.2.5 硫化设备的选择跟能耗有直接关系，如热板式定型硫化机比蒸锅式定型硫化机蒸汽消耗要低。

4.3 生产工艺

4.3.1 高速或变速混炼工艺能缩短混炼时间，降低能源消耗。

4.3.2 轮胎硫化采用充氮硫化工艺或热水变温等压硫化工艺比目前常用的热水等温等压硫化工艺降低很多蒸汽消耗。

5 电力节能设计

5.1 供电系统及电压等级选择

5.1.1 对于轮胎生产企业，用电负荷比较大，必须达到经济规模。统计最近几年设计的工程，计算负荷一般在20000kW左右，结合地区供电部门电网情况，采用35kV、110kV供电的企业比较多。

对于橡胶制品企业由于用电负荷一般较小，采用10kV供电的企业比较多。

5.1.2 根据橡胶企业的用电特点，负荷一般集中在炼胶和压延、压出工段。因此，总变电所的位置应靠近炼胶和压延、压出工段。

5.1.3 为了减少线路损耗，合理选择导体截面，要求10kV及以上输电线路，应按经济电流密度校验导线截面。按经济电流选择电缆线芯截面时，初投资一般比按载流量选择线芯截面要大。当年利用小时为6500h以上，三班制运行的电缆，回收年限一般为1～2年，年利用小时为4000h的电缆，回收年限为2～3年，年利用小时为2000h的电缆，也只要3～4年。因此，采用经济电流选用电缆线芯截面是非常经济的。

5.1.4 绝大多数橡胶加工工厂设有总降压变电站或10kV总配电所，全厂需布置多个车间变电所，配备多台车间变压器。因此，合理选择总降压变电站的主变压器容量和台数，以减少变压器和线路的电能损耗是十分重要的。

变压器的损耗主要为空载损耗和负载损耗。一般情况下，空载损耗是固定不变的，而负载损耗与负荷系数的平方成正比，当变压器在经济负荷系数下运行时，变压器的效率最高。

变压器的单位负荷损耗[A,kW/(kV·A)]与负荷系数($\beta=S/S_e$)、变压器空载损耗(P_o,kW)、变压器负载损耗(P_k,kW)，变压器容量(S_e,kV·A)之间的关系式如式(1)：

$$A=\frac{P_o+\beta^2\times P_k}{\beta\times S_e} \tag{1}$$

以式(1)作出的变压器单位负荷损耗与负荷系数的连续函数关系呈马鞍形曲线，如图1。

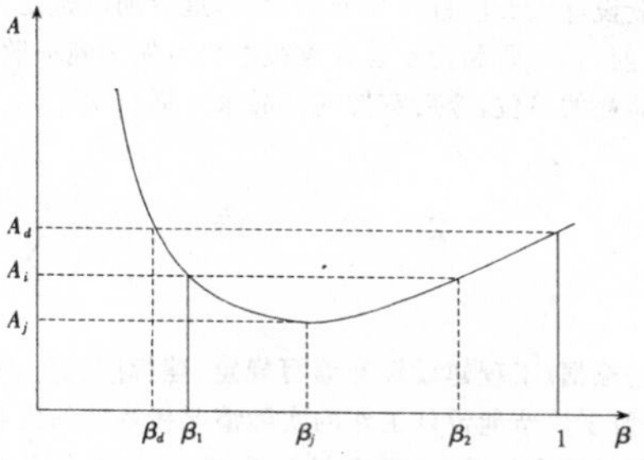

图1 A-β关系曲线

由图1可见：在经济负荷系数β_j时单位负荷损耗最小；显然，单位负荷损耗最小时变压器的效率也最高；在同一单位负荷损耗值时对应两个负荷系数β_1和β_2，但β_1～β_j区间运行的变压器没有得到充分利用，且这段曲线较陡，不宜作为变压器的运行区域。工程设计中，常用的S_9～S_{11}型油浸变压器的损耗比$\alpha(\alpha=P_kP_o)$约在5.2～8.5之间，SCB_9～SCB_{11}干式变压器的损耗比α约在3～5之间，而变压器的经济负荷系数β_j约在0.3～0.5之间。通常认为，任一负荷下的单位负荷损耗A与经济负荷系数下的单位负荷损耗A_j相比，其比值$B=A/A_j$即可反映某一负荷系数下的A值为A_j之倍数，并可求得增加的相对值的百分数，以此来判断变压器运行时的经济性。根据计算，认为B值为1.1及以下时相应的负荷系数属于经济运行范围，与之相对应的β_2在0.55～0.75之间。设计中既要考虑到变压器的利用率并有一定的备用容量以满足企业负荷增长的需要，同时又要顾及变压器容量不宜过大以降低设备投资费用和主变压器按容量收取基本电费的现实情况，因此总降压站主变压器负荷系数宜在0.6～0.75之间的经济负荷区运行；车间变压器不存在收取基本电费的情况，取经济负荷区的负荷系数为0.55～0.70较适宜。

5.1.5 为了对各车间用电负荷实际耗能进行监测，以便对节能工作进行管理和考核，须配置电压、电流、功率、功率因数和有功电量、无功电量的测量和计量仪表。

5.2 车间配电

5.2.1 橡胶工厂电能损耗主要为设备损耗和线路损耗，为了达到节能的目的，必须选用节能变压器。

5.2.2、5.2.3 为减少线路损耗，在不影响工艺生产要求的前提下应尽可能的缩短供电半径。根据橡胶厂用电负荷特点，用电负荷主要集中在炼胶工段和压延、压出工段及公用工程各站房，为此在上述各工段设置车间变电所比较合理，供电半径一般不超过150m。根据密炼机供货厂家要求，由整流所密炼机整流柜至电机的供电距离宜小于50m。

由于铜芯导线的导电性能和机械性能均高于铝芯导线，目前设计中已很少使用铝芯导线，铜芯导线和铝芯导线相比节能效果明显，因此提出供配电线路宜采用铜芯电线电缆和铜质母线。

5.2.4 本条引用了中华人民共和国国家标准《评价企业合理用电技术导则》GB/T 3485中的有关条款。目前橡胶厂中存在大量的整流设备，如直流调速密炼机、交流变频调速密炼机、双螺杆挤出压片机、复合挤出生产线、压延机、内衬层生产线等用的控制设备由生产厂家成套供应，因此对电力整流设备的效率提出要求是必要的。

5.2.6 橡胶厂单相用电设备主要为照明设备，因此本条款引用了中华人民共和国国家标准《建筑照明设计标准》GB 50034中的有关条款。

5.2.8 由于大量整流设备的应用，子午线轮胎厂谐波电流的含量比较大，尤其是炼胶和压延、压出工段，年产量达到100万条全钢载重子午线轮胎和1000万条半钢轻卡、轿车子午线轮胎的生产厂谐波含量均超过GB/T 14549的要求，不仅对电网造成污染，而且在企业内部造成补偿电容烧毁或无法正常投入，变压器无法正常运行。建议采用谐波治理装置。

5.2.9 目前国内橡胶制品生产工艺设备和辅助生产设备的电机功率在200kW以上的主要为开炼机、空压机、密炼机。密炼机采用高压电机或直流电机，开炼机、空压机采用低压电机较多，按国家标准GB/T 3485的要求，200kW及以上电动机宜采用高压电机，设计时应经过经济比较确定。

5.2.11 目前橡胶厂机械负载经常变化的设备主要有密炼机、泵类、风机类负荷。密炼机还有调速的要求，大多数有调速要求的密炼机采用直流电机，目前已有个别厂家采用大功率变频调速。泵类、风机应根据不同使用类型，分组设置变频调速。

6 给排水节能设计

6.0.1 橡胶工厂的水源一般为城市自来水或自备水（井水），城市自来水进厂后大多到贮水池，经水泵加压后送到各系统。若当地有再生水可利用，能够作为工厂的生产循环水、补充水等用途时，直接利用可以减少工厂的能耗。

6.0.2 生产用水定义见标准《工业用水分类及定义》CJ 40。

1 重复利用的水，应提高重复利用率，计算公式（引自《工业用水考核指标及计算方法》CJ 42）为：

$$Q=C/Y\times100\% \tag{2}$$

式中 C——重复利用水量；

Y——用水量。

2 循环冷却水量一般由工艺专业提出，间接冷却水循环率计算公式（引自《工业用水考核指标及计算方法》CJ 42）为：

$$R=C/Y\times100\% \tag{3}$$

式中 C——冷却水循环量；

Y——冷却用水量。

3 宜与消防水池合并使用的水系统有：生产循环水、城市杂用水。《城市污水再生利用——城市杂用水水质》GB/T-18920中明确城市杂用水适用范围包括消防用水。

6.0.3 低温循环水系统的冷媒一般由制冷机供给，采用闭路系统，冷媒通过换热器后回到制冷机，使低温循环水系统可以减少冷媒额外消耗、减少一组换热泵并减少管路的漏损。

常温循环系统水采用余压直接进入冷却塔冷却，系统减少一组提升泵，降低能耗。

在选择动力设备（给、回水泵）时，应增加变频调速器，生产初期和生产变化时加以调节，避免设备运行大马拉小车，降低额外能耗。

6.0.4 冷介质管道应执行《设备及管道保冷设计导则》GB/T 15586的规定；热介质管道应执行《工业设备及管道绝热工程设计规范》GB 50264的规定。

6.0.6 规模较大的工厂职工较多，大量的洗浴水，以及轮胎厂中胎面冷却水更新水，都可以作为中水的优质水源。75%的收集率指标引自《建筑中水设计规范》GB 50336，按照《中国节水技术政策大纲》（发改委、科技、水利、建设及农业部公告2005年第17号）的规定，在2010年逐步做到废水"零排放"。

6.0.8 水泵、水处理设备电机宜采用变频调速控制；换热器应采用热交换率高的产品；生活给水设施应采用节水器具。

6.0.9 企业计量装置：车间用水计量率应当达到100%，设备用水计量率不低于90%。水表精度应在±2.5%范围内。

7 供热节能设计

7.0.1 原国家计委、原国家经贸委、建设部、国家环保总局联合发布的《关于发展热电联产的规定》（计基础[2000]1268号文）规定：在已建成的热电联产集中供热和规划建设热电联产集中供热项目的供热范围内，不得再建燃煤自备热电厂或永久性供热锅炉房。所以在上述范围内的工程宜采用热电厂的蒸汽为热源。

7.0.2、7.0.3 《锅炉房设计规范》GB 20041规定蒸汽压力小于或等于2.5MPa时，锅炉的排污率不应大于10%；蒸汽压力大于2.5MPa时锅炉的排污率不宜大于5%。

7.0.7 对于规模大的橡胶厂，由于凝结水量比较大，如不加以利用直接排放，浪费比较严重，故这部分水应设法处理合格后回收利用。

7.0.12 没有保温隔热支撑材料的热力管道支吊结构仅起承载作用。管道施工中由于不便进行保温隔热，热力管道支吊结构往往处于裸露或半裸露状态，有的虽然采取了较好的外保温，但由于未阻断支撑部位之"热桥"，保温效果很不理想，美国和日本早在1989年即开始使用隔热支吊架，我国现在也有厂家开始推出这方面的产品。

8 采暖、通风和空气调节节能设计

8.1 采 暖

8.1.1 由于热水采暖比蒸汽采暖具有明显的技术经济效果，用于民用建筑是经济合理的，近年来各单位大都是这样做的，民用建筑一般由热水锅炉直接供热水采暖，节能效果明显。工业建筑的情况比较复杂，有时生产工艺是以高压蒸汽为热源，单独搞一套热水系统就不一定合理。橡胶工厂的硫化工段全年使用蒸汽，全厂敷设了蒸汽和凝结水管网，利用蒸汽通过间接加热采暖热水的系统就不一定节能。当厂区供热以工艺用蒸汽为主，在不违反卫生、安全技术和节能的条件下，可采用蒸汽作热媒。

8.1.2 热风采暖能使高大厂房内的温度梯度减小，均匀度好。最重要的是将厂房内设备发热量、灯光发热量（一般采暖设计计算中不作计算，仅作为富裕量）和室外温度的变化综合反映到工作区的温度上来。热风采暖有机地综合了各种发热量，具体反映到工作区每一时刻需要的热量，由自动控制系统完成测温和控制热风系统加热器即时的加热量，应是一种最节能的采暖方式。

严寒和寒冷地区，考虑是否设置值班采暖，主要考虑车间内消防管路、其他怕冻管路和特殊设备的防冻问题。

8.1.3 实验证明：散热器外表涂刷非金属性涂料时，其散热量比涂刷金属性材料时增加10%左右。

8.2 通风与空气调节

8.2.1 温、湿度基数取值的高低，与能耗多少有密切的关系。在加热工况下，室内设计温度每降低1℃，能耗可减少5%～10%；在冷却工况下，室内设计温度每升高1℃，能耗可减少8%～10%。

为了节省能源，应避免冬季采用过高的室内温度基数，夏季应避免采用过低的室内温度基数。

1 生产工艺如要求室内温度波动范围为23～28℃，相对湿度控制或不控制，宜将空调温度基数冬、夏分开设置，冬天温度24±1℃；夏天温度27±1℃。

2 生产工艺如要求室内温度全年为22±2℃，相对湿度为50±5%，温度的控制精度从±2℃提高到±1℃时，从技术和安全考虑是完全可行的。此时，空调系统夏季温湿度为23±1℃，50±5%；冬季为21±1℃，50±5%。夏季温度基数从22℃提高1℃到23℃，在大气压为760mmHg时，处理室外新风，如焓差在42kJ/(kg干空气)时，可减少冷量6.5%。围护结构如室内外温差在10℃时，可减少围护结构的冷负荷约10%左右。总之节能效果是相当可观的。

8.2.2 全空气空调系统具有易于改变新、回风比例，必要时可实现全新风运行从而获得较大的节能效益和环境效益，且具有易于集中处理噪声、过滤净化和控制空调区的温湿度、设备集中、便于维修和管理等优点。

8.2.3 空调系统设计时不仅要考虑到设计工况，而且应考虑全年运行模式。在过渡季，空调系统采用全新风和增大新风比运行，都可有效地改善空调区内空气的品质，大量节省空气处理所消耗的能量，应大力推广应用。

要实现全新风运行，设计时必须认真考虑新风取风口和新风管所需的截面积，妥善安排好排风出路，并应确保室内必须保持的正压值。应明确的是："过渡季"的值是与室内、室外空气参数相关的一个空调工况分区范围，确定的依据是通过室内、外空气参数的比较而定。由于空调系统在全年运行过程中，室外参数总是处在一个不断变化的动态过程之中，即使是夏天，每天早晚也有可能出现"过渡季"工况（尤其是全天24h使用的空调系统）。因此，不要将"过渡季"理解为一年中自然的春、秋季节。

8.2.4 空调系统的新风量主要有三个计算依据：一是满足人体生理需求；二是保持室内正压；三是稀释室内有害气体的浓度，满足人员的卫生要求。根据多个工程计算积累经验，无窗大工业厂房空调系统的夏季冷负荷，一般新风负荷约占60%～65%，工艺设备发热约占15%～20%，围护结构约占10%～15%（其中屋顶约占围护结构冷负荷的80%～90%，内、外墙约占10%～20%），灯光负荷约占10%～13%，人员负荷约占1%；冬季热负荷新风约占80%～85%，围护结构负荷约占15%～20%。所以降低无窗大工业厂房空调系统的冷负荷，选择合理的新风量对节能是非常重要的。一般来说保持室内正压需要的新风量最大，为了维护5～10Pa的微正压，必须在相邻工段的大门处采取措施。

8.2.5 无窗大工业厂房中的空调工段，空调机组的通风量是按夏季最大的室内冷负荷计算确定的，而冬季为加热工况，空调系统需要的冬季送风量要比夏季少，经计算，一般可减少20%～40%。改变送风量一般可采用：①更换皮带轮；②采用变频风机；③调节风机入口调节阀；④关停部分空调机组。其中关停机组最节能，鉴于无窗大工业厂房空调工段的面积大，空调机组多，要求3台以上，以便于调节。

8.2.6 送风温度通常应以(h-d)图的计算为准。对于要求不高的空调而言，降低一些要求，加大送风温差，可以达到很好的节能效果。送风温差加大一倍，送风量可减少一半左右，送风系统的材料消耗和投资相应可减小40%左右，动力消耗则下降50%左右。送风温差在4～8℃之间时，每增加1℃，送风量约可减少10%～15%。而且上送风气流在到达人员活动区域时已与房间空气进行了比较充分的混合。温差减小，可形成较舒适环境，该气流组织形式有利于大温差送风。由此可见，采用上送风气流组织形式空调系统时，夏季的送风温差可以适当加大。采用置换通风方式时，由于要求的送风温差较小，故不受本条文限制。

8.2.7 在空气处理过程中，同时有冷却和加热过程出现，肯定是既不经济、也不节能的，设计中应尽量避免。对于夏季具有高温高湿特征的地区来说，若仅用冷却过程处理，有时会使相对湿度超出设定值，如果时间不长，一般是可以允许的。

8.2.8 工艺生产车间无论是有窗还是无窗厂房，对于产生热烟气的设备，在其上方应设置局部排风系统，将浓度最高、最热的烟气收集排出，将大大减少车间为改善工作区的空气品质和工作环境需要的通风量，从而达到节能。在严寒和寒冷地区，冬季需加热室外空气来补充车间因排风系统而损失的空气和热量。冬季新鲜空气的加热量约占车间冬季加热量的80%～90%。为此要求对于单个设备的排风量大于20000m³/h的排风系统，宜设吹吸式排风系统。即在设备排风系统运行的同时，由送风系统将室外空气直接送到设备前方，排出的空气70%～80%是由送风系统送入的室外新风，从而大大减少冬季排出的已加热到室温的室内空气，达到节能的目的。对严寒和寒冷地区如技术经济比较合理，还可以增加能量回收装置，将排出空气中50%～70%的热量回收，用来加热从室外送入的空气，以防送入空气过冷在室内产生雾，从而达到节能的效果，同时也改善了送入空气的品质（冬季使用）。

8.2.9 无窗大工业厂房的热工段，为防暑降温须将大量的室外新风通过送风机组和屋顶送风机送入工作区。根据风量的平衡原理，须排出相同的风量才能达到平衡。排风方式有两种：一是通过屋顶排风机排风，这种方式虽然调节灵活，屋顶开洞小，但能耗大；二是自然排风，利用热车间的热压与送风系统形成的正压排风，基本不消耗电能，维修工作量极小，故推荐第二种方式。排风可选择屋顶自然通风器和带挡风板的天窗。

8.3 空气调节系统的冷源

8.3.1 一般常用制冷机组有用电和用蒸汽两大类。

1 根据资料，电动式制冷机的一次能耗远小于吸收式制冷机。制冷量耗标准煤量及一次能耗计算的性能系数(COP)值如下：

电动往复式耗煤0.086kg/kW，COP=1.43

电动离心式耗煤0.082kg/kW，COP=1.50

吸收式耗煤0.233kg/kW，COP=0.53

说明电动式耗能量仅为吸收式的1/3左右，COP值约为吸收式的3倍，所以推荐选用电动式制冷机。

当采用水冷电动压缩式冷水机组时，在额定制冷工况和额定条件下，性能系数(COP)不应低于表6的规定：

表6 水冷电动压缩式冷水(热泵)机组制冷性能系数

类型		额定制冷量(kW)	性能系数(W/W)
水冷	活塞式/涡旋式	<528	3.80
		528～1163	4.00
		>1163	4.20
	螺杆式	<528	4.10
		528～1163	4.30
		>1163	4.60
	离心式	<528	4.40
		528～1163	4.70
		>1163	5.10
风冷或蒸发冷却	活塞式/涡旋式	≤50	2.40
		>50	2.60
	螺杆式	≤50	2.60
		>50	2.80

可按式(4)计算综合部分负荷性能系数($IPLV$)：

$$IPLV=2.3\%\times A+41.5\%\times B+46.1\%\times C+10.1\%\times D \quad (4)$$

式中 A——100%负荷时的性能系数(W/W)，冷却水进水温度30℃；

B——75%负荷时的性能系数(W/W)，冷却水进水温度

26℃；

C——50%负荷时的性能系数(W/W)，冷却水进水温度23℃；

D——25%负荷时的性能系数(W/W)，冷却水进水温度19℃。

当采用水冷电动压缩式冷水（热泵）机组时，综合部分负荷性能系数(*IPLV*)不宜低于表7的规定。

表7 水冷电动压缩式冷水(热泵)机组综合部分负荷性能系数

类型		额定制冷量(kW)	综合部分负荷性能系数(W/W)
水冷	螺杆式	＜528	4.47
		528～1163	4.81
		＞1163	5.13
	离心式	＜528	4.49
		528～1163	4.88
		＞1163	5.42

注：*IPLV*值是基于单台主机运行工况。

2 当采用蒸汽、热水型溴化锂吸收式冷水机组及直燃型溴化锂吸收式冷(温)水机组时，应选用能量调节装置灵敏、可靠的机型，在名义工况下的性能参数应符合表8的规定。

表8 溴化锂吸收式机组性能参数

机型	名义工况			性能参数		
	冷(温)水进/出口温度(℃)	冷却水进/出口温度(℃)	蒸汽压力(MPa)	单位制冷量蒸汽耗量[kg/(kW·h)]	性能系数(W/W) 制冷	供热
蒸汽双效	18/13	30/35	0.25	≤1.40	—	—
	12/7		0.40		—	—
			0.60	≤1.31	—	—
			0.80	≤1.28	—	—
直燃	12/7	30/35	—	—	≥1.10	—
	60	—	—	—	—	≥0.90

注：直燃机的性能系数为：

制冷量(供热量)÷[加热源消耗量(以低位热计)＋电力消耗量(折算成一次能)]

3 当名义制冷量大于7100W，采用电机驱动压缩机的单元式空气调节机、风管送风式和屋顶式空气调节机组时，在名义制冷工况和规定条件下，其能效比(ERR)不应低于表9的规定：

表9 单元机组能效比

类型		能效比(W/W)
风冷式	不接风管	2.60
	接风管	2.30
水冷式	不接风管	3.00
	接风管	2.70

8.3.2 本条是参考有关资料并结合我国实践经验制定的。据调查，某厂设计安装了3台280kW的离心式制冷机，当实际需要的冷负荷很小时，开启1台制冷机，其制冷量有余，致使机器频繁地自动启停。开动1台离心式制冷机能满足调节范围的要求，但低负荷运行时机器的效率低，只有停止该机运行，启用制冷量较小的其他制冷机，才比较合理。因此，为了调节、使用方便和节约能源，选用制冷量大于或等于1160kW的离心式制冷机时，应辅设1台或2台离心式、活塞式或螺杆式制冷机。

8.3.3 本条提出了空气源热泵经济合理应用、节能运行的基本原则：

1 和水冷机组相比，空气源热泵耗电较高，价格也高，但其具备供热功能，对不具备集中热源的夏热冬冷地区来说较为适合，尤其是机组的供冷、供热量和该地区建筑空调夏、冬冷热负荷的需求量较匹配，冬季运行效率较高。从技术经济、合理使用方面考虑，单独和特殊用途的建筑最为合适。

2 在夏热冬暖地区使用时，因需热量小和供热时间短，以需热量选择空气源热泵作冬季供热，夏季不足冷量可采用投资低、效率高的水冷式冷水机组补足，可节约投资和运行费用。

3 寒冷地区使用时必须考虑机组的经济性与可靠性。当在室外温度较低的工况下运行，致使机组制热COP太低，失去热泵机组节能优势时就不宜采用。

8.3.4 一些冬季或过渡季需要供冷的建筑，当室外条件许可时，采用冷却塔直接提供空调冷水的方式，减少了全年运行冷水机组的时间，是一种值得推广的节能措施。通常的系统做法是：当采用开式冷却塔时，用被冷却塔冷却后的水作为一次水，通过板式换热器提供二次空调冷水(如果是闭式冷却塔，则不通过板式换热器，直接提供)，再由阀门切换到空调冷水系统向空调机组供冷水，同时停止冷水机组的运行。不管采用何种形式的冷却塔，都应按当地过渡季或冬季的气候条件，计算空调末端需求的供水温度及冷却水能够提供的水温，并得出增加投资和回收期等数据，当技术经济合理时可以采用。

9 动力与工业管道节能设计

9.0.1 橡胶工厂设计时，动力站高温水系统是目前较普遍采用的硫化方式，而蒸汽氮气硫化方式是近几年采用的方式之一，蒸汽氮气系统较高温水系统能节约部分热能。

9.0.2 硫化工段用热设备较集中，应减少管路长度，降低热能损失。

9.0.4 在近几年的设计中，为维护方便和节约用地，把功能相近的水泵站、制冷站与空压站合为一组建筑，这种做法也符合《压缩空气站设计规范》GB 50029。

9.0.7 蒸汽凝结水系统，一般集中回收至凝结水站，也可在各车间、各站房单独设置凝结水回收系统。

9.0.8

1 橡胶工厂工艺生产中，使用大于50℃的热介质较为普遍，根据国家标准《设备及管道保温技术通则》GB 4272规定，外表面温度高于50℃的管道和设备应保温。

2 25℃以下介质的管道是指采用制冷方式获得的冷却水，所以管道需要保冷。

3 对于输送液体介质的管线，为防止管内介质停止流动时发生冻结，管道需要保温，设置此条款。

9.0.9

2 国家标准《设备及管道保温技术通则》GB 4272对保温材料性能的要求，密度不大于350kg/m³，随着保温材料的更新换代，常用保温材料密度一般在100kg/m³左右。

4 《设备及管道保温技术通则》GB 4272对保温材料性能的要求，除软质、半硬质、散装材料外，硬质无机成型制品的抗压强度不应小于0.3MPa，无机成型制品的抗压强度不应小于0.2MPa。

9.0.10 按《设备及管道保温设计导则》GB 8175规定，保温厚度应按经济厚度方法计算，考虑到实际工程设计的需要，采用《国家建筑标准设计图集》(管道及设备保温)98R418、(管道及设备保冷)98R419较为便捷。

10 自动控制节能设计

10.0.1 能量控制是指按工艺配方，计算机在密炼机混炼工作时根据时间、温度及功率采用的最佳控制方案。

10.0.2 锅炉不可避免存在各种热损失，在各种热损失中，排烟和燃料不完全燃烧损失所占比重较大，尤其是排烟热损失约占10%左右。在锅炉的烟气出口安装氧量测量装置，可根据烟气含氧量来调节燃料、新风和排风的比例，减少排烟的热损失，达到经济燃烧。

10.0.3 集中空气调节系统，应在新风口设新风温度测点，在不同的季节，应根据不同的室外环境设置控制方案，如在冬、夏两季多用回风；而春、秋两季多用新风，从而减少冷量和热量的消耗。

10.0.4 对所有计量参数进行计算机监测，加强量化管理。

中华人民共和国国家标准

水泥工厂节能设计规范

GB 50443—2007

条 文 说 明

目　次

1 总 则

1.0.1 本条明确了制定本规范的目的。"节约能源资源，走科技含量高、经济效益好、资源消耗低、环境污染少、人力资源优势得到充分发挥的路子，是坚持和落实科学发展观的必然要求，也是关系我国经济社会可持续发展全局的重大问题"（引自中共中央政治局2005年6月27日第二十三次集体学习会议上中共中央总书记胡锦涛同志的讲话）。能源是国民经济发展的物质基础，从长期供需预测看，我国能源供需矛盾十分突出，节能是国家发展经济的一项长远战略方针。在能源问题日益制约我国经济社会发展的今天，中央作出了建设节约型社会的战略部署，在《国民经济和社会发展"十一五"规划纲要》中，明确提出了万元国内生产总值能源消耗降低20%的节能目标。建材工业是国民经济的重要原材料工业，属典型的资源依赖型工业。我国已成为目前全球最大的建材生产和消费国，建材工业的年能耗总量位居我国各工业部门的第三位。根据中国建材协会的数据统计，2005年建材工业规模以上企业能源消费总量2.03亿t标准煤（以电热当量计算法计算），约占全国能源消费总量7%，其中水泥生产消耗能源占建材耗能总量的58%，约1.2亿t标准煤；全国规模以上企业水泥综合能耗由2002年的129.1kg标准煤/t下降到2005年的112.7kg标准煤/t，下降了12.7%。但同期水泥产量增加46%以上，能耗总量增幅仍然较大。根据国家"十一五"规划要求，到2010年，新型干法水泥比例达到70%以上，新型干法水泥技术装备、能耗、环保和资源利用效率等达到中等发达国家水平，水泥熟料热耗下降到110kg标准煤/t熟料，水泥单位产品综合能耗下降25%，水泥工业节能降耗任重道远。

本规范系根据《中华人民共和国节约能源法》，并结合水泥工厂设计的特点制定，以期通过加强设计过程控制，采取技术上可行、经济上合理以及符合环境要求的措施，减少生产各个环节中的损失和浪费，促进水泥工业能源的合理和有效利用。

1.0.2 本条明确了规范的适用范围。水泥工厂含扩建、技改项目及粉磨站。

1.0.3 本规范及本条文说明中所称水泥工厂均指新型干法水泥生产线工厂（下同），故其规模应执行《水泥工厂设计规范》GB 50295的规定。

1.0.4 本条为强制性条款。目前我国水泥工业的结构性矛盾仍比较突出，新型干法生产工艺所占比重不足50%，调整水泥工业产业结构是节能降耗的主要措施。按照国家支持发展大型新型干法水泥项目的水泥产业政策，到2010年新型干法水泥比重提高到70%，对落后产能比重较大的地区，鼓励上大压小，扶优汰劣。中部地区应依托大型企业扩建日产4000t以上生产线，尽快形成合理的经济规模；西部地区新型干法水泥发展薄弱，应重点支持，要以减少运输压力和满足本地区需求为原则，发展建设日产2000t以上的新型干法水泥，加快淘汰落后工艺，促进西部地区水泥工业结构升级。严禁立窑等落后生产工艺新建、扩建和单纯以扩大产能为目的的技术改造项目。淘汰落后生产能力，改善环境质量，缓解能源、资源压力。因此，在设计中必须采用新型干法水泥生产技术。

在水泥工厂工程设计中，设计者和项目业主应在工艺系统和设备选择上采取有效措施，严禁采用列入国家公布的《淘汰落后生产能力、工艺和产品的目录》中的淘汰产品和《工商投资领域制止重复建设目录》中明令淘汰的技术工艺和设备。

1.0.5 本条款对水泥工厂设备选用节能产品作出了明确规定。从设计上为达到国家标准《水泥单位产品能源消耗限额》GB 16780的先进等级打好基础。

1.0.6 水泥工厂设计涉及国家有关政策、法规和标准、规范，故本条规定在设计中除执行本规范外，尚须符合国家现行的节能、防火、劳动安全卫生、环境保护及计量等各行业相关的法规、标准和规范。

2 术 语

本章是根据《工程建设标准编写规定》建标［1996］626号文的要求，针对水泥工厂节能设计实际采用术语的状况增加的内容。本章对本规范涉及的部分能耗指标作出了规定和解释，主要是为了和《水泥单位产品能源消耗限额》GB 16780相对应，并考虑到设计过程的特殊性，增加了72h考核值等术语定义。

2.0.3～2.0.5 可比熟料综合标准煤耗、电耗及综合能耗需按熟料28d抗压强度等级修正到52.5MPa，海拔高度超过1000m后应进行统一修正。

2.0.6 可比水泥综合电耗需按水泥28d抗压强度等级，修正到出厂为42.5等级，混合材掺量应进行统一修正。

2.0.7 可比水泥综合能耗以m_{KS}表示，单位为千克标准煤/吨（kgce/t）。

3 总图与建筑节能

3.1 一 般 规 定

3.1.1 本条对水泥工厂的总图设计提出了基本要求。水泥工厂设计中要兼顾各专业特点，根据地域不同，全面分析，采用本地最适合的朝向和地形。充分利用冬季日照，夏季通风，使冬季获得太阳辐射热，夏季通风降温，最大幅度利用自然能源，以节约可支配能源，使工程设计科学合理，环保节能。在满足生产工艺流程要求和各种防护间距的同时，还要注意合理用地，紧凑布置，以缩短物料输送距离，降低输送能耗。

3.1.2 本条对水泥工厂的厂址选择提出了基本要求。主要考虑减少原、燃料及成品运输距离，以降低输送能耗。

3.1.3 根据水泥工厂中有采暖或空调建筑的使用性质和功能特征，将建筑物分为四种类型：

A类建筑一般面积不太大（有的厂也做得很大），但有完整的厂前区建筑，工厂办公楼建到4～5层，近6000m²，是有着完整构成的公共建筑。近年来，有些厂建造了有办公、会议和招待所、职工宿舍等功能的综合楼，其中招待所、职工宿舍等为居住部分，如果居住类建筑面积小于总面积的2/3时，综合楼仍按公共建筑划分。当居住类建筑面积超过总面积2/3时，其主要功能改为居住类，则应将此建筑划为居住类建筑。2/3比例的界定，在这里没有理论依据，只是按超过半数的概念来划分。执行中可按实际情况酌定。

B类建筑不是在所有的工厂中都有，规模也相差较大，此类建筑属居住类是明确的。

C类建筑是指水泥工厂中相当多的一些独立或毗邻生产车间的辅助性生产建筑。这类建筑大多为单层，面积较小，在严寒地区和寒冷地区，为保证设备的正常运行和人员操作所必需的温度环境而设有采暖或空调，采暖温度一般为5～10℃（见《水泥工业劳动安全卫生设计规定》JCJ 10—97）。

D类与C类建筑同属辅助性生产建筑类，不同的是D类建筑附设在非采暖的生产车间内，而自身又是有人员长时间在其中活动的采暖房间，它不是一个独立的建筑，而是车间内的一部分，与室外大气接触的部分作为外墙和外窗，而隔墙、门和屋顶均在非采暖车间内部，它的热工环境显然不同于C类。

3.1.4 按工厂所在的气候分区，在相关的节能标准中规定了相应的节能指标。对于公共建筑来说，主要是体形系数、窗墙比和屋顶透明部分所占比例三个指标。至于屋顶、外墙的传热系数和保温门窗的传热系数及气密性指标，属于构造做法即可满足的指标，即通过设计和门窗构造来满足标准要求是不困难的。

当设计建筑的节能指标不满足标准要求时，应首先调整建筑参数，使它满足标准，尽量采用规定法，而不轻易动用权衡判断。从对多个水泥工厂办公楼及中控楼的体形系数及单一朝向窗墙比所做的统计平均值来看，实际工程的体形系数及单一朝向窗墙比小于标准值，且有较大的扩展空间，因此采用规定法是可行的。

常见的问题是：浴室、车间办公室、门卫等小面积的单层公建，由于屋顶面积占位大，体积小，即使在最简单的形体下，其体形系数也会超标，无法调整。在此情况下，参照天津市的做法，即当$S>0.4$时，其屋顶和外墙的加权平均传热系数K_m值较$0.3<S<0.4$时的标准提高5%，例如屋顶传热系数K值为0.45时，则当$S>0.4$情况下的屋顶K值为0.40。实际上是以增加保温层厚度来抵偿散热面积超标的不足。

3.1.5 在节能标准的采暖居住部分中，明确把此类建筑划归为居住建筑类，执行相应的节能标准是明确的。建设部规划2010年前在全国范围内仍执行第二阶段节能（节能率50%）标准，但在天津等地区已于2004年开始执行第三阶段节能标准。三阶段标准较二阶段标准的节能率提高15%，即65%，因此，在实行节能目标为65%的地区，则应执行当地的节能设计要求。

3.1.6 C、D类建筑外墙的传热系数限制，没有可直接套用的标准。考虑到气候条件和室内采暖温度，参考《民用建筑热工设计规范》GB 50176中的数据，只给出外窗的构造，未定出传热系数K值供设计选用。

3.1.7 C类和D类属辅助生产建筑，归为工业建筑类。在我国的建筑节能标准中，只有居住建筑和公共建筑两个节能标准，尚没有工业建筑节能标准。在这方面国外规定也不尽相同，例如德国的节能规范中主要是居住建筑类，而把工业建筑及公共建筑列在其他类中。随着节能形势需要，今后我国也将会制定工业建筑节能标准。当前在没有工业建筑节能标准的情况下，为了让这部分有采暖的小面积工业建筑也达到节能要求，我们认为执行《民用建筑热工设计规范》GB 50176还是合适的，它是以热环境来确定围护结构的最小传热阻，具有一定的保温作用。设计中根据计算的最小传热阻来确定保温层材料及厚度时，可参照公共建筑及居住建筑的节能标准，适当增强围护结构的保温能力。

3.2 建筑各部位节能要求

3.2.1 作为工厂内部使用的建筑，本规范不推荐做透明玻璃幕墙，建筑造型上需要时，可用较大面积的保温隔热窗代之。透明玻璃幕墙按外窗对待。透明玻璃幕墙和窗同样都是对保温隔热不利的围护构件，仅过去的设计中少量使用过。

3.2.2 C类建筑在非采暖的南方地区，为防止室内过热，影响设备正常运行，会采取建筑散热措施。但一般很少在空压机房、水泵房及电力室等使用空调，只能通过自然通风或轴流风机来通风散热。因此，适当加大通风面积是必要的。要求外窗的可开启面积不小于50%，是考虑了使用推拉窗时的最大开启面积，提倡使用平开窗和限制固定扇的面积。

在D类建筑中，人的活动占主位。在炎热地区除必要的自然通风外，可能会使用单体空调，但制冷量不大，外部影响节能的因素是来自外墙及外窗的辐射热，可采用活动遮阳及热反射玻璃减少获热。

3.2.3 本条主要指对有较精细设备的C类建筑，如配电室、机修等建筑物。除单独做室外门斗，还可做金属构架，室内布置上留出空地做室内门斗或在冬季外门上悬挂防冷风直接渗入的塑料软帘。

3.2.4 由于C、D类属工业建筑类，本规范出于增强节能设计的主动性，适当增强围护结构的保温能力是有益的。外门窗是阻热的薄弱部位。在公建中是在一定体形系数条件下，以单一朝向的窗墙比来确定外窗的传热系数，对C、D类建筑尚不能提出这样的要求。参考《民用建筑热工设计规范》GB 50176中给出的窗户传热系数再提高一些，并以此为参数，按表3.2.4确定外门窗。

但由于C类和D类建筑室内温度不同，故所选的外门窗也不同。

气密性指标是按节能外墙一般为4级的中档值降为低档值，即 $2.5 \geq q_1 > 1.5$ ($m^3/m \cdot h$)，外门门肚板的传热系数 K 值取《民用建筑热工设计规范》GB 50176的平均值。

4 工艺节能

4.1 一般规定

4.1.1 原煤和电力是水泥工业生产主要的能源，节电是水泥工厂的主要节能途径，本条对水泥工厂电动机等设备的设计选型提出了节能评价值要求。

4.1.2 本条对水泥工厂生产车间的布置提出了要求。工艺设计应在满足水泥工厂正常稳定生产前提下，充分利用厂区地形条件，使物流流线短捷，减少运输总量，从而降低输送能耗。

4.2 主要能耗指标

4.2.1 本条为强制性条款，对新建水泥生产线主要能耗设计指标作出了规定。本条所要求的指标统计和计算方法按照《水泥单位产品能源消耗限额》GB 16780执行。

4.2.2 本条为强制性条款，对新建水泥生产线主要生产工序分步电耗提出了指标要求，用于水泥工厂设计中对主要工序过程电耗的控制。

石灰石破碎的电耗不包括碎石输送用电量。原料粉磨的电耗不包括废气处理用电量。烧成系统的电耗计算范围从生料均化库底至熟料库顶，包括窑头和窑尾废气处理系统。煤粉制备的电耗包括煤粉输送的用电量。水泥粉磨的电耗不包括熟料库底的用电量。包装系统的电耗包括水泥库底的用电量。

4.3 熟料烧成系统

4.3.1 本条为强制性条款，对熟料烧成系统的设计选型作出了强制性规定。

4.3.2 本条为强制性条款，对熟料烧成系统能效指标设计值提出了一般建厂条件下的考核值。本条指标主要针对新建生产线，其值按国际惯例为72h考核值。考核方法参照《水泥回转窑热平衡测定方法》JC/T 733—1987、《水泥回转窑热平衡、热效率、综合能耗计算方法》JC/T 730进行。

本条中所指的一般建厂条件系按照《水泥工厂设计规范》中原料和燃料要求设计的生产线系统。当厂址设计条件比较特殊时，应对熟料烧成系统能耗指标进行修正。

当工厂厂址海拔高度超过1000m时，应进行海拔修正，修正后能耗考核指标按下式计算：

$$Q_{CL} = KQ'_{CL}$$

$$E_{CL} = KE'_{CL}$$

$$K = \sqrt{\frac{P_H}{P_0}}$$

式中 Q'_{CL}——高海拔设计条件下实际热耗设计值（kJ/kg熟料）；

E'_{CL}——高海拔设计条件下实际电耗设计值（kJ/kg熟料）；

K——海拔修正系数；

P_0——海平面环境大气压，101325帕（Pa）；

P_H——当地环境大气压，单位为帕（Pa）。

4.3.3 为了实现烧成系统能效指标要求，本条对熟料煅烧系统设计提出了具体要求：

1 回转窑采用多通道燃煤装置，在国内外已经广泛使用。它具有一次风用量低、燃料适应性强、火焰形状便于控制等特点，是烧成系统必选装备。

2 本款对熟料冷却机的设计提出了具体要求。熟料冷却是烧成系统主要的热回收过程，其热回收效率高低直接影响烧成系统热耗指标，因此要在保证出冷却机熟料温度条件下，最大限度提高热回收率。

3 减少漏风可以减少热损失，提高热效率，降低单位热耗。目前，国内装备密封装置不断改进，系统漏风一般应在10%以下，出预热器废气氧含量应在4.5%以下。

4 本条对烧成窑尾预热器设计提出了指标要求。目前预热器普遍采用五级，即由五个旋风筒热交换单元组成，锁风阀和撒料装置对预热器的换热效率影响较大，在设计中应引起足够重视。分解炉是承担燃料燃烧和生料分解的化学反应器，对系统稳定、可靠、高效运行具有决定性作用，由于国内能源价格持续上涨，燃煤供应呈多样化，品质变化较大，因此在设计上应根据煤质情况采用结构合理、性能优良的分解炉，并留有一定余地。

5 本条对烧成系统的保温设计提出具体指标。为了降低辐射热损失，窑系统应采用优质耐火材料和隔热材料，不仅节省热耗，减少设备表面的散热损失，也能提高运转率。一般条件下系统的散热损失应在313kJ/kg熟料（75kcal/kg熟料）以下。

4.3.4 本条对烧成系统热风管道保温设计提出了原则要求。在有余热利用要求的热风管路上其保温层设计宜控制在表面温度50℃以下，无余热利用要求的管道外保温设计应满足劳动安全保护要求。在输送热风和物料系统中，各种法兰连接和锁风装置应严密，不得漏风漏料。

4.3.5 本条为强制性条款，对烧成窑尾高温风机调速装置选型提出了强制性要求。窑尾高温风机是烧成系统最大的耗电设备，海螺集团等生产厂的实践表明，采用变频调速装置具有显著的节能效果，而且投资回收期少于整个水泥工厂投资回收期，应推广应用。

4.3.6 为了实现水泥产业可持续发展，必须充分发挥水泥产业特有的环保功能，实施原、燃料的战略转移，建设“环境材料型”生态产业。水泥回转窑在充分发挥传统焚烧炉优点的同时，有机地将自身高温、循环等优势发挥出来，既能充分利用废物中的有机组分的热值实现节能，又能完全利用废物中的无机组分作为原料生产水泥熟料；既能使废弃物中的有毒有害有机物在水泥回转窑的高温环境中完全焚毁，又能使废物中的有毒有害重金属固定到熟料中。

作为替代燃料使用的废弃物，通常加工成为易于泵送的液体或者粉末，这样可以充分利用水泥行业现有的燃料输送系统，通过简单的改造或者增加少量的设备即可确保其作为燃料使用。

4.4 破碎与粉磨系统

4.4.1 本条对石灰石破碎选型提出了要求。目前单段破碎是国内外普遍采用的系统。其破碎比大、流程简单、能耗低，在一般条件下应优先选用。对于大规模机械化开采的矿山，推荐采用移动式破碎机系统，可进一步降低能耗。

4.4.2 本条对原料粉磨和煤粉制备的主要设备选型作出了规定。生料粉磨及煤粉制备系统的选型应根据原料水分、易磨性和生料易烧性确定磨机适宜的型式、规格及适宜的粉磨细度。随着水泥技术的不断发展，根据原料的易磨性、含水量以及能力的不同，出现了不同型式的原料粉磨系统。辊式磨系统是借助相对运动的磨盘和磨辊装置对物料进行碾压粉碎，并且集中碎、粉磨、烘干、选粉等工序于一体，是当今原料粉磨的主要系统。它利用熟料煅烧系统废气作为烘干热源，其流程简单，烘干能力大，可以适应水分高达15%的原料，尤其适宜于与大型预分解窑匹配；与传统的球磨系统比较，粉磨电耗可降低30%左右，是应该大力推广的节能设备。

4.4.3 粉磨是水泥生产过程中耗电最高的环节，约占生产总电耗的65%以上，其中水泥粉磨的电耗所占比例高达2/3。因此，提高水泥粉磨效率、降低单位电耗一直是水泥工厂所关注的节能问题。

水泥粉磨系统大致可以分为三种类型，即球磨、料床预粉磨和料床终粉磨系统。球磨系统电耗最高，特别是开流球磨，应尽量少采用。料床终粉磨是水泥粉磨技术的发展方向，包括以辊式磨、筒辊磨或辊压机为主要粉磨设备的系统，其能耗最低，但粉磨产品性能还有待进一步研究，且目前本地化装备技术还不够成熟；料床预粉磨系统具有节电效果明显、产品性能稳定和配套产量高的优点。是目前水泥粉磨系统的首选方案。

辊压机料床粉磨经过了20年的发展，许多水泥企业积累了丰富的经验，增产节能效果明显，国产装备技术日臻成熟，应在技改工程中进一步推广。辊压机与球磨机可以组成多种预粉磨系统，主要分为循环预粉磨和联合粉磨两类。循环预粉磨系统的特点是只将出辊压机的受到充分挤压的中间料饼喂入球磨机，边料循环挤压；而联合粉磨系统需增设分选设备将出辊压机物料中的细粉分选出来，将这种细粉喂入后续球磨机进行最终粉磨，粗料循环挤压。由于联合粉磨系统中辊压机吸收功率大，节能效果更大，半成品中没有大于1mm的颗粒，球磨机的研磨效率也得到提高，因此，新建系统应优先采用带辊压机的联合粉磨系统，有条件的企业可考虑采用辊磨终粉磨系统。

4.5 余热利用系统

4.5.1 本条对新建工厂余热利用系统设计提出了要求。在设计阶段同步设计或规划余热利用系统，有利于贯彻国家节能降耗的产业政策。目前水泥烧成系统的热效率一般在54%以下，因此有必要在设计阶段对余热利用（目前主要是余热发电）进行统一规划布置。国家也鼓励现有水泥生产企业建设余热利用（目前主要是余热发电）系统。

4.5.2 本条对水泥工厂余热利用系统的建设提出了要求。余热利用系统是在保证水泥生产正常运行的前提下进行的，不能因此降低水泥生产线的技术参数。余热利用后水泥生产线的电耗、热耗等主要能耗指标不能因为余热利用而提高，水泥熟料产量不应降低。

4.5.3 利用烧成系统多余的废气余热进行发电是目前国内外应用最多的节能技术。同时，本条对系统余热不具备发电条件的利用方式提出了建议和要求。发电条件不具备是指受水源、气候、投资条件等诸多因素影响，不具备发电条件（如原燃料水分高，烘干需要的出窑尾预热器和冷却机废气余热多），而热负荷相对稳定，可利用余热资源进行供热。

4.6 其　他

4.6.1 本条对于需要根据系统进行参数调节的风机调速装置提出了选型要求。风机风量的调节，有阀门和风机调速两种。阀门调节比较简单，但不节能，因此从技术角度要求有风量调节的风机均宜配置变频调速装置。同时，本条对排风机的储备系数作了规定。过大的风机储备系数，易降低风机的使用效率，浪费电能。因此，对于工况稳定，风机通风量变化小的风机，其储备系数应按本条规定设计。

4.6.2 本条从均衡稳定生产的角度对生产线的部分设计配置提出了要求。

4.6.3 以往在生料入库和入窑、水泥入库等输送系统的设计时，常常采用气力输送。气力输送电耗高，因此，长距离输送应采用机械输送，尽可能避免气力输送。本条规定采用机械输送，以节省电能。因煤粉采用机械输送较困难，因此煤粉入窑输送可采用气力输送。

4.6.4 本条规定要求采取自然干燥的方法降低需烘干的物料的初始水分，如晾晒、晴天堆存于堆棚中，避开雨、雪天开采等，以降低烘干所需能耗，是节能的有效方法之一。

4.6.5 本条规定对烘干水泥混合材提出了具体设计要求。当单独设置热风炉烘干物料时，优先采用烧劣质煤的高效热风炉（如沸腾炉等），不得采用烧块煤的热风炉。当采用回转式烘干机烘干物料时，应为顺流式、高效扬料板，回转筒体表面应敷设保温层，其出口风的温度不宜高于110℃。

5 电力系统节能

5.1 供配电系统

5.1.1 根据水泥生产线的用电特点，负荷一般集中在原料磨、烧成、水泥磨等车间。因此，变电所或配电站的位置应靠近相应的车间，以缩短供电半径。

5.1.2 适当提高电压等级，有利于减少线路及设备损耗。

5.1.3 为了减少线路损耗，需合理选择导线截面。

5.1.4 大多数水泥工厂设有总降压变电站或10kV配电站，全厂需布置多个车间变电所，配置多台车间变压器。因此，合理选择总降压变电站主变压器的容量和台数，以减少变压器和线路的电能损耗、实现变压器的经济运行是十分重要的。

5.1.6 高次谐波危害电气设备的安全运行，增加电能损耗。应根据具体情况采取滤波方式抑制高次谐波，使系统各级谐波限值满足《电能质量　公用电网谐波》GB/T 14549的规定。

5.2 电气设备

5.2.1 目前阶段一些节能电器投资太高，使用寿命较短，采用技术及经济比较是为了确保在节能的同时实现较好的经济效益，减少变压器损耗。

6 矿山工程节能

6.1 矿山开采与运输

6.1.1 本条从节约资源的角度提出了在满足工厂产品方案要求的前提下充分利用低品位原料的要求，目前已有许多生产线在矿山开采中通过优化开采方案降低剥采比，如石灰石开采大量应用氧化钙含量小于47%的石灰石矿，但需要考虑对低品位原料的不利因素采取相应措施。

6.1.2 在矿山地形条件和矿体赋存条件许可的条件下，横向采掘开采法，就是当出入沟达到开采水平标高后，在出入沟端部挖掘横向矿层的开段沟，垂直矿岩走向布置采掘带。以减少工作面长度和开拓工程量，提高汽车运输效率；改善爆破条件，提高挖掘机装车效率。横向采掘有利于矿石分级开采或质量搭配。由于采掘带的方向垂直于矿岩走向，顺向爆破，爆破阻力小，因而炸药能量充分用于矿岩的破碎作用，改善了爆破条件，有利于矿石铲装和运输。

6.1.3 制定本条旨在通过优化爆破参数，减少根基、大块及伞岩比例，以提高爆破质量。

6.1.4 在确定矿山开拓运输方案时，应进行技术经济比较，并将能量消耗列入主要指标。在条件允许时，应优先选用溜井平峒开拓，以充分利用位能，缩短运距，减少能耗。

6.1.5 设置移动式破碎机或组装式破碎机可以尽量减少采场内的块石运输距离。

6.1.6 矿山可采年限较长（30年以上）时，可采用分期设置的办法来缩短块石的汽车运输距离，以减少燃油消耗量。

6.2 穿孔、采装和运输设备

6.2.1 压缩空气是矿山生产中耗能高、效率低的一个部分，应该采取多种途径减少压缩空气消耗量。

6.2.2 采用轮式装载机直接装运，以代替挖掘机装载汽车运输。

6.2.4 矿用自卸汽车载重量和挖掘机铲斗要有合理的匹配关系。如挖掘机铲斗为$2m^3$，选用载重12～15t自卸汽车；挖掘机铲斗为$3～4m^3$，选用载重20～35t自卸汽车；挖掘机铲斗为$5～7m^3$，选用载重为32～45t自卸汽车。

7 辅助设施节能

7.1 给 水 排 水

7.1.1 本条规定主要是执行国家关于节约能源和节约用水的规定，同时减少工业废水对环境的污染。因此，必须提高水泥工厂用水的重复利用率。国内近几年投产的水泥工厂冷却水的循环率都在85%以上，有的达到95%。生产直流用水如增湿塔喷水由生产循环给水系统供给，可以减少系统的排污水量，达到节约用水的目的，减少用水损耗及能源消耗。

7.1.2 有条件的工程应尽量做到中水回用，以实现污水的零排放或少排放。

7.1.3 本条为强制性条款，现行国家标准《节水型产品技术条件及管理通则》GB/T 18870涉及五大类产品：灌溉设备、冷却塔、洗衣机、卫生间便器系统和水嘴，在设计中应注意合理选型。管材的选用应符合《建设部推广应用和限制禁止使用技术》的规定，选用符合卫生要求，输送流体阻力小，耐腐蚀，具有必要的强度与韧性，使用寿命长的塑料管供水系统。

7.2 采暖、通风和空气调节

7.2.2 本条对水泥工厂采暖节能设计提出了要求。

1 本款采用热水作为采暖热媒，能提高采暖质量，同时便于调节，有利于节能。而严寒地区，由于采暖期长，故从节约能耗或节省运行费用方面，采用热水集中采暖系统更为合适。

2 带有值班控制室的大车间，只作值班控制室采暖，可以节省大量热能，且能满足生产要求。

3 采暖建筑内，南北向的负荷变化，受多方面的影响，很不一致。分环控制有利于系统平衡，从而达到节能效果。

4 考虑到目前建筑物的蓄热性能，室内设计温度取5℃可以达到防冻效果。

5 散热器暗装，使散热效率降低，盲目增加散热器安装数量，不仅浪费热能，同时破坏系统整体的平衡，所以都是不可取的。

7.2.3 本条对水泥工厂通风和空气调节设计提出了要求。

1 本条规定的目的是既达到通风效果又要节能。

2 本条规定的目的，是使空调系统便于控制和平衡，从而达到节能目的。

3 $30m^3/h$·人新风量是国家规定的下限。计算新风量时应同时考虑稀释有害气体和保证所需正压的要求。

4 空调系统的冷源有多种类型。各种类型都有一定的适用范围，选用时一定要符合国家和地方的能源政策。同时要做具体的技术经济比较。

与空气热泵相比，水冷机组的耗电量和价格都较低。

5 空气源热泵机组不适于在寒冷地区运行。目前特制的产品，即使可以在寒冷地区运行，但耗电量大，失去节能的意义。

8 能 源 计 量

8.0.1 本条为强制性条款，制定本条目的是从设计上为达到国家标准《水泥单位产品能源消耗限额》GB 16780的先进等级打好基础，为水泥工厂的生产管理、节能降耗工作创造条件。规定要求在设计阶段为水泥工厂能源计量管理配置必要的硬件设施，必须在计量器具设备的选择上严格执行现行国家标准《用能单位能源计量器具配备和管理通则》GB 17167。

8.0.2 为了对各车间子系统用电负荷实际耗能进行监测，以便对节能工作进行管理和考核，须配置电压、电流、功率、功率因数和有功电量、无功电量的测量和计量仪表。

8.0.6 本条为强制性条款，旨在节约用水及合理分配用水。本条对水泥工厂用水的计量提出了具体要求。